美国金属学会热处理手册

E卷 非铁合金的热处理

ASM Handbook
Volume 4E Heat Treating of Nonferrous Alloys

美国金属学会手册编委会 组编
［美］乔治 E. 陶敦（George E. Totten） 主编
叶卫平 等译

机 械 工 业 出 版 社

本书主要介绍了非铁合金的热处理工艺，深入探讨了非铁合金的热处理与性能的关系。主要内容包括：非铁合金热处理基础、铝和铝合金的热处理、铜和铜合金的热处理、镍和镍基合金的热处理、钛和钛合金的热处理、其他非铁合金的热处理。本书紧密联系生产实际和热处理新工艺，将热处理工艺作为整个产品生产过程中的一个环节加以综合考虑，为产品设计者和热处理工程师进行产品设计和工艺制订，提供了大量具有权威性的、翔实的参考资料。本书由世界上非铁合金热处理各研究领域的著名专家撰写而成，反映了当代非铁合金热处理技术水平。

本书可供热处理工程技术人员参考，也可供产品设计人员和相关专业的在校师生及研究人员参考。

ASM Handbook Volume 4E Heat Treating of Nonferrous Alloys / Edited by George E. Totten / ISBN：978-1-62708-112-2

图书在版编目（CIP）数据

美国金属学会热处理手册．E 卷，非铁合金的热处理/（美）乔治·E. 陶敦（George E. Totten）主编；叶卫平等译．—北京：机械工业出版社，2019.10（2024.9 重印）

书名原文：ASM Handbook Volume 4E Heat Treating of Nonferrous Alloys

ISBN 978-7-111-63567-3

Ⅰ.①美…　Ⅱ.①乔…　②叶…　Ⅲ.①有色金属合金-热处理-技术手册　Ⅳ.①TG15-62

中国版本图书馆 CIP 数据核字（2019）第 186087 号

机械工业出版社（北京市百万庄大街 22 号　邮政编码 100037）
策划编辑：陈保华　责任编辑：陈保华　王海霞
责任校对：樊钟英　封面设计：马精明
责任印制：单爱军
北京虎彩文化传播有限公司印刷
2024 年 9 月第 1 版第 3 次印刷
184mm×260mm · 58.5 印张 · 2 插页 · 1933 千字
标准书号：ISBN 978-7-111-63567-3
定价：299.00 元

电话服务	网络服务
客服电话：010-88361066	机　工　官　网：www.cmpbook.com
010-88379833	机　工　官　博：weibo.com/cmp1952
010-68326294	金　　书　　网：www.golden-book.com
封底无防伪标均为盗版	机工教育服务网：www.cmpedu.com

译者序

自1923年美国金属学会发行小型的数据活页集和出版最早的单卷《金属手册》(Metals Handbook)以来，至今已有90余年的历史。2014年前后，美国金属学会陆续更新出版了《美国金属手册》(ASM Handbook)。该套手册共计23分册(34卷)，热处理手册是其中的第4分册。一直以来，该套手册提供了完整、值得信赖的参考数据。通过查阅《美国金属手册》，可以深入了解各种工业产品最适合的选材、制造流程和详尽的工艺。

随着科学技术的发展，以前出版的各版本该套手册已难以完全容纳当今热处理领域的数据更新和满足热处理技术发展的需要，出版更新和扩展钢铁材料和非铁合金材料热处理数据手册显得尤为重要和刻不容缓。2014年由美国金属学会组织力量，全面修订再版了《美国金属手册》。在该套手册中，将1991年出版的仅1卷的热处理部分扩充为5卷，并从2013年开始陆续出版。本书于2016年出版，主要介绍了典型非铁合金的热处理工艺。目前，市面上介绍钢铁材料热处理的书很多，但专门介绍非铁合金热处理的书很少，这本手册无疑填补了这个空缺，它提供了权威、翔实的非铁合金热处理参考资料，具有很高的实用参考价值。

本书由世界上非铁合金热处理各研究领域的数百位著名专家撰写而成，汇集了大量可靠的非铁合金热处理技术参考信息。这些信息可以帮助科学家、工程师和技术人员解决他们在非铁合金热处理过程中所遇到的问题。本书共有6章，首先介绍了非铁合金热处理基础理论，对非铁合金热处理原理进行了归纳和总结，而后详细、深入地介绍了各类典型非铁合金体系(铝、铜、镍、钛、镁及其合金等非铁合金)的热处理与性能方面的实用参考数据，并涵盖了热处理新工艺和新发展。这些资料源于多年非铁合金热处理的生产实际。例如，在“镍和镍基合金的热处理”一章中，介绍了对传统的固溶加时效工艺进行改进，将锻造工艺与固溶工艺完美结合而开发出的直接时效工艺。又如，介绍了对当前航空发动机涡轮盘不同部位(性能要求不同)采用不同的热处理工艺组合，使得在涡轮盘孔附近区域得到细晶粒，提高了该处的疲劳强度，在涡轮盘边缘区域得到粗晶粒，提高该处的蠕变强度等性能，实现了对涡轮盘不同部位微观组织优化的热处理工艺。这些翔实的热处理工艺资料，包括新开发的热处理工艺的思路，将为产品设计者和热处理工程师提供有益的借鉴和翔实的参考。

本书反映了当代热处理技术水平，翻译本书对推动我国金属热处理工艺的科学研究、技术改造，促进和提高产品零件的热处理质量具有较大的作用，可为产品设计者和热处理工程师提供借鉴和参考。

作为一名从事金属材料热处理教学和科研30余年的专业人员，可以说《美国金属手册》的热处理分册伴随了译者的专业成长。能承担2016年出版的热处理分册E卷《非铁合金的热处理》的翻译工作，我感到非常荣幸，也倍感责任重大。本书的翻译工作量浩大繁重，涉及面广。为完成本书翻译，译者也努力学习更新专业知识，力求翻译做到“正确、专业、易懂”，并对原文中的错误部分进行了注解和更正。

在家人的理解和默默支持下，经过一年多的不懈努力，翻译工作得以顺利完成。本书主要由叶卫平翻译和统稿。参加翻译的还有闵捷、任坤、方安平等。

由于本书篇幅大，且内容涉及热处理及诸多相关领域，加之译者水平有限，错误之处在所难免，恳请各位读者斧正。

本书的引进与出版得到了好富顿国际公司的大力支持，在此表示感谢！

叶卫平
yeweip@whut.edu.cn

序

本卷是《美国金属手册》第 4 分册中的最后一卷热处理手册。第 4 分册的各卷分别是：

- 2013 年出版的 A 卷　钢的热处理基础和工艺流程。
- 2014 年出版的 B 卷　钢的热处理工艺、设备及控制。
- 2014 年出版的 C 卷　感应加热与热处理。
- 2014 年出版的 D 卷　钢铁材料的热处理。
- 2016 年出版的 E 卷　非铁合金的热处理。

这 5 卷热处理手册是在 1991 年美国金属学会出版的《美国金属手册》第 4 分册的基础上，在广度和深度上进行了充实和完善，其内容更加丰富，覆盖面更广。该手册的历史，最早可追溯到美国金属学会的前身——1913 年由底特律的铁匠威廉·帕克·伍德赛德（William Park Woodside）建立的钢铁处理俱乐部。

多年来，学会会员和工作人员无私地向编委会提供有价值的和可靠的技术参考数据，在各研究领域的著名专家、学者的不懈努力下，本卷终于与读者见面了。与所有《美国金属手册》其他各卷一样，本卷的出版得到了许多志愿者在专业技术和知识上的无私帮助，正是他们的无私帮助，使得编者顺利地解决了编写过程中的各种难题，给编者完成该巨作提供了充分的保障。在此，我们要对这些无私的编辑、作者和审稿人员所付出的时间、精力和辛勤劳动表示感谢。

热处理学会主席（2015－2017）　Stephen G. Kowalski
美国金属学会主席（2015－2016）　Jon D. Tirpak
美国金属学会临时董事总经理　Thomas Dudley

前 言

回顾 1991 美国金属学会出版的《美国金属手册》第 4 分册热处理分册，可以清楚地认识到，当时仅一卷的热处理分册，现已完全无法容纳当今热处理领域的数据更新和满足热处理技术发展的需要。为了更好地满足非铁合金材料热处理方面的需要，需要对非铁合金材料的热处理数据进行全面补充和完善，出版这本非铁合金热处理手册就显得尤为重要和刻不容缓。此外，近年来非铁合金的热处理在许多方面，例如形状记忆效应、复杂碳化物和金属间化合物特性以及复相的相变等方面，都有许多新变化和发展。在工程应用中，与钢铁材料的淬火相同，非铁合金的淬火也是极其重要的工艺过程。

本卷详细介绍了各类非铁金属和合金的冶金、热处理原理、热处理工艺和性能，重点介绍的合金材料有铝合金、铜合金、镍合金和钛合金。本卷的宗旨不仅是提供这些非铁金属和合金在物理冶金方面的理论基础，而且要给出详尽的有关这些非铁金属和合金的热处理工艺、可能遇到的问题，以及某些特殊合金的性能。毫无疑问，本书可能无法涵盖所有非铁金属和合金的热处理内容，但可以说是在 1991 年版的第 4 分册热处理内容的基础上，对非铁金属和合金的热处理进行了充实和完善。

在此，我要由衷地感谢所有为该书出版付出辛勤劳动的作者、审阅人和美国金属学会的工作人员。此外，我们要特别感谢自始至终在整个出版工作中起到至关重要作用的编辑们，他们是:

- 现化金属公司（美）（NBM Metals，Inc.），Sabit Ali
- RBTi 咨询公司（美）（RBTi Consulting），Rodney R. Boyer
- 美国金属学会（ASM International），Vicki Burt
- 威曼·高登锻造公司（美）（Wyman Gordon Forgings），Ian Dempster
- 罗斯托克大学（德）（Universität Rostock），Olaf Kessler
- 美国金属学会（ASM International），Steve Lampman
- 霍顿国际有限公司（美）（Houghton International，Inc.）D. Scott MacKenzie
- 美国金属学会（ASM International），Amy Nolan
- 美国金属学会（ASM International），Sue Sellers
- Ronald Wallis

此外，我还要由衷感谢热处理学会的董事会成员，感谢他们多年来在《美国金属手册》中热处理分册内容更新方面所做出的努力和贡献。

George E. Totten

使用计量单位说明

根据董事会决议，美国金属学会同时采用了出版界习惯使用的米制计量单位和英美习惯使用的美制计量单位。在手册的编写中，编辑们试图采用国际单位制（SI）的米制计量单位为主，辅以对应的美制计量单位来表示数据。采用SI单位为主的原因是基于美国金属学会董事会的决议和世界各国现已广泛使用米制计量单位。在大多数情况下，书中文字和表格中的工程数据以SI为基础的米制计量单位给出，并在相应的括号里给出美制计量单位的数据。例如，压力、应力和强度都是用SI单位中帕斯卡（Pa）前加上一个合适的词头，同时还以美制计量单位（磅力每平方英寸，psi）来表示。为了节省篇幅，较大的磅力每平方英寸（psi）数值用千磅力每平方英寸（ksi）来表示（1ksi = 1000psi），吨（$kg \times 10^3$）有时转换为兆克（Mg）来表示，而一些严格的科学数据只采用SI单位来表示。

为保证插图整洁清晰，有些插图只采用一种计量单位表示。参考文献引用的插图采用国际单位制（SI）和美制计量单位两种计量单位表示。图表中SI单位通常标识在插图的左边和底部，相应的美制计量单位标识在插图的右边和顶部。

规范或标准出版物的数据可以根据数据的属性，只采用该规范或标准制定单位所使用的计量单位或采用两种计量单位表示。例如，在典型美制计量单位的美国薄钢板标准中，屈服强度通常以两种计量单位表示，而该标准中钢板厚度可能只用英寸（in）表示。

根据标准测试方法得到的数据，如标准中提出了推荐的特定计量单位体系，则采用该计量单位体系表示。在可行的情况下，也给出了另一种计量单位的等值数据。一些统计数据也只以进行原始数据分析时的计量单位给出。

不同计量单位的转换和舍入按照IEEE/ASTM SI-10标准，并结合原始数据的有效数字进行。例如，退火温度1570℉有三位有效数字，转换的等效温度为855℃，而不是更精确的854.44℃。对于一个发生在精确温度下的物理现象，如纯银的熔化，应采用资料给出的温度961.93℃或1763.5℉。在一些情况下（特别是在表格和数据汇编时），温度值是在国际单位制（℃）和美制计量单位（℉）间进行相互替代，而不是进行转换。

严格对照IEEE/ASTM SI-10标准，本手册使用的计量单位有几个例外，但每个例外都是为了尽可能提高手册的清晰程度。最值得注意的一个例外是密度（单位体积的质量）的计量单位使用了g/cm^3，而不是kg/m^3。为避免产生歧义，国际单位制的计量单位中不采用括号，而是仅在单位间或基本单位间采用一个斜杠（对角线）组合成计量单位，因此斜杠前为计量单位的分子，而斜杠后为计量单位的分母。

目 录

第1章 非铁合金热处理基础

1.1 非铁合金热处理原理㊀

热处理通常定义为，通过控制材料的加热和冷却，改变其微观组织结构，以获得特定的性能。广义上说，几乎所有金属和合金都需要进行热处理，但各种金属及其合金热处理的效果大不相同。

1.1.1 简介

在热处理过程中，通常会发生两种类型的固态相变。第一种是等温转变，即在恒定的温度下，材料的相组织发生改变。等温转变过程中原子发生热运动（扩散），受控于热或扩散，因此称为扩散型相变。提高加热温度，能促进原子在固体中的扩散，这是各种类型热处理的基础。根据平衡相图，在恒温条件下，可采用等温转变确定多相合金的组织转变。

第二种固态相变是变温转变，即在温度变化的条件下，由于原子发生切变位移，导致发生相变过程。由于变温转变中没有足够的时间发生原子的扩散，而是由温度快速变化造成的，因此称为无扩散型相变过程（译者注：按国内习惯，下文中将变温转变翻译为无扩散型相变）。如果冷却（或对于一些材料为加热）速度足够快，可能得到亚稳态组织。因为稳态长大机制是基于原子的无规则运动扩散，因此达到理想的热力学平衡状态需要时间。相比之下，形成亚稳相为连续冷却的变温转变过程。如果冷却速度足够快，则原子没有足够的时间进行扩散来形成稳态平衡相组织。

可以采用不同的方法得到平衡相图上没有出现的亚稳相。一种方法是加热到高温，溶解析出相，然后迅速淬火，避免扩散而再次析出沉淀。这样在室温下，就得到了一种（亚稳）过饱和固溶体。在有些情况下，这种过饱和固溶体与平衡相组织具有相同的晶体结构；而在有些情况下，形成的过饱和固溶体不同于合金的平衡相的晶体结构。其中最典型的例子是马氏体的形成，在马氏体形成过程中，原子通过约一个原子间距的切变位移，重构晶体结构。与等温转变过程中原子的无规则运动过程相比，马氏体转变在高速下完成。马氏体转变不是瞬间完成的，而是通常原子切变，高速（如一些材料以声速）发生转变（译者注：国内有些文献上说马氏体转变是瞬间完成的）。

本节简要介绍扩散机制，适用于大多数钢铁材料和非铁合金的热处理，以及热处理过程中可能发生的各类固态相变。热处理最重要的目的包括通过退火改善锻件组织和通过均匀化退火改善铸件的成分；热处理的另一个重要目的是提高合金强度或硬度。几乎所有冷加工后的金属或合金都可以通过退火软化，但只有少数合金系统可以通过热处理来提高强度或硬度。冶金学家通常将这类合金称为可热处理强化合金。在非铁合金中，仅有相对很少一部分的合金可以进行淬火处理（见本卷中“可热处理强化非铁合金”一节）。最常见的非铁合金强化热处理过程为析出强化，即通常过饱和固溶体（亚稳）时效过程，产生析出强化。本节主要介绍析出强化的基本原理，其他章节将对特定的合金系统进行详细介绍。

1.1.2 金属和合金中的扩散

在晶体中，原子在平衡位置的振动频率为10^{12}～10^{13}Hz，由此产生晶格振动，这种振幅有时足以让原子从点阵中的一个位置跃迁到另一个位置，导致原子的扩散。两种最常见的原子扩散机制是间隙扩散和空位扩散。由于间隙原子（碳、氮、氢、氧）的直径明显小于溶剂原子，这些间隙原子可以很容易地从一个间隙位置跳到另一个空的间隙位置，发生间隙扩散。

当相邻原子（置换溶质原子）跃迁到另一个空的点阵位置时，发生空位扩散。可以用热力学平衡空位浓度确定相邻点阵位置为空位的概率。与置换溶质在同种金属中的扩散相比，发生间隙原子扩散更加容易。元素在置换合金中跃迁的可能性由

㊀ 根据 C. R. Brooks, Principles of Heat Treating of Nonferrous Alloys, Heat Treating, Vol 4, ASM Handbook, ASM International, 1991, p 823—840, with additional sources listed in the Acknowledgments 改编.

Hume－Rothery 定律确定，并与相对原子大小、相对化合价和晶格类型有关。图 1-1 所示为各元素相对于钛原子的原子直径。当元素直径比为 0.85～1.15 时，可能发生置换元素合金化。如果原子尺寸因素满足要求，可以用其他三个因素评估和确定合金的固溶度大小。

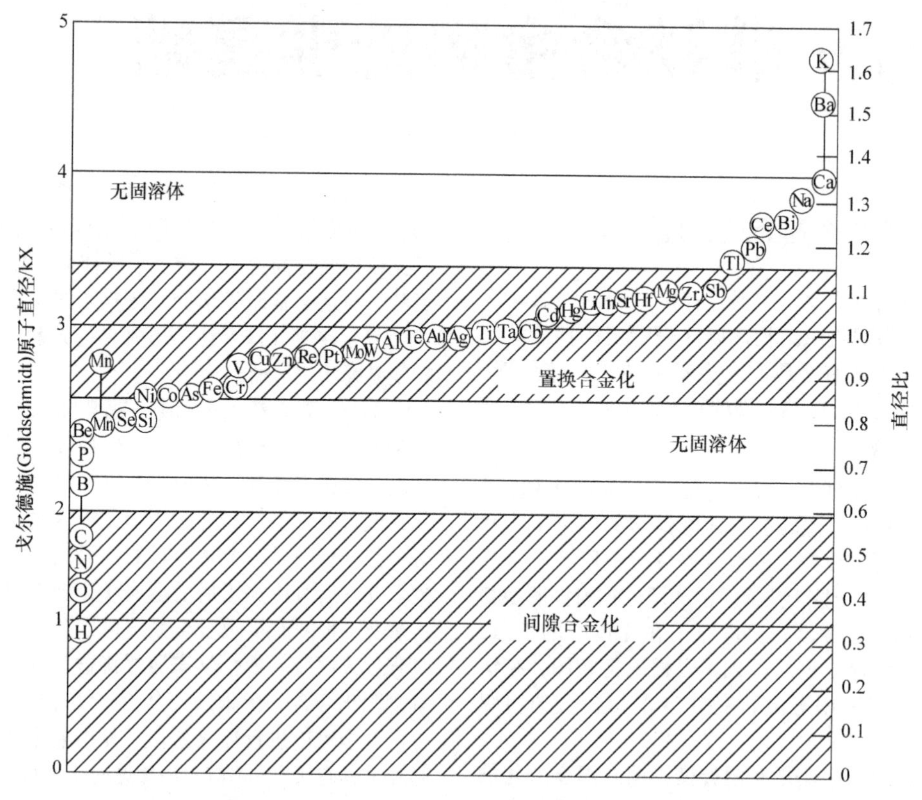

图 1-1 元素的原子直径和相对大小的位置与对应的置换合金化的关系

（译者注：单位 X 是根据方解石间距定义的，约为 10^{-11}cm，1kX＝1000X；纵坐标中的直径比为合金元素与钛原子的直径比。）

随着加热温度的提高，原子的振动能量增大，由此增加了固体材料中原子从点阵的一个位置跳跃到另一个位置的可能性。振动的原子可能与点阵中相邻的原子调换位置，也可能转移到相邻的空位位置或缺陷位置，这种原子运动称为扩散。热处理加热增加了原子的扩散速率。

扩散速率随温度呈指数规律变化，扩散系数（D）与温度的函数关系符合阿伦尼乌斯（Arrhenius）方程，即

$$D = D_0 \exp\left(-\frac{Q}{RT}\right) \tag{1-1}$$

式中，D_0 是系统中的频率因子（cm^2/s）；Q 是激活能（kJ/mol）；T 是热力学温度（K）；R 是理想气体常数［8.31J/(mol·K)］。激活能（Q）是原子从点阵的一个位置越过能垒，到点阵的另一个位置所需的能量。即原子的振幅必须足够大，以打开与相邻原子的结合键，移动到新的点阵位置。扩散系数和激活能与元素的类型和能垒类型有关。例如，镁在镁中的扩散系数（自扩散）与镁在铝中的扩散系数不同。

纯金属中的原子扩散称为自扩散。通常可通过实验对自扩散进行检测。例如，在非放射性金属试样表面制备（如电镀）带有放射性且具有相同原子的薄层。将试样在温度足够高和时间足够长的条件下，进行扩散退火处理。通过合适的辐射探测器，检测放射性原子的运动，由此得到测试原子在金属中的运动规律。图 1-2 为该实验过程示意图。图 1-2 中放射性原子层仅有两个原子厚度，但实际上，放射性原子层厚度比图 1-2 中要厚得多［如 1mm (0.04in)］。

图 1-2 中原子在晶格中的运动可以通过几种机制实现。例如，相邻的两个原子可能发生相向振动，在两原子之间具有一定的空间，允许它们交换点阵位置，如图 1-3a 所示。很明显，为了实现这种原子交换，两相邻原子必须协同运动，通过这种协同运动来实现位置交换。同理，也可能出现四个原子同时发生振动，并做环形运动的情况，在运动过程中，

这四个原子协同运动到各自新的相邻点阵位置，如图 1-3b 所示。

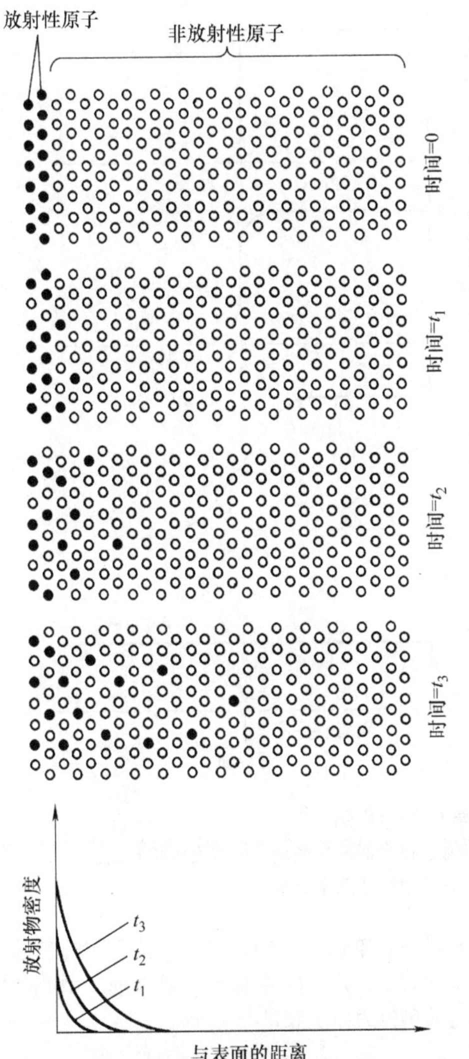

图 1-2　纯金属自扩散示意图
（放射性原子用实心圆表示）

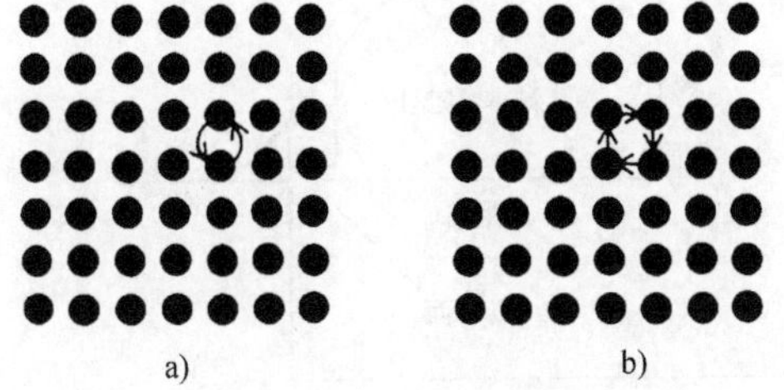

图 1-3　两种可能的扩散机制示意图
a）两个原子同时交换位置
b）四个原子同时旋转移动到新的位置

虽然这里介绍的机制适用于部分合金，但在大多数金属和合金中，扩散是由空位运动引起的。在晶体结构中，未被正常原子占据的位置（通常为一个点阵位置）称为空位。晶格中空位达到平衡浓度的条件是，形成空位所需的焓（ΔH）与在热力学温度（T）下空位存在所增加的熵（ΔS）之间保持平衡。因此，在晶体中存在一个最小自由能变化，使空位浓度达到平衡（$\Delta G=\Delta H-T\Delta S$）。

如果晶格中存在空位，则原子改变位置只需要进入该空位，如图 1-4 所示。因此，通过空位改变原子位置所需的能量，要比图 1-3 中机制所需能量小得多。值得注意的是，这种扩散机制是通过晶格中空位的随机运动发生的。

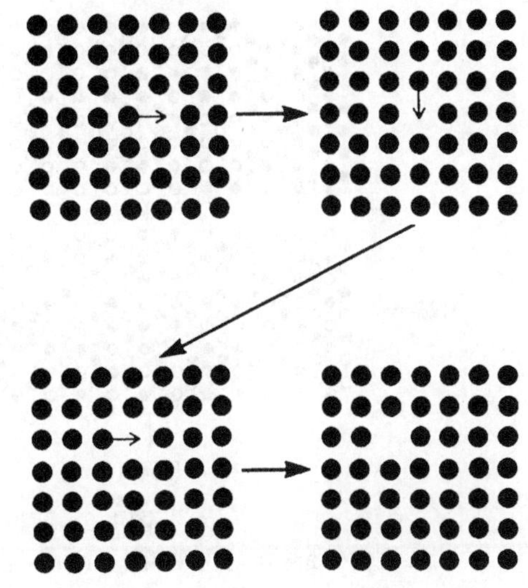

图 1-4　由空位运动产生扩散示意图

注：空位随着时间变化转移到新的位置，图中小箭头表示空位移动的位置，大箭头表示时间变化顺序。

（1）合金中的扩散（化学扩散）　两种金属（或合金）一旦发生接触，原子就开始通过界面发生迁移。这种不同物质间的迁移扩散称为化学扩散，如图 1-5 所示（在图 1-5 的扩散过程中，金属之间必须互溶；否则，当一种金属原子扩散到另一种金属中，其浓度达到相应的极限溶解度时，就会出现第二相的析出）。图 1-5 所示的化学扩散实际上是由空位扩散引起的。

（2）菲克扩散定律　该定律建立了物质的浓度随距离变化而发生扩散的数学关系，大多数扩散数据都满足该唯象方程。根据菲克第一定律，在一维扩散中，扩散通量（J）由式（1-2）决定

$$J=-D(\mathrm{d}C/\mathrm{d}x) \tag{1-2}$$

式中，C 是浓度；x 是距离；D 是扩散系数，在给定温度下为常数。可以用图 1-6 说明各参数之间的关系，也可以用式（1-2）对图 1-5 中浓度梯度与化

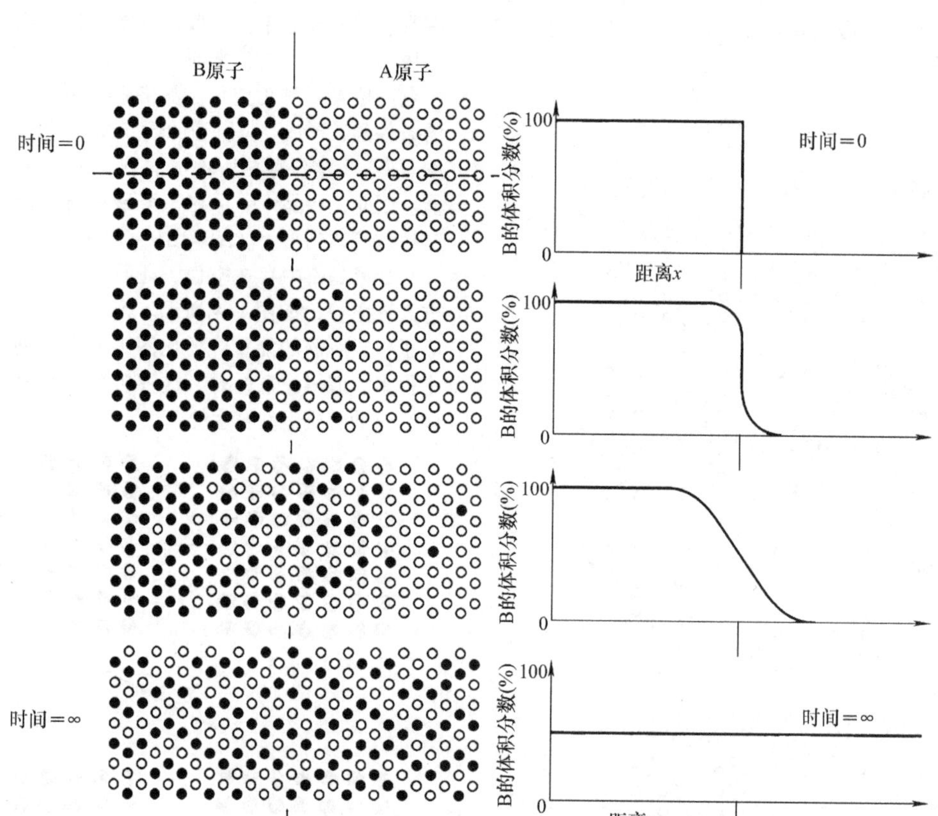

图 1-5　两种金属的化学扩散示意图

注：扩散偶由纯 B（实心圆圈）和纯 A（空心圆圈）构成，随着时间的变化，两者发生相互混合。当时间足够长时，两者将完全互混，化学成分达到完全相同。

学扩散的关系进行解释。将扩散偶加工成薄层，并对每种存在金属的数量进行分析，得到的典型数据如图 1-7所示。扩散通量（如果采用适当的浓度单位）是指在单位时间内，通过单位面积的扩散物质原子的数量，其方向垂直于扩散方向。因此，扩散通量的单位为原子数量/cm^2 · s。

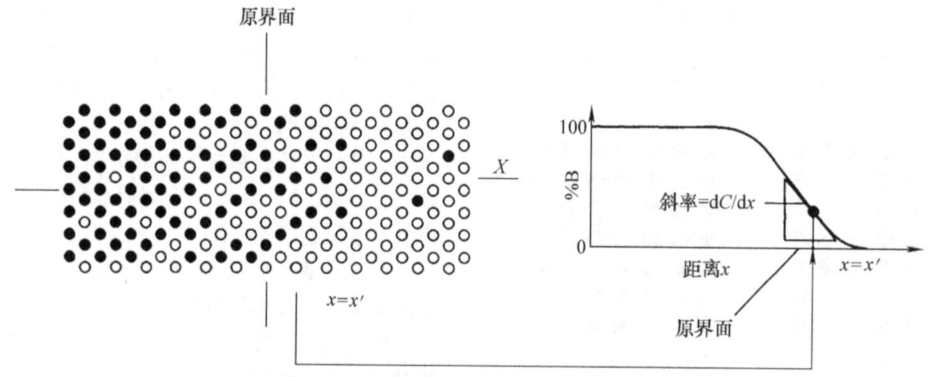

图 1-6　菲克第一扩散定律中术语含义说明

注：原子通量是在平面（$x=x'$）处，单位时间（s）内通过 1cm^2 平面的原子数量，原子通量与平面（$x=x'$）处的浓度梯度（dC/dx）成正比，即 $J=-D(dC/dx)$。式中的比例常数为扩散系数。因为浓度梯度（dC/dx）为负，为保证原子通量为正，在式中扩散系数前增加负号。

当时间（t）对扩散通量有影响时，在一维扩散中，则要采用菲克第二定律，即

$$dC/dt = D\frac{d}{dx}(dC/dx) = D\frac{d^2C}{dx^2} \quad (1\text{-}3)$$

如果由两种完全互溶的纯金属 A 和纯金属 B 组成扩散偶，则式（1-3）的解为

$$C_A = \frac{1}{2}\{1-\varphi[x/(2\sqrt{Dt})]\} \quad (1\text{-}4)$$

式中，φ 是高斯误差函数；C_A 是距原界面 x 处纯金属 A 的浓度（在初始条件不同的情况下，如纯金属与合金为扩散偶等，可得到类似的表达式）。在给定扩散时间（t）和给定距离（x）的条件下，可求出 C_A（如从图 1-7 中读取），由此可得到 $\varphi[x/(2\sqrt{Dt})]$。采用误差函数表，可确定参数 $\varphi[x/(2\sqrt{Dt})]$，并得到$[x/(2\sqrt{Dt})]$，最终求出 D 值。

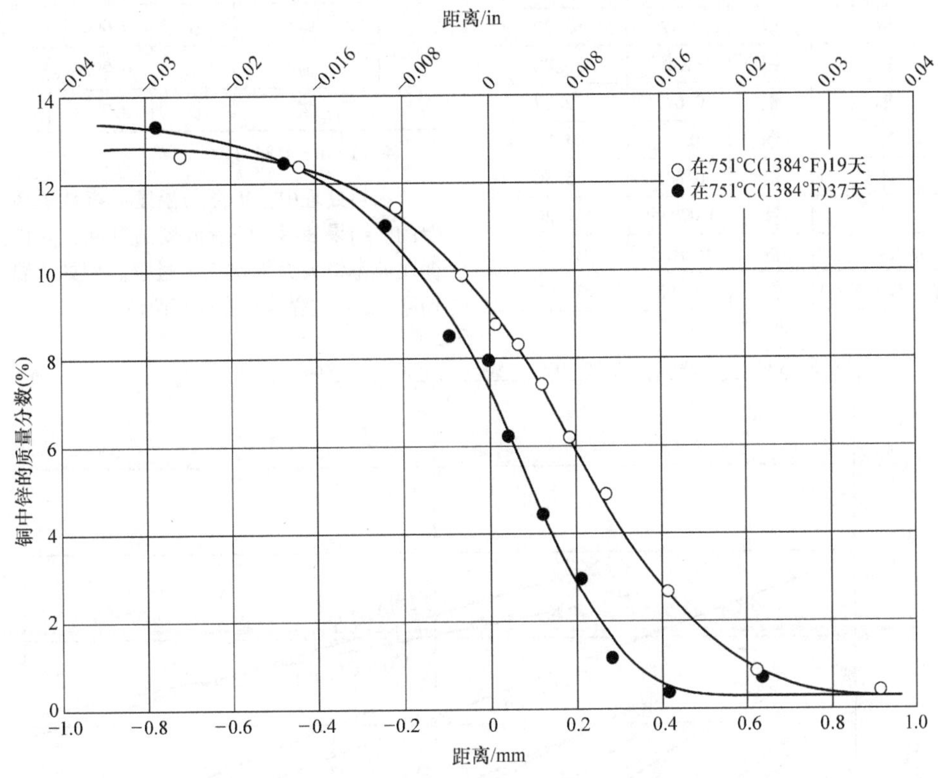

图 1-7　典型金属 Cu－Zn 扩散偶浓度梯度分布

注：图中每一个点代表对样品加工进行的薄层化学成分分析。

无论所选择 x 的值是多少，上述过程都应该得到相同的 D 值。然而，人们发现 D 值通常随成分发生变化。在这种情况下，应使用式（1-5）

$$dC/dt = \frac{d}{dx}(DdC/dx) \quad (1\text{-}5)$$

求解该复杂方程，可得到随成分发生变化的扩散系数。

求解菲克第二定律，可得到一个重要的实用关系式，即在给定浓度（C）的条件下，扩散距离与时间的关系为 $x^2 \approx Dt$。可用该关系式分析实际问题，例如，在采用均匀化处理消除树枝晶偏析（结晶偏析）的过程中，时间与 x^2 成正比，其中 x 约为树枝晶臂间距。该实用关系式是一个保守的近似公式，更精确的解请参考 Shewmon 的文章。

（3）扩散系数与温度的关系　扩散系数与温度之间存在指数关系。许多速率反应都服从这种关系，其中 D 由式（1-6）给出

$$D = D_0 e^{-B/T} \quad (1\text{-}6)$$

式中，D_0 和 B 是常数；T 是热力学温度。根据扩散理论，式（1-6）应该写成

$$D = D_0 e^{-Q/RT} \quad (1\text{-}7)$$

式中，R 是摩尔气体常数；Q 是扩散激活能。Q 为原子越过的能垒，即原子从点阵的一个位置运动到另一个位置所需要的能量。越过相关的能垒，要求原子具有足够高的振幅，以打开其与相邻原子的结合键，达到新的点阵位置。

表 1-1 列出了部分金属的 D_0 和 Q 值。根据上述

扩散系数与温度的指数关系式，以 lg$D$ 为纵坐标，以 1/T 为横坐标做直线图，可求出 D 值。图 1-8 所示为部分金属和合金的典型线性结果。

表 1-1 在各置换和间隙固溶体中元素的扩散系数（D_0）和扩散激活能（Q）

溶质		溶剂	D_0/(cm/s)	Q/(kcal/mol)
置换扩散	铜	铜	0.78	50.50
	铜	锡	0.11	45.00
	铜	镍	1.92	68.00
	镍	铜	1.1	53.80
	铜	铝	0.647	32.27
	锌	铜	0.73	47.50
	铅	铅	0.887	25.50
	钛	钛	0.000358	31.20
	铝（4%）	铜	0.0455	39.50
	锌(24%～29%)	铜	0.095	35.00
间隙扩散	氢	铜	10^{-2}	10.00
	氧	铜	10^{-3}	46.00
	碳	钛	0.00302	20.00
	氧	钛	1	40.00
	氢	钛	—	6.00
	碳	钛	0.0061	38.52
	氮	钛	0.0056	37.84
	氧	钛	0.0044	25.45

注：1kcal = 4186.8J。

在热处理中，扩散与温度成指数关系是非常重要的。结果表明，随着温度的升高，受扩散影响的变化速率将大大加快工艺过程。例如，温度升高约 10K，工艺过程速率将提高两倍。

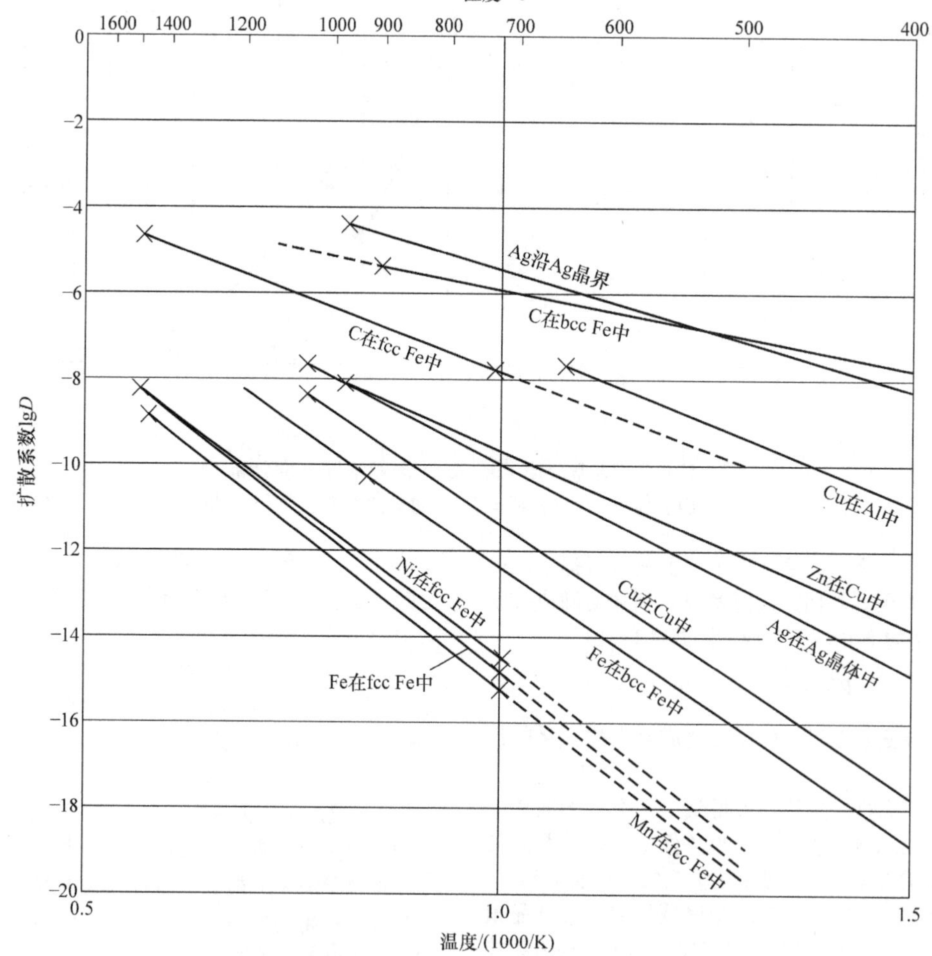

图 1-8 几种金属的扩散系数（lg$D$）与温度（1/T）的关系

注：图中线条为典型直线关系，bcc 为体心立方，fcc 为面心立方。

（4）内禀扩散系数　实验表明，如果可以对原界面的扩散偶进行识别，一半的扩散物质将会从扩散偶的一边转移到另一边，原界面的位置将会改变。这称为柯肯特尔效应，是金属空位扩散机制的有力实验证据。Darken 研究了测量的扩散系数（如前所述），扩散系数与单原子物质内禀扩散系数之间的关系（A 原子和 B 原子的两元系统）是：

$$D = C_A D_A + C_B D_B \quad (1\text{-}8)$$

式中，C_A 和 C_B 分别是 A 原子和 B 原子的摩尔分数；D_A 和 D_B 分别是 A 原子和 B 原子的内禀扩散系数，D_A 和 D_B 与的浓度有关。

（5）间隙扩散　如果溶质原子足够小，它将位于较大的溶剂原子的间隙中，形成间隙固溶体。间隙原子的扩散不能用空位扩散机制进行解释，间隙原子是由一个间隙位置跳跃到另一个间隙位置（菲克定律仍然适用）的。随着间隙溶质原子尺寸的增大，激活能增加（表 1-1），这表明溶质原子在相邻的溶剂原子间隙中的移动变得更加困难。通常，间隙扩散的激活能比置换扩散的要小。

（6）晶界扩散　实验研究表明，沿晶界、位错或沿自由表面的扩散，比在晶内扩散的速度快得多。这里特别要说的是晶界扩散，它会影响晶界的析出和相变。图 1-8 所示为银的自扩散数据，数据表明，晶界扩散系数比晶内体扩散速度系数大几个数量级。随着温度的降低，体扩散速度变慢，晶界扩散显得更加重要。

1.1.3　冷加工金属的退火

在室温或在不高于 $0.3T_m$（T_m 为材料的热力学温度熔点）的温度下对金属进行冷加工时，其微观组织会产生严重变形，这也称为应变强化或加工硬化。在冷加工过程中，工件中大部分的能量都以热的形式释放，但约有 10% 的能量以空位、位错和堆垛层错能的形式储存在金属中。

通常，冷加工会大大增加位错的数量，将位错密度从 $10^6 \sim 10^7/\text{cm}^2$ 提高到 $10^8 \sim 10^{11}/\text{cm}^2$。由于位错之间的交互作用，随应变的提高，位错数量将大大增加。由于位错缠结的作用，使微观组织发生严重扭曲和变形。大量的冷加工变形还会导致晶粒择优取向或产生织构，使晶粒沿特定晶面对应于应力方向择优生长。不同的金属材料，其晶体择优生长的方向是不同的。

可以通过退火来降低冷加工金属的硬度。冷加工后的金属材料内具有一定的储能，因此从热力学上讲是不稳定的。然而在室温下，这种储能不会自发减少。由于必须采用扩散的方法降低储能，因此需要足够的能量来激活扩散过程。通常，室温下的扩散不足以通过原子振幅（即温度）来释放冷加工储能。因此，必须进行加热，以提供热激活能，将材料转变成较低的能量组态。随温度的提高，通过增加热能提供激活能。在退火过程中，消除材料内部的晶格应变，与此同时，材料的塑性增加、强度降低。

在退火过程中，可能经历以下三个不同的过程：

1）回复。通过位错重排为低能的组态，在不改变晶粒形状和取向的情况下，释放部分内部的应变储能。

2）再结晶。用新的无应变变形晶粒取代严重冷加工变形晶粒。

3）晶粒长大。随着部分再结晶晶粒的消失，部分再结晶晶粒长大。

在退火过程中，微观组织改变对性能有不同的影响。在回复过程中，材料的强度和塑性变化不大，但许多物理性质（如电性质、热性质等）“回复”到原来冷加工前的水平。在再结晶过程中，材料的强度降低、塑性提高，力学性能与冷加工前相当。在冷加工后进行退火，或在足够高的温度下进行变形加工时，均可能导致产生新的再结晶，使材料发生再结晶，而后者被称为热加工。细晶粒材料具有最佳强度和塑性综合性能，因此通常不希望晶粒长大。

回复与再结晶是两个截然不同的过程。在恒定温度下，回复过程开始速度很快，随后降低。另一方面，形核和生长的再结晶过程开始速度缓慢，然后逐步达到最大速率并迅速趋于稳定。因为在孕育期间没有发生明显的再结晶，因此，等温再结晶曲线通常为 S 形曲线（图 1-9）。在孕育期过程中，会出现不可逆的亚晶粗化，当具有足够的能量来聚集其他原子时，则产生稳定形核，出现亚晶生长和发生再结晶。

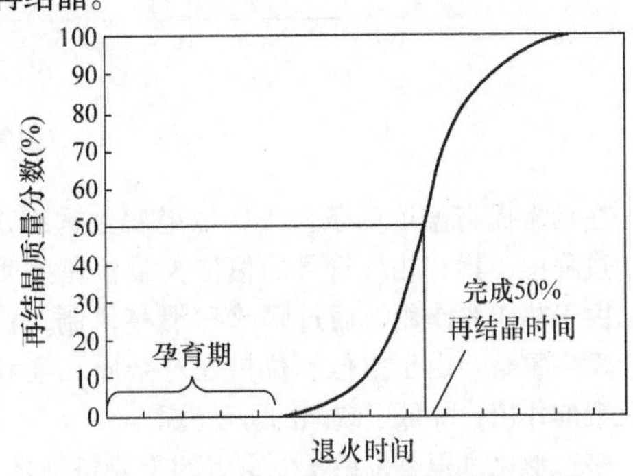

图 1-9　典型再结晶退火的 S 形曲线

1.1.4　回复

回复是退火工艺中发生再结晶前的初期阶段。

退火的回复阶段在较低温度下、短时间内发生，该阶段材料的硬度不降低。在该阶段通过热激活，位错开始运动和发生重组，使材料的某些性能达到冷加工前的水平，因此称其为回复。这些性能包括材料的电阻率，如图1-10所示。与冷加工条件相比，胞状组态的位错增加了电子的平均自由程，降低了电阻。与冷加工和未退火的情况相比，回复过程中的位错也可能重新排列为稳定性更高、更难运动的位错阵列。如果出现这种情况，则材料的硬度可能会略有升高（图1-10）。回复的过程可以定义为，变形金属中的缺陷出现湮灭和重排，没有发生运动或迁移，出现大角度晶界。在回复过程中，包括以下几个基本的过程：

1）多余的点缺陷，特别是空位发生湮灭。

2）位错重排为低能组态，许多位错发生湮灭。

3）形成亚晶，亚晶生长并出现亚晶界互锁。

在较低的温度下退火时，冷加工中产生的空位将迁移到位错、晶界或表面。由于携带电荷的价电子的聚集，导致材料的电阻率降低。图1-11所示为金属铜在3种不同的温度下等温时，回复过程中电阻所发生的变化。可以清楚地看到，回复初期速度是非常快的，尤其是在较高温度下，回复过程更快。随着时间增加，回复速度变缓，最终达到平稳状态。随着冷加工变形量的增加，回复初期的速度更快。

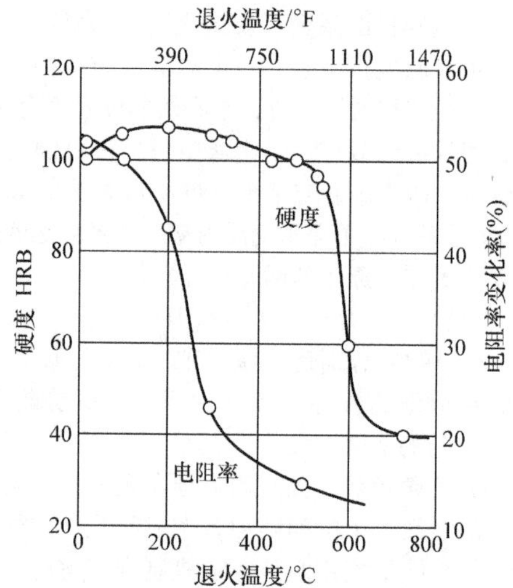

图1-10 退火温度对镍的硬度和电阻率的影响

注：在25℃（77℉）下进行冷加工至几乎断裂，退火时间为1h。

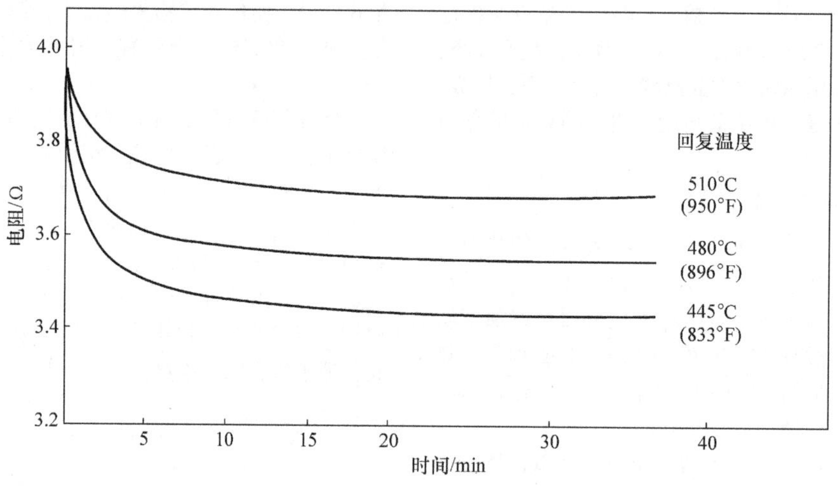

图1-11 回复过程中铜的电阻率变化

在稍微提高温度的条件下，位错发生重组，在这个过程中，具有相反符号的伯格矢量位错发生湮灭。由于热能的作用，通过攀移和滑移机制，位错也会发生重组。由于空位和位错处对杂质元素和合金元素的作用，降低了缺陷的可动性。

多边形化过程是位错发生重组的重要特征之一，它将多余的刃位错排列为小角度晶界。多边形化的驱动力来自于材料总的应变能减少。在多边形化过程中，由于塑性变形而弯曲变形的晶面变直。位错通过迁移和重新排列形成小角度晶界，这些小角度晶界仅有1°～2°的取向差，形成由亚晶包围的亚晶界，而亚晶内基本无位错。随着弹性应变能的释放，材料中的残余应力也降低了。

在回复过程中，大大降低了残余应力，因此通常采用回复来降低残余应力，防止应力腐蚀开裂或减少变形。在去除应力过程中，可以通过控制温度和时间，使材料的强度和硬度不会有很大的降低。

1.1.5 再结晶

在回复过程之后，通过形核和新晶粒长大，发生再结晶（或一次再结晶），实质上这是通过改变多边形基体来得到无应变的新晶粒的过程。这些新晶粒的位错密度低（类似于冷加工之前），因此相对硬度较低。再结晶形核通常在这些晶体的高位错密度区域内完成，因此在微观组织中，形核的新晶粒通常出现在形变带中或在形变带附近。随着时间的推移，这些形成的晶核长大，同时在剩余的冷加工基体中形成更多新的晶核。最终，这些晶粒将互相接触（此时，消除了原材料中的冷加工变形）。随保温时间延长或采用更高的温度，发生再结晶的组织进一步发生改变，出现细小的晶粒。经过上述再结晶过程，材料的硬度（或强度）显著降低（图 1-10）。Burke 和 Turnbull 总结出以下六个再结晶规律：

1）必须达到某一临界冷变形量和某一最低加热温度，才可能发生再结晶。

2）变形量越小，所需开始再结晶温度越高。

3）再结晶与时间、温度相关，增加所需再结晶时间，则可以降低再结晶温度。

4）与退火温度或时间相比，最终的晶粒尺寸主要取决于变形或冷加工量。

5）在给定的退火温度和时间下，要达到同等再结晶，原始晶粒尺寸越大，所需冷加工量越大。

6）对于给定的加工硬化条件，提高工作温度会导致晶粒粗化和需要更高的温度才会发生再结晶。

此外，再结晶还有其他两个规律：

1）新的无变形晶粒优先在三叉晶界处形成，且不会按与原晶体相同或取向略有差别的晶粒长大。

2）加热除了影响一次再结晶之外，还影响再结晶过程完成后的晶粒长大。

有两种相互竞争的能量影响形核过程。形核产生新的晶粒，降低变形基体中的应变能量，同时形核需要形成新的表面界面能。因此，热能必须提供足够大的驱动力，才能完成形核。因为再结晶的驱动力是回复后基体中剩余的应变能，形核通常发生在应变能量高的高位错密度区域，如原晶界、三叉晶界或多边形化过程中形成的亚晶处。

如果形核速率（$\dot{N}$）高且长大速率（$\dot{G}$）低，则得到细晶粒组织；相反，如果形核速率低且长大速率高，则得到粗大晶粒组织。提高冷加工变形量，可同时提高形核速率和长大速率，则能有效降低再结晶温度。然而，由于形核速率的增加大于长大速率的增加，因此提高冷加工变形量，在再结晶过程中，将得到更小的晶粒尺寸。冷变形量越小，则发生再结晶的初始加热温度越高。通常可采用图 1-12 中 $\dot{N}/\dot{G}$ 的值来解释再结晶数据。随着退火前变形量的减小，形核速率的降低速度比长大速率的降低速度更快，因此随变形量减少，$\dot{N}/\dot{G}$ 的值下降。

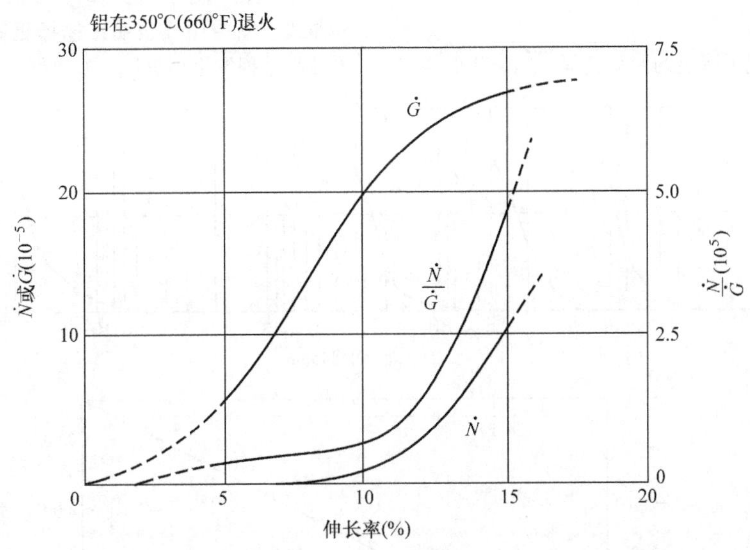

图 1-12　铝在 350℃（660℉）退火再结晶的形核速率和长大速率

以上观点支持形核发生在冷加工基体中高应变能处的说法。随着应变的增加，形核部位增多；相反，随着应变的减小，形核部位减少。必须达到最小冷变形量和最低加热温度，才会发生再结晶过程。通过提高冷加工变形量，可获得更多储能，形成更多的晶核，以得到更细的晶粒。随着冷变形量的降低，形核速率的降低比长大速率的降低更快，因此，再结晶形核存在一个最小临界冷变形量。

影响再结晶的主要因素：温度和时间、冷加工程度、金属的纯度、原始晶粒尺寸、变形温度。

1. 再结晶温度和时间因素

合金的再结晶温度并不是一个固定的温度值，它取决于合金的成分和冷变形量。工业纯度金属的再结晶温度是以热力学温度为单位，为该金属熔点温度的 30% ~50%，部分金属的再结晶温度如图 1-13所示。通常，将再结晶温度定义为在 30min 时间内得到 50% 再结晶组织的温度，或者在大约 1h 时间内完成全部再结晶的温度。表 1-2 列出了几种金属和合金的近似再结晶温度。

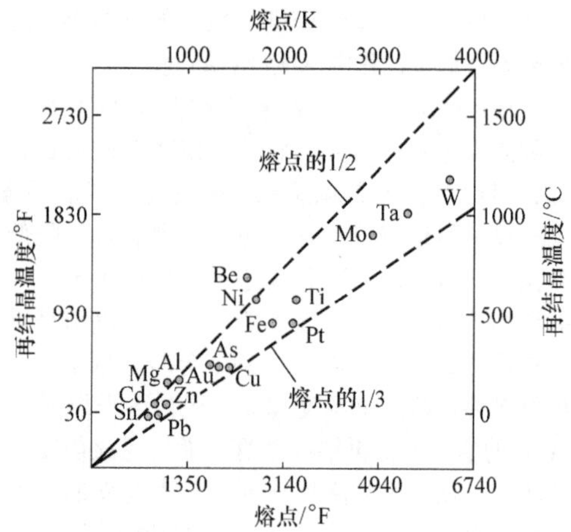

图 1-13 再结晶温度与熔点的关系

如果合金出现了明显的回复过程，则会降低再结晶倾向，从而影响再结晶温度，也就是说，可能需要加热到更高的温度，合金才会发生再结晶。虽然再结晶时间和温度两个因素之间存在互相影响，但温度对再结晶发生的影响占主导地位，远大于时间因素。对于大多数的再结晶动力学过程来说，将温度提高大约 11℃ (20℉)，会使反应速率提高一倍。一旦再结晶过程完成，进一步加热会导致晶粒长大。

表 1-2 几种金属和合金的近似再结晶温度

金属（质量分数）	再结晶温度 ℃	再结晶温度 ℉	金属（质量分数）	再结晶温度 ℃	再结晶温度 ℉
铜（99.999%）	120	250	镍（99.4%）	590	1100
铜（OFHC）①	200	400	镍（30% Cu）	590	1100
铜（5% Al）	290	550	铁（电解）	400	750
铜（5% Zn）	320	600	低碳钢	540	1000
铜（2% Be）	370	700	镁（99.99%）	65	150
铝（99.999%）	80	175	镁合金	540	1000
铝（>99.0%）	290	550	锌	10	50
铝合金	320	600	锡	-5	25
镍（99.99%）	370	700	铅	-5	25

① OFHC—无氧高导电性。

图 1-14 所示为高纯铜（99.999%）的等温再结晶曲线。图中曲线表明，选择更高的再结晶温度，再结晶过程发生得更快。如果做一条对应于 50% 再

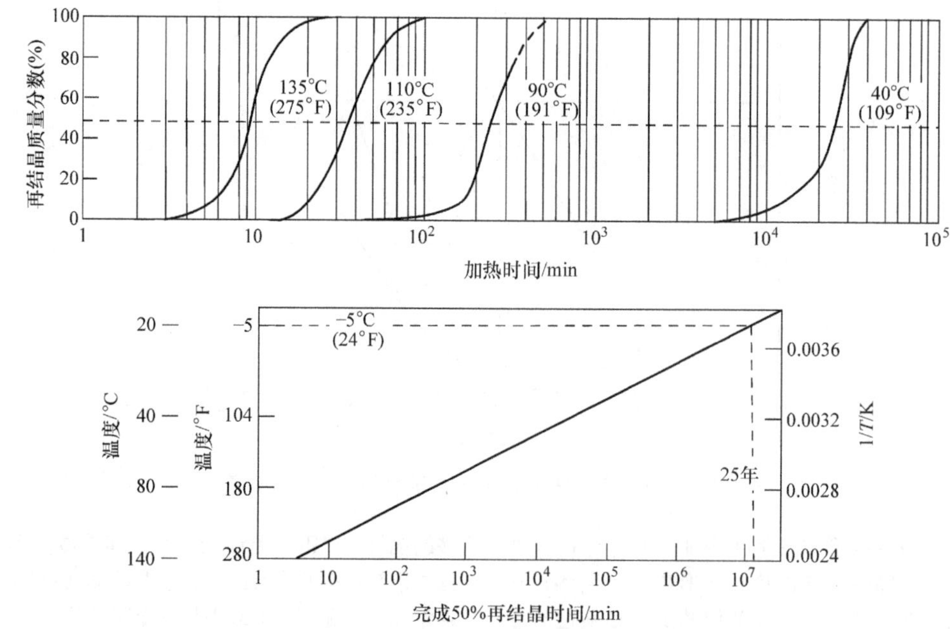

图 1-14 高纯铜（99.999%）的等温再结晶曲线

结晶的水平线，则其与各曲线的交点为在各温度下，生成 50% 再结晶组织所需的时间。对完成 50% 再结晶的时间取对数，并与再结晶热力学温度的倒数作图，得到一条直线。这表明再结晶动力学遵循阿伦尼乌斯方程，即

$$Rate = \frac{1}{t} = Ae^{-B/T} \qquad (1\text{-}9)$$

式中，A 和 B 是常数；t 是完成 50% 再结晶的时间。由于常数 B 随温度变化，因此不能将其真正等同于激活能 Q。如果两个温度下完成 50% 再结晶的时间是已知的，则可根据式（1-9）写出这两个不同温度下的方程，然后求解这两个方程，即可得到 A 和 B 两个常数。

采用冷加工的方法可以对许多不能通过热处理强化的金属进行强化，因此可以用式（1-9）来估计材料在一定温度下能否稳定地长期服役。例如，在 100℃（373K）的温度下，如果已知铜导线的再结晶动力学方程常数 $A = 10^{12}\text{min}^{-1}$ 和 $B = 15000$，则可对其稳定性进行估计。其再结晶速率为

$$Rate = 10^{12}e^{-15000/373}\text{min}^{-1} = 10^{12}e^{-40.2}\text{min}^{-1} = 0.35\times10^{-5}\text{min}^{-1}$$

因此，完成 50% 再结晶的时间是 2.9×10^{5}min = 48000h，大约为 5.5 年。

2. 再结晶和冷加工程度

随着冷加工变形量的增加，发生再结晶所需的温度降低且所需时间缩短。图 1-15 所示为不同冷加工变形量的铝在 350℃（660℉）退火的再结晶图。随着冷加工变形量的增加，所需再结晶的时间大大减少，此外，冷加工变形量大的材料，其再结晶的孕育期也会缩短。随着冷加工变形量的增加，组织晶格中的变形增大，位错密度也提高。因此，提高冷加工变形量，能细化再结晶晶粒的尺寸。图 1-16 所示为弹壳黄铜的不同冷加工量与再结晶晶粒尺寸的关系。在这种情况下，当亚晶转变成大角度晶粒时，其晶粒尺寸也相应细小。此外，在温度一定的条件下，从亚晶形核所需要的时间更短。提高加热温度，则可提高形核速率。

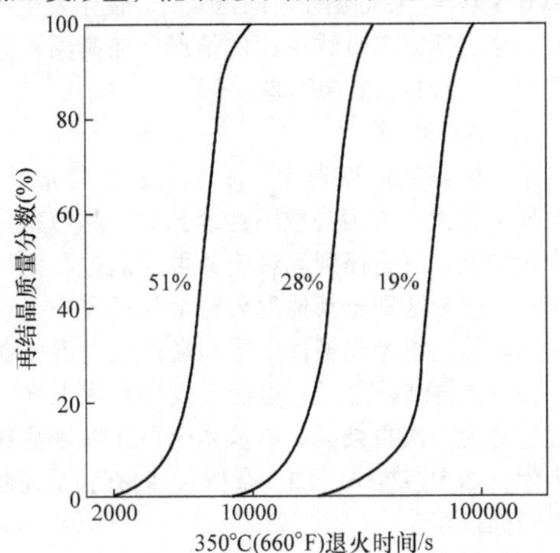

图 1-15　冷加工对铝再结晶的影响

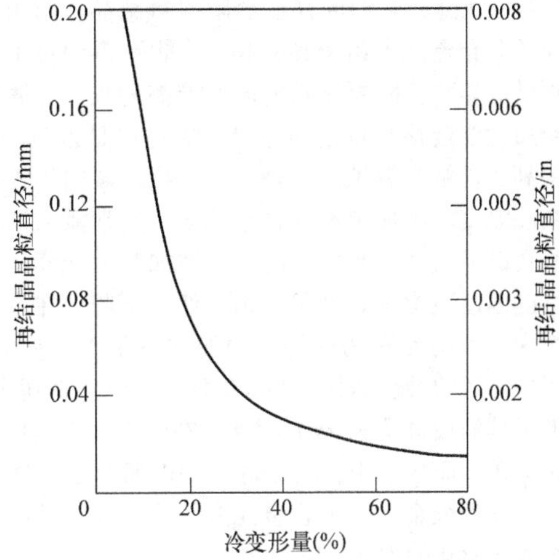

图 1-16　冷加工对弹壳黄铜再结晶晶粒尺寸的影响

发生再结晶的最小变形量，称为再结晶临界变形量。如果冷加工变形量太小，则没有足够的储能产生再结晶。在变形量较小的情况下，加热时将形成亚晶并长大，但它们之间的晶界保持小角度晶界，不会发生再结晶。当变形量为 2% ~20% 时，即使加热温度接近熔点，也不一定会发生再结晶。

变形的类型不同，临界变形量也不同。例如，简单拉伸过程与锻造过程中复杂的应力状态是不同的。当使多晶试样产生很小的变形，然后在足够高的温度下对其进行退火时，只有很少的晶粒发生应变诱发晶界迁移，产生再结晶。在临界变形量附近，加工硬化是极不均匀的。发生严重应变晶粒的晶界迅速迁移，晶粒的应变减少并发生晶粒长大。由于粗大晶粒可能导致工件表面粗糙和工件表面精度不合格，因此通常需要进一步提高冷加工变形量，以完全避免这种情况发生。在变形过程中，粗大晶粒会形成粗糙的表面，这种现象称为橘皮现象。即使在工件刷漆之后，仍可看出粗糙表面，因此为不合格产品。

由于再结晶在变形晶粒处形核，新晶粒的位置和取向取决于变形晶粒。因此，再结晶组织是否与变形组织相同，取决于再结晶退火温度和时间。通常，再结晶晶粒的取向不是随机的，其晶粒的晶轴在冷变形晶粒的某些晶轴方向择优取向。由于织构会导致材料的力学性能各向异性，因此通常不被采用。通过添加合金元素、采用较小的冷变形量和选

择较低的退火温度，可降低材料中形成织构的可能性。

3. 再结晶和金属的纯度

与其合金相比，高纯金属具有较低的再结晶温度。杂质原子、溶质原子或细小第二相粒子降低晶界迁移；因此，它们的存在会阻碍再结晶。因为杂质原子和合金元素阻碍晶粒长大，想要得到更细小的再结晶晶粒，需要更长的时间形核和长大。固溶体杂质优先迁移到位错和晶界，阻碍它们运动，因此提高了再结晶温度。此外，第二相也倾向于提高再结晶温度。添加少量的合金元素，通常能大幅度提高再结晶温度。然而，进一步增加溶质元素，则再结晶温度通常先达到最大值，然后下降。在不同材料中，不同元素的这种作用的效果是不一样的。在铝中，镁的最佳添加量为 $w(\mathrm{Mg})=1\%$；在铜中，锌的最佳添加量是 $w(\mathrm{Zn})=5\%$。在铝中，锆的作用非常显著；而在钢中，则钼的作用非常显著。在冷加工强化的合金中添加合金元素，是一种有效阻止合金发生软化的方法。

4. 再结晶和原始晶粒尺寸

与退火温度或时间相比，最终再结晶晶粒尺寸更取决于冷变形或冷加工量。冷加工前的晶粒尺寸影响形核速率。材料的初始晶粒越细小，再结晶后得到的晶粒也会越细小，初始细晶粒具有更多数量的晶界，它们为再结晶形核提供更多有效的位置。在冷加工变形量相同的情况下，细小晶粒金属材料的应变强化效果大于粗晶粒金属的应变强化效果。因此，原始晶粒越细，则再结晶温度越低，再结晶时间越短。

5. 再结晶和形变温度

当冷加工温度高于室温时，在给定的时间和温度下，为得到相同数量的再结晶晶粒，需要采用更大的冷加工变形量。随着冷加工温度的提高，在形变过程中，开始发生动态回复，从而降低了金属中作为再结晶驱动力的储能。

1.1.6 晶粒长大

当再结晶完成后，新的无变形晶粒取代了多边形化晶粒的基体。进一步进行退火时，通过晶界迁移，平均晶粒尺寸增大，这一过程称为晶粒长大。再结晶消耗了变形材料的残余能量，但晶界仍存有一定的界面能。此时，组织仍然处于亚稳态，只有当微观组织转变成单一晶粒或晶体时，才算达到热力学稳定。与再结晶相反，此时晶界向晶粒的曲率中心迁移。一些晶粒会长大，另一些则会变小和消失。由于试样的体积是恒定的，在晶粒长大过程中，晶粒的数量会减少。小晶粒进一步变小并消失，大晶粒进一步长大，由此造成晶粒数量减少，平均晶粒尺寸增大。晶粒长大的驱动力是晶界自由能，该晶界自由能的大小明显小于再结晶的驱动能。可以将晶粒长大分为两种类型：晶粒正常或连续长大，晶粒异常或不连续长大。后者也称为晶粒过度长大、晶粒粗化或二次再结晶。

1. 晶粒正常长大

通常情况下，再结晶晶粒的棱边较少。晶界的曲率半径越小，越容易被相邻的晶粒所吞并。少于六个棱边的晶粒为凹曲率晶粒，晶粒不稳定，尺寸将趋向变小；而多于六个棱边的晶粒为凸曲率晶粒，尺寸将趋向长大（图 1-17）。晶粒尺寸越小，则晶粒的棱边数越少，在很短的时间内，会很快被较大的晶粒所吞并。其原因是通过晶界拉直，晶界趋向于晶粒曲率中心移动，由此减小了晶粒的表面积。三叉晶界之间的二面角通过移动，最终达到平衡的120°。与保温时间不变而提高温度相比，在保温温度不变而增加时间的条件下，晶粒长大的速度要慢一些。晶界迁移的速率与溶质原子数量和晶面的取向有关。第二相粒子具有钉扎晶界的作用，因此会阻碍晶粒的长大。

实验观察表明，晶粒根据式（1-10）长大。

$$D=kt^{n} \tag{1-10}$$

式中，D 是平均晶粒直径；t 是时间；n 是常数；k 是晶粒长大因子，其定义为

$$k=k_0\mathrm{e}^{-\frac{Q}{2RT}}$$

常数 n 随温度的升高而增大，最后趋近于理论值0.5。此外，激活能（Q）也随温度变化而变化。如以对数坐标作图，平均晶粒直径（D）与时间（t）的关系为直线关系，k 和 n 分别为直线的截距和斜率。在等温晶粒长大过程中，时间指数 n 通常小于或等于0.5。在低温短时间退火时，由于发生回复过程，会出现偏离直线关系的情况；在高温长时间退火时，晶粒长大效果则趋于平稳。

2. 晶粒异常长大

采用极高的温度退火，晶粒会发生异常长大。晶粒异常长大也称为晶粒不连续长大、晶粒粗化或二次再结晶。前面提到和讨论的再结晶过程为一次再结晶，主要区别于其他退火再结晶过程中出现的异常大晶粒。在极高塑性变形和高的退火温度条件下，在一次再结晶之后，可能出现异常大晶粒，这个过程称为二次再结晶。如基体中存在抑制晶粒长大因素，如未溶粒子（如夹杂物），则有利于控制二次再结晶过程。

材料基体中如有析出的细小第二相或夹杂物，则为本质细晶粒材料，具有极高的阻碍晶粒长大的能

力。然而，进一步提高加热温度时，这种阻碍晶粒长大的能力则会丧失，导致晶粒不连续长大或异常长大。如果加热温度足够高，或者保温时间足够长，析出的第二相会发生粗化或长大，其数量会减少，甚至会重新溶入基体中。该过程不是均匀的过程，有些界面会先消失，从而发展成尺寸粗大的晶粒。

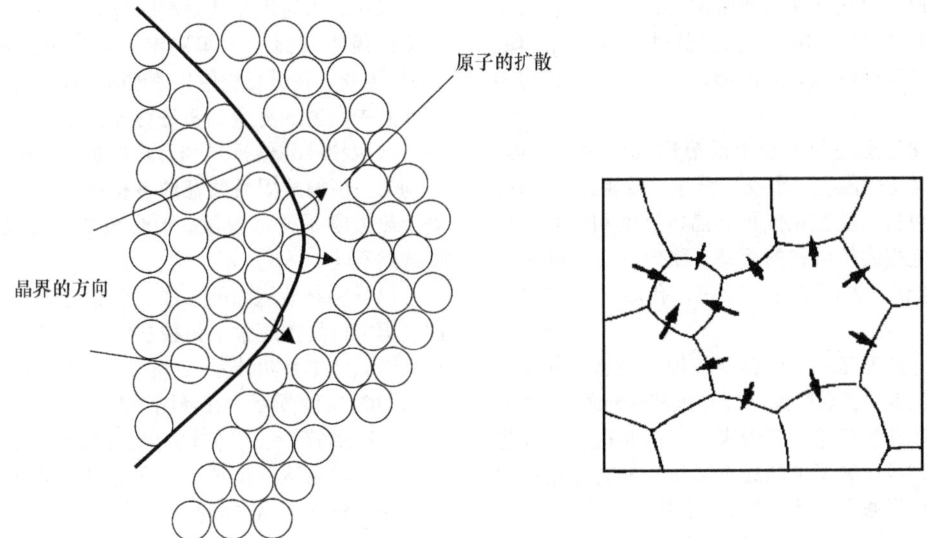

图 1-17 原子扩散和晶界的运动

如在退火前，金属经过了临界变形量（如变形量约为 10% 或更小）变形，也会形成异常大的晶粒，这种情况没有发生一次再结晶。与相邻晶粒相比，少数变形量较小的晶粒依靠冷变形晶粒的能量长大，其长大速率相对快一些，这种现象也称为萌发式晶粒长大。

图 1-18 所示为变形量和再结晶退火温度对铝的再结晶晶粒尺寸的影响。应该引起注意的是，当变形量较小和退火温度偏高时，易得到粗大晶粒。

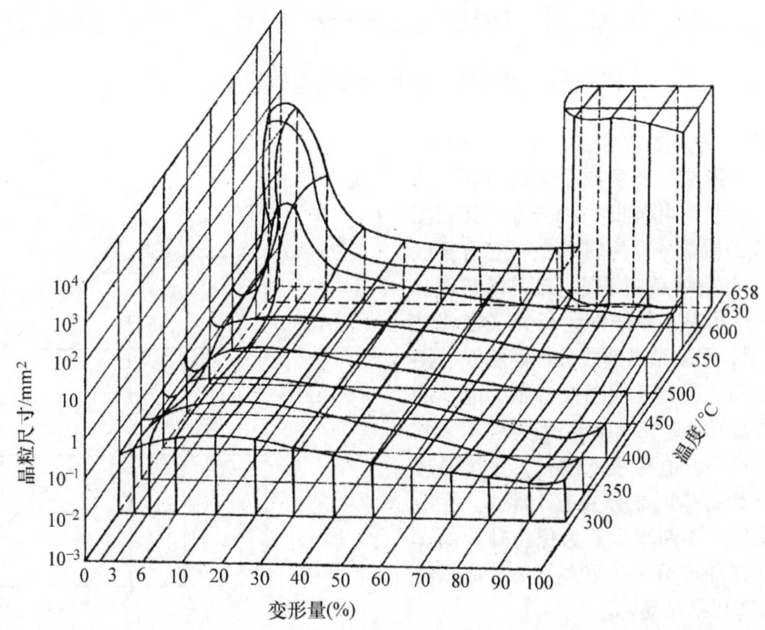

图 1-18 变形量和再结晶退火温度对铝的再结晶晶粒尺寸的影响

1.1.7 铸件的均匀化处理

铸件的均匀化处理是工业中最重要的热处理工艺之一。广义上说，均匀化处理是为了在基体中得到均匀分布的溶质原子和相组织而设计的工艺过程。

熔化金属在凝固过程中，溶质原子从金属液中排出，进行重新分配，造成微观组织偏析。溶质元素的均匀分布对随后的合金的形变热处理起着至关重要的作用，因此均匀化处理是非常重要的工艺过程。在铸件进行热加工前，通常需要对其进行均匀化处理。即使铸件是工件的最终产品形态，也需要进行均匀化处理。

均匀化处理是使单相中的溶质浓度达到均衡，实际上它常常伴随着一个或多个与扩散相关的过程。这些过程包括晶粒粗化或再结晶，过饱和元素的析出，不稳定相或析出相的溶解，稳定的金属间化合物粗化/球化，表面氧化、除氢，孔隙的生成和聚集等。

均匀化处理是一个受控于扩散的过程，其动力学取决于温度、扩散距离（即二次枝晶间距）、溶质的扩散系数和溶解速度等因素。铸造非铁合金（包括可热处理强化和不可热处理强化）和合金钢的均匀化处理温度通常选择在固相线温度以下 20 ~ 100℃ (36 ~ 180℉)。在均匀化处理过程中，如果出现局部早期熔化，可能会造成铸件严重变形和性能降低，因此应极力防止和避免。应根据铸造合金的成分和铸造工艺，选择铸件的均匀化处理温度和时间。

采用的均匀化处理温度和时间取决于扩散速率和原始组织（原始组织决定了浓度梯度和扩散路径）。因此，在进行均匀化处理时，应对合金凝固过程和其中发生的显微偏析进行充分了解。由于显微偏析（也称结晶偏析）和宏观偏析，铸件的成分是不均匀。平衡凝固后共存的各相组织中，合金元素处于热力学平衡溶解度，但合金如出现显微偏析，则截然不同。

（1）树枝状组织的形成　液态金属和合金在凝固过程中，晶体通常呈树枝状结晶，其组织称为树枝状组织（羊齿状结晶）。树枝状组织的形成过程示意图如图 1-19 所示。在凝固结晶过程中，通常晶核优先在冷的模壁上，但也可能在模具的心部形成。这些树枝状晶体逐步长大，发生相互碰撞，最终剩余液体在树枝状晶之间凝固。仅仅通过观察晶界的轮廓，可能无法完全清楚地观察到原树枝状的形貌。

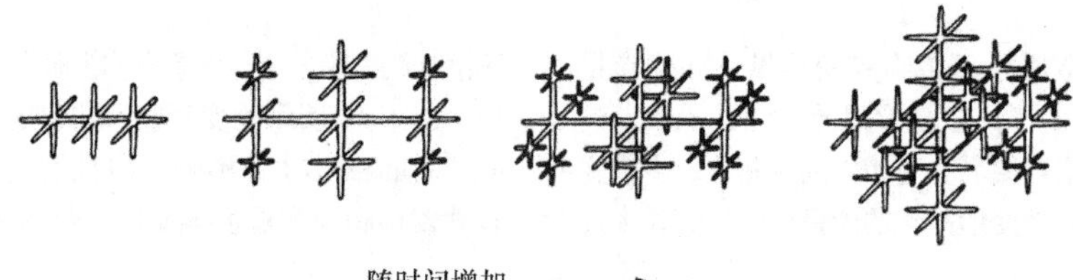

图 1-19　液态结晶过程树枝状组织形成示意图

（2）结晶偏析　在大多数合金的凝固过程中，都伴随着树枝状组织形成，发生成分显微偏析。为了解显微偏析发生过程，可假设一种合金，其相图如图 1-20 所示。B 的质量分数为 30% 的液态合金缓慢冷却，在温度 T_0 开始结晶。此时，结晶晶核成分为 10% B，进一步冷却时，晶体发生长大（以树枝晶形态）。根据相图，平衡结晶的成分按固相线（图 1-20 中 *abc* 线）凝固。因此，随温度降低，晶体的成分不断变化，当温度接近完全结晶温度 T_2 时，其各处成分趋近于 30% B。值得注意的是，每个晶体晶核中心对应于开始结晶的成分只有 10% B。在冷却过程中，树枝晶尺寸不断增大。为保持整个晶体与其对应温度固相线的成分一致和均匀，B 原子必须通过扩散来通过每层结晶晶体。

显然，结晶晶体中的原子扩散需要一定的时间，如果液相合金快速冷却，就会出现偏离平衡成分的现象。在快速冷却过程中，最先形成的晶体成分为 10% B，在进一步冷却中，液相和固相之间界面的成

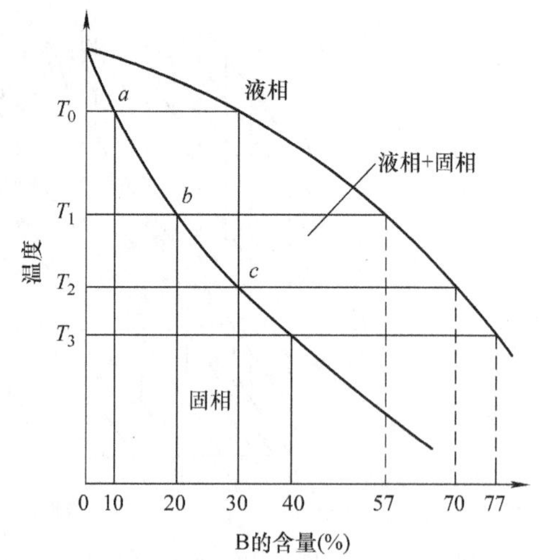

图 1-20　在 A－B 系统合金相图中 B（质量分数为 30%）合金结晶凝固示意图

分保持与相图中固相线的化学成分相同。因此，随着温度从 T_0 降低到 T_1，晶体发生长大，晶体外层的成分为 20% B。然而，由于冷却速度快，晶体心部的成分仍保持 10% B。晶体心部至外层之间的成分在 10% B～20% B 范围内平稳变化。由于冷却速度快，没有足够的时间发生明显的扩散，由此造成晶体内出现成分浓度梯度。在缓慢冷却过程中，当温度达到 T_2 时，结晶就会完成。然而，在快速冷却达到这一温度时，晶体外层的成分为 30% B，但心部成分只有 10% B。因此，晶体的平均成分为 10% B～30% B。直到平均成分达到 30% B（该合金的成分），合金结晶才会完成，由此合金发生过冷现象。树枝晶的成分按层不断增加，直到树枝晶的枝晶发生相互碰撞，结晶才会完成。在该例中，直到温度冷却到 T_3，枝晶之间发生相互碰撞，最后一层结晶的成分为 40% B（图 1-20）。

合金凝固树枝组织的主干和支干中心成分约为 10% B，而最后完成结晶处的成分约为 40% B。如采用对成分敏感的侵蚀剂对该组织进行侵蚀，则树枝组织中的某些区域更容易被侵蚀。此时，侵蚀后的表面微区高低不一，造成对光的反射不同，由此导致了组织的形貌差别。图 1-21 所示为 Cu 的质量分数为 30% 的铜镍合金金相组织照片。在低倍下可以清楚地看到，不均匀腐蚀显示了树枝状结晶组织。这种化学成分显微偏析的树枝组织称为具有结晶偏析组织，其形成过程称为结晶偏析。

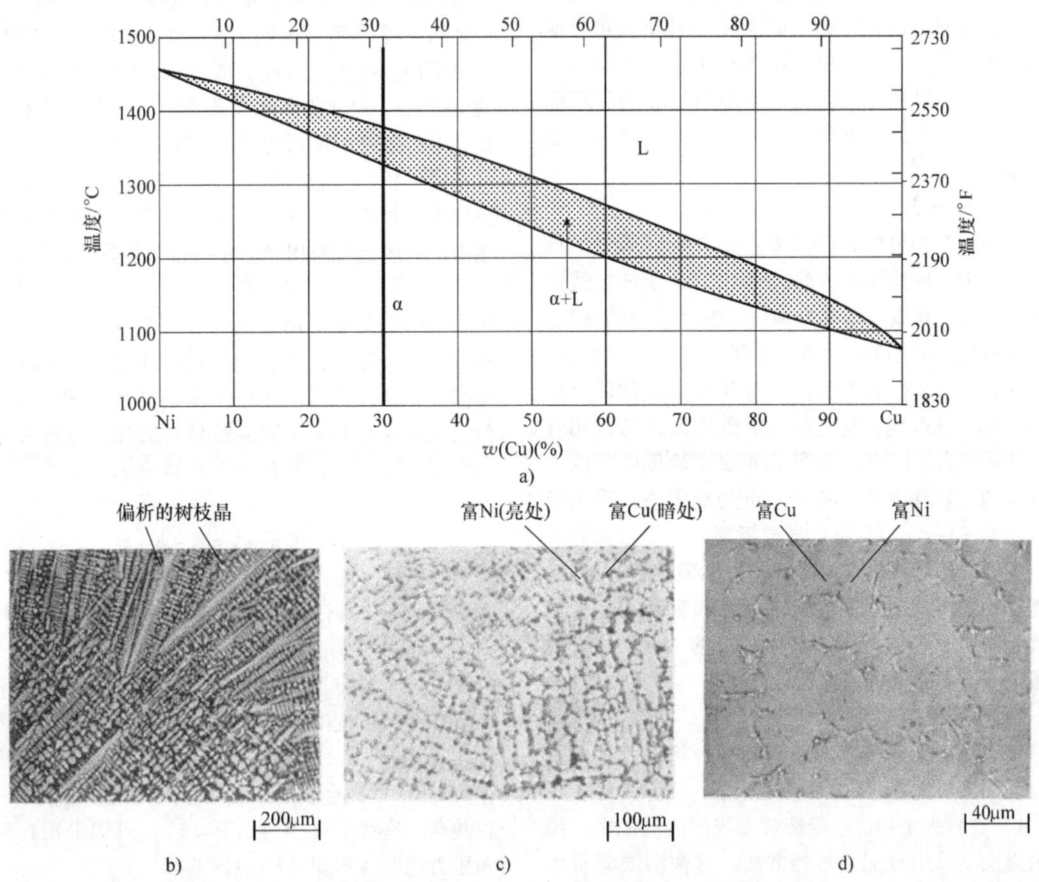

图 1-21　Cu－Ni 相图及 Ni－30% Cu 合金由液态快速凝固所形成的具有结晶偏析的非平衡微观组织

a）Cu－Ni 相图　b）～d）不同放大倍率下的微观组织

注：图 d 中树枝晶直径约为 40μm；OM—光学显微镜。

（3）成分均匀化退火　通过选择足够高的温度和足够长的时间退火，可以将树枝晶成分偏析降低到可接受的水平。通过对菲克定律求解，可得到扩散速度。采用公式 $x^2 \approx Dt$ 进行保守估计，可得到消除成分偏析所需的时间，式中，x 是树枝晶中成分高浓度区至低浓度区之间的距离，即树枝晶截面尺寸的一半。例如，图 1-21d 中树枝晶截面尺寸约是 40μm，则 $x = 20\mu m$。再如，如果 Ni－30% Cu 合金在 1000℃（1273K）时的 $D = 2\times10^{-10}cm^2/s$，则所需均匀化退火时间大约是 6h；在 1100℃（1373K）时

的 $D=2\times10^{-9}\mathrm{cm}^2/\mathrm{s}$，则所需均匀化退火时间大约是1h。显然，选择更高的退火温度，可大大缩短所需的时间，但此时必须考虑退火时过度氧化等问题。

如图1-21所示具有结晶偏析的铸态组织铸件，如果通过轧制减小了50%的厚度，则在轧制方向树枝晶（平均）会被拉长，但由于其轧板厚度减少了50%，因此有效的扩散距离 x 大约只有10μm（0.4mil）。此时，该铸件在1000℃（1830℉）下所需的均匀化退火时间仅为1h，而不是原来的6h。该例说明在均匀化退火中，有机地结合塑性变形，能更好地消除铸件的结晶偏析。

许多合金铸锭也会发生宏观偏析，在此过程中，由于溶质元素（通常是杂质）的固溶度有限，溶质元素在先凝固的前沿排出，造成铸锭表面的化学成分与其中心线处不同。由于这些溶质元素在最后结晶的铸锭中心处凝固，改善化学不均匀性的扩散距离通常太大，因此不能通过均匀化退火来明显改善宏观偏析。

1. 表征方法

可采用几种定性和定量的方法来研究成分的均匀化。其中一种简单的方法是通过对合金进行适当的化学侵蚀，观察微区成分偏析。由于成分的变化，微区偏析的成分与基体不同，因此在用光学显微镜观察时，会造成衬度差别。采用带X射线微区分析的扫描电子显微镜，是定量测定微区偏析的常用方法。然而，当基体中溶质原子的浓度较低时，该分析方法的可靠性变差，具有一定的局限性。采用局部电极原子探针（LEAP）显微镜观察，是目前分析合金中微观偏析或确定均匀性的最准确的分析方法。它能给出基体相中原子的三维分布和精确确定特定位置处溶质原子的浓度。然而，目前LEAP显微镜数量较少，而且分析成本相对较高。

2. 计算模型

精确地定量分析微观偏析具有一定的挑战，目前存在的困难主要有：

1）建立每个相的平衡溶解度与温度的函数。传统的做法是采用分配系数的方法，这在溶质元素浓度低时是合理的。然而对于复杂体系，需要具有多组元的相图。

2）在固相中解决扩散传输问题。这需要了解每种元素的扩散系数，以及有关扩散距离（即枝晶间距、晶粒尺寸等）和冷却条件等知识。

3）建立液态金属流动与相关微观偏析之间的关联。由于涉及枝晶间、晶粒间和整体的金属液体的流动，因此，它们之间的关联过程是相当复杂的。

4）根据相变理论，对钢的包晶转变、铝合金的共晶转变和析出转变等进行解释。

尽管存在这些障碍，但对于部分合金均匀化行为的预测现已取得成功。采用计算机模拟技术，最大的优势是节省成本和时间。然而，目前计算机模拟具有局限性，计算模型的精度仅在所选择的部分合金中得到验证。此外，要想进行计算机模拟，还需要具有各合金的热力学参数、扩散系数和界面移动等数据。想要得到所有金属体系的这些数据是很难的。

1.1.8 固态相变

在加热或冷却过程中，若母相中产生一个或多个新相，则说明发生了固态相变。在几个重要方面，固态相变不同于液-固相转变（凝固）。固相时原子受到的束缚比液相时大得多，而且扩散速率慢得多，即使在接近熔点温度时，固相的扩散速率约为液相的 10^{-5} 倍。通常固态相变不直接转变为平衡相，而是在形成最终平衡相之前，转变为亚稳态的过渡相。

通过相图和著名的吉布斯相律，可以描述平衡条件下的相转变。在热力学平衡条件下的金属或合金中，采用吉布斯相律确定共存相的数量（P）

$$P=C-F+2 \tag{1-11}$$

式中，C 是合金中化学组分（元素）的数量；F 是保持平衡状态时自由度的数量。外部可控条件的自由度为温度和压强，在一个多组分系统中，自由度与组成或成分有关。大多数材料的加工过程通常是在常压下进行的，则自由度的数量减少1个，即相律为

$$P(\text{恒压下})=C-F+1 \tag{1-12}$$

对于纯金属（$C=1$）恒压条件，只有温度一个自由度。在这种情况下，只有一个平衡相（$P=1$）。

然而，如果在平衡过程中保持温度不变（$F=0$），则纯金属有两个平衡相共存。当纯金属的平衡相保持温度不变时，表现为纯金属在熔化过程中出现热稳定平台（即在熔化过程中，固相和液相共存）。另一个纯金属的三相共存点为固相、液相和气相共存。这种平衡条件（$P=3$），只能出现在温度和压力均保持不变（$F=0$）的情况下。

吉布斯相律适用于多组分的二元合金（$C=2$）和三元合金（$C=3$）。不同的合金可以由多个相组成，可以是非均匀的结晶形式，而且可以通过热处理工艺对其进行调整和改变。在平衡或接近平衡条件下，可以发生各种类型的固态相变，本章在“等温相转变”中对其进行了总结。

相的形核和生长机制是决定整体相变速率的重要因素，也决定其得到的微观组织和相关的力学性能。在形核过程中，不仅析出相的类型很重要，其

分布也同样重要。通过影响位错运动，析出相的分布将对合金的力学性能产生影响。

1. 均匀和非均匀形核

通常来说，可以将相的形核和长大分为均匀和非均匀两种不同过程（图 1-22）。均匀形核是在基体中均匀发生（没有择优形核）的，而非均匀形核则是在晶界、晶隅、空位、间隙原子或位错等晶体缺陷处择优发生的。大多数的析出都涉及或要求有择优的非均匀形核，而均匀形核包括调幅分解，共格析出的 GP 区，以及其他完全共格的析出相（如镍基超合金中的 Ni_3Al）。当析出相晶格与基体的晶格之间保持连续性时，则发生共格析出。

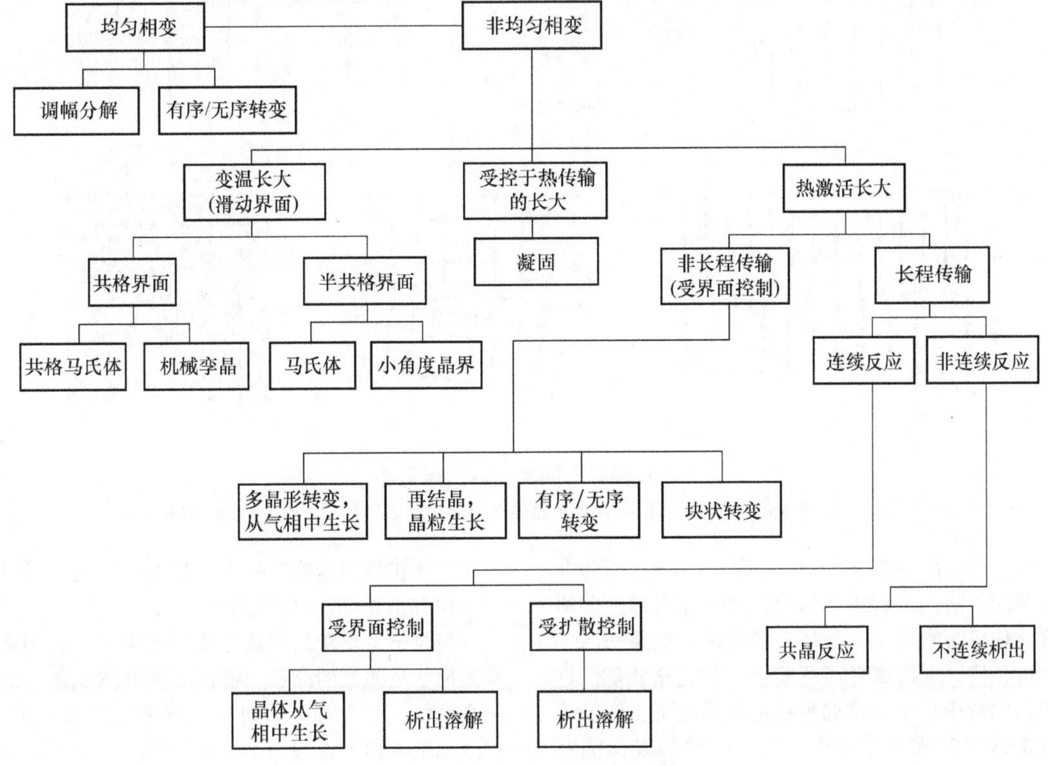

图 1-22　根据生长过程对相变进行分类

通过消除缺陷的高能表面，非均匀形核消除了缺陷和减少了高能表面（通过新相形核），从而降低了系统的整体自由能。最初的形核过程是一种能量起伏现象，而非均匀形核速率受其密度不均匀、临界形核功以及原子迁移率的影响。在固相中，形核的能垒的大小控制其第二相的生成，这与临界形核的界面能和应变能有关。式（1-13）和式（1-14）分别为均匀和非均匀形核的自由能

$$\Delta G_{hom} = -V(\Delta G_v - \Delta G_s) + A\gamma \qquad (1\text{-}13)$$

$$\Delta G_{hem} = -V(\Delta G_v - \Delta G_s) + A\gamma - \Delta G_d \qquad (1\text{-}14)$$

式中，ΔG_{hom}为总的均匀形核自由能变化；ΔG_{hem}为总的非均匀形核自由能变化；V 为已转变相的体积；ΔG_v 为已转变相的体积自由能；ΔG_s 为已转变相的体积失配应变能；$A\gamma$ 为在假设各向同性条件下，表面积和已转变相的表面能；ΔG_d 为由缺陷产生的自由能。

表 1-3 总结了不同类型界面的表面能，图 1-23 为不同类型界面示意图。通常，小平面界面为共格界面，而非小平面界面为半共格或非共格界面。如果非均匀形核位置足够多，则不会发生均匀形核。

表 1-3　不同类型界面的表面能

（单位：mJ/m^2）

不同类型的界面	表面能(γ)
共格	γ(共格) = γ(化学能) ≤200
半共格	Γ(半共格) = γ(化学能) + γ(结构能) ≈200 ~ 500
非共格	γ(非共格) ≈500 ~ 1000

共格界面（图 1-23a、b）的特征是晶格面连续，界面上的原子对称匹配，如晶格面之间存在少量不匹配，则会导致共格应变（图 1-23c）。共格界面的界面能相对较低，通常典型界面能值在 50 ~ 200ergs/cm²（0.05 ~ 0.2 J/m²）范围内。

当基体和析出相的晶体结构差别大时，界面上

很少有原子或没有原子相匹配，则会产生非共格界面（图 1-23e、f）。此时界面为大角度的晶界，其特征是界面能相对较高，为 500 ~ 1000ergs/cm^2（0.5 ~ 1.0J/m^2）。

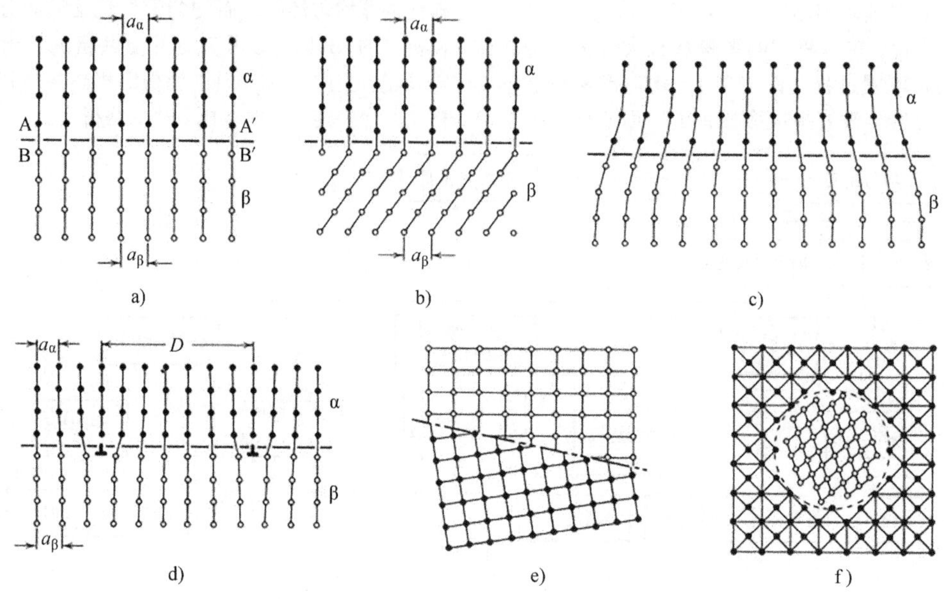

图 1-23 不同类型界面示意图

a)、b）完全共格 c)、d）半共格（晶格有应变和位错存在） e)、f）非共格

半共格界面（图 1-23d）是介于共格界面和非共格界面之间的一种中间情况，由于存在部分共格应变，使界面能处于一个较低的水平。如果引入一组失配位错，则局部界面可能会实现完全匹配。这类界面的特征是由位错调整晶格的错配度，使晶格的局部区域实现共格匹配。这些区域的表面能在 200 ~ 500ergs/cm^2（0.2 ~ 0.5J/m^2）范围内。

位错是半共格析出相的有利形核位置。通常由于出现晶格失配，产生位错，形成半共格析出相。由于界面的晶格常数不同，导致界面应变，而产生的位错能维持局部共格，降低应变。在析出相形核的过程中，空位具有几个作用。当温度较低不适合扩散时，空位能促进和提高扩散能力。此外，空位还能起到缓解局部应力的作用，促使共格相形核析出。空位的浓度与温度有关，采用高温快速淬火，不仅能得到过饱和固溶体，还能保留相当数量的空位。

2. 非均匀形核相长大

等温转变和变温转变都涉及相邻原子的变化。由于可以很容易地改变相邻原子的位置（所谓的动力学效应），因此可以影响析出相的形状和生长。即使是所谓的无扩散型机制的变温转变，也涉及转变过程中的原子重组动力学，因此需要一定的转变时间。图 1-24 所示为对各种非均匀形核相长大机制进行的总结。本节的重点是介绍扩散型机制的相长大。本章“无扩散型相变”一节，主要介绍无扩散型相变（位移型相变）原子的重组。

当原子团或新相开始形成和长大时，必须要长大到尺寸足够大的晶胚。根据形核的体积能与表面能之间的相互竞争，来决定临界形核的尺寸大小。扩散也是新相生长的一个重要因素。在等温转变过程中，固相的长大受到扩散的控制，在该过程中，原子从母相界面扩散到不断长大的第二相粒子中。因为这是一个受控于扩散的过程，长大速率（$\dot{G}$）是由温度决定，即

$$\dot{G} = Ce^{-Q/RT} \tag{1-15}$$

式中，Q 是激活能；C 是指数前的常数。

Q 和 C 均与温度无关。图 1-25 所示为长大速率（$\dot{G}$）和形核速率（$\dot{N}$）与温度之间的关系。在一定的温度下，总的转变量为 $\dot{G}$ 和 $\dot{N}$ 的乘积，发生在较高温度下的相变，形核速率低，但长大速率高。这将导致形核数量减少，颗粒尺寸大，最终的转变产物粗大。反之，如果相变在较低的温度下进行，则形核驱动力增大，形核数量多，但长大速率较低，因而最终的转变产物细小。

在完成一定数量的转变量中，转变速率与转变所需的时间成反比。通常，采用完成 50% 转变量所需的时间来表示其转变速率。因此，转变速率为完成 50% 转变量所需时间（$t_{0.5}$）的倒数，即

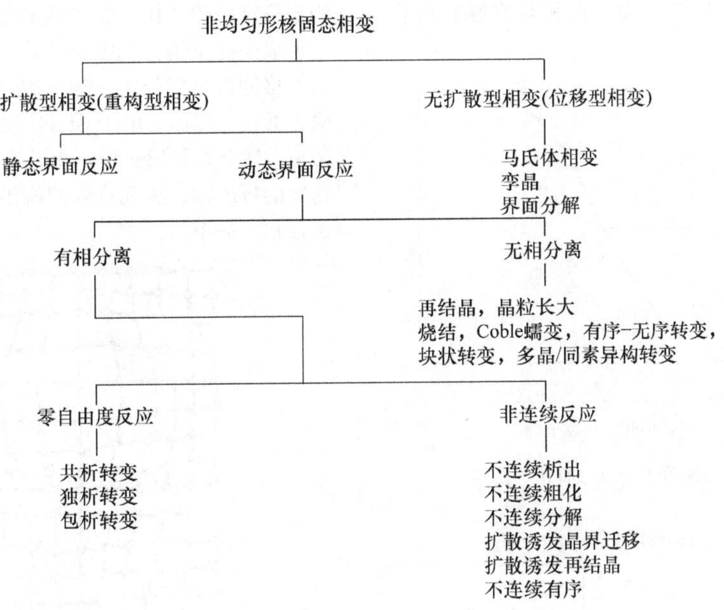

图 1-24　非均匀形核固态相变分类

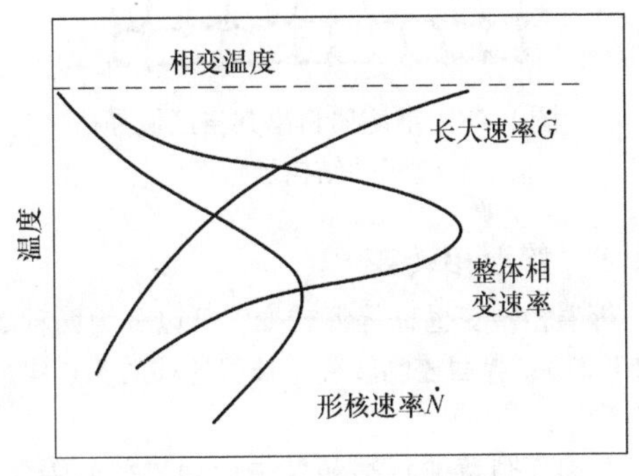

图 1-25　相变速率与温度的关系

$$v_{\text{转变速率}} = \frac{1}{t_{0.5}} \tag{1-16}$$

如将转变时间取对数与温度作图，可得到图 1-26中的 C 形曲线，这与图 1-25 中的转换速率曲线成镜像。

如在温度不变的条件下，将转变时间取对数后与相转变分数作图，则得到图 1-27 中的 S 形曲线图，此为大多数固态相变的典型动力学特征曲线。根据图 1-27 所示的固态相变的动力学曲线，转变分数（f）与时间（t）的函数关系遵循 Avrami 方程

$$f = 1 - e^{-kt^n} \tag{1-17}$$

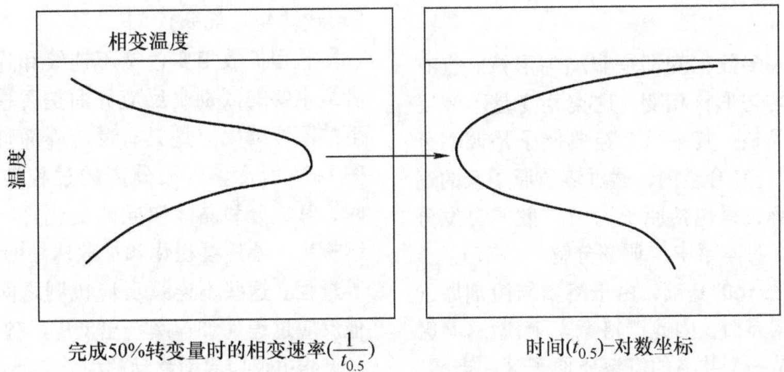

图 1-26　完成 50% 转变量时的相变速率与温度的关系

对特定的转变过程，式中 k 和 n 是与时间无关的常数。k 值取决于初始相的温度和属性，n 值见表 1-4。

通过 Avrami 方程中的 n 值，可以区分胞状转变和析出转变（见本章“等温相转变”一节）。胞状转变是指在转变过程中，有新相形成。例如，在较高温度下的 γ 固相转变为较低温度下的 a 和 b 两个相。在该反应过程中，γ 相消失了，取而代之的是 a

和 b 两相混合物。因为 a 和 b 两相具有胞状形貌，所以称为胞状反应。

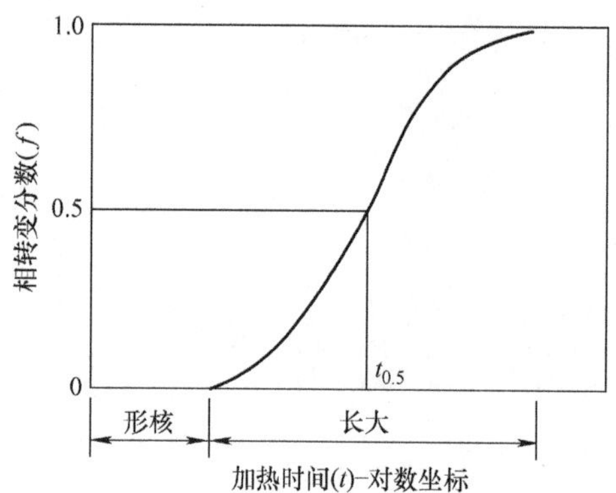

图 1-27 相转变分数与时间的关系

表 1-4 Avrami 方程中的 *n* 值

相变类型		*n* 值
胞状转变	均匀形核	4
	零速形核	3
	晶隅形核	2
	晶界形核	1
析出转变	从小尺寸析出长大	2.5
	均匀形核	1.5
	零速形核	1
	针状增粗	0.5
	片状增厚	—

3. 均匀转变

众所周知，大多数相变都是非均匀形核。也有某些例外类型的均匀形核相变，这类相变是不需要新相长大的临界晶核。其中两个经典例子是调幅分解和 GP 区的形成。在合金内，通过溶质原子区的逐渐富集，调幅分解过程包括原子均匀扩散或自发分离、浓度的起伏（见本章中“调幅分解”一节）。

GP 区是析出强化的基础，由于溶质与溶剂原子之间没有明显的相界面，因此严格意义上说，GP 区不是一个相，而是一个共格的富溶质原子区。当然，在晶格内为适应溶剂相与溶质原子之间晶格参数的细微差别，溶质原子与溶剂原子之间存在一定的应变（图 1-28）。GP 区的尺寸非常小（1～5nm），可以在溶剂晶格中均匀分布。此外，GP 区在溶剂晶格和富溶质之间保持连续，因此也是一个共格的结构。对亚稳态的 GP 区进一步时效，会导致 GP 区分解成为更稳定的相结构。在时效的过程中，通过在界面上形成失配位错，或吸引基体中的位错至界面，最初共格的析出相长大，当其超过临界尺寸，会造成失去共格。然而，由于 GP 区可以在整个材料中均匀形成，因此可以通过进一步时效，使 GP 区转变为更稳定的析出相，实现有效的析出强化（见本章“析出强化”一节）。

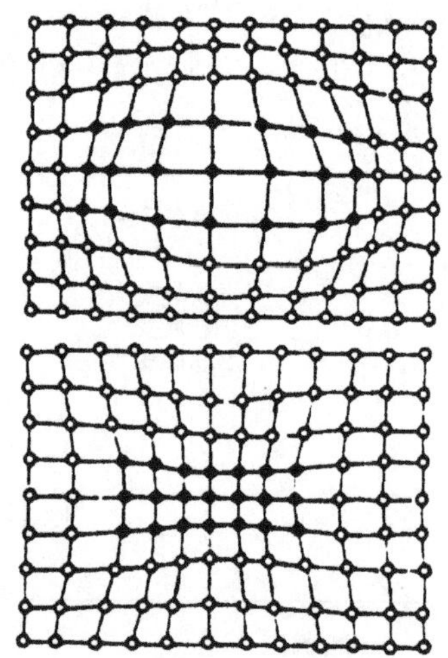

图 1-28 富溶质析出共格区域晶格应变的结构示意图

1.1.9 等温相转变

等温相转变也称等温转变，可以分为两种类型（图 1-22）：界面控制转变、长程迁移的不连续或连续转变。

界面控制转变包括晶粒生长和再结晶等变化。另一个界面控制转变的例子是块状转变（见本节“块状转变”部分）。

长程扩散相变包括不连续和连续两种反应，两者最主要的区别是反应界面是否移动。在等温条件下的不连续反应是具有反应界面移动的相分离，如图 1-24 所示。当相分离的过程涉及迁移反应前沿时，其成分和晶体取向的变化是不连续的，如不连续析出、不连续粗化和扩散诱导的再结晶/晶界迁移等过程。这些不连续反应机制之间，以及它们与其他反应过程（如连续析出反应过程）之间相互竞争。

根据反应界面移动的相分离特点，有两种基本相分离反应类型（图 1-24）：零自由度反应和不连续析出反应。这两种类型反应的特点是都从原单相基体（或母相）中产生两个新的相结构。其最重要的区别是母相转变（相分离）后基体的晶体结构是否发生变化。在不连续析出中，产生了一个新相，但是与母相相比，反应后基体的晶体结构没有发生改变。

1. 析出转变

在许多合金系统中，当合金从高温冷却时，都存在固相的析出。析出反应的结果是在基体中，新的析出相在基体相中形核和粗化，构成混合组织。析出后的基体相可能与母相具有相似的晶体结构，但通常成分和晶格参数不同。而析出相在晶体结构、成分、晶格参数和长程有序等方面均与母相不同。析出后合金的性能直接与析出相的类型、大小、形状和分布有关。

图 1-29 所示为各类析出反应的相图。初始相成分（如 α_0、β_0 或 I_0）的合金发生析出反应，转变为两相组织，其中一相为新相或析出相。表 1-5 列出了部分合金体系中的析出反应，以及母相与析出相之间的晶体学关系。

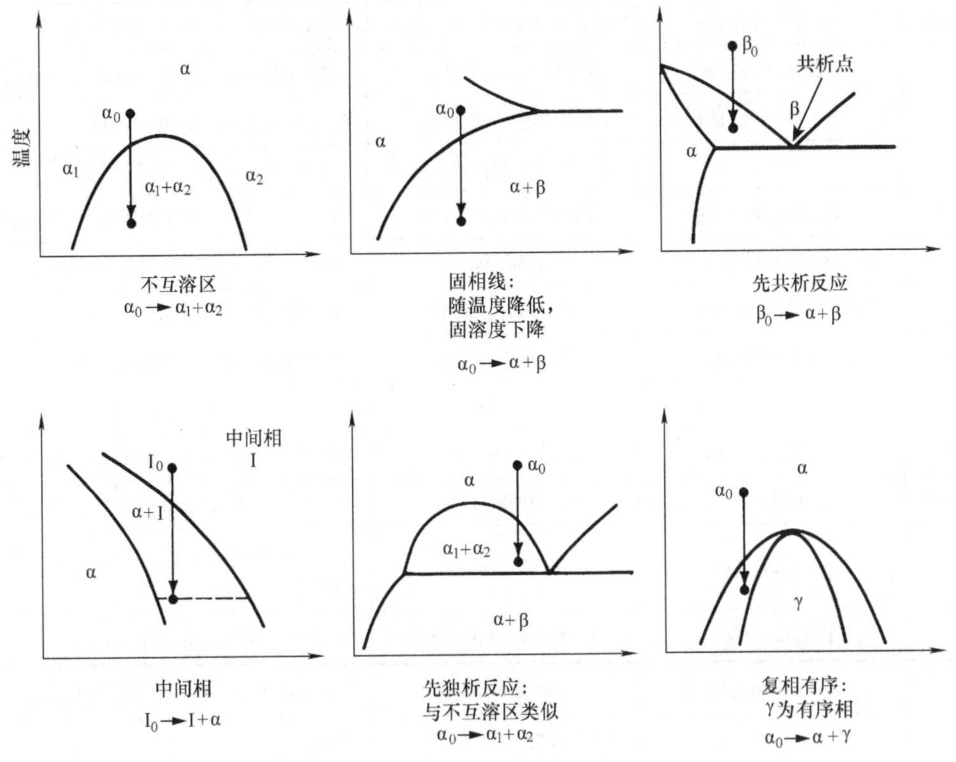

图 1-29　有第二相析出的平衡相图

注：在所有情况下，两相产物的基体与初始的单相具有相同的晶体结构，但平衡成分（α、β 或 I）不同。

表 1-5　部分合金体系中母相与析出相之间的晶体学关系

合金体系	母相及其晶体结构①	析出相及其晶体结构①	晶体学关系（析出相在前）
Ag－Al	Al 的固溶体;fcc	γ(Ag_2Al);hcp	(0001)‖(111),$[11\bar{2}0]$‖$[1\bar{1}0]$
	Al 的固溶体;fcc	γ'(过渡相);hcp	(0001)‖(111),$[11\bar{2}0]$‖$[1\bar{1}0]$
Ag－Cu	Ag 的固溶体;fcc	Cu 的固溶体;fcc	片状‖{100};平行所有方向‖
	Cu 的固溶体;fcc	Ag 的固溶体;fcc	片状‖{111} or{100};平行所有方向‖
Ag－Zn	β(βAgZn);bcc	Ag 的固溶体;fcc	(111)‖(110),$[1\bar{1}0]$‖$[1\bar{1}1]$
	β(βAgZn);bcc	γ(γAg_5Zn_8);bcc	(100)‖(100),[010]‖[010]
Al－Cu	Al 的固溶体;fcc	θ($CuAl_2$);bct	片状‖(100);(100)‖(100),[011]‖[120]
	Al 的固溶体;fcc	θ'(过渡相);tet	(001)‖(100),[010]‖[011]
Al－Mg	Al 的固溶体;fcc	β($\beta-Al_3Mg_2$);fcc	先片状‖{110};后可能‖{120}
Al－Mg－Si	Al 的固溶体;fcc	Mg_2Si;fcc	片状‖{100}

（续）

合金体系	母相及其晶体结构①	析出相及其晶体结构①	晶体学关系（析出相在前）
Al-Zn	Al 的固溶体；fcc	接近纯 Zn；hcp	片状‖{111}；(0001)‖{111}，$[11\bar{2}0]$‖⟨110⟩
Au-Cu②	Au-Cu 的固溶体；fcc	α_1(AuCu1)；ord fct	(100)‖(100)，[010]‖[010]
Be-Cu	Cu 的固溶体；fcc	γ_2(γBeCu)；ord bcc	G-P 区‖{100}；而后 γ_2[100]‖[100]，[010]‖[011]
0.4C-Fe	奥氏体（γFe）；fcc	先共析铁素体（αFe）；bcc	(110)‖(111)，$[1\bar{1}1]$‖$[1\bar{1}0]$
0.8C-Fe	奥氏体（γFe）；fcc	珠光体中的铁素体；bcc	(011)‖(001)，$[\bar{1}00]$‖[100]，$[0\bar{1}1]$‖[010]
	奥氏体（γFe）；fcc	上贝氏体中的铁素体；bcc	(110)‖(111)，$[1\bar{1}0]$‖$[\bar{2}11]$
		下贝氏体中的铁素体；bcc	(110)‖(111)，$[1\bar{1}1]$‖$[1\bar{1}0]$
1.3C-Fe	奥氏体（γFe）；fcc	渗碳体（Fe_3C）；ortho	非片状‖(111)；(001)Fe_3C‖片状的晶面
Co-Cu	Cu 的固溶体；fcc	αCo 固溶体；fcc	片状‖{100}；晶体取向与基体相同
Co-Pt(b)	Pt-Co 的固溶体；fcc	α″(CoPt)；ord fct	片状‖{100}；平行所有方向‖
Cu-Fe	Cu 的固溶体；fcc	γFe（过渡相）；fcc	立方体状{100}；晶体取向与基体相同
		αFe；bcc	片状‖{111}；晶体取向随机
Cu-Si	Cu 的固溶体；fcc	β(ζCu-Si)；hcp	片状‖{111}；(0001)‖(111)，$[11\bar{2}0]$‖$[1\bar{1}0]$
Cu-Sn	β 相；bcc	Cu 的固溶体；fcc	(111)‖(110)，$[1\bar{1}0]$‖[111]
Cu-Zn	β(CuZn)；bcc	Cu 的固溶体；fcc	(111)‖(110)，$[1\bar{1}0]$‖$[\bar{1}11]$；惯习面可变，片状或针状‖[556]
	β(CuZn)；bcc	γ(γCu_5Zn_8)；ord bcc	(100)‖(100)，[010]‖[010]
	ε(εCu-Zn)；hcp	Zn 的固溶体；hcp	$(10\bar{1}4)$‖$(10\bar{1}4)$，$[11\bar{2}0]$‖$[11\bar{2}0]$
Fe-N	铁素体（αFe）；bcc	γ_1(Fe_4N)；fcc	(112)‖(210)
Fe-P	铁素体（αFe）；bcc	δ(Fe_3P)；bct	片状‖(21，1，4)
Pb-Sb	Pb 的固溶体；fcc	Sb 的固溶体；rhom	(001)‖(111)，[100]‖$[1\bar{1}0]$

① bcc—体心立方；bct—体心正方；fcc—面心立方；hcp—密排六方；ord bcc—有序体心立方；ord fct—有序面心正方；ortho—正交晶系；rhom—菱形；tet—正方。

② 有序转变。

析出相结构的尺寸和形式可以在很大范围内变化。合金在适当的快速冷却过程中，可以得到微观尺度的析出相结构。而宏观尺度的析出相（如铁镍陨石中的魏氏组织）则在非常缓慢的冷却中产生。部分典型析出模式包括：

1）普通或连续析出。是指在整个基体中，第二相粒子均匀析出。普通析出并不意味着均匀形核，而是指第二相在整个基体中析出。

2）魏氏组织结构。由片状或类似板条状组织连续析出得到。具有独特的片状或板条状魏氏组织的特点是同时具有大角度和小角度界面。在许多合金系统中，都可能出现魏氏组织形态。

3）不连续析出。通常可在晶界区域出现。在不连续析出过程中，第二相在晶界区域上形核，并随析出反应向晶内推移。通常，不连续析出在非共格大角度晶界形成，由此导致了非均匀形核和产生晶界迁移。由于界面的结构、能量、移动性和扩散性等之间的关系相当复杂，人们对不连续析出的条件和判据还不完全了解。

4）胞状析出。始于晶界的同素异体转变，但不会穿过整个晶粒（图 1-30）。图 1-31 所示为常见的层状交替形成胞状析出转变的例子。

由于溶质原子的扩散作用，析出粒子发生粗化，粗化速率随温度的提高而增加。在某些情况下，粗化速率受控于界面能。除非界面能很低，否则一般均会发生析出粒子粗化。较低密度的大粒子比较高密度小粒子的总界面能要少，这是粒子粗化的驱动力。从自由能曲线图上可以看到，基体中较小粒子具有较高溶解度，这种现象称为毛细管效应（图 1-32a）。因为较小的粒子具有高表面曲率，提高了压强，所以图中溶质浓度的公切点（图 1-32a）较高，具有较高的自由能。

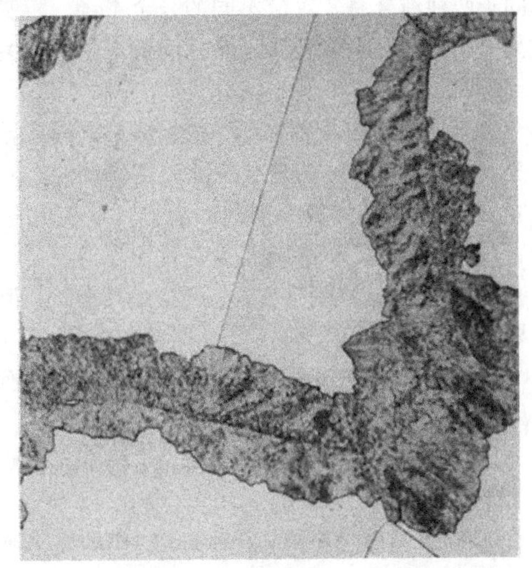

图 1-30　Au－30% Ni 合金晶界生长出胞状领域

注：合金在 425℃（795℉）时效 50min；

侵蚀剂为 50mL5% 硫酸铵 +50mL5% 氰化钾

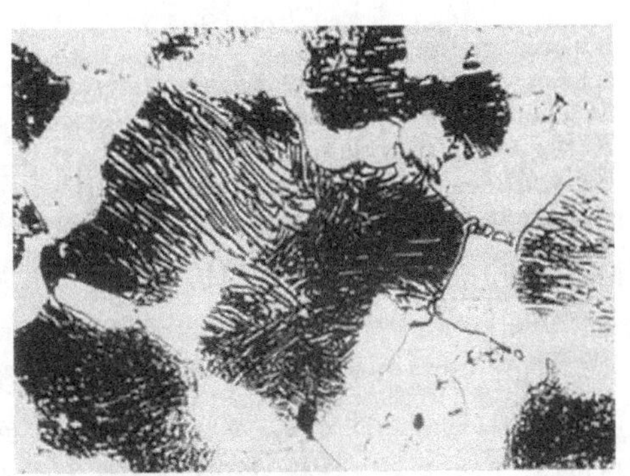

图 1-31　无锆铸造镁合金 AZ80 的 β 相（$Mg_{17}Al_{12}$）不连续析出

较小的析出相不断发生溶解，而溶质原子重新分配到更大的稳定析出相中，这就是著名的 Ostwald 熟化机制。析出相的生长可以是由非共格界面的运动或扩散使析出相增厚并保持共格结构的台阶机制。将具有 GP 区或中间半共格相的合金加热到它们各自的固溶度分解温度时，它们会重新溶解到基体中。

2. 零自由度相变

零自由度相变是在平衡条件（温度和化学成分）下，具有最多共存相时发生的相变。典型零自由度相变的例子是纯金属在三相点发生的相变。在允许共存相数目最多的平衡条件下，吉布斯相律自由度为零（$F=0$），因此称为零自由度相变。对于二元合金（$C=2$），根据吉布斯相律，三相共存点（$P=3$）为

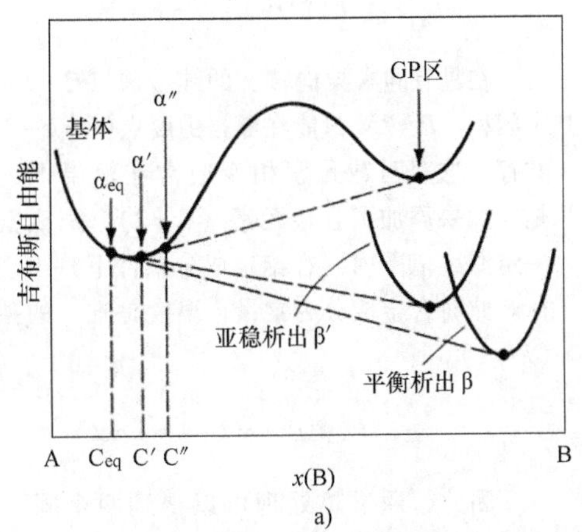

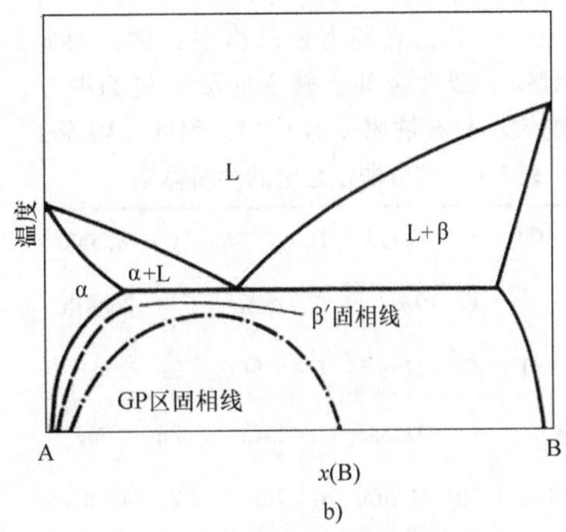

图 1-32　吉布斯自由能成分图和析出序列中的亚稳态及稳态平衡相的固溶度曲线

a）吉布斯自由能成分图　b）析出序列中的亚稳态及稳态平衡相的固溶度曲线

注：图 a 中切点为在给定温度下，基体相成分（C″、C′和 C_{eq}）和各析出相成分之间的关系。从该切线可知，细小的 GP 区对应的基体具有更高的固溶度。图 b 中假设相图为亚稳态和稳态的固溶度曲线。

$$P = C - F + 1\ (\text{在恒压下})$$
$$2 - 0 + 1 = 3$$

因此，当温度和化学成分处于零自由度点的特殊值时，相变产生两个新相，它们都有不同于原母相的晶体结构。由于在该零自由度相变过程中产生了两个新相，得到的微观组织结构形态会有很大的变化。

零自由度固态相变反应属于非均匀相变，涉及反应界面的移动和相的分离。零自由度相变不同于析出反应，因为其所有产物的晶体结构均不同于母相。相比之下，析出反应是在基体中析出第二相，而基体的晶体结构没有发生改变。

零自由度固态相变有以下三种类型：

（1）共析转变 一个固相转变成为晶体结构不同于母相的两个或多个固相的致密混合物。形成的固相数量等于系统中组分的数量。

（2）包析转变 在冷却过程中，二元合金的两个固相转变为一个固相（$\alpha + \beta \rightarrow \gamma$）。正如所有零自由度相变一样，包析转变也是可逆的，也就是说，在加热过程中，γ 相完全转变为 $\alpha + \beta$ 两个固相。

（3）独析转变 加热或冷却某一固溶体，将其完全转变为另一种具有不同晶体结构的固溶体。与共析反应不同的是，独析转变的反应产物为单相。

一个经典的零自由度固态相变例子是铁－碳合金系统中的共析转变，母相奥氏体分解成铁素体与渗碳体层片交替的珠光体。在很多非铁合金体系中，也会发生共析转变（表1-6）。但在许多非铁合金中，原子运动（扩散）缓慢，所以热处理对非铁合金共析转变的影响不敏感。而碳（作为间隙原子）容易在固态铁晶格中扩散，因此，热处理对铁－碳合金共析转变的影响更为明显。碳原子的大小只有铁原子的1/30，因此，碳原子很容易在铁原子的间隙中扩散；而更大的原子只能通过晶格中的置换扩散转移到空位处。此外，由于温度对扩散的影响，在热处理过程中，碳具有很好的扩散效果。

表1-6 部分非铁合金的共析体系

Ag－49.6Cd	Cu－7.75Si	Ti－22.7Ag	U－10.5Mo
Ce－4Mg	Cu－9Si	Ti－16Au	W－26.8Ru
Cu－11.8Al	Cu－27Sn	Ti－9.9Co	Zn－22Al
Cu－6Be	Cu－32.55Sn	Ti－15Cr	Zn－47Mg
Cu－25.4Ga	Hf－11.5Cu	Ti－7Cu	Zn－43.8Ni
Cu－31.1In	Hf－6.3V	U－0.3Cr	Zr－4.5Ag
Cu－5.2Si	Hf－8.2W	U－0.6Mo	Zr－1.7Cr

注：共析成分为质量分数。

3. 其他等温转变

除了析出反应和零自由度反应外，还可以以其他方式形成多相结构。有些金属具有同素异构转变，因此，可以采用合金化和热处理来得到两相组织。通过合金化和热处理，还可以形成中间相，这些中间相的成分居于两种纯金属之间，它们的晶体结构不同于两种纯金属。对应不同的合金系统，相变的类型大不相同，本节将结合部分例子来介绍相关的处理工艺。

（1）同素异构合金 有一些金属具有同素异构转变。在表1-7中，铁是唯一随温度升高时，从体心立方（bcc）结构转变成面心立方（fcc）结构的金属；没有bcc或fcc结构的金属随温度升高，转换成密排六方（hcp）结构。表1-7中还列出了其他同素异构金属：

1）随着温度的升高，4种hcp结构金属转换为bcc结构金属。

2）随着温度的升高，3种hcp结构金属转换为fcc结构金属。

3）随着温度的升高，6种fcc结构金属转换为bcc结构金属。

通过合金化，可以提高金属的同素异构转变温度。根据吉布斯相律式（1-12），添加合金元素，还能使具有同素异构转变的金属形成两相

$$P(\text{恒压}) = C - F + 1$$

在具有同素异构转变的纯金属（$C = 1$）中，两个固相（$P = 2$）只能在零自由度点（$F = 1 - 2 + 1 = 0$）共存，这表明纯元素相变通常在恒温下进行。但是，如果添加了合金元素（$C = 2$），那么就可以在一定温度范围内（在给定成分条件下）出现两相共存。此时合金成分为常量，温度是唯一的独立变量（$F = 1$）。

$$P(\text{恒压}) = 2 - 1 + 1 = 2$$

因此，通过热处理可以得到两个固相。对同素异构转变的合金进行热处理或形变热处理，可以得到多相。具体情况要根据合金的系列而定，其中两种典型的合金是钢（铁－碳合金）和钛合金。

表 1-7　元素在常压下的同素异构转变

元素	晶体结构①	相转变	相变温度② ℃	相变温度② ℉
Be	bcc	L↔β	1289	2352
	hcp	β↔α	1270	2318
Ca	bcc	L↔β	842	1548
	fcc	β↔α	443	829
Ce	bcc	L↔δ	798	1468
	fcc	δ↔γ	726	1339
	hcp	γ↔β	61	142
	fcc	β↔α	—	—
Co	fcc	L↔α	1495	2723
	hcp	α↔ε	422	792
Dy	bcc	L↔β	1412	2574
	hcp	β↔α	1381	2518
	ortho	α↔α′	-187	-305
Fe	bcc	L↔δ	1538	2800
	fcc	δ↔γ	1394	2541
	bcc	γ↔α	912	1674
Gd	hcp	L↔β	1313	2395
	fcc	β↔α	1235	2255
Hf	bcc	L↔β	2231	4048
	hcp	β↔α	1743	3169
La	bcc	L↔γ	918	1684
	fcc	γ↔β	865	1589
	hcp	β↔α	310	590
Mn	bcc	L↔δ	1246	2275
	fcc	δ↔γ	1138	2080
	complex cubic（复杂立方）	γ↔β	1100	2012
	bcc	β↔α	727	1341
Nd	bcc	L↔β	1021	1870
	hcp	β↔α	863	1585
Np	bcc	L↔γ	639	1182
	tet	γ↔β	576	1069
	ortho	β↔α	280	536
Pa	fcc	L↔β	1572	2862
	bct	β↔α	1170	2138
Pm	bcc	L↔β	1042	1908
	hcp	β↔α	890	1634
Po	rhom	L↔β	254	489
	cubic	β↔α	54	129
Pr	bcc	L↔β	931	1708
	hcp	β↔α	795	1463
Pu	cubic	L↔ε	640	1184
	tet bc	ε↔δ′	483	901
	cubic bc	δ′↔δ	463	865
	ortho fc	δ↔γ	320	608
	mono	γ↔β	215	419
	mono	β↔α	125	257
S	mono	L↔β	115.22	239.40
	rhom	β↔α	95.5	203.9
Sc	bcc	L↔β	1541	2806
	Hcp	β↔α	1337	2439
Sm	bcc	L↔β	1074	1965
	hcp	γ↔β	922	1692
	rhom	β↔α	734	1353
Sn	bct	L↔β	231.9681	449.5426
	fcc	β↔α	13	55
Sr	bcc	L↔β	769	1416
	fcc	β↔α	547	1017
Tb	bcc	L↔β	1356	2473
	hcp	β↔α	1289	2352
	ortho	α↔α′	-53	-63
Th	bcc	L↔β	1755	3191
	fcc	β↔α	1360	2480
Ti	bcc	L↔β	1670	3038
	hcp	β↔α	882	1620
Tl	bcc	L↔β	304	579
	hcp	β↔α	230	446
U	bcc	L↔γ	1135	2075
	complex tet（复杂正方）	γ↔β	776	1429
	ortho	β↔α	668	1234
Y	bcc	L↔β	1522	2772
	hcp	β↔α	1478	2692
Yb	bcc	L↔γ	819	1506
	fcc	γ↔β	795	1463
	hcp	β↔α	-3	27
Zr	bcc	L↔β	1855	3371
	hcp	β↔α	863	1585

注：1. bcc—体心立方；bct—体心正方；fcc—面心立方；hcp—密排六方；ortho—正交晶系；rhom—菱形，tet—正方。

2. 根据参考文献［26］和［27］改编。

① 冷却过程中固相的晶体结构。

② 相变转变温度与纯度有关。

在本卷的“钛和钛合金的热处理”有关章节中，对钛合金的同素异构转变和热处理进行了详细介绍。此处为方便起见，以钛合金得到两相组织为例进行说明。图1-33所示为一组Ti-6Al-4V钛合金的微观组织照片。

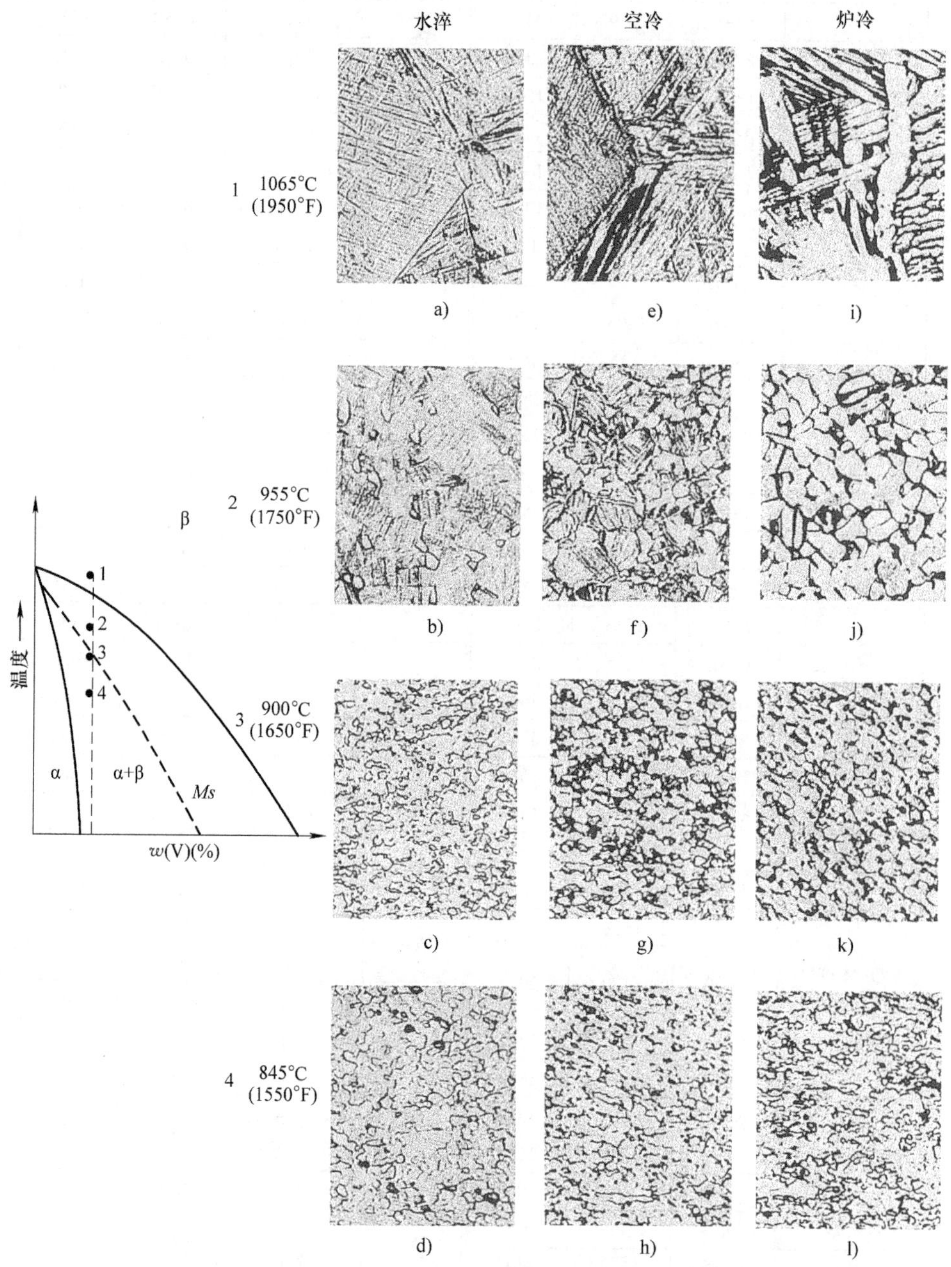

图1-33 冷却速率对α+β钛合金（Ti-6Al-4V）微观组织的影响

a）优先出现在β晶界的α′+β b）α初晶和α′+β c）α初晶和α′+β d）α初晶和亚稳态β
e）优先出现在β晶界的针状α+β f）α初晶和针状α+β g）α初晶和针状α+β h）α初晶和β
i）优先出现在β晶界的片状α+β j）等轴状等α和晶间的β k）等轴α和晶间β l）等轴α和晶间β

注：侵蚀剂（质量分数）为10% HF，5% HNO_3，85% H_2O；原放大倍率：250×；根据参考文献［28］改编。

（2）调幅分解　如前所述，调幅分解是一种均匀析出过程，它通过溶质原子局部富集、成分的扩散和浓度的起伏来实现均匀析出。与经典的从亚稳态固溶液中形核长大（图1-34a）析出机制相比，调幅分解为非形核过程。它通过局部成分浓度的起伏（图 1-34b）自发形成两相。其结果为均匀过饱和的单相分解为晶体结构与母相相同，但成分不相同的两相。在参考文献［29－31］中，详细介绍了调幅分解的基本理论。在《ASM 手册　第 9 卷　金相学和微观组织》的“调幅相变和组织”一节对调幅相变和组织进行了总结。

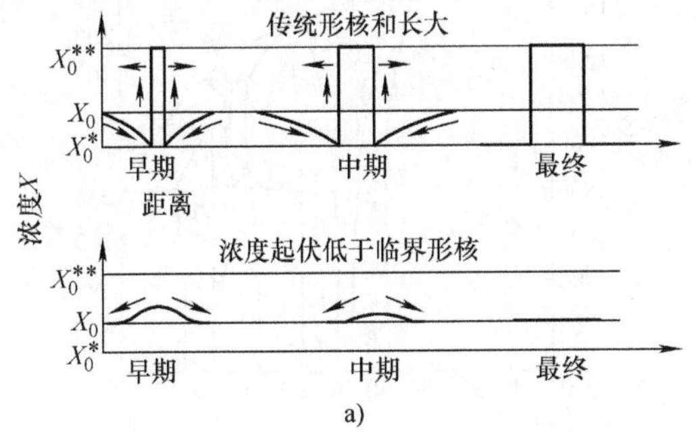

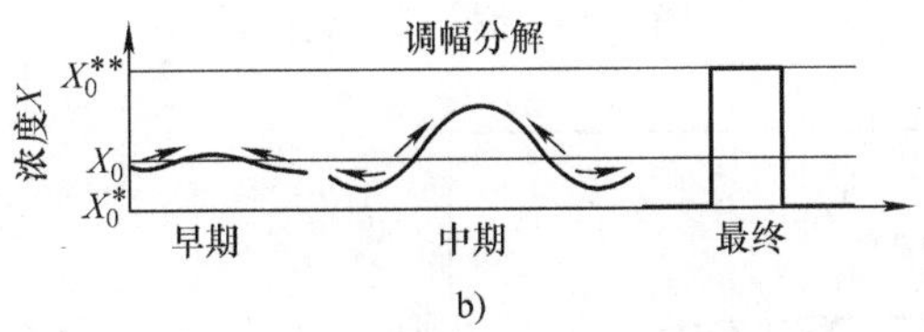

图 1-34　扩散形成两相混合物过程的两种序列
a）经典的形核和长大　b）调幅分解

调幅分解机制为一种形成均匀、细小弥散的两相混合物的重要相变机制，它可以用于提高商业合金的物理和力学性能。由于调幅分解的形态有利于合金材料得到高的矫顽力，在生产永磁材料中得到了广泛的应用。通过形变热处理、分级时效和磁时效，该组织结构可得到进一步优化。在阿尔尼科永磁合金、Cu－Ni－Fe 合金以及新开发的 Fe－Cr－Co 合金中，连续相分离或调幅分解起到了重要作用。此外，调幅分解还是一种实用的制备具有纳米相材料，提高其力学和物理性能的方法。

（3）中间相　在合金化时，金属元素的电化学性质相似，通常会形成置换固溶体。而当这些金属元素的电化学性质有较大差异时，则通常更有可能形成一定范围的共价键或离子键化合物。在形成置换固溶体和金属间化合物这两种极端情况之间，还可以形成一种性能居中的中间相。在一种极端情况下，会形成完全的金属化合物；而在另一种极端情况下，则形成有序固溶体。按照更精确的分类，有序固溶体称为二次固溶体。通常根据中间相的结构对其进行分类。

可以根据熔化相的特性，将中间相分为相同熔化相和不相同熔化相。在加热过程中，不相同熔化相分解成两个不同的相，通常为一个固相和一个液相，如包晶转变。例如，强正电性镁与弱正电性的锡结合，形成 Mg_2Sn 金属间化合物。相同熔化相的熔化过程与纯金属的熔化过程相同。在这种情况下，相图被划分为独立的部分。在图 1-35 中，相同熔化相 β 将 Pb－Mg 相图分为两个可单独分析的共晶反应相图。金属间化合物 Mg_2Pb 具有以简单比例混合的两种金属原子。

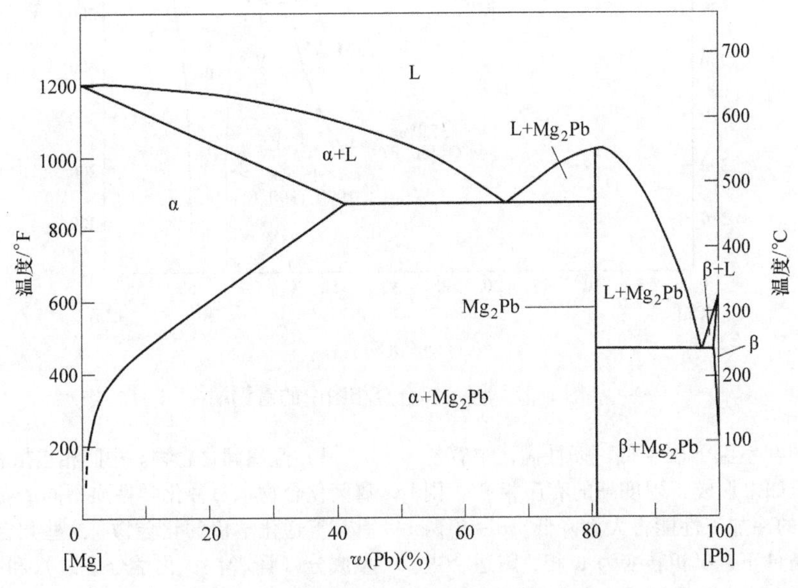

图 1-35　Pb－Mg 合金相图中形成的化合物

Cu－Zn 相图是工业中研究黄铜的重要基础，如图 1-36 所示。富铜 α 相固溶体和富锌 η 相固溶体位于相图中的两端，β、γ、δ 和 ε 为 4 个中间相。图 1-37 所示为 Cu－Zn 相图的富铜端，在 900℃（1655℉）温度下，α－铜固相线的溶解度为 32.5% Zn；在温度为 455℃（850℉）时，固相线的溶解度增加到 39.0% Zn。虽然随着温度的进一步降低，锌含量降低，但在低于 455℃（850℉）的条件下，扩散的速度非常缓慢，在普通的工业冷却速率下，室温时固溶体中锌的质量分数保持在 39% 左右。在缓慢冷却过程中，锌的质量分数将超过 39%，形成相当于 CuZn 的中间有序相 β′。该相在室温下硬度高、塑性较低，当温度超过 455℃（850℉）时，该相转变为无序相 β，塑性得到明显的提高。与 fcc 晶体结构的铜和 hcp 晶体结构的锌不同，无序相 β 为 bcc 晶体结构。而当温度降低时，得到的 β′ 相为有序相（图 1-38）。该合金易于进行机械加工和热成形，但由于 β′ 相在室温下脆性大，不太适合冷成形加工。此外，在合金的硬度和抗拉强度增加的同时，其冲击强度会迅速降低。当锌的质量分数达到 44% 时，合金达到最大强度。进一步提高锌的质量分数超过 50% 时，会形成脆性大的 γ 相，此时合金无法在工程中使用。

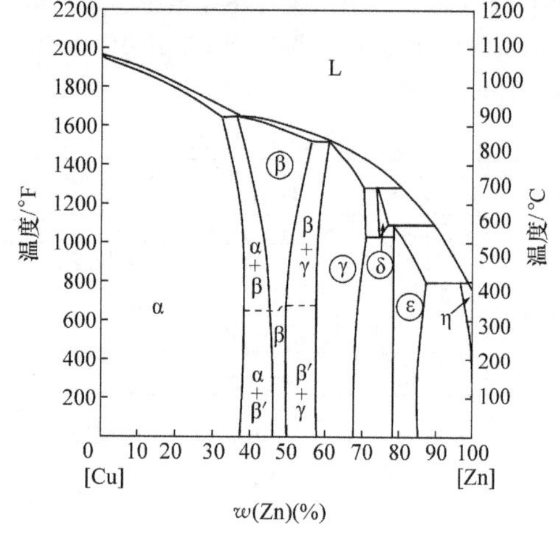

图 1-36　铜－锌合金相图

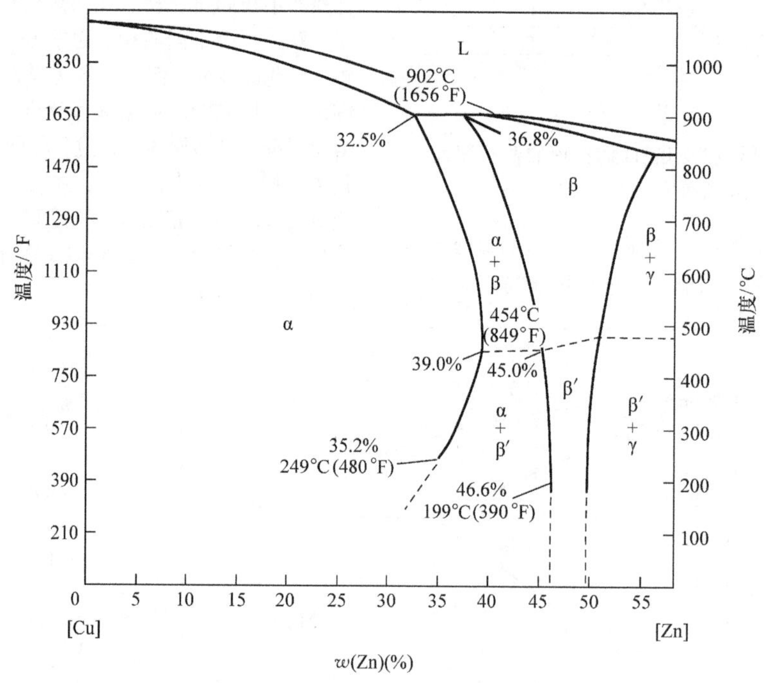

图 1-37　铜－锌合金相图中的富铜端

α 单相黄铜在室温下硬度低、韧性高，很容易进行冷加工。但如果形成了硬度高的有序相 β′，则 α＋β′ 两相黄铜的冷加工性能将大大降低。α＋β′ 两相黄铜在加热条件下，β′ 相转变为 β 相，则适合进行热加工。因此，α 单相黄铜通常称为冷加工黄铜，而 α＋β′ 两相黄铜称为热加工黄铜。

1）金属间化合物。中间相包括有不同类型的金属间化合物。两种化学性质不同的金属倾向于形成具有普通化学价的化合物。这些化合物具有化学计量成分（译者注：化学分子式）和有限的固溶度。当其中一种金属的化学性质具有强的金属性（如镁），而另一种金属的化学性质具有较弱的金属性

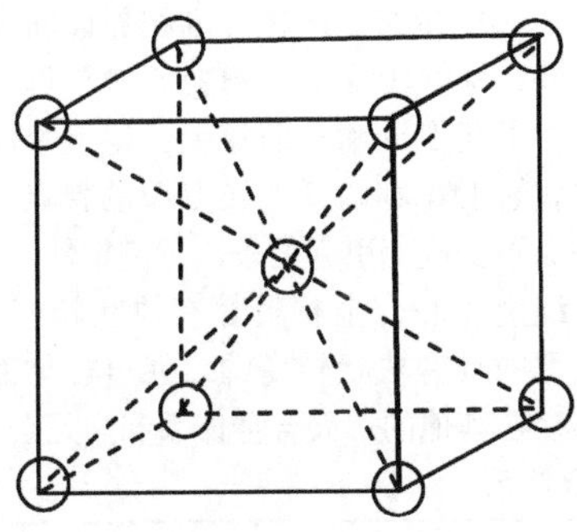

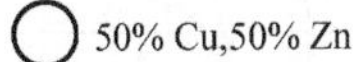

a)

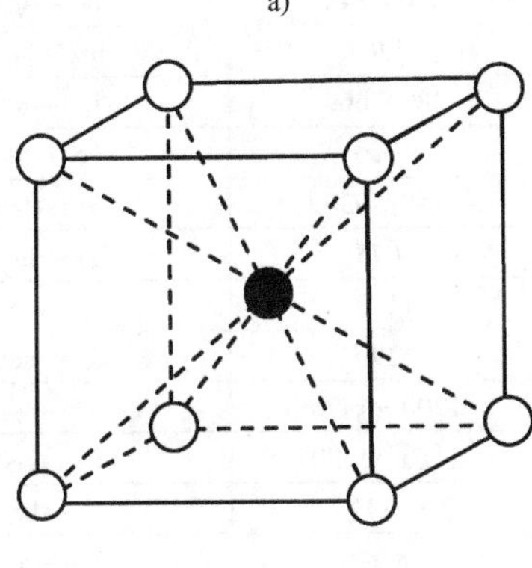

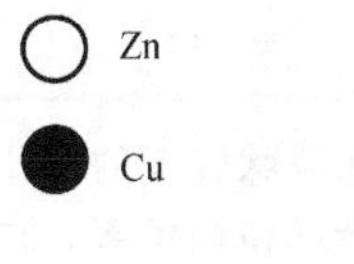

b)

图 1-38 50% Cu -50% Zn 的 β 黄铜的无序和有序结构

a) 无序 b) 有序

（如锡）时，通常会形成这类化合物。

通常情况下，这种化合物的熔点比其中任何母相金属的熔点都要高。例如，金属化合物 Mg_2Sn 在 780℃（1436℉）时熔化，而纯镁和纯锡的熔点分别为 650℃（1202℉）和 230℃（446℉）。这表明 Mg_2Sn 具有高的结合键强度。由于金属间化合物有共价键结合或离子键结合，因此将表现出非金属性，如脆性大和导电性差。共价键化合物包括 Mn_2Sn、Fe_3Sn 和 Cu_6Sn_5，离子键化合物包括 Mg_2Si 和 Mg_2Sn。

这些化合物具有确定的成分，取决于这些成分中电子与原子（e/a）的比率（译者注：国内很多书上称为电子浓度，为化合物中每个原子平均占有的价电子数）。其中最重要的是铜 - 锌合金体系中的中间相。根据原子的外层电子数确定金属的价电子。电子化合物通常不遵循价电子规则，但在很多情况下，总的原子价电子与化合物经验式中的原子总数之间存在一定比率。

通常有三种比率，称为休姆 - 罗瑟里（Hume - Rothery）比率：

① 比率为 3/2（21/14）：β 结构，如 CuZn、Cu_3Al、Cu_5Sn、Ag_3Al。

② 比率为 21/13：γ 结构，如 Cu_5Zn_8、Cu_9Al_4、$Cu_{31}Sn_8$、Ag_5Zn_8、$Na_{31}Pb_8$。

③ 比率为 7/4（21/12）：ε 结构，如 $CuZn_3$、Cu_3Sn、$AgCd_3$、Ag_5Al_3。

例如，在 β 结构的化合物 CuZn 中，铜的价电子为 1，锌的价电子为 2，共有 3 个价电子，3 个价电子与 2 个原子的比率为 3/2。在化合物 $Cu_{31}Sn_8$ 中，铜的价电子为 1，锡的价电子为 4，因此，铜原子共有 31 个价电子，锡原子共有 32（4×8）个价电子，共有 63 个价电子、39 个原子，则比率为

$$\frac{总价电子数}{总原子数}=\frac{63}{39}=\frac{21}{13}$$

这些相具有金属的属性，其成分在一定范围内变化。在对看似不相关的相结构进行研究时，休姆 - 罗瑟里比率是很有用的。但是，也有许多电子化合物不符合上述三种比率。

2）间隙化合物。过渡族金属与碳、氮、氢或硼形成间隙化合物。间隙原子的半径必须小于过渡金属原子的半径。由于这类化合物的结合键为共价键，因此它们的硬度和熔点很高。当间隙合金元素的超过最大固溶度时，会从固溶体中析出化合物。小的非金属原子仍然占据着间隙位置，但是化合物的晶体结构不同于原间隙固溶体。这类化合物同时具有金属和非金属的性质，化合物包括碳化物、氮化物、氢化物和硼化物，如 TiH_2、TiN、TaC、WC 和 Fe_3C。这些化合物的硬度都极高，其中碳化物在工具钢和硬质合金刀具上得到了应用。化合物 Fe_3C（渗碳体）在钢中具有很重要的应用。

3）Laves 相。如果 B 原子与 A 原子大小的比值大约是 1.2，则形成成分为 AB_2、致密堆积的 Laves 相化合物。在 Laves 相中，每个 A 原子都具有 12 个最邻近 B 原子和 4 个最邻近 A 原子，而每个 B 原子都具有 6 个最邻近 A 原子和 6 个最邻近 B 原子。根据原子排列，Laves 相的平均配位数为 $(2\times12+16)/3=13.33$。Laves 相，如 $NbFe_2$、$TiFe_2$ 和 $TiCo_2$、具有硬度高、脆性大的特点，导致材料的塑性严重恶化，易产生应力开裂。因此，对于镍基、铁 - 镍基和钴基等长期在高温下服役的超合金，通常不希望形成 Laves 相。

(4) 块状转变　块状转变中晶体结构发生改变，但母相与相变产物的化学成分没有发生改变。虽然在加热和冷却过程中都可能发生块状转变，但这种转变的机制需要高的加热速率或冷却速率，而在受控于扩散的转变过程中，原子长程扩散的能力受到限制。在块状转变中，由于原子运动困难，使相变产物保持了与母相相同的成分。然而，与在切变转变（马氏体转变）中观察到的协同长大不同，在块状转变中，原子在相变产物与母相界面间发生随机转移。此外，块状转变由于相变产物与母相间存在体积差异，引起变形和表面浮突，但至今没有文献报道在块状转变中存在切变转变中的特点，即没有发现由平面不变应变引起的表面浮突特性。

很多纯金属和合金材料都有块状转变，表1-8列出了典型的具有块状转变的二元合金体系。除此之外，还存在其他的二元合金体系和多元合金体系。

表1-8　典型的块状转变合金体系

合金体系	相变发生时溶质的摩尔分数（%）①	淬火时发生相变的温度①		晶体结构改变②
		℃	℉	
Ag - Al	23 ~ 28	600	1110	bcc→hcp
Ag - Cd	41 ~ 42	300 ~ 450	570 ~ 840	bcc→fcc
	50	300	570	bcc→hcp
Ag - Zn	37 ~ 40	250 ~ 350	480 ~ 660	bcc→fcc
Cu - Al	19	550	1020	bcc→fcc
Cu - Zn	37 ~ 38	400 ~ 500	750 ~ 930	bcc→fcc
Cu - Ga	21 ~ 27	580	1075	bcc→hcp
	20	600	1110	bcc→fcc
Fe	—	700	1290	fcc→bcc
Fe - Co	0 ~ 25	650 ~ 800	1200 ~ 1470	fcc→bcc
Fe - Cr	0 ~ 10	600 ~ 800	1110 ~ 1470	fcc→bcc
Fe - Ni	0 ~ 6	500 ~ 700	930 ~ 1290	fcc→bcc
Pu - Zr	5 ~ 45	450	840	bcc→fcc

① 近似值。
② bcc—体心立方；fcc—面心立方；hcp—密排六方。

块状转变是一种热激活现象，具有形核和长大的特点。通常，块状转变的母相与相变产物界面为非共格界面，该界面控制其相变动力学。因此，这些表面能高的非共格界面以大于1cm/s（0.4in/s）的速度移动，块状转变发生长大。非共格界面的移动使界面具有独特的不规则微组织形貌，使得块状转变晶粒呈“不完整”的形状特征（图1-39）。与高速的马氏体相变不同，在块状转变的母相与相变产物相界面之间，没有确定的位向关系。在这个问题上，目前学术界仍然存在一些争议。

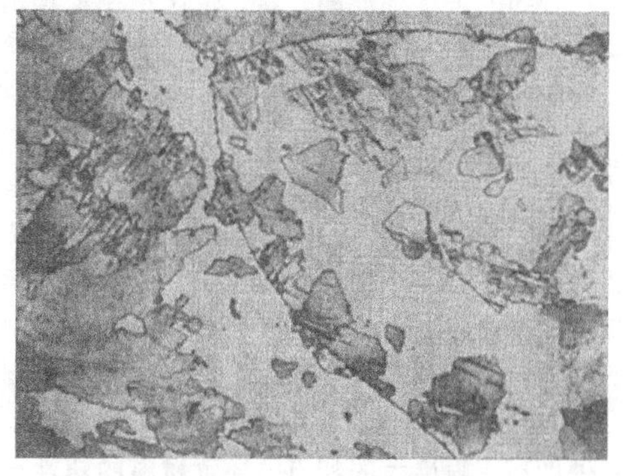

图1-39　Cu - 37.8% Zn（摩尔分数）合金发生部分转变后的微观组织

注：在β母相晶界和晶内均看到块状转变的ζ相。

1.1.10　无扩散相变

许多固态相变是在平衡或接近平衡的条件下进行的，但也可以通过连续冷却，得到多种亚稳相的组织。例如，快速冷却可以得到马氏体或过饱和固溶体等亚稳相。典型的例子是钢在奥氏体化后，淬火形成马氏体组织。奥氏体为面心立方晶格，可比铁素体固溶（溶解）更多的碳。钢在奥氏体化后迅速淬火时，碳原子没有足够的时间进行扩散，在体心立方的铁素体晶格中析出渗碳体。由此导致晶格畸变，晶格畸变的体心立方铁素体迅速转变为亚稳态的马氏体组织。该亚稳态的马氏体为碳的过饱和固溶体，其晶体结构为体心正方（bct）。

在一些非铁金属和合金中，也会发生马氏体转变。这些马氏体相具有不同的晶体结构，其硬度可能没有钢中的体心正方马氏体那么高。在非铁金属和合金中，通常也是采用类似的无扩散相变，即通过原子的快速协同切变，转变形成亚稳态马氏体晶体结构。在有些非铁金属和合金中，通过施加外应力形成马氏体相（应力诱导马氏体）。表 1-9 列出了部分非铁金属和合金无扩散相变的示例。在不同的金属和合金体系中，马氏体内部的显微结构有很大差异，典型非铁金属的马氏体显微形貌为片状。通常有三种类型的马氏体非铁合金。

表 1-9 部分非铁金属和合金无扩散（淬火诱导）或应力诱导马氏体转变

非铁金属和合金		相变发生时的成分范围（质量分数，%）	晶体结构改变，母相→马氏体
堆积层错结构	Co	—	fcc→hcp
	Co - Fe	0 ~ 3Fe	fcc→hcp
	Co - Ni	0 ~ 28Ni	fcc→hcp
	Cu - Al	10 ~ 11Al	bcc→hcp
	Cu—Zn	38 ~ 41.5Zn	有序立方→有序 fcc
孪晶结构	In - Tl	28 ~ 33Tl	fcc→bct
	Mn - Cu	20 ~ 25Cu	fcc→bct
	Ti	—	bcc→hcp
	Ti - Al - Mo - V	8Al - 1Mo - 1V	bcc→hcp
	Ti - Nb	0 ~ 10Cb	bcc→hcp
	Ti - Cu	0 ~ 8Cu	bcc→hcp
	Ti - Fe	0 ~ 3Fe	bcc→hcp
	Ti - Mn	0 ~ 5Mn	bcc→hcp
	Ti - Mo	0 ~ 4Mo	bcc→hcp
		4 ~ 10Mo	bcc→ortho
	Ti - O	0.10	bcc→hcp
	Ti - V	0 ~ 8V	bcc→hcp

（1）同素异构金属中形成的马氏体　通过溶剂原子的同素异构转变形成马氏体，典型金属及合金有钴、钛、锆、铪和锂合金。钴及其合金从高温冷却发生同素异构转变，从面心立方（fcc）转变为密排六方（hcp）结构，形成马氏体组织。在钴和钴 - 镍合金形成的马氏体片中会存在大量的堆积层错。在钛、锆、铪和锂合金中，通常从体心立方（bcc 的 β 相）转变为密排六方（hcp）结构。在一些钛和锆合金中，有报道形成了面心立方（fcc）和正交晶系的马氏体组织，还曾发现形成了板条状马氏体形貌的组织。在这些合金中，通常所观察到的片状马氏体亚结构为孪晶，而板条状马氏体的亚结构为堆积层错。

（2）马氏体与对应合金具有相同晶体结构　铜、金、银等合金属于 β 相休姆 - 罗瑟里型合金，其母相为体心立方（bcc）晶格。此外，镍合金，如镍 - 铝和镍 - 钛等（对应的合金含量比约为 50∶50），其母相中有一个为体心立方（bcc）晶格，也属于该类合金。以上这些第二种类型合金在马氏体开始转变以上温度，发生不稳定一级相变，得到中等稳定性的马氏体组织。由于相变中没有扩散，转变前后晶格保持不变，母相中的有序或无序被保留到马氏体组织中。通常情况下，原超点阵结构保留到转变的马氏体产物中。

在这类合金中发现了形状记忆合金。当成形材料在低温马氏体的状态下变形，加热到较高温度时，将重新转变为母相，产生形状记忆效应和恢复原有形状，其原因是发生了热弹性马氏体转变。与其他有马氏体相变的合金相比，形状记忆合金具有以下特点：首先，绝大多数工程中应用的形状记忆合金都具有有序的晶体结构，这种结构可以缩短母相的晶体学路径，使滑移较少，为变形的有利机制，从而提高晶体的可逆性；其次，通过形成孪晶，合金以自我调节的方式形成马氏体。

（3）二级马氏体相变　第三类马氏体转变属于二级相变（非常不稳定的一级相变），马氏体相具有更大的机械不稳定性。一级相变发生在平衡相变温度下，吉布斯自由能对温度和压强的一阶微分是不连续的相变。二级相变的吉布斯自由能对温度和压强的一阶微分连续，但二阶微分不连续。锰和铟合金由面心立方转变为面心正方马氏体就属于该类相变。

1.1.11 析出强化

如本章“固态相变”一节所述，时效强化机制主要包括了析出相，如 GP 区共格析出或其他完全共格析出相（如镍基超合金中的 Ni_3Al）的均匀形核。许多合金都有各自的等温析出反应形式，其中包括新相的均匀和非均匀形核。析出强化过程有两个基本要求：

1）在基体中必须产生均匀细小弥散的析出相。

2）在一定程度上，析出粒子和基体晶格之间存在点阵匹配（即析出相与基体必须是共格或半共格）。

为了实现有效的析出强化，必须保证有一个共格或半共格界面。因为共格析出产生了晶格变形，通过阻碍位错运动，提高了材料的强度。完全共格的溶质相簇与相同晶体结构的溶剂相形成集团，因为溶剂和溶质原子尺寸不同，所以造成了很大的应力和应变。类似于位错降低单个溶质原子的应变能，位错也能降低有错配析出的应力和应变，因此，溶质相簇具有稳定位错的趋势。当位错被共格溶质簇钉扎或阻碍时，合金的强度和硬度将得到明显的提高。如果析出相是半共格的，那么析出区与基体的界面处可能会有一个位错，由此会降低析出强化效果。析出相与基体是否共格，取决于析出相晶格与基体晶格之间的原子间距的匹配程度。

在许多析出强化体系和所有实用的商用时效强化合金中，过饱和基体经过多级反应过程，在平衡相出现前，转变产生一个或多个亚稳相。通过对激活（形核）障碍的控制，将初始状态与低自由能状态分隔，由此控制达到平衡状态的过程。通常，过渡析出相与基体具有相似的晶体结构，因此在形核过程中，能形成低表面能的共格界面。

由于合金系统中的相分离或在亚稳混溶区形成析出，形成了GP区溶质富集区。在小的过冷度条件下，或在大的过冷度和过饱和调幅分解的条件下，均可以产生均匀形核和长大。通常，GP区为细小球状颗粒或盘片状颗粒（图1-40），其厚度为两个原子层，直径约为几纳米，垂直于基体晶体结构中的低指数方向并造成弹性应变。

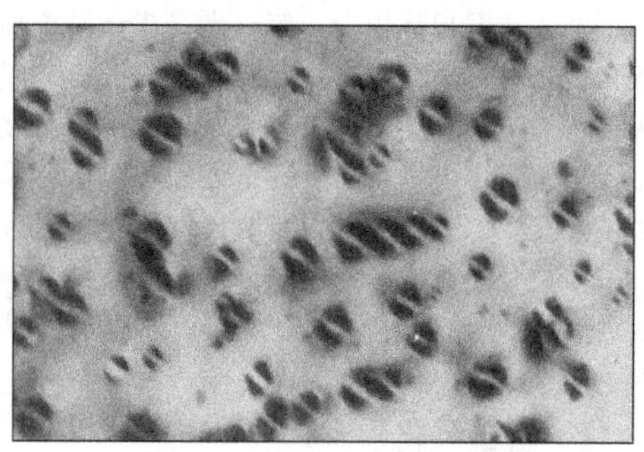

图1-40 通过应变衬度（暗场）显示共格过渡析出相的透射电子显微镜照片

注：试样为Cu-3.1%Co合金，在650℃（1200℉）下时效24h。析出相为在面心立方基体上析出的面心立方亚稳相。析出相为球形，“瓣叶”衬度为嵌入的错配球析出相的特征。应变衬度间接地揭示了析出粒子存在共格应变场。由V. A. Phillips提供。

一般情况下，GP区会逐渐成长为稳定性更高的过渡相，最终转变为平衡相。过渡相具有基体和平衡相之间的中间晶体结构，这有助于降低析出相和基体间的应变能，使其在形核序列中比平衡相更有利。而平衡相与基体间的界面能高，与基体的相容性较差。

在室温下时效可以得到GP区，其原因是当合金加热到固溶温度进行热处理时，可以得到高的空位浓度。随着加热温度的提高，空位数量也会增加。在淬火冷却后，空位被保留在固溶体中，这些过剩的空位有助于加速形核和长大过程。

在图1-32b所示的假设相图中，给出了大体GP区和过渡相的固溶体分解曲线。该系列曲线对不同浓度的不同过渡相的温度上限进行了表征。例如，如果时效温度高于GP分解曲线，但低于β′分解曲线，那么首先析出相为β′相。

表1-10列出了部分可进行析出强化的合金体系。在本章随后的内容中，将对典型的铝-铜合金析出强化相以及过渡析出相进行详细的介绍。铝合金是最重要的析出强化合金之一，其中包括2×××（铝-铜）、6×××（铝-镁-硅）、7×××（铝-锌）及8×××（铝-锂）合金。在铜合金中，铜-铍合金也是最重要的析出强化合金之一。铁基和镍基超合金是另一类非常重要的析出强化合金。在镍基超合金中，析出的Ni_3（Al，Ti）相的晶格与镍基体晶格的错配度很小（<2%），产生的应变能非常低（10~30mJ/m^2），在高温时具有很高的抗过时效能力。

表1-10 部分常见析出强化合金体系

基体	溶质原子	过渡相结构	平衡析出相
Al	Cu	1）盘片状溶质原子富集G P_1 区 2）有序G P_2 区 3）θ″相 4）θ′相	θ-$CuAl_2$ 区
	Mg，Si	1）GP区，Mg和Si原子富集 2）β″相的有序区	β″-Mg_2Si
	Mg，Cu	1）GP区，Mg和Cu原子富集 2）S′片	S-$CuAl_2Mg$
	Mg，Zn	1）球状区，Mg和Zn原子富集 2）片状η′相	η-$MgZn_2$
Cu	Be	1）富Be区 2）γ′球状GP区	γ-CuBe
	Co	球状GP区	β-Co
Ni	Al，Ti	γ′立方体状	γ-Ni_3（AlTi）
Fe	C	1）α′马氏体 2）α″马氏体 3）ε碳化物	Fe_3C
	N	1）α′含氮马氏体 2）α″含氮马氏体	Fe_4N

（1）固溶处理　要实现析出强化，首先必须将合金加热到一定的温度范围，使所有的溶质元素溶解，得到单相。图 1-41 为 B 的质量分数为 10% 的 A－B合金系统相图。当加热温度高于该合金的固溶度溶解温度 T_2，并保温足够的时间时，将形成单相 α；通过快速冷却（如水淬）至室温，以防止产生析出相，则该单相组织被保留至室温，这就是固溶处理。固溶处理组织具有过饱和的溶质原子，因此是不稳定的。

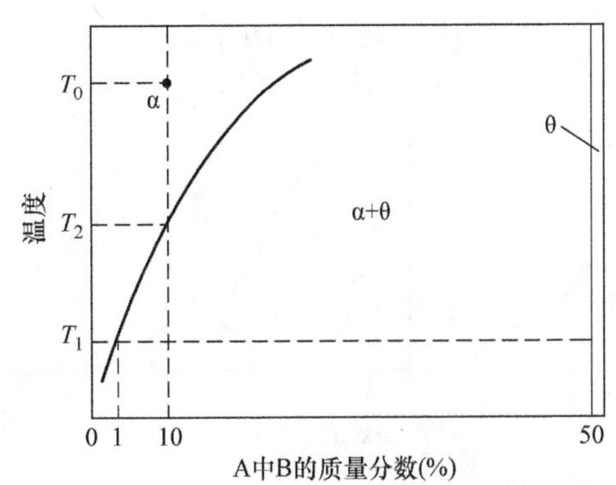

图 1-41　假设 A－B 系统相图

注：随温度降低，B 在 A 中的溶解度降低。10% B 合金的加热温度高于 T_2 时为单相，低于 T_1 时为两相。

（2）析出过程　当合金从固溶加热温度快速冷却至室温，而后重新加热至固溶度曲线（图 1-41 中的 T_2）以下某一合适温度保温一定时间时，将发生析出过程。在该段时间内，在局部区域（如晶界），析出相将形核。由于这些析出相中溶质元素的浓度比基体高，在其周围基体中溶质元素的浓度便降低了。由此形成了浓度梯度，使溶质原子从邻近基体处向析出粒子扩散，使析出相不断长大。析出相的长大速度受控于扩散，可以通过菲克定律求解得到。图 1-42 所示为析出过程示意图，此处析出相含 50%（质量分数）的 B（图 1-41）。

合金的最大析出量为平衡时的析出量，可以通过杠杆定律进行计算。一旦达到平衡析出量，合金体系通过减少析出相/基体的界面，使析出相发生进一步改变。因此，随着时间的推移，在给定的时效温度下，较小的析出相会重新溶解，溶质通过基体发生扩散，致使大颗粒进一步长大。其微观组织是，析出相颗粒不断增大，而颗粒数不断减少。通过在更高的时效温度和一定的时间内时效，可以达到等效的析出效果。图 1-43 所示为析出相的变化过程。

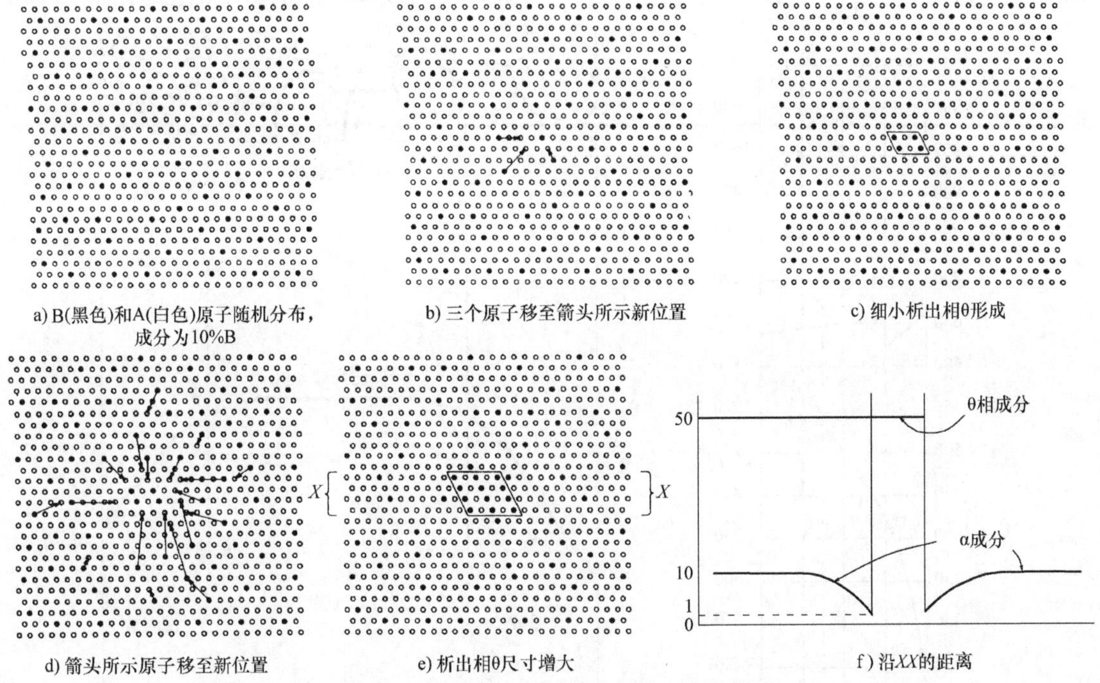

a) B(黑色)和A(白色)原子随机分布，成分为10%B　b) 三个原子移至箭头所示新位置　c) 细小析出相θ形成

d) 箭头所示原子移至新位置　e) 析出相θ尺寸增大　f) 沿XX的距离

图 1-42　在过饱和基体中形成析出相示意图

注：从图 a 到图 e 时间递增，在图 e 时仍未达到平衡状态。图 f 所示为图 e 时的析出相浓度分布。

（3）通过热处理控制析出　根据实践经验进行析出强化热处理，实现所要求的材料性能。通常在较高的析出温度下，析出相的形核率较低，因此形成了较粗大的析出相。此外，当析出时效温度接近析出固相线时，析出相的数量会减少（达到固相线温度时，析出相则会完全溶解）。

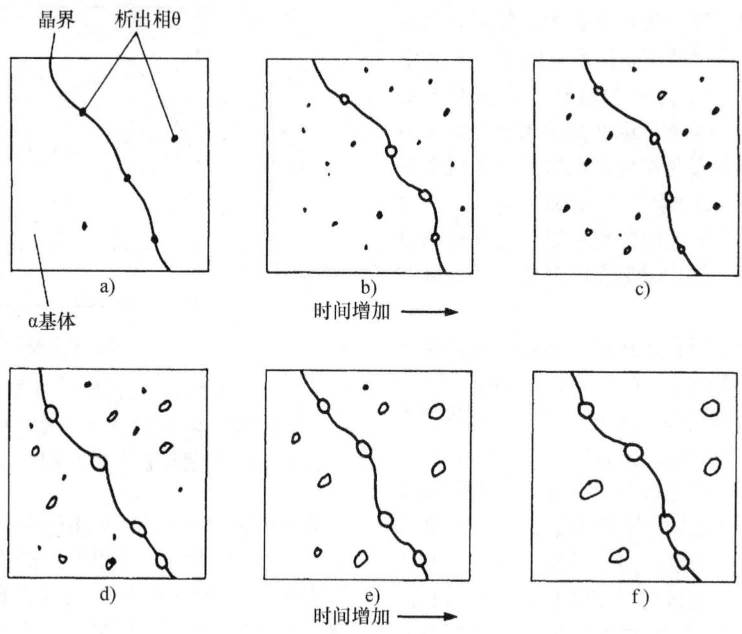

图1-43 在α基体中析出θ相

a)、b) 析出 c)～f) 粗化示意图

下面通过对Al－5%Cu合金进行时效，对其微观组织进行说明。根据图1-44，该合金的合理固溶加热温度应在530℃（986℉）(固相线）与560℃（1040℉）(固溶度）之间。如该合金在545℃（1015℉）温度下固溶加热1周，而后在400℃（750℉）时效12h，得到的微观组织如图1-45a所

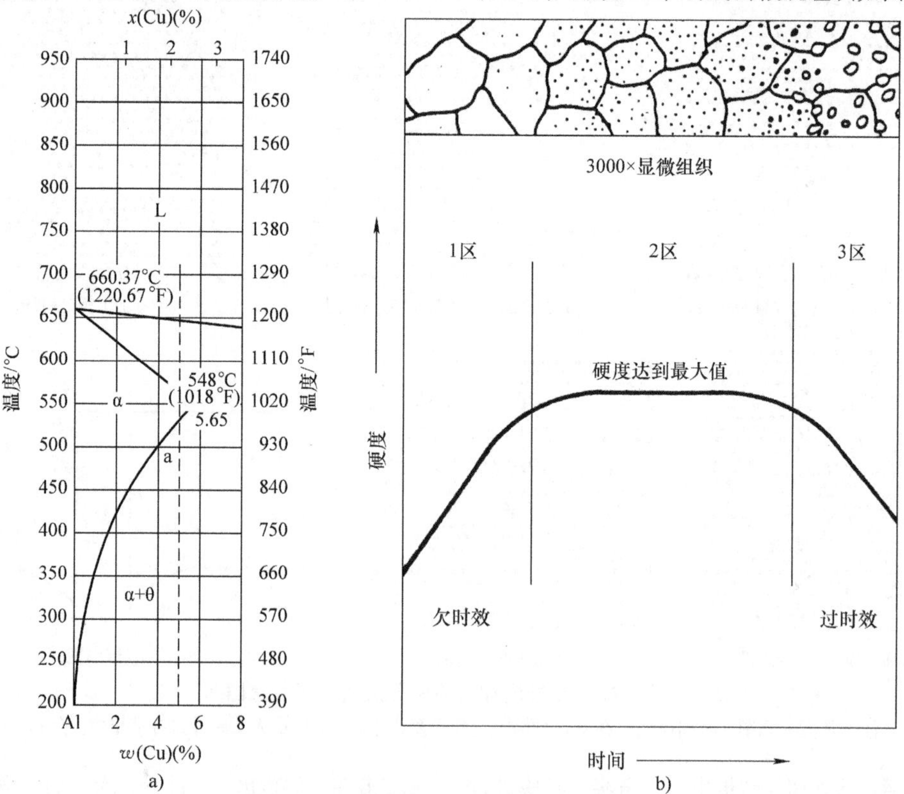

图1-44 Al－Cu合金的析出强化

a）Al－Cu合金相图（虚线处Cu的质量分数为5%） b）时效硬化与微观组织之间的关系

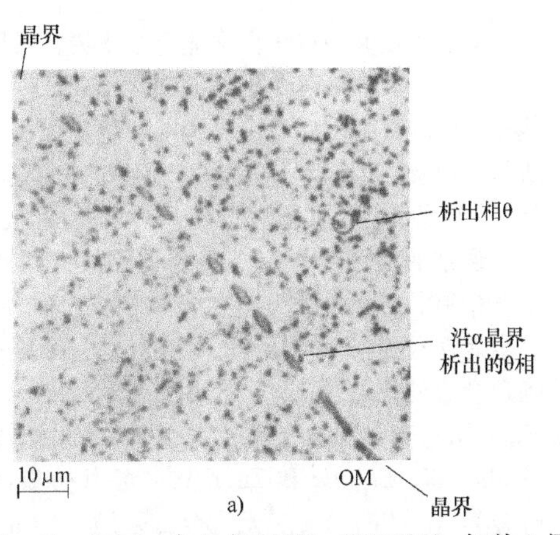

a)

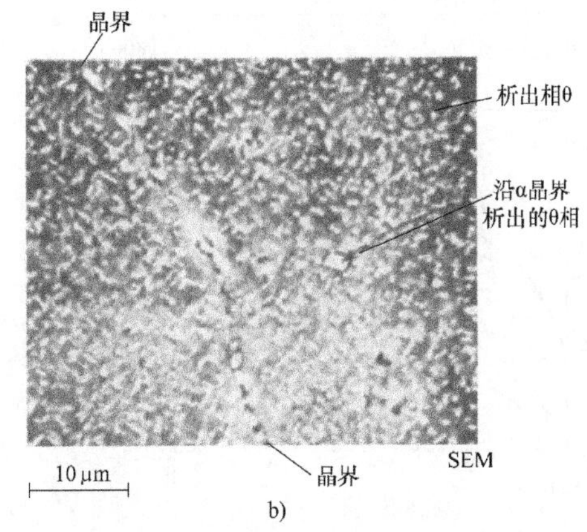

b)

图 1-45　Al－5% Cu 合金在 545℃（1015℉）加热 1 周，快速冷却至 25℃（77℉），然后保温 12h 的微观组织

a）在 400℃（750℉）保温 12h 的光学微观组织照片（OM）

b）在 300℃（570℉）保温 12h 的扫描电镜微观组织照片（SEM）

示。析出相尺寸约为 1μm，细小弥散，均匀分布。如果在 300℃（570℉）时效 12h，则得到的微观组织如图 1-45b 所示。可以清楚地看到，在较高的时效温度下得到的析出相更粗一些。

在 Al－5% Cu 合金（以及大多数其他可析出强化合金）中，析出过程并不像图 1-42 所描述的那样简单。在平衡析出相（铝－铜合金中的 θ 相）的形成过程中，经历了一个或多个非平衡相，或称为过渡相析出过程。典型 Al－Cu 合金体系的析出反应顺序为

过饱和固溶体→元素富集→GP 区→θ″→θ′→θ

式中，θ″和 θ′是过渡析出相；θ 是平衡析出相。GP 区与基体完全共格，而大部分过渡析出相与基体为半共格。过渡析出相的晶体结构介于基体和平衡析出相之间。这将使析出相与基体之间的应变能最小，使其在形核过程中比直接析出平衡相更为有利。平衡相与基体界面能更高，因此相容性较差。

Al－4.6% Cu 合金的透射电镜照片如图 1-46 所示。析出初期为铜富集区（GP 区），然后析出两个亚稳相（θ″和 θ′），最终为平衡相 θ（译者注：该处原文有误，原文为 θ″）。从图 1-46 中可以清楚地看到，这些亚稳相是极为细小的，θ″相的尺寸大约是 0.01μm，相当于 50 个原子的大小。在加热过程中，GP 区转变为盘片状正方晶体结构的过渡析出相 θ″，该相与基体保持共格，并进一步提高基体的应变，此时材料强度达到峰值水平。

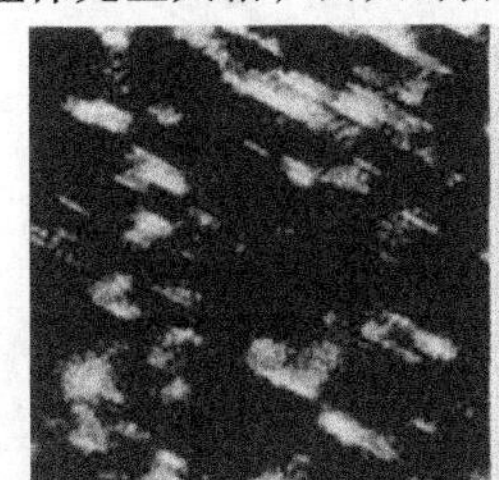

a) GP区

b) 过渡相θ″

c) 过渡相θ′

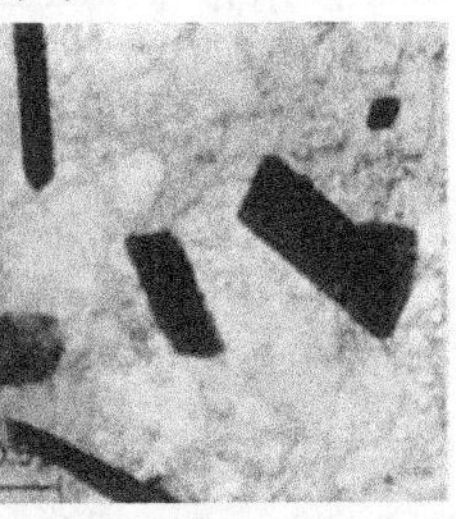

d) 平衡析出相θ

图 1-46　Al－4.6% Cu 合金析出相随时效时间增加（左向右）的透射电镜照片

注：图 d 所示显微照片显示的 θ 相与图 1-45b 中 θ 相的大小相似

进一步时效，θ″相转变为另一种中间产物 θ′相，θ′相与基体不保持共格，此时合金的强度开始下降，开始出现过时效。通常在强度为峰值的条件下，θ″和 θ′两相同时存在。析出相以及它们在点阵中产生的应变均有阻碍位错运动的作用，它们的共同作用提高了合金的强度。

当 θ″相和 θ′相同时析出时，析出相间距和晶格应变能有效地阻碍了位错运动，达到最大析出强化效果。因此，时效温度通常选择为 θ″和 θ′两相同时析出的温度。当合金进一步加热时，θ′相转变为分子式为 $CuAl_2$ 的平衡析出相 θ。图 1-47 所示为 GP 区和过渡相的固溶度曲线。根据这些固溶度曲线，可以确定得到不同浓度过渡相的上限温度。例如，如果在 θ″和 θ′固溶度曲线之间的温度下时效，则析出相是 θ′。

（4）析出相对硬度的影响　通过时效强化处理，析出细小弥散的析出相，提高了合金的强度。时效强化处理包括自然室温时效和高温下的人工时效。

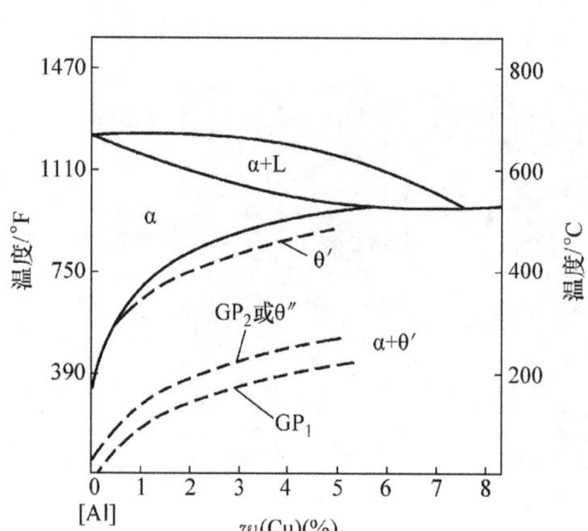

图 1-47 包含 GP_1、θ″和 θ′固溶度曲线的 Al-Cu 二元相图

图 1-48所示为时效对提高 Al-4% Cu 合金强度的影响，时效最高硬度大约是固溶态（过饱和 α 相）的两倍。时效的最高硬度不是对应于平衡析出相 θ，而是对应于亚稳态过渡相。与平衡析出相相比，亚稳态过渡相更加细小弥散（比较图 1-46 和图 1-45）。

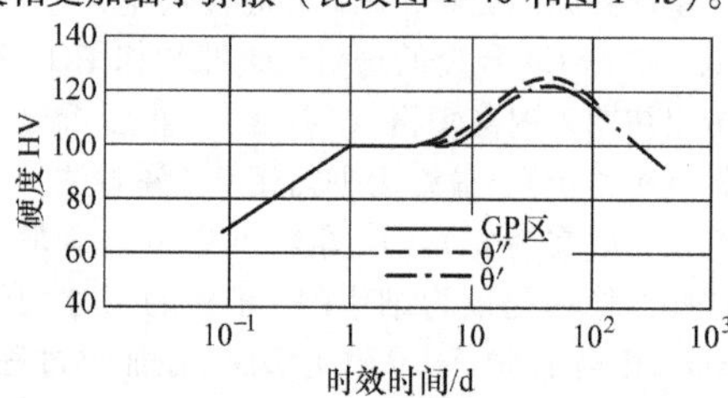

图 1-48 Al-4% Cu 合金在 130℃（265℉）时效时，各析出相的形成和硬度之间的关系

图 1-49 所示为 Al-4% Cu 合金在不同时效温度下，时效时间与硬度的关系。如前所述，因为时效温度越接近固溶度曲线时，析出相就越少，因此时效温度越高，时效最高硬度就越低。此外，时效温度越高，析出速率越高，因此可以在较短的时间内达到最大硬度。

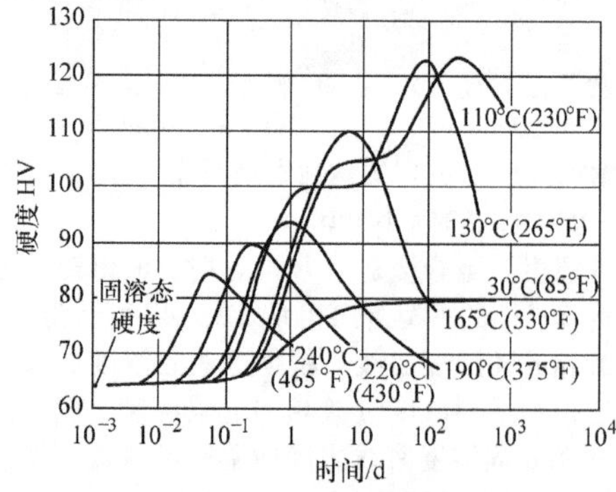

图 1-49 Al-4% Cu 合金在不同时效温度下，时效时间与硬度的关系

注：该合金在 520℃（970℉）固溶加热，然后迅速冷却（水淬）到 25℃（77℉）

对大多数商用可析出强化合金来说，采用环境温度时效时，析出速率较低。在 130℃（265℉）下时效，能在适当的时间内测量出合金的硬度变化，如图 1-48 所示。如果采用接近环境温度的温度时效，则称为时效硬化；如果采用其他温度时效，则称为析出强化。

通常商用合金含有多种合金元素，因此不能完全根据有关二元相图确定合金的热处理温度。许多合金有两种主加合金元素，因此，可采用三元相图确定合金的热处理工艺。例如，2024 铝合金中 Cu 和 Mg 的质量分数分别约为 4% 和 1%，此外还有少量的 Mn、Si、Fe、Cr 和 Zn 元素。可以初步认为，该合金为 Al-Cu-Mg 三元合金，采用 4% Cu-1% Mg 表示这些元素的平均质量分数，因此，可以采用该富铝端三元相图确定合金的热处理温度，如图 1-50 所示。三元相图的液相线大约为 650℃（1200℉），

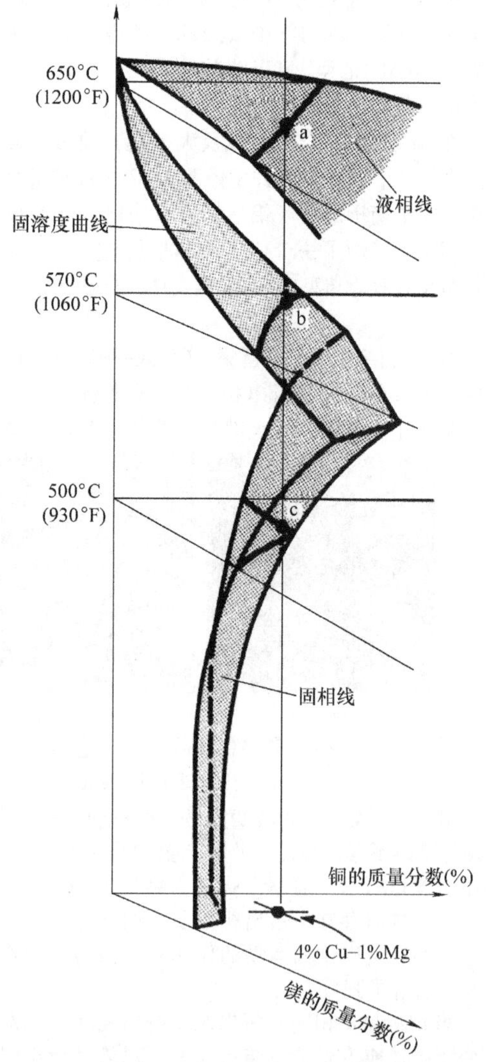

图 1-50 包含 4% Cu-1% Mg 合金液相线、固溶度曲线和固相线的 Al-Cu-Mg 富铝端相图

固溶度曲线和固相线分别为 570℃（1060℉）和 500℃（930℉）。因此，固溶退火（译者注：就是固溶，但原文为 solution annealing，原书中有部分地方将固溶退火与退火混用）温度必须选择在 500～570℃（930～1060℉）之间。如考虑到 2024 合金中含有一定量的 Cu 和 Mg，则固溶退火温度范围就会更窄。要特别注意避免加热温度高于液相线温度，因为这将导致在组织中部分区域内出现液相。该液相在冷却的过程中形成化合物，使合金达不到预期的性能。2024 铝合金的固溶退火温度规范是 488～499℃（910～930℉），退火温度范围只有 11℃（20℉）的温度浮动。如果采用 494℃（921℉）温度进行固溶退火，则只允许有大约 5℃（9℉）的偏差。

2024 铝合金的时效必须在低于固相线温度，大约 500℃（930℉）下进行。合金时效后的性能如图 1-51所示。注意：可以采用不同温度和时间的组合，得到大致相同的力学性能。

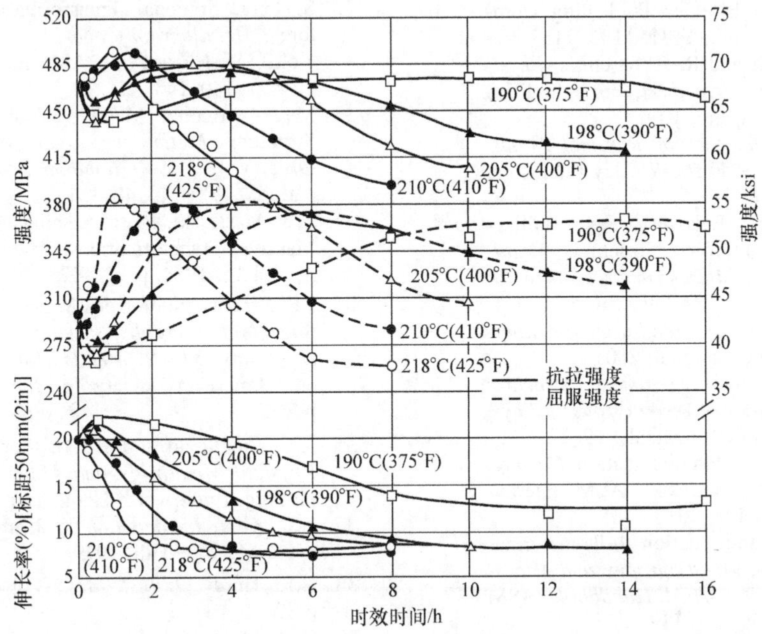

图 1-51　时效时间和温度对 2024 铝合金力学性能的影响

注：初始条件为自然时效（T4）。

致谢

This article was adapted from C.R. Brooks, Principles of Heat Treating of Nonferrous Alloys, *Heat Treating*, Vol 4, *ASM Handbook*, ASM International, 1991, p 823–840, with additional content from:

- C.R. Brooks, *Heat Treatment, Structure and Properties of Nonferrous Alloys*, American Society for Metals, 1982
- F.C. Campbell, *Elements of Metallurgy and Engineering Alloys*, ASM International, 2008
- F.C. Campbell, *Phase Diagrams: Understanding the Basics*, ASM International, 2012
- *Metallography and Microstructures*, Vol 9, *ASM Handbook*, ASM International, 2004

参 考 文 献

1. D. Porter and K.E. Easterling, Diffusionless Transformations, *Phase Transformations in Metals and Alloys*, 2nd ed., Chapman & Hall, 1992, p 382
2. C.E. Campbell, Diffusivity and Mobility Data, *Fundamentals of Modeling for Metals Processing*, Vol 22A, *ASM Handbook*, ASM International, 2009, p 171–181
3. W. Hume-Rothery and G.V. Raynor, *The Structure of Metals and Alloys*, The Institute of Metals, 1962
4. C.R. Brooks, Principles of Heat Treating of Nonferrous Alloys, *Heat Treating*, Vol 4, *ASM Handbook*, ASM International, 1991, p 823–840
5. F.N. Rhines and R.F. Mehl, *Trans. AIME*, Vol 128, 1938, p 185ff
6. P. Shewmon, *Diffusion in Solids*, The Miner-

als, Metals and Materials Society, 1989

7. L.H. Van Vlack, *Elements of Materials Science*, 2nd ed., Addison-Wesley, 1964
8. F.C. Campbell, *Elements of Metallurgy and Engineering Alloys*, ASM International, 2008
9. J.E. Wilson and L. Thomassen, *Trans. ASM*, Vol 22, 1934, p 769
10. V. Singh, *Physical Metallurgy*, Standard Publishers Distributors, 1999
11. J.E. Burke and D. Turnbull, *Prog. Met. Phys.*, Vol 3, 1952, p 220
12. R.W. Cahn, *Physical Metallurgy*, 2nd rev. ed., American Elsevier Publishing Company, 1970, p 1149, 1181, 1186, 1187
13. R.E. Reed-Hill and R. Abbaschian, *Physical Metallurgy Principles*, 3rd ed., PWS Publishing Company, 1991
14. A.G. Guy, *Elements of Physical Metallurgy*, 2nd ed., Addison-Wesley Publishing Company, 1959
15. W.L. Mankins, Recovery, Recrystallization, and Grain-Growth Structures, *Metallography and Microstructures*, Vol 9, *ASM Handbook*, ASM International, 2004
16. M. Tisza, *Physical Metallurgy for Engineers*, ASM International, 2001
17. C.R. Brooks, *Heat Treatment, Structure and Properties of Nonferrous Alloys*, American Society for Metals, 1982
18. S.K. Chaudhury, Homogenization, *Casting*, Vol 15, *ASM Handbook*, ASM International, 2008, p 402, 403
19. A.R. Marder, Introduction to Transformation Structures, *Metallography and Microstructures*, Vol 9, *ASM Handbook*, ASM International, 2004, p 133
20. M. Epler, Structures by Precipitation from Solid Solution, *Metallography and Microstructures*, Vol 9, *ASM Handbook*, ASM International, 2004, p 134–139
21. I. Manna, S.K. Pabi, J.M. Manero, and W. Gust, Discontinuous Reactions in Solids, *Int. Mater. Rev.*, Vol 46 (No. 2), 2001, p 53–91
22. W.D. Callister, *Fundamentals of Materials Science and Engineering*, 6th ed., John Wiley & Sons, Inc., 2003
23. J.W. Christian, *The Theory of Transformations in Metals and Alloys*, Pergamon Press, 1965
24. I.J. Polmear, *Light Alloys—Metallurgy of the Light Metals*, 3rd ed., Arnold, 1995
25. D.J. Mack, Nonferrous Eutectoid Structures, *Metallography, Structures and Phase Diagrams*, Vol 8, *Metals Handbook*, 8th ed., American Society for Metals, 1973, p 192
26. Alloy Phase Diagrams and Microstructure, *Metals Handbook Desk Edition*, ASM International, 1998, p 95–114
27. Properties of Pure Metals, *Properties and Selection: Nonferrous Alloys and Special-Purpose Materials*, Vol 2, *ASM Handbook*, ASM International, 1990, p 1099–1201
28. M.J. Donachie, *Titanium: A Technical Guide*, 2nd ed., ASM International, 2000, p 13–24
29. J.W. Cahn, *Trans. Met. Soc., AIME*, Vol 242, 1968, p 166
30. J.E. Hilliard, Spinodal Decomposition, *Phase Transformations*, American Society for Metals, 1970, p 497–560
31. A.K. Jena and M.C. Chaturvedi, Spinodal Decomposition, *Phase Transformations in Materials*, Prentice Hall, 1992, p 373–399
32. S. Para, Spinodal Transformation Structures, *Metallography and Microstructures*, Vol 9, *ASM Handbook*, ASM International, 2004, p 140–143
33. M.J. Perricone, Massive Transformation Structures, *Metallography and Microstructures*, Vol 9, *ASM Handbook*, ASM International, 2004, p 148–151
34. T.B. Massalski, Distinguishing Features of Massive Transformations, *Metall. Trans. A*, Vol 15, 1984, p 421–425
35. J.F. Breedis, Nonferrous Martensitic Structures, *Metallography, Structures and Phase Diagrams*, Vol 8, *Metals Handbook*, 8th ed., American Society for Metals, 1973, p 201
36. R.E. Smallman and R.J. Bishop, *Modern Physical Metallurgy and Materials Engineering*, Butterworth-Heinemann, 1999
37. A.G. Guy, *Introduction to Materials Science*, McGraw-Hill, 1979
38. H.K. Hardy, *J. Inst. Met.*, Vol 79, 1951, p 321
39. W.A. Anderson, *Precipitation from Solid Solution*, American Society for Metals, 1958

1.2 金属和合金的均匀化处理

为保证合金元素在整个微观组织中均匀分布，在进一步加工或热加工前，需对铸件和铸锭进行均匀化热处理。溶质元素的不均匀分布将对材料的性能，包括耐蚀性/抗氧化性、强度（通过合金化来提高强度）、服役温度（由于枝晶间熔点的降低）、热加工性能（晶界处液析或开裂）产生不利影响，并会由于偏析而诱导有害相的形成等。由于合金铸件不进行有效改变溶质原子重新分配的锻造热加工，因此，对其进行均匀化热处理显得尤其重要，因为这是合金铸件在服役前所进行的最终热处理。

当熔化金属或合金时，如采用感应加热熔化，尽管在某些体系中可能存在短程有序，但绝大多数液态合金熔池中的元素是随机均匀分布的。造成这种均匀分布的部分原因是感应线圈的磁场作用，但也和系统的大的负熵项（$-T\Delta S$）的贡献有关，因为这一负熵项降低了系统的吉布斯自由能。因此，随着温度的提高，熵的增加使吉布斯自由能更负，这更加有利于液态合金的均匀混合。液态合金扩散系数大（在液相线温度时，液相的扩散系数比固相时高 10^5 数量级），也进一步促进了液相的均匀混合。另一个原因是熔化方法，如电弧熔炼或反射炉熔炼，由于温度梯度和电场/磁场以及注入喷枪强力搅拌等其他混合方法，在最低限度上实现了均匀混合。在理想状态下，冶金工作者可以把这种均匀的液体转变成所需的形状均匀的固态工件。实际上，凝固过程是一种不均匀的过程，其中一些溶质元素会优先结晶于固相，而另一些则倾向于以液相存在。其结果是造成铸件的化学成分连续变化，如图 1-52 所示。

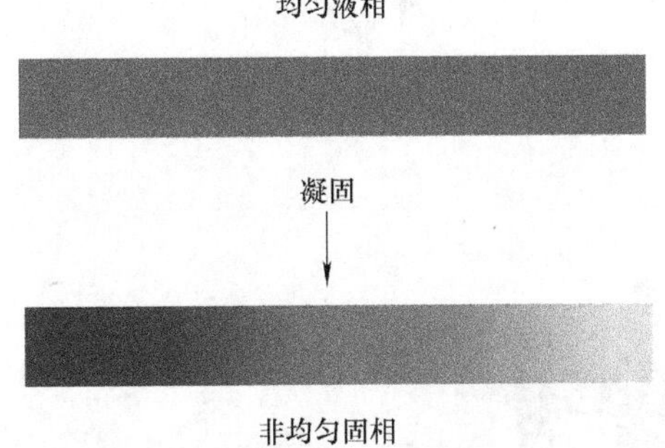

图 1-52　固相和液相中元素的分布

注：液相中元素是均匀分布的。由于是非平衡凝固（通常的情况），凝固过程中将出现元素偏析。通过均匀化热处理，非均匀化学成分将得到改善。

一般来说，合金中不同化学成分的不均匀程度是不同的。首先假设成分为 C_o 的合金，在初始温度高于液相线（T_1）条件下的平衡冷却情况（图 1-53）。当温度降低到 T_1 时，先形成成分为 C_s 的固相，当温度进一步降低时，形成更多的固相，当冷却到固相线温度（T_3）时，固相的成分为 C_o。该处理严格按照平衡热力学工艺，未考虑动力学因素。如考虑动力学因素，则情况差别相当大。在许多情况下（如大型铸件），局部凝固时间需要几分钟甚至更长。由于固相比液相的扩散速率要低几个数量级，所以在通常情况下，液相混合是均匀的，而固相则不是均匀的。考虑到图 1-54 中合金的非平衡冷却，当温度降低至 T_1 时，先凝固的固相成分为 C_s。随着冷却不断继续，固相按固相线成分变化并且数量逐步增多。然而，由于先形成的固相溶质元素的含量低，固相的扩散系数比典型的凝固速度慢，从而造成整个固相的化学成分滞后于平衡的固相线成分，如图 1-54 所示。该现象首先由 Scheil 和 Gulliver 发现。其结果是在达到平衡固相线 T_3 时，部分液相残存下来，只有当达到更低的 T_4 时，才会完全转变为固相。有时还可能形成平衡相图中未出现的共晶产物。这个更低的温度有时被称为非平衡固相线或初熔温度（Incipient Melt Point，IMP）。为避免铸件局部发生熔化，所有均匀化热处理温度都必须低于初熔温度。如果热处理温度高于该温度，则在达到均匀化之前，会导致局部熔化，产生孔隙；根据合金不同，有时还可能出现共晶相。一般来说，合金的非均匀程度取决于合金的凝固范围，凝固范围越大，不均匀程度越严重。此外，溶质原子与溶剂原子的晶体结构或原子尺寸差异大的合金，产生的偏析往往会更加严重（如镍中存在钨或钼）。

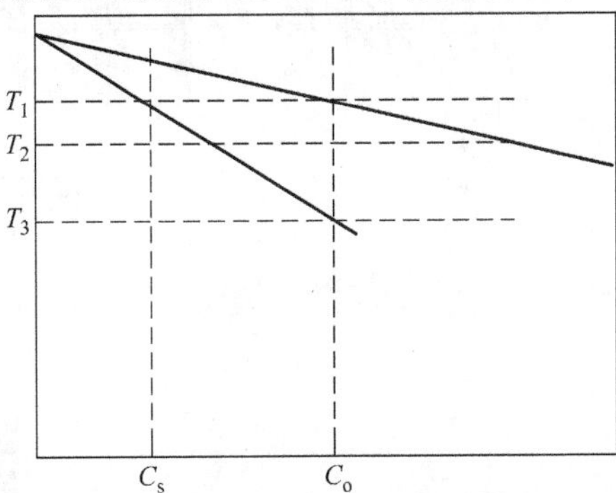

图 1-53　成分为 C_o 的合金的局部假想平衡冷却相图

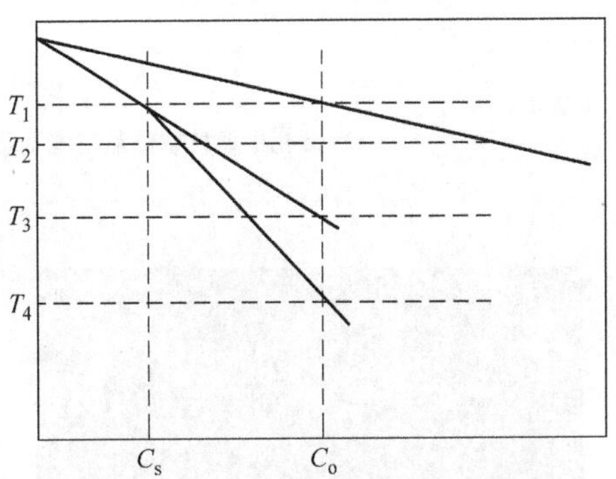

图 1-54　成分为 C_o 的合金的局部假想非平衡冷却相图

1.2.1　铸件的均匀化

通常称改善铸件组织均匀性的热处理为均匀化热处理。均匀化热处理的时间和温度是以充分消除偏析为准，需要认真进行选择。一般来说，合金铸件的均匀化热处理是相当复杂的，所涉及的扩散不仅不能采用简单的示踪扩散方法进行研究，而且还与铸件局部

化学成分的扩散有关。然而，可以用示踪扩散方法，采用下式确定扩散中所需的时间 t 问题

$$t \approx \frac{x^2}{D}$$

式中，D 是扩散系数；x 是扩散距离（在铸件均匀化热处理中，取二次树枝晶间距的一半）。因为扩散系数的公式是

$$D = D_0 \exp\left(\frac{-Q}{RT}\right)$$

温度对扩散系数和均匀化所需时间呈指数的影响关系。如前所述，在热处理过程中，应避免铸件发生局部熔化，因此评估初熔温度是很好的方法。该评估方法将在下节进行讨论。

研究铸件的不均匀性也是很重要的。在大型铸件的凝固过程中，会同时发生宏观偏析和微观偏析。宏观偏析的尺度可能是在数米的数量级，因此不可能通过热处理来改善和解决，而只可能通过对铸件的铸造/凝固工艺进行优化设计，将其降低到最低程度。而微观偏析可以通过均匀化热处理来改善和解决。大多数合金的凝固过程为图 1-55 所示的树枝状结晶。图 1-55a 为树枝状结晶三维示意图，包括一次、二次、三次和高次树枝晶的形成。图 1-55b 为在一次树枝晶生长出二次树枝晶的二维示意图。具有一次和二次树枝晶铸件的典型微观组织如图 1-56 所示。

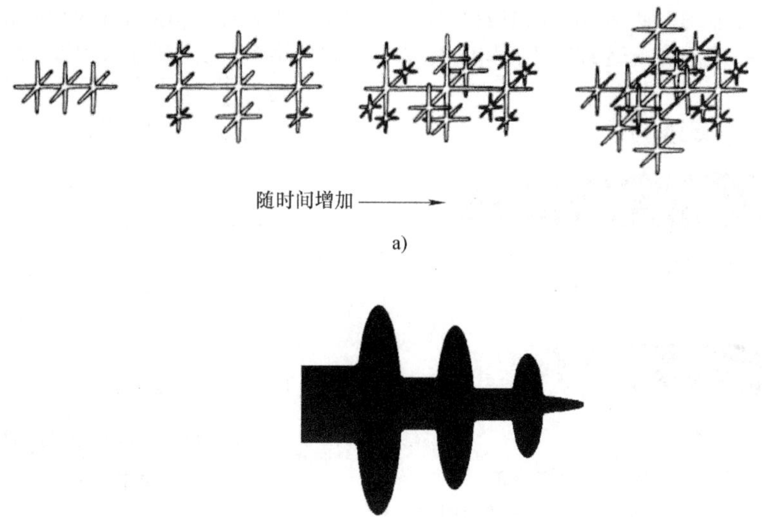

图 1-55　树枝状结晶

a）液相中树枝状结晶三维示意图　b）有一次和二次树枝状结晶的示意图

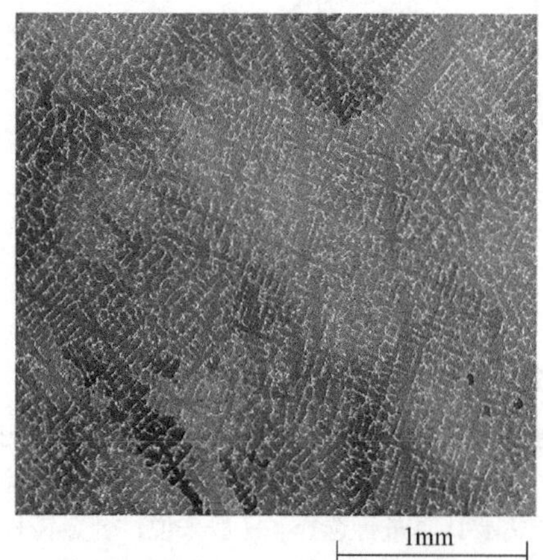

图 1-56　典型树枝晶的微观组织

可采用标准金相技术，测量铸件的二次枝晶间距（SDAS）。此外，可以采用铸造凝固的商业软件包，用于评估铸件的二次枝晶间距。值得注意的是，某些合金在铸态下并不明显地显示出树枝晶组织。出现这种现象的原因通常是它们的结晶过程虽然是树枝状结晶，但冷却过程中受到了其他因素的影响，如铁素体钢在冷却过程中发生了同素异构相变，该相变掩盖了许多树枝状结晶的特征。在诸如此类情况下，最好对模拟合金铸件进行测量，或者采用凝固建模软件进行计算。通常，可以采用二次枝晶间距表征铸件的局部偏析情况，用以确定均匀化热处理的扩散距离。

1.2.2　偏析诱发初熔温度

由于温度与扩散系数和热处理时间呈指数关系，所以偏析诱发出现的初熔温度是最重要的工艺参数。

如前所述，应该避免铸件局部出现熔化现象。这里关键是应该认识到，由于出现了偏析，铸件局部的熔点已经是低于平衡固相线的初熔温度。最简单的确定初熔温度的方法是，在一定的温度范围内，通过逐步提高加热温度的方法来选择不同的温度，采用一组试样，当炉温达到所要求的温度后，分别将试样放入所设定温度的炉中保温，保温足够长的时间后迅速冷却，采用金相检验方法检测初熔温度。通常最后结晶的液相存在于树枝间，由此可以通过重熔方法确定初熔温度。每一种合金都有其独特的形貌。一般来说，初熔伴随着收缩的小孔隙的产生。根据合金不同，也可能出现共晶产物，这些共晶产物非常细小，通常出现在凝固后期的铸态组织中（通常不是树枝晶）。完成确定初熔温度试验需要大量的试样，但这可以有效避免出现初熔现象。因此，一旦确定了一个相对较高的安全温度，就可以根据该温度确定均匀化所需的时间。

更简洁的改进测定初熔温度的方法是设计和使用带温度梯度的加热炉，该加热炉仅在炉后壁上有特制加热元件，或者采用特制的管式炉，其温度从工作温度渐变到室温。该温度梯度不一定要求是线性的，但必须能有效控制，并能在试样上标注出该温度梯度。最有效的方法是分别将多个热电偶点焊到试样上后插入炉内，将随后观察到的试样微观组织与对应测量的温度联系起来。通过对该具有温度梯度的铸件试样进行检测，就能准确地得到铸件的初熔温度。

另一种测试铸件初熔温度的方法是差热分析（DTA）方法，但这种方法也存在一些问题。最主要的问题是差热分析试样的尺寸较小。如果偏析的范围很大，则小的试样尺寸就可能不包含最低熔点处的成分。其次的问题是差热分析方法难以确定熔化开始点。例如，如果非平衡凝固出现了大量的共晶相，那么熔化这些相就会产生很强的吸热信号。相反，如果非平衡凝固仅在母相中出现结晶偏析组织，则产生的吸热信号将很微弱。在初熔相较少时，这种现象尤为明显。

差热分析方法还存在由于加热速率不同而造成的测量差异问题。慢的加热速率使试样出现原位均匀化，而快的加热速率则会明显地将初熔温度推向更高的温度。解决该问题的办法是，逐渐降低加热速率分别对几个试样进行测试，而后外推到加热速率为零时的初熔温度。图 1-57 所示为该系列试验结果的示意图。通过外推更高的加热速率到零的加热速率，就可以对初熔温度进行估算。值得注意的是，最慢的加热速率可能导致测量的初熔温度与外推数据不存在线性关系。造成这种差异的原因是在测试过程中，试样已产生均匀化效应，在采用最慢的加热速率时，这种效应被夸大了。

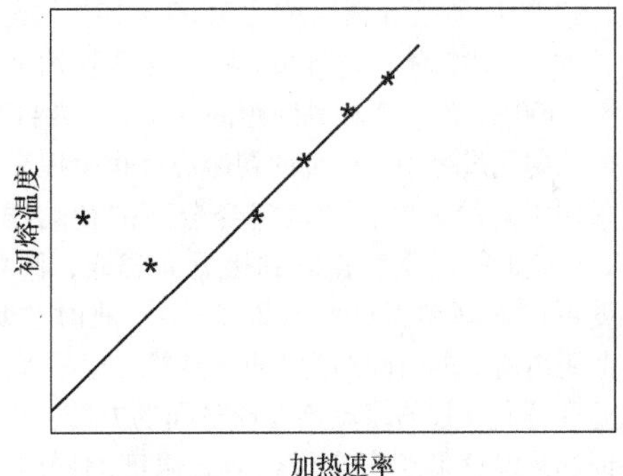

图 1-57　不同热分析方法确定初熔温度（IMP）与加热速率的关系

注：采用最慢的加热速率未落在外推线上，其原因是在最慢的加热速率下，试样在试验过程中已均匀化，因此必须谨慎使用该数据。

1.2.3　均匀化热处理时间估算

一旦确定了铸件的初熔温度，就可以选择均匀化热处理温度。为了最大限度地缩短热处理时间，选择均匀化温度时，在考虑低于初熔温度和热处理炉额定工作温度的前提下，应尽可能选择高的加热温度。应保证热处理炉的额定工作温度与处理的合金铸件类型相匹配。均匀化热处理温度的选择是极其重要的，应考虑合金的初熔温度，同时还要考虑炉内温度的稳定性和均匀性。典型均匀化温度应选择在合金的初熔温度以下 25～50℃（45～90℉）。如前所述，均匀化时间 t 由下式给出

$$t \approx \frac{x^2}{D}$$

式中，D 是扩散系数；x 是扩散距离（此处取二次树枝晶间距的一半）。虽然很难确定扩散系数（扩散系数与铸件局部的化学性质有关，并随着铸件均匀化过程而变化），但可以通过示踪扩散法来确定和估算所需要的均匀化时间。

可以预料，Mo 和 W 这种难熔元素的扩散速率很慢，因此是限制扩散速率的合金元素。典型的二次枝晶间距在 100～200μm 的范围内，而初熔温度是在固相线以下 100～200℃（180～360℉）。例如，316 不锈钢中含有 Mo 这种扩散速率慢的合金元素，其固相线为 1393℃（2540℉），初熔温度为 1243℃（2270℉），因此，安全均匀化温度为 1177℃（2150℉）。在均匀化温度下，316 不锈钢为面心立方（fcc）晶体结构，其扩散速率比体心立方（bcc）

慢［即使是铁素体型不锈钢，也常常是加热到高温的面心立方（fcc）相进行均匀化处理］。在所研究的情况下，Mo 元素在面心立方奥氏体中的示踪扩散系数近似为 D 的估计值，约为 $1.09\times10^{-11}\mathrm{cm}^2/\mathrm{s}$。因此，在 1177℃ 均匀化 48h，Mo 将扩散约 43μm（略小于 100μm 的二次枝晶间距的一半）。在 1177℃ 长时间均匀化过程中，合金的初熔温度也会提高。

采用相同的方法，可确定合金新的初熔温度。例如，合金的初熔温度提高到接近固相线，则均匀化温度可以提高到 1300℃（2372℉），此时达到相同扩散距离所需的时间约为 10h。显然，尽早提高均匀化温度是最有效的缩短热处理时间的方法。因此，在保证加热温度低于安全合金初熔温度的同时，可以采用几次调整温度的方法，以优化均匀化热处理工艺过程。

1.2.4 采用 CALPHAD 软件优化均匀化热处理

虽然热力学和动力学模拟软件和数据库还不完善，但自 2000 年以来已经有了很大进展，现在已能提供优化均匀化处理时间的方案；如有必要，还可以得到耐热合金的固溶处理工艺。上节介绍了在均匀化处理中，采用尽可能高的加热温度可以最大限度地缩短保温时间。现已能确定合金的动态化学元素扩散速率和初熔温度，使得优化均匀化处理成为可能。采用商用热力学和动力学计算软件 CALPHAD（CALculation of PHAse Diagrams）已作为有效的解决方案。采用该软件的设计和规定算法，不仅可以计算奥氏体型钢、马氏体型钢、铁素体型钢的均匀化工艺，还可以制订复杂镍基超合金和其他合金的均匀化工艺。采用这一方法，已实现了对铸造固溶强化镍基超合金（如 230、617 和 625 合金）、γ′相强化镍基超合金（如 105 和 263 合金、Inconel740、Haynes282 和 Waspaloy）、奥氏体型不锈钢（如 304 和 316）、铁素体型不锈钢（如 403 和 441）、铁素体/马氏体型不锈钢（如 P91、P92 和 TAF）和其他试验合金进行很好的均匀化处理。

与前一节所介绍的类似，均匀化算法是根据对铸态微观组织（或模拟估计）的简单测量，对铸锭的偏析程度进行测量，并采用 Scheil - Gulliver 方法进行预测。采用商用 CALPHAD 软件中的 DICTRA 和 Thermo - Calc 软件包对铸锭的化学成分等信息进行处理，根据处理的结果预测铸锭的成分分布和初熔温度，并将这些数据作为初始条件和制订后续热处理步骤的依据。该方法可加快对新开发的耐热合金的均匀化热处理工艺的制订，并可对现有商用合金的均匀化热处理工艺进行优化。

以前的研究都是基于假设合金凝固成单相基体组织，但并不是所有合金都以这种方式凝固。例如，许多铁基合金开始凝固成体心立方晶体结构，而后转变为面心立方晶体结构；而其他合金开始凝固成面心立方晶体结构，而后转变为体心立方晶体结构。还有一些合金可能会形成大量的第二个相，如碳化物或其他有序相。在这些合金中，仅仅对基体进行研究还无法充分了解合金中局部区域化学物质的细微差别。因此，使用的计算方法中采用了计算增量固相化学，也就是说，当所有液相转变为固相时，不管形成什么相，每个形成的固相均为最初凝固的状态发展而成。采用这种方法，通过每增加一个新固相就合并聚集，就可以描述出现的局部偏析。这样就可以计算初熔温度和实现均匀化所需的互扩散系数。下面对液相转变形成固相的化学成分变化进行介绍。在最初固相将要形成时，其化学成分是

$$f_{\mathrm{s}}=0:\ C_{\mathrm{o}}$$

当最初固相形成后，其化学成分是

$$C_{\mathrm{s}_1}=\frac{(C_{\mathrm{o}}-f_{\mathrm{l}_1}C_{\mathrm{l}_1})}{\mathrm{inc}f_{\mathrm{l}}}\tag{1-18}$$

每增加一个新固相，其化学成分是

$$C_{\mathrm{s}_{1+i}}=\frac{(C_{\mathrm{o}}-f_{\mathrm{l}_{1+i}}C_{\mathrm{l}_{1+i}}-\sum f_{\mathrm{l}_i}C_{\mathrm{l}_i})}{\mathrm{inc}f_{\mathrm{l}}}\tag{1-19}$$

式中，C_{o} 是合金成分中每种元素的质量分数；C_{s_1} 是最初形成固相的化学成分；$C_{\mathrm{s}_{1+i}}$ 是第（$1+i$）个固相形成时，s_{1+i} 的化学成分；f_{l_n} 是所形成液相 n 的百分数；C_{l_n} 是形成液相 n 时，液相的成分；$\mathrm{inc}f_{\mathrm{l}}$ 是形成液相 n 时，液相的增量分数。为实现合金高度均匀化，需要在每个均匀化步骤中（即特定的温度和在该温度下的时间增量）重新确定合金的成分，直到达到所要求的均匀化程度为止（译者注：原书此段文字与公式中的符号有误。一级下标为 s 和 l，表示固相和液相；二级下标为数字，表示形成的第几个相，已更正）。

1.2.5 计算算法

利用商用热力学建模软件（Thermo - Calc）中的 Scheil 模块，对合金非平衡凝固的化学显微偏析程度进行预测。在可能的情况下，与实测炉号合金的化学成分进行对比；在许多情况下，合金的名义化学成分或目标化学成分是一致的。应密切关注碳、硅、锰等强烈降低熔点元素的影响，并利用 Thermo - Calc 软件，根据合金最后结晶的固相线来确定合金的初熔温度。根据预测的化学成分偏析，采用商用动力学建模软件（DICTRA），设计了优化均匀化热处理工艺，有效地降低了合金元素在基体树枝晶间的浓度分布波动。通过随时对合金的初熔

温度进行检测，提高加热温度和减少保温时间，优化均匀化工艺。

在此基础上，利用热力学软件的 Scheil 模块和有关数据库，对合金的非平衡凝固范围进行预测。具体来说，是通过商用软件包中 Scheil 模块的 Scheil - Gulliver 模型来实现的。模型中假设元素在液相中的扩散速度非常快，而在形成的固相中没有扩散。

通常，模型中用于分析的 Scheil 方程为理想的体系，即合金的液相线和固相线是线性的。如是理想化的体系，则 $C_s/C_l=k$，式中 C_s 和 C_l 分别为给定温度下固相和液相的成分（图 1-53）。当有固相的增量（df_s）形成时，有 $C_s df_s$ 的溶质原子从液相转移到固相。因此，液体成分的变化为

$$dC_l=(C_l-C_s)df_s/(1-f_s) \tag{1-20}$$

通过对式（1-20）积分，得到液相的成分与固相成分（f_s）的关系为

$$C_l=C_o(1-f_s)^{k-1} \tag{1-21}$$

实际的情况更复杂，液相线和固相线不是线性的，此时通过对式（1-20）积分来对 C_s 和 C_l 进行分析。在商用软件包中，采用 Scheil 模块和用户自定义温度增量，计算 Δf_s、ΔC_s 和 ΔC_l，直到达到预先设定的液相量。硼、碳、氮和氧这类元素的扩散速率快，能在固相中反向扩散，因此在估计合金的初熔温度时，不应过于保守。

采用 Scheil 模拟对给定的合金进行计算，可得到对应于凝固温度的固相数量的默认结果。该结果中不仅对凝固过程和进展进行了说明，还对形成的相组织（很多处于非平衡态）以及非平衡凝固温度范围给出了解释。然而，由于该计算未给出合金具体位置的固相化学成分，除确定初熔温度外，其结果并不能直接用于制订均匀化热处理工艺。均匀化热处理工艺包括达到合金所要求的化学均匀性所需温度和时间。幸运的是，采用 Scheil 模拟后，还可以获得几个附加数据，例如，可以得到给定相组织中各合金元素的含量。为了达到均匀化的目的，记录液相中各合金元素的质量分数与温度的关系是非常有用的。采用式（1-18）和式（1-19），通过液相成分的改变，计算固相成分的改变。计算结果给出了在凝固过程中，每一个温度变化的固相化学成分，因此，可以得到固相的二次枝晶心部到枝晶间的化学成分偏析。必须通过适当的均匀化热处理来消除这种不希望得到的显微偏析。

偏析还与温度等因素有关，因此还需要对偏析在空间的分布进行测量。如前所述，所需扩散距离的保守估计是二次枝晶间距（SDAS）的一半。采用 DICTRA 软件和基体相的化学成分分布，可以用某温度下形成的固相质量分数直接确定该扩散距离。例如，如果在开始凝固阶段，形成固相的质量分数是 10%，在二次枝晶间距为 100μm 的条件下，对应的扩散距离是 0.1×（SDAS/2），即 5μm。在确定不同位置的化学成分后，采用 DICTRA 软件可以确定不同时间段的残余偏析。同理，采用 DICTRA 软件，可根据最后凝固的固相成分（也就是模型中的树枝晶成分）确定合金的初熔温度。通过对不同时间段的初熔温度进行计算，优化均匀化热处理温度，使均匀化热处理时间最短。

CALPHAD 软件的一大特点是，它提供了一种能在任何时间段评估合金均匀化程度的方法，从而可以确定某合金在什么情况下完成了均匀化。有意思的是，许多研究人员在其发表的研究报告中，没有给出合金均匀化的任何标准和判据，他们认为只要将合金放入热处理炉中，就完成了合金均匀化。也许均匀化的最简单判据是将合金的初熔温度提高到某个临界值之上，这种标准和判据对合金的热加工和铸件的服役是有用的。更严格的标准和判据应该是化学成分的均匀一致性。通过将树枝晶的心部、树枝间的化学成分（最先结晶和最后结晶）与名义（标准规范）化学成分进行对比，可以得到一个简单可靠的标准和判据。因此，对于商用合金来说，如果合金各处的化学成分均在名义的化学成分范围内，则可以认为该合金是均匀化的。同理，对于某试验合金，如果合金的每种元素都在某一误差范围（如 10%、5%或 1%）内，那么，就可以认为该合金达到了均匀化热处理要求。

例如，316L 的名义成分（质量分数）为 17% Cr、12% Ni、2.5% Mo、1% Mn、0.5% Si、0.03% C，其余为 Fe。采用 Thermo - Calc 软件和 TCFe7 数据库进行计算，平衡固相线约为 1414℃（2575℉），而铸态合金的初熔温度是 1280℃（2335℉），这与之前估计的基本一致。在该例中，所有溶质元素在树枝晶间区域都有差异，有些元素，如锰、钼和硅含量的差别达到或超过了合金名义化学成分的 200%（表 1-11）。在该例中，假设二次枝晶间距为 100μm（临界扩散距离为 50μm）。由于铸态合金的初熔温度是 1280℃（2335℉），因此选择 1177℃（2150℉）作为均匀化初始温度。在 1177℃（2150℉）均匀化 1h 后，合金的均匀性大大提高，大多数合金元素的质量分数均在名义成分的 25% 范围内。除镍外，其他合金元素的质量分数均在合金成分规范之内（表 1-12）。短时间均匀化热处理大大提高了合金的 IMP［1400℃（2550℉）］，所以后续的热处理温度可以选择为

1300℃（2370℉）。在新的均匀化温度1300℃保温5h后，所有合金元素的质量分数都在合金成分规范以内，并均在名义成分的5%范围内（表1-13）。在该温度下保温10h后，则所有合金元素的质量分数都在名义成分的1%范围内（表1-14）。在参考文献[11-13]中，还给出了其他例子。

表1-11 假设炉次316L钢树枝晶心部和尖端（枝晶间）区域化学成分与铸态名义成分对比（质量分数）

元素	心部	尖端	名义成分	最低名义成分（%）	最高名义成分（%）
Cr	17.75	20.31	16.93	105	120
Mn	0.71	1.97	0.98	72	200
Mo	2.73	4.99	2.43	113	206
Ni	8.97	16.27	11.92	75	136
Si	0.41	1.16	0.49	84	236

注：估计初熔温度为1280℃（2335℉）。

表1-12 在1177℃（2150℉）保温1h均匀化处理后，假设炉次316L钢树枝晶心部和尖端（枝晶间）区域化学成分与合金的名义成分对比（质量分数）

元素	心部	尖端	名义成分	最低名义成分（%）	最高名义成分（%）
Cr	17.65	17.44	16.93	104	103
Mn	0.72	1.36	0.98	74	139
Mo	2.69	2.80	2.43	111	115
Ni	9.12	14.68	11.92	77	123
Si	0.43	0.61	0.49	87	123

注：估计处理后初熔温度为1400℃（2550℉）。

表1-13 在1300℃（2370℉）保温5h均匀化处理后，假设炉次316L钢树枝晶心部和尖端（枝晶间）区域化学成分与合金的名义成分对比（质量分数）

元素	心部	尖端	名义成分	最低名义成分（%）	最高名义成分（%）
Cr	16.97	16.89	16.93	100	100
Mn	0.94	1.03	0.98	95	105
Mo	2.47	2.39	2.43	102	98
Ni	11.42	12.40	11.92	96	104
Si	0.50	0.49	0.49	100	100

表1-14 在1300℃（2370℉）保温10h均匀化处理后，假设炉次316L钢树枝晶心部和尖端（枝晶间）区域化学成分与合金的名义成分对比（质量分数）

元素	心部	尖端	名义成分	最低名义成分（%）	最高名义成分（%）
Cr	16.94	16.9	16.93	100	100
Mn	0.97	0.995	0.98	99	101
Mo	2.44	2.42	2.43	101	99
Ni	11.79	12.0	11.92	99	101
Si	0.49	0.493	0.49	100	100

1.2.6 总结

通过均匀化热处理，可提高合金的力学性能和使用寿命，提高其在热加工和机加工过程中的加工性能。优化均匀化热处理的关键在于，了解合金的初熔温度、扩散速率最慢的合金元素和微观组织均匀化程度的要求。本节主要介绍了这些测试方法的实验室试验过程、计算机模拟以及两者的结合。可以通过计算热力学或实验室试验估计合金的初熔温度，例如，采用 DTA 试验或对热处理后的试样进行微观组织检验等方法。通过微观组织检验或计算机模拟，对合金的非均匀程度进行估计。通过确定扩散速率最慢的合金元素（通过对基体相组织中的示踪扩散进行比较），或者通过热力学和动力学计算，来估计热处理时间。所有这些方法都已成功地被用于合金的均匀化热处理。

致谢

感谢 Jeffrey A. Hawk 博士对本章以及合金均匀化所进行的许多有益讨论。感谢 David E. Alman 博士，他对本章内容进行了审阅。

免责声明（略）。

参考文献

1. E.W. Ross and C.T. Sims, in *Superalloys II*, C.T. Sims, N.S. Stoloff, and W.C. Hagel, Ed., John Wiley & Sons, New York, 1987, p 122–131
2. J.P. Collier, A.O. Selius, and J.K. Tien, in *Superalloys 1988*, S. Reichman, D.N. Duhl, G. Maurer, S. Antolovich, and C. Lund, Ed., TMS, 1988, p 43–52
3. S.A. Loewenkamp, J.F. Radavich, and T. Kelly, in *Superalloys 1988*, S. Reichman, D.N. Duhl, G. Maurer, S. Antolovich, and C. Lund, Ed., TMS, 1988, p 53–62
4. W.H. Couts and T.E. Howson, in *Superalloys II*, C.T. Sims, N.S. Stoloff, and W.C. Hagel, Ed., John Wiley & Sons, New York, 1987, p 449–455
5. E. Scheil, *Z. Metallkd.*, Vol 34, 1942, p 70–72
6. G.H. Gulliver, *J. Inst. Met.*, Vol 9, 1913, p 120–157
7. C.R. Brooks, *Heat Treatment, Structure and Properties of Nonferrous Alloys*, American Society for Metals, 1982, and adapted from P.S. Hurd, *Metallic Materials*, Holt Rinehart and Wilson, 1968
8. J.L. Ham, *Trans. Am. Soc. Met.*, Vol 35, 1945, p 311
9. J.O. Andersson, T. Helander, L. Höglund, P.F. Shi, and B. Sundman, Thermo-Calc and DICTRA, Computational Tools for Materials Science, *CALPHAD*, Vol 26, 2002, p 273–312
10. P.D. Jablonski and C.J. Cowen, Computationally Optimized Homogenization Heat Treatment of Metal Alloys, U.S. Patent Applications S119,015 and S130,803
11. P.D. Jablonski and C.J. Cowen, Homogenizing a Nickel-Based Superalloy: Thermodynamic and Kinetic Simulation and Experimental Results, *Metall. Mater. Trans. B, Proc. Metall. Mater. Proc. Sci.*, Vol 40, 2009, p 182–186
12. P.D. Jablonski and J.A. Hawk, A Computational Approach to Homogenizing Alloys Based on the Instantaneous Liquid Composition, Provisional U.S. Patent Application
13. P.D. Jablonski and J.A. Hawk, Considerations for Homogenizing Alloys, *Eighth International Symposium on Superalloy 718 and Derivatives*, E. Ott, A. Banik, X. Liu, I. Dempster, K. Heck, J. Andersson, J. Groh, T. Gabb, R. Helmink, and A. Wusatowska-Sarnek, Ed., TMS, 2014, p 823

1.3 退火与再结晶㊀

冷加工的金属在退火过程中经历了回复、再结晶和晶粒长大三个阶段。冷加工在材料中产生大量缺陷，必须采用热处理才能使材料的性能，尤其是材料的塑性得到恢复和改善。由于材料的微观组织是不均匀的，因此，退火过程的三个阶段会发生部分重叠。同一合金的试样成分略有不同，冷加工的变形量和类型不同，以及试样的整个工艺过程不同，均会影响退火过程和热处理效果。

对金属进行塑性变形冷加工时，晶粒会发生变形和相对移动，会有部分机械能残存在金属中，以点缺陷、位错和层错的形式存在。

在外力作用下，材料将发生塑性变形，在原子尺度上产生了一维的线缺陷——位错。随着应变量的增加，由于位错之间发生缠结和交互作用，其数量会急剧增加，由此原始的微观组织会发生极大的变化。经冷加工的材料处于高能状态，其热力学状态是不稳定的。通过退火过程，给材料提供激活能，将材料的高能状态转变为低能状态，与此同时，材料的微观组织也伴随发生一系列相应变化。此外，在退火过程中，材料的其他性能也会发生变化。通常，材料的强度降低而塑性提高。有关各种合金在

㊀ 根据 W. L. Mankins, Recovery, Recrystallization, and Grain - Growth Structures, Metallography and Microstructures, Vol 9, ASM Handbook, ASM International, 2004, p 207 - 214; C. R. Brooks, Heat Treatment, Structure, and Properties of Nonferrous Alloys, American Society for Metals, 1982, p 33 - 53; L. E. Samuels, Metals Engineering: A Technical Guide, ASM International, 1988, p 307 - 317 改编。

退火过程中性能的变化，请参阅本卷手册中的铝及其合金的退火、铜的退火和再结晶，以及钛及其合金的变形和再结晶。

1.3.1 变形状态

为了深入理解回复和再结晶的概念，必须了解冷加工时金属内部微观组织发生的变化。通过位错在晶格点阵中的运动和重新分布，材料发生塑性变形，这是主要的机制变形。对大变形量的组织结构的性质以及它们的发展机制进行深入了解，有助于加深对该变形材料在完全退火过程中，变形的微观组织转变为退火状态组织的理解。

1.3.2 回复

在回复、再结晶和晶粒长大三个阶段中，各阶段的热力学驱动力和组织状态是不同的。图 1-58 所示为对材料回复、再结晶和晶粒长大的驱动力、机制的总结。

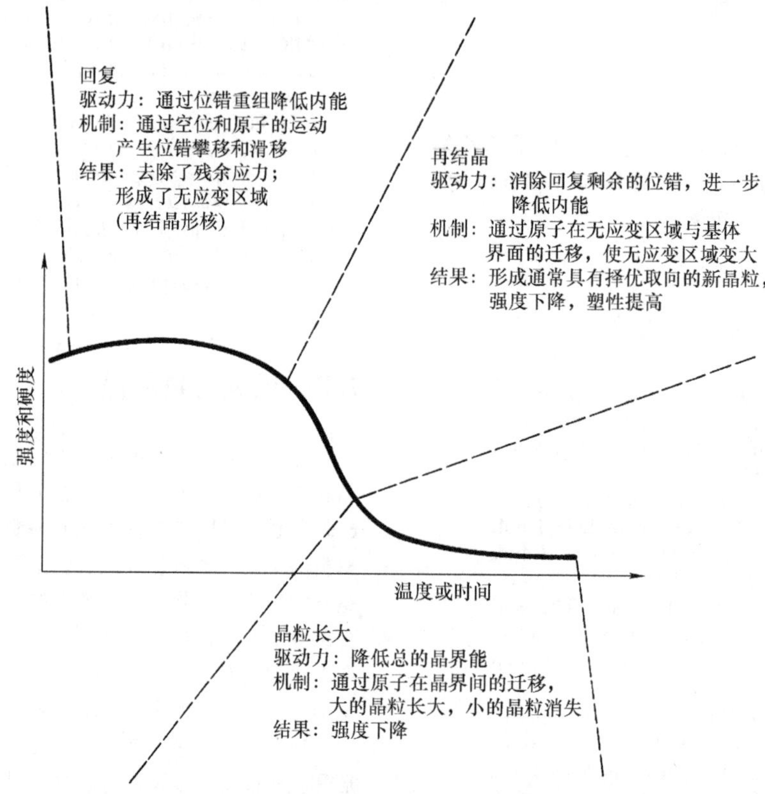
回复
驱动力：通过位错重组降低内能
机制：通过空位和原子的运动产生位错攀移和滑移
结果：去除了残余应力；形成了无应变区域(再结晶形核)
再结晶
驱动力：消除回复剩余的位错，进一步降低内能
机制：通过原子在无应变区域与基体界面的迁移，使无应变区域变大
结果：形成通常具有择优取向的新晶粒，强度下降，塑性提高
强度和硬度
温度或时间
晶粒长大
驱动力：降低总的晶界能
机制：通过原子在晶界间的迁移，大的晶粒长大，小的晶粒消失
结果：强度下降

图 1-58 回复、再结晶和晶粒长大的驱动力、机制和结果示意图

注：根据 E. E. Stansbury 教授提供的资料改编。

冷加工金属在退火过程中，其组织和性能发生变化的最初阶段称为回复。随着回复的继续，组织结构发生了下面一系列变化：

1）点缺陷和点缺陷簇发生湮灭和移除。

2）位错发生湮灭和重排，转变为低能组态。

3）发生多边形化过程（通过位错“网络”或互锁形成亚晶界，亚晶的形成和长大如图 1-59 所示）。

4）再结晶形核，并进一步促进晶核的生长。

这些结构变化不涉及大角度晶界迁移。因此，在退火的这个阶段，变形金属的织构基本上不会改变。

在回复的早期阶段，点缺陷在一定程度上发生了湮灭和移除，位错发生了湮灭和重排，在传统的光学或透射电子显微镜照片中，微观组织没有发生明显的变化。然而，金属的一些物理性能或力学性能，如电阻率、X 射线谱线增宽或应变硬化指数，则对回复高度敏感，发生了明显变化。图 1-60 所示为等温回复过程中电阻的变化。该结果表明，各种性能在等温回复过程中具有以下特点：

1）没有孕育期。

2）在初始阶段变化速率最快，随着时间的延长而降低。

3）经过很长一段时间后，性能逐渐接近平衡值。

相对于其他性能，如电阻率、X 射线谱线增宽、

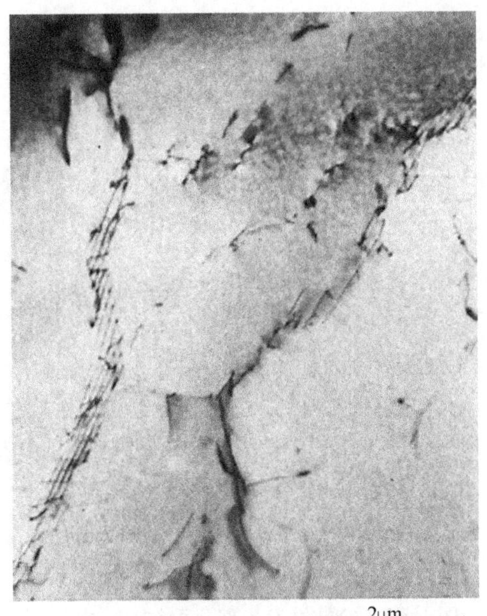

图1-59 对未添加合金元素的镍试样进行8%冷变形，然后在600℃（1110℉）退火2h的薄膜透射电子显微镜照片

注：位错发展自缠结网络，形成小角度亚晶界。

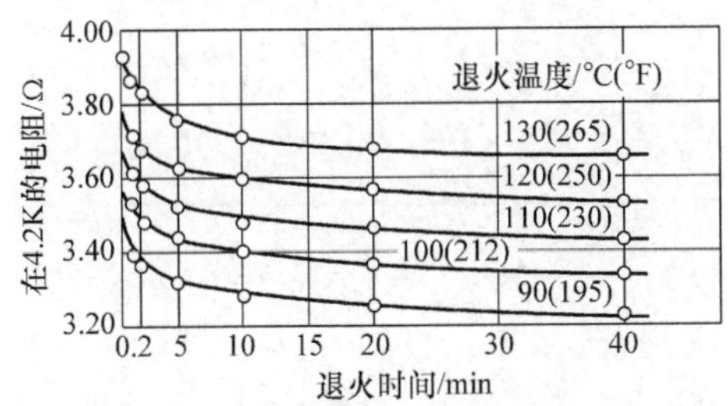

图1-60 4.2K扭转铜试样在等温回复过程中电阻的变化

应变硬化和密度等，硬度对早期回复的敏感度较低。

变形过程中所产生的空位，大部分将在回复过程中发生湮灭，但是变形产生的位错是否发生变化，则取决于金属的层错能。低层错能金属（如铜合金）变化很小，但高层错能金属，如纯铜和铁，则变化相当大。在这些金属中，位错重排列成胞状，其中胞的心部位错数量少，而界面区域是由位错网络窄带组成的。其结果是，胞状组织之间存在1°~2°小的随机位相差。如界面区域进一步变窄，则胞状组织会进一步发展成所谓的亚晶。这个过程称为多边形化。

铝和铜等金属在室温下变形后，会立即发生回复过程。发生回复越快、越充分，则与发生再结晶的温度就越接近。如果对材料施加了足够大的应力，当材料被加热到回复温度时，则回复过程加速。该加速过程称为动态回复。

伴随组织发生回复，力学性能也会或多或少发生相应的变化。实际情况是，当高层错能的金属加热到回复温度范围上限时，通常硬度会有所降低；但低层错能的金属基本保持不变。由于其他原因，有时还会同时出现轻微硬化的现象。例如，含锌量高的弹壳黄铜或低碳钢有时会出现轻微硬化的现象。高锌弹壳黄铜硬化可能的原因是晶体点阵中的锌原子出现重新排列，而低碳钢可能是由于出现了析出强化。

1.3.3 再结晶

在回复过程中，材料的存储能有所下降，但由于位错网络形成的亚晶界，其能量仍然相对较高。这种存储能是再结晶（更确切地说是一次再结晶）的驱动力。近一百年来，对一次再结晶已经进行了大量研究。Burke 和 Turnbull 将再结晶的研究总结成6个规则：

1）再结晶的必要条件是，冷加工或冷变形必须达到最小变形量，加热温度必须达到最低加热温度，这样才会发生再结晶。

2）变形量越小，所需再结晶加热温度越高（图1-61）。

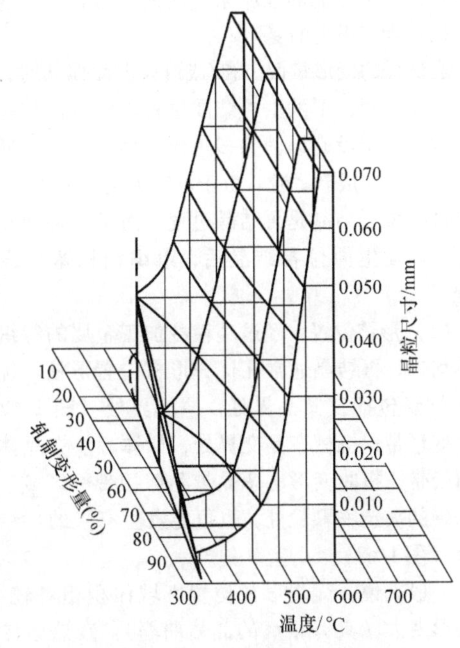

图1-61 70-30黄铜的再结晶图

3）再结晶与加热温度和时间有关，增加时间可降低所需再结晶温度。

4）变形量或冷加工量对最终晶粒尺寸的影响大

于退火温度或退火时间的影响。

5）材料的原始晶粒尺寸越大，在给定的退火温度和时间下，完成相同再结晶量所需的冷变形量就越大。

6）在给定的加工硬化条件下，较高的加工温度伴随着粗大的晶粒尺寸，需要较高的温度才能发生再结晶。

此外，再结晶还有两个附加的规则：

1）新晶粒优先在三叉晶界处形成，并且不会向相同取向晶体或有轻微晶体取向偏差的变形晶粒生长。

2）对完成再结晶（除一次再结晶外）的材料进行加热，其晶粒将发生长大。

在下面的例子中，应用了上述再结晶规则。

在回复阶段之后，发生形核和新晶粒长大再结晶（或一次再结晶）过程。以消耗多边形基体为代价，形成了基本上没有变形和应变的新晶粒。在形核的孕育期过程中，由亚晶聚合形成稳定的晶核，而后形成了大角度晶界。由于大角度晶界的可动性高，新形成的晶粒将迅速长大。基体回复的同时，形成的新晶粒之间发生相互碰撞，随着时间的推移，再结晶速率将逐渐降低，直到再结晶过程完成，因此，等温再结晶曲线是典型的“C”形曲线。再结晶是通过大角度晶界迁移来完成的，因此材料的组织结构发生了很大的变化。

当试样的变形量偏小和/或退火温度偏低时，只发生回复过程，不发生再结晶过程。原位再结晶或完全软化过程没有以消除多边形基体为代价，通过形核和长大形成新晶粒。由于没有大角度晶界迁移，不能说原位再结晶是再结晶过程，而是一种回复过程。所以发生原位再结晶后，组织结构基本没有改变。

（1）形核位置　经过塑性冷加工金属的组织非常不均匀，再结晶通常在优先形核位置形核。优先形核位置包括三叉晶界处；原晶界处（图1-62）；晶内变形带；机械孪晶交界处，如体心立方晶体中的纽曼带、扭曲变形的孪晶带和剪切带等区域。在大和硬的夹杂物颗粒处，也可能发生有限的再结晶过程（图1-63）。

一般来说，优先形核位置区域体积相对较小，晶格形变大（具有很高的晶格曲率）。在这些区域中，亚结构的尺寸小，取向方向性强。因此，在这些区域中稳定晶核的临界尺寸相对较小，更容易形成。此外，当与基体形成大角度晶界时，晶核的生长距离相对较小。

试样的初始晶粒为粗大晶粒，发生了中等变形。

图1-62　冷轧铁发生部分再结晶，在轧制变形晶粒的晶界处形成新晶粒（白亮）

注：2%硝酸浸蚀液腐蚀。

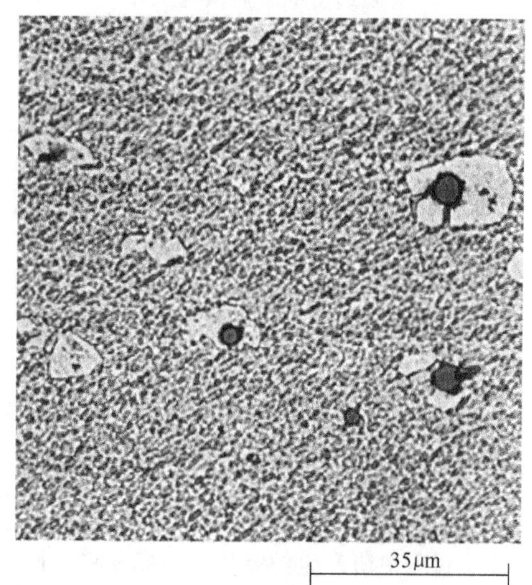

图1-63　含0.07%（质量分数）氧化物的铁合金经变形和部分再结晶，氧化铁颗粒（黑色）旁形成了新晶粒（白色）

注：2%硝酸浸蚀液腐蚀。

制备的薄膜透射试样与轧制面平行，用透射电子显微镜对晶界附近的微观组织、形核中微观组织的演化过程进行深入研究。图1-64所示为冷轧变形50%细晶粒商用纯铝中与原晶界相邻的晶界带组织。图中的曲线插图显示穿过晶界带的累积取向差为16.5°，这表明这些晶界带和过渡带之间具有相似之处。显然，不是所有晶界都会形成晶界带，晶界带的形成与相邻晶粒的取向有关。

图 1-64 冷轧变形 50% 细晶粒商用纯铝薄膜的透射电子显微镜照片

注：图中 9μm 宽的晶界带由拉长的亚晶组成，亚晶粒沿原晶界箭头方向形成。曲线插图为晶内取向差与至晶界距离的关系。制备的薄膜透射试样与轧制面平行。

在低、中应变的粗晶粒材料中，经常可以观察到在晶界处形核，原晶界处从低位错密度处向高位错区域凸起。凸起再结晶形核机制的推论是应变引起晶界迁移。图 1-65 所示为 30% 冷加工粗晶粒商用纯铝经 320℃（610℉）退火 30min，在晶粒界面形成的再结晶晶核。观察到这种晶界上的晶核结构有三种类型，如图 1-66 所示：通过亚晶向右边原晶界长大形核（图 1-66a）；通过晶界向右迁移，亚晶向左长大，形成新的大角度晶界（图 1-66b）；通过晶界向右迁移，亚晶向左长大，但不形成新的大角度晶界（图 1-66c）。

当多晶试样经过很小的应变，如小于 2% 或 3%，然后在一个非常高的温度下退火时，只有少量晶粒由于应变引起晶界迁移而发生再结晶。这些少

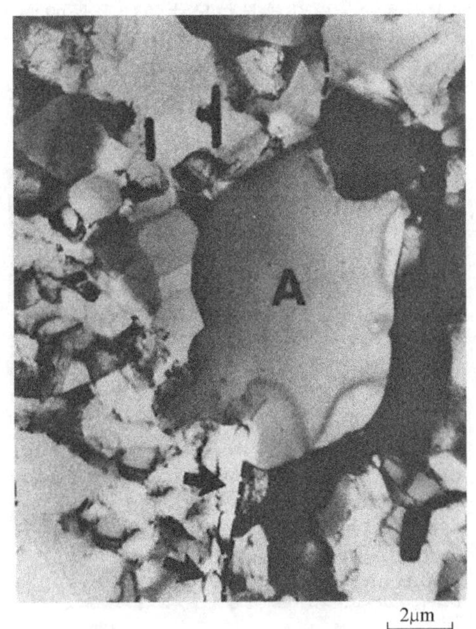

图 1-65 30% 冷加工粗晶粒商用纯铝，经 320℃（610℉）退火 30min 的透射电子显微镜照片

注：再结晶核（图中 A）在靠近标记箭头的 $FeAl_3$ 颗粒附近形成，并位于最初的晶界（图中虚线）。薄膜透射电子显微镜试样与轧制平面平行。

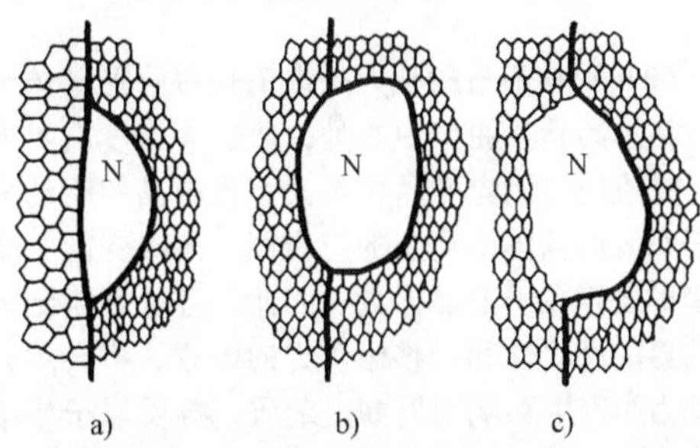

图 1-66 三种类型的晶界形核（N）和以消耗多边形亚晶为代价的生长示意图

数晶粒吞并基体的小晶粒，长得异常粗大。发生晶粒异常粗大的最小应变称为临界应变。已利用材料的这种特性，制备出生长的固体单晶。该工艺称为“应变—退火”工艺。

图 1-67 所示为 90% 冷变形铝在高压电子显微镜下 264℃（507℉）原位加热 6min 的透射电子显微镜照片。图中在大颗粒硬质 $FeAl_3$ 夹杂物处，再结晶形核长大（与图 1-63 进行对比）。除非夹杂物的体积分数相当大，否则，在夹杂物颗粒处形核的再结晶分数仅占总分数的很小一部分。通过形核位置的讨论，可以很容易地认识到，由于形核数目随变形

量增大而增加，再结晶晶粒尺寸随变形量的增大而减小。

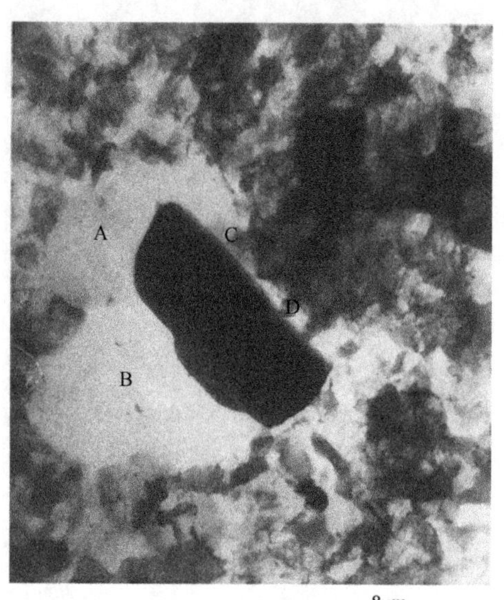

图 1-67 90%冷轧细晶粒商用纯铝在高压电子显微镜下 264℃（507℉）原位加热 6min 的透射电子显微镜照片

注：再结晶晶粒（用字母表示）在大 $FeAl_3$ 颗粒上形核，并向多边形基体内长大。薄膜透射电子显微镜试样与轧制平面平行。

（2）形核晶粒的长大 以消耗多边形基体为代价，在远离晶界曲率中心处，通过大角度晶界的迁移，完成新的无应变晶粒长大。再结晶的驱动力来自于回复后基体中剩余的应变能，该应变能主要以位错形式存在于亚晶界处。因此，各种影响到大角度晶界的可动性和迁移驱动力的因素，将会对再结晶动力学产生影响。例如，杂质、溶质原子或细小的第二相粒子将抑制晶界的迁移，因此，它们的存在将阻碍再结晶过程。图 1-68 所示为铝－氧化铝试样在回复过程中组织中细小的氧化铝（Al_2O_3）颗粒钉扎小角度晶界的照片。考虑再结晶的驱动力因素，与粗的亚晶基体相比，细的亚晶基体具有更高的应变能。因此，与粗的亚晶基体相比，细的亚晶基体发生再结晶的速度更快。在再结晶过程中，通过亚晶生长，可能会发生连续回复过程，从而减少再结晶的驱动能，降低再结晶速率。从驱动力能量因素考虑，容易得出，与中等或轻微变形试样相比，大变形试样的再结晶倾向更强。在变形量一定的条件下，原始晶粒尺寸越大，再结晶的趋势就越强。

1.3.4 晶粒长大

再结晶阶段完成后，即当多边形化基体被新的

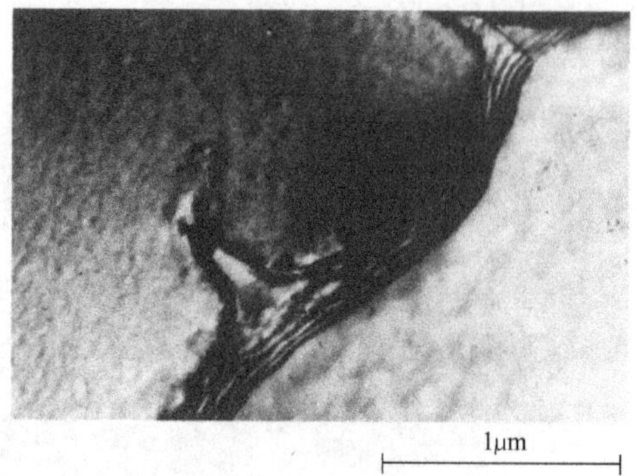

图 1-68 铝－氧化铝试样的冷轧和退火透射电子显微镜照片

注：在退火过程中，细小的 Al_2O_3 颗粒钉扎可动小角度晶界。

无变形晶粒所取代（尽管新晶粒组织不稳定）时，进一步退火，则会增大晶粒的平均尺寸。这一过程称为晶粒长大，是通过晶界迁移来实现的。再结晶消耗的是残留的形变能量，但晶界处还存在界面能。此时材料处于亚稳态，只有当组织转变为单晶时，才算完全达到热力学稳定状态。与再结晶相反，晶粒长大时晶界向它的曲率中心移动。一些晶粒生长，但另一些晶粒变小或消失。通常情况下，再结晶晶粒的边数越少，边的曲率就越大，则该晶粒就会越快被相邻的晶粒所吞并。由于试样的体积是恒定的，因此，晶粒的数量会随着晶粒长大而减少。晶粒生长的驱动力是晶界自由能，该自由能比再结晶的驱动能量要小得多。

根据晶粒长大的行为，可将其分为两种类型：正常的或连续的晶粒长大和异常的或不连续的晶粒长大。后者也称为超常规晶粒长大、粗化或二次再结晶。

在纯金属和单相合金中，通常发生正常的或连续的晶粒长大。在等温生长过程中，平均晶粒直径遵循经验生长规律，可以用 $D_{ave}=Kt^n$ 表示。式中，D_{ave}是平均晶粒直径；t 是退火时间；K 和 n 是常数，它们取决于材料和温度。对 D_{ave} 和 t 以对数坐标作图，则得到一条直线，其中 K 是截距，n 是曲线的斜率。在等温晶粒生长过程中，n 是时间指数，通常 $n\leqslant 0.5$。

正常晶粒长大的结构特点是，晶粒尺寸分布和晶粒粒形分布形状基本上是不变的。也就是说，在正常晶粒长大时，平均晶粒尺寸增加，但在长大前后，晶粒尺寸分布和晶粒粒形分布形状基本保持相同，所不同的是数值范围不同。

在正常晶粒长大过程中，晶粒织构的变化是很

小的。假设最初的颗粒是随机取向，根据晶粒表面自由能，经过正常晶粒长大后的晶粒，可能会略有择优取向。如果最初晶粒有强烈的择优取向，由于基体晶界的可动性低，正常晶粒长大过程可能会被抑制（见下节中的二次再结晶）。

当正常晶粒长大过程受到抑制和当温度足够高时，允许少数特殊晶粒克服这种抑制力，则会出现异常晶粒长大，也称二次再结晶或粗化。此时晶粒出现超常规长大。二次再结晶具有以下共同特征：

1）长大的晶粒不是新形核再长大的晶粒，而是在原有再结晶晶粒上长大。

2）超大晶粒最初生长缓慢，而后在一定条件下快速生长，尺寸可达到数厘米。

3）粗化的晶粒为多边形晶粒。

4）对晶粒优先长大的解释是最难理解的部分，但是人们已经注意到，这些晶粒的取向不同于材料的原主要取向。

5）正常晶粒长大过程肯定会受到阻碍。抑制晶粒长大的已知条件是，弥散分布的细小第二相颗粒、离散晶界析出、强烈单一取向的织构组织，以及由薄板厚度所造成的稳定二维晶粒组织。这些抑制晶粒长大的条件是可以理解的，因为弥散分布的细小颗粒对晶界运动具有钉扎效果，基体的晶界主要以小角度晶界为主。因此，晶界可动性低和薄板表面热蚀沟效应的共同作用阻碍了晶界运动。

6）不同于原始组织的织构，二次再结晶大晶粒表现出一种独特的织构结构。

7）对材料进行局部或浅层冷加工，可产生二次再结晶所需的临界应变量。

8）材料经冷加工后，发生二次再结晶有一个最低温度，超过该温度时才会发生二次再结晶。据观察，当加热温度略超过该最低温度时，形成的晶粒最大，随温度的进一步升高，得到的二次再结晶晶粒变小。

9）临界应变量产生晶界界面能，提供了二次再结晶的驱动力。

异常晶粒长大需要临界变形，如图 1-69 和图 1-70 所示。例如，铝在 630℃（1165℉）（图 1-70b）退火后变形量约为 6%，得到直径约为 10mm（0.4in）的晶粒。如果大于该变形量，则不同晶粒之间将没有足够的能量差异造成晶界迁移，由此将得到细小晶粒。例如，在 20% ~55% 变形范围内，晶粒尺寸约为 0.3mm（0.012in）。随着变形量的增加，实际晶粒尺寸会减小，根据图中的标尺和刻度，在该变形范围内变形的影响较弱。图 1-70 主要是要强调异常长大的晶粒尺寸到底有多大。

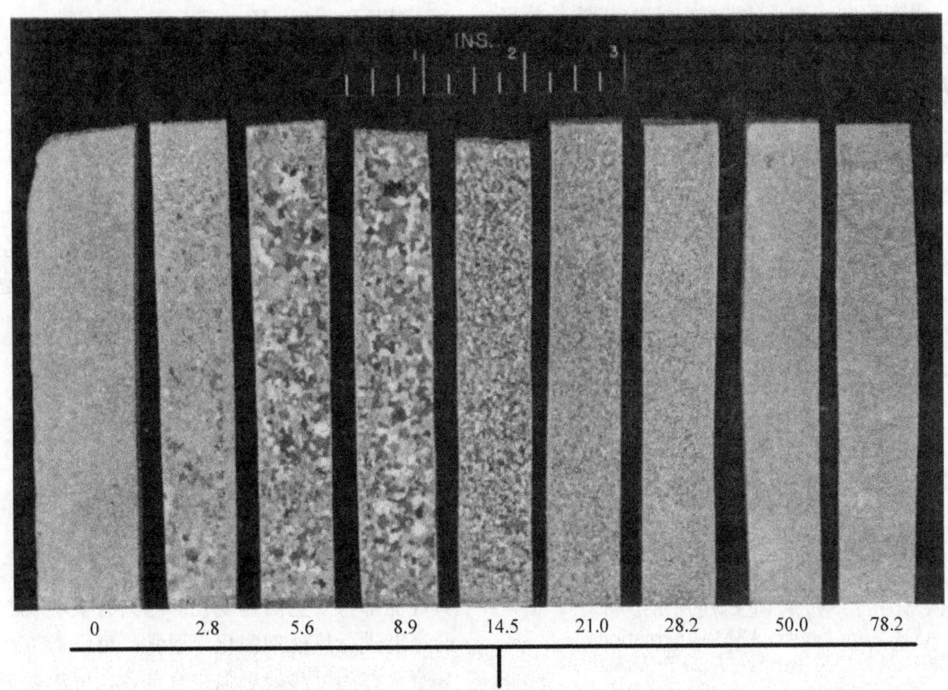

图 1-69 纯铝板材的宏观组织

注：图中数字为板材厚度的减少，图中照片为对应的退火后晶粒尺寸。当厚度减少 3% ~10% 时，出现异常晶粒长大；当厚度减少超过 50% 时，得到细小晶粒一次再结晶组织。照片由橡树岭国家实验室 E. E. Stansbury 教授和 L. K. Jetter 博士提供。

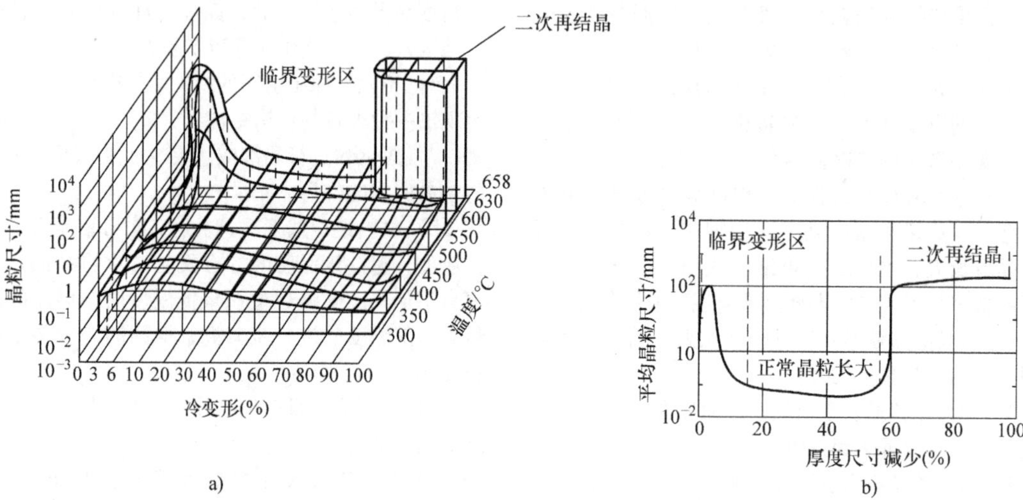

图 1-70 纯铝的平均晶粒尺寸、冷加工变形量和退火温度（在给定时间内）之间的关系

注：图 b 中的曲线是根据图 a 中 630℃（1165℉）下的退火温度数据绘制的。

晶粒异常长大是由临界变形 + 退火造成的，有时称为胚芽式晶粒生长。在一定条件下，在已经完成的再结晶组织中产生的晶粒尺寸异常长大，称为二次再结晶。图 1-70 所示为由二次再结晶引起的晶粒长大。例如，80% 变形铝在 630℃（1165℉）退火，随退火时间延长，变形材料发生回复和一次再结晶，得到均匀、细小的晶粒；部分正常晶粒尺寸长大约 0.3mm（0.012in）和发生二次再结晶，晶粒异常长大为直径约为 10mm（0.4in）的晶粒。

虽然二次再结晶的驱动力是晶粒界面能减少，但尚不清楚一些优先长大晶粒以消耗其他晶粒为代价长大的原因。众所周知，必须超过确定的最低加热温度，并且存在未溶颗粒等抑制晶粒长大的因素，才会优先形成异常晶粒。在多晶材料中，这些异常晶粒的尺寸明显比平均晶粒尺寸大得多。此外，在优先形成的异常晶粒中也观察到了取向效应。所有这些都表明，二次再结晶的机制是非常深奥的。

致谢

This article was adapted from W.L. Mankins, Recovery, Recrystallization, and Grain-Growth Structures, *Metallography and Microstructures*, Vol 9, *ASM Handbook*, ASM International, 2004, p 207–214; C.R. Brooks, *Heat Treatment, Structure, and Properties of Nonferrous Alloys*, American Society for Metals, 1982, p 33–53; and L.E. Samuels, *Metals Engineering: A Technical Guide*, ASM International, 1988, p 307–317.

参考文献

1. R.R. Eggleston, *J. Appl. Phys.*, Vol 23, 1952, p 1400
2. J.E. Burke and D. Turnbull, *Prog. Met. Phys.*, Vol 3, 1952, p 220
3. C.R. Brooks, *Heat Treatment, Structure and Properties of Nonferrous Alloys*, American Society for Metals, 1982, p 33–53
4. R.W. Cahn, *Physical Metallurgy*, 2nd rev. ed., American Elsevier Publishing Company, 1970, p 1149, 1181, 1186–1187
5. B. Bay and N. Hansen, *Metall. Trans. A*, Vol 10, 1979, p 279; Vol 15, 1984, p 287
6. A.R. Jones and N. Hansen, in *Recrystallization and Grain Growth of Multiphase and Particle Containing Materials*, N. Hansen, A.R. Jones, and T. Leffers, Ed., Riso National Laboratory, Denmark, 1980, p 19
7. M. Van Lancker, *The Metallurgy of Aluminum Alloys*, Wiley, New York, 1967

1.4 可热处理强化的非铁合金

所有的金属和合金通过加工硬化和退火处理，其性能都将发生明显变化，但只有很小一部分非铁合金能进行热处理强化。通常，可以通过热处理强化合金称为可热处理强化合金。在可热处理强化非铁合金中，最常见的热处理强化工艺是析出强化（Precipitation－Hardening，PH），即在对过饱和（亚稳态）固溶体进行时效的过程中，合金发生强化。在各类非铁合金体系中，铝合金、铜合金、镁合金、镍合金和钛合金均可发生析出强化过程。对时效（析出）硬化合金来说，析出强化的基本概念大致相同。

本节将对各类非铁合金不同类型的析出过程和在热处理过程中的相变进行介绍。析出强化是提高材料强度的常用方法，但也有部分非铁合金（特别是部分钛合金和铜合金）采用热处理，通过得到两相组织来提高强度（参阅本卷的“非铁合金热处理原理”一节）。此外，需要说明的是，并非所有的析出过程或相变过程都与强化有关。为达到其他目的，如稳定工件尺寸，也可以采用热处理中的固态相变。其中一个典型例子是锌合金压铸件的稳定化热处理，该热处理稳定了高温下由相变引起的尺寸变化。

本节简要介绍非铁合金的析出过程和固态相变，重点介绍如何通过析出强化来显著提高主要非铁合金体系（铝、铜、镁、镍、钛合金）的强度。

应该根据合金成分，以及铸造合金或锻造合金类型，确定析出强化的加热温度和保温时间。析出强化工艺基本上分为三步。第一步为固溶处理（对于铸件为均匀化处理），其主要目的是得到化学成分均匀的固溶体。通常合金的加热温度应选择固相线以下 30℃（50℉），如需考虑由化学成分不均匀引起的初熔问题，则采用的加热温度可略低于该温度。

第二步，是根据合金中各相的固溶度和合金是铸造合金还是锻造合金，来确定在固溶温度下的保温时间。相对来说，铸件组织的不均匀性比锻件组织更高，因此在成分相同的条件下，铸件固溶处理的保温时间更长（有时至少需要 2 倍或更长的保温时间）。合金在完成固溶后，应尽快冷却到室温（通常是采用水或聚合物淬火），以保证在室温条件下合金元素仍然固溶于基体中。淬火后的固溶体是一种亚稳相，新相（析出相）开始在热力学不稳定的固溶体中形成。因此，为了获得均匀一致的结果，必须严格控制以下参数：固溶温度、固溶保温时间、工件出炉至冷却介质中的转移时间、冷却速率。

第三步是时效，在这个过程中，从过饱和的固溶体中析出新相或均匀的细小颗粒。如果这一步做得恰当，则析出会导致合金强化。在有些情况下，析出相还与母相保持共格（参阅本卷的“非铁合金热处理原理”一节）。虽然在室温下也会发生时效过程，但对大多数合金来说，室温析出（称为自然时效）非常缓慢。因此，对于大多数析出强化合金来说，通常是在适当的温度下完成时效过程。每种合金都有最佳的时效时间和温度，但是对于大多数非铁合金来说，析出强化时效温度在 165 ~ 345℃（325 ~ 650℉）范围内。

1.4.1　铝合金

通常可将铸造铝合金和变形铝合金分为可热处理强化和不可热处理强化合金，表 1-15 列出了常用变形铝合金和铸造铝合金型号说明。可热处理强化铝合金包括：

1）Al - Cu 合金体系。在形成平衡金属间化合物 $CuAl_2$ 前，形成共格的过渡强化相，提高 Al - Cu 合金（在 2××× 和 2××.× 合金系列中）的强度。

2）Al - Cu - Mg 合金体系。Mg 可提高 $CuAl_2$ 的强化效果（在 2××× 和 2××.× 合金系列中）。

3）Al - Mg - Si 合金体系。析出 Mg_2Si 强化相（6××× 变形铝合金以及 4××× 和 4××.× 合金系列中的部分合金）。

4）Al - Zn - Mg 合金体系。析出 $MgZn_2$ 强化相（7××× 和 7××.× 合金系列中的合金）。

5）Al - Zn - Mg - Cu 合金体系（部分 7××× 和 7××.× 合金系列中的合金）。

6）Al - Li 合金体系（表 1-15 中未列出，但在本节中介绍）。

本节简要介绍常见可热处理强化铝合金的基本析出顺序，其热处理基本过程包括固溶处理得到亚稳态（非平衡）组织以及时效强化。当然，在该基本过程中，还将介绍去除应力（由快速冷却引起）以及结合冷加工的更为复杂的时效工艺（两步或三步时效）。要了解更多细节，请参阅本卷中“可热处理强化铝合金的组织”一节。

不可热处理强化铝合金可通过固溶强化、加工硬化和第二相强化等方式提高合金的强度，此外，还可通过细小亚微米颗粒（通常是 0.05 ~ 0.5μm）弥散析出，阻止晶粒长大。

不可热处理强化铝合金包括纯铝、铝 - 锰合金（3××× 变形铝合金系列）、铝 - 硅系列的二元合金（4××× 变形铝合金、4××.× 铸造铝合金）和铝 - 镁系列（5××× 变形铝合金、5××.0 铸造铝合金）。铝 - 硅和铝 - 镁系列中的二元合金是固溶强化铝合金，但部分三元合金是可热处理强化铝合金。在 4××× 变形铝合金系列中，有些合金（如 4032 和 4643）含有合金元素镁，属于可热处理强化铝合金。

1. 铝合金的状态代号

状态代号用来描述生产、制造和热处理铝合金的工艺过程。铝合金状态代号中的基本字母规定如下：

1）F（各加工状态）。用于冷加工、热加工或铸造工艺成形产品，对于铸态工艺产品，不对其热处理条件进行特殊控制，也不进行形变强化。对于

表1-15 常用变形铝合金和铸造铝合金型号说明

变形铝合金			铸造铝合金		
型号	主加元素	说明	牌号	主加元素	说明
1×××	w(Al)≥99.00%	工业纯铝	1××.×	w(Al)≥99.00%	工业纯铝
2×××	Cu	可热处理强化，强化相为 $CuAl_2$	2××.×	Cu	可热处理强化，强化相为平衡金属间化合物相 $CuAl_2$ 析出前，共格析出的过渡相
3×××	Mn	固溶强化合金，可形变强化	3××.×	Si，添加Cu或Mg	含Cu（Mg提高析出量），可通过热处理析出 Mg_2Si 强化
4×××	Si	Al－Si固溶二元合金，可形变强化；部分4×××合金（如4032和4643）添加了Mg，可通过热处理析出 Mg_2Si 强化相	4××.×	Si	Si－Al共晶合金提高了铸造性能，如需要高强度和高硬度，可添加Mg，使合金可通过热处理析出 Mg_2Si 进行强化
5×××	Mg	可形变强化和固溶强化	5××.×	Mg	单相铸造合金，不能热处理强化
6×××	Mg和Si	可热处理强化，通过析出 Mg_2Si 强化	6××.×	没有铸造合金系列	3××.×和4××.×铸造合金系列对应于6×××变形铝合金系列
7×××	Zn/Mg	可热处理强化，通过析出 $MgZn_2$ 强化	7××.×	Zn，还添加其他元素	所有含Mg和Si的7××.×合金系列均可热处理强化
8×××	多种合金元素	可形变强化和固溶强化	8××.×	Sn	w(Sn)约为6%，不能进行热处理强化（添加少量Cu和Ni进行强化）。用于制备铸造轴承，Sn使合金具有优越的润滑性能

注：为进一步了解更多铝合金牌号和状态代号，请参阅本卷“铝合金命名方法和状态代号”一节。

锻件产品，对力学性能不做要求。

2）O（退火状态）。“O”适用于锻件产品，退火以获得最低强度水平；也适用于铸件产品，退火以改善塑性和尺寸稳定性。“O”后面可添加一个除0以外的数字。

3）H（形变强化状态，仅用于锻件产品）。表示通过形变强化提高产品强度，可进行（或不进行）补充热处理，以降低强度。“H”后面总是添加两位或多位数字。

4）W（固溶处理状态）。“W”是一种不稳定状态代码，仅适用于在室温下，经过数月或数年之后，其强度自然（自发）发生变化的合金。

5）T（固溶处理状态）。适用于在进行固溶处理几周内，强度稳定的合金。“T”后面总是跟着一位或多位数字。

如前所述，在基本状态代号后可以添加数字，下面对加工硬化铝合金产品（采用“H”代码）和可热处理强化铝合金（采用“T”代码）进行简要总结。更详细的内容请参阅本卷中的“铝合金的命名方法和状态代号”一节。

（1）加工硬化产品体系 采用加工硬化锻件产品的状态代号由“H”加两个或两个以上的数字组成。其中“H”后的第一个数字表示基本操作的特殊顺序。

1）H1（仅进行加工硬化）。适用于通过加工硬化获得所需强度的产品，不需要进行补充热处理。“H1”后面的数字表示加工硬化的程度。

2）H2（加工硬化＋不完全退火）。适用于通过加工硬化获得比最终期望更高的强度，然后通过不完全退火将强度降低至所需水平的情况。“H2”后面的数字表示经过不完全退火后，合金剩余加工硬化的程度。

3）H3（加工硬化＋稳定化处理）。适用于通过加工硬化和低温加热稳定化处理，或在产品制造过程中加热产品，使产品的力学性能稳定的情况。通常稳定化处理可以提高材料的塑性。该工艺适用于如不进行稳定化处理，在室温下硬度会逐渐降低的合金。"H3"后面的数字表示经过稳定化处理后，合金的剩余加工硬化程度。

（2）可热处理强化合金体系　采用字母"W"和"T"命名可热处理强化锻件和铸件的状态代号。不同于"F""O"或"H"代码，"W"和"T"分别表示不稳定和稳定的状态。其中"T"后面的数字为1～10，每个数字表示某一特殊的基本处理工艺，总结如下：

1）T1：高温成形工艺后冷却，然后自然时效达到基本稳定的状态。该工艺适用于进行高温成形后不再进行冷加工，如铸造或挤压工艺的工件。通过室温时效，该工件的力学性能已达到稳定。该工艺也适用于成形工艺后进行平整和矫直的工件，但其平整和矫直工序的影响不能使工件性能超出规定的范围。

2）T2：从高温成形工艺冷却后进行冷加工，然后自然时效达到基本稳定的状态。该工艺适用于进行轧制或挤压等热加工后，通过冷加工提高强度，然后进行室温时效，使力学性能达到基本稳定的工件和产品。该工艺也适用于进行平整和矫直工序的产品，但平整和矫直对工件的影响不能使工件性能超出规定的范围。

3）T3：固溶处理后进行冷加工，然后自然时效达到基本稳定的状态。"T3"工艺适用于固溶处理后，通过特定的冷加工提高强度，然后进行室温时效，使力学性能达到基本稳定的工件和产品。该工艺也适用于进行平整和矫直工序的产品，但平整和矫直对工件的影响不能使工件性能超出规定的范围。

4）T4：固溶处理后进行自然时效以达到基本稳定的状态。该工艺适用于固溶处理后不进行冷加工，通过室温时效，使力学性能达到基本稳定的工件和产品。如对工件进行平整和矫直，则其对工件性能的影响，不能使工件性能超出规定的范围。

5）T5：高温成形工艺冷却后进行人工时效。"T5"工艺适用于在铸造或挤压等高温成形工艺后，不再进行冷加工的产品。通过析出强化热处理，其力学性能将得到显著的提高。如成形工艺后对工件进行平整和矫直，则该冷加工工艺对其性能的影响，不能使工件性能超出规定的范围。

6）T6：固溶处理后进行人工时效。该工艺适用于固溶处理后不进行冷加工，通过析出时效热处理，使工件力学性能和尺寸均有明显的提高和改善的情况。如对工件进行平整和矫直，则该冷加工对工件性能的影响，应在其规定性能范围以内。

7）T7：固溶处理后进行过时效或稳定化处理。"T7"工艺适用于已进行析出强化热处理，强度超过最大值，但想要得到一些特殊性能的情况，如提高耐应力腐蚀开裂或抗剥落腐蚀的锻件。该工艺也可用于固溶处理后进行人工时效的铸件产品，以提供尺寸和强度的稳定性。

8）T8：固溶处理冷加工后，进行人工时效。该工艺适用于通过固溶处理后的冷加工来提高强度，通过析出时效热处理来稳定工件力学性能和尺寸的情况。对工件进行的所有冷加工，包括平整和矫直，对其性能的影响均应控制在规定性能范围以内。

9）T9：固溶处理后人工时效，再进行冷加工。该工艺适用于通过冷加工，有效提高经析出热处理后工件强度的情况。

10）T10：高温成形冷却后，进行冷加工并进行人工时效。"T10"适用于轧制或挤压等高温成形冷却后，通过冷加工有效改善强度，通过析出热处理，使力学性能得到显著改善的工件。对工件进行的所有冷加工，包括平整和矫直，对其性能的影响均应控制在规定性能范围以内。

2. 时效强化铝合金的类型

（1）析出强化Al－Cu合金　现有大量合金元素含量不同的析出强化铝合金，但Al－Cu合金体系是研究最为广泛、最著名的析出强化铝合金系统。该合金体系是由德国冶金学家Alfred Wilm在1906年偶然发现的，最初的Al－Cu析出强化合金（Duralumin，硬铝）的名义成分为$w(\mathrm{Al})=96\%$，$w(\mathrm{Cu})=4\%$。Al－Cu合金的部分平衡相图如图1-71所示，当温度从550℃（1020℉）降至75℃（165℉）时，铜在面心立方（fcc）α相铝中的固溶度急剧下降。如果合金缓慢冷却（接近平衡状态冷却），则形成平衡第二相$CuAl_2$（θ）。然而，如果固溶体（在高温下）迅速冷却至低于固溶度分解曲线，则得到亚稳态固溶体，由于合金原子没有足够的时间扩散（随机迁移），因此形成$CuAl_2$（θ）。

随着时效时间的延长，亚稳态面心立方固溶体（α）发生分解，形成析出相。值得注意的是，并不是所有合金都能满足析出强化条件（与合金的成分和固溶度急剧降低有关）。此外，在析出相与基体界面处产生了晶格畸变。对于Al－Cu合金，平衡析出相（$CuAl_2$）并不一定直接从亚稳态固溶体中析出。过饱和Al－Cu合金可直接分解成过渡相，使其周围的晶格发生畸变，从而阻碍位错运动，进一步提高了合金的强度和硬度。

在Al－Cu合金中，由于平衡析出相（$CuAl_2$）形核非常困难，析出反应按相当复杂的序列进行。通常Al－Cu合金过饱和固溶体（α_{ss}）在时效过程中的析出序列如下：

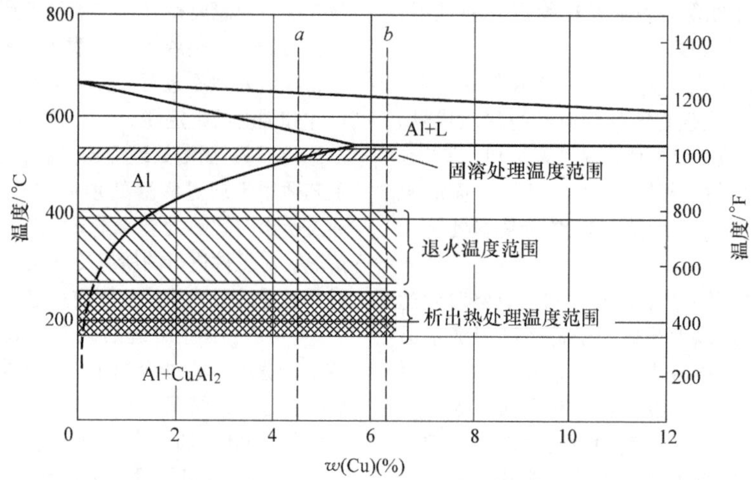

图 1-71 Al – Cu 合金的部分平衡相图

注：图中的温度范围为不同热处理工艺温度范围，垂线 a 和垂线 b 分别表示 w(Cu) 为 4.5% 和 6.3%。该成分合金的固溶度和热处理工艺相当于商用铝合金 2025 和 2219。图中原理也适用于其他可热处理强化铝合金。

$$\alpha_{ss} \rightarrow GP1 \rightarrow GP2(\theta'') \rightarrow \theta' \rightarrow \theta$$

其中，GP1 和 GP2 指的是由 GP 区形成的过渡相。GP 区是以 Guinier 和 Preston 命名的，是他们最早发现了时效强化的物理本质。

在较低的时效温度下，形成 GP1 区，它是在过饱和固溶体中，由铜原子分离出来的。铜原子只是取代了晶格中的铝原子，因此铜原子与基体晶格保持共格。GP1 区由圆盘状铜原子富集区组成，其厚度约为几个原子层（0.4 ~ 0.5nm），直径为 8 ~ 10nm，在面心立方铝基体的 {100} 晶面上形成的。由于铜原子的直径比铝原子小约 11%，在 GP1 区周围基体晶格产生一定的正方形变形。在电子显微镜下，可通过检测 GP1 区的应变场来检测 GP1 区的存在。

在 100℃（212℉）或更高的温度下时效时，GP1 区消失，形成 GP2 区（θ″）。GP2 区的厚度约为 10nm，直径约为 150nm。虽然 GP2 区也只有几个原子层厚度，但原子排列有序且已是三维尺度，由此导致强化效果达到最大。

随着时效温度的提高或时间的延长，GP 区被半共格析出相 θ′取代。这一阶段硬度开始下降，称为过时效。在大多数合金系统中，随着时效温度的提高或时间的增加，GP 区转变为细小颗粒，这些细小颗粒不同于固溶体的晶体结构，也不同于平衡相的结构。

在大多数合金中，过渡析出相与固溶体有特殊的晶体取向关系，在某些晶面上，通过局部弹性应变调整基体，使某些晶面上与过渡析出相保持共格。这些半共格过渡相的强化效果与产生的晶格畸变和析出的粒子对位错运动的阻碍有关。随着这些析出相的尺寸不断增大，只要是位错切过这些析出相，材料的强度就会继续提高。最终形成的平衡相 $CuAl_2$ 可以由 θ′转变或直接从基体中析出。$CuAl_2$ 平衡相与基体没有共格关系，对硬度的贡献甚微。

图 1-72 所示为 Al – 4% Cu 合金在较低温度下时效时，时效时间与析出相和硬度的关系。例如，在 130℃（265℉）下时效，在时效初始阶段，GP1 相对强化的贡献大，而在第二个阶段，GP2 相对强化的贡献大。当 GP2 相的数量达到最大值时，材料达到最高硬度和强度，当然，此时 θ′相也对提高强度有一定贡献。当 θ′相的数量增加时，析出相粒子逐渐长大，共格应变逐渐降低。在失去共格的同时，GP2 相的数量也逐渐减少，由此发生过时效。当出

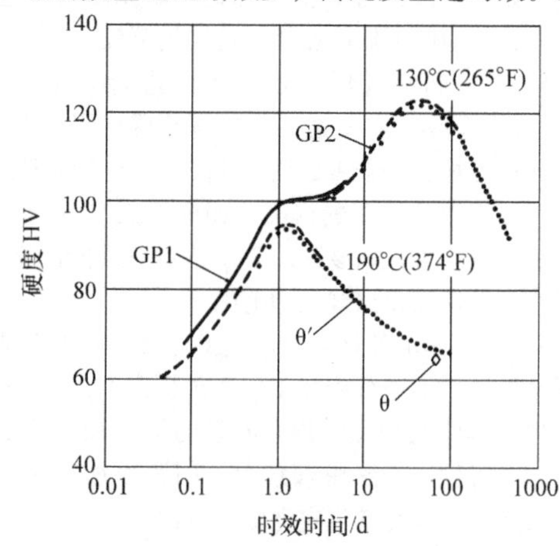

图 1-72 Al – 4% Cu 合金在两个时效温度下时效时间与硬度的关系

现非共格相 θ 时，合金的硬度和强度明显下降。

在较高的温度下时效时，达到最大硬度的时间缩短，能达到的最大硬度值也会降低。Al – Cu 合金在不同的温度下时效，形成的析出相是不同的，而且并不是所有析出相都一定会出现。在较低的温度下时效时，产生 GP1 区和 GP2 区；而在较高的温度下时效，则形成 θ′和 θ 析出相。在 80℃（175℉）以下时效时，通常不会超过 GP1 区的析出阶段；只有当时效温度超过 220℃（430℉）时，才会在合理的时间内出现 θ′相，而当时效温度超过 280℃（540℉）时，才会出现 θ 相。相反，在较高的温度下时效，不会出现时效的早期阶段所出现的相。例如，在高于 180℃（355℉）的温度下时效时，不会形成 GP1 区；在高于 230℃（445℉）的温度下时效时，不会形成 θ″相。

有些铆接用铝合金，在淬火后短时间内必须转移到冰冷条件下储存，而后在室温下将发生明显的析出强化。该类合金在铆接过程中硬度低，而后在正常的环境温度下产生时效硬化。

（2）析出强化 Al – Cu – Mg 合金　在 Al – Cu 合金中加入合金元素 Mg，会加速和进一步提高自然时效强化的效果。这类铝合金是最早的可热处理强化高强度铝合金，长期以来，一直是使用最广泛和最受欢迎的铝合金之一。尽管该类合金的开发时间早且已批量生产，但与 Al – Cu 合金相比，对 Al – Cu – Mg 合金的析出机理和组织结构还缺乏深入的研究。尽管在自然时效过程中，已有形成中间过渡相非常有力的证据，但对它们的形态或大小还缺乏深入的研究。研究认为，合金的中间过渡相由镁和铜原子在基体的｛110｝晶面富集。加入合金元素镁，明显加速了这一过程，这可能是由两种溶质原子与空位之间的交互作用造成的。还有研究提出了铜和镁原子形成预备配对机制，这种配对原子可能会钉扎位错，由此进一步强化合金。

2024 – T4 合金在高温下时效产生 S′（Al_2CuMg）过渡相，它与基体的｛021｝晶面共格，而过时效则形成 S（Al_2CuMg）平衡相，它与基体失去了共格关系。该合金的析出序列如下（译者注：文章中未对 SS 进行说明，下面反应式中的 SS 应改为 α_{ss}，为过饱和固溶体）

$$SS \rightarrow GP \rightarrow S'(Al_2CuMg) \rightarrow S(Al_2CuMg)$$

在合金中添加少量 Mg，可以强化 Al – Cu 合金，即使在析出热处理后，没有发现有 S′（Al_2CuMg）过渡相的证据。

（3）析出强化 Al – Li 合金　为了降低飞机和航空结构件的重量，开发了低密度 Al – Li 合金。在开发低密度合金时，最简单的方法是加入相对原子质量小的合金元素，以降低合金的重量。对铝合金而言，锂和铍是降低合金密度的最有效的合金元素。锂是最轻的金属元素，每添加 1%（质量分数）的 Li（最高可添加 4.2% 的 Li，达到 Li 的固溶度），合金的密度降低约 3%，同时弹性模量提高约 5%。此外，通过热处理工艺，形成均匀的（连续的）球形与基体保持共格的析出相 δ′（Al_3Li），因此添加少量的锂，能实现铝合金的析出强化。而另一方面，在铝合金中添加铍，不会产生明显的析出强化效果。

2×××和 8×××合金系列中包含 Al – Li 合金，由于其密度低和弹性模量高，对航空航天工业具有极大的吸引力。在开发低密度铝合金时，由于锂具有降低合金密度和析出强化特性，因此被选为主要的合金元素之一。与其他时效强化铝合金一样，Al – Li 合金在固溶处理后，通过人工时效来实现析出强化。很多工艺参数，包括固溶后的淬火冷却速率、时效前的冷变形量、时效温度和时间等都会明显影响析出相的结构。添加少量的合金元素可以改变析出相的界面能，增加空位的浓度和/或提高均匀析出的临界温度，因此对时效过程有明显的影响。

最早生产 Al – Li 合金可以追溯到 20 世纪 50 年代，经过几代人的改进，Al – Li 合金的研发已取得了重大进展。20 世纪 80 年代，人们研发和生产出用以替代现有高强度铝合金的第二代 Al – Li 合金。这些合金被分类为高强度（如 2090、8091）、中强度（如 8090）和耐损伤（如 2091、8090）等牌号。然而，由于性能问题和加工制造困难，它们的使用受到了限制。牌号 2195 是含锂量低的第三代 Al – Li 合金，它具有高强度、高模量和低密度，在航天飞机上可替代 2219 铝合金制作低温燃料箱。

Al – Li 合金的时效强化包括了从过饱和固溶体中连续析出 δ′（Al_3Li）相。在 δ′析出相晶体结构中，铝和锂占据着特殊的位置。晶胞的八个共享顶角位置被锂占据，六个共享晶面位置由铝占据，由此可以得出 δ′析出相中铝和锂的成分。析出相晶体结构与面心立方固溶体基体晶体结构相似，观察到了两个立方体/立方体的取向相关，析出相的晶格参数与基体的晶格参数高度匹配。Al – Li 合金经固溶处理后，在 δ′相分解曲线温度下短时间时效，其微观组织为均匀分布的，与基体保持共格的球状析出相 δ′。

Al – Li 合金具有独特的微观组织。与大多数铝合金的不同之处在于，Al – Li 合金一旦均匀析出主要的析出强化相（δ′），即使是长时间时效，也将与基体保持共格。在较高的温度（>190℃或 375℉）

下长时间时效，会导致析出相在二十面体晶界上五重对称析出。虽然目前还不清楚这些准晶体结构和晶界析出相的成分和结构，但有迹象表明，晶界附近的析出相和无析出区都对材料的断裂过程起着重要的作用。

在 Al-Cu、Al-Mg 和 Al-Cu-Mg 合金的基础上加入 Li，开发出了早期的商用 Al-Li 合金。这些合金叠加了 Al-Cu、Al-Mg 和 Al-Cu-Mg 合金析出强化的特点和含锂析出相的强化效果。通用型 Al-Li 合金具有以下四种析出序列（译者注：文中未对 SS 进行说明，下面反应式中的 SS 应改为 α_{ss}，为过饱和固溶体）

所有 Al-Li 合金：SS→δ′（Al_3Li）→δ（Al_3Li）［译者注：原文有误，为 SS→δ′（Al_3Li）→δ（AlLi）］

Al-Li-Mg 合金：SS→δ′（Al_3Li）→Al_2MgLi

Al-Li-Cu（高 Li-Cu）合金：SS→T_1（Al_2CuLi）

Al-Li-Cu-Mg 合金：SS→GP 区→S′→S（Al_2CuMg）

为了推迟再结晶和阻止晶粒长大，提高韧性、应力腐蚀抗力和淬火敏感性，可在 Al-Li 合金中添加合金元素 Zr。在 Al-Cu-Mg 合金中添加 Li，可降低铜和镁的固溶度，从而增加富铜镁相，如 S′和 T_2（Al_2CuLi_3）相的数量。此外，在合金中还发现了 β′（Al_3Zr）相。合金中出现 T_2（Al_2CuLi_3）相的原因可能是，在低的时效温度和短的时效时间条件下，合金析出受到抑制。β′相与 δ′相具有类似 L12 结构和球形的形貌。

（4）析出强化 Al-Mg-Si 和 Al-Si-Mg 合金　在铝合金中添加适当比例的 Si 和 Mg，形成金属间化合物 Mg_2Si，具有明显的析出强化效果。在室温下长时间时效，合金的强度明显提高。强化原因是组织中可能析出了 GP 区，但在自然时效状态，并未检测到 GP 区。正常的析出序列如下（译者注：文中未对 SS 进行说明，下面反应式中的 SS 应改为 α_{ss}，为过饱和固溶体）

SS→GP 区→β′（Mg_2Si）→β（Mg_2Si）

在 200℃（390℉）下短时间时效，试样的 X 射线和电子衍射试验表明，在基体的 <001> 方向上析出了非常细小的针状 GP 区。进一步时效时，这些区明显生长为高度有序的三维杆状 β′（Mg_2Si）颗粒。进一步提高时效温度，该过渡相 β′发生无扩散相变，转变为 β（Mg_2Si）平衡相。

Al-Mg-Si 变形铝合金（6×××）、Al-Si-Mg 铸造铝合金（3××.0）以及部分 4×××变形铝合金均为可时效强化铝合金，其析出强化相为 Mg_2Si。在时效过程中，合金中镁和硅的比值对时效序列起到至关重要的作用。根据过去十年的研究，对于合金含量低的 6×××牌号，当镁和硅的比值接近 1.0（不是 2）时，时效强化效果达到最大。对于合金含量高的牌号，如 6082 和 6061，镁和硅的比值接近 1.73，时效强化效果达到最大。

1）添加镁和/或铜的铝硅合金（3××.0）是目前使用最广泛的铸造铝合金。铝硅系的共晶点处，$w(Si)=12.6\%$，温度为 577℃（1070℉），使用最广泛的铝硅铸造合金的 $w(Si)=9.0\%\sim13.0\%$。在铝硅铸造合金中添加铜和镁，可通过热处理来提高合金的强度。

2）6×××系列变形铝合金是可热处理强化铝合金，经过热处理，合金强度可达到中等水平，比 2×××系列和 7×××系列合金具有更高的耐蚀性、焊接性能，并具有优良的挤压成形性能。复合添加 $w(Mg)=0.6\%\sim1.2\%$ 和 $w(Si)=0.4\%\sim1.3\%$，是可析出强化 6×××系列合金的合金化基础。在大多数 6×××系列合金中添加锰或铬，可进一步提高合金强度和控制晶粒尺寸。添加铜也可以提高该合金系列的强度，但是铜的质量分数应小于 0.5%，否则会降低合金的耐蚀性。这类合金可广泛用于制造焊接构件，制备挤压成形工件和其他结构件。

所有 6×××系列挤压成形铝合金都是在挤压成形后直接进行淬火。6063 和 6061 铝合金是广泛使用的挤压成形铝合金。6061 铝合金的屈服强度可与低碳钢相比，主要用于生产高强度工件。如该系列铝合金淬火后立即进行人工时效，则可获得最大的强度。如果这些合金在室温下时效 1~7d，则强度会损失 21~28MPa（3~4ksi）。6082 铝合金的强度高于 6061 铝合金，因此在欧洲和北美，广泛用 6082 铝合金替代 6061 铝合金。

3）4×××系列变形铝合金添加了合金元素镁，可进行热处理强化，其中包括 4032 变形铝合金和 4643 铝硅合金焊丝（料）材料。4643 合金是含有质量分数为 4% 的硅和少量镁的铝合金，主要用于焊接后须进行热处理的 6×××系列厚重焊件的焊接。该合金与常见的 4043 铝合金焊丝（料）材料相同，在固溶处理中有良好的表现，不会由于焊接造成性能下降。

（5）析出强化 Al-Zn-Mg 和 Al-Zn-Mg-Cu 合金　7××.0 铸造铝合金和 7×××形变可热处理铝合金属于 Al-Zn-Mg（-Cu）合金体系。铝锌铸造铝合金（7××.×）的流动性和充填补缩性能没有含硅铸造铝合金（3××.0）好，但由于它是熔点最高的铸造铝合金，因此适合制备在焊接条件下使用的铸件。铸态 7××.0 合金具有中等以上的拉伸性能，在铸态室温条件下，具有自时效（Self-Aging）性能，当自时效时间达到 20～30d 时，合金铸件可以达到相当高的强度。然而，该合金在高温下易发生快速过时效，因此不适合在高温下使用。

7×××系列形变可热处理强化铝合金比 2×××系列铝合金具有更好的析出强化效果，最高抗拉强度可达 690MPa（100ksi）。该合金系列属于 Al-Zn-Mg（-Cu）合金体系。7×××系列铝合金可以采用自然时效，但由于在室温下，合金强度随着时间的增加而逐渐提高，并且该过程可以持续数年。因此，该合金系列通常不采用自然时效处理，而采用人工时效，以得到性能稳定的产品。

虽然 Al-Zn-Mg 合金的强度低于含铜 7×××系列铝合金，但它们具有可焊接的优点。另外，可以利用焊接过程中的热量对合金进行固溶处理，在室温时效后合金的抗拉强度可以达到 310MPa（45ksi）。该合金系列的屈服强度是普通焊接合金 5×××和 6×××的两倍。为了降低应力腐蚀开裂（SCC）的可能性，该类合金采用固溶加热后空冷淬火，然后进行过时效的热处理工艺。空冷淬火减少了残余应力，降低了微观组织中的电极电位，时效通常采用两步时效工艺（T73）。通常采用该系列的 7005 焊接合金和 5×××系列合金焊丝进行焊接处理。

对 Al-Zn-Mg-Cu 合金系列进行析出强化，能达到最高的强度。由于该合金系列添加了质量分数为 2% 的 Cu，所以它们是 7×××系列合金中耐蚀性最差的。然而，在合金中添加铜，须在更高的温度下进行时效析出，因此减少了应力腐蚀开裂倾向。该合金系列不可进行焊接，通常采用紧固件方式进行连接。该合金系列中最常用的牌号是 7075。

在较低的温度下进行时效时，合金基体中将形成一个细小的球状 GP 区。随着时效时间的增加，GP 区的尺寸逐步增大，合金的强度也逐步提高。在高于室温下时效时，锌镁比较高的铝合金的 GP 区转变为 M′（η′）过渡相，最终转变为 M（η 或 $MgZn_2$）平衡相。研究发现，合金成分在 Al+T（$Mg_3Zn_3Al_2$）相区中相当大的范围内，以及在平衡条件下的 Al+M 相区，均可形成过渡相 M′（图 1-73）。随着时间的增加或时效温度的提高，M′转变为 $MgZn_2$；如在平衡条件下，则转变为平衡相 T（$Mg_3Zn_3Al_2$）。析出序列取决于合金成分，快速淬火后在较高温度下时效的析出序列为（译者注：文中未对 SS 进行说明，下面反应式中的 SS 应改为 α_{ss}，为过饱和固溶体）

SS→GP 区(球状)→M(η)′→M(η)

SS→GP 区(球状)→T′→T

当已进行过时效的 Al-Zn-Mg 合金处于更高的温度下时，一些 GP 区会发生溶解，而另一些会长大。GP 区是发生溶解还是长大，取决于它的尺寸和加热温度。在 Al-Zn-Mg 合金中添加 1.0%（质量分数）Cu，基本不会改变析出的机制。但提高合金元素铜的含量，铜原子有助于 GP 区的形成和在较高温度下的稳定性，从而提高了合金的析出强化效果。

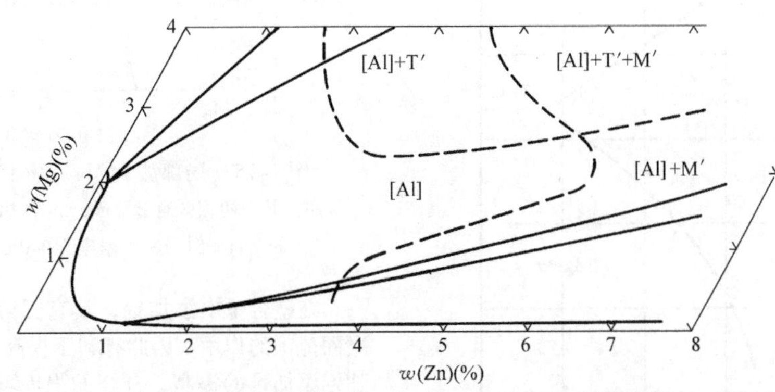

图 1-73　在 Al-Zn-Mg 合金中出现相的比较

注：用虚线隔开的区域中出现的相为合金进行固溶处理后在 120℃（250℉）时效 24h（Al=GP 区结构）得到的相。用实线隔开的区域中出现的相为 175℃（350℉）下的平衡状态。

1.4.2　镁合金

镁合金的产品有锻件和铸件两种形态，其中铸造镁合金应用更加广泛，压铸件所占比例最大。超过 90% 的镁合金产品采用高压压铸方式生产，而热处理在压铸工艺中起的作用很小（参见本卷中“镁合金的热处理”一节）。这里重点介绍重力铸造镁合金。

因为镁合金的价格比铝合金贵，而且铝合金容易进行冷加工，因此形变镁合金的应用相对较少。

镁的晶体结构为密排六方，只有三个滑移系，因此镁合金的塑性相对较低。锌也是密排六方结构，但锌的 c/a 比允许在受张力条件下形成机械孪晶，产生新的滑移系，因此，锌合金具有很好的塑性（如可达到50%）。相比之下，镁的 c/a 比只允许在压应力条件下形成机械孪晶，镁合金在张力条件下塑性较差（如小于10%），因此，通常采用压制成形工艺（如轧制、挤压）生产镁合金工件。

镁合金最重要的合金元素是铝、锌和锆。通常镁合金分为两类：铝镁合金或铝锌镁合金，含锆镁合金。

通过在铝镁合金和铝锌镁合金中添加锰，可形成对性能无害的金属间化合物，去除铁的有害作用，改善合金的耐蚀性。由于锰在镁合金中的固溶度较低，锰的添加量（质量分数）限制在约1.5%。硅能极大地提高液态镁的流动性，从而提高了合金的铸造性能；然而，如果镁合金中存在铁，则硅的存在会降低其耐蚀性。此外，硅还能提高合金的蠕变抗力。添加稀土元素也可进一步提高合金的固溶强化和析出强化效果。

铝和锌在镁中具有相当高的固溶度，随温度降低，其固溶度下降，如图1-74和图1-75所示。在温度为437℃（819℉）和93℃（200℉）时，铝在镁中的固溶度分别为 $w(Al)=12.7\%$ 和 $w(Al)=3\%$；在温度为340℃（644℉）和204℃（400℉）时，锌在镁中的固溶度分别为 $w(Zn)=6.2\%$ 和 $w(Zn)=2.8\%$。此外，在温度为482℃（900℉）时，锰、锆和铈在镁中的固溶度都小于1.0%。锆是强细化晶粒的合金元素，但它如与铝或锰结合，则会形成脆性金属间化合物，降低合金的塑性，因此，锆不能与铝或锰合金元素同时使用。锆在铸造镁合金中具有显著细化晶粒的作用，因此研发出了一系列不含铝，但添加了锆的镁合金。由于当合金中锆的含量过高时，容易与铁、铝、硅、碳、氧和氮形成化合物，还容易与氢结合形成游离氢化物，因此通常在镁合金中，锆的质量分数应控制在0.8%以下。

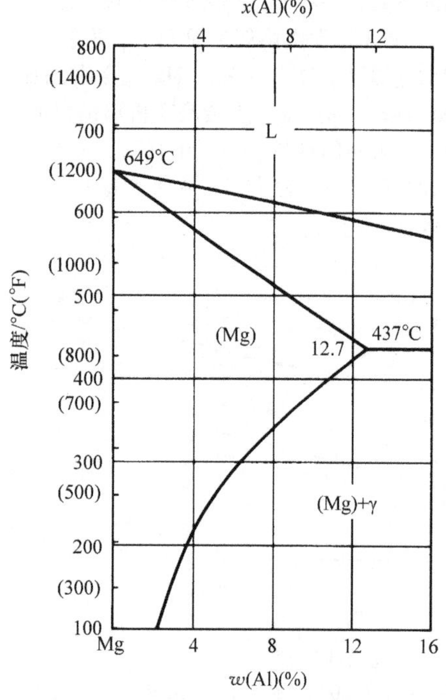

图1-74 Mg-Al相图的富镁端

注：金属间化合物γ的分子式为 $Mg_{17}Al_{12}$。在温度为437℃（819℉）时，最大固溶度为 $w(Al)=12.7\%$，而在室温下，最大固溶度降至约 $w(Al)=2\%$。共晶点成分为 $w(Al)=32.3\%$。$w(Al)=9.6\%$ 的镁合金的典型热处理工艺为415℃（780℉）固溶，随后在150~175℃（300~350℉）时效。

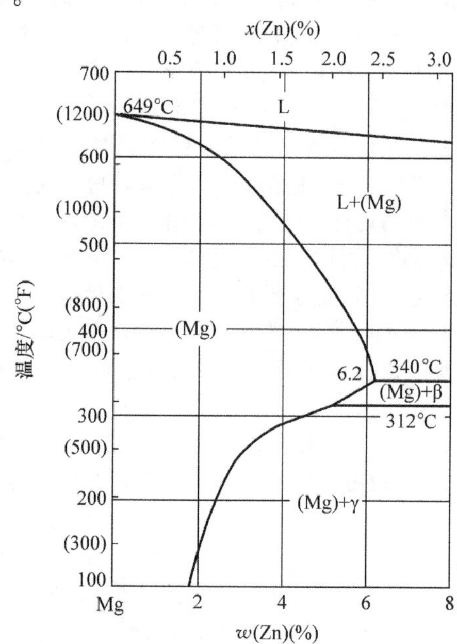

图1-75 局部放大Mg-Zn相图的富镁端

注：其中两相区有β（Mg_7Zn_3）相。镁锌共晶点：$w(Zn)=51.2\%$，温度为340℃（650℉）。

在镁合金中添加铝，具有固溶强化和扩大液相凝固范围的作用，因此有利于提高合金的铸造性能。随铝添加量的提高，合金的强度不断提高，直到达到 $w(Al)=10\%$，但在 $w(Al)=3\%$ 时，合金的断后伸长率达到最大值。从图1-74中可以看到，铝含量在一定范围内，镁铝合金都适合进行析出强化处理。图1-76所示为在两种不同时效温度下，Mg-9.6%Al合金时效时间与合金硬度的关系曲线。

不幸的是，这些析出相通常颗粒粗大或为不连续析出（如沿晶界析出），其结果是对合金的强化效果一般。根据二元Mg-Al相图，当 $w(Mg)=67.7\%$

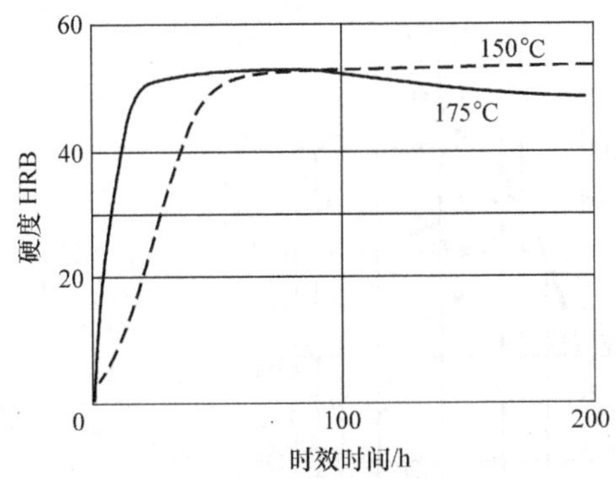

图 1-76　Mg－9.6% Al 合金时效硬化

注：试样在 415℃（780℉）固溶加热 24h 淬水后时效。

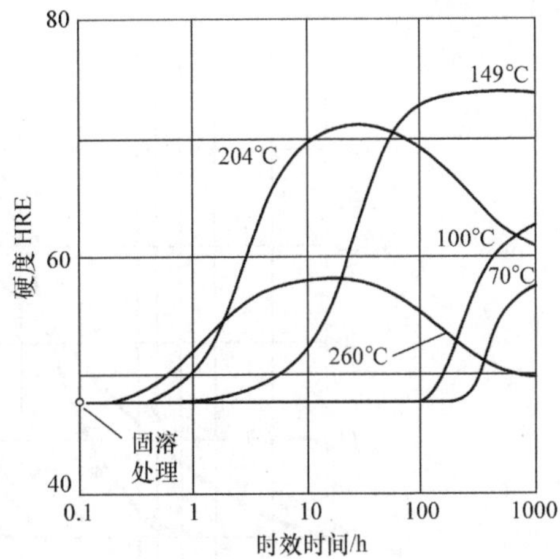

图 1-77　Mg－5% Zn 合金在不同时效温度下的硬化曲线

注：试样在 315℃（600℉）固溶加热 1h 淬水后时效。

时，合金发生共晶反应，共晶反应产物由镁固溶体和脆性金属间化合物 γ（$Mg_{17}Al_{12}$）组成。在铸态条件下，通常共晶组织中金属间化合物的数量比固溶体更多。当 w(Al) =8% 时，γ 相将沿晶界不连续析出，由此导致合金的塑性降低。由于析出强化效果差，大多数镁铝合金都在铸态或退火状态下使用。退火有助于 γ 相重新溶解于基体，从而得到更均匀的固溶体。

在镁合金中添加锌，其情况与添加铝相似。当 w(Zn) = 3% 时，其合金的塑性达到最大值；而当 w(Zn) =5% 时，合金具有良好的强度和塑性综合力学性能。在镁合金中添加锌，还能使锌与有害的杂质元素铁和镍结合，提高合金的耐蚀性。锌也可与锆、稀土（REs）或钍复合添加使用，以生产可析出强化镁合金。锌在镁中的最大固溶度为 6.2%，如图 1-75所示，尽管低于铝在镁中的最大固溶度，但也可以进行时效强化。图 1-77 所示为 Mg－5% Zn 合金时效时间与合金硬度的关系曲线。在部分镁合金中，由于形成了富溶质原子区和过渡相，使合金发生了析出强化。例如，在图 1-77 所示曲线中硬度达到最大值时，析出细小弥散过渡相（MgZn 型）。当发生过时效时，过渡相转变为平衡相 MgZn。

商用 Mg－Al－Zn 系列合金，如 AZ92A 铸造镁合金，其名义成分为 Mg－9% Al－2% Zn，通过析出强化，可有效提高合金的强度。在镁铝二元合金中添加锌元素，可将固溶强化和析出强化有机结合，进一步提高合金的强度。图 1-78 所示为时效析出强化对 AZ92A 铸造镁合金屈服强度的影响。类似于二元镁铝合金，析出过程可以连续析出和不连续析出方式进行。不连续析出的数量与固溶加热后的冷却速率有关，并会对合金的力学性能产生影响，如图 1-79 所示。较高的冷却速率使得时效后的合金强韧性更高，有利于形成更多的连续析出相和较少的不连续析出相。图 1-80 所示为较多连续析出相和较少不连续析出相的微观组织照片。

AZ92A 铸造镁合金的平衡析出相为 γ，与二元镁铝合金的析出相相同。图 1-81 所示为 Mg－Al－Zn 三元合金等温［335℃（635℉）］截面富镁端相图，根据 α－γ 界面形状，在 w(Al) 固定为 9% 的情况下，添加合金元素锌，将提高 γ 相的析出数量。这也可能是三元合金比二元合金具有更强的析出强化效果的原因。然而，在镁铝合金中添加锌，当在熔点温度附近变形时，由于微量低熔点组分引起晶界偏析，使部分合金有沿晶界开裂的倾向，由此将导致合金产生热脆现象。

例如，在 w(Al) 固定为 9% 的情况下，如果 w(Zn) >4%，那么合金就会进入有三元金属间化合物 φ($Mg_5Zn_2Al_2$) 的三相区，如图 1-81 所示。这种化合物在相对狭窄的成分范围内结晶，其三元共晶反应温度约为 360℃（680℉）。因此，如果在铸造过程中形成这种三元化合物，那么在固溶加热时，加热到固溶温度范围（通常约为 400℃或 750℉）内时，铸件会发生局部熔化。这些局部的液相在固溶温度下或固溶冷却时会再次凝固，留下微孔缺陷。可以通过缓慢加热到固溶温度，或者采用预热方法，通过固态反应使化合物发生溶解，将该缺陷的危害降到最小。

在生产实际中，铸造镁合金和形变镁合金产品均须进行热处理，以改变其力学性能。表 1-16 所列为镁合金各种类型的热处理状态代号。根据所需要的合金性能，选择应采用的热处理类型。镁合金常用的三种基本热处理工艺过程为退火、固溶处理、析出或时效。

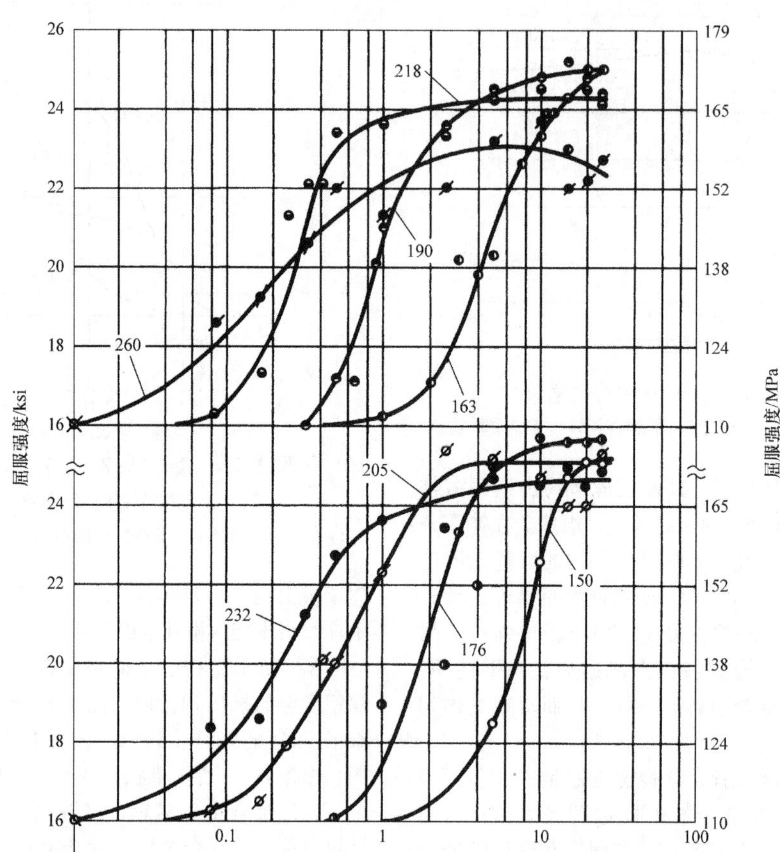

图 1-78　时效温度和时间对 AZ92A 镁合金屈服强度的影响

注：合金是从 260℃（500℉）在 2h 内加热至 415℃（780℉），而后保温 24h 空冷到 25℃（75℉）。

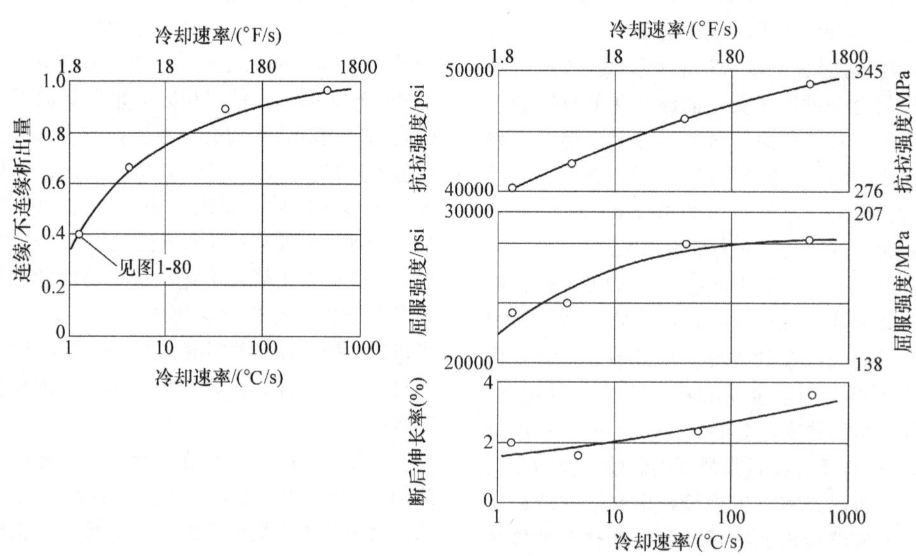

图 1-79　固溶后冷却速率对连续和不连续析出相数量以及 AZ92A 镁合金力学性能的影响

注：合金冷却后在 177℃（350℉）时效 18h，然后进行测试。

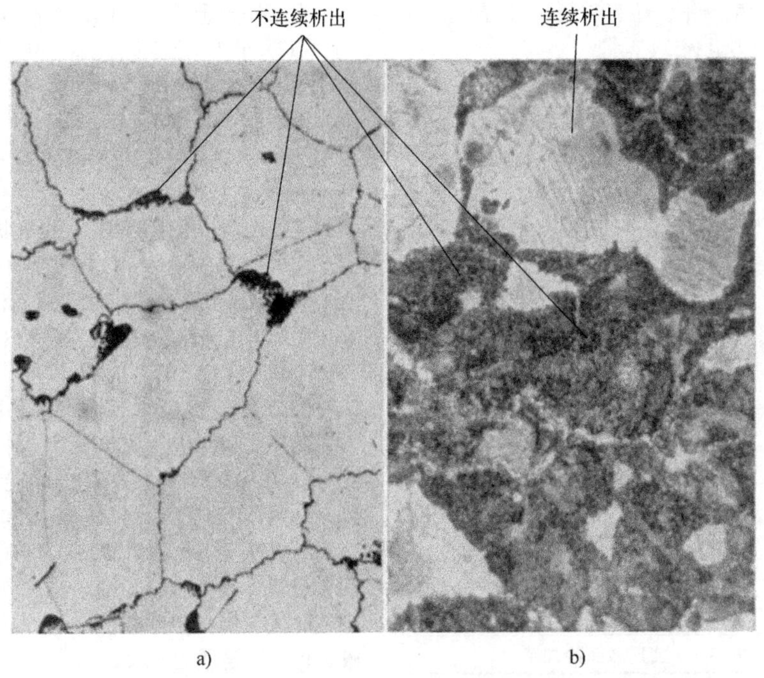

图 1-80　AZ92A 镁合金的微观组织

a）固溶后空冷　b）固溶后时效

注：在 410℃（770℉）固溶后空冷，在 177℃（350℉）时效 18h。原放大倍率：250×。

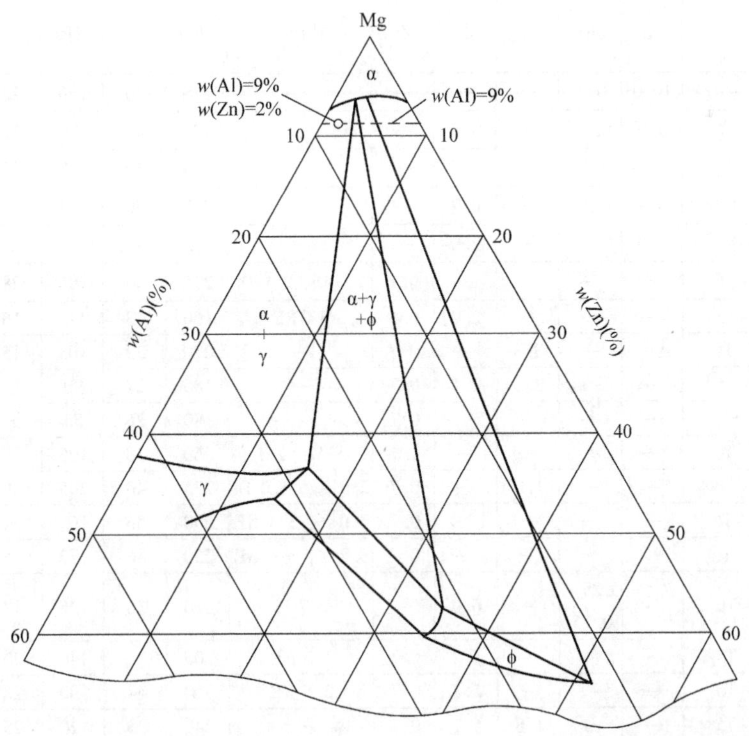

图 1-81　Mg－Al－Zn 三元合金等温［335℃（635℉）］截面富镁端相图

注：根据相图，如合金中 Zn 含量过高，则凝固过程中将在晶界发生共晶反应，形成 ϕ($Mg_5Zn_2Al_2$) 金属间化合物。

此外，在实际生产中，还有与析出过程有关的稳定化处理和去应力退火工艺。

表 1-16 镁合金热处理状态代号

状态代码	说明
F	加工状态
O	完全退火
H10、H11	轻微加工硬化
H23、H24、H26	加工硬化 + 不完全退火
T	采用热处理得到除 F、O 或 H 以外的稳定工艺状态
T2	去应力退火（仅用于铸件）
T3	固溶 + 冷加工
T4	固溶 + 自然时效
T5	铸造 + 人工时效
T6	固溶 + 人工时效
T7	固溶 + 稳定化处理
T8	固溶 + 冷加工 + 人工时效
T9	固溶 + 人工时效 + 冷加工

根据镁合金成分不同，通常将商用铸造镁合金（表1-17）分为六个系列：Mg－Al－Mn（如 AM100A），Mg－Al－Zn（如 AZ63A、AZ81A、AZ91C、AZ92A），Mg－Zn－Zr（如 EZK51A、ZK61A），Mg－RE－Zn－Zr（如 EZ33A、ZE41A），Mg－RE－Ag－Zr（如 QE22A），Mg－Zn－Cu（如 ZC63A）。

铸造镁合金可用于铸态、退火状态或析出强化状态。许多铸造镁合金可进行时效强化热处理，如表1-16中的 T5 和 T6 等热处理状态代号。铸造镁合金最常用的析出强化处理工艺为固溶 + 自然时效（T4），铸造 + 人工时效（T5），以及固溶 + 人工时效（T6）。

为减少铸造过程中形成的网状脆性共晶混合物，在对铸造镁合金进行固溶处理，加热温度范围通常为 390 ~ 530℃（730 ~ 980℉）。经过固溶处理的铸件，其基体组织更加均匀，强度和塑性均有明显提高。时效通常不能明显提高抗拉强度，但屈服强度明显提高，塑性有所降低。对于大多数铸件来说，即使时效会使其塑性有所降低，但仍有足够高的塑性，可以满足性能要求。

表 1-17 镁合金的名义化学成分和典型的室温力学性能

	合金牌号	化学成分（质量分数，%）						抗拉强度		屈服强度		断后伸长率（%）	硬度③ HRB
		Al	Mn①	Th	Zn	Zr	其他②	MPa	ksi	MPa	ksi	标距 50mm (2in)	
砂型和金属型铸件	AM100A－T6	10.0	0.1	—	—	—	—	275	40	150	22	1	69
	AZ63A－T6	6.0	0.15	—	3.0	—	—	275	40	130	19	5	73
	AZ81A－T4	7.6	0.13	—	0.7	—	—	275	40	83	12	15	55
	AZ91C 和 E－T6④	8.7	0.13	—	0.7	—	—	275	40	145	21	6	66
	AZ92A－T6	9.0	0.10	—	2.0	—	—	275	40	150	22	3	84
	EQ21A－T6	—	—	—	—	0.7	1.5Ag，2.1 Di	235	34	195	28	2	65 ~ 85
	EZ33A－T5	—	—	—	2.7	0.6	3.3RE	160	23	110	16	2	50
	HK31A－T6	—	—	3.3	—	0.7	—	220	32	105	15	8	55
	HZ32A－T5	—	—	3.3	2.1	0.7	—	185	27	90	13	4	57
	K1A－F	—	—	—	—	0.7	—	180	26	55	8	1	—
	QE22A－T6	—	—	—	—	0.7	2.5 Ag，2.1Di	260	38	195	28	3	80
	QH21A－T6	—	—	1.0	—	0.7	2.5 Ag，1.0 Di	275	40	205	30	4	—
	WE43A－T6	—	—	—	—	0.7	4.0 Y，3.4 RE	250	36	165	24	2	75 ~ 95
	WE54A－T6	—	—	—	—	0.7	5.2 Y，3.0 RE	250	36	172	25	2	75 ~ 95
	ZC63A－T6	—	0.25 ~ 0.75	—	6.0	—	2.7Cu	210	30	125	18	4	55 ~ 65
	ZE41A－T5	—	—	—	4.2	0.7	1.2 RE	205	30	140	20	3.5	62
	ZE63A－T6	—	—	—	5.8	0.7	2.6 RE	300	44	190	28	10	60 ~ 85
	ZH62A－T5	—	—	1.8	5.7	0.7	—	240	35	170	25	4	70
	ZK51A－T5	—	—	—	4.6	0.7	—	205	30	165	24	3.5	65
	ZK61A－T5	—	—	—	6.0	0.7	—	310	45	185	27	—	68
	ZK61A－T6	—	—	—	6.0	0.7	—	310	45	195	28	10	70

（续）

	合金牌号	化学成分(质量分数,%)						抗拉强度		屈服强度		断后伸长率(%)	硬度③ HRB
		Al	Mn①	Th	Zn	Zr	其他②	MPa	ksi	MPa	ksi	标距 50mm (2in)	
压铸件	AM60A 和 B - F⑤	6.0	0.13	—	—	—	—	205	30	115	17	6	—
	AS21X1	1.7	0.4	—	—	—	1.1 Si	240	35	130	19	9	—
	AS41A - F⑥	4.3	0.35	—	—	—	1.0 Si	220	32	150	22	4	—
	AZ91A、B、F⑦	9.0	0.13	—	0.7	—	—	230	33	150	22	3	63
挤压成形棒材和型材	AZ10A - F	1.2	0.2	—	0.4	—	—	240	35	145	21	10	—
	AZ21X1 - F⑧	1.8	0.02	—	1.2	—	—	—	—	—	—	—	—
	AZ31 B 和 C - F⑨	3.0	—	—	1.0	—	—	260	38	200	29	15	49
	AZ61A - F	6.5	—	—	1.0	—	—	310	45	230	33	16	60
	AZ80A - T5	8.5	—	—	0.5	—	—	380	55	275	40	7	82
	HM31A - F	—	1.2	3.0	—	—	—	290	42	230	33	10	—
	MIA - F	—	1.2	—	—	—	—	255	37	180	26	12	44
	ZC71 - F	—	0.5 ~ 1.0	—	6.5	—	1.2Cu	360	52	340	49	5	70 ~ 80
	ZK21A - F	—	—	—	2.3	0.45①	—	260	38	195	28	4	—
	ZK40A - T5	—	—	—	4.0	0.45①	—	276	40	255	37	4	—
	ZK60A - T5	—	—	—	5.5	0.45①	—	365	53	305	44	11	88
薄板和厚板	AZ31B - H24	3.0	—	—	1.0	—	—	290	42	220	32	15	73
	HK31A - H24	—	—	3.0	—	0.6	—	255	37	200	29	9	68
	HM21A - T8	—	0.6	2.0	—	—	—	235	34	170	25	11	—
	PE⑩	3.3	—	—	0.7	—	—	—	—	—	—	—	—

① 最低值。

② RE - 稀土元素；Di—钕镨化合物（由钕和镨组成的稀土元素混合物）。

③ 载荷为 500kgf（4.9kN）。球直径为 10mm。

④ AZ91C 和 AZ91E 的性能是相同的，但 AZ91E 铸件中杂质的质量分数不高于 0.005% Fe，0.0010% Ni，0.015% Cu。

⑤ AM60A 和 AM60B 的性能是相同的，但 AM60B 铸件中杂质的质量分数不高于 0.005% Fe，0.002% Ni，0.010% Cu。

⑥ AS41A 和 AS41XB 的性能是相同的，但 AS41XB 铸件中杂质的质量分数不高于 0.0035% Fe，0.002% Ni，0.020% Cu。

⑦ AZ91A、AZ91B 和 AZ91D 的性能是相同的，但 AZ91B 中 Cu 允许最高残留质量分数为 0.30%；AZ91D 铸件中杂质的质量分数不高于 0.005% Fe，0.002% Ni，0.030% Cu。

⑧ 用于电池制品。

⑨ AZ31B 和 AZ31C 的性能是相同的，但 AZ31C 中 Mn 的最低质量分数为 0.15%，Cu 和 Ni 的质量分数分别不高于 0.1% 和 0.03%。

⑩ 用于光刻蚀的牌号。

部分形变镁合金也可以通过热处理进行强化，如 AZ80 和 ZK60 镁合金通常采用热处理强化，见表 1-17。根据镁合金成分不同，通常将可热处理强化形变镁合金分为五个系列：Mg - Al - Zn（如 AZ80A），Mg - Th - Zr（如 HK31A），Mg - Th - Mn（如 HM21A、HM31A），Mg - Zn - Zr（如 ZK60A），Mg - Zn - Cu（如 ZC71A）。

有关镁合金热处理的详细内容，请参阅本卷中“镁合金的热处理”一节。

1.4.3 镍合金

镍是奥氏体形成元素，在镍或高镍合金系列中，不发生同素异构转变。在对镍或镍合金进行热处理时，关键是要尽量减少与固态硫（润滑油、润滑脂）或气态硫（SO_2 或 H_2S）的接触。一旦发生硫引起的脆化，就必须通过研磨或刮削方法去除已污染区域。镍合金最常用的热处理工艺有：

1）均匀化处理（使合金元素在合金中均匀分布）。

2）去应力处理。

3）中间过程退火（用于制造或生产的中间过程）。

4）完全退火（完全再结晶并降低硬度）。

5）固溶退火（为得到最高的耐蚀性，或为固溶和时效强化做准备，溶解第二相，得到过饱和固溶体）。

6）淬火后析出（时效）强化。

除此之外，镍基超合金还可进行多种专门的热处理，例如，通过扩散热处理在表面形成氧化膜、晶粒长大处理和表面改性（氮化、镀铝）热处理等。镍基超合金在钎焊和普通焊接前后也应进行专门的热处理。

尽管镍基超合金的析出强化过程非常复杂，但从冶金学理论上讲，这些热处理工艺与其他合金的相似。热处理在改变镍基超合金析出相形态方面尤为重要，本节将重点介绍镍基超合金的析出强化金相组织，有关详细内容请参阅本卷中“镍基合金的热处理和相组织”一节。

镍合金主要包括固溶强化合金和可时效强化合金。表1-18对各种合金元素在镍合金中的作用进行了总结。镍合金非常复杂，有时含有多达十多种合金元素。例如，商用超级镍基合金通常添加了不同组合的碳、硼、锆、铪、钴、铬、铝、钛、钒、钼、钨、镍、钽和铼等合金元素（如为生产喷气发动机的燃气涡轮机开发的高温合金）。

在镍合金中，有些合金元素主要起一种重要作用，有些则起多种功能作用。例如，在镍合金中添加铬，主要作用是形成 Cr_2O_3 保护膜，提高合金的抗高温硫化性能。

在合金中添加一定数量的铝和钛，析出面心立方结构相 γ′[Ni_3(Al,Ti)]。该析出相为金属间化合物且与基体共格，是镍基超合金获得高温强度和高蠕变抗力的必要条件。添加的铝可进一步提高 γ′相的析出，此外还在表面形成 Al_2O_3 膜，大大提高了合金的抗氧化性能。

镍合金，尤其是析出强化型合金，组织中有大量细小弥散的金属间化合物、碳化物和其他相组织，其微观组织极其复杂。通过改变它们的成分、形态

表 1-18 合金元素在镍合金中的作用

作用①		合金元素
固溶强化		Co、Cr、Fe、Mo、W、Ta、Re
形成碳化物	MC	W、Ta、Ti、Mo、Nb、Hf
	M_7C_3	Cr
	$M_{23}C_6$	Cr、Mo、W
	M_6C	Mo、W、Nb
形成碳氮化物：M（CN）		C、N
提高碳化物总析出量		—
形成 γ′相（Ni_3（Al，Ti））		Al、Ti
阻止形成六方点阵 η（Ni_3Ti）相		—
提高 γ′相固溶度曲线温度		Co
析出强化相或金属间化合物		Al、Ti、Nb
提高抗氧化性能		Al、Cr、Y、La、Ce
提高耐蚀性		La、Th
提高抗高温硫化性能		Cr、Co、Si
提高抗蠕变性能		B、Ta
提高断裂强度		B②
净化晶界		B、C、Zr、Hf
改善加工性能		—
阻止 γ′相粗化		Re

① 并不是每种合金都需要这些作用。

② 如果大量存在，就会形成了硼化物。

和分布，能改变合金的性能。对于具体的镍基超合金，并不是每一种相组织都会出现，表1-19列出了镍基超合金中可能出现的各种相。对合金性能有显著影响的第二相有：

1）所有超合金类型中的面心立方碳化物 MC、$M_{23}C_6$、M_6C 和 M_7C_3（极少）。

2）γ′相，有序面心立方结构 Ni_3（Al，Ti）。

3）γ″相，有序体心正方（bct）结构 Ni_3Nb。

4）η 相，有序六方结构 Ni_3Ti。

5）δ 相，在镍和铁镍基超合金中的正交晶系的 Ni_3Nb 金属间化合物。

表 1-19 镍基超合金中的各种相

相	晶体结构	化学式
γ′	fcc（有序 $L1_2$）	Ni_3Al、Ni_3（Al，Ti）
η	hcp（$D0_{24}$）	Ni_3Ti（未固溶其他元素）
γ″	体心正方（有序 $D0_{22}$）	Ni_3Nb
δ（Ni_3Nb）	正交晶系（有序 Cu_3Ti）	Ni_3Nb

（续）

相	晶体结构	化学式
MC	立方	TiC、NbC、HfC
$M_{23}C_6$	fcc	$Cr_{23}C_6$、$(Cr, Fe, W, Mo)_{23}C_6$
M_6C	fcc	Fe_3Mo_3C、Fe_3W_3C、Fe_4W_2C、Fe_3Nb_3C、Nb_3Co_3C、Ta_3Co_3C
M_7C_3	六方晶系	Cr_7C_3
M_3B_2	四方晶系	Ta_3B_2、V_3B_2、Nb_3B_2 $(Mo, Ti, Cr, Ni, Fe_3B_2)$、$Mo_2FeB_2$
MN	立方	TiN、(Ti, Nb, Zr) N、(Ti, Nb, Zr) (C, N)、ZrN、NbN
μ	三角晶系	Co_2W_6、$(Fe, Co)_7(Mo, W)_6$
Laves	六方晶系	Fe_2Nb、Fe_2Ti、Fe_2Mo、Fe_2Ta、Fe_2Ti
σ	四方晶系	FeCr、FeCrMo、CrFeMoNi、CrCo、CrNiMo
M_2SC	hcp	$(Zr, Ti, Nb)_2SC$

γ′、γ″和 η 相也称为几何密堆相。除了控制合金的晶粒大小和形态外（加上偶尔的冷加工），正是通过对合金中各相组织的控制，使超合金获得独特的性能。在超合金中，也会形成有害相，包括 σ、μ 和 Laves 相。这些相为拓扑密堆相，在数量极少时可不考虑，但当超过一定数量时，对合金性能是有害的。

在铁－镍基和镍基超合金中，主要的强化析出相为 γ′和 γ″。如合金中存在铁，则镍和铌将结合形成体心正方（bct）γ″（Ni_3Nb）相，该相与基体相 γ 共格，在中低温条件下具有极高的强度，但在温度超过约 650℃（1200℉）时，其稳定性将变差。碳化物直接提高合金的强度（如通过弥散强化）是有限的，更常见的方法是间接提高合金的强度（如通过稳定晶界，避免晶界发生过度切变和变形）。

在对锻造铁－镍基和镍基超合金进行加工的过程中，δ 相和 η 相（与 γ′一起）对控制组织起到了非常重要的作用。它们对强化的直接贡献取决于合金型号和处理工艺。除了这些起固溶强化和/或促进形成碳化物和 γ′相的元素外，还添加了其他元素（如硼、锆和铪），以提高合金的力学性能或化学性能。在大多数钴基合金中，通常很难发现这些微量元素。部分碳化物和 γ′相形成元素也对合金的化学性能有明显的影响。在铁－镍基和镍基超合金中，还可能形成硼化物。

对于析出强化合金，固溶处理的目的是溶解（部分或完全）铸造过程中析出的相，以便在时效过程中通过控制析出过程来控制新析出相。通常固溶温度为 1040～1230℃（1900～2250℉），绝对上限温度应略低于固相线温度（或初熔温度）。固溶处理的目的仅是溶解析出相，为随后的析出强化做准备；而均匀化热处理的目的是完全溶解所有相，以尽可能地消除微观偏析。

在时效或析出强化过程中，固溶处理时溶解于固溶体中的合金元素将以有利的类型和形态析出。这种受控的析出过程通常是在不同温度下，采用多级时效完成的。其中 γ′和 γ″相就是通过这种方式析出的；在 730～1040℃（1350～1900℉）范围内，还可以析出形成二次碳化物。通过共格析出碳化物，消耗大量 σ 相形成元素铬和钼，推迟 σ 相形成，提高了合金强度。

析出相的形态、大小和分布是决定合金性能的关键因素，而析出热处理温度决定了析出相的类型、分布和大小。析出热处理通常在 620～1040℃（1150～1900℉）范围内等温进行。锻造合金采用多步时效析出处理工艺，而铸造合金则不常采用。影响选择时效过程、析出时间和温度的因素有工件预期的服役工作温度、要求的析出相尺寸大小、合金强度和塑性优化组合等。已经有采用两级时效，甚至四级时效工艺的案例，得到了不同尺寸大小和类型的析出相。

部分镍基超合金的典型固溶时效工艺见表 1-20。γ′析出相的微观组织具有独特的立方形态（图 1-82），根据时效条件，可以确定析出相尺寸。合金在 1080℃（1975℉）、845℃（1550℉）和 760℃（1400℉）三种不同温度下时效，在 1080℃（1975℉）时效时，γ′析出相尺寸较大；而在较低温度 845℃（1550℉）或 760℃（1400℉）下时效时，γ′析出相尺寸细小，如图 1-82c 所示。

表1-20 部分镍基超合金的典型固溶时效工艺

合金	固溶处理				时效强化
	温度		时间/h	冷却方式①	
	℃	℉			
Monel K-500	980	1800	1/2~1	WQ	加热至595℃（1100℉），保温16h；炉冷至540℃（1000℉），保温6h；炉冷至480℃（900℉），保温8h后空冷
Inconel 718（AMS 5662）	980	1800	1	AC	加热至720℃（1325℉），保温8h；炉冷至620℃（1150℉）保温，整体时效强化时间达到18h后空冷
Inconel 718（AMS 5664）	1065	1950	1	AC	加热至760℃（1400℉），保温10h；炉冷至650℃（1200℉）保温，整体时效强化时间达到20h后空冷
Inconel X-750（AMS 5668）	1150	2100	2~4	AC	加热至845℃（1550℉），保温24h后空冷；重新加热至705℃（1300℉）保温20h后空冷
Inconel X-750（AMS 5871）	960	1800	1	AC	加热至730℃（1350℉），保温8h；炉冷至620℃（1150℉）保温，整体时效强化时间达到18h后空冷
Hastelloy X	1175	2150	1	AC	加热至760℃（1400℉），保温3h后空冷；重新加热至595℃（1100℉），保温3h后空冷

① WQ—淬水；AC—空冷。

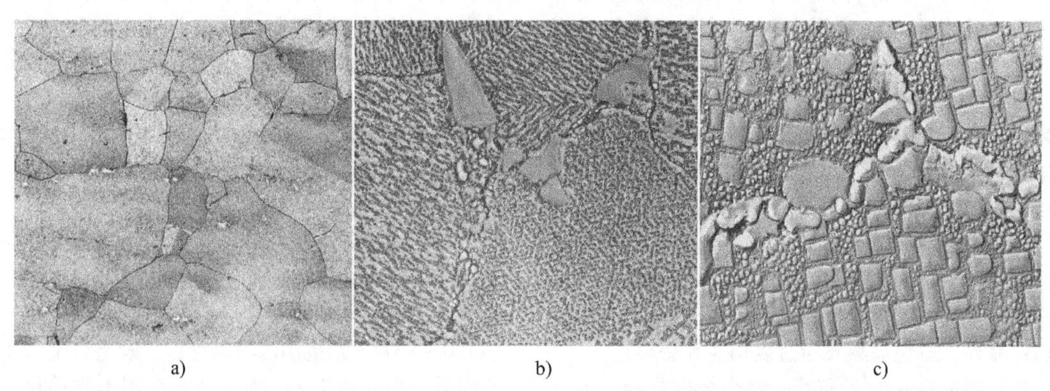

a)　　b)　　c)

图1-82 三种不同放大倍率下锻造超耐热镍合金（Astroloy）中的γ′相

a）锻件在1150℃（2100℉）固溶退火4h后空冷，在1080℃（1975℉）时效4h油冷，在845℃（1550℉）时效4h空冷，在760℃（1400℉）时效16h空冷（原放大倍率：100×） b）在晶界区析出的金属碳化物（MC）（原放大倍率：1000×） c）在时效的不同阶段，析出不同尺寸立方形貌的γ′相。细小的γ相是在845℃（1550℉）和760℃（1400℉）下时效析出的（原放大倍率：10000×）

1.4.4 钛和钛合金

钛是一种具有同素异构转变的合金元素，当温度为885℃（1625℉）时，它由密排六方结构（α相）转变为体心立方结构（β相）。在钛中加入合金元素，会影响相变温度，因此，将添加到钛中的合金元素分为α相稳定化元素和β相稳定化元素。α相稳定化元素，如氧和铝，可提高α→β转变温度。氮和碳也是α相稳定化元素，但通常在钛合金中不添加这些元素。β相稳定化元素，如锰、铬、铁、钼、钒和镍，降低α→β转变温度。根据增加的合金元素数量，可在室温下得到部分β相。

根据添加的α相和β相稳定化元素的数量，钛合金通常分为α相钛合金、α+β相钛合金和β相钛合金；还可进一步细分为近α相钛合金和亚稳态β相钛合金。图1-83所示为三维钛合金相组织示意图，该图由钛与α相稳定化元素（铝）和β相稳定化元素（钒）两个相图组成。根据该示意图，α相钛合金添加的合金元素完全是α相稳定化元素和/或中性元素，而α+β相钛合金则混合添加了α相稳定化元素（铝）和β相稳定化元素（钒）。

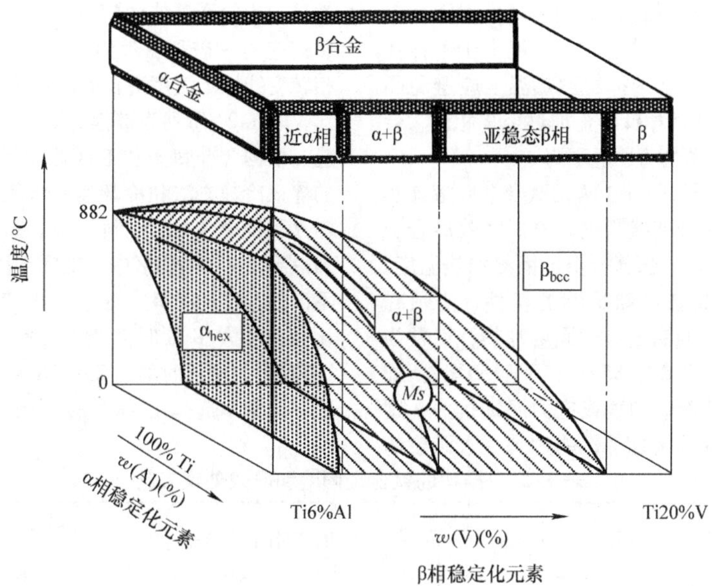

图 1-83 三维钛合金相组织示意图

注：由钛与 α 相稳定化元素（铝）和 β 相稳定化元素（钒）两个相图组成。bcc—体心立方；*Ms*—马氏体转变开始点。

钛合金有几种不同的热处理工艺，应该根据钛和钛合金的成分、合金元素的作用和热处理对 α→β 转变的影响，选择合适的热处理工艺。例如，可以通过热处理和/或形变热处理，改变近 α 相钛合金和 α + β 相钛合金中 α 相的形貌。而改变 α 相形貌可对合金的力学性能，如抗蠕变性能和断裂韧性产生明显的影响（见本卷中"热处理对钛合金力学性能的影响"一节）。添加足够数量的 β 相稳定化元素的合金，也可采用固溶和时效强化。

三种钛合金的热处理工艺大体如下：

1）对 α 相钛合金和近 α 相钛合金可进行去应力处理和退火处理，但不论采用何种热处理工艺（如 β 相加热固溶淬火后进行时效），都无法明显提高该类合金的强度。但当高温 β 相在冷却过程中转变为针状 α 相时，可提高合金的抗蠕变性能和断裂韧度。

2）商用 β 相钛合金实际上是一种亚稳态 β 相合金，可以通过固溶和时效处理获得高强度。固溶淬火后保留了 β 相亚稳态，而后通过时效产生分解，使合金获得高的强度。

3）α + β 相钛合金在室温下由 α 相和 β 相组成，是三种类型钛合金中用途最广泛的。与近 α 相钛合金相同，α + β 相钛合金中 α 相的形貌可以通过工艺改变。与 β 相钛合金相同，可通过固溶加时效处理，对部分 α + β 相钛合金进行强化。

根据退火温度所处的相区，钛合金的退火处理分为 α 单相区退火、α + β 两相区退火和 β 相区退火。钛合金的热处理还包括冷加工结构件的去应力退火和/或再结晶退火。为防止在腐蚀环境中发生化学腐蚀，以及防止变形（稳定化处理）和对随后需进行成形加工的工件进行调整，通常也需要对工件进行退火处理。有关各种退火工艺的详细内容，请参考本卷中"钛合金和钛合金的热处理"一节和本节中"钛合金的形变热处理"的相关内容。

（1）固溶和时效处理　除了 Ti－2.5Cu 钛合金外（依据类似于铝合金的析出 GP 区的经典时效强化，该合金析出 Ti_2Cu 强化相），钛合金的热处理通常在不稳定的高温 β 相区的较低温度下进行。时效导致在残留的 β 相中析出 α 相。除形成 α 相外，β 相还通过形核和长大转变为其他相，如等温形成 ω 相、β′相或共析化合物（见本卷中"钛合金热处理的相组织转变"一节）。

通过固溶和时效处理，α + β 两相钛合金或 β 相钛合金可在很宽的强度级别范围内获得不同的强度。由于 β 相钛合金经固溶淬火后残留的 β 相数量较多，因此，β 相钛合金在时效后强度级别更高（见本卷中"热处理对钛合金力学性能的影响"一节）。与 α + β两相钛合金相比，由于 β 相钛合金中含有足够数量的 β 相稳定化元素，有利于在较低的冷却速率下推迟 β 相转变，因此，可使用时效强化 β 钛合金生产尺寸较厚的工件。

选择钛合金的固溶温度时，应考虑合金类型和一些实际因素。改变固溶温度则会改变 β 相的数量，从而改变时效后的性能。从生产商处购买的 β 相钛合金通常是固溶状态。如果合金需要重新加热，则保温时间应足够长，以保证完全固溶。β 相钛合金固溶处理温度须高于 β 相转变温度，但由于不存在阻止晶粒长大的第二相，选择的加热温度应避免晶粒迅速长大。将 α + β 两相钛合金加热至 β 相区，会造成晶粒长大，材料塑性将明显下降。

为得到更多的 β 相，α + β 两相钛合金固溶加热温度通常选择在 β 相转变线附近。根据时效后合金所要求的综合力学性能，选择合金的固溶加热温度。为了使钛合金获得高强度和足够的塑性，必须在 α + β两相区选择较高的温度进行固溶加热，通常为合金的 β 相转变线以下 25 ~ 85℃ （50 ~ 150℉）。如果合金要求具有高的断裂韧度或应力腐蚀抗力，则选择 β 相退火或 β 相固溶加热，能达到令人满意的效果。为得到最佳的塑性、断裂韧度、抗蠕变性能和抗应力 - 破裂特性组合，该类合金通常选择在 β 相转变线以下温度进行固溶加热。

表 1-21 所列为推荐的钛合金固溶和时效处理工艺。根据合金牌号和工件截面尺寸不同，选择不同的淬火冷却方法和冷却速率（见本卷中“钛合金的淬火和残余应力的控制”一节）。淬火后，合金重新加热到 α + β 两相区中较低的温度进行时效，可选择不同的温度和时间，通过析出细小弥散的 α 相来强化合金。大多数时效温度为 480 ~ 620℃ （900 ~ 1150℉），保温时间为 2 ~ 16h。为避免出现脆性的 ω 相，通常不选择在 480℃以下的温度进行时效。

表 1-21 推荐的钛合金固溶和时效处理工艺

钛合金		固溶温度		固溶时间/h	冷却方式	时效温度		时效时间/h
		℃	℉			℃	℉	
α 相或近 α 相钛合金	Ti - 8Al - 1Mo - 1V	980 ~ 1010	1800 ~ 1850	1	油或水	565 ~ 595	1050 ~ 1100	—
	Ti - 2.5Cu （IMI 230）	795 ~ 815	1460 ~ 1500	0.5 ~ 1	空冷或水冷	390 ~ 410	735 ~ 770	8 ~ 24（第 1 步）
						465 ~ 485	870 ~ 905	8（第 2 步）
	Ti - 6Al - 2Sn - 4Zr - 2Mo	955 ~ 980	1750 ~ 1800	1	空冷	595	1100	8
	Ti - 6Al - 5Zr - 0.5Mo - 0.2Si （IMI 685）	1040 ~ 1060	1900 ~ 1940	0.5 ~ 1	油冷	540 ~ 560	1000 ~ 1040	24
	Ti - 5.5Al - 3.5Sn - 3Zr - 1Nb - 0.3Mo - 0.3Si （IMI 829）	1040 ~ 1060	1900 ~ 1940	0.5 ~ 1	空冷或油冷	615 ~ 635	1140 ~ 1175	2
	Ti - 5.8Al - 4Sn - 3.5Zr - 0.7Nb - 0.5Mo - 0.3Si （IMI 834）	1020	1870	2	油冷	625	1155	2
α + β 相钛合金	Ti - 6Al - 4V	955 ~ 970	1750 ~ 1780	1	水冷	480 ~ 595	900 ~ 1100	4 ~ 8
						705 ~ 760	1300 ~ 1400	2 ~ 4
	Ti - 6Al - 6V - 2Sn （Cu + Fe）	885 ~ 910	1625 ~ 1670	1	水冷	480 ~ 595	900 ~ 1100	4 ~ 8
	Ti - 6Al - 2Sn - 4Zr - 6Mo	845 ~ 890	1550 ~ 1635	1	空冷	580 ~ 605	1075 ~ 1120	4 ~ 8
	Ti - 4Al - 4Mo - 2Sn - 0.5Si （IMI 550）	890 ~ 910	1635 ~ 1670	0.5 ~ 1	空冷	490 ~ 510	915 ~ 950	24
	Ti - 4Al - 4Mo - 4Sn - 0.5Si （IMI 551）	890 ~ 910	1635 ~ 1670	0.5 ~ 1	空冷	490 ~ 510	915 ~ 950	24
	Ti - 5Al - 2Sn - 2Zr - 4Mo - 4Cr	845 ~ 870	1550 ~ 1600	1	空冷	580 ~ 605	1075 ~ 1120	4 ~ 8
	Ti - 6Al - 2Sn - 2Zr - 2Mo - 2Cr - 0.25Si	870 ~ 925	1600 ~ 1700	1	水冷	480 ~ 595	900 ~ 1100	4 ~ 8
β 相或近 β 相钛合金	Ti - 13V - 11Cr - 3Al	775 ~ 800	1425 ~ 1470	1/4 ~ 1	空冷或水冷	425 ~ 480	800 ~ 900	4 ~ 100
	Ti - 11.5Mo - 6Zr - 4.5Sn （Beta Ⅲ）	690 ~ 790	1275 ~ 1455	1/8 ~ 1	空冷或水冷	480 ~ 595	900 ~ 1100	8 ~ 32
	Ti - 3Al - 8V - 6Cr - 4Mo - 4Zr （Beta C）	815 ~ 925	1500 ~ 1700	1	水冷	455 ~ 540	850 ~ 1000	8 ~ 24
	Ti - 10V - 2Fe - 3Al	760 ~ 780	1400 ~ 1435	1	水冷	495 ~ 525	925 ~ 975	8
	Ti - 15V - 3Al - 3Cr - 3Sn	790 ~ 815	1455 ~ 1500	1/4	空冷	510 ~ 595	950 ~ 1100	8 ~ 24

(2) 钛合金的形变热处理 钛合金的形变热处理是一个复杂的工艺过程，包括固溶处理、变形、再结晶、时效和去应力退火，如图 1-84 所示。形变热处理的中心点是 β 相转变线温度（$T_β$），将其定义为 β 单相区和 α + β 两相区的边界。当从高于 β 相转变线温度直接冷却时，将得到层片状微观组织。一旦冷却温度降至低于 β 相转变线温度，则第二相 α（转变为 β）在晶界上形核，随后以层片状在前 β 相晶界处长大。例如，Ti-6Al-4V 合金在不同的热处理温度和冷却速率下得到的典型层片状微观组织如图 1-85 所示。

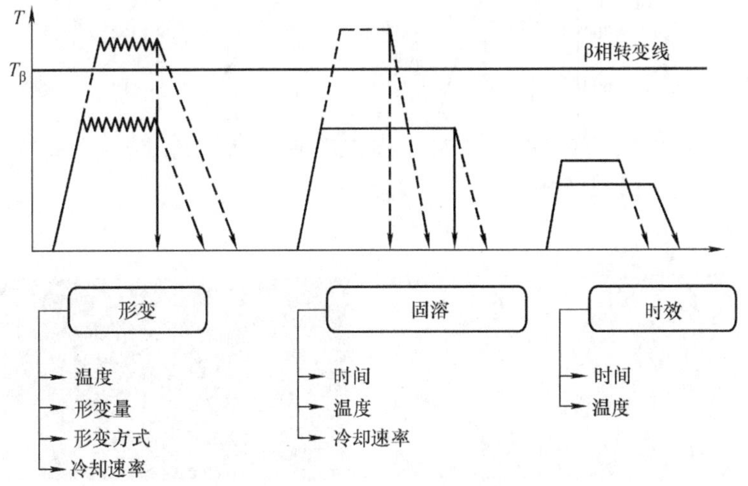

图 1-84 钛合金的形变热处理示意图

从图 1-85 中可见，冷却速率不同，层片状组织的粗细也不同。从 β 单相区缓慢冷却得到完全层片状组织（图 1-85a）；随着冷却速率降低，层片状组织中的层片变粗。快速淬火使 β 相转变为细针状马氏体组织（图 1-85b）。不同于钢中形成的马氏体晶格发生强烈畸变，伴随着硬度和强度增加，钛合金中得到的马氏体只有中等强化效果。

在平衡条件下，两相区的 α 相和 β 相的化学成分随温度的降低而发生变化。β 相为富钒相，在较低的温度下，钒是 β 相稳定元素。缓慢冷却的金相照片表明，层片状组织中的 β 相残留在浅色粗片 α 相周围接缝处，如图 1-85c 和图 1-85d 所示。从高于马氏体转变开始温度（*Ms*）快速冷却，通过 α + β 两相区，则 β 相转变为马氏体（图 1-85e）。合金的 *Ms* 温度与合金的原组织和组织的均匀性有关。在较低的温度下，β 相的体积分数较低，如果在低于 *Ms* 的温度下快速冷却，则 β 相不转变为马氏体（图 1-85f）。

在冷却过程中，当 β 相逆转变回 α 相时（所谓的二次 α 相），得到层片状组织。当冷加工 α 相加热到 α + β 两相区发生再结晶时，得到等轴的 α 相（见本卷中“钛和钛合金的变形与再结晶”一节）。热处理温度决定了原 α 相的体积分数和层片状二次 α 相（由 β 相逆转变得到）的数量，而延长退火过程会粗化等轴晶组织。在略低于 β 相转变温度进行固溶处理，将得到 α + β 层片状基体和部分等轴晶 α 相（原 α 相）两种微观组织。

显微组织对钛合金的力学性能有显著的影响。细小的微观组织在提高合金强度的同时，也提高了合金的塑性（见本卷“热处理对钛合金力学性能的影响”一节）。较粗大的微观组织提高了蠕变抗力和疲劳裂纹扩展抗力。通常，等轴的微观组织具有高的塑性和疲劳强度，此外，还有利于超塑性变形；而层片状组织具有较高的断裂韧度、优良的抗蠕变性能和抗疲劳裂纹扩展性能。

1.4.5 铜和铜合金

铜和铜合金具有很多优异的性能，作为工程材料得到了广泛的应用。铜的最常见用途是制备有高导电性要求的配件。铜的其他应用包括管道、建筑五金、工业和管道阀门配件、换热器、紧固件、硬币和珠宝等。现已有多达 400 种不同成分的铜和铜合金，大致分为铜、高铜合金、黄铜、青铜、铜-镍合金、铜-镍-锌（银）合金、含铅铜和特殊铜合金。

按美国试验材料学会（ASTM International）和美国汽车工程师学会（SAE International）的联合编号系统（UNS），表 1-22 对锻造（形变）铜合金和铸造铜合金进行了分类。虽然铸造铜合金与对应的锻造铜合金在性能上有所差异，但它们的成分基本相同。采用粉末冶金工艺也可制备和生产铜合金。表1-23列出了部分锻造铜合金的化学成分和典型性能。

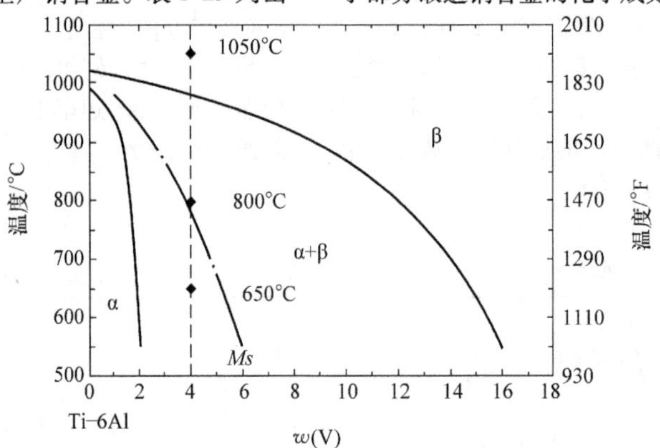

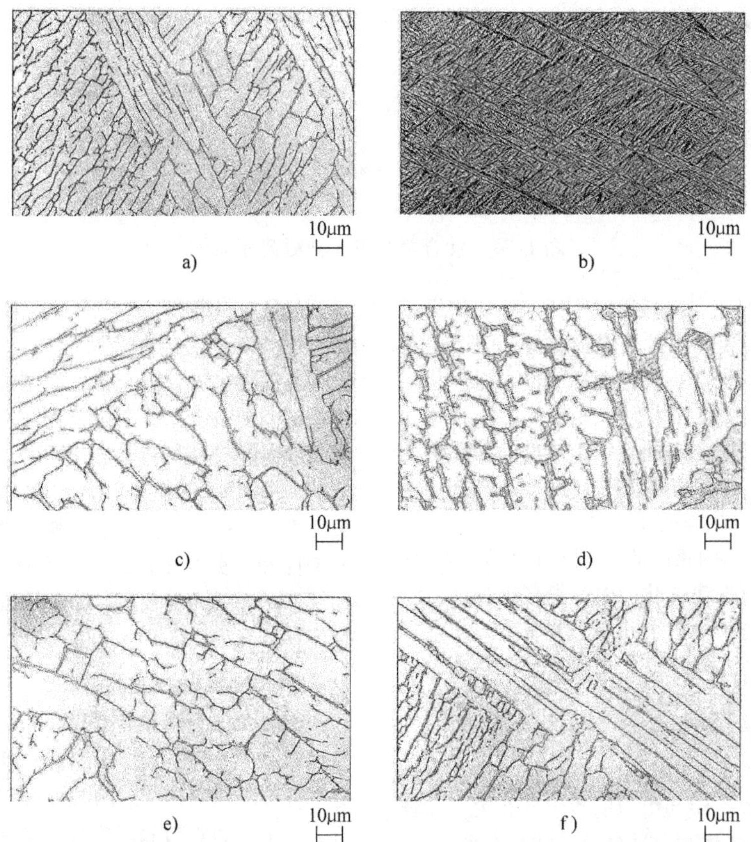

图1-85 Ti-6Al-4V合金的三元相图和从不同温度慢冷和水淬的微观组织

a）从1050℃（1920℉）炉冷 b）从1050℃（1920℉）空冷 c）从800℃（1470℉）炉冷 d）从800℃（1470℉）空冷 e）从650℃（1200℉）炉冷 f）从650℃（1200℉）空冷

注：冷却速率为50℃/h（90℉/h）。

表1-22 铜和铜合金的普通分类

合金名称		统一编号	化学成分（质量分数）
锻造铜合金	铜①	C10100－C15815	>99% Cu
	高铜合金②	C16200－C19900	>96% Cu

（续）

合金名称		统一编号	化学成分（质量分数）
锻造铜合金	黄铜	C20100 – C28000	Cu – Zn
	铅黄铜	C31200 – C38500	Cu – Zn – Pb
	锡黄铜	C40400 – C48600	Cu – Zn – Sn – Pb
	磷青铜	C50100 – C52480	Cu – Sn – P
	铅 – 磷青铜	C53400 – C54400	Cu – Sn – Pb – P
	铜 – 磷合金和铜 – 银 – 磷合金③	C55180 – C55284	Cu – P – Ag
	铝青铜	C60800 – C64210	Cu – Al – Ni – Fe – Si – Sn
	硅青铜	C64700 – C66100	Cu – Si – Sn
	特殊黄铜	C66300 – C69710	Cu – Zn – Mn – Fe – Sn – Al – Si – Co
	白铜	C70100 – C72950	Cu – Ni – Fe
	镍黄铜（德银）	C73500 – C79830	Cu – Ni – Zn
铸造铜合金	铜①	C80100 – C81200	>99% Cu
	高铜合金④	C81400 – C82800	>94% Cu
	红铜和加铅红黄铜	C83300 – C83810	Cu – Sn – Zn – Pb（82% ~94% Cu）
	半红铜和加铅半红黄铜	C84200 – C84800	Cu – Sn – Zn – Pb（75% ~82% Cu）
	黄铜和加铅黄铜	C85200 – C85800	Cu – Zn – Pb
	锰青铜和含铅锰青铜⑤	C86100 – C86800	Cu – Zn – Mn – Fe – Pb
	硅黄铜/硅青铜	C87300 – C87800	Cu – Zn – Si
	铜 – 铍和铜 – 铍 – 硒合金	C89320 – C89940	Cu – Sn – Zn – Bi – Se
	锡青铜	C90200 – C91700	Cu – Sn – Zn
	加铅锡青铜	C92200 – C94500	Cu – Sn – Zn – Pb
	镍 – 锡青铜	C94700 – C94900	Cu – Ni – Sn – Zn – Pb
	铝青铜	C95200 – C95900	Cu – Al – Fe – Ni
	白铜	C96200 – C96950	Cu – Ni – Fe
	镍黄铜（德银）	C97300 – C97800	Cu – Ni – Zn – Pb – Sn
	含铅铜	C98200 – C98840	Cu – Pb
	特殊黄铜	C99300 – C99750	Cu – Zn – Mn – Al – Fe – Co – Sn – Pb

① 铜的质量分数要求达到99.3%或更高的金属。

② 对于锻件产品，要求铜合金中铜的质量分数不小于99.3%，但如果不属于其他铜合金系列，则要求铜的质量分数超过96%。

③ 钎焊钎料合金。

④ 铸造高铜合金中铜的质量分数要求超过94%，为达到特殊性能，可添加银。

⑤ 也称为高强度黄铜或含铅高强度黄铜。

表 1-23　部分形变铜合金的化学成分和典型性能

合金		统一编号	名义化学成分（质量分数，%）	热处理工艺	抗拉强度		屈服强度		伸长率（%）	硬度
					MPa	ksi	MPa	ksi		
纯铜	无氧高导电性铜	C10200	99.95 Cu	—	221 ~ 455	33 ~ 66	69 ~ 365	10 ~ 53	4 ~ 55	—
高铜合金	铍青铜	C17200	97.9Cu – 1.9Be – 0.2Ni 或 Co	退火	490	71	—	—	35	60HRB
				淬硬	1400	203	1050	152	2	42HRC
黄铜	仿金黄铜，95%	C21000	95Cu – 5Zn	退火	245	36	77	11	45	52HRF
				硬化	392	57	350	51	5	64HRB
	红色黄铜，85%	C23000	85Cu – 15Zn	退火	280	41	91	13	47	64HRF
				硬化	434	63	406	59	5	73HRB

（续）

合金		统一编号	名义化学成分（质量分数,%）	热处理工艺	抗拉强度		屈服强度		伸长率（%）	硬度
					MPa	ksi	MPa	ksi		
黄铜	弹壳黄铜，70%	C26000	70Cu-30Zn	退火	357	52	133	19	55	72HRF
				硬化	532	77	441	64	8	82HRB
	蒙氏黄铜	C28000	60Cu-40Zn	退火	378	55	119	17	45	80HRF
				半硬化	490	71	350	51	15	75HRB
	高铅黄铜	C35300	62Cu-36Zn-2Pb	退火	350	51	119	17	52	68HRF
				硬化	420	61	318	46	7	80HRB
青铜	磷青铜，5%	C51000	95Cu-5Sn	退火	350	51	175	25	55	40HRB
				硬化	588	85	581	84	9	90HRB
	磷青铜，10%	C52400	90Cu-10Sn	退火	483	70	250	36	63	62HRB
				硬化	707	103	658	95	16	96HRB
	铝青铜	C60800	95Cu-5Al	退火	420	61	175	25	66	149HRB
				冷轧	700	102	441	64	8	94HRB
	铝青铜	C63000	81.5Cu-9.5Al-5Ni-2.5Fe-1Mn	挤压	690	100	414	60	15	96HRB
				半硬化	814	118	517	75	15	98HRB
	高硅青铜	C65500	96Cu-3Si-1Mn	退火	441	64	210	31	55	66HRB
				硬化	658	95	406	59	8	95HRB
白铜	白铜，30%	C71500	70Cu-30Ni	退火	385	56	126	18	36	40HRB
				冷轧	588	85	553	80	3	86HRB
镍黄铜		C75700	65Cu-23Zn-12Ni	退火	427	62	196	28	35	55HRB
				硬化	595	86	525	76	4	89HRB

通过调整和改变铜和铜合金的热处理工艺，可以得到不同的性能组合。铜合金的常用热处理工艺与其他合金类似，主要有以下几种：

1）均匀化处理。减少合金的化学偏析和铸造结晶偏析，使热加工材料得到更加均匀的组织。对结晶凝固范围大的合金，需要进行均匀化处理。例如，磷青铜、铜-镍合金和硅青铜均应进行均匀化处理。根据合金的成分、铸造晶粒大小，以及均匀化要求达到的程度，来选择均匀化处理的温度和时间。

2）退火。软化加工硬化的材料。

3）去除应力处理。稳定性能，提高强度和稳定尺寸，特别是对冷加工工件，减少残余应力。

有关铜合金的常规和其他热处理方法，在本卷的“铜和铜合金的热处理”一章进行详细的介绍。

可热处理强化铜合金可分为两种类型：

1）通过受控扩散的等温转变（时效），使淬火后的铜合金亚稳态固溶体变硬。

2）通过淬火过程的变温转变（马氏体），使铜合金变硬。

本节介绍可热处理强化铜合金的基本类型，本卷其他章节详细介绍了高铜合金、黄铜、青铜和铜-镍合金的热处理。通过等温转变（时效），铜合金的强化过程包括析出强化、调幅硬化和有序硬化。淬火硬化合金包括铝青铜、镍-铝青铜和一些特殊的铜-锌-铝形状记忆合金。

（1）析出强化铜合金　铜-铍合金和铜-铬合金是常见的析出强化铜合金。部分其他具有固溶度，能产生析出的二元合金也可产生一定程度的硬化，如铜-钛、铜-镁、铜-硅、铜-银、铜-铁、铜-钴和铜-锆合金。

部分三元和四元铜合金，仅在一定成分范围内发生时效硬化。例如，铜-镍-锡合金是可进行时效硬化的合金。含 $w(\mathrm{Sn})=5\%\sim8\%$ 和 $w(\mathrm{Ni})=1.5\%\sim8\%$ 的铸造青铜合金具有优良的铸造和力学性能，通过析出强化，合金的力学性能可得到明显的改善。热处理工艺为：在750℃（1400℉）保温5h，淬水或空冷，然后在300~350℃（550~600℉）时效5h。

镍硅比在一定范围内的铜合金，能形成 Ni_2Si 相，也可进行析出强化。该类合金经900℃（1650℉）淬火，在350~450℃（650~850℉）时效数小时发生硬化，该类合金在欧洲被广泛使用。其中一个典型牌号是 $w(\mathrm{Si})=0.5\%$ 和 $w(\mathrm{Ni})=0.75\%$（欧洲称 Kuprodur）的铜合金，用于生产防火箱、拉杆螺栓、螺旋桨部件等。类似的铜合金还有 Tempaloy 合金。

在某些情况下，当含硅铜合金中出现三元中间相时，合金将具有明显的硬化效果，该合金被称为 Corson 合金。含硅铜合金中 $w(Si)=1\%\sim4\%$，并含有一种或多种其他元素，如 1% Fe、1% Mn、4% Zn、1.6% Sn 和 0.5% Pb（均为质量分数）。含硅铜合金具有良好的综合力学性能和耐化学腐蚀性能，加之成本合理，因此使用广泛。

表 1-24 所列为部分常用时效硬化铜合金的典型热处理工艺和性能。具有时效硬化机制的几种重要的铜合金有：

1）时效硬化铜－铍合金（也称铍青铜或铍－铜合金）。有锻造铜－铍合金，牌号为 C17000～C17530；铸造铜－铍合金，牌号为 C82000～C82800。合金的时效硬化机制为，先共格析出富溶质原子的 GP 区，然后形成过渡中间相。

2）时效硬化铬－铜合金（C18100、C18200、C18400）。合金中 $w(Cr)=0.4\%\sim1.2\%$，在时效过程中，产生大量纯铬析出相和弥散的颗粒。

3）时效硬化铜－镍－硅合金（C64700 和 C70250）。合金通过析出 Ni_2Si 金属间化合物而得到强化。

许多时效硬化铜合金属于高铜合金，主要用于生产电子器件和热传导用途。通过对这些合金进行热处理，可得到必要的力学性能和导电性能。

（2）调幅强化铜合金　主要是含铬或锡的铜－镍合金。C71900 合金（见表 1-24）和 C72700 合金属于 Cu－Ni－Sn 合金体系，可以通过调幅分解实现强化。在面心立方铜基体中，均匀地形成周期排列共格面心立方固溶体相（见本卷中“非铁合金热处理原理”一节）。

与析出强化不同，调幅强化没有形核过程，是另一种类型的相变。析出强化包括经典的形核和长大过程，成分起伏必须达到临界阈值，形核相才会进一步长大。与此相反，调幅反应是由于微小的成分波动，自发产生连续（或均匀）原子聚集（或非混合），而形成两种相的过程。其结果是，一种过饱和单相均匀分解成晶体结构与母相相同，但成分不同的两种相。由于晶体结构没有发生变化，在硬化过程中，调幅强化合金具有良好的尺寸稳定性。

调幅机制是一种获得均匀、细小的两相混合物，从而提高商用合金的物理性能和力学性能的重要相变机制。除了铜合金外，调幅分解的组织形态具有高的矫顽力，因此在生产永磁材料时具有特别的应用。可通过形变热处理、分级时效和磁时效，进一步优化该调幅分解的组织。调幅分解还提供了一种制备纳米材料的实用方法，该纳米相组织能改善和提高材料的物理性能和力学性能。

（3）有序强化铜合金　有序强化是指基体中溶质原子的短程有序排列。当合金中的合金元素几乎饱和，合金处于强冷变形条件，在相对较低的温度下退火时，发生有序强化反应。通常，有序强化反应在低温退火的条件下发生，有序溶质原子极大地阻碍了位错的运动。有序强化铜合金（通常是合金元素几乎饱和的合金）有：C61500（Cu－8.0Al－2.0Ni）、C63800（Cu－2.8Al－1.8Si－0.40Co）、C68800（Cu－22.7Zn－3.4Al－0.40Co）、C69000（Cu－22.7Zn－3.4Al－0.6Ni）等。

强化的原因是铜基体中溶解的原子出现短程有序，该有序溶质原子极大地阻碍了位错在晶体中运动。

低温有序退火也是一种去除应力的退火方法，通过降低晶体结构中由于位错塞积产生的应力集中，来提高材料的屈服强度。其结果是，退火后的合金内应力得到了改善。

通常，有序退火的退火温度［150～400℃（300～750℉）］较低，时间较短。由于退火温度低，因此不需要特殊的保护气氛。为充分利用有序退火去应力处理，尤其是对于有抗应力松弛要求的材料，有序强化经常在最终加工工序后进行。

（4）变温（马氏体型）相变强化铜合金　如前所述，淬火硬化合金包括铝青铜、镍－铝青铜和特殊的铜－锌－铝形状记忆合金。$w(Al)=9\%\sim11.5\%$ 的铝青铜和 $w(Al)=8.5\%\sim11.5\%$ 的镍－铝青铜是最常见的淬火硬化合金，它们在淬火过程中发生马氏体相变，材料发生硬化。有时锌当量（质量分数）为 37%～41% 的铸造锰青铜也采用淬火硬化工艺。通常，采用类似于合金钢的热处理方法，淬火硬化铜合金通过回火来提高韧性和塑性，降低硬度。

铝青铜的淬火强化类似于钢的马氏体强化。铜合金中 $w(Al)<9\%$ 时为单相铜合金，只能采用冷加工强化。$w(Al)=9\%\sim11.5\%$ 的铝青铜和 $w(Al)=8.5\%\sim11.5\%$ 的镍－铝青铜是（$\alpha+\beta$）复杂铝青铜。对这些含铁或不含铁的铝青铜进行热处理，是基于与钢铁材料共析转变类似的共析转变（详细内容见本卷中“青铜的热处理”一节）。Al－Cu 合金体系中共析点为 $w(Al)=11.8\%$，温度为 565℃（1050℉），在平衡状态下，共析点处三相（α、β 和 γ_2）共存：面心立方（α）相铜、体心立方（β）相铜、Al_4Cu_9 析出相（γ_2）。

表 1-24 部分时效硬化铜合金的典型热处理工艺和性能

名义合金（质量分数，%）		统一编号	固溶加热温度[①]		时效温度		时效时间/h	硬度	电导率（%）（IACS）[②]
			℃	℉	℃	℉			
析出硬化型	99.8Cu-0.15Zr	C15000	980	1795	500~550	930~1025	3	30 HRB	87~95
	Cu-Be(1.60~1.79Be)合金	C17000	760~800	1400~1475	300~350	575~660	1~3	35~44 HRC	22
	Cu-Be(1.80~2.00Be)合金	C17200，C17300[③]	760~800	1400~1475	300~350	575~660	1~3	35~44 HRC	22
	Cu-Be-Co(0.40~0.70 Be，2.4~2.7Co)合金	C17500，C17600[④]	900~950	1650~1740	455~490	850~915	1~4	95~98 HRB	48
	Ni-Si-Cr 锻造和铸造铜合金(0~2.5 Ni，0.6 Si，0.4 Cr)	C18000[⑤]，C81540	900~930	1650~1705	425~540	800~1000	2~3	92~96 HRB	42~48
	Cu-Cr 锻造和铸造铜合金(0~0.9 Cr)	C18200，C18400，C18500，C81500	980~1000	1795~1830	425~500	800~930	2~4	68 HRB	80
	Ni-Sn 青铜合金(4.5~6.0 Sn，1.0~2.5 Zn，4.5~6.0Ni)	C94700	775~800	1425~1475	305~325	580~620	5	180 HB	15
	特殊铸造铜合金(1.0~3.5 Ni，1.0~3.0 Fe，0.5~2.0 Al，0.5~2.0 Si，0.5~5.0Zn)	C99400	885	1625	482	900	1	170 HB	17
调幅硬化型	Cu-Ni 合金(28.0~33.0 Ni，0.2~1.0 Mn，2.2~3.0 Cr，0.02~0.35 Zr，0.01~0.20 Ti)	C71900	900~950	1650~1740	425~760	800~1400	1~2	86 HRC	—
	Cu-Ni 合金(9.5~10.5 Ni，7.5~8.5 Sn，0.05~0.30 Mn，0.10~0.30 Nb，0.005~0.15 Mg)	C72800	815~845	1500~1550	350~360	660~680	4	32 HRC	—

① 固溶加热后水淬。
② IACS—国际退火铜标准。
③ C17300 中 Pb 的质量分数为 0.20%~0.6%。
④ C17600 是钝化处理的。
⑤ C18000（81540）必须采用两次时效处理。典型工艺为 540℃（1000℉）时效 3h，再在 425℃（800℉）时效 3h（美国专利 4191601），以达到高电导率和高硬度。

当成分为 Cu - 11.8% Al 的铜合金缓慢从 β 相区冷却时，形成类似于钢中共析分解珠光体的层片状组织。然而，当从体心立方 β 相固溶体快速冷却时，共析转变将受到抑制，形成六方晶结构亚稳态组织（β′相）。其中字母 β 右上角的一撇表示亚稳态。与钢中的马氏体极为相似，亚稳态 β′相是高硬度的马氏体组织，具有马氏体独特的针状或片状形貌（详细内容见本卷中“青铜的热处理”一节）。

通过淬火，铜 - 锌合金也可以形成马氏体组织，其中一个重要的例子是 Cu - Zn - Al 形状记忆合金中的马氏体。将形状记忆合金简单加热至高于马氏体转变温度，合金将恢复其变形前的原有形状。形状记忆铜合金还包括各种成分的 Cu - Al - Ni 合金，这些合金中的 $w(Al) = 11\% \sim 14.5\%$，$w(Ni) = 3\% \sim 5\%$。可以通过微调合金的化学成分，来改变和调整马氏体转变温度。

1.4.6　其他非铁合金

几乎所有合金体系中都会有一些析出过程和反应，合金体系和热处理过程的具体情况不同，析出过程是否能得到实际应用或对性能有害可能大不相同。在有些情况下，热处理使合金发生析出，具有强化作用；而在另一些情况下，由热处理引起的析出是为了在服役条件下，得到合金的稳定性。这里主要对部分其他非铁合金析出热处理的例子进行介绍。有关析出反应的更多内容见本卷中“非铁合金热处理原理”一节。

1. 钴基合金

许多钴基超合金都服役于有高温强度要求的条件下。虽然过去也有开发可时效强化钴合金的尝试，但现在基本上所有的重要商用高温钴基合金都是采用固溶强化。其原因是在高温强度方面，可时效强化高温镍基合金的高温性能优于时效强化的钴合金，因此，时效强化的钴合金在商业上未能得到推广应用。钴基超合金的热处理工艺是加热到高温进行固溶处理，得到极均匀的合金成分。Haynes188 是一种常见的固溶强化钴基超合金。

该材料的固溶处理工艺为加热到 1230℃（2250℉）固溶后水淬。去应力处理的加热温度为 980～1120℃（1800～2050℉）。该合金不进行时效硬化处理。

可时效强化的钴合金包括两种 Co - Ni - Cr - Mo 合金，主要用于耐腐蚀的用途。其中一种合金的牌号是 MP35N（UNS R30035），其成分（质量分数）为 35% Ni、20% Cr、9.75% Mo，其余为 Co。MP35N 合金经过冷处理后，在时效强化时，薄片的晶界处析出 Co_3Mo 相。另一种时效强化钴合金的牌号是 MP159，含有更高的镍，其成分（质量分数）为 36% Co、19% Cr、7% Mo，其余为 Ni。有时在 MP159 合金中还添加 Ti[$w(Ti) = 3\%$]，在析出γ′[$Ni_3(Al,Ti)$]相时，合金发生析出强化。

时效强化钴合金的主要特性是高的强度和耐均匀腐蚀性能。需要特别指出的是，MP35N 合金在油田服役环境下，具有良好的耐环境开裂能力。它们的最高工作温度不同，MP35N 合金可用于的最高温度为 400℃（750℉），而 MP159 合金在温度达到约 600℃（1110℉）时，还可保持高的强度。这种差异主要与合金的析出类型有关。

钴 - 钨和钴 - 铝合金体系具有共析反应，在较低的温度下，将得到共析分解相组织，可以通过热处理强化。其中 $w(W) = 30\%$ 和 $w(Cr) = 10\%$ 的钴基三元合金是最典型的合金，该合金在 1100～1300℃（2000～2400℉）范围内加热淬火，在 550～700℃（1000～1300℉）范围内时效，硬度为 600HBW。该三元合金可用于制备工作温度高达 800℃（1450℉）的切削工具。

2. 可热处理强化银合金

该类合金属于贵金属，包括白银在内，其性能与铜和镍相似。最重要的银合金是银 - 铜合金。添加铜的目的是提高银的硬度和强度，而铜对银 - 铜合金导电性能的影响比其他合金元素要小。$w(Cu) = 10\%$ 的银合金是最常见的银币合金；纯银（99.9% Ag）通常用作电气触头材料；餐具通常由纯银或含有 $w(Cu) = 7.5\%$ 的标准银制成。

所有 $w(Cu) > 2\%$ 的银合金都可以采用在约 750℃（1375℉）淬火，然后在 250～350℃（475～650℉）时效，来实现析出强化。然而，由于银 - 铜合金的易腐蚀性和脆性原因，在生产实践中几乎不采用该工艺强化合金。该合金唯一得到商业应用的处理工艺为 650～700℃（1200～1300℉）高温下退火，然后迅速冷却，确保硬度低，以便于后续的冷加工。另一种银基合金是银 - 铟合金，该类合金可进行时效硬化处理。

3. 可热处理的金合金

金合金在珠宝行业和牙科领域得到应用。通常，金合金含有银和铜，有时还含有锌、镍、铂和钯。通过各种相变过程，可在很大程度上改变这些合金的性能。含铜金合金具有在固态下至少可发生两次相变的特点。合金中的 AuCu 相并不是硬脆相，但在温度低于 500℃（900℉）时，它将转变成脆性大的无序固溶体相。因此，许多含铜金合金必须在高于 500℃（900℉）的温度下淬火，才适合进行冷加工。

许多镶牙用金合金中含有铂和钯，而贵金属总摩尔分数（金+铂+钯）必须超过50%，这样才具有所要求的高耐蚀性。在这些合金中，也可能出现类似于AuCu的相。通过热处理，可以显著改善金合金的力学性能。据报道，金合金的抗拉强度可超过1034MPa（150ksi）。推荐的热处理工艺为：在700℃（1300℉）加热约5min后淬火，在350～450℃（650～850℉）时效15min；或者在450℃（850℉）加热约5min，在30min内慢冷至250℃（470℉），然后快冷。

白色的金合金统称白色金，通过在金中添加一定量的镍或铂，来获得所要求的颜色。根据金－镍相图，在很宽的成分范围内，金－镍固溶体在较低的温度下分解成两种相，因此，含镍金合金的冷加工很困难。这类合金可能进行时效强化，但是析出相可能会降低合金的耐蚀性。商用白色金的成分为$w(Au)=40\%\sim75\%$，$w(Ni)=10\%\sim17\%$，$w(Cu)=4\%\sim34\%$和$w(Zn)=0.4\%\sim10\%$。

金－铂平衡相图与金－镍平衡相图相似。$w(Pt)>40\%$的金合金可以进行析出强化，很难进行冷加工，主要用于制作人造丝工业中的喷丝板。当金－铂合金中$w(Pt)>6\%$，并添加质量分数为0.1%～2%的Fe时，合金的硬化能力将相当高。在$w(Pt)=10\%$的金合金中分别添加1.5%的Pd和3%的Zn，则合金也可进行时效硬化。$w(Fe)=15\%$的二元金－铁合金也可进行析出强化。

除了Pt－Au合金体系外，许多铂和钯的合金体系，如Pt－Ag、Pt－Cu和Pd－Cu都有中间相或析出反应过程。Pt－Cu和Pd－Cu合金（用于制作耐磨触头），特别是Pd－Cu－Ag合金还可以进行时效强化。添加了百分之几其他元素的Pd－Ag－Au合金，可进行析出强化处理，现已作为镶牙用金合金的替代材料。

4. 铅合金和锡合金

一些硬化的铅基轴承合金中含有钙、钠或锂等合金成分。合金经铸造后在室温条件下硬化，在温度升至约100℃（212℉）时其硬度保持不变。在铅合金中，镁可产生时效硬化，但析出相的存在不利于合金的耐蚀性，镁析出相还会导致铅合金出现开裂。

纯锡有两种相结构，其相变温度低于室温。该相变伴随着锡在一处或多处开始分解，然后缓慢扩展为整体变脆。高纯度锡非常容易产生这种锡瘟（Tin Pest），添加少量（质量分数为0.1%）的铋或锑可以防止合金发生分解。

与含锑铅基合金相似，含锑锡合金具有时效强化特点。Britannia合金中$w(Sb)=7\%\sim8\%$，$w(Cu)=2\%$，在一定程度上，时效强化可改变该合金的性能。在Sn－Ag和Sn－Cd合金中，还没有发现具有商业价值的析出强化合金。

铅与许多金属形成的合金，或多或少都具有一定的析出强化效果。$w(Ca)=0.025\%\sim0.04\%$的Pb－Ca合金可用于生产电缆护套。$w(Ca)=0.045\%\sim0.1\%$的Pb－Ca合金可用于生产蓄电池。合金经铸造或淬火后时效，稳定性相对较高，因此具有较高的蠕变极限。其他铅基合金，如含锑和含镉的铅合金，在一定程度上也可以进行析出强化。这种硬化效果在室温下不是永久不变的，如发生变形，则硬化效果将立即消失。随温度变化，锡在铅中的固溶度发生变化，当锡的质量分数达到5%时，合金略有析出强化的倾向。

5. 锌合金和锌－铝合金压铸件的稳定化处理

通过热处理，锌基合金的性能不能得到有效提升，因此对其进行热处理的意义不大。然而，合金在析出和相变过程中，会出现某些异于常规的性能，而这对压铸件相当重要。锌－铜和锌－铝合金体系均可发生影响压铸件性能的相变。

与其他金属形成的合金完全不同，锻造锌和锌合金的行为是非常复杂的，其原因可能是锌为密排六方晶体结构。低纯度商用锌合金的性能主要取决于其中镉和铁的含量。镉在锌中的固溶度可达2%，而在商用锌合金中，镉的质量分数不到0.2%就可产生时效强化。这可能是因为镉对锌产生了某些不稳定的影响。

锌中只能溶入微量的铁（质量分数为0.002%），随温度变化，虽然铁在锌中的固溶度在极窄范围内变化，但也可能影响锌的性能。一些镀锌带钢进行的所谓“镀锌扩散处理”的热处理，就是将表面的锌涂层转变为铁－锌合金。镀锌扩散处理工艺用于生产建筑产品已有多年历史，近年来还被用于生产汽车零部件产品。

在铸造锌合金中，铝可提高合金的铸造性能和铸件的强度，是主加合金元素。纯锌的晶粒粗大，液态锌对钢铁具有强烈的腐蚀性，在铸造和加工时，纯锌表现为性能各向异性和不均匀。因为液态锌不溶解氢，一般不需要熔剂，所以铸造产品完好。添加铝大大降低了铁在锌中的溶解速率，因此可以采用钢铁材料制成的压铸设备。

在382℃（720℉），Zn与5% Al发生共晶反应。铝在锌相中的最大固溶度约为1%，在室温下降至0.05%。因此，锌－铝合金的微观组织为富铝相和富锌相混合组织。富铝相通过锌固溶强化和析出细小锌相颗粒强化；富锌相通过析出细小铝相颗粒强化。在平衡状态室温条件下，铝在锌相中的固溶度几乎为零。锌合金经铸造或热处理后快速冷却，随时间延长，析出密度较低的铝相，由此导致铸件尺寸发生变化。

为了稳定微观组织，采用稳定化退火，其主要作用是获得更大体积分数的平衡铝相。锌压铸件内部快速冷却，特别是当铸件采用淬火而不是空冷时，会导致随着时间的推移，铸件尺寸发生变化和性能变差。虽然这种情况很少出现，但如果要求铸件严格满足尺寸公差要求，在铸件服役前进行稳定化热处理的是非常有益的。热处理温度越高，所需要的稳定时间越短。选择 100℃（212℉）的稳定化温度，是防止铸件起泡或出现其他问题的实际极限温度。常见的稳定化工艺为在 100℃保温 3～6h，然后空冷。如稳定化处理温度选择 70℃（158℉），则稳定化时间需延长至 10～20h。

致谢

Portions of this article were adapted from:

- C.R. Brooks, *Heat Treatment, Structure and Properties of Nonferrous Alloys*, American Society for Metals, 1982
- F.C. Campbell, *Elements of Metallurgy and Engineering Alloys*, ASM International, 2008

参考文献

1. J.M. Silcock, T.J. Heal, and H.K. Hardy, *J. Inst. Met.*, 1953–1954, p 82239–82248
2. *Aluminum: Properties and Physical Metallurgy*, American Society for Metals, 1984
3. B. Noble and G.E. Thompson, *Met. Sci. J.*, Vol 5, 1971, p 114
4. D.B. Williams and J.W. Edington, *Met. Sci. J.*, Vol 9, 1974, p 529
5. K. Satya Prasad, A.K. Mukhopadhyay, A.A. Gokhale, D. Banerjee, and D.B. Goel, *Scr. Metall. Mater.*, Vol 30, 1994, p 1299–1304
6. K.S. Kumar, S.A. Brown, and J.R. Pickens, *Acta Mater.*, Vol 44, 1996, p 1899–1915
7. M.J. Couper, 6*xxx* Series Aluminum Alloys, U.S. Patent, 6,364,969 B1, April 2002
8. J.C. Benedyk, 6061, Section 1.5.7, *Aerospace Structural Materials Handbook*, CINDAS, p 8
9. *Alcoa Aluminum Handbook*, Aluminum Company of America, 1967
10. A.M. Talbot and J.T. Norton, *Trans. AIME*, Vol 122, 1936, p 301
11. J.B. Clark, *Acta Metall.*, Vol 13, 1965, p 1281
12. T.E. Leontis and C.E. Nelson, *Trans. AIME*, Vol 191, 1951, p 120
13. R.S. Busk and R.E. Anderson, *Trans. AIME*, Vol 161, 1945, p 278
14. R.S. Busk, in *Precipitation from Solid Solution*, American Society for Metals, 1958
15. E.H. Dix, Jr., New Developments in High Strength Aluminum Wrought Products, *Trans. ASM*, Vol 35, 1944, p 130–155
16. J.R. Mihalisin and D.L. Pasquine, Phase Transformations in Nickel-Base Superalloys, *Superalloys 1968*, TMS, 1968, p 134–170
17. J.G. Lambating, "Heat Treatment of Other Nonferrous Alloys," ASM Course: Practical Heat Treating, ASM International

第2章 铝和铝合金的热处理

2.1 可热处理强化铝合金的组织

热处理是指为了改变金属的力学性能、金相组织或工件的残余应力状态，所进行的加热和冷却过程。铝合金的热处理主要是指为了提高可析出强化变形铝合金和铸造铝合金的强度和硬度，所采用的特殊热处理工艺。通常，为了区别于热处理对其强度性能改变不大的铝合金（不可热处理强化铝合金），将可通过析出强化明显提高其性能的铝合金称为可热处理强化铝合金。不可热处理强化铝合金是通过固溶、加工硬化、第二相组织和阻碍晶粒长大的细小亚微米颗粒（通常是0.05～0.5μm）等的组合来强化的。该类合金主要的热处理工艺为退火，通过退火降低合金的强度和提高其塑性，根据合金类型不同，金相组织将发生相应的改变，硬度达到所需的要求。除了5×××系列合金有时采用低温稳定化热处理外（本节不讨论该热处理工艺），不可热处理强化铝合金的热处理工艺主要为完全退火或不完全退火。

2.1.1 合金元素和相组织

通常，可将变形铝合金和铸造铝合金分为可热处理强化和不可热处理强化两大类。表2-1列出了主要的铝合金类型，其中可热处理强化铝合金包括：

1）Al－Cu体系。在形成平衡金属间化合物$CuAl_2$之前，通过形成共格的过渡中间相来强化合金（2×××和2××.×合金系列）。

2）Al－Cu－Mg体系。镁可进一步提高$CuAl_2$的析出强化效果（2×××和2××.×合金系列）。

3）Al－Mg－Si体系。通过析出Mg_2Si相强化（6×××变形铝合金系列以及4×××系列和4××.×系列中的部分铝合金）。

4）Al－Zn－Mg体系。通过析出$MgZn_2$相强化（7×××系列和7××.×系列合金）。

5）Al－Zn－Mg－Cu体系（7×××系列和7××.×系列中的部分合金）。

6）Al－Li合金（表2-1中未列出，但在本节中介绍）。

不可热处理强化铝合金包括纯铝、铝－锰合金（3×××变形铝合金系列）、二元铝－硅合金（4×××变形铝合金和4××.×铸造铝合金系列）和铝－镁合金（5×××变形铝合金和5××.0铸造铝合金系列）。铝－硅和铝－镁二元铝合金是可固溶强化合金，在添加合金元素形成三元铝合金后，则成为可热处理强化铝合金。例如，4×××变形铝合金系列中的部分合金含有镁元素（如4032和4643），则是可热处理强化铝合金。

表2-1 铝合金的命名和主加合金元素

合金类型	合金系列	主加合金元素	说明
变形铝合金	1×××	无	不可热处理强化
	3×××	Mn	
	4×××①	Si	
	5×××	Mg	
	2×××	Cu＋Mg	可热处理强化
	6×××	Mg＋Si	
	7×××	Zn＋Mg＋Cu	
	8×××	Li	
铸造铝合金	1××	无	不可热处理强化
	4××	Si	
	5××	Mg	
	2××	Cu	可热处理强化
	3××	Si＋Mg＋Cu	
	7××	Zn＋Mg＋Cu	
	8××	Sn	

① 许多变形铝合金（4×××）是固溶（铝－硅）合金，部分4×××合金（如4032和4643）添加了镁元素，通过析出Mg_2Si进行强化，使合金可通过热处理强化。

图2-1所示为由合金元素构成的铝合金系列。通过热处理或固溶强化（通常与加工硬化相结合）可实现铝合金的强化。本节简要介绍铝合金中的主要合金元素和杂质元素，本章其他部分对可热处理强化铝合金分类和金相组织进行介绍。

在商用铝合金中，提高强度的主加合金元素有铜、镁、锰、硅和锌，附加合金元素有铁、锂、钛、

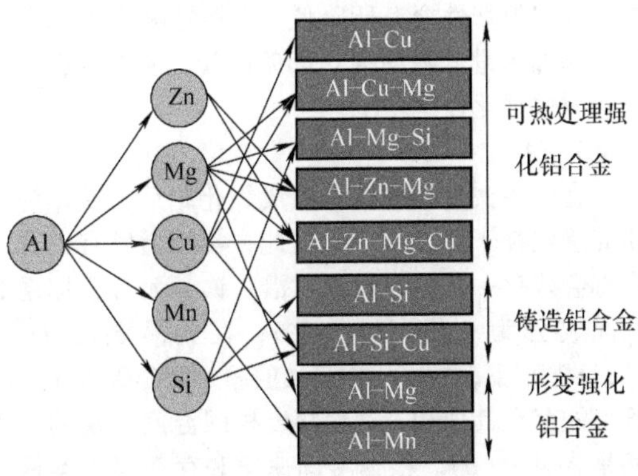

图 2-1 按铝合金中的主加合金元素对铝合金分类

硼、锆、铬、钒、钪、镍、锡、铋等。此外，在温度为577℃（1070℉）时，硅[$w(\mathrm{Si})=12.6\%$]与铝发生共晶反应，添加硅可改善铸造铝合金在铸造工艺中的流动性。因此，在铸造铝合金中，硅是一种重要的合金元素。

根据美国铝业协会制定的，现在广泛使用的合金体系，变形铝合金和铸造铝合金都可以分为可热处理强化（可析出硬化）和不可热处理强化（对于变形铝合金，为固溶与加工硬化强化机制共同强化）铝合金，见表 2-1。为表明合金所处状态和强化机制，变形铝合金和铸造铝合金还可采用状态代号进行说明。状态代号简要介绍如下：

1）通过固溶强化的非时效强化铝合金，采用加工状态代号“F”或退火状态代号“O”表明合金所处状态。变形固溶强化合金可以进一步通过加工硬化（状态代号“H”）来提高强度。

2）通过析出强化的时效硬化铝合金，采用状态代号“T”表明合金所处热处理状态。

表 2-2 对可热处理强化铝合金的状态代号及其说明进行了总结。在这些基本代号字母后用一位或多位数字对工艺状态进行进一步细分，这些数字表明了产品为得到所要求的性能的具体热处理序列（见本卷中“铝合金的命名方法和状态代号”一节）。

铝合金中的单一元素或多种元素组合均可以形成第二相，形成固溶度相对较低的第二相的元素有铁、镍、钛、锰和铬。在含铜、锰的铝合金中，形成 $\mathrm{Al_{20}Cu_2Mn_3}$ 三元相。在固溶加热过程中，大多数含铬、镁的铝合金会形成平衡固溶度非常低的 $\mathrm{Al_{12}Mg_2Cr}$相。在许多含锰、铁和硅的铝合金中，会形成 $\mathrm{Al_{12}(Fe,Mn)_3Si}$ 四元相。

有时在二元合金体系中出现的金属间化合物，在铝的三元合金平衡体系中也会出现。这些相与铝形成了简单的准二元共晶合金体系，出现的重要金属间化合物相有 $\mathrm{Mg_2Si}$ 和 $\mathrm{MgZn_2}$。在商用铝合金中，可能会出现与这些类型相似的相，如 $\mathrm{CaSi_2}$、$\mathrm{Mg_2Pb}$、$\mathrm{Mg_2Sn}$ 和 $\mathrm{TiB_2}$。在四元合金体系中，也可能在连续固溶体中形成与二元和三元子合金体系具有相同晶型的金属间化合物。其中一个重要的例子是 Al－Fe－Mn－Si 合金体系中，$\mathrm{Fe_3SiAl_{12}}$ 相和 $\mathrm{Mn_3SiAl_{12}}$ 相具有相同的晶体结构。

表 2-2 可热处理强化铝合金的状态代号及其说明

状态代号	说明
T1	高温成形冷却＋自然时效
T2	高温成形冷却＋冷加工＋自然时效
T3	固溶处理＋冷加工＋自然时效
T4	固溶处理＋自然时效
T5	高温成形冷却＋人工时效
T6	固溶处理＋人工时效
T7	固溶处理＋过时效
T8	固溶处理＋冷加工＋人工时效
T9	固溶处理＋人工时效＋冷加工
T10	高温成形冷却＋冷加工＋人工时效

在 Al－Cu－Mg－Zn 合金体系中，也存在同样的情况。例如，在连续且成分范围变化大的固溶体中形成的 $\mathrm{CuMg_4Al_6}$ 相与 $\mathrm{Mg_3Zn_3Al_2}$ 相具有相同的晶型且晶胞尺寸相近。在该合金体系中出现的 $\mathrm{MgZn_2}$ 相和 CuMgAl 相，$\mathrm{Mg_2Zn_{11}}$ 相和 $\mathrm{Cu_6Mg_2Al_5}$ 相分别具有相同的晶型。这些成对出现的具有相同晶型的相，均在一定成分范围内的铝的平衡连续固溶体中形成。但奇怪的是，在 Al－Cu－Mg 三元合金平衡体系中，不会形成 $\mathrm{Cu_6Mg_2Al_5}$ 相和 CuMgAl 相。而在 Al－Mg－Zn 三元合金平衡体系中，则会同时形成 $\mathrm{Mg_2Zn_{11}}$ 相和 $\mathrm{MgZn_2}$ 相。

1. 铬

铝合金中铬的质量分数一般不超过 0.35%。如超过该成分范围，则会发生包晶反应，形成极粗大的初生相 $\mathrm{Al_7Cr}$。商用合金中的合金元素和杂质元素可能会降低铬在铝中的固溶度，使 $\mathrm{Al_7Cr}$ 初生相在包晶反应中形成。铝合金中铬的上限值取决于其他合金和杂质元素的数量和性质。如铸造铝合金含有过量的铬，则会因其在包晶反应过程中停留而产生残存的相。

在 Al－Mg、Al－Mg－Si 和 Al－Mg－Zn 合金体系的许多合金中，铬是常用的合金元素。铬形成细小颗粒相，在不可热处理强化铝合金中，有利于细化晶粒，提高合金的强度；在可热处理强化铝合金中，可控制晶粒尺寸和再结晶程度。由于铬的扩散速度慢，在变形铝合金中形成了细小弥散相。对

5×××系列合金，在（铸）锻锭预热过程中形成面心立方的 $Al_{18}Mg_3Cr_2$ 弥散相；在 7××× 合金中，弥散相的成分则更接近于 $Al_{12}Mg_2Cr$。这些细小弥散相抑制了 Al－Mg 合金中的形核和晶粒长大，并阻碍了 Al－Mg－Si 合金和 Al－Zn 合金在热加工或热处理过程中发生再结晶。在可热处理强化铝合金中，铬的主要缺点是增加了强化相在已存在的铬颗粒处的析出倾向，由此增加了合金的淬火敏感性。

2. 铜

铜在铝中具有相当大的固溶度，具有明显的析出强化作用，因此，铜是铝合金中最重要的合金元素之一。二元铝－铜合金体系是典型的析出强化例子，是最受关注的研究系统之一。尽管如此，实际上很少看到商用二元铝－铜合金。

大多数商用铝－铜合金都含有其他合金元素。通常，铝－铜合金体系含有铜（质量分数为 2%～10%）和其他合金元素，包括 2××× 变形铝合金系列和 2××.× 铸造铝合金系列。此外，许多其他可热处理强化铝合金中也含有铜。根据合金中其他成分的不同，铜的质量分数为 4%～6% 时对铝合金的强化效果达到最大。不同热处理条件下铝－铜合金薄板的性能如图 2-2 所示。

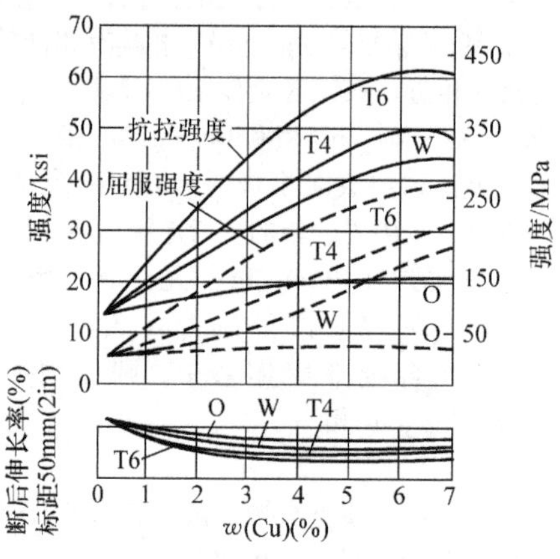

图 2-2 高纯度变形铝－铜合金的拉伸性能

注：薄板试样宽 13mm（0.5in）宽，厚 1.59mm（0.06in）。O—退火；W—固溶水淬后立即测试；T4—固溶水淬后，在室温下时效；T6—在 T4 后高温时效。

与其他合金体系相比，对二元铝－铜合金的时效特性已进行了较为详细的研究，但很少有商用的二元铝－铜合金。大多数铝－铜合金都含有镁等其他合金元素。

在铝－铜合金中加入镁的主要优点是，通过固溶淬火能进一步提高合金的强度。如对某些变形铝合金进行室温时效，在提高合金强度的同时还能提高其塑性。如对合金进行人工时效，则可获得更高的强度，但塑性会有所降低。在铸造和变形铝合金中，添加质量分数约为 0.05% 的镁，能有效提高合金的时效强化性能。

3. 铁

在精炼铁钒土和熔炼生成氧化铝后，铁作为杂质元素残存于铝合金中，因此，实际上所有铝合金中都会残存一定的铁元素。铝－铁二元合金体系的共晶成分为 w(Fe)＝1.8%，在共晶温度 655℃（1211℉）下，铁在铝中最大的固溶度为 0.05%。尽管可能存在其他相，在固溶度极限温度出现的平衡相是 Al_3Fe（θ）。根据凝固速率和存在锰等其他合金元素，合金中可能出现亚稳相。如采用适中的速率淬火冷却，则出现 $FeAl_6$ 相；快速淬火冷却时出现 Fe_2Al_9 相。

铝中铁的固溶度非常有限，因此常用作导电材料。固溶的铁使铝的强度略有提高（图 2-3），在温度略有升高的条件下，将具有更好的抗蠕变性能。虽然铝合金中存在少量的铁可减少压铸过程中出现的焊合危害，但通常在铝－硅铸造合金中，铁会形成粗大的富铁相，因此通常不希望铝－硅合金中含有铁。

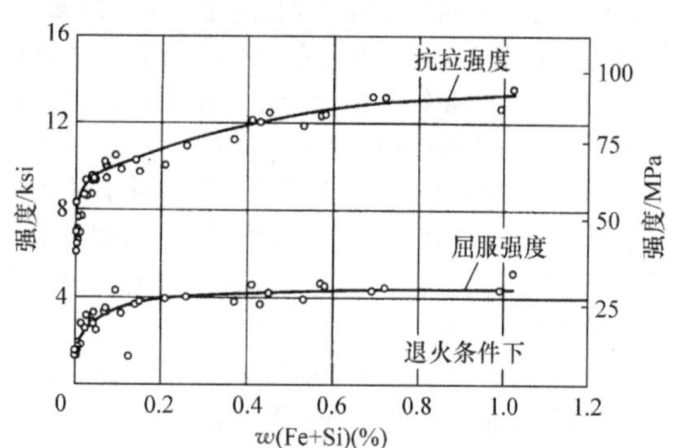

图 2-3 铁和硅作为杂质元素对铝的抗拉强度和屈服强度的影响

由于铝合金中总是会残存少量的铁，铁在铝中的影响应根据三元或四元相图来分析。随着添加其他合金元素，铁在铝合金中的固溶度会进一步降低。在大多数铝合金中，铁的最大固溶度可降低到 w(Fe)＝0.01% 或以下。由于铁和硅是工业纯铝中常见的杂质元素，因此，人们非常注重对 Al－Fe－Si 三元相图的富铝角的研究。在硅含量低的情况下，几乎所有的铁元素都形成 Al_3Fe 相。

随着硅含量的增加，先发生包晶反应，然后进行共晶转变，最后形成两个三元相。这两个三元相为六角晶系的 α 相（Al_8Fe_2Si）和单斜晶系的 β 相（以化学计量的 Al_5FeSi 或 $Al_9Fe_2Si_2$）。

铁－硅的交互作用对铝－铜系可热处理强化铝

合金具有重要的影响。如果没有足够的硅与铁结合形成α相（Al_8Fe_2Si），多余的铁就会与铜结合，形成 Cu_2FeAl_7 相，从而降低合金时效时铜相的析出数量。如果没有足够的硅与铁结合形成α相，当 $w(Fe)<0.5\%$ 时，将降低合金在热处理条件下的抗拉强度。尽管如此，合金中细小弥散的富铁第二相仍具有细化锻件晶粒尺寸的作用。在 Al－Cu－Ni 铝合金系列中添加铁，可以提高合金在高温下的强度。在 Al－Cu－Mg 铸造铝合金系列中添加铁，可改善轴承性能、保证尺寸稳定性以及高温下的高强度和高硬度。

4. 镁

铝－镁合金是变形 5×××系列和铸造 5××.×系列中，不可热处理强化铝合金。合金中的镁能提高固溶强化效果，而不会过度降低合金的塑性。铝－镁合金具有优异的固溶强化和耐蚀综合性能，通过形变强化，变形铝合金的强度得到了进一步提高。目前，5×××变形铝合金系列中镁的质量分数不超过 5.5%，而铸造铝合金中镁的质量分数为 4%～10%。当铸造铝合金中镁的质量分数达到 10% 时，在室温下会形成第二相。当铸造铝合金中镁的质量分数小于 7% 时，在室温下合金是稳定的，在高于室温时则是不稳定的。

为控制晶粒或亚晶结构，以及残存铁和硅杂质元素形成的金属间化合物颗粒，通常在铝－镁合金中添加少量铬、锰、锆等过渡族元素。虽然镁在铝中的最大固溶度约为 17%，但之前的冷加工工序会加速 Mg_2Al_3 相的析出，因此，目前变形铝合金中镁的质量分数一般不超过 5.5%。相对于铝－镁合金基体而言，这种析出相呈高度阳极电位，并沿晶界呈连续网状分布，由此在长期室温环境或短时间高温环境下，合金具有很高的应力腐蚀开裂（SCC）敏感性。在正常情况下，由于 5182、5083、5086、5154、5356 和 5456 合金中镁的质量分数约为 3%，因此易受到应力腐蚀开裂的影响。一般来说，对于经严重冷变形的合金，大多数有害析出相是在室温下长年累月形成的，或者持续暴露在 65～180℃（150～350℉）的温度下而形成。在较高的温度下，析出相会发生粗化，在晶界呈不连续析出，此时会降低或去除应力腐蚀开裂。

在铝－镁合金中添加锰，可提高合金强度。添加锰主要有两个优点：第一，促进镁析出相在组织中更加均匀地析出；第二，在达到合金所要求强度的条件下，添加锰可降低合金中镁的含量，从而确保合金的稳定性更高，使变形铝合金具有更高的强度和耐蚀性。在铸造铝－镁合金中添加质量分数为 0.75% 的锰，对合金耐蚀性的影响很小，但提高了合金的硬度且降低了塑性。

根据二元铝－镁相图，随温度下降，镁的固溶度下降（这是析出强化的必要条件），但由于面心立方的 Al_3Mg_2 析出相形核困难，二元铝－镁合金的析出强化效果不明显。为实现有效的时效硬化，必须在铝－镁合金中添加足够的硅、铜或锌，形成 Mg_2Si、Al_2CuMg 或 $Al_2Mg_3Zn_3$ 析出相。在铝－铜合金中添加镁，其主要作用是提高合金的热处理效果。在铸造和变形铝铜合金中，只需添加质量分数为 0.5% 的镁，就能有效地提高合金的时效强化性能。

5. 硅

硅和铁一样，是工业铝合金中常见的杂质元素。电解铝中杂质硅的质量分数为 0.01%～0.15%，当铝中存在铁时，硅在铝中的固溶度将极大地下降。随着硅含量的增加，工业铝中先形成六角晶系的α相（Al_8Fe_2Si），然后形成单斜晶系的β相（以化学计量的 Al_5FeSi 或 $Al_9Fe_2Si_2$）。

作为合金元素，硅加入铝或铝合金中，能显著改善合金的铸造性能。不含铜的铝－硅合金具有良好的铸造性能和耐蚀性。二元铝－硅合金体系是一个简单的共晶体系，其共晶点硅的质量分数为 12.6%。在共晶温度 577℃（1071℉），硅在铝中的最大固溶度为 $w(Si)=1.65\%$。在很大程度上，硅提高了铝合金的铸造性能和流动性能。因此，合金元素硅在 4×××铝合金钎焊薄板和 3××.×、4××.×铸造铝合金中应用广泛。现已有硅的质量分数低至 2% 的铸造铝合金，但通常铸造铝合金中硅的质量分数在 5%～13% 范围内，有时硅的质量分数高达 20%，为过共晶合金。

含铜量高的铝－铜合金[$w(Cu)=7\%\sim8\%$]，是最早的常用铸造铝合金，现已完全被 Al－Si－Cu/Mg（3××.×）合金所取代。Al－Cu－Si 合金系列是使用最广泛的铸造铝合金之一，不同合金牌号中铜和硅两种元素的含量在很大范围内变化，其中一部分合金中铜占主导地位，而另一部分合金中硅为主要合金成分。在这类合金中，铜有助于提高合金的强度，硅则可提高合金的铸造性能和降低其热脆性。在 Al－Cu－Si 合金系列中，铜的质量分数达到 3%～4% 时为可热处理强化铝合金，通常这部分合金中还含有一定量的镁，以进一步提高合金的热处理强化效果。

二元铝－硅合金体系不能通过时效进行强化，但加入少量镁析出 Mg_2Si 相后，则可以通过热处理强化。但添加超过形成 Mg_2Si 相的过量镁，则会大大降低这种化合物的固溶度（见本章中“Al－Mg－Si 和

Al-Mg-Si-Cu”一节）。然而在 Al-Cu-Mg 合金体系中，添加硅可提高合金的析出硬化效果（见本章中“Al-Cu、Al-Cu-Mg 和 Al-Si-Cu”一节）。

可热处理强化 6×××变形铝合金系列属于 Al-Mg-Si合金体系。在 6×××变形铝合金系列中，$w(Mg)$ 和 $w(Si)$ 均达到了 1.5%，形成 Mg_2Si 相，其镁硅比约为 1.73∶1。Mg_2Si 相的最大固溶度是1.85%，并随着温度的降低而下降。在时效强化过程中，合金形成 GP 区和析出细小弥散的析出相（见本章中“Al-Mg-Si 和 Al-Mg-Si-Cu”一节。通过析出强化，合金的强度得到了提升，但效果不如2×××或7×××合金那样明显。

6. 锌

多年来铝-锌合金早已为人所知，但是铝-锌铸造铝合金的热裂问题，以及变形铝合金的应力腐蚀开裂敏感性问题限制了它们的使用。锌的固溶强化和形变强化作用很小，因此，单独在铝中添加锌没有明显的作用。然而，在添加铜和/或镁的同时，添加锌以及少量的铬，则铝合金可以进行热处理强化或自然时效。

在铝-锌合金，特别是在 $w(Zn)=3\% \sim 7.5\%$ 的铝合金中添加镁，可以有效提高该系列合金的强度。合金中的镁和锌形成 $MgZn_2$，其热处理强化效果明显大于铝-锌二元合金体系。Al-Zn-Mg 合金体系中的析出相是 7××× 变形铝合金系列和 7××.×铸造铝合金系列的强化基础。在商用 Al-Zn-Mg 合金的共晶分解过程中，可以形成六方晶系的 $MgZn_2$ 相和体心立方的 $Al_2Mg_3Zn_3$ 相。根据合金中的锌镁比，不含铜的铝合金通过析出 $MgZn_2$ 或 $Al_2Mg_3Zn_3$ 亚稳态过渡相来实现强化。在 Al-Zn-Mg-Cu 合金体系中，铜和铝置换了 $MgZn_2$ 相中的锌，形成了 $Mg(Zn, Cu, Al)_2$ 相。在这类合金中，也可以通过共晶分解和固相析出形成 Al_2CuMg 颗粒（见本章中“Al-Mg-Zn Al-Mg-Zn-Cu”一节）。

在 Al-Zn-Mg 合金体系中添加铜和少量且重要的铬和锰，可得到商用高强度铝合金。在该合金体系中，铜的作用是提高固溶体的过饱和度，在时效时提高 $CuMgAl_2$ 相的形核速率，从而提高时效速率；锌和镁的作用是控制时效进程。在热处理过程中，铜也会提高淬火敏感度。一般来说，铜降低了 Al-Zn-Mg 合金的耐蚀性，但能提高合金抗应力腐蚀的能力。铬、锆等附加合金元素对提高合金的力学性能和耐蚀性有显著的影响。

7. 锂

锂可以降低铝合金的密度，提高其模量。在铝-锂二元合金中，锂以亚稳态 Al_3Li 相析出。在 Al-Cu-Li 合金中，形成了大量的 Al-Cu-Li 相。与其他合金元素相比，锂的成本较高，因此迄今为止，铝-锂合金主要在航天航空和军工等领域得到了应用（见本章中“含锂铝合金”一节）。

8. 钪

钪是铝合金中新的合金元素。铝-钪合金在凝固或过饱和固溶体分解过程中，形成立方结构的 Al_3Sc 相，由此使铝-钪合金具有独特的性能组合。Al_3Sc 立方相属 $L1_2$ 晶体结构，晶格参数与铝的参数略有不同，比任何其他平衡相与基体的匹配都要好，与铝基体保持共格。此外，Al_3Sc 相能有效地阻碍晶界迁移和再结晶过程。

苏联的科研人员最早对铝-钪合金进行了研究和应用，他们在 1980 年代和 1990 年代开发出了几种铝-钪合金，主要应用于航空航天工业，生产大型运输机机身纵梁和米格 29 战斗机的零部件。

由于钪的价格非常昂贵，现在的生产原料基本来源于苏联的 Sc_2O_3 储备，而且该资源还在不断减少，因此仅限应用于特定的场合。目前，绝大多数钪的生产都来自于稀土生产过程中的副产品，钪的主要生产国是中国、俄罗斯、乌克兰和哈萨克斯坦。由于缺乏可靠性、安全性和稳定的长期生产，因此限制了钪在工业中的广泛应用。

同时添加钪和锆，可以将合金中钪的质量分数减少到 0.15% ~0.20%，由此可在提高力学性能、服役性能和热稳定性的情况下，降低合金的成本。在这种情况下，形成了致密晶体结构立方相（Al_3Sc 平衡相和亚稳态立方 Al_3Zr 相），在 300 ~ 400℃（570 ~ 750℉）范围内，这两种析出相都为共格析出。

9. 微量合金元素

为了达到某些特殊目的或冶金效果，可在铝合金中添加各种微量合金元素。例如，添加钛、硼或其组合，对合金进行微合金化，以达到细化晶粒的目的；添加少量的锰、钛、钒或锆，也能提高铝及其合金的再结晶温度。

在铝-硅铸造合金中，通过添加合金化学改性剂来改善共晶组织的形态。在亚共晶铝-硅合金中，采用钙、钠、锶、锑元素的改性，形成薄片或纤维状共晶网络。在过共晶铝-硅合金中，添加微量的磷[$w(P)=0.0015\% \sim 0.03\%$]可有效地细化组织。

在主要的商用铝合金中，锑是微量痕迹元素（质量分数为 0.01 ~ 0.1ppm[⊖]）。锑在铝中的固溶度非常小（$<0.01\%$），由于它能形成一种被称为氧氯

⊖ ppm 为 $10^{-4}\%$。

化锑的保护膜，可提高合金在海水中耐蚀性，因此被添加到铝－镁合金中。有些轴承合金中 w(Sb) = 4% ~6%。在铝－镁合金中，采用锑代替铋，可减少热裂纹的产生。

将铍添加到含镁铝合金中，可以减少合金的高温氧化现象。在渗铝槽中添加质量分数约为 0.1% 的铍，能有效提高铝膜在钢表面的附着力和限制钢中渗铝过程中形成有害的铁－铝复合相。添加微量的铍起到保护作用的机理是铍扩散到表面，在表面形成氧化膜，大大减少了铝－镁合金产品的氧化和变色。

与铅、锡和镉等其他低熔点金属一样，在铝中添加铋，可得到易切削合金。这些元素在固态铝中的固溶度有限，易形成硬度低、熔点低的软相，这有利于机加工中的断屑和刀具润滑。铋的另一个优点是它在凝固中发生膨胀，弥补了铅产生的收缩。例如，在 2011 铝－铜合金中，采用的铅铋比为1∶1。在铝－镁合金中添加少量的铋（质量分数为 20 ~200ppm），可以降低钠使合金产生热裂的不利影响。

在铝和铝合金中，硼是作为细化晶粒合金元素加入的，通过与钒、钛、铬和钼（所有这些元素都是工业纯铝中的杂质元素，对导电性是有害的）形成化合物相析出，提高合金的导电性。作为细化晶粒的合金元素，硼在凝固过程中可以单独使用，质量分数为 0.005% ~0.1%，但与钛结合使用时，其细化晶粒的效果更好。

镉是熔点相对较低的合金元素，因此，其在铝合金中的应用较为有限。在铝－铜合金中，添加质量分数为 0.3% 的镉，其主要作用是加快时效速率，提高强度和耐蚀性。在 Al－Zn－Mg 合金系列中添加质量分数为 0.005% ~0.5% 的镉，可减少合金时效时间。据报道，微量元素镉会降低工业纯铝的耐蚀性，在某些合金中，当镉的质量分数超过 0.1% 时，会导致热脆性。

钙在铝中的固溶度非常低，形成金属间化合物 $CaAl_4$。钙和锌的质量分数均为 5% 的铝合金具有超塑性，引起了材料界的关注。钙和硅结合能形成 $CaSi_2$，该化合物几乎不溶于铝，因此可略提高工业纯铝的导电性。

在 Al－Mg－Si 合金系列中，钙降低了时效强化效果。钙对铝－硅合金的作用是提高强度，降低塑性，但不能使这些合金可热处理强化。当在 3003 合金中添加质量分数为 0.2% 的钙时，会改变和影响合金的再结晶性能。极低的钙含量（质量分数为 10ppm），即具有增大液态铝合金中氢含量的倾向。

少量的铟（质量分数为 0.05% ~0.2%）可明显影响铝－铜合金的时效性能，特别是在铜含量较低[w(Cu) =2% ~3%]的情况下。铟与镉的作用非常相似，它降低了铝合金的室温时效效果，但提高了人工时效效果。在铝合金中添加镁，会降低铟的影响作用。在铝－镉轴承合金中添加少量铟（质量分数为 0.03% ~0.5%）对合金性能是有益的。在铝－铜和铝－硅合金中添加镍，可以提高合金在高温下的硬度和强度，并降低膨胀系数。镍增加了 1100 等低合金铝合金发生点蚀的概率，但在高压蒸汽环境下，镍是提高合金耐蚀性的理想合金元素。

镍在铝中的固溶度不超过 w(Ni) = 0.04%，铝－镍二元合金现已不再使用。镍[w(Ni)最高可达 2%]增加高纯度铝的强度，但降低其塑性。在 Al－4Cu－0.5Mg 变形铝合金中添加质量分数约为 0.5% 的镍，会降低合金热处理后室温下的拉伸性能。

银在铝中的固溶度非常高，最高可达 55%。由于成本原因，没有铝－银二元合金，但是添加少量的银[w(Ag) = 0.1% ~0.6%]，可以有效地提高 Al－Zn－Mg 合金的强度和抗应力腐蚀性能。银能大幅度提高 Al－Cu－Mg 合金热处理时效后的强度。

在变形铝合金中，锡作为合金元素，添加量（质量分数）为 0.03% 到百分之几。在铸造铝合金中，锡的质量分数为 0.03% ~25%。添加少量的锡（质量分数为 0.05%），大大提高了铝－铜合金固溶处理后人工时效的效果，其结果是强度增加和耐蚀性提高。

进一步提高锡的含量，会导致铝－铜合金产生热裂。如果合金中含有少量的镁，则人工时效效果将大打折扣，其原因可能是镁和锡形成了非共格的第二相。

添加了铜、镍和硅等元素的铝－锡轴承合金，可用于制造高速、高负载和高温度轴承。添加铜、镍和硅等元素，提高了轴承的承载能力和耐磨性，合金中低硬度的锡相能提高轴承的抗刮伤性能。

在铸造铝合金的铸件和铸锭中，添加的钛主要作为细化晶粒元素。当与硼复合添加时，能进一步提高细化晶粒的效果。钛会降低铝的导电性能，通过加入硼，形成不固溶的 TiB_2 相，降低钛对铝的导电性能的影响。添加质量分数为 0.1% ~0.3% 的锆，将形成细小的金属间化合物颗粒，阻碍合金发生回复和再结晶。根据铝－钛相图，钛与铝将发生包晶反应，平衡的 Al_3Zr 相属于正方晶系，但在铸锭预备热处理过程中，形成细小弥散的亚稳态立方 Al_3Zr 相。自 20 世纪 60 年代以来，大多数 7×××、6×××和5×××合金系列都含有质量分数小于

0.15%的锆，其主要作用是形成细小的 Al_3Zr 颗粒，控制合金的再结晶过程。

越来越多的铝合金，尤其是 Al－Zn－Mg 合金系列，通过添加锆来提高合金的再结晶温度，控制锻件晶粒尺寸和组织。在该合金系列中添加锆与添加铬元素的作用相同，可以降低合金的淬火敏感性。进一步提高某些超塑性合金中锆的质量分数（0.3%～0.4%），以保持在高温成形过程中所要求的细小亚结构。现已采用在铝合金中添加锆的方法来细化铸态合金的晶粒尺寸，但其效果没有添加钛明显。此外，添加锆具有降低钛＋硼复合细化晶粒效果的趋势，因此，必须在含锆的铝合金中添加更多的钛和硼，以达到细化晶粒的目的。

2.1.2 其他微观组织特点

力学性能和物理性能不仅与溶质原子是否在固溶体中有关，还与具体的原子排列，以及所有析出相的大小和分布有关。通常铝合金中的其他微观组织类型细分为八类：非金属夹杂物、孔隙、初晶相、组分相、分散微粒子、析出相、晶粒和位错结构、晶体织构。

1. 非金属夹杂物

非金属夹杂物通常是指氧化物，如 Al_2O_3、MgO 及复合氧化物 $MgAl_2O_4$（尖晶石）。在冶炼坩埚中生成并带入液态合金中的氧化物称为原生氧化物（Old Oxides）。在铸锭或铸件浇注过程中形成的氧化物称为新生氧化物。一般来说，原生氧化物比新生氧化物要粗大得多，可以通过显微镜和 X 射线分析仪进行检验和分辨。原生氧化物通常在液相金属浇注前被过滤去除掉。

通过液相金属表面的湍流，在表面形成新生氧化物膜。新生氧化物膜被引入液相铝合金中，发生搅拌和折叠，最终凝固在金属固相中，形成铸造氧化膜缺陷。因为这些氧化物没有与液相金属结合，所以它们本质上就是裂纹。

这些铸造缺陷明显降低了铸件的强度和可靠性。有研究表明，这类缺陷使铝铸件的弯曲强度降低了90%，如图2-4所示。

当铝合金工件采用时效到强度峰值工艺（状态代号 T6）时，这些氧化物缺陷的有害影响更为明显。Campbell 估计，由于氧化物缺陷，80%的铝铸件成为废品。这些氧化物的存在使铝铸件的疲劳强度降低了几个数量级。

2. 孔隙

孔隙降低了合金的塑性，导致了疲劳裂纹的产生。孔隙通常是由于液相析氢或凝固过程中发生收缩而产生的。氢或其他气体形成的孔隙通常呈球状，

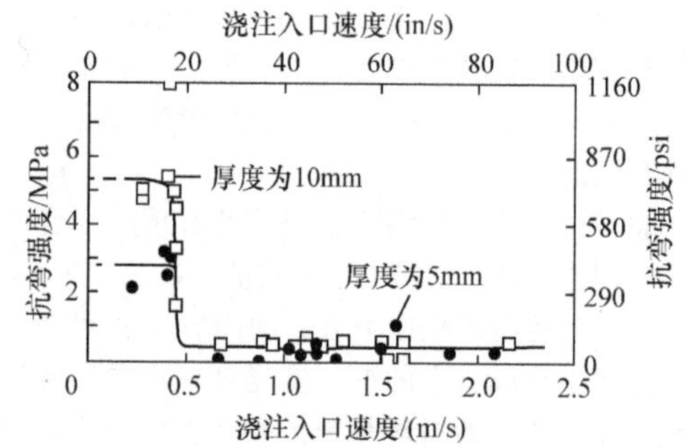

图2-4 抗弯强度与铝铸件浇注入口速度之间的关系

注：当浇注入口速度超过 0.5m/s（20in/s）时，抗弯强度急剧下降。

而凝固收缩的是细长条状，多出现在树枝晶间，如图2-5所示。析氢孔隙来自于液态铝夹带的氧化物。氧化物为析氢提供了形核位置。

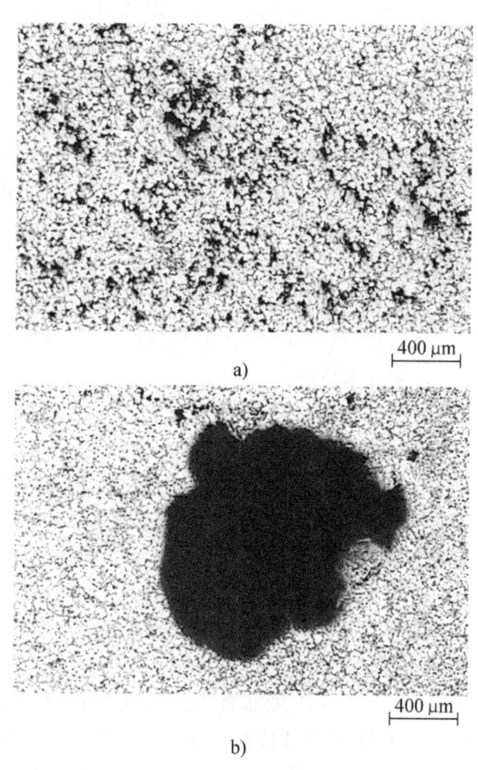

图2-5 EN AB 46000（$AlSi_9Cu_3$）合金压铸件组织

a）枝晶间收缩 b）孔隙

通过传统的热轧、锻造或挤压等热加工工艺，可以封闭和焊合大部分的孔隙。由于热轧产生了大的残留拉应力，厚板中的孔隙很难完全焊合。然而，进一步加大轧制量，轧制成更薄的板材，最终能焊

合孔隙。在铸件中，可以采用热等静压工艺，实现对大部分孔隙的焊合。

3. 初晶相

初晶相是最先从液相中分离出的固相。例如，在液相过共晶铝－硅合金最先形成液相和初晶硅组织。通过在液相中添加含磷的变质剂，将原粗糙、小平面的初晶硅相转变为细小的球状组织。在某些铸造铝合金和8×××变形铝合金中，如果是过共晶合金，则会形成含铁的初晶相。在变形铝合金中，如果不对合金的化学成分进行严格控制，那么可能会通过包晶反应，形成不希望得到的宏观尺寸的 Al_7Cr、Al_3Ti 或 Al_3Zr 初晶相。

4. 组分相

在亚共晶合金的凝固过程中，会形成组分相，组分相可以是金属间化合物，也可以是金属相。例如，在凝固过程中，由液相至固相共晶反应形成的组分相，组分相的尺寸从几微米到几十微米不等。在随后的高温热处理中，如均匀化处理或固溶处理，该组织可能会发生转变。

未溶粒子的大小和形状受凝固速率、化学成分和变形程度的控制。随着凝固速率的降低，粒子的尺寸增大；随着变形量的增加，粒子的尺寸减小。

组分相分为可溶性或不可溶性粒子。在铸锭形变加工处理前的预热处理或在铸件、锻件固溶处理过程中，大部分可溶性组分相发生溶解。组分相的大小随着凝固速率的增加而减小。在亚共晶的3××.0和4××.0铝合金铸件中，通过锶等元素的变质处理，可将片状硅组织变质成细小纤维状形态。

根据合金的溶质原子含量，不含铁的金属间化合物组分相可能是高度可溶或不容易溶解的。例如，2024 合金的成分范围较大，完全固溶处理后，合金中可能还存在 Al_2Cu 和 Al_2CuMg 两种粒子或其中的一种，或者出现这些粒子完全溶解的情况。在 7075 合金中，Al_2CuMg 粒子很容易发生溶解，但在 7050 合金中，则很难发生溶解。此外，Mg_2Si 粒子不溶于 7075 合金，但在 6013 合金中是高度可溶的。

铸锭预备热处理（均匀化处理）的目的是溶解网状可溶性组分相。在铸态的铸锭中，组分相粒子可能是平衡的，也可能是亚稳态的。在铸锭预备热处理过程中，通过过饱和固溶体中的原子析出，平衡相粒子可能会发生长大，而亚稳态相粒子则可能转化为平衡相粒子。在铸锭加工过程中，不溶性粒子和未溶的可溶性粒子都可以被打碎，分解为平行于加工方向的更小的微粒。

组分相与基体的界面为非共格界面，由于尺寸大且粗糙，对位错和晶界运动的阻碍作用很小，对提高强度贡献很小。

在大多数情况下，组分相对合金性能并不是有益的，而是有害的，尤其是不利于工件的损伤容限性能。工件的抗疲劳性能和断裂韧性在很大程度上受组分相的影响。与没有组分相的相同材料相比，在工作温度低于许用温度的情况下，含某些组分相（特别是共晶的金属间化合物相）的工件可能出现局部熔化现象。这种局部熔化限制了合金在高温下的形变热处理。因为这些组分相通常是金属间化合物相，它们通常被称为有害的金属间化合物。铝合金中典型的组分相见表 2-3。

表 2-3　部分变形铝合金和铸造铝合金中组分相的分子式

合金牌号	观察到组分相的分子式
1350	$Al_{12}Fe_3Si$、Al_6Fe
2014	$Al_4CuMgSi_4$、$Al_{12}(Fe, Mn)_3Si$
2×24	Al_7Cu_2Fe、$Al_{12}(Fe, Mn)_3Si$、Al_2CuMg、Al_2Cu、$Al_6(Fe, Cu)$
2×19	Al_7Cu_2Fe、$Al_{12}(Fe, Mn)_3Si$、Al_2Cu
2090	Al_7Cu_2Fe
2091	Al_7Cu_2Fe、Al_3Fe、$Al_{12}Fe_3Si$
2095	Al_7Cu_2Fe、Al_2CuLi、Al_6CuLi_3
3×××	$Al_6(Fe, Mn)$、$Al_{12}(Fe, Mn)_3Si$
5083	Mg_2Si、$Al_{12}(Fe, Mn)_3Si$、Al_7Cr
6013	$Al_{12}(Fe, Mn)_3Si$
6061	Mg_2Si、$Al_{12}(Fe, Mn)_3Si$
7×75	Al_7Cu_2Fe、$Al_{12}(Fe, Mn)_3Si$、$Al_6(Fe, Mn)$、Mg_2Si、SiO_2
7×50	Al_7Cu_2Fe、Mg_2Si、Al_2CuMg
7055	Al_7Cu_2Fe、Mg_2Si
7079	$Al_6(Fe, Mn, Cu)$、Mg_2Si
8090	Al_3Fe
319	Si、Al_5FeSi、$Al_{15}(Fe, Mn)_3Si$
A357	Si、$Al_8FeMg_3Si_6$、Al_5FeSi

5. 分散微粒子

铝与铬、锰、锆等过渡金属元素结合，易形成中间相，中间相在铝中的固溶度极低，有时甚至为零。分散微粒子为不可剪切的粒子，因此可以抑制局部发生切变。由于以上合金元素的扩散速率低，在铝合金中添加这些合金元素时，通常形成尺寸小于 1μm 的极细小析出相。在铸件的均匀化处理过程中形成的分散微粒子，通常比组分相粒子更细小。在铝合金结构件中，分散微粒子的主要作用是控制高温热处理和形变热处理过程中的晶粒结构。弥散分布的分散微粒子通过钉扎晶界，推迟或阻碍再结晶。在热轧过程中，它们有利于保持在热加工过程中产生的细长晶粒。主要的分散微粒子是由锆、锰和铬等元素形成的相。在商用铝合金中已发现的分散微粒子见表2-4。

表2-4 典型铝合金中的分散微粒子

合金牌号	弥散颗粒
2×24	$Al_{20}Cu_2Mn_3$
5083	$Al_{11}Cr_2$、Al_6（Fe，Mn）
6013	$Al_{12}Mn_3Si$
7046	Al_3Zr
7×75	$Al_{12}Mg_2Cr$
7×50	Al_3Zr
7055	Al_3Zr
2090	Al_3Zr
2091	Al_3Zr
2095	Al_3Zr
8090	Al_3Zr
3003	Al_{12}（Mn，Fe）$_3$Si，Al_6（Mn，Fe）

分散微粒子控制晶粒结构的效果，取决于分散微粒子的大小、间距及其与基体共格的情况。直径小于0.4μm的微粒子通过钉扎亚晶界，阻碍合金的再结晶。细小且弥散的粒子对推迟再结晶过程具有极大的影响。与非共格的分散微粒子（$Al_{12}Mg_2Cr$和$Al_{20}Cu_2Mn_3$）相比，共格的分散微粒子（Al_3Zr）对晶界的钉扎作用更加显著。非共格的分散微粒子通常位于晶界处，在高温蠕变载荷条件下，易引起蠕变的发生。

铬是分散微粒子（Al_3Cr）形成元素，它能够提高高温时效速率；但在30℃（85℉）及其以下温度，则会减缓时效。铬有利于形成细小的亚晶结构，抑制再结晶和强化。与其他分散微粒子形成元素相比，铬增加了合金的淬火敏感性。

锆也是分散微粒子形成元素。在热轧前加热保温期间，从固溶体中析出Al_3Zr相。研究发现，Al_3Zr分散微粒子显著提高了Al－0.5Zr合金的再结晶温度。Al_3Zr分散微粒子为球状粒子，在{100}面上为盘片状形貌，在<100>方向上呈棒状，大多以球状和棒状形态非均匀分布。在亚晶界和位错缠结处，Al_3Zr分散微粒子的密度更高。7050等合金在高于210℃（410℉）的温度下时效时，合金元素锆增加了S（Al_2CuMg）相的析出量，并增加了中间过渡相η′的析出量。最终在120℃（250℉）时效时，得到平衡相η（$MgZn_2$）。

对于Al_3Zr析出相结构的认识现在还不统一。有报道称Al_3Zr属正方晶系，符合DO_{23}晶体结构；也有报道称属有序共格面心立方结构，Pm3m空间群，尺寸为300～700Å㊀；还有报道称属简单立方结构。另外，现已经观察到亚稳态的$L1_2$结构。在低温下，该亚稳相可从过饱和固溶体中析出，并在高温条件下转化为平衡正方晶系DO_{23}。$L1_2$立方结构与铝基体晶格的错配度为0.58%，而正方晶系DO_{23}结构的晶格错配度为2.91%。

Holl发现，铬、钒、锰和锆提高了这些合金体系的淬火敏感性，其中铬的效果最大。硅和铁也提高了合金的淬火敏感性，故其含量应该尽量低。此外，铁和硅会形成大颗粒的金属间化合物，这也会对合金的疲劳和断裂性能造成不利影响。含锆铝合金的淬火敏感性受到在富锆化合物上非均匀析出的η或T相的控制。这些非均匀析出相与Al_3Zr的$L1_2$结构不同，与基体也不共格。随着热挤压和固溶处理之间的冷轧变形量的增加，析出的位置也增加了。通常，冷轧会产生更高的位错密度，Al_3Zr相可能是亚稳态的，它与基体保持共格，但由于塑性变形和随后的固溶处理产生再结晶，Al_3Zr相不再与基体共格。在随后的固溶处理中，Al_3Zr转变为DO_{23}结构，发生了晶格失配，从而产生了更多的非均匀析出位置。

人们对形成分散微粒子的其他IVB族元素进行了研究。研究表明，含锆或铪的铝合金随变形量增加，淬火敏感性增加，其中进行了冷加工的合金最为严重。

在冷加工后，基体与Al_3Zr（或Al_3Hf）粒子界面之间仍保持共格，而固溶处理发生再结晶，使共格消失，因此，分散微粒子成为η相非均匀形核的位置。

6. 析出相

析出相是在时效过程中，从过饱和固溶体中析出的弥散相（见本卷“铝合金时效硬化”一节）。在许多（但不是全部）金属中，固溶度极限较高的合金元素，具有更大的时效强化潜力，尤其是随温度变化，固溶度极限变化较大的合金元素。部分合金元素也具有一定程度的固溶强化效果，其程度取决于与铝的相对原子尺寸和电子结合键。例如，固溶强化与形变强化结合，是强化铝－镁（5×××系列）和铝－锰（3×××系列）变形铝合金的基础。

在合金固溶体分解曲线以下温度进行的任何热加工，均可能产生析出相。经过合适固溶加热的工件，所有析出相都溶入了基体。根据淬火速率和合

㊀ 1Å＝10^{-10}m。

金种类不同，析出相可能在晶界和亚晶界上形成。粗大的析出相不仅不会产生时效强化，还有可能降低合金的韧性和塑性。

淬火后，在自然时效情况下形成 GP 区。在加热条件下，根据温度不同，GP 区可能会形核形成亚稳析出相或重新溶解于基体。表 2-5 所列为部分商用铝合金中起强化作用的析出相。

表 2-5　部分商用铝合金中观察到的主要析出相[19]

合金和状态代号	主要析出相
2×24－T3、2×24－T4	GP 区
2×24－T6、2×24－T8	S′为 S（Al_2CuMg）的过渡相
2×19－T8	θ′为 θ（Al_2Cu）的过渡相
6013－T6	Q（$Al_5Cu_2Mg_8Si_6$）
7×75－T6	η′为 η（$MgZn_2$）或 Mg（Zn，Cu，Al）$_2$ 的过渡相
7×75－T76	η′，η
7×75－T73	η
7050－T76	η′
7050－T74	η′
7150－T6	η′
7150－T77	η′、η
7055－T77	η′、η
2090－T8	T_1（Al_2CuLi）、δ′（Al_3Li）
2095－T6、2095－T8	T_1、θ′
2091－T3	δ′、T_1
8090－T8、8090－T7	δ′、S′

所有可热处理强化的高强度铝合金都具有淬火敏感性。这就意味着，当淬火速率降低时，合金的最大强度也会下降。淬火敏感性是由于在晶界上析出粗大、非均匀析出相，使合金的过饱和度降低所造成的。这些析出相粒子不是中间过渡相，而是平衡析出相。强度降低的另一个原因是空位在晶界上湮灭。

当平衡析出粒子在晶界处析出时，其周围将出现贫溶质原子区域。由此，在时效过程中造成无中间过渡相析出，产生了所谓的无析出带（PFZ）。这些无析出带可能出现在晶界上，也可能出现在粗大分散相周围。采用更高的固溶加热温度和更快的淬火速率，可缩小无析出带的宽度，这两种方法都增加了更多的空位。如果无析出带是由于空位减少导致的，那么有时低温时效能有效减小无析出带的宽度。

7. 晶粒结构

通过添加含有钛或硼的金属化合物变质剂，来控制铝合金铸件和铸锭的晶粒尺寸。通过热轧或锻造工艺，发生动态回复，改变晶粒结构。通过分散微粒子减缓大角度晶界的运动，可推迟再结晶进程。在固溶处理后，热轧板材或锻件中未发生再结晶的组织被保留下来。其原因是在固溶淬火后，在大角度再结晶晶粒上发生了析出。晶界上的析出相，以及伴随着的无析出带，增加了晶间断裂的趋势。一般来说，晶粒大小并不是影响商用铝合金强度的主要因素。晶粒大小影响到合金的成形性能，因此，对于需进行成形加工的工件，应控制晶粒尺寸。对于超塑性铝合金板材，需将晶粒尺寸控制在极细小的尺寸（<10μm）。

8. 晶体织构

铝合金铸锭和铸件的晶体结构多为随机取向。然而，对于平板轧制的产品和挤压制品，其织构与面心立方纯金属相似，最主要的织构为{110}[112]、{123}[634]和{112}[111]。在挤压制品中，几乎所有的晶粒都沿[001]或[111]方向。对用于生产深拉制品的不可热处理强化薄板，织构显得尤为重要。如果织构不是随机的，深拉制品则可能产生制耳（Earring）。对轧制到最终工艺的形变织构进行退火，通过对退火过程中形成的立方织构进行调整，来控制制耳的产生。

在可热处理强化铝合金中，织构是一种非常有效的强化机制，并有助于得到高各向异性材料。纵向的强度可以比横向的高 70MPa（10ksi）以上。韧性也受到织构的影响，纵向的韧性要比横向的高很多。

金相组织特性对铝合金强韧性的影响如图 2-6 所示。

2.1.3　强化机制

一般来说，铝合金可通过以下几种方法进行强化：固溶强化、细晶强化、冷加工或应变强化（加工硬化）、析出强化（时效）。

图 2-7 所示为强化机制与组织和合金元素之间的关系。

（1）固溶强化　利用固溶体中合金元素的固溶作用，提高合金的峰值强度。在合金的基体中，合金元素产生弹性变形，这些弹性应变阻碍位错的运动。虽然有许多元素可以作为铝的合金元素，但只有很少几种合金元素能产生足够的固溶效果，实现固溶强化。

固溶强化的强度来源于合金元素原子和铝原子之间尺寸的差异，或者是弹性模量的差异。根据铝和溶质原子的原子体积差异，可以按下式对尺寸效应进行评估

$$\sigma \propto \frac{\Omega_S - \Omega_A}{\Omega_A}$$

式中，Ω_A 是铝的摩尔体积；Ω_S 是溶质原子的摩尔体积，它们之间的差异如图 2-8 所示。根据原子尺寸和溶解度大小，铜和镁是铝最有效的固溶强化合

金元素，如再考虑密度因素，则镁是更加有效的固溶强化合金元素。随着镁含量的增加，铝合金极限抗拉强度和屈服强度提高，而断后伸长率则急剧下降，如图 2-9 所示。

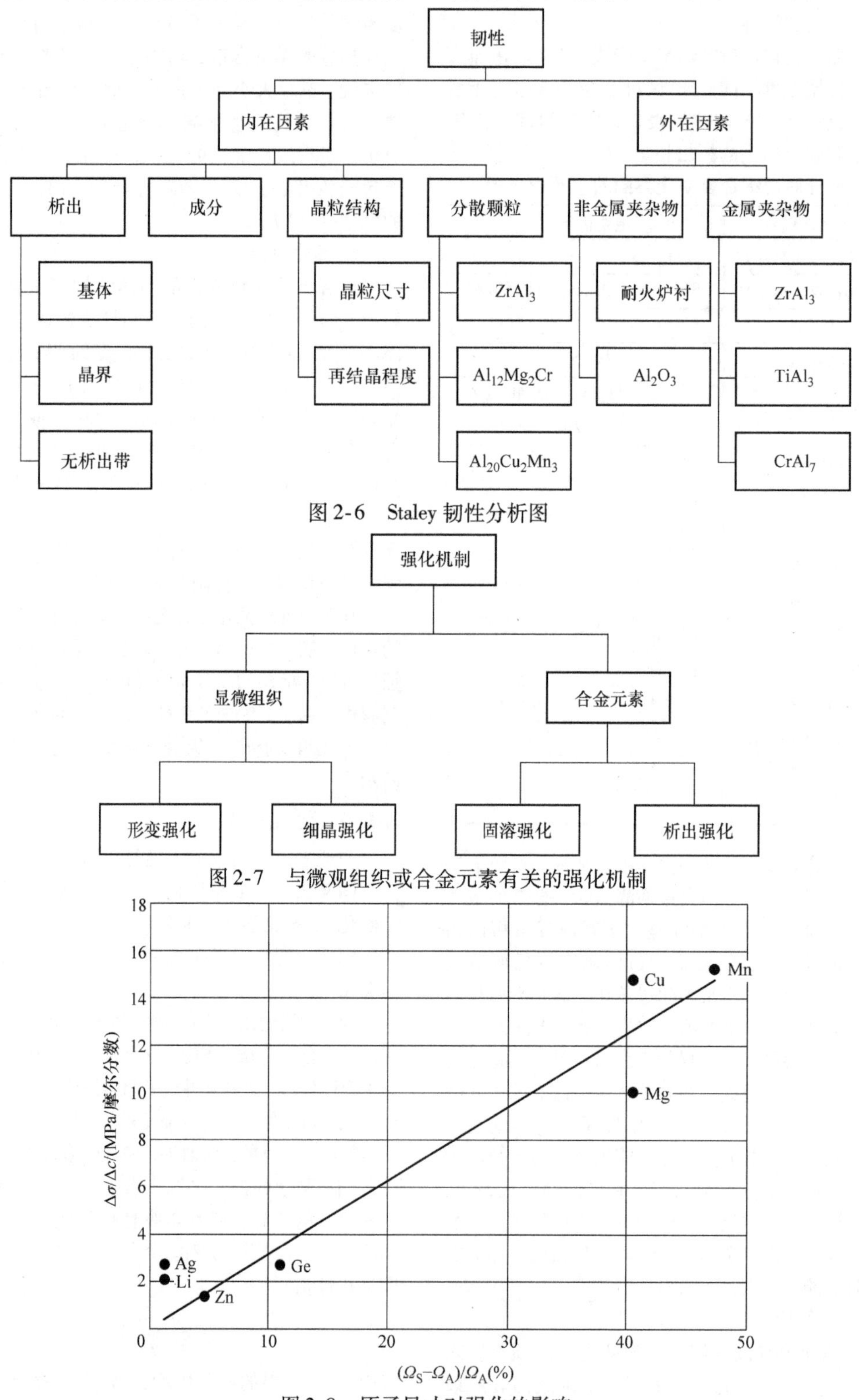

图 2-6 Staley 韧性分析图

图 2-7 与微观组织或合金元素有关的强化机制

图 2-8 原子尺寸对强化的影响

Ω_A—铝的摩尔体积 Ω_S—溶质的摩尔体积

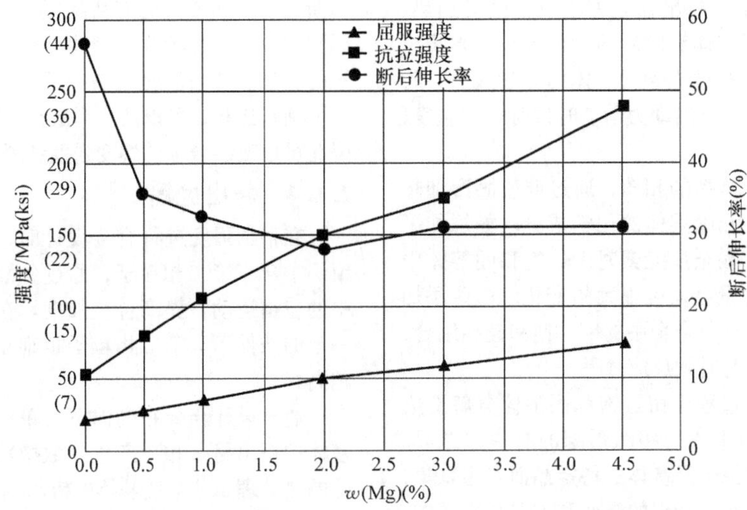

图 2-9　固溶体中镁对退火铝－镁合金拉伸性能的影响

（2）细晶强化　合金的晶粒尺寸对强度的影响可用 Hall－Petch 方程描述如下

$$\sigma_y = \sigma_0 + kd^{-1/2}$$

式中，σ_y 是合金的屈服强度；σ_0 是摩擦应力；d 是平均晶粒尺寸；k 是常数，它与滑移通过晶界的难易程度有关，其值大约是钢铁材料的 1/5，因此与钢铁材料相比，铝合金通过细化晶粒尺寸提高强度的效果很有限。尽管如此，在铝合金中，还是会采用极细的晶粒实现强化。

（3）加工硬化　通过冷加工，可以提高铝合金的强度，在提高屈服强度和极限抗拉强度的同时，韧性和塑性会有所降低。这种强化机制主要用于不可热处理强化的铝合金。此外，部分可热处理强化铝合金，主要是 2×××系列和 6×××系列合金，采用在淬火后、析出强化前进行冷加工的方法实现强化。而 7×××系列铝合金不能采用这种强化方法。表 2-6 所列为不可热处理强化铝合金典型的应变强化状态代号。冷加工对不可热处理强化铝合金拉伸性能的影响见表 2-7。加工硬化明显地提高了合金强度，但降低了伸长率。

表 2-6　形变强化铝合金的状态代号

状态代号	说明
A	原加工状态。对形变强化的形变量不进行控制；对力学性能不做要求
O	退火再结晶状态。具有最低强度水平和最高塑性水平
H1	加工硬化状态
H2	加工硬化＋不完全退火状态
H3	加工硬化＋稳定化处理状态
H112	在制造加工过程中实现加工硬化。对形变强化的形变量不进行控制，但需要进行力学性能测试，并满足最低力学性能要求
H321	在制造加工过程中实现加工硬化。对热加工和冷加工中形变强化的形变量进行控制
H116	对铝－镁合金进行特殊加工硬化，使合金具有高的耐蚀性

表 2-7　冷加工对不可热处理强化铝合金拉伸性能的影响

合金和状态代号	抗拉强度		屈服强度		断裂伸长率（%）	合金和状态代号	抗拉强度		屈服强度		断裂伸长率（%）
	MPa	ksi	MPa	ksi			MPa	ksi	MPa	ksi	
1100—O	75	11	25	4	30	5052—O	170	25	65	9	19
1100—H14	110	16	95	14	5	5052—H34	235	34	180	26	6
1100—H18	150	22	—	—	4	5052—H38	270	39	220	32	4

（4）析出强化　析出强化工艺包括固溶加热、淬火得到过饱和固溶体和随后的时效过程。影响析出强化效果的因素有过饱和固溶体的化学成分、时效后工件的相组成、析出动力学、时效时间和温度、析出相的特性。

根据不同合金体系的相图，通过调整固溶加热温度，来控制过饱和固溶体的化学成分。如添加了其他合金元素或存在杂质元素时，过饱和固溶体中主要合金元素的含量会发生很大的变化。这些添加的其他合金元素可以与合金中的铜、镁和硅相结合，形成不溶相，不参与时效反应过程。

通常，在时效过程中由过饱和固溶体分解形成时效相组成，该相组成与相图预测的有一定差异。通常析出始于溶质原子沿基体的特定晶面发生聚集，对于不同的合金体系，析出的晶面和方向是不同的。这种溶质原子在空位簇处开始聚集形成，并发展成共格析出相。随着时效时间的延长，这些析出相具有自身特有的晶体结构，最初形成的晶体结构与基体相同。这种析出相被称为半共格相，随着时效进行，形成与基体具有不同晶体结构的非共格平衡析出相。在研究时效的过程中，析出动力学是非常重要的，尤其是在多组分系统中。根据相成分和时效温度不同，析出的顺序是不同的。通过相变热力学，能控制析出过程。在较低的温度条件下，非共格析出相是稳定的；在中间温度条件下，半共格析出相可能是稳定的；在较高温度条件下，非共格的平衡析出相是稳定的。在多相或几个相竞争析出的情况下，最先析出的是结构最简单的相。尺寸较小、扩散速率快的元素优先析出，以上因素控制过饱和固溶体的分解。

时效时间和温度是控制析出的非常重要的因素。析出的时间、温度和析出动力学，决定了析出的序列，以及在时效结束时稳定的析出相。

析出相的性质决定了强化的程度。半共格析出相是非常有效的强化相。析出相密度越大，半共格析出相越细小弥散，硬化的效果就越大，然而合金的断裂韧性和塑性会有所降低。因为非共格析出相周围的应力已经消失，因此不会对析出硬化产生很大的贡献。在高温时效条件下，由过时效产生非共格平衡析出相，可以防止形成微孔和阻碍晶界运动，因此可以改善合金的蠕变强度和蠕变抗力。

2.1.4　析出过程

在根据强度进行合金设计时，通常开发的合金组织中含有第二相粒子，通过分散微粒子阻止基体中的位错运动，提高合金强度。在第二相粒子数量一定的条件下，第二相粒子越细小，合金的强度就越高。

通过设计合金在高温下为单相，冷却过程中在基体中析出另一相，产生分散微粒子。然后采用合适的热处理工艺，使基体中析出相得到理想的分布。如果这种组织强化了合金，则称为析出强化或时效强化。然而，并不是所有具有分散微粒子的合金都能进行时效强化。

析出硬化机制涉及形成共格的溶质原子团（即溶质原子聚集形成原子团，但与溶剂相仍具有相同的晶体结构）。由于溶剂和溶质原子尺寸不匹配，这种组织产生了很大的应力。与单个溶质原子降低了应变能相同，位错也有降低了应变的倾向，因此溶质原子团能起稳定位错的作用。当位错被共格溶质原子团钉扎限制时，合金的强度和硬度将得到明显的提高。

然而，如果析出相为半共格（析出相与基体共享位错的界面）、非共格（类似于大角度晶界，析出相与基体共享无序的界面）或析出相尺寸太大而使产生的应变能较大，在以上应力情况下，位错只能在粒子处形成位错环，通过绕过机制强化合金。

因此，析出粒子，尤其是共格粒子在基体周围产生应力场，阻碍了位错的运动，提高了合金的强度。析出相与基体是否共格，取决于基体与析出相晶格间距的匹配紧密程度。表 2-8 列出了部分商用铝合金中的相。

表 2-8　商用铝合金中的相

合金类型	合金系列	合金系列（元素）	相分子结构	
			未处理状态	处理后状态
形变铝合金	2×××	Al-Si-Cu-Mn-Mg、Al-Si-Cu-Mn、Al-Cu-Mg、Al-Cu-Mg-Ni、Al-Cu-Mn-Ti-V-Zr、Al-Cu-Mg-Ni-Fe-Ti	Al_2Cu、Al_2CuMg、$Al_{20}Cu_2Mn_3$、α-Al（FeMnSi）、Al_3FeMn、Al_6MnFe、Al_7Cu_2Fe、Mg_2Si、$Al_5Cu_2Mg_8Si_6$	Al_2Cu、Al_2CuMg、$Al_{20}Cu_2Mn_3$、α-Al（FeMnSi）、Al_7Cu_2Fe、$Al_{12}Mn_3Si$
	6×××	Al-Si-Cu-Mg-Cr、Al-Si-Mg、Al-Si-Mg-Cr、Al-Si-Mn-Mg	β-AlFeSi、Mg_2Si、α-Al（FeSi）	Mg_2Si

（续）

合金类型	合金系列	合金系列（元素）	相分子结构	
			未处理状态	处理后状态
形变铝合金	7×××	Al-Mn-Mg-Zn-Zr、Al-Mn-Mg-Cr-Zn、Al-Zn、Al-Cu-Mg-Cr-Zn、Al-Cu-Mn-Mg-Cr-Zn、Al-Cu-Mg-Cr-Zn	α-Al（FeCrSi）、$Al_2CuMgZn$、Al_7Cu_2Fe	Al_2CuMg、Mg_2Si、Al_7Cu_2Fe、α-Al（FeCrSi），$Al_{18}Mg_3Cr_2$
铸造铝合金	2×××	Al-Cu-Mg、Al-Cu-Mn、Al-Cu-Si-Mg、Al-Cu-Mn-Mg-Ni、Al-Cu-Mg-Ni、Al-Cu-Si	Si、Al_2Cu、Al_2CuMg、Al_7Cu_2Fe、$Al_5Cu_2Mg_8Si_6$、β-AlFeSi	Al_2Cu、Al_2CuMg，$Al_{20}Cu_2Mn_3$、Al_7Cu_2Fe、AlCuFeNi、Al_6Cu_3Ni、Al_3Ni
			α-Al（FeMnSi）、AlCuFeNi、Al_6Cu_3Ni	—
	3×××	Al-Cu-Si、Al-Si-Cu-Mg-Ni、Al-Si-Cu-Mg、Al-Si-Mg、Al-Si-Mg-Fe、Al-Si-Mg-Ti、Al-Si-Mn-Mg-Cu	Si、Al_2Cu、Al_2CuMg、Al_7Cu_2Fe、$Al_5Cu_2Mg_8Si_6$、β-AlFeSi	Si、Al_2Cu、Al_2CuMg、Al_7Cu_2Fe、AlCuFeNi、Al_6Cu_3Ni、$Al_{20}Cu_2Mn_3$、Al_3Ni、$Al_8Mg_3FeSi_2$、$Al_5Cu_2Mg_8Si_6$、β-AlFeSi
	7×××	—	α-Al（FeMnSi）、AlCuFeNi、Al_6Cu_3Ni、Mg_2Si、Al_3Ni、Al_9NiFe、$Al_8Mg_3FeSi_2$	α-Al（FeMnSi）
			$Al_{18}Mg_3Cr_2$、Al_3Fe、Al_7FeCr、$MgZn_2$	—

析出硬化合金体系的一个基本属性是与温度相关的平衡固溶度，其特性是随温度的提高，固溶度增加。图 2-10 为具有各种第二相析出的平衡相图示意图。图 2-11 所示为铝中各种元素和析出相的固溶

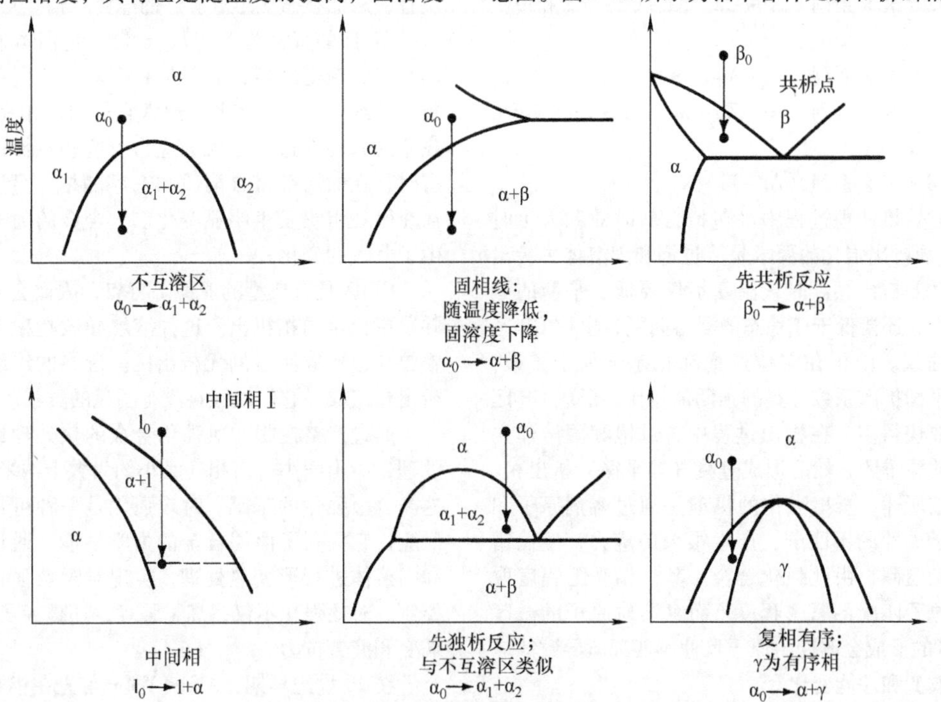

图 2-10　具有各种第二相析出的平衡相图示意图

注：在所有情况下，两相产物的基体与初始的单相具有相同的晶体结构，但平衡成分不同（α、β 或 l）。

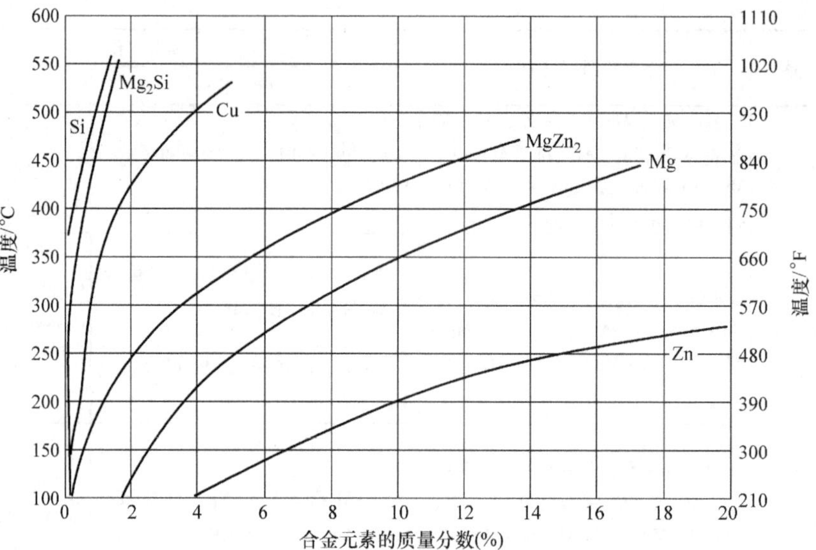

图 2-11 铝中各种元素和析出相的固溶度与温度之间的关系

度与温度之间的关系。虽然大多数二元铝合金体系都能满足这一条件，但只有很少一部分合金体系发生析出硬化，而这类合金通常是不可以热处理强化的。例如，二元铝 - 硅和铝 - 锰合金体系，虽然热处理产生大量的析出，但相对力学性能变化不显著。在主要的铝合金体系中，有析出强化的合金体系包括：

1）2××× 系列（Al - Cu、Al - Cu - Mg 和 Al - Cu - Li）。

2）6××× 系列（Al - Mg - Si）。

3）7××× 系列（Al - Zn - Mg、Al - Zn - Mg - Cu）。

4）8××× 系列（Al - Li - X）。

在时效热处理过程中（包括自然时效和人工时效），实现析出强化的要求是从过饱和固溶体中析出细小弥散的析出相。时效温度不仅要低于平衡的固溶度曲线，还要低于亚稳态的混溶间隔，也称 GP 区固溶度曲线。由于在空位过饱和状态下易于扩散，与采用平衡扩散系数计算的预期值相比，形成 GP 区的速度要快得多。在析出过程中，过饱和固溶体先形成溶质原子团，然后形成过渡（非平衡）析出相。

如前所述，析出强化的机理是通过溶剂原子和溶质原子尺寸的不匹配，产生很大的应力，使位错运动受到阻碍，由此强化合金。其位错受阻程度取决于该原子匹配的紧密程度，而富溶质原子的微区或 GP 区的形成会改变由原子尺寸不匹配所导致的应力状态改变和性能变化。

GP 区的大小、形状和分布与合金的成形、热加工和冷加工工艺有关。通过对 X 射线衍射峰宽化的精细研究，可以推断出 GP 区的形状，在适宜的条件下，采用透射电子显微镜可以观察到 GP 区。当溶剂原子和溶质原子的大小几乎相等时，如铝 - 银和铝 - 锌合金体系，通常形成球状富溶质原子微区。如果原子尺寸差异很大，如铝 - 铜合金体系，则通常会形成盘状 GP 区，其晶面与基体的某一低指数晶面平行。有时，溶质原子在 GP 区内占据了优先点阵位置，从而在微区形成有序的晶体结构。

GP 区的直径为几十埃（Å）。它们本质上是基体晶格的畸变区域，而不是一个具有不同晶体结构新相的细小粒子。因此，通常它们与母相完全共格，在微区和局部造成巨大的应力。这些机械应变以及有时存在的局部富含溶质的有序晶格，可以解释为何在微观组织发生明显变化前，合金的力学性能发生了巨大的变化。

GP 区具有典型的亚稳态特点，因此会发生溶解并以更稳定的相析出。这种溶解导致在稳定的析出颗粒周边形成明显的无析出区。最终的组织由平衡析出相组成，它们对强化没有明显的贡献。

通过严格控制时效强化合金的热处理或形变热处理，析出细小析出相（大小约为数十纳米），这是这类合金强化的基础。时效强化是一种可控的析出反应，它提高了商用合金的力学性能。通过对过饱和固溶体进行形变热处理，实现对时效强化的严格控制。时效强化不仅提高了强度，还提高了耐磨损、蠕变和疲劳抗力。

在 20 世纪早期，Alfred Wilm 首先在铝合金中发现了时效（析出）现象及其机制，通过添加少量的铜、镁、硅和铁，时效铝合金的强度得到了明显的提高。至今为止，时效强化机制仍然是现代铝-铜合金的重要强化机制。时效强化合金体系的典型热处理过程为：

1）固溶处理时，溶质原子完全溶解于基体中。

2）淬火至两相区（室温）温度，得到过饱和固溶体。

3）在较高的温度下时效，以控制第二相从固溶体中析出。

图 2-12 所示为典型时效强化热处理序列。

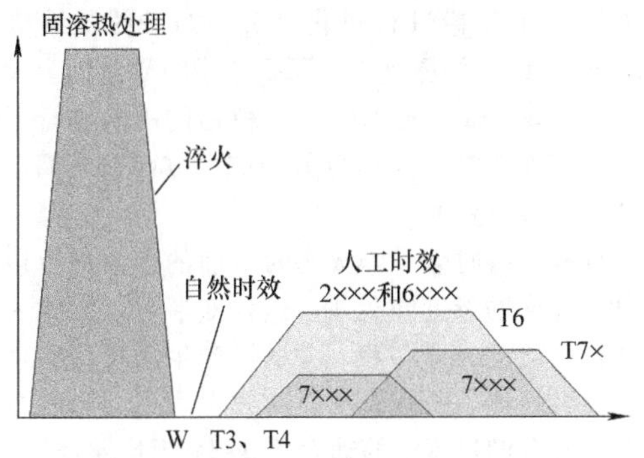

图 2-12　典型铝合金热处理工艺示意图

Merica 等人最早对时效强化给出了合理的解释，他们认为随温度提高，合金的固溶度增加，得到过饱和固溶体，采用较低的温度时效，可使新相从过饱和固溶体中析出。析出强化理论在物理冶金领域中开辟了一个崭新的研究方向，它是 20 世纪二三十年代物理冶金领域的研究焦点之一。由于在析出的早期和中期阶段析出相太小，采用当时的仪器设备无法对其进行观察，因此难以得到验证。

Mehl 和 Jelten 在 1940 年发表的一篇评论文章中，对 1930 年代析出强化机制的历史和进展进行了介绍。有趣的是，在该文章中，他们并未提及 20 世纪 30 年代初发现和讨论的位错。

研究者第一次采用位错对析出强化原因进行解释，是认为合金强度的增加是位错与共格粒子产生的内应力之间的交互作用的结果。

Orowan 提出了合金硬颗粒粒子强化公式，该公式建立了含有硬粒子的合金强度与粒子剪切模量和粒子间距之间的关系。著名的 Orowan 公式非常重要，它是分散强化的理论基础。

通过位错剪切共格粒子，对析出强化的合金性能造成显著的影响。所有析出强化机制都具有相同点，即通过析出粒子和基体阻碍位错运动。

在文献资料中，介绍了六种主要的析出强化机理。它们是化学成分强化、堆垛层错强化、模量强化、共格强化、有序强化和调幅分解。化学成分强化是通过形成基体-析出相界面，使位错剪切通过粒子，来实现强化。利用基体与析出相的堆垛层错能不同，实现堆积层错强化。在模量强化中，由于基体和析出相的剪切模量不同，从而提高了强度。共格强化的原因是位错的弹性应变场与共格粒子间存在弹性交互作用。在有序强化中，析出相是超点阵晶格，而基体相对来说是无序的固溶体。调幅分解是一种特殊情况，此时随溶质浓度变化，晶格尺寸发生变化，由此随成分变化产生了周期性的弹性应力。除了调幅分解外，所有强化机制都与位错/粒子间的交互作用有关。

化学成分强化是最早提出的一种强化机制，它将析出强化解释为位错剪切粒子。位错产生两个新的，具有特殊界面能的析出相-基体界面台阶，从而造成强化。

根据理论预测，随粒子尺寸减小，临界切应力降低。这与观察到的情况正好相反。试验结果表明，大量的临界切应力预测值与试验数据不符，临界切应力对时效合金的强度贡献也很小。因此，除非粒子尺寸非常小，否则，可以认为它不是铝合金的重要强化机制。

堆垛层错强化的机理为，当基体与析出相之间的堆垛层错能存在差异时，位错运动会受到阻碍。位错的间距与位错所在的相有关。Hirsch 和 Kelly 提出的理论表明，根据析出相的平均半径（$<r>$）、位错带宽度，以及析出相和基体的堆垛层错能不同，情况也不相同。Gerold 和 Hartmann 确定了在临界断裂条件下，出现分裂位错所承受的最大应力。Ardell 发现，如果粒子的直径小于基体中的位错带宽度，那么临界切应力会有所不同，并会发生改变。由于刃位错的线张力更大，因此具有更高的临界切应力。Gerold 和 Hartmann 的研究表明，随着粒子尺寸增大，临界切应力将会降低。

该结果与粒子作用于位错上的无因次临界应力的大小有关。采用这些理论可对临界切应力值进行粗略的估计。然而，该关系表明，当粒子尺寸远大于位错带宽度或基体的堆垛层错能大时，堆垛层错能会产生过时效现象。

很难对模量强化进行理论上的研究。根据位错是处于粒子内部还是外部，模量强化有两种机制。当位错位于析出相内部时，会增大交互作用力，因此需要采用不同的方法进行计算。Weeks 对单个直线螺形位错与析出相的交互作用力进行了计算。通过对交互作用方程进行微分，得到交互作用力。当位错进入析出相的初期时，交互作用力是最大的，这对于确定临界切应力的增量是非常重要的因素。

现已对模量强化机理提出了几种理论和观点。Knowles 和 Kelly 提出的理论是过时效理论。根据该理论，当粒子总体积分数不变时，粒子不断粗化。Knowles 和 Kelly 假设沿位错的粒子间距固定，计算出临界切应力。

Weeks 等人的理论是采用在剪切前，析出相能承受的最大应力进行计算。可以用该应力预测小粒子的正常时效强化效果。采用该模量强化理论，可以对 Al-2Zn-1.4Mg 合金的试验数据进行解释，并且计算数据与试验数据的一致性良好。他们的结论是，该模量强化理论是欠时效和峰值时效条件下的主要机制。然而，现在的难点是，不能通过试验来确定析出相的剪切模量。良好的计算数据与试验数据一致性可能存在一定的偶然性。

共格强化是最早提出的析出硬化机制。在这种机制中，强化是由共格粒子失配和位错与析出相应力场的交互作用引起的，很难对其进行定量的计算。现针对纯刃位错与球状共格失配析出相相互作用，已有很好的计算模型。

通过计算滑移面上单位长度刃位错的交互作用，解决了该问题。它是对位错的长度进行积分，从而计算出力的大小。交互作用力可以是正的或负的，可以是吸引力或排斥力，这取决于刃位错的性质和失配的程度。根据统计，通过位错的作用，吸引和排斥粒子数量是相等的。通常，计算中只考虑排斥粒子。从本质上来说，位错与吸引析出相之间的应力和位错与排斥析出相之间的应力是相同的，其主要区别是，对于吸引的析出相粒子，最大应力出现在位错通过粒子中心之后；而对于排斥的粒子，最大应力出现在位错通过粒子中心之前。如果是大尺寸的共格球状析出相，那么位错弯曲弧度就会变大，此时直线位错这一假设就不再成立了。

如果螺形位错和球形粒子之间发生交互作用，则其交互合力为零。由于仅是通过一半长度积分计算得到的，因此实际上最大应力不是零。已在铝-锌合金中观察到螺形位错能控制流变应力。然而，观察结果与理论定量计算预测值并不一致。该理论极大地高估了这些合金的强度，而实际峰值强度比预测值要小得多。

综上所述，采用共格强化理论，对欠时效、峰值时效或过时效合金强化进行计算和估计是不合适的。

当位错剪切有序共格析出相，并且在析出相的滑移面上产生反相畴界（APB）时，将造成有序强化。滑移面上的单位面积反相畴界能和单位位错长度应力，阻碍了位错剪切通过析出相。

这种强化机制的位错通常以位错对的形式移动。这些位错对的数量必须满足恢复粒子有序性的要求。在不锈钢、镍合金和铝-锂合金中，均采用了这种强化机制。在这些合金中，基体中的位错（$b = a\langle 110\rangle/2$）成对移动，剪切通过 $L1_2$ 型结构（Cu_3Au）相，使它在 {111} 滑移面上完全恢复有序。

位错对中的第一个位错剪切通过粒子产生了应变场，第二个位错受到此应力场的影响，因此，难以对第二个位错进行量化计算。如果粒子结构比 Cu_3Au（$L1_2$）相更复杂，那么位错的数量则会大大增加。Brown 和 Ham 对第二个位错的影响进行了研究，他们发现在提高临界剪切应力方面，弱耦合的位错对是最重要的。

此外，有时会对淬火态时效前的合金进行包括冷加工在内的形变热处理。这种变形可以影响后续的析出反应动力学过程，并通过产生大量位错来改变合金的性能。直接淬火至时效温度也会影响过饱和母相在分解过程中的动力学过程和反应路径。

1. 形核和长大

形核、长大和粗化是决定析出相微观组织和合金力学性能的重要因素。在形核过程中，析出相的类型和分布是非常重要的。析出相的分布通过影响位错运动来影响合金的力学性能。

在特定的位置，如晶界或位错处形核，可以是均匀形核或非均匀形核。对于非均匀形核，大多数析出相都存在优先形核位置，但是 GP 区和其他完全共格的析出相（如镍基超合金的 Ni_3Al 相）的形核都是均匀形核。当析出相晶格与基体晶格保持连续时，则发生共格析出。

典型的非均匀形核位置是晶体缺陷，包括晶界、晶隅、空位或位错。非均匀形核通过消除缺陷和高能表面（通过新相的形核），降低了系统的整体自由能。因此，非均匀形核的速率受这些缺陷密度的影响。下面是均匀形核和非均匀形核中自由能的变化

$$\Delta G_{hom} = -V(\Delta G_V - \Delta G_s) + A\gamma \tag{2-1}$$

$$\Delta G_{het} = -V(\Delta G_V - \Delta G_s) + A\gamma - \Delta G_d \tag{2-2}$$

式中，ΔG_{hom} 为总的均匀形核自由能变化；ΔG_{het} 为总的非均匀形核自由能变化；V 为已转变相的体积；ΔG_V 为已转变相的体积自由能；ΔG_s 为已转变相的体积失配应变能；$A\gamma$ 为在假设各向同性条件下，表面积和已转变相的表面能；ΔG_d 是由缺陷产生的自由能。

表 2-9 对不同类型界面的表面能进行了总结，图 2-13 所示为晶体中各种不同类型的界面。通常小平面界面是共格界面，而非小平面界面是半共格或非共格的。当非均匀形核位置足够多时，则优先发

生非均匀形核。表 2-10 列出了各种铝合金中的析出反应以及母相和析出相之间的晶体学关系。

完全共格界面（图 2-13a、b）的特征是在界面上原子匹配和点阵平面连续。如点阵平面之间存在微量不匹配，则会导致共格应变（图 2-13c）。共格界面的界面能量相对较低，通常为 50 ~ 200erg/cm^2（0.05 ~ 0.2J/m^2）。

表 2-9　不同类型界面的表面能

不同类型的界面	表面能（γ）
共格	$\gamma_{共格}=\gamma_{化学能}\leqslant 200\mathrm{mJ/m^2}$
半共格	$\gamma_{半共格}=\gamma_{化学能}+\gamma_{结构能}=200\sim500\mathrm{mJ/m^2}$
非共格	$\gamma_{非共格}=500\sim1000\mathrm{mJ/m^2}$

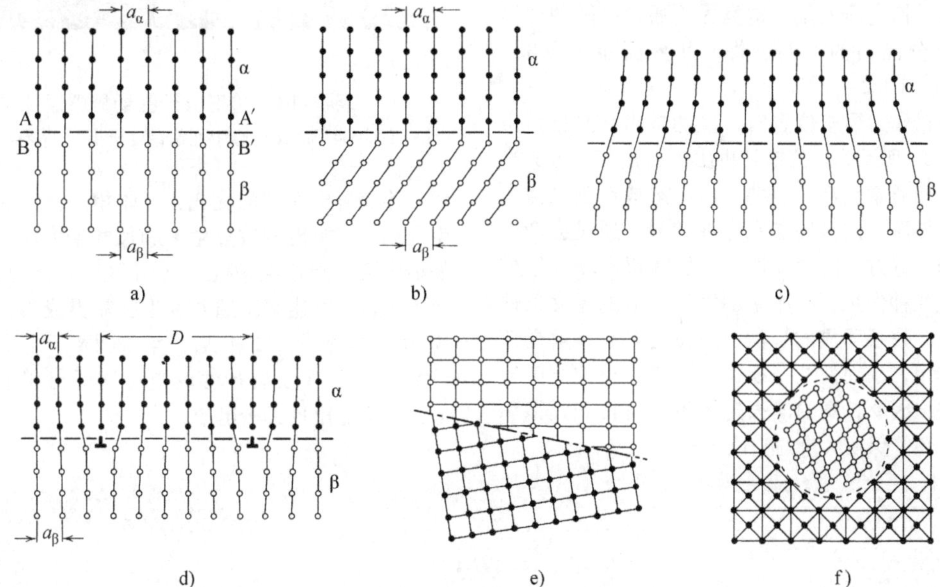

图 2-13　不同类型的界面

a)、b) 完全共格　c)、d) 半共格，表示晶格有应变和有位错存在　e)、f) 非共格

表 2-10　可热处理强化铝合金中典型的析出相

合金体系	析出相	结构	成分	析出相形貌
Al – Cu	θ″	正方晶系	—	盘片状或薄片状
	θ′	正方晶系	—	片状
	θ	正方晶系，I4/mcm	Al_2Cu	片状
Al – Cu – Mg	S″	正交晶系	—	板条状
	S′	单斜晶系	—	板条状
	S	六方晶系，P63/mmc	Al_2CuMg	板条状
Al – Mg – Si	β″	单斜晶系	—	针状
	β′	六方晶系或正交晶系	—	棒状
	β	立方晶系，面心立方，Fm3m	Mg_2Si	片状或立方状
Al – Zn – Mg	η′	六方晶系	—	片状
	η	六方晶系，P63/mmc	$MgZn_2$	片状、棒状或板条状
	T′	立方晶系	—	片状
	T	立方晶系，体心立方，Im3	$Al_2Mg_3Zn_3$	片状
Al – Li	δ′	立方晶系	—	球状
	δ	立方晶系，体心立方，Fd3m	AlLi	片状
	T1	六方晶系，P63/mmm	Al_2CuLi	片状
	T2	二十面体	Al_6CuLi_3	片状
	R	立方晶系	Al_5CuLi_3	片状
	Al_2LiMg	立方晶系	—	片状或立方状

非共格界面（图2-13e、f）是两相的交界，基体和析出相的晶体结构完全不同，整个界面上原子几乎完全不匹配。晶界基本上是大角度晶界，具有相对较高的界面能，为500～1000erg/cm^2（0.5～1.0J/m^2）。

半共格界面（图2-13c、d）是介于上述两种情况之间的中间情况，从能量角度看，半共格界面在一定程度上部分释放了共格应力。如引入一组位错，则可实现晶格完全匹配。这类界面通过间隔的位错来调整部分晶格的不匹配性，其界面能为200～500erg/cm^2（0.2～0.5J/m^2）。

当位错作为形核位置时，仅能析出半共格析出相。图2-14所示为在位错处析出的析出相。形成半共格析出相通常会产生位错，由此造成点阵晶格失配。如果界面上的晶格参数存在差异，通过会产生位错，释放应力，保持共格。空位在析出相的形核过程中起几种作用：在原来不发生扩散的温度条件下，空位导致了明显的扩散；空位还具有缓解局部应力的作用，从而使共格析出相形核；空位浓度与温度有关，因此，高的淬火速率不仅可得到过饱和固溶体，还能保留大量的空位。

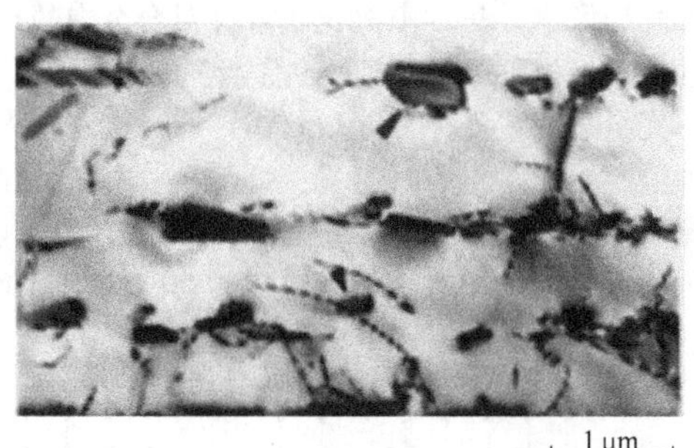

图2-14　透射电子明场显微照片

注：Ti52Al48Si2Cr合金中在位错处析出的Ti_5Si_3析出相。

伴随析出序列的变化，基体相的化学成分也发生变化。当析出相数量增多和尺寸增大时，基体中的溶质原子将逐渐被耗尽（图2-15），于是出现了无析出带。上述情况通常发生在晶界或第二相颗粒周边，形成第二相后，溶质原子被困其中（图2-16），在没有足够的空位使析出相形核的区域，也可能出现无析出带。

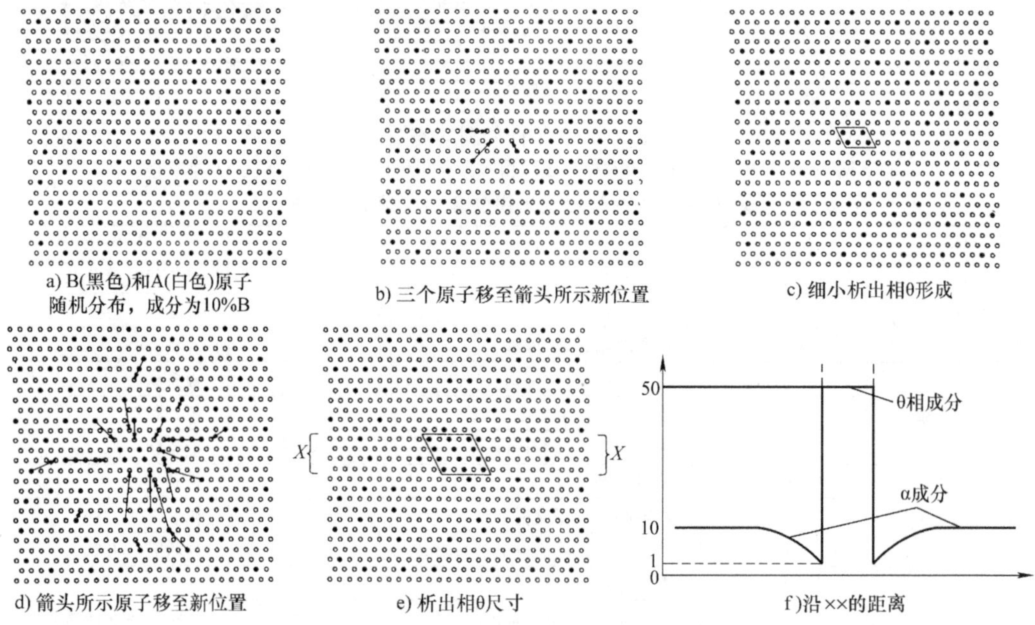

图2-15　在过饱和基体中形成析出相示意图

注：从图a到图e时间递增，但在图e时仍未达到平衡状态。图f所示为图e时的析出相浓度分布。

除非两相之间的界面能很小，否则，合金的微观组织不稳定会造成析出颗粒粗化。密度较低的大粒子比密度高的小粒子总的界面能要低，这是粒子粗化的主要原因。溶质原子的扩散促进了粒子的粗化，因此，随温度的提高，粗化速率增加。在某些情况下，粗化速率受界面能的控制。

Ostwald熟化机制是小的析出相会溶解，溶质原子被重新分配到尺寸更大的稳定析出相中。基体中较小粒子具有较高溶解度的现象称为毛细管效应，在自由能曲线上可以清楚地看到该效应（图2-17）。由于较高表面曲率的压力增大，较小的粒子具有较高的自由能，因此，图2-17中公切点处溶质原子的浓度更高。

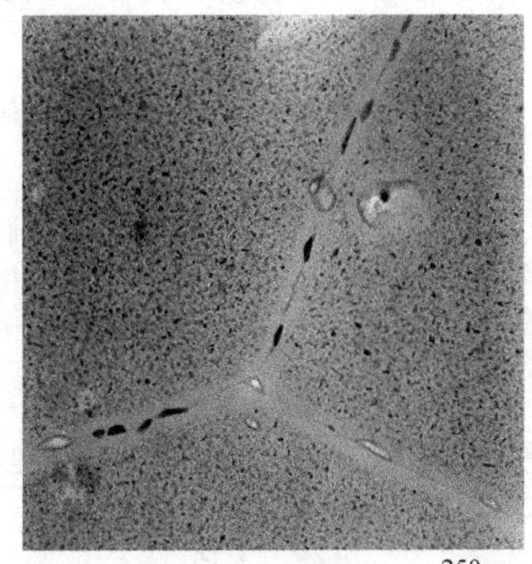
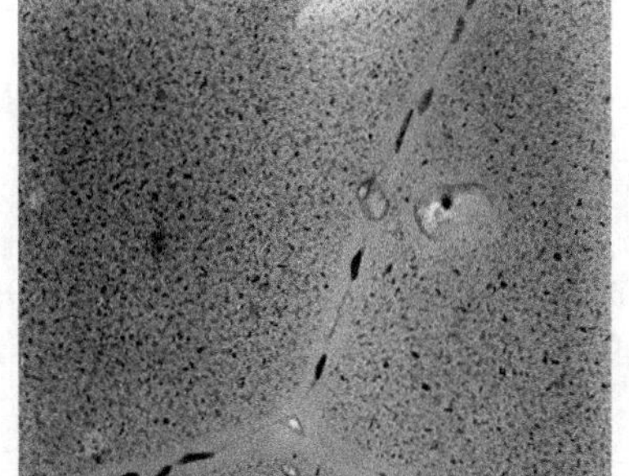

图 2-16　7050 铝合金板材透射电子明场显微照片显示晶界无析出带

注：慢速冷却导致晶界上析出平衡相 η。

Lifshitz 和 Slyozov 在扩散速率受限的条件下，进行了数学推导，得出粒子的平均半径按式（2-3）长大

$$r^3 - r_0^3 = \frac{8\gamma c_\infty \nu^2 D}{9R_g T} \tag{2-3}$$

式中，r 是所有粒子的平均半径；γ 是粒子表面张力或表面能；c_∞ 是粒子或析出相的固溶度；ν 是析出相的摩尔体积；D 是析出相的扩散系数；R_g 理想气体常数；T 是热力学温度。Wagner 重复了这个推导过程。然而，由于当年这两篇论文发表在铁幕（Iron Curtain）的对立面（译者注：铁幕是指冷战时期，将欧洲分为两个受不同政治影响区域的界线），因此多年来，人们一直没有注意到这种重复的推导过程。直到 1975 年，Kahlweit 才注意到这两种理论是完全相同的，并将它们结合到 Lifshitz – Slyozov – Wagner 理论中。

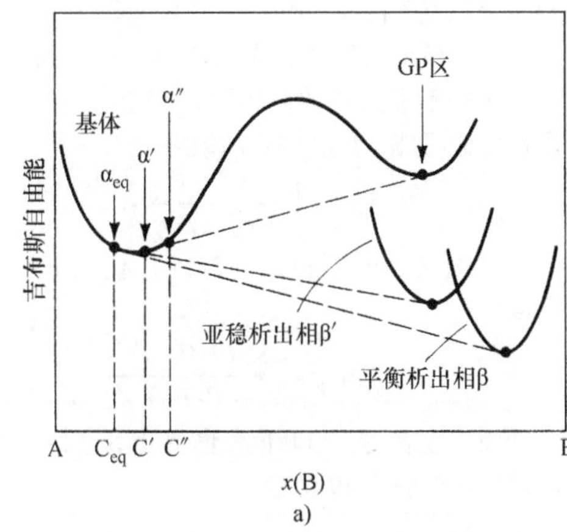

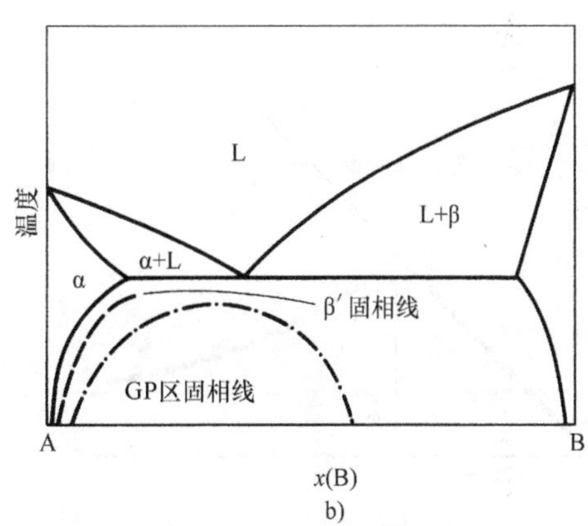

图 2-17　吉布斯自由能成分图以及析出序列中亚稳态和稳态平衡相的固溶度曲线

a）吉布斯自由能成分图　b）析出序列中亚稳态和稳态平衡相的固溶度曲线

注：图 a 中的切点为在给定温度下，基体相成分（C″，C′和 C_{eq}）和各析出相成分之间的关系。由该切线可知，细小的 GP 区对应的基体具有更高的固溶度。图 b 假设相图为亚稳态和稳态的固溶度曲线。

通过非共格界面的移动，或通过扩散的台阶机制（Ledge Mechanism）共格层增厚，析出相发生长大。当含有 GP 区或半共格中间相的合金加热到固溶度分解曲线以上温度时，将发生逆转过程，析出相会重新溶入基体中。

析出强化合金的强度是由细小的弥散第二相（或析出相）与位错交互作用引起的。有切过或剪切（Cutting or Shearing）以及弓出或绕过（Bowing or Bypassing）两种强化机制，如图 2-18 所示。

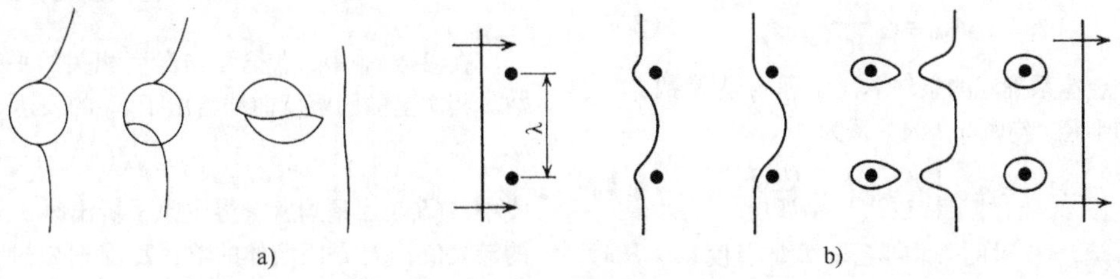

图 2-18　析出强化机制

a）位错切过粒子　b）根据 Orowan 弥散强化机制位错绕过析出相强化

通过位错剪切机制提高的材料强度是

$$\tau_c = \frac{\pi r\gamma}{bL} \qquad (2\text{-}4)$$

式中，τ_c 是切过产生的材料强度；r 是析出相半径；γ 是表面能量；b 是柏氏矢量的大小；L 是析出相间距。该方程表明，材料的强度与析出相半径成正比。

通过位错绕过机制提高的材料强度是

$$\tau_b = \frac{Gb}{L-2r} \qquad (2\text{-}5)$$

式中，τ_b 是位错弓出或绕过析出相产生的材料强度；G 是剪切模量；b 是柏氏矢量的大小；L 是析出相间距；r 是析出相半径。该方程表明，材料的强度与析出相半径成反比。

以上方程表明，当析出相半径达到临界尺寸时，合金强度达到最高，如图 2-19 所示。

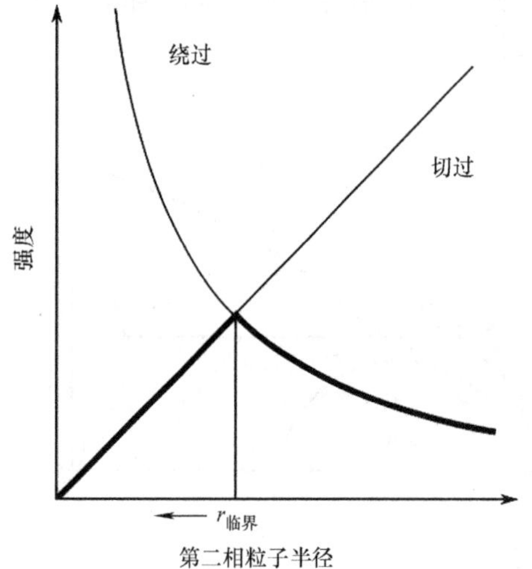

图 2-19　弓出或绕过析出相和切过或剪切析出相的效果

注：图中显示出最大强度粒子的临界尺寸。

强度增量与切过的析出相体积分数 f、析出相平均半径 r 的关系为

$$\Delta\sigma_{ps} = c_1 f^{1/2} r^{1/2} \qquad (2\text{-}6)$$

强度增量与绕过的析出相体积分数 f、析出相平均半径 r 的关系为

$$\Delta\sigma_{pb} = c_2 \frac{f^{1/2}}{r} \qquad (2\text{-}7)$$

在合金体系确定的条件下，c_1 和 c_2 为常数。

平均半径 r 与时间 t 的关系为

$$r^3 = r_0^3 + c_3\left[\frac{t}{T}\exp\left(-\frac{Q}{RT}\right)\right] \qquad (2\text{-}8)$$

式中，r_0 是 $t=0$ 时的平均半径；T 是温度；Q 是时效激活能。Shercliff 等人对时效曲线的研究表明，在很宽的温度范围内，式（2-8）中括号内的数值是一个常数。他们建议用 P 代替括号内的一项，称其为热处理工艺中的动强度（Kinetic Strength）。采用峰值强度 P_p，可将动强度归一化 $\left(峰值强度时，\frac{P}{P_p}=1\right)$。在大部分时效曲线上，析出相半径 r 比初始状态析出相的半径 r_0 大得多（$r_0 << r$），则式(2-8)可写成

$$r = c_4\left(\frac{P}{P_p}\right)^{1/3} \qquad (2\text{-}9)$$

分别将 r 代入切过机制和绕过机制的强度增量方程，得到屈服强度增量分别为

$$\Delta\sigma_{ps} = 2S_0\left(\frac{P}{P_p}\right)^{1/6} \qquad (2\text{-}10)$$

$$\Delta\sigma_{pb} = 2S_0\left(\frac{P}{P_p}\right)^{-1/3} \qquad (2\text{-}11)$$

将式中所有常数合并为一个参数 S_0，该常数的单位为强度单位。

由于析出相尺寸分布的原因，从剪切粒子到绕过粒子是平滑过渡的，如图 2-19 所示。Grong 认为平滑过渡可能是调和均数的结果

$$\Delta\sigma_p = \left[\frac{1}{\Delta\sigma_{ps}} + \frac{1}{\Delta\sigma_{pb}}\right)^{-1} \qquad (2\text{-}12)$$

将式（2-10）和式（2-11）代入式（2-12），得到

$$\Delta\sigma_p = \frac{2S_0\,(P/P_p)^{1/6}}{1+(P/P_p)^{1/2}} \qquad (2\text{-}13)$$

该方程表明，当峰值强度等于 S_0 时，存在一条主曲线，如图 2-20 所示。

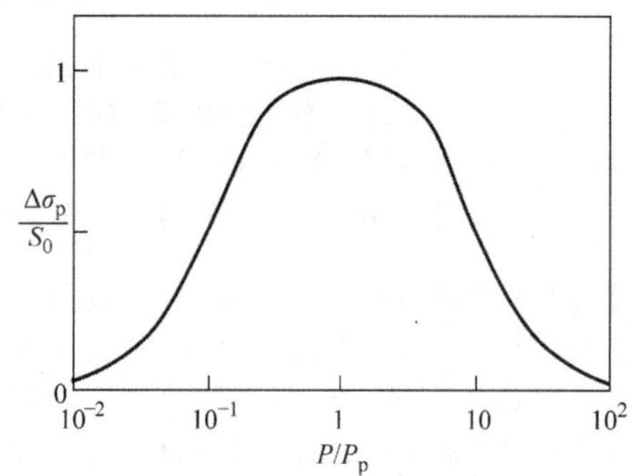

图 2-20　析出强化主曲线

在参数 S_0 中，包含了与温度相关的平衡体积分数。相图上的固溶度曲线给出了 S_0 的表达式

$$(S_0)^2 = (S_0)^2_{max}\left[1 - e^{\frac{Q_s}{R}\left(\frac{1}{T}-\frac{1}{T_s}\right)}\right] \qquad (2\text{-}14)$$

式中，$(S_0)_{max}$ 是当所有溶质原子析出时，S_0 可得到的最大值；Q_s 是固溶体的焓；T_s 是时效过程中析出析出相的固溶度温度。通过校准模型与时效曲线的峰值，可得到 P_p、Q_s、$(S_0)_{max}$ 和 T_s 的值（译者注：

原文中此处多了一项 Q_s）。

通过找出在不同温度下达到峰值的时间，可直接确定 P_p。以 ln（t_p/T）为纵坐标，以 $1/T$ 为横坐标，绘制 Arrhenius 曲线，其斜率为 Q。根据式（2-14），以 S_0 和温度 T 为坐标绘图，可得到 $(S_0)_{max}$、Q_s 和 T_s 值。图 2-21 所示为以 6061 合金为例绘制的曲线。

该模型已应用于 6×××和 2×××系列合金，在自然时效、人工时效和回归处理中，与试验数据具有很好的一致性。图 2-22 所示为对 6061 合金人工时效的预测结果。

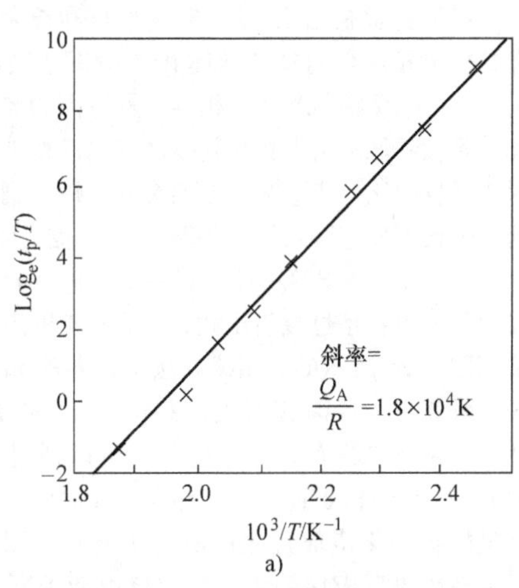

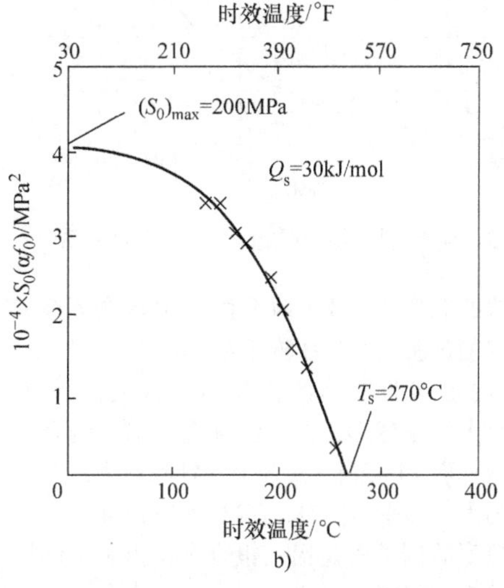

图 2-21　6061 合金等温时效校准模型

a）根据 Arrhenius 方程确定激活能 Q　b）根据不同温度的析出相体积分数确定 T_s 和 $(S_0)_{max}$ 值

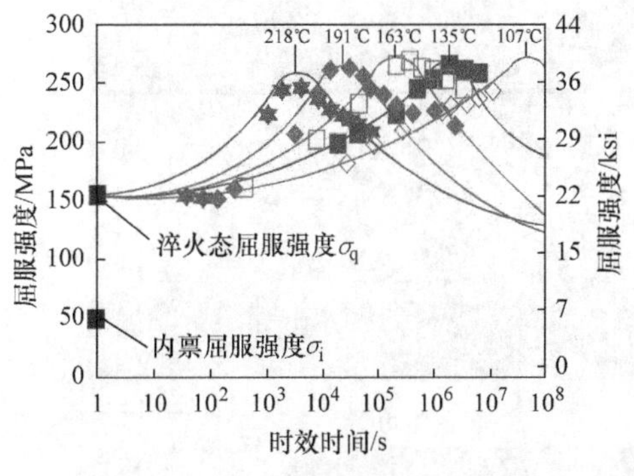

图 2-22　6061 合金的等温时效预测曲线

2. 普遍的析出序列

在许多析出系统和几乎所有商用时效强化铝合金中，在过饱和基体中析出平衡相前，通过多级析出路径形成一个或多个亚稳相。达到平衡的方法受激活能垒（形核）的控制，能垒将初始状态与低自由能状态分开。通常，过渡析出相的晶体结构与基体相似，在形核过程中形成低能量的共格界面。

（1）GP 区的形核　通常析出序列开始于 GP 区形核（Guinier 和 Preston 通过 X 射线衍射研究发现），GP 区先是形成富含溶质原子与基体共格的原子团，而后在合金体系的亚稳态混溶间隔中分离析出。

在合金析出的情况下，只有原子错配度小于 10%，才会形成 GP 区。在晶体点阵中 GP 区均匀形核，空位起到了特别重要的作用。研究表明，形核过程需要有一个临界空位浓度，形核模型包含了与固溶温度和淬火速率相关的空位/溶质原子团。为了解释在相对较低的温度下观察到的 GP 区形成速率，采用了与较高温度的数据外推的形成速率进行相比，而较高温度下的扩散速率要比较低温度下的高几个数量级。

通过精确测量电阻率、密度的相对变化和晶格参数与温度的关系，来确定铝的空位平衡浓度随温度的变化，如图 2-23 所示。通过空位辅助扩散机制，保留了在非平衡条件下的高空位浓度，提高溶质原子迁移率，解释了在较低温度下 GP 区高速形成的原因。空位除了基本作用外，它和各种溶质原子之间也存在着交互作用，影响着时效动力学，并使痕迹元素的影响变得非常重要。

由于 GP 区体积小且与基体保持共格，因此是最先形核区域。GP 区的界面能非常低，形核所需越过的能垒非常低，形核的驱动力不像形成最终相那样高。通常 GP 区呈微小球状或圆盘状颗粒，这些颗粒大约有两个原子层厚，直径约为几纳米，与基体材

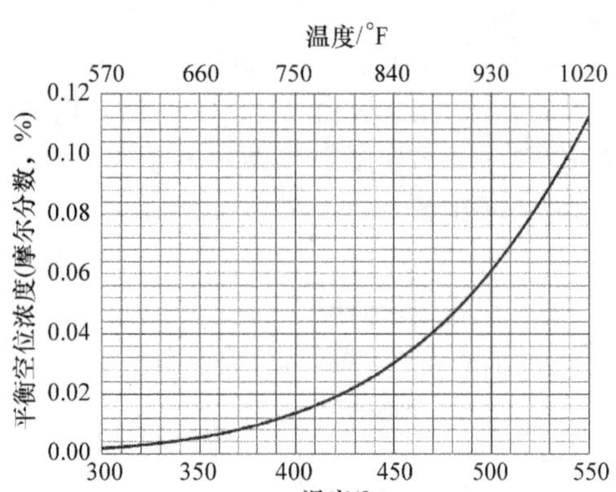

图 2-23 纯铝的平衡空位浓度与温度的关系

料晶体结构的低弹性指数方向垂直。GP 区会逐渐成长为亚稳定的过渡相，最终转变为平衡相。

GP 区的形状与具体的合金体系有关，例如，铝－锌合金大致呈球形；铜－铍合金和铝－铜合金大致呈片状；而 Al－Mg－Si 合金呈针状。当溶剂和溶质原子的大小几乎相同时，GP 区是球形或大致等轴状。最典型的例子就是铝－银合金，铝和银的原子尺寸几乎完全相同。

当基体和溶质原子尺寸不同时，GP 区完全以不同的方式形成。在传统的铝－铜合金中，最先形成的 GP 区是富铜小片状，相距约为 100Å，直径为 100Å，根据时效处理工艺，其厚度从单个原子层到几个原子层。片状 GP 区与铝基体共格，由于较小铜原子的富集，造成基体的晶格发生畸变，并在富铜片状 GP 区方向产生变形。富铜片状 GP 区与铝基体{100}面平行，在<100>晶向产生变形，其影响深度至少是 15 个原子层。

（2）过渡析出相　从 GP 区形核和长大的相称为过渡析出相。它们具有基体和平衡相之间的晶体结构。由于平衡相与基体不相容，具有高的界面能，由此过渡相降低了析出相和基体之间的应变能，使其在形核过程中比形成平衡相更加有利。铝－铜合金体系的一个典型反应序列如图 2-24 所示，也可以写成

$$\alpha_0 \rightarrow \alpha_1 + \text{GP 区} \rightarrow \alpha_2 + \theta'' \rightarrow \alpha_3 + \theta' \rightarrow \alpha_{eq} + \theta$$

式中，θ′和 θ″是过渡析出相；θ 是平衡析出相。可以采用图 2-25 所示的公切线方法确定各相和基体的成分。随着每一种新相析出，基体（α）中的铜逐渐耗尽。由于晶格存在共格应变，可以通过透射电镜观察到 GP 区和 θ″过渡相的存在。在时效过程中，更稳定的新相逐步取代之前所析出的相。图 2-25b 所示为在析出反应序列中，总的自由能不断下降的过程，降低的阶梯大小取决于析出反应序列中的相变激活能。

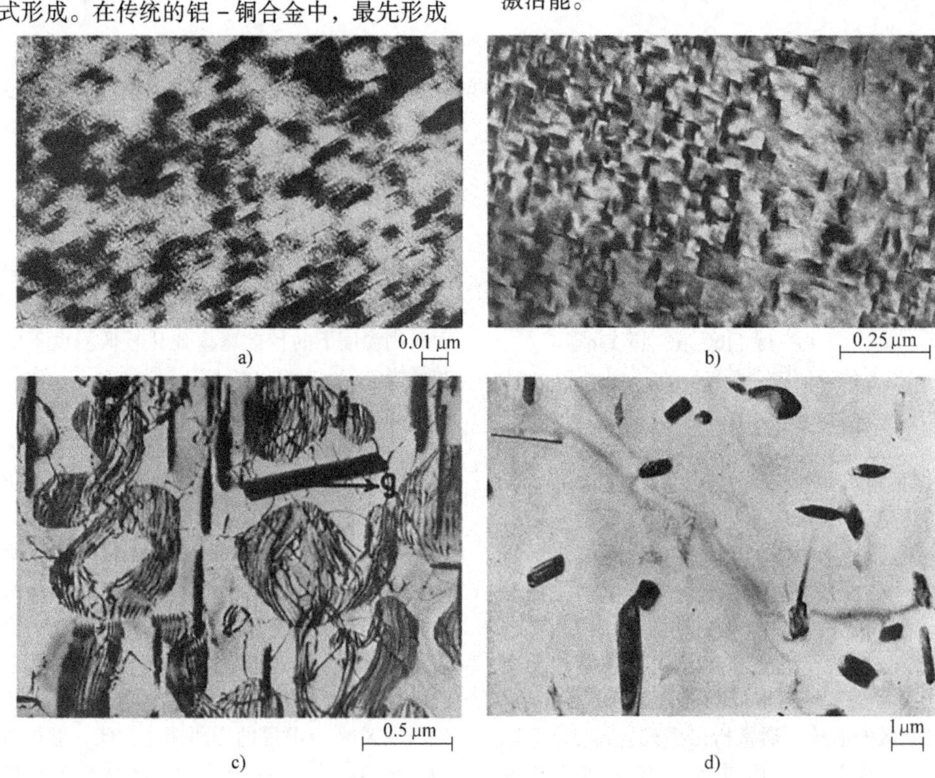

图 2-24 铝－铜合金中析出序列的透射电子显微照片
a）GP 区 b）θ″相 c）θ′相 d）θ 相

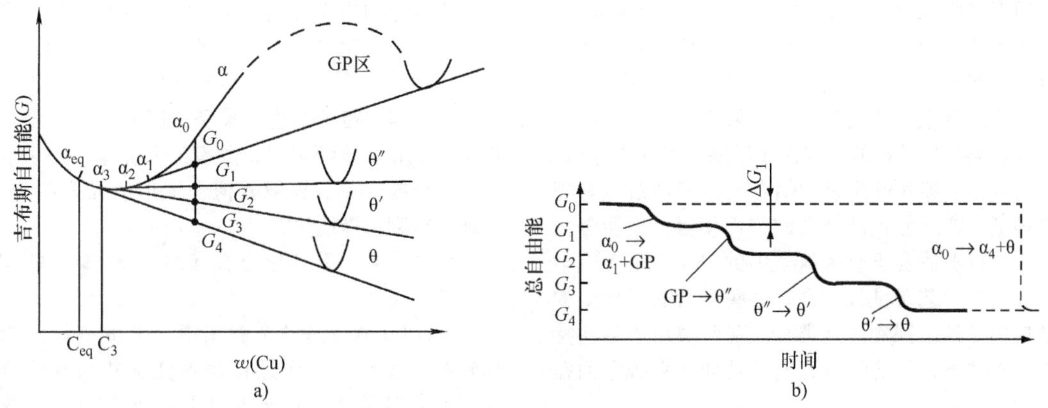

图 2-25 铝－铜合金析出序列自由能曲线

a）基体中相成分切线自由能曲线 b）分级转变过程中自由能的分级降低

因为过渡中间析出相间距和晶格应变能有效地阻碍位错运动，为了最大限度地提高强度，通常选择在得到析出中间相的区间进行时效。超出最大强度的时效过程称为过时效，此时随着析出相尺寸和间距增大，析出强化的效果明显降低。

（3）平衡析出相　一般来说，平衡析出相的晶体结构和成分不同于原基体组织。在温度处于固溶度分解温度时，相变驱动力为零，析出速率为零。随温度逐渐降低，可能会形成平衡相组织，但由于形成高能界面所要求的激活能高，形核的概率非常低。而当温度远低于固溶度分解温度时，自由能足够大，能形成通过弹性变形与基体共格的相。因此，尽管总的自由能变化较小，但高能共格过渡相的形核速率相对较大，这就是亚稳态过渡相的固溶度分解温度。图 2-25 对有应变析出和无应变析出的相平衡进行了说明和解释。

因此，可以从亚稳态固溶体中形成两种类型的析出相。在低于平衡相固溶度分解温度，但相对较高的温度条件下，非共格析出相可能形核和长大；在低于亚稳相固溶度分解温度的条件下，则易形成低表面能、高应变共格的析出相。

过渡相结构强化的机理是，在产生应变的晶格和析出相粒子的共同作用下，阻碍了位错的运动。伴随析出反应进一步发展，过渡相粒子长大，共格应变不断增加，当达到和超过界面的强度时，共格界面消失。通常，这与析出相从过渡相结构变化到平衡相的过程是相吻合的。随着共格应变消失，合金的强化效果降低。当形成平衡相粒子时，析出强化效果逐渐消失，合金的强度进一步降低。在出现平衡析出相的情况下，过渡相会发生溶解，以利于平衡相粒子不断长大。

2.1.5 具体合金体系的析出

几乎没有例外，商用可热处理强化铝合金都是采用三元或四元合金体系，这些合金体系中的溶质原子也多是通过析出强化来提高合金强度。通过热处理可以显著提高强度和硬度的商用合金包括 2×××、6×××和 7×××系列变形铝合金（7072 合金除外），以及 2××.0、3××.0 和 7××.0 系列铸造铝合金。其中，部分铝合金只含有铜，或铜和硅，将其作为主要的强化合金元素。然而，大多数可热处理强化铝合金都含有镁，还添加了铜、硅和锌等其他多种元素。在这些元素的共同作用下，少量的镁也能极大地提高析出强化效果，例如，在 6×××系列合金中，硅和镁质量分数之比大约是形成硅化镁（Mg_2Si）所需要的比例。虽然 6×××系列合金不如大多数 2×××和 7×××系列合金的强度高，但 6×××系列合金除具有中等强度外，还具有良好的成形性能、焊接性能、机械加工性能和耐蚀性。

除部分特殊合金（如 2024、2219 和 7178）外，可热处理强化变形铝合金在低于合金共晶温度（最低熔点温度）的条件下，合金中溶质元素的含量在固溶度极限以内。相比之下，部分 2××.0 系列和所有 3××.0 系列铸造铝合金含有大量合金元素，远远超过了固溶度极限。在这些合金中，超过固溶度极限的元素与铝结合形成初晶未溶相，尽管未溶相会发生部分溶解，形状可能会发生改变，但未溶相一般不再发生溶解。

大多数可热处理强化铝合金都可进行多级时效析出，其强度变化类似于铝－铜合金体系。在商用铝合金中，采用复合添加主加合金元素和附加元素的方法，使铝合金能进行不同的热处理，以得到不同的物理、力学和电化学性能，应用于不同的场合。部分铝合金，特别是铝合金铸件，其硅含量远超过了固溶度极限或超过了提高强度所需要的添加量。硅在这里的功能主要是改善铸件的完整性和避免铸件开裂。与锰、镍和铁等对微观组织的作用相同，硅还能提高合金的耐磨性。通常采用这类铝合金生产汽油和柴油发动机的零部件（活塞、气缸体等）。

含有银、锂和锗元素的铝合金也能通过热处理提高强度。锂既能提高合金的弹性模量，又能降低其密度，特别适合于航天航空中的应用。由于成本问题和生产工艺难度大，含有这些元素的铝合金的商业应用受到了限制。这类合金现已被用于某些特殊服役条件下，目前的研究重点是如何克服它们在生产中存在的缺点。

以铜作为主加合金元素，而不含镁的合金，通过添加少量锡、镉或铟或这些元素的组合，可以大大提高合金的析出强化效果。添加这些元素的合金已实现商业化生产，但由于工艺成本高，加工受到限制，现还未投入大批量生产。例如，在添加镉的情况下，需要特殊的生产设备，以避免在合金化过程中产生和释放镉蒸气，危害工人健康。将来这类合金，以及含银、锂或其他粒子形成元素的合金，可能会得到选择性的应用。

1. 2×××系列铝合金（Al－Cu体系和Al－Cu－Mg体系）

Al－Cu体系是整个商用铝合金的基础。除添加铜外，这些合金中还可添加镁、硅和其他合金元素。常见的2×××系列变形铝合金的成分见表2-11。

表2-11 常见的2×××系列变形铝合金的成分

合金牌号	成分（质量分数,%）						
	Si	Cu	Mn	Mg	Ni	Ti	其他
2011	0.4max	5.0~6.0	—	—	—	—	0.4Pb，0.4Bi
2014	0.5~1.2	3.9~5.0	0.4~1.2	0.2~0.8	—	0.15max	—
2017	0.2~0.8	3.5~4.5	0.4~1.0	0.4~0.8	—	0.15max	—
2018	0.9max	3.5~4.5	—	0.4~0.9	1.7~2.3	—	—
2024	0.5max	3.8~4.9	0.3~0.9	1.2~1.8	—	0.15max	—
2025	0.5~1.2	3.9~5.0	0.4~1.2	—	—	0.15max	—
2036	0.5max	2.2~3.0	0.1~0.4	0.3~0.6	—	0.15max	—
2117	0.8max	2.2~3.0	0.2~0.5	—	—	—	—
2124	0.2max	3.8~4.9	0.3~0.9	1.2~1.8	—	0.15max	—
2218	0.9max	3.5~4.5	—	1.2~1.8	1.7~2.3	—	—
2219	0.2max	5.6~6.8	0.2~0.4	—	—	0.02~0.1	0.1V、0.18Zr
2319	0.2max	5.6~6.8	0.2~0.4	—	—	0.1~0.2	0.1V、0.18Zr

（1）Al－Cu体系可热处理强化铝合金 现人们已对铝－铜合金体系进行了深入的研究，铝－铜合金体系成为了经典时效理论的实例。然而，目前还没有直接使用简单的商用铝－铜合金，现在大量使用的是Al－Cu－Mg变形铝合金或Al－Si－Cu－Mg铸造铝合金。

过饱和固溶体的分解形成θ″、θ′和θ（Al_2Cu）相。这些相分别是共格、半共格的和非共格的。在θ″相形成之前，在过饱和固溶体中形成了GP区。这些相在化学计量学上接近Al_2Cu相。该反应序列是

$$\alpha_{ss} \to \text{GP区} \to \theta'' \to \theta' \to \theta\ (Al_2Cu)$$

其中，θ″相在形成初期是在基体的［100］方向形成薄盘片状（厚度小于1nm），其薄盘厚度为几个原子层的厚度。

图2-26所示为$w(Cu)=4\%$的铝合金采用两种不同温度时效时，析出相与硬度之间的关系。采用

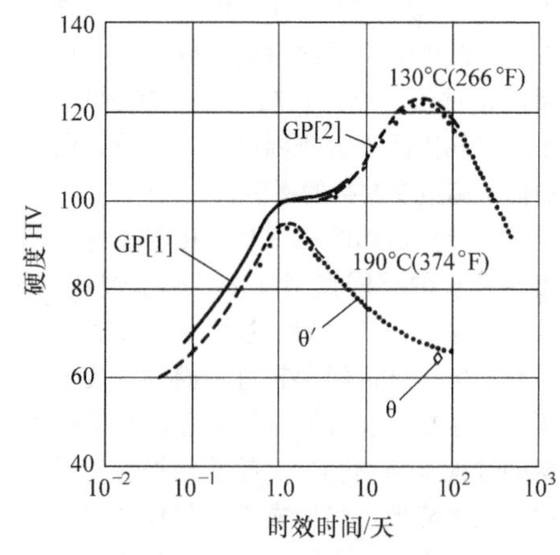

图2-26 Al－4%Cu合金在两种不同温度时效组织与硬度之间的关系

较低温度时效时，最初的强化机制是析出了 GP 区，与第二阶段通过析出 θ″相强化截然不同。当 θ″相的数量达到最多时，合金达到最高的硬度和强度，此时 θ′相对强化也可能有一些贡献。随着 θ′相数量的增加，粒子长大并逐步失去共格，与此同时 θ″相的数量减少，出现过时效。当平衡相 θ 出现时，合金的硬度将降至最低。图 2-24 所示为在析出过程中各析出相的透射电镜照片。

（2）Al－Cu－Mg 体系可热处理强化铝合金　在铝－铜合金中加入镁的主要作用是改善热处理效果。在铝－铜系列铸造和变形铝合金中，添加质量分数为 0.5% 的镁就能有效地改变时效特性。对于部分变形铝合金，采用室温时效，在提高强度的同时可以得到高的塑性；采用人工时效，可进一步提高强度，特别是屈服强度，但会牺牲塑性。在锻件产品中，添加镁元素，采用人工时效，能最大限度地提高合金的强度。

以 Al－Cu 体系和 Al－Cu－Mg 体系为基础的合金，是最早的可热处理强化的高强度铝合金，一直是各种可热处理强化铝合金的基础。该合金体系的主加合金元素为 $w(Cu)=4.0\%\sim4.5\%$ 和 $w(Mg)=0.5\%\sim1.5\%$。在主加元素的基础上，添加铁、锰、镍或硅等其他元素，合金可通过热处理强化，从而开发出一系列应用广泛的合金。其中包括在 Al－Cu－Mg 体系中添加锂（如 209× 和 809× 合金）作为轻量化合金，这类合金目前在航空工业中的应用有限，但其应用正在不断增长（见本章中“铝－锂可热处理强化铝合金”一节）。此外，新开发出了成分为 Al－0.2%～0.6%Cu－1%～4%Mg 合金，该合金可能能够替代 Al－Mg－Si 系列合金，作为汽车车身的材料。

在铝－铜合金中加入镁，可明显加速和强化自然时效强化的效果，其原因是镁与空位和其他两个溶质元素之间发生了极为复杂的交互作用。有人提出铜和镁形成原子对的观点，这种原子对可能对位错产生钉扎作用，从而导致强化。从 Al－Cu－Mg 三元合金 200℃（390℉）等温相图的富铝端可以看到，添加镁还可以形成更多的金属间化合物。

在铝－铜合金中加入镁，形成 Al_2Cu 和 Al_2CuMg（S）两个强化相，扩大了合金可能的强化范围。微观组织和相结构与合金的成分密切相关，图 2-27 所示为不同的铜和镁含量得到的相区。随着镁含量的增加和铜/镁比的增加，合金的硬度明显提高。

Al－Cu－Mg 三元合金等温相图的富铝端（图 2-27）含有数个不同的相。除了 Al_2Cu（θ）相

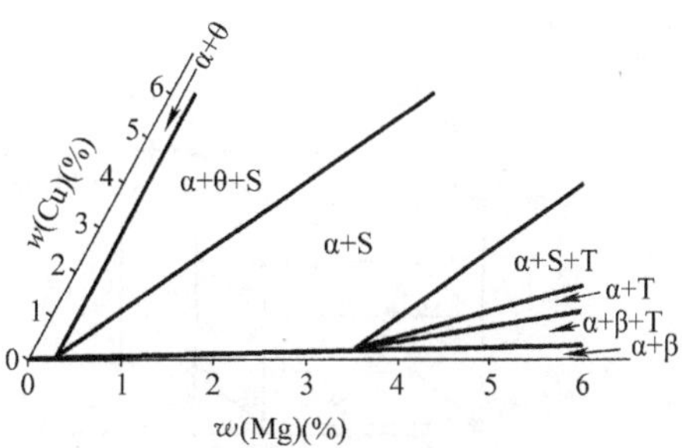

图 2-27　Al－Cu－Mg 合金的相区与合金中铜和镁含量的关系

外，相图中还有两个三元金属间相和铝固溶体（α）相。这两个三元金属间相分别为 S 相（Al_2CuMg）和 T 相（Al_6CuMg_4）。在很大程度上，商用 Al－Cu－Mg 合金系列的析出强化序列取决于合金的具体成分，即合金成分是处于 α＋θ 相区，α＋S 相区，还是 α＋S＋T 相区。

在低镁商用铝合金中，主要的析出相是 $CuAl_2$（θ）相；在高镁 Al－Cu－Mg 合金中，S 相占主导地位。例如，合金 2014（与 Wilm 发现的具有析出硬化的 Al－4Cu－0.6Mg 合金相似）位于 α＋θ＋S 相区；合金 2024（Al－4.2Cu－1.5Mg－0.6Mn）也位于 α＋θ＋S 相区。α＋S＋T 相区中的合金在高温下的软化速度较慢，它们的抗拉强度小于 α＋S 相区中的合金，因此其商业价值有限。

在低镁铝合金中，析出序列与铝－铜合金的情况是一样的

$$\alpha_{ss}\rightarrow \text{GP 区}\rightarrow\theta''\rightarrow\theta'\rightarrow\theta(Al_2Cu)$$

在高镁铝合金中，观察到了 S′和 S 相（Al_2CuMg）。过渡相 S′的化学成分和晶体结构与平衡相 S 基本相同。当铜与镁的质量分数之比为 2.2（在 α＋S 相区中）时，析出序列遵循

$$\alpha_{ss}\rightarrow \text{GPB 区}\rightarrow S''\rightarrow S'\rightarrow S$$

专用名称 GPB（Guinier－Preston－Bagaryatsky）区首次出现在 Silcock 的研究工作中，他认为这与早期在铝－铜合金中发现的 GP 区不同。虽然前面提到的 GPB 区析出序列经常被引用，但对该相的结构的认识现是有争议的。

Perlitz 和 Westgren 对 S′/S 相（Al_2CuMg）进行了多方面的报道。Mondolfo 认为 Perlitz 和 Westgren 对该相结构进行了修改，修改了部分铜和镁原子的坐标位置。Jin 等人提出了该相属于 Pmm2 空间群的一种正交结构相，高分辨率电子显微镜（HREM）和选择区衍射谱（SAD）研究表明，Mondolfo 的观点是正确的。图 2-28 所示为这三种模型的比较。

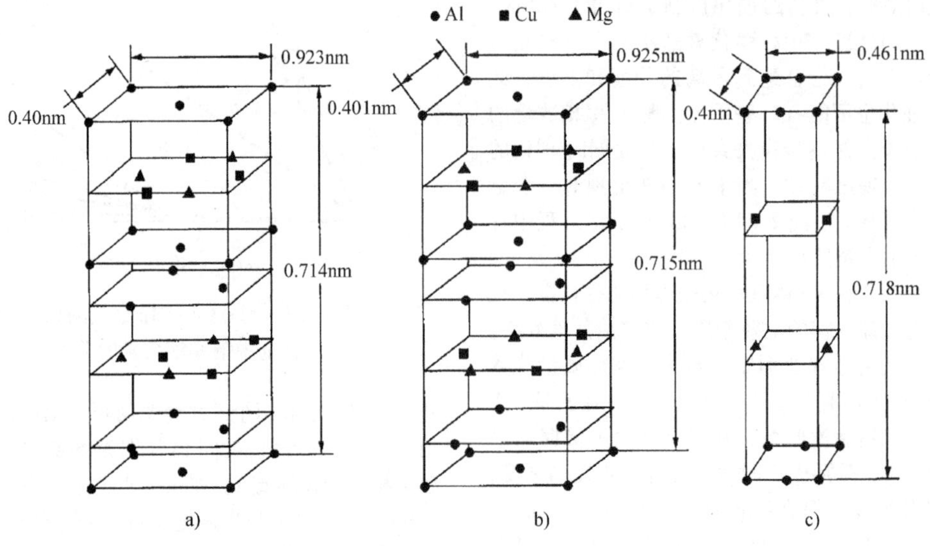

图 2-28　S 相模型

a）Perlitz Westgren 提出的模型　b）Mondolfo 提出的模型　c）Jin 等人提出的模型

Bagaryatsky 提出了一种中间结构相 S″，该相与 S 相密切相关且与铝基体共格，有研究报道 S″相为正交晶系，也有报道称其为单斜晶系。Wang 和 Starink 重新采用高分辨率电子显微镜（HREM）和选择区衍射谱（SAD）对 S″相进行了检验，得出的结论是它属于正交晶系。

GPB 区存在的证据最初是基于 X 射线漫散射所产生的弱衍射效应。GPB 区很有可能是铜和镁的共聚簇。

在很大程度上，Al－Cu－Mg 合金的析出强化取决于时效形成的析出相。具体的强化析出相是由相图中合金的铜与镁质量分数比（图 2-27）决定的。对所有合金来说，当发生两个阶段的硬化时，可以通过一个稳定的平台期将其分开。首先是快速硬化的初始阶段，中间是稳定的平台期，最后是硬度达到峰值的第二个硬化阶段。图 2-29 所示为时效中硬度变化的不同阶段。

时效主要与 GP 区和 S 相形成有关，这与 Al－2.62Cu－1.35Mg 合金在 190℃（375℉）时效的电导率变化是一致的，如图 2-30 所示。在硬化的第一阶段，随着铜和镁共聚簇的形成，电导率会降低。在稳定的平台期，电导率恒定不变，这表明铜和镁共聚簇还在长大。平台期结束和硬度达到峰值与电导率的提高密切相关，其原因是溶质原子数量减少，S 相形成。进一步时效会导致析出相粗化，合金硬度降低。

（3）Al－Cu－Li 体系和 Al－Cu－Mg－Li 体系

在 Al－Mg 合金中添加锂，可以形成大量的复杂金属间化合物相，见表 2-12。

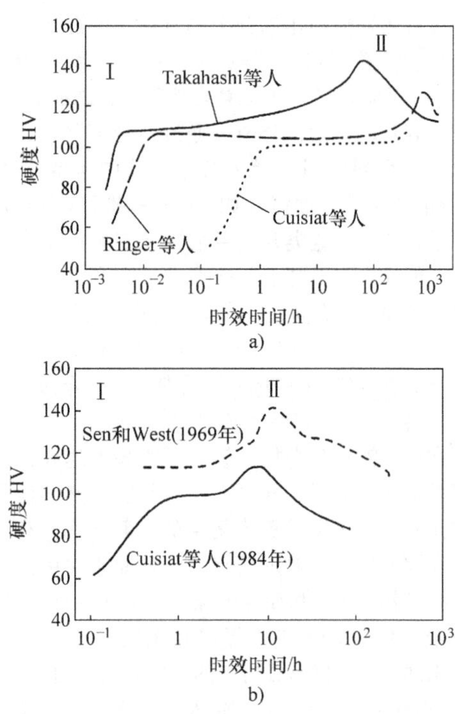

图 2-29　几种不同 Al－Cu－Mg 合金的时效曲线

a）Al－2.55Cu－1.49Mg、Al－2.55Cu－1.49Mg 和 Al－2.8Cu－1.4Mg 合金在 150℃（300℉）时效

b）Al－3.3Cu－1.6Mg 和 Al－2.8Cu－1.4Mg 合金在 190℃（375℉）时效

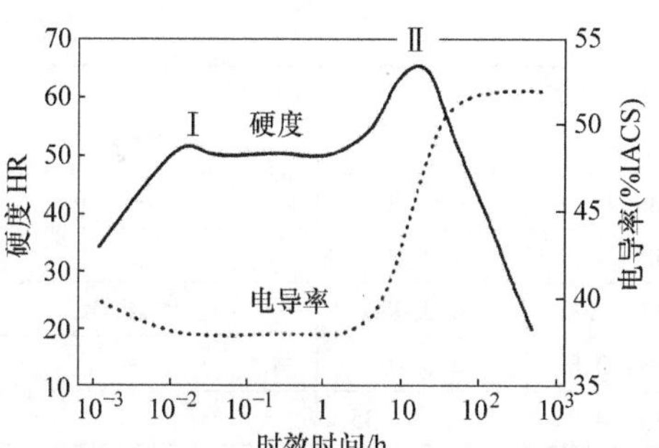

图 2-30 Al-2.62Cu-1.35Mg 合金的电导率和洛氏硬度与在 190℃（375℉）时效时间的关系

表 2-12 Al-Cu-Mg-Li 合金中已报道的金属间化合物

金属间化合物相	结构
T2-Al_5Cu（Li，Mg）$_3$	二十面体，m35 点群
Z-Al_6Cu（Li，Mg）$_3$	$P6_3/mmc$，$a=1.403nm$，$c=2.8nm$
C-Al_6Cu（Li，Mg）$_3$	正方晶系，$P4_2/mmc$，$a=1.4nm$，$c=5.4\sim6.0nm$
τ-Al_6（Cu，Zn）Li_3	$P4_2/mmc$，$a=1.39nm$，$c=8.245nm$
O-Al_6Cu（Li，Mg）$_3$	正交晶系，$a=1.35nm$，$b=1.38nm$，$c=16.22nm$
R-Al_5Cu（Li，Mg）$_3$	Im3，CaF_2 型，$a=1.39nm$
R′-Al_5Cu（Li，Mg）$_3$	Pm3n，$a=1.39nm$
Y-Al_5Cu（Li，Mg）$_3$	面心立方，$a=2nm$
δ-AlLi	NaTi 型，$a=0.637nm$
T-Al_2LiMg	Fd3m，$a=2.058nm$

在 Al-Cu-Mg-Li 合金中，一般通过添加锆来控制晶粒的结构。分散微粒子是 $L1_2$ 结构有序的 β′（Al_3Zr）相。在铸造合金均匀化处理过程中形成 Al_3Zr 相，由于它们在铝中的固溶度低和铝基体的扩散速度慢，其稳定性非常高。这些析出相能有效地钉扎晶界和亚晶界。此外，由于 Al_3Zr 的晶格参数略大于铝，而 Al_3Li 的晶格参数较小，共格的 Al_3Zr 析出相为主要强化相 Al_3Li 提供了非均匀形核位置。

与其他高强度铝合金相比，Al-Cu-Mg-Li 合金的密度低，人们已对其进行了大量的研究。由于强度和密度上的优势，作为航空合金，它们已用于生产许多航空零部件。

在任何一种合金的时效过程中，通常会有多达三种不同析出序列。这些序列包括 $L1_2$ 结构有序的 δ′（Al_3Li）相、S（Al_2CuMg）相序列、θ（Al_2Cu）相序列，以及一个形成片状 T1（Al_2CuLi）相的序列。

前面已对 S 相析出序列、θ 相析出序列进行了讨论。T1 相在 Al-Cu-Li 系列的 2090 合金的位错处和晶界处析出。添加镁，提高和促进了片状 T1 相在基体中的均匀弥散析出。

Al-Cu-Mg-Li 合金的相平衡取决于三种合金元素的质量分数比。当铜与锂的质量分数比为 2∶3 时，合金中的 T1 相将优先生长。当铜与锂的质量分数比较低时，T1 相以消耗 δ 相为代价长大，添加合金元素铜和镁，降低锂在铝中的固溶度，将导致 T1 相和 S′相等的析出。在 8090 合金中，T1 相和 S′相是主要的析出强化相。添加镁元素并采用 T6 工艺的 Al-Cu-Mg-Li 合金，在早期时效阶段析出细小弥散的 θ″相和 GP 区，可使合金的屈服强度提高 30%，添加更多的镁元素（质量分数为 0.5%～1.0%），抑制了 θ′相的形成，并析出了 S′相。

铜和锂的含量明显影响着 Al-Cu-Li 合金的韧性。过时效处理即使使合金的强度显著降低，也并不能改善其断裂韧性。高锂铝合金进行欠时效处理，晶界上几乎没有析出，断裂形式主要是穿晶和沿晶断裂。

2. 6×××（Al-Mg-Si）系列铝合金

Al-Mg-Si 合金体系中包含铝固溶体和金属间化合物 Mg_2Si 形成的准二元共晶转变。在共晶温度下，Mg_2Si 相在铝固溶体中的固溶度为 1.85%，在室温时下降至 0.1%。含有 0.6%（质量分数）以上 Mg_2Si 的合金具有明显的析出强化。表 2-13 为所列 6×××系列变形铝合金合金的典型成分。

表 2-13 6×××系列变形铝合金的典型成分

合金牌号	成分（质量分数,%）					
	Si	Cu	Mn	Mg	Cr	其他
6003	0.35～1.0	≤0.10	≤0.8	0.8～1.5	≤0.35	—
6005	0.6～0.9	≤0.10	≤0.10	0.4～0.6	≤0.10	—
6053	其他①	≤0.10	—	1.1～1.4	≤0.15～0.35	—
6061	0.4～0.8	≤0.15～0.40	≤0.15	0.8～1.2	≤0.04～0.35	—
6063	0.2～0.6	≤0.10	≤0.10	0.45～0.9	≤0.10	—

（续）

合金牌号	成分（质量分数,%）					
	Si	Cu	Mn	Mg	Cr	其他
6066	0.9~1.8	0.7~1.2	0.6~1.1	0.8~1.4	≤0.40	—
6070	1.0~1.7	0.15~0.40	0.4~1.0	0.50~1.2	≤0.10	—
6101	0.3~0.7	≤0.10	≤0.03	0.35~0.8	≤0.03	B≤0.06
6105	0.6~1.0	≤0.10	≤0.10	0.45~0.8	≤0.10	—
6151	0.6~1.2	≤0.35	≤0.20	0.45~0.8	0.15~0.35	—
6162	0.4~0.8	≤0.20	≤0.10	0.7~1.1	≤0.10	—
6201	0.5~0.9	≤0.10	≤0.03	0.6~0.9	≤0.03	B≤0.06
6253	其他①	≤0.10	—	1.0~1.5	0.04~0.35	1.6~2.4Zn
6262	0.4~0.8	0.15~0.40	≤0.15	0.8~1.2	0.04~0.14	(0.4~0.7Pb，0.4~0.7Bi)
6351	0.7~1.3	≤0.10	0.4~0.8	0.4~0.8	—	—
6463	0.2~0.6	≤0.20	≤0.05	0.4~0.9	—	—

① 合金中硅的质量分数是镁质量分数的45%~65%。

时效效应和特性与合金中镁与硅的质量分数比密切相关，过量的硅会极大地改变析出动力学和相组成。

可以将 Al-Mg-Si 系列变形铝合金分为三组。

在第一组中，镁和硅的总质量分数不超过1.5%。元素之间的比例几乎是平衡比例，或者硅含量略高。该系列合金中典型牌号是6063，广泛用于生产挤压建筑结构件。该易挤压合金名义成分上含质量分数为1.1%的 Mg_2Si。合金的固溶加热温度略超过500℃（930℉），具有低淬火敏感性。合金在热挤压后不需要重新加热进行固溶，可以采用压模空气淬火加人工时效达到中等强度，并具有良好的塑性和优良的耐蚀性。

在第二组中，名义成分（质量分数）包含1.5%以上的镁，还添加了硅和其他合金元素，如0.3%的 Cu。合金进行 T6 工艺处理，提高了强度。通过添加锰、铬、锆等元素，来控制晶粒结构。在该组合金中，如对结构合金6061进行 T6 工艺处理，其强度比第一个组中合金高约70MPa（10ksi）。第二组合金的固溶加热温度比第一组合金高，并且有淬火敏感性。因此，通常需要对其重新加热进行固溶处理，然后进行快速淬火和人工时效。

第三组包含大量的 Mg_2Si，成分与前两组合金的成分有所重叠，但硅的含量较高。将硅的质量分数提高约0.2%，可将 Mg_2Si 的质量分数为0.8%的合金强度提高大约70MPa（10ksi），但过量的硅不利于提高合金性能。镁降低了 Mg_2Si 的固溶度，因此，只有在 Mg_2Si 含量低的条件下，提高镁含量才有利于改善合金性能。在含有过量硅的合金中，硅在晶界处偏析，导致再结晶组织发生晶界断裂。

添加锰、铬或锆等合金元素，可以防止在热处理过程中发生再结晶，从而消除硅的不利影响。该组合金中的常用牌号是6009、6010和6351。6262合金中添加了铅和铋元素，提高了力学性能，它比2011合金具有更高的耐蚀性，也可作为一种易切削加工铝合金。三元合金通过析出 Mg_2Si 相的过渡相得到强化。随着铜的加入，将形成一种复杂的四元相 $Al_4CuMg_5Si_4$，四元相的过渡相能有效地强化合金。

该类合金的析出序列较为复杂，最初形成的是硅和镁各自和共聚的原子簇；接下来形成 GP 区、中间过渡相和平衡相 Mg_2Si。析出反应为

$$\alpha_{ss} \rightarrow (Mg) + (Si) + (Si,Mg) \rightarrow GP区$$
$$\rightarrow \beta'' \rightarrow \beta' \rightarrow \beta(Mg_2Si)$$

析出的第一阶段涉及两种截然不同的原子簇。在 Al-0.65Mg-0.72Si 合金淬火态组织中，发现了镁原子簇。在淬火后的组织中，硅原子簇迅速形成。过量的硅增加了析出动力学，降低了 Mg_2Si 的固溶度。$MgZn_2$ 析出相的电镜照片如图2-31所示。

3. 7×××（Al-Zn-Mg 和 Al-Zn-Mg-Cu）系列合金

在 Al-Zn-Mg 和 Al-Zn-Mg-Cu 合金体系中，构成了一系列重要的商用合金。其中包括变形铝合金（7×××系列）和铸造铝合金（7××.0系列）。表2-14所列为典型7×××系列合金的成分。

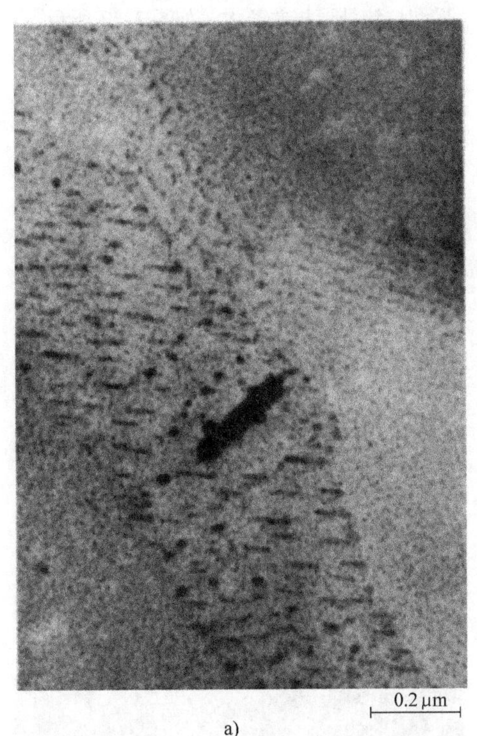

a)

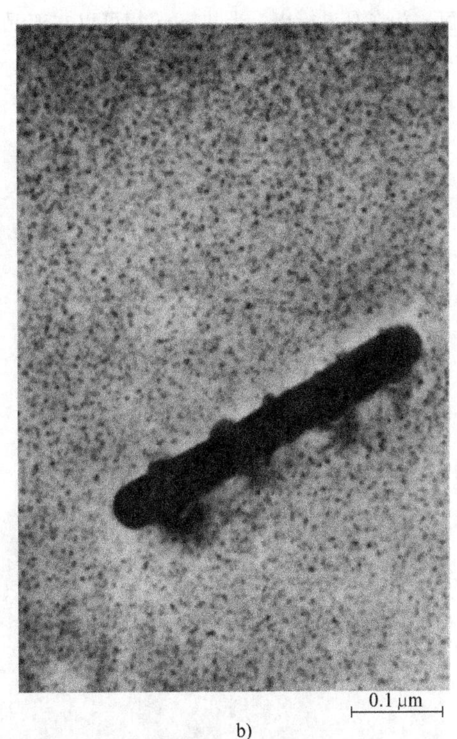

b)

图 2-31 在非均匀形核位置析出的 $MgZn_2$ 相

a）亚晶界 b）在含锰的分散颗粒上

表 2-14 典型 7×××系列变形铝合金的成分

牌号	成分（质量分数,%）					
	Cu	Mn	Mg	Cr	Zn	Zr
7001	1.6～2.6	≤0.2	2.6～3.4	0.18～0.35	6.8～8.0	—
7005	≤0.10	0.2～0.7	1.0～1.8	0.06～0.20	4.0～5.0	0.08～0.20
7008	≤0.05	≤0.05	0.7～1.4	0.12～0.25	4.5～5.5	—
7039	≤0.10	0.1～0.4	2.3～3.3	0.15～0.25	3.5～4.5	—
7049	1.2～1.9	≤0.20	2.0～2.9	0.10～0.22	7.2～8.2	—
7050	2.0～2.6	≤0.10	1.9～2.6	≤0.40	5.7～6.7	0.08～0.15
7072	≤0.10	≤0.10	≤0.10	—	0.8～1.3	—
7075	1.2～2.0	≤0.30	2.1～2.9	0.18～0.28	5.1～6.1	—
7108	≤0.05	≤0.05	0.7～1.4	—	4.5～5.5	0.12～0.25
7178	1.6～2.4	≤0.30	2.4～3.1	0.18～0.28	6.7～7.3	—

添加镁元素，将降低低温时合金元素在铝中的固溶度。在淬火后立即形成球形的 GP 区，这些 GP 区在约 162℃（325℉）时效是稳定的。GP 区开始形成于锌原子簇处，在空位的作用下，镁扩散到这些原子簇中，形成一个平均锌镁比为 1∶4 的 GP 区。7075－W 和 7050－W 合金的电阻率和强度数据表明，在自然时效的第一天，GP 区形核；随时效时间的延长产生中间过渡析出相 η′；最终形成平衡相 Mg(Zn，Cu，Al)$_2$，即 η 相。对于锌镁比低的铝合金，可能会形成 T 相[$(Al,Zn)_{49}Mg_{32}$]。

7×××－T6 合金和过时效 T7 工艺合金的典型析出序列是

$$Al_{ss} \rightarrow GP\text{区} \rightarrow \eta' \rightarrow \eta$$

这是以后续形成的相以前形成的亚稳相为基础形核的假设。GP 区是共格的，而 η′相是半共格的，η 是非共格的。在淬火过程中，η′相和 η 相都可以析出，而η相在晶界析出，半共格η′相可以在亚晶界和位错处形核并长大，如图2-32所示。

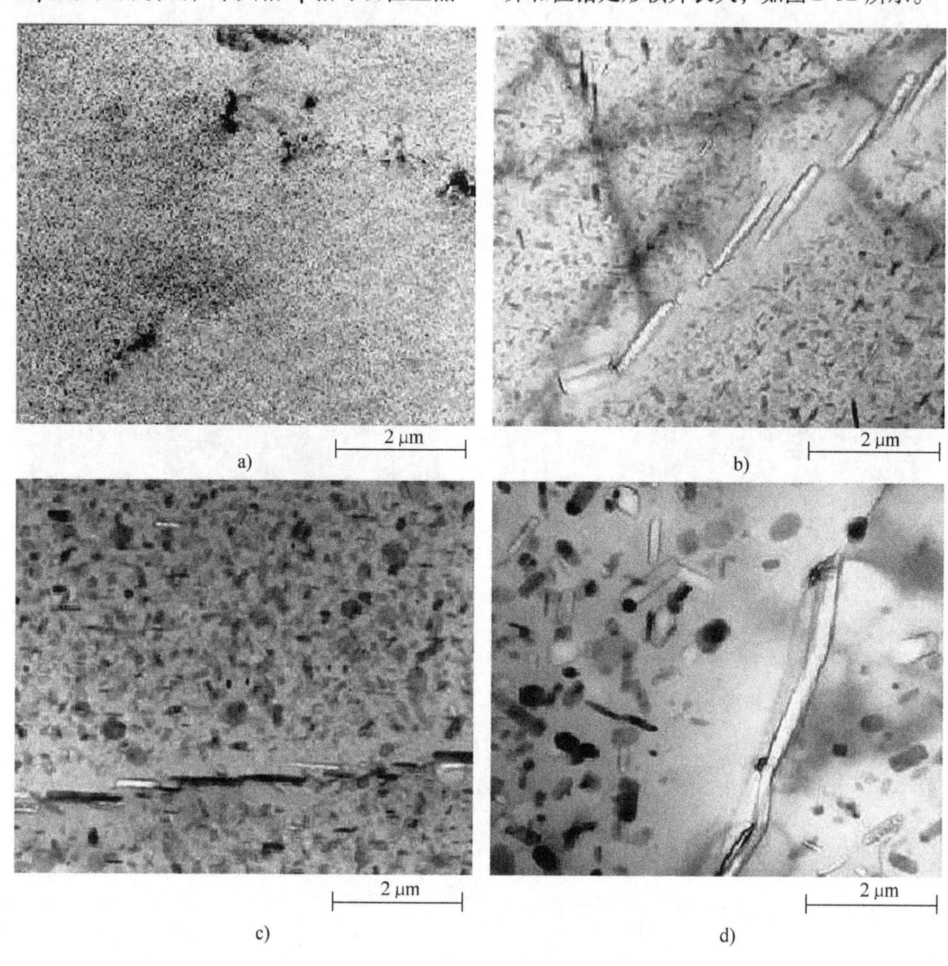

图2-32 7050合金的时效序列

a）GP区开始形成 b）已形成GP区和半共格η′相 c）半共格η′相和共格平衡相η d）平衡析出相η

淬火和时效之间的相互影响非常强烈。淬火速率是GP区形核和稳定性的主要影响因素，在高的淬火速率下，GP区的分布非常细密。这进一步促进了过渡相η′呈细小弥散状分布。形成明显GP区固溶度曲线的温度大约是135℃（275℉）。

Fink和Willey使用薄板［1.6mm（0.064in）］，首次系统地对Al－Zn－Mg－Cu合金淬火冷却速率与性能之间的关系进行了研究，建立了第一条铝合金的时间－温度－拉伸（TTT）性能曲线。可以确定的是，75S合金的临界温度范围是290～400℃（555～750℉）（译者注：75S类似于7075合金）。

在Al－Zn－Mg－Cu合金中也发现了类似的临界温度范围。在超过450℃/s（810℉/s）的淬火速率下，合金的强度和耐蚀性最高。在100～450℃/s（180～810℉/s）中等淬火速率下，合金的强度降低（在相同的时效条件下），但耐蚀性不受影响。在20～100℃/s（35～180℉/s）的淬火速率下，合金的强度迅速下降，耐蚀性也是最差的。在20℃/s（35℉/s）以下的冷却速率下，强度急剧下降，但耐蚀性有所提高。

‘tHart等人对7075、7010和粉末冶金（PM）7091商用合金进行了末端淬透性试验研究，对合金在T6和T73状态代号条件下距端部的几处不同位置进行了测量。在7075合金中没有发现GP区的存在。析出相由η和η′粒子组成。在快速淬火条件下，与T73状态代号条件相比，T6状态代号试样中的共格η′相粒子更多，非共格η相粒子较少。在最慢的淬火速率下，T6和T73状态代号条件下均未发现η′相。结果表明，淬火速率和回火工艺对无析出带（PFZ）宽度具有影响。研究表明，快的冷却速率可以使无析出带变窄。在快速淬火端部（$J=0$mm），无析出带宽度为18～45nm；而在距端部100mm

(4in) 处，无析出带宽度为 272 ~ 318nm。

研究还发现，7010 合金的淬火敏感性比 7075 合金差。透射电子显微镜研究发现，在 T6 状态代号条件下，7010 和 7091 合金在快速淬火中得到 η′相而不是 η 相。在所有的工艺条件和合金中，晶界析出物均为 η 相。

存在一个与 GP 区溶解度有关的临界温度，它决定了 η′相是均匀形核还是非均匀形核。高于该临界温度时，为非均匀形核，导致形成更粗大的析出相和不均匀分布；低于该临界温度时，为均匀形核，形成细小弥散的析出相。

正如前面讨论的，研究者认为 GP 区是中间析出相 η′的前驱体相。Mukhopadhyay 发现了 η′相在先前已存在的 GP 区上析出的直接证据。采用小角度散射测量方法，发现在形成中间析出相 η′之前，GP 区的尺寸为 35 ~ 40Å。由此得出结论，η′相的析出需要一个临界 GP 区尺寸。

根据时效温度，可以将 Al - Mg - Zn - Cu 合金的析出过程分为三种不同的类型。第一种类型是淬火 + 在 GP 区固溶度曲线以上温度时效的合金。由于没有形成 GP 区，析出相不易形核，造成析出相粗大，η′相主要在位错处形核。第二种类型是淬火 + 在 GP 区固溶度曲线以下温度时效的合金。GP 区连续形核并长大到满足 η′相析出的尺寸，除非有大量的空位簇形成，η′相的形核和析出不受淬火过程的影响。第三种类型是淬火至 GP 区固溶度曲线以下温度，并在 GP 区固溶度曲线以上温度时效的合金。通过控制在 GP 区固溶度曲线以下温度形核，来控制最终弥散析出相和无析出带宽度。这是工业中常用的热处理工艺，典型的工艺状态代号为 T73 和 T76。

当 Al - Zn - Mg - Cu 合金缓慢淬火冷却时，溶质原子出现贫化和空位减少，由此压抑了临界形核温度。这一现象表明，在慢速淬火过程中，溶质原子的损失（以及由于溶质原子的损失导致的强度损失）是不可恢复的。可以通过调整第一阶段的时效工艺，部分补偿这种损失，从而使 GP 区长大并达到稳定的大小。可以通过缓慢加热达到第一阶段时效温度，实现部分补偿这种损失。

在 7××× 系列的 Al - Zn - Mg - Cu 合金中，析出相与析出序列有关，现已经确定了 4 种析出序列

$\alpha_{ss} \rightarrow S$

$\alpha_{ss} \rightarrow T' \rightarrow T$

α_{ss}→空位富集簇→GP 区→$\eta' \rightarrow \eta$

$\alpha_{ss} \rightarrow \eta$

在第一个析出序列中，从过饱和固溶体中直接析出粗大 S（Al_2CuMg）金属间化合物。在典型的 Al - Zn - Mg - Cu 合金中，该相在 465℃（870℉）下不发生溶解。在 Al - 4.5Zn - 2.7Cu - 2.2Mg - 0.2Zr 合金中，该相为细小条状的析出相。相关文献中没有介绍发现该相与基体有取向关系。

在第二个析出序列中，中间相 T′从过饱和固溶体中发生分解，Bernole 和 Graf 最早确定了该相。随第二个序列析出过程进一步发展，形成平衡相 T [$Mg_{32}(Al,Zn)_{49}$]。尽管在工业热处理中加热到 150℃（300℉）已进入 Al + $MgZn_2$ + Mg_{32}（Al, Zn)$_{49}$相区，但有关 T 相数量的报道却很少。一般来说，加热温度须高于 200℃（390℉），才会析出 T 相。

在第三个析出序列中，过饱和固溶体分解形成空位富集簇、GP 区、η′相和 η 相。在 Al - Zn - Mg 合金中，根据电导率的微小增加和在时效初始阶段硬度的增加，推断出已形成了 GP 区。

在最后一个序列中，在非常缓慢的冷却过程中，在晶界和晶内以及亚晶内，析出平衡析出相 Mg(Zn, Cu, Al)$_2$。

采用电子和 X 射线衍射对 Al - 5.6Zn - 2.5Mg 合金进行分析，结果表明，在 T6 代号状态下，存在 η′相、η 相和 T′相；而在 T73 状态下，只存在 η 相和 T′相。Al - 5.6Zn - 2.5Mg - 1.6Cu 合金在 T73 代号状态下，仅发现 η 相和 η′相。合金中的铜抑制了 T′相的形成，而有利于形成 η 相。铜也具有稳定 η′相的作用。与三元合金过时效强度明显下降相比，Al - 5.6Zn - 2.5Mg - 1.6Cu 合金过时效强度降低很少。研究发现，四元合金的 η 相是多层的，可根据 $MgZn_2$ 为 Laves 相对该结构进行解释。

有人对人工时效时间与亚稳态相（η′）的大小、粒子间距和体积分数的关系进行了研究，研究发现，屈服强度与细小的析出相结构之间密切相关。如果析出相的平均半径小于 2nm，则位错剪切通过析出相。当析出相的尺寸增大到 50 ~ 60Å 时，则通过 Orowan 机制控制屈服强度。Hirsch 和 Humphreys 的理论对此给出了定量的解释。Langer 和 Schwartz 的模型对析出，包括与时间相关的形核率，做出了准确的预测。弹性应变提高了临界半径形成功，降低了形核率。

研究发现，η 和 η′相的析出速率受到反应动力学的限制。η′相的溶解受扩散所控制，而 η 相的溶解则受到析出相与基体之间热力学平衡的限制。

Taylor 发现，随着固溶处理温度和时效温度的变化，铝合金的无析出带宽度发生变化。研究发现，在时效温度不变的条件下，当固溶温度从 410℃（770℉）增加到 490℃（915℉）时，无析出带的宽

度变窄。而当固溶温度高于440℃（825℉）时，合金的硬度不变，这表明当固溶温度超过430℃（805℉）时，溶质原子完全溶入基体中。研究还发现，当时效温度从120℃（250℉）提高到200℃（390℉）时，无析出带宽度增加。无析出带（PFZ）宽度（单位为nm）与淬火速率的平方根成反比，即

$$\text{PFZ 宽度} \propto QR^{-0.5}$$

式中，QR是在450℃（810℉）时，以℃/s（℉/s）为单位的淬火速率。

提高固溶加热温度，无析出带宽度变窄，其原因是空位数量的增加加快了扩散速率，因此限制了无析出带的宽度。在较低的时效温度下，对无析出带宽度变窄的解释是，较高的溶质过饱和度和体积自由能的变化，降低了形核所需要的空位临界值。

4. 可热处理强化Al－Li合金

在过去的三十年里，Al－Li合金一直受到人们的关注。该类合金具有重量轻、刚度高、抗疲劳性能和低温韧性优良等优点。这类合金主要是可热处理强化变形铝合金，主要应用于航空航天工业。在合金的固溶度极限范围内，每增加1%的Li，就会使合金的密度降低3%，并使弹性模量增加5%。

Al－Li合金有Al－Cu－Li、Al－Mg－Li和Al－Cu－Mg－Li几个合金体系，二元Al－Li合金尚未发现有任何商业应用。表2-15所列为典型的Al－Li合金的成分。前面已对Al－Cu－Li和Al－Cu－Mg－Li合金体系进行了讨论，这里主要介绍Al－Li和Al－Mg－Li合金体系的析出强化。

表2-15 典型变形Al－Li合金的成分

牌号	成分（质量分数，%）				
	Li	Cu	Mg	Zr	其他
2020	1.3	4.5	—	—	0.5Mn，0.25Cd
2090	2.2	2.7	—	0.12	—
2091	2	2.1	1.5	0.1	—
8090	2.4	1.3	0.9	0.1	—
8091	2.6	1.9	0.9	0.12	—
8092	2.4	0.65	1.2	0.12	—

Al－Li过饱和固溶体发生分解，析出有序的δ′（Al_3Li）相，在进一步时效的过程中，析出平衡相AlLi。Al－Li合金中锂的质量分数通常为1.5%～2.5%，中间相的固溶度温度为150～250℃（300～480℉），在淬火过程中，形成了非常细小的球状析出相Al_3Li，人工时效析出相发生长大。锂原子沿位错线、晶界和分散相界面快速扩散，导致形成无析出带和不连续析出相δ，在进一步时效过程中，共格的δ相转变为半共格，最后为非共格AlLi相。通常最后析出相为盘片状，且沿晶界析出。Al－Li合金的析出序列总结如下

$$\alpha_{ss} \rightarrow \delta'(Al_3Li) \rightarrow \delta(AlLi)$$

Al－Li合金的特点是，经过很长时间的时效后，δ′相仍然保持其共格特性。Al－Cu－Li合金在高于190℃（375℉）的温度下长时间时效，在晶界上产生二十面体相。该特殊相具有五重对称和长程有序特性，被归类为准晶体。

镁和铜是Al－Li合金中最常用的合金元素，通过固溶强化、析出强化和减少形成无析出带来提高合金强度。此外，它们还能提高合金的断裂韧性和疲劳强度。

Al－Li－Mg合金的析出序列是

$$\alpha_{ss} \rightarrow \delta(Al_3Li) \rightarrow Al_2LiMg$$

在过饱和固溶体分解的早期阶段，镁的作用是降低锂在铝中的固溶度。

2.1.6 固溶处理

铝合金固溶处理的目的是在条件允许的情况下，获得铜、镁、硅或锌等溶质原子最大的固溶度。在共晶点以下温度，随温度的提高，这些元素的固溶度显著增加。因此，最适宜的固溶处理温度与共晶温度非常接近，通常选择在共晶温度以下5～8℃（10～15℉）。

1. 固溶加热时间和温度

由于固溶加热是在共晶温度附近进行的，精确控制炉温和保证炉内温度均匀，是避免晶界初熔（共晶）的必要条件。晶界发生初熔会导致脆性共晶相在晶界呈网状分布，如网状严重，则会使合金的强度和塑性降低。此外，当超过正常固溶温度加热时，可能会产生淬火开裂。

必须严格实现对温度的控制，以保证金属工件局部达到的最高温度为名义推荐加热温度，或比名义推荐温度高3～6℃（5～10℉）。必须安装合适的温度控制装置，以确保一旦炉温超过最高温度，即使是瞬间超温，也能起动安全控制装置。这对2×××系列合金，如2014、2017和2024合金尤其重要，因为这类合金的初熔共晶熔化温度仅比推荐的固溶加热温度高几摄氏度。相对而言，7×××系列合金允许的固溶处理温度范围比2×××系列合金的要宽一些。

将合金的固溶温度从350℃（660℉）提高到极限固溶度温度，然后进行淬火和人工时效，可以提高合金的力学性能。在达到极限固溶度温度后，如再进一步提高固溶温度，则合金性能不会有所改善。然而，据报道，提高固溶加热温度，能加速时效和提高硬度，其原因是较高的固溶处理温度增加了空

位浓度。此外，也有报道称，随着固溶加热温度提高，时效开始时间提前，但伴随而来的是减缓了时效进程。Brown 和 Gourd 研究发现，当时效开始时间推迟时，时效硬度将提高。在超过固溶体分解曲线温度 450℃（840℉）加热，只推迟时效开始时间。可以用两种不同的理由或机制对此进行解释。在 450℃以下温度加热固溶时，随温度提高，增加了固溶体中锌和镁的含量，也增加了淬火时的过饱和度。当超过 450℃，达到合金的固溶度温度时，不会有更多的合金元素进入固溶体。然而，空位的数量将会增加，从而增加了淬火后空位的数量。由于空位能提高扩散速率，从而使得时效开始时间提前。表 2-16所列为推荐的典型铝合金固溶处理温度。

根据合金种类、产品类型、截面厚度、铸造或制造工艺不同，选择不同的固溶加热时间。此外，改变炉内加热工艺规范或炉内工作温度范围，必须考虑达到平衡的条件，考虑在新设置的条件下，炉内达到正常的温度分布所需要的时间。如果在改变炉温后，装炉速度太快，则可能出现仪表温度正常，但合金工件的实际温度不均匀的现象。

表 2-16 推荐的铝合金固溶处理温度

合金牌号	形状	温度		备注
		℃	℉	
2004	薄板	529	985	—
2014、2017、2117	所有形状和规格	502	935	—
2024、2124、2224	所有形状和规格	493	920	—
2098	所有形状和规格	521	970	—
2219	所有形状和规格	535	995	—
6013	薄板	538	1000	①
	棒材	529	985	—
6061	所有形状和规格	529	985	②
6063	所有形状和规格	529	985	—
6066	所有形状和规格	529	985	—
6951	所有形状和规格	529	985	③
7049、7149、7249	所有形状和规格	468	875	④⑤
7050	锻件	471	880	⑤⑥⑦
7050	除锻件外	477	890	⑤⑥⑦
7075	厚度小于 1.3mm（0.05in）的薄板采用 T73、T76 工艺	466	870	⑧⑨
7075	厚度小于 1.3mm（0.05in）的薄板采用 T6 工艺	493	920	⑧
7075	其他	466	870	⑩⑪
7178	所有形状和规格	466	870	—
7475	厚度小于 12.7mm（0.50in）的板材	471	880	⑫
7475	厚度大于或等于 12.7mm（0.50in）的板材	477	890	⑫

① 成形加工后固溶热处理有再结晶晶粒粗大倾向，因此不能进行固溶热处理。

② 6061 合金可在 535℃（995℉）进行固溶热处理。

③ 适用于心部为 6951 合金的 21 号和 22 号覆层钎焊板。

④ 7049、7149 和 7249 合金的时效处理必须在淬火至室温停留 48h 后进行。

⑤ 为了避免 7049、7149、7249 和 7050 合金厚工件发生应力腐蚀开裂，淬火与时效之间的停留时间不应超过 72h。

⑥ 为控制再结晶和避免表面开裂问题，可在低至 466℃（870℉）的温度固溶加热。

⑦ 如果材料未经适当均匀化或加工处理，可能在规定的温度下发生共晶熔化。

⑧ 1.3mm（0.05in）指的是热处理时的厚度。

⑨ 465℃（870℉）是合金达到足够硬度和导电性的首选处理温度，但是采用 493℃（920℉），则可改善合金的拉伸性能。

⑩ 如果用户能确定原始板材厚度为 1.3 ~25mm（0.05 ~1in），则可使用 493℃（920℉）的温度进行处理。

⑪ 采用工艺状态代码 T73 时效的铆钉，可在 469℃（875℉）固溶加热。

⑫ 对于包铝合金，温度为 493℃（920℉），保温时间为 60min；对于无包铝合金，温度为 513℃（955℉），保温时间为 15min。

研究人员对在固溶温度下，保温时间对力学性能的影响进行了广泛的研究，研究表明，延长固溶保温时间对锻件产品的性能没有好处。在产品热处理规范中，通常要求采用很长的保温时间，这是为了确保在满装炉量的条件下，工件均达到热处理工艺要求的温度。延长保温时间会导致氧化、起泡和晶粒长大，从而导致性能下降。

如果不同牌号的铝合金固溶加热温度相同，则可采用同炉进行固溶处理。当对不同厚度的产品进行热处理时，应按工件最厚部分选择保温时间。如果有可能按产品分类装炉，则装炉时应考虑方便保温时间较短的工件先出炉，以保证出炉时不对剩余工件的温度有显著影响。表 2-17 所列为推荐的变形铝合金保温时间。

表 2-17 推荐的变形铝合金保温时间

厚度				最少保温时间（h：mm）	
最小值		最大值			
mm	in	mm	in	盐炉和流化床炉	空气炉
—	—	0.51	0.02	0:10	0:20
0.51	0.02	0.81	0.03	0:15	0:25
0.81	0.03	1.60	0.06	0:20	0:30
1.60	0.06	2.29	0.09	0:25	0:35
2.29	0.09	3.18	0.125	0:30	0:40
3.18	0.125	6.35	0.25	0:35	0:50
6.35	0.25	12.7	0.5	0:45	0:60
12.7	0.5	25.0	1	0:60	1:30
25.0	1	38.0	1.5	1:30	2:00
38.0	1.5	51.0	2	1:45	2:30
51.0	2	64.0	2.5	2:00	3:00
64.0	2.5	76.0	3	2:15	3:30
76.0	3	89.0	3.5	2:30	4:00
89.0	3.5	102.0	4	2:45	4:30
>102	>4	—	—	15min: 12.7mm	30min: 12.7mm

通常，砂型铸件的固溶保温时间约为 12h；金属型铸件由于结构精细，保温时间约为 8h。对于锻件，固溶加热速率可能会影响晶粒的大小。这主要是针对冷加工后发生再结晶的产品，以及热加工终锻温度过低，等同于进行了冷加工而发生再结晶的产品。大截面的锻件产品通常至少按 1h/25mm（1in）选择加热保温时间。薄板可缩短保温时间，10～30mim 就足够了。为了避免过度扩散，对包覆层板材，在确保达到规定的力学性能的前提下，应选择最短的固溶保温时间。出于同样的原因，一般来说，对于厚度小于 0.75mm（0.030in）的包覆层板材，技术规范中禁止对其重新进行固溶处理。

通常在空气炉中进行固溶加热，而盐浴炉或流化床炉加热速度更快，是更有利的加热方式。在潮湿环境下进行铝制产品固溶加热热处理时，金属表面易发生高温氧化，形成小的圆形孔洞或裂纹，表面起泡。其原因是在潮湿铝表面反应形成氢原子，氢原子通过铝晶格扩散，在晶格不连续处，如晶界、缺陷和相界处，重新析出形成了氢分子。

如炉内含有硫等气体污染物，长时间暴露在高温，情况则更加恶化。可以在干燥大气中或采用挥发性氟化盐进行改善。

对热处理返修产品再次进行热处理也可能产生其他质量问题。例如，对进行过 T3 或 T8 状态代号处理的工件进行冷加工，残余应变足以引起晶粒粗化，造成性能无法达到要求。在对 2×××系列合金进行再次热处理时，加热温度不得低于原热处理加热温度，加热时间应适当延长。如果没有遵循上述规则，则在加热时间内会形成晶间析出相，对合金耐蚀性产生影响。表 2-18 所列为部分铝合金典型的固溶处理温度和时间。

2. 过热、共晶熔化和非平衡熔化

铝及其合金的固溶加热温度应低于合金的共晶熔化温度。固溶处理的目的是得到溶质原子最多的固溶体，这需要将合金加热至接近共晶温度并保温足够长的时间，使其接近完全饱和固溶体。合金经固溶加热后，淬火保留高温下的固溶度，得到过饱和固溶体。

由于固溶处理温度非常接近共晶熔化温度，对固溶加热温度的控制至关重要。尤其是对 2×××系列合金，该类合金的初熔共晶温度仅比推荐的固溶加热温度高几摄氏度（见表 2-19）。

表 2-18　部分铝合金典型的固溶处理温度和时间

合金牌号	固溶加热温度①		最短保留时间②/h	固溶和自然时效工艺	说明
	℃	℉			
201.0	527	980	14	T4	③
A201.0	529	985	14	T4	③
203.0	543	1010	5	T4	③
A206.0	527	980	12	T4	③
222.0	507	945	6	T4	—
242.0	521	970	2	T41	—
243.0	518	965	2	T41	—
295.0	513	955	6	T4	—
296.0	510	950	4	T4	—
319.0	502	935	6	T4	—
328.0	516	960	12	T4	—
333.0	504	940	2	T4	—
336.0	513	955	6	T45	—
354.0	527	980	10	T41	④
355.0	527	980	6	T4	—
C355.0	529	985	6	T4	—
356.0	538	1000	6	T4	⑤
A356.0	538	1000	6	T4	⑤
A357.0	543	1010	8	T4	⑤
D357.0	543	1010	8	T4	⑤
358.0	541	1005	20	T4	⑤
359.0	538	1000	10	T4	—
520.0	432	810	12	T4	—
712.0	532	990	2	T4	—

① 其他同类或改型合金可采用相同的固溶时间和温度。

② 已按规定时间进行过固溶热处理的零件，除指定采用更短的保温时间外，再次固溶的保温时间可缩短到 3h。

③ 在加热至最终固溶热处理温度前，推荐在 512℃（955℉）下保温不少于 2h。

④ 对最终工艺为 T6 工艺的零件，推荐在固溶与时效之间停留 4～6h。

⑤ 为防止固溶时富镁相发生共晶熔化，对于最终固溶温度超过 543℃（1010℉）的合金，可在 537℃（1000℉）增加一次中间固溶热处理。

表 2-19　2×××系列合金固溶加热温度范围及初熔共晶温度

合金牌号	固溶加热温度范围		初熔共晶温度	
	℃	℉	℃	℉
2014	496～507	925～945	510	950
2017	496～507	925～945	513	955
2024	488～507	910～945	502	936

通常认为加热速率是造成初熔的潜在原因，在含铜 7×××系列铝合金中（如 7075 和 7050），通常在固溶处理前，由于热加工而存在 $MgZn_2$（η）和 Al_2CuMg（S）两种平衡相。在接近固溶处理温度时，S 相会发生缓慢溶解。在约为 475℃（885℉）的三元共晶温度下，会形成可溶相

$$L \rightarrow Al + Al_2CuMg + MgZn_2$$

由于 S 相的溶解速度很慢，可能会发生局部浓度富集。如果迅速加热该合金制成的工件，将发生三元共晶反应，导致局部在 475～490℃（885～915℉）温度范围内发生非平衡熔化。在缓慢加热的条件下，S 相（Al_2CuMg）有充足的时间溶解于基体中，可能观察不到初熔现象。

工艺不当的结果是导致共晶熔化或明显的高温氧化。如果是薄板工件，则足够严重的共晶熔化会产生无数密集的小圆气泡，以及易产生淬火开裂。

高温氧化会导致工件表面粗糙，在加工方向上形成细小气泡。需要采用金相检验方法，对其严重程度进行检测。少量共晶熔化对力学性能的影响远大于轻度高温氧化的影响。这两种现象都可能导致材料出现脆性。随着情况的严重程度，首先受影响的是合金的延伸率，其次是抗拉强度。

3. 欠热

在固溶处理中，若加热温度不足，使没有足够的溶质原子进入固溶体，将导致欠热。这意味着在时效析出强化反应中，溶质原子的数量较少。图 2-33所示为固溶温度对合金屈服强度和极限抗拉强度的影响。随着温度升高，两种合金的抗拉强度也随之提高。在 2024－T4 合金和工艺中，当固溶温度超过 488℃（910℉）时，合金的强度快速提高。

4. 高温氧化

高温氧化是一种在高温度条件下，合金表层受到氢扩散的影响而产生的缺陷（称为高温氧化是不正确，因为事实上该过程不涉及氧化，而是起保护作用的氧化膜发生了分解）。出现这种情况可能是炉内的潮湿环境造成的，有时也会因硫（如采用处理过镁合金铸件的同一热处理炉）或其他炉内耐火材料受到污染而进一步恶化。

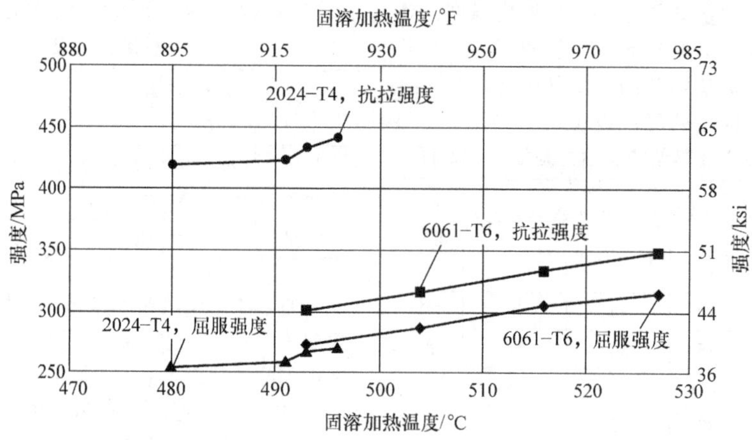

图 2-33 6061 和 2024 合金的抗拉强度与固溶处理温度的关系

当潮湿气氛是氢的来源，在高温下与铝接触时，就形成了氢原子，它会向金属中扩散

$$Al + 2H_2O \rightarrow AlOOH + 3H$$

氢原子扩散到金属中后，在晶界和晶格缺陷处聚集形成氢分子，导致表面起泡（Blistering）和形成孔隙，如图 2-34 和图 2-35 所示。

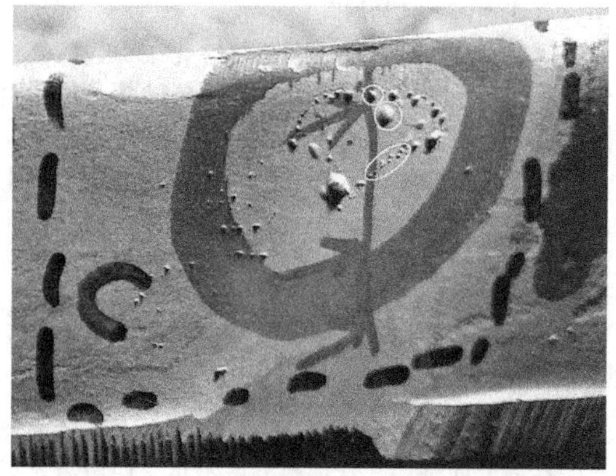

图 2-34 7×××系列合金中发生的起泡现象

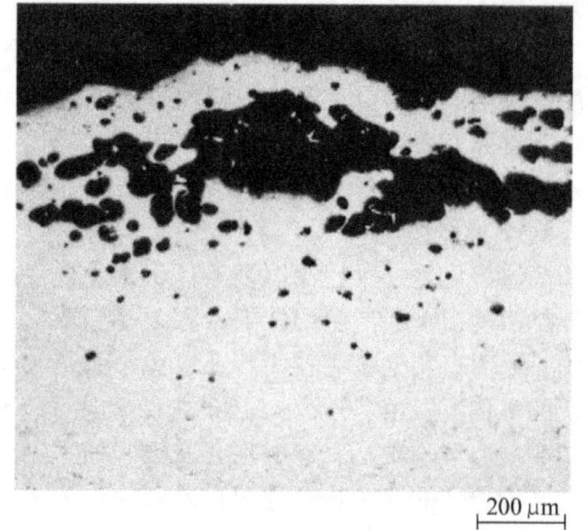

图 2-35 高温氧化产生的典型孔隙

外来物质，如硫化物，能有效分解合金表面的氧化膜，消除了潮湿气氛和铝合金之间或氢原子和铝合金之间的屏障，加快了高温氧化过程。高温氧化最常见的表现形式是表面起泡，偶尔也可能是内部的不连续性孔洞，只有通过超声波仔细检查或金相检验技术才能检测到。

可以清楚地认识到，与原铸锭或不合理磨削过程中产生的高的气体含量等缺陷相比，高温氧化缺陷的形貌是相同的。通常铸锭缺陷、不适当的挤压或轧制工艺产生的表面起泡与加工方向一致排列，很难区分缺陷的来源和起因，由于污染的气氛是造成缺陷的主要原因，因此，必须先对其进行检查。

不同合金和产品受高温氧化的影响程度是不一样的。7×××系列合金最容易受到影响，其次是 2×××系列合金。挤压制品无疑是最易受到影响的产品形式，其次可能是锻件。相对来说，低强度合金、铝覆层薄板和板材不易受到高温氧化的影响（铝覆层材料的起泡是不适当黏接造成的，这与高温氧化造成的起泡不一样）。

如果在磨削加工中形成的保护氧化膜，在随后的机加工（如研磨）中被去除，则处理后的表面更容易受到高温氧化的影响。

在工件装炉前，应通过彻底干燥工件和夹具，将水分降到最少。在管状结构的夹具上，通常需要考虑开排水孔，以避免残留水渍。对淬火槽的位置、炉门和进气口的位置进行合理调整。由于不太可能完全去除热处理炉中的水分，因此，消除工件和炉气中的所有微量污染物是极其重要的。

对铝合金最致命的污染物是硫化物。硫化物主要来源于成形加工或机加工中润滑油的残留物，或者来源于用于镁合金热处理的二氧化硫保护气氛残留物，这些都是潜在硫污染的来源。在某厂中，表面污染来源于用来运输工件的装载箱中的含硫材料。在另一种情况下，可通过精馏一种酸性脱脂剂来消除工件上的起泡缺陷。在第三个实例中，采用一种蒸汽脱脂工序不能完全去除薄、硬、蜡质残留物，为此增加了碱性清洗工序。

通常，高温氧化会导致产生表面起泡现象，其主要缺点是影响工件表面的美观性。通过施加局部压应力，使表面起泡变平，然后通过磨光、抛光、打磨或研磨抛光和喷砂等机械工序进行修复和改善（用于修复目的）。一般来说，高温氧化对静态力学性能和疲劳强度影响很小。然而，如果高温氧化产生的孔隙形成在另一个应力集中处（孔），则很可能会大大降低工件的疲劳强度。对于重要的铝合金锻件，由于起泡对零件的完整性有影响，必须认真进行评估。只有在确定了起泡仅存在于表面，不会残留在成品内部时，才可进行表面修复。

在大多数情况下，污染物的来源是不明确的，也很难检测到，因此，必须采用另一种方式来解决该问题。最常用的替代方法是使用一种保护性化合物，如在炉中添加氟硼酸铵。这种化合物通常在铝表面形成一个屏障层或膜，能有效地减少水分和其他污染物的有害影响。使用添加剂不是一种普遍的解决方法，在有些应用场合，即使使用了氟硼酸铵，也还是会发生高温氧化。此外，使用氟硼酸铵这种化合物，特别是在密封性不好的炉内使用或在有限大气区域中排放，可能会给工人的身体带来危害。氟硼酸铵分解成几种气态化合物

$$NH_4BF_4 \rightarrow NH_3 + HBF_4$$

$$HBF_4 \rightarrow HF + BF_3$$

$$BF_3 + 3H_2O \rightarrow H_3BO_3 + 3HF$$

也有人认为，氟硼酸铵分解的产物将直接去除炉内水分，而不是在铝表面形成一个屏障层。

还有人使用氟硼酸钠或氟硼酸钙代替氟硼酸铵。有两种添加方法，第一种方法是采用与添加氟硼酸铵类似的方法，直接往炉内添加氟硼酸钠或氟硼酸钙。第二种方法是使用溶解度为 0.1 ~ 0.5g/L 的氟硼酸钠或氟硼酸钙、溶解度约为 0.1g/L 的钠单碳环脂肪盐，以 pH 值大约为 2.0 的溶液浸渍涂敷，来提高合金在潮湿和含硫气氛中的抗高温氧化性能。

并不是所有含氟盐都适合用于减轻铝合金的高温氧化，如氟化钙、氟化钠和氟化钾等碱性金属氟化物对高温氧化就不起任何保护作用。其他在铝合金固溶处理温度下发生分解的化合物也都不适用，它们是氟硅酸钠、氟硼酸钠、氟硅酸钾、氟硼酸钾、氟化铝、氟化钾和氟化铵。可以使用气态氟化氢（HF），但由于其有酸性污染和危险，已禁止在工业中使用。还可以使用其他的气态含氟碳氢化合物，如二氟甲烷。此外，还可以使用四氟化碳和六氟乙烷。这些碳氟化合物具有能量非常高的 C—F 键，使它们呈惰性状态。它们是非常稳定的温室气体，因此，很难或不可能获得。

采用氟硼酸化合物进行保护会加重被处理工件的着色或变暗（加热处理过程中，有时这种影响对位于保护剂附近的工件，已经严重到对其造成腐蚀的程度）。炉中残余的化合物会慢慢消散，但这都是采用该方法解决高温氧化问题的不足。因此，该方法对不能承受高温氧化的影响，最终用途需要光亮表面的合金和产品，会造成不利影响。

氟硼酸盐产生的氢氟酸可能会对炉膛内部、耐火材料、固定装置和夹具等造成危害。产生的铝硼酸盐和氟化盐也可溶于水，这将增加水或聚烷二醇溶液的 pH 值。如果对航空部件进行处理，可能会导致淬火冷却介质的 pH 值超出规范要求。

根据每个炉子的具体情况进行添加，才能正确使用氟硼酸化合物，这必须通过反复试验才能确定。某飞机制造商根据炉膛的尺寸，按 $4g/m^3$（0.004 oz/ft^3）进行添加。为避免在淬火过程中产生损失，另一厂家规定每班次添加 0.45kg（1lb）氟硼酸铵至挂在炉膛壁上的金属容器中。

氟硼酸铵可导致严重的皮肤烧伤和眼睛损伤，吸进氟硼酸铵可能会刺激鼻子和喉咙而导致咳嗽。在可能的情况下，所有操作应在密封罩中进行，并应在化学气体排放处安装使用排气通风装置。如果没有排气通风装置或密封罩，应戴防护口罩，穿戴防护服，如围裙、护面护罩或带有侧护罩的安全眼镜。应将氟硼酸铵存储在安全的地方，由专人负责存取。在处理氟硼酸铵时，应使用厚度不小于 0.11mm（0.004in）的丁腈橡胶手套。

防止出现高温氧化的另一种方法是在热处理前对工件进行阳极氧化处理。表面形成的氧化铝薄膜可防止工件被炉内的污染物污染。使用阳极氧化处理的唯一缺点和障碍是成本（包括金钱和时间）较高，以及随后的剥离操作所产生的轻微表面损伤。

为了防止高温氧化，有人采用了一种过渡金属氯化物酸性溶液工艺，并获得了专利。该方法是在浓度为 5% ~10% 的氯化铁溶液中添加 0.1% 的表面活性剂，将 pH 值控制在小于 2 的范围内，采用喷雾或浸过 1min 后干燥，工件不会发生高温氧化。经热处理后工件表面光亮，没有出现采用氟硼酸铵工件的变暗现象。也有人曾尝试采用盐酸，但发现工件表面发生了腐蚀，而采用氯化铁则没有出现表面腐蚀现象。还尝试采用过其他的过渡金属氯化物，如

氯化锌，并取得了令人满意的结果。

2.1.7 淬火

淬火是铝合金热处理中最关键的工序之一。淬火的基本目的是通过迅速冷却到较低的温度，通常为室温，尽可能地保持在固溶处理中形成的亚稳态固溶体。这包括在过饱和固溶体中保持溶质原子的数量和为后续析出提供足够的空位。当固溶淬火速率不足时，溶质原子会沿晶界或分散微粒子析出，空位会非常迅速地转移到晶界等混乱区域。淬火过程中析出的溶质原子在时效过程中不再参与析出反应，因此，不会对时效强化有所贡献。此时在淬火态条件下，合金在晶内形成 GP 区前，可能已经沿晶界析出了过渡相或平衡相。

一般说来，淬火速率越快，合金的强韧性配合得越好，合金的普通腐蚀和应力腐蚀开裂（SCC）抗力也随着淬火速率的提高而得到改善。在淬火过程或随后的人工时效过程中，晶界析出常常伴随着晶界附近形成薄的无析出带，晶界处优先形成的析出相对于普通腐蚀和应力腐蚀开裂抗力也是极其重要的。虽然部分合金采用人工时效可能导致腐蚀发生，但随淬火速率提高，大部分合金的抗普通腐蚀和抗应力腐蚀开裂性能都会得到改善。例如，铝-铜合金在快速淬火条件下，采用人工时效的耐蚀性比采用自然时效更好。

随着冷却速率的增加，变形和残余应力也随之增加，因此，不能只考虑和一味追求提高淬火速率。尽管如此，通常还是采用最高的淬火速度，以获得时效合金的最高强度。根据合金的淬火敏感性，影响固溶后冷却出现不希望析出相的因素主要有，淬火速度不够快或将零件从炉中转移到淬火冷却介质的时间过长。例如，淬火转移时间过长，通常会导致淬火敏感性高的 7075 合金的力学性能下降。有些合金，如 2024 合金，淬火冷却速率对其力学性能的影响不那么明显，但降低淬火速率，会降低合金的耐蚀性。有研究发现，当淬火冷却速率超过 100℃/s（180℉/s）时，对 7××××系列合金的强度没有额外的提高，但却显著增加了残余内应力、翘曲变形以及相关的工艺成本。

1. 临界温度范围

将形核理论应用于受扩散控制的固态反应，可用来解释淬火过程中非均匀析出的原因。淬火过程中的非均匀析出动力学与溶质原子的过饱和度、扩散速率和所处温度有关。因此，当合金采用更高的淬火温度时，就会达到更大的过饱和度（假设无溶质原子在淬火过程中析出），与此同时，扩散速率也随之增加。当过饱和度或扩散速率较低时，析出速率也会降低。选择中间的淬火温度，过饱和度和扩散速率相对还是较高的，因此，选择中等淬火温度时，非均匀析出速率是最大的，如图 2-36 所示。在临界温度范围所需的时间受淬火速率的控制。

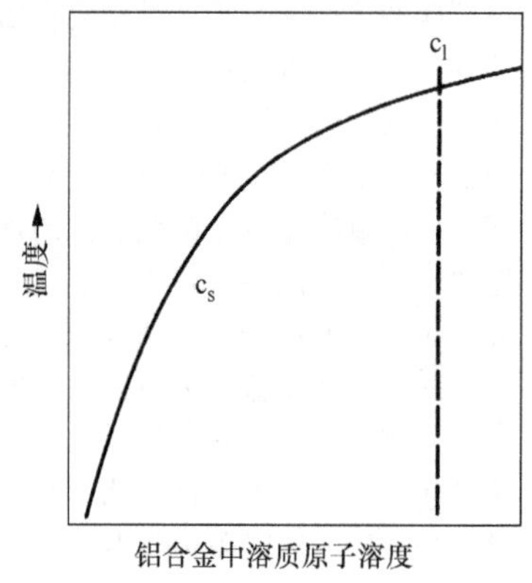

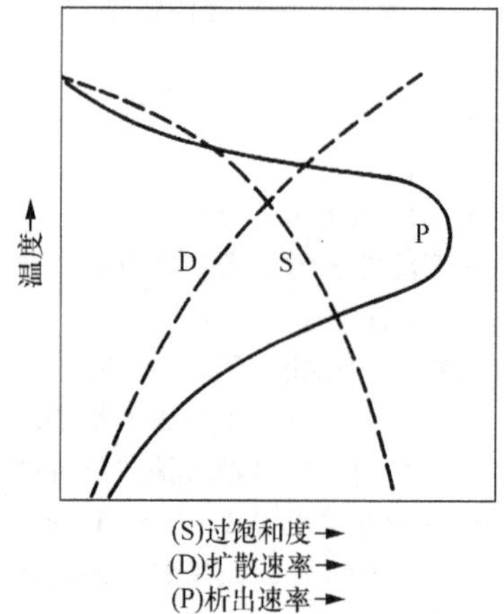

图 2-36 固溶温度对各析出速率因素影响示意图

对采用平均淬火速率的各种淬火方法的试验结果进行对比是非常有用的（见本卷“铝合金的淬火”一节）。然而，平均淬火速率只比较了临界温度范围内的结果，在这个温度范围内，极有可能发生析出。采用该方法并不完全准确，因为在平均淬火速率下，在特定的临界温度范围之外，也可能发生明显的析出。此外，对于高强度铝合金，其抗拉强度不会有明显的降低，但韧性和耐蚀性可能会受到损伤。

在淬火过程中，析出的溶质原子数量越多，影响和降低随后时效强化的效果越明显。其原因是溶质原子在淬火过程中析出后，不会对时效析出反应有所贡献。其最终结果是导致合金的抗拉强度、屈服强度、延性和断裂韧性降低。表 2-20 列出了在淬火过程中常见的析出相。在大多数情况下，淬火过程形成的相是平衡的或稳定的相。

表 2-20 淬火过程中的析出相

析出相	析出相分子式	形变铝合金系列	铸造铝合金系列
θ	Al_2Cu	2×××	2××
S	Al_2CuMg	2×××	2××
T1	Al_2CuLi	2×××（Li）	—
Tb	Al_2Cu_2Li	2×××（Li）	—
β	Mg_2Si	6×××	3××
β′	Mg_9Si_5	6×××	3××
Q	$Al_2Cu_2Mg_8Si_7$	2×××、6×××	3××
M	Mg（Cu，Zn）$_2$	7×××	7××

2. 淬火敏感性和淬火速率对合金性能的影响

科研人员对淬火过程和淬火冷却介质的冷却效果进行了广泛的和定量的研究，详细内容见本卷“铝合金的淬火敏感性”一节。正如之前所介绍的，Fink 和 Willey 首次系统地研究了冷却速率对 Al－Zn－Mg－Cu 合金薄板［厚度为 1.6mm（0.06in）］性能的影响。他们确定了 75S 合金的临界温度范围是 290～400℃（555～750℉）。这与其他人所确定的 Al－Zn－Mg－Cu 合金的临界温度范围基本一致。在超过 450℃/s（810℉/s）的淬火速率下，合金将获得最高的强度和耐蚀性。在 100～450℃/s（180～810℉/s）的中等淬火速率下，合金的强度有所降低（使用相同的时效处理工艺），但耐蚀性不受影响。在 20～100℃/s（35～180℉/s）之间的淬火速率下，合金的强度迅速下降，耐蚀性也达到最低。在 20℃/s（35℉/s）以下的冷却速率下，合金强度急剧降低，但耐蚀性有所改善。然而，在给定淬火冷却介质的条件下，无论固溶加热温度如何，通过临界温度范围内的冷却速率是不变的。图 2-37 所示为从固溶加热温度冷却的平均冷却速率对抗拉强度的影响。图中最大平均淬火速率约为 100℃/s（180℉/s），进一步提高淬火速率，合金的性能不会得到明显改善。

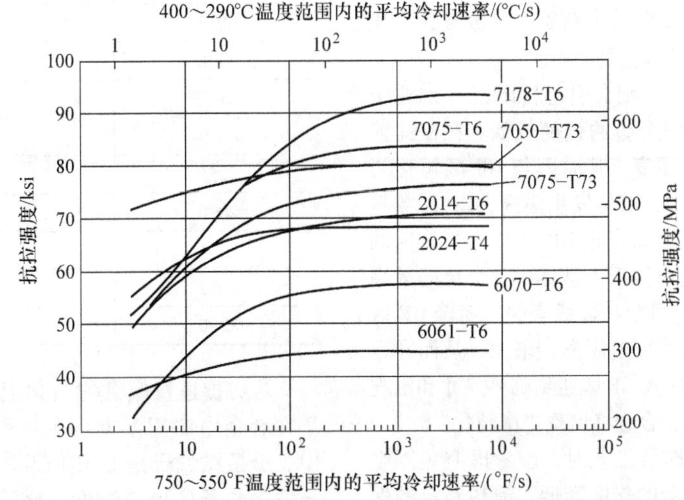

图 2-37 淬火过程中八种合金的抗拉强度与平均冷却速率的关系

在两种合金中，薄板或薄壁挤压成形件的强度高，而厚板、挤压型材或锻件的强度较低。在给定冷却速率的条件下，合金相对的强度等级也随着工艺状态代号的不同而变化。这些因素在具体应用中，对选择合金牌号和状态代号有很大的影响。在随后的章节中，主要介绍具体合金的淬火敏感性和确定铝合金淬火敏感性的方法。

（1）析出位置　对强化无贡献的淬火析出相为非均匀形核，这意味着它们总是在铝基体中的某个缺陷处形核。析出越过不同缺陷的能垒是不一样的，按递增顺序排列：晶界、亚晶界、组成相粒子、分散微粒子、位错。

晶界形核的能垒最小，是最常见的形核位置。亚晶界是冷加工铝合金未产生再结晶晶粒的晶界，由于储存有变形能，因此具有比晶界更高的形核能垒。

组成相粒子通常是铸造铝合金形核的有效位置。然而，在变形铝合金中，由于粒子数量少和粒子间距大，它们通常不是有效的形核位置。将分散微粒子添加到铝合金中，可以控制微观组织和晶界。这是淬火过程中晶内常见的形核位置。

由于固溶处理位错会迁移到晶界或亚晶界，导致在淬火过程中位错密度较低，因此，位错从来都不是淬火过程中析出形核的主要位置。

（2）空位的湮灭　空位是时效过程中重要的组成部分。形成富溶质原子簇需要有一定的空位。正是因为有了空位，溶质原子才能在室温下扩散，所以溶质原子的移动与存在的空位成比例。随温度的变化，空位的平衡浓度 C_v 发生变化

$$C_v = C_0 \exp\left(-\frac{Q_v}{RT}\right)$$

式中，C_v 是空位的平衡浓度，与温度有关；Q_v 是空位激活能。根据 Wang 和 Reber 的研究报告中的 C_0 和 Q_v 数据绘图，得到图 2-23。图中显示随温度提高，空位的平衡浓度增加。

当对合金进行固溶处理时，会出现一个平衡空位浓度，在淬火后，保持高温下获得的空位浓度不变。但是，如果合金工件的厚度很大，或者淬火冷却速率慢，则部分空位就会在晶界上或者其他空位处湮灭。溶质原子簇聚集的速率受空位数量、溶质原子数量和热处理工艺温度的影响。

如果空位数量不足，则会引起析出相 η′的原子簇密度较低，这将导致合金的强度较低。在慢速淬火时，降低了合金的硬度，其原因与 GP 区粗化有关。在慢速淬火过程中，空位发生湮灭，GP 区数量减少或稳定性变差。随着部分 GP 区长大，其他的 GP 区会发生回归或重新被溶入基体中。合金的最高硬度与 GP 区的大小、间距和数量有关。随着 GP 区的长大或粗化，GP 区之间的距离会增大，从而导致合金的硬度降低。当这些 GP 区达到临界尺寸和出现中间过渡相 η′析出时，合金将出现二次硬化。

在制定工业中的时效工艺时，应考虑避免因空位浓度降低而造成合金的强度降低。最初制定的保温温度为低于 GP 区的固溶度曲线温度，以允许 GP 区长大。过高的温度或过快的加热速率会造成较小的 GP 区溶解，较大的 GP 区变粗，导致 GP 区密度低，从而使析出相的密度低，合金的强度低。

（3）影响溶质原子过饱和度的因素　除了淬火速率外，还有几个因素可以降低合金的过饱和度，其中包括产品厚度、固溶度曲线温度、分散微粒子类型和铸锭均匀化温度。

当工件的厚度增加时，其内部和心部的冷却速率就会变慢。如果淬火速率足够慢，或者产品的厚度很大，那么就会发生明显的析出。

提高合金的固溶度曲线温度，也就提高了淬火析出形核的温度范围，较高的温度也会增加溶质原子的扩散速率。在相同的淬火速率下，固溶度曲线温度较高的合金，溶质原子的损失更大，例如，与 6063 合金相比，6061 合金的固溶度曲线温度较高，在相同的淬火速率下，失去的溶质原子越多。

分散微粒子是微小的金属间化合物颗粒，其大小取决于热轧前的均匀化温度。它们的主要作用是钉扎回复过程中的亚晶界，并在热轧过程中控制再结晶。它们是不可剪切的粒子，能抑制局部发生剪切。

在 7×××系列合金中，添加铬和锆形成含铬分散微粒子和含锆分散微粒子。含锆分散微粒子（如 7050 合金）的形核能垒比含铬分散微粒子（如 7075 合金）的更高。Al_3Zr 分散微粒子与铝基体保持共格，而铬分散微粒子 $(Al, Zn)_{18}Mg_3Cr_2$ 不与基体共格。不与基体共格的分散微粒子往往位于晶界处。可热处理强化铝合金中典型的分散微粒子见表 2-21。

表 2-21　可热处理强化铝合金中典型的分散微粒子

合金牌号	弥散颗粒
2×24	$Al_{20}Cu_2Mn_3$
6013	$Al_{12}Mn_3Si$
7046	Al_3Zr
7×75	$Al_{12}Mg_2Cr$
7×50	Al_3Zr
7055	Al_3Zr
2090	Al_3Zr
2091	Al_3Zr
2095	Al_3Zr
8090	Al_3Zr

对铸锭进行低温均匀化退火，会降低溶质原子在合金中的固溶度。在 6×××合金淬火过程中，分散微粒子是 β′相极好的形核位置。如降低分散微粒子的形成温度，分散微粒子增多，相应的溶质原子损失将增大。增加合金中锰的含量，也同样可达到降低 6×××合金中分散微粒子形成温度的效果。

测量电导率是一种经济直接的检测溶质原子损失的方法（见本卷中“铝合金硬度和电导率的测试”一节）。在 20℃（70℉）时，铝合金固溶体的电阻率（μΩ·cm）可以用下式表示

$$\rho = 2.655 + \sum W_i K_i$$

式中，W_i 和 K_i 分别是溶质元素 i 的质量分数和电阻率系数。各元素的电阻率系数见表 2-22。

表 2-22　时效硬化析出相中溶质原子的电阻率系数

固溶体中合金元素的电阻率系数/(μΩ·cm/%)				
Cu	Mg	Si	Zn	Li
0.344	0.54	1.04	0.01	3.31

在国际退火铜标准（IACS）中，通常通过测量合金的电阻来测量电导率，电导率与电阻率的关系是

$$\%\mathrm{IACS}=\frac{173.41}{\rho}$$

在淬火态测量时，如淬火不当或淬火冷却速率不够，则会降低合金的电阻率（更高的电导率）。

在淬火后或自然时效过程中，原子簇聚集会迅速增加电阻率，如图 2-38 所示。因此，必须分别在淬火后和适当时效后立即测量合金的电导率，以用于对淬火效果进行评估。然而，这通常是一种工件表面的测量方法，不能用于测量工件内部。如果要测量工件内部，必须非常小心地切割工件，以防止工件在切割时被加热。

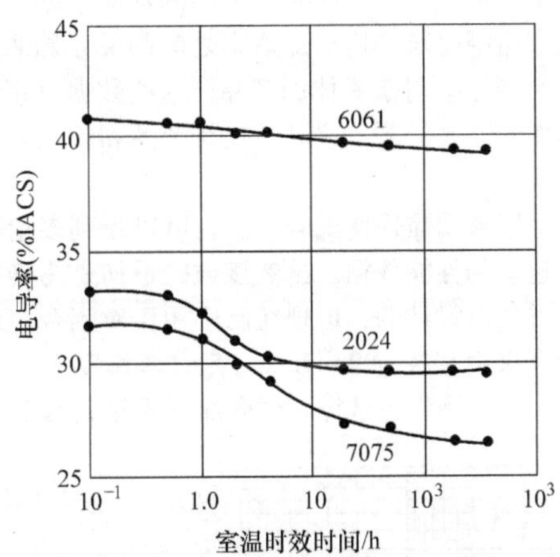

图 2-38　室温时效时间对淬火态铝合金薄板电导率的影响

在大多数情况下，铝的导电性是用涡流设备和 IACS 来测量的。由于涡流传感器中使用的线圈的空间分辨率较低，所以只能测量间距约为 6mm (0.24in) 的工件。

硬度试验是一种很好的测量淬火不均匀性的方法，这种方法的优点是压痕很小，方便重复测量，因此通常在时效后进行测量。采用维氏硬度试验方法测量溶质原子损失，比采用洛氏硬度试验和布氏硬度试验方法的重复性和线性更好。

也常采用拉伸试验测量溶质原子的损失，但不如采用电导率和硬度测量方法方便。合金的拉伸性能与溶质损失呈线性关系，特别是 7××× 和 6××× 系列合金。由于制样问题，测试通常在时效后进行，以获得更好的数据重现性。

（4）晶界析出　在淬火过程中形成的析出相不同于在时效过程中产生的细小弥散的析出相。晶界的能量最低，呈最低的形核能垒。晶界析出相首先在晶界处形成，然后在其他能量高的地方，如分散微粒子处形成。在淬火过程中，这些析出相在晶界处形核，快速淬火和长时间时效对它们在时效过程中长大起着重要的作用。

晶界上具有最高的扩散速率，析出相在晶界处的长大动力学不同于晶内。由于晶界附近有大量的溶质原子，因此析出相可以继续不断长大。然而，晶界析出相对提高合金的强度几乎没有贡献，相反，往往会对强度和断裂韧性造成损伤，如图 2-39 所示。随着晶界析出相长大，沿晶界形成无析出带。该无析出带与晶内构成原电池，促进了应力腐蚀开裂和晶间开裂。

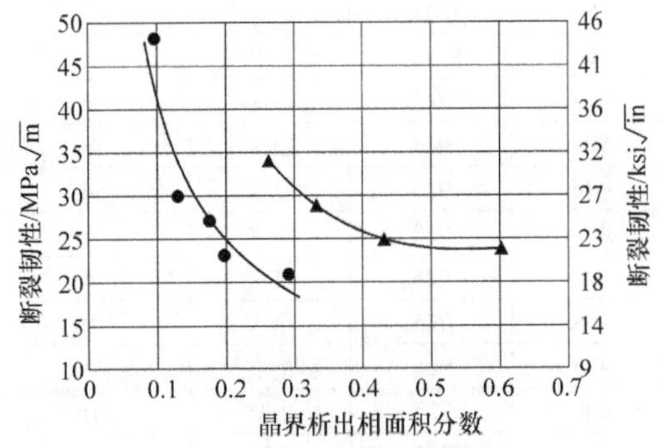

图 2-39　两种合金的断裂韧性与晶界析出相面积分数的关系

（5）淬火敏感性测量　在实验室中，有几种评估淬火敏感性的方法。测量合金的淬火敏感性时，最基本的方法是：

1）选择要研究的合金。

2）采用不同的方法进行固溶加热和淬火。

3）选择所要求的时效工艺。

一旦采用不同的淬火工艺对合金试样进行淬火后，接下来的步骤如下：

1）对晶界析出相进行金相检验。

2）对溶质元素损失敏感性的性能进行检测（硬度、导电性、抗拉强度）。

3）对晶界析出相敏感的性能进行评估（韧性和耐蚀性）。

有多种测量铝合金淬火敏感性的方法。

1）连续冷却法。就像 Grossman 对钢的 H 值进行测量那样，在整个淬火过程中，或者至少在临界温度范围内，假定传热速率恒定不变。对于铝合金，

该临界温度范围为250～350℃（480～660℉）。

加工相同牌号、尺寸一致的一组合金试样，对该组试样进行固溶加热，在不同的冷却介质（冷水、热水和静止空气）中或采用不同的冷却速率进行冷却，然后采用期望的状态代号进行时效。采用不同的状态代号或工艺参数重复该试验过程。通过硬度和电导率测量等试验方法，对试样的性能进行评估。为对2024－T4合金和工艺的淬火敏感性进行测试，设计了典型的试验测试工艺参数，见表2-23。

表2-23 测试2024－T4合金淬火敏感性的热处理工艺参数

固溶温度		冷却方式	自然时效时间/h
℃	℉		
507	945	冷水	4
507	945	冷水	16
507	945	热水	4
507	945	热水	16
507	945	静止空气	4
507	945	静止空气	16
507	945	炉冷	4
507	945	炉冷	16
496	925	冷水	4
496	925	冷水	16
496	925	热水	4
496	925	热水	16
496	925	静止空气	4
496	925	静止空气	16
496	925	炉冷	4
496	925	炉冷	16

对不同的性能进行评价，确定了各种因素对淬火敏感性的影响。如果使用了几种淬火冷却介质，可以将测试数据绘制成图。图2-40所示为7075合金淬入不同水温的实例。

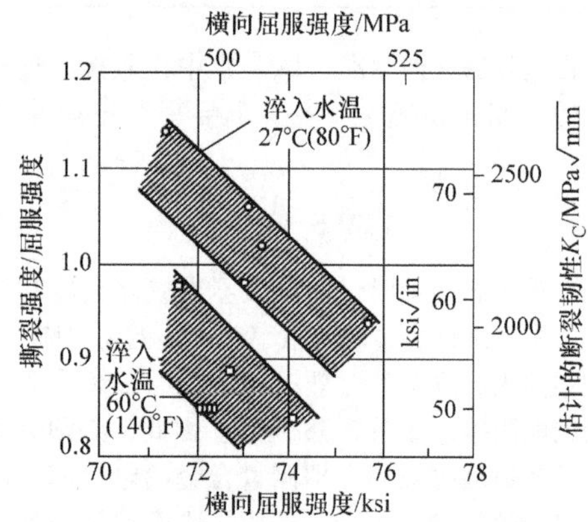

图2-40 淬入不同水温对7075合金薄板的撕裂强度与屈服强度比的影响

采用不同厚度的试样和不同的淬火速率，可以得到产品厚度与平均冷却速率之间的关系图表，如图2-41所示。对于具体的产品，这些数据可用于确定具体的淬火工艺，这对开发新产品和新工艺非常重要。

采用末端淬透性试验方法，可以得到多组不同淬火速率的性能数据。虽然该试验最初是为确定钢的淬透性所设计的，但现在已经用于对铝合金进行检验。采用直径为25.4mm（1in）、长度为102mm（4in）的圆棒作为试样。试样加热后被转移到试验

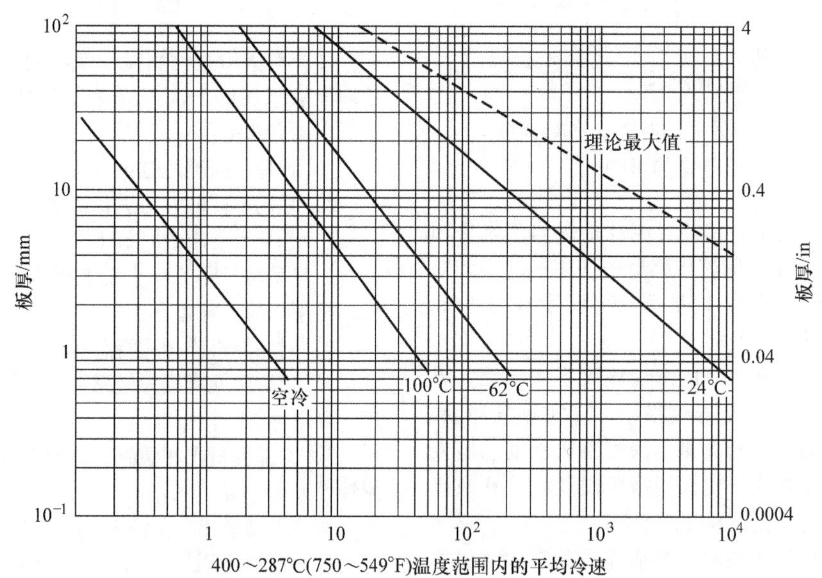

图2-41 不同板厚淬入不同水温的平均冷却速率

装置的固定位置，通过喷水冷却试样的端部，如图 2-42 所示。距试样端部不同位置，得到不同的淬火冷却速率，其中试样端部的冷却速率最为剧烈，而距端部较远的地方冷却速率非常缓慢。该试验方法现已经被许多标准规范机构采纳为标准。

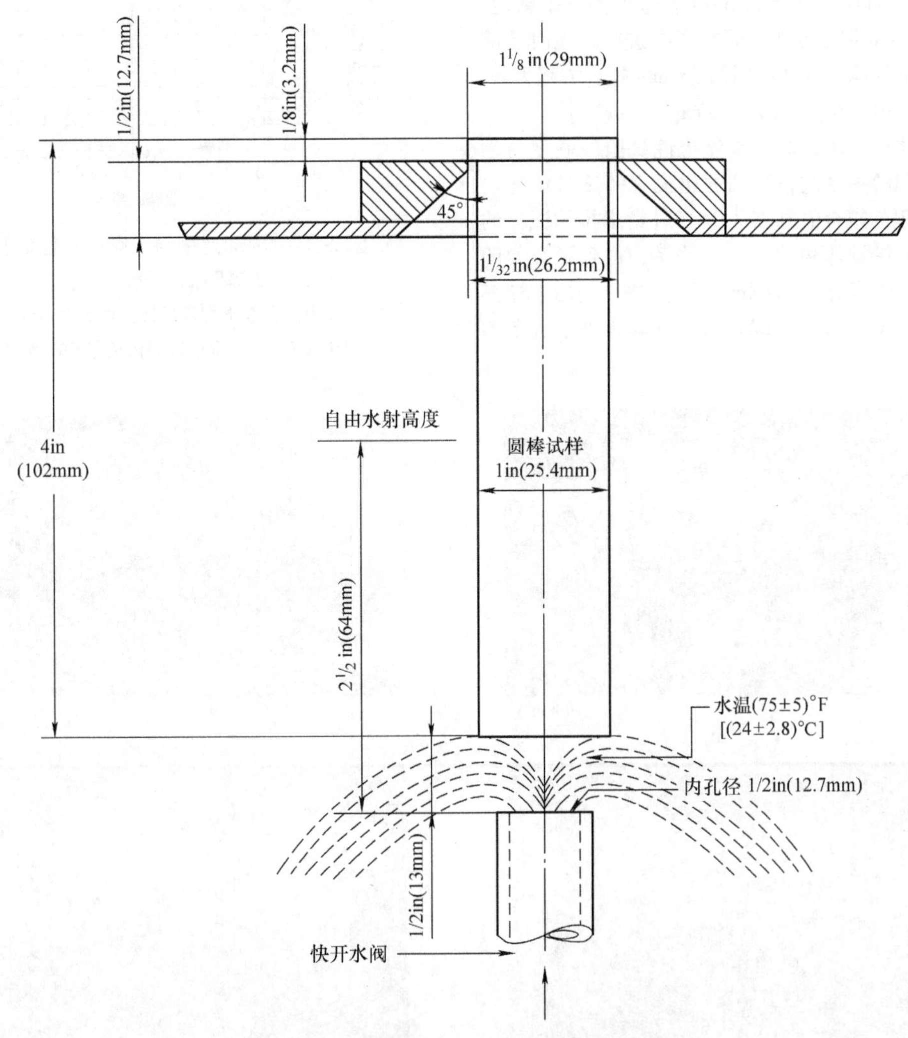

图 2-42　末端淬透性试验的几何结构图

使用末端淬透性试验确定铝和钛等其他合金的淬火敏感性，具有许多优点。该方法与传统的薄板和板材淬火方法相比，具有许多优点。例如，测得距试样端部 3mm（0.1in）处的淬火速率为 200℃/s（360℉/s），距试样端部 78mm（3in）处的淬火速率为 3℃/s（5℉/s），如图 2-43 所示。此外，该末端淬透性试样还可提供大量有用的试验数据。当完成淬火测定试验后，可以测量试样的硬度和电导率。通过对试样特定位置进行切割，采用透射电镜和差示扫描量热（DSC）方法进行微观组织等的分析，如图 2-44 和图 2-45 所示。

Loring 等人发表了一篇关于通过末端淬透性试验评估铝合金的论文，研究的合金包括 14S、24S、61S、R301 和 75S（译者注：这些为旧的铝合金牌号）。'tHart 等人采用末端淬透性试验，对采用标准时效工艺的 2024、7075、7010 和 PM7091 商用铝合金挤压棒材试样，进行了抗应力腐蚀开裂性能的研究。

Strobel 等人采用一种改进的末端淬透性试验，对 6×××系列铝合金的微观组织进行了分析和研究（图 2-46）。研究发现，增加合金元素的含量，特别是过渡族金属元素的含量，提高了合金的淬火敏感性。在研究6×××系列合金时，他们发现淬火敏感性与在过渡族金属中形成的细小粒子分布密度成正比。

Gandikota 使用传统的末端淬透性试验方法，评估了7075、6061、A356和B319合金的淬火敏感性。他采用 Avrami 拟合方法，研究了在进行人工时效前自然时效的影响，评估使用的 Avrami 拟合方程为

$$H(x) = H_{max} - \Delta H[1 - \exp(-kx)^n]$$

采用这种方法，对末端淬透性试验的硬度与端淬距离之间的关系进行精确的建模（95%可信度）。Avrami 方程的拟合值见表2-24。对紧凑拉伸试样的拉伸数据与端淬距离建立函数关系，得到了类似的结果。采用麦肯齐（MacKenzie）方法，利用末端淬透性试验数据，用 MATLAB 软件计算得到了合金的C曲线。

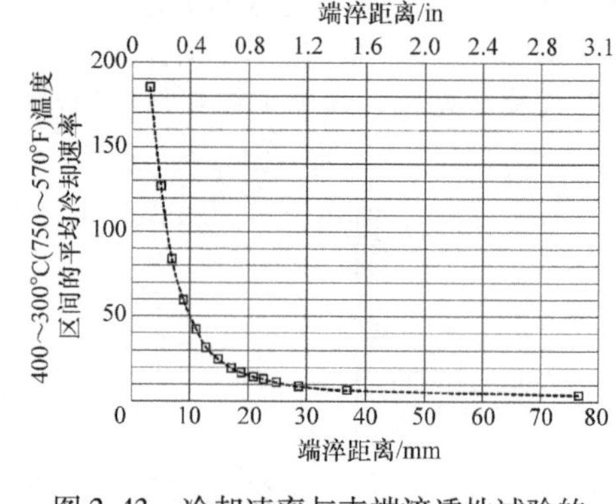

图2-43 冷却速率与末端淬透性试验的端淬距离之间的关系

注：采用铝合金末端淬透性试样和在400~300℃（750~570℉）温度区间内的平均冷却速率。

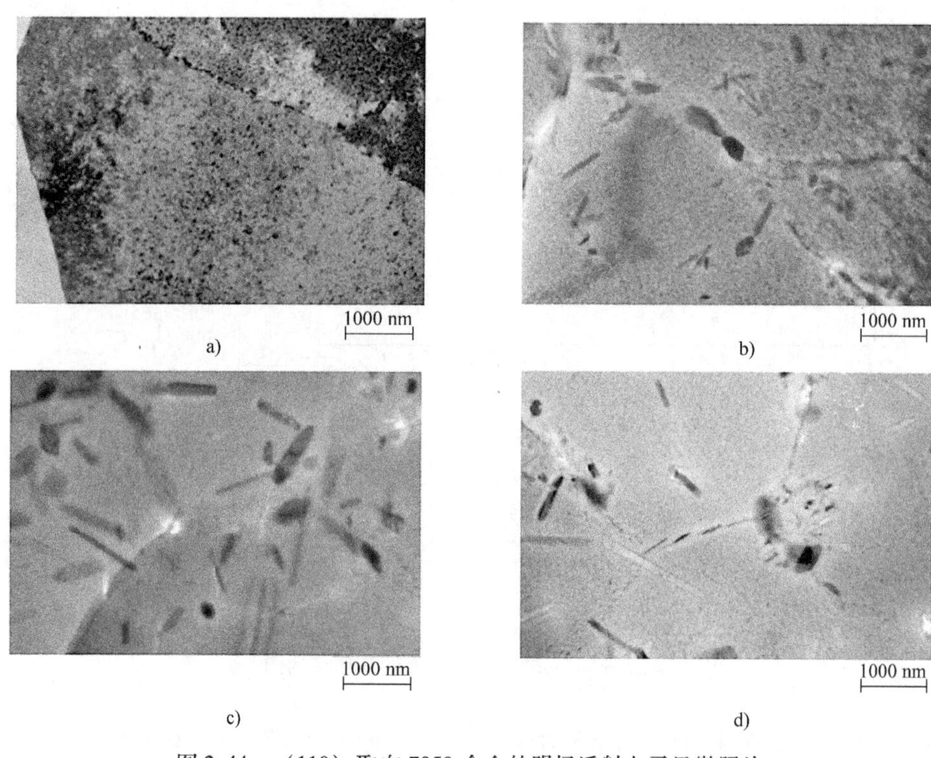

图2-44 （110）取向7050合金的明场透射电子显微照片

a）端淬距离为7mm（0.3in） b）端淬距离为24mm（0.9in）
c）端淬距离为56mm（2.2in） d）端淬距离为79mm（3.1in）

Tanner 和 Robinson 研究了7010-W合金的残余应力与端淬距离之间的关系。他们发现，随着平均淬火速率从300℃/s（540℉/s）提高到400℃/s（720℉/s），残余应力增加，如图2-47所示。提高压缩残余应力与提高淬火速率有关，通过调整淬火速率，有助于减少铝合金零件的变形。

Dolan 等人采用末端淬透性试验预测了7175-T6轧制板材的时间-温度-性能曲线，并对此进行了评估。他们还采用了一种改进的间断淬火方法，将试样淬火至450℃（840℉）后在盐浴槽中逐渐冷却，并保温2h以达到平衡。然后将试样淬入水中，并采用要求的工艺进行时效。测量硬度值，并采用波尔兹曼（Boltzmann）C曲线对硬度数据与等温温度进行回归拟合，如图2-48所示。再采用这些数据对端淬距离

和硬度进行校准，通过这种方法，能够准确地预测硬度与淬火冷率之间的关系，如图 2-49 所示。

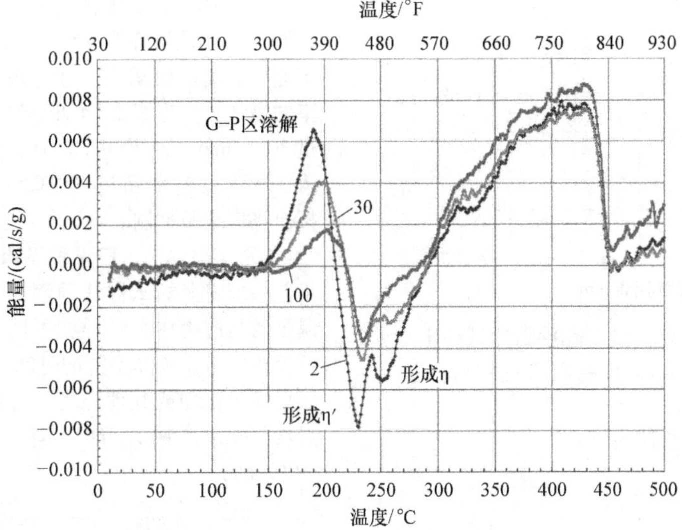

图 2-45 采用差示扫描量热法检测 7075 合金末端淬透性试样不同距离（mm）（不同淬火速率）上形成的相

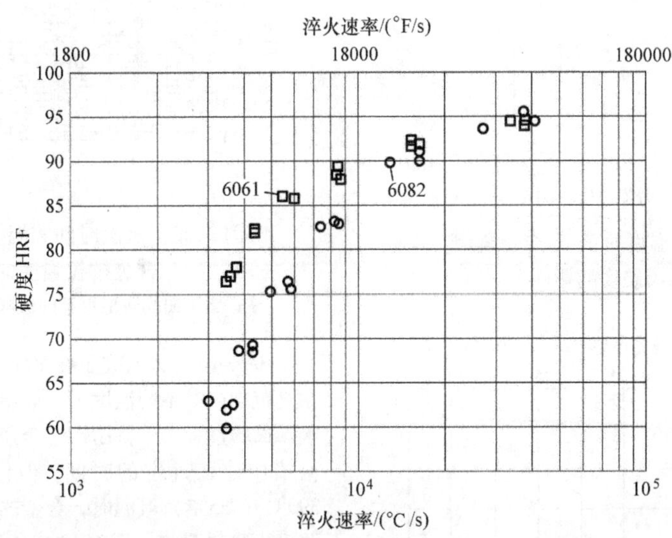

图 2-46 用改进的末端淬透性试验方法检测两种 6×××系列合金的淬火敏感性

表 2-24 根据硬度与端淬距离数据对各种铝合金 Avrami 方程的拟合

合金	7075		6061		A356		B319	
工艺	自然时效 1h	自然时效 120h	自然时效 1h	自然时效 120h	自然时效 1h	自然时效 120h	自然时效 1h	自然时效 120h
ΔH	32.0	30.0	16.0	15.0	18.2	17.0	24.0	22.0
H_{max}	85.0	88.0	61.5	64.0	116.0	116.0	139.0	141.5
k	0.028	0.028	0.032	0.032	0.075	0.075	0.057	0.057
n	2.09	1.98	1.90	1.73	0.92	0.92	0.96	0.96

注：数据中变形铝合金硬度标尺为 HRB，铸造铝合金硬度标尺为 HV。

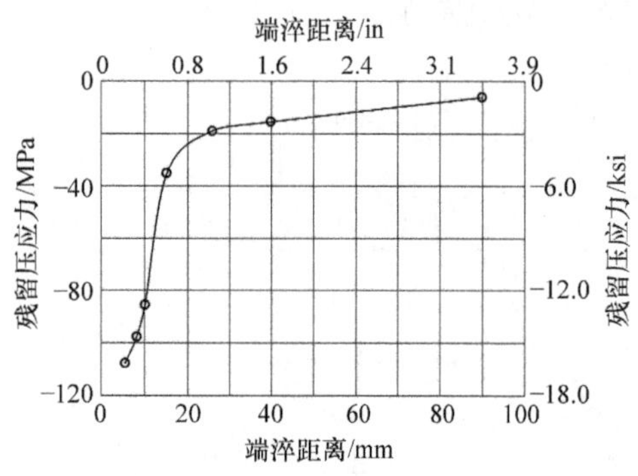

图 2-47 7010-W 合金末端淬透性试样中残余压应力与端淬距离的关系

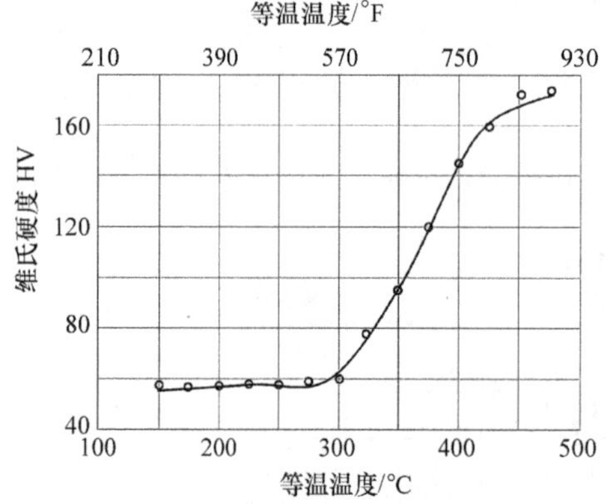

图 2-48 等温温度对 7175 合金轧制板材维氏硬度的影响

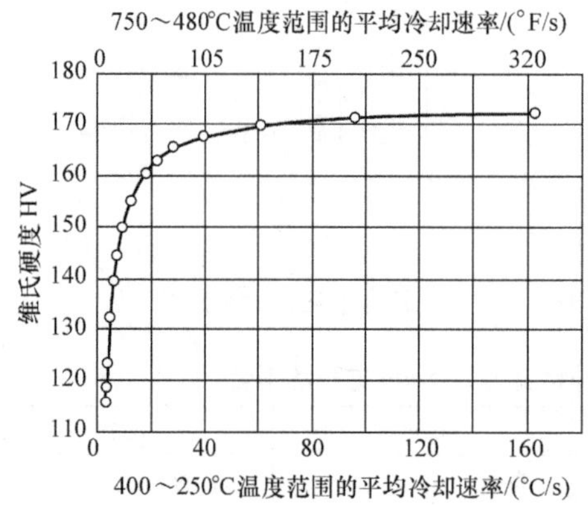

图 2-49 冷却速率对 7175-T6 合金维氏硬度的影响

Milkereit 等人采用差示扫描量热仪（DSC）和超快冷却的方法，进行了有意义的探索性研究。他们使用三种不同类型的冷却速率超过 3 位数的差示扫描量热仪，通过该方法能够确定淬火过程中形成的析出相，以及没有析出相的临界冷却速率，从而保持了高温下的饱和固溶体状态。在接近平衡的最低冷却速率下，确定有两个主峰：一个约为 470℃（880℉）的高温峰值（β）和一个约为 250℃（480℉）的低温峰值（β'）。峰值之间的差异随着冷却速率的增加而减小。这一现象表明，随着淬火速率的增加，析出量的增加受到抑制。当淬火速率超过 30℃/min（55℉/min）时，只出现明显的低温峰值；在淬火速率超过 375℃/min（675℉/min）时，析出将完全被抑制。

2）中断淬火。Fink 和 Willey 开发出了中断淬火工艺，即将薄板试样从固溶温度下取出，淬入特定温度的盐浴槽中。试样在不同时间条件下保温，然后淬入冷水。选择不同的时间和温度重复上述试验，然后测量拉伸或其他性能，得到类似于钢的时间-温度-转换曲线的时间-温度-性能曲线（图 2-50）。

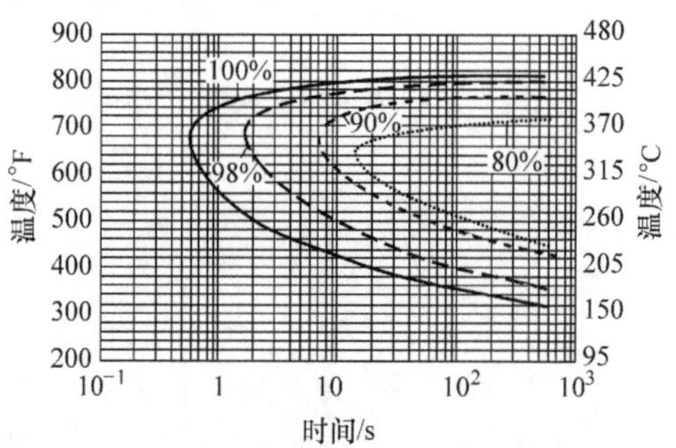

图 2-50 析出时间和温度对 7075-T6 合金抗拉强度的影响

注：图中曲线表示得到的极限抗拉强度百分比。

Bergsma 等人研究了在 200～500℃（390～930℉）温度范围内的不同温度下，等温时间对合金性能的影响。试验过程为，挤压铝合金经固溶处理后淬火到盐浴槽中停留确定的时间。他们发现，6061-T6 在 390℃（735℉）等温时，合金的屈服强度和极限抗拉强度下降得最多，而 6069-T6 在 350℃（660℉）等温时，合金的屈服强度和极限抗拉强度有所下降。他们建立了 6061-T6 和 6069-T6 合金的时间-温度-95% 最大屈服强度曲线（图 2-51），并得出 6069-T6 铝合金的淬火敏感性更大。他们认为，这种淬火敏感性与添加的镁、硅、锰和铬的含量有关，这提高了形核率和 Mg_2Si 相的数量。

Fracasso 研究了淬火速率对 Al-Si-Mg 系列 A356 铸造合金时效硬度的影响（图 2-52）。他发现，淬火速率从 0.008℃/s（0.014℉/s）提高到 3℃/s（5.5℉/s），合金的峰值硬度从 34HBW 提高到 99HBW。采用更高的淬火速率，硬度的提高有限或几乎保持不变（图 2-53）。更高的淬火速率并没有改变树枝晶间的镁和硅的含量；较低的淬火速率

(<3℃或5.5℉)允许镁和硅两种元素扩散到树枝晶间。

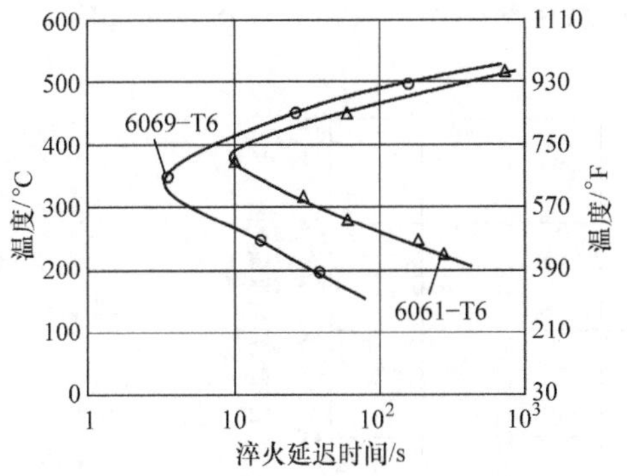

图2-51 6061-T6和6069-T6合金的时间-温度-95%最大屈服强度曲线

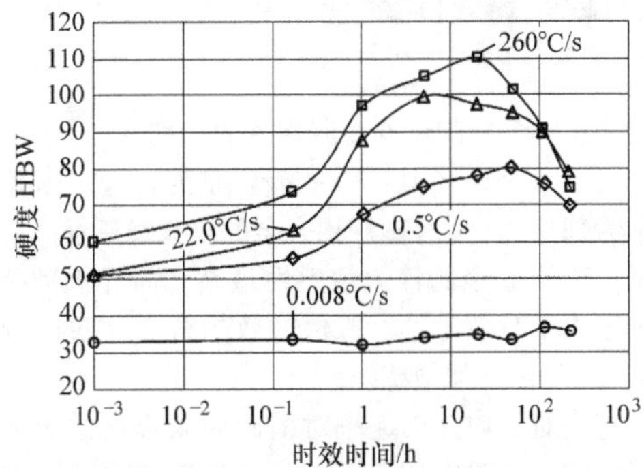

图2-52 不同淬火速率条件下人工时效时间对A356铸造合金硬度的影响

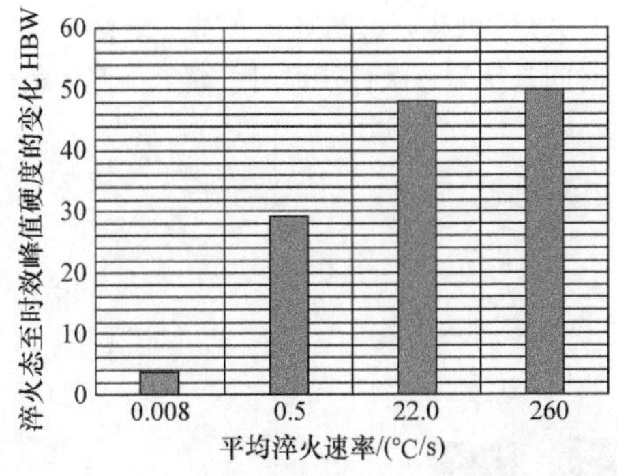

图2-53 不同淬火速率下淬火态A356铸造合金时效峰值硬度的变化

Suzuki等人通过硬度和电导率测量方法，分别对含有（质量分数）0.2%的Cr、0.2%的Zr和0.3%~0.4%Hf的Al-Zn-Mg-Cu合金的淬火敏感性进行了评估。结果表明，含锆或铪的合金的淬火敏感性受冷加工的影响，当变形量增大时，合金的淬火敏感性较大。其中，不论冷加工变形量如何，含0.2%Cr的合金的淬火敏感性都是最高的。合金板材淬火冷却到等温温度并停留不同的时间，在电导率变化为$\Delta\rho=-0.4\mu\Omega\cdot cm$的条件下，建立了温度-时间-性能关系曲线（图2-54）（译者注：根据图2-54的内容，应该是温度-时间-Hf质量分数关系曲线）。

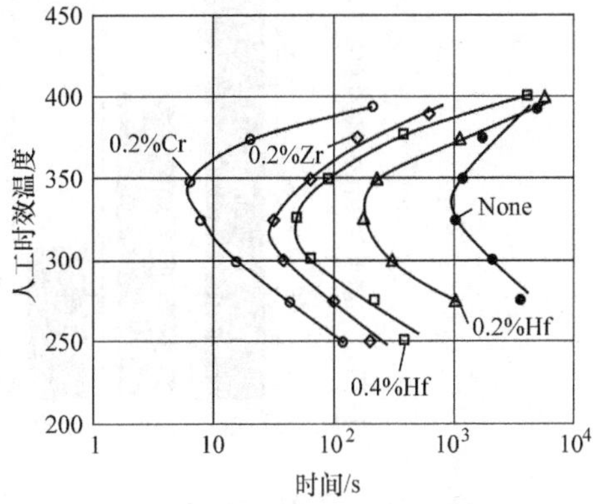

图2-54 电导率变化为$\Delta\rho=-0.4\mu\Omega\cdot cm$时的温度-时间-性能关系曲线

(6) 2×××、6×××和7×××系列合金的淬火敏感性

1) 2×××(Al-Cu)系列合金。图2-55所示为淬火速率对部分商用Al-Cu系列合金横向屈服强度的影响。当平均淬火速率为1.6~22℃/s(3~40℉/s)时，所有的商用铝合金都具有一定的淬火敏感性。随着淬火速率降低，绝大多数合金的屈服强度明显下降，而2618合金的屈服强度并没有受到明显的影响。

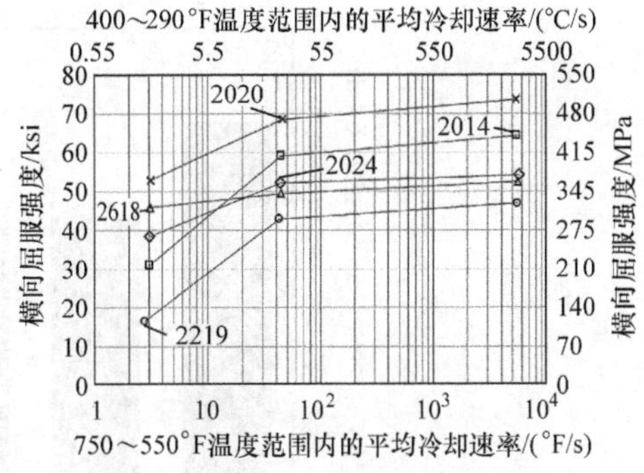

图2-55 冷却速率对2×××系列铝合金（T6）性能的影响

2) 6×××(Al-Mg-Si)系列合金。图2-56所示为几种商用6×××系列铝合金的淬火敏感性。强度差异是由在静止空气中冷却（0.65℃/s或

1℉/s）和在冷水中冷却（1000℃/s 或 1800℉/s）造成的。由于锰和铬形成了含锰和铬的分散微粒子，为β″（Mg_2Si）相提供了非均匀形核地点，因此，含锰和铬的合金具有最大的淬火敏感性。图 2-57 所示为两种商用 Al－Mg－Si 铸造铝合金的淬火敏感性，其中 319 合金（Al－6Si－3.5Cu－0.1Mg）的淬火敏感性没有 A355（Al－6.5Si－0.35Mg）合金的高。

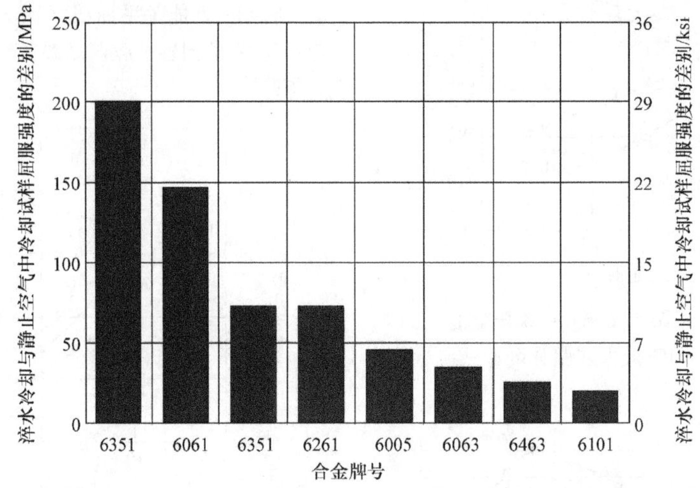

图 2-56 部分商用 6×××系列铝合金的水冷和静止空气冷却试样屈服强度的差别

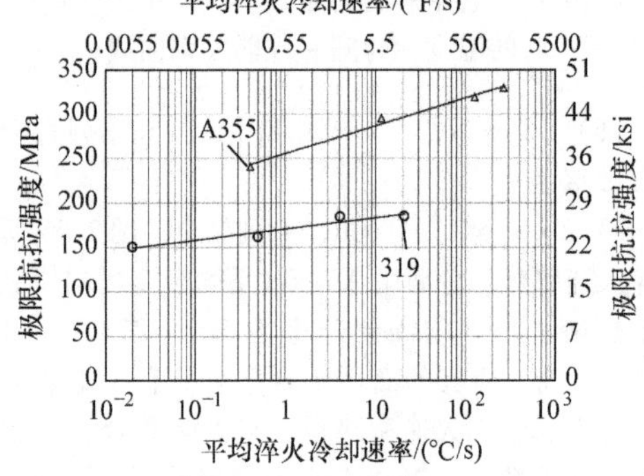

图 2-57 淬火速率对两种商用 Al－Mg－Si 铸造铝合金屈服强度的影响

3）7×××（Al－Zn－Mg）系列合金。图 2-58 所示为部分 7×××商用铝合金的淬火敏感性。一般来说，7075 合金的淬火敏感性最高，而淬火敏感性取决于人工时效工艺。峰值时效的合金比过时效的合金（T73）更加敏感。

有人对平均淬火速率对横向屈服强度的影响进行了研究，如图 2-59 所示。研究发现，7075 和 7178 合金的淬火敏感性最高，而 7039 和 7005 是最不敏感的。

3. 延迟淬火

对于大多数铝合金热处理规范，测量延迟（转移）时间是从第一次打开炉门，或第一部分载荷从

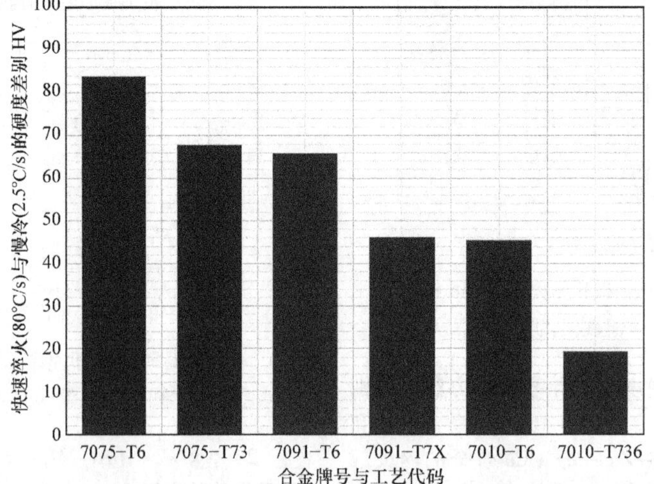

图 2-58 采用维氏硬度表征 7×××商用铝合金在不同冷却速率下的淬火敏感性

注：快速淬火冷却速率为 80℃/s（145℉/s），慢冷冷却速率为 2.5℃/s（4.5℉/s）。

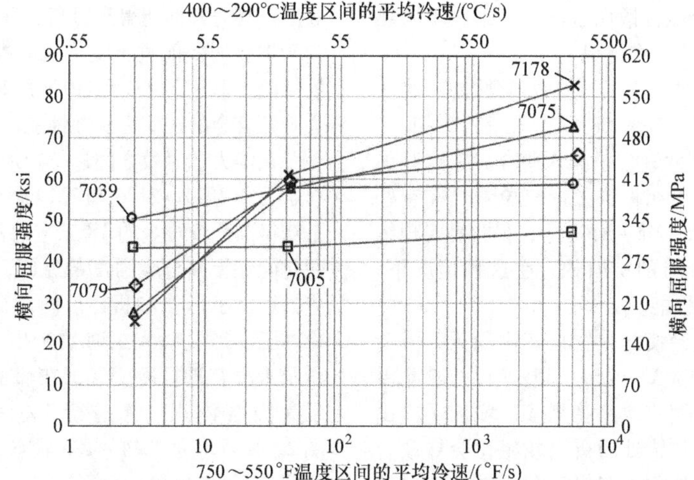

图 2-59 淬火冷却速度对 7××× (T6) 铝合金型材横向屈服性能的影响

盐浴槽或连续式加热炉的加热区取出，至完全浸入淬火冷却介质中的时间。允许的淬火延迟最大厚度是指工件的最薄尺寸（表 2-25）。根据规范，如测试工件在浸入淬火冷却介质前温度不低于 413℃ (775℉)，则认为是超过了最大淬火延迟时间（译者注：根据上下文，此处原文有误，应为“如测试工件在浸入淬火冷却介质前，温度低于 413℃ (775℉) ……”）。然而，对于 2219 合金，在工件浸入淬火冷却介质前，不允许其温度低于 482℃ (900℉)。

表 2-25 推荐的淬火过程中最长延迟时间

最大厚度		最大淬火延迟时间/s	
mm	in	包铝覆层	未包铝覆层
0.41	0.016	6.4	4.4
0.51	0.020	8.0	5.5
0.64	0.025	10.0	6.8
0.81	0.032	12.8	8.8
1.02	0.040	20.0	11.0

2.1.8 淬火后的拉伸变形或机械变形

淬火态铝合金的塑性几乎与退火状态或“O”代号状态相同。因此，铝合金通常在淬火态和人工时效之间进行成形加工。

通常拉伸板材是为了减轻由淬火引起的应力。拉伸的长度不同，但一般在 1% ~5% 范围内。因为拉伸使板材产生塑性变形，产生了大量的位错。这种塑性变形导致淬火产生的弹性应力被重新分配，降低了淬火应力的危害。1% ~3% 的塑性变形通常会造成这种机械应力的重新分配。这是通过拉伸板材或锻压锻件的方式实现的。图 2-60 所示为 100mm

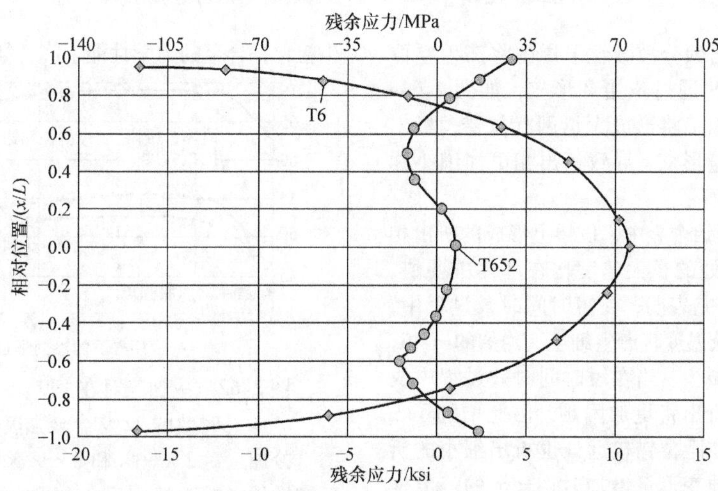

图 2-60 T6 或 T652 两种热处理工艺消除 100mm (4in) 厚的 7075 合金锻件压应力对比

(4in) 厚的7075合金锻件锻压水淬后，采用不同热处理工艺后的残余应力分布情况。

众所周知，位错能提高合金的力学性能，改变析出序列，现已对Al-Mg-Si、Al-Li和Al-Li-Cu合金体系的析出序列进行了深入研究。在这些体系中，位错为过渡析出相提供了形核位置。在有些合金体系（如Al-Cu-Mg-Ag）中，很容易实现细小形核和得到均匀分布的析出相，在这种情况下，位错可能会降低拉伸性能。

在室温下，位错会使淬火空位产生湮灭，降低析出速度。在120~180℃（250~355℉）的较高温度下时效，由于位错使扩散路径增多，增加了析出速度和产生了粗化。位错处的析出相粗化会导致合金力学性能的下降。然而，有报道称，当自然时效的2×××和7×××系列合金板材经拉伸和人工时效后，其力学性能得到提高。有研究表明，在120℃（250℉）时效前进行变形，能提高合金的抗应力腐蚀性能，但在210℃（410℉）时效前进行变形，则会降低合金的抗应力腐蚀性能。

在淬火和时效之间进行冷加工，对2×××系列合金，如2024、2124和2219合金的影响非常大。这是获得高强度合金的T8工艺的基础。冷加工加时效硬化能够提高合金强度的原因，是冷加工中产生的应力增加了形核和析出。图2-61所示为2024合金冷加工变形量对人工时效析出相的影响。图2-61a所示为没有进行冷变形，在峰值时效；图2-61b所示为固溶淬火，并进行1%~2%的等效变形；图2-61c所示为2024-T86状态，合金在淬火和时效之间进行6%的冷轧变形。

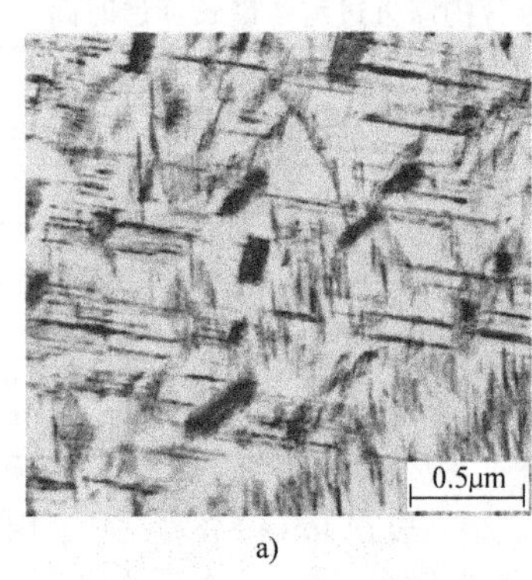

a)

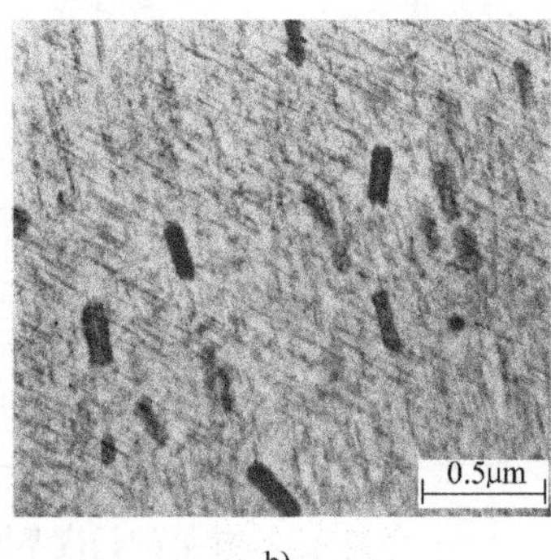

b)

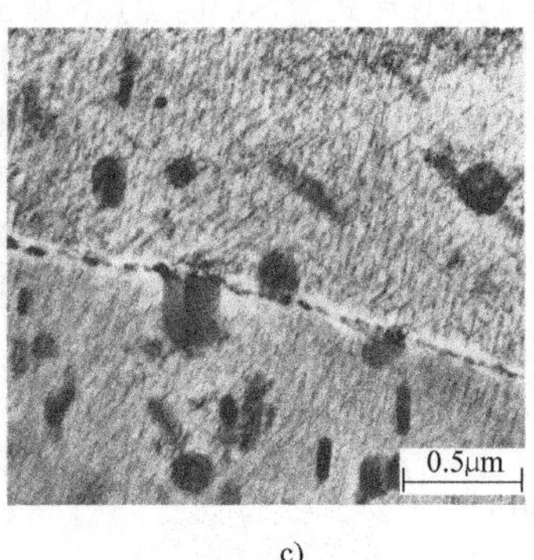

c)

图2-61 拉伸变形（固溶和淬火后）对2024合金片状析出相数量和尺寸大小的影响

a）2024-T6状态，淬火后没有进行拉伸处理 b）2024-T81状态，在时效前进行1.5%的拉伸变形，与2024-T6相比，片状析出相数量增多，尺寸细小 c）2024-T86状态，在时效前进行6%的冷轧变形，与2024-T81相比，片状析出相数量更多，尺寸更细小

注：所有试样在190℃（375℉）时效12h。透射电镜照片。

淬火过程中析出的分散微粒子周围将产生空位和位错环，析出相S′通过位错环形核，如图2-61a所示。经淬火后冷加工将形成大量网状位错，析出相在网状位错处大量形核，导致析出相更加细小弥散，如图2-61b、c所示。

在7×××系列铝合金中，位错上形成的析出相是η′相，它在位错处的长大速度比在基体中要快。Deschamps等人的研究表明，在短时间时效过程中，缓慢加热至人工时效温度将产生细小、均匀的η′相，而位错的影响也会减少。当在短时间时效过程中快速加热时，η′相的析出将更加困难，由此增加了η相在位错处析出，在距位错较远处也析出细小的析出相。当变形或拉伸变形量增加时，合金的峰值强度会下降。在长时间时效过程中，随着拉伸变形量增加，不受加热速率的影响，析出相尺寸更大和发生粗化，合金的力学性能下降，如图2-62所示。

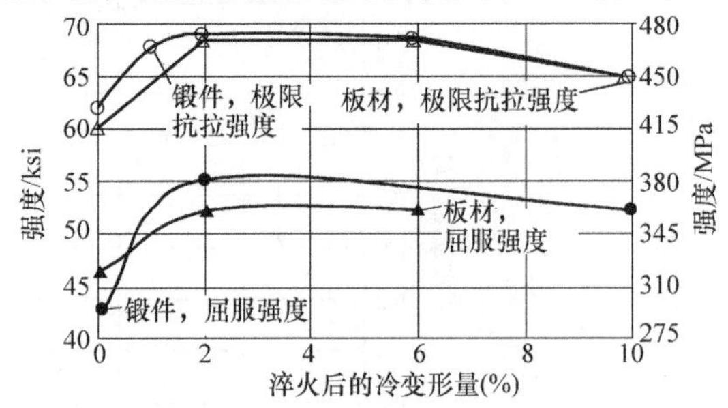

图2-62 冷加工对在190℃（375℉）人工时效的2219合金强度的影响

冷加工对2×××和7×××系列合金时效强化后韧性的影响正好相反。在淬火后冷加工可以提高2024合金的强度和韧性（图2-63），在过时效状态下，合金的强度和韧性综合性能下降，其原因是细

小的 S′相在位错处析出。然而，对 7050 合金淬火后进行冷加工的效果正好相反（图 2-64）。其原因是 η′相在位错处形核和优先长大，因此降低了合金的强度和韧性。在 7475 合金（图 2-65）和 7075 合金（图 2-66）中也观察到了类似的结果。

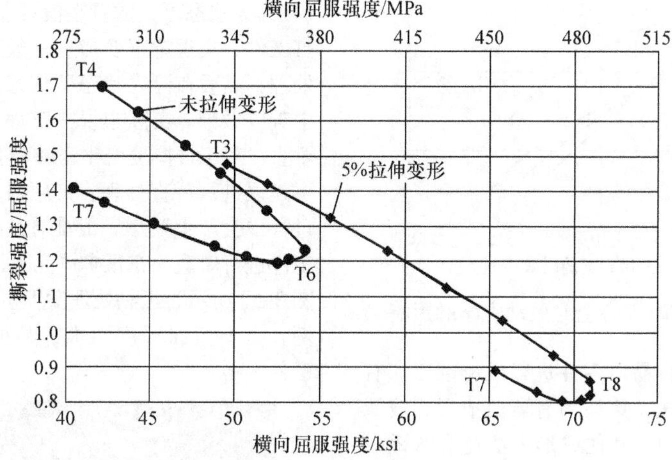

图 2-63　拉伸变形和时效对 2024 合金韧性的影响

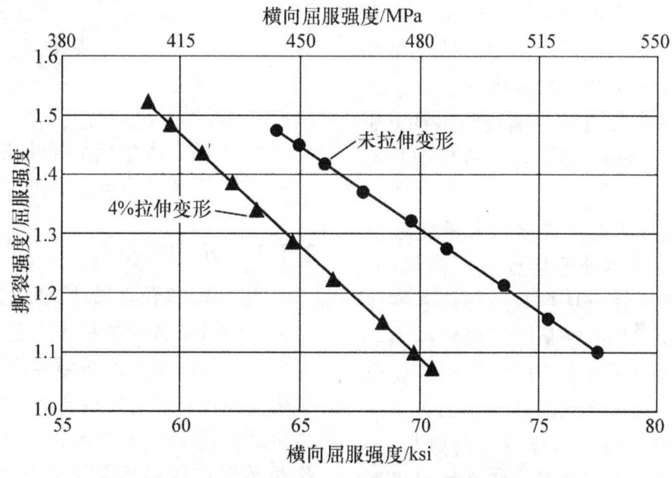

图 2-64　拉伸变形对 7050 合金韧性的影响

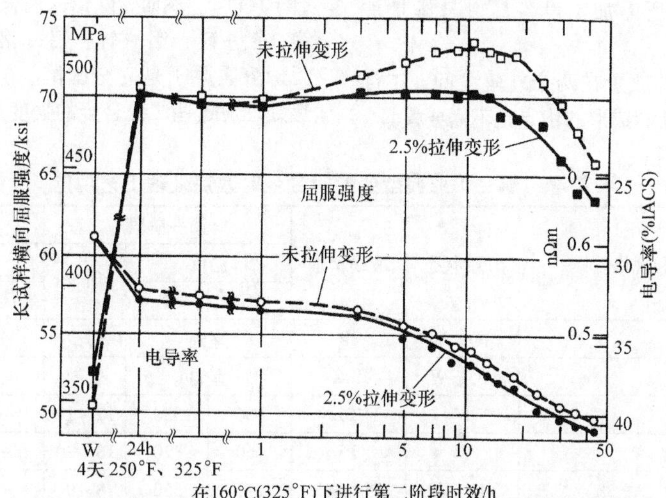

图 2-65　拉伸变形对 10mm（0.4in）厚的 7475 合金板材时效的影响

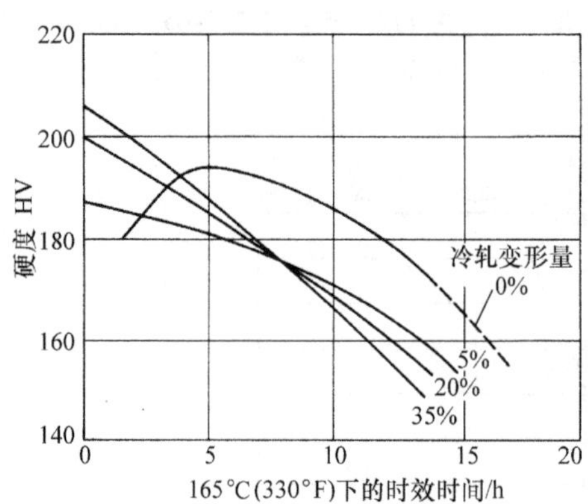

图 2-66 冷加工对 7075 合金时效动力学的影响

在淬火状态下很容易对零件进行成形加工。有多种零件成形加工方法，典型的有弯曲成形、液压成形、轧制成形和拉伸。其他成形方法还有落锤成形和旋压成形。

弯曲成形成本低，几乎不需要模具成本，主要用于形状非常简单的零件的成形。例如，弹片和对工件的折弯成形。具有方向性的晶粒将影响合金的成形性能。为避免工件表面出现“橘皮”（Orange Peel）效应和吕德斯（Lüders）带，需要垂直于晶粒方向进行弯曲成形。

退火（O）状态或淬火态工件多采用液压成形工艺。在这个过程中，将零件毛坯放置在模具中，当液压缸加压时，零件毛坯充填模具。如果零件在退火状态下成形，那么工艺流程是液压成形→固溶处理→淬火→精整，然后通过人工时效达到所要求的性能。如果零件是在淬火状态下成形，那么工艺流程就是固溶处理→淬火→液压成形→时效强化。该工艺流程的特点是模具成本较低，适合加工成形各种复杂的零件。但所需加工设备昂贵且维护成本高。

轧制成形是将工件放置在两个轧辊之间，工件通过轧辊进行成形。轧制成形的优点是不需要模具，此外，材料可以在任何热处理状态下进行轧制成形。典型的轧制成形工件为表面轮廓简单的圆柱形管材。

淬火后的矫直是用来矫正变形的。通常将工件（在淬火状态下）放置在模具中，通过皮带或木锤击打工件，实现矫正变形。一般来说，最好先进行热处理，然后在淬火状态下成形。然而，在实际过程中难以做到。实际中仅在工件厚度均匀的区域进行矫直。对工件厚度变化区域和有孔的或切割的区域，不建议进行矫直处理，其原因是有孔等区域在矫直过程中会产生变形。很难对发生扭曲变形的大截面工件进行矫直，在很多情况下，这几乎是不可能的。图 2-67 所示为经热处理发生扭曲变形的大型锻件实例，由于扭曲程度太大，不可能通过矫直修复该锻件。

图 2-67 大型航空锻件在固溶处理过程中因装炉不当造成扭曲变形的实例

2.1.9 析出热处理

表 2-26 和表 2-27 所列分别为推荐用于变形铝合金和铸造铝合金的析出工艺。析出强化取决于几个因素，其中固溶加热温度因素不能单独使合金产生析出强化，但加热温度是主要的影响因素。例如，当温度提高到接近铝与铜、镁和锌的共晶温度时，这些元素在铝中固溶度范围内，固溶度急剧增加（图 2-11）。然而，除铝 - 铜合金体系外，对于铝 - 镁、铝 - 硅、铝 - 锌、铝 - 铬或铝 - 锰二元合金，无论溶质原子是完全固溶、部分析出或完全析出，热处理对这些二元合金的强度几乎没有影响。

表 2-26 航空工业典型变形铝合金时效热处理工艺规范

合金牌号	外形和规格	开始状态	最终状态	第一阶段			第二阶段		
				温度		时间/h	温度		时间/h
				℃	℉		℃	℉	
2×××	薄板	AQ、W	T4	室温		暂缺	—	—	—
	其他	AQ、W	T42	室温		暂缺	—	—	—
2004	薄板	T4	T6	166	330	17~19	—	—	—
2014	薄板	T3	T6	160	320	18~20	—	—	—
	全部	T4、T42	T6、T62	177	350	8~9	—	—	—

（续）

合金牌号	外形和规格	开始状态	最终状态	第一阶段			第二阶段		
				温度		时间/h	温度		时间/h
				℃	℉		℃	℉	
2024	薄板、厚板、冷拔管材	T3、T351	T81、T851	191	375	12 ~ 13	—	—	—
		T42	T62	191	375	9 ~ 12	—	—	—
		T42	T72	191	375	16 ~ 18	—	—	—
	锻件	T4、T352	T62、T852	191	375	12 ~ 13	—	—	—
	线材和轧制棒材	T351、T4	T851、T6	191	375	12 ~ 13	—	—	—
	挤压棒材和型材	T351 ×	T851 ×	191	375	12 ~ 13	—	—	—
		T4	T6	191	375	12 ~ 13	—	—	—
		T42	T62	191	375	12 ~ 13	—	—	—
2219	包铝板材	T42	T62	191	375	17 ~ 19	—	—	—
	锻件	T42	T62	191	375	25 ~ 27	—	—	—
	其他	T42	T62	191	375	35 ~ 37	—	—	—
	薄板	T31	T81	177	350	17 ~ 19	—	—	—
		T37	T87	163	325	23 ~ 25	—	—	—
	锻件	T352	T852	177	350	17 ~ 19	—	—	—
		T4	T6	191	375	25 ~ 27	—	—	—
	厚板	T351	T851	177	350	17 ~ 19	—	—	—
		T37	T87	163	325	17 ~ 19	—	—	—
	铆钉用材	T31	T81	177	350	17 ~ 19	—	—	—
	挤压棒材和型材	T31、T351 ×	T81、T851 ×	191	375	17 ~ 19	—	—	—
6013	薄板	AQ、W	T4、T42	室温		暂缺	—	—	—
		T4、T42	T6、T62	191	375	4 ~ 5	—	—	—
6061	全部	AQ、W	T4、T42	室温		暂缺	—	—	—
6063	全部	T4	T6	177	350	8 ~ 10	—	—	—
7049、7149	挤压棒材和型材	W	T73	121	250	23 ~ 25	166	330	21 ~ 22
		W	T76	121	250	23 ~ 25	166	330	14 ~ 15
	锻件	W	T73	121	250	23 ~ 25	166	330	13 ~ 14
7050	铆钉用材	AQ、W	T73	121	250	4（最少）	179	355	8（最少）
	板材、挤压棒材和型材	AQ、W	T73	121	250	6 ~ 8	177	350	11.5 ~ 12.5
	厚板	AQ、W	T76	121	250	6 ~ 8	177	350	6.5 ~ 7
	除板材外	AQ、W	T76	121	250	6 ~ 8	177	350	3.5 ~ 4.5
	全部	AQ、W	T74（9）	121	250	6 ~ 8	177	350	6 ~ 8
7075	全部	AQ、W	T6	121	250	23 ~ 25	—	—	—
	薄板和厚板	AQ、W	T73	107	225	6 ~ 7	163	325	26 ~ 28
				121	250	4 ~ 5	177	350	8 ~ 10
			T76	107	225	6 ~ 7	163	325	16 ~ 18
				121	250	4 ~ 6	177	350	5 ~ 7
	线材、轧制棒材和锻件	AQ、W	T73	107	225	6 ~ 7	177	350	8 ~ 10
				121	250	4 ~ 5	177	350	8 ~ 10
			T76	121	250	3 ~ 4	163	325	16 ~ 18
				107	225	6 ~ 7	163	325	16 ~ 18
	挤压棒材和型材	AQ、W	T73	107	225	6 ~ 7	177	350	6 ~ 8
				121	250	4 ~ 5	177	350	6 ~ 8
			T76	121	250	3 ~ 4	160	320	19 ~ 21
				107	225	6 ~ 7	160	320	19 ~ 21

（续）

合金牌号	外形和规格	开始状态	最终状态	第一阶段			第二阶段		
				温度		时间/h	温度		时间/h
				℃	℉		℃	℉	
7178	全部	AQ、W	T62	121	250	23~25	—	—	—
	薄板和厚板	AQ、W	T76	121	250	23~25	163	325	16~18
				121	250	4~6	163	325	16~18
	挤压棒材和型材	AQ、W	T76	121	250	23~25	160	320	18~20
7475	薄板	AQ、W	T61	121	250	4~6	160	320	18~20
				121	250	3~5	157	315	3~3.25
		AQ、W	T761	121	250	3~5	163	325	10~12
	厚板	AQ、W	T6	121	250	23~25	—	—	—
		AQ、W	T76	121	250	3~5	163	325	12~18
		AQ、W	T73	121	250	3~5	163	325	24~30

注：见本卷中“可时效强化铝合金的热处理实践”一节。

表 2-27 推荐的工业规范中部分铸造铝合金的时效热处理工艺

合金牌号	时效前状态	温度		保温时间/h	时效后状态
		℃	℉		
201.0	AQ、W 或 T4	188	370	5（不少于）	T7
A201.0	AQ、W 或 T4	188	370	5（不少于）	T7
203.0	AQ、W 或 T4	218	425	16（不少于）	T6
A206.0	AQ、W 或 T4	199	390	4（不少于）	T7
242.0	AQ、W 或 T4	232	450	2~3	T61（砂型铸造）
242.0	AQ、W 或 T4	204	400	3~5	T61（金属型铸造）
243.0	AQ、W 或 T41	218	425	2~3	T61
296.0	AQ、W 或 T4	154	310	2~8	T6
319.0	AQ、W 或 T4	154	310	2~6	T6
333.0	F（铸态）	204	400	7~9	T5
333.0	AQ、W 或 T4	154	310	2~5	T6
333.0	AQ、W 或 T4	260	500	4~6	T7
336.0	AQ、W 或 T45	171	340	14~18	T65
355.0	AQ、W 或 T4	154	310	2~6	T6
355.0	AQ、W 或 T4	227	440	3~5	T7
C355.0	AQ、W 或 T4	154	310	3~6	T6
356.0	AQ、W 或 T4	154	310	1~6	T6
356.0	AQ、W 或 T4	204	400	3~6	T7
A356.0	AQ、W 或 T4	154	310	2~6	T6
A357.0	AQ、W 或 T4	160	320	2~12	T6
D357.0	AQ、W 或 T4	160	320	2~12	T6
358.0	W 或 T4	163	325	2~8	T6
705.0	F（铸态）	99	210	10（不少于）	T5
705.0	F（铸态）	室温		不少于 21 天	T5
707.0	F（铸态）	154	310	3~5	T5

（续）

合金牌号	时效前状态	温度		保温时间/h	时效后状态
		℃	℉		
707.0	F（铸态）	室温		不少于 21 天	T5
712.0	F（铸态）	室温		不少于 21 天	T5
712.0	F（铸态）	179	355	9~11	T5
713.0	F（铸态）	121	250	16（不少于）	T5
713.0	F（铸态）	室温		不少于 21 天	T5
850.0	F（铸态）	221	430	5（不少于）	T5
851.0	F（铸态）	221	430	7~9	T5
852.0	F（铸态）	221	430	7~9	T5

注：见本卷中“可时效强化铝合金的热处理实践”一节。

随着温度下降，固溶度会大大降低，但从亚稳态固溶体产生析出强化还受到动力学因素和形核机制的影响。关于动力学因素，不同溶质原子的固溶和析出反应的相对速率不同，这取决于它们各自的扩散速率。如从平衡角度考虑，某一元素在特定温度下可能会发生固溶或析出，但如果溶质原子在该温度下的移动速度较慢，则反应可能会完全被抑制。扩散快和扩散慢的元素的扩散系数差别很大，通常在数个数量级范围内变化（图 2-68）。铜、镁、硅和锌是主要的析出强化元素，它们在中铝的扩散系数相对较大。

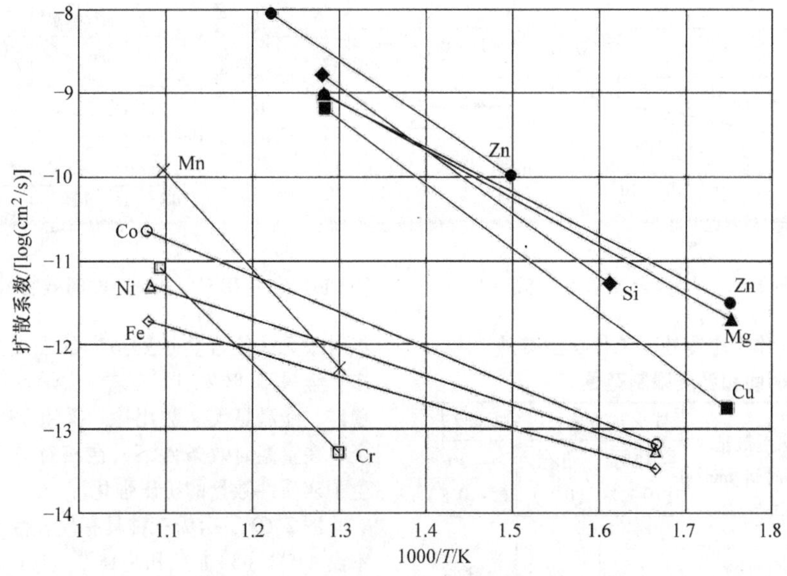

图 2-68　合金元素在铝中的扩散系数

对于大多数可析出强化合金体系，都有一个复杂的与时间和温度相关的析出序列。随着时效温度的提高或时间的增加，GP 区转变为析出相，该析出相的晶体结构既不同于固溶体，也不同于平衡相，形成的析出相 - 基体共格界面促进了过渡相晶格的形成。虽然这不是最终的平衡相结构，但它富含溶质原子，与基体共格，具有较低的表面能，因此，形核激活能比得到更稳定的析出相更低，该析出相称为过渡相。在大多数合金中，它们都与固溶体具有特定的晶体取向关系，在某些晶面上，通过局部弹性应变来保持共格。

室温下合金的饱和度是随后强化的驱动力。例如，$w(Cu)=6.3\%$ 的铝合金，增加固溶体中铜的含量，可提高其在低温下析出的趋势，并提高了合金的性能。

1. 无固溶处理的析出热处理

部分对淬火冷却速率相对不敏感的合金，可以在完成最后热加工后，直接采用空冷或水冷淬火。

在空冷或水冷两种条件下，这些合金都具有明显的时效析出强化效果。该工艺方法广泛应用于6061、6063、6463和7005等合金的薄挤压成形工件。通过挤压成形后直接淬火和时效析出，这些合金的强度几乎可以达到与重新固溶加热相当的强度。在时效析出过程中，合金性质的变化遵循与固溶处理合金相同的原则。各种合金的时效强化速率变化很大，有的合金可能只需要几天就达到了稳定状态，有的则需要几年的时间。有些合金在淬火至室温时，室温时效强化便立即开始。这种在室温下的时效过程称为自然时效，而自然时效过程中的强化效果几乎完全归功于GP区和后来转变的过渡相的形成。通过在室温下自然时效几天，合金中产生了大量的析出相，产品尺寸达到稳定，获得足够高的强度，可广泛适用于许多应用场合。如果在室温下析出反应速度太慢，可通过提高时效温度来加快析出反应，该工序称为人工时效或析出热处理。在高于室温的条件下进行时效，也可以提高合金的强度。对于某些合金，通过在淬火后对工件进行冷加工，合金的强度也可以显著提高。

2. 延迟自然时效的冷处理

在固溶加热淬火与自然时效之间的阶段，合金的塑性与退火状态相当。在此期间可以对零件进行成形加工或对固溶处理和淬火中产生的翘曲和变形进行矫正。在淬火后可立即进行成形加工，但可能由于析出强化，造成合金的加工性能降低，无法在析出强化之前完成成形加工。在这种情况下，可在淬火后迅速进行冷处理，以保持淬火状态下加工性能好的特点。因为析出与温度有关，所以在淬火后立即进行冷处理可以推迟析出过程，甚至可以防止发生自然时效。图2-69所示为冷处理对普通可热处理强化铝合金时效的影响。表2-28所列为合金在淬火状态下停留的典型时间限制。

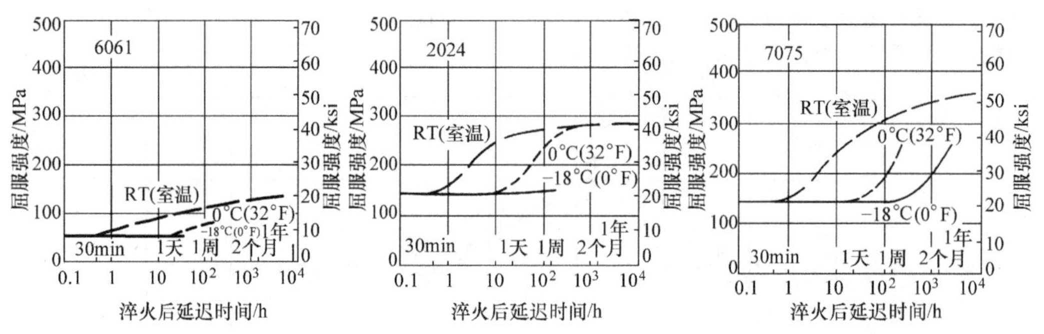

图2-69 铝合金薄板在室温（RT）、0℃（32℉）和－18℃（0℉）的时效特性

表2-28 淬火态冷处理工件典型存放时间和温度限制范围

合金牌号	淬火后最长延迟时间/min	淬火态下最长存放时间/天		
		－12℃（10℉）	－18℃（0℉）	－23℃（－10℉）
2014 2024 2219	15	1	30	90
6061 7075	30	7	30	90

3. 自然时效

铝合金淬火至室温下，得到的亚稳态固溶体立即开始形成析出相，其自然时效强化的主要原因是，富溶质原子的GP区均匀析出。不同合金类型的自然时效速率相差很大。然而，如果自然时效的析出量远小于达到稳定平衡的析出量，则可采用适当的温度和时间进行析出热处理（或人工时效）。通常，自然时效无法使合金达到最高的强度。尽管如此，很多合金采用T3和T4工艺，力学性能即可基本达到稳定，能满足大多数用途。采用T3和T4工艺的合金，在室温时效条件下，在相对较短的时间内，产生了实质性数量的析出强化。

图2-69所示为三种具有代表性的商用铝合金在室温、0℃（32℉）和－18℃（0℉）时效后拉伸性能变化的对比。此外，随着自然时效的进行，大多数可热处理强化铝合金的电导率和热导率也会降低。例如，三种具有代表性的铝合金在室温时效后电导率的变化如图2-70所示。通常，合金的固溶度降低时，电导率和热导率会提高，因此，观测到电导率和热导率降低，通常认为是自然时效过程中形成了GP区，而不是真正产生了析出。合金的电导率降低可能是由晶格周期性损伤引起的。

在室温下，2024合金很快就产生时效强化，在一天内，时效强化非常明显，在四天后，合金几乎完成了时效强化。这种合金广泛采用T4、T3和T36

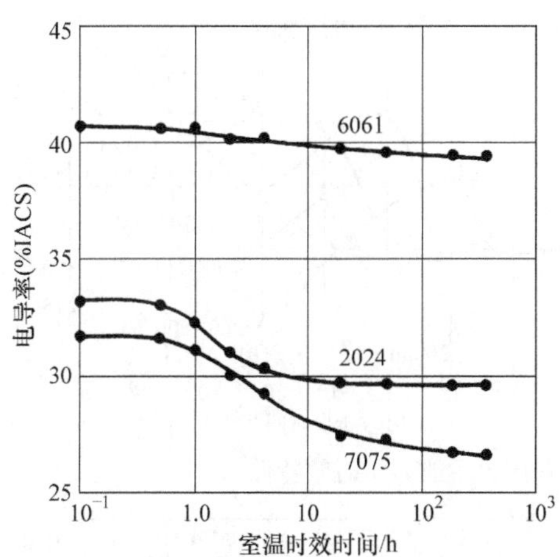

图 2-70　室温时效对常用可热处理强化铝合金板材（固溶处理和淬火）电导率的影响

自然时效工艺。另一种常采用自然时效工艺的合金是 6061，该合金的时效速度较慢，在淬火后自然时效四天的条件下，合金的硬化才能达到一定的程度。它可采用 T4 工艺，但更常采用人工时效的析出热处理（T6 状态代号）。6061 合金的自然时效速度非常缓慢，在实际情况中，合金的力学性能在几个月后才趋于稳定。

7075 和 7079 等合金在淬火至室温后，几天内迅速发生硬化，并在数年内强度继续缓慢地提高。通常用状态代号“W”表示经固溶处理后，在合理的自然时效时间内，力学性能不能达到实质性稳定的合金。由于 7075 合金和其他 7×××系列合金在室温下会无限期地产生硬化，因此几乎不采用 W 状态代号对它们进行处理。

可以通过冷加工来进一步提高自然时效合金的强度。例如，在生产 2024 合金平板时，使用拉伸或辊式校平方法产生一定的应变强化（有效变形超过 1%）。结果表明，该产品达到了比规范要求更高的抗拉强度和屈服强度，T3 状态代号标识了该产品的工艺状态。当进一步提高应变达到 5%～6% 时，合金的强度会进一步提高，具体反映在 2024－T36 工艺状态具有更高的性能。其他自然时效后冷变形，采用 T3 状态代号处理的合金有 2011、2014 和 2219。

随自然时效过程的进行，大多数可热处理强化铝合金的电导率和热导率会降低，如图 2-70 所示。一般来说，减少固溶体中溶质的含量会提高合金的电导率。自然时效过程中电导率的降低，是形成 GP 区或 GPB 区，而没有形成析出相的有力证据。与此相反，在自然时效过程中，当形成析出相时，合金的电导率会提高。

4. 人工时效

虽然淬火后的过饱和固溶体在室温下能产生自然析出，但如果淬火后在一定温度[95～205℃（200～400℉）]下进行人工时效，则会大大加快时效进程和提高合金的力学性能。

在人工时效过程中，通过对时效时间和温度进行规定，可以有效地控制析出程度和达到最终要求的性能。在一定范围内，采用较高的温度和较短的时间，或者采用较低的温度和较长的时间，可获得同样的时效效果。然而，与自然时效相比，人工时效过程中所产生的强化不仅仅改变了析出反应速率，还有可能发生一系列不同的过渡析出相转变（见本卷中“铝合金的时效强化”一节）。随着时效温度的提高和时间的缩短，为获得一致性结果，工艺参数变得至关重要。

工业中的时效实践（见本卷中“时效强化铝合金的热处理实践”一节），使合金的力学性能、耐蚀性和生产条件达到相互协调和高度统一。一般来说，必须避免出现过时效和欠时效现象，与温度控制和装炉载荷相比，推荐时效时间的重要性相对较低。在保温期间，炉内温差应保持在推荐温度 ±5℃（±10℉）范围内。在装炉载荷中的适当位置放置热电偶，保温时间应从载荷的最低温度达到指定温度 5℃以内开始计算。推荐的保温时间是假定加热炉能够迅速地将载荷加热到所要求达到的温度。

如果由于装载工件截面太大、工件间间隙太小和装载量过量使炉子超载，或超出加热炉的加热能力，使其达到保温温度的速度异常缓慢，则可能导致过时效。如果不在载荷处安装热电偶，且从炉子整体到温时间估计保温时间，则会造成欠时效。

除了改变物理性能外，人工时效还会改变铝合金的力学性能。提高时效温度，可提高合金的强度，其中屈服强度比抗拉强度的提高更加显著，而合金的延伸率则会降低。因此，与 T4 工艺相比，合金采用 T6 工艺具有更高的强度，但塑性会有所下降。过时效不仅降低了合金的抗拉强度和屈服强度，而且塑性的恢复通常不能与强度的降低相适应，因此，过时效所产生的综合性能比 T6 工艺或欠时效条件下要差。然而，在考虑其他因素时，可能需要使用过时效工艺。例如，在某些应用中，对合金抗应力腐蚀开裂性能的要求高于对合金强度的要求，而通过过时效可显著改善某些合金的抗应力腐蚀开裂性能。再如，通过过时效，提高了合金在高温服役条件下的尺寸稳定性。

为了说明一些基本的关系，在图 2-71 中，对 2014（Al－Cu－Mg－Si）合金和 6061（Al－Mg－

Si）合金在数个温度下长时间时效的屈服强度变化进行了总结（等温－时效曲线）。

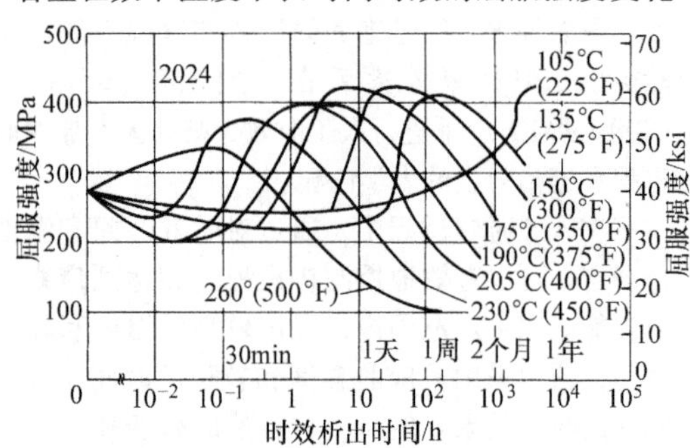

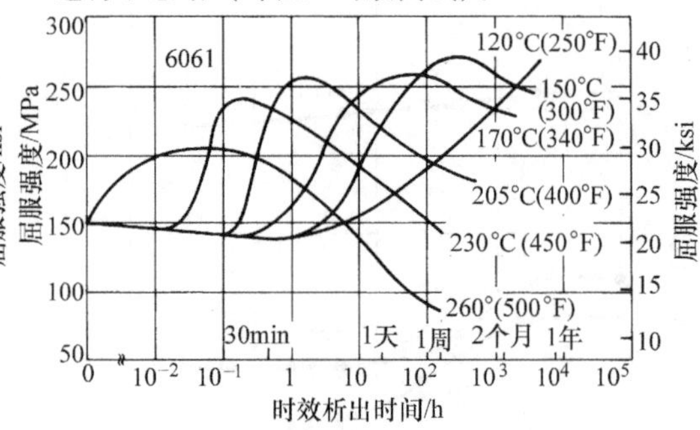

图 2-71 两种铝合金板材在固溶处理和淬火后的人工时效特性

在特定的温度下，虽然 2014 合金的时效速度更快，但 2014 合金和 6061 合金的析出硬化温度范围大体相同。根据批量生产经验，推荐选择的热处理工艺为 T6。该工艺综合和优化考虑了合金的高强度、良好的生产控制和工艺经济性。该工艺为：对于 2014 合金，在 171℃（340℉）时效 8～12h；对于 6061 合金，在 160℃（320℉）时效 16～20h 或在 176℃（350℉）时效 6～10h。

图 2-71 中的曲线反映出在时效的初期，两种合金的强度有所下降，这是受回归效果的影响。这种时效初期的软化现象是由于在过渡相析出硬化前，部分 GP 区的强化遭到破坏所造成的。偶尔也采用一种基于回归现象的特殊处理，来协助 W 或 T4 工艺状态合金的成形。通过对自然时效合金在人工时效温度范围加热几分钟，合金可恢复淬火态的加工性能。其效果是暂时的，合金在室温下将再次发生时效。由于这种处理方法降低了 2×××系列合金的耐蚀性，因此这类合金在经过特殊处理后，应该采用人工时效来获得令人满意的耐蚀性。

一些油漆/烘烤工序的加热温度通常在铝合金的时效温度范围内。因此，可以在 T4 状态条件下，对汽车车身板材进行成形加工，在这种情况下，可成形性高，然后在油漆/烘烤工序中进行时效，以获得较高的强度。为了最大限度地提高在油漆/烘烤温度范围内的时效效果，开发出了 6010 合金。图 2-72 和图 2-73 所示为 6010 合金和 2036 合金在不同温度和时间下时效性能的差别。

图 2-71 中的曲线表明，只有在强度严重下降时，塑性指标才有明显的恢复。图 2-74 表明合金的强度与缺口试样韧性之间的关系受析出量的影响。通过测量合金的韧性，测量了在析出热处理的不同阶段，三种合金缺口试样的单位裂纹扩展能。热处理工艺从 T4（自然时效）到 T6 的不同的工艺状态。如果将 2014 合金的屈服强度处理到比采用 T6 工艺

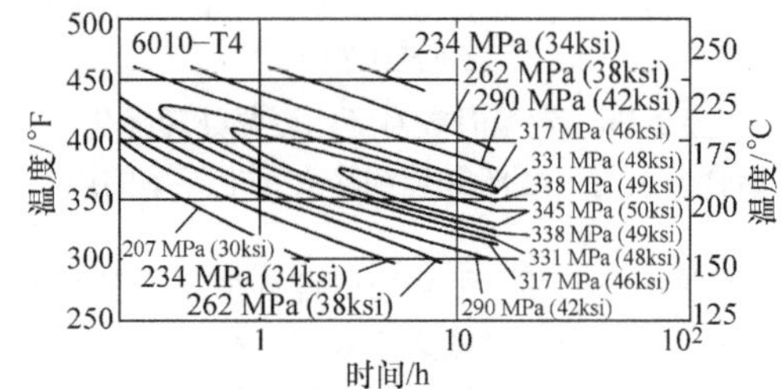

图 2-72 时效时间和温度对 6010－T4 合金纵向屈服强度的影响

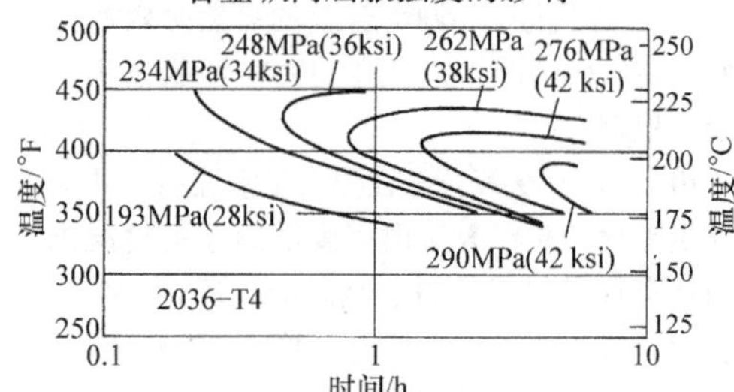

图 2-73 时效时间和温度对 2036－T4 合金纵向屈服强度的影响

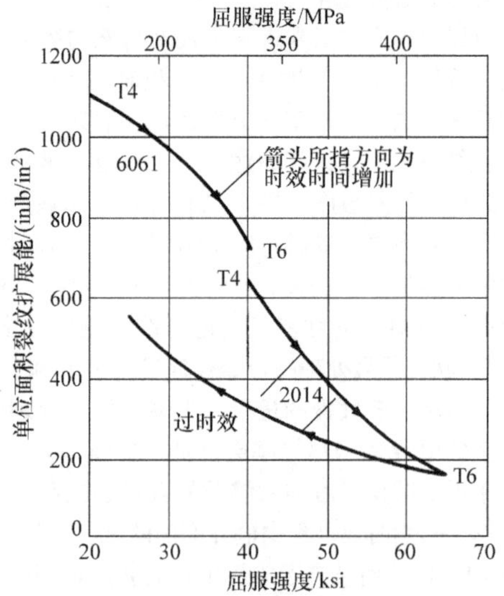

图 2-74 析出热处理对 2014 和 6061 合金的单位裂纹扩展能和屈服强度的影响

更低，则合金在欠时效条件下的韧性比在过时效条件下更好。有关其他合金的数据不太完整，但显示出了相似的关系。由于所有可热处理强化铝合金在长时间加热条件下均会产生过时效，因此，为在高温下服役的工件选择合金种类和热处理工艺时，必须考虑到随时间的变化，合金的强度会降低。

5. 铸件产品的析出硬化

与锻件产品采用类似的方法，通过固溶处理、淬火和析出热处理等方法，能极大地改善和提高大多数合金的金属型铸件、砂型铸件和石膏型铸件的力学性能。除了在工艺过程中采用 T6 和 T7 工艺外，还可以不进行固溶处理，而是在热加工后直接进行析出热处理，即 T5 工艺。析出热处理对铸件力学性能的影响具有与锻件产品相同的特征。铸件使用 T5 或 T7 工艺状态，采用过时效处理，比生产锻件产品更为普遍。与 T6 工艺状态相比，这些处理方法获得的强度和硬度要低，通常用于高温服役条件下，工件的尺寸变化要求最小的场合。通常，热处理不利于压铸件力学性能的改善，因此通常压铸件不进行热处理。

图 2-75 所示为析出热处理对广泛使用的 Al-Si-Mg 合金体系中 356 合金拉伸性能的影响。与铸态（状态代号为 F）下直接进行析出热处理相比，采用固溶处理加析出热处理的合金，其强度和塑性更高。由于金属型铸件的凝固速度更快，所得到铸件的铸造组织更细，在同等热处理条件下，其抗拉强度优于砂型铸件。

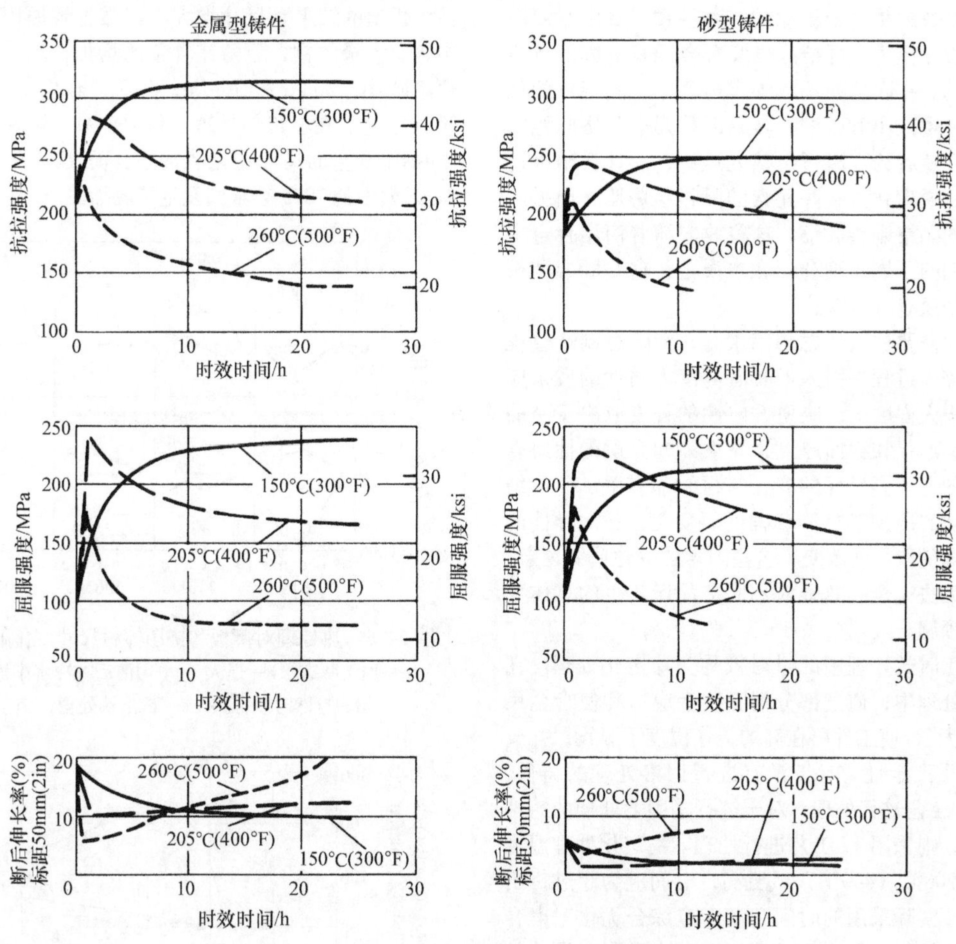

图 2-75 铸造 356 合金的人工时效特性

6. 析出硬化对残余应力的影响

在析出热处理过程中，消除了淬火过程中产生的内应力，其消除程度与析出热处理时间、温度以及合金成分密切相关。一般来说，采用 T6 工艺析出热处理只能部分降低内应力，降低的范围为 10% ~ 35%。为了达到大幅度降低淬火应力的目的，需要采用加热温度更高的 T7 过时效工艺来处理。在允许通过采用过时效来降低合金强度的条件下，可以采用该工艺进行处理。

在恒定应变下去除应力，本质上是通过与蠕变相同的机制，将弹性应变转化为塑性应变。采用这一方法，通过变形实现了大型焊接槽罐最终尺寸的精确定型。例如，2219 合金槽罐构件是在固溶处理和冷加工的 T37 工艺完成后，采用组装焊接成形的。焊接装配的最终轮廓和尺寸，是通过在一个轮廓约束装置中固定夹持，并在 162℃（325℉）进行 24h 的析出热处理时效，即采用 T87 工艺实现的。在约束条件下，合金发生屈服，保持了夹具约束的形状。

7. 热处理过程中的尺寸变化

在热处理过程中，随温度变化，除了工件尺寸发生类似于简单函数的可逆变化外，还会遇到更常见的热膨胀系数不同，产生膨胀和收缩等问题。这些变化反映的是合金组织的一种性质，是由组织中产生和去除应力、再结晶以及合金元素的固溶或析出引起的。在固溶处理和淬火过程中，固溶体的尺寸通常发生减小和收缩，其原因是元素晶格间距的减小。在随后的高温析出热处理中，预计会出现这种变化的逆变化。某些元素的晶格会膨胀，而另一些元素的晶格则会收缩，这些效应随着商用合金中元素比例的不同而变化。在本质上，这些固溶和析出效应是没有方向性的。

其他需要重点考虑的因素是，消除在制造过程中或在淬火过程中引入的具有高度方向性的残余应力。在很大程度上，应力方向性的程度取决于产品的类型、形状和截面厚度，淬火冷却介质的性质以及淬火的方式。尺寸的变化与再结晶有关，而再结晶随先前的冷加工类型和程度而变化，各向异性的程度随择优取向而改变。这些因素的变化错综复杂，以至于无法完全有效地对不同产品所产生的具体变化进行预测。

人工时效处理中的过时效称为稳定化处理。在稳定化处理中，通过部分消除残余应力和使合金尺寸“长大”，使工件可在高的工作温度下服役，并改善其尺寸稳定性。对于没有进行固溶处理的铸件，采用 T5 工艺进行处理；对于进行了固溶处理的铸件和锻件，则采用 T7 工艺进行处理。稳定化处理温度通常是 200℃（400℉）或更高，时间应为超过析出硬化峰。实际采用的时间和温度应综合优化考虑合金的力学性能、期望的残余应力大小和剩余尺寸长大量等因素。

图 2-76 所示为对实验室试验结果的总结。对四种合金的薄板和挤压棒材进行了一系列热处理，确定了每一步过程中单位尺寸的变化，这些数据表明了不同成分之间的某些差异。此外，加工过程中所产生的应力和淬火时所引入的应力具有方向性，它们随产品几何形状和类型的变化而变化。

图 2-77 所示为四种合金的冷水淬火板材在室温时效过程中的尺寸变化。在某些情况下，初始变化的方向与固溶体中溶质原子浓度的减少是相反的。然而，通过对膨胀测量值进行仔细检查，证实了存在这类变化以及随后发生的逆转。这些变化虽小，但总体变化幅度足够大，因此，对于稳定性要求极高的仪器或设备中的零件，倾向于采用尺寸稳定性更高的工艺。

图 2-78 所示为三种合金在析出热处理过程中单位尺寸的变化，每一种合金均采用了其 T6 工艺温度。虽然有证据表明，各向异性的产品中可能会有高度择优取向，但图中的尺寸变化通常不具有方向性。析出的结果是尺寸增大，其最主要原因是合金中含有大量的铜，但随镁含量的增加，尺寸增大量逐渐减小，如 Al－Cu－Mg 系列合金中的 2014 和 2024 合金。在析出热处理过程中，Al－Mg－Si 系列中 6061 合金的尺寸变化非常小，而 Al－Zn－Mg－Cu 系列中的 7075 合金则发生了收缩。

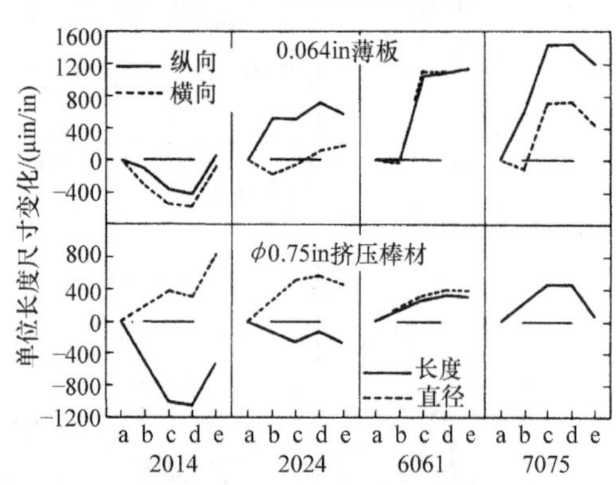

图 2-76 热处理对薄板和挤压棒材尺寸变化的影响
a—加工状态 b—退火 c—固溶后在冷水中淬火
d—自然时效，T4 e—析出热处理，T6

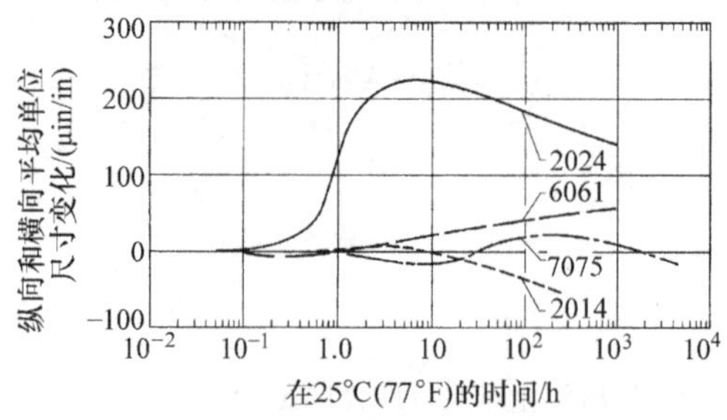

图 2-77 冷水淬火薄板在室温时效过程中平均单位尺寸的变化

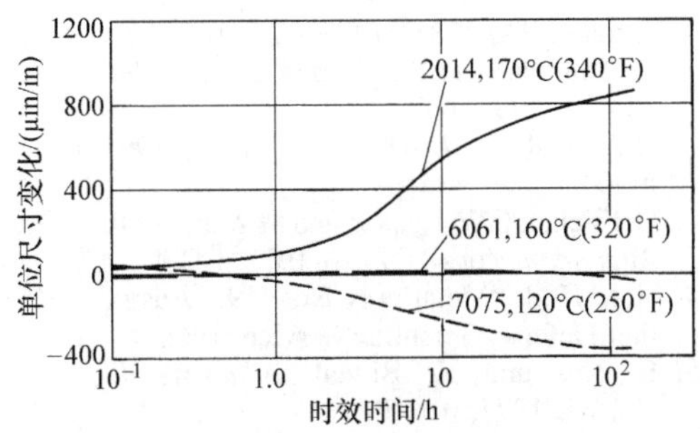

图 2-78　在析出热处理温度条件下（T6），时间对三种合金单位尺寸变化的影响

这些尺寸变化效应对于必须在高温下保持高精度的零部件，如发动机活塞，是相当重要的。对这些零部件采用的热处理方法是，尽可能在热处理过程中促进发生尺寸增长，而避免在服役期间发生这种变化。为了达到这个目的，析出处理必须采用足够高的温度，以达到在牺牲产品部分硬度和强度的条件下，保证尺寸稳定性这一关键目标。

图 2-79 所示为析出热处理时间和温度对 Al – Cu – Mn – Si 系列中 2025 – T4 合金单位尺寸变化和布氏硬度的影响。很明显，在特定温度下，合金达到最高硬度或强度的时效程度比达到最大尺寸变化所需的时间要短得多。根据图 2-79 中的数据，绘制出的倒数图也说明了这一点，如图 2-80 所示。当温度达到 175℃（350℉）或更高时，尺寸大小达到最大，而后尺寸发生收缩，其原因是组织中发生了过渡相向平衡相的转变。也可能是受到析出粒子尺寸长大或聚集，与基体的共格发生了改变的影响。

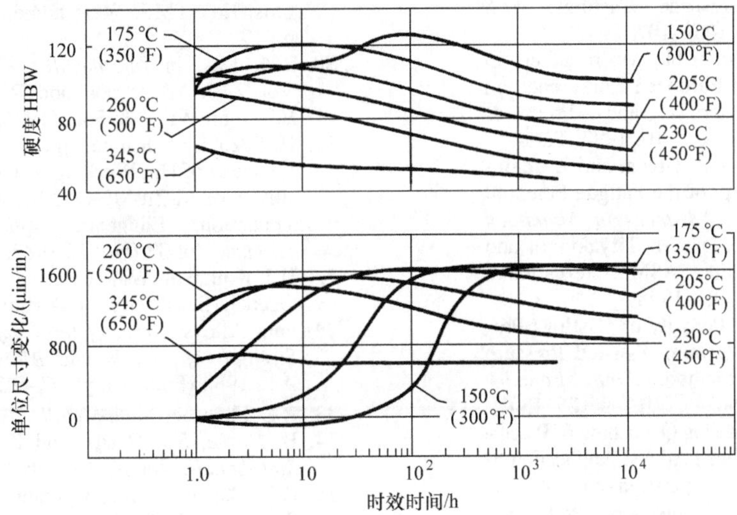

图 2-79　Al – Cu – Mn – Si 系列中 2025 – T4 合金在六个析出热处理温度下的单位尺寸和硬度变化

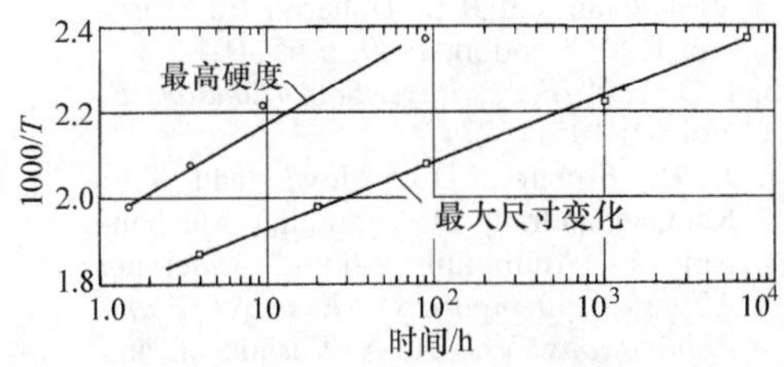

图 2-80　2025 – T4 合金在析出热处理中产生最高硬度和最大尺寸变化的时间与热力学温度倒数的关系

参 考 文 献

1. J.R. Davis, *ASM Specialty Handbook: Aluminum and Aluminum Alloys*, ASM International, Materials Park, OH, 1993
2. J.E. Hatch, *Aluminum: Properties and Physical Metallurgy*, American Society for Metals, Metals Park, OH, 1984
3. U.R. Kattner, Al-Fe (Aluminum-Iron), *Binary Alloy Phase Diagrams*, 2nd ed., T.B. Massalski, Ed., ASM International, 1990, p 149
4. G. Ghosh, Aluminum-Iron-Silicon, *Ternary Alloys: A Comprehensive Compendium of Evaluated Consitutional Data and Phase Diagrams*, Vol 5, G. Petzow and G. Effenburg, Ed., VCH, 1992, p 394–438
5. L.S. Toropova et al., *Advanced Aluminum Alloys Containing Scandium: Structure and Properties*, Gordon and Breach, Amsterdam, 1998
6. J. Royset and N. Rynum, *Int. Mater. Rev.*, Vol 50, 2005, p 19–44
7. J.N. Fridlyander et al., *Mater. Sci. Forum*, Vol 242, 1997, p 249–254

8. V.V. Zakharov, Effect of Scandium on the Structure and Properties of Aluminum Alloys, *Met. Sci. Heat Treat.*, Vol 45 (No. 7/8), July 2003, p 246–253
9. A. Zaki, The Properties and Application of Scandium Reinforced Aluminum, *JOM*, Vol 55 (No. 2), 2003, p 35
10. L. Katgerman and D. Eskin, Hardening, Annealing, and Aging, *Handbook of Aluminum: Volume 1: Physical Metallurgy and Processes*, G.E. Totten and D.S. MacKenzie, Ed., CRC Press, Boca Raton, FL, 2003
11. J. Runyoro, S.M. Boutorabi, and J. Campbell, Critical Gate Velocities for Film-Forming Casting Alloys: A Basis for Process Specification, *AFS Trans.*, 1992, p 225–234
12. M. Tiryakioglu, J. Campbell, and N.R. Green, Review of Reliable Processes for Aluminum Aerospace Castings, *AFS Trans.*, 1996, p 1069–1078
13. J. Campbell, "Invisible Macrodefects in Casting," Third European Conference on Advanced Materials and Processes (EUROMAT), June 8–10, 1993 (Paris)
14. C. Nyahumwa, N.R. Green, and J. Campbell, The Concept of the Fatigue Potential of Cast Alloys, *Advances in Aluminum Casting Technology*, M. Tiryakioglu and J. Campbell, Ed., ASM International, Materials Park, OH, 1998
15. A. Zyska et al., Porosity of Castings Produced by the Vacuum Assisted Pressure Die Casting Method, *Arch. Foundry Eng.*, Vol 15 (No. 1), 2015, p 125–130
16. J.T. Staley, "Modeling Quenching of Precipitation Strengthtened Alloys: Application to an Aluminum-Copper-Lithium Alloy," Ph.D. thesis, Drexel University, 1989
17. J.T. Staley, Metallurgical Aspects Affecting Strength of Heat Treatable Alloy Products Used in the Aerospace Industry, *Proc. Third International Conference on Aluminum Alloys*, June 1992 (Trondheim, Norway)
18. J.T. Staley, "Microstructure and Toughness of High-Strength Aluminum Alloys. Properties Related to Fracture Toughness," STP 605, American Society for Testing and Materials, Conshohocken, PA, 1975, p 71–103
19. M. Tirayakioglu and J.T. Staley, Physical Metallurgy and the Effect of Alloying Additions in Aluminum Alloys, *Handbook of Aluminum: Volume 1: Physical Metallurgy and Processes*, G.E. Totten and D.S. MacKenzie, Ed., Marcel Dekker, New York, 2003
20. M.E. Fine, Stability and Coarsening of Dispersoids in Aluminum Alloys, *Dispersion Strenthened Aluminum Alloys*, Y.-W. Kim and W.M. Griffith, Ed., TMS, Warrendale, PA, 1988, p 103–121
21. I.J. Polmear and P.S. Young, *J. Inst. Met.*, Vol 87, 1958, p 65
22. H.A. Holl, *J. Inst. Met.*, Vol 93, 1964, p 364
23. G. Fischer, F.W. Lynker, and M. Markworth, *Aluminum*, Vol 48 (No. 6), 1972, p 413
24. H.A. Holl, "Metallurgy Note 59," Australian Defense Scientific Service, 1968
25. E. Nes and H. Billdal, *Acta Metall.*, Vol 25, 1977, p 1039
26. B. Thundal and R. Sundberg, *J. Inst. Met.*, Vol 97, 1969, p 160
27. E. Nes, *Acta Metall.*, Vol 20, 1972, p 499
28. N. Ryum, *Acta Metall.*, Vol 17, 1969, p 269
29. I.G. Palmer, M.P. Thomas, and G.J. Marshall, in *Dispersion Strengthened Aluminum Alloys*, Y. Kim and W. Griffiths, Ed., TMS, Warrendale, PA, 1988, p 217
30. S.K. Das, in *Intermetallic Compounds*, Vol 2, J. Westbrook and R. Fleischer, Ed., John Wiley & Sons, 1994, p 175
31. H. Suzuki, M. Kanno, and H. Saitoh, The Influence of Hot Working on Quench Sensitivity of Al-Zn-Mg-Cu Alloy Containing Transition Elements, *Kei Kinzoku Yosetsu*, Vol 33 (No. 7), 1983, p 399–406
32. H.J. Kolkman, W.G. t'Hart, and L. Schra, Quench Sensitivity of Airframe Aluminum Alloys, *Proc. of the Conference on Strength of Metals and Alloys*, Vol 2, Aug 1988 (Finland), p 597–602
33. R.L. Fleischer, *Acta Metall.*, Vol 11, 1963
34. B. Noble, S.J. Harris, and K. Dinsdale, *Met. Sci. J.*, Vol 16, 1982, p 425
35. R.E. Sanders, S.F. Baumann, and H.C. Stumpf, Heat Treatable Aluminum Alloys, *Aluminum Alloys—Contemporary Research and Applications*, Vol 31, A.K. Vasudevan and R.D. Doherty, Ed., Elsevier R.V., London, 1989, p 65–104
36. E.O. Hall, *Proc. Phys. Soc. (London) B*, Vol 64, 1951, p 747
37. J. D. Embury, D.J. Lloyd, and T.R. Ramaachandran, Strenghtening Mechanisms in Aluminum Alloys, *Aluminum Alloys—Contemporary Research and Applications*, Vol 31, A. Vasudevan and R. Doherty, Ed., Elsevier R.V., London, 1989
38. L.F. Mondolfo, *Aluminum Alloys: Structure and Properties*, Butterworths, 1976
39. E. di Russo, *The Atlas of Microstructures of Aluminum Casting Alloys*, Edimet, Brescia, Italy, 1993
40. *The Best of Structure 1–12*, Struers Inc., Copenhagen, 1988, p 101–104
41. W.A. Soffa, Structures Resulting from Precipitation from Solid Solution, *Metallography and Microstructures*, Vol 9,

ASM Handbook, American Society for Metals, Metals Park, OH, 1985
42. A. Wilm, *Metallurgie*, Vol 8, 1911, p 225
43. D.A. Porter and K.E. Easterling, *Phase Transformations in Metals and Alloys*, Chapman & Hall, New York, 1996
44. D.S. MacKenzie, Heat Treating Aluminum for Aerospace Applications, *Heat Treat. Prog.*, July 2005, p 36–43
45. R. Merica, W. Waltenburg, and T. Scott, *Trans. AIME*, Vol 64, 1920, p 41
46. R. Mehl and T. Jelten, *Age Hardening of Metals*, American Society of Metals, Cleveland, OH, 1940
47. N. Mott and R. Nabarro, *Proc. R. Soc. (London) A*, Vol 145, 1940, p 362
48. E. Orowan, *Symposium on Internal Stresses—Session II Discussion*, Institute of Metals, London, 1947, p 51
49. L.M. Brown and R.K. Ham, in *Strengthening Methods in Crystals*, A. Kelly and R. B. Nicholson, Ed., Elsevier, 1971, p 30–33
50. P.B. Hirsch and A. Kelly, *Philos. Mag.*, Vol 12, 1965, p 881
51. W. Gerold and K. Hartmann, *Trans. Jpn. Inst. Met.*, Vol 9, 1968, p 509
52. A.J. Ardell, *Metall. Trans. A*, Vol 16, 1985, p 2131–2165
53. R.W. Weeks et al., *Acta Metall.*, Vol 17, 1969, p 1403
54. G. Knowles and P.M. Kelly, *Effect of Second Phase Particles on the Mechanical Properties of Steel*, Iron and Steel Institute, London, 1971
55. I.A. Ibrahim and A.J. Ardell, *Mater. Sci. Eng.*, Vol 36, 1978, p 139
56. F.S. Sun and F.H. Froes, Precipitation of Ti_5Si_3 Phase in TiAl Alloys, *Mater. Sci. Eng. A*, Vol 328 (No. 1–2), 2002, p 113–121
57. D.S. MacKenzie, "Quench Rate and Aging Effects in Al-Zn-Mg-Cu Aluminum Alloys," Ph.D. dissertation, University of Missouri-Rolla, Rolla, MO, Dec 2000
58. W. Ostwald, Studies on the Formation and Transformation of Solid Bodies, *Z. Phys. Chem.*, Vol 22, 1897, p 289–330
59. I.M. Lifshitz and V.V. Slyozov, The Kinetics of Precipitation from Supersaturated Solid Solutions, *J. Phys. Chem. Solids*, Vol 19 (No. 1–2), 1961, p 35–50
60. C. Wagner, Theory of the Aging of Precipitates by Dissolution-Reprecipitation (Ostwald Ripening), *Z. Elektrochem.*, Vol 65 (No. 7), 1961, p 581–591
61. M. Kahlweit, Ostwald Ripening of Precipitates, *Adv. Colloid Interface Sci.*, Vol 5 (No. 1), 1975, p 1–35
62. G.E. Dieter, *Mechanical Metallurgy*, McGraw-Hill, New York, 1976
63. A. Kelly and R.B. Nicholson, *Prog. Mater. Sci.*, Vol 10 (No. 3), 1963
64. H.R. Shercliff et al., Third International Conference on Aluminum Alloys: ICAA3, June 1992 (Trondheim, Norway)
65. O. Grong, "Process Modelling Applied to Age Hardening Aluminum Alloys," TALAT Lecture 1601, European Aluminum Association, 1994
66. H.R. Shercliff and M.F. Ashby, A Process Model for Age Hardening of Aluminium Alloys—II. Applications of the Model, *Acta Metall. Mater.*, Vol 38, 1990, p 1803
67. H.R. Shercliff and M.F. Ashby, A Process Model for Age Hardening of Aluminium Alloys—I. The Model, *Acta Metall. Mater.*, Vol 38, 1990, p 1789
68. A. Guinier, *Ann. Phys. (Paris)*, Vol 12, 1939, p 161–237
69. G.C. Preston, *Philos. Mag.*, Vol 26, 1938, p 855–871
70. J.D. Embury and R.B. Nicholson, The Nucleation of Precipitates: The System Al-Zn-Mg, *Acta Metall.*, Vol 13, 1965, p 403–417
71. G. Thomas and J. Nutting, Electron Studies of Precipitation in Aluminum Alloys, *The Mechanism of Phase Transformations in Metals*, Vol 18, Institute of Metals, 1956, p 57–66
72. D. Altenpohl, *Aluminum*, Vol 37, 1961, p 401–411
73. W.H. Van Geertruyden et al., Thermal Cycle Simulation of 6*xxx* Aluminum Alloy Extrusion, *Proc. Seventh International Extrusion Technology Seminar*, Aluminum Extruders Council, Chicago, IL, 2000
74. I. Polmear and H.K. Hardy, *J. Inst. Met.*, Vol 5, 1954, p 393–394
75. J.M. Silcock, T.J. Heal, and H.K. Hardy, *J. Inst. Met.*, 1953–1954, p 82239–82248
76. E.A. Starke, Aluminum Alloys of the '70s: Scientific Solutions to Engineering Problems, *Mater. Sci. Eng.*, Vol 29, 1977, p 99–115
77. E.A. Starke, Heat-Treatable Aluminum Alloys, *Treatise on Materials Science and Technology*, Vol 31, Academic Press, 1989, p 35–63
78. C.P. Blankenship, E.A. Starke, and E. Hornbogen, Microstructure and Properties of Aluminum Alloys, *Microstructure and Properties of Materials*, C.M. Li, Ed., World Scientific, 1996
79. P. Villars, A. Prince, and H. Okamoto, *Handbook of Ternary Alloy Phase Diagrams*, ASM International, Materials Park, OH, 1994
80. G. Bergman, J.L. Waugh, and L. Pauling, Crystal Structure of the Intermetallic Compound $Mg_{32}(Al,Zn)_{49}$ and Related Phases, *Nature*, Vol 169, 1952, p 1057–1058
81. S.C. Wang and M.J. Starink, Review of

Precipitation in Al-Cu-Mg(-Li) Alloys, *Int. Mater. Rev.*, Vol 50, 2005, p 193–215
82. Y.A. Bagaryatsky, *Dokl. Akad SSSR*, Vol 87, 1952, p 397–401, 559–562
83. J.M. Silcock, *J. Inst. Met.*, Vol 89, 1960–1961, p 203–210
84. H. Perlitz and A. Westgren, *Arkiv. Kemi. Mineral. Geol. B*, Vol 16 (No. 13), 1943
85. Y. Jin, C.Z. Li, and M.G. Yan, *J. Mater. Sci. Lett.*, Vol 9, 1990, p 421–424
86. T.V. Shchegoleva and N.N. Buinov, *Sov. Phys. Crystallogr.*, Vol 12, p 552–555
87. S.C. Wang and M.J. Starink, *Electron Microscopy and Analysis 2003, Institute of Physics Conference Series Number 179*, S. McVitie and D. McComb, Ed., University of Oxford, Oxford, U.K., Sept 2003, p 277–280
88. S.C. Wang and M.J. Starink, *Mater. Sci. Eng. A*, Vol 386, 2004, p 156–163
89. A. Charai et al., *Acta Mater.*, Vol 48, 2000, p 2751–2764
90. S.P. Ringer, T. Sakuri, and I.J. Polmear, *Acta Mater.*, Vol 45, 1997, p 3731–3744
91. T. Takahashi and T. Sato, *J. Jpn. Inst. Light Met.*, Vol 35, 1985, p 41
92. F. Cuisiat, P. Duval, and R. Graf, *Scr. Metall.*, Vol 18, 1984, p 1051–1056
93. N. Sen and D.R. West, *J. Inst. Met.*, Vol 94, 1966, p 87–92
94. H. Shih, N. Ho, and J.C. Huang, *Metall. Mater. Trans. A*, Vol 27, 1996, p 2479–2494
95. M.J. Starink et al., *Acta Mater.*, Vol 14, 1999, p 3841–3853
96. H.K. Hardy and J.M. Silcock, *J. Inst. Met.*, Vol 84, p 423–428
97. A.K. Vasudevan, R.D. Doherty, and S. Suresh, Fracture and Fatigue Characteristics in Aluminum Alloys, *Treatise on Materials Science and Technology*, Vol 31, Academic Press, 1989, p 445–462
98. I.J. Polmear, *Light Alloys*, Halstead Press, London, 1996
99. A.K. Gupta and D.J. Lloyd, The Precipitation in a Superpurity Al-Mg-Si Alloy, *Proc. Third International Conference on Aluminum Alloys*, 1992, p 21–25
100. M. Murayama et al., Atom Probe Studies on the Early Stages of Precipitation in Al-Mg-Si Alloys, *Mater. Sci. Eng. A*, Vol 250, 1998, p 127–132
101. I. Polmear, The Aging Chararteristics of Ternary Aluminum-Zinc-Magnesium Alloys, *J. Inst. Met.*, Vol 86, 1957–1958, p 113–121
102. A.M. Sheikh, Precipitation Hardening and Substructure Features in Al-Zn-Mg Alloys, *International Conference on Strength of Metals and Alloys (ICSMA7)*, Vol 1, 1985, p 483–488
103. J. Lendvai, Precipitation and Strengthening in Aluminum Alloys, *Mater. Sci. Forum*, Vol 217–222, 1996, p 43–56
104. M. Gao, C.R. Feng, and R.P. Wei, An Analytical Electron Microscopy Study of Constitutent Particles in Commercial 7075-T6 and 2024-T3 Alloys, *Metall. Mater. Trans. A*, Vol 29, 1998, p 1145–1151
105. B.C. Muddle, S.P. Ringer, and I.J. Polmear, High Strength Microalloyed Aluminum Alloys, *Advanced Materials '93 VI/ Frontiers in Material Science and Engineering*, S. Somiya, Ed., 1994, p 999–1023
106. R.R. Sawtell and J.T. Staley, Interactions between Quenching and Aging in Alloy 7075, *Aluminum*, Vol 59, 1983, p 127–133
107. A. Deschamps and Y. Brechet, Influence of Quench and Heating Rates on the Aging Response of an Al-Zn-Mg-(Zr) Alloy, *Mater. Sci. Eng.*, Vol. 217–222, 1998, p 43–56
108. W.L. Fink and L.A. Willey, Quenching of 75S Aluminum Alloy, *Trans. AIME*, Vol 175, 1948, p 414
109. W.G. t'Hart, H.J. Kolkman, and L. Schra, "The Jominy End-Quench Test for the Investigation of Corrsoion Properties and Microstructure of High-Strength Aluminum," NLR TR 80102U, National Aerospace Laboratory, NLR, Netherlands, 1980
110. NLR TR 82105U, National Aerospace Laboratory, NLR, Netherlands, 1982
111. J.T. Staley, *Mater. Sci. Technol.*, Vol 3, 1987, p 923
112. A. Mukhopadhyay, *Philos. Mag.*, Vol 70, 1994, p 135
113. P. Bardhan and E. Starke, *J. Mater. Sci.*, Vol 3, 1968, p 577
114. G.W. Lorimer and G.B. Nicholson, *Acta Metall.*, Vol 14, 1966, p 1010
115. P. Archambault, F. Moreaux, and G. Beck, *International Conference on Strength of Metals and Alloys, ICSMA7*, Aug 12–16, 1985, p 589
116. J.T. Staley, *Metall. Trans.*, Vol 5, 1974, p 929
117. M. Bernole and R. Graf, *Mem. Sci. Rev. Metall.*, Vol 69, 1972, p 123
118. H. Schmalzreid and V. Gerold, *Z. Metallkd.*, Vol 49, 1958, p 291
119. C.J. Peel, D. Clark, and P. Poole, RAE Technical Report 78110, 1978
120. K. Osamura, S. Ochai, and T. Uehara, *J. Inst. Met.*, Vol 34 (No. 9), 1984, p 517
121. P.B. Hirsch and F.J. Humphreys, *Physics of Strength and Plasticity*, MIT Press, Boston, 1969
122. G. Sundar and J.J. Hoyt, *Phys. Rev. B*, Vol 46 (No. 12), 1992, p 266
123. J.M. Papazian, *Metall. Trans. A*, Vol 13, 1972, p 761
124. J.L. Taylor, *J. Inst. Met.*, Vol 92, 1963, p 301

125. D.S. MacKenzie, Effect of Quench Rate on the PFZ Width in 7*xxx* Aluminum Alloys, *Proc. First International Symposium on Metallurgical Modeling for Aluminum Alloys*, M. Tiryakioglu and L.A. Lalli, Ed., Oct 13–15, 2003 (Pittsburgh, PA), ASM International, 2003
126. T.H. Sanders and E.A. Starke, *Proc. Second International Conference on Aluminum-Lithium Alloys II*, April 1983 (Monterey, CA), Metallurgical Society of AIME, Warrendale, PA, 1984, p 1–15
127. A. Proult et al., Diffuse Scattering in the Icosahedral Al-Li-Cu Quasicrystal, *J. Phys. I*, Vol 5 (No. 12), EDP Sciences, 1995, p 1615–1624
128. P. Brenner, *Luftwissen*, Vol 7, 1940, p 316
129. B.W. Mott and J. Thompson, *Met. Treat.*, Vol 14, 1948, p 228
130. W. Rosenkrantz, *Aluminum*, Vol 36, 1960, p 250
131. K.L. Dreyer and H.J. Seeman, *Aluminum*, Vol 26, 1944, p 76
132. W. Feldman, *Metalwirtsch.*, Vol 20, 1941, p 501
133. G. Siebel, *Metallforsch.*, Vol 2, 1947, p 331
134. J. Bungardt, *Z. Metallkd.*, Vol 39, 1948, p 247
135. J. Bungardt, *J. Inst. Met.*, Vol 16, 1948, p 492
136. R.S. Brown and L.M. Gourd, *Appl. Mater. Res.*, Vol 3, 1964, p 8
137. "Heat Treatment of Wrought Aluminum Alloy Parts," AMS 2770N, SAE International, Warrendale, PA, Sept 3, 2015
138. D.S. MacKenzie, *First International Non-Ferrous and Technology Conference* (St. Louis, MO), 1997, p 471
139. H.G. Petri, *Aluminum*, Vol 24, 1942, p 385
140. F. Keller and R.H. Brown, Diffusion in Alclad 24S-T Sheet, *Trans. AIME*, Vol 156, 1944, p 377–386
141. P.T. Stroup, Atmosphere Control in the Heat Treatment of Aluminum Products, *Symposium on Controlled Atmospheres*, American Society for Metals, 1939, p 8–30
142. "Heat Treatment of Aluminum Alloy Castings," AMS 2771B, SAE International, Warrendale, PA, Aug 2000
143. D.S. MacKenzie, "Heat Treating Aluminum for Aerospace Applications," METIF 2002, May 7–11, 2002 (Brescia, Italy), Italian Metallurgical Society
144. M. Cook, *J. Inst. Met*, Vol 79, 1951, p 211
145. M. Cook, *J. Inst. Met.*, Vol 80, 1952, p 449
146. M. Cook, *Proc. R. Soc. A*, Vol 205, 1951, p 103
147. B.R. Strohmeier, Surface Characterization of Aluminum Foil Annealed in the Presence of Ammonium Fluoborate, *Appl. Surf. Sci.*, Vol 40, 1989, p 249–263
148. P.T. Stroup, Heat Treatment of Aluminous Metals, U.S. Patent 2,092,033, Sept 7, 1937
149. K.J. Hacias, Composition and Process for Preventing Blistering during Heat Treating of Aluminum Alloys, U.S. Patent 6,013,142, Jan 11, 2000
150. "Safety Data Sheet: Ammonium Tetrafluoroborate," Sigma-Aldrich, St. Louis, MO, 2016
151. C. Beneke, Method of Inhibiting Blistering in Heat Treating Aluminum Alloys, U.S. Patent 2,400,804, May 21, 1946
152. M.E. Thurston, W.A. Cassada, and D.J. Schardein, Treatment for the Alleviation of High Temperature Oxidation of Aluminum, U.S. Patent 4,391,655, July 5, 1983
153. R.T. Shuey and M. Tiryakioglu, Quenching of Aluminum Alloys, *Quenching Theory and Technology*, B. Liscic et al., Ed., CRC Press, Boca Raton, FL, 2010, p 43–84
154. M.A. Grossman, *Met. Prog.*, Vol 4, 1938, p 373
155. H. Scott, Quenching Mediums, *Metals Handbook*, American Society for Metals, Cleveland, OH, 1948, p 615
156. F. Wever, *Arch. Eisenhüttenwes.*, Vol 5, 1936, p 367
157. L. Dakins, Report CSL-226A
158. B. Liscic et al., Ed., *Quenching Theory and Technology*, CRC Press, Boca Raton, FL, 2010
159. K. Wang and R.R. Reber, The Perfect Crystal: Thermal Vacancies and the Thermal Expansion Coefficient of Aluminum, *Philos. Mag.*, Vol 80, 2000, p 1629–1642
160. A.K. Vasudevan and R.D. Doherty, Grain Boundary Ductile Fracture in Precipitation Hardened Aluminum Alloys, *Acta Metall.*, Vol 35, 1987, p 1193–1219
161. P.N. Unwin and G.C. Smith, The Microstructure and Mechanical Proprties of Al-6%Zn-4%Mg, *J. Inst. Met.*, Vol 97, 1969, p 299–310
162. "Standard Test Methods for Determining Hardenability of Steel," A255-10(2014), ASTM International, West Conshocken, PA
163. W.E. Jominy and A.L Boegehold, A Hardenability Test for Carburizing Steel, *Trans. ASM*, Vol 26, 1938, p 574–606
164. J.E. Jominy, Standardization of Hardenability Tests, *Met. Prog.*, Vol 40, Dec 1941, p 911–914
165. B.M. Loring, W.H. Baer, and G.M. Carlton, The Use of the Jominy End Quench Test in Studying Commercial Age-Hardening in Commercial Alloys, *Trans. AIME*, Vol 175, 1948, p 401

166. "Steel-Hardenability Testing by End Quenching (Jominy Test)," ISO 642:1999
167. "Methods for Determining Hardenability of Steels," J406-200903, SAE International, Warrendale, PA, 2009
168. J.W. Newkirk and D.S. MacKenzie, The Jominy End Quench for Light-Weight Alloy Development, *J. Mater. Eng. Perform.*, Vol 9 (No. 4), Aug 2000, p 408–415
169. D.A. Tanner and J.S. Robinson, Effect of Precipitation during Quenching on the Mechanical Properties of Aluminum Alloy 7010 in the W-Temper, *J. Mater. Process.*, Vol 153 (No. 11), 2004, p 998–1004
170. K. Strobel et al., Relating Quench Sensitivity to Microstructure in 6000 Series Aluminum Alloys, *Mater. Trans.*, Vol 52 (No. 5), 2011, p 914–919
171. V. Gandikota, "Quench Factor Analysis of Wrought and Cast Aluminum Alloys," Ph.D. dissertation, Materials Science and Engineering, Missouri University of Science and Technology, 2009
172. G.P. Dolan et al., Quench Factor Analysis of Aluminum Alloys Using the Jominy End Quench Technique, *J. Mater. Sci. Technol.*, Vol 21 (No. 6), 2005, p 687–692
173. B. Milkereit, O. Kessler, and C. Schick, Determination of Critical Cooling Rates for Hardening Aluminum Alloys using HyperDSC, *Thermochim. Acta*, Vol 492, 2009, p 73–78
174. S.C. Bergsma et al., "The Quench Sensitivity of Hot Extruded 6061-T6 and 6069-T6 Aluminum Alloys," Third International Conference on Processing and Manufacturing Advanced Materials, Dec 4–8, 2000 (Las Vegas, NV)
175. F. Fracasso, "Influence of Quench Rate on the Hardness Obtained after Artificial Aging of an Al-Si-Mg Alloy," Thesis, Materials and Manufacturing, Tekniska Hogskolan University, Jonkoping, Sweden, 2010
176. G.E. Totten, G.M. Webster, and C.E. Bates, Quenching, *Handbook of Aluminum: Volume 1: Physical Metallurgy and Processes*, G.E. Totten and D.S. MacKenzie, Ed., Marcel Dekker, Boca Raton, FL, 2003, p 975
177. I.T. Taylor, The Relationship between Cooling Rate and Age-Hardening Characteristics of a Number of Aluminum-Magnesium Silicide Alloys, *Can. Metall. Q.*, Vol 12, 1973, p 93–103
178. D.L. Zhang, L.H. Zheng, and D.H. St. John, Heat Treatment of Al-7%Si-Mg Casting Alloys, *Proc. Materials Research '96 Conference*, July 9–12, 1996 (Brisbane, Australia), p 25–28
179. G.E. Byczynski et al., The Effect of Quench Rate on the Mechanical Properties of 319 Aluminum Alloy Castings, *Mater. Sci. Forum*, Vol 217–222, 1996, p 783–788
180. K. Matsuda, S. Tada, and S. Ikeno, *Proc. Fourth International Conference on Aluminum Alloys (ICAA4)* (Atlanta, GA), 1994, p 605
181. D.L. Sun et al., *Proc. Eighth Int. Strength of Metals and Alloys (ICSMA8)* (Tempere, Finland), 1988, Pergamon Press
182. M.R. Edwards and M.J. Whiley, *Proc. Fourth International Conference on Aluminum Alloys (ICAA4)* (Atlanta, GA), 1994, p 473
183. S.P. Ringer, B.C. Muddle, and I.J. Polmear, *Metall. Trans. A*, Vol 26, 1995, p 1659
184. W.S. Cassada, G.J. Shiflet, and E.A. Starke, *Metall. Trans. A*, Vol 22, 1991, p 299
185. S. Ceresana and P. Fiorina, *Mater. Sci. Eng.*, Vol 10, 1972, p 205
186. S. Komatsu et al., *J. Jpn. Inst. Light Met.*, Vol 30, 1980, p 330
187. P. Gomiero et al., *Proc. Fourth International Conference on Aluminum Alloys (ICAA4)* (Atlanta, GA), 1994, p 664
188. T. Uno and Y. Baba, *Sumitomo Light Met. Tech. Rep.*, Vol 20, 1979, p 3
189. E. di Russo et al., *Metall. Trans.*, Vol 4, 1973, p 1133
190. R.J. Sinko, T. Ahrens, and G.J. Shiflet, *Proc. Fifth International Conference on Aluminum Alloys*, 1992, p 89
191. N. Ryum, *Aluminum*, Vol 51, 1975, p 595
192. R. Allen and J.B. VanderSande, *Metall. Trans. A*, Vol 9, 1978, p 1251
193. R. Allen and J.B. VanderSande, *Acta Metall.*, Vol 28, 1980, p 1185
194. A. Deschamps, F. Livet, and Y. Brechet, *Acta Mater.*, Vol 47, 1999, p 281
195. A. Deschamps and Y. Brechet, *Acta Mater.*, Vol 47, 1999, p 293
196. "Heat Treatment of Aluminum Alloys," BAC 5602, Boeing Company, Seattle, WA
197. "Heat Treatment of Aluminum Alloys," CSMP003, Cessna Aircraft, Wichita, KS
198. "Process Specification for the Heat Treatment of Aluminum Alloys," PRC-2002, NASA, Houston, TX
199. "Heat Treatment of Aluminum Alloys," PS15500, McDonnell Douglas, St. Louis, MO
200. "Heat Treatment of Aluminum Alloys," MIL-H-6088
201. "Standard Practice for Heat Treatment of Aluminum—Alloy Castings," B917, ASTM International, West Conshohocken, PA

202. "Heat Treatment of Aluminum Castings," AMS 2771, SAE International, Warrendale, PA
203. J.A. Nock and H.Y. Hunsicker, *JOM*, Vol 15, 1963, p 216–224
204. K.R. Van Horn, Residual Stresses Introduced during Metal Fabrication, *Trans. ASM*, Vol 47, 1955, p 38–76
205. Age Sizing of Giant Domes, *Iron Age*, Vol 192, p 74–75
206. L.A. Willey, Alcoa Research Laboratory, 1940
207. L.W. Kempf and H.L. Hopkins, Density Changes in Solid Aluminum Alloys, *Trans. AIME*, Vol 122, 1936, p 315–323
208. M.W. Daugherty, Alcoa Research Laboratories, 1960

2.2　铝合金的命名方法和状态代号㊀

铝合金及其状态代号体系由美国国家标准协会（ANSI）颁布的铝合金和状态代号美国国家标准（ANSI H35.1）所规定，由美国铝业协会维护和使用，是当今世界上使用最为广泛的铝合金状态代号体系。美国铝业协会的铝合金和状态代号体系包括合金的牌号（分为变形、铸造和铸锭产品等形式），合金牌号后的短横，后跟定义该合金状态的状态代号。该状态代号体系为识别铝合金提供了一种标准方式，使用户能对合金的化学成分和性能有深入的了解。

美国铝业协会将铝合金分为变形铝合金和铸造铝合金，而后进一步细分为各种合金体系和牌号。状态代号体系的作用是使用户对产品的制造加工方式有所了解。某一合金的状态代号（除铸锭没有对其状态代号进行分类外），主要根据得到的力学性能区分该合金。有许多铝合金能通过热处理改变性能，包括对变形铝合金和铸造铝合金进行固溶、淬火和析出（时效）硬化。这些合金通常被称为可热处理强化铝合金。大量其他的变形铝合金（称为加工硬化铝合金）通过机械变形产生加工硬化与各种退火工艺结合，来获得所要求的力学性能。通常，不可热处理强化铸造铝合金在铸态下使用，可进行与固溶淬火和析出无关的调整热处理。

美国铝业协会在 ANSI H35.1 标准中对铝合金的牌号、成分和状态代号进行了注册登记。另一个广为人知的合金分类系统是涵盖了所有金属合金体系的统一编号系统（UNS），该系统沿用了美国铝业协会的合金命名体系，在合金牌号前添加前缀“A9”（铝合金）。此外，美国铝业协会也是变形铝合金和铸造铝合金统一编号命名系统的维护者。虽然在大多数国内或国际贸易中，没有广泛使用铝合金的统一编号系统，但在国内或国际标准中，包括 ASTM 国际的材料规范中，铝合金的统一编号却时常被引用。

美国铝业协会产品标准技术委员会是代表美国铝业协会铝协会的权威机构，它负责维护铝合金牌号和状态代号的命名，并负责新的铝合金和状态代号的命名。然而，有时生产制造商可能会按自己的方式自行为合金命名，误导整个行业认可其命名和并进行注册。这种做法可能导致在未完成经美国铝业协会和 ANSI H35.1 完整注册流程的情况下，独自创建合金牌号或状态代号，应该极力防止和避免。合金和状态代号登记处对合金和状态代号命名进行注册登记和维护，在《铝标准和数据》手册中，对广泛使用的铝合金和状态代号进行了介绍。

另外一个复杂的现实问题是，世界各国都有自己的铝合金和状态代号命名系统。但目前这种情况已逐步得到改善，并取得了重大进展，美国铝业协会的合金系统已经被全世界大约 90% 的国家和铝行业所认可。根据国际合金牌号协定，制定颁布了国际注册变形铝和铝合金牌号及化学成分，该合金命名体系已在全球范围内被普遍接受并为出版发行所推荐。在此基础上，已进一步将该合金命名体系拓宽至铸造铝合金及其基本状态代号。尽管如此，现在仍然没有完全实现全球通用和得到一致认可的合金命名体系。生产厂家和用户之间仍经常需要就供需要求进行沟通和说明。

2.2.1　铝合金的命名方法

1. 美国铝业协会变形铝和铝合金牌号

当前（2016 年）采用的变形铝合金牌号和状态代号体系源于 1955 年的铝合金工业，而现行的铸造铝合金体系是在此之后逐步发展起来的。现行的变形铝合金牌号采用四位数字系统，将不同的合金按成分体系进行分类：

1×××：铝的质量分数大于 99.0% 工业（纯）铝或铝合金系列。

2×××：铜是主加合金元素，添加镁等其他合

㊀ Adapted from R. B. C. Cayless, Alloy and Temper Designation Systems for Aluminum and Aluminum Alloys, Properties and Selection: Nonferrous Alloys and Special-Purpose Materials, Vol 2, ASM Handbook, ASM International, 1990, p15-28, and J. G. Kaufman, Introduction to Aluminum Alloys and Tempers, ASM International, 2000, with reviews by Gerald A. Gegel, Material and Process Consultancy, and Robert Steffen, Raytheon.

金元素的铝合金系列。

3×××：锰是主加合金元素的铝合金系列。

4×××：硅是主加合金元素的铝合金系列。

5×××：镁是主加合金元素的铝合金系列。

6×××：镁和硅是主加合金元素的铝合金系列。

7×××：锌是主加合金元素，并添加铜、镁、铬、锆等其他元素的铝合金系列。

8×××：添加锡和锂等其他元素的铝合金系列。

9×××：预留将来使用的铝合金系列。

本节对上述变形铝合金命名系统和表2-29中广泛使用的典型变形铝合金的合金成分进行介绍。更多有关变形铝合金及其状态代号的内容，将在“变形铝合金及其状态代号”一节中详细介绍。为参考方便起见，在表2-29中还列出了统一编号系统的合金牌号，该合金牌号是在美国铝业协会合金牌号的基础上，直接添加前缀“A9”形成的。

表2-29 变形铝和铝合金中的合金元素（常用典型变形铝合金清单）

美国铝业协会合金牌号	统一编号系统（UNS）牌号	成分（最大值，除非给出具体范围或最小值，质量分数,%）①							
		Si	Fe	Cu	Mn	Mg	Zn	其他合金元素	Al最小值或余量
1050	A91050	0.25	0.40	0.05	0.05	0.05	0.05	—	99.50
1060	A91060	0.25	0.35	0.05	0.03	0.03	0.05	—	99.60
1145	A91145	0.55Si+Fe		0.05	0.05	0.05	0.05	—	99.45
1175	A91175	0.15Si+Fe		0.10	0.02	0.02	0.04	—	99.75
1200	A91200	1.00Si+Fe		0.05	0.05	—	0.10	—	99.0
1230	A91230	0.70Si+Fe		0.10	0.05	0.05	0.10	—	99.30
1235	A91235	0.65Si+Fe		0.05	0.05	0.05	0.10	—	99.35
1345	A91345	0.30	0.40	0.10	0.05	0.05	0.05	—	99.45
1350	A91350	0.10	0.40	0.05	0.01	—	—	—	99.50
2011	A92011	0.40	0.7	5.0~6.0	—	—	0.30	0.20~0.6Bi, 0.20~0.6Pb	余量
2014	A92014	0.50~1.2	0.7	3.9~5.0	0.40~1.2	0.20~0.8	0.25	—	余量
2017	A92017	0.20~0.8	0.7	3.5~4.5	0.40~1.0	0.40~0.8	0.25	—	余量
2018	A92018	0.9	1.0	3.5~4.5	0.20	0.45~0.9	0.25	1.7~2.3Ni	余量
2024	A92024	0.50	0.50	3.8~4.9	0.30~0.9	1.2~1.8	0.25	—	余量
2025	A92025	0.50~1.2	1.0	3.9~5.0	0.40~1.2	0.05	0.25	—	余量
2036	A92036	0.50	0.50	2.2~3.0	0.10~0.40	0.30~0.6	0.25	—	余量
2117	A92117	0.8	0.7	2.2~3.0	0.20	0.20~0.50	0.25	—	余量
2124	A92124	0.20	0.30	3.8~4.9	0.30~0.9	1.2~1.8	0.25	—	余量
2218	A92218	0.9	1.0	3.5~4.5	0.20	1.2~1.8	0.25	1.7~2.3Ni	余量
2219	A92219	0.20	0.30	5.8~6.8	0.20~0.40	0.02	0.10	0.02~0.10Ti, 0.05~0.15V, 0.10~0.25Zr	余量
2319	A92319	0.20	0.30	5.8~6.8	0.20~0.40	0.02	0.10	0.10~0.20Ti, 0.05~0.15V, 0.10~0.25Zr	余量
2618	A92618	0.10~0.25	0.9~1.3	1.9~2.7	—	1.3~1.8	0.10	0.9~1.2Ni, 0.04~0.10Ti	余量
3002	A93002	0.08	0.10	0.15	0.05~0.25	0.05~0.20	0.05	—	余量
3003	A93003	0.6	0.7	0.05~0.20	1.0~1.5	—	0.10	—	余量
3004	A93004	0.30	0.7	0.25	1.0~1.5	0.8~1.3	0.25	—	余量
3005	A93005	0.6	0.7	0.30	1.0~1.5	0.20~0.6	0.25	—	余量

（续）

美国铝业协会合金牌号	统一编号系统（UNS）牌号	成分（最大值，除非给出具体范围或最小值，质量分数,%）[①]							
		Si	Fe	Cu	Mn	Mg	Zn	其他合金元素	Al 最小值或余量
3105	A93105	0.6	0.7	0.30	0.30～0.8	0.20～0.8	0.40	—	余量
4032	A94032	11.0～13.5	1.0	0.50～1.3	—	0.8～1.3	0.25	0.50～1.3Ni	余量
4043	A94043	4.5～6.0	0.8	0.30	0.05	0.05	0.10	—	余量
4045	A94045	9.0～11.0	0.8	0.30	0.05	0.05	0.10	—	余量
4047	A94047	11.0～13.0	0.8	0.30	0.15	0.10	0.20	—	余量
4145	A94145	9.3～10.7	0.8	3.3～4.7	0.15	0.15	0.20	—	余量
4343	A94343	6.8～8.2	0.8	0.25	0.10	—	0.20	—	余量
4543	A94543	5.0～7.0	0.50	0.10	0.05	0.10～0.40	0.10	—	余量
4643	A94643	3.6～4.6	0.8	0.10	0.05	0.10～0.30	0.10	—	余量
5005	A95005	0.30	0.7	0.20	0.20	0.50～1.1	0.25	—	余量
5006	A95006	0.40	0.8	0.10	0.40～0.8	0.8～1.3	0.25	—	余量
5010	A95010	0.40	0.7	0.25	0.10～0.30	0.20～0.6	0.30	—	余量
5050	A95050	0.40	0.7	0.20	0.10	1.1～1.8	0.25	—	余量
5052	A95052	0.25	0.40	0.10	0.10	2.2～2.8	0.10	0.15～0.35Cr	余量
5056	A95056	0.30	0.40	0.10	0.05～0.20	4.5～5.6	0.10	0.05～0.20Cr	余量
5082	A95082	0.20	0.35	0.15	0.15	4.0～5.0	0.25	—	余量
5083	A95083	0.40	0.40	0.10	0.40～1.0	4.0～4.9	0.25	0.05～0.25Cr	余量
5086	A95086	0.40	0.50	0.10	0.20～0.7	3.5～4.5	0.25	0.05～0.25Cr	余量
5154	A95154	0.25	0.40	0.10	0.10	3.1～3.9	0.20	0.15～0.35Cr	余量
5183	A95183	0.40	0.40	0.10	0.50～1.0	4.3～5.2	0.25	0.05～0.25Cr	余量
5252	A95252	0.08	0.10	0.10	0.10	2.2～2.8	0.05	—	余量
5254	A95254	0.45Si + Fe		0.05	0.01	3.1～3.9	0.20	0.15～0.35Cr	余量
5356	A95356	0.25	0.40	0.10	0.05～0.20	4.5～5.5	0.10	0.05～0.20Cr, 0.06～0.20Ti	余量
5454	A95454	0.25	0.40	0.10	0.50～1.0	2.4～3.0	0.25	0.05～0.20Cr	余量
5456	A95456	0.25	0.40	0.10	0.50～1.0	4.7～5.5	0.25	0.05～0.20Cr	余量
5457	A95457	0.08	0.10	0.20	0.15～0.45	0.8～1.2	0.05	—	余量
5552	A95552	0.04	0.05	0.10	0.10	2.2～2.8	0.05	—	余量
5554	A95554	0.25	0.40	0.10	0.50～1.0	2.4～3.0	0.25	0.05～0.20Cr, 0.05～0.20Ti	余量
5556	A95556	0.25	0.40	0.10	0.50～1.0	4.7～5.5	0.25	0.05～0.20Cr, 0.05～0.20Ti	余量
5557	A95557	0.10	0.12	0.15	0.10～0.40	0.40～0.8	—	—	余量
5652	A95652	0.40Si + Fe		0.04	0.01	2.2～2.8	0.10	0.15～0.35Cr	余量
5654	A95654	0.45Si + Fe		0.05	0.01	3.1～3.9	0.20	0.15～ 0.35Cr, 0.05～ 0.15Ti	余量
5657	A95657	0.08	0.10	0.10	0.03	0.6～1.0	0.05	—	余量
6003	A96003	0.35～1.0	0.6	0.10	0.8	0.8～1.5	0.20	—	余量

（续）

美国铝业协会合金牌号	统一编号系统（UNS）牌号	成分（最大值，除非给出具体范围或最小值，质量分数,%）①							
		Si	Fe	Cu	Mn	Mg	Zn	其他合金元素	Al 最小值或余量
6005	A96005	0.6~0.9	0.35	0.10	0.10	0.40~0.6	0.10	—	余量
6053	A96053	②	0.35	0.10	—	1.1~1.4	0.10	0.15~0.35Cr	余量
6060	A96060	0.30~0.6	0.10~0.30	0.10	0.10	0.35~0.6	0.15	—	余量
6061	A96061	0.40~0.8	0.7	0.15~0.40	0.15	0.8~1.2	0.25	0.04~0.35Cr	余量
6063	A96063	0.20~0.6	0.35	0.10	0.10	0.45~0.9	0.10	—	余量
6066	A96066	0.9~1.8	0.50	0.7~1.2	0.6~1.1	0.8~1.4	0.25	—	余量
6070	A96070	1.0~1.7	0.50	0.15~0.40	0.40~1.0	0.50~1.2	0.25	—	余量
6101	A96101	0.30~0.7	0.50	0.10	0.03	0.35~0.8	0.10	0.06B	余量
6105	A96105	0.6~1.0	0.35	0.10	0.10	0.45~0.8	0.10	—	余量
6151	A96151	0.6~1.2	1.0	0.35	0.20	0.45~0.8	0.25	0.15~0.35Cr	余量
6160	A96160	0.30~0.6	0.15	0.20	0.05	0.35~0.6	0.05	—	余量
6162	A96162	0.40~0.8	0.50	0.20	0.10	0.7~1.1	0.25	—	余量
6201	A96201	0.50~0.9	0.50	0.10	0.03	0.6~0.9	0.10	0.06B	余量
6253	A96253	②	0.50	0.10	—	1.0~1.5	1.6~2.4	0.04~0.35Cr	余量
6262	A96262	0.40~0.8	0.7	0.15~0.40	0.15	0.8~1.2	0.25	0.04~0.14Cr, 0.40~0.7Bi, 0.40~0.7Pb	余量
6351	A96351	0.7~1.3	0.50	0.10	0.40~0.8	0.40~0.8	0.20	—	余量
6463	A96463	0.20~0.6	0.15	0.20	0.05	0.45~0.9	0.05	—	余量
6951	A96951	0.20~0.50	0.8	0.15~0.40	0.10	0.40~0.8	0.20	—	余量
7005	A97005	0.35	0.40	0.10	0.20~0.7	1.0~1.8	4.0~5.0	0.06~0.20Cr, 0.01~0.06Ti, 0.08~0.20Zr	余量
7008	A97008	0.10	0.10	0.05	0.05	0.7~1.4	4.5~5.5	0.12~0.25Cr	余量
7049	A97049	0.25	0.35	1.2~1.9	0.20	2.0~2.9	7.2~8.2	0.10~0.22Cr	余量
7050	A97050	0.12	0.15	2.0~2.6	0.10	1.9~2.6	5.7~6.7	0.08~0.15Zr	余量
7072	A97072	0.7Si+Fe		0.10	0.10	0.10	0.8~1.3	—	余量
7075	A97075	0.40	0.50	1.2~2.0	0.30	2.1~2.9	5.1~6.1	0.18~0.28Cr	余量
7108	A97108	0.10	0.10	0.05	0.05	0.7~1.4	4.5~5.5	0.12~0.25Zr	余量
7175	A97175	0.15	0.20	1.2~2.0	0.10	2.1~2.9	5.1~6.1	0.18~0.28Cr	余量
7178	A97178	0.40	0.50	1.6~2.4	0.30	2.4~3.1	6.3~7.3	0.18~0.28Cr	余量
7475	A97475	0.10	0.12	1.2~1.9	0.06	1.9~2.6	5.2~6.2	0.18~0.25Cr	余量
8017	A98017	0.10	0.55~0.8	0.10~0.20	—	0.01~0.05	0.05	0.04B, 0.003Li	余量
8030	A98030	0.10	0.30~0.8	0.15~0.30	—	0.05	0.05	0.001~0.04B	余量
8176	A98176	0.03~0.15	0.40~1.0	—	—	—	0.10	—	余量
8177	A98177	0.10	0.25~0.45	0.04	—	0.04~0.12	0.05	0.04B	余量
8280	A98280	1.0~2.0	0.7	0.7~1.3	0.10	—	0.05	0.20~0.7Ni, 5.5~7.0Sn	余量

注：数据来源为美国铝业协会。

① 该表只列出了部分合金元素，这些元素具有具体合金化成分范围（范围或最大值）。该表不包含所有有杂质限制规定的元素，也没有列出所有由美国铝业协会登记在册的合金。

② 实际含质量分数为45%~65% Mg。

1）合金牌号中的第一位数字定义了主要的合金系列。除非合金中两种或更多的合金元素含量相当，一种新合金牌号的第一个数字的确定是相当直接和明显的。如出现两种合金元素含量相当的情况，则由合金牌号命名系统的开发人员提供专业性指导，此时合金系列应按铜（Cu）、锰（Mn）、硅（Si）、镁（Mg）、硅化镁（Mg_2Si）和锌（Zn）排序命名。例如，如果一种新的合金中锰和锌含量相同，则应将其分配到3×××系列中。在6×××系列中，硅和镁都为主加合金元素，但硅含量比镁含量更高，在这种情况下，由于镁和硅优势组合的特点，合金可能被分配到6×××系列而不是4×××系列，因此需要根据具体情况仔细判断。例如，在6005、6066和6351合金中，硅含量明显高于镁含量，但都被分配到Mg_2Si合金系列（译者注：6×××合金系列）中。

2）合金牌号中的第二位数字代表原基本合金中元素的变化。其定义如下：第二位数字为“0”表示合金为原始成分，“1”表示第一种元素的变化，“2”表示第二种元素的变化，以此类推。根据添加元素的数量，合金元素变化是指质量分数达到或超过0.15%~0.50%的一种或多种合金元素。在特定合金中，合金牌号中的第二位数字与合金元素的变化有关，而在许多情况下，还要对合金中的一种或多种杂质元素严格进行控制，以达到特殊的性能。如果第二位数字是“0”，通常表明该铝合金是由工业纯铝制备的，其杂质含量与工业纯铝相当。当第二位数字为1~9中的一个整数时，表明合金中对某一元素的控制已比该杂质含量更为重要，或者为了获得某种特殊性能，在主加合金元素添加范围内，其他元素的影响可能在某些方面掩盖了某主加合金元素的影响。第二位数字的顺序是按合金开发的时间顺序分配的，与合金成分变化和控制水平没有关系。

例如，7075、7175、7275、7375和7475为一组铝合金牌号，其中7075是最初的工业等级的铝合金。为提高合金的断裂韧性，对该合金中的各种杂质元素，特别是对铁和硅进行严格控制，产生出了其他牌号的合金，其中7175和7475现为常用的高韧性铝合金。

3）合金牌号中的第三位和第四位数字指定了本系列合金中具体的合金。在1×××系列合金中（铝的质量分数大于或等于99.0%），合金牌号中的后两位数字表示铝的最小质量分数。当最小含量表示到0.01%时，牌号中的后两位数字与成分小数点后的两位数字一样。例如，牌号1060表示该合金中铝的质量分数不低于99.60%。根据前面的介绍，第二位数字为“0”表示合金对杂质元素没有限制或没有有意添加合金元素。

在2×××~8×××合金系列中，后两位数字没有量或数值上的意义。它们仅用于识别具体的合金，此外它们也与合金开发的时间和注册的顺序没有关系。从历史上来看，对于旧牌号的合金，这些数字源自早期牌号（如2024合金源自1950年前的24S合金）。近年来，在开发新合金时，通常根据惯例要求确定具体的牌号，有时是基于合金的应用接近于同一系列的其他合金或出于其他原因。如果开发商在申请注册合金牌号时要求特定的数字，则在不产生混淆的前提下，负责监督铝合金系统的美国铝业协会产品标准委员会很可能会同意这一申请。如果开发商没有提出要求，委员会可能会从数字1~99中，按顺序给出未使用过的最小数字作为合金的编号。

4）字母前缀或后缀。铝合金牌号通常由四位数字组成，但有时牌号中还包括一个字母前缀或后缀。在某些情况下，当新引入的合金成分仅有细微变化时，有时会在原四位数字的牌号后加上一个大写字母，而不是修改合金牌号中的第二位数字。现唯一实例是6005A合金，该合金是在6005合金成分的基础上进行了微调。但一般来说，通常还是如前面介绍的一样，通过合金牌号中的第二位数字来反映这种变化。

另一个例子是在试验合金前添加前缀“X”。不论是变形铝合金还是铸造铝合金系列，都是通过前缀“X”来表明其为试验合金。如不再对该合金进行试验，则应去掉前缀。在某合金开发过程中和试验合金命名前，可以通过由原机构分配的序列号来辨别该新合金的成分。一旦该合金成分在美国铝业协会注册，并在ANSI H35.1标准注册系统注册后，则将停止使用原序列号。

当该合金开发过程已进行到不限制于在某一公司内部试验（准备进行用户试验和/或多公司生产），但仍未成熟或未注册为标准合金时，可在开发初期先对试验合金进行注册，并添加前缀“X”。例如，20世纪60年代开发的第一种含锂铝合金采用了X2020牌号。该合金在使用约10年后被认为是不合适的，因此停止了使用。另一个例子是X7050，该合金在广泛应用后发展成为成熟的合金，其性能和标准明确，因此去掉了前缀“X”。

5）早期变形铝合金的牌号。值得注意的是，在使用现行的美国铝业协会合金牌号系统之前，就已有一个早期的合金牌号系统。有时，在规范或工件标注中会出现旧的合金牌号标识，为了便于参考，有必要对早期铝合金牌号系统进行介绍。

旧的变形铝合金牌号系统由一位或两位数字后加大写字母“S”组成，合金牌号前的大写字母用来说明一种主要成分的变化。由于缺乏足够的严密性、灵活性和一致性，该系统在20世纪50年代就被废止了，取而代之的是当前的合金系统。

四位数字新系统删除了旧牌号中的字母，用旧牌号中的两位数字构成新系统的一部分。例如，17S合金成为2017合金，24S合金成为2024合金。新旧牌号对照表见表2-30。

表2-30 新旧合金牌号对比

旧合金牌号	现行合金牌号	旧合金牌号	现行合金牌号
1S	1100	32S	4032
3S	3003	50S	5050
4S	3004	B51S	6151
14S	2014	52S	5052
17S	2017	56S	5056
A17S	2117	61S	6061
24S	2024	63S	6063
25S	2025	75S	7075
26S	2026	76S	7076

2. 美国铝业协会铸造铝合金牌号

美国使用最为广泛的铸造铝合金牌号系统由美国铝业协会制定，采用四位数字牌号：

第一位数字：主加合金元素。

第二、三位数字：铸铝的纯度水平或合金的独特名称。

第四位数字：铸造产品类型，“0”为铸件，“1”和“2”为铸锭。

与变形铝合金牌号系统相同，铸造铝合金牌号中的第一位数字定义了主要的合金成分，具体定义如下：

1××.×：控制非合金元素成分（铝的质量分数大于或等于99.0%）的铸造铝合金系列。

2××.×：铜是主加合金元素，添加了其他合金元素的铸造铝合金系列。

3××.×：硅是主加合金元素，添加了铜和镁等其他合金元素的铸造铝合金系列。

4××.×：硅是主加合金元素的铸造铝合金系列。

5××.×：镁是主加合金元素的铸造铝合金系列。

6××.×：现尚未使用。

7××.×：锌是主加合金元素的铸造铝合金系列。

8××.×：锡是主加合金元素的铸造铝合金系列。

9××.×：添加其他元素的铸造铝合金系列。

除非对先前已注册合金的成分调整后进行注册，通常根据合金中元素的最大平均质量分数，确定铸造铝合金系列。如果最大平均质量分数的合金元素超过一种，则应根据元素排列顺序，确定铸造铝合金系列。需要注意的是，6××.×系列是一个尚未使用的合金系列。

铸造铝合金牌号中的第二和第三位数字的含义与变形铝合金牌号类似。在铸造铝合金牌号1××.×中，第二和第三位数字表示合金中铝的最低质量分数（99.00%或更高）；当最低质量分数表示到0.01%时，牌号中的第二和第三位数字与质量分数小数点右边的两位数字相同。例如，170.0合金中铝的最低质量分数为99.70%，与变形铝合金牌号中第二和第三位数字的含义相同（译者注：原文有误，应为“与变形铝合金牌号中第三和第四位……”）。在2××.×~8××.×铸造铝合金系列中，牌号中的第二和第三位数字没有量或数值上的意义，仅用于识别合金系列中的具体合金。

在铸造铝合金牌号的第三位数字和第四位数字之间有一个小数点，第四位数字表示铸造合金产品的形式：“0”表示铸件；“1”表示标准铸锭；“2”表示铸锭的成分范围比标准铸锭的范围更窄。

×××.1和×××.2牌号包括适用于铸造厂的重熔铸锭的特殊成分合金。在所有情况下，×××.0形式的牌号确定了适用于铸件的成分限制范围。铸锭的合金元素和杂质元素限制通常与同一合金的铸件相同。当铸锭重熔时，合金中的铁、硅含量会增加，镁含量会降低。由于这些原因，某些合金铸锭的化学成分可能与该合金铸件有所不同。

表2-31列出了典型商用铸造铝合金的名义成分，有关铸造铝合金及其状态代号的详细介绍，请参阅本章中“铸造铝合金及其状态代号”一节。虽然可采用各种铸造工艺生产多种铸造合金，但适合生产商业压铸件的合金种类却很少，主要有360.0、A360.0、380.0、A380.0、383.0、384.0、A384.0、B390.0、413.0、C443.0和518.0。

与变形铝合金系列相比，在铸造铝合金牌号中，可采用更多的字母前缀表示其变化。已经建立起明确的规则，用来确定推荐的成分是否是对现行成分进行了调整和修改，前缀字母主要用来定义杂质限制的差别。例如，A356.0合金是在356.0合金成分基础上进行改进的合金。两种牌号合金的铸造性能良好，可铸造形状复杂的铸件。但是，在 356.0 合金的技术规范中，杂质含量相对较高（如 Fe 的最大质量分数为 0.6%），因此，铸件可能在质量上不稳定，会造成塑性和韧性下降。A356.0 合金是在 356.0 合金成分基础上进行了改进，将合金中的铁和其他杂质元素控制在较低的水平（如 Fe 的最大质量分数为 0.2%）。结果表明，A356.0 合金铸件的质量稳定，强度、塑性和韧性均得到了提高。因此，在最常见的重力铸造合金 356.0 的基础上，开发出了 A356.0、B356.0 和 C356.0 不同的改进合金。这些合金的主要合金元素及其含量相同，但在技术规范中降低了杂质元素，尤其是铁元素的含量。另一个相似的例子是 A357.0 合金，它是在 357.0 合金的基础上降低了杂质含量而得到的。合金牌号中的前缀“X”是为试验用合金预留的。

虽然合金牌号有时只出现前三位数字，例如对于 356.0，可能只看到“356”，但从专业角度上讲，这是不正确的表示方法，合金牌号中的“.0”应始终用于铸件。在北美，美国铝业协会的铝合金牌号系统是最常用的。正如先前所指出的，与变形铝合金一样，铸造铝合金的牌号系统和合金命名法也没有实现国际标准化。许多国家都制定并颁布了本国相应的标准，个别公司也通过专用合金牌号形式来推广自己的合金。因此，在本章的“铸造铝合金及其状态代号”一节中，将讨论早期的牌号变化以及其他广泛使用的牌号系统。

表 2-31　铝合金铸件的名义成分

合金牌号	名义成分（质量分数,%）①									
	Si	Fe	Cu	Mn	Mg	Cr	Ni	Zn	Ti	Sn
100.1	—	0.7	—	—	—	—	—	—	—	—
150.1	—	—	—	—	—	—	—	—	—	—
170.1	—	—	—	—	—	—	—	—	—	—
201.0②	—	—	—	—	—	—	—	—	—	—
203.0	—	—	5.0	0.25	—	—	1.5	—	0.20	—
204.0	—	—	—	—	0.25	—	—	—	0.22	—
A206.0	—	—	4.6	0.35	0.25	—	—	—	0.22	—
208.0③	3.0	—	4.0	—	—	—	—	—	—	—
222.0③	—	—	10.0	—	0.25	—	—	—	—	—
224.0③	—	—	5.0	0.35	—	—	—	—	—	—
240.0	—	—	8.0	0.5	6.0	—	0.5	—	—	—
242.0	—	—	4.0	—	1.5	—	2.0	—	—	—
A242.0	—	—	4.1	—	1.4	0.20	2.0	—	0.14	—
249.0③	—	—	4.2	0.38	0.38	—	—	3.0	0.18	—
295.0	1.1	—	4.5	—	—	—	—	—	—	—
308.0	5.5	—	4.5	—	—	—	—	—	—	—
319.0	6.0	—	3.5	—	—	—	—	—	—	—
328.0③	8.0	—	1.5	0.40	0.40	—	—	—	—	—
332.0	9.5	—	3.0	—	1.0	—	—	—	—	—
333.0	9.0	—	3.5	—	0.28	—	—	—	—	—
336.0	12.0	—	1.0	—	1.0	—	2.5	—	—	—
354.0	9.0	—	1.8	—	0.5	—	—	—	—	—
355.0	5.0	—	1.25	—	0.5	—	—	—	—	—
C355.0	5.0	—	1.25	—	0.5	—	—	—	—	—
356.0	7.0	—	—	—	0.32	—	—	—	—	—
A356.0	7.0	—	—	—	0.35	—	—	—	—	—
357.0	7.0	—	—	—	0.52	—	—	—	—	—
A357.0④	7.0	—	—	—	0.55	—	—	—	0.12	—

（续）

合金牌号	名义成分（质量分数,%）①									
	Si	Fe	Cu	Mn	Mg	Cr	Ni	Zn	Ti	Sn
D357.0④	7.0	—	—	—	0.58	—	—	—	0.15	—
E357.0⑤	7.0	—	—	—	0.58	—	—	—	0.15	—
F357.0⑤	7.0	—	—	—	0.55	—	—	—	0.12	—
359.0	9.0	—	—	—	0.6	—	—	—	—	—
360.0	9.5	—	—	—	0.5	—	—	—	—	—
A360.0	9.5	—	—	—	0.5	—	—	—	—	—
365.0	—	—	—	—	—	—	—	—	—	—
380.0	8.5	—	3.5	—	—	—	—	—	—	
A380.0	8.5	—	3.5	—	—	—	—	—	—	
383.0	10.5	—	2.5	—	—	—	—	—	—	
384.0	11.2	—	3.8	—	—	—	—	—	—	
B390.0	17.0	—	4.5	—	0.55	—	—	—	—	—
391.0	19.0	—	—	—	0.58	—	—	—	—	—
A391.0	19.0	—	—	—	0.58	—	—	—	—	—
B391.0	19.0	—	—	—	0.58	—	—	—	—	—
413.0	12.0	—	—	—	—	—	—	—	—	—
A413.0	12.0	—	—	—	—	—	—	—	—	—
443.0	5.2	—	—	—	—	—	—	—	—	—
B443.0	5.2	—	—	—	—	—	—	—	—	—
C443.0	5.2	—	—	—	—	—	—	—	—	—
A444.0	7.0	—	—	—	—	—	—	—	—	—
512.0	1.8	—	—	—	4.0	—	—	—	—	—
513.0	—	—	—	—	4.0	—	—	1.8	—	—
514.0	—	—	—	—	4.0	—	—	—	—	—
518.0	—	—	—	—	8.0	—	—	—	—	—
520.0	—	—	—	—	10.0	—	—	—	—	—
535.0⑥	—	—	—	0.18	6.8	—	—	—	0.18	—
705.0	—	—	—	0.5	1.6	0.30	—	3.0	—	—
707.0	—	—	—	0.50	2.1	0.30	—	4.2	—	—
710.0	—	—	0.50	—	0.7	—	—	6.5	—	—
711.0	—	1.0	0.50	—	0.35	—	—	6.5	—	—
712.0	—	—	—	—	0.58	0.50	—	6.0	0.20	—
713.0	—	—	0.7	—	0.35	—	—	7.5	—	—
771.0	—	—	—	—	0.9	0.40	—	7.0	0.15	—
850.0	—	—	1.0	—	—	—	1.0	—	—	6.2
851.0	2.5	—	1.0	—	—	—	0.50	—	—	6.2
852.0	—	—	2.0	—	0.75	—	1.2	—	—	6.2

注：根据行业手册，尤其是根据铝业协会的砂型和金属型铸件标准，以及铝业协会的在册合金登记表中的铸件和铸锭。

① 名义成分是合金元素规定的成分范围的中间值，余量为铝。

② 还含有0.40%～1.0%（0.7%名义成分）的Ag。

③ 该合金已被铝业协会认定为“停止使用”，但仍在一些出版物中出现。

④ 含有0.04%～0.07%（0.055%名义成分）的Be。

⑤ 不含Be，在铸锭和铸造过程中，铁含量被限制在极低的水平（铁的质量分数小于或等于0.10%）。

⑥ 也含有0.003%～0.007%（0.005%名义成分）的Be和质量分数不大于0.005%的B。

2.2.2　基本状态代号

除铸锭外，美国采用的铝和铝合金状态代号系统适用于所有的产品形式（包括锻件和铸件）。该铝合金状态代号系统是基于机械变形或热处理工序，或同时采用两种工序，来获得各种合金的不同性能的。通常，在确定合金后，会立即选择所采用的状态代号。在合金牌号和状态代号之间，用“-”进行连接（如 2014-T6）。

基本状态代号以一个大写英文字母开头，用该字母表示热处理类别，其定义如下：

F——原加工状态：适用于锻件或铸件产品，在这些成形过程中，对热加工条件或加工硬化过程不进行特殊控制，以获得特定的性能。对于变形铝合金来说，该工艺状态不对其力学性能进行任何限制；而对于铸造铝合金来说，则通常会有所限制。

O——退火状态：用于锻件产品时，表示通过退火获得较低的强度状态，通常用于提高后续机械加工性能；用于铸件产品时，表示通过退火提高塑性和尺寸稳定性。该状态代号后可以跟一个不为“0”的数字。

H——加工硬化状态：适用于通过加工硬化来提高产品的强度，冷加工后可进行或不进行辅助热处理，以降低强度的情况。“H”后总是跟着两位或多位数字。

W——固溶处理状态：仅用于在固溶处理后进行自然时效的合金。只有“W”与数字（表示自然时效时间）结合使用，才有特定意义，如 W½h。

T——除 F 状态外，采用热处理获得稳定的状态：用于产品进行热处理后，可进行或不进行加工硬化，以得到稳定状态的情况。“T”后总是跟着一位或多位数字。

在这些基本状态代号字母后添加一个或多个数字，可进一步对基本状态进行细分。通过这些数字所采用的处理序列，使产品获得特定的性能组合。在主要细分状态中增加额外的数字，得到状态代号细目，用以区分处理状态工艺之间的差别。某种合金采用给定的状态工艺，其热处理条件（如时间、温度和淬火速率）可能与另一种采用相同状态工艺的合金不完全相同。

变形铝合金和铸造铝合金的基本状态代号基本相同，但在实际使用中，两者则存在显著差异。在随后的“变形铝合金及其状态代号”和“铸造铝合金及其状态代号”章节中，将对它们之间的差异和相同点进行介绍。下面主要介绍的是一组非常复杂的、令人困惑的数字代号的功能和含义。但重要的是，不论是终端用户还是制造商，都必须对这些状态代号进行详尽的了解，以确保工艺能得到遵守和执行。作为背景和有用的参考材料，在了解更多铝合金状态代号的同时，变形铝合金和铸造铝合金的典型力学性能见表 2-32 ~ 表 2-35。

表 2-32　不同工艺状态条件下变形铝合金的典型力学性能（英美制单位）

合金和状态代号①	拉伸				硬度 HBW，载荷 500kgf，压球直径 10mm	极限抗剪强度/ksi	疲劳极限②/ksi	弹性模量③/10^3ksi
	强度/ksi		伸长率（%）					
	极限抗拉强度	屈服强度	板状试样，标距 2in、板厚 1/16in	圆棒试样，标距 4*D*（直径），圆棒直径 1/2in				
1060-O	10	4	43	—	19	7	3	10.0
1060-H12	12	11	16	—	23	8	4	10.0
1060-H14	14	13	12	—	26	9	5	10.0
1060-H16	16	15	8	—	30	10	6.5	10.0
1060-H18	19	18	6	—	35	11	6.5	10.0
1100-O	13	5	35	45	23	9	5	10.0
1100-H12	16	15	12	25	28	10	6	10.0
1100-H14	18	17	9	20	32	11	7	10.0
1100-H16	21	20	6	17	38	12	9	10.0
1100-H18	24	22	5	15	44	13	9	10.0
1350-O	12	4	—	④	—	8	—	10.0
1350-H12	14	12	—	—	—	9	—	10.0
1350-H14	16	14	—	—	—	10	—	10.0

（续）

合金和状态代号[1]	拉伸				硬度 HBW，载荷 500kgf，压球直径 10mm	极限抗剪强度/ksi	疲劳极限[2]/ksi	弹性模量[3] $/10^3$ ksi
	强度/ksi		伸长率（%）					
	极限抗拉强度	屈服强度	板状试样，标距 2in、板厚 1/16in	圆棒试样，标距 4D（直径），圆棒直径 1/2in				
1350－H16	18	16	—	—	—	11	—	10.0
1350－H19	27	24	—	⑤	—	15	7	10.0
2011－T3	55	43	—	15	95	32	18	10.2
2011－T8	59	45	—	12	100	35	18	10.2
2014－O	27	14	—	18	45	18	13	10.6
2014－T4，T451	62	42	—	20	105	38	20	10.6
2014－T6，T65	70	60	—	13	135	42	18	10.6
包铝 2014－O	25	10	21	—	—	18	—	10.5
包铝 2014－T3	63	40	20	—	—	37	—	10.5
包铝 2014－T4，T451	61	37	22	—	—	37	—	10.5
包铝 2014－T6，T651	68	60	10	—	—	41	—	10.5
2017－O	26	10	—	22	45	18	13	10.5
2017－T4，T451	62	40	—	22	105	38	18	10.5
2018－T61	61	45	—	12	120	39	17	10.8
2024－O	27	11	20	22	47	18	13	10.6
2024－T3	70	50	18	—	120	41	20	10.6
2024－T4，T351	68	47	20	19	120	41	20	10.6
2024－T36[6]	72	57	13	—	130	42	18	10.6
包铝 2024－O	26	11	20	—	—	18	—	10.6
包铝 2024－T3	65	45	18	—	—	40	—	10.6
包铝 2024－T4，T351	64	42	19	—	—	40	—	10.6
包铝 2024－T361[6]	67	63	11	—	—	41	—	10.6
包铝 2024－T81，T851	65	60	6	—	—	40	—	10.6
包铝 2024－T861[6]	70	66	6	—	—	42	—	10.6
2025－T6	58	37	—	19	110	35	18	10.4
2036－T4	49	28	24	—	—	—	18[7]	10.3
2117－T4	43	24	—	27	70	28	14	10.3
2124－T851	70	64	—	8	—	—	—	10.6
2218－T72	48	37	—	11	95	30	—	10.8
2219－O	25	11	18	—	—	—	—	10.6
2219－T42	52	27	20	—	—	—	—	10.6
2219－T31，T351	52	36	17	—	—	—	—	10.6
2219－T37	57	46	11	—	—	—	—	10.6
2219－T62	60	42	10	—	—	—	15	10.6
2219－T81，T851	66	51	10	—	—	—	15	10.6
2219－T87	69	57	10	—	—	—	15	10.6
2618－T61	64	54	—	10	115	38	18	10.8
3003－O	16	6	30	40	28	11	7	10.0
3003－H12	19	18	10	20	35	12	8	10.0

（续）

合金和状态代号①	拉伸				硬度 HBW，载荷 500kgf，压球直径 10mm	极限抗剪强度/ksi	疲劳极限②/ksi	弹性模量③/10^3ksi
	强度/ksi		伸长率（%）					
	极限抗拉强度	屈服强度	板状试样，标距 2in、板厚 1/16in	圆棒试样，标距 4*D*（直径），圆棒直径 1/2in				
3003 - H14	22	21	8	16	40	14	9	10.0
3003 - H16	26	25	5	14	47	15	10	10.0
3003 - H18	29	27	4	10	55	16	10	10.0
包铝 3003 - O	16	6	30	40	—	11	—	10.0
包铝 3003 - H12	19	18	10	20	—	12	—	10.0
包铝 3003 - H14	22	21	8	16	—	14	—	10.0
包铝 3003 - H16	26	25	5	14	—	15	—	10.0
包铝 3003 - H18	29	27	4	10	—	16	—	10.0
3004 - O	26	10	20	25	45	16	14	10.0
3004 - H32	31	25	10	17	52	17	15	10.0
3004 - H34	35	29	9	12	63	18	15	10.0
3004 - H36	38	33	5	9	70	20	16	10.0
3004 - H38	41	36	5	6	77	21	16	10.0
包铝 3004 - O	26	10	20	25	—	16	—	10.0
包铝 3004 - H32	31	25	10	17	—	17	—	10.0
包铝 3004 - H34	35	29	9	12	—	18	—	10.0
包铝 3004 - H36	38	33	5	9	—	20	—	10.0
包铝 3004 - H38	41	36	5	6	—	21	—	10.0
3105 - O	17	8	24	—	—	12	—	10.0
3105 - H12	22	19	7	—	—	14	—	10.0
3105 - H14	25	22	5	—	—	15	—	10.0
3105 - H16	28	25	4	—	—	16	—	10.0
3105 - H18	31	28	3	—	—	17	—	10.0
3105 - H25	26	23	8	—	—	15	—	10.0
4032 - T6	55	46	—	9	120	38	16	11.4
5005 - O	18	6	25	—	28	11	—	10.0
5005 - H12	20	19	10	—	—	14	—	10.0
5005 - H14	23	22	6	—	—	14	—	10.0
5005 - H16	26	25	5	—	—	15	—	10.0
5005 - H18	29	28	4	—	—	16	—	10.0
5005 - H32	20	17	11	—	36	14	—	10.0
5005 - H34	23	20	8	—	41	14	—	10.0
5005 - H36	26	24	6	—	46	15	—	10.0
5005 - H38	29	27	5	—	51	16	—	10.0
5050 - O	21	8	24	—	36	15	12	10.0
5050 - H32	25	21	9	—	46	17	13	10.0
5050 - H34	28	24	8	—	53	18	13	10.0
5050 - H36	30	26	7	—	58	19	14	10.0

（续）

合金和状态代号①	拉伸				硬度 HBW，载荷 500kgf，压球直径 10mm	极限抗剪强度/ksi	疲劳极限②/ksi	弹性模量③/10^3ksi
	强度/ksi		伸长率（%）					
	极限抗拉强度	屈服强度	板状试样，标距 2in、板厚 1/16in	圆棒试样，标距 4*D*（直径），圆棒直径 1/2in				
5050 - H38	32	29	6	—	63	20	14	10.0
5052 - O	28	13	25	30	47	18	16	10.2
5052 - H32	33	28	12	18	60	20	17	10.2
5052 - H34	38	31	10	14	68	21	18	10.2
5052 - H36	40	35	8	10	73	23	19	10.2
5052 - H38	42	37	7	8	77	24	20	10.2
5056 - O	42	22	—	35	65	26	20	10.3
5056 - H18	63	59	—	10	105	34	22	10.3
5056 - H38	60	50	—	15	100	32	22	10.3
5083 - O	42	21	—	22	—	25	—	10.3
5083 - H321，H116	46	33	—	16	—	—	23	10.3
5086 - O	38	17	22	—	—	23	—	10.3
5086 - H32，H116	42	30	12	—	—	—	—	10.3
5086 - H34	47	37	10	—	—	27	—	10.3
5086 - H112	39	19	14	—	—	—	—	10.3
5154 - O	35	17	27	—	58	22	17	10.2
5154 - H32	39	30	15	—	67	22	18	10.2
5154 - H34	42	33	13	—	73	24	19	10.2
5154 - H36	45	36	12	—	78	26	20	10.2
5154 - H38	48	39	10	—	80	28	21	10.2
5154 - H112	35	17	25	—	63	—	17	10.2
5252 - H25	34	25	11	—	68	21	—	10.0
5252 - H38，H28	41	35	5	—	75	23	—	10.0
5254 - O	35	17	27	—	58	22	17	10.2
5254 - H32	39	30	15	—	67	22	18	10.2
5254 - H34	42	33	13	—	73	24	19	10.2
5254 - H36	45	36	12	—	78	26	20	10.2
5254 - H38	48	39	10	—	80	28	21	10.2
5254 - H112	35	17	25	—	63	—	17	10.2
5454 - O	36	17	22	—	62	23	—	10.2
5454 - H32	40	30	10	—	73	24	—	10.2
5454 - H34	44	35	10	—	81	26	—	10.2
5454 - H111	38	26	14	—	70	23	—	10.2
5454 - H112	36	18	18	—	62	23	—	10.2
5456 - O	45	23	—	24	—	—	—	10.3
5456 - H25	45	24	—	22	—	—	—	10.3

（续）

合金和状态代号①	拉伸				硬度 HBW，载荷 500kgf，压球直径 10mm	极限抗剪强度/ksi	疲劳极限②/ksi	弹性模量③ /10³ksi
	强度/ksi		伸长率（%）					
	极限抗拉强度	屈服强度	板状试样，标距 2in、板厚 1/16in	圆棒试样，标距 4D（直径），圆棒直径 1/2in				
5456 - H321，H116	51	37	—	16	90	30	—	10.3
5457 - O	19	7	22	—	32	12	—	10.0
5457 - H25	26	23	12	—	48	16	—	10.0
5457 - H38，H28	30	27	6	—	55	18	—	10.0
5652 - O	28	13	25	30	47	18	16	10.2
5652 - H32	33	28	12	18	60	20	17	10.2
5652 - H34	38	31	10	14	68	21	18	10.2
5652 - H36	40	35	8	10	73	23	19	10.2
5652 - H38	42	37	7	8	77	24	20	10.2
5657 - H25	23	20	12	—	40	12	—	10.0
5657 - H38，H28	28	24	7	—	50	15	—	10.0
6061 - O	18	8	25	30	30	12	9	10.0
6061 - T4，T451	35	21	22	25	65	24	14	10.0
6061 - T6，T651	45	40	12	17	95	30	14	10.0
包铝 6061 - O	17	7	25	—	—	11	—	10.0
包铝 6061 - T4，T451	33	19	22	—	—	22	—	10.0
包铝 6061 - T6，T651	42	37	12	—	—	27	—	10.0
6063 - O	13	7	—	—	25	10	8	10.0
6063 - T1	22	13	20	—	42	14	9	10.0
6063 - T4	25	13	22	—	—	—	—	10.0
6063 - T5	27	21	12	—	60	17	10	10.0
6063 - T6	35	31	12	—	73	22	10	10.0
6063 - T83	37	35	9	—	82	22	—	10.0
6063 - T831	30	27	10	—	70	18	—	10.0
6063 - T832	42	39	12	—	95	27	—	10.0
6066 - O	22	12	—	18	43	14	—	10.0
6066 - T4，T451	52	30	—	18	90	29	—	10.0
6066 - T6，T651	57	52	—	12	120	34	16	10.0
6070 - T6	55	51	10	—	—	34	14	10.0
6101 - H111	14	11	—	—	—	—	—	10.0
6101 - T6	32	28	15⑧	—	71	20	—	10.0
6262 - T9	58	55	—	10	120	35	13	10.0
6351 - T4	36	22	20	—	—	—	—	10.0
6351 - T6	45	41	14	—	95	29	13	10.0
6463 - T1	22	13	20	—	42	14	10	10.0
6463 - T5	27	21	12	—	60	17	10	10.0
6463 - T6	35	31	12	—	74	22	10	10.0
7049 - T73	75	65	—	12	135	44	—	10.4

（续）

合金和状态代号①	拉伸				硬度 HBW，载荷 500kgf，压球直径 10mm	极限抗剪强度/ksi	疲劳极限②/ksi	弹性模量③ /10^3ksi
	强度/ksi		伸长率（%）					
	极限抗拉强度	屈服强度	板状试样，标距 2in、板厚 1/16in	圆棒试样，标距 4*D*（直径），圆棒直径 1/2in				
7049 - T7352	75	63	—	11	135	43	—	10.4
7050 - T73510，T73511	72	63	—	12	—	—	—	10.4
7050 - T7451⑨	76	68	—	11	—	44	—	10.4
7050 - T7651	80	71	—	11	—	47	—	10.4
7075 - O	33	15	17	16	60	22	—	10.4
7075 - T6，T651	83	73	11	11	150	48	23	10.4
包铝 7075 - O	32	14	17	—	—	22	—	10.4
包铝 7075 - T6，T651	76	67	11	—	—	46	—	10.4
7175 - T74	76	66	—	11	135	42	23	10.4
7178 - O	33	15	15	16	—	—	—	10.4
7178 - T6，T651	88	78	10	11	—	—	—	10.4
7178 - T76，T7651	83	73	—	11	—	—	—	10.3
包铝 7178 - O	32	14	16	—	—	—	—	10.4
包铝 7178 - T6，T651	81	71	10	—	—	—	—	10.4
7475 - T61	82	71	11	—	—	—	—	10.2
7475 - T651	85	74	—	13	—	—	—	10.4
7475 - T7351	72	61	—	13	—	—	—	10.4
7475 - T761	75	65	12	—	—	—	—	10.2
7475 - T7651	77	67	—	12	—	—	—	10.4
包铝 7475 - T61	75	66	11	—	—	—	—	10.2
包铝 7475 - T761	71	61	12	—	—	—	—	10.2
8176 - H24	17	14	15	—	—	10	—	10.0

注：表中数据不适合应用于设计。

① 除 O 工艺状态的材料外，所有给出的典型力学性能均高于规定的最小值。对于 O 工艺状态的材料，典型的极限抗拉强度和屈服强度值略低于规定的最大值。

② 采用 R. R. Moore 试验机和试样，基于 500000000 次循环的完全扭转应力。

③ 拉伸和压缩模量的平均值，压缩模量比拉伸模量大约 2%。

④ 1350 - O 合金，10in 长的线材的伸长率约为 23%。

⑤ 1350 - H19 合金，10in 长的线材的伸长率约为 1.5%。

⑥ T361 和 T861 工艺代号分别是原 T36 和 T86 工艺代号。

⑦ 基于 10000000 循环周期，使用薄板挠度试样进行测试。

⑧ 采用厚度为 1/4in 的试样。

⑨ 虽然 T7451 工艺代号以前未进行注册，但与 T73651 相同。现已出现在文献资料和一些规范中。

表 2-33 不同工艺状态条件下变形铝合金的典型力学性能（米制单位）

（译者注：表头中圆棒试样标距有误，原为 5*D*，现已更正为 4*D*）

合金和状态代号①	拉伸				硬度 HBW，载荷 500kgf，压球直径 10mm	极限抗剪强度/MPa	疲劳极限②/MPa	弹性模量③ /10^3MPa
	强度/MPa		伸长率（%）					
	极限抗拉强度	屈服强度	板状试样，标距 50mm，板厚 1.6mm	圆棒试样，标距 4*D*（直径），圆棒直径 12.5mm				
1060 - O	70	30	43	—	19	50	20	69
1060 - H12	85	75	16	—	23	55	30	69

（续）

合金和状态代号[①]	拉伸				硬度 HBW，载荷 500kgf，压球直径 10mm	极限抗剪强度/MPa	疲劳极限[②]/MPa	弹性模量[③]/10^3MPa
	强度/MPa		伸长率（%）					
	极限抗拉强度	屈服强度	板状试样，标距 50mm，板厚 1.6mm	圆棒试样，标距 4*D*（直径），圆棒直径 12.5mm				
1060 - H14	100	90	12	—	26	60	35	69
1060 - H16	115	105	8	—	30	70	45	69
1060 - H18	130	125	6	—	35	75	45	69
1100 - O	90	35	35	42	23	60	35	69
1100 - H12	110	105	12	22	28	70	40	69
1100 - H14	125	115	9	18	32	75	50	69
1100 - H16	145	140	6	15	38	85	60	69
1100 - H18	165	150	5	13	44	90	60	69
1350 - O	85	30	—	④	—	55	—	69
1350 - H12	95	85	—	—	—	60	—	69
1350 - H14	110	95	—	—	—	70	—	69
1350 - H16	125	110	—	—	—	75	—	69
1350 - H19	185	165	—	⑤	—	105	50	69
2011 - T3	380	295	—	13	95	220	125	70
2011 - T8	405	310	—	10	100	240	125	70
2014 - O	185	95	—	16	45	125	90	73
2014 - T4，T451	425	290	—	18	105	260	140	73
2014 - T6，T651	485	415	—	11	135	290	125	73
包铝 2014 - O	170	70	21	—	—	125	—	73
包铝 2014 - T3	435	275	20	—	—	255	—	73
包铝 2014 - T4，T451	421	255	22	—	—	255	—	73
包铝 2014 - T6，T651	470	415	10	—	—	285	—	73
2017 - O	180	70	—	20	45	125	90	73
2017 - T4，T451	425	275	—	20	105	260	125	73
2018 - T61	420	315	21	10	120	270	115	74
2024 - O	185	75	20	20	47	125	90	73
2024 - T3	485	345	18	—	120	285	140	73
2024 - T4，T351	472	325	20	17	120	285	140	73
2024 - T361[⑥]	495	395	13	—	130	290	125	73
包铝 2024 - O	180	75	20	—	—	125	—	73
包铝 2024 - T3	450	310	18	—	—	275	—	73
包铝 2024 - T4，T351	440	290	19	—	—	275	—	73
包铝 2024 - T361[⑥]	460	365	11	—	—	285	—	73
包铝 2024 - T81，T851	450	415	6	—	—	275	—	73
包铝 2024 - T861[⑥]	485	455	6	—	—	290	—	73
2025 - T6	400	255	—	17	110	240	125	72
2036 - T4	340	195	24	—	—	205	125[⑦]	71
2117 - T4	295	165	—	24	70	195	95	71

（续）

合金和状态代号①	拉伸				硬度 HBW，载荷 500kgf，压球直径 10mm	极限抗剪强度/MPa	疲劳极限②/MPa	弹性模量③/10^3 MPa
	强度/MPa		伸长率（%）					
	极限抗拉强度	屈服强度	板状试样，标距 50mm，板厚 1.6mm	圆棒试样，标距 4D（直径），圆棒直径 12.5mm				
2124 - T851	485	440	—	8	—	—	—	73
2218 - T72	330	255	—	9	95	205	—	74
2219 - O	170	75	18	—	—	—	—	73
2219 - T42	360	185	20	—	—	—	—	73
2219 - T31，T351	360	250	17	—	—	—	—	73
2219 - T37	395	215	11	—	—	—	—	73
2219 - T62	415	290	10	—	—	—	105	73
2219 - T81，T851	455	350	10	—	—	—	105	73
2219 - T87	475	395	10	—	—	—	105	73
2618 - T61	440	370	—	10	115	260	90	73
3003 - O	110	40	30	37	28	75	50	69
3003 - H12	130	125	10	18	35	85	55	69
3003 - H14	150	145	8	14	40	95	60	69
3003 - H16	175	170	5	12	47	105	70	69
3003 - H18	200	185	4	9	55	110	70	69
包铝 3003 - O	110	40	30	37	—	75	—	69
包铝 3003 - H12	130	125	10	18	—	85	—	69
包铝 3003 - H14	150	145	8	14	—	95	—	69
包铝 3003 - H16	175	170	5	12	—	105	—	69
包铝 3003 - H18	200	185	4	9	—	110	—	69
3004 - O	180	70	20	22	45	110	95	69
3004 - H32	215	170	10	15	52	115	105	69
3004 - H34	240	200	9	10	63	125	105	69
3004 - H36	260	230	5	8	70	140	110	69
3004 - H38	285	250	5	5	77	145	110	69
包铝 3004 - O	180	70	20	22	—	110	—	69
包铝 3004 - H32	215	170	10	15	—	115	—	69
包铝 3004 - H34	240	200	9	10	—	125	—	69
包铝 3004 - H36	260	230	5	8	—	140	—	69
包铝 3004 - H38	285	250	5	5	—	145	—	69
3105 - O	115	55	24	—	—	85	—	69
3105 - H12	150	130	7	—	—	95	—	69
3105 - H14	170	150	5	—	—	105	—	69
3105 - H16	195	170	4	—	—	110	—	69
3105 - H18	215	195	3	—	—	115	—	69
3105 - H25	180	160	8	—	—	105	—	69
4032 - T6	380	315	—	9	120	260	110	79
5005 - O	125	40	25	—	28	75	—	69

（续）

合金和状态代号①	拉伸				硬度 HBW，载荷 500kgf，压球直径 10mm	极限抗剪强度/MPa	疲劳极限②/MPa	弹性模量③ /10^3MPa
	强度/MPa		伸长率（%）					
	极限抗拉强度	屈服强度	板状试样，标距 50mm，板厚 1.6mm	圆棒试样，标距 4*D*（直径），圆棒直径 12.5mm				
5005 - H12	140	130	10	—	—	95	—	69
5005 - H14	160	150	6	—	—	95	—	69
5005 - H16	180	170	5	—	—	105	—	69
5005 - H18	200	195	4	—	—	110	—	69
5005 - H32	140	115	11	—	36	95	—	69
5005 - H34	160	140	8	—	41	95	—	69
5005 - H36	180	165	6	—	46	105	—	69
5005 - H38	200	185	5	—	51	110	—	69
5050 - O	145	55	24	—	36	105	85	69
5050 - H32	170	145	9	—	46	115	90	69
5050 - H34	190	165	8	—	53	125	90	69
5050 - H36	205	180	7	—	58	130	95	69
5050 - H38	220	200	6	—	63	140	95	69
5052 - O	195	90	25	27	47	125	110	70
5052 - H32	230	195	12	16	60	140	115	70
5052 - H34	260	215	10	12	68	145	125	70
5052 - H36	275	240	8	9	73	160	130	70
5052 - H38	290	255	7	7	77	165	140	70
5056 - O	290	150	—	32	65	180	140	71
5056 - H18	435	405	—	9	105	235	150	71
5056 - H38	415	345	—	13	100	220	150	71
5083 - O	290	145	—	20	—	170	—	71
5083 - H321，H116	315	230	—	14	—	—	160	71
5086 - O	260	115	22	—	—	165	—	71
5086 - H32，H116	290	205	12	—	—	—	—	71
5086 - H34	325	255	10	—	—	185	—	71
5086 - H112	270	130	14	—	—	—	—	71
5154 - O	240	115	27	—	58	150	115	70
5154 - H32	270	205	15	—	67	150	125	70
5154 - H34	290	230	13	—	73	165	130	70
5154 - H36	310	250	12	—	78	180	140	70
5154 - H38	330	270	10	—	80	195	145	70
5154 - H112	240	115	25	—	63	—	115	70
5252 - H25	235	170	11	—	68	145	—	69
5252 - H38，H28	285	240	5	—	75	160	—	69
5254 - O	240	115	27	—	58	150	115	70
5254 - H32	270	205	15	—	67	150	125	70

（续）

合金和状态代号[①]	拉伸				硬度 HBW，载荷 500kgf，压球直径 10mm	极限抗剪强度/MPa	疲劳极限[②]/MPa	弹性模量[③] /10^3MPa
	强度/MPa		伸长率（%）					
	极限抗拉强度	屈服强度	板状试样，标距 50mm，板厚 1.6mm	圆棒试样，标距 4*D*（直径），圆棒直径 12.5mm				
5254 - H34	290	230	13	—	73	165	130	70
5254 - H36	310	250	12	—	78	180	140	70
5254 - H38	330	270	10	—	80	195	145	70
5254 - H112	240	115	25	—	63	—	115	70
5454 - O	250	115	22	—	62	160	—	70
5454 - H32	275	205	10	—	73	165	—	70
5454 - H34	305	240	10	—	81	180	—	70
5454 - H111	260	180	14	—	70	160	—	70
5454 - H112	250	125	18	—	62	160	—	70
5456 - O	310	160	—	22	—	—	—	71
5456 - H25	310	165	—	20	—	—	—	71
5456 - H321，H116	350	255	—	14	90	205	—	71
5457 - O	130	50	22	—	32	85	—	69
5457 - H25	180	160	12	—	48	110	—	69
5457 - H38，H28	205	185	6	—	55	125	—	69
5652 - O	195	90	25	27	47	125	110	70
5652 - H32	230	195	12	16	60	140	115	70
5652 - H34	260	215	10	12	68	145	125	70
5652 - H36	275	240	8	9	73	160	130	70
5652 - H38	290	255	7	7	77	165	140	70
5657 - H25	160	140	12	—	40	95	—	69
5657 - H38，H28	195	165	7	—	50	105	—	69
6061 - O	125	55	25	27	30	85	60	69
6061 - T4，T451	240	145	22	22	65	165	95	69
6061 - T6，T651	310	275	12	15	95	205	95	69
包铝 6061 - O	115	50	25	—	—	75	—	69
包铝 6061 - T4，T451	230	130	22	—	—	150	—	69
包铝 6061 - T6，T651	290	255	12	—	—	185	—	69
6063 - O	90	50	—	—	25	70	55	69
6063 - T1	150	90	20	—	42	95	60	69
6063 - T4	170	90	22	—	—	—	—	69
6063 - T5	185	145	12	—	60	115	70	69
6063 - T6	240	215	12	—	73	150	70	69
6063 - T83	255	240	9	—	82	150	—	69
6063 - T831	205	185	10	—	70	125	—	69
6063 - T832	295	270	12	—	95	185	—	69
6066 - O	150	85	—	16	43	95	—	69
6066 - T4，T451	360	205	—	16	90	200	—	69
6066 - T6，T651	395	360	—	10	120	235	110	69
6070 - T6	380	350	10	—	—	235	95	69
6101 - H111	95	75	—	—	—	—	—	69

（续）

合金和状态代号①	拉伸				硬度 HBW，载荷 500kgf，压球直径 10mm	极限抗剪强度/MPa	疲劳极限②/MPa	弹性模量③ /10^3MPa
	强度/MPa		伸长率（%）					
	极限抗拉强度	屈服强度	板状试样，标距 50mm，板厚 1.6mm	圆棒试样，标距 4D（直径），圆棒直径 12.5mm				
6101 - T6	220	195	15⑧	—	71	140	—	69
6262 - T9	400	380	—	9	120	240	90	69
6351 - T4	250	150	20	—	—	—	—	69
6351 - T6	310	285	14	—	95	200	90	69
6463 - T1	150	90	20	—	42	95	70	69
6463 - T5	185	145	12	—	60	115	70	69
6463 - T6	240	215	12	—	74	150	70	69
7049 - T73	515	450	—	10	135	305	—	72
7049 - T7352	515	435	—	9	135	295	—	72
7050 - T73510，T73511	495	435	—	11	—	—	—	72
7050 - T7451⑨	525	470	—	10	—	305	—	72
7050 - T7651	550	490	—	10	—	325	—	72
7075 - O	230	105	17	14	60	150	—	72
7075 - T6，T651	570	505	11	9	150	330	160	72
包铝 7075 - O	220	95	17	—	—	150	—	72
包铝 7075 - T6，T651	525	460	11	—	—	315	—	72
7175 - T74	525	455	—	10	135	290	160	72
7178 - O	230	105	15	14	—	—	—	72
7178 - T6，T651	605	540	10	9	—	—	—	72
7178 - T76，T7651	570	505	—	9	—	—	—	72
包铝 7178 - O	220	95	16	—	—	—	—	72
包铝 7178 - T6，T651	560	460	10	—	—	—	—	72
7475 - T61	565	490	11	—	—	—	—	72
7475 - T651	585	510	—	13	—	—	—	72
7475 - T7351	495	420	—	13	—	—	—	72
7475 - T761	515	450	12	—	—	—	—	70
7475 - T7651	530	460	—	12	—	—	—	72
包铝 7475 - T61	515	455	11	—	—	—	—	70
包铝 7475 - T761	490	420	12	—	—	—	—	70
8176 - H24	160	95	15	—	—	70	—	69

注：表中数据不适合应用于设计。

① 除 O 工艺状态的材料外，所有给出的典型力学性能均高于规定的最小值。对于 O 工艺状态的材料产品，典型的极限抗拉强度和屈服强度值略低于规定的最大值。

② 采用 R. R. Moore 试验机和试样，基于 500000000 次循环的完全扭转应力。

③ 拉伸和压缩模量的平均值，压缩模具比拉伸模量大约 2%。

④ 1350 - O 合金，250mm 长的线材的伸长率约为 23%。

⑤ 1350 - H19 合金，250mm 长的线材的伸长率约为 1.5%。

⑥ T361 和 T861 工艺代号分别是原 T36 和 T86 工艺代号。

⑦ 基于 10000000 循环周期，使用薄板挠度试样测试。

⑧ 采用厚度为 6.3mm 的试样。

⑨ 虽然 T7451 工艺代号以前未进行注册，但与 T73651 相同，现已出现在文献资料和一些规范中。

表 2-34 不同工艺状态条件下铸造铝合金的典型力学性能（英美制单位）

铸造类型	合金和状态代号	拉伸			硬度 HBW，载荷 500kgf，压球直径 10mm	极限抗剪强度/ksi	疲劳极限②/ksi	弹性模量③/10^6ksi
		极限抗拉强度/ksi	屈服强度①/ksi	圆棒试样，标距 2in 或 4D（直径）（%）				
砂型	201.0-T6	65	55	8	130	—	—	—
	201.0-T7	68	60	6	—	—	14	—
	201.0-T43	60	37	17	—	—	—	—
	204.0-T4	45	28	6	—	—	—	—
	A206.0-T4	51	36	7	—	40	—	—
	208.0-F	21	14	3	—	17	11	—
	213.0-F	24	15	2	70	20	9	—
	222.0-O	27	20	1	80	21	9.5	—
	222.0-T61	41	40	<0.5	115	32	8.5	10.7
	224.0-T72	55	40	10	123	35	9	10.5
	240.0-F	34	28	1	90	—	—	—
	242.0-F	31	20	1	—	—	—	10.3
	242.0-O	27	18	1	70	21	8	10.3
	242.0-T571	32	30	1	85	26	11	10.3
	242.0-T61	32	20	—	90~120	—	—	10.3
	242.0-T77	30	23	2	75	24	10.5	10.3
	A242.0-T75	31	—	2	—	—	—	—
	295.0-T4	32	16	9	80	26	7	10.0
	295.0-T6	36	24	5	75	30	7.5	10.0
	295.0-T62	41	32	2	90	33	8	10.0
	295.0-T7	29	16	3	55~85	—	—	10.0
	319-F	27	18	2	70	22	10	10.7
	319.0-T5	30	26	2	80	24	11	10.7
	319.0-T6	36	24	2	80	29	11	10.7
	328.0-F	25	14	1	45~75	—	—	—
	328.0-T6	34	21	1	65~95	—	—	—
	355.0-F	23	12	3	—	—	—	10.2
	355.0-T51	28	23	2	65	22	8	10.2
	355.0-T6	35	25	3	80	28	9	10.2
	355.0-T61	35	35	1	90	31	9.5	10.2
	355.0-T7	38	26	1	85	28	10	10.2
	355.0-T71	35	29	2	75	26	10	10.2
	C355.0-T6	39	29	5	85	—	—	—
	356.0-F	24	18	6	—	—	—	10.5
	356.0-T51	25	20	2	60	20	8	10.5
	356.0-T6	33	24	4	70	26	8.5	10.5
	356.0-T7	34	30	2	75	24	9	10.5
	356.0-T71	28	21	4	60	20	8.5	10.5
	A356.0-F	23	12	6	—	—	—	10.5

（续）

铸造类型	合金和状态代号	拉伸			硬度 HBW，载荷 500kgf，压球直径 10mm	极限抗剪强度/ksi	疲劳极限②/ksi	弹性模量③/10⁶ksi
		极限抗拉强度/ksi	屈服强度①/ksi	圆棒试样，标距 2in 或 4*D*（直径）（%）				
砂型	A356.0－T51	26	18	3	—	—	—	10.5
	A356.0－T6	40	30	6	75	—	—	10.5
	A356.0－T71	30	20	3	—	—	—	10.5
	357.0－F	25	13	5	—	—	—	—
	357.0－T51	26	17	3	—	—	—	—
	357.0－T6	50	42	2	—	—	—	—
	357.0－T7	40	34	3	60	—	—	—
	A357.0－T6	46	36	3	85	40	12	—
	359.0－T62	50	42	6	16	—	—	—
	A390.0－F	26	26	<1.0	100	—	—	
	A390.0－T5	26	26	<1.0	100	—	—	—
	A390.0－T6	40	40	<1.0	140	—	13	—
	A390.0－T7	36	36	<1.0	115	—	—	—
	443.0－F	19	8	8	40	14	8	10.3
	B443.0－F	17	6	3	25～55	—	—	—
	A444.0－F	21	9	9	30～60	—	—	—
	A444.0－T4	23	9	12	43	—	—	—
	511.0－F	21	12	3	50	17	8	—
	512.0－F	20	13	2	50	17	9	—
	514.0－F	25	12	9	50	20	7	—
	520.0－T4	48	26	16	75	34	8	—
	535.0－F	35	18	9	60～90	—	—	—
	535.0－T5	35	18	9	60～90	—	—	—
	A535.0－F	36	18	9	65	—	—	—
	707.0－T5	33	22	2	70～100	—	—	—
	707.0－T7	37	30	1	65～95	—	—	—
	710.0－F	32	20	2	60～90	—	—	—
	710.0－T5	32	20	2	60～90	—	—	—
	712.0－F	34	25	4	60～90	—	—	—
	712.0－T5	34	25	4	60～90	—	—	—
	713.0－F	32	22	3	60～90	—	—	—
	713.0－T5	32	22	3	60～90	—	—	—
	771.0－T5	32	27	3	70～100	—	—	—
	771.0－T52	36	30	2	70～100	—	—	—
	771.0－T53	36	27	2	—	—	—	—
	771.0－T6	42	35	5	75～105	—	—	—
	771.0－T71	48	45	2	105～135	—	—	—

（续）

铸造类型	合金和状态代号	拉伸			硬度 HBW，载荷 500kgf，压球直径 10mm	极限抗剪强度/ksi	疲劳极限②/ksi	弹性模量③/10⁶ksi
		极限抗拉强度/ksi	屈服强度①/ksi	圆棒试样，标距 2in 或 4D（直径）（%）				
砂型	850.0-T5	20	11	8	45	14	—	10.3
	851.0-T5	20	11	5	45	14	—	10.3
	852.0-T5	27	22	2	65	18	10	10.3
金属型	201.0-T6	65	55	8	130	—	—	—
	201.0-T7	68	60	6	—	—	14	—
	201.0-T43	60	37	17	—	—	—	—
	204.0-T4	48	29	8	—	—	—	—
	A206.0-T4	62	38	17	—	42	—	—
	A206.0-T7	63	50	12	—	37	—	—
	208.0-T6	35	22	2	75~105	—	—	—
	208.0-T7	33	16	3	65~95	—	—	—
	213.0-F	30	24	2	85	24	9.5	—
	222.0-T551	37	35	<0.5	115	30	8.5	10.7
	222.0-T52	35	31	1	100	25	—	10.7
	238.0-F	30	24	2	100	24	—	—
	242.0-T61	47	42	1	110	35	10	10.3
	A249.0-T63	69	60	6	—	—	—	—
	296.0-T7	39	20	5	80	30	9	10.1
	308.0-F	28	16	2	70	22	13	—
	319.0-F	34	19	3	85	24	—	10.7
	319.0-T6	40	27	3	95	—	—	10.7
	324.0-F	30	16	4	70	—	—	—
	324.0-T5	36	26	3	90	—	—	—
	324.0-T62	45	39	3	105	—	—	—
	332.0-T5	36	28	1	105	—	—	—
	328.0-T6	34	21	1	65~95	—	—	—
	333.0-F	34	19	2	90	27	15	—
	242.0-T571	40	34	1	105	30	10.5	10.3
	333.0-T5	34	25	1	100	27	12	—
	333.0-T6	42	30	2	105	33	15	—
	333.0-T7	37	28	2	90	28	12	—
	336.0-T551	36	28	1	105	28	14	—
	336.0-T65	47	43	1	125	36	—	—
	354.0-T61	48	37	3	—	—	—	—
	354.0-T62	52	42	2	—	—	—	—
	355.0-F	27	15	4	—	—	—	10.2
	355.0-T51	30	24	2	75	24	—	10.2
	355.0-T6	42	27	4	90	34	10	10.2

（续）

铸造类型	合金和状态代号	拉伸			硬度 HBW，载荷 500kgf，压球直径 10mm	极限抗剪强度/ksi	疲劳极限[2]/ksi	弹性模量[3]/10^6ksi
		极限抗拉强度/ksi	屈服强度[1]/ksi	圆棒试样，标距 2in 或 4D（直径）（%）				
金属型	355.0 - T61	45	40	2	105	36	10	10.2
	355.0 - T7	40	30	2	85	30	10	10.2
	355.0 - T71	36	31	3	85	27	10	10.2
	C355.0 - T6	48	28	8	90	—	—	10.2
	C355.0 - T61	46	34	6	100	—	—	10.2
	C355.0 - T62	48	37	5	100	—	—	10.2
	356.0 - F	26	18	5	—	—	—	10.5
	356.0 - T51	27	20	2	—	—	—	10.5
	356.0 - T6	38	27	5	80	30	13	10.5
	356.0 - T7	32	24	6	70	25	11	10.5
	356.0 - T71	25	—	3	60 ~ 90	—	—	10.5
	A356.0 - F	27	13	8	—	—	—	10.5
	A356.0 - T51	29	20	5	—	—	—	10.5
	A356.0 - T6	41	30	12	80	—	—	10.5
	357.0 - F	28	15	6	—	—	—	—
	357.0 - T51	29	21	4	—	—	—	—
	357.0 - T6	52	43	5	100	35	13	—
	357.0 - T7	38	30	5	70	—	—	—
	A357.0 - T6	52	42	5	100	35	15	—
	359.0 - T61	48	37	6	—	—	—	—
	359.0 - T62	50	42	6	—	—	16	—
	A390.0 - F	29	29	<1.0	110	—	—	—
	A390.0 - T5	29	29	<1.0	110	—	—	—
	A390.0 - T6	45	45	<1.0	145	—	17	—
	A390.0 - T7	38	38	<1.0	120	—	15	—
	443.0 - F	23	9	10	45	16	8	10.3
	B443.0 - F	21	6	6	30 ~ 60	—	—	—
	A444.0 - F	24	11	13	44	—	—	—
	A444.0 - T4	23	10	21	45	16	8	—
	513.0 - F	27	16	7	60	22	10	—
	535.0 - F	35	18	8	60 ~ 90	—	—	—
	705.0 - T5	37	17	10	55 ~ 75	—	—	—
	707.0 - T7	45	35	3	80 ~ 110	—	—	—
	711.0 - T1	28	18	7	55 ~ 85	—	—	—
	713.0 - T5	32	22	4	60 ~ 90	—	—	—
	850.0 - T5	23	11	12	45	15	9	10.3
	851.0 - T5	20	11	5	45	14	9	10.3
	851.0 - T6	18	—	8	—	—	—	10.3
	852.0 - T5	32	23	5	70	21	11	10.3

（续）

铸造类型	合金和状态代号	拉伸			硬度 HBW，载荷 500kgf，压球直径 10mm	极限抗剪强度/ksi	疲劳极限②/ksi	弹性模量③/10^6ksi
		极限抗拉强度/ksi	屈服强度①/ksi	圆棒试样，标距 2in 或 4D（直径）（%）				
压铸	360.0 - F	44	25	3	75	28	20	10.3
	A360.0 - F	46	24	4	75	26	18	10.3
	380.0 - F	46	23	3	80	28	20	10.3
	A380.0 - F	47	23	4	80	27	20	10.3
	383.0 - F	45	22	4	75	—	21	10.3
	384.0 - F	48	24	3	85	29	20	—
	390.0 - F	40.5	35	<1	—	—	—	—
	B390.0 - F	46	36	<1	120	—	20	11.8
	392.0 - F	42	39	<1	—	—	—	—
	413.0 - F	43	21	3	80	25	19	10.3
	A413.0 - F	42	19	4	80	25	19	—
	C443.0 - F	33	14	9	65	29	17	10.3
	518.0 - F	45	28	5	80	29	20	—

注：表中数值是单个铸造试棒测试数据，不是从商业铸件中取样。

① 规定延伸率为 0.2% 的屈服强度。

② 采用 R. R. Moore 试验机和试样，基于 500000000 次循环的完全扭转应力。

③ 拉伸和压缩模量的平均值，压缩模量比拉伸模量大约 2%。数据来自不同的工业手册。

表 2-35 不同工艺状态条件下铸造铝合金的典型力学性能（米制单位）

（译者注：表头中圆棒试样标距有误，原为 5D，已更正为 4D）

铸造类型	合金和状态代号	拉伸			硬度 HBW，载荷 500kgf，压球直径 10mm	极限抗剪强度/ksi	疲劳极限②/ksi	弹性模量③/10^6MPa
		极限抗拉强度/MPa	屈服强度①/MPa	圆棒试样，标距 4D（直径）（%）				
砂型	201.0 - T6	450	380	8	130	—	—	—
	201.0 - T7	470	415	6	—	—	95	—
	201.0 - T43	415	255	17	—	—	—	—
	204.0 - T4	310	195	6	—	—	—	—
	A206.0 - T4	350	250	7	—	275	—	—
	208.0 - F	145	655	3	—	115	75	—
	213.0 - F	165	105	2	70	140	60	—
	222.0 - O	185	140	1	80	145	65	—
	222.0 - T61	285	275	<0.5	115	220	60	74
	224.0 - T72	380	275	10	123	240	60	73
	240.0 - F	235	195	1	90	—	—	—
	242.0 - F	145	140	1	—	—	—	71
	242.0 - O	185	125	1	70	145	55	71
	242.0 - T571	220	205	1	85	180	75	71
	242.0 - T61	220	140	—	90 ~ 120	—	—	71

（续）

铸造类型	合金和状态代号	拉伸			硬度 HBW，载荷 500kgf，压球直径 10mm	极限抗剪强度/ksi	疲劳极限②/ksi	弹性模量③/10^6 MPa
		极限抗拉强度/MPa	屈服强度①/MPa	圆棒试样，标距 4D（直径）（%）				
砂型	242.0－T77	205	160	2	75	165	70	71
	A242.0－T75	215	—	2	—	—	—	—
	295.0－T4	220	110	9	80	180	50	69
	295.0－T6	250	165	5	75	205	50	69
	295.0－T62	285	220	2	90	230	55	69
	295.0－T7	200	110	3	55～85	—	—	69
	319－F	185	125	2	70	150	70	74
	319.0－T5	205	180	2	80	165	75	74
	319.0－T6	250	165	2	80	200	75	74
	328.0－F	170	95	1	45～75	—	—	—
	328.0－T6	235	145	1	65～95	—	—	—
	355.0－F	160	85	3	—	—	—	70
	355.0－T51	195	160	2	65	150	55	70
	355.0－T6	240	170	3	80	195	60	70
	355.0－T61	240	240	1	90	215	65	70
	355.0－T7	260	180	1	85	195	70	70
	355.0－T71	240	200	2	75	180	70	70
	C355.0－T6	270	200	5	85	—	—	—
	356.0－F	165	125	6	—	—	—	73
	356.0－T51	170	140	2	60	140	55	73
	356.0－T6	230	135	4	70	180	60	73
	356.0－T7	235	205	2	75	165	60	73
	356.0－T71	195	145	4	60	140	60	73
	A356.0－F	160	85	6	—	—	—	73
	A356.0－T51	180	125	3	—	—	—	73
	A356.0－T6	275	205	6	75	—	—	73
	A356.0－T71	205	140	3	—	—	—	73
	357.0－F	170	90	5	—	—	—	—
	357.0－T51	180	118	3	—	—	—	—
	357.0－T6	345	295	2	—	—	—	—
	357.0－T7	275	235	3	60	—	—	—
	A357.0－T6	315	250	3	85	275	85	—
	359.0－T62	345	290	6	16	—	—	—
	A390.0－F	180	180	<1.0	100	—	—	—
	A390.0－T5	180	180	<1.0	100	—	—	—
	A390.0－T6	275	275	<1.0	140	—	90	—
	A390.0－T7	250	250	<1.0	115	—	—	—
	443.0－F	130	55	8	40	95	55	71
	B443.0－F	115	40	3	25～55	—	—	—

（续）

铸造类型	合金和状态代号	拉伸			硬度 HBW，载荷 500kgf，压球直径 10mm	极限抗剪强度/ksi	疲劳极限②/ksi	弹性模量③/10^6MPa
		极限抗拉强度/MPa	屈服强度①/MPa	圆棒试样，标距 4D（直径）（%）				
砂型	A444.0－F	145	60	9	30～60	—	—	—
	A444.0－T4	23	60	12	43	—	—	—
	511.0－F	145	85	3	50	115	55	—
	512.0－F	140	90	2	50	115	60	—
	514.0－F	170	85	9	50	140	50	—
	520.0－T4	330	180	16	75	235	55	—
	535.0－F	240	125	9	60～90	—	—	—
	535.0－T5	240	125	9	60～90	—	—	—
	A535.0－F	250	125	9	65	—	—	—
	707.0－T5	230	150	2	70～100	—	—	—
	707.0－T7	255	205	1	65～95	—	—	—
	710.0－F	220	140	2	60～90	—	—	—
	710.0－T5	220	140	2	60～90	—	—	—
	712.0－F	235	170	4	60～90	—	—	—
	712.0－T5	235	170	4	60～90	—	—	—
	713.0－F	220	150	3	60～90	—	—	—
	713.0－T5	220	150	3	60～90	—	—	—
	771.0－T5	220	185	3	70～100	—	—	—
	771.0－T52	250	205	2	70～100	—	—	—
	771.0－T53	250	185	2	—	—	—	—
	771.0－T6	290	240	5	75～105	—	—	—
	771.0－T71	330	310	2	105～135	—	—	—
	850.0－T5	140	75	8	45	95	—	71
	851.0－T5	140	75	5	45	95	—	71
	852.0－T5	185	150	2	65	125	60	71
金属型	201.0－T6	450	380	8	130	—	—	—
	201.0－T7	470	415	6	—	—	95	—
	201.0－T43	415	255	17	—	—	—	—
	204.0－T4	330	200	8	—	—	—	—
	A206.0－T4	430	260	17	—	290	—	—
	A206.0－T7	435	345	12	—	255	—	—
	208.0－T6	240	150	2	75～105	—	—	—
	208.0－T7	230	110	3	65～95	—	—	—
	213.0－F	205	165	2	85	165	65	—
	222.0－T551	255	240	<0.5	115	205	60	74
	222.0－T52	240	215	1	100	170	—	74
	238.0－F	205	165	2	100	165	—	—
	242.0－T571	275	235	1	105	205	70	74
	242.0－T61	325	290	1	110	450	70	74

（续）

铸造类型	合金和状态代号	拉伸			硬度 HBW，载荷 500kgf，压球直径 10mm	极限抗剪强度/ksi	疲劳极限②/ksi	弹性模量③/10^6MPa
		极限抗拉强度/MPa	屈服强度①/MPa	圆棒试样，标距 4D（直径）（%）				
金属型	A249.0 - T63	475	415	6	—	—	—	—
	296.0 - T7	270	140	5	80	205	60	70
	308.0 - F	195	110	2	70	150	90	—
	319.0 - F	235	130	3	85	165	—	74
	319.0 - T6	275	185	3	95	—	—	74
	324.0 - F	205	110	4	70	—	—	—
	324.0 - T5	250	180	3	90	—	—	—
	324.0 - T62	310	270	3	105	—	—	—
	332.0 - T5	250	195	1	105	—	—	—
	328.0 - T6	235	145	1	65 ~ 95	—	—	—
	333.0 - F	235	130	2	90	185	105	—
	333.0 - T5	235	170	1	100	185	85	—
	333.0 - T6	290	205	2	105	230	105	—
	333.0 - T7	255	195	2	90	195	85	—
	336.0 - T551	250	193	1	105	193	95	—
	336.0 - T65	325	295	1	125	250	—	—
	354.0 - T61	330	255	3	—	—	—	—
	354.0 - T62	360	290	2	—	—	—	—
	355.0 - F	185	105	4	—	—	—	70
	355.0 - T51	205	165	2	75	165	—	70
	355.0 - T6	290	185	4	90	235	70	70
	355.0 - T61	310	275	2	105	250	70	70
	355.0 - T7	275	205	2	85	205	70	70
	355.0 - T71	250	215	3	85	185	70	70
	C355.0 - T6	330	195	8	90	—	—	70
	C355.0 - T61	315	235	6	100	—	—	70
	C355.0 - T62	330	255	5	100	—	—	70
	356.0 - F	180	125	5	—	—	—	73
	356.0 - T51	185	140	2	—	—	—	73
	356.0 - T6	260	185	5	80	205	90	73
	356.0 - T7	220	165	6	70	170	75	73
	356.0 - T71	170	—	3	60 ~ 90	—	—	73
	A356.0 - F	165	90	8	—	—	—	73
	A356.0 - T51	200	140	5	—	—	—	73
	A356.0 - T6	285	205	12	80	—	—	73
	357.0 - F	195	105	6	—	—	—	—
	357.0 - T51	200	145	4	—	—	—	—
	357.0 - T6	360	295	5	100	240	90	—
	357.0 - T7	260	205	5	70	—	—	—
	A357.0 - T6	360	290	5	100	240	105	—

（续）

铸造类型	合金和状态代号	拉伸			硬度 HBW，载荷 500kgf，压球直径 10mm	极限抗剪强度/ksi	疲劳极限②/ksi	弹性模量③/10^6MPa
		极限抗拉强度/MPa	屈服强度①/MPa	圆棒试样，标距 $4D$（直径）（%）				
金属型	359.0－T61	330	255	6	—	—	—	—
	359.0－T62	345	290	6	—	—	110	—
	A390.0－F	200	200	<1.0	110	—	—	—
	A390.0－T5	200	200	<1.0	110	—	—	—
	A390.0－T6	310	310	<1.0	145	—	115	—
	A390.0－T7	260	260	<1.0	120	—	105	—
	443.0－F	160	60	10	45	110	55	71
	B443.0－F	145	40	6	30～60	—	—	—
	A444.0－F	165	75	13	44	—	—	—
	A444.0－T4	160	70	21	45	110	55	—
	513.0－F	185	110	7	60	150	70	—
	535.0－F	240	125	8	60～90	—	—	—
	705.0－T5	255	115	10	55～75	—	—	—
	707.0－T7	310	240	3	80～110	—	—	—
	711.0－T1	195	125	7	55～85	—	—	—
	713.0－T5	220	150	7	60～90	—	—	—
	850.0－T5	160	75	12	45	105	60	71
	851.0－T5	140	75	5	45	95	60	71
	851.0－T6	125	—	8	—	—	—	71
	852.0－T5	220	160	5	70	145	75	71
压铸	360.0－F	305	170	3	75	195	140	71
	A360.0－F	315	165	4	75	180	124	71
	380.0－F	315	160	3	80	195	140	71
	A380.0－F	325	160	4	80	185	140	71
	383.0－F	310	150	4	75	—	145	71
	384.0－F	330	165	3	85	200	140	—
	390.0－F	280	240	<1	—	—	—	—
	B390.0－F	315	250	<1	120	—	140	81
	392.0－F	290	270	<1	—	—	—	—
	413.0－F	295	145	3	80	170	130	71
	A413.0－F	290	130	4	80	170	130	—
	C443.0－F	230	95	9	65	200	115	71
	518.0－F	310	193	5	80	200	140	—

注：表中数值是单个铸造试棒测试数据，不是从商业铸件中取样。

① 规定延伸率为0.2%的屈服强度。

② 采用 R. R. Moore 试验机和试样，基于500000000次循环的完全扭转应力。

③ 拉伸和压缩模量的平均值，压缩模量比拉伸模量大约2%。数据来自不同的工业手册。

1. H 状态代号的细目

H 状态代号后的第一位数字表示具体的基本处理工序的组合：

H1——仅进行加工硬化状态。用于仅进行加工硬化，以获得所需的强度，而不需要额外热处理的产品。H1 后的数字表示加工硬化的程度。

H2——加工硬化后进行不完全退火状态。用于通过加工硬化，使产品超过最终所要求的强度，而后通过不完全退火，将其强度降低到所要求水平的情况。H2 后的数字表示不完全退火后保留的加工硬化程度。

H3——加工硬化后进行稳定化处理状态。用于已经过加工硬化，然后通过低温热处理或通过产品制造加工过程中产生的热来进行稳定化处理的产品。稳定化处理通常可提高材料的塑性。H3 状态代号只适用于那些如果不进行稳定化处理，则在室温下时效时硬度逐渐降低的合金。H3 后的数字表示稳定化处理后保留的加工硬化程度。

H4——加工硬化和喷漆/涂漆处理状态。用于加工硬化后，在进行喷漆/涂漆处理中受加热影响的产品。H4 后的数字表示进行喷漆/涂漆处理后保留的加工硬化程度。

H1、H2、H3 或 H4 后的附加数字表示加工硬化的程度，可用于指示抗拉强度的最小值：

1）通常情况下，用数字 8 表示加工硬化达到全硬化状态（如 Hx8）。

2）冷加工程度大约为 Hx8 状态的一半时，用 Hx4 状态表示，以此类推。

3）冷加工程度是退火状态 O 和 Hx4 的中间值时，采用 Hx2 状态表示。

4）冷加工程度在 Hx4 ~ Hx8 之间时，使用 Hx6 状态表示。

5）同理，数字 1、3、5 和 7 表示冷加工程度为与其相邻偶数的中间值。

6）数字 9 用来表示强度超过 Hx8 状态［14MPa (2ksi)］，为超硬化状态。

表 2-36 所列为与退火状态相比，变形铝合金采用 Hx8 状态代号处理后抗拉强度的增加量。

有多个三位数的 H 状态代号也已实现标准化。对于所有的可加工硬化合金，三位数的 H 状态代号的具体内容如下：

Hx11：用于在最终退火后受到足够加工硬化的产品，这些产品不符合退火的状态，但也没有达到 Hx1 所达到的加工硬化状态。

H112：用于那些可能在高温下服役，对于力学性能有限制要求的产品的状态。

表 2-36　Hx8 工艺状态的抗拉强度与退火状态的对比

退火工艺状态的最小抗拉强度		Hx8 工艺状态提高的抗拉强度	
MPa	ksi	MPa	ksi
≤40	≤6	55	8
45 ~ 60	7 ~ 9	62	9
65 ~ 80	10 ~ 12	69	10
85 ~ 100	13 ~ 15	76	11
105 ~ 120	16 ~ 18	83	12
125 ~ 160	19 ~ 24	90	13
165 ~ 200	25 ~ 30	97	14
205 ~ 250	31 ~ 36	103	15
255 ~ 290	37 ~ 42	110	16

其他用于各种板材的三位数的 H 状态代号见表 2-37。

表 2-37　铝压花板的状态代号

压花板状态代号	压花加工前的状态代号
H114	O
H124、H224、H324	H11、H21、H31
H134、H234、H334	H12、H22、H32
H144、H244、H344	H13、H23、H33
H154、H254、H354	H14、H24、H34
H164、H264、H364	H15、H25、H35
H174、H274、H374	H16、H26、H36
H184、H284、H384	H17、H27、H37
H194、H294、H394	H18、H28、H38
H195、H295、H395	H19、H29、H39

注：压花加工前和压花板状态各自对应。

2. T 状态代号的细目

T 状态代号后的第一位数字表示具体的基本处理工序的组合：

T1——高温成形后冷却，经自然时效达到充分稳定的状态。适用于从高温成形冷却后，不进行冷加工的产品，或进行矫平、矫直等冷加工对其规定的力学性能无影响的产品。

T2——高温成形后冷却，进行冷加工和自然时效，达到充分稳定的状态。适用于高温成形后通过冷加工提高产品强度，或进行矫平、矫直等冷加工对其规定的力学性能有影响的产品。

T3——固溶处理后进行冷加工，然后通过自然时效达到充分稳定的状态。适用于固溶处理后通过冷加工提高强度，或进行矫平、矫直等冷加工对其规定的力学性能有影响的产品。

T4——固溶处理后进行自然时效，达到充分稳定的状态。适用于固溶处理后不进行冷加工的产品，或进行矫整、矫直等冷加工对其规定的力学性能不会产生影响的产品。

T5——高温成形后冷却，然后进行人工时效。适用于进行高温成形冷却后不进行冷加工的产品，或进行矫平、矫直等冷加工对其规定的力学性能不会产生影响的产品。

T6——固溶处理后进行人工时效。适用于固溶处理后不进行冷加工的产品，或进行矫平、矫直等冷加工对其规定的力学性能不会产生影响的产品。

T7——固溶处理后进行过时效/稳定化处理。适用于固溶处理后进行人工时效的锻件，可实现锻件超过最大强度值进行时效，对某些重要的性能进行控制；或者适用于固溶处理后进行人工时效的铸件，可实现产品尺寸和强度的稳定化。

T8——固溶处理后进行冷加工，然后进行人工时效。适用于通过冷加工来提高强度的产品，或矫平、矫直等冷加工对其规定的力学性能会产生影响的产品。

T9——固溶处理后进行人工时效，然后进行冷加工。适用于通过冷加工来提高强度的产品。

T10——高温成形冷却后进行冷加工，然后进行人工时效。适用于通过冷加工来提高强度的产品，或进行矫平、矫直等冷加工对其规定的力学性能会产生影响的产品。

在以上所有的 T 工艺状态中，固溶处理是指将铸造或锻造成形的产品加热到合适的温度，保温足够长的时间，淬火得到过饱和固溶体，然后进行时效强化。

在 T1 ~ T10 后，可以添加除零以外的其他数字，用来表示处理工艺的变化明显地改变了产品性能，或者采用表 2-38 中的基本处理工艺改变产品性能。表 2-38 中的具体附加数字主要是锻件去除应力的工艺代号。表 2-39 中 T 状态代号后的附加数字，主要用于检验铝锻件试验材料，通过热处理试验，测试产品的热处理效果。

表 2-38 去除应力产品的状态代号

状态代号		说明
由拉伸去除应力	Tx51	应用于经固溶处理后或高温成形工艺后冷却的板材、轧制或冷加工棒材、模具或环形锻件和轧制环，通过一定量的拉伸去除应力。产品经拉伸后不需再进行矫直 板材，1.5% ~3% 永久变形率；轧制或冷加工棒材，1% ~3% 永久变形率；模具或环形锻件和轧制环，1% ~5% 永久变形率
	Tx510	应用于经固溶处理后或高温成形工艺后冷却的挤压棒材、棒材、型材（成形件）、管材、冷拉管等，通过一定量的拉伸去除应力。产品经拉伸后不需再进行矫直 挤压棒材、棒材、型材（成形件）、管材，1% ~3% 永久变形率；冷拉管，0.5% ~3% 永久变形率
	Tx511	应用于经固溶处理后或高温成形工艺后冷却的挤压棒材、棒材、型材（成形件）、管材、冷拉管等，通过一定量的拉伸去除应力。这些产品经拉伸后可进行轻微的矫正，以符合标准公差要求 挤压棒材、棒材、型材（成形件）、管材，1% ~3% 永久变形率；冷拉管，0.5% ~3% 永久变形率
由压缩去除应力	Tx52	应用于经固溶处理后或高温成形工艺后冷却的产品，通过一定量的压缩变形去除应力。经该工艺产生 1% ~5% 的永久变形率
结合拉伸和压缩去除应力	Tx54	为消除模锻件的冷却应力，在模具中进行矫形的模锻件

注：在状态代号“W”后可以加上同样的数字代号（51、52、54），来表示采用不稳定的固溶处理和去除应力状态。

表 2-39 测试热处理的效果或用户进行热处理的状态代号

状态代号	说明①
T42	退火或 F 工艺状态后，进行固溶处理和自然时效，达到相当稳定的状态
T62	退火或 F 工艺状态后，进行固溶处理和人工时效

（续）

状态代号	说明①
T7x2	退火或 F 工艺状态后，进行固溶处理和人工过时效处理，以达到 T7x 代号所要求的力学性能和耐蚀极限

① 为显示热处理的效果，以上状态代号用于已经退火（O、O1 等）或 F 工艺的锻件试验材料。如用户热处理锻件的力学性能适用于这些状态代号处理，可采用 T42 和 T62 状态代号处理。

2.2.3　铸造铝合金及其状态代号

表 2-29 所列为当前（2016 年）商用铝合金的名义成分。由于铸造铝合金的命名系统和牌号没有像变形铝合金那样标准，所以本节在讨论铸造铝合金的状态代号之后（除没有状态代号类别的铸锭外），还对有关各种合金牌号的其他信息进行了介绍。在本卷"铝合金铸件的热处理"一节中，对铸造铝合金的热处理和性能进行了详细的介绍。

与变形铝合金相同，根据铸造铝合金的主要特征对其进行分类。其中最重要的特征是铸造性能和最终产品的性能，评级 1 为最高或最好，评级 5 为最低或最差，见表 2-40。铸造铝合金的热处理效果是其另一个重要的特点。铸造铝合金的分类如下：

1××.0：未合金化的纯铝，不可热处理强化铝合金。

2××.0：添加铜，可热处理强化铝合金。

3××.0：添加硅和铜/或镁，可热处理强化铝合金。

4××.0：添加硅，可热处理强化铝合金。

5××.0：添加镁，不可热处理强化铝合金。

6××.0：尚未使用。

7××.0：添加锌，可热处理强化铝合金。

8××.0：添加锡，可热处理强化铝合金。

9××.0：添加其他元素，使用有限。

表 2-40　铸造铝合金性能分级

合金系列	流动性	抗开裂性	致密性	耐蚀性	精加工性能	焊接性能
1××.0	—	—	—	1	1	1
2××.0	3	4	3	4	1~3	2~4
3××.0	1~2	1~2	1~2	2~3	3~4	1~3
4××.0	1	1	1	2~3	4~5	1
5××.0	5	4	4~5	3	1~2	3
7××.0	3	4	4	4	1~2	4
8××.0	4	5	5	5	3	5

注：分级为 1（最好）~5（最差）。

在以上铸造铝合金的分类中，值得注意的是，尽管 3××.0 系列和 4××.0 系列铝合金是可热处理的，但通常在压铸工业中不单独采用固溶处理来处理这些合金。尽管通过铸造过程中的快速冷却，可以提高铸造铝合金的强度，砂型和金属型铸造厂有时会利用固溶处理的优势，但通常很难对该过程进行严格控制。

铸造铝合金的基本状态代号系统与锻造铝合金基本相同，但在使用上有一些差异。值得注意的是，由于绝大多数的铸件都是采用近终成形，不允许进行拉伸或压缩冷加工，因此，铸造铝合金不能通过加工硬化强化。从实用的角度看，铝合金铸件的商用基本状态代号包括：F，铸态；O，退火；T4，固溶和时效处理；T5，析出强化；T6，固溶处理、淬火和析出强化；T7，固溶处理、淬火和过时效。

与锻造铝合金相同，在铸造铝合金牌号后用短横"-"连接相应的状态代号。任何采用铸造工艺（如砂型铸造、金属型铸造、压铸件等）生产的铸件产品都可以采用铸态（F）状态代号。该状态代号表示铸件在铸造出模后，不再需要进行进一步的热处理或机械加工。与变形铝合金不同的是，对于铸件，尤其是压铸件来说，F 状态代号是常见的最终工艺状态。此外，与变形铝合金不同的是，可能会发布铸造铝合金的典型力学性能，在某些情况下，甚至还会给出最低的力学性能限制范围。例如，360.0-F 表示直接从铸型冷却到室温的 360.0 合金铸件。在这种合金表示方法中，该状态代号很可能是为用户提供的。

铸造铝合金退火（状态代号为 O）的目的是进行高温稳定化处理或再结晶处理，充分消除在铸造、冷却和热处理过程中热循环的影响，并降低材料的硬度和强度水平。对于铸件来说，这种处理方法既可以提高塑性，也可以提高尺寸稳定性，但对于不可热处理强化铸造铝合金，通常退火不是最终的热处理工艺。例如，222.0-O表示222.0合金铸件在415℃（775℉）保温5h后进行炉冷，其目的是保证工件的尺寸稳定性。

除状态代号O或F外，状态代号T是另一种热处理状态，它表示进行了固溶处理的铸造铝合金，然后采用适当的淬火和自然/人工时效。状态代号T后总是跟有一位或多位数字，这些数字定义了固溶后的处理工艺。例如，356.0-T6表示356.0合金铸件已进行了固溶、淬火和人工时效热处理。

1. 铸造铝合金状态代号细目

对于铸造铝合金来说，在状态代号F和O后没有附加数字，因此，下面仅介绍状态代号T。对于356.0铸造铝合金铸件，如已进行了固溶、淬火和人工时效热处理，则完整的合金和状态代号应为356.0-T6。注册的合金和状态代号还有A357.0-T61、242.0-T571和355.0-T71。美国铝业协会的状态代号系统中还颁布了其他的铝合金及其状态代号，最常见的是在标准状态代号后添加“P”，如T6P，来表示生产者对标准热处理工艺进行了相应的改变。

对于铝合金铸件来说，工业应用的状态代号T细目有T4、T5、T6和T7四种。通常，这些细分代号的含义与变形铝合金的含义相同，但用法略有不同：

1）T4状态表示铸件已进行固溶处理，在没有进行冷加工的条件下，在室温下自然时效至达到稳定状态，如295.0-T4。对于大多数铸造铝合金来说，该状态相当于变形铝合金的W状态，是一种不稳定的状态，因此，大多数铸造铝合金在随后将进行T6时效处理。

2）T5状态表示铸件已经从铸造工艺中冷却后，在炉内进行人工时效，如319.0-T5。人工时效的目的是在足够高的温度下保温足够长的时间，以达到析出强化。例如，在175℃（350℉）保温8h，或在120℃（250℉）保温24h。该工艺能稳定铸件尺寸，改善加工性能，消除残余应力，提高合金强度。

3）T6状态表示铸件经过固溶处理和人工时效，达到了最大的析出强化。采用该工艺的合金具有相对高的强度，同时具有足够的塑性和尺寸稳定性，如295.0-T6。

4）T7状态表示铸件经过固溶和人工过时效处理（超过硬化峰进行时效）。经该处理工艺的合金可以得到高强度、高塑性和高尺寸稳定性的综合性能，同时具有高的抗应力腐蚀开裂性能。典型工艺为A356.0-T7或A206-T7。

有时，在状态代号T5、T6和T7后添加额外的数字，对于铸件来说，这些变化的状态代号不像锻件的定义那么完整，但是不论是铸态还是热处理工件，它们都明确表示对标准工艺状态进行了改变。对于不同的合金，即使采用相同的状态代号，其铸造或热处理工艺也可能不完全相同：

1）T51、T52、T53、T533、T551和T571是在T5状态基础上变化而来的工艺状态，其目的是增加尺寸稳定性或提高强度。例如，T5基本状态为铸件从铸造工艺中冷却后，在炉内进行人工时效，而242.0-T571表示采用一种特殊的激冷方式对铸件进行冷却，以保证获得更高的强度。

2）T61、T62和T65是在T6状态基础上变化而来的工艺状态，其主要变化有淬火冷却介质和/或人工时效条件。改变工艺状态的目的也是增加尺寸稳定性或改善某些性能。例如，T6基本状态为经过固溶处理和人工时效，达到峰值的析出强化。而A356.0-T61表示调整T6的峰值析出强化，以改善和优化其他性能。

3）T71、T75和T77是在T7状态基础上变化而来的工艺状态，其主要目的是增加尺寸稳定性或改善某些性能。例如，T7状态为经过固溶和人工过时效处理（超过硬化峰时效），而355.0-T71表示在T7状态基础上，改变了人工时效工艺，以进一步提高合金的耐蚀性和塑性。

表2-34和表2-35列出了在不同状态条件下，铸造铝合金典型的力学性能，以供参考。不幸的是，到目前为止，只有为数不多的铸造状态代号在美国铝业协会出版物，如《铝和铝合金产品状态代号注册登记丛书》中进行了注册登记。因此，没有确切的资料来源准确地记录在各种不同状态条件下，铸造铝合金的力学性能与其状态代号的一一对应关系。许多状态代号已使用了很多年，但仍无法成为严格合理的工艺。

2. 其他铸造铝合金牌号系统

如前所述，在过去的数年里，美国铝业协会的铸造铝合金牌号命名系统已经进行了几次改进，其结果是在近年来的图样和出版物中，已有部分采用改进的铸造铝合金牌号和状态代号。为了便于对这种变化进行对比，表2-41中列出了在过去50年中，铸造铝合金牌号和状态代号的各种编号方式的对照。表2-42中列出了美国铝业协会和统一编号系统等铝合金牌号的对照。

对于铸造铝合金产品来说，最明显的变化是省略了牌号中的小数点和小数点后的第四位数字。虽然这与现行的美国铝业协会标准不一致，但这种变化通常不会造成混乱。例如，根据当前的合金标准，采用牌号 354 代替标准中的牌号 354.0 不会产生混淆。

除省略了牌号中的小数点和小数点后的第四位数字这一最显著的变化外，表 2-41 中还经常出现另外两种更令人困惑的变化。其中一个变化就是现已广为流传的专用合金牌号，如 Hiduminium、Frontier 40E、Precedent 71 和 Almag 35。在美国铝业协会的合金成分注册之前，这些合金牌号已经非正式地存在了。如果没有像表 2-41 这样的对照表，它们将无法与当前铝合金系统中的牌号一一对应，因此可能会引起混淆。

表 2-41　铸造铝合金新旧牌号对照表

现行铝业协会牌号	前铝业协会牌号	旧私营公司牌号	前联邦标准牌号	前 ASTM 国际标准牌号	前 SAE 国际标准牌号	旧军用规范牌号
150.0	150	—	—	—	—	—
201.0	201	K01	—	CQ51A	382	—
203.0	203	Hiduminium350	—	—	—	—
204.0	204	A-U5GT	—	—	—	—
208.0	108	—	108	CS43A	—	—
213.0	C113	—	113	CS74A	33	—
222.0	122	—	122	CG100A	34	—
224.0	224	—	224	—	—	—
240.0	A140、A240	—	140	—	—	—
242.0	142	—	142	CN42A	39	4222
249.0	149	—	149	—	—	—
295.0	195	—	195	C4A	38	4231
296.0	B295	—	B195	—	380	—
308.0	A108	—	A108	—	—	—
319.0	319	Allcast	319	SC64D	326	—
328.0	328	Red X-8	—	SC82A	327	—
332.0	F332	—	F132	SC103A	332	—
333.0	333	—	333	—	—	—
336.0	A332	—	A132	SN122A	321	—
354.0	354	—	—	—	—	C354
355.0	355	—	355	SC51A	322	4210
C355.0	C355	—	C355	SC51B	355	C355
356.0	356	—	356	SG70A	323	356
A356.0	A356	—	A356	SG70B	336	A356
357.0	357	—	357	—	—	4241
A357.0	A357	—	—	—	—	A357
358.0	B358	Tens-50	—	—	—	—
359.0	359	—	—	—	—	359
360.0	360	—	—	SG100B	—	—
A360.0	A360	—	—	SG100A	309	—
365.0	—	Silafont-36	—	—	—	—
380.0	380	—	—	SC84B	308	—
A380	A380	—	—	SC84A	306	—
383.0	383	—	—	SC102	383	—
384.0	384	—	—	SC114A	303	—

（续）

现行铝业协会牌号	前铝业协会牌号	旧私营公司牌号	前联邦标准牌号	前 ASTM 国际标准牌号	前 SAE 国际标准牌号	旧军用规范牌号
A384.0	A384	—	—	—	—	—
390.0	390	—	—	SC174B	—	—
A390.0	—	—	—	—	—	—
B390.0	—	—	—	SC174B	—	—
391.0	—	Mercosil	—	—	—	—
A391.0	—	Mercosil	—	—	—	—
B391.0	—	Mercosil	—	—	—	—
393.0	393	Vanasil	—	—	—	—
413.0	13	—	—	—	—	—
A413.0	A13	—	—	—	305	—
B443.0	43（高纯度）	—	43	S5A	—	—
C443.0	43	—	43	S5C	304	—
A444.0	A344	—	—	—	—	—
511.0	F514	—	F214	—	—	—
512.0	B514	—	B214	GS42A	—	—
513.0	A514	—	A214	GZ42A	—	—
514.0	214	—	214	G4A	320	—
518.0	218	—	—	—	—	—
520.0	220	—	220	G10A	324	4240
535.0	535	Almag 35	Almag 35	GM70B	—	4238
A535.0	A218	—	A218	—	—	—
705.0	603	Ternalloy 5	Ternalloy 5	ZG32A	311	—
707.0	607	Ternalloy 7	Ternalloy 7	ZG42A	312	—
710.0	A712	—	A612	ZG61B	313	—
711.0	C712	—	—	ZC60A	314	—
712.0	D712	Frontier 40E	40E	ZG61A	310	—
A712.0	A712	—	—	—	—	—
C712.0	C612	—	—	—	—	—
713.0	613	Tenzaloy	Tenzaloy	ZC81A	315	—
771.0	—	Precedent 71A	Precedent 71A	—	—	—
772.0	B771	Precedent 71B	Precedent 71B	—	—	—
850.0	750	—	750	—	—	—
851.0	A850	—	A750	—	—	—
852.0	B850	—	B750	—	—	—

表 2-42　现行铸造铝合金牌号对照表

现行铝业协会牌号	统一编号系统（UNS）牌号	现行 ISO 标准牌号	现行欧洲标准牌号
150.0	A01500	Al-99.5	—
201.0	A02010	—	—

（续）

现行铝业协会牌号	统一编号系统（UNS）牌号	现行 ISO 标准牌号	现行欧洲标准牌号
203.0	A02030	—	—
204.0	A02040	—	—
208.0	A02080	—	—
213.0	A02130	—	—
222.0	A02130	Al - Cu10Si2Mg	—
224.0	A02240	—	—
240.0	A02400	—	—
242.0	A02220	—	—
249.0	A02490	—	—
295.0	A02950	—	—
296.0	A02960	—	—
308.0	A03080	Al - Si6Cu4	45000
319.0	A03190	Al - Si5Cu3	45200
328.0	A03280	—	—
332.0	A03320	Al - Si9Cu3Mg	—
333.0	A03330	—	—
336.0	A03360	Al - Si12Cu	48000
354.0	A03540	—	—
355.0	A03550	Al - Si5Cu1Mg	45300
C355.0	A33550	—	—
356.0	A03560	—	—
A356.0	A33560	Al - Si7Mg	42000
357.0	A03570	—	—
A357.0	A33570	—	—
E357.0	—	—	—
F357.0	—	—	—
358.0	A03580	—	—
359.0	A03590	—	—
360.0	A03600	—	—
A360.0	A13600	Al - Si10Mg	43100
365.0	A03650	—	—
380.0	A03800	—	—
A380	A13800	Al - Si8Cu3Fe	46500
383.0	A03830	—	—
384.0	A03840	Al - Si10Cu2Fe	46100
A384.0	A143840	—	—
390.0	A03080	Al - Si17Cu4Mg	—
A390.0	A13900	—	—
B390.0	A23900	—	—
391.0	A03910	—	—
A391.0	A13910	—	—

（续）

现行铝业协会牌号	统一编号系统（UNS）牌号	现行ISO标准牌号	现行欧洲标准牌号
B391.0	A23910	—	—
393.0	A03930	—	—
413.0	A04130	—	—
A413.0	A14130	Al-Si12Cu	44100
B443.0	A24430	—	—
C443.0	A34430	—	—
A444.0	A14440	—	—
511.0	A05110	—	—
512.0	A25120	—	—
513.0	A05130	—	—
514.0	A05140	Al-Mg5Si1	51300
518.0	A05180	—	—
520.0	A05200	—	—
535.0	A05350	—	—
A535.0	A15350	—	—
705.0	A07050	—	—
707.0	A07070	—	—
710.0	A07100	—	—
711.0	A07110	—	—
712.0	A07120	Al-Zn5Mg	71000
A712.0	A17120	—	—
C712.0	—	—	—
713.0	A07130	—	—
771.0	A07710	—	—
772.0	A07720	—	—
850.0	A08500	—	—
851.0	A08510	—	—
852.0	A08520	—	—

另一个常见的变化是1990年美国铝业协会对铝合金注册进行了重大修订，包括铜合金和镁合金在内的合金注册都发生了改变。其结果是一些合金改变了分类。例如，合金195.0改变为295.0，而合金214.0变成了514.0。

（1）铸造铝合金的统一编号系统 另一种广为人知的合金分类系统是统一编号系统（UNS），它具有覆盖所有金属合金体系的优点。该统一编号系统实质上是在美国铝业协会的铝合金编号系统的基础上进行调整，以适应统一编号系统，铝合金的统一编号见表2-42。在铝合金中，统一编号系统不像在其他合金中使用得那么广泛。典型的例子是铜合金，其统一编号系统已被选为美国铜合金标准中的内容。

采用美国铝业协会牌号中小数点左边的三位数字，加上“A9”（表示铝合金）作为前缀和一位数字组成统一编号系统的铸造铝合金牌号。对于原合金牌号没有前缀字母的合金，A9后的数字是0；对于原合金牌号前缀字母为A或B的合金，A9后的数字分别为1和2，以此类推。例如，在统一编号系统中，356.0变成A90356，A356变成A91356，C356变成A93356。

（2）国际铸造合金牌号 与变形铝合金的情况不同，铸造铝合金牌号没有在国际上实现统一，国外普遍使用其他的合金编号系统。在这些合金系统中，牌号大多数都是基于合金中主要的合金元素而制定的，遗憾的是这些系统的牌号会有过多的变化。

世界上使用最为广泛的合金牌号系统之一是欧洲标准牌号，因此，也将该牌号列入了表 2-42。在美国注册的合金中，大约只有一半能在欧洲标准牌号中找到类似的合金。此外，没有任何指南能简单地进行合金牌号之间的转换。

（3）铝基复合材料的命名系统　在金属基复合材料（MMCs）中，铸造铝合金经常用作基体材料。现在，美国铝业协会和 ANSI H35 已经颁布了以铸造铝合金为基础的铝基复合材料标准命名系统。虽然已建立了标准命名方法，但部分金属基复合材料供应商更倾向于采用自己的牌号。原因之一是复合材料的基体合金可能与美国铝业协会的合金牌号成分不完全一致。铝基复合材料牌号由以下四部分组成：

1）若基体合金采用美国铝业协会合金牌号，则在该牌号后用“/”将该合金牌号与其他成分或组成隔开。

2）在斜线后采用合适的化学名称，不使用上标或下标表示强化相的成分和组成。标准中常见的例子是石墨用“C”表示，碳化硅用“SiC”表示，三氧化二铝用“Al_2O_3”表示。

3）在强化相后为第二条斜线，斜线后为强化相的体积分数。体积分数采用两位数字表示，如 05 表示 5%，10 表示 10%，20 表示 20%，以此类推。

4）在强化相的体积分数后，采用小写字母表示强化相类型。“c”代表短纤维，“f”代表长纤维，“p”代表颗粒强化相，“w”代表晶须强化相。

部分常见的铝基复合材料牌号如下：

A356.0/Al_2O_3/05f：A356.0 合金采用 5% 的三氧化二铝长纤维增强。

360.0/C/20c：360.0 合金采用 20% 的石墨短纤维增强。

380.0/SiC/10p：380.0 合金采用 10% 的碳化硅颗粒增强。

2.2.4　变形铝合金及其状态代号

表 2-29 中列出了广泛使用的典型商用铝合金的成分，这些系列合金的特征如下：

1）1×××系列合金（纯铝及其合金，铝的质量分数在 99.0% 以上）不能通过固溶处理强化，但可以通过冷加工强化。

2）2×××系列合金以铜为主加合金元素，可时效强化。

3）3×××系列合金以锰为主加合金元素，可冷加工变形强化，但不能时效强化。

4）4×××系列合金以硅为主加合金元素，根据合金中硅和其他合金的含量，部分合金可热处理强化，部分则不可热处理强化。

5）5×××系列合金以镁为主加合金元素，可冷加工变形强化，但不能热处理强化。

6）6×××系列合金以镁和硅为主加合金元素，在固溶后形成硅化镁（Mg_2Si），为可热处理强化合金。

7）7×××系列合金以锌为主加合金元素，通常含有大量的铜和镁，为可热处理强化合金。

8）8×××系列合金含有一种或多种不常用的主加合金元素，如铁或锡。该系列合金的性能取决于主加合金元素。

本节将对具体的工艺状态变化进行讨论，在本卷“可时效强化铝合金的热处理实践”一节中，将进一步详细介绍变形铝合金的热处理和性能。大多数的工艺状态都与力学性能密切相关，根据是否达到了预期的性能，判断是否达到了预期的工艺效果。然而，在工艺状态的定义中，并没有给出材料具体的处理工艺参数，例如，在工艺状态的定义中，未给出冷轧过程中具体的变形量，或者热处理的具体温度。

在表 2-32 和表 2-33 中，分别以英美制单位和公制单位列出了典型变形铝合金的力学性能，将这些数据作为参考材料，可以进一步了解铝合金的状态代号。本节介绍的内容包括：

1）对基本状态代号 O、F、W、H 和 T 的应用和变化的回顾。

2）冷加工、稳定化处理、不完全退火处理和特定产品（如压花板材）。

3）去除应力状态代号 T（Tx51、Tx510、Tx511、Tx52）的变化，对淬火状态代号的修改和调整（如 T5 与 T6 之间的调整，T6 与 T61 之间的调整）。Tx2 表示由用户自己负责进行热处理。

4）采用状态代号 H 或 T，获得特殊的性能（如耐蚀等特殊或优良性能；如 T736 和 T74 工艺代号）。

如前所述，状态代号不提供准确的处理工艺参数（如时间、温度、变形量），而是采用通常的工艺组合。一般来说，状态代号由一种主要的加工处理工艺加上一种或多种表示更具体信息的数字组成。

1. 原加工状态（F 状态代号）

对于锻件，F 状态代号表示轧制、挤压、锻造、拉拔或铸造等成形加工工艺。在获得特定性能的加工过程中或在冷加工强化过程中，对热处理条件不进行特殊的控制。对于用 F 状态代号工艺处理的任何锻件，对产品的力学性能都没有限制要求。除铸件可能是最终产品外，大多数 F 状态代号锻件产品都是半成品，在后续工序中，还需对这些产品进行成形、精加工或热处理，以得到成品。例如，

2014 - F 表示采用完成了加工状态的 2014 合金的产品，其加工状态可以是轧制、挤压、锻造或这些工艺过程的组合。

2. 退火状态（O 状态代号）

当对经过轧制、挤压、锻造、拉拔等成形加工的锻件进行退火时，用 O 状态代号表示。退火处理使合金达到最低的强度，对变形铝合金采用退火处理的主要目的是最大限度地提高其加工性能，或最大限度地提高其韧性和塑性。例如：

1）2014 - O 表示采用 2014 合金加工的产品，该产品在 410℃（770℉）保温 2 ~ 3h，然后缓慢冷却至 260℃（500℉），最后以不控制冷却速度的方式冷却到室温。对于该合金，该处理工艺的目的是使后续易成形加工，同时完全消除之前工序的影响。

2）5083 - O 表示采用 5083 合金加工的任何产品，该产品加热到 345℃（650℉），然后以不控制冷却速度的方式冷却到室温。对于该合金，该处理工艺的目的是增加韧性和塑性，典型应用是液化天然气储罐等关键结构件。

由于 O 状态代号不是冷加工强化（H）状态代号的一部分，因此，对于进行冷加工强化的产品，已通过冷加工获得了相应的力学性能或其他性能，不适合再进行 O 状态代号及其变化工艺的处理。

O1 状态代号用于为突出超声波响应，并提供尺寸稳定性，对锻件产品进行高温退火。O1 状态代号表示采用与固溶处理相同的温度和时间进行退火，然后冷却到室温。该工艺适用于在固溶处理前进行机械加工的产品。对力学性能有限制要求的产品不适合采用这种工艺。

3. 冷变形强化状态（H 状态代号）

不可热处理强化变形铝合金通过采用 H 状态代号工艺处理，通过冷变形强化（如轧制、拉拔）来提高室温强度。许多冷加工后的铝合金硬度会逐渐降低，因此，可对该工艺状态产品进行补充热处理，以使合金在一定强度水平上达到稳定。“H”状态代号后跟有两个或更多数字，表示冷加工变形量，以及随后所进行热处理的性质。例如：

1350 - H12 表示为提高强度，已进行冷加工的 1350 铝合金薄板、板材、棒材或线材。H12 组合表示合金已产生了 20% ~25% 的冷轧变形量，没有进行任何后续热处理的状态（稍后讨论其他变化）。

5005 - H18 表示为提高强度，已进行冷轧的 5005 铝合金薄板（该产品唯一可用状态代号）。H18 组合表示合金进行了大量的冷变形，变形量为 75% ~80%，没有进行任何后续热处理。

H 状态代号后至少跟有两位数字：第一位数字表示冷加工强化合金是否进行了热处理，如果是，进行了什么样的热处理工艺；第二位数字表示合金的冷变形程度（即冷变形量的近似百分比）。

“H”后的两位数字表示正常的工艺变化，随后的任何数字都表示采用了特殊工艺。

1）H 后的第一位数字表示在冷加工后热处理工艺的变化，有四种可能的变化：

H1——仅进行了冷变形强化，没有进行后续热处理。

H2——冷变形后，进行了不完全高温再结晶退火，部分降低冷加工作用，适当降低合金强度和稳定性能。采用该工艺处理后，合金的冷变形量应比所需的更大，然后通过不完全退火达到所需的强度水平。

H3——冷变形后，进行稳定化处理（即在适当的温度下进行保温，使性能稳定，避免某些合金随时间变化而发生时效软化。尤其是 5 × × × 系列中的某些合金，易发生这种变化）。稳定化处理也可以通过随后成形过程中加热实现。

H4——冷变形后，通过如油漆固化或上漆加热过程，有效地降低合金的加工硬化程度，使最终性能达到稳定。值得注意的是，H4x 工艺状态对性能没有限制要求，而 H2x 和 H3x 工艺状态则对性能有限制要求。

如前所述，H1、H2、H3 和 H4 状态代号后的第二位数字表示大致的冷加工变形量。

2）根据美国铝业协会的定义，H 后的第二位数字具有技术含义，通常在销售贸易中用作参考。根据美国铝业协会的规定，根据材料的极限抗拉强度的最小值定义第二位数字。换句话说，与各合金的标准极限抗拉强度相比，将达到的强度水平最接近使用要求的作为合适的工艺状态。通常用数字 8 表示达到最高硬度状态（即 Hx8），在退火（不进行冷加工）状态到 Hx8 状态之间，通过表 2-36 中的数据判断冷加工对强度水平的提高。

H 状态代号后的第二位数字也表示大致的冷加工变形量：

3003 - H12：冷加工变形量约为 25%，没有进行其他处理（即满足 H12 的性能）。

3005 - H26：进行加工硬化和不完全退火，有效的加工硬化达到约 75%（即满足 H26 的性能）。

5052 - H32：进行加工硬化和稳定化处理，有效的加工硬化达到约 25%（即满足 H32 的性能）。

5052 - H42：进行加工硬化和精整处理，有效的加工硬化达到约 25%（即满足 H42/H22 的性能）。

H1、H2、H3 和 H4 都存在一些变化。H1、H2、

H3 和 H4 后数字的含义为，在完成第一位数字所表示的工序后，保留下来的有效加工硬化程度：

H1x 状态："x" 表示合金实际的冷加工变形量；由于不对合金进行热处理，因此保留了实际加工硬化程度。

H2x 状态："x" 表示合金进行冷加工并进行了不完全退火后，所保留下来的有效冷加工程度。

H3x 和 H4x 状态："x" 分别表示合金进行冷加工并进行了稳定化处理或油漆固化或上漆加热过程后，所保留下来的有效冷加工程度。

对于退火状态代号 O 和 Hx8 状态代号之间的状态，第二位数字是按照以下规定分配的：

① Hx4 状态代号表示冷加工程度约为 Hx8 的一半。根据合金退火状态水平，抗拉强度的增加值为表 2-36 中第二列对应数值的一半。

例如，1100 - O 薄板的最小抗拉强度是 11ksi，根据表 2-36，1100 - H14 的极限抗拉强度是 16ksi（11ksi + 0.5 × 10ksi）。在相应的米制单位中，1100 - O 薄板的最小抗拉强度是 75MPa，根据表 2-36，1100 - H14 的抗拉强度是 109.5MPa（75MPa + 0.5 × 69MPa），四舍五入为 110MPa。值得注意的是，在早期铝行业中，并没有使用表 2-36 中的规则，因此，可能会出现历史数据与采用该表计算的数据有较大差别的情况。

② Hx2 状态代号表示冷加工程度为 O 状态代号和 Hx4 状态代号之间的一半。

③ Hx6 状态代号表示在 Hx4 和 Hx8 之间一定程度的冷加工。

仍以 1100 为例，H12 和 H16 状态的抗拉强度极限分别为 14ksi 和 19ksi（小数点后四舍五入）。在相应的米制单位中，1100 - H16 的抗拉强度极限是 130MPa，为 H14 和 H18 的中间值。

在该协议中，当第二位数字为 1、3、5 和 7 时，也同样表示上面状态的中间值，但在实践中很少使用。当第二位数字使用这些数字时，通常表示某些特殊的产品，并采用特定的处理，以提高某些特定的性能（如 5657 - H25 表示提高表面亮度）。在后面会进一步介绍花纹薄板的状态代号也可采用这些奇数（见本节"三位数字的 H 状态代号"部分）。

第二位数字为"9"时表示合金为超硬状态，其强度超过 Hx8 状态 14MPa（2ksi）或更多。该状态工艺通常用于生产极薄的冷轧薄板，这种薄板的厚度只有千分之几英寸。该状态代号也仅用于特殊产品，最典型的例子是易拉罐薄板铝合金 3004 - H19。

3）两位数字 H 状态代号的其他例子。

① 3003 - H14。1 表示合金已进行冷加工强化，并且没有进行后续热处理；4 表示加工硬化程度大约是 H18 或全硬状态的 50%。

② 5657 - H26。2 表示合金已进行了变形量相对较大的冷加工，然后通过不完全退火，使冷加工程度降低到所期望的水平；6 表示最终有效冷加工程度大约是全硬状态 H18 的 80% 的水平。

③ 5086 - H32。3 表示合金已经过加工硬化和稳定化处理；2 表示加工硬化的程度大约是 H38（译者注：此处有误，应为"H18"）水平的 25%。该工艺状态主要应用于薄板、板材和冷拔管。

4）三位数字的 H 状态代号。这是 H 状态代号中最后一组重要的细目，采用了第三位数字来表示 H 工艺状态。例如，H × ×1 表示两位数字的状态代号发生了变化，主要可能在力学性能的控制程度，或者特殊精加工等方面存在差异，但这种差异通常并不是很大。

采用三位数字 H 状态代号的典型例子是用于花纹铝板（例如，在完成了其他处理工序后，采用表面有特定图案的轧辊对薄板进行精轧，将图案的反面压印至薄板的表面）系列状态代号。表 2-37 中列出了与其相关的系列特定状态代号。这些状态代号遵循上述相同的规则，但必须将数字 4 添加到标准状态代号中，表示最终的压花精轧工序。

采用三位数字 H 状态代号的另一个例子是得到具有特殊性能的 H116。5086 - H116 合金采用该独特的冷加工和热处理结合工艺，使合金在水中和高湿度环境下，具有优异的耐蚀性；在高温服役条件下，应力腐蚀敏感性低。

另外两个三位数字 H 状态代号的例子涵盖了产品的特殊情况，这些产品不控制冷加工变形量，但是仍然需要满足最低性能规格（如 H111 和 H112 状态代号）：

① 合金 5086 - H111。该合金状态是退火后，进行一定程度的冷加工硬化，但不及 H11 或 H12 状态。通常 H111 状态用于挤压成形件退火后，为达到平面度公差要求，必须对其进行矫直的情况。在非常有限的范围内，不对冷加工变形量进行控制，其力学性能范围表明仅进行了适度的冷加工。

② 合金 5086 - H112。该合金产品已经进行了充分的热加工，其力学性能已有一定的提高，反映在对力学性能有规定的要求。随后该产品并没有进行冷加工或退火，但仍然保留了热加工所产生的部分加工硬化。该合金的应用包括薄板、板材、挤压管、挤压棒、线材、棒材和成形件。

4. 固溶处理状态（W 状态代号）

W 状态代号用于固溶处理后（在高温下保温后，

迅速冷却到室温）进行室温时效（自然时效）的合金。在该状态代号后可以添加数字，表示完成淬火后的时间。该代号通常用于金属加工车间工序或热处理工艺规范中，用以控制自然时效对后续金属成形或人工时效的影响。与F状态代号一样，W状态代号的变形铝合金，还没有相关的公开标准性能限制要求。它是一个中间过程的状态代号（后续还需进行成形加工或热处理），几乎不作为最终的工艺状态。

例如，6061-W表示6061合金的半成品，该半成品已进行了淬火标准热处理，但尚未进行任何后续的变形加工或热处理。6061合金在淬火后自然时效，因此，随着时间的推移，合金的屈服强度逐渐提高，直到进行稳定性能的处理，如进行人工时效析出强化处理。

另一个例子是6061-W1/2，它表示与上一个例子相同的材料，并给出一个时间（淬火后0.5h），可用于估计自然时效时间对合金的强度或塑性的影响。

5. 热处理状态代号（T状态代号）

在可热处理强化铝合金中，T状态代号使用广泛。它表示在固溶处理后，进行自然时效或人工时效的可热处理强化铝合金，T状态代号适用于任何一种产品形式。T后面总是跟着一位或多位数字，这些数字定义了随后的处理工艺，例如：

2024-T4表示2024合金的产品，它已经过淬火加自然时效的标准热处理工艺，性能达到了稳定的状态。由于该合金在T4状态下，强度和韧性均达到了商业用途产品的要求，所以可能是最终的工艺状态。

2014-T4表示2014合金的产品，它已经过淬火加自然时效的标准热处理工艺，性能达到了进行人工时效前的稳定状态。通过采用T6工艺，合金发生析出强化。在T4状态下，2014合金的强度、韧性和耐蚀性没有得到很好的组合，因此随后需再进行析出强化处理。

T状态代号有10个基本细目状态：

T1：表示合金直接从高温热加工工艺过程，如轧制或挤压冷却，然后自然时效达到稳定状态。此时，合金已进行了有效的热处理，但由于受到某些特殊力学性能的限制，不再进行任何其他冷加工处理。由于这种工艺状态在某些方面，如耐蚀性方面，可能不如其他的处理工艺，因此没有被广泛采用。

T2：表示合金已经从高温热加工工艺过程，如轧制或挤压冷却，然后进行冷加工和自然时效，达到稳定的状态，此时合金已进行了有效的热处理和充分的冷加工，其强度得到了显著的提高。与T1状态相同，与其他组合处理工艺相比，该工艺状态存在某些方面的局限性，因此也没有被广泛采用。

T3：表示合金在热加工后，进行了固溶淬火和冷加工，再通过自然时效达到了稳定的状态。与T4、T6、T7和T8工艺状态一样，该工艺状态采用了特定的固溶处理（即加热到足够高的温度后保温，使大量的合金元素固溶于基体，并在淬火过程中保留在基体中，形成过饱和固溶体，在时效过程中析出强化相）。通过控制冷加工变形量，得到特定程度的加工硬化和与之相称的强度。2×××系列合金，如2024合金广泛采用该工艺状态。

T4：表示合金进行了固溶处理后，没有进行任何冷加工，而是通过自然时效达到稳定的状态。该工艺状态也被广泛用于2×××合金。

T5：表示合金在完成高温成形过程，如挤压工艺后冷却，在没有进行任何中间冷加工的情况下，进行人工时效。人工时效为采用足够高的温度和足够长的时间［如在175℃（350℉）保温8h，或在120℃（250℉）保温24h］，达到析出强化效果。如果需要进行矫直或矫平处理来达到尺寸公差要求，不允许造成力学性能的明显提高和对力学性能极限产生影响。

T6：表示合金已进行固溶处理，且未进行明显的冷加工，通过人工时效析出强化达到峰值强度。如果需要进行矫直或矫平处理来达到尺寸公差要求，不允许造成力学性能的明显提高和对力学性能极限产生影响。

T7：表示合金已进行固溶处理，且未进行明显的冷加工，采用超过硬化峰值的人工过时效（有时也称稳定化处理）处理。该处理工艺通常用于7×××系列合金（如7075-T73或T76），以提高合金的抗应力腐蚀开裂性能（T73）或抗剥离腐蚀性能（T76）。T73是一种严重过时效状态（见本节后面“特殊耐腐蚀工艺状态代号”一节）。

T8：表示合金已进行固溶处理、冷加工形变强化，然后进行人工时效，以实现析出强化。为了达到尺寸稳定或去除应力的要求，也可以对合金主要进行冷加工。但是，如果采用T8工艺状态，则冷加工变形量应对力学性能有明显提高，对力学性能极限产生影响。该工艺状态主要用于2×××系列合金（如2024-T8薄板）。

T9：表示合金进行了固溶处理和人工时效，达到了析出强化，然后进行冷加工进一步提高强度。该工艺状态并没有被广泛使用，仅在某些情况下用于2×××系列合金。

T10：表示合金从高温成形过程，如热挤压工艺冷却后，进行冷加工，然后进行人工时效析出强化。当前，该工艺状态还没有商业应用，因此鲜有采用。

上述类型的 T 状态代号中，固溶处理通过将半成品或成品加热至合适的温度，保温足够长的时间，使合金元素充分进入固溶体，而后迅速冷却得到过饱和固溶体，以便在自然（室温）或人工（炉中）时效过程中产生析出强化。

在 T1 ~ T10 基本状态代号后添加数字（添加的第一个数字不能为零），即可构成 T1 ~ T10 的变化状态。添加数字后的状态代号工艺能显著改变以基本状态代号工艺处理的产品性能。这些变化的状态代号有很多，没有标准的完整清单。解释、理解和使用这些改变的状态代号的最好方法是像下文那样采用实例：去除应力，用户实施热处理，热处理过程变化，淬火工艺变化，时效前后增加冷加工，获得独特性能的特殊处理工艺。

下面对这些变化的工艺状态进行介绍。在美国铝业协会产品标准委员会的支持下，包括特殊工艺在内的专用状态代号得到了发展和完善，按一定的规律，提议和产生特殊状态代号。为此，美国铝业协会已对新出现的状态代号进行了不断完善和注册，如希望详细了解新出现的状态代号，除购买《铝标准和数据》外，还应该购买《铝和铝合金产品注册记录系列状态代号》。必须强调指出，不论是生产商、热处理商或客户/用户，如通过编造状态代号，暗示或造成某合金已经被铝业协会或其他行业注册的误解，都是缺乏职业道德的行为。

（1）消除热处理产品残余应力的状态代号　在淬火和随后的时效过程中，可能会引起残余应力或变形。在铝工业中，主要采用两种冷变形方法降低铝合金半成品中由前续热处理工序带来的残余应力。第一种消除残余应力的方法是拉伸，变形量为 1%，或在 1.5% ~3% 范围内，适用于轧制板材、棒材和挤压成形件，有时也用于模锻件或环形锻件。该处理方法如下：

1）Tx51 用于板材、轧制或冷加工精整棒材和模锻件或环形锻件。

2）Tx510 或 Tx511 可用于所有挤压成形件。代号中最后一位数字“0”表示仅进行拉伸，而“1”表示拉伸和附加矫直，例如，在时效后产生了扭曲而需要进行矫直。Tx510 禁止在时效后进行矫直。

第二种消除残余应力的方法是进行 1% ~5% 的压缩冷加工，通常用于自由锻件和模锻件。这种工艺采用 Tx52 状态代号表示。

有时将这两种消除残余应力的方法结合在一起（即拉伸和压缩），采用 Tx54 状态代号来表示。不论采用哪种消除残余应力的方法，消除残余应力冷加工都是在固溶淬火和人工时效之间进行的。

为进一步说明消除残余应力状态代号，可参考下面的例子：

7075 – T651 合金板材：T6 为基本状态代号，表示进行了固溶、淬火和人工时效；T65 表示产品进行了去除应力处理；T651 表示拉伸变形量为 2%。

7075 – T6510 合金挤压管材：T6 为基本状态代号，表示进行了固溶、淬火和人工时效；T65 表示产品进行了去除应力处理；T6510 表示拉伸变形量为 0.5% ~3%，没有进行任何附加的扭曲或机械矫直。

7075 – T6511 合金挤压管材：T6 为基本状态代号，表示进行了固溶、淬火和人工时效；T65 表示产品进行了去除应力处理；T6511 表示拉伸变形量为 0.5% ~3%，进行附加的扭曲或机械矫直。

2014 – T652 合金自由锻件：T6 为基本状态代号，表示进行了固溶、淬火和人工时效；T652 表示产品进行了压缩量为 1% ~5% 的去除应力处理（译者注：原文有误，原文为 T65）。

合金 7050 – T654 模锻件：T6 为基本状态代号，表示进行了固溶、淬火和人工时效；T65 表示产品进行了去除应力处理；T654 表示通过拉伸与冷模中矫形锻的组合来去除应力（译者注：原文有误，为 7050 – 654）。

（2）淬火状态代号的调整和修改　除淬火后进行冷加工降低残余应力的方法外，由于淬入冷水的残余应力过大，因此还可以采用在保温后将工件淬入沸水或油中的方法。通过在原状态代号后添加数字“1”，构成特殊的代号用于表示该淬火工艺。

因此，对于 T4（固溶和自然时效）、T6（固溶和人工时效）和 T7（固溶和过时效/稳定化）工艺，在这些常规的状态代号后添加数字“1”，表示对正常的淬火工艺进行了调整。具体来说，“1”表示沸水淬火。后面还可以附加第二个数字，用来表示淬火过程中的具体变化，例如：

2014 – T61 合金锻件：T6 为基本状态代号，表示进行了固溶、淬火和人工时效；T61 表示采用沸水淬火，以最大程度地降低残余应力。

2014 – T611 合金锻件：T6 为基本状态代号，表示进行了固溶、淬火和人工时效；T61 表示采用沸水淬火，以最大程度地降低残余应力。T611 表示对淬火冷却介质进行调整，使性能水平处于 T6 ~ T61 之间（译者注：原文有误，将 T611 误写为 T61）。

2014 – T6151 合金板材：T6 为基本状态代号，

表示进行了固溶、淬火和人工时效；T61 表示采用沸水淬火；T6151 表示对板材进行了 0.5% ~3% 的拉伸来去除应力。

（3）用户实施热处理的状态代号　大多数状态代号工艺是由半成品或成品的生产商来实施完成的，因此，生产商必须确保用户购买的零件在成形或机械加工等工序后、热处理工序前，其半成品或成品满足强度性能要求和尺寸公差规范。但是，原生产商无法对产品最终达到规范要求的程度进行有效的控制。为适应这种情况，最终热处理和性能规范由用户自己负责，而不是由原生产商负责，则采用特殊状态代号 Tx2。

值得注意的是，使用 Tx2 状态代号工艺时，不是原生产商，而是用户对产品进行热处理。此外，还应该清楚地认识到，在这种情况下，不能保证用户或用户的承包商所进行热处理的产品性能与原生产商的一样稳定，产品的力学性能应由用户自己负责。

还要说明的是，不是原材料生产商，而是产品用户或用户承包商对进行了热处理的锻件产品进行 Tx2 处理。将 Tx2 状态代号与 T4、T6、T73 或 T76 等状态代号组合，表示其他处理工艺（如 T42、T62、T732 或 T762）。在实际生产中，Tx2 状态代号最常用于已经过 O 或 F 状态热处理的锻件产品。

铝的生产商总是首选生产 F 状态的材料，并通过加工工艺的一致性，来确保材料满足规格要求。这些工艺过程为工厂提供了大量实现成品一致性的统计数据，允许半成品工件的时效时间和温度在一定范围内变化。

原生产商与用户之间在工艺控制过程中存在差异，由于用户可能无法像原生产商一样，进行标准的去除应力处理，因此，会造成采用标准工艺状态处理与采用 Tx2 工艺状态（如 T6 和 T62）处理所得到的力学性能极限不同。

另一方面，结构工程师，如航空航天工业的工程师，可以根据大量统计分析，使用成品的抗拉强度和屈服强度值作为设计零件的基础。这些数据也可能与原生产商开发的合金规范数据有所差异。

此外，还必须考虑到生产商和用户之间对测试要求存在差异。原生产商会保证向用户提供每一炉或批次材料的拉伸、屈服和延伸率性能。每一炉或批次都必须进行拉伸测试，以确定其是否达到性能要求，有问题的材料需要重新处理或作为废品。

相比之下，用户可能不会要求热处理商对每一炉或批次都进行拉伸试验，通常情况下，热处理商仅根据硬度和电导率测试的结果，确定热处理是否达到要求。因此，通常用户认为还需要对材料进行拉伸力学试验，以确保其达到性能要求。例如，在 7075 - T62 代号中，基本状态代号是 T6，表示进行固溶、淬火和人工时效；T62 中增加的数字“2”，表示热处理和时效不由锻件的原生产商承担，而由用户或用户的承包商承担。

（4）在淬火和时效之间进行冷加工的状态代号　为了在热处理条件下，使铝合金薄板获得特别高的强度，有时会在铝合金（尤其是 2024）固溶处理和人工时效之间进行冷加工，冷加工程度超过矫直或去除应力所采用的。例如，2024 合金薄板热处理后进行简单矫直或矫平的状态代号为 T3 和 T81，通过将状态代号分别调整为 T361 和 T861，来表示合金在固溶处理和人工时效之间进行了冷加工。

2024 - T361 薄板：基本状态代号是 T3；T361 表示固溶处理后进行冷加工。冷加工变形量远超过矫直或矫平的 T3 状态。

2024 - T861 薄板：基本状态代号是 T8，表示进行固溶淬火、冷加工和人工时效；T861 表示冷加工的变形量远超过矫直或矫平的 T81 状态。

（5）时效后进行冷加工的状态代号　另一种提高铝合金产品强度的方法是，在热处理和人工时效后进行拉伸或拉拔，采用 T9 状态代号表示。它仅用于一些标准产品，如螺钉用原料和线材。T9 状态代号后可能会出现其他数字，表示对处理方法进行了特殊的改变，例如：

6262 - T9 棒材：基本状态代号是 T9，表示进行固溶淬火、人工时效然后冷加工。

6061 - T94 线材：基本状态代号是 T9，表示进行固溶淬火、人工时效然后冷加工。T94 表示为确保产品达到要求，进行了工艺调整。

（6）特殊耐腐蚀工艺状态代号　为提高7×××系列合金中某些高强度可热处理强化铝合金的耐蚀性，在固溶淬火后，不是采用 T6 状态代号所要求达到峰值强度的时效处理，而是进行过时效或稳定化处理。这种处理方法用 T7 状态代号表示，T7 后的数字表示处理范围和耐蚀性程度。

提高这些合金耐蚀性的工艺有两种基本的变化：

提高抗应力腐蚀性能的 T73 状态代号：表示进行充分的时效，将抗应力腐蚀性能提高到相对较高的水平，远高于 T6 状态代号的工艺，但会使拉伸屈服强度降低大约 15%。

提高抗剥离腐蚀性能的 T76 状态代号：表示进行充分的时效，使合金的抗剥离腐蚀性能高于 T6 状态代号的工艺，但强度比 T6 的强度低 5% ~10%。值得注意的是，T76 状态的强度优于 T73 状态，但它的抗应力腐蚀开裂能力比 T73 状态要差。

可以将提高抗应力腐蚀性能与消除残余应力特殊工艺结合使用，如下面的例子所示：

T7651 板材：基本状态代号是 T7，表示进行固溶淬火，超过硬化峰值温度的人工过时效处理，以提高抗腐蚀能力。T76 表示过时效的目的是提高抗剥离腐蚀性能。T7651 表示通过对板材进行 0.5% ~ 3% 的拉伸来去除应力。

T73510 挤压成形件：基本状态代号是 T7，表示进行固溶淬火，超过硬化峰值温度的人工过时效处理，以提高抗腐蚀能力。T73 表示过时效的目的是提高抗应力腐蚀性能。T73510 表示通过进行0.5% ~ 3% 的拉伸来去除应力，随后不再进行矫直或扭曲处理（译者注：原文此处有误，写成了“T76510”）。

（7）特殊或附加性能的状态代号　有时对合金性能有特殊要求，例如，航空航天工业需要某些具有特殊性能的铝合金。通过特殊处理工艺（有时与控制合金成分相结合），能获得这些特殊性能。当这些特殊处理工艺用于商业用途时，开发出了特殊的状态代号，并引起了人们的重视。

几年前，为获得高强度、高断裂韧性和耐蚀性优良组合的 7175 合金锻件（7175 是 7075 的改进提高牌号，具有更严格的杂质限制要求），开发出了特殊的工艺。该合金锻件的特殊处理状态代号为 T736（如果通过压缩冷加工去除应力，则采用 T73652 代号）。将该特殊处理工艺的应用范围扩大到 7050 以及其他具有高韧性、高耐蚀性的合金，并将 T736 重新定义和简化成 T74。

通常情况下，这种特殊处理工艺是将热处理和冷加工处理进行特定组合，在文献资料中并没有详细的介绍。事实上，对特殊产品的力学性能要求是特定的，但各生产商可能都有他们自己专有的工艺技术来实现所要达到的性能要求。这样的产品和特殊工艺例子有：

7175 - T74 模锻件：基本状态代号是 T7，表示进行固溶淬火和人工过时效来获得特殊性能（如超过峰值强度进行时效）。T74 表示特殊处理，用于达到强度、韧性和耐蚀性的良好组合，并对断裂韧性和强度进行规范限制。

7175 - T7454 模锻件：基本状态代号是 T7，表示进行固溶淬火、人工过时效来获得特殊性能（如超过峰值强度进行时效）。T74 表示特殊处理，用于达到强度、韧性和耐蚀性的良好组合，并对断裂韧性和强度进行规范限制。T7454 表示通过拉伸和压缩冷加工组合来去除应力。

另一种用来表示特殊处理方法的代号是在 T6 状态代号后增加数字“6”，例如：

7175 - T66：基本状态代号是 T6，表示进行固溶淬火和人工时效。T66 表示采用特别未定义的处理工艺来达到最大强度。

致谢

This article was adapted from R.B.C. Cayless, Alloy and Temper Designation Systems for Aluminum and Aluminum Alloys, *Properties and Selection: Nonferrous Alloys and Special-Purpose Materials*, Vol 2, *ASM Handbook*, ASM International, 1990, p 15–28, with updates from:

- J.G. Kaufman, *Introduction to Aluminum Alloys and Tempers*, ASM International, 2000
- J.G. Kaufman and E.L. Rooy, *Aluminum Alloy Castings: Properties, Processes, and Applications*, ASM International, 2004

参考文献

1. *Aluminum Standards and Data*, The Aluminum Association, Washington, D.C. (updated periodically), and American National Standards Institute, ANSI H35.1
2. *Metals and Alloys in the Unified Numbering System*, 12th ed., SAE and ASTM International, 2012
3. J. Datta, Ed., *Aluminium Schlüssel: Key to Aluminium Alloys*, 6th ed., Aluminium Verlag, Düsseldorf, Germany, 2002
4. *American National Standard Nomenclature System for Aluminum Metal Matrix Composite Materials*, ANSI H35.5-2000, The Aluminum Association, May 25, 2000

2.3　铝和铝合金的退火

除了合金中的合金元素含量外，工艺状态对合金的最终性能影响最大，也就是说，热处理和变形处理的影响最大。在金属零件和半产品的加工过程中，退火是必不可少的工艺环节，对材料的力学性能、成形性能及各向异性等性能有重要的影响。

原则上，变形的材料处于高能的亚稳状态，而亚稳态的材料总是试图使其能量（内能）趋于最小。通过退火过程的热活化，提高材料中缺陷的可动性，使它们进行重组或降低它们的数量，从而实现和达到该目的。

表 2-43 列出了铝合金的热处理工艺状态代号及说明。铝合金加工制造过程中的主要工艺状态有：F 为加工状态，O 为退火状态，H 为加工硬化状态，

W 为固溶处理状态，T 为热处理达到稳定状态。

表 2-43 铝合金的状态代号说明

状态代号		说明
F		加工状态，如采用冷加工、热加工或铸造工艺加工成形状态。在这些过程中，不进行专门的热处理或对加工硬化进行控制
O	O	完全软化状态（即完全退火状态），锻件产品进行退火，以获得最低强度状态；铸件产品进行退火，以改善塑性和尺寸稳定性。“O”后可有一位不为0的数字
	O1	采用与固溶处理大约相同的时间和温度进行加热和保温，然后慢冷到室温
	O2	采用热机械加工工艺，以提高成形性能，如超塑性成形性能
	O3	均匀化处理
H	H	加工硬化状态（即仅用于非时效强化合金锻件产品）；该状态适合通过加工硬化来提高产品的强度，可采用补充热处理适当降低合金的强度。“H”后总跟着两位或多位数字。“H”后面的第一位数字为1～4之间的数字，表示基本状态的具体组合；第二位数字表示加工硬化（或冷加工）程度，可以是1～9之间的数字，根据极限抗拉强度的最小值确定。合金的最小抗拉强度状态Hx8是根据合金在退火状态下的最小抗拉强度计算出来的（更多相关信息，请参考EN 515：1993欧洲标准）
	H1x	仅进行加工硬化的状态。适用于通过加工硬化，不需要进行补充热处理来获得所需强度的产品
	H11	加工硬化达到状态代号“O”与“H12”之间的硬化程度
	H12	加工硬化达到1/4硬化程度
	H14	加工硬化达到1/2硬化程度
	H16	加工硬化达到3/4硬化程度
	H18	加工硬化达到完全硬化程度
	H19	加工硬化达到超硬化程度
	H1x1	加工硬化达到状态代号“O”与“Hx1”之间的硬化程度
	H111	加工硬化达到状态代号“O”与“H11”之间的硬化程度
	H112	用于在高温下工作可能产生某种变形以及有力学性能限制要求的产品
	H116	用于 $w(\mathrm{Mg})\geqslant 4\%$ 的Al－Mg合金，这种状态对合金的力学性能和剥离腐蚀抗力有要求和规定
	H121	加工硬化达到状态代号“O”与“H21”之间的硬化程度
	H131	加工硬化程度低于控制的“H31”状态
	H2x	加工硬化后进行不完全退火的状态。适用于加工硬化后，通过部分退火将强度降至所要求水平的产品
	H21	加工硬化后不完全退火至硬化程度低于“H22”
	H22	加工硬化后不完全退火至1/4硬化程度
	H23	加工硬化后不完全退火达到状态代号“H22”与“H24”之间的硬化程度
	H231	加工硬化后不完全退火至硬化程度低于控制的“H32”
	H233	对产品采用特殊加工状态，使合金产品具有良好的抗应力腐蚀开裂性能
	H24	加工硬化后不完全退火达到1/2硬化程度
	H26	加工硬化后不完全退火达到3/4硬化程度
	H28	加工硬化后不完全退火达到完全硬化程度
	H3x	加工硬化后经稳定化处理的状态。适用于加工硬化后，通过低温热处理或加工过程引入的热，使力学性能稳定的产品。通常稳定化处理后，塑性得到改善
	H31	加工硬化后经稳定化处理硬化程度低于H32
	H32	加工硬化后经稳定化处理至1/4硬化程度
	H34	加工硬化后经稳定化处理至1/2硬化程度
	H38	加工硬化后经稳定化处理达到完全硬化程度

（续）

状态代号		说明
H	H4x	加工硬化和喷漆或油漆。适用于在加工硬化后的喷漆或油漆过程中有部分加热工序的产品
	H41	加工硬化和喷漆或油漆处理，达到低于1/4 硬化程度
	H42	加工硬化和喷漆或油漆处理，达到1/4 硬化程度
	H43	加工硬化和喷漆或油漆处理，达到1/4 与1/2 之间的硬化程度
	H433	对产品采用特殊加工状态，使合金产品具有良好的抗应力腐蚀开裂性能
	H44	加工硬化和喷漆或油漆处理，状态达到1/2 硬化程度
	H××4	适用于采用相应的H××状态生产的压花或花纹板材或带材
	H××5	加工硬化。适用于焊接管
W	W	固溶处理（不稳定的状态）。可要求具体自然时效时间（W2h 等）
	W51	固溶处理（不稳定的状态）并通过控制拉伸变形量去除应力（对于薄板和厚板，永久变形量为1.5%～3%；对于热轧或冷精整的棒线材，永久变形量为1%～3%；对于手工或环锻件和环轧件，永久变形量为1%～5%）。产品经拉伸后不再进行矫直处理
	W52	固溶处理（不稳定的状态），并通过压缩产生1%～5%的永久变形来去除应力
	W54	固溶处理（不稳定的状态），并通过在精整模内整形冷却（模锻）来去除应力
T	T	热处理状态（用于时效强化铝合金）。适用于可热处理强化铝合金（2000、6000 和7000 系列），可进行补充冷变形强化，以得到稳定的状态。从过饱和固溶体固溶温度冷却并进行时效。“T”后面总是跟着一位或多位数字
	T1	高温热加工成形后冷却，自然时效
	T1x	高温热加工成形后冷却，自然时效。当T 后跟有两位数字时，与材料有关，没有统一的解释
	T10	高温热加工成形后冷却，冷加工和人工时效
	T10x	高温热加工成形后冷却，冷加工和人工时效。当T 后跟有三位数字时，与材料有关，没有统一的解释
	T2	高温热加工成形后冷却，冷加工和自然时效
	T2x	高温热加工成形后冷却，冷加工和自然时效。当T 后跟有两位数字时，与材料有关，没有统一的解释
	T3	固溶处理（淬火）后进行冷加工，然后进行自然时效
	T31	固溶处理（淬火）后进行变形量约为1%的冷加工，然后进行自然时效
	T351	固溶处理（淬火）后，通过控制拉伸变形去除应力（薄板或厚板的永久变形量为1.5%～3%，轧制棒材或冷精轧棒材的永久变形量为1%～3%，手工锻件或环锻件和轧制环件的永久变形量为1%～5%），自然时效。产品经拉伸后不再进行矫直
	T3510	固溶处理（淬火）后，通过控制拉伸变形去除应力（挤压棒材、线材、型材和管材的永久变形量为1%～3%，拉拔管材的永久变形量为0.5%～3%），自然时效。产品经拉伸后不再进行矫直
	T3511	除拉伸变形后允许少量矫直，以达到标准要求的公差外，其余与T3510 状态相同
	T352	固溶处理（淬火）后，通过压缩产生1%～5%的永久变形量来去除应力，然后进行自然时效
	T4	固溶处理（淬火）后，进行自然时效
	T4x	固溶处理（淬火）后，进行自然时效。除T42 外，当T 后跟有两位数字时，与材料有关，没有统一的解释
	T42	固溶处理（淬火）后，进行自然时效。适用于经退火“O”或经“F”状态的试验材料再进行固溶和自然时效，以达到实际稳定的状态
	T5	从热加工稳定后冷却，然后进行人工时效
	T5x	从热加工稳定后冷却，然后进行人工时效。当T 后跟有两位数字时，与材料有关，没有统一的解释

（续）

状态代号		说明
T	T6	固溶处理（淬火）后，进行人工时效
	T62	固溶处理（淬火）后，进行人工时效。适用于经退火“O”或经“F”状态的试验材料再进行固溶和人工时效，以达到稳定状态
	T651	固溶处理（淬火）后，通过控制拉伸变形去除应力（薄板或厚板的永久变形量为1.5%～3%，轧制棒材或冷精轧棒材的永久变形量为1%～3%，手工锻件或环锻件和轧制环件的永久变形量为1%～5%），人工时效。产品经拉伸后不再进行矫直
	T6510	固溶处理（淬火）后，通过控制拉伸变形去除应力（挤压棒材、线材、型材和管材的永久变形量为1%～3%，拉拔管材的永久变形量为0.5%～3%），人工时效。产品经拉伸后不再进行矫直
	T6511	除拉伸变形后允许少量矫直，以达到标准要求的公差外，其余与T6510状态相同
	T652	固溶处理（淬火）后，通过压缩产生1%～5%的永久变形量来去除应力，然后进行人工时效
	T654	固溶处理（淬火）后，通过在精整模内整形冷却（模锻）来去除应力，然后进行人工时效
	T66	固溶处理（淬火）后进行人工时效。通过对工艺的特殊控制，使合金（6000系列合金）的力学性能高于T6状态
	T7	固溶处理（淬火）后进行稳定化处理
	T73	固溶处理（淬火）后进行人工过时效，达到最佳抗应力腐蚀性能
	T732	固溶处理（淬火）后进行人工过时效，达到最佳抗应力腐蚀性能。适用于经退火或经“F”状态的试验材料，也适用于用户对已进行过任何处理状态的材料进行热处理的情况
	T7351	固溶处理（淬火）后，通过控制拉伸变形来去除应力（薄板或厚板的永久变形量为1.5%～3%，轧制棒材或冷精轧棒材的永久变形量为1%～3%，手工锻件或环锻件和轧制环件的永久变形量为1%～5%），人工时效达到最佳抗应力腐蚀性能。产品经拉伸后不再进行矫直
	T73510	固溶处理（淬火）后，通过控制拉伸变形去除应力（挤压棒材、线材、型材和管材的永久变形量为1%～3%，拉拔管材的永久变形量为0.5%～3%），人工时效达到最佳抗应力腐蚀性能。产品经拉伸后不再进行矫直
	T73511	除拉伸变形后允许进行少量矫直，以达到标准要求的公差外，其余与T73510状态相同
	T7352	固溶处理（淬火）后，通过压缩产生1%～5%的永久变形量来去除应力，然后进行人工时效达到最佳抗应力腐蚀性能
	T7354	固溶处理（淬火）后，通过在精整模内整形冷却（模锻）去除应力，然后进行人工时效达到最佳抗应力腐蚀性能
	T74	固溶处理（淬火）后进行人工过时效（使材料的性能位于T73和T76之间）
	T7451	固溶处理（淬火）后，通过控制拉伸变形去除应力（薄板或厚板的永久变形量为1.5%～3%，轧制棒材或冷精轧棒材的永久变形量为1%～3%，手工锻件或环锻件和轧制环件的永久变形量为1%～5%），然后进行人工过时效（使材料的性能位于T73和T76之间）。产品经拉伸后不再进行矫直
	T74510	固溶处理（淬火）后，通过控制拉伸变形去除应力（挤压棒材、线材、型材和管材的永久变形量为1%～3%，拉拔管材的永久变形量为0.5%～3%），然后进行人工过时效（使材料的性能位于T73和T76之间）。产品经拉伸后不再进行矫直
	T74511	除拉伸变形后允许进行少量矫直，以达到标准要求的公差外，其余与T74510状态相同
	T7452	固溶处理（淬火）后，通过压缩产生1%～5%的永久变形量来去除应力，然后进行人工过时效（使材料的性能位于T73和T76之间）
	T7454	固溶处理（淬火）后，通过在精整模内整形冷却（模锻）来去除应力，然后进行人工过时效（使材料的性能位于T73和T76之间）
	T76	固溶处理（淬火）后进行人工过时效，达到良好的抗剥落腐蚀性能

（续）

状态代号		说明
T	T761	固溶处理（淬火）后进行人工过时效，达到良好的抗剥落腐蚀性能（应用于 7475 薄板材和带材）
	T762	固溶处理（淬火）后进行人工过时效，达到良好的抗剥落腐蚀性能。适用于经退火或经“F”状态的试验材料，也适用于用户对已进行过任何处理状态的材料进行热处理的情况
	T7651	固溶处理（淬火）后，通过控制拉伸变形去除应力（薄板或厚板的永久变形量为 1.5%～3%，轧制棒材或冷精轧棒材的永久变形量为 1%～3%，手工锻件或环锻件和轧制环件的永久变形量为 1%～5%），然后通过人工过时效达到良好的抗剥落腐蚀性能。产品经拉伸后不再进行矫直
	T76510	固溶处理（淬火）后，通过控制拉伸变形去除应力（挤压棒材、线材、型材和管材的永久变形量为 1%～3%，拉拔管材的永久变形量为 0.5%～3%），然后通过人工过时效达到良好的抗剥落腐蚀性能。产品经拉伸后不再进行矫直
	T76511	除拉伸变形后允许进行少量矫直，以达到标准要求的公差外，其余与 T76510 状态相同
	T7652	固溶处理（淬火）后，通过压缩产生 1%～5% 的永久变形量来去除应力，然后进行人工过时效，达到良好的抗剥落腐蚀性能
	T7654	固溶处理（淬火）后，通过在精整模内整形冷却（模锻）来去除应力，然后进行人工过时效，达到良好的抗剥落腐蚀性能
	T79	固溶处理（淬火）后进行人工过时效（轻微的过时效）
	T79510	固溶处理（淬火）后，通过控制拉伸变形去除应力（挤压棒材、线材、型材和管材的永久变形量为 1%～3%，拉拔管材的永久变形量为 0.5%～3%），然后进行人工过时效（轻微的过时效）。产品经拉伸后不再进行矫直
	T79511	除拉伸变形后允许进行少量矫直，以达到标准要求的公差外，其余与 T79510 状态相同
	T8	固溶处理（淬火）后，进行冷变形和人工时效
	T81	固溶处理（淬火）后，进行约 1% 的冷变形和人工时效
	T82	用户进行固溶处理（淬火）后，控制拉伸变形量小于 2%，然后进行人工时效（用于 8090 合金）
	T832	固溶处理（淬火）后，通过控制进行特定量的冷变形，然后进行人工时效（用于 6063 合金的拉拔管材）
	T841	固溶处理（淬火）后，进行冷变形和人工欠时效（用于 2091 和 8090 合金的薄板和带材）
	T84151	固溶处理（淬火）后，通过控制拉伸变形量为 1.5%～3% 来去除应力，然后进行人工欠时效（用于 2091 和 8090 合金的薄板和带材）
	T851	固溶处理（淬火）后，通过控制拉伸变形去除应力（薄板或厚板的永久变形量为 1.5%～3%，轧制棒材或冷精轧棒材的永久变形量为 1%～3%，手工锻件或环锻件和轧制环件的永久变形量为 1%～5%），然后进行人工过时效。产品经拉伸后不再进行矫直
	T8510	固溶处理（淬火）后，通过控制拉伸变形去除应力（挤压棒材、线材、型材和管材的永久变形量为 1%～3%，拉拔管材的永久变形量为 0.5%～3%），然后进行人工过时效。产品经拉伸后不再进行矫直
	T8511	除拉伸变形后允许进行少量矫直，以达到标准要求的公差外，其余与 T8510 状态相同
	T852	固溶处理（淬火）后，通过压缩产生 1%～5% 的永久变形量来去除应力，然后进行人工过时效
	T854	固溶处理（淬火）后，通过在精整模内整形冷却（模锻）来去除应力，然后进行人工过时效
	T86	固溶处理（淬火）后，进行约 6% 的冷变形和人工时效
	T87	固溶处理（淬火）后，进行约 7% 的冷变形和人工时效
	T89	固溶处理（淬火）后，进行适当的冷变形达到规定的力学性能，然后进行人工时效
	T9	固溶处理（淬火）后进行人工时效，进行冷变形
	T9x	固溶处理（淬火）后进行人工时效，进行冷变形。当 T 后跟有两位数字时，与材料有关，没有统一的解释

（续）

状态代号		说明
T	Tx51	通过 Tx 状态的拉伸去除应力
	Tx510	通过 Tx 状态的拉伸去除应力，去除应力后不再进行矫直处理
	Tx511	通过 Tx 状态的拉伸去除应力，去除应力后允许进行少量矫直，以达到标准中的公差要求
	Tx52	通过 Tx 状态的压缩去除应力
	Tx54	通过 Tx 状态的拉伸和压缩去除应力

通常，变形铝合金在冷加工状态下供货（如冷轧 Hxy），也可在完成了冷加工的不同阶段后，以退火状态供货，或由用户自行进行成形加工。所有变形铝合金加热到高于200℃（390℉）的温度，其强度（加工硬化）都会有所下降，但是，可热处理强化铝合金与不可热处理强化铝合金相比有明显的差别。

将冷变形（加工硬化 Hxy）状态的合金加热到足够高的温度，将发生回复/再结晶，导致强度降低。不可热处理强化铝合金通常在 O 或 F 状态下供货，因此，在短时间加热的情况下，室温强度不会显著降低。但如果长时间暴露在高温下，则会导致晶粒长大等组织变化，从而使合金强度甚至塑性（成形加工性能）大幅度降低。不可热处理强化铝合金在进行冷加工（如轧制）后，可采用的 Hxy 状态代号见表 2-44。

表 2-44 不可热处理强化铝合金的 Hxy 状态代号

状态代号①	说明
H1y	仅进行冷变形强化
H2y	进行冷变形强化和不完全退火
H3y	进行冷变形强化和稳定化处理
H4y	进行冷变形强化和喷漆或刷漆处理

① H 后的第一个数字（x）表示热处理的类型；第二个数字（y）表示加工硬化程度（最大值为9）。

2.3.1 退火机制和微观组织演化

退火是降低加工硬化金属零部件和结构件硬度的必要步骤。在金属塑性冷成形的过程中，大部分的形变能都转变为热能，但是其中有一小部分（5%）以形变储能的形式保留在冷变形的微观组织中，这些微观组织由位错缠绕，形成复杂的亚结构（大多数铝合金），或者形成有序的胞状亚晶粒（纯铝）。

1. 冷加工和形变储能

冷加工通常是在较低的温度下进行变形，对于铝合金，温度通常低于 150℃（300℉）。通过冷加工，引入缺陷（位错）和引起微观组织变化，造成晶格畸变，这些组织变化包括：

1）晶粒拉长，并伴随单位体积晶粒表面积增加（图 2-81）。

2）位错密度增加并产生缠结（与具体合金有关）。

3）由于应变造成晶粒重新取向（形成织构）。

对于铝合金来说，在变形应力 σ 的作用下，产生塑性应变 ε 的单位体积储能为 $0.05\sigma'\varepsilon'$。也就是说，在变形过程中，实际上仅有大约 5% 的变形功是储存在金属中的，其余的都作为热在加工过程中损耗了。

冷加工的工艺状态代号是 H1x，列于表 2-43 中。

2. 回复与再结晶

对于任何组态的位错，材料都试图降低其内能，并重组排列甚至消除位错。应力场为重组排列位错形成低能组态（如小角度亚晶界）提供了能量，在再结晶过程中，通过可动晶界扫过高位错密度区来消除大部分位错，形成新晶粒。

根据退火的加热温度、时间和加热速率不同，变形铝合金处于回复和再结晶的不同阶段，微观组织发生以下变化：

回复——变形材料在退火过程中，微观组织的变化没有产生大角度晶界（即取向相差为 10°～15°的迁移）。

再结晶——在变形储能驱动下，形成大角度晶界并发生迁移，从而形成新的晶粒组织。

晶粒粗化——在再结晶过程中，晶界迁移的驱动力仅是减小晶界的面积，称为晶粒粗化。

（1）回复　将室温高纯铝加热到熔点温度的 30% 时，开始发生回复。在回复过程中，位错通过滑移、攀爬和交滑移，重组排列和湮灭，合金的形变储能降低。铝合金具有较高的层错能，阻碍了变形过程中的位错分离，位错相对容易发生攀移，而攀移是控制其回复速率的主要因素，从而导致了在退火过程中铝合金容易发生回复。回复只能部分消除位错结构，因此，此时材料的性能仅部分得到了恢复。

在回复退火过程中，位错密度降低，导致合金的强度和其他性能下降。图 2-82 所示为冷变形 1100 合金在回复过程中拉伸性能的变化。

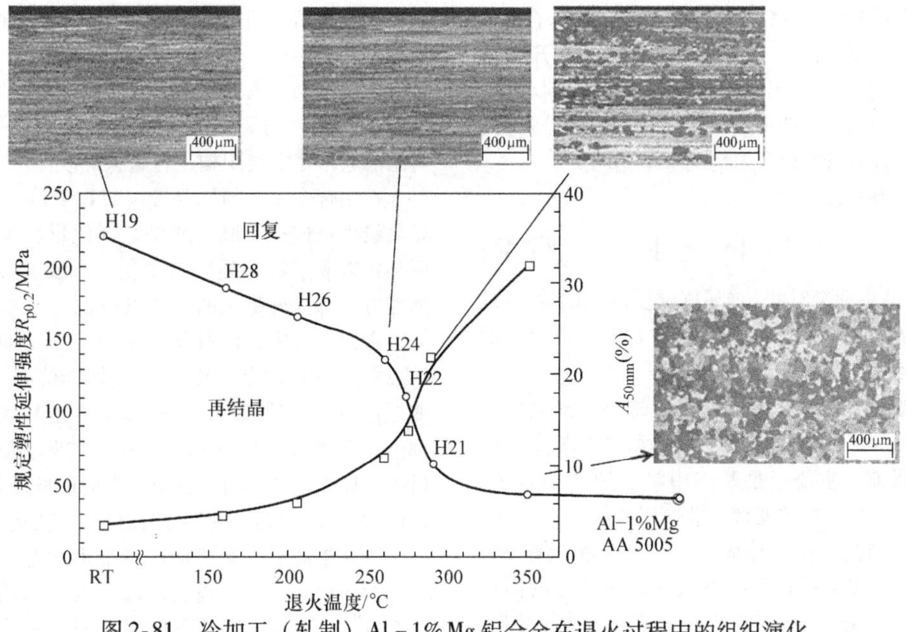

图 2-81 冷加工（轧制）Al－1% Mg 铝合金在退火过程中的组织演化

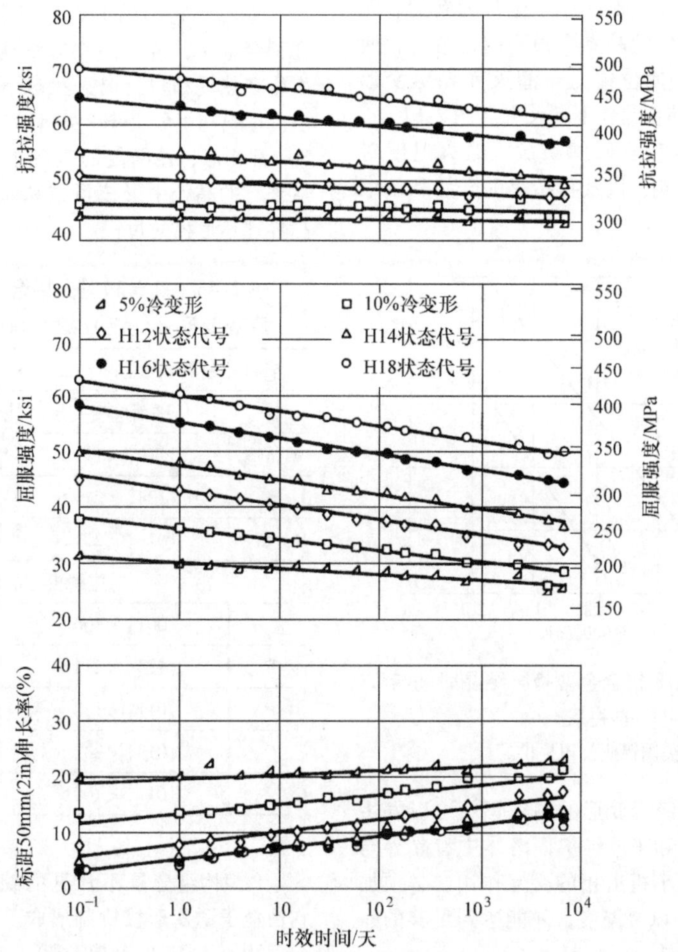

图 2-82 1100－H18 铝合金薄板的等温退火拉伸性能曲线

注：由美国铝业公司提供。

当温度达到约230℃（450℉）时，完成了由回复机制引起的硬度降低。该过程的特点是，开始时强度快速下降，然后下降得较慢，逐渐达到稳定，温度越高，则强度降低得较多。随合金的成分不同，回复退火过程有所变化，但情况基本相同。

回复动力学表达式为

$$\Delta\sigma = S\ln\left(1 + \frac{t}{t_0}\right) \tag{2-15}$$

式中，$\Delta\sigma$ 是在回复时间 t 内屈服强度的降低量；S 是与回复机制的活化体积相关的参数；t_0 是与回复机制的活化能相关的参数。

任何微观组织中抑制位错运动的因素都会影响回复动力学。因此，回复动力学受到温度和微观组织特征的影响，主要包括基体中溶质原子的含量、第二相粒子、加热前的变形、堆垛层错能。

（2）再结晶　再结晶是通过晶界迁移，使位错彻底湮灭，形成新晶粒的一种机制。在特定的高位错密度区中，局部高度回复的亚晶形成再结晶晶核，当该晶核足够大时，在变形区域中生长为新的、无变形的新晶粒。新晶粒的晶界有很高的迁移性，通过晶界的快速移动，使位错完全湮灭和耗尽变形（回复）的组织，促使新晶粒不断长大（图2-81）。

再结晶过程与温度和时间有关。退火温度对1100薄板再结晶的影响，以及再结晶的开始和结束时间如图2-83所示。

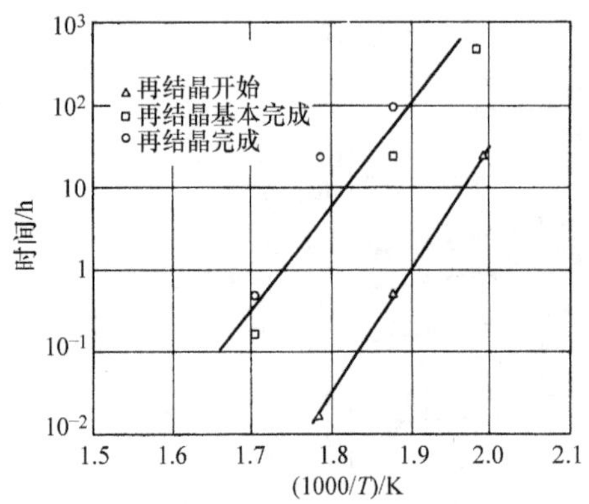

图2-83　1100-H18铝合金薄板再结晶时间与温度的关系

注：由美国铝业公司提供。

在环境温度下，经冷变形的高纯铝就可以发生再结晶，由于铝合金和工业纯铝固溶体中有晶界与合金元素、杂质和细小析出相的交互作用，必须加热到250℃（480℉）以上温度，才能达到足够的晶界迁移率而发生再结晶。

最终的晶粒大小主要与形核率有关，而形核率取决于合金的变形量，变形量越大，形核率越高。例如，大变形冷轧薄板会得到细小晶粒（<10μm）。

在再结晶过程中，晶界迁移是重要的，它依赖于新长大晶粒与原变形晶粒之间的取向差。因此，再结晶通常需要对织构进行重大的改变。

在铝合金中，与原晶粒<111>方向呈40°角的新晶粒生长速率最高。此外，择优形核位置对于变形晶粒造成了特殊的取向改变，导致了典型的再结晶效应（如冷轧铝板的立方织构）。

在铝合金中，没有晶体结构转变（即没有铁中的α相向γ相转变，或黄铜中形成孪晶）。因此，在变形铝的退火过程中，所有新的再结晶晶粒的取向都出现在变形组织/织构中。在单方向变形的纯铝线材中，存在<111>和<100>方向的纤维织构组分，该织构组分在退火过程中按比例发生改变。

冷轧铝薄板（即平面应变变形状态）具有典型的轧制织构组分，在退火时转变为典型的再结晶织构组分，见表2-45。最著名的两种织构为立方织构和R织构，它们的形成与特定的再结晶机制有关。在铝合金中，著名的立方织构组分（图2-84a）多发生在热轧和自行退火状态下，或者在冷轧和退火后。R织构组分（图2-84a）与主要的轧制织构组分S非常相似，在回复的基础上，发生原位再结晶或从现有的晶粒中形核再结晶。例如，通过应变诱发晶界迁移形核的过程。

表2-45　轧制和退火铝合金板中的主要平面应变变形（轧制）织构和典型的再结晶织构

名称	密勒指数{hkl}<uvw>	欧拉角 $\varphi1, \Phi, \varphi2$/(°)
平面应变变形（轧制）织构		
C，铜	{112}<111>	90，35，45
S	{124}<211>	63，31，60
B，黄铜	{011}<211>	35，45，0
对应的再结晶织构		
立方	{001}<100>	0，0，0
R	{124}<211>	63，31，60
P	{011}<122>	70，45，0
Q	{013}<231>	45，15，10
G，高斯	{011}<100>	0，45，0

P织构组分是不常见的织构组分（图2-84b），它由粒子诱发形核机制形成。此外，还有Q织构组分（由立方织构旋转而成）。它们源于均匀的变形，也就是可由粒子或剪切带诱发产生。

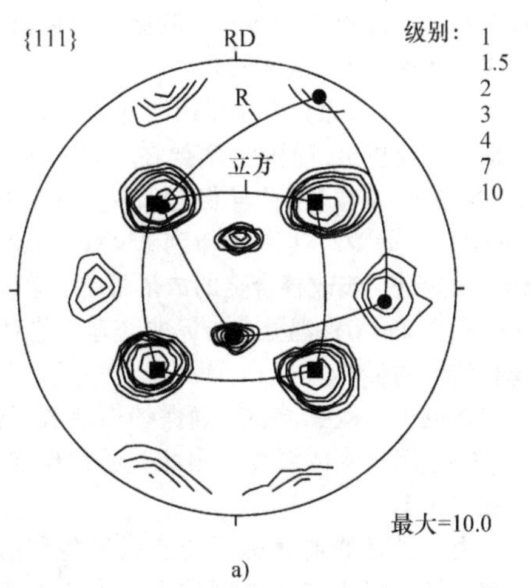

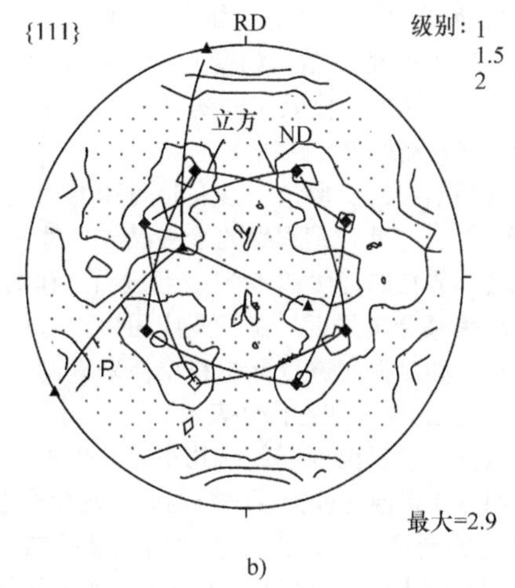

图2-84 典型轧制铝合金的再结晶织构

a）商业纯铝中95%为立方织构和R织构 b）可时效强化Al-Mg-Si铝合金中旋转立方织构和R织构的法线（ND）方向

RD—轧制方向

（3）晶粒粗化 在退火加热温度过高或加热时间过长时，会发生晶粒粗化现象。粗大晶粒会导致合金的强度降低（根据Hall-Petch关系），当晶粒尺寸大于50μm时，在随后的变形过程中，合金会产生明显的表面效果（如“橘皮”织构）。当合金在临界变形量下进行变形（通常为5%～15%，导致形核位置有限），或者采用超过400℃（750℉）的高退火温度时，许多常用的铝合金在固溶处理或退火过程中都会出现晶粒长大现象。如果必须在高温下退火（如固溶退火），可以通过添加合金元素（如锰），析出细小弥散的析出相来钉扎晶界，避免晶粒长大。然而，当退火温度接近或超过析出相的固溶度极限时，会造成局部晶界的过度生长，发生晶粒反常长大的二次再结晶现象。此外，强织构薄板由于局部取向差不同，容易造成晶界迁移差异不同，从而在一次再结晶后发生二次再结晶现象。

在随后的制造或变形加工过程中，粗晶粒可能会造成工件表面粗糙、外观出现弯曲或功能无法满足要求、产生废品，此外，还有可能导致力学性能下降。在随后的阳极极化、蚀刻和化学铣削工艺中，通常，可以发现严重的晶粒长大。通常，严重粗大的晶粒会造成合金材料在焊接或钎焊过程中开裂，在这种情况下，裂纹沿晶界不受阻碍地快速传播。

如果橘皮状表面造成了外观或功能方面的问题，那么，必须考虑对表面进行研磨或抛光等精加工。如果表面粗糙造成了力学性能降低，则必须通过试验来评估力学性能与预期服役条件的关系。

例如，采用2mm（0.080in）薄板，通过拉伸成形和O状态代号处理加工成零件。与零件正常晶粒尺寸的部位相比，在出现严重晶粒长大的部位，抗拉强度和屈服强度明显降低。然而，人们并不是总能立刻发现晶粒粗大的危害，在许多情况下，这样的零件还被用于重要用途。

3. 热处理类型

（1）预热或均匀化退火 均匀化退火是为铸锭后续成形工艺，如挤压或（热）轧工艺做准备的第一道退火工序。合金在该工序中会发生重要的组织变化，必须对温度和时间进行严格的控制。铸锭预退火过程通过快速激冷，降低了合金元素的化学（微观）偏析效应，因此通常也称为均匀化处理。

此外，使合金中脆性的金属间化合物（共晶相）发生溶解，是提高力学性能和精加工性能的有效方法。在加热温度足够高的条件下，铸锭在冷却过程中析出的某些相（如Mg_2Si）会发生溶解，因此，能改善合金的成形性能、力学性能和其他工艺性能。冷却过程中固溶在铸锭基体中的某些元素（如锰），在均匀化处理中也可能发生析出。它们控制着析出相的大小和分布，从而影响着随后的成形过程和微观组织演化（如在随后的热成形过程中回复和再结晶），并可能影响到最终合金的性能。

（2）完全退火 许多锻件产品都是以完全软化状态“O”供货的，也就是说，为确保不可热处理强化和可热处理强化铝合金具有最好的塑性和加工性能，必须对锻件产品进行完全再结晶退火。根据合金成分选择退火的温度和时间。不论是不可热处理强化铝合金还是可热处理强化铝合金，当加热温度达到260～440℃（500～825℉）时，都能基本消除冷加工强化效果。工业Al-Mn合金在大于250℃

(480℉) 温度下发生再结晶，如图 2-81 所示。此外，还需要考虑其他参数，如变形量、应变速率、变形温度、加热速度、保温时间的影响，但通常会选择生产效率最高的工艺路线。

通过选择不同的变形量、退火时间和加热速率(在较小范围内)，能达到理想的最终晶粒尺寸和织构（影响各向异性的特性)，此外，通过固溶和细晶强化进一步提高合金强度。在工业应用中，可以通过轻微变形，如对板材进行开卷和拉伸来提高合金强度。该工艺用 H111 状态代号表示。

可以选择在较低温度下保温几小时，也可以选择在较高温度下保温几秒钟后进行退火来软化合金，以达到给定的硬度要求。为了消除加工硬化效应，通常加热温度选择大约 345℃ (650℉) 就足够了。如果必须消除由热处理引起的或从热加工温度冷却过程中产生的硬化效应，可采用一种得到粗大、宽间距析出相的处理工艺。该工艺为在 415 ~ 440℃(775 ~825℉) 保温后，以不大于 28℃/h (50℉/h) 的冷却速率，缓慢冷却到大约 260℃ (500℉)。在保温和缓冷过程中，高的扩散速率会使析出相发生聚集，从而获得最低的硬度。

对 7×××系列合金采用这种处理工艺，只发生了部分沉淀析出，因此，需要在 (230±6)℃ [(450±10)℉] 的温度下再保温 2h。如采用 28℃/h (50℉/h) 的冷却速率冷却到 230℃ (450℉) 保温 6h，则能进一步改善合金的成形性能。表 2-46 对比了采用在 230℃保温处理与标准处理工艺对 7075-O 薄板塑性的影响。

在退火过程中，必须确保炉内装载工件的所有位置都达到适当的温度，因此，通常规定保温时间不能少于 1h。

由于过高的加热温度会造成氧化和晶粒粗大，因此，最高退火加热温度的选择也是非常关键的，通常建议不要超过 415℃ (775℉)。通常，3003 铝合金需要采用快速加热，以防止晶粒粗大。建议采用相对较慢的冷却方式，例如在静止空气或炉中冷却，以尽可能地减少变形。表 2-47 中列出了部分常用合金的典型退火工艺。

表 2-46 退火处理对 7075-O 薄板塑性的影响

退火工艺	不同板厚的拉伸伸长率① (%)，标距 50mm (2in)			不同板厚的弯曲角度②/(°)		不同板厚的弯曲伸长率③ (%)，标距 50mm (2in)	
	0.5mm (0.020in)	1.6mm (0.064in)	2.6mm (0.102in)	1.6mm (0.064in)	2.6mm (0.102in)	1.6mm (0.064in)	2.6mm (0.102in)
工艺 1④	12	12	12	82	73	48	50
工艺 2⑤	14	14	14	91	76	58	57
工艺 3⑥	16	16	—	92.5	84	56	60

① 带网格拉伸试样的均匀伸长率。
② 首次开裂时的弯曲角度。
③ 采用 1.3mm (0.05in) 大小的跨距测量的断裂弯曲伸长率。
④ 在 (415±14)℃ [(775±25)℉] 保温 2h；以 30℃/h (50℉/h) 的冷速炉冷至 260℃ (500℉)；空冷。
⑤ 在 425℃ (800℉) 保温 2h，空冷；在 230℃ (450℉) 保温 2h，空冷。
⑥ 在 425℃ (800℉) 保温 1h；以 30℃/h (50℉/h) 的冷速炉冷至 230℃ (450℉)；在 230℃ (450℉) 保温 6h，空冷。

表 2-47 部分常用合金的典型退火工艺

合金牌号	工件的温度		到温后保温时间/h	合金牌号	工件的温度		到温后保温时间/h
	℃	℉			℃	℉	
1060	345	650	①	2124	415②	775②	2~3
1100	345	650	①	2219	415②	775②	2~3
1350	345	650	①	3003	415	775	①
2014	415②	775②	2~3	3004	345	650	①
2017	415②	775②	2~3	3105	345	650	①
2024	415②	775②	2~3	5005	345	650	①
2036	385②	725②	2~3	5050	345	650	①
2117	415②	775②	2~3	5052	345	650	①

（续）

合金牌号	工件的温度		到温后保温时间/h	合金牌号	工件的温度		到温后保温时间/h
	℃	℉			℃	℉	
5056	345	650	①	6053	415②	775②	2～3
5083	345	650	①	6061	415②	775②	2～3
5086	345	650	①	6063	415②	775②	2～3
5154	345	650	①	6066	415②	775②	2～3
5182	345	650	①	7001	415③	775③	2～3
5254	345	650	①	7005	345④	650④	2～3
5454	345	650	①	7049	415③	775③	2～3
5456	345	650	①	7050	415③	775③	2～3
5457	345	650	①	7075	415③	775③	2～3
5652	345	650	①	7079	415③	775③	2～3
6005	415②	775②	2～3	7178	415③	775③	2～3
6009	415②	775②	2～3	7475	415③	775③	2～3
6010	415②	775②	2～3				
钎焊板							
No. 11 和 12	345	650	①	No. 23 和 24	345	650	①
No. 21 和 22	345	650	①				

注：表中采用“O”状态代号对材料进行退火，是对不同尺寸工件和加工方法的典型处理方法，但对于特定的产品，可能不是优化的处理方法。

① 炉内保温时间不需要超过使所有工件都必须达到退火温度的时间，可不考虑工件的冷却速率。

② 该处理方法的目的是消除固溶处理的影响，包括以约 30℃/h（50℉/h）的冷却速率从退火温度冷却到 260℃（500℉），可不考虑工件随后的冷却速率；在 345℃（650℉）进行加热处理，而后不对冷却进行控制，用以消除冷加工的影响，或者部分消除热处理的影响。

③ 该处理方法的目的是消除固溶处理的影响，包括以约 30℃/h（50℉/h）的冷却速率从退火温度冷却到 205℃（400℉）或更低温度，随后再加热至 230℃（450℉）保温 4h；在 345℃（650℉）进行加热处理，而后不对冷却进行控制，用以消除冷加工的影响，或者部分消除热处理的影响。

④ 采用小于或等于 30℃/h（50℉/h）的冷却速率冷却到 205℃（400℉）或以下温度。

一些产品可以快速加热和冷却，如线材，总加热和冷却时间只需要几秒钟，而薄板则只需要几分钟。采用这些极其快速的加热和冷却工艺，最高加热温度可以超过 440℃（825℉）。

（3）不完全退火和回复退火　通过不完全退火和回复退火（图 2-81 中的 H2x 状态）可以使合金性能（强度和塑性）达到平衡，即获得一定的强度，弥补由轧制产生的加工硬化造成的部分塑性损失。选择的退火温度通常低于再结晶温度。回复退火与不完全退火不完全相同，不完全退火可能会发生部分再结晶，而回复退火是通过位错亚结构密度变化，重组排列成胞状组织（多边形化组织）来达到所要求的性能。在合金牌号相同的条件下，与最终采用冷加工工艺（H1 状态）达到同等强度相比，采用 H2 状态退火处理的可弯曲性和可成形性要高得多。在 H2 状态处理中，需要对温度进行严格控制，以保证力学性能的一致性和均匀性。

图 2-85 所示为退火温度和时间对不可热处理强化铝合金 1100－H18 和 AA5052－H18 薄板性能的影响。从图中曲线可以看出，选择适当的时间和温度组合，合金的力学性能处于在冷加工状态和完全退火状态之间。从图中还可以明显看到，温度对屈服强度的影响要比时间大得多。

不完全退火后的性能取决于合金的回复和再结晶的完成情况，在很大程度上，退火曲线的斜率受合金成分、变形量和应变速率的影响。曲线斜率陡峭变化通常表明发生了再结晶，而曲线斜率平缓变化则表明仅发生了回复。图 2-86 所示为模拟铝合金卷材在退火过程中，不同部位温度和强度的变化。由于退火曲线中间平坦区域的强度决定了在不同时间范围内，卷材各部位是否满足性能规范要求，因此这部分显得非常重要。此外，曲线的斜率还受回复和再结晶机制和速率的影响。冷加工和退火的状态代号为 H2x（表 2-43）。

（4）中间退火　在轧制过程中进行的退火称为中间退火。它有助于部分或全部消除冷变形过程中产生的加工硬化，使进一步变形更为容易。中间退火通常用于生产需要产生有限变形量的 H12 或 H14 状态条件下的合金产品。

（5）自行退火　这种加热过程是利用热轧机的出口温度控制冷轧前的微观组织（和织构）。值得注意的是，尽管自行退火的生产效率高且具有成本优势，但材料的力学性能并不一定比进行分批次中间退火的材料性能好。

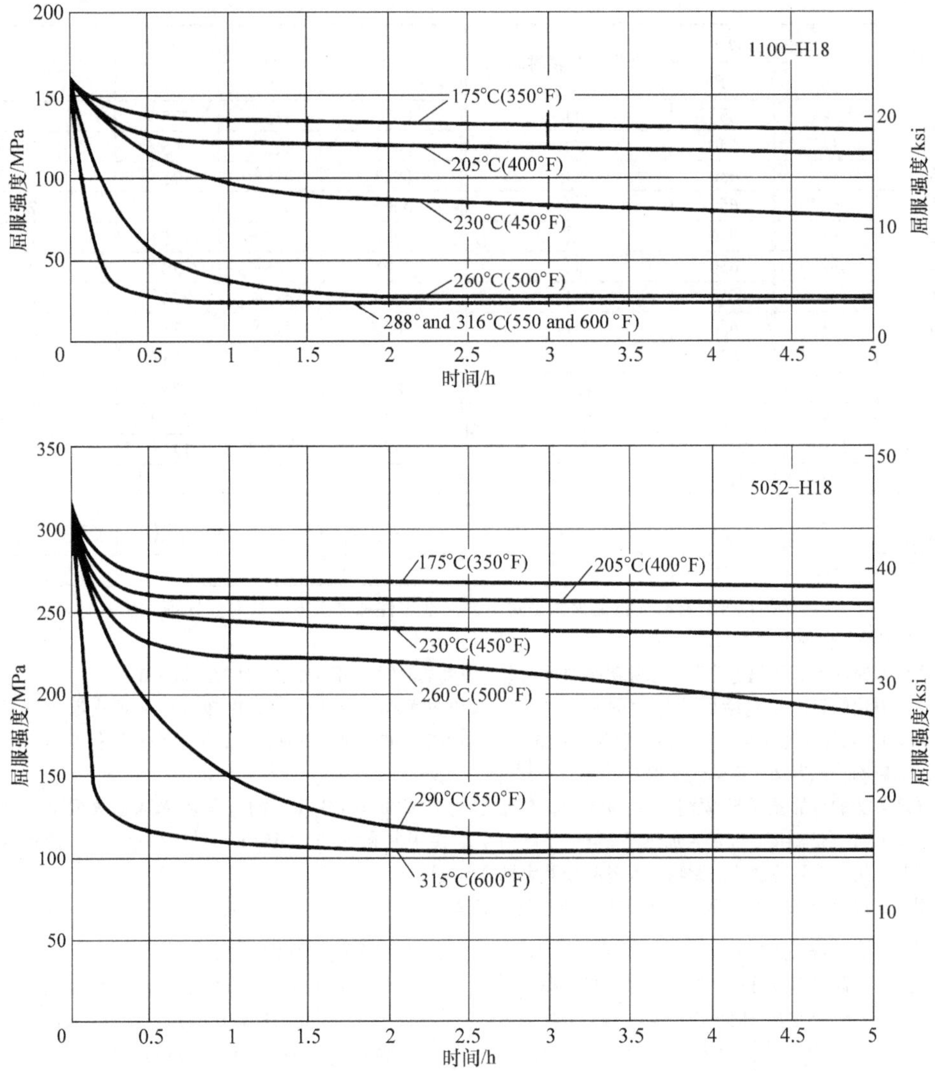

图 2-85　1100 - H18 和 AA5052 - H18 合金的等温退火屈服强度变化曲线

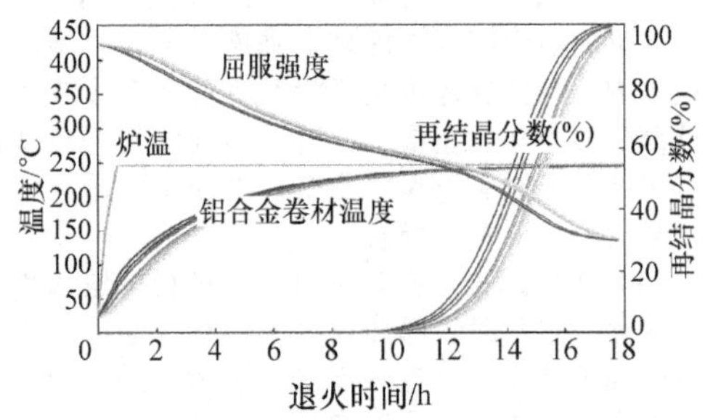

图 2-86　模拟铝合金卷材退火过程中温度、再结晶和屈服强度变化

（6）稳定化处理　稳定化处理通常是加工硬化铝合金的最后热处理工艺。例如，为保持材料的强度或成形性能进行的处理，用于表面上漆前，类似于回复退火。此外，稳定化处理还可以降低应力或晶间腐蚀开裂敏感性，处理温度在 200℃（390℉）以下，可以减少在服役条件下发生回复现象。选择较高的温度时，通常应用于稳定和降低 5×××系列合金的应力腐蚀开裂敏感性，以避免在晶界上连续析出 Mg_5Al_8 相。冷加工和稳定化退火的状态代号为 H3x，见表 2-43。

（7）烘干　在冷成形后，可以进行如涂装或上漆等涂层工艺，在这些工艺中，部分工序需要进行加热或烘干处理。例如，EN - 5182（H18）合金在冷轧后，在约 200℃（390℉）温度下进行涂装或上漆烘干工序，合金在该回复过程中会失去部分强度，因此，可以采用 H48 工艺状态进行处理。冷加工和中间退火的工艺状态代号为 H4x，见表 2-43。

2.3.2　可热处理强化铝合金的退火

对可热处理强化铝合金进行时效强化热处理，能达到最高的强化效果。通过多步热处理工艺，能得到细小弥散的第二相粒子，提高铝合金的强度。具体的热处理步骤为：

1）固溶加热。溶解可固溶的原子/相。

2）淬火。得到过饱和固溶体。

3）时效硬化。通过人工时效或自然时效，在过饱和固溶体中产生析出相。

1. 固溶处理

为了在时效强化过程中析出细小弥散的第二相，必须首先得到含有合适合金元素（如铜、锌或镁和硅的组合等）的过饱和固溶体。具体方法只能是通过高温固溶加热，得到近乎均匀的基体，然后快速淬火冷却得到过饱和固溶体。固溶加热温度应高于合金元素的固溶度曲线，固溶保温时间应足够长，以确保能完全溶解前续工序过程中形成的所有第二相。根据合金元素的不同，固溶加热温度范围不同，通常在 500℃（930℉）以上，根据相组织的分布和尺寸、合金元素的扩散系数，保温时间通常为 10s 到几分钟不等。

2. 热加工后直接进行时效热处理

在某些情况下，合金可以在热加工，如挤压工序后直接进行淬火。根据合金成分的不同，可以在热加工后直接采用空冷或水冷淬火，然后进行时效热处理。

6061、6063、6463 和 7005 等合金在完成挤压成形后，适合直接淬火，不需要单独进行固溶处理。对钢来说，热加工成形后直接淬火是通过马氏体相变来达到最高强度的传统方法。而对于可热处理强化铝合金来说，热加工成形后直接淬火，在随后的时效过程中，能获得显著的时效强化效果。

3. 淬火

淬火是热处理工艺中的一个关键步骤，其目的是迅速冷却到接近室温，避免那些不利于力学性能或耐蚀性的析出相在冷却过程中析出，得到过饱和固溶体，为时效析出强化创造最佳条件。然而，缓速淬火对某些不含铜的 Al－Zn－Mg 合金的抗应力腐蚀开裂性能有一定的改善。最常见的淬火方法是将工件浸入冷水中，此外，铝薄板厂多采用连续热处理淬火，在挤压成形厂中，则采用连续浸水或用高速喷洒冷水挤压工件的方法进行淬火。

4. 时效强化

时效强化是热处理强化的最后步骤，可以在室温（自然时效）或高温（人工时效）下进行。析出速率慢的合金可以在室温下保存数天或几个月，在用户完成成形工艺后，采用适中的温度进行析出处理（如6×××系列合金汽车薄板成形后的喷漆/涂漆工艺）。

对于某些7×××系列合金，在室温下保存几天内就会产生足够数量的析出，得到满足大多数用途、性能稳定的产品。然而，有些合金也可以进一步进行析出强化热处理，以提高强度/硬度和抗疲劳性能。对于某些合金，特别是 2×××系列的部分合金，冷加工或重新淬火会大大提高时效析出过程中的析出反应。

6×××系列合金中的高合金牌号、7×××系列合金中的含铜合金，以及所有的 2×××系列合金，都需要进行固溶淬火热处理。对于其中某些合金，特别是2×××系列合金，由于可以采用自然时效进行强化，产生了实用的热处理工艺（状态代号为 T3 和 T4），其合金的性能特点是高的屈强比、高的断裂韧性和好的抗疲劳能力。采用这些状态代号工艺处理的合金，在快速淬火中，保留了相对较多的过饱和状态原子和空位，导致在室温下快速形成了 GP 区，合金强度迅速提高，在 4～5 天的时间内，强度即达到了最高的稳定值。采用 T3 和 T4 状态代号工艺处理的产品，其拉伸性能规范相当于自然时效 4 天所达到的性能指标。以 T3 或 T4 状态代号为标准处理工艺的合金，在进一步自然时效过程中，其性能变化相对较小，采用这些合金和状态代号组合的产品，在经过大约一周后，性能基本达到稳定。

与 2×××系列合金采用 T3 或 T4 状态代号工艺，在几天的自然时效后性能达到相对稳定相比，6×××系列合金、7×××系列合金采用室温时效，性能相当不稳定，其中 7×××系列合金更为严重，即使是在室温下保存多年，它们的力学性能仍然继续发生显著的变化。

5. 去除应力退火

对于冷加工变形铝合金，仅仅消除加工硬化的影响的退火称为去除应力退火。其处理方法是将温度升到大约 345℃（650℉），或对于 3003 合金为升到（400±8）℃［(750±15)℉］，然后冷却到室温。去除应力退火的保温时间没有具体的要求。经过这样处理的合金可实现仅完成回复，部分再结晶，或完全再结晶。然而，对可热处理强化铝合金，由于在进行去除应力处理后，固溶体内仍固溶有相当数量的合金元素，因此还需要进行时效强化热处理。

对可热处理强化铝合金产品，可采用一种特殊的去除应力工艺，该工艺的状态代号为 O1。将铝合金产品加热到正常的固溶加热温度，然后在静止空气中冷却到室温，随后对其进行超声波检查。

对可热处理强化铝合金，即使合金的热导率很高，如果为达到过饱和固溶体状态，在随后的时效热处理中将产生时效硬化，加热后快速淬火也会导致变形和内应力。而正常的时效析出热处理温度通常过低，无法显著消除该应力。因此，在淬火后应立即进行机械加工，通过机械方法消除零件中的应力是一种有效的方法。采用在高温条件下进行的特殊热处理，也可以消除或降低淬火应力，然而，该方法的代价是合金的固溶度和最终可达到的强度会有所降低。铸件采用T7状态代号工艺处理，是这种处理工艺的典型例子。

（1）机械方法去除应力 机械方法去除应力包括对产品进行拉伸（用于杆件、挤压件、板材）或压缩（用于锻件），使其产生少量而可控制的塑性变形（1%～3%）。如可以使用机械方法去除应力，用户应避免再进行热处理去除应力。图2-87所示为对大锻件进行3%的压缩永久变形，应力状态得到改变的效果。

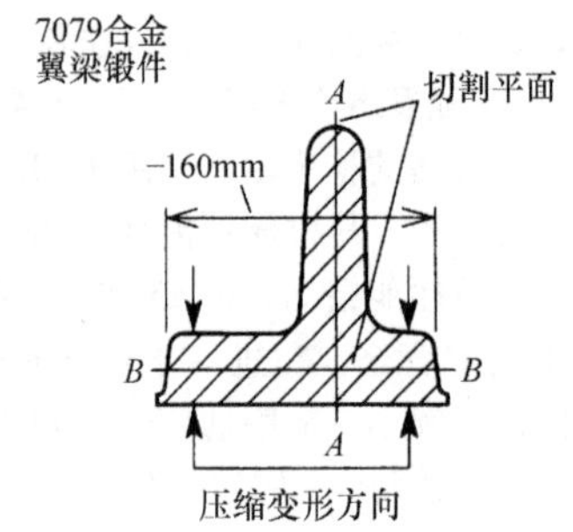

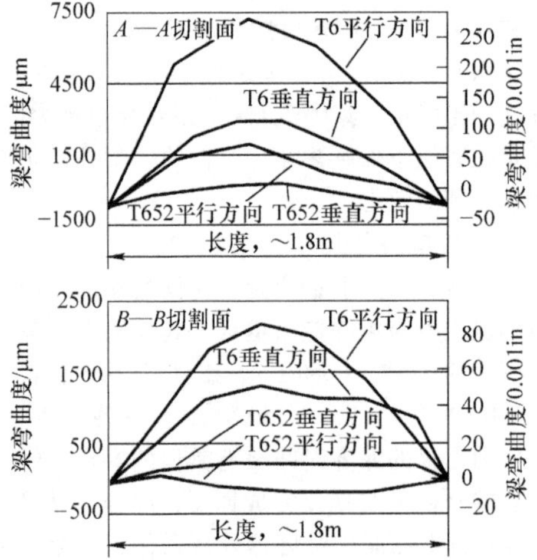

图2-87 3%压缩永久变形（T652处理工艺）对大型锻件应力分布的影响

注：平行和垂直是指翘曲变形的方向相对于切割平面平行和垂直。

这些去除应力方法需要的生产装备比大多数制造厂所具备的生产装备更大，但非常适合应用于生产工厂和锻造车间的产品。采用这些方法生产模锻件和挤压件，通常需要采用专用的模具和夹具结构。通常，拉伸一般限于均匀截面的材料，但现已经成功地生产出台阶式挤压件和尺寸为3m×14m的飞机翼皮，其轧制厚度变化范围达到了3.2～7.1mm（0.125～0.280in）。

采用补充数字特殊组合的状态代号，表示利用机械变形消除淬火残余应力。对于通过拉伸消除残余应力的产品，采用在Tx代号后添加补充数字“51”（如T451）的方式表示。对于通过压缩变形消除残余应力的产品，则在Tx代号后添加补充数字“52”来表示。

通过在代号后添加数字来表示挤压件产品，添加“0”表示产品在最后拉伸后不再进行矫直，添加“1”表示在最后拉伸后进行了矫直。

（2）时效热处理对残余应力的影响 时效热处理能降低淬火过程中产生的残余应力。应力降低程度与时效热处理温度和时间密切相关，此外还与合金成分有关。一般来说，采用T6状态代号时效处理只能部分（10%～35%）降低残余应力。为了通过热处理达到大幅度降低淬火应力的目的，通常需要采用T7状态代号工艺，在更高的温度下进行时效处理，但该处理工艺会产生过时效，从而降低了合金的强度。

（3）其他去除应力处理 其他方法还有循环地将工件加热到室温以上和冷却至室温以下进行处理，循环次数为1～5次。室温以上温度采用沸水温度100℃（212℉），室温以下温度采用干冰和酒精混合液体温度－73℃（－100℉），即所谓的冷处理和冷稳定化处理。采用该方法处理后，残余应力最多能降低25%。在固溶淬火后立即进行冷处理，能达到最佳的效果，但这样会造成合金的屈服强度较低，而且多次循环作用不大。

有些零件在没有去除应力前，是不允许进行机械加工的，但当工件的残余应力降低了25%后，就可以顺利地进行机械加工了。如果需要进行常规的去除应力处理，通过提高上坡淬火（Uphill Quench）剧烈程度，可消除83%的残余应力。上坡淬火是指在接近常规淬火冷却速率的条件下，逆向将低于室温某温度的零件快速加热至高于室温某温度。现已为上坡淬火工艺过程申请了专利。该工艺包括将零件冷处理至－195℃（－320℉），然后迅速上坡淬入高速高压蒸汽中（图2-88）。为确保淬入蒸汽时产生汽爆，达到上坡淬火的效果，加热速度必须足够快。此外，上坡淬火还需要采用专用的夹具固定每一个零件。

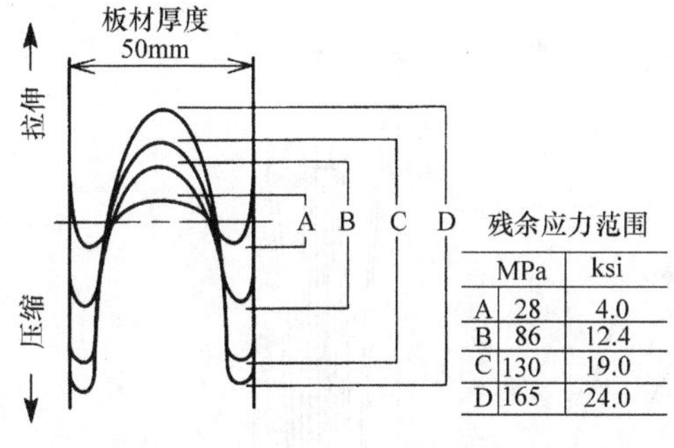

	MPa	ksi
A	28	4.0
B	86	12.4
C	130	19.0
D	165	24.0

处理工艺：

A：冷却至-195°C，而后在蒸汽中进行上坡淬火
B：冷却至-75°C，而后在蒸汽中进行上坡淬火
C：冷却至-75°C或-195°C，而后在沸水中进行上坡淬火
D：标准试样采用传统T6工艺淬火和时效，不再进行其他处理

图 2-88　各种上坡淬火处理对减小 2014 铝合金板残余淬火应力的影响

注：采用推荐的固溶处理温度加热淬火，停留 0.5～1.5h 后再采用上坡淬火处理（仅单循环）。
在上坡淬火后，所有试样都进行 T6 时效处理。

该工艺过程不可能完全解决机械加工中的所有问题。它可能会减少和降低工件内部的翘曲，但也可能在相反的方向上增加最外层的翘曲（图 2-89）。同时，必须对采用该工艺的每个零件的性能和残余应力分布变化情况进行认真的评估，这对于受循环载荷或受海洋环境腐蚀的零件，特别是在生产开始后新增加该工艺或没有对原性能测试进行重复性试验的产品进行评估显得尤为重要。此外，该工艺还存在成本问题和需要处理液氮和高温高压蒸汽等危险。

6. 可控气氛退火和稳定化处理

除退火炉内的空气不含潮湿气氛和氧气外，通常含有极少量镁的铝合金在退火时，都会在其表面形成氧化镁膜。典型例子包括用于生产烹饪用具的 3004 合金，以及 5×××系列合金。

另一个控制退火气氛的优点是，有助于克服或防止油润滑的轧辊产生油渍造成的氧化污染，该油渍在较低的退火温度下不会被烧掉。如果在退火过程中，将炉内的氧含量保持在极低的水平，那么油就不会发生氧化和污染工件。

对完全和不完全退火的温度进行控制比去除应力退火更为重要。应该根据产生再结晶的条件，选择具体的退火温度和时间。对于可热处理强化铝合金，可能产生大尺寸的析出相，因此必须对冷却速率进行严格的控制。即使让工件随炉冷却，也可能导致过高的冷却速率。同理，通过炉温仪表将冷却速率控制在 28℃/h（50℉/h），可能会产生阶梯型的冷却效果。为了最大程度地降低合金硬度，建议连续冷却速率不要超过 28℃/h（50℉/h）。

采用在 315～345℃（600～650℉）保温 2～4h 的退火工艺，能最彻底地消除铸件的残余应力和铸态过饱和固溶体形成析出相，为在高温下服役的工件提供最大的尺寸稳定性。在 1975 年之前，该退火处理工艺的状态代号为“T2”，现改为“O”。

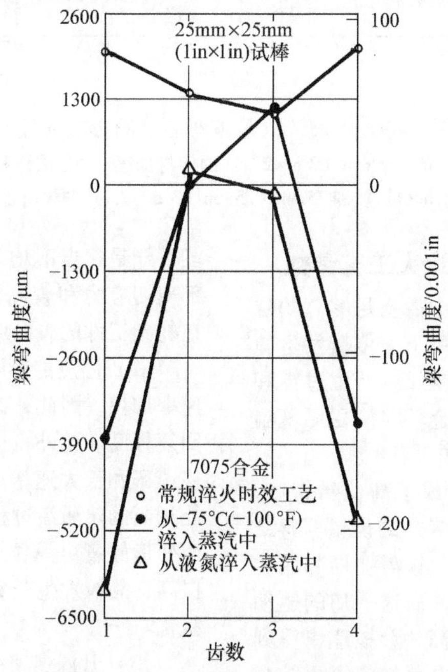

图 2-89　上坡淬火对齿弯曲度的影响

注：6 齿试样采用 50mm×50mm（2in×2in）的棒材加工；4 齿试样和 8 齿试样分别采用 25mm×25mm（1in×1in）和 75mm×75mm（3in×3in）的棒材加工类似的试样。

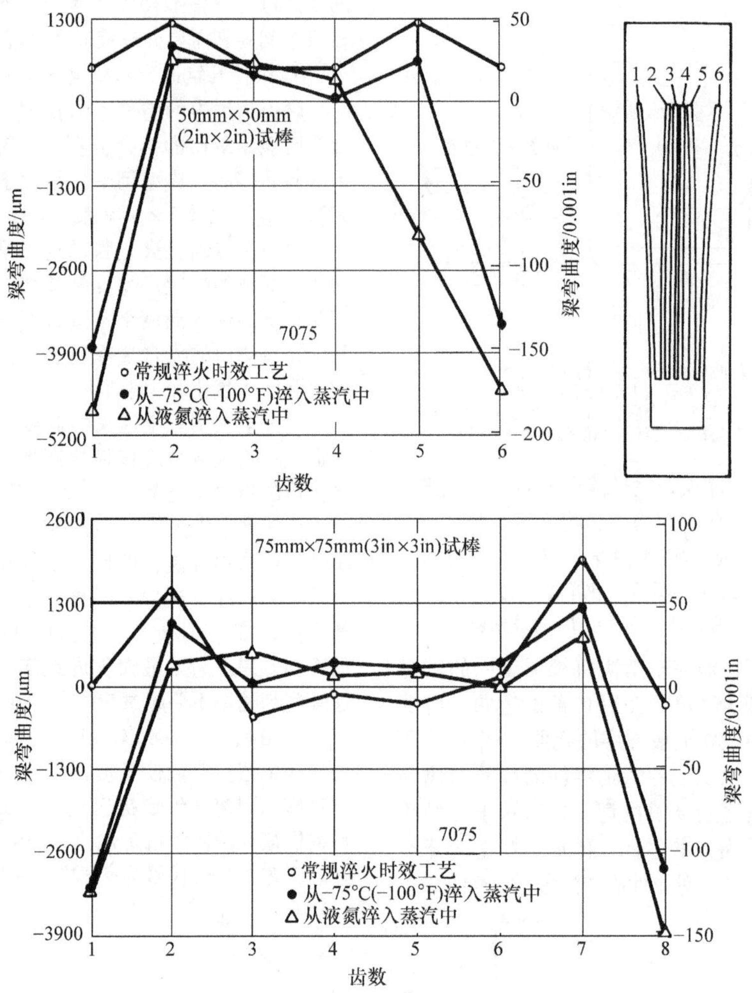

图 2-89 上坡淬火对齿弯曲度的影响（续）

注：6 齿试样采用 50mm×50mm（2in×2in）的棒材加工；4 齿试样和 8 齿试样分别采用 25mm×25mm（1in×1in）和 75mm×75mm（3in×3in）的棒材加工类似的试样。

2.3.3 影响最终性能的主要退火工艺参数

（1）变形的影响 回复过程中需要足够高的位错密度，在位错应力场的交互作用下，位错发生湮灭和重组。在变形过程中，由位错反应产生过饱和空位，引起位错攀移。对于铝合金，即使在环境温度下，上述过程也会与变形过程同时发生。

在变形足够大的条件下，形成了高位错密度，而再结晶过程的作用就是消除该多余的位错。再结晶过程由新晶粒形核和长大组成，这需要局部晶粒具有取向差，以引起晶界的迁移，而这一切的驱动力就是高位错密度。随变形量提高，形核速率得到了提高，晶粒得到了细化，从而显著加速了再结晶进程。

然而，根据变形过程不同，局部变形和形变储能可能是相当不均匀的。例如，在轧制过程中，局部剪切应力和较高的形变储能加速了再结晶过程，在轧制工件的表面形成了细小晶粒和织构。

（2）温度的影响 在较高的温度下，位错重组速率加快，因此，提高退火温度会增加回复速率和回复程度。此外，提高退火温度也提高了再结晶形核速率和长大速率。形核速率和长大速率均为激活能相当的热激活过程，对最终的晶粒尺寸影响较小，而变形储量对晶粒尺寸影响较大。随着温度进一步提高，晶粒发生长大，导致晶粒发生明显不均匀的粗化。

（3）升温速率的影响 在回复过程中，位错密度不断降低，但必须在足够高的温度下，再结晶才可能发生。在快速、短时间加热回复条件下，能加强再结晶的形核效应，从而导致产生更细小的晶粒尺寸和更明显的再结晶织构。

（4）合金元素的影响　合金元素提高了合金的强度，从而提高了变形过程中的形变储能。例如，在铝合金中，镁可以有效地钉扎位错，并显著影响回复。合金中的合金元素可以以固溶体或析出相的形式存在，大的析出相约为 10μm，细小的析出相则远小于 1μm。在退火过程中，它们的影响是截然不同的。

（5）退火对各向异性的影响　由于再结晶产生了大角度晶界和新取向的晶粒（改变了织构），退火可能会改变合金的各向异性性能。作为薄板加工成形的实例，将带织构的圆形毛坯薄板深冲拉为杯形工件时，产生了各向异性材料流变（即所谓的制耳）。最初热轧板立方织构产生的强烈的 0°/90°制耳（图 2-90b），可以通过随后的 45°各向异性冷轧进行改善。在自退火过程中，通过不完全再结晶来实现各向同性变形（图 2-90a）。

a)

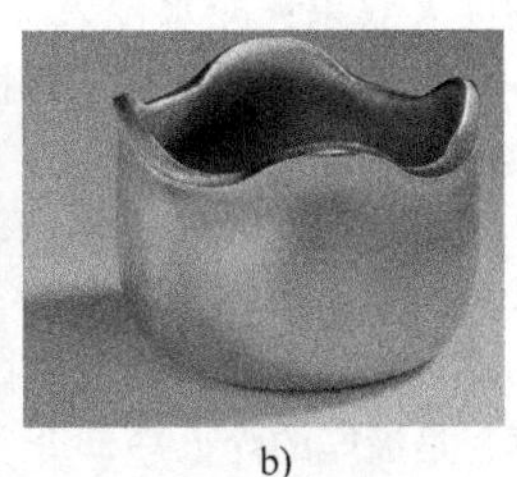
b)

图 2-90　Al - Mg - Mn 合金圆片加工的深冲拉杯形工件
a）冷轧具有轻微的立方织构　b）热轧具有强烈的立方织构

参 考 文 献

1. aluSELECT (online database including all main aluminum alloys and tempers of the Aluminum Association designation system), European Aluminium Association, MATTER Project, The University of Liverpool, http://aluminium.matter.org.uk/aluselect
2. R.D. Doherty, D.A. Hughes, F.J. Humphreys, J.J. Jonas, D. Juul Jensen, M.E. Kassner, W.E. King, T.R. McNelley, H.J. McQueen, and A.D. Rollett, Current Issues in Recrystallization: A Review, *Mater. Sci. Eng. A*, Vol 238, 1977, p 219–274
3. J.E. Hatch, *Aluminum: Properties and Physical Metallurgy*, American Society for Metals, 1984
4. R.D. Doherty, G. Gottstein, J. Hirsch, W.B. Hutchinson, K. Lücke, E. Nes, and P.J. Willbrandt, Report of Panel on Recrystallization Textures: Mechanism and Experiments, *Proceedings ICOTOM 8, Eighth International Conference on Textures of Materials* (Santa Fe, NM), J.S. Kallend and G. Gottstein, Ed., 1987, p 563–572
5. J. Hirsch, Recrystallization and Texture Control during Rolling and Annealing in Al Alloys, *Proceedings International Conference Recrystallization '90* (Wollongong, Australia), T. Chandra, Ed., 1990, p 759–768
6. J. Hirsch and K. Lücke, The Application of Quantitative Texture Analysis for Investigating Continuous and Discontinuous Recrystallization Processes of Al-0.01Fe, *Acta Metall.*, Vol 33, 1985, p 1927–1938
7. J. Hirsch and O. Engler, Texture, Local Orientation and Microstructure in Industrial Al-Alloys, *Microstructure and Crystallographic Aspects of Recrystallization, Proceedings 16th RIS International Symposium on Materials Science*, 1995, p 49–62
8. O. Engler and J. Hirsch, Control of Recrystallisation Texture and Texture-Related Properties in Industrial Production of Aluminium Sheet, *Int. J. Mater. Res. (Z. für Metallkd.) 1862–5282*, Vol 100, 2009, p 564–575
9. J. Hirsch, Aluminium Sheet Fabrication and Processing, *Fundamentals of Aluminium Metallurgy: Production, Processing and Applications*, R. Lumley, Ed., CSIRO, Australia, Woodhead Publishing Ltd., U.K., 2010, p 719–746
10. J. Hirsch, Texture Evolution and Earing in Aluminium Can Sheet, *Mater. Sci. Forum*, Vol 495–497; Part 2, *Proceedings ICOTOM 14* (Leuven, Belgium), P. van Houtte and L. Kestens, Ed., Trans Tech Publication, 2005, p 1565–1572

2.4　铝合金的淬火

淬火是指将金属从固溶加热温度，对铝合金而言通常是 465 ~ 565℃（870 ~ 1050℉），进行快速冷却的处理过程。淬火的主要目的是通过快速冷却，尽可能地将在固溶温度下形成的亚稳态固溶体保留到较低温度（室温）。当淬火冷却速率足够快时，可得到过饱和固溶体，通过室温下的自然时效或合适温度下的人工时效，在基体中形成均匀的溶质原子析出区（共格或半共格），来强化合金。淬火的另一个目的是得到一定数量的空位，以提高析出强化时效温度条件下的扩散速率。

如果在淬火过程中产生了析出，会导致局部过时效，降低晶界腐蚀抗力，更严重的是会降低时效强化效果。当淬火速率不够快时，溶质原子扩散到晶界处，空位以极快的速度迁移到无序混乱区，导致无法达到时效析出强化的目的。

高的淬火速率是铝合金达到最高时效硬化的保证，但不能一味追求最高的淬火冷却速率，因为随淬火冷却速率提高，变形和残余应力也随之增大。淬火冷却速率必须使大部分的强化合金元素和化合物固溶于过饱和固溶体，同时要尽可能降低淬火工件中的残余应力和变形。因此，在满足性能要求和低形变工件之间要达到平衡，这样才能体现工艺水平。通常，最佳性能是伴随着高的残余应力或大变形而得到的，小变形或低残余应力则往往是以牺牲性能指标为条件的。因此，最佳的淬火冷却速率是能正好满足性能要求的冷却速率，这样可以减少变形。

在固溶处理和淬火过程中，铝合金极容易产生变形。铝合金的线胀系数约是钢的两倍［铝合金为 2.38×10^{-5} mm/(mm·℃)，钢为 1.12×10^{-5} mm/(mm·℃)］，因此在固溶处理过程中，工件表面和内部的热膨胀会导致很大的热变形。此外，固溶加热温度接近液相线温度，这也导致了铝合金的强度低、塑性高。

在淬火过程中，工件的冷却往往是不均匀的，尤其是对于厚度差别较大的工件，因此，淬火工序是工件最有可能发生尺寸和形状变化的工序。如想将工件变形降低到最小，应该尽可能降低工件不同部位之间的温差，同时还要保证整个工件的冷却速度足够快，以避免在淬火过程中出现过多的析出。铝合金具有相对较高的热导率，其值为 1.4～2.38W/(cm·K)［975～1650Btu·in/(h·ft^2·℉)］；相比之下，大多数碳钢和低合金钢在奥氏体相区，其热导率 0.14～0.29W/(cm·K)［100～200Btu·in/(h·ft^2·℉)］。铝的高导热性既是优点，也可能出现问题。如果淬火冷却介质快速带走工件表面的热量，高导热性会导致工件薄截面处的热量损失，造成工件厚截面和薄截面之间的温差过大。而如果热量带走得较慢，则高导热性金属容易实现工件的温度均匀一致。

本节概述了在淬火工艺中，如何确定和获得适当的冷却速率。然而实际问题在于，在尽可能降低某特定合金工件的温度梯度，减少塑性变形和残余应力的同时，应如何确定合适的淬火冷却速率。为确保达到理想的时效硬化效果，在淬火过程中，必须有足够数量的合金元素固溶于基体中。对具体的合金工件，在确定合适的淬火冷却速率时，必须考虑以下问题：

1）在淬火过程中，在某温度区间受扩散控制的反应是否速度更快？

2）为了有效防止淬火过程中溶质原子在固溶体中扩散，工件合适的淬火冷却速率是多少？临界淬火冷却速率是多少？

3）如淬火冷却速率低于临界淬火冷却速率，会出现什么问题？

当确定了合适的冷却速率后，根据以下几个因素确定合适的淬火工艺过程：

1）在正常的液体温度和压力（标准条件）下，静止状态下淬火冷却介质的吸热能力。

2）通过搅动、改变温度或压力等非标准条件，淬火冷却介质吸热能力的改变。

3）工件厚度和内部条件对热量流向表面的影响。

4）表面和其他外部条件对工件散热的影响。

根据铝合金和产品的尺寸和结构，可以采用多种方法和淬火冷却介质进行淬火。其中热水、冷水和聚乙二醇聚合物（PAG）淬火冷却介质是铝合金常用的淬火冷却介质。铝合金最常用的淬火冷却介质是水，通过对水和淬火方法进行调整，达到不同的淬火效果：冷水浸入、热水浸入、沸水、喷水、PAG 溶液、鼓风冷却、静止空气冷却、液态氮、快速淬火油、盐水溶液。

本节将分别对热水、冷水和 PAG 溶液等铝合金常用的淬火冷却介质进行介绍。水是铝合金最常用的淬火冷却介质，剧烈搅拌的冷水具有高的冷却速率，是极好的淬火冷却介质。然而，采用冷水淬火可能会由于工件截面厚薄不均，产生较大的温差，导致淬火后或在机械加工过程中，工件局部塑性流变和变形。通常情况下，采用聚合物加水作为淬火冷却介质可以降低工件与水之间的对流或膜层散热系数，控制铝合金工件的变形，对此本节将做进一步讨论。

2.4.1 铝合金的淬火敏感性

影响时效强化铝合金性能的最重要的组织因素是溶质原子的损耗，这里的损耗指的是溶质原子与其他元素化学结合形成化合物，导致不能在时效强化中产生析出强化的作用。有几个因素会导致溶质原子损耗和合金性能降低。其中淬火冷却速率是一个关键因素，除此以外，还与合金中的分散析出相类型、固溶体分解曲线温度和铸件均匀化温度等因素有关（见本卷“可热处理强化铝合金的组织”一节）。

淬火的目的是防止在冷却过程中，高温固溶体中的溶质原子析出。如果想避免在淬火冷却过程中出现明显的析出，必须满足两个条件：首先，将工件从热处理炉转移到淬火冷却介质的时间必须足够短，防止在快速析出温度区间缓慢预冷；其次，淬火冷却介质的体积、吸热能力和流动速率必须能保证在冷却过程中不发生析出。任何中断淬火都可能导致重新加热到快速析出温度区间，应该严格禁止。

与温度密切相关的析出速率取决于固溶体的过饱和程度和扩散速率两个因素。在较高的温度下，扩散速率较高，但由于高温下过饱和程度较低，析出相的形核率较低。而在低温条件下，过饱和程度很高，但扩散速率较低，形核率也较低。因此，析出量与时间的关系遵循 C 形曲线，在中等温度下，析出量是最高的，如图 2-91 所示。

Fink 和 Willey 率先尝试采用等温淬火方法，以 C 曲线描述冷却速率对合金材料性能的影响，开发出了冷却速率对 7075 - T6 合金强度影响的 C 曲线以及对 2024 - T4 合金腐蚀行为影响的 C 曲线。图 2-92a和图 2-92b 所示分别为在不同温度下，析出足够量的溶质原子的时间，导致合金强度降低和引起腐蚀行为的改变。此外，还有与合金的导电性、断裂韧性或等温淬火条件有关的 C 曲线。在 C 曲线的鼻尖温度范围，析出速率最高，Fink 和 Willey 称其为临界温度范围，其中 7075 合金的临界温度范围为 400 ~ 290℃（750 ~ 550℉），如图 2-92a 所示。

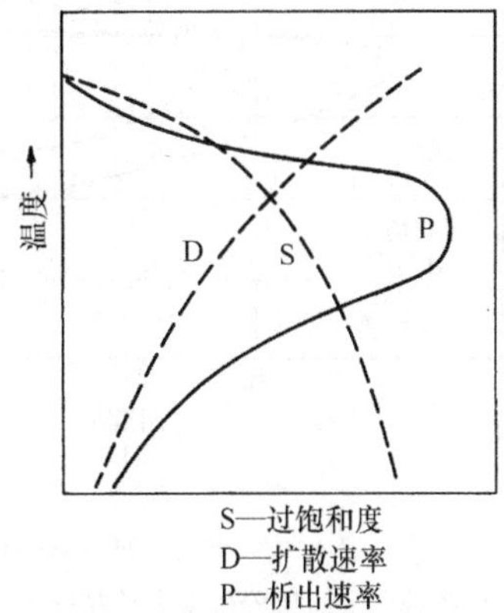

图 2-91　温度对过饱和度和扩散速率的影响

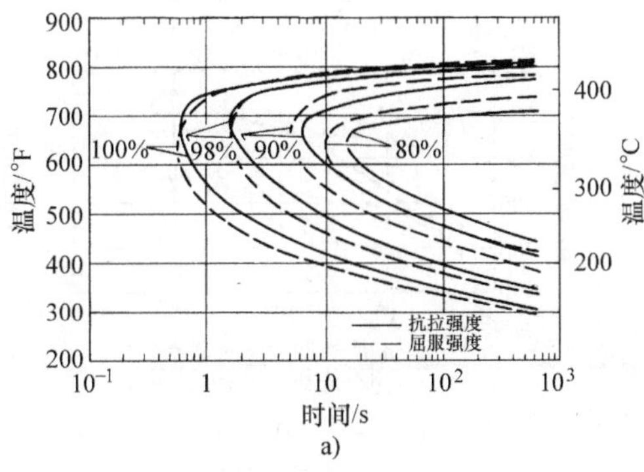

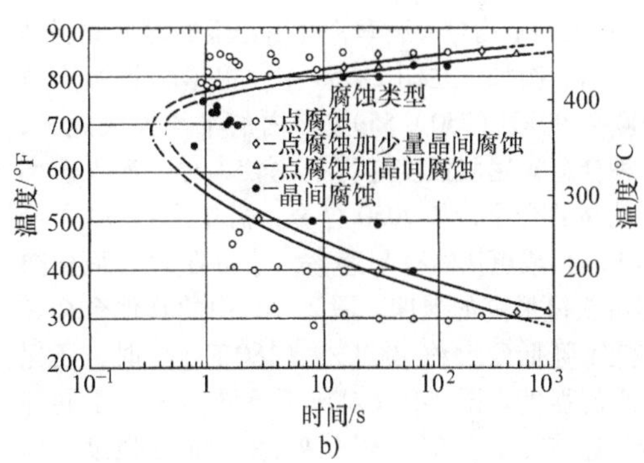

图 2-92　时间 - 温度 C 曲线表明中断淬火时间和温度对合金性能的影响

a）对 7075 合金强度（以不间断淬火为最高强度）降低的影响　b）对 2024 - T4 合金薄板腐蚀行为的影响

研究人员利用等温时间 - 温度 - 转变图比较不同牌号铝合金的淬火敏感性。图 2-93 和图 2-94 所示为采用等温时间 - 温度 - 转变图比较各种铝合金淬火敏感性的例子。许多可时效强化铝合金的临界温度范围大体相同，为 400 ~ 290℃（750 ~ 550℉）。部分资料将该温度范围作为大部分铝合金淬火的临界温度范围（或略有不同），但实际情况是，各种合金的临界温度范围是不完全相同的。

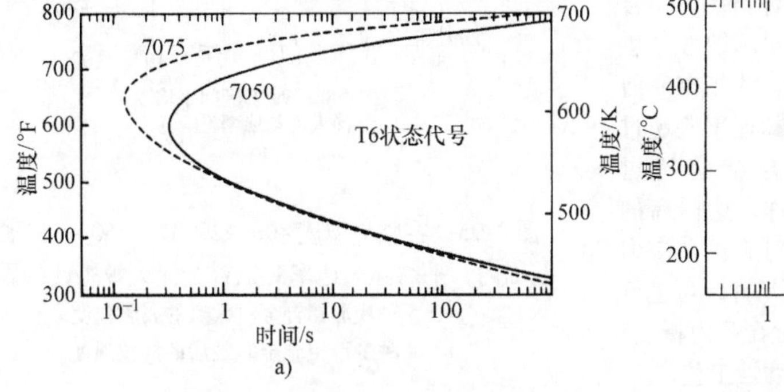

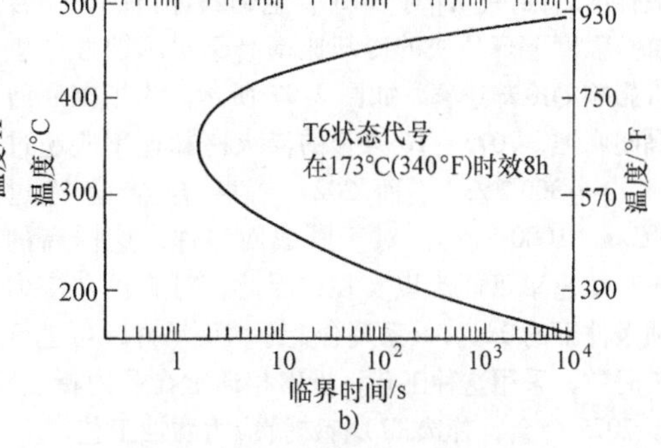

图 2-93　时间 - 温度 C 曲线表明中断淬火时间和温度对合金屈服强度的影响

a）对 7075 和 7050 合金屈服强度的影响　b）对 6351 - T6 合金挤压件 99.5% 最高屈服强度的影响

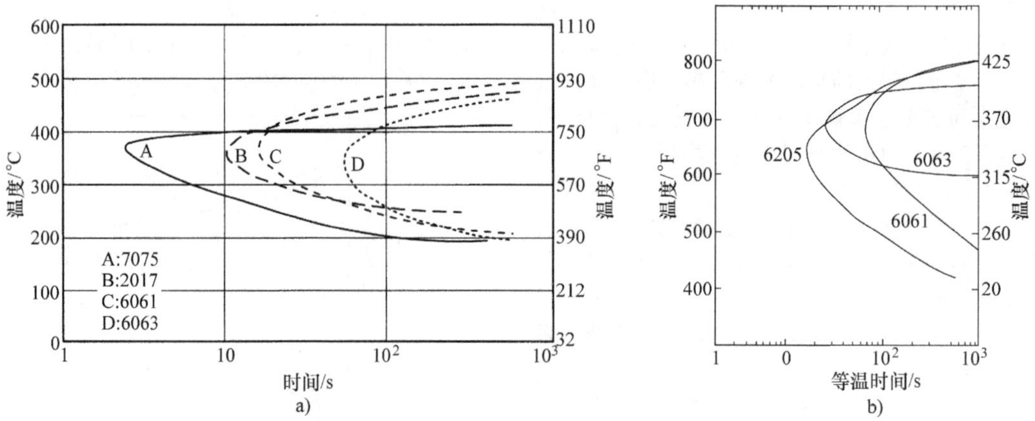

图 2-94 采用等温曲线比较不同铝合金的淬火敏感性

a）各种合金达到95%最大抗拉强度 b）6×××系列合金采用T6状态处理，达到90%最大屈服强度

也可以根据临界温度范围400～290℃（750～550℉）内的平均淬火速率，对铝合金的淬火敏感性进行评估。例如，在图2-95a中，根据临界温度范围400～290℃（750～550℉）内的平均淬火速率，对5种合金的屈服强度进行了比较。对于淬火速率敏感性高的合金，如7050合金，需要大约300℃/s（540℉/s）或更快的冷却速率，才可在时效强化热处理后获得最高的强度。图2-95b中的其他合金在冷却速率降低到大约100℃/s（180℉/s）时，还保持各自的强度。图2-96a对比了不同合金在不同淬火冷却速率下，经时效强化处理的抗拉强度；图2-96b所示为淬火冷却速率对2024合金抗拉强度和应力腐蚀性能的影响。

淬火速率对抗拉强度的影响并不一定能作为确定合金淬火敏感性的判据。例如，对2024-T4合金的耐蚀性产生有害影响的淬火速率，远高于使抗拉强度开始下降的淬火速率，如图2-97所示。因此，不能根据抗拉强度确定淬火速率是否足够快，以得到最佳的耐蚀性。针对7075合金的具体情况，使合金抗拉强度下降最快的冷却速率高于对耐蚀性产生严重影响的冷却速率，如图2-97所示。为了彻底防止晶间腐蚀，7075-T6合金的淬火冷却速率应超过165℃/s（300℉/s），而2024-T4合金应超过500℃/s（1000℉/s）。对于厚截面零件，这样高的淬火冷却速率可能难以实现，因此，对服役在应力腐蚀条件下的2×××系列合金厚截面零件，可进行人工时效，采用这种工艺，析出相通常在晶内析出。对于7075合金，首选T73特殊抗应力腐蚀工艺。

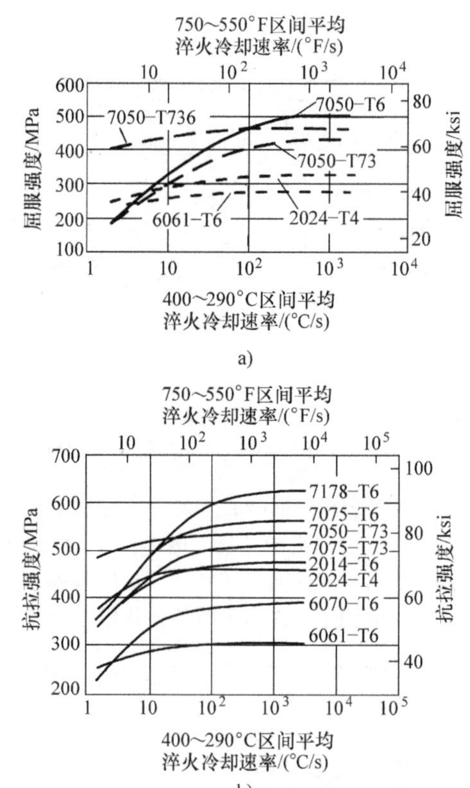

图 2-95 在临界温度400～290℃（750～550℉）范围内，平均淬火速率对铝合金淬火敏感性的影响

a）5种变形铝合金时效后的屈服强度

b）8种变形铝合金时效后的抗拉强度

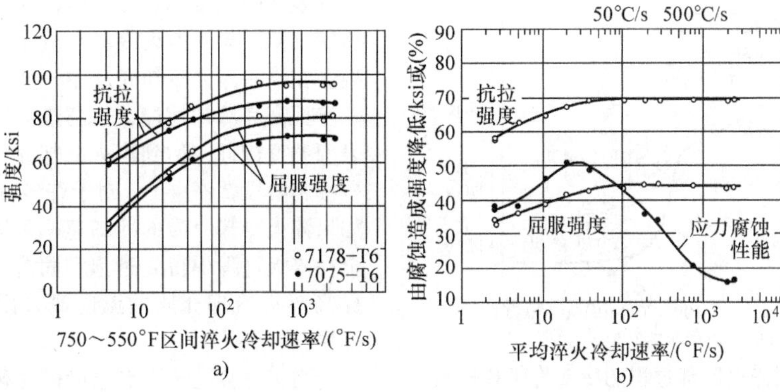

图 2-96　在临界温度 400～290℃（750～550℉）范围内，平均淬火速率对铝合金淬火敏感性的影响

a）7178－T6 和 7075－T6 合金的抗拉强度和屈服强度　b）2024－T4 板材的抗拉强度和应力腐蚀性能

注：腐蚀试样预应力达 75% 屈服强度，在盐和过氧化氢溶液中交替浸泡 48h。根据抗拉强度确定腐蚀的影响

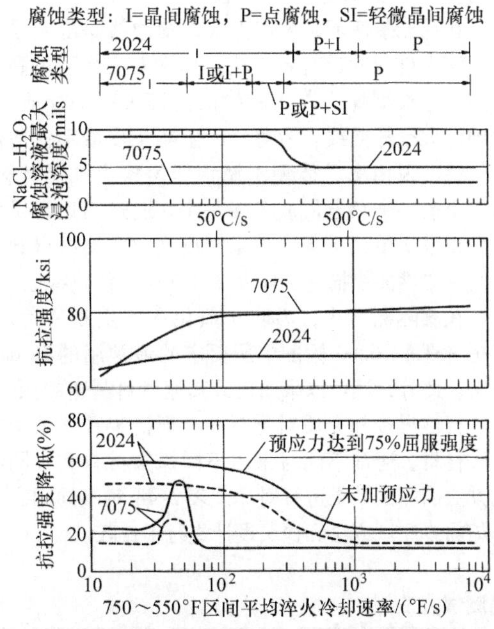

图 2-97　淬火冷却速率对 2024－T4 和 7075－T6 合金的抗拉强度和耐蚀性的影响

在产品生产工艺流程相同和临界温度范围内的平均淬火速率相同的条件下，可以对不同合金的性能进行对比和合理的预测，如图 2-98 所示。然而，平均淬火速率并不能代表实际的连续冷却情况，如不能代表典型的淬火冷却或不同截面厚度工件的冷却情况。在整个冷却过程中，即使冷却曲线包含在临界温度范围上下有停留时间，也可能会发生析出，因此，仅仅确保冷却曲线避开 C 曲线的鼻尖温度是不够的。在整个淬火过程中变化淬火速率的条件下，可利用整个 C 曲线的信息，预测变化淬火速率对合金性能的影响，即所谓定量的“淬火因子分析”。如需获得更多有关信息，请参阅本节“淬火因子分析”部分。当淬火速率不均匀，如冷却曲线包含在临界温度范围上下有停留时间时，淬火因子分析是评估淬火速率对合金性能影响的非常有用的方法。另一种评估合金淬火敏感性的方法是采用连续冷却析出图（见本卷中“铝合金的淬火敏感性”一节）。有关淬火速率影响的更详细内容见本卷中“可热处理强化铝合金的组织”一节。

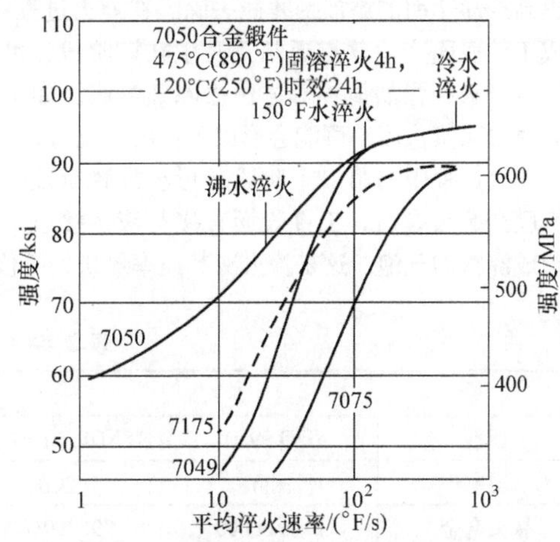

图 2-98　平均淬火速率对铝合金时效后最高屈服强度的影响

2.4.2　淬火机制

将热的工件浸入液体淬火冷却介质中后，通常有三个不同阶段，如图 2-99 所示：A 阶段，即蒸汽膜阶段；B 阶段，即形核沸腾阶段；C 阶段，即对流冷却阶段。

淬火机制的这三个阶段对冷却速率有非常明显

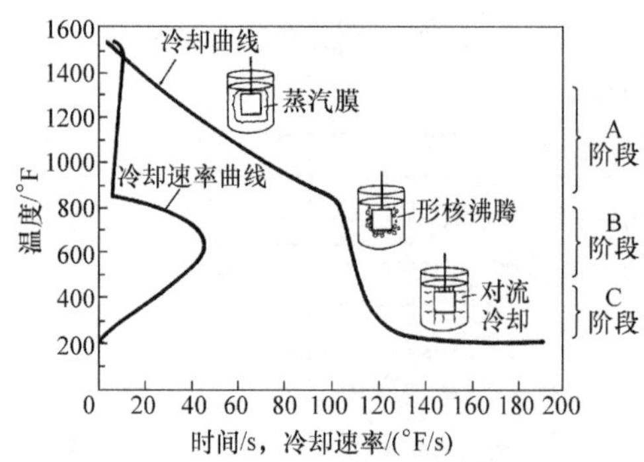

图 2-99 浸入式淬火冷却过程的冷却阶段和机制

的影响（图 2-99），根据具体的淬火方法和工件不同，工件表面在不同阶段的冷却速率可能不是完全均匀的。对于浸入式淬火，淬火冷却速率通常被定义为当工件完全浸入淬火冷却介质时的冷却速率。此外，其他因素，如完全浸入淬火冷却介质之前的时间和淬火冷却介质的搅拌程度，会降低蒸汽膜阶段的气相形成程度，从而加快了快速冷却的形核沸腾阶段的开始，这些都会影响淬火冷却速率。

当加热的工件表面接触到淬火冷却介质时，工件被一层蒸汽膜包围，这就进入了淬火过程的蒸汽膜阶段。在这个阶段，热量主要是通过蒸汽膜辐射，热传导速度非常缓慢，此外，还可通过其他方式进行热传导。该蒸汽膜非常稳定，必须通过搅拌或添加提高冷却速率的添加剂才能去除。在淬火过程中，造成工件表面产生软点通常就发生在该阶段，可采用高压喷水和强烈搅拌等方法去除蒸汽膜。如果不能有效去除蒸汽膜，可能会形成不良的微观组织。

淬火过程中的第二个阶段是形核沸腾阶段。当蒸汽膜开始破裂时，工件表面直接与液体接触，爆发形成沸腾的气泡。这是淬火冷却速率最快的阶段。工件表面的热量迅速被带走，并传导至淬火冷却介质中，使冷却的淬火冷却介质在工件表面进行热交换。在许多淬火冷却介质中，通过加入添加剂来进一步提高其冷却性能，达到最大冷却速率。当工件表面温度接近或达到淬火冷却介质沸点温度时，形核沸腾阶段就停止了。对于许多易变形的工件来说，如果淬火冷却介质的冷却速率足够快，在确保铝合金在淬火过程中得到过饱和固溶体的条件下，可以提高淬火冷却介质的温度或采用聚合物淬火冷却介质。

当工件接近于沸点温度的时候，开始了淬火的最后阶段——对流冷却阶段。热量通过对流的方式被带走，并受淬火冷却介质的比热容、热导率以及工件与淬火冷却介质之间温差的控制。在淬火过程的三个阶段中，对流冷却阶段的冷却速率是最慢的，而大多数变形都发生在该阶段。

在受控条件下，采用淬火冷却曲线是准确描述复杂淬火机理的最有效方法。具体方法是通过高温加热，将检测探头淬入所检测的淬火冷却介质中，得到淬火冷却曲线。为避免产生氧化皮或不使用保护气氛，采用奥氏体型不锈钢作为探头试样材料。将一个或多个热电偶嵌入探头中，通过高速记录仪或数据采集单元采集和记录温度变化。测试得到的时间 - 温度曲线描述了淬火冷却介质的传热特性。

在实际测试中，为防止氧化和产生相变潜热，采用 ASTM D6200 标准中所要求的最常用的 Inconel 探头。此外，还可以采用银或其他材料制造的探头。在进行淬火冷却介质对比时，必须指定具体采用的探头材料。通常不能对采用不同探头材料和不同测试方法的测试结果进行对比。表 2-48 对不同国家的冷却曲线测试方法和探头设计进行了比较。

表 2-48 冷却曲线测试方法

测试方法					
标准	ISO 9950	AFNOR NFT 6077B	JIS K2242	Z8 E 45003	ASTM D6200
国家	国际	法国	日本	中国	美国
探头合金	Inconel 600	99.999% Ag	99.999% Ag	99.999% Ag	Inconel 600
探头尺寸/mm(in)	12.5×60(0.5×2.4)	16×48(0.6×1.9)	10×30(0.4×1.2)	10×30(0.4×1.2)	12.5×60(0.5 ×2.4)
参考液体	多种	多种	酞酸二辛酯	酞酸二辛酯	多种
容器尺寸/mm(in)	直径 115±5 (4.5±0.2)	138(直径)×99(高) (5.4×3.9)	300mL(10oz)烧杯	300mL(10oz)烧杯	直径 115±5 (4.5±0.2)
油容积/mL(oz)	2000(68)	800(27)	250(8.5)	250(8.5)	2000(68)
油温/℃(℉)	40±2 (105±4)	50±2 (120±4)	80(175)、120(250)、 160(320)	80±2 (175±4)	40±2 (105±4)
探头温度/℃(℉)	850±5(1560±9)	800±5(1470±9)	810±5(1490±9)	810±5(1490±9)	850±5(1560±9)

2.4.3 淬火强度和冷却速率

工件材料和淬火冷却介质的一些特性影响淬火工件的散热速度。无限高的淬火速率是指瞬间将工件表面温度降低到淬火槽的温度。在实际过程中，淬火冷却介质不会提供理想的无限高的淬火速率，只能使工件表面非常快速地冷却，而工件内部的冷却速率与金属的热导率，即热量从工件内部传递到表面的能力有关。

生产过程中的淬火冷却速率是很难进行测量的，它取决于下面几个因素：

1）淬火冷却介质类型（水、空气、聚合物、液氮）。

2）淬火方法（浸入式、喷水/雾式、静止空气淬火、强风淬火）。

3）零件的厚度、结构和表面条件。

4）影响表面散热的工件内部条件。

5）表面和其他影响散热的外部条件。

6）淬火冷却介质在静止状态、正常温度和压力条件下，吸取热的能力（在标准条件下，用各种探头进行测量。见本节“冷却曲线的标准测试”部分）。

7）通过非标准条件，如搅动、温度或压力变化，淬火冷却介质吸热能力的变化。

在实际淬火操作中，表面的淬火剧烈程度取决于淬火冷却介质形成的蒸汽膜、沸腾特性、流动速度、温度、比热容、汽化热、热导率、密度、黏度和润湿特性。在实际生产中，通过选择淬火冷却介质，如水基淬火冷却介质中聚合物的类型和数量，以及淬火槽的温度和流动速度，来控制淬火冷却速率。

淬火冷却速率还与工件的厚度和表面状态有关。随着工件厚度的增加，工件内部和心部的冷却速率降低。如果淬火速率过慢或工件厚度过大，淬火过程中就会产生明显的析出。例如，将截面尺寸为1.6mm～20cm（0.06～8in）的工件，淬火浸入五种不同温度的水中冷却，并与在静止空气中冷却进行对比，如图 2-100 所示。图中最右边的虚线为板材中平面的最大理论冷却速率。最大理论冷却速率是在假设热导率无限大，扩散系数为 1400cm^2/s，淬火时板材表面温度瞬间降低到淬火冷却介质温度的极限情况下得到的。高压喷液淬火的冷却速率接近理论极限冷却速率，但不可能高于理论极限冷却速率。通过试验确定了在具有相同冷却速率的条件下，板厚与圆棒材直径或方棒材尺寸之间的关系，如图 2-101所示。

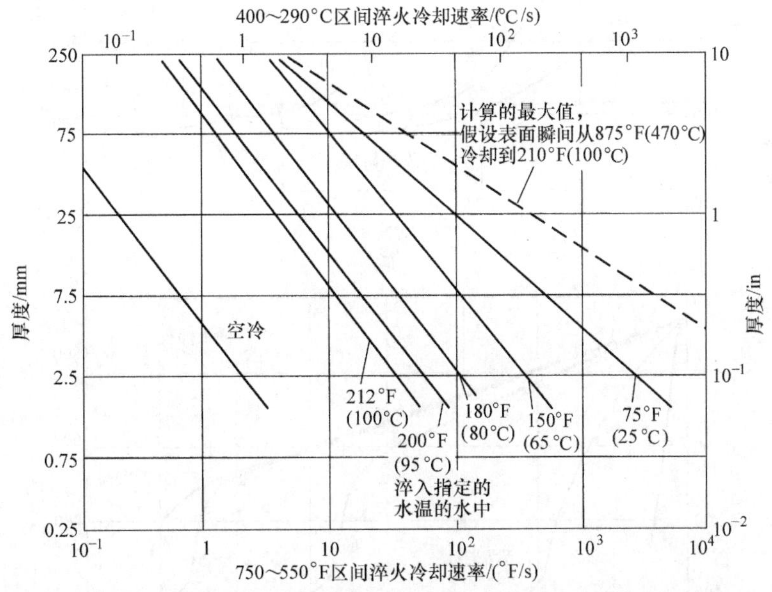

图 2-100 板厚和淬火冷却介质对铝合金板的中平面上平均冷却速率的影响

注：虚线为理论上板的中平面得到的最大冷却速率，假设热导率无限大，扩散系数为 1400cm^2/s。

1. 表面淬火烈度

从数学上讲，可以用牛顿冷却定律来描述工件表面的传热量，即

$$Q = hA(T_S - T_1) \tag{2-16}$$

式中，Q 是传热量；A 是工件与流体接触的表面积；T_S 是工件表面温度；T_1 是远离表面流体的温度；h 是界面膜传热系数。对该方程进行变形，可以用工件面积、工件与淬火冷却介质的温差和传热量来表示

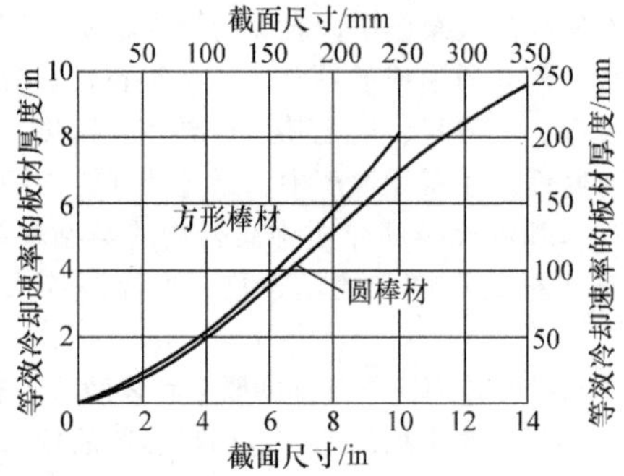

图 2-101 在 400 ~ 290℃/s（750 ~ 550℉/s）温度范围，圆棒材和方形棒材与板材平均冷却速率的关系（中平面上的冷却速率）

界面膜传热系数 h。工件表面的传热速率为

$$\left(\frac{\mathrm{d}Q}{\mathrm{d}t}\right)_{\mathrm{S}} = h(T_{\mathrm{S}} - T_1) \tag{2-17}$$

式中，T_{S} 是与时间有关的参数。可以想到，当工件表面与淬火冷却介质瞬间接触时，是表面淬火烈度最大的时刻。较低的淬火烈度会导致降温冷速变慢。

在对界面膜传热系数 h 进行分析研究时，需要对淬火冷却介质流经工件的特性进行检测。淬火冷却介质的性能包括沸点、黏度、密度、热导率和比热容，这些参数极大地影响着淬火冷却介质的淬火烈度。提高淬火冷却介质的流动速度能提高淬火烈度。如果将淬火槽中淬火冷却介质的温度提高到沸点附近，则会降低淬火烈度。

工件的表面状态对淬火烈度和冷却速率的影响也很大。机械加工或蚀刻的新表面、清洁表面或涂覆了降低热传导性能材料的工件表面，冷却速率均降低。而有氧化膜或污渍的表面的冷却速率则得到提高，此外，无反射涂层表面的冷却速率也得到提高（也提高加热速率），如图 2-102 所示。表面粗糙度对冷却速率也有类似的影响，这似乎与蒸汽膜的稳定性有关。

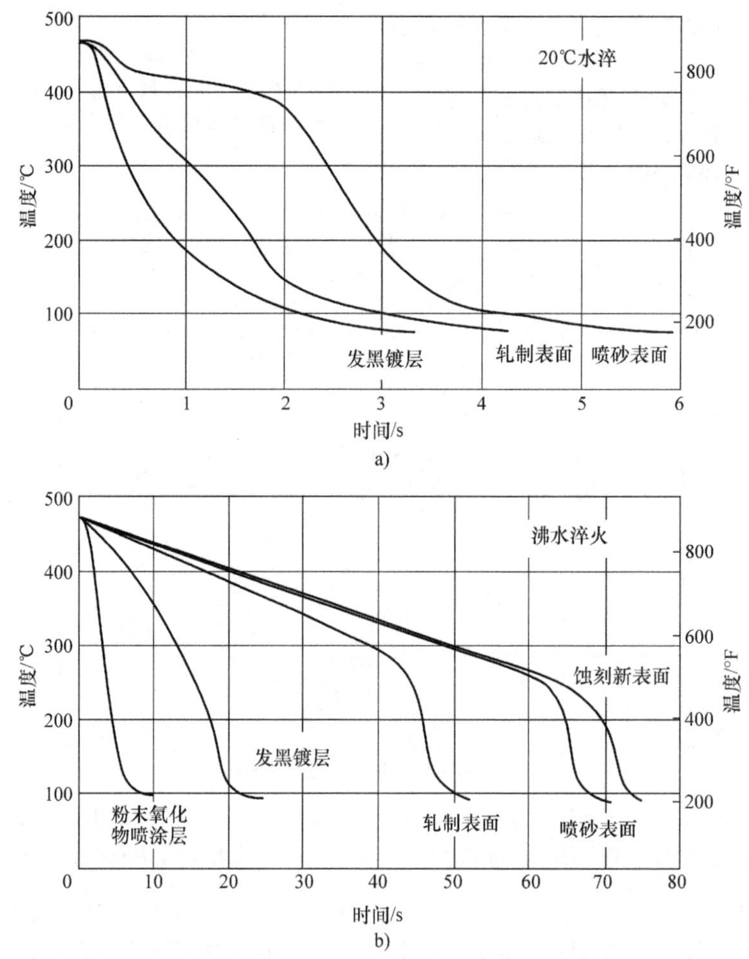

图 2-102 表面状态对 7075 铝合金 13mm（0.5in）厚板中平面冷却性能的影响
a）20℃（70℉）的水 b）沸水

此外，工件浸入淬火冷却介质的方式将显著改变工件不同点的相对冷却速率，从而影响淬火工件的力学性能和残余应力。在批量热处理操作中，工件的放置方式和间距也是决定淬火速率的一个主要因素。在浸入式淬火中，必须提供足够容积的淬火冷却介质，以防止淬火冷却介质温升过高。当采用喷射或搅拌使淬火冷却介质在工件周围流动时，应保证喷射流不直接冲击到工件，而导致局部冷却速率过快。

2. 工件内部的热传导和冷却速率

工件内部的冷却速率取决于工件的尺寸和结构。复杂形状工件（如壁厚变化大的工程铸件、模锻件或挤压成形件）淬火时，如不将变形和应力控制为最小值，则会造成很多问题。如果工件尺寸对称，形状变化不大（没有特殊的结构），并且尺寸/重量相同，则很容易通过淬火得到所需的性能。然而，这种情况在实际中很少存在，工件的内部结构影响到工件散热，从而影响到工件的冷却速率。

淬火过程中的热传导主要受限于与淬火冷却介质接触的工件表面，所以可以根据工件表面积与体积之比估计平均冷却速率。随工件形状不同，这个比值可能会有很大的差别。对于薄板、板材和其他形状类似的产品，平均冷却速率（在临界温度范围内，在中心或中平面位置测量）随厚度改变符合以下简单关系式

$$\lg(R_1) = \lg(R_2) - C\lg(t) \qquad (2\text{-}18)$$

式中，R_1 是在厚度 t 位置的平均冷却速率；R_2 是在厚度 1cm（0.4in）位置的平均冷却速率；C 是常数。一般来说，工件内部的热通量和温度梯度的变化符合傅里叶方程

$$\frac{dQ}{dt} = \kappa\left(\frac{dT}{dx}\right) \qquad (2\text{-}19)$$

式中，κ 是材料的热导率。工件表面的温度梯度为（译者注：原文为“steel”，根据上下文翻译为“材料”）

$$\frac{dQ}{dt} = \kappa\left(\frac{dT}{dx}\right)_S \qquad (2\text{-}20)$$

即

$$\left(\frac{dT}{dx}\right)_S = \frac{h}{\kappa}(T_S - T_1) \qquad (2\text{-}21)$$

工件在淬火过程中，实际通过面积 A 的热流可以用傅里叶方程表示为

$$Q = \kappa A\frac{dT}{dx} \qquad (2\text{-}22)$$

式中，Q 是传热量；κ 是合金的热导率；A 是工件的面积；dT/dx 是工件内部的温度梯度。

采用傅里叶热传导第二定律，可得到工件内部的温度分布和温度梯度。在一维情况下，热传导简化为

$$\frac{dT}{dt} = \alpha\left(\frac{d^2T}{dx^2}\right) \qquad (2\text{-}23)$$

式中，α 是工件的热扩散系数。热导率 κ 与 α、密度（ρ）和比热容（C_p）存在 $\kappa = \alpha\rho C_p$ 的关系。在适当的边界条件（表面温度、零件形状、零件大小）下，可采用数值积分对傅里叶热传导微分方程求解。在从棒材内部向外传递热量的条件下，忽略热量的轴向流动，热传导关系式为

$$\frac{d^2T}{dr^2} + \frac{1}{r}\frac{dT}{dr} = \frac{1}{\alpha}\frac{dT}{dt} \qquad (2\text{-}24)$$

式中，r 是棒材半径；α 为热扩散系数；$\frac{dT}{dt}$是温度梯度。采用毕奥（Biot）值（B_i），可建立起工件的热导率（κ）与界面膜传热系数（h）之间的关系

$$\text{Biot 值}(B_i) = hX/\kappa \qquad (2\text{-}25)$$

式中，X 是工件的特征长度。现淬火工艺中还有另一个使用更为广泛的格罗斯曼（Grossman）数

$$H = h/2\kappa \qquad (2\text{-}26)$$

截面为 25mm（1in）的工件在静止水中淬火，格罗斯曼值大约为 1。下面是采用有限差分热传导程序，在各种不同试验条件和圆柱（棒材）试验探头条件下，对式（2-24）进行求解的结果。

3. 格罗斯曼数（H）和界面膜传热系数（h）

格罗斯曼数和界面膜传热系数为确定工件淬火表面的散热速率提供了有用信息。采用 7075 铝合金探头进行固溶淬火，在受控条件下，得到了淬火冷却曲线的试验数据。采用一定冷却速率范围和温度条件下的水作为淬火冷却介质，以及添加部分聚合物的水溶液，计算出了格罗斯曼数和界面膜传热系数，见表 2-49。试验用的 7075 铝合金探头长度为 280mm（11in），直径为 75mm（3in）。将热电偶插入探头的心部居中位置，距表面 6.35mm（0.25in）处，探头采用 465℃（870℉）的温度加热固溶淬火。根据试验数据得到冷却曲线和两个热电偶之间的温差曲线，如图 2-103 所示。

表 2-49　格罗斯曼（Grossman）数和界面膜传热系数

淬火冷却介质					格罗斯曼数 ($H = C/2\kappa$)[②]	有效传热系数	
类型	温度		速率				
	℃	℉	m/s	ft/min		$W/(cm^2 \cdot K)$	$Btu/(ft^2 \cdot h \cdot ℉)$
水	27	80	0.00	0	1.07	3.55	2460
			0.25	50	1.35	4.78	3105
			0.50	100	1.55	5.14	3565
水	38	100	0.00	0	0.99	3.28	2275
			0.25	50	1.21	4.01	2785
			0.50	100	1.48	4.91	3400

（续）

淬火冷却介质					格罗斯曼数	有效传热系数	
类型	温度		速率		($H=C/2\kappa$)②		
	℃	℉	m/s	ft/min		W/(cm^2·K)	Btu/(ft^2·h·℉)
水	49	120	0.00	0	1.10	3.65	2530
			0.25	50	1.29	4.29	2970
			0.50	100	1.60	5.31	3680
水	60	140	0.00	0	0.86	2.85	1980
			0.25	50	1.09	3.62	2510
			0.50	100	1.33	4.41	3060
水	71	160	0.00	0	0.21	0.70	485
			0.25	50	0.57	1.89	1310
			0.50	100	0.79	2.62	1815
水	82	180	0.00	0	0.11	0.36	255
			0.25	50	0.21	0.69	485
			0.50	100	0.27	0.89	620
水	93	200	0.00	0	0.06	0.20	138
			0.25	50	0.08	0.27	184
			0.50	100	0.09	0.30	207
水	100	212	0.00	0	0.04	0.13	92
			0.25	50	0.04	0.13	92
			0.50	100	0.04	0.13	92
水溶性聚合物(UCON A)①	30	85	0.00	0	0.19	0.63	429
			0.25	50	0.21	0.70	475
			0.50	100	0.23	0.77	529
聚乙烯吡咯烷酮聚合物(PVP 90)①	30	85	0.00	0	0.44	1.49	1012
			0.25	50	0.40	1.34	912
			0.50	100	0.42	1.41	966

① 聚合物淬火冷介质的浓度达到25%。

② κ 是7075铝合金的热导率。

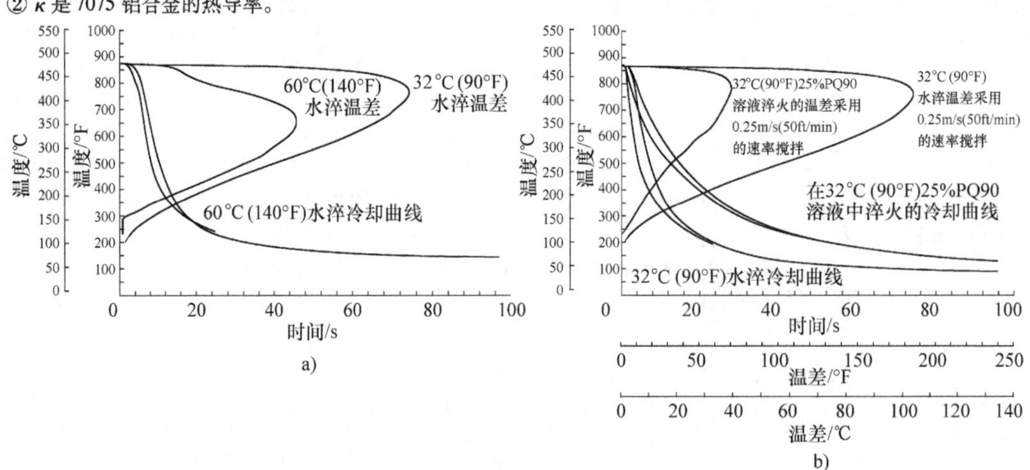

图2-103 ϕ76.2mm（ϕ3in）的7075铝合金探头在流动速度为0.25m/s（50ft/min）的淬火冷却介质中的冷却曲线和两个热电偶之间的温差

a）水淬冷却介质温度为60～32℃（140～90℉） b）温度为32℃（90℉）的25%的PQ90淬火冷却介质（译者注：此处的PQ90疑为PVP90）

采用 7075 铝合金的导热系数[约为 1.70W/(cm·K),即 1150Btu·in/(h·ft²·℉)]，计算了格罗斯曼数（H）和界面膜传热系数（h）。根据格罗斯曼的研究，在无搅拌的25℃（75℉）的水中，格罗斯曼数约为 1，而界面膜传热系数约为 3.55W/(cm·K)[2460Btu·in/(h·ft²·℉)]。当搅拌速率为0.25m/s(50ft/min)和0.50m/s(100ft/min)时，界面膜传热系数分别增加到 4.78W/(cm·K)[3105Btu·in/(h·ft²·℉)]和 5.14W/(cm·K)[3565Btu·in/(h·ft²·℉)]。在采用冷水淬火时，高的界面膜传热系数会导致工件表面至心部产生高的温度梯度，以及工件厚的部位与薄的部位之间产生大的温差。随水温升高，界面膜传热系数会降低，当温度达到 90～100℃(195～212℉)时，界面膜传热系数为 0.13～0.30W/(cm·K)[92～207Btu·in/(h·ft²·℉)]。

表 2-49 提供了两种聚合物溶液在具体条件下的数据。当搅拌速率从 0m/s(0ft/min)增加到 0.5m/s(100ft/min),温度为 30℃(85℉)的条件下，25% 的聚乙二醇聚合物溶液（UCON A）的格罗斯曼数为 0.19～0.23，界面膜传热系数为 0.63～0.77W/(cm·K)[429～529Btu·in/(h·ft²·℉)]。在相同的条件下，聚乙烯吡咯烷酮聚合物（PVP 90）的格罗斯曼数为 0.40～0.44，界面膜传热系数为 1.34～1.49W/(cm·K)[912～1012Btu·in/(h·ft²·℉)]。PVP 90 的界面膜传热系数较高，这表明可以用该聚合物溶液冷却较大截面的工件。

在工件与淬火冷却介质之间的格罗斯曼数或有效的界面膜传热系数已知的条件下，可以用有限元或有限差分热传导程序计算出工件的淬火因子。采用界面膜传热系数作为常数，计算了铝合金薄板和板材的淬火因子，如图 2-104 所示。这些曲线给出了铝合金薄板和板材的厚度、界面膜传热系数和淬火因子之间的关系。图中不同斜线代表界面膜传热系数（常数），采用这些界面膜传热系数，通过计算得到了这些图表。这些数据和图表的重要用途是（与表 2-49 中的界面膜传热系数的数据一起），对特定的淬火冷却介质性能和工艺条件是否能提供足够高的冷却速率进行评估，以满足不同截面厚度工件的力学性能的最低要求（详细内容见本节中“淬火因子分析”部分）。

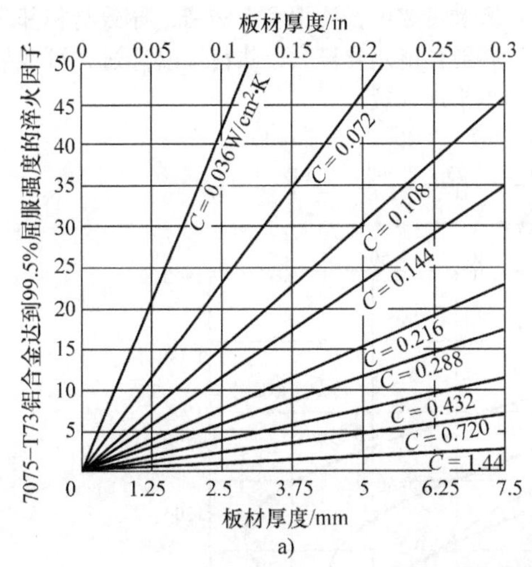

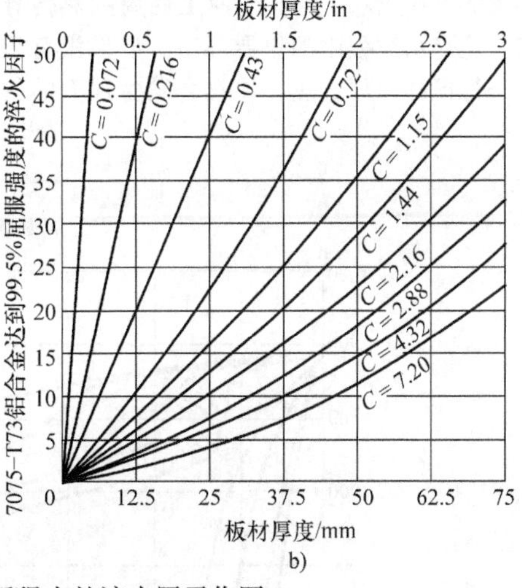

图 2-104　根据有限元分析得出的淬火因子作图

a）薄板　b）板材尺寸和界面膜传热系数

注：淬火冷却介质和工件之间的传热系数单位采用 W/(m²·K)。

（译者注：此处的界面膜传热系数与前面的“h”应该为同一参数）。

2.4.4　水淬火冷却介质

铝合金最常用的淬火冷却介质是水，所有的铝合金都可采用浸入法或喷水法进行淬火。淡水作为一种淬火冷却介质，可以达到或接近液体中的最大冷却速率。由于水具有高的蒸发热容和比热容，因此，具有很高的淬火能力（热导率）。与大多数金属相比，水的热导率非常小，因此，只要淬水不导致工件过度变形或扭曲，就可在实际工艺中广泛使用。水作为淬火冷却介质的其他优点有：

1）不可燃性。

2）成本低。

3）不会对人体健康造成危害。

4）通过滤网容易清除氧化皮。

5）不会造成环境污染。

淡水作为淬火冷却介质的一个缺点是，在较低的温度范围内仍具有高的冷却速率，易造成热应力和淬火工件变形。淡水的另一个缺点是，随着淬火工件的复杂程度不同，可能会引起蒸汽滞留，蒸汽膜阶段可能会延长；此外，不同的水温也会进一步延长该过程，由此导致淬火工件的硬度不均匀、应力分布不良并产生变形。

为实现淬水结果的重现性，必须对水温、搅拌程度和水中污染物进行控制。影响水的冷却速率的最主要因素是水温。当水温升高时，气相的稳定性增加，不流动水的形核沸腾受到抑制，水的表面冷却能力迅速下降，如图 2-105 所示。

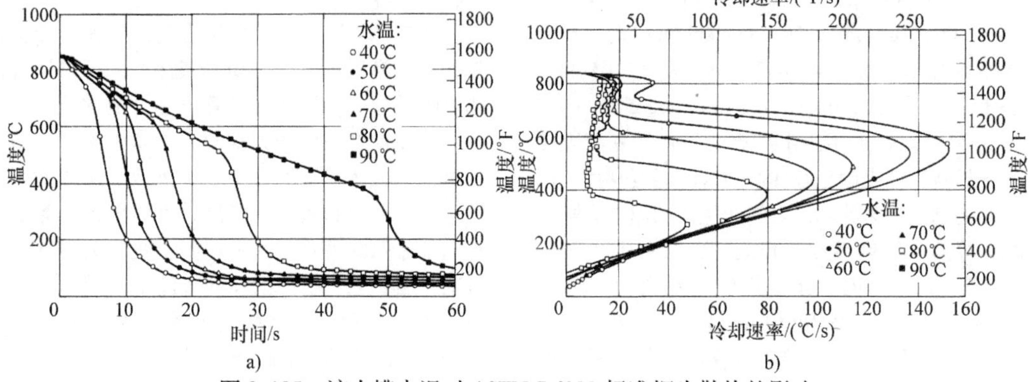

图 2-105 淬火槽水温对 ASTM D6200 标准探头散热的影响

a）冷却曲线 b）冷却速率曲线

注：淬火冷却介质（水）的搅拌速率为 0. 25m/s（50ft/min）。

搅拌有助于消除气相的稳定性，提高水的冷却速率，如图 2-106 所示。搅拌能使工件周围热传导更加均匀，是淬水过程中的重要环节。如果没有很好地对水进行搅拌，那么热传导就会发生很大的变化。这对非对称的工件的影响尤为明显。在工件的孔和型腔中，气相发生滞留，导致与相邻表面的热传导性能差异极大，热传导差异过大可能导致工件变形或开裂。

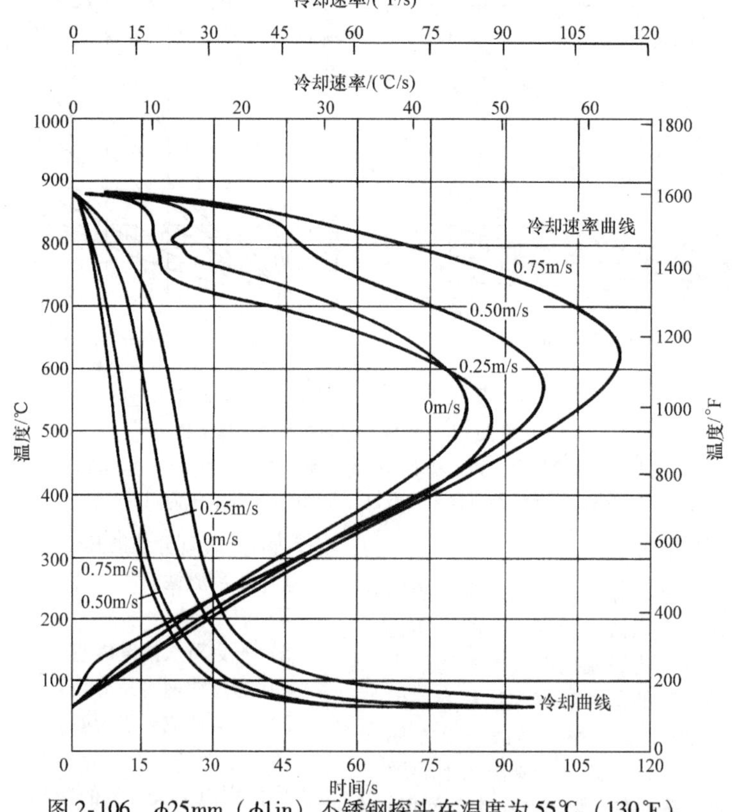

图 2-106 ϕ25mm（ϕ1in）不锈钢探头在温度为 55℃（130℉）、流动速率为 0～0. 75m/s（0～150ft/min）的淬火冷却介质（水）中的冷却曲线和冷却速率曲线

(1) 水的污染　对水的冷却曲线的早期研究表明，在静止的水中淬火，会导致热量快速转移。该研究表明，在金属工件/水的界面处，传热非常剧烈。该研究还表明，硬水和蒸馏水之间也有明显的区别。蒸馏水的蒸汽膜范围较大，可延伸至非常低的温度（图 2-107）。

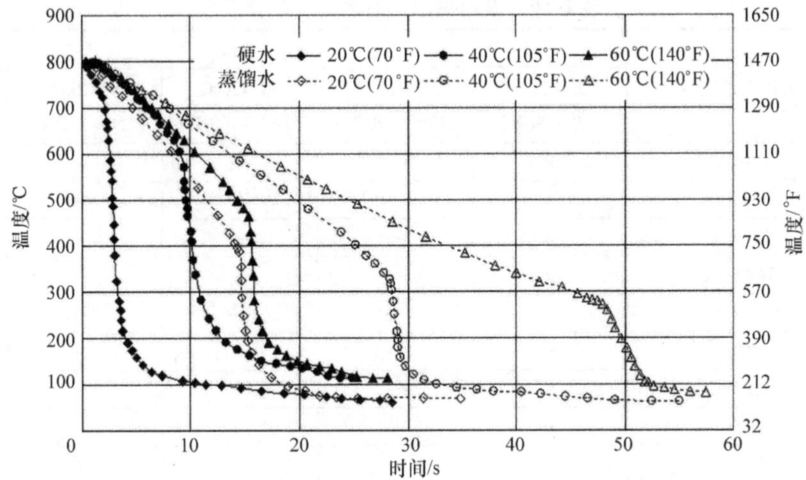

图 2-107　不同温度的硬水和蒸馏水的冷却曲线比较

如果水中含有一些外来物质，如乳状液、溶解的盐或气体，则将彻底改变水的淬火特性。地下水和自来水中的可溶性气体、盐或固体物质有较大的差异，导致不同地区的水具有不同的淬火特性。如前所述，影响水的淬火特性的最重要因素是持久稳定的气相。因此，可按对气相的影响将污染物划分为提高或降低气相稳定性两大类。

第一类污染物是不溶于水的物质，其中固体有烟灰，液体为含有皂类、油脂和油类的悬浮液或乳化剂，它们易于在水表面发生反应，促进气相稳定。这就增加了蒸汽膜阶段的持续时间，从而使形核沸腾阶段的起始温度降低。其中油类、皂类和油脂的危害最大，该类污染物增加了热传导的不均匀，其结果为造成工件硬度不均匀的软点和变形增加。溶解的气体也以类似的方式影响水的淬火性能。在淬火过程中，溶解的气体会从溶液中释放出来，这就是不推荐采用压缩空气来搅拌淬火冷却介质（水）的原因。

盐、酸和碱容易溶解于水中，在淬火过程中，它们降低了蒸汽相的稳定性。如果浓度很高，那么蒸汽相就不会形成。利用该类污染物，可以大大提高淬火冷却介质的淬火速率。

(2) 盐水淬火　在水中加入一定量的盐（≤10%），会提高冷水的淬火速率。盐水溶液会驱散气相，从而增加水的冷却能力。当使用水对大截面工件淬火，而水的冷却能力不足时，才使用盐水淬火。

2.4.5　浸入式水淬火

对于大多数铝合金产品来说，可采用冷水或热水浸入式淬火。采用冷水淬火，合金产品的力学性能可达到最高；而采用 70℃（160℉）或更高温度的热水淬火，变形和残余应力则最小。对某些产品淬火时，为得到理想淬火速率下所达到的最佳合金性能，采用温度低于 38℃（100℉）的水淬火。而对另一些产品淬火时，为控制变形和残余应力，可采用沸水淬火。

表 2-50 总结了一些常规铝合金的水淬热处理工艺。淬火速率（工件完全浸入淬火冷却介质时的冷却速率）主要取决于水温和搅拌程度。另外，还有两个因素会影响固溶淬火时合金元素的析出：

1）淬火转移时间：从开炉直到工件浸入淬火冷却介质的总时间。

2）浸入速率：工件浸入淬火冷却介质的速率。

水的冷却速率与材料的热导率和比热容等性能无关，主要取决于水温和搅拌，可以通过选择水温来控制冷却速率。当水温升高时，水的表面冷却能力迅速下降（图 2-105）；当水温接近沸点时，蒸汽膜形成阶段延长，水的冷却能力明显下降。搅拌通过会破坏蒸汽膜的持续阶段，保证材料的热传导更加均匀，因此，搅拌是控制冷却速率的重要因素。随着搅拌增强，材料的硬度更加均匀，变形减少。

温度为 15～25℃（60～75℉）的水具有淬火速率一致性和淬火性能重现性好的特点。但采用温度低于 50～60℃（120～140℉）的水淬火，通常会造成淬火硬度不均匀、变形和开裂等问题，其原因是形成了相对不稳定的蒸汽膜。由于存在这些问题，通常仅对简单、对称的工件进行冷水浸入式淬火。聚乙二醇聚合物（PVG）淬火冷却介质的淬火速率介于水和油之间，通过控制搅拌、温度和浓度，可以达到与水相近的冷却速率。

表 2-50 常规铝合金的水淬热处理工艺

形式	合金及状态代号	冷水	热水			沸水
		20～32℃（70～90℉）	55～65℃（130～150℉）	60～70℃（140～160℉）	65～100℃（150～212℉）	95～100℃（202～212℉）
薄板	2014	×	—	—	—	—
	2024	×	—	—	—	—
	2219	×	—	—	—	—
	6061	×	—	—	—	—
	7075	×	—	—	—	—
	7049	×	—	—	—	—
	7050	×	—	—	—	—
	7175	×	—	—	—	—
板材	2024	×	—	—	—	—
	2219	×	—	—	—	—
	6061	×	—	—	—	—
	7075	×	—	—	—	—
	7049	×	—	—	—	—
	7050	×	—	—	—	—
	7175	×	—	—	—	—
锻件	2014－T6	×	—	×	—	—
	2014－T61	—	—	—	—	×
	2024	—	—	×	—	—
	2219	—	—	×	—	—
	6061	—	—	×	—	—
	7075	—	—	×	—	—
	7049	—	×	—	—	—
	7050	—	—	×	—	—
	7175	×	—	—	—	—
铸件	C355	—	×	—	—	—
	A356	—	×	—	—	—
	A356（优质）	×	×	—	—	—
	A357（优质）	×	—	—	—	—
	A201	×	—	—	—	—

温度较低的水具有更高的淬火冷却速率，因此，通常使用接近室温即 15～25℃（60～75℉）的水对铝合金进行淬火，开始淬火时的温度控制在 15～30℃（60～90℉）。大多数规范将水温限制在 30℃（90℉）以下，在淬火过程中，水温最多不能升高 5℃（10℉）。为了达到这一要求，在设计淬火槽时，必须考虑浸入式淬火槽的总容积（见本节中“淬火槽系统”部分）。

1. 水温的影响

当水温度升高时，会出现两种现象：首先，蒸汽膜阶段变得更加明显和稳定；其次，在形核沸腾过程中，最大冷却速率降低。此外，随着水温升高，达到最大冷却速率的温度也会降低（表 2-51）。图 2-105 所示冷却曲线也明显具有这种趋势。一般来说，当水温升高时，蒸汽膜的稳定性将增加，而在静止的水中，形核沸腾阶段会受到抑制。

表 2-51　水温对冷却速率的影响

水温		最大冷却速率		达到最大冷却速率的温度		特定温度下的冷却速率/[℃/s(℉/s)]		
℃	℉	℃/s	℉/s	℃	℉	704℃（1299℉）	343℃（649℉）	232℃（450℉）
40	105	153	275	535	995	60（108）	97（175）	51（92）
50	120	137	247	542	1008	32（58）	94（169）	51（92）
60	140	115	207	482	900	20（36）	87（157）	46（83）
70	160	99	178	448	838	17（31）	84（151）	47（85）
80	175	79	142	369	696	15（27）	77（139）	47（85）
90	195	48	86	270	518	12（22）	26（47）	42（76）

表 2-52 总结了水温对不同厚度铝合金冷却速率的影响。当水温升高到 70℃（160℉）以上时，淬火速率会急剧下降，如图 2-108a 所示。当对淬火敏感性高的 2×××和 7×××系列合金，如 7075、7049 和 7178 合金进行高温水淬火时，合金的强度显著降低。图 2-109 所示为淬火速率（水温）对厚度为 13mm（0.5in）的 7075 合金板材强度的影响。截面较大的产品采用温度为 50℃（120℉）的水淬火时，也可能出现强度降低的现象。

表 2-52　水温对不同厚度铝合金冷却速率的影响

水温		特定厚度的冷却速率/[℃/s（℉/s）]			
℃	℉	0.75mm（0.030in）	1.75mm（0.070in）	25mm（1.00in）	75mm（3.00in）
32	90	5600（10000）	3300（6000）	120（220）	16（28）
55	130	1700（3000）	560（1000）	90（160）	12（22）
70	160	500（900）	170（300）	35（65）	8（15）
88	190	140（250）	60（105）	4.5（8）	1.7（3）
100	212	50（90）	17（30）	2（4）	1（2）

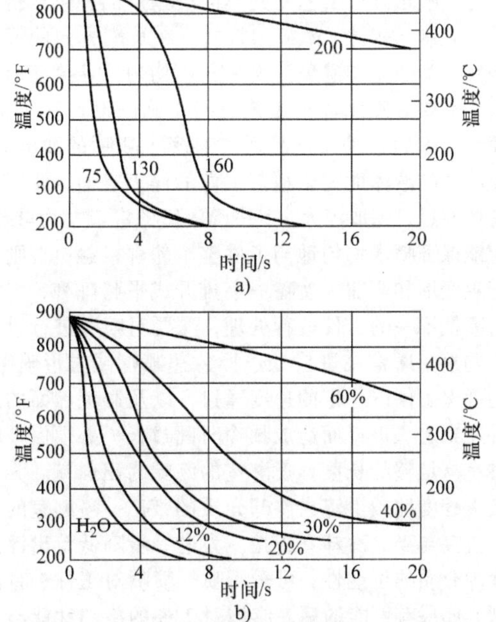

图 2-108　厚度为 12.5mm（0.5in）的 7075 变形铝合金板冷却速率对比

a）采用不同水温淬火　b）采用 AMS 标准中不同浓度的 Ⅰ 型聚合物淬火冷却介质淬火

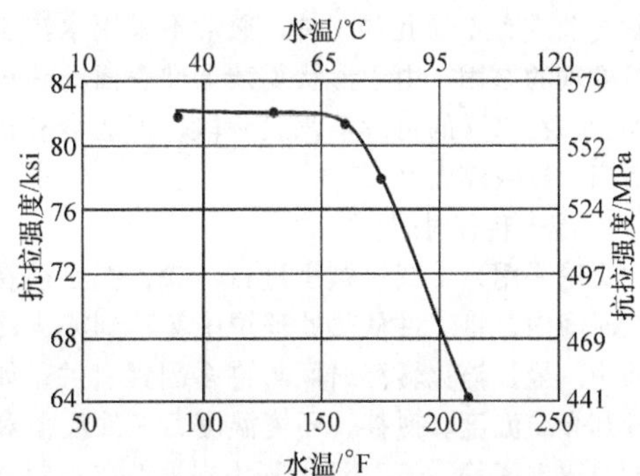

图 2-109　水温对厚度为 13mm（0.5in）的 7075 合金板材强度的影响

当水温超过 70℃（160℉）时，水的淬火特性迅速发生变化，因此，需要对搅拌进行严格控制，以确保淬火槽各处的淬火速率一致。在沸水中淬火，会降低合金强度，但与冷水或热水淬火相比，具有降低残余应力的优点。

折中的办法是，在兼顾要达到的强度的条件下，保证工件尺寸的稳定性。有时即使在淬火槽内进行搅拌，沸水的冷却速率也可能是不均匀的，由此造成了不均匀的残余应力。其原因是在沸水中淬火时，特别是在淬火的早期阶段，工件实际上是在一个连续的蒸汽膜中淬火。改进的方法是使用PAG淬火冷却介质，与在沸水中淬火相比，它能使合金达到更高的强度和更低的残余应力。

在热处理实践中，铝合金工件（尤其是锻件和铸件）采用热水或沸水淬火时容易产生变形。在其他变形加工产品中，如板材件和挤压件，只有淬火敏感性低的合金（如6061合金）适合采用沸水淬火。对于一些特殊的产品，可通过采用沸水淬火，实现最高的尺寸稳定性。例如，为使2014合金具有高的尺寸稳定性，可采用专用的状态代号（2014－T61）进行热处理。

上述图表中的数据表明，由于提高水温的目的是减少变形和开裂，而开裂的倾向往往与对流冷却阶段的冷却速率成正比，且升高水温对对流冷却阶段的冷却速率影响相对较小，因此，提高水温对该阶段的冷却速率影响不大。这些数据解释了采用聚合物溶液替代水作为淬火冷却介质的原因。另一个采用聚合物溶液替代热水作为淬火冷却介质的原因是，在淬火过程中，聚合物溶液在金属表面具有更均匀的润湿性，这对防止和避免局部表面裂纹和变形是非常重要的。

与其他淬火冷却介质相比，水淬工艺中的温度和搅拌与蒸汽相的相互作用更加剧烈。这就是对于形状复杂或有不通孔的工件，通常不采用水淬工艺进行处理的原因。由于形状复杂工件表面的热传导不均匀，在淬火的持续蒸汽膜阶段，可能会有析出相析出，导致淬火效果变差。

2. 淬火转移时间

无论采用人工或机械手进行淬火，都必须在规定的时间内，将工件从热处理炉中转移到淬火冷却介质中。最长淬火转移时间与许多因素有关，如淬火冷却介质温度、搅拌、环境温度、工件质量和工件的热辐射率等。表2-53所列为根据航空材料相关标准要求，对不同厚度尺寸的高强度变形铝合金规定的最长淬火转移时间。必须确保在最长淬火转移时间内，在工件冷却到400℃（750℉）之前将其完全浸入淬火冷却介质中。

表2-53 不同厚度铝合金的典型淬火转移时间

最小厚度		最长延迟时间/s
mm	in	
≤0.41	≤0.016	5
0.41～0.79	0.016～0.031	7
0.79～2.29	0.031～0.090	10
>2.29	>0.090	15

淬火转移时间的定义为，以“炉门打开或工件从盐浴炉刚提出液面时”为开始，以“工件完全浸入淬水槽”为结束。表2-53所列为推荐的最长淬火转移时间。但是，如果在所有工件浸入淬水槽前的测量温度都高于415℃（775℉），则允许超过最长淬火转移时间。也可以采用淬火因子分析中使用的C曲线，帮助确定最长淬火转移时间。

在实际操作中，相对容易的方法是使用秒表确定淬火转移时间。如有必要，也可采用将热电偶与工件相连接测量工件温度的方法确定淬火转移时间。对于许多高强度铝合金来说，尽管在400～260℃（750～500℉）温度范围内，高的冷却速率是至关重要的，但是通常无法直接在生产过程中进行测量。通常的做法是，依靠标准化的操作工艺，并与材料的拉伸试验和晶间腐蚀敏感性测试结果进行对比分析来判断。

3. 浸入速率的控制

在对薄板或薄截面工件进行淬火时，控制浸入速率是非常重要的。提高浸入速率，可减少工件的变形。较为新式的淬火炉都设计成能控制和选择浸入速率的形式。通常的浸入速率为0.15～3.0m/s（0.5～10ft/s）。

2.4.6 喷水（雾）淬火

喷水淬火工艺有高压喷水淬火和低压喷雾淬火之分。喷水淬火工艺受到不同类型产品，包括挤压件、轧制结构件、薄板和板材，在长度方向的尺寸限制。为防止和避免淬火冷却不均匀，导致变形过大，需要对喷水淬火工艺进行正确的设计和实施。喷水淬火通常是将产品通过有多个喷嘴的喷淋室，使喷出的液体能完全覆盖工件的淬火表面，使工件有序通过，完成淬火。其中喷淋室的进口尤为重要，应能保证喷水均匀地与工件整个轮廓接触，否则会产生变形和弯曲。喷嘴一字排开成平整阵列，如需对高低不一的工件进行处理，需要对喷嘴进行进一步调整。通常在进口处选择急速喷嘴或方形喷嘴。为确保工件以一定的速度通过，以及避免后面的工件还未进入进口而造成预冷时间过长，必须保证喷淋室有足够的长度。喷淋室的终端为出料端。为了最大程度地减少淬火冷却介质的带出，喷淋室的出口直接与淬火冷却室连接。为进一步降低带出淬火冷却介质的可能性，可采用喷气喷嘴对工件进行清理。如果有可能的话，应该对工件的冷却性能与其在生产线上的冷却曲线进行对比验证。

通过控制水的流速和单位时间内冲击到单位面积工件上的水的体积，来控制喷水淬火的冷却速率。与高浓度聚合物的淬火冷却速率相比，喷水淬火的冷却速率要慢得多。对淬火敏感的合金进行喷水淬火时，需要采用大功率的喷水装置，使淬火冷却介质几乎淹没整个部件，这就需要供应充足、大量的水来保证大流量。为降低成本，通常不是从正常的供水线取水，使用一次后排放，而是建造一个储水和水循环系统。淬火槽或喷淋室与热处理炉相对位置的选择是很重要的。为保证达到常规淬火速率的要求，淬火槽应该与相应的热处理炉相邻。如果是底门或直塔升降式热处理炉，可将淬火槽直接设计在加热室下方。淬火槽的设计应考虑能方便地清除污染物，以保证淬火产品的质量。

工件通过喷淋室的速度是一个重要的工艺参数。如果在最初几秒钟内喷嘴发生堵塞，引起局部温度升高，对材料性能是非常有害的。一旦发生这种情况，已淬火工件的表面将被工件内部的热量重新加热，造成表面强度明显降低。与采用不适当的淬火冷却速率造成工件性能下降相比，局部重新加热的大截面工件受影响区域强度下降得最为严重。图 2-110所示为 75mm（3in）厚的 7075－T62 铝合金板材采用不同方式淬火后不同厚度处的性能。一块板材的一个面在淬火 3s 后中断淬火，另一板材仅进行单面淬火。

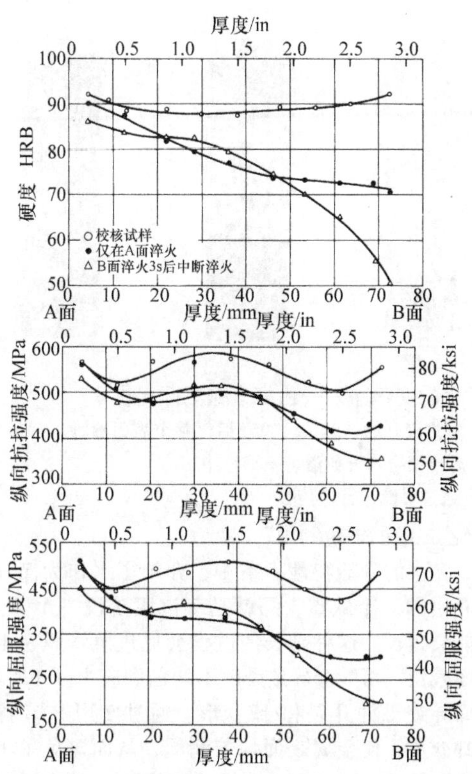

图 2-110 冷却速率和温度上升效应对 75mm（3in）厚的 7075－T62 铝合金板材不同厚度处性能的影响

2.4.7 聚合物淬火冷却介质

为控制变形和残余应力，现广泛应用聚合物淬火冷却介质对铝合金进行淬火。聚合物淬火冷却介质通过在淬火工件周围形成膜来降低冷却速率。本质上，有效膜系数就是传热系数（C），它与格罗斯曼数（H）有关，聚合物淬火冷却介质与水的数据比较见表 2-49。在航空材料技术规格相关标准（AMS 3025 和 AMS 2770）中，详细介绍了聚合物淬火冷却介质的应用，此外，许多铝业公司和航空公司已经颁布了与 AMS 2770 不同的内部标准。表 2-54 中列出了变形铝合金产品（除锻件外）在乙二醇水溶液中淬火的典型参数。

表 2-54 乙二醇水溶液中的淬火极限

（除锻件外的其他变形铝合金产品数据）

乙二醇体积分数（%）	合金牌号	最大厚度	
		mm	in
12～16	2014、2117、2024、2219	2.03	0.080
	7075、7175	25.4	1.000
17～22	2014、2017、2117、2024、2219	1.80	0.071
	7075、7079、7175、7178、6061	12.7	0.500
23～28	2014、2017、2117、2024、2219	1.60	0.063
	7075、7079、7175、7178、6061	9.53	0.375
29～34	2014、2017、2117、2024、2219	1.02	0.040
	7075、7079、7175、7178、6061	6.35	0.250
35～40	7075、7079、7175、7178、6061	2.03	0.080

对于所有聚合物淬火冷却介质，为达到理想的淬火速率，需要控制的主要工艺参数包括浓度、搅拌、温度。

随聚合物浓度的增加，有效淬火速率降低，但当浓度增加到一定程度后，再进一步增加聚合物浓度，淬火速率不会再有显著降低。该极限浓度与聚合物的分子量和所选择的聚合物类型有关。

使用水基聚合物淬火冷却介质有很多优点，包括可以快速改变溶液浓度，并可针对具体的产品对浓度进行调整；不存在火灾隐患（与油类淬火冷却介质相比）；可以采取经济的循环再生系统，降低工艺中水和化学药品的成本。根据航空航天行业的经验，与使用水淬的方法相比，使用聚合物进行矫直的成本可降低高达 60%。

搅拌能有效地改变聚合物淬火冷却介质的性能，提高搅动速率能降低聚合物膜的厚度，提高冷却速率。反之，降低搅动速率将引起聚合物膜厚度不均匀，限制聚合物向工件表面传输，从而造成淬火不均匀。因此，在每次淬火操作中，搅拌的强度和均匀性是非常重要的。工件的码放对温度的影响极大，因此，在采用聚合物淬火的过程中，应对工件的码放十分重视。同时，搅拌会进一步降低淬火冷却介质中的温度梯度。

温度影响聚合物溶液的有效淬火速率。随着温度的升高，淬火速率降低。温度升高还会增加聚合物的氧化和降低热稳定性，从而缩短聚合物淬火冷却介质的使用寿命。聚合物降解的程度取决于聚合物的用量和使用温度。根据所使用聚合物种类的不同，有些淬火冷却介质在使用中有分解或沉淀的倾向，因此，对批量淬火的温度也有一定的限制和要求，PAG 型聚合物溶液就是这类淬火冷却介质。通常，这类聚合物淬火冷却介质的工作温度为 20 ~ 40℃（70 ~ 105℉）。许多规范对淬火过程中聚合物淬火冷却介质的温升也进行了限制，最高温升为 5.5℃（10℉），最高温度为 43℃（110℉）。

1. 聚乙二醇淬火冷却介质

聚乙二醇（PAG）淬火冷却介质是当今（2016 年）热处理市场中最常用的聚合物淬火冷却介质。早在 20 世纪 40 年代初，聚乙二醇就被首次作为一种系列商业产品使用。这种材料是由乙烯和丙烯氧化物随机聚合形成的（也可以使用更高的烷基氧化物和/或芳基氧化物聚合形成）。尽管这些氧化物也可聚合形成嵌段共聚物，但作为淬火冷却介质，采用这些衍生物的吸引力不如聚乙二醇那么大。

PAG 淬火冷却介质是一种共聚物。该淬火冷却介质是由环氧乙烷和环氧丙烷两种单体单元合成的，如图 2-111 所示。通过改变分子量和氧化物的比例，可以生产出具有广泛适用性的聚合物。现已证明某些高分子量的产品可用于生产金属的水基淬火冷却介质。通过适当选择聚合物的成分及其分子量，在室温下可得到完全溶于水的 PAG 产品。该选定的 PAG 分子在水中具有逆溶解性的独特行为，即在高温下不溶于水。这种现象为加热金属的淬火冷却提供了一种独特的机制。在淬火金属工件表面形成富聚合物膜，用以控制淬火金属工件的散热冷却，当金属工件的温度接近淬火冷却介质的温度（C 阶段）时，PAG 聚合物层会再次溶解，在淬火槽中提供均匀的聚合物浓度，如图 2-112 所示。

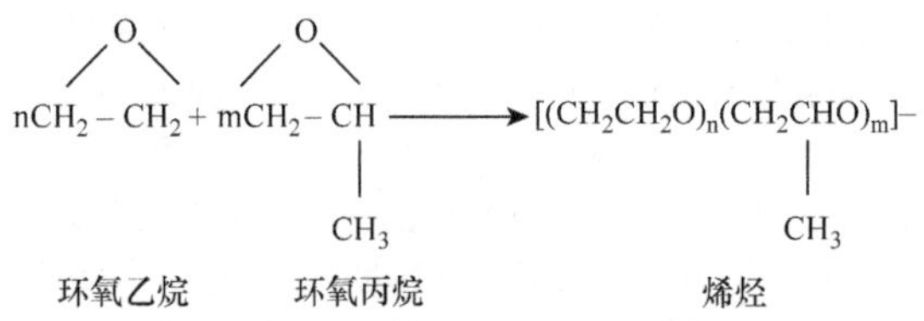

图 2-111 聚乙二醇淬火冷却介质的合成

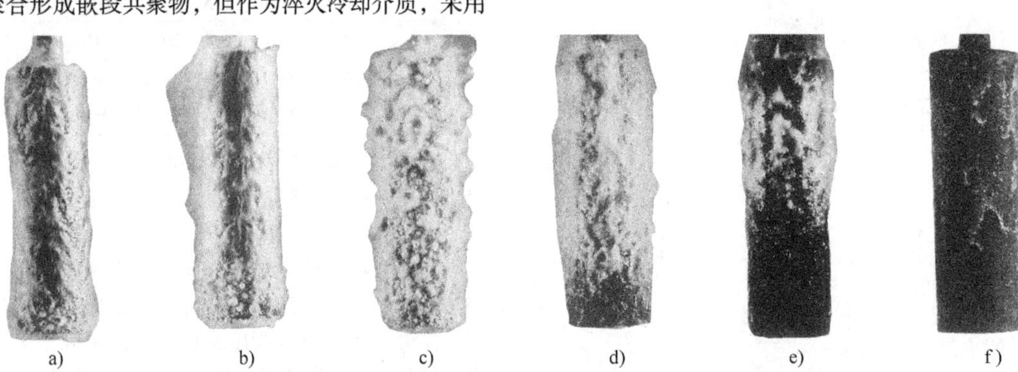

图 2-112 在聚乙二醇聚合物中淬火工件表面发生的变化序列（由好富顿国际提供）

a）浸入的瞬间，聚合物膜在工件表面沉积 b）15s 后，蒸汽膜开始活跃 c）25s 后，整个表面沸腾 d）35s 后，沸腾停止和对流开始 e）60s 后，聚合物开始溶解于溶液中 f）75s 后，蒸汽膜完全溶解，完全通过对流进行热传导

这种逆溶解性机理仅限于聚乙二醇和聚（2 – 乙基 – 2 – 恶唑啉）两类聚合物淬火冷却介质。在这些聚合物系统中，随着溶液温度的升高，系统的热能比氢键与水的相互作用要大。在这种情况下，会形成富水层和富聚合物层两相系统，这两相均含有其他的组分，很难清晰地将它们分离开。发生分离的温度称为浊点。在 PAG 淬火冷却介质中，通过用于生产 PAG 的单体的比例来控制浊点。在这种情况下，随着丙烯氧化物单体比例的增加，浊点温度降低。根据浊点，可以对淬火槽进行净化（见本节中“聚乙二醇的再生利用”一节）。

在水的冷却特性一节中，介绍了水作为淬火冷却介质的一个缺点，那就是蒸汽膜阶段（A 阶段）可能会延长。这种延长的过程会促进蒸汽膜在工件表面残留，可能会导致硬度不均匀和应力分布不均，进而导致工件开裂和/或变形。通过使用 PAG 淬火冷却介质，使金属表面均匀润湿，从而避免了不均匀性和软点。事实上，选择适当的 PAG 淬火冷却介质可以提高和加快润湿，从而可得到高于水、接近盐水的冷却速率。因此，可以在不使用盐或碱溶液的情况下，达到盐水淬火的冷却速率。

在仅采用水淬火的情况下，特别是使用未经处理的水淬火，容易出现生锈现象。使用 PAG 淬火冷却介质溶液可以抑制腐蚀，为淬火冷却系统部件提供防腐蚀保护。PAG 淬火冷却介质对淬火工件的腐蚀抑制时间较短，在回火操作后，应对工件进行专业的防腐蚀保护处理。

在 AMS 2770 标准中，SAE 的航空材料工程委员会确定了对铝合金淬火的推荐 PAG 浓度。这些推荐的浓度是基于采用水和 PAG 淬火，得到相当的合金强度。根据 SAE 国际（SAE International）的 AMS 3025 标准，将 PAG 淬火冷却介质进一步分为Ⅰ型和Ⅱ型两类。这两类 PAG 淬火冷却介质的物理性能差异见表 2-55。根据 AMS 2770 标准，铝合金允许使用聚合物淬火冷却介质的浓度列于表 2-56 中。

表 2-55　AMS 3025 标准中聚乙二醇淬火冷却介质的物理性能

状态	性能	Ⅰ 型	Ⅱ 型
未掺水	未掺水介质的水含量（%）	45～48	57～63
	密度	1.094±0.005	1.080±0.025
	折射率	1.4140±0.005	1.3910±0.005
	38℃（100℉）时的黏度/cSt	535±70	300±20
稀释到 20%	38℃（100℉）时的黏度/cSt	5.5±0.5	4.4±0.5
	浊点/℃（℉）	165±5（330±9）	165±5（330±9）

表 2-56　AMS 2770 标准中铝合金允许使用聚合物淬火冷却介质的浓度

聚合物淬火介质类型①	合金	材料类型	最大厚度②		聚合物浓度①③（%）	说明
			mm	in		
Ⅰ	2024	薄板、挤压件	1.02	0.040	34max	④
			1.60	0.063	28max	④
			1.80	0.071	22max	④
			2.03	0.080	16max	④
	2219	薄板、挤压件	1.85	0.073	22max	④
	6061	薄板、板材、棒材、挤压件	6.35	0.250	40max	—
			9.52	0.375	32max	—
			25.4	1.00	22max	—
	7049	薄板、板材、棒材	2.03	0.080	40max	—
	7050		6.35	0.250	34max	—
	7075		9.52	0.375	28max	—
			12.70	0.500	22max	—
			25.4	1.00	16max	—
	6061	锻件	25.4	1.00	18～22	—
	7075		50.8	2.00	11～15	⑤
			63.5	2.50	8～12	⑤
	7049	锻件	25.4	1.00	18～22	—
	7149		50.8	2.00	11～15	—
			76.2	3.00	8～12	—
	7050	锻件	25.4	1.00	28～32	—
			50.8	2.00	24～28	—
			76.2	3.00	18～22	—
			101.5	4.00	13～17	—
	7049	挤压件	6.35	0.250	28max	—
	7050					
	7075		9.52	0.375	22max	—

（续）

聚合物淬火介质类型①	合金	材料类型	最大厚度②		聚合物浓度①③(%)	说明
			mm	in		
Ⅱ	2024	薄板，挤压件	1.02	0.040	34max	④
			1.60	0.063	22max	④
			2.03	0.080	16max	④
	6061 7049 7050 7075	薄板，板材，棒材	1.02	0.040	34max	—
			4.83	0.190	20max	—
			6.35	0.250	18max	—
	6061	锻件	25.4	1.0	11～15	—
	7075		50.8	2.0	8～12	⑤

① Ⅰ型和Ⅱ型聚合物溶液的浓度应符合 AMS 3025 标准。浓度是由生产厂家提供的未稀释聚合物的体积分数。

② 厚度是指热处理时最大截面处的最小尺寸。

③ 除不允许超过最大限度外，当只显示最大浓度时，可以在4%的范围内变化。如果在图样或采购订单上没有注明浓度允许误差或范围，则误差应是±2%。

④ 适用于最终处理工艺 T4 或 T42。当最终处理工艺为 T6 或 T62 时，薄板和板材厚度不大于6.35mm（0.250in），采用在浓度不超过22%的Ⅰ型或Ⅱ型聚合物溶液中淬火。

⑤ 当最终处理工艺为 T6 时，7075 合金的厚度不允许超过25mm（1in）。

图2-108b所示为聚合物浓度对冷却速率曲线的影响。类似于不同温度下的水淬曲线（图2-108a），聚合物淬火冷却介质的冷却曲线是PAG浓度的函数。在浓度较高的情况下，淬火冷却速率较慢，其原因是受到了淬火工件表面聚合物层厚度的影响。当PAG浓度发生微小变化时，对淬火性能影响不大，而聚乙烯醇和其他膜形成聚合物淬火冷却介质对浓度的敏感性相对要高得多。

与随着温度的升高，水的冷却能力显著下降一样（图2-105和图2-108a），PAG水溶液的冷却能力也会下降。淬火冷却介质温度变化对冷却曲线影响的一般趋势如图2-113所示，具体PAG淬火冷却介质的详细数据还有所不同，有待进一步确定。一般来说，低至中度的搅拌可确保热的金属工件表面有足够的聚合物进行补充，并将工件的热量均匀地传导至周围冷的淬火冷却介质中去。图2-114清楚地表明，随着搅拌的增加，冷却曲线会向速度更快的方向移动。

采用聚乙二醇淬火冷却介质对铝合金板、锻件和铸件进行淬火，具有可显著降低残余应力和变形等优点，其应用范围正在不断扩大。表2-57所列数据说明采用PAG淬火冷却介质淬火能有效地控制变形。波音公司的早期工作表明，采用AMS 3025标准中Ⅰ型聚合物淬火冷却介质淬火，大大地降低了淬火金属工件的变形。图2-115中的数据表明，使用常温水对1mm（0.04in）厚的铝板进行淬火时，冷却速率超过了2700℃/s（4860℉/s）。采用浓度为40%的Ⅰ型聚合物淬火冷却介质淬火时，最大冷却速率为1000℃/s（1800℉/s），该冷却速率大约是使铝板达到最高性能的冷却速率的10倍。进一步的研究工作表明，随着Ⅰ型淬火冷却介质的浓度增加，变形量明显减少，如图2-116所示。

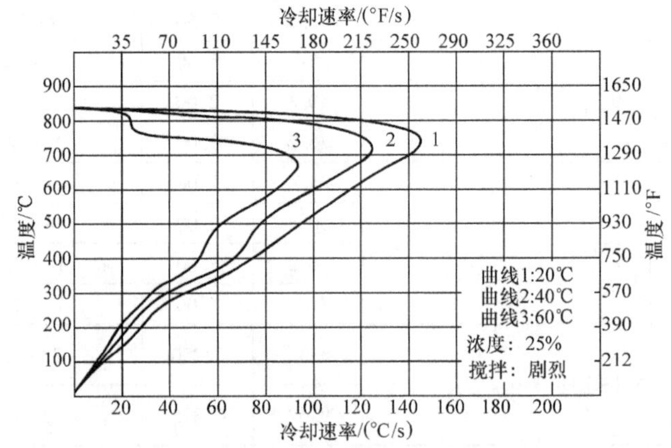

图2-113　温度对聚乙二醇淬火冷却介质冷却曲线的影响（由好富顿国际提供）

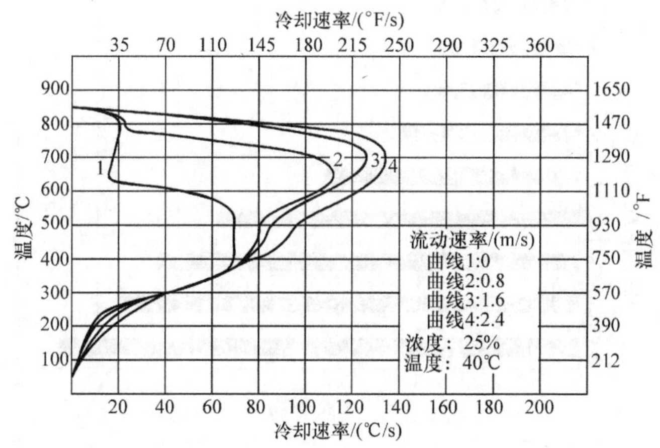

图 2-114　搅拌对聚乙二醇淬火冷却介质冷却曲线的影响（由好富顿国际提供）

表 2-57　聚烯二醇（PAG）淬火冷却介质淬火对铝合金变形程度的控制

零件类型	合金	采用水淬的变形		PAG 淬火冷却介质淬火的变形	
		mm	in	mm	in
模锻件	7075－T6	2.5～3.8	0.10～0.15	0.05	0.002
模锻件	2014－T6	不详		无	
机械加工的棒材	7075－T6	10	0.40	0.075	0.003
浸钎焊底盘	6061－T6	不详		0.08	0.003

Northrup 的研究表明，金属薄板产品可以采用浓度不大于 40% 的聚合物进行淬火。当对类似的金属板材工件进行室温水淬火时，临界温度 400～300℃（750～570℉）范围内的冷却速率超过 2200℃/s（3960℉/s），大大高于完全淬火所需的 100℃/s（180℉/s）。这项研究工作的结果如图 2-117 所示。图 2-118 所示为采用水和 PAG 淬火冷却介质淬火对变形影响的对比实物照片。

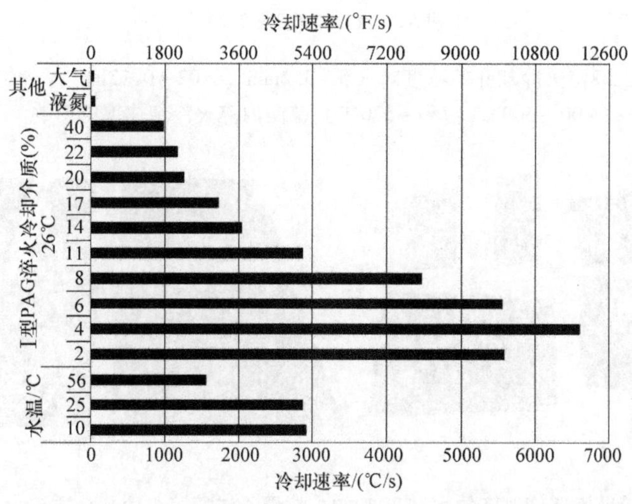

图 2-115　Ⅰ型聚乙二醇淬火冷却介质浓度对 1mm（0.04in）厚的 2024 铝合金板最大冷却速率的影响

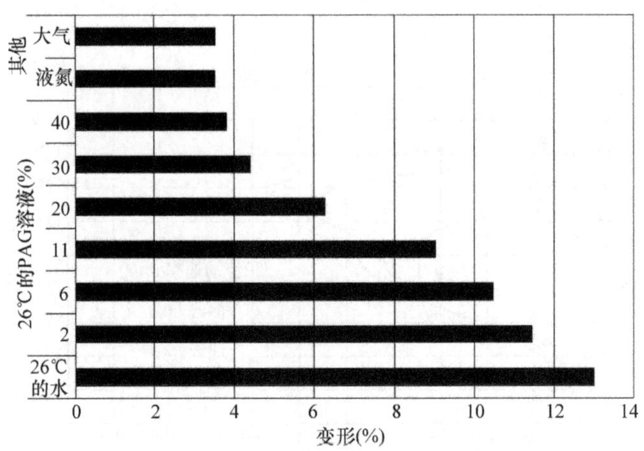

图 2-116　Ⅰ型聚乙二醇淬火冷却介质的浓度对 1mm（0.04in）厚的 2024 铝合金板变形的影响

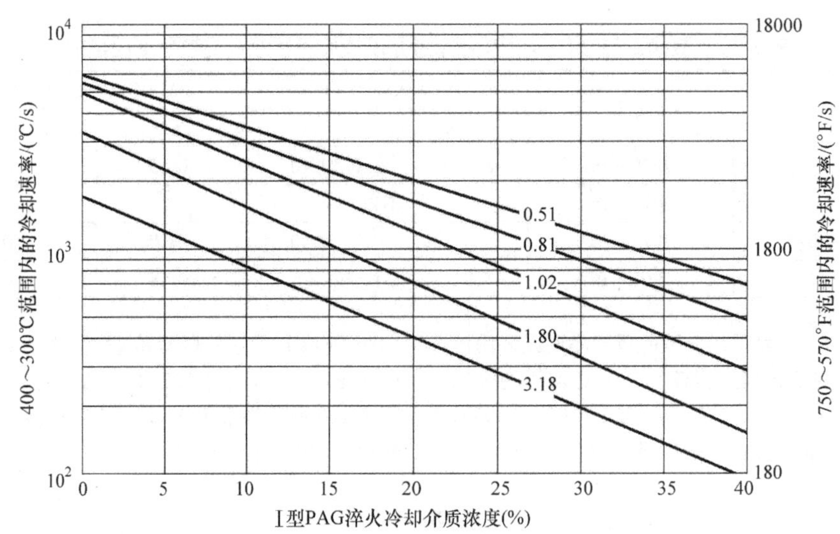

图 2-117　Ⅰ型聚乙二醇淬火冷却介的浓度对 0.5～3.2mm（0.02～0.13in）厚的铝合金薄板在临界温度 400～300℃（750～570℉）范围内淬火冷却速率的影响

图 2-118　铝合金薄板采用环境温度的水和 20% 的Ⅰ型聚乙二醇淬火冷却介质淬火（由好富顿国际提供）
a）淬水的铝合金薄板　b）相同的铝合金薄板淬 20% Ⅰ型聚乙二醇淬火冷却介质

为控制残余应力，大型铸件和锻件通常采用热　　水淬火，但热水淬火的冷却速率低，会造成工件的力学性能降低。然而，当残余应力和变形的危害超过了性能降低的危害时，则必须优先考虑淬火对变形的影响。从图 2-108 中可以清楚地看到，高浓度 PAG 的冷却速率与热水的冷却速率相似。浓度为 60% 的Ⅰ型聚合物淬火冷却介质的冷却速率与 93℃（200℉）的水的冷却速率相似。图 2-119 中的数据为大型锻件和铸件 PAG 淬火冷却介质浓度的选择提供了参考，相应的合金和性能数据可参考热水淬火的数据。

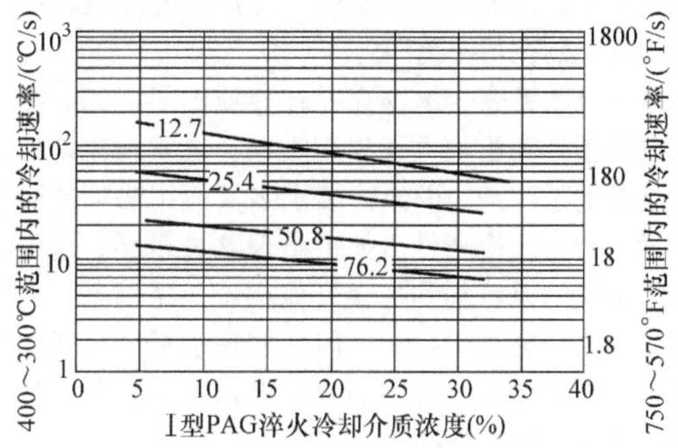

图 2-119 Ⅰ型聚乙二醇淬火冷却介质的浓度与厚度为 12.5～75mm（0.5～3.0in）的锻件和铸件在临界温度 400～300℃（750～570℉）范围内的冷却速率的关系

与油类淬火冷却介质相比，搅拌对聚合物冷却曲线的影响更大。为解决这一问题，现已开发出两种标准和方法，ASTM D6482 标准（Tensi 方法）和 ASTM D6549 标准（Drayton 方法）用以精确测量聚合物的冷却曲线。两种方法采用不同的搅拌方式，其测量结果之间不可进行比较。许多审计机构（国家航空航天和国防承包商认证计划、CQI－9 热处理系统评估等）要求每月或每季度对所使用聚合物的冷却曲线进行分析。

2. 聚乙二醇淬火冷却介质的维护

为了保证淬火冷却介质有效和降低成本，需要对水基聚合物溶液进行维护。能否获得更好和更可控的冷却速率，是决定在生产过程中是否采用 PAG 淬火冷却介质的一个主要因素。适当控制和保证淬火性能包括浓度控制和淬火槽维护。回收再利用是降低成本的重要方法。

淬火槽中的聚合物浓度对产品性能的影响最大。淬火槽的清洁程度直接影响到测量的准确性。使用可编程序逻辑控制器（PLC）和操作员界面，可以针对产品要求，精确、快速地对浓度进行调整。由于全自动化生产系统的故障检修较为困难，实际使用中还存在较多问题。例如，很难对给排水状态进行监测。而半自动化系统由于每一阶段过程都由操作员发起，操作问题较少，更为有效。

淬火槽的维护包括过滤和控制溶液中的生物杂质。在工业环境中使用的任何淬火槽，最终都会受热处理工件和氧化皮的污染。随着淬火过程的进行，淬火槽中的杂质含量和化学成分会发生变化，最终会影响到淬火冷却介质的淬火性能。使用 5～10μm 的滤芯对淬火冷却介质进行过滤，能有效保证淬火槽中浓度测量的准确性。淬火槽维护还包括控制其中的生物含量。

（1）采用密度计、折射计和黏度计对浓度进行控制　其中一些仪器需要进行频繁的校准，这增加了工厂的维护成本。如果溶液是经过调整和过滤的，可采用带遥感并选配有 PLC 的折射率监视器进行检测，准确度和稳定性高，精度高达 ±0.5%。

在淬火冷却介质成分范围内，PAG 聚合物溶液的折射率是线性的，如图 2-120 所示。因此，可以通过 PAG 溶液的折射率测量其浓度指标。任何型号的工业光学折射计都需要进行校准。

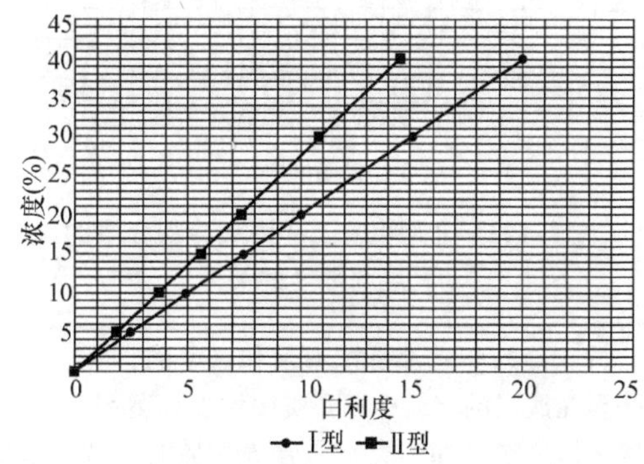

图 2-120 采用白利折射计测量Ⅰ型和Ⅱ型聚乙二醇淬火冷却介质的折射率（白利度 Brix）与浓度的关系

这种仪器在日常监测淬火冷却介质的浓度时是非常有用的，然而，折射计也会记录淬火冷却介质中其他的水溶性成分。因此，当显示的折射计读数开始出现错误时，需要采用其他的分析测试方法来确定有效的淬火冷却介质浓度。其中，对 PAG 淬火冷却介质进行与浓度相关的动黏度测量，是最为有效的方法之一。

与折射率数据一样，也可以从淬火冷却介质生产商处得到动黏度数据。但应该注意的是，通常聚合物的动黏度与浓度为非线性关系。因此，不能采用线性回归分析对它们进行拟合。图 2-121 和图 2-122所示分别为Ⅰ型和Ⅱ型 PAG 淬火冷却介质的动黏度与浓度之间的关系。

（2）生物污染及其控制　在大多数情况下，

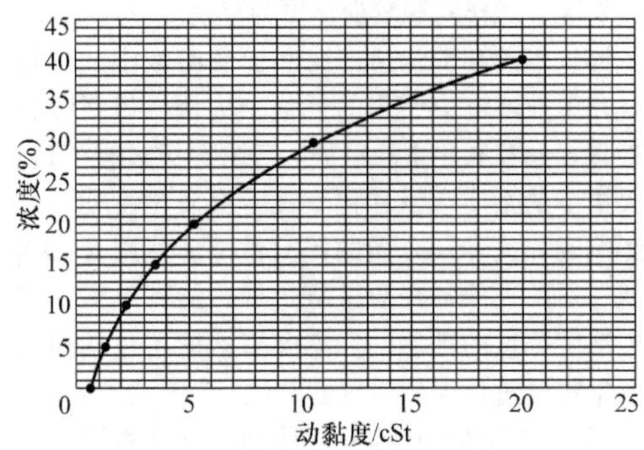

图 2-121 Ⅰ型聚乙二醇淬火冷却介质的动黏度与浓度的关系

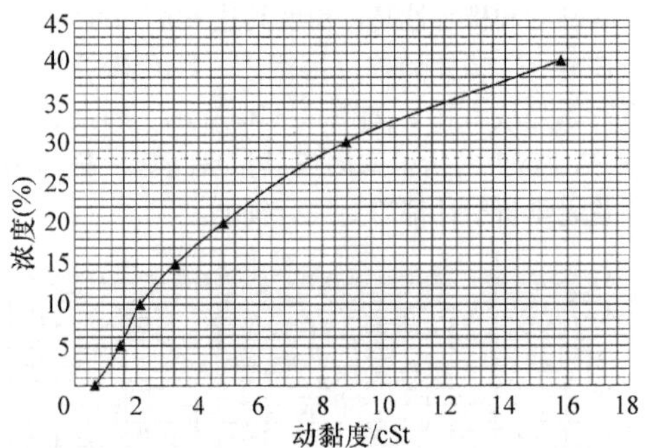

图 2-122 Ⅱ型聚乙二醇淬火冷却介质的动黏度与浓度的关系

PAG 淬火冷却介质都是抗细菌和真菌的，所以一般不需要在购买的淬火冷却介质中添加杀菌剂。然而，当淬火污染物（如油类）是营养物质时，就会造成微生物生长，这时，对淬火冷却介质的清洁和含氧量的控制就成为了关键。为尽量减少营养物质的来源，应该对溶液不间断地进行搅拌。淬火冷却介质中的铁锈和其他固体污染物是微生物典型的营养物质来源。

在缺氧环境中，厌氧菌和真菌生长旺盛。不流动的溶液会导致局部缺氧，因此，应该不断地对淬火冷却介质进行搅拌，防止出现缺氧现象。还可以在淬火冷却介质中注入空气，但最常用且有效的方法是在淬火过程完成后继续不停地搅拌。在典型的聚合物淬火槽中，厌氧菌和真菌可以生长繁殖。通常这些细菌和真菌不会对人体健康造成危害，但气味难闻。当周末休息后，周一开工时，这些细菌导致了“周一早上的气味”。

如果没有添加杀菌剂，将造成水溶液淬火冷却介质中细菌和藻类的生长。细菌的生长会导致工件发生腐蚀（微生物引起的腐蚀），并且会对回收系统中的分离隔膜造成不利影响。如果是脱水性细菌，则还会降低淬火槽中的硝酸钠含量。藻类会附着在淬火槽和管道的内壁上，导致水溶液淬火冷却介质浓度数据不正确。

设计循环能力足够大的过滤系统，可以解决部分细菌和真菌问题。采用与游泳池类似的沙石过滤装置，能够过滤 6 ~ 8μm 的杂质。采用过滤袋和滤筒，溶液的流速慢且营养物质浓度高，易于形成滋生真菌和细菌的“温床”。如果出现真菌和细菌问题，则应该使用合适的杀菌剂。与其他水基金属加工液一样，淬火冷却介质中微生物的处理是将微生物活性控制在可控范围内。

可以联系聚合物淬火冷却介质的供应商，在杀菌剂的选择和添加方面得到帮助。通常，建议使用大剂量的杀菌剂，因为连续小剂量的用法可能会导致微生物出现抗药性。如果出现这种情况，建议使用大剂量的杀菌剂和更换其他推荐的杀菌剂。杀菌剂是用来杀死微生物的，因此在添加时，必须使用合适的防护装备。可咨询杀菌剂供应商，来选择推荐的剂量和防护装备。

含有戊二醛的杀菌剂是最常用的杀菌剂，其功效在淬火槽中可持续 10 ~ 21 天，之后必须定期补充，以保持功效。采用小型搅棒对淬火槽进行细菌和真菌测试，可确定淬火槽是否需要处理和处理效果是否令人满意。偶尔改用其他种类的杀菌剂，以避免微生物产生抗药性。

（3）热处理车间常见的污染物 液压液、煤烟灰和铁锈是热处理车间常见的污染物，粉状铁锈和煤烟灰沉降物会造成折射率测量困难，从而降低了淬火冷却介质浓度检测的可靠性。此外，在特定的场合和工艺过程中，这些污染物还会改变淬火冷却介质的冷却曲线。通过适当过滤和除去淬火冷却介质表面的油和其他漂浮污染物，可以清除过量的污染物。对于 PAG 淬火冷却介质，通过热分离和适当重新添加缓蚀剂，可以清洁聚合物溶液。

（4）化学控制 在使用过程中，淬火槽中新的 PAG 淬火冷却介质的基本化学变化很小。淬火冷却介质的 pH 值可能会发生改变，必须按生产商推荐的要求补充缓蚀剂，对淬火冷却介质进行维护。可采用反渗透膜，对 PAG 进行特殊的调整。可以通过稍微降低淬火冷却介质的 pH 值，来提高反渗透膜的寿命。然而，当 pH 值小于 6 ~ 6.5 时，PAG 淬火冷却介质会变得不稳定，因此 pH 值也不能降低得过多。在淬火过程中，pH 值低的淬火冷却介质会导致铝合金工件发生腐蚀。

通常在 PAG 中使用的缓蚀剂是硝酸钠，随着使用时间的推移，这种盐会耗尽，因此必须及时补充，以保护管道、泵和其他设备的安全。硝酸钠也是最先通过已磨损反渗透膜的迁移物质之一，并可在渗透水中产生高导电性，因此，它可以作为一种追踪反渗透膜使用状态的指示剂。

3. 聚乙二醇淬火冷却介质的回收

与早期的废酸溶液不能回收利用相比，随着具有浓度控制和调节功能的全封闭式循环系统的发展，大大降低了 PAG 的再回收成本。必须对安装该循环系统的资金成本与 PAG 再回收节约的成本进行比较，在某些地区，还应该考虑减少废水污染这一因素。

当 PAG 被稀释到用户需要的浓度后，有三种将 PAG 与水分离的方法：热分离方法、微米或纳米过滤膜分离方法、反渗透膜分离方法。

在反渗透系统的第三代控制软件和硬件技术已经成熟的条件下，循环系统的维护成本得到了明显的降低。

（1）热分离方法　提高淬火槽中淬火冷却介质的温度，使其达到浊点温度，利用浊点现象对淬火槽进行净化。将淬火冷却介质加热到 75～85℃（165～185℉），PAG 和水发生分离，沉淀到淬火槽底部。如淬火冷却介质中含有大量的盐，则 PAG 也会发生分离，并悬浮在淬火槽顶部。

当聚合物沉淀到淬火槽底部后，采用水泵或虹吸法将其抽出，然后加入新鲜的水直至达到所需浓度。为保证系统具有适当的缓蚀效果，通常还需要在水中添加一部分无机缓蚀剂。另一个需要考虑的因素是，温度升高也会使聚合物发生氧化，导致其使用寿命降低。

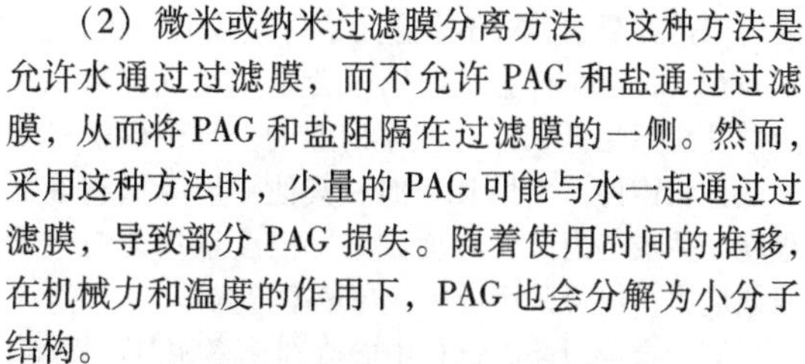

（2）微米或纳米过滤膜分离方法　这种方法是允许水通过过滤膜，而不允许 PAG 和盐通过过滤膜，从而将 PAG 和盐阻隔在过滤膜的一侧。然而，采用这种方法时，少量的 PAG 可能与水一起通过过滤膜，导致部分 PAG 损失。随着使用时间的推移，在机械力和温度的作用下，PAG 也会分解为小分子结构。

（3）反渗透膜分离方法　图 2-123a 所示为一个典型的采用反渗透技术的全封闭式循环系统。采用这种方法，水可以通过膜，而阻止 PAG 和盐通过膜，从而将 PAG 和与水分离开。渗透的水储存在一个水箱中，供以后使用或排放。由于 PAG 中的盐浓度在使用循环期间会提高，该技术在与盐浴或钢的热处理同时使用时，效果不太理想。由于盐会引起工件产生腐蚀，在淬火槽中不希望有盐的存在。钢的氧化皮和游离的铁会损坏反渗透膜，因此在其进入反渗透装置前，必须从溶液中将它们清除掉。

目前新开发出了一种分离方法，它采用了热分离方法的原理，但只有单向通道，如图 2-123b 所示。与图 2-123a 中的反渗透膜分离系统相比，该系统的处理槽是可选择的。热分离方法无需过滤膜，不会受到淬火冷却介质中盐或铁对膜的影响。对该系统的生产测试表明，将浓度为 1% 的 PAG 溶液分离为 60% 的溶液和清洁的水的速度为 3.8L/min（1gal/min）。对于余下的浓度为 22% 的 PAG 溶液，也可以同样的回收速率，进一步分离成 60% PAG 和清洁水。该系统非常紧凑和耐用，与反渗透膜分离系统相比，其成本更低。到 2016 年，已有多家公司安装了这种新型分离系统。

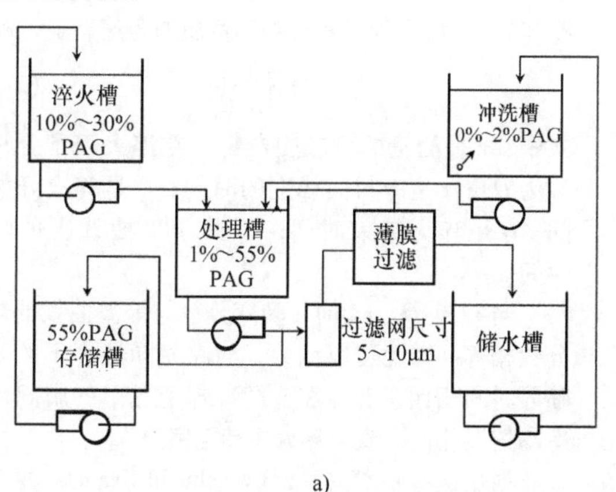

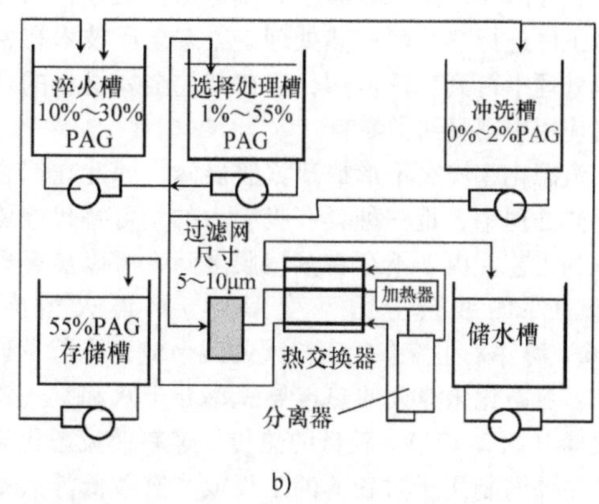

图 2-123　聚乙二醇（PAG）和水分离系统示意图（由 Bogh Industries 公司提供）
a）闭环反渗透膜分离系统　b）单向通道热分离系统

2.4.8　其他淬火冷却介质

（1）空冷淬火　为了达到最大的尺寸稳定性，一些锻件和铸件采用风冷或在静止空气中冷却。在这种情况下，析出强化效果是有限的，但强度和硬度可以达到要求。对于合金元素含量较低的铝合金，如6063和7005合金，特别适合采用空气淬火，其力学性能不受低的冷却速率的影响。对于形状复杂的锻件和铸件，为使其翘曲和其他变形降低到最低程度，并减小由工件表面到心部温度不均匀产生的残余应力，也可采用低的冷却速率淬火。

有些合金对淬火过程中的冷却速率相对不敏感，对这类合金可以在热加工工序后，直接采用空冷或水冷淬火。在这两种淬火条件下，这些合金具有很好的时效强化效果。现在这种工艺广泛应用于6061、6063、6463和7005等合金的薄挤压成形件。与单独重新进行固溶淬火相比，这些淬火挤压成形析出强化合金的强度基本相同。

（2）液氮蒸汽淬火　由于液氮的温度极低，具有极高的淬火冷却速率，因此限制了它的使用。然而，采用液氮蒸汽与热工件接触，即使进行了合理的搅拌，淬火冷却介质实际上还是围绕工件的氮蒸汽。因此，对淬火不敏感的合金，可非常有限地进行液氮蒸汽淬火，如6061铝合金薄板或厚度小于0.75mm（0.030in）的2024铝合金极薄板。

（3）快速淬火油　随着聚合物淬火冷却介质的出现，使用淬火油淬火的情况越来越少了。在聚合物淬火冷却介质出现之前，只有在控制一定厚度的铸件变形时，才采用油作为淬火冷却介质。对铝合金进行淬火时，需要采用快速淬火油。

（4）流态化床淬火　最近，采用流态化床技术进行铝合金的固溶处理得到了关注。流态化床是由被流化气体的部分悬浮的细小硬粒子（沙）构成的介质。流态化床中的部分悬浮介质使粒子之间容易产生相互滑动，使其能非常像流体那样流动，以方便对工件进行热传输和热处理。流态化床技术在钢的热处理中得到广泛应用，但在其他金属材料的热处理应用中则受到了限制。

流态化床淬火不形成蒸汽膜屏障，因此在铝合金的热处理中，是一种具有吸引力的，可替代液体淬火的工艺。由于不存在蒸汽膜屏障，可以显著地降低工件的残余应力和变形。与水淬火相比，A356.2铸件采用流态化床淬火的残余应力降低了近70%。流态化床淬火的热传导速率介于水和空气淬火之间（图2-124）。较低的热传导速率使流态化床淬火主要限制用于对较薄的工件或具有较低淬火敏感性的合金，如319铸造合金进行淬火。

2.4.9　淬火因子分析

如果淬火冷却速率非常均匀，则可以采用临界温度范围内的平均淬火冷却速率对合金性能进行预测。但是，通常在淬火冷却过程中，冷却速率是不均匀的。虽然采用等温－时间－转变（TTT）图，可以确定给定温度和临界时间条件下的具体析出量，但并不能给出在整个连续冷却过程中的总析出量。

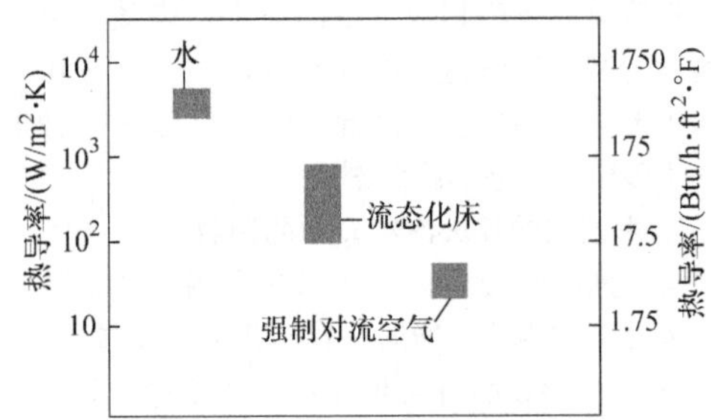

图2-124　水、强制对流空气和流态化床淬火的热导率对比

淬火因子分析（Quench－Factor Analysis）是一种定量分析方法，它可以根据等温曲线和试验得到的或分析得到的冷却曲线，定量地分析出析出量。由于铝合金的性能与淬火冷却过程中的析出量有关，因此，淬火因子分析方法也是一种根据冷却曲线，定量预测合金性能的方法。

淬火因子分析是建立在加和性原理基础上的。根据Avrami方程，当析出过程是等速的时，转变速率只与速率常数有关，即

$$\delta = 1 - \exp\left(\frac{-t}{k}\right)$$

式中，δ是在淬火冷却过程中t时刻析出的分数；k是一个与温度无关的常数，其值取决于过饱和程度和连续冷却过程中Avrami等温转变动力学的扩散速率。随后，Cahn证明了在连续冷却过程中（非等温冷却），析出过程是具有加和性质的等速转变，即

$$\tau = \int_{t_i}^{t_f} \frac{\mathrm{d}t}{C_t} \tag{2-27}$$

式中，τ是测量的已转变产物（在淬火因子分析中称为Q）；t是冷却曲线上的时间；t_i是淬火开始时间；t_f是淬火结束时间；C_t是TTT曲线上的临界时间。

当τ（或Q）=1时，转变分数与等温曲线的转变分数相等。因此可以认为，与在相同温度下的等温临界时间相比，合金在连续冷却情况下的瞬间淬火冷却情况相同，直至淬火冷却至室温。

根据这些基本关系，Evancho和Evancho开发出了淬火因子分析方法，可根据冷却曲线与等温曲线上的临界时间（C_t），定量计算得到析出的程度和性能。他们定义了Avrami方程中的常数k与临界时间的关系式

$$k = \frac{C_t}{K_1}$$

式中，K_1 是常数，等于对未转变分数取自然对数（等于 1 减去冷却曲线确定的转变分数）。例如，未转变分数为 0.5%，则 $K_1 = \ln[0.995] = -0.0050$。此外，由于铝合金的性能也与淬火冷却过程中合金的析出量有关，常数 K_1 也与对应未转变量的性能有关（例如，当 $K_1 = -0.0050$ 时，时效后可达到 99.5% 的屈服强度）。Evancho 和 Staley 在其 1974 年发表的论文中指出，根据 Avrami 方程，淬火后可达到的强度与固溶体中剩余的溶质原子以及 K_1 有关

$$K_1 = -\ln \frac{\sigma_x - \sigma_{\min}}{\sigma_{\max} - \sigma_{\min}}$$

当 $K_1 = -0.0050$ 时，$\sigma_x = 0.995\sigma_{\max}$。

在连续淬火冷却过程中，根据与这些物理原则相关的析出量和相关的性能，Evancho 和 Staley 采用多元线性回归方法对经验 C 曲线进行分析，确定了 7050 和 7075 铝合金最合适的拟合临界时间（C_t）方程和临界时间值

$$C_t = -K_1 K_2 \exp \frac{K_3 K_4^2}{RT(K_4 - T)^2} \exp \frac{K_5}{RT}$$

式中，C_t 是析出一定数量溶质原子所需的临界时间，其轨迹是等温曲线；K_1 是常数，等于对淬火过程中的未转变分数取自然对数（即 C 曲线定义的转变分数，通常为 ln0.99 或 ln0.995；K_2 是一个与形核位置数量的倒数相关的常数；K_3 是一个与形核所需能量相关的常数；K_4 是一个与固溶度温度曲线相关的常数；K_5 是一个与扩散激活能相关的常数；R 是气体常数，等于 8.3143J · K^{-1} · mol^{-1}；T 是热力学温度。

对于特定的合金成分和工艺状态，可以根据这些常数值确定合金的 C 曲线。现已公布的各合金的 C_t 值和常数值见表 2-58。

表 2-58　可达到 99.5%屈服强度的计算淬火因子的系数

合金及工艺状态	K_1 ①	K_2/s	K_3/(J/mol)	K_4/K	K_5/(J/mol)	计算温度范围	
						℃	℉
7010 - T76	-0.00501	5.6×10^{-20}	5780	897	1.90×10^5	425 ~ 150	800 ~ 300
7050 - T76	-0.00501	2.2×10^{-19}	5190	850	1.8×10^5	425 ~ 150	800 ~ 300
7075 - T6	-0.00501	4.1×10^{-13}	1050	780	1.4×10^5	425 ~ 150	800 ~ 300
7075 - T73	-0.00501	1.37×10^{-13}	1069	737	1.37×10^5	425 ~ 150	800 ~ 300
7175 - T73	-0.00501	1.8×10^{-9}	526	750	1.017×10^5	425 ~ 150	800 ~ 300
2017 - T4	-0.00501	6.8×10^{-21}	978	822	2.068×10^5	425 ~ 150	800 ~ 300
2024 - T6	-0.00501	2.38×10^{-12}	1310	840	1.47×10^5	425 ~ 150	800 ~ 300
2024 - T851	-0.00501	1.72×10^{-11}	45	750	3.2×10^4	425 ~ 150	800 ~ 300
2219 - T87	-0.00501	0.28×10^{-7}	200	900	2.5×10^4	425 ~ 150	800 ~ 300
6061 - T6	-0.00501	5.1×10^{-8}	412	750	9.418×10^4	425 ~ 150	800 ~ 300
356 - T6	-0.0066	3.0×10^{-4}	61	764	1.3×10^5	425 ~ 150	800 ~ 300
357 - T6	-0.0062	1.1×10^{-10}	154	750	1.31×10^5	425 ~ 150	800 ~ 300
Al - 2.7Cu - 1.6Li - T8	-0.0050	1.8×10^{-8}	1520	870	1.02×10^5	425 ~ 150	800 ~ 300

① 与未析出转变分数有关的无单位常数。本表一般采用 ln 0.995 = -0.00501。

对某一合金的等温曲线和给定的冷却曲线，计算淬火因子主要是对一段时间间隔内的淬火因子增量进行求和，如图 2-125 所示。淬火因子增量（q_i）与时间增量（Δt_i）的关系为

$$q_i = \frac{\Delta t_i}{C_{ti}}$$

式中，C_{ti}是临界时间，定义为淬火过程的冷却曲线与等温曲线之间的时间差，如图 2-126 所示。整个冷却曲线上的总淬火因子（Q）是对淬火因子增量求和，即

$$Q = \sum_{\Delta t_1}^{\Delta t_{\text{final}}} q_i$$

总淬火因子（公式中的 τ 或 Q）不仅与合金的析出动力学有关，还与冷却速率有关，而冷却速率又与淬火冷却介质种类、淬火冷却介质搅拌速率、淬火温度、工件厚度等因素有关。在冷却速率一定的条件下，低析出速率的合金比高析出速率合金的 Q 值低。在合金和工艺状态一定的条件下，可以根据淬火因子确定合金总的析出量（以及性能）。例如，根据表 2-59 中 7075 - T63 合金的淬火因子（译者注：此处有误，表 2-59 中应为 7075 - T73 合金），可以确定该合金时效后可获得的屈服强度。根据这些淬火因子，可以定量地评估需要采用的冷却曲线，以获得所需的屈服强度；也可以采用淬火因子，根

据需要达到的性能，选择较低的淬火冷却速率。

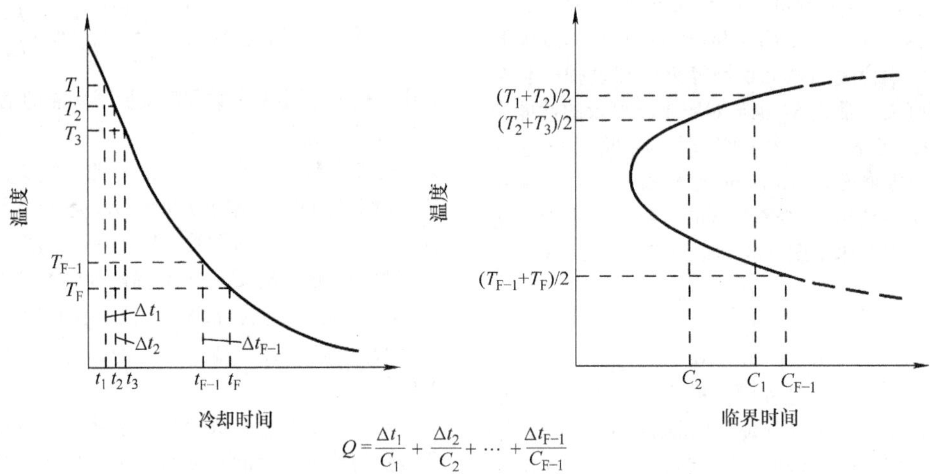

图 2-125 使用冷却曲线和等温曲线确定淬火因子（Q）的方法

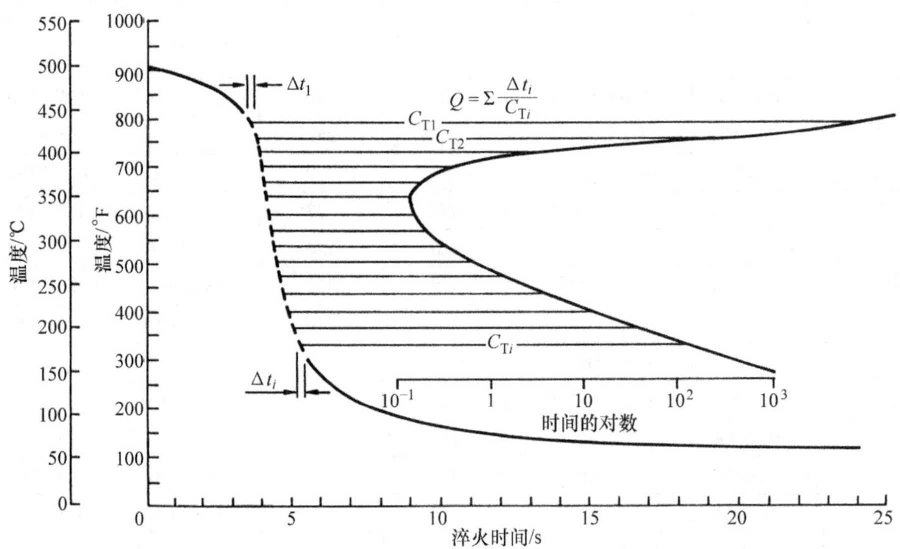

图 2-126 带淬火因子增量系数的冷却曲线，并叠加于等温转变曲线

表 2-59 7075-T73 合金的淬火因子与屈服强度之间的关系

淬火因子(Q)	可达到的屈服强度比例(%)	预测的屈服强度		淬火因子(Q)	可达到的屈服强度比例(%)	预测的屈服强度	
		MPa	ksi			MPa	ksi
0.0	100.0	475.1	68.9	18.0	91.4	434.4	63.0
2.0	99.0	470.2	68.2	20.0	90.5	429.6	62.3
4.0	98.0	465.4	67.5	22.0	89.6	425.4	61.7
6.0	97.0	461.3	66.9	24.0	88.7	421.3	61.1
8.0	96.1	456.5	66.2	26.0	87.8	417.2	60.5
10.0	95.1	451.6	65.5	28.0	86.9	413.0	60.0
12.0	94.2	447.5	64.9	30.0	86.0	408.9	59.3
14.0	93.2	442.7	64.2	32.0	85.2	404.7	58.7
16.0	92.3	438.5	63.6	34.0	84.3	400.8	58.1

（续）

淬火因子(Q)	可达到的屈服强度比例(%)	预测的屈服强度		淬火因子(Q)	可达到的屈服强度比例(%)	预测的屈服强度	
		MPa	ksi			MPa	ksi
36.0	83.5	396.5	57.5	44.0	80.2	381.3	55.3
38.0	82.7	393.0	57.0	46.0	79.4	377.2	54.7
40.0	81.8	388.9	56.4	48.0	78.6	373.7	54.2
42.0	81.0	384.7	55.8	50.0	77.8	369.6	53.6

通过淬火因子分析预测得出的屈服强度要比采用平均冷却速率预测的准确得多，见表 2-60。根据淬火因子预测的屈服强度与试验得到的值非常一致，在所有测试数据中，最大误差为 19.3MPa（2.8ksi）。然而，采用平均淬火冷却速率所预测的屈服强度，与试验实测值的差异则高达 226MPa（32.8ksi）。因此，利用淬火因子分析和预测屈服强度具有明显的优势。此外，在低于或高于临界温度的范围内保温，采用淬火因子评价冷却曲线对合金性能的影响具有特别大的优势。

表 2-60 根据冷却曲线采用平均淬火冷却速率和淬火因子预测的 7075－T6 合金薄板的屈服强度值对比

淬火工艺	平均淬火冷却速率 400～290℃(750～550℉)		淬火因子 τ（或 Q）	测量的屈服强度		根据平均淬火冷却速率预测的屈服强度		根据淬火因子预测的屈服强度	
	℃/s	℉/s		MPa	ksi	MPa	ksi	MPa	ksi
冷水冷却	935	1680	0.464	506	73.4	499	72.4	498	72.3
工业酒精冷却至 290℃(550℉),然后冷水冷却	50	90	8.539	476	69.1	463	67.2	478	69.4
沸水冷却至 315℃(600℉),然后冷水冷却	30	55	15.327	458	66.4	443	64.2	463	67.1
静止空气冷却至 370℃(700℉),然后冷水冷却	5	9	21.334	468	67.9	242	35.1	449	65.1

根据定义的淬火因子上限，可以确定工件感兴趣的截面的冷却过程和冷却速率。这种描述淬火强度的方法不同于格罗斯曼数（*H*）方法，格罗斯曼数方法只与淬火冷却介质吸收热的能力有关，而与进行热处理的合金相变动力学无关。然而，不论是采用淬火因子进行分析还是采用平均淬火冷却速率进行预测，其前提都是假设温度是唯一影响析出动力学的因素。然而，当合金进行局部淬火，在淬火完成之前又重新加热时，这种假设是无效的。有关淬火因子分析的应用的更多内容见本卷中“铝合金的淬火敏感性”一节。

铝合金在热处理和淬火过程中极容易产生变形。在淬火或固溶处理过程中，在工件表面至心部产生了温度梯度，形成了大量的热应力，由此产生了残余应力和变形，如图 2-127 所示。

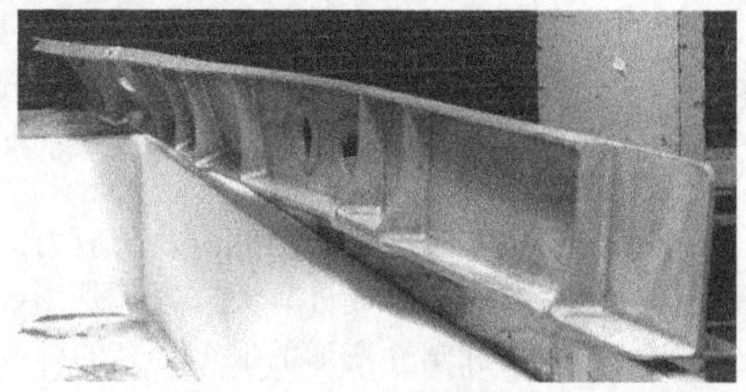

图 2-127 不正确装夹造成扭曲变形过度而报废的 7050 合金翼梁

铝合金的热处理包括固溶、淬火和时效三个基本步骤，其中变形通常发生在固溶后的淬火过程中。在大多数情况下，变形是由于淬火过程过于剧烈而造成的。产生变形的另一个重要原因是工件装炉和码放不当。无论是在炉中加热还是在淬火过程中，工件的装炉和码放都是控制变形的非常重要的因素。

在淬火过程中，是温度梯度造成了工件收缩或膨胀，产生了残余应力和变形。在冷却过程中，工件的表面首先冷却，发生收缩，从而向内部施加压应力，而表面承受拉应力。当拉应力超过材料的屈服应力时，表层发生变形。当工件的内部冷却时，受到已冷却表层收缩的限制，使表面处于压应力状态，而中心处于拉应力状态。当工件完全冷却后，工件表层处于高的压应力状态，而与内部的拉应力状态达到平衡。一般来说，圆柱体工件表层的压应力是二维的（纵向和切向），而心部的拉应力是三维的（纵向、切向和径向的），如图 2-128 所示。

残余应力的大小与淬火过程中工件的温度梯度直接相关。降低温度梯度可以减少残余应力大小。淬火过程中影响温度梯度的因素包括淬火加热温度、冷却速率、工件截面尺寸以及截面尺寸变化。对于某一特定形状或厚度的工件，通过降低淬火温度或冷却速率，可以达到降低温度梯度、减小残余应力大小的目的。图 2-129 和图 2-130 所示分别为淬火温

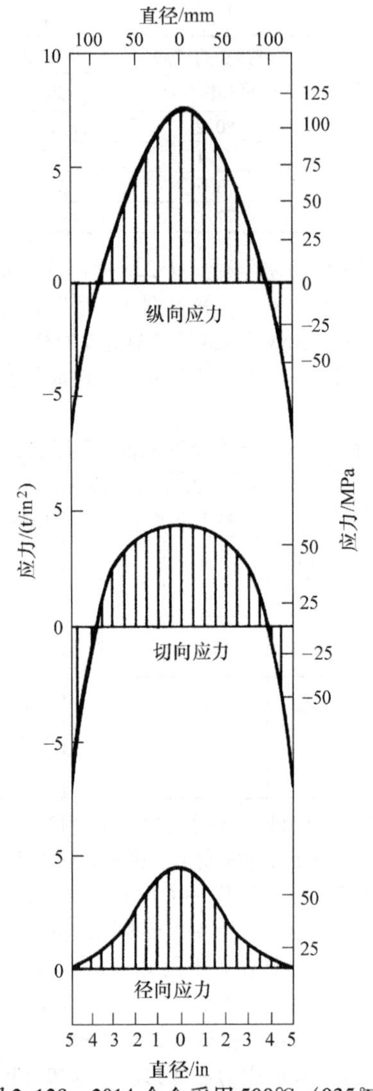

图 2-128 2014 合金采用 500℃（935℉）淬冷水的残余应力图

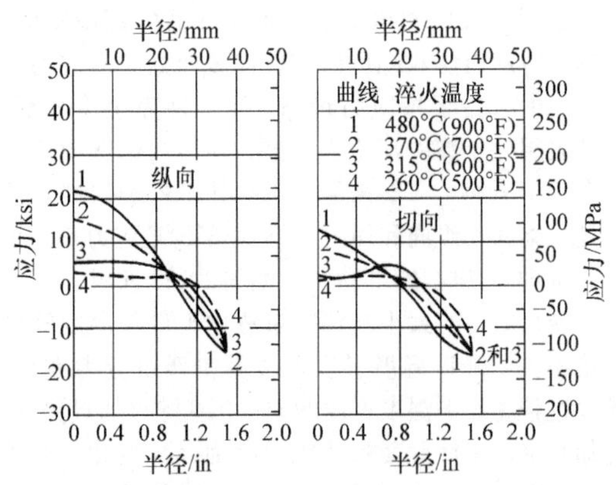

图 2-129 淬火温度对 ϕ76mm×229mm（ϕ3in×9in）圆柱形 5056 合金零件淬入 24℃（75℉）水中的残余应力的影响

度和冷却速率对残余应力的影响。在特定的冷却速率下，大直径或大截面处的温度梯度比小直径或小截面处的更大。因此，较大截面处的残余应力较高（图 2-131）。对于截面尺寸有差异的工件，可以通过对薄的部分进行覆盖或包覆保护，来降低淬火速率，从而使该部分的温度与截面较大部分的温度更加接近，将温度梯度降至最低。

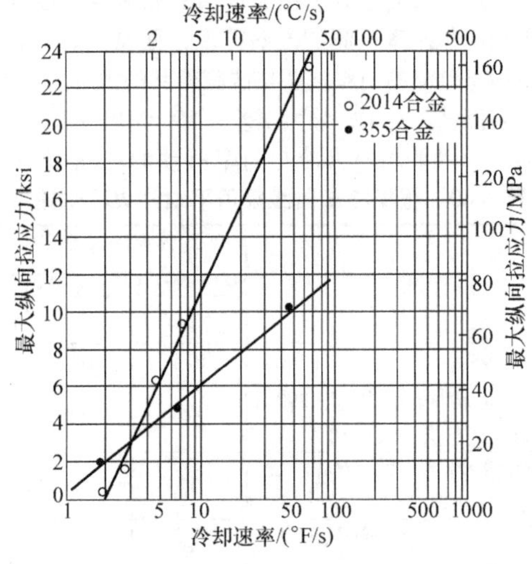

图 2-130 淬火速率对 ϕ75mm×230mm（ϕ3in×9in）圆柱形 2014 合金和 355 合金零件残余应力的影响

注：2014 合金和 355 合金的固溶温度分别为 500℃（930℉）和 525℃（975℉）。

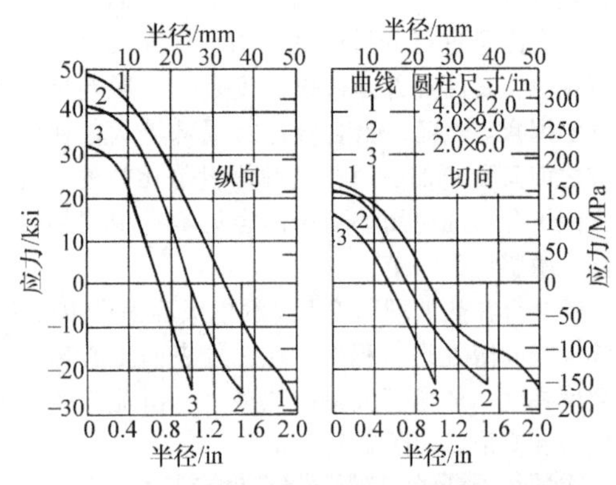

图 2-131 截面尺寸对 2014 合金残余应力的影响

注：505℃（940℉）固溶加热，淬入 20℃（70℉）的水中。

不同的合金在淬火过程中产生的残余应力大小也是不同的，这与合金的成分有关，尤其是影响淬火过程中温度梯度和塑性变形的成分。高的弹性模量、室温和高温下的比例极限、热胀系数和低的热扩散系数等材料性能，都会在不同程度上提高和影响残余应力的大小。其中，热胀系数对高温屈服强度的影响尤为显著。例如，低的热胀系数可能会降低合金的比例极限，其实际效果是使合金的残余应力处于较低的水平。而对于 2014 合金，尽管它的热胀系数、弹性模量和热扩散系数处于铝合金的均值范围，由于具有极高的高温强度，2014 合金也能产生高的残余应力。

在使用经过热处理的零件时，应考虑淬火残余应力的影响。在零件未进行机械加工的情况下，其表面的残余压应力对减轻应力腐蚀或提高疲劳性能可能是有利的，然而，通常热处理零件都是需要经过机械加工的。在对未消除淬火应力的工件进行机械加工时，会导致其变形或尺寸变化。机械加工过程打破了残余应力的平衡，新的应力状态通常会导致零件翘曲和变形。在达到最后的应力平衡时，加工后的表面可以为拉应力状态，由此导致具有较高的应力腐蚀或疲劳开裂的危险。在热处理零件的应用中，残余应力对其性能具有明显的影响，由此开发出多种工艺方法，将淬火过程中的残余应力降低到最小。

常用的消除热处理零件中残余应力的方法包括机械方法和加热方法。为避免在淬火过程中产生高的残余应力，可以采用降低冷却速率和零件内外温度梯度的方法。对形状不规则的零件进行淬火时常见的做法是使用冷却速率较慢的淬火冷却介质。同理，采用 60 ~ 80℃（140 ~ 175℉）的热水对大型模锻件和铸件进行淬火也是一种常见的做法。然而，对淬火速率敏感的合金采用降低淬火冷却速率的方法，会由于合金的固溶度降低，而使合金的力学性能、耐蚀性及晶间耐蚀性降低。采用浓度为 10% ~ 40% 的聚乙二醇聚合物水溶液淬火，可在不降低合金力学性能的前提下，有效地降低残余应力和变形。由于聚合物淬火冷却介质有逆溶解性，当部分工件浸入淬火冷却介质中时，在其表面将立即形成一层有机聚合物膜。通过该薄膜来降低热导率，从而降低工件中的温度梯度。

采用较温和的淬火冷却介质，可以降低工件表面和心部的冷却速率之差。例如，使用热水或聚乙二醇聚合物水溶液淬火。沸水是适用于大截面工件的温和淬火冷却介质，虽然用沸水淬火会降低合金的力学性能和耐蚀性，但有时也用于对锻件进行淬火。采用沸水对铸件进行淬火是标准的工艺，能达到设计要求的力学性能。

另一种有效降低残余应力的方法是先将工件粗加工至接近最终尺寸，将加工余量控制在 3.2mm（0.125in）以内，然后进行热处理和精加工。这种方法是通过减小工件厚度，来达到淬火时减少工件表面与心部之间的冷却速率之差的目的。如果该方法可以降低应力或使成品工件表面的拉应力改变为压应力，其优点是可以提高强度、疲劳寿命、耐蚀性和降低应力腐蚀开裂倾向。

对截面特别薄和极不对称的工件，不能采用这种工艺。这类工件在淬火过程中就会产生较大的翘曲，对翘曲工件进行矫直所产生的残余应力可能比淬火时产生的应力更难以处理。此外，矫直还需要另加工序和成本。夹具固定淬火和压模淬火可以解决上述翘曲问题，但必须采取预防措施，以确保不会过度降低淬火速率。其他必须考虑的因素是热处理设备能否满足要求，以及这种生产工艺的优点是否能抵消工时延长和加工设备成本提高等缺点。

在淬火过程中，即使是相同的工件和相同的装炉量，冷却的对称性也会对薄层工件的翘曲产生很大影响。如果出现了淬火翘曲不一致，通常需要进行耗时且成本高的手工矫直。因此，为了达到冷却的对称性，通常通过改变工件在炉内的摆放位置来减少或消除翘曲不一致的影响。

为减小薄板工件与水之间最初接触时产生的应力，生产商在淬火夹具上采用双层板淬火方法。还有的生产商采用使工件从夹具中自由落入淬火槽的方法，在工艺上对夹具的间距和位置进行精确控制，以保证工件进入水中所受到的冲击最小。采用这项技术时，必须防止水出现湍流，因为湍流会使工件在淬火冷却介质中漂浮几秒钟，这将大大降低淬火冷却速率。

由于采用冷水淬火存在很多问题，因此现广泛采用较温和的淬火冷却介质。滥用较温和的淬火冷却介质会带来灾难性的后果，在使用较温和的淬火冷却介质时，应依据工程经验和冶金知识，充分掌握其对具体合金的影响，以实现显著降低成本或改进性能的目的。

采用较温和的淬火冷却介质的最主要的优点是，避免了高成本的矫直工序以及降低了由此产生的难以控制的残余应力。例如，某飞机制造商采用 6061 合金生产焊接件和整体成形件，该合金的耐蚀性对淬火速率较不敏感，可不考虑矫直要求。采用喷水和强风对工件进行淬火，通过仔细控制淬火夹具和淬火冷却介质流量，工件的力学性能没有明显降低，如图 2-132 所示。另一种降低矫直成本的方法是采用聚合物水溶液淬火。采用 PAG 水溶液对成形薄板合金工件进行淬火，明显降低了淬火后矫直工件的成本。

综合考虑合金的拉伸性能和残余应力的影响，

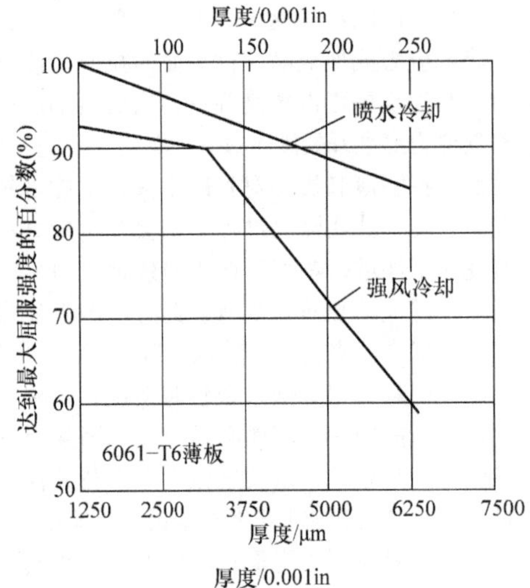

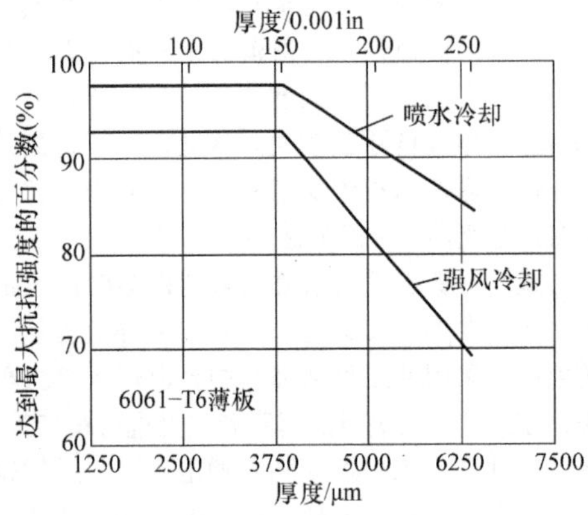

图 2-132 淬火冷却介质对 6061 – T6 合金强度的影响

注：浸水淬火的强度为 100%。控制淬火冷却介质流动可减少力学性能的下降。

研究人员一直试图将淬火因子分析预测性能和热传导分析残余应力结合起来，进行合金综合性能的预测。其中一种预测方法是，开始先采用较慢的冷却速率进行冷却，然后持续加快冷却速率。这种工艺可以显著地减小残余应力，同时又可使工件获得与冷水淬火相当的力学性能。

2.4.10 淬火工件的装炉实践

合理的装炉和夹持是控制淬火过程中的变形和残余应力的关键因素。合理装炉包括工件放置的方向和间距正确，以保证加热介质和淬火冷却介质均能均匀地进入所有工件的整个表面。为尽量减小残余应力和翘曲变形，在热处理炉内必须正确地夹持工件，并以最优的速度将工件淬入淬火冷却介质。不合理的夹持和间距会导致工件性能降低、硬度不均匀、局部发生熔化、淬火效果差、变形过大、工件加热温度不够和残余应力过高等问题。

合理的装炉和夹持是降低变形和残余应力的有效手段，是一个非常复杂的问题，控制它需要耗费时间和具有实际经验。在固溶加热前，对工件进行合理的装炉和夹持，并保证其在炉内和淬火过程中不发生改变，是解决和控制铝合金热处理变形的最有效的手段。在固溶处理中，确定工件夹持方法时需考虑的关键因素包括：

1）高温强度特性。当铝合金加热到高温时，其高温强度和硬度极低，合金变得易于变形。

2）热膨胀。铝合金的膨胀系数很高，随着加热到固溶处理温度，其尺寸会不断伸长。

3）工件的夹持。必须对工件进行适当的夹持，在加热和冷却过程中，不允许工件发生弯曲或松弛。

4）工件的间距。必须保证工件之间有正确的间距，间距的选择应考虑到工件的厚度，并允许有足够的气流和淬火冷却介质顺利地通过工件，以确保工件被均匀地加热和冷却。

5）工件的结构。必须考虑工件内部厚度的变化可能导致冷却速率的巨大差异，从而导致过度的变形或过高的残余应力。

6）炉体设计与工件摆放方向。工件在炉内必须按炉体结构摆放，以使气流均匀地通过所有工件的整个表面。

7）重量/配置分布。工件的尺寸和重量分布及其与料筐、料架或夹具的相互位置关系对工件翘曲变形的影响。

8）料筐、料架或夹具状况。已变形的料筐、料架或夹具均可能造成工件变形。

在具体的热处理炉中摆放工件时，工作人员必须充分了解炉内气流的流动情况，以保证在工件装炉后气流不受限制，炉内加热温度均匀。例如，如果气流是从炉内一侧流动到另一侧，对于大平面薄板工件，就必须使其纵向与气流方向保持一致，以使气流在通过整个工件表面时不受限制。

1. 固溶温度下铝合金的软化

在固溶处理温度下，铝合金的强度很低，承受不了自身的重量。如果需要悬挂工件，则在强度要求高的场合，不能采用铝丝，而应使用钢丝捆绑。对于固定的工件，则应使用铝丝，因为铝丝允许工件膨胀和伸长。

2. 热膨胀

铝合金具有很高的膨胀系数，随着加热到固溶处理温度，它会发生膨胀伸长。在铝合金工件的加热和冷却过程中，膨胀和收缩的程度是非常重要的。表 2-61 所列为铝合金工件从室温加热到 475℃（890℉）的炉温的膨胀伸长。可以看到，4.88m

(16ft) 长的工件在炉内加热至固溶温度，伸长了约 5cm (2in)。

表 2-61　在固溶处理过程中铝合金工件的典型膨胀伸长

工件在室温［20℃ (70℉)］下的长度		加热到在 475℃ (890℉) 的膨胀伸长量	
m	ft	mm	in.
2.4	8	24	0.96
3.65	12	36	1.42
4.88	16	48	1.89

虽然在室温下工件之间可能有足够的间距，但在炉内加热时，如果间距太小，则当温度升高时，工件将发生膨胀而相互接触并施加应力。铝合金的屈服强度在高温下很低，工件会通过变形来降低应力。对工件进行淬火时，在炉内已发生变形的工件会保持变形状态。在许多情况下，还有可能得出变形是在淬火过程中产生的这一错误结论。

3. 不规则的膨胀和收缩

在工件装炉过程中，必须考虑工件以及装工件的料筐和夹具之间的收缩差异问题。如果对 2.4m (8ft) 长的工件进行淬火，工件会突然收缩回原来的尺寸，收缩量达到 25mm (1in)。如果工件不能均匀地自由膨胀或收缩，即尺寸受到限制，则在淬火过程中会产生明显的残余应力或变形。由于工件具有明显的膨胀特性，在热加工工艺（成形、焊接、热处理）中，必须小心地选择固定夹具，必须保证工件的膨胀性能与固定夹具之间的差异不会对工件造成高的残余应力，从而导致工件尺寸不稳定。

当对薄的铝合金工件淬火时，整个冷却过程在数秒或更短的时间内完成，因此工件的收缩几乎是瞬间完成的。在收缩过程中如果工件受到限制，则是造成变形的主要原因。

如果工件是通过插销或螺钉固定在夹具上的，那么必须要有插槽。应该对槽孔长度和位置进行计算，以确保工件和夹具能自由膨胀。膨胀和收缩的方向不能以中心位置为基础，因此，将插销或螺钉固定于插槽中也可能会引起变形问题。在加热过程中，如果把工件夹持得太紧，则可能导致工件膨胀受到夹具的影响。

为降低热处理过程中的变形和残余应力，应选择合适的装炉和夹持铝合金工件的方式，这是一个非常重要和复杂的问题，需要花费时间并要求具有实际经验，不可能由几页文字完全涵盖。然而，通过讨论装炉和夹持对工件变形的影响，对用户学习和掌握好的装炉和夹持技巧是非常重要的。

4. 装炉工件放置对翘曲的影响

工件的放置方向，如横向、水平和以某种角度倾斜放置，对变形大小和翘曲类型有明显的影响。如将工件平放在料筐中，通常会导致工件弯曲；采用垂直夹持方式，如果工件质量足够大，也会产生扭曲变形。薄板工件淬火时可能会拱起，最后进行淬火的部分变形更大。变形大小和翘曲类型不同，检验、校直的时间和成本也会有很大的差别。

依据这些基本原则，可以消除或减少许多淬火变形。尽管进行了多种努力，仍然需要耗费很多时间进行检验和校直操作，才能使淬火铝合金工件达到公差范围内的尺寸。如果每个工件的变形和翘曲方式相同，那么也会大大降低校直的成本。因此，实现所谓的受控变形和翘曲的目标变得很重要。这涉及一个原则，如果所有工件的装炉间距、夹持和淬火方式相同，则它们的变形和翘曲相同。在这种受控变形和翘曲的情况下，校直将变得容易一些。

5. 工件的膨胀和收缩余量

如果工件在加热时受到限制，不能自由膨胀，则会导致工件变形。当炉内工件与钢制料筐或料架紧密接触时，经常会发生这种变形。此外，当工件之间叠放过密时，也会出现这种情况。在室温下，工件之间可能有足够的间距。但当炉温升高时，炉内工件将发生膨胀（如果间距太近）而相互施加应力。由于高温下铝合金的屈服强度很低，工件只能通过弯曲和变形来降低接触应力。当工件淬火时，在炉内已产生的变形不会改变，在许多情况下，可能会得出这些变形是在淬火过程中产生的这一错误结论。在热处理操作过程中，如果夹持装置没有足够的灵活性，将使工件不能自由地伸缩，如固定工件的料架、扁钢和钢丝的限制都有可能造成变形。因此，任何用于固定工件的装置必须足够宽松，以允许工件发生热膨胀和收缩。

6. 淬火过程中不能移动工件

应对工件的底部、平的部位或顶部进行适当固定，确保工件正确、安全地淬入淬火冷却介质，在淬火过程中不发生相对移动。应根据工件的结构选择合适的淬火浸入速率。对于大多数结构的工件来说，适合采用较慢的浸入速率。对于某些结构特殊的工件，无论工件如何夹持，总有很大的表面浸入淬火冷却介质。在这种情况下，应采用更慢的淬火浸入速率。

7. 厚度变化和散热

厚度变化大的工件，如锻件和机械加工件，薄截面处的冷却速率比厚截面处快，会在淬火过程中产生变形。对于截面厚度变化大的工件，可以通过人工装炉和夹持，对厚度变化进行补偿。典型的例子是厚度为25mm（1in）的手工锻件，该锻件由机械加工的两个深的箱槽和中间的挡边构成，如图2-133所示。在进行热处理前，箱槽底部的厚度加工为3.2mm（1/8in），两个箱槽之间的挡边加工成13mm（1/2in）厚。在热处理料筐中，采用直径为6.4～9.5mm（1/4～3/8in）的钢棒支承工件处于垂直状态。通常光滑钢棒采用4130合金钢或304不锈钢加工而成。通过将圆棒放置在工件较薄截面部位，降低了较薄截面处的冷却速率，使其接近较厚截面处的冷却速率（图2-133），以消除未采用圆棒支承之前产生的罐壳变形效应。

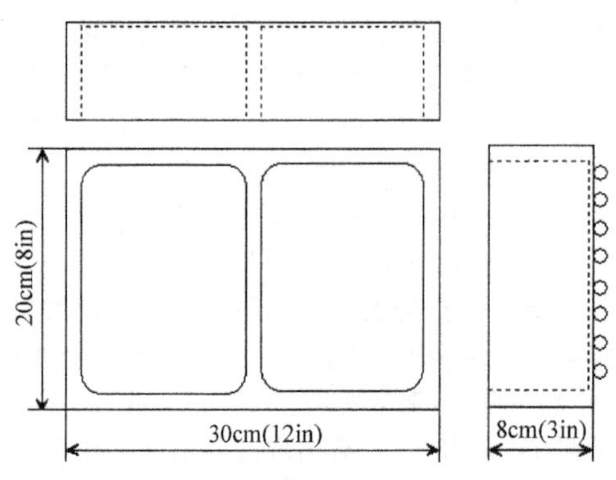

图2-133 截面变化大的工件淬火时沿深箱槽薄截面底部采用钢棒作为吸热块进行支承和补偿

8. 吸热块（译者注：俗称热沉）的使用

许多大截面工件的翘曲和变形问题可以通过使用吸热块来解决。虽然吸热块在热处理工业中经常使用，但实际上该词并不恰当（译者注：Heat Sinks原意为散热块），因为将这些吸热块放置到工件上，并不是真正地在散热，而是作为热源使用。吸热块的作用是在工件的特定区域增加工件的质量，以便整个工件的冷却效果更加均匀。在薄的区域增加厚度或质量，使该区域与较厚的区域具有相同的冷却速率，从而在冷却过程中减少了翘曲和变形。

必须谨慎使用吸热块。不能使工件的某一区域冷却得过快，以至于影响到最终的热处理性能。对受吸热块影响的区域，必须严格进行检查和控制。在某些情况下，应用淬火敏感性数据可以帮助确定吸热块的使用方法、类型和大小。另外，必须严格遵守规范的要求。一些总承包商不允许在事先未经许可的情况下使用吸热块。

吸热块有多种形式。通常使用铝箔，有时将其束成球状或包裹在铝块外充当吸热块。在大多数情况下，这种方法被证明能有效控制淬火速率的差异。

为了弥补大翼梁机加工箱槽的严重罐壳变形效应，另一种方法是将铸铝板用螺栓固定在箱槽底部，使其与周边加强筋的冷却速率相等。这样可以彻底避免箱槽底部区域出现罐壳变形效应。

9. 工件之间的间距

正确装炉和夹持的基本要求是，所有工件都必须以某种方式得到夹持或支承，以保证所有工件的所有表面能无约束地进行加热和浸入淬火冷却介质。这就要求确保工件之间必须有适当的间距，以确保工件能自由加热和进入淬火冷却介质。

大多数热处理规范都有这类相关要求。不幸的是，大多数专家对需要的精确间距存在很大的争议，各热处理规范也要求不一。在满足主要性能要求的前提下，某些公司将工件间距要求留给热处理技术人员确定。对淬火工件的首要要求是，在每个工件周围需留出足够的空间，以使淬火冷却介质可以自由地接触所有表面。这种间距是必要的，这样，在整个淬火过程中，流体就能有效地从工件的所有表面均匀地吸取热量。不适当的间距或搅拌会使工件附近的淬火冷却介质温度太高，由此可能导致工件变形和力学性能降低。

对某些大型锻件和铸件进行淬火时，经常也会出现问题。由于它们的尺寸和厚度很大，可能认为不会出现变形问题。但在实际热处理过程中，为了提高生产效率，通常采用叠放或堆放工件的方式，或者直接把零件倒入热处理料筐里。对工件进行淬火时，由于没有适当的间距，淬火工件将无法完全接触淬火冷却介质。

当只有少量的液体（通常是水）进入工件之间的间距时，会在工件的局部形成蒸汽或汽袋，这些汽袋会降低这些区域的冷却速率。从而在淬火过程中使合金元素从固溶体中析出，明显降低了时效后的硬度和强度。通过硬度测试，可检测到工件出现软点，由此可以判断工件的性能下降了。在有些情况下，将导致整个工件的硬度和强度都低于合金和工艺状态的要求。

对大截面工件使用不适当或不均匀的间距时，容易引发变形或有害的残余应力。由于大截面工件之间需要有更多的淬火冷却介质进入以带走热量，因此，工件之间的间距应该随着工件厚度的增加而增加。当采用高的水温淬火时，工件之间的间距也应该增大。当水温高于70℃（160℉）时，冷却速率会降低很多，除允许工件力学性能下降的特殊情况外，不适合对大截面工件进行淬火。

2.4.11 淬火槽系统

通常采用低于地面的无内衬防水混凝土水槽作

为淬火槽。如为小型淬火槽，则通常采用地上的铝或不锈钢结构的淬火槽。如采用碳钢材料制作淬火槽，则必须对碳钢表面进行涂层，以防止腐蚀和污染产品。如采用水作为淬火冷却介质，为防止淬火槽和淬火夹具腐蚀生锈，通常在水中添加 1% ~2% 的缓蚀剂。

为了保证全部淬火工件能完全浸入淬火冷却介质，淬火槽必须足够大，避免出现表层水温过高的情况。采用室温水淬火，在淬火过程中，水的体积应保证淬火槽水温一直低于 40℃（100℉）。如果没有足够大的淬火槽，则必须通过高速补水或采用泵或螺旋桨搅拌进行循环和剧烈搅拌，使淬火槽中的水温保持低于 40℃（100℉）。当需要较慢的冷却速率时，通过进行适当的电加热或采用注入蒸汽的方法，使淬火冷却介质的温度保持在正常环境温度以上。均匀的淬火槽水温是生产优质工件的关键因素。

在淬火系统的设计和实际应用中，应综合考虑多种因素，其中包括合金的种类、产品类型、工件数量、淬火冷却介质、搅拌速度、工件总重量和装载密度等。本节的重点是介绍设计浸入式淬火槽系统时应考虑的问题：

1）批次或连续生产工艺过程。
2）淬火槽材料的选择。
3）加热负荷。
4）淬火槽和冲洗槽的搅拌。
5）工件的固定和料筐。
6）水的冷却和加热。
7）淬火冷却介质的维护。
8）浓度控制和分离方法。

在设计淬火系统时，主要应考虑产品的类型。例如，根据产品规格，淬火系统通常分为两类：薄板类工件淬火系统，用于对厚度在 6mm（1/4in）以下的工件进行淬火；另一类是用于对厚度超过 6mm（1/4in）的大尺寸工件进行淬火的淬火系统。薄板类淬火系统与大尺寸工件淬火系统的主要区别是，薄板工件在到达淬火槽底部时已经冷却，吊工件的吊葫芦或小吊车为主要的搅拌工具，只需在淬火前或淬火中开启搅拌系统就可达到均匀搅拌的效果。

1. 批次生产或连续生产工艺过程

淬火有批次生产工艺或连续生产工艺之分。根据淬火工件的数量，来判断批次生产用淬火槽是否能满足在有限的淬火周期内，淬火冷却介质的温升在可接受范围内，选择的热处理炉是否能达到要求。热处理炉可选择卧式淬火炉和立式淬火炉。

连续淬火槽的体积能承载足够多的液体，在淬火过程中，可以适当进行搅拌和加热。该淬火槽与一个适当大小的冷却系统连接，以确保整个过程能连续运行，使淬火冷却介质的温度不超过上限温度。可采用几种不同的系统对工件进行淬火冷却，其中包括滑槽式淬火系统、喷雾淬火槽和简单带传动搅拌淬火槽。连续淬火槽通常与直通式炉连接在一起使用。其他类型的热处理炉还有步进式炉和螺杆式炉等。连续淬火槽既适用于批量生产的产品，也适合对单件产品淬火。

2. 淬火槽材料选择

在淬火过程中，淬火槽中的铁锈会影响铝合金的性能。对薄板材料而言，特别容易产生表面腐蚀。这种缺陷是在表面形成黑色斑点，仔细观察会发现斑点中间有一个黑点（铁粒子）。虽然铁锈不是造成表面腐蚀的唯一原因，但却是主要原因。其他原因可以是热处理前的油、切削液和不良处理对工件造成了污染。对于锻件和铸件来说，由于进行了二次加工或表面处理，去除了这些污染，通常不会出现这类问题。如果淬火槽是采用低碳钢制作的，槽中铁锈的主要来源是淬火槽壁和搅拌系统带入了淬火冷却介质。此外，其来源还有热处理工艺中使用的夹具、淬火吊篮以及搅拌和泵送的管道材料。

考虑到上述情况，用于重型铸件和锻件的淬火槽通常采用低碳钢制作，淬火槽带有不锈钢挡板、搅拌机和升降机。用于薄板件的淬火槽通常采用不锈钢制成，并且所有的内部构件均采用不锈钢制成。大多数冷、热水介质淬火槽的管道，是采用氯化聚氯乙烯（CPVC）或不锈钢制成的。对 PAG 淬火冷却介质的淬火槽来说，由于 PAG 中带有缓蚀剂（硝酸钠），可以保护淬火槽和管道，从而对工件起到保护作用，因此，外壳和构件可采用低碳钢制作。

多年来，尝试过多种制作淬火槽涂层的方法，已取得了多方面的研究成果，其中最成功的是双组分环氧树脂涂料。但是，PAG 和热水有将任何涂层从金属表面分离下来的倾向，特别是在工艺操作过程中，涂层发生机械损坏时尤为明显。与采用不锈钢制作的淬火槽相比，采用涂料是一种节约成本的方法，但更换和修补涂层的成本将超过采用不锈钢制作衬里的成本，因此不推荐用户采用。

如需对管道进行耐热保护和防止热工件与管道直接接触，可采用聚氯乙烯和 CPVC 材料制作管道。但必须牢记墨菲定律（Murphy' s Law）（译者注：此为常用俚语，表示“凡可能出错的事，会有很大出错概率”）。在快速淬火过程中，很难保证不出现由于加热淬火的工件太多或加热的淬火料筐被困于升降机上，而造成淬火槽温度过高的现象。

3. 加热负荷和淬火槽尺寸

根据 AMS 2770 标准《变形铝合金工件的热处

理》和 AMS 2771 标准《铝合金铸件的热处理》，大多数铝合金的技术参数中规定，淬火时淬火槽中淬火冷却介质的温升不允许超过标准中的 5.5℃（10℉）。根据上述标准，确定淬火槽尺寸。其他行业可能允许铸件和锻件的温升更大，允许温升可高于标准中的 11℃（20℉）。

图 2-134 所示为加热负荷计算实例。将 2300kg（5000lb）的铝合金工件固定放置在 680kg（1500lb）的钢制料架上进行淬火，工件和料架同时加热到 540℃（1000℉），淬火槽水温为 70℃（160℉），请对加热负荷进行计算。根据图中的计算结果，为保证温升不超过指定的 5℃（10℉），水的体积必须达到 50515L（13345gal）。计算热负荷时通常不包括淬火槽壳体和其他淬火构件接触时吸收的热量，这为水温不超过指定温升提供了额外的安全系数。

热负荷计算公式：

铝合金：(加热温度−淬火冷却介质温度)× 比热容× 负荷重量 = Btu

钢：(加热温度−淬火冷却介质温度)× 比热容× 负荷重量 = Btu

总负荷

热负荷计算：

铝合金：5000 lb × (1000−160)°F × 0.22Btu/lb·°F = 924000Btu

钢料架：1500 lb × (1000−160)°F × 0.15Btu/lb·°F = 189000Btu

总负荷 = 1113000Btu

计算所需水的体积(gal)

英制热量单位(Btu)的定义是将1lb的水加热提高1°F。水的密度是8.34lb/gal，英制热量单位下水的比热容为8.34 Btu/°F·gal。用计算得到的英制热单位热负荷除以允许的温升和水的比热容，得到所需水的体积。计算公式如下

$$\frac{\text{总负荷}}{\text{温升}(°\text{F})\times 8.34\text{Btu}/(°\text{F}\cdot\text{gal})}\approx\text{计算所需水的体积(gal)}$$

根据计算得到的热负荷1113000Btu和允许的温升10°F，则计算结果如下

$$\frac{1113000\text{Btu}}{10°\text{F}\times 8.34\text{Btu}/(°\text{F}\cdot\text{gal})}\approx 13345\text{gal}$$

图 2-134 用英制单位（Btu）计算热负荷并确定淬火槽尺寸

注：1 Btu = 1054J。该实例是将 2300kg（5000lb）的铝合金工件固定放置在 680kg（1500lb）的钢制料架上，一起进行淬火，工件和料架加热到 540℃（1000℉），淬火槽水温为 70℃（160℉），淬火冷却介质的允许温升是 5℃（10℉）。

这种计算对确定淬火槽的最小体积是非常重要的。除了计算体积之外，还应该根据所处理的工件和料架，确定淬火槽的尺寸。接下来需要考虑的问题是，该淬火设备处理的产品类型所要求的搅拌速率。此外，还要求对淬火槽的仪表、搅拌设备等定期进行维护保养，做到及时清洗。

4. 淬火槽的搅拌

在设计中，有多种确定搅拌速率的方法，如淬火槽介质的交换量（gal/h）、淬火冷却介质表面运动类型（稳流）、通过工件流量（ft/s）。

计算或测量通过工件的流量是确定淬火冷却介质流量的最佳方法。采用水或 PAG 溶液对铝合金进行批量淬火的最大流量应为 24 ~ 36cm/s（0.8 ~ 1.2ft/s）。再提高流量也不会提高工件的冷却速率，此时应该采用喷液淬火工艺。在大型淬火槽中，要达到这种最大流量是不切合实际的，因为这意味着在每 1 ~ 3min 内，必须将淬火槽中的淬火冷却介质更换一次。

许多淬火槽采用 7 ~ 12cm/s（0.25 ~ 0.4ft/s）的流量（测量值），成功地对大截面工件实施了淬火工序。表 2-62 所列数据被证实是切实可行的，可作为确定淬火槽流量的基本指导原则。

表 2-62 淬火槽流量数据

产品	工件厚度		流量	
	mm	in	cm/s	ft/s
薄板	<2.3	<0.090	3 ~ 9	0.1 ~ 0.3
厚板	2.3 ~ 6	0.090 ~ 0.25	9 ~ 24	0.3 ~ 0.8
板材和机加工零件	>75	>3	15 ~ 30	0.5 ~ 1.0

当通过工件的流量超过 36cm/s（1.2ft/s）时，增加流量不会进一步提高水和聚合物的冷却速率。如前所述，薄板铝合金（厚度不大于 6mm 或 1/4in）与大尺寸工件（厚度超过 6mm 或 1/4in）淬火的主要区别是，薄板铝合金工件在到达淬火槽底部时已完全冷却，吊工件的吊葫芦或小吊车是冷却循环的主要搅拌工具。作为薄板工件淬火的一般规则，吊

葫芦应尽可能采用慢的提升速率，以避免高的水压使软的薄板工件产生变形。此外，还要求淬火必须在合金和热处理炉允许的淬火转移时间内完成。为保证吊葫芦采用慢的提升速率，应尽可能地缩短从热处理炉到淬火槽之间的转移距离。在这方面，与老式井式活底炉相比，带可移动淬火小车的新型下拉式炉更为便捷和先进。

对于大截面工件，提高搅拌流量是提高淬火速率的重要方法。实际经验和研究表明，大约 0.3m/s（0.8～1.2ft/s）的流量能满足大截面工件的冷却要求。进一步提高水的流量并不能显著地提高冷却速率，但更高的流量增加了设计难度，能耗也更多。如需获得更多有关信息，请参阅本节中的“搅拌系统”部分。

在淬火过程中，必须注意避免直接用高速淬火冷却介质冲击工件，以确保不出现局部过度冷却的现象。局部过度冷却可能会导致成品严重变形和性能不均匀。还必须认识到，淬火搅拌不同于化学物质的混合。热处理淬火冷却设备需要获得具有一定湍流的线性流动速率，以保证淬火冷却介质以预期的方式流过整个淬火工件料架，以最好和最有效的冷却对工件进行淬火。流动模式和流量大小取决于淬火槽的搅拌配置。根据搅拌配置的设计，达到优化流动模式，淬火槽可以分为两个部分或三个部分，如图 2-135 所示。在设计淬火槽时，必须考虑到自然流动模式，以最低的能耗实现优化搅拌。然而，在许多情况下，受淬火设备空间的限制，需要对空间尺寸和负载大小进行优化配置，以保证在空间受限情况下，在各工件之间仍然能够产生足够的对流，以确保工件在完成淬火和时效热处理后具有优良的性能。

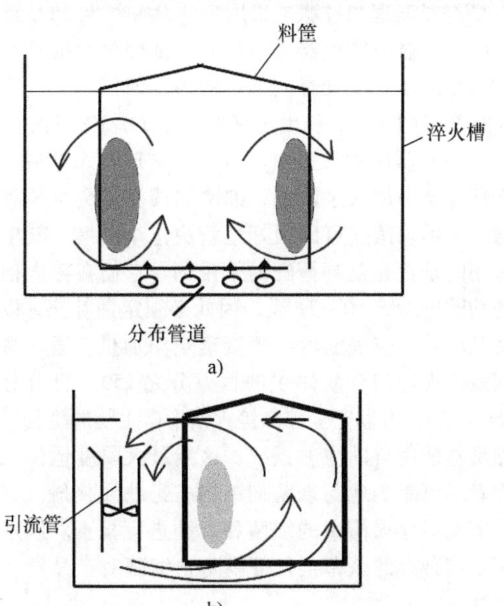

图 2-135 淬火槽中基本流动类型示意图
（画出了料筐外形，阴影区域为零流动区域）
a）淬火槽分为三个流动区域，中心位置的流动来自分布管道
b）带侧面搅拌器（引流管）的流动类型

5. 水的加热和冷却

如果淬火槽需要用于热水淬火，那么淬火槽必须配备加热装置。如加热水温超过 70℃（160℉），则需要对水槽和管道进行隔热处理，以确保人员和生产安全。此外，隔热层还可以减少淬火槽的热量损失。有些国家的地区水质非常硬，出现钙沉积，会造成对加热元件的损害。

可以采用蒸汽、天然气或电对淬火槽进行加热。最常用的加热方法是将天然气燃烧管或电加热元件直接埋入淬火槽里。此外，也可使用流动式电加热装置。加热通常需要 6～8h，由于淬火槽的响应速度非常缓慢，没有必要采用比例积分－微分对加热电源进行控制，一般采用开关对加热装置进行控制即可。搅拌装置必须与加热装置完美结合，使淬火冷却介质容易流动通过加热装置，以确保加热过程中温度均匀。

淬火槽通过换热器或冷却器进行冷却，可以采用水/水换热器，也可以是水/空气换热器。水/空气换热器可以放置在室外或室内。冷却系统的大小取决于淬火槽要求在多长时间内恢复到初始温度。

6. 工件淬火料架和料筐

制作淬火料架的材料在淬火过程中，必须能够承受循环加热和冷却并能重复使用，而且在反复使用中不能发生损坏。为保证在加热和冷却过程中自由伸缩和膨胀，淬火料架必须采用螺栓和销进行连接。淬火料架在反复淬火过程中有很高的裂纹产生倾向，因此，应尽可能不采用焊接方式连接。采用钢管，特别是 4130 钢钢管制作淬火料架，在整个航空航天工业中都得到了非常成功的应用，其淬火料架的使用温度最高可达 565℃（1050℉）。这种淬火料架可循环使用数千次，而不产生变形和不需要进行修理。如果使用温度超过 565℃（1050℉），则需要改用其他材料。在淬火过程中，工字钢或槽钢成形冷却不均匀，在几次淬火后会产生严重变形，而圆形管材或棒材成形的构件在淬火过程中具有明显的优势。

7. 工件的装炉配置

对大截面工件进行热处理时，如何对其进行配置是极为关键的。在工件装炉后，必须保证热空气在循环中能加热整个工件，工件之间必须有一定间距，在淬火过程中，淬火冷却介质应能与所有工件的整个表面接触并带走热量。使相同大小的工件紧密接触并固定在淬火料架上的做法是非常错误的。按这种配置装炉，在热处理后，与固定装置上具有一定间距的工件相比，紧密接触工件的性能会有明显的不同。事实上，这又回到了设计淬火槽中的建模和工件试验的问题上。如果是进行单个工件或小负载试验，其试验结果可能与实际生产的产品性能有很大差异。

根据实际经验，工件之间的间距至少应是工件最厚部位尺寸加25mm（1in），这样才能保证达到良好的传热效果。将工件悬挂装炉至淬火料架上时，必须十分小心。采用不同的方法悬挂装炉相同的工件时，得到的效果可能完全不一样，如图2-136所示。从图中可以清楚地看到，与铝合金工件相比，钢棒具有不同的冷却速率。与钢棒接触的部位，不论是在冷却还是固溶加热过程中，其速度都较为缓慢，钢棒妨碍了工件的正常淬火冷却，由此在这些部位产生了软点。与采用实心钢棒悬挂工件相比，采用薄壁管悬挂的效果明显要好得多。

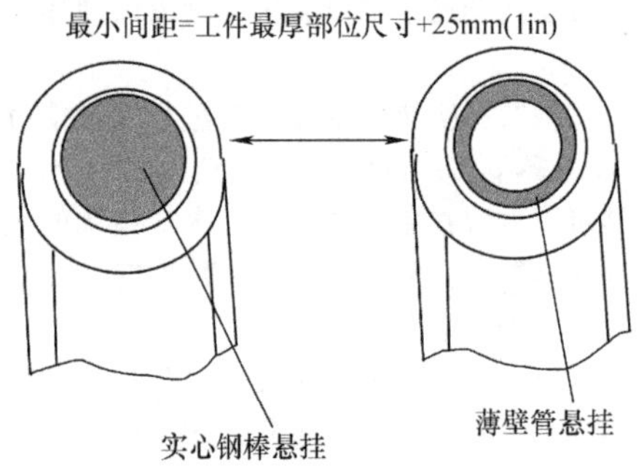

图2-136 采用薄壁管和实心钢棒悬挂工件的对比
注：使用薄壁管悬挂工件是首选，实心钢棒阻碍了工件的淬火冷却。

8. 淬火冷却介质的维护和控制

除淬火槽设计和适当搅拌外，淬火冷却介质的清洁是淬火系统的一个重要环节。与采用干净的淬火冷却介质的淬火槽相比，使用脏的、被污染的淬火冷却介质的淬火槽在淬火品质和冷却能力方面具有明显的不同。污染物可分为颗粒污染物、化学污染物和微生物污染物。

（1）颗粒污染物 颗粒污染物可能有几个来源：淬火槽壁和淬火料架上的氧化物、工厂环境中的沙子和灰尘、由工件带入的污染物。例如，锻造过程中使用的脱模剂石墨和铸模上砂粒，这些颗粒附着在工件上，在淬火过程中被带入淬火冷却介质。

可以采用过滤器清除淬火槽内的颗粒污染物，以保持淬火冷却介质的清洁。过滤器大小必须合适，以便于进行维护。如果过滤器尺寸太小，则难以更换/清洗；如果尺寸过大，则会提高设备维护成本。在设计过滤系统之前，必须对淬火槽中的颗粒污染物数量进行估计。袋状过滤器或筒形过滤器是最常用的过滤器，过滤筛尺寸为5～10μm。在污染物数量多的情况下，为了去除砂粒，可采用离心式过滤器和输送系统。

（2）化学污染物 在使用PAG聚合物和添加剂淬火冷却介质时，要求对成分进行控制（见本节中“聚合物淬火冷却介质”部分）。PAG水溶液淬火冷却介质由聚合物和多种不同的添加剂组成。这种聚合物分子在淬火槽中不会发生太大的变化，如能进行合理的维护，则可以使用几年的时间。然而，随着时间的推移，淬火冷却介质中的一些组分可能会减少和消失。在浓缩过程中，缓蚀剂（硝酸钠）会发生稀释或消失，pH值也可能发生改变。当淬火冷却介质的pH值下降时，可能会对工件造成腐蚀破坏。必须建立起严格的热处理设备质量保证体系，在淬火冷却介质出现问题之前，检测出问题的存在。可以请聚合物淬火冷却介质的供应商协助检测和补充化学药品，维持淬火槽的正常使用。

可以采用密度计、折射计和黏度计测量PAG浓度。淬火槽的清洁程度会对测量的准确性产生明显的影响。其中的一些仪器需要经常进行校准。如果PAG经过调理和过滤，采用带遥感和可与PLC连接的电子折射率监视器进行检测，则测量数据具有良好的稳定性。该仪器在很长的使用时间内，仅需要进行有限的维护，精度水平保持在±0.5%以内。

（3）微生物污染物 如果不在PAG水溶液淬火冷却介质中加入杀菌剂，细菌和藻类将会生长和繁殖。采用杀菌剂可以很好地解决这个问题，其中最常用的是含有葡萄糖醛的杀菌剂。它们在淬火槽中的功效可持续10～21天，因此必须定期补充，以保持其功效。应根据污染程度确定添加量。通常每两周按淬火冷却介质体积的百万分之150～百万分之250添加，可以完全控制淬火槽中微生物的生长。强烈推荐使用自动注射系统，这能最大限度地保证操作者尽可能少地与杀菌剂中的有毒物质接触。车间应定期对淬火槽中的细菌和真菌进行检查。偶尔改用不同种类的杀菌剂，可以防止细菌对产品产生抗药性。

2.4.12 搅拌系统

可以采用几种方法使淬火冷却介质流动。铝工业中使用的淬火槽容积很大，可以容纳38000～227000L（10000～60000gal）的水，并且通过大型泵，以 0.3m/s（1ft/s）的平均速率进行泵送抽水。现主要有通过喷水管泵送抽水或通过在引流管中搅拌两种方法使淬火冷却介质产生流动，其中泵送和使用不同类型的螺旋桨搅动是最常用的方法，很少采用通过工件与料筐的运动进行搅拌，使介质流动的方法。

泵送抽水方法非常灵活。由于可以将喷射式管道、喷射器和喷嘴安置在淬火槽侧壁或底部，因此不占用淬火槽太多的空间。与其他类型的搅拌装置，尤其是与引流管设计相比，泵送方法的效率较低。使用喷射器可以显著增加淬火槽内淬火冷却介质的流量。流动的淬火冷却介质的体积增加了 4 倍，而速度却只有原来的 1/4，但所产生的总流量能充分满足淬火的要求。与喷嘴式相比，喷射器具有更好的液体流动分布，不会以非常高的流速集中冲击工件某点，而造成工件性能不均匀。

螺旋桨搅动分为开放式和管内式两种。此外，还可采用船用式螺旋桨和机翼式螺旋桨搅动。开放式螺旋桨多采用侧挂式系统，如在整体淬火炉中。这类螺旋桨通常类似于船用式螺旋桨，与机翼式螺旋桨相比，船用式螺旋桨的旋转速度较慢；在旋转时形成涡流，在涡流离开螺旋桨尖端时，旋转效应产生了良好的非线性流动，该流动是非常不均匀的，会影响工件的性能。船用式螺旋桨系统所需功率比机翼式螺旋桨系统要大，但比泵送抽水系统小。表 2-63 比较了泵送抽水系统和引流管系统需要的功率大小。

表 2-63 泵送抽水系统和引流管系统的功率要求比较

流量/(gal/min)	引流管系统			泵送抽水系统（端吸泵）	
	r/min	螺旋桨类型	hp	psi	hp
5600	810	桨片 13.5in	5.5	20	75.5
3200	520	桨片 13.5in	2.0	20	42.6
2950	426	桨片 13.5in	1.0	20	39.0

引流管系统广泛应用于大型开放式淬火槽系统，参考文献[13]对该系统的设计进行了详细介绍。引流管系统的基本构造是在管内设计安放一个机翼式或船用式螺旋桨，如图 2-137 所示。在管内安装螺旋桨，能提高螺旋推进器的效率，系统设计较为简单。设计者能够方便地对淬火冷却流量进行控制和预测。淬火工作部位到扩口管边缘的距离必须足够大，以防止空气被带入管内，在淬火冷却介质中产生气泡。如果产生了气泡，这些气泡会在工件表面形成隔热层，因此必须防止和避免这种情况出现。有几种方法可防止产生涡流。一种方法是在水面下放置一个 5cm（2in）大的平板，迫使水以平稳的方式进入搅拌器。这对进口的流量会有轻微的限制，但通常不会显著减少进口的流量。另一种方法是将螺旋桨和扩口管放置在足够深的地方，以防止在进口处形成涡流。

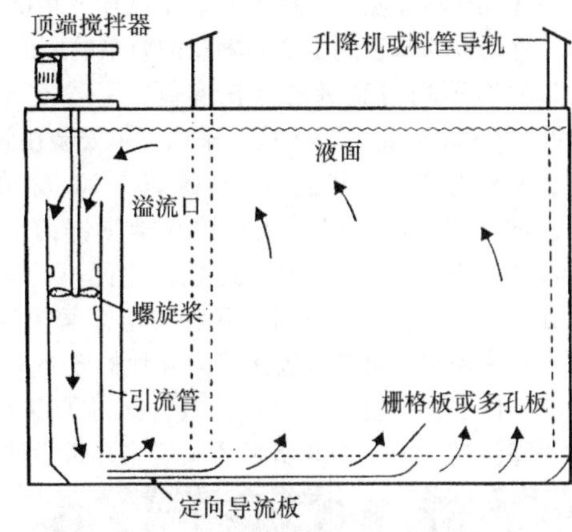

图 2-137 采用引流管式搅拌器的淬火槽

（1）淬火冷却介质流动建模和工件测试 淬火冷却介质流动建模和工件测试，是评估流量和确定放置工件料筐的最大流量区域的有效方法。使用机械淬火槽模型，可以帮助完成搅拌系统的设计。采用计算机建模方法对淬火槽和热处理炉进行设计，并对机械设计方法进行预测。使用建模程序，可以方便地检查和更改有关参数，然后观察计算结果。利用得到的易于理解的图形，为淬火槽的设计和决策提供参考。但是，建立模型可能是耗时费力的过程，从模型到实现生产中的淬火槽是一个非常复杂的过程。

当采用现有设备生产新产品或改进现有产品时，通常需要对新产品工件进行检测。必须制订一个合理的检测计划，以确定淬火槽不同区域和参数对工件性能的影响。例如，工件在淬火槽中的位置、方向以及高低位置。通过流量计来确定淬火槽各区域的流量是非常重要的，使用开放式流量计比封闭式流量计更为合适，如图 2-138 所示。

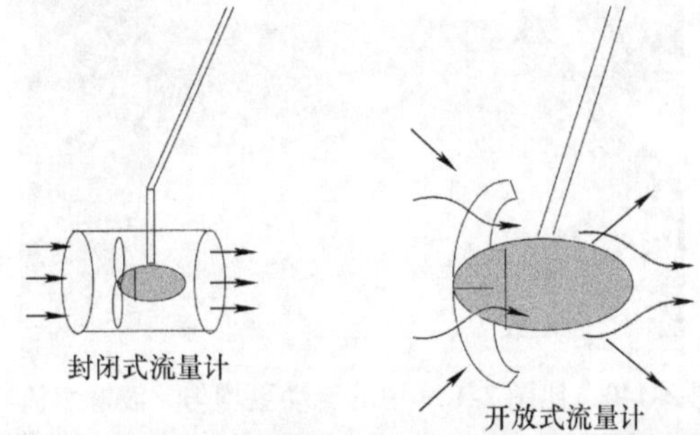

图 2-138 封闭式流量计与开放式流量计的差别

流量的测量通常是在淬火槽中未浸入工件的情况下进行的。当工件淬入后，会排出淬火槽中的部分液体体积，工件周围淬火冷却介质的流速就会增加。此外，与工件接触的淬火冷却介质的加热作用增加了淬火冷却介质通过工件的流速。由此可以理解，在淬火冷却介质没有达到所期望流速的情况下，淬火工件的性能却达到了令人满意的效果的原因。

（2）对不均匀流量的修正实例　一个容量为57000L（15000gal）的淬火槽，采用三个安装在侧壁上的大型船用式螺旋桨搅拌。每隔20～30s完成一个工件的淬火，淬火区域位于淬火槽顶部约41cm（16in）处。淬火冷却介质流速强劲，但不均匀平稳，如图2-139所示。采用了几种方法来解决这个问题。其中采用定向导流板和流向叶片的效果不佳，最终在工件下方安装了一个多孔板，获得了令人满意的平稳流速。图2-140所示为安装多孔板后淬火槽的表面流动情况。在水池中央可以看到有一个约50mm（2in）的水流波峰，淬火冷却介质被强制推到淬火槽的两边。将多孔板与管或开放式搅拌器一起使用，成功地实现了对淬火冷却介质流动的有效、均匀的控制。

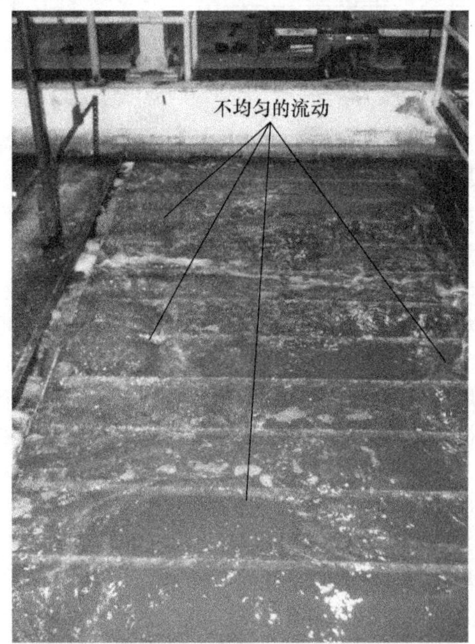

图2-139　淬火槽中的不均匀流动
（由Bogh Industries公司提供）

图2-140　比图2-139中的流动更均匀，波峰水流与淬火槽两边水流对比（由Bogh Industries公司提供）

致谢

在美国航天工业中，Tom Croucher被公认为热处理专家，在这篇文章发表的时候，他已不幸去世了。在此，带着对Tom Croucher的缅怀和敬仰，编辑们对他在淬火、变形控制、聚合物淬火和上坡淬火工艺等专业知识方面所做的贡献进行了认真的总结。怀念Tom！

参考文献

1. T. Croucher, *Fundamentals of Quenching Aluminum Alloys*, May 2014
2. W.L. Fink and L.A. Willey, Quenching of 75S Aluminum Alloy, *Trans. AIME*, Vol 175, 1948, p 414–427
3. J.W. Evancho and J.T. Staley, Kinetics of Precipitation in Aluminum Alloys during Continuous Cooling, *Metall. Trans. A*, Vol 5, Jan 1974, p 43–47
4. J.W. Evancho, “Effects of Quenching on Strength and Toughness of 6351 Extrusions,” Report 13-73-HQ40, Alcoa Laboratories, 1973
5. J.T. Staley, Quench Factor Analysis of Aluminium Alloys, *Mater. Sci. Technol.*, Vol 3, Nov 1987, p 923–935
6. T. Sheppard, *Mater. Sci. Technol.*, Vol 4, July 1988, p 636
7. D.V. Gullotti, J. Crane, and W.C. Seber, Isothermal Transformation Characteristics of Several 6*xxx* Series Alloys, *Proc. Second International Aluminum Extrusion Technology Seminar*, Vol 1, *Billet and Extrusion*, Nov 15–17, 1977 (Atlanta), p 249–256
8. *Heat Treating, Cleaning and Finishing*, Vol 2, *Metals Handbook*, 8th ed., American Society for Metals, 1964
9. W.A. Anderson, *Precipitation from Solid Solution*, American Society for Metals, 1958, p 167
10. H.Y. Hunsicker, The Metallurgy of Heat Treatment, *Aluminum: Properties, Physical Metallurgy, and Phase Diagrams*, Vol 1, D.R. Van Horn, Ed., American Society for Metals, 1967, p 109
11. D.O. Sprowls and R.H. Brown, Alcoa Technical Paper 17, 1962
12. *Aerospace Structural Materials Handbook*, Purdue Research Foundation, 1992

13. G. Totten, C. Bates, and N. Clinton, *Handbook of Quenchants and Quenching Technology*, ASM International, 1993
14. J.E. Hatch, Ed., *Aluminum Properties and Physical Metallurgy*, American Society for Metals, Metals Park, OH, 1983
15. C.E. Bates, Selecting Quenchants to Maximize Tensile Properties and Minimize Distortion in Aluminum Parts, *J. Heat Treat.*, Vol 5 (No. 1), 1987, p 27–40
16. K. Speith and H. Lange, *Mitt. Kaiser Wilhelm Inst. Eisenforssch*, Vol 17, 1935, p 175
17. A. Rose, *Arch. Eisenhullennes*, Vol 13, 1940, p 345
18. C.E. Bates, G.E. Totten, and R.J. Brenner, *Heat Treating*, Vol 4, *ASM Handbook*, ASM International, 1991, p 51
19. "Heat Treatment of Wrought Aluminum Alloys," AMS 2770, SAE International, Warrendale, PA
20. T. Croucher and M.D. Schuler, *Met. Eng. Q.*, Aug 1970
21. R.H. Lauderdale, "Evaluation of Quenching Media for Aluminum Alloys," MDR 6-18002, Boeing, March 1967
22. E.A. Lauchner and B.O. Smith, "Evaluation of Ucon® Quenching," NOR 69-65, Northrop Corporation, May 1969
23. T.R. Croucher, Applying Synthetic Quenchants to High Strength Alloy Heat Treatment, *Met. Eng. Q.*, May 1971
24. T.R. Croucher, Synthetic Quenchants Eliminate Distortion, *Met. Prog.*, Nov 1973
25. S. Chaudhury and D. Apelian, Fluidized Bed Heat Treatment of Cast Al Alloys, *Proc. John Campbell Symposium, TMS Annual Meeting* (California), 2005, p 283
26. S. Chaudhury and D. Apelian, Effect of Rapid Heating on Solutionizing Characteristics of Al-Si-Mg Alloy Using a Fluidized Bed, *Metall. Mater. Trans. A*, Vol 37, 2006, p 763–778
27. J. Keist, D. Dingmann, and C. Bergman, Fluidized Bed Quenching: Reducing Residual Stresses and Distortion, *Proc. 23rd Heat Treating Society Conference* (Pittsburgh, PA), 2005, p 263–270
28. M. Avrami, Kinetics of Phase Change I, *J. Chem. Phys.*, Vol 7, Feb 1939, p 1103–1112
29. M. Avrami, Kinetics of Phase Change II, *J. Chem. Phys.*, Vol 8, Feb 1940, p 212–224
30. J.W. Cahn, *Acta Metall.*, Vol 4, 1956, p 449–459
31. R.J. Flynn and J.S. Robinson, The Application of Advances in Quench Factor Analysis Property Prediction to the Heat Treatment of 7010 Aluminium Alloy, *J. Mater. Process. Technol.*, Vol 153–154, 2004, p 674–680
32. G.P. Dolan and J.S. Robinson, Residual Stress Reduction in 7175-T73, 6061-T6, and 2017A-T4 Aluminum Alloys Using Quench Factor Analysis, *J. Mater. Process. Technol.*, Vol 153–154, 2004, p 346–351
33. G.P. Dolan, J.S. Robinson, and A.J. Morris, Quench Factors and Residual Stress Reduction in 7175-T73 Plate, *Proc. Materials Solution Conference* (Indianapolis, IN), ASM International, 2001, p 213–218
34. D.D. Hall and I. Mudawar, Optimization of Quench History of Aluminum Parts for Superior Mechanical Properties, *Int. J. Heat Mass Transf.*, Vol 39 (No. 1), 1996, p 81–95
35. L.K. Ives et al., "Processing/Microstructure/Property Relationships in 2024 Aluminum Alloy Plates," National Bureau of Standards Technical Report NBSIR 83-2669, U.S. Department of Commerce, Jan 1983
36. L. Swartzendruber et al., "Nondestructive Evaluation of Nonuniformities in 2219 Aluminum Alloy Plate—Relationship to Processing," National Bureau of Standards Technical Report NBSIR 80-2069, U.S. Department of Commerce, Dec 1980
37. J. Newkirk and D. MacKenzie, The Jominy End Quench for Light-Weight Alloy Development, *J. Mater. Eng. Perform.*, Vol 9 (No. 4), 2000, p 408–441
38. P.M. Kavalco, L.C.F. Canale, and G.E. Totten, Quenching of Aluminum Alloys: Property Prediction by Quench Factor Analysis, *Heat Treat. Prog.*, May/June, 2009
39. K.R. Van Horn, *J. Met.*, March 1953, p 405–422
40. P. Archambault et al., *Heat Treatment 1976, Proc. 16th Int. Heat Treatment Conference*, Book 181, Metals Society, London, 1976, p 105–109, 219, 220

2.5 铝合金的淬火敏感性

通过采用特殊时效处理，所有可析出强化铝合金都能达到其最高强度，但随着固溶温度淬火的速率降低，合金将逐渐失去达到最高强度的能力。总而言之，可以达到的最高强度和最好强韧性的综合力学性能，都是在快速淬火冷却的前提下得到的。除部分采用人工时效的合金，特别是不含铜的7×××合金外，大部分合金通过采用最大淬火冷却速率，还能改善和提高其耐蚀性和抗应力腐蚀开裂等性能。淬火冷却速率对力学性能的影响还与所采用的工艺状态有关。例如，在欠时效条件下，缓慢的淬火冷却速率对塑性和断裂韧性更为不利。在接近硬化峰值的条件下时效，对强度的影响会更大。

从金相组织的角度来看，理想的冷却速率是最大冷却速率，但是在实际淬火过程中，冷却速率会受到各种条件的限制，很多情况下，可能无法采用最大冷却速率进行淬火。例如，采用最大冷却速率，薄片工件会产生扭曲变形，而厚大工件会产生高的残余应力。因此，在确定某合金的淬火工艺时，需要对淬火条件和产品尺寸对性能的影响，以及在改进冷却工艺后，对合金的性能进行评估。需要综合考虑淬火对合金性能和变形/残余应力的影响。采用更快的淬火速率会产生更高的热应力，但只会小幅提高强度。为了帮助热处理工程师调整淬火工艺，获得所要求的性能，已开发出各种评估铝合金淬火敏感性的方法。

正如在本节随后和本卷“铝合金的淬火”一节中所介绍的，长期以来，人们都采用平均淬火冷却速率预测淬火后铝合金的性能和微观组织。然而，现已开发出评估淬火敏感性的其他定量方法，可以在不同淬火冷却速率条件下，对所得到的合金性能进行更准确的预测。通常的方法是依据等温条件下或连续冷却条件下的析出程度。前者是在等温条件下，采用时间 - 温度析出图分析合金的性能。等温过程是指铝合金固溶后快速淬火至固溶度线以下某一中间温度，在该温度下保温足够长的时间（过饱和固溶体发生一定程度的分解析出），然后迅速淬火冷却到室温。根据析出量对某一具体性能（如时效后的强度或耐蚀性）的影响，确定在等温过程中的析出程度，并绘制在以时间 - 温度为坐标的图上。该经典的时间 - 温度 - 性能图由 Fink 和 Willey 最早提出，随后由 Staley 和 Evancho 进一步改进成淬火因子分析方法（见本卷中“铝合金的淬火”一节）。

此外，也可在连续冷却的条件下，对淬火敏感性进行评估。其中的一个例子是对铝合金末端淬火试样进行淬火（类似于钢的末端淬透性试验方法），然后测量沿试样长度的相关性能（如硬度、耐蚀性等）。Loring 等人早期曾采用末端淬透性试样对铝合金的淬火敏感性进行了评估。本节将对他们的工作和近年来使用的末端淬透性试验方法，对铝合金淬火敏感性的定量评估进行简要介绍。

本节还对连续冷却析出（CCP）图的发展进行了介绍，该图描述了铝合金在连续冷却过程中，析出与温度和时间的关系。直到 21 世纪初，几乎还没有开发出铝合金的连续冷却析出图，只有根据非原位（exsitu）组织和性能分析得到的等温时间 - 温度析出图。在原位测量的析出焓与析出热力学之间存在着直接的关系，可以在此基础上建立物理模型。

2.5.1 时间 - 温度 - 性能图

根据参考文献 5 改编

铝合金从固溶温度淬火冷却的过程中，随温度的降低，溶解的合金元素的扩散速率降低，但形核速率提高，所以在所谓的临界温度范围内，具有最大的析出速率。在高温下，由于过饱和度较低，形核率较小，所以尽管有很高的扩散速率，但析出量很少。在低温条件下，扩散速率较低，尽管有较高的过饱和度，但析出速率仍然较低。因此，在中温阶段析出量是最高的。在以时间 - 温度为坐标的图中，产生等量析出的曲线呈 C 形，而曲线鼻尖处则是对应于最高析出量的温度范围（图 2-141 和图 2-142）。

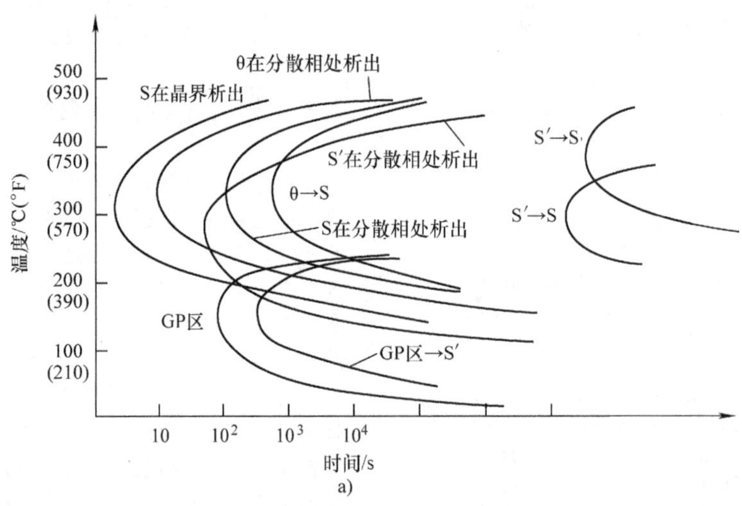

图 2-141 固溶后采用两种不同预时效工序处理的 2024（T351）合金时间 - 温度 - 性能曲线示意图

a）从固溶温度淬入温度为 400℃（750℉）、350℃（660℉）和 300℃（570℉）的盐浴中等温，然后用冰水冷却到环境温度

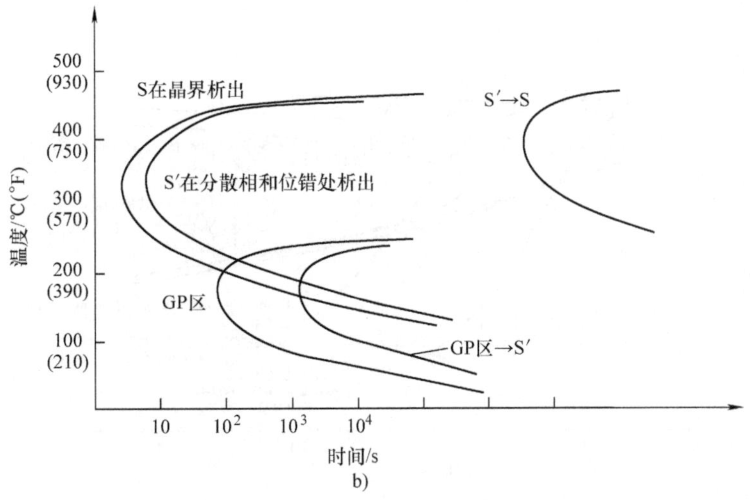

图 2-141 固溶后采用两种不同预时效工序处理的 2024（T351）合金时间－温度－性能曲线示意图（续）
b）从固溶温度直接淬入冰水，冷却到环境温度，再加热到 400℃（750℉）、350℃（660℉）和 300℃（570℉），然后采用冰水冷却到环境温度

虽然析出相的时间－温度图是最基本的，但仍需要付出很大的努力，来完成确定试样中析出相的试验工作（如透射电子显微镜），现还不能从合金的析出图中推断出合金的性能。合金中形成不同的相，是非常复杂的过程，例如，2024 合金就有两种不同的预时效析出序列，如图 2-141 所示。可以观察到有许多不同的或相互竞争的析出相，它们可能在微观组织的不同位置形核，如在晶内、晶界、亚晶界或相界上形核。

采用与析出图不同的方法，现已建立了时间－温度－性能（TTP）图。该方法是根据等温的温度和时间，确定合金某些性能的降低（如时效后的屈服强度或耐蚀性），因此，该方法能更直接地对合金的淬火敏感性进行评估。这种“中断淬火”的方法是由 Fink 和 Willey 开发的。具体过程是对数个薄板或板材试样进行固溶处理，而后将试样淬入某一温度的盐浴中，保温不同时间后再淬入冷水中。根据具体情况，选择不同的等温温度和等温时间，重复上述过程。Fink 和 Willey 根据上述试验，测量了合金试样的拉伸性能或其他性能，建立了两种合金的 TTP 图。现在，这些图在文献中被广泛地引用。例如，根据 2024 合金的 TTP 图，能确定在给定温度下和不同时间点处溶质原子的析出分数，合金的腐蚀形式从点蚀改变为晶间腐蚀。另一种是根据 Fink 和 Willey 的研究工作，得到的 7075－T6 合金的 TTP 图，如图 2-142 所示。该图上的百分数表示为，在给定温度下和不同时间点，合金的屈服强度和抗拉强度与快速淬火时相比降低到的百分数。这些典型的 C 形曲线的鼻尖温度是析出速率最大的温度范围。

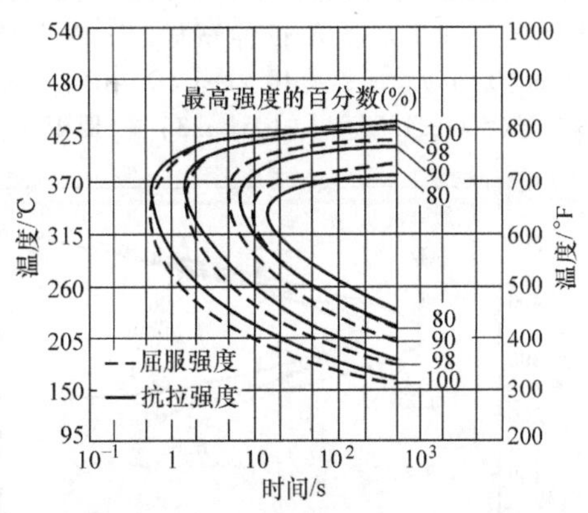

图 2-142 中断淬火的等温时间对 7075 合金时效强化（T6）的影响

现在，已建立了许多铝合金在不同工艺状态条件下的 TTP 图（见本卷中“铝合金的淬火”一节）。对于每种可时效强化铝合金的具体工艺状态和加工工序，可以根据得到的 C 形曲线中的时间和温度，确定合金性能下降的百分数（直接快速淬火为最高性能）。C 形曲线的鼻尖温度为合金的临界温度范围，在该温度下，析出量最高，对性能影响最显著。图 2-143 所示为 3 种铝合金的 TTP 图，根据该图，必须在几秒钟内完成淬火，否则将无法避开 C 形曲线的鼻尖温度。

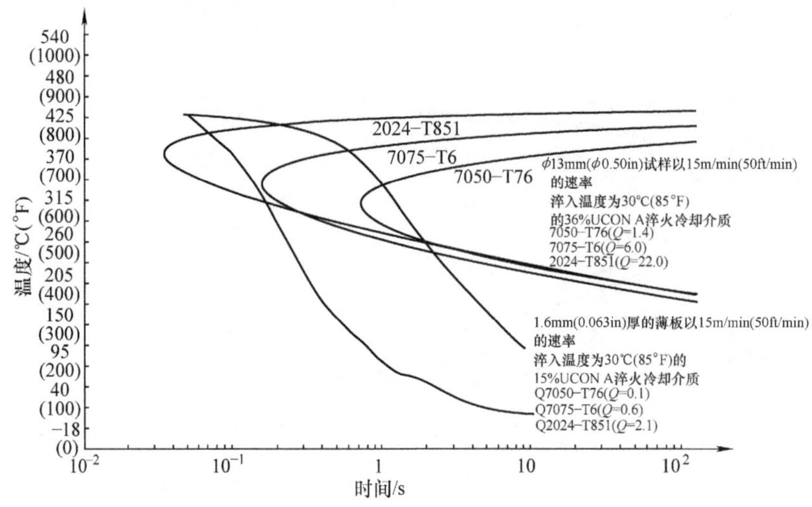

图2-143 三种牌号铝合金的C形曲线与两种淬火冷却介质冷却曲线的叠加图

注：在各合金及状态代号处对应给出了冷却曲线的淬火因子（Q）值。

采用与Fink和Willey相同的中断淬火和等温方法，已建立了多种合金的C曲线。例如，图2-144所示为传统的6061和较新的6069挤压铝合金TTP图对比。将所研究的6061和6069铝合金拉伸试样沿挤压方向加工成圆形拉伸试样，试样直径为2.54mm（0.1in），标距长10.2mm（0.4in）。试样固溶加热至(566±1.5)℃[(1051±3)℉]保温1.5h，在200~500℃（390~930℉）温度区间内，选择不同温度进行中断淬火，保温时间为3~200s不等，随后淬水冷却至室温。时效工艺（T6）为在185℃（365℉）保温8h。相比之下，6069-T6铝合金的淬火敏感性比6061铝合金更高，其原因是该合金中镁、硅、锰和铬的含量较高，由此提高了淬火过程中的形核速率和Mg_2Si相的析出数量。

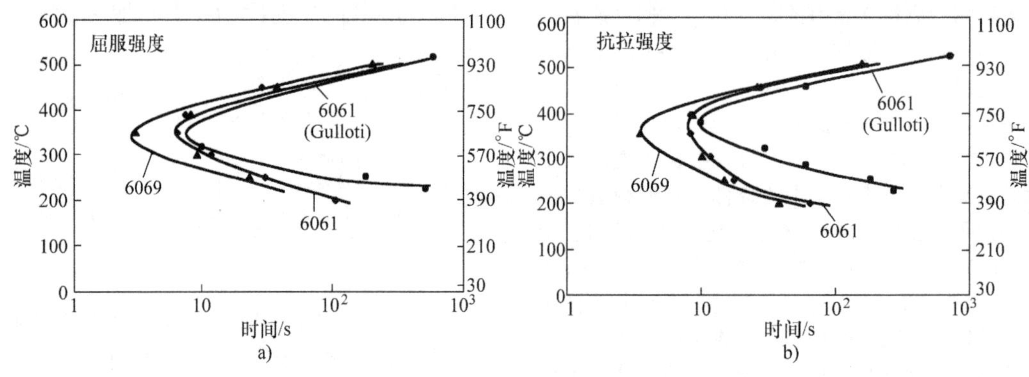

图2-144 6061-T6和6069-T6合金95%最大强度的时间-温度-性能曲线

a）屈服强度 b）抗拉强度

采用合金的TTP图和C形曲线，也可以确定合金的硬度和导电性。例如，图2-145所示为7175合金采用抗应力腐蚀工艺（T73）处理，得到的硬度、导电性和纵-横向拉伸性能的C形曲线。所有的硬度、导电性和拉伸性能试样采用在(475±5)℃[(885±9)℉]固溶加热40min，快速淬火至190~415℃（375~780℉），温度间隔为25℃（45℉），按设定时间进行中断淬火，而后淬水至室温。从图2-145中的C形曲线上可以看到，固溶析出的临界鼻尖温度为340℃（645℉）。图2-146所示为7175-T73合金、7050-T76合金和7075-T73合金的TTP图对比，从图中可以清楚地看到，7175-T73合金的淬火敏感性比其他两种合金更高，临界温度范围也比其他两种合金更宽。

通过其他方法，如建模工具和参数分析法（如本节中所讨论的淬火因子分析方法），也可以建立

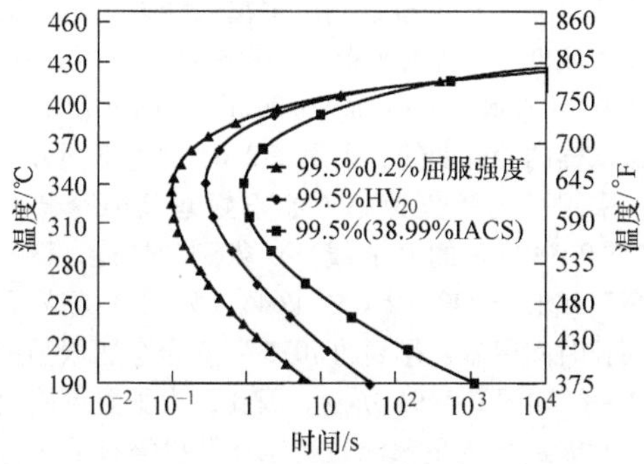

图 2-145 7175－T73 合金板材最大屈服强度、维氏硬度和 99.5% 电导率的 TTP 曲线

IACS—国际退火铜标准

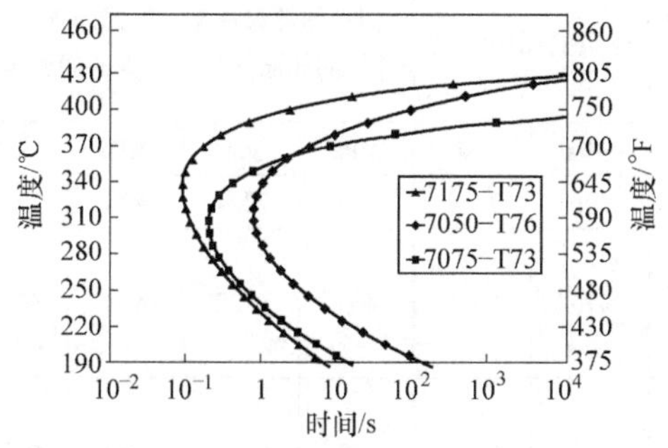

图 2-146 7175－T73、7050－T76 和 7075－T73 三种合金的 99.5% 最大屈服强度（0.2% 残余变形对应的应力）TTP 曲线

TTP 图。例如，图 2-147 是 6351 合金的维氏硬度 TTP 图，图中曲线为达到合金最高硬度的 99.5%、95%、90%、80% 和 70%。从图中可以清楚地看到，试验数据与拟合 TTP 曲线的一致性很好，鼻尖温度约为 360℃（680℉）。在 TTP 曲线上的 99.5%，转变时间为 10s 数量级，而在 230～430℃（445～805℉）范围内，淬火敏感性很高。

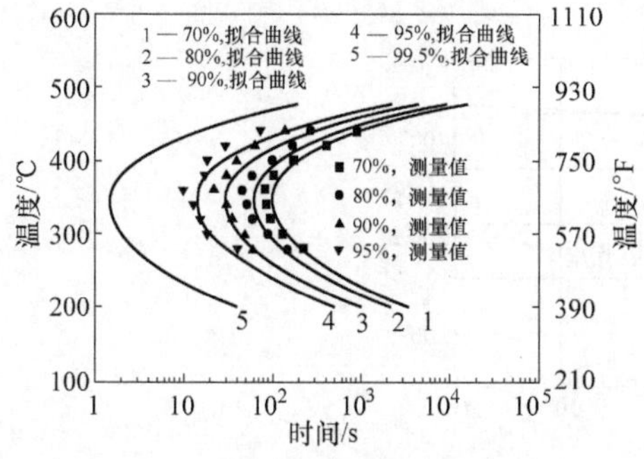

图 2-147 6351 合金最高硬度的测量值和拟合的 TTP 曲线

图 2-148 所示为 D357 铸造铝合金与两种变形铝合金屈服强度的 TTP 图对比。由于铸造铝合金固溶体中合金元素的质量分数较高，以及组织中存在硅共晶体，而且 β（Mg_2Si）相在共晶硅粒子处形核，降低了基体中镁的浓度。因此，铸造铝合金的淬火敏感性通常要高于变形铝合金。由于硅和铝的热胀系数不同，有硅共晶的合金的另一个特点是位错密度更高，由此导致了更多的形核位置。含有较多溶质原子的 6061 合金，其淬火敏感性仅略比 D357 合金高。而 6082 合金与 D357 合金几乎具有相同的 Mg_2Si 含量，其淬火敏感性远低于 D357 合金。这些结果与 Zhang 和 Zheng 的观察结果一致。

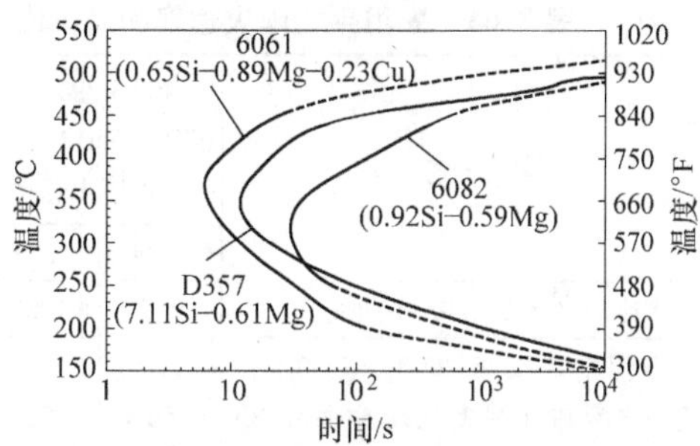

图 2-148 D357 铸造铝合金、6061 和 6082 变形铝合金最大屈服强度 95% 的 TTP 图

虽然可以用 TTP 图评估铝合金的淬火敏感性，但建立合金和具体工艺状态的 C 形曲线，需要大量的试样和对其进行等温处理。因此，许多人在定义 C 形曲线鼻尖温度的析出率最高的前提下，选择计算通过临界温度范围的平均淬火速率，来评估各种铝合金的淬火敏感性。例如，Fink 和 Willey 确定了 7075－T6 合金的临界温度范围为 400～290℃（750～550℉），如图 2-142 所示。平均冷却速率则是 400～290℃（750～550℉）除以通过该温度范围的时间（秒）。合金的性能具体降低了多少与平均淬火速率有关，这些性能数据可以采用数个试样，在几种冷却速率相差大的淬火冷却介质中淬火得到。采用这种方法所需要的试样少，而且不需要进行等温热处理。

可以采用平均淬火冷却速率，对各种淬火方法的试验结果进行比较（见本卷中“铝合金的淬火”一节）。对于淬火速率敏感性相对高的合金，如 7075 合金，为保证在时效过程中接近最高强度，需要采用大约 300℃/s（540℉/s）或更高的冷却速率。而对于其他合金，平均冷却速率约为 100℃/s（180℉/s）就能达到要求。然而，采用平均淬火速率这一简便方法也有一定的局限性。平均淬火速率只比较了在临界温度范围内的结果，而临界温度范围可能因合金成分和工艺状态的不同而变化。虽然400～290℃（750～550℉）是一般合金的临界温度范围，可以用来估计平均淬火速率，但是当合金和工艺状态发生变化时，这种关系可能会出现问题。也就是说，一条TTP曲线可能仍然需要根据具体的合金和工艺状态来确定临界温度范围。

采用平均淬火速率定量预测合金性能，还有另一个严重的局限和缺点。就是当冷却曲线在临界温度范围内变化明显时，如淬火条件变化或工件截面尺寸有差异，则无法采用平均淬火速率对合金的性能进行预测。由于在平均淬火速率所指定的临界温度范围之外，仍然会发生析出。因此，采用平均淬火速率也会导致定量预测产生重大误差，这取决于在高于或低于临界温度范围的保持时间长短。例如，图2-149a所示为1.6mm（0.06in）厚的7075铝合金薄板试样的冷却曲线，采用表2-64中的不同方法淬火。采用平均淬火速率不能很好地预测冷却曲线（如图2-149a中的D曲线）所得到的性能，该试样在高于或低于340～290℃（645～555℉）临界温度范围长时间保温，得到的7075－T6合金屈服强度的TTP曲线如图2-149b所示。因此，为了更精确地对合金性能进行定量预测，已经开发出淬火因子分析等其他方法。

表2-64 采用平均淬火速率和淬火因子的冷却曲线预测的7075－T6薄板的屈服强度值

淬火工艺	400～290℃（750～550℉）的平均淬火速率		速率因子 τ（或 Q）	测量的屈服强度		根据平均淬火速率计算的屈服强度		根据淬火因子计算的屈服强度	
	℃/s	℉/s		MPa	ksi	MPa	ksi	MPa	ksi
冷水冷却（图2-149a中曲线A）	935	1680	0.464	506	73.4	499	72.4	498	72.3
工业酒精冷却至290℃（550℉），然后冷水冷却（图2-149a中曲线B）（译者注：根据图中补上）	50	90	8.539	476	69.1	463	67.2	478	69.4
热水冷却至315℃（600℉），然后冷水冷却（图2-149a中曲线C）（译者注：根据图中补上）	30	55	15.327	458	66.4	443	64.2	463	67.1
静止空气冷却至370℃（700℉），然后冷水冷却（图2-149a中曲线D）	5	9	21.334	468	67.9	242	35.1	449	65.1

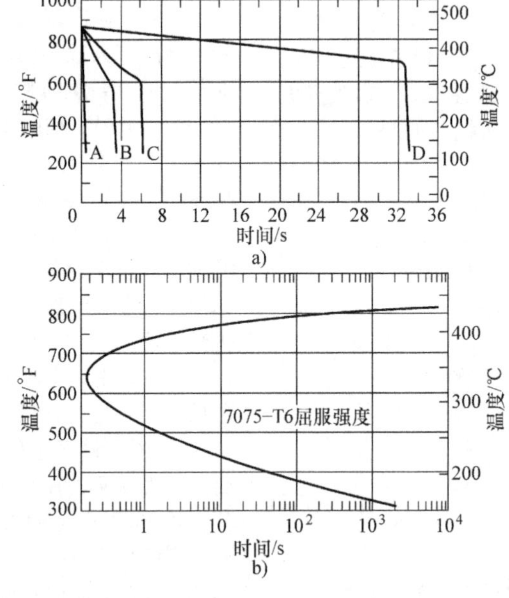

图2-149 7075铝合金薄板采用不同工艺冷却和7075－T6合金的时间－温度－性能图

a）1.6mm（0.06in）厚7075铝合金薄板采用表2-64中的A、B、C和D工艺冷却 b）7075－T6合金的时间－温度－性能图

2.5.2　淬火因子分析

在冷却速率均匀时，可以采用临界温度范围内的平均淬火速率，对合金性能进行合理的预测。但在淬火过程中，当冷却速率变化很大时，则不能采用平均淬火速率对性能进行定量预测。在这种情况下，可采用一种称为淬火因子分析的方法，利用整条C形曲线中的信息，预测任何淬火曲线对性能的影响。该方法是基于对 TTP 曲线和淬火路径之间的区域进行积分。采用 Staley 最初的模型，可以对 7×××和 2×××系列合金的腐蚀行为进行预测。采用 Evancho 和 Staley 的模型，可以有效地对合金的强度和硬度进行预测，预测误差小于 10%。Swartzendruber 等人对最初的淬火因子模型进行了改进，略扩宽了淬火因子分析方法的使用范围。

淬火因子分析的过程在许多文献资料中都有详细的记载，在本卷“铝合金的淬火”一节中也简要地进行了介绍。淬火因子分析方法对确定合适的淬火延迟时间特别有用，可以用以保证冷却曲线避开C形曲线的鼻尖温度。例如，结合表2-64和图2-149中的数据，对预测的屈服强度与实测的屈服强度进行对比。采用淬火因子预测的屈服强度与所有试样实测的屈服强度一致性很好，最大误差为 19.3MPa (2.8ksi)。然而，采用平均淬火速率预测的屈服强度与实测的屈服强度之差则高达 226MPa（32.8ksi）。

淬火因子分析的应用包括对拉伸性能、硬度和电导率进行预测。Staley 等人试图开发一种方法，通过淬火因子分析来预测断裂韧性，但由于断裂韧性更多地与析出相的形态有关，而与固溶体中剩余溶质原子的比例关系不太紧密，因此受到了限制。采用淬火因子分析方法，可能会过高地估计对合金韧性的损伤。该方法还可用于确定临界淬火速率对合金性能的降低。在淬火因子分析中，可能的发展方向是，将析出相的形态和固溶体中剩余溶质的数量结合起来综合考虑，从而可以对合金的断裂韧性和成形性能等进行预测。

淬火因子分析方法的推广应用受到一定的限制，其原因是难以获得大量适用于计算的淬火因子的C曲线。虽然现已有比较常见合金的C曲线，但建立等温冷却过程的C曲线是一项耗时费力的工作。不同工艺状态的合金和产品（如板材、挤压型材、薄板等）的性能不同，其C曲线也就不同，即使合金成分和/或工艺上略有变化，也可能导致预测出现错误。尽管如此，对平均冷却速率和淬火因子与性能之间的关系进行分析和作图，仍然可以用于对工艺进行控制（见本卷中“铝合金的淬火”一节）。

1. 经典淬火因子分析

淬火过程中的析出速率取决于两个相互竞争的因素：过饱和度和扩散速率。在淬火开始时，温度很高，扩散速率很高；随淬火过程中温度降低，过饱和度增加，析出驱动力提高。连续冷却过程的 Avrami 析出动力学为

$$\zeta = 1 - \exp(k\tau)^n$$

式中，ζ 是已转变分数；k 是一个常数；τ 是淬火因子，定义为

$$\tau = \int \frac{dt}{C_t}$$

式中，t 是时间；C_t 是临界时间。所有 C_t 点的集合构成了C曲线，与连续冷却过程的时间 - 温度 - 转变曲线类似。

通常，C_t 采用下面的表达式定义

$$C_t = K_1 K_2 \exp\left(\frac{K_3 K_4^2}{RT(K_4 - T)^2}\right)\exp\left(\frac{K_5}{RT}\right)$$

式中，C_t 是析出一定溶质的临界时间；K_1 是一个与未转变分数有关的无单位常数，等于对淬火过程中未转变分数取自然对数，通常选择未转变分数为 0.995，则 $K_1 = \ln 0.995 = -0.005013$，在确定了 K_1 和 $\tau > 1$ 的情况下，观察到性能的下降；K_2 是一个与形核位置倒数有关的常数；K_3 是一个与形核能量有关的常数；K_4 是一个与固溶度分解曲线温度有关的常数；K_5 是一个与扩散激活能有关的常数；R 是气体常数；T 是开尔文温度。

要确定 K_1、K_2、K_3、K_4 和 K_5，首先需要有C曲线。C曲线数据很少，可获得的可用数据有限。C_t 函数的一些系数见表2-65。一旦获得了C曲线或 TTP 曲线，即可通过多次反复迭代（和最小误差）获得系数的值，直到达到最佳拟合C曲线的效果。

表 2-65　部分合金临界时间（C_t）函数的系数

合金及状态代号	K_1 ①	K_2/s	K_3/(J/mol)	K_4/K	K_5/(J/mol)	计算温度范围	
						℃	℉
7010 - T76	-0.00501	5.6×10^{-20}	5780	897	1.90×10^5	425 ~ 150	800 ~ 300
7050 - T76	-0.00501	2.2×10^{-19}	5190	850	1.8×10^5	425 ~ 150	800 ~ 300
7075 - T6	-0.00501	4.1×10^{-13}	1050	780	1.4×10^5	425 ~ 150	800 ~ 300

（续）

合金及状态代号	$K_1$①	K_2/s	K_3/(J/mol)	K_4/K	K_5/(J/mol)	计算温度范围	
						℃	℉
7075－T73	－0.00501	1.37×10^{-13}	1069	737	1.37×10^{5}	425～150	800～300
7175－T73	－0.00501	1.8×10^{-9}	526	750	1.017×10^{5}	425～150	800～300
2017－T4	－0.00501	6.8×10^{-21}	978	822	2.068×10^{5}	425～150	800～300
2024－T6	－0.00501	2.38×10^{-12}	1310	840	1.47×10^{5}	425～150	800～300
2024－T851	－0.00501	1.72×10^{-11}	45	750	3.2×10^{4}	425～150	800～300
2219－T87	－0.00501	0.28×10^{-7}	200	900	2.5×10^{4}	425～150	800～300
6061－T6	－0.00501	5.1×10^{-8}	412	750	9.418×10^{4}	425～150	800～300
356－T6	－0.0066	3.0×10^{-4}	61	764	1.3×10^{5}	425～150	800～300
357－T6	－0.0062	1.1×10^{-10}	154	750	1.31×10^{5}	425～150	800～300
Al－2.7Cu－1.6Li－T8	－0.0050	1.8×10^{-8}	1520	870	1.02×10^{5}	425～150	800～300

① K_1 是一个与未转变分数有关的无因次值，等于淬火过程中对未转变分数取自然对数。通常选择未转变分数为0.995，则 $K_1=\ln0.995=-0.005013$。

Cahn 的研究表明，像铝合金这样的非均匀形核转变，服从于可加性定律。该定律认为，反应是具有可加性的，因此，非等温反应的转变动力学，如淬火过程可以由下式表示

$$Q=\int_{t_0}^{t_f}\frac{dt}{C_t}$$

式中，Q 是与已转变量有关的量（淬火因子）；C_t 是 TTP 图中上的临界时间，可根据 C 曲线计算得出；t_0 是淬火开始时间；t_f 是淬火结束时间。当 $Q=1$ 时，已转变分数等于 C 曲线上的分数。

采用 Evancho 和 Staley 的方法，将淬火路径划分为一系列等温时间步长，在每一时间步长中，采用 Avrami 等温动力学方程进行计算，如图 2-150 所示。根据工件的冷却曲线与 C 曲线，获得淬火因子 Q。可通过下式积分得到 Q 值

$$Q=\int_{t_0}^{t_f}\frac{dt}{C_t}=\frac{\Delta t_1}{C_{t_1}}+\frac{\Delta t_2}{C_{t_2}}+\frac{\Delta t_3}{C_{t_3}}+\frac{\Delta t_{n-1}}{C_{t_{n-1}}}=\sum_{i}^{n-1}\frac{\Delta t_i}{C_{t_n}}$$

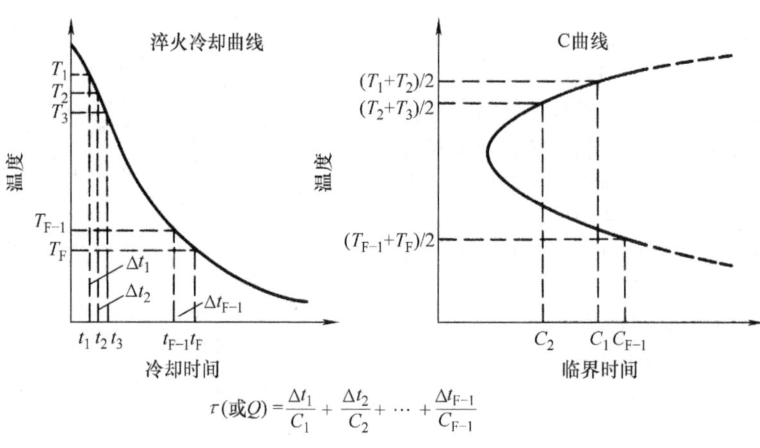

图 2-150 根据时间－温度－性能曲线和工件的冷却曲线计算淬火因子（τ 或 Q）的方法

在 Staley 和 Evancho 原创的方法中，根据淬火因子预测合金性能的方程为

$$\sigma=\sigma_{max}\exp(K_1Q)$$

式中，σ 是强度（屈服强度或抗拉强度）；σ_{max} 是采用最高淬火速率得到的强度；$K_1=\ln0.995=-0.005013$（或者是将可达到的强度降至 99.5% 的临界时间）；Q 是淬火因子。上式整理后得到

$$\frac{\sigma}{\sigma_{max}}=\exp(K_1Q)$$

采用不同来源的数据，对上式进行拟合，得到

图 2-151，拟合结果非常理想。Evancho 和 Staley 的研究表明，根据 Avrami 方程，合金可达到的强度与淬火后固溶体中剩余溶质的数量具有函数关系，与 K_1 有下列关系

$$K_1 = -\ln \frac{\sigma_x - \sigma_{min}}{\sigma_{max} - \sigma_{min}}$$

当 $\sigma_x = 0.995\sigma_{max}$ 时，Evancho 和 Staley 采用 7075－T6 和 2024－T4 合金的数据，进行了拟合评估，得出 $\lg(\sigma/\sigma_{max})$ 与等温时间呈线性关系，其斜率等于 1。数据和拟合结果如图 2-152 和图 2-153 所示。Staley 和 Evancho 设置 $\sigma_{min}=0$ 来预测转变程度，并进一步假设在 $\sigma_{min} \ll \sigma_{max}$ 的条件下，对高强度铝合金进行评估。拟合结果与数据非常一致（图 2-151），证实了他们的假设。

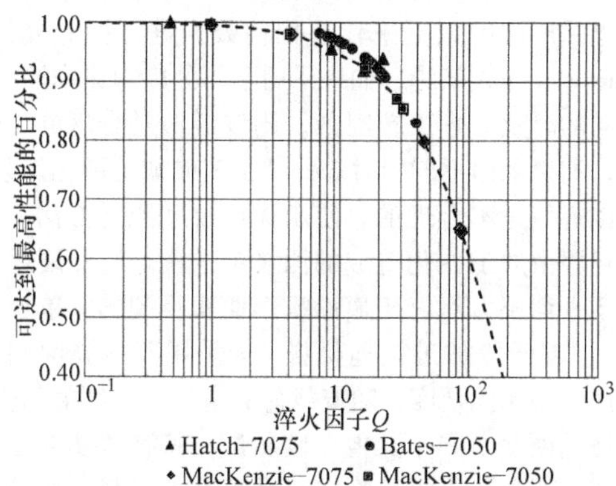

图 2-151　7075 和 7050 合金可达到的最高性能百分比与淬火因子的关系

注：可达到的最高屈服强度数据来源于 Hatch 和 Bates；可达到的最高硬度数据来源于 MacKenzie。

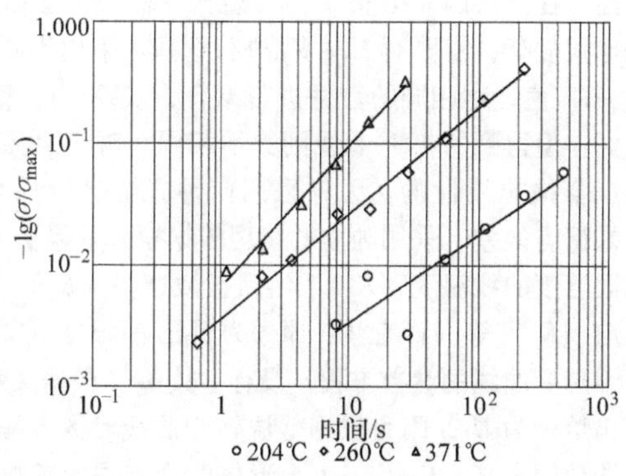

图 2-152　对 Fink 和 Willey 的 7075－T6 铝合金屈服强度数据的拟合

可以通过试验或手册获得合金强度的最大值和最小值。MacKenzie 采用退火值作为 σ_{min}，同时假设在这种情况下，所有的溶质都会析出。

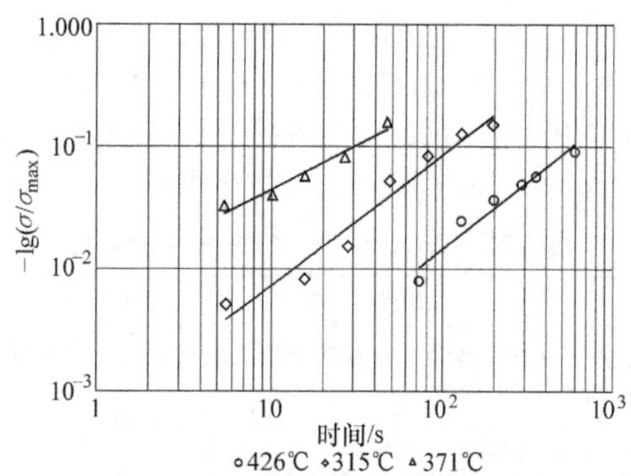

图 2-153　对 McAlevy 的 2024－T4 铝合金屈服强度数据的拟合

淬火因子分析方法是根据多个试样中断淬火后的数据，通过测量中断淬火处理后试样的性能建立的。根据不同的淬火路径，并测量有关性能，确定淬火因子。通常测量的性能有硬度和拉伸性能，建立起性能与淬火因子之间的关系

$$p = p_{max}\exp(K_1 Q)$$

式中，p 是有关的性能；p_{max} 是采用最高淬火速率得到的最高性能；$K_1 = \ln 0.995 = -0.005013$。

采用这种方法建立 TTP 曲线有两个困难。首先，必须了解工件经历的具体淬火路径，这通常是很难测量得到的，需要使用专门的设备才可得到有重复性的结果。其次，必须精确了解 C 曲线，而在具体条件下，这些数据通常是难以获得的。由于缺乏 C 曲线的详细信息，限制了淬火因子分析的实际使用。

2. 淬火因子分析中的假设

Rometsch 等人的一篇评论指出，在 Evancho 和 Staley 最初的淬火因子分析中，一些假设与试验和理论发现不一致。这些假设如下：

1）强度与溶质浓度呈线性变化。

2）转变动力学 Avrami 方程中的指数 $n=1$。

3）在 Avrami 方程中使用了最低强度。

4）采用硬度试验代替拉伸试验。

（1）强度与溶质浓度呈线性变化　根据屈服强度目前发展的理论，由剪切和非剪切通过析出相产生的强化，与析出相体积分数的平方根成正比。淬火因子分析与该试验验证的结果相矛盾，因此建议采用下式

$$\frac{\sigma}{\sigma_{max}} = \exp(K_1 Q)$$

改写后为

$$\frac{\sigma - \sigma_{min}}{\sigma_{max} - \sigma_{min}} = [\exp(K_1 Q)]^{1/2}$$

（2）Avrami 指数和影响因子　Evancho 和 Staley 对 Fink、Willey 和 McAlevy 的数据进行了回顾，他们在用 $\lg(\sigma/\sigma_{max})$ 与等温时间作图时，得出线性斜率

为1。而扩散控制的形核和长大理论表明，当 $n<1.5$ 时，是不可能进行三维析出相扩散的，具体数据见表2-66。Staley 赞同 n 随着析出形核速率和形态变化而变化，但他未对淬火因子分析模型进行修正。

表 2-66 Avrami 动力学方程中的 n 值

条件	n 值
适用于多形态变化、不连续析出、共析反应、界面控制长大等	
形核速率提高	>4
形核速率为常数	4
形核速率降低	3~4
形核率为零（在固溶度曲线上）	3
饱和固溶体在晶隅形核	2
饱和固溶体在晶界形核	1
受扩散控制的长大	
从小尺寸长大为各种形状，形核速率提高	>2.5
从小尺寸长大为各种形状，形核速率为常数	2.5
从小尺寸长大为各种形状，形核速率降低	1.5~2.5
从小尺寸长大为各种形状，形核速率为零	1.5
与初始体积相比，粒子长大明显	1~1.5
有限尺寸的针状和盘片状，与其间距相比尺寸很小	1
针状或圆柱状增厚（如粒子最终长大碰撞）	1
大片状增厚	0.5
位错上析出（早期阶段）	~2/3

Starink 认为这里使用 Avrami 方程的前提是不正确的，或者是误用，而更适用的方程是 Austin－Rickett 方程，即

$$\alpha = 1 - \left[\frac{(kt)^n}{\eta_i} + 1\right]^{-\eta_1}$$

式中，α 是已转变分数；k 是一个与温度有关的常数；n 是 Avrami 指数；η_i 是影响因子。在特殊情况下，η_i 趋近于无穷大，这时 Austin－Rickett 方程和 Avrami 方程相同。代入前面的方程

$$\frac{\sigma-\sigma_{min}}{\sigma_{max}-\sigma_{min}} = [\exp(K_1Q)]^{1/2}$$

则可以得到

$$\frac{\sigma-\sigma_{min}}{\sigma_{max}-\sigma_{min}} = \left[\frac{(-K_1Q)^n}{\eta_1} + 1\right]^{-\eta_i/2}$$

采用 Fink 和 Willey 的数据（也被 Evancho 和 Staley 引用），验证了该模型。结果显示，$n=1.5$ 导致了最低级的错误。表2-65 中给出了三维扩散长大指数。该模型还应用于 Bratland 等人的 6082 合金挤压件建模数据。结果表明，n 值取 1 和 1.5 时，几乎没有差别。其原因可能是 6×××系列合金的主要析出相向两个方向生长，Avrami 指数为 1（见表2-65）。根据这些数据，Rometsch 等人认为，当采用 $n<1.5$ 时，建立的转变曲线可能是不准确的。

（3）Avrami 方程中的最低强度　在经典的淬火因子分析中，由于高强度合金的 $\sigma_{min} \ll \sigma_{max}$，因此可以忽略 σ_{min}。然而，随着 $\sigma_{min}/\sigma_{max}$ 的减小，这种假设将失去其有效性。可以假设 σ_{min} 是经无限长时间淬火后得到的强度，也有研究假定为退火后的强度值。因为总是希望得到高的 $\sigma_{min}/\sigma_{max}$ 值，因此该假设对于大多数商用合金都是有效的。

（4）硬度的应用　在许多淬火因子分析研究中，可以采用硬度数据来代替拉伸数据进行性能分析。Rometsch 等人认为，如果采用不同的冷却速率淬火、相同的时效处理工艺时效，则该近似是合理的。但是，如果采用不同的时效处理工艺或加工硬化工艺，则该近似是不合理的。使用梅氏硬度测量方法，可以克服由加工硬化造成的测量不准确。梅氏硬度是基于平均压力除以压痕的投影面积得到的，单位为 MPa。对于冷加工处理材料，如采用其他硬度测试方法，如布氏硬度，随着载荷的增加，硬度值降低。而梅氏硬度不同于其他硬度测试，其测试硬度是恒定的，不受载荷的影响。而对于退火材料，如进行加工硬化，则梅氏硬度值会有所提高。

3. 淬火因子分析的局限性

正如前面所指出的，确定等温转变曲线是一个耗时费力的试验过程，这是淬火因子分析方法的局限性。在淬火因子分析中，等温转变曲线的参数方程也很复杂，需要对 $K_2 \sim K_5$ 进行选择。采用不同的 $K_2 \sim K_5$ 值，对相同的数据进行拟合，误差可能相差不大，但得到的 TTP 曲线则大不相同。对 TTP 系数的拟合是非线性的，无论采用何种方法进行拟合，结果都有误差。采用独立的物理数据拟合效果更好，如固溶度曲线温度（K_4）、溶质扩散速率（K_5）、析出焓（K_3）等（译者注：原书为 K_7，但根据本文中等温转变曲线的参数方程，没有参数 K_7，根据文字，析出焓疑为 K_3，因为根据等温转变曲线参数方程中各参数的定义，K_3 是一个与形核能量有关的常数），这样可以显著地降低拟合误差和非线性，并为数据提供了物理意义。使用较多的数据点（>10）进行拟合，也可以减少误差。结合中断淬火数据和连续冷却数据进行综合考虑，能非常有效地减少等温转变曲线误差。

经典的淬火因子分析可以用于仅有一种主要析

出相析出，或有一个析出序列析出的情况，而析出序列对合金性能具有加和作用。在淬火和时效过程中，铝合金可能会出现相互竞争的析出。例如，2024 合金在 495℃（925℉）固溶淬火，分别采用两种不同的预时效工艺处理，如图 2-141 所示。

工艺 A：试样固溶处理后，分别淬入温度为 400℃（750℉）、350℃（660℉）和 300℃（570℉）的盐浴中；试样在各温度下保温不同的时间，然后用冰水淬火冷却到环境温度。

工艺 B：试样固溶处理后，直接淬入冰水冷却到环境温度，然后采用盐浴，分别加热到 400℃（750℉）、350℃（660℉）和 300℃（570℉），保温不同的时间，最后用冰水淬火冷却到环境温度。

在进行了上述两种预时效处理后，再对试样进行两种不同的时效处理：

T851 工艺状态处理：进行 2.25% 的拉伸，在 190℃（375℉）时效 12h 后快冷。

T351 工艺状态处理：进行 2.25% 的拉伸，自然时效（室温）。

Staley 认为析出相产生的差别（图 2-141）为：采用工艺 A 的试样（淬入到中间温度）中除了 S 相外，还有 θ 相。此外，在采用较低温度时效的试样中，还发现了 S′相；而工艺 B 的试样中都发现了 S′相和 S 相，但是没有检测到 θ 相。产生析出相差异的原因是采用工艺 B 的试样从固溶温度直接淬火到室温，在空位处产生了位错环。当试样被重新加热时，这些位错环作为形核位置，形成部分共格析出 S′相。析出的 S′相降低了 θ 相析出的驱动力，因此没有出现 θ 相。

由于工艺 A 淬入到中间温度时进行了等温，中断淬火析出了非共格的 S 和 θ 相（图 2-141a），因此失去了达到最高时效硬度的能力。相反，工艺 B 在淬火至室温的过程中，合金析出了 S′相（图 2-141b），合金的过饱和程度下降，空位在位错环处聚集，使基体中的空位浓度降低，失去了在室温时效强化的能力。因此，该工艺过程没有加和性，不能采用淬火因子分析方法对经工艺 B 处理的材料的强度进行预测。

图 2-154 和图 2-155 所示为采用工艺 A（淬火到中间温度）的 2024 合金的屈服强度和硬度的等温转变曲线。对于工艺 B，当淬火冷却至低于临界温度后再加热升温时，无论是采用临界温度范围内的平均淬火速率分析方法，还是淬火因子分析方法，都不能对合金的强度进行预测。这种现象最可能发生在喷液淬火过程中，当表面被喷液迅速冷却后，如出现中断喷液，工件还会被其内部的热量重新加热。

4. 改进后的淬火因子分析

采用经典的淬火因子分析方法，只能对单一析出过程进行分析，无法分析和处理复杂的和非加和性的析出过程。图 2-141 所示为在淬火和时效过程中，典型的具有多个析出相竞争析出，具有析出相（θ 和 S）和不同形核位置的多条 C 曲线。在图 2-141a中，S 相首先在晶界处析出，其次是 θ 相和 S 相在晶内的分散相处析出。随着时间的推移，θ 相消失，被 S 相取代。在较低的温度下，S′相比 S 相更易于在分散相处析出。对于这种合金，淬火因子分析中 C_T 函数方程中的系数，对于每一个有利析出相都是不同的。

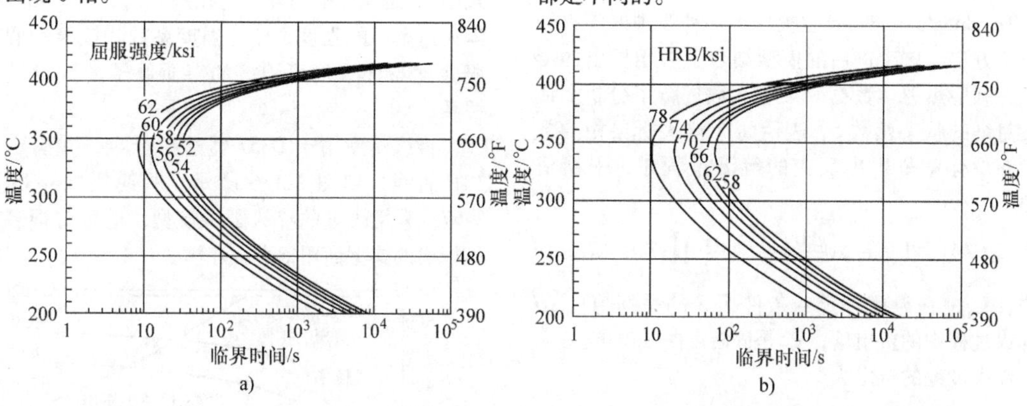

图 2-154 6.35mm（0.25in）厚的 2024－T851 板时效后屈服强度和硬度的 TTP 图

a）0.2% 条件屈服强度（单位为 ksi） b）硬度 HRB

注：试样固溶处理后，分别淬入温度为 400℃（750℉）、350℃（660℉）和 300℃（570℉）的盐浴中。试样在各温度的盐浴中保温不同的时间，然后用冰水淬火冷却到环境温度。T851 状态代号为进行 2.25% 的拉伸变形，在 190℃（375℉）人工时效 12h 后快速冷却。

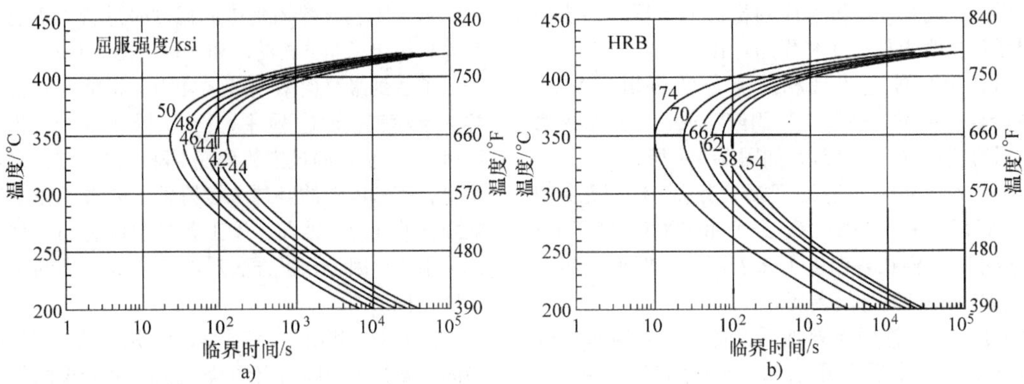

图 2-155 6.35mm（0.25in）厚的 2024－T351 板时效后屈服强度和硬度的 TTP 图

a）0.2%条件屈服强度（单位为 ksi） b）硬度 HRB

注：试样固溶处理后，分别淬入温度为400℃（750℉）、350℃（660℉）和300℃（570℉）的盐浴中。试样在各温度的盐浴中保温不同的时间，然后冰水淬火冷却到环境温度。T351 状态代号为进行 2.25%的拉伸变形与自然时效。

1）在两个不同位置（晶界和晶内）发生相同的相析出。由于不同位置的形核数量是不同的，热力学稳定性也是不同的，因此系数 K_2 和 K_3 是不同的。

2）如果是非共格或半共格的相同相析出，则 K_2、K_3 和 K_4 都是不同的。

3）对于不同化学计量的相，可能所有的系数都是不同的。

正如 Shuey 等人所提出的，采用独立热力学数据 K_4（固溶度曲线温度）、K_5（溶质扩散系数）和析出焓（K_3）（译者注：同前，文中的 C 曲线参数方程中没有参数 K_7，析出焓疑为 K_3），可以大大减少 C 曲线拟合的误差和计算工作量。

Tiryakioglu 和 Shuey 也提出了一种改进的淬火因子分析方法。该改进后的模型结合了多相析出的影响，并利用热力学数据对某些系数进行了分析。使用无量纲的状态函数 S，表示每个淬火析出相的数量。在没有竞争析出反应的等温过程中，平衡值 S_{eq} 为

$$S_{eq}(T) = 1 - \exp\left[\frac{\Delta H}{R}\left(\frac{1}{K_4} - \frac{1}{T}\right)\right]; T \leqslant K_4$$

式中，S_{eq} 是在温度一定的条件下 S 的平衡值；ΔH 是淬火过程中的析出焓；K_4 是固溶度曲线温度。

淬火过程的析出为

$$\frac{\mathrm{d}S}{\mathrm{d}t} = \frac{S_{eq} - S}{t_c}$$

式中，t_c 是析出相形核和长大的临界时间，由下式得出

$$t_c = K_2 \exp\left[\frac{K_3 K_4^2}{RT(K_4 - T)^2} + \frac{K_5}{RT}\right]$$

式中，K_2 是短时间内形核位置数量的倒数（s）；K_3 是与非均匀形核能垒有关的系数（J/mol）；K_5 是扩散的化学计量平均激活能（J/mol）；R 是气体常数[8.3143J/(mol·K)]；T 是热力学温度。因此关系式为

$$\Delta S_i = (S_{eq} - S_{i-1})\left(1 - \frac{\Delta t_i}{t_c}\right)$$

当淬火结束后，S 为

$$S = \sum_i \Delta S_i$$

通过下式，可以估算合金的屈服强度和其他性能

$$\sigma_y = \sigma_{max} - \sum_j k_j S_j$$

式中，j 是模型中的淬火析出相；σ_{max} 是在无限大的淬火速率下的强度；k_j 是强度系数。该模型假设屈服强度与淬火后可固溶的溶质原子的数量呈线性关系。

将该模型用于 D357 铸造铝合金，并确定了其 TTP 曲线，如图 2-156 所示。所使用的系数见表 2-67。采用改进的淬火因子模型，适合对很多有多相析出的典型商用铝合金建模。

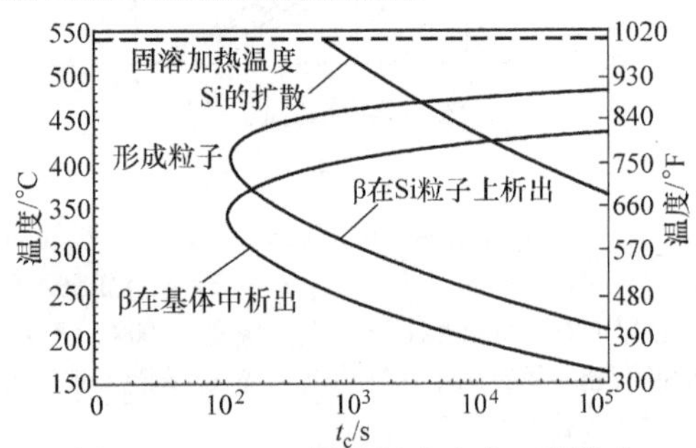

图 2-156 D357 铸造铝合金中三种淬火冷却析出相的临界时间（t_c）

表 2-67　图 2-156 中 D357 合金使用的淬火模型系数

	K_2/s	K_3 /(J/mol)	K_4 /K	K_5 /(J/mol)	K		ΔH/(J/mol)	σ_{max}	
					MPa	ksi		MPa	ksi
Si 扩散形成粒子	5.28×10^{-6}	0	813	125200	37.4	5.4	60000	301	43.7
β 在 Si 粒子上析出	6.80×10^{-9}	354	813	119812	92.5	13.4	53066	—	—
β 在基体中析出	6.24×10^{-11}	1439	813	119812	126.1	18.3	53066	—	—

2.5.3　末端淬火方法

正如前面介绍的，由于测试不同合金、工艺状态和产品的 C 曲线是一个耗时费力的试验过程，因此到目前为止，淬火因子分析方法的应用受到了一定的限制。幸运的是，除了通过试验确定 C 曲线中的常数外，最近还开发了通过对铝合金末端淬火数据进行建模，来确定 C 曲线的新方法。通过末端淬火试验和淬火因子分析方法，可以针对具体的产品选择最佳的合金和淬火速率。使用数据库中不同截面尺寸的冷却曲线或采用有限元模拟方法，可以计算工件截面上任意点处的冷却速率，结合淬火因子分析，还可以检验截面尺寸的影响。此外，采用不同合金的末端淬透性数据和淬火因子分析方法，可以检测合金成分的变化对其性能的影响。

正如前面介绍的，早先就有人对铝合金进行末端淬火试验研究（如用于评估钢的淬透性的末端淬火方法），近年来也有论文对其进行了讨论。Loring 等人首先发表了采用末端淬火试验研究铝合金淬火的论文。他们使用改良的 L 形末端淬火试样，通过测量试样顶端到 25mm（1in）处，试样上不同距离的冷却曲线，研究了铝合金淬火。测试所用合金有 14S、24S、61S、R－301 和 75ST（译者注：这些都是铝合金的旧牌号），使用洛氏硬度 B、F 标尺和载荷 5kg（11lb）的维氏硬度标尺，每隔 3mm（0.12in）的距离测量硬度值。对每种合金的临界冷却速率进行观察。结果是在淬火态，较高淬火速率得到的硬度值低，降低冷却速率对硬度的影响很小。只有 75ST 合金在时效后表现出对淬火速率敏感。

在 1964 年的《金属手册》（第 8 版，第 2 卷，“热处理、清洗和精整”）中，对他们早期的工作和方法进行了简短的介绍，如图 2-157 所示。此外，Hart 等人做了后续工作，他们采用末端淬火试样，研究了淬火冷却速率对 2024－T4、2024－T6 和 7075－T73 铝合金耐蚀性的影响。他们还对 7010 铝合金和粉末冶金 7091 铝合金进行了研究，采用 T6 和 T73 工艺进行处理，对合金耐蚀性的影响进行了研究，研究表明，淬火冷却速率对合金的耐蚀性和微观组织有明显的影响，与 7075 铝合金相比，7010 铝合金的淬火敏感性要高很多。

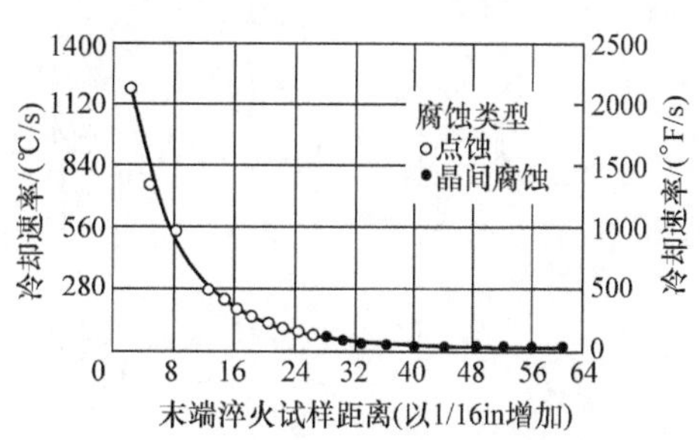

图 2-157　冷却速率对 7079－T6 合金腐蚀类型的影响

注：采用改进的钢的末端淬火试样进行观察。

测试用试棒直径为 25.4mm（1.0in），长度为 100mm（4in），与用于评估钢的淬透性的末端淬透性试样相似。一旦试棒被加热，就将其移至喷水口上端，如图 2-158 所示。喷水在试棒上产生了一个连续的淬火速率，距喷水口近端，淬火速率非常快；距喷水口远端，淬火速率则很缓慢。试验结果为，端淬距离 3mm（0.12in）处，淬火速率达到 200℃/s（360℉/s）；而端淬距离 78mm（3.1in）处，淬火速率小于 3℃/s（5℉/s）。试验结果如图 2-159 所示。

这样就得到了一个多淬火速率数据的试样，可以对试样进行硬度和电导率测试。通过对试样特定位置取样，可以进行透射电子显微镜微观组织分析（图 2-160）和差示扫描量热法分析（图 2-161）。

与传统的板材淬火方法相比，在确定铝合金和其他合金的淬火敏感性方面，末端淬火试验具有许多优点。为分析 6×××系列铝合金的淬火敏感性，Strobel 等人采用了一种改进的末端淬火试验方法，测试结果如图 2-162 所示。他们发现，随合金含量增加，特别是过渡族金属含量的增加，铝合金的淬火敏感性提高。在所研究的 6×××系列铝合金中，他们发现淬火敏感性与过渡族金属在合金中形成的粒子密度成正比。

Gandikota 采用传统的末端淬火试验方法，对 7075 和 6061 变形铝合金、A356 和 B319 铸造铝合金进行了淬火敏感性评估。他研究了人工时效前的自然时效对淬火敏感性的影响，所采用的 Avrami 拟合方程为

$$H(x) = H_{max} - \Delta H[1 - \exp(-kx)^n]$$

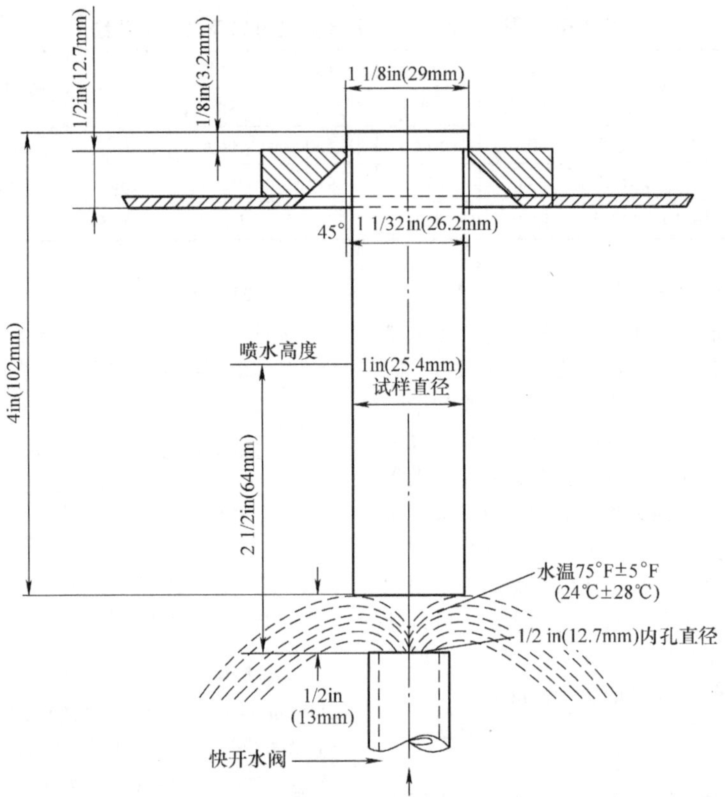

图 2-158 末端淬火试样的几何尺寸

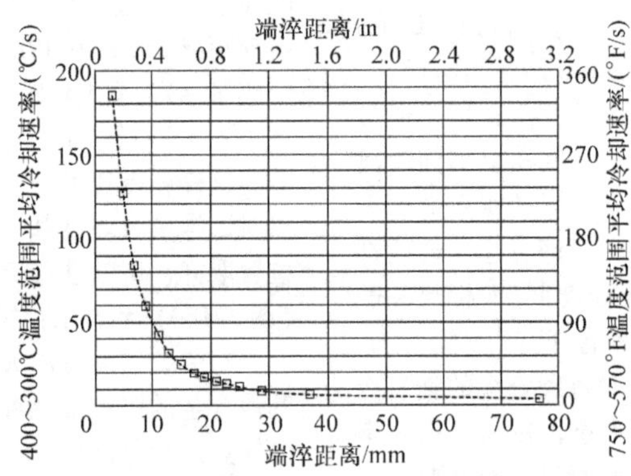

图 2-159 400～300℃（750～570℉）温度范围的平均冷却速率与铝合金末端淬火试样端淬距离的关系

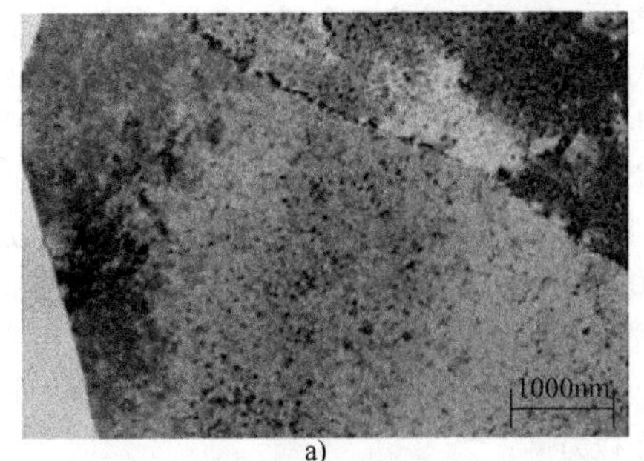

a)

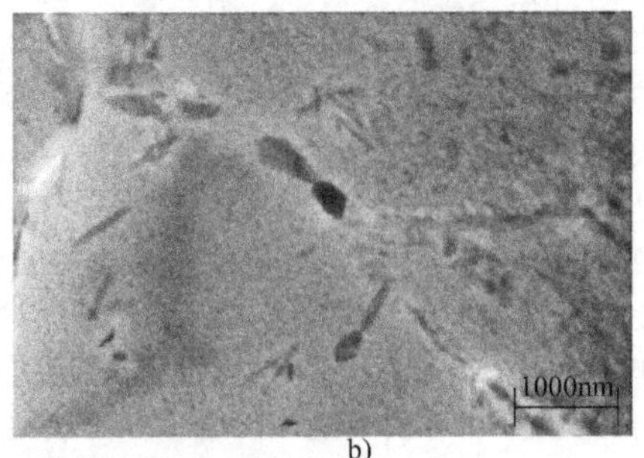

b)

图 2-160 7050 铝合金末端淬火试样端淬后不同位置明场透射电子显微照片（110 方向）

a）7mm（0.3in） b）24mm（1.0in）

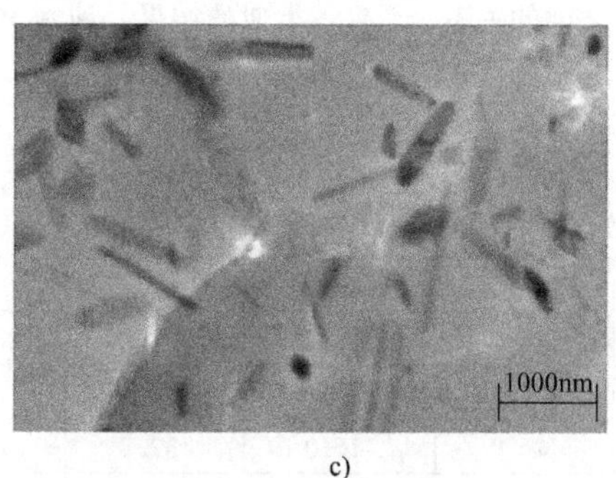

c)

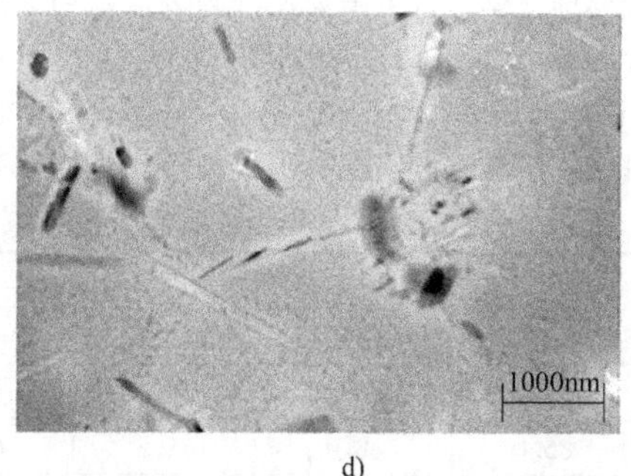

d)

图 2-160　7050 铝合金末端淬火试样端淬后不同位置明场透射电子显微照片（110 方向）（续）

c）56mm（2.2in）　d）79mm（3.1in）

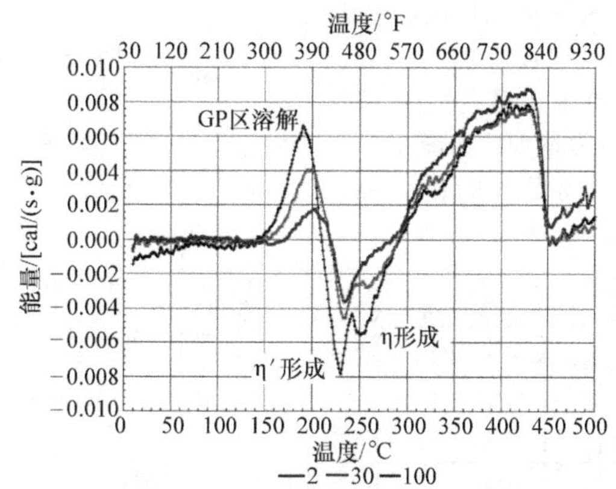

图 2-161　差示扫描量热法检测 7075 铝合金末端淬火试样不同端淬距离（mm）对淬火冷却速率的影响

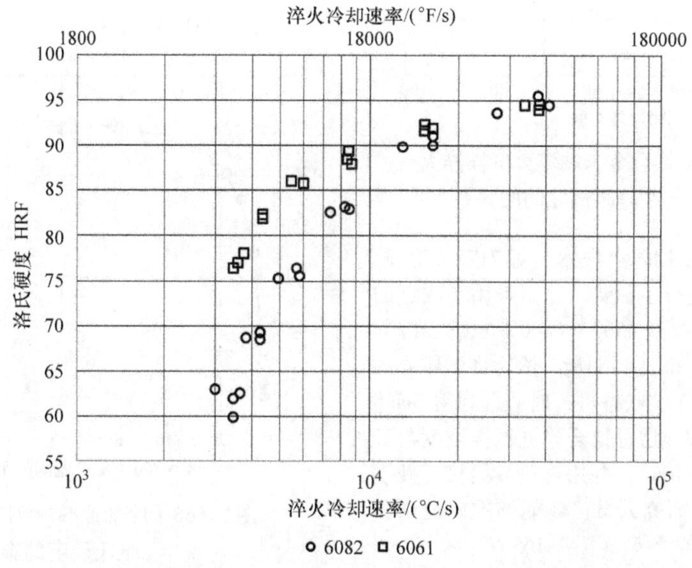

图 2-162　采用改进的末端淬火试样对两种 6×××系列铝合金的淬火敏感性进行检测

采用这种方法，对末端淬火试验测试得到的硬度和距离数据进行了精确的建模（95%置信度），Avrami 拟合值列于表 2-68 中。此外，还采用紧凑拉伸试样进行了拉伸试验，建立了拉伸性能与端淬距离之间的关系，得到了类似的结果。利用 MATLAB，采用末端淬火数据和 MacKenzie 的计算方法，计算得到了 C 曲线。

表 2-68 采用各种合金硬度与端淬距离数据得到的 Avrami 方程拟合参数

合金	7075		6061		A356		B319	
时效工艺	自然时效 1h	自然时效 120h	自然时效 1h	自然时效 120h	自然时效 1h	自然时效 120h	自然时效 1h	自然时效 120h
ΔH	32.0	30.0	16.0	15.0	18.2	17.0	24.0	22.0
H_{max}	85.0	88.0	61.5	64.0	116.0	116.0	139.0	141.5
k	0.028	0.028	0.032	0.032	0.075	0.075	0.057	0.057
n	2.09	1.98	1.90	1.73	0.92	0.92	0.96	0.96

注：锻造合金的硬度是 HRB，而铸造合金是 VHN。

采用 7010 - W 铝合金，Tanner 和 Robinson 发现残余应力与试样的端淬距离具有函数关系。他们发现，在 400～300℃（750～570℉）温度范围内，随着平均淬火速率提高，残余应力增加，如图 2-163 所示。提高淬火速率，可增大残余压缩应力，这有助于减少铝合金零件的变形。

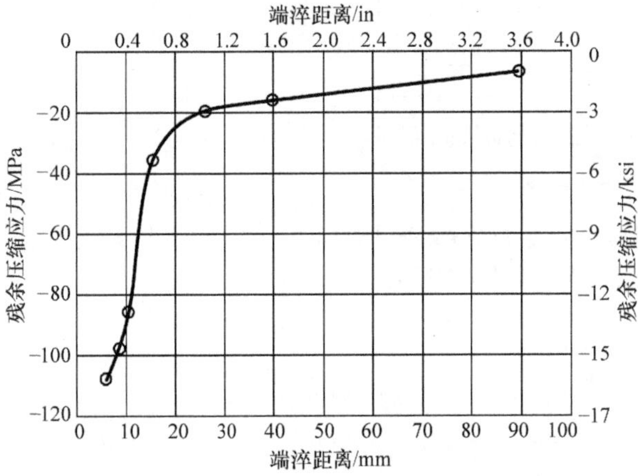

图 2-163 7010 - W 铝合金末端淬火试样淬火后残余压缩应力与端淬距离之间的关系

Dolan 等人采用末端淬火技术，对 7175 - T6 轧制铝板的 TTP 曲线进行了预测。他们采用了改进的中断淬火方法，将试样从 450℃（840℉）逐步冷却到盐浴温度，并保温 2h 达到平衡。然后将试样淬入水中，并采用要求的工艺状态进行时效。利用 Boltzmann 的 S 形曲线方程，通过拟合建立试样硬度与等温温度的关系（图 2-164），并用这些数据校正硬度与端淬距离的关系。研究人员已经能够准确地预测淬火速率与硬度之间的关系（图 2-165）。

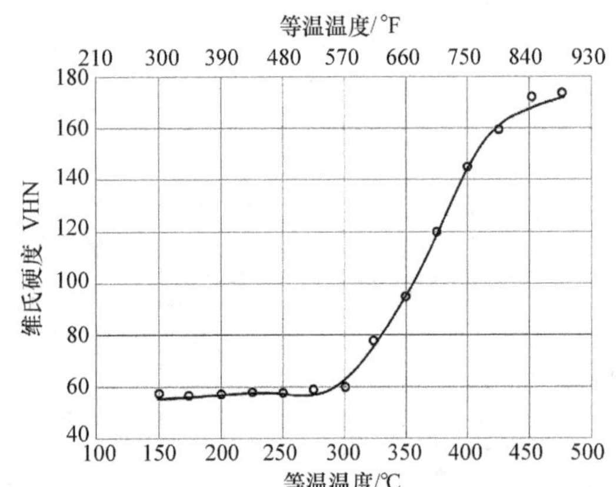

图 2-164 等温温度对 7175 轧制铝合金板维氏硬度的影响

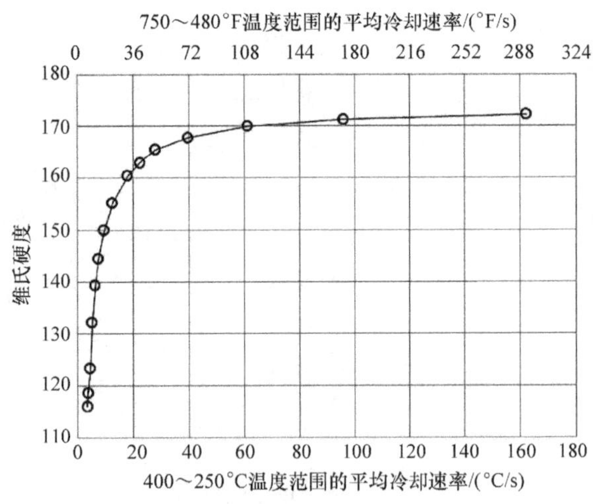

图 2-165 冷却速率对 7175 - T6 铝合金维氏硬度的影响

Milkereit 等人采用差动扫描量热法（DSC）和极速冷却方法，对 6005 铝合金进行了一项有意义的研究。采用三种不同类型的 DSC 和三种具有不同数量级的冷却速率，确定淬火过程中的析出。他们发现，采用临界冷却速率时没有析出，仍保持为过饱和固溶体。在接近平衡的最低冷却速率下，确定了两个主要峰值：一个是温度约为470℃（880℉）的高温β相峰，另一个是温度约为250℃（480℉）的低温β′相峰。随着冷却速率的提高，两个峰值差异减小。这表明，随着淬火速率的提高，析出受到进一步抑制。当冷却速率超过30℃/min（55℉/min）时，只有低温的峰是明显的。当冷却速率超过375℃/min（675℉/min）时，析出完全被抑制。详细内容请参考本节中的“连续冷却析出图”部分。

根据铝合金末端淬火数据，确定淬火因子和C曲线。末端淬火技术为确定淬火因子和C曲线提供了一种方法。合金性能和淬火因子之间的关系是

$$\frac{p}{p_{max}} = \exp(K_1 Q)$$

整理该方程，可以通过末端淬火试验的硬度来确定淬火因子 Q，即

$$Q = \frac{1}{K_1}\ln\left(\frac{H_{VN}}{H_{max}}\right)$$

式中，H_{VN}是末端淬火试样特定位置的硬度；H_{max}是最大硬度值，通常是末端淬火试样末端硬度的平均值。

因此，对于特定的工艺条件，采用末端淬火技术，可以确定多个淬火速率下的淬火因子。用所得的数据，可以对相同材料和相同工艺条件下的性能进行预测，如图 2-166 所示。图中对所达到硬度（7075－T6 和 7050－T6 铝合金通过末端淬火试验结果见表 2-69）的百分比与 Hatch 采用薄板试样通过淬火得到的屈服强度进行了对比。可以看到，采用薄板试样淬火测试的拉伸性能数据分散度很大，而采用末端淬火试验测试硬度预测拉伸性能的分散度很小。

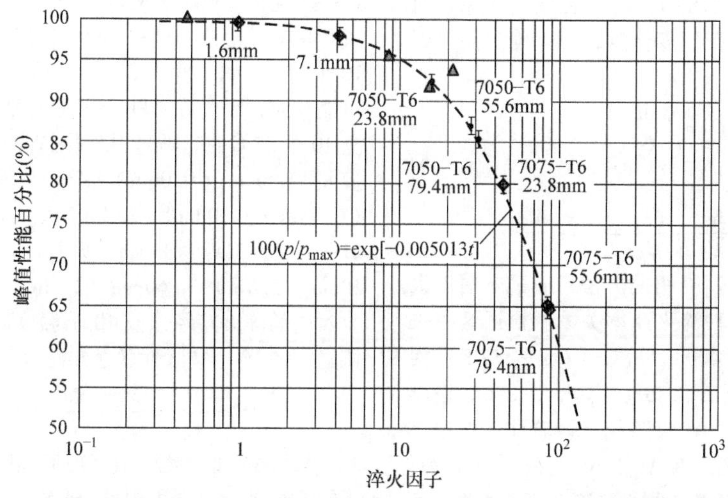

图 2-166 MacKenzie 采用末端淬火试样淬火得到的淬火因子与 Fink 和 Willey 采用中断淬火得到的数据的对比

表 2-69 7075－T6、7050－T6、7075－T76 和 7050－T76 铝合金末端淬火试样端淬距离的测量硬度

距离		硬度 HV（译者注：此表头为译者补正）			
mm	in	7075－T6①	7050－T6①	7075－T76②	7050－T76②
1.6	0.06	205 ±3	209 ±3	177 ±3	172 ±3
7.1	0.28	201 ±3	206 ±3	173 ±3	171 ±3
23.8	0.94	164 ±3	194 ±3	150 ±3	161 ±3
55.6	2.20	134 ±3	183 ±3	124 ±3	147 ±3
79.4	3.13	133 ±3	180 ±3	123 ±3	146 ±3

淬火冷却方式	淬火因子	测量的屈服强度	
		MPa	ksi
冷水冷却，剧烈搅拌	0.464	73.4	10.6
工业酒精冷却至290℃（550℉），然后冷水冷却	8.539	69.1	10.0

（续）

淬火冷却方式	淬火因子	测量的屈服强度	
		MPa	ksi
热水冷却至315℃（600℉），然后冷水冷却	15.327	66.4	9.6
静止水冷却至370℃（700℉），然后冷水冷却	21.334	67.9	9.8

注：来源为MacKenzie与Hatch数据的对比。

① 493℃（919℉）固溶保温2h后冷却，自然时效240h，以0.4℃/s（0.7℉/s）的速度加热至122℃（252℉）保温24h。

② 493℃（919℉）固溶保温2h后冷却，自然时效120h，以0.34℃/s（0.6℉/s）的速度加热至122℃（252℉）保温6h，在177℃（351℉）保温8h。

此外，与单个板状试样淬火相比，末端淬火试验能获得非常慢的淬火冷却速率（或非常大的淬火因子）。这使得建立的性能预测模型，能够在更大范围的淬火和热处理工艺条件下应用。还应该指出，完成以上这些工作不需要复杂的设备或精密仪器。

如前所述，根据淬火因子与C曲线的关系，通过对末端淬火试棒进行硬度检测，可以确定淬火因子（Q），即

$$Q = \int \frac{dt}{C_t}$$

或

$$Q = \frac{\Delta t_1}{C_1} + \frac{\Delta t_2}{C_2} + \frac{\Delta t_3}{C_3} + \cdots + \frac{\Delta t_n}{C_n}$$

根据参考文献[59]介绍的方法，通过末端淬火试验，可以得到无限种淬火速率关系。根据这些关系，将临界温度范围400～200℃（750～390℉）划分为特定的温度间隔Δt_1、Δt_2、Δt_3，…，Δt_n除以时间增量，得到特定的淬火路径（译者注：根据上下文，原文此处有误，将Δt_1、Δt_2、Δt_3，…，Δt_n误作为时间增量）。由于C曲线与淬火路径无关，可以建立一组非线性方程组，求解临界时间（C_t）和不同淬火因子

$$Q_1 = \frac{\Delta t_1}{C_{11}} + \frac{\Delta t_2}{C_{12}} + \frac{\Delta t_3}{C_{13}} + \cdots + \frac{\Delta t_n}{C_{1n}}$$

$$Q_2 = \frac{\Delta t_1}{C_{21}} + \frac{\Delta t_2}{C_{22}} + \frac{\Delta t_3}{C_{23}} + \cdots + \frac{\Delta t_n}{C_{2n}}$$

$$Q_3 = \frac{\Delta t_1}{C_{31}} + \frac{\Delta t_2}{C_{32}} + \frac{\Delta t_3}{C_{33}} + \cdots + \frac{\Delta t_n}{C_{3n}}$$

$$Q_n = \frac{\Delta t_1}{C_{41}} + \frac{\Delta t_2}{C_{42}} + \frac{\Delta t_3}{C_{43}} + \cdots + \frac{\Delta t_n}{C_{4n}}$$

式中，Q_1，Q_2，Q_3，…，Q_n分别为末端淬火试样上不同位置的淬火因子；Δt_1，Δt_2，Δt_3，…，Δt_n分别为末端淬火试样上不同位置的温度间隔；C_{i1}，C_{i2}，C_{i3}，…，C_{in}为C曲线上的临界时间。

可以通过求解该方程组，得到临界时间与温度的函数关系，即得到C曲线。为求解该联立方程组，Gandikota开发了一个程序。由于得到的C曲线是非线性的，计算K_2、K_3、K_4和K_5的难度非常大。然而，正如Shuey和Tiryakioglu所建议的那样，采用热力学数据可以简化分析过程。通过采用Rometsch等人或Tiryakioglu等人改进后的淬火因子模型，可以进一步优化分析求解的过程。

将临界范围400～200℃（750～390℉）分成为10个间隔，每个间隔25℃（45℉）（译者注：此处可能有误，因为在400～200℃温度范围内，无法建立10个25℃的间隔）。根据末端淬火试棒上分别对应的1.6mm（0.06in）、5mm（0.20in）、7.1mm（0.28in）、10mm（0.40in）、14mm（0.55in）、21mm（0.83in）、30mm（1.2in）、40mm（1.6in）、50mm（2.0in）和60mm（2.4in）的位置，确定各自对应的淬火路径以及10个温度间隔的时间间隔。则建立的10个非线性联立方程为

$$Q = \frac{\Delta t_1}{C_1} + \frac{\Delta t_2}{C_2} + \frac{\Delta t_3}{C_3} + \cdots + \frac{\Delta t_n}{C_n}$$

根据建立的方程，在各时间间隔中，对应于具体不同的温度Δt。采用MathCad软件的最小误差方法，求解该非线性方程组，将C_t的具体数值与之前公布的7075－T6铝合金的C曲线进行对比，得到图2-167。

这些发布的拟合数据很好地落在了其他人引用的数据限制范围之内。这些数据证明了该方法的有效性，可以作为一个强有力的工具，对热处理后材料的性能变化进行预测。在数据未知的条件下，可以采用该方法确定现有合金的C曲线；也可以采用该方法进行新合金的研发。

2.5.4 连续冷却析出图

直到21世纪初，人们才逐渐建立和开发出铝合金的连续冷却析出（CCP）图。为了记录铝合金的连续冷却析出图，必须在冷却过程中，采用能跟踪析出过程的原位检测技术，并与不同尺度的微观组织分析和力学性能检测（如硬度）相结合。通常感兴趣的微观组织尺寸范围为10nm～10μm。主要有三种原位检测和分析析出反应的方法：通过析出改变

合金的电阻率，通过析出焓放热，以及通过析出引起合金膨胀。此外，还可以选择原位 X 射线方法（如小角度 X 射线散射方法，SAXS）。

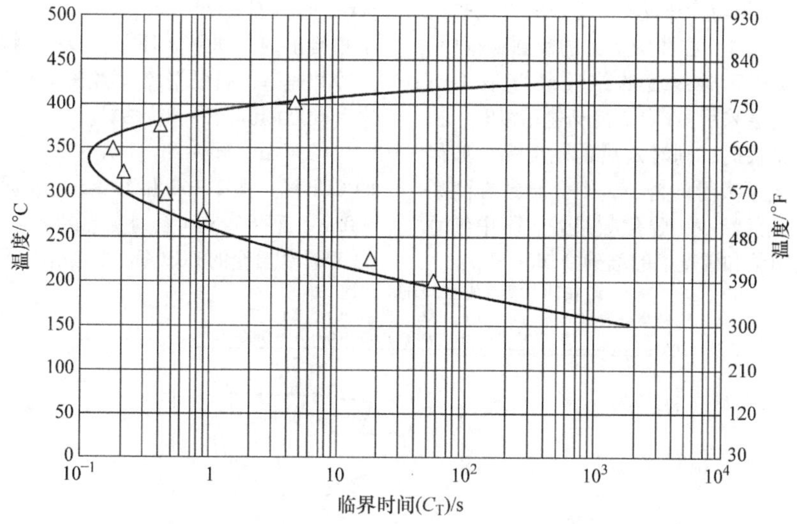

图 2-167　7075 - T6 铝合金末端淬火试样淬火得到的 C 曲线与 Fink 和 Willey 的 C 曲线（图 2-149b）对比

Li 等人的研究团队采用原位析出反应分析技术，通过电阻率测量方法，对连续冷却过程中的析出进行了研究，但存在的问题是，合金的电阻率取决于多个析出参数。然而，Li 等人开发的技术已能够获得连续冷却过程中的 CCP 图。研究结果还表明，可以用膨胀法检测冷却过程中的析出反应，但由析出引起的体积变化很小，到目前为止，只有部分 CCP 图是采用膨胀测量方法记录下来的。近年来，已采用 SAXS 试验方法，成功地对连续冷却过程中的析出进行了研究。SAXS 试验方法的优点在于，可以获得有关析出相的体积分数和尺寸大小分布信息。但是，SAXS 只能检测到小于 100nm 的微观组织相特征，而无法检测出对淬火敏感性造成主要影响的大于 100nm 的析出相。然而，最近有人采用 SAXS 试验方法，实现了对在较高冷却速率下淬火的 7×××系列铝合金的非常细小析出组织的研究。

通过差示扫描量热法（DSC），可实现原位测量析出焓，这是最有前途的研究析出的方法。现在，差示扫描量热法的可控冷却速率测量范围为 10^{-4} ~ 10^4 K/s，已完全能满足所有的物理和技术测量的要求。此外，测量的热焓与析出反应的热力学具有直接联系，并可用于析出过程的物理建模，实现对析出量分数和剩余溶质元素含量的定量预测，因此，DSC 已成为研究固体相变动力学的一种强有力的测量研究技术。通常，采用 DSC 研究方法，不但可以得到线性冷却速率的 CCP 图，还可以得到非线性冷却的 CCP 图。本文中所有的 CCP 图都是采用 DSC 技术记录得到的，详细的记录过程请参考文献［64，72，73］，这里采用了文献［76］和［77］中的方法，对构建 CCP 图的特征温度进行评估。

（1）CCP 图使用指南和说明　连续冷却析出图（CCP 图）是描述铝合金从固溶加热温度，在连续冷却过程中，析出与温度和时间的关系。因为整个冷却过程的时间长，所以时间采用对数坐标。本文中的 CCP 图统一采用的时间坐标范围为 0.1 ~ 1000000s，温度坐标范围为 550 ~ 0℃（1020 ~ 32℉）。为表明线性冷却过程中的时间 - 温度变化，图中给出了部分匀速冷却过程的冷却曲线。

应该注意，只有在所研究的合金成分和固溶处理工艺确定的条件下，使用连续冷却析出图才是有效的。因此，每一张图都给出了固溶处理温度和合金元素，更详细的可能还给出了原晶粒尺寸等。用户还应该注意到，不同批次合金的成分也存在一定的差异。

析出的开始和结束温度与冷却速率有关，图中用粗实线表示。在绝大多数情况下，在连续冷却过程中都会按序列或重叠发生几次析出反应。根据 CCP 图，可以精确地确定第一个析出反应开始和最后一个析出反应结束温度，在图中用连续的粗黑实线表示。很难通过 DSC 方法，分开图中重叠部分的反应。因此，根据文献［76］和［77］中给出的方法，估计中间析出反应开始和结束温度，在图中用连续的灰色线表示。为方便说明，有时通过外推方法，得到析出开始和结束温度，在图中用黑虚线表示。

为了提供有关析出强度的信息，图中在某些冷却路径下，用小矩形框中的数值记录了总析出焓ΔH_{total}大小。总析出焓与冷却过程中形成的析出物的体积分数成正比。此外，在图中下方的椭圆形框中，用数值给出了冷却和时效后的维氏硬度值HV1（7×××系列铝合金采用HV5）。冷却速率慢时，析出焓高；淬火速率快时，则时效后的硬度高。如果在冷却过程中产生了大量的析出，则会导致在随后的时效过程中合金元素少，强化效果差。图中细垂直线表示得到析出焓和硬度值的准确冷却时间。

在冷却过程中，将某一特定的析出反应被完全抑制的最慢冷却速率，定义为上临界冷却速率（Upper Critical Cooling Rate，UCCR）。该值是在图的左下角给出的。如果（原位）DSC测量达不到UCCR的冷却速率，则根据淬火膨胀仪测得的更快冷却速率和硬度测试结果进行估算。

（2）Al-Mg-Si（6×××）系列变形铝合金的CCP图　图2-168和图2-169分别为6060、6063、6005A三种6×××系列变形铝合金和两个不同批次的6082铝合金的CCP图。根据析出反应，Al-Mg-Si

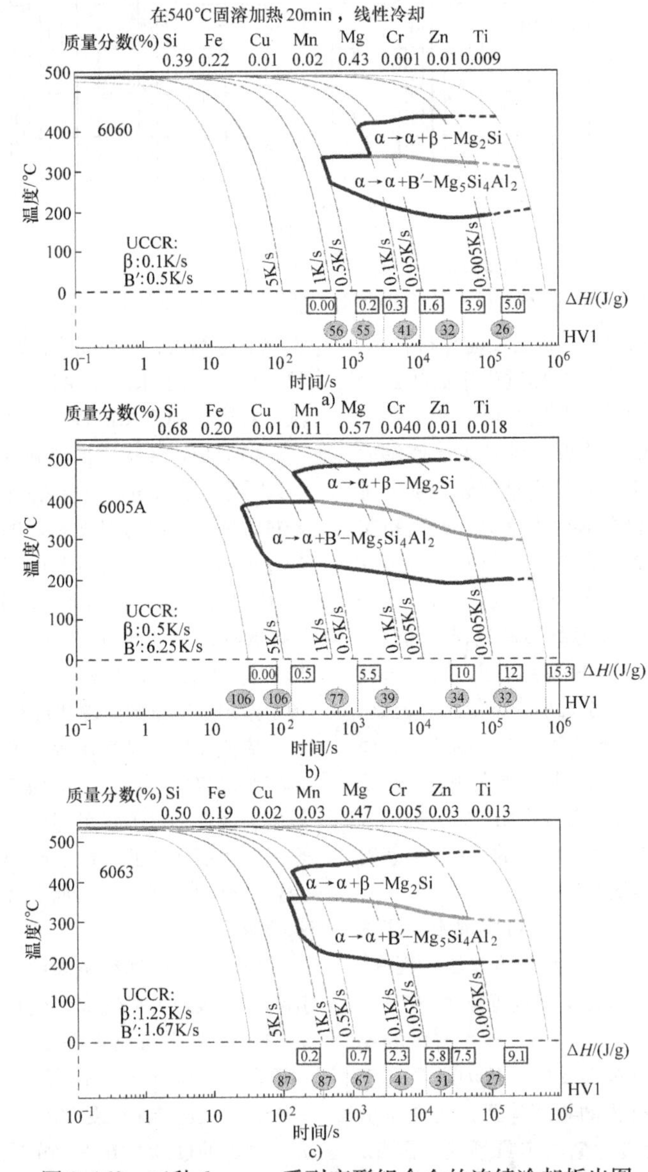

图2-168　三种6×××系列变形铝合金的连续冷却析出图

注：在540℃（1000℉）固溶加热20min，线性冷却。图中时间坐标上小矩形框中的数字表示总析出焓（ΔH_{total}），单位为J/g。图中下方椭圆形框中的数字表示时效后的维氏硬度值（HV1）。6060合金的时效处理工艺：在25℃（75℉）时效48h+180℃（355℉）时效4h；6005A和6063合金的时效处理工艺：在25℃（75℉）时效7min+180℃（355℉）时效4h。有关试验的细节，请参阅文献［64，72，73，76，78，79］。

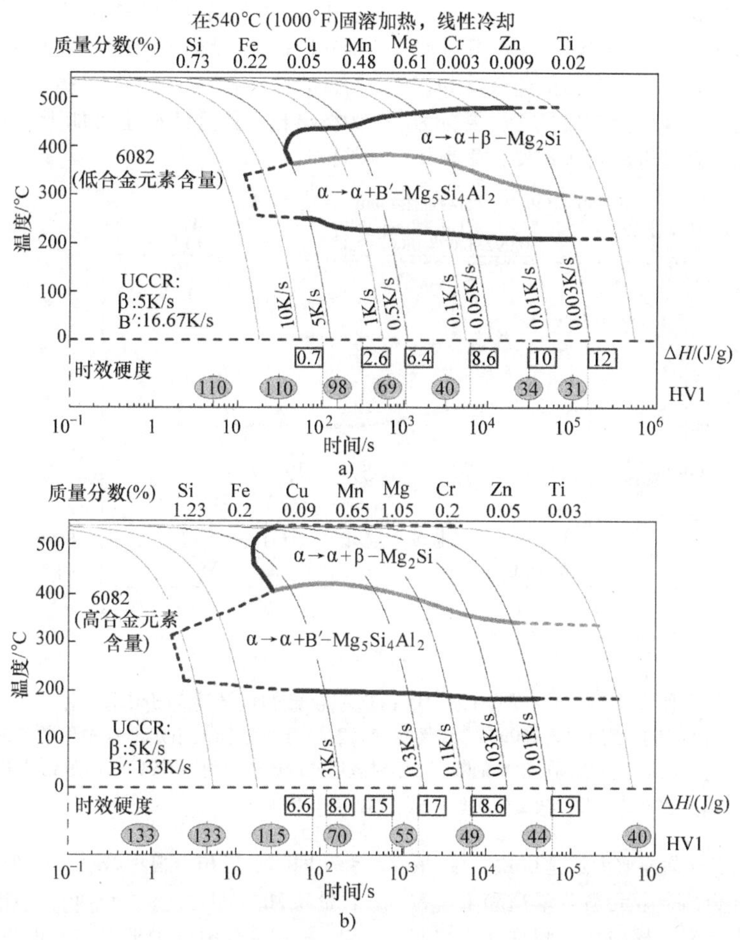

图 2-169　合金元素含量低和高的 6082 变形铝合金的连续冷却析出图

注：在 540℃（1000℉）固溶加热 20min，线性冷却。图中时间坐标上小矩形框中的数字表示总析出焓（ΔH_{total}），单位为 J/g。图中下方椭圆形框中的数字表示时效后的维氏硬度值（HV1）。时效处理工艺：在 25℃（75℉）时效 7min + 180℃（355℉）时效 4h。有关试验的细节，请参阅文献［64，72，73，76，78，79］。

系列变形铝合金主要分为两种：一种是以较高温度析出反应为主，在 500 ~ 350℃（930 ~ 660℉）析出 $\beta-Mg_2Si$ 相；另一种是以较低温度析出反应为主，在 350 ~ 200℃（660 ~ 390℉）析出 $B'-Mg_5Si_4Al_2$ 相。此外，还有其他的析出反应，例如在接近纯（过量的）硅处和极慢的冷却速率下，出现少量的 β′相析出。

6×××系列铝合金的 UCCR 与合金中合金元素的含量密切相关，其值为 0.1 ~ 100K/s。例如，6060 铝合金（Mg 的摩尔分数为 0.4%，Si）的 UCCR 仅为 0.5K/s；而高合金含量的 6082 铝合金（Mg 的摩尔分数为 1.0%，Si 的摩尔分数为 1.2%）的 UCCR 则高达 133K/s。用户还应该注意到，不同批次成分差异的影响可能是巨大的。低合金元素含量的 6082 铝合金，在冷却速率小于 20K/s 时就可以得到完全过饱和固溶体，如图 2-169a 所示。例如，低合金元素含量的 6082 铝合金（Mg 的摩尔分数为 0.6%，Si 的摩尔分数为 0.7%）的 UCCR 为 17K/s。还必须指出，这两个批次的晶粒尺寸有很大的差别，低合金元素含量的 6082 铝合金的晶粒尺寸约为 50μm；而高合金元素含量的 6082 铝合金的晶粒尺寸约为 5μm。

采用原位 DSC 方法，线性和非线性（牛顿）冷却，对低合金元素含量的 6082 铝合金进行了比较。对比结果为，临界温度范围只稍有不同，但牛顿冷却过程中析出的范围缩小了，析出焓和硬度与冷却时间的关系不同，冷却方法非常相似。除了 6060 铝合金（时效不是最佳工艺）外，采用最慢的冷却速率与超过临界冷却速率相比，所有其他 Al - Mg - Si 变形铝合金时效后硬度相差 3 倍。在缓慢冷却过程中，析出焓最高可达20J/g。

（3）Al－Si－Mg 铸造铝合金的 CCP 图　图2-170为 Al－7Si－0.3Mg 铸造铝合金的连续冷却析出图。按析出温度范围，该合金析出过程主要分为高温析出和低温析出。高温析出反应主要由平衡析出相所主导，几乎是纯硅相和 β－Mg_2Si 相，从冷却开始直接在剩余的未溶硅相粒子上形核析出。在较低的温度下，B′和 β′等前驱相（Precursor Phases）为析出相，甚至纯硅也可能形成针状或片状的前驱相。

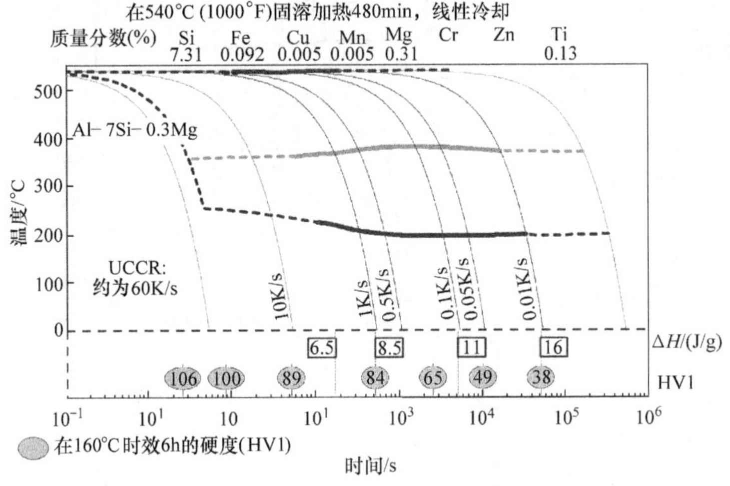

图2-170　Al－7Si－0.3Mg 铸造铝合金的连续冷却析出图

注：在540℃（1000℉）固溶加热480min，线性冷却。图中时间坐标上小矩形框中的数字表示总析出焓（ΔH_{total}），单位为 J/g。图中下方椭圆形框中的数字表示时效后的维氏硬度值（HV1）。时效处理工艺：在160℃（320℉）时效6h。有关试验的细节，请参阅文献［64，73，80］。

该批次合金的临界冷却速率大约是60K/s。一般来说，由于铸造铝合金的合金元素含量高和未溶粒子多，这些粒子作为外来形核位置，则临界冷却速率相对要更高。

（4）Al－Zn－Mg－(Cu)(7×××)系列变形铝合金的 CCP 图　图2-171 和图2-172 是7020、7150、7075 和7049A 变形铝合金的 CCP 图。多组分 Al－Zn－Mg－（Cu）铝合金的析出过程是非常复杂的。根据合金具体的化学成分，可能会发生多种析出反应。例如，在7150 和7020 合金中，至少检测到三种不同的平衡相。根据合金中仅少于主加元素的铜含量和 Mg（Al，Zn，Cu）$_2$ 相，会出现 S－Al_2CuMg 相；根据合金中仅少于主加元素的硅含量，会出现有β－Mg_2Si 相。S 相和 β 相通常都在450～350℃（840～660℉）的较高温度下析出，而可能的形核位置为一次粗大共晶相处。在350～250℃（660～480℉）中温阶段，根据合金中铜含量和已析出相，可能析出 η－Mg（Al，Zn）$_2$相和 Mg（Al，Zn，Cu）$_2$相。η 相通常在非共格分散粒子和晶界上形核。

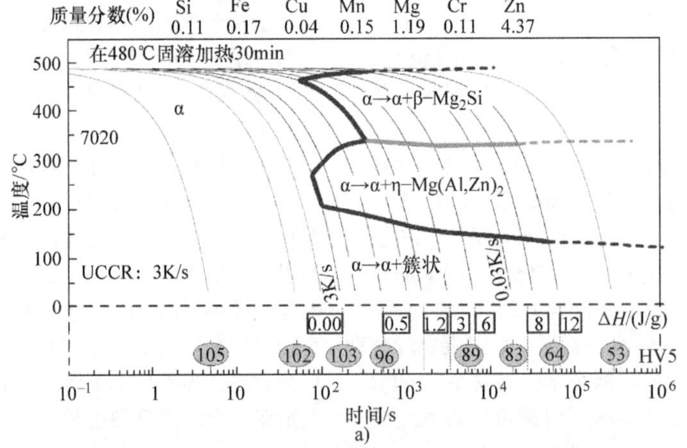

图2-171　7020 和7150 变形铝合金的连续冷却析出图

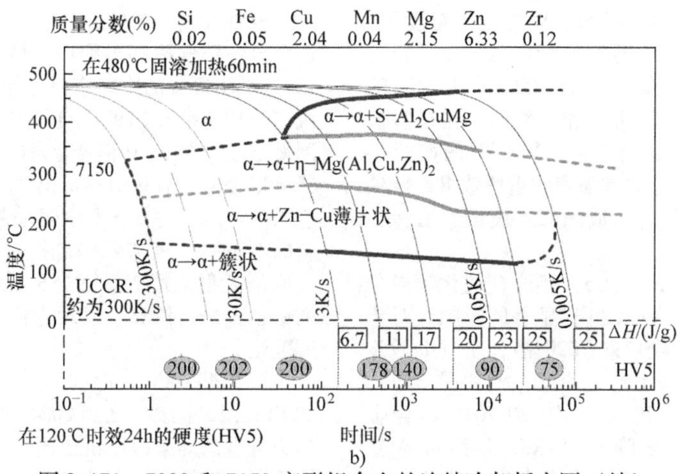

图 2-171　7020 和 7150 变形铝合金的连续冷却析出图（续）

注：在 480℃（900℉）固溶加热（7020 合金保温 30min，7150 合金保温 60min），线性冷却。图中时间坐标上小矩形框中的数字表示总析出焓（ΔH_{total}），单位为 J/g。图中下方椭圆形框中的数字表示时效后的维氏硬度值（HV5）。时效处理工艺：在 120℃（250℉）时效 24h。有关试验的细节，请参阅文献［64，71，73，77，81，82］。

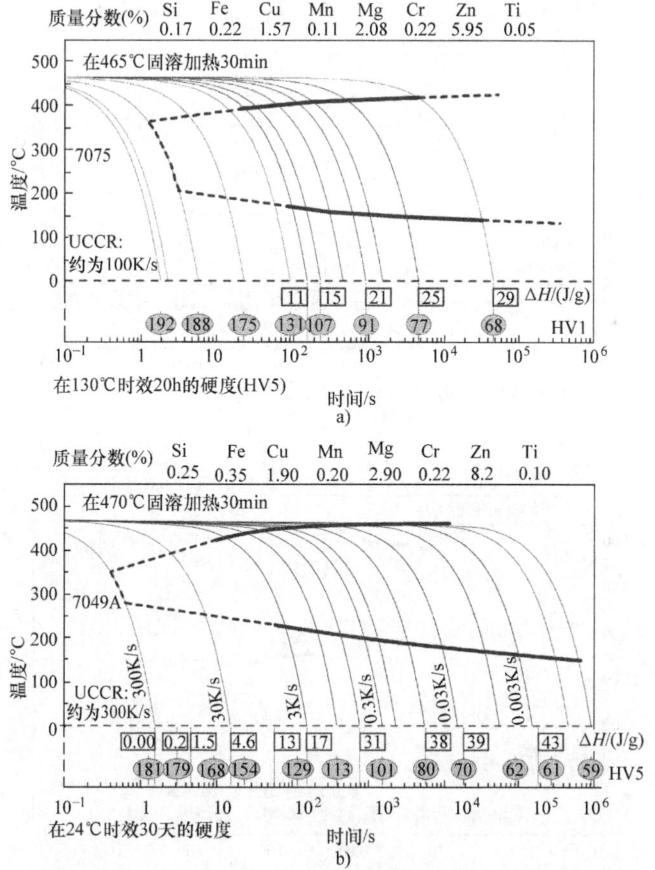

图 2-172　7075 和 7049A 变形铝合金的连续冷却析出图

注：固溶加热保温后线性冷却。图中时间坐标上小矩形框中的数字表示总析出焓（ΔH_{total}），单位为 J/g。图中下方椭圆形框中的数字表示时效后的维氏硬度值（HV5）。热处理工艺：7075 铝合金在 465℃（870℉）固溶加热保温 30min，130℃（270℉）时效 20h；7049A 铝合金在 470℃（880℉）固溶加热保温 30min，24℃（75℉）时效 30 天。有关试验的细节，请参阅文献［64，71，73，77，81，82］。

在250~150℃（480~300℉）的较低温度下，可能形成富（锌，铜）的薄片状析出相。差示扫描量热法分析结果表明，即使是在50℃（120℉）的温度下，也可能出现簇状析出相。然而，在某些情况下，如7049A和7075铝合金，其CCP图如图2-172所示，析出反应具有非常强烈的重叠效果，导致DSC曲线上有一个非常宽的放热峰，使得无法将各析出反应分开。

同理，Al-Zn-Mg-（Cu）铝合金的化学成分和微观组织对合金的UCCR也有显著的影响。对于低合金含量（摩尔分数）的7020铝合金（4.37% Zn，1.19% Mg，0.04% Cu），UCCR大约是3K/s。而对于高合金含量的7075、7150和7049铝合金（6% Zn，2% Mg，1.5% Cu），UCCR大约可达到100K/s，其中7075和7150铝合金是迄今为止唯一采用硬度测试方法进行评估的铝合金。7049A铝合金的UCCR很高，采用快速扫描芯片热量测定计，确认该合金的UCCR约是300K/s。

根据合金元素的成分，Al-Zn-Mg-(Cu)变形铝合金在缓慢冷却过程中，最高析出焓高达约40J/g。与采用极慢的冷却速率冷却相比，采用超过临界快速冷却速率冷却的硬度提高了2.5倍。采用膨胀测量方法，对7020铝合金进行测量，最近已经证实了该铝合金具有相似的析出温度范围。对7050铝合金采用非线性冷却，其电阻率测量结果与7150铝合金的电阻率测量结果非常相似。在低温范围内，通过原位X射线衍射对高合金元素含量的7×××系列铝合金进行测试，发现它们也具有相同的析出温度范围。

（5）Al-Cu-Mg（2×××）系列变形铝合金的CCP图　图2-173为2024和2219两种2×××变形铝合金的连续冷却析出图。2024铝合金的DSC曲线显示，该铝合金至少有高、中、低温度下的三个主要反应。同样，2219铝合金的DSC曲线也显示其具有多个析出反应。由于这些反应强烈重叠，无法将各析出峰分离。

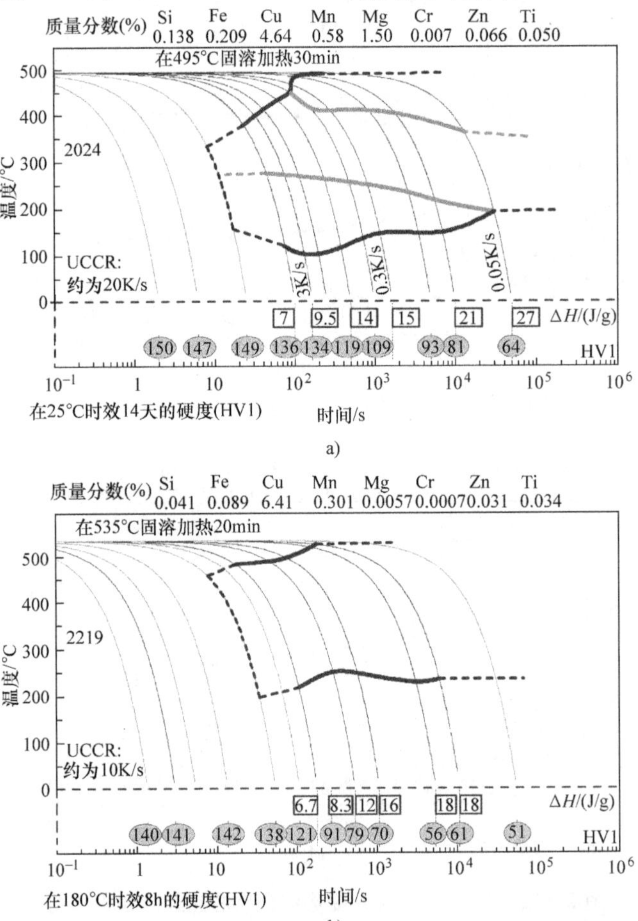

图2-173　两种2×××变形铝合金的连续冷却析出图

注：固溶加热保温后线性冷却。图中时间坐标上小矩形框中的数字表示总析出焓（ΔH_{total}），单位为J/g。图中下方椭圆形框中的数字表示时效后的维氏硬度值（HV1）。热处理工艺：2024铝合金在495℃（925℉）固溶加热保温30min，25℃（75℉）时效14天；2219铝合金在535℃（995℉）固溶加热保温20min，180℃（355℉）时效8h。

与6×××和7×××系列铝合金形成对应，2×××系列铝合金发生高温析出反应的可能原因是平衡相 S－Al_2CuMg 或 θ－ Al_2Cu 的析出；而在较低的温度下，预期的前驱析出相是 S′或 θ′等相。

对于这两种合金来说，根据硬度值估算的 UCCR 大约为10K/s。需要指出的是，其他性能，如耐蚀性对应的临界冷却速率可能与硬度值估算不同。这两种合金在超过临界冷却速率的条件下冷却，采用 T4 或 T6 状态代号工艺时效后，与采用极慢的冷却速率相比，其硬度提高了 2.3 倍。根据合金成分，在缓慢冷却过程中，最高析出焓达到约 30J/g。

参考文献

1. W.L. Fink and L.A. Willey, Quenching of 75S Aluminum Alloy, *Trans. AIME*, Vol 175, 1948, p 414–427
2. J.T. Staley, "Prediction of Corrosion of 2024-T4 from Quench Curves and the C-Curve," Alcoa Report 13-69-HQ28, 1969
3. J.W. Evancho and J.T. Staley, Kinetics of Precipitation in Aluminum Alloys during Continuous Cooling, *Metall. Trans.*, Vol 5, 1974, p 43–47
4. B.M. Loring, W.H. Baer, and G.M. Carlton, The Use of the Jominy End Quench Test in Studying Commercial Age-Hardening Aluminum Alloys, *AIME Met. Technol. TP*, Jan 1948, p 2337
5. Heat Treating of Aluminum Alloys, *Heat Treating*, Vol 4, *ASM Handbook*, ASM International, 1991, p 841–879
6. L.K. Iveset al., "Processing/Microstructure/Property Relationships in 2024 Aluminum Alloy Plates," NBSIR 83-2669, National Bureau of Standards, 1983
7. M.E. Kassner, P. Geantil, and X. Li, A Study of the Quench Sensitivity of 6061-T6 and6069-T6 Aluminum Alloys, *J. Metall.*, Vol 2011, 2011
8. G.P. Dolan, J.S. Robinson, and A.J. Morris, Quench Factors and Residual Stress Reduction in 7175-T73 Plate, *Proc. Materials Solutions Conference*, Nov 5–8, 2001 (Indianapolis, IN), ASM International, 2001, p 213–218
9. P.M. Kavalco and L.C.F. Canale, Evolution of Quench Factor Analysis: A Review, *J. ASTM Int.*, Vol 6 (No. 5), Paper ID JAI102131
10. S.-L. Li, Z.-Q. Huang, W.-P. Chen, Z.-M. Liu, and W.-J. Qi, Quench Sensitivity of 6351 Aluminum Alloy, *Trans. Nonferrous Met. Soc. China*, Vol 23, 2013, p 46–52
11. M. Tiryakioglu and R.T. Shuey, Quench Sensitivity of an Al-7 Pct Si-0.6 Pct Mg Alloy: Characterization and Modeling, *Metall. Mater. Trans. B*, Vol 38, Aug 2007, p 575–582
12. E. Sjölander and S. Seifeddine, The Heat Treatment of Al-Si-Cu-Mg Casting Alloys, *J. Mater. Process. Technol.*, 2010
13. D.L. Zhang and L. Zheng, The Quench Sensitivity of Cast Al-7 wt pct Si-0.4 wt pct Mg Alloy, *Metall. Mater. Trans. A*, Vol 27, 1996, p 3983–3991
14. J.E. Hatch, Ed., *Aluminum: Properties and Physical Metallurgy*, American Society for Metals, 1984
15. L. Swartzendruber, W. Boettinger, L. Ives, S. Coriell, D. Ballard, D. Laughlin, R. Clough, F. Biancaniello, P. Blau, J. Cahn, R. Mehrabian, G. Free, H. Berger, and L. Mordfin, "Nondestructive Evaluation of Nonuniformities in 2219 Aluminum Alloy Plate—Relationship to Processing," NBSIR 80-2069, National Bureau of Standards, 1980
16. C.E. Bates and G.E. Totten, *Heat Treat. Met.*, Vol 4, 1988, p 89
17. C.E. Bates, T. Landig, and G.Seitanakis, *Heat Treat.*, Vol 12, 1985, p 13
18. C.E. Bates, "Recommended Practice for Cooling Rate Measurement and Quench Factor Calculation," ARP 4051, Aerospace Materials Engineering Committee (AMEC), SAE International, Warrendale, PA, 1987
19. J.T. Staley, R.D. Doherty, and A.P. Jaworski, *Metall. Trans. A*, Vol 24 (No. 11), 1993, p 2417–2427
20. J.T. Staley, Quench Factor Analysis of Aluminium Alloys, *Mater. Sci. Technol.*, Vol 3, 1987, p 923
21. D.D. Hall and I. Mudawar, Predicting the Impact of Quenching on Mechanical Properties of Complex Shaped Aluminum Alloy Parts, *J. Heat Transf.*, Vol 117, May 1995, p 479
22. J.S. Kim, R.C. Hoff, and D.R. Gaskell, in *Materials Processing in the Computer Age*, V.R. Vasvev, Ed., 1991
23. C.E. Bates, "Quench Factor-Strength Relationships in 7075-T73 Aluminum," Southwest Research Institute, 1987
24. J.T. Staley and M. Tiryakioğlu, The Use of TTP Curves and Quench Factor Analysis for Property Prediction in Aluminum Alloys, *Advances in the Metallurgy of Aluminum Alloys, Proceedings of the James T. Staley Honorary Symposium on Aluminum Alloys*, M. Tiryakiolu, Ed., ASM International, 2001, p 6–15
25. M. Avrami, Kinetics of Phase Change: I, *J. Chem. Phys.*, Vol 7, Feb 1939, p 1103–1112
26. M. Avrami, Kinetics of Phase Change: II, *J. Chem. Phys.*, Vol 8, Feb 1940, p 212–224
27. R.J. Flynn and J.S. Robinson, The Application of Advances in Quench Factor Analysis Property Prediction to the Heat

Treatment of 7010 Aluminum Alloy, *J. Mater. Process. Technol.*, Vol 153–154, 2004, p 674–680
28. G.P. Dolan and J.S. Robinson, Residual Stress Reduction in 7175-T73, 6061-T6, and 2017-T4 Aluminum Alloys Using Quench Factor Analysis, *J. Mater. Process. Technol.*, Vol 153–154, 2004, p 346–351
29. J.W. Newkirk and D.S. MacKenzie, The Jominy End Quench for Light-Weight Alloy Development, *J. Mater. Eng. Perform.*, Vol 9 (No. 4), Aug 2000, p 408–415
30. P.M. Kavalco, L.C. Canale, and G.E. Totten, Quenching of Aluminum Alloys: Property Prediction by Quench Factor Analysis, *Heat Treat. Prog.*, May/June 2009, p 23–28
31. J.W. Cahn, The Kinetics of Grain Boundary Nucleated Reations, *Acta Metall.*, Vol 4, 1956, p 449–459
32. D.S. MacKenzie, "Quench Rate and Aging Effects in Al-Zn-Mg-Cu Aluminum Alloys," Ph.D. dissertation, University of Missouri-Rolla, Rolla, MO, Dec 2000
33. R.B. McAlevy, "Interrupted Quenching and Isothermal Treatment of Aluminum 2024," M.S. thesis, Pennsylvannia State University, 1965
34. P.A. Rometsch, M.J. Starink, and P.J. Gregson, Improvements in Quench Factor Modeling, *Mater. Sci. Eng. A*, Vol 339, 2003, p 255–264
35. J.W. Martin, *Precipitation Hardening*, Pergamon Press, Oxford, 1968, p 59–76
36. J.W. Christian, in *Physical Metallurgy*, R.W. Cahn, Ed., North-Holland Publishing Company, Amsterdam, 1965, p 443–539
37. M.J. Starink, Kinetic Equations for Diffusion-Controlled Precipitation Reactions, *J. Mater. Sci.*, Vol 32 (No. 15), 1997, p 4061–4070
38. J.B. Austin and R.L. Rickett, *Trans. Am. Inst. Min. Eng.*, Vol 135, 1939, p 396
39. D.H. Bratland et al., Modeling of Precipitation Reactions in Industrial Processing, *Acta Mater.*, Vol 45, 1997, p 1–22
40. E. Meyer, Untersuchungen über Härteprüfung und Härte Brinell Methoden, *Z. Ver. Deut. Ing.*, Vol 52, 1908
41. S. Ma et al., A Methodology to Predict the Effects of Quench Rates on Mechanical Properties of Cast Aluminum, *Metall. Trans. B*, Vol 38, Aug 2007, p 583–589
42. R.T. Shuey, M. Tiryakioglu, and K.B. Lippert, Mathmatical Pitfalls in Modeling Quench Sensitivity of Aluminum Alloys, *Proc. First Int. Symp. Metallurgical Modeling for Aluminum Alloys*, Oct 13–15, 2003 (Pittsburgh, PA), ASM International, 2003, p 47–53
43. M. Tiryakiogluand R.T. Shuey, Multiple C-Curves for Modeling Quench Sensitivity of Aluminum Alloys, *Proc. First Int. Symp. Metallurgical Modeling for Aluminum Alloys*, Oct13–15, 2003, ASM International, p 39–45
44. D.A. Tanner and J.S. Robinson, Effect of Precipitation during Quenching on the Mechanical Properties of the Aluminum Alloy 7010 in the W Temper, *J. Mater. Process. Technol.*, Vol 153–154, 2004, p 998–1004
45. S. Ma, M.D. Maniruzzaman, D.S. MacKenzie, and R.D. Sisson, A Methodology to Predict the Effects of Quench Rates on Mechanical Properties of Cast Aluminum Alloys, *Metall. Mater. Trans. B*, Vol 38, 2007, p 583–589
46. S.H. Maand R.D. Sisson, Modeling Heat Treatment of Age Hardenable Cast Aluminum Alloys, *Int. Heat Treat. Surf. Eng.*, Vol 1 (No. 2), 2007, p 81–87
47. J.W. Newkirk, K. Ganapati, and D.S. MacKenzie, Faster Methods of Studying Quenching Aluminum through Jominy End Quench, *Heat Treating: Proceedings of the 18th Conference*, R.A. Wallis and H.W. Walton, Ed., ASM International, 1999, p 143–150
48. D.S. MacKenzie and J.W. Newkirk, The Use of the Jominy End Quench for Determining Optimal Quenching Parameters in Aluminum, *Proceedings of the Eighth Seminar of IFHTSE* (Dubrovnik, Croatia), 2001, p 139
49. G.E. Totten, G.M. Webster, and C.E. Bates, Quenching, *Handbook of Aluminium*, Marcel-Dekker, New York, 2003, p 881–970
50. *Heat Treating, Cleaning and Finishing*, Vol 2, *Metals Handbook*, 8th ed., American Society for Metals, 1964, p 274
51. W.G.J. Hart, H.J. Kolkman, and L. Schra, "The Jominy End-Quench Test for the Investigation of Corrosion Properties and Microstructure of High Strength Aluminum," NLR TR 80102U, National Aerospace Laboratory, NLR, Netherlands, 1980
52. W.G.J. Hart, H.J. Kolkman, and L. Schra, "Effect of Cooling Rate on Corrosion Properties and Microstructure of High Strength Aluminum Alloys," NLR TR 82105U, National Aerospace Laboratory, NLR, Netherlands, 1982
53. "Standard Test Methods for Determining Hardenability of Steel," A255-10, ASTM International, West Conshocken, PA, 2014
54. "Steel Hardenability Testing by End Quenching (Jominy Test)," ISO 642, International Organization for Standardization, 1999
55. "Methods for Determining Hardenability of Steels," J406_200903, SAE International, Warrendale, PA, 2009
56. D.S. MacKenzie, Effect of Quench Rate on the PFZ Width in 7*xxx* Aluminum Alloys, *Proc. First International Symposium on Metallurgical Modeling for Aluminum Alloys*, M. Tiryakioglu and L.A. Lalli, Ed., Oct 13–15, 2003 (Pittsburgh, PA), ASM International, 2003
57. K. Strobel et al., Relating Quench Sensitivity to Microstructure in 6000 Series Aluminum Alloys, *Mater. Trans.*, Vol 52 (No. 5), 2011, p 914–919
58. V. Gandikota, "Quench Factor Analysis of Wrought and Cast Aluminum Alloys,"

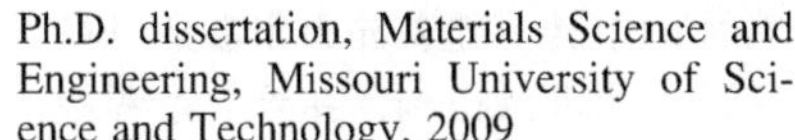

Ph.D. dissertation, Materials Science and Engineering, Missouri University of Science and Technology, 2009
59. G.P. Dolanet al., Quench Factor Analysis of Aluminum Alloys Using the Jominy End Quench Technique, *J. Mater. Sci. Technol.*, Vol 21 (No. 6), 2005, p 687–692
60. R.T. Shueyand M. Tiryakioglu, Quenching of Aluminum Alloys, *Quenching Theory and Technology*, B. Liscic et al., Ed., CRC Press, Boca Raton, 2010, p 43–84
61. H.Y. Li, J.F. Geng, Z.Q. Zheng, C.J. Wang, Y. Su, and B. Hu, Continuous Cooling Transformation Curve of a Novel Al-Cu-Li Alloy, *Trans. Nonferrous Met. Soc. China*, Vol 16, 2006, p 1110–1115
62. H.Y. Li, J.J. Liu, W.C. Yu, and D.W. Li, Development of Non-Linear Continuous Cooling Precipitation Diagram for Al-Zn-Mg-Cu Alloy, *Mater. Sci. Technol.*, Vol 31, 2015, p 1443–1451
63. B. Milkereit, O. Kessler, and C. Schick, Recording of Continuous Cooling Precipitation Diagrams of Aluminium Alloys, *Thermochim. Acta*, Vol 492, 2009, p 73–78
64. M. Kumar, N. Ross, and I. Baumgartner, Development of a Continuous Cooling Transformation Diagram for an Al-Zn-Mg Alloy Using Dilatometry, *Mater. Sci. Forum*, Vol 828–829, 2015, p 188–193
65. N. Chobaut,"Measurements and Modelling of Residual Stresses during Quenching of Thick Heat Treatable Aluminium Components in Relation to Their Precipitation State," Lausanne, 2015
66. P. Schloth, J.N. Wagner, J.L. Fife, A. Menzel, J. Drezet, and H. van Swygenhoven, Early Precipitation during Cooling of an Al-Zn-Mg-Cu Alloy Revealed by In Situ Small Angle X-Ray Scattering, *Appl. Phys. Lett.*, Vol 105, 2014, p 101908
67. P. Schloth, "Precipitation in the High Strength AA7449 Aluminium Alloy: Implications on Internal Stresses on Different Length Scales," Ph.D. thesis, EPFL Lausanne, Lausanne, 2015, in press
68. H.Y. Li, Y.K. Zhao, Y. Tang, and X.F. Wang, Determination and Application of CCT Diagram for 6082 Aluminum Alloy, *Acta Metall. Sin.*, Vol 46, 2010, p 1237–1243
69. H.Y. Li, Y.K. Zhao, Y. Tang, X.F. Wang, and Y.Z. Deng, Continuous Cooling Transformation Curve for 2A14 Aluminum Alloy and Its Application, *Zhongguo Youse Jinshu Xuebao/Chin. J. Nonferrous Met.*, Vol 21, 2011, p 968–974
70. M.J. Starink, B. Milkereit, Y. Zhang, and P.A. Rometsch, Predicting the Quench Sensitivity of Al-Zn-Mg-Cu Alloys: A Model for Linear Cooling and Strengthening, *Mater. Des.*, Vol 88, 2015, p 958–971
71. B. Milkereit, N. Wanderka, C. Schick, and O. Kessler, Continuous Cooling Precipitation Diagrams of Al-Mg-Si Alloys, *Mater. Sci. Eng. A*, Vol 550, 2012, p 87–96
72. B. Milkereit, O. Kessler, and C. Schick, Precipitation- and Dissolution-Kinetics in Metallic Alloys with Focus on Aluminium Alloys by Calorimetry in a Wide Scanning Rate Range, *Fast Scanning Calorimetry*, V. Mathot and C. Schick, Ed., Springer, in press
73. P. Schumacher, S. Pogatscher, M.J. Starink, C. Schick, V. Mohles, and B. Milkereit, Quench-Induced Precipitates in Al-Si Alloys: Calorimetric Determination of Solute Content and Characterisation of Microstructure, *Thermochim. Acta*, Vol 602, 2015, p 63–73
74. B. Milkereit and M.J. Starink, Quench Sensitivity of Al-Mg-Si Alloys: A Model for Linear Cooling and Strengthening, *Mater. Des.*, Vol 76, 2015, p 117
75. B. Milkereit, M. Beck, M. Reich, O. Kessler, and C. Schick, Precipitation Kinetics of an Aluminium Alloy during Newtonian Cooling Simulated in a Differential Scanning Calorimeter, *Thermochim. Acta*, Vol 522, 2011, p 86–95
76. Y. Zhang, B. Milkereit, O. Kessler, C. Schick, and P.A. Rometsch, Development of Continuous Cooling Precipitation Diagrams for Aluminium Alloys AA7150 and AA7020, *J. Alloy. Compd.*, Vol 584, 2014, p 581–589
77. B. Milkereit, L. Jonas, C. Schick, and O. Kessler, Das kontinuierliche Zeit-Temperatur-Ausscheidungs-Diagramm einer Aluminiumlegierung EN AW-6005A, *HTM J. Heat Treat. Mater.*, Vol 65, 2010, p 159–171
78. B. Milkereit, "Kontinuierliche Zeit-Temperatur-Ausscheidungs-Diagramme von Al-Mg-Si-Legierungen," Ph.D. Thesis, University of Rostock, Shaker Verlag, Aachen, 2011
79. B. Milkereit, H. Fröck, C. Schick, and O. Kessler, Continuous Cooling Precipitation Diagram of Cast Aluminium Alloy Al-7Si-0.3Mg, *Trans. Nonferrous Met. Soc. China*, Vol 24, 2014, p 2025–2033
80. D. Zohrabyan, B. Milkereit, C. Schick, and O. Kessler, Continuous Cooling Precipitation Diagram of High Alloyed Al-Zn-Mg-Cu 7049A Alloy, *Trans. Nonferrous Met. Soc. China*, Vol 24, 2014, p 2018–2024
81. D. Zohrabyan, B. Milkereit, O. Kessler, and C. Schick, Precipitation Enthalpy during Cooling of Aluminum Alloys Obtained from Calorimetric Reheating Experiments, *Thermochim. Acta*, Vol 529, 2012, p 51–58

2.6　可热处理强化铝合金的残余应力

在可热处理强化铝合金中，由于有宏观残余应力存在，加工中会产生变形和尺寸不稳定，导致在服役中，合金的抗疲劳性能降低和应力腐蚀开裂敏感性增大。淬火过程中能产生很高的残余应力，必须通过淬火后的处理，来降低它们的影响。下面对铝合金在热加工和热处理工艺中，残余应力的大小和分布情况进行详细介绍。此外，还对消除铝合金中残余应力的工艺方法进行了介绍。

2.6.1 简介

任何从事可热处理强化（或析出强化）铝合金热处理工作的人员，都会遇到残余应力的问题。最常见的问题是，淬火后或机加工后，工件出现扭曲或弯曲，由此造成返工。更有甚者，有时工件刚出淬火槽，就会出现严重的开裂问题。自 20 世纪初析出强化铝合金偶然被发现以来，一直是航空工业的主要材料，伴随析出强化铝合金成功开发应用的同时，消除其热处理过程中残余应力的技术也得到了发展。

通过对可热处理强化铝合金进行热处理，可以将其从低强度、韧性和塑性的状态改变为高强度的有用的工程结构材料。通过成形加工，该材料很容易被加工成各种形状和尺寸的工件，通过析出强化，为航空工业提供高强度、高刚度和低密度的材料。航空工业的发展是开发这类合金的原动力，最初的应用没有大截面工件，多半为由板材和铝型材加工成的小型零部件，然后进行组装加工。第二次世界大战之后，随着军用飞机和大型客机的发展，飞机部件的厚度已增加到大于 50mm（2in），与此同时，出现了大范围的宏观残余应力的问题。通常称大范围的残余应力为Ⅰ型应力；晶粒尺寸范围内的应力称为Ⅱ型应力；而原子尺度和位错上存在的应力称为Ⅲ型应力。通常认为，造成铝合金中有害的大范围残余应力的原因是热处理。

对商业铝合金铸件、锻件和薄板产品，通常固溶加热后，采用浸入式淬火冷却；对板材和压力淬火的挤压件，通常选择水作为淬火冷却介质，进行喷液淬火。正是由于在淬火过程中存在温度梯度，使工件心部到表面的变形不均匀，由此导致了残余应力大小接近或达到材料的屈服强度，产生了非均匀塑性变形。控制这些淬火产生的残余应力是非常重要的，现已掌握了在不明显降低材料力学性能的前提下，对残余应力进行有效控制的技术。

为了说明残余应力的影响，对截面为 26mm（1in）的淬火后铝合金矩形棒材沿长度方向进行切割，切割时刀片尽可能接近切割前端处。强行将刀片取出，然后插入重新开始切割。重复该过程，并对切割过程中矩形棒材两端的偏转量进行测量。图 2-174 所示为矩形棒材淬入不同水温后，切割到不同距离的测量数据，可以看到，淬入冷水的棒材末端产生了非常大的偏转。随着淬火水温的升高，末端的偏转减小。由此可以得到，在淬火过程中，残余应力随温度梯度降低而减小。

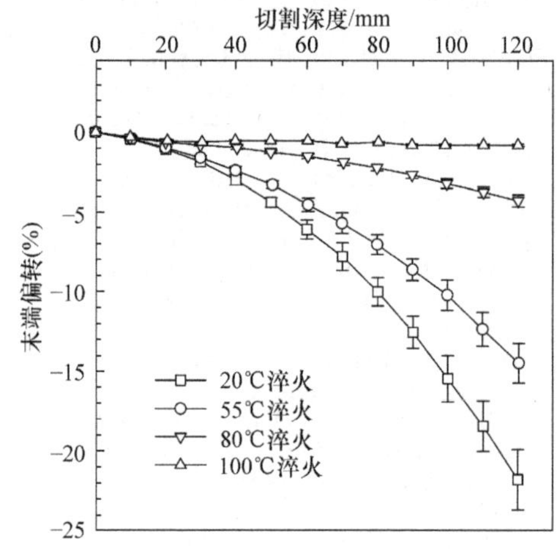

图 2-174 尺寸为 26mm×26mm×160mm（1in×1in×6in）的淬火后 7010 铝合金矩形棒材沿纵向切割末端偏转百分数随切割深度的增加而增加

注：铝合金加热至 475℃（890℉）淬火，切割前在 120℃（250℉）时效 24h。

2.6.2 残余应力的来源和大小

（1）残余应力的形成　大多数析出硬化铝合金（2×××、6×××、7×××和 8×××系列）在 470～540℃（880～1000℉）温度范围内进行固溶处理，在该温度范围加热，能完全消除由机械加工产生的残余应力。可以将一个矩形块淬入冷水中，对淬火过程中产生的残余应力进行定性的说明。当矩形块浸入冷水后，其边角迅速冷却，产生拉伸塑性变形，但矩形块内部会阻碍这种变形，塑性区域很快扩展覆盖到所有快速冷却的表面，并向温度较高、硬度较低的内部扩展。由此在表面保持拉应力，而整个内部由内向外形成压应力，以适应表面的拉应力（Poisson 效应）。此时，该矩形块内部硬度较低、温度较高，而表面硬度较高、温度较低。当中心区域开始冷却产生收缩时，受到高硬度表面的约束，产生了复杂的拉伸和压缩塑性变形。当矩形块进一步冷却时，复杂应力状态会发生逆转，表面和内部塑性变形会有所降低。

在浸入淬火冷却介质时，表面的残余应力为两向拉应力，外表面的应力分量为零，而内表面为拉应力。当内部发生屈服时，应力状态迅速发生反转，温度剧烈冷却的表面形成了很高的两向压应力，与之形成对比的是，硬度较低、温度较高的内部为适中的拉应力。当矩形块进一步冷却时，内部的应力增大，并转变成为三向拉应力。该应力状态一直保持到矩形块完全冷却，最终应力状态为表面为压应力，内部为拉应力。

最后的残余应力状态反映了工件的几何形状和在淬火过程中的温度梯度。现已有报道，采用有限元模拟，能对简单形状铝合金工件的淬火和残余应力进行预测。由于铝合金淬火不像钢或钛合金那样有相变，会发生体积改变，因此淬火后，通常表面是压应力状态。然而，在某些情况下，也有可能出现表面为拉应力的情况，例如，截面变化大的复杂模锻件淬火时，或者空心圆柱工件内孔表面的冷却速度比外表面慢得多时。

由于淬火产生的残余应力很大，在后续加工过程中，有可能使工件产生严重变形和尺寸不稳定。此外，还认为淬火后出现的（冷）裂纹也是由这些残余应力造成的。当7×××系列铝合金处于淬火状态（W 状态代号）时，残余应力还会引起严重的应力腐蚀开裂问题。由于这些原因，在几何条件允许的情况下，通常通过淬火后塑性变形，来降低残余应力。此外，还可以通过降低淬火烈度，达到降低温度梯度，从而控制残余应力大小的目的，但该方法对材料的力学性能有损害。

（2）试样尺寸的影响　残余应力是淬火过程中的温度梯度造成的，所以淬火残余应力的大小随试样尺寸改变而变化。薄截面工件的温度梯度比厚截面工件要小，但薄板等薄截面工件在淬火过程中会发生弯曲和扭转变形。模锻件薄的区域也会出现该问题。当截面尺寸增加时，工件不发生扭转变形，但残余应力随之增大。图 2-175 所示为 7010 铝合金矩形试样采用冷水淬火，随试样尺寸增加，残余应力增大的情况。采用 X 射线衍射方法对表面残余应力进行测量，试验结果为，厚度为 2mm（0.08in）的试样，只存在很低的拉应力（由弯曲和扭曲造成），但当试样尺寸增大至 50mm（2in）时，残余应力迅速转变为约 -220MPa（-32ksi）的压应力。图 2-175 中还给出了 215mm（8.5in）厚试样的表面残余应力，比较发现，这与 50mm（2in）厚试样的表面残余应力基本相同。这说明 7010 铝合金淬冷水能达到的最大表面残余压应力为 -220MPa（-32ksi）。

可以用下面的无量纲毕渥（Biot）数（Bi），确定淬火过程中是否存在明显的温度梯度

$$Bi = \frac{\bar{h}L}{k}$$

式中，L 是典型的线性尺寸（m），通常等于工件的体积除以其表面积；k 是热导率[W/(m·K)]；$\bar{h}$是整个表面的平均传热系数[W/(m²·K)]。

如果毕渥数超过 0.1，则淬火过程中，合金内部

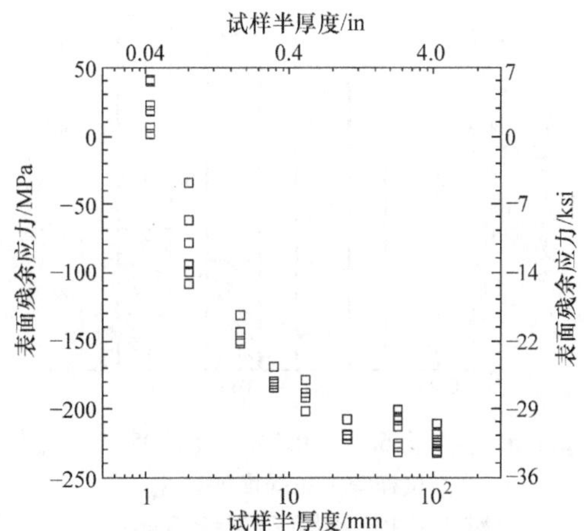

图 2-175　矩形铝合金试样尺寸增大对表面残余应力的影响

注：试块在 475℃（890℉）固溶加热，淬入低于 20℃（70℉）的冷水。图中多点为重复试验数据。

的温度是不均匀的，会产生残余应力。使用该数字需要有满足淬火条件的平均传热系数。平均传热系数可以从文献中获得，也可以通过淬火试验对测量的冷却曲线进行计算获得。

该数与工件的厚度有关，可用于指导工业产品，如模锻件的生产。在固溶处理前，粗加工至最终尺寸~3mm（0.12in）的范围，可降低残余应力大小。

（3）淬火态铝合金工件中残余应力的大小　对铝合金淬火过程中残余应力的研究表明，该应力与材料的局部屈服强度有一定关系。随淬火温度的降低，屈服强度增加，而最大残余应力与材料在室温下的强度性能有关。根据冯米赛斯屈服准则（von Mises yield criterion），如各向同性材料应力状态未达到平衡，表面的两向残余压应力会提高主应力的大小，使其略超过单向屈服强度；与此同时，截面厚的工件心部为三向应力状态，使主残余拉应力远超过室温下的单向屈服强度。可热处理强化铝合金一般不将淬火态的拉伸性能作为考核指标，因此，不会将残余应力与淬火态合金强度联系起来。此外，正如前面所提到的，对于析出强化铝合金，随淬火冷却速率改变，淬火态屈服强度是会发生改变的。例如，直径为 6mm（0.24in）的 7050 铝合金拉伸试样，从 470℃（880℉）的固溶温度以不同的冷却速率冷却，其屈服强度如图 2-176 所示。可以看到，采用不同冷却速率得到的屈服强度差别很大，这说明在淬火冷却过程中，析出对淬火态合金的强度产生了很大影响，由此造成残余应力不同。

直觉上，人们可能会认为，强度越高的铝合金

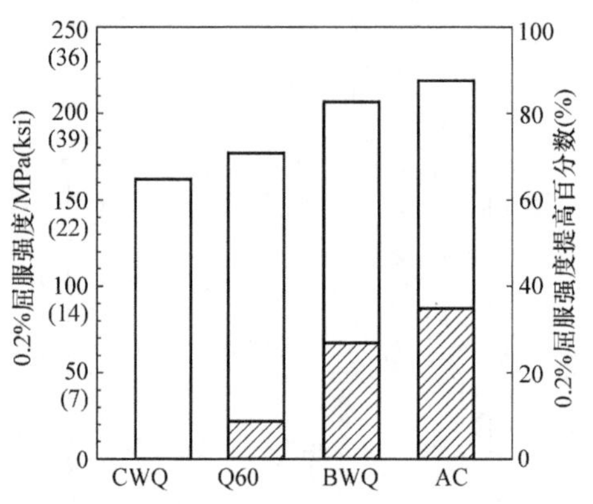

图 2-176 直径为 6mm（0.24in）的 7050 铝合金拉伸试样淬火态强度的变化

注：该变化是由淬火路径不同伴随有析出引起的。CWQ—冷水淬火；Q60—60℃（140℉）水淬火；BWQ—沸水淬火；AC—空气冷却。斜线区域为相对于 CWQ 提高的百分比。

所产生的残余应力会更大，这点在图 2-177a 中得到了印证。图 2-177a 所示为采用 X 射线衍射方法，测定 9 种不同铝合金的表面残余应力，测试试样为 50mm×50mm×156mm（2in×2in×6in）的矩形试块。所选择的铝合金，热处理后强度涵盖了很宽的范围。除其中一种铝合金外，所有铝合金均为商用铝合金。低至中等强度级别的铝合金为 6060 和 6082，中等至高强度级别的铝合金为 2618A、2014A、7075 和 7010，而超高强度级别的铝合金是 7449 铝合金的两种改型牌号和喷射成形粉末冶金铝合金 N707。所有的试样分别从锻件（2618A、2014A、7075、7010、7449F、N707）、挤压成形件（6060、6082）或轧制板材（7449P）上切割取样。从图 2-177a 中可以清楚地看到，铝合金的硬度与残余应力存在一定的相关性，铝合金的硬度越高、合金度越高，则残余应力越大。为消除自然时效的影响，试样经合适的固溶温度加热，冷水淬火后，立即进行压痕硬度测定（采用一种快速动态维氏硬度测试技术）。例如，2618A 和 N707 铝合金的固溶加热温度分别为 530℃（990℉）和 470℃（880℉）。可以通过固溶温度的差别，对计算的残余应力不同进行解释，如图 2-177b 所示。图 2-177b 所示为残余应力随铝合金的淬态规定塑性延伸强度 $R_{p0.2}$ 的变化而改变。规定塑性延伸强度 $R_{p0.2}$ 是在淬火 30min 后测量的。

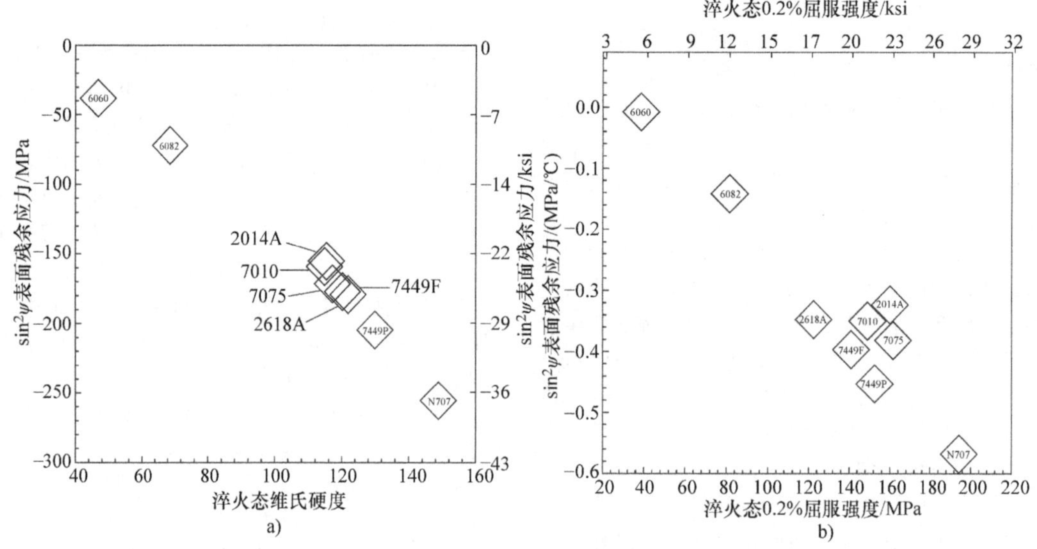

图 2-177 不同铝合金矩形试块从适当的固溶处理温度淬入低于 20℃（70℉）的冷水，表面残余应力的变化

a）采用压痕硬度测定方法，淬火后立即测量 b）规定塑性延伸强度 $R_{p0.2}$（拉伸性能在淬火 30min 后测量）

硬度测试数据也存在类似的相关性，强度越高的铝合金，残余应力越大。然而，试验中也存在例外，在比较 2014A 和 7075 铝合金硬度数据时，本应得出淬火后 7075 铝合金的强度更高，但实际情况相反。其原因是，这两种成分的铝合金的淬火敏感性比其他铝合金更高，造成在淬火过程中出现了强化；但由于 2014A 铝合金在锻造等热加工中产生了强烈的纤维和织构微观组织，进一步提高了铝合金的强度。总之，图 2-177 中的两张图都证实了，冷水淬火产生的残余应力与材料的本征强度成正比。

图 2-178 所示为不同成分铝合金的淬火温度对残余应力的影响。从图中可以看出，即使铝合金采

用适当的温度淬火，也足以引起残余应力。在该试验中，将 50mm × 50mm × 156mm（2in × 2in × 6in）的 2618A、7010 和 6082 铝合金矩形试块从炉温不断提高的炉内取出，淬入低于 20℃（70℉）的冷水中。其中，7010 铝合金试块采用 475℃（890℉）的温度固溶加热；2618A 和 6082 铝合金试块采用 530℃（985℉）的温度固溶加热。固溶加热后冷却至淬火温度进行淬火。从图 2-178 中可以看到，与中等强度的 2618A 铝合金和低强度的 6082 铝合金相比，高强度的 7010 铝合金在淬火后具有更高的残余应力。随着炉温的提高，淬火过程中的温度梯度增加，基体产生塑性变形的内在阻力减小。应该指出的是，在实际生产中，这些铝合金不会采用这种热处理工艺。最初试块温度为 200℃（390℉），足以引起严重的残余应力。当 $\Delta T = 200℃$ 时，图中曲线斜率明显发生变化，其原因是与沸腾相关的热传导机制发生了改变。当 $\Delta T < 200℃$ 时，认为是由形核控制热传导，随 ΔT 的提高，热导率迅速增加，导致残余应力快速提高。当 $\Delta T > 200℃$ 时，热传导机制转变为膜沸腾机制。在这种情况下，在试块周围持续形成连续的蒸汽膜，降低了试块表面的热通量流出。

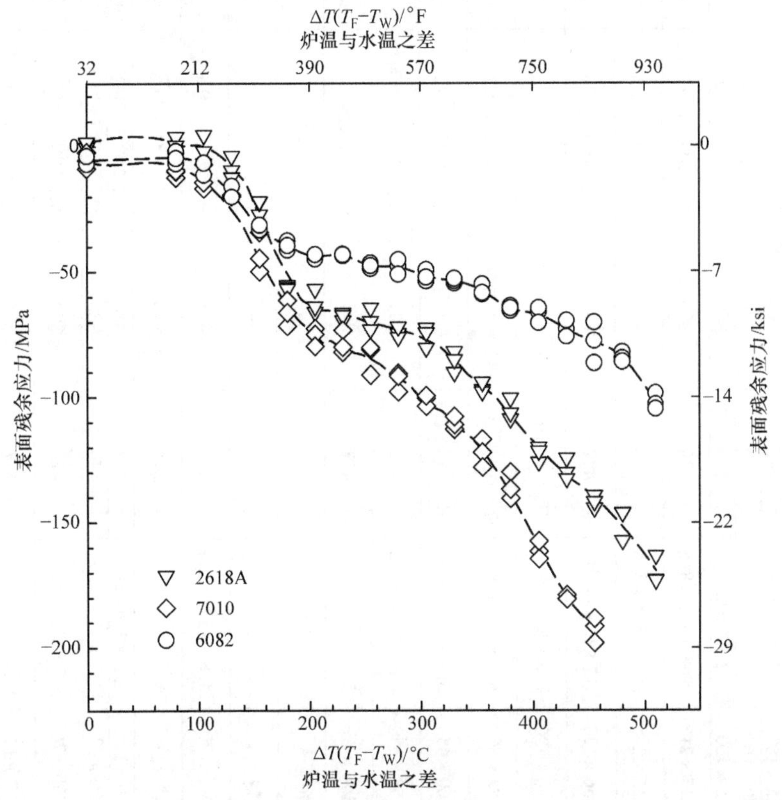

图 2-178　2618A、7010 和 6082 铝合金从不同的炉温（T_F）淬入低于 20℃（70℉）的冷水（T_W），表面残余应力的变化

（4）淬火态残余应力的测量　研究人员采用机械剥层技术，发现采用冷水淬火，7 × × × 系列铝合金板材和锻件表面的压应力可高达 200MPa（29ksi）以上。采用同样的分析技术，其他人的研究表明，当表面压应力约为 160MPa（23ksi）时，次表层拉应力大于 200MPa。中子衍射测量技术具有非常好的穿透性和非破坏性（尽管计算应力需要有无应力的参考试样）。最近，采用该技术对厚大尺寸的 7 × × × 系列铝合金工件进行了测量，结果表明，次表层残余应力远远超过了铝合金的室温单向屈服强度。表 2-70 所列为作者和文献资料中采用冷水淬火的残余应力测量数据汇总。

7 × × × 系列铝合金广泛应用于生产厚大截面工件，因此，对该系列合金进行了大量残余应力的研究，而对 2 × × × 系列、6 × × × 系列和 8 × × × 系列铝合金残余应力的研究则相对较少。迄今为止，大多数残余应力的测量研究主要集中在矩形工件上。其主要原因是，通常测量的相互垂直的应力对应于工件的主工作应力方向（纵向、长横向、短横向），而对于矩形工件，这些应力也对应于工件的主应力。

表 2-70 作者和文献资料中采用冷水淬火的残余应力测量数据汇总

第一作者	参考文献	铝合金	产品类型	试样尺寸(厚度)		固溶温度		淬火冷却介质及温度	测试方法	残余应力/MPa(ksi)
				mm	in	℃	℉			
—	—	7010	锻件	124×156×550	4.9×6.1×21.7	470	880	水，20℃（70℉）	中心钻孔	σ_{min} = −270（−39）
—	—	7010	锻件	60×60×16	2.4×2.4×0.6	475	890	水，20℃（70℉）	X 衍射	σ_{min} = −200（−29）
—	—	7010	锻件	25×25×156	1×1×6.2	475	890	水，20℃（70℉）	X 衍射	σ_{min} = −200（−29）
—	—	7175	板材	25×25×160	1×1×6.3	475	890			σ_{min} < −165（−24）
—	—	6061	板材	25×20×160	1×0.8×6.3	530	990	水，20℃（70℉）	X 衍射	σ_{min} < −100（−15）
—	—	2017A	板材	25×25×160	1×1×6.3	510	950			σ_{min} < −170（−25）
—	—	7010	锻件	300×215×215	11.8×8.5×8.5	470	880	水，20℃（70℉）	中子衍射	σ_{max} = 350（51） σ_{min} = −200（−29）
—	—	7075	锻件	300×215×215	11.8×8.5×8.5	470	880	水，20℃（70℉）	中子衍射	σ_{max} = 240（35） σ_{min} = −200（−32）
—	—	7449	锻件	432×156×123	17×6.1×4.9	472	882	水，20℃（70℉）	中子衍射	σ_{max} = 290（42） σ_{min} = −220（−32）
—	—	7449	锻件	160×136×120	6.3×5.4×4.7	472（+时效）	882（+时效）	水，20℃（70℉）	中子衍射	σ_{max} = 215（31） σ_{min} = −184（−27）
—	—	7449	锻件	127×74×50	5.0×2.9×2.0	472（+时效）	882（+时效）	水，20℃（70℉）	中子衍射	σ_{max} = 260（38） σ_{min} = −190（−28）
—	—	7050	锻件	100×60×45	3.9×2.4×1.8	475（+时效）	890（+时效）	水，20℃（70℉）	中子衍射	σ_{max} = 246（36） σ_{min} = −200（−29）
Prime	37	7050	锻件	107×158×359	4.2×6.2×14.2	477	891	水，60℃（140℉）	高等线	σ_{max} = 240（35） σ_{min} = −240（−35）
Prime	36	7050	板材	150×150×76	5.9×5.9×3.0	477	891	无数据	裂纹柔度	σ_{max} = 160（23） σ_{min} = −220（−32）
Boycr	35	7075	板材	70	2.8	—	—	—	剥层	σ_{max} < 175（25） σ_{min} = −230（−33）
Walker	38	7050	锻件	114	4.5	—	—	—	中子衍射	σ_{max} = 275（40） σ_{min} = −240（−35）
Jeanmart	10	7075	板材	400×400×70	15.8×15.8×2.8	467	873	水，20℃（70℉）	剥层	σ_{max} = 200（29） σ_{min} = −260（−38）
Lin	39	7075	板材	80×40×11	3.2×1.6×0.4	475	890	水，20℃（70℉）	中心钻孔	σ_{max} < −200（−29） σ_{min} < −200（−29）
Zhang	40	7075	板材	80×40×11	3.2×1.6×0.4	472	882	水，20℃（70℉）	中心钻孔	σ_{min} < −190（−28）
Zhang	25	2024	板材	100×90×70	3.9×3.6×2.8	470	880	水，50℃（120℉）	X 衍射	σ_{min} = −120（−17）
Wang	41	7050	板材	150×300×76	5.9×11.8×3.0	475	890	水，20℃（70℉）	裂纹柔度	σ_{max} = 180（26） σ_{min} = −220（−32）
Koç	18	7050	锻件	340×127×124	13.4×5.0×4.9	477	891	水，66℃（150℉）	中子衍射	σ_{max} = 240（35） σ_{min} = −255（−37）
Ulysse	21	7075	锻件	直径 = 38 长度 = 171	直径 = 1.5 长度 = 6.7	470	880	水，60℃（140℉）	逐层钻孔	σ_{max} = 180（26） σ_{min} = −110（−16）
Ulysse	22	7050	闭式模锻	626×411×156	24.7×16.2×6.2	478	892	水，60℃（140℉）	打孔	σ_{max} = −200（−29） σ_{min} = −100（−15）
Chobaut	23	7449	板材	310×310×75	12.2×12.2×3.0	472	882	—	中子衍射	σ_{max} = 200（29） σ_{min} = −300（−44）

（5）淬火态矩形铝合金产品的残余应力分布　通常，采用冷水淬火的矩形试样的残余应力分布是，表面的两向压应力与次表层的三向拉应力形成平衡。这些应力可以通过中子衍射或钻深孔取样进行检测。中子衍射方法具有足够深的穿透性，可以对非常厚的工件进行应力分析。例如，对尺寸为 x = 300mm（12in），y = 215mm（8.5in），z = 215mm（8.5in）的矩形锻造试块进行分析。试验采用英国 ISIS Facility 机构的 ENGIN – X 应变扫描仪，进行了残余应力分析。图 2-179 所示为从试块中心到 215mm × 300mm（8.5in × 12in）表面的中心测试的应力分布。

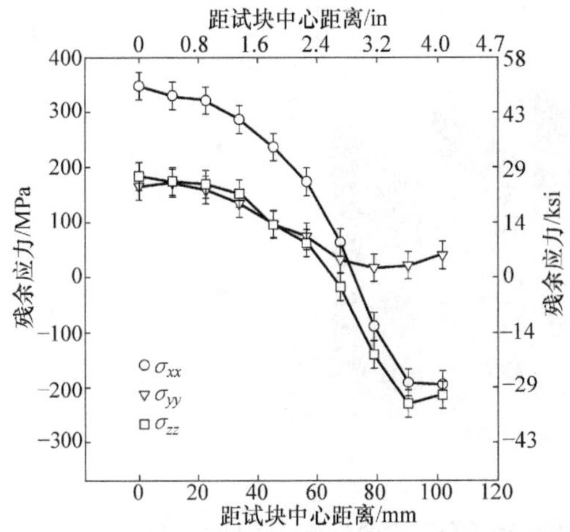

图 2-179　锻件矩形试块淬入冷水，厚度方向残余应力的大小（从试块中心向外表面测量）

对于矩形工件，这是很常见的应力分布状态。从压应力到拉应力的转变是试块几何形状的函数，并具有对称性。尺寸为 300mm × 215mm × 215mm（12in × 8.5in × 8.5in）试块的应力分布如图 2-179 所示。图中采用线扫描沿轴线测量，x 方向上的拉压应力过渡转变发生在沿 x 轴 80% 处，而 y 轴和 z 轴方向上的过渡发生在沿 y 轴和 z 轴 60% ~ 70% 处。相对于其他两个方向上的尺寸，当试块的厚度尺寸较小时，内部为平面应力状态，在厚度方向中平面上的应力趋于零。为了说明残余应力的三维分布，采用中子衍射方法，对 1/4 7449 铝合金矩形试块的残余应力进行分析。试块尺寸为 160mm × 136mm × 120mm（6.3in × 5.4in × 4.7in），采用冷水淬火。测量残余应力的具体位置如图 2-180 所示。测试采用安装在德国的 FRM II 研究堆上的 STRESSSPEC 中子衍射应力扫描仪，残余应力分布测试结果如图 2-181 所示，图中的每一部分都代表一个应力分量。

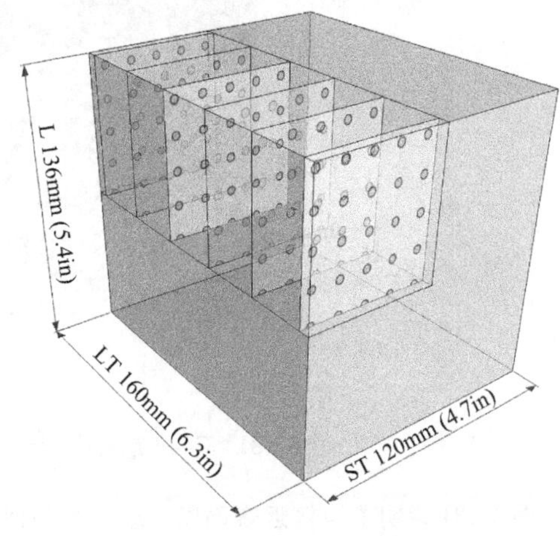

图 2-180　中子衍射方法测量 7449 铝合金矩形试块冷水淬火的位置

L—纵向　LT—长横向　ST—短横向

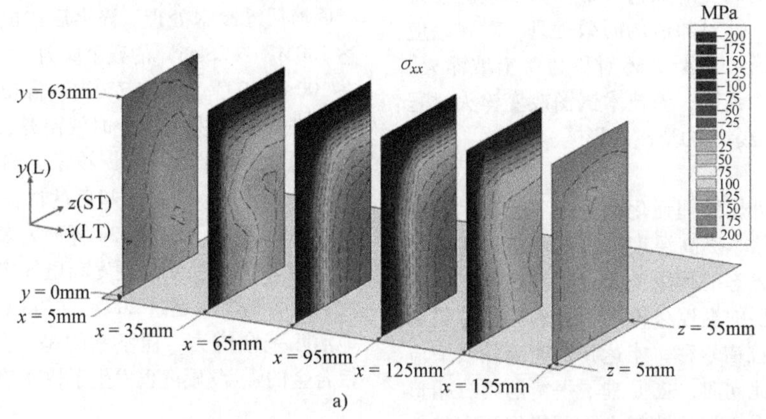

图 2-181　7449 铝合金矩形试块冷水淬火后残余应力的分布

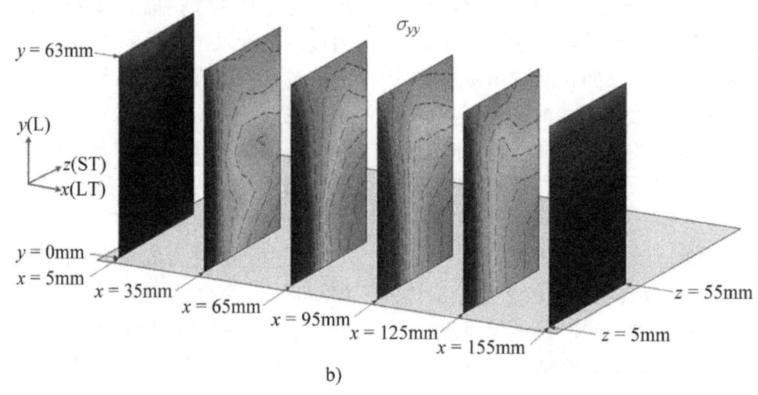

b)

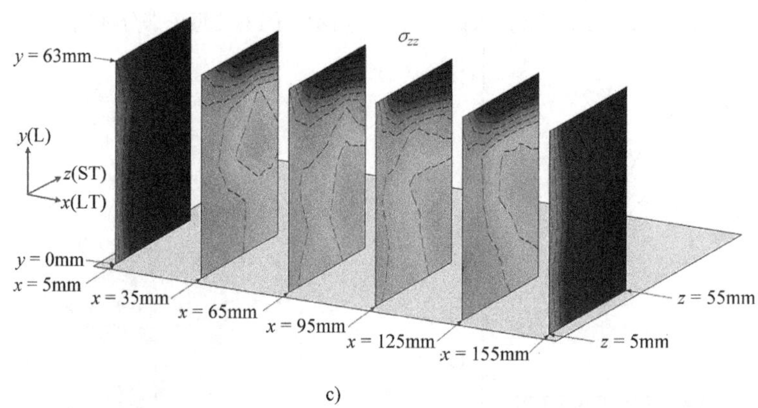

c)

图 2-181 7449 铝合金矩形试块冷水淬火后残余应力的分布（续）

图 2-181 说明了当接近表面时，应力是如何从拉应力转变为压应力的。图中还可以清楚地看到，当测量位置靠近表面时，平面外的应力分量是如何趋近于零的。

2.6.3 去除热应力

可热处理强化铝合金在高温下可能发生蠕变，本节通过高温下的蠕变对如何降低淬火残余应力进行了解释和说明。针对随后的时效处理，对残余应力的影响进行介绍。此外，还对称为“上坡淬火”的工艺技术进行了说明，该技术试图改变淬火过程中由温度梯度对残余应力造成的影响。

1. 退火

在室温下，可热处理强化铝合金不会产生明显的蠕变，因此，除非提高温度，否则不能希望随着时间的推移，淬火态的残余应力会得到消除。不幸的是，在达到需要的温度条件时，虽然通过位错滑移和扩散协助的位错攀移，能达到快速消除残余应力的目的，但与此同时，也促进了平衡的第二相形成并析出。这些平衡相尺寸粗大，不能作为有效的强化相，因此，除非可以接受铝合金的力学性能大幅下降这一条件，否则，不适合对可热处理强化铝合金进行退火处理。如果确有必要对可热处理强化铝合金进行软化，大多数可热处理强化铝合金可在 350～400℃（660～750℉）的温度范围进行退火。为了说明退火对性能的影响，采用 25mm×25mm×35mm（1.0in×1.0in×1.4in）的 7010 铝合金试样进行固溶后淬冷水处理。淬火后在试样表面产生了高达 180MPa（26ksi）的残余应力。然后，将这些试样在 100～400℃（212～750℉）温度范围内的不同温度下进行 1h 时效处理。时效保温后采用强制风冷冷却，用 X 射线衍射 $\sin^2\psi$ 技术，测量试样表面的残余应力。此外，还对冷却后的试样进行室温硬度和电导率的测量。图 2-182a 所示为表面残余应力的变化，图 2-182b 所示为硬度和电导率的变化。试验发现，只有当温度超过 200℃（390℉）时，才会有效地消除残余应力，但不幸的是，在达到该温度时，铝合金的强度/硬度也发生了快速的降低。

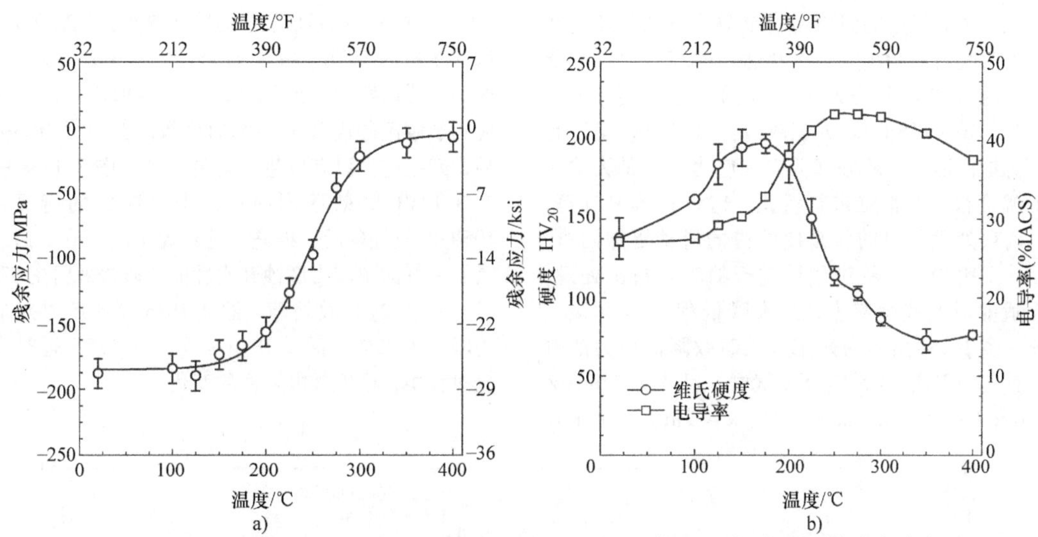

图 2-182　25mm×25mm×35mm（1.0in×1.0in×1.4in）的 7010 铝合金试样冷水淬火后，在时效温度下保温 1h 等时时效对表面残余应力和硬度及电导率的影响

a）对表面残余应力的影响　b）对硬度和电导率的影响

注：误差线对应于根据重复测量计算的 ±1 的标准偏差。

2. 时效热处理

淬火后进行时效，能大大提高铝合金的强度。时效可以在室温下进行（自然时效），也可以在较高温度下进行（人工时效）。析出的共格与半共格第二相在其周围产生微区应变，但产生的应力影响太小，无法达到降低宏观应力的效果。

在自然时效过程中，无法去除任何残余应力。例如，7010 铝合金冷水淬火试样经自然时效，没有观察到残余应力降低的现象，如图 2-183 所示。试验采用 X 射线衍射方法测量残余应力，采用 $d_{\{422\}}$ 和 $\sin^2\psi$ 图中的拟合直线，图中误差线为拟合直线的标准偏差值，时间为淬火到测量残余应力的中间点的时间。

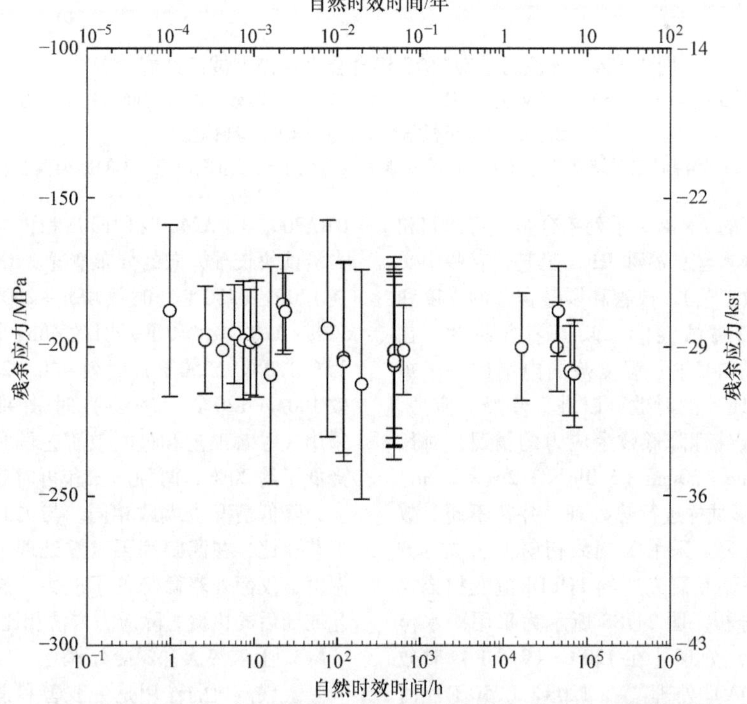

图 2-183　7010 铝合金试样冷水淬火后在室温下残余应力的稳定性

注：误差线根据 $d_{\{422\}}$ 和 $\sin^2\psi$ 图中的拟合直线计算，对应 ±3 的标准偏差。

人工时效采用的温度与合金类型有关，还与在合理的时间内的析出量，以及达到的综合力学性能有关。通常铝合金的人工时效温度范围为120～190℃（250～375℉）。人工时效温度较高，足以允许部分位错运动，部分降低宏观应力，但是去除应力的幅度很小，很难进行量化。这也很容易理解，因为时效处理的目的就是使位错的滑动更加困难。通常，采用T6/T7状态代号进行的时效析出处理，只会适度降低残余应力，最大降低程度为10%～35%。图2-184所示为采用人工时效降低应力的例子。该例中采用7075铝合金试样，尺寸为22mm×28mm×110mm（0.9in×1.1in×4.3in）。试样在470℃（880℉）固溶加热后冷水淬火，然后在105℃（220℉）时效7h，再在175℃（345℉）时效128h。时效试样以特定的间隔从时效炉内取出，进行残余应力、维氏硬度和电导率的测量。在105℃时效7h后，残余应力没有发生明显的改变。图2-184a所示为在175℃时效不同时间，去除应力的情况。在105℃时效处理后，再进行过时效处理，7075铝合金具有良好的耐应力腐蚀开裂性能，通常采用在175℃进行8h的过时效处理，图2-184a表明此时残余应力降低了30%。图2-184b所示为在175℃过时效处理过程中，硬度和电导率的变化。

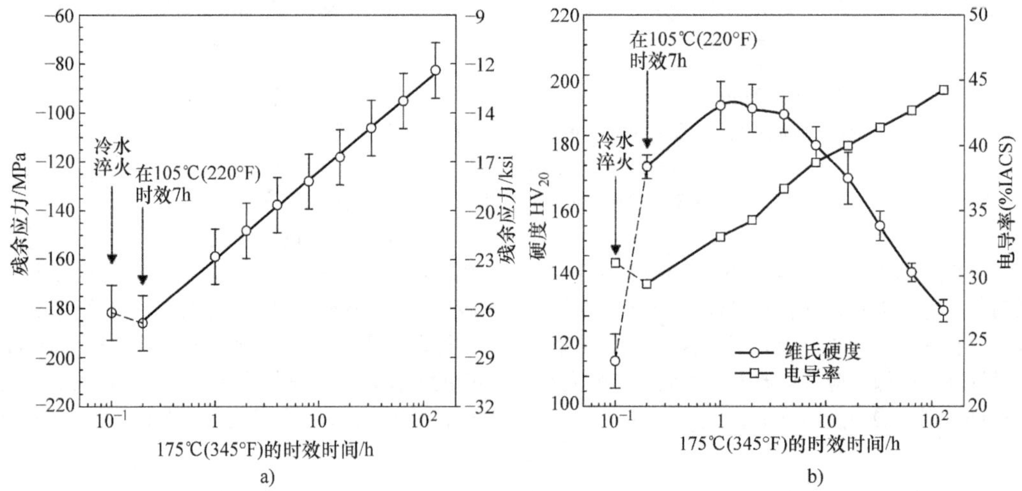

图2-184 等温时效对7075铝合金冷水淬火试样性能的影响

a）7075铝合金冷水淬火（CWQ）试样在175℃（345℉）时效，时效时间对残余应力的影响（误差线对应于根据重复测量±1的标准偏差）

b）等温时效对硬度和电导率的影响（误差线对应于根据重复测量±3的标准偏差）

对某些薄截面的7×××系列铝合金进行回归和再时效热处理（译者注：简称RRA工艺，有些中文书上也称三级时效工艺），改善和调整合金的强度和抗应力腐蚀/剥离腐蚀性能。该工艺方法为，在180～220℃（355～445℉）温度范围内增加一个短时间（通常小于1h）的时效，以进一步降低应力。为了说明人工时效处理降低残余应力的情况，对尺寸为127mm×80mm×50mm（5.0in×3.2in×2.0in）的7449铝合金矩形试样进行热处理，并在不同时效条件下进行时效处理。采用X射线衍射方法进行分析，并在瑞士保罗谢勒研究所的POLDI应变扫描仪上进行中子衍射分析。图2-185所示为采用冷水淬火、欠时效（UA）处理［在120℃（250℉）时效48h）、过时效（OA）处理［在120℃（250℉）时效6h，再在160℃（320℉）时效10h］，以及RRA200、RRA240两种回归和再时效处理，残余应力沿试块长轴方向的分布情况。RRA200处理工艺为在120℃（250℉）时效48h+200℃（390℉）时效500s+120℃（250℉）时效48h；RRA240处理工艺为在120℃（250℉）时效48h+240℃（465℉）时效100s+120℃（250℉）时效48h。在该研究中，采用欠时效工艺和过时效工艺两种工艺，残余应力降低了约20%，两种回归和再时效处理工艺的残余应力降低情况也大致相同。与欠时效工艺和过时效工艺相比，在回归和再时效处理工艺中短时间提高温度，仅额外略微降低了应力，与通过调整淬火工艺或随后的机械去除应力方法相比，没有什么优势。

3. 上坡淬火和深冷处理

上坡淬火的作用是为改善和消除固溶淬火过程中，由于温度梯度造成的残余应力。将淬火态合金

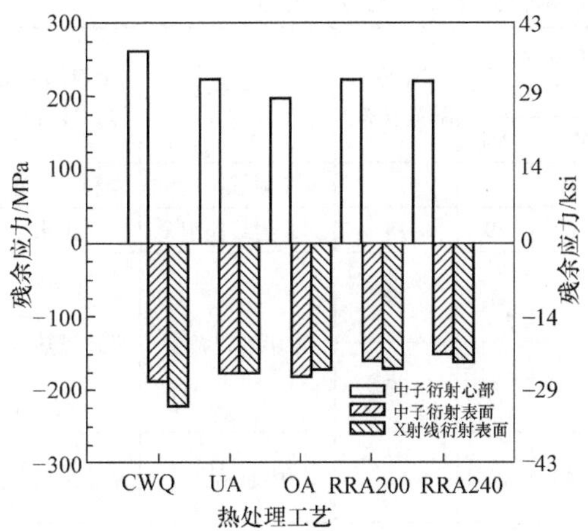

图 2-185 7449 铝合金试块采用冷水淬火和人工时效后心部和表面的残余应力

注：采用 X 射线衍射方法和中子衍射（ND）方法进行测量。图中热处理工艺代号请参见文中有关内容。

浸入液氮深度冷却并达到平衡，而后立即快速升温，使工件表面暴露在一定温度下。通常，最高升温温度可以参考该合金的人工时效温度，但不能超过该时效温度。图 2-186 所示为 7075 铝合金的上坡淬火热处理工艺。

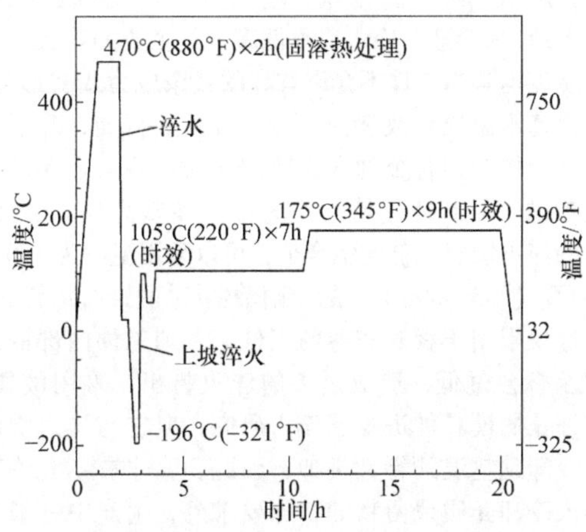

图 2-186 7075 铝合金的上坡淬火热处理工艺

研究表明，如果采用沸水作为上坡淬火的淬火冷却介质，只能少量降低残余应力（<25%），重复循环该上坡淬火工艺，也不会进一步降低残余应力。如果采用喷嘴，将高速过热蒸汽喷射至工件的表面，则能大大降低残余应力，残余应力可降低 50% ~ 80%。而采用盐浴和空气循环加热炉无法实现快速加热提高温度，无法达到上坡淬火的效果。最大限度地提高温差和快速加热表面是上坡淬火的技术关键。非均匀体积变化会导致工件发生塑性变形，致使淬火态的残余应力得到释放。图 2-187 所示为提高表面至心部的温度梯度，增加了释放的残余应力程度。该首创性研究采用的是 2014 铝合金板材，试样尺寸为 300mm × 150mm × 50mm（12in × 6in × 2in），淬火态试样的残余应力为 165MPa（24ksi）。采用高速过热蒸汽喷射，对不同深冷温度处理的试样进行上坡淬火加热。

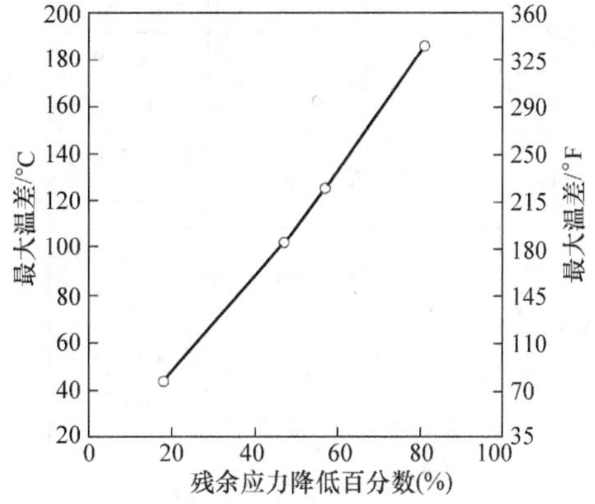

图 2-187 50mm（2in）厚 2014 铝合金板试样表面与中平面的温差增加对残余应力降低程度的影响

这项技术被称为“热机械处理”，在 20 世纪 60 年代，由美国铝业公司（Alcoa）申请获得了专利，但当时未得到工业化应用。围绕该项技术，还申请了多项专利，其中一项申请于 1990 年，它采用一种全氟碳化合物蒸汽作为加热淬火冷却介质，温度最高可达 175℃（345℉）。采用该新加热淬火冷却介质的优点是不需要特殊的蒸汽喷嘴装置，工件的所有表面都可获得类似于输入热蒸汽冷凝一样的效果。据报道，采用与前面 2014 铝合金相同的几何形状的 7075 铝合金进行试验，铝合金表面与心部的最大温差可高达 250℃（450℉），残余应力降低了 90% 以上。由于形状复杂工件无法采用成本低廉的机械方法消除残余应力，而近年来上坡淬火工艺有望应用到形状复杂工件上，因此，人们对该工艺的兴趣再次升温。其中，复杂的模锻件（和模铸件）是很有可能采用该项工艺技术的。最近一项研究为，采用一种专利淬火冷却介质，对 7050 铝合金模锻件进行上坡淬火，使精加工的复杂程度大大降低。表 2-71 对文献中关于上坡淬火定量降低残余应力的数据进行了总结，目前现有完全量化的降低应力工艺过程的数据非常有限，人们对不同工件在整个厚度上的残余应力分布情况了解甚少。与采用机械方法去除应力相比，上坡淬火方法的效率是较低的。

表 2-71 文献资料关于上坡淬火定量降低残余应力的数据汇总

第一作者	参考文献	铝合金	试样尺寸（厚度）		淬火态最大压应力		上坡淬火后最大压应力		残余应力降低（%）	测试方法	上坡淬火的淬火冷却介质
			mm	in	MPa	ksi	MPa	ksi			
Wang	55	7050	40×110×220	1.6×4.3×8.7	315	46	91	13	71	X 射线衍射	专利淬火介质
					315	46	267	39	15	X 射线衍射	沸水
Hill	51	2014	50×150×300	2.0×5.9×11.8	96	14	20	3	79	锯切割和剥层	高速过热蒸汽
		7075	50×150×300	2.0×5.9×11.8	138	20	28	4	80		
Yoshihara	34	7075	50×100×100	2.0×3.9×3.9	360	52	140	20	61	中心钻孔	高速过热蒸汽
Wang	41	7050	76×150×300	3.0×5.9×11.8	220	32	45	6.5	80	裂纹柔度	高速过热蒸汽
			76×150×300	3.0×5.9×11.8	220	32	150	22	32	裂纹柔度	沸水
Croucher	49	2014	178（大于 3*D* 的工件）	7.0（大于 3*D* 的工件）	290	42	41	6	86	X 衍射	高速过热蒸汽
		7049	114	4.5	152	22	55	8	64		
			63	2.5	159	23	41	6	74		
			38	1.5	131	19	28	4	77		

尽管上坡淬火贴有深冷处理的标签，在实际应用上受到怀疑，但毫无疑问，当该工艺应用到淬火态产品时，确实能降低残余应力。由于深冷处理不能降低残余应力，因此，不能将上坡淬火与简单的深冷处理相混淆。由于上坡淬火工艺需要以一种受控的方式，突然升高温度，这在技术上存在一定难度，因此其广泛应用受到了限制。此外，该工艺还要求尽可能缩短水冷淬火至浸入低温液体之间的自然时效时间。如果材料在该自然时效阶段发生强化，上坡淬火的效果就不理想了。从理论上讲，在严格控制的情况下，对已经采用机械方法去除应力的产品，上坡淬火可以进一步降低其残余应力水平。

2.6.4 改变淬火中的温度梯度降低残余应力

在淬火过程中，改变温度梯度的方法通常包括改变淬火冷却介质、改变淬火冷却介质的温度或控制铝合金表面光洁度。所有这些方法都试图通过改变淬火路径来降低温度梯度，其目的是减少残余应力。这些方法各有优缺点，取得了不同成效，但由于铝合金具有淬火敏感性的原因，这些方法都会在不同程度上降低铝合金的力学性能。

1. 淬火冷却介质

可采用各种淬火冷却介质对铝合金进行淬火热处理，包括冷水、热水、沸水、溶解有 CO_2 或 N_2 的水、熔盐、油、流化床、液氮以及聚烷撑乙二醇（PAG）水溶液。冷水成本低廉，是主要的淬火冷却介质，但是当工件不允许有高的残余应力或变形时，可提高水温或者改变淬火冷却介质。目前，几乎不采用油作为铝合金的淬火冷却介质；而从环保的角度考虑，限制使用熔盐作为淬火冷却介质。然而，某些淬火敏感性低的铝合金，可以采用温度为 180～200℃（355～390℉）的亚硝酸钠/硝酸钾盐浴淬火，但这仅限用于相对较薄的工件，否则工件内部的冷却速率会过低，造成过多的淬火析出。采用液氮，对细长的模具件进行了淬火研究，但它与淬入沸水再冷却到室温的特性类似，因此，除非有不允许有淬火冷却介质残留物的特殊要求外，生产中一般不使用液氮作为淬火冷却介质。采用厚度为 25mm（1in）的 2××× 系列铝合金厚板试样在 500℃（930℉）固溶加热，分别淬入冷水、沸水和液氮进行对比，热电偶固定在试样的中平面处，试验结果如图 2-188 所示。流化床既可用于加热，也可用于淬火，但对于形状复杂的工件，由于水平表面屏蔽可能出现不均匀，因此很少应用。

一项专利技术表明，采用溶解有气体的室温水淬火，可以得到开始时冷却速率较低，随着冷却过程进行，冷却速率增加的冷却效果。不幸的是，这

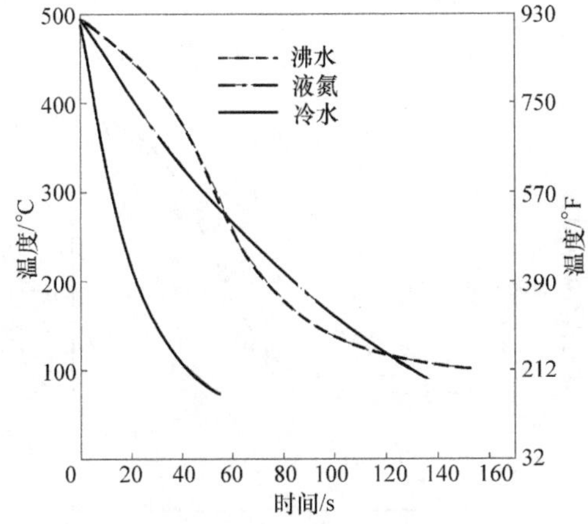

图 2-188 厚度为 25mm（1in）的 2×××系列铝合金的淬火冷却曲线

项专利依赖于冷却曲线来证明该项技术的有效性，并且没有任何有关残余应力的检测报告。在高温条件下，应该对形成的蒸汽膜引起注意，因为正是在该处，温度梯度导致了塑性流动和残余应力。与采用 PAG 淬火冷却介质相比，现可以通过对现有固定设备进行简单改造，使用对环境更友好、成本更低廉的专利淬火冷却介质。据说该淬火冷却介质为溶解了某些气体的液体，称为 APQ1 和 APQ2，现已在美国铝业公司使用。

聚烷撑乙二醇水溶液又称 PAG 或聚合物淬火冷却介质，它是除水之外最常见的淬火冷却介质。聚烷撑乙二醇是在 20 世纪 60 年代开发的淬火冷却介质，使用该淬火冷却介质现在已成为减少工件变形最有效的途径。聚烷撑乙二醇在水中具有逆溶解性，当温度超过 70℃（160℉）时，它就会从水溶液中析出。当工件淬入 PAG 溶液中时，在工件周围形成包覆薄膜。该薄膜有利于更均匀的热传导，并且提高了铝合金表面的润湿程度，从而减少了残余应力和变形。

聚合物膜的厚度与固溶处理加热温度、PAG 浓度、工件和淬火冷却介质的相对热容量，以及淬火冷却介质的温度有关。在工件几何形状一定的条件下，通过改变 PAG 溶液的浓度，可以将淬火冷却介质的冷却速率在沸水冷却和冷水冷却范围之间进行调整。与温度低于 60℃（140℉）的水淬相比，聚烷撑乙二醇能有效减少工件的残余应力和变形，并保证工件的力学性能达到要求。与冷水淬火相比，采用热水、沸水和 PAG 淬火冷却介质淬火，能减少残余应力，如图 2-189 所示。采用与图 2-185 中尺寸相同的试样和仪器对淬火残余应力进行检测，与采用冷水淬火相比，在 60℃的水和两种浓度（16% 和 30%）的 PAG 中淬火，虽然仍有一定的残余应力，但有了明显的降低和改善。如果工件不允许有残余应力，采用沸水淬火是非常有效的。但必须清楚地认识到，采用慢速冷却淬火，合金的拉伸性能和断裂韧性会受到明显的损伤（本例中，在过时效条件下，规定塑性延伸强度 $R_{p0.2}$ 降低了 22%）。

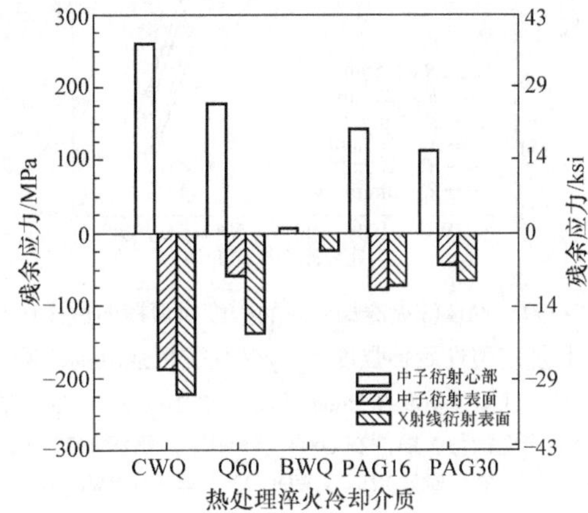

图 2-189 7449 铝合金试块淬火后中心和表面残余应力的大小

注：采用 X 射线和中子衍射（ND）两种检测方法测定。热处理工艺请参见文中有关内容（译者注：图中热处理淬火工艺为：CWQ—冷水淬火，Q60—60℃水淬火，BWQ—沸水淬火，PAG16—浓度为 16% 的 PAG 淬火冷却介质淬火，PAG30—浓度为 30% 的 PAG 淬火冷却介质淬火）。

薄型或复杂形状工件在淬火后，不适用采用机械方法去除应力，而采用热水或沸水淬火，又会导致力学性能下降得过多而达不到要求，在这种情况下，PAG 淬火冷却介质体现出了巨大的优势。采用 PAG 淬火，强度的降低程度与很多因素有关，图 2-190 给出了采用不同淬火冷却介质淬火，7075 铝合金矩形锻件的强度性能。图中对比了采用温度为 30℃（85℉）的三种浓度的 PAG 淬火冷却介质以及冷水和沸水淬火的拉伸性能，可以看到，由于 7075 铝合金是一种淬火敏感性高的铝合金，采用沸水淬火时，其强度明显降低。相比之下，25mm（1in）和 100mm（4in）两种厚度的锻件采用 PAG 淬火冷却介质淬火，强度降低要小得多，尤其是在 PAG 浓度较低的条件下。工业生产中通常会提供两种浓度的 PAG 淬火冷却介质。对于薄型或细长型产品，通常采用的浓度为 25% ~40%；而对大截面产品，采用的浓度则为 10% ~20%。为减轻对环境的影响，最近开发出了可用于高温条件下的 PAG 和低浓度 PAG 淬火冷却介质。

有一项专利声称，对于大截面产品，采用优化的合金化方法，可将淬火敏感性降到最低，采用空

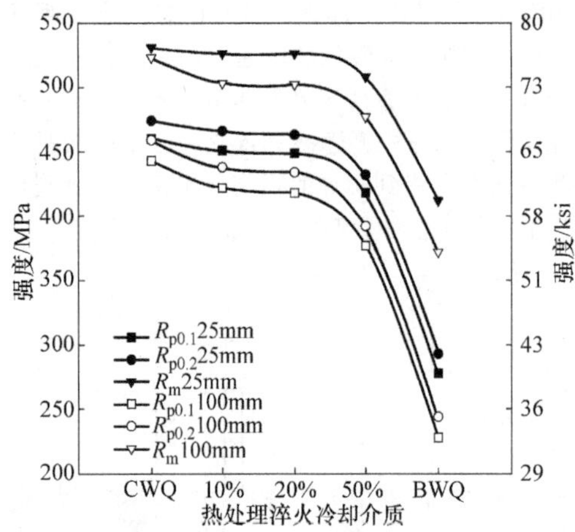

图 2-190 PAG 淬火冷却介质的浓度对短横向试样 0.1% 和规定塑性延伸强度 $R_{p0.2}$ 以及抗拉强度的影响

注：试样分别取自 25mm（1in）和 100mm（4in）厚的 7075 铝合金锻件。锻件在 460℃（860℉）固溶加热 4h，在 135℃（275℉）时效 12h。CWQ—冷水淬火，BWQ—沸水淬火（译者注：图中的 10%、20%、50% 为 PAG 淬火冷却介质的浓度）。

气淬火，可同时保持中等强度级别的抗拉性能和低的残余应力。

2. 改变淬火冷却介质的温度

如前面所介绍的，提高淬火冷却介质的温度，会降低残余应力，但如果淬火冷却时间延长，则会对力学性能产生不利的影响。通常会对 PAG 淬火槽进行冷却，以确保淬火冷却介质的温度不超过逆溶解温度（即 PAG 开始从溶液中析出的温度）。如果采用水作为淬火冷却介质，则可以根据铝合金截面尺寸和性能要求选择冷水到沸水进行淬火。图 2-191 所示为 2618A 铝合金试样在 530℃（985℉）固溶加热后，分别淬入 0℃（32℉）的水到沸水中，试样尺寸为 50mm×50mm×156mm（2in×2in×6in）。在水温（T_W）低于 60℃（140℉）时，残余应力的降低很少；当水温高于 60℃（140℉）时，残余应力的减少则非常明显。采用沸水淬火能有效降低残余应力，但是正如前面所指出的，铝合金的性能会严重下降，特别是在大截面工件的心部。由于该原因，7×××系列铝合金不采用沸水淬火。图 2-191 中的曲线斜率快速变化与形成的持久蒸汽膜有关。当水温低于 60℃时，在 2618A 铝合金试样周围还未形成持久蒸汽膜。然而，当水温高于 60℃（140℉）时，则会形成稳定的蒸汽膜，即使搅拌仍会保持。当试样冷却时，观察到蒸汽膜从试样边角处开始破裂，并向试样表面的中心扩展。

对 70mm（2.8in）厚的 7075 铝合金板厚度截面

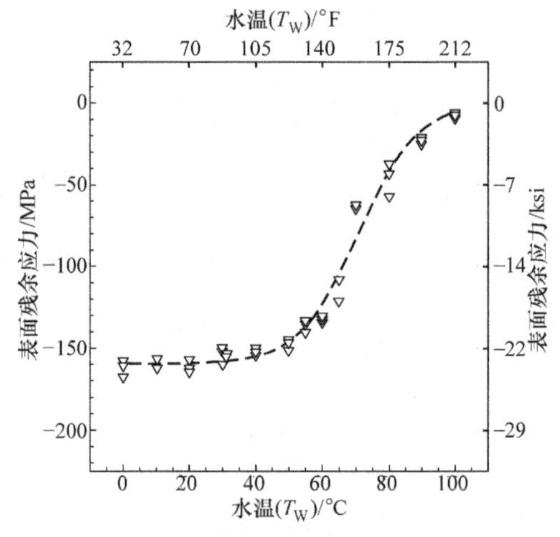

图 2-191 2618A 铝合金淬火后表面残余应力大小［0℃（32℉）≤T_W≤100℃（212℉）］

上残余应力的变化进行分析，得到与前面试验相似的结果。在 80℃（175℉）的水中淬火，表面和心部的残余应力都降低了约 60%。

3. 改变铝合金工件表面光洁度

采用冷水淬火，与改变淬火冷却介质和淬火冷却介质的温度相比，工件表面光洁度对热传导和残余应力的影响相对较小。然而，当采用热水和沸水淬火时，表面光洁度就变得非常重要了。为了说明这一点，采用增量中心钻孔技术，对 2014 铝合金闭式模锻件的残余应力进行测量。对锻件表面进行磨削，并涂上一层黑色氧化铜（CuO）。当采用沸水淬火时，与未涂敷涂层相比，有涂层产品中的残余应力明显要大得多（图 2-192），但仍低于采用 60℃（140℉）水淬火时残余应力。其原因是涂层影响了沸水淬火过程中的热传导，通过蒸汽膜提高了辐射，

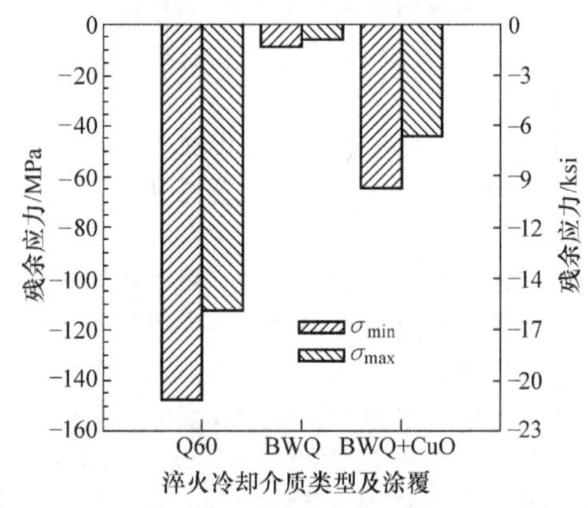

图 2-192 2014 铝合金闭式模锻件淬火表面残余应力

Q60—60℃水淬火，BWQ—沸水淬火

（译者注：BWQ+CuO—CuO 涂覆后沸水淬火）

改变了冷却速率，促进了不稳定的膜产生沸腾，加速了从膜沸腾转变到核沸腾的进程。这种涂层技术已在工业中使用。虽然该方法提高了残余应力，但其优点是提高了强度性能。

2.6.5 机械方法降低残余应力

本节主要介绍如何通过塑性变形，利用滑移机制来消除残余的弹性应变（特征应变），从而消除可热处理强化铝合金淬火产生的残余应力。本节还对塑性变形如何降低残余应力进行了解释，并对该技术的局限性进行了介绍。

1. 冷拉伸和冷压缩

对于形状简单的产品，可以在淬火后尽快采用拉伸或冷压塑性变形的方法，有效地释放残余应力。为确保塑性变形均匀，拉伸方法仅限于产品截面尺寸均匀一致的产品。而冷压缩方法，由于可以应用于产生相互“咬合”的情况，则没有这种限制。但在实际生产中，冷压缩方法通常限制用于简单的矩形形状产品。采用特殊的冷压缩模具，可对复杂的模锻件成形，但由于成本的原因，在实际生产中几乎不采用。通常根据产品的几何形状，决定加载的方向。现已经证明，在产品纵向上加载可以达到有效减少横向残余应力的效果，这表明单向塑性变形可以减轻三向残余应力状态。在实际生产中，已有应用该工艺方法的案例。

图 2-193a 和图 2-193b 所示分别为工件受拉应力和压应力的状态，通过对它们的应力 – 应变路径进行分析，对塑性变形降低残余应力的机理进行说明。图中 $OS-OC-OS$ 线段为典型的表面到中心淬火态残余应力分布；而 $1S-1C-1S$ 为受到拉应力或压应力，但在载荷未移除前，降低的残余应力分布情况。在压缩方向上，轴向应变是均匀的。该过程完成后，残余应力分布为 $2S-2C-2S$ 线段。在这些例子中，假定屈服应力和加工硬化是均匀的，很明显通过拉伸或压缩，会降低但不会完全消除残余应力。可以将该简单的应力 – 应变分析扩展应用到典型的不均匀淬火态铝合金，如图 2-194 所示。该图包含了 7050 铝合金的真实应力和真实应变数据，图中 σ^{s} 和 σ^{c} 两条流变应力曲线，分别代表了淬火态试样表面和心部的应力状态，试样尺寸为 215mm × 215mm × 300mm（8.5in × 8.5in × 12in）。

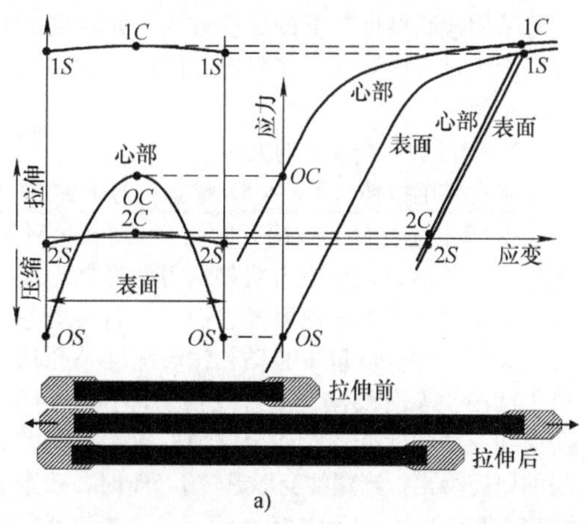

a)

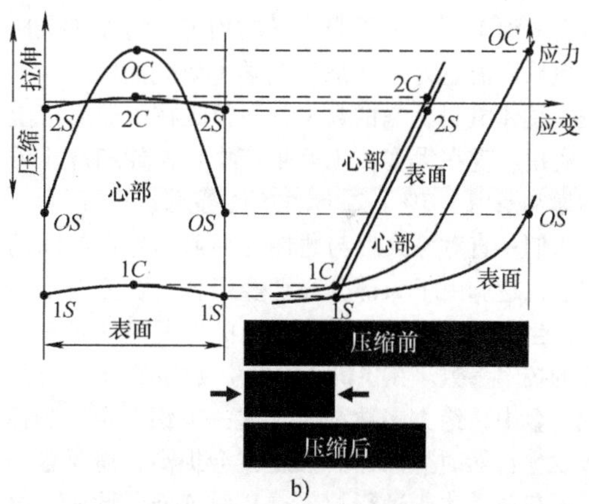

b)

图 2-193 通过塑性变形来降低残余应力

a）拉伸 b）压缩

在这个例子中，淬火态试样表面和心部的规定塑性延伸强度 $R_{p0.2}$ 相同，均为 250MPa（36ksi），但加工硬化行为有很大的差别，心部位置的加工硬化比表面大。这与心部淬火冷却速率较慢，产生第二相析出所得出的预期结果一致。图 2-194 中的 σ_{rs}^{s} 和 σ_{rc}^{s} 分别为表面和心部的残余应力，并假定与单向屈服应力大小基本相同（对于表面，该假设是与实际情况相符合的；但对于承受三向应力的心部，则远远超过单向屈服应力带来的残余应力增加，因此该假设可能是不符合的）。可以看到在冷压缩条件下，如果施加适当的塑性应变，可以完全消除残余应力，结合图中具体情况，残余应力约为 2%。而在拉伸条件下，根据应力 – 应变曲线，是不可能完全消除残余应力的。然而，应该清楚的是，该简单例子仅考虑了表面和心部两个位置的情况，而实际情况为加工硬化是随厚度变化而变化的。

结合图 2-193 和图 2-194 综合考虑，可以得出，应力 – 应变曲线塑性部分的斜率越小，消除残余应力越显著。当表面和心部的加工硬化程度不同时，在变形后可能会产生较大的残余应力。一般来说，

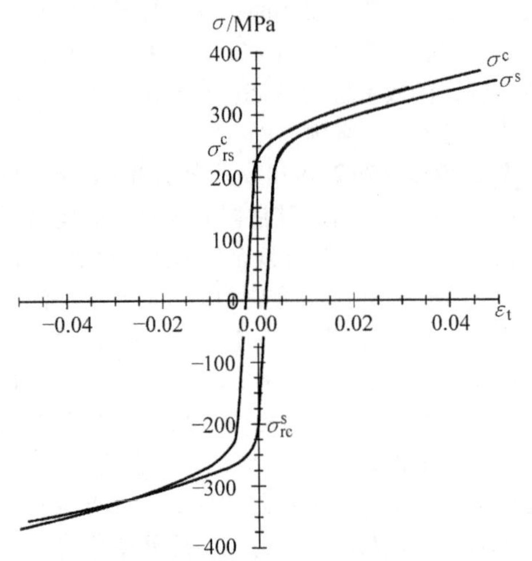

图 2-194 7050 铝合金水淬后在淬火态立即测定真实应力和真实应变曲线

注：采用强制空气冷却模拟尺寸为 215mm × 215mm × 300mm（8.5in × 8.5in × 12in）试样心部（σ^S）和表面（σ^C）的淬火态流变应力。σ^s_{rs} 和 σ^s_{rc} 分别为表面和心部的残余应力，ε_t 为真实应变。

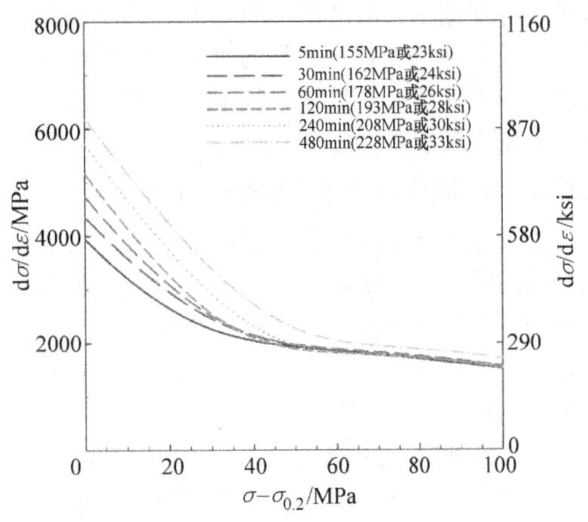

图 2-195 根据冷水淬火 7050 铝合金塑性真应力－应变曲线得出的加工硬化性能和规定塑性延伸强度 $R_{p0.2}$

注：在淬火后 5 ~ 480min 的停留时间范围内进行检测。图例中括号内的数字是规定塑性延伸强度 $R_{p0.2}$，可以看出该数值随自然时效时间而变化。

铝合金的加工硬化和屈服变形越均匀，消除残余应力的效果可能越好。这是一个学术研究的问题，如果没有具体材料状态的数据，则很难在工业生产上加以利用。现在大多数工业生产中，拉伸和冷压缩过程通常采用 1.5% ~2.5% 的塑性变形。

人们一直对淬火后与塑性变形前的停留时间的研究感兴趣。由于大部分高合金铝合金在室温下会立即发生自然时效现象，淬火后的停留时间是一个重要的技术参数。在飞机结构件中使用的 7×××系列铝合金中，绝大多数都属于这一类铝合金。当铝合金发生自然时效时，其强度就会提高，需要施加更大的载荷，才能进行拉伸或压缩变形。此时，材料的力学性能，包括屈服强度和加工硬化性能都与时效时间有关。此外，这些性能还会随工件的厚度而变化，其影响程度与合金的淬火敏感性有关。图 2-195 所示为 7050 铝合金塑性真应力－应变曲线的斜率在拉伸试验过程中的变化，可以看到，随冷水淬火后停留时间的变化，曲线的斜率发生了改变。

对于 7×××系列合金，工业生产中要求淬火后停留时间小于 2h。淬火后停留时间对降低残余应力的效果仍需要进一步研究。图 2-195 中的拉伸数据表明，在淬火后 30min ~ 8h 的停留时间范围内，7050 铝合金的加工硬化性能和屈服强度变化显著。由于衍射技术对检测微小应力差异不敏感，因此采用标准的衍射技术，虽然可以对淬火后停留时间对残余应力的影响进行定量分析，但是确实很困难。如果淬火后停留时间确实有效地影响了残余应力，则可采用检测精度较低的试验方法，如剥层法和裂纹柔度法进行检测（尽管只有有限的证据表明这些方法有效）。

2. 变形后残余应力的大小

当完成了拉伸（T××51 状态代号）或冷压缩（T××52 状态代号）或两者的组合（T××54 状态代号）工艺后，残余应力明显地得到降低。接下来的问题就是如何准确地测量它们。人们采用各种方法，如剥层法、增量中心钻孔法、深度钻孔法、裂纹柔度法、等高线法、X 射线衍射和中子衍射法，研究和评估塑性变形对残余应力的影响。大多数方法的研究得出，当塑性变形超过 1.5% 时，残余应力减少 ±30MPa（±4ksi）的结论。但这些数据的可靠性是值得怀疑的，因为通常在塑性变形后，测量的残余应力的精确度是有限的。然而，对较低数量级的残余应力测定是非常重要的，因为正是它们对疲劳裂纹扩展的影响，影响着产品的设计和使用寿命。

与冷压缩相比，人们已经对拉伸对残余应力的影响效果进行了评估，但这不能说明拉伸工艺总是比冷压缩工艺更好，如图 2-194 所示。选择工艺过程主要应根据工厂的生产能力、产品的几何形状和大小，以及通过对包辛格效应能降低屈服性能的认识，合理反向应用塑性变形（约 5%）。冷压缩的优点是，它可以在工件的某个局部，通过连续进行咬合小变形来降低残余应力。这就意味着可以对尺寸很大的产品进行去应力处理，已有报道称通过摩擦效应，在工件局部的次表层改变了残余应力变化。与单次咬合工艺相比，多次咬合冷压缩工艺增加了最终残余应力的范围。可以采用边缘去除应力技术，减少冷压缩工艺中的咬合次数。这项专利技术通过选择合适的产品尺寸，简单地在产品上进行更大长度范围的冷压缩。与冷压缩相比，拉伸的优点是塑性变形更加均匀，据报道，这种塑性变形能降低整个工件截面的残余应力。

拉伸对残余应力的影响如图 2-196 所示。试验采用 30mm（1.2in）厚的 7449 - T7651 铝合金板，通过深钻孔方法对残余应力进行检测。在进行约 2.5% 的拉伸之前，该板材心部的残余应力约为 200MPa（29ksi），表层约为 - 200MPa（ - 29ksi）。通常 7×××系列铝合金板材在拉伸后，残余应力分布为反向的 W 形分布，这是由材料的织构、成分不均匀和淬火敏感性引起的。与淬火态相比，拉伸后纵向轧制方向（σ_{xx}）和长方横向方向（σ_{yy}）的残余应力明显降低。一般来说，将残余应力减少到 ±30MPa（ ±4ksi）范围，并不能解决和消除后续加工过程中出现的问题，必须进一步对热处理后的工艺进行优化，以尽量减少工件的变形，特别是对于巨大型工件，如机翼部件。

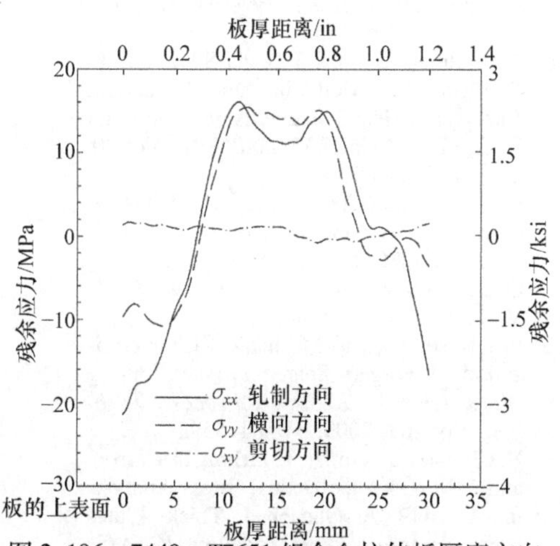

图 2-196 7449 - T7651 铝合金拉伸板厚度方向残余应力分布（上表面 $z=0$mm）

注：板厚为 30mm（1.2in），轧制方向（σ_{xx}）、横向方向（σ_{yy}）以及剪切方向（σ_{xy}）上的残余应力。

总之，只要工件的几何形状允许，在弹性应变到塑性应变范围，采用塑性变形方法是降低淬火态铝合金工件中残余应力的最有效方法。它将残余应力降低到 ±30MPa（ ±4ksi）范围，而且是对铝合金的力学性能影响最小的技术方法。然而，该领域的专业技术出版物很少，自 20 世纪 50 年代引入该技术以来，一直处于停滞状态。随着有限元分析方法的出现和多尺度模型的发展，能对微观组织演化和颗粒 - 位错相互作用进行描述，目前人们已掌握了科学的研究方法，进一步优化塑性变形的应用，以进一步降低拉伸/冷压缩后的残余应力大小。这将对在大飞机主要结构中继续使用铝合金构件产生积极的影响，并与碳纤维复合材料保持一定的竞争力。

2.6.6 小结

所有可热处理强化铝合金必须通过淬火加析出强化获得强度，而残余应力是淬火过程中不希望得到的。残余应力的产生与工件的温度梯度造成的非均匀塑性变形有关。

通过数据分析、数值计算和试验研究，人们已能较深入地对淬火过程中所产生的残余应力的大小和分布进行分析和了解。在大多数情况下，从固溶加热温度迅速冷却到淬火冷却介质温度，在铝合金中产生塑性流变，导致工件心部产生拉应力，而表面产生压应力。

随着工件厚度的增加，表面应力增大，当厚度超过一定尺寸时，表面应力保持不变。人们认为该应力可能与合金的淬火态强度成正比，但在该问题上，也有人持不同观点。

现已有很多消除残余应力的方法，效果各有不同。但总的来说，消除残余应力方法可分为热处理方法和机械方法。热处理方法包括对淬火过程和后续热处理进行控制；而机械方法是通过塑性变形，将弹性应变转变为塑性应变。还应该指出的是，在消除残余应力的同时，还要综合考虑材料性能，如强度和断裂韧性的要求，要求不对材料性能造成太大不利的影响。

降低残余应力的有效热处理方法是改变淬火冷却介质。其中最有效的方法之一是采用聚烷撑乙二醇淬火冷却介质，它能在保证铝合金力学性能的同时，降低残余应力。

淬火后冷压缩或拉伸都能有效地将残余应力降低到 ±30MPa（ ±4ksi）范围内。相对于淬火状态来说，该应力已属于较低值，但在加工非常大的工件时，仍会造成变形量过大的问题。

采用有限元模型研究淬火过程，具有强有力的发展势头，但相对来说，目前还不太成熟。由于受到用于构建本构模型的高温性能数据缺少的限制，现还无法对固溶温度淬火至室温的材料流变应力进行精确的预测。

最有希望优化机械应力消除残余应力的技术是，对淬火过程中微观组织演化的多尺度模型进行改进。这些模型必须能够对不同淬火路径的微观组织进行预测，用于解释和预测大截面工件表面到心部的冷却的差异。可以利用对微观组织演化的研究，进一步量化材料的力学性能，在此基础上，建立微观组织演化与大截面工件内部具体位置性能的关系，进而掌握在拉伸或冷压缩塑性变形过程中发生的屈服和加工硬化效应。

参考文献

1. I.J. Polmear, Aluminum Alloys—A Century of Age Hardening, *Mater. Forum*, Vol 28, 2004, p 1–14
2. R.T. Myer, S.A. Kilpatrick, and W.E. Backus, Stress-Relief of Aluminum for Aircraft, *Met. Prog*., Vol 3, 1959, p 112–115
3. P.J. Withers and H. Bhadeshia, Overview—Residual Stress, Part 1: Measurement Techniques, *Mater. Sci. Technol*., Vol 17, 2001, p 355–365
4. E. Macherauch, Residual Stresses, *Application of Fracture Mechanics to Materials and Structures*, G.C. Sih, E. Sommer, and W. Dahl, Ed., Springer Netherlands, 1984, p 157–192
5. R.E. Kleint and F.G. Janney, Stress Relief in Aluminum Forgings, *Light Met. Age*, Vol 2, 1958, p 14–21
6. J.F. Faulkner, "ALCOA Stress Relieved Forgings," Aluminum Company of America, Sales Division, Cleveland, OH, 1963
7. W. Betteridge, The Relief of Internal Stresses in Aluminum Alloys by Cold Working, *Symposium on Internal Stresses in Metals and Alloys* (London), 1948, p 171–177
8. J. Klein, Cold Reduction Technique Puts More Forgings in the Air, *Precis. Met. Mold*., Vol 6, 1967, p 53–54
9. J.R. Davis, Ed., *ASM Specialty Handbook: Aluminum and Aluminum Alloys*, ASM International, 1993, p 290–327
10. P. Jeanmart and J. Bouvaist, Finite Element Calculation and Measurement of Thermal Stresses in Quenched Plates of High-Strength 7075 Aluminum Alloy, *Mater. Sci. Technol*., Vol 1, 1985, p 765–769
11. B. Aksel, W.R. Arthur, and S. Mukherjee, A Study of Quenching; Experiment and Modelling, *J. Eng. Ind*., Vol 114, 1992, p 309–316
12. J. Rasty, J. Hashemi, D.E. Hunter, and M. Dehghani, Finite Element and Experimental Analysis of Stresses due to Quenching Process, *Computational Methods in Materials Processing, ASME 1992*, 1992, p 195–202
13. N. Yoshihara and Y. Hino, Removal Technique of Residual Stress in 7075 Aluminum Alloy, *Residual Stresses III: Science and Technology*, July 23–26, 1991 (Tokushima, Japan), p 1140–1145
14. N. Järvsråt and S. Tjøtta, Modelling Cooling of Aluminum Extrusions, *ABAQUS Users Conference* (Newport RI), 1994, p 307–316
15. N. Järvsråt and S. Tjøtta, A Process Model for On-Line Quenching of Aluminum Extrusions, *Metall. Mater. Trans. B*, Vol 27, 1996, p 501–508
16. R. Becker, M.E. Karabin, J.C. Liu, and R.E. Smelser, Experimental Validation of Predicted Distortion and Residual Stress in Quenched Bars, *Computational Material Modelling, Proc. 1994 International Mechanical Engineering Congress and Exposition*, Nov 6–11, 1994 (Chicago, IL), ASME, p 287–311
17. F. Heymes, B. Commet, B. Du Bost, P. Lassince, P. Lequeu, and G.-M. Raynaud, Development of New Al Alloys for Distortion Free Machined Aircraft Components, *Proc. First International Non Ferrous Processing and Technology Conference*, March 10–12, 1997 (St. Louis, MO), ASM International, p 249–255
18. M. Koc, J. Culp, and T. Altan, Prediction of Residual Stresses in Quenched Aluminum Blocks and Their Reduction through Cold Working Processes, *J. Mater. Process. Technol*., Vol 174, 2006, p 342–354
19. P. Li, D.M. Maijer, T.C. Lindley, and P.D. Lee, Simulating the Residual Stress in an A356 Automotive Wheel and Its Impact on Fatigue Life, *Metall. Mater. Trans. B, Process Metall. Mater. Process. Sci*., Vol 38, 2007, p 505–515
20. A. Andrade-Campos, F.N. da Silva, and F. Teixeira-Dias, Modelling and Numerical Analysis of Heat Treatments on Aluminum Parts, *Int. J. Numer. Methods Eng*., Vol 70, 2007, p 582–609
21. P. Ulysse and R.W. Schultz, The Effect of Coatings on the Thermo-Mechanical Response of Cylindrical Specimens during Quenching, *J. Mater. Process. Technol*., Vol 204, 2008, p 39–47
22. P. Ulysse, Thermo-Mechanical Characterization of Forged Coated Products during Water Quench, *J. Mater. Process. Technol*., Vol 209, 2009, p 5584–5592
23. N. Chobaut, J. Repper, T. Pirling, D. Carron, and J.-M. Drezet, Residual Stress Analysis in AA7449 As-Quenched Thick Plates Using Neutrons and FE Modelling, *ICAA13: 13th International Conference on Aluminum Alloys*, John Wiley & Sons, Inc., 2012, p 285–291
24. X.W. Yang, J.C. Zhu, Z.H. Lai, Y. Liu, D. He, and Z.S. Nong, Finite Element Analysis of Quenching Temperature Field, Residual Stress and Distortion in A357 Aluminum Alloy Large Complicated Thin-Wall Workpieces, *Trans. Nonferrous Met. Soc. China*, Vol 23, 2013, p 1751–1760
25. L. Zhang, X. Feng, Z. Li, and C. Liu, FEM Simulation and Experimental Study on the Quenching Residual Stress of Aluminum Alloy 2024, *Proc. Inst. Mech. Eng. B, J. Eng. Manuf*., Vol 227, 2013, p 954–964

26. X.W. Yang, J.C. Zhu, Z.S. Nong, Z.H. Lai, and D. He, FEM Simulation of Quenching Process in A357 Aluminum Alloy Cylindrical Bars and Reduction of Quench Residual Stress through Cold Stretching Process, *Comput. Mater. Sci.*, Vol 69, 2013, p 396–413
27. R.S. Barker and G.K. Turnbull, Control of Residual Stresses in Hollow Aluminum Forgings, *Met. Prog.*, Nov 1966, p 60–65
28. D.K. Xu, P.A. Rometsch, H. Chen, and B.C. Muddle, Influence of Solution Treatment on Microstructure and Quench Cracking in a Water-Quenched 7150 Aluminum Alloy, *Mater. Sci. Forum*, Vol 654–656, 2010, p 934–937
29. J.T. Staley, S.C. Byrne, E.L. Colvin, and K.P. Kinnear, Corrosion and Stress-Corrosion of 7*xxx*-W Products, *Aluminum Alloys: Their Physical and Mechanical Properties*, Parts 1–3, Transtec Publications Ltd., Zurich-Uetikon, 1996, p 1587–1592
30. D.R. Pitts and L.E. Sissom, *Theory and Problems of Heat Transfer*, McGraw-Hill, New York, 1977
31. T. Ericsson, Relaxation of Residual Stresses—An Overview, *Adv. Surf. Treat. Technol. Appl. Eff.*, Vol 4, 1987, p 87–114
32. J.S. Robinson and W. Redington, The Influence of Alloy Composition on Residual Stresses in Heat Treated Aluminum Alloys, *Mater. Charact.*, Vol 105, 2015, p 47–55
33. S.R. Yazdi, D. Retraint, and J. Lu, Study of Through-Thickness Residual Stress by Numerical and Experimental Techniques, *J. Strain Anal. Eng. Des.*, Vol 33, 1998, p 449–458
34. N. Yoshihara, S. Tsuyama, Y. Hino, and K. Hirokami, Development of Large High Strength Aluminum Alloy Component for Spacecraft, *NKK Tech. Rev.*, Vol 64, 1992, p 21–27
35. J.C. Boyer and M. Boivin, Numerical Calculations of Residual Stress Relaxation in Quenched Plates, *Mater. Sci. Technol.*, Vol 1, 1985, p 786–792
36. M.B. Prime and M.R. Hill, Residual Stress, Stress Relief, and Inhomogeneity in Aluminum Plate, *Scr. Mater.*, Vol 46, 2002, p 77–82
37. M.B. Prime, M.A. Newborn, and J.A. Balog, "Quenching and Cold-Work Residual Stresses in Aluminum Hand Forgings: Contour Method Measurement and FEM Prediction," THERMEC 2003: Processing and Manufacturing of Advanced Materials (Madrid, Spain), 2003
38. D.M. Walker and R.Y. Hom, Residual Stress Analysis of Aircraft Aluminum Forgings, *Adv. Mater. Process.*, Vol 160, 2002, p 57–60
39. G.Y. Lin, H. Zhang, W. Zhu, D.S. Peng, X. Liang, and H.Z. Zhou, Residual Stress in Quenched 7075 Aluminum Alloy Thick Plates, *Trans. Nonferrous Met. Soc. China*, Vol 13, 2003, p 641–644
40. H. Zhang, X. Liang, D.F. Fu, G.Y. Lin, and D.S. Peng, Influence of Quenchant Factors on Residual Stresses in Quenched 7075 Aluminum-Alloy Thick Plate, *Heat Treat. Met.*, Vol 30, 2003, p 61–64
41. Q.C. Wang, Y.L. Ke, H.Y. Xing, Z.Y. Weng, and F.E. Yang, Evaluation of Residual Stress Relief of Aluminum Alloy 7050 by Using Crack Compliance Method, *Trans. Nonferrous Met. Soc. China*, Vol 13, 2003, p 1190–1193
42. J.S. Robinson, D.A. Tanner, C.E. Truman, A.M. Paradowska, and R.C. Wimpory, The Influence of Quench Sensitivity on Residual Stresses in the Aluminum Alloys 7010 and 7075, *Mater. Charact.*, Vol 65, 2012, p 73–85
43. G.M. Orner and S.A. Kulin, Development of Stress Relief Treatments for High Strength Aluminum Alloys, *Annual Report 2*, Manlabs Inc., Cambridge, MA, 1965, p 91
44. L. Godlewski, X. Su, T. Pollock, and J. Allison, The Effect of Aging on the Relaxation of Residual Stress in Cast Aluminum, *Metall. Mater. Trans. A*, Vol 44, 2013, p 4809–4818
45. M.R. James, Relaxation of Residual Stresses—An Overview, *Adv. Surf. Treat. Technol., Appl. Eff.*, Vol 4, 1987, p 349–365
46. J.R. Davis, G.M. Davidson, and S.R. Lampman, *Heat Treating of Aluminum*, ASM International, 1995
47. B. Cina, I. Kaatz, and I. Elror, The Effect of Heating Shot Peened Sheets and Thin Plates of Aluminum Alloys, *J. Mater. Sci.*, Vol 25, 1990, p 4101–4105
48. J.G. Bralla, *Design for Manufacturability Handbook*, 2nd ed., McGraw-Hill, 1986
49. T. Croucher, Uphill Quenching of Aluminum: Rebirth of a Little-Known Process, *Heat Treat.*, Vol 15, 1983, p 30–34
50. D.A. Lados, D. Apelian, and L.B. Wang, Minimization of Residual Stress in Heat-Treated Al-Si-Mg Cast Alloys Using Uphill Quenching: Mechanisms and Effects on Static and Dynamic Properties, *Mater. Sci. Eng. A, Struct. Mater. Prop. Microstruct. Process.*, Vol 527, 2010, p 3159–3165
51. H.M. Hill, R.S. Barker, and L.A. Willey, The Thermal Mechanical Method for Relieving Residual Quench Stresses in Aluminum Alloys, *Trans. Am. Soc. Met.*, Vol 52 1959, p 657–671
52. L.A. Willey, "Method of Relieving Residual Stresses in Light Metal Articles," Aluminum Company of America, 1960
53. M.A. Pellman, P.T. Kilhefner, W.J. Baxter, and T.S. Hahn, "Vapor Phase Uphill Quenching of Metal Alloys Using Fluorochemicals," Air Products and Chemicals, Inc., 1990
54. E. Sevimli, Aluminum Technology: How Cold Stabilization Can Reduce Residual Stresses, *Met. Prog.*, Vol 127, 1985, p 9

55. Q.C. Wang, L.T. Wang, and W. Peng, Thermal Stress Relief in 7050 Aluminum Forgings by Uphill Quenching, *Mater. Sci. Forum*, Vol 490–491, 2005, p 97–101
56. G. Johnson, "Residual Stress Measurements Using the Contour Method," School of Materials, Faculty of Engineering and Physical Sciences, University of Manchester, Manchester, U.K., 2008
57. E.T. Stewart-Jones, Forgings in Aluminum and Magnesium, *Proc. Conference on Heat Treatment of Engineering Components*, Iron and Steel Institute, London, 1969, p 83–101
58. H. Yu, J.A. Nicol, R.A. Ramser, and D.E. Hunter, "Method of Heat Treating Metal with Liquid Coolant Containing Dissolved Gas," Aluminum Company of America, 1997
59. J.A. Nicol, E.D. Seaton, G.W. Kuhlman, H. Yu, and R. Pishko, New Quenchant for Aluminum, *Adv. Mater. Process.*, Vol 149, 1996, p S40
60. G.E. Totten and D.S. Mackenzie, Aluminum Quenching Technology: A Review, *Aluminum Alloys: Their Physical and Mechanical Properties*, Parts 1–3, Transtec Publications Ltd., Zurich-Uetikon, 2000, p 589–594
61. C.E. Bates and G.E. Totten, Procedure for Quenching Media Selection to Maximize Tensile Properties and Minimize Distortion in Aluminum-Alloy Parts, *Heat Treat. Met.*, Vol 15, 1988, p 89–97
62. T. Croucher, *Fundamentals of Quenching Aluminum Alloys*, Tom Croucher, 2009
63. G.E. Totten and G.M. Webster, Alternatives to Water Quenching of Aluminum Alloys: A Review, *First International Non-Ferrous Processing and Technology Conference*, T. Bains and D.S. MacKenzie, Ed., 1997, p 163–173
64. R.L. Cudd, "An Assessment of UCON Quenchant 'A' with Particular Reference to Its Possible Use in the Heat Treatment of Aluminum Alloy Forgings," High Duty Alloys Ltd., Slough, Buckinghamshire, U. K., 1969
65. O.G. Senatorova, V.V. Sidelnikov, I.F. Mihailova, I.N. Fridlyander, A.S. Bedarev, J.I. Spector, and L.A. Tihonova, Low Distortion Quenching of Aluminum Alloys in Polymer Medium, *Aluminum Alloys 2002: Their Physical and Mechanical Properties*, Parts 1–3, 2002, p 1659–1664
66. A. Cho, K.P. Smith, and V. Dangerfield, "A High Strength, Heat Treatable Aluminum Alloy," 2008
67. C.E. Bates, Selecting Quenchants to Maximize Tensile Properties and Minimize Distortion in Aluminum Parts, *J. Heat Treat.*, Vol 5, 1987, p 27–40
68. "Standard Test Method for Determining Residual Stresses by the Hole Drilling Strain Gauge Method," E 837-99, *Annual Book of ASTM Standards*, ASTM International, 2001, p 675–684
69. J.S. Robinson, R.L. Cudd, and D.A. Tanner, Thermal Stress Relief in AA2014 and AA7050 Forgings, *15th International Conference on Production Research (ICPR15)*, Aug 9–13 1999 (University of Limerick, Ireland), 1999, p 535–538
70. T. Bains, Residual Stress Reduction in Aluminum Die Forgings, *First International Non-Ferrous Processing and Technology Conference* (St. Louis, MO), ASM International, 1997, p 221–231
71. J.M. Alexander, An Analysis of the Plastic Bending of Wide Plate, and the Effect of Stretching on Transverse Residual Stresses, *Proc. Inst. Mech. Eng.*, Vol 173, 1959, p 173–196
72. O. Vohringer, Relaxation of Residual Stresses by Annealing or Mechanical Treatment, *Advances in Surface Treatments Technology, Applications, Effects*, A. Niku-Lari, Ed., Pergamon Press, 1987, p 367–396
73. V.K. Vasudévan and R.D. Doherty, Grain Boundary Ductile Fracture in Precipitation Hardened Aluminum Alloys, *Acta Metall.*, Vol 35, 1987, p 1193–1219
74. Y. Altschuler, T. Kaatz, and B. Cina, "Mechanical Relaxation of Residual Stresses," STP 993, ASTM International, 1988, p 19–29
75. S. Van Der Veen, F. Heymes, J. Boselli, P. Lequeu, and P. Lassince, Low Internal Stress Al-Zn-Cu-Mg Plates, U.S. Patent, 2006
76. J.S. Robinson, D.A. Tanner, S. van Petegem, and A. Evans, Influence of Quenching and Aging on Residual Stress in Al-Zn-Mg-Cu Alloy 7449, *Mater. Sci. Technol.*, Vol 28, 2012, p 420–430
77. P. Lequeu, P. Lassince, T. Warner, and G. M. Raynaud, Engineering for the Future: Weight Saving and Cost Reduction Initiatives, *Aircr. Eng. Aerosp. Technol.*, Vol 73, 2001, p 147–159
78. W.E. Nickola, "Residual Stress Alterations via Cold Rolling and Stretching of an Aluminum Alloy," STP 993, ASTM International, 1988, p 7–18
79. S. Hossain, C. Truman, and D. Smith, Benchmark Measurement of Residual Stresses in a 7449 Aluminum Alloy Using Deep-Hole and Incremental Centre-Hole Drilling Methods, *Engineering Applications of Residual Stress*, Vol 8, T. Proulx, Ed., Springer New York, 2011, p 67–74
80. D.L. Ball, The Influence of Residual Stress on the Design of Aircraft Primary Structure, *J. ASTM Int.*, Vol 5, 2008, p 101612–101618
81. F. Catteau and J. Boselli, "Edge-on Stress-Relief of Thick Aluminum Plates," Pechiney, Rhenalu, Paris, 2004

82. R.W. Schultz and M.E. Karabin, Characterisation of Machining Distortion by Strain Energy Density and Stress Range, *Sixth European Conference on Residual Stresses* (Coimbra, Portugal), 2002, p 61–68
83. W.M. Sim, Challenges of Residual Stress and Part Distortion in the Civil Airframe Industry, *Int. J. Microstr. Mater. Prop.*, Vol 5, 2010, p 446–455
84. V. Richter-Trummer, D. Koch, A. Witte, J.F. dos Santos, and P. de Castro, Methodology for Prediction of Distortion of Workpieces Manufactured by High Speed Machining Based on an Accurate Through-the-Thickness Residual Stress Determination, *Int. J. Adv. Manuf. Technol.*, Vol 68, 2013, p 2271–2281

2.7　铝合金的时效强化

时效强化是铝合金整个强化过程中的最后一个环节。在此之前，还有固溶处理（SHT）和淬火环节，通过固溶和淬火，得到溶质原子过饱和的合金（理想状态是完全饱和）和高密度的非平衡空位（理想情况下，与在固溶加热温度密度相等）。该状态是不稳定的热力学状态，在随后的时效过程中，会向平衡状态方向发展。通过选择适当的时效温度，可以控制时效过程。根据时效工艺，使其处于淬火状态和平衡状态之间的某种状态。

在时效过程中，在过剩或平衡空位的协助下，溶解在铝合金基体中的原子开始扩散，固溶体分解转变成不同的相。在第一阶段，极有可能通过均匀形核，形成与铝基体共格的细小的溶质原子簇，也就是说，与铝具有相同的面心立方（fcc）晶体结构。然而，由于大多数溶质原子的原子体积不同，这些原子簇造成了微区应力场，阻碍了位错运动，从而导致铝合金强度提高。这些原子簇团是亚稳态的，会不断演化发展成成分、大小、形状和晶体结构不同的析出相。不同类型析出相之间的转变可能是一个渐进的转变过程，是通过在特定晶格点阵上交换原子，或者是通过互相溶解并非均匀形核，来形成新的析出相。随着析出相长大，其周围的应力场强度和切过它们所需的临界切应力增加，由此铝合金的强度进一步得到提高。如果新析出相的晶体学参数与铝基体的差异过大，则共格关系可能会部分或完全被破坏，形成半共格或非共格的析出相。最终，当其析出相的尺寸和间距超过一个阈值时，位错弓出并绕过析出相，此时发生过时效，铝合金的强度将会下降。因此，存在一个强度最大的状态。最后阶段为长期（过）时效阶段，在该阶段，形成合金相图中的平衡相。

在很大程度上，铝合金的亚稳态演化细节与具体研究的铝合金密切相关。由于析出的早期阶段尺寸非常小（可能只有几个原子）、有序性差（或无序）且界面模糊（没有明确的界面），是一个包含空位的原子簇团，因此人们对它们缺乏深入的研究和了解。在析出的后期阶段，发展形成具有确定形状的相，如球形（如 Al－Zn 合金）、片状（如 Al－Cu 合金）或针状（如 Al－Mg－Si 合金）。其析出相的形状受各向异性的弹性应变场和其他因素的控制。这取决于铝基原子和析出相原子的尺寸差异（如果析出相多于一种，则取决于它们的平均值）。随着析出相长大，形成了明晰的相界面，此时对析出相结构的研究变得相对容易，因此人们对该阶段的研究相对较为深入和全面。

时效过程中产生的析出相与时效温度有关，一些析出相可能只在低温下析出，而另一些可能在较高的温度下才能析出。一般来说，只有在大于 300℃（570℉）的温度下退火（O 状态代号）的过程中，或在固溶加热后缓慢淬火冷却过程中，才可能形成平衡相。

铝合金试样基体中析出相的分布可能存在明显的差别，成分的波动会造成析出相密度和性能产生差别。在晶界和粗分散相附近形成无析出带（PFZ），其空位或溶质原子浓度较低。7×××系列铝合金尤其容易形成这样的无析出带，选择较低的固溶加热温度和淬火冷却速率会加宽该无析出带。

时效强化工艺很少采用简单的等温处理过程（图 2-197），由于受到生产流程条件的影响，铝合金在固溶加热和淬火后，通常会在除固溶温度和时效温度以外的温度下停留。例如，铝合金可能在淬火冷却时或由于其他原因在室温下停留，如图 2-197 中的 NA1 段。

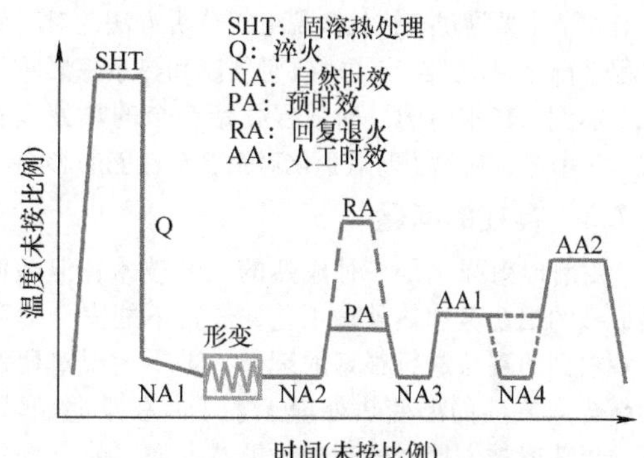

图 2-197　普通时效强化处理工艺流程（并非所有的阶段都进行）

为避免自然时效（NA）可能产生的负面影响，

6×××系列铝合金有时会在约100℃（~210℉）的温度下进行预时效。7×××系列铝合金有时采用在两种不同温度下的人工时效（AA），如图2-197中的AA1和AA2工艺。在铝合金生产过程中，如挤压件校核、面板成形或为提高时效强化的效果（如2×××系列铝合金），淬火后通常进行拉伸变形处理。有时采用回复退火（译者注：类似于回归处理），消除自然时效前工艺的影响。因此，实际时效工艺通常是一个多阶段的热处理退火或形变热处理工艺过程。

据报道，影响铝合金时效序列和动力学的还有其他因素，其中包括压力、电场、辐射、声波或超声波振动。

2.7.1 研究时效过程的方法

可以采用各种方法对时效过程进行研究，采用直接成像方法，可对单个析出相的微观组织进行观察。随着各种成像方法的使用，如光学显微镜、扫描电子显微镜、透射电子显微镜（带扫描电子显微镜的透射电子显微镜、高分辨率透射电子显微镜、能量过滤透射电子显微镜、高角度环形暗场扫描透射电子显微镜等）以及原子探针层析成像，分辨率不断提高，可对微观组织的细节进行深入的研究和分析。

结合几种方法，可以间接地对析出过程进行定量分析。其中最重要的定量方法是力学性能方法，如不同的硬度值或强度值。热分析方法（差示扫描量热法，即DSC；示差热分析法，即DTA）、电阻率或热电功率测量方法、X射线衍射或小角度散射（X射线、中子）方法，也能对析出过程进行分析，得到有价值的信息。目前，正电子湮灭方法和X射线吸收光谱分析方法只在特殊情况下使用，但确实有助于对析出过程中的重要现象进行解释。从头计算法和动态模拟方法也有助于对析出过程进行解释。

本节主要通过直接的微观组织分析方法，对时效过程进行介绍，并给出了时效对硬度和热示踪影响的几个实例。在本卷的“时效强化铝合金的热处理实践”一节中，讨论了时效强化对铝合金性能的影响。

2.7.2 存在的问题

尽管时效强化是一种成熟的工艺技术，但即使是成熟的铝合金和热处理工艺，还是不能完全对所有观察到的现象进行很好的理解，更不用说对研制的新合金或新的形变热处理工艺了。在某些领域，还缺乏普遍被人接受的理论。虽然人们已对不同的铝合金和时效过程进行了许多研究，但存在的问题是，人们对得到的结果和影响的方式知之甚少。铝合金的析出系列就是其中之一，例如，不能根据在某温度等温（硬度试验）或恒定加热速率（DSC或DTA试验）的析出过程，推断出在其他温度下析出是如何发生的。另一个容易产生混淆的方面是技术术语。术语“簇”“区”和“析出相”通常不相同，不能混淆使用，其中某些用于变化的亚稳相。但可以确定的是，“析出相”是使用最普遍的术语；“簇”的尺寸非常小，没有明确结构和形状；而“区”的尺寸也很小，但具有明确的成分、形状，并且原子有序。

2.7.3 不同铝合金系列的时效

在工程中主要的时效强化铝合金中，主加合金元素有铜、镁、硅和/或锌。其他元素，如银和锂，可进一步提高时效强化效果，偶尔也会被用作合金元素进行添加。在这四种主加合金元素中，只有铜可以单独使用，大多数情况下，通常复合添加两种、三种甚至四种合金元素。

根据铝、铜、镁、硅元素，可以形成三个系列的三元工程铝合金和一个系列的四元工程铝合金，即Al-Cu-Mg（2×××系列铝合金）、Al-Mg-Si（6×××系列铝合金）、Al-Si-Cu（2××.×系列铝合金）和Al-Mg-Si-Cu（2×××或6×××系列铝合金）。在不同的铝合金系列之间，存在一定关联。例如，在Al-Mg-Si铝合金中添加铜，使铝合金的α（Al）、β（Mg_2Si）和Si三相区受到限制，进入多相共存的四相区，如图2-198所示。在该区中，所有铝合金常见的平衡相为四元金属间化合物相（Q），该相位于α、β、Si和θ（Al_2Cu）四种相的中间，该四面体相区可进一步分为四个四相区，其中三个的一角为α相。在每个四相区中，四相共存，构成由表2-72中Ⅰ型~Ⅲ型共存相区所定义的工程铝合金。共存相与铝合金的成分有关，无论镁和硅含量如何变化，6×××系列铝合金中如果含有铜，就会出现Q相。

通过在Al-Cu-Mg铝合金中加入Si，可以得到同样的相区，这就是6×××系列铝合金与2×××系列铝合金出现部分重叠的原因，而表2-72中的Ⅰ型和Ⅱ型共存相区包含6×××和2×××系列铝合金。从图2-198中基面上的三元Al-Cu-Mg铝合金开始，以α、θ和S（或T）为界，通过添加Si进入四相区。对于含硅量低的铝合金，一种成分与Q相相近的相仍然在图2-198中下端的四面体外，此时共存相区则为表2-72中的Ⅳ型。当硅含量超过一定数值后，该相成分进入四面体，取代S（或T）相，形成Q相，并进入表2-72中的Ⅰ、Ⅱ或Ⅲ型中的一个共存相区。这就是在2×××和6×××系列铝合金，包括许多铸造合金中，除了α相和Q相外，平衡相通常有θ（Al_2Cu）、β（Mg_2Si）以及（Si）相中的两个相的原因。

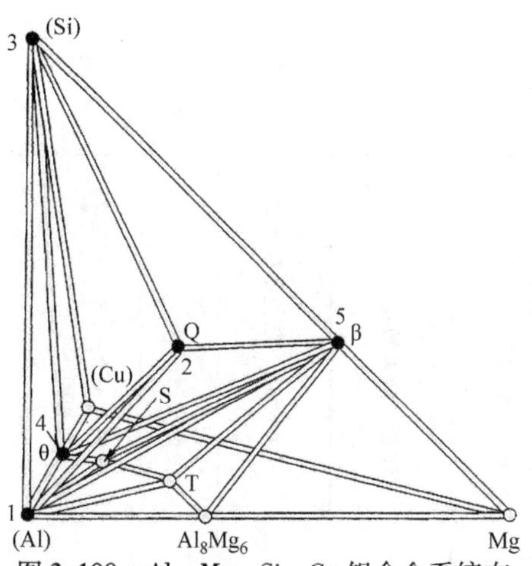

图 2-198　Al－Mg－Si－Cu 铝合金系统在室温下的稳定平衡相成分空间

注：矿物、金属和材料协会（Minerals，Metals & Materials Society）1998 年版权所有，经允许转载。

表 2-72　Al－Mg－Si－Cu 工程铝合金的共存相

共存相区类型	共存相	铝合金
Ⅰ	α、θ、β、Q	高锰硅比的铝合金，如 6061 和 2017
Ⅱ	α、θ、(Si)、Q	低锰硅比的铝合金，如 6111 和 2014
Ⅲ	α、β、(Si)、Q	含铜量低的铝合金，如 6022
Ⅳ	α、θ、S（或 T）、β	含硅量低的铝合金，如 2001

2.7.4　Al－Mg－Si 和 Al－Mg－Si－Cu 合金

该系列铝合金的主加合金元素为镁和硅。在变形铝合金中，镁和硅的质量分数分别低于 1.5% 和 1.8%，两者之和低于 1.85% Mg_2Si 相的固溶度极限。这些铝合金构成了 6×××系列铝合金。在 Al－Mg－Si 合金中，当镁与硅的原子比为 2 时，称为平衡铝合金。所有其他成分的铝合金称为高硅或高镁铝合金。

在铸造铝合金中，$w(\mathrm{Si})=5\%\sim13\%$，在特殊情况下，$w(\mathrm{Si})$ 可达到 20% 以上；而 $w(\mathrm{Mg})=1.5\%$，通常情况下还要低得多。这些铸造铝合金有 3××.×或 4××.×铝合金，通常在固溶状态下，只有少部分镁和硅原子溶入固溶体中。

Al－Mg－Si 合金的时效效果与合金中的镁和硅之间的交互作用密切相关。Al－Mg 和 Al－Si 两元合金基本上没有显示出明显的时效强化效果。铜是一种重要的合金元素，将在后面单独进行讨论。铝合金中还包括铁、锰和铬等其他合金元素。

1. Al－Mg－Si 合金

对于 Al－Mg－Si 合金，低温时效与高温时效的过渡温度（$T_{NA/AA}$）约为 70℃（160℉），两种时效过程有着本质上的不同。由于强化效果明显受时效温度的影响，在低于该温度（自然）时效和高于该温度（人工）时效，其析出过程为明显不同的两个阶段，很容易区分。人工时效（AA）不仅仅是对自然时效（NA）的加速，在析出相结构上也存在差异，导致人们在 NA 对 AA 的影响这个非常复杂问题上，迄今为止还有很多问题不完全清楚。自然时效会导致电阻率增加，而人工时效会使电阻率降低，而且只有在过渡温度附近，才会观察到该现象。此外，还发现在低于或高于过渡温度 $T_{NA/AA}$ 时效时，簇/区之间在结构上也存在差异（参见后面的讨论）。

通常，可以采用 DSC 方法，对铝合金的时效过程进行研究，如图 2-199 所示。从淬火态 20℃（70℉）加热到典型的 600℃（1110℉），产生一系列放热和吸热反应，其中每一个放热峰对应一个特定的析出相；而吸热峰为之前形成的相发生溶解反应。在图 2-199 中，时效开始于形成两个簇重叠的峰，然后是一个析出 GP 区的微弱信号，一个小峰/台阶，有时称为 $\beta''_{前驱相}$，它是在主要的亚稳定 β″相析出之前析出的。接下来形成 β′相和稳定的 β 相。对于该铝合金，某些峰为弱峰，而其他不同成分的铝合金则可能是强峰。然而，出现峰重叠和不同反应之间相互交叉，使得很难对图 2-199 中的所有特征有确定的解释。在等时时效或等温时效条件下，根据 DSC 观测到的一般时效序列为

$$\alpha\rightarrow\alpha+原子簇\rightarrow\alpha+GP/\beta''_{前驱相}\rightarrow \alpha+\beta''\rightarrow\alpha+\beta'\rightarrow\alpha+\beta \tag{2-28}$$

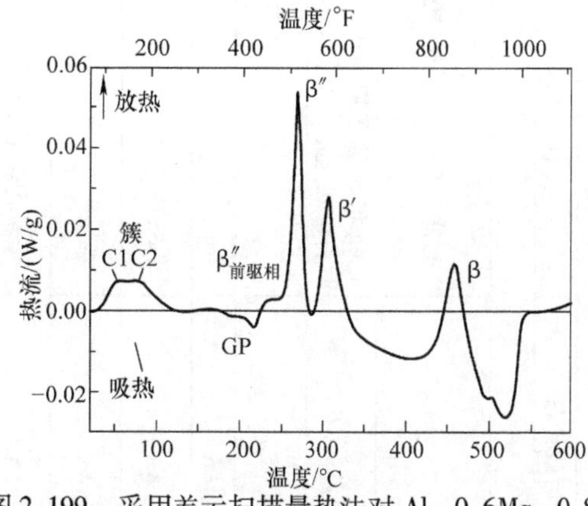

图 2-199　采用差示扫描量热法对 Al－0.6Mg－0.8Si 合金淬火后析出过程进行分析

注：加热速率为 10K/s。根据参考文献［7］改编。

但是，应该清楚地认识到，对不同的时效温度和不同成分的铝合金，析出相的类型和序列可能是不同的。当铝合金的溶质元素含量偏离 Mg_2Si 相的平衡成分时，则析出相，包括附加相的析出序列将更为复杂，也可能发生多相平行析出过程。

式（2-28）中的相结构在表 2-73 中列出，对该

表 2-73 Al－Mg－Si 和 Al－Mg－Si－C 合金中析出相的性能

相	时效状态	晶体结构	形状、尺寸、取向	成分	注解	来源
Al－Mg－Si 合金						
Mg－Si 共存原子簇［(C1、C2、原子簇(1)、原 GP 区］	NA	可能为 fcc	等轴，4～55 原子，d＝2.4nm，共格	通常镁硅比小于 1，含 Al，富 Si 簇	当镁硅比约为 1 时，簇聚集最强，最初富 Si，数量密度为 $1.5\times10^{24}\sim1.9\times10^{24}/m^3$	6，11～14
早期 GP 区	70℃（160℉）	Mg 和 Si 原子周期排列，间距为 0.405nm	盘片状，沿 $<100>_\alpha$ 方向，单原子层厚度	镁硅比为 1	平衡合金	15
原子簇（2）	90℃（195℉）	—	d＝2.6～2.8nm	—	数量密度为 $2.4\times10^{24}\sim2.6\times10^{24}/m^3$	6，16
C1	短时间 AA	fcc	球状，d＝6～10nm	—	与上面的 C1 不同	17
C2	短时间 AA	fcc	薄片状，在 $\{111\}_\alpha$ 晶面，l＝4～10nm，d＝1～3nm	—	多在位错处富集，与上面的 C2 不同	17，18
C3	短时间 AA	fcc	沿 $<100>_\alpha$ 方向细长状，l＝9～16nm，d＝3～9nm	—	全部在位错处富集	17
GP 区	短时间 AA	单斜晶系（C2/m）	短针状，在早期共格，l＝2～6nm，d＝2nm	—	在后期失去共格，偶尔出现层错	19
β″的前驱相（$\beta''_{前驱相}$）	AA	与 β″相同，单斜晶系（C2/m），但有些 Mg 原子位置与 β″不相同。a＝1.457～1.478nm，b＝0.405nm，c＝0.648～0.683nm，β＝104.9°～106.8°	针状，沿 $<100>_\alpha$ 方向，l＝8～16nm，d＝2～2.5nm	Mg 含量低于 β″相，含有 Al	随时效时间延长，转变为 β″相，不断用 Mg 和 Si 置换 Al，为 GP 区最成熟的阶段	20
β″（GP－Ⅱ）	AA	单斜晶系（C2/m），a＝1.5162nm，b＝0.405nm，c＝0.6742nm，β＝105.32°	针状，沿 $<100>_\alpha$ 方向共格，典型尺寸 l＝30～100nm，d＝1～4nm	Mg_5Si_6 $Mg_5Al_2Si_4$ $Mg_4Al_3Si_4$	由 GP－I 区转变而来，主要强化相，典型数量密度为 $3.7\times10^{22}m^{-3}$	21～23
β′	AA 或采用更高温度，如 250℃（480℉）	六角晶系（$P6_3/m$），a＝0.715nm，c＝1.215nm，γ＝120°	棒状，仅沿 $<001>_\alpha$ 方向共格，l＝500nm，A＝$100nm^2$	$Mg_{1.8}Si$	从 β″形成，在位错处形成	24，25
A＝β'_A	过时效，如 250℃（480℉）	六角晶系 $P\bar{6}2m$，a＝0.405nm，c＝0.670nm	棒状，仅沿 $<001>_\alpha$ 方向共格	$Al_4Mg_1Si_5$	含硅量高的合金	26，27
U1	过时效，如 250℃（480℉）	三方晶系 $P\bar{3}m1$，a＝0.405nm，c＝0.674nm，γ＝120°	棒状，仅沿 $<001>_\alpha$ 方向共格，l＝50～500nm，d＝50nm	Al_2MgSi_2	含硅量高的合金，可能与 A 类似或相同	28，29
B＝β'_B	过时效，如 250℃（480℉）	正交晶系，a＝0.684nm，b＝0.405nm，c＝0.793nm	棒状，仅沿 $<001>_\alpha$ 方向共格	$Al_4Mg_2Si_5$	含硅量高的合金	30，31

U2	过时效，如 250℃（480℉）	正交晶系（Pnma），a = 0.675nm，b = 0.405nm，c = 0.794nm	板条状，仅沿 $<001>_\alpha$ 方向共格，仅几微米长	$Al_4Mg_4Si_4$	含硅量高的合金，与 β′同时长大，可能与 B 类似或相同	28，29，32
$B'=\beta'_C$	过时效，如 250℃（480℉）	六角晶系 $P\bar{6}$，$a=b$ = 1.04nm，c = 0.405nm	板条状，仅沿 $<100>_\alpha$ 方向共格，典型 $A=6\times20nm^2$，仅几微米长	$Al_3Mg_9Si_7$	含硅量高的合金，在位错处为 A、B 相，最后状态在 A、B、C 相处非均匀形核	27，30
β	过时效，如 400℃（750℉）	立方晶系 $Fm\bar{3}m$，a = 0.639nm	片状或立方块状，非共格	Mg_2Si	多为从 β′相转变而来	24
Si	过时效，但属于 AA	金刚石结构 $Fd\bar{3}m$，a = 0.5431nm	片状，非共格	Si	含硅量高的合金	33
Al-Mg-Si-Cu 合金						
L	AA	结构未知，可能为六角晶系，a = 0.8nm，c = 0.7nm	板条状，仅沿 $<001>_\alpha$ 方向，横截面沿 $<100>_\alpha$ 拉长	比 Q′中的 Mg 含量要低	Si 原子有序，非有序相 C 与 Q′交互共生，可能与 QP 相有关	2，34，35
S	AA	结构未知，可能为六角晶系	针状，沿 $<501>_\alpha$ 或 $<110>_\alpha$ 方向	—	可能与 QP 相有关	34
C	AA	单斜晶系（$P2_1/m$），a = 1.032nm，b = 0.81nm，c = 0.405nm，$\gamma=101°$	片状，d = 0.6～2nm，w = 35～180nm，横截面沿 $<001>_\alpha$ 拉长	$Al_2Cu_2Mg_8Si_6$	比 L 相有序度高	34，36
Q′	AA 和过时效	六角晶系（$P6_3$），a = 1.04nm，c = 0.404nm	板条状，沿 $<001>_\alpha$ 方向，横截面沿 $<510>_\alpha$ 拉长，与 α 相共格程度比 Q 相更高	$Al_4CuMg_6Si_6$ $Al_3Cu_2Mg_9Si_7$ $Al_{3.8}CuMg_{8.6}Si_7$ Cu 在 Q′/α 界面偏析	与 C（B′）相结构相同，但含有 Cu；与 Q 相结构相似，但成分不同，Cu 含量较低，Al 含量较高，Q′相在 β′相上形核	2，34，35，37～39
Q	过时效	六角晶系 $P\bar{6}$，a = 1.039nm，c = 0.402nm	有多种形貌，板条状，l = 300nm，沿 $<001>_\alpha$ 方向，$A=12\times5nm^2$ 沿 $<510>_\alpha$ 方向拉长	$Al_5Cu_2Mg_8Si_6$ $Al_4Cu_1Mg_5Si_4$ $Al_4Cu_2Mg_8Si_7$ $Al_3Cu_2Mg_9Si_7$	报道有多种成分	1，2，34，40

注：1. 表前端列出的相为先析出的相，表后端列出的为后析出的相，并不是所有相都会在每个温度时效形成。

2. NA—自然时效；AA—人工时效；fcc—面心立方；d—直径/厚度；w—宽度；l—长度；A—横截面积。

类铝合金中某些亚稳态相的性能还在不断的研究中。早在1961年和1972年，就采用TEM对这些基本相结构进行了分析研究，但到目前为止，仍有许多细节问题不清楚。Al-Mg-Si合金的另一个具体问题是，铝、镁和硅原子散射电子和X射线谱线相似，这意味着与其他铝合金相比，确定该铝合金的相原子排列和晶体结构要困难得多。

（1）自然时效　由于6×××系列铝合金采用自然时效的性能不如人工时效，因此在工业上，6×××系列铝合金的自然时效工艺显得不那么重要，很少采用。然而，这种铝合金在加工过程中淬火后，不可避免地会发生自然时效，并且该自然时效对随后的人工时效会产生影响。在淬火后，由于过量的高浓度空位会促进溶质原子的扩散，许多溶质原子之间产生交互作用，由此形成了原子簇。研究表明，事实上在淬火过程中原子簇已经开始形成。采用原子探针层析成像显微技术（APT），对自然时效铝合金中原子簇成分的尺寸进行了研究。由于制备试样需要时间，因此，将淬火状态对应于至少1h自然时效状态。有关采用原子探针技术研究Al-Mg-Si-(Cu)合金的原子簇的论文已发表25篇，但没有得到一致的结果。早期以及后来的研究声称，形成的原子簇只包含镁或硅元素，但在近年来的研究中没有得到证实。从目前的研究结果看，在淬火后，有未检测到原子簇的报道，也有检测到含不同质量分数镁和硅复合原子簇的报道。对长达2.5年自然时效后铝合金的研究也得到了相同的结果。人们至今也不清楚原子簇的成分。例如，对自然时效一个星期的试验研究表明，不同铝合金中原子簇的平均镁硅原子比有0.8、1.2和1.3种报道。然而，这样的平均值没有意义，因为原子簇尺寸明显过于分散。甚至关于原子簇成分的发展趋势也难以达成一致意见。一种普遍的观点是，由于硅在铝中的溶解度低，扩散速率快，富硅原子簇首先形成，随后镁扩散到该原子簇中。根据APT、核磁共振和正电子多普勒光谱的研究数据，在自然时效过程中，相应的镁硅比是增加的，但也有些APT的研究得出了相反的趋势或镁硅比没有发生变化的结论。目前还不清楚的是，自然时效形成的原子簇中的铝含量。原子探针层析成像分析也得出原子簇具有不同的尺寸，即使在同一个试样中，也有很大的差别。例如，经过一个星期的自然时效后，估计原子簇中溶质原子数量的差别也很大，有4~8个原子、10~55个原子、不多于50个原子、不多于25个原子和不多于21个原子的研究报道，对应的原子簇平均直径为2.4nm（对应于100个原子）或1.4nm（对应于21个原子）。原子探针层析成像的检测效率为30%~55%，但文献并没有给出明确的说明，不知道在确定原子数量时，是否考虑到了该因素。

原子簇的形成将导致电阻率显著增加。采用正电子生命周期光谱法，对原子簇形成过程进行跟踪，表明原子簇在自然时效的不同阶段形成。也可采用热分析方法对原子簇进行检测。图2-199中的DSC谱线分析显示在100℃（210℉）以下，有一个双峰结构，这是在低温或高温条件下形成的两种类型的原子簇。

在低温（自然时效）下形成的原子簇加热至高温时将发生溶解，硬度相应降低。例如，自然时效的Al-0.4Mg-0.55Si合金，仅需在250℃（480℉）加热几分钟或更短时间，就发生回复（归）。一般Al-Mg-Si合金回复要求温度超过180℃（355℉）。原子探针层析成像分析显示，在这样的温度下，富硅的原子簇更难以发生回复（归）。

（2）人工时效　人工时效包括直接时效和析出，下面分别对其进行介绍。

1）直接时效。人工时效通常在150~200℃（300~390℉）温度范围内进行，最常用的人工时效温度为165~185℃（330~365℉）。当然，也有采用较低时效温度的情况，通常称为预时效（PA），这将在稍后进行讨论。从技术上讲，对于析出序列，这种预时效和人工时效的处理方式相同，它们只是应用场合不同。

在人工时效过程中，随着镁和硅原子的析出，铝合金的硬度会增加。在析出硬化峰的条件下，微观组织主要是针状的亚稳态β″相（有时称为GP-Ⅱ区）。它在120~200℃（250~390℉）的时效温度下形成，在铝合金基体的 $<001>_{\alpha}$ 方向上拉长，是Al-Mg-Si合金的主要析出强化相。

2）析出。图2-200所示为析出强化相的TEM图像，在横截面上，这些针状强化相以平行四边形析出，在两种可能的方向产生的应变衬度对比。采用高分辨率透射电子显微镜（HRTEM）对横截面的细节进行进一步分析，可以看到，除了完全有序析出相外，还存在部分有序和无序析出相。

由于铝合金成分不同，淬火条件和热处理工艺不同，析出序列可能会发生改变。根据不同的情况，析出相种类和分布也会发生变化。在成分接近于镁硅原子比为5:6的铝合金中，理想有序均匀分布的β″粒子优先析出。与之相反，在镁硅比不同的铝合金中，析出相通常呈无序、较不规则的形态，通常包含堆积层错，或者是与U2等其他相共生析出。因此，现已发表的对析出组织的研究是理想化的，而真实的组织可能包含不同的亚稳态析出相，即使是在同一个试样中，甚至是在同一个析出相中，也可能存在组织和成分梯度。

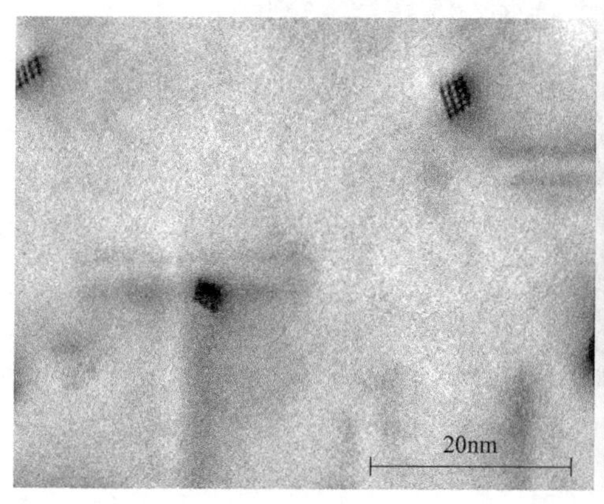

a)

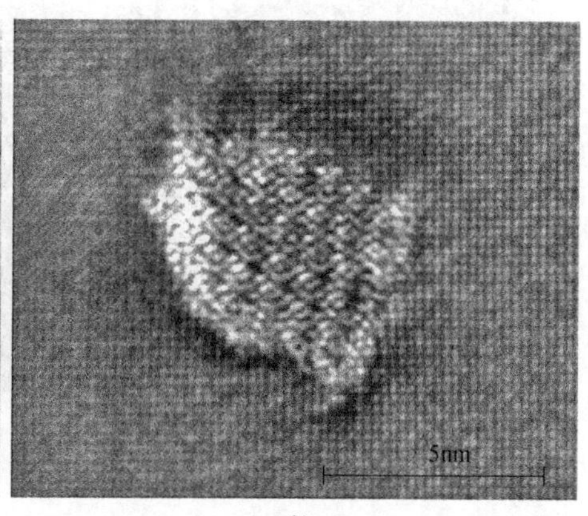

b)

图 2-200　Al－0.64Mg－0.69Si 合金 β″析出相的透射电子显微镜和高分辨率透射电子显微镜图像

a）透射电子显微镜图像　b）高分辨率透射电子显微镜图像

注：铝合金在 175℃（350℉）人工时效 36h。两个图像沿着 $<001>_{\alpha}$ 方向拍摄。平均粒子横截面积为 5.3nm²，析出相密度为 $3.7\times10^{22}m^{-3}$。2009 年版权，经参考文献［22］允许重印，美国物理学会出版有限公司（AIP Publishing LLC）。

在过去的 20 年里，随着显微分析技术的进步，人们对 β″相的结构和成分的看法发生了变化。尽管直到最近，人们仍认为 β″相中不含有任何铝，镁硅原子比应为 5:6，但原子探针和高角度环形暗场成像透射电子显微镜测量和计算的最新研究结果显示，在 β″相中明显含有铝，见表 2-73 中的数据。两种含有铝的 β″析出相结构相同，并且均为常用铝原子取代硅原子。

通过对析出相在一个近六方晶系的网状硅或硅柱型结构上长大过程的分析，有助于对析出相从 β″相或 $β''_{前驱相}$ 演化生成的过程进行了解。在这两种情况下，硅原子的结构不发生变化，但其在晶格中的位置发生变化。

图 2-201 所示为 β″相的横截面（约为 3nm × 2.5nm）照片，并与面心立方铝合金基体呈典型的取向关系（其晶格参数见表 2-73）。对 β″相的结构与相关亚结构的研究表明，硅原子形成网络，并牢牢占据某些位置，而其他位置则很容易被铝或镁原子所占据。这就是在时效过程中，成分很容易发生变化的原因。从 $<111>_{Si}$ 的方向看，硅网络像变形了的六边形，其变形程度与占据的铝和镁原子的数量有关。硅原子网络具有周期性，与 β″针的长轴平行，晶格参数是 0.405nm，因此能与铝的晶格匹配共格，如图 2-201b 所示。该网络为连接两个相邻 $(001)_{\alpha}$ 面的黄色菱形，可以在图 2-201a 中的 $a-c$ 平面内旋转（译者注：图片为黑白色，看不到黄色菱形）。

可以将 β″的生长过程看成在已析出相的横向或末端添加 β″的亚单元（图 2-201 中疏松的分子）。TEM 和原位散射试验研究表明，β″针长度方向比宽度方向的长大速率要快，这意味着在针的末端添加亚单元比在针的两边添加更加容易。与有序析出相比，亚单元的不完全层错会引起偏差是常见的现象，而完全有序的析出则是例外。

① 早期析出导致出现 β″相。观察到的最小 β″相的横截面包含有四个亚单元，可以认为这是最早期的时效（欠时效）。有各种术语描述形成早期原子簇和 β″相之间的阶段（参见自然时效部分），包括初生 GP 区、GP－Ⅰ区和 $β''_{前驱相}$。差示扫描量热法研究表明，在时效过程中，确实存在不同的放热峰，但各放热峰对应的析出相还不完全清楚。

在 70～90℃（160～195℉）温度区间的时效析出过程较为缓慢，可对时效的早期阶段进行研究。采用不同方法进行研究的结果并不一致，通过 HRTEM，可以观察到直径不大于 30nm、内部有序的长片状（GP 区）；而采用 APT 对相类似时效阶段的铝合金的研究表明，原子簇为球状，直径小于 3nm（称为原子簇 2）。前一种铝合金的高镁硅比可能是造成这种差异的原因。

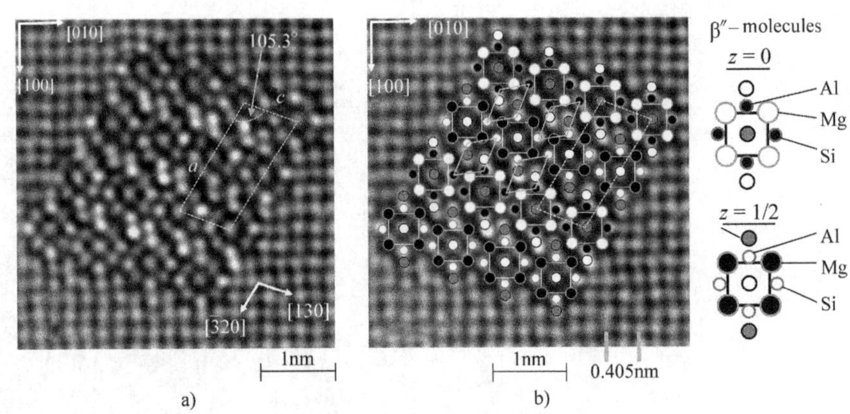

图 2-201 β″相的横截面照片

a）低 Cu（质量分数为 0.05%）的 6016 铝合金中 β″析出相的高角度环形暗场扫描透射电子显微图像

b）a）图各原子类型重叠的图像（各原子类型如图中右侧所示）

注：图 a）中铝合金经 T4 状态代号工艺处理后，在 185℃（365℉）时效 5h。沿着平行于针轴的 <001>$_α$ 方向拍摄。图中虚线表示单位晶胞，单位晶胞参数见表 2-73。图 b）中原子被分类为不同 β″分子，构成在观察方向析出相的两层原子。图中斜线表示连接两个（001）$_α$ 面的菱形硅网络。由 S. J. Andersen 和 C. D. Marioara 提供，得到海德鲁铝业公司（Hydro Aluminium）许可。

在典型的人工时效温度［约 180℃（355℉）］时效很短的时间（5～20min），可以检测到微小的析出相（簇）析出，并暂时命名为 C1、C2 和 C3。它们分别为球状、片状和细长条状，都与铝基体的面心立方晶格非常相近，相互之间会发生转变，并作为单斜晶体结构 GP 区的前驱相。然而，这些原子簇与典型 β″相结构之间确切关系还不完全清楚。此外，其他研究人员在进行了 5min 人工时效的试样中，检测到了 6nm 长的单斜晶体结构 GP 区。

经过长时间的时效，人们观察到了更多的有序析出相。被暂时称为 $β''_{前驱相}$ 的结构与 β″相相似，为细小针状单斜结构，晶格参数只与 β″相稍有偏差。人们认为 $β''_{前驱相}$ 中含铝量比 β″相更高，随着析出进程的进行，铝从 $β''_{前驱相}$ 中扩散出去，而镁和硅则扩散进入。

有人对铝合金析出序列给出了另一种描述，由此才导致了 β″相出现。在第一阶段，认为初生 GP 区与前面提到的原子簇相对应。它们转变为 GP－Ⅰ区（先是单层，后是多层），在此之后，观察到随机类型析出相（Random－Type Precipitates）（也称为 GP－Ⅱ区），与前面讨论的 $β''_{前驱相}$ 相对应。由于缺乏它们的晶体结构参数，很难对不同观测结果直接进行比较，但应该清楚的是，有许多不同名字的相实际上是相关的，有时甚至是相同的。

总之，人们对在淬火后最早形成的原子簇转变为主要强化相 β″的细节还不是很清楚，而对铝合金中镁硅比的作用也缺乏进一步认识。通过将析出过程描述为一个连续的过程，最初形成的网状硅逐渐长大，为镁和硅的富集提供了基础，可以明显减少析出相的数量。需要澄清的是，从面心立方铝晶格点阵形成早期原子簇，再到形成有序的单斜结构单元，构成析出序列的基础，导致了析出 β″相。

② β″相析出后的析出演化。延长人工时效时间或提高时效温度，将发生过时效现象，析出相发生粗化且 β″相演化成其他析出相。随着析出进程进行，析出条棒状的 β′相。β′相的长度和厚度均比 β″相大几倍，具有六方晶体结构（表 2-73），与基体有几种取向关系。在平衡铝合金中，几乎都是从 β″相和 β′相两相共存的阶段演化为完全 β′相。图 2-202d 所示为典型的 β′析出相。

在工程铝合金中，常见高硅铝合金，在这类合金中，析出系列会发生变化。除了 β′相外，在达到平衡之前，还观察到了三种析出相。它们分别称为 A、B 和 C 相，或者称为 U1、U2 和 B′相（最初用“U”是表示未知的意思）。虽然报道的这些析出相的结构和成分存在一定的差异，但认为这些具有不同名称的相是相同的。现已证明，所有这些析出相都有一个共同的硅网络。第一个析出的相是 U2/B

（也称 β'_B）。研究发现，它为正交晶体结构，但具有不同的成分，该相的形貌为棒状，与基体半共格，图 2-202a 为它的横截面照片。下一阶段析出的相是 U1/A（也称 β'_A），测量结果为，具有不同的晶格结构和不同的成分，但在析出序列中的位置是相同的。该相具有六方晶体结构（或三角晶系结构），形貌为棒状，与基体保持半共格。图 2-202b 为该相的横截面照片，图中显示可能有 U1/A 和 U2/B 共存。富硅铝合金中的另一个相称为 B′或 C 相（也称 β'_C）（表 2-73）。该相具有六方晶体结构，其形貌为棒状，是富硅铝合金析出序列中最后一种亚稳相。

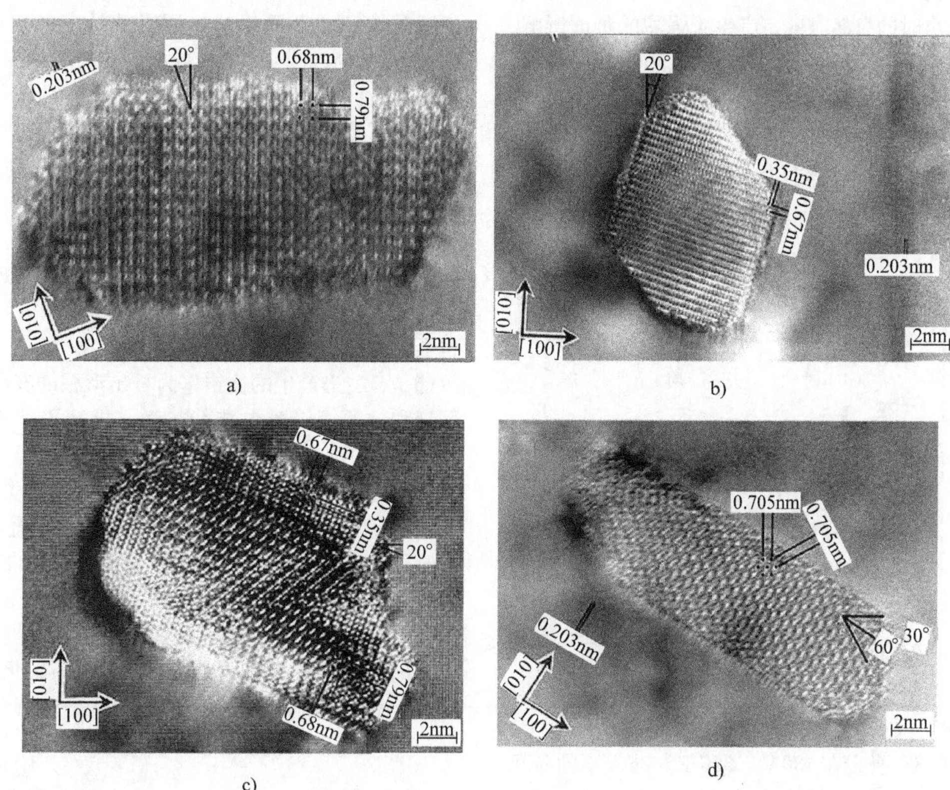

图 2-202 Al－0.63Mg－0.77Si 合金中各析出相横截面的高角度环形暗场透射电子显微图像

a）T_e = 375℃（700℉），析出相为 B（U2） b）T_e = 400℃（750℉），析出相为 A（U1）

c）T_e = 400℃（750℉），析出相为 A 和 B（U1 和 U2） d）T_e = 350℃（660℉），析出相为 β′

注：所有的试样都以 10K/min 的加热速率加热到最终温度（T_e），然后进行淬火。

析出的最后阶段是平衡相 β，它只发生在高温退火的铝合金中，此时铝合金的强度很低。在具有明显过量的硅的铝合金中，观察到的析出相只含硅。

总之，从超饱和固溶体开始，富硅铝合金的析出序列可以写成：

$$\begin{aligned}&\alpha\rightarrow\alpha+\text{原子簇}\rightarrow\alpha+\text{GP}/\beta''_{\text{前驱相}}\rightarrow\alpha+\beta''\\&\rightarrow\alpha+\beta'\rightarrow\alpha+\text{U1/B}\rightarrow\alpha+\text{U2/A}\rightarrow\alpha+\text{B}'/\text{C}\\&\rightarrow\alpha+\beta+(\text{Si})\end{aligned}\tag{2-29}$$

（译者注：该公式有误，根据文章中的内容，公式中应该是 U1/A 和 U2/B）

对平衡（富镁）铝合金，析出序列更接近于式(2-28)，在式（2-28）中可出现多相共存。例如，在一个试样中发现有 β″、β′和和 U2/A 共存（译者注：该处有误，应该为 U2/B）。

（3）自然时效对随后的人工时效的影响 自然时效对 Al－Mg－Si 系列铝合金随后的人工时效具有非常明显的影响。粗略地说，当铝合金中镁＋硅的质量分数超过约 1% 时，自然时效对随后的人工时效将产生负面影响，主要表现为使人工时效强化效果不理想（有时甚至是下降），达到的峰值强度降低。在人工时效前进行自然时效，会使峰值时效状态产生较粗大的 β″析出相。其原因是，在自然时效过程中形成的原子簇，在人工时效时不会直接转变为 GP 区，而后形成 β″相粒子（不像某些 7×××系列铝合金），而是在人工时效早期发生溶解，恢复基体中的溶质原子过饱和状态。另一种可能性是，在淬火后出现过饱和的空位，可能会陷入自然时效时形成的原子簇中（在人工时效温度下才能缓慢恢复），并且只有通过延长人工时效时间，溶质原子才有可能出现扩散。负面影响程度与自然时效时间有关，其中有很多问题相当令人费解，因此实际情况可能要比想象的复杂得多。例如，Al-0.6Mg-0.8Si 合金经过几个小时的自然时效，产生了强烈的负面影响，在此之后，直至自然时效两周，负面影响效果降低。但进行更长时间的自然时效，负面效应会再次增加，如图 2-203 所示。对镁+硅的质量分数低于 1% 的铝合金，在人工时效前进行自然时效，则可以产生正面影响效果，也就是说，可以加强人工时效效果和提高峰值强化硬度。

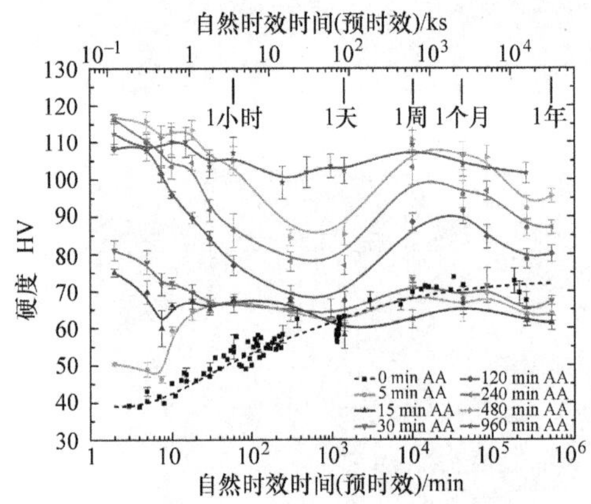

图 2-203　在 20℃（70℉）自然预时效后，Al-0.6Mg-0.8Si 合金在 180℃（350℉）时效不同时间对硬度的影响

注：图中黑点表示仅进行自然时效（NA），不进行人工时效（AA）。例如，与经过 300min 的人工时效相比，自然时效对经过 480min 人工时效的负面影响更明显。当时效时间达到 1 周后，发生部分逆转，之后又部分恢复。根据参考文献［42，78］改编（译者注：图中只有经过 30min 人工时效的曲线，疑是图题有误）。

可以通过以下方法，减少自然时效对人工时效的负面影响：

1）在固溶和淬火后，立即对铝合金进行较高温度的预时效。

2）从固溶温度淬火到中间温度，如 160℃（320℉）。

3）在自然时效后进行一个短时间的回复（归）热处理（Reversion Heat Treatment）。

4）添加推迟自然时效的合金元素，如铜或锡。

减少自然时效对人工时效负面影响的另一种方法是，在很低的温度下放置，如在 -50℃（-60℉）下放置，但这在工业生产中不容易实现。

（4）在中间温度预时效后再进行人工时效　这是克服 Al-Mg-Si 合金固溶和淬火后自然时效产生的负面效应的最常用方法。预时效温度不低于 80℃（175℉），典型工艺为在 100℃（210℉）保温 2h。在经过预时效后，铝合金在室温下一定时间范围内是稳定的，几乎不会发生自然时效，因此，不会对人工时效产生负面影响。预时效处理的时间越长（或温度越高），自然时效被抑制的时间越长，但硬度就越高，这不利于成形加工，如薄板冲压。因此，应综合考虑铝合金稳定的时间和初始硬度，在它们之间寻求最佳方案。人们认为，在中间温度的预时效过程中，形成了非常小的析出相（原子簇 2 或表 2-73 中的 $\beta''_{前驱相}$），不像在自然时效中形成的原子簇，这些相可以在人工时效中进一步成长为 β″相。

（5）变形后进行人工时效　对合金进行拉伸，也会改变随后的时效过程（状态代号 T8）。其原因可能是，变形产生的位错作为析出形核的有利位置，而镁和硅原子沿着位错线扩散，提高了扩散速率。进行 2% 的拉伸，可提高时效速率和时效强化峰值。分析研究结果表明，形变能改变析出相的类型、尺寸、密度、位置等。例如，对 6060 铝合金在进行 10% 的变形后，析出相从 β″相转变为以 β′相主，只有少数 β″相，此外还发现析出相在位错上形核，如图 2-204 所示。变形后进行人工时效，对提高铝合金总的强度效果不明显，但由于有加工硬化的叠加效果，铝合金的最终强度更高。

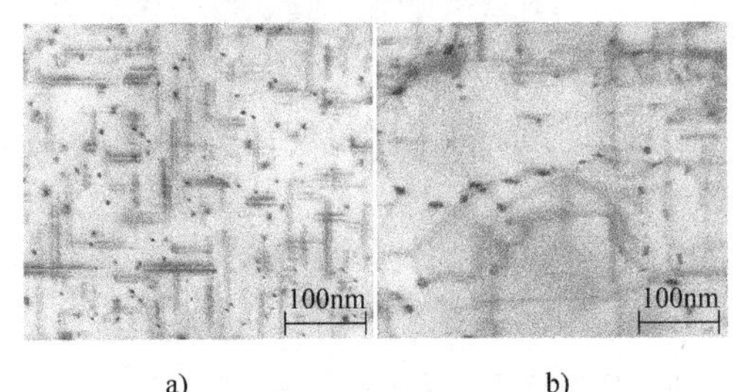

图 2-204　6060 铝合金在 190℃（375℉）时效 5h 的明场透射电子显微图像

a）未变形合金　b）在人工时效前进行 10% 变形的合金

注：与图 b 中的析出相相比，图 a 中析出相的长度约为其 50%，厚度为其 1/3，析出数量为其 5 倍，但总体积分数仅为图 b 的一半。图 a 含有 58% 的 β″粒子和 42% 的 β″析出后再析出的粒子；而在图 b 中，含有 3% 的 β″粒子和 97% 的 β″析出后再析出的粒子。

2. Al-Mg-Si-Cu 合金

如果铝合金中铜的质量分数不大于 0.1%，则认为该铝合金不含铜，其析出过程在前面已经介绍。

然而，大多数 Al - Mg - Si 合金都含有一些铜，有铝些合金含有质量分数为 0.25 %或以上的铜，如 6061 [w(Cu) = 0.25%]、6022 [w(Cu) = 0.7%]、6111 [w(Cu) = 0.7%]、6056 [w(Cu) = 0.8%]、6013 [w(Cu) = 0.9%]铝合金，添加铜对铝合金时效性能和析出序列有明显的影响。添加了铜后，析出稳定相除了 α、β 和（Si）外，光谱中还可能检测到 Q 相，如图 2-198 所示。因此，可以认为亚稳态前驱相含有铜。

（1）自然时效　在 Al - Mg - Si 合金中加入铜，改变了自然时效的动力学，会降低早期几个小时时效阶段的强化效果，但可明显提高长时间自然时效的效果。其原因是，空位和铜原子之间发生了相互作用。形成的原子簇中主要由镁和硅主导，但其中很大一部分原子簇含有铜原子。

（2）人工时效　含铜铝合金人工时效的峰值强度比无铜铝合金的要高。其原因是析出相种类不同，而且析出相更加细小弥散，数量更多。例如，在早期的析出相 GP 区中含有铜，并且促进了它们的形成。在淬火态，铜明显加速了析出动力学，但是在 T4 状态代号温度时效，没有加速析出的效果。在峰值时效的状态下，析出相 β″达到 20% ~30%，也有报道称可达到 60%，而大多数其他不同结构的亚稳态析出相也含有铜，其中部分相是 Q 相的前驱相。采用现有的微观组织特征对所形成的相的描述，还无法达成一致意见。现在所知道的是，在达到峰值时效状态时，会形成除 β″相之外的多种析出相；通常认为 C 相和 L 相（前者不要与前面的 B′/C 相混淆）的弥散析出，导致了铝合金的硬化。这些相的形态和内部有序情况是不同的，但可能是密切相关的（表 2-73）。其他六方晶体结构相命名为 QP、QC（仅在含铜量非常高的铝合金中出现）和 S 相（不要与 Al - Cu - Mg 合金中的 S 相混淆），在该铝合金系列中，怀疑 QC 相和 S 相是相同的。总之，现在人们对各析出相的作用还不完全清楚。

长时间进行人工时效或过时效，会导致形成 Q′相，该相的质量分数是在消耗 β″相、β′相和 Q′相亚稳态前驱相的基础上不断增加的。Q′相在之前已析出的 β′相上形核，当 β′相过度长大时，观察到出现 Q′相。最终，在过时效状态下，形成平衡的 Q 相。

在 Al - Mg - Si - Cu 合金不同的析出相中，应该强调指出的是，硅的网络起到了重要作用。这里所说的不同的析出相中，包括 Q 平衡相，但不包括 β 平衡相。通常，Al - Mg - Si - Cu 合金的析出序列是

$$
\begin{aligned}
\alpha &\rightarrow \alpha + \text{Mg - Si - (Cu)原子簇} \rightarrow \alpha + \text{GP(Cu)区} \\
&\rightarrow \alpha + [\beta''(\text{Cu}), \text{L}, \text{C}, \text{S}, \cdots] \rightarrow \alpha + \text{Q}' \rightarrow \alpha + \beta' \\
&\rightarrow \alpha + \text{Q}
\end{aligned}
\tag{2-30}
$$

需要注意的是，析出相不是完全严格地按析出序列出现的，而且不是在任何温度下时效，都可以观察到所有的析出相。表 2-73 列出了含铜相的一些性质，对它们的研究的深入程度远不如对 Al - Mg - Si 合金中出现的相。在式（2-30）中，用 GP（Cu）或 β″（Cu）表示该析出相含有铜。然而，铜的存在并没有改变析出相的基本结构，这就是在表 2-73 中没有单独列出它们的原因。

2.7.5　Al - Cu、Al - Cu - Mg 和 Al - Si - Cu 合金

铜在铝中的最大溶解度为 5.65%，是该系列铝合金中的主加合金元素。镁是第二大主加合金元素，对时效强化的析出序列和动力学有明显的影响。它能加速自然时效，提高整体强化效果，如果镁的含量足够高，则会产生其他亚稳态强化相。硅也是一种常见的主加合金元素，尤其是在铸造铝合金中。硅能加快时效动力学，如含硅的 319 铸造铝合金和含有少量硅的变形铝合金。在铸造铝合金中，硅的主要功能之一是提高铸造性能。在 Al - Cu 合金中，还添加了锂元素。这种含锂的铝合金属于 2×××系列或 8×××系列铝合金。它们在析出类型上不同于不含锂的铝合金，下面分别进行介绍。

对 Al - Cu 合金的研究已经有很长的历史了，对它的时效过程已有了深入了解。虽然在某些亚稳析出相的问题上，特别是在含有镁或其他微量元素的三元或多元合金中，还存在一些争论，由于这个原因，有时还会出现析出相的名称或析出序列不一致的情况。但总的来说，对其析出序列大体上已了解（译者注：下面介绍的 Al - Cu 合金等节应该为该节的子节，但原书将下面的子节与该节并列，可能是出现了错误）。

1. Al - Cu 合金

在工业中很少使用 Al - Cu 二元合金，但从历史上来看，与其他铝合金相比，人们认为 Al - Cu 二元合金更容易研究，因此对其研究也是最深入的。除了 2011/2011A 和 2219/2319 铝合金外，所有 Al - Cu 合金都含有重要元素镁，如下节将介绍的 Al - Cu - Mg 合金。Al - Cu 系铸造铝合金有 224.x、295.x、296.x 等铝合金，还有一些含硅的 Al - Si - Cu 系铸造铝合金（如 308.x 和 319.x）。这些铝合金的析出过程与 Al - Cu 合金类似，即使是含有镁的 Al - Cu 合金，在铜镁比很高的情况下，它们的析出序列也部分与 Al - Cu 二元合金类似。也就是说，铝合金在

相图中的相区为α+θ或α+θ+S，如图 2-205 所示。

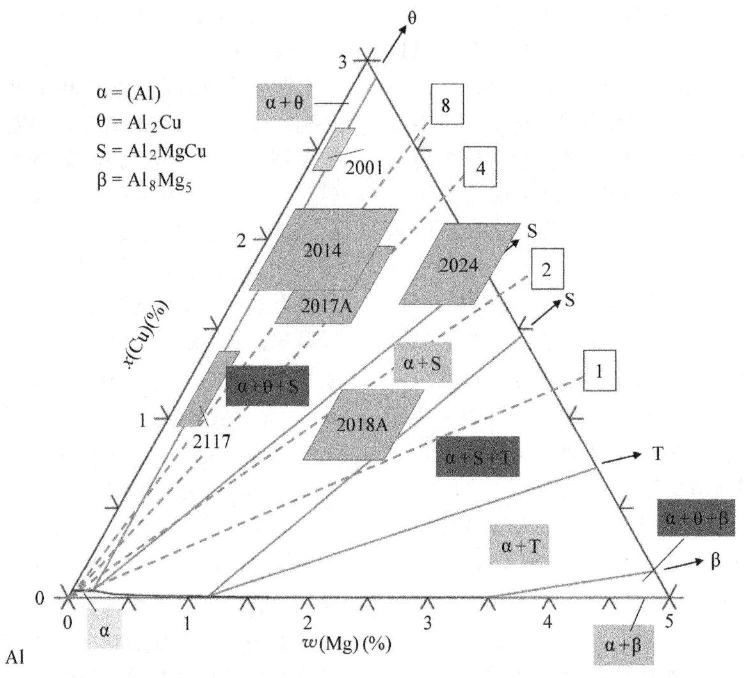

图 2-205 采用 Thermocalc 软件和 COST507B 数据库计算的 Al－Cu－Mg 合金在 190℃（375℉）等温的截面平衡相图

注：图中菱形框中为部分工业铝合金的成分范围，实线表示相界，虚线为按质量分数表示的恒定的铜镁比（用带数字的方框给出）。图中给出了四种平衡相，除α相外，所有对应于图范围外的单相区都用箭头指示。

（1）自然时效 在某些 2×××系列铝合金中，采用状态代号（T3 和 T4）工艺处理，能达到良好的力学性能（抗拉强度与屈服强度比高，抗断裂韧性高和抗疲劳能力高），因此，自然时效对该系列铝合金显得尤为重要。铜在固溶体或在 GP 区中，比在高温下形成的θ″相和θ′相中不易发生腐蚀，因此，相对来说，所有含铜的铝合金在自然时效的状态下，都具有最好的耐蚀性。

1）析出序列。当铝合金从过饱和固溶体淬火后，立即发生自然时效。相应的时效序列是

$$\alpha \rightarrow \alpha + GP_{\text{前驱相}} \rightarrow \alpha + GP\text{区} \quad (2\text{-}31)$$

人们对α相分解的初期阶段并不是很清楚。有研究表明，初期阶段发生调幅分解，产生浓度起伏，下一个阶段可能是在基体的$\{100\}_\alpha$面上发生铜原子的偏析，形成 GP 区，最终在面心立方铝基体的三个面上，形成片状的富铜相（图 2-206）。GP 区由单层铜原子层组成，周围晶格点阵畸变产生应力场，该畸变应力场至少能影响到基体晶格中 15 层原子面。在有关文献中，已对 GP 区的具体结构和成分进行了深入的讨论。经过长时间的时效后，GP 区可能还会形成多层。图 2-207 为具有不同结构的 GP 区的示意图。GP 区的数量密度可高达 $10^{23} \sim 10^{24}/m^3$，有报道称其成分可高达 100% Cu，也有报道称其成分可低于 50%，但对该微区的成分一直不是特别清楚。在受到应变时，GP 区会发生剪切变形，如图 2-206所示。

小角度 X 射线散射（SAXS）试验表明，在 Al－Mg－Si 合金析出的初期，GP 区以片状析出，没有发现近球状的原子簇。因此，在 GP 区形成前，定义所谓的 $GP_{\text{前驱相}}$，过于草率，缺乏依据。在自然时效期间，硬度持续提高，在室温下大约 1 天至 1 周后逐渐达到稳定值。电阻率起初逐渐增加，然后在大约相同的时间段后开始下降。该现象可以通过 GP 区长大，提高电阻率，但基体中的铜发生贫化，降低了电阻率来解释。

不论在 20℃（70℉）自然时效多长时间，都不会形成θ″相。例如，经 5 年自然时效和 14 年自然时效，均未检测到θ″相。形成θ″相需要提高时效温度，如采用 100℃（210℉）的时效温度。

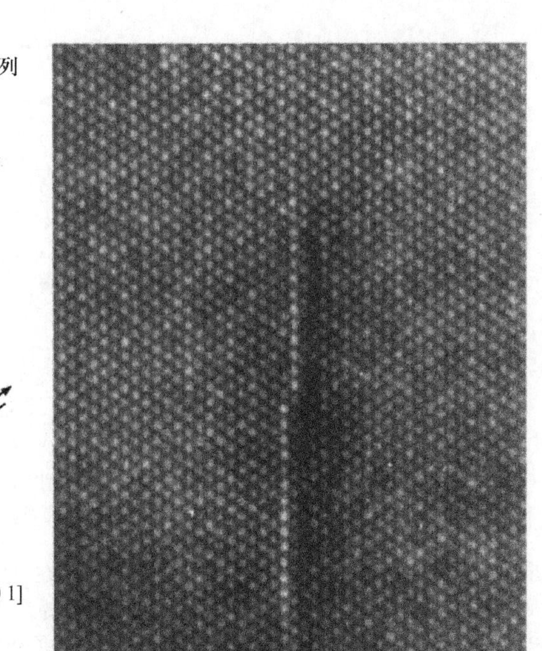

图 2-206　刃位错剪切单层的 GP－I 区的高分辨率透射电子显微图像及示意图

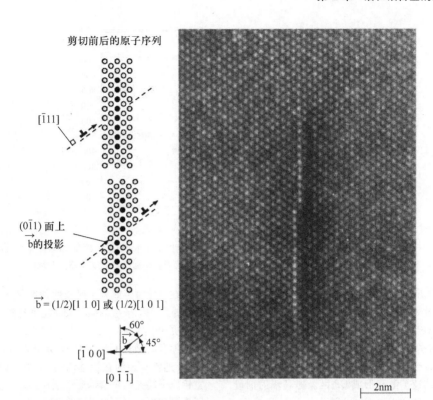

注：Al－4% Cu 合金在 100℃（210℉）时效 10h。经法国物理学会（EDP Sciences）许可转载。

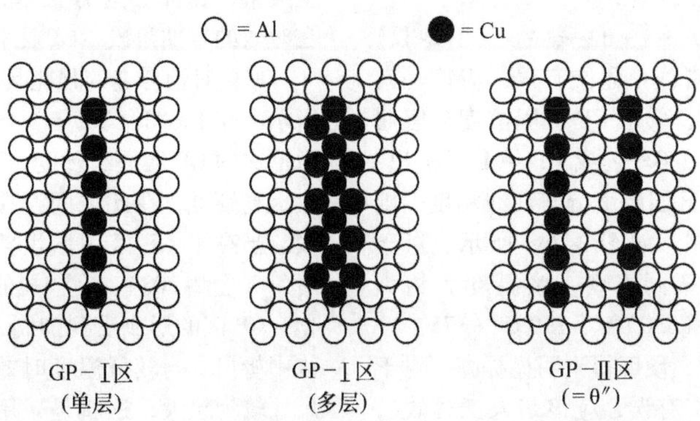

图 2-207　Al－Cu 合金形成 GP 区（两种结构）和 θ″相的结构示意图（根据参考文献［101］改编）

2）回复（归）。在自然时效过程中形成的析出相会在高温下发生回复（归），即合金的硬度、电阻率以及其他性能都会降低到接近固溶状态的值。例如，Al－4% Cu 铝合金自然时效 4 天，硬度为 80HV；加热到 190℃（375℉）时效几分钟后，硬度下降到 60HV。

在 200℃（390℉）时效 1min 后，发现 GP 区完全消失，性能回复到自然时效前的状态。在相关文献给出的 GP 区固溶度溶解曲线以下温度时效时，也观察到了回复（归）现象。GP 区回复所需的温度取决于形成 GP 区的温度。自然时效过程中或短时间形成的 GP 区与在较高温下或较长时间形成的 GP 区相比，稳定性较差。由于这个原因，人们对图 2-208 中急剧变化的 GP 区固溶度溶解曲线是否存在产生了质疑。

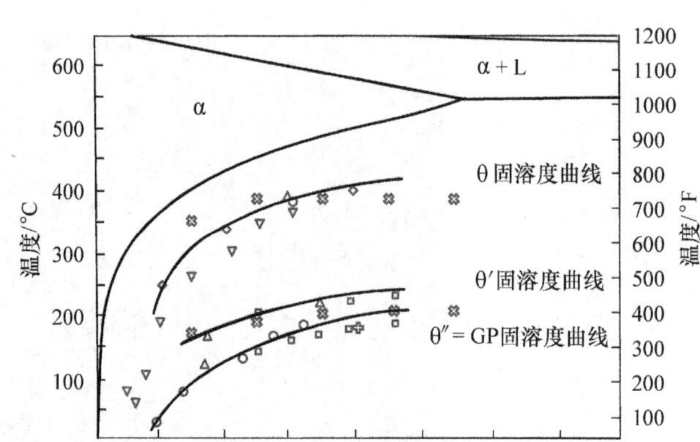

图 2-208 富铝端 Al－Cu 平衡相图。图中给出了 GP 区、θ″和 θ′亚稳相的固溶度溶解曲线

注：与文中引用的溶解温度有一定差异，仅作为参考。根据参考文献［93］改编。

3）动态析出。可以通过机械方法触发 GP 区析出。对欠时效 Al－4% Cu 合金进行循环变形，通过在基体中的 GP 区形核，在室温下形成 θ′析出相。

4）辐射诱发析出。通过辐射，可加速自然时效过程。例如，已经证明，通过电子辐射可以产生空位，从而可加速扩散和形成 GP 区。提高辐射剂量，如在 TEM 中，也可以溶解 GP 区。

（2）人工时效　对于 Al－Cu 二元合金，在 100～200℃（210～390℉）或以上温度人工时效序列是

$$\alpha \rightarrow \alpha + \text{GP区} \rightarrow \alpha + \theta'' \rightarrow \alpha + \theta' \rightarrow \alpha + \theta \qquad (2\text{-}32)$$

对于自然时效（译者注：原文有误，应该是人工时效），如时效温度 T_{AA} 低于 GP 区固溶度分解曲线温度，第一阶段会导致 GP 区或 GP－Ⅰ区析出；如时效温度 T_{AA} 高于 GP 区固溶度分解曲线温度，则 GP 区的形成会受到抑制，如图 2-208 所示。对于 Al－4% Cu 合金，根据不同资料，该温度大约为 150℃（300℉）、165℃（330）℉、190℃（375℉）。当铝合金形成了 GP 区时，硬度得到明显提高，对于自然时效（译者注：原文有误，应该是人工时效），也会形成多原子层的 GP 区。对 Al－4.2% Cu 合金在 100℃（210℉）时效 10h 后，发现 80% 的 GP 区是单层的，而 20% 是多层的。除形成 GP 区外，在基体的 $\{111\}_\alpha$ 面上发现了一些圆盘状相。这些圆盘状相与 Al－Cu－Mg－Ag 合金中发现的 Ω 相类似，但它们的稳定性很差。

在进行了自然时效后再进行人工时效，不会导致硬度连续提高，而是会溶解在自然时效过程中形成的相，导致相应的硬度降低。在此之后，形成不同于在自然时效或人工时效过程中得到的 GP 区结构。在自然时效或人工时效两种情况下，GP 区的厚度都是单铜原子层，但比较高温度时效 GP 区的直径显得更大一些。

随着时效进行，形成亚稳相 θ″（也称 GP－Ⅱ区）。通常 θ″相为在铝基体的 $\{100\}_\alpha$ 面上，由三个富铝原子层夹两个富铜原子层所组成，其尺寸比 GP 区更厚和更大（图 2-207 和图 2-209）。还有报道称存在其他的 θ″相结构，如在两个铜原子层之间只有两个铝原子层。与 GP 区一样，θ″相与周围的基体完全共格，在面心立方铝基体中有三种可能的取向。在时效的早期阶段，GP 区和 θ″相共存。

θ″相对铝合金的强化具有很大贡献，如图 2-210 所示。在 130℃（265℉）的较低时效温度下，最初由形成的 GP 区提高硬度，而后不断形成 θ″相，第二次提高硬度，在此之间存在一个两相共存的中间阶段。当高于 GP 区固溶度溶解温度 190℃（375℉）时效（图 2-208），在较短的时间内就会发生时效强化，GP 区的形成受到抑制，θ″相直接从过饱和的基体中析出。与较低温度时效相比，此时 θ″析出相的尺寸较为粗大，这就是采用较高温度时效时峰值硬度会降低的原因。最终，析出过程会逐步减慢，即使经过很长一段时间的人工时效后，固溶体中仍然含有铜溶质原子。例如，在 130℃（265℉）时效 300h 后，在 $w(\text{Cu})=4\%$ 的铝合金中，约 1/3 的铜原子仍固溶在铝基体中。

只要时效时间足够长、时效温度足够高，θ″相就会转变成 θ′相。例如，在 165℃（330℉）保温 2 天后，就会发生这种转变。在 θ″相溶解过程中，析出部分铜原子，并将其转移到新的 θ′相中。θ′相在 θ″/α 界面或晶格缺陷处形核。从 θ″相转变到 θ′相，

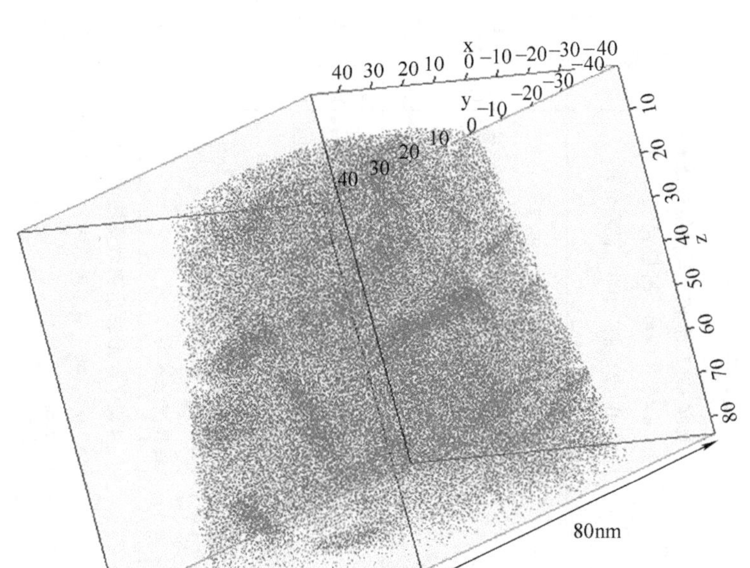

图 2-209　Al−4%Cu 合金 165℃（330℉）时效 8h 的 θ″（GP−Ⅱ）析出相

注：通过原子探针层析成像技术观察，其中点为铜原子，铝原子是看不见的。铜浓度增加的区域为 θ″相（GP−Ⅱ）区。由 A. Biswas 提供。如需要进一步了解，请参考文献［121］。

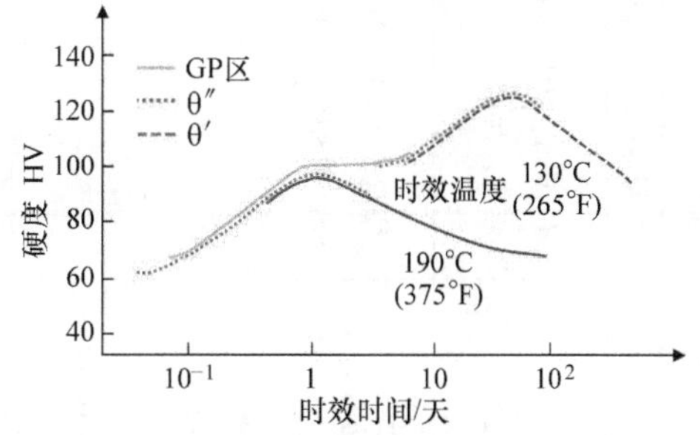

图 2-210　Al−4%Cu 合金在两种温度下进行人工时效时硬度的变化

注：图中不同的线型分别表示形成 GP 区、θ″和 θ′亚稳相。根据参考文献［111］改编。

取决于 θ″相的具体结构，当 θ″相在铜原子层之间仅有两个铝原子层时，由于铜含量较高，转变更加容易。当时效温度超过 200～230℃（390～445℉）（资料数据来源不同，具体的温度也不同）时，在不事先形成 θ″相的情况下，直接形成 θ′相。此时，θ′相在过饱和的基体中直接形核，θ′相与基体呈半共格。θ″和 θ′两种析出相对提高合金硬度，尤其是峰值区间硬度非常重要，但它们各自的体积分数与硬度之间的关系还不完全清楚，图 2-210 所表示的仅为其中的一种观点。

在过时效状态下，形成平衡相 θ（Al_2Cu），它是时效演化的终点，在高于正常时效温度形成，在实际生产中不会采用。对 Al−4%Cu（Sn）合金，在 200℃（390℉）时效 110h，不会形成该平衡相；在 320℃（610℉）时效，不形成 θ′相，而直接形成平衡相。对于 Al−4%Cu 合金，在约 500℃（930℉）的温度加热，θ 相发生溶解，如图 2-208 所示。表 2-74对所有亚稳相和稳定析出相的性能进行了总结。

（3）中断时效　通常人工时效有在一种温度下和两种不同温度进行之分，其中两级时效中的第二级温度较高，通常建议在两级时效过程中，加入一个较低温度的中间级过程。由于在较第一级温度低的中间级过程比第一级时间长，因此称为中断时效处理。由此发展出了一种新的状态代号——T6I4 处理工艺，即在一个短时间的人工时效后，在较低的时效温度［如 65℃（150℉）或 20℃（68℉）］下进行长时间时效处理。T6I4 工艺步骤为，在短时间人工时效后，在较低的时效温度下时效，最后再进行一次人工时效。研究发现，该处理工艺不仅可以提高 Al−Cu 合金的屈服强度和伸长率，而且还可以提高铝合金的其他性能。图 2-211 所示为 Al−4%Cu 合金的电子显微照片。在短时间的人工时效过程中，析出了抗剪切的 θ′相，在随后的 65℃（150℉）时效过程中，在仍处于过饱和基体中的 θ′析出相之间，形成了可剪切的 GP 区。与同一铝合金直接采用 T6 状态代号处理工艺相比，该处理工艺析出相为双峰颗粒分布，具有更高的屈服强度和伸长率。

表 2-74 Al – Cu、Al – Mg – Cu 和微合金化 Al – Mg – Cu – （Ag，Si）合金分解过程中形成相的性能

相	时效状态	晶体结构	形状、尺寸、取向	成分	注解	来源
Al – Cu 合金						
GP（GP – I）区	NA 或短时间 AA	单层 Cu 在 {100}$_{\alpha}$面；也存在多层的区	小片状，d = 3 ~ 5nm，间隔 2.4 ~ 4nm，共格	富 Cu，准确的 Al 含量存在争议	—	95，98
θ″（GP – II）	AA	正方晶格，a = 0.404nm，c = 0.768nm；两个 Cu 的 {100}$_{\alpha}$面层由三个 Al = GP – II（3）的 {100}$_{\alpha}$面层分开	盘片状，共格，在 165℃（330℉）时效 8h 后，厚度为 2nm，直径为 22nm	成分范围宽，w(Cu) = 10% ~ 40%	可在 GP 区形核，其他结构还有两个 Cu 的 {100}$_{\alpha}$面层由两个 Al = GP – II（2）的 {100}$_{\alpha}$面层分开	111，121，122
θ′	AA	正方晶格，（bct，I4/mcm），a = 0.404nm，c = 0.580nm	高直径与厚度比的盘片状，在 190℃（375℉）时效 8h 后，厚度为 8nm，直径为 180nm；在 260℃（500℉）时效，厚度可达到 50nm，半共格	约为 Al_2Cu	可在位错处或在 θ″/ Al 界面形核，在 Al 的 {100}$_{\alpha}$ 面上形核，取代 θ″	111，121
θ	AA	体心正方（I4/mcm），a = 0.6066nm，c = 0.4874nm	有多种形态，非共格，有多种取向	Al_2Cu	强化效果差，几乎不溶入 Mg	123，124
Al – Cu – Mg 合金						
原子簇	AQ、NA、AA	—	d = 1nm，无序，几个到几十个原子，共格	Cu – Cu、Mg – Mg、Cu – Mg 原子簇	数量密度达 $2 \times 10^{25}/m^3$；体积分数为 2%；形成速率快；Cu – Mg 原子簇提高强化效果	125 ~ 127
GPB	NA、AA	面心正方，a = 0.404nm，c = 0.55nm；由亚纳米级尺寸棒状未知结构单元聚集	棒状，d = 1 ~ 2nm，l = 4 ~ 8nm，沿 <001>$_{\alpha}$拉长，共格	Cu:Mg = 1	从原子簇形成达到数量密度 $1.6 \times 10^{23}/m^3$，报道有多种结构，但相互存在矛盾	105，127 ~ 131
GPB – II	长时间 AA，高温时效	可能为六方结构	—	—	心部为 GPB 区	129
GPB – II/S″	AA	正交晶系（Imm2），a = 0.405nm，b = 1.62nm，c = 0.405nm	—	$Al_5(Cu, Mg)_3$	在体积分数达到峰值前硬度达到最大值，强化效果弱	132

S′	AA	正交晶系（Cmcm），$a=0.404$nm，$b=0.925$nm，$c=0.718$nm	板条状，沿$<001>_{\alpha}$拉长，半共格	—	在位错处形核，是S相的变体	128，133
S	AA	正交晶系（Cmcm），$a=0.4012$nm，$b=0.9265$nm，$c=0.7124$nm	板条状，沿$<001>_{\alpha}$拉长，在$\{210\}_{\alpha}$面非共格	Al_2CuMg	由S′相转变而来；Zn的溶解量<1%	124，133~135
T	—	立方晶系，$a=1.425$nm	—	Al_6CuMg_4	仅出现在含镁量高的铝合金中	136
Al－Cu－Mg－（Ag，Si）合金						
Ω	AA	立方晶系（Fmmm），$a=0.496$nm，$b=0.859$nm，$c=0.848$nm	片状，在200℃（390℉）时效，在$\{111\}_{\alpha}$面析出达$d=5.5$nm，长宽比达1∶30的六边形	Al_2Cu，Ag在宽的面上偏析，不进入片状中	在铜镁比高的铝合金中形成，结构与θ相类似，有时也出现在不含Ag的铝合金中	137，138
X′	AA	密排六方晶格，$a=0.496$nm，$c=1.375$nm	小片状，在$\{111\}_{\alpha}$面析出，$w=50$nm，$d=12$nm，长宽比比Ω相小	Al_2CuMg（Ag）	在中等合金度的Cu－Mg合金中出现，结构与S相类似，亚稳相	139，140
Z	AA	立方晶系（m3m），$a=1.999$nm	等轴粒子，可达$l=200$nm，有两种取向关系	—	在铜镁比低的铝合金中形成，也可在没有微合金化的Al－Cu－Mg合金中形成，稳定相	141
σ	AA	立方晶系$Pm\bar{3}$，$a=0.831$nm，	半共格	$Al_5Cu_6Mg_2$	可在不含Ag的合金中形成，热稳定性高	133，142

注：1. 在文献中有些相的名称不统一，如GP2、GPⅡ、GP－Ⅱ、GP［2］，本文中将其统一。GP—Guinier－Preston；GPB—Guinier－Preston－Bagaryatski。

2. NA—自然时效；AA—人工时效；AQ—空冷；bct—体心正方；d—直径/厚度；w—宽度；l—长度。

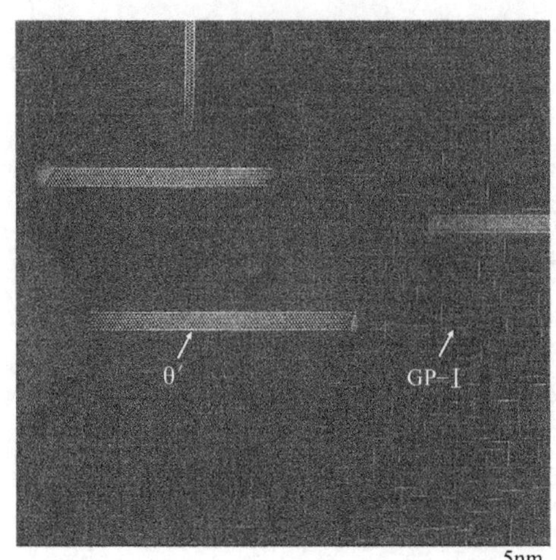

图 2-211 在 <001>$_\alpha$方向上显示 θ′析出相和单层 GP－Ⅰ区的高角度环形暗场透射电子显微照片

注：Al－4%Cu－0.05%Sn 合金在 200℃（390℉）时效 10min，中断时效，然后在 65℃（150℉）时效 30 天（工艺状态代号为 T6I4）。照片由 M. Weyland 提供。如需进一步深入了解，请参考文献［145］。

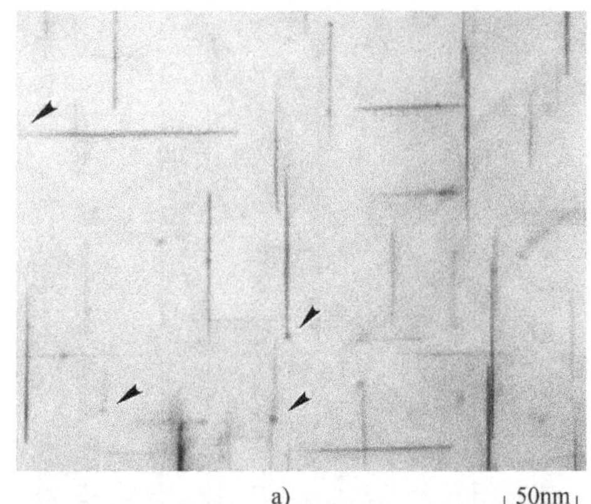

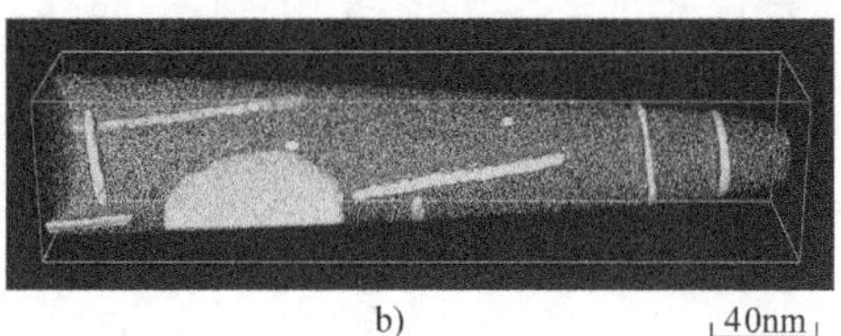

图 2-212 Al－4%Cu 合金中的 θ′析出相

a）在 190℃（375℉）人工时效 1h 后的明场透射电子显微镜照片（合金中含有 0.01%的 Sn，由箭头标记其形成的球状形核位置） b）Al－3%Cu－0.05%Sn 合金在 200℃（390℉）时效 1h 后，尺寸为 78mm×78mm×363nm 的原子探针层析成像照片（图中取向为三个方向，片状的 θ′相为细长状或大块明亮物体，小颗粒为锡粒子，背景点是铝原子。照片由 R. K. W. Marceau 提供）

（4）微合金化 在 Al－Cu 合金中添加微量合金元素，对析出强化有很大的影响。

1）硅。在 Al－Cu 合金中添加少量的硅，促进了 θ″相和 θ′相的形成。硅提高了形核率并进入 θ″相中。在 θ″相发生溶解后，提高了 θ′相的形核速率。在铝基体中，硅偏析到 θ′相共格界面处，形成一层仅几纳米厚的高含硅量的薄层。

2）锡、镉、铟。微量元素可以延缓自然时效过程中的动力学。例如，添加摩尔分数为 0.02%的 Cd、In 或 Sn，将减少甚至抑制 GP 区的形成。产生这种现象的原因是微合金元素与铜之间竞争，约束了空位的形成。这些微量元素优先与空位结合，使空位无法再将铜溶质原子转移运输到形成 GP 区的位置。另一方面，这些微量元素添加到 Al－Cu 合金中后，加速了人工时效的动力学和铝合金的峰值强度。其中一种机制是，微合金元素形成小颗粒，作为 θ′相的非均匀形核位置，如图 2-212 所示。由于微量元素的存在，θ″相的析出受到抑制，提高了形成 θ′相的效率。与二元合金相比，析出的 θ′相更细小弥散，分布密度更高，因此，产生了更高的强化效应。在分别添加 0.07%的 Cd 和 0.01%的 Sn 的条件下，在过饱和固溶体和以前已形成的 GP 区中，铜的贫化速率明显加快。

2. Al－Cu－Mg 和 Al－Mg－Cu 合金

铝合金固溶体中的镁会加速自然时效过程，但在人工时效过程中，它提高了 θ′相的析出密度，改善和提高了铝合金的力学性能。通常认为，镁提高了溶质原子与空位的结合能力，降低了扩散速率，由此造成可动性差的原子簇成为 θ′相的有利析出形核位置。对于镁含量很低的情况，其时效过程如前一节所述。在 Al－Cu－Mg 合金中，镁的质量分数达到百分之几时，根据铝合金的成分，析出过程可能会发生明显的改变，析出序列可能会出现与 Al－Cu 合金中 θ 相不同的析出过程［式（2-32），θ 相的析出序列］。可根据铝合金在相图中的位置（图 2-205），或铝合金的铜镁比（该方法不太准确）来确定铝合金的析出序列。可以根据相图［如图 2-205 所示的 190℃（375℉）等温相图］，确定在人工时效温度下，铝合金具体处于 α＋θ、α＋θ＋S、α＋S 或 α＋S＋T 中的哪一个相区，这可与表 2-75 中铝合金近似的铜镁比进行关联。根据表 2-75，可将铝合金分为三组。第一组为表 2-75 中的第一行和第二行，包括有铝－铜二元系为基础的铝合金，其主要强化相为亚稳态的 θ 系列。铝合金可能含有质量分数高达 0.2%的 Si（2014），其作用是提高铝合金在人工时效后的耐蚀性。第二组为表 2-75 中的第三行和第四行，其主要强化相为亚稳态的三元 S 相。由于镁可加速自然时效过程，该组铝合金具有良好的自然时效性能。第三组是表2-75中的第五行，铝合金中有T相存在，目前在工业中应用很少。

表2-75 铜镁比对应于Al-Cu-Mg相图中的相应位置

铜镁比（%）	相区	主要平衡析出相	工业合金
>20	α+θ	θ	2001
>8	α+θ+S	θ（+S）	2014、2117
~4	α+θ+S	S（+θ）	2017A、2024
1.2~3.5	α+S	S	2024
<1	α+S+T	S+T	—

（1）自然时效　通过Al-3.5% Cu-0.5% Mg合金的自然时效，人们首次对铝合金的时效序列有了了解。具有不同铜镁比的Al-Cu-Mg合金，都能很快速地进行自然时效。在淬火后的40min内，铝合金中的铜开始在固溶体中扩散并析出，大多数铜原子被分配进入原子簇（或GP区）。采用小角度X射线散射（SAXS）方法对Al-2.5% Cu-1.5% Mg合金进行测量，发现在24h内，镁原子也进入了原子簇（或GP区）。采用灵敏度更高的测量方法，如电阻率测量法或X射线吸收光谱法，检测到在自然时效仅几分钟甚至几秒后，铝合金就已经发生了变化。Al-Cu合金在自然时效过程中，电阻率变化最大。随着铜镁原子簇/GP区的形成和长大，铝合金的硬度和强度提高，如图2-213所示。例如，Al-2.6Cu-1.5Mg合金经过1天的自然时效，维氏硬度从61HV提高到105HV。原子探针分析表明，在淬火后，再自然时效约1h，形成了富铜和富镁原子簇。在自然时效过程中，所形成原子簇的内部有序情况以及GP区的其他性能还不完全清楚。

如果一种铝合金在自然时效后被放置在高温下，那么自然时效的效果就会发生回复（归）。图2-214所示为Al-4.3Cu-0.3Mg合金发生回复（归）现象时硬度的变化，在200~240℃（390~465℉）时效2min，自然时效的效果几乎完全消除了。将铜含量相同的Al-Cu合金和Al-Cu-Mg合金进行比较，发现在Al-Cu-Mg合金中回复（归）的效果明显较弱，也就是说，形成的原子簇/GP区更难发生溶解。

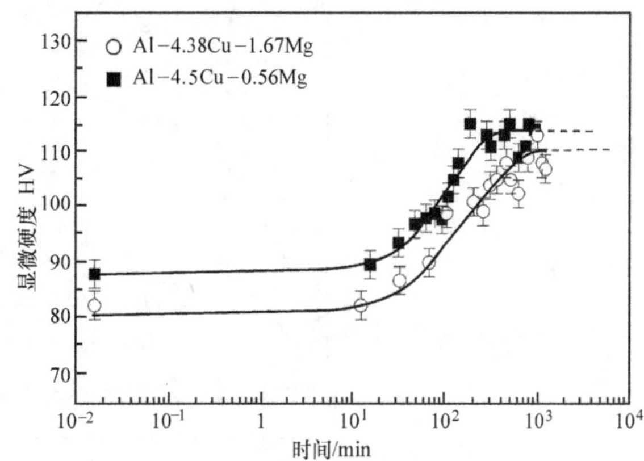

图2-213　两种Al-Cu-Mg合金自然时效过程中硬度的变化（经剑桥大学出版社许可转载）

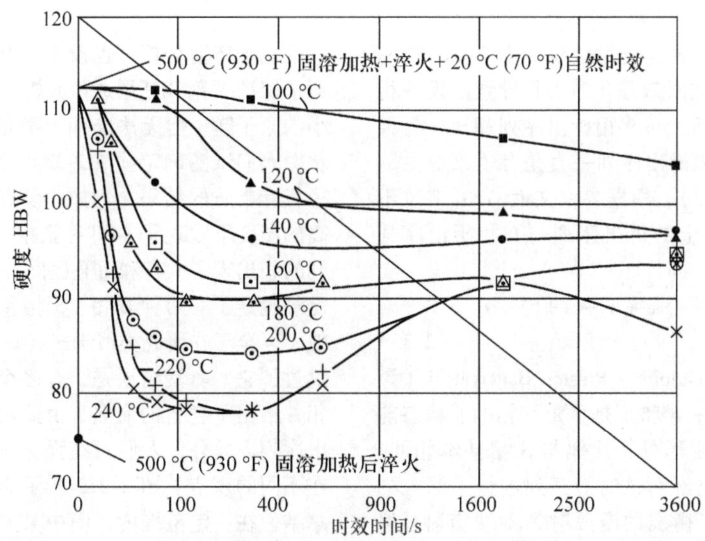

图2-214　Al-4.3Cu-0.3Mg合金经2个月自然时效后，再在100~240℃（210~465℉）不同温度下的回复（归）效果

（2）人工时效 与自然时效相同，不同类型铝合金的人工时效动力学是不一样的，如图2-215所示。铝-铜合金和三元含铜铝合金在时效时具有一个强化阶段，而当铝合金中镁的质量分数高于0.4%时，人工时效仅几分钟，就会很快进入第一个强化阶段，其强化效果占整个强化过程中的很大比例。经过几个小时时效保持强化平台后，硬度会再次提高，在一周后硬度达到峰值。铝合金中含有充足的镁，可能是其快速强化的先决条件，但确切条件还不清楚。铝合金是否具有快速强化的效果，不完全取决于铝合金的铜镁比。据报道，与位于α+θ相区中铜含量对应的铝合金，不具备快速时效强化。位于相图α+S+T相区中的高镁铝合金，则具有快速时效强化特点，但强度和硬度是持续增加的，而不是像含镁量低的铝合金那样保持在一个稳定的强化平台上。二元铝-镁合金没有这种时效强化效果。

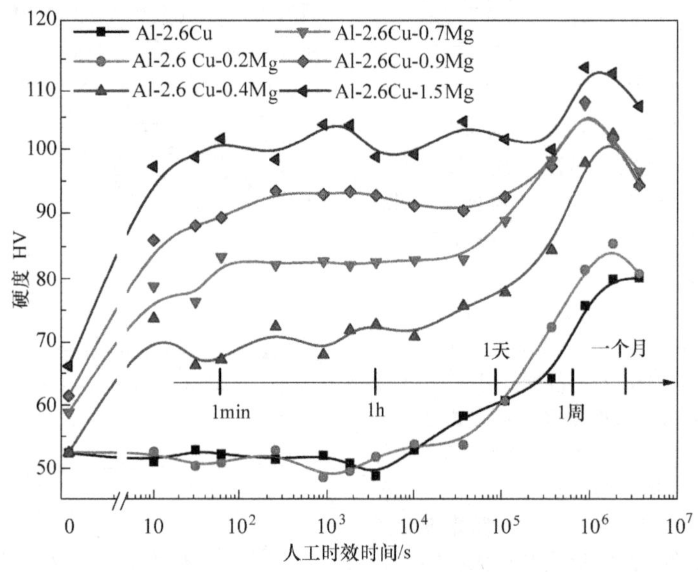

图2-215 5种Al-Cu-Mg合金和一种Al-Cu合金在150℃（300℉）人工时效硬度的变化

注：所有铝合金中铜的质量分数均为2.6%，而镁的质量分数为0%~1.51%。根据参考文献［126］改编。

除非Al-Cu-Mg合金完全位于图2-205中的α+θ相区中，否则在时效强化时，将导致出现S相或T相的亚稳前驱相。与θ相析出序列相比，各种不同相的强化效果和析出序列一直是有争议的主题（参见参考文献[155]）。根据参考文献[128]，位于α+S相区中的铝合金的析出序列与θ相析出序列［式（2-32）］相似，即

$$\alpha \rightarrow \alpha + \text{GPB 区} \rightarrow \alpha + S'' \rightarrow \alpha + S' \rightarrow \alpha + S \tag{2-33}$$

式中，GPB区代表Guinier-Preston Bagaryatski（译者注：人名首字母）；S″和S′是稳定S相的亚稳态前驱相，除结构稍有变形外，其他与S相基本相同。在时效的早期，就已经对该时效序列进行了深入的研究，尽管观察到了微弱的漫散射X射线衍射，但当时未发现有GPB区存在。采用透射电子显微镜和选区电子衍射分析，也没有发现有序相析出。采用原子探针X射线断层成像分析（APT），检测到非常小的原子簇，但无法准确地确定其成分、大小和形状。人们试图确定式（2-33）中的其他相，但出现了相互矛盾的结果。例如，没有发现S″相，但在较高的温度下发现了GPB-Ⅱ相。此外，发现各种不同的相出现了共存和重叠区间。在时效序列的后期，已经确定了有两种S相。S″相和S′相与S相极为相似，以至于在研究类似于式（2-33）的析出序列时，跳过了它们。其结果是，有多个观点认为存在析出相并给出了各自的命名，由此出现了许多不同的析出序列。此外，人们对在强化阶段发生的析出也存在不同的观点。图2-216所示为对这些不同观点的总结，在一定范围内，图中某确定的析出相对应于一定的强化阶段。

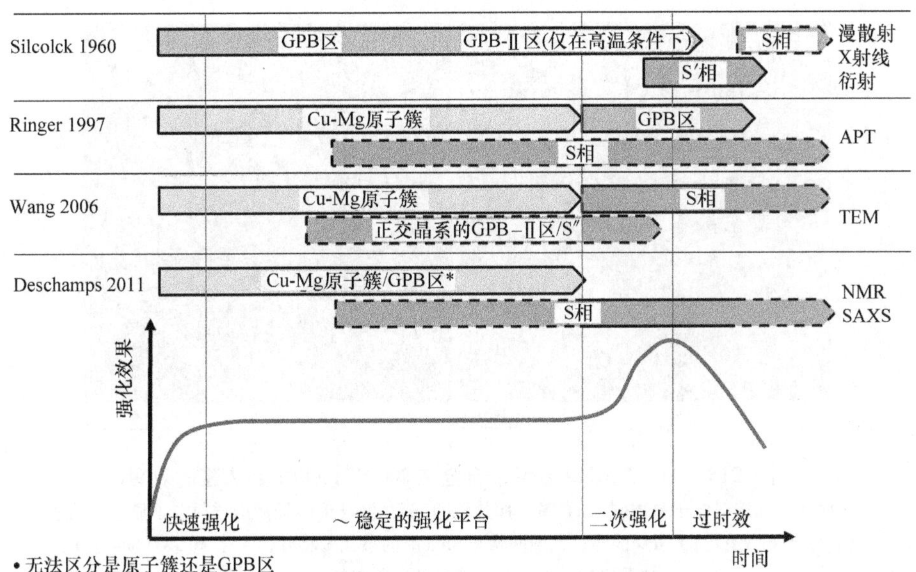

图 2-216　Al－Cu－Mg 合金在相图中 α＋S 相区成分范围内的强化效果（示意图）与各亚稳相和稳定相的对应关系

注：由不同作者提出。APT—原子探针 X 射线断层成像分析；TEM—透射电子显微镜；NMR—核磁共振；SAXS—小角度 X 射线散射。详细内容请参阅参考文献［125，128，139，156］。

目前认为，固溶体的分解开始于原子簇的形成。原子探针层析成像和 TEM 分析表明，在 α＋S 相区范围内的 Al－Cu－Mg 合金，在 150℃（300℉）时效 5min，虽然硬度有所增加，但未发现形成有序的微区。这一结果与前人的研究工作相冲突，之前对自然时效试样的分析表明，X 射线衍射出现散射点，证实已形成了 GPB 区。形成的原子簇弥散细小，尺寸在几个到几十个溶质原子之间。纯铜和纯镁原子簇混合存在于铜镁原子簇中，但只有后者与强化效应相关。大多数原子簇的铜镁比为 1 或略大于 1。铝合金中含镁量越高，空位越不可能扩散到陷阱处，而是促进了铜镁原子簇长大。然而，也有人认为，由 APT 检测到的原子簇实际上可能是（内部有序的）GPB 区。事实上，除电子衍射试验外，大多数试验结果与该观点是一致的。电子衍射试验没有明显检测出该 GPB 区，可能是发生了多次衍射或检测的样品发生了氧化。

在形式上，GPB 区基本上等价于 θ 析出序列［式(2-32)］中析出的 GP 区。对铝合金进行短时间人工时效，很容易分析出 GP 区，但只有经过长时间人工时效，例如在 190℃（375℉）时效 19h 或在 150℃（300℉）时效 100h，才可分辨出 GPB 区。对 GPB 区结构的描述已经从早期的建议发展到当前的解释。早期的 GPB 区模型基于 X 射线漫散射，但到现在为止，还没有得到证实。有一种观点认为，GPB 区根本就不存在；另一种观点则认为，GPB 区不是在时效初期形成的，只有通过长时间人工时效才会形成。在第二次硬化阶段出现之前，就出现细小杆状的 GPB 区，其结构比铝－铜合金的 GP 区要复杂得多。在高分辨率显微镜下，它们看起来像是纳米级别的密集杆状结构单元，如图 2-217 和图2-218所示。在长时间的时效过程中，它们进化成核－壳结构，具有 GPB 类型的壳和不同结构的核，称为 GPB－Ⅱ区。

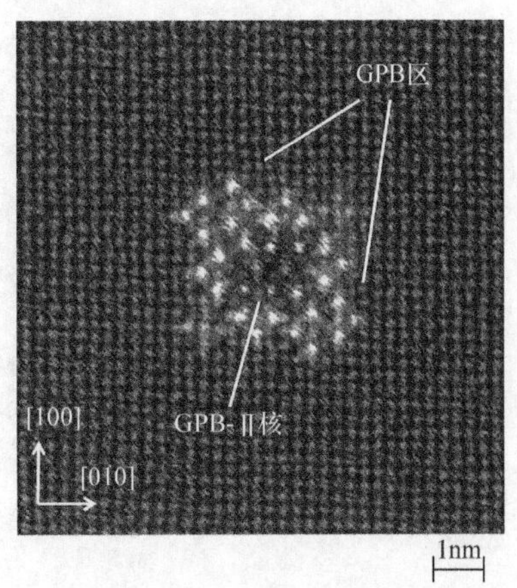

图 2-217　Al－3Mg－1Cu 合金中复杂的 GPB 区高角度环形暗场扫描透射电子显微镜照片

注：铝合金在 180℃（355℉）人工时效 1 天。核－壳结构由两种不同的结构单元组成。照片由 L. Kovarik 提供。如需要进一步了解，请参见参考文献［129］。

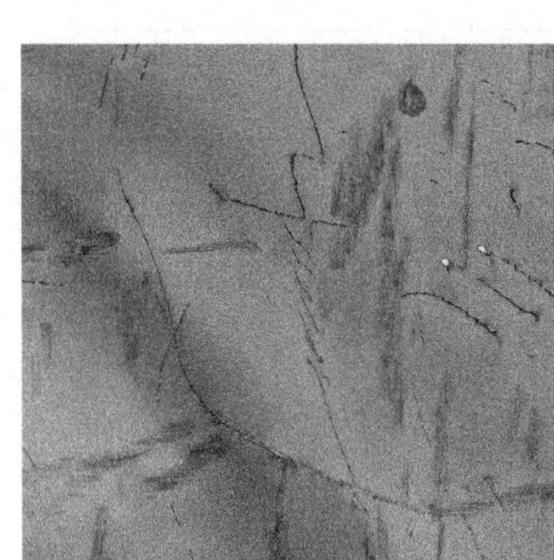

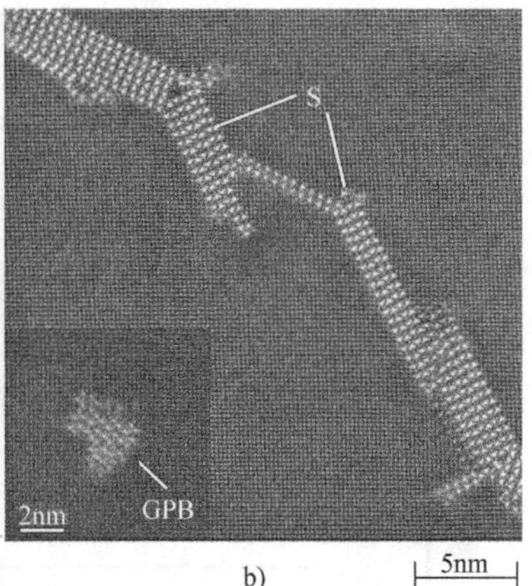

a) b)

图 2-218 Al－2.5Cu－1.5Mg 合金在 200℃（390℉）人工时效 9h

a）明场扫描透射电子显微镜（STEM）照片 b）高角度环形暗场扫描透射电子显微镜照片

注：细小弥散有序的 GPB 区伴有大型网状与 8nm 厚的条状 S 相互连。由 M. Weyland 提供。如需要进一步了解，请参见参考文献［160］。

在式（2-33）的原析出序列中没有 GPB－Ⅱ区，必须小心使用该术语。现在已有采用 GPB－Ⅱ区术语描述在 240℃（465℉）下形成 GPB 区的前期阶段，或者是描述从形成的原子簇演化形成的有序正交晶系析出相。对于在后一种情况，也称为 GPB－Ⅱ/S″相。在参考文献［161］中，GPB－Ⅱ与 S″相为同义词。

人们对 S″相的结构提出了各种解释。其中最早进行研究的 Bagaryatski 认为，S″相是与 S 相密切相关的析出相，并与铝合金基体有多种取向关系。其他研究认为，S″相可能是另一种正交晶系结构，或是一种简单单斜结构的析出相。Ringer 等人认为，Zahra 等人所说的 S″相实际上是从一定角度观察到的 S 相。总的来说，对 S″相研究的结果很少被人所接受。

S′相与平衡的 S 相具有相同的晶格结构，但晶格参数不同，存在一定的点阵错配度，实际上 S′相是发生了一定变形的 S 相。S′相在位错环非均匀形核。图 2-219 所示为 S′相的透射电子显微镜照片（译者注：此处与图不相符合，图中为 Q′相，根据上下文，应该是 S′相，可能是图中使用的符号不同），它与 S 相的形貌仅略有不同。因此，有些研究者认为，从 S′相转变到 S 相是连续的，不需要单独用的符号表示，也有人提出用半共格的 S 相表示。

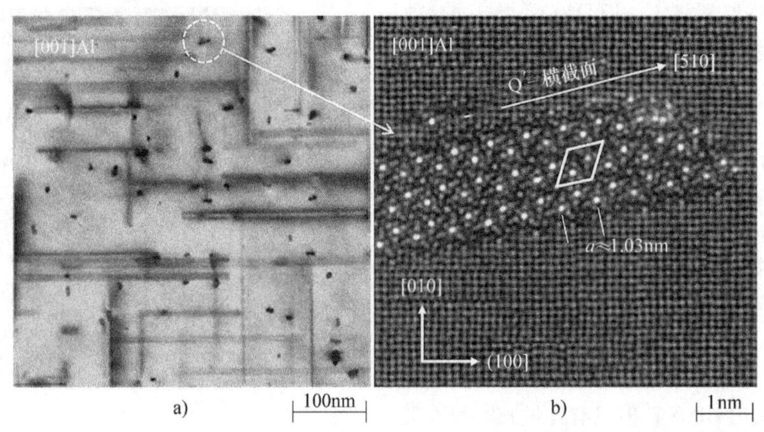

a) b)

图 2-219 Al－0.93Si－0.61Mg－0.45Cu（Fe，Mn）合金在 200℃（390℉）人工时效 7h

a）<100>$_{\alpha}$轴方向的明场透射电子显微镜（TEM）照片（Q′相为微小析出相，略有延伸倾向平行于<510>$_{\alpha}$方向）

b）对应的高分辨率 TEM 照片

注：由 S. J. Andersen 和 C. D. Marioara 提供照片。如需要进一步了解，请参见参考文献［34］。

S 平衡相的成分为 Al_2MgSi，报道有不同的晶体结构，但通常认为，Perlitz 和 Westgren 给出的结构是最准确的。图 2-218 所示为 S 相的透射电子显微镜照片，有些研究者认为它是铝合金的主要强化相。根据 S 相的铜含量、取向关系、形貌和强化效果，将其分为Ⅰ型和Ⅱ型，或者 S1 型和 S2 型两种不同类型。其中第二种类型是稳态相，是由第一种类型的亚稳相转变演化而来的。

在图 2-216 中，建立和总结了时效强化阶段与不同析出相的关系。很明显，对不同强化阶段与析出类型之间的对应关系有着不同的解释。人们认为，快速形成的 GPB 区是硬度明显提高的原因。然而，TEM 和 APT 分析表明，在时效早期阶段没有形成 GPB 区，而 GPB 区是在铝合金硬度达到峰值后形成的。因此，快速提高硬度的原因是形成了高密度的原子簇，特别是形成了富镁的铜 - 镁原子簇，其强化效果比镁 - 镁和铜 - 铜原子簇更好。通过快速强化，直到强化平台的末端，发现铝合金中有大量的原子簇，但只有少量的 S′相。在二次强化过程中，细小弥散的 GPB 区均匀形成，而原子簇仍然存在。其他报道认为，在峰值时效阶段，S′相或 S 相起主要强化作用。因此，在很多地方，如快速提高硬度阶段和峰值时效强化阶段，存在许多不一致的观点。而事实上对精确确定原子簇还缺乏研究手段，因此必须谨慎地用它们进行各种解释。

许多在 $\alpha+\theta$ 相区附近，位于 $\alpha+\theta+S$ 相区中的铝合金，θ 相和 S 相两个平行析出序列发生重叠。与二元铝铜 - 合金系统相比，θ 的亚稳态前驱相的准确析出序列可能会有所不同，并且已经报告有改进的 θ'_H 相析出。除了有 θ 和 S 序列析出外，在强化的中间阶段，还观察到在铝合金基体的 $\{111\}_\alpha$ 面上形成了 Ω 相，而在过时效微观组织中，则观察到了 σ 相的出现。

表 2-74 对部分析出相的数据进行了总结。表中数据存在一定的矛盾，尤其是对于中间析出序列（GPB - Ⅱ，S″），因此不能认为表中数据是最终的研究结果。

（3）微合金化　与 Al - Cu 合金一样，少量添加合金元素可以对 Al - Cu - Mg 合金的析出产生明显的影响。

1）锡、镉、铟。与 Al - Cu 合金相比，在 $w(Mg)=0.6\%$ 的铝合金中，这些合金元素的作用显著降低。相比之下，在 $w(Mg)=0.1\%$ 的铝合金中，这些合金元素的作用与在 Al - Cu 二元合金中观察到的效果相当。

2）银。添加少量的银 $[w(Ag)\approx0.4\%]$，可改变析出序列和析出强化动力学。在高铜镁比铝合金中加入银（例如，图 2-205 中在 $\alpha+\theta$ 相区或接近 $\alpha+\theta$ 相区），促进形成 Ω 相与 θ′相竞争。在人工时效的早期阶段（几秒钟），形成富镁和富银的原子簇，并在时效过程中，演化为在 {111} 面产生偏析。在长时间的时效过程中，偏析的原子簇进一步演化形成 Ω 相，银和镁原子从析出相内部排斥到表面，而铜扩散进入 Ω 相，直到最终成分达到 Al_2Cu。从化学成分上看，Ω 相与 θ 相相似，但其结构不同（表 2-74），含锰的析出相是 Ω 相优先的形核位置。在不含银的 Al - Cu - Mg 合金中，采用两级时效热处理工艺，也发现有 Ω 相存在。只有经过长时间的高于 220℃（430℉）的时效处理，Ω 相才会被 θ 相取代。在不高于 200℃（390℉）的较低时效温度下进行处理，Ω 相是稳定的，并且可以提高铝合金的蠕变抗力。在人工时效前进行塑性变形，可消耗 Ω 相并提高 θ′相的析出量。图 2-220 所示为铝合金在高温时效过程中形成的 Ω 相，此外还应该注意到，图中 θ′相沿不同方向以片状析出。

含银和中等铜镁比（1.5% ~ 2%）的铝合金（图 2-205 中的 $\alpha+S$ 相区），在人工时效过程中形成亚稳态的 X′相。强化过程主要是在强化平台区间和二次硬化阶段。X′析出相富含银，认为是在早期人工时效阶段，由银镁共存的原子簇形成的。持续长时间时效，导致其转变为 S 相。

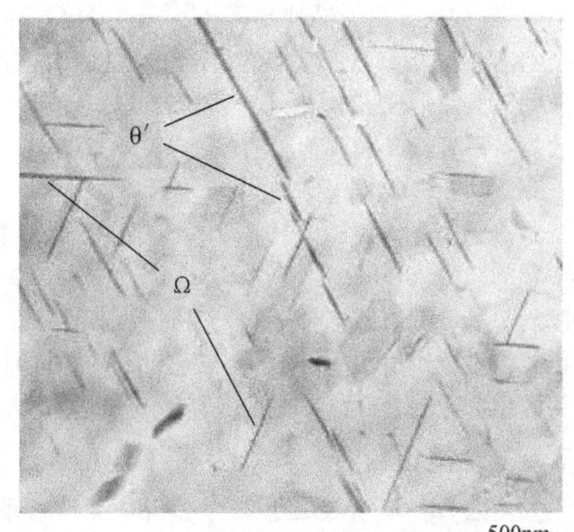

图 2-220　Al - 4Cu - 0.1Mg - 0.62Ag 合金在 250℃（480℉）时效 1000h，$<110>_\alpha$ 方向明场透射电子显微镜照片

注：照片中有 Ω 相和 θ′析出。

在铜镁比低（如小于 1%）的铝合金中，位于图 2-205 中的 $\alpha+S+T$ 相区，形成立方结构的 Z 相，该相含有所有四种合金元素。由于铝合金中含有银，

在人工时效条件下，强化效果明显，在快速强化阶段后的强化平台阶段较短，很快就进入了硬化峰强化阶段。铝合金的强化动力学得到提高的原因是，形成了银镁原子簇，俘获了空位，随后促进了铜原子向内扩散，形成了 Z 相。

3）硅。硅的添加量通常为 0.25%（质量分数），添加后改变 Al－Cu－Mg 合金的析出序列和强化动力学。在 α＋θ 相区附近的富铜铝合金中，时效至达到峰值硬度的强化相主要由 GP 区、θ″相和 θ′相组成。然而，在铝合金中含有硅的情况下，最初形成的细小球形粒子含有铝、铜、镁和硅，在时效进程中是有利的析出形核位置。这些析出相可能与表 2-73 中的 Q′相有关。在时效的后期阶段，形成细小弥散、具有更大纵横比的 θ′相，极快速地强化了铝合金。与不含硅的铝合金相比，达到的硬化峰值更高。如果铝合金的镁硅比低于 2%，则硅能抑制含银－铝合金中 Ω 相的形成。

通过添加硅，来提高含铜量低，在 α＋S 相区的铝合金的抗拉强度和蠕变强度，其中一个典型例子为 2618 铝合金。该铝合金除含有镍和铁外，还含有 0.2% 的 Si。在人工时效过程中，形成细小弥散的含硅 GPB 区，这是提高该铝合金强度的主要原因。在人工时效后期阶段，可以观察到在 GPB 区上形核并形成细小的 S 相，此外，还发现形成了立方结构的 σ 相。

4）硅和银。虽然硅抑制了 Al－Cu－Mg－Ag 合金中 Ω 相的形成，含铜量低的铝合金在银和硅的综合作用下，除形成其他相外，还析出 Ω 相和 X′相，时效效果得到提高和改善。

3. Al－Si－Cu 合金

铸造铝合金，如 319 铝合金，含有（质量分数）7%～8% 的 Si，3%～4% 的 Cu，还有少量（0.25%）的 Mg。该铝合金的人工时效与 Al－Cu 合金相似，主要析出相为 θ′。另外，还有一些与 Q 相相关的相，除此之外，没有发现其他亚稳相。

2.7.6 含锂铝合金

大多数 Al－Li 合金属于 2××× 和 8××× 系列铝合金。然而，有些铝合金使用苏联名称（如 1469）或商业名称（如 Weldalite 049）。Al－Li 二元合金主要用于学术研究；大多数的商业 Al－Li 合金都是基于 Al－Cu－Li 三元合金系统（下一节讨论），并添加了镁、银和锆等重要附加合金元素。其中镁、银的主要作用是提高时效强化效果，锆的作用是形成共格的 Al_3Zr 分散颗粒相，稳定亚晶结构，抑制再结晶。

Al－Li 二元合金的力学性能较差，具有各向异性、塑性和断裂韧性低和热稳定性差等问题，因此不用于商业用途。然而，它们可以进行时效强化，而且 Al－Li 二元合金的时效强化序列与三元铝合金系统几乎完全一样。

在淬火至室温和自然时效过程中，固溶体开始分解。从固溶体中析出亚稳态的析出相 δ′（Al_3Li）。δ′相为面心立方结构，八个顶角被锂原子占据，六个面被铝原子占据（Cu_3Au，$L1_2$ 结构）。即使是进行短时间的人工时效，也会产生球状粒子，在经过长时间时效后，它们仍然保持球状粒子，在这个过程中，它们的尺寸会长大达到几百纳米，这点与其他许多铝合金都不相同。δ′相与铝基体共格，晶格仅存在少量的错配度。通过有序强化，提高铝合金的力学性能。据报道该铝合金在 δ′相形成之前先形成 GP 区，但这点还没有得到证实。在 δ′相形成之前，也有报道说可能发生调幅分解。在时效的最后阶段，优先在晶界形成平衡析出相。

1. Al－Cu－Li 合金

在 Al－Li 合金中加入铜，可得到工业中实际应用的 Al－Cu－Li 合金。该铝合金密度低、弹性模量高，具有很高的比强度。工业上应用的 Al－Li 合金已经经历了几十年的发展历史，从第一代 Al－Li 合金 2020（1958 年），第二代 Al－Li 合金（8090 或 2090），到目前所谓的第三代 Al－Li 合金。铝合金中的锂含量比以前低，但铜锂比比以前的铝合金要高。图 2-221 所示为三代 Al－Cu－Li 合金的锂铜原子比和质量比与铜含量（质量分数）之间的关系。

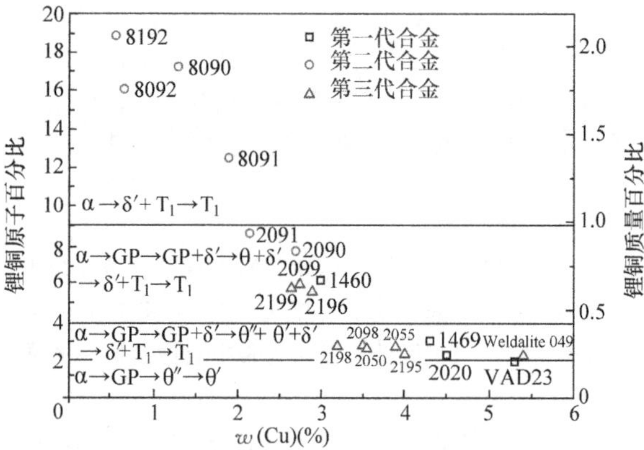

图 2-221 各工业 Al－Cu－Li 合金中锂铜原子比与铜含量（质量分数）的关系

注：14×× 牌号为苏联牌号系列，2××× 和8××× 是美国铝业协会牌号系列。

人工时效通常在大约 150℃（300℉）或以上温度进行。在 Al－Cu 和 Al－Li 合金系统中出现的所有亚稳相，都可以在三元铝合金中找到。铝合金具体形成哪种相，是否有序，与铝合金中锂铜原子比和溶质浓度的绝对值有关。在参考文献［180］中对铝合金的析出序列进行了总结，如图 2-221 所示。因此，在锂铜比低的铝合金中，析出以 θ（Al_2Cu）的亚稳前驱相为主；而在锂铜比高的铝合金中，该析出相则逐渐减弱。δ′（Al_3Li）相的析出情况正好相反，在锂铜比高的铝合金中，其析出占主导地位；而在低锂铜比的铝合金中，则没有发现 δ′相。当锂铜比为中间值时，析出以三元化合物 T_1（Al_2CuLi）为主，是主要的析出强化相。图 2-222 所示为 T_1 析出相的形貌。

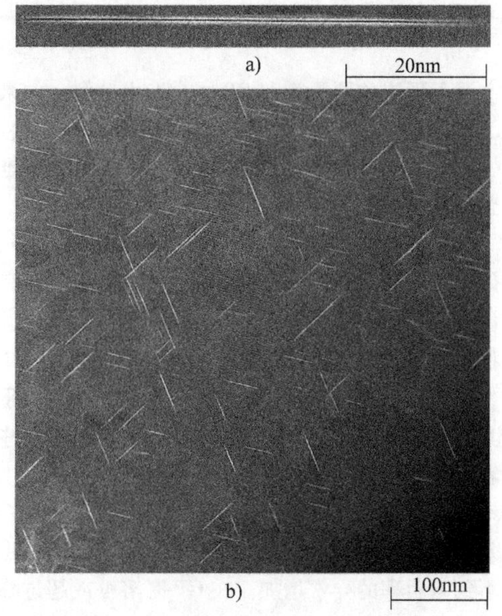

图 2-222　2198 铝合金经 155℃（310℉）人工时效的 T_1 析出相

a）时效时间 16h；沿 $<110>_\alpha$ 轴方向的高角度环形暗场扫描透射电子显微镜照片　b）时效时间 500h；暗场像

注：照片由 M. Weyland 提供。如需要进一步了解，请参见参考文献［186］。

1）附加合金元素。例如，添加质量分数为 0.3% 的镁，以消耗 θ′相为代价，析出细小弥散的 T_1 析出相，提高强化速度和时效硬化峰值。如果铝合金中含有足够少量的铜和镁，那么可能形成与 Al－Cu－Mg 合金系统相似的 GPB 区和 S′相。通常银的添加量为百分之几，与镁相似，但其强化效果没有镁那么明显。银和镁这两种元素都在 T_1 析出相中，优先在析出相的表面分布。

2）预变形。在人工时效前进行预变形，能提高铝合金的强度，但会降低镁和银等合金元素的作用。由于 T_1 相的均匀成核率非常低，所以必须为其提供非均匀形核位置。正如镁和银等合金元素一样，位错提供了有效的非均匀形核位置。

2. Al－Mg－Li 合金

一些苏联牌号的 Al－Li 合金（如 1420、1424、1428）通常含有（质量分数）约为 5% 的镁和 2% 的锂，是基于 Al－Mg－Li 三元合金系统，具有一定的发展前景。在 100～170℃（210～340℉）人工时效时，首先析出亚稳相 δ′。经过长时间的时效，根据铝合金中的锂镁比，形成稳定相，即 δ 相或三元相 Al_2LiMg（S_1 相，也称 T 相）。因此，析出序列为

$$\alpha \rightarrow \alpha + \delta' \rightarrow \alpha + \delta\text{（富 Li 合金）} \quad (2\text{-}34)$$

$$\alpha \rightarrow \alpha + \delta' \rightarrow \alpha + S_1\text{（富 Mg 合金）} \quad (2\text{-}35)$$

与 Al－Li 合金一样，该铝合金的主要强化析出相是 δ′相。有研究表明，在 δ′析出相中，可以通过调整合金元素成分，用镁代替锂。有关于 S_1 的前驱相的报道，但尚未得到证实。表 2-76 中列出了各种含锂铝合金中出现的相及其性能。

表 2-76　Al－Li 合金中析出相的性能

相	时效状态	晶体结构	形状、尺寸、取向	成分	注解	来源
Al－Li 合金						
δ′	AA	立方（$L1_2$），a=0.401nm	球形，共格	Al_3Li，在 Li 的位置上有部分 Mg	少量应变	185，190
δ	AA	立方（NaTl），a=0.637nm	片状，半共格和非共格	AlLi	平衡相	124，185，191
Al－Cu－Li 合金						
T_1	AA	六方晶系（P6/mmm），a=0.4965nm，c=0.9345nm	片状，直径与厚度比为 1:70，d=1.3nm（=5 个原子层），w<100nm，在 $\{111\}_\alpha$ 面，半共格	Al_2CuLi	在位错上形核；平衡相	124，180，192
R	AA	立方，a=1.3914nm	—	Al_5CuLi_3	—	124，185

（续）

相	时效状态	晶体结构	形状、尺寸、取向	成分	注解	来源
Al - Cu - Li 合金						
T_2	AA	二十面体对称	—	Al_6CuLi_3	常在晶界析出	180，185
T_B	AA	立方（CaF_2），a =0.583nm	—	$Al_{15}Cu_8Li_2$	常在晶界析出	124，180，185
Al - Mg - Li 合金						
S1（或 T）	AA	立方，a =2.031nm	—	Al_2MgLi	—	124，180

注：AA—人工时效；d—直径/厚度；w—宽度。

2.7.7 Al - Mg - Zn 和 Al - Mg - Zn - Cu 合金

该铝合金系列的主加合金元素是铝、镁和锌。其中7×××系列变形铝合金中锌的质量分数约为8.2%，镁的质量分数约为3.7%。含镁和锌的铸造铝合金主要有7××.n 系列铝合金，除此之外，还有不常用的3××.n 和5××.n 系列铝合金。从本质上说，不论是铝 - 镁（5×××系列）还是铝 - 锌（7072 合金）二元合金，都不具备三元系列铝合金的时效强化潜力。铜是该类铝合金的一种重要合金元素，其质量分数可达 2.6%，此外还含有铁、硅、锰、铬、钛和锆等附加合金元素。应该特别指出的是，7009 合金中银的质量分数最高可达 0.4%。

在 Al - Zn - Mg 三元合金系统中，有多个金属间化合物相，其中 η 相（也称为"M 相"或 Zn_2Mg 相）是最重要的时效强化相之一。含镁量低的铝合金位于有 Z 相（Mg_2Zn_{11}）的相区；含锌量低的铝合金位于有 T 相［Mg_{32}（Al，Zn)$_{49}$］的相区，在相图镁一侧的铝合金位于有 β 相（Al_8Mg_5）的相区，如图 2-223 所示。实际上，许多铝合金位于 α + η + T 三元相区或 α + T 相区，但仍然得到多种与 η 相，而不是与 T 相有关的相。常用铝合金中，只有在时效温度高于 200℃（390℉）时，才可观察到 T 相。

1. Al - Mg - Zn 合金

（1）自然时效　在淬火后，过饱和固溶体开始分解，形成细小球状的 GP 区，这些 GP 区中的锌和镁原子数量大致相同，有序并与基体保持共格。就像 Al - Mg - Zn - Cu 合金一样，可能在形成 GP 区前，就形成了包含几十个原子的原子簇。伴随着 GP 区的形成，铝合金的电阻率和硬度迅速提高，并与形成的 GP 区体积分数成正比。在 70℃（160℉）以下温度时效，不会进一步有其他析出相（如 η′相）析出。有观点认为，在室温下存在两种类型的 GP 区，但这一个观点存在争议。

当试样加热超过 100℃（210℉）时，在自然时效室温下形成的原子簇和 GP 区会发生溶解。如果回复（归）的温度范围与亚稳相 η′的形成温度相近，那么回复（归）和析出可能发生重叠，此时很难观察到回复（归）。

（2）人工时效　在 70 ~ 100℃（160 ~ 210℉）时效，观察到形成了 GP 区和亚稳析出相 η′。有研究认为，在某些铝合金中形成了两种类型的 GP 区，一种是在 $\{100\}_\alpha$ 面上形成的，另一种是在 $\{111\}_\alpha$ 面上形成的，分别被称为 GP - Ⅰ区和 GP - Ⅱ区（也有人写成 GPI、GP（Ⅰ）等）。此外，还有些研究者将 GP - Ⅱ区归类为早期 η′析出相。

在高于一定温度，如 130 ~ 150℃（265 ~ 300℉）时效，GP 区迅速溶解或演化形成 η′相，此时，将观察不到电阻率的异常增加。在 GP 区溶解或超过临界尺寸后，或者存在大量空位的原子簇，都会发生 η′相形核。GP - Ⅰ区和 GP - Ⅱ区的具体作用还不完全清楚（请参考本节中"Al - Zn - Mg - Cu 合金"部分）。有研究认为，GP - Ⅱ区是 η′相的前驱相。

亚稳相 η′最终会转变为 η 相。即使经过很长时间的时效（如 700h），仍然可以见到 η′相所引起的应力衬度。有关各种转变的信息，见本节的"Al - Zn - Mg - Cu 合金"部分。

（3）自然预时效加人工时效的两级时效　如果铝合金在人工时效前进行自然时效，则比淬火后直接时效的硬度要高。对于镁、锌含量低的铝合金，这种效果尤其明显。与从淬火状态直接析出相比，在自然时效过程中，高密度形核并长大较大尺寸的 GP - 区，η′相更容易产生析出。两级时效也可以是在两个不同的温度下进行人工时效，有关这方面的内容，请参考本节中的"Al - Zn - Mg - Cu 合金"部分。

（4）时效前进行变形　在固溶和淬火后，自然时效和人工时效前，对铝合金进行变形会降低时效硬化峰硬度。其原因是优先析出稳定析出相 η，而不是亚稳态析出相 η′。稳定析出相存在分布不均匀、尺寸粗大、降低力学性能等问题。

（5）附加元素铜和银　铜的质量分数小于 0.25% 的铝合金包括 7003、7005、7008、7020、7021 和 7039 变形铝合金（图 2-223）以及 705.x、707.x、771.x 和 772.x 铸造铝合金。通过微小调整，也可以在 Al - Zn - Mg 相图中对这些铸造铝合金进行标注。其他铝合金中铜的质量分数最高不超过 1%，典型牌号有 7016、7022、7026、7X29 和 7030。当铜的添加量为上述水平时，铜固溶于基体中，不形成其他的相，因此不会改变析出序列。在 Al - Zn - Mg 合金中添加 0.5% 的 Cu，在峰值硬度区间，发现析出相类型没有发生改变。与不含铜的铝合金相比，发现析出相 η′的数量密度更高，更细小弥散，达到更高析出硬化峰的时间更短。即使是少量添加铜，由于在晶界附近也发生了析出，无析出带的范围减小，因此提高了应力腐蚀开裂（SCC）抗力。

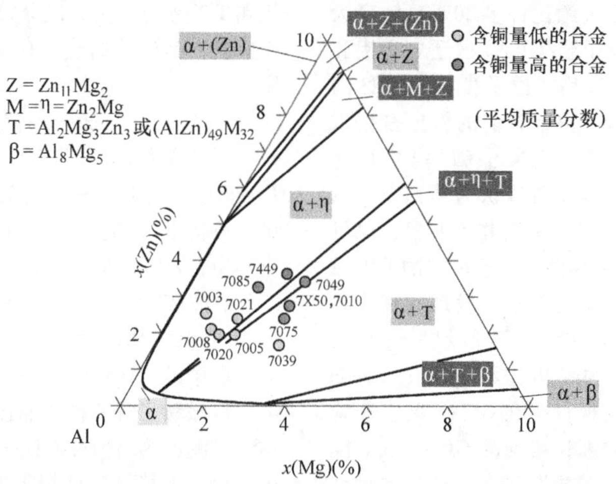

图 2-223　Al - Zn - Mg 合金的 200℃（390℉）等温平衡相图

注：采用 Thermocalc 软件和 COST507B 数据库计算。各工业铝合金的平均成分由圆点表示。实线表示相区的边界。注意，这些对于含铜量高的铝合金并不完全适用。图中所涉及的平衡相在图的左上角定义。

银与铜具有类似的影响作用。添加 0.75% 的 Ag 与添加 0.5% 的 Cu 相当，但使亚稳态析出相 η′更细小，达到的析出硬度更高。

（6）添加硅　在 7×××变形铝合金和 7××.n 铸造铝合金中，硅的质量分数不超过 0.5%。硅只在 Mg_2Si 相和 Si 相中出现，不与其他元素形成更多的金属间化合物。

2. Al - Mg - Zn - Cu 合金

添加质量分数超过 1% 的 Cu，形成了一个具有明显特征的 7×××系列铝合金中的子系列。尽管它们的应用广泛，但人们对这些四元合金相图的准确构造——即使是相图的富铝端——仍然是未知的。Al - Mg - Zn 三元合金中的富锌合金，预期形成 η 相和其亚稳前驱相，或者形成 T′相和 T 相。通常，部分铜溶入析出相，因此只是稍微改变了析出相成分。除了这些析出相外，在 Al - Cu - Mg 合金中，还会析出 Al_2CuMg（S 或 S′）相。然而，在工业铝合金中，对时效的确切影响，尤其是铜的作用还没有完全了解。此外，对亚稳相的存在范围，以及不同取向的稳定相的析出序列的研究，仍存在很多相互矛盾的地方。为方便进行对比，图 2-223 将部分工业中的四元合金成分的铝合金投影至三元相图上，一般来说，锌和镁的含量都高于不含铜的铝合金。但必须清楚的是，三元相图的相界与含铜铝合金的并不完全一致。

（1）自然时效　在 Al - Zn - Mg - Cu 合金中，自然时效效果非常明显，并且可以一直持续数年。由于该铝合金在自然时效状态下力学性能不稳定，因此，很少使用 T4 状态代号工艺进行处理。原子探针断层扫描分析表明，7050 合金淬火后的 90min 内，形成了 30 个溶质原子尺寸大小的原子簇。该铝合金的自然时效的其他方面与 Al - Zn - Mg 合金非常相似。

在室温下，欠时效的铝合金易受动态析出的影响。在循环变形过程中，在过饱和基体中形成了 0.8～1nm 大小的 GP 区。

（2）人工时效　在 115～130℃（240～265℉）时效，铝合金将达到最高硬度。选择较高的时效温度，会缩短时效硬化时间，但会导致在采用 T6 状态代号工艺处理时硬度较低，因此是不可取的。与三元合金相比，含铜铝合金的强化过程除有含铜 S 相析出外，其余基本相同。现在还不清楚的是，导致

平衡相 η 析出的析出序列是否与不含铜的三元合金完全相同。

采用 APT 和 TEM 的研究表明，在 120℃（250℉）进行人工时效，时效强化非常显著。其微观组织发生了以下变化：首先，在过饱和固溶体中持续均匀形核，形成尺寸细小的原子簇，长大成 GP－I 区；而后，新的原子簇不断形核，演化形成广泛尺寸分布的原子簇/GP－I 区。随着不断长大，它们的成分会从富镁（镁大约比锌多 20%）转变为镁锌原子数量相同，在原子簇/GP－I 区还含有铝和铜原子。在人工时效 30min 后，原子簇/GP－I 区的密度达到峰值，直到 60min 内，它们的析出占据主导地位。在人工时效条件下，大尺寸 GP－I 区可稳定保持一天不发生改变，因此可以认为是相当稳定的。原子簇和 GP－I 区之间的差别并不明显，也可以认为原子簇只是一个较小的，有序较差的 GP－I 区。在经过几个小时的人工时效后，发现有亚稳相 η′析出，这是主要强化相。图 2-224 所示为 η′相的电子显微镜图像。与早期的假设相反，在经过 30min 的人工时效后，并没有发现直接在 GP－I 区上非均匀形核，而是观察到一群细长相连的 GP－I 区。随着片状 η′相增加，原子簇的数量减少，通过这种细长雪茄状的原子簇连接 GP－I 区和 η′相。通常认为，这种转变开始于锌原子向 GP－I 区内扩散，开始沿平行于 $<110>_\alpha$ 面的方向长大，而后垂直于该方向长大，在 $\{111\}_\alpha$ 面形成片状物体，最后进一步长大形成片状的 η′相。在 24h 时效结束后，出现了稳定平衡相 η 的信号。因此，析出序列为

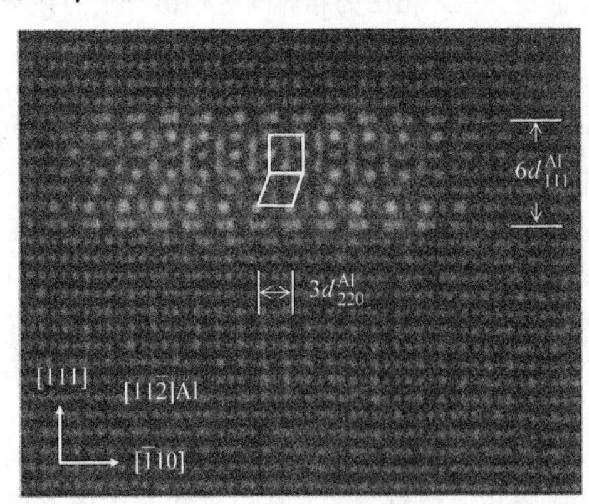

图 2-224 7449－T6 合金中析出相 η′的高角度环形暗场扫描透射电子显微镜图像

注：由 S. J. Andersen 和 C. D. Marioara 提供照片。想要进一步了解，请参阅参考文献［202］。

$$\alpha \rightarrow \alpha + \text{原子簇} \rightarrow \alpha + \text{GP1（小）}$$
$$\rightarrow \alpha + \text{GP1（大）}$$
$$\rightarrow \alpha + \text{拉长的中间相} \rightarrow \eta' \rightarrow \eta \quad (2\text{-}36)$$

在这种铝合金中没有观察到 GP－Ⅱ区。原子簇中富含铜，但它的确切作用并不很清楚。

除了析出 η 相外，析出的 T 相也具有时效强化作用。位于 α＋T 相区中心区间的含镁量高的铝合金，首先析出亚稳相 T′，而后形成稳定的 T 相。T′相和 T 相差异不大，成分接近，没有相近的 GP 区，主要差别是 T′相的成分存在浓度梯度。因此，析出序列为

$$\alpha \rightarrow \alpha + T' \rightarrow \alpha + T \quad (2\text{-}37)$$

成分在 α＋η＋T 三相区的铝合金中，观察到有 T 相析出。有时，在长时间保温条件下，在 η 相析出后再析出 T 相。在不含铜，但锌和镁含量高的铝合金中，发现只形成 T 相，并具有高的强度。

表 2-77 列出了 Al－Zn－Mg（Cu）合金系统中各析出相的参数。目前，采用先进的高分辨率透射电子显微镜（HRTEM）和高角度环形暗场扫描透射电子显微镜，对亚稳相晶体结构进行测定和重新评估。检测出的结构可能比表 2-77 中的更加复杂，还可能检测出其他新的中间相。

（3）两级时效　在两个不同温度下进行人工时效，使铝合金获得了良好的力学性能。第一级时效是在 100～110℃（210～230℉）进行的。在该温度下，析出高密度的 GP 区。然后转入较高的温度时效，例如，转入 150～160℃（300～320℉）时效，在 GP 区处形核长大形成亚稳相 η′，提高铝合金的强度。与仅在 150～160℃（300～320℉）进行单级时效相比，两级时效后亚稳相 η′的密度和强度要高一些。此外，由于两级时效在晶界附近的析出相分布更加均匀，因此也进一步提高了铝合金的抗应力腐蚀性能。

（4）回归再时效　回归再时效的目的是在 T6 状态代号处理条件下，获得良好的应力腐蚀（SCC）抗力。具体工艺是先在中等温度，如 120℃（250℉）进行 T6 时效处理，在典型温度 180℃（355℉）下短时间（如几分钟）加热进行回归，回归后快冷，然后将铝合金重新加热到 T6 状态代号温度，进行与第一次相同的时效处理。

在回归过程中，GP 区或 η′相至少部分发生了溶解。根据回归工艺参数，η′相也可能转变为 η 相。通常情况下，铝合金硬度会降低，但也观察到了在某些中间阶段硬度升高的现象。但到目前为止，还

表 2-77 Al－Zn－Mg 和 Al－Zn－Mg－Cu 合金分解过程中形成相的性能

相	时效状态	晶体结构	形状、尺寸、取向	成分	注解	数据来源
原子簇	NA	—	形状不定，10～30 原子，共格	$Zn_{0.85}Mg_1$	均匀形核	200
GP－Ⅰ	NA，AA［不高于150℃（300 ℉）］	—	球状，直径为 2～3nm，在 $\{100\}_\alpha$ 面有序，富 Zn 层和贫 Zn 层交替或更复杂的结构	接近 Zn_1Mg_1；富 Zn 大 GP 区	均匀形核	194～196，200，205
拉长的原子簇	AA	—	沿 $<110>_\alpha$ 方向呈雪茄形状，d = 1.2～2.5nm，l = 4.5～6nm	$Zn_{1.1}Mg_1$	GP－Ⅰ区和 η′相之间的结构	200
GP－Ⅱ	>70℃（160℉）	—	在 $\{100\}_\alpha$ 面上呈盘状，d = 1～2 原子层，w = 3～6nm	富 Zn 大 GP－Ⅱ区，接近 Zn_1Mg_1	部分有序，空位多，淬火过程中形成，在低于 450℃（840℉）淬火，由于过饱和度太低，未发现 η′相的前驱相	196
η′（M′）	AA，T6	六方晶体结构，a = 0.496nm，c = 1.402nm	盘状，半共格，在 $\{100\}_\alpha$ 面形成，c 轴// $\{100\}_\alpha$；T6 状态代号处理，直径为 5nm，体积分数为 2.5%	$Zn_{1.2-1.3}Mg_1$；成分在一定范围内变化，可含有 25% 的 Al	如 Zn：Mg > 3，在 GP 区上形成；主要强化相；在析出后期，可在位错上形成；数量密度可达 $10^{24}m^{-3}$	206～209
η（M）	AA，T7	六方晶体结构（$P6_3$/mmc），a = 0.521nm，c = 0.860nm	厚片状，外观可变化，T7 状态代号处理，直径为 8nm，体积分数为 2.4%；非共格，在 $\{100\}_\alpha$ 面形成，有 9 种取向关系，称为 η_i	Zn：Mg = 1.82；名义成分为 Zn_2Mg	在 η′相形成；有少量强化效果，能溶入高达 3% 的 Al	1，124，209，210
T′	AA	立方结构 a = 1.42～1.44nm；或六方晶体结构，a = 1.39nm，c = 2.75nm	半共格	接近 $(AlZn)_{49}Mg_{32}$；表面析出的 Mg 含量低于心部析出的 Mg 含量（$Al_2Mg_3Zn_3$ 也具有同样情况）	在 Mg 含量高的铝合金中取代 η 相	203
T	高温	体心立方（Im3），a = 1.416nm	非共格	$(AlZn)_{49}Mg_{32}$（Al：Zn 可变化）	温度高于 190℃（375℉）时在 η 相上形成或在 Mg 含量高的铝合金中从 T′相转变	136

缺乏对该复杂阶段完整图像的认识。但是看起来，回归会导致析出量明显减少，同时使析出相尺寸增大了约50%。析出相中富含铜，而锌扩散到了基体中。在再时效过程中，在晶内发生与第一次时效过程中类似的析出现象，导致了高的峰值硬度，在回归过程中已溶入基体溶质原子，再次形核析出新的析出相。与采用传统工艺处理的铝合金相比，最终析出的新相更加细小，类似于经T73过时效工艺处理的铝合金。此外，在晶界上形成了粗的析出相，提高了铝合金的抗应力腐蚀性能。

参考文献

1. L.F. Mondolfo, *Aluminum Alloys: Structure and Properties*, Butterworths, 1976
2. D.J. Chakrabarti and D.E. Laughlin, Phase Relations and Precipitation in Al-Mg-Si Alloys with Cu Additions, *Prog. Mater. Sci.*, Vol 49 (No. 3–4), 2004, p 389–410
3. R.B.C. Cayless, Alloy and Temper Designation Systems for Aluminum and Aluminum Alloys, *Properties and Selection: Nonferrous Alloys and Special-Purpose Materials*, Vol 2, *ASM Handbook*, ASM International, 1990, p 15–28
4. C. Haase and H. Wurst, Zur Frage der Kalt und Warmaushärtung bei Aluminium-Magnesium-Silizium-Legierungen, *Z. Metallkd.*, Vol 33 (No. 12), 1941, p 399–403
5. C. Panseri and T. Federighi, A Resistometric Study of Preprecipitation in an Aluminium-1.4%Mg_2Si Alloy, *J. Inst. Met. London*, Vol 94, 1966, p 99–197
6. A. Serizawa, S. Hirosawa, and T. Sato, Three-Dimensional Atom Probe Characterization of Nanoclusters Responsible for Multistep Aging Behavior of an Al-Mg-Si Alloy, *Metall. Mater. Trans. A*, Vol 39, 2008, p 243–251
7. Y. Yan, Z.Q. Liang, and J. Banhart, Influence of Pre-Straining and Pre-Ageing on the Age Hardening Response of Al-Mg-Si Alloys, *Mater. Sci. Forum*, Vol 794–796, 2014, p 903–908
8. A. K. Gupta and D.J. Lloyd, Study of Precipitation Kinetics in a Super Purity Al-0.8pctMg-0.9pctSi Alloy Using Differential Scanning Calorimetry, *Metall. Mater. Trans. A*, Vol 30 (No. 3), 1999, p 879–884
9. P. Lang, E. Povoden-Karadeniz, A. Falahati, and E. Kozeschnik, Simulation of the Effect of Composition on the Precipitation in 6*xxx* Al Alloys during Continuous-Heating DSC, *J. Alloy. Compd.*, Vol 612, 2014, p 443–449
10. S. Pogatscher, H. Antrekowitsch, and P.J. Uggowitzer, Influence of Starting Temperature on Differential Scanning Calorimetry Measurements of an Al-Mg-Si Alloy, *Mater. Lett.*, Vol 100, 2013, p 163–165
11. M. Murayama, K. Hono, M. Saga, and M. Kikuchi, Atom Probe Studies on the Early Stages of Precipitation in Al-Mg-Si Alloys, *Mater. Sci. Eng. A*, Vol 250 (No. 1), 1998, p 127–132
12. G.A. Edwards, K. Stiller, G.L. Dunlop, and M.J. Couper, The Precipitation Sequence in Al-Mg-Si Alloys, *Acta Mater.*, Vol 46 (No. 11), 1998, p 3893–3904
13. Y. Aruga, M. Kozuka, Y. Takaki, and T. Sato, Formation and Reversion of Clusters during Natural Aging and Subsequent Artificial Aging in an Al-Mg-Si Alloy, *Mater. Sci. Eng. A*, Vol 631, 2015, p 86–96
14. C.S.T. Chang, Z.Q. Liang, E. Schmidt, and J. Banhart, Influence of Mg/Si Ratio on the Clustering Kinetics in Al-Mg-Si Alloys, *Int. J. Mater. Res.*, Vol 103 (No. 8), 2012, p 955–961
15. K. Matsuda, H. Gamada, K. Fujii, Y. Uetani, T. Sato, A. Kamio, and S. Ikeno, High-Resolution Electron Microscopy on the Structure of Guinier-Preston Zones in an Al-1.6 mass pct Mg_2Si Alloy, *Metall. Mater. Trans. A*, Vol 29 (No. 4), 1998, p 1161–1167
16. Y. Aruga, M. Kozuka, Y. Takaki, and T. Sato, Evaluation of Solute Clusters Associated with Bake-Hardening Response in Isothermal Aged Al-Mg-Si Alloys Using a Three-Dimensional Atom Probe, *Metall. Mater. Trans. A*, Vol 45 (No. 13), 2014, p 5906–5913
17. V. Fallah, A. Korinek, N. Ofori-Opoku, B. Raeisinia, M. Gallerneault, N. Provotas, and S. Esmaeili, Atomic-Scale Pathway of Early-Stage Precipitation in Al-Mg-Si Alloys, *Acta Mater.*, Vol 82, 2015, p 457–467
18. K. Li, M. Song, Y. Du, and X. Fang, Effect of Minor Cu Addition on the Precipitation Sequence of an As-Cast Al-Mg-Si 6005 Alloy, *Arch. Metall. Mater.*, Vol 57 (No. 2), 2012, p 457–467
19. J.H. Chen, E. Costan, M.A. van Huis, Q. Xu, and H.W. Zandbergen, Atomic Pillar-Based Nanoprecipitates Strengthen AlMgSi Alloys, *Science*, Vol 312 (No. 5772), 2006, p 416–419
20. C.D. Marioara, S.J. Andersen, J. Jansen, and H.W. Zandbergen, Atomic Model for GP-Zones in a 6082 Al-Mg-Si System, *Acta Mater.*, Vol 49 (No. 2), 2001, p 321–328
21. S.J. Andersen, H.W. Zandbergen, J. Jansen, C. Træholt, U. Tundal, and O. Reiso, The Crystal Structure of the β'' Phase in Al-Mg-Si Alloys, *Acta Mater.*, Vol 46 (No. 9), 1998, p 3283–3298
22. H.S. Hasting, A.G. Frøseth, S.J. Andersen, R. Vissers, J.C. Walmsley, C.D. Marioara, F. Danoix, W. Lefebvre, and R. Holmestad, Composition of β'' Precipitates in

Al-Mg-Si Alloys by Atom Probe Tomography and First Principles Calculations, *J. Appl. Phys.*, Vol 106 (No. 12), 2009, p 123527

23. P.H. Ninive, A. Strandlie, S. Gulbrandsen-Dahl, W. Lefebvre, C.D. Marioara, S.J. Andersen, J. Friis, R. Holmestad, and O.M. Løvvik, Detailed Atomistic Insight into the β″ Phase in Al-Mg-Si Alloys, *Acta Mater.*, Vol 69, 2014, p 126–134
24. M.H. Jacobs, The Structure of the Metastable Precipitates Formed during Ageing of an Al-Mg-Si Alloy, *Philos. Mag.*, Vol 26, 1972, p 1–13
25. R. Vissers, M.A. van Huis, J. Jansen, H.W. Zandbergen, C.D. Marioara, and S. J. Andersen, The Crystal Structure of the β′ phase in Al-Mg-Si Alloys, *Acta Mater.*, Vol 55 (No. 11), 2007, p 3815–3823
26. K. Matsuda, S. Tada, S. Ikeno, T. Sato, and A. Kamio, Crystal System of Rod-Shaped Precipitates in an Al-1.0mass-%Mg_2Si-0.4mass-%Si Alloy, *Scr. Metall. Mater.*, Vol 32 (No. 8), 1995, p 1175–1180
27. K. Matsuda, S. Ikeno, T. Sato, and A. Kamio, Classification of Metastable Phases in Al-Mg_2Si Alloys by HRTEM, *Mater. Sci. Forum*, Vol 217–222, 1996, p 707–712
28. S.J. Andersen, C.D. Marioara, A. Frøseth, R. Vissers, and H.W. Zandbergen, Crystal Structures of the Trigonal U1-$MgAl_2Si_2$ and Orthorhombic U2-$Mg_4Al_4Si_4$ Precipitates in the Al-Mg-Si Alloy System, *Electron Microscopy and Analysis (EMAG 2003)*, S. McVitie and D. McComb, Ed., Institute of Physics, Oxford, 2004, p 225–228
29. A.G. Frøseth, R. Høier, P.M. Derlet, S.J. Andersen, and C.D. Marioara, Bonding in MgSi and Al-Mg-Si Compounds Relevant to Al-Mg-Si Alloys, *Phys. Rev. B*, Vol 67 (No. 22), 2003, p 224106
30. K. Matsuda, Y. Sakaguchi, Y. Miyata, Y. Uetani, T. Sato, A. Kamio, and S. Ikeno, Precipitation Sequence of Various Kinds of Metastable Phases in Al-1.0mass% Mg_2Si-0.4mass%Si Alloy, *J. Mater. Sci.*, Vol 35 (No. 1), 2000, p 179–189
31. K. Matsuda, S. Ikeno, T. Sato, and A. Kamio, A Metastable Phase Having the Orthorhombic Crystal Lattice in an Al-1.0mass% Mg_2Si-0.4mass%Si Alloy, *Scr. Mater.*, Vol 34 (No. 11), 1996, p 1797–1802
32. S.J. Andersen, C.D. Marioara, A. Frøseth, R. Vissers, and H.W. Zandbergen, Crystal Structure of the Orthorhombic U2-$Al_4Mg_4Si_4$ Precipitate in the Al-Mg-Si Alloy System and Its Relation to the β′ and β″ Phases, *Mater. Sci. Eng. A*, Vol 390 (No. 1–2), 2005, p 127–138
33. C.D. Marioara, S.J. Andersen, H.W. Zandbergen, and R. Holmestad, The Influence of Alloy Composition on Precipitates of the Al-Mg-Si System, *Metall. Mater. Trans. A*, Vol 36 (No. 3), 2005, p 691–702
34. C.D. Marioara, S.J. Andersen, T.N. Stene, H. Hasting, J. Walmsley, A.T.J. Van Helvoort, and R. Holmestad, The Effect of Cu on Precipitation in Al-Mg-Si Alloys, *Philos. Mag.*, Vol 87 (No. 23), 2007, p 3385–3413
35. M. Torsæter, W. Lefebvre, C.D. Marioara, S.J. Andersen, J.C. Walmsley, and R. Holmestad, Study of Intergrown L and Q′ Precipitates in Al-Mg-Si-Cu Alloys, *Scr. Mater.*, Vol 64 (No. 9), 2011, p 817–820
36. M. Torsæter, R. Vissers, C.D. Marioara, S.J. Andersen, and J. Holmestad, Crystal Structure Determination of the Q′ and C-Type Plate Precipitates in Al-Mg-Si-Cu (6*xxx*) Alloys, *11th International Conference on Aluminium Alloys (ICAA11)*, J. Hirsch, B. Skrotzki, and G. Gottstein, Ed., Wiley VCH, Aachen, Germany, 2008, p 1338–1344
37. K. Matsuda, Y. Uetani, T. Sato, and S. Ikeno, Metastable Phases in an Al-Mg-Si Alloy Containing Copper, *Metall. Mater. Trans. A*, Vol 32 (No. 6), 2001, p 1293–1299
38. K. Matsuda, D. Teguri, Y. Uetani, T. Sato, and S. Ikeno, Cu-Segregation at the Q′/α-Al Interface in Al-Mg-Si-Cu Alloy, *Scr. Mater.*, Vol 47 (No. 12), 2002, p 833–837
39. K. Matsuda, D. Teguri, T. Sato, Y. Uetani, and S. Ikeno, Cu Segregation around Metastable Phase in Al-Mg-Si Alloy with Cu, *Mater. Trans.*, Vol 48 (No. 5), 2007, p 967–974
40. L. Sagalowicz, G. Lapasset, and G. Hug, Transmission Electron Microscopy Study of a Precipitate Which Forms in the Al-Mg-Si System, *Philos. Mag. Lett.*, Vol 74 (No. 2), 1996, p 57–66
41. G. Thomas, The Ageing Characteristics of Aluminium Alloys: Electron-Transmission Studies of Al-Mg-Si Alloys, *J. Inst. Met. London*, Vol 90 (No. 2), 1961–1962, p 57–63
42. J. Banhart, C.S.T. Chang, Z.Q. Liang, N. Wanderka, M.D.H. Lay, and A.J. Hill, Natural Aging in Al-Mg-Si Alloys—A Process of Unexpected Complexity, *Adv. Eng. Mater.*, Vol 12 (No. 7), 2010, p 559–571
43. M. Liu, J. Čížek, C.S.T. Chang, and J. Banhart, Early Stages of Solute Clustering in an Al-Mg-Si Alloy, *Acta Mater.*, Vol 91, 2015, p 355–364
44. F. De Geuser, W. Lefebvre, and D. Blavette, 3D Atom Probe Study of Solute Atoms Clustering during Natural Ageing and Pre-Ageing of an Al-Mg-Si Alloy, *Philos. Mag. Lett.*, Vol 86 (No. 4), 2006, p 227–234
45. D. Vaumousse, A. Cerezo, P.J. Warren, and S.A. Court, An Atom Probe Study of Fine Scale Structure in AlMgSi(Cu) Alloys, *Mater. Sci. Forum*, Vol 396–402, 2002, p 693–698
46. A. Serizawa, T. Sato, and W.J. Poole, The Characterization of Dislocation-Nanocluster Interactions in Al-Mg-Si(-Cu/Ag) Alloys,

Philos. Mag. Lett., Vol 90 (No. 4), 2010, p 279–287

47. L.F. Cao, P.A. Rometsch, H. Zhong, Y. Mulji, S.X. Gao, and B.C. Muddle, Effect of Natural Ageing on the Artificial Ageing Response of an Al-Mg-Si-Cu Alloy, *12th International Conference on Aluminium Alloys (ICAA12)*, S. Kumai, O. Umezawa, Y. Takayama, T. Tsuchida, and T. Sato, Ed., The Japan Institute of Light Metals, Yokohama, 2010, p 395–400
48. A. Serizawa and T. Sato, 3DAP Characterisation of Two Types of Nanoclusters and Bake-Hardening Behavious of Al-Mg-Si Alloys, *11th International Conference on Aluminium Alloys (ICAA11)*, J. Hirsch, B. Skrotzki, and G. Gottstein, Ed., Wiley VCH, Aachen, Germany, 2008, p 915–921
49. A.I. Morley, M.W. Zandbergen, A. Cerezo, and G.D.W. Smith, The Effect of Pre-Ageing and Addition of Copper on the Precipitation Behaviour in Al-Mg-Si Alloys, *Mater. Sci. Forum*, Vol 519–521, 2006, p 543–548
50. M. Torsæter, W. Lefebvre, S.J. Andersen, C.D. Marioara, J. Walmsley, and R. Holmestad, Clustering Behaviour in Al-Mg-Si Alloys Investigated by APT, *12th International Conference on Aluminium Alloys (ICAA12)*, S. Kumai, O. Umezawa, Y. Takayama, T. Tsuchida, and T. Sato, Ed., The Japan Institute of Light Metals, Yokohama, 2010, p 1385–1390
51. M.D.H. Lay, H.S. Zurob, C.R. Hutchinson, T.J. Bastow, and A.J. Hill, Vacancy Behavior and Solute Cluster Growth during Natural Aging of an Al-Mg-Si Alloy, *Metall. Mater. Trans. A*, Vol 43 (No. 12), 2012, p 4507–4513
52. M. Liu, J. Čížek, C.S.T. Chang, and J. Banhart, A Positron Study of Early Clustering in Al-Mg-Si Alloys, *Mater. Sci. Forum*, Vol 794–796, 2014, p 33–38
53. P.A. Rometsch, L.F. Cao, and B.C. Muddle, Strengthening of 6*xxx* Series Sheet Alloy during Natural Ageing and Early-Stage Artificial Ageing, *12th International Conference on Aluminium Alloys (ICAA12)*, S. Kumai, O. Umezawa, Y. Takayama, T. Tsuchida, and T. Sato, Ed., The Japan Institute of Light Metals, 2010, p 389–394
54. P.A. Rometsch, L.F. Cao, X.Y. Xiong, and B.C. Muddle, Atom Probe Analysis of Early-Stage Strengthening Behaviour in an Al-Mg-Si-Cu Alloy, *Ultramicroscopy*, Vol 111 (No. 6), 2011, p 690–694
55. M.J. Starink, L.F. Cao, and P.A. Rometsch, A Model for the Thermodynamics of and Strengthening due to Co-Clusters in Al-Mg-Si-Based Alloys, *Acta Mater.*, Vol 60 (No. 10), 2012, p 4194–4207
56. N. Wanderka, N. Lazarev, C.S.T. Chang, and J. Banhart, Analysis of Clustering in Al-Mg-Si Alloy by Density Spectrum Analysis of Atom Probe Data, *Ultramicroscopy*, Vol 111 (No. 6), 2011, p 701–705
57. R.K.W. Marceau, A. de Vaucorbeil, G. Sha, S.P. Ringer, and W.J. Poole, Analysis of Strengthening in AA6111 during the Early Stages of Aging: Atom Probe Tomography and Yield Stress Modelling, *Acta Mater.*, Vol 61 (No. 19), 2013, p 7285–7303
58. L.F. Cao, P.A. Rometsch, and M.J. Couper, Clustering Behaviour in an Al-Mg-Si-Cu Alloy during Natural Ageing and Subsequent Under-Ageing, *Mater. Sci. Eng. A*, Vol 559, 2013, p 257–261
59. D. Tomus, P.A. Rometsch, L.F. Cao, M.J. Couper, and C.H.J. Davies, Utilisation of Atom Probe Data to Model Precipitation and Strengthening in an Al-Mg-Si-Cu Alloy during Natural Ageing and Early-Stage Artificial Ageing, *13th International Conference on Aluminium Alloys (ICAA13)*, H. Weiland, A.D. Rollett, and W.A. Cassada, Ed., TMS and Wiley, Pittsburgh, PA, 2012, p 267–272
60. S. Ceresara, E. Di Russo, P. Fiorini, and A. Giarda, Effect of Si Excess on Ageing Behaviour of Al-Mg_2Si0.8% Alloy, *Mater. Sci. Eng.*, Vol 5 (No. 4), 1969–1970, p 220–227
61. I. Kovács, J. Lendvai, and E. Nagy, The Mechanism of Clustering in Supersaturated Solid-Solutions of Al-Mg_2Si Alloys, *Acta Metall. Mater.*, Vol 20 (No. 7), 1972, p 975–983
62. J. Banhart, M.D.H. Lay, C.S.T. Chang, and A.J. Hill, Kinetics of Natural Aging in Al-Mg-Si Alloys Studied by Positron Annihilation Lifetime Spectroscopy, *Phys. Rev. B*, Vol 83 (No. 1), 2011, p 014101
63. I. Dutta and S.M. Allen, A Calorimetric Study of Precipitation in Commercial Aluminum Alloy-6061, *J. Mater. Sci. Lett.*, Vol 10 (No. 6), 1991, p 323–326
64. C.S.T. Chang, F. De Geuser, and J. Banhart, In Situ Characterization of β″ Precipitation in an Al-Mg-Si Alloy by Anisotropic Small-Angle Neutron Scattering on a Single Crystal, *J. Appl. Crystallogr.*, Vol 48, 2015, p 455–463
65. S.J. Andersen and C.D. Marioara, unpublished work, 2015
66. K. Matsuda, T. Kawabata, Y. Uetani, T. Sato, A. Kamio, and S. Ikeno, HRTEM Observation of GP Zones and Metastable Phase in Al-Mg-Si Alloys, *Mater. Sci. Forum*, Vol 331–337, 2000, p 989–994
67. K. Matsuda, S. Ikeno, H. Matsui, T. Sato, K. Terayama, and Y. Uetani, Comparison of Precipitates between Excess Si-Type and Balanced-Type Al-Mg-Si Alloys during Continuous Heating, *Metall. Mater. Trans. A*, Vol 36 (No. 8), 2005, p 2007–2012
68. K. Matsuda and S. Ikeno, Study of Precipitation Sequence in Al-Mg-Si Alloys by HRTEM, *Mater. Sci. Forum*, Vol 475–479, 2005, p 361–364
69. S.J. Andersen, C.D. Marioara, R. Vissers, M. Torsæter, R. Bjorge, F.J.H. Ehlers, and

R. Holmestad, The Dual Nature of Precipitates in Al-Mg-Si Alloys, *Mater. Sci. Forum*, Vol 638–642, 2010, p 390–395
70. P. Brenner and H. Kostron, Über die Vergütung der Aluminium-Magnesium-Silizium Legierungen (Pantal), *Z. Metallkd.*, Vol 31 (No. 4), 1939, p 89–97
71. H. Zoller and A. Ried, Metallkundliche Grundlagen der leicht preßbaren AlMgSi Legierungen, *Aluminium*, Vol 41, 1965, p 626–629
72. J. Langerweger, Influence of Heat Treatment Practice on Extrudability and Properties of AlMgSi Alloy Sections, *Aluminium Technology '86*, T. Sheppard, Ed., The Institute of Metals, London, 1986, p 216–222
73. D.W. Pashley, J.W. Rhodes, and A. Sendorek, Delayed Ageing in Aluminium-Magnesium-Silicon Alloys: Effect on Structure and Mechnical Properties, *J. Inst. Met. London*, Vol 94, 1966, p 41–49
74. D.W. Pashley, M.H. Jacobs, and J.T. Vietz, The Basic Processes Affecting Two-Step Ageing in an Al-Mg-Si Alloy, *Philos. Mag.*, Vol 16 (No. 139), 1967, p 51
75. S. Pogatscher, H. Antrekowitsch, H. Leitner, T. Ebner, and P.J. Uggowitzer, Mechanisms Controlling the Artificial Aging of Al-Mg-Si Alloys, *Acta Mater.*, Vol 59 (No. 9), 2011, p 3352–3363
76. J.A. Nock, Heat Treatment and Ageing 61S Sheet, *Iron Age*, Vol 159 (No. 17), 1947, p 48–54
77. P.E. Fortin, A Precipitation Hardening Phenomenon in Aluminum-Magnesium-Silicon Alloys, *Can. Metall. Q.*, Vol 2 (No. 2), 1963, p 143–155
78. Y. Yan, "Investigation of the Negative and Positive Effects of Natural Ageing on Artificial Ageing Response in Al-Mg-Si Alloys," Ph.D., Technische Universität Berlin, Berlin, 2014
79. C.S.T. Chang, I. Wieler, N. Wanderka, and J. Banhart, Positive Effect of Natural Pre-Ageing on Precipitation Hardening in Al-0.44at%Mg-0.38at%Si Alloy, *Ultramicroscopy*, Vol 109 (No. 5), 2009, p 585–592
80. Y. Birol, Reversion Treatment to Improve Bake Hardening Response of a Twin-Roll Cast 6061 Automotive Sheet, *Mater. Sci. Forum*, Vol 239–243, 2007, p 345–350
81. S. Wenner, C.D. Marioara, S.J. Andersen, and R. Holmestad, Effect of Room Temperature Storage Time on Precipitation in Al-Mg-Si(-Cu) Alloys with Different Mg/Si Ratios, *Int. J. Mater. Res.*, Vol 103 (No. 8), 2012, p 948–954
82. S. Pogatscher, H. Antrekowitsch, M. Werinos, F. Moszner, S.S.A. Gerstl, M.F. Francis, W.A. Curtin, J.F. Löffler, and P.J. Uggowitzer, Diffusion on Demand to Control Precipitation Aging: Application to Al-Mg-Si Alloys, *Phys. Rev. Lett.*, Vol 112, 2014, p 225701
83. K. Yamada, T. Sato, and A. Kamio, Effects of Quenching Conditions on Two-Step Aging Behavior of Al-Mg-Si Alloys, *Mater. Sci. Forum*, Vol 331–337, 2000, p 669–674
84. C.D. Marioara, S.J. Andersen, J. Jansen, and H.W. Zandbergen, The Influence of Temperature and Storage Time at RT on Nucleation of the β″ Phase in a 6082 Al-Mg-Si Alloy, *Acta Mater.*, Vol 51 (No. 3), 2003, p 789–796
85. K. Teichmann, C.D. Marioara, S.J. Andersen, and K. Marthinsen, The Effect of Preaging Deformation on the Precipitation Behavior of an Al-Mg-Si Alloy, *Metall. Mater. Trans. A*, Vol 43 (No. 11), 2012, p 4006–4014
86. L.P. Ding, Z.H. Jia, Z.Q. Zhang, R.E. Sanders, Q. Liu, and G. Yang, The Natural Aging and Precipitation Hardening Behaviour of Al-Mg-Si-Cu Alloys with Different Mg/Si Ratios and Cu Additions, *Mater. Sci. Eng. A*, Vol 627, 2015, p 119–126
87. M. Liu, C.D. Marioara, R. Holmestad, and J. Banhart, Ageing Characteristics of Al-Mg-(Ge,Si)-Cu Alloys, *Mater. Sci. Forum*, Vol 794–796, 2014, p 971–976
88. J.H. Kim and T. Sato, Effects of Cu Addition on Nanocluster Formation and Two-Step Aging Behaviors of Al-Mg-Si Alloys, *J. Nanosci. Nanotechnol.*, Vol 11 (No. 2), 2011, p 1319–1322
89. J. Buha, R.N. Lumley, and A.G. Crosky, Precipitation and Solute Distribution in an Interrupted-Aged Al-Mg-Si-Cu Alloy, *Philos. Mag.*, Vol 88 (No. 3), 2008, p 373–390
90. S. Esmaeili and D.J. Lloyd, The Role of Copper in the Precipitation Kinetics of 6000 Series Al Alloys, *Mater. Sci. Forum*, Vol 519–521, 2006, p 169–176
91. C. Cayron, L. Sagalowicz, O. Beffort, and P. A. Buffat, Structural Phase Transition in Al-Cu-Mg-Si Alloys by Transmission Electron Microscopy Study on an Al-4wt%Cu-1wt%Mg-Ag Alloy Reinforced by SiC Particles, *Philos. Mag. A*, Vol 79 (No. 11), 1999, p 2833–2851
92. F.J.H. Ehlers, S. Wenner, S.J. Andersen, C.D. Marioara, W. Lefebvre, C.B. Boothroyd, and R. Holmestad, Phase Stabilization Principle and Precipitate-Host Lattice Influences for Al-Mg-Si-Cu Alloy Precipitates, *J. Mater. Sci.*, Vol 49 (No. 18), 2014, p 6413–6426
93. J.L. Murray, The Aluminium-Copper System, *Int. Met. Rev.*, Vol 30 (No. 5), 1985, p 211–233
94. M. Karlík and B. Jouffrey, Guinier-Preston Platelets Interaction with Dislocations: Study at the Atomic Level, *J. Phys. III*, Vol 6 (No. 7), 1996, p 825–829
95. V. Gerold, Über die Struktur der bei der Aushärtung einer Aluminium-Kupfer-Legierung auftretenden Zustände, *Z. Metallkd.*, Vol 45 (No. 10), 1954, p 599–607
96. M. Karlík, B. Jouffrey, and S. Belliot, The Copper Content of Guinier-Preston (GP1)

Zones in Al-1.84at%Cu Alloy, *Acta Mater.*, Vol 46 (No. 5), 1998, p 1817–1825
97. K. Hono, T. Hashizume, Y. Hasegawa, K. Hirano, and T. Sakurai, A Study of Multilayer G.P. Zones in an Al-1.7at.% Cu Alloy by Atom-Probe FIM, *Scr. Metall.*, Vol 20 (No. 4), 1986, p 487–492
98. M. Karlík, A. Bigot, B. Jouffrey, P. Auger, and S. Belliot, HREM, FIM and Tomographic Atom Probe Investigation of Guinier-Preston Zones in an Al-1.54at%Cu Alloy, *Ultramicroscopy*, Vol 98 (No. 2–4), 2004, p 219–230
99. X. Auvray, P. Georgopoulos, and J.B. Cohen, The Structure of G.P.1 Zones in Al-1.7at.%Cu, *Acta Metall. Mater.*, Vol 29 (No. 6), 1981, p 1061–1075
100. T.J. Konno, K. Hiraga, and M. Kawasaki, Guinier-Preston (GP) Zone Revisited: Atomic Level Observation by HAADF-TEM Technique, *Scr. Mater.*, Vol 44 (No. 8–9), 2001, p 2303–2307
101. K. Hono, T. Satoh, and K. Hirano, Evidence of Multilayer GP Zones in Al-1.7at%Cu Alloy, *Philos. Mag. A*, Vol 53 (No. 4), 1986, p 495–504
102. T. Sato, T. Murakami, Y. Amemiya, H. Hashizume, and T. Takahashi, Determination of Structure and Formation Kinetics of Early Stage GP Zones in an Al-1.7at.%Cu Alloy by Small-Angle X-Ray-Scattering of Synchrotron Radiation, *Acta Metall. Mater.*, Vol 36 (No. 5), 1988, p 1335–1341
103. H. Fujita and C. Lu, Formation Mechanisms of GP Zones and θ′-Phase in Al-Cu Crystals, *Mater. Trans., JIM*, Vol 33 (No. 10), 1992, p 897–903
104. S.K. Son, M. Takeda, M. Mitome, Y. Bando, and T. Endo, Precipitation Behavior of an Al-Cu Alloy during Isothermal Aging at Low Temperatures, *Mater. Lett.*, Vol 59 (No. 6), 2005, p 629–632
105. S.P. Ringer and K. Hono, Microstructural Evolution and Age Hardening in Aluminium Alloys: Atom Probe Field-Ion Microscopy and Transmission Electron Microscopy Studies, *Mater. Charact.*, Vol 44 (No. 1–2), 2000, p 101–131
106. H.K. Hardy, The Ageing Characteristics of Binary Aluminium-Copper Alloys, *J. Inst. Met. London*, Vol 79 (No. 11), 1951, p 321–369
107. W. Desorbo, H.N. Treaftis, and D. Turnbull, Rate of Clustering in Al-Cu Alloys at Low Temperatures, *Acta Metall. Mater.*, Vol 6 (No. 6), 1958, p 401–413
108. K. Osamura, N. Otsuka, and Y. Murakami, Resistivity Maximum during Guinier-Preston Zone Formation in an A1-4wt.% Cu Alloy, *Philos. Mag. B*, Vol 45 (No. 6), 1982, p 583–599
109. A.N. Solonin, A.Y. Churyumov, A.V. Mikhailovskaya, and M.A. Ryazantseva, Modeling for the Structure Evolution of Alloys of the Al-Cu-Mg System during Natural Ageing, *Russ. J. Non-Ferr. Met.*, Vol 52 (No. 1), 2011, p 44–49
110. V. Gerold, Röntenographische Untersuchungen über die Aushärtung einer Aluminium-Kupfer-Legierung mit Kleinwinkel-Schwenkaufnahmen, *Z. Metallkd.*, Vol 45 (No. 10), 1954, p 593–599
111. J.M. Silcock, T.J. Heal, and H.K. Hardy, Structural Ageing Characteristics of Binary Aluminium Copper Alloys, *J. Inst. Met. London*, Vol 82 (No. 6), 1953–1954, p 239–248
112. K.M. Nairn, B.M. Gable, R. Stark, N. Ciccosillo, A.J. Hill, B.C. Muddle, and T.J. Bastow, Monitoring the Evolution of the Matrix Copper Composition in Age Hardenable Al-Cu Alloys, *Mater. Sci. Forum*, Vol 519–521, 2006, p 591–596
113. T. Sato and T. Takahashi, High-Resolution Electron Microscopy on the Layered Structures of GP zones in an Al-1.7at%Cu Alloy, *Scr. Metall.*, Vol 22 (No. 7), 1988, p 941–946
114. R. Schülbe and U. Schmidt, Compilation of Results of Reversion Investigations of Al-1.87at%Cu Alloys, *Phys. Status Solidi (a)*, Vol 103, 1987, p 29
115. Y.F. Wu, M.P. Wang, Z. Li, F.Z. Xia, C.D. Xia, Q. Lei, and H.C. Yu, Effects of Pre-Aging Treatment on Subsequent Artificial Aging Characteristics of Al-3.95Cu-(1.32Mg)-0.52Mn-0.11Zr Alloys, *J. Cent. S. Univ. (China)*, Vol 22 (No. 1), 2015, p 1–7
116. W.Z. Han, A. Vinogradov, and C.R. Hutchinson, Dynamic Precipitation during Cyclic Deformation in Underaged Al-4Cu Containing θ′ (Al_2Cu) Precipitates, *12th International Conference on Aluminium Alloys (ICAA12)*, S. Kumai, O. Umezawa, Y. Takayama, T. Tsuchida, and T. Sato, Ed., The Japan Institute of Light Metals, Yokohama, 2010, p 1015–1020
117. H. Yoshida, Some Aspects on the Structure of Guinier-Preston Zones in Al-Cu Alloys Based on High-Resolution Electron-Microscope Observations, *Scr. Metall.*, Vol 22 (No. 7), 1988, p 947–951
118. K. Hirano and H. Iwasaki, Calori- and Resistometric Analyses of Ageing and Precipitation in Aluminum-Copper Alloys, *Trans. Jpn. Inst. Met.*, Vol 5 (No. 3), 1964, p 162
119. G.B. Brook, "Precipitation in Metals," Fulmer Research Institute, 1965
120. M. Karlík and B. Jouffrey, High Resolution Electron Microscopy Study of Guinier-Preston (GP1) Zones in Al-Cu Based Alloys, *Acta Mater.*, Vol 45 (No. 8), 1997, p 3251–3263
121. A. Biswas, D.J. Siegel, C. Wolverton, and D.N. Seidman, Precipitates in Al-Cu Alloys Revisited: Atom-Probe Tomographic Experiments and First-Principles Calculations of Compositional Evolution and Interfacial Segregation, *Acta Mater.*, Vol 59 (No. 15), 2011, p 6187–6204

122. H. Fujita and C. Lu, Behavior of Cu-Atoms in Formation of G.P. Zones and θ′-Phase in Al-Cu Alloys, *Microsc. Microanal. Microstruct.*, Vol 4 (No. 2–3), 1993, p 265–277
123. A.J. Bradley and P.J. Jones, An X-ray Investigation of the Copper-Aluminium Alloys, *J. Inst. Met.*, Vol 51, 1933, p 131
124. N.A. Belov, D.G. Eskin, and A.A. Aksenov, *Multicomponent Phase Diagrams: Applications for Commercial Aluminium Alloys*, Elsevier, Amsterdam, 2005
125. A. Deschamps, T.J. Bastow, F. de Geuser, A.J. Hill, and C.R. Hutchinson, In Situ Evaluation of the Microstructure Evolution during Rapid Hardening of an Al-2.5Cu-1.5Mg (wt.%) Alloy, *Acta Mater.*, Vol 59 (No. 8), 2011, p 2918–2927
126. R.K.W. Marceau, G. Sha, R. Ferragut, A. Dupasquier, and S.P. Ringer, Solute Clustering in Al-Cu-Mg Alloys during the Early Stages of Elevated Temperature Ageing, *Acta Mater.*, Vol 58 (No. 15), 2010, p 4923–4939
127. G. Sha, R.K.W. Marceau, X. Gao, B.C. Muddle, and S.P. Ringer, Nanostructure of Aluminium Alloy 2024: Segregation, Clustering and Precipitation Processes, *Acta Mater.*, Vol 59 (No. 4), 2011, p 1659–1670
128. J.M. Silcock, The Structural Ageing Characteristics of Al-Cu-Mg Alloys with Copper-Magnesium Weight Ratios of 7-1 and 2.2-1, *J. Inst. Met. London*, Vol 89 (No. 6), 1960–1961, p 203–210
129. L. Kovarik, S.A. Court, H.L. Fraser, and M.J. Mills, GPB Zones and Composite GPB/GPBII Zones in Al-Cu-Mg Alloys, *Acta Mater.*, Vol 56 (No. 17), 2008, p 4804–4815
130. Y.A. Bagaryatski, Механизм Искусственного Старения Слава Al-Cu-Mg and О Природе Естественного Старения Алюминиевых Сплавов, *Dokl. Akad. Nauk SSSR (Доклады Академии Наук СССР)*, Vol 87, 1952, p 397, 559
131. L. Kovarik, P.I. Gouma, C. Kisielowski, S.A. Court, and M.J. Mills, A HRTEM Study of Metastable Phase Formation in Al-Mg-Cu Alloys during Artificial Aging, *Acta Mater.*, Vol 52 (No. 9), 2004, p 2509–2520
132. S.C. Wang and M.J. Starink, The Assessment of GPB2/S″ Structures in Al-Cu-Mg Alloys, *Mater. Sci. Eng. A*, Vol 386 (No. 1–2), 2004, p 156–163
133. S.C. Wang and M.J. Starink, Precipitates and Intermetallic Phases in Precipitation Hardening Al-Cu-Mg-(Li) Based Alloys, *Int. Mater. Rev.*, Vol 50 (No. 4), 2005, p 193–215
134. H. Perlitz and A. Westgren, The Crystal Structure of Al_2CuMg, *Arkiv Kemi, Miner. Geolog. B*, Vol 16 (No. 13), 1943, p 1
135. B. Heying, R.-D. Hoffmann, and R. Pöttgen, Structure Refinement of the S-Phase Precipitate $MgCuAl_2$, *Z. Naturforsch. B*, Vol 60, 2005, p 491–494
136. G. Bergman, J.L.T. Waugh, and L. Pauling, The Crystal Structure of the Metallic Phase $Mg_{32}(Al,Zn)_{49}$, *Acta Crystallogr.*, Vol 10 (No. 4), 1957, p 254–259
137. S.P. Ringer, W. Yeung, B.C. Muddle, and I.J. Polmear, Precititate Stability in Al-Cu-Mg-Ag Alloys Aged at High Temperatures, *Acta Metall. Mater.*, Vol 42 (No. 5), 1994, p 1715–1725
138. K.M. Knowles and W.M. Stobbs, The Structure of (111) Age-Hardening Precipitates in Al-Cu-Mg-Ag Alloys, *Acta Crystallogr. B*, Vol 44, 1988, p 207–227
139. S.P. Ringer, T. Sakurai, and I.J. Polmear, Origins of Hardening in Aged Al-Cu-Mg-(Ag) Alloys, *Acta Mater.*, Vol 45 (No. 9), 1997, p 3731–3744
140. H.D. Chopra, L.J. Liu, B.C. Muddle, and I.J. Polmear, The Structure of Metastable $\{111\}_a$ Precipitates in an Al-2.5wt%Cu-1.5wt%Mg-0.5wt%Ag Alloy, *Philos. Mag. Lett.*, Vol 71 (No. 6), 1995, p 319–324
141. H.D. Chopra, B.C. Muddle, and I.J. Polmear, The Structure of Primary Strengthening Precipitates in an Al-1.5wt%Cu-4.0wt%Mg-0.5wt%Ag Alloy, *Philos. Mag. Lett.*, Vol 73 (No. 6), 1996, p 351–357
142. C.R. Hutchinson and S.P. Ringer, Precipitation Processes in Al-Cu-Mg Alloys Microalloyed with Si, *Metall. Mater. Trans. A*, Vol 31 (No. 11), 2000, p 2721–2733
143. R.N. Lumley, I.J. Polmear, and A.J. Morton, Development of Mechanical Properties during Secondary Aging in Aluminium Alloys, *Mater. Sci. Technol. London*, Vol 21 (No. 9), 2005, p 1025–1032
144. R.N. Lumley, I.J. Polmear, and A.J. Morton, Interrupted Aging and Secondary Precipitation in Aluminium Alloys, *Mater. Sci. Technol. London*, Vol 19 (No. 11), 2003, p 1483–1490
145. Y. Chen, M. Weyland, and C.R. Hutchinson, The Effect of Interrupted Aging on the Yield Strength and Uniform Elongation of Precipitation-Hardened Al Alloys, *Acta Mater.*, Vol 61 (No. 15), 2013, p 5877–5894
146. S.P. Ringer, K. Hono, and T. Sakurai, The Effect of Trace Additions of Sn on Precipitation in Al-Cu Alloys—An Atom-Probe Field-Ion Microscopy Study, *Metall. Mater. Trans. A*, Vol 26 (No. 9), 1995, p 2207–2217
147. A. Wilm, Physikalisch-metallurgische Untersuchungen über magnesiumhaltige Aluminiumlegierungen, *Metallurgie*, Vol 8 (No. 8), 1911, p 225–227
148. G. Riontino, M. Massazza, and S. Abis, Joint Differential Scanning Calorimetry, Electrical Resistivity, and Microhardness Study of Aging in Two AlCuMg Alloys, *J. Mater. Res.*, Vol 18 (No. 7), 2003, p 1522–1527
149. B. Klobes, T.E.M. Staab, and E. Dudzik, Early Stages of Decomposition in Al Alloys Investigated by X-Ray Absorption,

Phys. Status Solidi-R, Vol 2 (No. 4), 2008, p 182–184

150. M.J. Starink, N. Gao, L. Davin, J. Yan, and A. Cerezo, Room Temperature Precipitation in Quenched Al-Cu-Mg Alloys: A Model for the Reaction Kinetics and Yield Strength Development, *Philos. Mag.*, Vol 85 (No. 13), 2005, p 1395–1417
151. S.P. Ringer, S.K. Caraher, and I.J. Polmear, Response to Comments on Cluster Hardening in an Aged Al-Cu-Mg Alloy, *Scr. Mater.*, Vol 39 (No. 11), 1998, p 1559–1567
152. K.L. Dreyer, Über die Rückbildung der Kaltaushärtung von Duralumin, *Z. Metallkd.*, Vol 31 (No. 5), 1939, p 147–150
153. R.K.W. Marceau, C. Qiu, S.P. Ringer, and C.R. Hutchinson, A Study of the Composition Dependence of the Rapid Hardening Phenomenon in Al-Cu-Mg Alloys Using Diffusion Couples, *Mater. Sci. Eng. A*, Vol 546, 2012, p 153–161
154. P. Ratchev, B. Verlinden, P. De Smet, and P. Van Houtte, Precipitation Hardening of an Al-4.2wt%Mg-0.6wt%Cu Alloy, *Acta Mater.*, Vol 46 (No. 10), 1998, p 3523–3533
155. M.J. Styles, C.R. Hutchinson, Y. Chen, A. Deschamps, and T.J. Bastow, The Coexistence of Two S (Al_2CuMg) Phases in Al-Cu-Mg Alloys, *Acta Mater.*, Vol 60 (No. 20), 2012, p 6940–6951
156. S.C. Wang, M.J. Starink, and N. Gao, Precipitation Hardening in Al-Cu-Mg Alloys Revisited, *Scr. Mater.*, Vol 54 (No. 2), 2006, p 287–291
157. S.P. Ringer, K. Hono, T. Sakurai, and I.J. Polmear, Cluster Hardening in an Aged Al-Cu-Mg Alloy, *Scr. Mater.*, Vol 36 (No. 5), 1997, p 517–521
158. M. Liu, S. Bai, Z.Y. Liu, X.W. Zhou, P. Xia, and S.M. Zeng, Analysis of Modulus Hardening in an Artificial Aged Al-Cu-Mg Alloy by Atom Probe Tomography, *Mater. Sci. Eng. A*, Vol 629, 2015, p 23–28
159. L. Kovarik and M.J. Mills, Ab Initio Analysis of Guinier-Preston-Bagaryatsky Zone Nucleation in Al-Cu-Mg Alloys, *Acta Mater.*, Vol 60 (No. 9), 2012, p 3861–3872
160. K.D. Ralston, N. Birbilis, M. Weyland, and C.R. Hutchinson, The Effect of Precipitate Size on the Yield Strength-Pitting Corrosion Correlation in Al-Cu-Mg Alloys, *Acta Mater.*, Vol 58 (No. 18), 2010, p 5941–5948
161. H.C. Shih, N.J. Ho, and J.C. Huang, Precipitation Behaviors in Al-Cu-Mg and 2024 Aluminum Alloys, *Metall. Mater. Trans. A*, Vol 27 (No. 9), 1996, p 2479–2494
162. F. Cuisiat, P. Duval, and R. Graf, Étude des Premiers Stades de Décomposition d'un Alliage Al-Cu-Mg, *Scr. Metall.*, Vol 18 (No. 10), 1984, p 1051–1056
163. A. Charaï, T. Walther, C. Alfonso, A.-M. Zahra, and C.Y. Zahra, Coexistence of Clusters, GPB Zones, S″-, S′- and S-phases in an Al-0.9%Cu-1.4%Mg Alloy, *Acta Mater.*, Vol 48 (No. 10), 2000, p 2751–2764
164. A.M. Zahra, C.Y. Zahra, C. Alfonso, and A. Charaï, Comments on Cluster Hardening in an Aged Al-Cu-Mg Alloy, *Scr. Mater.*, Vol 39 (No. 11), 1998, p 1553–1558
165. S.C. Wang and M.J. Starink, Two Types of S Phase Precipitates in Al-Cu-Mg Alloys, *Acta Mater.*, Vol 55 (No. 3), 2007, p 933–941
166. T.S. Parel, S.C. Wang, and M.J. Starink, Hardening of an Al-Cu-Mg Alloy Containing Types I and II S Phase Precipitates, *Mater. Des.*, Vol 31, 2010, p S2–S5
167. M.J. Styles, R. K.W. Marceau, T.J. Bastow, H.E.A. Brand, M.A. Gibson, and C.R. Hutchinson, The Competition between Metastable and Equilibrium S (Al_2CuMg) Phase during the Decomposition of Al-Cu-Mg Alloys, *Acta Mater.*, Vol 98, 2015, p 64–80
168. S.P. Ringer, B.T. Sofyan, K.S. Prasad, and G.C. Quan, Precipitation Reactions in Al-4.0Cu-0.3Mg (wt.%) Alloy, *Acta Mater.*, Vol 56 (No. 9), 2008, p 2147–2160
169. R.J. Chester and I.J. Polmear, Precipitation in Al-Cu-Mg-Ag Alloys, *Proc. Spring Residential Conference*, The Institution of Metallurgists, London, p 75–81
170. L. Reich, M. Murayama, and K. Hono, Evolution of Ω Phase in an Al-Cu-Mg-Ag Alloy—A Three-Dimensional Atom Probe Study, *Acta Mater.*, Vol 46 (No. 17), 1998, p 6053–6062
171. B.C. Muddle and I.J. Polmear, The Precipitate Ω Phase in Al-Cu-Mg-Ag Alloys, *Acta Metall. Mater.*, Vol 37 (No. 3), 1989, p 777–789
172. A.K. Mukhopadhyay, G. Eggeler, and B. Skrotzki, Nucleation of Ω Phase in an Al-Cu-Mg-Mn-Ag Alloy Aged at Temperatures below 200 °C, *Scr. Mater.*, Vol 44 (No. 4), 2001, p 545–551
173. G.B. Winkelman, K. Raviprasad, and B.C. Muddle, Stimulation of the Ω Phase in an Al-1.1at.%Cu-0.5at.%Mg Alloy by a Duplex Ageing Treatment Involving Initial Natural Ageing, *Philos. Mag. Lett.*, Vol 85 (No. 4), 2005, p 193–201
174. B.M. Gable, G.J. Shiflet, and E.A. Starke, Alloy Development for the Enhanced Stability of Ω Precipitates in Al-Cu-Mg-Ag Alloys, *Metall. Mater. Trans. A*, Vol 37 (No. 4), 2006, p 1091–1105
175. M. Mihara, E. Kobayashi, and T. Sato, Nanocluster Formation and Two-Step Aging Behavior of Rapid Hardening Al-Mg-Cu(-Ag) Alloys, *Mater. Sci. Forum*, Vol 794–796, 2014, p 996–1001
176. L. Liu, J.H. Chen, S.B. Wang, C.H. Liu, S.S. Yang, and C.L. Wu, The Effect of Si on Precipitation in Al-Cu-Mg Alloy with a High Cu/Mg Ratio, *Mater. Sci. Eng. A*, Vol 606, 2014, p 187–195

177. B.M. Gable, G.J. Shiflet, and E.A. Starke, The Effect of Si Additions on Ω Precipitation in Al-Cu-Mg-(Ag) Alloys, *Scr. Mater.*, Vol 50 (No. 1), 2004, p 149–153
178. K. Raviprasad, C.R. Hutchinson, T. Sakurai, and S.P. Ringer, Precipitation Processes in an Al-2.5Cu-1.5Mg (wt.%) Alloy Microalloyed with Ag and Si, *Acta Mater.*, Vol 51 (No. 17), 2003, p 5037–5050
179. S.C. Weakley-Bollin, W. Donlon, C. Wolverton, J.W. Jones, and J.E. Allison, Modeling the Age-Hardening Behavior of Al-Si-Cu Alloys, *Metall. Mater. Trans. A*, Vol 35 (No. 8), 2004, p 2407–2418
180. N.E. Prasad, A. Gokhale, and R.J.H. Wanhill, *Aluminium-Lithium Alloys*, Butterworth-Heinemann, Oxford, 2014
181. J.M. Silcock, The Structural Ageing Characteristics of Aluminium-Copper-Lithium Alloys, *J. Inst. Met. London*, Vol 88 (No. 8), 1959–1960, p 357–364
182. J. Lendvai, Precipitation and Strengthening in Aluminium Alloys, *Mater. Sci. Forum*, Vol 217–222, 1996, p 43–56
183. J.C. Huang and A.J. Ardell, Precipitation Strengthening of Binary Al-Li Alloys by δ′ Precipitates, *Mater. Sci. Eng. A*, Vol 104, 1988, p 149–156
184. V. Radmilovic, A.G. Fox, and G. Thomas, Spinodal Decomposition of Al-Rich Al-Li Alloys, *Acta Metall.*, Vol 37, 1989, p 2385–2394
185. T.H. Sanders and E.A. Starke, Overview of the Physical Metallurgy in the Al-Li-*X* Systems, *Aluminium-Lithium Alloys II*, E.A. Starke and T.H. Sanders, Ed., The Metallurgical Society of AIME, Monterey, 1984, p 1–15
186. B. Decreus, A. Deschamps, F. De Geuser, P. Donnadieu, C. Sigli, and M. Weyland, The Influence of Cu/Li Ratio on Precipitation in Al-Cu-Li-*x* Alloys, *Acta Mater.*, Vol 61 (No. 6), 2013, p 2207–2218
187. B.P. Huang and Z.Q. Zheng, Independent and Combined Roles of Trace Mg and Ag Additions in Properties Precipitation Process and Precipitation Kinetics of Al-Cu-Li-(Mg)-(Ag)-Zr-Ti Alloys, *Acta Mater.*, Vol 46 (No. 12), 1998, p 4381–4393
188. M. Murayama and K. Hono, Role of Ag and Mg on Precipitation of T_1 Phase in an Al-Cu-Li-Mg-Ag Alloy, *Scr. Mater.*, Vol 44 (No. 4), 2001, p 701–706
189. W.A. Cassada, G.J. Shiflet, and E.A. Starke, The Effect of Plastic-Deformation on Al_2CuLi (T_1) Precipitation, *Metall. Trans. A*, Vol 22 (No. 2), 1991, p 299–306
190. A. Deschamps, C. Sigli, T. Mourey, F. de Geuser, W. Lefebvre, and B. Davo, Experimental and Modelling Assessment of Precipitation Kinetics in an Al-Li-Mg Alloy, *Acta Mater.*, Vol 60 (No. 5), 2012, p 1917–1928
191. K. Kuriyama, The Crystal Structure of LiAl, *Acta Crystallogr. B*, Vol 31, 1975, p 1793
192. K.S. Vecchio and D.B. Williams, Convergent Beam Electron-Diffraction Analysis of the T_1 (Al_2CuLi) Phase in Al-Li-Cu Alloys, *Metall. Trans. A*, Vol 19 (No. 12), 1988, p 2885–2891
193. T. Ungár, J. Lendvai, I. Kovács, G. Groma, and E. Kovács-Csetényi, Decomposition of the Solid-Solution State in the Temperature Range 20 to 200 °C in an Al-Zn-Mg Alloy, *J. Mater. Sci.*, Vol 14 (No. 3), 1979, p 671–679
194. H. Löffler, I. Kovács, and J. Lendvai, Decomposition Processes in Al-Zn-Mg Alloys, *J. Mater. Sci.*, Vol 18 (No. 8), 1983, p 2215–2240
195. K. Stiller, P.J. Warren, V. Hansen, J. Angenete, and J. Gjonnes, Investigation of Precipitation in an Al-Zn-Mg Alloy after Two-Step Ageing Treatment at 100 °C and 150 °C, *Mater. Sci. Eng. A*, Vol 270 (No. 1), 1999, p 55–63
196. L.K. Berg, J. Gjonnes, V. Hansen, X.Z. Li, M. Knutson-Wedel, G. Waterloo, D. Schryvers, and L.R. Wallenberg, GP-Zones in Al-Zn-Mg Alloys and Their Role in Artificial Aging, *Acta Mater.*, Vol 49 (No. 17), 2001, p 3443–3451
197. A. Deschamps, Y. Bréchet, P. Guyot, and F. Livet, On the Influence of Dislocations on Precipitation in an Al-Zn-Mg Alloy, *Z. Metallkd.*, Vol 88 (No. 8), 1997, p 601–606
198. K. Watanabe, K. Matsuda, S. Ikeno, T. Yoshida, and S. Murakami, TEM Observations of Precipitate Structure in Al-Zn-Mg Alloys with Additions of Cu/Ag, *Mater. Sci. Forum*, Vol 794–796, 2014, p 985–987
199. K. Watanabe, T. Kawabata, S. Ikeno, T. Yoshida, S. Murakami, and K. Matsuda, Effect of Ag and Cu Contents on the Age Ardening Behavior of Al-Zn-Mg Alloys, *13th International Conference on Aluminium Alloys (ICAA13)*, H. Weiland, A.D. Rollett, and W.A. Cassada, Ed., TMS and Wiley, Pittsburgh, PA, 2012, p 1255–1258
200. G. Sha and A. Cerezo, Early-Stage Precipitation in Al-Zn-Mg-Cu Alloy (7050), *Acta Mater.*, Vol 52 (No. 15), 2004, p 4503–4516
201. C.R. Hutchinson, F. De Geuser, and A. Deschamps, Dynamic Room Temperature Precipitation during Cyclic Deformation of an Al-Zn-Mg-Cu Alloy, *13th International Conference on Aluminium Alloys (ICAA13)*, H. Weiland, A.D. Rollett, and W.A. Cassada, Ed., TMS and Wiley, Pittsburgh, PA, 2012, p 1101–1106
202. C.D. Marioara, W. Lefebvre, S.J. Andersen, and J. Friis, Atomic Structure of Hardening Precipitates in an Al-Mg-Zn-Cu Alloy Determined by HAADF-STEM and First-Principles Calculations: Relation to η-$MgZn_2$, *J. Mater. Sci.*, Vol 48 (No. 10), 2013, p 3638–3651

203. A. Bigot, P. Auger, S. Chambreland, D. Blavette, and A. Reeves, Atomic Scale Imaging and Analysis of T′ Precipitates in Al-Mg-Zn Alloys, *Microsc. Microanal. Microstruct.*, Vol 8 (No. 2), 1997, p 103–113
204. X.B. Yang, J.H. Chen, J.Z. Liu, F. Qin, J. Xie, and C.L. Wu, A High-Strength AlZnMg Alloy Hardened by the T-Phase Precipitates, *J. Alloy Compd.*, Vol 610, 2014, p 69–73
205. H. Schmalzried and V. Gerold, Röntgenographische Untersuchungen über die Aushärtung einer Aluminium-Magnesium-Zink-Legierung, *Z. Metallkd.*, Vol 49 (No. 6), 1958, p 291–301
206. J.H. Auld and S.M. Cousland, Structure of Metastable η′ Phase in Aluminium Zinc Magnesium Alloys, *J. Aust. Inst. Met.*, Vol 19 (No. 3), 1974, p 194–199
207. A. Deschamps, A. Bigot, F. Livet, P. Auger, Y. Bréchet, and D. Blavette, A Comparative Study of Precipitate Composition and Volume Fraction in an Al-Zn-Mg Alloy Using Tomographic Atom Probe and Small-Angle X-Ray Scattering, *Philos. Mag. A*, Vol 81 (No. 10), 2001, p 2391–2414
208. W. Lefebvre, F. Danoix, G. Da Costa, F. De Geuser, H. Hallern, A. Deschamps, and M. Dumont, 3DAP Measurements of Al Content in Different Types of Precipitates in Aluminium Alloys, *Surf. Interface Anal.*, Vol 39, 2007, p 206
209. M. Dumont, W. Lefebvre, B. Doisneau-Cottignies, and A. Deschamps, Characterisation of the Composition and Volume Fraction of η′ and η Precipitates in an Al-Zn-Mg Alloy by a Combination of Atom Probe, Small-Angle X-Ray Scattering and Transmission Electron Microscopy, *Acta Mater.*, Vol 53, 2005, p 2881
210. J.B. Friauf, The Crystal Structure of Magnesium Di-Zincide, *Phys. Rev.*, Vol 29, 1927, p 24
211. Y.Y. Li, L. Kovarik, P.J. Phillips, Y.F. Hsu, W.H. Wang, and M.J. Mills, High-Resolution Characterization of the Precipitation Behavior of an Al-Zn-Mg-Cu Alloy, *Philos. Mag. Lett.*, Vol 92 (No. 4), 2012, p 166–178
212. J.Z. Liu, J.H. Chen, X.B. Yang, S. Ren, C.L. Wu, H.Y. Xu, and J. Zou, Revisiting the Precipitation Sequence in Al-Zn-Mg-Based Alloys by High-Resolution Transmission Electron Microscopy, *Scr. Mater.*, Vol 63 (No. 11), 2010, p 1061–1064
213. H.K. Hardy, Modern Descriptive Theories of Precipitation Hardening, *J. Inst. Met. London*, Vol 75, 1949, p 707
214. J.K. Park and A.J. Ardell, Effect of Retrogression and Reaging Treatments on the Microstructure of Al-7075-T651, *Metall. Trans. A*, Vol 15 (No. 8), 1984, p 1531–1543
215. T. Marlaud, A. Deschamps, F. Bley, W. Lefebvre, and B. Baroux, Evolution of Precipitate Microstructures during the Retrogression and Re-Ageing Heat Treatment of an Al-Zn-Mg-Cu Alloy, *Acta Mater.*, Vol 58 (No. 14), 2010, p 4814–4826

2.8 回归再时效

回归再时效（RRA）处理是铝合金淬火后的一种时效热处理工艺。与传统的过时效处理相比，回归再时效处理综合提高和改善了铝合金的抗应力腐蚀开裂性能和抗拉强度，主要应用于航空航天工业中的析出强化铝合金。该处理工艺是为了克服7×××系列铝合金进行T7x状态工艺处理后拉伸性能下降而发展起来的。通常，该处理工艺包括，最初的时效析出强化，然后在高于最初时效温度、低于固溶处理温度下短时间加热后迅速冷却，最后再进行类似于最初的时效处理。

2.8.1 发展背景

1919年，全金属飞机Junkers F13首次进行商业航空运营飞行。这架飞机采用了当时刚开发的可热处理强化Al－Cu合金（称为硬铝）生产。该铝合金通过固溶＋淬火（通常淬水）得到过饱和固溶体，通过控制分解（时效），得到析出强化的微观组织，提高强度。Al－Cu合金系统称为2×××系列铝合金，这些早期铝合金的改型一直是生产民用飞机机身结构的主力铝合金材料。20世纪30年代，在生产制造高性能全金属单翼飞机需求的驱动下，开发出了7×××系列的Al－Zn－Mg－Cu合金，在第二次世界大战结束时，这些铝合金已成功应用于静态高强度飞机的关键构件。

在使用过程中，如果没有出现相关问题的话，开发用于飞机结构的7×××系列铝合金是成功的。采用T6x状态工艺处理，可以达到该铝合金希望达到的最高强度，但随之而来导致了晶间断裂失效问题，即应力腐蚀开裂（SCC）。20世纪60年代，采用过时效工艺基本上解决了该问题，但不幸的是，铝合金的强度降低了10%～30%，而且并没有彻底消除所有的应力腐蚀开裂和剥落腐蚀问题。

Cina首次对回归再时效处理工艺进行了研究，并申请获得了专利。该处理工艺包括初次时效析出强化，然后在高于最初时效温度、低于固溶处理温度下短时间加热后迅速冷却，最后再进行类似于最初的时效处理。

在Cina获得专利之前的1967年，有一项具有良好抗应力腐蚀开裂效果的工艺已申请获得了专利，该工艺省略了初次的人工时效工艺。与过时效相比，多级时效处理的优势是在不降低铝合金强度的条件下，使其具有良好的抗应力腐蚀开裂和剥落腐蚀性能。

7×××系列高强度铝合金（Al－Zn－Mg－Cu）是最早采用回归再时效处理工艺的铝合金，起初研究的铝合金为当时广泛使用的7075 合金。该变形铝合金通过添加元素铬，形成金属间化合物，细化晶粒。与采用锆细化晶粒的铝合金相比，7075 合金的淬火敏感性更大。

造成淬火敏感性的原因是在回归过程中，在富铬金属间化合物上，析出了非均匀析出相 η（Al_3Zn），由此阻碍了回归再时效处理工艺在 7075 铝合金上的工业应用。然而，由于存在对具有应力腐蚀开裂敏感性的 7075－T6x 合金的飞机部件进行原位处理的可能性，因此，人们一直坚持不懈对回归再时效处理工艺进行着研究。

2.8.2　工艺简介

图 2-225 为实验室研究用的回归再时效处理工艺过程示意图。图 2-226 和图 2-227 为两个生产实际中应用的回归再时效处理工艺过程示意图。可以采用两种方法完成热处理工艺：第一种方法是在同一个热处理炉中，按顺序依次完成回归再时效处理工艺的三个阶段（图 2-226）；第二种方法更为灵活，每个步骤可分别进行（图 2-227）。第一步不是关键的步骤，工艺参数有很大的选择范围。如果加热至回归温度的加热速率比较慢，则第一步完全可以不进行。在这三个阶段中，回归步骤是最关键的控制步骤。必须快速进行回归加热，但为了保证性能的一致性，不能超过工艺中要求的回归加热温度。第三阶段是恢复所需铝合金强度水平的重要一步。图中的加热速率、温度和保温时间数据仅作为参考数据。回归再时效处理工艺过程是一个对溶质原子进行控制的过程，实际生产中，应根据生产经验，了解工件热传导等信息，从而提出合理的工艺参数。

在铝合金设计开发的最初阶段，就将 RRA 工艺植入其中，研究发现，含锆的铝合金成分更适合进行回归再时效处理。目前，回归再时效处理的商业应用主要集中在 1991 年开始引入的 Al－Zn－Mg－Cu 合金体系中的铝合金。例如，7150－T7751 板材、7150－T77511 挤压件、7055－T7751 板材和 7055－T77511 挤压件。据生产制造商的介绍，这些 RRA 处理的铝合金在 ASTM G34 EXCO 剥落腐蚀测试试验和 ASTM G47 循环浸入式抗应力腐蚀试验中具有良好的性能。采用 RRA 处理的铝合金，主要应用于以抗压强度为关键设计判据的场合。用 T77 型状态代号表示采用 RRA 处理的铝合金，用于生产制造飞机结构件，包括上翼板、龙骨梁、挤压成形机身纵梁和乘客座椅调节导轨。

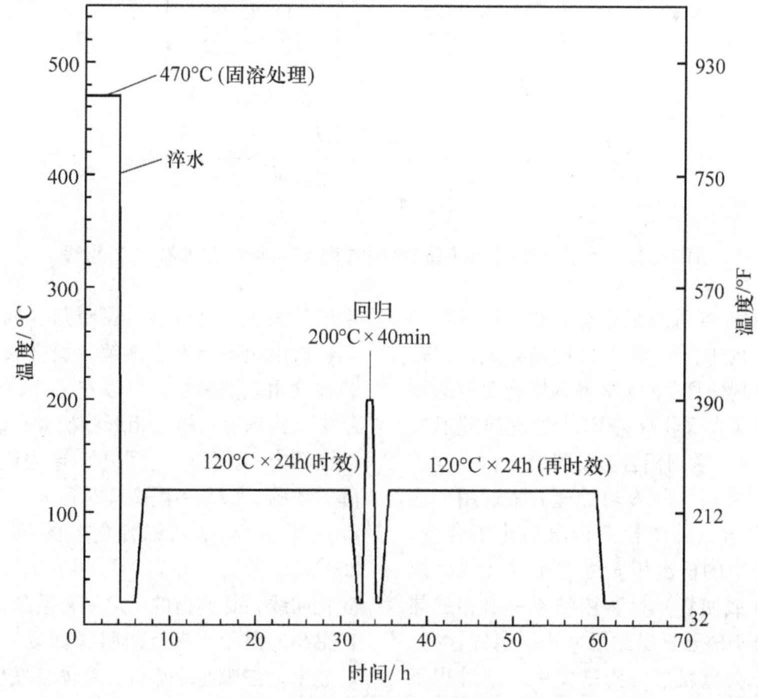

图 2-225　典型实验室回归再时效温度－时间工艺曲线

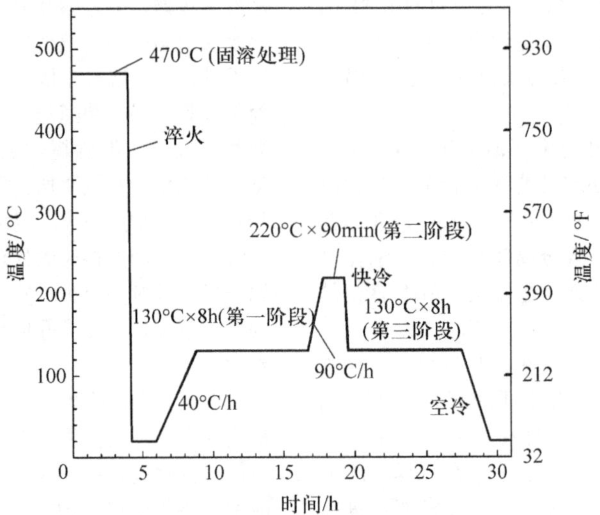

图 2-226 生产实际中的回归再时效温度－时间连续工艺曲线

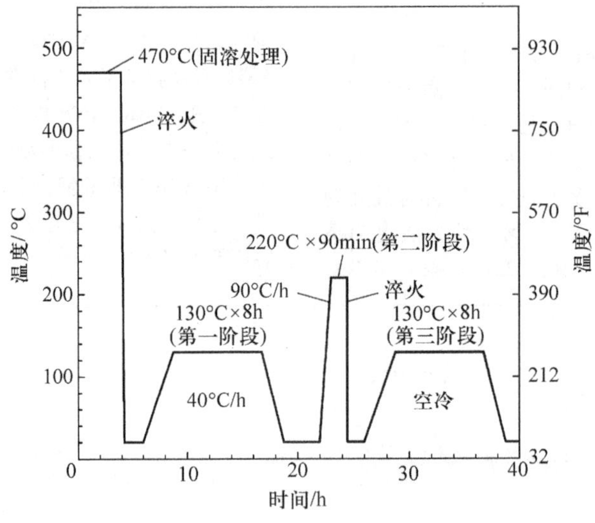

图 2-227 生产实际中的回归再时效温度－时间非连续工艺曲线

人们对其他合金体系的铝合金，如 Al－Cu 和 Al－Cu－Li 合金，也进行了 RRA 处理的尝试，但效果不理想，没有达到处理 7×××系列铝合金所达到的效果。因此，现在大部分有关 RRA 处理研究的文献都集中在对 7×××系列铝合金的研究上。

（1）回归（回复） RRA 热处理方法适用于均匀形核析出的铝合金，其中包括析出强化铝合金。当加热温度高于相应的析出相固溶度曲线（或时效温度）时，回归（或回复）过程依赖于析出相的热力学不稳定性。由于部分析出相尺寸小，稳定性差，致使这部分析出相会重新溶解到基体中。该过程不需要克服活化能能垒，重新溶解的速度要比析出相形核长大速度快得多。在回归（回复）过程中，大颗粒析出相不会发生溶解，而会长大并转化为其他的过渡相或平衡相。可以在关于固相扩散相变的文献中，找到有关析出相形核长大，以及回归（回复）的详细内容。回归（回复）导致铝合金硬度暂时下降，如图 2-228 和图 2-229 所示。这两张图为 Al－Zn－Mg－Cu 系列铝合金中的 7010 合金，分别在 200℃（390℉）和 240℃（465℉）回归处理的硬度变化曲线，是典型的 7×××系列铝合金回归曲线。在更高的温度下进行回归（回复）处理，会提高溶解速度，在快速冷却后，基体将发生过时效软化。

最佳回归（回复）处理持续时间一直是学术界

争论的一个问题。早期的研究工作认为，最合适的回归处理时间应该对应于回归曲线的最低点，这通常与再时效曲线的峰值对应。然而随后的研究表明，可以通过将回归处理时间延长超过最低点，来获得更优越的 SCC 抗力。由于过时效通常能提高 SCC 抗力，该结果与预测的一致。

（2）再时效　在 RRA 处理过程中，需要对铝合金进行再时效，使其恢复到回归（回复）处理前的强度。这种再时效处理可以与初次时效相同，也可与初次时效不同。图 2-228 和图 2-229 所示分别为 7010 合金在 200℃（390℉）和 240℃（465℉）下回归处理的硬度变化曲线。采用两种处理温度，铝合金的硬度均能恢复到初始水平，但采用较高温度时，所需时间要短得多。

2.8.3　回归再时效的作用

（1）回归再时效后的微观组织　现在，人们对 7000 系列铝合金回归过程中的显微组织变化已有了较深入的了解。由于不适合采用光学显微镜对该细微组织变化进行研究，早期的研究主要借助于透射电子显微镜和热分析进行。近年来，采用小角度 X 射线散射和原子探针层析方法，能确定析出相尺寸和体积分数的变化，以及对溶质原子在析出相与基体之间的分配所引起的局部化学成分变化进行分析。

其中最受关注的是 7075 铝合金，在该铝合金的回归处理过程中，最初硬度下降与 GP 区的回复有关，其原因是析出相体积分数的降低。较大的析出相在回归过程中不会溶解，而会继续长大粗化。在回归阶段，如果硬度小于最低值，新的过渡相 η′就会形核和生长，晶界上的析出相也会粗化且数量增多。最后转变为平衡相 η。在再时效过程中，富溶质原子的基体会导致过渡相 η′的进一步析出。最终，微观组织从主要由 GP 区强化，转变到由 η′相强化为主，伴随着晶界上增多的平衡相。与峰值硬度的组织相比，最终回归再时效后的微观组织更具有过时效微观组织的特点。

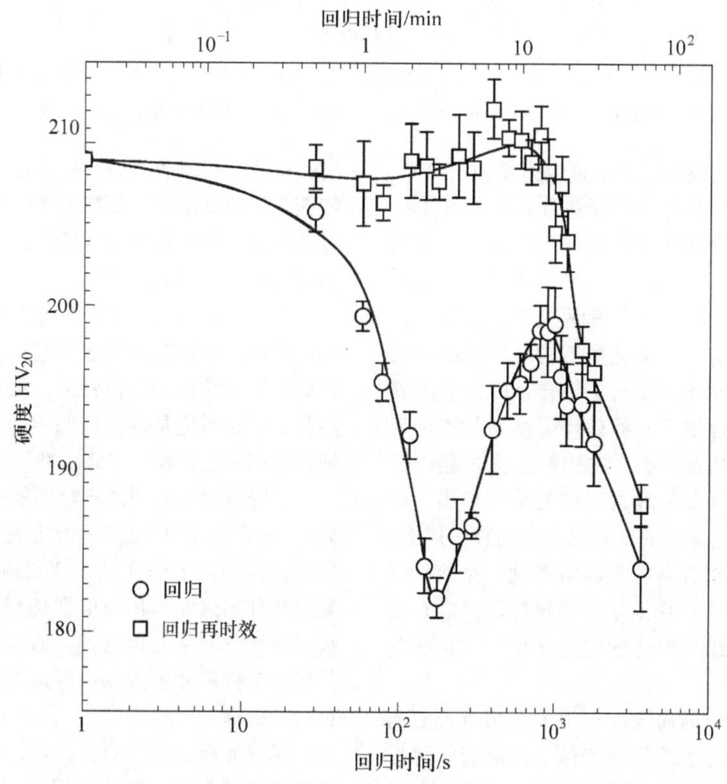

图 2-228　7010 合金在 200℃（390℉）回归处理和在 120℃（250℉）再时效 24h 硬度的变化曲线

注：试样尺寸为 30mm×30mm×10mm（1.2in×1.2in×0.4in），初次时效工艺为在 120℃时效 24h。

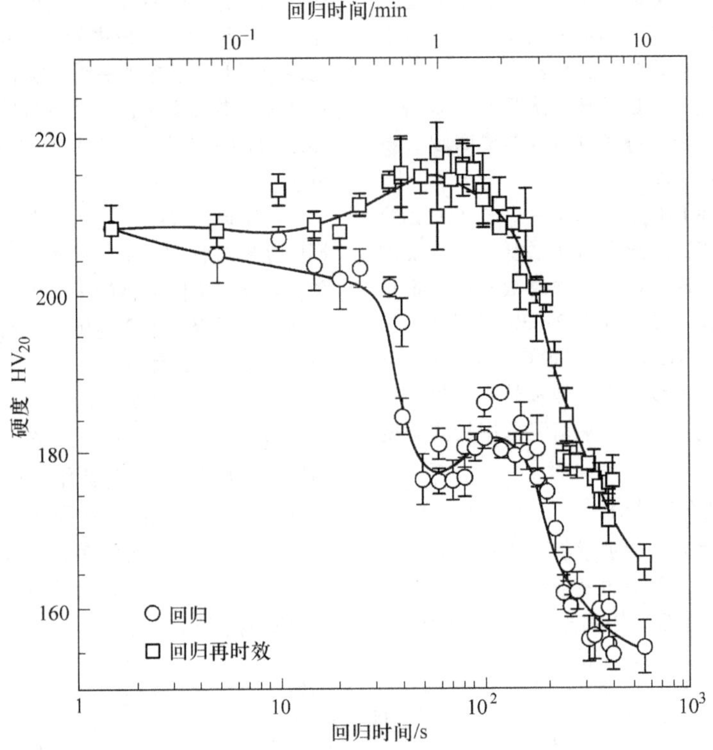

图 2-229 7010 合金在 240℃（465℉）回归处理和在 120℃（250℉）再时效 24h 硬度的变化曲线

注：试样尺寸为 30mm×30mm×10mm（1.2in×1.2in×0.4in），初次时效工艺为在 120℃时效 24h。

有关回归再时效提高铝合金抗应力腐蚀（SCC）性能的实际机制，仍存在一定争论和讨论。其中有人认为，在晶界上存在析出相是问题的关键，这些析出相充当捕获点（Trapping Sites），降低了铝合金的氢脆倾向。然而，也可能有其他机制，包括无析出带和微区化学成分细微变化的影响。但最终的结果是，与峰值时效相比，提高了铝合金的抗应力腐蚀性能。有研究还提出了一种替代传统晶界析出形态的改进机制，该机制认为，在固溶淬火过程中产生的大量位错，在回归处理过程中发生了移出。这些位错云集在晶界上未溶的金属间化合物粒子周围。它们的移出降低了铝合金的氢脆敏感性。然而，有关这方面的内容并没有获得令人信服的证据。有关回归再时效后微观组织变化的综述介绍，可在参考文献[42，43]中找到。

（2）回归再时效的局限性　为了在相对较短的时间内完成回归，对于较薄的产品，如薄板、薄板挤压件，可有限地提高回归处理温度。这些产品一般不会受到应力腐蚀的影响，如果易受影响，则它们更容易产生剥落腐蚀。现已证明，回归再时效工艺可以提高铝合金的剥落腐蚀抗力。对于厚板、厚板挤压件和大型锻件，需要采用较低的回归处理温度，持续时间为数小时。然而即使是这样，也有可能在工件的厚度上，不可避免地引起微观组织和成分差异，从而导致力学性能不一致。由于铝合金叠加了回归再时效处理工艺，可能对已进行了加工制造和受到淬火敏感性影响的组织产生更加复杂的影响。采用回归再时效工艺处理的铝合金，其应力腐蚀破裂试验数据的分散性大，很难对其做出合理的解释，因此不论是评估回归再时效处理，还是优化回归处理工艺都显得十分困难。

为降低对经验的试验数据的依赖，对 Al－Zn－Mg－Cu 合金在回归过程中的析出动力学进行了模拟研究。该研究工作在特定飞机部件上得到了应用，通过局部加热和利用热电偶进行测量，得到了回归再时效的时间－温度曲线。研究人员声称，该方法克服了工件尺寸的限制，可对大截面工件进行回归再时效处理。

尽管如此，在回归工序中，快速和均匀的加热仍然是很重要的。现已对混合无机盐浴、Woods 的金属浴、硅油浴、流化床、感应加热、过热蒸汽浴等加热方法进行了研究，有些已取得了较好效果。

（3）回归再时效对力学性能的影响　有大量回归再时效对铝合金力学性能影响的报道，其中主要包括对硬度、拉伸性能、抗应力腐蚀性能和剥落开裂抗力（以及电导率）的影响。对于各种 7000 系列铝合金，已经证实与传统的过时效处理相比，采用回归再时效处理，可以在不降低铝合金拉伸性能的条件下，提高其抗应力腐蚀性能。图 2-230 所示为不同工艺对 7010 铝合金锻件性能的影响。

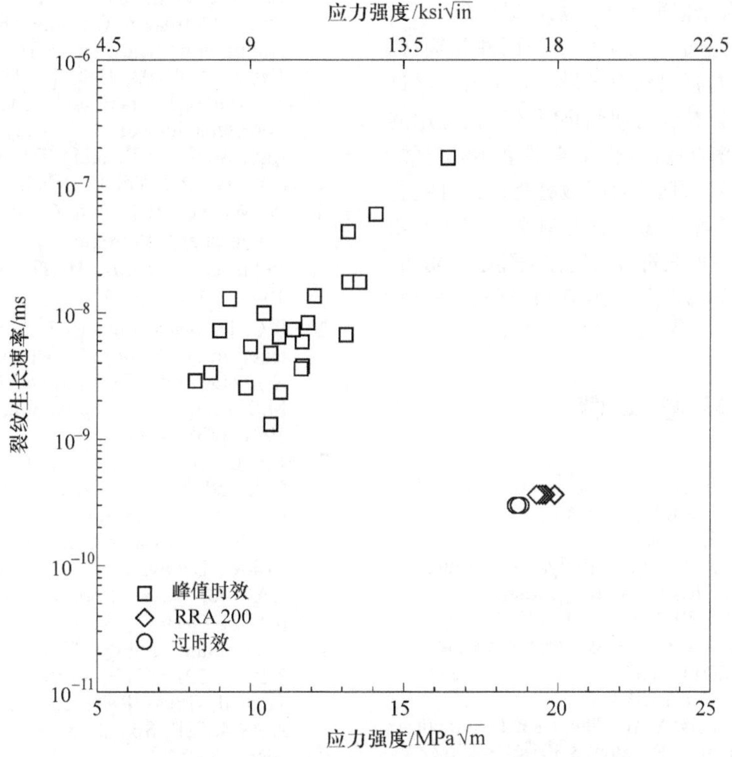

图 2-230 7010 合金的裂纹生长速率

注：采用 ASTM G44 标准进行应力腐蚀开裂试验测试。RRA—回归再时效

（译者注：RRA200 可能是指在 200℃进行回归处理，裂纹生长速率的单位可能是 μm/s，原文中未进行说明）。

表 2-78 所列为 7055 和 7150 合金的性能数据。可以看到，采用回归再时效处理的铝合金的强度超过了采用传统过时效工艺处理的铝合金；而对于 7150 合金，与 T6x 状态代号工艺相比，采用回归再时效工艺处理，在保证铝合金强度不下降的条件下，抗剥落腐蚀（和抗应力腐蚀）性能得到了显著的改善。然而，有关回归再时效工艺对断裂相关性能和疲劳裂纹扩展的影响的数据则非常少。但确实存在回归再时效不会对这些性能造成损害的数据。

表 2-78 不同状态的 25mm（1in）厚铝合金板材的最低拉伸性能（纵向）、抗剥落腐蚀性能（采用 EXCO，ASTM G34 标准检测）和抗应力腐蚀（SCC）性能（采用 ASTM G47 标准检测）

铝合金和状态代号	屈服强度		抗拉强度		EXCO 评级①	SCC 极限应力	
	MPa	ksi	MPa	ksi		MPa	ksi
7055 - T7751	538	78	586	85	—	15	2.2
7150 - T7751	538	78	579	84	EB	25	3.6
7150 - T6151	538	78	579	84	EC	—	—
7050 - T7651	462	67	531	77	EB	25	3.6
7075 - T7651	407	59	483	70	EB	25	3.6
7075 - T651	476	69	524	76	ED	—	—

① EB—中等剥落腐蚀；EC—严重剥落腐蚀；ED—极严重剥落腐蚀。

2.8.4 结论

采用复合材料制造飞机结构件的趋势，似乎降低了人们对开发利用新合金和回归再时效工艺的兴趣。7150 和 7055 合金似乎是唯一采用 T77 状态代号工艺处理的商业化合金，用于生产挤压件和板材。尽管有证据表明，与析出动力学模型相结合，通过控制热处理工艺可以减少对回归再时效工艺应用的限制，但由于存在潜在的性能不均匀性和不确定性，对截面较厚的产品进行回归再时效处理，仍可能会受到阻碍和限制。尽管如此，作为冶金学家所使用的一种热处理手段，回归再时效工艺无疑是成功的。经过验证，该工艺能够提高 7000 系列铝合金的力学性能和耐蚀性。

参考文献

1. M.O. Spiedel, Stress Corrosion Cracking of Aluminium Alloys, *Metall. Trans. A,* Vol 6, 1975, p 631–651
2. C.J. Peel and A. Jones, Analysis of Failures in Aircraft Structures, *Met. Mater.,* Vol 6, 1990, p 496–502
3. B. Cina, Reducing Stress Corrosion Cracking in Aluminium Alloys, U.S. Patent 3,856,584, Dec 24, 1974
4. G.R. Sublett and M.W. Fien, Heat Treatment of Aluminum, U.S. Patent 3,305,410, 1967
5. J.K. Park and A.J. Ardell, Effect of Retrogression and Reaging Treatments on the Microstructure of Al-7075-T651, *Metall. Trans. A,* Vol 15, 1984, p 1531–1543
6. T. Ohnishi, Y. Ibaraki, and T. Ito, Improvement of Fracture Toughness in AA7475 by the Retrogression and Reaging Process, *Mater. Trans., JIM,* Vol 30, 1989, p 601–607
7. Z. Lin, W. Jiang, S. Yang, and G. Zhao, Effect of Three Step Aging on the Structure and Properties in High Strength 7050 Al Alloy, *Aluminium Alloys 1990, Second International Conference on Aluminium Alloys—Their Physical and Mechanical Properties* (Beijing, China), 1990, p 480–485
8. W. Rajan, W. Wallace, and J.C. Beddoes, Microstructural Study of a High Strength Stress Corrosion Resistant 7075 Aluminium Alloy, *J. Mater. Sci.,* Vol 17, 1982, p 2817–2824
9. M.U. Islam and W. Wallace, Retrogression and Reaging Response of 7475 Aluminium Alloy, *Met. Technol.,* Vol 10, 1983, p 386–392
10. M.U. Islam and W. Wallace, Stress-Corrosion-Crack Growth Behaviour of 7475 T6 Retrogressed and Reaged Aluminium Alloy, *Met. Technol.,* Vol 11, 1984, p 320–322
11. R.S. Kaneko, RRA: Solution for Stress Corrosion Problems with T6 Temper Aluminium, *Met. Prog.,* Vol 118, 1980, p 41–43
12. J.K. Park, Influence of Retrogression and Reaging Treatments on the Strength and Stress Corrosion Cracking Resistance of Aluminium Alloy 7075-T6, *Mater. Sci. Eng. A,* Vol 103, 1988, p 223–231
13. M. Kanno, I. Araki, and Q. Cui, Precipitation Behaviour of 7000 Alloys during Retrogression and Reaging Treatment, *Mater. Sci. Technol.,* Vol 10, 1994, p 599–603
14. W. Wallace, R.T. Holt, C. Butler, and D.L. DuQuesnay, Retrogression and Reaging Revisited, *Key Eng. Mater.,* Vol 145–149, 1998, p 1043–1052
15. R.C. Dorward, Enhanced Corrosion Resistance in Al-Zn-Mg-Cu Alloys, *Extraction, Refining, and Fabrication of Light Metals,* M.S. Pinfold, Ed., Pergamon, Amsterdam, 1991, p 383–391
16. J.F. Li, N. Birbilis, C.X. Li, Z.Q. Jia, B. Cai, and Z.Q. Zheng, Influence of Retrogression Temperature and Time on the Mechanical Properties and Exfoliation Corrosion Behavior of Aluminium Alloy AA7150, *Mater. Charact.,* Vol 60, 2009, p 1334–1341
17. "Aluminum Alloy, Plate 6.4Zn-2.4Mg-2.2Cu-0.12Zr (7150-T7751), Solution Heat Treated, Stress Relieved, and Overaged," AMS 4252B, Society of Automotive Engineers, 2012
18. "Aluminum Alloy, Extrusions, 6.4Zn-2.4Mg-2.2Cu-0.12Zr (7150-T77511) Solution Heat Treated, Stress-Relieved, Straightened, and Overaged," AMS 4345B, Society of Automotive Engineers, 2012
19. D.A. Lukasak and R.M. Hart, Aluminum Alloy Development, *Aerosp. Eng.,* Vol 11, 1991, p 21–24
20. M.V. Hyatt and S.E. Axter, Aluminium Alloy Development for Subsonic and Supersonic Aircraft, *International Conference on Recent Advances in Science and Engineering of Light Metals,* Japan Institute of Light Metals, 1991, p 273–280
21. V. Komisarov, M. Talianker, and B. Cina, The Effect of Retrogression and Reaging on the Resistance to Stress Corrosion of an 8090 Type Aluminium Alloy, *Metall. Mater. Trans. A,* Vol 221, 1996, p 113–121
22. N. Ward, A. Tran, A. Abad, E.W. Lee, M. Hahn, E. Fordan, and O. Es-Said, The Effects of Retrogression and Reaging on Aluminum Alloy 2195, *J. Mater. Eng. Perform.,* Vol 20, 2011, p 1003–1014
23. W. Wu, Y. Wang, J. Wang, and S. Wei, Effect of Electrical Pulse on the Precipitates and Material Strength of 2024 Aluminum Alloy, *Mater. Sci. Eng. A; Struct. Mater. Prop. Microstruct. Process.,* Vol 608, 2014, p 190–198

24. C. Thakur and R. Balasubramaniam, Hydrogen Embrittlement of Aged and Retrogressed-Reaged Al-Li-Cu-Mg Alloys, *Acta Mater.*, Vol 45, 1997, p 1323–1332
25. D.A. Porter and K.E. Easterling, *Phase Transformations in Metals and Alloys*, Van Nostrand Reinhold, 1981
26. J.W. Martin, *Precipitation Hardening: Theory and Applications*, 2nd ed., Butterworth-Heinemann, Oxford, U.K., 1998
27. J.S. Robinson, S.D. Whelan, and R.L. Cudd, Retrogression and Re-Aging of 7010 Open Die Forgings, *Mater. Sci. Technol.*, Vol 15, 1999, p 717–724
28. M.B. Hall and J.W. Martin, Effect of Retrogression Temperature on the Properties of an RRA (Retrogressed and Re-Aged) 7150 Aluminium Alloy, *Z. Metallke.*, Vol 85, 1994, p 134–139
29. P.J. Warren, C.R.M. Grovenor, and J.S. Crompton, Field-Ion Microscope/Atom-Probe Analysis of the Effect of RRA Heat Treatment on the Matrix Strengthening Precipitates in Alloy Al-7150, *Surf. Sci.*, Vol 266, 1992, p 342–349
30. K. Ural, A Study of Optimization of Heat Treatment Conditions in Retrogression and Reaging Treatment of AA7075-T6, *J. Mater. Sci. Lett.*, Vol 13, 1994, p 383
31. W. Wallace et al., A New Approach to the Problem of Stress Corrosion Cracking in 7075-T6 Aluminum, Annual General Meeting, May 11, 1981 (Montreal, Canada); *Can. Aeronaut. Space J.*, 1981, p 222–232
32. S.S. Brenner, J. Kowalik, and M.-J. Hua, FIM/Atom Probe Analysis of a Heat Treated 7150 Aluminum Alloy, *Surf. Sci.*, Vol 246, 1991, p 210–217
33. A. Uguz and J.W. Martin, Measurement of Grain Boundary Particle Distributions in Aged Al-Zn-Mg Alloys, *Mater. Charact.*, Vol 27, 1991, p 147–156
34. J.K. Park and A.J. Ardell, Microstructures of the Commercial 7075 A1 Alloy in the T651 and T7 Tempers, *Metall. Trans. A*, Vol 14, 1983, p 1957–1965
35. J.K. Park and A.J. Ardell, Precipitation at Grain Boundaries in the Commercial Alloy Al 7075, *Acta Metall. Mater.*, Vol 34, 1986, p 2399–2409
36. N.C. Danh, K. Rajan, and W. Wallace, A TEM Study of Microstructural Changes during Retrogression and Reaging in 7075 Aluminium, *Metall. Trans. A*, Vol 14, 1983, p 1843–1850
37. F. Viana, A.M.P. Pinto, H.M.C. Santos, and A.B. Lopes, Retrogression and Re-Ageing of 7075 Aluminium Alloy: Microstructural Characterization, *J. Mater. Process. Technol.*, Vol 93, 1999, p 54–59
38. T. Marlaud, A. Deschamps, F. Bley, W. Lefebvre, and B. Baroux, Evolution of Precipitate Microstructures during the Retrogression and Re-Ageing Heat Treatment of an Al-Zn-Mg-Cu Alloy, *Acta Mater.*, Vol 58, 2010, p 4814–4826
39. L. Christodoulou and H.M. Flower, Hydrogen Embrittlement and Trapping in Al-6-Percent-Zn-3-Percent-Mg, *Acta Metall.*, Vol 28, 1980, p 481–487
40. B. Cina and F. Zeidess, Advances in the Heat Treatment of 7000 Type Aluminium Alloys by Retrogression and Reaging, *Mater. Sci. Forum*, Vol 102–104, 1992, p 99–108
41. M. Talianker and B. Cina, Retrogression and Reaging and the Role of Dislocations in the Stress Corrosion of 7000-Type Aluminum Alloys, *Metall. Trans. A*, Vol 20, 1989, p 2087–2092
42. X.J. Wu, M.D. Raizenne, R.T. Holt, C. Poon, and W. Wallace, Thirty Years of Retrogression and Re-Aging (RRA), *Can. Aeronaut. Space J.*, Vol 47, 2001, p 131–138
43. P.A. Rometsch, Y. Zhang, and S. Knight, Heat Treatment of 7*xxx* Series Aluminium Alloys—Some Recent Developments, *Trans. Nonferrous Met. Soc. China*, Vol 24, 2014, p 2003–2017
44. R. Holt, V. Parameswaran, and W. Wallace, RRA Treatment of 7075-T6 Aluminum Components, *Can. Aeronaut. Space J.*, Vol 42, 1996, p 76–82
45. T. Ohnishi and H. Kume, Scattering in Stress Corrosion Resistance of the High Strength Aluminium Alloys by the Retrogression and Reaging Process, *J. Jpn. Inst. Light Met.*, 1991, p 425–430
46. X.J. Wu, A.K. Koul, and L. Zhao, A New Approach to Heat Damage Evaluation for 7*xxx* Aluminum Alloy, *Can. Aeronaut. Space J.*, Vol 2, 1996, p 93–101
47. X.J. Wu, D. Raizenne, and C. Poon, Method and System for Precipitation Kinetics in Precipitation-Hardenable Aluminum Alloys, U.S. Patent 6,925,352 B2, Aug 2, 2005
48. *Metallic Materials and Elements for Aerospace Vehicle Structures*, MIL-HDBK-5J, U.S. Department of Defense, 2003
49. M. Angappan, V. Sampath, B. Ashok, and V.P. Deepkumar, Retrogression and Re-Aging Treatment on Short Transverse Tensile Properties of 7010 Aluminium Alloy Extrusions, *Mater. Des.*, Vol 32, 2011, p 4050–4053
50. J.S. Robinson, Influence of Retrogression and Reaging on Fracture Toughness of 7010 Aluminium Alloy, *Mater. Sci. Technol.*, Vol 19, 2003, p 1697–1704
51. Y.L. Wang, Q.L. Pan, L.L. Wei, B. Li, and Y. Wang, Effect of Retrogression and Reaging Treatment on the Microstructure and Fatigue Crack Growth Behavior of 7050 Aluminum Alloy Thick Plate, *Mater. Des.*, Vol 55, 2014, p 857–863

2.9 时效强化铝合金热处理实践⊖

能够进行析出强化的主要铝合金体系包括：

1）Al－Cu 合金体系（表 2-79）。先析出 GP 区共格强化，随后析出过渡析出相（θ″和 θ′），最终形成平衡相 $CuAl_2$（θ），铝合金硬度降低。

2）Al－Cu－Mg 合金体系。合金中的镁增强了时效强化效果（表 2-79）。

3）Al－Mg－Si 合金体系（表 2-80）。从先析出 GP 区强化，到析出过渡相，最后形成平衡相 Mg_2Si。

4）Al－Zn－Mg 合金体系（表 2-81）。从 GP 区到过渡相（η′）强化，最后形成平衡相 $MgZn_2$（η）。

5）Al－Zn－Mg－Cu 合金体系。

6）Al－Li 合金。连续析出 δ′(Al_3Li)相，时效硬化。

表 2-79 Al－Cu 和 Al－Cu－Mg 合金体系型材典型的固溶和时效热处理工艺

（译者注：表中"Metal temperature"是指产品温度，不是炉温）

合金		产品	固溶热处理			时效热处理			
			金属温度		状态代号	金属温度		时间 /h	状态代号
			℃	℉		℃	℉		
Al－Cu 合金（不含 Mg）	2011	轧制或冷加工棒材	525	975	T3[1]	160	320	14	T8[4]
					T4	—	—	—	—
					T451[2]	—	—	—	—
	2025	模锻件	515	960	T4	170	340	10	T6
	2219[6]	平薄板	535	995	T31[1]	175	350	18	T81[1]
					T37[1]	165	325	24	T87[1]
					T42	190	375	36	T62
		板材	535	995	T31[1]	175	350	18	T81[1]
					T37[1]	175	350	18	T87[1]
					T351[2]	175	350	18	T851[2]
					T42	190	375	36	T62
		轧制或冷加工线材、棒材	535	995	T351[2]	190	375	18	T851[2]
		挤压棒材、成形件和管件	535	995	T31[1]	190	375	18	T81[1]
					T3510[2]	190	375	18	T8510[2]
					T3511[2]	190	375	18	T8511[2]
					T42	190	375	36	T62
		模锻件和轧环	535	995	T4	190	375	26	T6
		手工锻件	535	995	T4	190	375	26	T6
					T352[3]	175	350	18	T852[3]
Al－Cu－Mg 合金	2018	模锻件	510[7]	950[7]	T4	170	340	10	T61
	2024[8]	平薄板	495	920	T3[1]	190	375	12	T81[1]
		平薄板	495	920	T361[1]	190	375	8	T861[1]
					T42	190	375	9	T62
						190	375	16	T72
		带状薄板	495	920	T4	—	—	—	—
					T42	190	375	9	T62
						190	375	16	T72

⊖ Adapted from Heat Treating, Vol 4, ASM Handbook, ASM International, 1991, and Heat Treater's Guide: Practices and Procedures for Nonferrous Alloys, ASM International, 1996.

（续）

合金		产品	固溶热处理			时效热处理			
			金属温度		状态代号	金属温度		时间/h	状态代号
			℃	℉		℃	℉		
Al－Cu－Mg 合金	2024⑧	板材	495	920	T351①②	190	375	12	T851②
					T361①	190	375	8	T861①
					T42	190	375	9	T62
		轧制或冷加工线材、棒材	495	920	T4	190	375	12	T6
					T35①②	190	375	12	T851②
					T36①	190	375	8	T86①
					T42	190	375	16	T62
		挤压棒材、成形件和管件	495	920	T3	190	375	12	T81
					T3510②	190	375	12	T8510②
					T3511②	190	375	12	T8511②
					T42	190	375	16	T62
		冷拔管	495	920	T3①	—	—	—	—
					T42	—	—	—	—
	2036	薄板	500	930	T4	—	—	—	—
	2038	薄板	540	1000	T4	205	400	2	T6
	2218	模锻件	510④	950④	T4	170	340	10	T61
			510⑥	950⑥	T41	240	460	6	T72
Al－Cu－Mg－Si 合金	2008	薄板	510	950	T4①⑦	205	400	1.	T62②
	2014⑤	平薄板	500	935	T3①	160	320	18	T62
					T42	160	320	18	T6
		带状薄板	500	935	T4	160	320	18	T6
					T42	160	320	18	T62
		板材	500	935	T42	160	320	18	T62
					T451②	160	320	18	T651②
		轧制或冷加工线材、棒材	500	935	T4	160⑧	320⑧	18	T6
					T42	160⑧	320⑧	18	T62
					T451②	160⑧	320⑧	18	T651②
		挤压棒材、成形件和管件	500	935	T4	160⑧	320⑧	18	T6
					T42	160⑧	320⑧	18	T62
					T4510②	160⑧	320⑧	18	T6510②
		冷拔管	500	935	T4	160⑧	320⑧	18	T6
					T42	160⑧	320⑧	18	T62
		模锻件	500⑨	935⑨	T4	170	340	10	T6
	2017	轧制或冷加工线材、棒材	500	935	T4	—	—	—	—
					T42	—	—	—	—
	2117	轧制或冷加工线材、棒材	500	935	T4	—	—	—	—
					T42	—	—	—	—
	2618	锻件和轧环	530	985	T4	200	390	20	T61
	4032	模锻件	510⑤	950⑤	T4	170	340	10	T6

（续）

合金		产品	固溶热处理			时效热处理			
			金属温度		状态代号	金属温度		时间/h	状态代号
			℃	℉		℃	℉		
Al-Cu-Li 合金	2090	薄板	540	1000	T3①	165	325	24	T83①
	2091	薄板	530	990	T3①	120	250	24	T84①
		挤压棒材	530	990	T3①	190	375	12	峰值时效①
	8090	挤压棒材	530	990	T3①	190	375	12	峰值时效①
	CP276	挤压棒材	540	1000	T3①	190	375	12-15	峰值时效①

① 为达到该状态代号处理所要求的性能，固溶热处理后，在时效热处理前进行冷加工。
② 在固溶热处理后、时效热处理前，通过拉伸产生一定量的永久变形，消除残余应力。
③ 在固溶热处理后、时效热处理前，进行1%～5%的冷轧变形消除残余应力。
④ 采用100℃（212℉）的沸水淬火。
⑤ 该热处理工艺适用于这些铝合金的铝覆层板。
⑥ 采用室温强制鼓风淬火。
⑦ 参见美国专利4840852。
⑧ 也可采用在177℃（350℉）保温8h的时效热处理。
⑨ 用60～80℃（140～180℉）的温水淬火。

表2-80 Al-Mg-Si合金（6×××系列合金）的典型固溶和时效热处理工艺
（译者注：原文为Mg-Si-Al）

合金	产品	固溶热处理			时效热处理			
		金属温度		状态代号	金属温度		时间/h	状态代号
		℃	℉		℃	℉		
6005	挤压棒材、成形件和管件	530①	985①	T1	175	350	8	T5
6009②	薄板	555	1030	T4	205	400	1	T6②
6010	薄板	565	1050	T4	205	400	1	T6②
6053	模锻件	520	970	T4	170	340	10	T6
6061③	薄板	530	985	T4	160	320	18	T6
				T42	160	320	18	T62
	板材	530	985	T4④	160	320	18	T6④
				T42	160	320	18	T62
				T451⑤	160	320	18	T651⑤
	轧制或冷加工线材、棒材	530	985	T4	160⑥	320⑥	18	T6
					160⑥	320⑥	18	T89⑦
					160⑥	320⑥	18	T93⑧
					160⑥	320⑥	18	T913⑧
					160⑥	320⑥	18	T94⑧
				T42	160⑥	320⑥	18	T62
				T451⑧	160⑥	320⑥	18	T651⑤
	挤压棒材、成形件和管件	530①	985①	T4	175	350	8	T6
				T4510⑧	175	350	8	T6510⑤
				T4511⑧	175	350	8	T6511⑤
		530	985	T42	175	350	8	T62

（续）

合金	产品	固溶热处理			时效热处理			
		金属温度		状态代号	金属温度		时间/h	状态代号
		℃	℉		℃	℉		
6061⑥	冷拔管	530	985	T4	160⑥	320⑥	18	T6
				T42	160⑥	320⑥	18	T62
	模锻件和手工锻件	530	985	T4	175	350	8	T6
	轧环	530	985	T4	175	350	8	T6
				T452⑫	175	350	8	T652⑨
6063	挤压棒材、成形件和管件	520①	985①	T1	205⑩	400⑩	1	T5
		520①	970①	T4	175⑪	350⑪	8	T6
		520	970	T42	175⑪	350⑪	8	T62
	冷拔管	5520	970	T4	175	350	8	T6
					175	350	8	T83①⑦
					175	350	8	T831①⑦
					175	350	8	T832①⑦
				T42	175	350	8	T62
6013⑫	薄板	570	1055	W⑬	190	375	4	T6
	板材	570	1055	W⑬	190	375	4	T651
6066	挤压棒材、成形件和管件	530	990	T4	175	350	8	T6
				T42	175	350	8	T62
				T4510⑤	175	350	8	T6510⑤
				T4511⑤	175	350	8	T6511⑤
	冷拔管	530	990	T4	175	350	8	T6
				T42	175	350	8	T62
	模锻件	530	990	T4	175	350	8	T6
6070	挤压棒材、成形件和管件	545①	1015①	T4	160	320	18	T6
				T42	160	320	18	T62
6111	薄板	560	1040	T4	175	350	8	T6⑭
6151	模锻件	515	960	T4	170	340	10	T6
	轧环	515	960	T4	170	340	10	T6
				T452⑨	170	340	10	T652⑨
6262	轧制或冷加工线材、棒材	540	1000	T4	170	340	8	T6
					170	340	12	T9⑧
				T451	170	340	8	T651⑤
				T42	170	340	8	T62
6262	挤压棒材、成形件和管件	540①	1000①	T4	175	350	12	T6
				T4510⑤	175	350	12	T6510⑤
		540	1000	T42	175	350	12	T62
	冷拔管	540	1000	T4	170	340	8	T6
					170	340	8	T9⑧
				T42	170	340	8	T62

（续）

合金	产品	固溶热处理			时效热处理			
		金属温度		状态代号	金属温度		时间/h	状态代号
		℃	℉		℃	℉		
6463	挤压棒材、成形件和管件	520①	970①	T1	205⑩	400⑩	1	T5
		520①	970①	T4	175⑪	350⑪	8	T6
		520	970	T42	175⑪	350⑪	8	T62
6951	薄板	530	985	T4	160	320	18	T6
				T42	160	320	18	T62

① 为了获得该状态代号处理所要求的性能，适当控制挤压温度，产品经挤压机挤压成形后直接淬火。有些产品在室温下采用强制鼓风冷却，得到充分淬火。
② 在190℃（375℉）保温4h或在175℃（350℉）保温8h。参见美国专利4082578。
③ 该热处理工艺适用于这些合金的铝覆层板。
④ 仅适用于花纹板。
⑤ 在时效热处理前，通过拉伸产生一定量的永久变形，消除残余应力。
⑥ 也可采用在170℃（340℉）保温8h的时效热处理。
⑦ 为在时效热处理过程中达到所要求的性能，在固溶热处理后进行冷加工。
⑧ 为达到所要求的性能，在时效热处理后进行冷加工。
⑨ 在固溶热处理后、时效热处理前，进行1%～5%的冷轧变形消除残余应力。
⑩ 也可采用在182℃（360℉）保温3h热处理。
⑪ 也可采用在182℃（360℉）保温6h热处理。
⑫ 参见美国专利4589932。
⑬ 采用T4状态代号进行两周的自然时效。
⑭ 在实验室人工时效从T4到T（译者注：此处可能有遗漏，应该为T6）。

表2-81 7×××系列Al－Zn－Mg可热处理强化铝合金的典型固溶和时效热处理工艺

（译者注：原文为Zn－Mg－Al）

合金	产品	固溶热处理			时效热处理			
		金属温度		状态代号	金属温度		时间/h	状态代号
		℃	℉		℃	℉		
7001	挤压棒材、成形件和管件	465	870	W	120	250	24	T6
					120	250	24	T62
				W510①	120	250	24	T6510①
				W511①	120	250	24	T6511①
7005	挤压棒材、成形件	—	—	②	②	②	②	T53②
7075③	薄板	480	900	W	120④	250④	24	T6
					120④	250④	24	T62
	板材	480	900	W	120④	250④	24	T62
					120④	250④	24	T651①
7075③	轧制或冷加工线材、棒材	490	915	W	120	250	24	T6
					120	250	24	T62
				W51①	120	250	24	T651①
	挤压棒材、成形件和管件	465	870	W	120⑤	250⑤	24	T6
					120⑤	250⑤	24	T62
				W510①	120⑤	250⑤	24	T6510④
				W511①	120⑤	250⑤	24	T6511④

（续）

合金	产品	固溶热处理			时效热处理			
		金属温度		状态代号	金属温度		时间/h	状态代号
		℃	℉		℃	℉		
7075③	冷拔管	465	870	W	120	250	24	T6
					120	250	24	T62
	模锻件	470⑥	880⑥	W	120	250	24	T6
	手工锻件	470⑥	880⑥	W	120	250	24	T6
				W52⑦	120	250	24	T652⑧
	轧环	470	880	W	120	250	24	T6
7175	模锻件	515	960	W	参见本节中的7175合金部分			
	手工锻件							
7475	薄板	515⑧	960⑧	W	120	250	3	—
					>155	315	3	T61⑧
	板材	510⑧	950⑧	W51①	120	250	24	T651⑧
覆铝 7475	薄板	495	920	W	120	250	3	—
					>155	315	3	T61⑧

① 在固溶热处理后、时效热处理前，通过拉伸产生一定量的永久变形。消除残余应力。

② 不进行固溶热处理；模压淬火后，在室温下停放 72h，然后进行两级时效处理［在 107℃（225℉）保温 8h，在 149℃（300℉）保温 16h］。

③ 该热处理工艺适用于这些合金的铝覆层板。

④ 也可采用在 96℃（205℉）保温 4h，在 157℃（315℉）保温 8h 两级时效热处理。

⑤ 也可采用在 99℃（210℉）保温 5h，在 121℃（250℉）保温 4h，在 149℃（300℉）保温 4h 三级时效热处理。

⑥ 用 60～80℃（140～180℉）的温水淬火。

⑦ 在固溶热处理后、时效热处理前，进行 1%～5% 的冷轧变形消除残余应力。

⑧ 必须先在 466～477℃（870～890℉）保温。美国专利 3791880。

无论铝合金的析出相是什么，它们通常是从析出原子簇的 GP 区开始，发展到具有一定晶体结构的中间相，最终形成具有明确晶体结构的平衡相。当合金的析出相为中间相时，合金达到最高强度。此时中间相达到了一定的尺寸，位错无法切过它们，而它们的尺寸也不会过大，仍保持具有相当的密度。有些铝合金相对简单，只有一个析出强化相，而有些合金可能有多个析出强化相，这些强化相在不同的晶面上，以不同的速率析出长大（更详细的内容请参阅本卷“可热处理强化铝合金的组织”一节）。

2.9.1　时效硬化铝合金

表 2-79～表 2-81 所列为常见的可时效强化变形铝合金系列，其中包括 2×××（Al-Cu）合金、6×××（Al-Mg-Si）合金以及 7×××（Al-Zn-Mg）合金。通常，4×××系列（Al-Si）变形铝合金仅进行固溶处理，但部分添加有镁的 4×××合金（如 4032），可通过热处理析出 Mg_2Si 相进行强化。在 2×××和 8×××系列铝合金中，有部分为 Al-Li 合金。表 2-82 所列为可时效强化的铸造铝合金，其中包括 2××.×（Al-Cu）、3××.×（Si-Mg-Cu）和 7××.×（Zn-Mg）合金系列。表 2-83 对铝合金的状态代号及用途进行了总结。

表 2-82　铸造铝合金砂型和金属型铸件的典型热处理工艺

合金	状态代号	铸造类型①	固溶热处理②			时效热处理		
			温度		时间/h	温度		时间/h
			℃	℉		℃	℉	
201.0	T6	S	510～515	950～960	2	室温		12～24
			525～530	980～990	14～20	然后 155	310	20
	T7	S	510～515	950～960	2	室温		12～24
			525～530	980～990	14～20	然后 190	370	5min③，不小于

（续）

合金	状态代号	铸造类型①	固溶热处理②			时效热处理		
			温度		时间/h	温度		时间/h
			℃	℉		℃	℉	
204.0	T4	S或P	520	970	10	—	—	—
A/B206	T4	S或P	510	950	2	—	—	—
			然后530	990	14～20	室温		5天
	T43	S或P	510	950	2	室温		12～24
			然后530	990	14～20	然后160	320	0.5～1.0
	T7	S或P	510	950	2	室温		12～24
			然后530	990	14～20	然后200	392	4～54min③，不小于
242.0	O	S	—	—	—	345	650	3
	T571	S	—	—	—	205	400	8
		P	—	—	—	165～170	330～340	22～26
	T77	S	515	960	5④	330～355	625～675	2min，不小于
	T61	S或P	515	960	2～6④	205～230	400～450	—
295.0	T4	S	515	960	12	—	—	—
	T6	S	515	960	12	155	310	3～6
	T62	S	515	960	12	155	310	12－2412－20③
	T7	S	515	960	12	260	500	4～6
296.0	T4	P	510	950	8	—	—	—
	T6	P	510	950	8	155	310	2～8
	T7	P	510	950	8	260	500	4～6
319.0	T5	S	—	—	—	205	400	8
	T6	S	505	940	6～12	155	310	2～5
		P	505	940	4～12	155	310	2～5
328.0	T6	S	515	960	12	155	310	2～5
332.0	T5	P	—	—	—	205	400	7～9
333.0	T5	P	—	—	—	205	400	7～9
	T6	P	505	950	6～12	155	310	2～5
	T7	P	505	940	6～12	260	500	4～6
336.0	T551	P	—	—	—	205	400	7～9
	T65	P	515	960	8	205	400	7～9
354.0	—	⑤	525～535	980～995	10～12	⑥	⑥	⑥
355.0	T51	S或P	—	—	—	225	440	7～9
	T6	S	525	980	12	155	310	3～5
		P	525	980	4～12	155	310	2～5
	T62	P	525	980	4～12	170	340	14～18
	T7	S	525	980	12	225	440	3～5
		P	525	980	4～12	225	440	3～9
	T71	S	525	980	12	245	475	4～6
		P	525	980	4～12	245	475	3～6

（续）

合金	状态代号	铸造类型①	固溶热处理②			时效热处理		
			温度		时间/h	温度		时间/h
			℃	℉		℃	℉	
C355.0	T6	S	525	980	12	155	310	3 ~ 5
	T61	P	525	980	6 ~ 12	室温		8min，不小于
			—	—	—	155	310	10 ~ 12
356.0	T51	S 或 P	—	—	—	225	440	7 ~ 9
	T6	S	540	1000	6 ~ 12	155	310	3 ~ 5
		P	540	1000	4 ~ 12	155	310	2 ~ 5
	T7	S	540	1000	6 ~ 12	205	400	3 ~ 5
		P	540	1000	4 ~ 12	225	440	7 ~ 9
	T71	S	540	1000	6 ~ 12	245	475	2 ~ 4
		P	540	1000	4 ~ 12	245	475	7 ~ 9
A356.0	T6	S	540	1000	6 ~ 12	155	310	2 ~ 5
	T6	P	540	1000	4 ~ 12	155	310	2 ~ 5
	T61	S	540	1000	6 ~ 12	165	330	6 ~ 12
		P	540	1000	4 ~ 12	室温		8min，不小于
						然后 155	310	6 ~ 12
	T7	S	540	1000	6 ~ 12	225	400	8
		P	540	1000	4 ~ 12	225	440	8
	T71	S	540	1000	6 ~ 12	245	475	3 ~ 6
		P	540	1000	4 ~ 12	245	475	3 ~ 6
						155	310	6 ~ 12
357.0	T6	P	540	1000	8	165	330	6 ~ 12
	T61	S	540	1000	10 ~ 12	155	310	10 ~ 12
A375.0	—	⑤	540	1000	8 ~ 12	⑥	⑥	⑥
359.0	—	⑤	540	1000	10 ~ 14	⑥	⑥	⑥
A444.0	T4	P	540	1000	8 ~ 12	—	—	—
520.0	T4	S	430	810	18⑦	—	—	—
535.0	T5⑧	S	400	750	5	—	—	—
705.0	T5	S	—	—	—	室温		21 天
			—	—	—	100	210	8
		P	—	—	—	室温		21 天
			—	—	—	100	210	10
707.0	T5	S	—	—	—	155	310	3 ~ 5
		P	—	—	—	室温		21 天
			—	—	—	100	210	8
	T7	S	530	990	8 ~ 16	175	350	4 ~ 10
		P	530	990	4 ~ 8	175	350	4 ~ 10
710.0	T5	S	—	—	—	室温		21 天
711.0	T1	P	—	—	—	室温		21 天
712.0	T5	S	—	—	—	室温或		21 天
			—	—	—	155	315	6 ~ 8

（续）

合金	状态代号	铸造类型①	固溶热处理②			时效热处理		
			温度		时间/h	温度		时间/h
			℃	℉		℃	℉	
713.0	T5	S或P	—	—	—	室温或		21天
			—	—	—	120	250	16
771.0	T53⑧	S	415⑨	775⑨	5⑨	180⑨	360⑨	4⑨
	T5	S	—	—	—	180⑨	360⑨	3~5⑨
	T51	S	—	—	—	205	405	6
	T52	S	—	—	—	⑧	⑧	⑧
	T6	S	590⑨	1090⑨	6⑨	130	265	3
	T71	S	590⑩	1090⑩	6⑩	140	285	15
850.0	T5	S或P	—	—	—	220	430	7~9
851.0	T5	S或P	—	—	—	220	430	7~9
	T6	P	480	900	6	220	430	4
852.0	T5	S或P	—	—	—	220	430	7~9

注：除了表中给出的温度范围外，其他温度的范围是±6℃（±10℉）。

① S，砂型铸模；P，金属型铸模。

② 除非另有说明，固溶后在65~100℃（150~212℉）的水中淬火。

③ 根据AMS 2771B铝合金铸件的热处理确定时效时间。

④ 固溶后进行强制风冷淬火。

⑤ 根据所要求的力学性能选择铸造工艺（砂型铸造、金属型铸造或复合材料铸模铸造）。

⑥ 固溶热处理后均匀地加热至时效温度，按要求的保温时间保温，达到所需的力学性能。

⑦ 淬入65~100℃（150~212℉）的水中，仅停留10~20s。

⑧ 稳定尺寸去除应力工艺为：在413±14℃（775±25℉）保温5h；在2h以上时间缓慢炉冷至345℃（650℉）；在不超过0.5h时间内，炉冷至230℃（450℉）；在约2h时间内，炉冷至120℃（250℉）；在炉外静止空气中冷却到室温。

⑨ 在炉外静止空气中冷却到室温。

⑩ 不需要淬火，在炉外静止空气中冷却到室温。

表2-83 美国（ANSI H35.1）、欧洲（EN 515）和国际（ISO 2107）标准中使用的状态代号说明

状态代号	说明	适用合金	产品形式
F	原加工状态	所有	所有
O	退火	所有	所有
O1	采用固溶处理的温度和时间加热保温后，缓慢冷却至室温	所有	所有产品在固溶处理前进行机加工，没有力学性能限制
W	固溶处理状态，为不稳定状态	所有	所有
T	采用除F、O或H状态外，热处理达到稳定的状态	所有	所有
T1	从高温热加工成形过程中冷却，自然时效达到充分稳定的状态	6061、6063、6105、6351、6463	挤压管材、线材、棒材和型材
T3	固溶处理后进行冷加工，然后进行自然时效，达到充分稳定的状态	2011、2014、2014包铝、2024包铝	薄板；轧制或冷加工精整棒材或线材；冷拔管材、挤压管材、线材、棒材和型材（仅限于2024合金）
T31	固溶处理后进行约1%的冷加工，然后进行自然时效，达到充分稳定的状态	2219、2219包铝	薄板；挤压管材、线材、棒材和型材

（续）

状态代号	说明	适用合金	产品形式
T351	固溶处理后，可控拉伸一定变形量去除应力，然后进行自然时效（拉伸后不再进行矫直）	2024、2024 包铝、2124、2219	板材；轧制或冷加工精整棒材（仅限于 2024 合金）
T3510	固溶处理后，可控拉伸一定变形量去除应力，然后进行自然时效（拉伸后不再进行矫直）	2024、2219	挤压管材、线材、棒材和型材
T3511	为达到标准公差，拉伸后允许进行少量矫直外，其余与 T3510 相同	2024、2219	挤压管材、线材、棒材和型材
T361（原 T36）	固溶处理后进行约 6% 的冷加工，然后进行自然时效	2024、2024 包铝	薄板和板材
T37	固溶处理后进行约 7% 的冷加工，然后进行自然时效	2219	薄板和板材
T4	固溶处理后进行自然时效	所有（有例外）	所有（有较多的例外）
T42	适合对经退火或 F 状态代号工艺处理的材料进行固溶处理后自然时效	所有	所有
T451	固溶处理后，可控拉伸一定变形量（根据产品要求）去除应力，然后进行自然时效（拉伸后不再进行矫直）	2011、2017	轧制或冷加工精整棒材
T4510	固溶处理后，可控拉伸一定变形量去除应力，然后进行自然时效（拉伸后不再进行矫直）	6061、6066	挤压管材、线材、棒材和型材
T4511	为达到标准公差，拉伸后允许进行少量矫直外，其余与 T4510 相同	6061、6066	挤压管材、线材、棒材和型材
T5	从高温热加工过程中冷却，然后进行人工时效	6063、6005、6005A、6105、6162、6351、6463	挤压管材、线材、棒材和型材
T51	从高温热加工过程中冷却，然后进行人工欠时效，以改善成形性能	6061、6351	挤压管材（仅限于 6061 合金）、挤压线材、棒材和型材
T52	从高温热加工过程中冷却，然后进行人工时效达到要求的最低或最高强度水平	6063	挤压线材、棒材和型材
T6	固溶处理，然后进行人工时效	所有（有例外）	所有（有例外）
T61	固溶处理，然后进行人工欠时效，以改善成形性能	2018	锻件和锻坯
T62	适合对经退火或 F 状态代号工艺处理的材料进行固溶处理 + 人工时效	所有	所有
T63、T64、T65	固溶处理，然后进行人工时效，达到低于 T6 规定要求的力学性能	6101	导电用产品，如挤压管材、管道、轧制或挤压结构型材、挤压线材、棒材和型材等
T651	固溶处理后，可控拉伸一定变形量（根据产品要求）去除应力，然后进行人工时效（拉伸后不再进行矫直）	2014、2014 包铝、6061、6061 包铝、6262、7075、7075 包铝、7173、7178 包铝、7475、7475 包铝	板材（有较多的例外），轧制或冷加工精整棒材（有较多的例外）

（续）

状态代号	说明	适用合金	产品形式
T6510	固溶处理后，可控拉伸一定变形量（根据产品要求）去除应力，然后进行人工时效（拉伸后不再进行矫直）	2014、6061、6066、6162、6262、7075、7178	挤压管材（除6162和7178外）、线材、棒材和型材
T6511	为达到标准公差，拉伸后允许进行少量矫直外，其余与T6510相同	2014、6061、6066、6162、6262、7075、7178	挤压管材（除6162和7178外）、线材、棒材和型材
T652	固溶处理后，压缩1%～5%的变形量，去除应力，然后进行人工时效	2014、6061、6151、7075	锻件和锻坯
T7	固溶处理后，为控制重要的性能，进行人工过时效/稳定化处理（通常该状态代号后跟有第二位数字，很少单独使用）	7050	铆钉
T72	O或F状态代号材料，由用户（不是供应商）进行固溶处理和人工时效	2024	薄板
T73	固溶处理后，为达到最佳耐蚀性，进行充分的人工过时效，强度比T74处理还要低	7049，7075，7075包铝	7075和7075包铝薄板；拉拔或挤压管材（7075）；挤压线材、棒材和型材（7075）；轧制或冷加工精整棒材和线材（7075）；铆钉（7075）；锻件和锻坯（7049和7075）
T7351	固溶处理后，可控拉伸一定变形量（根据产品要求）去除应力；然后为达到最佳耐蚀性，进行人工过时效，强度比T74处理还要低（拉伸后不再进行矫直）	7075、7075包铝	板材（7075，7075包铝）；轧制或冷加工精整棒材和线材（7075）
T73510	固溶处理后，可控拉伸一定变形量（根据产品要求）去除应力；然后为达到最佳耐蚀性，进行人工过时效，强度比T74处理还要低（拉伸后不再进行矫直）	7050、7075	挤压线材、棒材和型材
T73511	为达到标准公差，拉伸后允许进行少量矫直外，其余与T73510相同	7050、7075	挤压线材、棒材和型材
T7352	固溶处理后，压缩1%～5%的变形量，去除应力，然后为达到最佳耐蚀性，进行人工过时效，强度比T74处理还要低	7049、7075	锻件和锻坯
T74	固溶处理后，进行人工过时效，使耐蚀性和强度达到T73和T76状态代号之间的水平	7050	锻件和锻坯
T7451	固溶处理后，可控拉伸一定变形量（根据产品要求）去除应力；进行人工过时效，使耐蚀性和强度达到T73和T76状态代号之间的水平（拉伸后不再进行矫直）	7050	板材
T74510	固溶处理后，可控拉伸一定变形量（根据产品要求）去除应力；进行人工过时效，使耐蚀性和强度达到T73和T76状态代号之间的水平（拉伸后不再进行矫直）	7050	挤压线材、棒材和型材
T74511	为达到标准公差，拉伸后允许进行少量矫直外，其余与T74510相同	7050	挤压线材、棒材和型材

（续）

状态代号	说明	适用合金	产品形式
T7452	固溶处理后，压缩 1% ~5% 的变形量，去除应力；进行人工过时效，使耐蚀性和强度达到 T73 和 T76 状态代号之间的水平	7050	锻件和锻坯
T7454	固溶处理后，在成品模具中冷击打去除应力；进行人工过时效，使耐蚀性和强度达到 T73 和 T76 状态代号之间的水平	7175	（译者注：此栏空白）
T76	固溶处理后，为达到适中的耐蚀性，强度适当降低，与 T79 状态代号处理相当，进行有限的过时效处理	7075、7075 包铝、7178、7178 包铝、7475	薄板，拉拔或挤压管材（7075）；挤压线材、棒材和型材（7075 和 7178）
T7651	固溶处理后，可控拉伸一定变形量（根据产品要求）去除应力；为达到适中的耐蚀性，强度适当降低，与 T79 状态代号处理相当，进行有限的过时效处理（拉伸后不再进行矫直）	7050、7075、7075 包铝、7178、7178 包铝、7475、7475 包铝	板材
T76510	固溶处理后，可控拉伸一定变形量（根据产品要求）去除应力；为达到适中的耐蚀性，强度适当降低，与 T79 状态代号处理相当，进行有限的过时效处理（拉伸后不再进行矫直）	7050、7075、7178	挤压线材、棒材和型材
T76511	为达到标准公差，拉伸后允许进行少量矫直外，其余与 T76510 相同	7050、7075、7178	挤压线材、棒材和型材
T79	固溶处理后，为适当改善耐蚀性，强度略为降低，与 T6 状态代号处理相当，进行轻微的过时效处理	没有合金 - 状态代号 - 产品标准化	没有合金 - 状态代号 - 产品标准化
T8	固溶处理后进行冷加工，然后进行人工时效	2011	冷拔管、轧制或冷加工精整棒材和线材
T81	固溶处理后进行约 1% 的冷加工，然后进行人工时效	2024、2024 包铝、2219、2219 包铝	薄板；挤压管材，挤压线材、棒材和型材
T851	固溶处理后，可控拉伸一定变形量（根据产品要求）去除应力；进行人工时效处理（拉伸后不再进行矫直）	2024、2024 包铝、2219、2219 包铝	板材；轧制或冷加工精整棒材（2024 和 2219）
T8510	固溶处理后，可控拉伸一定变形量（根据产品要求）去除应力；进行人工时效处理（拉伸后不再进行矫直）	2024	挤压管材、线材、棒材和型材
T8511	为达到标准公差，拉伸后允许进行少量矫直外，其余与 T8510 相同	2024	挤压管材、线材、棒材和型材
T9	固溶处理加人工时效，然后冷加工	所有	所有
T10	从高温热加工成形过程中冷却，冷加工，然后人工时效	所有	所有

注：来源为轻金属时代（Light Met. Age），www.lightmetalage.com；摘自 J. C. Benedyk，“变形铝合金国际状态代号系统：第Ⅱ部分 - 铝合金的热处理及 T 状态代号”，Light Met. Age，Aug 2010，p 25.

图 2-231 是 Al－Cu 合金体系的析出时效序列示意图。在 Al－Cu 合金中，随着含铜量增加，时效强化效果增加，如图 2-232 所示。此外，很早人们就认识到，添加镁能进一步提高铝合金的时效硬化效果，如图 2-233 所示。在铝合金中，铁和硅形成金属间化合物（Al_7Cu_2Fe 和 Mg_2Si），对铝合金的强度和韧性有害，因此，认为铁和硅是杂质元素，其含量应限制在一定范围以下。铁与铜结合形成未溶相，会降低铜的时效强化效果，如图 2-234 所示。

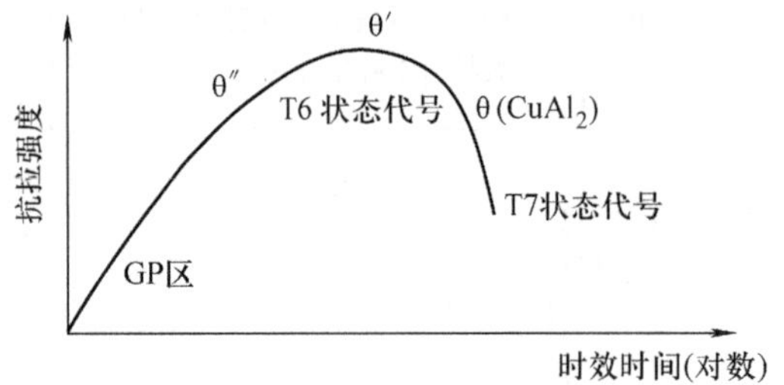

图 2-231　Al－Cu 合金体系的析出时效序列示意图

注：经 T6 状态代号处理达到峰值或最大强度，T7 状态代号处理为过时效。

在可时效强化 Al－Mg－Si 系列铝合金中，当硅和镁元素具有形成 Mg_2Si 相的比例时，析出 Mg_2Si 相，有强化铝合金的作用。虽然不像大多数 Al－Cu－Mg 和 Al－Mg－Si 系列合金的强化效果那么显著，但与退火状态相比，铝合金的强度得到了明显提高，如图 2-235 所示。正如前面所指出的，Mg_2Si 相析出产生强化的可时效强化铝合金系列包括 Al－Mg－Si（6×××）变形铝合金、Al－Si－Mg（3××.0）铸造铝合金，以及部分 4×××变形铝合金。在时效过程中，铝合金中的镁硅比对时效序列起到至关重要的作用。根据过去十年的研究（如美国专利 6364969 B1，2002 年 4 月），低合金元素含量的 6×××系列铝合金达到最大时效强度的镁硅比接近 1.0（而不是 2）。而对于高合金元素含量的 6×××系列铝合金，如 6082 和 6061，镁硅比为 1.73 时，铝合金达到最大时效强度效果（J. C. Benedyk,《航空结构材料手册》，1.5.7 节，6061，CINDAS，p8）。

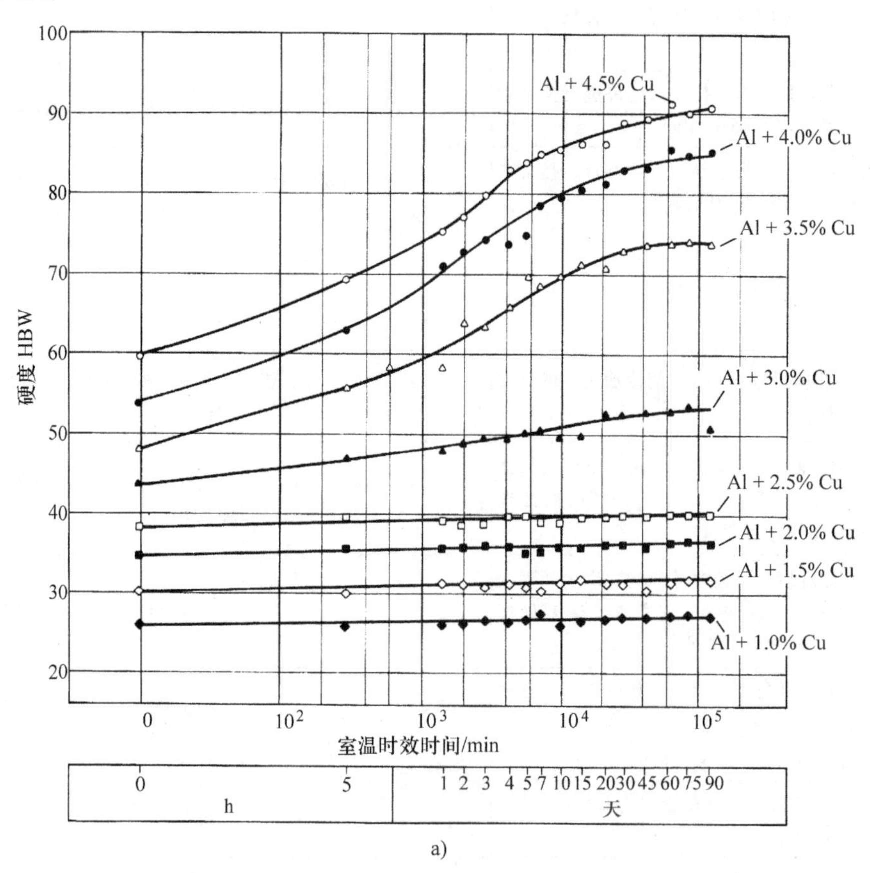

图 2-232　添加铜对 Al－Cu 二元合金时效强化的影响

a）自然时效

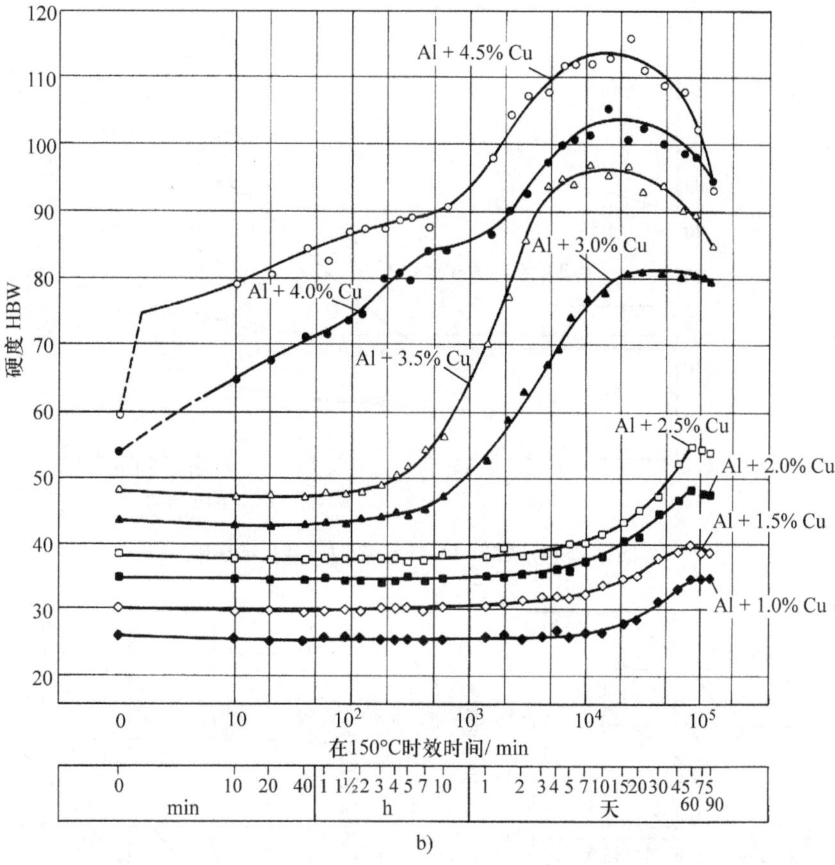

图2-232 添加铜对Al-Cu二元合金时效强化的影响（续）

b）150℃（300℉）人工时效

注：铝合金采用100℃（212℉）沸水淬火。资料来源：H. Y. hunsicker, Precipitationhardening Characteristics ofhigh-Purity Aluminum-Copper and Aluminum-Copper-Iron Alloys, Agehardening of Metals, American Society for Metals, 1940, p56-78。

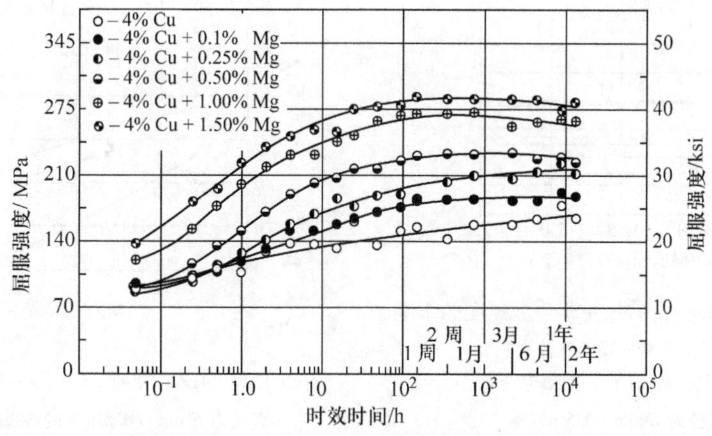

图2-233 镁对Al-Cu合金时效强化的影响

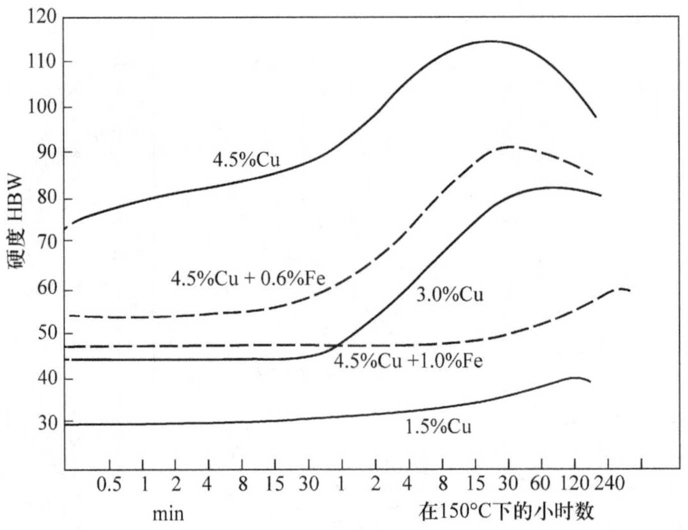

图 2-234 铁对 Al – Cu 合金时效强化的影响

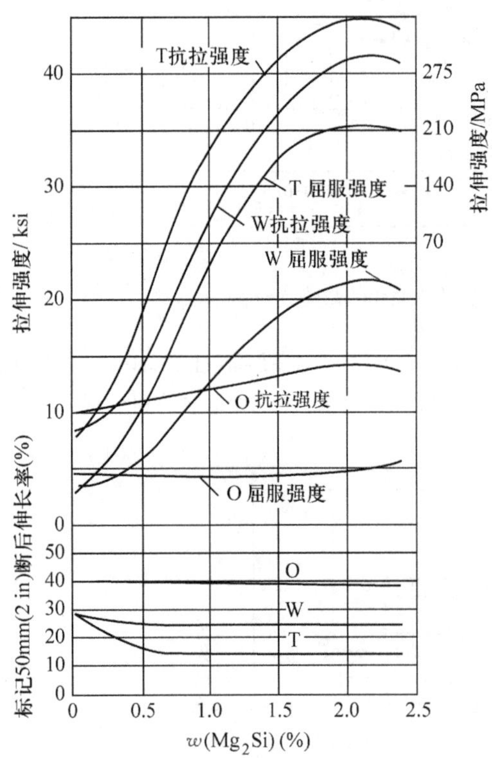

图 2-235 Mg_2Si 相对 Al – Mg – Si 合金强度的影响

注：O—退火；W—固溶和淬火；

T—热处理析出 Mg_2Si 相。变形铝合金

试样直径为 13mm（0.5in）。

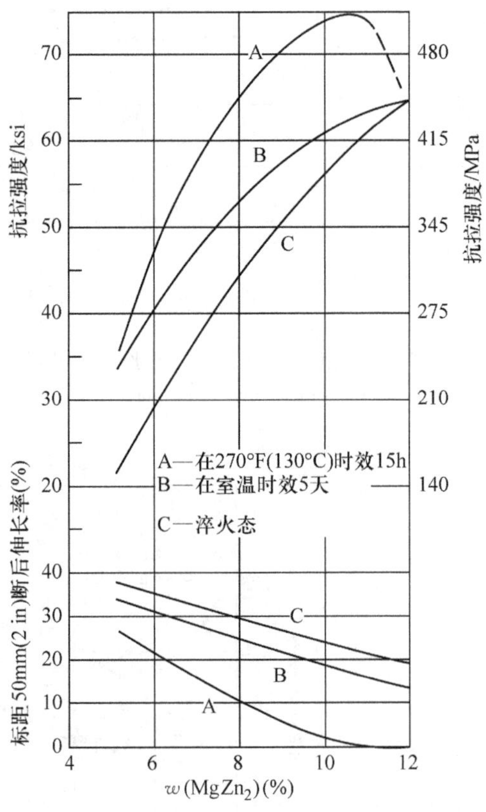

图 2-236 $MgZn_2$ 相对 Al – Zn – Mg 合金强度的影响

注：直径为 13mm（0.5in）的锻造试样进行固溶淬火。

在铝合金中添加锌和少量的镁，就可得到中等至极高强度的可热处理强化铝合金（图 2-236）。通常，在铝合金中，还添加有少量的铜和铬等其他元素。7×××系列铝合金可用于生产飞机机身结构、移动设备和其他受高应力的部件。通常，7×××系列铝合金的固溶处理温度比 2×××系列铝合金的高。7×××系列变形铝合金的析出强化效果明显高于2×××系列铝合金，能达到接近690MPa（100ksi）的抗拉强度。其中，Al－Zn－Mg－Cu合金通过析出强化，能达到铝合金的最高强度水平。由于该类铝合金中铜的质量分数高达2%，所以它们是7×××系列铝合金中最不耐腐蚀的。通常，Al－Zn－Mg合金在室温下进行自然时效。Al－Zn－Mg（7××.×）铸造铝合金在铸造后，室温时效20～30天，达到铝合金的完全强度。通过提高温度的人工时效（也称为时效热处理），可以加快时效进程。

2.9.2　时效基本特点

因铝合金成分不同，铝合金的时效特点各异。对于具体的铝合金，在工业生产的合理范围内，选择时效时间和时效温度，以达到所要求的强度水平。通过选择较低的时效温度，来降低性能变化的程度和变化速率。例如，图2-232比较了Al－Cu合金的自然（室温）时效和人工（高温）时效性能随时间的变化。对于某些合金——特别是2×××合金系列铝——自然时效就能产生时效强化，由此在生产中产生了有用的工艺状态代号（T3和T4型状态代号）。对于采用这些状态代号工艺处理的铝合金，由于快速淬火，得到过饱和度相对较高的固溶体和保留了大量空位，使在室温下能快速形成GP区，铝合金强度迅速提高，在4～5天内强度达到接近最大值的稳定值。

采用T3和T4型（自然时效）状态代号工艺处理的产品，其拉伸性能规范的性能值通常是经过了4天自然时效的性能值。如果T3和T4型状态代号为铝合金的标准工艺，则在此基础上进一步进行自然时效时，其性能变化相对很小，因此可以认为，采用与标准工艺组合约一周后，铝合金的性能基本达到稳定。T3型状态代号工艺不同于T4型的显著特点是，T3型工艺是在时效前进行了冷加工，而T4型工艺仅进行了自然时效（在时效前没有进行变形）。T3型状态代号是在固溶淬火后，进行了冷加工变形强化以及某些机械加工工序。

在冷加工后进行自然时效的工艺被归类于T3型状态代号工艺，在T3型状态代号后，增加另外一个数字，用以表示加工硬化的程度，从而导致性能发生显著的改变（图2-237）。铝合金的类型不同，拉伸变形量也不同。某些铝合金，如2×××系列变形铝合金，通过拉伸变形2%～5%，时效后铝合金的强度即可得到提高。其他铝合金，如7×××系列变形铝合金，拉伸会导致其强度降低，因此，只进行适度拉伸变形（0.5%～1.5%），实现对铝合金的矫平。

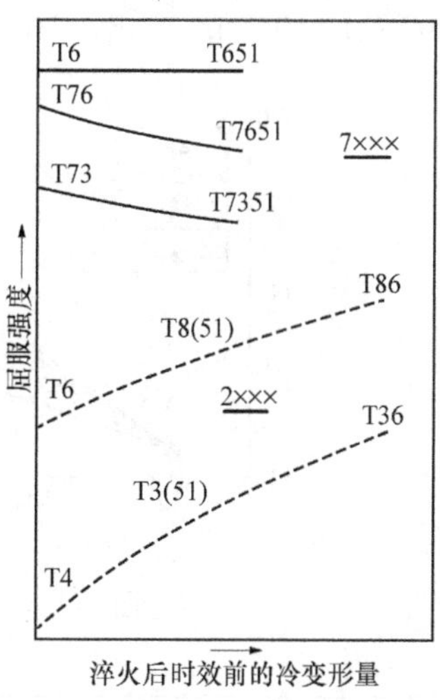

图2-237　2×××和7×××系列铝合金产品淬火后的冷加工对人工时效后强度影响的示意图

T5～T10型状态代号为用于人工时效的工艺代号。一旦铝合金产品进行了淬火，可以进行拉伸或轻微变形至产品尺寸和形状，然后直接放置在时效炉中，或在时效前在室温下放置一段时间。该时效前的放置时间称为停放时间。一般来说，时效热处理一般采用115～190℃（240～375℉）范围的中等温度，时效时间为5～48h不等，需要对时效热处理工艺的时间和温度进行认真考虑。较低的时效温度可以达到更高的强度，但所需时效时间更长，如图2-238所示。如果选择更长的时效时间和更高的时效温度，则会引起析出相长大，造成析出相颗粒数量减少，析出相间距增大。优化的时效工艺目标是选择最佳的析出相尺寸和分布。然而，某时效工艺往往只能使铝合金的某一项性能指标达到最大值，如抗拉强度；而不能使铝合金的其他性能指标也达到最大值，如使屈服强度和耐蚀性达到最佳。因此，应综合考虑和确定生产中使用的时效工艺，使铝合金具有最佳的性能组合。

为满足正常生产实践中的适当公差要求，推荐采用T5和T6型状态代号工艺，以及用于稳定尺寸和性能的T7型状态代号工艺。产品的尺寸稳定性与铝合金和工艺状态代号有关（图2-239和图2-240），因此，工件尺寸变形问题，会影响到对工艺状态代号的选择。例如，2014合金和7075合金的尺寸变化比2024合金更大。对于2014合金和7075合金，如果选择T3和T4型状态代号工艺，则产品在服役中可能会产生析出，产品尺寸稳定性差。然而，如果选择2024合金及其改型合金，在时效过程中尺寸变化则很小。其原因是铝合金中的铜和镁元素对尺寸变化的影响产生了相互抵消，如图 2-241 所示。

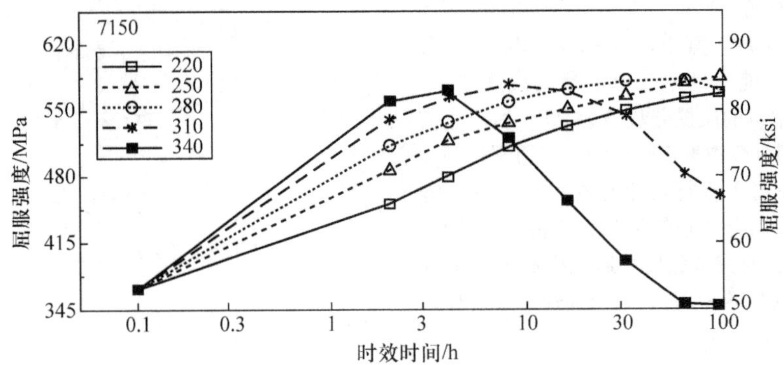

图 2-238　7150 合金不同时效温度的时效曲线

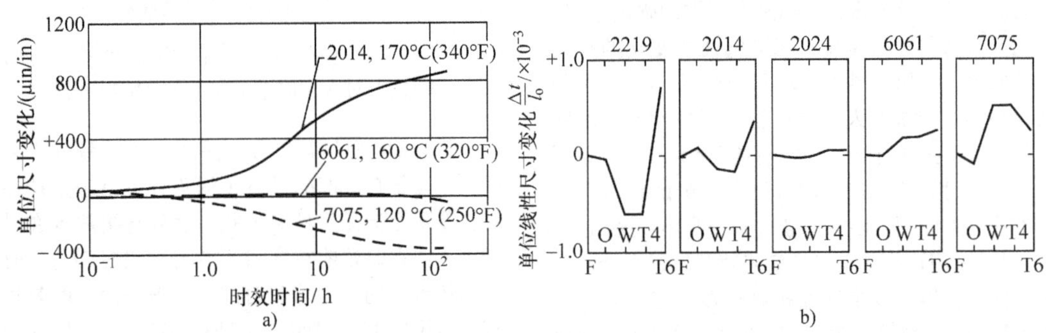

图 2-239　热处理对各种铝合金尺寸变化的影响

a）时效对 2014、6061 和 7075 合金尺寸变化的影响　b）不同状态代号工艺对尺寸变化的影响

F—加工状态　O—退火状态　W—固溶后淬火状态　T4—室温自然时效 7 天　T6—对应峰值强度的人工时效状态

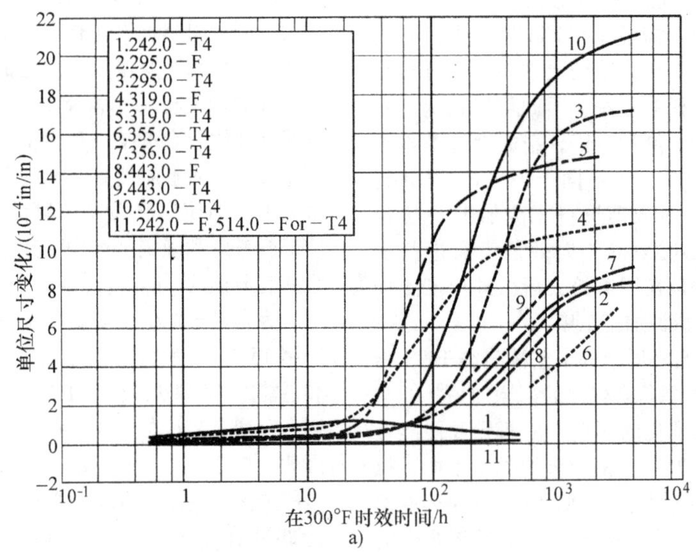

图 2-240　各种铸造铝合金在不同温度下时效的尺寸变化曲线

a）150℃（300℉）

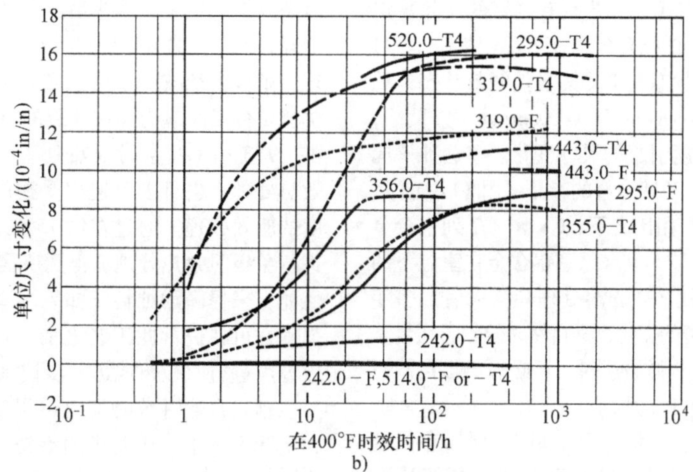

图 2-240　各种铸造铝合金在不同温度下时效的尺寸变化曲线（续）

b）205℃（400℉）

注：资料来源为 J. G. Kaufman and E. L. Rooy, Aluminum Alloy Castings: Properties, Processes, and Applications, ASM International, 2004。

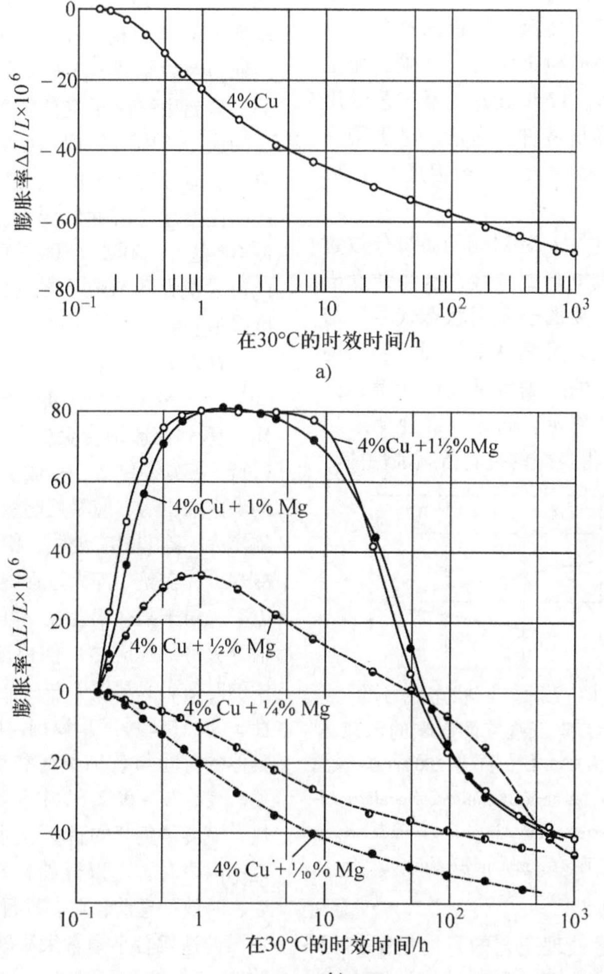

图 2-241　Al – Cu（4% Cu）和 Al – Cu – Mg 合金在室温 30℃（85℉）时效的尺寸膨胀率

a）Al – Cu（4% Cu）合金　b）Al – Cu – Mg 合金

T6型或T8型状态代号工艺具有良好的尺寸稳定性，对于所有其他牌号的铝合金，应该采用该工艺。对于2024合金，从淬火状态到平均的自然时效状态，总的尺寸变化率在0.06mm/m（0.00006in/in）数量级，小于3℃（5℉）的温度引起的尺寸变化。在这种情况下，除了精密设备外，2024合金的产品可用T3型或T4型状态代号工艺处理。相比之下，6×××系列铝合金的尺寸变化率更大；而7×××系列铝合金在室温下的稳定性较差，自然时效（在固溶处理和淬火后）多年后，力学性能仍有显著的变化，其自然时效状态代号采用后缀字母“W”，在具体描述时，还必须给出自然时效时间（如7075－W，1个月）。

根据实际生产经验，铝合金采用T6型状态代号工艺处理，在不牺牲其他性能的条件下，能够达到最高强度，在工程应用中得到令人满意的效果。而铝合金采用T7型状态代号作为过时效处理工艺，在某种程度上，牺牲了铝合金的部分强度，而改善了其他性能。例如，可以通过牺牲部分强度性能，来提高尺寸稳定性，特别是在高温下服役的产品；或通过牺牲部分强度，来降低残余应力，以减少加工过程中的扭曲或翘曲变形。T7型状态代号工艺常用于生产铸造或锻造的发动机零件。通常，对于同一铝合金，该状态代号工艺的时效热处理温度高于T6型状态代号工艺。

在T7型状态代号工艺中，针对铜的质量分数超过1.25%的7×××系列变形铝合金，已经开发出了T73型和T76型两种重要的子系列状态代号。与T6型工艺相比，T76型工艺过程基本相同，但采用了两级加热方式，铝合金的抗剥落腐蚀性能得到了明显的提高，如图2-242所示。同理，铝合金采用T73型工艺处理，也能获得良好的抗剥落腐蚀性能。

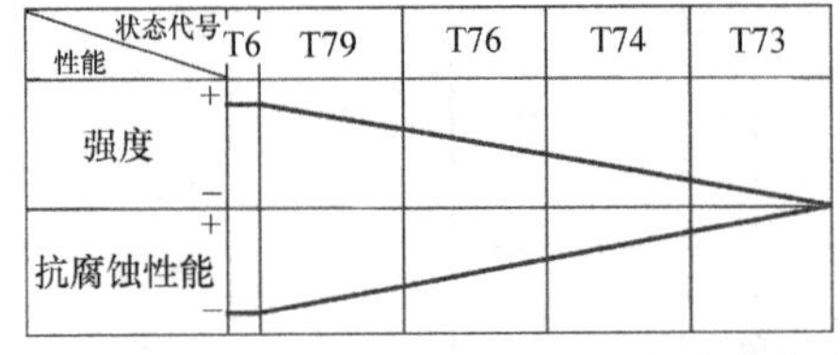

图2-242　T73～T79（T77除外）状态代号的时效热处理对提高耐蚀性，降低强度的影响的示意图

注：资料来源为ANSIh35/H35.1（M）－2009，Revision ofh35.1/H35.1（M）－2006，American National Standard Alloy and Temper Designation Systems for Aluminum；and Aluminum Standards and Data 2009，The Aluminum Association，Inc.，2009。

这些过时效状态代号处理工艺的目的是提高铝合金的抗剥落腐蚀和抗应力腐蚀开裂性能，但由于是过时效，也提高了铝合金的断裂韧性和降低了疲劳裂纹扩展速率。这些铝合金采用T6状态代号工艺处理，偶尔会发生应力腐蚀开裂，而采用T73型工艺，则极大地减少了由这类铝合金制造的大型复杂机械零件发生应力腐蚀开裂的可能性。

T73和T76型时效热处理，可以是两级等温时效热处理，也可以是速率受控的单级加热到某一温度的时效处理。通过在约150℃（300℉）的温度下进行单级时效热处理，得到所需的微观组织/电化学性能，来提高耐蚀性。如果希望铝合金具有更高的强度，可在进行此工艺之前，选择适当低的初级时效温度进行时效，或进一步控制和减缓加热速率。

延长自然时效时间也可以达到同样的结果，但在实际生产中，所要求的室温时效时间过长，不切实际。无论是采用适当低的初级时效温度进行时效，还是选择控制缓慢的加热速率，都将造成高密度的GP区形核，需要对初级时效温度和时间或对加热速率进行控制，以确保已形成的GP区不发生溶解，而在随后加热到150℃（300℉）以上的时效温度时，转变为η′析出相。在时效实践过程中，在最短时间内取得时效结果与GP区的固溶度分解曲线温度有关。该温度取决于空位浓度，而空位浓度又受铝合金的成分、固溶处理温度和淬火速率的影响。如果第一级时效时间过短，或第一级时效温度远低于GP区的固溶度分解曲线温度，或加热速率过快，都将使GP区在150℃（300℉）以上温度发生溶解，由此形成粗大和稀疏分布的析出相，导致铝合金的强度降低。

在表2-79～表2-81中，分别对2×××（Al－Cu）、6×××（Al－Mg－Si）和7×××（Al－Zn－Mg）系列变形铝合金的典型固溶处理和时效热处理进行了归纳总结。在一般情况下，铝合金从固溶温度的炉内取出后，应尽可能缩短淬火转移时间，尽快实施淬火。除非另有说明，铝合金应完全浸入室温水中冷却，并在整个淬火过程中保持水温在38℃（100℉）以下。对于某些铝合金，可使用高速、大容量冷水喷射淬火冷却。应尽可能快地升温至表2-79～表2-81中的时效名义温度，并在整个时效保温期间保证温差在±6℃（±10℉）以内。时效时间是近似的，因为具体的时间与装炉负荷和达到温度所需要的时间有关。表2-79～表2-81中所给出的时间是基于快速加热，当装炉负荷的温度达到要求温度的±6℃（10℉）范围以内时，可以开始计算保温时间。在固溶淬火后、时效处理前，可以进行一定量的拉伸变形。

铸造铝合金通常采用砂型铸造（S）或金属型模铸造（P）工艺，表2-82对这些铸造铝合金的典型固溶和时效热处理工艺进行了总结。除非另有说明，固溶处理后应淬入温度为 65～100℃（150～212℉）的水中。虽然压铸件是铸造铝合金产品的重要组成部分，但传统上不进行热处理，或只进行 T5 状态代号的热处理。然而，最近的发展使人们对铝合金压铸件给予了更多关注（参见本卷“铝合金铸件的热处理”一节）。

2.9.3　2014 合金

这里讨论的处理工艺也适用于铝覆层板。以下所有轧制产品均适合采用 500℃（930℉）的固溶处理温度：平薄板；带状薄板；板材；轧制或冷加工线材、棒材、挤压棒材、型材和管材；冷拔管和模锻件。这些产品可采用的状态代号为 T3、T4、T42、T451 和 T4510。此外，还需要特别注意：

1）采用 T3 工艺处理平薄板时，在固溶处理后、时效处理前，必须进行冷加工，以达到所要求的性能。

2）采用 T42 和 T451 工艺处理板材；采用 T451 工艺处理轧制或冷加工精整线材、棒材；采用 T4510 工艺处理挤压棒材、型材和管材，在固溶处理后、时效处理前，通过拉伸产生一定量的变形，消除工件的应力。

3）在所有情况下，铝合金从固溶温度的炉内取出后，应尽可能缩短淬火转移时间，尽快实施淬火。除非另有说明，铝合金须完全浸入室温水中冷却，并在整个淬火过程中保持水温在 38℃（100℉）以下。对于一些合金，可使用高速、大容量冷水喷射淬火冷却。应尽可能快地升温至名义温度，并在整个保温期间保证温差在 ±6℃（±10℉）以内。

2014 合金产品的时效热处理性能如图 2-243～图 2-246 和表 2-84 所示。除有一个例外外，所有的轧制产品都采用 160℃（320℉）的时效处理温度。该例外是采用 170℃（340℉）的时效处理温度。时效处理状态代号有 T6、T62、T651 和 T6510。

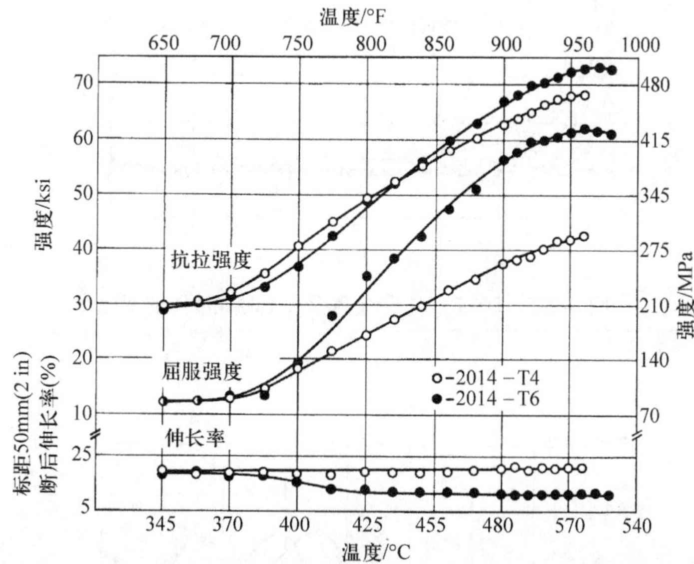

图 2-243　固溶处理温度对 2014－T4 和 2014－T6 合金薄板的拉伸性能的影响

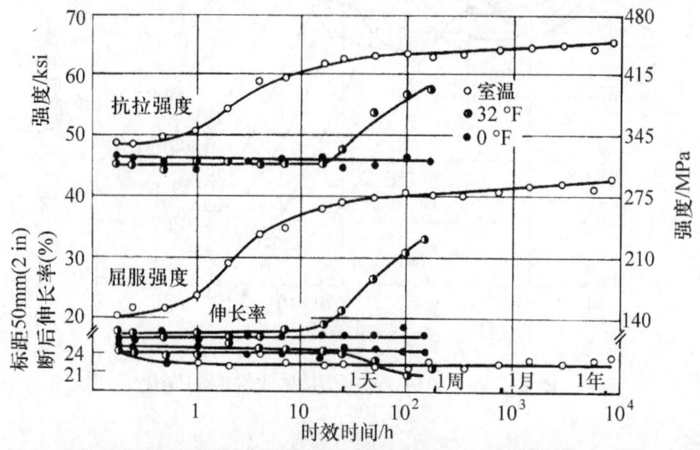

图 2-244　2014 合金薄板的室温等时效特性［0℃（32℉）和－18℃（0℉）］

注：薄板采用 510℃（950℉）固溶加热，淬入室温水中。

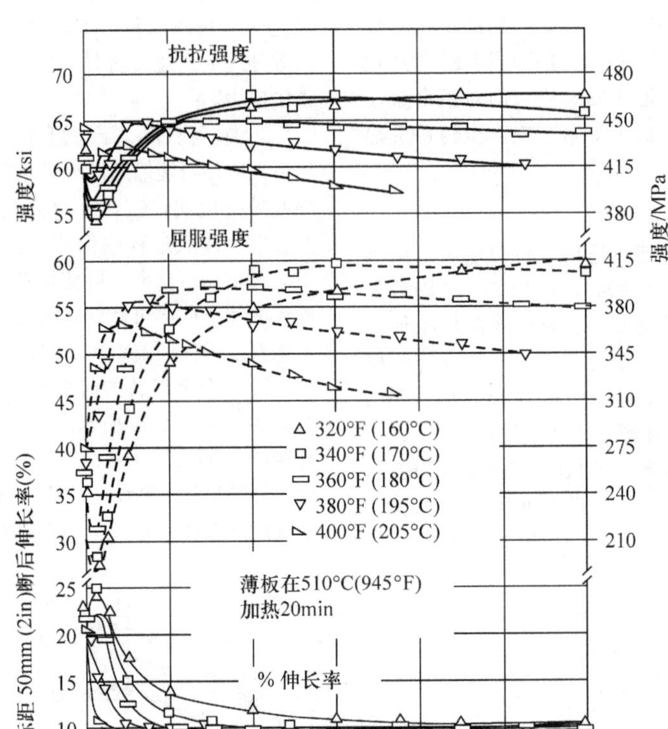

图 2-245　2014－T4 合金薄板人工时效性能的变化

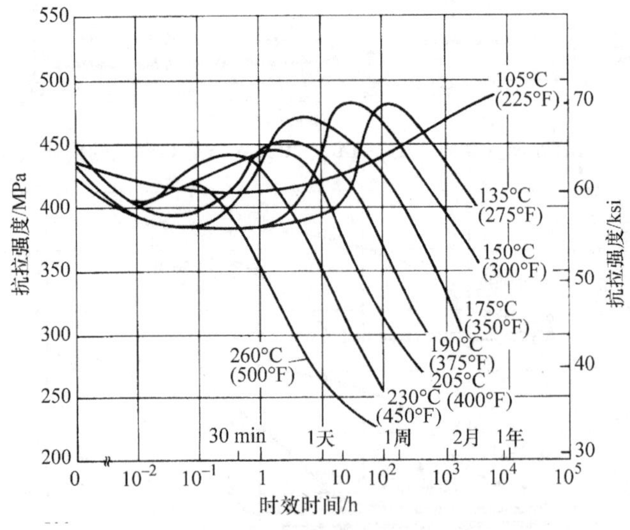

图 2-246　2014 合金薄板时效性能的变化

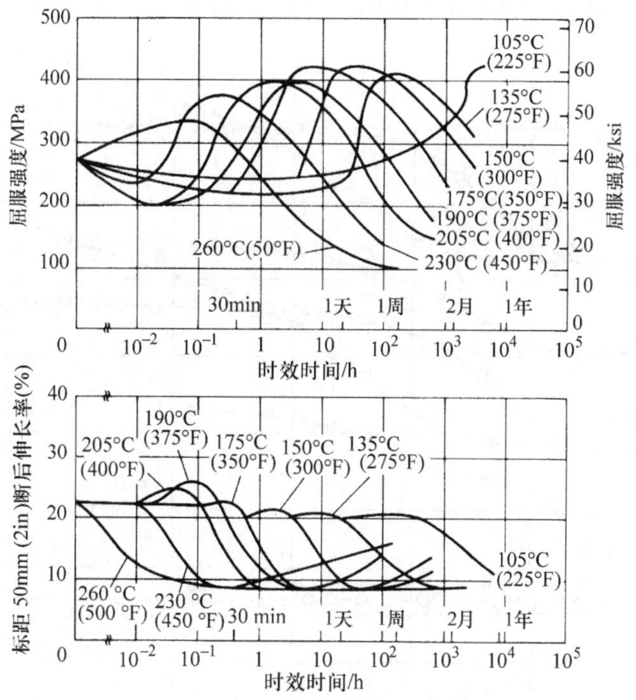

图 2-246　2014 合金薄板时效性能的变化（续）

表 2-84　变形铝合金重新加热时间

合金及状态代号	在各温度的再加热时间						
	150℃（300℉）	165℃（325℉）	175℃（350℉）	190℃（375℉）	205℃（400℉）	220℃（425℉）	230℃（450℉）
2014－T4	①	①	①	①	①	①	①
2014－T6	2～50h	8～10h	2～4h	0.5～1h	5～15min	②	②
2024－T3、2024－T4	①	①	①	①	①	①	①
2024－T81、2024－T86	20～40h	—	2～4h	1h	0.5h	15min	5min
6061－T6、6062－T6、6063－T6	100～200h	50～100h	8～10h	1～2h	0.5h	15min	5min
7075－T6、7178－T6	10～12h	1～2h	1～2h	0.5～1h	5～10min	②	①

注：采用表中给出的时间，通常强度的降低不大于5%。

① 不推荐进行重新加热。

② 加热到该温度，不保温。

另一种处理方法是在 177℃（350℉）时效 8h，该工艺可用于处理轧制或冷加工精整线材、棒材（采用 T6、T62 或 T651 状态代号），挤压棒材、型材和管材（采用 T6、T62 或 T6510 状态代号）和冷拔管（采用 T6 和 T62 状态代号）。

采用 T651 状态代号工艺处理的板材、轧制或冷加工精整线材、棒材，采用 T6510 状态代号工艺处理的挤压棒材、型材和管材，在固溶处理后、时效处理前，应通过拉伸产生一定量的变形，以消除工件的应力。

2.9.4　2017 合金（硬铝、杜拉铝）

轧制或冷加工的线材、棒材采用 500～510℃（930～950℉）的温度固溶淬火，进行 T4（图 2-247）和 T42 状态代号时效处理。

铝合金从固溶温度的炉内取出后，应尽可能缩短淬火转移时间，尽快实施淬火。除非另有说明，铝合金淬火须完全浸入室温水中冷却，并在整个淬火过程中保持水温在 38℃（100℉）以下。对于一些铝合金，可使用高速、大容量冷水喷射淬火冷却。

应尽可能快地升温至名义温度，并在整个保温期间保证温差在±6℃（±10℉）以内。

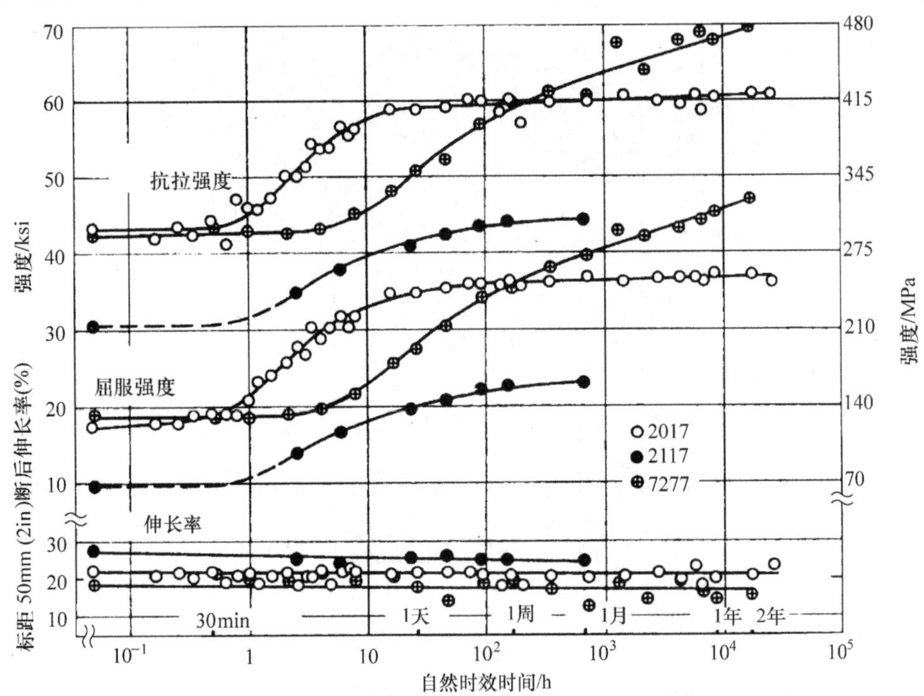

图 2-247 厚度为 1.6mm（0.064in）的 2017、2117 和 7277 合金薄板的室温时效性能

2.9.5 2024 合金

尽管新开发的铝合金具有更好的性能，但现在 2024 合金仍是 2×××系列铝合金中使用最广泛的一种。通常 2024 合金采用固溶淬火、冷加工和自然时效工艺（T3 状态代号）。在冷轧厂采用轧辊式或压延辊轧机进行冷加工平整，变形量为 1%～4%。经处理后，铝合金具有中等屈服强度（448MPa 或 65ksi），但具有良好的抗疲劳裂纹生长性能和断裂韧性。2024 合金的另一种常用热处理工艺是 T8 状态代号工艺（即固溶淬火、冷加工和人工时效）。与采用 T3 工艺处理一样，时效前的冷加工有助于形成细小弥散的析出相，减少晶界析出相的数量和大小。此外，T8 工艺降低了应力腐蚀开裂敏感性。

由于其优异的耐损伤容限性能和良好的抗疲劳裂纹扩展性能，在商用飞机上，2×××系列铝合金主要用于加工生产飞机机身下翼蒙皮。而 7×××系列铝合金用于以加工强度为主要设计要求的上翼蒙皮。由于 2024-T3 合金在 10^5 周次循环范围内，具有比 7×××系列铝合金更优异的抗疲劳性能，通常选择 2024-T3 合金生产受拉伸-拉伸应力状态的构件。高强度 2×××系列铝合金，通常含有约 4% 的 Cu，是铝合金中最不耐腐蚀的。因此，该铝合金薄板产品通常在两面各覆盖一层 $w(\mathrm{Zn})1.5\%$ 的铝合金覆层。

2024 合金常采用固溶淬火加自然（室温）时效或人工（高温）时效状态。为了进一步提高铝合金的强度，在固溶淬火处理后，有时会进行冷加工或进行变形量达 5% 的拉伸。完全淬入室温水中冷却，在整个淬火过程中，须保持水温在 38℃（100℉）以下。也可采用高速、大容量冷水喷射淬火冷却。推荐的人工时效温度是 190℃（375℉）。

1. 固溶处理（2024 合金）

这里介绍的固溶处理工艺也适用于 T3、T4、T42 和 T361 状态的铝覆层薄板和带状薄板。

采用 T3、T4、T42 和 T461 工艺处理薄板；采用 T4 和 T42 工艺处理带状薄板；采用 T42、T351 和 T361 工艺处理板材；采用 T4、T42、T351 和 T361 工艺处理冷加工精整盘条和棒材；采用 T3、T42、T3510 和 T351 工艺处理挤压棒材、型材和管材；采用 T3 和 T42 工艺处理冷拔管。固溶加热温度为 495℃（920℉）。

铝合金从固溶温度的炉内取出后，应尽可能缩短淬火转移时间，尽快实施淬火。除非另有说明，铝合金淬火须完全浸入室温水中冷却，并在整个淬火过程中保持水温在 38℃（100℉）以下。对于一些合金，可使用高速、大容量冷水喷射淬火冷却。应尽可能快地升温至名义温度，并在整个保温期间保证温差在±6℃（±10℉）以内。

具体注意事项包括：

1）对采用 T3 和 T361 工艺的平薄板，采用 T36 工艺的轧制或冷加工精整线材、棒材，以及采用 T361 工艺的板材，为达到这些工艺状态的性能要求，在固溶处理后、时效处理前，必须进行冷加工。

2）对采用 T351 工艺的板材、轧制或冷加工精整线材、棒材，在固溶处理后、时效处理前，应通过拉伸产生一定量的变形，以消除工件的应力。

2. 时效热处理（图 2-248 ~ 图 2-254）。

对处理要求达到 T6、T62、T81、T86、T851、T861、T8510 和 T8511 状态的平薄板，带状薄板，冷轧或冷加工精整线材、棒材，挤压棒材、型材、管材和冷拔管，时效的近似金属温度为 190℃（375℉）（译者注：金属温度是指测量铝合金工件得到的温度，不是指炉温）。

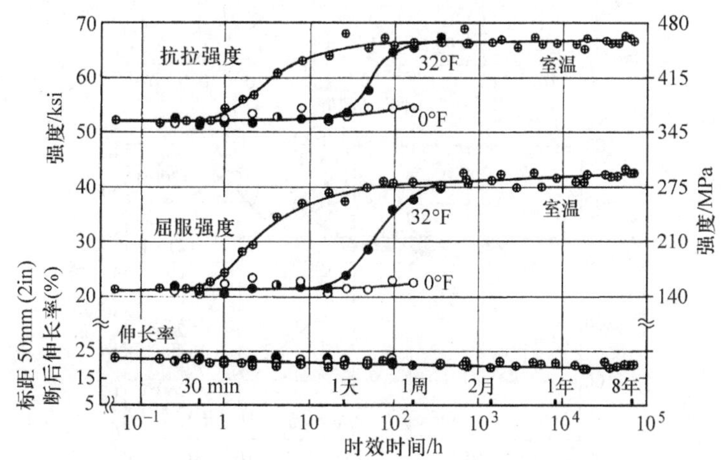

图 2-248　2024 合金薄板的室温时效性能［0℃（32℉）和 −18℃（0℉）］

注：薄板在 440℃（820℉）固溶加热后淬入室温水中。

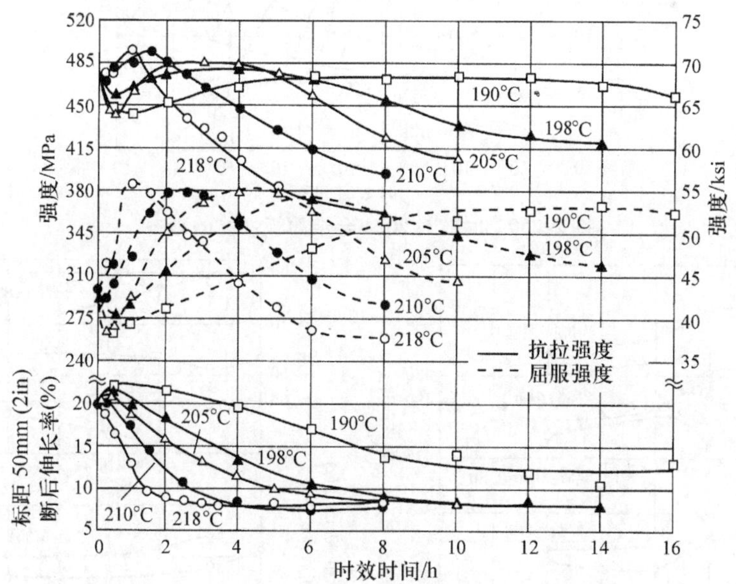

图 2-249　时效时间和温度对 2024 合金力学性能的影响

注：最初的状态是自然时效（T4 状态代号）。

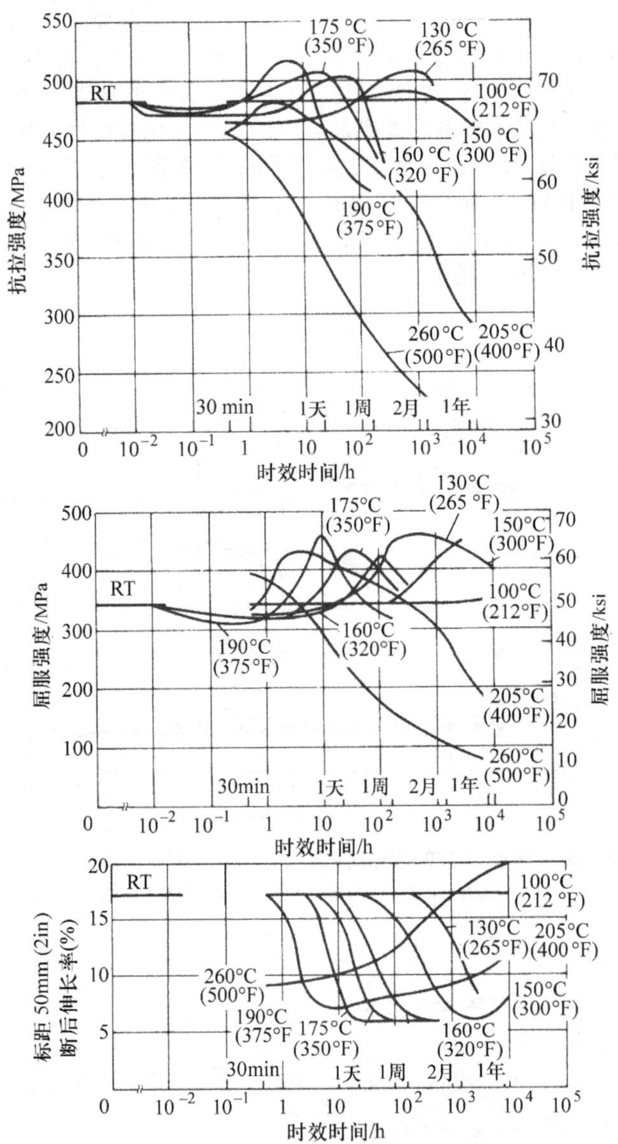

图 2-250　时效对 2024 合金薄板性能的影响

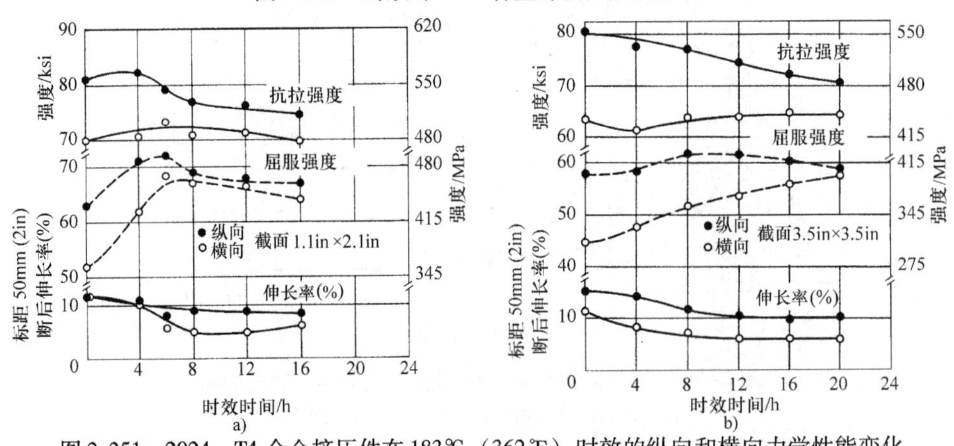

图 2-251　2024 - T4 合金挤压件在 183℃（362℉）时效的纵向和横向力学性能变化

a）挤压件（28mm×53mm 或 1. 1in×2. 1in）　b）方形挤压件（89mm×89mm 或 3. 5in×3. 5in）

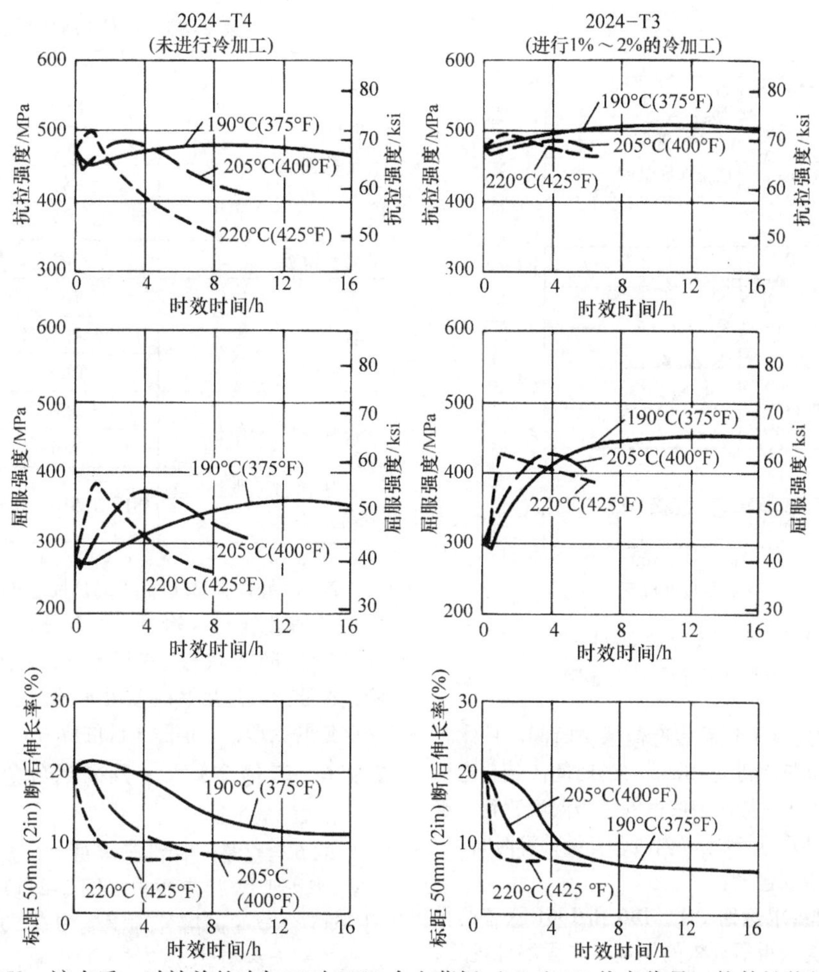

图 2-252　淬火后、时效前的冷加工对 2024 合金薄板（T4 和 T3 状态代号）拉伸性能的影响

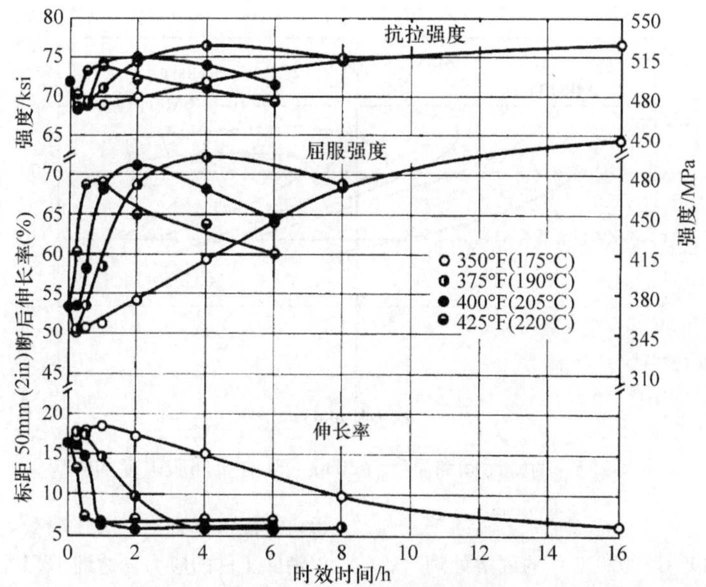

图 2-253　人工时效对 2024 合金冷轧变形 5% ~6% 的薄板性能的影响

译者注：图中温度为时效温度。

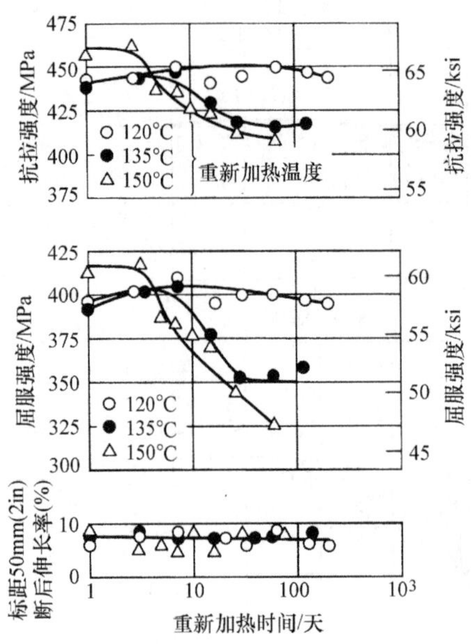

图 2-254 重新加热对 2024－T81 铝覆层薄板拉伸性能的影响

表 2-85 中列出了到温后近似保温时间。具体时间应根据装炉负荷达到温度所需要的时间决定。这里给出的时间是以快速加热为依据的，当温度达到设定温度的 ±6℃（10℉）范围以内时，开始计算时间。

具体注意事项包括：

1）对处理要求达到 T81、T86 和 T861 状态的平薄板和板材，为获得所要求的性能，在固溶处理后、时效处理前，必须进行冷加工。

表 2-85 近似保温时间

产品	状态代号	保温时间/h
平薄板	T861	8
	T62	9
	T81	12
	T72	16
带状薄板	T62	9
板	T62	9
	T6 和 T851	12
	T861	8
冷轧线材、棒材	T851	12
	T86	8
挤压棒材、线材、型材和管材	T81、T8510、T8511	12

2）对处理要求达到 T851 状态的板材、冷轧或冷加工精整线材、棒材，以及处理要求达到 T81、T8510 和 T8511 状态的挤压棒材、型材和管材和冷拔管，在固溶处理后、时效处理前，应通过拉伸产生一定量的变形，以消除工件的应力。

2.9.6 其他 2××× 系列铝合金

1. 2036 合金

2036 合金是一种汽车车身铝合金板，固溶加时效处理达到 T4 状态要求（图 2-255）。美国铝业公司 2036 合金的固溶处理温度为在 500℃（930℉），退火工艺为在 415℃（775℉）保温 2～3h。

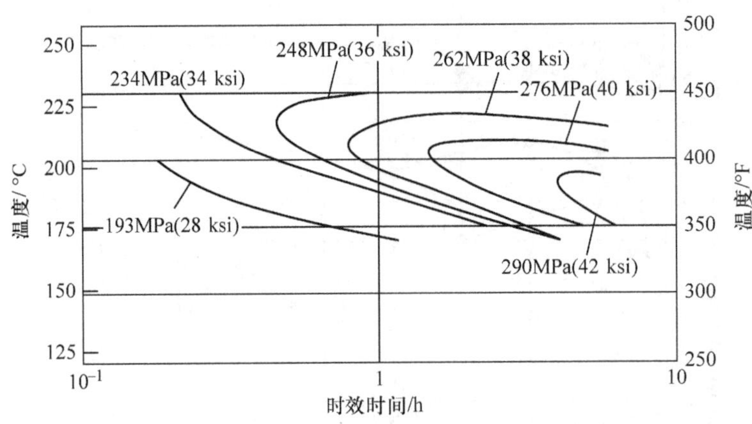

图 2-255 时效时间和温度对 2036－T4 合金屈服强度的影响

2. 2124 合金

2124 合金采用 495℃（920℉）的固溶处理，达到 T351 状态要求。根据需要，在固溶处理后，通过拉伸产生一定的永久变形量，以消除工件的应力。也可在固溶处理后、人工时效处理前进行拉伸变形以消除工件的应力，达到 T851 状态要求。人工时效工艺温度为金属温度 190℃（375℉），保温时间约为 12h。

2124 合金板材固溶处理和人工时效工艺与 MIL－H－6088F 标准（译者注：美国军用规范）中 2024 板材的工艺相同。固溶温度为 490～500℃（910～930℉），保温时间根据板材厚度，在 20～270min 范围内选择。MIL－H－6088F 标准中的保温时间见表 2-86。

表 2-86　MIL－H－6088F 标准中的保温时间

厚度		保温时间(不小于)/min	
mm	in	盐浴炉	空气炉
6.37～12.69	0.251～0.500	45	60
12.72～25.38	0.501～1.000	60	90
25.41～38.07	1.001～1.500	90	120
38.10～50.76	1.501～2.000	105	150
50.79～63.45	2.001～2.500	120	180
63.48～76.14	2.501～3.000	150	210
76.17～88.83	3.001～3.500	165	240
88.86～101.52	3.501～4.000	180	270
101.55～114.21	4.001～4.500	195	300

淬火板材须完全浸入冷水中，并在整个淬火过程中保持水温在 38℃（100℉）以下。采用 T351 状态代号工艺时，拉伸变形量为 1.5%～3.0%，拉伸后不再进行矫直。对 2124 合金采用 T851 状态代号人工时效处理，时效工艺为在 185～195℃（365～385F）保温 12h。

3. 2218 合金

为将该铝合金工件处理成 T4 状态，固溶温度为金属温度 510℃（950℉），锻件淬入 100℃（212℉）的沸水中。

为达到 T61 工艺状态，锻件采用 170℃（340℉）金属温度时效约 10h；为达到 T72 工艺状态，锻件采用 240℃（460℉）金属温度时效约 6h。应尽可能快地升温至名义温度，并在整个保温期间保证温差在 ±6℃（±10℉）以内。

4. 2219 合金

2219 合金是一种不含镁的 Al－Cu 合金。铝合金退火处理至 O 状态的工艺为，在 400～415℃（750～775℉）保温 2～3h，采用 28℃/h（50℉/h）的冷却速率冷却到 260℃（500℉）。对于需要反复进行冷加工的中间退火，加热到 345℃（650℉）保温 30min（不超过 30min）。根据工件厚度和设备情况，固溶工艺为在 530～545℃（990～1010℉）保温 20～270min。对于平薄板，冷轧或冷加工精整线材、棒材，挤压棒材、型材和管材，模锻件，环轧件和手工锻件，可处理成 T4、T31、T37、T42、T351、T352 和 T3510 等状态。

通过冷加工，对 T4 状态进行调整和修改如下（Klinger and Sachs，J. Am. Sci.，1948，p151）：

1）对薄板和拉拔管进行拉伸，将 T4 状态调整和修改到 T31 状态。

2）对板材进行 1.5%～3% 的拉伸变形，将 T4 状态调整和修改到 T351 状态。

3）对棒材和杆件进行 1%～3% 的拉伸变形，将 T4 状态调整和修改到 T351 状态。

4）对锻件进行 2.5% 的冷加工，将 T4 状态调整和修改到 T352 状态。

5）对挤压件进行 1% 的拉伸变形，将 T4 状态调整和修改到 T3511 或 T3510 状态。

6）对薄板、板材和锻件进行约 8% 的冷加工，将 T4 状态调整和修改到 T37 状态。

通过时效，对 T3 型状态进行调整和修改如下（Klinger and Sachs，J. Am. Sci.，1948，p151）：

1）对 T31 状态合金薄板在 175℃（350℉）时效 18h，调整和修改为 T81 状态。

2）对 T31 状态合金冷拔管在 190℃（375℉）时效 18h，调整和修改为 T81 状态。

3）对 T351 状态合金板材在 175℃（350℉）时效 18h，调整和修改为 T851 状态。

4）对 T351 状态合金冷轧棒材和杆件在 190℃（375℉）时效 18h，调整和修改为 T851 状态。

5）对 T351 状态合金锻件在 175℃（350℉）时效 18h，调整和修改为 T832 状态。

6）对 T351 状态合金挤压件在 190℃（375℉）时效 18h，调整和修改为 T8511 或 T8510 状态。

7）对 T37 状态薄板、板材和手工锻件，在 165℃（325℉）时效 24h，调整和修改为 T87 状态。

具体注意事项包括：

1）为达到各工艺状态代号所要求的性能（薄板处理达到 T31 和 T37 状态；板材处理达到 T37 状态；冷轧或冷加工精整线材、杆件和棒材达到 T31 状态；手工锻件达到 T352 状态），在固溶处理后、时效处理前必须进行冷加工。

2）为达到各工艺状态代号所要求的性能（板材处理达到 T351 状态；冷轧或冷加工精整线材、杆件和棒材达到 T 状态；挤压棒材、型材和管材达到 T3510 或 T3511 状态；手工锻件达到 T352 状态），在固溶处理后、时效处理前必须进行拉伸，产生一定量的变形以去除应力（译者注：此处“冷轧或冷加工精整线材、杆件和棒材达到 T 状态”，T 后遗漏了数字，应该为 T351）。

各产品和状态代号的近似时效温度和保温时间

如下：

1）对处理要求达到 T62 状态的平薄板，在 190℃（375℉）保温 36h。

2）对处理要求达到 T81、T87 和 T851 状态的板材，在 175℃（345℉）保温 18h；对要求达到 T62 状态代号的板材，在 190℃（375℉）保温 36h。

3）对处理要求达到 T851 状态的冷轧或冷加工精整线材、杆件和棒材，在 190℃（375℉）保温 18h。

4）对处理要求达到 T851、T81、T8510 和 T8511 状态的挤压棒材、型材和管材，在 190℃（375℉）保温 18h；对要求达到 T62 状态代号性能要求的，在 190℃（375℉）保温 36h。

5）对处理要求达到 T6 状态的模锻件和环轧件，在 190℃（375℉）保温 26h。

6）对处理要求达到 T6 状态的手工锻件，在 190℃（375℉）保温 26h；对要求达到 T852 状态代号的手工锻件，在 175℃（345℉）保温 18h。

具体注意事项包括：

1）为达到各状态代号所要求的性能，部分产品在固溶处理后、时效处理前，需要进行冷加工。其中包括 T81 和 T87 状态的薄板，T81 和 T87 状态的板材以及 T81 状态的挤压杆件、棒材、型材和管材。

2）部分状态代号的产品在固溶处理后、时效处理前，必须进行一定的永久变形拉伸，以去除应力。其中包括 T851 状态的板材，T81 和 T87 状态的冷轧或冷加工精整线材、杆件和棒材，T851、T8510 和 T8511 状态的挤压棒材、型材和管材。

此外，为达到 T852 状态代号所要求的性能，在固溶处理后、时效处理前，手工锻件必须进行 1% ~ 5% 的冷变形。

5. 2618 合金

所有退火产品在 415℃（775℉）保温 2 ~ 3h，以 28℃/h（50℉/h）的冷却速率炉冷到 260℃（500℉），然后空冷。

对于锻件和环形锻件，在 525 ~ 535℃（975 ~ 995℉）固溶，保温时间不少于 6h，采用沸水淬火，自然时效达到 T4 状态。在 T4 时效状态下，再在 195 ~ 200℃（385 ~ 395℉）保温 20h，达到 T61 状态。

对于薄板，固溶温度为 525 ~ 530℃（975 ~ 985℉），根据产品厚度，保温时间为 5min ~ 1h。对厚度等于或小于为 0.71mm（0.028in）的薄板，只允许进行一次处理。淬入冷水或水温不超过 40℃（100℉）的水中，在 185 ~ 195℃（365 ~ 385℉）时效 10 ~ 30h。

2.9.7 4×××和6×××系列铝合金

1. 4032 合金

4032 变形铝合金（旧牌号为 32S 铝合金）具有较低的膨胀系数和良好的锻造性能。锻件在 500 ~ 515℃（930 ~ 960℉）固溶加热，保温 4min，然后用冷水淬火。对于大截面复杂锻件，用 65 ~ 100℃（150 ~ 212℉）的水淬火。模锻件的时效工艺为在 170 ~ 175℃（340 ~ 345℉）时效 8 ~ 12h。

4032 合金的退火处理工艺为，在 415℃（775℉）保温 2 ~ 3h，然后在不大于 25℃/h（45℉/h）的冷却速率下炉冷到 260℃（500℉）。

2. 6005 合金

挤压杆件、棒材、型材和管材采用 530℃（985℉）的金属温度进行固溶处理。为到达该状态代号工艺的特定性能要求，通过适当控制挤压温度，产品可以直接用挤压机挤压成形后淬火。产品在 175℃（345℉）的金属温度下时效，保温 8h，以达到 T5 状态。应尽可能快地升温至给出的名义温度，并在整个保温期间保证温差在 ±6℃（±10℉）以内。

3. 6009 合金

薄板在 555℃（1030℉）固溶处理。时效热处理工艺为在 190℃（375℉）时效 4h 或在 175℃（345℉）时效 8h。薄板的 T6 状态代号处理工艺为在 205℃（400℉）时效 1h。此处所说的保温时间是近似的，具体时间取决于装炉负荷到温所需的时间。

4. 6010 合金

薄板采用 565℃（1050F）的温度固溶，自然时效达到 T4 状态。可选择不同的人工时效时间和温度，达到 T6 状态，如图 2-256 所示。典型薄板 T6 状态人工时效工艺为在 204℃（400℉）时效 1h。时效热处理可采用在 191℃（375℉）时效 4h 或在 175℃（345℉）时效 8h。该保温时间是近似的，具体时间取决于装炉负荷到温所需的时间。当温度达到设定温度的 ±6℃（10℉）范围以内时，开始计算保温时间，快速时效时间与加热温度有关（图2-257）。

5. 6013 合金

6013 合金的退火工艺为，在 413℃（775℉）保温 2 ~ 3h，以 30℃/h（50℉/h）的冷却速率冷却至 260℃（500℉），然后空冷至室温。

固溶处理工艺为在 566 ~ 571℃（1050 ~ 1060℉）保温 20 ~ 30min，然后采用冷水淬火。在室温下自然时效 2 周达到稳定的 T4 状态，在 191℃（375℉）保温 4h 加速时效达到 T6 状态。

焊后的固溶处理工艺为在 538℃（1000℉）保温 20 ~ 30min 后淬水。为防止焊接金属局部发生熔化，这里选择的固溶温度比未进行焊接的材料的固

溶温度要低。

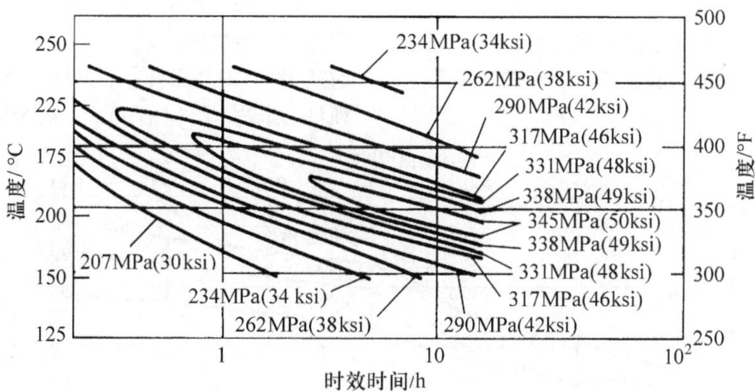

图 2-256 时效时间和温度对 6010 – T4 合金纵向屈服强度的影响

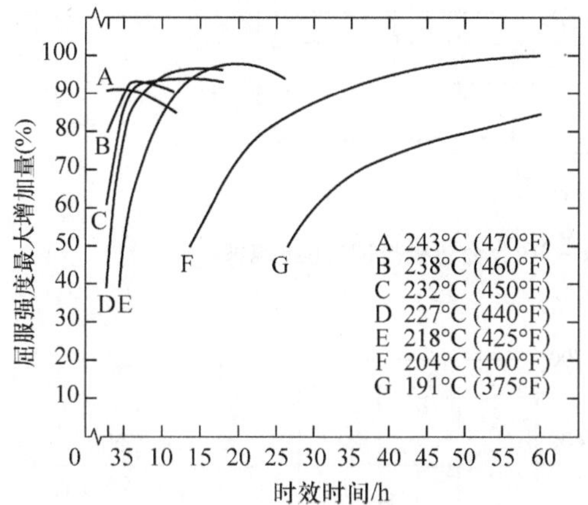

图 2-257 6010 – T4 合金快速时效的影响

6. 6061 合金

除挤压件外，所有形式产品的典型热处理工艺是在 520 ~ 530℃（970 ~ 990℉）固溶，淬入温度不超过 90℃（100℉）的水中。挤压件采用 525 ~ 535℃（975 ~ 995℉）的温度固溶，淬入温度不超过 90℃（100℉）的水中。淬火后在室温下进行自然时效，达到基本稳定的 T4 状态（译者注：此处有误，根据换算，90℃ = 194℉）。

除标准状态代号工艺外，6061 合金还可以根据产品特定的力学性能要求，选择特殊的状态代号工艺进行处理。其中，开发出了一种非标准回归再时效热处理工艺。该工艺包括对 6061 合金挤压件和薄板产品进行快速的局部感应加热和在线淬火（In – Line Quenching）。该工艺改善了铝合金的成形性能。

6061 合金的固溶处理温度范围为 525 ~ 540℃（980 ~ 1005℉）（±6℃或 10℉）。铝覆层薄板和板材的固溶上限温度是 538℃（1000℉）。6061 合金具有淬火敏感性，因此，从 400℃（750℉）到 290℃（550℉）温度区间的淬火冷却速率显得特别关键（请参阅 2008 年 4 月出版的 J. Benedyk 的《航空结构材料手册》中的 6061 合金数据表。

对 T4 状态合金进行拉伸变形，以去除应力的 T451 工艺包括：

1）对于板材，拉伸 1.5% ~3%。

2）对于冷轧或冷加工精整杆件和棒材，拉伸 1% ~3%。对采用 T4510 和 T4511 状态代号工艺处理的产品，在拉伸后不再进一步进行矫直。

3）对于挤压杆件、棒材、型材和管材，拉伸 1% ~3%；对于冷拔管，拉伸 0.5% ~2%。对采用 T4510 状态代号工艺处理的产品，在拉伸后不再进一步进行矫直。对采用 T4511 状态代号工艺处理的产品，在拉伸后可进行轻微的矫直。

T6 状态的时效工艺为：

1）对于挤压件和锻件，在 175℃（350℉）时效 8h。

2）对于所有其他产品，在 160℃（320℉）时效 18h。

T651、T6510 和 T6511 状态代号工艺与 T6 状态代号工艺一样，只是在时效工艺前进行拉伸以去除应力。

对于 T91 状态产品，在 545 ~ 557℃（1015 ~ 1035℉）固溶后淬水，在 175℃（350℉）时效后进行冷加工。

所有处理到 T4、T42、T45、T451、T4510 和 T4511 状态的产品的具体注意事项如下：

1）只处理到 T4 状态的板材，采用 530℃（985℉）的温度进行固溶处理。

2）对处理到 T451 状态的板材、冷轧或冷加工精整杆件、棒材、型材和管材，以及处理到 T4510 和 T4511 状态的挤压杆件、棒材、型材和管材，可以通过在时效热处理前进行拉伸，产生一定量的变形来去除应力。

3）对处理到T452状态的轧制环件，应在固溶处理后、时效热处理前，进行1%～5%的冷变形来去除应力。

6061合金的时效性能如图2-258～图2-260所示。对薄板、厚板、冷轧或冷加工精整线材、杆件和棒材、冷拔管，采用160℃（320℉）的金属温度时效18h；对挤压杆件、棒材、型材、模锻件和手工锻件，采用175℃（345℉）的金属温度时效8h。

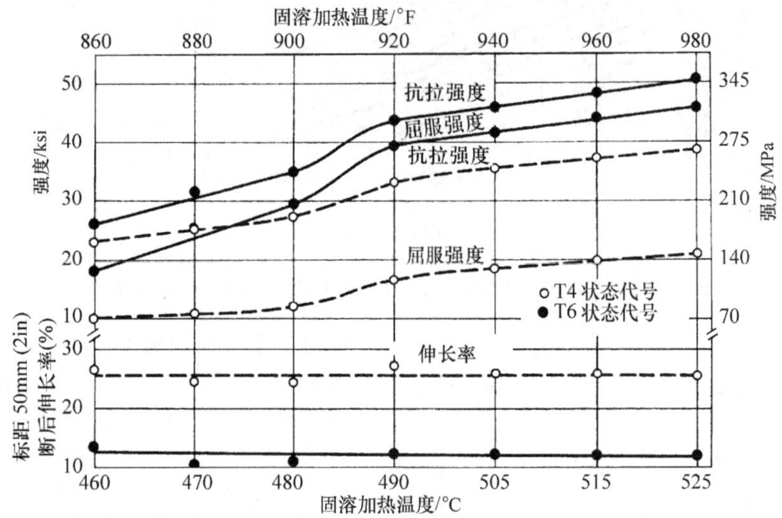

图2-258 固溶温度对6061－T4和6061－T6合金薄板拉伸性能的影响

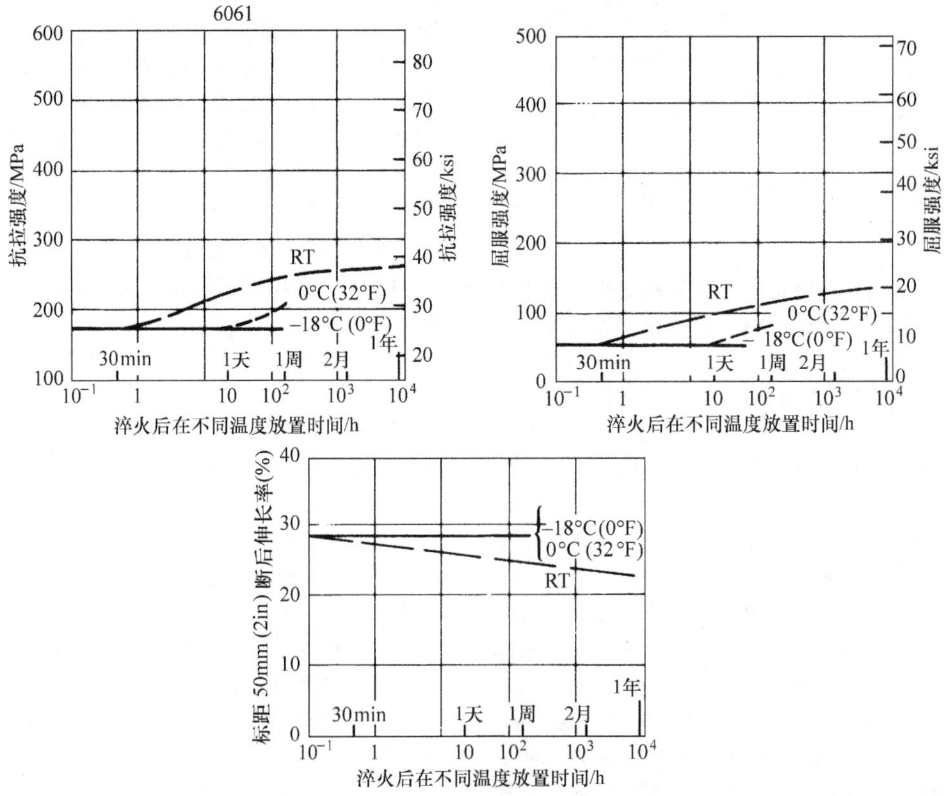

图2-259 6061合金薄板在室温（RT）、0℃（32℉）和－18℃（0℉）下的时效性能

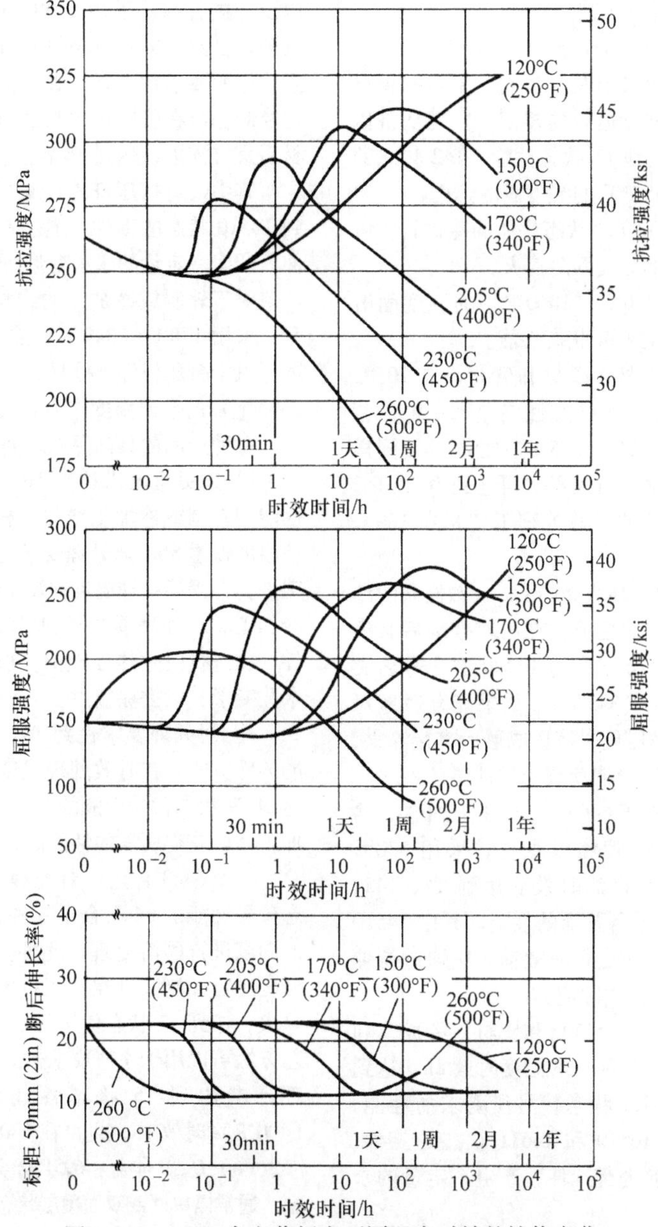

图 2-260 6061 合金薄板在不同温度时效的性能变化

具体注意事项包括：

1）为达到 T6 状态性能，花纹板在 160℃（320℉）时效 18h。

2）为达到 T651 状态性能，板材、冷轧或冷加工精整线材、杆件和棒材在 160℃（320℉）时效 18h。

3）挤压杆件、棒材、型材和管材在 175℃（345℉）时效 8h。

4）为达到 T89 状态性能，冷轧或冷加工精整线材、杆件和棒材在 160℃（320℉）时效 18h。为获得时效处理所需性能，铝合金在固溶处理后必须进行冷加工。

5）为达到 T93、T94 和 T913 状态性能，冷轧或冷加工精整线材、杆件和棒材在 160℃（320℉）时效 18h。

6）为达到 T652 状态性能，轧制环件在 175℃（345℉）时效 8h；杆件在固溶处理后、时效处理前，应进行 1%～5%的冷加工以去除应力。

7）处理达到 T6、T62、T89、T93、T651 和 T913 状态性能的冷轧或冷加工精整线材、杆件和棒材，以及达到 T6、T62 状态性能的冷拔管，可采用在 170℃（340℉）时效 8h 的工艺替代在 160℃

(320℉) 时效18h的标准工艺。

7. 其他6×××系列铝合金

(1) 6063合金 挤压杆件、棒材、型材和管材可以通过对挤出温度进行适当的控制，实现从挤压机中直接淬火，处理达到T1状态性能。T42状态的产品可采用520℃ (965℉) 的温度固溶淬火。

处理要求达到T4和T42状态性能的冷拔管，可采用520℃ (965℉) 的温度固溶淬火。

薄板和厚板采用570℃ (1060℉) 的温度固溶淬火，自然时效两周达到T4状态性能。

对于挤压杆件、棒材、型材和管材，在205℃ (400℉) 时效1h，达到T5状态性能。另一种代替的时效处理工艺是在180℃ (355℉) 时效3h。同样的产品在175℃ (345℉) 时效8h，可达到T6和T62状态性能，另一种代替的时效处理工艺是在180℃ (355℉) 时效6h。

处理要求达到T83、T831和T832状态性能的冷拔管，为了满足所要求的性能，在固溶处理后必须进行冷变形。这些铝合金产品的T62状态代号名义时效处理温度是175℃ (345℉)。如果能合适地对温度进行控制，可在挤压机中挤压成形后直接淬火，达到T83、T831和T832状态所要求的性能。

(2) 6066合金 对于6066合金的挤压杆件、棒材、型材和管材，冷拔管和模锻件，采用530℃ (985℉) 的温度固溶，自然时效后达到T4、T42、T4510和T4511状态代号所要求的性能。其中T4510和T4511状态代号产品在进行时效前，应通过拉伸产生一定量的永久变形以去除应力。

对于挤压杆件、棒材、型材和管材，冷拔管和模锻件，采用175℃ (345℉) 的温度时效8h，达到T6、T62、T6510和T4511状态代号所要求的性能。其中，对要求处理成T6510和T4511状态的工件，应通过在时效热处理前进行拉伸，产生一定量的永久变形，来去除应力。

(3) 6070合金 对6070合金挤压杆件、棒材、型材和管材，采用545℃ (1015℉) 的温度固溶处理，自然时效后达到T4和T42状态代号所要求的性能。如果能合适地对挤压温度进行控制，可在挤压机中挤压成形后直接淬火。产品采用160℃ (320℉) 的金属温度时效18h，可达到T6状态代号所要求的性能。铝合金的时效时间为近似值，具体时间应根据装炉负荷到温时间确定。这里的时间是以快速加热为依据的，当温度达到设定温度的±6℃ (10℉) 范围以内时，开始计算保温时间。

(4) 6262合金 对6262合金的冷轧或冷加工线材、杆件和棒材，挤压杆件、棒材、型材和管材，以及冷拔管材，采用540℃ (1000℉) 的温度固溶处理，自然时效后达到T4、T42、T451和T4510状态代号所要求的性能。如果能合适地对挤压温度进行控制，可在挤压机中挤压杆件、棒材、型材和管材后直接淬火，达到T4状态代号所要求的性能。

其中，对挤压杆件、棒材、型材和管材处理达到T4510状态的工件，通过在时效热处理前进行拉伸，产生一定量的永久变形，来去除应力。

对于轧制或冷加工的线材、杆件、棒材和冷拔管，采用170℃ (340℉) 的金属温度作为时效温度；对于挤压杆件、棒材、型材和管材，采用175℃ (345℉) 的金属温度作为时效温度。

每种产品的具体保温时间如下：

1) 对处理要求达到T6、T651和T62状态代号性能的轧制或冷加工线材、杆件和棒材，在固溶处理温度保温8h。对处理要求达到T9状态代号性能的工件，在固溶处理温度保温12h，在固溶处理后进行冷加工。对处理要求达到T651状态代号性能的工件，在进行时效热处理前，通过拉伸产生一定量的永久变形，以去除应力。

2) 对处理要求达到T6、T9和T62状态代号性能的冷拔管，在时效处理温度保温8h。对处理要求达到T9状态代号性能的工件，在时效处理后进行冷加工，以获得所需的性能。

(5) 6463合金 对处理要求达到T4和T42状态代号性能的6463合金工件，采用520℃ (965℉) 的温度进行固溶处理。此外，如果能合适地对挤压温度进行控制，可在挤压机中挤压成形工件后直接淬火，达到T1状态代号所要求的性能。同理，该工艺方法可以用于生产要求达到T4状态的产品。对处理要求达到T5状态性能的工件，可在205℃ (400℉) 时效1h，也可在180℃ (355℉) 时效3h。

(6) 6951合金 6951合金是可热处理强化铝合金。通常以单面或双面覆层状态供货，用于生产钎焊产品。通常用于钎焊的覆层薄板和板材以No. 21、No. 22、No. 23和No. 24命名。其热处理工艺状态为：

1) T4状态代号工艺。尽快加热至530℃ (985℉)，根据工件质量确定保温时间，然后淬入室温水中。

2) T6状态代号工艺。加热至530℃ (985℉)，根据工件质量确定保温时间，然后淬入室温水中，再加热至160℃ (320℉) 保温18h，空冷。

2.9.8 7×××系列铝合金

在7×××系列铝合金中，锌是主加合金元素，其质量分数为1%～8%。该系列铝合金的锌与少量镁相结合，可得到中等至高强度的可热处理强化铝合金。通常，该类铝合金中还添加有少量的铜和铬等其他合金元素。与 2×××系列铝合金相比，可热处理强化的 7×××系列变形铝合金具有更好的析出强化效果，最高抗拉强度可达 690MPa（100ksi）。这类铝合金是基于 Al－Zn－Mg(－Cu) 合金体系的。7×××系列铝合金可以采用自然时效强化，但在室温时铝合金不稳定；也就是说，随着时间的推移，铝合金的强度会不断提高，并且可以持续多年，如图 2-261 所示。因此，7×××系列铝合金通常不采用自然时效，而采用人工时效，以得到稳定的强度性能。

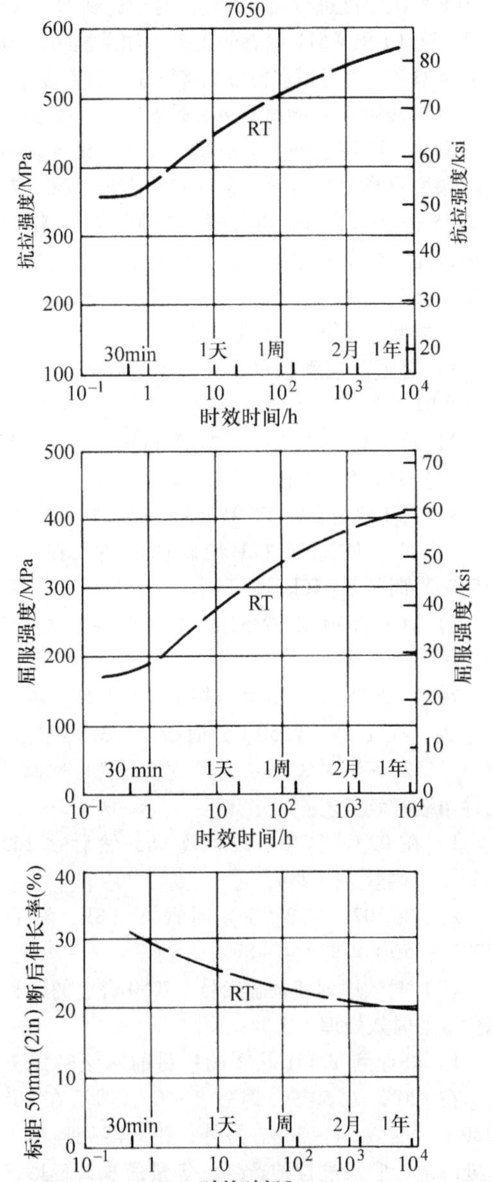

图 2-261　7050 铝合金薄板在室温（RT）、0℃（32℉）和－18℃（0℉）自然时效性能的变化

（译者注：图中只有室温时效曲线，未见 0℃（32℉）和－18℃（0℉）时效曲线，有误，图题应该只有自然时效）

虽然 Al－Zn－Mg 合金不能达到像含铜 7×××系列铝合金那样高的强度，但它们具有焊接性良好的优点。另外，可以利用焊接过程中产生的热量进行固溶处理，并且通过室温时效，抗拉强度可以达到大约 310MPa（45ksi），屈服强度可达到普通 5×××和 6×××系列焊接铝合金的两倍。为了降低应力腐蚀开裂（SCC）倾向，该类铝合金应在固溶后空冷淬火，然后进行过时效处理。空冷淬火降低了残余应力，降低了微观组织中的电极电位。通常，时效处理采用两级时效处理工艺（T73）。该系列铝合金中常见的焊接铝合金有 7005 合金，主要采用 5×××系列钎料合金焊接。

通过析出强化，Al－Zn－Mg－Cu 合金能达到最高强度水平。由于这类铝合金中铜的质量分数高达 2%，所以它们是 7×××系列铝合金中最不耐腐蚀的。由于添加了铜，允许铝合金采用更高的时效强化温度进行时效，因此降低了应力腐蚀开裂（SCC）倾向。该类铝合金的焊接性能差，因此通常采用紧固件进行连接。该类铝合金中最著名的牌号是 7075 合金。

在表 2-81 中，列出了部分 7×××系列铝合金的典型热处理工艺，但值得注意的是，根据产品、尺寸、设备、装载过程和炉控能力不同，7050、7075 和 7475 合金的时效工艺会有所改变。只有在特定条件下进行实际试验，才能确定某一具体产品的最佳工艺。将任何状态条件下的 7050、7075 和 7475 合金，处理达到 T73 或 T76 型状态代号的性能，需要对时效工艺参数，如时间、温度、加热速率等，进行超出常规要求的控制。此外，当对 T6 型状态的铝合金进行再时效，以达到 T73 或 T76 状态时，T6 型状态的铝合金的具体情况（如性能和其他处理工艺变量的影响）是极其重要的，这会影响到再时效铝合金的性能是否能达到 T73 或 T76 型状态代号的性能要求。

例如，7050、7075 和 7475 合金挤压件的典型两级时效工艺为，先在 121℃（250℉）时效 3～30h，再在 163℃（325℉）时效 15～18h。其他铝合金挤压件的两级时效工艺有：

1）在 99℃（210℉）时效 8h，再在 163℃（325℉）时效 24～28h。

2）在 107℃（225℉）时效 6～8h，接下来在 177℃（350℉）时效 6～8h。

7050、7075 和 7475 合金加工的其他产品的两级时效工艺为，先在 107℃（225℉）时效 6～8h，不同产品的第二级时效工艺为：

1）对于薄板和板材，在163℃（325℉）时效24～30h。

2）对于轧制或冷加工杆件和棒材，在177℃（350℉）时效8～10h。

3）对于管材，在177℃（350℉）时效6～8h。

4）对于处理为T73状态的锻件，在177℃（350℉）时效8～10h。

5）对于处理为T7352状态的锻件，在177℃（350℉）时效6～8h。

为优化该系列铝合金的断裂韧性和抗腐蚀能力，主要是抗SCC和剥落腐蚀性能，通过成分控制与优化处理工艺（主要是开发新的过时效热处理工艺）相结合，现已开发出了一些新的铝合金。通过降低铝合金中铁和硅杂质元素的含量，也进一步改善和提高了铝合金的断裂韧性。

1. 7049合金

（1）固溶处理工艺

1）对于模锻件和手工锻件，在470℃（880℉）固溶处理，以达到W和W52状态代号要求。

2）对于要求达到W状态的工件，采用60～80℃（140～180℉）的温水淬火。

3）对于要求达到W52状态的工件，在固溶处理后、时效处理前，进行1%～5%的冷变形以去除应力。

（2）时效热处理工艺

1）为达到T73状态代号的性能要求，固溶处理后的工件在室温下至少要停放48h，然后进行两级时效处理。两级时效处理工艺为，先在120℃（250℉）时效24h，然后在165℃（330℉）时效10～16h。

2）为达到T7352状态代号的性能要求，工件在固溶处理后、时效处理前，应进行1%～5%的冷变形以去除应力。

T73和T76状态代号工艺都是经过固溶处理，然后进行不同程度的过时效，铝合金的强度都低于T6状态代号工艺的最高硬化峰值强度。根据MIL－H6088标准的要求，该热处理工艺适用于进行拉伸或压缩去除应力的锻件和挤压件。

2. 7050合金

该合金一般在470～480℃（880～900℉）固溶后淬水。板材一般采用喷液淬火，锻件一般采用聚烷撑乙二醇（PAG）水溶液淬火。当7050合金采用PAG水溶液淬火时，根据淬火指南，通常要求PAG溶液的最大浓度不超过12%，最高温度不超过30℃（90℉），并要求进行机械搅拌；同时要求根据产品厚度，在厚度不超过75mm（3in）的前提下，按2min/25mm（2min/1in）选择淬火时间（Collins and Masduell，Polyalkylene Glycol Quenching of Aluminum Alloys，Mater. Perform.，Vol 16，July 1977）。除了模锻件、线材、杆件和铆钉等外，根据产品品种要求，所有产品进行1%～5%的塑性变形以消除淬火应力。所有产品都采用两级时效工艺。

对于达到W、W51、W52、W510和W511状态的板材、挤压件、模锻件和手工锻件，采用475℃（890℉）的温度进行固溶处理。对于达到W、W51、W52、W510和W511状态的工件，如果能很好地控制挤压温度，则可以在挤压机挤压成形后直接淬火。

（1）7050合金的典型两级时效工艺　正如前面所指出的，应该根据产品类型、尺寸、设备、装载情况和炉控能力等因素，通过试验确定7050、7075和7475合金的最佳时效工艺。7050、7075和7475合金锻件的典型时效工艺由两级时效工艺组成，其中第一级为在107℃（225℉）时效6～8h，然后根据产品类型选择第二级时效工艺：

1）对于薄板和板材，在163℃（325℉）时效24～30h。

2）对于轧制或冷加工杆件和棒材，在177℃（350℉）时效8～10h。

3）对于管材，在177℃（350℉）时效6～8h。

4）对于处理到T73状态的锻件，在177℃（350℉）时效8～10h。

5）对于处理到T7352状态的锻件，在177℃（350℉）时效6～8h。

7050、7075和7475合金挤压件的典型两级时效工艺为，在121℃（250℉）时效3～30h，然后在163℃（325℉）时效15～18h。对挤压件可选择另外两种两级时效工艺：

1）在99℃（210℉）时效8h，然后在163℃（325℉）时效24～28h。

2）在107℃（225℉）时效6～8h，然后在177℃（350℉）时效6～8h。

（2）时效序列和状态代号　7050合金的各种状态代号的时效处理工艺为：

1）处理到T7451状态的板材的两级时效工艺为，在120℃（250℉）时效3～6h，然后在165℃（330℉）时效24～30h。另外，在固溶处理后、时效处理前，应通过拉伸产生一定量的永久变形，以去除应力。

2）处理到T7651状态的板材的两级时效工艺为，在120℃（250℉）时效3～6h，然后在165℃（330℉）时效12～15h。另外，在固溶处理后、时效处理前，应通过拉伸产生一定量的永久变形，以去除应力。

3）处理到 T7 状态的轧制或冷加工线材和棒材的两级时效工艺为，在 120℃（250℉）时效 4h，然后在 180℃（355℉）时效 6～10h。

4）处理到 T73510 和 T73511 状态的挤压杆件、棒材和型材的两级时效工艺为，在 120℃（250℉）时效 24h，然后在 175℃（345℉）时效 4～10h。

5）处理到 T74510 和 T74511 状态的挤压杆件、棒材和型材的两级时效工艺为，在 120℃（250℉）时效 24h，然后在 175℃（345℉）时效 8～12h。

3. 7175 合金

7175 合金产品包括加工飞机结构零部件的模锻件和手工锻件。采用 T736 状态代号工艺处理，铝合金具有高强度，高抗剥落腐蚀、抗应力腐蚀开裂性能，以及良好的断裂韧性和抗疲劳性能等性能。铝合金先在 477～485℃（890～905℉）保温，再加热至 515℃（960℉）的固溶处理温度，降温后淬火。根据供应商材料的条件不同或申请的专利不同，铝合金热处理软化后的结果会受到直接的影响。根据《热处理工程师指导手册——非铁合金实践和工艺规范》，7175 合金的时效温度范围为 120～175℃（250～350℉）。与 7050、7075 和 7475 合金一样，将 7175 合金从任何状态时效达到 T73 或 T76 状态，需要对时效工艺参数，如时间、温度、加热速率等，进行超出常规要求的控制。此外，当对 T6 型状态的铝合金进行再时效，以达到 T73 或 T76 状态时，T6 型状态的铝合金的具体情况（如性能和其他处理工艺变量的影响）是极其重要的，这会影响到再时效铝合金的性能是否能达到 T73 或 T76 型状态代号的性能要求。

4. 7075 合金

如果在退火后不久进行成形，重新加热工艺为在 415℃（775℉）保温 2～3h，然后空冷。如果在成形前存放了一段时间，则重新加热至 415℃（775℉）保温 2～3h，然后在 230℃（450℉）保温 6h。从退火（O）状态进行冷加工过程中的中间退火工艺为，在不高于 355～370℃（670～700℉）的温度保温 1.5h。采用该中间退火工艺，工件退火次数不宜超过三次（Kaiser 金属，1954）。

固溶处理温度范围如下：

1）薄板、带、厚板、线材、拉拔棒材为 460～500℃（860～930℉）。

2）挤压件为 460～470℃（860～880℉），保温时间不少于 25min。

3）锻件为 460～475℃（860～890℉），保温时间不少于 25min。

对固溶处理的调整包括：

1）对于处理到 W 状态的薄板，采用 480℃（900℉）的温度进行固溶处理。有时为达到最佳均匀化，可采用不超过 495℃（920℉）的温度进行固溶加热。

2）对于处理到 W 和 W51 状态的板材，采用 480℃（900℉）的温度进行固溶处理。有时为达到最佳均匀化，可采用不超过 495℃（920℉）的温度进行固溶加热。当板材厚度超过 100mm（4in），或杆件直径或棒材厚度超过 100mm（4in）时，为避免出现共晶熔化，建议最高加热温度不超过 450℃（840℉）。在固溶处理后、时效处理前，应通过拉伸产生一定量的永久变形，以去除应力。

3）对于处理到 W 和 W51 状态的轧制或冷加工的线材、杆件和棒材，采用 490℃（910℉）的温度进行固溶处理。有时为达到最佳均匀化，可采用不超过 495℃（920℉）的温度进行固溶加热。当杆件直径或棒材厚度超过 100mm（4in）时，为避免出现共晶熔化，建议最高加热温度不超过 450℃（840℉）。对处理到 W51 状态的工件，在固溶处理后、时效处理前，应通过拉伸产生一定量的永久变形，以去除应力。

4）对于处理到 W、W510 和 W511 状态的挤压杆件、棒材、型材和管材，采用 465℃（870℉）的温度进行固溶处理。对于处理到 W510 和 W511 状态的工件，在固溶处理后、时效处理前，应通过拉伸产生一定量的永久变形，以去除应力。

5）对于处理到 W 状态的冷拔管，采用 465℃（870℉）的温度进行固溶处理。

6）对于处理到 W 和 W52 状态的模锻件和手工锻件，采用 470℃（880℉）的温度进行固溶处理。工件在固溶处理后，在温度为 60～80℃（140～180℉）的水中淬火。在固溶处理后、时效处理前，应通过拉伸产生一定量的永久变形，以去除应力。

7075 合金的典型两级时效处理工艺与 7050 合金相似（参见本节中“7050 合金的典型两级时效工艺”的有关内容）。7075 合金薄板、板材、管材和挤压件的另一种替代两级时效处理工艺为，采用约 14℃/h（25℉/h）的加热速率加热，在 107℃（225℉）时效 6～8h，然后在 168℃（335℉）时效 14～18h。对于 7075 合金的轧制或冷加工杆件和棒材，另一种替代的处理方法是在 177℃（350℉）时效 10h。

图2-262～图2-268所示为7075合金的时效性能。其中，T6状态是在W状态条件下进行人工时效：

1）除锻件外，所有产品在115～125℃（240～260℉）时效，保温时间不少于22h。

2）锻件在110～125℃（230～260℉）时效，保温时间不少于22h。

3）薄板和线材的T6状态代号工艺的替代时效工艺为，在100℃（210℉）时效4～6h＋155℃（315℉）时效8～10h，或在120℃（250℉）时效2～4h＋165℃（325℉）时效2～4h。

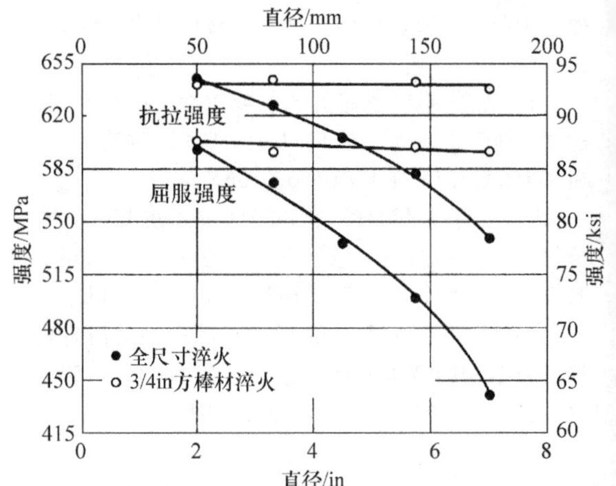

图2-262 截面尺寸对7075－T6合金拉伸性能的影响

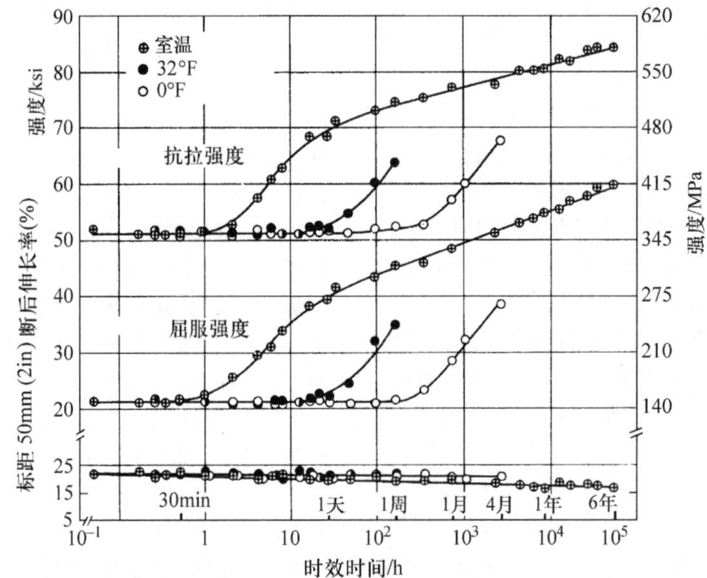

图2-263 7075合金薄板在室温（RT）、0℃（32℉）和－18℃（0℉）自然时效性能的变化

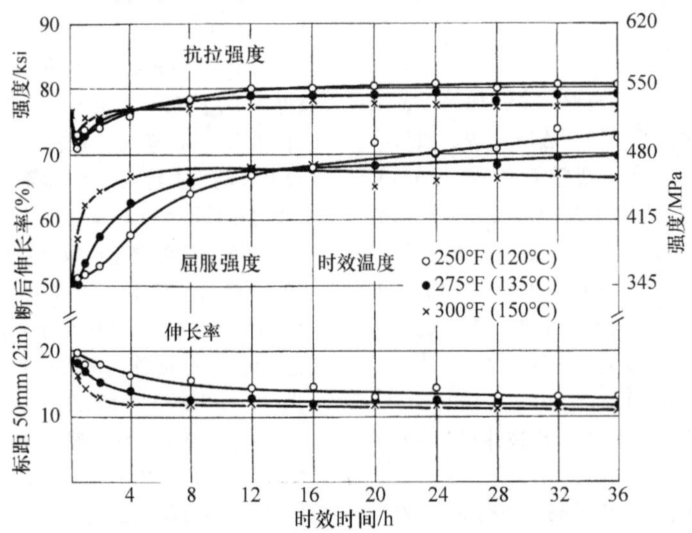

图2-264 在固溶淬火后停放17天，人工时效时间对7075合金薄板性能的影响

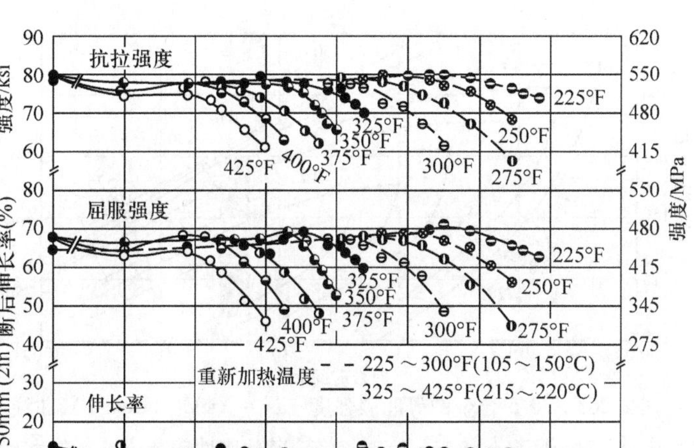

图 2-265 重新加热时间和温度对 7075－T6 合金薄板拉伸性能的影响

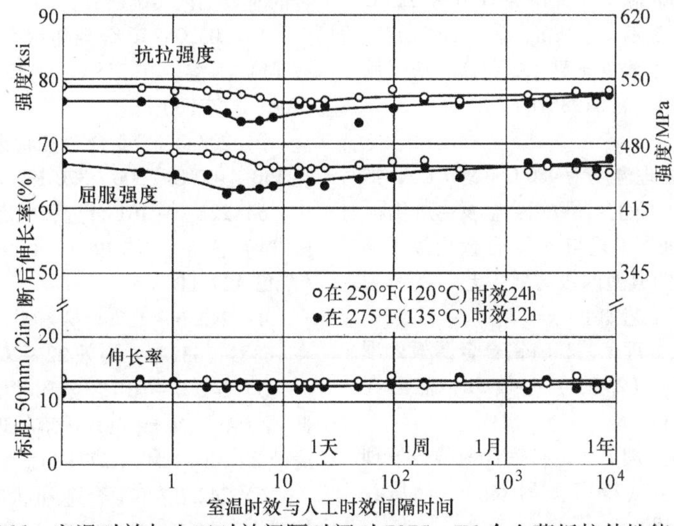

图 2-266 室温时效与人工时效间隔时间对 7075－T6 合金薄板拉伸性能的影响

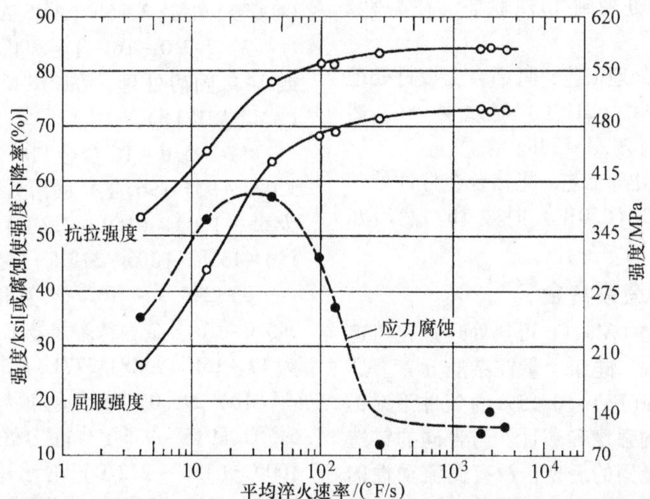

图 2-267 400～290℃（750～550℉）温度范围内的淬火冷却速率对 7075－T6 合金拉伸性能和耐蚀性的影响

注：腐蚀试样在应力达 75% 屈服强度的状态下，在 3.5% 的盐水中交替浸泡 12 周。受腐蚀的影响，抗拉强度下降。

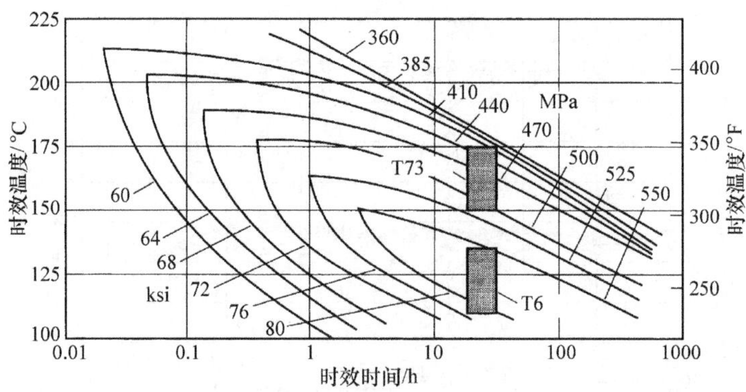

图 2-268 7075 合金的等屈服强度（Iso - Yield - Strength）曲线

将 W 状态的 7075 合金处理到 T651 状态，应对合金进行拉伸（去除应力），并在 115 ~ 125℃（240 ~ 260℉）人工时效不少于 22h。

将 W 状态的 7075 合金处理到 T652 状态，应对合金进行压缩（去除应力），并在 110 ~ 125℃（230 ~ 260℉）人工时效不少于 22h。

将 W 状态的 7075 合金处理到 T73 状态，应采用过时效处理工艺（美国专利 3198676）。

5. 7475 合金

7475 合金的固溶处理温度为 480℃（900℉），如果热处理预热不充分，可能会导致铝合金发生熔化。

典型的两级时效处理工艺与 7050 合金相似（参见本节中“7050 合金的典型两级时效工艺”的有关内容）。其他时效处理工艺如下：

1）采用两级时效处理工艺，将铝合金薄板处理到 T61 状态：在 120℃（250℉）时效 3h，然后在 160℃（320℉）时效 3h。

2）采用两级时效处理工艺，将铝合金薄板处理到 T761 状态：在 120℃（250℉）时效 3h，然后在 165℃（330℉）时效 10h。

3）将铝合金板材处理到 T651 状态：在 115℃（240℉）时效 24h。

4）采用两级时效处理工艺，将铝合金板材处理到 T7351 状态：在 100℃（210℉）时效 4 ~ 8h，然后在 160℃（320℉）时效 24 ~ 30h。

5）采用两级时效处理工艺，将铝合金杆件处理到 T62 状态：在 120℃（250℉）时效 3h，然后在 165℃（330℉）时效 3h。

2.9.9 2××.×铸造铝合金

$w(\mathrm{Cu})=4\%\sim5\%$ 的 Al - Cu 可热处理强化铸造铝合金，通常还含有铁、硅和少量镁杂质元素。通过热处理，特别是在 $w(\mathrm{Fe})<0.15\%$ 的条件下，铝合金铸件可达到很高的强度和塑性。与含硅的铸造铝合金不同的是，在凝固的后期，没有高流动性的第二相出现。第二相有助于满足收缩区域的需要，并有助于补偿凝固产生的应力。当采用金属型铸造或其他刚性铸造方法对这些铝合金和其他单相铝合金进行铸造时，需要采用特殊铸造工艺，以消除铸造凝固应力。

除表 2-82 中列出的工艺外，2××.×铸造铝合金的时效工艺实例还有：

1）203.0 - T6 合金和状态代号工艺。（AQ、W 或 T4）固溶，在 218℃（425℉）时效不少于 16h（AMS A2771B）。

2）208.0 - T55 合金和状态代号工艺。固溶后，在 150 ~ 160℃（300 ~ 320℉）时效 16h。

3）222.0 - T61 合金和状态代号工艺。（AQ、W 或 T4）固溶，在 199℃（390℉）时效 10 ~ 12h（AMS A2771B）。

4）242.0 - T57 合金和状态代号工艺。从铸态在 168℃（335℉）时效 22 ~ 26h（AMS A2771B）。

5）242.0 - T61 合金和状态代号工艺（砂型铸造）。（AQ、W 或 T4）固溶处理，在 232℃（450℉）时效 2 ~ 3h（AMS A2771B）。

6）242.0 - T61 合金和状态代号工艺（金属型铸造）。（AQ、W 或 T4）固溶处理，在 205℃（400℉）时效 3 ~ 5h（AMS A2771B）。

7）243.0 - T61 合金和状态代号工艺。（AQ、W 或 T4）固溶处理，在 218℃（425℉）时效 2 ~ 3h（AMS A2771B）。

8）295.0 - T6 合金和状态代号工艺。在 515 ~ 520℃（955 ~ 965℉）固溶处理，保温 12h，在温度为 65 ~ 100℃（150 ~ 212℉）的水中淬火冷却，在 150 ~ 155℃（305 ~ 315℉）时效 3 ~ 5h。

9）295.0 - T62 合金和状态代号工艺。与 295.0 - T6 合金和状态代号工艺相同，但是时效时间为 12 ~ 16h（AMS A2771B 标准中为 12 ~ 20h）。

10）296.0 - T6 合金和状态代号工艺。在 505 ~ 515℃（945 ~ 955℉）固溶处理，保温 8h，在 65 ~ 100℃（150 ~ 212℉）的水中淬火冷却，在 150 ~ 155℃（305 ~ 315℉）时效 5 ~ 7h（AMS A2771B 标准中为 2 ~ 8h）。

11）296.0－T7 合金和状态代号工艺（美国专利 1822877）。固溶处理，然后在 255 ~ 265℃（495 ~ 505℉）时效 4 ~ 6h。

在很大程度上，固溶处理时间取决于铸件的凝固速度。相对来说，快速凝固铸件可以采用较短的固溶时间，而缓慢凝固铸件则需要选择更长的固溶时间。与快速凝固的金属型铸造试样相比，缓慢凝固的砂型铸造试棒需要更长的固溶时间。204.0 铸造铝合金的这种差异表现得最为明显（表 2-82）。表 2-87 列出了 242.0 铸造铝合金的砂型铸造试棒和金属型铸造试样的热处理工艺。图 2-269 ~ 图 2-272 所示为典型 Al－Cu 铸造铝合金的时效曲线。

由于铝合金中含有铜，201.0 和 206.0 合金易出现受腐蚀影响的问题。T4 和 T7 状态代号热处理工艺能满足和符合应力腐蚀测试标准要求。在采用 T7 状态代号（表 2-88）工艺处理时，应具体说明铸件是否具有抗应力腐蚀性能要求（即试样在承受 75% 屈服强度的负荷应力的同时，在 3.5% 的 NaCl 中，按 10min/h 的周期交替浸泡，超过 60 天不发生开裂）。应用于这种腐蚀场合的产品，不适合采用 T6 状态代号工艺处理。

表 2-87 242.0 铸造铝合金单铸试棒的热处理工艺

目的，所采用的状态代号	温度		时间/h
	℃	℉	
砂型铸件			
退火，T21	340 ~ 345	645 ~ 655	2 ~ 4
固溶处理	520 ~ 525	965 ~ 975	6①②
时效，T571③	170 ~ 175	335 ~ 345	40 ~ 48
时效，T77④⑤	340 ~ 345	645 ~ 655	1 ~ 3
金属型铸件			
固溶处理	515 ~ 520	955 ~ 965	4②⑥
时效，T571②	170 ~ 175	335 ~ 345	40 ~ 48
时效，T61⑤	200 ~ 205	395 ~ 405	3 ~ 5

① 保温时间通常是从铸件整体达到某一温度开始计算。根据具体铸件的实际情况，时间可以有所增减。

② 静止空气冷却。

③ 不进行固溶处理。

④ 进行了固溶后材料的热处理。

⑤ 美国专利 1822877。

⑥ 在 65 ~ 100℃（150 ~ 212℉）的水中冷却。

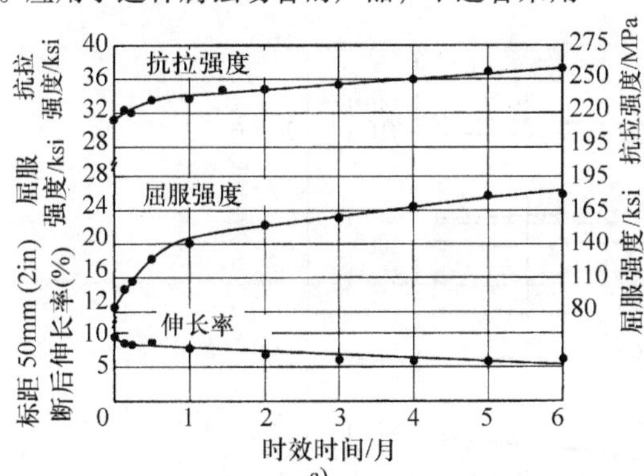

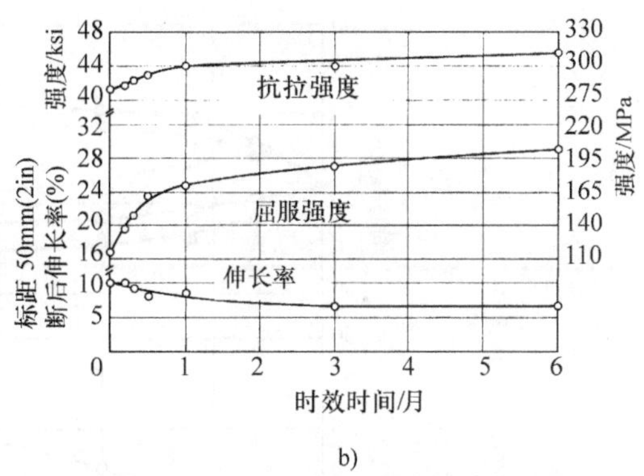

图 2-269 自然时效对 B195－T4 [w(Cu) =4.5%，w(Si) =2.5%] 铸造铝合金性能的影响

a）砂型铸件 b）金属型铸件

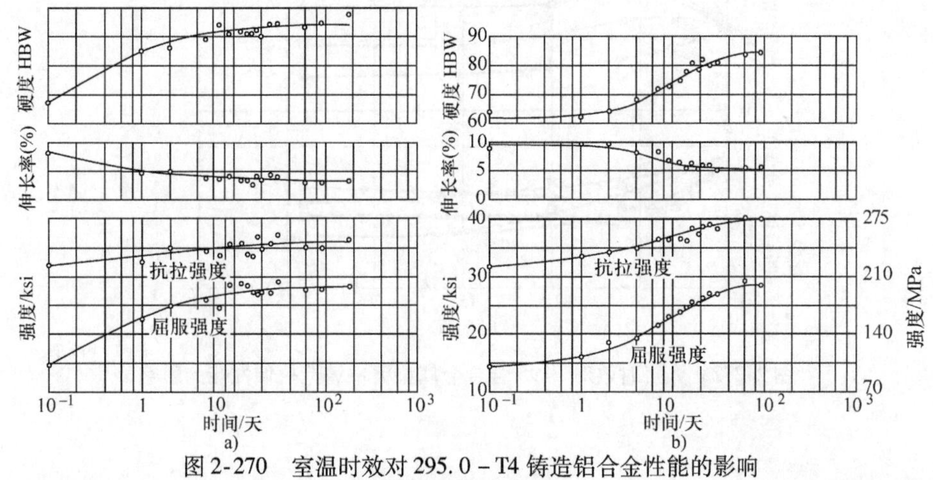

图 2-270 室温时效对 295.0－T4 铸造铝合金性能的影响

a）金属型铸件 b）砂型铸件

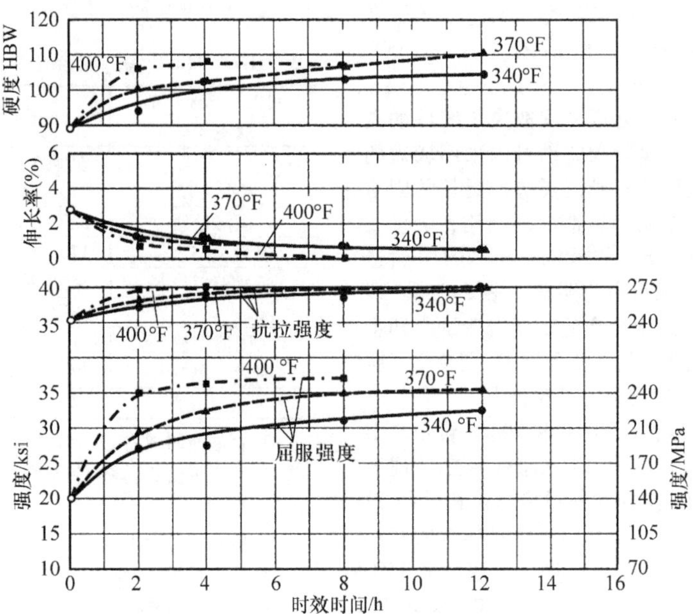

图 2-271 人工时效对 242.0－F 合金金属型铸件铸造性能的影响

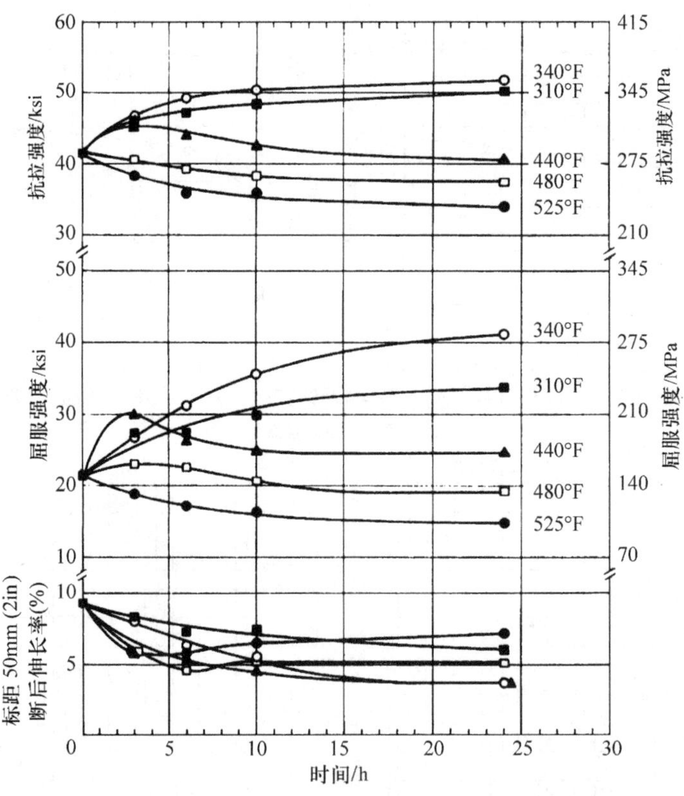

图 2-272 人工时效对 B195 合金金属型铸件铸造拉伸性能的影响

表 2-88　201.0 和 206.0 铸造铝合金的热处理工艺

合金和工艺状态代号	固溶处理	时效处理
T4	在 510 ~ 515℃（950 ~ 960℉）保温 2h，随后在 525 ~ 530℃（980 ~ 990℉）[1]保温 14 ~ 20h[2]，淬水[3]	不进行时效，自然时效
201.0 - T6		室温时效 12 ~ 24h 或在 150 ~ 155℃（305 ~ 315℉）时效 20h
206.0 - T6		在 155℃（310℉）时效 8h
201.0 - T7		室温时效 12 ~ 24h 或在 185 ~ 190℃（365 ~ 375℉）时效 5h
206.0 - T7		在 200℃（390℉）时效 8h
201.0 - T43[4]	在 525℃（980℉）保温 20h，淬水[3]	室温时效 24h + 160℃（320℉）时效 0.5 ~ 1h

① 在固溶处理过程中，必须十分注意对成分和温度的控制，既要达到充分的固溶，又必须防止合金发生初熔。

② 对常规的砂型铸件，保温时间是从铸件整体达到某一温度开始计算，允许对保温时间进行调整，通常金属型铸件和薄壁铸件的保温时间要短一些。

③ 65 ~ 100℃（150 ~ 212℉）。

④ T43 状态代号工艺的作用是提高 201.0 合金的冲击性能，适当降低其他性能。

2.9.10　3××.×铸造铝合金

使用最广泛的铸造铝合金是含有硅和铜的 3××.×铸造铝合金。其中 95% 以上的压铸件，以及 80% 以上的砂型和金属型铸件，都是采用 3××.×铸造铝合金生产的，3××.×铸造铝合金是铝合金铸造行业的主力合金。由于铝合金压铸件中包含着铸造过程中产生的高压气体，因此，压铸件通常不进行专门的固溶处理。如果对它们进行专门的固溶处理，这种气体就会膨胀，并在铸件表面形成鼓泡。压铸件的另一个特点是冷却速率高，使合金元素仍保留在铸件固溶体中，造成合金元素在室温条件下析出强化。因此，与铸态相比，自然时效后铝合金的强度得到了明显的提高，如图 2-273 所示。

表 2-89 列出了典型 3××.×（Al - Si - Cu - Mg）铸造铝合金的性能。铝合金的固溶处理时间取决于铸造过程中的凝固速率。相对于快速凝固的金属型铸件试样相比，缓慢凝固的砂型铸件试棒需要更长的固溶时间（表 2-90、表 2-91）。与砂型铸件相比，凝固速率更快的金属型铸件的铸造组织更加细密，过饱和程度更高，具有更高的抗拉强度。

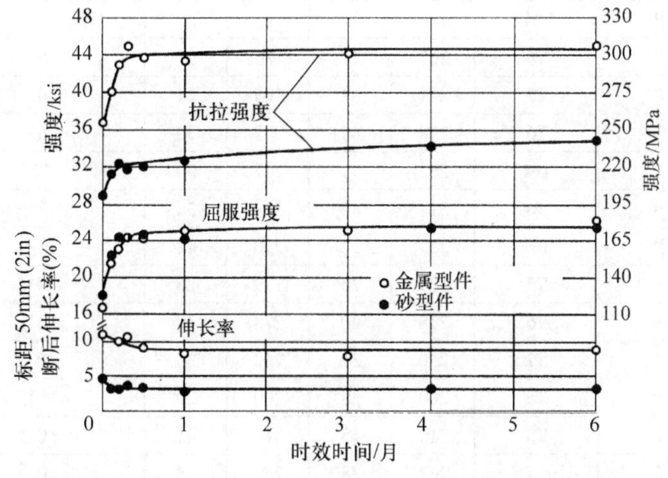

图 2-273　自然时效对 355 - T4 合金拉伸性能的影响

表 2-89 Al – Si – Cu – Mg 铸造铝合金的性能

合金	铸造形式①	状态代号	拉伸性能					硬度 HBW（500kgf 载荷）
			极限抗拉强度		规定塑性延伸强度 $R_p0.2$		标距 50mm（2in）断后伸长率（%）	
			MPa	ksi	MPa	ksi		
319. 0	S	F	186	27	124	18	2	70
	S	T6	250	36	164	24	2	80
	P	F	234	34	131	19	2. 5	85
	P	T6	276	40	186	27	3	95
B319. 0	S	F	193	28	138	20	1	80
	S	T5	221	32	193	28	1	90
	S	T6	262	38	221	32	1	100
	P	F	241	35	145	21	1	90
	P	T6	290	42	207	30	1	105
332. 0	P	T5	248	36	193	28	0. 5	105
	P	T65	324	47	296	43	0. 5	125
355. 0	S	F	159	23	83	12	3	—
	S	T51	193	28	159	23	1. 5	65
	S	T61	269	39	241	35	1	90
C355. 0	S	T6	269	39	200	29	5	85
356. 0	S	F	164	24	124	18	6	—
	S	T51	172	25	138	20	2	60
	S	T6	228	33	164	24	3. 5	70
	S	T7	234	34	207	30	2	75
	S	T71	193	28	145	21	3. 5	60
	P	F	179	26	124	18	5	—
	P	T51	186	27	138	20	2	—
	P	T6	262	38	186	27	5	80
	P	T7	221	32	165	24	6	70
A356. 0	S	T6	278	40	207	30	6	75
	P	T61	283	41	207	30	10	90
A357. 0	S	T6	317	46	248	36	3	85
	P	T61	359	52	290	42	5	100
A390. 0	S	T5	179	26	179	26	–0. 5	100
	S	T6	278	40	278	40	<0. 5	140
	S	T7	250	36	250	36	<0. 5	115
	P	T5	200	29	200	29	<1	110
	P	T6	310	45	310	45	<0. 5	145
	P	T7	262	38	262	38	<0. 5	120

① S：砂型铸造；P：金属型铸造。

表 2-90 355.0 铸造铝合金砂型铸件和金属型铸件试棒的热处理

目的和采用的工艺状态代号		温度		保温时间/h
		℃	℉	
砂型铸件				
固溶处理		520 ~ 530	970 ~ 990	12①②
时效	T51③	225 ~ 230	435 ~ 445	7 ~ 9
	T6④	150 ~ 155	300 ~ 315	3 ~ 5
	T61④	150 ~ 160	300 ~ 320	8 ~ 10
	T7④⑤	225 ~ 230	435 ~ 445	7 ~ 9
	T71④⑤	245 ~ 250	470 ~ 480	4 ~ 6
金属型铸件				
固溶处理		520 ~ 530	970 ~ 980	8①②
时效⑥	T62④	170 ~ 175	335 ~ 345	14 ~ 18

① 保温时间是从铸件整体达到某一温度开始计算。根据具体铸件的实际情况，时间可以有所增减。
② 在 65 ~ 100℃（150 ~ 212℉）的水中冷却。
③ 不进行固溶处理。
④ 进行过固溶后材料的热处理。
⑤ 美国专利 1822877。
⑥ 除了该表头列出的工艺状态代号，所有工艺状态代号的温度值都和砂型铸件一样。

表 2-91 356.0 和 A356.0 铸造铝合金砂型和金属型铸造试棒的热处理

目的和采用的工艺状态代号		温度		保温时间/h
		℃	℉	
砂型铸件				
固溶处理		535 ~ 540	995 ~ 1005	12①②
时效	T51③	225 ~ 230	435 ~ 445	7 ~ 9
	T6④	150 ~ 155	305 ~ 315	2 ~ 5
	T7④⑤	225 ~ 230	435 ~ 445	7 ~ 9
	T71④	245 ~ 250	470 ~ 480	2 ~ 4
金属型铸件				
固溶处理		535 ~ 540	995 ~ 1005	8①②
时效⑥	T6④	150 ~ 155	305 ~ 315	3 ~ 5

① 保温时间是从铸件整体达到某一温度开始计算。根据具体铸件的实际情况，时间可以有所增减。
② 在 65 ~ 100℃（150 ~ 212℉）的水中冷却。
③ 不进行固溶处理。
④ 进行过固溶后材料的热处理。
⑤ 美国专利 1822877。
⑥ 除了该表头列出的工艺状态代号，所有工艺状态代号的温度值都和砂型铸件一样。

使用最广泛的铸造铝合金中 $w(\mathrm{Si})$ = 9.9% ~ 13.0%。在铸造铝合金中添加铜和镁后，可以通过热处理提高砂型铸件和金属型铸件的强度。对于 Al - Cu - Si 合金，当 $w(\mathrm{Cu})$ = 3% ~ 4% 或更高时，则可以进行热处理强化，但通常这些铝合金中还添加有镁，铜和镁的共同作用可进一步提高铝合金的强化效果。在不同的铸造铝合金中，铜和硅这两种元素的添加量相差很大，有些铝合金以添加铜为主，而另一些铝合金以添加硅为主。在这些铝合金中，铜有助于提高强度，而硅则提高了铸造性能和降低了热脆性。图 2-274 ~ 图 2-278 所示为 355 和 356 铸造铝合金的时效曲线。其他部分铝合金的时效工艺总结如下：

1）328.0 - T6。（AQ、W 或 T4）固溶处理，在 154℃（310℉）时效 2 ~ 5h（AMS A2771B）。

2）333.0 - T5。（F）铸态，在 205℃（400℉）时效 7 ~ 9h（AMS A2771B）。

3）333.0 - T6。（AQ、W 或 T4）固溶处理，在和 154℃（310℉）时效 2 ~ 5h（AMS A2771B）。

4）333.0 - T7。（AQ、W 或 T4）固溶处理，在 260℃（500℉）时效 4 ~ 6h（AMS A2771B）。

5）336.0 - T5。（F）铸态，在 170 ~ 175℃（335 ~ 345℉）时效 14 ~ 18h（AMS A2771B）。

6）336.0 - T6。在 515 ~ 520℃（955 ~ 965℉）固溶处理，保温 8h，在 65 ~ 100℃（150 ~ 212℉）的水中淬火冷却。在 170 ~ 175℃（335 ~ 345℉）时效 12 ~ 26h。

7）319.0 - T6。在 500 ~ 505℃（935 ~ 945℉）固溶处理，采用砂型铸造时保温 12h，采用金属型铸造时保温 8h，在 65 ~ 100℃（150 ~ 212℉）的水中淬火冷却。在 150 ~ 155℃（305 ~ 315℉）时效 2 ~ 5h（AMS A2771B 标准中为 2 ~ 6h）。

8）336.0 - T65。（AQ、W 或 T4）固溶处理，在 170℃（340℉）时效 14 ~ 18h（AMS A2771B）。

9）354.0 - T61。在 525℃（980℉）固溶处理，保温 10 ~ 12h，在 60 ~ 80℃（140 ~ 176℉）的水中淬火冷却。在室温下停留 8 ~ 16h，在 155℃（310℉）时效 10 ~ 12h。

10）354.0 - T62。（AQ，W，或 T4）固溶处理，在 170℃（340℉）时效 6 ~ 10h（AMS A2771B）。

11）357.0 - T6（A357.0 - T6）。通过已有的淬火和时效工艺过程（AMS 4241），已开发出几种获得最优性能的热处理工艺。一种是在 540 ~ 550℃（1000 ~ 1020℉）固溶保温 12 ~ 15h，采用 15% 的聚烷撑乙二醇室温水溶液淬火，在 165℃（325℉）时效 4 ~ 5h，空冷。另一种是在 540℃（1000℉）固溶保温 8h，采用热水淬火，在 170℃（340℉）时效 3 ~ 5h。

12）359.0－T61。在540℃（100℉）固溶处理，保温10～14h，在60～80℃（140～176℉）的水中淬火冷却。在室温下停留8～16h，在155℃（310℉）时效10～12h。

13）359.0－T62。在540℃（1000℉）固溶处理，保温10～14h，在60～80℃（140～176℉）的水中淬火冷却。在室温下停留8～16h，在170℃（340℉）时效6～10h。

14）390.0－T5或T7（A390.0－T5或T7）。在495℃（925℉）固溶处理，淬火后在230℃（450℉）时效8h。

15）390.0－T6（A390.0－T6）。在495℃（925℉）固溶处理，淬火后在175℃（350℉）时效8h。

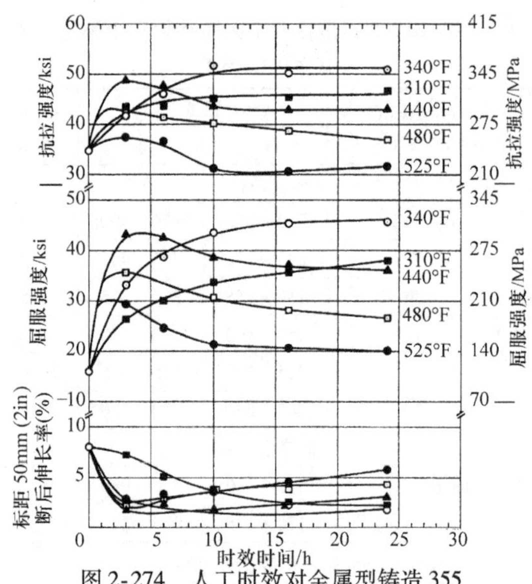

图2-274 人工时效对金属型铸造355合金拉伸性能的影响

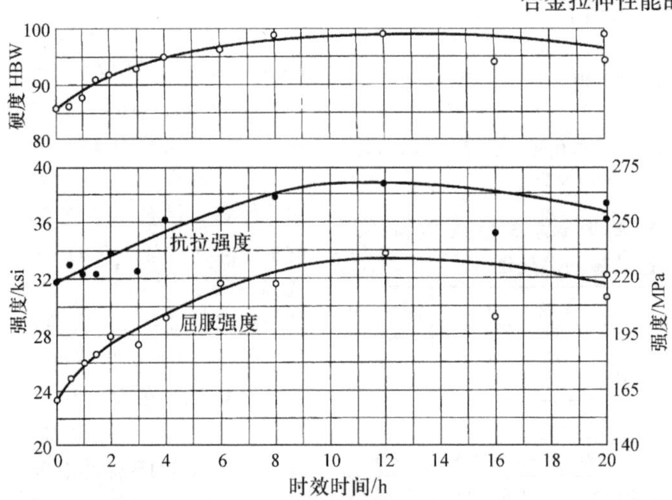

图2-275 砂型铸造355.0－T4合金沸水淬火冷却＋135℃（275℉）人工时效性能的变化

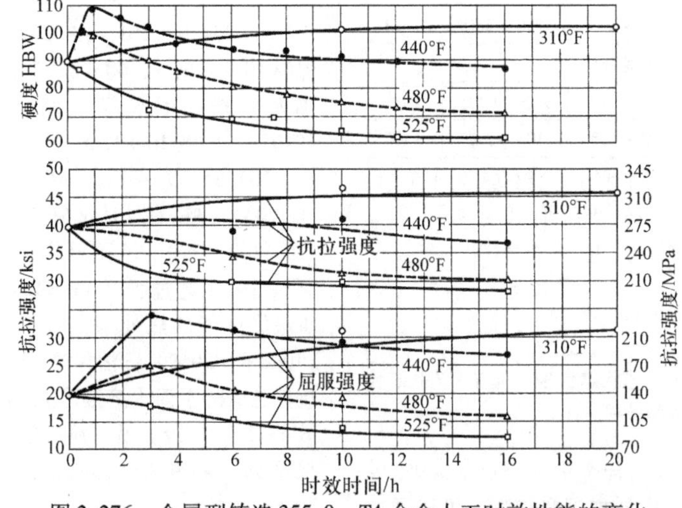

图2-276 金属型铸造355.0－T4合金人工时效性能的变化

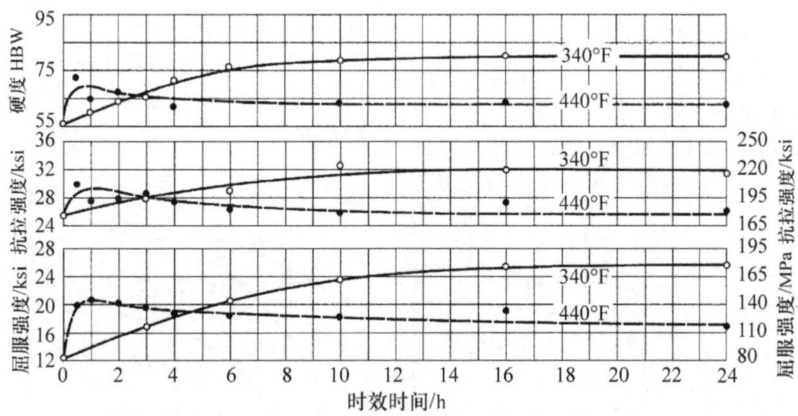

图 2-277 金属型铸造 356.0 – F 合金人工时效性能的变化（译者注：图中温度为时效温度）

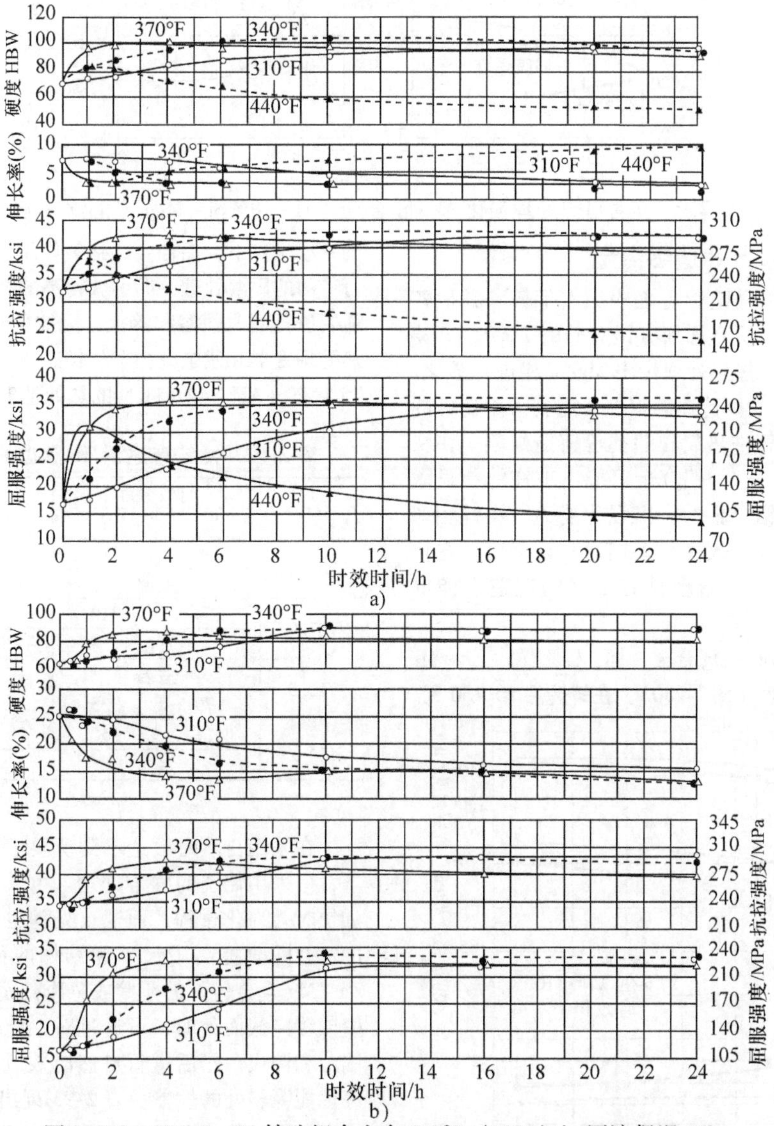

a)

b)

图 2-278 356.0 – T4 铸造铝合金在 540℃（1000℉）固溶保温 15h，在 65℃（150℉）的温水中淬火，室温停留 24h 后进行人工时效的性能

a）砂型铸造 b）金属型铸造

2.9.11 4××.×铸造铝合金

在对铝合金的铸造性能和耐蚀性要求高的情况下，可选择不含铜的 Al-Si 合金。如果需要具有高强度和高硬度，可以通过添加镁，得到可热处理强化铝合金。图 2-279 所示为镁对 Al-Si 合金在铸态和热处理后性能的影响。虽然 Al-Si-Mg 合金的强度不像高强度 Al-Cu 和 Al-Si-Cu 合金那样高，但部分 Al-Si-Mg 合金的力学性能属于高强度铝合金的范围。

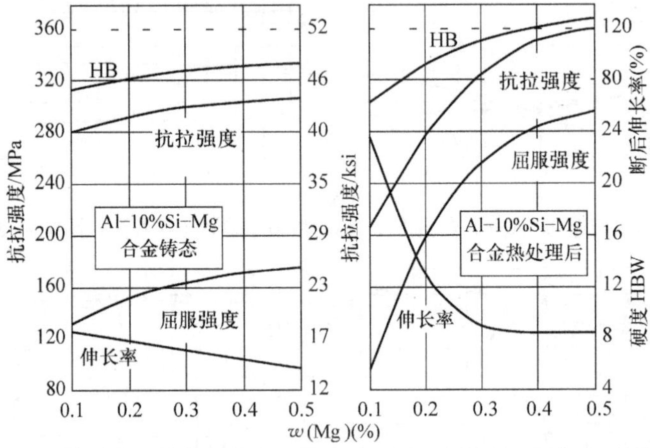

图 2-279 镁对可热处理强化 Al-Si 合金（Al-10% Si-Mg）性能的影响

2.9.12 7××.×铸造铝合金

7××.×系列铸造铝合金中加入了锌和其他各种附加合金元素。所有添加有镁和硅的 7××.×铸造铝合金均可以通过热处理析出 $MgZn_2$ 相进行强化。Al-Zn-Mg 合金的铸造性能很差，需要采用良好的铸造工艺，降低铸件热裂和缩孔等铸造缺陷。在快速凝固的条件下，这类铝合金可能出现镁锌相显微偏析，从而降低铝合金的析出强化能力。镁锌相产生显微偏析的现象，改变了人们通常认为的，在快速凝固的条件下，铝合金具有更好的铸造性能的概念。

与变形 Al-Zn-Mg 合金一样，铸造 Al-Zn-Mg 合金采用自然时效（图 2-280），在铸造后 20～30 天的室温条件下，铝合金达到最佳的全强度，不需要进行专门的固溶处理，即可获得高的力学性能。由于不需要进行高温固溶和淬火，因此免除了热处理成本、热处理变形和残余应力。从铸态（F 状态代号）达到 T5 状态（AMS A2771B）的热处理工艺见表 2-92。

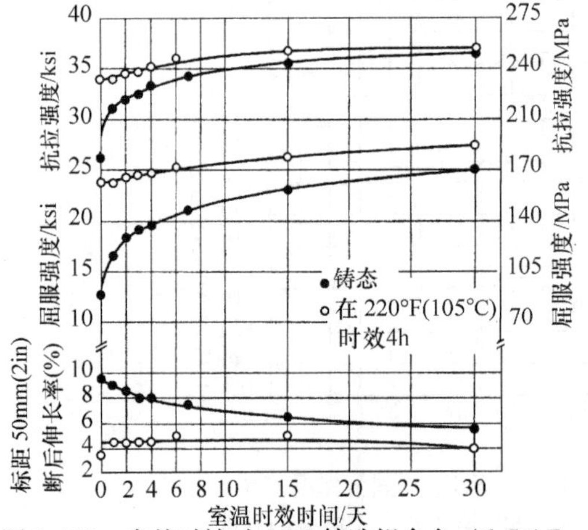

图 2-280 自然时效对 A612 铸造铝合金（6.5% Zn，0.4% Mg，0.5% Cu）拉伸性能的影响

表 2-92 从铸态达到 T5 状态的热处理工艺

合金	时效温度		时效时间
	℃	℉	
705.0	99	210	不小于 10h
	室温		不小于 21d
707.0	154	310	3～5h
	室温		不小于 21d
712.0	室温		不小于 21d
	179	355	9～11h
713.0	121	250	不小于 16h
	室温		不小于 21d

在采用自然时效达不到所要求力学性能的情况下，可采用传统的固溶处理。可采用人工时效处理加快时效强化过程，而退火处理也可达到同样的目的，并同时提高了尺寸和结构的稳定性。当 Al-Zn-Mg 合金铸件的薄壁或急冷截面处的强度低于厚壁或缓冷截面处时，可通过对性能较差的部位进行固溶和淬火，然后进行自然时效或人工时效，来提高性能薄弱处的性能。表 2-93 列出了 771.0 铸造铝合金的几种热处理工艺，表 2-94 列出的对应热处理工艺的力学性能。表 2-95 对 713-T5 合金砂型和金属型铸件的典型力学性能进行了对比。

表 2-93　771.0 铸造铝合金的热处理工艺及状态代号

状态代号	热处理工艺
T2	在（415±14）℃［（775±25）℉］保温 5h；在炉外室温静止空气中冷却；重新加热至（180±3）℃［（360±5）℉］保温 4h 时效硬化后空冷
T5	在（180±3）℃［（355±5）℉］保温 3~5h；在炉外室温静止空气中冷却至室温
T51	在 205℃（405℉）时效 6h 后空冷
T52	在（415±14）℃［（775±25）℉］保温 5h；在 415~345℃（775~650℉）冷却 2h 或更长时间；在 345~230℃（650~450℉）冷却不超过 0.5h（最好在 20min 内）；在 230~120℃（450~250℉）冷却约 2h；从 120℃（250℉）在炉外室温静止空气中冷却至室温；重新加热至 165℃（330℉）保温 6~16h 时效硬化后，在静止空气中空冷
T71	在 580~595℃（1080~110℉）保温 6h，在炉外室温静止空气中冷却至室温；重新加热至 140℃（285℉）保温 15h 时效硬化后，在静止空气中空冷。在 155℃（310℉）时效 3h，也可得到同样的性能

表 2-94　在不同状态处理条件下 771.0 合金砂型铸造单铸试棒的力学性能

状态代号	抗拉强度（不小于）		屈服强度①（不小于）		标距 50mm（2in）断后伸长率（%）	硬度② HBW
	MPa	ksi	MPa	ksi		
T5	290	42	260	38	1.5	100
T51	220	32	185	27	3.0	85
T52	250	36	205	30	1.5	85
T6	290	42	240	35	5.0	90
T71	330	48	310	45	2.0	120

① 规定塑性延伸强度 $R_{p0.2}$。

② 500kg 载荷，直径为 10mm 的球。

表 2-95　713-T5 合金的典型力学性能

性能	砂型铸件	金属型铸件
抗拉强度/MPa（ksi）	205（30）	220（32）
屈服强度（规定塑性延伸强度 $R_{p0.2}$）/MPa（ksi）	150（22）	150（22）
标距 50mm（2in）断后伸长率（%）	4.0	3.0
抗剪强度/MPa（ksi）	180（26）	180（26）
压缩屈服强度/MPa（ksi）	170（25）	170（25）
V 型缺口冲击吸收能量/J（ft·lb）	3.4（2.5）	16.3（12）
无缺口冲击吸收能量/J（ft·lb）	27.1（20.0）	16.3（12）
疲劳强度（5×108 周次）①/MPa（ksi）	60（9）	60（9）

注：T5 状态代号，室温时效 21 天，或在 120℃（250℉）人工时效 16h。

① 采用 Moore 疲劳强度试验机测试。

2.10　铝合金铸件的热处理

尽管有许多铸件产品不需要有高强度和不需要进行热处理，有些铸件产品只要求进行局部热处理，则能达到所需的中等强度性能。但通过热处理，可以控制铸件中杂质元素的分布、杂质尺寸的大小和形状，显著改善和提高铸件的强度，特别是通过完整全面的热处理，可使铸件获得最高强度。

美国铝业协会用于铸件标准的状态代号有：

F：加工状态（对铸件则是铸态）。

O（以前用 T2、T2x 状态代号表示）：退火状态（消除热应力）。

T4：固溶处理和淬火。

T5：从 F 状态进行人工时效。

T6：固溶处理、淬火和人工时效。

T7：固溶处理、淬火和过时效。

T8：在时效前进行冷轧变形，以提高抗压屈服强度（仅用于轴承）。

标准状态代号的第二位和第三位表示各种具体的热处理工艺，如 T61、T62、T572 等。除铝合金的固溶处理外，没有完全统一的约定，对于状态代号的变化进行说明。通常铝合金的强度按 T6、T61 和 T62 状态代号升序不断提高，直到达到最高强度。表 2-96 列出了铸造铝合金典型的热处理工艺。

铸造铝合金的热处理强化包括四个步骤：固溶处理，淬火或冷却，预时效（在室温下停放一段时间），在一定温度下进行人工时效。

虽然这四个步骤中每个都很重要，但并不是每个工艺都必须要包括全部四个步骤。最常用的热处理工艺状态代号有；

T4：固溶处理和淬火（得到最大伸长率）。

T5：不进行专门的固溶处理淬火，直接进行人工时效（铸件可以从铸型中直接淬火，然后进行时效处理达到一定的强度，该工艺不进行固溶淬火，降低了工艺成本）。

T6：进行所有完整的热处理步骤，使铝合金达到最大的强度和伸长率。

T7：除时效时间较长和/或时效温度更高外，其余类似于T6状态代号工艺。采用该过时效工艺的工件，其强度通常比采用T6状态代号处理的要低，但是在高温条件下，铝合金的性能和尺寸更稳定。有时，采用T7状态代号工艺，可获得更好的耐蚀性。

F：工件用于铸态，不需要进行任何热处理。

O：通过退火来消除铸件的应力。

表2-96列出了铸造铝合金的典型热处理工艺，表2-97对常用铸造铝合金的成分进行了总结，有关具体铸造铝合金的详细信息，请参阅本卷中“时效强化铝合金热处理实践”一节。虽然高压压铸件是铸造铝合金产品的重要组成部分，但通常不对它们进行热处理，或只进行T5状态代号工艺处理。然而，最近铝合金压铸件热处理的发展，使人们对其产生了浓厚的兴趣（见本节末尾的“最新进展”部分）。

通常，由于T6状态代号热处理工艺能获得高强度和高伸长率的最佳组合，铸造工程师或设计工程师会考虑选择T6状态代号工艺对铸件进行处理。依据几十年前的经验或半经验方法，开发出了现在使用的大多数标准热处理工艺。因此，通过掌握热处理的基本原理，在提高铝合金的力学性能和节约工艺成本方面，还有很大的改进和提高的空间。有几种不同的可热处理强化铝合金体系，下面分别进行介绍。

表2-96 砂型和金属型铝合金铸件的典型热处理工艺

合金	状态代号	铸造类型①	固溶热处理②			时效处理		
			温度③		时间/h	温度③		时间/h
			℃	℉		℃	℉	
201.0	T6	S	510~515	950~960	2	室温		12~24
			525~530	980~990	14~20	然后155	310	20
	T7	S	510~515	950~960	2	室温		12~24
			525~530	980~990	14~20	然后190	370	5
204.0	T4	S或P	520	970	10	—	—	—
A/B206	T4	S或P	510	950	2	—	—	—
			然后530	990	14~20	室温		5天
	T43	S或P	510	950	2	室温		12~24
			然后530	990	14~20	然后160	320	0.5~1.0
	T7	S或P	510	950	2	室温		12~24
			然后530	990	14~20	然后200	392	4~5
242.0	O（c）	S	—	—	—	345	650	3
	T571	S	—	—	—	205	400	8
		P	—	—	—	165~170	330~340	22~26
	T77	S	515	960	5④	330~355	625~675	2min
	T61	S或P	515	960	2~6④	205~230	400~450	3~5
295.0	T4	S	515	960	12	—	—	—
	T6	S	515	960	12	155	310	3~6
	T62	S	515	960	12	155	310	12~24
	T7	S	515	960	12	260	500	4~6
296.0	T4	P	510	950	8	—	—	—
	T6	P	510	950	8	155	310	2~8
	T7	P	510	950	8	260	500	4~6
319.0	T5	S	—	—	—	205	400	8
	T6	S	505	940	6~12	155	310	2~5
		P	505	940	4~12	155	310	2~5

（续）

合金	状态代号	铸造类型①	固溶热处理②			时效处理		
			温度③		时间/h	温度③		时间/h
			℃	℉		℃	℉	
328.0	T6	S	515	960	12	155	310	2～5
332.0	T5	P	—	—	—	205	400	7～9
333.0	T5	P	—	—	—	205	400	7～9
	T6	P	505	950	6～12	155	310	2～5
	T7	P	505	940	6～12	260	500	4～6
336.0	T551	P	—	—	—	205	400	7～9
	T65	P	515	960	8	205	400	7～9
354.0	—	⑤	525～535	980～995	10～12	⑥	⑥	⑥
355.0	T51	S 或 P	—	—	—	225	440	7～9
	T6	S	525	980	12	155	310	3～5
		P	525	980	4～12	155	310	2～5
	T62	P	525	980	4～12	170	340	14～18
	T7	S	525	980	12	225	440	3～5
		P	525	980	4～12	225	440	3～9
	T71	S	525	980	12	245	475	4～6
		P	525	980	4～12	245	475	3～6
C355.0	T6	S	525	980	12	155	310	3～5
	T61	P	525	980	6～12	室温		8min
			—	—	—	155	310	10～12
356.0	T51	S 或 P	—	—	—	225	440	7～9
	T6	S	540	1000	6～12	155	310	3～5
		P	540	1000	4～12	155	310	2～5
	T7	S	540	1000	6～12	205	400	3～5
		P	540	1000	4～12	225	440	7～9
	T71	S	540	1000	6～12	245	475	2～4
		P	540	1000	4～12	245	475	7～9
A356.0	T6	S	540	1000	6～12	155	310	2～5
	T6	P	540	1000	4～12	155	310	2～5
	T62	S	540	1000	6～12	165	330	6～12
		P	540	1000	4～12	室温		8min
						然后 155	310	6～12
	T7	S	540	1000	6～12	225	440	8
		P	540	1000	4～12	225	440	8
	T71	S	540	1000	6～12	245	475	3～6
		P	540	1000	4～12	245	475	3～6
			—	—	—	155	310	6～12
357.0	T6	P	540	1000	8	165	330	6～12
	T61	S	540	1000	10～12	155	310	10～12
A357.0	—	⑤	540	1000	8～12	⑥	⑥	⑥
359.0	—	⑤	540	1000	10～14	⑥	⑥	⑥

（续）

合金	状态代号	铸造类型①	固溶热处理②			时效处理		
			温度③		时间/h	温度③		时间/h
			℃	℉		℃	℉	
A444.0	T4	P	540	1000	8～12	—	—	—
520.0	T4	S	430	810	18⑦	—	—	—
535.0	T5⑧	S	400	750	5	—	—	—
705.0	T5	S	—	—	—	室温		21天
						100	210	8
		P	—	—	—	室温		21天
			—	—	—	100	210	10
707.0	T5	S	—	—	—	155	310	3～5
		P	—	—	—	室温		21天
			—	—	—	100	210	8
	T7	S	530	990	8～16	175	350	4～10
		P	530	990	4～8	175	350	4～10
710.0	T5	S	—	—	—	室温		21天
711.0	T1	P	—	—	—	室温		21天
712.0	T5	S	—	—	—	室温或		21天
						155	315	6～8
713.0	T5	S或P	—	—	—	室温或		21天
						120	250	16
771.0	T53⑧	S	415（i）	775（i）	5（i）	180⑨	360⑨	4⑨
	T5	S	—	—	—	180⑨	360⑨	3～5⑨
	T51	S	—	—	—	205	405	6
	T52	S	—	—	—	⑧	⑧	⑧
	T6	S	590⑨	1090⑨	6⑨	130	265	3
	T71	S	590⑩	1090⑩	6⑩	140	285	15
850.0	T5	S或P	—	—	—	220	430	7～9
851.0	T5	S或P	—	—	—	220	430	7～9
	T6	P	480	900	6	220	430	4
852.0	T5	S或P	—	—	—	220	430	7～9

① S，砂型铸造；P，金属型铸造。
② 除非另有说明，固溶加热处理后，淬入65～100℃（150～212℉）的水中冷却。
③ 除给定了具体温度范围外，列出的温度范围为±6℃（10℉）。
④ 固溶加热后，采用强制风冷淬火。
⑤ 根据所要求的力学性能选择铸造工艺（砂型铸造、金属型铸造或复合铸造）。
⑥ 为达到所需的力学性能，固溶热处理后，均匀加热到时效温度保温必要的时间。
⑦ 淬入65～100℃（150～212℉）的水中，10～20s。
⑧ 为实现尺寸稳定性，进行去除应力处理：在（413±14）℃［（775±25）℉］保温5h；用2h以上时间炉冷到345℃（650℉）；以不超过0.5h的时间炉冷到230℃（450℉）；用大约2h炉冷到120℃（250℉）；在炉外静止空气中冷却到室温。
⑨ 在炉外静止空气中冷却到室温。
⑩ 不需要淬火，炉外空气冷却。

表 2-97　部分铝合金铸件的名义成分

合金	生产方式①	名义成分①（质量分数,%），其余为 Al									
		Si	Fe	Cu	Mn	Mg	Cr	Ni	Zn	Ti	Sn
201.0②	S	—	—	4.5	0.3	0.25	—	—	—	0.25	—
203.0	S	—	—	5.0	0.25	—	—	1.5	—	0.20	—
204.0	S,P	—	—	4.6	—	0.25	—	—	—	0.22	—
A206.0	S,P	—	—	4.6	0.35	0.25	—	—	—	0.22	—
240.0	S	—	—	8.0	0.5	6.0	—	0.5	—	—	—
242.0	S,P	—	—	4.0	—	1.5	—	2.0	—	—	—
A242.0	S	—	—	4.1	—	1.4	0.20	2.0	—	0.14	—
295.0	S	1.1	—	4.5	—	—	—	—	—	—	—
308.0	S,P	5.5	—	4.5	—	—	—	—	—	—	—
319.0	S,P	6.0	—	3.5	—	—	—	—	—	—	—
332.0	P	9.5	—	3.0	—	1.0	—	—	—	—	—
333.0	P	9.0	—	3.5	—	0.28	—	—	—	—	—
336.0	P	12.0	—	1.0	—	1.0	—	2.5	—	—	—
354.0	P	9.0	—	1.8	—	0.5	—	—	—	—	—
355.0	S,P	5.0	—	1.25	—	0.5	—	—	—	—	—
C355.0	S,P	5.0	—	1.25	—	0.5	—	—	—	—	—
356.0	S,P	7.0	—	—	—	0.32	—	—	—	—	—
A356.0	S,P	7.0	—	—	—	0.35	—	—	—	—	—
357.0	S,P	7.0	—	—	—	0.52	—	—	—	—	—
A357.0③	S,P	7.0	—	—	—	0.55	—	—	—	0.12	—
D357.0③	S	7.0	—	—	—	0.58	—	—	—	0.15	—
E357.0④	S,P,I	7.0	—	—	—	0.58	—	—	—	0.15	—
F357.0④	S,P,I	7.0	—	—	—	0.55	—	—	—	0.12	—
359.0	S,P	9.0	—	—	—	0.6	—	—	—	—	—
360.0	D	9.5	—	—	—	0.5	—	—	—	—	—
A360.0	D	9.5	—	—	—	0.5	—	—	—	—	—
365.0	D	10.5	—	—	0.65	0.30	—	—	—	0.095	—
380.0	D	8.5	—	3.5	—	—	—	—	—	—	—
A380.0	D	8.5	—	3.5	—	—	—	—	—	—	—
383.0	D	10.5	—	2.5	—	—	—	—	—	—	—
384.0	D	11.2	—	3.8	—	—	—	—	—	—	—
B390.0	D	17.0	—	4.5	—	0.55	—	—	—	—	—
391.0	D	19.0	—	—	—	0.58	—	—	—	—	—
A391.0	P	19.0	—	—	—	0.58	—	—	—	—	—
B391.0	S	19.0	—	—	—	0.58	—	—	—	—	—
413.0	D	12.0	—	—	—	—	—	—	—	—	—
A413.0	D	12.0	—	—	—	—	—	—	—	—	—
443.0	S,P	5.2	—	—	—	—	—	—	—	—	—
B443.0	S,P	5.2	—	—	—	—	—	—	—	—	—
C443.0	D	5.2	—	—	—	—	—	—	—	—	—
A444.0	P	7.0	—	—	—	—	—	—	—	—	—

（续）

合金	生产方式①	名义成分①(质量分数,%),其余为 Al									
		Si	Fe	Cu	Mn	Mg	Cr	Ni	Zn	Ti	Sn
512.0	S	1.8	—	—	—	4.0	—	—	—	—	—
513.0	P	—	—	—	—	4.0	—	—	1.8	—	—
514.0	S	—	—	—	—	4.0	—	—	—	—	—
518.0	D	—	—	—	—	8.0	—	—	—	—	—
520.0	S	—	—	—	—	10.0	—	—	—	—	—
535.0⑤	S	—	—	—	0.18	6.8	—	—	—	0.18	—
705.0	S,P	—	—	—	0.5	1.6	0.30	—	3.0	—	—
707.0	S,P	—	—	—	0.50	2.1	0.30	—	4.2	—	—
710.0	S	—	—	0.50	—	0.7	—	—	6.5	—	—
711.0	P	—	1.0	0.50	—	0.35	—	—	6.5	—	—
712.0	S	—	—	—	—	0.58	0.50	—	6.0	0.20	—
713.0	S,P	—	—	0.7	—	0.35	—	—	7.5	—	—
771.0	S	—	—	—	—	0.9	0.40	—	7.0	0.15	—
850.0	S,P	—	—	1.0	—	—	—	1.0	—	—	6.2
851.0	S,P	2.5	—	1.0	—	—	—	0.50	—	—	6.2
852.0	S,P	—	—	2.0	—	0.75	—	1.2	—	—	6.2

注：参阅本卷中“铝合金的命名法和状态代号”一节，以得到更完整的合金牌号。

① D，压铸；P，金属型铸造；S，砂型铸造；I，熔模铸造。其他产品没有列出，但可能与表中的成分相同。

② $w(\mathrm{Ag})=0.40\%\sim1.0\%$（名义成分为 0.7%）。

③ $w(\mathrm{Be})=0.040\%\sim0.007\%$（名义成分为 0.055%）。

④ 不含 Be，在铸锭和铸造过程中，Fe 含量控制在极低的水平（铁的质量分数不大于 0.10%）。

⑤ $w(\mathrm{Be})=0.0003\%\sim0.007\%$（名义成分为 0.005%），$w(\mathrm{B})\leqslant0.005\%$。

本节主要介绍较为传统的热处理工艺方法，着重于热处理工艺每个步骤的基本技术要点，其目的是加深对这些要点的理解。学习这些铸造测试方法有助于实践经验的积累，并且这些知识要点也可应用于其他场合。这些标准工艺是在 50 年前或更早的时间开发出来的，它们经历了大量实践的检验，证明是切实可行的，在但此基础上，也出现了推陈出新的新工艺。

2.10.1 Al - Cu 和 Al - Cu - Mg（2××）合金

美国最早使用的铸造铝合金的成分（质量分数）为 Al - 8% Cu，称为 No.12 合金，而后采用成分为 Al - 10% Cu（No.122）的铝合金生产汽车活塞和气缸头。在 1909 年，Alfred Wilm 发现，一种 Al - 4.5% Cu - 0.5% Mn 铝合金在淬火并经高温时效后，将发生时效强化，称这种铝合金为 Duralumin。这是人类首次采用热处理和人工时效工艺强化的金属合金。直到 20 世纪 50 年代早期，Al - Cu 铸造铝合金才被广泛使用。Al - Cu 铸造铝合金具有很好的强度和抗疲劳性能，但存在铸造性能差、易产生热裂等问题。随着时代的发展，人们逐步发现和认识到，添加其他元素，特别是硅元素，可以提高该铝合金的铸造性能。因此，在很大程度上，Al - Cu 铸造铝合金已被 Al - Cu - Si 和 Al - Si - Mg 合金所取代。

在铝合金铸态组织中，存在大量的偏析，铝基体的晶粒被低熔点、富铜共晶体所包围。这种铸态组织的性能很差。因此，第一步热处理就是进行高温固溶处理，将铝合金中的铜和其他溶质元素重新固溶于固溶体中。人们已对该固溶过程的动力学进行了深入的研究，并建立了计算复杂的、受扩散控制的方程。在此基础上，Fuchs 和 Roósz 已经将这种复杂计算转换为一张简单的计算固溶时间的图表，如图 2-281 所示。

1. 固溶处理

图 2-281 中的曲线为 10μm 的枝晶间距（Dendrite Arm Spacing，DAS）与固溶温度的函数关系。左边纵坐标为固溶温度，右边纵坐标为在该温度下铜的溶解度极限。例如，计算枝晶间距（DAS）为 50μm 的 Al - 2.5% Cu 合金采用 465℃（869℉）温度固溶所需要的时间。首先，在图中该温度上画一条水平线，与 $w(\mathrm{Cu})=2.5\%$ 的曲线相交于一点，为枝晶间距（DAS）为 10μm 的固溶时间，约为 15min。然后根据图中顶部的标尺选择枝晶间距 a，并在该温度水平线上向右移动距离 a，作垂线到底部坐标，则得到 50μm 枝晶间距的铸件所需要的固溶

时间，约为 5h。在铸件晶粒尺寸很细小的情况下，不能用该图来计算铸件的固溶时间。B206 铝合金铸件的晶粒大小为 50 ~ 100μm，由于枝晶间距的尺寸与晶粒大小基本相同，不是定义的很好的树枝状组织，而是一种等轴的胞状组织，如图 2-282 所示。该图为 B206 合金的铸造微观组织，其平均胞状（晶粒）尺寸为 73μm。在该铸态组织中，大部分铜的共晶相（$CuAl_2$）以晶界间薄膜形式存在。尽管采用图 2-281 计算固溶时间有一定的局限性，但仍可从中获得很多有用的信息。

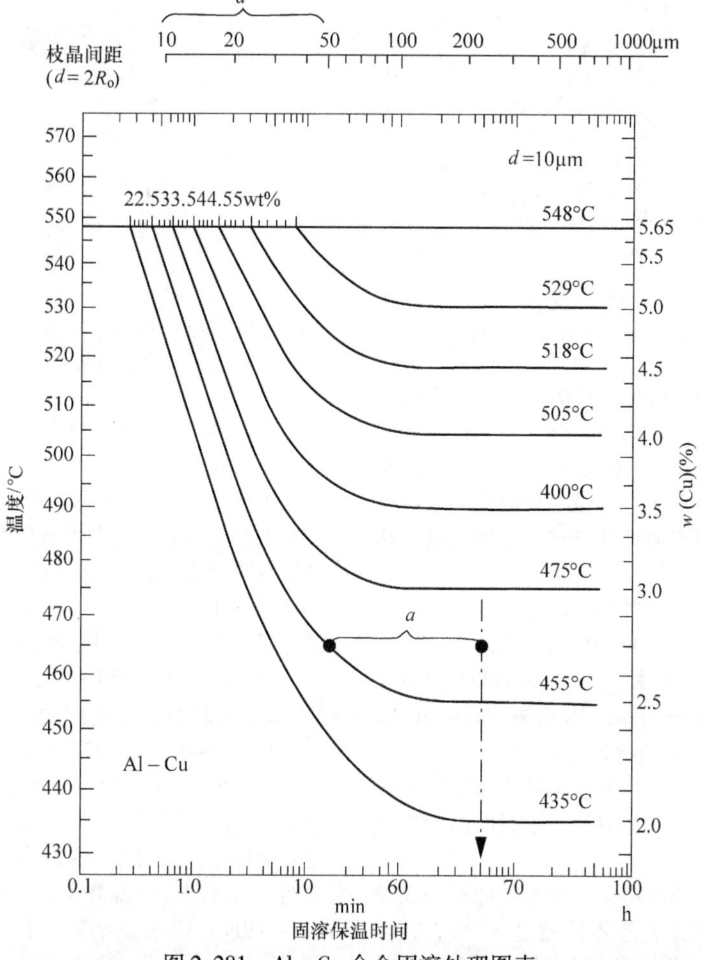

图 2-281　Al – Cu 合金固溶处理图表

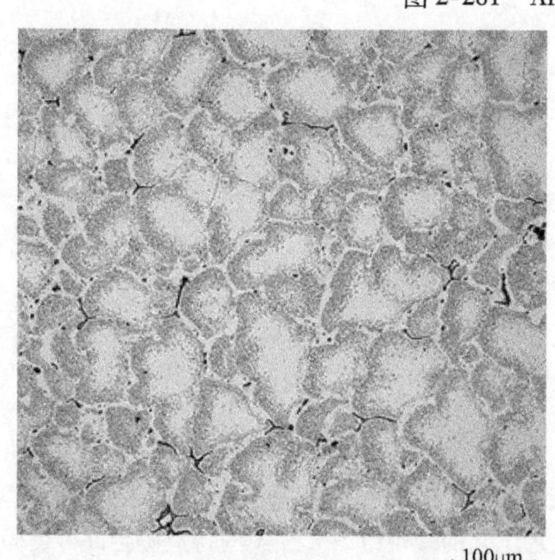

图 2-282　B206 铸造铝合金的铸态组织

Brommelle 和 Phillips 对 Al – Cu – Mg 合金相图进行了研究，对合金元素镁如何改变相图进行了探讨。图 2-283 所示为该三元合金相图的富铝端液相面。值得注意的是，在 Al – Cu 二元合金中添加镁，可以将 Al – Cu 合金的共晶温度从 548℃（1018℉）降低到 507℃（945℉），其中后者是图 2-283 中的三元共晶温度。这就意味着对于 Al – Cu – Mg 合金，需要采用特殊的步骤进行固溶处理。在美国铸造协会手册中，给出了 206 合金的固溶处理工艺。对于快速凝固的铸件，推荐的固溶处理工艺为：

1）在 493 ~ 504℃（920 ~ 940℉）保温 2h。

2）将温度逐渐升高至 527 ~ 532℃（980 ~ 990℉）固溶，并保温 8h，然后在 66 ~ 100℃

（150～212℉）的水中淬火冷却。

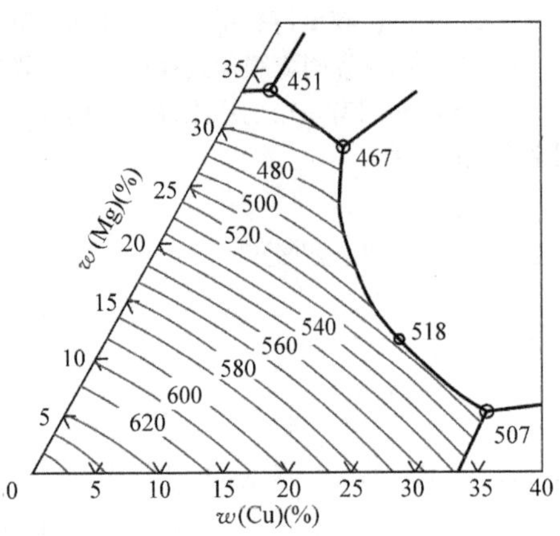

图2-283 Al－Cu－Mg三元合金相图富铝端液相面（根据参考文献［6］改编）

采用两级固溶加热处理的目的是溶解在更高的固溶温度下，可能发生熔化的组分。如果铸件太快被加热至530℃（986℉），在晶界将会发生三元共晶熔化，铝合金的力学性能（强度和伸长率）将受到影响。对于缓慢凝固的铸件，建议采用三级加热固溶方法；

1）在468～493℃（875～920℉）保温2h。

2）在504～516℃（940～960℉）保温2h。

3）将温度逐渐升高至527～532℃（980～990℉）固溶，并保温12h，然后在66～100℃（150～212℉）的水中淬火冷却。

需要注意的是，不论是慢速还是快速凝固的铸件，第一级固溶加热的温度应低于三元共晶的熔点507℃（945℉）。

美国铝业协会对206铸造铝合金中的铜的质量分数进行了规定，其最高值不能超过5.0%，其他201、204、295和296铸造铝合金对铜的质量分数的限制也基本相同。例如，201合金中铜的质量分数不超5.2%，203合金中铜的质量分数不超5.5%。对应于5.0% Cu的溶解度，该类铝合金的最高固溶温度为530℃（985℉），如图2-281所示。这意味着要想溶解铝合金中所有含铜的共晶相，需要很长时间。实际上，当铝合金中添加有镁（如206合金）时，铜的固溶度会略为降低。因此，为使2××铸造铝合金达到最佳的伸长率，应限制合金中铜的质量分数小于4.8%，以保证所有共晶相在固溶过程中完全溶解。

B206铸造铝合金含有（质量分数）4.78%的Cu、0.30%的Mg和0.44%的Mn，人们对该铝合金的热处理工艺进行了详细的研究。其首选热处理工艺为标准的三级固溶处理，其中最终的加热温度为530℃（985℉）。然而，热处理铸件的金相检验表明，铸件中仍有少量未溶的含铜相粒子。图2-284所示为在标准热处理后，经抛光的试样的微观组织。

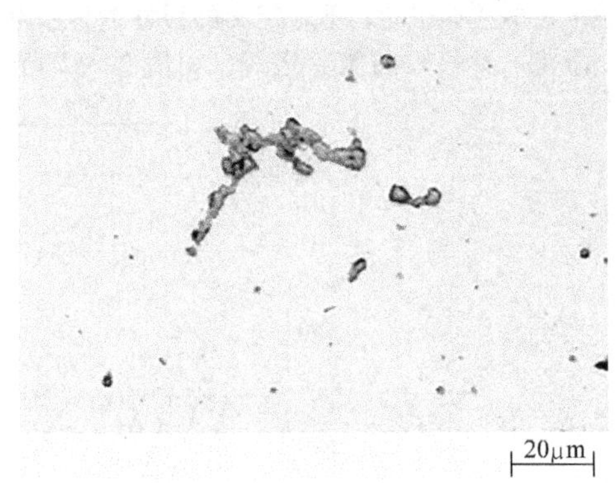

图2-284 B206铸造铝合金试棒固溶处理（T4）的微观组织（经美国铸造协会许可重印）

以上这些结果使得研究人员开始对铝合金的固溶过程进行更详细和深入的研究。首先通过热分析，研究了该铝合金在加热和冷却过程中形成的相组织。这些试验是在安大略省的温莎大学的通用金相模拟试验装置中进行的。热分析研究结果表明，标准的三级固溶处理过于保守。因此，采用小试样进一步进行了如下的三级固溶处理试验；

1）在515℃（959℉）加热2h。

2）在530℃（986℉）加热5h。

3）在540℃（1004℉）加热4h。

微观组织分析表明，选择较高的最终固溶加热温度，能够溶解残余的含铜相，而且没有发现晶界处发生熔化，如图2-285所示。随后进一步的研究表明，当最终固溶加热温度降低到535℃（995℉）时，可以得到同样的结果。

图2-285 B206铸造铝合金试棒采用改进的固溶处理工艺的微观组织（经美国铸造协会许可重印）

简而言之，可以对 206 合金（以及类似的合金）在 50 多年前建立的标准热处理工艺进行优化，使铝合金获得更好的性能。此外，还应该进一步加强对其热处理工艺的研究。

2. 自然时效和人工时效

时效过程决定了最终的力学性能和耐蚀性，人们对 B206 合金铸件的时效工艺也进行了详细且深入的研究。

在人工时效过程中（时效温度高于室温），由于晶界处扩散速度更快，析出相优先在晶界形成。其结果是沿晶界附近的基体出现铜的贫化。由此导致相对于含铜量高的晶内中心处，晶界成为微电池的阳极。在腐蚀性介质中，腐蚀优先沿晶界发生，出现应力腐蚀失效。采用 T6 状态代号人工时效工艺处理，铝合金的强度明显提高。在许多铝合金中，T6 状态代号人工时效工艺得到了广泛的应用。由于 Al－Cu 系列铝合金（如 206 合金）具有应力腐蚀敏感性，因此不适合采用 T6 状态代号人工时效工艺。

进一步延长人工时效时间，晶内中心处也析出了析出相，铜的过饱和度下降，晶界和晶内中心处铜的成分差异逐渐消失，此时，铝合金又回到具有很高抗应力腐蚀性能的状态。铸件经长时间时效的工艺称为过时效，并用 T7 状态代号表示该工艺。

对 B206 合金的单铸 B108 拉伸试棒进行标准固溶处理后，在经不同时效温度和时间时效，并测试了铝合金在各种时效条件下的拉伸性能。以铝合金的抗拉强度（Ultimate Tensile Strength，UTS）与断后伸长率的对数为坐标轴作图，得到图 2-286。下面对图 2-286 中的各种时效工艺进行详细介绍。

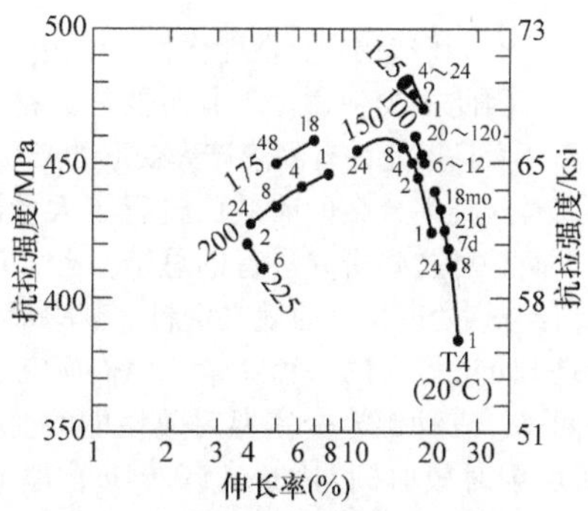

图 2-286　各种时效条件下的 B206 合金的抗拉强度
［译者注：图中较大字体的数字表示时效温度；图中较小字体的数字表示在各温度下的时效时间（没有单位的数字＝h；d＝天；mo＝月］

1）T4：在室温自然时效的前 7 天内，抗拉强度会迅速提高，在自然时效 7 天时，铝合金的屈服强度达到 262MPa（38ksi）。在室温自然时效 21 天后，屈服强度达到 267MPa（39ksi）。18 个月后对铝合金的硬度测量进行外推，其屈服强度将为 272MPa（39ksi），而抗拉强度为 440MPa（64ksi）。

2）100：试样在 100℃（212℉）时效，时间为 6～120h 不等。时效 6h 的试样具有良好的抗应力腐蚀开裂性能，而时效 12h 的试样则没有。因此，6h 为该时效温度的最大实际时效时间。经过 6h 的时效后，其屈服强度为 290MPa（42ksi），比自然时效的 T4 铸件高出约 20MPa（3ksi）。

3）125：试样在 125℃（257℉）时效，时间为 1～24h 不等。时效时间超过 2h 时，试样对应力腐蚀失效敏感。铸件经 2h 时效，屈服强度为 297MPa（43ksi）。

4）150：试样在 150℃（302℉）时效，时间为 1～24h 不等。由于试验测试失败，在交替浸泡应力腐蚀测试试验中，没有试样产生应力腐蚀开裂（SCC）。

5）175：试样在 175℃（347℉）时效，时效时间分别为 18h、24h、48h。时效 48h 的试样通过了交替浸泡应力腐蚀测试试验，其他经较短时间时效的试样没有通过。

6）200：标准的 T7 状态代号工艺为在 200℃（392℉）时效 4h。铸件采用这种处理工艺的屈服强度为 377MPa（55ksi）。时效 4h 以上的铸件通过了交替浸泡试验，也就是说，试棒在 30 天的测试中没有失效。

7）225：试样在 225℃（437℉）时效，时间为 2～6h 不等。在交替浸泡试验中，所有试样都具有极好的抗应力腐蚀性能。

Al－Cu 和 Al－Cu－Mg 合金是最早进行热处理的铝合金，也是人们最早进行深入研究的铝合金。1954 年，Hardy 发表了一篇优秀的综述评论，对早期的 96 篇有关 Al－Cu 合金研究结果的文献进行了简要的总结，在该综述中，可以查阅到早期的有关文献。根据他的论文，以及其他人对 Al－Cu 二元合金体系的研究，绘制了时效时间－温度转变曲线，如图 2-287 所示。

在较低的温度下时效，形成弥散细小的共格析出相。该析出相厚约 8Å，直径小于 100Å。该析出相由 Guinier 和 Preston 独立发现，并命名为 GP 区。如果把铝合金加热到高于 130℃（266℉）的温度，这些析出相会长大，直径约为 500Å，称为 GP（Ⅱ）区，但仍保持共格。在更高的温度时效或时效时间更长，会形成尺寸更大、与基体半共格的析出相 θ′，最后，形成稳定的 $CuAl_2$（θ）相。整个析出序列为

$$\mathrm{GP(I)} \rightarrow \mathrm{GP(II)} \rightarrow \theta' \rightarrow \theta \tag{2-38}$$

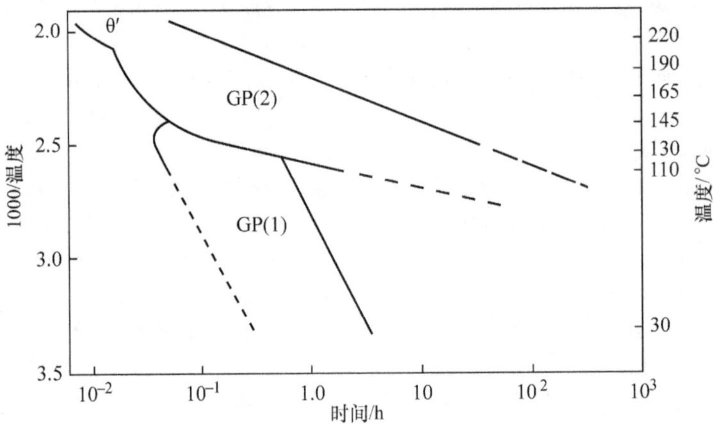

图 2-287 Al-4.5%Cu 合金的时效转变曲线

在130℃（266℉）时效约50h时，Al-Cu二元合金的强度达到最高，但这种组织易产生应力腐蚀失效。当从固溶温度淬火后，大量空位会保留在铝合金基体中，这些空位和铜原子在铝合金中发生扩散，形成GP（Ⅰ）区。当Al-4.5%Cu合金在室温下停放时，这种析出反应在5~7天内完成。在此之后，铝合金的组织几乎不发生变化。Hardy将该铝合金试样在30℃（86℉）的温度下保存了3年，没有观察到铝合金的组织和硬度有任何的变化。因此，室温时效的铝合金具有长时间稳定、耐蚀性好的优点。

由于空位在形成GP（Ⅰ）区中起到了非常重要的作用，Al-Cu二元合金具有淬火敏感性。图2-287所示为Al-Cu二元合金板材在固溶后采用冰水淬火的情况。如果铝合金的截面较厚或采用较慢的淬火速率，则组织中保留的空位数量较少，此时室温时效过程将被大大减缓甚至完全不进行。如果在Al-Cu合金中添加镁，则可以在很大程度上消除淬火敏感性的问题。添加镁合金元素，还能进一步强化铝合金，提高其屈服强度和硬度。

现在重新对图2-286所示的拉伸性能曲线进行分析。可以看到，采用125℃（257℉）的温度或更低的温度（包括室温T4）时效，时效强度变化曲线具有类似的趋势。这与在这些温度下时效，观察到析出的GP（Ⅰ）区是稳定的这一结果完全吻合。

然而，在175℃（347℉）的温度或更高的温度时效，时效机制将发生改变，导致了完全不同的力学性能。其中在150℃（302℉）时效，为时效机制发生变化的过渡期。在较短的时间内，仍析出足够数量的GP（Ⅰ）区，其拉伸性能与在较低温度下时效相似。随着时效时间的延长，GP（Ⅰ）区发生溶解，取而代之的是析出时效温度较高的GP（Ⅱ）区。如图2-286中，当时效时间为8h以上时，“150”曲线上产生转折。采用较低温度时效，铸件可以获得强度和伸长率的最佳组合。采用传统的T7状态代号工艺进行处理，提高了铝合金的强度，但降低了伸长率这一塑性性能指标。有关在各种时效处理状态下B206合金的应力腐蚀性能，可在参考文献［9］中找到。

2.10.2 Al-Zn-Mg（7××）合金

有大量铸造铝合金属于Al-Zn-Mg三元合金体系。这类铝合金可以进行热处理，但它们在室温自然时效条件下强度很高，因此通常不进行热处理。可以对这类铝合金铸件在铸态立即进行焊接或钎焊，而后在室温下装配并得到时效，达到很高的强度。由于这类铝合金具有这种特性，成为许多产品最理想的材料之一。

尽管7××铸造铝合金性能优良，但由于它存在热裂倾向，因此很少使用。现其主要用途是生产强度要求高，而且不允许有固溶淬火变形的产品。

人们对这类铝合金的时效已进行了大量深入的研究，下面是对这些研究进行的总结。有大量Al-Zn-Mg合金热处理技术的俄文资料，其中最令人感兴趣的是Elagin等人的一篇文章。他们研究了在10年的时间里，三种铝合金室温时效性能的变化。图2-288所示为时效时间对1mm（0.04in）厚的Al-4.4Zn-2.0Mg-0.54Mn-0.2Zr合金薄板拉伸性能的影响（该铝合金还含有0.24%Fe和0.15%Si，其成分与AA705合金相当）。对试样进行了固溶淬火，然后在室温下选择不同的时间进行时效。该铝合金在10年的时效时间内，强度不断增加，而塑性仅略有降低。铝合金的性能随着时效时间不同而不断变化，使设计工程师无法确定采用哪些强度值进行产品设计，这对设计工程师来说是一个非常严重的问题。

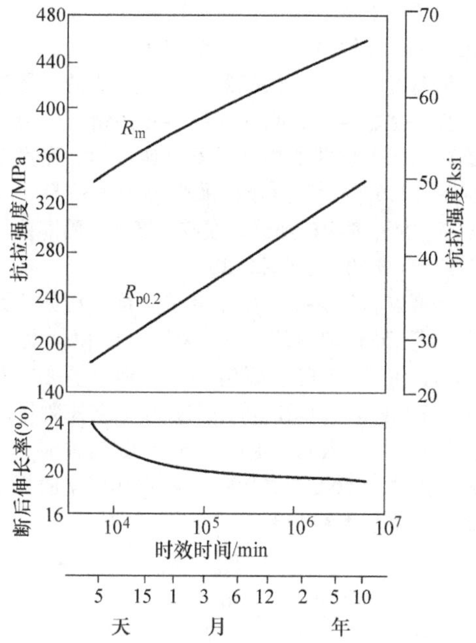

图 2-288 室温时效对 Al - 4.4Zn - 2.0Mg - 0.54Mn - 0.2Zr 合金拉伸性能的影响

在同一项研究中，Elagin 和他的同事们采用两种人工时效工艺，对一种含铬的铝合金的长期稳定性进行了研究。在 90℃（194℉）进行时效处理后，铝合金表现出与图 2-288 中自然时效相同的时效效果。也就是说，经长时间的时效，铝合金的强度不断提高，塑性有所降低。而采用在 120℃（248℉）时效 10h 后，再在 140℃（284℉）时效 15h 的时效工艺，铝合金在室温下 6～8 个月后保持稳定。8 年期间铝合金的屈服强度保持不变，而没有观察到塑性的下降。

铝合金的性能稳定是非常重要的，此外，在某些情况下，人工时效工艺也是非常有用的。例如，如果需要经过 60 天的自然时效，铝合金才能达到所要求的强度，那么铸件需要经过 2 个月的库存才能出厂，这无疑会提高生产成本。正是由于这些原因，人们进行了大量对时效工艺的研究。通过在 400℃（752℉）短时间固溶加热 30min，将铝合金“重置（reset）”到铸态。也就是说，采用这种处理方法，溶解铝合金铸造后，在自然时效条件下形成的 GP 区和其他析出相。然而，这种短时间固溶加热并不能使组织完全达到均匀化。在短时间固溶后，开始进行时效试验。通过测量电导率、硬度和抗拉强度，研究铝合金性能与时效时间和温度之间的关系。在此基础上，建立优化的时效工艺：

1）在室温下保持不少于 5 天。

2）在 90～100℃（194～212℉）时效 5h。

3）根据强度性能要求，在 160℃（320℉）时效 4～15h。

研究发现，最佳时效工艺为在 160℃（320℉）时效 5～6h，这些结果与 Elagin 和他的同事们的研究完全吻合。采用该三级时效工艺，铝合金的抗拉强度相当于在室温下自然时效 90 天。

根据在数家铸造厂的调研，确定典型时效炉的使用成本约为 0.16 美分/（h/lb），包括在 90℃（194℉）时效 5h 和在 160℃（320℉）时效 6h 的三级人工时效总成本约为 2 美分/lb。该时效工艺成本相当于 1～2 个月的产品库存成本，在生产中是可以接受的。此外，该时效工艺还避免了铝合金在自然时效期间强度不断上升的问题。人们希望通过长时间的试验，验证该三级时效工艺的长期稳定性。一旦证明该三级时效工艺是长期稳定的，则会给该工艺一个 T57（或者 T56）的工艺状态代号。

2.10.3 Al - Si - Mg 合金

Al - Si - Mg 铸造铝合金具有优良的铸造性能、良好的抗疲劳性能和耐蚀性，通过热处理，铸件可以获得理想的强度和塑性，因此用途非常广泛。热处理过程包括在接近共晶温度固溶加热、淬火，然后进行自然时效和人工时效。通过热处理提高了铝合金的拉伸性能，其主要原因是在固溶加热过程中，改变了硅相颗粒的形态，在时效过程中，析出了 Mg_2Si 相。铸件可达到的性能与固溶加热温度、保温时间以及时效温度和时间有关。

Al - Si - Mg 铸造铝合金的力学性能主要取决于铝合金的化学成分、熔炼工艺、铸造工艺和热处理工艺等几个因素。在已出版的文献中，有大量有关热处理对 Al - Si - Mg 铸造铝合金性能影响的信息，Apelian 等人对这些信息进行了全面的调查和总结。针对 Al - Si - Mg 铸造铝合金开发了几种不同的热处理工艺，其中最常用的是完全强化的 T6 状态代号处理工艺。该工艺可使铝合金获得最高的强度和良好的伸长率。当铸件需要服役于高温，或者需要进行大量的机加工，以及需要尽量减少变形时，有时可采用 T7 状态代号处理工艺。与铸态铸件相比，采用 T7 状态代号处理工艺，可在不降低铸件塑性的条件下，使铝合金的屈服强度明显提高。T5 状态代号处理工艺是一种可以获得中等强度的低成本工艺方法。高温固溶处理和随后的淬火不会造成工件产生额外任何变形。采用 T5 工艺处理铸件的效果主要取决于铸件凝固后的冷却速率。采用高的或中等的冷却速率冷却（如小型铸件在金属铸模中冷却），部分镁合金元素仍保留在固溶体中，在人工时效过程中，会

以 Mg_2Si 相的形式析出。在要求铝合金具有中等强度时，该工艺的成本较低。在不进行固溶处理的情况下，可通过对该工艺进行调整，来得到更高的伸长率。

1. 固溶处理

进行固溶处理，铸件组织将发生以下变化：

1）Mg_2Si 相粒子发生溶解。

2）铸件组织均匀化。

3）改变了共晶硅的形态。

下面分别对这些组织变化进行介绍。

（1）Mg_2Si 相的溶解　可热处理强化铝合金在固溶度曲线温度下，析出的 Mg_2Si 相具有可溶解性。在平衡条件下，固溶度随温度的降低而降低，而第二相为粗颗粒相。在 Al－Si－Mg 铸造铝合金中，镁和硅在铝中的固溶度随温度的降低而降低，如图 2-289所示。为了使镁和硅在固溶体中获得最大的固溶度，固溶温度应该尽可能接近共晶温度。如果加热温度超过了铝合金的熔点，在晶界处会出现局部熔化，铝合金的力学性能会受到影响，因此，对固溶加热温度进行严格的控制是至关重要的。通过金相检验，才能检测到晶界局部熔化的情况，但这种现象对铝合金性能的损害是不可逆转的。在大多数情况下，356 和 357 型合金采用(540 ±5)℃[(1004 ±9)℉]的温度固溶加热，在该温度下，固溶体中能固溶约 0.6% 的 Mg（图 2-289）。

还可以将图 2-289 用于其他方面。例如，如果一金属型铸件在 427℃（800℉）出模，大约有 0.3% 的 Mg 仍存在于固溶体中。但如果在 371℃（700℉）出模，则固溶体中 Mg 的质量分数将降至略高于 0.2% 。因此，生产 A356－T5 铸件时，如果出模温度降低 56℃（100℉），则意味着镁的析出强度效果会降低大约 1/3。

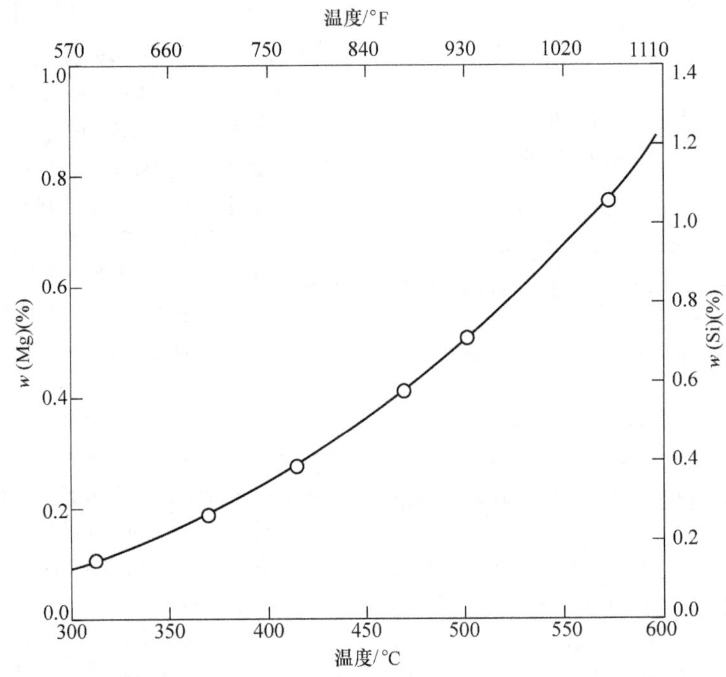

图 2-289　当硅和 Mg_2Si 相都存在时，镁和硅元素在铝中的固溶度

（2）组织的均匀化　通过固溶处理，降低了铸件中合金元素的偏析，均匀化了铸造组织。合金元素硅和镁在固溶过程中均匀化所需的时间受控于扩散，取决于固溶加热温度和枝晶间距（DAS）。Closset 等人采用显微微区探针分析方法，对铸态的 356 合金以及经过不同固溶时间后铝合金中的镁和硅进行了分析，此外，他们还对铝合金的电阻率进行了测量。研究发现，在 550℃（1022℉）保温 30min，铝合金完全达到均匀化，没有发现变质和未变质的试样之间存在差异。Shivkumar 等人进行了一项类似的研究，研究发现，对变质和未变质的 A356 合金，不论是金属型铸造和砂型铸造试棒，在 1h 内，铝合金中的硅和镁都完成了均匀化过程。其原因是在铝合金中，硅和镁具有相对高的扩散速率和相对较短的扩散距离（约为二次枝晶间距的 50%）。

（3）改变共晶硅形态　如果均匀化在 1h 内已完成，为什么标准热处理的固溶时间要求为 6～12h 呢？其原因是，共晶硅形态对铝合金的力学性能起着至关重要的影响作用。没有变质的铝合金在正常的冷却情况下，硅相以粗大针状或片状存在，易造成裂纹萌生，由此导致力学性能，尤其是伸长率下降。通常情况下，将铸件进行长期高温固溶处理，可以改善硅粒子的形态。近年来，通过添加化学变质剂（主要是钠和锶），得到了细小硅的形态，提高了铝合金的伸长率。经过良好变质处理的铸件，可以显著缩短固溶处理时间。

有人已对未变质和锶变质的 A356 合金试样，在热处理过程中微观组织的变化进行了研究，在这里不做详细介绍。简单地说，变质处理对细化硅片和球化硅粒子具有明显的影响，并明显提高了铸件的伸长率。而长时间的固溶处理也会导致这些颗粒粗化。

2. 淬火

淬火是使铸件从固溶温度迅速冷却，固溶于铝中的镁和硅没有时间析出（图 2-289），而在时效时形成析出相 Mg_2Si，使铸件得到最大的强度。快速淬火也会在金属中产生大量的空位浓度。X 射线分析研究表明，在析出过程中，空位是原子簇和 GP 区的重要组成部分。如果铝合金在较高温度下形成 Mg_2Si 相，其尺寸粗大，强化效果不好。

快速淬火虽然能产生最高的强度和良好的伸长率，但同时也引入了热应力，造成铸件扭曲和弯曲变形。根据铸件的形状，可以通过降低淬火速率，来保持铸件尺寸的稳定性。但较慢的淬火速率会导致铝合金的抗拉强度降低，伸长率提高。除非铝合金中镁含量较低，一般不采用该方法。

影响淬火冷却速率的两个因素是：

1）淬火转移时间。这指的是将铸件从炉中取出，转移到淬火槽中的时间。为获得最好的性能，淬火转移时间应该小于 30s，最好小于 10s。正是考虑到这一点，一些铸造厂已经设计并定制建造了专用的固溶加热炉。将铸件放入一个金属丝料筐中，在完成固溶加热保温后，炉底门被打开，铸件连同金属丝料筐一起淬入淬火槽水中。采用了这种炉子的设计方案，淬火转移时间只有 1 ~ 2s。

2）淬火冷却介质及其温度。小尺寸铸造试棒在各种冷却介质中的冷却速率如图 2-290 所示。水具有冷却速率快、成本低的优点，是最常用的淬火冷却介质。有时，将聚合物化合物添加入水中，改变其淬火冷却性能。冷水的冷却速率最快，可使铝合金获得最高的强度，但为了保证高的生产效率，需要一个冷水冷却系统。大多数铸造厂都采用接近沸点温度的水进行淬火，通常淬火水温为 60 ~ 80℃（140 ~ 175℉）。总之，不论采用什么工艺，都必须注意观察水温并保持合理的恒定。淬火水温对铝合金的力学性能有明显的影响，如图 2-290 所示。Tiryakioglu 和 Shuey 研究了各种冷却速率和淬火路径，包括中断淬火对 A357 合金铸件性能的影响，并建立了相应的解释模型。

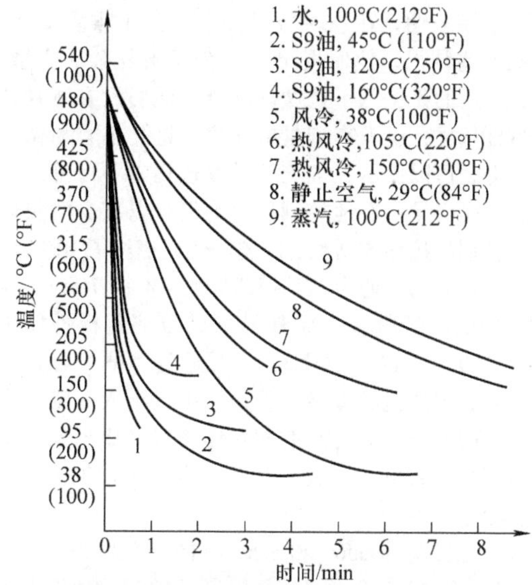

图 2-290 在各种介质中淬火的冷却曲线

3. 预时效

预时效是指铸件淬火后和人工（高温）时效之前的停留时间。换句话说，预时效是在淬火后和进入时效炉前，铸件在室温下的状态。

预时效主要取决于所使用的加热设备。当采用连续式热处理生产线时，铸件通常会在高温热处理生产线的末端进入淬火槽，然后直接转入时效处理生产线中。在这种情况下，没有预时效，也没有停留时间。如果采用间歇式热处理炉，则把铸件从淬火区转移到时效炉中需要花费一些时间。在这种情况下，会有预时效时间，这会影响到最终产品的力学性能。大多数预时效的影响都发生在前 8h，如铸件停留时间多于 8h，则停留时间对铸件性能的影响很小，因此，在实际生产中，许多铸造厂都将铸件停放一天后再进行下一步处理。如铸造厂每天仅开单班，则意味着预时效时间在 16 ~ 24h 之间，这是完全可以接受的。超过 8h 预时效的铸件比没有进行预时效的铸件强度要低，伸长率相应较高，质量指数相同。通过添加少量的镁或者稍微增加时效时间（或温度），可以补偿预时效的影响作用。

人们已经对预时效进行了广泛的研究，但对预时效的机制了解很少。在预时效过程中，发生了空位的扩散以及硅和镁的轻微扩散。从少量的杂质元素（铟、锡、镉、铜）能改变预时效的影响，可推断出空位的浓度很重要。随着镁含量的增加，预时效的影响效果增加，随着时效温度的提高，预时效的影响效果下降。

下面是近期两篇有关预时效的研究报告：

Manickaraj 和他的同事对预时效（他们称孕育期）和人工时效期间的显微硬度进行了详细的测量。研究结果表明，在预时效过程中发生了很多变化。根据这些结果，他们提出了一个相当复杂的模型。令人失望的是，除了显微硬度外，他们没有测量其他性能数据，也没有测量电导率。这是很容易做到的，并且可以揭示很多关于时效过程中不可见的变化，只是必须小心地控制测量温度，以减少测量误差。他们的拉伸数据也有问题。他们浇注了 B108 试棒，但得到的性能为 275 ~ 325MPa（40 ~ 47ksi），这比预期的要低得多（质量最好的拉伸铸棒性能为 450 ~ 500MPa（65 ~ 73ksi））。尽管这项研究存在这些问题，但还是具有参考价值，可以给人一定的启发。预时效与时效之间的相互作用似乎比想象的要复杂得多，有可能构成一些新的组合时效工艺，提高铝合金的性能。

第二篇是 Schaffer 和 Schaffer 的研究报告。他们对 A356 和 A357 合金在不同温度下的时效性能进行了研究。他们测量了铝合金铸件在 T4 状态条件下，预时效时间为 0.1 ~ 15000h（625 天）的布氏硬度。在淬火后 0.1h 测量的布氏硬度为 58HBW，在 10h 后硬度值为 78 ~ 79HBW，在大约 300h（12 天）之后，硬度值达到稳定的 85 ~ 88HBW（注：这是该作者的说明，有人对该数据进行检验后，认为达到最高硬度的预时效时间约为 1000h。由于这些数据点上没有误差棒，所以无法确认哪种说法是正确的）。研究报告的作者将这些数据整合到一个模型中，该模型的适用时效温度范围为 22 ~ 190℃（72 ~ 374℉）。这表明，室温下的预时效机制与较高温度下的预时效机制是相同或类似的。该研究报告还建立了这些铝合金的布氏硬度与抗拉强度之间的关系。

4. 时效

人工（高温）时效是在固溶处理后，析出由镁和硅等原子组成的析出相。Al – Si – Mg 铸造铝合金按下面的时效析出序列析出：

$$Al_{ss} \rightarrow GP\ 区 \rightarrow \beta' \rightarrow \beta \qquad (2\text{-}39)$$

从过饱和固溶体（Al_{ss}）中，最先析出球状的 GP 区，这些析出的 GP 区快速沿铝基体的方向生长，形成针状，逐渐长大为棒状，最终形成片状。在形成片状之前，铝合金达到峰值硬度。β′相为半共格相，最终在 β′相上形核长大成平衡相 β（Mg_2Si）。

人们对 Al – Si – Mg 合金体系的时效进行了大量的研究。大多数的研究对象为在不同温度下，硬度或拉伸性能与时效时间的关系。Kaufman 和 Rooy 对这些资料数据进行了全面的汇总，给出了常用铸造铝合金的时效曲线，并测量了尺寸变化与时效的关系。在参考文献［15］中，也对该铝合金体系的其他时效数据进行了综述和总结。下面将这些资料要点总结归纳如下。

30 年前，法国铸造工作者对铝合金时效进行了一项极有价值的研究工作。该研究不仅清楚地揭示了如何通过时效参数来控制铝合金强度，还为得到铸造工作者频繁使用的质量指数（Quality Index）奠定了基础。图 2-291 所示为在 150 ~ 220℃（302 ~ 428℉）时效温度范围内，铝合金的极限抗拉强度（UTS）与断后伸长率（E_f）的对数之间的关系。在该半对数图中，等屈服强度为斜直线。在图的右下方，为屈服强度等于 150MPa（22ksi）的斜直线；在图的左上方，为屈服强度等于 300MPa（44ksi）的斜直线。在该图中还标出了恒定质量指数（$Q = UTS + 150\log E_f$）直线方程，其方向几乎与等屈服强度直线（Iso – Yield Stress Lines）成 90°。这些铸件在淬火后，极限抗拉强度为 205MPa（30ksi），伸长率小于 4%。这对应的质量指数为 290MPa（42ksi）。随着铸件进行时效，它们服从 Q = 260 ~ 290MPa（38 ~ 42ksi）的恒定质量指数带，即强度进一步提高，伸长率进一步下降。在每条时效温度与强度的曲线上，用小号数字表示不同的时效时间（h）。每条曲线都达到最高强度峰值，然后逐渐下降。该峰值代表开始进入过时效（T7）状态，与时效时间相对应的是 Mg_2Si 析出相尺寸开始粗大，并开始失去强化铝合金的能力。

图 2-292 所示为采用另一种方式表示时效过程中强度的提高，该图由上下两部分组成。图的下部分左边的纵坐标为铝合金的屈服强度，右边的纵坐标为对应的硬度。图中的 5 条曲线分别表示在时效过程中，镁的质量分数为 0.2% ~ 0.6% 的铝合金强度的提高。通过在图中作垂线与图的上部分相交，获得具体强度所对应的时效时间。例如，w(Mg) = 0.3% 的铝合金在 150℃（302℉）时效 8h，屈服强度为 200MPa（29ksi）。也可以通过在 160℃（320℉）时效 4h，来获得同样的强度。该结果表明，保持时效炉恒温是至关重要的，该结果还表明，提高时效温度可以减少时效时间。

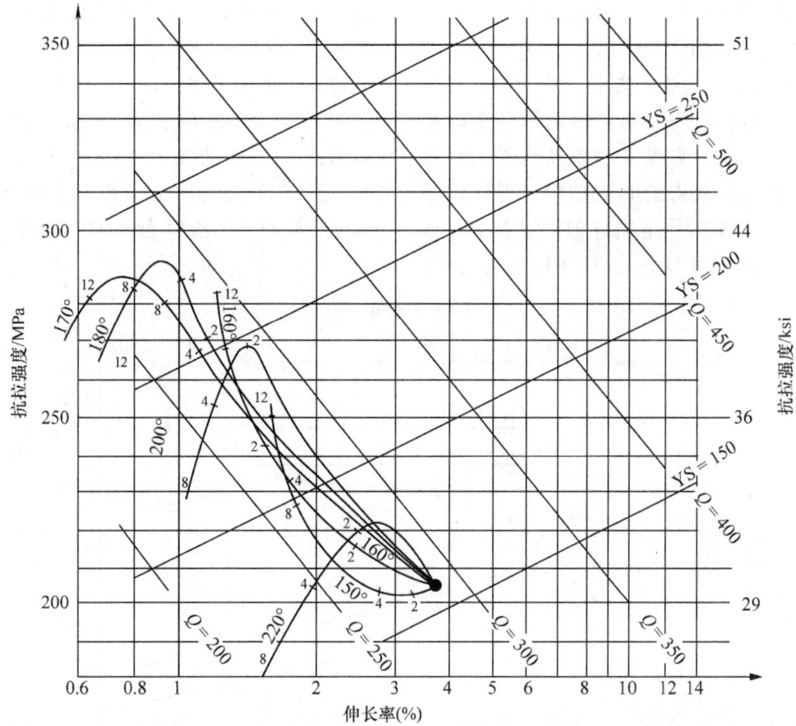

图 2-291 Al-7% Si-0.3% Mg（A356）合金砂型铸件在不同时效温度下的时效曲线

（译者注：图中最小号数字表示时效时间，单位为 h；曲线上有“°”的数字表示时效温度；“YS”后的数字表示屈服强度值；“Q”表示质量指数。）

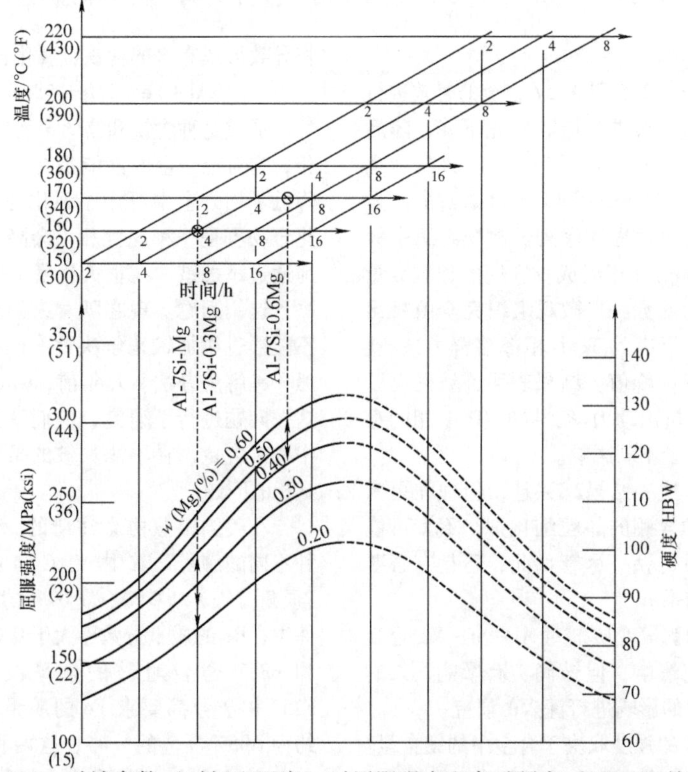

图 2-292 时效参数（时间和温度）对屈服强度和布氏硬度（HBW）的影响

注：图中有 5 种镁含量的曲线（译者注：图中最小号数字表示时效时间，单位为 h）。

还有一种通过构建时间－温度转变曲线，来观察时效过程的方法，如图2-293所示。在参考文献［15］中，介绍了构建该曲线的方法。图中曲线 A 代表 Mg_2Si 相开始析出的时间，通常根据铝合金硬度第一次提高确定该时间。曲线 B 表示获得最大强度和硬度的时间。根据可获得的时效曲线，得到这些曲线的实线部分，虚线部分是估计值。正如 Drouzy 等人所指出的，时效温度变化 10℃（18℉），会导致时效时间变化两倍。根据淬火速率对力学性能的影响，C曲线的鼻尖温度所对应的时间是10s。图中上部分两条水平线，是图2-289中 $w(Mg)=0.3\%$ 和 $w(Mg)=0.6\%$ 的固溶度所对应的温度。对于 $w(Mg)=0.3\%$ 的A356合金，在高于425℃（795℉）时，没有 Mg_2Si 相析出；而对于 $w(Mg)=0.6\%$ 的铝合金，则对应的温度为500℃（930℉）。

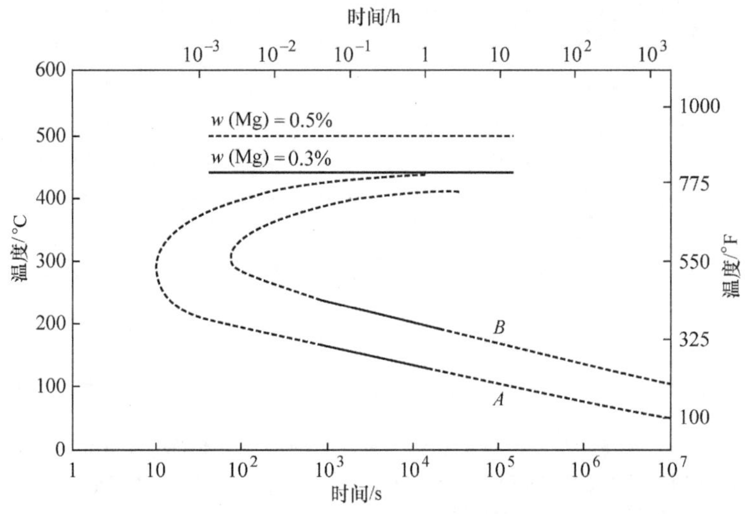

图2-293 Al－7Si－0.3Mg（A356）合金的时间－温度转变曲线

5. 其他元素的影响

Misra 和 Oswalt 对 A356 和 A357 合金的时效进行了研究，发现伸长率（和质量指数）先下降，随后提高（参见参考文献［15］中的图19）。该次峰也与最佳强度性能相对应。Misra 和 Oswalt 通过电子显微镜，观察了时效析出过程和序列。微观组织由针状的 $TiAl_3$ 和片状的 Mg_2Si 相组成，它们的相对数量和分布是时效时间的函数。当微观组织完全由析出相 Mg_2Si 组成时（即所有的 $TiAl_3$ 相都溶解了），就会观察到伸长率出现次峰值。结果表明，钛延迟了平衡相 Mg_2Si 的常规析出动力学，同时 $TiAl_3$ 相的存在也对拉伸塑性产生了不利影响。

以前人们可能对这一结果感兴趣，但现在更常使用的是效果更好的含硼的晶粒细化剂，不太可能在铝合金中添加大量的钛。尽管如此，还是有必要了解这一试验观察结果。

铁和铬以及钠和锶等变质剂对 Al－Si－Mg 合金的时效过程没有任何影响，但铍确实有影响，人们希望对该元素对时效的影响进行深入的研究。

Al－Si－Mg 合金的强度取决于合金中的镁含量。357系列合金含有最高的含镁量，广泛用于生产有高屈服强度和抗拉强度要求的产品。然而，高含镁量将导致形成有害的含铁金属化合物。其反应为

$$9Al+Fe+3Mg+5Si=Al_9FeMg_3Si_5 \quad (2\text{-}40)$$

形成这种含铁和镁的金属间化合物称为 π（pi）相，它对铝合金的性能是有害的。与镁结合的 π 相降低了铝合金中可用于强化的镁的数量，此外，该化合物也是一种脆性相，会降低铝合金的塑性。以前通过添加铍，在很大程度上避免了形成 π 相，解决了这一问题。现在随着人们环保意识的增强，已不能通过添加铍来解决这一问题。因此，需要找到另一种解决办法。几年前，Granger 和他的同事们对这一问题进行了研究，他们认为，如果降低铝合金中铁的含量，在不添加铍的条件下，可以解决形成 π 相的问题。

在美国铝业协会注册的357系列合金中，有7种不同的牌号。其中A、C和D牌号的铝合金含有（质量分数）0.04%～0.07%的Be。E和F牌号的铸件中，Be的质量分数不大于0.002%（20ppm）。357和B357合金对铍的含量没有要求。E357.0和F357.0合金都要求Fe的质量分数不大于0.10%，约为A357合金的一半，这两种铝合金都是含铍的A357合金很好的替代合金。最近，Elsharkawi 和他的同事研究了热处理对A357合金中形成的 π 相的影

响，他们采用长时间的固溶处理来完全或部分地分解它。他们还发现，通过锶的变质作用，改变了凝固过程中形成的 π 相的大小和数量。

6. 推荐的 T5 状态代号工艺

Purdon 和 Major 进行了一项不同热处理对铸件性能影响的详细调研。将铸件试棒从金属型中取出后，立即进行了三种淬火处理：正常的空气冷却、强制对流空气淬火、水淬。

这三种淬火工艺的冷却速率分别为 20℃/min（36℉/min）、140℃/min（252℉/min）和大于 80℃/s（144℉/s）。采用水淬火，铝合金获得了最高屈服强度，但伸长率降低了。在这些铸件中，正常的空气冷却或强制对流空气淬火得到的强度几乎相同，但伸长率明显提高。Purdon 和 Major 在 A356 合金中添加了镁，这也提高了铝合金的屈服强度和抗拉强度，但是伸长率下降了。

如果考虑生产 T5 状态的铸件，应认真阅读参考文献［29］。铸件的性能受淬火速率和时效时间影响是一个非常复杂的问题，针对具体铸件，需要通过对几种不同的热处理工艺组合进行研究和实践，才能确定最佳工艺。

2.10.4　Al－Si－Cu 和 Al－Si－Cu－Mg 合金

下面对 Al－Si－Cu 和 Al－Si－Cu－Mg 系列铸造铝合金进行介绍，其中包括许多重要的铝合金和用它们生产的工业产品。这类铝合金主要生产的产品为发动机气缸体、气缸盖、歧管、主气缸、油盘、阀盖和活塞等汽车零部件。这些汽车零部件通常不需要很高的伸长率，所以常使用中等级别的铝合金。铝合金中含有大量的铁、锰、锌以及少量的其他“偶存（tramp）”元素。该铝合金体系中最常用的是 319 合金。根据铝合金中镁的含量，319 合金有两种规格。表 2-98 所列为美国铝业协会的 319 合金的成分规范。

表 2-98　319 铸造铝合金的成分

合金	成分（质量分数，%）								
	Si	Fe	Cu	Mn	Mg	Ni	Zn	Ti	其他元素
319.0	5.5～6.5	1.0	3.0～4.0	0.50	0.10	0.35	1.0	0.25	0.50
A319.0	5.5～6.5	1.0	3.0～4.0	0.50	0.10	0.35	3.0	0.25	0.50
B319.0	5.5～6.5	1.2	3.0～4.0	0.8	0.10～0.50	0.50	1.0	0.25	0.50

从表 2-98 中可以看出，319 和 A319 合金为低镁含量牌号的铝合金，B319 合金中 $w(\mathrm{Mg}) = 0.1\% \sim 0.5\%$。最初，B319 合金是为了节省生产成本，避免从回收废金属中除去镁的要求而开发的。但对可热处理强化铝合金铸件，镁还可以提高铝合金的强度。

在许多情况下，319 以及类似合金都在铸态、不进行热处理的条件下有较高的强度，这对于不需要具有很高强度和/或伸长率的产品来说是足够的，因此可直接使用。例如，这类铝合金可用于生产要求压力密封的制动主缸和歧管等零部件。大多数 Al－Si－Cu－Mg 合金还具有优异的高温强度。

然而，有些零部件要求具有高强度和高塑性，这可以通过完全热处理，即采用 T5 状态工艺或改进的 T5 状态工艺来实现。通常，对发动机气缸体进行 T7 状态工艺处理。高温固溶处理有助于保证气缸体内部复杂的油路和水廊均匀一致，T7 状态时效处理的组织尺寸非常稳定，这对提高发动机抗磨损是非常重要的。正是这个原因，需要对这类铝合金的热处理基本原理进行介绍。

319 合金可采用很多种热处理工艺，但标准的热处理工艺是：

1）在 495℃（923℉）保温 8h。

2）淬入热水。T6 状态工艺：在 155℃（311℉）时效 2～5h；T7 状态工艺：在 240℃（464℉）时效 2～5h。

对于含有镁的 B319 合金，T6 状态工艺要求选择较高的时效温度，即在 170℃（338℉）时效 2～8h。

1. 固溶处理

在凝固过程中，纯度相对高的铝先发生树枝状结晶，随着凝固继续，富铝晶粒长大，而溶质元素（主要是硅、铜、镁和铁）会向晶界处偏析。其工件的铸态组织为，富铝晶粒被 Si 相、Al_2Cu、Mg_2Si、$Al_5Mg_8Cu_2Si_6$ 以及几个含铁脆性相所包围。固溶处理的目的是将可溶的合金元素组分溶入固溶体中。在 319 型铝合金的固溶处理中，镁和铜以及部分硅都发生了溶解，而含铁相未发生溶解或未发生明显转变。在含镁的铝合金中，$Al_5Mg_8Cu_2Si_6$ 相不会发生溶解。

这类铝合金的主要问题是要极力防止在固溶过程中发生初熔。由于这类铝合金的再生合金组织是元素较为复杂“字母汤”（Alphabet Soup），在铸造结晶过程中，总存在一定数量的低熔点共晶相。如果固溶加热温度过高，就会出现初熔现象。这将造成铝合金的强度大大下降，有时还会导致铸件开裂。Fuoco 和 Corea 针对初熔问题进行了研究，对一些铝合金进行了差热分析，以确定铸件中各相的熔点。他们得出的结论是，Al－Si－Cu－Mg 合金的最高允许固溶温度是 500℃（932℉）。还有其他人也对这些问题进行了研究，研究结果表明，铝合金的最高允许固溶温度是 495～505℃（923～941℉）。此外，他们还提出了两级固溶处理工艺，以解决初熔问题。

对 Al－Cu－Si 合金体系的研究表明，铜在铝中的固溶度不受硅元素的影响，因此，可以用图 2-281 中的成分关系，表示 319 型铝合金中铜的溶解（注：不能用该计算图表预测溶解时间，尤其是当锶或镁形成块状 Al_2Cu 相时。采用该计算图表计算预测时间，铜的溶解时间是实际的几分之一，甚至可能仅是实际的几十分之一）。从该图中可以发现，随铝合金中含铜量的变化，固溶加热温度见表 2-99。

表 2-99 固溶加热温度

温度/℃（℉）	505（941）	500（932）	495（923）
w(Cu)（%）	4.0	3.8	3.65

319 合金中铜的质量分数是 3.0%～4.0%。根据上面提到的固溶度限制，固溶加热时，很难达到溶解 319 合金中一半的铜。

解决这个限制的一种方法是采用类似于 2××（Al－Cu）合金所采用的两级固溶处理工艺。第一级固溶处理工艺是根据铝合金中镁的含量，在 490～500℃（914～932℉）保温 4～8h，第二级是在515～520℃（959～968℉）保温 2～4h。有证据表明，应该避免在超过 520℃（968℉）的温度下对铝合金进行固溶处理。对含镁的铝合金，可只采用在 490℃（914℉）进行的一级固溶加热处理。这些工艺参数是建立在有限的实验室研究基础上的，具有较高的参考价值，在工业化生产实施之前，还需要进一步对工艺进行研究和认证。

解决这个问题的另一种方法是将该类铝合金中铜的质量分数控制在小于 3.5% 左右。这种低铜合金可以采用单级固溶处理或两级固溶处理。如是采用两级固溶处理，允许选择较短的固溶加热时间。降低铝合金中的含铜量，也可以降低铝合金的成本。目前还没有关于这类铝合金的淬火速率或预时效的研究报道。Hatch 在他的书中写道，“在许多方面，淬火是热处理过程中最关键的一步”，他花了 20 页的篇幅来探讨该问题，相比之下，只有很少铸造工作者研究有关淬火工艺的问题。

2. 人工时效

Al－Si－Cu－Mg 合金的时效是相当复杂的。由于铝合金中存在许多种元素，以及能够采用多种时效处理工艺，很难对其进行总结。幸运的是，最近发表了几篇优秀的研究报告。Tavitas－Medrano 和他的同事们研究了几种牌号的 319 合金；通用汽车公司的研究人员对 339 合金进行了研究。研究的内容主要是，不同热处理工艺所获得的力学性能以及对应的扫描电子显微镜和扫描透射电子显微镜的微观组织分析。Kaufman 和 Rooy 对大量的时效曲线进行了汇编，并对美国铝业公司数十年来对铸造铝合金的内部研究成果进行了编辑记录。

图 2-294 所示为采用 Whaler 提供的一组时效数据，用 Hatch 提出的半对数图所作的图。试验材料

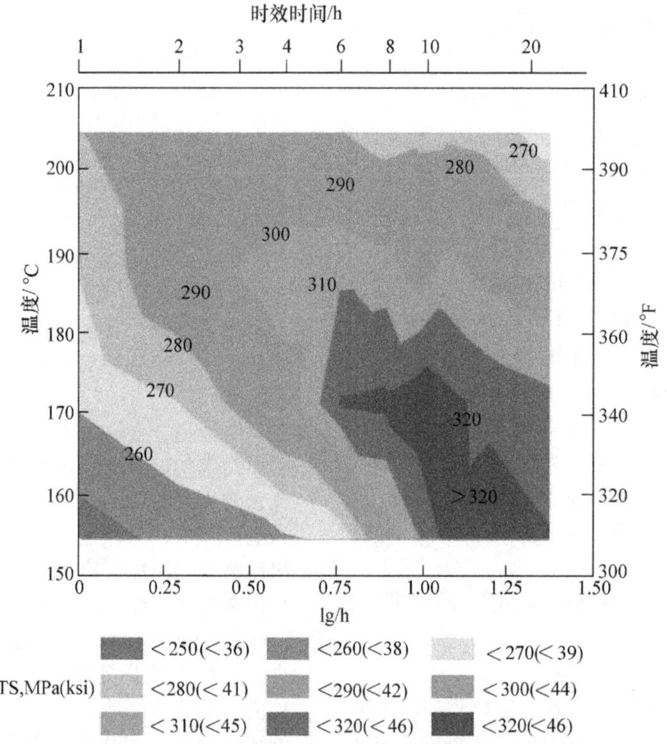

图 2-294 以时效时间与时效温度为坐标体系的 319－T6 合金的抗拉强度（UTS）等值线图

为 w(Fe) = 0.6% 和 w(Mn) = 0.3% 的 319 合金，金属型铸件单铸 B108 试棒经固溶处理后，在不同时效温度下分别时效 1 ~ 24h，作极限抗拉强度等值线图。

2.10.5　最新进展

多年来发展起来的标准工艺具有良好的效果，但最近开发出的新工艺也值得介绍，其中一种就是中断时效（Interrupted Aging）工艺。在该工艺过程中，将铝合金从时效炉中取出，在室温（或较低温度）下放置一段时间，然后再放回时效炉中。有时，第二次时效的温度不同于第一次时效的温度。与传统的时效工艺相比，采用中断时效工艺的几种变形铝合金具有更高的强度。有人对 319 合金进行了中断时效，但未观察到有明显的效果。然而，在其他铝合金系统中，中断时效可能会有明显的效果。

另一个引人关注的发展是采用流化床热处理。流化床的传热速率比传统的对流炉大得多，该热处理工艺允许极快速地对工件进行加热。有证据表明，这种快速加热能加速 Al - Si 合金中硅粒子的碎化，因此在固溶处理过程中，理想的硅球化速度更快。该工艺过程可以把工件直接置于任何温度，允许获得常规设备无法获得的加热速率的变化。

与传统的加热炉相比，流化床热处理是一个新的工艺过程，设备投资更大，需要找到一种方法，弥补多出的费用。在这方面，通用汽车公司做了有关的尝试和探索，他们使用流化床来协助从气缸体中取出铸型的型芯。在任何情况下，如果在铸造中需要提高热处理能力的话，流化床热处理是一个值得记住的选择。

另一种值得注意的工艺是多级时效处理。有人已尝试在 319/B319 合金中使用这项工艺，并取得了很好的效果。这种方法可以推广使用到其他铝合金系统中去。

在淬火速率和人工时效的交互作用方面，有许多值得深入探索的地方。从现有的资料看，还存在许多有待探索的领域。

对铝合金高压压铸件的热处理进行简要介绍是非常有益的。如前所述，高温固溶处理会在铸件表面产生气泡，因此压铸件通常不进行热处理，或者只进行 T5 状态工艺处理。然而，由于最近铸造工艺的改进，降低了高压压铸件表面的孔隙数量和空气残存。这些重要的改进是，真空除气的应用（在金属液注入模具之前），以及使用改进的模具润滑剂。此外，采用较低的固溶温度和较短的固溶时间，可以减少或消除气泡。

最近，已成功地实施了对常用高压压铸（HPDC）合金，如 Al - Si - Cu 和 Al - Si - Mg - （Cu）合金体系的热处理，而不引起表面起泡或尺寸不稳定。对某些成分的铝合金，在充分利用时效强化效果的条件下，可使铝合金的屈服强度与铸态相比提高一倍。对这类高压压铸材料的热处理过程为，缩短正常固溶处理工艺时间，降低固溶加热温度进行固溶处理，然后进行淬火和自然时效或人工时效。人们现在正致力于开发和评估中等级别的 HPDC 合金，该合金既要求能进行快速热处理，同时又要具有很高的铸造性能。

2.10.6　进一步阅读的参考资料

阅读了本节内容的读者，可能还想了解更多关于该研究方向的内容。以下为进一步阅读的参考资料：

1）参考文献［48，49］对铝合金析出强化的历史进行了极好的回顾和总结。

2）Major 和 Apelian 的微观组织图集对固溶处理过程中硅的形态变化进行了详细的专题介绍。

3）Kaufman 和 Rooy 的书中有大量商用铸造铝合金的热处理数据。

参 考 文 献

1. J.G. Kaufman and E.L. Rooy, *Aluminum Alloy Castings: Properties, Processes, and Applications,* ASM International, 2004, p 133–192; also available from the American Foundry Society
2. S.N. Singh, B.P. Bardes, and M.C. Flemings, Solution Treatment of Cast Al-4.5% Cu Alloy, *Metall. Mater. Trans.,* Vol 1, 1970, p 1383–1388
3. E.G. Fuchs and A. Roósz, Comments on Solution Treatment of Cast Al-4.5%Cu Alloy, *Metall. Mater. Trans.,* Vol 3, 1972, p 1019–1020
4. E.G. Fuchs and A. Roósz, TTD-Diagrams for the Homogenization of As-Cast Structures, *Z. Metallkd.,* Vol 63, 1972, p 211–214
5. J.F. Major and G.K. Sigworth, Chemistry/Property Relationships in AA 206 Alloys, *AFS Trans.,* Vol 114, 2006, p 117–128
6. N.S. Brommelle and H.W.L. Phillips, The Constitution of Aluminum-Copper-Magnesium Alloys, *J. Inst. Met.,* Vol 75, 1948–1949, p 529–558
7. J.L. Jorstad and W.M. Rasmussen, *Aluminum Casting Technology,* American Foundrymen's Society, Des Plaines, IL, 1993, p 59
8. L.F. Mondolfo, *Aluminum Alloys: Structure and Properties,* Butterworths, 1976, p 497–505
9. D. Jean, J.F. Major, J.H. Sokolowski, B. Warnock, and W. Kazprzak, Heat Treatment and Corrosion Resistance of B206 Aluminum Alloy, *AFS Trans.,* Vol 117, 2009, p 113–120
10. H.K. Hardy, The Aging Characteristics of Some Ternary Al-Cu-Mg Alloys with Cu:Mg Weight Ratios of 7:1 and 2.2:1, *J. Inst. Met.,* Vol 83, 1954–1955, p 17–34
11. H.K. Hardy, The Aging Characteristics of Binary Al-Cu Alloys, *J. Inst. Met.,* Vol 79, 1951, p 321–369
12. J.M. Silcock, T.J. Heal, and H.K. Hardy, Structural Aging Characteristics of Binary

Al-Cu Alloys, *J. Inst. Met.*, Vol 82, 1953–1954, p 239–248
13. G.K. Sigworth, J. Howell, O. Rios, and M.J. Kaufman, Heat Treatment of Natural Aging Aluminum Casting Alloys, *AFS Trans.*, Vol 114, 2006, p 221–232
14. V.I. Elagin, V.V. Zakharov, and A.A. Petrova, Change in the Mechanical Properties of Al-Zn-Mg Alloys with Time at Rest, *Met. Sci. Heat Treat. (USSR)* [Consultant's Bureau translation of *Metalloved. Term. Obrab. Met.*], Vol 17 (No. 9–10), 1975, p 866–868
15. D. Apelian, S. Shivkumar, and G.K. Sigworth, Fundamental Aspects of Heat Treatment of Cast Al-Si-Mg Alloys, *AFS Trans.*, Vol 96, 1989, p 727–742
16. B. Closset, R.A.L. Drew, and J.E. Gruzleski, Eutectic Silicon Shape Control by In Situ Measurement of Resistivity, *AFS Trans.*, Vol 94, 1986, p 9–16
17. S. Shivkumar, S. Ricci, B. Steenhoff, D. Apelian, and G. Sigworth, An Experimental Study to Optimize Heat Treatment of A356 Alloy, *AFS Trans.*, Vol 97, 1989, p 791–810
18. L. Pedersen and L. Arnberg, The Effect of Solution Heat Treatment and Quenching Rates on Mechanical Properties and Microstructures in AlSiMg Foundry Alloys, *Mater. Metall. Trans. A*, Vol 32, 2001, p 525–532
19. L.E. Marsh and G. Reinemann, Premium Quality Aluminum Castings Theory, Practice and Assurances, *AFS Trans.*, Vol 87, 1979, p 413–422
20. M. Tiryakioglu and M.T. Shuey, Quench Sensitivity of an Al-7 Pct Si-0.6 Pct Mg Alloy: Characterization and Modeling, *Metall. Mater. Trans. B*, Vol 38, 2007, p 575–582
21. J.F. Hernández-Paz, F. Paray, and J.E. Gruzleski, Natural Aging and Heat Treatment of A356 Aluminum Alloy, *AFS Trans.*, Vol 112, 2004, p 155–164
22. J. Manickaraj, G. Liu, and S. Shankar, Effect of Incubation Coupled with Artificial Aging in T6 Heat Treatment of A356.2 Aluminum Casting Alloy, *Int. J. Metalcast.*, Vol 5 (No. 4), 2011, p 17–36
23. R.A. Chihoski, Conductivity-Hardness Reveal Heat Treat History of Aluminum Alloys—Parts 1 and 2, *Met. Prog.*, May 1983, p 27–32; July 1983, p 27–34
24. P.A. Rometsch and G.B. Schaffer, An Age Hardening Model for Al-7Si-Mg Casting Alloys, *Mater. Sci. Eng. A*, Vol 325, 2002, p 424–434
25. M. Drouzy, S. Jacob, and M. Richard, Interpretation of Tensile Results by Means of a Quality Index, *AFS Int. Cast Met. J.*, Vol 5, 1980, p 43–50
26. M.S. Misra and K.J. Oswalt, Aging Characteristics of Titanium-Refined A356 and A357 Aluminum Castings, *AFS Trans.*, Vol 90, 1982, p 1–10
27. D.A. Granger, R.R. Sawtell, and M.M. Kersker, Effect of Beryllium on the Property of A357.0 Castings, *AFS Trans.*, Vol 92, 1984, p 579–586
28. E.A. Elsharkawi, A.M. Samuel, F.H. Samuel, E. Simielli, and G.K. Sigworth, Influence of Solutionizing Time, Modification, and Cooling Rate on the Decomposition of Mg-Containing Iron Intermetallic Phase in 357 Alloys, *AFS Trans.*, Vol 120, 2012, p 55–65
29. L. Purdon and J.F. Major, T5 Aging Response of A356/357 Hypoeutectic Al-Si Foundry Alloys under Conditions of Varying Quench Rate from the Mold, *AFS Trans.*, Vol 112, 2004, p 461–471
30. R. Fuoco and E.R. Corea, Incipient Melting during Solution Heat Treatment of Al-Si-Mg and Al-Si-Cu-Mg Alloys, *AFS Trans.*, Vol 110, 2002, p 417–434
31. G. Wang, X. Bian, W. Wang, and J. Zhang, Influence of Cu and Minor Elements on Solution Treatment of Al-Si-Cu-Mg Cast Alloys, *Mater. Lett.*, Vol 57 (No. 24–25), 2003, p 4083–4087
32. F.H. Samuel, Incipient Melting of Al_5Mg_8-Si_6Cu_2 and Al_2Cu Intermetallics in Unmodified and Strontium Modified Al-Si-Cu-Mg (319) Alloys, *J. Mater. Sci.*, Vol 33, 1998, p 2283–2297
33. Y.M. Han, A.M. Samuel, F.H. Samuel, S. Valtierra, and H.W. Doty, Effect of Solution Heat Treatment Type on Dissolution of Copper Phases in Al-Si-Cu-Mg Type Alloys, *AFS Trans.*, Vol 116, 2008, p 79–90
34. J.H. Sokolowski, X.-C. Sun, G. Byczynski, D.O. Northwood, D.E. Penrod, R. Thomas, and A. Esseltine, The Removal of Copper-Phase Segregation and the Subsequent Improvement in Mechanical Properties of Cast 319 Aluminum Alloys by a Two-Stage Heat Treatment, *J. Mater. Process.*, Vol 53, 1995, p 385–392
35. Y. Han, "Occurrence of Incipient Melting in Al-Si-Cu-Mg Alloys," Master of Engineering Thesis, University of Quebec at Chicoutimi, Dec 2007
36. H.W.L. Phillips, The Constitution of Aluminum-Copper-Silicon Alloys, *J. Inst. Met.*, Vol 82, 1953–1954, p 9–15
37. J.E. Hatch, Ed., *Aluminum: Properties and Physical Metallurgy*, 3rd ed., American Society for Metals, 1988, p 157–177
38. F.J. Tavitas-Medrano, J.E. Gruzleski, F.H. Samuel, S. Valtierra, and H.W. Doty, Artificial Aging Behavior of 319-Type Cast Aluminum Alloys with Mg and Sr Additions, *AFS Trans.*, Vol 115, Paper 07-015 (02), 2007
39. F.J. Tavitas-Medrano, S. Valtierra, J.E. Gruzleski, F.H. Samuel, and H.W. Doty, A TEM Study of the Aging Behavior of 319 Type Alloys, *AFS Trans.*, Vol 116, 2008, p 99–114
40. R.K. Mishra, A.K. Sachdev, and W.J. Baxter, Strengthening Precipitates in Cast 339 Alloy, *AFS Trans.*, Vol 112, 2004, p 179–191
41. K. Whaler, Stahl Specialty Company, Kingsville, MO, private communication

42. R.N. Lumley, I.J. Polmear, and A.J. Morton, The Utilization of Secondary Aging to Improve the Mechanical Properties of Aluminum Alloys, *Proc. of the First International Light Metals Technology Conference,* A. Dahl, Ed., 2003, p 377–382
43. S.K. Chaudhury, L. Wang, and D. Apelian, Fluidized Bed Reactor Heat Treatment of A356 Alloy: Microstructure Analysis and Mechanical Properties, *AFS Trans.,* Vol 112, 2004, p 289–304
44. L. Ceyssens, M. Osborne, and D. Palucyh, Case Study: Fluidized Bed Decoring and Heat Treatment on Aluminum Engine Blocks Using a Sand Quench, *AFS Trans.,* Vol 116, 2008, p 91–97
45. F. Klein, Influence of an Artificial Aging Treatment on the Mechanical Properties of Aluminum Pressure Die Castings, Paper T91-033, *NADCA Trans.,* 1991, p 59–65
46. R.N. Lumley, R.G. O'Donnell, D.R. Gunasegaram, and M. Givord, Heat Treatment of High-Pressure Diecastings, *Metall. Mater. Trans. A,* Vol 38, 2007, p 2564–2574
47. R.N. Lumley, I.J. Polmear, and P.R. Curtis, Rapid Heat Treatment of Aluminum High-Pressure Diecastings, *Metall. Mater. Trans. A,* Vol 40 (No. 7), 2009, p 1716–1726
48. E. Hornbogen, Hundred Years of Precipitation Hardening, *J. Light Met.,* Vol 1 (No. 1), 2001, p 127–132
49. M.E. Fine, Precipitation Hardening of Aluminum Alloys, *Metall. Trans. A,* Vol 6, 1975, p 625–630
50. F. Major and D. Apelian, A Microstructural Atlas of Common Commercial Al-Si-*X* Structural Castings, *Proc. AFS International Conference on Structural Aluminum Casting,* Nov 2003 (Orlando, FL), p 267–285

2.11 铝合金硬度和电导率测试㊀

针对铝合金的热处理的质量保证，有各种质量检验方法，主要有金相检验、硬度检测、力学性能测试、耐蚀性试验和电导率测试，其中表面导电性测试和硬度检测为无损非破坏性检验，因此使用最为广泛。

表 2-100 列出了常用可热处理强化铝合金/状态代号组合的硬度值。然而，由于铝合金硬度与抗拉强度的相关带范围较宽（图 2-295），直接用硬度检测量代替质量保证的力学性能测试时应谨慎。因为可热处理强化铝合金的硬度与抗拉强度或屈服强度之间的相关性不如钢，因此，通常将拉伸试验指定为可热处理强化铝合金产品的力学性能测试方法。

表 2-100 变形铝合金典型的硬度值

合金和状态代号	产品形式①	硬度			
		HRB	HRE	HRH	HRIST
2014 - T3 - T4、T42	全部	65 ~ 70	67 ~ 95	—	—
2014 - T6、T62、T65	薄板②	80 ~ 90	103 ~ 110	—	—
	除薄板外的其他产品	81 ~ 90	104 ~ 110	—	—
2014 - T16	全部	—	100 ~ 109	—	—
2024 - T3	未包覆③	69 ~ 83	97 ~ 106	111 ~ 118	82.5 ~ 87.5
	包覆，≤1.60mm（0.063in）	52 ~ 71	91 ~ 100	109 ~ 116	80 ~ 85.5
	包覆，>1.60mm（0.063in）	52 ~ 71	93 ~ 102	109 ~ 116	—
2024 - T36	全部	76 ~ 90	100 ~ 110	—	85 ~ 90
2024 - T4、T42④	未包覆	69 ~ 83	97 ~ 106	111 ~ 118	82.5 ~ 87.5
	包覆，≤1.60mm（0.063in）	52 ~ 71	91 ~ 100	109 ~ 116	80 ~ 84.5
	包覆，>1.60mm（0.063in）	52 ~ 71	93 ~ 102	109 ~ 116	—
2024 - T6、T62	全部	74.5 ~ 83.5	99 ~ 106	—	84.88
2024 - T81	未包覆	74.5 ~ 83.5	99 ~ 106	—	84 ~ 88
	包覆	—	99 ~ 106	—	—

㊀ 根据 W. H. Hunt, Jr., R. C. Stiffler 和 J. Green, The Use of Electrical Conductivity for Heat Treatable Aluminum Alloys, Proceedings, 18th ASM Heat Treating Society Conference, Oct 1998, ASM International 改编。

（续）

合金和状态代号	产品形式①		硬度			
			HRB	HRE	HRH	HRIST
2024－T86	全部		83.90	105～110	—	87.5～90
6053－T6	全部		—	79～87	—	74.5～78.5
6061－T4④	薄板		—	60～75	88～100	64～75
	挤压件、棒材		—	70～81	82～103	67～78
6061－T6	未包覆，0.41mm（0.016in）		—	—	—	75～84
	未包覆，≥0.51mm（0.020in）		47～72	85～97	—	78～84
	包覆		—	84～96	—	—
6063－T5	全部		—	55～70	89～97	62.5～70
6063－T6	全部		—	70.85	—	—
6151－T6	全部		—	91～102	—	—
7075－T6、T65	未包覆⑤		85～94	106～114	—	87.5～92
	包覆	≤0.91mm（0.036in）	—	102～110	—	86～90
		0.91～1.27mm（0.036～0.050in）	78～90	104～110	—	—
		1.27～1.57mm（0.050～0.062in）	76～90	104～110	—	—
		1.57～1.78mm（0.062～0.070in）	76～90	102～110	—	—
		＞1.78mm（0.070in）	73～90	102～110	—	—
7079－T6、T65	全部⑤		81～93	104～114	—	87.5～92
7178－T6	未包覆⑥		85（不小于）	105min	—	88（不小于）
	包覆	≤0.91mm（0.036in）	—	102min	—	86（不小于）
		0.91～1.57mm（0.036～0.062in）	85（不小于）	—	—	—
		＞1.57mm（0.062in）	88（不小于）	—	—	—

注：即使硬度达到要求，也不能保证力学性能达到要求；验收应根据硬度要求加上符合规定的热处理工序的书面证据。在保证材料为正确铝合金的前提下，可以接受硬度值高于表中所列出的最大值。

① 包覆产品的最低硬度值为有效厚度包括小于或等于231mm（0.091in）的产品：厚尺寸材料，应在局部去除包覆层，再进行硬度测试或在板的边缘进行测试。

② 126～158HBW（直径为10mm的球，500kgf载荷）。

③ 100～130HBW（直径为10mm的球，500kgf载荷）。

④ 2024－T4、2024－T42和6061－T4合金在固溶处理后室温下停留三天内，如硬度低于要求，不应认为不合格。

⑤ 136～164HBW（直径为10mm的球，500kgf载荷）。

⑥ 最低硬度136HBW（直径为10mm的球，500kgf载荷）。

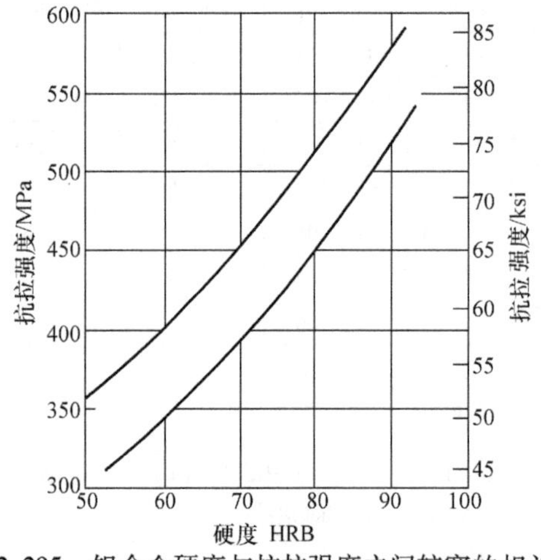

图2-295 铝合金硬度与抗拉强度之间较宽的相关带

在可热处理强化铝合金产品质量检测中，广泛使用硬度检测并有效地与表面电导率测量相结合。对于具体的铝合金，溶质原子的析出程度与电导率直接有关，因此，可以通过测量硬度和电导率（图2-296），来确定铝合金的工艺状态。对应于具体的电导率测量值，可能会有两种不同的硬度值，所以可以将硬度检测与涡流电导率测量相结合，来验证铝合金的工艺状态。因此，综合使用硬度和电导率检测，是一种非常有效的评估铝合金工艺状态的方法。表2-101列出了部分铝合金在各工艺状态条件下的硬度和电导率典型值。各种工业规范，如航空材料规范（AMS）2658，也使用硬度和电导率测量对铝合金的工艺状态进行检测和评估。

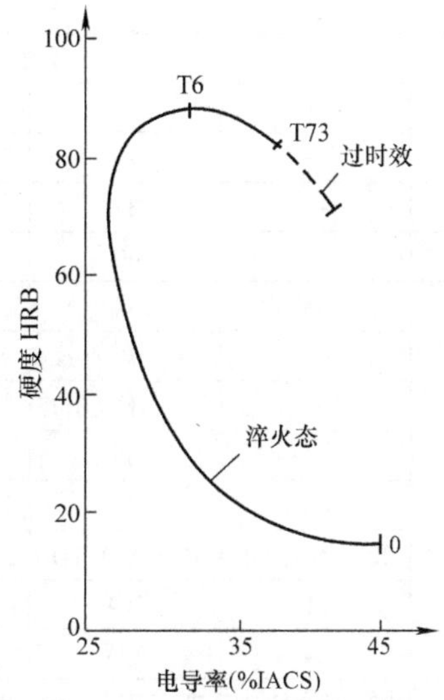

图 2-296 7075 铝合金典型硬度和电导率之间的关系

注：仅为典型值，不作为确定合格产品或废品的判据。IACS—国际退火铜标准。

表 2-101 部分铝合金在不同状态代号下的典型硬度和电导率

（译者注：该表中电导率没有给出单位，应该是% IACS）

合金		状态代号	布氏硬度 HBW	洛氏硬度				典型的电导率
				B	E	H	15T	
未包覆合金	2014	O	—	22（不大于）	70（不大于）	95（不大于）	—	43.5～51.5
		T3	100	65	95	—	82	31.5～35
		T4	100	65	95	—	82	31.5～34.5
		T6	125	78	102	—	86	35.5～41.5
	2024	O	—	22（不大于）	70（不大于）	95（不大于）	—	46～51
		T3	110	69	94	—	82	28.5～32.5
		T4	100	63	94	—	82	28.5～34
		T6	118	72	98	—	84	36.5～40.5
		T8	120	74	99	—	85	35～42.5
	2124	T3	110	69	97	—	—	28.5～32.5
		T8	120	74	99	—	—	35.0～42.5
	2219	O	—	22（不大于）	95	—	—	44～49
		T3	98	60	92	—	79	26.0～31.0
		T37	99	62	93	—	81	27.0～31
		T4	96	58	90	—	78	28.0～32
		T6	99	62	93	—	81	32.0～35.0
		T8	116	71	98	—	83	31.0～35
		T87	124	75	100	—	84	31.0～35
	6061	O	40（不大于）	—	—	75（不大于）	—	42.0～49
		T4	50	—	70	—	64	35.5～43.0
		T6	80	42	85	—	78	40.0～47.0

（续）

合金		状态代号	布氏硬度 HBW	洛氏硬度				典型的电导率
				B	E	H	15T	
未包覆合金	6063	O	—	—	—	70（不大于）	—	57.0～65.0
		T1	—	—	37	—	53	48.0～58.0
		T4	—	—	40	—	54	48.0～58.0
		T5	—	—	44	—	57	50.0～60.0
		T6	60	—	70	—	68	50.0～60.0
	6066	O	—	—	40（不大于）	—	—	42.0～47.0
		T4	—	—	85	—	76	34.0～41.0
		T6	102	65	95	—	82	38.0～50.0
	7049	O	—	22（不大于）	70（不大于）	95（不大于）	—	44.0～50.0
		T73	134	81	104	—	85	40.0～44.0
		T76	142	84	106	—	87	38.0～44.0
	7050	O	—	22（不大于）	70（不大于）	95（不大于）	—	44.0～50.0
		T73	134	81	104	—	85	40.0～44.0
		T736	140	82	105	—	86	40.0～44.0
		T76	142	84	106	—	87	39.0～44.0
	7075	O	—	22（不大于）	70（不大于）	95（不大于）	—	44.0～48.0
		T6	142	84	106	—	87	30.5～36.0
		T73	129	78	102	—	85	40.0～43.0
		T76	136	82	104	—	86	38.0～42.0
铝包覆合金	2014	T6	—	76	102	—	85	35.5～44.0
	2024	T3	—	57	91	—	79	28.5～35.0
		T4	—	57	91	—	79	28.5～35.0
		T6	—	60	93	—	81	35.0～45.0
		T8	—	65	97	—	82	35.0～45.0
	2219	T6	—	61	92	—	80	32.0～37.0
		T8	—	64	96	—	82	31.0～37.0
	6061	T6	—	84	74	—	—	40.0～53.0
	7075	T6	—	78	103	—	86	30.5～36.0
	7178	T6	—	76	104	—	86	29.0～34.0

注：根据各种工业标准和规范改编。

2.11.1 铝合金的电导率

电导率的通用名称是国际退火铜标准百分值（IACS），其中数值%IACS是材料的相对电导率与退火纯铜在20℃（68℉）的电导率的比值。采用这种标准时，铜的电导率为100% IACS。电导率（σ）是电阻率（ρ）的倒数，通常以μΩ·cm为单位。它们之间的转换关系为

$$\sigma = \frac{172.41}{\rho}$$

99.99%的纯铝在20℃（68℉）的电导率在64%～65% IACS范围内。根据常用铝合金的合金化和固溶程度的不同，铝合金的电导率在25%～60% IACS范围内。当添加的金属元素固溶在铝合金中时，会在很大程度上降低电导率。表2-102对各种元素在铝中的最大固溶度进行了汇总，并给出了每添加1%的合金元素，以固溶形式或非固溶形式存在，平均电阻率的增加量。例如，如果合金中含有1.0%的铬，且固溶体的铬含量达到最大，根据高纯铝的电阻率在20℃时为2.65μΩ·cm，则增加的电阻率为0.77×4.00+0.23×0.18=3.12μΩ·cm。铬、铁、锂、锰、钛和钒等合金元素对电阻率有明显的影响。

表 2-102 合金元素存在于固溶体内或外对铝合金电阻率的影响

合金元素	在铝中的最大固溶度（%）	每添加 1% 电阻率的增加量/μΩ · cm	
		固溶体内	固溶体外①
Cr	0.77	4.00	0.18
Cu	5.65	0.344	0.030
Fe	0.052	2.56	0.058
Li	4.0	3.31	0.68
Mg	14.9	0.54②	0.22②
Mn	1.82	2.94	0.34
Ni	0.05	0.81	0.061
Si	1.65	1.02	0.088
Ti	1.0	2.88	0.12
V	0.5	3.58	0.28
Zn	82.8	0.094③	0.023③
Zr	0.28	1.74	0.044

注：以高纯铝电阻率为基础［在 20℃（68℉）为 2.65μΩ · cm，在 25℃（77℉）为 2.71μΩ · cm］，电阻率的增加量。

① 除特别注明外，限制为最大固溶度的两倍。

② 限制在 10% 左右。

③ 限制在 20% 左右。

在铝中添加两种或多种合金元素，对铝的电阻率的影响与这些元素的存在形式有关。一般来说，如果这些元素是各自进入铝固溶体中，则它们对电阻率的影响具有加和性。如果它们以化合物的形式存在，那么，其中一种或两种元素的固溶度可能会降低，或者形成的化合物可能具有其自身的固溶度。在 Al－Mg－Zn 合金体系中，镁和锌结合对铝电阻率的影响，介于单个元素独自作用之间。从合金元素镁和锌的原子层面上看，电阻率具有近似的加和性，即使镁和锌按一定比例和以 $MgZn_2$ 形成存在。

表 2-103 所列为部分可热处理强化铝合金和状态代号的典型电导率值。从表中可以看出，人工时效对 2×××和 7×××系列铝合金的电导率的影响相对较强，这使得对于这些铝合金的热处理状态，采用电导率进行检测特别有效。时效对 6×××系列铝合金电导率的影响略小一些。在表 2-104 中，给出了更多变形铝合金和铸造铝合金在不同状态代号工艺处理条件下的电导率值。

表 2-103 可热处理强化铝合金的典型电导率值

合金	电导率（%IACS）			
	状态代号			
	T4	T6	T76	T73
2024	30	38	—	—
6061	40	43	—	—
7075	—	33	38.5	40

表 2-104 各种变形铝合金和铸造铝合金在不同状态代号工艺处理条件下的电导率值

合金及状态代号	%IACS	合金及状态代号	%IACS
变形铝合金		变形铝合金	
1050－O	61.30	2014－T3、T4 和 T451	34.00
1060－O	62.00	2014－T6	38.00～39.70
1060－H18	61.00	2014－T6、T651 和 T652	40.00
1100－O	59.00	2017－F	49.30～49.50
1100－H18	57.00	2017－O	50.00
1145－O	61.00	2017－T4	34.00
1145－H18	60.00	2024－F	46.80～48.50
1199－O	64.50	2024－O	50.00
1350－O	61.80	2024－T3	28.60～36.10
1350－Hx	61.00	2024－T36	29.10～29.50
2011－T3	36.0～36.50	2024－T3、T36、T351、T361 和 T4	30.00
2011－T3 和 T4	39.00	2024－T4	28.80～31.00
2011－T8	45.00	2024－T6、T81、T851 和 T861	38.00
2014－F 和 O	48.60～50.70	2036－O	52.00
2014－O	50.00	2036－T4	41.00
2014－T3 和 T4	32.50～34.80	2048－T851	42.00

（续）

合金及状态代号	%IACS	合金及状态代号	%IACS
变形铝合金		变形铝合金	
2124-O	50.00	5652	35.00
2124-T851	39.00	5657	54.00
2127-T4	42.10~42.40	6005-T5	49.00
2218-T61	37.40	6009-O	54.00
2218-T61	38.00	6009-T4	44.00
2218-T72	40.00	6009-T6	47.00
2219-O	44.00	6010-O	53.00
2219-T31、T37 和 T351	28.00	6010-T4	39.00
2219-T62、T81、T87 和 T851	30.00	6010-T6	44.00
2319-O	44.00	6053	39.30~48.00
2618-T61	37.00	6061-F 和 O	42.30~48.50
3003-O	44.70~49.80	6061-O	47.00
3003-O	50.00	6061-T4	37.60~40.50
3003-H14 和 H12	37.80~51.50	6061-T4	40.00
3003-H12	42.01	6061-T6 和 T9	40.00~44.80
3003-H14	41.00	6061-T6	43.00
3003-H18	40.00	6062-F	47.00~51.00
3003-H24 和 H28	37.80~47.50	6062-T4	43.50~44.00
3004-O	42.00	6062-T6	44.70~49.50
X3005-O	50.10~50.30	6063-O	58.00
3105-O	45.00	6063-T1	50.00
4032-O	40.00	6063-T5	55.00
4032-T6	35.30~36.30	6063-T6 和 T83	53.00
4032-T6	36.00	6066-O	40.00
4043-F	52.30~54.30	6066-T6	37.00
4043-O	42.00	6070-T6	44.00
5005-O 和 H38	52.00	6101-T6	57.00
5050-O 和 H38	50.00	6101-T61	59.00
5052	33.60~37.60	6101-T63	58.00
5052-O 和 H38	35.00	6101-T64	60.00
5056	28.10~29.80	6101-T65	58.00
5056-O	29.00	6151-O	53.30~55.00
5056-H38	27.00	6151-O	54.00
5083	29.00	6151-T4	41.50~43.30
5086	31.00	6151-T6	42.00
5154	30.50~32.80	6151-T6	43.90~45.00
5356-O	29.00	6151-T6	45.00
5357	42.30~47.00	6201-T81	54.00
5454	34.00	6205-T1	45.00
5456	29.00	6205-T5	49.00
5457	46.00	6262-T9	44.00

（续）

合金及状态代号	%IACS	合金及状态代号	%IACS
变形铝合金		铸造铝合金	
6351 - T6	46.00	206.0 - T6	27 ~ 32
6463 - T1	50.00	206.0 - T7	32 ~ 4
6463 - T5	55.00	208.0，铸态	31.00
6463 - T6	53.00	208.0，退火态	38.00
6951 - F	53.00 ~ 53.10	214	35.00
6951 - O	55.70 ~ 56.50	A214	33.00
7005 - O	43.00	218	24.00
7005 - T53、T5351、T63 和 T6351	38.00	220	21.00
7005 - T6	35.00	242.0 - T21，砂型铸件	44.00
7039	32 ~ 40	(242，0) 142 砂型铸件，状态代号 T21	44.00
7050 - O	47.00	242.0 - T571，砂型铸件	34.00
7050 - T76 和 T7651	39.50	(242.0) 142 砂型铸件，状态代号 T571	34.00
7050 - T736 和 T73651	40.50	242.0 - T77，砂型铸件	38.00
7072	60.00 ~ 60.10	(242.0) 142，砂型铸件，状态代号 T77	37.00
7072 - O	60.00	242.0 - T61，金属型铸件	33.00
7075 - F	44.50 ~ 47.80	295.0 - T4	35.00
7075 - T6	31.40 ~ 34.80	(295.0) 195，状态代号 T4	35.00
7075 - T6	32.00	295.0 - T62	37.00
7075 - W	27.00 ~ 37.00	(295.0) 195，状态代号 T62	37.00
7075 - T6、T62、T651 和 T652	33.00	296.0 - T4 和 T6	33.00
7075 - T76 和 T7651	38.50	(296.0) B195，状态代号 T4	35.00
7075 - T73、T7351 和 T7352	40.00	(296.0) B195，状态代号 T6	36.00
7076	35.00	308.0	37.00
7175 - O	46.00	(308.0) A108	37.00
7175 - T66	36.00	319，砂型铸件	27.00
7175 - T736 和 T73652	40.00	319，金属型铸件	28.00
7178 - O	46.00	336.0 - T551	29.00
7178 - T6 和 T651	32.00	355.0 - T51，砂型铸件	43.00
7178 - T76 和 T7651	39.00	355，砂型铸件，状态代号 T51	43.00
7475 - O	46.00	355.0 - T6，砂型铸件	36.00
7475 - T61 和 T651	36.00	355，砂型铸件，状态代号 T6	36.00
7475 - T761 和 T7651	40.00	355.0 - T61，砂型铸件	39.00
7475 - T7351	42.00	355，砂型铸件，状态代号 T61	37.00
铸造铝合金		355.0 - T7，砂型铸件	42.00
122，金属型铸件，铸态	34.00	355，砂型铸件，状态代号 T7	42.00
122，砂型铸件，状态代号 T2	41.00	355.0 - T6，金属型铸件	39.00
122，砂型铸件，状态代号 T61	33.00	755，金属型铸件，状态代号 T6	39.00
C113	27.00	356.0 - T51，砂型铸件	43.00
A132，状态代号 T551	29.00	356，砂型铸件，状态代号 T6	43.00
201.0 - T6	27 ~ 32	356.0 - T6，砂型铸件	39.00

（续）

合金及状态代号	%IACS	合金及状态代号	%IACS
铸造铝合金		铸造铝合金	
356，砂型铸件，状态代号 T6	39.00	413.0	31.00
356.0－T7，砂型铸件	40.00	443.0，铸态	37.00
356.0－T6，金属型铸件	41.00	443.0，退火态	42.05
360.0	28.00	514.0	35.00
A360.0	30.00	518.0	25.00
360	37.00	520.0－T4	21.00
380.0	27.00	535.0	20.00
383.0	23.00	712.0	35.00
384.0	22.00	713.0	35.00
A384.0	23.00	771.0	27.00
390.0－F	27.00	850.0	47.00
390.0－T5	25.00		

① 除另有注明外，均为报道的数据。

② 根据电导率计算。来源为 ASM Specialty Handbook：Aluminum and Aluminum Alloys（ASM 专业手册：铝和铝合金），1955 年 9～10 月的 NDT Magazine（无损检测杂志）和由 Eddy Current Technology Inc（涡流技术公司）编制的《Eddy Current Testing Manual》（涡流测试手册）。

假定所有主要合金元素都固溶于铝基体中，根据 7075 合金主要合金元素的成分范围（最小值、名义值和最大值），计算出了 7075 合金的电导率，见表 2-105。当合金元素含量为最大值时，电导率为 26.9%IACS；而当合金元素含量为最小值时，电导率为 30.9%IACS。在计算该电导率范围时，没有考虑铝合金中在允许范围内，微量元素的差异所造成的影响，如果考虑微量元素的影响，则计算的电导率范围将进一步扩大。

表 2-105 根据 7075 合金的成分范围得到的电导率计算值

	化学成分（质量分数,%）			电导率[①]（%IACS）
	Zn	Cu	Mg	
最小值	5.0	2.1	1.2	30.9
名义值	5.6	2.5	1.6	28.8
最大值	6.1	2.9	2.0	26.9

① 不包括微量元素的影响，如铁、硅、铬和锰。

通常，在固溶淬火后，大部分合金元素都保留在固溶体中，铝合金具有最低的电导率；当从固溶体中最大量地析出合金元素时，铝合金具有最高的电导率。因此，与自然时效状态相比，在人工时效状态下，铝合金具有更高的电导率。然而，自然时效铝合金的电导率却未按预期的方式变化（图 2-297a）。在自然时效条件下，随时效时间延长，三种主要铝合金的电导率逐渐降低；而在正常的人工时效温度下，随时效时间延长，相同铝合金的电导率以预期的方式提高（图 2-297b）。在自然时效条件下，电导率未按预期方式变化的原因是，铝合金的晶格畸变造成电导率下降的速率，比铝合金过饱和度下降造成的电导率升高速率要快得多。有人给出另一种解释，认为当析出相的尺寸与导电电子的波长（5～10Å）相当时，铝合金具有异常高的电阻率。

虽然铝合金和工艺状态存在各种变化，热处理在改变铝合金金相组织的同时，对其力学性能和电导率都会产生影响，如图 2-298 所示。从状态代号 F 的加工状态（轧制、锻造、挤压、成形等），到状态代号为 W 的固溶淬火状态，由于合金元素固溶于铝基体中，导致电导率显著降低，而对铝合金的强度几乎没有影响。当铝合金被处理到 T4 自然时效状态时，使电导率进一步降低而强度明显提高。电导率下降的原因是，与溶质原子固溶于基体中相比，在形成 GP 区后，导电电子的散射效果更为明显。

当被处理到 T6 人工时效状态时，由于析出相的导电电子的散射效果较差，铝合金的电导率会提高，强度也会显著增加。从 T6 状态达到 T7 过时效状态，由于析出相尺寸进一步长大，铝合金的电导率会进一步提高，但强度会降低。进一步时效超过 T7 过时效状态或退火处理到 O 退火状态，则铝合金将具有强度较低、导电性较好的特点，与 F 状态性能相当。

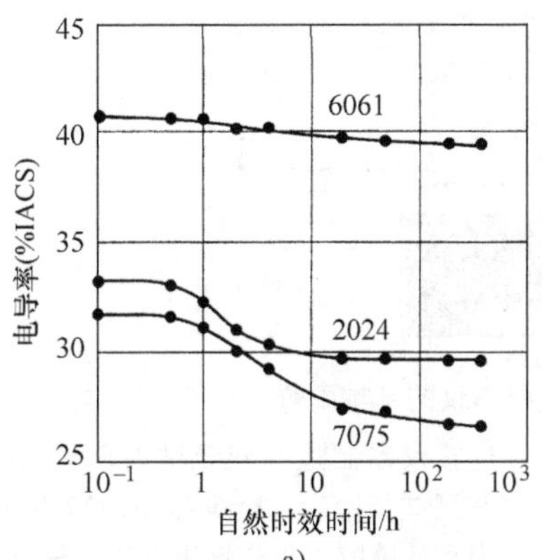

a)

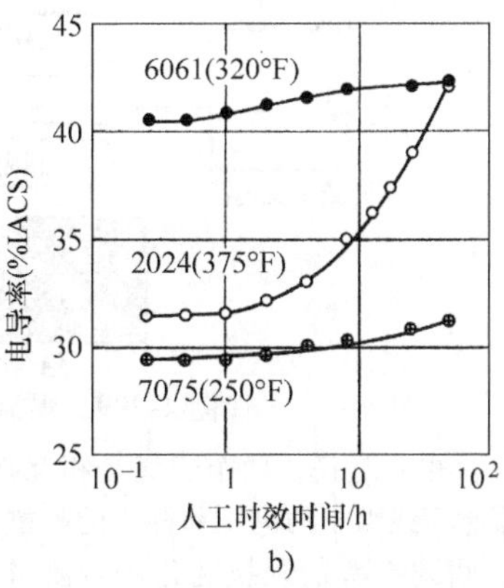

b)

图 2-297　不同时效方法对三种主要牌号淬火态析出强化铝合金电导率的影响

a）自然时效　b）人工时效

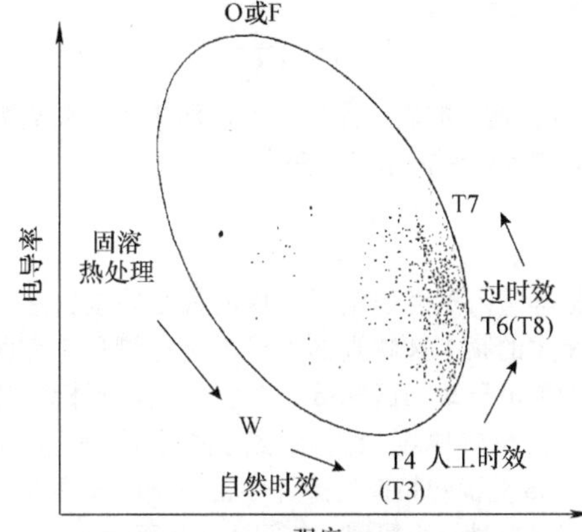

图 2-298　热处理或时效对铝合金的电导率和强度（或硬度）的影响

（1）航空锻件质量控制实例　在 7×××系列铝合金航空锻件质量保证中，利用电导率对时效的灵敏性，对锻件质量进行检测。例如，在航空材料技术规范（AMS）4149B（1987）中，通过电导率测量，以及屈服强度检测，来确定 7175－T74 合金是否达到期望的抗应力腐蚀开裂性能。先前的研究工作已经建立了电导率与抗应力腐蚀开裂性能之间的关系，即如果铝合金达到规定的电导率，则表明该微观组织的抗应力腐蚀开裂水平最低。对于 7175－T74 合金，4149B（1987）技术规范认为：

1）如果测量的电导率小于 38% IACS，那么锻件不合格，必须重新进行加工。

2）如果测量的电导率为 38%～39.9% IACS，同时屈服强度小于或等于 82MPa（11.9ksi），且大于最低水平，则锻件是可以接受的。

3）如果测量的电导率为 38%～39.9% IACS，同时其屈服强度大于 82MPa（11.9ksi），且大于最低水平，则锻件需要进一步进行时效并应重新进行测试。

4）如果测量的电导率大于 40% IACS，同时达到最低的拉伸性能，那么锻件是可以接受的。

将强度检测和电导率测量相结合，作为质量判据的原因是，7175 合金成分在允许范围变化对其电导率有影响。

（2）利用电导率测试对淬火工艺进行监测的实例　可利用电导率测试，监测可热处理强化铝合金喷液淬火的均匀性。淬火速率的变化，会造成溶质原子析出发生改变，从而导致电导率发生变化。通过在一定宽度和长度范围内，对产品的电导率进行测量，可以确定淬火是否均匀。该实例选自已停止使用的 MIL－H－6088G 规范，其内容是针对 7075 合金板材进行喷液淬火的监测。如果板材一侧的读数大于 2.5% IACS 或超过最大值 31% IACS，那么就认为淬火系统出了问题。采用电导率差异检测方法，能有效地排除因工件之间合金成分的不同而产生的差异。为了保证整个产品淬火冷却速率不至于过慢，即使各点之间的差异在允许范围内，规范也对板材的最小电导率值做了要求。此外，采用同样的方法，将工件电导率测量与热电偶温度测量相结合，有助于确定热处理炉或时效炉的温度一致性，以及对工件在炉内的装载情况进行评估。

2.11.2　涡流电导率测量

可以采用涡流电导率仪对表面电导率进行测量。涡流电导率仪由励磁线圈、交流电源和与电压表相连的感应线圈组成，如图 2-299 所示。励磁线圈和感应线圈都位于相同的探头中，探头的电阻抗（受到被测材料感应涡流的影响）是由感应线圈的电压大小和相位角决定的。

对应于励磁电流，感应线圈电压的大小和相位是探头的阻抗。当交流电通过励磁线圈产生一个随时间变化的磁场时，即在感应线圈中产生电压。把探头放置在靠近导电材料的位置时，磁场感应在材料中产生涡流，而涡流会产生自己的磁场，反作用

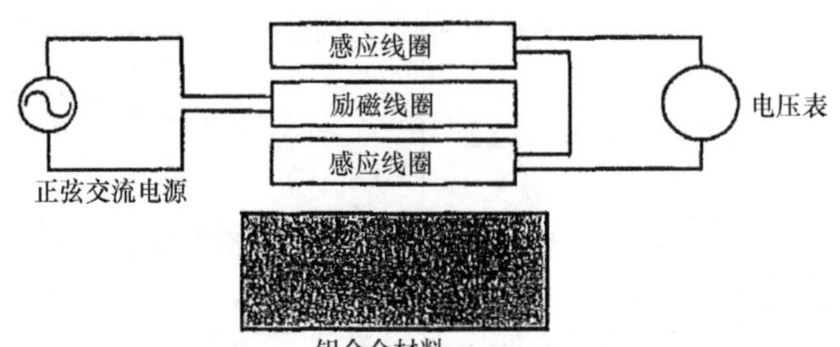

图 2-299 涡流电导率仪的基本配置

于线圈电流的磁场。也就是说，两个磁场是相互抵消的。这就改变了感应线圈中的电压和探头的阻抗。由于导体的存在，可对探头的阻抗变化进行测量，并由微处理器转换成电导率。在 AMS 2658 和 ASTM El004 等标准中，有通过涡流对电导率进行测量的具体说明和介绍。

与其他测量一样，有几个因素是误差的来源。其中一个因素是试样的几何形状，下面简要进行介绍。此外，参考文献[9]对涡流电导率测量中误差的来源问题进行了详细讨论。典型的电导率测量操作为，在开机后使测量仪器达到稳定，并且必须根据已知标准试块进行校准。如果可能的话，标准试块材料应该与测试工件相同，这样可以避免进行温度系数修正。对于两点校准，标准试块的电导率范围应该涵盖测试工件预期的电导率值。为了校准仪器，探头被放置在标准试块的中心位置，通过调整校准仪器，直到仪表读数与电导率标准试块的电导率值一致。采用同样的步骤，重复进行第二点的校准。

应按仪器制造商建议的时间间隔进行校准，例如，在测试开始后，至少每小时校准一次。在怀疑仪器出现故障时，也应该重新进行校准。

1）厚度的影响。涡流的振幅随透入工件的深度增加呈指数型衰减。电流与深度的函数关系是

$$I = I_0 \exp\left(\frac{-x}{\delta_{std}}\right)$$

式中，δ_{std}是标准透入深度，是指涡流的振幅衰减到 36.8% 表面电流振幅时的深度，即

$$\delta_{std} = \frac{1}{\sqrt{\pi f \mu \sigma}}$$

标准透入深度规定了工件的最小厚度，它可以采用特定的频率和特定的电导率进行测量。为保证正确测量电导率，试样最小厚度必须达到标准透入深度。在没有厚度校正系数的情况下，以及在采用% IACS 范围和频率的条件下，测量电导率的试样应达到或超过最小厚度，如图 2-300 所示。

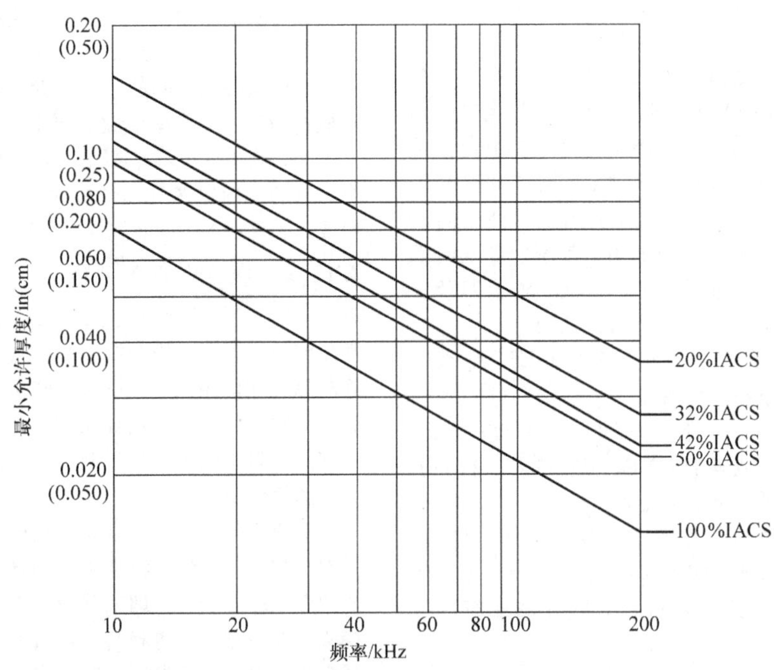

图 2-300 最小允许厚度（有效透入深度）与电导率和工作频率之间的关系

对于厚度小于标准透入深度的试样，磁场将穿透检测试样，达到试样的另一侧，由此导致电导率测量出现误差。在条件允许的情况下，可采用更高的频率进行检测。例如，当采用 60 kHz 的频率测量 0.5mm（0.02in）厚的铝板的电导率出现误差时，可以采用 240kHz 的频率进行测量。

2）边缘效应。当测量工件边缘、沟槽等处的电导率时，必须认识到磁场外延超出探头一段距离，这些边缘效应会影响磁场而产生误差。ASTM E1004 规定，对于无屏蔽探头，从探头到边缘或角的距离应大于探头直径的 2 倍。使用带屏蔽的探头，对磁场范围进行了限制，探头可更接近工件的边缘。

3）曲面。通常涡流探头采用平面标准试块进行校准，如工件为曲面，则会带来问题，需要进行修正。使用与测量工件几何形状相同的标准试块，可以减少这个误差来源。

4）表面金相组织。如果表面的金相组织与块体材料的组织不同，那么必须采用足够低的测试频率，因此，表层仅有很小体积的材料参与了测试。

5）提离间距（Lift off）。探头和检测材料之间的距离被称为提离间距。提离间距包括表面粗糙度、油漆和涂层。大多数商用仪器可以对 0.5mm（0.02in）的提离间距进行补偿。

6）温度的影响。金属的电导率与温度有关。电导率的热分量可以近似表示为

$$\sigma_{热} = \frac{\sigma_{RT}}{1+\alpha\Delta T} \approx \sigma_{RT}(1-\alpha\Delta T)$$

式中，σ_{RT}是在 20℃（68℉）室温下的电导率，而电阻率（α）的线性温度系数是 4.4×10^{-3}/℃，电导率与温度相关具有实际意义。如果工件的测试温度与校准标准不同，那么电导率必须进行温度补偿。5℃（9℉）的温差可能会导致 2% 的误差。

2.11.3 2024 合金的电导率与时效

随着时效时间的延长，电导率的变化是复杂的，是由多个因素引起的。电导率受临界尺寸以下粒子的影响最为强烈，幸运的是，与早期时效或较低温度时效对硬度有强烈影响一样，它们对电导率的影响效果相同。

图 2-301 所示为在 21～190℃（70～374℉）的不同温度下时效，2024 合金试样（未经拉伸）的电导率与时效时间的关系，时效前铝合金的电导率是 31.5% IACS。在 21～190℃（70～374℉）的不同温度下等温，电导率最初下降。在 150～190℃（302～374℉）范围内，初始下降速率几乎相同。该现象可以用析出非常细小的共格 GP 区，这些 GP 区能非常有效地散射电子进行解释。因此，观察到的电导率最初都是下降的。形成 GP 区和其他共格粒子，如 S″相，是一个受热激活控制的过程。然而，在 100℃（212℉）的温度下，这些 GP 区将迅速形成。由于不稳定，会重新溶解于基体中，或者转变为共格的 S″相或半共格的 S′相粒子。

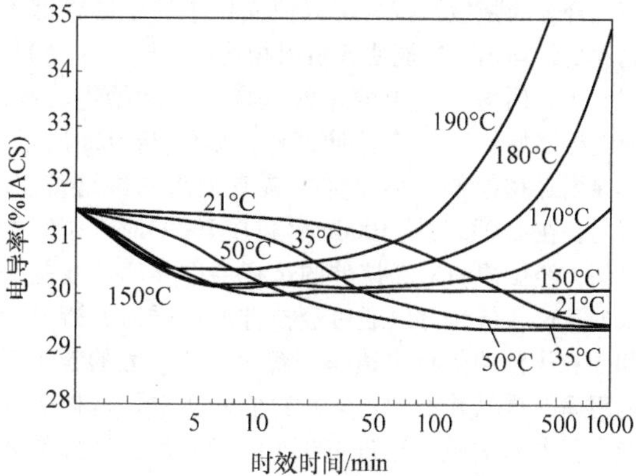

图 2-301 在不同时效温度下未经拉伸的 2024 合金的涡流电导率与时效时间的关系

观察图 2-301 中的 21℃（70℉）、35℃（95℉）和 50℃（122℉）等温时效，随时效时间延长，电导率呈 S 形曲线降低。在这些温度下时效，全时效铝合金电导率的渐近极限值为 29.5% IACS。根据时效时间与电导率的关系，计算了该过程的激活能。它与铝合金中形成的共格区相对应。在较低的温度下等温时效，涡流电导率的行为与铝合金中均匀分布的共格区连续形成的模型一致，导致了随时效时间延长，电导率呈 S 形曲线降低。

在高于 50℃（122℉）的较高温度下时效，析出的初期阶段由大量富铜的原子簇组成，它们可能会重新溶解于铝基体中，也可能形成具有一定晶体结构的半共格中间析出相。这些析出的 S″和 S′粒子尺寸较大，优先在铝基体的晶界上析出。它们的析出有助于提高铝合金的强度和硬度。然而，与均匀分布细小弥散的 GP 区相比，较大尺寸的 S″和 S′析出相的电子散射效率低得多。因此，在 150℃（302℉）长期时效过程中，电导率几乎保持不变。

当 2024 合金的时效温度超过 150℃（302℉）时，电导率就会大大增加。这种增加可以通过铝基体中溶质原子的析出速率来解释，也就是说，2024 合金中的铜和镁原子大量析出。

在 190℃（374℉）时效约 50h，由涡流法测定铝合金的电导率名义值接近 41% IACS，对应于铝合金达到平衡溶质原子的数值。在室温下，商业纯铝的 IACS 值约为 61%。因此，在超过 150℃（302℉）的温度下时效的过程中，电导率与时效时间的关系

曲线代表了溶质原子从过饱和固溶体中扩散出来的动力学（图2-301），其结果是得到了溶质原子达到平衡浓度的铝基体。这种行为也间接地显示了在铝基体中形成S″和S′粒子的动力学。

在时效强化前，通过一定量的拉伸来进一步提高铝合金的强度。拉伸可以使晶格中的位错密度更高和更加均匀，这能使S′析出相均匀形核。在150℃（302℉）时效，经拉伸过的试样的硬度始终较高，而电导率始终低于未拉伸试样，如图2-302a所示。其原因是在拉伸变形试样中具有较高的位错密度。但是，在150℃时效1000h后和在190℃时效稍短的时间，经拉伸和未经拉伸的试样的电导率曲线是一致的。这一行为可以通过经拉伸的试样，提高了S″和S′粒子预期的析出速率来解释。这些大的粒子对电阻率的贡献并不大，但是它们确实对铝基体的提纯有很大的贡献。经过1000h的时效后，经拉伸和未经拉伸的试样，其基体都能达到类似提纯的效果，因此，通过涡流检测的电导率逐渐趋于相同的IACS值，如图2-302所示。

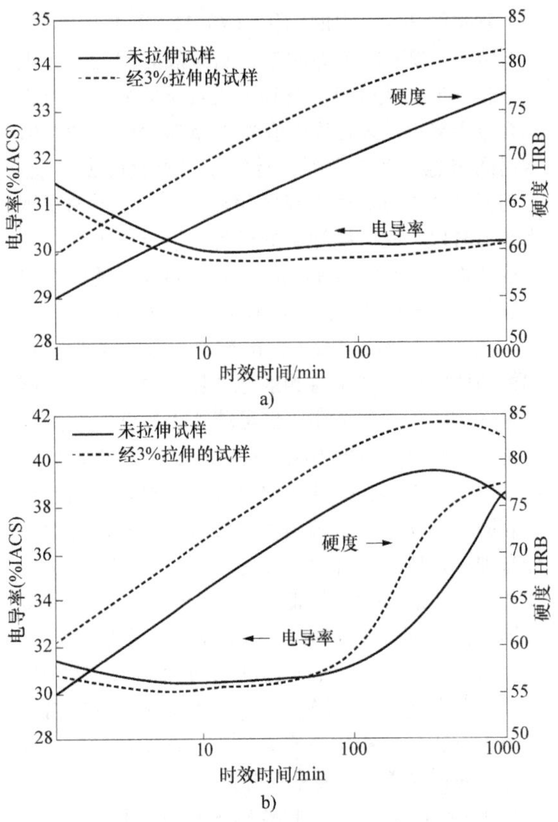

图2-302 2024合金的涡流电导率和硬度与时效时间的关系

a）在150℃（302℉）时效 b）在190℃（374℉）时效

参考文献

1. W. Hunt, Heat Treatment of Aluminum alloys, Lesson 9, Quality Assurance Methods, ASM International MEI Course
2. "Test Method Standard for Electrical Conductivity Test for Verification of Heat Treatment of Aluminum Alloys Eddy Current Method," MIL-STD-1537C, June 25, 2002
3. "Hardness and Conductivity Inspection of Wrought Aluminum Alloy Parts," Aerospace Materials Specification, AMS 2658-C, SAE International, 2009
4. J. Hatch, *Aluminum Properties and Physical Metallurgy*, American Society for Metals
5. W.A. Anderson, Precipitation Hardening Aluminum-Base Alloys, *Precipitation from Solid Solution*, American Society for Metals, 1959
6. M. Rosen, Eddy Current Analysis of Precipitation Kinetics in Aluminum Alloys, *Metall. Trans. A*, Vol 20, 1989, p 605–610
7. "Aluminum Alloy, Die and Hand Forgings, 5.6Zn-2.5Mg-1.6Cu-0.23Cr (7175-T74), Solution and Precipitation Heat Treated," AMS 4149D, Reaffirmed May 19, 2010
8. "Heat Treatment of Aluminum Alloys," MIL-H-6088G specification, replaced by AMS specification AMSH6088C, which was cancelled in 2000
9. H. Suhr and T.W. Guettinger, *Br. J. Non-Destr. Test.*, Vol 35, 1993, p 634–638

2.12 铝合金热处理的模拟和建模

热处理模拟有助于对工件热处理的微观组织、性能、残余应力和变形等进行预测，从而有助于在确定优化热处理工艺参数方面，减少试验工作。时效强化是强化铝合金最重要的热处理工艺，本节主要介绍了如何对其进行建模和模拟仿真。时效硬化包含固溶、淬火和时效三个步骤。在淬火过程中，形成了过饱和固溶体，这是在时效过程中实现析出强化的必要条件。应采用尽可能快的速率进行淬火，使所有的合金元素都过饱和固溶在基体中。另一方面，在淬火冷却过程中，工件中产生温度梯度，从而造成残余应力和变形。因此，从降低残余应力和变形的角度考虑，应尽可能选择较慢的冷却速率进行淬火。淬火步骤是产生残余应力和变形的主要步骤，本节采用了有限元法，重点对淬火步骤中的宏观、连续介质力学等方面进行了模拟。

2.12.1 热处理模拟模型

图 2-303 为热处理模拟的示意图。除了热模拟外，还需要进行力学模拟。在所有这些领域中，它们之间存在交互作用(1~6)，必须在模拟过程中加以考虑。温度影响相变（1：时间-温度转变曲线或 TTT 图）以及应力和应变（3a：热膨胀系数；3b：与温度有关的性能）。相变影响温度（2：相变潜热）以及应力和应变（5a：相变应力；5b：与微观组织有关的性能）。应力和应变影响温度（4：机械功）和相变（6：应力和应变诱发相变）。输入数据是工件尺寸、热处理参数（特别是热导率）和材料数据；输出数据是微观组织、性能、残余应力和变形。

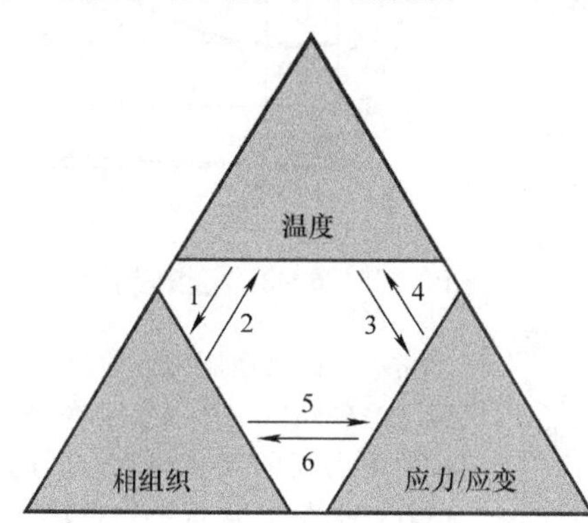

图 2-303 热处理模拟的示意图

2.12.2 输入材料数据

热处理模拟需要输入可靠的材料数据。材料数据包括热物理数据：热导率、比热容、密度，以及相变数据：起始和结束相变的温度和时间（TTT 图）、相变潜热、相变应力，以及力学性能数据：热膨胀系数、弹性模量、泊松比、弹塑性应力/应变曲线（流变曲线）。

所有这些材料数据通常都与温度和微观组织有关。现可通过多种渠道，得到大量的铝合金的热物理和基本的力学性能数据（如热膨胀系数、弹性模量、泊松比）。然而，许多铝合金仍然缺少可靠的 TTT 和时间-温度-析出（TTP）图。在本卷“铝合金的淬火敏感性”一节中，提供了连续冷却析出（CCP）图，但缺乏力学性能数据（流变曲线）。在铝合金的淬火条件下，流变曲线代表了急冷状态的性能，而这些非平衡微观组织的力学性能是无法得到的。在相关温度下，可以对铝合金进行高温拉伸试验，但其微观组织接近平衡状态，不同于急冷状态组织。

在铝合金淬火模拟过程中，由于只有很少部分体积分数参与了析出反应，因此可以忽略 2（相变潜热）和 5a（相变应力）之间的交互作用。由于塑性应变很小，可以忽略 4（机械功）的交互作用。此外，在铝合金淬火过程中，缺乏可靠的应力诱发析出数据，常可忽略 6（应力和应变诱发相变）的交互作用。图 2-304 所示为简化并保留了某些交互作用的铝合金热处理模拟示意图。该简化的模型允许热模拟和组织模拟耦合，然后是力学模拟。交互作用 1（析出反应）需要有 TTP 图的知识。近年来，开发出了一种确定铝合金 CCP 图的方法，并在本卷的“铝合金的淬火敏感性”一节中进行了介绍。对于交互作用 5b，必须以微观组织建立应力/应变曲线模型。对于粗大、多相的材料，如钢，可以采用混合定律进行建模。由于必须对微观组织和位错之间的交互作用进行模拟，因此混合定律并不适用于有析出相的铝合金。有两种力学模型可供选择：

1）基于强化机制（微观组织）的屈服强度模型。

2）基于力学性能测试的流变曲线模型。

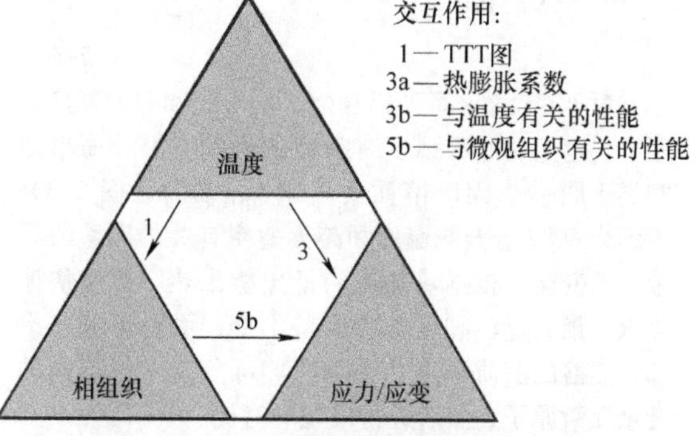

图 2-304 简化并保留了某些交互作用的铝合金热处理模拟示意图

2.12.3 基于微观组织的屈服强度模型

从微观组织的角度看，塑性变形与位错滑移密切相关。当材料被加载到塑性变形区时，在晶体结构中会产生位错和发生位错滑移。当位错滑移通过晶体时，超过了材料的屈服强度，就产生塑性变形。在晶体中，有不同类型的障碍物会阻碍位错运动，提高材料的屈服强度。因此，可以建立屈服强度（R_p）与不同强化机制之间的关系，即

$$R_p = R_0 + \Delta R_{SS} + \Delta R_{WH} + \Delta R_{GB} + \Delta R_{PH} \tag{2-41}$$

阻碍位错滑移的微观组织障碍有溶质原子 ΔR_{SS}、其他位错（加工硬化）ΔR_{WH}、晶界、ΔR_{GB} 和析出相 ΔR_{PH}。由于在淬火过程中变形在很短的时间内发生，可以忽略受扩散控制的位错滑移和位错攀移。在淬火过程中，位错密度和晶粒尺寸没有发生显著变化，而淬火诱导的析出相相对较大，因此，提出的模型集中在固溶强化。对铝合金强化贡献的一级近似与原子溶质浓度（$c_{溶质浓度}$）有关，而溶质浓度取决于冷却速率和温度，因此，溶质原子对铝合金强化的贡献定义为

$$\Delta R_{SS} = \alpha_{SS} G(T) c_{溶质浓度}(T, \mathrm{d}T/\mathrm{d}t)^k \tag{2-42}$$

式中，α_{SS} 和 k 是模型的参数；$G(T)$ 是与温度有关的剪切模量；$c_{溶质浓度}$ 是溶质的摩尔分数。可以通过量热法测量固溶体中的原子数量，在本卷的“铝合金的淬火敏感性”一节中介绍 CCP 图时，已经对此进行了介绍。在冷却过程中，析出反应 $\Delta H(T, \mathrm{d}T/\mathrm{d}t)$ 的析出热是衡量析出量的一种度量，反之也可以用剩余的溶质浓度表示。如果铝合金的最大溶质浓度（$c_{最大溶质浓度}$）和最大析出热 $\Delta H_{最大}$ 已知，并且在先前的固溶加热时，溶质原子完全溶解，那么可以认为

$$c_{溶质浓度}\left(T, \frac{\mathrm{d}T}{\mathrm{d}t}\right) = c_{最大溶质浓度}\left(1 - \frac{\Delta H\left(T, \frac{\mathrm{d}T}{\mathrm{d}t}\right)}{\Delta H_{最大}}\right) \tag{2-43}$$

对于6×××系列铝合金，由于镁和硅为置换型原子，它们对屈服强度有类似的影响，由此简单地归类于同一个固溶溶质溶度（$c_{溶质浓度}$）。图 2-305 所示为6082 合金与温度和淬火速率有关的固溶溶质浓度的变化，根据量热法测量出析出热。对于快速淬火，最大过饱和度几乎保持不变；而对于慢速冷却，固溶的溶质浓度几乎为零。可分别考虑不同的合金元素原子，然后进行模型的对比。

屈服强度模型应以物理原理为基础，并应简单易懂、易于使用。为达到此目的，对模型做了进一步简化。面心立方金属的密排滑移面上的 Peierls 力

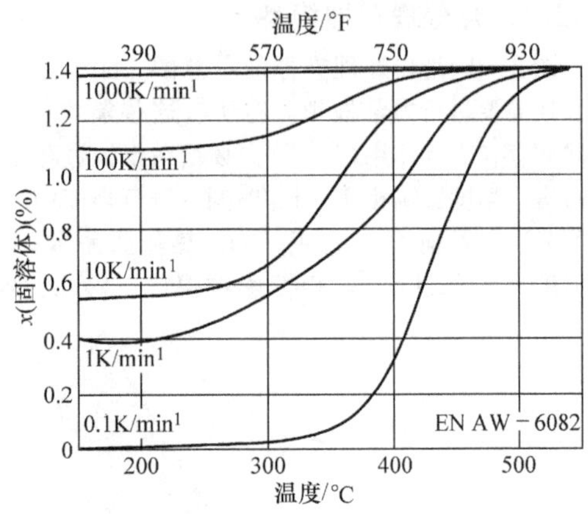

图 2-305 6082 合金溶质浓度与温度和淬火速率的关系

非常小，即对屈服强度贡献（R_0）很小。这样就可以考虑忽略式（2-41）中的 R_0 部分。在冷却过程中，析出相的尺寸较大，因此可以认为析出强化（PH）也是非常低的。在淬火过程中，位错密度（加工硬化或 WH）和晶粒大小（GB）几乎保持不变。因此，ΔR_{WH}、ΔR_{GB} 和 ΔR_{PH} 可以只用一个参数（$\alpha_{WH,GB,PH}$）表示，而参数 $\alpha_{WH,GB,PH}$ 没有物理意义。剪切模量 G（T）与温度有关。因此，用于淬火急冷状态铝合金的屈服强度模型可以用 $\alpha_{WH,GB,PH}$、α_{SS} 和 k 三个参数表示，即

$$R_e(T, \mathrm{d}T/\mathrm{d}t) = \alpha_{WH,GB,PH} G(T) + \alpha_{SS} G(T) c_{溶质浓度}(T, \mathrm{d}T/\mathrm{d}t)^k \tag{2-44}$$

根据文献[10，14，15]，式（2-44）中参数 α_{SS} 和 k 的数值分别为 0.01 和 0.5。通过淬火急冷铝合金的试验屈服强度，拟合得到参数 $\alpha_{WH,GB,PH}$，对于6082 合金，最佳拟合值为 0.001。通过开发的该模型（图 2-306），在很宽的温度范围内，可以很好

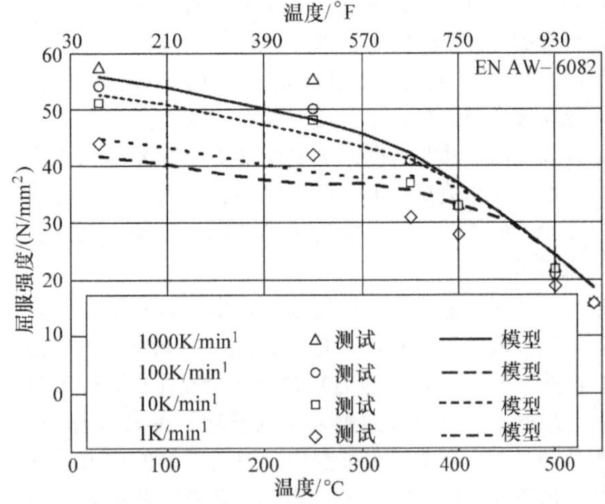

图 2-306 根据温度和淬火速率模拟的6082 合金的屈服强度

地建立屈服强度与温度和冷却速率之间的关系。随着冷却速率的提高和温度的降低，屈服强度提高，其原因可由固溶强化进行解释，并通过模型得到了很好的再现。该屈服强度模型是基于急冷铝合金的微观组织变化、简单易用的淬火模拟模型。它是专门为合金度低的铝合金所开发的，并且可以用于合金度高，在淬火过程中，形成的析出相已对屈服强度产生了很大影响的铝合金。

2.12.4 基于力学性能测试的流变曲线模型

另一种简化了的铝合金淬火模拟过程如图 2-307 所示。根据温度和淬火速率，直接测量了急冷淬火铝合金的应力/应变曲线。在这种情况下，在力学模型中，间接地进行金相组织模拟。作为一个单独的步骤，它可以被省略，而模拟过程只包括热模拟和力学模拟。得到急冷淬火状态的力学性能，是获得这种模型的必要前提条件。

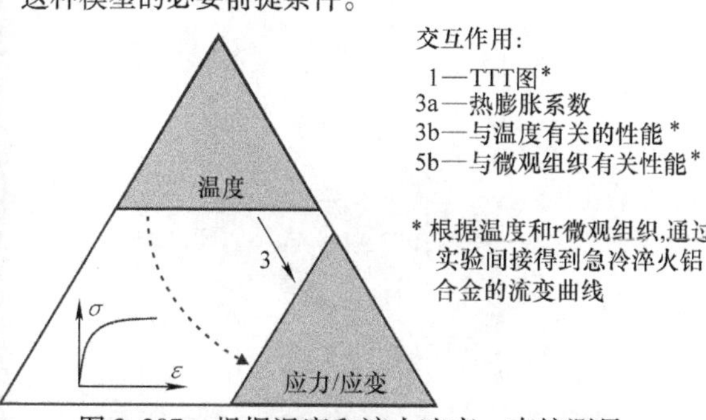

图 2-307 根据温度和淬火速率，直接测量流变曲线进行铝合金淬火模拟的示意图

采用压缩试验，确定了与急冷 6082 铝合金各种微观组织有关的流变曲线。采用不同的固溶加热温度，以不同的淬火冷却速率冷却，在淬火至终止温度时，立即在安装有淬火膨胀计的力学测试机上进行压缩试验。在 540℃（1000℉）固溶加热 20min 后，为抑制所有析出反应，采用 17K/s 的临界冷却速率冷却，确定了析出温度范围为 500～200℃（930～390℉）。采用 5 种不同的冷却速率（0.0017K/s、0.017K/s、0.17K/s、1.7K/s 和 17K/s）和 6 种不同的变形温度［540℃（1000℉）、500℃（930℉）、400℃（750℉）、350℃（660℉）、250℃（480℉）、30℃（85℉）］进行了流变曲线的测试研究。图2-308所示为以最快的冷却速率冷却至不同的淬火结束温度，得到的急冷淬火 6082 铝合金的流变曲线（坐标体系为真实轴向应力与总应变的对数）。随着温度的降低，强度提高。在图 2-309 中，给出了以不同冷却速率冷却到 250℃（480℉）淬火结束温度的流变曲线。随着冷却速率的增加，强度提高。因此，可以得出结论：在淬火过程中，固溶强化和溶质元素析出是模型的主要机制。在缓慢淬火冷却的条件下，溶质元素析出数量多，因此固溶强化效果差。在淬火过程中，形成的析出相尺寸相对较大（大约为几百纳米到微米尺寸），并且预计不会产生明显的颗粒强化。为了进一步进行评估，从所有测量的流变曲线上，确定了屈服强度 $R_{p0.2}$。图 2-310 所示为根据冷却速率和变形温度，对淬火冷却 6082 铝合金的屈服强度进行的评估。当淬火温度为高于析出区间的 500℃（930℉）时，其屈服强度较低（约为 20N/mm^2），且与冷却速率无关。当淬火变形温度为低于析出区间的 250℃（480℉）和室温时，其屈服强度较高（40～55 N/mm^2），与冷却速率明显有关，并且随冷却速率的提高而提高。在去除了其弹性变形后，对流变曲线进行数学描述。采用不同的数学模型，对剩余的流变曲线（坐标体系为真实应力与塑性应变的对数）进行了近似描述，其中最适合的是 Hockett－Sherby 强化模型，即

$$\sigma(\varphi) = k_s - e^{-(N\varphi)^p}(k_s - k_f) \qquad (2\text{-}45)$$

式中，σ 是真实应力；φ 是塑性应变的对数；k_s 是稳态流变应力；k_f 是屈服应力；N 和 p 是与冷却速率和淬火结束温度有关的材料参数。

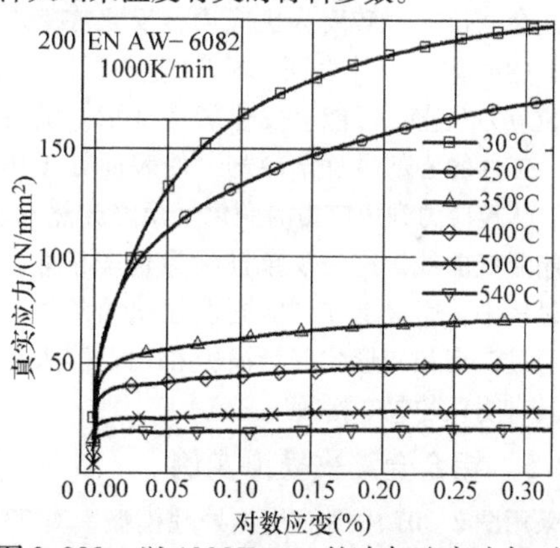

图 2-308 以 1000K/min 的冷却速率冷却到不同温度的 6082 铝合金的流变曲线

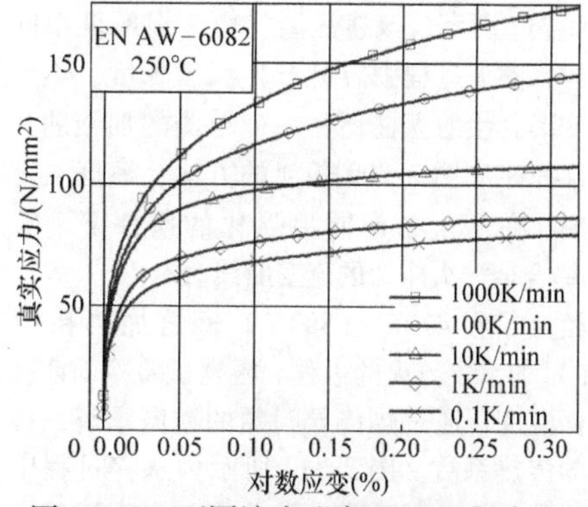

图 2-309 不同淬火速率下 6082 铝合金冷却到 250℃（480℉）淬火结束温度的流变曲线

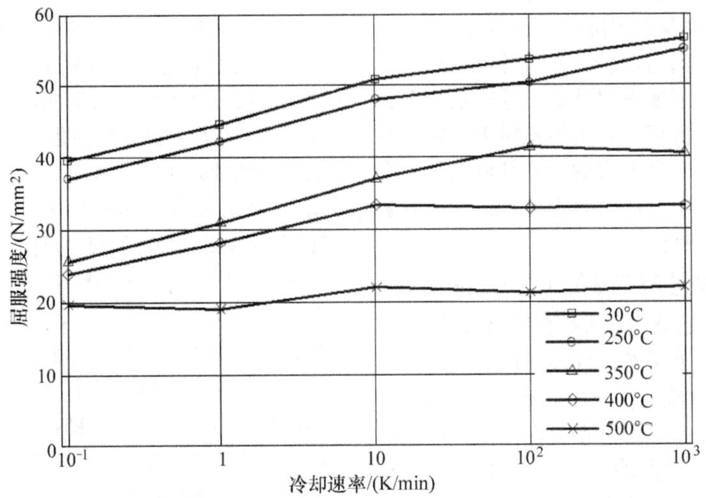

图 2-310 6082 铝合金测量的屈服强度与变形温度和淬火速率的关系

通过该模型，可以对所研究的冷却速率和温度范围内的任何流变曲线进行解释，该流变曲线模型已被纳入热处理模拟中。

由于在淬火过程中工件存在温度梯度，局部应力可能会从拉应力转变为压应力，反之亦然。在开始冷却的时候，工件表面的冷却速度要快于心部，处于拉应力状态，可能会发生塑性变形。随着冷却继续，工件的心部也逐渐冷却，使表面处于压应力状态。从拉应力到压应力的变化（反之亦然），可能会影响流变曲线，这种现象被称为包辛格效应。在模拟过程中，通常是在各向同性强化的条件下建模的。通过淬火和变形膨胀计研究得出，淬火冷却铝合金具有明显的包辛格效应。

2.12.5 铝合金淬火模拟实例

采用图 2-307 中的简化热处理模型，对 7349 铝合金 T 形挤压型材固溶加热后，进行淬火模拟。长度为 120mm（4.7in）的 T 形挤压型材及其坐标系统如图 2-311 所示。该挤压型材由三根厚度不同的立柱组成，淬火过程中容易产生温度梯度、热应力和淬火变形。粗的立柱还有一个单侧的加强肋。采用与图 2-308 和图 2-309 相似的方法，根据温度和淬火速率，在假定各向同性强化的条件下，确定了 7349 铝合金淬火冷却的流变曲线。

模拟了在 470℃（880℉）固溶加热和在 25℃（75℉）的水中淬火的过程。根据试验冷却曲线和工件表面温度，通过热传导问题的逆向求解，计算了水淬的传热系数。图 2-312 所示为水淬过程中低的传热系数与具有明显膜沸腾的高的表面温度之间的关系。随后，由于在纯对流方式条件下，热传导再

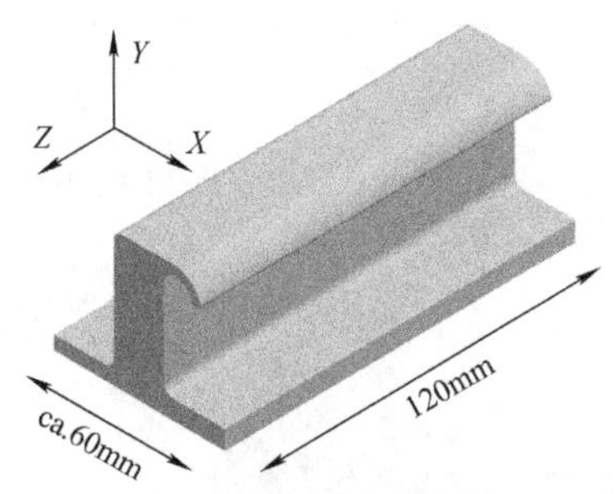

图 2-311 7349 铝合金 T 形挤压型材轮廓

次降低之前，发生明显的高热传导泡核沸腾。这种不均匀的热传导是导致淬火变形的主要原因，必须进行大量的研究工作，精确地确定模拟过程中的传热系数。并采用与前面模拟一样的淬火过程，用试验进行验证。图 2-313 所示为尺寸为 60mm × 120mm（2.4in × 4.7in）的 *XZ* 平面底部照片。与厚立柱背面相比，在较薄的立柱上，发生膜沸腾（箭头）破裂的时间要早得多，由此产生了很高的温度梯度。

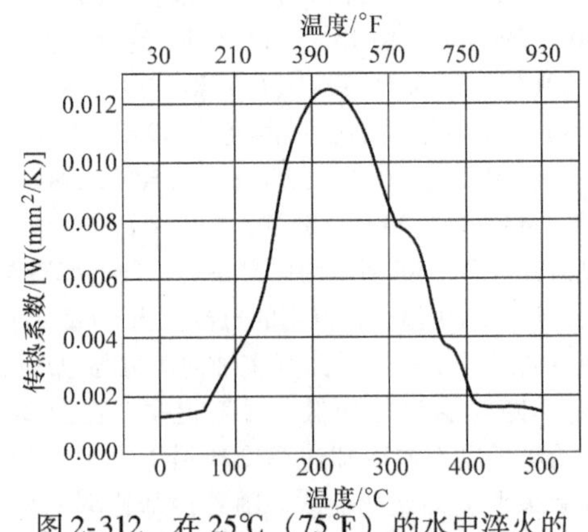

图 2-312 在 25℃（75℉）的水中淬火的传热系数与表面温度之间的关系

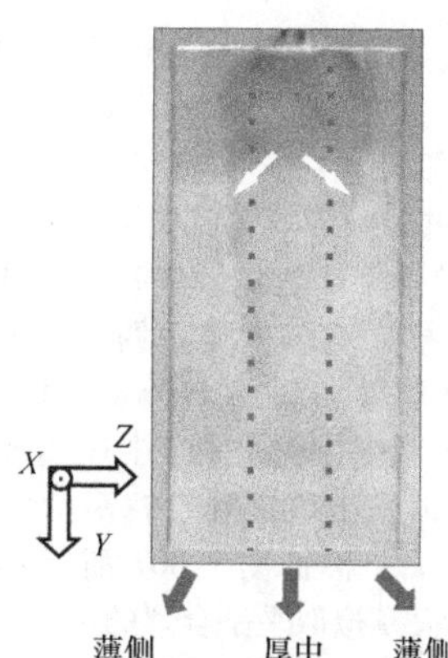

图 2-313　尺寸为 60mm×120mm（2.4in×4.7in）的 XZ 平面底部照片

注：采用垂直浸入式水淬的过程（箭头表示再次浸入前端）。

在 1.5s 的淬火持续时间后，采用有限元建模模拟，得到 T 形温度梯度轮廓曲线图，如图 2-314 所示。与较厚立柱处相比，由于之前的膜沸腾破裂，较薄立柱处的冷却速度要快得多。观察到的最大温差超过了 300K。

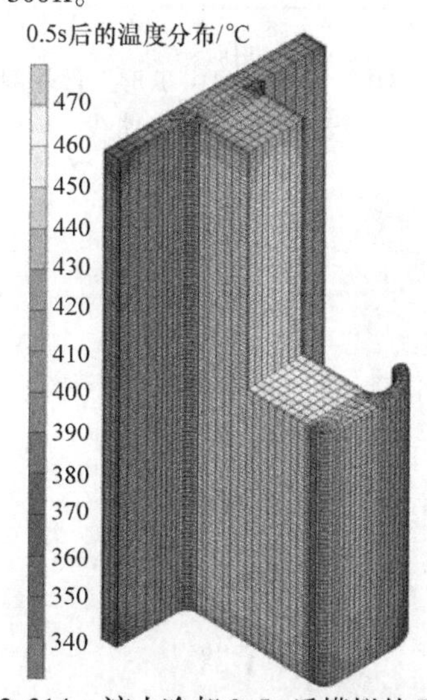

图 2-314　淬火冷却 0.5s 后模拟的 T 形温度梯度轮廓曲线图

根据 T 形轮廓的温度梯度，可以得到淬火过程中的热应力分布。例如，给出轴向热应力。首先，在表面和较薄的立柱上出现拉应力，而在剖面心部和较厚的立柱上产生压应力。最后，表面和较薄的立柱上主要是残余压应力，而剖面心部和较厚的立柱上主要是残余拉应力（图 2-315）。与铝合金的屈服强度相比，残余应力为 $-200\sim150\text{N/mm}^2$。

从顶视图（图 2-316）和侧视图（图 2-317）可以看到工件发生了变形。厚立柱上的单侧加强肋导致整个侧面在 X 方向产生约为 0.16mm（0.006in）的弯曲（图 2-316）。薄立柱和厚立柱之间的热梯度

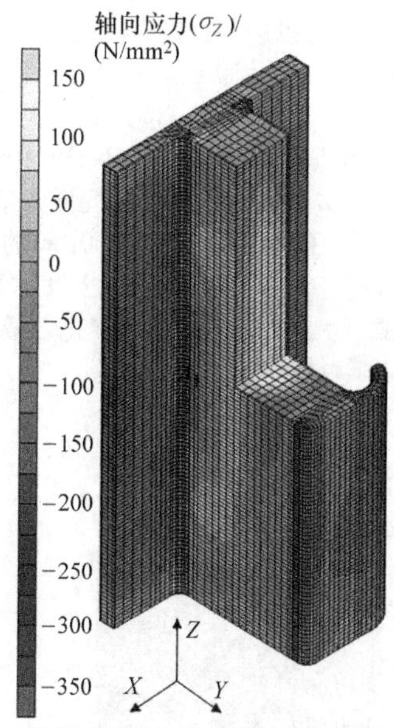

图 2-315　模拟淬火后的 T 形轮廓图轴向残余应力

会导致底部 XZ 平面的形状发生改变，XZ 平面边角向上弯曲约 0.08mm（0.003in）（图 2-317）。将这些变形外推到更长的挤压工件，可以推断会产生严重的变形，必须返工进行矫直。

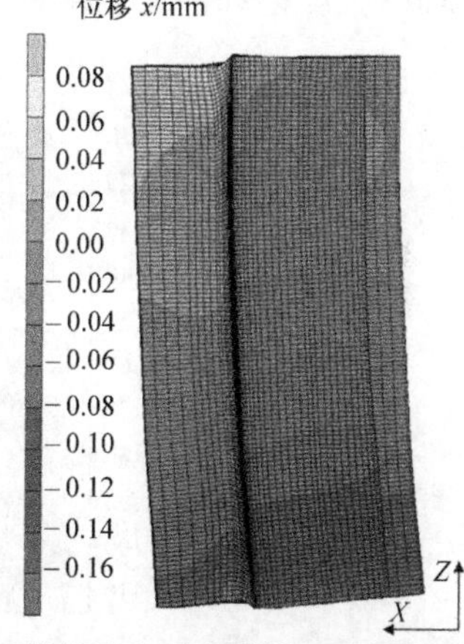

图 2-316　模拟淬火后变形的 T 形轮廓图（顶视图）

通过对工件上的温度和变形进行测量，验证了淬火模拟的有效性。图 2-318 所示为模拟和测量的 T 形工件轮廓上的冷却曲线。在中心厚立柱处（控制点 A）、表面附近的薄立柱处（控制点 B）和薄的尖端加强肋附近（控制点 C）三个不同位置进行了测量。图中实线为试验测试结果，虚线为模拟结果。与中心厚立柱处相比，表面附近的薄立柱处和薄的尖端加强肋附近的冷却速度要快得多。试验和模拟的冷却曲线非常一致。产生差别的主要原因是，模拟采用 T 形轮廓几何形状不同于验证所用的，此外传热系数是根据圆柱试样测量得到的。不同的几何形状导致局部淬火冷却介质流动不同，从而产生了不同的传热系数。通过对 T 形轮廓几何形状局部传

热系数的确定，可以进一步提高模拟的精度。

为了进一步进行验证，对工件底部尺寸为60mm×120mm（2.4in×4.7in）的*XZ*平面（图2-311）的变形进行评估。在图2-319（底部）中，在最优拟合的*XZ*平面上模拟*Y*轴变形偏差。在初始条件下，T形挤压型材具有大约80μm的均匀度偏差。在淬火模拟后，较薄的立柱向上发生了弯曲（*Y*方向），造成了大约80μm的形状变化，最终形成大约160μm的模拟均匀度偏差。为了进行对比，采用坐标测量仪器，对尺寸为60mm×120mm（2.4in×4.7in）的*XZ*平面在淬火前和淬火后的均匀度偏差进行了测量。图2-319（顶部）再次显示了与最佳拟合*XZ*平面产生了*Y*方向的偏差。在淬火之前，由于挤压成形，初始均匀度偏差约为80μm。在淬水后，均匀度偏差增加到约160μm，即产生了约为80μm的试验形状变化，验证了上述模拟的80μm的形状变化。同时，试验证明了较薄的立柱向上（*Y*方向）发生弯曲。根据图2-307所示的简化模型，对铝合金的淬火模拟似乎是合理的。

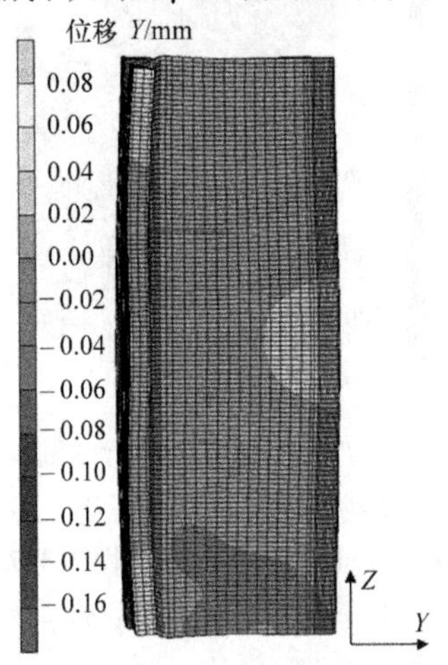

图2-317 模拟淬火后变形的T形轮廓图（侧视图）

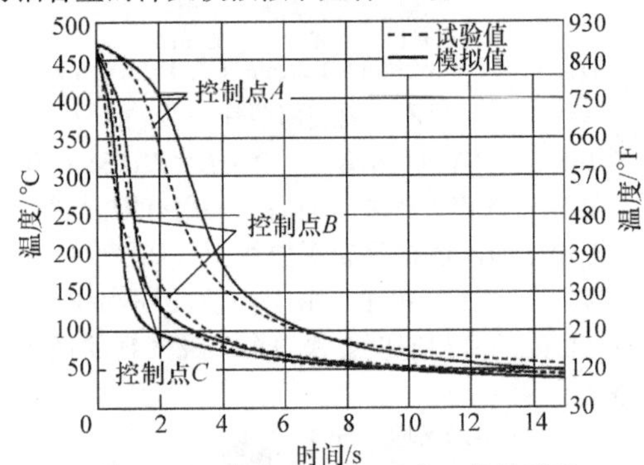

图2-318 淬火过程中T形工件轮廓的模拟和试验冷却曲线

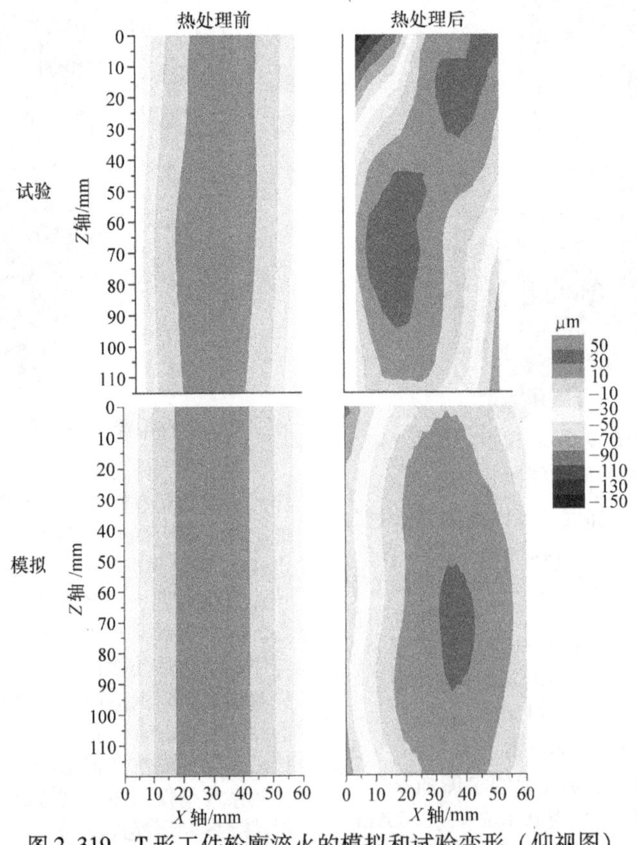

图2-319 T形工件轮廓淬火的模拟和试验变形（仰视图）

注：根据图2-311，在最佳拟合*XZ*平面，*Y*轴产生了偏差。

参 考 文 献

1. C.H. Gür and J. Pan, *Handbook of Thermal Process Modeling of Steels*, Taylor & Francis, 2009
2. M. Reich and O. Kessler, Quenching Simulation of Aluminum Alloys Including Mechanical Properties of the Undercooled States, *Mater. Perform. Charact.*, Vol 1 (No. 1), 2012, p 1–18
3. J.G. Kaufman, *Properties of Aluminum Alloys: Tensile, Creep and Fatigue Data at High and Low Temperatures*, ASM International, 1999
4. *ASM Ready Reference: Thermal Properties of Metals*, ASM International, 2002
5. Properties of Wrought Aluminum and Aluminum Alloys, *Properties and Selection: Nonferrous Alloys and Special-Purpose Materials*, Vol 2, *ASM Handbook*, ASM International, 1990, p 62–122
6. A.L. Kearney, Properties of Cast Aluminum Alloys, *Properties and Selection: Nonferrous Alloys and Special-Purpose Materials*, Vol 2, *ASM Handbook*, ASM International, 1990, p 152–177
7. D.R. Askeland, P.P. Fulay, and W.J. Wright, *The Science and Engineering of Materials*, Cengage Learning, 2011
8. M.F. Ashby, D.R. Jones, and R.H. David, *Engineering Materials 2, An Introduction to Microstructures and Processing*, Elsevier, 2012
9. E. Macherauch and O. Vöhringer, Das Verhalten metallischer Werkstoffe unter mechanischer Beanspruchung, *Z. Werkstofftech.*, Vol 9, 1978, p 370–391
10. R.L. Fleischer, Substitutional Solution Hardening, *Acta Metall.*, Vol 11 (No. 3), 1963, p 203–209
11. P. Schumacher, M. Reich, V. Mohles, S. Pogatscher, P.J. Uggowitzer, and B. Milkereit, Correlation between Supersaturation of Solid Solution and Mechanical Behaviour of Two Binary Al-Si-Alloys, *Mater. Sci. Forum*, Vol 794–796, 2014, p 508–514
12. M. Reich, P. Schumacher, B. Milkereit, and O. Kessler, Yield Strength Model for Undercooled Aluminium Alloys Based on Calorimetric In-Situ Quenching Experiments, *Third World Congress on Integrated Computational Materials Engineering*, TMS, 2015, p 115–122
13. B. Milkereit and M.J. Starink, Quench Sensitivity of Al-Mg-Si Alloys: A Model for Linear Cooling and Strengthening, *Mater. Des.*, Vol 76, 2015, p 117–129
14. G. Gottstein, *Physikalische Grundlagen der Materialkunde*, Springer, 2007
15. E. Hornbogen and H. Warlimont, *Metalle—Struktur und Eigenschaften der Metalle und Legierungen*, Springer, 2006
16. B. Milkereit, N. Wanderka, C. Schick, and O. Kessler, Continuous Cooling Precipitation Diagrams of Al-Mg-Si Alloys, *Mater. Sci. Eng. A*, Vol 550, 2012, p 87–96
17. R.B. McLellan and T. Ishikawa, The Elastic Properties of Aluminum at High Temperatures, *J. Phys. Chem. Solids*, Vol 48 (No. 7), 1987, p 603–606
18. C. Kammer, *Aluminium-Taschenbuch*, Aluminium-Verlag, 2009
19. P. Schloth, J.N. Wagner, J.L. Fife, A. Menzel, J.M. Drezet, and H. van Swygenhoven, Early Precipitation during Cooling of an Al-Zn-Mg-Cu Alloy Revealed by In Situ Small Angle X-Ray Scattering, *Appl. Phys. Lett.*, Vol 105 (No. 10), 2014, p 101908
20. O. Kessler and M. Reich, Mechanical Properties of an Undercooled Aluminium Alloy Al-0.6Mg-0.7Si, *J. Phys. Conf. Ser.*, Vol 240, 2010, p 012093
21. M. Reich and M.O. Kessler, Mechanical Properties of Undercooled Aluminium Alloys and Their Implementation in Quenching Simulation, *Mater. Sci. Technol.*, Vol 28 (No. 7), 2012, p 769–772
22. J.E. Hockett and O.D. Sherby, Large Strain Deformation of Polycrystalline Metals at Low Homologous Temperatures, *J. Mech. Phys. Solids*, Vol 23 (No. 2), 1975, p 87–98
23. M. Reich and O. Kessler, A Study of the Bauschinger Effect in Undercooled Aluminium Alloys, *J. Heat Treat. Mater.*, Vol 67 (No. 5), 2012, p 331–336
24. B. Liscic, H.M. Tensi, L.C.F. Canale, and G. Totten, *Quenching Theory and Technology*, CRC Press, Taylor & Francis, 2010
25. J. Lütjens, V. Heuer, F. König, T. Lübben, V. Schulze, and N. Trapp, Computer Aided Simulation of Heat Treatment—Teil 2: Bestimmung von Eingabedaten zur FEM-Simulation des Einsatzhärtens, *Härt. Tech. Mitt.*, Vol 61 (No. 1), 2006, p 10–17

2.13 铝和铝合金的渗氮

铝和铝合金具有硬度低、耐摩擦性能差的特点，可以通过特殊的表面处理，来克服这些缺点，在众多的表面工程研究工作中，已成功用于钢铁材料的渗氮工艺就是其中一种。对铝合金来说，这种方法仍在进一步科学研究中，尚未在工业实际中得到广泛应用。

与钢铁材料和氮、氧的相互作用相比，铝和钛及其合金与氮的作用是截然不同的。为实现利用渗氮提高表面摩擦性能，必须了解所涉及材料的性能对渗氮的影响（表 2-106）。氮几乎不溶于铝合金，因此，对这类合金进行渗氮时，形成的化合物层没有析出强化层的支承，这一点与钢铁材料渗氮时形成过渡层不一样。因此，渗氮层的硬度与铝合金心部的硬度之间存在很大的差异（图 2-320）。表 2-107 所列为报道中进行过渗氮研究的各种铝合金的成分。

表 2-106 铝和铁与工艺相关的性能和对等离子渗氮的影响

性能	Al	Fe
N 的最大固溶度（摩尔分数,%）	0	0.4（α - Fe）
温度/K	—	865
N 的扩散系数/（m^2/s）	0	7.4×10^{-12}（α - Fe）
温度/K	—	823
氧化极限①		
$p(O_2)$ /bar	1.6×10^{-70}	1.9×10^{-27}
$p(H_2O)/p(H_2)$	1.0×10^{-20}	0.3
温度/K	723	823
渗氮温度（渗氮温度与凝固温度之比，T_N/T_S）	0.75 ~ 0.9	0.4 ~ 0.5

性能	Al	Fe
放电参数	由 AlN 的高电阻率造成电流密度降低	渗氮层的形成没有显著的改变
渗氮层组织	渗氮层，无扩散区	渗氮层，析出区（译者注：扩散层）
渗氮层硬度 $HV_{0.005}$	>1200	750 ~ 1250
扩散/析出区硬度 $HV_{0.05}$	—	500 ~ 1500
心部硬度 HV_1	50 ~ 150	200 ~ 480
在 T_N 温度，对心部组织的影响	降低时效强化效果，再结晶	再结晶，回火

① 用参考文献 [1] 中的热力学数据计算。

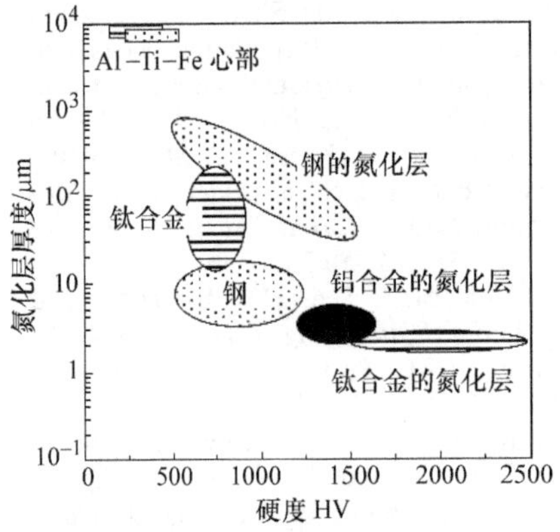

图 2-320 典型钢、钛、铝合金的渗氮层厚度和硬度
PZ—析出区 NL—渗氮层（化合物层）
（译者注：图中最好翻译成钢的渗氮层，图中 NIL 应为 NL）

铝合金的渗氮温度为 0.8 ~ 0.9T_S（凝固温度），明显高于钢铁材料。铝合金的渗氮温度超过了其退火温度（表 2-108），很明显，在这个温度范围内，渗氮对基体材料的组织和性能有严重的影响。为了使心部重新获得理想的组织，支承高硬度的渗氮层，热处理后的工艺和双重复合表面处理对铝合金的处理具有重要的意义。

由于轻金属和氧具有高的亲和力，轻金属的氧化极限明显很低（表 2-106），因此，对反应气体的纯度要求非常高，对工厂气体泄漏的要求非常严格。

表 2-107 铝合金的成分

合金	成分（质量分数,%）								
	Al	Si	Mg	Fe	Zn	Cu	Mn	Cr	Ti（Ni）
5754（AlMg3）	余量	0.4	2.6 ~ 3.6	0.4	0.2	0.1	0.5	0.3	0.15
5083（AlMg4.5Mn）	余量	0.4	4.5	0.4	0.25	0.1	0.4 ~ 1.0	0.05 ~ 0.25	0.15
2017（AlCuMg1）	余量	0.2 ~ 0.8	0.4 ~ 1.0	0.7	0.25	3.5 ~ 4.5	0.4 ~ 1.0	0.1	—
6082（AlMgSi1）	余量	0.7 ~ 1.3	0.6 ~ 1.2	0.5	0.2	0.1	0.4 ~ 1.0	0.25	0.1
7075（AlZnMgCu1.5）	余量	0.4	2.1 ~ 2.9	0.5	5.1 ~ 6.1	1.2 ~ 2.0	0.3	0.18 ~ 0.28	0.2
360.0（AlSi10Mg）	余量	9.0 ~ 11.0	0.2 ~ 0.45	0.55	0.1	0.05	0.45	—	0.15
DISPAL S270	余量	23.6	0.4	4.4	—	1.0	0.5	—	(3.0)

表 2-108 部分铝合金凝固温度和热处理温度范围

合金	凝固温度范围		热处理温度						
			退火		固溶		渗氮		渗氮温度与凝固温度之比（T_N/T_S）
	℃	℉	℃	℉	℃	℉	℃	℉	
5754（AlMg3）	610～640	1130～1185	330～360	625～680	—	—	400～460	750～860	0.83
5083（AlMg4.5Mn）	574～638	1065～1180	380～420	715～790	—	—	400～460	750～860	0.86
2017（AlCuMg1）	512～650	954～1200	350～380	660～715	495～505	925～940	400	750	0.86
6082（AlMgSi1）	585～650	1085～1200	340～380	645～715	525～545	980～1015	400～460	750～860	0.85
7075（AlZnMgCu1.5）	480～640	900～1185	420～460	790～860	470～480	880～900	400	750	0.89
360.0（AlSi10Mg）	575～620	1070～1150	—	—	520～535	970～995	460	860	0.86

2.13.1 渗氮工艺和渗氮机制

自 20 世纪 80 年代中期以来，人们一直在对铝合金的等离子渗氮进行研究，并已经成功地研发出了适合进行等离子渗氮的铝合金。已成功地采用简单直流（DC）电源、脉冲直流放电等离子以及高频等离子体进行渗氮试验，见表 2-109。此外，还有一些新的工艺，如等离子体注入技术（PIII）以及激光渗氮或直接熔化渗氮多种液相渗氮处理工艺，已开始应用于铝合金的渗氮。

表 2-109 铝合金等离子渗氮的设备和工艺参数

工艺参数		常规直流（DC）		脉冲直流	脉冲直流加射频（RF）	热离子电弧	微波＋电子回旋共振
基压/Pa		10^{-3}	2.66	10^{-4}～1	10^{-4}～10^{-3}	6×10^{-4}	2×10^{-4}
溅射清洗	时间/h	1	3	—	—	1.5	0.5
	压力/Pa	90	133.3	—	200	0.4	1.0
	偏压/V	600	200	—	400～800	80	1000
	气体	Ar	N_2	—	Ar，H_2	Ar，H_2	Ar
渗氮	时间/h	<20	20～70	4～12	DC/RF≤2	2～18	0.5
	压力/Pa	505	533.3	200～300	350/350	0.8	1
	偏压/V	?	200	460～600	600/200	50	1000
	温度/℃（℉）	450（840）	550（1020）	400～460（750～860）	480（900）	340～460（645～860）	500（930）
	气体	N_2	N_2，H_2	N_2	N_2	N_2，Ar	N_2
AlN 层厚度/μm		≤5	3～5	2～8	≤18	≤10	极薄
参考文献		3	10	11	6	9	12

在铝合金渗氮过程中，会在表面自然产生氧化膜，该氧化膜会阻止氮向基体内扩散。大多数研究人员都考虑在渗氮处理前，直接进行溅射工艺。由于 Al_2O_3 在极低的压力下形成（表 2-106），在实际操作中，即使采用极端的处理条件下，也不可能完全消除氧化膜，避免二次氧化。

由于氮化铝的物理性能，还会产生其他问题。例如，铝合金和氮化铝的热膨胀系数有很大的差异（表 2-110），由于这种差异，会产生很大的残余压应力[>2GPa（290ksi）]，在渗氮层较厚的情况下，会导致开裂甚至剥落。因此，采用尽可能形成厚的渗氮层的工艺是不明智的。当务之急是建立厚度均匀、无裂纹的渗氮层的工艺规范。这种厚度均匀且无裂纹渗氮层的厚度可达到不大于 3μm。通过对等离子体参数进行调整，形成高电阻的 AlN 层，导致电流密度降低，可增加渗氮层的厚度。渗氮温度通常可达到合金固相线温度的 80%～90%（表2-108），即使局部出现非常轻微的过热情况，也会发生熔化。因此，对渗氮温度的控制精度有极高的要求。

经表面溅射处理过的铝合金表面，在实际生产中不可避免地会发生二次氧化，所以在形成氮化铝的表面仍有可能出现氧化物。在温度为 400～460℃（750～860℉），压力为 200～300Pa（2～3mbar）和放电电压为 460～600V 的氮气或氮氩混合气氛中进行渗氮。

表 2-110 铝和 AlN 的物理性能

性能	Al	AlN
熔点/K	933	3273
密度(ρ)/(g/cm^3)	2.7	3.26
弹性模量(E)/GPa	72	400
硬度 HV(载荷/N)	20~30(100)	1530(1)
热膨胀系数(α)/10^{-6}/K	23	5①
热导率(η)(max)/[W/(m·K)]	226	320
电阻系数 (ρ) /$10^{-8}\Omega\cdot m$	2.5	$>10^{19}$

① 600~1300K。

图 2-321 所示为采用这种工艺条件形成的渗氮层成分。渗氮层中氮的摩尔分数约为 50%；而含氧量很低，其摩尔分数不超过 5%。俄歇电子能谱和 X 射线光电子能谱分析表明，氧主要以氧化镁和少量渗氮镁的形式存在，如图 2-322 所示。其他研究人员也得到了同样的试验结果。

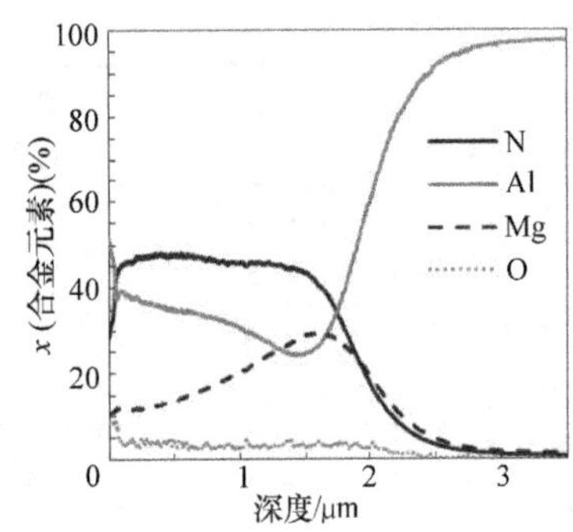

图 2-321 渗氮层中合金元素的浓度分布（辉光放电光发射光谱仪）

注：5083 铝合金；T_N=480℃（900℉）；t_N=3h。

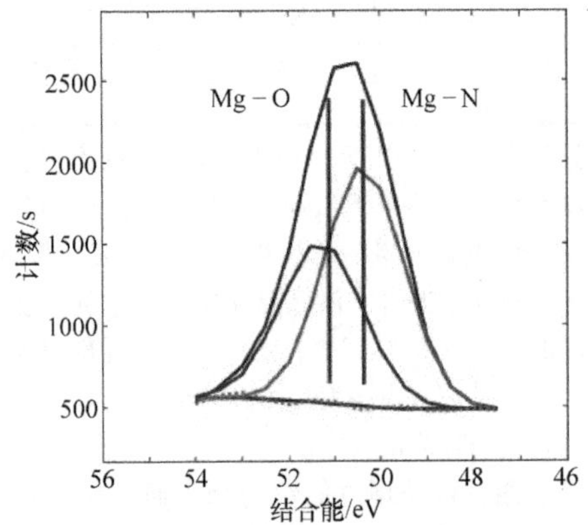

图 2-322 AlN 层中含镁量最高的区域的 X 射线光电子能谱峰值拟合曲线（Mg 2p 峰值）

注：5083 铝合金；在 470℃（880℉）渗氮，$t_{N,eff}$=4h。

结果表明，通过选择处理工艺条件，保证氮离子的能量足够高，可以去除氧化物。在清理干净的金属表面，通过物理吸附和随后的原子渗氮学吸附，形成渗氮物。只有当存在残余气体或出现气体泄漏时，才有氧存在，而反应的氮则是在高浓度的等离子体中形成的，因此与形成氧化物相比，在比较低的生成焓条件下，可以形成渗氮物。可能是由于 AlN 的共价键上有更大的原子间作用力，因此，一旦形成 AlN，就比形成 Al_2O_3 或 MgO 等氧化物发生的溅射更少。省略喷溅预处理的另一个优点是，避免形成锥状氧化物，降低了表面粗糙度值，这是由于铝和氧化铝之间存在巨大的喷溅率差异。

辉光放电异常部分的电压增加，会导致活性离子和活性原子数量的变化，同时使电流（电流密度）增大。在恒定的压力下，由于离子的平均自由程不会改变，离子的能量不会发生改变。随着离子和活性氮的数量分别增加，导致渗层厚度增加，如图 2-323所示。通过向炉内工作气体中加入氩，使离子质量增加，也会产生类似的效果。在 600V 的电压和 430℃（805℉）的渗氮温度下，5083 合金的渗层厚度减小，其原因可以归结为 AlN 发生了反溅射。

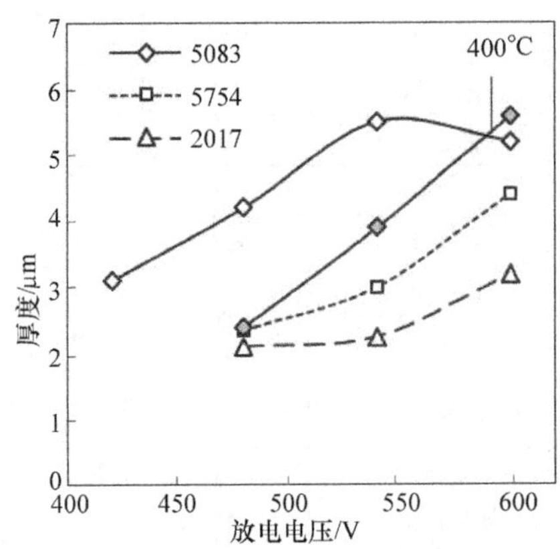

图 2-323 各种合金表面 AlN 层厚度与放电电压的关系

注：T_N=430℃（805℉）。

由于氮在铝中具有不溶性，渗氮层的生长过程是一种外层渗氮机制，在此过程中，铝向表面扩散，与氮发生反应，形成 AlN。Rossendorf 的一个研究小组针对纯铝，采用氮同位素进行等离子体注入（PI-II）试验，可以很清楚地看到，Al^{3+} 阳离子流从基体移向表面。其他研究人员也证实，在没有进行氩预溅射的条件下，可以进行铝和铝合金的等离子体渗氮。因此，在钢铁材料等离子渗氮工厂中，是可以对铝合金进行等离子体渗氮的。

2.13.2 渗氮层的结构和性能

在渗氮试验中，发现形成了密排六方（hcp）相（图 2-324），这种结构可以与 AlN 的平衡状态相关联。一些研究人员还发现了面心立方结构相，认为是过渡到稳定的密排六方（hcp）结构之前的初始相。

渗氮层具有硬度高的特点。在足够厚的渗氮层横截面上，测量了通用硬度，其平均硬度为 $HU_{plas0.05}=16GPa$（2320ksi）。进行一级近似，相当于维氏硬度 $1600HV_{0.005}$。

将接触应力限制在一定范围内，可以避免渗氮层出现破裂，因此，渗氮能显著减少铝合金的黏着磨损。与传统工艺处理的材料相比，如与阳极硬化膜材料相比，渗氮后的铝合金具有极优良的耐磨性能。作者采用销 - 盘式磨损试验装置进行了耐磨试验研究［垂直载荷 $F_N=5N$；速度 = 0.25m/s（0.8ft/s）；摩擦副：直径为 6mm（0.24in）的碳化钨球］。证明了在渗氮条件下，特定的磨损速率（Specific Wear Coefficient）k 明显下降，如图 2-325 所示。根据所施加的载荷不同，渗氮后合金的耐磨性能提高了 10～20 倍。

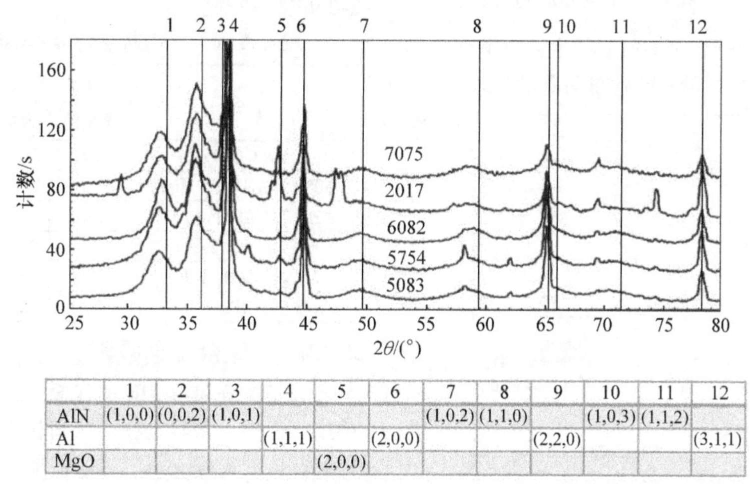

	1	2	3	4	5	6	7	8	9	10	11	12
AlN	(1,0,0)	(0,0,2)	(1,0,1)				(1,0,2)	(1,1,0)		(1,0,3)	(1,1,2)	
Al				(1,1,1)		(2,0,0)			(2,2,0)			(3,1,1)
MgO					(2,0,0)							

图 2-324 各种渗氮合金的 X 射线衍射谱线

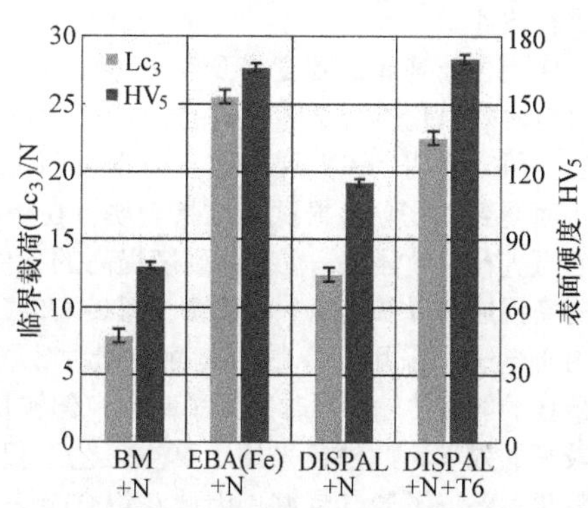

图 2-325 处理状态对 5083 铝合金特定磨损速率的影响

注：$T_N=470℃$（880℉）；$t_{N,eff}=4h$。BM—基体材料；N—渗氮；EBA（Fe）+N—电子束铁合金化 + 渗氮；N + T6—渗氮 + 固溶和时效强化（译者注：根据文章内容，图中 DISPAL 为喷射成形铝合金）。

2.13.3 铝合金的渗氮性能

图 2-326 所示为不同铝合金渗氮层的生长速率。可以清楚地看到，随铝合金中镁的含量增加，渗氮层的生长速率提高。从图 2-321 和图 2-327 中可以看到，由于镁和氧的亲和力高，在很大程度上，镁在不同铝合金的渗层与基体之间产生富集。如预期的那样，氧化镁的含量与铝合金中镁的含量成正比。与氧化铝相比，氧化镁具有较低的表面结合能，因此更容易产生溅射。此外，镁还提高了二次电子数量，从而加强了等离子体放电。这就解释了镁的含量对 AlN 层生长的影响。对于含镁的铝合金，渗氮层的厚度与渗氮时间呈线性关系，这与其他人所观察到的结果完全一致。对于含少量镁的含硅铝合金，渗氮层的厚度呈抛物线生长（图 2-326），其生长速率由扩散过程所决定。据报道，在亚共晶和共晶铝合金的富硅区，以及在过共晶铝合金的初晶硅处，渗氮物的形成速度减慢。随着渗氮时间的增加，该区域中的 AlN 会发生过度生长。

Renevier 等人认为，尽管铝和氮之间有很强的亲和力，但形成 AlN 的反应是决定形成速率的关键。根据他们的估计，化学反应的激活能大约为 1eV。Blawert 和 Mordike 假设，只要入射离子提供一定很小的能量，就可以形成 AlN。这表明在很大程度上，AlN 的形成受到高能粒子相互作用的控制。

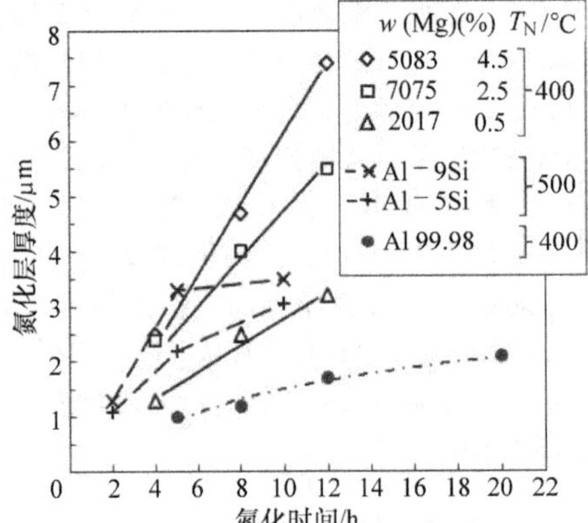

图 2-326 不同铝合金渗氮层的生长速率与渗氮时间的关系（镁和硅含量为质量分数）

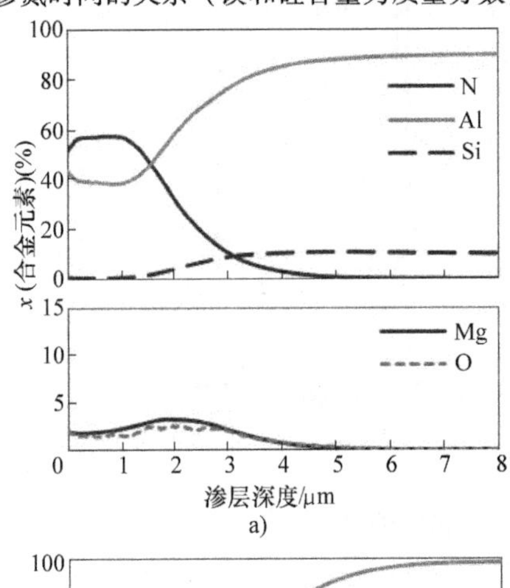

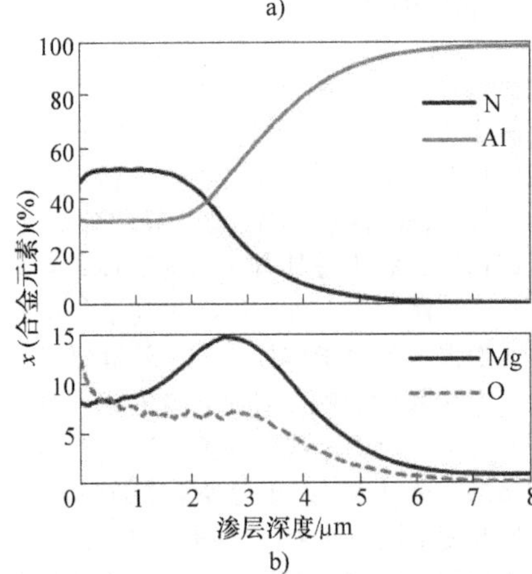

图 2-327 辉光放电光发射光谱测量的渗层合金元素浓度分布

a）360.0 铝合金在 470℃（880℉）渗氮（$t_{N,eff}$ = 5h）

b）5083 铝合金在 470℃（880℉）渗氮（$t_{N,eff}$ = 4h）

从合金钢的等离子渗氮得知，化合物层和扩散层的均匀性与阴极辉光的均匀性有关。而在铝的等离子渗氮中，需要通过溅射完全除去氧化层，所以与合金钢相比，均匀的等离子覆盖更为重要。采用圆柱状试样进行试验，观察到试样的侧面先均匀地覆盖了渗氮物，而在试样端面上后形成 AlN，并且厚度存在一定的梯度。一般来说，由于在试样的边缘处受离子轰击更加密集，在边缘处渗氮物形成的速度更快。

正如预期的那样，铝合金的渗氮会导致心部硬度下降，表 2-111 列出了这方面的定量数据。在时效强化铝合金中，心部硬度下降现象尤为明显。自然时效强化铝合金在渗氮过程中，心部硬度也不会进一步提高。幸运的是，这些铝合金的含镁量较高，渗氮层生长速率很快，而强度仅是略有下降（与图 2-326 进行对比）。

表 2-111 渗氮对铝合金心部硬度的影响

合金	硬度 $HV_{0.2}$		硬度下降（%）
	渗氮前	渗氮后	
5754（AlMg3）	79	56～64	29
5083（AlMg4.5Mn）	92	76～82	17
2017（AlCuMg1）	148	63～69	57
6082（AlMgSi1）	78	26～41	67
7075（AlZnMgCu1.5）	97	66～70	32
360.0（AlSi10Mg）	72	48～52	33

2.13.4 组合工艺技术

为了充分利用 AlN 的优异性能，对铝合金的表面进行保护，尤其是在高负荷情况下，渗氮层必须得到基体的良好支承。这就需要采用特殊的手段和措施，例如时效强化铝合金的后续热处理，或在进行渗氮前，通过激光或电子束等高能束工艺技术对表面进行改性。

为使铝合金基体的硬度得到恢复，在渗氮处理后，可对时效强化铝合金零件进行后续的固溶和时效处理。研究表明，渗氮层的结合力不会因再次时效强化而受到损伤。磨损试验结果表明，在等离子渗氮后再进行时效强化，在基体硬度提高的条件下，特定的磨损速率降低了 1 个数量级（图 2-325）。

由于电子束采用了专门的表面能量注入方法，具有最佳的能量传输，同时采用了高频束偏转技术，具有较高的效率，此外还采用了真空工艺过程，避免了氧化，保证了脱气良好，因此在铝合金表面处理中得到广泛应用。电子束液相加热工艺可在铝合金工件的局部产生很深的熔化深度，例如通过添加铬、铁、钴或镍合金元素进行合金化，可将铝合金硬度提高到 600HV。

将电子束表面合金化和后续的等离子渗氮相结合，构成复合表面技术，为在各种铝合金的表面形成性能卓越的化合物复合层提供了可能性。尽管等离子渗氮是额外的热处理，但由于形成了热稳定性高的金属间相，所以具有高硬度的合金化层，如图 2-328 所示。等离子渗氮层的厚度约为 2μm，与表面合金层具有良好的结合力。360.0（AlSi10Mg）铸造铝合金的磨损试验结果表明，与仅进行渗氮和渗氮+热处理相比，经表面合金化和渗氮处理后，特定的磨损速率（k）分别下降 1～2 个数量级，如图 2-325 所示。对于这种铝合金，与经热处理的状态相比，表面合金化对铝合金硬度的提高影响大得多，从而保证了基体对渗氮层的支承。

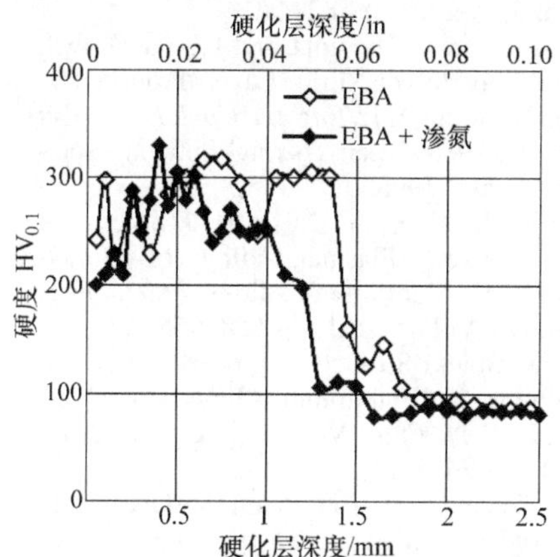

图 2-328　等离子渗氮前后电子束合金化（EBA）表面层（添加铁）的硬度分布梯度

注：5083 铝合金；T_N = 470℃（880℉）；$t_{N,eff}$ = 5h。

与传统的铸造或锻造铝合金相比，通过应用新的合金化概念，如喷射成形铝合金，其初始硬度和基体合金的热稳定性将得到显著提高。过共晶铝硅合金尽管含硅量高，但已经证明具有良好的渗氮性能。与传统铝合金经表面合金化+等离子渗氮处理改性相比，喷射成形铝合金在进行等离子渗氮后，再进行时效强化处理，其性能完全达到了相同的稳定要求。图 2-329所示为不同工艺处理划痕试验对比。

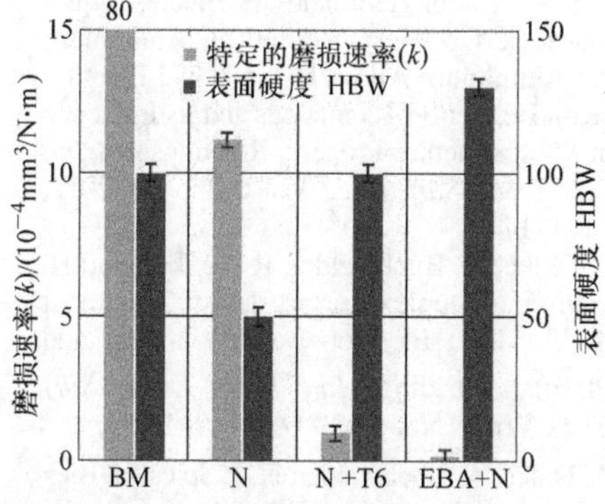

图 2-329　处理状态对 5083 铝合金和 DISPAL S270 喷射成形铝合金划痕试验（根据 EN 1071－3 标准）的临界载荷破坏硬化层和表面硬度（HV_5）的影响

注：T_N = 470℃（880℉）；$t_{N,eff}$ = 4h。BM—基体材料；N—渗氮；N+T6—渗氮+固溶和时效强化；EBA+N—电子束合金化+渗氮。

2.13.5　小结

可以断言，近年来在铝合金等离子渗氮研究领域已取得了相当大的进展。其中一个重要的成就是证明了可以在钢铁材料等离子渗氮工厂中，进行铝和铝合金的等离子渗氮。与其他类型的材料相比，铝合金在渗氮性能上表现出了明显的差异。开发成功的渗氮工艺需要认真了解和考虑这些差异。与铝合金的固相线温度相比，其渗氮温度非常高。因此，为避免出现局部熔化，必须非常精确和高灵敏地对温度进行控制。对于具有高接触应力的渗氮铝合金的摩擦材料产品，要求在复合表面处理硬化层的基础上，形成薄的高硬度渗氮层。例如，在渗氮后再进行固溶+时效处理，或将电子束表面合金化和后续的等离子渗氮相结合。

参 考 文 献

1. O. Knacke, O. Kubaschewski, and K. Hesselmann, *Thermochemical Properties of Inorganic Substances*, Springer Verlag Berlin, 1991
2. H.-J. Spies, Stand und Entwicklung des Nitrierens von Leichtmetallen, *HTM Härt.-Tech. Mitt.*, Vol 55, 2000, p 141–150
3. T. Arai, H. Fujita, and H. Tachikawa, Ion Nitriding of Aluminum and Aluminum Alloys, *Proc. First Int. Conf. Ion Nitriding* (Cleveland, OH), 1986, p 37–41
4. I. Kanno, K. Nomoto, P. Nishijima, T. Nishiura, T. Okada, K. Katagiri, H. Mori, and K. Iwamoto, Tribological Properties of Aluminum Modified with Nitrogen Ion Implantation and Plasma Treatment, *Nucl. Instrum. Methods Phys. Res. B*, Vol 59–60, 1991, p 920–924
5. H.-Y. Chen, H.-R. Stock, and P. Mayr, Plasma-Assisted Nitriding of Aluminum, *Surf. Coat. Technol.*, Vol 64, 1994, p 139–147
6. C. Jarms, H.-R. Stock, and P. Mayr, Nitriding of Aluminum in HF Plasma, *HTM*, Vol 51, 1996, p 113–118
7. T. Ebisawa and R. Saikudo, Formation of Aluminum Nitride on Aluminum Surfaces by ECR Nitrogen Plasmas, *Surf. Coat. Technol.*, Vol 86–87, 1996, p 622–627
8. C. Blawert and B. Mordike, Plasma Immersion Ion Implantation of Pure Aluminum at Elevated Temperatures, *Nucl. Instrum. Methods Phys. Res. B*, Vol 127–128, 1997, p 873–878
9. N. Renevier, T. Czerwiec, A. Billard, J. von Stebut, and H. Michel, A Way to Decrease the Aluminum Nitriding Temperature: The Low Pressure Arc-Assisted Nitriding Process, *Surf. Coat. Technol.*, Vol 116–119, 1999, p 380–385

10. P. Visuttipitukul, T. Aizawa, and H. Kuwahara, Advanced Plasma Nitriding for Aluminum and Aluminum Alloys, *Mater. Trans.*, Vol 44 (No. 12), 2003, p 2695–2700
11. R. Reinhold, J. Naumann, and H.-J. Spies, Effect of Composition and Component Geometry on the Nitriding Behavior of Aluminum Alloys, *HTM*, Vol 53, 1998, p 329–336
12. H. Hino, I. Fujita, and M. Nishikawa, Nitriding of Zirconium and Aluminium by Using ECR Nitrogen Plasmas, *Plasma Sources Sci. Technol.*, Vol 5, 1991, p 424–428
13. E. Carpene and C. Schaaf, Laser Nitriding of Iron and Aluminum, *Appl. Surf. Sci.*, Vol 186, 2002, p 100–104
14. J. Barnikel, H.W. Bergmann, and S. Reichstein, Structure and Properties of Laser Nitrided Surface Layers on Aluminium Alloys, *HTM Härt.-Tech. Mitt.*, Vol 53 (No. 5), 1998, p 337–342
15. D. Kent, G. Schaffer, T. Sercombe, and J. Drennan, A Novel Method for the Production of Aluminium Nitride, *Scr. Mater.*, Vol 54, 2006, p 2125–2129
16. H.-R. Stock, H.-Y. Chen, and P. Mayr, Plasma Nitriding of Aluminum Materials—Potential and Limitations of a New Method, Part 1: Surface Cleaning, *Aluminium*, Vol 70, 1994, p 220–228
17. O. Madelung, *Landolt-Börnstein*, Vol 17, Springer Verlag, 1982, p 158–161
18. G. Subhash and G. Ravichandran, Mechanical Behavior of a Hot Pressed Aluminum Nitride under Uniaxial Compression, *J. Mater. Sci.*, Vol 33, 1998, p 1933–1939
19. P. Chen, T.-S. Shih, and C.-Y. Wu, Thermally Formed Oxides on Al-2 and 3.5 mass% Mg Alloys Heated and Held in Different Gases, *Mater. Trans.*, Vol 50, 2009, p 2366–2372
20. Y. Bouvier, B. Mutel, and J. Grimblot, Use of an Auger Parameter for Characterizing the Mg Chemical State in Different Materials, *Surf. Coat. Technol.*, Vol 180–181, 2004, p 169–173
21. E. Roliński, Plasma Assisted Nitriding and Nitrocarburizing of Steel and Other Ferrous Alloys, *Thermochemical Surface Engineering of Steels*, E. Mittemeijer and M.A.J. Somers, Ed., Woodhead Publishing, Elsevier, 2015
22. T. Telbizova, S. Parascandola, U. Kreissig, R. Günzel, and W. Möller, Mechanism of Diffusional Transport during Ion Nitriding of Aluminum, *Appl. Phys. Lett.*, Vol 76, 2001, p 1404–1406
23. T. Telbizova, S. Parascandola, F. Prokert, E. Richter, and W. Möller, Ion Nitriding of Aluminium—Experimental Investigation of the Thermal Transport, *Nucl. Instrum. Methods Phys. Res. B*, Vol 161–163, 2000, p 690–693
24. P. Visuttipitukul, T. Aizawa, and H. Kuwahara, Feasibility of Plasma Nitriding for Effective Surface Treatment of Pure Aluminum, *Mater. Trans.*, Vol 44, 2003, p 1412–1418
25. E. Meletis and S. Yan, Formation of Aluminium Nitride by Intensified Plasma Ion Nitriding, *J.Vac. Sci. Technol. A*, Vol 9, 1991, p 2279–2284
26. P. Visuttipitukul and T. Aizawa, Wear of Plasma-Nitrided Aluminum Alloys, *Wear*, Vol 259, 2005, p 482–489
27. H. Tachikawa, H. Fujita, and T. Arai, Growth and Properties of Nitride Layers Produced by Ion Nitriding, *Surf. Eng. Int. Conf. Tokyo*, Oct 18–22, 1988, Japan Thermal Spraying Society, Osaka, 1998, p 347–352
28. A. Buchwalder, A. Dalke, H.-J. Spies, and R. Zenker, Plasmanitriding of Spray-Formed Aluminium Alloys, *Adv. Eng. Mater.*, Vol 15, 2013, p 558–565
29. H.-J. Spies, Surface Engineering of Aluminium and Titatnium Alloys: An Overview, *Surf. Eng.*, Vol 26 (No. 1–2), 2010, p 126–134
30. R. Zenker, Electron Beam Surface Technologies, *Encyclopedia of Tribology*, Q. Wang and Y.-W. Chung, Ed., Springer, Boston, MA, 2013
31. R. Zenker, Structure and Properties as a Result of Electron Beam Surface Treatment, *Adv. Eng. Mater.*, Vol 6 (No. 7), 2004, p 581–588
32. A. Almeida, M. Anjos, R. Vilar, R. Li, and M. Ferreira, Laser Alloying of Aluminium Alloys with Chromium, *Surf. Coat. Technol.*, Vol 70, 1995, p 221–229
33. L. Gjønnes and A. Olsen, Laser-Modified Aluminium Surfaces with Iron, *J. Mater. Sci.*, Vol 29, 1994, p 728–735
34. M. Klemm, I. Haase, A. Rose, R. Zenker, R. Franke, A. von Hehl, and A. Franke, Liquid Phase Surface Engineering of Aluminium and Aluminium Alloys Using Novel Electron Beam Deflection Techniques and Its Influence on Microstructure-Property Relationships, *Int. Heat Treat. Surf. Eng.*, Vol 6 (No. 4), 2012, p 171–177
35. A. Dalke, A. Buchwalder, R. Zenker, and H. Biermann, Duplex Surface Layer Treatment of Al Alloy: Electron Beam Alloying and Plasma Nitriding, *Int. Heat Treat. Surf. Eng.*, Vol 3 (No. 4), 2009, p 147–152
36. A. Dalke, A. Buchwalder, H.-J. Spies, H. Biermann, and R. Zenker, EB Surface Alloying and Plasma Nitriding of Different Al Alloys, *Mater. Sci. Forum*, Vol 690, 2011, p 91–94
37. A. Buchwalder, A. Dalke, H.-J. Spies, and R. Zenker, Studies of Technological Parameters Influencing the Nitriding Behavior of Spray-Formed Al Alloys, *Surf. Coat. Technol.*, Vol 236, 2013, p 63–69

第3章 铜和铜合金的热处理

3.1 铜和铜合金热处理简介

铜和铜合金是重要的工业金属材料。由于铜和铜合金具有优良的导电和导热性能、出色的耐蚀性和易加工性能，以及较高的强度和抗疲劳性能，被广泛地用于生产生物薄膜和船用产品。铜为弱抗磁性材料，当与顺磁性元素合金化得到铜合金时，则能很容易地进行焊接和钎焊，因此，可以通过各种气体焊、电弧焊和电阻焊方法，对大多数铜和铜合金进行焊接。可以通过选择符合特定颜色要求的标准铜合金，来加工装饰铜合金构件；通过对铜合金进行抛光，可以达到所要求的质地和光泽。可以在有机材料上镀覆，或采用硝酸亚铁、硫化钾、氯化铵或硫代硫酸钠化学着色，进一步扩展铜合金产品的种类。可对大多数铜合金进行热加工和冷加工，加工成各种各样的产品和型材，例如，可加工成锻件、棒材、线材、管材、薄板和铜箔产品。除了大家所熟悉的铜线材外，还可用铜和铜合金生产电气和电子连接件和电子元件、热交换器管件、厨卫浴五金件、轴承产品和硬币。

本章主要介绍铜和铜合金的基本热处理工艺和设备。铜和铜合金的热处理包括均匀化处理、退火、去除应力处理和两种类型的强化处理。其中一种强化处理工艺为，将铜合金加热到高温进行固溶（软化）处理，而后在中低温下进行强化。中低温强化合金包括析出强化、调幅强化和有序强化合金。另一种强化处理工艺是通过高温加热淬火，得到马氏体（变温转变或无扩散转变）组织。淬火强化合金包括铝青铜、镍－铝青铜和部分特殊铜－锌合金。与合金钢回火降低钢的硬度类似，通过回火能提高淬火强化铜合金的韧性和塑性，并降低其硬度。

3.1.1 铜合金

1. 铜合金简介

铜合金可采用单一强化机制或多种组合强化机制进行强化，这些强化机制包括固溶强化、加工硬化、分散相颗粒强化以及析出强化。在本节的“强化机制”小节中，主要介绍了单一元素或特定组合元素获得的固溶强化效果。固溶强化合金元素的成分范围：$w(Zn)$ 高达35%，$w(Ni)$ =50%（当镍与铜具有相同晶体结构时，含镍量可达到更高），$w(Mn)$ = 50%，$w(Al)$ =9%，$w(Sn)$ =11%和$w(Si)$ =4%。

铜合金中最常添加的合金元素有铝、镍、硅、锡和锌。大多数铜合金都保留了面心立方（fcc）晶体结构，但高锌［$w(Zn)$ >39%］铜合金主要以体心立方（bcc）晶体结构的β相为主。$w(Zn)$ = 32%～39%的黄铜为两相（α+β）组织合金，这使得它们更容易进行热加工和机加工。与铜－锌合金中的β相相同，当铜合金中铝的质量分数超过8%时，也易形成bcc结构的高温β相。当快速冷却时，铜－铝合金的高温β相产生马氏体组织转变（与钢中的马氏体组织相似），得到具有非平衡六方晶体结构的β′相。

为提高材料的某些特性，如耐蚀性或加工性能，在铜合金中还可添加少量或微量的合金元素。与其他金属材料相同，在铜中有意添加的合金元素，应该是在不过度降低铜合金的韧性或加工性能的前提下，提高其强度。然而，应该充分地认识到，根据添加的合金元素种类、数量及其在微观组织中的存在形式（固溶体或分散相），也会不同程度地降低铜合金的电导率和热导率。选择合金元素种类和存在形式，通常是在铜合金的强度和电导率之间进行权衡。对铜进行合金化，也会改变铜合金的色泽，从红褐色到黄色（添加锌，如黄铜）和金属白色或银色（添加镍，如白铜）。

高铜合金是铜合金家族中特殊的一类，该类铜合金主要用于既要求具有高的导电性，同时又要求通过分散相或析出相来提高铜合金的强度和抗软化能力的场合。高铜合金在高强度、高导热性能和高导电性能方面具有极大的优势，它将这些性能完美地结合到同一材料中。高铜合金的典型应用包括电气/电子连接件、集成电路引线框架、在严苛工作条件下工作的汽车电子零部件、断路器组件和电阻焊设备。铸造高铜合金广泛应用于导电构件。

2. 铜和铜合金的牌号

在铜合金命名时，对黄铜和青铜的分类意见是一致。一般来说，黄铜是指铜－锌合金。而最初（从青铜时代开始），青铜指的是以锡为主要合金元素的铜合金。然而，当今（2016 年），青铜涵盖了添加其他元素的大量铜合金，而这些铜合金可能含有少量锡或根本不含锡。

通常来说，青铜包括主加合金元素除锌或镍外，许多不同种类的铜基合金。然而，该规则也有例外，一组称为锰青铜的合金中，锌是一种主加合金元素。实际上，锰青铜是高强度的黄铜，也可分类属于黄铜。

根据最常见的分类方法，可将铜和铜合金分为铜、高铜合金、黄铜、青铜、白铜和镍黄铜六大类。其中青铜通常根据其主加合金元素进行命名。例如，铜－铝合金被为铝青铜，而铜－锡合金称为锡青铜。本节按具体类型的青铜和其添加的合金元素，将铜和铜合金分为九类：

纯铜：铜的质量分数不低于 99.3%。

高铜合金：合金元素的质量分数不大于 5%。

铜－锌合金（黄铜）：锌的质量分数不大于 40%。

铜－锡合金（磷青铜）：锡的质量分数不大于 10%，且磷的质量分数不大于 0.2%。

铜－铝合金（铝青铜）：铝的质量分数不大于 13.5%。

铜－硅合金（硅青铜）：硅的质量分数不大于 3%。

白铜合金：镍的质量分数不大于 30%。

铜－锌－镍合金（镍黄铜）：锌的质量分数不大于 27%，镍的质量分数不大于 18%。

特殊铜合金：为提高铜合金的特殊性能，如加工性能，添加某些合金元素的铜合金。

在该分类中，铜合金定义为铜的质量分数为 50% ~94%，其他合金元素的含量小于铜的含量。该定义也有例外，有些铸造铜－铅合金中，铅的含量略高于铜的含量，例如，C98840 合金中铅的质量分数为 44.0% ~58.0%。

在该分类中，第一类为纯铜，本质上是工业纯铜，通常硬度低且塑性高，总杂质的质量分数不超过 0.7%。高铜合金含有少量的合金元素，如铍、镉、铬和铁，每种元素在铜中的固溶度都小于 8%（摩尔分数），这些元素改变了铜的一种或多种基本性能。其余铜合金类型为将五种主加合金元素之一作为主加合金元素，见表 3-1。

表 3-1 铜合金中的主加元素

分类	合金元素	在 20℃（70℉）的固溶度（摩尔分数，%）
黄铜	Zn	37
磷青铜	Sn	9
铝青铜	Al	19
硅青铜	Si	8
白铜、镍黄铜	Ni	100

在北美，广泛采用统一编号系统（UNS）对铜和铜合金进行命名。该编号系统在 20 世纪 70 年代被开发出来，可方便地对每一种合金成分范围进行精确说明，现已成为国际公认的合金牌号命名系统。统一编号系统现由美国材料与试验协会和国际工程师学会（原美国汽车工程师学会）共同管理。铜开发协会（CDA）负责对具体铜合金进行成分确定、注册、编号和汇编。

在统一编号系统中，铜和铜合金采用前缀字母“C”作为首字母，随后采用五位数字进行编号。该编号系统取代了美国铜业早期开发的由三位数字组成的铜合金编号系统。由 CDA 管理的早期编号系统，现仍有少量使用和对铜合金进行认定。为了适应新的合金成分，统一编号系统的牌号仅在 CDA 合金编号的基础上扩展了两位数字组成。例如，易切削黄铜在 CDA 合金编号中为“360”，采用统一编号系统的牌号为“C36000”。

在统一编号系统中，C10000 ~ C79999 表示加工铜合金，C80000 ~ C99999 表示铸造铜合金。在这些铜合金中，某些加工铜合金成分在铸造铜合金中有对应成分的合金，铜和铜合金的统一编号系统名称及对应的成分见表 3-2。由于各种原因，铸造铜合金的成分可能不完全等同于对应的加工铜合金。由于铸造铜合金的成分对热轧或冷加工性能影响不大，因此，通常铸造铜合金允许使用的合金元素范围更为广泛。然而，如果铸造铜合金中某些元素出现不平衡，以及存在某些杂质元素，则会降低铜合金的铸造性能，从而导致铸件质量降低。

表 3-2 铜和铜合金的分类

名称	UNS No.	成分（质量分数，%）
加工铜合金		
铜[①]	C10100 ~ C15815	>99Cu
高铜合金[②]	C16200 ~ C19900	>96Cu
黄铜	C20100 ~ C28000	Cu－Zn

（续）

名称	UNS No.	成分（质量分数,%）
加工铜合金		
铅黄铜	C31200 ~ C38500	Cu - Zn - Pb
锡黄铜	C40400 ~ C48600	Cu - Zn - Sn - Pb
磷青铜	C50100 ~ C52480	Cu - Sn - P
含铅磷青铜	C53400 ~ C54400	Cu - Sn - Pb - P
铜 - 磷和铜 - 银 - 磷合金③	C55180 ~ C55284	Cu - P - Ag
铝青铜	C60800 ~ C64210	Cu - Al - Ni - Fe - Si - Sn
硅青铜	C64700 ~ C66100	Cu - Si - Sn
其他铜 - 锌合金	C66300 ~ C69710	Cu - Zn - Mn - Fe - Sn - Al - Si - Co
白铜	C70100 ~ C72950	Cu - Ni - Fe
镍黄铜	C73500 ~ C79830	Cu - Ni - Zn
铸造铜合金		
铜①	C80100 ~ C81200	>99Cu
高铜合金④	C81400 ~ C82800	>94Cu
红黄铜和含铅红黄铜	C83300 ~ C83810	Cu - Sn - Zn - Pb（82% ~94% Cu）
半红黄铜和含铅半红黄铜	C84200 ~ C84800	Cu - Sn - Zn - Pb（75% ~82% Cu）
铜 - 锌和含铅铜 - 锌合金	C85200 ~ C85800	Cu - Zn - Pb
锰青铜和含铅锰青铜⑤	C86100 ~ C86800	Cu - Zn - Mn - Fe - Pb
硅黄铜/青铜	C87300 ~ C87800	Cu - Zn - Si
铜 - 铋和铜 - 铋 - 硒合金	C89320 ~ C89940	Cu - Sn - Zn - Bi - Se
锡青铜	C90200 ~ C91700	Cu - Sn - Zn
含铅锡青铜	C92200 ~ C94500	Cu - Sn - Zn - Pb
镍 - 锡青铜	C94700 ~ C94900	Cu - Ni - Sn - Zn - Pb
铝青铜	C95200 ~ C95900	Cu - Al - Fe - Ni
白铜	C96200 ~ C96950	Cu - Ni - Sn
镍黄铜	C97300 ~ C97800	Cu - Ni - Zn - Pb - Sn
含铅铜合金	C98200 ~ C98840	Cu - Pb
特殊铜合金	C99300 ~ C99750	Cu - Zn - Mn - Al - Fe - Co - Sn - Pb

① w(Cu) ≥99.3% 的金属。

② 对于锻件产品，96% < w(Cu) <99.3%，但未归类于其他类型的铜合金。

③ 钎料合金。

④ 铸造高铜合金，w(Cu) >94%，为达到特殊性能，可添加银。

⑤ 也称高强度和含铅高强度黄铜。

在国际标准化组织（ISO）的 ISO 1190 的第 1 部分中，采用另一种通用合金成分编号系统，该合金系统基于合金元素符号和合金元素的数量降序排列。例如，含 w(Cu) =60% 和 w(Pb) =2% 的铅黄铜被命名为 CuZn38Pb2。由于该系统在确定复杂合金的牌号时不太方便，因此由欧洲标准化委员会（CEN）制定了欧洲编号系统。CEN/TC 132 标准中采用六个字母和数字混合编号对合金进行分类，合金牌号首字母为“C”时表示铜合金；第二个字母表示材料的状态（“W”表示加工合金，“C”表示铸造合金，“M”表示母合金）；然后用三个数字定义合金；合金牌号中最后的字母用来确定不同合金组的分类，并用于扩大该系统所包括的合金牌号数量。表 3-3 所列为 CEN 编号系统分配给不同类型铜合金的首选数字范围和字母。在后续章节中，对欧洲标准化委员会（CEN）编号系统和统一编号系统（UNS）的铜合金（纯铜、高铜合金等）牌号进行了对比。

表 3-3 欧洲标准化委员会（CEN）编号系统分配给不同类型铜合金的首选数字范围和字母

铜合金类型	可用于第三、第四、第五位的数字范围	标识铜合金类型的末位字母	CEN 首选分配给不同类型铜合金的数字范围	铜合金类型	可用于第三、第四、第五位的数字范围	标识铜合金类型的末位字母	CEN 首选分配给不同类型铜合金的数字范围
铜	001~999	A	001~049A	铜-锡合金	001~999	K	459~499K
	001~999	B	050~099B	铜-锌二元合金	001~999	L	500~549L
其他铜合金	001~999	C	100~149C		001~999	M	550~599M
	001~999	D	150~199D	铜-锌-铅合金	001~999	N	600~649N
	001~999	E	200~249E		001~999	P	650~699P
	001~999	F	250~299F	铜-锌多元合金	001~999	R	700~749R
铜-铝合金	001~999	G	300~349G		001~999	S	750~799S
铜-镍合金	001~999	H	350~399H	CEN/TC 133 非标准铜合金	800~999	A~S①	800~999①
铜-镍-锌合金	001~999	J	400~449J				

① 采用对应于铜合金类型的适当字母。

根据轧制或拉拔冷加工的具体情况，确定加工铜和铜合金的状态代号。该状态代号将冷轧板和拉制线材所采用的 Brown 和 Sharpe 计量标号数联系起来，见表 3-4。然而，可热处理强化铜合金以及产品的形式，如棒材、管材、挤压制品和铸件等，在该状态代号中没有体现出来。为了弥补该问题，建立和制定了 ASTM B601 标准《加工和铸造铜及铜合金状态代号施行方法》。该标准建立了一种字母、数字组合代码，对每个标准状态代号进行说明，见表 3-5。

表 3-4 加工铜和黄铜的冷轧状态定义

名义状态定义	轧制薄板			冷拉线材		
	B&S 标号增量值①	厚度和面积的减少（%）	真实应变②	直径的减少（%）	面积的减少（%）	真实应变②
1/4 硬状态	1	10.9	0.116	10.9	20.7	0.232
1/2 硬状态	2	20.7	0.232	20.7	37.1	0.463
3/4 硬状态	3	29.4	0.347	29.4	50.1	0.694
全硬状态	4	37.1	0.463	37.1	60.5	0.926
超硬状态	6	50.1	0.696	50.1	75.1	1.39
弹性状态	8	60.5	0.928	60.5	84.4	1.86
特硬弹性	10	68.6	1.16	68.6	90.2	2.32
特殊弹性	12	75.1	1.39	75.1	93.8	2.78
超硬弹性	14	80.3	1.62	80.3	96.1	3.25

① B&S，Brown & Sharpe。

② 真实应变等于 ln（A_0/A），A_0 是初始截面积，A 是最后的截面积。

表 3-5 ASTM B601 标准中铜和铜合金状态代号与定义

状态代号	名称与定义	状态代号	名称与定义
冷加工状态①		冷加工状态①	
H00	1/8 硬状态	H04	全硬状态
H01	1/4 硬状态	H06	超硬状态
H02	1/2 硬状态	H08	弹性状态
H03	3/4 硬状态	H10	特硬弹性

（续）

状态代号	名称与定义	状态代号	名称与定义
冷加工状态①		加工状态	
H12	特殊弹性	M45	热冲孔后二次轧制状态
H13	超硬弹性	退火状态④	
H14	极超硬弹性	O10	铸造后退火（均匀化处理）
冷加工状态②		O11	铸造后析出强化热处理
H50	挤压和冷拔	O20	热锻后退火
H52	冲孔和冷拔	O25	热轧后退火
H55	轻度冷拔或冷轧	O30	热挤压后退火
H58	常规冷拔	O31	热挤压后析出强化热处理
H60	冷镦；成形	O40	热冲孔后退火
H63	铆接	O50	低温退火
H64	旋接	O60	软化退火
H66	螺纹连接	O61	退火
H70	折弯	O65	冷拉退火
H80	硬状态冷拉	O68	深冷拉退火
H85	中等硬状态冷拉	O70	完全退火
H86	硬状态冷拉电线	O80	退火至 1/8 硬状态
H90	制翅状态	O81	退火至 1/4 硬状态
冷加工和去除应力状态		O82	退火至 1/2 硬状态
HR01	H01 和去除应力	退火状态⑤	
HR02	H02 和去除应力	OS005	平均晶粒尺寸 0.005mm
HR04	H04 和去除应力	OS010	平均晶粒尺寸 0.010mm
HR08	H08 和去除应力	OS015	平均晶粒尺寸 0.015mm
HR10	H10 和去除应力	OS025	平均晶粒尺寸 0.025mm
HR20	制翅状态	OS035	平均晶粒尺寸 0.035mm
HR50	冷拉和去除应力	OS050	平均晶粒尺寸 0.050mm
冷轧和有序强化状态③		OS060	平均晶粒尺寸 0.060mm
HT04	H04 和有序热处理	OS070	平均晶粒尺寸 0.070mm
HT08	H08 和有序热处理	OS100	平均晶粒尺寸 0.100mm
加工状态		OS120	平均晶粒尺寸 0.120mm
M01	砂型铸造状态	OS150	平均晶粒尺寸 0.150mm
M02	离心铸造状态	OS200	平均晶粒尺寸 0.200mm
M03	石膏型铸造状态	固溶处理状态	
M04	压模铸态	TB00	固溶处理
M05	金属型铸造状态	固溶处理和冷加工状态	
M06	熔模铸造状态	TD00	TB00 后冷加工至 1/8 硬状态
M07	连续铸造状态	TD01	TB00 后冷加工至 1/4 硬状态
M10	热锻后空气中冷却	TD02	TB00 后冷加工至 1/2 硬状态
M11	热锻后淬火	TD03	TB00 后冷加工至 3/4 硬状态
M20	热轧状态	TD04	TB00 后冷加工至全硬状态
M30	热挤压状态	固溶处理和析出强化状态	
M40	热冲孔状态	TF00	TB00 后析出强化

（续）

状态代号	名称与定义	状态代号	名称与定义
冷加工和析出强化状态		焊接管状态⑥	
TH01	TD01 后析出强化	WH00	焊接和冷拔至 1/8 硬状态
TH02	TD02 后析出强化	WH01	焊接和冷拔至 1/4 硬状态
TH03	TD03 后析出强化	WH02	焊接和冷拔至 1/2 硬状态
TH04	TD04 后析出强化	WH03	焊接和冷拔至 3/4 硬状态
析出强化和冷加工状态		WH04	焊接和冷拔至全硬状态
TL00	TF00 后冷加工至 1/8 硬状态	WH06	焊接和冷拔至超硬状态
TL01	TF00 后冷加工至 1/4 硬状态	WM00	H00（1/8 硬状态）带材焊接
TL02	TF00 后冷加工至 1/2 硬状态	WM01	H01（1/4 硬状态）带材焊接
TL04	TF00 后冷加工至全硬状态	WM02	H02（1/2 硬状态）带材焊接
TL08	TF00 后冷加工至弹性状态	WM03	H03（3/4 硬状态）带材焊接
TL10	TF00 后冷加工至特硬弹性状态	WM04	H04（全硬状态）带材焊接
研磨硬化状态		WM06	H06（超硬状态）带材焊接
TM00	AM	WM08	H08（弹性状态）带材焊接
TM01	1/4HM	WM10	H10（特硬弹性状态）带材焊接
TM02	1/2HM	WM15	WM50 和去除应力
TM04	HM	WM20	WM00 和去除应力
TM06	XHM	WM21	WM01 和去除应力
TM08	XHMS	WM22	WM02 和去除应力
淬火硬化状态		WM50	退火带材焊接
TQ00	淬火硬化	WO50	焊接后低温退火
TQ50	淬火硬化和退火	WR00	WM00；冷拔后去除应力
TQ55	淬火硬化和退火，冷拉和去除应力	WR01	WM01；冷拔后去除应力
TQ75	中断淬火硬化	WR02	WM02；冷拔后去除应力
析出强化、冷加工和加热去除应力状态		WR03	WM03；冷拔后去除应力
TR01	TL01 和去除应力	WR04	WM04；冷拔后去除应力
TR02	TL02 和去除应力	WR06	WM06；冷拔后去除应力
TR04	TL04 和去除应力		
固溶处理和调幅分解热处理状态			
TX00	调幅分解强化		

① 根据冷轧或冷拔标准的要求，采用的冷加工状态代号。

② 根据适用于特定产品的状态代号的标准要求，采用的冷加工状态代号。

③ 通过控制冷加工变形量再进行热处理，达到有序强化的状态代号。

④ 通过退火来满足特定的力学性能要求。

⑤ 通过退火达到规定名义平均晶粒尺寸。

⑥ 完全精加工冷拔管，或经过退火达到特定力学性能的冷拔管，或经过退火达到规定名义平均晶粒尺寸，通常用 H、O 或 OS 状态代号标识的冷拔管材。

3.1.2 强化机制

固溶强化和加工硬化是铜合金的主要强化机制。有少数铜合金能通过热处理进行强化，例如，含铍或含铬的高铜合金能通过热处理获得高强度和良好的导电性能。另一种可热处理强化铜合金是铝的质量分数超过 10% 的铝青铜系列，有关该类铜合金的详细介绍请参阅本章中“青铜的热处理”一节。

铜合金中常用的固溶强化元素按强化效果排序为锌、镍、锰、铝、锡和硅。表 3-6 列出了部分加工铜合金的成分及其在退火和强化（加工硬化）条件下的力学性能。在该表中，铜合金按合金类别进行排列，即纯铜［w(Cu) ≥99.3%］、高铜合金［w(Cu) ≥94%］、黄铜（铜 - 锌合金）、青铜（铜 - 锡、铜 - 铝、铜 - 硅）、白铜、镍黄铜（Cu - Ni - Zn 合金）。通过该表，可以对各种铜合金在退火条件下，各元素或特定元素组合对固溶强化的影响，以及对抗拉强度的提高进行对比。

表 3-6　部分铜合金的成分和性能

合金		统一数字编号 UNS No.	名义成分（质量分数,%）	处理状态	抗拉强度		屈服强度		伸长率（%）	洛氏硬度
					MPa	ksi	MPa	ksi		
纯铜	无氧高导电铜	C10200	99.95Cu	—	221 ~ 455	33 ~ 66	69 ~ 365	10 ~ 53	4 ~ 55	—
高铜合金	铍铜	C17200	97.9Cu - 1.9Be - 0.2Ni 或 Co	退火	490	71	—	—	35	60HRB
				硬化	1400	203	1050	152	2	42HRC
黄铜	装饰黄铜，95%	C21000	95Cu - 5Zn	退火	245	36	77	11	45	52HRF
				硬化	392	57	350	51	5	64HRB
	红黄铜，85%	C23000	85Cu - 15Zn	退火	280	41	91	13	47	64HRF
				硬化	434	63	406	59	5	73HRB
	弹壳黄铜，70%	C26000	70Cu - 30Zn	退火	357	52	133	19	55	72HRF
				硬化	532	77	441	64	8	82HRB
	蒙氏铜 - 锌合金	C28000	60Cu - 40Zn	退火	378	55	119	17	45	80HRF
				半硬	490	71	350	51	15	75HRB
	高铅黄铜	C35300	62Cu - 36Zn - 2Pb	退火	350	51	119	17	52	68HRF
				硬化	420	61	318	46	7	80HRB
青铜	磷青铜，5%	C51000	95Cu - 5Sn	退火	350	51	175	25	55	40HRB
				硬化	588	85	581	84	9	90HRB
	磷青铜，10%	C52400	90Cu - 10Sn	退火	483	70	250	36	63	62HRB
				硬化	707	103	658	95	16	96HRB
	铝青铜	C60800	95Cu - 5Al	退火	420	61	175	25	66	49HRB
				冷轧	700	102	441	64	8	94HRB
	铝青铜	C63000	81.5Cu - 9.5Al - 5Ni - 2.5Fe - 1Mn	挤压	690	100	414	60	15	96HRB
				半硬	814	118	517	75	15	98HRB
	高硅青铜	C65500	96Cu - 3Si - 1Mn	退火	441	64	210	31	55	66HRB
				硬化	658	95	406	59	8	95HRB
白铜	白铜，30%	C71500	70Cu - 30Ni	退火	385	56	126	18	36	40HRB
				冷轧	588	85	553	80	3	86HRB
镍黄铜	镍黄铜	C75700	65Cu - 23Zn - 12Ni	退火	427	62	196	28	35	55HRB
				硬化	595	86	525	76	4	89HRB

（译者注：表中 C51000 和 C52400 按成分在我国应该是锡青铜，但原文为磷青铜，后面多处都是这样。）

1. 铜的加工硬化

加工硬化是纯铜唯一的强化机制，该强化方式受到使用条件下材料产品塑性要求的限制。无论是轧制的带材、拉制的线材，还是加工成形的电气连接器，采用加工硬化所产生的变形量均受到使用条件下产品塑性要求的限制。经过冷加工的铜在温度达到250℃（480℉）的条件下，根据冷加工变形量和在该温度下的时间，会发生再结晶退火。虽然该现象有助于进一步进行加工处理，但这也意味着，长期暴露于中等温度环境下，铜会出现硬度降低，即软化的问题。特别是电器和电子产品在使用过程中，会产生 I^2R 温升的问题。因此，应该引起关注和重视。

对于应用于高于室温，但低于工业热处理再结晶温度条件下的产品，在较长的使用过程中，也会出现加热软化现象，因此，在工业应用中，应考虑铜的半软化温度特性。半软化温度定义为，在一定时间，通常是1h内，冷加工金属的硬度降至原来硬度的一半的温度。如果需要铜材在稍高温度下具有抗软化性能，通常会选择C11100合金。该铜合金中含有少量的镉，能提高其回复和再结晶温度。

也有含银量很低的无氧铜、电解韧铜，以及火法精炼纯铜供货。银作为阳极铜的杂质，也可有意合金化添加至熔化的阴极铜中，以提高冷加工铜的抗软化能力。含银铜和含镉铜主要应用于汽车散热器和电气导线，其工作温度约为200℃（400℉），银在不影响铜的导电性能的前提下，可适度提高铜的退火软化抗力。这就是采用含有残留银的铜生产需要进行钎焊，而要求不能发生软化的电气产品的原因。含砷、镉和锆的铜合金（分别为C14200、C14300和C15000）具有相似的性质。镉能提高耐磨性，这对有滑动电触点的产品是尤为有用的性能。砷可以提高耐蚀性和抗高温氧化的能力，这些性能对热交换器管道等产品是非常重要的。含碲铜合金（C14500和C14510）和含硫铜合金（C14700）棒材具有易切削性能，便于进行螺纹加工，生产制造高导电性零件。

牌号C15715～C15760的铜合金是通过氧化铝来进行分散相弥散强化的铜合金，弥散分布的氧化铝在高温下具有抑制软化的作用，如图3-1所示。由于这些铜合金具有高热稳定性和高导电性的综合性能，可用于生产大负荷电气连接器、真空管元件和电阻焊电极等产品。

2. 铜合金的加工硬化

加工硬化是大多数铜合金的主要强化机制之一，大多数在各种冷加工条件下的加工铜合金都有现货供应。即使是那些可析出强化铜合金，通常也是以加工硬化状态供货的，也就是说，这类铜合金在析出强化前后，均可进行冷加工处理。加工硬化程度与所添加合金元素的种类和数量有关，还与合金元素是否存在于固溶体中、形成分散相或析出相有关。

图3-2所示为不同程度冷加工状态对各种铜合金抗拉强度的影响。图3-3所示为冷加工变形量对退火态Cu－30Zn（C26000）合金拉伸性能的影响。铜合金的加工硬化程度与所添加合金元素的类型和数量有关。对于合金元素含量较少的铜合金［如，w(Zn)约低于12%，或w(Al)约低于3%］，当厚度上的冷轧变形量超过约65%时，会产生大量位错，发展成缠结位错胞状组织，形成狭窄的剪切带。当

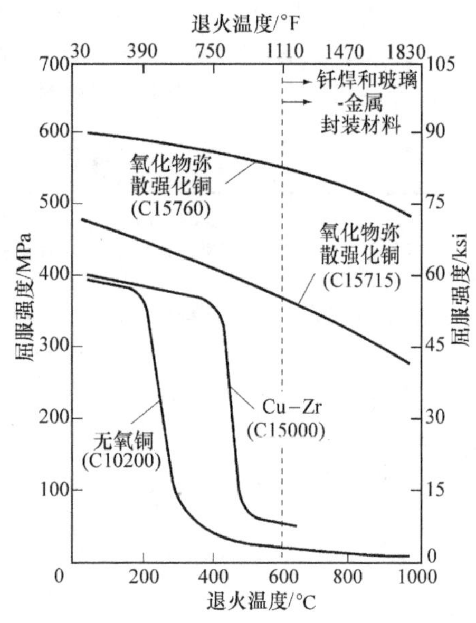

图3-1 退火软化对氧化物弥散强化（ODS）铜与无氧（OF）铜、铜－锆合金性能的影响

冷轧变形量达到约90%时，将形成和发展成铜和铜合金的变形晶体织构。对于合金元素固溶度较高的铜合金，其堆垛层错能较低，使平面位错滑移成为主要的变形机制，由此产生了较高的加工硬化。当这类固溶度较高的铜合金的冷轧变形量超过约40%时，堆垛层错、剪切带和变形孪晶成为重要的变形机制；当冷轧变形量超过90%时，导致黄铜或铜合金形成变形的晶体织构，并伴随出现各向异性。

弥散强化机制是用于铜合金强化、控制晶粒尺寸、提高抗软化能力的重要机制。例如，C19200或C19400铜－铁合金，以及C61300或C63380铝青铜中添加的铁会形成细小的铁粒子；再如，C63800（Cu－2.8Al－1.8Si－0.4Co）合金中形成的钴－硅化合物粒子，具有良好的细化晶粒作用和弥散强化作用，可使该铜合金同时具有高强度和良好的成形性能。C63800合金在退火状态下，抗拉强度为570MPa（82ksi），在冷轧状态下，抗拉强度可达到660～900MPa（96～130ksi）。采用粉末冶金技术，在铜的基体中形成细小弥散的Al_2O_3粒子（3～12nm），并将其加工成棒材、线材或带材，这类铜合金将具有极好的热稳定性。例如，这类铜合金中的C15715～C15760，其抗高温软化温度可达800℃（1470℉）。

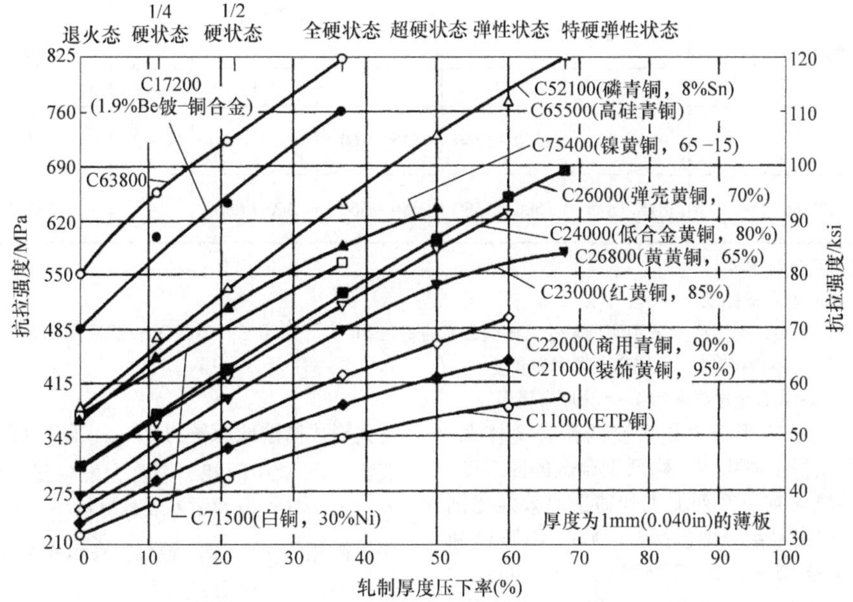

图 3-2 厚度上的冷轧变形量（轧制状态）对几种单相铜合金抗拉强度的影响

注：曲线斜率较小表明加工硬化程度较低和具有较高的二次拉拔能力。ETP—电解韧铜。

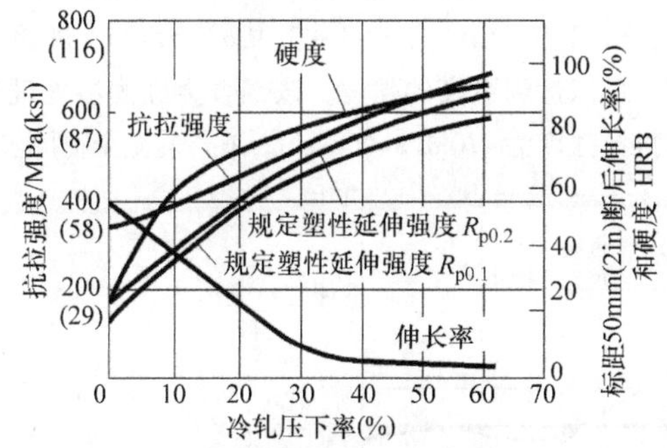

图 3-3 厚度上的冷轧变形量（达到 62%）对退火 C26000 铜合金强度、硬度和塑性的影响

3.1.3 析出强化

如前所述，部分铜合金可以在固溶和淬火处理后，在中低温加热进行强化。这些铜合金包括析出强化、调幅分解强化和有序强化铜合金。为了便于比较，表 3-7 列出了几种中低温强化铜合金的典型热处理工艺和性能。

表 3-7 几种中低温时效强化铜合金的典型热处理工艺和性能

合金		固溶温度[①]		时效工艺			硬度	电导率[②] (%IACS)
				温度		时间/h		
		℃	℉	℃	℉			
析出强化型	C15000	980	1795	500~550	930~1025	3	30HRB	87~95
	C17000、C17200、C17300	760~800	1400~1475	300~350	575~660	1~3	35~44HRC	22
	C17500、C17600	900~950	1650~1740	455~490	850~915	1~4	95~98HRB	48
	C18000[③]、C81540	900~930	1650~1705	425~540	800~1000	2~3	92~96HRB	42~48
	C18200、C18400、C18500、C81500	980~1000	1795~1830	425~500	800~930	2~4	68HRB	80
	C94700	775~800	1425~1475	305~325	580~620	5	180HBW	15
	C99400	885	1625	482	900	1	170HBW	17

（续）

合金		固溶温度①		时效工艺			硬度	电导率②（%IACS）
				温度		时间/h		
		℃	℉	℃	℉			
调幅分解强化型	C71900	900～950	1650～1740	425～760	800～1400	1～2	86HRC	—
	C72800	815～845	1500～1550	350～360	660～680	4	32HRC	—

① 固溶处理后进行水淬。

② IACS—国际退火铜标准。

③ C18000（81540）合金必须采用两级时效，典型工艺的是在540℃（1000℉）时效3h，然后在425℃（800℉）时效3h（美国专利4191601），以提高电导率和硬度。

（译者注：C71900合金电导率为4－4为原文错误。）

时效强化机制适用于少数重要的铜合金体系，这些铜合金体系析出强化相，降低铜合金的固溶度。铜－铍合金系统含有一系列加工和铸造时效强化铜合金，其中统一编号系统中包括C17000～C17530和C82000～C82800牌号。加工铍青铜中 w(Be)＝0.2%～2.0%，w(Co)＝0.3%～2.7%［或 w(Ni)高达2.2%］。这些铜合金采用760～955℃（1400～1750℉）的温度进行固溶处理，然后在260～565℃（500～1050℉）的温度下进行时效强化，产生富铍的共格析出相。用户根据组合性能要求，选择具体的固溶和时效温度，图3-4给出了两种铜－铍合金的固溶和时效温度范围。时效过程中，析出序列包含先形成富溶质原子的GP区，随后析出共格片状的亚稳γ′和γ″中间相。铜合金发生过时效的标志是，在晶内和晶界出现可在光学显微镜下观察到的B2有序平衡相γ（BeCu）颗粒。在该铜合金中添加钴和镍，形成平衡的分散颗粒（Cu，Co，Ni）Be，该颗粒限制了在固溶处理（退火）过程中，加热至两相区时晶粒发生生长，如图3-4b所示。通常固溶处理（退火）后的冷加工工序可以提高时效强化效果。例如，C17200（Cu－1.8Be－0.4Co）合金经过该处理，可以达到更高的强度。该铜合金经固溶处理后的抗拉强度为470MPa（68ksi），在冷轧至全硬状态下

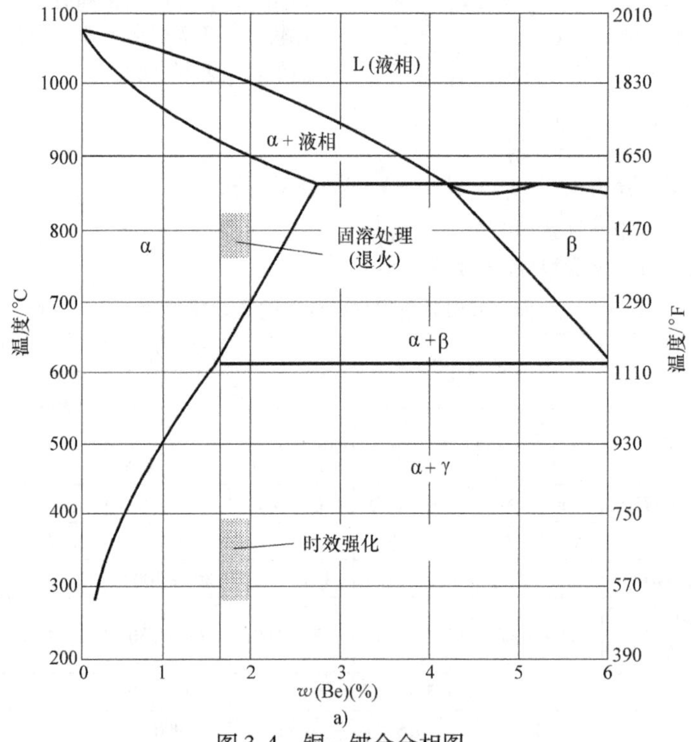

图3-4 铜－铍合金相图

a）用于如C17200高强度铜－铍合金的二元相图

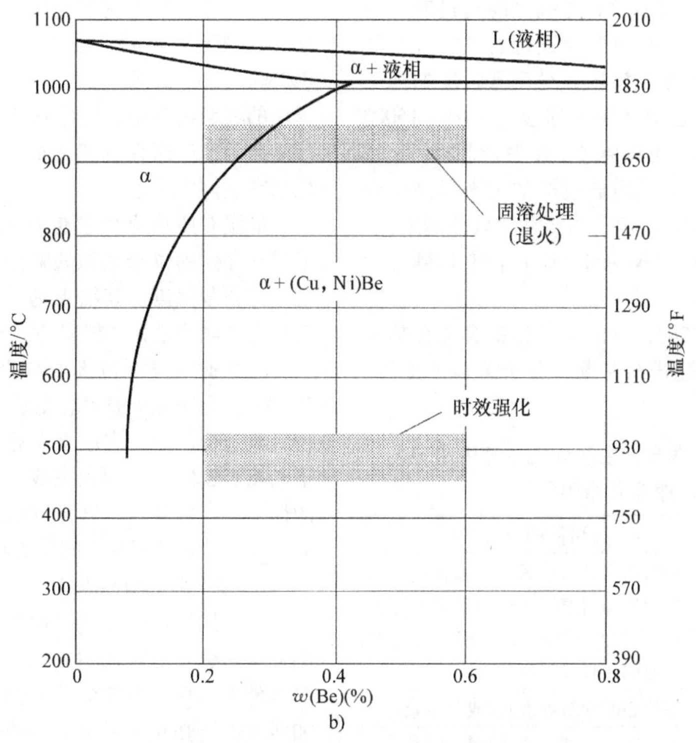

图 3-4 铜-铍合金相图(续)

b)用于如 C17510 高电导率铜合金(Cu-1.8Ni-0.4Be)的伪二元相图

为755MPa(110ksi),而在时效后,抗拉强度达到了1415MPa(205ksi)。由于该类铜合金在生产中可进行热处理,铍-铜合金通常以轧制强化状态,即最佳强度/塑性/导电性能组合的状态供货。

其他时效强化铜合金包括 w(Cr) =0.4% ~1.2%的铜-铬合金(C18100、C18200 和 C18400),这些铜合金在时效时析出纯铬析出相和分散粒子。Cu-Ni-Si 合金(C64700 和 C70250)在时效时,通过析出 Ni_2Si 金属间化合物相,来实现强化,图3-5所示为有 Ni_2Si 析出相的显微组织照片。通过调幅分解,可以对 Cu-Ni-Sn 合金体系(C71900 和 C72700)的铜合金进行强化,该强化机制通过均匀形成周期排列、共格和面心立方结构的固溶体相,保证了铜合金同时具有高强度和良好的塑性。这类铜合金中的每一种,包括铜-铍合金,均可进行形变热处理,使其达到强度、成形性、导电性、抗软化性和抗应力松弛性的最佳性能组合。

很多析出强化铜合金在电气和热传导产品中得到了广泛应用。因此,必须对该类铜合金进行合适的热处理,以获得必要的力学性能和导电(热)性能,必须通过固溶淬火和时效强化,得到理想的硬度和强度。需要注意的是,在热处理实践中,通常,采用时效强化术语代替析出强化或调幅分解强化术语。通常,铜合金的时效强化处理都需要加热至一定温度下进行,而不像某些铝合金,可以在室温下进行自然时效。当淬火铜合金固溶的溶质原子在晶体中通过聚集达到共格析出时,铜合金的硬度随之提高,逐步达到峰值,然后随时间延长,硬度逐步降低。随时间延续,铜合金的电导率不断提高,在完全析出状态下,达到最大值。通常,最适宜的析

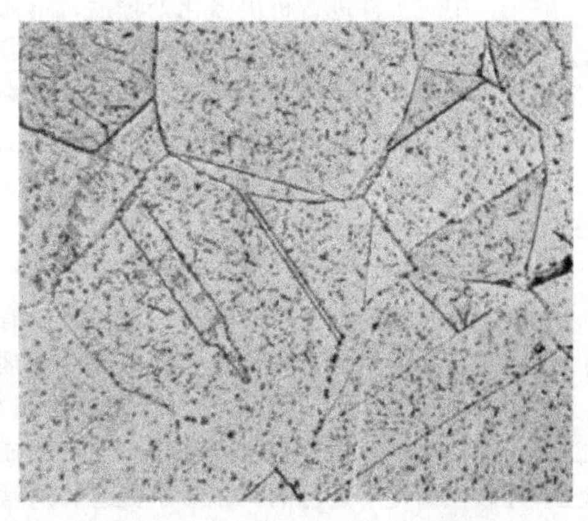

图 3-5 C64700(Cu-2Ni-0.7Si)铜合金淬火后时效状态下的 Ni_2Si 析出相微观组织(原始放大倍率:500×)

出时效处理状态是时效温度和持续时间超过时效峰值所对应的情况。在析出时效前进行的冷加工往往能改善热处理后铜合金的硬度。对于低强度的加工铜合金，如C18200合金（铜-铬合金）和C15000合金（铜-锆合金），可以通过牺牲铜合金的部分硬度，来提高其电导率，然后通过冷加工来提高铜合金的最终硬度和强度。不论采用哪种时效处理工艺，必须保证C18000（Cu-Ni-Si-Cr）合金达到最大电导率和最高硬度。

可以通过一些准则，对析出强化铜合金在热处理过程中出现的问题进行判断，分析可能的原因，见表3-8。

表3-8 析出强化铜合金在热处理过程中出现的问题及其原因

问题	可能的原因
硬度低	固溶温度过低；固溶淬火转移时间过长或冷却速率过低；时效温度过低或时间过短（欠时效），或者温度过高或时间过长（过时效）
硬度低，电导率低	不恰当的固溶处理和/或欠时效
硬度低，电导率高	不恰当的固溶处理和/或过时效
硬度高，电导率低	欠时效，材料受到污染

在工厂中对工件进行析出强化处理后，不需要进一步进行加工。然而，在制造加工过程中，需要消除生产过程中产生的应力，尤其是对于生产中采用了大变形量成形的悬臂式弹簧和复杂的机加工成形工件，需要在适当的温度下，进行去除加工应力处理。

1. 调幅强化铜合金

与析出强化铜合金采用的处理工艺类似，有些铜合金通过调幅分解进行强化。在高温固溶处理和淬火后，得到硬度低且塑性高的可调幅分解组织。在这种组织状态下，铜合金可以进行冷加工或成形加工。在较低温度下进行的调幅分解处理，通常也称时效，可用于提高铜合金的硬度和强度。调幅强化铜合金主要是含铬或锡的铜-镍合金。强化机制与固溶体中不产生析出的混溶间隙有关。在非常细小的尺度（0.1nm）上，这种调幅强化机制导致α相基体产生了化学成分分离，浓度起伏。需要使用电子显微镜进行金相组织分析，才能观察到这种细微的组织变化。由于调幅分解中晶体结构没有发生变化，所以调幅强化铜合金保持了良好的尺寸稳定性。

2. 有序强化铜合金

在有些铜合金中，某一合金元素接近饱和地固溶于α相中，当大变形量的冷加工铜合金在较低温度下进行退火时，会发生有序反应。C61500、C63800、C68800和C69000合金就是这类具有有序反应的典型铜合金。有序强化的原因是铜的基体中溶质原子产生短程有序，而短程有序极大地阻碍了位错在晶体中的运动。

低温有序退火处理也是一种去除应力的方法，通过在晶体的位错塞积处降低应力集中，提高了铜合金的屈服强度。其结果是，有序退火后的铜合金表现出抗应力松弛性能得到的改善的效果。

有序退火温度范围通常为150～400℃（300～750℉），由于退火温度较低，不需要采用特殊的保护气氛进行保护。有序退火通常在相对较低的温度下和相对较短的时间内完成。有序强化通常在最终的加工工序后进行，这样可以充分利用退火去除应力，尤其是在希望具有抗应力松弛性能的情况下。

3. 淬火强化和回火

淬火强化和回火（也称为淬火加回火强化）是铝青铜和镍-铝青铜主要的强化方式，此外，部分锌当量为37%～41%的铸造锰青铜合金也采用淬火和回火进行强化。$w(\mathrm{Al})=9\%\sim11.5\%$的铝青铜，以及$w(\mathrm{Al})=8.5\%\sim11.5\%$的镍-铝青铜，在淬火过程中得到马氏体组织。通常来说，含铝量更高的铜合金易产生淬火开裂，而含铝量更低的铜合金加热至高温时，无法得到足够数量的高温β相，从而无法保证满足淬火强化的需要。

3.1.4 均匀化处理

部分铜合金在自然凝固结晶过程中，容易出现结晶偏析现象，均匀化处理就是通过延长在高温下的保温时间，来减少化学成分偏析和金相组织不均匀的工艺过程。为了提高和改善在铜合金轧制过程中铸坯的热加工和冷加工塑性，有时也为了满足铸件特定的硬度、塑性或韧性要求，通常需要对其进行均匀化处理。

对于在冷却中凝固的两相区范围大的铜合金，如锡（磷）青铜、白铜和硅青铜，通常要求进行均匀化处理。而对于α黄铜、α铝青铜和铜-铍合金，尽管凝固时在某种程度上也会出现结晶偏析，但这些铜合金在初轧加工过程中不会产生开裂时效，可以在正常的加工和退火过程中完成均匀化过程。对于轧制的成品或半成品，很少对其进行均匀化处理。

采用高的冷却速率凝固时，树枝晶组织内部的合金元素会产生分布不均匀。随着冷却速率的增加，这种成分差异增大，在结晶的前沿，液相和固相之间成分的差异也随之增大。在某些铜合金中，通过长时间均匀化处理，进行固态扩散，可以消除这种成分差异。

根据铜合金成分不同，均匀化处理所需的温度和时间也不同。典型的均匀化温度范围为高于退火上限温度50℃（90℉），典型的保温时间为3h到超过10h。

均匀化处理改变了铜合金的力学性能，其中抗拉强度、硬度和屈服强度均有所下降，而断后伸长率和颈缩伸长率在原基础上提高了一倍。图3-6所示为C52100合金经过4h均匀化处理后拉伸力学性能的变化。该加工磷青铜的名义成分（质量分数）为92% Cu、8% Sn以及少量的磷和其他微量元素。

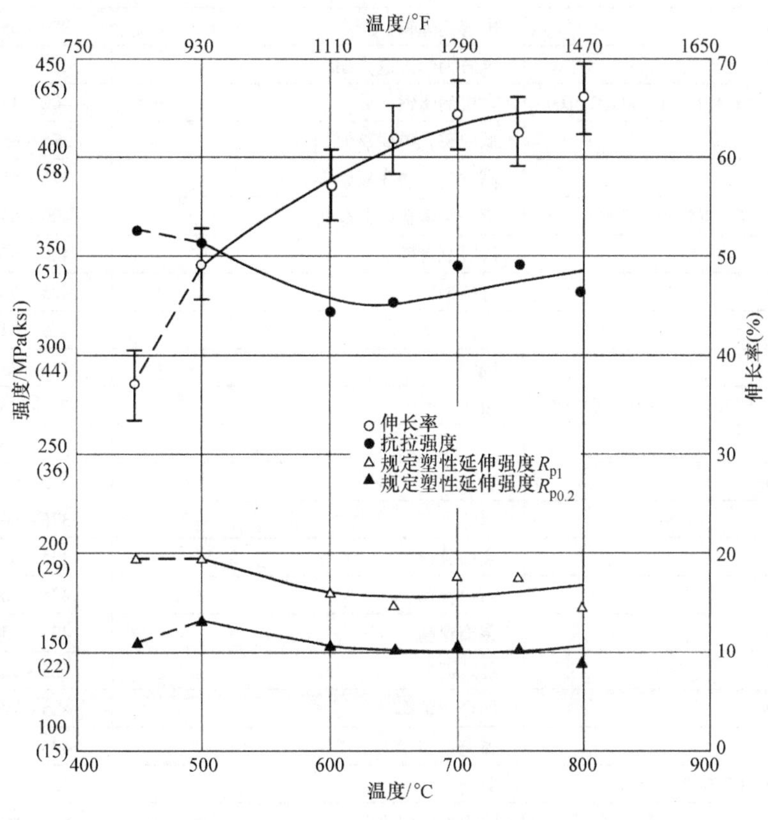

图3-6　C52100合金经过4h均匀化处理后拉伸力学性能的变化

适用于退火的常规注意事项也适用于铜合金的均匀化处理。在选择热处理炉内的气氛时，必须注意对工件表面和内部氧化进行严格的控制。在可能出现偏析相熔化危险的铜合金中，尤其是铸件，应该保证在均匀化加热中，工件得到良好的支承，并在加热至接近均匀化温度的100℃（180℉）时，缓慢进行加热。

典型产品的均匀化工艺为：

1）C71900（Cu－Ni－Cr）合金坯料。为防止开裂、焊合和挤压件出现过度木质纤维组织，在1040～1065℃（1900～1950℉）保温4～9h均匀化。

2）C52100合金和C52400（含8%的Sn和10%的Sn的磷青铜）合金。为了减少需要进行冷轧的坯料和厚板产生脆裂，在775℃（1425℉）保温5h均匀化。

3）C96400（70Cu－30Ni）铸造合金。在保护气氛中，在1000℃（1830℉）保温2h，然后冷却至400℃（750℉），最后空冷。

对于可析出强化铜合金，均匀化处理可通过延长固溶处理来实现。

3.1.5　退火

退火热处理的目的是降低合金的硬度，以及提高金属和合金的塑性和韧性。退火工艺包括加热、保温和冷却过程，由于每个过程都会对性能产生影响，因此在制订退火工艺时，必须对退火工艺的加热速率、加热温度、保温时间、保护气氛和冷却速率进行说明。

轧制加工前后的锻件产品和铸件均可进行退火处理。冷加工金属的退火过程，包括将金属加热到一定温度，使其产生再结晶，如果需要的话，可通过进一步提高加热温度，使其超过再结晶温度，使晶粒适度长大。表3-9所列为冷加工铜和铜合金常用的退火温度。

表 3-9 冷加工铜和铜合金常用的退火温度

合金牌号		常用名称	退火温度	
			℃	℉
加工铜	C10100 ~ C10300	无氧铜	375 ~ 650	700 ~ 1200
	C10400 ~ C10700	无氧含银铜	475 ~ 750	900 ~ 1400
	C10800	无氧低磷铜	375 ~ 650	700 ~ 1200
	C11000	电解韧炼铜	250 ~ 650	500 ~ 1200
	C11100	电解韧炼抗退火铜	475 ~ 750	900 ~ 1400
	C11300、C11400、C11500、C11600	含银韧炼铜	400 ~ 475	750 ~ 900
	C12000	低残磷，磷脱氧铜	375 ~ 650	700 ~ 1200
	C12200	高残磷，磷脱氧铜	375 ~ 650	700 ~ 1200
	C12500、C12700、C13000	火法精炼含银韧炼铜	400 ~ 650	750 ~ 1200
	C14500	磷脱氧含碲铜	425 ~ 650	800 ~ 1200
	C14700	含硫铜	425 ~ 650	800 ~ 1200
	C15500	—	475 ~ 525	900 ~ 1000
加工铜合金	C16200	镉铜	425 ~ 750	800 ~ 1400
	C17000、C17200、C17500、C17510	铍铜	775 ~ 925①	1425 ~ 1700①
	C19200	—	700 ~ 800	1300 ~ 1500
	C19400	—	375 ~ 650	700 ~ 1200
	C19500	—	375 ~ 600	750 ~ 1100
	C21000	装饰黄铜	425 ~ 800	800 ~ 1450
	C22000	商用青铜	425 ~ 800	800 ~ 1450
	C22600	装饰青铜	425 ~ 750	800 ~ 1400
	C23000	红黄铜	425 ~ 725	800 ~ 1350
	C24000	低合金黄铜	425 ~ 700	800 ~ 1300
	C26000	弹壳黄铜	425 ~ 750	800 ~ 1400
	C26800、C27000、C27400	黄铜	425 ~ 700	800 ~ 1300
	C28000	蒙氏铜 - 锌合金	425 ~ 600	800 ~ 1100
	C31400、C31600	含铅商用青铜	425 ~ 650	800 ~ 1200
	C33000、C33500	低铅黄铜	425 ~ 650	800 ~ 1200
	C33200、C34200、C35300	高铅黄铜	425 ~ 650	800 ~ 1200
	C34000、C35000	中铅黄铜	425 ~ 650	800 ~ 1200
	C35600	超高铅黄铜	425 ~ 650	800 ~ 1200
	C36000	易切削黄铜	425 ~ 600	800 ~ 1100
	C36500、C36600、C36700、C36800	加铅蒙氏铜 - 锌合金	425 ~ 600	800 ~ 1100
	C37000	易切削蒙氏铜 - 锌合金	425 ~ 650	800 ~ 1200
	C37700	可锻黄铜	425 ~ 600	800 ~ 1100
	C38500	建筑青铜	425 ~ 600	800 ~ 1100
	C41100	—	425 ~ 600	800 ~ 1100
	C41300	—	425 ~ 750	800 ~ 1400
	C42500	—	475 ~ 750	900 ~ 1400
	C44300、C44400、C44500	耐酸黄铜	425 ~ 600	800 ~ 1100
	C46200、C46400 ~ C46700	海军黄铜	425 ~ 600	800 ~ 1100

（续）

合金牌号		常用名称	退火温度	
			℃	℉
加工铜合金	C48200、C48500	含铅海军黄铜	425 ~ 600	800 ~ 1100
	C50500	磷青铜	475 ~ 650	900 ~ 1200
	C51000、C52100、C52400	磷青铜	475 ~ 675	900 ~ 1250
	C53200、C53400、C54400	易切削磷青铜	475 ~ 675	900 ~ 1250
	C60600、C60800	铝青铜	550 ~ 650	1000 ~ 1200
	C61000	铝青铜	615 ~ 900	1125 ~ 1650
	C61300、C61400	铝青铜	750 ~ 875	1400 ~ 1600
	C61800、C62300 ~ C62500	铝青铜	600 ~ 650②	1100 ~ 1200②
	C61900	—	550 ~ 800	1000 ~ 1450
	C63000	铝青铜	600 ~ 700③	1100 ~ 1300③
	C63200	铝青铜	625 ~ 700③	1150 ~ 1300③
	C64200	铝青铜	600 ~ 700	1100 ~ 1300
	C63800	—	400 ~ 600	750 ~ 1100
	C65100	低硅青铜	475 ~ 675	900 ~ 1250
	C65500	高硅青铜	475 ~ 700	900 ~ 1300
	C66700	锰黄铜	500 ~ 700	930 ~ 1300
	C67000、C67400、C67500	锰青铜	425 ~ 600	800 ~ 1100
	C68700	铝黄铜	425 ~ 600	800 ~ 1100
	C68800		400 ~ 600	750 ~ 1100
	C70600	白铜，10%	600 ~ 825	1100 ~ 1500
	C71000、C71500	白铜，20%，白铜，30%	650 ~ 825	1200 ~ 1500
	C72500	—	675 ~ 800	1250 ~ 1475
	C74500、C75200	镍黄铜	600 ~ 750	1100 ~ 1400
	C75400、C75700、C77000	镍黄铜	600 ~ 815	1100 ~ 1500
	C78200	含铅镍黄铜	500 ~ 620	930 ~ 1150
铸造铜合金	C95300 ~ C95800	铸造铝青铜	620 ~ 670	1150 ~ 1225

① 固溶处理温度。

② 迅速冷却（冷却方法对退火结果有明显的影响）。

③ 空冷（冷却方法对退火结果有明显的影响）。

极慢冷却的砂型铸件和石膏型铸件，或者快速冷却的金属型铸件或压铸件的微观组织，都可能导致铸件具有高硬度和低塑性，也可能导致耐蚀性降低。对于锰青铜和铝青铜等两相铜合金铸件，可采用退火对铸件冷却组织进行调整。铸件典型的退火处理工艺为在 580 ~ 700℃（1075 ~ 1300℉）保温 1h。对于铝青铜，退火后采用水冷或强制风快速冷却是明智的选择。

退火的主要参数是金属温度（译者注：金属温度是指工件本体温度，不是指炉温）和保温时间。除了部分多相铜合金、某些析出强化铜合金和易产生热裂的铜合金外，加热和冷却速率不是影响退火的最重要的因素。而采用的加热热源、炉体设计、炉内气氛和工件形状等因素影响到成品性能的一致性和退火的成本，相对来说是重要的影响因素。

由于受温度、时间和装炉负载多重因素的影响，使得很难制定出一个确定的退火工艺，来获得完全再结晶，得到具有一定晶粒尺寸的铜合金。退火温度（保温时间为 1h）对冷拉（63% 的变形量）C27000 合金线材的抗拉强度、伸长率、晶粒尺寸的影响，以及退火时间对 C27000 合金带材晶粒尺寸的影响如图 3-7 所示。

经冷轧产生 40.6% 变形量的 C26000（弹壳黄铜）合金带材，在不同温度下退火 1h 的力学性能如

图3-8所示。典型铜合金，如黄铜、镍黄铜、磷青铜和α铝青铜，在再结晶温度以下温度退火后，其硬度和拉伸性能将明显提高。应该说明的是，对于不同的铜合金，其硬度和拉伸性能提高的原因是不同的，有的是由于产生了应变时效现象，有的则是由于点阵晶格发生了有序化转变。

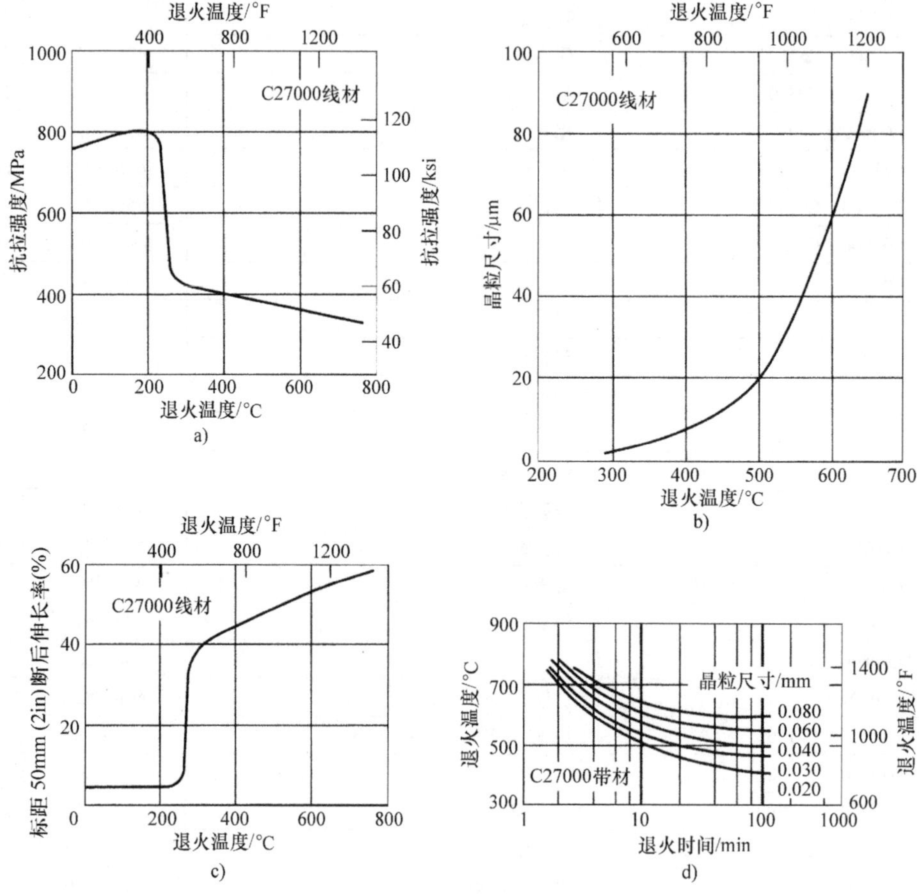

图3-7 退火温度和时间对C27000线材和带材性能的影响

a）退火温度（退火时间为1h）对抗拉强度的影响 b）退火温度（退火时间为1h）对晶粒尺寸的影响

c）退火温度（退火时间为1h）对冷拉63%的C27000线材伸长率的影响

d）退火时间对1.3mm（0.050in）厚的C27000带材晶粒尺寸的影响

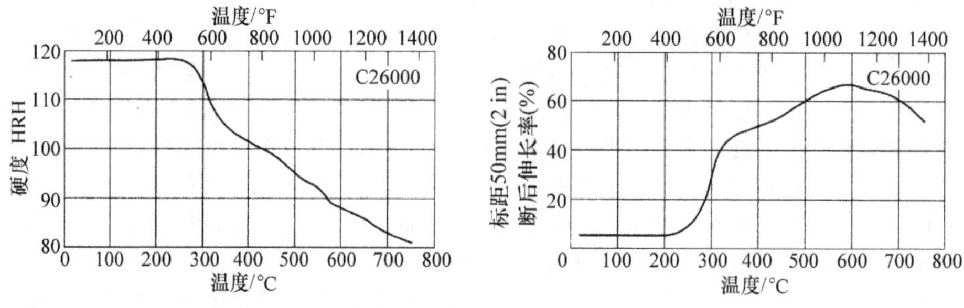

图3-8 C26000合金的退火性能数据

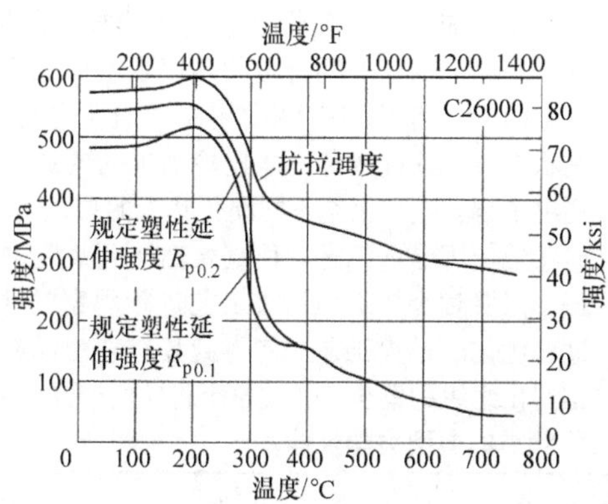

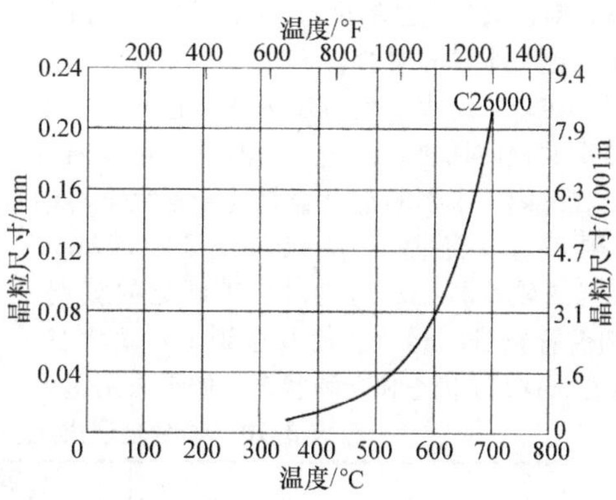

图 3-8　C26000 合金的退火性能数据（续）

与传统的退火工艺相比，快速再结晶工艺采用了较高的加热温度和加热速率，该工艺显著减少了退火软化时间，因此在热处理工艺中得到了广泛的应用。然而，这些热处理参数可能会影响到铜合金的力学性能。

增加退火前对铜合金的冷加工变形量，能降低再结晶温度；减少退火前的变形量，会造成退火后晶粒尺寸粗大。在退火温度和退火时间保持不变的条件下，冷加工前的原始晶粒尺寸越大，再结晶得到的晶粒尺寸越大。

在工业轧制实践中，通常铜合金的中间冷轧压下率不能小于 35%，单道次或多道次的冷轧压下率可达 50% ~60%。而每次退火的温度逐步降低，直至达到最终退火温度。较高的初始加热温度可以加速铜合金的均匀化，得到较大的晶粒尺寸，从而可以降低前期冷加工工序的成本。

在随后的退火过程中，应逐渐降低晶粒尺寸，在最终的 1 ~2 次退火中，达到要求的晶粒尺寸。在这样的工序和中间冷轧压下率足够大的情况下，可以保证不同批次生产的产品得到均匀一致的最终晶粒尺寸。

为达到要求的晶粒尺寸和力学性能，对于不同铜合金，进一步冷加工的变形量有很大的差异。冷加工后退火的目标是获得最佳的塑性和强度组合。当冷加工零件需要进行抛光和打磨时，应尽可能得到细小的晶粒尺寸，在保证抛光达到表面粗糙度要求的条件下，还应避免过度抛光造成的成本上升。为达到所需的成品性能要求，必须在与冷加工工序相协调的情况下，制定明确的退火规范和进行有效的控制。

由于成卷带材重量大，在退火过程中，对应热流的方向易产生各层加热不均匀，可能会导致不均匀的拉伸性能和尺寸变化。

由于成卷带材出现了这种问题，开发出了连续式退火炉，如图 3-9a 所示。单层带材可通过该炉完成退火。炉内带材的退火温度只取决于炉的加热温度和通过速度。

对应于带材的重量，带材的表面积要大得多，因此与先前的退火工艺相比，连续带材退火炉中的带材可以达到极高的加热速度。通过控制带材的通过速度，可以准确地测量退火时间。

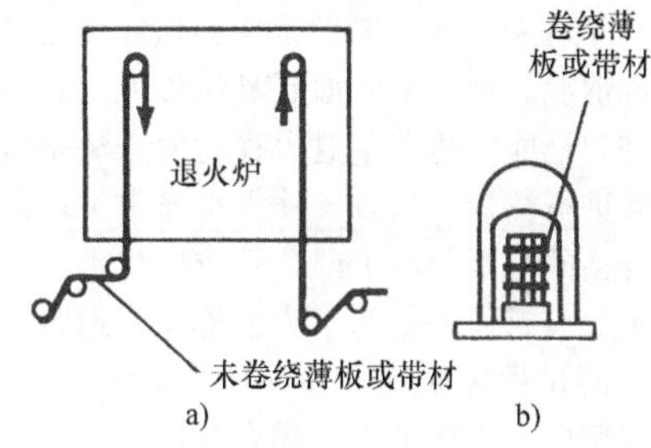

图 3-9　退火炉类型

a）连续式退火炉　b）罩式退火炉

1. 退火至所要求的性能

在大多数情况下，虽然通过对退火铜合金进行控制冷加工，可以达到具体的性能，但在某些情况下，必须进行退火工序，以达到所要求的性能。对铜合金板材，尤其是大平面板材进行热轧，轧制温度可能不一致或难以控制，由此可能造成不同程度的加工硬化。此外，虽然可能会有硬化状态的部分存货材料，但很少会有异型尺寸拉拔和轧制状态处理的现货材料。与冷加工状态的带材相比，用于生产散热器的厚度为 0.25mm（0.010in）的薄带材，采用退火工艺更易于进行加工制造和实现精确控制。针对每种不同的具体情况，采用退火，可以将铜合金的拉伸性能和硬度调整到全硬状态与完全退火软化状态之间的水平。对于大多数铜合金来说，提高退火温度，对退火工艺过程进行精确、严格的控制，能迅速降低铜合金的拉伸性能和硬度，使其达到理想的结果。在较窄退火温度范围内进行退火时，必须采用特别的预防措施，避免产生过热。可以通过退火的微观组织，来判断铜合金是处于不完全再结晶的较硬状态，还是晶粒尺寸达到 0.025mm (0.001in) 的较软状态。通过对加工硬化的黄铜、镍黄铜和磷青铜进行退火，使其达到1/8硬状态、1/4硬状态、1/2硬状态和全硬状态。如果采用退火工艺或冷加工工艺使铜合金达到同样的最终硬度，则采用退火工艺的铜合金的屈服强度要比冷加工铜合金的低。然而，有些磷青铜弹性合金在退火至1/2硬状态时，其抗疲劳性能比冷加工的要高。表3-10列出了铜合金退火至不同硬化状态的典型力学性能。成功地使用退火工艺，使铜合金达到规定的硬化状态，需要对冷加工和退火工艺进行周密的计划。通过该优化的退火工艺，能得到具有理想晶粒尺寸和均匀化组织的铜合金，使整个批次的产品性能一致。

表3-10 铜合金退火至各硬化状态的典型力学性能

合金牌号	常用名称	退火状态代号		抗拉强度		近似硬度
		标准代号	旧代号	MPa	ksi	HR30T
C26000	弹壳黄铜	081	1/4 硬度	340 ~405	49 ~59	43 ~51
		082	1/2 硬度	395 ~460	57 ~67	56 ~66
C51100、C53200、C53400、C54400	磷青铜	082	1/2 硬度	380 ~485	55 ~70	57 ~73
C75200	镍黄铜	081	1/4 硬度	400 ~495	58 ~72	49 ~67
		082	1/2 硬度	455 ~550	66 ~80	62 ~72

2. 问题和注意事项

为了使铜和铜合金退火达到最佳效果，应该对以下问题和注意事项引起足够的重视。

(1) 取样和测试　随炉试样必须能代表装炉负荷的极端情况。对于不含抑制晶粒长大元素的铜合金，最好和最准确的衡量退火程度的方法是对晶粒平均尺寸进行测量。晶粒尺寸大小通常可以作为产品是否合格的判据。而生产厂家或用户不一定有这种金相组织分析设备。为了方便测试，通常采用洛氏硬度计测试硬度来代替晶粒尺寸测量。在ASTM的技术规范中，建立了许多铜合金洛氏硬度与晶粒尺寸的近似关系。

(2) 预处理效果　由于冷加工变形量和冷加工前的退火对冷加工后退火的性能影响很大，因此在制订工艺规范时，必须考虑预处理的影响。一旦确定了工艺规范，为保证工艺结果的一致性，必须同时坚持进行退火和预处理。

(3) 时间的影响　在大多数热处理炉中，金属温度和炉温有明显的差别。因此，工件在炉中的保温时间会极大地影响最终的金属温度。在退火温度一定的条件下，保温时间必须随着装炉负荷进行调整。

(4) 氧化　应尽可能减少和防止产品发生氧化，以减少金属的损耗和酸洗的成本，改善表面质量。在某些情况下，可采用特殊气氛对产品进行光亮退火。通常控制炉内气氛也会改善热处理炉加热的经济性。

(5) 润滑剂的影响　在退火过程中，金属表面的润滑剂可能会形成难以去除的污点。无论采用什么类型的炉子，或无论是什么样的退火产品，建议在退火前，对金属进行脱脂或清洗，尽可能地清除多余的润滑剂。

(6) 氢脆　当对含氧铜（韧铜）进行退火时，必须使炉内氢的含量保持最低值。这可以减少气氛中的氢与铜中的氧相结合，导致在金属中形成微小的水蒸气气泡而引起脆化。如果退火温度低于480℃(900℉)，则气氛中的氢的质量分数最好不要超过1%，随着温度的升高，氢气的含量应该接近于零。

(7) 杂质　有时在标准的退火条件下，很难获得适当的晶粒长大，达到理想的晶粒尺寸。其原因可能是铜合金中含有一定的杂质元素。

(8) 装炉　将不同尺寸或不同种类的铜合金装在同一炉内进行退火，会产生不同的加热速率，从而导致最终的金属温度不同，因此是非常不明智的选择。

(9) 热裂　当带有残余应力的铜合金加热过快时，就容易产生热裂。含铅铜合金尤其容易受到热裂的影响。防止和补救的办法是缓慢进行加热，直到应力完全消除。特殊类型的冷变形，如弹性拱起变形（弯曲或卷取工件通过矫直机），通过产生反向机械应力，有效地防止了热裂产生。

(10) 热震　当温度发生剧烈、快速变化时，就会发生热震或冷热疲劳。由于热震导致的应力受铜合金的热膨胀系数、热导率、强度、韧性、温度变化速率和材料状态等因素的影响。含铅、铅和锡或铅和某些杂质元素，如铋或碲的黄铜，可能产生热脆。如果铜合金反复受到极端温度变化的影响，则受到热冲击的铜合金表面会形成高的拉应力。

（11）冷却　铜的质量分数小于 70% 的 α 相黄铜在铸造过程中，或者在 600℃（1110℉）以上温度进行热处理时，可能会形成部分 β 相，当铜合金工件截面尺寸较大时尤为明显。迅速淬火，可使黄铜中的 β 相保留下来，而缓慢冷却，则允许有足够的时间将 β 相转化为 α 相。

（12）硫污渍　燃料或润滑油中过量的硫会导致金属变色或形成污点。红色污点出现在黄色的黄铜上，而在富铜的合金中，将形成黑色或红褐色污点。

3.1.6　去除应力

去除应力工艺是去除材料或工件内部应力的过程，而不会对材料的其他性能产生明显的影响。用于加工或铸造铜和铜合金的去除应力热处理就是实现该目标的一种工艺方法。

在铜和铜合金的冷加工或制造过程中产生的塑性变形，可使铜合金的强度和硬度得到提高。与此同时，塑性变形也伴随有弹性变形，因此经过冷加工的产品中，保留了一定的残余应力。如果允许保留较小的残余应力，表面的残余拉应力可能导致材料在储存或服役中，产生应力腐蚀开裂；在切割或机加工过程中，产生不可预测的材料变形；以及在对材料进行加工、钎焊或焊接的过程中产生热裂。在锌的质量分数超过 15% 的黄铜中，如果残存有足够大的残余拉应力和微量的氨气，就可能导致应力腐蚀开裂或出现季裂。其他铜合金，如冷加工铝青铜和硅青铜，在更严酷的环境下，也可能出现应力腐蚀开裂。

虽然在生产实践中，经常采用一些机械手段和方法去除应力，如弯曲、斜辊矫直或喷丸处理，但对于管状产品和异形产品，通常采用热处理的方法去除应力。对于成形工件和材料用户自己生产的构件，也可以采用加热的方法去除热应力。必须清楚地认识到，加热的方法去除应力是通过消除残余的弹性应变，来降低残余应力；而机械手段去除应力的方法只是将工件中的残余应力进行重新分配，降低了其危害。

去除应力热处理的温度通常低于退火温度。部分铜和铜合金锻件产品和铸件产品的典型去除应力处理温度分别见表 3-11 和表 3-12。不同铜合金冷成形后或焊接结构的处理温度通常比表 3-11 中的温度高 50～110℃（90～200℉）。例如，针对船舶螺旋桨进行焊接修复，由于残余应力可能会导致加速腐蚀，必须防止在焊接区域产生过度残余应力。目前的螺旋桨维修规范要求对铝青铜和锰青铜焊件进行焊后热处理。铝青铜在 565～650℃（1050～1200℉）进行焊后热处理，有效地改善了焊接热影响区的整体耐蚀性。当在流动的海水中承受应力载荷时，锰青铜焊接件不易受到应力腐蚀开裂的影响。在 200～540℃（400～1000℉）温度范围内进行的热处理，不会显著改变锰青铜的拉伸、耐腐蚀疲劳或耐均匀腐蚀性能。

从实际的角度来看，采用较高的温度/较短的时间进行去除应力热处理是更好的选择。然而，为了保证力学性能不发生改变，有时需要选择较低的温度和更长的时间。最优化的工艺是既能去除大部分残余应力，又不会对铜合金的性能产生不利影响。图 3-7 中的铜合金在去除应力的过程中，其性能可能还略微得到了提高。

为了对明显存在的较大残余应力进行检测，并对去除应力处理的效果进行评估，可以采用 ASTM B154 标准中的方法，用硝酸亚汞溶液对试验材料样品进行检测。这是一种快速检测残余（内部）应力是否存在的方法，该残余应力可能导致部件在存储或服役中产生应力腐蚀开裂而失效。它不是用来测试工厂生产的轧制零件的装配件中残余应力的方法。由于亚汞盐具有危险，还可在高浓度湿氨中进行测试。对于纵向锯切过程的翘曲杆件或管件，也可用作检测残余应力的原始现场试验。

3.1.7　热处理设备

虽然用于所有铜合金的热处理炉设计大体相同，但必须考虑到退火加热温度范围和冷却方法。不产生析出强化的固溶铜合金通常在低于 760℃（1400℉）的温度下退火，并且以方便的冷却速率冷却。可析出强化或调幅分解强化的铜合金，其固溶加热温度高达 1040℃（1900℉），并要求快速淬火至室温。

（1）罩式退火炉　典型罩式退火炉示意图如图 3-9b 所示，该退火炉可采用电、油或天然气作为热源进行加热。当使用非爆炸性气氛时，电加热的退火炉允许直接将气氛输入炉内工作室中。

对采用保护气氛并采用油或天然气加热的退火炉，有时会采用隔焰装置控制气氛，以保护工件免受烧嘴火力直接烧灼。

当采用爆炸性气氛，如氢气时，必须采用一种具有适当构造和能够保证安全操作的隔焰装置，通过保持炉内正压，来防止空气渗入。

表 3-11 加工铜和铜合金锻件产品的典型去除应力温度

类别	铜和铜合金牌号	常用名称	去除应力温度/℃（℉）						
			薄板和带材		棒材和线材			管材④	
			平板产品①	工件	棒材②	线材③	工件	管材⑤	工件
铜	C11000	电解韧铜	180（355）	180（355）	180（355）	180（355）	180（355）	—	—
铜	C12000	低残磷、磷脱氧铜	—	—	—	—	—	220（430）	200（390）
铜	C12200	高残磷、磷脱氧铜	—	—	—	—	—	240（465）	220（430）
铜	C14200	磷脱氧含砷铜	—	—	—	—	—	260（500）	240（465）
铜合金	C21000	装饰黄铜，95%	275（525）	275（525）	—	—	—	—	—
铜合金	C22000、C22600	商用青铜和装饰青铜	275（525）	275（525）	300（570）	260（500）	275（525）	—	—
铜合金	C23000	红黄铜、低合金黄铜	275（525）	275（525）	300（570）	260（500）	275（525）	330（625）	275（525）
铜合金	C26000	弹壳黄铜	260（500）	260（500）	290（555）	250（480）	260（500）	320（610）	260（500）
铜合金	C27000	黄铜，65%	260（500）	260（500）	290（555）	250（480）	260（500）	290（555）	260（500）
铜合金	C31400	含铜商用青铜	—	—	300（570）	260（500）	275（525）	—	—
铜合金	C33000、C33200	高铅和低铅黄铜	—	—	—	—	—	320（610）	260（500）
铜合金	C33500	低铅黄铜	—	—	290（555）	250（480）	260（500）	—	—
铜合金	C34000、C35000	中等含铅黄铜	260（500）	260（500）	—	—	—	—	—
铜合金	C35300、C35600、C36000、C37700	含铅易切削和锻造黄铜	—	—	290（555）	250（480）	260（500）	—	—
铜合金	C43000	—	275（525）	275（525）	300（570）	260（500）	275（525）	—	—
铜合金	C43400	—	275（525）	275（525）	—	—	—	—	—
铜合金	C44300 ~ C44500	耐酸黄铜	—	—	—	—	—	320（610）	260（500）
铜合金	C46200、C46400 ~ C46700	海军黄铜	—	—	290（555）	250（480）	260（500）	—	—
铜合金	C51000	磷青铜 A	275（525）	275（525）	300（570）	260（500）	275（525）	—	—
铜合金	C52100	磷青铜 C	—	—	300（570）	260（500）	275（525）	—	—
铜合金	C54400	磷青铜 B-2	—	—	300（570）	—	275（525）	—	—
铜合金	C65100、C65500	硅青铜	—	—	300（570）	275（525）	275（525）	—	—
铜合金	C68700	含砷铝黄铜	—	—	—	—	—	330（625）	290（555）
铜合金	C69700	—	—	—	360（680）	360（680）	360（680）	—	—
铜合金	C70600	白铜，10%	420（790）	420（790）	—	—	—	480（895）	420（790）
铜合金	C71500	白铜，30%	460（860）	460（860）	—	—	—	520（970）	460（860）
铜合金	C73500	—	380（715）	380（715）	400（750）	350（660）	380（715）	—	—
铜合金	C74500	镍黄铜，65-10	—	—	340（645）	290（555）	320（610）	—	—
铜合金	C75200	镍黄铜，65-18	380（715）	380（715）	—	—	—	—	—
铜合金	C75400	镍黄铜，65-15	—	—	400（750）	350（660）	380（715）	—	—
铜合金	C75700	镍黄铜，65-12	—	—	350（660）	300（570）	340（645）	—	—
铜合金	C77000	镍黄铜，55-18	340（645）	340（645）	—	—	—	—	—

注：除管材外，退火时间均为 1h。

① 超硬状态。

② 1/2 硬状态。

③ 弹性状态。

④ 管材的退火时间是 20min。

⑤ 冷拉状态。

表 3-12　铸造铜合金的典型去除应力温度

铜合金牌号	温度	
	℃	℉
C81300 ~ C82200	260	500
C82400 ~ C82800	200	390
C83300 ~ C84800	260	500
C95200 ~ C95800	315	600
C96600 ~ C97800	260	500
C99300	510	950

注：除 C99300 铜合金保温时间是按 4h/25mm（1in）计算外，其余铜合金的保温时间按 1h/25mm（1in）计算。

在退火过程中使用保护性气氛时，必须保证工件在气氛中冷却到室温，以防止其表面氧化或变色。当在空气中工件温度超过 65℃（150℉）时，可能会对工件的光泽造成损害。如果允许工件表面出现一定程度的氧化和变色，就可以采用直接用天然气加热的退火炉。通过对天然气 - 空气烧嘴产生的燃烧产物进行控制，将燃烧产物还原至与保护气氛相似的成分。通过控制炉中的空气与燃气比，得到还原性气氛，工件在该还原性气氛中退火后，需要进行清洗，以恢复光泽。

（2）连续式退火炉　连续式退火炉如图 3-9a 和图 3-10 所示。该退火炉适合对各种产品进行固溶处理。通常情况下，炉子由一个保护气氛密封的前加热室和一个主加热室组成，前加热室可用于预热工件，主加热室具有足够的长度，以确保完成固溶处理加热。此外，还有一个气氛密封的冷却或淬冷室。

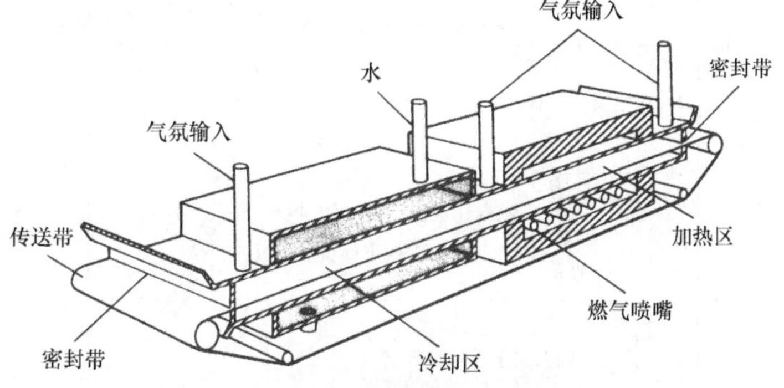

图 3-10　铜合金可控气氛连续式退火炉

通常工件以固定的速度在炉内传送，以中等的温度梯度进行加热，比罩式退火炉中的温度梯度要小。当采用长的加热室时，可以将炉子加热室分成多个温度区间进行控制。为了将工件加热到理想的温度，生产实际中，常在炉的入口区采用较高的温度。冷却室可以是一个长的通道，在冷却室中通过保护气氛循环冷却；冷却室也可以是具有保护气氛的淬水槽。

对于冲压制品、机加工成形件、铸件和小型部件等产品，通过传送带或传送链传送到炉内；长型工件，如管件、棒材和平板产品，或允许堆放在托盘上的大截面工件，可以在辊式炉底上传送。在轧机的生产操作中，产品在炉的进口端退卷展开，在炉的出口端通过终端设备从炉中拉出，因此炉内没有运动部件。对于金属线材制品，可以用绕线盘卷绕后，在罩式退火炉中退火，或在卷绕前，在拉丝机的出口处进行内联式电阻退火。

（3）盐浴炉　可采用熔融中性盐浴炉对铜合金进行退火、去除应力、固溶处理或时效。根据所使用的温度范围，选择不同的盐浴混合物成分。如加热温度为 705 ~ 870℃（1300 ~ 1600℉），通常使用氯化钠和氯化钾的混合物。采用不同比例的氯化钡和氯化钾（钠）的混合物，作为 595 ~ 1095℃（1100 ~ 2000℉）温度范围的盐浴加热介质。后者混合物相互兼容，当用于多级加热热处理时，有利于先在较低温度的炉内预热工件，而后把工件转移到高温盐浴炉中。最不常用的中性盐是氯化钙、氯化钠和氯化钡的混合物。它们的工作温度为 540 ~ 870℃（1000 ~ 1600℉），但通常在 540 ~ 650℃（1100 ~ 1200℉）温度范围内使用。

氯化钠 - 碳酸盐混合物（不是真正的中性盐）的使用温度为 595 ~ 925℃（1100 ~ 1700℉），主要用于退火。对于工作温度低于 540℃（1000℉）的盐浴，唯一实际使用的混合物是硝酸盐 - 亚硝酸盐。氰基盐在铜合金热处理中的应用很有限。虽然氰化物可作为盐浴的加热介质，但当工件对抛光有非常高的要求时，应谨慎使用。

不可采用上述任何一种盐的混合物，对标准铍青铜合金进行固溶处理，因为这些盐浴会对铍青铜造成晶间腐蚀、点蚀或变色。

(4) 时效和去除应力　时效和去除应力处理要求在整个炉内工作区域将温度误差控制在3℃(5℉)以内。除非在加热后允许清洗，否则必须使用可控气氛或真空设备。

由于必须精确地对温度进行控制，通常采用强制对流炉（再循环空气）和盐浴炉进行时效和去除应力处理。强制对流炉有箱式炉、罩式炉和井式炉。每种炉都配有风扇，通过连续循环，来保证工件在炉内恒温的保护气氛中被加热。当保护气氛或真空强制对流炉采用天然气或油进行加热时，必须将工件放置在一个适当隔焰的工作室中或密封的反应罐内，以防止火焰直接接触到工件和防止空气渗入。下面对不同加热方式的加热温度变化和加热时间及冷却时间进行对比。

(5) 保护气氛炉和盐浴热处理比较实例　采用铍青铜小板簧分别在30kW罩式炉和井式炉中进行热处理对比试验，对比试样温度的变化，对比结果如图3-11所示。每台炉装载5.5万~6万个弹簧，总质量为90kg(200lb)。采用空气/燃气比为6.75:1的发生器（容量为$10m^3/h$或$350ft^3/h$）制备放热性气体，用作保护气氛。气氛的成分（体积分数）是6.5% CO，6% CO_2，10% H_2，其余为N_2。在冷却至18~21℃(65~70℉)后，露点是2℃(35℉)。

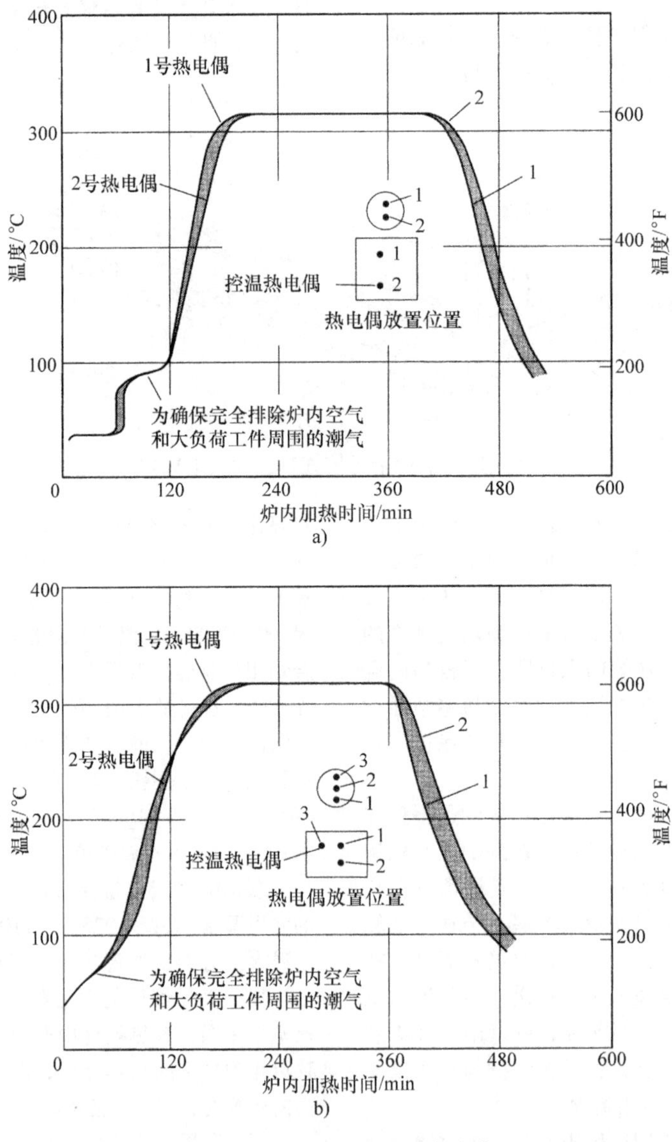

图3-11　两种炉中的温度变化

a) 罩式炉　b) 井式炉

与气氛炉相比，盐浴可以减少 30% 的炉内加热时间，如图 3-12 所示。当时效强化时间很短和需要精确控制时效保温时间时，盐浴加热就具有明显的优势。

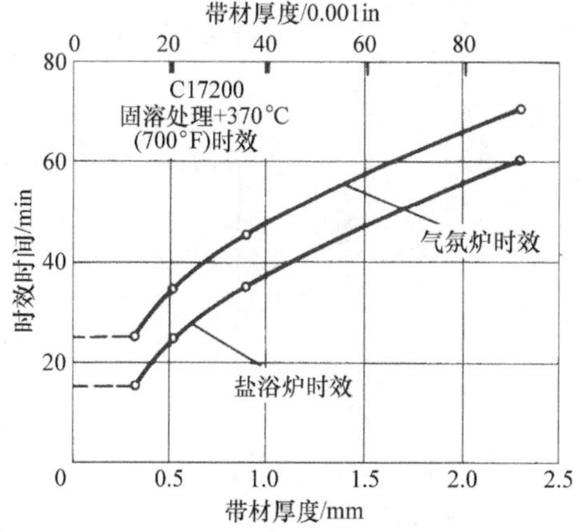

图 3-12　C17200 合金带材厚度和加热介质对达到最大强度的时效时间的影响

采用可购得的硝酸盐 - 亚硝酸盐混合物（40% ~ 50% 的硝酸钠，其余为亚硝酸钠或亚硝酸钾），在 143℃（290℉）的温度下熔化，作为时效和去除应力的盐浴。所有采用盐浴加热的铜合金都应该在浸入熔盐前，进行适当的清洗和干燥。任何有机物质（如油或油脂）都会与硝酸盐和亚硝酸盐发生剧烈的反应。

（6）保护气氛　可根据铜和铜合金的热处理温度选择保护气氛。

1）加热温度超过 705℃（1300℉）。放热性气氛是最经济的铜合金热处理保护气氛。通过调整空气与天然气的比，产生含有 2% ~7% 氢气的混合燃气，用于工作温度为 705 ~ 995℃（1300 ~ 1825℉）的马弗炉的燃气。该气氛已成功用于铍青铜、铜 - 铬合金、铜 - 锆合金和铜 - 镍合金等的固溶处理。

通常情况下，利用非蒸馏水保持整个加热和冷却循环中的水氢比，采用表面冷却器干燥天然气，保证在整个加热和冷却过程中炉内为还原性气氛。通过进一步冷却天然气来降低露点。如果炉内的气氛不能完全形成还原性气氛，或者出现炉内泄漏，有空气渗入，那么在金属表层以下或内部会产生内氧化。如果炉内为氧化性气氛，当炉内温度超过 845℃（1550℉）时，内氧化会迅速形成。

主要采用热分解氨进行退火和钎焊。如果空气渗入高温炉内，或者在升温前清洗不当，都极有可能造成燃气燃烧和气体爆炸。

可以采用全部或部分热分解氨与空气混合进行燃烧，以降低成本和易燃性。可以将氢的体积分数控制在 1% ~24% 范围内，其余采用氮气和水蒸气。必须除去水，以保持炉内为还原性气氛。

在较高的温度下，氢能还原氧化铜，因此推荐用于高温的光亮退火和钎焊。

工业氢气中大约含有 0.2%（体积分数）的氧，如果没有将氧彻底清除，可能会导致其与铜合金中的活性合金元素发生反应，产生内氧化。

在高温条件下，氢与空气混合时会产生爆炸。因此，在加热到高温之前，必须对炉内进行净化，不允许空气进入炉内。

2）加热温度低于 705℃（1300℉）。在铜和铜合金的退火中，燃气（低放热气氛）是使用最广泛的保护性气氛。由于天然气的含硫量低，因此是首选的产生燃气的燃料。通过对空气和天然气比进行调整，使气氛中氢的体积分数为 0.5% ~1%。燃气在进入热处理炉内之前，必须进行干燥，以防止在冷却过程中产生水蒸气使工件变色和受到污染。

在退火过程中，高温蒸汽是保护铜合金的最经济气氛。虽然退火的金属不像采用燃气加热时那样光亮，但能满足一般用途产品的要求。对于紧密缠绕线材或带材产品，在加热过程中可以使用高温蒸汽，在冷却过程中可以使用燃气。

惰性气体、热分解氨与空气混合气氛和真空加热成本都很高，不常用于铜合金的退火工艺。真空加热通过辐射传输热量，因此其加热和冷却过程较慢，这是真空加热的主要缺点。

3.2　铜的退火和再结晶

工业铜中铜的质量分数不小于 99.3%，此外还含有少量微量元素和/或残留的脱氧还原元素。铜最重要的性能是导电性，人们非常注重杂质元素对铜的导电性能的影响。然而，有些元素对铜的导电性影响很小，如图 3-13 所示。通过添加少量的这类元素，可以在不显著影响铜的导电性的情况下，提高其强度。例如，在电话线材料中添加 1% 的 Cd，可以提高导线的强度。纯铜拉拔冷加工后，抗拉强度为 338MPa（49ksi），而这种添加了 1% 的 Cd 的铜合金，通过拉拔冷加工，其抗拉强度约为 462MPa（67ksi），电导率仍超过软态纯铜的 90%（图3-13）。

通过冷加工可以强化铜，但冷加工程度和铜的纯度不同，其再结晶温度也不同，但总体来说，铜的再结晶温度偏低。由于在电子产品焊接中，铜导线受焊接温度的影响，会出现软化问题。电气和电子产品在服役中产生焦耳（I^2R）热，若长期工作在中等温度条件下，则会导致冷加工铜发生软化现象。

为了减少冷加工铜在一定温度下的软化，可在铜中添加少量的溶质元素，以降低原子的迁移率，在保留了铜的高电导率的同时，提高了其再结晶温度，如图3-14所示。

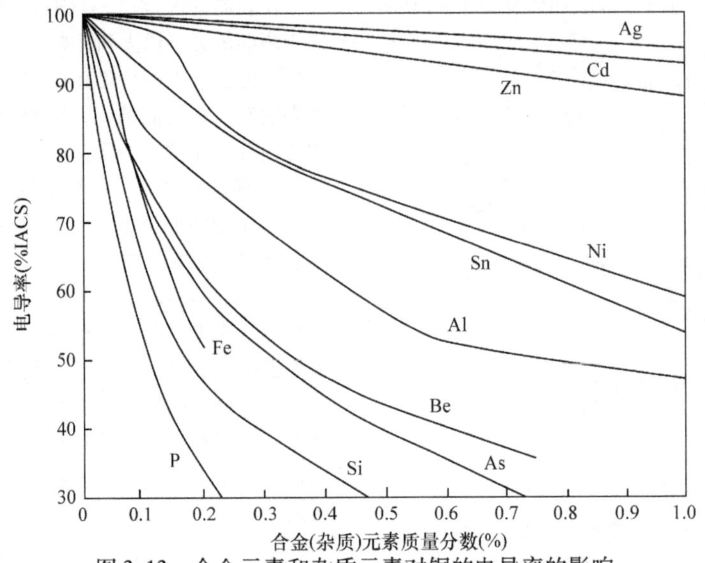

图3-13 合金元素和杂质元素对铜的电导率的影响

IACS—国际退火铜标准

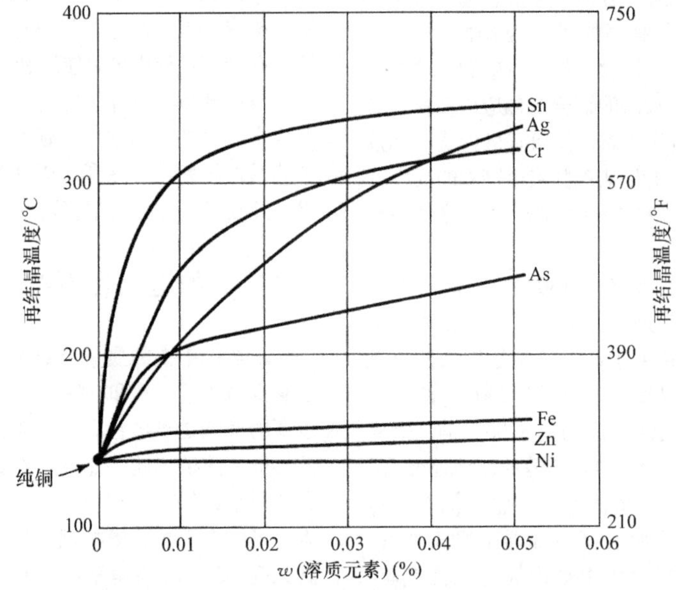

图3-14 溶质元素含量对纯铜再结晶温度的影响

注：图中数据来源于无氧铜，但在韧铜中也得到了类似的曲线。试样在600℃（1110℉）下退火30min，然后在20℃（70℉）的温度下，进行了变形量为75%的冷轧。图中纯铜的再结晶温度为140℃（285℉）。

根据图3-13和图3-14，添加质量分数为0.05%的Ag，可将铜的再结晶温度从140℃（285℉）提高到340℃（645℉），而其电导率仅降低了约1%。这就是含有残留银的铜材电子产品在焊接后不会发生软化的原因。在铜中添加少量的镉（如C11100），也能起到提高铜的回复和再结晶温度的作用。汽车散热器芯采用热浸镀锡工艺生产，如采用电解铜制造生产，则会发生铜材软化现象，因此通常采用具有较高再结晶温度的含银铜加工生产。采用含银铜和含镉铜，可生产制作使用温度约为200℃（400℉）的汽车散热器和电导体等产品。

对于在高于室温、低于热处理再结晶温度的条件下工作的产品，在长期服役过程中，受热会发生软化，因此必须考虑铜合金的半软化温度指标。半软化温度是指在一定时间（通常为 1h）内，金属的硬度降低至原硬度的一半时的温度。

3.2.1 铜

工业中常用的铜有电解铜、银铜、火法精炼铜、磷脱氧铜、无氧高导电铜和砷铜。这些铜在是否含氧、杂质含量、脱氧元素和添加元素等方面存在一定的差异，它们的再结晶和晶粒长大特性主要与铜中的溶质元素、冷加工程度和退火工艺有关。

图 3-13 所示为几种溶质元素对铜的电导率的影响。银、铅、锌和镉元素只轻微地降低铜的电导率，而磷则强烈降低铜的电导率。在这些元素中，大多数元素与氧的亲和力都比铜强，因此在铜的湿法冶炼工艺中，这些元素比铜更容易与氧发生反应，形成氧化物而被转移到炉渣层。最常见的做法是浓缩硫化铜，使氧气（通常是空气）通过熔化的铜液，从而分离得到含有杂质的粗铜。粗铜中含有大量的杂质，必须进一步精炼得到可用的工业铜。熔化粗铜是进一步氧化熔化铜液，以去除大部分杂质。一旦铜液中的这些元素减少到很低的含量，必须进一步减少铜液中残留的氧。

氧在铜中的固溶度非常低，因此绝大部分的氧都会形成氧化物。铜与氧形成的共晶氧的质量分数为 0.39%。如果铜中氧的质量分数低于 0.39%，铸态组织主要为具有偏析的树枝状 α 初晶和网状结晶的共晶组织组成，如图 3-15 所示。经过大的塑性变形和退火后，共晶组织失去了原来的特点，而氧化物则可能以细长的夹杂物形式存在，如图 3-16 所示。通过还原性气氛，将溶解的氧转化为气态氧化物，并将 Cu_2O 还原为铜，可将铜中氧的含量降低到合格的水平。在凝固过程中，如果仅有纯铜保留下来，则铜锭会发生收缩，在表面留下集中收缩区；如果铜锭中仍含有一部分氧，则会形成密度约为 $6g/cm^3$ 的 Cu_2O，而含氧量低的纯铜的密度约为 $9g/cm^3$。因此，在凝固过程中，形成密度较低的氧化物会弥补铜在结晶过程中的体积收缩。如果在凝固过程中铜锭几乎没有收缩，那么这种铜就是氧的质量分数约为 0.05% 的韧铜，此时几乎所有的氧都以 Cu_2O 的形式存在于铜基体中。

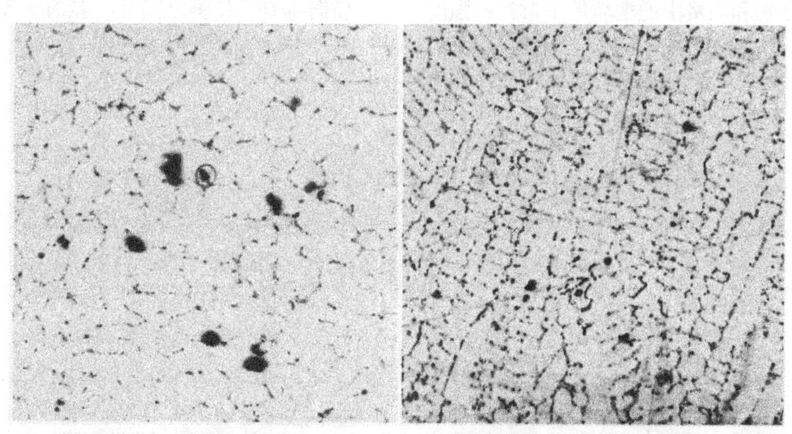

试样仅抛光，未侵蚀，0.05%O　　试样仅抛光，未侵蚀，0.09%O　100×

图 3-15 典型含氧铜的铸态微观组织

注：金相组织中亮区为铜的树枝晶，暗区为 $Cu-Cu_2O$ 共晶网络，较大的块状黑区为收缩的微孔。

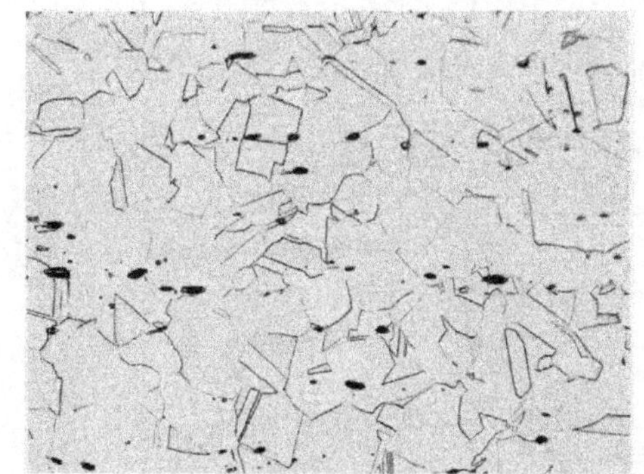

250×

图 3-16 含氧铜锻造和退火的典型组织

注：该电解韧铜进行了热轧，图中黑点状为 Cu_2O 夹杂物。

工业纯铜的等级与使用的冶炼工艺有关，应根据其高导电性能和其他性能综合进行选择。目前主要使用的三种具有高导电性能的工业纯铜包括脱氧铜、无氧铜和韧铜。有两个重要的原因使含有 Cu_2O 颗粒的韧铜未能得到广泛使用，一是其不能在高温还原性气氛中使用，二是冷加工制造困难。

一种降低铜中含氧量的方法是，在熔化的铜液中加入与氧具有更高亲和力的合金元素，其中磷是常用的元素。在熔化状态下，磷会与溶解的氧发生反应，形成磷氧化物，并将它带入不混溶的炉渣中。然而，很难控制所添加的磷完全与氧结合，而保证不会有未反应的磷溶解在铜液中。在实际生产中，通常会有部分多余的磷残存在铜液中，凝固后磷固溶于铜的晶格中。根据铜中磷的含量，将磷脱氧铜分为不同等级，其中脱氧的低磷铜中磷的质量分数为0.01% ~0.04%。由于铜中残留的磷会显著降低电导率，因此这种铜主要用于制作管道和油管，而不用于生产制作电气产品。

如果需要具有高电导率和低 Cu_2O 含量的铜，通常使用无氧导电铜，或者更普遍的是使用无氧高导电铜（OFHC）。这种铜是在精炼过程中，通过精细控制脱氧，使铜中残留氧和脱氧剂的含量都很低。这种铜的电阻率与韧铜大致相同，但含氧量（包括 Cu_2O）则低得多，见表3-13。这种铜可以在进行大变形量的冷加工后使用，也可以在还原性气氛中进行热处理，而韧铜则不可以。

表3-13 工业铜和含银铜的导电性能及含氧量

类型	成分（质量分数,%）			电阻率[20℃(70℉)]/(m·Ω/mm²)	热导率[20℃(70℉)]/[W/(m·K)]	硬度 HRF
	Cu	O	其他			
韧炼铜	≥99.0 (Cu+Ag)	0.04~0.05	—	58.6	226	40
脱氧低磷铜	99.90	0.01	0.04~0.012P	49.3	196	40
无氧导电铜	≥99.99	≤0.001	—	58.6	226	40
含银铜	99.90	—	0.03~0.05Ag (10~15oz/t)	58.0	226	40

表3-13中的三种工业纯铜具有相同的硬度。基体中的 Cu_2O 夹杂物和晶格中的溶质原子对铜的强度性能影响很小，但对铜的电阻率和热导率影响明显。图3-17所示为冷加工和后续退火对铜的拉伸性能及硬度的影响，数据表明，氧的质量分数约为0.05%的韧铜与OFHC铜之间几乎没有差别（后面还会对这两种等级的铜进行讨论）。

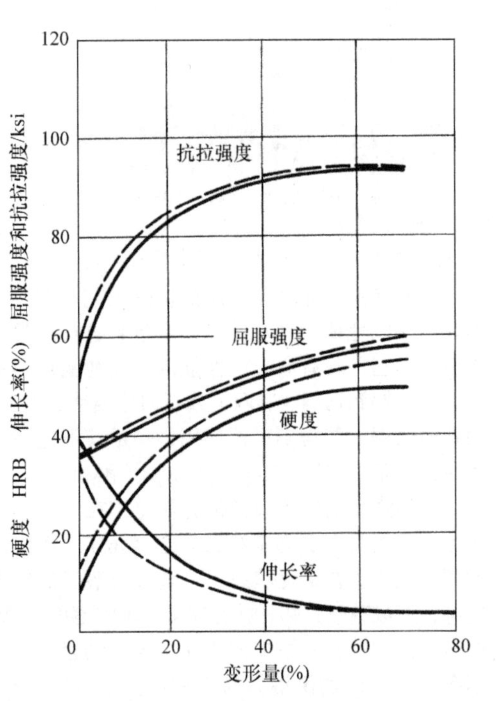

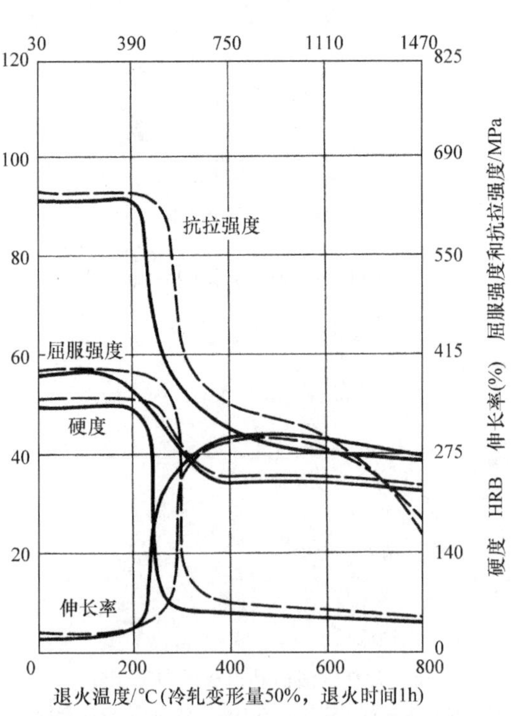

图3-17 在25℃（75℉）冷轧后退火对韧铜（0.05% O）和无氧高导电铜（OFHC）的拉伸性能及硬度的影响

(1) 铸造铜合金　铸铜 (C80100 ~ C81200) 是铜的质量分数不小于99.3%的高纯度铜，铜中可能还含有微量的银或磷 (一种除氧剂)。银具有一定的提高铜的抗退火能力的作用，而磷对改善焊接性能有一定的帮助，两种元素在这种微量的范围内，对铜的导电性能不会产生显著影响。该铸铜的电导率可高达100% IACS，而热导率可达390W/(m·K)。

虽然铸造铜合金是最容易铸造的工程材料之一，但未合金化的铸铜铸造起来却很困难。例如，铸造过程中通常会出现形成粗大柱状晶组织、表面粗糙和易形成缩孔等问题。纯铜的铸造极为困难，易出现表面开裂、孔隙和内部缩孔问题，添加少量的合金元素 (如铍、硅、镍、锡、锌和铬) 能改善铜的铸造特性。进一步提高所添加合金元素的含量，还可以改善和提高铜合金的性能。

通过适当的铸造工艺，可以克服这些问题，而铸造纯铜通常保留了铸铜产品所要求的高的电导率和/或热导率。典型产品包括大型电气连接件以及水冷设备和高炉风口等热加工设备的部件。铸铜的牌号见表3-14。

表3-14　铸铜的牌号

牌号	Cu(含Ag)(质量分数,%)	其他(质量分数,%)
C80100	99.95	—
C80410	99.9	0.10 (总含量)
C81100	99.70	—
C81200	99.9	0.045 ~ 0.065P

在铸造铜合金中，无氧铜 (C80100) 的电导率和热导率最高，但在其他方面与磷脱氧铜 (C81200) 基本相同。无氧铜和磷脱氧铜都具有很好的焊接性能。不同等级铸铜的典型力学性能基本相同，见表3-15。

表3-15　铸铜的力学性能

牌号	铸态力学性能					
	抗拉强度		屈服强度		标距50mm (2in) 伸长率(%)	硬度 HBW [500kgf (4.9kN)]
	MPa	ksi	MPa	ksi		
C80100	172	25	62	9	40	44
C81100	172	25	62	9	40	44

(2) 加工铜　电解韧铜 (ETP) 是一种通过铸造控制含氧量，生产出的加工铜。电解韧铜中铜的质量分数不小于99.9%，以 Cu_2O 形式存在的氧的质量分数为0.02% ~ 0.05%。电解韧铜是最便宜的工业铜材，广泛用于生产线材、棒材和各类板材。氧对铜的性能既有好的影响，也有坏的影响。氧可将对导电性能有害的夹杂物包裹起来，形成对导电性能无害的氧化物；然而，它也可以在高温 [>400℃ (750℉)] 下与氢结合，形成水蒸气，使铜表面产生起泡。因此，这类铜不适合生产需要进行焊接的产品。

电解韧铜采用阴极铜冶炼工艺，即通过电解精炼，将铜中的杂质元素除去，生产得到电解韧铜。其中C11000 [$w(O)$ = 0.04%] 是最常见的电解韧铜，广泛用于生产制造电线和电缆，以及屋顶和建筑装饰材料。它具有达到或超过100% IACS的高电导率。它与C12500的含氧量相同，但金属杂质的质量分数不超过 $5\times10^{-3}\%$ (包括硫)。

C12500是火法精炼铜，它是通过阳极脱氧工艺，采用将铜中氧的质量分数降低到0.02% ~ 0.04%的方法生产的。这两种工艺方法均可生产具有同样高延展性和优良导电性能的铜。火法精炼铜含有少量的残余硫，通常质量分数为 $(1\sim3)\times10^{-3}\%$，而 Cu_2O 的质量分数较高，通常为 $(5\sim30)\times10^{-2}\%$。

C10100 ~ C10700无氧铜的电导率不小于100% IACS，通常用于生产具有最高导电性能的产品。C10100和C10200无氧铜采用熔化高等级的阴极铜，在非氧化条件下，通过粒状石墨浴层覆盖和低氢还原保护气氛生产。无氧铜尤其适合生产导电性能要求高，并具有极优良延展性，低透气性和高致密度，无氢脆倾向，或低释气倾向的产品。

无氧铜和脱氧铜的焊接件没有焊接脆性问题。在该系列铜合金中，包含添加少量磷等元素脱氧的铜合金，如C12200 (Cu - 0.03P) 合金。添加少量合金元素的铜合金的抗退火软化性能可得到显著提高，例如，C10500 (Cu - 0.034_{min}Ag) 含银铜合金以及C15000和C15100 (Cu - 0.1Zr) 含锆铜合金。C12200磷脱氧铜是家用水管的标准材料。

工业纯铜的统一编号系统 (UNS) 牌号为C10100 ~ C13000。表3-16列出了加工铜的统一编号系统牌号和成分。表3-17所列为加工铜和铜合金的统一编号系统 (UNS) 牌号与国际标准化组织牌号、英国标准牌号和欧洲标准化委员会牌号的对照表。表3-18所列为其拉伸性能数据。在脱氧铜中添加少量的合金元素，如银、镉、铁、钴和锆等，能提高其在焊接过程中的抗软化性能，这类铜通常用于生产汽车上的连接件、货车散热器等部件，以及用于半导体封装材料。而添加少量这类元素，对铜材的热导率、电导率和室温力学性能影响不明显。与含银铜和ETP铜相比，含镉铜和含锆铜的加工硬化效果更好。如果需要良好的切削加工性能，则可选择牌号为C14500（含碲铜）或C14700（含硫铜）的铜材。然而，在改善铜合金切削加工性能的同时，会牺牲部分导电性能。

表3-16 加工铜的统一编号系统（UNS）牌号和成分（质量分数,%）

统一编号系统（UNS）	常用名称或牌号	Cu（质量分数,%，不小于）和名义成分（质量分数,%）	Ag（质量分数,%，不小于）①	其他杂质元素质量分数（不大于）和变质元素质量分数②
C10100	高导电无氧铜（OFE）	99.99Cu	—	0.0005O，铜的质量分数为100%减去总的杂质元素质量分数
C10200③	无氧铜（OF）	99.95Cu	—	0.0010O
C10300	超低磷无氧铜（OFX-LP）	99.95Cu，0.003P	—	—
C10400③	含银无氧铜（OFS）	99.95Cu①	0.027	—
C10500③	含银无氧铜（OFS）	99.95Cu①	0.034	—
C10700	含银无氧铜（OFS）	99.95Cu①	0.085	—
C10800	低磷无氧铜（OFLP）	99.95Cu，0.009P	—	—
C10920	—	99.90Cu	—	0.02O
C10930	—	99.90Cu①	0.044	0.02O
C10940	—	99.90Cu①	0.085	0.02 O
C11000②	电解韧铜（ETP）	99.90Cu	—	根据工艺，氧和微量元素会随之变化
C11010③	重熔高导电铜（RHC）	99.90		根据工艺，氧和微量元素会随之变化
C11020③	火法精炼高导电铜（FRHC）	99.90	—	根据工艺，氧和微量元素会随之变化
C11030③	化学精炼韧铜（CRTP）	99.90	—	根据工艺，氧和微量元素会随之变化
C11040③	—	99.90	—	—
C11100③	抗退火电解韧铜	99.90Cu，0.04O，0.01Cd	—	—
C11300③	含银电解韧铜（STP）	99.90Cu①，0.04O	0.027	根据工艺，氧和微量元素会随之变化
C11400③	含银电解韧铜（STP）	99.90Cu①，0.04O	0.034	根据工艺，氧和微量元素会随之变化
C11500③	含银电解韧铜（STP）	99.90Cu①，0.04O	0.054	根据工艺，氧和微量元素会随之变化
C11600③	含银电解韧铜（STP）	99.90Cu①，0.04O	0.085	根据工艺，氧和微量元素会随之变化
C11700	—	99.9Cu	—	0.004~0.02B；Cu含量中（不小于）包括B+P
C12000	磷脱氧铜（低残留磷）（DLP）	99.9Cu，0.08P	—	—
C12100	—	99.9Cu①，0.09P	0.014	—
C12200	磷脱氧铜（高残留磷）（DHP）	99.90Cu，0.02P	—	0.015~0.040Te
C12210	—	99.90Cu，0.02P	—	—

（续）

统一编号系统（UNS）	常用名称或牌号	Cu（质量分数,%，不小于）和名义成分（质量分数,%）	Ag（质量分数,%，不小于）[1]	其他杂质元素质量分数（不大于）和变质元素质量分数[2]
C12220	—	99.9Cu，0.05P	—	—
C12300	—	99.90Cu，0.025P	—	—
C12500	火法精炼含银韧铜（FRSTP）	99.88Cu	—	根据协议添加少量 Cd 或其他元素，提高在高温下的抗软化能力
C12510	火法精炼含银韧铜（FRSTP）	99.9Cu	—	根据协议添加少量 Cd 或其他元素，提高在高温下的抗软化能力
C12700	火法精炼含银韧铜（FRSTP）	99.88Cu	—	根据协议添加少量 Cd 或其他元素，提高在高温下的抗软化能力
C12800	火法精炼含银韧铜（FRSTP）	99.88Cu	—	根据协议添加少量 Cd 或其他元素，提高在高温下的抗软化能力
C12900	火法精炼含银韧铜（FRSTP）	99.88Cu[1]	0.054	根据协议添加少量 Cd 或其他元素，提高在高温下的抗软化能力
C13000	火法精炼含银韧铜（FRSTP）	99.88Cu	—	根据协议添加少量 Cd 或其他元素，提高在高温下的抗软化能力
C14180	—	99.90Cu	—	—
C14181	—	99.90Cu	—	—
C14200	磷脱氧含砷铜（DPA）	99.68Cu，0.3As，0.02P	—	—
C14300	脱氧镉铜	99.9Cu，0.1 Cd	—	—
C14310	脱氧镉铜	99.8Cu，0.2 Cd	—	—
C14410	—	99.90Cu，0.15Sn，0.012P	—	—
C14415	—	99.96Cu，0.12Sn	—	—
C14420	—	99.90Cu[4]	—	Cu 含量中（不小于）包括 Te + Sn；0.005 ~ 0.05Te，0.04 ~ 0.15Sn
C14500	磷脱氧含碲铜（DPTE）	99.5Cu[4]，0.50Te，0.008P	—	包括无氧或根据协议中（P、B、Li 或其他）脱氧剂数量进行脱氧的牌号
C14510	—	99.90Cu，0.45 Te，0.02P	—	—
C14520	—	99.90Cu，0.50 Te，0.03P	—	—
C14530	—	99.90Cu，0.013Sn，0.5P	—	Cu 含量中（不小于）包括 Ag + Sn；0.003 ~ 0.023 Te（包括 Se）
C14700	含硫铜	99.6Cu，0.40S	—	包括无氧或根据协议中（P，B，Li 或其他）脱氧剂数量进行脱氧的牌号
C15000	含锆铜	99.8Cu，0.15 Zr	—	—
C15100	含锆铜	99.82Cu，0.1 Zr	—	—
C15500	—	99.75Cu[1]，0.06P，0.11Mg	—	0.027 ~ 0.10 Ag[1]
C15710	—	99.8Cu，0.2 Al_2O_3	—	—
C15715	—	99.7Cu，0.3 Al_2O_3	—	—
C15720	—	99.6Cu，0.4 Al_2O_3	—	—

（续）

统一编号系统（UNS）	常用名称或牌号	Cu（质量分数,%，不小于）和名义成分（质量分数,%）	Ag（质量分数,%，不小于）①	其他杂质元素质量分数（不大于）和变质元素质量分数②
C15735	—	99.3Cu，0.7 Al_2O_3	—	—
C15760	—	98.9Cu，1.1 Al_2O_3	—	—
C15815	—	98.1Cu，0.3 Al_2O_3	—	1.2～1.8B

① Cu（不小于）含量包括银。

② 除非特别指出，杂质含量的最大值请参考铜业发展协会所提供的数据。

③ 在退火条件下，这些高导电铜的最低电导率为100%（IACS）。

④ Cu（不小于）含量包括 Te + Sn。

表 3-17　国际标准化组织（ISO）、英国标准、欧洲标准化委员会（CEN）和统一编号系统（UNS）中加工铜和铜合金牌号对照表

国际标准化组织（ISO）	英国标准	欧洲标准化委员会（CEN）	统一编号系统（UNS）
Cu - ETP1	C100	CW003A	—
Cu - ETP	C101	CW004A	C11000
Cu - Ag（0.04）	C101	CW011A	—
Cu - Ag（0.07）	—	CW012A	—
Cu - Ag（0.10）	—	CW013A	—
Cu - FRHC	C102	CW005A	C11020
Cu - HCP	—	CW021A	—
Cu - DLP	—	CW023A	C12000
Cu - FRTP	C104	CW006A	C12500
CuAs	C105	—	—
Cu - DHP	C106	CW024A	C12200
CuAsP	C107	—	C14200
Cu - Ag（0.04P）	—	CW014A	—
Cu - Ag（0.07P）	—	CW015A	—
Cu - Ag（0.10P）	—	CW016A	—
Cu - OF1	—	CW007A	—
Cu - OF	C103	CW008A	C10200
Cu - OFE	C110	CW009A	C10100
Cu - OFS	C103	—	—
Cu - PHCE	—	CW022A	—

表 3-18　典型加工铜的拉伸性能

合金牌号（名称）	抗拉强度		屈服强度		标距 50mm（2in）伸长率（%）
	MPa	ksi	MPa	ksi	
C10100（高导电无氧铜）	221～455	32～66	69～365	10～53	4～55
C10200（无氧铜）	221～455	32～66	69～365	10～53	4～55
C10300（超低磷无氧铜）	221～379	32～55	69～345	10～50	6～50
C10400、C10500、C10700（含银无氧铜）	221～455	32～66	69～365	10～53	4～55
C10800（低磷无氧铜）	221～379	32～55	69～345	10～50	4～50
C11000（电解韧铜）	221～455	32～66	69～365	10～53	4～55
C11100（抗退火电解韧铜）	455	66	—	—	1.5，标距 1500mm（60in）

（续）

合金牌号（名称）	抗拉强度		屈服强度		标距 50mm（2in）伸长率（%）
	MPa	ksi	MPa	ksi	
C11300、C11400、C11500、C11600（含银电解韧铜）	221～455	32～66	69～365	10～53	4～55
C12000、C12100	221～393	32～57	69～365	10～53	4～55
C12200［磷脱氧铜（高残留磷）］	221～379	32～55	69～345	10～50	8～45
C12500、C12700、C12800、C12900、C13000（火法精炼含银韧铜）	221～462	32～67	69～365	10～53	4～55
C14200（磷脱氧含砷铜）	221～379	32～55	69～345	10～50	8～45
C14300	221～400	32～58	76～386	11～56	1～42
C14310	221～400	32～58	76～386	11～56	1～42
C14500（磷脱氧含碲铜）	221～386	32～56	69～352	10～51	3～50
C14700（含硫铜）	221～393	32～57	69～379	10～55	8～52
C15000（含锆铜）	200～524	29～76	41～496	6～72	1.5～54
C15100	262～469	38～68	69～455	10～66	2～36
C15500	276～552	40～80	124～496	18～72	3～40
C15710	324～724	47～105	268～689	39～100	10～20
C15720	462～614	67～89	365～586	53～85	3.5～20
C15735	483～586	70～85	414～565	60～82	10～16
C15760	483～648	70～94	386～552	56～80	8～20
C16200（含镉铜）	241～689	35～100	48～476	7～69	1～57
C16500	276～655	40～95	97～490	14～71	1.5～53

注：范围从硬度最低到最高的工业加工铜。标准铜合金的强度取决于其加工状态（退火晶粒大小或冷加工程度）和轧制产品的截面厚度。范围涵盖各种铜合金的标准加工状态。

3.2.2 铜的强化

可通过加工硬化对铜进行强化。图 3-18 和图 3-19所示为加工硬化对铜的硬度和电导率影响的典型实例。然而，冷加工也在一定程度上降低了铜的再结晶温度，如图 3-20 所示。虽然低的再结晶温度有利于对铜进行加工处理，但会导致铜材在中等温度长期暴露后，抗软化性能下降的问题。例如，ETP 铜经 84% 的冷拉拔后，在 150℃（300℉）的温度下，6000h 后发生软化（完成 50% 再结晶）；在 205℃（400℉）的温度下，仅需几个小时就发生完全再结晶。冷拉拔 OFHC 铜也具有相似的再结晶软化性能。

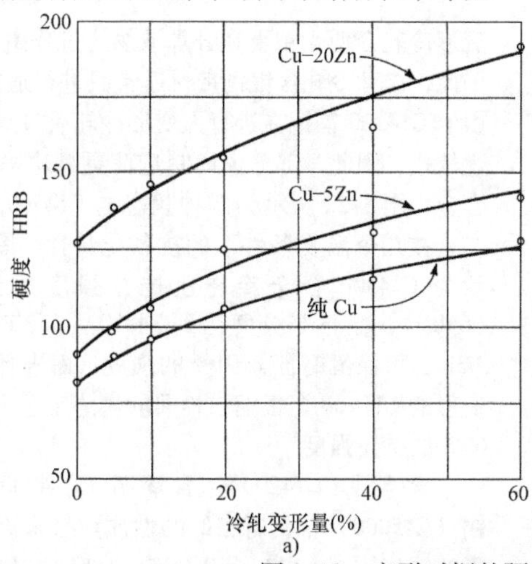

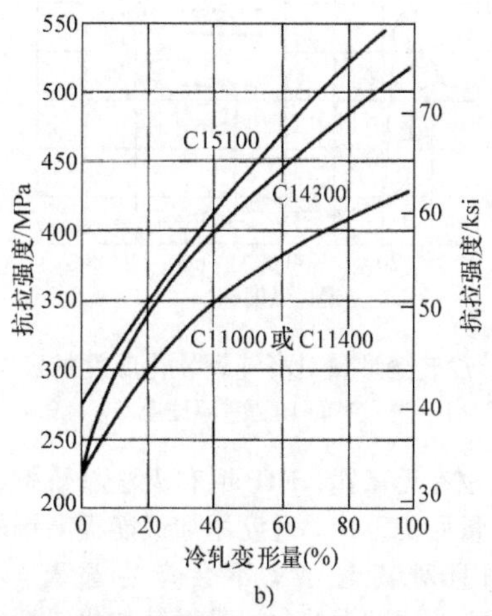

图 3-18　变形对铜的硬度和抗拉强度的影响

a）在 20℃（70℉）的温度下冷轧变形量对纯铜和两种黄铜硬度的影响

b）变形对含镉铜（C14300）、含锆铜（C15100）和韧铜（C11000）抗拉强度的影响

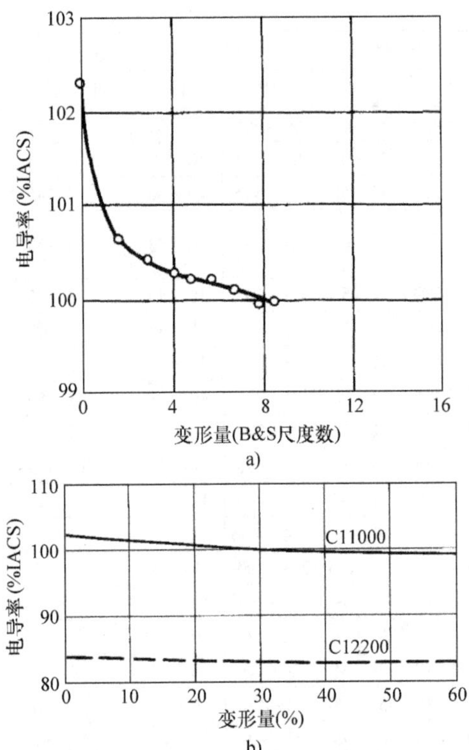

图3-19 冷加工对铜的电导率的影响

a）冷轧 Brown & Sharpe（B&S）尺度数对高纯度铜电导率的影响 b）冷拔变形量对 C11000 电解韧铜电导率的影响

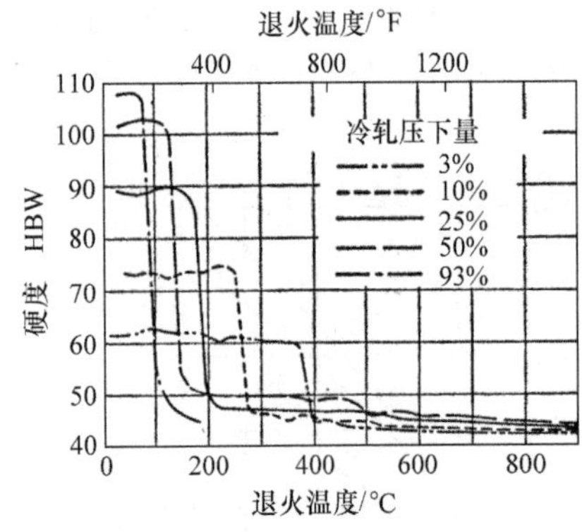

图3-20 冷轧变形量对高纯铜软化温度的影响

注：退火时间1h，室温硬度。

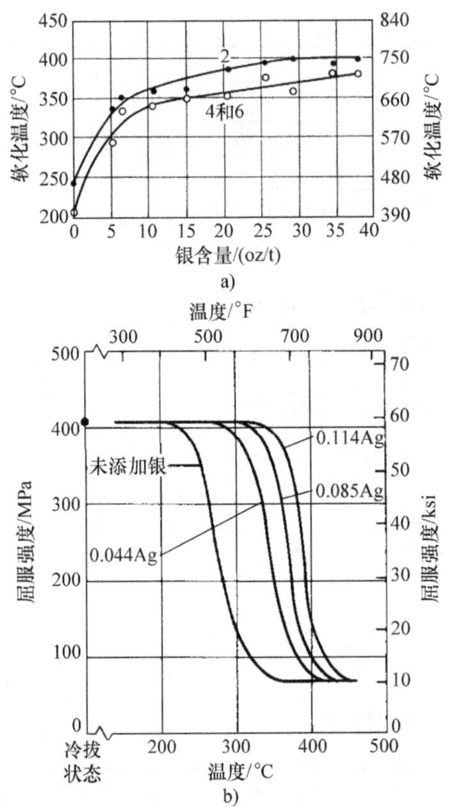

图3-21 含银量对其软化温度的影响

a）冷轧铜薄板的软化温度［冷轧采用2、4和6 Brown & Sharpe（B&S）计量数表示。图中曲线上的数字为变形 Brown & Sharpe（B&S）尺度数］ b）含银量对无氧铜抗软化性能的影响（铜线经过90%冷加工至直径为2mm（0.08in），然后在不同的温度下退火30min）

含银铜也有无氧铜、ETP铜和火法精炼铜，其银的最低含量见表3-16。适度添加银能提高铜的退火抗力，而且对其电导率不会产生显著影响。图3-21所示为含银韧铜的含银量对其软化温度的影响。表3-13对含银铜与三种工业铜的性能进行了对比。

广泛采用冷轧含银铜生产汽车散热片。由于大变形冷轧会使含银铜在钎焊或烘烤过程中发生软化，因此，这种冷轧含银铜带材通常只进行适度的冷轧。由于C14300镉铜在进行大变形冷轧后钎焊时不易发生软化，因此，部分生产制造商更喜欢采用C14300合金。图3-22所示为两种状态的C14300和C11400合金在几个温度条件下的抗软化特性。图3-22b所示为C14300合金冷轧至抗拉强度达到440MPa（64ksi），在心部温度达到345℃（650℉）后烘烤3min，可保留铜合金91%的强度；而进行了相同冷变形的C11400含银铜在相同的烘烤工艺下，只保留60%的抗拉强度。

含砷铜（C14200）、含镉铜（C14300）和含锆铜（C15000）都具有相似的性质。与未添加合金元素的铜相比，$w(\mathrm{As})=0.09\%$ 的砷铜对提高软化温度的影响达到了1%。图3-23对比了杂质元素对火法精炼铜、ETP铜和银铜软化温度的影响，其中火法精炼铜含有（质量分数）0.04%的Ni和0.016%

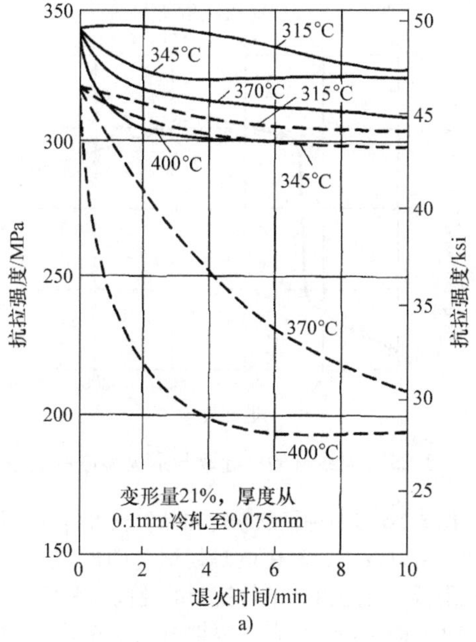

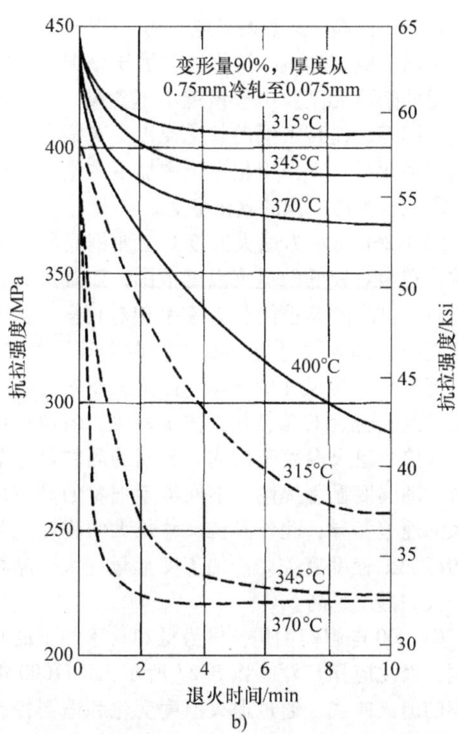

图 3-22　含镉铜（C14300，实线）和含银韧铜（C11400，虚线）的抗软化性能

的 Se + Te，ETP 铜和含银铜含有 0.044% 的 Ag。添加镉也会提高铜的耐磨性，该性能对滑动电触点是非常有益的。含碲铜合金（C14500 和 C14510）和含硫铜（C14700）为易切削加工铜，可用于在自动车床上加工制造高导电性零件。

砷还可以提高铜的耐蚀性和抗高温氧化性能，因

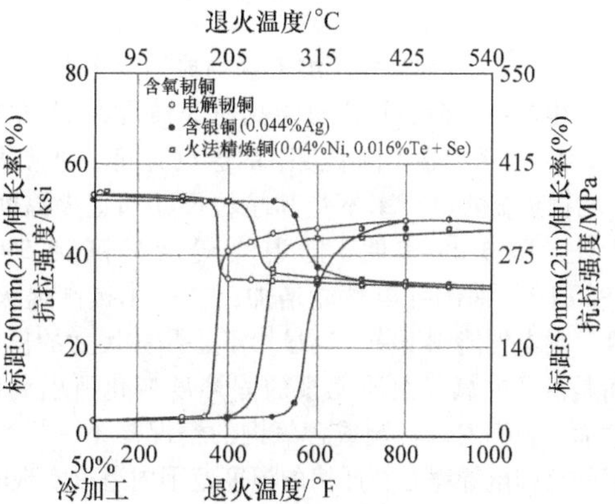

图 3-23　三种工业含氧铜的软化性能

注：试验材料规格为 8mm（0.32in）带材。先在 540℃（1000℉）退火，冷轧变形量为 50%，然后在图中温度条件下退火 1h。

此含砷铜可用于生产热交换器等产品。冷拉砷铜在 150℃（300℉）放置 6000h 后，没有产生明显的软化；在 205℃（400℉）放置类似的时间，仅发生轻微的软化，而并未发生实质性的再结晶。该类铜在 260℃（500℉）长时间暴露，才发生完全再结晶。

含砷铜中砷的质量分数可高达 0.35%，该类铜可采用磷或不采用磷脱氧，这可以通过软化温度的提高来分辨。冷拉拔磷脱氧铜的再结晶和抗软化性能居于含砷铜和电解无氧铜之间。

3.2.3　铜的退火

冷加工铜材的退火是将其加热至再结晶温度或高于再结晶温度，使晶粒发生再结晶或晶粒长大。根据铜的纯度和冷加工程度不同，铜在 140℃（285℉）或更低就可发生再结晶，如图 3-14 所示。根据各种不同的资料，铜的再结晶温度范围见表 3-19。

表 3-19　铜的再结晶温度

Cu 的纯度（质量分数）	再结晶温度	
	℃	K
99.999% Cu	100	373
工业纯铜	200 ~ 250	473 ~ 523
Cu + 2% Be	250	523

不同资料中铜的冷变形量不相同，此外铜中杂质含量的影响也是很大的。再结晶温度（单位为 K）通常约等于或大于 $0.4T_m$，其中 T_m 为铜的熔点温度。然而，高质量工业铜并没有最低再结晶温度，即使在室温下，也能以非常慢的速度软化。例如，经极大变形量（95% ~ 97.5%）的高纯度铜，在室温下长时间停留，也会发生再结晶。这种现象称为自

退火。

表3-20所列为常用加工铜的典型退火温度。在实际生产中，铜的软化再结晶时间通常在1h左右。图3-24所示为在不同温度下的退火时间。通常认为α相铜合金的电导率不受其晶粒尺寸和退火温度的影响。图3-25表明，随退火温度提高到500℃（930℉），铜的导电性能增加；进一步提高退火温度，导电性能则下降。这显然不是晶粒尺寸的作用，而是由铜中氧或杂质元素的固溶度变化所引起的。然而，人们发现韧铜或含氧铜的情况却不一样，它们的最佳电导率是在严格的温度范围内退火实现的。

表3-20 常用加工铜的典型退火温度

合金牌号	常用名称	退火温度	
		℃	℉
C10100～C10300	无氧铜	375～650	700～1200
C10400～C10700	含银无氧铜	475～750	900～1400
C10800	低磷无氧铜	375～650	700～1200
C11000	电解韧铜	250～650	500～1200
C11100	抗退火电解韧铜	475～750	900～1400
C11300～C11600	含银电解韧铜	400～475	750～900
C12000	磷脱氧铜（低残留磷）	375～650	700～1200
C12200	磷脱氧铜（高残留磷）	375～650	700～1200
C12500、C12700、C13000	火法精炼含银韧铜	400～650	750～1200
C14500	磷脱氧含碲铜	425～650	800～1200
C14700	含硫铜	425～650	800～1200
C15500	—	475～525	900～1000

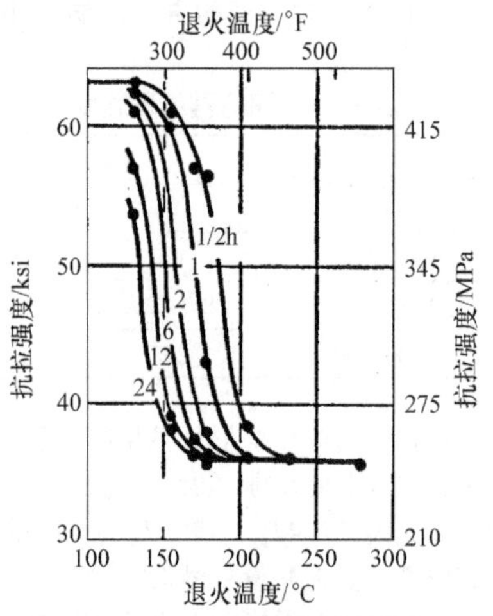

图3-24 退火时间对铜线材软化的影响

注：铜线冷变形量为93%，冷拔至直径为0.26mm（0.01in）。室温抗拉强度。

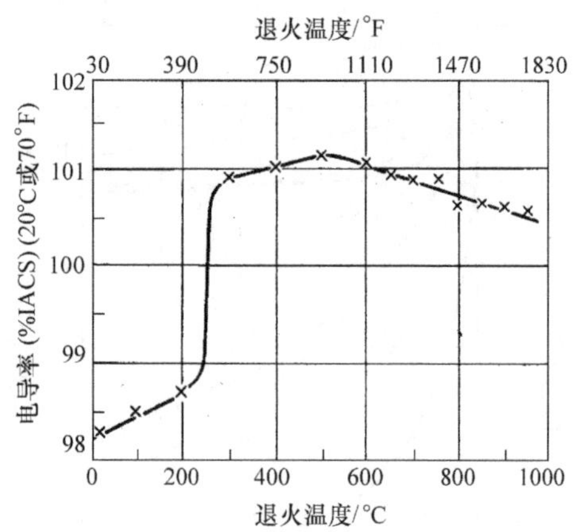

图3-25 铜线材的电导率与退火温度的关系

图3-26对四种铜的软化和晶粒长大特性进行了对比。可以看出，其中电解韧铜（ETP）的再结晶温度最低，这是由于电解韧铜的纯度高和氧对偶存杂质元素的作用导致的。银铜由于含有银，其软化温度得到了提高。无氧高导电性铜（OFHC）的软化温度也高于电解韧铜，这可能归因于该铜中含有非常少量的杂质元素。由于该铜中不含氧，杂质元素得到了固溶，提高了铜的软化温度。磷铜含有少量脱氧的磷元素，其作用相当于增加了少量的杂质元素，因此也提高了铜的软化温度。

图3-26b所示为退火温度对工业铜晶粒长大的影响。在相对较低的退火温度范围，随着退火温度的提高，再结晶晶粒的长大速率相对较慢；在较高的温度下，晶粒尺寸迅速长大。在中等温度范围，常出现混合晶粒尺寸的现象。控制工业铜的晶粒长大比控制铜合金的晶粒长大更加困难。值得指出的是，在整个退火温度范围内，黄铜的晶粒尺寸基本一致。随温度显著提高，不同类型铜材的晶粒尺寸长大的速率各异，此外晶粒尺寸长大的程度还与之前的冷加工程度有关。冷加工变形量越大，晶粒快速长大的温度越高。

C11000电解韧铜是价格最低和易于加工的高导电铜，因此应用广泛。图3-27所示为C11000电解韧铜的退火曲线。通过退火温度变化和适当控制先前的退火或冷加工，可以方便地对铜的晶粒尺寸进行控制。图3-28所示为两种原晶粒尺寸对铜退火后最终晶粒尺寸的影响。

就像冷加工中铜会出现择优取向一样，在退火后铜也经常出现择优取向，但通常择优取向的方向是不相同的。某些经大变形量冷轧的面心立方金属和合金，在高温退火条件下，将优先发展出高度发达的立方织构，即有很大比例的晶粒的［001］方向平行于轧制方向，晶粒的（100）晶面平行于轧制平

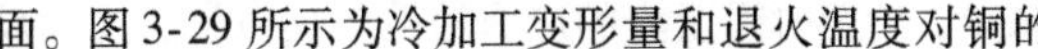

面。图 3-29 所示为冷加工变形量和退火温度对铜的立方织构的影响。

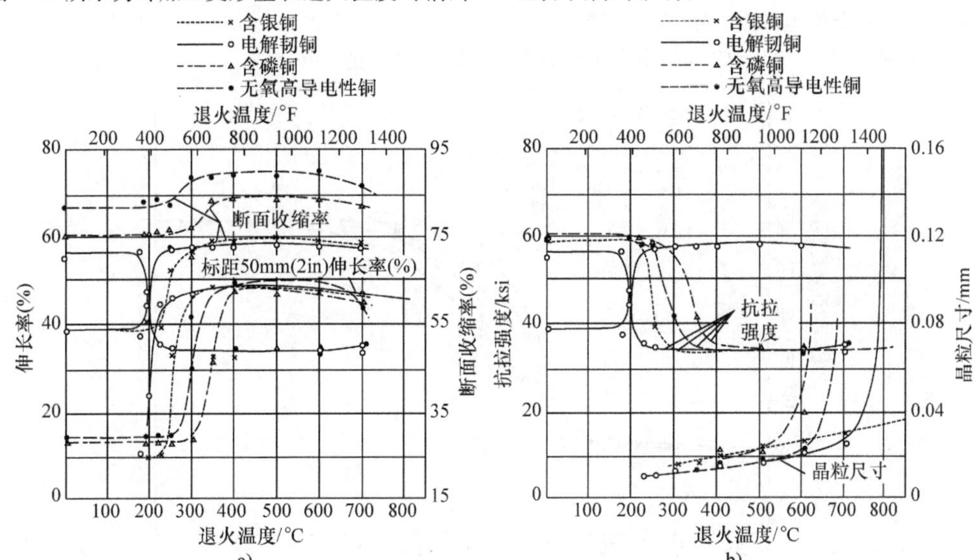

图 3-26 退火温度对含银铜、电解韧铜、磷铜（0.02% P）和无氧高导电性铜的拉伸性能和晶粒尺寸的影响

a）伸长率和断面收缩率 b）抗拉强度和晶粒尺寸

注：线材冷拔变形 62.5%，退火 1h，在室温下测试性能。

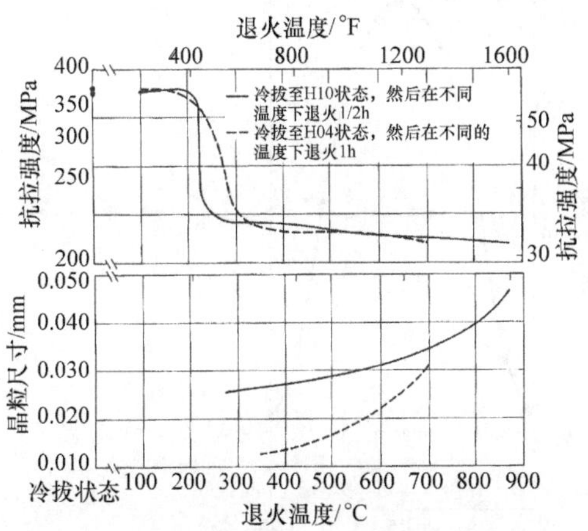

图 3-27 退火温度对电解韧铜（C11000）抗拉强度和晶粒尺寸的影响

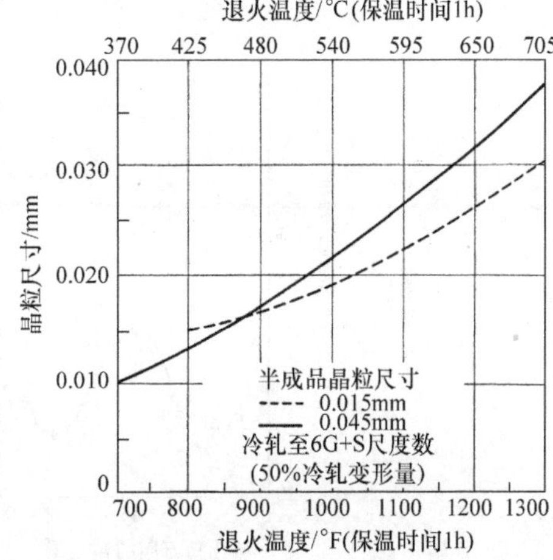

图 3-28 退火温度对电解韧铜晶粒长大特性的影响

注：将两种不同半成品晶粒尺寸（0.015mm 和 0.045mm）的铜材（原材料晶粒尺寸为 0.040in）冷轧至 6 Brown & Sharpe（B&S）尺度数（50% 冷轧变形量）。

强烈的织构会使材料的性能产生明显的各向异性。图 3-30 所示为薄板材料的力学性能与沿拉伸试样取样的轧制方向的关系。这些力学性能对试样的取样方向非常敏感。对实际各向异性薄板进行成形加工，其结果是可能产生制耳现象，即在拉拔或冲压的材料边缘产生不均匀变形。通过增加一个中间退火，能最大限度地减少形成强烈的织构，从而避免出现制耳现象。

3.2.4 铜线材去除应力

表 3-21 中列出了部分高导电性铜线材的应力松弛数据。图 3-31 所示受 89MPa（13ksi）初始拉应力的 ϕ0.25mm（ϕ0.010in）C11000 铜线材的应力松弛性能与试验时间和温度的关系。对给定时间、不同温度条件下的应力值进行比较表明，随温度提高，C11000 电解韧铜的应力松弛性能下降得非常明显。

例如，在93℃（200℉）暴露试验 10^5h（11.4年）后，原初始应力完全松弛，而在室温下保持40年，剩余约40%的初始应力。对于C11000和其他铜金属来说，给定时间段内的应力松弛与热力学温度成反比。根据表3-21，C10200无氧铜的应力松弛性能比C11000要稍微好一些。

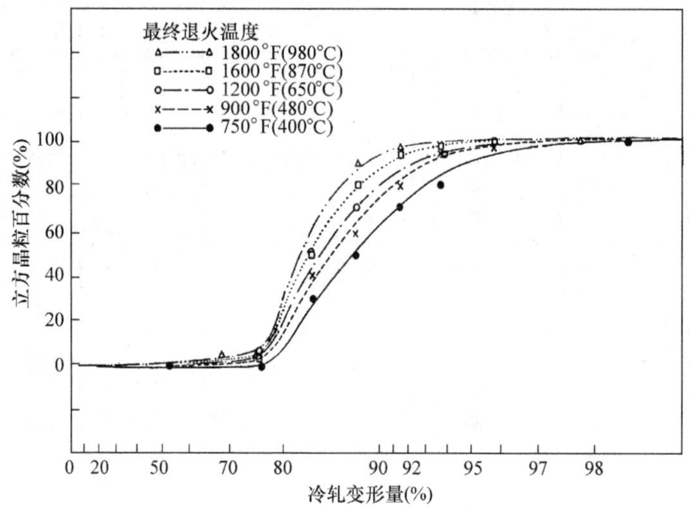

图3-29 冷加工变形量和退火温度对铜的立方织构的影响

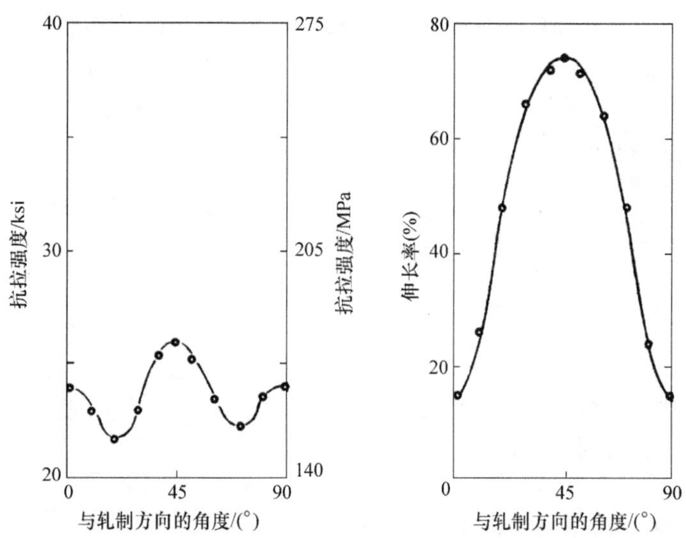

图3-30 薄板材料的力学性能与沿拉伸试样取样的轧制方向的关系

表3-21 部分高导电性铜线材的应力松弛数据

合金		状态代号	试验时间/h	温度		初始应力		试验后初始应力剩余分数	
				℃	℉	MPa	ksi	10000h	40年
直径为0.25mm（0.01in）的线材	C10200（镀锡）	O61	10000	27	80	41.0	5.95	72	55
			10000	27	80	82.0	11.9	69	50
			2850	121	250	82.0	11.9	15	0
	C10200（镀锡）	H04	10000	27	80	79.9	11.6	82	68
			8600	66	150	88.9	12.9	78	68
			9300	93	200	88.9	12.9	67	42
			2850	121	250	88.9	12.9	55	37

（续）

合金		状态代号	试验时间/h	温度		初始应力		试验后初始应力剩余分数	
				℃	℉	MPa	ksi	10000h	40 年
直径为 0.25mm (0.01in) 的线材	C10200（镀锡）	H04	2850	149	300	88.9	12.9	42	18
			10000	27	80	160	23.2	80	68
			8600	66	150	160	23.2	69	57
			9300	93	200	160	23.2	59	43
			2850	121	250	160	23.2	40	14
			2850	149	300	160	23.2	22	0
	C11000（镀锡）	O61	10000	23	73	44.8	6.5	60	41
			9300	66	150	44.8	6.5	47	22
			9700	93	200	44.8	6.5	32	3
			2850	121	250	44.8	6.5	12	0
			10000	23	73	88.9	12.9	60	38
			9300	66	150	88.9	12.9	30	6
			9700	93	200	88.9	12.9	20	0
			2850	121	250	88.9	12.9	8	0
	C13400（镀锡）①	H00	2833	93	200	88.9	12.9	50	27
			2833	93	200	203	29.5	42	19
	C13700（镀锡）②	H00	9700	23	73	88.9	12.9	88	83
			9700	93	200	88.9	12.9	70	52
			2850	121	250	88.9	12.9	51	27
			2760	149	300	88.9	12.9	41	8
			9700	23	73	136	19.7	86	81
			9700	93	200	136	19.7	67	48
			2760	149	300	136	19.7	28	0
	C15000（镀锡）	H04③	9700	23	73	88.9	12.9	93	92
			9700	93	200	88.9	12.9	92	82
			2850	149	300	88.9	12.9	80	76
			9700	23	73	203	29.5	93	92
			9700	93	200	203	29.5	92	82
			2850	121	250	203	29.5	80	76
			2850	149	300	203	29.5	78	74
	C15000（裸线）	H04③	9700	23	73	88.9	12.9	96	95
			9700	23	73	203	29.5	96	95
			9700	93	200	203	29.5	86	95
	C16200（镀锡）	H04④	9700	23	73	88.9	12.9	97	94
			9700	93	200	88.9	12.9	92	87
			2800	121	250	88.9	12.9	79	71
			2800	149	300	88.9	12.9	62	40
			9700	23	73	226	32.8	95	92
			9700	93	200	226	32.8	88	84
			2800	121	250	226	32.8	77	64
			2800	149	300	226	32.8	60	34
	C16200（镀锡）	H00	2800	93	200	88.9	12.9	91	85
			2800	93	200	229	33.2	91	84
直径为 0.5mm (0.02in) 的线材	C10200	O61	22600	27	80	58.6	8.5	81	71
			22600	27	80	86.2	12.5	81	71
			22600	27	80	110	16.0	78	67
	C10200	H00	4060	93	200	68.9	10.0	48	9
			4060	93	200	142	20.6	42	0
	C11000	O61	35000	27	80	34.5	5.0	60	43
			35000	27	80	68.9	10.0	55	39

（续）

合金		状态代号	试验时间/h	温度		初始应力		试验后初始应力剩余分数	
				℃	℉	MPa	ksi	10000h	40 年
直径为 0.5mm (0.02in) 的线材	C1100	O61	24500	27	80	34.5	5.0	60	38
			24500	27	80	51.7	7.5	59	38
			24500	27	80	68.9	10.0	57	38
			24500	27	80	96.5	14.0	55	37
	C11000	H00	4100	93	200	68.9	10.0	35	6
			4100	93	200	121	17.5	23	0
	C11600	H00	4100	93	200	68.9	10.0	50	20
			4100	93	200	143	20.7	43	18
	C13400	H00	4100	93	200	68.9	10.0	53	27
			4100	93	200	148	21.4	38	14
	C15500（裸线）	H00	4060	93	200	68.9	10.0	78	62
			4060	93	200	164	23.8	74	60
	C16200	H00	4100	93	200	68.9	10.0	88	82
			4100	93	200	158	22.9	80	69

① w(Ag) = 0.027% 的硼脱氧铜。

② w(Ag) = 0.085% 的硼脱氧铜。

③ 中间退火。

④ 分炉批次退火。

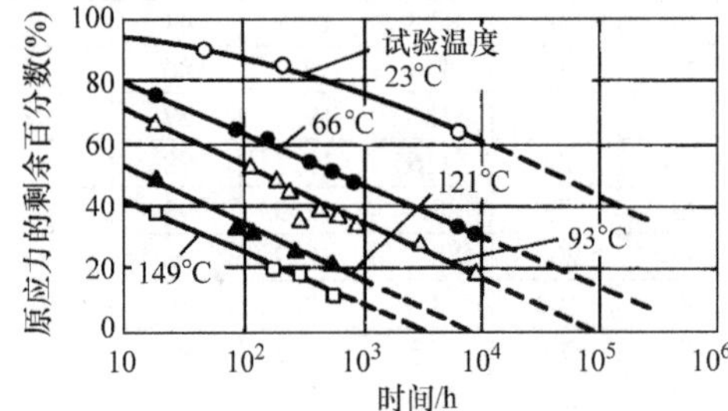

图 3-31 C11000 铜线材的应力松弛性能与试验时间和温度的关系

注：数据适用于镀锡 30 AWG（直径为 0.25mm 或 0.010in）退火电解韧铜线材，初始弹性应力为 89MPa（13ksi）。

（译者注：AWG 为美国线规。）

参 考 文 献

1. J.H. Mendenall, "Understanding Copper Alloys," Olin Brass Corporation, 1977
2. C.R. Brooks, *Heat Treatment, Structure and Properties of Nonferrous Alloys*, American Society for Metals, 1982 (Adapted from A. Butts, Ed., *Copper*, Copyright © 1954, Van Nostrand Reinhold Company, New York. Used with the permission of Brooks/Cole Publishing Company)
3. *Atlas of Microstructures of Industrial Alloys*, Vol 7, *Metals Handbook*, 8th ed., American Society for Metals, 1972
4. A. Davidson, Ed., *Materials*, Vol 2, *Handbook of Precision Engineering*, McGraw-Hill, New York, 1971
5. C.R. Brooks, *Heat Treatment, Structure and Properties of Nonferrous Alloys*, American Society for Metals, 1982 (Adapted from Ref 16)
6. D.E. Tyler and W.T. Black, Introduction to Copper and Copper Alloys, *Properties and Selection: Nonferrous Alloys and Special-Purpose Materials*, Vol 2, *ASM Handbook*, ASM International, 1990, p 216–240
7. *Metals Handbook 1948 Edition*, American Society for Metals, 1948
8. H.L. Burghoff and A.I. Blank, The Creep Characteristics of Copper and Some Copper Alloys at 300, 400 and 500 F, *Proc. ASTM*, Vol 47, 1947, p 725
9. H. Burghoff, Recrystallization and Grain Size Control in Copper and Copper Alloys, *Grain Control in Industrial Metallurgy*, American Society for Metals, 1949, p 160
10. H.C. Kenny and G.L. Craig, Influence of Silver on the Softening of Cold-Worked Copper, *Trans. Am. Inst. Min. Metall. Eng.*, Vol 111, 1934, p 196–203
11. D. Hanson and C.B. Marryat, The Effects of Arsenic and Arsenic plus Oxygen on Copper, *J. Inst. Met.*, Vol 37 (No. 1), 1927, p 121
12. F. Montheillet and J.J. Jonas, Models of Recrystallization, *Fundamentals of Modeling for Metals Processing*, Vol 22A, *ASM*

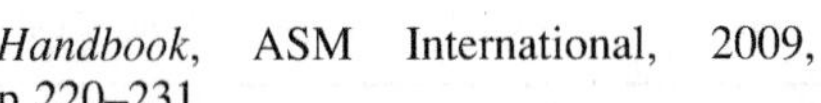

Handbook, ASM International, 2009, p 220–231

13. M. Cook and T.L. Richards, The Self Annealing of Copper, *J. Inst. Met.*, Vol 70 (No. 4), 1944, p 159–173 (As cited in Ref 9)
14. J.C. Bradley, Note on Relation of Annealing Temperature to Conductivity of Copper Wire, *Trans. Am. Inst. Min. Metall. Eng.*, 1927, p 210
15. W.R. Webster, J.L. Christie, and R.S. Pratt, Comparative Properties of Oxygen-Free High Conductivity, Phosphorized and Tough Pitch Coppers, *Trans. Am. Inst. Min. Metall. Eng.*, Vol 104, 1933, p 166
16. R.A. Wilkins and E.S. Bunn, *Copper and Copper-Base Alloys*, McGraw-Hill Book Co., Inc., New York, 1943
17. W.M. Baldwin, *Trans. AIME*, Vol 166, 1946, p 599
18. A. Fox, Stress-Relaxation Characteristics in Tension of High-Strength, High Conductivity Copper and High Copper Alloy Wires, *J. Test. Eval.*, Vol 2 (No. 1), Jan 1974, p 32–39

3.3 黄铜的热处理

黄铜是使用最为广泛的铜基合金，其主要合金元素为锌，锌的质量分数可能高达45%，其他合金元素还包括锡、铝、硅、锰、镍和铅。通常情况下，这些附加合金元素的质量分数大约是4%或更少。由于锌比铜便宜，所以在黄铜中提高锌的含量有利于降低铜合金的成本。此外，随着锌含量的增加，铜合金的强度也会提高。然而，黄铜的耐蚀性通常比纯铜低。在铜中添加锌还降低了铜合金的熔点和电导率。随着铜中锌的含量提高，铜的颜色从金红色［$w(Zn)=5\%$］渐变到金黄色［$w(Zn)=15\%$］，黄色［$w(Zn)=37\%$］和红黄色［$w(Zn)=40\%$］。部分常见黄铜的商业名称见表3-22。表3-23和表3-24所列分别为加工黄铜的化学成分和力学性能；表3-25和表3-26所列分别为铸造黄铜的化学成分和力学性能。

表 3-22 各种黄铜的商业名称

合金名称	$w(Cu)(\%)$	$w(Zn)(\%)$	其他（质量分数,%）	说明
埃塞俄比亚假金	90	10	—	—
抗蚀海军黄铜	69	30	1Sn	为防止脱锌，添加1%的Sn
艾希六含铁黄铜	60.66	36.58	1.02Sn 和 1.74Fe	为服役于海运船舶设计，铜合金具有耐蚀性、一定的硬度和韧性。其典型应用是保护船舶底部。但是现采用更先进的阴极保护方法，使得该应用减少。铜合金的外观与黄金相似
铝黄铜	77.5	20.5	2Al	铝改善了铜合金的耐蚀性，通常用于制作热交换器和冷凝器管
弹壳黄铜	70	30	—	具有优良的冷加工性能，通常用于生产弹壳
普通黄铜	43（译者注：有误，应该为63）	37	—	也称为铆钉黄铜，价格便宜，可进行冷加工
抗脱锌（DZR）黄铜	85	15	—	添加少量的砷，为抗脱锌黄铜
装饰黄铜	95	5	—	常用的低硬度铜合金，通常用于制作子弹弹夹（全金属外壳）
高强度黄铜	65	35	—	具有极高的抗拉强度，用于制作弹簧、螺栓和铆钉

（续）

合金名称	$w(Cu)(\%)$	$w(Zn)(\%)$	其他（质量分数,%）	说　明
含铅黄铜	65	35	—	添加了铅的 α + β 相黄铜，具有极佳的切削加工性能
无铅黄铜	65	35	<0.25Pb	根据加州议会法案 AB 1953 确定，铜合金中铅的质量分数小于0.25%
低锌黄铜	80	20	—	浅金色，具有极好的塑性，用于制作高柔性金属软管和金属波纹管
锰黄铜	70	29	1.3Mn	在美国最著名的是用于制造金色美元硬币
蒙氏铜锌合金	60	40	微量 Fe	用于制作船上的衬板
海军黄铜	59	50（译者注：有误，应该为40）	1Sn	与抗蚀海军黄铜相似
镍黄铜	70	24.5	5.5Ni	用于制造英镑的硬币，也是制作双金属—欧元硬币的主要成分和两欧元硬币的心部材料
北欧金	89	5	5Al 和 1Sn	用于制造 10、20 和 50 分的欧元硬币
王子金属	75	25	—	一种典型的 α 相黄铜。由于它具有金黄色，用于制作仿金品。也被称为鲁伯特王子金属（Prince Rupert's metal），该铜合金以莱茵河的鲁伯特王子的名字命名
红黄铜	85	5	5Sn 和 5Pb	Cu - Zn - Sn 合金，在美国称为炮铜（gunmetal），该铜合金既属于黄铜和又属于青铜。红黄铜也是 C23000 铜合金的别称，其成分（质量分数）为 14% ~ 16% Zn、0.05% Fe 和 Pb，其余为 Cu。它也可指另一种 Cu - Zn - Sn 合金——高铜黄铜（ounce metal）
富铜低锌黄铜，也称顿巴黄铜	余量	5 ~ 20	—	通常用于加工珠宝制品
硅黄铜	80	16	4Si	用作熔模铸钢件的替代产品
Tonval 黄铜（也称热压黄铜）	56 ~ 58.5	余量	1.5 ~ 2.5Pb；≤0.3Fe，≤0.7%其他元素	也称 CW617N、CZ122 或 OT58 合金。由于该铜合金在海水中容易脱锌，因此不推荐在海水中使用
黄黄铜	67	33	—	33% Zn 黄铜的美国称谓

表 3-23　加工黄铜的统一编号系统牌号和化学成分

加工黄铜的统一编号系统牌号		化学成分[①]（质量分数,%）				
		Cu	Pb	Fe	Zn	其他元素
加工 Cu - Zn 黄铜	C21000	94.0 ~ 96.0	0.03	0.05	余量	—
	C22000	89.0 ~ 91.0	0.05	0.05	余量	—
	C22600	86.0 ~ 89.0	0.05	0.05	余量	—
	C23000	84.0 ~ 86.0	0.05	0.05	余量	—
	C23030	83.5 ~ 85.5	0.05	0.05	余量	0.20 ~ 0.40 Si
	C23400	81.0 ~ 84.0	0.05	0.05	余量	—
	C24000	78.5 ~ 81.5	0.05	0.05	余量	—
	C24080	78.0 ~ 82.0	0.2	—	余量	0.10 Al
	C25600	71.0 ~ 73.0	0.05	0.05	余量	—
	C26000	68.5 ~ 71.5	0.07	0.05	余量	—
	C26130	68.5 ~ 71.5	0.05	0.05	余量	0.02 ~ 0.08 As
	C26200	67.0 ~ 70.0	0.07	0.05	余量	—
	C26800	64.0 ~ 68.5	0.15	0.05	余量	—
	C27000	63.0 ~ 68.5	0.1	0.07	余量	—
	C27200	62.0 ~ 65.0	0.07	0.07	余量	—
	C27400	61.0 ~ 64.0	0.1	0.05	余量	—
	C28000	59.0 ~ 63.0	0.3	0.07	余量	—
加工铅黄铜	C31200	87.5 ~ 90.5	0.7 ~ 1.2	0.1	余量	0.25 Ni
	C31400	87.5 ~ 90.5	1.3 ~ 2.5	0.1	余量	0.7 Ni
	C31600	87.5 ~ 90.5	1.3 ~ 2.5	0.1	余量	0.7 ~ 1.2 Ni; 0.04 ~ 0.10 P
	C32000	83.5 ~ 86.5	1.5 ~ 2.2	0.1	余量	0.25 Ni
	C33000	65.0 ~ 68.0	0.25 ~ 0.7	0.07	余量	—
	C33200	65.0 ~ 68.0	1.5 ~ 2.5	0.07	余量	—
	C33500	62.0 ~ 65.0	0.25 ~ 0.7	0.15	余量	—
	C34000	62.0 ~ 65.0	0.8 ~ 1.5	0.15	余量	—
	C34200	62.0 ~ 65.0	1.5 ~ 2.5	0.15	余量	—
	C34500	62.0 ~ 65.0	1.5 ~ 2.5	0.15	余量	—
	C35000	60.0 ~ 63.0	0.8 ~ 2.0	0.15	余量	—
	C35300	60.0 ~ 63.0	1.5 ~ 2.5	0.15	余量	—
	C35330	60.5 ~ 64.0	1.5 ~ 3.5	—	余量	0.02 ~ 0.25 As
	C35600	60.0 ~ 63.0	2.0 ~ 3.0	0.15	余量	—
	C36000	60.0 ~ 63.0	2.5 ~ 3.7	0.35	余量	—
	C36500	58.0 ~ 61.0	0.25 ~ 0.7	0.15	余量	0.25 Sn
	C37000	59.0 ~ 62.0	0.8 ~ 1.5	0.15	余量	—
	C37100	58.0 ~ 62.0	0.6 ~ 1.2	0.15	余量	—
	C37700	58.0 ~ 61.0	1.5 ~ 2.5	0.3	余量	—
	C37710	56.5 ~ 60.0	1.0 ~ 3.0	0.3	余量	—
	C38000	55.0 ~ 60.0	1.5 ~ 2.5	0.35	余量	0.50 Al; 0.30 Sn
Cu - Zn - Sn 合金（锡黄铜）	C40400	余量	—	—	2.0 ~ 3.0	0.35 ~ 0.7 Sn
	C40500	94.0 ~ 96.0	0.05	0.05	余量	0.7 ~ 1.3 Sn
	C40810	94.5 ~ 96.5	0.05	0.08 ~ 0.12	余量	1.8 ~ 2.2 Sn; 0.028 ~ 0.04 P; 0.11 ~ 0.20 Ni

（续）

加工黄铜的统一编号系统牌号		化学成分[①]（质量分数，%）				
		Cu	Pb	Fe	Zn	其他元素
Cu－Zn－Sn 合金（锡黄铜）	C40850	94.5～96.5	0.05	0.05～0.20	余量	2.6～4.0 Sn；0.02～0.04 P；0.05～0.20 Ni
	C40860	94.0～96.0	0.05	0.01～0.05	余量	1.7～2.3 Sn；0.02～0.04 P；0.05～0.20 Ni
	C41000	91.0～93.0	0.05	0.05	余量	2.0～2.8 Sn
	C41100	89.0～92.0	0.1	0.05	余量	0.30～0.7 Sn
	C41120	89.0～92.0	0.05	0.05～0.20	余量	0.30～0.70 Sn；0.02～0.05 P；0.05～0.20 Ni
	C41300	89.0～93.0	0.1	0.05	余量	0.7～1.3 Sn
	C41500	89.0～93.0	0.1	0.05	余量	1.5～2.2 Sn
	C42000	88.0～91.0	—	—	余量	1.5～2.0 Sn；0.25 P
	C42200	86.0～89.0	0.05	0.05	余量	0.8～1.4 Sn；0.35 P
	C42500	87.0～90.0	0.05	0.05	余量	1.5～3.0 Sn；0.35 P
	C42520	88.0～91.0	0.05	0.05～0.20	余量	1.5～3.0 Sn；0.02～0.04 P；0.05～0.20 Ni
	C43000	84.0～87.0	0.1	0.05	余量	1.7～2.7 Sn
	C43400	84.0～87.0	0.05	0.05	余量	0.40～1.0 Sn
	C43500	79.0～83.0	0.1	0.05	余量	0.6～1.2 Sn
	C43600	80.0～83.0	0.05	0.05	余量	0.20～0.50 Sn
	C44300	70.0～73.0	0.07	0.06	余量	0.8～1.2 Sn；0.02～0.06 As
	C44400	70.0～73.0	0.07	0.06	余量	0.8～1.2 Sn；0.02～0.10 Sb
	C44500	70.0～73.0	0.07	0.06	余量	0.8～1.2 Sn；0.02～0.10 P
	C46200	62.0～65.0	0.2	0.1	余量	0.50～1.0 Sn
	C46400	59.0～62.0	0.2	0.1	余量	0.50～1.0 Sn
	C46500	59.0～62.0	0.2	0.1	余量	0.50～1.0 Sn；0.02～0.06 As
	C47000	57.0～61.0	0.05	—	余量	0.25～1.0 Sn；0.01 Al
	C47940	63.0～66.0	1.0～2.0	0.10～1.0	余量	1.2～2.0 Sn；0.10～0.50 Ni（包括 Co）
	C48200	59.0～62.0	0.40～1.0	0.1	余量	0.50～1.0 Sn
	C48500	59.0～62.0	1.3～2.2	0.1	余量	0.50～1.0 Sn
	C48600	59.0～62.0	1.0～2.5	—	余量	0.8～1.5 Sn；0.02～0.25 As
其他加工黄铜	C66300	84.5～87.5	0.05	1.4～2.4	余量	1.5～3.0 Sn；0.35 P；0.20 Co
	C66400	余量	0.015	1.3～1.7	11.00～12.0	0.05 Sn；0.30～0.7 Co
	C66410	余量	0.015	1.8～2.3	11.0～12.0	0.05 Sn
	C66700	68.5～71.5	0.07	0.1	余量	0.8～1.5 Mn
	C66800	60.0～63.0	0.5	0.35	余量	0.30 Sn；0.25 Ni（含 Co）；0.25 Al；2.0～3.5 Mn；0.50～1.5 Si
	C66900	62.5～64.5	0.05	0.25	余量	11.5～12.5 Mn
	C66950	余量	0.01	0.5	14.0～15.0	1.0～1.5 Al；14.0～15.0 Mn
	C67000	63.0～68.0	0.2	2.0～4.0	余量	0.50 Sn；3.0～6.0 Al；2.5～5.0 Mn

（续）

加工黄铜的统一编号系统牌号		化学成分①（质量分数,%）				
		Cu	Pb	Fe	Zn	其他元素
其他加工黄铜	C67300	58.0～63.0	0.40～3.0	0.5	余量	0.30 Sn；0.25 Ni（含Co）；0.25 Al；2.0～3.5 Mn；0.50～1.5 Si
	C67400	57.0～60.0	0.5	0.35	余量	0.30 Sn；0.25 Ni（含Co）；0.50～2.0 Al；2.0～3.5 Mn；0.50～1.5 Si
	C67420	57.0～58.5	0.25～0.8	0.15～0.55	余量	0.35 Sn；0.25 Ni（含Co）；1.0～2.0 Al；1.5～2.5 Mn；0.25～0.7 Si
	C67500	57.0～60.0	0.2	0.8～2.0	余量	0.50～1.5 Sn；0.25 Al；0.05～0.50 Mn
	C67600	57.0～60.0	0.50～1.0	0.40～1.3	余量	0.50～1.5 Sn；0.05～0.50 Mn
	C68000	56.0～60.0	0.05	0.25～1.25	余量	0.75～1.10 Sn；0.20～0.8 Ni（含Co）；0.01 Al；0.01～0.50 Mn；0.04～0.15 Si
	C68100	56.0～60.0	0.05	0.25～1.25	余量	0.75～1.10 Sn；0.01 Al；0.01～0.50 Mn；0.04～0.15 Si
	C68700	76.0～79.0	0.07	0.06	余量	1.8～2.5 Al；0.02～0.06 As
	C68800	余量	0.05	0.2	21.3～24.1	3.0～3.8 Al；0.25～0.55 Co
	C69050	70.0～75.0	—	—	余量	0.50～1.5 Ni（含Co）；3.0～4.0 Al；0.10～0.6 Si；0.01～0.20 Zr
	C69100	81.0～84.0	0.05	0.25	余量	0.10 Sn；0.8～1.4 Ni（含Co）；0.7～1.2 Al；0.10 Mn（最小）；0.8～1.3 Si
	C69400	80.0～83.0	0.3	0.2	余量	3.5～4.5 Si
	C69430	80.0～83.0	0.3	0.2	余量	3.5～4.5 Si；0.03～0.06 As
	C69700	75.0～80.0	0.50～1.5	0.2	余量	0.40 Mn；2.5～3.5 Si
	C69710	75.0～80.0	0.50～1.5	0.2	余量	0.40 Mn；2.5～3.5 Si；0.03～0.06 As
	C74500	63.5～66.5	0.09 max	0.25 max	余量	9.0～11.0 Ni；0.50 Mn（最大）
	C75200	63.0～66.5	0.05 max	0.25 max	余量	16.5～19.5 Ni；0.50 Mn（最大）
	C75400	63.5～66.5	0.10 max	0.25 max	余量	14.0～16.0 Ni；0.50 Mn（最大）
	C75700	63.5～66.5	0.05 max	0.25 max	余量	11.0～13.0 Ni；0.50 Mn（最大）
	C77000	53.0～56.0	0.05 max	0.25 max	余量	17.0～19.0 Ni；0.50 Mn（最大）

注：资料来源为铜开发协会有限公司（美国）。

① 给出的成分值除采用成分范围表示或标出最小值外，其余为最大值。

表 3-24 加工黄铜的统一编号系统牌号和力学性能

加工黄铜的统一编号系统牌号		供货方式①	力学性能②					切削性能评级③（%）
			抗拉强度		屈服强度		标距 50mm（2in）伸长率（%）	
			MPa	ksi	MPa	ksi		
加工无铅黄铜	C21000	F，W	234～441	34～64	69～400	10～58	4～45	20
	C22000	F，R，W，T	255～496	37～42	69～427	10～62	3～50	20
	C22600	F，W	269～669	39～97	76～427	11～62	3～46	30
	C23000	F，W，T，P	269～724	39～105	69～434	10～63	3～55	30
	C24000	F，W	290～862	42～125	83～448	12～65	3～55	30
	C26000	F，R，W，T	303～896	44～130	76～448	11～65	3～66	30
	C26800、C27000	F，R，W	317～883	46～128	97～427	14～62	3～65	30
	C28000	F，R，T	372～510	54～74	145～379	21～55	10～52	40
加工铅黄铜	C31400	F，R	255～414	37～60	83～379	12～55	10～45	80
	C31600	F，R	255～462	37～67	83～407	12～59	12～45	80
	C33000	T	324～517	47～75	103～414	15～60	7～60	60
	C33200	T	359～517	52～75	138～414	20～60	7～50	80
	C33500	F	317～510	46～74	97～414	14～60	8～65	60
	C34000	F，R，W，S	324～607	47～88	103～414	15～60	7～60	70
	C34200	F，R	338～586	49～85	117～427	17～62	5～52	90
	C34900	R，W	365～469	53～68	110～379	16～55	18～72	50
	C35000	F，R	310～655	45～95	90～483	13～70	1～66	70
	C35300	F，R	338～586	49～85	117～427	17～62	5～52	90
	C35600	F	338～510	49～74	117～414	17～60	7～50	100
	C36000	F，R，S	338～469	49～68	124～310	18～45	18～53	100
	C36500～C36800	F	372（典型值）	54（典型值）	138（典型值）	20（典型值）	45（典型值）	60（典型值）
	C37000	T	372～552	54～80	138～414	20～60	6～40	70
	C37700	R，S	359（典型值）	52（典型值）	138（典型值）	20（典型值）	45（典型值）	80（典型值）
	C38500	R，S	414（典型值）	60（典型值）	138（典型值）	20（典型值）	30（典型值）	90（典型值）
Cu－Zn－Sn 合金（锡黄铜）	C40500	F	269～538	39～78	83～483	12～70	3～49	20
	C41100	F，W	269～731	39～106	76～496	11～72	2～13	20
	C41300	F，R，W	283～724	41～105	83～565	12～82	2～45	20
	C41500	F	317～558	46～81	117～517	17～75	2～44	30
	C42200	F	296～607	43～88	103～517	15～75	2～46	30
	C42500	F	310～634	45～92	124～524	18～76	2～49	30
	C43000	F	317～648	46～94	124～503	18～73	3～55	30
	C43400	F	310～607	45～88	103～517	15～75	3～49	30
	C43500	F，T	317～552	46～80	110～469	16～68	7～46	30
	C44300～C44500	F，W，T	331～379	48～55	124～152	18～22	60～65	30
	C46400～C46700	F，R，T，S	379～607	55～88	172～455	25～66	17～55	30
	C48200	F，R，S	386～517	56～75	172～365	25～53	15～43	50
	C48500	F，R，S	379～531	55～77	172～365	25～53	15～40	70

（续）

加工黄铜的统一编号系统牌号		供货方式①	力学性能②					切削性能评级③（%）
			抗拉强度		屈服强度		标距 50mm（2in）伸长率（%）	
			MPa	ksi	MPa	ksi		
其他加工黄铜	C66700	F，W	315～689	45.8～100	83～638	12～92.5	2～60	30
	C67400	F，R	483～634	70～92	234～379	34～55	20～28	25
	C67500	R，S	448～579	65～84	207～414	30～60	19～33	30
	C68700	T	414（典型值）	60（典型值）	186（典型值）	27（典型值）	55（典型值）	30（典型值）
	C68800	F	565～889	82～129	379～786	55～114	2～36	暂缺
	C69400	R	552～689	80～100	276～393	40～57	20～25	30
	C74500	F，W	338～896	49～130	124～524	18～76	1～50	20
	C75200	F，R，W	386～710	56～103	172～621	25～90	3～45	20
	C75400	F	365～634	53～92	124～545	18～79	2～43	20
	C75700	F，W	359～641	52～93	124～545	18～79	2～48	20
	C77000	F，R，W	414～1000	60～145	186～621	27～90	2～40	30

① F，平板产品；R，棒材；W，线材；T，管材；P，油管；S，形材。

② 力学性能范围从硬度最低到最高的供货方式。标准铜合金的强度与工艺状态（退火晶粒大小或冷加工变形量）和轧制产品的截面厚度有关。力学性能范围涵盖各铜合金的标准工艺状态。

③ 以 C36000 易切削黄铜为 100%。

黄铜可通过加工硬化强化，并可进行退火和/或去除应力处理，但不能通过热处理对黄铜进行淬火强化。图 3-32 所示为铜－锌相图，从图中可以看到，锌在 α 相铜的第一个包晶反应温度为 902℃（1656℉），固溶度为 32.5%。随着温度降低，相图中锌在 α 相铜中的固溶度提高，其最大固溶度在 454℃（849℉）达到 38.95%。由于随 α 相铜固溶体中锌的含量增加，α 相铜的温度下降，所以不能通过固溶退火和时效对铜－锌合金体系进行析出强化。与析出强化的两相合金体系（析出相数量少但均匀形核）不同的是，铜－锌两相合金的形核方式是不均匀形核。

本节重点介绍加工黄铜的退火和再结晶，并简要介绍在低于退火温度下进行的去除应力处理，更详细的内容请参阅“铜和铜合金的热处理”一节。为改善大型铸件的性能，也对黄铜进行退火或去除应力处理。由于铸造黄铜在凝固过程中很少出现结晶偏析，因此通常不对其进行均匀化处理。从图 3-32所示的铜－锌相图中可以看到，黄铜的结晶凝固范围狭窄，并发生了五种包晶反应，即液相与一个固相结合，转变形成另一个固相。第二个固相在液相和第一个固相之间形成。即使在锌的质量分数高达 15% 时，也只略降低了液相线温度。在熔化的铜合金中，锌具有很高的蒸气压，因此易于蒸发和氧化烧损。应该采取特别的保护措施，以保证最终铜合金的化学成分。

3.3.1 黄铜的类型

虽然锌是密排六方晶体结构，但在面心立方（fcc）结构的铜中有很大的固溶度，如图 3-32 所示。大约 35% 的锌可以与面心立方（fcc）结构的铜形成均匀的固溶体，并在 454℃（849℉）达到最大固溶度［$w(\mathrm{Zn})=38.95\%$］。进一步提高锌的含量，得到 α 相和含锌量较高的 β 相固溶体两相混合组织。β 相是体心立方（bcc）结构，在晶格点阵中，铜和锌原子随机分布。

β 相是一种金属间非化学计量化合物，即基于化学元素近似化学计量相。从图 3-32 中可以看到，β 相大约位于相图中 $w(\mathrm{Zn})=50\%$ 的位置。然而，金属间化合物的成分可以按化学计量比改变，同时保留化合物 β（bcc）相的晶体结构。例如，在 800℃（1472℉）的温度下，铜－锌合金的 β 相稳定，$w(\mathrm{Zn})=39\%\sim55\%$。随着温度的降低，β 相的化学成分范围减小，在 500℃（932℉）时，$w(\mathrm{Zn})$ 只有在 45%～49% 范围内是稳定的。

此外，铜和锌原子在 β 相的晶格中可以在相对固定的位置形成有序结构的 β′相。有序结构 β′相为 bcc 晶体结构，其锌原子在晶胞的顶角，而铜原子在晶胞的中心（反之亦然）。当温度下降到低于图 3-32 中的虚线［约 450℃（840℉）］以下温度时，铜原子和锌原子则位于晶胞中特定的相对位置，形成有序结构的 β′相。有序结构 β′相是含有铜和锌原子，具有长程有序的超点阵 bcc 晶体结构，如图 3-33 所示。

表 3-25 铸造黄铜的统一编号系统牌号和化学成分

铸造黄铜的统一编号系统牌号		化学成分（质量分数,%）									
		Cu	Sn	Pb	Zn	Fe	Sb	Ni(含 Co)	Al	Si	其他元素
		给出的成分值除采用成分范围表示或标出最小值外，其余为最大值									
铸造红黄铜和铸造加铅红黄铜	C83300	92.0 ~ 94.0	1.0 ~ 2.0	1.0 ~ 2.0	2.0 ~ 6.0	—	—	—	—	—	—
	C83400	88.0 ~ 92.0	0.2	0.5	8.0 ~ 12.0	0.25	0.25	1.0	0.005	0.005	0.03 P；0.8 S
	C83450	87.0 ~ 89.0	2.0 ~ 3.5	1.5 ~ 3.0	5.5 ~ 7.5	0.30	0.25	0.8 ~ 2.0	0.005	0.005	0.03 P；0.8 S
	C83460	余量	2.5 ~ 4.5	0.09	4.0 ~ 6.0	0.5 ~ 1.0	—	1.0	0.005	0.005	0.05 ~ 0.10 P；0.15 ~ 0.6 S
	C83470	90.0 ~ 96.0	3.0 ~ 5.0	0.09	1.0 ~ 3.0	0.5	0.20	1.0	0.01	0.01	0.1 P；0.2 ~ 0.6 S
	C83500	86.0 ~ 88.0	5.5 ~ 6.5	3.5 ~ 5.5	1.0 ~ 2.5	0.25	0.25	0.50 ~ 1.0	0.005	0.005	0.03 P；0.8 S
	C83600	84.0 ~ 86.0	4.0 ~ 6.0	4.0 ~ 6.0	4.0 ~ 6.0	0.30	0.25	1.0	0.005	0.005	0.03 P；0.8 S
	C83800	82.0 ~ 83.8	3.3 ~ 4.2	5.0 ~ 7.0	5.0 ~ 8.0	0.30	0.25	1.0	0.005	0.005	0.03 P；0.8 S
	C83810	余量	2.0 ~ 3.5	4.0 ~ 6.0	7.5 ~ 9.5	0.5	—	2.0	0.005	0.10	As
	C84000	82.0 ~ 89.0	2.0 ~ 4.0	0.09	5.0 ~ 14.0	0.40	0.02	0.50 ~ 2.0	0.005	0.005	0.05 P；0.01 ~ 0.20 Mn；0.10 ~ 0.65 S；0.10 B；0.10 Zr
	C84010	82.0 ~ 89.0	2.0 ~ 4.0	0.09	5.0 ~ 14.0	0.40	0.02	0.50 ~ 2.0	0.005	0.005	0.05 P；0.01 ~ 0.20 Mn；0.10 ~ 0.65 S；0.10 B；0.10 Zr
	C84020	82.0 ~ 89.0	2.0 ~ 4.0	0.09	5.0 ~ 14.0	0.40	0.02	0.50 ~ 2.0	—	—	0.05 P；0.20 Mn；0.10 ~ 0.65 S；0.10 B；0.10 Zr；0.10 C；0.10 Ti
	C84030	82.0 ~ 89.0	2.0 ~ 4.0	0.09	5.0 ~ 14.0	0.40	1.0 ~ 1.5	0.50 ~ 2.0	—	—	0.05 P；0.20 Mn；0.10 ~ 0.65 S；0.10 B；0.10 Zr；0.10 C；0.10 Ti
铸造半红黄铜和铸造半红铅黄铜	C84200	78.0 ~ 82.0	4.0 ~ 6.0	2.0 ~ 3.0	10.0 ~ 16.0	0.4	0.25	0.8	0.005	0.005	0.05 P；0.08 S
	C84400	78.0 ~ 82.0	2.3 ~ 3.5	6.0 ~ 8.0	7.0 ~ 10.0	0.4	0.25	1.0	0.005	0.005	0.02 P；0.08 S
	C84410	余量	3.0 ~ 4.5	7.0 ~ 9.0	7.0 ~ 11.0	—	—	1.0	0.01	0.2	0.05 Bi
	C84500	77.0 ~ 79.0	2.0 ~ 4.0	6.0 ~ 7.5	10.0 ~ 14.0	0.4	0.25	1.0	0.005	0.005	0.02 P；0.08 S
	C84800	75.0 ~ 77.0	2.0 ~ 3.0	5.5 ~ 7.0	13.0 ~ 17.0	0.4	0.25	1.0	0.005	0.005	0.02 P；0.08 S
铸造黄黄	C85200	70.0 ~ 74.0	0.7 ~ 2.0	1.5 ~ 3.8	20.0 ~ 27.0	0.6	0.2	1.0	0.005	0.05	0.02 P；0.05 S
	C85210	70.0 ~ 75.0	1.0 ~ 3.0	2.0 ~ 5.0	20.0 ~ 27.0	0.8	0.2	1.0	0.005	0.005	0.02 ~ 0.06 As
	C85400	65.0 ~ 70.0	0.50 ~ 1.5	1.5 ~ 3.8	24.0 ~ 32.0	0.7	—	1.0	0.35	0.05	—
	C85450	60.0 ~ 64.0	0.50 ~ 1.5	0.09	余量	0.30 ~ 1.0	—	1.0	1.0	—	0.6 Mn
	C85470	60.0 ~ 65.0	1.0 ~ 4.0	0.09	余量	0.2	—	0.10	0.10 ~ 1.0	—	—
	C85500	59.0 ~ 63.0	0.20	0.20	余量	0.2	—	0.20	—	—	0.20 Mn

铜和铸造加铅黄黄铜	C85550	59.0~64.0	0.30	0.09	余量	0.15	—	0.20	0.30	—	—
	C85560	60.0~64.0	0.20~0.50	0.10~0.25	余量	0.15	—	0.20	—	—	0.05~0.20 As; 0.60~0.90 Bi
	C85700	58.0~64.0	0.50~1.5	0.8~1.5	32.0~40.0	0.7	—	1.0	0.80	0.05	—
	C85800	57.0 min	1.5	1.5	31.0~41.0	0.5	0.05	0.5	0.55	0.25	0.05 As; 0.25 Mn; 0.05 S; 0.01 P
	C85900	58.0~62.0	1.5	0.09	31.0~41.0	0.5	0.20	1.5	0.10~0.60	0.25	0.10~0.65 S; 0.01 Mn; 0.20 B; 0.20 Zr
	C85910	58.0~62.0	1.5	0.09	31.0~41.0	0.5	0.20	1.5	0.10~0.60	0.25	0.10~0.65 S; 0.01~0.2 Mn; 0.20 B; 0.20 Zr
	C85920	58.0~62.0	1.5	0.09	31.0~41.0	0.5	0.20	1.5	0.10~0.60	0.25	0.10~0.65 S; 0.10 Co; 0.20 B; 0.20 Zr; 0.30 Ti
	C85930	58.0~62.0	1.5	0.09	31.0~41.0	0.5	0.10~1.5	1.5	0.10~0.60	0.25	0.10~0.65 S; 0.10 Co; 0.20 B; 0.20 Zr; 0.30 Ti
铸造锰青铜和铸造加铅锰青铜	C86100	66.0~68.0	0.2	0.2	余量	2.0~4.0	—	—	4.5~5.5	—	2.5~5.0 Mn
	C86200	60.0~66.0	0.2	0.2	22.0~28.0	2.0~4.0	—	1.0	3.0~4.9	—	2.5~5.0 Mn
	C86300	60.0~66.0	0.20	0.20	22.0~28.0	2.0~4.0	—	1.0	5.0~7.5	—	2.5~5.0 Mn
	C86350	60.0~64.0	0.80	0.09	余量	1.0	—	0.50	0.30~1.10	—	0.10 Mg; 2.0~5.0 Mn
	C86400	56.0~62.0	0.50~1.5	0.50~1.5	34.0~42.0	0.40~2.0	—	1.0	0.50~1.5	—	0.10~1.5 Mn
	C86500	55.0~60.0	1.0	0.40	36.0~42.0	0.40~2.0	—	1.0	0.50~1.5	—	0.10~1.5 Mn
	C86550	57.0 min	1.0	0.50	余量	0.7~2.0	—	1.0	0.50~2.5	0.1	0.10~3.0 Mn
	C86700	55.0~60.0	1.5	0.50~1.5	30.0~38.0	1.0~3.0	—	1.0	1.0~3.0	—	0.10~3.5 Mn
	C86800	53.5~57.0	1.0	0.20	余量	1.0~2.5	—	2.5~4.0	2.0	—	2.5~4.0 Mn
铸造硅黄铜和铸造铋黄铜	C87200	89.0	1.0	0.50	5.0	2.5	—	—	1.5	1.0~5.0	0.50 P; 1.5 Mn
	C87400	79.0	—	1.00	12.0~16.0	—	—	—	0.80	2.5~4.0	—
	C87500	79.0	—	0.09	12.0~16.0	—	—	—	0.50	3.0~5.0	—
	C87510	79.0	—	0.50	12.0~16.0	—	—	—	0.50	3.0~5.0	0.03~0.06 As
	C87600	88.0	—	0.09	4.0~7.0	0.20	—	—	—	3.5~5.5	0.25 Mn
	C87610	90.0	—	0.09	3.0~5.0	0.20	—	—	—	3.0~5.0	0.25 Mn
	C87700	87.5	2.0	0.09	7.0~9.0	0.50	0.10	0.25	—	2.5~3.5	0.15 P; 0.8 Mn
	C87710	84.0	2.0	0.09	9.0~11.0	0.50	0.10	0.25	—	3.0~5.0	0.15 P; 0.8 Mn
	C87800	80.0	0.25	0.09	12.0~16.0	0.15	0.05	0.20	0.15	3.8~4.2	0.01 P; 0.15 Mn; 0.05 As; 0.01 Mg; 0.05 S

（续）

铸造黄铜的统一编号系统牌号		化学成分（质量分数,%）									
		Cu	Sn	Pb	Zn	Fe	Sb	Ni(含Co)	Al	Si	其他元素
		给出的成分值除采用成分范围表示或标出最小值外，其余为最大值									
铸造硅黄铜和铸造铋黄铜	C87845	75.0~78.0	0.10	0.02	余量	0.10	0.015	0.20	0.09	2.5~2.9	0.03~0.06 P; 0.015 As; 0.10 Mn; 0.015 Cr
	C87850	74.0~78.0	0.30	0.09	余量	0.10	—	0.20	—	2.7~3.4	0.05~0.20 P; 0.002~0.030 Zr; 0.10 Mn
	C87860	75.0~79.0	0.30	0.09	余量	0.10	0.10	0.20	—	2.7~3.5	0.05~0.20 P; 0.002~0.030 Zr; 0.10 Mn
	C87870	75.0~79.0	0.30~0.70	0.09	16.0~23.0	0.10	—	0.20	—	2.7~3.5	0.05~0.20 P; 0.030 Zr; 0.10 Mn
	C87900	63.0	0.25	0.25	30.0~36.0	0.40	0.05	0.50	0.15	0.8~1.2	0.01 P; 0.05 As; 0.15 Mn
	C89510	86.0~88.0	4.0~6.0	0.09	4.0~6.0	0.20	0.25	1.00	0.005	—	0.35~0.75 Se; 0.08 S; 0.50~1.50 Bi
	C89520	85.0~87.0	5.0~6.0	0.09	4.0~6.0	0.20	0.25	1.00	0.005	—	0.80~1.10 Se; 0.10~0.65 S; 1.60~2.20 Bi
	C89530	84.0~89.0	3.0~6.0	0.20	7.0~9.0	0.30	0.20	1.00	0.01	0.01	0.10~0.30 Se; 1.0~2.0 Bi
	C89535	84.0~89.0	2.5~5.5	0.25	5.0~9.0	0.30	0.20	0.30~1.0	0.01	0.01	0.5 Se; 0.80~1.20 Bi; 0.40 P
	C89537	84.0~86.0	3.0~6.0	0.09	5.0~13.0	0.50	—	—	—	0.60~1.20	0.0005~0.0020 B; 0.01~0.10 Mg
	C89540	58.0~64.0	1.20	0.10	32.0~38.0	0.50	—	1.00	0.10~0.60	—	0.10 Se; 0.60~1.20 Bi
	C89550	58.0~64.0	0.00~1.20	0.09	32.0~38.0	0.50	0.05	1.00	0.10~0.60	0.25	0.01 P; 0.600~1.20 Bi; 0.05 S; 0.01~0.10 Se
	C89560	58.0~61.0	0.25	0.09	余量	0.12	—	—	0.30~0.80	—	1.0~2.4 Bi; 0.0003~0.0015 B; 0.001 Cd
	C89570	58.0~63.0	0.20~1.50	0.09	35.0~38.0	0.50	—	0.15~0.50	0.10~1.0	—	0.05~0.15 P; 0.05~1.5 Bi; 0.0001~0.0020 B
	C89580	57.0~64.0	0.50	0.09	余量	0.10	—	0.30	0.10~1.20	—	0.10~1.0 Bi
	C89720	63.00	0.60~1.50	0.09	26.0~32.0	0.10	0.02~0.20	0.10	0.35~1.5	0.40~1.0	0.50~2.0 Bi; 0.02 P; 0.10 Mn; 0.0005~0.01 B
	C89831	87.0~91.0	2.7~3.7	0.10	2.0~4.0	0.30	0.25	1.00	0.005	0.005	2.7~3.7 Bi; 0.05 P; 0.08 S; 0.0005~0.01 B
	C89833	86.0~91.0	4.0~6.0	0.09	2.0~6.0	0.30	0.25	1.00	0.005	0.005	1.7~2.7 Bi; 0.05 P; 0.08 S
	C89835	85.0~89.0	6.0~7.5	0.09	2.0~4.0	0.20	0.35	1.00	0.005	0.005	1.7~2.7 Bi; 0.10 P; 0.08 S
	C89836	87.0~91.0	4.0~7.0	0.25	2.0~4.0	0.35	0.25	0.90	0.005	0.005	1.5~3.5 Bi; 0.06 P; 0.08 S
	C89837	84.0~88.0	3.0~4.0	0.10	6.0~10.0	0.30	0.25	1.00	0.005	0.005	0.70~1.20 Bi; 0.06 P; 0.08 S
	C89841	73.0~77.0	0.30		18.0~23.0	0.10	0.10	0.20	0.010	2.8~3.4	0.50~1.0 Bi; 0.10 Mn
	C89842	78.0~82.0	2.0~3.0	0.09	余量	0.30	0.05	0.10~0.50	0.005	0.005	1.5~2.5 Bi; 0.005~0.02 P
	C89844	83.0~86.0	3.0~5.0	0.20	7.0~10.0	0.30	0.25	1.00	0.005	0.005	2.0~4.0 Bi; 0.05 P; 0.08 S
	C89845	82.5~87.5	3.0~5.0	0.09	6.0~9.0	0.30	0.25	1.5~2.5	0.01	0.01	1.0~2.0 Bi; 0.05 P
	C89940	64.0~68.0	3.0~5.0	0.01	3.0~5.0	0.7~2.0	0.10	20.0~23.0	0.005	0.15	4.0~5.5 Bi; 0.10~0.15 P; 0.05 S; 0.20 Mn

注：资料来源为铜开发协会有限公司（美国）。

表 3-26　部分砂型铸造和连续铸造黄铜的统一编号系统牌号和力学性能

铸造黄铜统一编号系统牌号		铸态（砂型）						铸态（连续）					
		抗拉强度		屈服强度		伸长率（%）	硬度	抗拉强度		屈服强度		伸长率（%）	硬度
		MPa	ksi	MPa	ksi			MPa	ksi	MPa	ksi		
铸造红黄铜和铸造加铅红黄铜	C83300	220（典型值）	32（典型值）	69①	10①	35（典型值）	35②	NA	NA	NA	NA	NA	NA
	C83400	240（典型值）	35（典型值）	69①	10①	30（典型值）	F50③	NA	NA	NA	NA	NA	NA
	C83450	207（min）	30（min）	97（min）	14（min）	25（min）	NA	NA	NA	NA	NA	NA	NA
	C83600	205（min）；255（典型值）	30（min）；37（典型值）	95①（min）；115①（典型值）	14①（min）；17①（典型值）	20（min）；30（典型值）	60②	248（min）	36（min）	131（min）	19（min）	15（min）	NA
	C83800	205（min）；240（典型值）	30（min）；35（典型值）	90①（min）；110①（典型值）	13①（min）；16①（典型值）	20（min）；25（典型值）	60②	207（min）	30（min）	97（min）	15（min）	16（min）	NA
铸造半红黄铜和铸造半红铅黄铜	C84200	195（min）；240（典型值）	28（min）；35（典型值）	95①（典型值）	14①（典型值）	15（min）；27（典型值）	60②	221（min）	32（min）	110（min）	16（min）	13（min）	NA
	C84400	200（min）；235（典型值）	29（min）；34（典型值）	90①（min）；105①（典型值）	13①（min）；15①（典型值）	18（min）；26（典型值）	55②	207（min）	30（min）	103（min）	15（min）	16（min）	NA
	C84500	200（min）；240（典型值）	29（min）；35（典型值）	90①（min）；95①（典型值）	13①（min）；14①（典型值）	16（min）；28（典型值）	55②	NA	NA	NA	NA	NA	NA
	C84800	195（min）；250（典型值）	28（min）；36（典型值）	85①（min）；95①（典型值）	12①（min）；14①（典型值）	16（min）；30（典型值）	55②	207（min）	30（min）	103（min）	15（min）	16（min）	NA
铸造黄黄铜和铸造加铅黄黄铜	C85200	240（min）；260（典型值）	35（min）；38（典型值）	85①（min）；90①（典型值）	12①（min）；13①（典型值）	25（min）；35（典型值）	45②	NA	NA	NA	NA	NA	NA
	C85400	205（min）；235（典型值）	30（min）；34（典型值）	75①（min）；85①（典型值）	11①（min）；12①（典型值）	20（min）；35（典型值）	50②	NA	NA	NA	NA	NA	NA
	C85470	NA	NA	NA	NA	NA	NA	345（min）	50（min）	150（min）	21（min）	15（min）	NA
	C85500	380（min）；415（典型值）	55（min）；60（典型值）	160①（典型值）	23①（典型值）	25（min）；40（典型值）	B55③	NA	NA	NA	NA	NA	NA
	C85700	275（min）；345（典型值）	40（min）；50（典型值）	19①（min）；125①（典型值）	14①（min）；18①（典型值）	15（min）；40（典型值）	75②	276（min）	40（min）	97（min）	14（min）	15（min）	NA
	C85800	380④（典型值）	55④⑤（典型值）	205④（典型值）	30④⑤（典型值）	15④（典型值）	B55③④	NA	NA	NA	NA	NA	NA

（续）

铸造黄铜统一编号系统牌号		铸态（砂型）						铸态（连续）					
		抗拉强度		屈服强度		伸长率（%）	硬度	抗拉强度		屈服强度		伸长率（%）	硬度
		MPa	ksi	MPa	ksi			MPa	ksi	MPa	ksi		
铸造锰青铜和铸造加铅锰青铜	C86100	620（min）；655（典型值）	90（min）；95（典型值）	310①⑤（min）；345①⑤（典型值）	45①⑤（min）；50①⑤（典型值）	18（min）；20（典型值）	180⑥	NA	NA	NA	NA	NA	NA
	C86200	620（min）；655（典型值）	90（min）；95（典型值）	310⑤（min）；330⑤（典型值）	45⑤（min）；48⑤（典型值）	18（min）；20（典型值）	180⑥	621（min）	90（min）	310（min）	45（min）	18（min）	NA
	C86300	760（min）；795（典型值）	110（min）；115（典型值）	415①（min）；450①（典型值）	60①（min）；65①（典型值）	12（min）；15（典型值）	225⑥	758（min）	110（min）	427（min）	62（min）	14（min）	NA
	C86400	415（min）；450（典型值）	60（min）；65（典型值）	140①⑤（min）；170①⑤（典型值）	20①⑤（min）；25①⑤（典型值）	15（min）；20（典型值）	90②	NA	NA	NA	NA	NA	NA
	C86500	450（min）；490（典型值）	65（min）；71（典型值）	170①⑤（min）；195①⑤（典型值）	25①⑤（min）；28①⑤（典型值）	20（min）；30（典型值）	100②	483（min）	70（min）	172（min）	25（min）	25（min）	NA
	C86700	550（min）；585（典型值）	80（min）；85（典型值）	220①（min）；290①（典型值）	32①（min）；42①（典型值）	15（min）；20（典型值）	B80③	NA	NA	NA	NA	NA	NA
	C86800	540（min）；565（典型值）	78（min）；82（典型值）	240①（min）；260①（典型值）	35①（min）；38①（典型值）	18（min）；22（典型值）	80⑥	NA	NA	NA	NA	NA	NA
	C87400	345（min）；380（典型值）	50（min）；55（典型值）	145①（min）；165①（典型值）	21①（min）；24①（典型值）	18（min）；30（典型值）	70②	NA	NA	NA	NA	NA	NA
	C87500	415（min）；460（典型值）	60（min）；67（典型值）	165①（min）；205①（典型值）	24①（min）；30①（典型值）	16（min）；21（典型值）	115②	NA	NA	NA	NA	NA	NA
	C87600	415（min）；455（典型值）	60（min）；66（典型值）	205①（min）；220①（典型值）	30①（min）；32①（典型值）	16（min）；20（典型值）	B76③	NA	NA	NA	NA	NA	NA
	C87610	310（min）	45（min）	124（min）	18（min）	20（min）	NA	NA	NA	NA	NA	NA	NA
	C87700	NA	NA	NA	NA	NA	NA	172（min）	25（min）	117（min）	17（min）	18（min）	NA
	C87710	324（min）	47（min）	165（min）	24（min）	10（min）	NA	441（min）	64（min）	152（min）	22（min）	20（min）	NA
	C87800	585④；（典型值）	85④（典型值）	345④⑤（典型值）	50④⑤（典型值）	25④（典型值）	B85③④	NA	NA	NA	NA	NA	NA

	C87850	407（min）	59（min）	152（min）	22（min）	16（min）	NA	448（min）	65（min）	172（min）	25（min）	8（min）	BHN 103（500kgf）
铸造硅黄铜和铸造铋黄铜	C87900	480④；（典型值）	70④（典型值）	240④⑤（典型值）	35④⑤（典型值）	25④（典型值）	B70③④	NA	NA	NA	NA	NA	NA
	C89510	205（典型值）	30（典型值）	125①（典型值）	18①（典型值）	12（典型值）	55②	NA	NA	NA	NA	NA	NA
	C89520	170（min）；205（典型值）	25（min）；30（典型值）	125①（min）；140①（典型值）	18①（min）；20①（典型值）	6（min）；10（典型值）	54②	NA	NA	NA	NA	NA	NA
	C89530	195（min）	28（min）	90（min），0.2%变形	13（min），0.2%变形	15（min）	NA	NA	NA	NA	NA	NA	NA
	C89535	220（min）	32（min）	110（min），0.2%变形	16（min），0.2%变形	15（min）	NA	NA	NA	NA	NA	NA	NA
	C89720	NA	NA	NA	NA	NA	NA	250（min）	36（min）	110（min）	16（min）	18（min）	BHN 70（1000kgf）
	C89833	207（min）	30（min）	97（min）	14（min）	16（min）	NA	NA	NA	NA	NA	NA	NA
	C89836	229（min）	33（min）	97（min）	14（min）	20（min）	NA	NA	NA	NA	NA	NA	NA
	C89844	193（min）	28（min）	90（min）	13（min）	15（min）	NA	NA	NA	NA	NA	NA	NA

注：NA—暂缺。

① 在载荷下0.5%伸长率对应的强度值。

② 布氏硬度，载荷为500kg f（4.9kN）。

③ 洛氏硬度。

④ 压铸件的值，不是砂型铸件的值。

⑤ 0.2%伸长率对应的强度值。

⑥ 布氏硬度，载荷为3000kg f（29.4kN）。

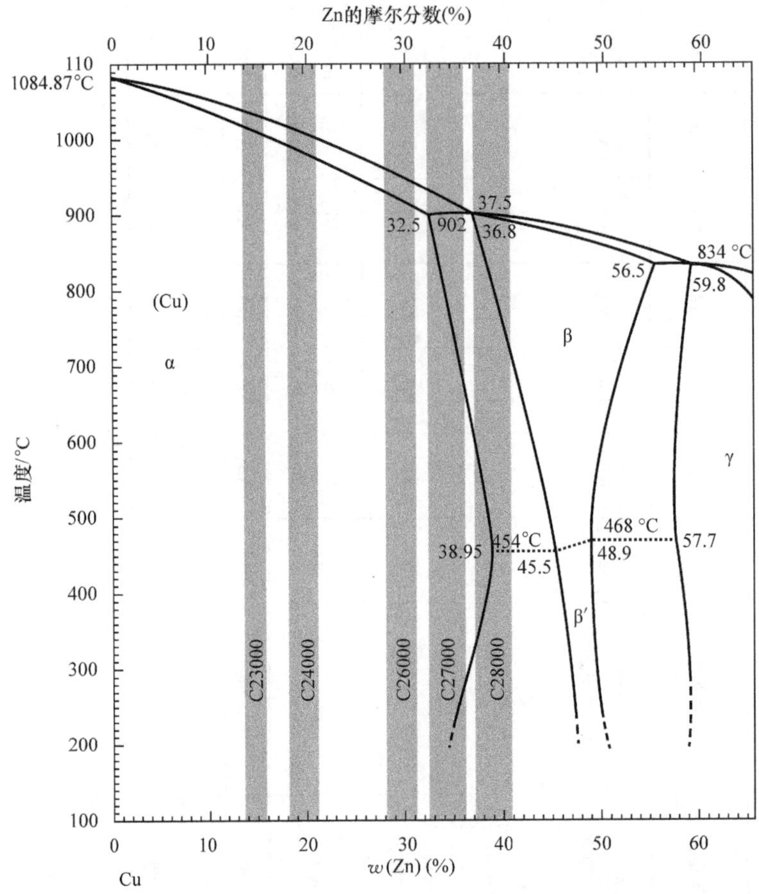

图 3-32 给出五种最常用黄铜成分范围的铜锌相图

注：α 相铜在 454℃（849℉）可固溶高达 38.95% 的 Zn；β 相为体心立方（bcc）；β′相为有序的 bcc 结构。

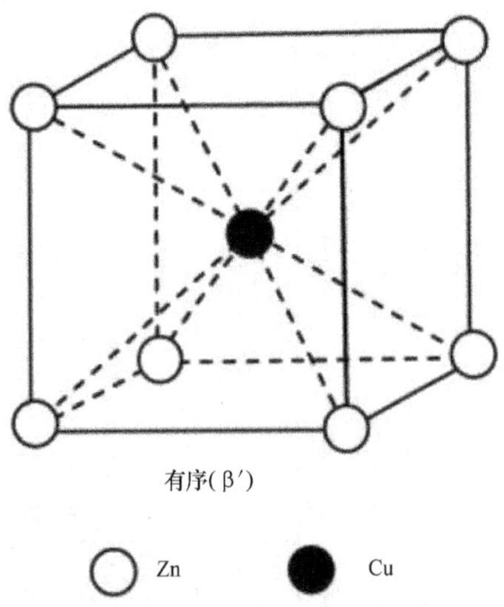

图 3-33 铜和锌原子数［w(Zn)≈49%］精确相等的长程有序超点阵 β′相

根据 β 相的成分不同，有序转变的临界温度也有所不同，如图 3-32 中的虚线所示。例如，在冷却过程中，w(Zn) = 45.5% 的 β 相在 454℃（849℉）转化为 β′相，而 w(Zn) = 48.9% 的 β 相在 468℃（874℉）转化为 β′相。值得注意的是，即使快速冷却，当温度低于临界温度时，也不能抑制铜、锌原子的有序化，使 β 相转变为 β′相。

根据含锌量的不同，黄铜可以分为 α 黄铜、α + β 两相黄铜或单相 β 黄铜。图 3-32 所示为 C23000、C24000、C26000、C27000 和 C28000 五种常见黄铜的相图，每一种黄铜的垂直线间距表示黄铜中锌的质量分数范围。根据图 3-32，当铜合金中 w(Zn) < 32.5% 时，凝固结晶为单相；当 w(Zn) > 32.5% 和 w(Zn) < 37.5% 时，铜合金在凝固结晶时，在 902℃（1656℉）发生 L + α = β 的包晶反应。

为改善铜合金的性能，如强度、耐蚀性、耐磨性、切削加工性能和色泽，在铜或铜 - 锌合金体系中常添加的合金元素见表 3-27。

表 3-27 添加的合金元素

影响性能	Cu 和 Cu - Zn 合金中添加的合金元素
强度	P、Cr、Zn、Zr、Al、Sn、Fe、Si、Ni、Mn、Be
耐蚀性	Fe、Ni、Mn、Si、Al、Sn、As
耐磨性	Si、Ag、Cd、Sn、Al
切削加工性能	Pb、Te、S、Zn
色泽	Zn、Ni、Sn、Mn

为改善铜合金的切削加工性能，在 α 黄铜、α + β黄铜或 β 黄铜中可添加 3% 的 Pb。铅与铜和锌都不形成固溶体，而是作为分散相，不连续地分布在整个铜合金基体中。铅对铜合金的耐蚀性没有任何影响。由于 α 相加工黄铜中不存在 β 相，因此，不在 α 相加工黄铜中添加铅，以防止在热加工过程中产生裂纹。

为改善铜合金的耐蚀性，在海军黄铜中添加了质量分数为 1% 的 Sn。添加合金元素硅，能提高黄铜的强度和耐磨性，有时为提高铜合金的流动性和减少锌氧化，在压铸铜合金和气焊的填料铜合金中加入硅。从提高耐蚀性的角度来看，硅的主要作用是提高 β 相的数量。通常在 α 黄铜中添加少量的砷，以防止发生脱锌腐蚀。在铜 - 锌合金中可添加质量分数为 10% ~20% 的 Ni 形成特殊镍黄铜，它具有银色的外观，而不是典型的黄铜色泽。

在简单铜 - 锌二元合金固溶体中，可添加各种元素，但必须对形成的黄铜是完全 α 黄铜还是两相黄铜进行正确的估计，可采用 Guillet 锌当量系数对添加的各种元素进行估计。通过 Guillet 锌当量系数与各元素含量（质量分数，式中用元素符号表示）的乘积，根据下式可计算锌当量（ZE）

$$ZE = (10Si + 6Al + 2Sn + 1Pb + 0.9Fe + 0.5Mn - 1Ni + Zn) \times \frac{100}{Cu}$$

除镍以外，所有元素的锌当量系数前都是正号，其中硅的锌当量系数最高。在各合金元素添加量（质量分数）不超过 2% 的前提下，该计算方法对高强度黄铜具有良好的精度。

1. α 单相黄铜

当在铜中添加质量分数为 0% ~35% 的 Zn 时，锌会固溶形成 α 单相，称为 α 单相黄铜或冷加工黄铜。铜合金中单相的 α 相为 fcc 晶体结构，在室温下具有很好的延展性，可以进行轧制、冷拉拔、弯曲、旋压、拉深、冷镦和搓丝等。通常情况下，α 单相黄铜可进行冷/热加工、去除应力和退火处理。铜 - 锌合金体系的原子尺寸差异较小，铜锌原子直径（d）差小于 4%，即

$$\frac{d_{Cu} - d_{Zn}}{d_{Cu}} \times 100 < -4\%$$

根据预测，锌在 α 相铜中具有很高的固溶度。锌是 hcp 晶体结构，因此不会像镍（fcc 结构）那样在铜（fcc 结构）中完全互溶，锌在铜（fcc 结构）中只能部分互溶，导致了在铸造产品中很少出现结晶偏析现象。通常情况下，很少对 α 相黄铜进行均匀化处理，但可以通过冷/热加工进行强化和进行去除应力和退火处理。

α 相黄铜中最知名的是 $w(Zn) = 30\%$ 的铜合金，通常称为三七黄铜（CuZn30），由于该黄铜容易进行深冲，制作弹壳，所以又称弹壳黄铜。典型的例子为，先将带材或板材冲裁下料成直径为 100mm（4in）的盘片，而后在室温下通过一系列工序，拉深侧壁和减薄至要求的尺寸。CuZn30 黄铜具有高强度、高塑性和小的各向异性等一系列优良性能的组合，因此可进行大变形的冷拉拔加工。此外，与含锌量更高的黄铜相比，该铜合金具有更好的耐蚀性。

热交换器管道材料通常是在 α 相黄铜的基础上，添加提高耐蚀性的合金元素的铜合金。此外还采用大量的 α 相黄铜制作紧固件，如木螺钉、铆钉和拉链等。

含铜量高［$w(Cu) = 80\% \sim 90\%$］的 α 相黄铜的色泽与黄金极为相似，这类 α 相黄铜，如 CuZn10、CuZn15 和 CuZn20 称为仿饰金。可以采用它们制作装饰金属制品和轧制成建筑用装饰产品，以及服装珠宝、徽章、纽扣等。对这类 α 相黄铜进行制作和化学着色，可得到青铜色表面的仿珠宝产品。雷管铜合金是 $w(Zn) = 5\%$ 的黄铜（CuZn5），具有良好的塑性和耐蚀性，主要用于制作弹药的底火帽。含铜量高的 α 相黄铜（红黄铜、低锌黄铜）和弹壳黄铜的成分都位于铜固溶体的 α 单相区，其微观组织主要由 α 相铜晶粒组成。

2. α + β 两相黄铜

α + β 两相黄铜也称热加工黄铜，通常含有（质量分数）35% ~45% 的 Zn。正如所指出的，两相黄铜在 β 相临界转变以下温度含有 α 相和 β′相。在冷却过程中，无序的 β 相在约 455℃（851℉）转变为有序 β′相，而 α 相与 β 相的相对数量主要与铜合金中锌的含量有关。α + β 两相黄铜还包含一定数量的其他合金元素，特别是铝、硅或锡，在含锌量一定的情况下，这些元素具有提高 β 相数量的效果。

与 α 单相黄铜相比，α + β 两相黄铜中的 β 相降低了冷变形塑性，由此造成在室温下冷变形性能较

差。而在高温下，两相黄铜比α单相黄铜更适合热加工，这种铜合金可以通过热挤压或热冲压进行成形加工，即使添加了铅，在热加工中两相黄铜也不会出现热裂纹。因此，复杂的热挤压工件，无论是实心的还是空心的，在闭式模具中成形的复杂形状工件，都是采用两相黄铜生产制造的。由于α+β两相黄铜中锌的含量更高，其强度更高，价格比α单相黄铜更便宜。α+β两相黄铜的缺点是，脱锌腐蚀敏感性更高，不适合在脱锌环境下服役。

最著名的两相黄铜是蒙氏铜-锌合金（60% Cu和40% Zn）（译者注：我国称六四黄铜）。在高温下，无序的β相比室温下有序的β′相更容易变形。与α单相加工黄铜相比，α+β两相铜-锌合金的一个重要特点是，具有更好的热加工性能。由于β′相脆性高，因此不适合工业应用，然而，β′相与塑性高的α相共存的铜合金是可以在工业中应用的。

通过高温热处理，可以将Cu-40% Zn合金转变为完全β相组织，如图3-32所示。由于在较低温度下进行热处理能控制析出相和α相的形成，因此得到的组织与热处理工艺有关。根据铜-锌合金相图，如果Cu-40% Zn合金从800℃（1472℉）冷却至20℃（68℉）室温，得到的α相和β′相的数量大致相等。蒙氏铜-锌合金（Cu-40% Zn）典型的退火微观组织具有α相和β′相，如图3-34所示。微观组织中清晰的白色区域是硬度高的β′相，而暗灰色区域则为硬度低、塑性高，具有退火孪晶和面心立方晶体结构的α相。

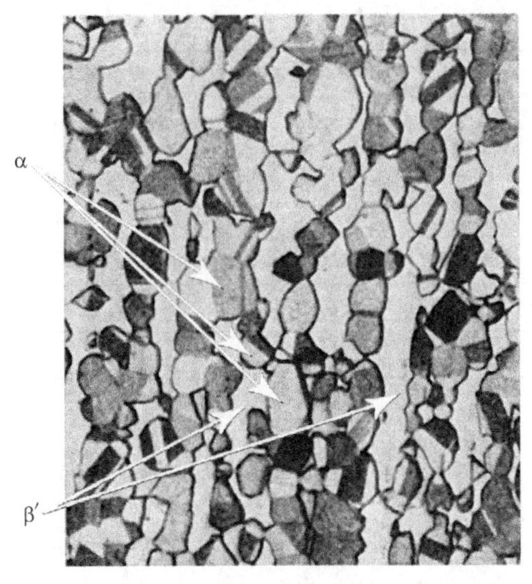

图3-34 蒙氏铜-锌合金（Cu-40% Zn）的典型微观组织

注：白色区域是有序的β′相，暗灰色区域则为具有退火孪晶的α相。原始放大倍率：250×。

β′相的数量对蒙氏铜-锌合金的基体硬度有很大的影响，如图3-35所示。图3-35a所示为Cu-40% Zn合金的部分相图，图3-35b所示为采用不同热处理工艺的两条硬度曲线的对比，其中左侧的硬度曲线是先在700℃加热退火得到α+β′两相组织，然后重新加热至图中温度淬火；铜合金在加热至700℃时的无序β相数量与缓慢冷却后得到的α+β′相数量基本相同。

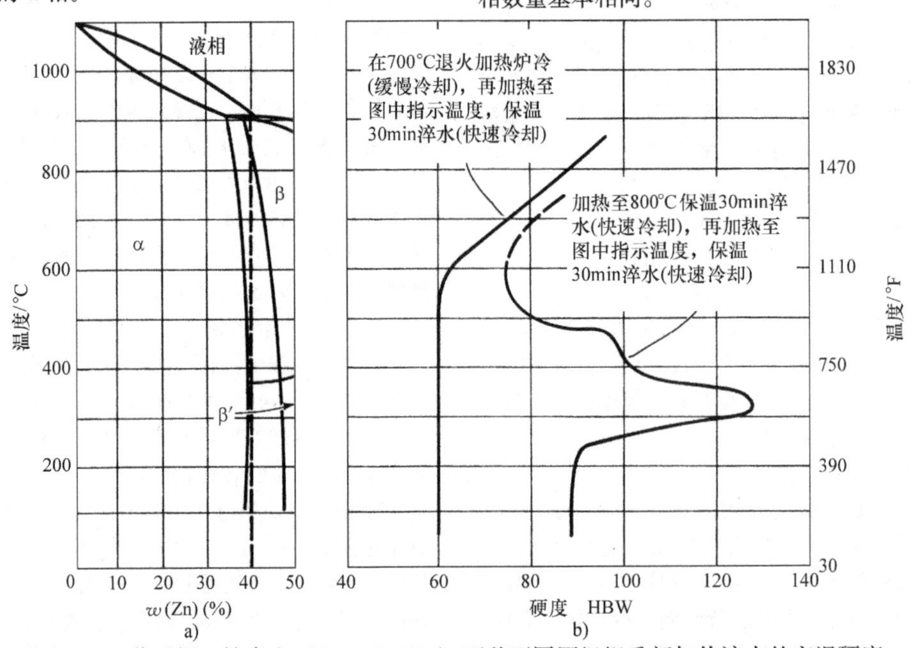

图3-35 蒙氏铜-锌合金（Cu-40% Zn）两种不同原组织重新加热淬火的室温硬度

注：图b中左侧的硬度曲线是先在700℃加热退火得到α+β′两相组织，而后重新加热至图中温度淬火的硬度；右侧的硬度曲线是在800℃加热淬火得到全部β′相组织，而后重新加热至图中温度淬火的硬度。

当α+β′两相组织铜合金重新从 20℃（68℉）加热至500℃（930℉）时，原先的两相组织没有发生明显的改变，因此，重新加热和水淬后的硬度基本不变。在这种情况下，α相的数量没有发生明显的改变。然而，当重新加热温度超过 500℃（930℉）并保持长达 30min 的时间时，就会从α相组织中转变形成大量的β相。因此，随着温度的升高，更多的α相将转变为无序的β相，随后快速冷却到20℃（68℉）转变为有序的β′相，这解释了当加热温度超过 500℃（930℉）时硬度提高的原因（图3-35）。

当铜合金被重新加热达到 800℃（1470℉）后快速淬火时，室温下的硬度约为90HBW（图3-35），微观组织几乎全部为有序的β′相。当蒙氏铜－锌合金的加热温度超过 750℃（1380℉）并保温足够长的时间后，迅速冷却至室温时，可能在β相的晶界处有极少量的α相（即使采用水快速淬火冷却，也没有完全阻止α相的形成），如图 3-36 所示。根据冷却速率不同，得到的组织形态会有所不同。通常情况下，α相在β′相的晶界处呈针状形态出现，在形成的α相与β′晶粒之间具有一定的晶体学关系。

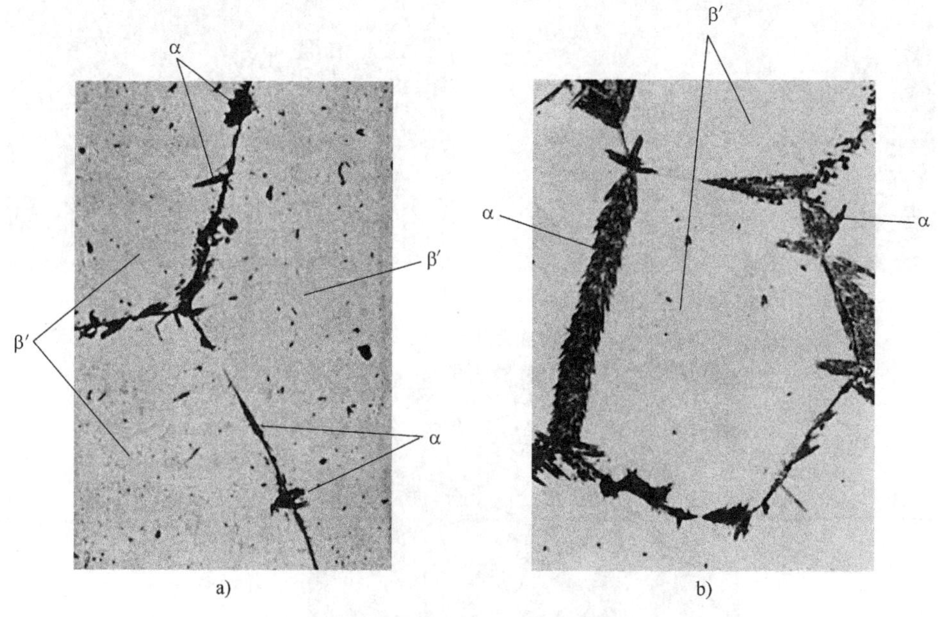

图 3-36　蒙氏铜－锌合金（Cu－40% Zn）从高温无序的β相快速冷却到 20℃（68℉）室温的典型微观组织（100×）

a）从825℃（1520℉）淬入冰水混合物　b）淬水

蒙氏铜－锌合金从 800℃（1470℉）淬火，得到的主要是有序的β′相组织，其硬度为 90HBW。当重新加热温度略高于 200℃（390℉）时，组织和硬度发生变化，如图 3-35b 中右侧的硬度曲线所示。而缓慢冷却得到数量多的α+β′两相组织在低于500℃（930℉）的温度下重新加热，组织和硬度不发生改变。在室温下具有大量有序β′相组织的蒙氏铜－锌合金，在低于 200℃（390℉）的温度重新加热，组织和硬度不发生改变。当重新加热温度超过200℃时，硬度发生变化，其原因是形成了一些额外的α相。根据冷却速率，可能会形成细小的析出相。例如，图 3-36a 所示为蒙氏铜－锌合金（Cu－40% Zn）从 825℃（1520℉）淬入冰水混合液体得到的微观组织，而图 3-36b 所示为淬入普通水得到的微观组织。

把β′相重新加热至中间温度范围时，形成的组织形态与采用的具体热处理工艺有关，而重新加热也会影响有序组织的变化。组织形态变化和有序组织变化都会对铜合金的性能产生影响，通过正确的处理，铜合金的硬度可以得到显著增加。例如，蒙氏铜－锌合金（Cu－40% Zn）初始采用 800℃（1470℉）的温度淬火，重新加热后保温 30min 后快速冷却的硬度如图 3-35 所示。通过该处理得到的微观组织与图 3-36 中的类似。根据推测，在约 300℃（570℉）的温度加热后快速冷却，铜合金达到最高硬度，其原因是在形成了细小弥散的析出相和β′相产生了一些变化。

图 3-37 所示为 Cu－42% Zn 合金采用该热处理得到的金相组织。该铜合金的含锌量很高，在从800℃（1470℉）快速冷却过程中，能完全抑制从β

相中形成任何 α 相，只形成有序的 β′相，如图 3-37a所示。淬火加热温度越高，得到的组织越粗大，硬度越低。当 800℃（1470℉）的淬火态合金在 400℃（750℉）重新加热 30min 时，就会在 β′相晶界处析出细小的 α 相，如图 3-37b 所示。而当 800℃（1470℉）的淬火态合金在 600℃（1110℉）重新加热 30min 时，析出相就较为粗大，如图 3-37c 所示。

全部β′相

a)

在β′相形成白色α相

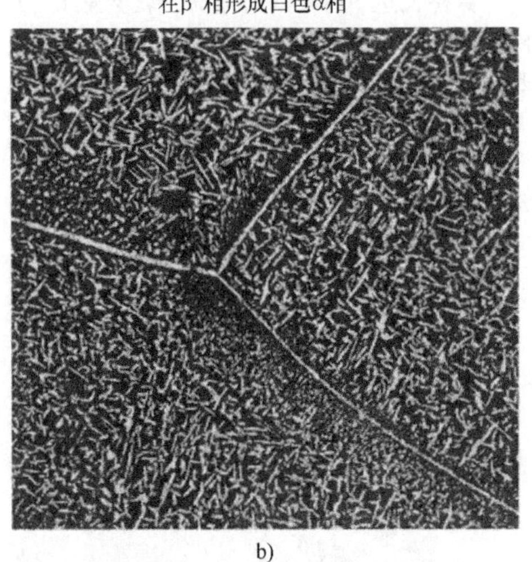

b)

在β′相形成粗大白色α相

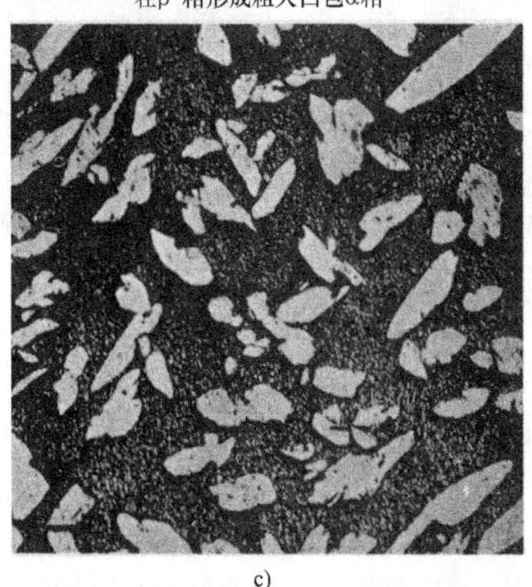

c)

图 3-37 Cu－42% Zn 合金典型的金相组织（100×）

a）未重新加热的几乎全部 β′相 b）在 400℃（750℉）重新加热 30min 后淬火，在有序的 β′相晶界处析出细小的 α 相 c）在 600℃（1110℉）重新加热 30min 后淬火，在有序的 β′相晶界处析出粗大的 α 相

如果从 α 相区的冷却速率相当慢，例如用几个小时冷却到 20℃（68℉），则 α 相在高温区形核的速率很慢，长大的晶粒相对较粗大，图 3-38a 所示为粗大的晶粒组织。随着冷却速率的提高，在有序的 β′相基体中 α 相的形核速率提高，但由于冷却到的温度过低，单个 α 相晶粒没有足够的时间继续长大。由此得到更细小的 α 相组织，如图 3-38b 所示，此时铜合金的强度也随之提高。当冷却速率快到完全抑制 α 相组织形成时，则在 20℃（68℉）完全得到亚稳定的 β′相组织。正如图 3-37 介绍的一样，对于 Cu－42% Zn 合金，即使采用很快的冷却速率冷却，也很难完全抑制 α 相组织的形成。图 3-39 所示为在得到 β 相后的冷却速率对硬度的影响。

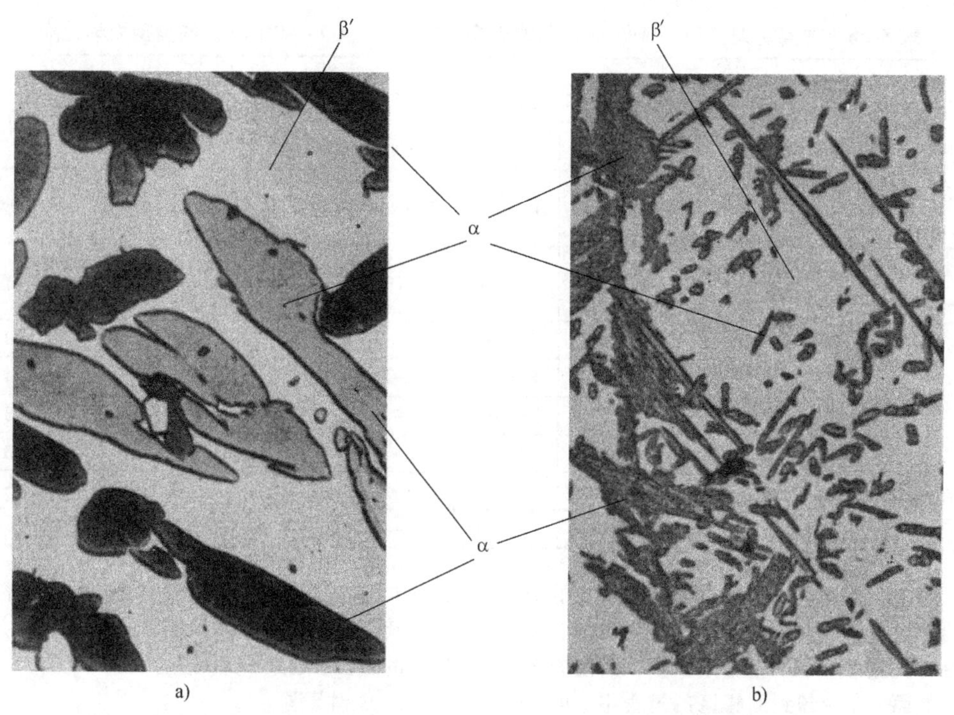

图 3-38 Cu-43%Zn 合金从 700℃（1290℉）时无序的 β 相区缓慢冷却到室温得到的典型金相组织（90×）

a）Cu-43%Zn 合金炉冷得到在有序的 β′相（浅色）上形成的粗大 α 相（暗或灰色） b）Cu-43%Zn 合金空冷得到在有序的 β′相（浅色）上形成的较为细小的 α 相

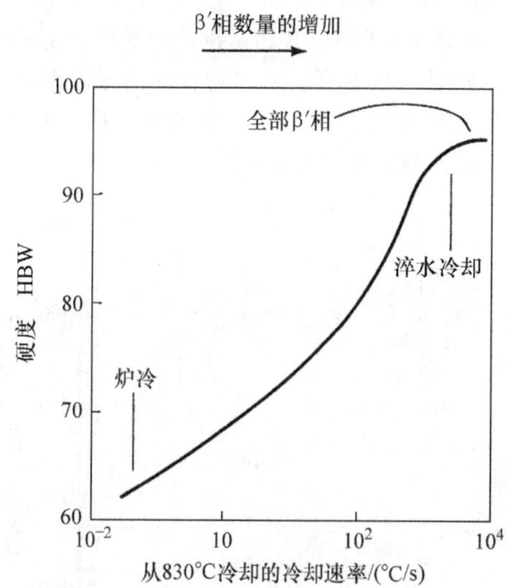

图 3-39 冷却速率对蒙氏铜-锌合金从 830℃（1525℉）冷却到室温的硬度影响

表 3-28 所列为弹壳黄铜（Cu-30%Zn）和蒙氏铜-锌合金（Cu-40%Zn）的典型力学性能。其中蒙氏铜-锌合金的性能为冷加工和退火后的性能；而弹壳黄铜的性能为不同变形量的冷加工和退火后的性能。可以看到 $w(Zn)=40\%$ 的蒙氏铜-锌合金的高温退火和冷却速率对 α 相和有序的 β′相组织产生了影响，由此对铜合金的硬度产生了影响。

得到完全 β′相组织的铜合金脆性很高，不能在工业中应用，而含锌量低的 α+β′相组织的铜合金在工业中可以应用。表 3-28 中的数据表明，Cu-40%Zn 合金的强度较低，也很难在工业中得到应用。相反，由于蒙氏铜-锌合金的无序 β 相具有优良的热加工性能，因此通常通过对该铜合金进行热加工来制造产品或工件。另外，虽然 Cu-30%Zn 合金具有良好的切削加工性能，但 Cu-40%Zn 合金的切削加工性能更好，其原因是 Cu-40%Zn 合金中存在脆性的 β′相，使切削加工更加容易和表面粗糙度更低。

（1）马氏体转变 锌的摩尔分数约为 40% 的铜-锌二元合金的马氏体转变开始温度（*Ms*）远低于室温。为提高铜-锌二元合金的 *Ms* 温度，需添加铝、镓、硅和锡等合金元素。锌的摩尔分数为 38% 的铜-锌合金在淬火过程中也可以形成马氏体组织，其中典型例子是 Cu-26.7Zn-4Al 马氏体形状记忆合金，其 *Ms* 温度约为 20℃（70℉）。

表 3-28 弹壳黄铜（Cu－30% Zn）和蒙氏铜－锌合金（Cu－40% Zn）的典型力学性能

加工黄铜统一编号系统牌号（旧的商业名称）			力学性能					硬度 HRB
			抗拉强度		屈服强度		标距 50mm（2in）伸长率（%）	
			MPa	ksi	MPa	ksi		
处理前	C26000（弹壳黄铜，70% Cu－30% Zn）		305～895	44～130	75～450	11～65	3～63	暂缺
处理前	C28000（蒙氏铜－锌合金 60% Cu－40% Zn）		395～510	57～74	145～380	21～55	10～52	暂缺
处理后	C26000	退火	345～415	50～60	—	—	50～65	10～50
处理后	C26000	退火＋40%冷加工	550～620	80～90	—	—	5～8	84～90
处理后	C26000	退火＋70%冷加工	655～725	95～105	—	—	4	92～95
处理后	C28000	退火	365～395	53～57	—	—	47～55	30～38
处理后	C28000	退火＋40%冷加工	550～620	80～90	—	—	5～10	85～90
处理后	C28000	退火＋70%冷加工	695～710	101～103	—	—	4～6	93

（2）块状转变 锌的摩尔分数低于 38% 的铜－锌二元合金会发生块状转变。大多数块状转变都是高温相在淬火到两相区时的分解产物，典型的例子为黄铜。然而，在冷却到两相区的过程中，可能会发生一系列竞争的转变机制，例如，从母相晶界处生长出具有魏氏组织形态的平衡相，通过析出平衡分解为两个独立相，或在非常高的冷却速率下冷却到较低温度，发生马氏体组织转变。因此，通过这些相互竞争的转变机制，在很多情况下，母相完全有可能只发生部分相转变。在某些铜合金中，β 母相发生部分块状转变，而使得高温的 β 相保留到较低的温度。铜－锌合金的这种块状转变组织如图 3-40所示。

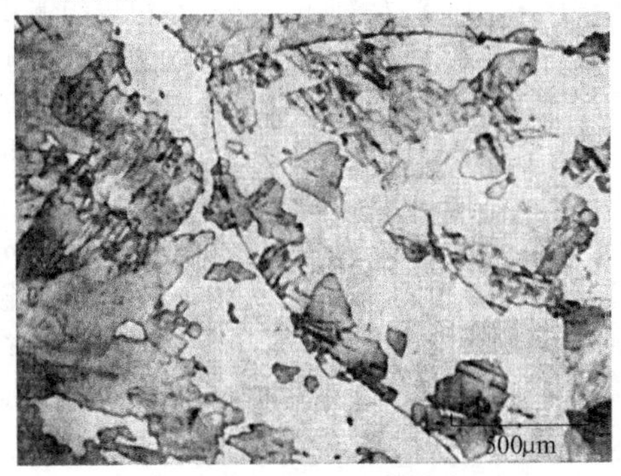

图 3-40 Cu－37.8%（摩尔分数）Zn 合金发生了部分块状转变的微观组织

注：在母相晶界和 β 相晶内有块状转变 ξ 相

通过高能量非共格界面以超过 1cm/s（0.4in/s）的速度位移，块状转变相不断长大。与具有相似转变速度的马氏体转变不同的是，在迁移的界面上，母相和产物相之间没有明确的位向关系。不断发展的非共格界面导致了块状转变相具有独特的形态特点，其组织特征往往是不规则的晶界，这使得块状转变的晶粒看起来不太完整。

3. β 相黄铜

β 相黄铜是 $w(Zn)=45\%\sim50\%$，在高温下具有稳定的高温 β 相的黄铜，适合生产铸件。在 800℃（1470℉），稳定的 β 相成分范围为 $w(Zn)=39\%\sim55\%$；随温度降低，稳定 β 相成分范围变窄，在温度为 500℃（930℉）时，β 相成分范围仅为 $w(Zn)=45\%\sim49\%$。β 相黄铜是硬度和强度最高的黄铜，如图 3-41 所示。有序的 β′相的脆性很高，由于无序的 β 相比有序的 β′相更容易变形，因此，β 相黄铜的任何成形加工都必须在高温下进行。

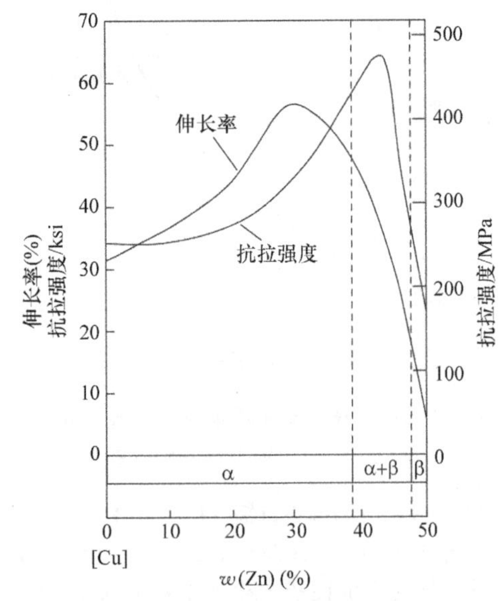

图 3-41 含锌量对铜力学性能的影响

与两相黄铜一样，即使快速冷却至 β－β′临界温度，也不能抑制铜和锌原子的有序化转变。尽管如此，热处理确实对 β 相有序化程度和组织有影响。图 3-42 表明，在低于 β－β′临界温度的 200～500℃（390～930℉）中间温度范围时效，能提高 β 相黄铜的屈服强度。

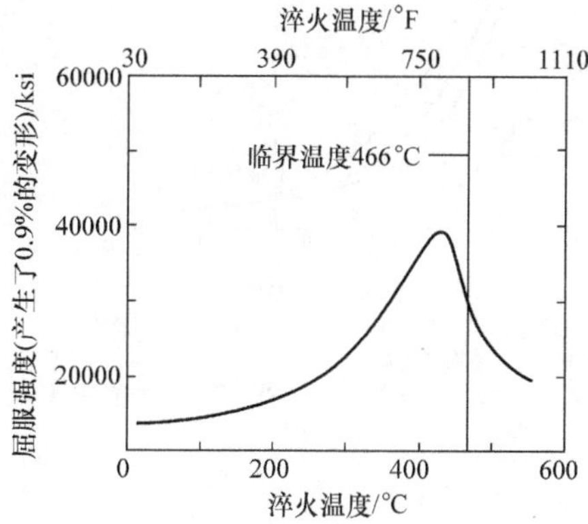

图 3-42　β 相黄铜（Cu－49.5% Zn）的屈服强度与淬火温度的关系

注：该铜合金最初是通过从 500℃（930℉）到 25℃（75℉）慢冷，形成完全有序的 β′相，然后重新加热至不同的热处理温度保温 15min，接着进行淬水处理，保留了重新加热温度下的相组织状态。在重新加热温度从室温达到 200℃（390℉）后淬火，铜合金基本上处于 500℃（930℉）缓冷后的状态。

这种 β 相铜合金（Cu－49.5% Zn）最初是通过从 500℃（930℉）到 25℃（75℉）慢冷，形成完全有序的结构。将该有序 β′相组织重新加热至不同的热处理温度保温 15min，然后进行淬水处理，并在 25℃（75℉）测量屈服强度。从图 3-42 中可以看到，在重新加热温度从室温达到 200℃（390℉）之前，屈服强度（产生了 0.9% 的变形）变化很小，而重新加热温度从 200℃（390℉）升高到 500℃（930℉）时，重新加热温度对有序化程度产生影响，由此对铜合金的强度产生影响。

图 3-43 所示为从 β 相区冷却的冷却速率对 β 相黄铜（Cu－47% Zn）硬度的影响。该 β 相黄铜在 500℃（930℉）保温 15min，然后在不同的介质中冷却。图中的冷却速率为估计的冷却速率，包括淬水冷却和在静止空气中冷却。缓慢冷却速率得到平衡数量的有序相，并使有序相域发展得相对粗大。提高从 β 相区冷却的冷却速率，得到相对细小的有序相域，并伴随有序相数量少于平衡的有序相。这可能就是随着冷却速率的提高，铜合金的硬度提高的原因。

高锌黄铜是指 $w(Zn)>50\%$ 的铜－锌合金。高锌黄铜的脆性很大，一般不适用于工程用途。高锌

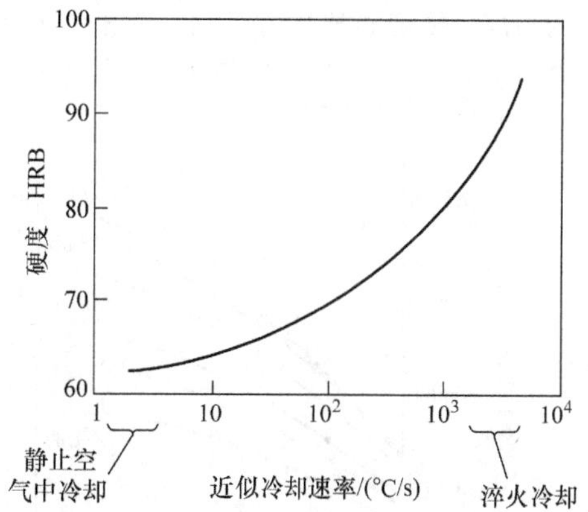

图 3-43　从 500℃（930℉）到 25℃（75℉）的冷却速率对 β 相黄铜（Cu－47% Zn）硬度的影响

注：该铜合金在 500℃（930℉）保温 15min，然后在不同的介质中冷却。

黄铜也指某些类型的镍黄铜（Cu－Ni－Zn），或高锡锌比（通常大于 40%）的 Cu－Sn－Zn 合金以及添加了铜的锌铸造合金。

3.3.2　加工黄铜

表 3-23 列出了加工黄铜的统一编号系统牌号和成分。按强化效率的近似顺序排列，常用的固溶强化元素为锌、镍、锰、铁、铝、锡和硅。常用的黄铜主要有：C21000（装饰黄铜），95% Cu－5% Zn；C22000（工业青铜），90% Cu－10% Zn；C23000（红黄铜），85% Cu－15% Zn；C24000（低锌黄铜），80% Cu－20% Zn；C26000（弹壳黄铜），70% Cu－30% Zn；C26800（黄黄铜），65% Cu－25% Zn。

表 3-24 列出了部分加工黄铜的统一编号系统牌号、力学性能及其加工性能等级。加工黄铜的主要强化机制是冷加工与退火软化。例如，图 3-44 所示为冷轧压下率对退火的 C26000 弹壳黄铜（Cu－30%

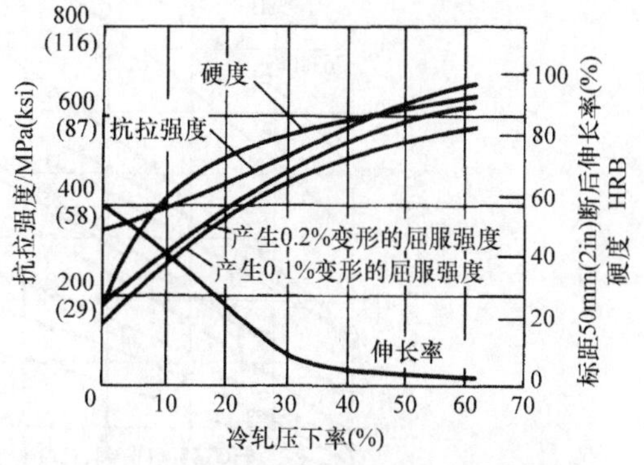

图 3-44　冷轧压下率（0%～62%）对退火的 C26000 弹壳黄铜的强度、硬度和塑性的影响

注：铜合金在冷轧前进行了退火软化。

Zn）的强度、硬度和塑性的影响，冷轧压下率为0%～62%。图3-45和图3-46所示为冷加工对不同牌号黄铜性能的影响，其中图3-46的顶部横坐标表示铜合金的状态代号名称。

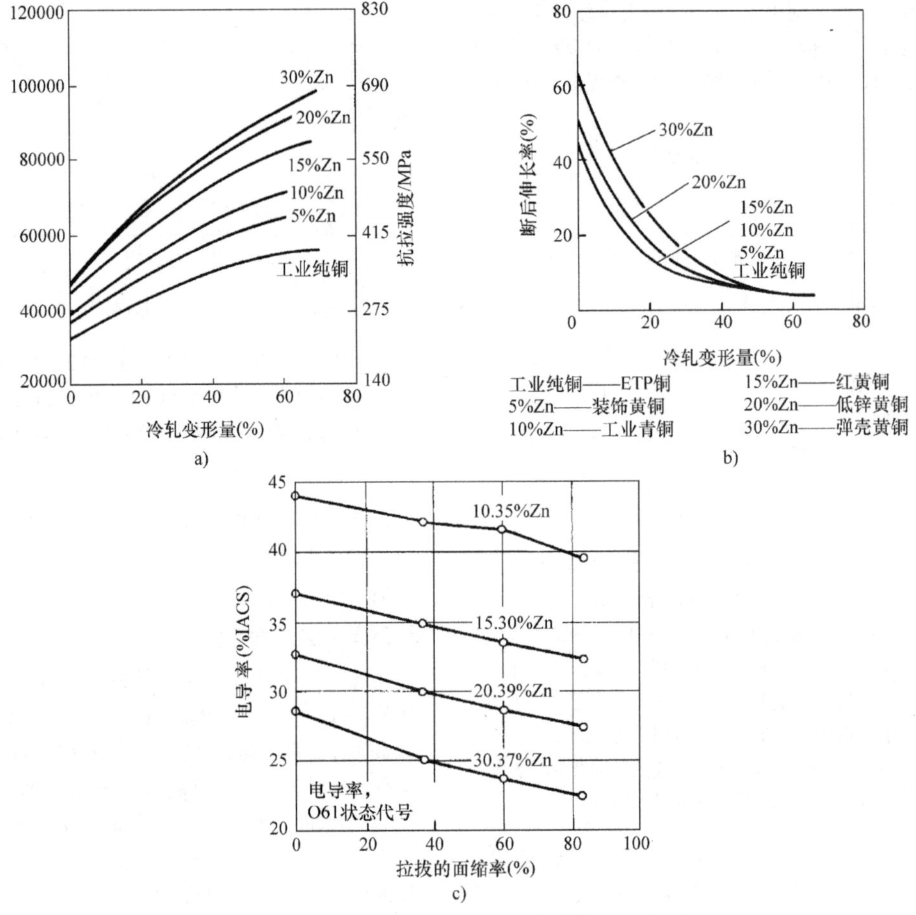

图3-45 冷轧变形量和含锌量对黄铜性能的影响

a）抗拉强度 b）1.0mm（0.040in）厚板材的断后伸长率 c）电导率

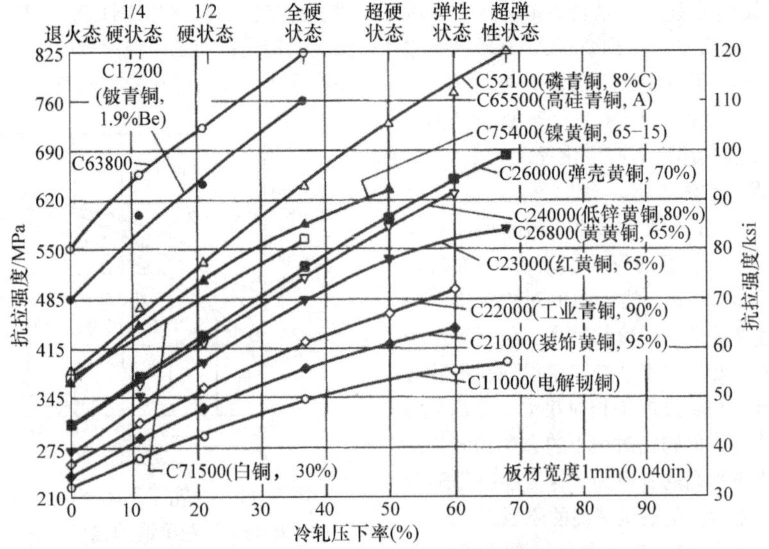

图3-46 不同状态代号冷加工变形量对α单相黄铜抗拉强度的影响

注：曲线斜率较小的表明加工硬化速率低，具有更高的再次冷拉拔能力。

表 3-29 列出了部分加工黄铜的退火温度范围。图 3-47 所示为在不同退火和加工硬化状态下，黄铜的含锌量对其性能的影响。合适的退火时间和软化温度（再结晶）与很多因素有关，如合金成分、冷加工程度和晶粒大小。有关黄铜退火的更多细节，请参阅本节中“加工黄铜的退火”部分。图 3-48 中给出了 C21000（装饰黄铜）、C22000（工业青铜）、C24000（低锌黄铜）和 C26000（弹壳黄铜）的退火温度对性能的影响曲线。

表 3-29　部分加工黄铜的退火温度

合金牌号	常用名称	退火温度	
		℃	℉
C21000	装饰黄铜	425 ~ 800	800 ~ 1450
C22000	工业青铜	425 ~ 800	800 ~ 1450
C22600	装饰青铜	425 ~ 750	800 ~ 1400
C23000	红黄铜	425 ~ 725	800 ~ 1350
C24000	低锌黄铜	425 ~ 700	800 ~ 1300
C26000	弹壳黄铜	425 ~ 750	800 ~ 1400
C26800、C27000、C27400	黄黄铜	425 ~ 700	800 ~ 1300
C28000	蒙氏铜 - 锌合金	425 ~ 600	800 ~ 1100
C31400、C31600	工业含铅青铜	425 ~ 650	800 ~ 1200
C33000、C33500	低铅黄铜	425 ~ 650	800 ~ 1200
C33200、C34200、C35300	高铅黄铜	425 ~ 650	800 ~ 1200
C34000、C35000	中等铅黄铜	425 ~ 650	800 ~ 1200
C35600	超高铅黄铜	425 ~ 650	800 ~ 1200
C36000	易切削黄铜	425 ~ 600	800 ~ 1100
C36500、C36600、C36700、C36800	含铅蒙氏铜 - 锌合金	425 ~ 600	800 ~ 1100
C37000	易切削蒙氏铜 - 锌合金	425 ~ 650	800 ~ 1200
C37700	锻造黄铜	425 ~ 600	800 ~ 1100
C38500	建筑青铜	425 ~ 600	800 ~ 1100
C41100	—	425 ~ 600	800 ~ 1100
C41300	—	425 ~ 750	800 ~ 1400
C42500	—	475 ~ 750	900 ~ 1400
C44300、C44400、C44500	抗蚀海军黄铜	425 ~ 600	800 ~ 1100
C46200、C46400 ~ C46700	海军黄铜	425 ~ 600	800 ~ 1100
C48200、C48500	含铅海军黄铜	425 ~ 600	800 ~ 1100
C68700	铝黄铜	425 ~ 600	800 ~ 1100
C68800	—	400 ~ 600	750 ~ 1100
C70600	铜 - 镍合金，10%	600 ~ 825	1100 ~ 1500
C71000、C71500	铜 - 镍合金，20%、30%	650 ~ 825	1200 ~ 1500
C72500	—	675 ~ 800	1250 ~ 1475
C74500、C75200	镍黄铜	600 ~ 750	1100 ~ 1400
C75400、C75700、C77000	镍黄铜	600 ~ 815	1100 ~ 1500
C78200	含铅镍黄铜	500 ~ 620	930 ~ 1150

注：资料来源为 Heat Treating，Vol 4，ASMhandbook，1991。

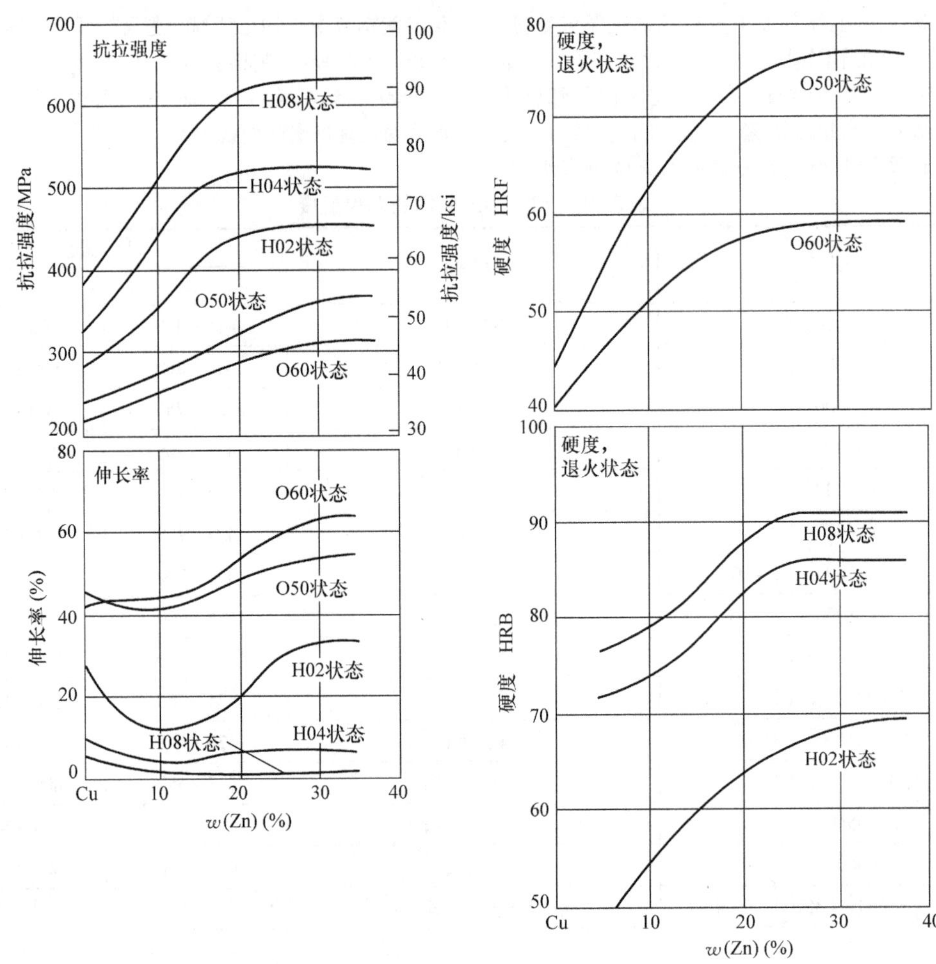

图 3-47 在不同加工硬化和不同退火状态下（H02 为 1/2 硬状态，H04 为全硬状态，H08 为弹性硬状态，O50 为光亮退火，O60 为软化退火），黄铜中的含锌量对其性能的影响

注：有关完整的状态代号，请参阅本卷中“铜和铜合金的热处理”一节。

普通黄铜（C21000～C28000）是以锌为主加合金元素的铜合金。低锌黄铜合金，如装饰黄铜（C21000），保留了 fcc 晶体结构；而高锌黄铜，如蒙氏铜－锌合金（C28000），组织中存在大量高硬度的 bcc 晶体结构的 β 相。$w(Zn)=32\%\sim39\%$ 的黄铜为 α＋β两相黄铜，这类黄铜更容易进行热加工和机加工。在黄铜中提高锌的含量，能得到强度更高、弹性更大的合金，但同时也会适度降低铜合金的耐蚀性。尽管黄铜可用于生产很多产品，但作为薄板材主要用于生产冲压件（如弹簧、电气开关和插座部件）；作为管材，主要用于生产灯具部件、排水管、水管产品；作为棒材，主要用于生产冷镦紧固件和锻件。

黄铜具有相当高的电导率，电导率从 C21000 合金的 56% IACS 到高锌黄铜的 28% IACS。弹壳黄铜（C26000）的电导率为 28% IACS，通常用于生产机电五金产品。通常，根据用途还可将黄铜细分为成形加工黄铜（通常认为 C26000 具有最理想的成形性能）、耐腐蚀黄铜（低锌黄铜更具有铜的性能）和装饰用黄铜（根据黄铜中锌的含量，色泽从粉红色到淡黄色）。热锻产品，如果要求采用无铅黄铜，则应选择两相铜合金或以 β 相为主的铜合金，如 C28000 合金。

（1）铅黄铜（Cu－Zn－Pb） 在加工铅黄铜（C31200～C38500）中，铅作为微小断屑处和润滑剂，提高了铜合金的易切削加工性能。铅黄铜主要以杆材、棒材、型材和结构管材供货。与无铅黄铜相比，这类铜合金具有相同的抗大气腐蚀性能。C35330 合金中还含有砷，以抑制铜合金发生脱锌。

易切削黄铜（C36000）中 $w(Pb)=3\%$，通常作为铜基自动加工材料的首选。对于同时有机加工和冷成形要求的黄铜产品，应考虑选择 C34500 或 C35300 低铅［$w(Pb)\approx2\%$］黄铜合金。

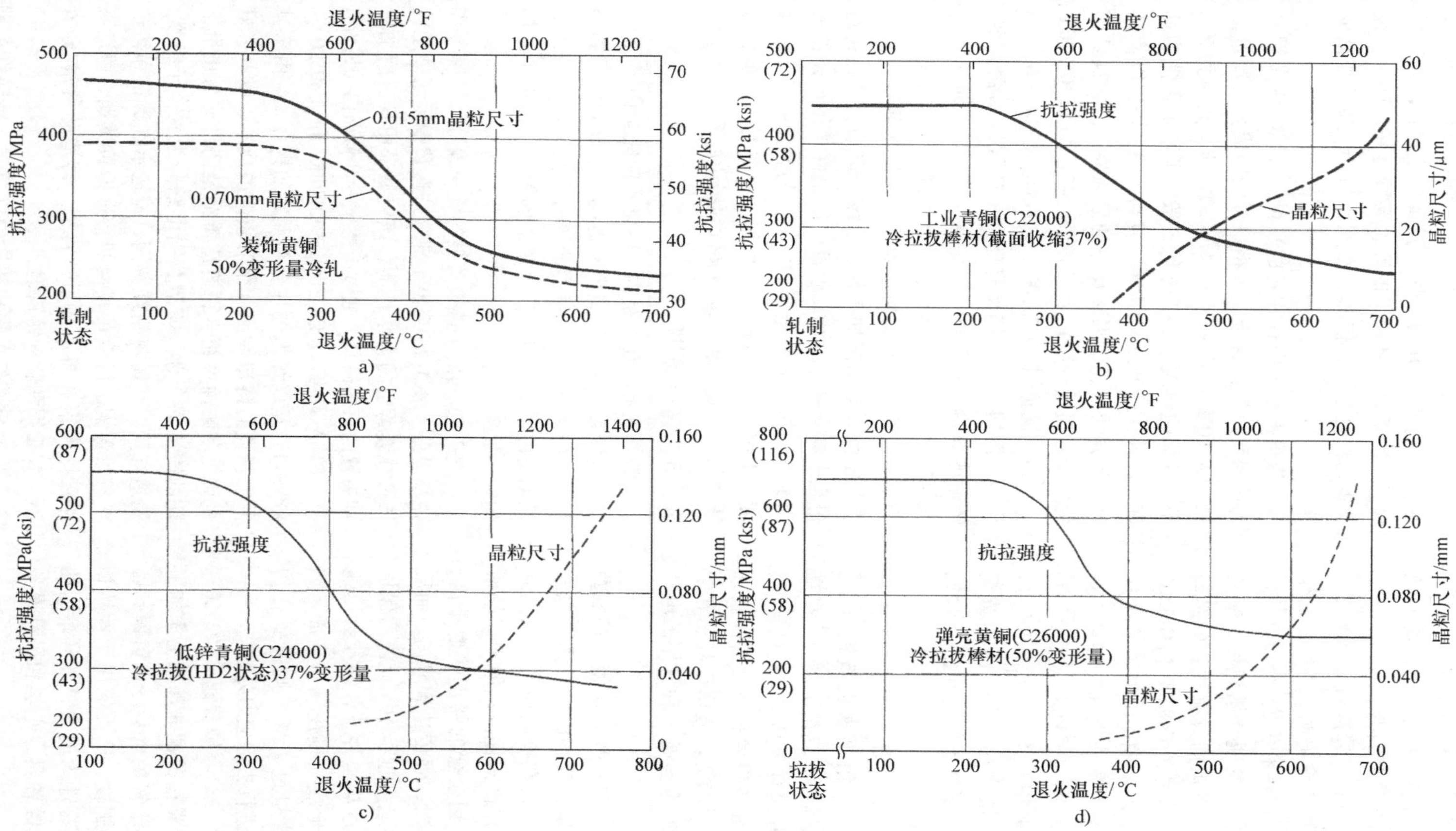

图 3-48　装饰黄铜（C21000）、工业青铜（C22000）、低锌黄铜（C24000）和弹壳黄铜（C26000）的再结晶曲线　a）C21000（厚度 1mm 或 0.04in）成品带材，初始晶粒尺寸为 0.015～0.070mm（0.0006～0.0028in）［50% 变形量冷轧，然后在图中所示温度下退火 1h，再结晶温度为 370℃（700℉）］　b）C22000（直径小于 25mm 或 1in）棒材，［冷拉拔使截面积收缩 37%，然后在图中所示温度下退火 1h；退火前晶粒尺寸为 0.050mm（0.002in）；再结晶温度为 370℃（700℉）］　c）退火温度对 H02 状态的 C24000 合金抗拉强度和晶粒尺寸的影响［初始晶粒尺寸为 0.060mm（0.0024in），冷拉拔 37% 至直径小于 25mm（1in），然后在图中所示温度下退火 1h］　d）退火温度对 C26000 合金棒材（初始晶粒尺寸为 0.045mm 或 0.0022in）拉伸强度和晶粒尺寸的影响［棒材冷拉拔变形 50% 使直径小于 25mm（1in），然后在图中所示温度下退火 1h］

C37700 合金主要用于耐腐蚀锻件，如阀门和管件、建筑五金和特殊紧固件。最适度的含铅量[w(Pb)≈2%] 可使铜合金具有易切削加工性能。和大多数黄铜一样，它可以进行抛光达到很高的光泽，并且很容易进行装饰性的电镀涂层。

（2）锡黄铜（Cu-Zn-Sn） 锡黄铜（C40400~C48600）本质上是含有锡的高锌黄铜。添加锡的作用是进一步提高铜合金的耐蚀性和强度。与砷、锑、磷一样，添加锡能降低铜合金的脱锌敏感性，使其性能优于铜-锌二元合金。锡黄铜具有优良的热锻性能和良好的冷成形性能。牌号为 C48200 和 C48500 的铜合金是含铅易切削加工锡黄铜。C42500 合金通常以带材供货，主要用于生产制作电气连接件、弹簧和相关产品。船用黄铜（C44300、C44400、C44500）和海军黄铜（C46400、C46500、C46600）主要用于生产耐腐蚀的机械产品。含铅海军黄铜（C48200 和 C48500）主要用于生产船用五金、泵轴、阀杆和耐腐蚀的自动车床零件。

（3）铜-锌二元黄铜 各种铜-锌合金（C66300~C69710）构成了一组高强度黄铜合金。通过添加锰、铁、锡、铝、硅和/或钴，进一步提高了铜合金的力学性能。这些铜合金具有广泛的性能，但最著名的性能是同时具有高强度和适度的高耐蚀性。C67300 合金是一种应用广泛，适用于高速和中等载荷的轴承材料。C68800 合金是一种常用的电气连接件材料。

随着锌的质量分数增加到 30%，α 相黄铜的塑性提高，进一步提高含锌量，黄铜的塑性则会急剧下降。在铜-锌合金系统中，在锌的质量分数达到 20% 以前，黄铜的强度没有急剧提高；但当锌的质量分数为 20%~43% 时，铜合金的强度快速提高；当锌的质量分数达到 43% 时，强度达到峰值，而后急剧下降。在 α 相黄铜的退火过程中，应注意保护以防止过热。α 相黄铜在过热条件下，晶粒会迅速长大，以致在成形过程中形成“橘皮”皱表面。如 α 相黄铜中锌的质量分数超过 15%，则需要在约 260℃（500℉）的温度下进行去除应力处理。

（4）镍黄铜（Cu-Ni-Zn） 镍黄铜（C73500~C79830）（表 3-23）可看成在黄铜的基础上添加了镍，其中镍的含量通常小于锌的含量。镍黄铜具有良好的耐蚀性和适度的高强度，广泛应用于食品和饮料处理设备。镍黄铜具有迷人的银色光泽，因此可用于加工装饰五金、电镀餐具、光学和摄影设备以及乐器。

镍黄铜是铜、锌、镍三元合金，其成分（质量分数）为 50%~70% Cu，5%~40% Zn 和 5%~30% Ni，其他添加的合金元素包括 0.4% Mn，0.1%~5% Fe，0.5%~2% Al。有时为了提高切削加工性能，还会添加 1%~3% Pb。镍黄铜具有良好的耐蚀性、高强度和良好的弹性（弹簧）稳定性。在较低温度下使用时，镍黄铜也可以保持良好的塑性。镍黄铜的白色色泽，使其适合制作勺子、叉子和其他餐具。

根据铜合金中存在相的数量，可以将镍黄铜分为单相和两相铜合金。单相镍黄铜的成分（质量分数）为 60%~63% Cu，7%~30% Ni，其余为 Zn。虽然它们的热成形加工性能一般，但冷加工性能良好。此外，还可以对镍黄铜镀铬、银、镍，以使其具有优异的抛光效果和良好的耐蚀性。两相镍黄铜的成分（质量分数）为 45% Cu、45% Zn 和 10% Ni。

加工镍黄铜（C73500~C79830）是 Cu-Ni-Zn 合金，根据牌号，其具有低到中等强度的铜合金。铸造镍黄铜（C97300~C97800）是 Cu-Sn-Pb-Zn-Ni 合金。添加锡和镍，可使铜合金具有良好的耐水腐蚀性能，而添加铅的主要作用是使铜合金具有气密性和易切削加工性能。该铸造铜合金在铸造过程中具有良好的流动性能，能很好地体现铸件表面细节。C97600 合金（20% Ni）的名义铸态抗拉强度为 310MPa（45ksi），也可用于制造船用五金和低压阀门，以及食品、乳品和饮料行业的配件。

3.3.3 铸造黄铜

锌具有 hcp 晶体结构，尽管不能完全固溶于 fcc 结构的铜基体中，但能容易地固溶于 α 相黄铜和两相黄铜中。这使得在黄铜的铸造产品中很少出现结晶偏析的情况，因此，对黄铜的铸造产品很少采用均匀化处理工艺。

表 3-25 列出了铸造黄铜的统一编号系统牌号和化学成分。表 3-26 列出了部分铸造黄铜采用砂型铸造或连续铸造的力学性能，该铸型采用具有附加冷却装置的石墨模具，通过石墨壁冷却铸型内的铸件。

铸造黄铜（C83300~C87900 和 C89320~C89940）是以锌为主加合金元素的铜合金。由于其具有优良的铸造性能、相对较低的成本，以及良好的强度和耐蚀性组合，铸造黄铜是到目前为止最常用的铸造铜合金。铸造黄铜可细分为六个子类型：铸造红黄铜和铸造铅红黄铜、铸造半红黄铜和铸造半红铅黄铜、铸造黄黄铜和铸造铅黄黄铜、铸造高强度锰青铜和铸造加铅锰青铜、铸造硅黄铜/硅青铜、铋黄铜和硒-铋黄铜。

（1）铸造红黄铜和铸造铅红黄铜 铸造红黄铜（C83300~C83810）是铜、锌、锡的合金。在某些情况下，还添加有合金元素铅。该铜合金具有红色铜的色泽，表明锌的质量分数小于 8%。中等强度的该铜合金保留了纯铜的 fcc（α 相）晶体结构。虽然这类铜合金的导电性能不是特别高，但完全能满足机电设备中电气五金件的导电性能要求。铸造铅红黄铜中铅的质量分数可高达 7%。添加铅的主要作用是，由于铜合金结晶凝固区间大，封住了铸件的树枝晶间的微小缩孔，保证了铸件的高气密性。铅还可以提高和改善铜合金的切削加工性能，但所添加铅的含量过高时，会造成铜合金的力学性能，尤其是高温力学性能下降。在水中和大气环境下，红黄铜具有较高的耐蚀性，因此广泛应用于浴卫设备和配件、阀门配件、泵机壳体和叶轮、水表、牌匾、雕塑等产品。铅红黄铜最常用的合金牌号为 C83600，也称为 85－5－5－5 合金（85% Cu，5% Sn，5% Pb，5% Zn）。在工业中，C83600 合金具有数百年的应用历史，但与其他铸造铜合金相比，该铜合金迄今仍有很大的用量。

（2）铸造半红黄铜和铸造半红铅黄铜　铸造半红黄铜（C84200～C84800）不同于红黄铜，主要区别是其含锌量较高，锌的质量分数最高可达 15%。与红黄铜相比，加入锌降低了耐蚀性（也降低了铜合金的成本），但对强度没有什么影响。高的含锌量也减轻了铜合金的色泽。微观组织是以 α 单相为主，存在少量体心立方结构的 β 相，这主要是由于铸造中出现结晶偏析造成的。C84400 和 C84800 是铸造半红铅黄铜中应用最广的合金。与红黄铜一样，半红黄铜主要用于制造浴卫设备和配件以及低压阀门等。

（3）铸造黄黄铜和铸造铅黄黄铜　铸造黄黄铜（C85200～C85800）中锌的质量分数范围很宽，为 20%～40%。因此，铜合金的微观组织从基本全部是 α 相到大量为高硬度的 β 相。由于 β 相对这类黄铜具有很大的强化效果，铜合金性能的变化也是非常大的。虽然 β 相对室温塑性具有轻微的损伤，但它能显著地改善接近固相线温度下的塑性。C85800（40% Zn）合金能适应模具中产生的高收缩应力，由于这一特性，该铜合金在金属型铸造和压力铸造生产中使用广泛。黄黄铜具有令人愉快的浅黄颜色，通过抛光具有明亮的光泽。这类铜合金的耐蚀性和价格比半红黄铜要低一些，但是它们的性能非常适合建筑装饰、装饰用五金和经常使用的厨卫设备。C85200、C85400 和 C85700 是使用最为广泛的黄黄铜，其中 C85700 合金实质上是人们熟悉的 60Cu－40Zn 蒙氏铜－锌合金（C28000）的铸造合金。

（4）铸造高强度锰青铜和铸造加铅锰青铜　其中 Cu－Zn－Fe－Al－Mn 合金（C86100～C86800）是强度最高的（铸态）铜基合金，其具有高强度的主要原因是铜合金中 β 相的数量多。在锌的质量分数超过 39.5% 的二元铜－锌合金中，β 相是稳定的，在 C86200（25% Zn，4% Al）和 C86300（26% Zn，6% Al）合金中，铝是强 β 相稳定化元素，它降低了铜合金中的含锌量。铁是另一种强化铜合金的元素，通过析出富铁的金属间化合物，能细化晶粒。添加锰也有助于提高铜合金的强度，但其主要功能可能还是改善了铸造性能。高锌、低铝合金（C86400）的微观组织为 α 相＋β 相，其力学性能介于黄黄铜（C86200）和全 β 相黄铜（C86300）之间。高强度黄黄铜主要用于制造齿轮、螺栓、阀杆、桥桁架和其他需要具有高强度、高耐磨性和耐蚀性的机械产品。如经济条件允许，现已越来越多地采用具有相同强度，但耐蚀性更高的铝青铜（C95510 和 C95520）取代高强度黄黄铜。

（5）铸造硅黄铜/硅青铜　硅黄铜（C87300～C87900）的铸造特点为熔点低和流动性好。它们适合采用大多数铸造工艺方法，包括金属型铸造和压力铸造工艺。铸件具有中等强度，虽然在恶劣环境中，铜合金具有一定的应力腐蚀开裂（SCC）敏感性，但在水和大气环境下，具有良好的耐蚀性。通常认为硅黄铜中无铅，是普通水管用黄铜的替代品，但由于力学性能较差，限制了其广泛使用。目前的主要应用包括轴承、齿轮、架空电线五金件，以及形状复杂的泵和阀门部件。

（6）铋黄铜和硒－铋黄铜　铋黄铜和 Cu－Se－Bi 红黄铜的牌号分别为 C89510 和 C89520，是低铅砂型铸造铜合金，用于制造食品加工和饮用水产品，如水龙头和其他管道装置。开发这类铜合金的主要目的是尽可能减少进入饮用水中的铅，同时，该铜合金还具有铅黄铜的易切削加工性能和气密性。现已开发出了一种硒－铋黄铜（C89500），该铜合金可以采用金属型铸造工艺。

3.3.4　去除应力

去除应力处理是一种去除材料或工件内部应力的工艺过程，不会对其性能产生明显的影响。热处理是去除加工或铸造铜和铜合金应力的有效方法，其热处理温度通常低于正常的退火工艺温度。对 α、α＋β、β 相黄铜，去除应力温度区间为 220～300℃（430～570℉）。

表 3-30 列出了部分铜和铜合金典型的去除应力工艺温度。去除冷成形或焊接结构件应力的温度一般比表 3-30 中所对应温度高 50～110℃（90～200℉）。表 3-28 中所有铸造黄铜的典型去除应力温度为 260℃（500℉），根据工件（板材、棒材、管

材）厚度，以1h/in（25mm）的时间进行保温。

在冷加工中产生的残余表面拉应力，可导致材料在储存或服役过程中产生应力腐蚀开裂（SCC），导致在切割或机加工过程中产生不可预测的变形，此外还可能导致在钎焊或焊接过程中产生热裂。如果锌的质量分数超过15%的黄铜中有足够高的残余拉应力和微量氨气，还可能产生应力腐蚀开裂或季裂。其他铜合金，如冷加工铝青铜和硅青铜，在更严酷的环境下也可能出现应力腐蚀开裂。

虽然工厂中去除应力的常用方法还涉及一些机械方法，如弯曲、横轧辊矫直或喷丸处理，但对于管状产品和形状复杂的工件，通常采用热处理方法。对用户加工制造工件和成形的工件，也需要采用热处理工艺去除应力。应该充分认识到，通过加热方法能去除残余的弹性应力和应变，而机械方法去除应力只是将工件中的残余应力进行了重新分配。

表3-30 加工黄铜典型的去除应力工艺温度

合金统一编号系统牌号	合金名称	薄板和带材				棒材和线材						管材			
		平板产品		工件		棒材		线材		工件		管材		工件	
		℃	℉	℃	℉	℃	℉	℃	℉	℃	℉	℃	℉	℃	℉
C21000	装饰黄铜，95%	275	525	275	525	—	—	—	—	—	—	—	—	—	—
C22000、C22600	工业青铜和装饰青铜	275	525	275	525	300	570	260	500	275	525	—	—	—	—
C23000	红黄铜，低锌黄铜	275	525	275	525	300	570	260	500	275	525	330	625	275	525
C26000	弹壳黄铜	260	500	260	500	290	555	250	480	260	500	320	610	260	500
C27000	黄黄铜，65%	260	500	260	500	290	555	250	480	260	500	290	555	260	500
C31400	含铅工业青铜	—	—	—	—	300	570	260	500	275	525	—	—	—	—
C33000、C33200	高铅和低铅黄铜	—	—	—	—	—	—	—	—	—	—	320	610	260	500
C33500	低铅黄铜	—	—	—	—	290	555	250	480	260	500	—	—	—	—
C34000、C35000	中等铅黄铜	260	500	260	500	—	—	—	—	—	—	—	—	—	—
C35300、C35600、C36000、C37700	含铅、易切削和锻造黄铜	—	—	—	—	290	555	250	480	260	500	—	—	—	—
C43000	—	275	525	275	525	300	570	260	500	275	525	—	—	—	—
C43400	—	275	525	275	525	—	—	—	—	—	—	—	—	—	—
C44300 ~ C44500	抗蚀海军黄铜	—	—	—	—	—	—	—	—	—	—	320	610	260	500
C46200、C46400 ~ C46700	海军黄铜	—	—	—	—	290	555	250	480	260	500	—	—	—	—
C74500	镍黄铜，65Cu-10Ni-25Zn	—	—	—	—	340	645	290	555	320	610	—	—	—	—
C75200	镍黄铜，65Cu-18Ni-18Zn	380	715	380	715	—	—	—	—	—	—	—	—	—	—
C75400	镍黄铜，65Cu-15Ni-20Zn	—	—	—	—	400	750	350	660	380	715	—	—	—	—
C75700	镍黄铜，65Cu-23Ni-12Zn	—	—	—	—	350	660	300	570	340	645	—	—	—	—
C77000	镍黄铜，55Cu-18Ni-27Zn	340	645	340	645	—	—	—	—	—	—	—	—	—	—

注：资料来源为 Heat Treating，Vol 4，ASM handbook，1991。

3.3.5 加工黄铜的退火

退火的目的是降低冷轧黄铜的硬度，提高加工黄铜的塑性和韧性。锻件产品在轧制过程中或在轧制加工后，都需要进行退火处理。退火是将冷加工黄铜以合适的加热速率加热到一定的温度，使其产生再结晶。如果需要的话，加热温度可超出再结晶温度，使晶粒发生一定的长大。

图3-49所示为α相、α+β相和β相黄铜热加工、再结晶和去除应力的温度区间。其中横坐标为雷管铜合金、仿饰金、弹壳黄铜、普通黄铜、抗脱锌黄铜、两相黄铜和高锌β′相黄铜的成分范围。两相黄铜的冷成形性能差，但切削加工性能好。而α相黄铜的冷成形性能好，但切削加工性能差。在这些铜合金中添加铅，有助于切削加工时断屑。

如图3-49所示，α相黄铜的热加工温度范围为675~875℃（1250~1610℉），热加工温度范围狭窄，在α+β相区或两相黄铜的范围内，热加工温度范围进一步变窄。对于α+β相区，理想的热加工温度范围为750~650℃（1380~1200℉），可以在该区间很好地对α+β两相黄铜进行热加工。随着铜合金中含锌量的增加，黄铜的化学成分到达β相区，β相区的热加工温度范围降低到650~700℃（1200~

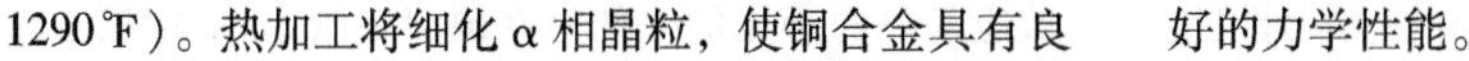

1290℉）。热加工将细化 α 相晶粒，使铜合金具有良好的力学性能。

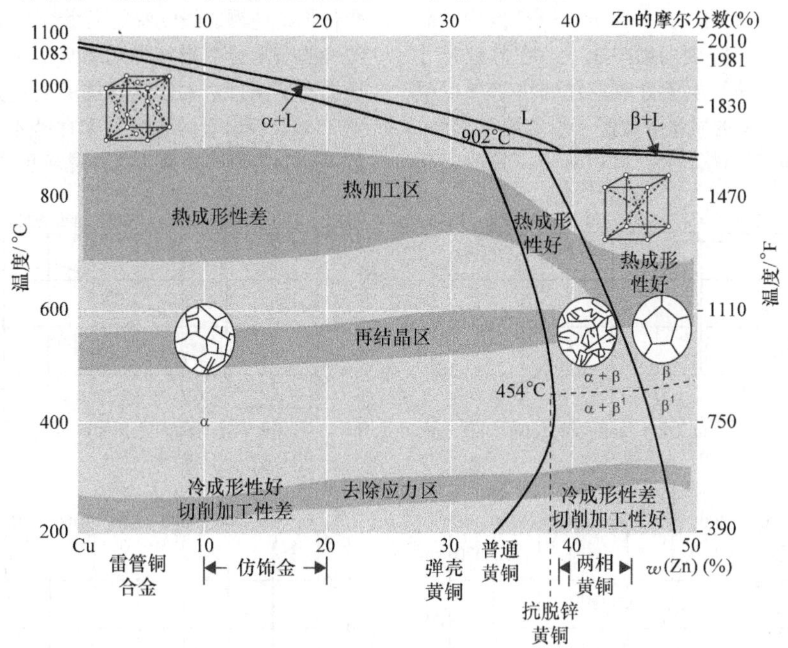

图 3-49 显示 α 相、α + β 相和 β 相黄铜热加工、再结晶和去除应力温度范围的部分铜 – 锌相图

DZR—抗脱锌

在黄铜的 α 相、α + β 相和 β 相区，再结晶温度范围窄带为 500 ~ 600℃（930 ~ 1110℉）。必须清楚地认识到，如果想要高锌黄铜获得单相黄铜，如普通黄铜和抗脱锌黄铜，需要认真控制退火温度和冷却速率。目前使用的连续退火工艺可对薄板、带材、线材和管材进行退火，其冷却速率比过去分批退火的可控气氛罩式炉的冷却速率要快得多。

表 3-26 列出了黄铜的典型退火温度。由于冷加工变形量和退火前的冷加工对冷加工后退火的结果有很大的影响，在制订工艺时必须考虑到这些预处理。一旦确定了工艺过程，必须坚持对退火和预处理进行全盘考虑，以达到一致的结果。

对于大多数的热处理炉，金属温度（译者注：指工件的温度）和炉温有明显的差别。因此，炉内保温时间会极大地影响最终的金属温度。在退火炉温一定的条件下，保温时间必须随着炉内负荷进行调整。对铜的质量分数小于 70% 的 α 相黄铜，在铸造或在 600℃（1110℉）以上的温度下进行热处理，尤其是当工件截面非常大时，可能会形成部分 β 相。快速淬火会使黄铜产生部分 β 相，而缓慢冷却则允许 β 相有时间转化为 α 相。

增大退火前的冷变形量，会降低铜合金的再结晶温度。变形量越小，退火后的晶粒尺寸越大。在固定退火温度和保温时间的条件下，冷加工前的原始晶粒越大，再结晶后的晶粒尺寸越大。冷加工后进行退火的目的是使产品获得最佳的塑性和强度组合。必须有明确的退火规范，并对工艺进行严格控制和与冷加工工序进行协调，这样才能生产出理想的产品。

图 3-48、图 3-50 和图 3-51 所示分别为退火温度对各种黄铜性能的影响。在图 3-50 中，在再结晶温度以下的温度退火，可提高典型黄铜和镍黄铜（Cu – Ni – Zn）合金的硬度和拉伸性能。图 3-51 所示为退火温度对 63% 变形量冷拔的 C27000（黄黄铜，65% Cu – 35% Zn）合金线材和带材的抗拉强度、伸长率和晶粒尺寸的影响。

图 3-51a 表明，对 63% 变形量冷加工的 C27000 黄黄铜线材进行退火，当退火温度提高到约 230℃（445℉）时，铜合金的抗拉强度会缓慢提高，然后突然降低至初始值的一半；进一步提高退火温度至约为 775℃（1425℉），抗拉强度缓慢降低。抗拉强度缓慢降低的温度范围为 300 ~ 775℃（570 ~ 1425℉），其降低的原因是晶粒尺寸增加，如图 3-51b 所示。在这个温度范围内退火，也可提高 C27000 线材的塑性，如图 3-51c 所示。退火时间对 1.3mm（0.050in）厚的 C27000 合金带材晶粒尺寸的影响如图 3-51d 所示。

3.3.6 再结晶和晶粒长大

图 3-52 和图 3-53 所示为退火铜和简单 α 相黄

铜或 w(Zn) < 35% 的铜 - 锌二元合金的力学性能。图 3-52 和图 3-53a 表明，在一定的成分范围内，晶粒尺寸对铜合金抗拉强度的影响很大。在晶粒尺寸一定的条件下，随锌的质量分数增加到约 25%，铜合金的强度提高；锌的质量分数进一步增加至 35%，则对铜合金的强度影响不大。可以看出，锌的强化效应是显而易见的。如果在通常的晶粒尺寸范围内变化，则纯铜的强度变化很小，但在铜 - 锌合金中，随锌的质量分数增加到约 20%，晶粒尺寸细化，明显提高了铜合金的强度，锌的质量分数进一步增加至 35%，铜合金的强度基本保持不变。图中的实际数据点为各铜合金最常见的晶粒尺寸。

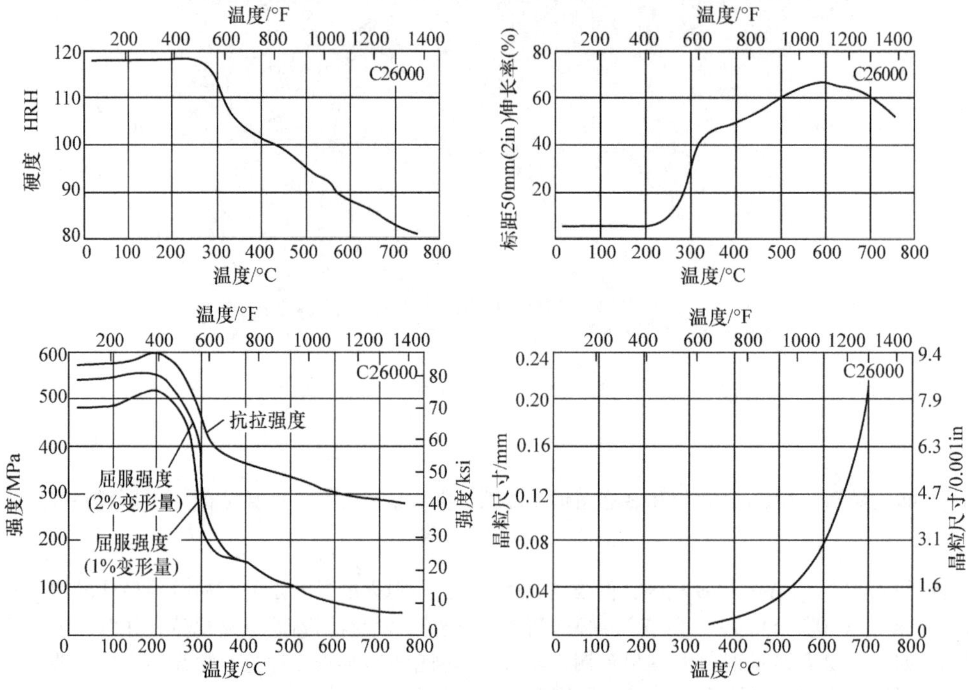

图 3-50 退火温度（保温时间 1h）对弹壳黄铜带材（C26000，70% Cu - 30% Zn）性能的影响（轧制压下率 40.6%）

退火硬度开始降低和随后晶粒尺寸的变化与合金成分和退火前的冷加工变形程度有关（图 3-54 ~ 图 3-59）。举例来说，图 3-54 所示为变形量为 50% 的冷轧三七黄铜，在 800℃（1470℉）退火 20min，然后按图中各变形量进行冷轧，并在一定温度范围内退火 30min 的再结晶曲线。正如预期的一样，随着冷加工变形量的增加，再结晶温度不断下降。根据再结晶理论，先开始再结晶的晶粒尺寸越来越小。

图 3-57 所示为退火前的变形量对弹壳黄铜软化温度和最终晶粒尺寸的影响。采用较低的退火温度，随退火前变形量的增加，晶粒尺寸减小，而采用更高的温度退火，这种效应则消失了。图 3-55 所示为 68Cu - 32Zn 黄铜原晶粒尺寸对退火后晶粒尺寸的影响，明显可以看到，选择较低的温度退火时最终晶粒尺寸较细小。在较低的温度范围退火，随原晶粒尺寸的增大，最终晶粒尺寸也增大。这一点尤其重要，因为它证明了得到细小晶粒的难度，例如，想要得到晶粒尺寸为 0.020mm（0.8mil）的铜合金，原铜合金的晶粒尺寸必须相当细小。

随着退火时间的增加，黄铜的晶粒尺寸增大。由于大部分退火工艺的时间都是花费在加热至退火温度的时间，而不是到温后的保温时间，因此在实际生产中，评估时间因素的影响是很困难的。事实上，在任何退火过程中，加热至退火温度的时间比到温后的保温时间要重要得多。例如，图 3-56 所示为三七黄铜在不同温度条件下，退火时间对晶粒尺寸的影响。可以看出，在给定温度条件下，当退火时间增加 25 倍时，平均晶粒尺寸大约增加了一倍。

在给定的退火工艺条件下，w(Zn) = 5% ~ 35% 的黄铜中的含锌量对铜合金的再结晶温度或开始软化温度几乎没有影响，而铜和锌的含量对退火工艺后的晶粒尺寸则具有明显的影响，图 3-58 就是典型的例子。从图中曲线可以看出，随 w(Cu) 增加到 90%，得到一定晶粒尺寸的退火温度也提高了。通常，工业生产中采用的得到一定晶粒尺寸的退火温度应考虑 w(Cu) 增加到 95%，因此图中给出实际曲线的 w(Cu) 达到了 100%。

少量杂质元素在铜合金中的固溶度，可能对铜

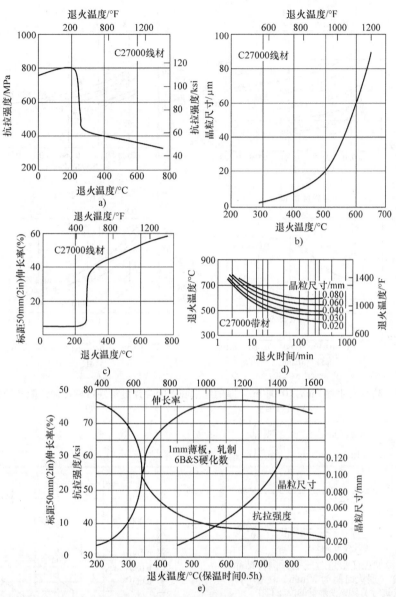

图 3-51　黄黄铜（C27000，65% Cu - 35% Zn）和红黄铜（C23000，85% Cu - 15% Zn）的退火曲线

a）退火温度（保温时间 1h）对抗拉强度的影响　b）退火温度（保温时间 1h）对晶粒尺寸的影响　c）退火温度（保温时间 1h）对黄铜线材伸长率的影响　d）退火时间对 C27000（黄铜，65% 铜 - 35% 锌）带材（带材厚度为 1.3mm）晶粒尺寸的影响　e）红黄铜（C23000）的再结晶曲线

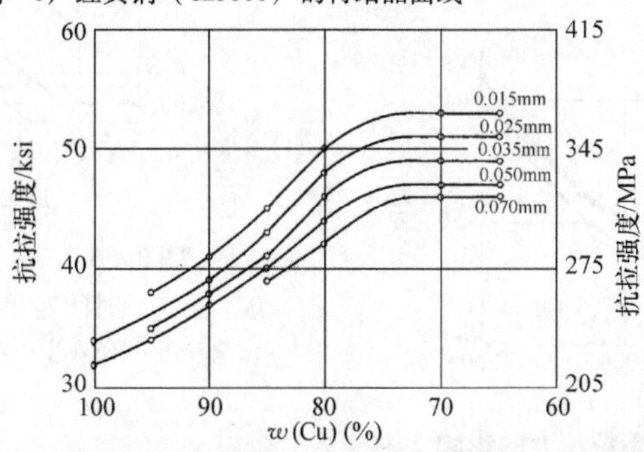

图 3-52　含锌量对不同晶粒尺寸黄铜的抗拉强度的影响

（译者注：图中数字为晶粒尺寸。）

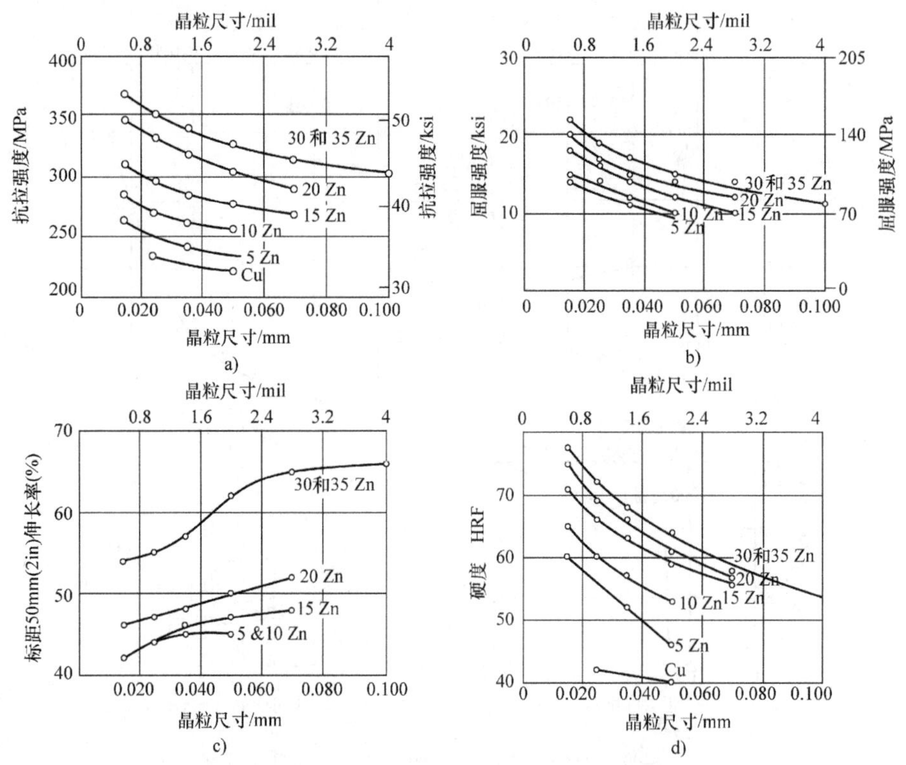

图 3-53　晶粒尺寸对 1mm（0.040in）厚的纯铜和不同含锌量黄铜带材拉伸性能和硬度的影响

a）抗拉强度　b）屈服强度　c）伸长率　d）硬度

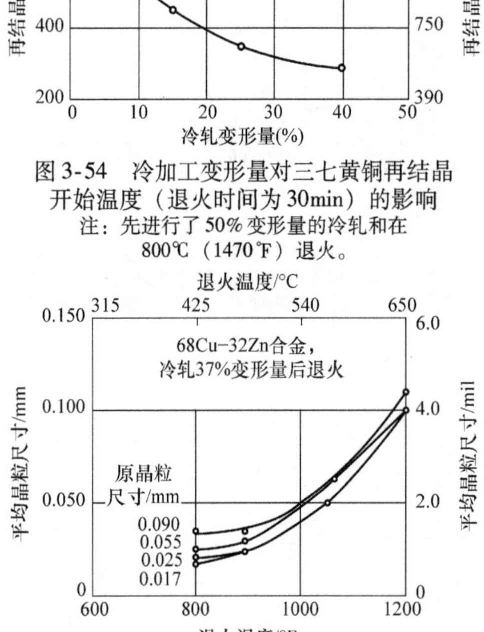

图 3-54　冷加工变形量对三七黄铜再结晶开始温度（退火时间为 30min）的影响

注：先进行了 50% 变形量的冷轧和在 800℃（1470℉）退火。

图 3-55　原晶粒尺寸对晶粒长大的影响

注：0.5mm（0.020in）厚的 68Cu－32Zn 黄铜带材进行 37% 变形量冷轧后，在图中各温度下退火。

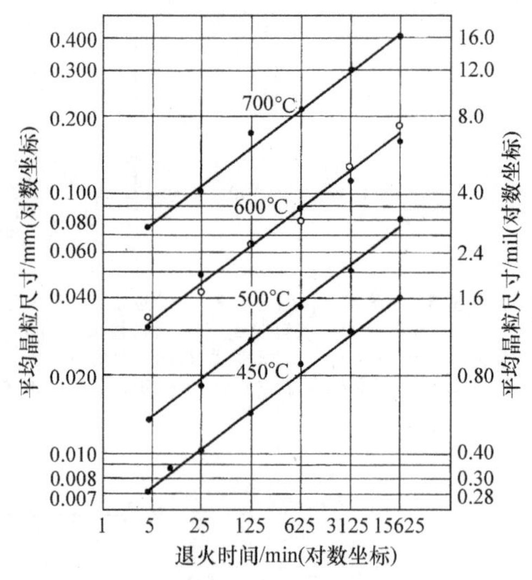

图 3-56　三七黄铜在不同温度下等温时间对平均晶粒尺寸的影响

译者注：图中温度为退火温度。

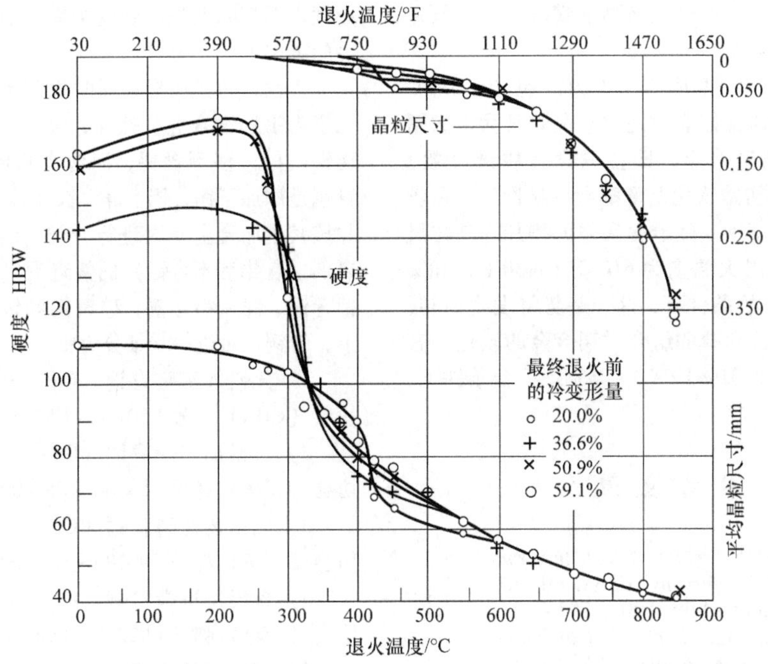

图 3-57　退火温度对不同冷轧变形量的 3.3mm（0.130in）厚的弹壳黄铜（退火时间为 30min）硬度和晶粒尺寸的影响

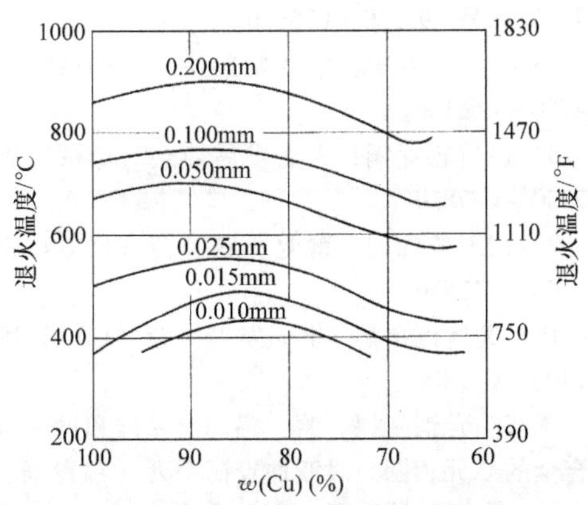

图 3-58　铜－锌合金带材的成分、退火温度和晶粒尺寸的关系

注：带材先进行了 44% 的冷变形，然后采用不同的温度退火 30min。图中数据为晶粒尺寸。

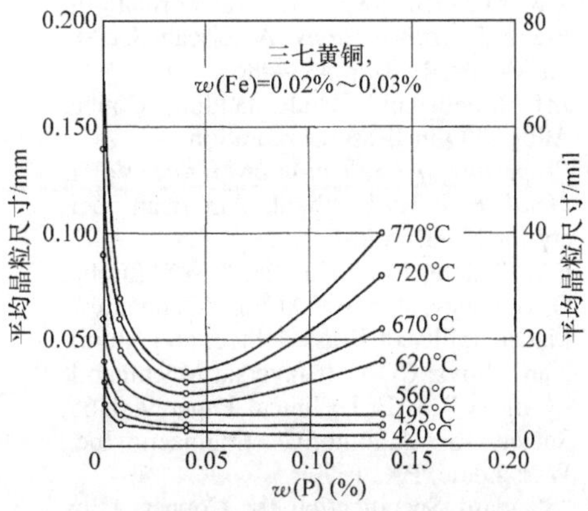

图 3-59　含磷量对三七黄铜（0.02% ~ 0.03% Fe）晶粒尺寸的影响

注：试样先进行了 50% 变形量的变形，然后采用不同的温度退火。

（译者注：图中温度为退火温度。）

合金的开始再结晶和/或晶粒长大有明显的影响。从本质上说，杂质元素对晶粒长大的影响主要取决于其是以固溶体形式存在，还是以阻碍晶粒长大的第二相形式存在。

杂质元素包括铁、铝、铬、铅、锰、镍、磷和硅等的单一或复合作用。除了磷和硅外，其他元素都对铜合金的初始软化温度有轻微的影响。当 $w(\mathrm{Si})=0.017\%\sim0.092\%$ 时，推迟黄铜的初始软化温度与含硅量成正比。然而，在常规退火温度下，含硅量则对完全再结晶温度和随后的晶粒长大没有明显的影响。

长期以来，人们认为在含铁量过高的情况下，是不利于控制黄铜晶粒尺寸的。当 $w(\mathrm{Fe})<0.12\%$ 时，对铜合金的实际开始软化温度没有影响，但在这一范围内，随着含铁量的增加，会推迟铜合金的再结晶完成时间。当 $w(\mathrm{Fe})<0.03\%$ 时，在较低温度下退火，对晶粒尺寸没有影响，会得到小尺寸和

中等尺寸的晶粒；而在含铁量高的情况下，晶粒在一定程度上将发生长大。

在所有退火温度范围内，包括 770℃(1420℉)，添加磷都能有效地阻止晶粒长大，如图 3-59 所示。含磷铜合金，即使只含（质量分数）0.002% 的 P，其初始软化温度都会明显推迟。在较低和中等退火温度下，随着含磷量的增加，晶粒尺寸明显减小。在退火温度为 610℃（1130℉）和 w(P)达到 0.020% 的条件下，这一趋势将发生逆转，出现晶粒长大。铁和磷的组合对铜合金的软化只有轻微影响，但在 0.01% Fe + 0.003% P 组合条件下，晶粒长大则受到限制。

参考文献

1. C.R. Brooks, *Heat Treatment, Structure, and Properties of Nonferrous Alloys*, 4th ed., ASM International, July 1990, p 297–303
2. J.R. Davis, Ed., *ASM Specialty Handbook: Copper and Copper Alloys*, ASM International, 2001
3. H. Pops and T.B. Massalski, *Trans. AIME*, Vol 230, 1964, p 1962
4. T.B. Massalski, Massive Transformations, *Phase Transformations*, American Society for Metals, 1970, p 433–486
5. J.H. Mendenall, "Understanding Copper Alloys," Olin Brass Corporation
6. *Properties and Selection of Metals*, Vol 1, *Metals Handbook*, 8th ed., American Society for Metals, 1961
7. E.W. Thiele, J.J.A. Kundig, D.W. Murphy, G. Soloway, and B. Duffin, "Comparable Machinability of Brasses, Steel and Aluminum Alloys; CDA's Universal Machinability Index," SAE Technical Paper 900365, Society of Automotive Engineers Inc., Warrendale, PA, 1990
8. "Standard Specification for Copper Alloy Continuous Castings," B505-14, ASTM International
9. V. Callcut, "The Brasses: Properties and Applications," Publication 117, Copper Development Association, 1996; revised by P. Webster, 2005
10. H. Burghoff, Recrystallization and Grain Size Control in Copper and Copper Alloys, *Grain Control in Industrial Metallurgy*, American Society for Metals, 1949, p 160

3.4 青铜的热处理

主加元素不是锌和镍的其他铜基合金称为青铜。然而，该定义也有例外。例如，锰青铜的主加元素之一就是锌。一般来说，铜 - 锌合金被称为黄铜，而锰青铜实际上是高强度黄铜，因此包含在黄铜合金的类别中。

青铜最初（从青铜器时代开始）是指主加合金元素为锡的铜合金。然而，今天（2016 年），青铜通常还指许多不含锡，而含有其他元素的铜合金。青铜是添加了锡、铝、硅、铍和其他元素的铜合金，并按其主加合金元素进行分类，例如，用磷作为脱氧剂（含铅和不含铅）的锡青铜（也称为磷青铜）、铝青铜、镍 - 铝青铜、硅青铜和铍青铜。在此基础上，青铜还可进一步细分为：

1）无铅加工磷青铜（Cu - Sn - P）：铜业发展协会（CDA）牌号 C50100 ~ C52480。

2）含铅加工磷青铜（Cu - Sn - P）：铜业发展协会（CDA）牌号 C53400 ~ C54400。

3）无铅铸造磷青铜（Cu - Sn - P）：铜业发展协会（CDA）牌号 C90200 ~ C91700。

4）含铅铸造磷青铜（Cu - Sn - P）：铜业发展协会（CDA）牌号 C92200 ~ C94500。

5）加工铝青铜和镍 - 铝青铜：铜业发展协会（CDA）牌号 C60800 ~ C64210。

6）铸造铝青铜和镍 - 铝青铜：铜业发展协会（CDA）牌号 C95200 ~ C95900。

7）加工硅青铜：铜业发展协会（CDA）牌号 C64700 ~ C66100。

8）铸造硅青铜：铜业发展协会（CDA）牌号 C87200 ~ C87810。

9）加工铍青铜：铜业发展协会（CDA）牌号 C17000 ~ C17530。

10）铸造铍青铜：铜业发展协会（CDA）牌号 C81400 ~ C82800。

本节结合铜 - 锡、铜 - 铝、铜 - 硅和铜 - 铍等铜合金的二元相图，对四种青铜系列（锡青铜、铝青铜、硅青铜和铍青铜）合金的热处理和金相组织进行介绍。根据这四种类型青铜相图的液相线温度、固相线温度、固溶淬火、固溶体分解温度、凝固结晶温度范围、相变反应类型（如包晶、共晶、共析反应）以及在不同的温度下的相组织，探讨铜合金的热处理性能。值得注意的是，铜的相对原子质量与锡、铝、硅和铍的不同，锡的相对原子质量比铜高，但铝、硅和铍的相对原子质量都比铜低。这就是在铜 - 铝、铜 - 硅和铜 - 铍相图中，铝、硅和铍的摩尔分数要比其对应的质量分数高的原因。

目前，从高强度和高导电性的角度看，越来越多采用时效强化铜合金作为铜基导电材料，并逐步取代磷青铜、黄铜或类似的传统导电用固溶强化铜合金。通过将时效强化铜合金加热到高温范围，使

初生 α 相中的溶质原子发生固溶，得到过饱和固溶体，然后对过饱和固溶体的铜合金在一定温度下进行时效，形成均匀细小弥散的析出相。此时铜合金中初生 α 相中的溶质原子减少，铜合金的强度提高，电导率和热导率也提高。

3.4.1 锡青铜（磷青铜）

表 3-31 所列为部分溶质元素的原子直径和在 α 相铜中的最大固溶度。可以看到，溶质元素锡的原子直径大于铜，但其在铜中的固溶度仍然很高，因此，铜－锡固溶体具有相当好的固溶强化效果，与 $w(\mathrm{Zn}) < 30\%$ 的铜－锌合金相比，$w(\mathrm{Sn}) < 10\%$ 的铜－锡固溶体的强化效果要好得多，如图 3-60a 所示。与在铜中添加锌相比，随锡的含量增加，铜－锡合金的伸长率急剧下降。例如，当添加锡的质量分数达到约 4% 后，铜合金的伸长率急剧下降，如图 3-60b 所示。纯铜的断后伸长率约为 45%，而 Cu－8%Sn 合金的断后伸长率仅为其一半。在图 3-60b 中，还可以清楚地看到，当铜－锌合金中锌的质量分数低于 15% 时，铜合金的伸长率缓慢下降；但当锌的质量分数高于 15% 时，铜合金的伸长率将提高；当锌的质量分数达到 30% 时，铜合金的断后伸长率提高到 48%。由此可以看出，铜－锡合金（青铜合金）不像铜－锌合金（黄铜）那样容易生产制造。

表 3-31 部分溶质元素的原子直径和在 α 相铜中的最大固溶度

元素符号	原子序数	相对原子质量	原子半径/pm ($1\mathrm{pm}=10^{-12}\mathrm{m}$)	原子直径/pm ($1\mathrm{pm}=10^{-12}\mathrm{m}$)	原子尺寸差别＝[（Cu 原子直径－溶质原子直径）/Cu 原子直径] ×100	溶质元素在 α 相铜中的近似最大固溶度（质量分数，%）
Pb	82	207.2	146	292	−11	0.007
P	15	30.91	107	214	19	2
Be	4	9.01	96	192	27	2.2
Fe	26	55.85	132	264	0	4.6
Si	14	28.09	111	222	16	5.4
Al	13	26.98	121	242	8	9
Sn	50	118.71	139	278	−5	15.8
Zn	30	65.39	122	244	8	39
Ni	28	58.69	124	248	6	100

注：铜的原子序数、相对原子质量为 29 和 63.55，原子半径和原子直径为 132pm 和 264pm。

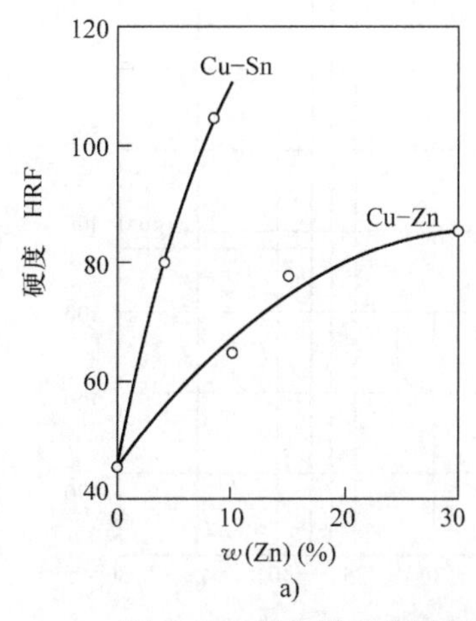

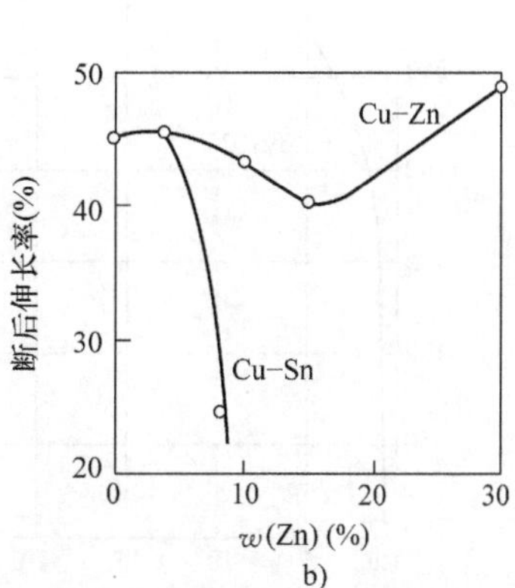

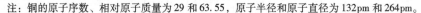

图 3-60 锌和锡对分别与铜形成的二元固溶体硬度的影响

注：在 α 相铜中添加相同数量锌的条件下，锡具有更好的固溶强化效果，但降低了固溶体的伸长率。因此，铜－锡合金不像铜－锌合金那样容易加工制造。

图 3-61 所示为铜－锡二元相图，是探讨和制订锡青铜热处理工艺的基础。具有良好的可热处理强化性能的铜合金，在高温下，溶质（铜－锡合金中为锡）原子应该在溶剂（铜－锡合金中为铜）中具有很高的固溶度，随温度降低，固溶度下降，溶质原子以化合物的形式或几乎纯溶质原子的形式析出。

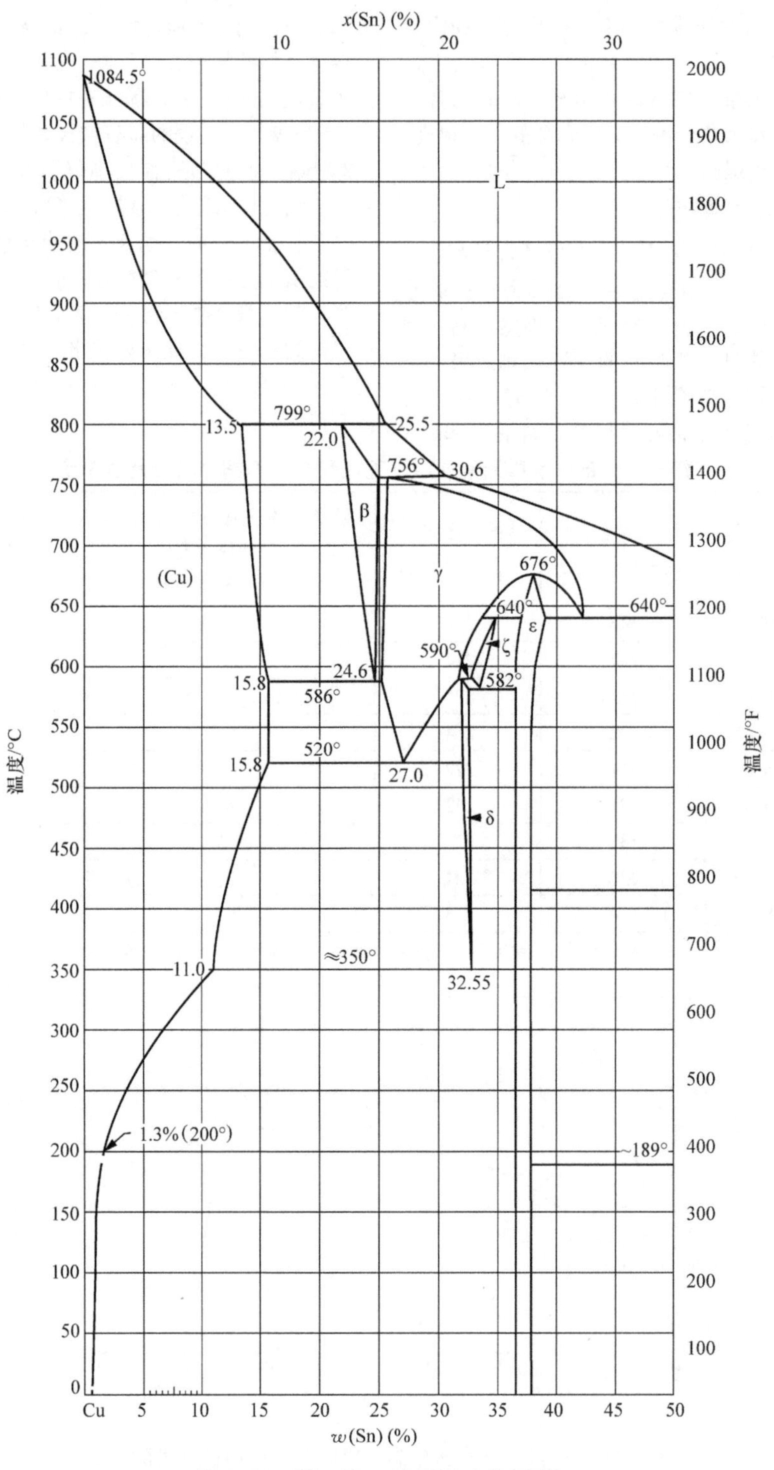

图 3-61 铜－锡二元相图（富铜端）

例如，在 799℃（1470℉）的温度下，锡在 α 相铜中的固溶度为 w(Sn)＝13.5%；但当温度下降到 586℃（1087℉）时，锡在 α 相铜中的固溶度则增加到 w(Sn)＝15.8%。锡在 α 相铜中的固溶度保持不变，直到温度下降到 520℃（968℉）。此时，随温度进一步下降，锡在 α 相铜中的固溶度显著下降，如图 3-61 所示。当温度低于大约 300℃（572℉）时，ε 相［w(Sn)≈36.5%～37.5%］的析出速率较低，因此，当对 $w(\mathrm{Sn})\approx10\%$ 的铜合金进行均匀化处理时，直到冷却到25℃（77℉）均为α单相。从520℃（968℉）至室温25℃（77℉）的固相线的形状可以看出，铜－锡合金在520～350℃（968～662℉）的温度范围内，通过形成δ相（δ相铜的硬度高于α相铜）产生析出强化；在350～25℃（662～77℉）的温度范围内，又形成ε相产生析出强化。与其他析出强化铜合金相比，铜－锡合金的δ相和ε相的析出速率都相当缓慢，需要的热处理时间过长，这使得其在工业上无法得到应用。

表3-32中的数据表明，Cu－10%Sn铸造锡青铜合金，采用760℃（1400℉）的温度固溶退火并淬水，然后在315℃（599℉）时效5h，其拉伸性能和硬度与铸态没有明显的差异。从图3-61中可以清楚地看到，实际中的铜－锡二元合金，液相线与固相线之间的凝固结晶范围很宽，导致铜合金在凝固过程中易产生结晶偏析，即与液态铜－锡合金的起始凝固成分相比，在最后凝固的α相铜的树枝状组织中，锡的含量很高。此外，锡的质量分数低至8%的铸造青铜合金，由于会产生结晶偏析，生成的δ相中锡的质量分数达到了32.55%，而α相铜的结晶外层锡的质量分数也达到了约13.5%。α相铜与液相发生包晶反应，生成成分（质量分数，下同）为22.0%Sn的β相（当最后液相在树枝晶间凝固时，锡的质量分数达到25.5%）。在冷却到586℃（1087℉）时，含22.0%Sn的β相发生共析反应，生成成分为15.8%Sn的α相和成分为25.5%Sn的γ相。该γ相在520℃（968℉）又继续分解为15.8%Sn的α相和32%Sn的δ相。该冷却过程中的相变反应过程是相当复杂的，并且还与冷却速率有关。

表3-32 时效对Cu－10%Sn合金力学性能的影响

性能	铸态	铸造后在760℃（1400℉）退火10h，然后淬水和在315℃（599℉）时效5h
屈服强度/MPa（ksi）	145（21）	138（20）
抗拉强度/MPa（ksi）	304（44）	297（43）
伸长率（%）	25	25
硬度 HBW	62	60

铜－锡二元相图中有五个恒温三相共存区。三相共存区的其中一相为液相。在这五个不同恒温反应中（包括一个液相和两个固相），有三个反应是包晶反应，一个反应是熔晶反应，还有一个是纯锡的共晶反应。在铜－锡二元合金体系冷却过程中，这五个不同恒温反应（从相图的铜端到锡端）如下：

1）在799℃（1470℉）的包晶反应：L相（25.5%Sn）+α相（13.5%Sn）=β相（22.0%Sn）。

2）在756℃（1393℉）的包晶反应：L相（30.6%Sn）+β相（25.0%Sn）=γ相（26%Sn）。

3）在640℃（1184℉）的熔晶反应：γ相（43.0%Sn）=ε相（38%Sn）+L相（58.6%Sn）。

4）在415℃（779℉）的包晶反应：L相（92.4%Sn）+ε相（37.5%Sn）=η相（59.0%Sn）。

5）共227℃（441℉）的共晶反应：L相（99.1%Sn）=η相（60.9%Sn）+β相（100%Sn）。

1. 锡青铜的类型

根据上述铜－锡相图的介绍，铜－锡合金体系并不是一种强析出强化的合金体系。通过冷加工或热/温加工对锡青铜进行强化，强化后在不同温度下进行去除应力处理，以减小铜合金的内应力。

表3-33所列为所有无铅和含铅锡青铜（也称磷青铜）的化学成分。在美国环境保护署（EPA）注册的所有磷青铜都是抗微生物的铜合金。人们将这些无铅和含铅磷青铜进一步细分为加工无铅和含铅磷青铜以及铸造无铅和含铅磷青铜两部分。表3-33仅列出了在2014年10月20日前更新的CDA合金产品的数据。

（1）加工无铅锡青铜　在统一编号系统中，加工无铅Cu－Sn－P合金（磷青铜）的编号为C50100～C52480。这类加工无铅磷青铜具有优良的弹性、抗疲劳性能，以及良好的成形性、焊接性和耐蚀性。这类磷青铜通常以带材供货，主要用于生产电子产品。此外，还用于生产耐腐蚀的波纹管、隔板和弹簧垫圈。

（2）加工含铅锡青铜　在统一编号系统中，加工含铅Cu－Sn－P－Pb合金（磷青铜）的编号为C53400～C54400。这类含铅磷青铜具有高强度和抗疲劳性能，同时具有良好的切削加工性能，以及良好的耐磨损性和耐蚀性，尤其是在海水环境中，其耐腐蚀的优点更加显著。加工含铅锡青铜常用于生产套筒轴承、推力垫圈、凸轮花键等类似零件。在用于与硬化的摩擦副（不小于300～400HBW）配对时，在有可靠润滑的条件下，具有良好的抗冲击性能。

（3）铸造无铅锡青铜　表3-34列出了所有铸造无铅和含铅锡青铜（磷青铜）的化学成分。锡是铜中一种有效的固溶强化合金元素，它同时也增加了铜合金的耐蚀性。在经过青铜器时代后，这类铜合金铸件在世界上许多国家能得以保留下来就是很好的证据。事实上，目前无铅锡青铜（C90200～C91700）与3500多年前欧洲和中国的铸造锡青铜并无本质上的区别。如前所述（在对铜－锡相图的讨

表 3-33 加工 Cu-Sn-P（磷青铜）合金的化学成分

铜合金牌号		化学成分（质量分数,%）						
		Cu	Pb	Fe	Sn	Zn	P	其他指定元素
加工无铅Cu-Sn-P合金（磷青铜）	C50100①	余量②，max	0.05 max	0.05	0.50~0.8	—	0.01~0.05	—
	C50150①	99.0③，min	—	0.05 max	0.5~0.8	—	0.004~0.015	0.04~0.08 Zr
	C50200①	余量②，max	0.05 max	0.10 max	1.0~1.5	—	0.04 max	—
	C50500①	余量②，max	0.05 max	0.10 max	1.0~1.7	0.30 max	0.03~0.35	—
	C50510①	余量④，max	—	—	1.0~1.5	0.10~0.25	0.02~0.07	0.15~0.40 Ni
	C50580①	余量②，max	0.05 max	0.05~0.20	1.0~1.7	0.30 max	0.02~0.10	0.05~0.20 Ni
	C50590①	97.0②，min	0.02 max	0.05~0.40	0.50~1.5	0.50 max	0.02~0.15	—
	C50700①	余量②，max	0.05 max	0.10 max	1.5~2.0	—	0.3 max	—
	C50705①	96.5②，min	0.02 max	0.05~0.40	1.5~2.0	0.50 max	0.04~0.15	—
	C50710①	余量②，max	—	—	1.7~2.3	—	0.15 max	0.10~0.40 Ni
	C50715①	余量⑤，max	0.02 max	0.05~0.15⑤	1.7~2.3	—	0.025~0.04⑤	—
	C50725①	94.0②，min	0.02 max	0.05~0.20	1.5~2.5	1.5~3.0	0.02~0.06	—
	C50780①	余量，max	0.05 max	0.05~0.20	1.7~2.3	—	0.02~0.10	0.05~0.20 Ni
	C50900①	余量②，max	0.05 max	0.10 max	2.5~3.8	0.30 max	0.03~0.30	—
	C51000①	余量②，max	0.05 max	0.10 max	4.2~5.8	0.30 max	0.03~0.35	—
	C51080①	余量②，max	0.05 max	0.05~0.20	4.8~5.8	0.30 max	0.02~0.10	0.05~0.20 Ni
	C51100①	余量②，max	0.05 max	0.10 max	3.5~4.9	0.30 max	0.03~0.35	—
	C51180①	余量②，max	0.05 max	0.05~0.20	3.5~4.9	0.30 max	0.01~0.35	0.05~0.20 Ni
	C51190①	余量②，max	0.02 max	0.05~0.15	3.0~6.5	—	0.025~0.045	0.15 max Co
	C51800①	余量②，max	0.02 max	—	4.0~6.0	—	0.10~0.35	0.10 max Al
	C51900①	余量②，max	0.05 max	0.10 max	5.0~7.0	0.30 max	0.03~0.35	—
	C51980①	余量②，max	0.05 max	0.05~0.20	5.5~7.0	0.30 max	0.01~0.35	0.05~0.20 Ni
	C52100①	余量②，max	0.05 max	0.10 max	7.0~9.0	0.20 max	0.03~0.35	—
	C52180①	余量②，max	0.05 max	0.05~0.20	7.0~9.0	0.30 max	0.01~0.35	0.05~0.20 Ni
	C52400	余量②，max	0.05 max	0.10 max	9.0~11.0	0.20 max	0.03~0.35	—
	C52480①	余量②，max	0.05 max	0.05~0.20	9.0~11.0	0.30 max	0.01~0.30	0.05~0.20 Ni
加工含铅Cu-Sn-P合金（磷青铜）	C53400	余量②，max	0.8~1.2	0.10 max	3.5~5.8	0.3	0.03~0.35	—
	C53800	余量③⑥，max	0.40~0.60	0.030 max	13.1~13.9	0.12 max	0.03~0.35	0.03 Ni⑦；0.06 Mn max
	C54400	余量②，max	3.0~4.0	0.10 max	3.5~4.5	1.5~4.5	0.01~0.50	—

注：1. 铜合金的成分除了给出一个范围或成分的最小值外，其余的为最大值。

2. 资料来源为铜开发协会有限公司（美国）。

① 在美国环境保护署注册为抗微生物合金。

② Cu+指定合金元素的总质量分数不小于99.5%。

③ Cu+指定合金元素的总质量分数不小于99.8%。

④ Cu+指定合金元素的总质量分数不小于99.7%。

⑤ Cu+Sn+Fe+P的质量分数不小于99.5%。

⑥ Cu含量中包括Ag。

⑦ 如加工的产品需进行后续焊接时，由买方指定Cr、Cd、Zr和Zn的具体含量，每种元素的质量分数均不允许超过0.05%。

表 3-34 铸造 Cu-Sn-P（磷青铜）合金的化学成分

铜合金牌号		化学成分（质量分数,%）						
		Cu	Pb	Fe	Sn	Zn	P	其他指定元素
铸造无铅 Cu-Sn-P 合金（磷青铜）	C90200	91.0[2,3] min ~ 94.0 max	0.30 max	0.20 max	6.0 ~ 8.0	0.50 max	0.05[4] max	0.05 Ni[5]; 0.005 max Al; 0.05 max S; 0.20 max Sb; 0.005 max Si
	C90280	87.0 min[6] ~ 90.0 max	0.09 max	0.30 ~ 0.60	9.0 ~ 11.0	—	0.05 max	0.30 ~ 0.60 S
	C90300	86.0 min ~ 89.0[2,3] max	0.30 max	0.20 max	7.5 ~ 9.0	3.0 ~ 5.0	0.05[4] max	0.05 max S; 1.0 max Ni[5]; 0.005 max Al; 0.2 max Sb; 0.005 max Si
	C90400[1]	86.0[7] min ~ 89.0 max	0.09 max	0.40 max	7.5 ~ 8.5	1.0 ~ 5.0	0.05 max	0.01 ~ 0.65 S; 1.0 max N; 0.005 max Al; 0.20 max Sb; 0.005 max Si; 0.01 max Mn; 0.10 max B; 0.10 max Zr
	C90410[1]	86.0[7] min ~ 89.0 max	0.09 max	0.40 max	7.5 ~ 8.5	1.0 ~ 5.0	0.05 max	0.01 ~ 0.65 S; 1.0 max Ni; 0.005 max Al; 0.02 max Sb; 0.005 max Si; 0.01 ~ 0.20 Mn; 0.10 max B; 0.10 max Zr
	C90420[1]	86.0[7] min ~ 89.0 max	0.09 max	0.40 max	7.5 ~ 8.5	1.0 ~ 5.0	0.05 max	0.01 ~ 0.65 S; 1.0 max Ni; 0.20 max Mn; 0.02 max Sb; 0.10 max B; 0.10 max C; 0.10 max Ti; 0.10 Zr max
	C90430	86.0[7] min ~ 89.0 max	0.09 max	0.40 max	7.5 ~ 8.5	1.0 ~ 5.0	0.05 max	0.01 ~ 0.65 S; 1.0 max Ni; 0.20 max Mn; 0.10 ~ 1.5 Sb; 0.10 max H; 0.10 max C; 0.10 max Ti; 0.10 max Zr
	C90500	86.0 min ~ 89.0[2,8] max	0.30 max	0.20 max	9.0 ~ 11.0	1.0 ~ 3.0	0.05[4] max	0.05 max S; 1.0 max Ni[5]; 0.20 max Sb; 0.005 max Al; 0.005 max Si
	C90700	88.0 min ~ 90.0[2,3] max	0.50 max	0.15 max	10.0 ~ 12.0	0.50 max	0.30[4] max	0.05 max S; 0.50 max Ni[5]; 0.20 max Sb; 0.005 max Al; 0.005 max Si
	C90710	余量[2,3], max	0.25 max	0.10 max	10.0 ~ 12.0	0.05 max	0.05 ~ 1.2[4]	0.05 max S; 0.10 max Ni[5]; 0.20 max Sb; 0.005 max Al; 0.005 max Si
	C90800	85.0 min ~ 89.0[2,3] max	0.25 max	0.15 max	11.0 ~ 13.0	0.25 max	0.30[4] max	0.05 max S; 0.50 max Ni[5]; 0.20 max Sb; 0.005 max Al; 0.005 max Si
	C90810	余量[2,3], max	0.25 max	0.15 max	11.0 ~ 13.0	0.30 max	0.15 ~ 0.8[4]	0.05 max S; 0.50 max Ni[5]; 0.20 max Sb; 0.005 max Al; 0.005 max Si
	C90900	86.0[2,3] min ~ 89.0 max	0.25 max	0.15 max	12.0 ~ 14.0	0.25 max	0.05[4] max	0.05 max S; 0.50 max Ni[5]; 0.20 max Sb; 0.005 max Al; 0.005 max Si
	C91000	84.0[2,3] min ~ 86.0 max	0.20 max	0.10 max	14.0 ~ 16.0	1.5 max	0.05[4] max	0.05 max S; 0.80 max Ni[5]; 0.20 max Sb; 0.005 max Al; 0.005 max Si
	C91100	82.0[2,3] min ~ 85.0 max	0.25 max	0.25 max	15.0 ~ 17.0	0.25 max	1.0[4] max	0.05 max S; 0.50 max Ni[5]; 0.20 max Sb; 0.005 max Al; 0.005 max Si
	C91300	79.0 min ~ 82.0[2,3] max	0.25 max	0.25 max	18.0 ~ 20.0	0.25 max	1.0[4] max	0.05 max S; 0.50 max Ni[5]; 0.20 max Sb; 0.005 max Al; 0.005 max Si
	C91600	86.0 min ~ 90.0[2,3] max	0.25 max	0.20 max	9.7 ~ 1.8	0.25 max	0.30[4] max	0.05 max S; 1.2 min to 2.0 max Ni[5]; 0.20 max Sb; 0.005 max Al; 0.005 max Si
	C91700	84.0[2,3] min ~ 87.0 max	0.25 max	0.20 max	11.3 ~ 12.5	0.25 max	0.30[4] max	0.05 max S; 1.2 min to 2.0 max Ni[5]; 0.20 max Sb; 0.005 max Al; 0.005 max Si

（续）

铜合金牌号		化学成分（质量分数,%）						
		Cu	Pb	Fe	Sn	Zn	P	其他指定元素
铸造含铅 Cu－Sn－P 合金（磷青铜）	C92200	86.0[2,7]min～90.0 max	1.0～2.0	0.25 max	5.5～6.5	3.0～5.0	0.05[4] max	1.0 Ni[5]；0.05 max S；0.25 max Sb；0.005 max Al；0.005 max Si
	C92210	86.0 min～89.0[2,7] max	1.7～2.5	0.25 max	4.5～5.5	3.0～4.5	0.03[4] max	0.7 min～1.0 max Ni[5]；0.05 max S；0.20 max Sb；0.005 max Al；0.005 max Si
	C92220[7]	86.0 min～88.0 max	1.5～2.5	0.25 max	5.0～6.0	3.0～5.0	0.05[4] max	0.50 min～1.0 max Ni[5]
	C92300	85.0[2,7] min～89.0 max	0.30～1.0	0.25 max	7.5～9.0	2.5～5.0	0.05[4] max	1.0 max Ni[5]；0.05 max S；0.25 max Sb；0.005 max Al；0.005 max Si
	C92310	余量[2,7]，max	0.30～1.5	—	7.5～8.5	3.4～4.5	—	1.0 max Ni[5]；0.03 max Mn；0.005 max Al；0.005 max Si
	C92400	86.0[2,7] min～89.0 max	1.0～2.5	0.25 max	9.0～11.0	1.0～3.0	0.05[4] max	1.0 max Ni[5]；0.05 max S；0.25 max Sb；0.005 max Al；0.005 max Si
	C92410	余量[2,7]，max	2.5～3.5	0.20 max	6.0～8.0	1.5～3.0	—	0.20 max Ni[5]；0.05 max Mn；0.25 max Sb；0.005 max Al；0.005 max Si
	C92500	85.0 min～88.0[2,7]max	1.0～1.5	0.30 max	10.0～12.0	0.50 max	0.30[4] max	0.80 min～1.5 max Ni[5]；0.05 max S；0.25 max Sb；0.005 max Al；0.005 max Si
	C92600[7]	86.0 min～88.5[2] max	0.8～1.5	0.20 max	9.3～10.5	1.3～2.5	0.30[4] max	0.7 max Ni[5]；0.05 max S；0.25 max Sb；0.005 max Al；0.005 max Si
	C92610	余量[2,7]，max	0.3～1.5	0.15 max	9.5～10.5	1.7～2.8	—	1.0 max Ni[5]；0.03 max Mn；0.005 max Al；0.005 max Si
	C92700	86.0 min～89.0[2,7] max	1.0～2.5	0.20 max	9.0～11.0	0.7 max	0.25[4] max	1.0 max Ni[5]；0.05 max S；0.25 max Sb；0.005 max Al；0.005 max Si
	C92710	余量[2,7]，max	4.0～6.0	0.20 max	9.0～11.0	1.0 max	0.10[4] max	2.0 max Ni[5]；0.05 max S；0.25 max Sb；0.005 max Al；0.005 max Si
	C92800	78.0[2,7] min～82.0 max	4.0～6.0	0.20 max	15.0～117.0	0.8 max	0.05[4] max	0.8 max Ni[5]；0.05 max S；0.25 max Sb；0.005 max Al；0.005 max Si
	C92810	78.0 min～82.0[2,7] max	4.0～6.0	0.5 max	12.0～14.0	0.5 max	0.05[4] max	0.80 min～1.2 max Ni[5]；0.05 max S；0.25 max Sb；0.005 max Al；0.005 max Si
	C92900	82.0 min～86.0[2,7] max	2.0～3.2	0.2 max	9.0～11.0	0.25 max	0.50[4] max	2.8 min～4.0 max Ni[5]；0.05 max S；0.25 max Sb；0.005 max Al；0.005 max Si
	C93200	81.0～85.0[2,9]	6.0～8.0	0.2	6.3～7.5	1.0～4.0	0.15[4]	0.35 max Sb；1.0 max Ni[5]；0.08 max S；0.005 max Al；0.005 max Si
	C93400	82.0[2,9]～85.0	7.0～9.0	0.2	7.0～9.0	0.8	0.50[4]	0.50 max Sb；1.0 max Ni[5]；0.08 max S；0.005 max Al；0.005 max Si
	C93500	83.0[2,9]～86.0	8.0～10.0	0.2	4.3～6.0	2.0	0.05[4]	0.30 max Sb；1.0 max Ni[5]；0.08 max S；0.005 max Al；0.005 max Si
	C93600	79.0～83.0[7]	11.0～13.0	0.2	6.0～8.0	1.0	0.15[4]	0.55 max Sb；1.0 max Ni[5]；0.08 max S；0.005 max Al；0.005 max Si
	C93700	78.0[9]～82.0	8.0～11.0	0.7[10]	9.0～11.0	0.8	0.10[4]	0.50 max Sb；0.50 max Ni[5]；0.80 max S；0.005 max Al；0.005 max Si

铸造高铅 Cu－Sn－P 合金（磷青铜）	C93720	83.0[⑨] min	7.0～9.0	0.7	3.5～4.5	4.0	0.10[④]	0.50 max Sb；0.50 max Ni[⑤]；0.005 max Si
	C93800	75.0[⑨]～79.0	13.0～16.0	0.15	6.3～7.5	0.8	0.05[④]	0.80 max Sb；1.0 max Ni[⑤]；0.08 max S；0.005 max Al；0.005 max Si
	C93900	76.5～79.5[⑩]	14.0～18.0	0.4	5.0～7.0	1.5	1.50[④]	0.50 max Sb；0.80 max Ni[⑤]；0.08 max S；0.005 max Al；0.005 max Si
	C94000	69.0～72.0[⑪]	14.0～16.0	0.25	12.0～14.0	0.5	0.05	0.50 max Sb；0.05～1.0 Ni[⑤]；0.08 max S；0.005 max Al；0.005 max Si
	C94100	72.0[⑪]～79.0	18.0～22.0	0.25	4.5～6.5	1.0	0.50[④]	0.80 max Sb；1.0 max Ni[⑤]；0.08 max S；0.005 max Al；0.005 max Si
	C94300	67.0～72.0[⑩]	23.0～27.0	0.15	4.5～6.0	0.8	0.08[④]	0.80 max Sb；1.0 max Ni[⑤]；0.08 max S；0.005 max A；0.005 max Si
	C94310	余量[⑩]，max	27.0～34.0	0.5	1.5～3.0	0.5	0.05[④]	0.50 max Sb；0.25～1.0 Ni[⑤]
	C94320	余量[⑩]，max	24.0～32.0	0.35	4.0～7.0	—	—	—
	C94330	68.5[⑩]～75.5	21.0～25.0	0.7	3.0～4.0	3.0	0.10[④]	0.50 max Sb；0.50 max Ni[⑤]
	C94400	余量[⑩]，max	9.0～12.0	0.15	7.0～9.0	0.8	0.50[④]	0.80 max Sb；1.0 max Ni[⑤]；0.08 max S；0.005 max Al；0.005 max Si
	C94500	余量[⑩]，max	16.0～22.0	0.15	6.0～8.0	1.2	0.05[④]	0.80 max Sb；1.0 max Ni[⑤]；0.08 max S；0.005 max Al；0.005 max Si

注：1. 铜合金的成分除了给出一个范围或成分的最小值外，其余为最大值。

2. 资料来源为铜开发协会有限公司（美国）。

① 在美国环境保护署注册为抗微生物合金。

② 在确定 Cu 的最小值时，按 Cu + Ni 进行计算。

③ Cu + 指定合金元素的总质量分数最小值为 99.4%。

④ 对连续铸造的铸件，P 的质量分数应小于 1.5%。

⑤ Ni 含量中包括 Co。

⑥ Cu + 指定合金元素的总质量分数最小值为 99.5%。

⑦ Cu + 指定合金元素的总质量分数最小值为 99.3%。

⑧ Cu + 指定合金元素的总质量分数最小值为 99.7%。

⑨ Cu + 指定合金元素的总质量分数最小值为 99.0%。

⑩ Cu + 指定合金元素的总质量分数最小值为 98.9%。

⑪ Cu + 指定合金元素的总质量分数最小值为 98.7%。

论中，对铜合金的不同相组织和三相恒温反应进行了介绍），在520℃（968℉）的温度下，锡在α相铜中达到最大固溶度［w(Sn) = 18%］。而在室温下，锡在α相铜中的固溶度要低得多，但此时温度较低，反应速率非常缓慢，这使得对这些青铜进行热处理的成本过高。铜－锡合金的凝固结晶温度范围要比铜－锌合金大得多，这使得铜－锡合金在凝固过程中具有较大范围的糊状凝固。在对该铜合金进行铸造时，应对其糊状凝固行为有充分的认识。

铸造无铅锡青铜（C90200～C91700）比红黄铜或半红黄铜的强度和塑性更高，在高温下比铸造含铅锡青铜（也称为磷青铜）用途更广。这类铜合金具有高耐磨性，其与钢组成的摩擦副具有低的摩擦系数，因此在轴承、齿轮和活塞环中应用广泛。该类铜合金还可用于生产阀门、连接配件等。C90300和C90500合金可用于生产使用温度低于260℃（500℉）的压力保持阀产品。铸造无铅Cu－Sn－P合金（磷青铜）的统一数字编号为C90200～C91700。铸造含铅Cu－Sn－P合金（磷青铜）的统一数字编号为C92200～C92900（低铅）和C93100～C94500（高铅）。由于铅是低熔点金属，在铸造磷青铜中添加较高含量的铅，铅能流到铸件最后的凝固区域，密封铸造中最后的微孔和缩孔。

（4）铸造含铅锡青铜　在铜－锡合金和铜－锌合金中添加铅的主要作用是提高铜合金的切削加工性能和气密性。采用适当的铸造工艺，大多数铜合金可以生产出高气密性的铸件，但对于凝固范围宽的锡青铜，通常需要添加部分铅，用于对贯通型微孔进行封孔。一般来说，添加质量分数为1%的Pb就能满足封孔要求，但如果需要提高铜合金的切削加工性能或轴承的摩擦性能，则需要添加更多的铅。在铜合金中添加铅会降低其抗拉强度，因此需要在切削加工性能和强度要求方面进行权衡考虑。

很多机械产品都可采用含铅锡青铜（C92200～C92900）铸造而成。C92200合金（海军“M”青铜，汽阀青铜）和C92300合金（海军“G”青铜）主要用于生产耐蚀阀门、连接配件和其他承受压力的产品。C92200合金可用于生产工作温度达290℃（550℉）的承压零件；而C92300合金在260℃（500℉）以下温度使用，可避免产生高温脆化现象。C92600～C92900合金含有10%的Sn，比C92200等低合金锡青铜的强度和耐蚀性更高。含铅锡青铜不可进行焊接，但在冷却时不会产生热脆性的前提条件下，可以进行钎焊。

高铅锡青铜（C93100～C94500）主要用于生产套筒轴承。如果这类轴承的润滑中断，铅会从铜合金中渗出，附着在表面，能暂时防止轴承发生磨损和刮伤。这是高铅锡青铜能提高套筒轴承寿命，可与滚动轴承形成竞争的主要原因。

2. 锡青铜的强化

无铅或含铅锡青铜（磷青铜）的两种主要强化机制是固溶强化和加工硬化。

（1）固溶强化　可以在不影响塑性和电导率的前提下，采用多种强化铜基体的方法。按固溶强化效果高低，铜中常用固溶强化元素是锌、镍、锰、铝、锡和硅。在工业锡青铜中，最高固溶强化的锡的质量分数可达到11%。在铜－锡合金体系中，随着添加越来越多其他的合金元素，α相铜固溶达到了饱和状态，铜合金强度和硬度得到进一步提高。与锡青铜一样，通过添加少量的磷，磷青铜的强度得到了提高。

（2）加工硬化　可以通过热/冷加工，对锡青铜或磷青铜基体进行强化。随冷加工变形量增加，锡青铜的强度和硬度提高。青铜的力学性能与合金元素的成分和热/冷加工程度有关。在进行热/冷加工后，青铜内部会产生应力，通过将铜合金加热至约260℃（500℉），根据工件厚度，按1h/25mm（1in）时间保温进行去除应力处理，然后空冷。锡青铜包括雕像用青铜［w(Sn) = 2%～20%］、钟鼎用青铜［w(Sn) = 15%～20%］和镜用青铜［w(Sn)高达33%］。镜用青铜的成分为约2/3的铜和1/3的锡，合金色泽较浅，易碎，通过抛光可以制造出高反光的表面。它主要用于制造各种类型的镜子，包括早期反射型望远镜的光学镜片。炮铜为α相铜基体中含有（质量分数）8%～10%的Sn和2%～4%的Zn。

3. 锡青铜（磷青铜）的热处理

锡青铜（磷青铜）的热处理工艺包括均匀化处理、退火处理和去除应力处理。不像其他工业中具有析出强化能力的铜合金，如铍青铜、硅青铜、镍青铜，锡青铜不能进行析出强化处理。

（1）均匀化处理　均匀化处理是为了降低成分和组织偏析，即通常所说的结晶偏析，在高温下长时间保温的处理过程。由于铜－锡合金体系的凝固温度区间很大，高锡的锡青铜在凝固过程中通常会产生结晶偏析，因此，均匀化处理是锡青铜（也称磷青铜）最常用的热处理工艺。当锡青铜（含铅或无铅）以高的冷却速率铸造凝固时，在树枝晶之间（最后液态凝固），合金元素分布不均匀。随着铸造冷却速率提高，树枝晶间已结晶区与未结晶液相之间的化学成分差异增大。通过长时间均匀化，在固相中发生扩散，铜合金中的这种成分差异会得到均匀化。因合金、铸件尺寸以及所要求的均匀化程度不同，均匀化过程所需的时间和温度不同。通常均匀化温度高于退火温度 50℃（90℉），保温时间为 3h 到 10h 以上。

均匀化处理改变了青铜合金的力学性能，使抗拉强度、硬度和屈服强度略有降低，而断后伸长率和缩颈伸长率提高了一倍，达到初始值的两倍。图 3-62 所示为 C52100 磷青铜在不同温度下均匀化处理 4h，力学性能的变化。C52100 合金的成分（质量分数）为 7% ~9% Sn，0.03% ~0.35% P，0.05% Pb（最大值），0.10% Fe（最大值），0.20% Zn（最大值），其余为铜。

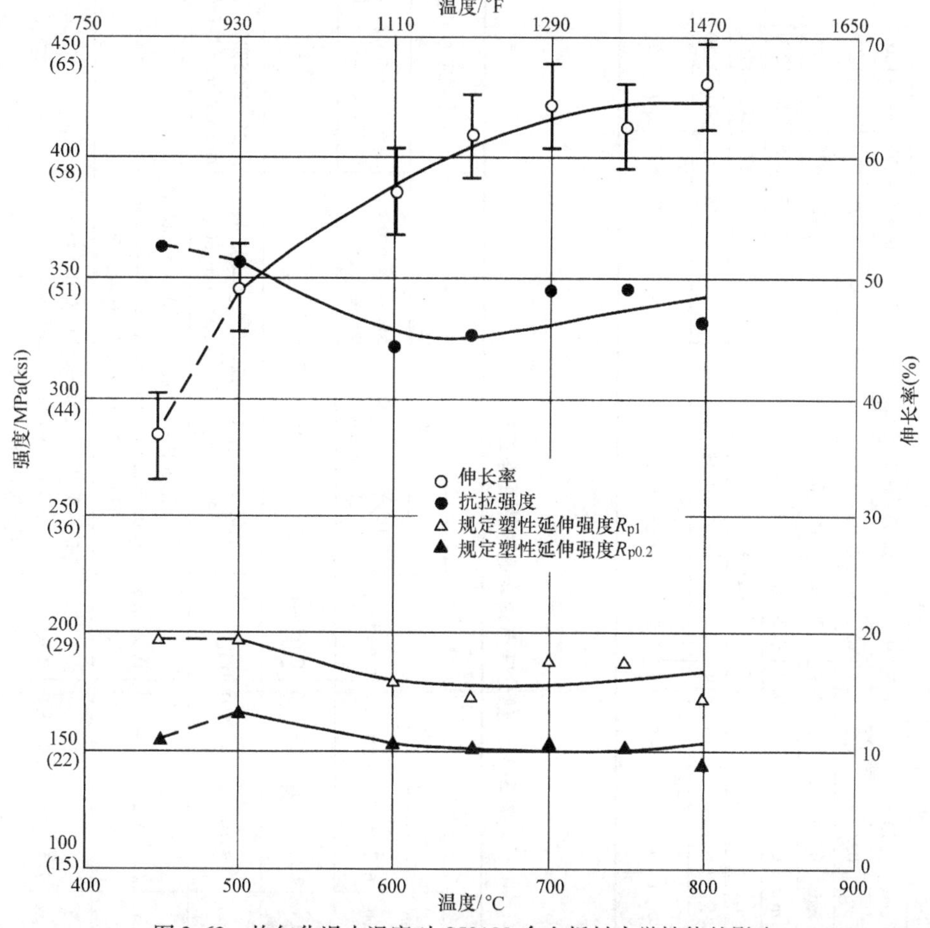

图 3-62 均匀化退火温度对 C52100 合金板材力学性能的影响

锡青铜（磷青铜）合金 C52100 和 C52400 [9% ~ 11% Sn，0.03% ~0.35% P，0.05% Pb（最大值），0.10% Fe（最大值），0.20% Zn（最大值），其余为铜] 的典型处理工艺为均匀化处理。为了减少由冷轧造成的坯料和厚板材的脆化，这两种铜合金的典型均匀化处理工艺是在 775℃（1425℉）保温 5h。

（2）退火处理 退火可降低铜合金的硬度并提高其塑性和/或韧性。在锻造加工过程中或/和得到铸件后，可采用退火处理。退火过程包括在非氧化性和无腐蚀性气氛中，以一定的加热速率加热产品达到退火温度，根据制造商要求和工件尺寸大小选择保温时间，然后按预定的冷却速率冷却。在退火过程中，加热温度、加热速率、保温时间、冷却速率和炉内气氛等因素对产品质量有明显的影响。有一些锡青铜的退火是将铜合金加热到再结晶温度，如果需要的话，加热温度可高于再结晶温度，使晶粒发生部分长大。表 3-35 所列为部分加工锡青铜的退火温度。铸造锡青铜（含铅和无铅）不能通过热处理进行强化。

（3）去除应力处理 去除应力是指在对铜合金的力学性能不产生明显影响的前提下，降低锡青铜材料/工件内应力的工艺过程。对于铸造锡青铜和加工锡青铜，通常选择较低的去除应力处理温度。在铸造锡青铜和加工锡青铜的冷加工过程中，由于产生了塑性应变，工件的强度和硬度提高，与此同时，在工件/材料内产生了内应力。通过去除应力处理，该内应力可得到释放和缓解。表 3-36 所列为部分铸造锡青铜（C90200 ~ C94500）的去除应力处理温度。

表 3-35 部分加工锡青铜（含铅和无铅）的退火温度和冷/热加工性能

铜合金牌号		化学成分（质量分数,%）						热加工温度		退火温度		冷加工性能	热加工成形性能
		Cu	Pb	Fe	Sn	Zn	P	℃	℉	℃	℉		
加工无铅 Cu－Sn－P 合金（磷青铜）	C50500①	余量②，max	0.05 max	0.10 max	1.0～1.7	0.30 max	0.03～0.35	800～875	1450～1600	475～650	900～1200	极好	好
	C51000①	余量②，max	0.05 max	0.10 max	4.2～5.8	0.30 max	0.03～0.35	—	—	475～675	900～1250	极好	差
	C51100①	余量②，max	0.05 max	0.10 max	3.5～4.9	0.30 max	0.03～0.35	—	—	475～675	900～1250	极好	差
	C52100①	余量②，max	0.05 max	0.10 max	7.0～9.0	0.20 max	0.03～0.35	—	—	475～675	900～1250	好	差
	C52400	余量②，max	0.05 max	0.10 max	9.0～11.0	0.20 max	0.03～0.35	—	—	475～675	900～1250	好	差
加工含铅 Cu－Sn－P 合金（磷青铜）	C53400	余量②，max	0.8～1.2	0.10 max	3.5～5.8	0.3	0.03～0.35	—	—	475～675	900～1250	—	—
	C54400	余量②，max	3.0～4.0	0.10 max	3.5～4.5	1.5～4.5	0.01～0.50	—	—	475～675	900～1250	好	—

① 在美国环境保护署注册为抗微生物合金。

② Cu＋指定合金元素的总质量分数最小值为 99.5%。

表 3-36 部分铸造锡青铜的热处理工艺

铜合金牌号		化学成分（质量分数,%）							去除应力工艺	热处理
		Cu	Pb	Fe	Sn	Zn	P	其他指定元素		
	C90200	91.0②③ min～94.0 max	0.30 max	0.20 max	6.0～8.0	0.50 max	0.05④ max	0.05 Ni⑤；0.005 max Al；0.05 max S；0.20 max Sb；0.005 max Si	260℃（500℉），按截面 1h/25mm(1in)保温	不可热处理强化
	C90280	87.0⑥ min～90.0 max	0.09 max	0.30～0.60	9.0～11.0	—	0.05 max	0.30～0.60 S	—	—
	C90300	86.0 min～89.0②③ max	0.30 max	0.20 max	7.5～9.0	3.0～5.0	0.05④ max	0.05 max S；1.0 max Ni⑤；0.005 max Al；0.2 max Sb；0.005 max Si	260℃（500℉），按截面 1h/25mm(1in)保温	不可热处理强化
	C90400①	86.0⑦ min～89.0 max	0.09 max	0.40 max	7.5～8.5	1.0～5.0	0.05 max	0.01～0.65 S；1.0 max Ni；0.005 max Al；0.02 max Sb；0.005 max Si；0.01 max Mn；0.10 max B；0.10 max Zr	—	—
	C90410①	86.0⑦ min～89.0 max	0.09 max	0.40 max	7.5～8.5	1.0～5.0	0.05 max	0.01～0.65 S；1.0 max Ni；0.005 max Al；0.02 max Sb；0.005 max Si；0.01～0.20 Mn；0.10 max B；0.10 max Zr	—	—
	C90420①	86.0⑦ min～89.0 max	0.09 max	0.40 max	7.5～8.5	1.0～5.0	0.05 max	0.01～0.65 S；1.0 max Ni；0.20 max Mn；0.02 max Sb；0.10 max B；0.10 max C；0.10 max Ti；0.10 max Zr	—	—

铸造无铅Cu-Sn-P合金（磷青铜）	C90430	86.0[⑦] min ~ 89.0 max	0.09 max	0.40 max	7.5 ~ 8.5	1.0 ~ 5.0	0.05 max	0.01 ~ 0.65 S; 1.0 max Ni; 0.20 max Mn; 0.10 ~ 1.5 Sb; 0.10 max B; 0.10 max C; 0.10 max Ti; 0.10 max Zr	—	—
	C90500	86.0 min ~ 89.0[②⑧] max	0.30 max	0.20 max	9.0 ~ 11.0	1.0 ~ 3.0	0.05[④] max	0.05 max S; 1.0 max Ni[⑤]; 0.20 max Sb; 0.005 max Al; 0.005 max Si	260℃（500℉），按截面1h/25mm(1in)保温	不可热处理强化
	C90700	88.0 min ~ 90.0[②③] max	0.50 max	0.15 max	10.0 ~ 12.0	0.50 max	0.30[④] max	0.05 max S; 0.50 max Ni[⑤]; 0.20 max Sb; 0.005 max Al; 0.005 max Si	260℃（500℉），按截面1h/25mm(1in)保留	不可热处理强化
	C90710	余量[②③]，max	0.25 max	0.10 max	10.0 ~ 12.0	0.05 max	0.05[④] ~ 1.2	0.05 max S; 0.10 max Ni[⑤]; 0.20 max Sb; 0.005 max Al; 0.005 max Si	—	—
	C90800	85.0 min ~ 89.0[②③] max	0.25 max	0.15 max	11.0 ~ 13.0	0.25 max	0.30[④] max	0.05 max S; 0.50 max Ni[⑤]; 0.20 max Sb; 0.005 max Al; 0.005 max Si	—	—
	C90810	余量[②③]，max	0.25 max	0.15 max	11.0 ~ 13.0	0.30 max	0.15 ~ 0.8[④]	0.05 max S; 0.50 max Ni[⑤]; 0.20 max Sb; 0.005 max Al; 0.005 max Si	—	—
	C90900	86.0[②③] min ~ 89.0 max	0.25 max	0.15 max	12.0 ~ 14.0	0.25 max	0.05[④] max	0.05 max S; 0.50 max Ni[⑤]; 0.20 max Sb; 0.005 max Al; 0.005 max Si	260℃（500℉），按截面1h/25mm(1in)保温	不可热处理强化
	C91000	84.0[②③] min ~ 86.0 max	0.20 max	0.10 max	14.0 ~ 16.0	1.5 max	0.05[④] max	0.05 max S; 0.80 max Ni[⑤]; 0.20 max Sb; 0.005 max Al; 0.005 max Si	260℃（500℉），按截面1h/25mm(1in)保温	不可热处理强化
	C91100	82.0[②③] min ~ 85.0 max	0.25 max	0.25 max	15.0 ~ 17.0	0.25 max	1.0[④] max	0.05 max S; 0.50 max Ni[⑤]; 0.20 max Sb; 0.005 max Al; 0.005 max Si	260℃（500℉），按截面1h/25mm(1in)保温	不可热处理强化
	C91300	79.0 min ~ 82.0[②③] max	0.25 max	0.25 max	18.0 ~ 20.0	0.25 max	1.0[④] max	0.05 max S; 0.50 max Ni[⑤]; 0.20 max Sb; 0.005 max Al; 0.005 max Si	260℃（500℉），按截面1h/25mm(1in)保温	不可热处理强化
	C91600	86.0 min ~ 90.0[②③] max	0.25 max	0.20 max	9.7 ~ 1.8	0.25 max	0.30[④] max	0.05 max S; 1.2 min to 2.0 max Ni[⑤]; 0.20 max Sb; 0.005 max Al; 0.005 max Si	260℃（500℉），按截面1h/25mm(1in)保温	不可热处理强化
	C91700	84.0[②③] min ~ 87.0 max	0.25 max	0.20 max	11.3 ~ 12.5	0.25 max	0.30[④] max	0.05 max S; 1.2 min to 2.0 max Ni[⑤]; 0.20 max Sb; 0.005 max Al; 0.005 max Si	260℃（500℉），按截面1h/25mm(1in)保温	不可热处理强化

（续）

铜合金牌号		化学成分（质量分数,%）							去除应力工艺	热处理
		Cu	Pb	Fe	Sn	Zn	P	其他指定元素		
铸造含铅Cu-Sn-P合金（磷青铜）	C92200	86.0②⑦ min ~ 90.0 max	1.0 ~ 2.0	0.25 max	5.5 ~ 6.5	3.0 ~ 5.0	0.05④ max	1.0 Ni⑤; 0.05 max S; 0.25 max Sb; 0.005 max Al; 0.005 max Si	260℃（500℉），按截面1h/25mm（1in）保温	不可热处理强化
铸造含铅Cu-Sn-P合金（磷青铜）	C92210	86.0 min ~ 89.0②⑦ max	1.7 ~ 2.5	0.25 max	4.5 ~ 5.5	3.0 ~ 4.5	0.03④ max	0.7 min ~ 1.0 max Ni⑤; 0.05 max S; 0.20 max Sb; 0.005 max Al; 0.005 max Si	—	—
铸造含铅Cu-Sn-P合金（磷青铜）	C92220⑦	86.0 min ~ 88.0 max	1.5 ~ 2.5	0.25 max	5.0 ~ 6.0	3.0 ~ 5.5	0.05④ max	0.50 min ~ 1.0 max Ni⑤	—	—
铸造含铅Cu-Sn-P合金（磷青铜）	C92300	85.0②⑦ min ~ 89.0 max	0.30 ~ 1.0	0.25 max	7.5 ~ 9.0	2.5 ~ 5.0	0.05④ max	1.0 max Ni⑤; 0.05 max S; 0.25 max Sb; 0.005 max Al; 0.005 max Si	260℃（500℉），按截面1h/25mm（1in）保温	不可热处理强化
铸造含铅Cu-Sn-P合金（磷青铜）	C92310	余量②⑦, max	0.30 ~ 1.5	—	7.5 ~ 8.5	3.5 ~ 4.5	—	1.0 max Ni⑤; 0.03 max Mn; 0.005 max Al; 0.005 max Si	—	—
铸造含铅Cu-Sn-P合金（磷青铜）	C92400	86.0②⑦ min ~ 89.0 max	1.0 ~ 2.5	0.25 max	9.0 ~ 11.0	1.0 ~ 3.0	0.05④ max	1.0 max Ni⑤, 0.05 max S; 0.25 max Sb; 0.005 max Al; 0.005 max Si	—	—
铸造含铅Cu-Sn-P合金（磷青铜）	C92410	余量②⑦, max	2.5 ~ 3.5	0.20 max	6.0 ~ 8.0	1.5 ~ 3.0	—	0.20 max Ni⑤; 0.05 max Mn; 0.25 max Sb; 0.005 max Al; 0.005 max Si	—	—
铸造含铅Cu-Sn-P合金（磷青铜）	C92500	85.0 min ~ 88.0②⑦ max	1.0 ~ 1.5	0.30 max	10.0 ~ 12.0	0.50 max	0.30④ max	0.80 min ~ 1.5 max Ni⑤, 0.05 max S; 0.25 max Sb; 0.005 max Al; 0.005 max Si	260℃（500℉），按截面1h/25mm（1in）保温	不可热处理强化
铸造含铅Cu-Sn-P合金（磷青铜）	C92600⑦	86.0 min ~ 88.5② max	0.8 ~ 1.5	0.20 max	9.3 ~ 10.5	1.3 ~ 2.5	0.30④ max	0.7 max Ni⑤; 0.05 max S; 0.25 max Sb; 0.005 max Al; 0.005 max Si	260℃（500℉），按截面1h/25mm（1in）保温	不可热处理强化
铸造含铅Cu-Sn-P合金（磷青铜）	C92610	余量②⑦, max	0.3 ~ 1.5	0.15 max	9.5 ~ 10.5	1.7 ~ 2.8	—	1.0 max Ni⑤; 0.03 max Mn; 0.005 max Al; 0.005 max Si	—	—
铸造含铅Cu-Sn-P合金（磷青铜）	C92700	86.0 min ~ 89.0②⑦ max	1.0 ~ 2.5	0.20 max	9.0 ~ 11.0	0.7 max	0.25④ max	1.0 max Ni⑤; 0.05 max S; 0.25 max Sb; 0.005 max Al; 0.005 max Si	260℃（500℉），按截面1h/25mm（1in）保温	不可热处理强化
铸造含铅Cu-Sn-P合金（磷青铜）	C92710	余量②⑦, max	4.0 ~ 6.0	0.20 max	9.0 ~ 11.0	1.0 max	0.10④ max	2.0 max Ni⑤; 0.05 max S; 0.25 max Sb; 0.005 max Al; 0.005 max Si	—	—

	C92800	78.0[2,7] min ~ 82.0 max	4.0 ~ 6.0	0.20 max	15.0 ~ 117.0	0.8 max	0.05[4] max	0.8 max Ni[5]; 0.05 max S; 0.25 max Sb; 0.005 max Al; 0.005 max Si	260℃（500℉），按截面 1h/25mm(1in)保温	不可热处理强化
	C92810	78.0 min ~ 82.0[2,7] max	4.0 ~ 6.0	0.5 max	12.0 ~ 14.0	0.5 max	0.05[4] max	0.80 min ~ 1.2 max Ni[5]; 0.05 max S; 0.25 max Sb; 0.005 max Al; 0.005 max Si	—	—
	C92900	82.0 min ~ 86.0[2,7] max	2.0 ~ 3.2	0.2 max	9.0 ~ 11.0	0.25 max	0.50[4] max	2.8 min ~ 4.0 max Ni[5]; 0.05 max S; 0.25 max Sb; 0.005 max Al; 0.005 max Si	260℃（500℉），按截面 1h/25mm(1in)保温	不可热处理强化
铸造高铅 Cu - Sn - P 合金（磷青铜）	C93100	余量[2,9]，max	2.0 ~ 5.0	0.25	6.5 ~ 8.5	2.0	0.30[4]	0.25 max Sb; 1.0 max Ni[5]; 0.05 max S; 0.05 max Al; 0.005 max Si	—	—
	C93200	81.0 ~ 85.0[2,9]	6.0 ~ 8.0	0.2	6.3 ~ 7.5	1.0 ~ 4.0	0.15[4]	0.35 max Sb; 1.0 max Ni[5]; 0.08 max S; 0.005 max Al; 0.005 max Si	260℃（500℉），按截面 1h/25mm(1in)保温	不可热处理强化
	C93400	82.0[2,9] ~ 85.0	7.0 ~ 9.0	0.2	7.0 ~ 9.0	0.8	0.50[4]	0.50 max Sb; 1.0 max Ni[5]; 0.08 max S; 0.005 max Al; 0.005 max Si	260℃（500℉），按截面 1h/25mm(1in)保温	不可热处理强化
	C93500	83.0[2,9] ~ 86.0	8.0 ~ 10.0	0.2	4.3 ~ 6.0	2.0	0.05[4]	0.30 max Sb; 1.0 max Ni[5]; 0.08 max S; 0.005 max Al; 0.005 max Si	260℃（500℉），按截面 1h/25mm(1in)保温	不可热处理强化
	C93600	79.0 ~ 83.0[7]	11.0 ~ 13.0	0.2	6.0 ~ 8.0	1.0	0.15[4]	0.55 max Sb; 1.0 max Ni[5]; 0.08 max S; 0.005 max Al; 0.005 max Si	260℃（500℉），按截面 1h/25mm(1in)保温	不可热处理强化
	C93700	78.0[9] ~ 82.0	8.0 ~ 11.0	0.7[10]	9.0 ~ 11.0	0.8	0.10[4]	0.50 max Sb; 0.50 max Ni[5]; 0.08 max S; 0.005 max Al; 0.005 max Si	260℃（500℉），按截面 1h/25mm(1in)保温	不可热处理强化
	C93720	83.0[9] min	7.0 ~ 9.0	0.7	3.5 ~ 4.5	4.0	0.10[5]	0.50 max Sb; 0.50 max Ni[5]; 0.005 max Si	—	—
	C93800	75.0[9] ~ 79.0	13.0 ~ 16.0	0.15	6.3 ~ 7.5	0.8	0.05[4]	0.80 max Sb; 1.0 max Ni[5]; 0.08 max S; 0.005 max Al; 0.005 max Si	260℃（500℉），按截面 1h/25mm(1in)保温	不可热处理强化
	C93900	76.5 ~ 79.5[10]	14.0 ~ 18.0	0.4	5.0 ~ 7.0	1.5	1.50[4]	0.50 max Sb; 0.80 max Ni[5]; 0.08 max S; 0.005 max Al; 0.005 max Si	260℃（500℉），按截面 1h/25mm(1in)保温	不可热处理强化
	C94000	69.0 ~ 72.0[11]	14.0 ~ 16.0	0.25	12.0 ~ 14.0	0.5	0.05	0.50 max Sb; 0.05 ~ 1.0 Ni[5]; 0.08 max S; 0.005 max Al; 0.005 max Si	—	—

（续）

铜合金牌号		化学成分（质量分数,%）							去除应力工艺	热处理
		Cu	Pb	Fe	Sn	Zn	P	其他指定元素		
铸造高铅Cu－Sn－P合金（磷青铜）	C94100	72.0[11]～79.0	18.0～22.0	0.25	4.5～6.5	1.0	0.50[4]	0.80 max Sb；1.0 max Ni[5]；0.08 max S；0.005 max Al；0.005 max Si	—	—
	C94300	67.0～72.0[9]	23.0～27.0	0.15	4.5～6.0	0.8	0.08[4]	0.80 max Sb；1.0 max Ni[5]；0.08 max S；0.005 max Al；0.005 max Si	260℃（500℉），按截面1h/25mm(1in)保温	不可热处理强化
	C94310	余量[9]，max	27.0～34.0	0.5	1.5～3.0	0.5	0.05[4]	0.50 max Sb；0.25～1.0 Ni[5]	—	—
	C94320	余量[9]，max	24.0～32.0	0.35	4.0～7.0	—	—	—	—	—
	C94330	68.5[9]～75.5	21.0～25.0	0.7	3.0～4.0	3.0	0.10[4]	0.50 max Sb；0.50 max Ni[5]	—	—
	C94400	余量[9]，max	9.0～12.0	0.15	7.0～9.0	0.8	0.50[4]	0.80 max Sb；1.0 max Ni[5]；0.08 max S；0.005 max Al；0.005 max Si	260℃（500℉），按截面1h/25mm(1in)保温	不可热处理强化
	C94500	余量[9]，max	16.0～22.0	0.15	6.0～8.0	1.2	0.05[4]	0.80 max Sb；1.0 max Ni[5]；0.08 max S；0.005 max Al；0.005 max Si	260℃（500℉），按截面1h/25mm(1in)保温	不可热处理强化

① 在美国环境保护署注册为抗微生物合金。

② 在确定 Cu 的最小值时，按 Cu + Ni 进行计算。

③ Cu + 指定合金元素的总质量分数最小值为 99.4%。

④ 对连续铸造的铸件，P 的质量分数应小于 1.5%。

⑤ Ni 含量中包括 Co。

⑥ Cu + 指定合金元素的总质量分数最小值为 99.5%。

⑦ Cu + 指定合金元素的总质量分数最小值为 99.3%。

⑧ Cu + 指定合金元素的总质量分数最小值为 99.7%。

⑨ Cu + 指定合金元素的总质量分数最小值为 99.0%。

⑩ Cu + 指定合金元素的总质量分数最小值为 98.9%。

⑪ Cu + 指定合金元素的总质量分数最小值为 98.7%。

3.4.2 铝青铜

铜－铝相图与“黄铜的热处理”一节中的铜－锌相图类似。在表 3-31 中可以看到，铜和铝的原子直径分别为 264pm 和 242pm（$1pm = 10^{-12}m$）。因此，可以通过计算，得到溶剂原子（铜）和溶质原子（铝）原子的直径差异，见表 3-31。可以通过下式计算原子尺寸差别（%）

$$尺寸差别 = \frac{铜原子直径 - 铝原子直径}{铜原子直径} \times 100\%$$

铜和铝原子直径之差是 8%，而在 α 相铜中铝的最大固溶度是 9%。由于铜和铝原子直径差异较大，加上铝在铜中的最大溶解度相对较高，因此可以预计，单相固溶铝青铜合金具有较高的强度，可以在工业上应用。

铝青铜可分为加工铝青铜和铸造铝青铜两组。表 3-37 所列为当前使用的 26 种加工铝青铜（C60800 ~ C64210），表 3-38 所列为当前使用的 18 种铸造铝青铜（C95200 ~ C95900）。分别对比铝青铜、锡青铜以及黄铜中的铝、锡和锌主要固溶强化元素的强化效果，可以看出铝比锌或锡具有更好的强化效果，如图 3-63 所示。

1. 合金类型

（1）加工铝青铜　表 3-37 中的加工铝青铜 CDA 牌号 C60800 ~ C64210，以其高强度和优异的耐蚀性而著称。这些牌号的铝青铜的抗应力腐蚀疲劳性能超过了奥氏体型不锈钢。铝青铜很容易进行焊接，可以方便地进行机加工或磨削加工，但为了使工件获得良好的表面质量，需要在机加工或磨削加工中保证有良好的润滑和冷却条件。铝青铜中铝的质量分数约小于 9.5%，通过固溶强化、冷加工和析出富铁相组合进行强化。铝青铜中的主要元素是铁、镍、锰以及锌、锡和硅。根据铜合金的成分和处理状态，加工铝青铜的抗拉强度为 480 ~ 690MPa（70 ~ 100ksi）。铝含量高的铝青铜合金（铝的质量分数为 9% ~11%）有 C63000［化学成分（质量分数）为 9.0% ~11.0% Al，2.0% ~4.0% Fe，4.0% ~5.5% Ni，1.5% Mn（最大值），0.25% Si（最大值），0.30% Zn（最大值）和 0.20% Sn（最大值），其余为 Cu］和 C63020［化学成分（质量分数）为 10.0% ~11.0% Al，4.0% ~5.5% Fe，4.2% ~6.0% Ni，1.5% Mn（最大值），0.03% Pb（最大值），0.30% Zn（最大值），0.25% Sn（最大值），0.05% Cr（最大值）和 0.20% Co（最大值），其余为 Cu］。这两种铜合金可以进行挤压成形、淬火强化和回火处理，抗拉强度可达到 1000MPa（145ksi），并具有良好的塑性。这类铝青铜含有高铝、铁、镍和锰，通过采用高纯度的原材料和严格控制铜合金中杂质元素的含量，可使其获得优异的机械强度、硬度和塑性。铝青铜具有非常广泛的用途，主要用途包括生产船用五金和用于处理海水、酸性矿矿井水、非氧化性酸和工业生产中产生的液体的轴、泵和阀门部件。这类铜合金具有良好的耐磨性，使其成为制作重型套筒轴承和机床滑轨的最佳选择。铝除了可以提高铜合金的强度外，还降低了铜合金的密度，因此这些铝青铜具有相对较高的比强度。这正是有时采用镍－铝青铜（C63020）代替铍－铜合金，生产飞机起落架轴承的原因。

（2）铸造铝青铜　表 3-38 中的铸造铝青铜 CDA 牌号 C95200 ~ C95900，以其优异的耐蚀性，高的机械强度、韧性和耐磨性而著称，并具有良好的铸造和焊接性能。这类铸造铝青铜具有一个很大的合金系列，有韧性高、中等强度级别到高强度级别的不同合金牌号。铝的质量分数小于 9.25% 的铜合金的微观组织主要为 α 相，通过析出富铁或富镍相进行强化。通过对铜合金成分、冷却速率和热处理工艺进行控制，对这些相的性能进行控制。

通常，在各种腐蚀介质，尤其是海水、氯化物和稀酸（包括磷酸、盐酸和氢氟酸）中，铝青铜具有很高的耐蚀性。铝青铜用途广泛，在很多传统的应用中，它们已经取代了其他的铜基合金，如泵和阀门部件、轴承和摩擦环。在许多应用实例中，已经证明采用铝青铜替代不锈钢和镍基合金在工艺上是可行的，并且能降低成本。由于铝青铜具有抗污染性能，已广泛采用铝青铜生产海洋设备，如海水管道、配件、阀门、螺旋桨和螺旋桨毂。铝青铜的其他用途还包括生产化工工业中的轴承和泵/阀门部件，水力涡轮机的摩擦环，以及商业和军用飞机的大直径起落架轴承。

2. 铝青铜的热处理

加工铝青铜和铸造铝青铜的主要成分和热处理工艺分别见表 3-39 和表 3-40。为了对铝青铜的热处理原理和工艺（热处理加热温度的选择和过程中涉及相的性质）有深入的了解，需要对铝合金相图进行了解。图 3-64 所示为铜－铝二元相图。在铝青铜中，随铝的含量提高，强度增加但塑性下降。部分铸造铝青铜中铝的质量分数高达 11.5%，但其塑性低于加工铝青铜。铜－铝相图中的 α 相保留了面心立方（fcc）基体金属的晶体结构。而 β 相是体心立方（bcc）结构，与 α 相相比，它的塑性较差。在热处理过程中涉及的第三相是 γ_2 相（典型成分为 Al_4Cu_9）。

表 3-37 加工铝青铜的统一编号系统牌号和化学成分

统一编号系统铜合金牌号	化学成分（质量分数，%）									
	Cu	Pb	Sn	Zn	Fe	Al	Mn	Si	Ni（含 Co）	其他元素
C60800	余量[2][3]，max	0.10 max	—	—	0.10 max	5.0～6.5	—	—	—	0.02～0.35 As
C61000[1]	余量[2][3]，max	0.02 max	—	0.20 max	0.50 max	6.0～8.5	—	0.10 max	—	—
C61300[1]	余量[3][4]，max	0.01 max	0.20～0.50	0.10 max[5]	2.0～3.0	6.0～7.5	0.20 max	0.10 max	0.15	0.015 P[5]
C61400[1]	余量[2][3]，max	0.01 max	—	0.20 max	1.5～3.5	6.0～8.0	1.00 max	—	—	0.015 P
C61500[1]	余量[2][3]，max	0.015 max	—	—	—	7.7～8.3	—	—	1.8～2.2	—
C61550[1]	余量[2][3]，max	0.05 max	0.05 max	0.80 max	0.20 max	5.5～6.5	1.00 max	—	1.5～2.5	—
C61800[1]	余量[2][3]，max	0.02 max	—	0.02 max	0.50～1.5	8.5～11.0	—	0.10 max	—	—
C61900[1]	余量[2][3]，max	0.02 max	0.60 max	0.80 max	3.0～4.5	8.5～10.0	—	—	—	—
C62200[1]	余量[2][3]，max	0.02 max	—	0.02 max	3.0～4.2	11.0～12.0	—	0.10 max	—	—
C62300[1]	余量[2][3]，max	—	0.60 max	—	2.0～4.0	8.5～10.0	0.50 max	0.25 max	1.00	—
C62400[1]	余量[2][3]，max	—	0.20 max	—	2.0～4.5	10.0～11.5	0.30 max	0.25 max	—	—
C62500[1]	余量[2][3]，max	—	—	—	3.5～5.5	12.5～13.5	2.00 max	—	—	—
C62580[1]	余量[2][3]，max	0.02 max	—	0.02 max	3.0～5.0	12.0～13.0	—	0.04 max	—	—
C62581[1]	余量[2][3]，max	0.02 max	—	0.02 max	3.0～5.0	13.0～14.0	—	0.04 max	—	—
C62582[1]	余量[2][3]，max	0.02 max	—	0.02 max	3.0～5.0	14.0～15.0	—	0.04 max	—	—
C63000[1]	余量[2][3]，max	—	0.20 max	0.30 max	2.0～4.0	9.0～11.0	1.50 max	0.25 max	4.0～5.5	—
C63010[1]	78.0[3][4]，min	—	0.20 max	0.30 max	2.0～3.5	9.7～10.9	1.50 max	—	4.5～5.5	—
C63020[1]	74.5[2][3]，min	0.03 max	0.25 max	0.30 max	4.0～5.5	10.0～11.0	1.50 max	—	4.2～6.0	0.20 Co，0.05 Cr
C63200[1]	余量[2][3]，max	0.02 max	—	—	3.5～4.3[6]	8.7～9.5	1.2～2.0	0.10 max	4.0～4.8[6]	—
C63280[1]	余量[2][3]，max	0.02 max	—	—	3.0～5.0	8.5～9.5	0.6～3.5	—	4.0～5.5	—
C63380[1]	余量[2][3]，max	0.02 max	—	0.15 max	2.0～4.0	7.0～8.5	11.0～14.0	0.10 max	1.5～3.0	—
C63400[1]	余量[2][3]，max	0.05 max	0.20 max	0.50 max	0.15 max	2.6～3.2	—	0.25～0.45	0.15	0.15 As
C63600	余量[2][3]，max	0.05 max	0.20 max	0.50 max	0.15 max	3.0～4.0	—	0.7～1.3	0.15	0.15 As
C63800[1]	余量[2][3]，max	0.05 max	—	0.80 max	0.20 max	2.5～3.1	0.10 max	1.5～2.1	0.20[7]	0.25～0.55 Co
C64200[1]	余量[2][3]，max	0.05 max	0.20 max	0.50 max	0.30 max	6.3～7.6	0.10 max	1.5～2.2	0.25	0.15 As
C64210[1]	余量[2][3]，max	0.05 max	0.20 max	0.50 max	0.30 max	6.3～7.0	0.10 max	1.5～2.0	0.25	0.15 As

注：1. 合金的成分除了给出一个范围或成分的最小值外，其余为最大值。
2. 资料来源为 Copper Development Association，Inc。

① 在美国环境保护署注册为抗微生物合金。
② Cu + 指定合金元素的总质量分数最小值为 99.5%。
③ Cu 含量中包括 Ag。
④ Cu + 指定合金元素的总质量分数最小值为 99.8%。
⑤ 当根据用户要求，产品需进行焊接后使用时，Cr、Cd、Zr 和 Zn 的质量分数分别不大于 0.05%。
⑥ Cu + 指定合金元素的总质量分数最小值为 99.3%。
⑦ 不含 Co。

表 3-38　铸造铝青铜的统一编号系统牌号和化学成分

统一编号系统铜合金牌号	化学成分（质量分数,%）									
	Cu	Pb	Sn	Zn	Fe	Al	Mn	Si	Ni（含 Co）	其他元素
C95200①	86.0②	—	—	—	2.5～4.0	8.5～9.5	—	—	—	—
C95210①	86.0②	0.05	—	—	2.5～4.0	8.5～9.5	1.00	0.25	1.00	0.05 Mg
C95220①	余量③	—	—	—	2.5～4.0	9.5～10.5	0.50	—	2.50	—
C95300①	86.0②	—	—	—	0.8～1.5	9.0～11.0	—	—	—	—
C95400①	83.0③	—	—	—	3.0～5.0	10.0～11.5	0.50	—	1.50	—
C95410①	83.0③	—	—	—	3.0～5.0	10.0～11.5	0.50	—	1.5～2.5	—
C95420①	83.5③	—	—	—	3.0～4.3	10.5～12.0	0.50	—	0.50	—
C95500①	78.0③	—	—	—	3.0～5.0	10.0～11.5	3.50	—	3.0～5.5	—
C95510①	78.0④	—	—	—	2.0～3.5	9.7～10.9	1.50	—	4.5～5.5	—
C95520①	74.5③	0.03	—	—	4.0～5.5	10.5～11.5	1.50	0.15	4.2～6.0	0.20 Co，0.05 Cr
C95600①	88.0②	—	—	—	—	6.0～8.0	—	1.8～3.2	0.25	—
C95700①	71.0③	—	—	—	2.0～4.0	7.0～8.5	11.0～14.0	0.10	1.5～3.0	—
C95710①	71.0③	0.05	—	—	2.0～4.0	7.0～8.5	11.0～14.0	0.15	1.5～3.0	0.05 P
C95720①	73.0③	0.03	—	—	1.5～3.5	6.0～8.0	12.0～15.0	0.10	3.0～6.0	0.20 Cr
C95800①	79.0③	0.03	—	—	3.5～4.5⑤	8.5～9.5	0.8～1.5	0.10	4.0～5.0⑤	—
C95810①	79.0③	0.10	—	—	3.5～4.5⑤	8.5～9.5	0.8～1.5	0.10	4.0～5.0⑤	0.05 Mg
C95820①	77.5③	0.02	—	—	4.0～5.0	9.0～10.0	1.50	0.10	4.5～5.8	—
C95900①	余量③	—	—	—	3.0～5.0	12.0～13.5	1.50	—	0.50	—

注：1. 合金的成分除了给出一个范围或成分的最小值外，其余为最大值。

2. 资料来源为 Copper Development Association，Inc。

① 在美国环境保护署注册为抗微生物合金。

② Cu + 指定合金元素的总质量分数最小值为 99.0%。

③ Cu + 指定合金元素的总质量分数最小值为 99.5%。

④ Cu + 指定合金元素的总质量分数最小值 99.8%。

⑤ Fe 含量不允许超过 Ni 含量。

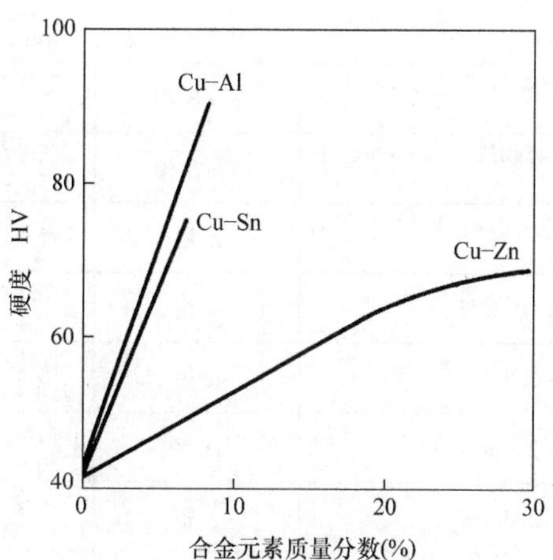

图 3-63　合金元素铝、锡和锌在铜中的固溶强化效果对比

注：从图中可以看出，铝的确是一种强固溶强化合金元素。例如，Cu－5% Al 和 Cu－8% Al 是两种常用的工业铝青铜，它们通过固溶强化来提高强度，而不能通过热处理进行强化。这两种合金唯一可采用的热处理工艺是对铸造组织进行退火和对冷加工后的组织进行常规均匀化处理。

表 3-39 加工铝青铜的热处理工艺

铜合金统一编号系统牌号	主要溶质元素质量分数（%）	根据 Cu－Al 相图铸态相组织	热处理工艺[②]
C60800	5.0～6.5Al	α 相	退火温度＝550～650℃（1000～1200℉）
C61000[①]	6.0～8.5Al	α 相	退火温度＝615～900℃（1150～1650℉）
C61300[①]	6.0～7.5Al；2.0～3.0Fe	α 相	退火温度＝750～875℃（1400～1600℉）
C61400[①]	6.0～8.0Al；1.5～3.5Fe；1.0Mn（最大值）	α 相	退火温度＝750～875℃（1400～1600℉）
C61500[①]	7.7～8.3Al；1.8～2.2Ni	α 相	退火温度＝750～875℃（1400～1600℉）
C61550[①]	5.5～6.5Al；1.5～2.5 Ni；1.0Mn（最大值）	α 相	退火温度＝750～875℃（1400～1600℉）
C61800[①]	8.5～11.0 Al；0.50～1.5Fe	α＋β 相	退火温度＝600～650℃（1100～1200℉）；快速冷却达到理想的结果
C61900[①]	8.5～10.0Al；3.0～4.5 Fe	α＋β 相	退火温度＝550～800℃（1000～1450℉）
C62200[①]	11.0～12.0Al；3.0～4.2Fe	α＋β 相	退火温度＝550～800℃（1000～1450℉）
C62300[①]	8.5～11.0Al；2.0～4.0Fe；1.0Ni（最大值）；0.50Mn（最大值）	α＋β 相	退火温度＝550～800℃（1000～1450℉）
C62400[①]	10.0～11.5Al；2.0～4.5Fe；0.30Mn（最大值）	α＋β 相	锻造或挤压后，在 870℃（1600℉）固溶淬水；在 600～650℃（1100～1200℉）退火 2h；快速冷却达到理想的结果
C62500[①]	12.5～13.5Al；3.5～5.5Fe；1.0Ni（最大值）；2.0Mn（最大值）	$\beta+\gamma_2$ 相	退火温度＝600～650℃（1100～1200℉）；快速冷却达到理想的结果
C62580[①]	12.0～13.0Al；3.0～5.0Fe	$\beta+\gamma_2$ 相	退火温度＝600～650℃（1100～1200℉）；快速冷却达到理想的结果
C62581[①]	13.0～14.0Al；3.0～5.0Fe	$\beta+\gamma_1+\gamma_2$ 相	退火温度＝600～650℃（1100～1200℉）；快速冷却达到理想的结果
C62582[①]	14.0～15.0Al；3.0～5.0Fe	$\beta+\gamma_1+\gamma_2$ 相	退火温度＝600～650℃（1100～1200℉）；快速冷却达到理想的结果
C63000[①]	9.0～11.0Al；2.0～4.0Fe；4.0～5.5Ni	α＋β 相	锻造或挤压后，在 855℃（1575℉）固溶淬水；在 600～650℃（1100～1200℉）退火 2h；快速冷却达到理想的结果
C63010[①]	9.0～11.0Al；2.0～4.0Fe；4.0～5.5Ni	α＋β 相	在冷/热加工后，退火温度＝600～700℃（1100～1300℉），空冷
C63020[①]	10.0～11.0Al；4.0～5.5Fe；4.2～6.0Ni；1.5Mn（最大值）	α＋β 相	在冷/热加工后，退火温度＝600～700℃（1100～1300℉），空冷
C63200[①]	8.7～9.5Al；3.5～4.3Fe；4.0～4.8Ni；1.2～2.0Mn	α＋β 相	在冷/热加工后，退火温度＝625～700℃（1150～1300℉），空冷
C63280[①]	8.5～9.5Al；3.0～5.0Fe；4.0～5.5Ni；0.6～3.5Mn	α＋β 相	在冷/热加工后，退火温度＝625～700℃（1150～1300℉），空冷
C63380[①]	7.0～8.5Al；2.0～4.0Fe；1.5～3.0Ni；11.0～14.0Mn	α 相	暂缺
C63400[①]	2.6～3.2Al；0.25～0.45Si	α 相	在冷/热加工后，退火温度＝400～600℃（750～1100℉），空冷
C63600	3.0～4.0Al；0.7～1.3S	α 相	在冷/热加工后，退火温度＝400～600℃（750～1100℉），空冷
C63800[①]	2.5～3.1Al；1.5～2.1Si	α 相	在冷/热加工后，退火温度＝400～600℃（750～1100℉），空冷
C64200[①]	6.3～7.6Al；1.5～2.2Si	α 相	在冷/热加工后，退火温度＝600～700℃（110～1300℉），空冷
C64210[①]	6.3～7.0Al；1.5～2.0Si	α 相	在冷/热加工后，退火温度＝600～700℃（110～1300℉），空冷

注：资料来源为 Copper Development Association，Inc。

① 在美国环境保护署注册为抗微生物合金。

② 对于所有的 α 单相铝青铜，可以通过热/冷加工，然后进行退火来获得所需的性能。对于 α＋β 两相铝青铜，可进行固溶处理和回火。对于以 β 相为基本相的双相或三相铝青铜，只进行均匀化或去除应力处理。

表 3-40　铸造铝青铜的热处理工艺

铜合金统一编号系统牌号	主要溶质元素质量分数（%）	根据 Cu－Al 相图铸态相组织	固溶处理（保温不小于 1h，然后淬水）	退火处理（2h 保温不小于，然后空冷）
C95200	9.0～11.0Al；0.8～1.5Fe；86Cu（不小于）	主要为 α 相	不可热处理强化	
C95300①	9.0～11.0Al；0.8～1.5Fe；86Cu（不小于）	α＋β 相	860～890℃（1585～1635℉）	620～660℃（1150～1225℉）
C95400①	10.0～11.5Al；3.0～5.0Fe；1.5～2.5Ni；0.50Mn（最大值）；83Cu（不小于）	α＋β 相	870～910℃（1600～1675℉）	620～660℃（1150～1225℉）
C95410①	10.0～11.5Al；3.0～5.0Fe；83Cu（不小于）	α＋β 相	870～910℃（1600～1675℉）	620～660℃（1150～1225℉）
C95500①	10.0～11.5Al；3.0～5.0Fe；3.0～5.0Ni；0.50Mn（最大值）；83Cu（不小于）	α＋β 相	870～910℃（1600～1675℉）	620～660℃（1150～1225℉）
C95510②	9.7～10.9Al；2.0～3.5Fe；4.5～5.5Ni；1.5Mn（最大值）；78.0Cu（不小于）	α＋β 相	870～925℃（1600～1700℉）固溶加热 2h，随后淬水	595～650℃（1100～1200℉）加热 2h 退火（高于共析温度）
C95520②	10.5～11.5Al；4.0～5.5Fe；4.2～6.0Ni；1.5Mn（最大值）；74.5Cu（不小于）	α＋β 相	870～925℃（1600～1700℉）固溶加热 2h，随后淬水	495～540℃（925～1000℉）加热 2h 退火（低于共析温度）
C95600	6.0～8.0Al；1.8～3.2Si；0.25Ni（含 Co）（最大值）；88.0Cu（不小于）	主要为 α 相	不可热处理强化	
C95700	7.0～8.5Al；2.0～4.0Fe；1.5～3.0Ni；11.0～14.0Mn；71.0Cu（不小于）	主要为 α 相	不可热处理强化	
C95710	7.0～8.5Al；2.0～4.0Fe；1.5～3.0Ni；11.0～14.0Mn；0.05P（最大值）；0.05Pb（最大值）；71.0Cu（不小于）	主要为 α 相	不可热处理强化	
C95720	6.0～8.0Al；1.5～3.5Fe；3.0～6.0Ni；12.0～15.0Mn；0.03Pb（最大值）；73.0Cu（不小于）	主要为 α 相	不可热处理强化	
C95800	8.5～9.5Al；3.5～4.5Fe；4.0～5.0（Ni＋Co）；0.8～1.5Mn；0.03Pb（最大值）；0.10Si（最大值）；79.0Cu（不小于）	主要为 α 相	不可热处理强化	
C95810	8.5～9.5Al；3.5～4.5Fe；4.0～5.0（Ni＋Co）；0.8～1.5Mn；0.10Pb（最大值）；0.10Si（最大值）；79.0Cu（不小于）	主要为 α 相	不可热处理强化	
C95820	9.0～10.0Al；4.0～5.0Fe；4.5～5.8（Ni＋Co）；1.50Mn（最大值）；0.02Pb（最大值）；0.10Si（最大值）；77.5Cu（不小于）	α＋β 相	铸态	
C95900	12.0～13.5Al；3.0～5.0Fe；0.50（Ni＋Co）（最大值）；1.5Mn（最大值）；Cu（其余）	$\beta+\gamma_1+\gamma_2$ 相	硬度非常高的铜合金，不可热处理强化。推荐工艺：在高于共析温度均匀化处理，快速空冷	

注：去除应力工艺为在 315℃（600℉）按 1h/25mm（1in）厚度加热。
① From 2016 Annual Book of ASTM Standards，B505－14。
② "Guide to Nickel Aluminium Bronze for Engineers，" January 2016，Copper Development publication #222，Table 26，p 51。

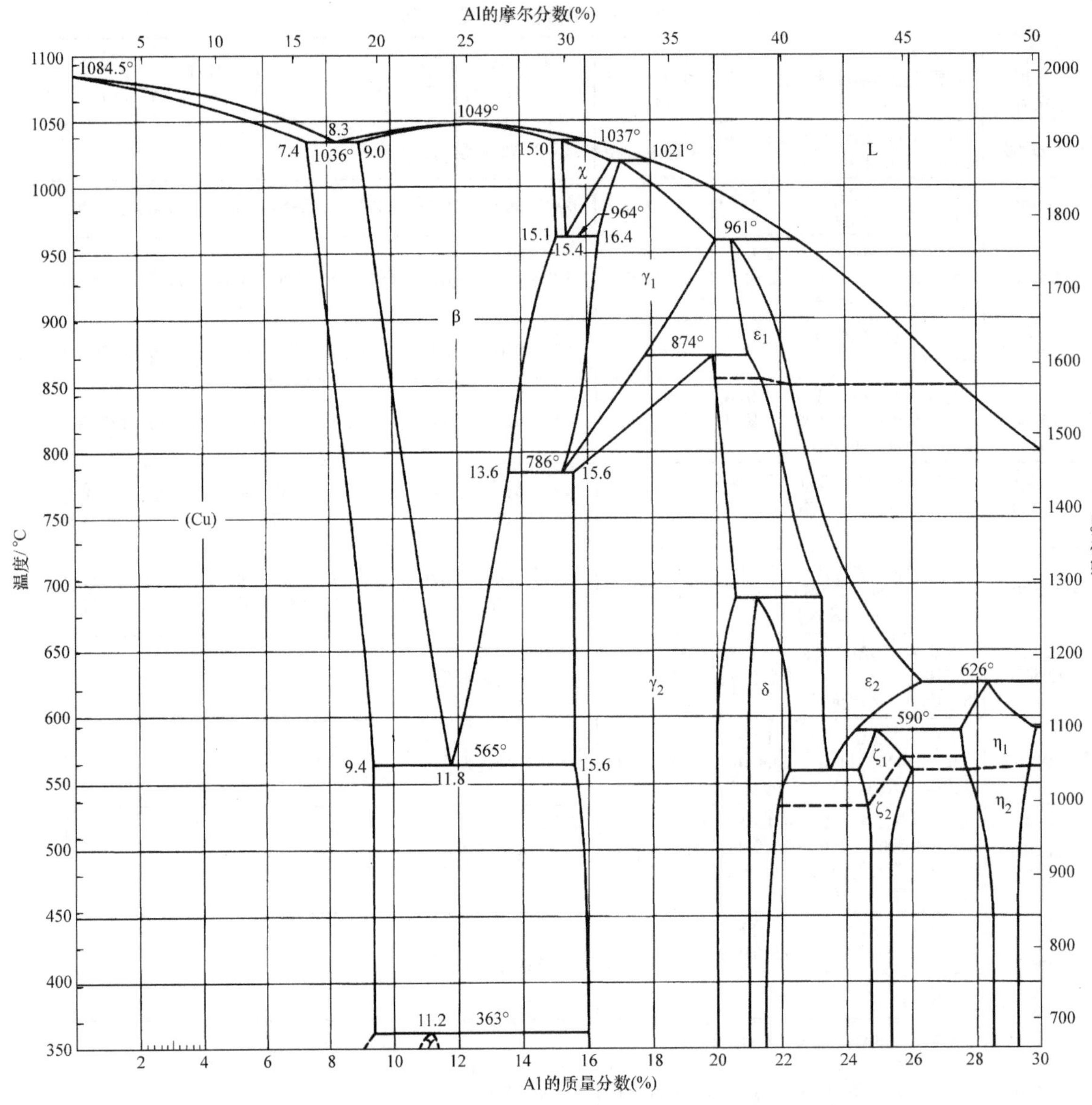

图 3-64 铜－铝二元相图（富铜端）

根据铜－铝二元相图，当铜合金中铝的质量分数达到17.5％（摩尔分数为33.4%）后，在的冷却过程中，有7个恒温转变过程，它们分别为：

1）1035℃（1895℉）的共晶反应：液相L（8.3% Al）=α相（7.4% Al）+β相（9.0% Al）。

2）在565℃（1049℉）的共析反应：β相（11.8% Al）=α相（含9.4%）+γ_2相（15.6% Al）。

3）在1048℃（1918℉）（译者注：图3-64中为1049℃）的共熔凝固转变：$w(\mathrm{Al})=11.8\%$的液相凝固转变为同等成分的β固相。β相比α相的硬度高很多，但韧性很低。

4）在1036℃（1897℉）的包晶反应：液相L（15.9% Al）+β相（15.0% Al）=X相（15.3% Al）。

5）在1020℃（1868℉）的包晶反应：液相L（17.7% Al）+X相（16.6% Al）=γ_1相（16.8% Al）。

6）在963℃（1765℉）的共析反应：X相（15.4% Al）=β相（15.1% Al）+γ_1相（16.4% Al）。

7）在785℃（1445℉）的共析反应：γ_1相（15.55% Al）=β相（13.6% Al）+γ_2相（15.6% Al）。

注：以上反应中铝的含量均为质量分数。

单相α铝青铜的 $w(Al) < 9\%$，$w(Fe) \leqslant 3\%$，它只能进行冷加工强化，然后通过退火和去除应力处理来达到所要求的性能。在 2014 年 10 月 20 日 CDA 列出的当前仍在应用的该类铜合金牌号中，有 C60800（5.0%～6.5% Al）、C61000（6.0%～8.5% Al）、C61300（6.0%～7.5% Al，2.0%～3.3% Fe，0.20%～0.50% Sn）、C61400［6.0%～8.0% Al，1.5%～3.5% Fe，1% Mn（最大值）］、C61500（7.7%～8.3% Al，1.8%～2.2% Ni）和 C61550［5.5%～6.5% Al，1.5%～2.2% Ni，1% Mn（最大值）］。

图 3-64 所示为铜-铝二元相图富铜端。除非采用极长的时间退火，在 500℃（932℉）时存在的相，基本上会保存到较低温度。根据该相图，$w(Al) > 8\%$ 的液相在冷却过程中，在 1035℃（1895℉）进行共晶转变，形成β相。在缓慢冷却过程中，该β相经历了共析反应，并生成了α相和 γ_2 相。在 565℃（1049℉）的共析反应中，$w(Al) = 11.8\%$ 的β相转变为 $w(Al) = 9.4\%$ 的α相和 $w(Al) = 15.6\%$ 的 γ_2 相。在共析温度 565℃（1049℉），α相、β相和 γ_2 相三相共存。该β相与铜-锌合金体系中的β相类似，而 γ_2 相类似于铜-锌合金体系中的 γ_1 相。

铜-铝相图中的共析成分为 $w(Al) = 11.8\%$，在冷却过程中，$w(Al) = 11.8\%$ 的β相分解转变为 $w(Al) = 9.4\%$ 的α相和 $w(Al) = 15.6\%$ 的 γ_2 相。与铜-锌合金体系中的β相类似，该β相也是 bcc 晶体结构。例如，Cu-11.8% Al 合金在 800℃（1470℉）的β相区进行 1h 均匀化后，以 50℃/h（90℉/h）的冷却速率缓慢冷却，形成α相和β相层片交替相间的组织，该组织与共析成分的铁碳合金慢冷得到的珠光体共析组织相似，如图 3-65a 所示。

如果从β相区快速冷却，则可能会抑制共析反应，并在 20℃（68℉）下保留β相，保留的β相会发生缓慢分解，但在实际情况中，在该温度下β相保持稳定。然而在大多数实际的快速冷却过程中，该β相转变为β′亚稳相。由于β′是亚稳（非平衡）有序六方晶体结构相，因此铜-铝相图中没有将其表示出来。与在钢中快速冷却的情况相似，当β相快速冷却分解成长针状组织时，即形成了马氏体组织。在快速冷却过程中，当温度达到大约 380℃（715℉）（马氏体开始转变温度）时，这些针状马氏体开始在β相中以极快的速度形成。当冷却到室温时，剩下的β相会转变为细针状马氏体。图 3-65b 所示为 Cu-11.8Al 共析成分合金的细针状马氏体微观组织。

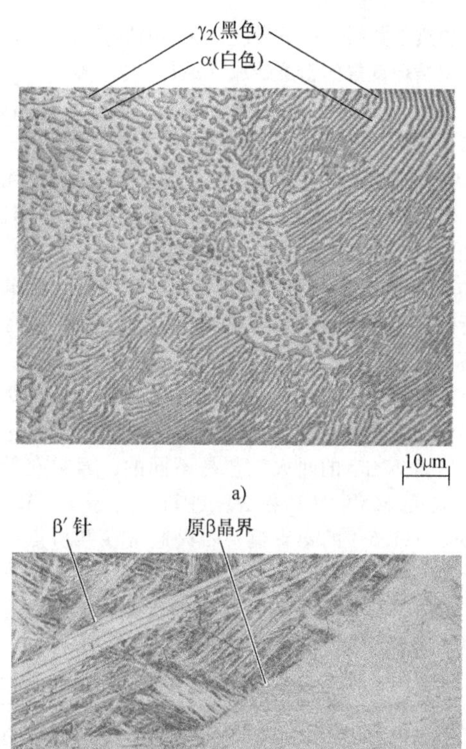

图 3-65 具有珠光体形貌的光学微观组织照片
a）Cu-11.8% Al 合金在 800℃（1472℉）均匀化处理 2h，呈现层片状和粒状珠光体组织形貌
b）Cu-11.8% Al 合金的针状马氏体组织

冷却速率对铜-铝合金的最终硬度和组织有明显的影响。与铁碳共析 Fe-0.8% C 合金体系相似，如果共析成分的铁碳合金缓慢冷却，其硬度约为 20HRC。如果同一成分的室温钢快速冷却，得到的马氏体组织硬度为 65HRC。这就是铝青铜或镍-铝青铜（9.0%～11.5% Al）的第一阶段热处理过程为加热至 870～925℃（1600～1700℉）保温 2.5～3h，将α相全部重新固溶到β相中，然后采用水循环良好的淬火水槽淬火的原因。在合金成分相同的情况下，采用水淬火的青铜硬度比铸态青铜的硬度高很多。第二阶段的热处理为退火处理，通过退火对淬火的青铜进行加热控制得到最终产品的硬度。对于铝的质量分数较低的铝青铜（9%～11%），将合金加热至 565℃（1049℉）共析点以上温度；对于铝的质量分数较高的铝青铜（10.5%～11.5% Al），将

合金加热至共析点以下温度，保温时间为2~3h；然后采用循环良好的新鲜冷风（风冷）冷却。

例如，加热已淬火硬化铝青铜合金C95410、C95510或C63000（铝的质量分数为9.5%~10.5%）至高于共析温度565℃（1049℉），使铜合金产生再次析出，降低其硬度和强度但提高韧性。再如，加热已淬火硬化铝青铜合金C95520或C63020（铝的质量分数为10.5%~11.5%）至低于共析温度565℃（1049℉），铜合金的硬度会有所提高。

如前所述，$w(\mathrm{Al})=10.5\%\sim11.5\%$的两相铝青铜的淬火工艺与$w(\mathrm{Al})=9\%\sim11\%$的铝青铜基本相同。然而，二者的回火工艺是不同的，通常在低于共析温度565℃（1049℉）进行。对于$w(\mathrm{Al})=10.5\%\sim11.5\%$的铝青铜，回火通常在共析点以下温度495~540℃（925~1000℉）进行。由于温度偏低，减慢了合金元素的扩散速率，降低了铜合金的共析反应温度，其结果是形成了高硬度的γ_2相，提高了铜合金的硬度，但降低了其塑性。表3-40所列为推荐用于统一编号系统中牌号为C95300、C95400、C95410、C95500、C95510、C95520和C95820的铸造铝青铜的热处理工艺。表3-41所列为典型加工和铸造α+β两相铝青铜的工艺条件对其性能的影响。为防止大截面或复杂截面工件开裂，应采用缓慢的加热速率。在完成铝青铜的热处理加热后，必须在循环良好的冷水中，或者采用喷雾或强风迅速冷却。在565~275℃（1050~530℉）的温度范围缓慢冷却，可以导致残留马氏体β相分解，形成脆性的α-β共析相。当这种共析组织的含量高时，会导致铜合金的伸长率降低、断裂能降低，其冲击性能也严重降低，并降低铜合金在某些介质中耐蚀性。为了有效地防止有害的共析转变，回火后必须在5min内冷却至低于370℃（700℉）的温度，必须在15min内冷却至低于270℃（530℉）的温度。通常，镍-铝青铜出现有害共析转变的概率较低，因此这些铜合金可以采用空冷。

表3-41 典型加工和铸造α+β两相铝青铜的工艺条件对其性能的影响

统一编号系统铜合金牌号	典型工艺状态	抗拉强度		屈服强度（在载荷下拉伸变形0.5%）		标距50mm（2in）断后伸长率（%）	硬度HBW
		MPa	ksi	MPa	ksi		
C62400	锻造或挤压成形后，在870℃（1600℉）固溶淬水，在620℃（1150℉）退火2h后空冷	620~690	90~100	240~260	35~38	14~16	163~183
		675~725	98~105	345~385	50~56	8~14	187~202
C63000	锻造或挤压成形后，在855℃（1575℉）固溶淬水，在650℃（1200℉）退火2h后空冷	730	106	365	53	13	187
		760	110	425	62	13	212
C95300	铸态，在855℃（1575℉）固溶淬水，在620℃（1150℉）退火2h后空冷	495~530	72~77	185~205	27~30	27~30	137~140
		585	85	290	42	14~16	159~179
C95400	铸态，在870℃（1600℉）固溶淬水，在620℃（1150℉）退火2h后空冷	585~690	85~100	240~260	35~38	14~18	156~179
		655~725	95~105	330~370	48~54	8~14	187~202
C95500	铸态，在870℃（1600℉）固溶淬水，在650℃（1200℉）退火2h后空冷	640~710	93~103	290~310	42~45	10~14	156~179
		655~725	95~105	330~370	48~54	10~14	187~202

注：中等截面铸件在540℃（1000℉）以上温度出模和风冷或模冷却，在620℃（1150℉）退火和采用强风快速冷却。

此外，在高温条件下，$w(\mathrm{Al})$高达9.6%的铝青铜有少量β相微观组织，其可热处理强化能力有限，只能通过冷加工强化。两元的α+β两相铝青铜中$w(\mathrm{Al})=9\%\sim11.5\%$，镍-铝α+β两相青铜中$w(\mathrm{Al})=8.5\%\sim11.5\%$。含铁或不含铁的铝青铜合金或镍-铝青铜合金，其热处理过程与钢的热处理有些类似（钢是加热至一定温度保温，然后迅速淬火得到马氏体以获得高硬度，然后在一定温度下回火，获得所需的硬度和力学强度）。这些铝青铜也有类似于碳钢的等温转变图。α+β两相铝青铜的热处理与铜-铝二元相图中565℃（1049℉）的共析反应有关。在该温度下，$w(\mathrm{Al})=11.8\%$的β相分解为$w(\mathrm{Al})=9.4\%$的α相和$w(\mathrm{Al})=15.6\%$的γ_2相。这与铁碳合金在727℃（1341℉）的共析反应相似，

即 w(C) = 0.76% 的 γ 相在该温度下分解为 w(C) = 0.022% 的 α 铁素体和 w(C) = 6.7% 的 Fe_3C 渗碳体。

Cu－11.8% Al 铝青铜合金的马氏体开始转变温度为 380℃（716℉）。亚稳态 β′相的独特针状或片状马氏体微观组织如图 3-66 所示。

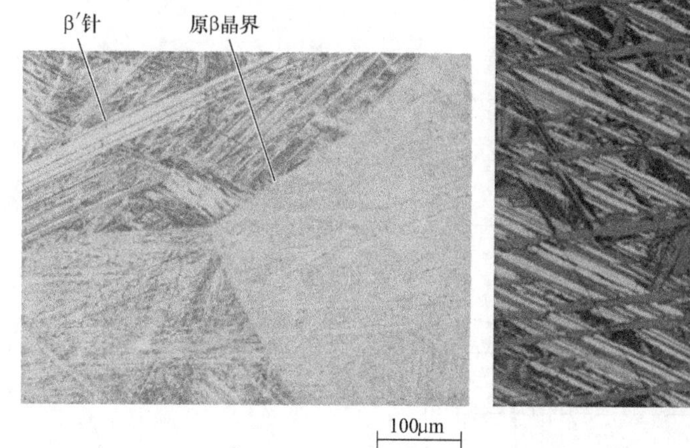

a)

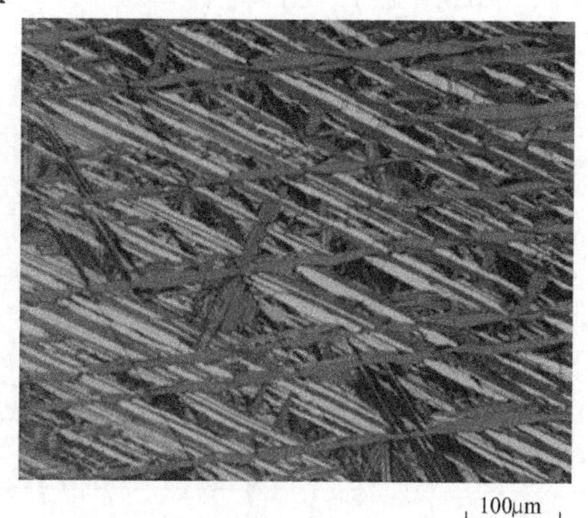

b)

图 3-66　Cu－11.8% Al 铝青铜的马氏体亚稳态 β′相

a）在 800℃（1472℉）加热和淬水，得到针状马氏体组织

b）加热到 900℃（1650℉）保温 1h 后淬水，马氏体从图中右下方形成，向左上方长大

w(Al) = 9% ～11.5% 的铝青铜以及 w(Al) = 8.5% ～11.5% 的镍－铝青铜所采用的热处理工艺均为加热到 900℃（1650℉）的 α + β 两相区，保温不少于 1h，在循环良好的淬火水槽中淬火。一般来说，含铝量高的铝青铜易产生淬火开裂，而含铝量较低的铝青铜中高温 β 相偏少，淬火效果不好。钢热处理中的注意事项也适用于铝青铜的热处理，铝青铜的临界冷却速率略低于钢。

这些两相铝青铜［w(Al) = 9% ～11%］的淬火工艺为加热至 843 ~ 899℃（1600 ~ 1700℉），根据铸件尺寸大小保温 2 ~ 3h，使 α 相固溶于 β 相中，然后淬入循环良好的淬火水槽中。淬火至室温后得到高硬度、亚稳态的 β′相马氏体组织。该淬火硬化铜合金的塑性几乎为零。为了使该亚稳态的 β′相转变成为有用的高强度韧性相，需将淬硬的产品加热到一定温度后回火，从硬化的亚稳态中析出部分塑性 α 相。回火温度通常可高于或低于 565℃（1049℉）的共析温度，保温时间为 2h 或更长，然后在循环空气中冷却。对于 w(Al) = 9% ～11% 的两相铝青铜，通常回火温度高于共析温度，为 593 ～ 649℃（1100 ~ 1200℉）。在比共析温度高的温度下回火，由于合金元素在高温下的扩散速率更快，使得 β 相析出 α 相的数量更多。此外，在高速流动的空气中冷却时，铜合金在冷却过程中没有时间发生共析反应，从而避免了形成硬度更高的 γ_2 相。

3. 亚共析铝青铜合金（Cu－10.2% Al）

图 3-67a 所示为铜－铝相图富铜端。图 3-67b 所示为 Cu－10.2% Al 铝青铜淬火后得到初生 α 相和 α + γ_2 相，再加热至 500 ~ 1100℃（932 ~ 2012℉）范围内的某一温度保温 30min，通过 565℃（1049℉）共析温度冷却至规定温度，然后淬水至室温的硬度。从该图中可以看出，如果 Cu－10.2% Al 合金再加热至 550℃（1022℉）保温 30min 和淬水，硬度约为 150HBW；如果再加热至 600℃（1112℉）的 α + β 两相区保温 30min 和淬水，铜合金中大部分硬度较高的 γ_2 相转变为硬度较低的 β 相，硬度降低至约为 130HBW。当再加热温度提高到 825℃（1517℉），即加热至图 3-67a 中 Cu－10.2% Al 合金的 α + β 相和 β 相固溶度线与成分垂线相交处时，淬火工件的硬度提高。当再加热温度超过 825℃（1517℉）时，则完全进入 β 相区，淬火后得到全部为马氏体的 β′相组织，硬度约为 250HBW。该微观组织与图 3-65 中的微观组织类似。当 Cu－10.2% Al 合金再加热温度为 565 ~ 825℃（1049 ~ 1517℉）时，随加热温度的提高，α + β 两相区中的 α 相数量减少，β 相数量增加。而 β 相数量的增加使得 Cu－10.2% Al 合金的淬火硬度提高。图 3-68 所示为在 565 ~ 825℃（1049 ～ 1517℉）温度范围再加热的 Cu－10.2% Al 合金，淬火冷却得到的典型微观组织。

如果 Cu－10.2% Al 合金缓慢地从 β 相区冷却（如炉冷或空冷，而不是淬水），则会形成大量 α 相（大约 50%）组织，室温组织将是 α 相和 γ_2 相层片相间的共析珠光体组织。虽然珠光体组织的硬度很高，但由于存在大量硬度低的 α 相，使得铜合金在热处理后硬度降低。随着冷却过程中冷却速率的降低，硬度较低的 α 相的数量越来越多，β′马氏体相的数量减少，导致铜合金的硬度下降。图 3-69 所示为将铜合金加热到 900℃（1650℉），并以不同的速率冷却时的硬度曲线。当冷却速率从 10^2℃/s 提高到 10^4℃/s 时，Cu－10.2% Al 合金的硬度从约为 100HBW 增加到 240HBW。

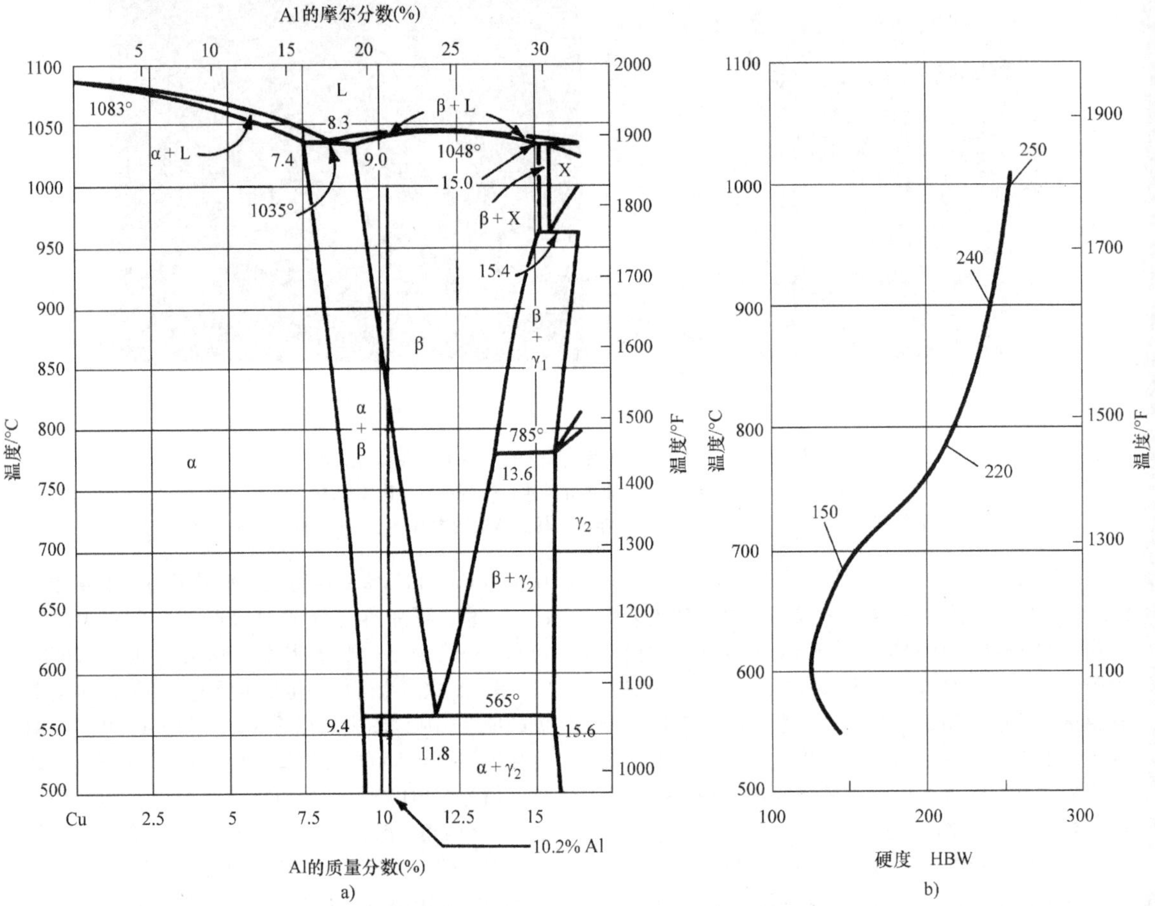

图 3-67　淬火温度对 Cu－10.2% Al 合金硬度的影响

注：试样经最初热处理得到主要 α 相和 α＋γ_2 相共析组织，再加热至 500～1100℃（932～2012℉）保温 30min，然后淬火。

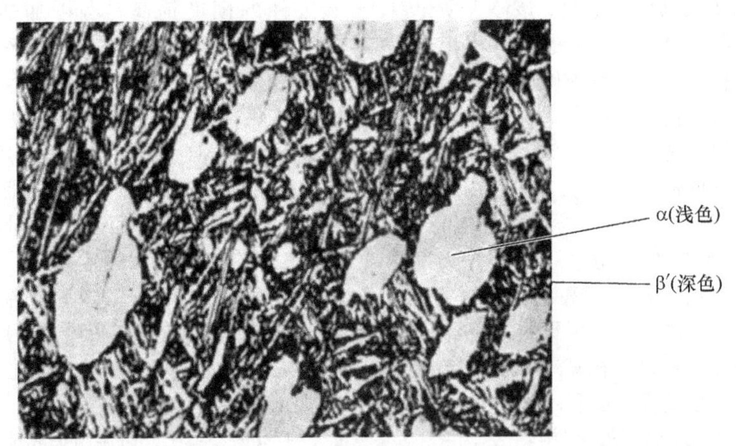

图 3-68　Cu－10.2% Al 铝青铜的典型光学微观组织（200×）

注：铜合金在 750℃（1390℉）淬火，组织为 α 相和 β′马氏体亚稳态组织。

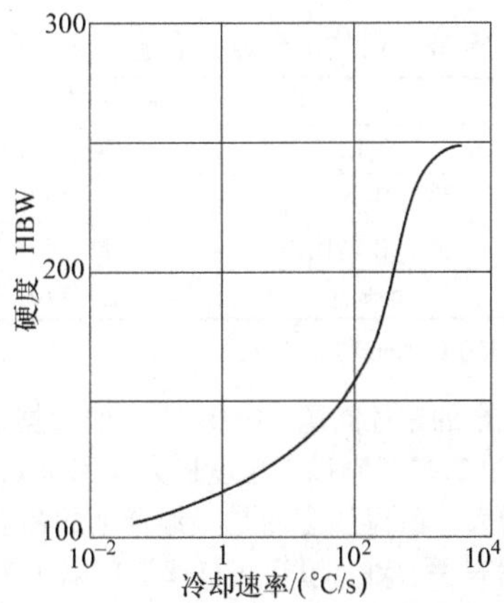

图 3-69 从 900℃（1650℉）冷却的冷却速率对 Cu－10.2% Al 合金硬度的影响

如果 Cu－10.2% Al 淬火合金在约 350℃（660℃）的温度回火，则其硬度将提高，但进一步提高回火温度，铜合金的硬度会降低，如图 3-70 所示。其硬度提高的原因是在硬度较低的 α 相基体中析出了硬度较高的细小 γ_2 相。然而，当回火温度足够高时［即超过约 400℃（750℉）时］，γ_2 相发生粗化，导致铜合金的硬度降低。共析成分的 Cu－11.8% Al 合金，分别从 β 相区缓慢冷却得到 $\alpha+\gamma_2$（类似于珠光体组织）组织或快冷形成 β′马氏体相，然后在 500℃（932℉）回火，试验测量的硬度和组织见表 3-42。

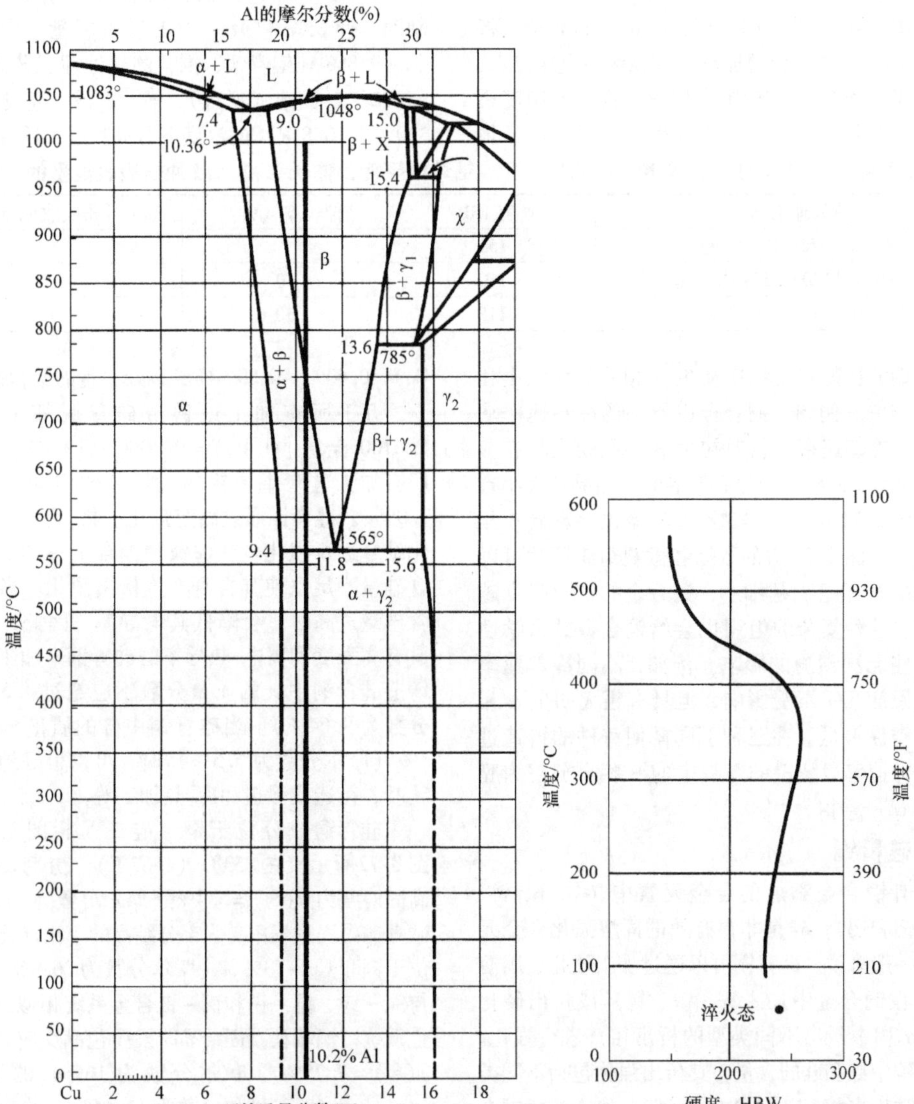

图 3-70 回火温度（保温时间为 30min）对 Cu－10.2% Al 合金硬度的影响

注：该合金采用从 900℃（1650℉）加热淬火。

表 3-42 热处理对 Cu－11.8%Al（共析合金）和 Cu－10.2%Al（亚共析合金）合金硬度的影响

热处理	Cu－11.8% Al（共析合金）		Cu－10.2% Al（亚共析合金）	
	组织	硬度 HBW	组织	硬度 HBW
缓冷（炉冷）	珠光体 $\alpha+\gamma_2$	220	珠光体 $\alpha+\gamma_2$	150
快冷（水冷）	全部 β′马氏体	150	全部 β 马氏体	240
快冷，然后回火 30min①	$\alpha+\gamma_2$	240	$\alpha+\gamma_2$	110

① Cu－11.8% Al 合金在 500℃（932℉）回火；Cu－10.2% Al 合金在 350℃（660℉）回火。

然而，当铝青铜中铝的质量分数超过 11.8%（过共析成分）时，随含铝量提高，淬火后的硬度降低。其原因可能是，当加热的过共析成分 β 相快速冷却时，直接通过了 β 相/（$\beta+\gamma_2$）相的固溶体分解线。其中部分 γ_2 相会从 β 相中析出。与全部 β 相参与了淬火相比，发生了部分共析反应的组织中的 β 相数量减少了。

根据图 3-67、图 3-69 和图 3-70 中的数据，将 w(Al) ≈10.2% 的铝青铜加热至 β 相区后直接淬水，然后在低于约 400℃（752℉）回火，得到的硬度最高。然而，在制订铝青铜的热处理工艺时，还必须考虑铜合金的韧性问题。表 3-43 中的数据表明，在约 600℃（1112℉）以下温度退火（回火），铜合金的脆性增大。值得注意的是，铜合金的断后伸长率与其韧性有关，在 600℃（1112℉）以下温度退火（回火）的铜合金，在冲击载荷作用下，比采用其他两种热处理工艺的铜合金要脆得多。表 3-43 所列为 Cu－9.8% Al 亚共析铝青铜采用不同热处理工艺的硬度、伸长率和 Izod 冲击吸收能量。因此，对于 Cu－9.8% Al 铝青铜，推荐的热处理工艺为在 650℃（1202℉）固溶（退火），然后淬火。应避免在低于 570℃（1058℉）的温度下退火和退火后缓慢冷却。

表 3-43 热处理对 Cu－9.8%Al（亚共析）铝青铜硬度、伸长率和 Izod 冲击吸收能量的影响

热处理工艺	硬度 HBW	伸长率（%）	Izod 冲击吸收能量/kgf · m
900℃（1650℉）淬火	155	7	4
650～700℃（1200～1290℉）退火	110	40	5
570℃（1060℉）退火	115	30	1.5

铝青铜的性能与组织中初生 α 相的晶粒大小和形状密切相关。例如，铜合金以不同的冷却速率从液态冷却，冷却速率不仅对初生 β 相晶粒大小有影响，还对从 α＋β 相区冷却后形成的 α 相晶粒大小有影响，如图 3-71 所示。铸造冷却速率也会影响 β 相的分解。对比图 3-71 中的数据和微观组织照片可以得出，初生 α 相组织越细小，铜合金的抗拉强度越高。然而，这种复杂的组织也会给铜合金的力学性能带来一些无法预测的影响。例如，不同冷却速率铜合金的硬度几乎不受影响，但具有粗大初生 α 相的铜合金塑性最低。在三种不同截面铸件的铸造过程中，冷却速率最缓慢的组织中的 β 相会分解为脆性更大的 $\alpha+\gamma_2$ 相。

3.4.3 硅青铜

在所有铜合金添加的合金元素中（如硅、锌、镍、锰、铝和锡），硅是非常有效的固溶强化合金元素之一。一般来说，硅青铜可以通过加工硬化、固溶强化（如在铜合金中加入锌、镍、锡）或析出硬化（在初生 α 相中析出不同类型的析出相）进行强化。根据硅青铜中镍和硅的含量，其析出强化包括不同类型的镍－硅析出相。C64700 或 CuNi2Si 加工硅青铜合金，通常含有（质量分数）1.6%～2.2% Ni（包括 Co），0.40%～0.80%%Si 以及少量的铅和铁。

几乎所有加工或铸造硅青铜都不含铅。除 C66100 合金［w(Pb)＝0.20%～0.80%］外，几乎所有加工硅青铜中铅的质量分数均低于 0.09%～0.05%。硅青铜通过固溶强化、热/冷加工和析出强化结合进行强化。就像铍青铜合金一样，硅青铜的含硅量不足以使其自身产生析出硬化。当硅青铜的含硅量过高时，会降低其电导率。因此，为了获得具有高强度和高电/热导率的硅青铜，加工硅青铜和铸造硅青铜中硅的质量分数不应超过 4.5%（摩尔分数为 9.64%）。当硅青铜中硅的质量分数不超过 3%（摩尔分数为 6.5%）时，可以很好地对其进行轧制、铸造或锻造和冷/热加工等。

硅青铜成分位于铜－硅二元相图富铜端，如图 3-72所示。在 853℃（1567℉），初生 α 相铜的最高固溶度为 w(Si)＝5.4%（摩尔分数为 11.2%）。在硅青铜凝固过程中，大部分结晶的单相（化合物）都位于铜和 Cu－13% Si（摩尔分数为 26.9%）范围内。与铜－锌、铜－锡和铜－铍合金系统相似，铜－硅合金系统富铜端在凝固结晶时发生包晶反应。即成分为 w(Si)＝7.75%（摩尔分数为 16%）的液相 L 与 w(Si)＝5.4%（摩尔分数为 11.44%）的初生 α 相结合，形成 w(Si)＝6.9%（摩尔分数 14.4%）的 γ 相。

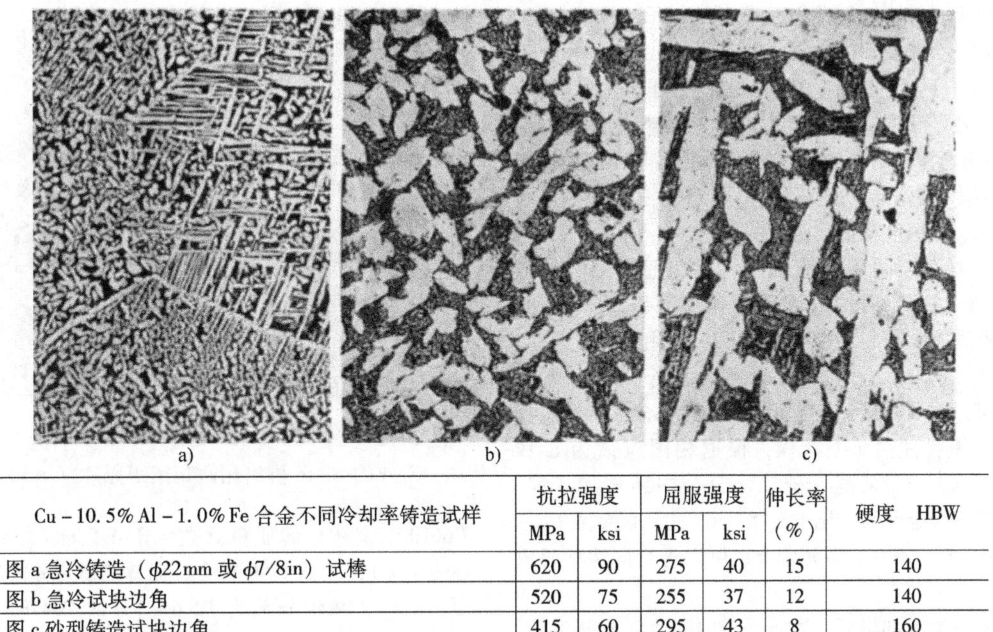

Cu－10.5% Al－1.0% Fe 合金不同冷却率铸造试样	抗拉强度		屈服强度		伸长率	硬度　HBW
	MPa	ksi	MPa	ksi	（%）	
图 a 急冷铸造（ϕ22mm 或 ϕ7/8in）试棒	620	90	275	40	15	140
图 b 急冷试块边角	520	75	255	37	12	140
图 c 砂型铸造试块边角	415	60	295	43	8	160

图 3-71　从液态凝固至固态的冷却速率对 Cu－10.5% Al－1.0% Fe 铝青铜组织和性能的影响（100×）

a）急冷铸造（ϕ22mm 或 ϕ7/8in）试棒　b）急冷试块边角　c）砂型铸造试块边角

注：微观组织中白亮区为初生 α 相；暗黑区由 β 相的分解产物组成，根据冷却速率不同，可能是 β′马氏体相或 $\alpha+\gamma_2$ 相。

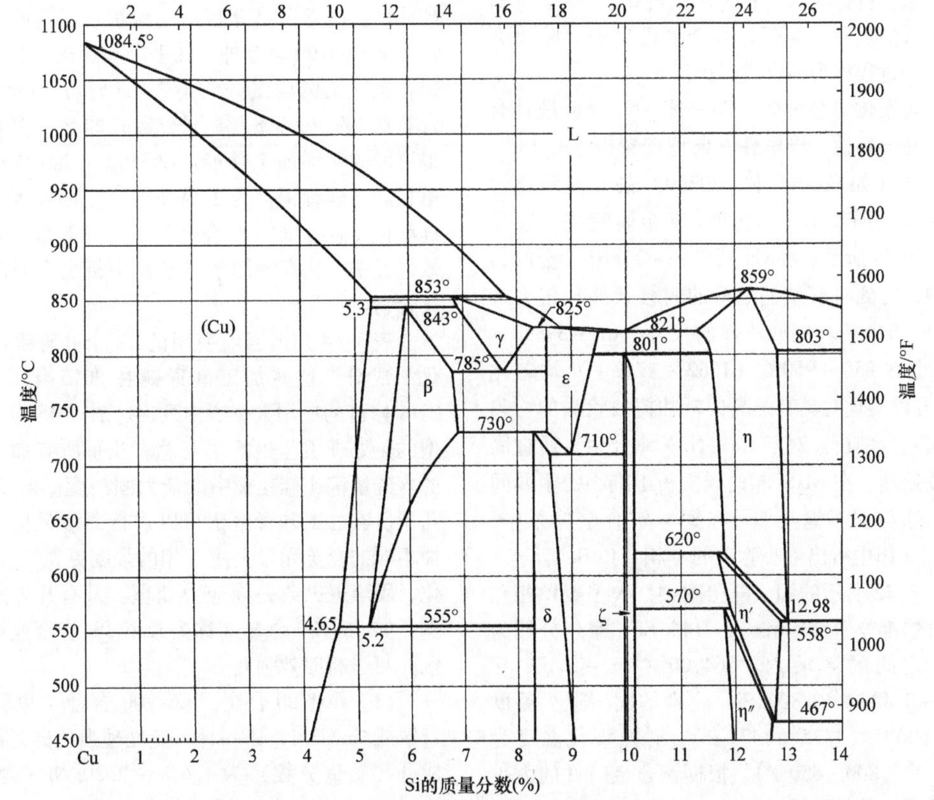

图 3-72　铜－硅二元相图富铜端

注：该相图显示，所有化合物相都在 Cu－14% Si（摩尔分数为 26.9%）成分范围内。例如，C64700 合金（Cu－1.6%～2.2% Ni－0.40%～0.80% Si）的固溶退火温度应该选择 745～800℃（1375～1475℉）。C64700 合金的析出强化温度应该选择 427～454℃（800～850℉）。根据铜合金铸件的大小和形状选择保温时间。

根据 Cu－Si 二元相图，在 853℃（1567℉），初生 α 相达到最大固溶度 $w(\mathrm{Si})=5.3\%$（摩尔分数为 11.24%），并且随温度降低，α 相中硅的含量降低。适合时效硬化的硅青铜至少应含有质量分数不小于 4% 的 Si（摩尔分数为 8.6%）。根据 α 和 α＋β 相区的固溶度曲线，在 853～555℃（1567～1031℉）温度范围，随温度降低，α 相中硅的含量下降；根据 α 和 α＋γ 相区的固溶度曲线，在温度低于 555℃（1031℉）时，α 相中硅的含量继续下降（译者注：此处有误，根据相图应该为 α 和α＋δ相区）。因此，如果硅－铜二元合金中硅的质量分数高于4%，则铜合金可以在 α 相区进行固溶处理，在 α＋γ 相区进行时效（译者注：此处有误，根据相图应该为 α 和 α＋δ相区）。如果铜－硅二元合金中还添加了镍、锡、锌等合金元素，则 Cu－Si－Ni 三元合金或 Cu－Si－Ni－Sn－Zn－P 多元合金也可以进行固溶和时效处理。

随着温度的降低，溶质原子的固溶度显著下降，这是铜合金能进行时效强化的主要条件之一。而在铜－硅合金中，随温度的降低，溶质原子硅的固溶度下降。铜－硅合金的第二种热处理方法是将合金加热到高温，进行淬水（称为淬火硬化），然后重新加热到较低的温度，降低铜合金的硬度和去除淬火应力，这一过程称为回火式退火。

在时效硬化铜合金中，Cu－Ni－Si 合金是具有高强度和高导热性、导电性的典型硅青铜。在 Cu－Ni－Si 合金（如 C64700 和 C70250）的时效强化过程中，在 α 相铜基体中析出 Ni_2Si 金属间化合物强化，如图 3-73 所示。在 Cu－3% Si－2% Ni 合金的铸态组织中，得到具有结晶偏析的树枝状晶和粗大骨架的 Ni_2Si 析出相。根据铸件的尺寸，Cu－3% Si－2% Ni 合金在 850～950℃（1562～1742℉）均匀化 2～8h，可以实现对具有结晶偏析的树枝状晶的均匀化，从而减少偏析。对于 Cu－Ni－Si 合金，通过固溶和时效处理，在 Ni_2Si 相的周围析出细小的金属间化合物。这与铍青铜类似，在铜－铍合金体系中，在初生的 α 相中析出细小弥散的 γ 相（CuBe）。

在图 3-72 所示的铜－硅相图中，大多数单相和所有化合物都位于纯铜和 Cu－14% Si（摩尔分数为 26.9%）之间的区域内。C64700（Cu－1.6%～2.2% Ni－0.40%～0.80% Si）合金的固溶退火温度为 745～800℃（1375～1475℉），时效强化温度为 427～454℃（800～850℉）。根据铜合金铸件的大小和形状确定加热的保温时间。

1. 加工硅青铜

加工硅青铜的统一数字编号为 C64700～C66100，其中硅的质量分数低于 4.5%（摩尔分数为9.6%），如 C64790 合金；而锌的质量分数最高可达6.0%（摩尔分数为 12.6%），如 C64785 合金。由于加工硅青铜的含硅量较低，不能进行通常的固溶加时效强化。大多数硅青铜都含有 1%～3%（质量分数）的 Si，不足以产生析出强化。为了改善硅青铜的性能，在硅青铜中添加锰、铁、镍和锌等合金元素。硅青铜具有很高的耐蚀性、高的强度和韧性。除 C66100 合金外，几乎所有加工硅青铜都是低铅合金（铅的质量分数小于 0.05%）。C66100 合金含有 0.2%～0.8%（质量分数）的 Pb，其目的是获得更好的切削加工性能。C65500（CuSi3Mn1）是 α 单相加工硅青铜，为了提高铜合金的强度，添加了硅和锰元素。C65500 合金可以通过时效强化，在时效过程中，从富铜固溶体基体中析出金属间锰－硅化合物。

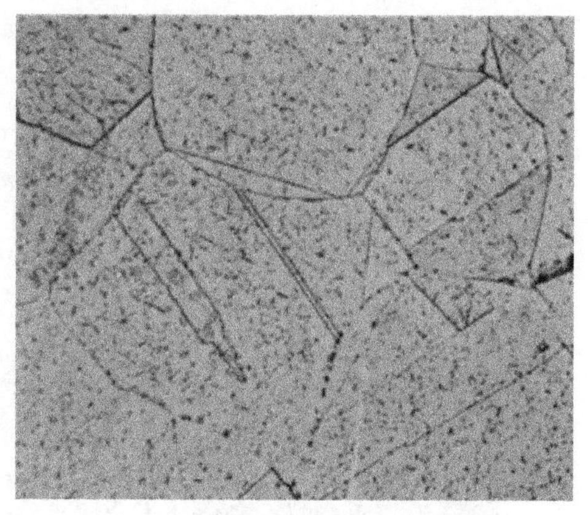

图 3-73　C64700（Cu－2Ni－0.7Si）合金淬火和时效的 Ni_2Si 析出相微观组织照片（×500）

表 3-44 列出当前使用的 22 个硅青铜的牌号和化学成分，这些加工硅青铜在 2015 年 6 月 29 日 CDA 修订的应用数据表中列出。表 3-45 对硅青铜典型的热处理工艺进行了汇总。几乎所有加工硅青铜的含硅量都比硅在铜中的最大固溶度低得多。因此，几乎所有加工硅青铜都可以进行固溶强化（通过添加不同的合金元素，使 α 相的强度更高）、冷加工强化、固溶退火或去除应力处理。只有几种加工硅青铜，如 C64700 合金（称为 CuNi3Si 合金或镍－硅青铜）可进行时效强化。

（1）C64700 合金　C64700 合金（也称镍－硅青铜或 CuNi3Si）是一种可热处理强化硅青铜，主要成分（质量分数）为 1.6%～2.2% Ni（含 Co）和 0.40%～0.80% Si。通过热加工、固溶退火和时效，在 α 相基体中析出镍－硅化合物析出相，实现强化。热加工温度范围是 704～871℃（1600～1300℉），固

表 3-44　加工铜 - 硅合金（硅青铜）的统一数字编号和化学成分

合金的成分除了给出一个范围或成分的最小值外，其余合金成分为最大值。

统一编号系统合金牌号	在 UNS No. 牌号清单中的 CDA 指定合金名称	化学成分（质量分数,%）								
		Cu	Pb	Fe	Sn	Zn	Mn	Si	Ni（含 Co）	其他指定元素
C64700①	硅青铜	余量，max	0.09 max	0.10 max	—	0.50 max	—	0.40 ~ 0.8	1.6 ~ 2.2②	—
C64710①	—	95.0③④，min	—	—	—	0.20 ~ 0.50	0.1 max	0.50 ~ 0.9	2.9 ~ 3.5②	—
C64725①	铜 - 硅合金	95.0 min	0.01 max	0.25 max	0.20 ~ 0.8	0.50 ~ 1.5	—	0.20 ~ 0.8	1.3 ~ 2.7②	0.01 max Ca；0.09 max Cr；0.20 max Mg
C64727①	铜 - 硅合金，MAX375	余量，max	0.01 max	0.25 max	0.20 ~ 0.8	0.20 ~ 1.0	—	0.50 ~ 0.8	2.5 ~ 3.0	0.002 ~ 0.20 Mg；0.01 max Ca；0.01 max Cr
C64728①	Cu - Ni - Zn - Si 合金	余量③④，max	0.05 max	0.20 max	0.10 ~ 1.0	0.10 ~ 2.0	—	0.30 ~ 0.9	2.0 ~ 3.6	—
C64730①	—	93.5③④，min	—	—	1.0 ~ 1.5	0.20 ~ 0.50	0.10 max	0.50 ~ 0.9	2.9 ~ 3.5②	—
C64740①	—	95.0③④，min	0.01 max	0.25 max	1.5 ~ 2.5	0.20 ~ 1.0	—	0.05 ~ 0.50	1.0 ~ 2.0②	0.01 max Ca；0.05 max Mg
C64745①	NKC 164	余量③④，max	0.05 max	0.20 max	0.20 ~ 0.8	0.20 ~ 0.8	0.10 max	0.10 ~ 0.7	0.7 ~ 2.5②	—
C64750①	—	余量③⑤，max	—	1.0 max	0.05 ~ 0.8	1.0 max	—	0.10 ~ 0.7	1.0 ~ 3.0②	0.10 max P；0.10 max Mg；0.10 max Zr
C64760①	—	93.5③④，min	0.02 max	—	0.30 max	0.20 ~ 2.5	—	0.05 ~ 0.6	0.40 ~ 2.5②	0.05 max Mg
C64770①	—	余量③④，max	0.05 max	0.10 max	0.05 ~ 0.50	0.3 ~ 0.8	0.10 max	0.40 ~ 0.8	1.5 ~ 3.0②	0.30 max Mg
C64775	Cu - Ni - Si 合金	余量，max	0.05 max	0.10 max	0.05 ~ 1.0	0.3 ~ 0.8	0.10 max	0.40 ~ 0.9	1.5 ~ 3.5②	0.50 max Cr；0.50 max Mg
C64780①	—	90.0③④，min	0.02 max	—	0.10 ~ 2.0	0.20 ~ 2.5	0.01 ~ 1.0	0.20 ~ 0.9	1.0 ~ 3.5	0.01 max Cr；0.01 max Mg；0.01 max Ti；0.01 max Zr
C64785①	—	余量③④，max	0.015 max	0.02 max	0.50 ~ 2.0	3.0 ~ 6.0	0.02 ~ 1.0	0.15 max	0.40 ~ 1.6⑥	0.015 max P
C64790	—	余量，max	0.05 max	0.10 max	0.05 ~ 0.50	0.3 ~ 0.8	0.10 max	0.6 ~ 1.2	2.5 ~ 4.5②	0.05 ~ 0.50 Cr；0.05 ~ 0.30 Mg
C64800	NKC 4419	余量，max	0.05 max	1.0 max	0.50 max	0.50 max	—	0.20 ~ 1.0	0.50 max	0.50 max P；1.0 ~ 3.0 Co；0.09 max Cr
C64900①	—	余量③④，max	0.05 max	0.10 max	1.2 ~ 1.6	0.20 max	—	0.8 ~ 1.2	0.10 max②	0.10 max Al
C65100①	低硅青铜 B	余量③④，max	0.05 max	0.80 max	—	1.5 max	0.7 max	0.8 ~ 2.0	—	—
C65400	—	余量③④，max	0.05 max	—	1.2 ~ 1.9	0.50 max	—	2.7 ~ 3.4	—	0.01 ~ 0.12 Cr
C65500①	高硅青铜 A	余量③④，max	0.05 max	0.80 max	—	1.5 max	0.50 ~ 1.3	2.8 ~ 3.8	0.6 max②	—
C65600①	—	余量	0.02 max	0.50 max	1.5 max	1.5 max	1.5 max	2.8 ~ 4.0	—	0.01 max Al
C66100	—	余量③④，max	0.20 ~ 0.8	0.25 max	—	1.5 max	1.5 max	2.8 ~ 3.5	—	—

注：1. 这些合金在 2015 年 6 月 29 日修订的硅青铜合金清单中为当前广泛使用的合金。

2. 资料来源为铜开发协会有限公司。

① 在美国环境保护署注册为抗微生物合金。

② Ni 含量中包括 Co 的含量。

③ Cu 含量中包括 Ag 的含量。

④ Cu + 指定合金元素的总质量分数最小值为 99.5%。

⑤ Cu + 指定合金元素的总质量分数最小值为 99.92%。

⑥ 不含 Co。

表 3-45 铜硅合金（硅青铜）的热处理工艺

统一编号系统合金牌号	主要成分（质量分数,%）	热加工温度		退火温度℃（℉）	强化处理
		℃	℉		
C64700①	0.40～0.80Si；1.6～2.2Ni；其余 Cu（最大值）	704～871	1300～1600	745～800（1375～1475）	经冷加工强化后，该合金可通过在 α 铜基体中析出镍－硅化合物进行强化。时效处理工艺为在 427～454℃（800～850℉）时效 1.5～2h
C64710①	0.5～0.9Si；0.20～0.50Zn；2.9～3.5Ni；95.0Cu（最小值）	788	1450	745～800（1375～1475）	在 427～454℃（800～850℉）析出强化，保温时间根据工件形状和大小确定
C64725①	0.2～0.8Si；0.20～0.80Sn；0.50～1.5Zn；1.3～2.7Ni；95.0Cu（最小值）	847～957	1557～1755	软化退火：349～649℃（660～1200℉）保温 1～3h 去应力退火：150～200℃（302～392℉）保温 1～3h	C64725 铜合金可在压延强化状态（TM02－TM08）或冷加工＋消除应力状态（HR04）供货，采用的工艺状态达到的力学性能应该符合规定塑性延伸强度 $R_{p0.2}$
C64727①	0.50～0.80Si；0.20～0.80Sn；0.20～1.0Zn；2.5～3.0Ni；其余 Cu	750～950	1382～1742	软化退火：349～649℃（660～1200℉）保温 1～3h 去应力退火：150～200℃（302～392℉）保温 1～3h	平板产品/带材通过 1/4 硬状态析出强化和去应力退火（状态代号为 TR01）
C64728①	0.30～0.90Si；0.10～1.0Sn；0.10～2.0Zn；2.0～3.6 Ni；其余 Cu	750～950	1382～1742	软化退火：349～649℃（660～1200℉）保温 1～3h 去应力退火：150～200℃（302～392℉）保温 1～3h	合金（平板产品）以 H04 状态代号供货，即通过冷加工和随后去应力退火状态
C64730①	0.50～0.90Si；1.0～1.5Sn；0.20～0.5Zn；2.9～3.5Ni；93.5Cu（最小值）	暂缺		暂缺	暂缺
C64740①	0.05～0.50Si；1.5～2.5Sn；0.20～1.0Zn；1.0～2.0Ni；95.0Cu（最小值）	750～950	1382～1742	软化退火：349～649℃（660～1200℉）保温 1～3h 去应力退火：150～200℃（302～392℉）保温 1～3h	合金通过冷加工强化达到状态代号 H02、H04、H06 和 H08 性能，随后进行去应力退火

C64745[①]	0.10～0.70Si；0.20～0.8Sn；0.20～0.8Zn；0.7～2.54Ni；其余 Cu	649～982	1200～1800	暂缺	合金通过冷加工强化达到状态代号 H06 性能，随后进行去应力退火
C64750[①]	0.10～0.70Si；0.05～0.8Sn；1.0～3.0Ni；其余 Cu	950（不高于）	1742（不高于）	固溶退火：700℃（1292℉）（不低于） 去应力退火：250℃（482℉）	在 450℃（842℉）进行析出强化，合金以固溶加时效状态进行供货（状态代号为 TF01）
C64760[①]	0.05～0.60Si；0.2～2.5Zn；0.40～2.5Ni；其余 Cu	950（不高于）	1742（不高于）	固溶退火：700℃（1292℉）（不低于） 去应力退火：250℃（482℉）	该合金以 H02（1/2 硬状态）、H04（全硬状态）和 H06（超硬状态）状态代号供货
C64770[①]	0.40～0.80Si；0.05～0.50Sn；0.3～0.8Zn；1.5～3.0Ni；其余 Cu	950（不高于）	1742（不高于）	固溶退火：700℃（1292℉）（不低于） 去应力退火：250℃（482℉）	该合金通过冷加工和去应力退火，以 H03（3/4 硬状态）、H04（全硬状态）、H06（超硬状态）和 H08（弹性状态）状态代号供货
C64775	0.40～0.90Si；0.05～1.0Sn；0.3～0.8Zn；1.5～3.5Ni；其余 Cu	950（不高于）	1742（不高于）	固溶退火：700℃（1292℉）（不低于）	该合金通过冷加工和去应力处理，以 H04（全硬状态）状态代号供货。如需要，可在 250℃（482℉）去应力退火
C64780[①]	0.20～0.90Si；0.10～2.0Sn；0.20～2.5Zn；0.01～1.0Mn；1.0～3.5Ni；90.0Cu（最小值）	950～1000	1742～1832	固溶退火：700℃（1292℉）（不低于）	该合金以平板产品以及 H02（1/2 硬状态）、H04（全硬状态）、H06（超硬状态）和 H10（超弹性）状态代号供货。如需要，可在 250℃（482℉）去应力退火
C64785[①]	0.15Si（最大值）；0.5～2.0Sn；3.0～6.0Zn；0.4～1.6Ni；0.02～1.0Mn；其余 Cu	950～1000	1742～1832	固溶退火：700℃（1292℉）（不低于）	该合金用于生产覆层产品，通过冷加工进行强化。如需要，可进行去应力退火
C64790	0.6～1.2Si；0.05～0.50Sn；0.3～0.8Zn；2.0～4.5Ni；0.05～0.50Cr；0.05～0.30Mg；其余 Cu	如需要，950～1000	如需要，1742～1832	固溶退火：700℃（1292℉）（不低于）	该合金以平板产品以及 H02（1/2 硬状态）、H04（全硬状态）状态代号供货。如需要，可在 250℃（482℉）去应力退火
C64800	0.2～1.0Si；1.0～3.0Co；其余 Cu	热加工性能一般，但冷加工性能好		暂缺	该合金在 H04 状态代号下使用，通过冷加工进行强化。通常有钴－硅化合物存在

（续）

统一编号系统合金牌号	主要成分（质量分数,%）	热加工温度		退火温度℃（℉）	强化处理
		℃	℉		
C64900①	0.8～1.2Si；1.2～1.6Sn；其余 Cu	热加工性能和冷加工性能极好，锻造性能好		暂缺	该合金通过冷加工进行强化，具有不同的强化工艺状态
C65100①	1.5Si；98.5Cu	705～871	1300～1600	482～677℃（900～1250℉）	该合金为棒材、线材时，以 H04（全硬状态）、H06（超硬状态）状态代号供货。如为管材，则以 H80（冷冷拔状态）状态代号供货。还可以 H00、H01、H02、H04 和 H06 状态代号的线材形式供货。如需要，可在 250℃（482℉）去应力退火
C65400	3.0Si；1.5Sn；0.1Cr；95.4Cu	705～871	1300～1600	399～593℃（750～1100℉）	该合金以平板产品以及 H01、H02、H03、H04、H06、H08、H10 和 H14 状态代号供货。如需要，可在 250℃（482℉）去应力退火
C65500①	3.0Si；1Mn；其余 Cu	705～875	1300～1605	475～700℃（890～1290℉）	该合金以平板产品、线材、棒材和管材以及 H01、H02、H04、H06、H08 和 H80 状态代号供货。如需要，可在 250℃（482℉）去除应力退火
C65600①	2.8～4.0Si；其余 Cu	705～875	1300～1605	475～700℃（890～1290℉）	由于该合金含硅量低，不能进行析出强化，因此，根据用户要求，通过冷加工加工至不同的工艺状态
C66100	2.8～3.5Si；0.20～0.80Pb；其余 Cu	705～875	1300～1605	475～700℃（890～1290℉）	该合金为含铅的 C65600 合金，因此采用与其相同的温度进行处理

注：资料来源为 Copper Development Association，Inc。

① 在美国环境保护署注册为抗微生物合金。

溶退火温度范围是 746～802℃（1375～1475℉），时效温度范围是 427～454℃（800～850℉）。C64700 合金具有良好的冷/热加工性能，以及良好的焊接性。它具有高强度、优良的导电和导热性能，是一种非磁性材料。在船舶和工业条件下，可达到很高的力学强度、良好的耐磨性和耐蚀性。在固溶退火和 20℃（68℉）的测试条件下，这种铜合金的电导率为 21%～24% IACS（国际退火铜标准）。在固溶退火、冷拉、时效和 20℃（68℉）的测试条件下，该铜合金的电导率为 37%～45% IACS。

C64700 合金以其良好的耐磨性而闻名。由于 C64700 合金具有良好的导电性、导热性和缺口塑性，广泛用于生产铸模机连接器的柱塞冲头。C64700 镍-硅青铜的典型用途：铁路行业的阀门导轨和轴承罩、短路环、转子、抗摩擦环，以及航天工业的塑料注射模具内套。这种典型析出强化合金棒材的最低抗拉强度为 550～620MPa（80～90ksi），最低屈服强度（0.5% 的塑性变形）为 485～515MPa（70～75ksi），最低伸长率为 8%。ASTM B411/B411M 标准规范适用于该铜合金的棒材产品，ASTM B412/B412M 标准规范适用于该铜合金的线材产品。

（2）C64710 合金　C64710 合金中的合金元素与 C64700 合金基本相同，但硅和镍（含钴）的含量更高，锌的质量分数为 0.20%～0.50%，因此，热处理工艺与 C64700 合金相似。C64710 合金在 788℃（1450℉）热加工后（如果需要的话），可在 745～800℃（1375～1475℉）固溶退火和在 427～454℃（800～850℉）时效强化。保温时间取决于铜合金铸件的大小和形状。

（3）C64725 合金　C64725 合金（也称为 CuNi2SiZn）是在 C64700 合金的基础上添加了锡和提高了锌的含量。C64725 合金的主要成分（质量分数）为 0.2%～0.8% Sn、0.5%～1.0% Zn、1.3%～2.7% Ni 和 0.20%～0.80% Si。C64725 合金是一种高镍硅特殊青铜（NiSi），可在冷加工和析出强化状态供货。该铜合金具有极高的强度和优良的可弯曲性，高的导电性、抗松弛性和抗电化学迁移性能。其典型的应用是生产汽车和电子连接件，可以取代部分铜-铍合金。在电子领域的主要应用是引线框架、断路器、连接器、继电器弹簧、接线端子、熔丝夹头和半导体组件；在汽车领域的主要的应用是连接器。

C64725 合金具有良好的热加工性能和成形性能，可以在 847～957℃（1557～1755℉）温度范围进行热加工。这种铜合金的典型软化退火工艺是在 349～649℃（660～1200℉）保温 1～3h，去应力退火工艺是在 150～200℃（302～392℉）保温 1～3h。该铜合金主要是以板材/带材产品供货。C64725 合金在不同冷加工状态和去除应力状态下的典型力学性能请参阅 ASTM B601-09 标准 6.3.1 节中“HR”代码中的数据和说明。状态代码是根据控制冷加工变形量和随后的去除应力工艺制订的。根据 CDA 的数据，C64725 合金板材/带材产品现有 4 个“HR”代码，分别为 HR02（1/2 硬化和去除应力）、HR04（硬化和去除应力）、HR08（弹性和去除应力）和 HR10（超弹性和去除应力）。四种状态代码 C64725 合金产品的力学性能见表 3-46。

表 3-46　C64725 合金产品的力学性能

产品规格	状态	状态代号	抗拉强度（典型值）		规定塑性延伸强度 $R_{p0.2}$（典型值）		伸长率（%）（不小于）	硬度 HV [500gf（4.9N）]
			MPa	ksi	MPa	ksi		
板材/带材	1/2 硬化和去除应力	HR02	497	72	455	66	8	155（典型值）
板材/带材	硬化和去除应力	HR04	552	80	510	74	6	170（典型值）
板材/带材	弹性和去除应力	HR08	655	95	614	89	2	198（典型值）
板材/带材	超弹性和去除应力	HR10	703	102	648	94	—	200（不小于）

（4）C64727 合金　C64727 合金（也称为 MAX375 合金），主要合金元素（质量分数）为 0.2%～0.8% Sn，0.20%～1.0% Zn，2.5%～3.0% Ni，0.5%～0.80% Si，此外还含有 0.002%～0.2% Mg。该铜合金为添加有合金元素镁的高镍-硅青铜（NiSi）特殊合金。该铜合金以 TR01 状态代号板材形式供货，合金进行了析出强化、1/4 硬化和加热去除应力处理。C64727 合金在 750～950℃（1382～1742℉）进行热加工，具有良好的热加工和成形性能。该铜合金的典型软化退火工艺是在 349～649℃（660～1200℉）保温 1～3h，去除应力工艺是在 150～200℃（302～392℉）保温 1～3h。通常，该铜合金主要用于生产板材/带材产品。不同冷加工和去除应力处理状态代号的典型力学性能可参考 ASTM B601-09 标准 6.5.10 节中“TR01”状态代号中的数据。状态代码是根据控制冷加工变形量和随后的

去除应力工艺制定的。根据 CDA 的数据，C64727 合金板材/带材产品现有“TR01”状态代号，得到的力学性能见表 3-47。

表 3-47 C64727 合金产品的力学性能

产品规格	状态	状态代号	抗拉强度		规定塑性延伸强度 $R_{p0.2}$		伸长率（%）	硬度 HV [500gf (4.9N)]
			MPa	ksi	MPa	ksi		
板材/带材	析出硬化或调幅分解热处理，1/4 硬化，去除热应力	TR01	662（不小于）；952（不大于）	96（不小于）；138（不大于）	531（不小于）；952（不大于）	77（不小于）；138（不大于）	1（不小于）	170（不小于）；290（不大于）

注：C64727 合金所有的力学性能都是在 20℃（68℉）下测量的。

（5）C64728 合金 C64728 合金（也称为 Cu-Ni-Zn-Si 合金）的主要合金元素（质量分数）为 0.1%～1.0% Sn，0.10%～2.0% Zn，2.0%～3.6% Ni 和 0.30%～0.90% Si。该铜合金以 H04 状态代号板材形式供货，合金进行了析出强化、全硬化和加热去应力处理。C64728 合金在 750～950℃（1382～1742℉）的温度进行热加工，具有良好的热加工和成形性能。该铜合金的典型软化退火工艺是在 349～649℃（660～1200℉）保温 1～3h，去除应力工艺是在 150～200℃（302～392℉）保温 1～3h。通常，该铜合金主要用于生产板材/带材产品。不同冷加工和去应力处理状态代号的典型力学性能可参阅 ASTM B601-09 标准 6.2.1 节中“H04”状态代号中的数据。状态代码是根据控制冷加工变形量和随后的去除应力工艺制订的。C64728 合金产品的力学性能见表 3-48。

表 3-48 C64728 合金产品的力学性能

产品规格	状态	状态代号	抗拉强度		规定塑性延伸强度 $R_{p0.2}$	
			MPa	ksi	MPa	ksi
板材产品	全硬状态	H04	759（不小于）；828（典型值）；897（不大于）	110（不小于）；120（典型值）；130（不大于）	724（不小于）；793（典型值）；862（不大于）	105（不小于）；115（典型值）；125（不大于）

注：C64728 合金所有的力学性能都是在 20℃（68℉）下测量的。

（6）C64730 合金 C64730 合金（也称为 Cu-Ni-Zn-Si 合金）的主要合金元素（质量分数）为 1.0%～1.5% Sn，0.20%～0.50% Zn，2.9%～3.5% Ni，0.5%～0.90% Si。

（7）C64740 合金 C64740 合金（也称为 Cu-Ni-Zn-Si 合金）的主要合金元素（质量分数）为 1.5%～2.5% Sn，0.20%～1.00% Zn，1.0%～2.0% Ni，0.05%～0.5% Si。该铜合金在 750～950℃（1382～1742℉）的温度进行热加工，具有良好的热加工和成形性能。其 C64740 合金具有极好的冷加工性能。其典型的软化退火工艺是在 349～649℃（660～1200℉）保温 1～3h，去除应力工艺是在 150～200℃（302～392℉）保温 1～3h。该铜合金主要用于生产电接触器。其在 1/2 硬状态（H02）、全硬状态（H04）、超硬状态（H06）和弹性状态（H08）的力学性能见表 3-49。

表 3-49 C64740 合金产品的力学性能

产品规格	状态	状态代号	抗拉强度（典型值）		规定塑性延伸强度 $R_{p0.2}$（典型值）		伸长率（%）（不小于）	硬度 HV [500gf (4.9N)]
			MPa	ksi	MPa	ksi		
板材产品	1/2 硬状态	H02	538	78	517	75	7	165（典型值）
	全硬状态	H04	586	85	579	84	5	180（典型值）
	超硬状态	H06	641	93	614	89	5	195（典型值）
	弹性状态	H08	690	100	662	96	5	210（不小于）

注：C64740 合金所有的力学性能都是在 20℃（68℉）下测量的。

（8）C64745 合金 C64745 合金（也称为 NKC 164 合金）的主要合金元素（质量分数）为 0.20%～0.80% Sn，0.20%～0.80% Zn，0.70%～2.50% Ni，0.10%～0.70% Si。C64745 合金的热加工温度范围为 649～982℃（1200～1800℉），该铜合金具有很好的冷/热加工性能。C64745 合金主要用

于生产制造电接触器，其在超硬化状态（H06）下的力学性能见表3-50。

表3-50 C64745合金产品的力学性能

产品规格	状态	状态代号	抗拉强度（典型值）		屈服强度（在拉伸载荷下变形量为0.5%）（典型值）		伸长率（%）（不小于）	硬度 HV [500gf（4.9N）]（典型值）
			MPa	ksi	MPa	ksi		
平板产品	超硬状态	H06	731	106	717	104	3	250

注：C64745合金所有的力学性能都是在20℃（68℉）下测量的。

（9）C64750合金 该铜合金的主要合金元素（质量分数）有0.05%～0.80%Sn，1.0%Zn（最大值），1.0%Fe，1.0%～3.0%Ni和0.10%～0.70%Si。该合金的液相线和固相线温度分别为1078℃（1972℉）和1055℃（1931℉）。C64750合金的最高热加工温度为950℃（1742℉）。该铜合金具有优良的冷/热加工性能，采用"TF00"状态代号进行固溶和析出强化热处理。最低固溶处理温度为700℃（1292℉），时效析出热处理温度为450℃（842℉）。有关该铜合金所有的状态代号请参阅ASTM B601－09标准中的定义。采用析出强化状态代号的C64750合金的板材成形产品的力学性能见表3-51。

表3-51 C64750合金产品的力学性能

产品规格	状态	状态代号	抗拉强度（典型值）		规定塑性延伸强度 $R_{p0.2}$（典型值）		伸长率（%）（典型值）
			MPa	ksi	MPa	ksi	
平板产品	析出强化	TF00	614～637	89～92.4	566	82	7

注：C64750合金的所有力学性能都是在20℃（68℉）下测量的。

（10）C64760合金 该铜合金的主要合金元素（质量分数）有0.20%～2.5%Zn，0.40%～2.5%Ni，0.05%～0.60%Si和不低于93.5%Cu（含Ag）。该铜合金的液相线和固相线温度分别为1087℃（1989℉）和1068℃（1954℉）。C64760合金的最高热加工温度为950℃（1742℉），最低固溶处理温度为700℃（1292℉），去应力处理温度为250℃（482℉）。有关该铜合金的所有状态代号请参阅ASTM B601－09标准中的定义。C64760合金板材成形产品在1/2硬状态（H02）、全硬状态（H04）和超硬状态（H06）的力学性能见表3-52。

表3-52 C64760合金产品的力学性能

产品规格	状态	状态代号	抗拉强度（典型值）		规定塑性延伸强度 $R_{p0.2}$（典型值）		伸长率（%）（典型值）
			MPa	ksi	MPa	ksi	
平板产品	1/2硬状态	H02	572	83	517	75	10
	全硬状态	H04	669	97	600	87	10
	超硬状态	H06	717	104	648	94	7

注：C64760合金的所有力学性能都是在20℃（68℉）下测量的。

（11）C64770合金 该铜合金的主要合金元素（质量分数）有0.05%～0.5%Sn，0.30%～0.8%Zn，1.5%～3.0%Ni，0.40%～0.80%Si。C64770合金的固相线温度是1075℃（1967℉）。有关该铜合金的所有状态代号请参阅ASTM B601－09标准中的定义。C64770合金板材在3/4硬状态（H03）、全硬状态（H04）、超硬状态（H06）和弹性状态（H08）的力学性能见表3-53。

（12）C64775合金 该铜合金的主要合金元素（质量分数）有0.05%～1.0%Sn，0.30%～0.8%Zn，1.5%～3.5%Ni，0.40%～0.90%Si。C64775合金的固相线温度是1069℃（1956℉）。有关该铜合金的所有状态代号请参阅ASTM B601－09标准中的定义。C64775合金板材成形产品在全硬状态（H04）的力学性能见表3-54。

（13）C64780合金 该铜合金的主要合金元素（质量分数）有0.10%～2.0%Sn，0.20%～2.5%Zn，1.0%～3.5%Ni，0.01%～1.0%Mn，0.20%～0.90%Si。C64780合金的液相线和固相线温度分别为1087℃（1989℉）和1068℃（1954℉），最低固溶退火温度为450℃（842℉），去除应力温度为250℃（482℉）。有关该铜合金的所有状态代号请参阅ASTM B601－09标准中的定义。C64780合金板材成形产品在1/2硬状态（H02）、全硬状态（H04）、超硬状态（H06）和超弹性状态（H10）的力学性能见表3-55。

表3-53 C64770合金产品的力学性能

产品规格	状态	状态代号	抗拉强度		规定塑性延伸强度 $R_{p0.2}$		伸长率（%）（典型值）
			MPa	ksi	MPa	ksi	
平板产品	3/4 硬状态	H03	600 ~ 697；672（典型值）	87 ~ 101；93（典型值）	503 ~ 600；552（典型值）	73 ~ 87；80（典型值）	15
	全硬状态	H04	641 ~ 738；690（典型值）	93 ~ 107；100（典型值）	552 ~ 648；600（典型值）	80 ~ 94；87（典型值）	10
	超硬状态	H06	690 ~ 793；738（典型值）	100 ~ 115；107（典型值）	621 ~ 717	90 ~ 104	5
	弹性状态	H08	738 ~ 841；779（典型值）	107 ~ 122；113（典型值）	703 ~ 800；752（典型值）	102 ~ 116；109（典型值）	1

注：C64770合金的所有力学性能都是在20℃（68℉）下测量的。

表3-54 C64775合金产品的力学性能

产品规格	状态	状态代号	抗拉强度		屈服强度（在拉伸载荷下变形量为0.5%）		伸长率（%）（典型值）
			MPa	ksi	MPa	ksi	
平板产品	全硬状态	H04	731 ~ 828；793（典型值）	106 ~ 120；115（典型值）	676 ~ 772；738（典型值）	98 ~ 112；107（典型值）	7

注：C64775合金的所有力学性能都是在20℃（68℉）下测量的。

表3-55 C64780合金产品的力学性能

产品规格	状态	状态代号	抗拉强度（典型值）		规定塑性延伸强度 $R_{p0.2}$（典型值）		伸长率（%）（典型值）
			MPa	ksi	MPa	ksi	
平板产品	1/2 硬状态	H02	510	74	448	65	15
	全硬状态	H04	593	86	538	78	10
	超硬状态	H06	710	103	648	94	14
	超弹性状态	H10	848	123	779	113	11

注：C64780合金的所有力学性能都是在20℃（68℉）下测量的。

（14）C64785合金　虽然该铜合金的含硅量很低，但在CDA分类中将其归类为抗微生物硅青铜。C64785合金的主要合金元素（质量分数）有0.5% ~2.0% Sn，3.0% ~6.0% Zn，0.40% ~1.6% Ni，3.0% ~6.0% Al，0.20% ~1.0% Mn和0.15% Si（最大值）。该铜合金的液相线温度为1046℃（1915℉）。其典型用途是加工覆层产品。

（15）C64790合金　该铜合金的主要合金元素（质量分数）有0.05% ~0.50% Sn，0.30% ~0.80% Zn，2.5% ~4.5% Ni，0.05% ~0.5% Cr，0.05% ~0.30% Mg，0.60% ~1.20% Si。C64790合金的液相线和固相线温度分别为1076℃（1969℉）和1067℃（1953℉）。该铜合金产品的常用制造工艺有成形、弯曲和冲压，主要用途是生产电气连接件。有关该铜合金的所有状态代号请参阅ASTM B601－09标准中的定义。C64790合金板材成形产品在1/2硬状态（H02）和全硬状态（H04）的力学性能见表3-56。

表3-56 C64790合金产品的力学性能

产品规格	状态	状态代号	抗拉强度		规定塑性延伸强度 $R_{p0.2}$		伸长率（%）（不小于）
			MPa	ksi	MPa	ksi	
平板产品	1/2 硬状态	H02	779 ~ 848；821（典型值）	113 ~ 123；119（典型值）	717 ~ 800；759（典型值）	104 ~ 116；110（典型值）	10
	全硬状态	H04	821 ~ 890；862（典型值）	119 ~ 129；125（典型值）	752 ~ 1448；793（典型值）	109 ~ 210；115（典型值）	7

注：C64790合金的所有力学性能都是在20℃（68℉）下测量的。

（16）C64800 合金　该铜合金的商业名称是 NKC4419，主要合金元素（质量分数）有 1.0% ~ 3.0% Co，0.20% ~ 1.0% Si，此外还含有 0.05% Pb（最大值）、0.05% Sn（最大值）、0.50% Zn（最大值）、1.0% Fe（最大值）、0.50% P（最大值）、0.50% Ni（最大值）和 0.09% Cr（最大值）。该铜合金具有良好的冷加工性能，但其热加工性能一般。C64800 合金的主要用途是制造电气连接器。

（17）C64900 合金　该铜合金的主要合金元素（质量分数）有 1.2% ~ 1.6% Sn，0.80% ~ 1.2% Si，此外还含有 0.05% Pb（最大值）、1.50% Zn（最大值）、0.8% Fe（最大值）、0.7% Mn（最大值）和 0.10% Ni（最大值）。该铜合金具有优良的冷/热加工性能和良好的锻造性能，可以进行弯折、拉深和镦锻、热锻、剪切、模锻、冲压等工艺成形。该铜合金具有良好的耐蚀性，在与铁、铝、镁、铅、锡和锌结合时，容易受到原电池腐蚀。

（18）C65100 合金　该铜合金的主要合金元素（质量分数）有 0.80% ~ 2.00% Si，此外还有 0.05% Pb（最大值）、0.50% Zn（最大值）、0.10% Fe（最大值）和 0.10% Al（最大值）。该铜合金的液相线和固相线温度分别为 1060℃（1940℉）和 1032℃（1890℉），热加工温度范围是 705 ~ 871℃（1300 ~ 1600℉），固溶退火温度为 482 ~ 677℃（900 ~ 1250℉）。C65100（硅青铜）合金棒材和型材的标准技术规格在 ASTM B98/B98M 标准中进行了说明，在该标准中，该铜合金通过热加工制造、棒材矫直和退火工艺，得到均匀的组织和获得所需的性能。C65100 合金的典型用途是制造电气、紧固件、工业和船用产品。该铜合金具有良好的导电和导热性能，以及良好的力学性能，此外，其耐海水腐蚀性能好，成形性和焊接性能好。C65100 合金具有优良的钎焊和焊接性能，可进行冷、热加工。该铜合金在 20℃（68℉）的典型电导率为（11% ± 1%）IACS。C65100 合金的常用制造工艺有成形和弯曲、顶镦和镦锻、热锻压、滚螺纹和滚花、挤压和模锻。C65100 合金棒材、线材和管材的典型力学性能见表 3-57。

表 3-57　C65100 合金产品的力学性能

产品规格	状态	状态代号	抗拉强度（典型值）		屈服强度（在拉伸载荷下变形量为 0.5%）（典型值）		伸长率（%）（典型值）
			MPa	ksi	MPa	ksi	
棒材	名义晶粒尺寸（0.035mm 或 0.0014in）	OS035	276	40	103	15	50
	全硬状态	H04	483	70	379	55	15
	超硬状态	H06	621	90	462	67	12
棒材和线材	全硬状态	H04	483	70	379	55	15
			690	100	483	70	11
	超硬状态	H06	724	105	490	71	15
			621	90	462	67	11
管材	硬拉拔状态	H80	448	65	276	40	20
		H80	448	65	276	40	20
	名义晶粒尺寸（0.015mm 或 0.0006in）	OS015	310	45	138	20	55
线材	1/8 硬状态	H00	379	55	276	40	40
	1/4 硬状态	H01	435	63	—	—	30
	1/2 硬状态	H01	448	65	276	40	25
		H02	552	80	435	63	15
	全硬状态	H02	552	80	—	—	20
		H04	655	95	—	—	12
	超硬状态	H04	690	100	435	63	11
		H06	724	105	490	71	10

注：C65100 合金的所有力学性能都是在 20℃（68℉）下测量的。

（19）C65400 合金　该铜合金的主要合金元素（质量分数）为 1.2% ~1.9% Sn，0.02% ~0.12% Cr 和 2.7% ~3.4% Si，此外还含有 0.05% Pb（最大值）和 0.50% Zn（最大值）。该铜合金的液相线和固相线温度分别为 1018℃（1865℉）和 957℃（1755℉）。C65400 合金具有优良的冷、热加工性能，良好的焊接性。该铜合金的常用加工工艺是弯曲、冲裁和穿孔。C65400 合金的退火温度为 399 ~593℃（750 ~1100℉），主要用于生产电气接触弹簧、电气接触器以及接线设备。C65400 合金棒材、（薄）板材、带材的 ASTM 国际标准为：棒材，ASTM B96 和 B98；板材和薄板，ASTM B96；带材，ASTM B888 和 B96。九种不同状态代号条件下，C65400 合金的典型力学性能见表 3-58。

表 3-58　C65400 合金产品的力学性能

产品规格	状态	状态代号	抗拉强度（典型值）		规定塑性延伸强度 $R_{p0.2}$（典型值）		伸长率（%）（典型值）
			MPa	ksi	MPa	ksi	
平板产品	1/4 硬状态	H01	566	82	407	59	32
	1/2 硬状态	H02	641	93	531	77	16
	3/4 硬状态	H03	717	104	621	90	9
	全硬状态	H04	786	114	690	100	5
	退火状态	O61	524	76	310	45	45
	超硬状态	H06	835	121	759	110	3
	弹性状态	H08	883	128	814	118	2.5
	超弹性状态	H10	931	135	862	125	2
	超高弹性状态	H14	945	137	876	127	1

注：C65400 合金的所有力学性能都是在 20℃（68℉）下测量的。

（20）C6550 合金　该铜合金的商用名称为高硅青铜 A，合金元素（质量分数）有 0.5% ~1.3% Mn 和 2.8% ~3.8% Si，此外还含有 0.05% Pb（最大值）、1.50% Zn（最大值）、0.8% Fe（最大值）和 0.6% Ni（最大值）。该铜合金的液相线和固相线温度分别为 1027℃（1880℉）和 971℃（1780℉）。C65500 合金具有优良的冷、热加工性能，良好的焊接性。其固溶退火温度为 482 ~704℃（900 ~1300℉），热加工温度范围是 705 ~871℃（1300 ~1600℉）。在 ASTM B98/B98M 标准中，对 C65500（硅青铜）合金棒材和型材的标准技术规格进行了说明，在该标准中，该铜合金通过热加工制造、棒材矫直和退火工艺，得到均匀的组织和获得所需的性能。C65500 合金的典型用途是生产电气、紧固件、工业和船用产品。它具有良好的导电性和导热性，以及良好的力学性能，此外，其耐海水腐蚀性能好，成形性和焊接性好。可进行冷、热加工。该铜合金在 20℃（68℉）的典型电导率为（7% ±1%）IACS。C65500 合金的常见制造工艺有下料、拉拔、成形和弯曲、顶镦和镦锻、热锻压、滚螺纹、滚花、剪切、挤压和模锻。C65500 合金的典型力学性能见表 3-59。

表 3-59　C65500 合金产品的力学性能

产品规格	状态	状态代号	抗拉强度（典型值）		屈服强度（在拉伸载荷下变形量为 0.5%）（典型值）		伸长率（%）（典型值）
			MPa	ksi	MPa	ksi	
平板产品	1/4 硬状态	H01	469	68	241	35	30
	1/2 硬状态	H02	538	78	310	45	17
	全硬状态	H04	648	94	400	58	8
	弹性状态	H08	759	110	428	62	4
	名义晶粒尺寸（0.015mm 或 0.0006in）	OS015	435	63	207	30	55
	名义晶粒尺寸（0.035mm 或 0.0014in）	OS035	414	60	172	25	60
	名义晶粒尺寸（0.070mm 或 0.0028in）	OS070	386	56	145	21	63

（续）

产品规格	状态	状态代号	抗拉强度（典型值）		屈服强度（在拉伸载荷下变形量为 0.5%）（典型值）		伸长率（%）（典型值）
			MPa	ksi	MPa	ksi	
平板产品和线材	名义晶粒尺寸（0.035mm 或 0.0014in）	OS035	414	60	172	25	60
	弹性状态	H08	1000	145	483	70	3
		H08	759	110	428	62	4
平板产品，棒材和线材	1/2 硬状态	H02	676	98	393	57	8
		H02	538	78	310	45	35
		H02	538	78	310	45	17
棒材	1/2 硬状态	H02	538	78	310	45	35
	全硬状态	H04	635	92	379	55	22
	超硬状态	H06	745	108	414	60	13
	名义晶粒尺寸（0.050mm 或 0.002in）	OS050	400	58	152	22	60
管材	硬拉拔状态	H80	641	93	—	—	22
	名义晶粒尺寸（0.050mm 或 0.002in）	OS050	400	58	152	22	60

注：C65500 合金的所有力学性能都是在 20℃（68℉）下测量的。

（21）C65600 合金　该铜合金的主要合金元素（质量分数）为 2.8% ~4.0% Si，此外还有 0.02% Pb（最大值）、1.50% Sn（最大值）、1.50% Zn（最大值）、0.5% Fe（最大值）、0.01% Al（最大值）和 1.5% Mn（最大值）。该硅青铜是与铜 - 硅、铜 - 锌、铜材或低碳钢进行惰性气体保护焊的填充材料。作为填料，该铜合金广泛用于镀锌钢板的焊接。C65600 合金中含有 2.8% ~4.0% 的 Si，高的含硅量提高了铜合金的抗拉强度、硬度和加工硬化率。该铜合金具有良好的耐蚀性和焊接性。硅青铜具有热脆现象，因此必须小心防止焊接接头过热，导致热脆开裂。C65600 合金用于铜和铜合金棒材及焊接焊丝的规范为 AWS A5.7 Class ER Copper - Silicon，用于铜和铜合金棒材气体焊接的规范为 AWS A5.27，用于铜和铜合金带焊皮焊条的规范为 AWS A5.6。C65600 合金具有良好的可锻性和优良的冷/热加工性能。其名义抗拉强度为 345MPa（50ksi），标距长度 50mm（2in）的伸长率为 40%。这种铜合金的典型用途是生产汽车车身的焊接焊丝和填充材料。此外，它还用于生产制作阀门导轨、阀杆、紧固件、腐蚀区域表面堆焊材料、架空线五金和船用配件。

（22）C66100 合金　该铜合金的成分与 C65600 相似，但含有 0.2% ~0.8%（质量分数）的 Pb，为含铅硅青铜，未被列为抗微生物合金。C66100 合金主要的合金元素（质量分数）有 0.2% ~0.8% Pb 和 2.8% ~3.5% Si，此外还含有 1.5% Zn（最大值）、0.25% Fe（最大值）和 1.5% Mn（最大值）。该铜合金具有优良的冷/热加工性能，其可锻性好、强度适中且耐蚀性好。由于 C66100 合金含有铅，使其成为一种易切削加工硅青铜，适合采用高速自动车床进行加工。该铜合金的规范为 ASME SB 98、ASTM B98、ASTM F467、ASTM F468 和 UNS 66100。C66100 合金适合制作阀门导轨、阀杆、紧固件、架空线五金和船用配件等。

2. 铸造硅青铜

铸造硅青铜的统一数字编号为 C87200 ~ C87800，其硅的质量分数小于 5.5%（如 C87600），锌的质量分数最高可达 16.0%（如 C87800）。表 3-60 列出了当前使用的 7 个铸造硅青铜牌号，其中 6 个在美国环境保护局注册为抗微生物合金。这 7 种铸造硅青铜在 2015 年 6 月 29 日 CDA 修订的应用数据表中列出。在铸造硅青铜中，合金元素铅可不必溶解于基体中。除 C87200 合金外，所有硅青铜中铅的质量分数均不超过 0.09%。C87200 合金含有（质量分数）1.0% ~5.0% Si 和不超过 0.50% Pb，此外还含有 2.5% Fe（最大值）、5% Zn（最大值）、1.5% Mn（最大值）和 1.5% Al（最大值）。C87200 铸造硅青铜不含镍，因此，形成的析出相（如果进行析出强化）为铁 - 硅化合物或硅 - 锰化合物。合金中添加的其他元素，如锌、锰、铝或磷，主要起固溶强化 α 相基体的作用。与加工硅青铜相比，所有铸造硅青铜的含硅量都要高得多。如果硅青铜中硅的质量分数为 4.65% ~5.3%（摩尔分数为 9.9% ~11.2%），则可进行固溶和时效强化。表 3-61 所列为铸造硅青铜的成分和典型热处理工艺。

表 3-60 铸造硅青铜的统一编号系统（UNS）牌号和化学成分

统一编号系统合金牌号	在 UNS No. 牌号清单中的 CDA 指定合金名称（2015 年 6 月 29 日修订）	化学成分（质量分数,%）								
		Cu	Pb	Fe	Sn	Zn	Mn	Si	Ni（含 Co）	其他合金元素
C87200	硅青铜	89.0 min[②]	0.50 max	2.5 max	1.0 max	5.0 max	1.5 max	1.0~5.0	—	1.5 max Al; 0.50 max P
C87300[①]	硅青铜	94.0 min[②]	0.09 max	0.20 max	—	0.25 max	0.8~1.5	3.5~4.5	—	—
C87600[①]	铜 - 硅合金	88.0 min	0.09 max	0.20 max	—	4.0~7.0	0.25 max	3.5~5.5	—	—
C87610[①]	铸造铜 - 硅合金	90.0 min[②]	0.09 max	0.20 max	—	3.0~5.0	0.25 max	3.0~5.0	—	—
C87700[①]	硅青铜	87.5 min[③]	0.09 max	0.50 max	2.0 max	7.0~9.0	0.8 max	2.5~3.5	0.25 max	0.10 max Sb; 0.15 max P
C87710[①]	硅青铜	84.0 min[③]	0.09 max	0.50 max	2.0 max	9.0~11.0	0.8 max	3.0~5.0	0.25 max	0.10 max Sb; 0.15 max P
C87800[①]	铸造硅青铜	80.0 min[②]	0.09 max	0.15 max	0.25 max	12.0~16.0	0.15 max	3.8~4.2	0.20 max[④]	0.15 max Al; 0.01 max P; 0.05 max As; 0.01 max Mg; 0.05 max S; 0.05 max Sb

注：合金的成分除了给出一个范围或最小值外，其余为最大值。

① 在美国环境保护署注册为抗微生物合金。

② Cu + 指定合金元素的总质量分数最小值为 99.5%。

③ Cu + 指定合金元素的总质量分数最小值为 99.2%。

④ Ni 含量中包括 Co 的含量。

表 3-61　铸造硅青铜的热处理工艺

统一编号系统合金牌号	合金名称	主要合金成分（质量分数,%）	固相线温度		液相线温度		去除应力工艺	热处理
			℃	℉	℃	℉		
C87200	硅青铜	89.0 min Cu；0.50 max Pb；1.0 max Sn；5.0 max Zn；2.5 max Fe；0.50 max P；1.5 max Al；1.5 max Mn；1.0～5.0 Si	860	1580	971	1780	加热温度 260℃（500℉），按截面厚度 1h/25mm 保温	不可热处理强化
C87300①	硅青铜	94.0 min Cu；0.09 max Pb；0.25 max Zn；0.20 max Fe；0.8～1.5 Mn；3.5～4.5 Si	821	1510	971	1780	加热温度 260℃（500℉），按截面厚度 1h/25mm 保温	不可热处理强化
C87600①	铜－硅合金	88.0 min Cu；0.09 max Pb；4.0～7.0 Zn；0.20 max Fe；0.25 max Mn；3.5～5.5 Si	860	1580	971	1780	加热温度 260℃（500℉），按截面厚度 1h/25mm 保温	不可热处理强化
C87610①	铸造铜－硅合金	90.0 min Cu；0.09 max Pb；3.0～5.0 Zn；0.20 max Fe；0.25 max Mn；and 3.0～5.0 Si	821	1510	971	1780	加热温度 260℃（500℉），按截面厚度 1h/25mm 保温	不可热处理强化
C87700①	硅青铜	87.5 min Cu；0.09 max Pb；2.0 max Sn；7.0～9.0 Zn；0.50 max Fe；0.15 max P；0.25 max Ni；0.8 max Mn；0.10 max Sb；2.5～3.5 Si	900	1652	980	1796	加热温度 260℃（500℉），按截面厚度 1h/25mm 保温	不可热处理强化
C87710①	硅青铜	84.0 min Cu；0.09 max Pb；2.0 max Sn；9.0～11.0 Zn；0.50 max Fe；0.15 max P；0.25 max Ni；0.8 max Mn；0.10 max Sb；3.0～5.0 Si	850	1562	950	1742	加热温度 260℃（500℉），按截面厚度 1h/25mm 保温	不可热处理强化
C87800①	铸造硅青铜	80.0 min Cu；0.09 max Pb；0.25 max Sn；12.0～16.0 Zn；0.15 max Fe；0.01 max P；0.20 max Ni；0.15 max Al；0.05 max As；0.01 max Mg；0.15 max Mn；=0.05 max S；0.05 max Sb；3.8～4.2 Si	821	1510	916	1680	加热温度 260℃（500℉），按截面厚度 1h/25mm 保温	不可热处理强化

注：合金的成分除了给出一个范围或最小值外，其余为最大值。

① 在美国环境保护署注册为抗微生物合金。

硅青铜的力学性能与低铝青铜基本相当，其最大名义抗拉强度约为690MPa（100ksi）。在铜合金中，虽然硅青铜的抗应力腐蚀性能比铝青铜要低，但该铜合金的普通耐蚀性良好。硅青铜产品数量相对较少，主要用于生产液压油管线、高强度紧固件、耐磨板、船用和架空线五金件。该铜合金具有优良的焊接性，常用于焊丝填充材料。

（1）C87200合金　该铜合金含有1.0%～5.0%Si（质量分数）和不超过0.50%Pb，此外还含有1.0%Sn（最大值）、5%Zn（最大值）、2.5%Fe（最大值）、0.5%P（最大值）、1.5%Al（最大值）和1.5%Mn（最大值）。其液相线和固相线温度分别为971℃（1780℉）和860℃（1580℉），去应力处理温度为260℃（500℉）。适用于C87200合金的最新铸造标准是ASTM B584、SAE J462、Federal QQ－C390系列和Military Mil－C22229系列。该铜合金中合金元素的质量分数有许多具有最大值，但没有最小值。因此，这些元素可充分固溶于α相中，以达到良好的固溶强化效果。此外，该铜合金还可以析出锰－硅化合物，实现良好的析出强化效果。该铜合金的典型抗拉强度是379MPa（55ksi）（最低要求是310MPa或45ksi），屈服强度（在载荷作用下产生0.5%的变形）是172MPa（25ksi）（最低要求是124MPa或18ksi），伸长率（标距长度50mm或2in）是30%（最低要求是20%）。C87200合金典型的硬度为85HBW［载荷为3000kgf（29.4kN）］。该铜合金具有优良的耐蚀性，特别是抗大气腐蚀性能极佳。C87200合金通常适合生产轴承、钟、叶轮、船用配件、泵部件、雕像、阀杆、摇臂和小型船用螺旋桨。由于含硅量高，该铜合金还广泛用于加工精美艺术品。C87200合金的部分力学性能见表3-62。

表3-62　C87200合金的力学性能

产品规格	状态	状态代号	抗拉强度（不小于）		屈服强度（在拉伸载荷下变形量为0.5%）（不小于）		伸长率（%）（不小于）
			MPa	ksi	MPa	ksi	
离心铸造状态工件	离心铸造状态	M02	310	45	124	18	20
砂型铸造状态工件	砂型铸造状态	M01	310	45	124	18	20
		M01	55（典型值）		25（典型值）		30（典型值）

注：C87200合金的所有力学性能都是在20℃（68℉）下测量的。

（2）C87600合金　该铜合金的商用名称为铜－硅合金，主要合金元素（质量分数）有4.0%～7.0%Zn，3.5%～5.5%Si，0.09%Pb（最大值），0.20%Fe（最大值）和0.25%Mn（最大值）。C87600合金的液相线和固相线温度分别为971℃（1780℉）和860℃（1580℉），去除应力温度为260℃（500℉），不能进行热处理强化。适用于C87600合金的最新铸造标准是ASTM B30、B271、B584和B763。该铜合金具有优良的焊接性，其电导率为6%IACS。C87600合金的部分力学性能见表3-63。

表3-63　C87600合金的力学性能

产品规格	状态	状态代号	抗拉强度		屈服强度（在拉伸载荷下变形量为0.5%）		伸长率（%）
			MPa	ksi	MPa	ksi	
离心铸造状态工件	离心铸造状态	M02	414（不小于）	60（不小于）	207（不小于）	30（不小于）	16（不小于）
砂型铸造状态工件	砂型铸造状态	M01	414（不小于）；455（典型值）	60（不小于）；66（典型值）	207（不小于）；221（典型值）	30（不小于）；32（典型值）	16（不小于）；20（典型值）

注：C87600合金的所有力学性能都是在20℃（68℉）下测量的。

（3）C87610合金　该铜合金的商用名称为铸造铜－硅合金，主要合金元素（质量分数）有3.0%～5.0%Zn，3.0%～5.0%Si，此外还含有0.09%Pb（最大值）、0.20%Fe（最大值）、0.25%Mn（最大值）。C87610合金的液相线和固相线温度分别为971℃（1780℉）和821℃（1510℉），去应力处理温度为260℃（500℉），不能进行热处理强化。C87610合金最新的铸造标准是ASTM B30、B584和B763。该铜合金具有优良的焊接性，其电导率为6.1%IACS。常用的加工工艺是铸造。C87610合金主要用于建筑（雕像的外观，具有良好的铸造性、耐蚀性和高强度）、装饰消费（装饰件）和工业（泵部件和阀门、阀杆）应用。C87610合金的部分力学性能见表3-64。

表 3-64 C87610 合金的力学性能

产品规格	状态	状态代号	抗拉强度		屈服强度（在拉伸载荷下变形量为 0.5%）		伸长率（%）
			MPa	ksi	MPa	ksi	
离心铸造状态工件	离心铸造状态	M02	310（不小于）	45（不小于）	124（不小于）	18（不小于）	20（不小于）
砂型铸造状态工件	砂型铸造状态	M01	310（不小于）；400（典型值）	45（不小于）；58（典型值）	124（不小于）；241（典型值）	18（不小于）；35（典型值）	20（不小于）；35（典型值）

注：C87610 合金的所有力学性能都是在 20℃（68℉）下测量的。

（4）C87700 合金　该铜合金的商用名称为硅青铜，主要合金元素（质量分数）有 7.0% ~9.0% Zn，2.5% ~3.5% Si，此外还含有 0.09% Pb（最大值）、2.0% Sn（最大值）、0.50% Fe（最大值）、0.15% P（最大值）、0.25% Ni（最大值）、0.8% Mn（最大值）和 0.10% Sb（最大值）。C87700 合金的液相线和固相线温度分别为 980℃（1796℉）和 900℃（1652℉），去除应力温度为 260℃（500℉），具有较好的焊接性。常用制造工艺是铸造。C87700 合金最新的铸造标准是 ASTM B30 和 B283。该铜合金的典型用途是生产水管设施的连接件和阀门。C87700 合金的部分力学性能见表 3-65。

表 3-65 C87700 合金的力学性能

产品规格	状态	状态代号	抗拉强度		规定塑性延伸强度 $R_{p0.2}$		伸长率（%）（典型值）
			MPa	ksi	MPa	ksi	
连续铸造工件	连续铸造	暂缺	310（不小于）；300（典型值）；400（不大于）	45（不小于）；43.5（典型值）；58（不大于）	80（不小于）；120（典型值）；160（不大于）	11.6（不小于）；17.4（典型值）；23.2（不大于）	36
锻件	热锻后空冷	M10	310（不小于）；300（典型值）；400（不大于）	45（不小于）；43.5（典型值）；58（不大于）	80（不小于）；120（典型值）；160（不大于）	11.6（不小于）；17.4（典型值）；23.2（不大于）	36

注：C87700 合金的所有力学性能都是在 20℃（68℉）下测量的。

（5）C87710 合金　该铜合金的商用名称为硅青铜，除锌和硅的含量较高外，其他成分与 C87700 合金类似。C87710 合金的主要合金元素（质量分数）有 9.0% ~11.0% Zn，3.0% ~5.0% Si，此外还含有 0.09% Pb（最大值）、2.0% Sn（最大值）、0.50% Fe（最大值）、0.15% P（最大值）、0.25% Ni（最大值）、0.8% Mn（最大值）和 0.10% Sb（最大值）。C87710 合金的液相线和固相线温度分别为 950℃（1742℉）和 850℃（1562℉），去应力处理温度为 260℃（500℉），具有较好的焊接性。C87710 合金最新的铸造标准是 ASTM B30 和 B283。该铜合金的冷加工性能一般，但热加工性能良好。常用的制造工艺是铸造。可锻性评级为 80，机加工性能评级为 70。其典型用途是生产水管设施的连接件和阀门。C87710 合金的部分力学性能见表 3-66。

表 3-66 C87710 合金的力学性能

产品规格	状态	状态代号	抗拉强度		规定塑性延伸强度 $R_{p0.2}$		伸长率（%）（典型值）
			MPa	ksi	MPa	ksi	
砂型铸件	砂型铸态	M01	250（不小于）；350（典型值）；450（不大于）	36.3（不小于）；50.8（典型值）；65.3（不大于）	100（不小于）；150（典型值）；200（不大于）	14.5（不小于）；21.8（典型值）；29（不大于）	2.9
锻件	热锻空冷	M10	250（不小于）；350（典型值）；450（不大于）	36.3（不小于）；50.8（典型值）；65.3（不大于）	100（不小于）；150（典型值）；200（不大于）	14.5（不小于）；21.8（典型值）；29（不大于）	2.9

注：C87710 合金的所有力学性能都是在 20℃（68℉）下测量的。

（6）C87800 铜合金　该铜合金的商用名称为铸造硅青铜，除含锌量较高外，其他成分与 C87700 合金类似。C87800 合金的主要合金元素（质量分数）有 12.0% ~16.0% Zn 和 3.8% ~4.2% Si，此外还含有 0.09% Pb（最大值）、0.25% Sn（最大值）、0.15% Fe（最大值）、0.01% P（最大值）、0.20% Ni（最大值）、0.15% Al（最大值）、0.05% As（最大值）、0.01% Mg（最大值）、0.15% Mn（最大值）、0.05% S（最大值）和 0.05% Sb（最大值）。C87800 合金的液相线和固相线温度分别为 916℃（1680℉）和 821℃（1510℉）。其去应力处理温度为 260℃（500℉），但不可进行热处理强化处理。C87800 合金最新的铸造标准是 ASTM B30（铸锭）、B176（压铸件）、B806（金属型铸件）、SAE J461（加工和铸造铜合金）和 J462（铸造铜合金）。该铜合金具有较好的焊接性，常用的制造工艺是铸造。在建筑五金产品中，C87800 合金的典型应用是的五金（支承托架）件、紧固件（夹子、六角螺母）、五金器具和工业配件（电刷保持架、耐蚀部件、齿轮、高强度薄壁铸件、活动臂、泵叶轮、工具和阀门部分、船用配件和管道）。C87800 合金的部分力学性能见表 3-67。

表 3-67　C87800 合金的力学性能

产品规格	状态	状态代号	抗拉强度		屈服强度		伸长率（%）
			MPa	ksi	MPa	ksi	
砂型铸件	砂型铸态	M04	483（不小于） 586（典型值）	70（不小于） 85（典型值）	241（不小于） 345（典型值）（规定塑性延伸强度 $R_{p0.2}$）	35（不小于） 50（典型值）（规定塑性延伸强度 $R_{p0.2}$）	25（不小于） 25（典型值）
金属型铸件	金属型铸态	M05	552（不小于） 572（典型值）	80（不小于） 83（典型值）	241（不小于） 345（典型值）（在拉伸载荷下变形量为 0.5%）	35（不小于） 50（典型值）（在拉伸载荷下变形量为 0.5%）	15（不小于） 29（典型值）

3.4.4 铍青铜（铜－铍合金）

在所有工业金属中，纯铜的电导率是最高的。由于纯铜的这一特性，使它成为电力和通信电缆、电磁线圈、印制电路板导体和许多其他电子产品的首选材料。铍青铜或铜－铍合金具有极高的强度和硬度，在某些情况下达到了热处理钢所达到的水平。在铍青铜中添加钴和镍等元素，可以进一步改善铜合金的性能。铍青铜合金是可析出强化合金，可以通过加工硬化和热处理结合提高其强度。铍和铜的原子半径分别为 96pm 和 132pm，相对原子质量分别为 9.01 和 63.55。因此，在铜－铍合金体系中，任何微小的质量变化都相当于很大的摩尔分数变化。在这点上看，铜－铍合金中的铍与铜－铝合金中的铝相似。

在铜中添加质量分数约 2% 的 Be，能显著提高铍青铜（铜－铍合金）的强度。铍青铜可进一步细分为加工铍青铜和铸造铍青铜，其中使用最广泛的是加工铍青铜（铜－铍合金）。析出强化对提高铸造铍青铜的性能起到了关键作用，此外，在大部分铍青铜产品中，硬度、热导率和铸造性能都是很重要的。工业生产中铍青铜的常见材料规格包括带材、线材、棒材、管材、板材、铸锭和铸坯。易切削加工铍青铜的规格通常为棒材。可以很容易对铍青铜进行传统的成形、电镀和连接加工。根据铍青铜材料的规格和热处理状态（状态代号），可对加工铍青铜进行冲压、各种传统工艺的冷成形和机加工；可以对铍青铜铸坯进行热锻、挤压或机加工，可以采用各种铸造工艺进行铸造成形。

在铍青铜中，除铍以外，其他主要添加的合金元素为镍、钴、锆和硅。在铸造和加工铍青铜中，通过添加铅来提高合金的切削加工性能。在大多数铸造铍青铜中，添加硅以改善合金在铸造浇注过程中，液态金属的流动性和充填铸型的性能。由于铍的原子尺寸比铜小很多，所以铍在 α 相铜中的固溶度相当有限。因此，在 α 相铜中加入铍进行固溶强化不是最理想的。然而，在铍青铜中添加质量分数大于 1.5% 的 Be 时，在加热至约 800℃（1472℉）的条件下，加工铍青铜为 α 单相，铸造铍青铜为 α＋β 两相，当铜合金从 760 ~ 800℃（1400 ~ 1472℉）的温度固溶冷却后，α 相为铍的过饱和固溶体。这些过饱和 α 相冷却至 618℃（1144℉）共析点以下温度，并在 260 ~ 425℃（500 ~ 800℉）温度范围保温一定的时间，析出 γ（CuBe）相，使铜合金产生析出强化。通过在共析点以下温度时效，铍青铜的强度可以得到显著的提高。在 α 相基体中析出 γ（CuBe）相，铜合金的硬度可达到或超过40HRC。一般来说，铍青铜析出强化所达到的最高硬度比许多钢所达到的硬度还是低一些。

铍青铜或铜 - 铍合金具有与铝青铜合金类似的析出强化特性。在铸态铍青铜的热处理中，应避免采用过高的固溶加热温度，以防止局部发生熔化和在冷却过程中形成 β 相，β 相一旦形成，在随后的再固溶退火中将很难溶解。此外，固溶加热温度也不能过低，否则会在室温下形成 β 相。如形成了不希望得到的 β 相，将会导致 α 相中的含铍量降低，由此降低了铜合金的析出强化效果。此外，很难通过再次固溶退火重新溶解二次 β 相。如果铍青铜从固溶退火温度淬水冷却的速率过慢，冷却过程中可能会形成部分 β 相。因此，应保证淬火水槽具有良好的冷却循环性能，以保证淬火快速冷却。铍青铜（如 C17000、C17200 和 C17300 合金）常规的固溶处理和析出硬化温度范围分别为 740 ~ 800℃（1360 ~ 1470℉）和 300 ~ 360℃（570 ~ 680℉），采用该处理工艺的铍青铜具有高强度和低热导率、电导率。如果铍青铜（如 C17500 和 C17510 合金）分别采用 900 ~ 960℃（1380 ~ 1760℉）的固溶处理温度和 450 ~ 900℃（840 ~ 1650℉）的析出硬化温度进行处理，则具有低的强度和高热导率、电导率。C17510 合金以压延硬化状态供货。

加工铍青铜的名义成分（质量分数）为0.2% ~ 2.00% Be，0.2% ~ 2.7% Co，或高达 2.2% Ni。在 C17510 加工铍青铜中添加镍，其目的是取代 C17500 铍青铜中高成本的钴。铸造铍青铜中铍的质量分数更高，最高可达 2.85%。在 $w(\mathrm{Be})=0.2\% \sim 2.85\%$ 的成分范围内，开发出了高强度和高电导率两种不同类型的商用铍青铜。

图 3-74 所示为部分铜合金的强度和电导率之间的对比。与磷青铜、调幅分解铜合金（Cu - 15Ni - 8Sn、Cu - 9Ni - 6Sn、Cu - 21Ni - 5Sn）和镍银合金（镍黄铜）（C77000、C72500）相比，铍青铜（C17000、C17200、C17410 和 C17510）具有最高的电导率。

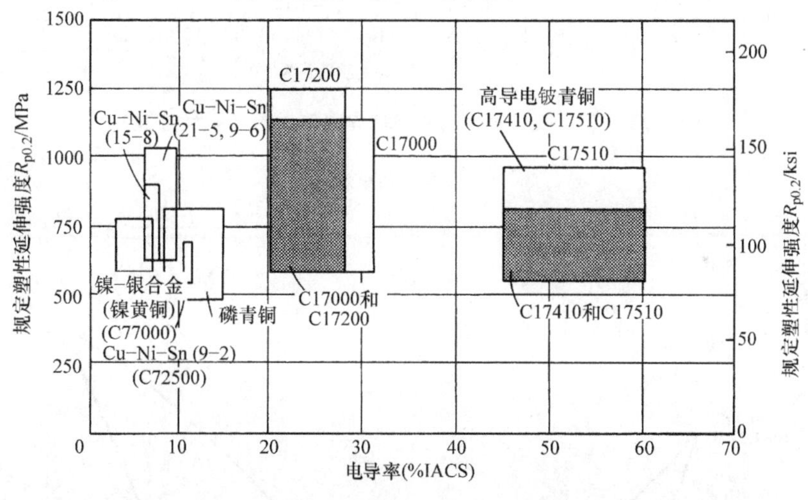

图 3-74 部分加工铍青铜与磷青铜和 Cu - Ni - Sn 合金的强度和电导率对比

注：图中每个矩形方框代表一种具体铜合金的强度和电导率范围。

1. 铍青铜的热处理

为了解释铍青铜的强化机理，必须对铜 - 铍相图有一定的了解。图 3-75 ~ 图 3-77 所示为不同形式的铜 - 铍相图，其中图 3-75 为以铍的质量分数为横坐标的铜 - 铍相图，由于铍的相对原子质量比铜小得多，所以相图比较窄。为了拓宽铜 - 铍相图富铜端的相区，采用铍的摩尔分数作为横坐标轴绘制铜 - 铍相图，如图 3-76 所示。图 3-77 所示为根据铜 - 铍合金相图绘制的热处理示意图。图中有包晶反应（包括一个液相和两个固相）和共析转变（涉及三个固相）。表 3-68 列出了铜 - 铍 [$w(\mathrm{Be})=0\% \sim 100\%$] 相图中所有的相变反应，以及每个参与相变的相的化学成分。图 3-78 所示为含铍量对铍青铜时效强化的影响。图 3-79 ~ 图 3-84 所示为热处理对铍青铜性能的影响。

（1）固溶退火 固溶退火是将铜合金加热到略低于固相线温度，在 α 相铜固溶体中，最大限度地固溶铍和其他溶质元素，然后将过饱和的 α 相固溶体快速冷却至室温，并保持铍在 α 相中的最大过饱和度。对于高强度加工铍青铜，典型的固溶退火温度范围为 760 ~ 800℃（1400 ~ 1472℉），时效温度为 260 ~ 425℃（500 ~ 800℉），如图 3-77 中的斜线阴影区域所示。图3-78所示为不同含铍量和时效条件对铜合金硬度的影响。在固溶退火过程中，将铜合金加热到α与α+β相之间的固溶线温度以上，并保温一定的时间，使铍固溶于α相中，然后淬入水中，并保持α相的过饱和度。

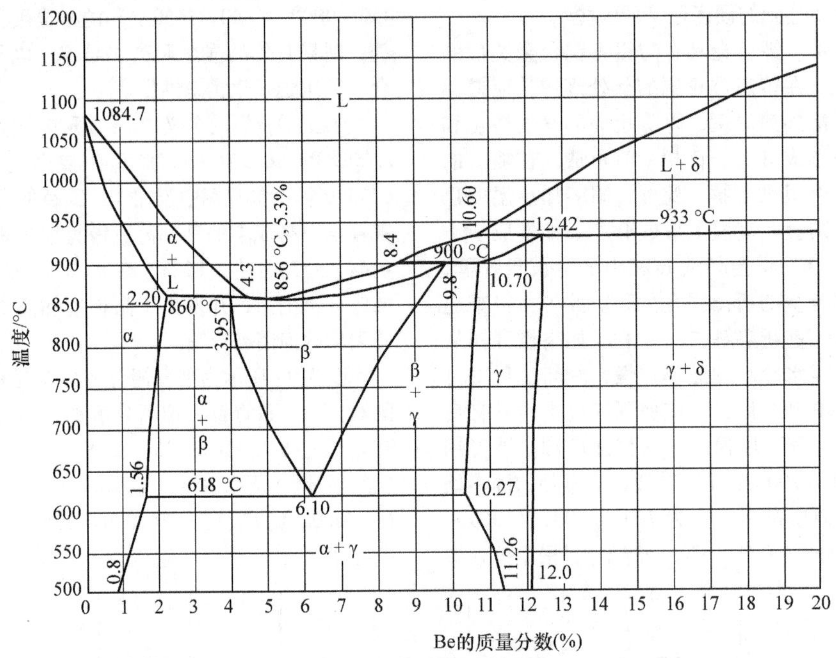

图3-75 铜-铍二元相图富铜端局部放大图（质量分数）

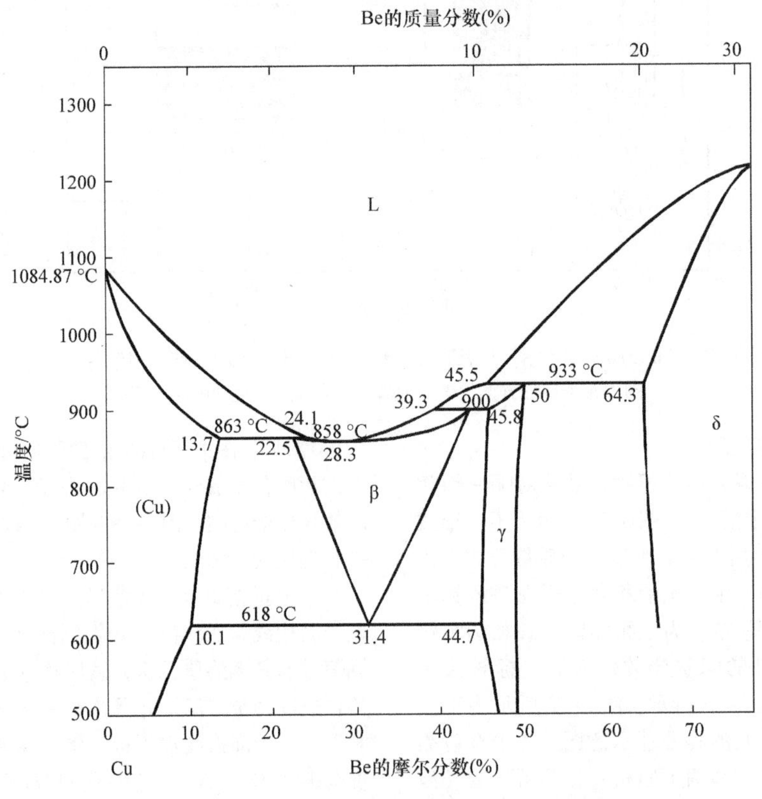

图3-76 铜-铍二元合金相图（摩尔分数）

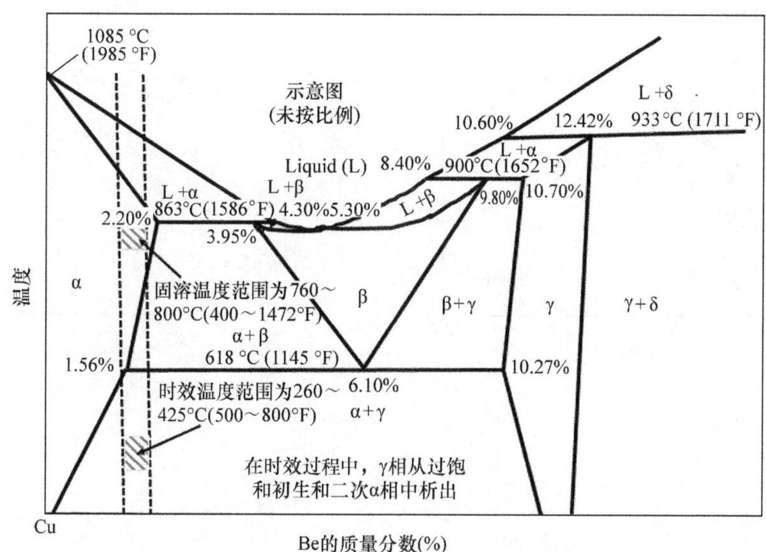

图 3-77 有 L + α = β 包晶转变（863℃或 1586℉）和 β = α + γ 共析转变（618℃或 1145℉）的 Cu – Be 合金相图

注：图中给出了高强度加工铍青铜的固溶退火和时效温度范围以及铍的质量分数。高铍（高强度合金）的固溶退火温度范围为 760 ~ 800℃（1400 ~ 1472℉），时效温度范围为 315 ~ 345℃（599 ~ 653℉）；低铍（高电导率合金）的固溶退火温度范围为 900 ~ 955℃（1650 ~ 1750℉），时效温度范围为 470 ~ 495℃（875 ~ 925℉）。

表 3-68 铜 – 铍相图中的相变反应和特殊转变点成分及温度

相变反应	Be 的摩尔分数（%）［Be 的质量分数（%）］			温度		反应名称（冷却）
				℃	℉	
L→α – Cu	—	0［0］	—	1085	1985	凝固
L + α – Cu→β	24.1［4.3］	13.7［2.2］	22.5［3.95］	863	1585	包晶
L→β	—	28.3［5.3］	—	858	1576	共熔
β→α – Cu + γ	31.4［6.1］	10.1［1.56］	44.7［10.3］	618	1144	共析
L + γ→β	39.3［8.3］	45.8［10.7］	43.4［9.8］	900	1652	包晶
L + δ→γ	45.5［10.6］	64.3［20.4］	50［12.42］	933	1711	包晶
L→δ	—	78［33.5］	—	1219	2226	共熔
L→δ + β – Be	80［36.2］	78.8［34.5］	82.7［40.4］	1199	2190	共晶
β – Be→δ + α – Be	86.3［47.2］	81.5［38.5］	90.5［57.4］	1109	2028	共析
β – Be→α – Be	—	98［59.4］	—	1275	2327	最大转变点
L→β – Be	—	100［100］	—	1289	2352	凝固
β – Be→α – Be	—	100［100］	—	1270	2318	同素异构转变

根据图 3-75 ~ 图 3-77 所示的三张铜 – 铍相图，在 863℃（1586℉），铍的最大固溶度为 2.20%（质量分数）(摩尔分数为 13.7%)。在共析点温度 618℃（1145℉），铍的最大固溶度为 1.56%（摩尔分数为 10.1%）。在室温下，铍在 α 相中的固溶度降低至约为 0.25%。正是铍在 α 相中的固溶度随温度急剧变化，造成了析出强化效果。在高强度的铍青铜合金中加入钴有三个原因：其一是钴能控制固溶加热过程中的晶粒长大，细化了晶粒；其二是降低了铜合金的析出强化对时效时间的敏感性；其三是提高了铜合金的抗拉强度和屈服强度。

对于高电导率的铍青铜，典型的固溶退火温度范围是 900 ~ 955℉（1650 ~ 1750℉），时效温度范围是 455 ~ 510℃（850 ~ 950℉），如图 3-79 中的斜线

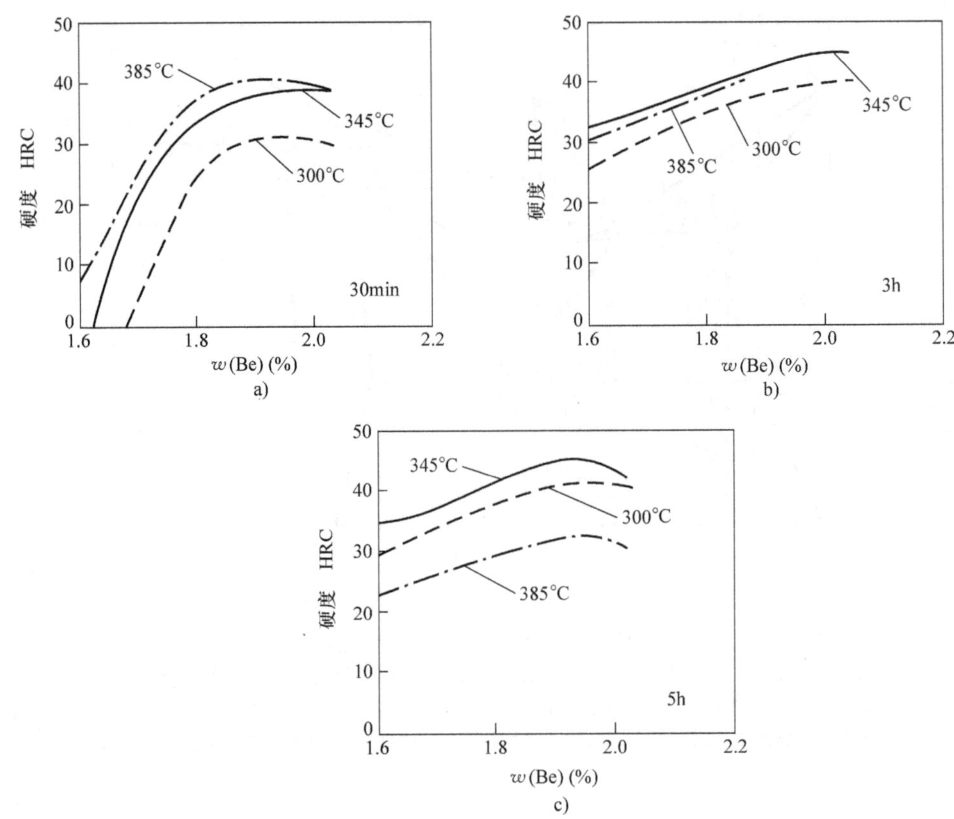

图 3-78　含铍量、时效温度和时效时间对 Cu－Be 合金析出强化的影响

阴影区域所示。该铜－铍伪二元相图（含有镍）适用于典型的 UNS C17510 高电导率铍青铜。该高电导率铍青铜合金含有镍和质量分数为 0.15%～0.7% 的铍，可代替含钴的 C17500 合金。在高电导率铜合金中，如 C17500（Cu－Be－Co）和 C17510（Cu－Be－Ni），大部分的铍都分布在（铜、镍）铍或（铜、钴）铍金属间化合物中。凝固过程中形成的粗大铍化合物有助于控制退火过程中的晶粒长大，而在时效过程中析出的细小弥散的铍化合物对强化合金起到了重要作用。应该清楚地看到，与高强度铍青铜相比，高电导率铍青铜的固溶退火和时效硬化温度要高一些。

当加热温度低于固溶温度下限时，会产生不完全再结晶。固溶退火温度过低也会导致铍在 α 相铜中的固溶度不足，以致在时效过程中 γ 相的析出数量不足。当固溶退火温度过高时，会导致晶粒异常长大或在含铍量高的区域引起铜合金初熔现象。根据铜合金的成分，一旦确定了退火温度范围，只需要在退火温度下保温几分钟就可达到固溶的目的。铍青铜薄带在不到 2min 内就可以完成固溶退火，而厚截面产品则需要大约 30min 或更短的时间。应该在铜合金本体达到设置的温度后，开始记录固溶退

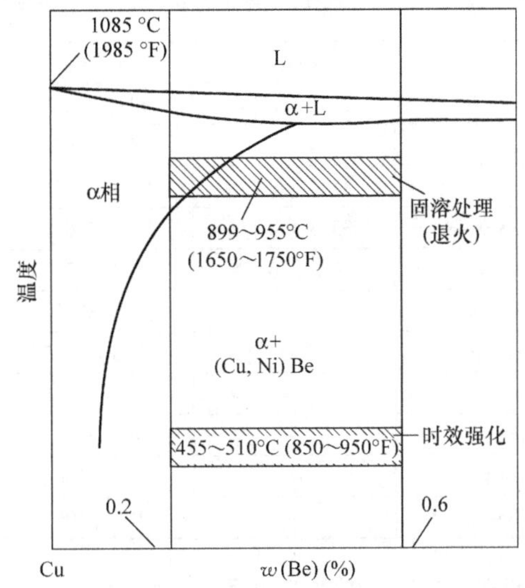

图 3-79　高电导率铍青铜的 α 相和 α＋(Cu，Ni) Be 化合物的相界示意图

注：图中给出了高电导率铍青铜的固溶退火和时效温度范围。由于高电导率加工铍青铜的含铍量低，图中没有包晶反应或共析转变。

火时间。如果在固溶退火温度范围的上限延长固溶

时间，会产生不希望得到的二次晶粒长大。

在固溶退火达到保温时间后，应尽快进行淬火，尽可能地将高温下的 α 相铜过饱和度保持至室温。如果在淬火冷却过程中发生中断或减速，可能会析出 β 相或 γ 相，导致淬火态合金硬度升高，从而降低时效效果。铍青铜的固溶退火过程明显不同于许多铜合金（如铜－锌合金或许多铜－锡合金），不能通过固溶退火进行强化。而许多不能通过退火固溶强化的铜合金可以通过挤压成形、冷加工，然后在260℃（500℉）的温度，按工件厚度以 1h/25mm（1in）进行保温，消除冷加工过程中产生的应力并控制再结晶的晶粒大小。

在固溶退火和时效之间，有时在低于析出温度的条件下，对加工铍青铜进行冷加工以实现塑性变形。在固溶退火和时效之间，金属冷加工过程包括轧制、拉拔、弯曲或镦粗，以进一步提高铜合金的强度和硬度。对于时效强化铜合金产品，冷加工强化效果尤其重要，因为通过冷加工，铜合金基体中析出相的位置数量增加，并加速了时效进程。随冷加工变形量的增加，铜合金的抗拉强度和屈服强度提高，而伸长率降低。图 3-80a 所示为冷加工变形量对 C17510 合金（Cu－0.2%～0.6%Be－1.4%～2.3%Ni）冷变形后再经 480℃（895℉）时效后强度的影响；图 3-80b 所示为冷加工变形量对 C17200 合金［Cu－1.8%～2.0%Be－0.20%Co（含 Ni）］冷变形后再经 315℃（600℉）时效后强度的影响。

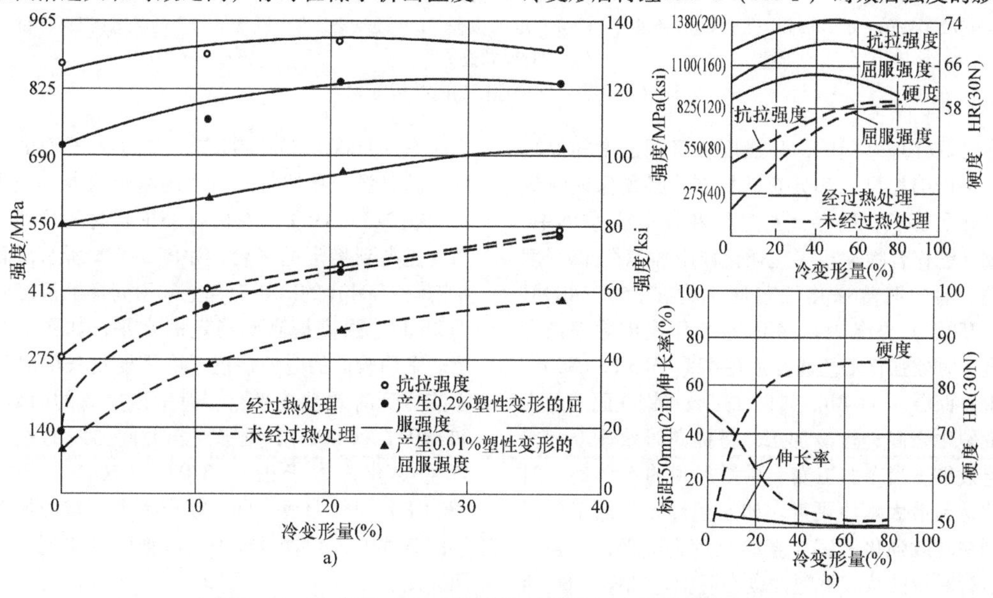

图 3-80　冷变形量和时效强化对铍青铜力学性能的影响

a）C17510 合金（Cu－0.2%～0.6%Be－1.4%～2.3%Ni）合金在 480℃（895℉）时效 2～3h
b）C17200 合金［Cu－1.8%～2.0%Be－0.20%Co（含 Ni）（不小于）］在 315℃（600℉）时效 2～3h

在铍青铜合金的固溶退火工序中，淬火态合金的硬度是很低的，然后在第二步时效处理中提高其硬度，称为时效强化。而在铝青铜合金的固溶退火加淬火工序中，淬火态合金的硬度很高，在第二步热处理过程中，降低了合金的硬度，称为回火式退火。

（2）时效强化　时效强化是固溶退火之后的热处理工序。对于高强度铍青铜，时效强化是将固溶退火后的合金重新加热到铜－铍相图中共析温度［618℃（1145℉）］以下的某一温度保温，在该温度下，α 相＋γ 相为稳定相。对于高强度铍青铜，时效的温度范围为 260～425℃（500～800℉），即图 3-77中下半部分中的阴影区域。时效强化的效果与时效温度、保温时间和冷加工变形量有关。高电导率铍青铜的电导率与时效温度和时间有关。C17510（Cu－0.2%～0.6%Be－1.4%～2.3%Ni）合金在轧制硬化状态（TD04 状态）下的电导率如图 3-81a 所示。高强度加工铍青铜的电导率也与时效温度和时间有关。C17200 合金［Cu－18%～2.0%Be－0.20%Co（含 Ni）］在 1/4 硬状态、1/2 硬状态和全硬状态（TB00 和 TD04 状态）下的电导率如图 3-81b 所示。对于每一种铜合金，都有一个达到高强度的温度和时间工艺组合图表。根据该图表，在实践生产中，不论采用较高的温度或较低的温度，都可以满足和达到客户的要求。当时效时间小于达到峰值强度所需的时间时，称为欠时效。在欠时效条件下，铜合金的韧性、疲劳强度和耐蚀性（在某些情况下）会有所提高和改善。过时效是指加热时间长于正常加热时间，此时析出相粗化，铜合金的强度和硬度低于峰值，而电导率、热导率和尺寸稳定性达到最高。如出现严重过时效，可能会使产品的析出相尺寸进一步粗大，使铜合金的强度严重降低。

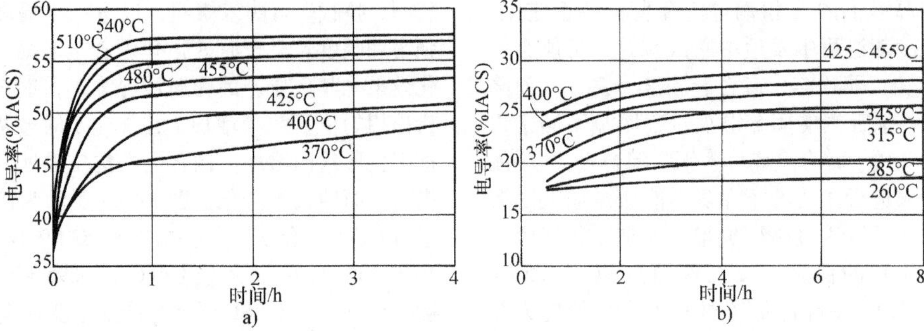

图 3-81 时效温度和时间对铍青铜（C17510 和 C17200）电导率的影响

a）C17510（Cu-0.2%～0.6% Be-1.4%～2.3% Ni）合金轧制硬化状态（TD04 状态） b）C17200［Cu-1.8%～2.0% Be-0.20% Co（含 Ni）（不小于）］合金退火状态、1/4 硬状态、1/2 硬状态和全硬状态（TB00 和 TD04 状态）

（译者注：图中温度为时效温度。）

在时效处理过程中，高强度铍青铜强度的提高受基体中析出相尺寸和分布的控制。必须保证时效保温时间足够长，以保证在过饱和 α 相铜基体中，析出铜-铍化合物 γ 相（起强化作用）。对于高强度铍青铜合金，时效强化工艺通常为在 260～400℃（500～750℉）保温 0.1～4h；而对于高电导率铍青铜合金，时效强化工艺通常是在 425～565℃（800～1050℉）保温 0.5～8h。如果加工铍青铜在固溶退火和时效硬化之间进行冷加工，将提高时效速率和析出强化效果。当冷加工变形量增加到约 40% 时，时效硬化达到最大峰值硬度。如果超过该冷加工变形量，则在时效强化后铜合金的硬度会降低，并且在没有进行时效的状态下塑性也会降低，如图 3-80 所示。因此，更高的变形量在生产实际中是没有价值的。一般来说，工业铜合金的冷加工变形量达到 37% 为最高值，即 ASTM 状态代号中的“H”。对于铜合金线材，在时效硬化之前，最大冷加工变形量可略高于 37%。

时效强化不需要对时效后的冷却和炉内气氛进行控制。然而，保护气氛在时效时是有用的，特别是当气氛有很好的循环时，可以降低炉内温度梯度。例如，在氮气中，低露点气氛中若含有 5% 的 H_2，能有效地提升炉内热传导，同时还降低了时效后对工件清洁的要求。时效强化还略提高了高强度铜合金的密度。这种密度变化伴随着高强度铍青铜约 0.2% 的线性尺寸收缩。对于高电导率铍青铜，这种尺寸变化是可以忽略不计的。

图 3-82 所示为 C17200［Cu-1.8%～2.2% Be-0.20% Co（含 Ni）］高强度铍青铜的时效性能曲线，其中图 3-82a 和图 3-82b 所示分别为固溶退火状态（TB00）和轧制状态（TD04）合金的抗拉强度、屈服强度和伸长率。当固溶退火状态（TB00）合金在 315～335℃（600～635℉）时效达到 3h 时，强度提高到稳定的平台，如图 3-82a 所示；而轧制状态（TD04）的冷加工合金采用同样的温度时效达到 2h 时，强度提高到稳定的水平，如图 3-82b 所示。采用较低的时效温度，则需要更长的时效时间才能达到时效性能平台。而采用更高的时效温度，如 340℃（644℉），则强度与时间曲线的最大值会发生变化，位于图中 370℃（700℉）和 425℃（800℉）时效曲线之间。在产生了一定冷加工变形量的条件下，时效曲线中的峰值强度降低，时效时间缩短。

C17510（Cu-0.2%～0.6% Be-1.4%～2.2% Ni）高电导率铍青铜分别采用 455℃（851℉）、480℃（896℉）和 510℃（851℉）三种不同的时效温度进行时效，时效时间对铜合金抗拉强度、屈服强度、伸长率的影响如图 3-83 所示。时效时间对 C17510 合金强度影响的曲线表明，采用 455℃（851℉）的温度时效，铜合金具有最高的抗拉强度和屈服强度；在三种不同的时效温度下，伸长率基本相同。随着时效时间的增加，伸长率下降，当时间达到或超过约 1.5h 后，伸长率随时效时间的增加没有太大变化。

在特定温度下的时效时间不足，如果加工铍青铜达到硬度峰值，此时认为该合金为欠时效。加工铍青铜采用不同的时效温度和时间组合，当超过最大时效曲线时，则认为该合金为过时效。图 3-84a 所示为 C17500（Cu-0.4%～0.7% Be-2.4%～2.7% Co）合金在完全固溶退火状态（TB00）下的

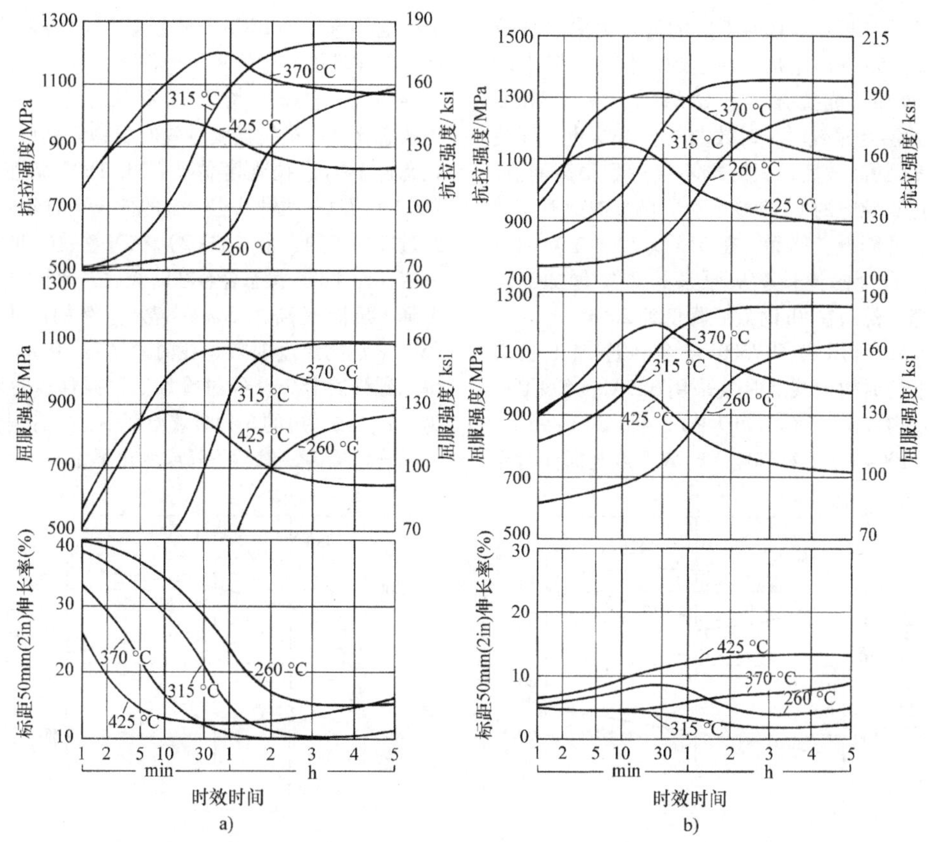

图 3-82　时效温度和时间对 C17200［Cu-1.8%～2.2%Be-0.20%Co（含 Ni）］合金抗拉强度、屈服强度和伸长率的影响

a）固溶退火状态（TB00）　b）轧制状态（TD04）

（译者注：图中温度为时效温度。）

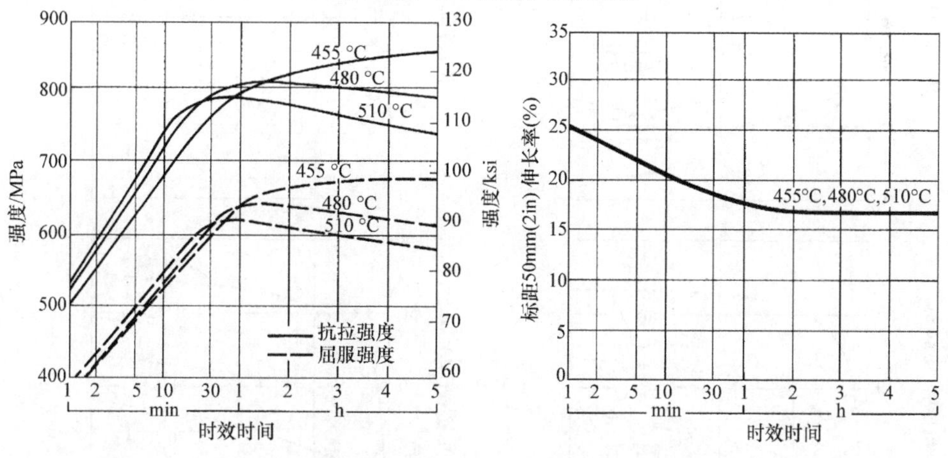

图 3-83　时效温度和时间对 C17510（Cu-0.2%～0.6%Be-1.4%～2.2%Ni）合金抗拉强度、屈服强度和伸长率的影响

（译者注：图中温度为时效温度。）

时效曲线。该合金在 900～955℃（1650～1750℉）温度范围固溶，在完成保温后进行淬水。然后分别采用 315℃（599℉）、370℃（699℉）、425℃（797℉）、480℃（896℉）和 540℃（1004℉）5 种不同温度时效，随着时效时间的增加，合金的电导率提高。在时效时间一定的条件下，随着时效温度的增加，电导率也提高。随时效温度的增加，处于完全退火状态（TB00）的 C17500 合金的抗拉强度

增加，但采用540℃（1004℉）的温度时效，抗拉强度在时效15min内增加，在达到峰值后，随着时效时间的增加，抗拉强度开始降低。采用315℃（599℉）的温度时效时，时效曲线上升缓慢，即使在经历了8h的时效后，强度也不会达到很高的值。处于完全退火状态的C17500合金，随着时效时间的增加，伸长率降低。然而，在315℃（599℉）的时效曲线上，合金的伸长率从原来的25%增加到约29%的峰值，然后在8h时效后降低到20%。

图3-84b所示为C17500合金在冷加工状态（TD02）下的时效曲线。时效采用315℃（599℉）、370℃（699℉）、425℃（797℉）、480℃（896℉）和540℃（1004℉）5种温度。时效温度与时间对合金的电导率（%IACS）的影响与固溶退火状态类似，但在具体的时效时间条件下，TD02状态合金的电导率（%IACS）均比TB00状态的合金要高。两种状态合金的抗拉强度时效曲线趋势相似，但TD02状态合金的抗拉强度值要高于TB00状态的合金。TD02和TB00两种状态合金的伸长率时效曲线不同，经过冷加工的合金（TD02）在时效后的伸长率要低一些；而TB00状态合金在时效后，伸长率不但没有下降，反而提高了5%～12%。例如，采用480℃（896℉）的温度时效，在时效了约30min后，伸长率达到峰值15%。经过冷加工，铜合金的伸长率约为5%，在采用的5种时效温度中，所有铜合金的伸长率开始提高，然后下降或变化不大。

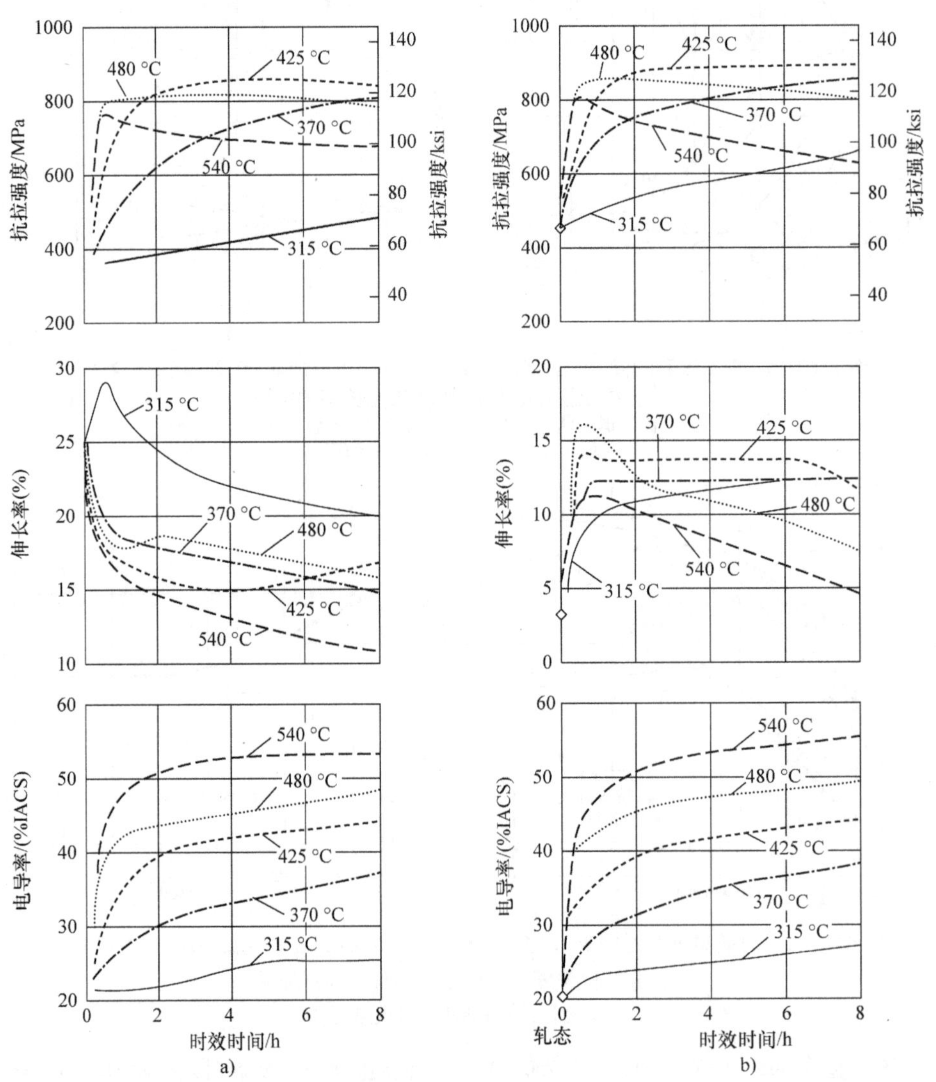

图3-84 低铍、低强度、高电导率C17500（Cu-0.4%～0.7%Be2.4%～2.7%Co）铍青铜合金的时效曲线

a）TB00状态 b）TD02状态

（译者注：图中温度为时效温度。）

2. 加工铍青铜

加工铍青铜的统一数字编号为 C17000 ~ C17530，主加合金元素为铍、钴和镍。有时，为了获得更好的切削加工性能，还添加了铅。主要的加工铍青铜牌号有 C17000（Cu - Be - Co）、C17200（Cu - Be - Co）、C17300（含铅的 C17200）、C17410（低铍 Cu - Be - Co）、C17450（低铍 Cu - Be - Ni）、C17460（低铍 Cu - Be - Ni）、C17500（低铍 Cu - Be - Co）、C17510（低铍 Cu - Be - Ni）、C17530（低铍 Cu - Be - Ni）。截至 2014 年 10 月 20 日，有 11 种当前使用的加工铍青铜，见表 3-69。高强度、低电导率铍青铜有 C17000、C17200 和 C17300，这些合金中铍的质量分数为 1.6% ~2.0%，此外还含有（质量分数，下同）约 0.25% 的 Co。其余八种铍青铜为低强度、高电导率铍青铜，这些合金中铍的质量分数为 0.15% ~0.7%，此外 C17510 合金含有约 1.8% 的 Ni，C17500 合金含有约 2.5% 的 Co。通常，C17410 合金含有 0.35% 的 Be 和约 0.55% 的 Co，具有很高的热导率和电导率。在表 3-70 ~ 表 3-72 中，对加工铍青铜的热处理工艺和性能进行了汇总。

表 3-69　加工铍青铜的统一编号系统牌号和化学成分

统一编号系统合金牌号	化学成分（质量分数,%）									
	Cu	Be	Fe	Ni	Co	Pb	Si	Sn	Al	Zr
C17000①	余量②③，max	1.60 ~1.79	—	—	0.20 min④	—	0.20 max	—	0.20 max	—
C17200	余量②③，max	1.80 ~2.00	—	—	0.20 min④	—	0.20 max	—	0.20 max	—
C17300	余量②③，max	1.80 ~2.00	—	—	0.20 min④	0.20 ~0.60	0.20 max	—	0.20 max	—
C17410①	余量②③，max	0.15 ~0.50	0.20 max	—	0.35 ~0.6	—	0.20 max	—	0.20 max	—
C17450①	余量②③，max	0.15 ~0.50	0.20 max	0.50 ~1.0	—	—	0.20 max	0.25 max	0.20 max	0.50 max
C17455	余量②③，max	0.15 ~0.50	0.20 max	0.50 ~1.0⑤	—	0.20 ~0.60	0.20 max	0.25 max	0.20 max	0.50 max
C17460①	余量②③，max	0.15 ~0.50	0.20 max	1.0 ~1.4	—	—	0.20 max	0.25 max	0.20 max	0.50 max
C17465	余量②③，max	0.15 ~0.50	0.20 max	1.0 ~1.4⑤	—	0.20 ~0.60	0.20 max	0.25 max	0.20 max	0.50 max
C17500①	余量②③，max	0.40 ~0.70	0.10 max	—	2.4 ~2.7	—	0.20 max	—	0.20 max	—
C17510①	余量②，max	0.20 ~0.6	0.10 max	1.4 ~2.2	0.30 max	—	0.20 max	—	0.20 max	—
C17530①	余量②③，max	0.20 ~0.40	0.20 max	1.8 ~2.5⑤	—	—	0.20 max	—	0.60 max	—

注：1. w(Be) =1.60% ~2.00% 的高强度、低电导率铍青铜和 w(Be) =0.15% ~0.70% 的低强度、高电导率铍青铜。

① 在美国环境保护署注册为抗微生物合金。

② Cu 含量中包括 Ag 的含量。

③ Cu + 指定合金元素的总质量分数最小值为 99.5%。

④ Ni + Co 的质量分数不小于 0.20%；Ni + Fe + Co 的质量分数不大于 0.6%。

⑤ Ni 含量中包括 Co 的含量。

2. 资料来源为 Copper Development Association，Inc。

表 3-70　Cu -1.9%Be 加工铍青铜采用 4 种不同热处理工艺的力学性能

热处理工艺	硬度	规定塑性延伸强度 $R_{p0.2}$		抗拉强度		伸长率（%）
		MPa	ksi	MPa	ksi	
800℃（1472℉）固溶退火 8min，淬水	61 HRB	255	37.0	490	71.0	56.0
800℃（1472℉）固溶退火 8min，淬水，冷轧厚度变形量为 38%	10 HRB	738	107.0	793	115.0	5.0
800℃（1472℉）固溶退火 8min，淬水，在 345℃（653℉）时效 3h	42 HRC	1159	168.0	1290	187.0	4.0
800℃（1472℉）固溶退火 8min，淬水，冷轧厚度变形量为 38%，在 345℃（653℉）时效 3h	42 HRC	1220	177.0	1372	199.0	3.0

表 3-71 部分工业加工铍青铜的推荐热处理工艺

合金牌号	名义化学成分（质量分数）	热加工温度		固溶处理/固溶退火	时效处理
		℃	℉		
C17000①	Cu－1.7% Be－0.3% Co	650～825	1200～1500	760～790℃（1400～1450℉）；该合金退火温度与固溶温度相同	时效温度范围：260～425℃（500～800℉）；根据时效前的冷加工变形量，在315～345℃（599～653℉）时效1～3h，获得最高硬度
C17200①	Cu－1.9% Be－0.3% Co	650～825	1200～1500	760～790℃（1400～1450℉）；该合金退火温度与固溶温度相同	时效温度范围：260～425℃（500～800℉）；根据时效前的冷加工变形量，在315～345℃（599～653℉）时效1～3h，获得最高硬度
C17300	Cu－1.9% Be－0.3% Co－0.4% Pb	不可进行热轧或热锻，但可以进行热拉拔		760～790℃（1400～1450℉）；该合金退火温度与固溶温度相同	时效温度范围：260～425℃（500～800℉）；根据时效前的冷加工变形量，在315～345℃（599～653℉）时效1～3h，获得最高硬度
C17410①	Cu－0.32% Be－0.5% Co	650～925	1200～1700	带材在900～955℃（1650～1750℉）固溶，淬水	455～510℃（850～950℉）
C17450①	Cu－0.32% Be－0.75% Ni－0.50% max Zr	650～925	1200～1700	带材在900～955℃（1650～1750℉）固溶，淬水	455～510℃（850～950℉）
C17455	Cu－0.32% Be－0.75% Ni－0.4% Pb－0.50% max Zr	650～925	1200～1700	带材在900～955℃（1650～1750℉）固溶，淬水	455～510℃（850～950℉）
C17460①	Cu－0.32% Be－1.2% Ni－0.50% max Zr	650～925	1200～1700	带材在900～955℃（1650～1750℉）固溶，淬水	455～510℃（850～950℉）
C17465	Cu－0.32% Be－1.2% Ni－0.4% Pb－0.50% max Zr	650～925	1200～1700	带材在900～955℃（1650～1750℉）固溶，淬水	455～510℃（850～950℉）
C17500①	Cu－0.55% Be－2.5% Co	700～925	1300～1700	带材、棒材、管材和线材在900～955℃（1650～1750℉）固溶，淬水	工业时效工艺：在470～495℃（875～925℉）时效2～3h，以获得高强度和高电导率综合性能。根据时效前的冷加工变形量，在425℃（800℉）时效3～6h，获得最高强度，时效后的冷却速率对性能影响不大
C17510①	Cu－0.4% Be－1.80% Ni	700～925	1300～1700	带材、棒材、管材和线材在900～955℃（1650～1750℉）固溶，淬水	工业时效工艺：在470～495℃（875～925℉）时效2～3h，以获得高强度和高电导率综合性能。根据时效前的冷加工变形量，在425℃（800℉）时效3～6h，获得最高强度，时效后的冷却速率对性能影响不大
C17530①	Cu－0.43% Be－2.15% Ni－0.6% max Al	700～925	1300～1700	带材、棒材、管材和线材在900～955℃（1650～1750℉）固溶，淬水	工业时效工艺：在470～495℃（875～925℉）时效2～3h，以获得高强度和高电导率综合性能。根据时效前的冷加工变形量，在425℃（800℉）时效3～6h，获得最高强度，时效后的冷却速率对性能影响不大

注：资料来源为参考文献［11］和铜开发协会有限公司。

① 在美国环境保护署注册为抗微生物合金。

表 3-72 部分工业加工铍青铜带材产品的力学性能和电性能

合金牌号	名义化学成分（质量分数）	ASTM 状态代号②	热处理	抗拉强度 MPa	抗拉强度 ksi	规定塑性延伸强度 $R_{p0.2}$ MPa	规定塑性延伸强度 $R_{p0.2}$ ksi	伸长率（%）
C17000①	Cu－1.7%Be－0.3%Co	TB00	在 760～790℃（1400～1450℉）固溶退火；“A”	414～538	60～78	207min	30min	35min
		TF00	在 315～345℃（599～653℉）时效 1～3h；“AT”	1035～1241	150～180	897min	130min	3min
C17200①	Cu－1.9%Be－0.3%Co	TB00	在 760～790℃（1400～1450℉）固溶退火；“A”	414～538	60～78	207min	30min	35min
		TF00	在 315～345℃（599～653℉）时效 1～3h；“AT”	1138～1345	165～195	966min	140min	4min
C17300	含 Pb 的 C17200：Cu－1.90%Be－0.5%Co－0.4%Pb	无带材产品						
C17410①	Cu－0.32%Be－0.5%Co	TH02	1/2HT	655～793	95～115	552min	80min	10min
		TH04	HT	759～897	110～130	690min	100min	7min
C17450①	Cu－0.32% Be－0.75% Ni－0.50% max Zr	TH02	1/2HT	655～793	95～115	552min	80min	12min
C17455	含 Pb 的 C17450：Cu－0.32% Be－0.75% Ni－0.4% Pb－0.50% max Zr	无带材产品						
C17460①	Cu－0.32% Be－1.2% Ni－0.50% max Zr	TH03	3/4HT	793～931	115～135	655min	95min	11min
		TH04	HT	828～966	120～140	724min	105min	10min
C17465	含 Pb 的 C17460：Cu－0.32% Be－1.2% Ni－0.4% Pb－0.50% max Zr	无带材产品						
C17500①	Cu－0.55%Be－2.5%Co	TB00	在 900～955℃（1650～1750℉）固溶退火；“A”	241～379	35～55	172min	25min	20min
		TF00	在 482℃（900℉）时效 1～3h	690～828	100～120	552min	80min	10min
C17510①	Cu－0.4%Be－1.80%Ni	TB00	在 900～955℃（1650～1750℉）固溶退火；“A”	241～379	35～55	172min	25min	20min
		TF00	在 482℃（900℉）时效 1～3h	690～828	100～120	552min	80min	10min
C17530①	Cu－0.43% Be－2.15% Ni－0.6% max Al	TH04；冷加工和时效热处理	在 844～927℃（1550～1700℉）固溶退火；“A” 在 455℃（850℉）时效 1～3h	暂缺		759～835	110～121	8min

注：资料来源为 Copper Development Association，Inc 和参考文献［9，10］。

① 在美国环境保护署注册为抗微生物合金。

② TB00：固溶热处理；“A.” TF00：固溶热处理＋时效热处理；“AT.” TH02：固溶热处理，冷加工至 1/2 硬状态（21%冷加工变形量）和时效热处理，也称 1/2HT；TH03：固溶热处理，冷加工至半硬状态（29%冷加工变形量）和时效热处理，也称 3/4HT；TH04：固溶热处理，冷加工至 1/2 硬状态（37%冷加工变形量）和时效热处理，也称 HT。

C17200 合金通常用于生产波纹管、波登管、膜片、熔断器、紧固件、锁紧垫圈、弹簧、开关和继电器、电气和电子元件、扣环、滚销、阀门、泵、花键轴、滚轴、轧机设备、焊接设备和无火花安全工具。在所有高强度、低电导率铍青铜合金中，C17200 合金是最常用的铍-铜合金。该合金可以冷轧状态、冷拉拔状态、热轧状态以及依照客户要求的特殊形状供货。冷轧状态有带材、扁平线材、矩形棒材、方形棒材和板材；冷拉拔状态有棒材、管材、线材和特殊形状型材；热加工状态有棒材、板材和管材；依照客户要求的特殊形状有旋转杆、坯料、近净形锻件和挤压成形的六角形、八角形或矩形型材。在时效状态下，C17200 合金可达到铜基合金的最高强度和硬度。C17200 合金的抗拉强度可以超过 1379MPa（200ksi），而硬度可以达到 45HRC。在完全时效条件下，其电导率不小于 22% IACS。在高温下，该合金还具有优良的抗应力松弛性能。C17200 合金还可以轧制硬化成带材供货，在生产过程中，通过时效硬化达到一定硬度。轧制硬化状态 C17200 合金的抗拉强度可以达到 1310MPa（190ksi），硬度可以达到 42HRC。

C17300 铍青铜的含铍量与 C17200 相似，但添加了质量分数为 0.2% ~0.6% 的 Pb，以改善合金的切削加工性能。在 C17300 合金中铅的质量分数约为 0.35%，以利于在机加工过程中形成细小切屑和断屑，而不是形成缠绕切屑，细小切屑有助于提高机加工工具的使用寿命。另一种高强度铍青铜合金是 C17000 合金，其含铍量比 C17200 或 C17300 合金低，w(Be) 仅为 1.60% ~1.79%。C17000 合金的强度略低于 C17200 或 C17300 合金，但价格比 C17200 合金便宜。在强度和成形性要求相对较低的条件下，可以用 C17000 合金代替 C17200 合金。C17000 合金也可以进行时效强化处理，可以各种加工成形状态和轧制硬化状态供货。通常，C17200（Cu-Be-Co）和 C17300（Cu-Be-Co-Pb）合金用于制备不但有严苛成形条件要求，而且有高强度、滞弹性以及高疲劳和蠕变抗力要求的零件，如各类弹簧、变形金属软管、波登管、波纹管、弹性夹子、垫圈和扣环等。此外，该类合金还适合生产高强度、高耐磨和具有良好导电性要求的零件。

表 3-70 所列为经过 4 种不同热处理工艺后，二元加工铍青铜（Cu-1.9% Be）的力学性能。其中，将合金在 800℃（1472℉）固溶退火 8min，淬水的力学性能作为比较的基准。比较的力学性能内容包括硬度、规定塑性延伸强度 $R_{p0.2}$、抗拉强度和伸长率。经过固溶退火和淬水后的硬度为 61HRB，规定塑性延伸强度 $R_{p0.2}$ 为 255MPa（37.0ksi），抗拉强度为 490MPa（71.0ksi），伸长率为 56.0%。第二种处理工艺为，将固溶退火产品进行冷轧，使产品厚度的压下量为 38%，由此合金硬度从 61HRB 提高到 100HRB，规定塑性延伸强度 $R_{p0.2}$ 从 255MPa（37.0ksi）提高到 738MPa（107.0ksi），抗拉强度从 490MPa（71.0ksi）提高到 793MPa（115.0ksi），但伸长率从 56% 降低到 5.0%。第三种处理过程为，将合金固溶退火后，不进行冷加工，而是在 345℃（653℉）时效 3h。将第三种处理结果与第二种处理结果进行对比，硬度从 100HRB 增加到 42HRC，规定塑性延伸强度 $R_{p0.2}$ 从 738（107.0ksi）增加到 1159MPa（168.0ksi），抗拉强度由 793MPa（115.0ksi）增加到 1290MPa（187.0ksi），但伸长率从 5% 下降到 4%。第四种处理过程为，将固溶退火合金进行冷轧，使产品厚度的压下量为 38%，然后在 345℃（653℉）时效 3h。将第四种处理结果与第三种处理结果进行对比，合金硬度仍保持 42HRC 不变，规定塑性延伸强度 $R_{p0.2}$ 从 1159MPa（168.0ksi）提高到 1220MPa（177.0ksi），抗拉强度由 1290（187.0ksi）增加到 1372MPa（199.0ksi），但伸长率从 4% 下降到 3%。以上结果表明，在铍青铜的强化过程中，时效过程起着重要的作用。

表 3-71 所列为工业加工铍青铜的推荐热处理工艺。含铅合金（如 C17300、C17455 和 C17465）不能作为抗微生物合金。一般来说，高强度、低热导率合金（如 C17000、C17200 和 C17300）的固溶退火温度为 760 ~800℃（1400 ~1472℉），相应时效温度为 315 ~345℃（599 ~653℉）。固溶退火保温时间与材料截面厚度有关，通常根据截面厚度，按 1h/25mm（1in）计算固溶退火时间，为获得更高的强度，时效时间约为 3h。低强度、高热导率合金（如 C17410、C17450、C17455、C17460、C17465、C17500、C17510 和 C17530）的固溶退火温度为 900 ~955℃（1650 ~1750℉），相应工业生产中的时效温度为 470 ~495℃（875 ~925℉），根据冷加工变形量保温 2 ~3h。为了进一步提高合金强度，采用 425℃（800℉）的温度时效，根据冷加工变形量保温时间选择 3 ~6h。含铅加工铍青铜不能采用热轧成形加工带材，但可以进行热锻或挤压成形。

表 3-72 所列为部分工业加工铍青铜的成分、ASTM 状态代号、热处理（固溶退火和时效）参数以及部分力学性能。加工铍青铜中的 C17300、C17455 和 C17465 合金含铅，因此没有带材供货，但有挤压或锻造成形的材料供货。在表 3-72 中列出的 11 种加工铍青铜中，有 8 种合金（C17000、

C17200、C17410、C17450、C17460、C17500、C17510 和 C17530）在美国环保署注册为抗微生物合金。固溶退火处理代号“A”对应于 ASTM 状态代号“TB00”，C17000 合金（约 1.7% Be，0.3% Co，其余为铜）和 C17200 合金（约 1.9% Be，0.3% Co，其余为铜）的固溶温度为 760 ~ 790℃（1400 ~ 1450℉），根据产品的厚度选择固溶时间。时效处理代号“AT”对应于 ASTM 状态代号“TF00”，C17000 合金（约 1.7% Be，0.3% Co，其余为铜）和 C17200 合金（约 1.9% Be，0.3% Co，其余为铜）的时效处理温度为 315 ~ 345℃（599 ~ 653℉）。为使合金得到最高的强度，时效保温时间为 1 ~ 3h。

对于 C17500 合金（Cu - 0.55% Be - 2.5% Co）和 C17510（Cu - 0.40% Be - 1.8% Ni），热处理代号“A”对应于 ASTM 状态代号“TB00”，固溶温度为 900 ~ 955℃（1650 ~ 1750℉）。两种合金的时效处理代号“AT”对应于 ASTM 状态代号“TF00”，时效温度为 482℃（900℉）。

对于高电导率加工铍青铜，如 C17410（Cu - 0.32% Be - 0.50% Co）合金带材产品，有两种热处理工艺：其中一种对应于 ASTM 状态代号 TH02［固溶处理，冷加工至 1/2 硬状态（21% 冷变形），然后析出强化，该工艺也称为 1/2HT］；另一种工艺对应于 ASTM 状态代号 TH04［固溶处理，冷加工至全硬状态（37% 冷变形），然后析出强化，该工艺也称为 HT］。对于高电导率合金，如 C17450（Cu - 0.32% Be - 0.75% Ni - 0.50% maxZr）合金的带材产品，其热处理工艺的 ASTM 状态代号为 TH02［固溶处理，冷加工至 1/2 硬状态（21% 冷变形），然后析出强化，该工艺也称为 1/2HT］；对于高电导率合金，如 C17460（Cu - 0.32% Be - 1.2% Ni - 0.50% maxZr）合金带材产品，有两种热处理工艺：其中一种对应于 ASTM 状态代号 TH03［固溶处理，冷加工至 1/2 硬状态（29% 冷变形），然后析出强化，该工艺也称为 3/4HT］；另一种工艺对应于 ASTM 状态代号 TH04（固溶处理，冷加工至全硬状态（37% 冷变形），然后析出强化，该工艺也称为 HT］。另一种高电导率铍青铜 C17530（Cu - 0.43% Be - 2.15% Ni - 0.6% maxAl）有 TH04 状态合金带材供货（硬化和析出热处理）。该合金的固溶退火代号“A”是在 844 ~ 927℃（1550 ~ 1700℉）固溶，时效工艺是在 455℃（850℉）时效 1 ~ 3h。表 3-72 还给出了这 11 种铍青铜的抗拉强度、规定塑性延伸强度 $R_{p0.2}$ 和伸长率以及对应的 ASTM 状态代号。

3. 铸造铍青铜

铸造铍青铜的统一数字编号为 C82000 ~ C82800。除 C82200 合金含有质量分数不超过 0.15% 的 Pb 外，所有铸造铍铜都是无铅合金（Pb 的质量分数不超过 0.02%）。表 3-73 所列为 8 种铸造铍合金的统一数字编号系统牌号和化学成分。表 3-74 和表 3-75 所列为铸造铍青铜的热处理参数和力学性能。图 3-86 ~ 图 3-93 所示为不同铸造铍青铜的性能曲线。

C82000 和 C82200 合金是低铍铸造铍青铜，余下的 6 种为高铍铸造铍青铜（C82400、C82500、C82510、C82600、C82700 和 C82800），w（Be）= 1.60% ~ 2.85%，此外还含有镍、钴和硅。C82500、C82510、C82600 和 C82800 合金中硅的质量分数为 0.20% ~ 0.35%。添加硅的作用是提高液态金属的流动性。根据铜开发协会 2014 年 10 月 20 日的相关文件，所有铸造铍合金都在美国环境保护署注册为抗微生物合金。

高强度铸造铍青铜的统一数字编号为 C82400、C82500、C82510、C82600、C82700 和 C82800，合金中含有细化晶粒合金元素，即 w(Ti) 约为 0.12% 的合金。

高电导率铸造铍青铜的统一数字编号为 C82000（0.45% ~ 0.80% Be，2.40% ~ 2.70% Co）和 C82200（0.35% ~ 0.80% Be，1.00% ~ 2.00% Ni）。

C82000 合金（常用名：beryllium - copper casting alloy 10C）的液相线和固相线温度分别 1090℃（1990℉）和 970℃（1780℉），凝固温度为 120℃（210℉）。该合金铸造后在 900 ~ 925℃（1650 ~ 1700℉）固溶退火，然后在 480℃（900℉）时效。时效时间对 C82000 合金硬度的影响如图 3-85 所示。采用 370℃（698℉）、400℃（752℉）、425 ~ 480℃（797 ~ 896℉）和 540℃（1004℉）四种不同的时效温度，研究了时效时间对合金硬度的影响。在 425 ~ 480℃（797 ~ 896℉）时效时，在约 50min 很短的时间内达到最高硬度，而在 400℃（752℉）时效，达到同样硬度约需要 4h。在 370℃（698℉）和 540℃（1004℉）时效，即使时效时间达到 8h 后，也没有达到同样高的硬度（260HBW）。对状态代号为 TF00 的 C82000 合金进行高温硬度测试，测量时使用 HRA 洛氏硬度标尺。C82000 合金的铸造试样在 900 ~ 925℃（1650 ~ 1700℉）固溶退火，在 480℃（900℉）时效。C82000 合金高温硬度的测试温度最高达 650℃（1202℉）。随测试温度提高，合金的高温硬度下降，在测试温度超过 400℃（752℉）后，合金的高温硬度急剧下降，如图 3-86 所示。

铸造铍青铜 C82200（0.35% ~ 0.80% Be 和 1.00% ~ 2.00% Ni）的常用名为 beryllium - copper casting alloy 30C 或 35C。对 TF00 状态下该合金的高

表 3-73 铸造铍青铜合金的统一数字编号系统（UNS）牌号和化学成分

统一数字编号系统合金牌号	化学成分（质量分数,%）											
	Cu(最大值)	Be	Cr(最大值)	Fe(最大值)	Ni	Co	Pb(最大值)	Si	Sn(最大值)	Al(最大值)	Zn(最大值)	Zr
C82000①（低铍）	余量②	0.45～0.8	0.09	0.10	0.20③	2.40～2.70③	0.02	0.15（最大值）	0.10	0.10	0.10	—
C82200①（低铍）	余量②	0.35～0.8	—	—	1.0～3.0	0.30（最大值）	0.15	0.15（最大值）	—	—	0.10	—
C82400①（高铍）	余量②	1.60～1.85	0.09	0.20	0.20（最大值）	0.20～0.65	0.02	—	0.10	0.15	0.10	—
C82500①（高铍）	余量②	1.90～2.25	0.09	0.25	0.20（最大值）③	0.35～0.70③	0.02	0.20～0.35	0.10	0.15	0.10	—
C82510①（高铍）	余量②	1.90～2.15	0.09	0.25	0.20（最大值）	1.0～1.2	0.02	0.20～0.35	0.10	0.15	0.10	—
C82600①（高铍）	余量②	2.25～2.55	0.09	0.25	0.20（最大值）	0.35～0.65	0.02	0.20～0.35	0.10	0.15	0.10	—
C82700①（高铍）	余量②	2.35～2.55	0.09	0.25	1.0～1.5	—	0.02	0.15	0.10	0.15	0.10	—
C82800①（高铍）	余量②	2.50～2.85	0.09	0.25	0.20（最大值）③	0.35～0.70③	0.02	0.20～0.35	0.10	0.15	0.10	—

① 在美国环境保护署注册为抗微生物合金。

② Cu + 指定合金元素的总质量分数最小值为99.5%。

③ Ni + Co。

表 3-74 铸造铍青铜合金的名义化学成分、固相线、液相线、热导率和典型热处理温度

统一数字编号系统合金牌号	名义化学成分（质量分数,%）	固相线温度		液相线温度		热导率		电导率（%IACS）	固溶处理温度②	时效工艺③
		℃	℉	℃	℉	W/(m·K)（20℃）	Btu/(ft·h·℉)（70℉）			
C82000①（低铍）	Cu－0.45～0.80 Be－2.40～2.70 Co	1000	1830	1030	1890	195	112	45～50	870～900℃（1600～1650℉）	480℃（900℉）时效3h，空冷
C82200①（低铍）	Cu－0.35～0.80 Be－1.0～2.0 Ni	1040	1900	1080	1970	250	144	45～50	870～900℃（1600～1650℉）	480℃（900℉）时效3h，空冷

C82400①（高铍）	Cu - 1.60 ~ 1.85 Be - 0.20 ~ 0.65 Co	885	1625	990	1810	100	58	20 ~ 25	760 ~ 790℃（1400 ~ 1450℉）	340℃（650℉）时效 3h，空冷
C82500①（高铍）	Cu - 1.90 ~ 2.25 Be - 0.35 ~ 0.70 Co - 0.20 ~ 0.35 Si	870	1600	970	1780	97	56	18 ~ 25	760 ~ 790℃（1400 ~ 1450℉）	340℃（650℉）时效 3h，空冷
C82510①（高铍）	Cu - 1.90 ~ 2.15 Be - 1.0 ~ 1.20 Co - 0.20 ~ 0.35 Si	840	1550	960	1760	97	56	18 ~ 25	760 ~ 790℃（1400 ~ 1450℉）	340℃（650℉）时效 3h，空冷
C82600①（高铍）	Cu - 2.25 ~ 2.55 Be - 0.35 ~ 0.65 Co - 0.20 ~ 0.35 Si	860	1585	955	1750	93	54	18 ~ 23	760 ~ 790℃（1400 ~ 1450℉）	340℃（650℉）时效 3h，空冷
C82700①（高铍）	Cu - 2.35 ~ 2.55 Be - 1.0 ~ 1.5 Ni	860	1585	950	1742	93	54	18 ~ 23	760 ~ 790℃（1400 ~ 1450℉）	340℃（650℉）时效 3h，空冷
C82800①（高铍）	Cu - 2.50 ~ 2.85 Be - 0.35 ~ 0.70 Co - 0.20 ~ 0.35 Si	850	1570	930	1710	90	52	17 ~ 23	760 ~ 790℃（1400 ~ 1450℉）	340℃（650℉）时效 3h，空冷

注：为了使铸造青铜获得细小的晶粒尺寸，可添加质量分数为 0% ~ 0.12% 的 Ti。

① 在美国环境保护署注册为抗微生物合金。

② 根据工件截面厚度确定固溶退火保温时间，推荐按 1h/25mm（1in）进行保温。

③ 为使高强度合金性能达到均匀，至少需要在时效温度范围保温 3h。

表 3-75 铸造铍青铜的名义化学成分、ASTM 状态代号和典型的力学性能

统一数字编号 系统合金牌号	名义化学成分（质量分数,%）	工艺及状态代号	抗拉强度（典型值）		规定塑性延伸强度 $R_{p0.2}$（典型值）		标距 50mm（2in）断后伸长率（%）（典型值）	洛氏硬度（典型值）
			MPa	ksi	MPa	ksi		
C82000①（低铍）	Cu - 0.45 ~ 0.80 Be - 2.40 ~ 2.70 Co	铸态；C	345	50	140	20	20	52 HRB
		铸态和在 480℃（900℉）时效 3h；CT	450	65	255	37	12	70 HRB
		铸态和在 900 ~ 950℃（1650 ~ 1750℉）固溶退火；A 或 TB00	325	47	105	15	25	40 HRB
		铸态和在 900 ~ 950℃（1650 ~ 1750℉）固溶退火，在 480℃（900℉）时效 3h；AT 或 TF00	660	96	515	75	6	96 HRB

（续）

统一数字编号系统合金牌号	名义化学成分（质量分数,%）	工艺及状态代号	抗拉强度（典型值）		规定塑性延伸强度 $R_{p0.2}$（典型值）		标距50mm（2in）断后伸长率（%）（典型值）	洛氏硬度（典型值）
			MPa	ksi	MPa	ksi		
C82200[①]（低铍）	Cu－0.35～0.80 Be－1.0～2.0 Ni	铸态；C	345	50	170	25	20	55 HRB
		铸态和在480℃（900℉）时效3h；CT	450	65	275	40	15	75 HRB
		铸态和在900～950℃（1650～1750℉）固溶退火；A或TB00	310	45	85	12	30	30 HRB
		铸态和在900～950℃（1650～1750℉）固溶退火，在480℃（900℉）时效3h；AT或TF00	655	95	515	75	7	96 HRB
C82400[①]（高铍）	Cu－1.60～1.85 Be－0.20～0.65 Co	铸态；C	485	70	275	40	15	78 HRB
		铸态和在345℃（650℉）时效3h；CT	690	100	550	80	3	21 HRC
		铸态和在790～815℃（1450～1500℉）固溶退火；A或TB00	415	60	140	20	40	59 HRB
		铸态和在790～815℃（1450～1500℉）固溶退火，在345℃（650℉）时效3h；AT或TF00	1070	155	1000	145	1	38 HRC
C82500[①]（高铍）	Cu－1.90～2.25 Be－0.35～0.70 Co－0.20～0.35 Si	铸态；C	515	75	275	40	15	81 HRB
		铸态和在345℃（650℉）时效3h；CT	825	120	725	105	2	30 HRC
		铸态和在790～800℃（1450～1475℉）固溶退火；A或TB00	415	60	170	25	35	63 HRB
		铸态和在790～800℃（1450～1475℉）固溶退火，在345℃（650℉）时效3h；AT或TF00	1105	160	1035	150	1	43 HRC
C82510[①]（Co含量比C82500高）	Cu－1.90～2.15 Be－1.0～1.20 Co－0.20～0.35 Si 性能与C82500相同	铸态；C	515	75	275	40	15	81 HRB
		铸态和在345℃（650℉）时效3h；CT	825	120	725	105	2	30 HRC
		铸态和在790～800℃（1450～1475℉）固溶退火；A或TB00	415	60	170	25	35	63 HRB
		铸态和在790～800℃（1450～1475℉）固溶退火，在345℃（650℉）时效3h；AT或TF00	1105	160	1035	150	1	43HRC

C82600[①]（高铍）	Cu-2.25~2.55 Be-0.35~0.65 Co-0.20~0.35 Si	铸态；C	550	80	345	50	10	86 HRB
		铸态和在345℃（650℉）时效3h；CT	550	120	725	105	2	31 HRC
		铸态和在790~800℃（1450~1475℉）固溶退火；A或TB00	485	70	205	30	12	75 HRB
		铸态和在790~800℃（1450~1475℉）固溶退火，在345℃（650℉）时效3h；AT或TF00	1140	165	1070	155	1	45 HRC
C82700[①]（高铍；与C82600相比不含Si）	Cu-2.35~2.55 Be-1.0~1.5 Ni 性能与C82600相同	铸态；C	550	80	345	50	10	86 HRB
		铸态和在345℃（650℉）时效3h；CT	550	120	725	105	2	31 HRC
		铸态和在790~800℃（1450~1475℉）固溶退火；A或TB00	485	70	205	30	12	75 HRB
		铸态和在790~800℃（1450~1475℉）固溶退火，在345℃（650℉）时效3h；AT或TF00	1140	165	1070	155	1	45 HRC
C82800[①]（高铍）	Cu-2.50~2.85 Be-0.35~0.70 Co-0.20~0.35 Si	铸态；C	550	80	345	50	10	88 HRB
		铸态和在345℃（650℉）时效3h；CT	860	125	760	110	2	31 HRC
		铸态和在790~800℃（1450~1475℉）固溶退火；A或TB00	550	80	240	35	10	85 HRB
		铸态和在790~800℃（1450~1475℉）固溶退火，在345℃（650℉）时效3h；AT或TF00	1140	165	1070	155	1	46 HRC

注：为了使铸造铍青铜获得细小晶粒尺寸，可添加质量分数为0%~0.12%的Ti。

① 在美国环境保护署注册为抗微生物合金。

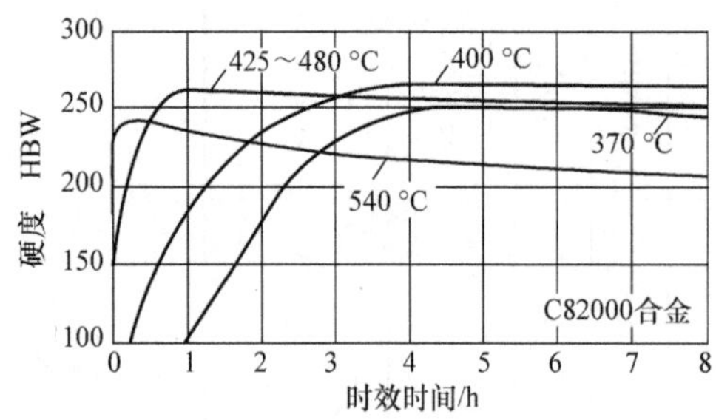

图 3-85 C82000（97% Cu - 2.5% Co - 0.5% Be）低铍、中强度、高热导率合金在铸造和固溶处理后，采用不同温度的时效曲线

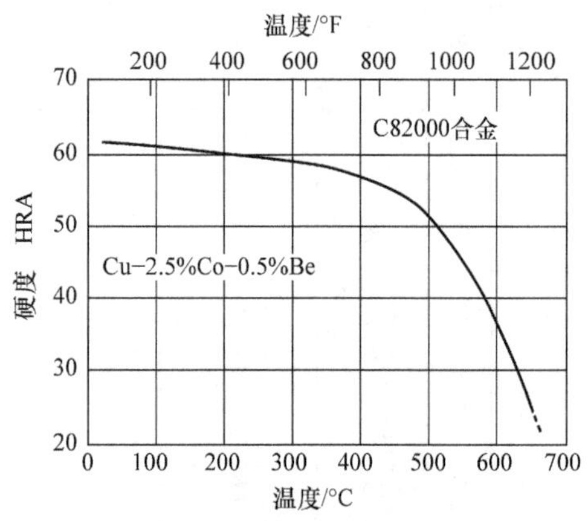

图 3-86 TF00 状态处理的 C82000 铸造合金的高温硬度

注：铸造试样固溶退火后，在 480℃（900℉）时效。时效曲线表明，在高于 400℃（750℉）的温度下试验，合金的硬度迅速下降。因此，C82000 合金的使用温度应低于 400℃（750℉）。

温硬度值（HRA）进行了测量，测量结果如图 3-87 所示。C82200 合金的液相线和固相线温度分别为 1115℃（2040℉）和 1040℃（1900℉），凝固温度为 75℃（140℉）。C82000 合金铸造后在 900～955℃（1650～1750℉）固溶退火，在 445～455℃（835～850℉）时效。该合金高温硬度的测试温度最高可达 680℃（1255℉）。随测试温度提高，合金的高温硬度下降，在测试温度高于 370℃（700℉）后，合金的高温硬度急剧下降。

C82500 铸造铍青铜（Cu - 2% Be - 0.5% Co - 0.25% Si）的常用名为 beryllium copper casting alloy 21C。TF00 状态下该合金的高温拉伸性能如图 3-88 所示。C82500 合金的液相线和固相线温度分别为 980℃（1800℉）和 855℃（1575℉），凝固温度为 125℃（225℉）。砂型铸造试棒常在 790～800℃（1450～1475℉）固溶，然后在 345℃（650℉）时效。C82500 合金的强度与测试温度曲线表明，当温

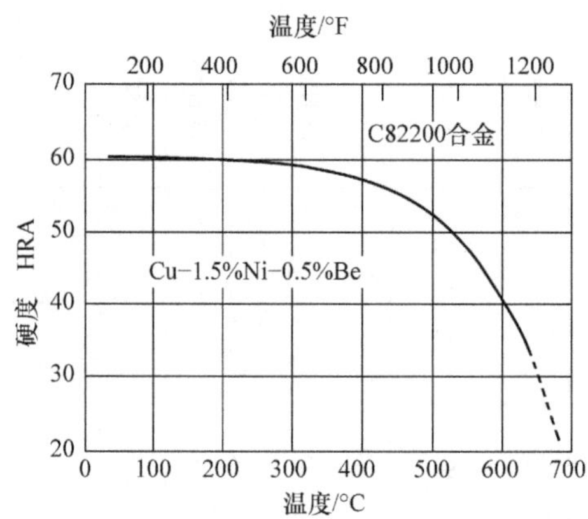

图 3-87 C82200（Cu - 1.5% Ni - 0.5% Be）铸造铍青铜采用 TF00 状态处理的高温硬度

注：铸造试样在 900～955℃（1650～1750℉）固溶退火，然后在 480℃（900℉）时效。从图中可以看到，在高于 370℃（700℉）的温度进行硬度试验，C82200 合金的硬度迅速下降。因此，C82200 合金的使用温度应低于 370℃（700℉）。

度超过 220℃（425℉）后，合金的抗拉强度迅速下降。因此，在产品设计中考虑强度性能时，C82500 合金的使用温度应低于 220℃（425℉）。图 3-89 所示为 C82500 铸造铍青铜的时效性能曲线，该合金在 790～800℃（1450～1475℉）固溶处理，然后采用 290℃（554℉）、315℃（599℉）、345℃（650℉）、370℃（698℉）和 425℃（797℉）五种不同温度进行时效处理。图中曲线表明，在 345℃（650℉）时效 75min，硬度达到最高值 405HBW，并且随时效时间延长，硬度保持不变。对 TF00 状态下 C82500 合金的高温硬度进行了测量，最高测试温度达 525℃（977℉），测试结果如图 3-90 所示。C82500 合金的高温硬度测试试样在 790～800℃（1450～1475℉）固溶退火，然后在 345℃（650℉）时效 1～3h。测试结果表明，当试验温度超过 345℃（650℉）后，合金的高温硬度迅速下降。因此，在产品设计考虑硬度时，C82500 合金的使用温度应低于 345℃（650℉）。

图 3-91 所示为 TF00 状态的 C82800 铸造铍青铜（Cu - 2.6% Be - 0.5% Co - 0.3% Si）的高温拉伸性能。C82800 合金的常用名为 beryllium - copper casting alloy 275C，其液相线和固相线温度分别为 930℃（1710℉）和 835℃（1535℉），凝固温度为 95℃（175℉）。C82800 合金砂型铸造试棒常采用 790～800℃（1450～1475℉）的温度固溶，然后在 345℃（650℉）时效。C82800 合金的强度与测试温度曲线表明，当温度超过 230℃（446℉）后，合金的抗拉强度迅速下降。因此，在产品设计考虑强度性能时，

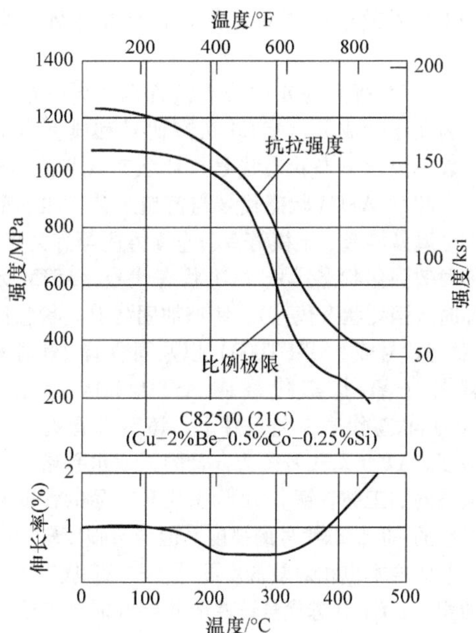

图 3-88　C82500（Cu－2% Be－0.5% Co－0.25% Si）铸造铍青铜采用 TF00 状态处理的高温拉伸性能

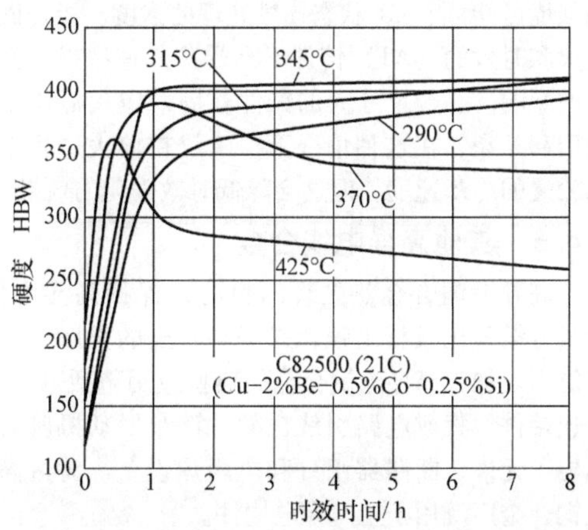

图 3-89　C82500（Cu－2% Be－0.5% Co－0.25% Si）铸造铍青铜在不同时效温度下的时效曲线

C82800 合金的使用温度应低于 230℃（446℉）。图 3-92 所示为时效时间对 C82800 合金硬度（HRB）的影响，合金在 790～800℃（1450～1475℉）固溶处理，然后在 290～315℃（554～599℉）、345℃（650℉）、370℃（698℉）和 425℃（797℉）四种不同温度下进行时效。图中曲线表明，该合金在 345℃（650℉）时效 3h 硬度达到最高值 450HBW，当时效超过 4h 后，硬度下降。对 TF00 状态下 C82800 合金的高温硬度进行了测量，最高测试温度达 525℃（977℉），测试结果如图 3-93 所示。C82800 合金的高温硬度测试试样在 790～800℃

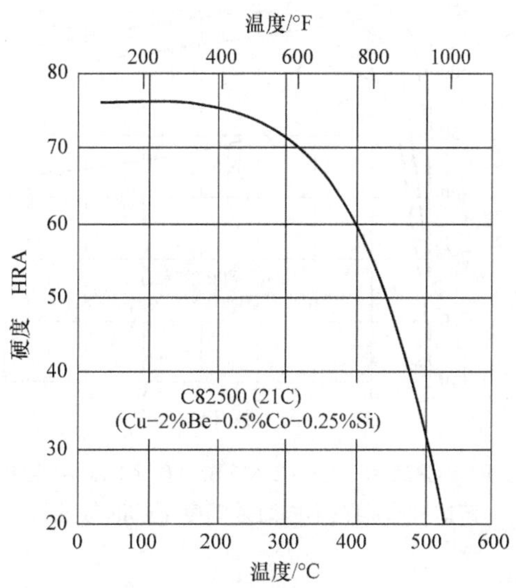

图 3-90　C82500（Cu－2% Be－0.5% Co－0.25% Si）铸造铍青铜采用 TF00 状态处理的高温硬度

注：合金在 790～800℃（1450～1475℉）固溶，然后在 345℃（650℉）下时效 3h。

（1450～1475℉）固溶退火，然后在 345℃（650℉）时效 1～3h。测试结果表明，当试验温度超过 300℃（572℉）后，合金的高温硬度迅速下降。因此，在产品设计考虑硬度时，C82800 合金的使用温度应低于 300℃（572℉）。

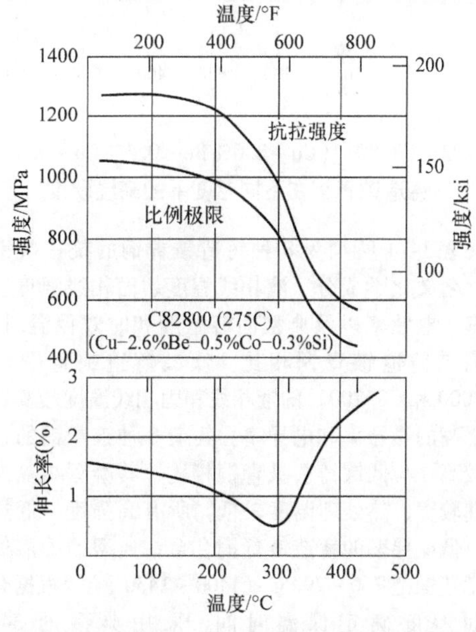

图 3-91　C82800（Cu－2.6% Be－0.5% Co－0.3% Si）铸造铍青铜采用 TF00 状态处理的高温拉伸性能

注：砂型铸造试棒在 790～800℃（1450～1475℉）固溶，然后在 345℃（650℉）时效。

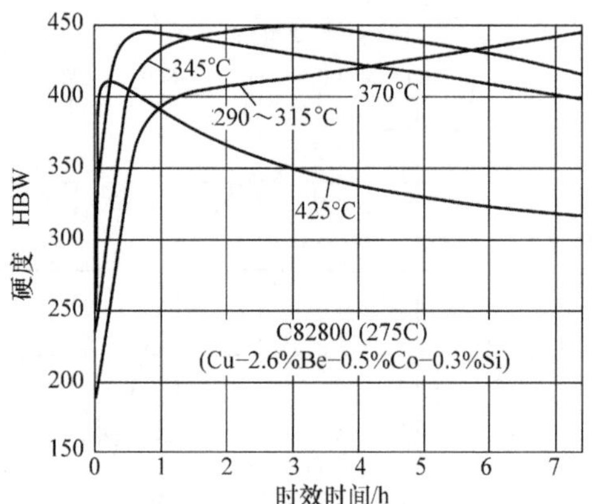

图 3-92 C82800（Cu - 2.6% Be - 0.5% Co - 0.3% Si）铸造铍青铜在不同时效温度下的时效曲线

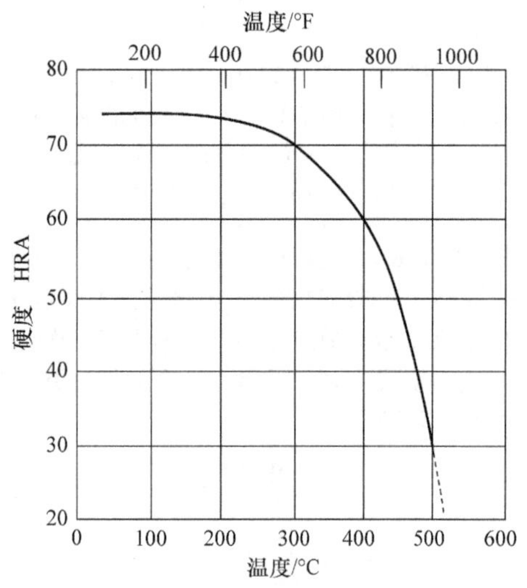

图 3-93 C82800（Cu - 2.6% Be - 0.5% Co - 0.3% Si）铸造铍青铜在不同温度下的高温硬度

表 3-74 所列为 8 种铸造铍青铜的统一数字编号、名义化学成分、液相线温度、固相线温度、热导率、电导率以及典型固溶温度和时效保温时间。与高铍铸造铍青铜相比，低铍铸造铍青铜（如 C82000 和 C82200）的液相线和固相线温度较高，具有更高的热导率和电导率。其余 6 种铍青铜的含铍量较高，与低铍铸造铍青铜相比，其凝固结晶温度区间较宽，热处理温度较低。所有高强度、低热导率、低电导率的铸造铍青铜合金，典型的固溶处理温度范围是 760 ~ 790℃（1400 ~ 1450℉），根据合金截面厚度确定保温时间。采用典型的 340℃（645℉）时效温度并保温 3h，合金能达到更高的强度。对于高热导率、高电导率和低强度铸造铍青铜，典型固溶温度为 870 ~ 900℃（1600 ~ 1650℉），根据合金截面厚度确定保温时间。采用典型的 480℃（900℉）时效温度并保温 3h，合金能达到更高的强度。

表 3-75 所列为 8 种铸造铍青铜的统一数字编号、名义化学成分、ASTM 状态代号和典型力学性能。表中包含铸态状态代号（C 状态代号或 ASTM M01 ~ M07；ASTM 状态代号与铸造工艺，如砂型铸造、金属型铸造、熔模铸造、连续铸造等有关）、铸态加时效强化状态代号（CT 状态代号，ASTM 无铸态加时效强化状态代号）、铸态加固溶退火状态代号（A 状态代号或 ASTM TB00）以及固溶退火和时效强化代号（AT 状态代号或 ASTM TF00）。在 AT（TF00）状态代号工艺条件下，铸造铍青铜具有最高强度。AT 状态代号铸造合金的强度水平略低于对应状态的加工铍青铜。CT 状态代号产品的强度略低于对应的 AT 状态代号的强度，但合金强度较低的加工工艺的成本也相对较低。此外，与 AT 状态代号铸件的相比，CT 状态代号铸件的收缩和时效变形要小一些。表 3-75 所列为采用金属型浇注的铸件，CT 状态代号的合金强度。采用砂型、陶瓷型铸造的铸件或大截面铸件的凝固和冷却速率相对较慢，合金的强度可能低于 CT 状态代号处理的强度。经过固溶退火和时效的（AT）铸件不易受冷却速率或截面变化的影响。晶粒尺寸大的铸件在固溶退火后淬水可能引起开裂，在这种情况下，建议在淬火过程中采用较慢的冷却速度，但这会降低时效强化的效果。

3.4.5 其他高导电铜合金

高导电铜合金热处理的目的是保持高导电性，通过分散强化或析出强化来提高合金的强度和抗软化能力。加工高导电铜合金的典型应用包括电气/电子连接件、集成电路引线框架、汽车发动机舱盖中的电子元件、断路器组件和电阻焊设备。铸造高导电铜合金广泛用于生产导电构件。

高导电铜合金中铜的质量分数超过 94%，此外还添加了少量的铍、硅、镍、锡、锌、铬等微量元素，以提高合金强度。铜 - 铍合金、铜 - 铬合金和铜 - 锆合金就是时效强化的高导电铜合金。由于这些合金体系随温度的降低，合金元素的极限固溶度降低，因此可以通过析出进行强化。其中铜 - 铍合金通过析出强化可达到铜基合金中的最高强度水平。此外，铜 - 铬合金和铜 - 锆合金也是时效强化的高导电铜合金。与铜 - 铍合金相比，铜 - 铬合金和铜 - 锆合金的强度较低，但导电性更好。

（1）铜 - 铬合金　铜 - 铬合金也称铬青铜，$w(\mathrm{Cr}) = 0.5\% \sim 1.0\%$。为避免氧化，采用盐浴或可控气氛炉在 980 ~ 1010℃（1800 ~ 1850℉）的温度下加热固溶，然后迅速淬火。固溶处理后的铜 - 铬合金硬度低且韧性高，可以进行与纯铜相同的冷加工。淬火后合金可在 400～500℃（750～930℉）进行数小时的时效，以得到特殊的力学和物理性能。典型的时效工艺是在 455℃（850℉）保温 4h 或更长时间。

铜－铬合金包括加工铬青铜（C18200、C18400 和 C18500）和铸造铬青铜（C81400、C81500 和 C81540）。表 3-76 所列为典型热处理和冷加工工艺对铜－铬合金性能的影响。将固溶退火试样横截面积拉拔减小约 40%，得到冷拉拔试样。铸造铜铬合金（C81500）的强度大约是纯铜的两倍，其电导率仍然大于 80% IACS。铜－铬合金主要用于生产制造机电产品，如焊接钳夹、电阻焊电极、高强度电缆连接器。

表 3-76 典型热处理和冷加工工艺对 Cu－1%Cr 合金性能的影响

工艺状态		抗拉强度		屈服强度①		伸长率②（%）	硬度	电导率（%IACS）
		MPa	ksi	MPa	ksi			
C18200 合金	固溶处理	240	35	105	15	42	50 HRF	35～42
	固溶处理和时效	350	51	275	40	15	90 HBW③	75～82
	固溶处理和冷拉拔 40%	415	60	310	45	15	65 HRB	40
	固溶处理，硬拉拔和时效	435	63	385	56	18	68～75 HRB	80
	固溶处理，时效和冷拉拔 30%	480	70	425	62	18	75～80 HRB	80
C81500 合金	铸造，固溶和时效	350	51	275	40	17	105 HBW③	75～80

① 在拉伸变形量为 0.5% 的条件下。

② 标距 50mm（2in）。

③ 载荷为 500kgf（4.9kN）。

（2）铜－锆合金　铜－锆合金也称锆青铜，主要的牌号有 C15000 和 C15100。铜－锆合金主要通过冷加工来提高强度。虽然时效也可略提高合金的强度，但时效的主要作用是提高电导率。表 3-77 给出了各种热处理和冷加工工艺对铜－锆合金性能的影响。

表 3-77 热处理和冷加工工艺对 C15000 铜－锆合金性能的影响

固溶温度①		冷加工变形量（%）	时效			抗拉强度		屈服强度		伸长率②（%）	硬度 HRB	电导率（%IACS）
			温度		时间/h							
℃	℉		℃	℉		MPa	ksi	MPa	ksi			
900	1650	20	475	885	1	310	45	260	38	25	48	85（不小于）
900	1650	80	425	795	1	425	62	380	55	12	64	85（不小于）
980	1795	无	—	—	—	200	29	41③	6③	54	—	64
980	1795	20	—	—	—	270	39	250③	36③	26	37	64
980	1795	80	—	—	—	440	64	420③	61③	19	73	64
980	1795	无	500	930	3	205	30	90	13	51	—	87
980	1795	无	550	1025	3	205	30	90	13	49	—	95
980	1795	20	400	750	3	330	48	260	38	31	50	80
980	1795	20	450	840	3	330	48	275	40	28	57	92
980	1795	85	400	750	3	495	72	440	64	24	79	85
980	1795	85	450	840	3	470	68	425	62	23	74	91

① 保温 30min，水淬。

② 标距 50mm（2in）。

③ 在拉伸变形量为 0.5% 的条件下。

（3）Cu－4Ni－0.25P 加工合金　Cu－4Ni－0.25P 合金的牌号主要有 C19000 和 C19100，这些合金也可以进行时效强化。它们是中等强度的磷青铜，具有高导电性和持久强度，主要用于生产弹簧、导线、紧固件等。该合金产品具有高强度、高电导率和热导率，以及高的疲劳强度和蠕变抗力。表 3-78

和表3-79中分别列出了C19000合金（Cu-0.9～1.3%Ni-0.15～0.35%P-0.75%Zn（最大值））的拉伸性能和电导率。该合金的热处理工艺如下：

表3-78 C19000高导电磷青铜的典型拉伸性能

状态	抗拉强度		屈服强度（拉伸变形量为0.5%）		标距50mm伸长率（%）	硬度HRB
	MPa	ksi	MPa	ksi		
固溶退火	262	38	69	10	40	—
固溶退火和时效	448	65	276	40	33	72
1/2硬状态	421	61	372	54	8	—
1/2硬状态和时效	566	82	490	71	6	—
全硬状态	455	66	407	59	6	—
全硬状态和时效	621	90	538	78	4	—

注：有关热处理请参考正文。

表3-79 C19000高导电磷青铜的典型电导率和热导率

状态	电导率（%IACS）	热导率	
		W/（m·K）	Btu/（ft²·h·F）
固溶退火	32	138	80
固溶退火和时效	60	251	145
1/2硬状态	32	138	80
1/2硬状态和时效	60	251	145
全硬状态	32	138	80
全硬状态和时效	60	251	145

注：有关热处理请参考正文。

1）固溶退火。加热至705～790℃（1300～1450℉），水淬。

2）时效。在固溶退火后，再加热至425～480℃（800～900℉）保温1～2h空冷。如果在固溶退火后进行冷加工，则时效温度为415℃（775℉）。

3）冷加工后退火。加热至620～790℃（1150～1450℉）后空冷。加热应该在还原或非氧化性气氛中进行。

（4）铜-铁合金 铜-铁合金的牌号主要有C19200和C19400，该合金通过铁分散相进行强化。铜-铁合金不能通过热处理强化，但其具有相对高的强度和电导率。

参考文献

1. R.A. Wilkens and E.S. Bunn, *Copper and Copper Base Alloys*, McGraw-Hill, New York, 1943
2. C.R. Brooks, *Heat Treatment, Structure, and Properties of Nonferrous Alloys*, 4th ed., ASM International, July 1990
3. A. Cohen, Heat Treating of Copper Alloys, *Heat Treating*, Vol 4, *ASM Handbook*, ASM International, 1991, p 880–898
4. R.M. Brick, D.L. Martin, and R.P. Angier, *Trans. ASM*, Vol 31, 1943, p 675
5. G.F. Vander Voort, *Metallography and Microstructures*, Vol 9, *ASM Handbook*, ASM International, 2004
6. T. Matsuda, *J. Inst. Met.*, Vol 39, 1928, p 67
7. G.K. Dreher, *Met. Prog.*, Vol 38, 1940, p 789
8. J.C. Harkness, W.D. Spiegelberg, and W.R. Cribb, Beryllium-Copper and Other Beryllium-Containing Alloys, *Properties and Selection: Nonferrous Alloys and Special-Purpose Materials*, Vol 2, *ASM Handbook*, ASM International, 1990, p 403–427
9. "Standard Classification for Temper Designations for Copper and Copper Alloys—Wrought and Cast," B601-12, ASTM International
10. "Standard Classification for Copper Alloy Strip for Use in Manufacture of Electrical Connectors for Spring Contacts. Temper Designations for Copper and Copper Alloys—Wrought and Cast," B888-13, ASTM International
11. *ASM Specialty Handbook: Copper and Copper Alloys*, 2nd printing, ASM International, Oct 2008
12. "Cu-206, Alloy Digest Datasheet," American Society for Metals, 1969

第4章 镍和镍基合金的热处理

4.1 镍基合金的热处理和相组织

人们使用镍基合金的历史已经有一百多年了。真正工业意义上使用镍基合金可以追溯到1905年，是由国际镍公司（现在称国际镍业公司）开发的，以Monel为商标销售的400合金。15年后，海恩斯特来有限公司以Hastelloy为商标，开发出了B合金和C合金。开发镍基合金的一个重要里程碑是在20世纪三四十年代，由国际镍公司（Inco）开发出Inconel合金（Ni－Cr－Fe合金系列中的600合金）和Incoloy（Ni－Fe－Cr）合金。在这之后，德国克虏伯股份有限公司（Krupp VDM GmbH）以Nicrofer、Nimofer和Nicorros为商标，开发并生产出了用途广泛的一系列镍基合金。当今（2016年），已开发出数十种镍基合金牌号，广泛应用于各个工业领域，并可以根据用户的具体用途和要求，进行合金成分调整和性能定制。

镍基合金具有优良的耐蚀性、耐热性、韧性，高强度和良好的组织稳定性能。一般来说，镍基合金还具有良好的切削加工性能和焊接性能。通常，镍基合金可以以薄板材、厚板材、管材、棒材和锻件等多种形式供货。有些合金还可以以铸件形式供货，但这些铸件可能具有不同的性能。与不锈钢相比，镍基合金的价格更贵，但是，如果考虑到使用寿命，则镍基合金的成本更低。

镍基合金现主要应用于恶劣的腐蚀环境，除此之外，还可广泛应用于很多场合。例如，可以应用于低温和高温环境、对合金的膨胀有严格控制要求的场合以及有磁性要求的场合。为面对工作环境提出的挑战，满足服役条件提出的苛刻要求，人们一直在对镍基合金的成分进行不断的改进和完善。

镍基合金的开发利用，使许多工程领域的发展成为可能，对推动和改善能源、环境保护和运输等领域的发展起到了显著的作用。例如，低膨胀系数镍基合金在储存和运输液体天然气方面起着重要的作用。当然，镍基合金最广为人知的用途是航空工业。如果没有镍基合金，将严重制约喷气发动机工业的发展。在过去的几十年里，如果没有引入新开发的高强度和耐高温镍基合金，就不可能提高发动机的工作效率。

本节主要介绍镍基合金的热处理类型和方法，重点介绍要求具有耐蚀性和高温强度镍基合金产品的热处理工艺。严格地说，就是通过加热和冷却热处理过程，实现下列目的：

1）优化物理性能。

2）去除对性能有害的相。

3）消除机械加工或制造过程中产生的残余应力。

4）通过再结晶退火过程，促进形成新晶粒，细化组织结构。

5）溶解或使第二相粒子，如碳化物和/或金属间化合物相重新分布。

6）通过时效从过饱和固溶体中析出理想的相（时效强化）。

在很大程度上，铸造合金和锻造合金的热处理有许多相似之处。但是，在本章后面的章节中，对具体类型的锻造和铸造镍基合金的热处理工艺进行了深入的讨论。通常，铸造超合金的使用温度高于锻造超合金，由此导致了铸造超合金可以采用更高的热处理温度。锻造合金也往往比铸造合金更容易进行去除应力处理。通常，进行去除应力处理的合金多局限于不能进行时效强化的合金，当然也有例外。

4.1.1 镍的合金化和相组织

商用镍基合金包括单相（固溶体）合金、析出硬化合金以及氧化物－分散强化合金。有多种溶质元素在镍基合金的基体中具有很高的固溶度，并且在高固溶度条件下，具有高的固溶强化和组织稳定性。最常用的固溶强化元素是铬、钼、钨、镍和铜。钴、铁、钒、钛和铝也都是镍的有效固溶强化元素。固溶的合金元素还能提高合金基体的耐蚀性。

图4-1所示为各种溶质元素的固溶度对镍基合金室温屈服强度的影响。铬、钼和钨是非常有效的固溶强化合金元素。在高温条件下，钼和钨提高蠕变断裂强度的效率高于铬，如图4-2所示。在高于$0.6T_m$（熔点温度）的高温蠕变温度范围，强化与

扩散有关，原子尺寸大，而扩散速度慢慢的元素是　　最有效的高温强化合金元素，如钼和钨。

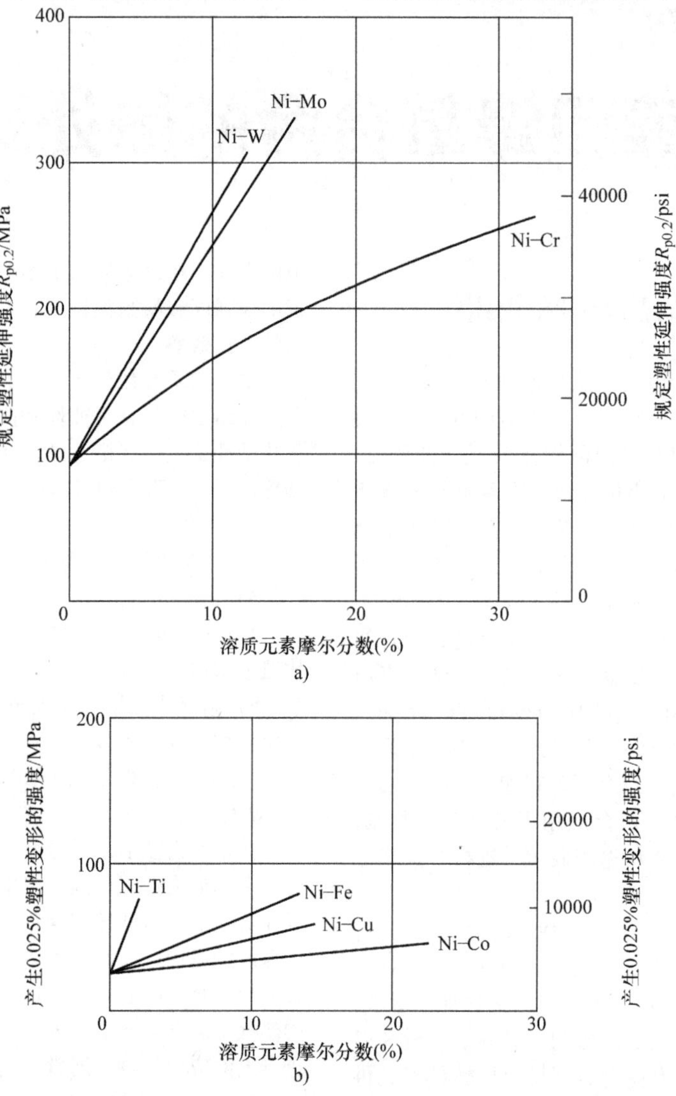

图 4-1　溶质原子含量对镍基单相固溶体合金室温（25℃或 75℉）屈服强度的影响

注：图 a 根据参考文献［5］改编；图 b 根据参考文献［6］改编。

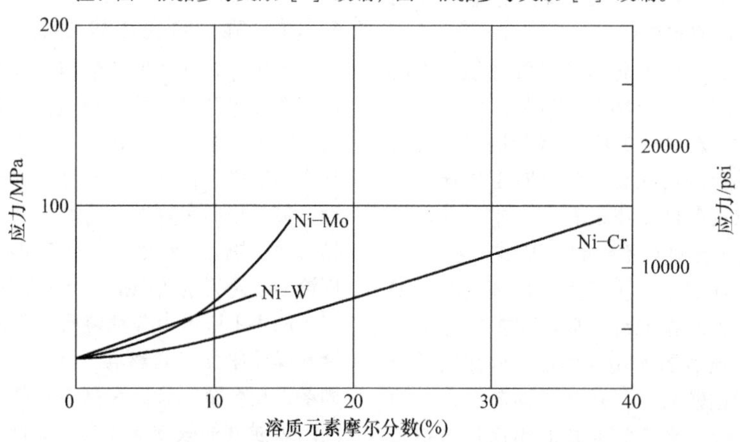

图 4-2　镍基固溶体在 820℃（1510℉）、100h 条件下的持久强度

镍基合金中的第二相包括各种金属间化合物相、碳化物和氮化物，见表 4-1。γ′（Ni_3Al）和 γ″（Ni_3Nb）析出相与镍的 γ 基体共格，在强化合金中起到了重要的作用。镍基合金中含有颗粒碳化物，根据碳化物的类型和形态，也可起到强化合金的作用（参见本节中“碳化物的类型和形态”的有关内容）。此外，在 γ - γ′基体中的氧化物分散强化合金中，含有少量的 Y_2O_3 分散强化相，其组成（机械混合）包含钨或钨合金纤维等。

表 4-1 镍基合金中的相

相名称		化学组成	说 明
γ 相基体		镍基固溶体	面心立方（fcc）非磁性相，是所有镍基合金的基体相，通常与该相有高固溶度的合金元素是钴、铁、铬、钼和钨
γ′相		Ni_3Al（名义成分，具有附加的固溶强化）	平衡析出相。与镍基合金的基体相一样，为 fcc 晶体结构。该相能提高合金的高温强度和蠕变抗力。其他元素，尤其是铌、钽和铬，也能进入 γ′相
晶界 γ′相		Ni_3Al（名义成分）	在高强度合金中，在晶界上分布膜状 γ′相，通过热处理和在高温服役中产生。该晶界 γ′相膜能改善和提高合金的持久强度
γ″相		Ni_3Nb	镍铁合金中的体心正方（$D0_{22}$有序结构）析出相。在有铁存在的条件下，镍和铌结合形成与 γ 基体共格的 γ″相。该相在中低温度区间具有非常高的强度，但是在约 650℃（1200℉）以上的温度下则不稳定
δ 相		Ni_3Nb	在过时效 Inconel 718 合金中，观察到这种正交晶系（有序的 Cu_3Ti 结构）相。在低温时效条件下，该相通过胞状转变形成；在高温时效条件下，该相在晶内析出形成
η 相		Ni_3Ti（固溶有其他元素）	在具有高钛铝比的铁镍基、钴基和镍基超合金中，发现有这种密排六方晶格（$D0_{24}$）相形成。它可能在晶间通过胞状转变形成，或在晶内以魏氏针片状形态出现
硼化物		M_3B_2 和 M_5B_3	当硼偏析于晶界时，形成了密度相对较低的硼化物颗粒。根据加热的过程，可形成两种类型的硼化物；M_3B_2 型包括 Ni_3B_2、Ta_3B_2、Mo_2FeB_2；M_5B_3 型包括 $(Cr, Mo)_5B_3$
碳化物	MC	TiC、NbC、HfC	立方晶体结构
	$M_{23}C_6$	$Cr_{23}C_6$ 和 $(Cr, Fe, W, Mo)_{23}C_6$	面心立方晶体
	M_6C	Fe_3Mo_3C、Fe_3Nb_3C	面心立方晶体
	M_7C_3	Cr_7C_3、M_5B_3	六方晶体结构
拓扑密堆相	Laves 相	Fe_2Nb、Fe_2Ti、Fe_2Mo、Co_2Ta、Co_2Ti	六方晶体结构相。铁基和钴基超合金经高温加热后，常形成不规则的拉长球状或片状 Laves 相
	σ 相	FeCr、FeCrMo、CrFeMoNi、CrCo、CrNiMo	长时间暴露在 540～980℃（1005～1795℉）温度条件下，形成的正方晶体结构相，常在铁镍基和钴基合金中观察到，在镍基合金中则较少。其形状通常为不规则的拉长球状
	μ 相	Co_7W_6、$(Fe, Co)_7(Mo, W)_6$	在高温下形成的三角晶系相。通常在高钼或高钨合金中观察到，尺寸较为粗大，为不规则的魏氏组织形态

1. γ′（Ni_3Al）相

镍基合金中的主要析出强化相是共格的 γ′相，其化学分子式为 Ni_3Al。γ′相为有序面心立方化合物，其铝原子位于面心立方立方体的顶角，而镍原子位于面心立方晶体晶面的中心。由于 γ 和 γ′都属于面心立方晶体结构，晶格参数非常相似，只有约

0.5%的错配度，所以γ′与基体保持共格，而γ′单位晶胞的立方体晶面和顶角与γ相基体的平行。

当重新将过饱和镍-铝固溶体加热至两相区时，形成平衡的γ′相，如图4-3所示。这与许多其他类型的析出强化合金（如铝-铜合金）不同，在其他类型的析出强化合金中，最初的析出相是非平衡的过渡亚稳相，随着平衡相的析出，非平衡亚稳相最终会消失。然而，在这些镍-铝固溶体合金中，平衡的γ′相是唯一的析出相。

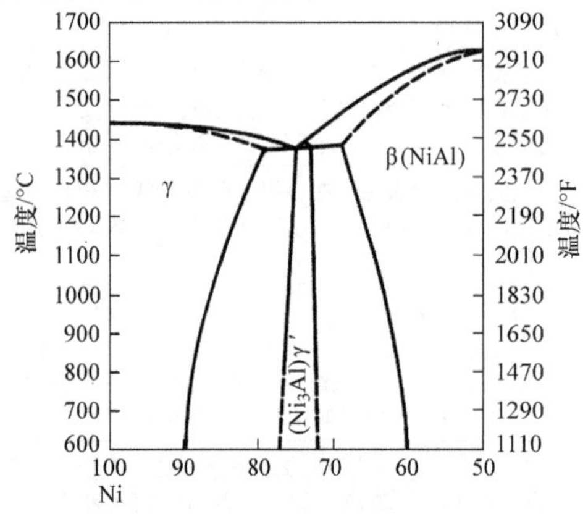

图4-3 镍-铝平衡相图的富镍端

当过饱和镍-铝固溶体在两相区重新加热时，镍和铝原子之间的结合键足够强，克服了由热振动引起的原子在晶格点阵上的随机化分布。因此，当铝原子占据某些镍原子的相对位置时，一小组原子就会形成相对稳定的有序结构。如果溶质元素含量足够高，不需要铝原子进行长程扩散，那么该过程容易发生，形核速率相对很高，由此形成细小弥散的析出相。

图4-4所示为γ′相的析出强化效果。时效曲线具有典型的析出强化特点，在时效温度下，随时间变化，强度达到最大值。当γ和γ′相之间的晶格参数错配度约为1%时，界面产生弹性应变，导致合金强化。随着时效温度的提高，析出相颗粒尺寸增大，强化效果降低。合金的强度还与Ni_3Al析出相的数量有关，图4-5所示为几种Ni_3Al析出相数量对合金蠕变强度的影响。在Ni-Cr-Al合金中，析出相对合金的高温屈服强度也有类似的影响趋势，如图4-6所示。在25℃（75℉），当Ni_3Al相的体积分数约为30%时，合金的屈服强度达到最大值；但是在900℃（1650℉），当Ni_3Al相的体积分数约为100%，合金才达到最高强度。这就意味着，对于商用合金来说，其使用温度范围与γ′相的数量有关。通常γ′相是脆性相，因此，为了充分发挥γ′相的强化作用，必须将其嵌入高韧性的基体中。

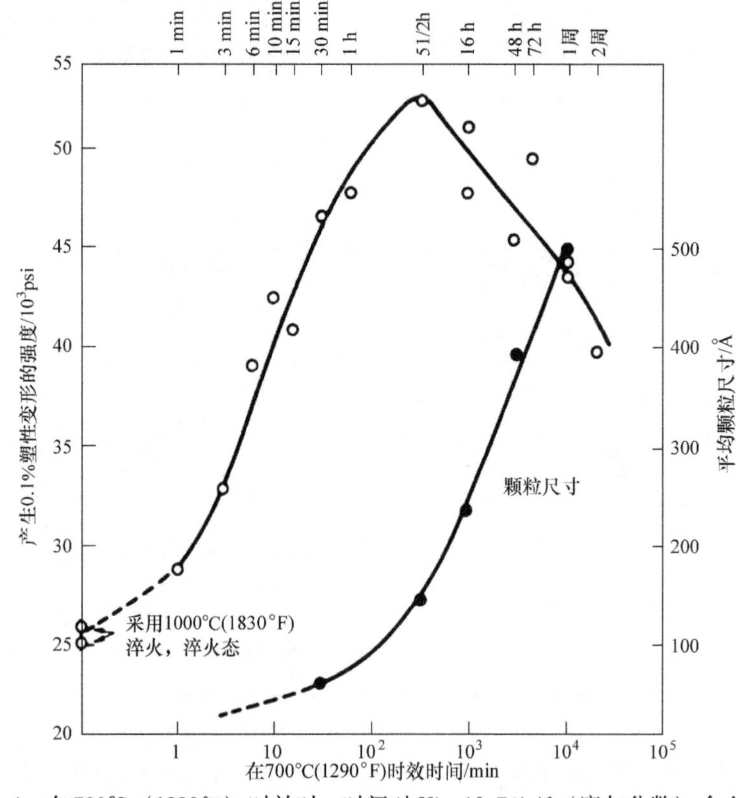

图4-4 在700℃（1290℉）时效时，时间对Ni-12.7%Al（摩尔分数）合金室温（25℃或75℉）屈服强度和γ′相颗粒尺寸的影响

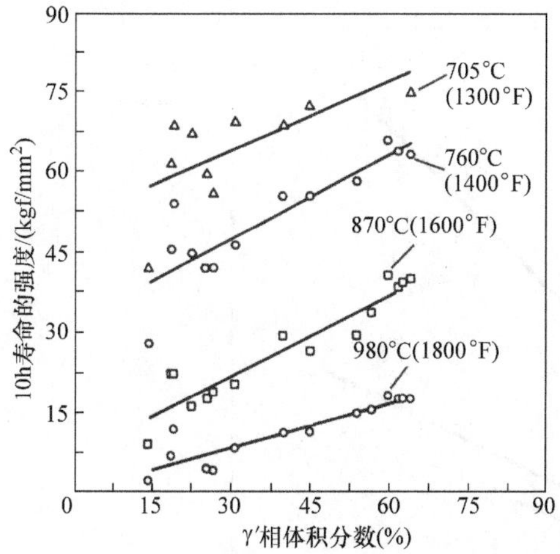

图 4-5 γ′相数量对镍基合金蠕变强度的影响（来自各不同工业合金的数据）

译者注：图中温度为蠕变试验温度。

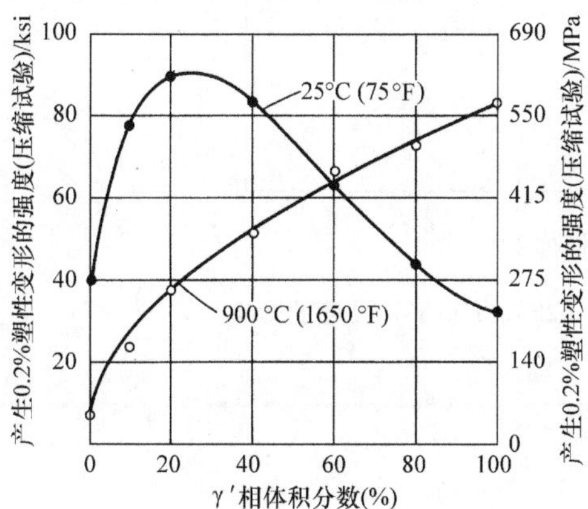

图 4-6 固定含镍量（质量分数为 75%）的 Ni-Cr-Al 合金的 γ′相数量对屈服强度（采用压缩试验测试）的影响

注：测试温度为 25℃（75℉）和 900℃（1650℉）。合金在 1150℃（2100℉）固溶保温 2h，空冷至 25℃（75℉），然后在 900℃（1650℉）时效 16h，得到平衡相组织。

当在面心立方镍基体中适当地分散有 Ni_3Al 相时，Ni_3Al 相具有很强的强化效应。人们对 γ′相的行为也存在一些不太清楚的地方，例如，随温度的提高，合金的屈服强度大大提高了，因此，γ′相对提高合金的高温性能具有非常显著的影响。图 4-7 所示为 Ni_3Al 相和温度对镍基合金屈服强度的影响。在 25℃（75℉），合金的强度约为 140MPa（20ksi），类似于 Ni-12.7% Al（摩尔分数）合金的固溶处理（图 4-4）。而当温度提高到 800℃（1470℉），由于有 Ni_3Al 的存在，合金的强度明显提高。这与在该温度下没有析出，但组织稳定的合金正好相反。因此，γ′相具有双重作用。纯 γ′（Ni_3Al）相在 25℃时，由于共格析出，对合金造成了强化，此时，其对合金强度的贡献相对较弱，但是随着两相（γ-γ′）合金系统温度的升高，γ′相对强度的贡献则显著提高。

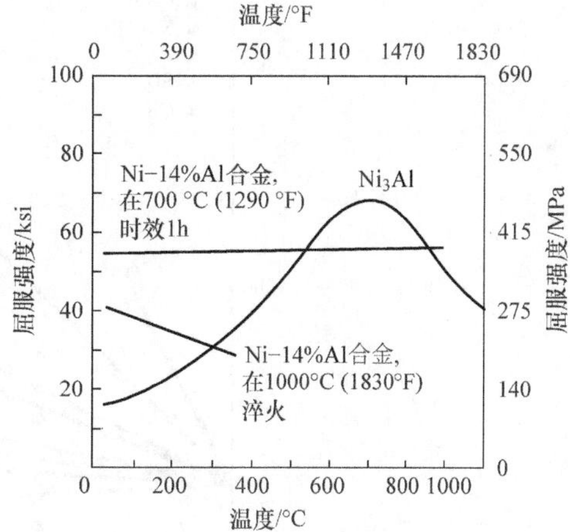

图 4-7 温度对淬火和时效后 Ni-14% Al（原子分数）和 Ni_3Al 合金屈服强度的影响

合金元素也会影响 Ni_3Al 相的强度，如图 4-8 所示。在室温下，钽、镍和钛是有效的 Ni_3Al 相强化合金元素，而钨和钼则是室温和高温下有效的 Ni_3Al 相强化合金元素，钴是非 Ni_3Al 相强化合金元素。当然，固溶强化的效果与合金中能添加多少溶质元素有关（即固溶度极限）。图 4-9 所示为 Ni-Al-X 三元合金在 1150℃（2100℉）温度下 γ′相（Ni_3Al）的相区。直线表示 $w(Ni)=75\%$。钛在该相中具有很高的固溶度，钴和铜也是如此，但这些元素并没有对钛的强化效果产生影响。此外，钽虽然具有高的强化效果，但其在该相中的溶解度很低（图 4-8），因此无法达到大量添加钛所达到的效果。根据合金元素和温度的不同，合金化也会影响 Ni_3Al 相的数量和 γ 与 γ′相的错配度。

2. γ″（Ni_3Nb）相

γ″析出相是在镍-铁合金中发现的。在镍基合金中有铁存在的情况下，镍和铌结合形成体心正方 γ″（Ni_3Nb）相。该相与基体 γ 共格，存在 2.9% 的错配度。在低到中间温度区间，该相具有很高的强度，但是在 650℃（1200℉）以上温度则不稳定。

形成 γ″相的镍-铁基合金包括 Inconel 706 和 Inconel 718 合金，其 $w(Nb)$ 分别为 3% 和 5%。铁主要起催化形成亚稳 γ″相的作用。这类合金还含有少量的铝和钛，形成了 γ′相 $Ni_3(Al, Ti)$。在 Inconel 718 中，γ″相是一种主要的强化相，与 γ′相共同析出强化。γ′相是通过形成非有序颗粒，以剪切来实现强化的，而 γ″相是通过产生高共格应变来实现强化的。

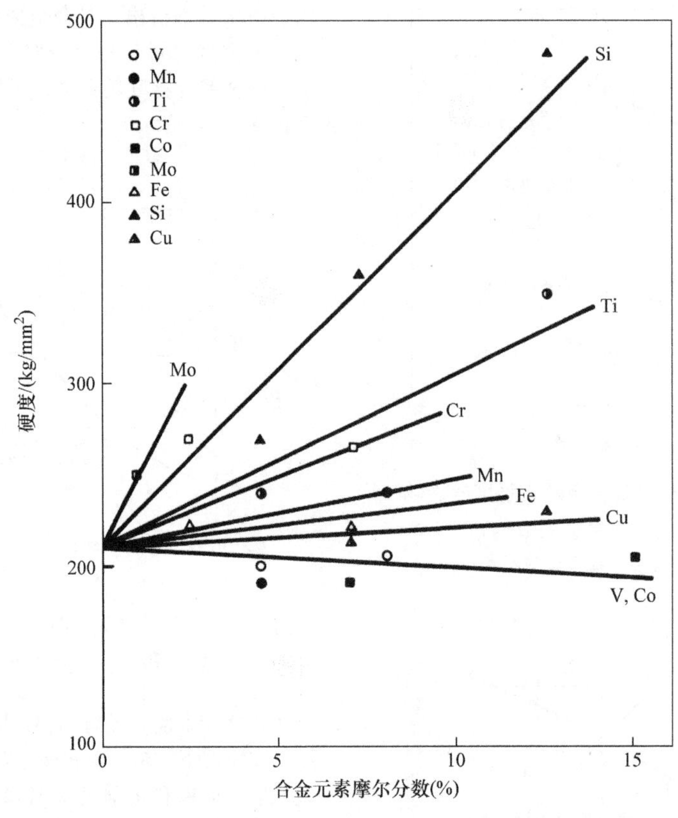

图 4-8 固溶于 γ′相的合金元素对室温（25℃或 75℉）硬度的影响

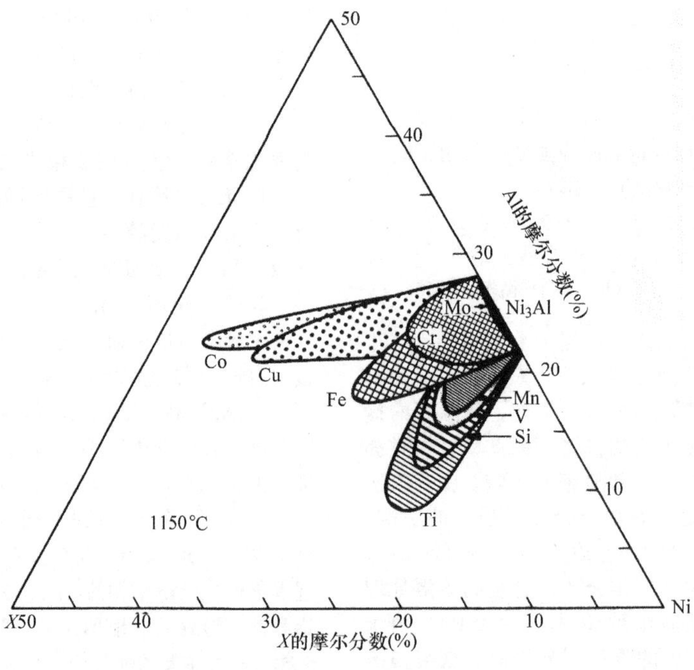

图 4-9 Ni－Al－X 三元合金 1150℃（2100℉）等温相图中的 X 元素对 γ′相区大小的影响

必须对这类合金进行适当的热处理，因为不适当的热处理会导致形成具有稳定正交晶系的 δ 相，该 δ 相的成分也为 Ni_3Nb，但与基体非共格，在 δ 相大量出现时对强度没有贡献。然而，可以利用形成少量的 δ 相，控制和改善晶粒尺寸，从而提高合金的拉伸性能、疲劳性能以及抗蠕变断裂性能。在热处理过程中，必须进行严格的控制，确保析出 γ″相，而不是形成 δ 相。可以通过图 4-10 所示的时间 - 温度 - 转变图，制定合理的热处理工艺。

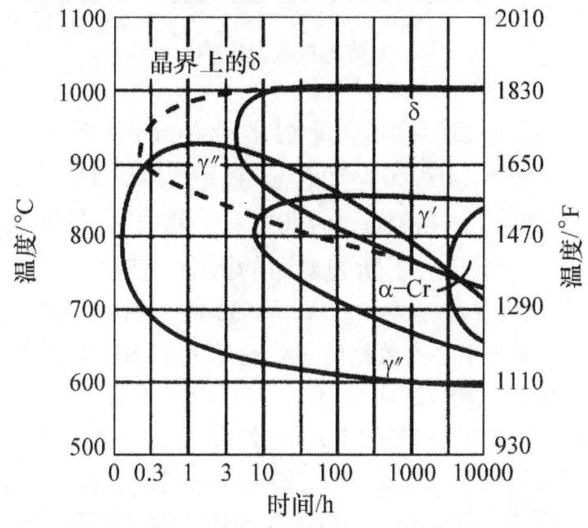

图 4-10 真空熔炼和热锻 Inconel 718 合金棒材的相转变图

在镍基合金中，应用 γ″析出相进行强化的实际合金主要限于 $w(Nb) > 4\%$ 的合金。在该类合金中可出现 γ″相和 γ′相，但 γ″相是主要的强化相。在 Inconel 718 合金中，γ″相的体积分数（V_f）远远超过 γ′相。虽然没有对 γ″相强化行为和强化效果与 γ′相进行对比研究，但对于该合金的强化，有一个最佳的 γ″相尺寸和体积分数。在固溶处理或焊接过程后再加热至中等温度，很容易形成 γ″相。由于 γ″相具有这种特点，γ′相强化的合金可以在焊接后进行时效，得到强度很高同时具有很好塑性的组织（参阅本卷中“锻造镍基合金的热处理”一节）。

3. 碳化物类型和形态

镍不是碳化物形成元素，但碳与镍基合金中的其他合金元素反应，可形成各种类型的碳化物。镍基合金中 $w(C) = 0.02\% \sim 0.2\%$，可与碳形成碳化物的金属元素有钛、钽、铪和铌。在镍基合金中，最常见的碳化物类型有 MC、M_6C、M_7C_3 和 $M_{23}C_6$（其中“M”是金属碳化物形成元素）。在铸造超合金和锻造超合金中，都存在这些类型的碳化物。

MC 型碳化物首先从熔融液态合金的冷却中形成，是主要的碳化物类型。因此，铸造合金的 MC 型碳化物主要在晶内，但也有部分 MC 在晶界处形成。在随后的热处理或热加工过程中，将会改变超合金中碳化物的形态、数量和类型。通常，不同于 γ′相的均匀形成，碳化物的形成不是均匀的和规律的，即使是同一种相，也可能有不同的尺寸和形态。

在镍基合金中，碳化物通常在晶界析出，而在钴基和铁基超合金中，碳化物通常在晶内形成。在热处理和服役的过程中，初生的 MC 碳化物往往会分解并形成 $M_{23}C_6$ 和/或 M_6C 等其他类型的碳化物，而这些碳化物多在晶界处形成。在固溶处理合金中形成的碳化物，也可能在长期高温服役后形成。部分二次碳化物可以在粗大的初生 MC 碳化物周边或位错处析出形成。在许多超合金中，$M_{23}C_6$ 碳化物在铸造或固溶处理后的时效过程中，在晶界处形成。

在镍基和铁 - 镍基合金中，基体中的碳化物并没有完全溶解（合金没有发生初熔）。在这种类型的合金中，如果含有足够的钨和钼 [$w(Mo) + w(W)/2 \geqslant 6\%$]，则 MC 碳化物往往不稳定，在低于 815 ~ 870℃（1500 ~ 1600℉）的温度，将分解为 $M_{23}C_6$ 碳化物，或在 980 ~ 1040℃（1800 ~ 1900℉）转变为 M_6C 碳化物。在某些情况下，M_6C 碳化物在晶内以魏氏组织形态析出，而在另一些情况下，又可能以块状碳化物形态析出。

在合金成分设计中，合金中的碳化物可能作为一种对性能有益或有害的相，而对铸造合金和锻造合金的性能产生重要的影响。基体晶内的碳化物（也可能在晶界上共存）最常见的有害作用是作为疲劳裂纹的萌生处，或在未涂层合金表面造成氧化，产生表面缺口效应。氧化的碳化物会产生热应力，可能造成碳化物开裂，引起疲劳裂纹的萌生。因此，合金中碳化物的大小对合金的性能起着重要的作用。在镍基合金中，减小碳化物的体积分数和尺寸，将减少碳化物开裂的可能性。

晶内和晶界处的碳化物都可以对合金产生强化。对于镍基和铁 - 镍基超合金，基体内的碳化物通常只会产生很小的强化效果。而在晶界处的碳化物，对位错运动有强烈的阻碍作用，对提高超合金的强度起着重要的作用。通过碳化物在晶粒中弥散析出的强化效果小于 γ′相的析出强化，但仍是一种有效的强化方法。

根据碳化物的形态，晶界处的碳化物也可以起到强化合金的作用。链状离散球状碳化物（通常出现在锻造合金中的 $Cr_{23}C_6$）能起到阻止晶界蠕变的作用。如果没有这类离散的晶界碳化物，晶界运动没有受到限制，将导致在三叉晶界处产生裂纹。然而，如果碳化物以连续膜状在晶界上形成，则会导致合金性能严重恶化。通常铸造合金不会产生这样的问题，人们对该问题的研究大多集中在锻造合金上（见本卷“锻造镍基合金的热处理”一节）。

早期的研究还表明，一些晶界处的碳化物对合金的塑性是有害的，但大多数研究者认为，离散的碳化物对提高合金的断裂强度起着有益的作用。直到20世纪50年代，人们才发现合金中碳化物的实际作用。在对 Nimonic 80A 和 Waspaloy 合金的蠕变断裂性能进行优化时，人们发现 $Cr_{23}C_6$ 等铬碳化物起到了重要作用。在该基础上，开发出了一种中间热处理工艺，可得到链状离散球状碳化物（通常在大多数锻造合金 $Cr_{23}C_6$ 中），防止晶界之间发生滑动和蠕变，与此同时，还允许 γ－γ′相晶粒之间产生应力松弛，以保证合金具有足够的塑性，避免合金发生早期永久失效。

在开发出中间热处理工艺之前，析出硬化镍基超合金通过采用固溶加单级时效工艺来获得所需强度。对于早期锻造 γ′相强化超合金，单级时效最常采用的温度是 704～760℃（1300～1400℉）。当今（2016年），自从发现分散碳化物在晶界处分布对合金性能具有有利影响，以及不连续的碳化物/γ′相析出的不利影响后，几乎所有的锻造合金都采用两级时效工艺。应根据合金成分及具体情况确定时效温度。铸造合金通常采用单级时效工艺。

图4-11所示为中间热处理工艺规程对锻造 Nimonic 80A 合金的抗蠕变和应力断裂性能的影响。图4-12所示为不同固溶温度，以及在固溶与时效之间的中间热处理工艺对 Nimonic 80A 合金断裂寿命的影响。如果采用单级时效，最佳固溶温度约为1080℃（1975℉），选择较低的固溶温度将导致较高的蠕变速率；而选择较高的固溶温度，则会导致在早期断裂前仅产生较小的蠕变。在增加了中间热处理工艺后，选择较高的固溶温度，提高了合金的断裂寿命（图4-11和图4-12）。Pratt & Whitney 公司关于 Waspaloy 合金研究的一篇未发表的论文，也具有上述类似的研究结果。金相组织研究也进一步证实了以下结论：

1）当蠕变性能变差时，没有发现有碳化物颗粒或碳化物膜存在。

2）链状分散碳化物颗粒，后来被确认为 Cr_7C_3 或类似的富铬碳化物相，在中间热处理后存在于晶界处。

3）这些碳化物颗粒在优化合金蠕变性能方面起到了重要作用。

在此基础上，对上述合金及类似的锻造超合金进行了更深入的金相分析检测，研究发现，在晶界处有不连续拉链状碳化物与 γ′相共同析出。与在界界处得到分散球状碳化物的合金相比，这种不连续拉链状碳化物降低了合金的蠕变断裂性能。对镍基超合金进行固溶处理后，组织中的部分 MC 型碳化

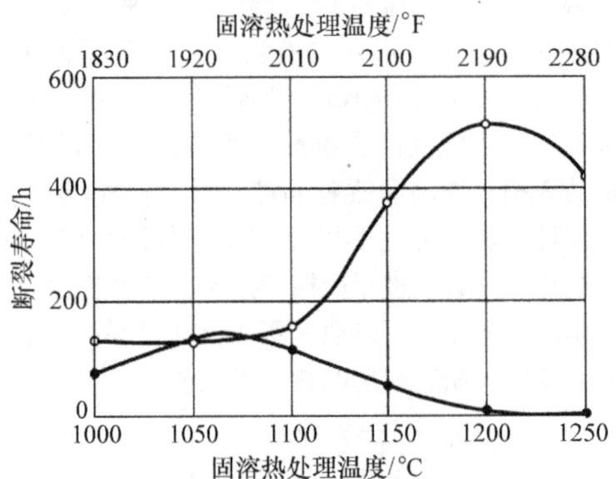

图4-11　固溶处理温度对 Nimonic 80A（UNS N07080）超合金在应力为235MPa（34ksi）和温度为750℃（1380℉）条件下断裂寿命的影响

注：时效前在1000℃（1832℉）进行中间热处理。图中空心点数据的热处理工艺：SHT 保温4h，冷却到中间热处理（IHT）并在 IHT 保温16h，空冷；在700℃（1292℉）时效16h。图中实心点数据的热处理工艺：SHT 保温8h，空冷；在700℃（1292℉）时效16h（译者注：SHT 为固溶处理；IHT 为中间热处理）。

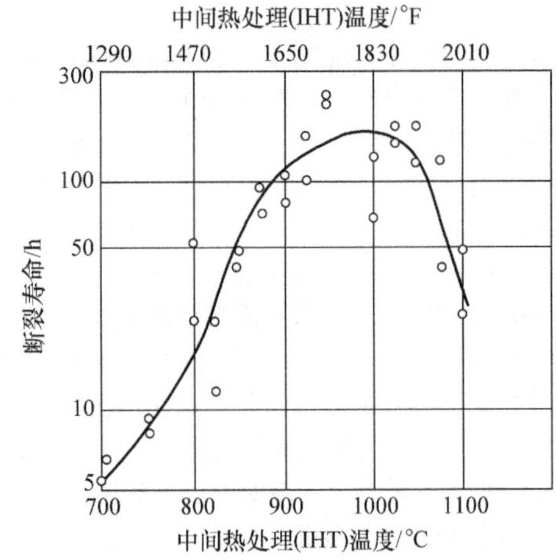

图4-12　中间热处理温度对 Nimonic 80A 镍基合金在应力为234MPa（34ksi）和温度为750℃（1380℉）条件下断裂寿命的影响

注：材料在1250℃（2282℉）固溶3h，转移到中间热处理炉保温24h后水淬，然后在700℃（1292℉）时效16h。

物会溶解。当热处理工件冷却至室温并重新再加热时，碳原子一直保存在过饱和固溶体中。当重新再加热至较低的正常单级时效温度时，根据碳化物析出热力学，在晶界上倾向于形成大量富铬碳化物。

同时形成如此多的碳化物的唯一方式是垂直于晶界，以不连续拉链状形态析出，如图 4-13b 所示。由于这种拉链状碳化物产生了额外界面，对合金的应力断裂寿命是有害的。从金相组织形貌考虑，晶界处分散的球状碳化物是有利的碳化物分布形式，如图 4-13a 所示。

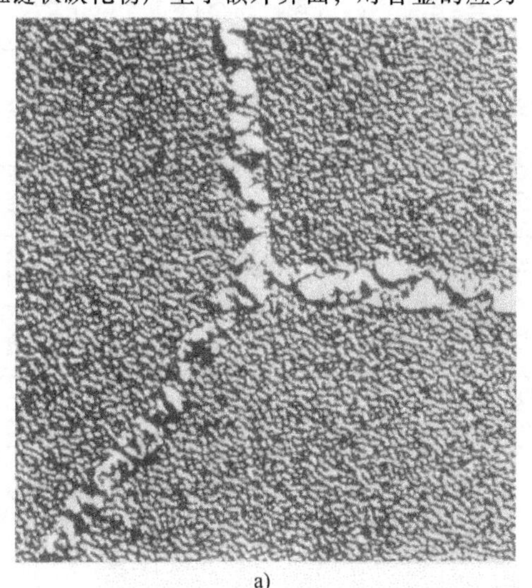

a)

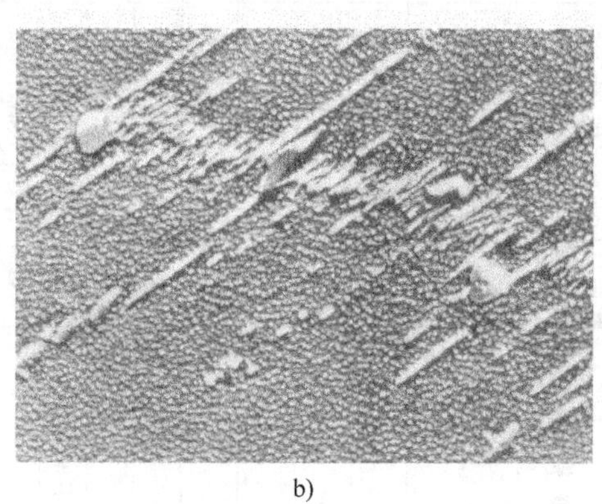

b)

图 4-13　Waspaloy 合金中析出的碳化物

a）有利的分散晶界析出碳化物类型（10000 ×）　b）有害的拉链状不连续析出碳化物类型（6800 ×）

从根本上说，采用中间热处理工艺，在中间热处理温度下降低了合金中碳原子的过饱和度，允许碳化物在较低能量条件下形成。在中间热处理温度下，过饱和的碳原子更有利于以分散型碳化物的形态析出和长大。在更高温度下析出的分散型碳化物降低了碳的能量，使得在最终的时效阶段不会产生过多的碳化物和额外的界面，因此减少了合金蠕变开裂的可能性。

4.1.2　镍合金

镍和镍基合金广泛应用于各种耐腐蚀和/或有高温强度要求的领域。表 4-2 列出了部分耐腐蚀镍基合金的成分和性能，表 4-3 和表 4-4 列出了部分耐热镍基合金的名义成分。耐腐蚀或耐热镍基合金的分类并不是唯一的，有些合金既可用于要求具有高温强度的场合，又可用于要求耐腐蚀的工作环境。

根据合金的强度，可将镍基合金分为固溶强化型和析出强化型两种类型。固溶强化型合金通常添加铬、钼、钨、铌和铜等合金元素，形成固溶体，从而提高合金的基体强度和耐蚀性。固溶强化型合金有 Inconel 600 合金、Hastelloy C - 276 合金、Haynes 188 合金、Incony800 合金和 Hastelloy S 合金，许多固溶强化型合金都是为抵抗特殊条件下的高温腐蚀，如高温硫化腐蚀条件而定制的。

析出强化型合金是通过添加铝、钛和铌等合金元素，析出 γ′相 [Ni_3(Al, Ti)] 和 γ″相（Ni_3Nb）来实现强化，提高合金在高温下的蠕变强度。这类合金在达到熔化温度的 60% 的高温下，仍保持高的强度，而大多数其他合金在这样高的温度下，强度已严重下降，因此这类合金又称为超合金。

燃气涡轮机部件要求在高的工作温度范围具有高的强度和抗氧化能力，而可时效强化镍基合金能满足该性能要求。可时效强化镍基合金的牌号主要有 Inconel 718、Waspaloy、Udimet 720LI（低间隙原子）、Incoloy 901 和 René 88。为了提高合金的耐蚀性和基体强度，可时效强化镍基合金也添加了固溶强化合金元素。例如，添加铬有助于提高合金的耐蚀性，添加钼和钨有助于实现合金的固溶强化。

例如，高含钼量的镍基合金，如 Haynes 242（UNS N10242），也可以通过形成长程有序相来提高合金强度。在时效热处理过程中，无序或短程有序域转变为长程有序域。有序域析出相具有类似于 γ″相的圆盘状形貌，其分子式为 Ni_2（MoCr）。

另一种镍基超合金类型是氧化物分散相强化合金，如 Inconel MA - 754（UNS N077540）、Inconel MA - 758 和 Inconel MA6000E 等合金。这类合金通过氧化物分散相（Y_2O_3）强化合金，在有些情况下还会与 γ′相共同实现强化（如 Inconel MA - 6000E 合金）。该合金通过合金粉末混合和球磨，实现均匀机械合金化。最终，通过添加高稳定 Y_2O_3 氧化物粉末，来改善合金的力学性能，特别是蠕变性能。

表 4-2 部分耐腐蚀镍基合金的成分和性能（译者注：ASTM A494 镍和镍合金铸件标准规范）

统一数字编号		常用合金名称	名义成分（质量分数,%）	说明①	极限抗拉强度（不小于）		屈服强度（0.2%塑性变形）（不小于）		标距 50mm（2in）伸长率（%）	硬度
					MPa	ksi	MPa	ksi		
工业纯镍和低合金镍合金	N02200	Nickel 200	99.0 Ni（不小于）	锻造	462	67	148	21.5	47	109 HBW
	N02201	Nickel 201	99.0 Ni（不小于）	锻造	403	58.5	103	15	50	129 HBW
	N02100	CZ - 100	95.0 Ni（不小于）	锻造，ASTM A494	345	50	124	18	10	—
	N02211	Nickel 211	Ni - 4.75Mn - 0.75Fe	锻造	530	77	240	35	40	—
	N03301	Duranickel 301	Ni - 4.5Al - 0.5Ti	锻造，时效强化	1170	170	862	125	25	30 ~ 40 HRC
镍 - 铜合金	N04400	Alloy 400	Ni - 31Cu - 2.5Fe	锻造	550	80	240	35	40	110 ~ 150 HBW
	N05500	Alloy K - 500	Ni - 30Cu - 2Fe - 1.5Mn - 2.7Al - 0.6Ti	锻造，时效强化	1100	160	790	115	20	300 HBW
	N24135	M - 35 - 1	Ni - 30Cu	锻造，ASME SA 494	448	65	172	25	25	—
镍 - 钼合金	N10001	Hastelloy B	Ni - 28Mo - 5.5Fe - 2.5Co	薄板	834	121	386	56	63	92 HRB
	N10001	Hastelloy B	Ni - 28Mo - 5.5Fe - 2.5Co	熔模铸造	586	85	345	50	10	93 HRB
	N10665	Hastelloy B - 2	Ni - 28Mo	锻造	759	110	352	51	40	100 HRB
	N10675	Hastelloy B - 3	Ni - 29.5Mo - 2Cr - 2Fe	锻造	759	110	352	51	40	100 HRB
	N30007	N - 7M	Ni - 31.5Mo	铸造	524	76	276	40	20	—
	N30012	N - 12MV	Ni - 28M - 5Fe - 0.4V	铸造	524	76	276	40	6	—
镍 - 铬 - 铁合金	N06600	Alloy（Inconel）600	Ni - 15Cr - 8Fe	锻造	655	95	310	45	40	75 HRB
	N08800	Alloy（Inconel）800	Ni - 21Cr - 39.5Fe - 0.4Ti - 0.4Al	锻造	600	87	295	43	44	138 HBW
	N06617	Alloy 617	Ni - 22Cr - 3Fe - 12Co - 9Mo - 1Al	锻造	755	110	350	51	58	173 HBW
	N06690	Inconel 690	Ni - 29Cr - 9Fe	锻造	725	105	348	50	41	88 HRB
	N07718	Inconel 718	52.5Ni - 19Cr - 3.1Mo - 0.5Al - 0.9Ti - Fe（余量）	锻造或铸造，时效强化	1240	180	1035	150	12	—
	N07751	Inconel 751	Ni - 15Cr - 7Fe - 1Nb - 2Ti	锻造，时效强化	1310	190	976	142	22	352 HBW
	N07725	Inconel 725	57Ni - 21Cr - 8Mo - 3.25Nb - Fe（余量）	锻造棒材	855	124	427	62	57	5 HRC
	N06040	CY - 40	Ni - 15.5Cr - 11Fe（不大于）	铸造	483	70	193	28	30	—

镍-铬-钼合金	N10276	Alloy C-276	Ni-15.5Cr-16Mo-5.5Fe-3.75W-1.25Co+V	锻造	785	114	372	54	62	209 HBW
	N06625	Alloy 625	Ni-21.5Cr-9Mo-3.65Nb+Ta-2.5Fe	锻造	930	135	517	75	42.5	190 HBW
	N06035	Hastelloy G-35	Ni-33Cr-8Mo-2Fe（不大于）	锻造	586	85	241	35	30	—
	N06022	Hastelloy C-22	Ni-21Cr-13.5Mo4Fe-3W-2.5Co（不大于）	锻造	690	100	310	45	45	—
	—	C-22HS	Ni-21Cr-17Mo-2Fe（不大于）-1W（不大于）	锻造棒材，时效强化	—	—	759	110		—
	N07725	Inconel 725	57Ni-21Cr-8Mo-3.25Nb-Fe（余量）	锻造棒材，时效强化	1240	180	917	133	30	36 HRC
	N26455	CW2M	Ni-16Cr-16Mo-2Fe（不大于）-1Mn（不大于）-1W（不大于）-0.8Si（不大于）	铸造	496	72	276	40	20	—
	N30107	CW6M	Ni-18.5Cr-18.5Mo-3Fe（不大于）-1Mn（不大于）-1Si（不大于）	铸造	496	72	276	40	25	—
	—	CX-2MW	Ni-21.25Cr-13.5Mo-4Fe-3W	铸造，ASTM A494	552	80	276	40	30	—
	—	CU5MCuC	41Ni-21.5Cr-3Mo-0.9Nb	铸造，ASTM A494	517	75	241	35	20	—
镍-铬-铁-钼-铜合金	N06950	Hastelloy G	Ni-22.25 Cr-19.5Fe-6.5Mo-2Cu+Co，Nb，Ta	锻造	690	100	320	47	50	79 HRB
	N08825	Incoloy 825	Ni-21.5Cr-30Fe-3Mo-2.25Cu+Al	锻造	690	100	310	45	45	—
	N06200	Hastelloy C-2000	Ni-23Cr-16Mo-1.6Cu-3Fe（不大于）-2Co（不大于）	锻造	690	100	310	45	45	—

① 除非有指定时效强化，均为退火条件下固溶强化。

表 4-3 固溶强化耐热镍基合金的名义成分

统一数字编号	合金名称	典型形式	名义成分（质量分数,%）										
			Cr	Ni	Co	Mo	W	Nb	Ti	Al	Fe	C	其他
N08001	HW	铸造	12	60	—	0.5	—	—	—	—	23	0.55	—
N06006	HX	铸造	17	66	—	0.5	—	—	—	—	12	0.55	—
—	Haynes 214	锻造	16.0	76.5	—	—	—	—	—	4.5	3.0	0.03	—
N06230	Haynes 230	锻造	22.0	55.0	5.0（不大于）	2.0	14.0	—	—	0.35	3.0（不大于）	0.10	0.015（不大于）B，0.02 La
N06600	Inconel 600	锻造	15.5	76.0	—	—	—	—	—	—	8.0	0.08	0.25 Cu
N06601	Inconel 601	锻造	23.0	60.5	—	—	—	—	—	1.35	14.1	0.05	0.5 Cu
N06617	Inconel 617	锻造	22.0	55.0	12.5	9.0	—	—	—	1.0	—	0.07	—
N06625	Inconel 625	锻造	21.5	61.0	—	9.0	—	3.6	0.2	0.2	2.5	0.05	—
N06333	RA 333	锻造	25.0	45.0	3.0	3.0	3.0	—	—	—	18.0	0.05	—
N10001	Hastelloy B	锻造	1.0（不大于）	63.0	2.5（不大于）	28.0	—	—	—	—	5.0	0.05（不大于）	0.03 V
N10003	Hastelloy N	锻造	7.0	72.0	—	16.0	—	—	0.5（不大于）	—	5.0（不大于）	0.06	—
N06635	Hastelloy S	锻造	15.5	67.0	—	15.5	—	—	—	0.2	1.0	0.02（不大于）	0.02 La
N10004	Hastelloy W	锻造	5.0	61.0	2.5（不大于）	24.5	—	—	—	—	5.5	0.12（不大于）	0.6 V
N06002	Hastelloy X	锻造	22.0	49.0	1.5（不大于）	9.0	0.6	—	—	2.0	15.8	0.15	—
N10276	Hastelloy C－276	锻造	15.5	59.0	—	16.0	3.7	—	—	—	5.0	0.02（不大于）	—
N08120	Haynes HR－120	锻造	25.0	37.0	3.0	2.5	2.5	0.7	—	0.1	33.0	0.05	0.7 Mn，0.6 Si，0.2 N，0.004 B
N12160	Haynes HR－160	锻造	28.0	37.0	29.0	—	—	—	—	—	2.0	0.05	2.75 Si，0.5 Mn
N06075	Nimonic 75	锻造	19.5	75.0	—	—	—	—	0.4	0.15	2.5	0.12	0.25（不大于）Cu
—	Nimonic 86	锻造	25.0	65.0	—	10.0	—	—	—	—	—	0.05	0.03 Ce，0.015 Mg

表 4-4　部分常用时效强化镍基超合金的名义成分

统一数字编号	合金名称	典型形式[①]	名义成分（质量分数,%）										
			Cr	Ni	Co	Mo	W	Nb	Ti	Al	Fe	C	其他
—	Alloy 10	PM	10.2	余量	15	2.8	6.2	1.9	3.8	3.7	—	0.03	0.9 Ta，0.03 B，0.1 Zr
N07713	Alloy 713C	铸造（P）	12.5	74	—	4.2	—	2	0.8	6	—	0.12	0.1 Zr，0.012 B，2 Nb
—	Alloy 713LC	铸造（P）	12	75	—	4.5	—	2	0.6	6	—	0.05	0.1 Zr，0.01 B，2 Nb
N13017	Astroloy	锻造	15.0	56.5	15.0	5.25	—	—	3.5	4.4	<0.3	0.06	0.03 B，0.06 Zr
—	LC Astrology	PM	15.0	余量	17.0	5.0	—	—	3.5	4.0	—	0.04	0.025 B，0.045 Zr
—	B-1900[②]	铸造	8	64	10	6	—	—	1	6	—	0.1	0.1 Zr，0.015 B，4 Ta
N07263	C-263	锻造	20.0	51.0	20.0	5.9	—	—	2.1	0.45	0.7（不大于）	0.06	—
—	CM-247-LC	铸造（SC）	8.1	62	9.2	0.5	9.5	—	0.7	5.6	—	0.07	0.015 Zr，0.015 B，3.2 Ta
—	CMSX-2	铸造（SC）	8	66	4.6	0.6	8	—	1.0	5.6	—	<30 ppm	6.0 Ta
—	CMSX-3	铸造（SC）	8	66	4.6	0.6	8	—	1.0	5.6	—	<30 ppm	6.0 Ta，0.10 Hf
—	CMSX-4	铸造（SC）	—	—	—	—	—	—	—	—	—	—	—
—	CMSX-6	铸造（SC）	—	—	—	—	—	—	—	—	—	—	—
N07716	Custom Age 625 PLUS	锻造	21.0	61.0	—	8.0	—	3.4	1.3	0.2	5.0	0.01	—
—	Haynes 242	锻造	8.0	62.5	2.5（不大于）	25.0	—	—	—	0.5（不大于）	2.0（不大于）	0.10（不大于）	0.006（不大于）B
N07263	Haynes 263	锻造	20.0	52.0	—	6.0	—	—	2.4	0.6	0.7	0.06	0.6 Mn，0.4 Si，0.2 Cu
N07041	Haynes R-41	锻造	19.0	52.0	11.0	10.0	—	—	3.1	1.5	5.0	0.09	0.5 Si，0.1 Mn，0.006 B
N09901	Incoloy 901	锻造	12.5	42.5	—	6.0	—	—	2.7	—	36.2	0.10（不大于）	—
N13100	Inconel 100	锻造，铸造	10.0	60.0	15.0	3.0	—	—	4.7	5.5	<0.6	0.15	1.0 V，0.06 Zr，0.015 B
—	IN-100	PM	12.5	余量	18.5	3.2	—	—	4.3	5.0	—	0.07	0.75 V，0.02 B，0.04 Zr
N06102	Inconel 102	锻造	15.0	67.0	—	2.9	3.0	2.9	0.5	0.5	7.0	0.06	0.005 B，0.02 Mg，0.03 Zr
N07702	Inconel 702	锻造	15.5	79.5	—	—	—	—	0.6	3.2	1.0	0.05	0.5 Mn，0.2 Cu，0.4 Si
N09706	Inconel 706	锻造	16.0	41.5	—	—	—	—	1.75	0.2	37.5	0.03	2.9（Nb+Ta），0.15（不大于）Cu
N07718	Inconel 718	锻造，铸造	19.0	52.5	—	3.0	—	5.1	0.9	0.5	18.5	0.08（不大于）	0.15（不大于）Cu
N07721	Inconel 721	锻造	16.0	71.0	—	—	—	—	3.0	—	6.5	0.04	2.2 Mn，0.1 Cu
N07722	Inconel 722	锻造	15.5	75.0	—	—	—	—	2.4	0.7	7.0	0.04	0.5 Mn，0.2 Cu，0.4 Si

（续）

统一数字编号	合金名称	典型形式①	名义成分（质量分数,%）										
			Cr	Ni	Co	Mo	W	Nb	Ti	Al	Fe	C	其他
N07725	Inconel 725	锻造	21.0	57.0	—	8.0	—	3.5	1.5	0.35（不大于）	9.0	0.03（不大于）	—
N07751	Inconel 751	锻造	15.5	72.5	—	—	—	1.0	2.3	1.2	7.0	0.05	0.25（不大于）Cu
N07750	Inconel X－750	锻造，铸造	15.5	73.0	—	—	—	1.0	2.5	0.7	7.0	0.04	0.25（不大于）Cu
N07252	M－252	锻造	19.0	56.5	10.0	10.0	—	—	2.6	1.0	<0.75	0.15	0.005 B
—	MAR－M 200③	铸造（DC和P）	9	59	10	—	12.5	1	2	5	1	0.15	0.05 Zr，0.015 B，1 Nb
—	MAR－M 247（DS）	铸造（DC）	9.4	余量	10	0.7	10		1	5.5	—	0.15	0.05 Zr，0.015 B，1.5 Hf，3 Ta
—	N18	PM	11.5	余量	15.5	6.5	—	—	4.3	4.3	—	0.02	0.015 B
N07080	Nimonic 80A	锻造	19.5	73.0	1.0	—	—	—	2.25	1.4	1.5	0.05	0.10（不大于）Cu
N07090	Nimonic 90	锻造	19.5	55.5	18.0	—	—	—	2.4	1.4	1.5	0.06	—
—	PWA 1484	铸造（SC）	5.0	余量	10	1.9	5.9	—	—	5.65	—	—	8.7 Ta，3.0 Re，0.10 Hf
N07031	Pyromet 31	锻造	22.7	55.5	—	2.0	—	1.1	2.5	1.5	14.5	0.04	0.005 B
N07041	René 41	锻造	19.0	55.0	11.0	10.0	—	—	3.1	1.5	<0.3	0.09	0.01 B
—	René 77	铸造，U－700的稳定控制牌号	15	58	15	4.2	—		3.3	4.3	—	0.07	0.04 Zr，0.015 B
—	René 88DT（damage tolerant）	PM	16	余量	13.0	4.0	4.0	0.7	3.7	2.1	—	0.03	0.015 B，0.03 Zr
—	René 95	PM	13.0	余量	8.0	3.5	3.5	3.5	2.5	3.5	—	0.07	0.01 B，0.05 Zr
—	René N6	铸造（SC）	4.2	余量	12.5	1.4	6.0	—	—	5.75	—	—	7.2 Ta，5.4 Re，0.15 Hf
N07500	Udimet 500	锻造，铸造	19.0	48.0	19.0	4.0	—	—	3.0	3.0	4.0（不大于）	0.08	0.005 B
—	Udimet 700	锻造，铸造	15.0	53.0	18.5	5.0	—	—	3.4	4.3	<1.0	0.07	0.03 B
—	Udimet 710	锻造，铸造	18.0	55.0	14.8	3.0	1.5	—	5.0	2.5	—	0.07	0.01 B
—	Udimet 720LI（low interstitial）	PM	16	57	15	3	1.3	—	5	2.5	—	0.015	—
N07001	Waspaloy	锻造，铸造	19.5	57.0	13.5	4.3	—	—	3.0	1.4	2.0（不大于）	0.07	0.006 B，0.09 Zr

注：更多时效强化镍合金，请参阅本卷中“铸造镍基合金的热处理”和“锻造镍合金的热处理”章节。

① PM，粉末冶金；P，多晶；SC，单晶；DS，定向凝固。

② B－1900＋Hf也含有1.5%的Hf。

③ MAR－M 200＋Hf也含有1.5%的Hf。

1. 产品形式

通常，镍基合金有铸造合金产品和锻造合金产品，其中锻造合金产品又分为热加工锻造合金产品和粉末冶金合金产品。由于镍基合金为面心立方基体，大多数镍基合金都以锻造加工形式供货，对锻造镍基合金产品的需求远超过铸造镍基合金铸件，但铸件广泛用于制造形状复杂的部件。

虽然许多镍基合金产品可通过铸锭加工成铸件或锻件，但合金度高的镍基合金通常采用铸造或粉末冶金工艺制造。铸造工艺在生产制造超合金的高温产品中具有一定的优势，因此，部分镍基超合金仅有铸造合金（见本章“铸造镍基合金的热处理”一节）。

采用大气熔炼铸件中碳和硅的含量普遍高于锻件制品，由此导致第二相更易于沿晶界析出（即出现敏化现象）。鉴于其易致敏化，对镍基合金铸件在使用前进行适当的退火和淬火是很重要的。在 ASTM A494 标准中，给出了这些铸造合金的退火工艺规范（参阅本卷中“铸造镍基合金的热处理”一节）。现代锻造合金中碳和硅的含量非常低和稳定，可以在焊接条件下直接使用，只有很小的晶间腐蚀风险。然而，早期铸造合金中碳和硅的含量较高，在焊接过程中容易产生晶界析出，一般需要进行焊后退火处理。

可以由以下热加工工艺途径生产锻造镍基合金铸坯：

1）直接熔炼/精炼后进行铸造。

2）真空感应熔炼，然后是电渣重熔和/或真空电弧重熔。

3）通过粉末冶金工艺生产的材料（先铸造，然后熔化和雾化）。

铸造合金或铸坯在锻造后需进行均匀化处理，其目的是减少凝固过程中由树枝晶偏析产生的成分不均匀性。铸造合金的偏析程度与铸件中合金元素的含量、凝固温度范围、冷却速率、铸件尺寸/质量有关。由于均匀化是通过溶质元素的扩散来降低浓度梯度，所以应优先选择较高的温度，但必须注意避免出现局部初熔现象。可以采用多级均匀化热处理工艺进行均匀化处理（见本节中“均匀化”部分的有关内容）。

锻造镍基合金中还包括几种镍基粉末冶金（PM）超合金。由于先进飞机发动机高温强度的要求，需要采用复杂多元合金元素生产大尺寸涡轮盘铸锭，但这会产生严重的合金偏析问题。随着合金强度的提高，由于热应力和热膨胀增大，容易导致大型铸件出现严重开裂，合金的热加工性能降低。可以通过雾化快速凝固，生产金属粉末和烧结固化降低合金偏析，实现全密度的方法来解决这些问题。粉末冶金工艺的另一个优点是，通过挤压和坯料烧结，得到了细晶粒微观组织产品，这些材料具有超塑性，可适用于等温锻造。商用粉末冶金（PM）超合金有 IN－100、Astroloy（LC）、alloy 10、N18、René 95 和 René 88DT 等牌号，见表 4-4。

2. 耐腐蚀镍基合金

表 4-2 列出了部分常用耐腐蚀镍基合金。镍具有适中的耐蚀性，可与大量铜、钼、铬、铁、钨等合金元素进行合金化，同时保留高韧性面心立方晶体结构。大多数镍基合金比不锈钢的耐蚀性更高。有些合金在盐酸、氯酸中，具有极强的抗点蚀和裂纹以及应力腐蚀开裂性能（不锈钢易受应力腐蚀的影响）。镍基合金也是为数不多的能够在热氢氟酸中应用的金属材料（更多内容请参阅 2005 年的 ASM 手册，13B 卷，“材料：镍和镍基合金的腐蚀”一节）。

除了具有高抗碱和苛性钾的商用纯镍外，还有 Ni－Cu、Ni－Mo、Ni－Cr、Ni－Cr－Mo、Ni－Cr－Fe 和 Ni－Fe－Cr 六个重要的镍基合金系列。其中一些合金系列具有特定的合金商标。例如，常用在海水和氢氟酸中的 Ni－Cu 合金称为 Monel 合金。同样地，Ni－Mo 合金称为 Hastelloy B 型合金，而通用的 Ni－Cr－Mo 合金称为 Hastelloy C 型合金。Inconel 商标用于几种 Ni－Cr 和 Ni－Cr－Fe 合金，而 Incoloy 商标主要与 Ni－Fe－Cr 合金材料有关。尽管这些商标仍被拥有它们的公司使用，但许多镍基合金现在都是通用的，可以通过多种供货渠道获得。

大多数镍基耐腐蚀合金都是固溶合金，但部分要求耐腐蚀或耐高温腐蚀的产品也采用可时效强化合金生产（更多内容请参阅 2005 年的 ASM 手册，13B 卷，“材料：镍和镍基合金的腐蚀”一节）。镍基合金中主加合金元素的主要作用如下：

1）铜。提高了镍在还原酸性介质，特别是氢氟酸中的抗腐蚀能力。即使 $w(\mathrm{Cu})=1.5\%\sim2\%$，也能提高合金在硫酸介质中的抗腐蚀能力。

2）铬。在镍合金中，铬促进形成合金的钝化膜，提供在含氧环境中的保护作用。铬的另一个作用是提高固溶强化效果。

3）钼。在活化的腐蚀条件下，钼大大提高了镍的耐蚀性。特别是在盐酸中，钼明显提高了镍基合金的抗腐蚀能力。在镍基合金中，钼与铬结合形成通用合金（抗氧化和抗化学腐蚀），并且能够承受氯元素诱发的点蚀和裂纹腐蚀。由于钼的原子尺寸远大于镍，钼也大大提高了富镍固溶体的固溶强化效果。

4）钨。钨对镍基合金的影响与钼相同，并且经常与钼结合同时添加使用。钨也是一种固溶强化合金元素。

5）铁。在镍基合金中添加铁，以降低合金的成本。在浓硫酸和硝酸中，铁能促进钝化膜的形成，起到了一定的抗腐蚀作用。

为达到最大耐蚀性，添加的固溶强化合金元素通常超出了合金的固溶度极限，这需要进行退火加热保温后淬水处理，以避免出现有害的第二相。在重新加热过程中，如在焊接热影响区，通常在晶界处析出形成第二相。要了解更多内容，请参阅本卷中“铸造镍基合金的热处理”和“锻造镍合金的热处理”章节。

3. 耐热镍基合金

表4-3和表4-4分别列出了典型的固溶强化和析出强化耐热镍基合金。在早期的铁-镍合金中，如 $w(\mathrm{Cr})=16\%$，$w(\mathrm{Ni})=25\%$，$w(\mathrm{Mo})=6\%$ 的16-25-6合金，以及最早的Nimonic和Inconel镍基超合金，基本上都采用固溶强化。典型的固溶强化镍基超合金有Hastelloy X和Inconel 625（表4-3）。有些合金，如Hastelloy B，也被划分为耐腐蚀镍基合金。固溶强化镍基合金还可能通过析出碳化物，进一步强化。除了熔点限制外，固溶强化和碳化物强化合金在热处理方面有很多相同之处。所有固溶强化和碳化物强化合金只有几种热处理加热温度。

析出强化超合金含有少量的Al和Ti，$w(\mathrm{Al})+w(\mathrm{Ti})=2\%\sim3\%$，通过析出γ′相来获得高温强度。该类析出强化合金的典型牌号有Waspaloy、Astroloy、U-700和U-720锻造合金，以及René 80、MAR-M 247和IN-713铸造合金。在此基础上，镍基超合金中 $w(\mathrm{Al})$ 高达6%左右，以获得更多的γ′相和更高的高温强度。

含铌镍基超合金的典型牌号有Inconel 718，它是通过析出富铌γ″相进行时效强化的。由于富铌γ″相合金热处理容易，焊接性能良好，使得Inconel 718合金成为最重要的镍基超合金，现主要在航空航天工业和核工业中得到应用。Inconel 718合金也是一种高强度、耐腐蚀的合金，可以在-250~700℃（-423~1300℉）的温度范围内使用。

有些镍基合金还含有铌、钛和/或铝，通过同时析出γ′和γ″相进行强化，属于这类合金的牌号有IN-706和IN-909。IN-718、IN-706和IN-909三种合金有时也被列于铁-镍基（或镍-铁基）超合金。铁-镍基超合金在高于γ′相固溶度分解曲线的温度下有η相存在。通过在热加工或热处理过程中对该相进行控制，来控制合金的晶粒长大（详见“锻造镍基合金的热处理”一节）。

镍基超合金可通过锻造和粉末冶金方法制造，也可通过对铸造过程进行精确控制，生产多晶铸件、定向凝固（柱状晶）铸件或单晶体铸件，以提高高温力学性能。通常认为锻造合金比铸造合金的韧性更高，但铸件在高温下比锻件强度更高。锻造合金适合生产制造在540~760℃（1000~1400℉）中等温度工作，具有良好的塑性和损伤容限性能的产品。

高温的应用范围是从大约815℃（1500℉）到合金的熔点，燃气涡轮叶片在这一温度范围内工作。与细晶粒锻件相比，多晶的粗晶粒铸件在高温下的蠕变强度更高。另外，有些合金只能采用铸造工艺生产和在铸态下使用。为满足合金高温强度的要求，铸件的成分可以根据要求定制。大多数超合金铸件都是多晶的，但也有采用定向凝固或单晶工艺生产的（见本卷“铸造镍基合金的热处理”一节）。

在中温燃气轮机的应用领域，经常需要大尺寸圆盘状工件，通常采用标准的锻造工艺或粉末冶金锻造工艺生产加工圆盘状工件。如前所述，难以加工的（锻造）合金可以采用粉末冶金工艺进行加工处理，通常采用等温终锻工艺制备。当合金元素含量高时，通常采用粉末冶金加工工艺（特别是铝、钛、铌和钽等强化元素含量高的合金）。也可以采用粉末冶金加工方法，来改善和控制合金的成分均匀化。例如，Udimet 720 LI（低间隙元素）是在1990年开发的一种粉末冶金合金，该合金降低了铬、碳和硼元素的含量，取代了易形成有害的拓扑密堆相、稳定性差的Udimet 720合金。在此基础上，对铸造和锻造（C+W）加工工艺进行改进，在1994年开发出了C+W Udimet 720 LI合金（参见美国专利：US6132527A）。

20世纪70年代，最初开发的粉末冶金超合金有IN-100、Astroloy和René 95。最早研发的是PM Astroloy合金（基本上与C+W Udimet 700相同）。René 95是最初采用铸锭冶金工艺生产高强度圆盘状工件的合金，由于采用冶金工艺易出现偏析，后转变为采用粉末冶金工艺生产该合金。IN-100合金中有很大数量的γ′相，因此具有优异的高温强度。这类合金在飞机发动机中已经使用了超过40年，并且仍然是目前使用最广泛的粉末冶金超合金。当前的超合金发展趋势是适当降低合金的强度，综合考虑减少合金中的裂纹萌生和循环裂纹扩展。高宽容缺陷成分合金包括N18、Udimet 720 LI、René 88、René 104（早前称为ME3）、ME16、RR1000和合金10（更多内容请参阅2015出版的ASM手册，第7

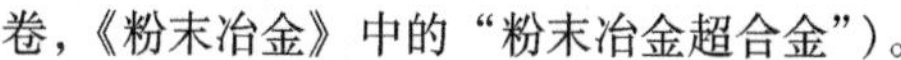

卷，《粉末冶金》中的“粉末冶金超合金”）。

4. 镍 - 铍合金

镍 - 铍合金（也称铍 - 镍合金）与铜 - 铍合金一样，是时效强化合金。镍 - 铍合金具有很高的强度，优良的成型性，优异的抗疲劳性能、抗高温软化和应力松弛性能以及耐蚀性。该合金为锻造合金（UNS N03360），主要成分为 w(Be) = 1.85% ~ 2.05%，w(Ti) = 0.4% ~ 0.6%，其余为镍。工业中铸造镍 - 铍合金含 w(Be) = 6% 的中间合金（母合金）（Master Alloy），其中包括 w(Be) = 2.2% ~ 2.6% 一个系列合金，该系列合金中添加了少量的碳，以提高其切削加工性能。除此之外，还包括一个三元镍基合金系列，其 w(Be) 最高为 2.75%，w(Cr) 最高为 12%。

根据合金是处于固溶退火或冷变形状态，锻造后未时效的镍 - 铍合金的微观组织为，在富镍的等轴或变形晶粒基体上，分布有含钛的镍 - 铍金属间化合物。在时效强化后，在晶界处可观察到少量平衡的镍 - 铍相。在光学显微镜下，很难分辨出时效和未时效的镍 - 铍合金的微观组织。

锻造 UNS N03360 合金的典型固溶退火温度约为 1000℃（1830℉）。在固溶和时效之间进行约 40% 的冷加工可以提高时效强化的速度和效果。在 510℃（950℉）时效 2.5h，达到峰值强度。进行了冷加工的合金，时效时间为 1.5h。图 4-14 所示为硬化状态镍 - 铍带材的时效曲线。UNS N03360 合金的欠时效、时效和过时效的行为与 C17200 铜 - 铍合金相似。

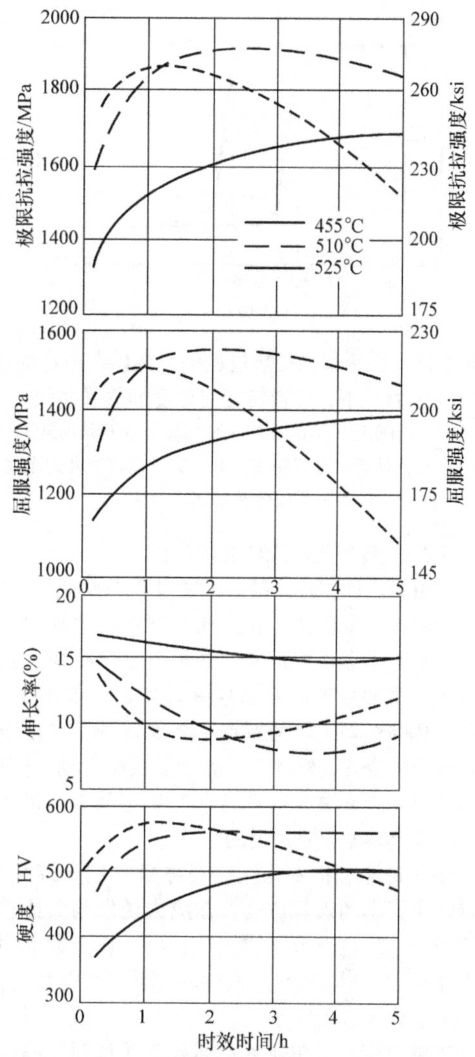

图 4-14　N03360 镍 - 铍合金带材的时效曲线

含碳镍 - 铍铸造合金的组织为，富镍树枝晶状基体上有石墨球，枝晶间为镍 - 铍相。含铬铸造合金的组织为初生树枝状 Ni - Cr - B 固溶体，枝晶间为镍 - 铍相。铸造镍 - 铍合金的固溶退火组织为部分未明显溶解球化的镍 - 铍相，枝晶间为镍 - 铍相。

铸造二元合金在约 1065℃（1950℉）固溶退火，在 510℃（950℉）时效 3h。铸造三元合金的固溶退火温度约为 1090℃（1990℉），时效处理与二元合金相同。为达到最大强度，铸件通常采用固溶和时效处理，不采用铸造加时效工艺。

5. 特殊用途的合金

镍基合金还有许多其他应用，包括具有特殊物理性能的镍基或高镍合金：镍 - 钛形状记忆合金、低膨胀系数合金、电阻合金、软磁合金。

这些合金不能通过热处理进行强化，但是为了达到所要求的性能，需要进行退火和/或固溶处理。

（1）镍 - 钛形状记忆合金　形状记忆合金指的是在适当的加热过程中，可恢复到先前形状的一类金属材料。可以进一步将形状记忆合金定义为，高温长程有序奥氏体相在冷却过程中，具有热弹性马氏体组织的合金。随合金系统不同，相变转变温度发生改变，在加热和冷却过程中，相变转变过程还具有滞后现象，如图 4-15 所示。一般来说，这些合金在相对较低的温度下进行塑性变形，在加热至较高的温度后，会恢复到变形前的形状。

已知具有形状记忆效应的合金种类很多，但只有那些能够恢复大量应变，或在形状变化时产生足够大的力的合金才具有商业价值。有商业价值的形状记忆合金包括镍 - 钛合金、Cu - Zn - Al 和 Cu - Al - Ni 铜基合金（见 1990 年出版的 ASM 手册，第 2 卷，《非铁合金和特殊用途材料：性能和选择》中“形状记忆合金”一节）。镍 - 钛形状记忆合金是一种等原子的金属间化合物，称为 Nitinol 合金。该合金的关键点是发生了可逆的马氏体相变。在高温下，NiTi 化合物为一种简单奥氏体立方晶体结构，在完全退火状态下，在冷却至转变以下温度（大约 80℃

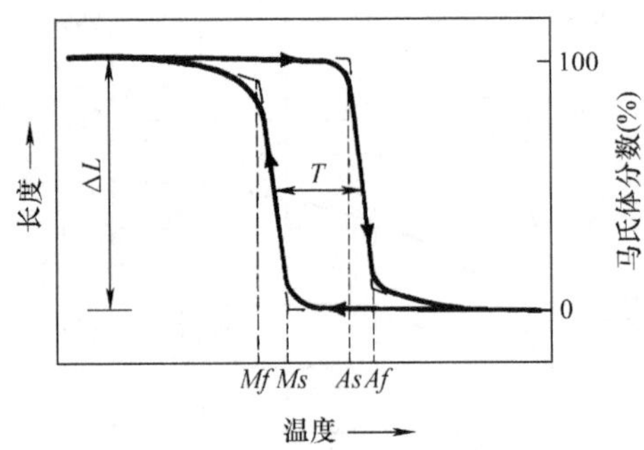

图 4-15 在冷却和加热过程中，试样在恒定载荷（应力）下，可逆转变与温度的关系曲线

T—相变滞后温度 Ms—马氏体转变开始温度

Mf—马氏体转变结束温度 As—奥氏体转变开始温度

Af—奥氏体转变结束温度

或 175℉)，转变为马氏体晶体结构。

高温奥氏体相在冷却时，通过小平面交替切变，转变为热弹性马氏体。在金相观察中，这种切变小平面具有人字形结构形貌。这种人字形结构变温转变马氏体主要由孪晶自适应变体组成，如图 4-16b 所示。热弹性马氏体的特点是界面能低，在很小的温度或应力变化的驱动下，界面易发生滑动。因此，在转变过程中丧失了对称性，产生了约束。热弹性马氏体在晶体学上是可逆的。

变体间的形状变化往往会导致它们相互排斥，由此产生了小的宏观应变。在应力诱发马氏体转变的情况下，或在应力自适应结构时，在施加应力方向产生最大的形状变化，发生转变的变体是稳定的，在结构变化中占主导地位（图 4-16c）。该过程中产生了宏观应变，当在逆转变回到奥氏体时，晶体结构是可恢复的。这样，合金在转变以下温度，通过孪晶机制变形，发生了马氏体转变。当孪晶结构加热到母相温度的时候，变形就会发生逆转变。

施加载荷也倾向于形成稳定的热弹性马氏体相。在无载荷状态下，奥氏体相是稳定时，就会呈现非线性超弹性特性；而当施加足够大的载荷时，马氏体相暂时成为稳定相。因此，这些特性要求将合金保持在略高于奥氏体转变结束温度（Af）。镍－钛形状记忆合金的另一个关键点是马氏体相的孪晶现象。孪晶界的可动性高，界面能非常低。因此，马氏体镍－钛形状记忆合金的力学性能很特别，很像铅－锡焊料合金，而不像金属间化合物。

热形状记忆和机械形状记忆（超弹性）是两种不同的马氏体向奥氏体的逆转变，其差别仅仅是由于温度变化引起转变或应力变化引起转变。当奥氏体冷却形成孪晶马氏体时，产生热形状记忆效应，如图 4-17 所示。通过移动孪晶界，施加的应力使马

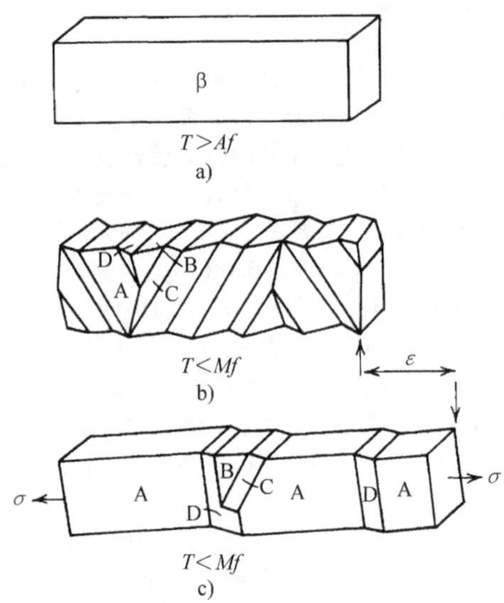

图 4-16 镍－钛形状记忆合金的可逆马氏体转变

a) β 相晶体 b) 冷却和马氏体转变后的各孪晶自适应变体 A、B、C 和 D c) 施加应力时，A 型孪晶占主导优势

氏体发生变形，随后的加热会使马氏体恢复到奥氏体，“忘记”了由于马氏体孪晶界移动而产生的所有变形。由于奥氏体的对称性较高，所有马氏体的变体都必须转变为原奥氏体变体。

除转变不是由热诱发，而是由应力诱发外，超弹性马氏体具有类似的逆转变，如图 4-17 所示。在这种情况下，孪晶马氏体状态是暂时的，只发生在奥氏体－马氏体界面上。当然，在卸载后，将恢复到原没有载荷的稳定相（奥氏体），并重新恢复至原未变形的形状。如需将卸载后的马氏体逆转变为奥氏体，也可以通过加热诱发马氏体转变并观察超弹性。对这两种情况是有一定限制的。首先，在马氏体相中的应变限制了奥氏体向马氏体转变的应变（典型多晶镍－钛形状记忆合金为 7% 应变）。其次，这两种效应只发生在有限的温度范围内。在 Af 以下温度发生形状记忆效应，而在 Af 以上温度则发生超弹性。超弹性合金的另一个关键参数是 Md 温度，在高于该温度时，不会由应力诱发马氏体转变；而在低于 Md 温度时，则产生超弹性马氏体。

美国专利 5843244 A“形状记忆合金的处理”（1998 年）对镍－钛形状记忆合金显示超弹性的基本处理方法进行了介绍。其步骤如下：

1）对工件进行冷加工。

2）在工件要求的形状约束下和在再结晶以下温度进行热处理，消除合金在冷加工过程中产生的位错。

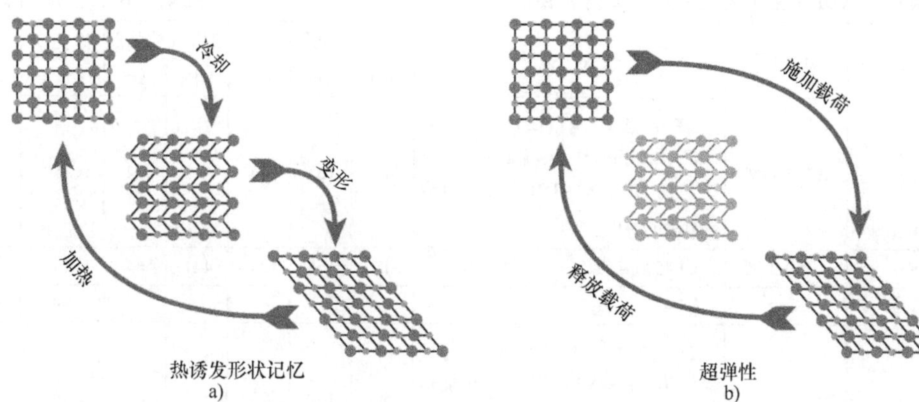

图 4-17　热诱发形状记忆效应和超弹性示意图

注：当奥氏体冷却形成孪晶马氏体时，发生热诱发形状记忆效应（图 a）。施加应力使孪晶重新调整产生新的形状，随后加热使马氏体重新转变为奥氏体，重新恢复到原始的形状。超弹性仅仅依靠释放载荷将变形的马氏体转变为奥氏体（图 b）。

3）将工件在高于形状记忆以上温度，低于合金的固溶度曲线温度加热，从而降低 Af 温度。

该工艺步骤包括对工件进行冷加工，在工件冷加工成形受约束状态下进行退火，将工件在低于固溶度曲线温度和高于前退火温度加热，降低 Af 温度。超弹性 Nitinol 合金的主要应用是生物医学植入设备（见 2012 年出版的 ASM 手册，第 23 卷，《医疗器械材料》中的"形状记忆合金"一节）。

（2）低膨胀系数合金　在灯具和电子产品中用于玻璃 - 金属封装的低膨胀系数镍 - 铁合金包括以下重要商用合金：

1）因瓦（Invar）（Fe - 36Ni）合金，从环境温度到 230℃（450℉），具有最低的热膨胀系数。

2）42（Fe - 42Ni）合金，热膨胀系数与氧化铝、氧化铍和玻璃态玻璃相匹配。

3）426 合金，w(Cr) = 6%，用于真空封装产品。

4）52（Fe - 51.5Ni）合金，热膨胀系数与正长石铅玻璃非常匹配。

铁 - 镍二元合金不能通过热处理强化。该合金在 750 ~ 850℃（1380 ~ 1560℉）的温度下进行退火。从该温度淬水冷却时，合金的膨胀系数会降低，但是实际合金长度和膨胀系数都是不稳定的。为了克服这些缺点并稳定合金，通常在 315 ~ 425℃（600 ~ 800℉）进行去除应力处理，并在 90℃（200℉）时效 24 ~ 48h。

热处理和冷加工大大改变了因瓦（Invar）合金的膨胀系数。热处理对 w(Ni) = 36% 的因瓦合金的影响见表 4-5。经过完全退火的合金膨胀系数最高，而淬火合金的膨胀系数最低。

表 4-5　热处理对因瓦（Invar）合金热膨胀系数的影响

状态		平均热膨胀系数 /[μm/(m · K)]
铸造状态	17 ~ 100℃（63 ~ 212℉）	1.66
	17 ~ 250℃（63 ~ 480℉）	3.11
从 830℃（1530℉）淬火	18 ~ 100℃（65 ~ 212℉）	0.64
	18 ~ 250℃（65 ~ 480℉）	2.53
从 830℃（1530℉）淬火和回火	16 ~ 100℃（60 ~ 212℉）	1.02
	16 ~ 250℃（60 ~ 480℉）	2.43
从 830℃（1530℉）经 19h 缓冷至室温	16 ~ 100℃（60 ~ 212℉）	2.01
	16 ~ 250℃（60 ~ 480℉）	2.89

（3）软磁合金　镍 - 铁合金还具有引人关注的导磁特性，这在开关设备以及直流电动机和发电机设计中起着重要的作用。可以对镍 - 铁合金进行加工和热处理，开发其多种性能用于各工业应用（参见 1990 年出版的 ASM 手册，第 2 卷，《性能和选择：非铁合金和特殊用途材料》中的"软磁材料"一节）。高镍合金广泛用于电磁屏蔽，高品质、低噪声的音频变压器，接地故障断流器磁芯和磁力计轴芯。在 ASTM A753 标准中，对许多高容量镍 - 铁合金的供货状态和磁性进行了介绍。表 4-6 列出了镍 - 铁软磁合金典型的热处理工艺和物理性能。

表 4-6 镍-铁软磁合金的典型热处理工艺和物理性能（译者注：该表中密度一列缺单位，应该为 g/cm³）

合金主要名义成分	ASTM 标准	退火工艺①	硬度 HRB	屈服强度 MPa	屈服强度 ksi	极限抗拉强度 MPa	极限抗拉强度 ksi	伸长率（%）	密度/(g/cm³)
45Ni-Fe	A753 1 型	在干氢环境 1120～1175℃（2050～2150℉）保温 2～4h，以正常的 85℃/h（150℉/h）的冷却速率冷却	48	165	24	441	64	35	8.17
49Ni-Fe	A753 2 型	同 45Ni-Fe	48	165	24	441	64	35	8.25
45Ni-3Mo-Fe	—	同 45Ni-Fe	—	—	—	—	—	—	8.27
78.5Ni-Fe	—	在干氢环境 1175℃（2150℉）保温 4h 快速冷却到室温，再加热到 600℃（1110℉）保温 1h，油淬至室温	50	159	23	455	66	35	8.60
80Ni-4Mo-Fe	A753 4 型	在干氢环境 1120～1175℃（2050～2150℉）保温 2～4h，根据具体合金以特定的冷却速率通过临界有序化温度范围 760～400℃（1400～750℉），以特定的合金为标准，通常冷却速率范围为 55～390℃/h（100～700℉/h）	58	172	25	545	79	37	8.74
80Ni-5Mo-Fe	A753 4 型	同 80Ni-4Mo-Fe	58	172	25	545	79	37	8.75
77Ni-5Cu-2Cr-Fe	A753 3 型	同 80Ni-4Mo-Fe	50	125	18	441	64	27	8.50

① 所有镍-铁软磁合金都应在干氢气氛（-50℃或-58℉）中退火 2～4h；根据生产商的推荐工艺进行冷却。真空退火的性能通常较低，根据具体的应用要求，可以采用真空退火。

（4）电阻合金　电阻合金最主要的性能要求是电阻率均匀一致、电阻稳定（不随时间变化和无时效应）、电阻温度系数重现性好和与铜的热电势低（参见 1990 年出版的 ASM 手册，第 2 卷，《性能和选择：非铁合金和特殊用途材料》中的“电阻合金”一节）。电阻合金第二重要的性能是膨胀系数、机械强度、塑性、耐蚀性和与其他金属的钎焊或焊接性能等。镍基电阻合金包括 75Ni-20Cr-3Al-2（Cu、Fe 或 Mn）、72Ni-20Cr-3Al-5Mn、78.5Ni-20Cr-1.5Si、76Ni-17Cr-4Si-3Mn、71Ni-29Fe、68.5Ni-30Cr-1.5Si、60Ni-16Cr-22.5Fe-1.5Si、37Ni-21Cr-40Fe-2Si、35Ni-20Cr-43.5Fe-1.5Si。

任何普通镍-铬电阻合金的退火线材、棒材或带材都应该可以在室温条件下，绕芯轴卷曲加工。如果在成形阶段将 80Ni-20Cr 合金加热到 100～200℃（200～400℉），可能会出现应变时效，就会出现绕芯轴卷曲加工困难的问题。

4.1.3 热处理工艺指南

根据合金的化学成分、加工生产要求和服役条件，可以对镍和镍基合金进行一种或多种热处理。这些热处理包括：

1）均匀化处理。减少铸态组织中成分不均匀的处理。

2）退火。得到再结晶组织，降低冷加工合金的硬度。根据合金成分和加工硬化程度，在 700～1205℃（1300～2200℉）的温度下进行的一种热处理工艺。

3）固溶退火。镍基合金在 1150～1315℃（2100～2400℉）高温退火，使碳化物溶解于固溶体中，并得到粗晶粒，以提高合金的持久（stress-rupture）性能。

4）固溶处理。对合金成分进行高温固溶，为时效做组织准备。通常为可时效强化合金的时效处理的前处理工序。

5）稳定化处理。控制碳化物析出的工艺方法。

6）时效强化（析出强化）。某些合金在 425～870℃（800～1600℉）中等温度进行处理，通过在基体中析出分散相，使合金达到最大强度。

7）去除应力处理。在不产生再结晶的条件下，针对不可时效强化合金冷加工后，去除应力的热处理。根据合金成分和加工硬化程度，镍和镍基合金的消除压力温度范围为 425 ~ 870℃（800 ~ 1600℉）。

8）应力均匀化处理。在不明显降低冷加工合金强度的前提下，平衡和均匀化冷加工合金中的应力的低温热处理。

美国航空航天工业的热处理工艺采用航空材料规范（AMS 2750），该规范涵盖了热处理的多个方面（如热电偶的类型和使用、控制仪器的误差和校准，以及炉温均匀一致性要求）。该规范也被世界上许多国家和地区用作其标准。在美国（以及其他一些国家），热处理工艺通常需要得到国家航空和国防承包商认证计划的认证和批准。该独立的组织机构对热处理设备进行定期校核，以确保其能完全满足 AMS 2750 规范的要求。

（1）热处理炉　热处理炉的选择与钢铁材料的热处理炉基本相同。采用的热处理炉包括燃气（天然气或丙烷）炉、电炉、油炉、真空（电）炉、盐浴炉。

美国的天然气价格相对便宜，基本上不含硫化合物，在许多地区都有。因此，通常采用天然气对镍基合金进行热处理。天然气的主要成分由甲烷（CH_4）和少量乙烷（C_2H_6）、丙烷（C_3H_8）和丁烷（C_4H_{10}）组成。

采用现代燃烧装置和燃气炉，可以实现良好的加热速度，电子控制可以对空气/燃料进行自动混合，对炉温和炉气进行严格的控制。在过去的几十年里，热处理工艺水平已得到不断的改进和提高。现在的新型燃气和电加热炉能保持温度均匀一致，炉内温差为 ±5℃（±9℉）（或精度更高）。

在对镍或镍基合金进行热处理时，应尽量减少合金与固态的硫（如润滑油、油脂或温度指示棒）或气态（如 SO_2 或 H_2S）的硫接触。在硫或硫化合物环境下加热时，镍和镍基合金会受到晶界腐蚀脆化的影响。当镍和镍基合金发生硫脆化后，现还没有任何技术手段可以消除其危害，必须通过磨削去除被硫污染的区域或直接报废。因此，对镍或镍基合金进行热处理时，必须选择含硫量低的燃料。

析出强化超合金的时效温度为 650 ~ 900℃（1200 ~ 1650℉），在有或没有保护气氛环境的箱式炉中进行。通常炉内温差控制在 ±14℃（±25℉），但是有些航空公司对热处理的温差控制更严格。由于时效时间长，很少采用连续式炉进行时效处理。由于长期盐浴浸泡会使合金表面产生腐蚀，因此不推荐使用盐浴炉进行时效处理。但是，可以采用盐浴炉进行固溶处理。

（2）夹具　在热处理过程中，通常采用夹具或固定装置对工件进行支承或约束。对于固溶加热后迅速冷却的工件，最好的做法是在固溶处理和淬火过程中，采用最小的固定夹具，并在时效过程中使用约束型夹具，对工件尺寸进行控制。

当不需要对工件进行约束或当工件自身能够提供足够的自我约束时，就可以采用支承型夹具。支承型夹具有助于对工件进行处理，并可辅助支承工件自身重量。长条型工件，如管子或螺栓，最适合采用垂直悬挂方式固定。对于有一个平面的工件，如环状工件、气缸和横梁，可以放置在平板炉或炉盘上进行热处理。对于略不对称的工件，可以在平板托盘上采用特殊的支承夹具。如果这些支承夹具为焊接构件，在使用前须进行去除应力处理。

可以采用多种方式对不对称工件进行支承。一种方法是把该工件放在砂盘上，确保工件底部大部分都与砂盘中的砂有良好的接触。该方法最常用的支承材料为冲积石榴砂。另一种支承不对称工件的方法是采用陶瓷铸造成工件形状进行支承。该方法成本较高，并且受到尺寸大小限制。典型的采用砂盘支承或陶瓷铸件支承不对称工件的例子有涡轮机叶片和不对称管道。

约束型夹具装置通常比支承装置复杂。为保证工件充分固定，需要采用机加工方法在支承装置上加工出凹槽、吊耳或夹子。例如，在时效过程中，为了保持 A－286 合金框架总成的对称性和圆度，在一个平板上加工夹具装置，并加工出凹槽。通过这些凹槽在热处理过程中固定框架总成的内、外圈，并保持其不产生变形。为了防止中心毂出现升、降变形，采用夹子对中心毂和外圈进行固定。

在时效处理过程中，可以采用夹具装置对工件进行部分校直。在时效过程中，可以对略有变形的工件进行强制固定和夹紧。随着时效时间的延长，会出现部分应力释放的现象。然而，由于镍基合金在时效温度下仍具有很高的蠕变强度，所以在时效温度下，采用强制固定和夹紧的方式进行校直并不一定会成功。

由于采用螺纹紧固件夹持在热处理后很难拆卸，因此不推荐采用该方法对工件进行夹紧。可采用楔子固定开槽进行紧固和夹持。

通常情况下，夹具和工件应具有相同的膨胀系数。然而，在某些特殊场合中，采用具有与工件不同膨胀系数的材料制作夹具，以便在温度升高时对工件施加一定的应力。

（3）炉内气氛　根据热处理工艺和产品表面精度要求，来考虑采用的热处理加热方法。为了达到工件光亮的效果，应该考虑采用真空热处理或在略为还原性气氛中进行热处理。如果合金中含有大量的铬、钛或铝元素，即使对气氛进行控制，也可能发生某种程度的氧化。特别值得注意的是，炉内的气氛应不含碳或硫，因为它们可能与合金发生反应，产生有害影响。

如果不允许工件在退火或固溶处理过程中出现严重氧化，则必须采用保护气氛进行热处理。如果允许通过随后的加工去除氧化皮，则超合金可以选择在大气环境中，或在空气和燃气混合气氛的燃气炉中进行固溶处理。真空热处理通常采用 815℃（1500℉）以上的温度且真空度应高于 0.25Pa（2×10^{-3}Torr）。当工件已加工至或接近于最终尺寸时，采用真空热处理能达到令人满意的效果。

1）惰性气体。如果不允许工件出现氧化，则应该选择露点为 -50℃（-60℉）或更低的干燥氩气作为保护气氛。必须在密封的炉膛（反应罐）内，使用这种类型的惰性气体。在进行热处理前，建议对密封的炉膛（反应罐）进行仔细清洗。为防止工件表面形成氧化膜，在热处理期间和结束后，必须保证炉内氩气不断地流动，直到工件冷却到或接近室温为止。

合金中如含有稳定氧化物形成元素，如铝和钛，则无论合金中是否含有硼，都必须在真空中或在惰性气氛（如氩气）中进行光亮退火。如果使用氩气，必须保证氩气的纯度和干燥程度，其露点为 -50℃（-60℉）或更低。如果氩气的露点略高，但不超过 -40℃（-40℉），那么通常会在工件表面形成允许存在薄的氧化膜。

2）氢。采用氨分解干燥的氢，露点为 -50℃（-60℉）或更低，适用于进行光亮退火。如果氢是由催化气体反应生成的而不是通过电解方法制备的，那么会出现残余的碳氢化合物，如甲烷，其浓度应该限制在大约 50 ppm，以防止发生渗碳。对于含有大量合金元素（如铝或钛）的合金，不推荐使用氢进行光亮退火，因为在正常热处理温度和露点时，不能够还原稳定的氧化物。由于形成硼氢化物时，合金有脱硼的危险，因此不建议用氢气氛对含硼合金来进行退火或固溶处理。此外，还可能形成钛氢化合物。

3）放热性气氛 。采用低浓度的放热气氛是相对安全、经济的。可以通过酸洗或盐浴去除在该气氛中形成的表面氧化皮。这种气氛由燃气和空气混合气氛燃烧产生，其成分（体积分数）为 85% N_2、10% CO_2、1.5% CO、1.5% H_2和 2% 水蒸气。在这种气氛中产生的氧化皮中有富铬氧化物。

4）吸热性气氛。在有催化剂的情况下，不建议使燃气和空气进行反应形成吸热性气氛，因为这样具有渗碳的可能。同样，不能使用由氨分解形成的氮和氢吸热性气氛，因为可能发生氮化过程。

5）时效气氛。通常时效在大气环境下进行。通常认为在成品表面形成平滑、致密的氧化膜是允许的（处理无铬低膨胀超合金时除外）。然而，如果要求氧化膜最小化，可以使用低浓度的放热性气氛（空气与燃气比大约为 10:1）或真空。在该气氛下，不会完全阻止氧化，但形成的氧化膜会非常薄。不使用含氢和一氧化碳的气氛进行时效，因为在 760℃（1400℉）的温度下，有发生爆炸的危险。

4.1.4 均匀化处理

均匀化处理的目的是去除有害的拓扑密堆相，如拉弗斯（Laves）相和 σ 相（表 4-1），减少枝晶内和枝晶间的成分差异。均匀化处理是通过扩散进行的，而温度对扩散系数的影响最大，因此，在生产实际中应选择合理的最高温度。铸造合金中的偏析程度与合金成分、铸件大小和凝固冷却速率有关。

图 4-18 所示为 Inconel 718 合金铸态组织，组织中存在溶质原子偏析和拓扑密堆的拉弗斯（Laves）相。如果在最终产品中存在拓扑密堆的拉弗斯（Laves）相，会对合金的力学性能产生有害的影响。组织中深色侵蚀处是树枝晶富溶质原子区，而浅色侵蚀处是树枝晶心部。在高倍显微镜下，可以在树枝晶中观察到拓扑密堆的拉弗斯（Laves）相。图 4-19 中的组织是图 4-18 所示铸态组织经 1125℃（2057℉）高温保温 48h 均匀化处理得到的组织。均匀化处理消除了树枝晶中的侵蚀差异，并消除了拉弗斯（Laves）相。

在生产实际中一般都选择较高的均匀化温度，但应该低于合金的熔化或初熔温度。对于 Inconel 718 合金，γ 相 - 拉弗斯相共晶温度为 1160℃（2120℉）。有研究开发出了 γ 相 - 拉弗斯相共晶温度为 1213℃（2215℉）的 Inconel 625 合金。在某些情况下，采用两步均匀化工艺过程：先将合金在较低的温度下保温进行扩散，降低合金枝晶间浓度梯度，提高局部的固相温度；然后在较高的温度下保温，进一步进行扩散；在完成均匀化过程后，如果需要，则对冷却后的铸件进行下一步处理。需要对均匀化过程后的冷却过程进行控制，避免有害相或碳化物析出，它们可能对合金的力学性能、耐蚀性或随后的热加工产生不利影响。

溶质元素的偏析会对合金的力学性能产生不利的影响。如果没有对析出强化合金铸锭进行完全均匀

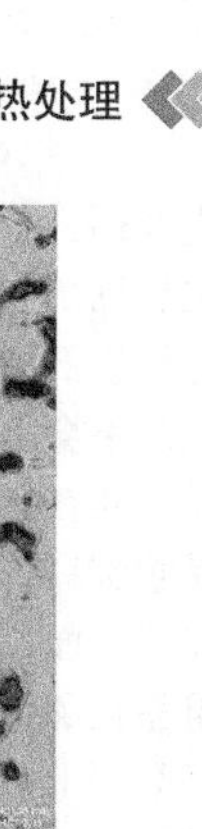

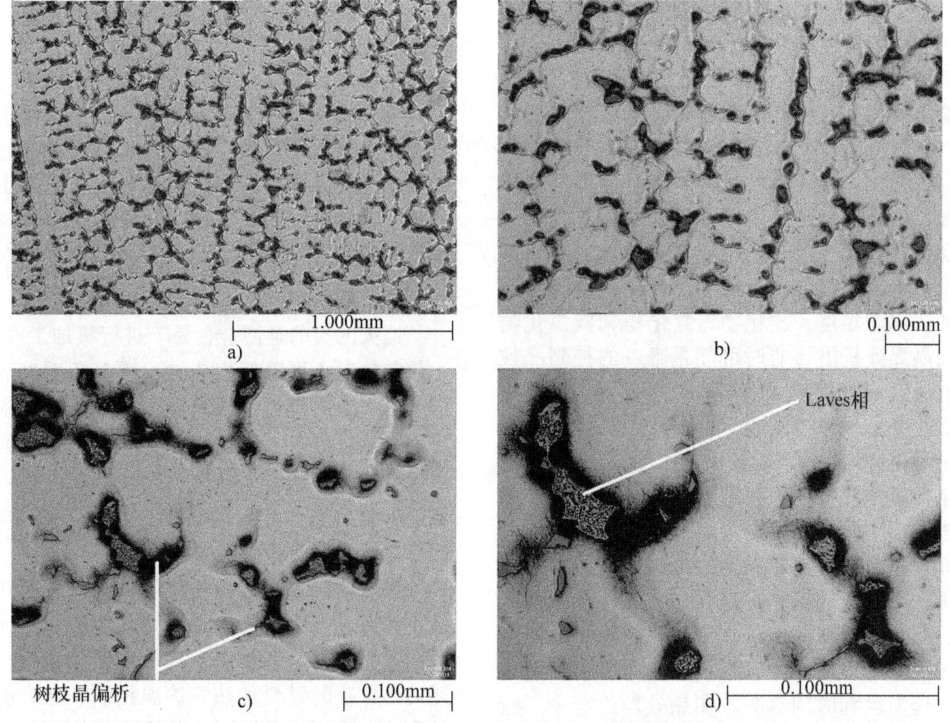

图 4-18 Inconel 718 合金铸造组织显示树枝晶偏析和拉弗斯（Laves）相

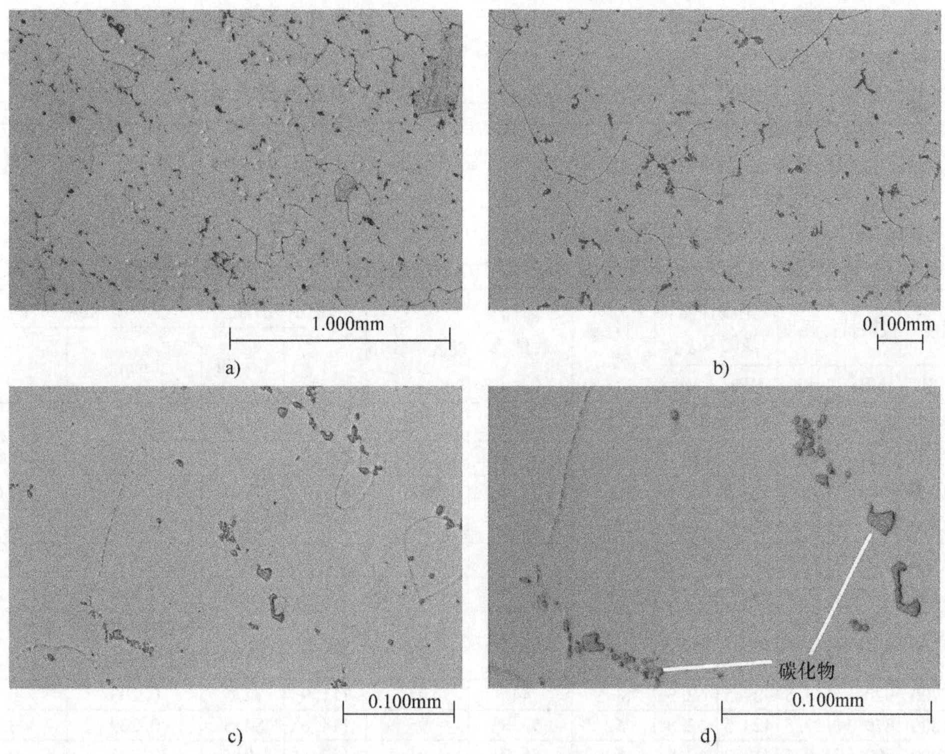

图 4-19 Inconel 718 合金经 1125℃（2057℉）保温 48h 均匀化处理后的铸造组织

注：组织为有碳化物存在的树枝晶，拉弗斯（Laves）相已消除。

化处理，合金中还会存在局部固溶度曲线温度差异。在热加工和热处理过程中，合金元素（铝、钛、铌）含量较低的区域可能会有少量析出相或没有析出相，因此不会阻碍晶粒长大；而合金元素含量较高的区域，会在晶界析出初生析出相（γ′相或δ相），对晶界起到钉扎作用，阻止晶粒长大。通过侵蚀这些机加工表面，可显示出浅色和深色的条纹（分别代表粗晶粒和细晶粒），这种条纹带效应通常出现在机加工截面上。将固溶强化合金或析出强化合金加热至固溶度曲线以上温度，碳化物、氮化物和碳氮化物也可能在晶界处析出（有时可能是唯一的控制晶粒长大的方法），起到钉扎晶界的作用。然而，在较高的退火温度下，一些化合物可能会溶入固溶体中，从而减少了化合物控制晶粒长大的作用。

如果在氧化环境中和高于1040℃（1900℉）的温度下进行均匀化退火，合金表面会产生氧化，尤其是晶间发生氧化。随着温度的提高，氧的扩散增加；如果在热处理气氛中有硫存在，或合金表面有硫存在，则硫会向内部扩散。元素沿晶界扩散的速度比晶内扩散速度快。元素渗入合金内部的深度主要与热处理温度和时间有关。在热处理过程中，进入合金内部的氧和硫均对合金的热加工性能有不利影响。如果在热处理后再进行冷加工，合金中存在的硫和/或氧会引起表面裂纹和开裂。

对于铸造汽轮机涡轮叶片的超合金，特别是单晶合金（如CMSX-4、CMSX-6、PWA1484、René N6)，添加了大量密度大的合金元素，由于γ′相固溶度曲线温度与固相线温度之间的温度区间比较窄，可以将均匀化处理和固溶处理合二为一。此外，由于合金中存在钨、铪、钽和铼等大原子直径元素，降低了扩散速率。因此，即使在靠近合金固溶度温度进行热处理，所需的均匀化时间也会有所增加。第三代和第四代合金典型的固溶/均匀化热处理温度为1300℃（2375℉）。在热处理时，必须注意合金出现显微偏析的程度，如合金出现显微疏松，可能是出现了局部初熔。如在初熔过程中形成了低密度液相，则会产生显微疏松。在冷却中形成固相，密度提高导致局部膨胀，从而产生微孔。

4.1.5 退火

退火的目的是使合金易于进行机加工或冷加工，焊接前的退火可降低内应力，改善塑性以适应制造加工中产生的应力，退火还可以消除残余应力。在退火加热过程中，碳化物和金属间化合物会溶入固溶体基体中，从退火温度迅速冷却，可以防止溶入基体的化合物析出，通过该方法可以去除第二相，使合金具有更高的耐蚀性。

虽然退火温度比均匀化温度要低，但在退火温度下保温，可使合金得到再结晶组织。在镍和镍基合金的退火中，重要的工艺控制因素包括，选择合适的不含硫的燃料加热、炉温控制、退火前冷加工的影响、晶粒尺寸控制、保护气氛控制、冷却速率以及外来杂质污染的影响。

再结晶退火可实现完全再结晶或部分再结晶。由于溶解第二相或非金属化合物不一定是再结晶退火目的，通常再结晶退火温度低于完全退火温度。表4-7列出了退火温度对Inconel 625合金力学性能和晶粒尺寸的影响，图4-20所示为退火温度对Incoloy 800合金力学性能和晶粒尺寸的影响。

表4-7 退火温度对Inconel 625合金冷拉棒材力学性能和晶粒尺寸的影响（退火时间均为1h）

退火温度		极限抗拉强度		规定塑性延伸强度 $R_{p0.2}$		伸长率(%)	断面收缩率(%)	硬度 HRB	夏比冲击能		晶粒尺寸	
℃	℉	MPa	ksi	MPa	ksi				J	ft·lbf	mm	in
拉拔状态		1123.8	163	1003.2	145.5	21	50.5	106	87.5	64.5	0.076	0.003
593	1100	1106.6	160.5	926	134.3	28	48.3	106	101.7	75	0.089	0.0035
649	1200	1099.7	159.5	920.5	133.5	28.5	47.2	106	97	71.5	0.114	0.0045
704	1300	1130.7	164	930.8	135	26	38.8	106	77.3	57	0.127	0.005
760	1400	1120.4	162.5	934.2	135.5	27	39	106	71.9	53	0.127	0.005
816	1500	1048	152	827.4	120	29	41.5	105	74.6	55	0.089	0.0035
871	1600	1010.1	146.5	706.7	102.5	35	45.2	103	84.1	62	0.127（70%） 0.229（30%）	0.005（70%） 0.009（30%）
927	1700	920.5	133.5	429.5	62.3	48.5	44	97	111.9	82.5	0.203	0.008
982	1800	879.1	127.5	429.5	62.3	52	55.3	95	114.6	84.5	0.229	0.009
1038	1900	899.8	130.5	419.2	60.8	53	55.7	95	123.4	91	0.203	0.008
1093	2000	872.2	126.5	389.6	56.5	57	61	93	156.6	115.5	0.048	0.0019
1149	2100	813.6	118	333	48.3	63	60.4	89	187.1	138	0.081	0.0032
1204	2200	779.1	113	307.5	44.6	62.3	58.4	86	191.2	141	0.152	0.006

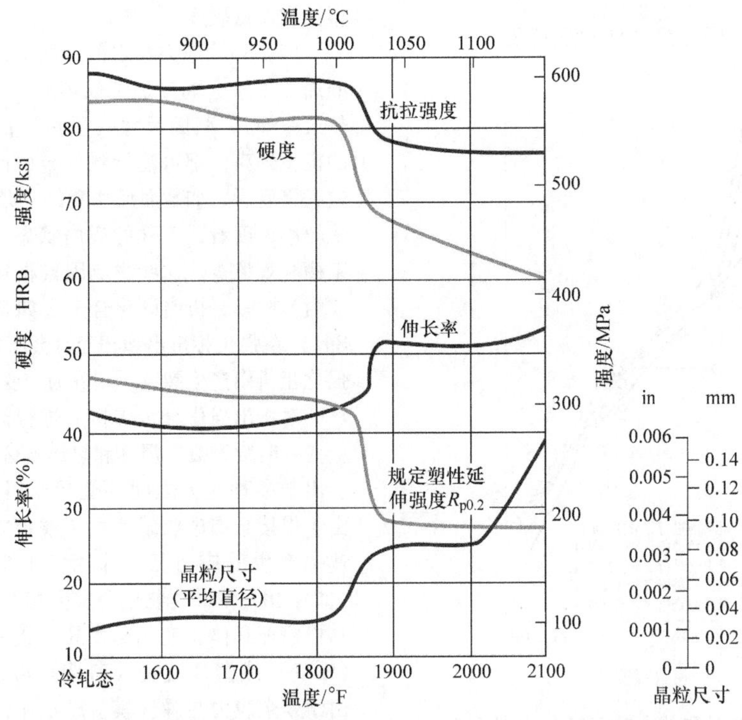

图 4-20　退火温度对冷加工 Incoloy 800、800H 和 800HT 合金力学性能和晶粒尺寸的影响

在高温和长时间完全退火（Dead－Soft Anneal）的情况下，合金的强度和硬度均为最低值，但晶粒尺寸会明显长大。这种类型的退火只适用于不考虑晶粒尺寸问题的合金。

在考虑合金的退火工艺时，必须考虑退火冷却速率会影响第二相的析出、对力学性能造成有害影响以及降低合金的耐蚀性。当冷却速率足够慢或合金在特定温度范围内，如在晶界碳化物析出温度停留时，合金会发生敏化现象。此时，$Cr_{23}C_6$碳化物在晶界处析出，造成晶界及其附近出现贫铬区，从而使晶界处易受到晶间腐蚀。如果碳化物以连续膜状形式析出，合金的塑性和极限抗拉强度会严重下降。

（1）退火前冷加工的影响　退火前合金的冷加工变形量越大，得到同样晶粒尺寸和同样硬度所需的退火温度越低，保温时间越短。表 4-8 所列为不同冷加工变形量对 Inconel 600 合金再结晶退火温度和时间的影响的数据。图 4-21 所示为冷加工变形量对 Incoloy 800H 合金再结晶的影响。图 4-22 所示为冷加工和退火温度对 Inconel 625 合金薄板硬度的影响。图 4-23 所示为冷加工对 Nimonic 90 合金在不同退火温度下保温 15min 晶粒尺寸的影响。

表 4-8　不同冷加工变形量对 Inconel 600 合金再结晶退火温度和时间的影响

冷加工变形量（%）	再结晶温度							
	15min		30min		60min		120min	
	℃	℉	℃	℉	℃	℉	℃	℉
5	968	1775	954	1750	927	1700	927	1700
10	899	1650	871	1600	843	1550	843	1550
20	829	1525	802	1475	774	1425	774	1425
50	732	1350	718	1325	691	1275	691	1275
80	677	1250	663	1225	649	1200	649	1200

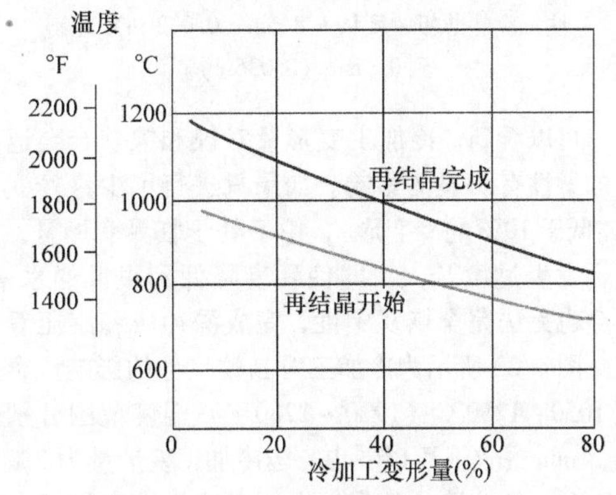

图 4-21　冷加工变形量对 Incoloy 800H 合金再结晶的影响

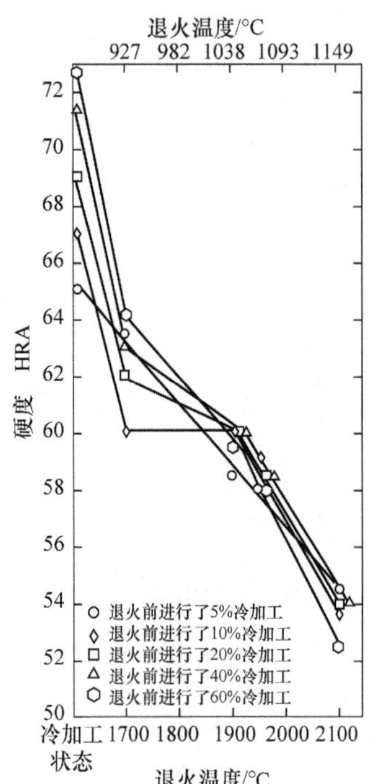

图4-22 冷加工和退火温度对 Inconel 625 合金薄板硬度的影响（退火时间为30min）

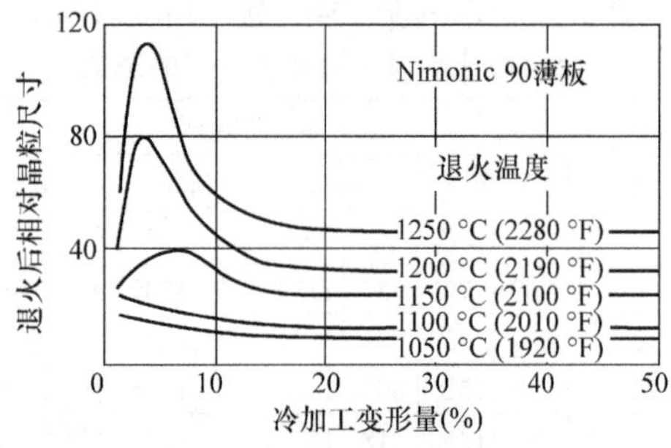

图4-23 冷加工和不同退火温度对 Nimonic 90 合金薄板晶粒尺寸的影响

注：冷轧薄板厚度从1.8 mm（0.072 in）轧制到0.9mm（0.036in）。

可以看到，冷加工变形量对镍和镍基合金退火后的塑性有明显的影响。如果只进行了少量冷变形（如低于10%的冷变形），由于处于临界变形量，晶粒会发生过度长大，即使硬度降低到很低的水平，合金也无法完全恢复塑性，完成深冲压和旋压等工序。图4-23所示为冷加工对晶粒尺寸的影响。合金在1050～1250℃（1920～2280℉）温度范围分别保温15min退火。可以看出，当冷加工变形量为2%～10%时，晶粒尺寸显著长大，当选择较高的退火温度时，效果更加显著。当最低变形量为20%时，在不同的退火温度下退火后，可以确保合金具有最高塑性和最低硬度。

（2）残余应力和之前冷加工的影响 通过不同的加工工序（如冷加工或热加工、焊接、热处理加热或冷却），截面尺寸（质量）的影响，以及工件的机械约束，都可能导致合金中产生残余应力。从较大尺度看，如截面尺寸变化、焊缝几何形状变化；从较小尺度看，工件的表面状态，如表面处理、加工槽和划痕等，这些影响因素相互影响而产生残余应力。此外，析出硬化合金（如 Waspaloy、U720 和 R41）在强化相析出和相变时会产生体积变化。如由强化相析出产生裂纹，则称为应变－时效开裂。

对析出强化合金焊接后进行热处理，常会出现应变－时效开裂。焊缝和热影响区在热处理过程中，会出现多种应力之间的交互作用。在冷却过程中，由于焊接金属的收缩产生了残余应力，与不同加热速率产生的应力相互作用。此外，析出的强化相（如γ′相）和碳化物也会发生相互作用，通过共格、晶格错配和体积变化诱发局部微区应力。通过扩散（蠕变）或塑性流变（剪切）可以实现应力松弛。由于残余应力与弹性模量成正比，如果弹性模量随温度升高迅速降低，就会消除或减轻残余应力。在析出强化合金中，析出的强化化合物快速强化了晶粒，抑制了应力松弛。一般来说，含铝和钛的镍基合金（析出γ′相）很难进行焊接和焊后热处理。Inconel 718 合金是通过γ″相进行强化的，由于析出相滞后，允许应力松弛，减少了开裂的风险，因此该合金很容易进行焊接和加工制造。

在固溶强化合金中，通过冷轧或拉拔冷加工，可使合金的强度高于其平均强度。随着合金屈服强度的提高，其塑性会有所降低。如果热处理加热速率不同，合金中产生的应力可能会超过材料的强度，从而导致开裂。如果在加热过程中，合金在碳化物析出温度范围停留过长的时间，使碳化物沿晶界析出，那么，这种加热速率导致开裂的效应就会恶化。在这种碳化物易于析出的条件下，裂纹更容易萌生和扩展。

（3）冷却速率的影响 无论是在炉内或炉外慢冷，还是快冷淬火，都不会对固溶强化镍基合金的退火硬度产生显著的影响。因此，最好选择快速冷却（会产生过高热应力的大截面工件除外），这样既可以节省时间，也可以降低氧化程度。快速冷却会减少二次相，如σ相或碳化物析出，而这些相的存在会使合金容易受到腐蚀。高铬碳化物在晶界处析出，会导致在晶界附近出现贫铬区，这种现象称为致敏化。与晶内腐蚀相比，沿贫铬区腐蚀的速率更快。部分可时效强化合金，如 Monel K－500、Nimonic 80A 和 Waspaloy 合金，固溶加热后必须采用淬火迅速冷却，以确保在后续的时效处理中产生最大的时效强化效果。

（4）晶粒尺寸的控制　粗晶粒合金不适合进行大多数的冷加工。不能通过热处理来改善高镍合金的粗晶粒尺寸。只能通过充分的冷加工和随后的退火处理，使合金发生再结晶以细化晶粒。通过对合金进行退火，在保证晶粒不粗化的前提下，使合金具有最好的切削加工性能。此时合金的平均晶粒尺寸应小于 0.064mm（0.0025in）（ASTM 5）。在这种状态下，合金具有最佳的强韧性组合，并易于进行机械加工和达到良好的表面质量。

（5）气氛波动的影响　如果在氧化（过多的空气）和还原（过多的一氧化碳或氢）波动气氛中退火，即使不含硫，镍和镍基合金也会发生严重的晶间腐蚀，导致合金脆化。在加热和冷却过程中，保持恒定足够的还原性气氛，可以防止这种脆化。含铬或钼的合金受晶间腐蚀的影响小于镍和镍－铜合金。

（6）防止外来杂质污染　许多用于拉深和旋压的新型润滑油都含有硫或铅，并且可以在温度为 82℃（180℉）的碱性清洁溶液中将其去除。在退火前应去除硫或铅，否则会造成合金脆化。过去通常采用氯化碳氢化合物（氯代烃）清洁合金，但出于安全和环境因素方面的考虑，现已很少采用了。随着限制性更严格的法律的颁布，要求采用改进的水溶性润滑剂替代传统的方法。在退火前，应完全去除合金表面的所有类型的润滑剂，以减少发生脆化的可能性。在退火之前，还应该采用适当的方法，去除合金工件表面的油漆和其他有害的含硫附着物。

4.1.6　退火方法

退火工艺可分为罩式退火、连续退火和特殊退火三种类型。这里对这些方法简要介绍如下。

（1）罩式退火　由于罩式退火操作简单、灵活和适应性强，因此经常被采用。可以采用罩式退火炉，同时处理多种截面尺寸的材料，很容易适应不同的保温时间。对产品进行加热最常用的方法是直接采用燃气炉或电炉加热。

在罩式退火中，在燃气炉中通过控制燃烧，来控制炉内气氛；也可以在电炉中通过控制工业煤气，来控制炉内气氛。在本节中的“光亮退火”部分，对工业煤气气体进行了介绍。在这两种情况下，热处理炉都采用正的工作气压，以减少氧气进入，避免造成表面氧化。

（2）连续退火　适合采用连续退火的产品是数量大和快速批量处理的产品，如薄板。与罩式退火炉相比，连续退火炉体积大，炉子的控制系统更复杂。由于通过炉内退火区的时间相对较短，为达到完全应力松弛和再结晶，通常比罩式退火采用的温度更高，时间更短。如果通过控制炉内气氛，来保证光亮的工件外观，或者控制最低的氧化，则必须保持炉气为正压和还原性气氛。同理，要求对退火区的温度进行更严格的监控，以确保炉内温度的一致性，从而保证晶粒尺寸和力学性能的一致性。该连续退火系统还要求冷端的合金工件能连续传输到退火工作区。

（3）特殊退火　有些退火过程非常特殊，很难将它们归类到已有的分类系统中。特殊退火包括真空加热、盐浴加热、流化床加热等热处理方法。虽然很少采用特殊退火，但它是重要的退火热处理方法。在真空热处理炉中，工件被放入加热室内，而后抽真空。真空热处理要求所处理工件表面清洁干净，尤其是要求去除含硫污染物。为了去除残留的氧，可能会引入少量的氢气进入炉内。通过热辐射将工件加热到退火温度，并进行保温。为了在退火加热结束后强制冷却，采用防止工件表面氧化的惰性气体或还原性气氛进行室内循环冷却。现镍基合金采用真空热处理的比例还很少，但采用真空热处理工艺的比例正日益增加。下面简要介绍如下。

1）光亮退火。无论是最终产品，或是中间产品，当工件外观非常重要，同时要求在退火后保持原表面状态时，应该采用光亮退火。除非采用还原性气氛炉或真空炉，对镍基合金退火会导致表面发生氧化。对 Nickel 200 合金、Monel 400 合金以及含有低稳定氧化物形成元素的镍基合金，最好采用可控气氛炉进行退火。如果燃料燃烧时所消耗的能量少于化学计量氧的水平，可以通过控制燃烧，产生还原性气氛，从而达到可控气氛的目的。空气与天然气之比约为 9.25∶1（1160 kJ 或 1100 Btu），考虑达到 8% 还原性气氛，含有（体积分数）4% CO、4% H_2 和 0.05% O_2。此外，可以选择干氢、干氮、热分解的氨、裂解或部分反应的天然气作为镍和镍基合金的保护气氛。表 4-9 所列为各种保护性气氛的性能。

然而，如果合金中含有铬、钛或铝，由于这些元素与氧有很高的亲和力，会形成稳定的氧化物，因此会在合金表面形成一层薄的氧化膜。必须确保所使用的燃气不含硫，工件在退火前进行了彻底清洗，表面没有任何含硫物质。如果要保持光亮的退火表面，必须保证在退火加热、保温和冷却过程中，不受氧化气氛的影响。

表 4-9 适合镍和镍基合金退火的保护性气氛

序号	气氛	空气与燃气比①	成分（体积分数,%）						露点（近似值）	
			H_2	CO	CO_2	CH_4	O_2	N_2	℃	℉
1	燃料完全燃烧，贫气氛	10:1	0.5	0.5	10.0	0.0	0.0	89.0	饱和②	饱和②
2	燃料部分燃烧，中等富气氛	6:1	15.0	10.0	5.0	1.0	0.0	69.0	饱和②	饱和②
3	反应燃料，富气氛	3:1	38.0	19.0	1.0	2.0	0.0	40.0	20	70
4	分解氨（完全分解）	无空气	75.0	0.0	0.0	0.0	0.0	25.0	-55 ~ -75	-70 ~ -100
5	分解氨，部分燃烧	1.25:1③	15.0	0.0	0.0	0.0	0.0	85.0	饱和②	饱和②
6	分解氨，完全燃烧	1.8:1③	1.0	0.0	0.0	0.0	0.0	99.0	饱和②	饱和②
7	电解氢，干燥④	无空气	100.0	0.0	0.0	0.0	0.0	0.0	-55 ~ -75	-70 ~ -100

注：1. 镍、改性镍和镍-铜合金可采用气氛2~气氛7进行光亮退火；含铬、含钼或含铬、钼的镍合金必须采用气氛4或气氛7进行光亮退火。

2. 资料来源为 ASM handbook，Vol4，1991，p907—912。

① 天然气含约100%甲烷，热值为37MJ/m³（1000Btu/ft³）。高氢工业煤气热值为20MJ/m³（550Btu/ft³），其比率约为所列值的一半。低氢和高一氧化碳含量的工业煤气热值为17MJ/m³（450Btu/ft³），其比率约为所列值的40%。丙烷的比率大约是所列值的2倍；丁烷的比率大约是所列值的3倍。

② 通过自来水的交换器冷却气氛时，露点约高于自来水温度6~8℃（10~15℉）。用制冷设备将露点降低约5℃（10℉），降低到-55℃（-70℉）；通过活化吸附设备，可进一步降低温度。

③ 空气与游离氨的比率。

④ 用氧化铝和分子筛，干燥至露点为-55~-75℃（-70~-100℉）。

2）盐浴退火。对尺寸相对小的工件可采用盐浴退火。盐浴退火通常采用氯化钠、氯化钾和氯化钡等无机碳酸盐，它们在高于各自熔点温度相对稳定，可采用较大的 Fe-Ni-Cr 耐热合金或耐火材料容器，在温度高达约700℃（1300℉）的条件下使用。当盐浴产生过度烟雾时，表明盐浴的使用温度过高。

在使用盐浴之前，应将试样（镍带或丝）浸入盐浴中保温3~4h，并测试其脆化程度，以确保盐浴中硫的含量处于较低的水平。如果盐浴中硫的含量过高，可以用少量比例为3份硼砂和1份活性炭的混合物进行去硫处理。

盐浴加热具有加热速度快、加热均匀等优点。如其他退火工艺一样，为避免脆化，处理的合金应是无硫的。为防止在盐浴中形成蒸汽，避免熔盐喷射和伤人风险，应确保对合金进行彻底清洁和彻底干燥。

在热处理后，合金通常采用水淬火冷却，并要求去除附着在工件上的盐。如果合金表面有氧化膜，可以通过酸洗进行清洗。

应该清楚地认识到，由于盐浴退火存在环境污染问题，现在世界上许多地区已逐步将其淘汰。

3）流化床退火（Fluidized-Bed Annealing）。采用流化床进行热处理是一种相对较新的热处理工艺。流化床退火与盐浴退火一样，具有加热速度快和温度均匀的特点，但没有盐浴热处理那样的污染和安全隐患。典型的流化床退火是通过140MPa（20 psig）的气压，使80目氧化铝粉末粒子在炉内循环流动。流化气体通常采用空气或冶金用氮气。

4）完全退火。当镍基合金采用高温和长时间退火时，通常称为极软（Dead Soft）的完全退火，其硬度值比通常所谓的软化状态低10%~20%。由于这种处理方式通常粗化了合金的晶粒，因此只有在晶粒尺寸不重要时才采用。

5）火焰退火。火焰退火由于缺乏温度控制，加热不均匀和退火不充分，在工件表面会发生大量氧化，因此不是一种常用的退火方法。但如果难以对大型设备局部淬火硬化处进行退火，可以通过调节气体的火焰，对工件局部进行火焰退火。为防止应力突然释放产生开裂，首先应用火焰来回扫动，缓慢对工件进行预热，在进行了充分预热后，再进行火焰退火。

4.1.7 去除应力和应力均匀化处理

去除应力处理是一种释放和消除机械加工、铸件收缩应力或焊接应力的热处理方法。这种处理工艺的要求是将合金内的应力降低到可接受的水平，但不影响其高温力学性能或耐蚀性。

对于固溶强化合金，去除应力处理温度低于退火或再结晶温度。如果是析出强化型合金，去除应力处理可能会产生应变-时效现象。该过程是在加热过程中发生了强化相析出，在局部区域伴随着塑性降低和产生热应力，特别是当合金工件受到约束或截面尺寸变化大时，由此导致裂纹产生。对于析出强化型合金，去除应力温度通常与时效温度一致，通过选择合适的去除应力温度来降低应力，但要求合金不发生过时效，不对合金的力学性能产生不利影响。

在进行去除应力处理时，需要仔细地选择处理温度和时间。通常具体的处理温度和时间是根据具体的产品而确定的。表 4-10 所列为几种镍基合金典型的去除应力和应力均匀化处理温度范围。图 4-24 所示为温度对冷加工 Monel 400 合金室温性能的影响。图中数据表明，该合金的去除应力温度为 400 ~ 600℃（750 ~ 1100℉），这比表 4-10 中 Monel 400 合金的温度范围更保守一些。

表 4-10　几种镍基合金的典型去除应力和应力均匀化处理温度范围

合金名称	去除应力温度		应力均匀化温度	
	℃	℉	℃	℉
Nickel 200	480 ~ 705	900 ~ 1300	260 ~ 480	500 ~ 900
Nickel 201	480 ~ 705	900 ~ 1300	260 ~ 480	500 ~ 900
Monel 400	540 ~ 650	1000 ~ 1200	230 ~ 315	450 ~ 600
RA - 330	900	1650	—	—
19 - 9DL	675	1250	—	—
Incoloy 800	870	1600	—	—
Inconel 600	760 ~ 870	1400 ~ 1600	760 ~ 870	1400 ~ 1600
Inconel 625	870	1600	—	—
Inconel X - 750	—	—	885	1625

应力均匀化处理是一种低温热处理工艺，它使工件发生了部分恢复。表 4-10 给出了部分镍基合金的典型应力均匀化处理和去除应力温度。这种在应力均匀化处理状态下发生的恢复，先于任何微观组织可检测到的变化，导致合金的比例极限强度大大提高，硬度和抗拉强度略微增加，伸长率或断面收缩率无显著变化。在应力均匀化处理状态下，合金的导电性能接近于退火状态。

应力均匀化处理温度与合金的成分有关。冷拔 Monel 400 棒材的最佳应力均匀化处理温度为 230 ~ 315℃（450 ~ 600℉），如图 4-24 所示。工业生产中通常采用的温度约为 275℃（525℉），在该温度下长时间处理不会产生任何有害的影响。

通常线圈弹簧、线材和片弹簧冲压件需要进行应力均匀化处理。如果线圈弹簧在绕簧后要进行冷定型或冷压，应在定型工序前进行应力均匀化处理，这涉及应力超出合金的弹性极限。在该工序产生的冷加工应力都是在一个方向上，这对合金是有利的，而不是有害的。如果应力是在冷压后得到平衡的，那么部分有益的冷加工应力就会消除。

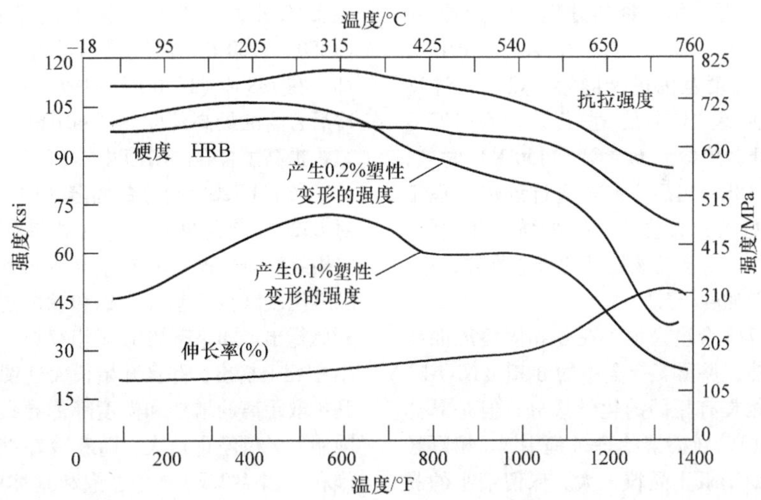

图 4-24　温度对冷加工 Monel 400 合金室温力学性能的影响（保温时间均为 3h）

4.1.8　固溶处理

固溶处理的主要目的是溶解部分或全部的析出相［最典型的是 γ′相，即 Ni_3（Al，Ti）；或 γ″相，即 Ni_3Nb］，然后按照优化的合金力学性能要求重新析出。例如，如果要得到高的蠕变性能，就应采用与退火一样高的固溶温度，促进晶粒适当长大。如果需要得到细小的晶粒，则应采用较低的固溶温度，这时仅有部分析出相溶解，仍有足够多的析出相和碳化物残留，以阻止晶粒长大。当在固溶温度保温了适当的时间，溶解了析出相后，在冷却过程中必须采用快冷，以防止在冷却过程中再次析出，从而降低合金的力学性能。除了溶解析出相（γ′和/或 γ″）外，主要的碳化物 MC（式中“M”是指稳定碳化物形成元素，如钛、铌、铪或钽）也可能发生部分溶解，这时碳也进入了固溶体，在后续稳定化热处理中将重新析出。在本节的“稳定化处理”部分对碳化物析出进行了详细的介绍。下面是 Waspaloy 合金、Inconel 718 合金和 U720LI 合金固溶处理的例子。

（1）Wasploy合金的固溶处理　为在适当的时间内，晶粒长大达到理想的尺寸，Waspaloy合金的固溶处理温度约为1080℃（1975℉）。采用这样高的温度，优化了高温蠕变和抗应力断裂性能。Wasploy合金的γ′相固溶度分解曲线温度为1040～1050℃（1900～1925℉），该固溶温度比γ′相固溶度分解曲线温度高30～40℃（50～75℉）。

相比之下，为了提高室温和高温拉伸性能，得到理想的细晶粒，固溶处理温度约为1020℃（1870℉），比γ′相固溶度分解曲线温度大约低17℃（30℉）。当采用γ′相固溶度分解曲线以下的温度进行固溶处理时，存在初生γ′相，该相可钉扎和阻止晶界运动，得到细晶粒，提高了合金的屈服强度和塑性。

在更高的固溶温度下，所有的γ′相都发生了溶解，晶界更容易迁移，从而导致晶粒明显长大。这种较大的晶粒尺寸有利于提高合金的蠕变性能和抗应力断裂性能。在这两种固溶温度下，都要求固溶后采用足够快的冷却速率冷却，以保证在过饱和固溶体中保留大量合金元素，在随后的时效过程中析出，使合金达到高的强度。

（2）Inconel 718合金的固溶处理　为优化微观组织和力学性能，可采用三种热处理工艺处理Inconel 718合金。第一种工艺是在926～1010℃（1700～1850℉）温度范围进行固溶，然后快速冷却；接着采用两级时效处理工艺，在725℃（1325℉）时效8h，炉冷到621℃（1150℉）时效，总的时效时间为18h，然后空冷。通过该热处理工艺，合金具有良好的抗拉强度、持久强度和塑性，以及缺口持久强度。由于经该处理的合金晶粒细小，也具有良好的疲劳强度/寿命。

对于Inconel 718合金来说，在δ相固溶度曲线以下温度固溶加热，保留了合金中的δ相（Ni_3Nb）颗粒。δ相与γ″相具有相同的化学成分，但是晶体结构不同（表4-1）。在固溶处理过程中，δ相颗粒会钉扎晶界，有助于阻止晶粒长大。保留细小的晶粒可以提高合金的拉伸性能和疲劳强度。δ相也可阻止裂纹的扩展，提高合金的断裂强度和塑性。在δ相中，铌无法像在的γ″相中那样析出，因此进一步提高了合金的强度。

第二种热处理工艺是在1038～1066℃（1900～1950℉）温度范围进行固溶加热，然后快速冷却。同样采用两级时效工艺，但时效温度比第一种热处理工艺要高。先在760℃（1400℉）时效10h，炉冷到649℃（1200℉）保温，总的时效时间为20h，然后空冷。

所采用的固溶温度较高［1038～1066℃（1900～1950℉）］，高于δ相固溶度曲线温度［988～1023℃（1810～1875℉）］，在该温度下，晶粒可以自由长大到平衡尺寸。经该工艺处理的合金具有良好的横向拉伸韧性和冲击强度，但会造成缺口脆性断裂。

值得注意的是，δ相的固溶度曲线温度与合金成分，特别是铌的含量有关。铌的含量在该合金规范的下限时，固溶度曲线温度较低，为988～1010℃（1810～1850℉）；随着铌的含量增加到规范的上限，固溶度曲线温度升高，为1010～1023℃（1850～1875℉）。

第三种热处理工艺是在美国腐蚀工程师协会（NACE）MR0175规范的基础上，根据油田应用性能要求开发出来的。该工艺是在1010～1038℃（1850～1900℉）温度范围进行固溶加热后快速冷却，在788℃（1450℉）时效6～8h，然后空冷。空冷后合金的最高硬度达到40HRC。采用该热处理工艺，提高了合金的耐蚀性。

（3）U720LI合金的固溶处理　从固溶温度冷却对U720LI合金初生γ′相（如果存在的话）和二次γ′相或冷却过程中形成γ′相的影响如图4-25所示。随着温度降低，基体为铝和钛的过饱和γ相，γ′相开始析出。如果有初生γ′相存在，则析出相会在初生γ′相上析出，并且开始长大（图4-25a）。直到受到扩散距离的增加和温度降低导致扩散速率降低的限制，γ′相停止长大。随着冷却继续，基体变得过饱和（图4-25b）。在过饱和基体中析出新的γ′相（图4-25c）。冷却速率决定了γ′相的形核数量和二次γ′相的长大能力。

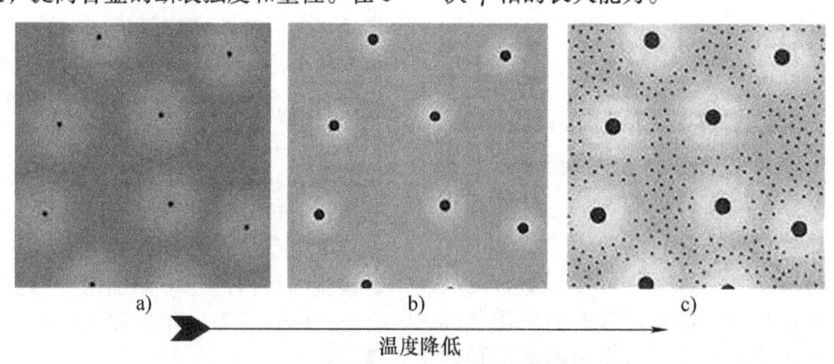

图4-25　从固溶温度冷却过程中的二次γ′析出相

固溶后在时效过程中析出的为三次 γ′相，具有细小弥散的晶粒尺寸。Furrer、Fetch 和 Reed 等人的研究表明，U720LI 超合金从固溶温度冷却的速率对 γ′相的析出有显著影响。U720LI 是高百分数的 γ′相锻造超合金，从固溶温度冷却有三种情况。如果固溶加热温度在固溶温度以下，则存在初生 γ′相；如果固溶加热温度在固溶温度以上，则不存在初生 γ′相；从固溶温度冷却的过程中，析出了二次 γ′相，二次 γ′相的尺寸和体积分数与冷却速率有关。从图 4-26 中可以看出，如果冷却速率低于 2℃/s (3.5℉/s)，那么二次 γ′相粒子尺寸将显著增大。有人对冷却速率对该合金二次 γ′相粒子尺寸的影响进行了更广泛的研究，如图 4-27 所示。

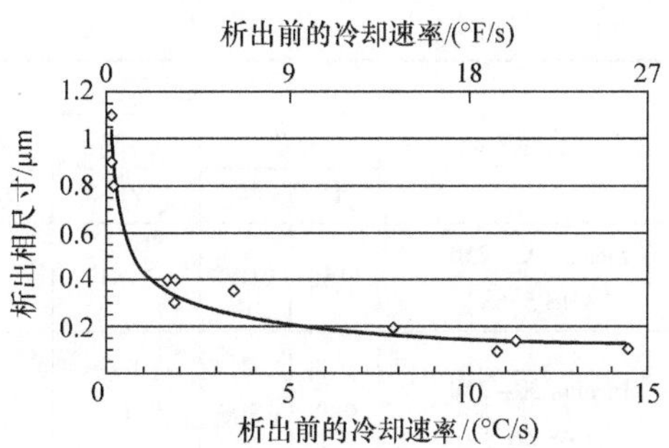

图 4-26　冷却速率对二次 γ′相尺寸的影响

(4) 其他固溶处理　与析出硬化不锈钢和铝基合金不同，镍基合金通常不要求在时效前的固溶处理温度比退火温度高。但是，可以通过固溶处理提高镍基合金的特殊性能，见表 4-11。例如，Inconel X750 合金可以在 1150℃ (2100℉) 保温 2 ~ 4h 进行固溶加热后空冷。采用两级（高温、低温）时效工艺，以保证合金达到最高蠕变强度、松弛性能和在 600℃ (1100℉) 以上温度的断裂强度。这种热处理工艺组合主要用于 Inconel X750 合金生产高温涡轮机叶片和高温弹簧。

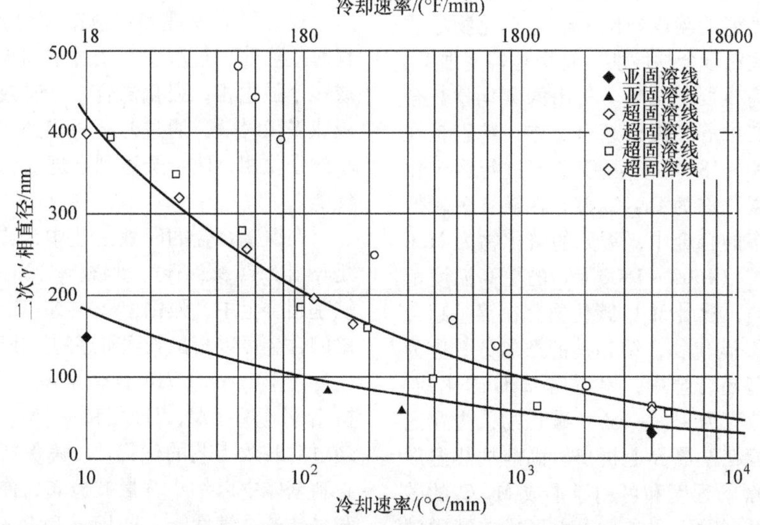

图 4-27　冷却速率对 U720LI 合金二次 γ′相粒子尺寸的影响

表 4-11　镍基合金的固溶处理和时效工艺

合金	固溶处理				时效强化工艺
	温度		时间/h	冷却方式①	
	℃	℉			
Monel K - 500	980	1800	0.5 ~ 1	WQ	加热到 595℃ (1100℉) 保温 16h；炉冷至 540℃ (1000℉) 保温 6h；炉冷至 480℃ (900℉) 保温 8h；空冷
Inconel 718 (AMS 5662)	980	1800	1	AC	加热到 720℃ (1325℉) 保温 8h；炉冷至 620℃ (1150℉)，一直保温，直到整个时效强化时间等于 18h；空冷
Inconel 718 (AMS 5664)	1065	1950	1	AC	加热到 760℃ (1400℉) 保温 10h；炉冷至 650℃ (1200℉)，一直保温，直到整个时效强化时间等于 20h；空冷

（续）

合金	固溶处理				时效强化工艺
	温度		时间/h	冷却方式①	
	℃	℉			
Inconel X-750 (AMS 5668)	1150	2100	2~4	AC	加热到845℃（1550℉）保温24h，空冷；再加热至705℃（1300℉）保温20h，空冷
Inconel X-750 (AMS 5671)	980	1800	1	AC	加热到730℃（1350℉）保温8h；炉冷至620℃（1150℉），一直保温，直到整个时效强化时间等于18h；空冷
Hastelloy X	1175	2150	1	AC	加热到760℃（1400℉）保温3h，空冷；再加热至595℃（1100℉）保温3h，空冷

① WQ，淬水；AC，空冷。

4.1.9 稳定化处理

为控制$Cr_{23}C_6$和M_6C碳化物以颗粒状在晶界处析出，可采用稳定化热处理。先以高的固溶/退火温度部分溶解合金中的MC型碳化物；在低温稳定化热处理工序中，固溶的碳以新的$Cr_{23}C_6$碳化物形式析出。析出的形式对合金的性能，特别是蠕变强度、持久寿命和塑性有重要的影响。析出的碳化物与合金的成分有关，在中等和高铬超合金中，特别是在760~980℃（1400~1800℉）温度范围进行稳定化处理，常见析出碳化物为$Cr_{23}C_6$型。在铬含量较低以及含钼和钨较多的合金中，常见的碳化物为M_6C型。在815~980℃（1500~1800℉）的更高温度范围进行稳定化处理，析出M_6C碳化物。在镍基超合金中，要析出M_6C碳化物，钼和钨的摩尔分数应为6%~8%。在钴基超合金中，要析出M_6C碳化物，钼和钨的摩尔分数应为4%~6%。碳化物优先在晶界处析出，也可能在孪晶界上析出。固溶加热温度决定了碳化物分解的程度和可用于形成$M_{23}C_6$的碳的数量。当含碳量高时，会在晶界上形成连续的碳化物薄膜。连续的碳化物薄膜对合金的力学性能，特别是断裂塑性和裂纹萌生是有害的。晶界上形成薄膜也会降低晶界处铬的含量，使合金易受到晶间腐蚀。

常用的稳定化热处理温度为760~980℃（1400~1800℉），并且与合金成分有关。可以通过以下反应式对初生MC碳化物的溶解以及随后的$M_{23}C_6$或M_6C碳化物的析出进行说明

$$MC+\gamma\rightarrow M_{23}C_6+\gamma' \quad (4\text{-}1)$$

如果合金中有置换合金元素，则式（4-1）可以写成

$$(Ti,Mo)C+(Ni,Co,Al,Ti)\rightarrow Cr_{21}Mo_2C_6+Ni_3(Al,Ti)$$

$$MC+\gamma\rightarrow M_6C+\gamma' \quad (4\text{-}2)$$

如果合金中有置换合金元素，则式（4-2）可以写成

$$(Ti,Mo)C+(Ni,Co,Al,Ti)\rightarrow Mo_3(Ni,Co)_3C_6+Ni_3(Ti,Al) \quad (4\text{-}3)$$

4.1.10 时效

通过固溶处理和快速冷却得到过饱和固溶体，在时效热处理过程中，从过饱和固溶体中析出一个或多个强化相，强化超合金。时效热处理可以是一级或多级时效，通过时效析出适当类型、数量和大小的强化相，使合金达到合理的强度和塑性等力学性能。

在镍基合金的时效工艺中，典型的析出强化相是γ'［$Ni_3(Al,Ti)$］相或γ″(Ni_3Nb）相。在有些铁基超合金中，强化相是η(Ni_3Ti）相。含大量钼和铬的合金可以析出长程有序的析出强化相。

对于Inconel 718合金来说，通过时效热处理，析出γ'［$Ni_3(Al,Ti)$］和γ″(Ni_3Nb）两种强化相。通过对时效工艺的优化，以确保析出相粒子在整个材料基体中以细小弥散状分布，使合金得到均匀的和最佳的力学性能。Jackson和Reed对Udimet 720LI合金的时效进行了研究，发现析出的二元和三元γ'相粒子直径为15~50nm。从固溶温度开始的初始冷却速率也可能对析出相粒子的直径产生影响。Vaunois等人的研究表明，固溶温度对细小γ'相的直径有影响。他们的研究表明，提高固溶加热温度，会导致析出相直径增大。人们认为这可能是由于初生γ'相的溶解，因此，固溶于基体中的钛和铝元素可在时效时形成析出的γ'相粒子。

Deveaux等人的研究表明，随着时效时间的增加，通过体积扩散，盘状γ″相的尺寸增大。随时效时间的增加，析出相的长大速率提高，如图4-28所示。图4-29表明，当时效粒子的等效直径超过50nm时，将与基体失去共格。大粒子的强化效果减弱，从而导致合金出现过时效。

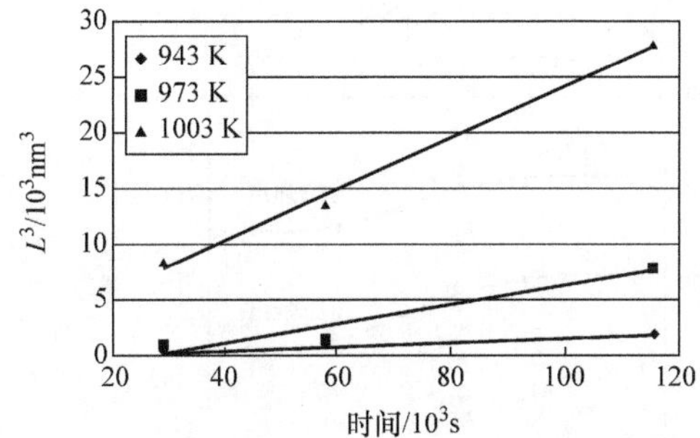

图 4-28 盘状 γ″相等效直径（L）与时效时间的关系

高钼和铬含量的镍基合金，如 Haynes 242 合金，析出长程有序的 Ni_2(Mo，Cr）相。在 Hastelloy C、Hastelloy C276、Hastelloy C4 和 Hastelloy S 合金中，也确定析出了该长程有序相。该长程有序相为体心正方晶体结构，形貌为盘状。Mukherjee 等人的研究表明，Inconel 625 合金的 γ 基体与长程有序相 Ni_2(Mo，Cr）共格，但具有一定的晶格错配度，从而提高了合金的性能。Rothman 等人的研究表明，Haynes 242 合金的时效温度为 650℃（1200℉）。Fahrmann 和 Crum 的研究表明，在 450～500℃（842～932℉）时效，在 Inconel 686 合金中也发现了长程有序相 Ni_2(Mo，Cr)。

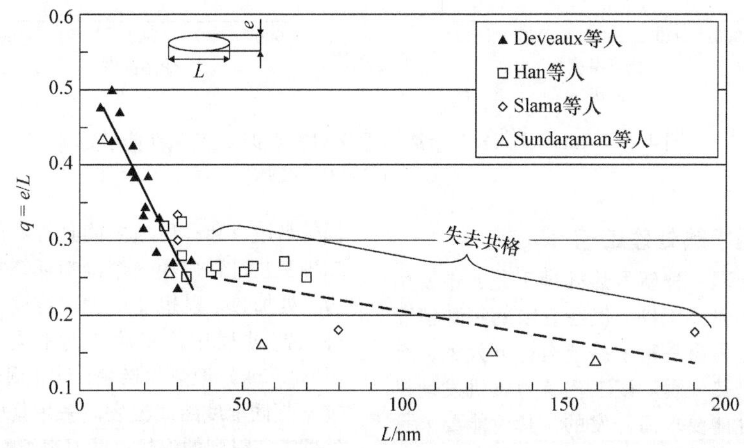

图 4-29 Inconel 718 合金在 γ″析出相粒子等效直径大于 50nm 时失去共格
q—长宽比 e—盘状粒子厚度 L—盘状粒子的平均等效直径

必须认真地选择时效温度。根据以上的研究结果，在长程有序相形成以上温度和固溶温度以下保温，高钼-镍基合金会析出 μ 相。如果合金析出该相，则其强度和塑性会明显降低。此外，如果在晶界处析出该相，合金会产生致敏化，在腐蚀环境中易受到晶间腐蚀。

Waspaloy、René 41 和 Nimonic PK33 等 γ′相强化合金的时效工艺通常是在 760℃（1400℉）保温 16h。

对于 γ″相强化合金（如 Inconel 718 合金），可以采用两级时效工艺，时效工艺是在 720℃（1325℉）时效 8h，炉冷到 621℃（1150℉）保温 8h，然后空冷。

如果 Inconel 718 合金用于腐蚀环境，可选择另一种时效工艺：在 760℃（1400℉）时效 8h，炉冷至 649℃（1200℉）保温 8h，然后空冷。

4.1.11 直接时效工艺

与传统的标准固溶和时效工艺相比，对 Inconel 718 合金采用直接时效工艺，可以进一步提高其强度。Inconel 718 合金的锻造温度在固溶温度范围内，在锻造工序结束后，通过淬火或强制空气冷却，使锻件迅速冷却，使合金基体保持过饱和，并保留部分锻造应变。然后对合金锻件采用标准的两级时效工艺，即在 720℃（1325℉）时效后冷却到 621℃（1150℉）保温时效，析出 γ″相和 γ′相。

与 Inconel 718 合金的标准固溶和时效工艺相比，经直接时效处理合金的拉伸性能明显得到了提高。其原因是由于直接时效工艺保留了部分锻造应变。与许多 γ′相强化合金相比，Inconel 718 合金通过降低析出动力学，实现了这一时效过程。

Jin 等人的研究表明，Inconel 718 合金通过直接时效工艺所得到的强度与锻件的终锻温度有关，如图 4-30 所示。如果终锻温度过低，强化合金元素（Inconel 718 合金中的铌）可能析出 δ 相，而不析出 γ″相。其结果是导致 γ″相的体积分数偏低，合金无法充分达到其最高强度。

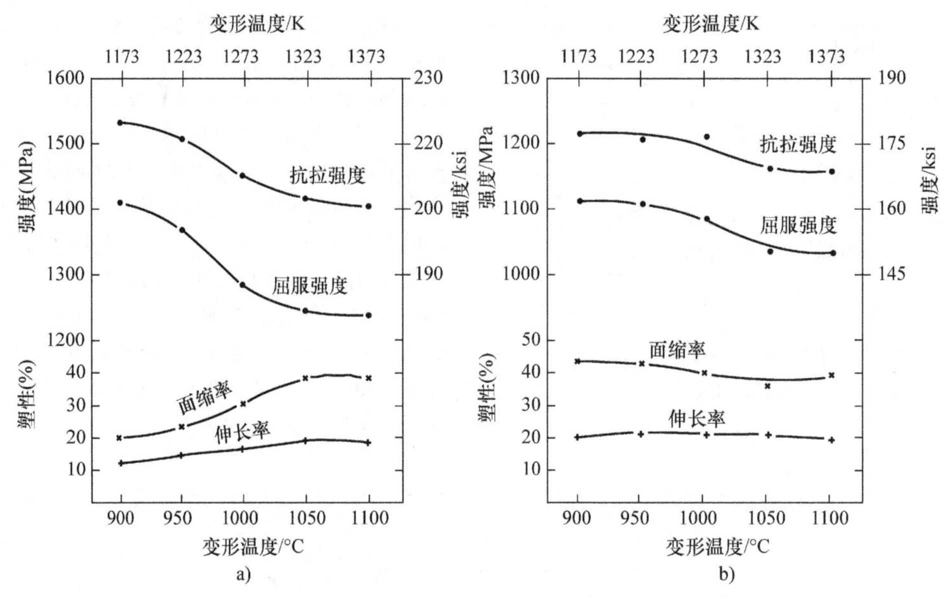

图 4-30 Inconel 718 合金终锻温度对直接时效工艺性能的影响

a）室温 b）650℃（923K）

4.1.12 双相组织热处理工艺

双相组织热处理一种新型热处理工艺，主要用于高级镍基合金涡轮盘工件，仅在有限的特殊情况下应用。该工艺是为镍基粉末冶金合金开发的，有时也被称为差异型热处理。该工艺是为飞机发动机中涡轮盘的特殊性能要求而开发的，其性能要求是在圆盘的边缘和孔区域具有不同的性能。涡轮盘的边缘比孔处的温度更高（因为它与发动机的高温气体更接近）。在涡轮盘的边缘，要求有良好的高温蠕变强度和抗疲劳裂纹扩展性能。虽然孔区域工作温度较低，但此处承受的应力更高，因此，该区域的性能要求是高的抗拉强度和低周疲劳强度。这意味着对涡轮盘组织的要求为，在边缘处比在孔区域具有更大的晶粒尺寸。采用传统工艺生产制造涡轮盘是折中考虑边缘处和孔区域的性能要求。最近开发的镍基合金有 R88DT、N18、RR1000 和 ME3 合金，它们含有更多的强化合金元素（铝和钛）并具有更高的高温性能，使得开发新型特殊热处理工艺成为可能。采用该新型特殊热处理工艺和新型镍基合金，涡轮盘能获得更优化的力学性能。

双相组织热处理已有几种公开推荐的工艺。所有工艺都遵循相同的原理，即为了使涡轮盘边缘得到较粗的晶粒，应保证涡轮盘边缘的加热温度高于γ′相固溶度曲线温度；同时为了保证孔区域得到细小的晶粒，要求保持孔区域温度低于γ′相固溶度曲线温度。下面简要介绍三种推荐的工艺。在第一种工艺过程中，采用感应加热系统加热涡轮盘，以使涡轮盘边缘和孔区域之间具有不同的加热温度。第二种工艺过程采用一个冷却环绕在涡轮盘孔内，将边缘处加热，以超过γ′相固溶度曲线温度。在第三种工艺过程中，使涡轮盘孔与相对较大的热沉（Heat Sink）散热片接触，防止涡轮盘孔处被加热超过γ′相固溶度曲线温度。采用其中一种双相组织热处理工艺得到的涡轮盘截面组织如图 4-31 所示。

在高于γ′相固溶度曲线温度进行热处理，称为超固溶度曲线热处理，通常会导致晶粒尺寸不均匀长大，因此，很难通过试验重现超固溶度曲线热处理的组织。热处理温度接近，但低于γ′相固溶度曲线温度得到的组织，可以得到均匀的晶粒尺寸，并且试验中可以再重现。

普惠发动机公司采用双相组织热处理工艺，为美国空军 F-22“猛禽”战斗机的 F119 发动机生产了具有双相组织的涡轮盘。该工艺采用感应加热方法，选择性地将涡轮盘外缘加热到高温，使晶粒变粗。直到 2016 年，该生产工艺一直被人们所使用。美国国家航空航天管理局（NASA）的 Glenn 研究中心针对 ME3（René 104）合金等温锻件，开发了双相组织热处理工艺。该工艺采用热式质量流量计和隔热块，使涡轮盘孔区域的加热速率较慢，而边缘处的加热速率较快。采用该工艺在涡轮盘孔区域得到了细小的晶粒尺寸（ASTM 14；3μm），在盘辐区域得到了过渡的晶粒尺寸（ASTM 12；6μm），在盘边缘区域则得到了较粗的晶粒（ASTM 6～7；45～32μm）。

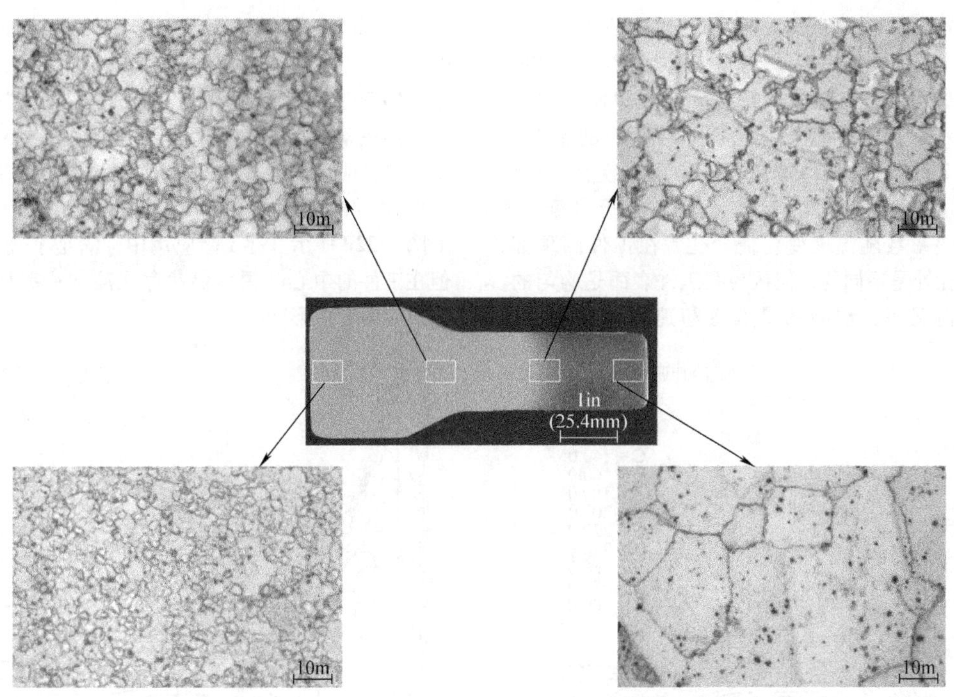

图 4-31 双相组织热处理锻件不同部位的晶粒尺寸变化

注：资料来自美国国家航空航天管理局。

劳斯莱斯航空发动机和 ATI Ladish 公司针对 RR1000 合金，开发出了一种试验工艺过程。采用该工艺可使工件得到有益的双相组织，即在涡轮盘锻件中心毂区域得到细小的晶粒，而在外缘得到较粗的晶粒。该工艺技术需要进行大量复杂的热模拟和微观组织建模，但在实际生产中是切实可行的。该工艺要求在 RR1000 合金涡轮盘等温锻件的关键部位放置绝热材料块，而其他区域不放置。将涡轮盘和绝热材料块装载在标准的工业热处理炉中，并将其加热到 γ′相固溶度曲线以上温度，在没有放置绝热材料块的部位晶粒发生粗化。在进行了适当的保温，将绝热材料块组件移除后，使用标准冷却工艺进行冷却。

4.1.13 热处理建模

在过去的几十年里，人们越来越多地利用计算机建模，来研究合金元素对合金最终性能的影响，以及工艺处理过程对工件性能和残余应力的影响。通常采用计算机模拟热处理过程，可预测飞机发动机部件的冷却速度、力学性能、残余应力以及随后的加工变形。有关这方面的内容请参阅 2010 年出版的 ASM 手册，22B，《金属过程模拟》中的“淬火、残余应力和淬火裂纹的建模”和“航空部件中残余应力和加工变形的建模”部分。

传统热处理是基于经验和试错法，自从有限元方法被用于研究淬火过程，人们便可用更科学的方法来量化冷却速率和淬火效果。例如，使用了逆推法和直接法技术。逆推法采用瞬态温度测量方法，测量工件内部适当位置的温度，来估计表面的热通量和/或代表淬火冷却介质特性的传热系数。直接法采用估计的表面热流作为边界条件，对传热和热应力/位移进行分析。

这里介绍了通过建模选择合适热处理工艺的方法。通过改变淬火方法，对镍基合金锻件的冷却速率和残余应力分布进行分析和调整。对水冷、油冷和风冷，以及工件在不同冷却条件下的条件进行了对比。为方便研究和保证工件最终满足特定的力学性能要求，要求最低冷却速率为 56℃/min（100℉/min）。

在第一个模型中，假设涡轮盘工件从固溶温度采用水淬火，根据模型预测的最低冷却速率为 97.7℃/min（175.9℉/min）（图 4-32a）。可以看到，在整个工件的不同部位冷却速率有很大的不同，大部分表面的冷却速率约为 280℃/min（500℉/min）。这种冷却速率梯度很可能导致产生高的残余应力，因此在热处理和后续加工过程中，会增加变形的风险。

采用模型对不同淬火方法进行分析预测。图 4-32b所示为采用模型对涡轮盘油冷的冷却速率进行的预测。可以看出，最低冷却速率已降至 73.7℃/

min（132.7℉/min），且大部分表面的冷却速率约为220℃/min（396℉/min）。因此，淬火达到了理想的最小冷却速率，但仍然存在显著的冷却速率梯度。接下来考虑风冷的情况。在第一种风冷的情况中（图4-32c），假设工件被放在简易风冷装置中，空气通过顶部和底部管道流出，对工件进行风冷。各处的传热系数随温度变化而变化，在工件的顶部、底部和孔处是不同的，但认为在工件表面是均匀的。在这种情况下，预测的最低冷却速率为38℃/min（68℉/min），远低于56℃/min（100℉/min）的目标。因此，考虑采用一个更复杂的风冷系统。在该系统的管道和喷嘴周边的表面上，各处的空气流通以及传热系数是变化的。在第一个模型中，将这种冷却技术应用于锻造，经过几次对流量分布迭代后，得到预计最低冷却速率为55℃/min（99℉/min），如图4-32d所示。在实际应用中，满足了最低要求，但在工件的中心－顶部仍然存在冷却速率梯度，会造成应力和变形问题。

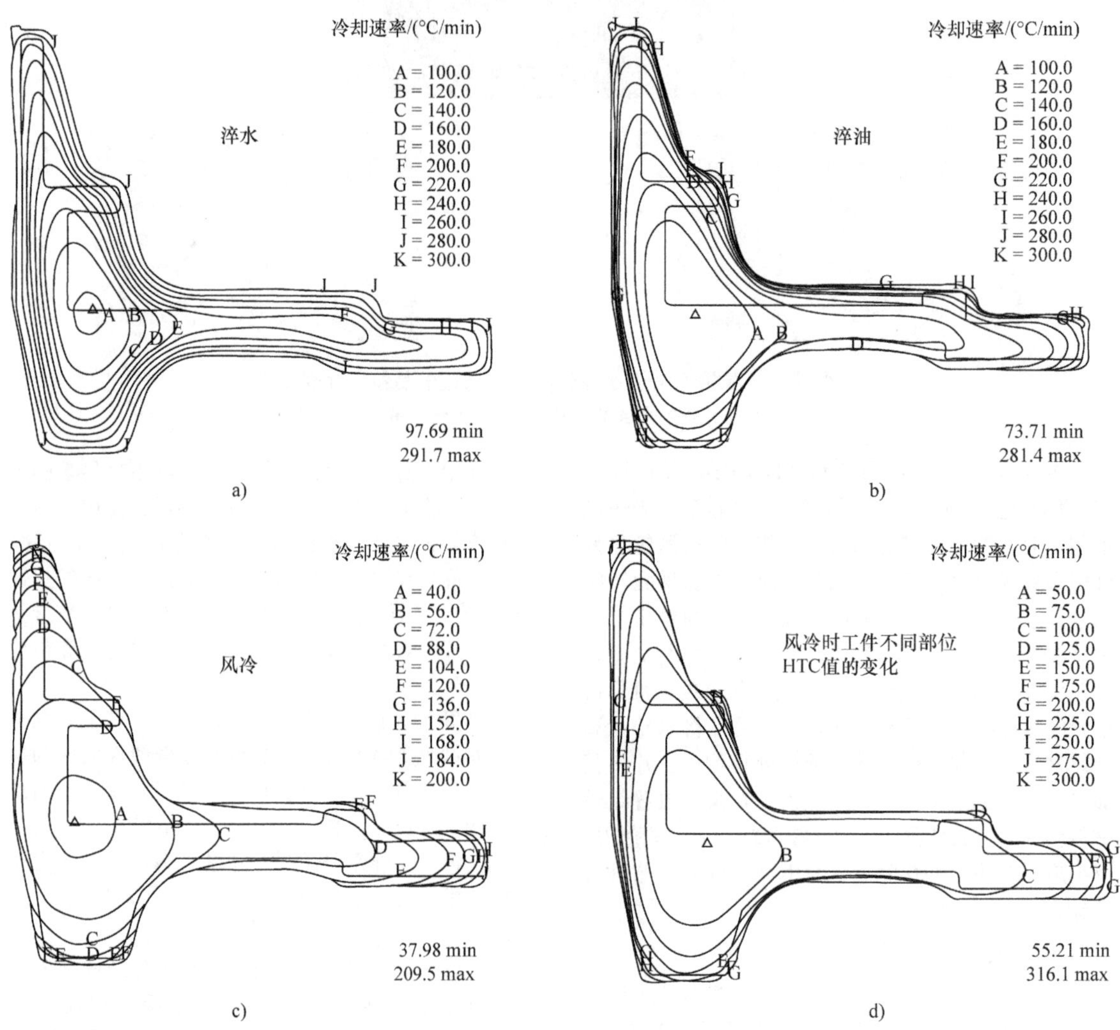

图4-32 预测不同冷却条件下锻件的冷却速率

HTC—传热系数

最后一种方法是将预热处理锻件加工至接近最终工件的形状，并改变工件周围的传热系数，以获得整个工件中相对均匀的冷却速率。图4-33所示为热处理前加工的工件形状，以及所选择的最后传热系数变化。这种变化是在试错法的基础上确定的，最终选择的传热系数为0.5x～2.5x，其中“x”是传热系数基础级别（值得注意的是，还采用优化程序来确定工件周边传热系数的最佳变化）。采用该传热系数产品的预测冷却速率如图 4-34 所示。该冷却速率达到了 56℃/min（100℉/min）的目标，并显著降低了整个工件中的冷却速率梯度。

图 4-35a 所示为涡轮盘淬水加时效的残余应力分布环。在涡轮盘的表层存在相对较高的残余压应力，且与心部的拉应力达到平衡。采用油淬火的涡轮盘的残余应力分布略有不同，但大小相似，如图 4-35b 所示。采用不同流量风冷的锻件表面，显著降低了应力水平，如图 4-35c。但在工件最厚的部分，大量的材料将会被机加工去除掉，该问题也应加以考虑。对预热处理加工后锻件的传热系数进行优化，应力显著降低，如图 4-35d 所示。最大残余拉应力和压应力分别为 39MPa（6ksi）和 154MPa（22ksi），而水淬则分别为 628（91ksi）和 572MPa（83ksi）。

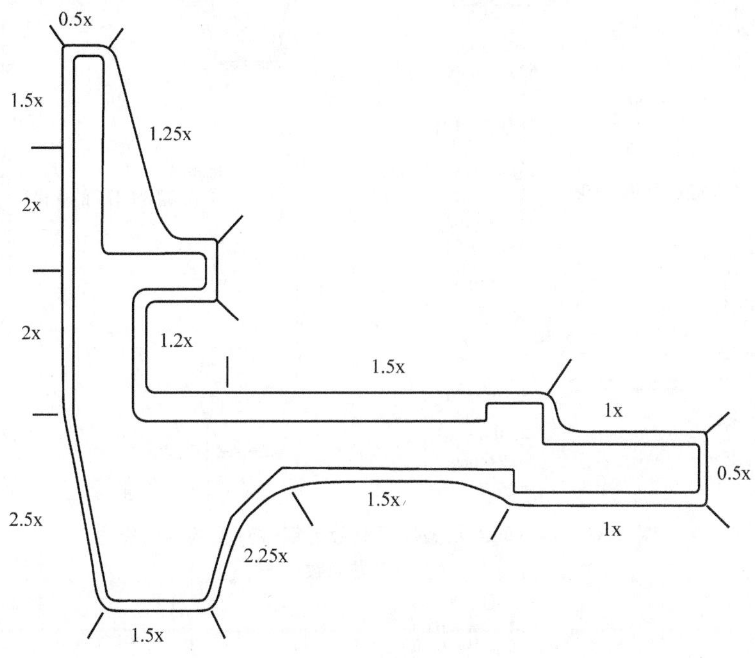

图 4-33　假设工件各处的传热系数分布

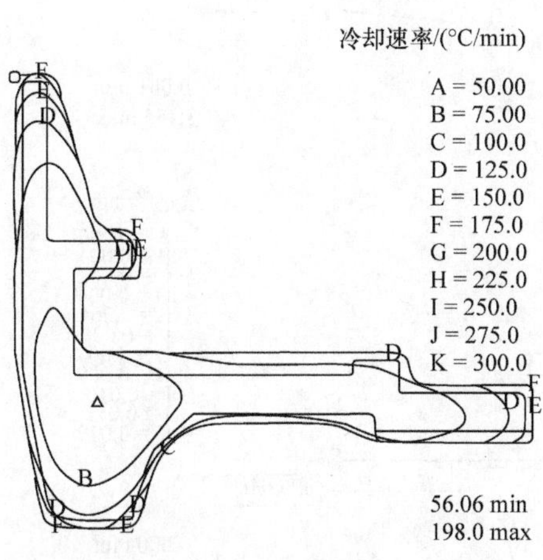

图 4-34　用冷却分布预测冷却速率

利用时效后的应力分布，可以确定机加工后工件的变形。采用了简化的机加工模型，即假设全部要去除的材料都是一次切削掉的（而不是根据加工工序，分层切削掉）。图 4-36a 所示为对水淬变形的预测（放大 20 倍）。可以看到，预测工件边缘的变形为 1.9mm（0.075in）。图 4-36b 所示为对油淬变形的预测，变形减小到 1.2 mm（0.05in）。采用风冷可以进一步显著减少变形。在锻态采用风冷的情况下，变形减小到 0.3mm（0.012in），如图 4-36c 所示。然而，当锻件经过热处理，且通过工件周围冷却条件的变化，变形减小到 0.01mm（0.0004in），如图 4-36d 所示。

表 4-12 总结了冷却方法对冷却速率、残余应力和变形的影响。以上例子清楚地表明，采用相对复杂的冷却设备，通过计算机模拟，确定涡轮盘周围冷却条件的变化，可以将从锻件到最终工件的加工变形降低到非常低的水平。

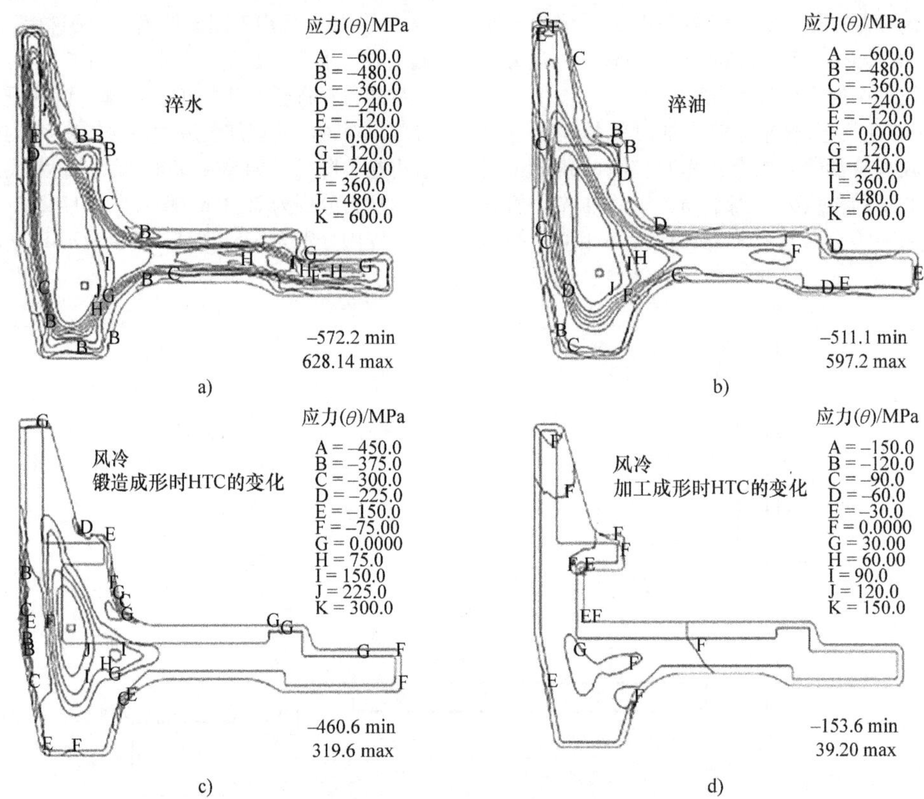

图 4-35 在不同冷却条件下时效后锻件预测的周向应力

HTC—传热系数

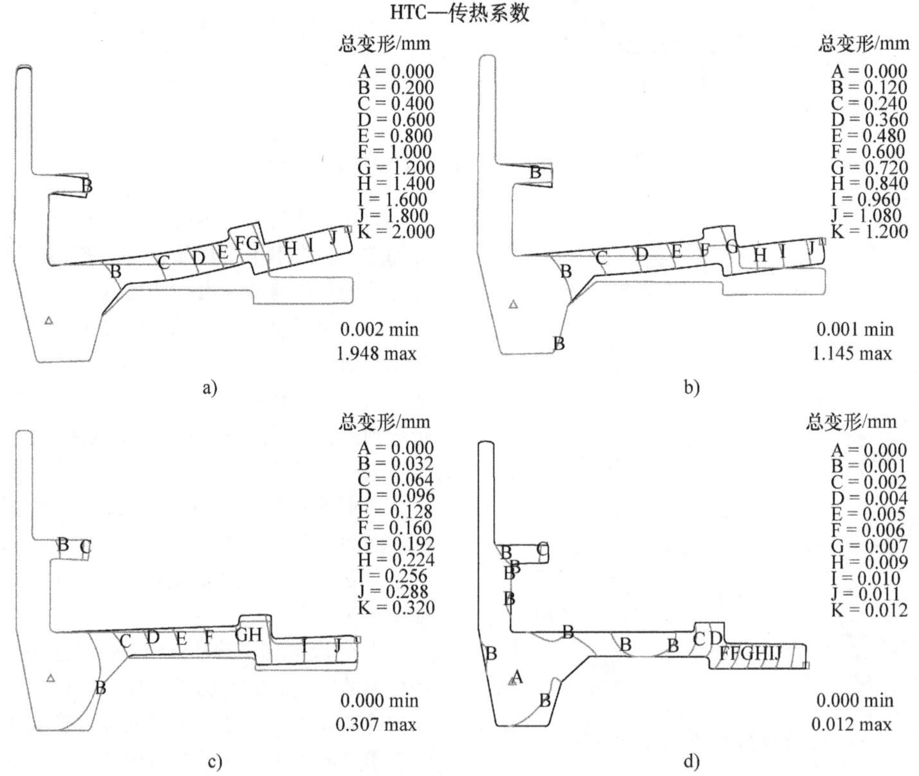

图 4-36 预测不同冷却条件下加工后的变形

HTC—传热系数

表 4-12　不同冷却方法的冷却速率、残余应力和变形的对比

固溶工艺的冷却方法	成形方法	最小冷却速率 982～760℃（1800～1400℉）		固溶处理后的残余应力（环向应力）		时效处理后的残余应力（环向应力）		机加工后的变形	
		℃/min	℉/min	MPa	ksi	MPa	ksi	mm	in
水冷	锻造成形	98	176	-869/-917	-126/-133	-572/-628	-83/-91	1.95	0.08
油冷	锻造成形	74	133	-689/-848	-100/-123	-511/-597	-74/-87	1.15	0.05
普通风冷	锻造成形	38①	68①	—	—	—	—	—	—
风速变化的风冷	锻造成形	55	99	-517/-338	-75/-49	-461/-320	-67/-46	0.31	0.01
风速变化的风冷	机加工成形	56	100	-154/-39	-22/-6	-154/-39	-22/-6	0.01	0.0004

① 未达到 56℃/min（100℉/min）冷却速率的要求。

致谢

本节的部分内容是根据 Matthew Donachie 和 John Marcin 所提供的资料改编的。作者还想感谢在本节撰写过程中，Steve Lampman 的耐心帮助，他的建议和提供的资料对改进本节内容有非常大的帮助。

参考文献

1. G. Sorell, Corrosion-Resistant Nickel Alloys, *Chem. Process. Mag.*, Nov 1997
2. G. Sorell, "Corrosion- and Heat-Resistant Nickel Alloys—Guidelines for Selection and Application," NiDI Technical Series 10086, Nickel Development Institute
3. "Guide to Corrosion Resistant Nickel Alloys," Publication H-2114B, Haynes International, Inc.
4. P. Cutler, Nickel, Nickel Everywhere, *Mater. World*, Sept 1998; also Nickel Development Institute Reprint Series 14048
5. R.M.N. Pelloux and N.J. Grant, *Trans. Metall. Soc. AIME*, Vol 218, 1960, p 232
6. E.R. Parker, in *Relation of Properties to Microstructure*, American Society for Metals, Metals Park, Ohio, 1954
7. C.R. Brooks, *Heat Treatment, Structure and Properties of Nonferrous Alloys*, American Society for Metals, 1982
8. V.A. Phillips, *Acta Metall.*, Vol 14, 1966, p 1535
9. *Trans. Metall. Soc. AIME*, Vol 245, 1969, p 1538
10. R.G. Davies and M.S. Stoloff, *Trans. Metall. Soc. AIME*, Vol 233, 1965, p 714
11. R.W. Guard and J.H. Westbrook, *Trans. Metall. Soc. AIME*, Vol 215, 1959, p 807
12. J.W. Brook and P.J. Bridges, in *Superalloys 1988*, The Metallurgical Society, 1988, p 33–42
13. M.J. Donachie and S.J. Donachie, *Superalloys: A Technical Guide*, 2nd ed., ASM International, 2002, p 394–414
14. P. Crook, Corrosion of Nickel and Nickel-Base Alloys, *Corrosion: Materials*, Vol 13B, *ASM Handbook*, ASM International, 2005, p 228–251
15. J.C. Harkness, W.D. Spiegelberg, and W.R. Cribb, Beryllium-Copper and Other Beryllium-Containing Alloys, *Properties and Selection: Nonferrous Alloys and Special-Purpose Materials*, Vol 2, *ASM Handbook*, ASM International, 1990, p 403–427
16. A.S. Ballantyne and A. Mitchel, The Prediction of Ingot Structure in VAR/ESR Inconel 718, *Sixth International Vacuum Metal Conference* (San Diego, CA), 1979, p 599–623
17. Y. Murata, M. Morinaga, N. Yukana, and M. Kato, Solidification Structures of Inconel 718 with Micro Analysis, *Superalloys 718, 625, 706 and Derivatives*, E. Loria, Ed., TMS, 1994, p 81–88
18. W.-D. Cao, Solidification and Solid State Phase Transformations of Allvac 718Plus Alloy, *Superalloys 718, 625, 706 and Derivatives*, E. Loria, Ed., TMS, 2005, p 165
19. J.N. Dupont, Solidification of an Alloy 625 Weld Overlay, *Metall. Trans. A*, Vol 27, 1996, p 3612–3620
20. M. Durand-Charre, *The Microstructure of Superalloys*, CRC Press, 1997
21. R.C. Reed, *The Superalloys: Fundamentals and Applications*, Cambridge University Press, 2006
22. "Inconel Alloy 625 Datasheet," Special Metals Corp., www.specialmetals.com, p 11
23. "Inconel Alloy 600 Datasheet," Special Metals Corp., www.specialmetals.com. p 13
24. "Incoloy Alloy 800H and 800HT Datasheet," Special Metals Corp., www.specialmetals.com, p 11
25. W. Betteridge, *The Nimonic Alloys*, Edward Arnold, 1959, p 70
26. D.J. Tillack, *Proceedings from Materials Solutions '97 on Joining and Repair of Gas Turbine Components*, 1997, p 29–40

27. "Monel Alloy 400 Datasheet," Special Metals Corp., www.specialmetals.com
28. R. Radis, M. Schaffler, M. Albu, G. Kothleitner, P. Polt, and E. Kozeschnik, Evolution of Size and Morphology of Gamma Prime Precipitates in Udimet 720LI during Continuous Cooling, *Superalloys 2008*, R.C. Reed, K.A. Green, P. Caron, T.P. Gabb, M.G. Fahrmann, E.S. Huron, and S.A. Woodard, Ed., TMS, p 829–836
29. D. Furrer and H.-J. Fetch, γ' Formation in Superalloy U720Li, *Scr. Metall.*, Vol 40, 1999, p 1215–1220
30. D. Furrer and H.-J. Fetch, Microstructure and Mechanical Property Development in Superalloy U720Li, *Superalloys 2000*, TMS, 2000, p 415–424
31. R.C. Reed, *The Superalloys: Fundamentals and Applications*, Cambridge University Press, 2006, p 239–245
32. J.-R. Vaunois, J. Cormier, et al., Influence of Both Gamma Prime Distribution and Grain Size on the Tensile Properties of Udimet 720LI at Room Temperature, *Superalloys 718 and Derivatives*, E.A. Ott, J.R. Groh, A. Banik, I. Dempster, T. P. Gabb, R. Helmink, X. Liu, A. Mitchell, G.P. Sjoberg, and A. Wusatowska-Sarnek, Ed., TMS, 2010, p 199–213
33. N.S. Stoloff, C.T. Sims, and W.C. Hagel, Ed., *Superalloys II*, Wiley, 1987, p 114–115
34. A. Deveaux, L. Naze, R. Molins, A. Pineau, A. Organista, J.Y. Guedou, J.F. Uginet, and P. Heritier, Gamma Double Prime Precipitation Kinetic in Alloy 718, *Mater. Sci. Eng. A*, Vol 486, 2008, p 117–122
35. M. Sundararaman, L. Kumar, G.E. Prasad, P. Mukhopadhyay, and S. Banerjee, Precipitation of an Intermetallic Phase with Pt_2Mo-Type Structure in Alloy 625, *Metall. Mater. Trans. A*, Vol 30, 1999, p 41–52
36. P. Mukherjee, A. Sarkar, P. Barat, T. Jayakumar, S. Mhadevan, and S.K. Rai, Lattice Misfit Measurement in Inconel 625 by X-Ray Diffraction Technique, *Int. J. Mod. Phys. B*, Vol 22 (No. 23), 2008, p 3977–3985
37. M.F. Rothman, D.L. Klarstrom, M. Dollar, and J.F. Radavich, Structure/Property Interaction in a Long Range Order Strengthened Superalloy, *Superalloys 2000*, TMS, p 553–562
38. M.G. Fahrmann and J.R. Crum, Formation of a Pt_2Mo Type Phase in Long Term Aged Inconel Alloy 686, *Superalloys 2000*, TMS, p 813–820
39. Z. Jin, J. Jiang, and R. Zhou, The Influence of Direct Aging Treatment on the Structures and the Mechanical Properties for Inconel-718 Alloy, *High Temperature Alloys for Gas Turbines and Other Applications 1986*, Part II, W. Betz, R. Bruneyaud, D. Coutssouradis, H. Fischmeister, T.B. Gibbons, I. Kvernes, Y. Lindblom, J.B. Marriott, and D.B. Meadowcroft, Ed., D. Reidel Publishing Company, 1986, p 921–931
40. J. Gayda and D. Furrer, Dual-Micro Heat Treat, *Adv. Mater. Process.*, July 2003, p 36–39
41. J. Gayda and D. Furrer, Dual-Microstructure Heat Treatment, *Heat Treat Prog.*, Sept/Oct 2003, p 85–89
42. J. Lemsky, "Assessment of NASA Dual Microstructure Heat Treatment Method Utilizing Ladish Supercooler Cooling Technology," NASA Report NASA/CR-2005-213574, Feb 2005
43. J. Gayda, T.P. Gabb, and P.T. Kantos, The Effect of Dual Microstructure Heat Treatment on an Advanced Nickel-Base Alloy, *Superalloys 2004*, TMS, 2004, p 323–329
44. R.J. Mitchell, J.A. Lemsky, R. Ramanathan, H.Y. Li, K.M. Perkins, and L.D. Connor, Process Development and Microstructure and Mechanical Property Evaluation of a Dual Microstructure Heat Treated Advanced Nickel Disk Alloy, *Superalloys 2008*, TMS, 2008, p 347–356
45. J. Lemsky, "Dual Microstructure Heat Treatment for Advanced Turbine Engine Component," TMS/ASM Spring Symposium, May 23, 2006 (Niskayuna, NY)
46. G.F. Mathey, Method of Making Superalloy Turbine Disks Having Graded Coarse and Fine Grains, U.S. Patent 5,312,497, May 17, 1994
47. S. Ganesh and R.G. Tolbert, Differentially Heat Treated Process for the Manufacture Thereof, U.S. Patent 5,527,402, June 18, 1996
48. S. Ganesh and R.G. Tolbert, Differential Heat Treated Article and Apparatus and Process for the Manufacture Thereof, U.S. Patent 6,478,896 B1, Nov 12, 2002
49. J. Gayda, T.P. Gabb, and P.T. Kantzos, Heat Treatment Devices and Method of Operation Thereof to Produce Dual Microstructure Superalloy Disks, U.S. Patent 6,660,110 B1, Dec 9, 2003
50. B.J. McTiernan, Powder Metallurgy Superalloys, *Powder Metallurgy*, Vol 7, *ASM Handbook*, ASM International, 2015, p 682–702
51. N. Saunders, Z. Guo, A.P. Miodownik, and J.-P. Schillé, "Modelling High Temperature Mechanical Properties and Microstructure Evolution in Ni-Based Superalloys," Sente Software Ltd., 2008
52. N. Saunders, Z. Guo, A.P. Miodownik, and J.-P. Schillé, Modelling the Material Properties and Behaviour of Ni- and NiFe-Based Superalloys, *Superalloys 718, 625, 706 and Derivatives*, TMS, 2005, p 625–706
53. R.A. Wallis, Modeling of Quenching, Residual-Stress Formation, and Quench Cracking, *Metals Process Simulation*, Vol 22B, *ASM Handbook*, ASM Interna-

tional, 2010, p 547–585
54. K. Ma, R. Goetz, and S.K. Srivatsa, Modeling of Residual Stress and Machining Distortion in Aerospace Components, *Metals Process Simulation*, Vol 22B, *ASM Handbook*, ASM International, 2010, p 386–407

4.2 锻造镍基合金的热处理

镍基合金的强化方式主要有合金元素固溶强化、加工硬化和析出相强化。镍和镍基合金中主要的强化析出相是γ′（Ni_3Al）和γ″（Ni_3Nb）金属间化合物相。碳化物也可以提供有限的直接强化（如通过分散强化），或者间接地通过稳定晶界来防止过度切变进行强化。在控制锻造镍－铁基合金的组织时，δ（Ni_3Nb）和η（Ni_3Ti）相（和γ′相一起）也起到了一定的作用，其强化作用的大小，与具体合金和加工工艺有关。

本节介绍了锻造固溶强化和析出硬化镍基合金的热处理工艺，重点介绍锻造镍基合金的主要系列，如图 4-37 所示。由于锻造镍基合金的面心立方基体韧性高，具有很好的冷加工和热加工性能，因此，锻造镍基合金有多种规格形式供货。适当成分的镍基合金可以锻造、轧制成薄板及其他各种形状和规格。然而，一些高合金的镍基合金不能通过标准的铸锭冶金工艺制造，而通常需要以铸造工艺或粉末冶金工艺生产制造，尤其是γ′析出相体积分数高的镍基合金（见本章中“镍基合金的热处理和相组织”一节）。

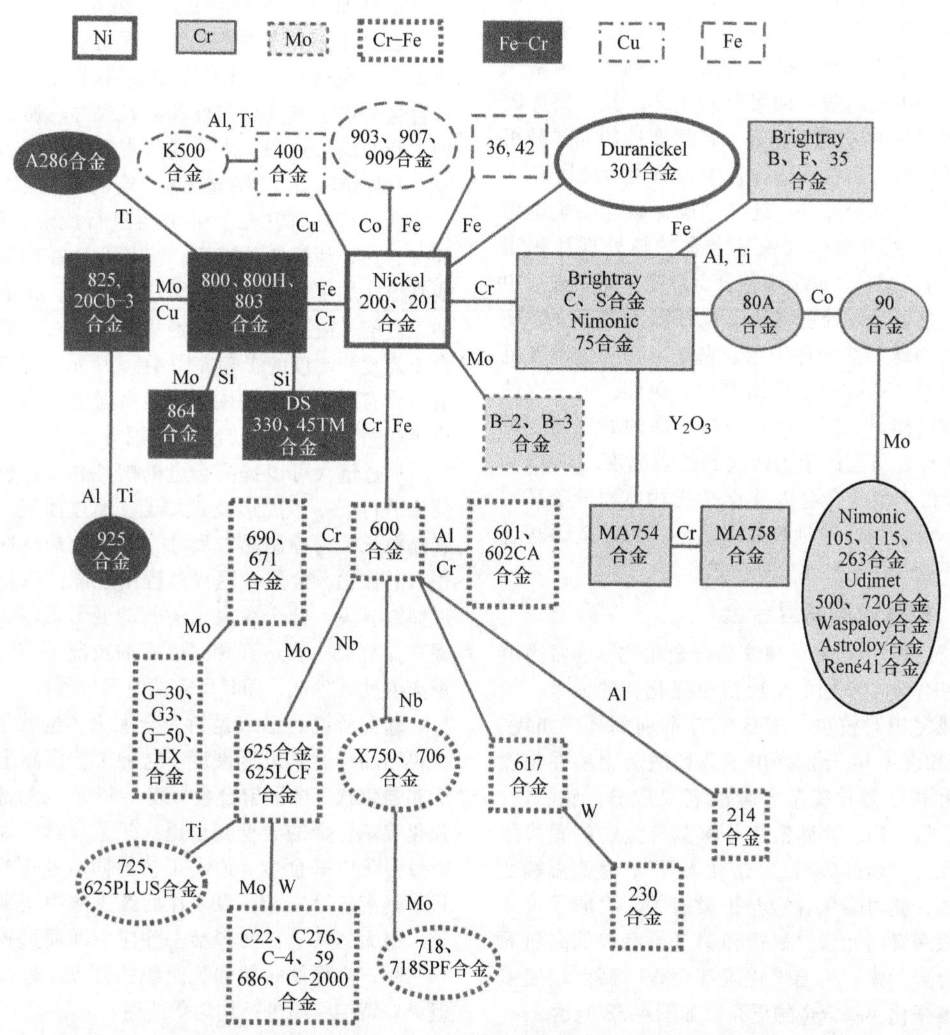

图 4-37 固溶强化和时效强化变形镍基合金系列图

在很大程度上，铸造镍基合金和锻造镍基合金的热处理有许多相似之处，但也有一些不同。现代锻造镍基合金的含碳量和含硅量低，稳定性高，可以在焊接状态下使用，晶间腐蚀风险很小。相比之下，采用大气熔炼的镍基合金铸件中碳和硅的含量要高得多，第二相在晶界析出的敏感性较大，因此，镍基合金铸件在使用前必须进行适当的退火和快速冷却淬火。

锻造镍基合金的组织变化包括回复、再结晶、晶粒长大，对合金的最终性能起着重要的作用。锻造镍基合金通常比铸造镍基合金更容易进行去除应力处理。对于不能进行时效强化的锻造镍基合金，以及在高温加热条件下性能会发生改变的锻造合金，通常需要进行去除应力处理。对超合金进行去除应力处理时经常需要综合考虑，必须考虑到最大限度地去除应力，同时必须避免对合金的高温性能和耐蚀性产生有害的影响。

锻造和铸造镍基合金的另一个区别是，锻造镍基合金通常采用多级时效处理工艺。例如，通常采用带有一个中间时效的两级时效工艺，其主要原因是除了控制γ′和γ″相析出外，还需要控制晶界处析出的碳化物形态。在锻造合金中，除要考虑所有γ′分散相的尺寸和分布外，还必须确保碳化物呈理想状态分布（见本章中“镍基合金的热处理和相组织”一节）。而对于铸造镍基合金，则不需要进行中间时效。多级时效处理方法还包括温度上下交替变化的“溜溜球”热处理工艺，它是由在一个温度范围内混合循环的时效工序组成的。例如，第一次的处理温度可能低于第二次；而第三次的处理温度相当低，有时还可能低于第四次的处理温度。在IN-100锻造粉末冶金合金以及γ′析出相体积分数高的合金中，已采用这种时效处理工艺，而铸造镍基合金通常不会采用这种热处理工艺。

4.2.1 镍基变形高温合金

与析出强化（PH）型镍基合金相比，通常固溶强化镍基合金中添加的形成析出强化相的元素，如铝、钛或铌相对较少。当然也有个别例外，如铌。表4-13和表4-14分别列出了各种锻造固溶强化镍基合金和析出强化镍基合金的名义成分。钴、铁、铬、钼、钨、钒、钛和铝都是镍基合金中的固溶强化合金元素。超过$0.6T_m$（熔化温度），是高温蠕变温度范围，此时强化合金与扩散有关。而原子尺寸大、扩散缓慢的元素，如钼和钨是最有效的高温固溶强化合金元素。析出强化镍基合金的高温蠕变强度比固溶强化镍基合金的更高，如图4-38所示。

碳在镍基合金中也有非常重要的作用，它既是一种强固溶强化合金元素，也是形成初生碳化物和二次碳化物的元素。初生碳化物（MC）在最终熔化工序中形成，通过晶内分散强化对合金强度起一定作用。在热处理加热过程中，MC型碳化物也会发生部分溶解，并以二次碳化物的形式在晶界处重新析出。在晶界处析出的二次碳化物的形态对合金的强度起着关键作用。如果在晶界处以分散的碳化物析出，能明显提高合金的蠕变强度；而如果形成连续膜状碳化物，则会降低合金的蠕变强度（见本章中“镍基合金的热处理和相组织”一节）。在极端情况下，如多晶合金中没有晶界颗粒状碳化物析出，由于晶界运动没有受到限制，将在三叉晶界处萌生裂纹，引起开裂，从而导致合金发生早期失效。

4.2.2 锻造工艺和退火

锻造工艺对合金的最终性能起着很大的作用。通过将热加工、冷加工工艺与热处理工艺相结合，可以改变合金的力学性能和微观组织。对铸锭进行热加工（在高温下开坯、锻造）和轧制，能明显改善合金的化学成分均匀性和晶粒尺寸。通过这些热加工和冷加工过程，来改变微观亚结构和组织（位错、晶界结构等），明显改善合金的微观组织。

在进行热加工后，还需要进行成形、机加工、焊接、热处理等各种工序。镍基合金在轧制、冷锻或其他冷加工过程中产生了应变强化，在下一步冷加工之前，需要进行软化退火。冷加工对部分镍基合金强度和硬度的影响如图4-39所示。通常，成品需要具有高强度和高硬度，但高强度和高硬度会造成半成品下一步的冷加工产生困难。

通过退火可以提高合金的塑性和降低硬度，以便于进行下一步成形或机加工。通过回复、再结晶和晶粒长大，控制晶粒尺寸，对合金最终性能起着很大的作用。金属在退火过程中性能的变化与冷变形储能有关。合金在退火前的冷变形量越大，在不提高晶粒尺寸和达到相同硬度的情况下，所要求的退火温度就越低，而且所需的时间也越短。

通常所说的退火是指完全退火，也就是说，完全再结晶和达到最低硬度。这种工艺实际上只适用于非强化状态的锻造合金。表4-15所列为部分固溶强化镍基合金的典型完全退火工艺。对于大多数可时效强化镍基合金，退火工艺与固溶处理相同，其目的是溶解第二相，以便在后续工序中实现析出强化。退火的其他目的包括去除应力和通过重新固溶第二相，来降低时效强化组织的硬度。也可以采用退火对铸锭组织进行均匀化处理。

表 4-13 固溶强化锻造镍基合金的名义成分（质量分数,%）

合金		UNS No.	Ni	Cr	Fe	Co	Mo	W	Nb	Ti	Al	C	Mn	Si	Cu	其他[①]
工业纯镍和低合金镍基合金	Nickel 200	N02200	99.0 (min)	—	0.40 (max)	—	—	—	—	—	—	0.15 (max)	0.35 (max)	0.35 (max)	0.25 (max)	—
	Nickel 201	N02201	99.0 (min)	—	0.40 (max)	—	—	—	—	—	—	0.02 (max)	0.35 (max)	0.35 (max)	0.25 (max)	—
	Nickel 205	N02205	99.0 (min)[②]	—	0.20 (max)	—	—	—	—	0.01 ~ 0.05	—	0.15 (max)	0.35 (max)	0.15 (max)	0.15 (max)	0.001 ~ 0.08 Mg
	Nickel 211	N02211	93.7 (min)[②]	—	0.75 (max)	—	—	—	—	—	—	0.20 (max)	4.25 ~ 5.25	0.15 (max)	0.25 (max)	—
	Nickel 212	—	97.0 (min)	—	0.25 (max)	—	—	—	—	—	—	0.10 (max)	1.5 ~ 2.5	0.20 (max)	0.20 (max)	0.20 Mg
	Nickel 222	—	99.0 (min)[②]	—	0.10 (max)	—	—	—	—	0.005 (max)	—	—	0.30 (max)	0.10 (max)	0.10 (max)	0.01 ~ 0.10 Mg
	Nickel 270	N02270	99.9 (min)	—	0.05 (max)	—	—	—	—	0.005 (max)	—	0.02 (max)	0.003 (max)	0.005 (max)	0.01 (max)	0.005 Mg
	Nickel 290	N02290	余量 = 平衡元素	—	0.015 (max)	—	—	—	—	—	0.001 (max)	0.006 (max)	0.001 (max)	0.001 (max)	0.02 (max)	0.001 Mg
镍 - 铜系合金	Alloy 400	N04400	63.0 (min)[②]	—	2.5 (max)	—	—	—	—	—	—	0.3 (max)	0.20 (max)	0.5 (max)	28.0 ~ 34.0	—
	Alloy 401	N04401	40.0 ~ 45.0[②]	—	0.75 (max)	—	—	—	—	—	—	0.10 (max)	2.25 (max)	0.25 (max)	余量	—
	Alloy 404	N04404	52.0 ~ 57.0	—	0.50 (max)	—	—	—	—	—	—	0.15 (max)	0.10 (max)	0.10 (max)	余量	—
	Alloy R - 405	N04405	63.0 (min)[②]	—	2.5 (max)	—	—	—	—	—	—	0.3 (max)	2.0 (max)	0.5 (max)	28.0 ~ 34.0	—
镍 - 铬 (Fe - Mo, Co, W) 系合金	Nimonic 75	N06072	余量	20	—	—	—	—	—	0.65	—	—	—	—	—	—
	Nimonic 86	—	余量	25	—	—	10	—	—	—	—	—	—	—	—	—
	Alloy 600	N06600	72.0 (min)[②]	14.0 ~ 17.0	6.0 ~ 10.0	—	—	—	—	—	—	0.15	1.0	0.5	0.5 Cu	—

（续）

合金		UNS No.	Ni	Cr	Fe	Co	Mo	W	Nb	Ti	Al	C	Mn	Si	Cu	其他[①]
镍-铬（Fe-Mo，Co，W）系合金	Alloy 601	N06601	58.0 ~ 63.0	21.0 ~ 25.0	余量	—	—	—	—	—	1.0 ~ 1.7	0.10	1.0	0.50	1.0 Cu	—
	Alloy 617	N06617	44.5 (min)	20.0 ~ 24.0	3.0	10.0 ~ 15.0	8.0 ~ 10.0	—	—	0.6	0.8 ~ 1.5	0.05 ~ 0.15	1.0	1.0	0.5 Cu	—
	Alloy 625	N06625	58.0 (min)	20.0 ~ 23.0	5.0	1.0	8.0 ~ 10.0	—	3.15 ~ 4.15	0.40	0.40	0.10	0.50	0.50	—	—
	RA333	N06333	44.0 ~ 47.0	24.0 ~ 27.0	余量	2.5 ~ 4.0	—	2.5 ~ 4.0	—	—	—	—	2.00 (max)	0.75 ~ 1.50	—	—
	Alloy 690	N06690	58.0 (min)	27.0 ~ 31.0	7.0 ~ 11.0	—	—	—	—	—	—	0.05	0.50	0.50	0.50	—
	HR11N	N06811	38.0 ~ 46.0	27.0 ~ 31.0	余量	—	0.5 ~ 1.5	—	—	—	—	—	—	—	—	0.10 ~ 0.20 N
	Alloy 230	N06230	余量	22.0	3.0 (max)	5.0 (max)	2.0	14.0	—	—	—	0.10	—	0.50	—	0.005 ~ 0.05 La
铁-镍-铬（-钼）系合金	Alloy 800	N08800	30.0 ~ 35.0	19.0 ~ 23.0	39.5 (min)	—	—	—	—	0.15 ~ 0.60	0.15 ~ 0.60	0.10	1.5	1.0	—	—
	Alloy 800HT	N08811	30.0 ~ 35.0	19.0 ~ 23.0	39.5 (min)	—	—	—	—	0.15 ~ 0.60	0.15 ~ 0.60	0.06 ~ 0.10	1.5	1.0	—	0.895 ~ 1.20
	Alloy 825	N08825	38.0 ~ 46.0	19.5 ~ 23.5	22.0 (min)	—	2.5 ~ 3.5	—	—	0.6 ~ 1.2	0.2	0.05	1.0	0.5	—	—
	20Cb3	N08020	32.0 ~ 38.0	19.0 ~ 21.0	余量	—	2.0 ~ 3.0	—	1.0	—	—	0.07	2.0	1.0	3.0 ~ 4.0	—
	HR-120	N08012	35.0 ~ 39.0	23.0 ~ 27.0	—	3.0 (max)	—	2.5 (max)	0.4 ~ 0.9	—	—	0.02 ~ 0.10	—	—	—	—
	Alloy B	N10001	余量	1.0	6.0	2.5 (max)	26.0 ~ 33.0	—	—	—	—	0.05 (max)	1.0	1.0	—	0.60 V
	Alloy B2	N10665	余量	1.0	2.0 (max)	1.0 (max)	26.0 ~ 30.0	—	—	—	—	0.02 (max)	1.0	0.10	—	—
	Alloy B3	N10675	65.0	1.0 ~ 3.0	1.0 ~ 3.0	3.0	27.0 ~ 32.0	3.0	0.20	0.20	0.50	0.01	3.0	0.10	—	0.20 Ta

	Alloy C	N10002	余量	14.5 ~ 16.50	4.0 ~ 7.0	2.5	15.0 ~ 17.0	3.0 ~ 4.5	—	—	—	0.15 (max)	1.0	1.0	—	0.35 V
	Alloy C4	N06455	余量	14.0 ~ 18.0	3.0	2.0	14.0 ~ 17.0	—	—	0.70	—	0.015 (max)	1.0	0.08	—	—
	Alloy C22	N06022	余量	20.0 ~ 22.5	2.0 ~ 6.0	2.5	12.5 ~ 14.5	2.5 ~ 3.5	—	—	—	0.015	0.5	0.08	—	0.35 V
	Alloy C2000	N06200	余量	23	—	—	16	—	—	—	—	0.010 (max)	—	—	1.6	—
	Alloy C276	N10276	余量	14.5 ~ 16.50	4.0 ~ 7.0	2.5	15.0 ~ 17.0	3.0 ~ 4.5	—	—	—	0.02 (max)	1.0	0.08	—	0.35 V
	Alloy G	N06007	余量	21.0 ~ 23.5	18.0 ~ 21.0	2.5	5.5 ~ 7.5	1.0	1.75 ~ 2.5	—	—	0.05 (max)	1.0 ~ 2.0	1.0	—	—
镍-钼(Ni-Mo-Cr-Fe)系合金	Alloy G2	N06975	47.0 ~ 52.0	23.0 ~ 26.0	余量	—	5.0 ~ 7.0	—	—	0.70 ~ 1.5	—	0.03 (max)	1.0	1.0	—	0.70 ~ 1.20 Cu
	Alloy G3	N06985	余量	21.0 ~ 23.5	18.0 ~ 21.0	5.0	6.0 ~ 8.0	1.5	—	—	—	0.015 (max)	1.0	1.0	—	1.5 ~ 2.5 Cu, 0.50 Nb + Ta
	Alloy G30	N06030	余量	28.0 ~ 31.5	13.0 ~ 17.0	5.0	4.0 ~ 6.0	1.5 ~ 4.0	0.3 ~ 1.5	—	—	0.03 (max)	1.5	0.8	—	1.0 ~ 2.4 Cu
	Alloy N	N10003	余量	6.0 ~ 8.0	5.0	0.2	15.0 ~ 18.0	0.5	—	—	—	0.04 ~ 0.08	1.0	1.0	—	0.50 V, 0.35 Cu
	Alloy S	—	余量	15.5	1.0	—	14.5	—	—	—	—	0.02 (max)	0.5	—	—	—
	Alloy W	—	63	5.0	6.0	2.5 (max)	24.0	—	—	—	—	—	—	—	—	—
	Alloy X	N06002	余量	20.5 ~ 23.0	17.0 ~ 20.0	0.50 ~ 2.50	9.0	0.20 ~ 1.00	—	—	—	0.05 ~ 0.15	—	—	—	—
	Allcorr	N06110	余量	27.0 ~ 33.0	—	12.0 (max)	8.0 ~ 12.0	4.0 (max)	2.0 (max)	1.5 (max)	1.5 (max)	0.15 (max)	—	—	—	—
镍-钴-铬系合金	HR-160	N12160	37	28	2	29	—	—	—	0.45	—	2.75	—	—	—	—

注：1. 除标注有最大值或最小值外，其余单一数值为名义成分数值。

2. max—最大值；min—最小值。

① 除标注为成分范围外，其余为最大值。

② 镍加钴含量。

表 4-14 时效强化锻造镍基合金的名义成分

合金		UNS No.	成分（质量分数,%）										
			Cr	Ni	Co	Mo	W	Nb	Ti	Al	Fe	C	其他
高镍和耐腐蚀析出硬化镍基合金	Duranickel 301	N03301	—	余量	—	—	—	—	0.5 Ti	4.5 Al	—	—	—
	Alloy K-500	N05500	—	余量	—	—	—	—	0.6 Ti	2.7 Al	2 Fe	—	30 Cu, 1.5 Mn
	80A	N07080	19.5	余量	—	2①	—	—	2.3	1.4	3①	0.1①	1 Mn①, 1 Si①, 0.2 Cu①
	C-22HS	—	21	61	17	—	1①	—	—	0.5①	2①	—	—
	242	N10242	8	65	25	1①	—	—	—	0.5①	2①	0.03①	0.8 Mn①, 0.8 Si①, 0.5 Cu①
	263	N07263	20	52	6	20	—	—	2.4①	0.6①	0.7①	0.06	0.4 Mn, 0.2 Si, 0.2 Cu①
	725	N07725	21	57	8	—	—	3.5	1.5	0.35①	7.5	—	—
析出硬化锻造	Astroloy	N13017	15	56.5	15	5.25	—	—	3.5	4.4	<0.3	0.06	0.03 B, 0.06 Zr
	ATI 718Plus	N07818	18	51.7	9	2.7	1	5.4	0.7	1.45	10	0.025	0.004 B, 0.007 P
	Custom Age 625Plus	N07716	21	61	—	8	—	3.4	1.3	0.2	5	0.01	—
	D-979	N09979	—	—	—	—	—	—	—	—	—	—	—
	Haynes 242	—	8	62.5	2.5 max	25	—	—	—	0.5 max	2.0 max	0.03 max	0.006 B max
	Inconel 100②	N13100	10	60	15	3	—	—	4.7	5.5	<0.6	0.15	1.0 V, 0.06 Zr, 0.015 B
	Inconel 102②	N06102	15	67	—	2.9	3	2.9	0.5	0.5	7	0.06	0.005 B, 0.02 Mg, 0.03 Zr
	Incoloy 901	N09901	12.5	42.5	—	6	—	—	2.7	—	36.2	0.10 max	—
	Incoloy 909	N19909	1.0 max	35.0 ~ 40.0	12.0 ~ 16.0	—	—	4.3 ~ 5.2	1.3 ~ 1.8	0.15 max	余量	0.06 max	0.012 B max, 0.5 Cu max, 1.0 Mn max, 0.015 P max, 0.015 S max, 0.25 ~ 0.50 Si
	Inconel 702	N07702	15.5	79.5	—	—	—	—	0.6	3.2	1	0.05	0.5 Mn, 0.2 Cu, 0.4 Si
	Inconel 706	N09706	16	41.5	—	—	—	—	1.75	0.2	37.5	0.03	2.9 (Nb+Ta), 0.15 Cu max
	Inconel 718	N07718	19	52.5	—	3	—	5.1	0.9	0.5	18.5	0.08 max	0.15 Cu max
	Inconel 721②	N07721	16	71	—	—	—	—	3	—	6.5	0.04	2.2 Mn, 0.1 Cu
	Inconel 722②	N07722	15.5	75	—	—	—	—	2.4	0.7	7	0.04	0.5 Mn, 0.2 Cu, 0.4 Si
	Inconel 725	N07725	21	57	—	8	—	3.5	1.5	0.35 max	9	0.03 max	—
	Inconel 740H	N07740	25.5	43.0	22	2	—	2.5	2.5 max	2.0 max	3	0.08 max	—
	Inconel 751	N07751	15.5	72.5	—	—	—	1	2.3	1.2	7	0.05	0.25 Cu max
	Inconel X-750	N07750	15.5	73	—	—	—	1	2.5	0.7	7	0.04	0.25 Cu max
	Inconel 783	R30783	3.5	30	28	—	—	3.5	0.4	6.0 max	27	0.03 max	0.5 Cu max
	Incoloy 925	N09925	20.5	44	—	2.8	—	—	2.1	0.2	29	0.01	1.8 Cu

超合金	Incoloy 945	N09945	22.5	48	—	3.5	—	3.5	2.0	5.0	18	0.03	3.0 Cu
	Incoloy 945X	N09945	22.5	55	—	3.5	—	4.5	2.0	0.5	13	0.03	3.0 Cu
	M252②	N07252	19	56.5	10	10	—	—	2.6	1	<0.75	0.15	0.005 B
	Nimonic 80A	N07080	19.5	73	1	—	—	—	2.25	1.4	1.5	0.05	0.10 Cu max
	Nimonic 90	N07090	19.5	55.5	18	—	—	—	2.4	1.4	1.5	0.06	—
	Nimonic 95②	—	19.5	53.5	18	—	—	—	2.9	2	5.0 max	0.15 max	+B、+Zr
	Nimonic 100②	—	11.0	56.0	20.0	5.0	—	—	1.5	5.0	2.0 max	0.30 max	+B、+Zr
	Nimonic 105	—	15.0	54.0	20.0	5.0	—	—	1.2	4.7	—	0.08	0.005 B
	Nimonic 115	—	15.0	55.0	15.0	4.0	—	—	4.0	5.0	1.0	0.20	0.04 Zr
	Nimonic 263	N07263	20.0	51.0	20.0	5.9	—	—	2.1	0.45	0.7 max	0.06	—
	Pyromet 860②	—	13.0	44.0	4.0	6.0	—	—	3.0	1.0	28.9	0.05	0.01 B
	Pyromet 31	N07031	22.7	55.5	—	2.0	—	1.1	2.5	1.5	14.5	0.04	0.005 B
	Refractaloy 26	—	18.0	38.0	20.0	3.2	—	—	2.6	0.2	16.0	0.03	0.015 B
	René 41	N07041	19.0	55.0	11.0	10.0	—	—	3.1	1.5	<0.3	0.09	0.01 B
	René 95	—	14.0	61.0	8.0	3.5	3.5	3.5	2.5	3.5	<0.3	0.16	0.01 B，0.05 Zr
	René 100②	—	9.5	61.0	15.0	3.0	—	—	4.2	5.5	1.0 max	0.16	0.015 B，0.06 Zr，1.0 V
	Udimet 500②	N07500	19.0	48.0	19.0	4.0	—	—	3.0	3.0	4.0 max	0.08	0.005 B
	Udimet 520	—	19.0	57.0	12.0	6.0	1.0	—	3.0	2.0	—	0.08	0.005 B
	Udimet 630②	—	17.0	50.0	—	3.0	3.0	6.5	1.0	0.7	18.0	0.04	0.004 B
	Udimet 700②	—	15.0	53.0	18.5	5.0	—	—	3.4	4.3	<1.0	0.07	0.03 B
	Udimet 710②	—	18.0	55.0	14.8	3.0	1.5	—	5.0	2.5	—	0.07	0.01 B
	Udimet 720	—	16.0	57.0	14.8	3.0	1.3	—	5.0	2.5	—	0.015	0.015 B，0.04 Zr
	Unitemp AF2－1DA	N07012	12.0	59.0	10.0	3.0	6.0	—	3.0	4.6	<0.5	0.35	1.5 Ta，0.015 B，0.1 Zr
	Waspaloy	N07001	19.5	57.0	13.5	4.3	—	—	3.0	1.4	2.0 max	0.07	0.09 Zr

注：“max”表示最大值。

① 最大值。

② 已被新的超合金取代，不常用或已停止使用。

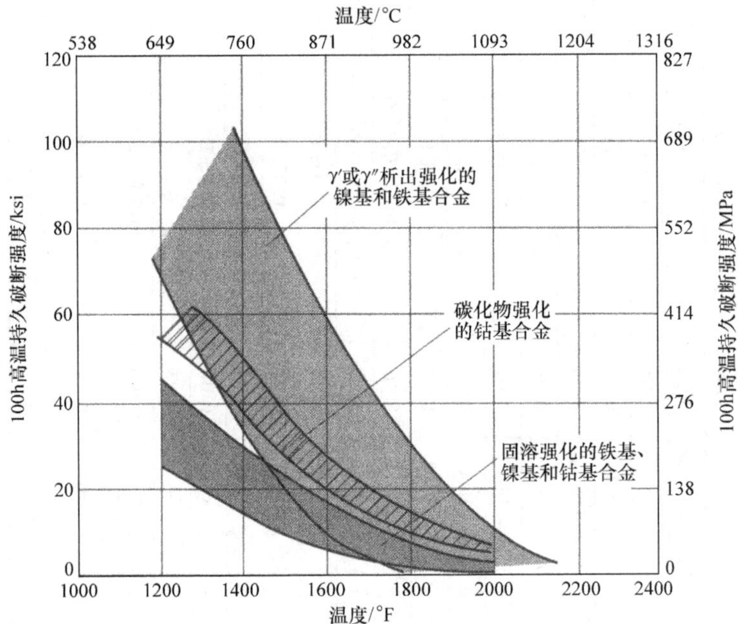

图4-38 各种超合金的100h高温持久断裂强度对比

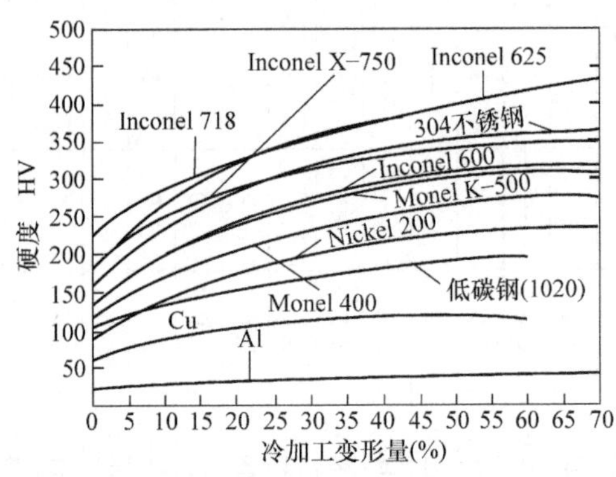

图4-39 冷加工对部分镍基合金硬度的影响

表4-15 部分固溶强化镍基合金的完全退火加热温度和冷却工艺

合金	连续式炉（松卷退火）				间歇式炉（罩式退火）			
	℃	℉	时间[①]/min	冷却方式[②]	℃	℉	时间/h	冷却方式[②]
Nickel 200	815～925	1500～1700	0.5～5	AC或WQ	705～760	1300～1400	2～6	AC
Monel 400	870～980	1600～1800	0.5～15	AC或WQ	760～815	1400～1500	1～3	AC
Monel R－405	870～980	1600～1800	0.5～15	AC或WQ	760～815	1400～1500	1～3	AC
Inconel 600	925～1040	1700～1900	0.5～60	AC或WQ	925～980	1700～1800	1～3	AC
Inconel 601	1095～1175	2000～2150	0.5～60	AC或WQ	1095～1175	2000～2150	1～3	AC
Inconel 617	1120～1175	2050～2150	0.5～60	AC或WQ	1120～1175	2050～2150	1～3	AC
Inconel 625	980～1150	1800～2100	0.5～60	AC或WQ	980～1150	1800～2100	1～3	AC
Inconel 690	980～1050	1800～2100	0.5～60	AC或WQ	980～1150	1800～2100	1～3	AC
Incoloy 800	1095～1175	2000～2150	0.5～60	AC或WQ	1095～1175	2000～2150	1～3	AC
Incoloy 825	980～1125	1800～2050	0.5～60	AC或WQ	980～1125	1800～2050	1～3	AC

（续）

合金	连续式炉（松卷退火）				间歇式炉（罩式退火）			
	℃	℉	时间①/min	冷却方式②	℃	℉	时间/h	冷却方式②
Nilo 36（Invar）	790~925	1450~1700	0.5~30	AC 或 WQ	790~925	1450~1700	1~3	AC
Hastelloy B-2	1095~1175	2000~2150	5~10	AC 或 WQ	1095~1175	2000~2150	1	AC 或 WQ
Hastelloy C-276	1215	2220	5~10	WQ	1215	2220	1	WQ
Hastelloy X	1175	2150	0.5~15	AC 或 WQ	1175	2150	1	AC 或 WQ

① 为保证合金加热达到理想温度后工件温度均匀，应该保证有充足的时间。通常在工件最厚截面处进行测量，按 0.5h/in 进行计算和确定热处理加热时间。

② AC—空冷；WQ—水冷淬火。

下面对各种退火工艺进行简要介绍：

1）退火。普通热处理工艺，主要作用是降低冷加工合金的硬度，得到再结晶组织。退火温度为 705~1205℃（1300~2200℉），退火温度的选择与合金成分和冷加工变形量有关。

2）固溶退火。固溶退火温度为 1150~1315℃（2100~2400℉），主要用于溶解碳化物，得到过饱和固溶体，是最高温度的退火。采用该极端温度加热，可得到粗大晶粒、最低硬度，改善了合金的蠕变性能和持久强度。

3）去应力退火。该退火的目的是降低或消除加工硬化合金的内应力，但不产生再结晶晶粒。镍和镍基合金的去应力退火温度为 425~870℃（800~1600℉），具体温度与合金成分和加工硬化程度有关。

4）应力均匀化退火。较低温度的热处理，也称为部分回复处理，其目的是在不明显降低冷加工或应变强化合金力学性能的条件下，平衡均匀冷加工合金中的应力。

需要预先确定镍及其合金的退火工艺温度和具体时间，然后确定冷却过程（快速冷却或缓慢冷却）。去应力退火温度和时间与合金的组织状态，以及前工序产生的残余应力的类型和大小有关，可能会有很大的差别。去应力退火温度通常低于退火或再结晶温度。在表 4-16 中，列出了部分锻造镍基合金的典型去应力退火工艺。通常，实际去应力退火局限于不能进行时效强化的锻造镍基合金。

表 4-16　部分固溶体强化镍基合金的去除应力和应力均匀化工艺

合金	去除应力				应力均匀化			
	温度		时间①/min	冷却方式②	温度		时间/h	冷却方式②
	℃	℉			℃	℉		
Nickel 200	480~705	900~1300	0.5~120	AC	260~480	500~900	1~2	AC
Monel 400	480~705	900~1300	0.5~120	AC	260~480	500~900	1~2	AC
Alloy 404	540~595	1000~1100	30~180	—	300	575	1	—
Monel R-405	480~705	900~1300	0.5~120	AC	260~480	500~900	0.5	AC
Inconel 600	760~870	1400~1600	5~60	AC	760~870	1400~1600	1~2	AC
Inconel 601	760~870	1400~1600	5~60	AC	—	—	—	—
Inconel 617	760~870	1400~1600	5~60	AC	—	—	—	—
Inconel 625	760~870	1400~1600	5~60	AC	—	—	—	—
Inconel 690	760~925	1400~1700	5~60	AC	—	—	—	—
Incoloy 800	760~870	1400~1600	5~60	AC	—	—	—	—
Incoloy 825	760~925	1400~1700	5~60	AC	—	—	—	—
Nilo 36（Invar）	760~980	1400~1800	5~60	AC	—	—	—	—
Hastelloy B-2	400~450	750~840	5~60	AC	—	—	—	—
Hastelloy C-276	400~450	750~840	5~60	AC	—	—	—	—
Hastelloy X	400~450	750~840	5~60	AC	—	—	—	—
Alloy-W	—	—	—	—	870~900	1600~1650	24	AC

① 为保证合金加热达到理想温度后工件温度均匀，应该保证有充足的时间。通常在工件最厚截面处进行测量。按 0.5h/in 进行计算和确定热处理加热时间。

② AC—空冷；WQ—水冷淬火。

如前所述，退火过程中合金的性能变化与冷加工程度有关。如果最小冷变形量约为 10%，尽管合金退火后的硬度很低，但由于达到了临界变形，局部晶粒过度长大，无法通过退火达到深冲压或旋压所要求的完全塑性。当退火之间的冷变形量达到20%以上时，退火后合金才能达到最大塑性和最低硬度。达到完全退火所需的冷加工量也受到加工硬化或应变强化的影响，而这又与镍基合金的成分有关。

粗晶粒的镍基合金不适合进行大多数冷加工，也不能通过热处理细化，只能通过充分冷加工和再结晶退火来细化晶粒。经过退火但没有发生明显晶粒长大的合金，具有最好的加工性能。为了使合金获得最佳的塑性，具有最大的变形能力，能够承受刀具的机加工以及保持精加工和抛光表面质量，退火镍基合金的平均晶粒直径不应超过 0.064mm (0.0025in)（ASTM 晶粒度 5）。

如果合金中存在硫、铅、锡、锌和铋等低熔点金属，则容易产生敏化和容易受到晶间腐蚀的影响。在加热合金之前，必须小心地清洗，清除所有润滑油、标记油漆和其他污染物。在镍和镍基合金的退火过程中，需要考虑的其他重要因素包括：选择不含硫的加热燃料，以避免形成脆性的硫化镍；对炉温和冷却速度进行监控，控制炉气（惰性气体或还原性气体），以及控制炉内的外来杂质和污染物。冷加工（冷轧、机加工、拉拔、旋压）过程中使用的许多润滑剂都含有高硫或铅等物质。在不低于 82℃ (180℉) 的温度进行碱性清洗，用热水清洗去除润滑油残渣，然后干燥合金。必须确保合金在退火前完全干燥（不含水蒸气)。在连续式热处理炉中预热合金，或在罩式退火炉内将合金缓慢加热到退火温度。在退火过程中，如未完全去除表面污染物，则会增加合金表面脆化的倾向。

对镍基合金可以采用箱式退火或松卷退火（译者注：即连续退火)。小型冲压件、铆钉、线材、带材等，可采用箱式退火；较大冲压成形件、拉拔成形件、旋压件、杆件、管件和其他型材，采用反射炉进行松卷退火。适用于镍和镍基合金退火的气氛包括干氢、干氮、热分解氨、裂解或部分反应的天然气（见本章中“镍基合金的热处理和相组织”一节)。除非采用真空退火炉或还原性气氛，在高温退火过程中（比去除应力或应力均匀化的温度高)，氧化性气氛、高硫含量燃料和炉内空气泄漏，都会导致未受保护的镍合金形成大量表面氧化膜或发生表面变色。产生严重氧化的镍基合金表面有一种暗淡的海绵状外观。有时会出现发裂和从表面脱落鳞片状氧化皮。

酸洗是使镍基合金产生光亮、清洁表面的一种方法，也可以使用光亮退火处理方法代替酸洗，即使用保护性惰性气氛和/或真空炉来防止氧化。镍和镍基合金含有镍、铜或铁，可以在氢或高露点（4℃或 40℉）分解氨中进行光亮退火。光亮退火是在还原性和无硫气氛中退火，采用无氧环境冷却或采用体积分数为 2% 的酒精溶液淬火。通过快速酸洗或光亮浸渍，可以去除光亮退火金属的钝性（更多内容请参阅 ASM 手册，第 5 卷，《表面工程》中的“镍和镍合金表面工程”部分)。

含有铬和/或钼的合金，如 Inconel 或 Hastelloy 合金系列，需要在完全分解氨或干氢中进行退火，才能保持光亮的退火表面。含有铬的合金对气氛的干燥程度要求更高，通常可以采用露点在 -40℃ (-40℉) 以下的气氛，防止表面出现氧化。含铝或钛的镍基合金是最难进行光亮退火的，这类合金可能在炉中只出现轻微的氧气痕迹。含有铝和少量钛的合金，如 Inconel 601，即使在光亮退火过程中出现氧化，也具有良好的外观，形成的氧化铝具有银白色，几乎和光亮处理表面颜色一样。

4.2.3 固溶强化锻造镍基合金

表 4-17 所列为各种固溶强化镍基合金的典型力学性能。固溶强化合金通常是在固溶条件下供货，在这种状态下，几乎所有的二次碳化物都溶解了，或者处于固溶体中。当合金工件在固溶温度以下的温度进行热处理时，其结果通常是在晶界上析出二次碳化物。这通常不利于后续的制造加工，并且可能会由于贫碳，而降低合金在使用状态下的力学性能。一般来说，固溶强化镍基合金工件只有在充分固溶条件下，才能在服役条件下充分发挥其最高强度。

在固溶状态下，固溶强化镍基合金的微观组织由单相基体和分散的初生碳化物组成，晶界处无碳化物，相当干净。这种组织是获得良好高温强度的基础，同时也具有最佳的室温加工性能。当大部分碳处于固溶体中时，在固溶以下较高温度保温，会导致二次碳化物析出。在服役过程中，合金工件在工作应力的影响下，将在晶界处或晶内高位错密度处析出碳化物。正是由于晶内高位错密度处碳化物的析出，进一步提高了服役条件下合金的强度。

然而，除蠕变和应力断裂强度外，对其他性能要求高的最终产品，可以在轧后厂内退火后进行固溶处理。例如，当产品的低周循环疲劳性能是重要的性能指标时，可以采用轧后厂内退火细化晶粒。轧后厂内退火得到的细晶粒适合将高的屈服强度，而不是的高蠕变强度，作为产品的极限设计性能指标。最后，可能由于外部条件的限制和约束，例如，为防止在完全退火温度下构件产生变形，或由于构件钎焊点的温度限制，可以选择轧后厂内退火。

表 4-17　退火状态固溶强化镍基合金的室温力学性能

（除非另有说明，表中为退火薄板材的力学性能）

合金		极限抗拉强度		规定塑性延伸强度 $R_{p0.2}$		标距 50mm（2in）断后伸长率（%）	拉伸弹性模量		硬度
		MPa	ksi	MPa	ksi		GPa	10^6psi	
工业纯镍和低合金镍基合金	Nickel 200	462	67	148	21.5	47	204	29.6	109 HBW
	Nickel 201	403	58.5	103	15	50	207	30	129 HBW
	Nickel 205	345	50	90	13	45	—	—	—
	Nickel 211	530	77	240	35	40	—	—	—
	Nickel 212	483	70	—	—	—	—	—	—
	Nickel 222	380	55	—	—	—	—	—	—
	Nickel 270	345	50	110	16	50	—	—	30 HRB
	Nickel 290（纵向）	430	62.3	273	39.6	31	—	—	69 HRB
镍－铜系合金	Alloy 400	550	80	240	35	40	180	26	110～150 HBW
	Alloy 401	440	64	134	19.5	51	—	—	—
	Alloy 404	441	64	152	22	43.5	—	—	54
	Alloy R－405	550	80	240	35	40	180	26	110～140 HBW
	Alloy 450	385	56	165	24	46	—	—	—
镍－铬－铁(－钼)系合金	Nimonic 75（方棒）	800	116	340（0.1%）	49.3	44（截面的平方根）	—	—	150～220 HV（薄板）
	Nimonic 86	873	127	438	63.5	45	—	—	—
	RA333	748	108.5	350	50.8	43	—	—	—
	HR11N	585	85	240	35	30	—	—	—
	HR－120	735	106.5	375	54.4	50	—	—	—
镍－铬－钼(－铁)系合金或镍－钼系合金	Alloy B	906	131.4	390	56.5	50	—	—	—
	Alloy B－2	955	138.5	526	76.3	53	—	—	22 HRC
	Alloy B－3	889	129	444.7	64.5	57.5	—	—	—
	Alloy C－4	801	116.2	420.6	61	54	—	—	92 HRB
	Alloy G	620	90	241	35	35	—	—	—
	Alloy G－30	689	100	317	46	64	—	—	—
	Alloy N	793.6	115.1	313.7	45.5	50.7	—	—	—
镍－铬系合金或镍－铬－铁系合金	Alloy 230①	860	125	390	57	47.7	211	30.6	92.5 HRB
	Alloy 600	655	95	310	45	40	207	30	75 HRB
	Alloy 601	620	90	275	40	45	207	30	65～80 HRB
	Alloy 617（固溶退火）	755	110	350	51	58	211	30.6	173 HBW
	Alloy 625	930	135	517	75	42.5	207	30	190 HBW
	Alloy 690	725	105	348	50.5	41	211	30.6	88 HRB
	Alloy C22	785	114	372	54	62	—	—	209 HBW
	Alloy C－276	790	115	355	52	61	205	29.7	90 HRB
	Alloy G3	690	100	320	47	50	199	28.9	79 HRB
	Alloy HX（固溶退火）	793	115	358	52	45.5	205	29.7	90 HRB

（续）

合金		极限抗拉强度		规定塑性延伸强度 $R_{p0.2}$		标距 50mm（2in）断后伸长率（%）	拉伸弹性模量		硬度
		MPa	ksi	MPa	ksi		GPa	10^6psi	
镍-铬系合金或镍-铬-铁系合金	Alloy S（固溶退火）	835	121	445	64.5	49	212	30.8	52 HRA
	Alloy W（固溶退火）	850	123	370	53.5	55	—	—	—
	Alloy X（固溶退火）	785	114	360	52.5	43	196	28.5	89 HRB
铁-镍-铬合金	Alloy 800	600	87	295	43	44	193	28	138 HBW
	Alloy 800HT	同 Alloy 800		—	—	—	—	—	—
	Alloy 825	690	100	310	45	45	206	29.8	—
	Alloy 925②	1210	176	815	118	24	—	—	36.5 HRC
	20Cb3	550	80	240	35	30	—	—	90 HRB
	20Mo-4	615	89	262	38	41	186	27	80 HRB
	20Mo-6	607	88	275	40	50	186	27	—
铁-钴-铬合金	HR-160（板材）	735	107	310	45	68③	—	—	—

① 冷轧和在1230℃（2250℉）固溶退火。薄板厚度为1.2~1.6mm（0.048~0.063in）。

② 在980℃（1800℉）退火30min后空冷，并在760℃（1400℉）时效8h，以55℃/h（100℉/h）的冷却速率炉冷，加热至620℃（1150℉）空冷。

③ 标距36mm（1.4in）伸长率。

对于大多数合金来说，热处理对固溶强化合金性能的影响在很大程度上与合金的初始状态有关。当没有对合金进行冷加工或热加工时，热处理对合金的主要影响是二次碳化物数量和形态的变化。在一定程度上，热处理也能降低残余应力，或者释放内应变，这均可能影响合金的性能。然而，当没有进行冷加工或热加工时，热处理不会实质性地改变晶粒尺寸。

热加工的产品，特别是采用高的终锻温度的产品，在热加工过程中经过了回复、再结晶和晶粒长大。相对于最终的轧后厂内退火温度或固溶处理温度，如果合金的终锻温度过高，则在很大程度上，对组织的控制取决于热加工，而不是热处理。同理，如果最终的轧制变形量很小，那么，工件最初热处理通常是不均匀的，并且热处理的效果也是不均匀的。终轧温度极高的合金，最好采用允许温度范围的上限进行热处理。在终轧变形量小的情况下，明智的做法则是采用允许温度范围的下限进行热处理，这样可以尽量减少组织的不均匀性。后一种情况特别适合那些大截面的工件，如大型锻件、大尺寸棒材和厚板。

幸运的是，固溶强化镍基合金具有相对较宽的热加工温度范围，使得终轧温度足以低到温加工状态。这类工件也很容易进行冷加工制造。在温加工或冷加工状态下，主要是通过热处理来控制晶粒尺寸，但其结果明显受到工件变形量的影响。在多工序的合金制造或工件生产制造中，使用的冷加工/退火工艺的具体工序，也会影响这类合金的组织和性能。通常的做法是，选择的中间退火工序温度等于或低于最终退火温度。如果中间退火工序温度高于最终退火温度，可能会降低对合金组织的控制程度。

1. 轧后厂内退火

如果退火是在二次碳化物固溶度曲线以下温度或固溶处理温度范围以下温度进行的，则该退火热处理分为轧后厂内退火和去应力退火。轧后厂内退火通常用于恢复成形后、部分制造后，或其他合金加工状态的性能，使其能够继续进行下一步工序操作。该处理方法也可用于半成品材料，以得到最适合于特定成形加工工序的组织，如得到细晶粒组织，用于深冲压加工产品。

由于轧后厂内退火是在二次碳化物固溶度曲线以下温度进行的，可以预料在微观组织中可以观察到晶界处有部分碳化物析出。根据退火温度、具体的合金以及二次碳化物的性质，这种析出相可以是离散、球状粒子或连续膜形态。大多数该类合金在650～870℃（1200～1600℉）温度范围会产生大量的析出相，因此，该温度区间的冷却速率将显著影响碳化物析出的形貌。强烈推荐工件尽可能迅速冷却通过该温度区间，同时考虑采用夹具设备约束工件，并考虑热应力可能造成的工件变形。

在表 4-18 列出了部分合金的最低轧后厂内退火温度。因合金不同，该退火温度会有明显的不同，其确定的主要依据是，从冷加工或温加工状态得到再结晶晶粒，并产生足够低的屈服强度和足够高的塑性，以满足后续的冷成形加工要求。当采用更高的轧后厂内退火温度时，晶粒尺寸会有所长大，但并不会太明显。

可以采用同样的温度对热加工合金进行轧后厂内退火，但热加工合金更常采用固溶退火工艺。在热加工过程中，合金通常会发生动态再结晶，而轧后厂内退火的主要作用是促进整个工件的组织均匀化。

表 4-18　部分固溶强化合金的最低轧后厂内退火温度

合金	最低轧后厂内退火温度	
	℃	℉
Hastelloy X	1010	1850
Hastelloy S	955	1750
Alloy 625	925	1700
RA 333	1035	1900
Inconel 617	1035	1900
Haynes 230	1120	2050
Haynes 188	1120	2050
Haynes 25（Alloy L－605）	1120	2050
Alloy N－155	1035	1900
Haynes 556	1035	1900

轧后厂内退火温度由几个因素决定。所有工件应有充足的炉内保温时间，以确保工件发生回复、再结晶和碳化物溶解（如果有的话）等组织改变。一般来说，5～20min 的保温时间是足够的，特别是对于薄型工件。在连续薄带的退火工序中，保温 1～2min 就足够了。轧后厂内退火时间过长不一定有害，但通常不是有益的。在实际的退火过程中，应该采用热电偶对温度进行检测。

2. 去应力退火

合金锻件的去应力退火通常局限于那些不具有时效强化性质的镍基合金。去应力退火需要在最大限度地消除残余应力与可能会降低高温性能和耐蚀性之间进行权衡。

与轧后厂内退火不同的是，还没有对固溶强化镍基合金的去除应力处理进行很好的定义。根据具体的情况，可以采用相对低的退火温度来降低应力，也可能采用与轧后厂内退火或固溶退火相同的温度进行处理。不论采取哪一种处理温度，都是在有效降低应力和可能对工件的组织或尺寸稳定性造成不利影响之间进行权衡。

严格地说，只要合金在热处理过程中没有发生再结晶，就应该考虑进行去应力退火。对需要进行去应力处理和轧后厂内退火或固溶处理的工件，首选工艺方案就是通过固溶处理或轧后厂内退火来完成去应力处理。在轧后厂内退火温度以下范围，特别是在 650～870℃（1200～1600℉）退火，很可能会导致碳化物或其他相大量析出，这可能会对合金的性能造成严重损害。在低于 650℃（1200℉）的温度进行处理，可能不会降低合金的性能，但可能不能有效地消除残余应力。

为了部分缓解冷加工或温加工工件中的应力（也就是不能进行轧后厂内退火或固溶退火的成品工件），去除应力温度应该限制在低于再结晶温度。在这类合金中，去除应力温度会随具体合金和冷加工或温加工变形量而变化，但一般应低于 815℃（1500℉）。对于某些合金（如 Inconel 625 合金和 Haynes 214 合金），必须考虑在该温度下可能会产生时效强化。此外，其他合金还可能出现碳化物析出等现象。

同理，在去除应力温度下，显著去除应力所需要的保温时间是不确定的，通常选择类似于轧后厂内退火或固溶退火的时间。对于低温去除应力处理，没有提供具体的工艺，但应该避免保温时间过长。

3. 固溶处理

对于固溶强化合金，固溶处理是最常用的最终工序。如前所述，固溶处理几乎将所有的二次碳化物溶入固溶体中。在一定程度上，因合金种类不同，二次碳化物溶入固溶体的温度有所不同，该温度与二次碳化物的类型和含碳量有关。

对于冷加工或温加工合金，固溶退火处理的主要功能就是通过再结晶，得到所要求的晶粒尺寸。在固溶退火工艺中，加热速率和保温时间是重要的工艺参数。通常需要快速加热到固溶温度，以减少或避免碳化物的析出，并保持冷加工或温加工的储能，以提供固溶过程中的再结晶和/或晶粒长大动能。出于同样的原因，对于已经过退火的工件，在不提高固溶加热温度的情况下，通常不会粗化晶粒尺寸。而对于进行了冷加工或温加工的合金，缓慢加热至固溶温度，则会产生比预期或需要更细的晶粒。

固溶处理保温时间与轧后厂内退火时间大体相同，但为了确保二次碳化物完全溶解，可选择稍长的保温时间。如果选择固溶温度下限进行固溶处理，通常大截面工件应在固溶温度保温10~30min，薄截面工件可考虑缩短保温时间。在规定固溶温度上限进行固溶处理时，可以考虑类似于轧后厂内退火，缩短保温时间。尽管对于非常大的工件，如锻件，选择较长的保温时间有利于组织均匀化，但在任何情况下，任何工件都不应该在固溶温度下保温过长的时间（如过夜）。长时间在固溶处理温度下保温，会导致初生碳化物部分溶解，从而导致晶粒粗化或其他不利结果。

表4-19列出了部分固溶强化镍基合金典型的固溶处理温度。对于某些合金，固溶处理温度范围比其他合金更宽；在大多数情况下，如Haynes 230合金，固溶温度与控制的晶粒尺寸大小有关。例如，假设Haynes 230合金进行了充分的冷加工，如果在1175℃（2150℉）进行固溶处理，晶粒度为ASTM 7~9；而在1230℃（2250℉）进行固溶处理时，晶粒度为ASTM 4~6。

表4-19 部分固溶强化镍基合金典型的固溶处理温度

合金		固溶处理温度	
		℃	℉
镍基合金	Nickel 200	1150~1260	2100~2300
	Nickel 201、205、222、270	1150~1260	2100~2300
高镍合金	Nickel 211、212	1150~1260	2100~2300
镍-铜系合金	Alloy 400、401、404、R-405	870~980	1600~1800
镍-铬-铁(-钼)系合金	Nimonic 75	1225	2240
	Nimonic 86	1150	2100
	Alloy 600	1095~1175	2000~2150
	Alloy 601	1120~1175	2050~2150
	Alloy 617	1165~1190	2125~2175
	Alloy 625	1095~1205	2000~2200
	RA333	1175~1205	2150~2200
	Alloy 690	980~1175	1800~2150
	Haynes 230	1165~1245	2125~2275
铁-镍-铬系合金	Alloy 800	1120~1175	2050~2150
	Alloy 800HT	1120~1175	2050~2150
	Alloy 825	980~1040	1800~1900
	20Cb3	980~1040	1800~1900

（续）

合金		固溶处理温度	
		℃	℉
镍-钼系合金，镍-铬-钼(-铁)系合金	Alloy B	1150~1175	2100~2150
	Alloy B2	1065±14	1950±25
	Alloy B3	1065±14	1950±25
	Alloy C	1225±11	2235±20
		1065±14	1950±25
	Alloy C22	1120±14	2050±25
	Alloy C2000	1135±14	2075±25
	Alloy C276	1120±14	2050±25
	Alloy G	1175±14	2150±25
	Alloy G2	1150	2100
	Alloy G3	1175	2150
	Alloy G30	1175±14	2150±25
	Alloy N	1175±14	2150±25
	Annoy S	1050~1135	1925~2075
	Alloy W	1170~1180	2140~2160
	Alloy X	1165~1190	2125~2175
铁-钴-铬系合金	HR160	1120	2050

（1）冷加工的影响　在固溶处理前，应尽量避免进行少量的冷加工或温加工，以最大限度地减少异常晶粒长大现象。表4-20所列为少量冷变形对Hastelloy X合金晶粒尺寸的影响，表中数据为经不同拉伸变形的试样在不同温度下退火的晶粒尺寸变化。冷变形量为1%~8%的试样在1120℃（2050℉）退火，对晶粒尺寸的影响很小；然而，在1175℃（2150℉）固溶退火，冷变形量为1%~5%的试样晶粒发生了异常长大。

表4-20 小变形量对Hastelloy X合金晶粒异常长大的影响

冷变形量（%）	退火温度（时间为5min）		ASTM 晶粒度
	℃	℉	
0	—	—	4.5~6.5
1	1120	2050	4.5~6.5
2	1120	2050	4.0~6.5
3	1120	2050	4.0~6.0
4	1120	2050	3.5~6.0
5	1120	2050	3.5~6.0
8	1120	2050	3.5~6.0
1	1175	2150	5.0+0（表面）

（续）

冷变形量（%）	退火温度（时间为 5min）		ASTM 晶粒度
	℃	℉	
2	1175	2150	5.0～5.5+0（表面）
3	1175	2150	4.0～4.5
4	1175	2150	4.5～5.0+（1.0～1.5）
5	1175	2150	3.0～3.5+（1.0～1.5）
8	1175	2150	4.5～5.0（再结晶）

对于这类合金，10%的冷加工变形量是合金正常再结晶与可能出现异常晶粒长大的粗略分界线。但不幸的是，在生产制造复杂工件的过程中，很难避免在该变形量区间进行冷加工。在有些情况下，有的合金要好一些；但在其他情况下，几乎所有的合金都会出现晶粒异常长大。能有效地减少晶粒异常长大的方法是：

1）在允许温度范围的下限进行固溶处理。

2）在工件的制造过程中，优先采用轧后厂内退火作为中间热处理，代替固溶退火热处理工艺。

3）在进行最终固溶退火前，直接进行去应力退火。

（2）冷却速率的影响　与轧后厂内退火相比，固溶处理保温后的冷却速率对合金性能的影响要大得多。由于固溶处理使基体中的碳处于过饱和状态，与轧后厂内退火相比，在冷却过程中碳化物析出的倾向大大增加了。因此，应采用尽可能快的冷却速率进行固溶处理后的冷却，但同时还要考虑设备的限制，以及避免由于热应力过大而引起工件变形等问题。各种合金慢冷至约 650℃（1200℉）性能的降低是不相同的，但大多数合金都会由于二次碳化物的析出，而导致性能有所下降。三种合金采用不同冷却方法冷却，对低应变蠕变性能的影响见表 4-21。

表 4-21　冷却速率对在 48MPa（7ksi）载荷和 870℃（1600℉）温度条件下产生 0.5%蠕变的时间的影响

在 1175℃（2150℉）固溶加热和采用以下冷却方法冷却	产生 0.5%蠕变所需要的时间/h		
	Hastelloy X	Haynes 188	Inconel 617
淬水	8	148	302
空冷	7	97	15
炉冷至 650℃（1200℉）然后空冷	6	48	9

（3）固溶处理与钎焊工艺结合　与轧后厂内退火不同，固溶处理有时可以与其他加工工艺相结合，但这对两种工艺的加热和冷却都有很大的限制。其中一个典型的例子就是固溶处理与真空钎焊相结合。通常作为工件加工制造的最后工序，该过程通过钎焊熔化合并了后续的固溶处理。因此，可能需要对实际钎焊温度进行调整，以同时完成对工件的固溶处理。然而，真空钎焊炉是特殊设备，而真空热处理炉是常规设备，其加热和冷却速率相对较慢。在这种情况下，即使有先进的强制气冷设备，合金工件的组织和性能也可能无法完全达到在真空热处理炉中进行固溶处理的最佳效果。

（4）焊后热处理　固溶强化镍基合金通常在固溶处理状态下进行焊接，并且在不进行焊后热处理（PWHT）的状态下使用。这些合金在焊缝附近有一个晶粒长大的局部小区域，但这并不会明显降低焊接强度。固溶强化镍基合金通常不需要通过焊后热处理来达到或恢复合金的最佳力学性能，但有时需要采用焊后热处理去除应力。通过完全固溶退火，可以完全去除应力，从而使合金达到最佳的组织状态。固溶退火通过再结晶，能够消除任何前工序的冷加工应力，并且可以溶解在焊接过程中可能形成的 $M_{23}C_6$ 型二次碳化物。

固溶退火的保温时间从几分钟到约 1h，然后采用水或空气快速淬火。保温时间的常用计算方法是用横截面厚度乘以 140s/mm（1h/in）。可以采用轧后厂内退火进行去除应力和细化晶粒处理，轧后厂内退火工艺与固溶退火工艺具有相似的效果。然而，采用较低的退火温度不能完全溶解在焊接冷却过程中析出的二次碳化物，因此，轧后厂内退火可能无法充分发挥焊接件的持久性能的潜力。

4.2.4　固溶强化镍基合金的热处理

锻造固溶强化镍基合金主要有以下合金系列，详细合金牌号见表 4-13。

1）工业纯镍和低合金镍基合金。

2）镍－铜系合金。

3）镍－铬－铁系合金（含 Mo 和 Fe）。

4）镍－钼系合金（含 Cr、Fe 和 Co）。

表 4-13 中还有部分铁－镍基合金牌号，这些牌号在 ASTM 国际/ SAE 国际的统一编号系统（UNS）中被归类为镍基合金。这些合金是 Ni－Cr－Fe 系列合金中含镍量较低的合金。由于镍是奥氏体稳定化元素，一些高合金元素不锈钢也被归类为镍基合金，见表 4-22。

表 4-22 归类为镍基合金的高合金元素不锈钢

合金	UNS No.
20Cb3（Fe-35Ni-20Cr）	N08020
20Mo-4（Fe-37Ni-23Cr-4Mo）	N08024
20Mo-6（Fe-35Ni-24Cr-6Mo）	N08026
Al-6X（Fe-24Ni-21Cr-7Mo）	N08366

大多数固溶强化镍基合金都是在固溶状态下供货的，在固溶退火工序中（表 4-19），第二相溶解于基体中。也可采用其他类型的热处理，如轧后厂内退火、去应力退火和再结晶（完全）退火等。去应力退火和完全退火的时间和温度参数有很大的不同，这取决于合金的组织特性、前工序中产生的冷加工变形量和残余应力。冷加工变形量越大，再结晶软化温度越低，在某一温度下再结晶软化时间越短。时间和温度参数相互之间是可改变的。软化（完全退火）是在再结晶温度下完成的，而去除应力温度通常低于退火或再结晶温度。在固溶度曲线以下温度加热是影响碳化物析出的一个重要因素，这与合金中添加的铬、钼、钨等碳化物形成元素的数量有关。各种因素对表 4-13 中合金性能的影响已超出了本节的范围，在 Monel（Ni-Cu）、Inconel（Ni-Cr-Mo）、Hastelloy（Ni-Mo-Cr）和 Incoloy（Ni-Fe-Cr）合金系列中，本节重点介绍具有代表性的固溶体强化镍基合金的热处理。

（1）镍和高镍锻造合金　退火时间和退火温度取决于工件的尺寸。从实用角度来看，镍和高镍锻造合金的退火温度为 700～925℃（1300～1700℉）。冷加工 Nickel 200 合金的再结晶退火温度为 760～790℃（1400～1450℉）。高镍合金，如 Nickel 205 合金和 Nickel 211 合金的退火工艺为加热到 790～840℃（1450～1550℉）保温 10～15min。

再结晶软化温度与合金中杂质/合金化程度和冷加工程度有关。例如，冷加工变形量大的 Nickel 200 合金的再结晶退火温度可能低至 595～650℃（1100～1200℉）。Nickel 290 合金是一种高纯度［w(Ni)=99.9%］粉末冶金镍，具有较低的再结晶温度，如图 4-40 所示。Nickel 290 合金允许采用较低的退火温度，使得它优于其他形式的镍，可作为贵金属镀层的基体。

如前所述，去应力退火通常在再结晶温度下进行。Nickel 200 合金的典型去应力退火工艺是在 450～565℃（850～1050℉）保温 2h。为了减少去除应力保温时间，可在 480～700℃（900～1300℉）保温 30s～120min。应力均匀化工艺是在 260～480℃（500～900℉）保温 1～2h。

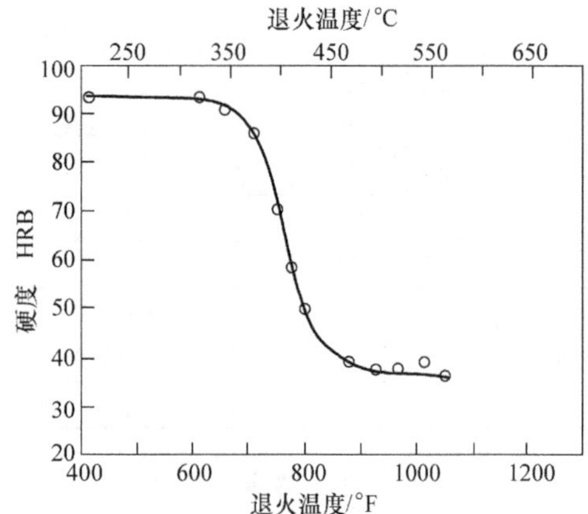

图 4-40 退火温度对冷轧（40%变形量）高纯镍（Nickel 290，UNS N02290）再结晶和硬度的影响（保温时间为 30min）

Nickel 200 合金的热导率相对较高（表 4-23），因此其加热速度相对较快。根据工件截面尺寸和冷变形量，采用罩式退火炉或连续式炉退火，通常退火工艺是在 705～815℃（1300～1500℉）保温 30min～3h。推杆辊底式热处理炉和传送带式热处理炉通常是在 790～955℃（1450～1750℉）保温 15～45min 进行连续退火。带材和线材可能在 870～1040℃（1600～1900℉）保温 5～10min 进行线退火（Strand Annealed），在加热区的时间可减少到几秒钟。

表 4-23 Nickel 200 合金的热导率和电阻率

温度		热导率		电阻率	
℃	℉	W/(m·K)	Btu/(ft^2·h·℉)	μΩ·m	Ω/(circ mil·ft)
-185	-300	—	—	0.027	16
-130	-200	77	44.6	0.043	26
-75	-100	—	—	0.058	35
32	0	72	41.7	0.080	48
20	70	61	35.2	0.090	54
95	200	67	38.75	0.126	76
205	400	61.3	35.4	0.188	113
315	600	56.25	32.5	0.273	164
425	800	56.25	32.5	0.339	204
540	1000	58.4	33.75	0.379	228
650	1200	60.58	35	0.412	248
760	1400	62.7	36.25	0.447	268
870	1600	65.6	37.9	0.480	289
980	1800	68	39.3	0.509	306
1095	2000	—	—	0.537	323

由于缺乏第二相抑制晶粒长大，Nickel 200 合金在高温下的晶粒生长速度相当快，图4-41所示为不同退火温度对晶粒尺寸的影响。在高的温度下，为了控制晶粒大小，必须精确控制保温时间。为保证成形过程中的表面光洁度，必须控制在细至中等晶粒尺寸，为0.025~0.10mm（0.001~0.004in），相当于ASTM晶粒度7.5~3.5。在超过925℃（1700℉）的温度下退火保温1h，硬度为20~40HRB。这种退火工艺通常称为完全退火。

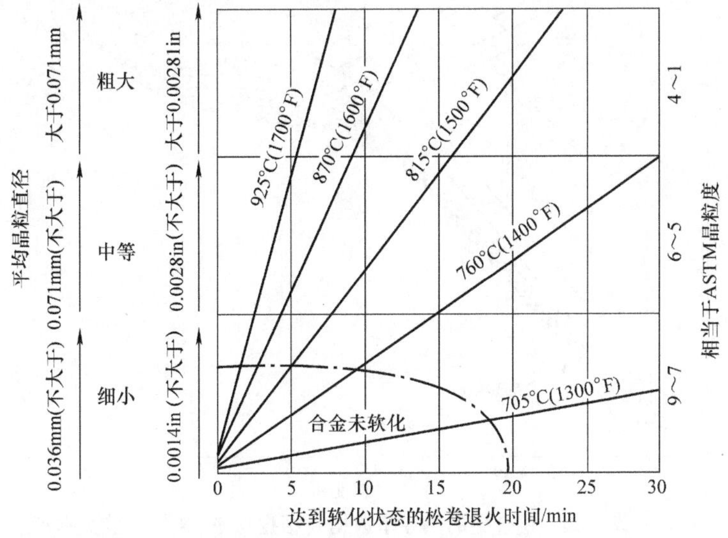

图4-41 松卷退火时间对Nickel 200合金晶粒尺寸的影响

很容易实现对Nickel 200合金进行光亮退火，不一定要在密闭箱式热处理炉内进行。在松卷退火过程中，应采用不含硫的燃料，火焰不能直接与所加工的合金材料接触。为了在还原性气氛中保持光亮的表面，应首选干燥的氢和分解氨作为炉气。然而，有些价格便宜的气氛，如部分燃烧的天然气也可以作为炉气，仍可保证有足够光亮的工件表面。

由于会受到晶间氧化的危害，应避免在氧化性气氛中加热至高温。纯镍在空气中加热形成的氧化物不易通过酸洗去除。已氧化的工件应该在还原性气氛中退火，并在还原性气氛中冷却，或者在2%酒精溶液中淬火。采用标准的酸洗溶液，可以很容易地将残留的低硬度氧化物去除。可以在温度为80~90℃（180~190℉）的酸洗溶液［3.8L（1gal）的水，0.36L（3/4pint）66°Bé（波美度）的硫酸，0.23kg（0.5lb）的硝酸钠（天然）和0.45kg（1lb）的食盐］中浸泡30~90min，去除还原海绵状表层。酸洗后用热水冲洗干净并体积分数为1%~2%的氨水中和。

（2）锻造镍-铜合金（Monel系列） 镍-铜合金具有优良的延展性，很容易进行制造，加工成各种形状。通过改变合金中镍和铜的比例，可以得到一系列具有不同电导率/热导率和居里点（磁/非磁转变温度）的合金，如图4-42所示。Monel 400（N04400）是镍-铜合金系列中的基础合金，该合金的居里点是20~50℃（70~120℉），根据合金成分和前工序的状态不同，它可以是磁性的。

通过热处理，可以将冷加工和热加工的Monel 400合金，开发成具有强度和塑性最佳组合，同时在机加工过程中变形小的合金。图4-43所示为热处理温度对Monel 400合金室温性能的影响；图4-44所示为冷加工和热加工对Monel 400合金性能的影响。在退火条件下，Monel 400合金的抗拉强度不低于485MPa（70ksi），伸长率为35%。其最低屈服强度与产品的形式有关，对于退火棒材和锻件，最低屈服强度为170MPa（25ksi）；对于退火薄板、带材或冷拉拔产品，最低屈服强度为195MPa（28ksi）。

Monel 400合金的应力均匀化处理工艺是在300℃（575℉）保温3h。对冷加工合金进行了应力均匀化处理后，其屈服强度略有提高，但其他性能没有受到明显影响，如图4-43所示。加热至540~565℃（1000~1050℉）保温1~2h，能消除冷加工和热加工的应力和应变，但没有使组织产生再结晶。通过去除应力和应变，合金的强度和硬度略有下降，如图4-43所示。采用这种处理工艺，合金在进行了切削加工后变形最小。强烈推荐在540~650℃（1000~1200℉）保温1h，然后缓慢冷却进行去除应力处理。采用这种去除应力工艺，可以预防在某些环境中出现的应力腐蚀开裂现象。

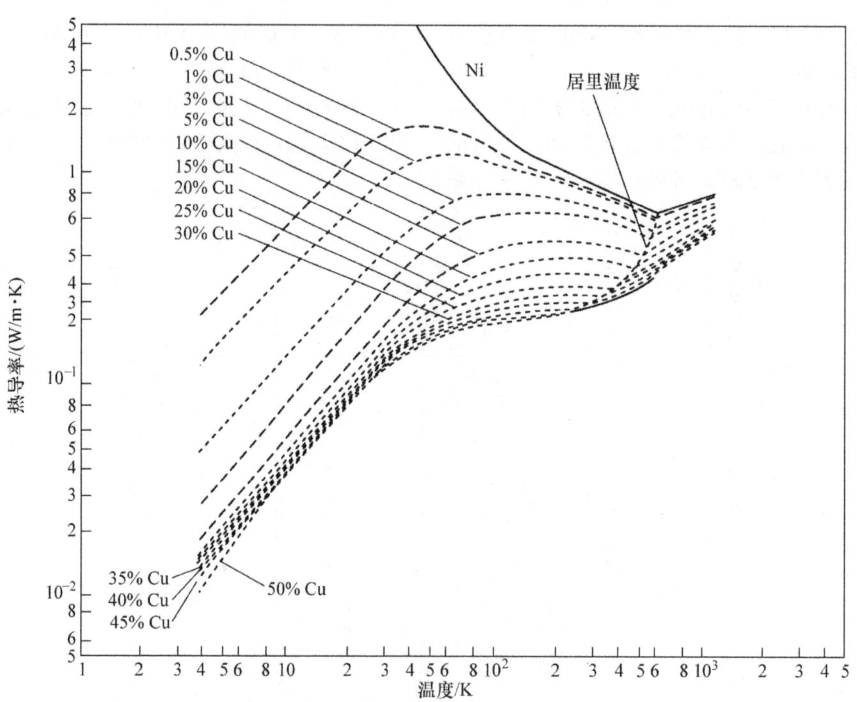

图 4-42 镍和镍-铜合金的热导率数据（根据文献［8］试验数据汇总）

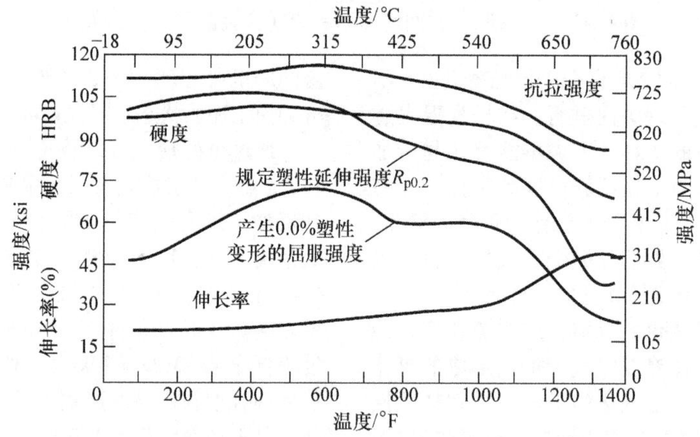

图 4-43 退火温度（保温 3h）对冷拔 Monel 400 合金棒材室温力学性能的影响

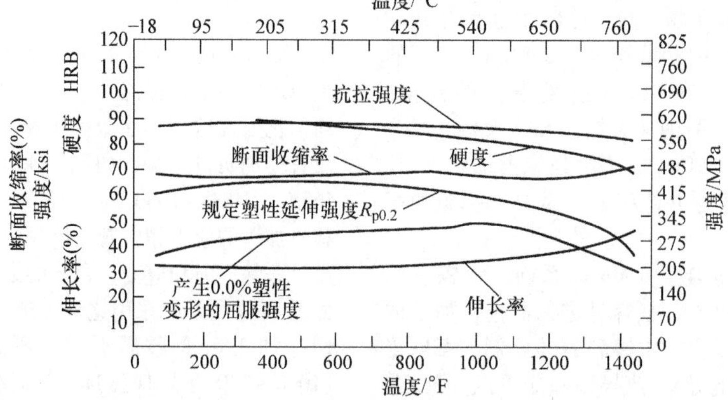

图 4-44 退火温度（保温 3h）对热轧 Monel 400 合金板材室温力学性能的影响

注：在 800℃（1470℉）完全退火，硬度由布氏硬度转换得到。

通过退火可以完全软化加工硬化的合金。图4-45所示为退火时间对 Monel 400 合金硬度的影响，退火温度为 760 ~ 980℃（1400 ~ 1800℉）。退火所需的时间和温度与前工序的冷加工变形量有关。一般来说，Monel 400 合金的松卷退火工艺是，在 870 ~ 980℃（1600 ~ 1800℉）保温 2 ~ 10min；而采用箱式退火工艺，则是在 760 ~ 815℃（1400 ~ 1500℉）保温 1 ~ 3h。温度和保温时间是控制最终晶粒尺寸的重要参数。当在退火温度范围上限进行加热时，会出现晶粒长大。图 4-46 所示为冷轧带材在不同退火温度下，松卷退火时间对晶粒尺寸的影响。

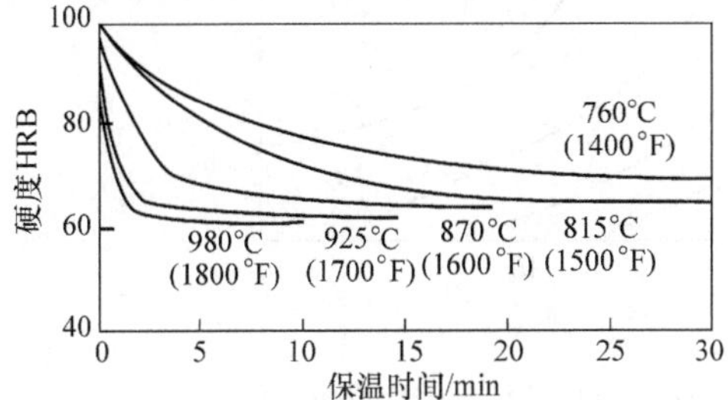

图 4-45　不同温度下的松卷退火时间对 Monel 400 合金冷轧带材硬度的影响

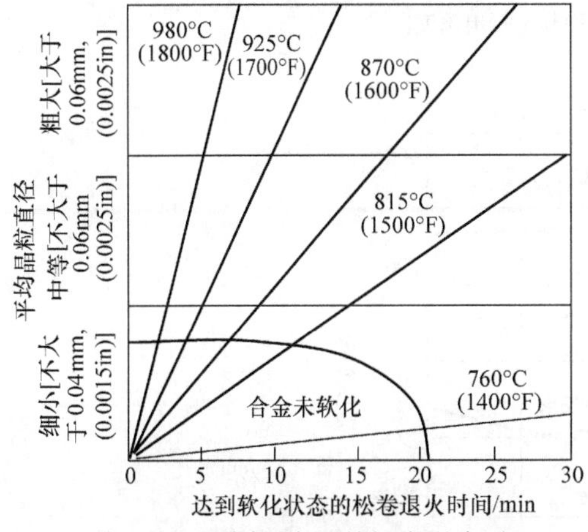

图 4-46　不同温度下的松卷退火时间对 Monel 400 合金冷轧带材晶粒尺寸的影响

(3) 锻造镍 - 铬固溶强化合金（Inconel 系列）　镍 - 铬固溶强化合金（表 4-13）的典型代表合金是 Inconel 600 合金。对于 Inconel 600 合金，大约在 1010℃（1850℉）保温 15min 进行退火软化处理。在 1040℃（1900℉）的温度下短时间保温，合金的硬度会降低，但不会造成晶粒粗化。在 980℃（1800℉）以下温度加热，合金晶粒不会发生长大。在该温度加热时，合金微观组织中的细小分散碳化物颗粒抑制了晶粒的长大和聚集。大约加热到 1040℃（1900℉）温度，碳化物开始溶解，在 1090 ~ 1150℃（2000 ~ 2100℉）保温 1 ~ 2h，碳化物完全溶解，并导致晶粒长大。这种固溶处理对提高合金的蠕变强度和持久强度是有益的。

不同冷加工合金的再结晶时间和温度相差很大，这主要与冷加工变形量和合金的具体成分有关。表 4-24 所列为经过不同冷变形的 Inconel 600 合金细晶粒薄板在不同温度再结晶所需的时间。

表 4-24　不同冷变形对 Inconel 600 合金冷轧细晶粒薄板再结晶温度的影响

冷加工变形量（%）	在以下时间完成再结晶的温度							
	15min		30min		60min		120min	
	℃	℉	℃	℉	℃	℉	℃	℉
5	968	1775	954	1750	927	1700	927	1700
10	899	1650	871	1600	843	1550	843	1550
20	829	1525	802	1475	774	1425	774	1425
50	732	1350	718	1325	691	1275	691	1275
80	677	1250	663	1225	649	1200	649	1200

随着合金中含碳量的增加，析出的碳化物数量增加。析出的碳化物钉扎了晶界，阻碍了晶粒长大。在高温加热条件下，碳溶入固溶体，随着退火温度的提高和退火时间的增加，合金会发生晶粒长大和硬度降低。图 4-47 所示为直径为 250mm（10in）的不同含碳量 Inconel 600 合金棒材的时间 - 温度/碳化物析出图。合金在 1150℃（2100℉）保温 30min 固溶，并迅速冷却到析出温度。图中实线表示碳化物析出是时间的函数。只有当合金在缓慢冷却（约为 10h）或在同等温度长时间服役条件下，最低含碳量的合金才会产生碳化物析出。

(4) 锻造 Ni - Fe - Cr 合金（Incoloy 系列）　800 合金（N08800）和 825 合金（N08825）是 Ni - Fe - Cr 固溶强化锻造镍基合金的典型代表（表 4-13），下面以 800 合金的热处理作为典型例子进行介绍。通常，具体退火工艺与冷加工变形量和截面尺寸有关。

800 合金在进行了大变形量的冷加工后，在低于 540℃（1000℉）的温度下加热，对合金的力学性能影响很小。去除应力处理在约 540℃（1000℉）的温度开始，在 870℃（1600℉）保温 1.5h 后几乎完成。软化退火处理在约 760℃（1400℉）的温度开始，在 980℃（1800℉）保温 10 ~ 15min 后也几乎完成。

退火温度对直径为 30mm（1.2in）的热轧棒材的晶粒尺寸和室温力学性能的影响如图 4-48 所示。试样在到温后保温 15min 空冷，然后进行室温力学性能测试。在 980℃（1800℉）以上温度加热，800 合金可能出现明显的晶粒长大。然而，在 1040℃（1900℉）保温 2 ~ 5min 可以达到令人满意的退火效果。

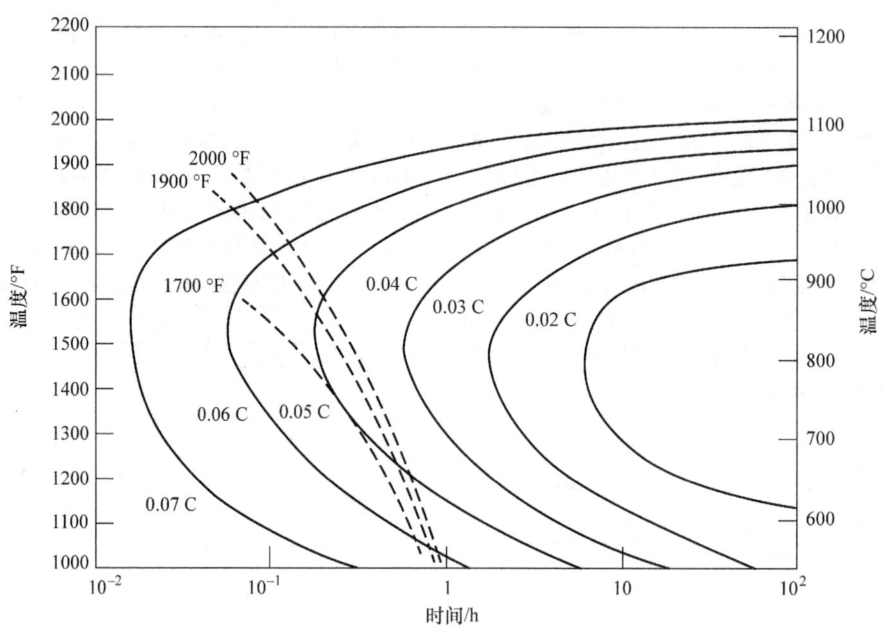

图4-47 不同含碳量的 Inconel 600 合金棒材的时间-温度/碳化物析出图

注：图中虚线表示从图中温度空冷，直径为250mm（10in）的合金棒材心部温度低于固溶温度的时间。合金的名义成分（质量分数）为 Ni-0.0x% C-0.5% Mn-6% Fe-0.25% Cu-15.5% Cr。合金在1150℃（2100℉）保温30min进行固溶处理，然后冷却至析出温度。

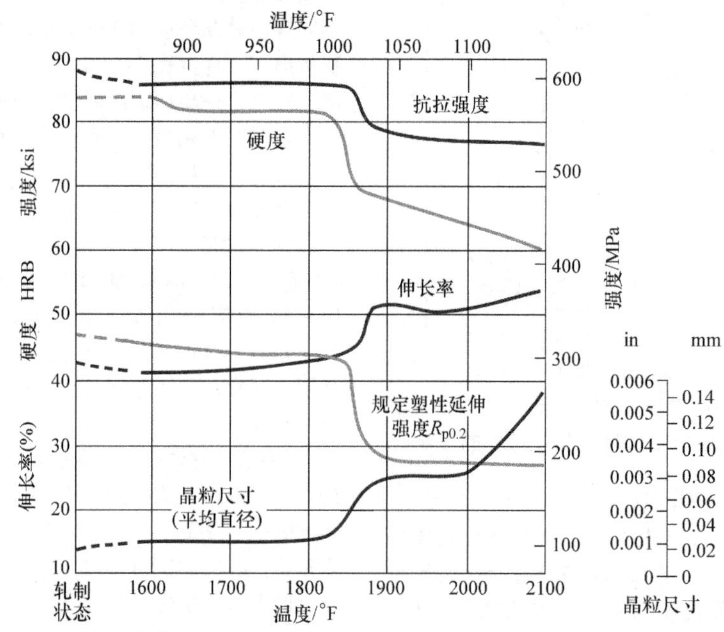

图4-48 固溶退火温度对直径为30mm（1.2in）的800合金热轧棒材硬度的影响

800合金在540～1095℃（1000～2000℉）温度区间，会析出铬碳化物。在540～760℃（1000～1400℉）温度范围和一定环境下，容易产生晶间腐蚀（敏化）。对于大多数在高温下应用的产品，敏化通常不会造成问题，但当800合金进行了焊接或其他类似的加工工序，同时又进行了酸洗或经受了其他腐蚀环境时，则必须小心避免出现敏化现象。图4-49和图4-50所示为800合金采用两种不同温度退火并受到一定范围的敏化处理的时间-温度敏化图。

（5）锻造 Ni-Mo 和 Ni-Cr-Mo 合金（Hastel-

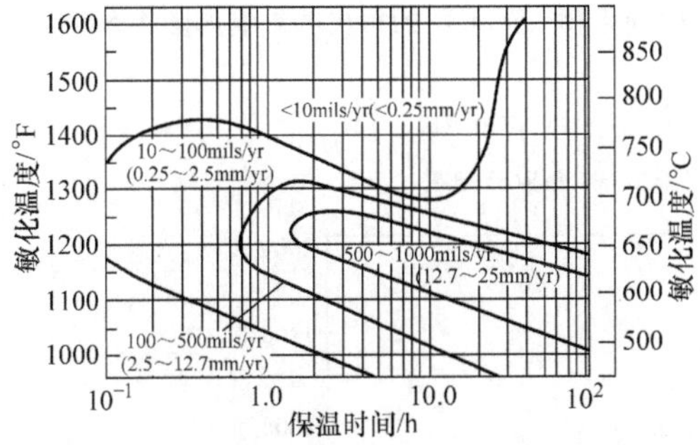

图 4-49　800 合金在 955℃（1750℉）固溶 1h 淬水，晶间腐蚀试验时间 - 温度敏化图

注：通过晶间腐蚀试验（Huey Test）确定合金的敏感性。该试验是将试样浸入加热的 65% 硝酸中，浸泡 5 个连续的 48h，如果其平均腐蚀率超过 24 mils/yr（0.61 mm/yr），则表明该试样在一定程度上是晶间腐蚀敏感的

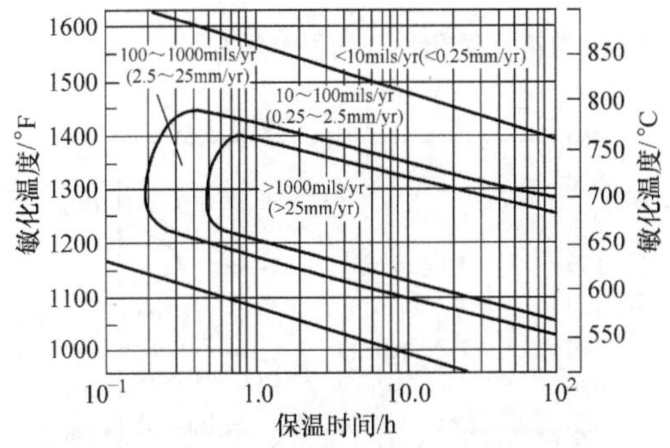

图 4-50　800 合金在 1095℃（2000℉）固溶保温 1h 淬水，晶间腐蚀试验时间 - 温度敏化图

loy 系列）　Hastelloy 和 Haynes 系列镍基合金包括 Ni - Mo 合金以及各种 Mo 与 Cr 和 Co 等其他元素结合的合金（表 4-13）。高镍和添加钼的合金具有优异的抗点蚀和抗间隙腐蚀性能。Ni - Mo 合金称为 Hastelloy B 型合金，Ni - Cr - Mo 合金称为 Hastelloy C 型合金，而 G 型合金通常含有铁。

除非另有说明，Ni - Mo 合金（含有铬和/或铁）的锻造产品通常在轧后厂内退火状态下供货，具有力学性能和耐蚀性的最佳组合。通常轧后厂内退火薄板具有足够的塑性，可以进行适度的成形，无需后续热处理。在热成形工序后，则必须对合金进行重新退火恢复。

冷加工是成形耐蚀合金的一种较好的方法。图 4-51 所示为冷加工变形量对 Hastelloy 系列合金和 304 不锈钢硬度的影响的比较。一般来说，进行冷加工不会影响合金的耐均匀腐蚀或耐点蚀性能，但在某些环境中，大量冷变形会增加应力腐蚀敏感性。一般来说，如果冷加工变形量低于 7%，则不需要进行退火处理。但在某些环境中，当外表纤维组织伸长超过 7% ~ 10% 时，残余应力会导致应力腐蚀开裂。

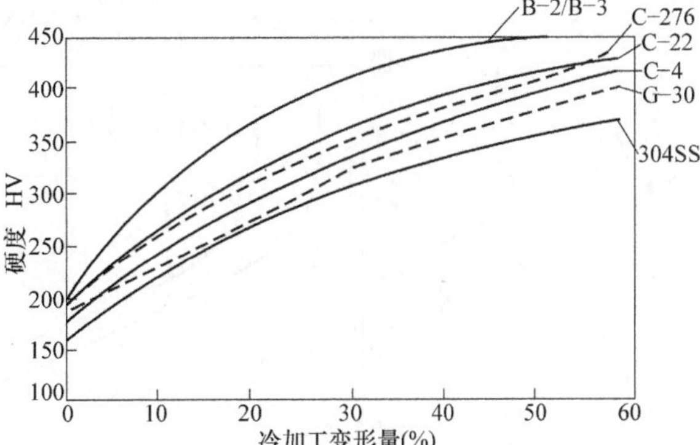

图 4-51　冷加工变形量对 Hastelloy 系列镍基耐蚀合金硬度的影响

一般来说，对这类合金能进行的唯一热处理就是完全固溶退火。通过固溶退火，这类合金可以达到最佳的耐蚀性。保温时间与热处理炉类型、操作、装载和卸载方法有关。通常情况下，根据工件截面厚度，保温时间为 10 ~ 30min。根据工件尺寸，在固溶退火温度下保温 5 ~ 10min，可以消除冲压、深拉拔、弯曲等冷加工的影响。

为防止二次相析出，降低合金的耐蚀性，在固溶处理后快速冷却是热处理的关键。建议厚度大于 9.5mm（3/8in）的合金工件采用淬水；厚度小于 9.5mm（3/8in）的合金工件采用强制风冷。然而，优先选择仍为淬水。必须尽可能地缩短从热处理炉到淬火槽的淬火转移时间和强制风冷时间（少于 3min）。

对于这类合金来说，用于钢、不锈钢和其他镍基合金的去除应力温度通常是无效的。在绝大多数腐蚀性环境下，耐腐蚀的 Ni - Cr - Mo 合金都是在焊接状态下直接使用的，通常焊后不需要进行热处理。既不需要在 1040 ~ 1175℃（1900 ~ 2150℉）温度进行完全固溶退火，也不需要在 595 ~ 650℃（1100 ~ 1200℉）温度进行去除应力。如果在中等温度进行了热处理，虽然足以去除应力，但也可能促进有害于耐蚀性的析出相析出。

高温下可能出现的析出相是选择合金时需要考虑的一个因素。在含铬的合金中，低碳能防止在焊接过程中析出碳化物，保证了焊接结构件的耐蚀性。例如，$w(C) = 0.0015\%$ 的 C - 4 合金比 C 合金和 C276 合金更不容易产生敏化现象，如图 4-52 所示。C - 276 合金也有低碳的限制 [$w(C) \leqslant 0.002\%$]，当在 1065℃（1950℉）退火后快速冷却时，将会固溶这一小部分碳。温度和时间对 C－276 合金 μ 相和二次碳化物（M_6C）的析出的影响如图 4-53 所示。

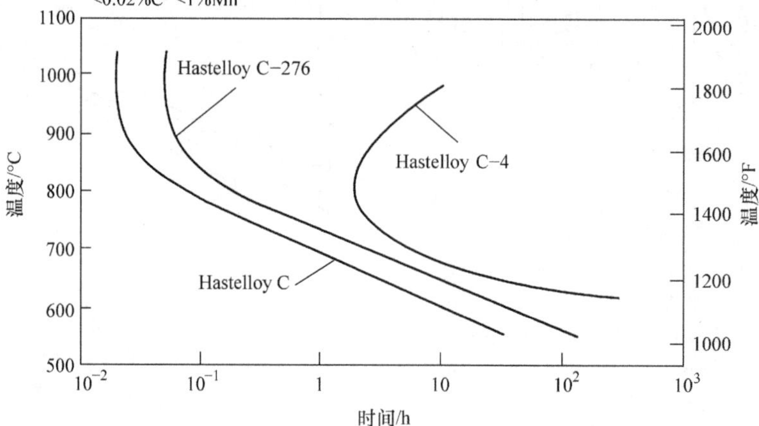

图 4-52　三种 Ni－Cr－Mo 固溶强化合金的时间－温度－碳化物开始析出转变图

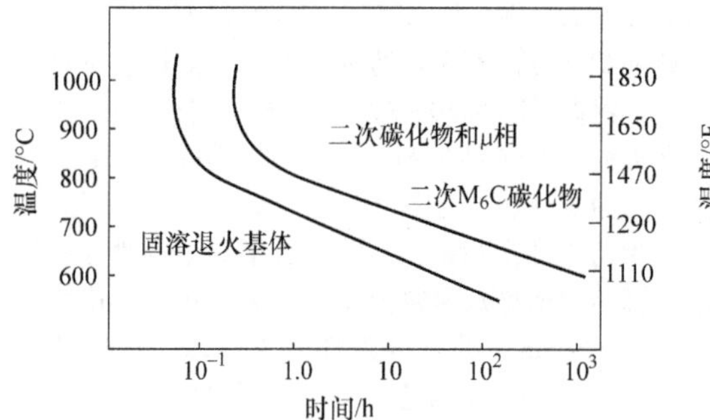

图 4-53　hastelloy C－276 合金的时间－温度析出腐蚀图

注：在 1125℃（2045℉）固溶退火。名义成分（质量分数）为 Ni－16% Cr－3.4% W－6% Fe－0.01% C－0.02% Si－1% Co－0.45% Mn－0.2% V－16% Mo。

在 Hastelloy B 系列的 Ni－Mo 合金中，有害的金属间化合物相的析出，会降低合金的塑性。例如，对于 Hastelloy B－2 和 B－3 合金，绝不允许在 540～815℃（1000～1500℉）的温度范围进行热处理或焊后去除应力处理。B－3 合金比 B－2 合金不容易析出金属间化合物（图 4-54），但对于这两种合金，仍然建议采取预防措施。在 540～815℃（1000～1500℉）中间温度范围内，可能导致晶间开裂，特别是对于冷加工合金和高残余应力的大截面工件。要求加热炉具有高的加热功率，以保证在加热装炉后能迅速恢复到炉温。

为提高合金的高温蠕变抗力，部分固溶强化合金通过时效析出碳化物。例如，典型 Hastelloy X（UNS N06002）合金的固溶和时效工艺为在 1175℃

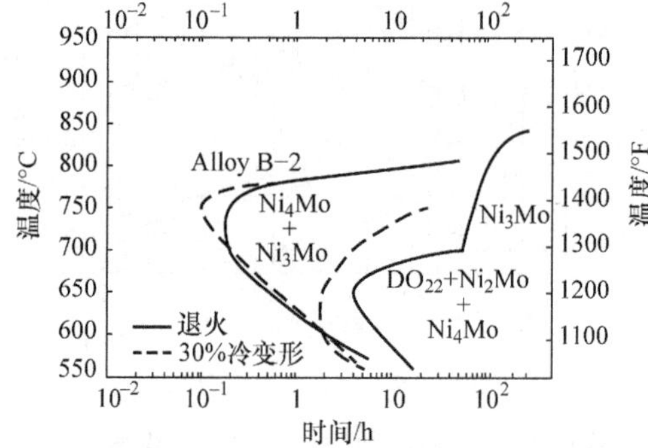

图 4-54　Hastelloy B－2 和 Hastelloy B－3 镍－钼合金的金属间化合物析出相对比

（2150℉）固溶和空冷处理，然后采用两级时效：

1）加热到 760℃（1400℉）保温 3h；空冷。

2）再热至 595℃（1100℉）保温 3h；空冷。

图 4-55 中的微观组织为 Hastelloy X 合金在两级时效后，碳化物析出的情况。

4.2.5　时效强化合金

析出硬化（PH）镍基合金中添加了铝、钛或铌等析出相形成合金元素。大多数析出硬化锻造镍基合金（表 4-14）添加了铝和钛，形成 γ′［Ni_3(Al，Ti)］金属间化合物。除添加钛外，如果添加较多的铌和铁，还可以形成 γ″（Ni_3Nb）金属间化合物。析出 γ′和/或 γ″是镍基合金时效硬化的基础。然而，C－22HS 合金是最近新开发的析出硬化锻造镍基合金（表 4-14），该合金采用专门设计的热处理工艺，在时效过程中析出长程有序的时效强化相 Ni_2（Mo，Cr）。本节对该合金进行了简要介绍，而更常见的析

出 γ′和 γ″相的合金在其他部分进行介绍。

由于 γ′相能提高镍基合金基体的高温蠕变强度，很多析出硬化镍基合金（表 4-14）是开发用于有高温强度要求的超合金。γ′相为面心立方（fcc）结构，与 fcc 镍基体的晶格错配度为 1% 或更低。γ′相也是其他镍基合金时效硬化的基础，如高镍的杜拉镍 301（Duranickel 301）和镍－铜合金（Monel）中的 K－500 合金（表 4-14），随颗粒尺寸增大至过时效或粗化，合金的硬度也提高了。形成 γ′相的数量与合金中强化合金元素的数量成正比。铝、钛、铌和钽都是强 γ′相形成元素。如果合金中钛、铌或钽元素过饱和，γ′相也可以转变为其他含镍的金属间化合物析出相（Ni_3X）。由于合金的高温强度随 γ′相数量的增加而提高，合金中 γ′相的体积分数也是衡量析出硬化镍基合金的重要性能指标（更详细内容请参阅本章中“镍基合金的热处理和相组织”一节）。

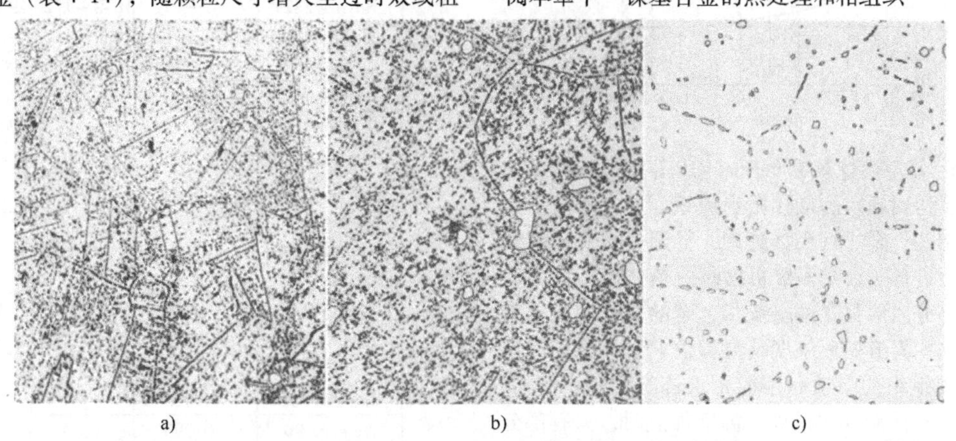

a)　b)　c)

图 4-55　Hastelloy X 合金在 1175℃（2150℉）固溶退火后采用两级时效得到的显微组织
a）在 760℃（1400℉）时效 25h，在 γ 相基体中的 M_6C、M_6C'和 $M_{23}C_6$ 颗粒　b）在 870℃（1600℉）时效 25h，在 γ 相基体中的 M_6C 和 M_6C'颗粒（采用萃取法分析）　c）在 1040℃（1900℉）时效 50h，由于时效温度高，在 γ 相基体中只有 M_6C 和 M_6C'颗粒
注：电解液为草酸；原放大倍率为 500×。

镍基析出硬化超合金与镍－铁基析出硬化超合金之间也有重要的区别。许多镍－铁基析出硬化超合金除允许主要的 γ′和/或 γ″（Ni_3Nb）金属间化合物强化相析出外，还可能有其他金属间化合物（如 η、δ、Laves 相）析出。在镍－铁合金中，过量的铌（除钛以外）可以导致 γ′相向 γ″相（体心正方相）转变，最终达到平衡的正交相（Ni_3Nb）。在析出硬化峰处，γ′和 γ″相都有可能出现，但细长针状 Ni_3Nb 相会导致合金硬度降低。富钛的 γ′相也可能转变成 η 相（Ni_3Ti）。形成 η 相可以改变合金的力学性能，但效果是好还是坏取决于具体的合金类型。

根据 γ′和/或 γ″相是否是主要的强化相，可将镍－铁基析出硬化超合金分为主要由 γ″相强化和主要由 γ′相强化两类。主要由 γ″相强化的镍－铁基析出硬化超合金富镍，并且含有形成 γ″相合金元素铌。这类合金以 Inconel 706 和 718 为典型代表。主要由 γ′相强化的合金包括含镍量相对较低［w(Ni) = 25% ~35%］的 A－286 合金，以及含镍量相对较高［w(Ni) >40%］的 Incoloy 901 和 Inconel X－750 合金。其中含镍量相对较高的合金中 γ′相的体积分数和强度也相对高一些。富铁的 Incoloy 903 和 909 合金为 Fe－Ni－Co 合金，具有较低的热膨胀系数和高强度，也是通过析出 γ′相进行强化的。

除主要强化析出相（γ′和/或 γ″）外，许多镍－铁合金还可能析出其他金属间化合物相，这些相对合金的晶粒尺寸也可起到控制作用。例如，Inconel 901 和 A－286 合金在低于 η 相固溶度曲线温度加热时，η 相就会起到阻止晶粒长大的作用［见本节中“例 1：A－286 合金的两级时效处理（提高屈服强度）”］。Incoloy 909 和 Pyromet CTX3M 合金中拉弗斯（Laves）相的固溶度曲线温度约为 1040℃（1900℉），当在 980 ~ 1010℃（1800 ~ 1850℉）温度范围内退火时，拉弗斯（Laves）相起到了控制合金晶粒尺寸的作用。

可以利用主要由 γ″相强化的镍－铁基析出硬化超合金的热处理原理，指导 A－286 铁基超合金和 Incoloy 901 合金的热处理。在这些合金中，可以利用在 γ″固溶度曲线以上温度析出的 δ 相，来控制合金的晶粒尺寸，就像在 A－286 或 Incoloy 901 合金中利用 η 相一样。然而，在热处理过程中必须确保 γ″相充分析出，而不是析出具有相同成分的正交晶系 δ 相。δ 相不与基体共格，不会起到强化合金的作用。在合金中没有铁存在的情况下，或者在相转变图中的某一温度和时间条件下，不析出 γ″相，而形成 δ 相，如图 4-56 所示。

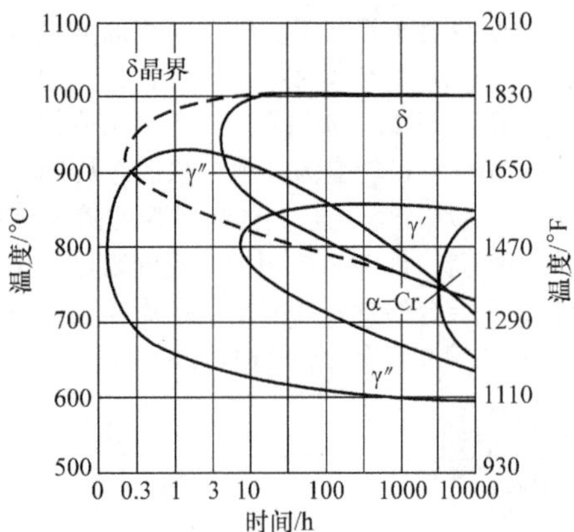

图 4-56 真空熔炼热锻 Inconel 718 棒材的相转变图

为了达到预期的最佳微观组织，通常对析出强化锻造镍基合金进行固溶处理，得到过饱和固溶体相，然后进行一级或多级析出时效热处理。表 4-25 所列为部分固溶强化锻造镍基合金的典型固溶处理温度。这些固溶处理温度是典型值，具体温度应该根据微观组织的要求和性能要求进行调整。例如，合金在 γ′相固溶度曲线以下温度加热时，只有部分 γ′相溶解，通过未熔的初生 γ′相钉扎晶界，保持细小晶粒，如图 4-57 所示。如果在 γ′相固溶度曲线以上温度加热，γ′相完全溶解，则没有钉扎作用，合金的晶粒会发生粗化，此时合金的晶粒尺寸由更稳定的粒子，如碳化物或氧化物所控制。

表 4-25 部分时效强化锻造镍基合金的典型固溶处理温度

合金		统一数字编号	固溶退火温度	
		UNS No.	℃	℉
变形抗腐蚀析出强化合金	Duranickel 301	N03301	925	1700
	Alloy K－500	N05500	980～1080	1800～1975
	80A	N07080	1080	1975
	C－22HS	—	1080	1975
	242	N10242	1040～1120	1900～2050
	263	N07263	1150	2100
	725	N07725	1040	1900

（续）

合金		统一数字编号	固溶退火温度	
		UNS No.	℃	℉
变形析出强化超合金	Astroloy	N13017	1175	2150
	ATI 718Plus	N07818	955～1040	1750～1900
	Custom Age 625Plus	N07716	1025～1050	1875～1925
	D－979	N09979	1205	2200
	Haynes 242	—	1040～1120	1900～2050
	Incoloy 901	N09901	1080～1105	1975～2025
	Inconel 702	N07702	1040～1065	1900～1950
	Inconel 706	N09706	925～1010	1700～1850
	Inconel 718	N07718	925～1040	1700～1900
	Inconel 725	N07725	1040	1900
	Inconel 740H	N07740	1120	2050
	Inconel 751	N07751	955～1150	1750～2100
	Inconel X－750	N07750	940～1150	1725～2100
	Inconel 783		1120	2050
	Incoloy 925	N09925	980～1065	1800～1950
	Incoloy 945	N09945	980～1065	1800～1950
	Incoloy 945X	N09945	980～1065	1800～1950
	Nimonic 80A	N07080	1080	1975
	Nimonic 90	N07090	1080	1975
	Nimonic 105	W. Nr. 2. 4634	1120～1150	2050～2100
	Nimonic 115	W. Nr. 2. 4636	1190	2175
	Nimonic 263	N07263	1150	2100
	Pyromet 31	N07031	1095	2000
	Refractaloy 26	—	1190～1205	2175～2200
	René 41	N07041	1065	1950
	René 95	—	1120～1170	2050～2135
	Udimet 520	N07252	1105	2025
	Udimet 630	N07630	1205	2200
	Udimet 710	—	1175	2150
	Udimet 720	—	1120	2050
	Unitemp AF2－1DA	N07012	1205	2200
	Waspaloy	N07001	1080	1975

注：为满足不同性能产品的要求，请参阅正文和表 4-26中的热处理。

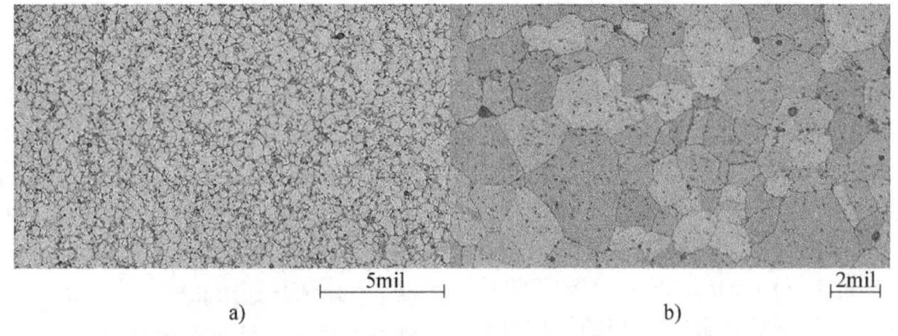

a) b)

图 4-57 粉末冶金高温合金的微观组织（200×）

a）固溶体分解曲线以下温度热处理 b）固溶体分解曲线以上温度热处理

注：照片由通用电气公司的 A. Wessman 提供。

表 4-26 列出了部分时效强化锻造镍基合金的热处理工艺。固溶处理温度可以选择γ′和/或γ″相固溶度曲线以上或以下温度，这需要考虑多种因素，其中包括预期的晶粒尺寸、是否保留温加工过程中的强化效果、要求的γ′相形态，以及碳化物析出等。镍－铁超合金还含有可用于控制晶粒尺寸的η相（见本节中“γ′镍－铁超合金的热处理”有关内容）。

表 4-26　部分时效强化锻造镍基合金的固溶和时效处理工艺

<table>
<tr><th rowspan="3">合金</th><th colspan="4">固溶处理</th><th colspan="4">时效</th></tr>
<tr><th colspan="2">温度</th><th rowspan="2">时间/h</th><th rowspan="2">冷却方式[①]</th><th colspan="2">温度</th><th rowspan="2">时间/h</th><th rowspan="2">时效工艺和冷却方式</th></tr>
<tr><th>℃</th><th>℉</th><th>℃</th><th>℉</th></tr>
<tr><td>Monel K－500（热加工产品）</td><td>980</td><td>1800</td><td>0.5～1</td><td>WQ</td><td>595</td><td>1100</td><td>16</td><td>炉冷至 540℃（1000℉）保温 6h，炉冷至 480℃（900℉）保温 8h，AC</td></tr>
<tr><td>Monel K－500（冷加工产品）</td><td>1035</td><td>1900</td><td>0.5～1</td><td>WQ</td><td>540</td><td>1000</td><td>≥6</td><td>炉冷至 480℃（900℉）保温 8h，AC</td></tr>
<tr><td rowspan="2">Astroloy</td><td>1175</td><td>2150</td><td>4</td><td>AC</td><td>845</td><td>1550</td><td>24</td><td>AC</td></tr>
<tr><td>1080</td><td>1975</td><td>4</td><td>AC</td><td>760</td><td>1400</td><td>16</td><td>AC</td></tr>
<tr><td rowspan="2">Custom Age 625Plus</td><td rowspan="2">1040</td><td rowspan="2">1900</td><td rowspan="2">1</td><td rowspan="2">AC</td><td>720</td><td>1325</td><td>8</td><td>炉冷</td></tr>
<tr><td>620</td><td>1150</td><td>8</td><td>AC</td></tr>
<tr><td rowspan="2">Incoloy 901</td><td rowspan="2">1080～1105</td><td rowspan="2">1975～2025</td><td rowspan="2">2</td><td rowspan="2">WQ</td><td>760～800</td><td>1400～1475</td><td>2～4</td><td>AC，碳化物稳定化处理(中间热处理)</td></tr>
<tr><td>705～745</td><td>1300～1375</td><td>24</td><td>AC，析出时效</td></tr>
<tr><td>Incoloy 909</td><td>980</td><td>1800</td><td>1</td><td>AC</td><td>720</td><td>1325</td><td>8</td><td>以 55℃/h（100℉/h）的冷却速率炉冷至 620℃（1150℉）保温 8h，AC</td></tr>
<tr><td>Incoloy 925</td><td>980～1040</td><td>1800～1900</td><td>1</td><td>—</td><td>730</td><td>1350</td><td>8</td><td>以 40℃/h（75℉/h）的冷却速率炉冷至 635℃（1175℉）保温 12h，AC</td></tr>
<tr><td rowspan="3">Inconel 706</td><td rowspan="3">925～1010</td><td rowspan="3">1700～1850</td><td rowspan="3">—</td><td rowspan="3">—</td><td>845</td><td>1550</td><td>3</td><td>AC</td></tr>
<tr><td>720</td><td>1325</td><td>8</td><td>炉冷</td></tr>
<tr><td>620</td><td>1150</td><td>8</td><td>AC</td></tr>
<tr><td rowspan="2">Inconel 706[②]</td><td rowspan="2">980</td><td rowspan="2">1800</td><td rowspan="2">1</td><td rowspan="2">AC</td><td>730</td><td>1350</td><td>8</td><td>炉冷</td></tr>
<tr><td>620</td><td>1150</td><td>8</td><td>AC</td></tr>
<tr><td rowspan="2">Inconel 718</td><td rowspan="2">980</td><td rowspan="2">1800</td><td rowspan="2">1</td><td rowspan="2">AC</td><td>720</td><td>1325</td><td>8</td><td>炉冷</td></tr>
<tr><td>620</td><td>1150</td><td>8</td><td>AC</td></tr>
<tr><td>Inconel 718（AMS 5662）</td><td>980</td><td>1800</td><td>1</td><td>AC</td><td>720</td><td>1325</td><td>8</td><td>炉冷至 620℃（1150℉）保温达到完全时效强化时间 18h，AC</td></tr>
<tr><td>Inconel 718（AMS 5664）</td><td>1065</td><td>1950</td><td>1</td><td>AC</td><td>760</td><td>1400</td><td>10</td><td>炉冷至 650℃（1200℉）保温达到完全时效强化时间 20h，AC</td></tr>
<tr><td>Inconel 725</td><td>1040</td><td>1900</td><td>1</td><td>AC</td><td>730[③]</td><td>1350</td><td>8</td><td>对用于含硫气氛的产品，以 55℃/h（100℉/h）的冷却速率炉冷至 620℃（1150℉）保温 8h，AC</td></tr>
<tr><td rowspan="2">Inconel X－750</td><td rowspan="2">1150</td><td rowspan="2">2100</td><td rowspan="2">2</td><td rowspan="2">AC</td><td>845</td><td>1550</td><td>24</td><td>AC</td></tr>
<tr><td>705</td><td>1300</td><td>20</td><td>AC</td></tr>
<tr><td>Inconel X－750（AMS 5668）</td><td>1150</td><td>2100</td><td>2～4</td><td>AC</td><td>845</td><td>1550</td><td>24</td><td>AC，再加热至 705℃（1300℉）保温 20h，AC</td></tr>
<tr><td>Inconel X－750（AMS 5671）</td><td>980</td><td>1800</td><td>1</td><td>AC</td><td>730</td><td>1350</td><td>8</td><td>炉冷至 620℃（1150℉）保温达到完全时效强化时间 18h，AC</td></tr>
<tr><td>Nimonic 80A</td><td>1080</td><td>1975</td><td>8</td><td>AC</td><td>705</td><td>1300</td><td>16</td><td>AC</td></tr>
<tr><td>Nimonic 90</td><td>1080</td><td>1975</td><td>8</td><td>AC</td><td>705</td><td>1300</td><td>16</td><td>AC</td></tr>
<tr><td>René 41</td><td>1065</td><td>1950</td><td>0.5</td><td>AC</td><td>760</td><td>1400</td><td>16</td><td>AC</td></tr>
<tr><td rowspan="2">Udimet 500</td><td rowspan="2">1080</td><td rowspan="2">1975</td><td rowspan="2">4</td><td rowspan="2">AC</td><td>845</td><td>1550</td><td>24</td><td>AC</td></tr>
<tr><td>760</td><td>1400</td><td>16</td><td>AC</td></tr>
</table>

（续）

合金	固溶处理				时效			
	温度		时间/h	冷却方式①	温度		时间/h	时效工艺和冷却方式
	℃	℉			℃	℉		
Udimet 700	1175	2150	4	AC	845	1550	24	AC
	1080	1975	4	AC	760	1400	16	AC
Waspaloy	1080	1975	4	AC	845	1550	24	AC
					760	1400	16	AC

① WQ，水淬；AC，空冷。对于大多数时效强化合金，采用不同的固溶处理和时效强化工艺，以获得所需的性能。根据合金的预处理和产品最终性能要求，选择热处理工艺。如 Inconel 718 和 Inconel X-750，根据航空材料规范（AMS）选择热处理以达到预期的最终性能要求。

② 为提高合金拉伸性能，而不是拉伸蠕变抗力，对 Inconel 706 进行的热处理工艺。

③ 如果受热处理炉大小/负荷限制快速加热到初始时效温度，建议控制 590～730℃（1100～1350℉）温度范围内的加热速率。

碳化物的形成对合金的性能也有重要的影响，特别是对于合金的蠕变性能，但根据合金及其处理工艺不同，其影响是多方面的。这使得很难对这类超合金的热处理制定出指南，而需要针对每一种合金仔细进行考虑。在许多这样的合金中，碳化物可能处于铸态，也可能处于固溶退火状态，但它们可能是不稳定的。在凝固过程中形成的 MC 型碳化物在高温下保持稳定，但在较低的温度下不稳定，在时效过程中则会消失。例如，图 4-58 所示为 Udimet 100 合金中的碳化物和 σ 相时间－温度转变图。

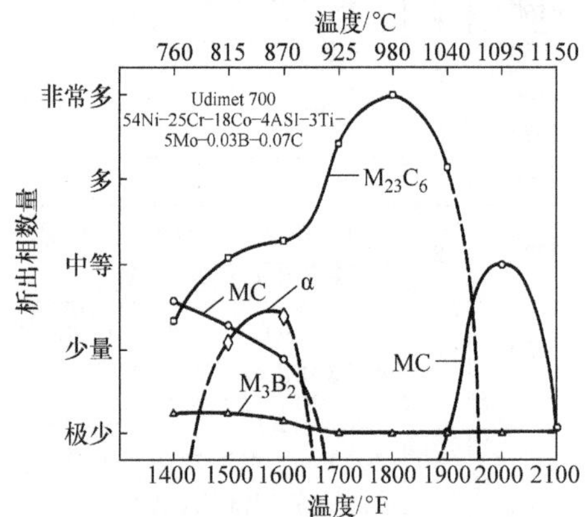

图 4-58 可时效强化超合金（Udimet 100）中的碳化物和 σ 相的时间－温度转变图

$$MC + \gamma \rightarrow M_{23}C_6 + \gamma'$$

上式可以写成

$$(Ti,Mo)C + (Ni,Cr,Al,Ti) \rightarrow (Cr,Mo)_{23}C_6 + Ni_3(Al,Ti)$$

$M_{23}C_6$型碳化物在较低的温度范围内存在，但在高于 875℃（1600℉）的高温下不存在。MC 型碳化物主要含有钛和钼元素，而 $M_{23}C_6$主要含有铬和钼元素。因此，当形成 $M_{23}C_6$型碳化物时，γ 相中的含铬量降低，铝和钛的比例增加，有利于形成 γ′相。这两种类型的碳化物在晶界上形成，但是 MC 型碳化物正在分解，形成 γ′相。因此，在这种合金中，晶界上有 γ′相和碳化物存在，如图 4-59 所示。

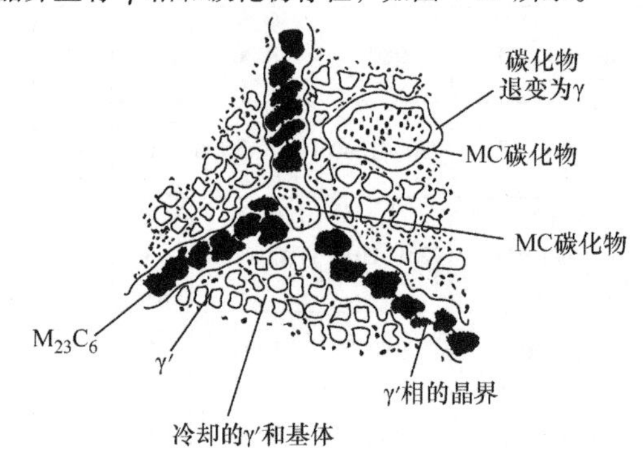

图 4-59 碳化物和 γ′相形成示意图

Hastelloy C-22HS 合金是一种相对较新的高钼－镍基超合金，其时效强化机制是析出一种长程有序的 Ni_2（Mo，Cr）强化相。该合金的标准固溶退火处理包括加热到 1080℃（1975℉），然后快速空冷或淬水处理。如果希望合金获得高的强度，则必须采用两级时效处理工艺，即在 705℃（1300℉）保温 16h，炉冷到 605℃（1125℉）保温 32h，然后空冷。如果合金的组织为冷加工或热加工组织，通常需要进行固溶加时效强化处理。

4.2.6 时效强化合金的退火

固溶处理的目的是溶解第二相，得到过饱和固溶体，为时效硬化做准备。对于大多数可时效强化合金，退火工艺与固溶退火工艺相同（译者注：在本书中，有些地方存在两者混用的情况）。然而，这两种工艺的用途是不同的。退火的主要目的是降低合金的硬度和提高塑性，为成形、焊接或机加工做准备，消除焊接后的应力；而固溶退火的目的是产生特殊的微观组织，重新溶解第二相，软化时效强化后的组织。因为在时效硬化前通常需要进行完全固溶退火，实际去除应力通常局限于非时效强化合金。此外，去除应力温度通常选择时效强化温度上限。

热加工过程中的重新加热类似于退火，其目的是充分改善金属的成形性能。通过控制温度，使合金产生不同程度的再结晶和晶粒长大，因此可以通过对温度进行控制，来改变合金的性能。在大多数标准工序中，热加工中的加热或重新加热是一个完全退火过程，在该过程中发生了再结晶和使所有或大部分二次相溶解。然而，在一些铁－镍基合金的热加工过程中，通过二次相可以控制晶粒长大。例如，通过控制强化 Inconel 718 合金的 γ''相，以及强化 Inconel 901 合金的 γ'相，来控制这些合金在热加工过程中的晶粒长大。例如，首先通过适当的热处理［如在 900℃（1650℉）保温 8h］，使 Inconel 901 合金中产生二次相 η（Ni_3Ti），然后在低于 η 相固溶度曲线以下温度，大约 950℃（1740℉）进行热加工和再结晶，最后对合金进行时效热处理。最终合金组织晶粒细小，具有高的抗拉强度和抗疲劳性能。

超合金的退火工艺通常是指完全退火，即合金完全再结晶和达到最大程度的软化。大多数锻造超合金都是可以采用冷加工成形的，但其成形比奥氏体型不锈钢更难。超合金具有很高的应变强化和加工硬化，由此限制了各退火工艺之间的冷加工变形量。对超合金进行大变形量的冷成形加工，通常需要在冷成形过程中，采用数个中间退火过程。在完全退火后，必须对超合金进行快速冷却。在对时效硬化合金焊接过程中，如果得到高约束的焊接接头，则应在焊接后进行退火处理。对于应变时效敏感合金，必须采用快速加热工艺。如果焊接构件不允许进行退火处理，对于不容易发生应变时效开裂的合金，可以采用时效工艺消除焊接应力。

为防止合金出现严重氧化，必须采用保护性气氛进行退火或固溶处理。如果后续切削加工可以去除氧化组织，可以在大气环境中，对超合金进行固溶处理；也可以在燃气炉中，在正常空气和燃气混合气氛中进行热处理。当然，也可以采用真空热处理。

（1）真空热处理　通常真空度为 0.25Pa（2×10^{-3}Torr），温度高于 815℃（1500℉）。在工件尺寸接近最终产品尺寸时，适合采用真空热处理。商用真空热处理炉具有加热速率快、淬火能力强，以及生产环境清洁等优点，因此得到了越来越广泛的应用。

（2）惰性气体　如果不允许工件氧化，可采用露点温度为－50℃（－60℉）或更低的干燥氩气作为气氛。必须在密封的加热室或密封反应罐中使用这类气氛。在使用炉内密封反应罐之前，必须仔细地对炉内进行清洗。在处理过程中和直到工件冷却至室温，必须保持氩气持续不断地流动，以防止工件表面形成氧化膜。

如果合金含有铝和钛等稳定的氧化物形成元素，则不论是否含有硼，都必须采用真空或在惰性气体（如氩气）中进行光亮退火。如果采用氩气，则必须采用纯度高的，露点为－50℃（－60℉）或更低的干燥氩气。如果氩气的露点稍高，但不超过－40℃（－40℉），在这种情况下，允许在工件表面形成薄的氧化膜。

（3）氢　优先采用氨分解的，露点为－50℃（－60℉）的干燥氢进行光亮退火。如果是采用催化气体反应制备氢气，而不是采用电解产生氢气，那么残留的碳氢化合物，如甲烷，应该控制在约 50ppm 以下，以防止出现渗碳现象。对含有大量稳定氧化物形成元素（如铝或钛）的合金，不建议使用氢气氛进行光亮退火，因为在通常的热处理温度和露点条件下不会发生还原。对于含硼的合金，不推荐使用氢气氛进行退火或固溶处理，因为可能会形成硼氢化物，造成脱硼的危害。

（4）放热型气氛　采用浓度较低的放热性炉气进行热处理是相对安全和经济的。在这样的气氛中工件表面形成的氧化膜，可以通过酸洗或盐浴除垢加酸洗去除。该放热性气氛由燃料燃烧后的气体和空气组成，含有约 85% 的 N_2、10% 的 C_2O、1.5% 的 CO、1.5% 的 H_2 和 2% 的水蒸气。在这种放热性炉气中产生的氧化膜含有大量的铬氧化物。

（5）吸热型气氛　不推荐在催化剂存在的情况下，采用燃气与空气反应制备吸热型气氛，因为这种气氛可能会产生渗碳的危害。同理，由于可能产生渗氮，也不采用由氮和分解氨制备的氢混合的放热性气氛。

4.2.7　时效强化前的固溶处理

超合金热处理的第一步通常是固溶处理，一般在箱式炉中进行间歇加热退火或固溶处理。如果热处理炉的高温加热工作室是与其他工作室隔开的，则可能有具体的热处理除气、预热和淬火规程。对合金进行固溶加热和淬火的目的是在室温下获得过饱和固溶体。通过淬火，可实现在时效强化过程中，析出细小弥散的强化相。常用的冷却方法包括淬油、淬水以及各种形式的空冷或惰性气体冷却。在淬火过程中产生的内应力，也会加速某些可时效强化合金产生过时效现象。

部分时效强化锻造镍基合金的典型固溶退火温度见表4-25。应该根据合金所要求的性能选择固溶处理温度。选择较高的固溶处理温度，合金得到较大的晶粒尺寸，具有最佳蠕变断裂性能；选择较低的固溶处理温度，合金得到细小的晶粒尺寸，具有最佳高温拉伸性能、优良的抗疲劳性能或改善了抗缺口断裂敏感性。

通过改变固溶加热温度，可以对碳化物分布进行控制。选择较高的固溶温度，会使晶粒发生长大和溶解更多的碳化物。在时效后，这些锻造合金的微观组织基体为大晶粒，在大晶粒内有主要的时效相（γ′、γ″、η），晶界上有大量碳化物形成。例如，René 41 合金在1175℃（2150℉）固溶处理，在晶界上有$M_{23}C_6$碳化物连续膜析出，对合金的力学性能产生了有害影响。因此，通常采用1075℃（1970℉）等较低的固溶温度，得到细小晶粒的基体组织和分散性良好的M_6C碳化物。在1075～1095℃（1970～2000℉）保温10h，M_6C保持不变，但γ′相会溶入基体中，如图4-60所示。

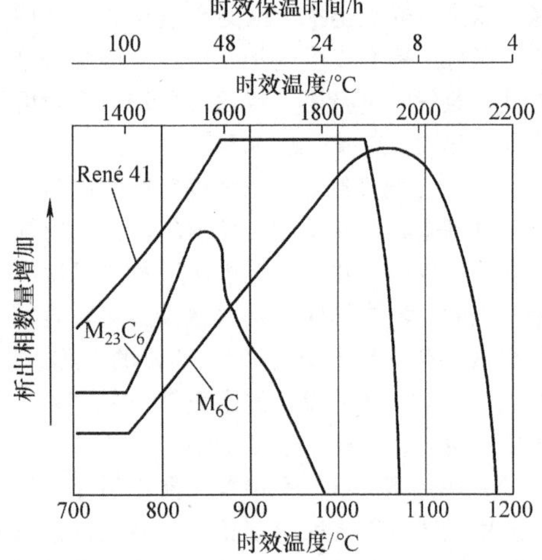

图4-60 René 41合金在1205℃（2200℉）固溶加热和淬水处理，在不同时间和温度下时效析出相的相对量

1. 表面状态变差

在热处理过程（特别是固溶处理）中，表面可能发生氧化、增碳、合金元素贫化和表面污染。晶间腐蚀的主要原因是铬、铝、钛、锆和硼等元素优先发生氧化。钼增加了时效硬化合金的晶间腐蚀敏感性。

（1）抗氧化能力 通过添加铬、铝和其他一些元素，来提高合金的抗氧化能力。在大约870℃（1600℉）的中温以下区间，铬能形成保护性氧化铬，当有足够的铝存在时，能在更高的温度[>870℃（1600℉）]下形成保护性氧化铝。此外，铝是比钛更强的强化元素：

1）增加铝会减少从γ′相转变形成η（Ni_3Ti）相。

2）氧化铝密度更高，形成使氧扩散更难渗透的表面膜。

3）铝的密度低。

（2）增碳 然而，在无铬、低膨胀系数（Invar型）的超合金中，如Incoly 903、907、909合金，以及Pyromet CTX-1、CTX-3和CTX-909合金中，不可能出现光滑、致密的氧化膜。如果固溶处理气氛具有渗碳碳势，就会发生表面增碳。例如，观察到A-286合金表面的w(C)从0.05%增加到0.30%。添加碳会形成稳定的碳化物（TiC），从而减少了固溶体中的钛，使表层无法进行正常析出硬化。在出现氮污染的情况下，可能以同样的方式在表面形成TiN。

（3）合金元素贫化 除了氧化外，在高温环境下，合金近表面的成分也会发生变化。在表面形成氧化皮时，表层的某些元素优先消耗，而合金基体中的某些元素出现贫化。此外，有些合金可能很容易产生脱硼现象，这可能会对合金表层的性能造成影响，如板材产品，必须给予关注。

（4）其他污染物 所有超合金零件表面都应该避免受到污垢、指纹、油污、油脂、成形过程中产生的化合物、润滑剂和水垢的影响。尤其是润滑油或含硫化合物燃料容易对合金表面造成腐蚀和脆化，它们首先在表面形成Cr_2S_3，然后随着腐蚀发展形成$Ni-Ni_3S_2$共晶相，该共晶相在645℃（1190℉）的温度和小于10^{-2}Pa（10^{-4}Torr）的真空条件下发生熔化。

炉膛中的氧化物和炉渣是另一个污染源。应避免工件与钢的氧化物、炉渣和炉膛剥落物接触，否则会在合金的表面形成低熔点化合物而造成腐蚀。

2. 夹具装置

在热处理过程中，固定产品工件的夹具分为支承型或约束型。对于固溶加热后必须快速淬火冷却的工件，最好的做法是在固溶加热和淬火过程中，采用小型夹具；在时效过程中，则使用约束型装置控制工件尺寸。

当不需要对工件进行约束或当工件自身能提供足够的自我约束时，就可以采用支承型夹具。支承型夹具有助于对工件进行处理，并可辅助支承工件自身重量。长条形工件，如管子或螺栓，最适合采用垂直悬挂方式固定。对于有一个平面的工件，如环状工件、气缸和横梁，可以放置在平板炉或炉盘上进行热处理。对于略不对称的工件，可以在平板托盘上采用特殊的支承夹具。如果这些支承夹具为焊接构件，在使用前须进行去除应力处理。

可以采用多种方式对不对称工件进行支承。一种方法是把该工件放在砂盘上，确保工件底部大部分都与砂盘中的砂有良好的接触。该方法最常用的支承材料为冲积石榴砂。另一种支承不对称工件的方法是采用陶瓷铸造成工件形状进行支承。该方法成本较高，并且受到尺寸大小的限制。典型的采用砂盘或陶瓷铸件支承不对称工件的例子有涡轮机叶片和不对称管道。

约束型夹具装置通常比支承装置复杂。为保证工件充分固定，需要采用机加工方法在支承装置上加工出凹槽、吊耳或夹子。例如，在时效过程中，为了保持 A-286 合金框架总成的对称性和圆度，在一个平板上加工夹具装置，并加工出凹槽。通过这些凹槽在热处理过程中固定框架总成的内、外圈，并保持其不发生变形。为了防止中心毂出现升降变形，应采用夹子对中心毂和外圈进行固定。

在时效处理过程中，可以利用夹具装置对工件进行部分校直。在时效过程中，可以对略有变形的工件进行强制固定和夹紧。随着时效时间的延长，会发生部分应力释放的现象。然而，由于镍基合金在时效温度下仍具有很高的蠕变强度，所以在时效温度下，通过强制固定和夹紧进行校直并不一定会成功。

由于采用螺纹紧固件在热处理后很难拆卸，因此不推荐采用该方法对工件进行夹紧。可采用楔子固定开槽进行紧固和夹持。

通常情况下，夹具和工件应具有相同的膨胀系数。然而，在某些特殊场合中，需要采用与工件具有不同膨胀系数的材料制作夹具，以便在温度升高时对工件施加一定应力。

4.2.8　时效

析出硬化超合金通常在 650~900℃（1200~1650℉）温度范围的箱式炉中进行时效。时效可采用保护气氛或不采用保护气氛，炉内工作温差的控制要求为 ±15℃（±25℉）。由于时效时间较长，很少采用连续式热处理炉进行时效。也不推荐使用盐浴炉进行时效，因为在长时间浸泡的过程中，盐浴会与合金表面会发生化学反应。可以采用盐浴炉进行固溶处理，但由于具体的盐有工作温度限制，需要对产生的有毒烟雾进行处理以及解废盐处置等问题，阻碍了广泛使用盐浴对超合金进行热处理。

最常见的是在大气环境下进行时效。除对无铬合金进行热处理外，在时效过程中，允许工件产品表面形成光滑、致密的氧化膜。然而，如果必须对形成的氧化膜进行严格控制，可以采用弱放热型气氛（空气与气氛比约为 10:1）或在真空进行时效。虽然在该气氛下，不能完全防止氧化，但形成的氧化膜非常薄。采用氢气和一氧化碳气氛进行时效可能会出现危险，因为在低于 760℃（1400℉）的气氛中时效时会引发爆炸。

表 4-26 列出了部分时效强化锻造镍基合金的固溶和时效处理工艺。影响时效工艺和温度选择的因素包括：

1）可形成析出相的类型和数量。

2）预期的服役温度。

3）析出相尺寸。

4）希望合金得到强度和塑性综合性能，以及同类合金共同进行热处理。

由于在时效过程中，尺寸经常会发生变化，建议在时效后进行精加工。对于某一合金或产品的具体要求，通过一次固溶加时效处理可能不能达到力学性能要求。可以对工艺参数进行调整，来满足规定的性能要求。可以调整的参数主要有：

1）调整固溶温度或固溶时间。

2）调整单级时效温度。

3）增加中间热处理，这是一种（稳定化）时效处理，其温度高于最终时效温度。

4）增加一级时效，如果认为中间热处理也是一级时效，则采用三级时效。

5）调节各级时效或中间热处理的温度。

6）调整（通常增加）时效时间。

在 A286 合金的热处理中，采用改进的时效方法，改善了缺口韧性不足的问题（虽然 A286 合金是一种铁-镍基 γ′相高温合金），见表 4-27。采用增加一级时效或提高时效温度两种工艺代替了原单级时效工艺。虽然两种改进工艺都具有所要求的蠕变断裂性能，但推荐采用其中提高时效温度的工艺（不提高固溶处理温度）。在高温退火（如钎焊过程）产生粗晶粒时，该工艺显得尤其重要，这种工艺特别适用于低膨胀系数超合金。因为对于低膨胀系数超合金，在晶粒尺寸较粗大的条件下，为改善缺口强度，必须增加初始时效温度和时间，以达到过时效状态。

表 4-27 不同时效处理对 A-286 缺口/光滑试样持久寿命的影响

处理工艺		蠕变断裂①		
		寿命/h	标距 50 mm (2in) 的伸长率 (%)	断裂部位
原热处理工艺②	在900℃ (1650℉) 保温2h，油淬；在720℃ (1325℉) 保温16h，空冷	7~69	—	缺口处
改进的热处理工艺③	在原热处理工艺的基础上增加在650℃ (1200℉) 时效12h，空冷	74~142	5.6~7.7	光滑处
	在900℃ (1650℉) 保温2h，油淬；在730℃ (1350℉) 保温16h，空冷	24~82	4.9~7.7	光滑处

① 650℃ (1200℉) 时的蠕变断裂规范要求为在应力为450MPa (65ksi) 的条件下，使用寿命不小于23h，并不允许在缺口处失效。

② 采用10个试样进行检测。

③ 每种处理工艺采用5个试样。

(1) 时效析出相 当合金基体中的析出相多于一个时，正确选择单级时效温度（或采用不同温度下，产生不同尺寸和类型析出相的两级时效处理）是很重要的。主要的强化析出相为γ′或γ″相，而其他析出相，如η、δ或Laves相可对镍-铁超合金的晶粒尺寸进行控制。在有些合金中，如果对合金的成分没有严格控制，也可能在热处理过程中或服役过程中，形成σ和μ相等不希望出现的相。这些析出相为拓扑密堆（tcp）结构，它们的密堆原子层与γ基体的{111}面平行（详细内容请参阅本卷中“镍基合金的热处理和相组织”一节）。通常，这些有害的拓扑密堆（tcp）相的形貌为盘状或针状，在晶界的碳化物处形核。添加了较多体心立方结构过渡金属元素（钽、铌、铬、钨和钼）的合金，最容易受到拓扑密堆相的影响。

时效热处理的温度和时间与合金成分及要求达到的性能有关。对合金元素含量相对较低，γ′相体积分数低的锻造合金，最简单的热处理工艺是，采用高的温度固溶后空冷或以更快的速度冷却，然后在较低的温度下进行时效。固溶加热温度高于γ′相固溶度曲线温度，溶解γ′相和可能出现的碳化物，产生再结晶和使晶粒长大达到要求的尺寸。时效热处理使γ′相均匀析出，$M_{23}C_6$碳化物在晶界处形成。下面为Nimonic 80A或Nimonic 90合金的时效热处理工艺：

1）在1080℃ (1975℉) 保温8h固溶，空冷。

2）在700℃ (1290℉) 时效16h，空冷。

Nimonic 80A合金在1080℃ (1975℉) 固溶保温8h后淬水冷却，在不同温度下时效的硬度变化如图4-61所示。硬度变化曲线具有正常的析出硬化特点，选择较低的时效温度和较长的时效时间，时效硬度达到更高值。

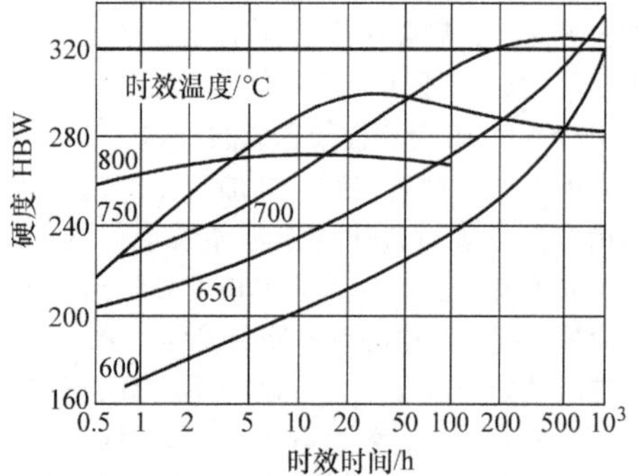

图4-61 不同温度下的时效时间对Nimonic 80A合金硬度的影响

注：在1080℃ (1975℉) 固溶加热，保温8h淬水。

热处理工艺影响合金中碳化物的种类和形态，也影响具有高γ′相体积分数的高合金元素超合金的γ′相形貌。考虑到这些影响因素，导致了对上述固溶和时效处理工艺的修改。采用前述的固溶和时效热处理，Nimonic 80A合金具有良好的拉伸性能和短时间的持久性能，但并没有得到充分稳定的微观组织，不具有在高温下长期服役的优异性能。为了得到稳定的微观组织，在最终的700℃ (1290℉) 时效前，增加了在850℃ (1560℉) 高温时效24h的工序。该稳定化处理的目的是通过MC碳化物与基体发生反应，在晶界上形成$M_{23}C_6$碳化物和γ′相。因此，稳定时效热处理的结果是在晶界上形成被γ′相包围的，较粗大的离散$M_{23}C_6$碳化物。稳定的晶界碳化物使合金具有良好的持久（高温低应力）抗应力断裂性能，如图4-62所示。

(2) 两级时效处理 析出相的尺寸分布受时效温度的影响。常用两级时效处理来控制γ′和γ″析出相的尺寸和分布。当采用多级时效处理时，超合金

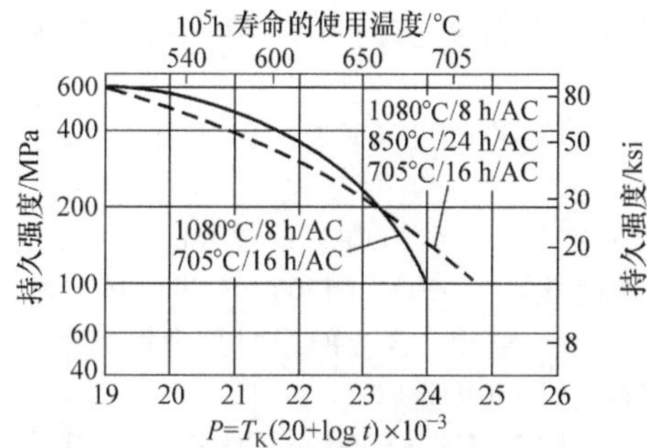

图 4-62　增加中间级时效对 Nimonic 80A 合金持久强度的影响
AC—空冷

的 γ′相可以具有双峰分布或三峰分布特点。在锻造镍基超合金中，常见 γ′相呈双峰分布；而在铸造合金中，由于铸件偏析、涂层处理和可能采用多级时效工艺，则会出现双峰或三峰 γ′相分布。

图 4-63 所示为 Astroloy 合金锻件进行了多级时效，具有不同尺寸的 γ′相的微观组织照片。合金在固溶处理后，先在 1080℃（1975℉）进行中间温度处理（高温时效），然后分别在 845℃（1550℉）和 760℃（1400℉）进行两级时效。在 1080℃（1975℉）的中间温度进行处理，促进了在晶界处形成碳化物。在 845℃（1550℉）时效，形成了尺寸较大的立方形貌的 γ′析出相；而在 760℃（1400℉）时效，则析出了较细小的 γ′析出相。形成的较粗大的 γ′颗粒会提高合金的抗蠕变断裂性能，而析出的较细小的 γ′相则提高了合金的短时高温性能。

除了控制金属间化合物析出外，两级时效工艺的另一个作用是控制晶界处碳化物的形态，即控制碳化物不以连续膜状形态析出（形成膜状碳化物，会降低合金的塑性和蠕变抗力）。在几乎所有锻造 PH 镍基超合金的时效过程中，都采用中间热处理（IHT）在晶界处形成离散的碳化物，而不是有害的连续膜状碳化物（见本章中“镍基合金的热处理和相组织”一节）。中间热处理是增加的一个热处理工序，它的加热温度低于固溶温度，但高于原单级时效温度。该工序降低了基体中碳的过饱和程度，使碳化物在较低的能量状态下，在晶界上以离散颗粒形态析出和长大。

图 4-64 所示为锻造 Waspaloy 合金有意通过锻造在晶界处形成膜状碳化物的微观组织。合金在锻造前在炉内高温保温，在终锻时几乎不进行锻造变形。结果是合金中的 MC 发生溶解，造成基体中的碳极度过饱和。在 1080℃（1975℉）固溶处理时，合金的碳势极高，由于在终锻前没有进行锻造变形，没有打碎组织和产生新的析出位置，最终碳在晶界以膜状形式析出。该膜状碳化物降低了合金的塑性和蠕变断裂寿命。

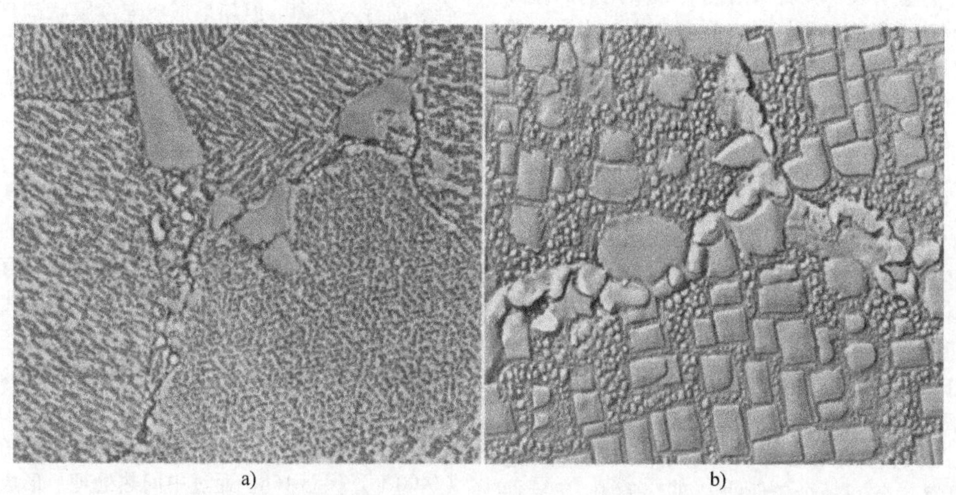

图 4-63　Astroloy 锻件在 1150℃（2100℉）固溶退火 4h，空冷；在 1080℃（1975℉）时效 4h，油淬；在 845℃（1550 ℉）时效 4h，空冷；在 760℃（1400℉）时效 16h，空冷

a）在晶界处析出的 MC 碳化物，γ 固溶体基体中的 γ′粒子（侵蚀液为 Kalling’s 2 号试剂，原始放大倍率为（1000×）

b）复型电子显微照片。晶间在 1080℃（1975℉）析出 γ′相；在 845℃（1550℉）和 760℃（1400℉）析出细小 γ′相。碳化物颗粒也位于晶界处（电解侵蚀液为 H_2SO_4、H_3PO_4、HNO_3；原始放大倍率为 10000×）

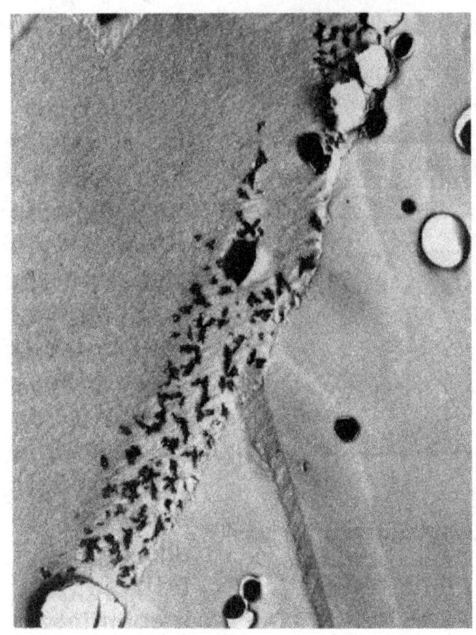

图4-64 Waspaloy合金晶界处形成的MC（黑色）膜，故意采用恶劣的锻造条件，使碳化物以膜状在晶界分布

注：萃取复型，在萃取前使黑色颗粒物垂直于晶界（见本章中“镍基合金的热处理和相组织”一节和图4-13）。

根据合金种类和产品设计目标，采用的两级或多级时效处理工艺是不同的。在有些合金中，在约850℃（1560℉）增加了第二次时效工序（参见本节中随后的例1和例2）。然而，在其他合金中，初次时效可以在850～1100℃（1560～2010℉）温度范围内进行，时间可达24h。在较低的温度下，例如在760℃（1400℉）时效16h，完成了γ′相的析出。在第二次时效过程中析出细小的γ′相，有利于提高合金的抗拉强度和断裂寿命。镍基超合金，如Udimet 700、Astroloy和Udimet 710就采用了这种时效处理工艺。

对于锻造合金，在某些情况下，特别是在采用了超过两种时效温度的时候，已经采用了所谓的“温度上下交替变化的溜溜球”时效热处理工艺。这种时效工艺首先在一个较低的温度下等温，然后在稍高的温度下等温。对于某些锻造合金，时效序列温度可能为先在870℃（1600℉），其次在980℃（1800℉），然后在650℃（1200℉），最后在760℃（1400℉）。注意：这里给出的时效温度可能不是具体温度，而是表示时效的过程很复杂。

（3）例1：A－286合金的两级效处理（提高屈服强度）增加第二次时效处理可以改善合金性能，满足性能要求。例如，两批次的合金采用以下热处理工艺，屈服强度达到了615～630MPa（89～91ksi）的要求：

1）在900℃（1650℉）固溶加热保温2h，油淬。

2）在705℃（1300℉）时效16h，空冷。

通过增加在650℃（1200℉）进行第二次时效16h，时效后空冷，合金的屈服强度提高到635～698MPa（92～101ksi）。

（4）例2：Udimet 500合金稳定晶界处碳化物的两级时效处理工艺 Udimet 500合金是典型的有MC、$M_{23}C_6$碳化物和γ′强化相的析出强化锻造超合金。为使抗拉强度和持久寿命达到平衡，合金采用下面的热处理工艺：

1）在1080℃（1975℉）固溶加热保温4h（空冷），主要作用是使晶粒生长。

2）在845℃（1550℉）稳定化保温24h（空冷），主要作用是使晶界碳化物析出。

3）在760℃（1400℉）时效16h（空冷），主要作用是提高时效硬化析出。

在固溶处理中，溶解除MC碳化物以外的所有相，在固溶冷却过程中，γ′相形核。在845℃（1550℉）进行稳定化处理，在晶界处析出离散的$M_{23}C_6$碳化物和γ′相。最终时效提高了γ′相的析出体积分数。晶界处析出的离散$M_{23}C_6$碳化物提高了合金的持久寿命。但如果形成连续膜状碳化物，则会明显降低合金的断裂塑性。

（5）中间热处理 如前所述，中间热处理（IHT）是加热温度低于固溶温度，但高于最初单级时效温度的热处理，这是许多锻造合金提高性能的基础。这种处理是将合金基体的碳过饱和度降低到一个较低的水平，允许碳化物在能量较低的条件下形成。在中间热处理温度下，碳过饱和更有利于离散碳化物颗粒的生长。降低碳势使离散碳化物在高温下形成，而在最终的时效过程中，不会产生过量的碳化物和额外的界面，造成蠕变裂纹萌生。

在Waspaloy合金规范中，中间热处理工艺是在845℃（1550℉）保温24h，最终时效为在760℃（1400℉）保温16h。通过中间热处理，形成了离散的$Cr_{23}C_6$碳化物和造成碳化物长大。在最终的时效处理过程中，初始γ′相长大，γ′相数量明显增多，可能会引起进一步析出$Cr_{23}C_6$碳化物，但是$Cr_{23}C_6$碳化物的分布仍然保持离散，$Cr_{23}C_6$碳化物与γ－γ′基体之间的界面是在中间热处理过程中形成的。

中间热处理通常也称为时效处理。尽管中间热处理对某些高温合金的蠕变断裂性能有所改善，但一些产品要求提高合金的短时强度（屈服强度和抗拉强度）。随着 γ′相颗粒更加细小和晶粒细化，合金的短时强度提高。中间热处理倾向于形成较粗大的 γ′相粒子。为了提高合金的屈服强度和抗拉强度，可以增加额外的时效工艺，也可以不进行中间热处理。

可以选择较低的固溶加热温度，限制合金晶粒长大和保持锻件晶粒尺寸细小，但这对于铸造合金很难做到。值得注意的是，不仅热处理能影响合金的拉伸性能，锻造合金的热加工对合金性能的控制也同样重要。通过对锻件锻造过程中变形的控制，可以减少超合金中的大尺寸晶粒。在某些锻造或铸造合金中，通过增加过减少时效工序，或增加时效时间，可以使 γ′相分布得更加均匀。

引入中间热处理工艺，不仅提高和改善了晶界滑动抗力和蠕变断裂抗力，还促进了合金中 γ′相粒子呈双峰分布。如果 γ′相不止一个尺寸，位错必须以切过机制通过小颗粒 γ′相，而必须采用绕过机制通过大颗粒 γ′相。其结果是合金具有最大的强度和足够的韧性（由双 γ′相粒子的双峰分布引起）。因此，中间热处理有可能具有双重作用，既通过强化晶界来改善晶界滑动抗力，又提高了较低温度下的塑性和缺口断裂抗力。

4.2.9　冷加工的影响

对于镍基合金，冷加工对后续的固溶处理和时效过程中的再结晶和晶粒长大有明显的影响。在固溶处理过程中，大变形的冷加工可以细化晶粒尺寸，但少量的冷加工会导致临界晶粒异常长大。因此，对于固溶处理前进行了冷加工或热加工的工件，其所有部位的变形量都必须超过临界变形量（根据合金成分不同，冷加工为 1% ~6%，热加工约为 10%），以避免异常大颗粒的长大。该规则适用于冷镦螺栓、旋压或拉伸成形板材，以及简单的弯曲成形工件。

（1）冷加工对固溶处理中晶粒长大的影响　图 4-65 所示为 A－286 合金在固溶处理过程中，不同冷加工变形量对晶粒长大的影响。最初的合金是经过固溶处理的，最大晶粒尺寸为 ASTM 5 级。在 1% ~5%冷加工变形量范围内，导致后续在 900℃（1650℉）温度固溶处理中晶粒异常长大。在冷加工变形量大于 5%时，没有发生临界晶粒长大，再结晶晶粒的尺寸随冷加工变形量的增加而减小。过度异常晶粒长大，特别是过度局部晶粒长大，会导致合金的拉伸性能降低。

图 4-66 所示为镍基超合金在后续固溶处理过程中，冷加工变形量对再结晶和晶粒长大的影响。其影响效果与图 4-65 中 A－286 合金的情况相似。导致晶粒异常长大的厚度临界变形量为 2% ~10%，在 1100℃以上温度，晶粒将加速长大。

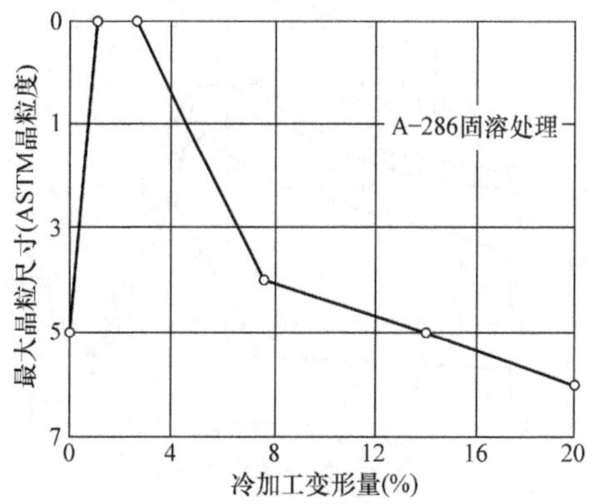

图 4-65　冷加工变形量对 A－286 合金再结晶晶粒尺寸的影响

注：合金在 900℃（1650℉）固溶加热 1h，淬油处理。

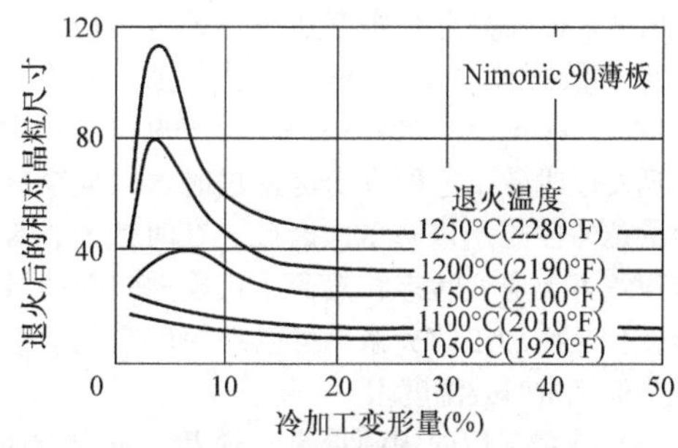

图 4-66　冷加工变形量和退火温度对 Nimonic 90 合金薄板晶粒尺寸的影响

注：厚度从 1.8 mm（0.072in）冷轧至 0.9mm（0.036in）。

对于某些非均匀冷加工的工件，有时会先采用高于正常时效温度的温度时效，然后在低于正常时效温度下进行第二次时效。例如，对进行了不同程度冷加工的 A－286 合金工件，分别在 760℃（1400℉）和 720℃（1300℉）进行两级时效，与在正常 720℃（1325℉）温度下进行时效相比，合金的硬度更加均匀、短时间的拉伸性能和蠕变断裂性能有所改善和提高。较高的时效温度也提高了工件在服役中的组织稳定性。

（2）冷加工对时效的影响　冷加工加速了时效反应进程。随着冷轧变形量的增加，冷加工后、时效前的硬度，以及时效后的峰值硬度大大提高。时效达到峰值硬度的温度随着变形量的增加而降低，但软化温度也随着变形量的增加而降低。冷加工和时效对 A－286 合金硬度的影响如图 4-67 所示。合金的冷加工变形量为 81%，然后在 760℃（1400℉）时效 16h，硬度比在时效前没有进行冷加工的合金硬度更低。

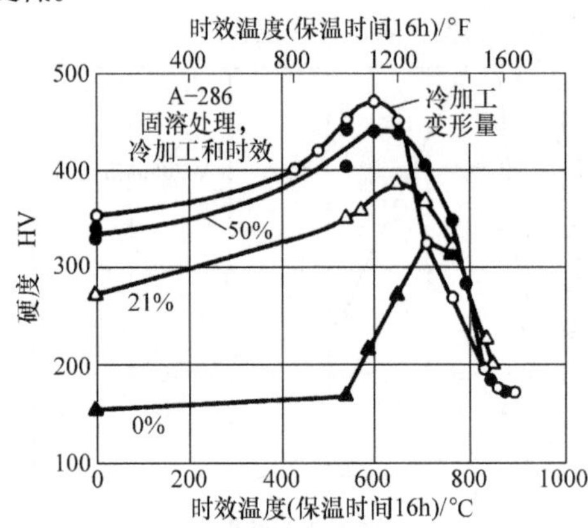

图 4-67 冷加工和时效对 A－286 合金硬度的影响

冷加工能使合金在正常的时效温度下更容易产生过时效。即使是合金中存在少量的残余应变，也可能导致低膨胀系数（Invar）超合金，如 Incoloy 907、909，Pyromet CTX－3 和 CTX－909 合金产生应变而诱发过时效。这种应变诱发过时效效应会导致合金的拉伸性能严重降低。因此，在时效前，必须保证组织为无应变状态。然而，正确地掌握时效的性能变化与冷加工的关系，可以缩短所需的时效时间或降低正常时效温度。

（3）冷加工后的中间退火 通常，由于冷加工的合金在固溶后、时效前的强度明显降低，塑性明显提高，所以认为冷加工对固溶处理合金的性能有明显的影响，见表 4-28。如果可时效强化合金经过大量的变形加工，如在板材成形过程中，通常需要在冷加工过程中进行中间退火。退火工艺对固溶处理和时效也有显著的影响。下面通过两个 René41 合金的实例进行说明。采用与固溶处理温度（图4-60）相同的温度退火，可以溶解 M_6C 碳化物，这能有效防止在时效过程中晶界处形成 $M_{23}C_6$ 碳化物膜。

表 4-28 时效强化对固溶处理耐热合金室温力学性能的影响

合金	规定塑性延伸强度 $R_{p0.2}$				标距 50mm（2in）的伸长率（%）	
	未时效		时效		未时效	时效
	MPa	ksi	MPa	ksi		
A－286	240	35	760	110	52	33
René 41	620	90	1100	160	45	15
X－750	410	60	635	92	45	24
Haynes 25	480	69	480	70	55	45

（4）例 3：退火温度对 René41 合金薄板晶界碳化物和塑性的影响 采用 René41 合金薄板成形加工的工件在 1080℃（1975℉）固溶加热 30min 后空冷，然后在 760℃（1400℉）时效 16h。工件产生应变时效开裂，产生开裂的原因是晶界处有网状碳化物析出。产生网状碳化物的原因可以追溯到在 1180℃（2150℉）进行的中间退火。在 1180℃（2150℉），M_6C 碳化物溶解。随后在 760～870℃（1400～1600℉）温度区间加热，在晶界处产生了 $M_{23}C_6$ 网状碳化物，此时合金的塑性严重降低到合格水平以下。如果在 1095℃（2000℉）以下温度退火，M_6C 不发生溶解（图 4-60），则可改善合金的塑性。如果镍基合金焊接构件在 1095℃（2000℉）以上温度退火，也会产生类似的效果。

（5）例 4：热加工对 René 41 合金棒料晶界碳化物和塑性的影响 晶界网状碳化物降低了合金的塑性，造成成形和焊接过程困难（有时会产生开裂）。对晶界网状碳化物的成因进行了调查，结果表明，该合金棒料的轧制温度为 1180℃（2150℉），在终轧过程中减少了变形量，以确保成品棒料的尺寸合格，并消除了表面撕裂的可能性。这种高的轧制温度，加上小的变形量（2%～3%），造成晶界处析出网状碳化物，具体原因为：

1）M_6C 碳化物在轧制温度下溶解。

2）在 870～760℃（1600～1400℉）温度区间缓慢冷却，使 $M_{23}C_6$ 碳化物在晶界处以连续膜状分布。

轧制最高温度为 1150℃（2100℉），加上不小于 10%～15% 的轧制变形量，消除了晶界处的膜状碳化物，使合金棒料可以进行焊接和成形加工。

4.2.10 γ′相强化的镍基合金的热处理

γ′相时效硬化镍合金包括镍基合金和各种镍－铁超合金（表 4-14）。γ′相强化镍基合金（含极少量的铁元素）包括一些超合金和 Duranickel 301 合金（可时效强化的高镍合金）。Duranickel 301 合金具有高的强度和耐蚀性。在室温所有状态下，该合金都具有磁性，可以用于生产弹簧、膜片、轴承、泵和阀门零件。Duranickel 合金的热处理工艺见表 4-29。

1. Monel K－500 时效强化镍基合金

Monel K－500（UNS N05500/W. Nr. 2. 4375）合金是一种时效强化镍－铜合金，它是在 400 合金优异耐蚀性的基础上，通过添加铝和钛，析出 γ′时效强化相，进一步提高了合金的强度和硬度。Monel K－500 合金有中间退火和时效前的固溶退火两种退火工艺。

（1）中间退火 中间退火的主要作用是降低合金硬度，通常在 760～870℃（1400～1600℉）温度范围进行中间退火，得到再结晶组织。虽然可以采

表 4-29 Duranickel 合金的时效热处理（译者注：金属温度是指测量合金的温度，不是炉温）

处理工艺	状态	金属温度		保温时间	冷却速率	炉内气氛
		℃	℉			
软化退火	冷加工	870	1600	2～5min	截面超过 1.3mm (0.5in) 时应采用淬火	采用干氢，露点为 -50℃（-60℉）。
		980	1800	1～3min	截面超过 50mm（2in）时应采用淬火	
时效硬化处理（得到最高力学性能）	软化状态：75～90HRB，140～180HBW（直径超过 38mm（1.5in），退火、热轧和冷拔）	580～595	1080～1100	16h	以 55℃（100℉）的温度间隔冷却，每一温度间隔在炉内保温 4～6h；平均冷却速率为 8～14℃/h（15～25℉/h），炉冷至 480℃（900℉），然后炉冷	采用干氢或裂解氨，露点为 -50℃（-60℉）。
	中等冷加工状态：8～25HRC，175～250HBW（冷拔至直径 38mm（1.5in），半硬状态带材和线材，冷镦工件）	580～595	1080～1100	8～16h；硬度低的合金选择更长的保温时间，硬度高的合金选择更短的保温时间	—	—
	完全冷加工状态：25～35HRC，250～340HBW（全硬状态线材、带材和弹簧）	525～540	980～1000	6～10h；硬度低的合金选择更长的保温时间，硬度高的合金选择更短的保温时间	—	—

用更高的温度进行退火，但为了避免晶粒过度长大，中间退火温度不宜过高。中间退火时间也必须进行严格控制，以避免形成二次相，影响 Monel K-500 合金产品的硬度。通常，在工件达到设定的中间退火温度并均匀化保温 1h 后，可以达到降低合金产品硬度的要求。不推荐退火时间长于 1.5h，因为这样会导致形成碳化钛（TiC）。如果由于处理不当导致了 TiC 形成，需要在 1120℃（2050℉）固溶退火保温 30min，溶解 TiC。应该注意的是，这种固溶退火会造成晶粒长大，在一定程度上会影响合金的成形加工性能。但是，如果合金要求通过时效处理达到最高的硬度和强度，则必须采用较高的固溶温度。

（2）固溶退火　通常将热加工产品加热到 980℃（1800℉），将冷加工产品加热到 1040℃（1900℉）进行固溶退火。修订的美国政府联邦标准（G of Federal Standard）中的 QQ-N-286 标准规定了至少采用 870℃（1600℉）以上的温度进行固溶退火处理，并且没有指定退火温度的上限。如果 Monel K-500 合金必须加热到 1120℃（2050℉）固溶退火，以溶解碳化钛，则合金可以根据要求进行时效处理。为了避免晶粒过度长大，保温时间应保持为最短（通常小于 30min）。为避免有害相析出，固溶加热和冷却时间也必须保持最低限度。固溶退火加热后，通常采用淬水冷却（为减少氧化物形成，可以采用 2% 酒精冷却）。

（3）时效　为使合金达到最佳的力学性能，可采用表 4-30 中推荐的时效强化工艺。在某些情况下，为了降低工艺成本或达到中间性能要求，可能会减少时效热处理时间。很难给出具体的时效热处理建议，来涵盖或满足所有的要求，为获得最佳的热处理工艺，最好的方法是针对不同的截面，采用试样进行模拟试验。在 595～760℃（1100～1400℉）温度范围时效的合金，在一定时间和温度条件下，可能会发生过时效。经过时效达到最高硬度的合金，如果再次加热到原热处理加热温度，性能不会发生明显的变化。如果在 565～425℃（1050～800℉）温度区间冷却速率过快，合金的性能可能会略有提高。如果已经过强化处理的合金在随后加热时超过 595℃（1100℉），随后冷却后合金的性能可能会有所下降。

表 4-30 Monel K-500 合金的时效热处理工艺

产品类型	产品状态	加热和冷却过程①	工艺说明
锻造状态和淬火、退火锻件；退火或热轧棒材；大变形冷拉棒材（直径为38mm，或1½in）；软化状态的线材和带材	软化状态的合金（140~180HBW，75~90HRB），	在595~605℃（1100~1125℉）保温16h，随后以8~14℃/h（15~25℉/h）的冷却速率炉冷至480℃（900℉）②	480℃（900℉）后的冷却可采用炉冷、空冷或淬火，不需要考虑冷却速率
冷拉拔棒材；1/2硬状态带材；冷顶锻工件，中间状态线材	适中冷加工的合金（175~250HBW，8~25HRC）	在595~605℃（1100~1125℉）保温8h，随后以8~14℃/h（15~25℉/h）的冷却速率炉冷至480℃（900℉）。通过延长保温时间达到16h，可达到更高的硬度，尤其是在合金只进行了轻微的冷加工时	一般情况下，如果合金的初始硬度为175~200HBW，则保温时间应选择16h；如果硬度接近合金的最高硬度250HBW（25HRC），则保温在8h以内就能达到全硬状态
弹性状态带材、线材，大变形冷加工工件	大变形冷加工的合金（260~325HBW，25~35HRC）	在525~540℃（980~1000℉）保温8h或更长，随后以8~14℃/h（15~25℉/h）的冷却速率炉冷至480℃（900℉）	在某些情况下，可以通过在该温度下保温8~10h，获得稍高的硬度（特别是当合金硬度在硬度范围下限附近时）

① 以55℃（100℉）的温度间隔冷却，每一温度间隔在炉内保温4~6h。然而，表中的冷却工艺通常会得到更高的力学性能。

② 作为①的替代冷却工艺，该冷却工艺是在595℃（1100℉）保温16h，在540℃（1000℉）保温4~6h，在480℃（900℉）保温4~6h。

2. Udimet 500 合金

Udimet 500 合金是典型的有 MC 和 $M_{23}C_6$ 碳化物，通过 γ′相强化的锻造析出强化超合金。为达到最佳的抗拉强度和持久寿命综合力学性能，合金在最终时效前进行了稳定化处理（见“例2：Udimet 500 合金稳定晶界碳化物的两级时效处理工艺”）。如果合金的室温拉伸性能是最重要的力学性能指标，而持久寿命是次要的力学性能指标，则可采用在1080℃（1975℉）固溶处理，以及在760℃（1400℉）时效处理的热处理工艺。表4-31所列为Udimet 500 合金通过取消在845℃（1550℉）的稳定化处理，室温力学性能得到改善的例子。

表 4-31 中间级时效对 Udimet 500 合金典型室温力学性能的影响

		极限抗拉强度		规定塑性延伸强度 $R_{p0.2}$		标距50mm（2in）的伸长率（%）	断面收缩率（%）
		MPa	ksi	MPa	ksi		
规定值（不小于）		1030	150	690	100	10	15
有中间级时效①	试验1	1030	149	830	120	7	11
	试验2	970	141	810	118	4	5
无中间级时效②	试验1	1170	170	800	116	14.5	17
	试验2	1230	179	850	123	14	16

① 热处理：在1080℃（1975℉）保温4h，空冷；在845℃（1550℉）保温24h，空冷（中间级时效）；在760℃（1400℉）保温16h，空冷。

② 与①大致相同，但无中间级时效。

为了获得最佳的蠕变强度，可以增加一次初始的高温固溶处理，以形成较粗大的晶粒尺寸。对于Udimet 500 合金，增加的初始固溶处理是在1175℃（2150℉）保温2h后空冷。然后采用例2中的三步热处理工艺。

3. Waspaloy 合金

Waspaloy 合金是一种使用广泛的超合金，其热处理方法与 Udimet 500 合金类似。根据工件的工作温度和微观组织要求，可以调整热处理的温度和时间。对于如涡轮盘等要求为细晶粒组织，具有最佳拉伸、应力断裂寿命和循环疲劳综合力学性能的产品，典型的热处理工艺是：

1）在低于 γ′相固溶度曲线温度 995～1035℃（1825～1895℉）进行固溶处理，空冷或油淬。

2）在 845℃（1550℉）稳定化保温 4h，空冷。

3）在 760℃（1400℉）时效 16h，空冷。硬度要求达到 34～44HRC。

在采用较低的固溶温度获得细晶粒之前，采用较高的固溶温度和较长的稳定化处理时间得到细晶粒。其原因是高的固溶温度能更有效地溶解碳化物，而采用长的稳定化处理（如在 845℃（1550℉）保温 24h，空冷）时间的目的是球化重新析出的晶界碳化物，使合金恢复足够的塑性。现在，由于采用低温固溶处理，触发碳化物析出过程，可以采用时间较短的稳定化处理工艺。

Waspaloy 合金的热处理产品（如涡轮叶片）要求具有更好的抗蠕变性能（晶粒更粗大），因此采用高于 γ′相固溶度曲线的温度进行固溶处理和采用时间更长的稳定化处理工艺。对于 Waspaloy 合金涡轮叶片，典型的热处理工艺为：

1）在 1080℃（1975℉）固溶保温 4h，空冷（或采用更快的冷却方式冷却），硬度要求达到 20～25HRC。

2）在 845℃（1550℉）温度稳定化处理，保温 24h 后空冷。

3）在 760℃（1400℉）时效 16h，空冷，硬度要求达到 34～40HRC。

图 4-68 所示为不同热处理工艺对 Waspaloy 合金拉伸性能和应力断裂强度的影响。采用涡轮盘的热处理工艺，使合金在较低温度下具有更高的抗拉强度和断裂强度。采用涡轮叶片的热处理工艺，使合金在较高温度下，具有更高的断裂强度。

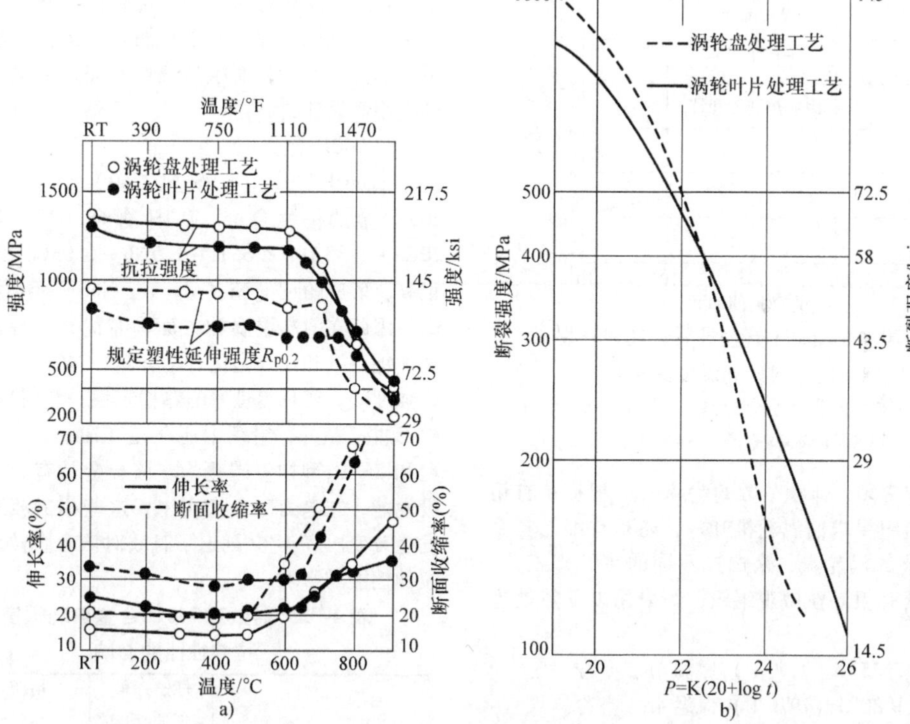

图 4-68　不同处理工艺对 Waspaloy 合金拉伸性能和 Larson－Miller 图的影响

a）拉伸性能　b）Larson－Miller 图

将 Waspaloy 合金加热到 1080℃（1975℉）进行固溶处理并保温足够长的时间，除了在凝固过程中形成的稳定 MC 初生碳化物外，所有碳化物和 γ′相都发生了溶解。在图 4-69 所示的 Waspaloy 合金的时间－温度－转变（TTT）图中，给出了析出碳化物 MC（主要为 MoC）和 $M_{23}C_6$（主要为 $Cr_{23}C_6$）相对数量与温度之间的关系。另一个转变图为 Waspaloy 合金的时效时间和温度对焊后热处理后产生裂纹倾向影响，如图 4-70 所示。

4. Udimet 700/710 合金

Udimet 700（与 Astroloy 合金非常相似）和 Udimet 710 合金是合金度更高的超合金，该类合金中 γ′

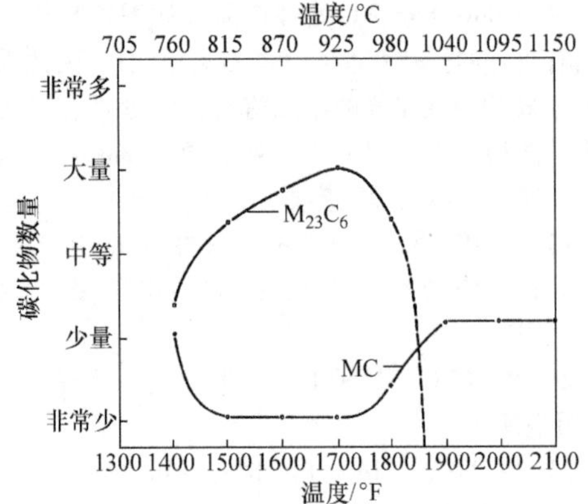

图 4-69 Waspaloy 合金中碳化物相的数量与在某温度下长时间保温的关系

注：在1080℃（1975℉）进行固溶处理。合金的名义成分（质量分数）为 Ni-0.06% C-19.30% Cr-14.60% Co-4.39% Mo-3.06% Ti-1.42% Al-0.051% Zr。

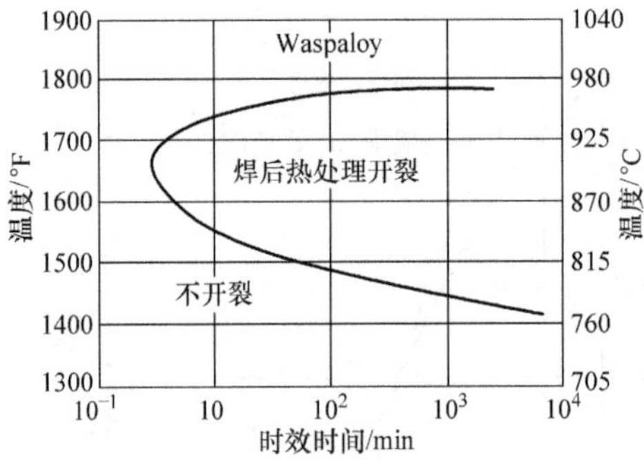

图 4-70 Waspaloy 合金焊后热处理开裂倾向与时效时间和温度的关系

注：合金的名义成分（质量分数）为 Ni-20% Cr-14% Co4% Mo-3% Ti-1% Al。

相的数量非常多，体积分数约为40%。根据是有粗晶粒微观组织要求的涡轮机叶片，还是有细晶粒微观组织要求的涡轮盘，来选择不同的热处理工艺。如果要求具有粗晶粒微观组织，则采用以下热处理工艺：

1）在1175℃（2150℉）保温4h，空冷。

2）在1080℃（1975℉）保温4h，空冷。

3）在845℃（1550℉）保温24h，空冷。

4）在760℃（1400℉）保温16h，空冷。

在1175℃（2150℉）完全固溶退火是在γ′相固溶度曲线以上温度进行处理，在该温度下γ′析出相发生溶解，晶粒变得粗大。在1080℃（1975℉）时效过程中，大约一半的γ′相最终析出，形成尺寸为0.2~0.6μm的分散粗颗粒。随后的两次时效热处理在分散粗颗粒γ′相之间析出了细小的γ′相，并在晶界处析出 $M_{23}C_6$ 碳化物。采用该热处理工艺得到的平均晶粒约为225μm，γ′相的体积分数约为45%。粗晶粒组织是为满足良好的蠕变强度要求而特定的组织。

对于有细晶粒微观组织要求的情况，采用以下典型热处理工艺：

1）在1105℃（2020℉）保温4h，空冷（或更快冷却）。

2）在870℃（1600℉）保温8h，空冷。

3）在980℃（1800℉）保温4h，空冷。

4）在650℃（1200℉）保温24h，空冷。

5）在760℃（1400℉）保温8h，空冷。

在1105℃（2020℉）退火是在γ′相固溶度曲线以下温度进行处理，保留部分γ′相以限制晶粒长大。随后处理的主要作用是析出碳化物和γ′相。在870℃（1600℉）和980℃（1800℉）进行两级时效，其目的是先使析出形核率最大化，然后控制析出相的长大速率。最终得到组织的平均晶粒尺寸约为11μm，γ′相的体积分数约为35%。与粗晶粒热处理得到的力学性能相比，细小晶粒在涡轮盘工作温度下具有更好的力学性能，而粗晶粒热处理是为更高温度下的应用而设计的。

5. 740H 合金

Inconel 740H（UNS N07740）合金是 Nimonic 263 合金的衍生合金。740H 合金（Ni-24.5Cr-20Co-1.35Al-1.35Ti-1.5Nb-0.03C）的含铬量很高，形成的γ′［Ni_3(Al，Ti，Nb)］相体积分数很高，因此在耐高温腐蚀方面具有优异的性能。通过添加铌、铝和钛等强化合金元素，740H 合金除具有高强度外，还具有良好的热稳定性。在时效过程中，除形成γ′相外，组织中还存在（Nb，Ti）（C，N）型和 $Cr_{23}C_6$ 型初生碳化物。该合金具有长期高温服役性能，在电力工业应用中，这些相的相对数量会发生改变。表 4-32 列出了时效对该合金热轧板室温拉伸性能的影响。

表 4-32 时效对 740H 合金热轧板室温拉伸性能的影响

时效	规定塑性延伸强度 $R_{p0.2}$		极限抗拉强度		伸长率（%）
	MPa	ksi	MPa	ksi	
760℃(1400℉),4h,空冷	737.8	107.0	1103.2	160.0	35.3
760℃(1400℉),8h,空冷	781.9	113.4	1138.4	165.1	32.8
760℃(1400℉),16h,空冷	751.6	109.0	1154.9	167.5	30.4
800℃(1470℉),4h,空冷	769.5	111.6	1128.7	163.7	32.5
800℃(1470℉),8h,空冷	755.0	109.5	1158.4	168.0	30.4
800℃(1470℉),16h,空冷	762.6	110.6	1138.4	165.1	27.4

4.2.11　γ′相强化的镍 - 铁基超合金的热处理

对于γ′相强化的镍 - 铁基超合金，通过热处理设计控制晶粒尺寸，得到理想的γ′相、η相和 MC 碳化物组织形态。η相在高于γ′相固溶度曲线以上温度析出，可以通过控制在热加工或热处理过程中第二相的析出，来控制晶粒长大。A - 286 合金是一种镍 - 铁基超合金，通过控制η相，来实现控制该合金的晶粒长大。A - 286 合金的γ′相固溶度曲线温度为 855℃（1575℉），而η相固溶度曲线温度约为 910℃（1675℉），在该合金的η相固溶度曲线以上温度进行热加工和热处理时，γ′相将完全溶解，但保留了一定的η相以控制晶粒尺寸。通过终锻温度接近η相固溶度曲线温度；在η相固溶度曲线以下温度，但高于γ′相固溶度曲线的温度进行固溶处理［例如，在 900℃（1650℉）保温 2h，用油淬火］，然后在γ′相固溶度曲线以下温度时效［例如，在 720℃（1325℉）保温 16h，空冷］。在锻造或固溶处理过程中，在高于γ′相固溶度曲线温度，合金发生了再晶化，但η相控制了晶粒长大。如果合金在η相固溶度曲线以上温度进行固溶处理［例如，在 980℃（1800℉）保温 1h，用油淬火］，则会得到较粗大的晶粒尺寸。表 4-33 所列为 A - 286 合金采用不同热处理工艺得到的典型拉伸和应力断裂性能数据。细晶粒的合金具有较高的室温抗拉强度和持久塑性（包括缺口持久塑性），但持久寿命较低。

表 4-33　热处理工艺对 A - 286 合金性能的影响

热处理	在21℃（70℉）的拉伸性能						在650℃（1200℉）和450MPa（65ksi）应力下的断裂寿命和性能		
	规定塑性延伸强度 $R_{p0.2}$		抗拉强度		伸长率（%）	断面收缩率（%）			
	MPa	ksi	MPa	ksi			寿命/h	伸长率（%）	断面收缩率（%）
980℃（1800℉）保温 1h，油淬（OQ）+720℃（1325℉）保温 16h，空冷	690	100	1070	156	24	46	85	10	15
900℃（1650℉）保温 2h，油淬（OQ）+720℃（1325℉）保温 16h，空冷	740	108	1100	160	25	46	64	15	20

1. Incoloy 901 合金

Incoloy 901 合金的γ′相固溶度曲线温度约为 940℃（1725℉），η相固溶度曲线温度约为 995℃（1825℉）。与前面的 A - 286 合金一样，在γ′相固溶度曲线以上温度、η相固溶度曲线以下温度进行固溶处理，得到细晶粒组织（为了提高合金的拉伸性能和疲劳性能）。相比之下，在η相固溶度曲线以上温度进行固溶处理时，将得到较粗大的晶粒组织（为了提高合金的蠕变性能）。在热加工过程中，对合金晶粒尺寸的控制也是很重要的。例如，图 4-71 所示为 Incoloy 901 合金的固溶温度在 955 ~ 1095℃（1750 ~ 2000℉）范围内变化，晶粒尺寸从 ASTM 2 级到 12 级对合金拉伸性能的影响。当 Incoloy 901 合金的晶粒尺寸从 ASTM 2 级提高到 12 级时，合金的高周循环疲劳强度提高了一倍，见表 4-34。随着合金晶粒尺寸的细化，低周疲劳循环强度也大大提高，见表 4-35。

此外，对于 Incoloy 901 合金，在时效前应进行稳定化处理，以使晶界处的碳化物达到理想的形态。表 4-36 所列为稳定化处理对 Incoloy 901 合金性能的影响。增加稳定化处理，虽然在一定程度上牺牲了合金的屈服强度和持久寿命，但大大提高了合金的持久塑性。稳定化热处理促进形成了离散的 MC（主要是 TiC）碳化物，避免了在晶界上形成连续膜状碳化物。低的应力持久塑性与晶间连续的 MC 碳化物膜有关，而晶间离散颗粒碳化物提高了合金的持久寿命和持久塑性。

采用下面的热处理工艺，可使 Incoloy 901 合金的晶粒度粗化到 ASTM 2 ~ 4 级，并使碳化物在晶界处离散分布，得到γ′相以强化基体：

1）在 1080 ~ 1105℃（1975 ~ 2025℉）进行固溶处理，保温 2h 后空冷或更快冷却。

2）在 775 ~ 800℃（1425 ~ 1475℉）进行稳定化处理，保温 2 ~ 4h 后空冷。

3）在 705 ~ 745℃（1300 ~ 1375℉）时效 24h，空冷。

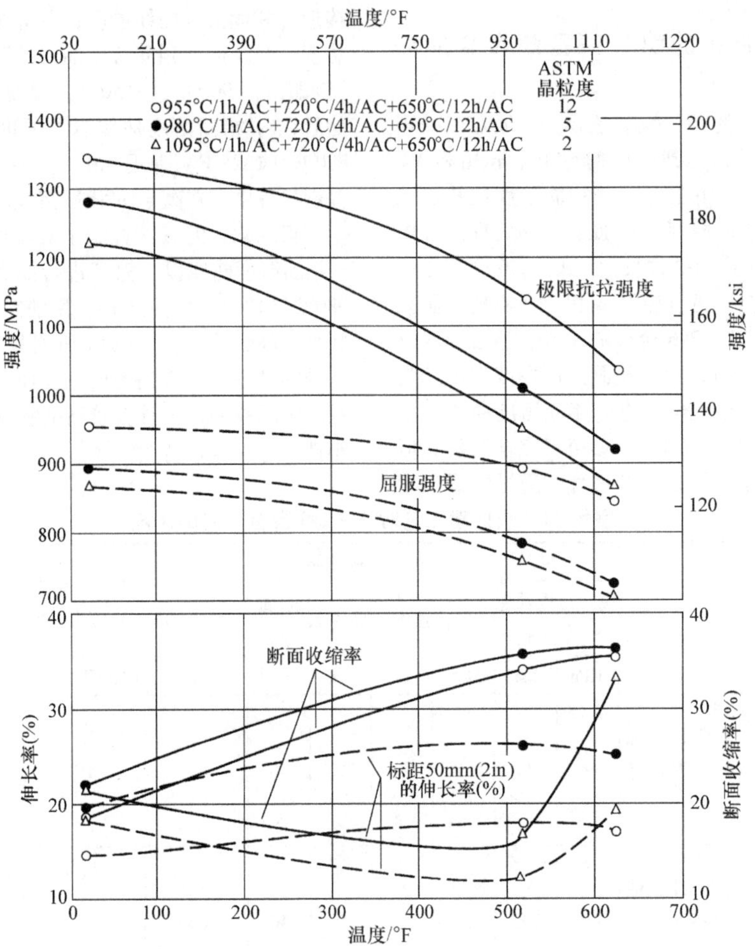

图 4-71 温度和晶粒尺寸对 Incoloy 901 合金拉伸性能的影响

AC—空冷

注：Incoloy 901 合金锻件进行了固溶处理、稳定化处理和时效处理。

表 4-34 晶粒尺寸对 Incoloy 901 合金在 455℃（850℉）时高周疲劳性能的影响

ASTM 晶粒度	455℃（850℉）时的高周（10^7）疲劳强度		疲劳强度与极限抗拉强度之比（FS/UTS）①
	MPa	ksi	
2	315	46	0.32
5	439	64	0.42
12	624	91	0.55

表 4-35 晶粒尺寸对 Incoloy 901 合金在 455℃（850℉）时低周疲劳性能的影响

ASTM 晶粒度	应力		温度		断裂周次①
	MPa	ksi	℃	℉	
2	205 ±448	30 ±65	455	850	9000
5	205 ±448	30 ±65	455	850	26000
12	205 ±448	30 ±65	455	850	>200000
2	205 ±530	30 ±77	455	850	5000
5	205 ±530	30 ±77	455	850	16000
12	205 ±530	30 ±77	455	850	137000

① 8 次试验平均值。

通过锻造、降低固溶处理温度、稳定化温度和时效温度，来保证得到更细的晶粒尺寸。其热处理工艺为：

1）在 980 ~ 1040℃（1800 ~ 1900℉）进行固溶处理，保温 1 ~ 2h 后空冷或更快冷却。

2）在 705 ~ 730℃（1300 ~ 1350℉）进行稳定化处理，保温 6 ~ 20h 后空冷或更快冷却。

3）在 635 ~ 665℃（1175 ~ 1225℉）时效 12 ~ 20h，空冷。

表 4-36　稳定化处理对 Incoloy 901 合金性能的影响

测试条件			抗拉强度		屈服强度		标距 50mm（2in）的伸长率（%）	断面收缩率（%）	持久寿命/h
			MPa	ksi	MPa	ksi			
在 20℃（70℉）测试	无中间级时效①	炉号 A	1050	152	790	115	12	13	—
		炉号 B	1080	157	790	114	17	16	—
	有中间级时效②	炉号 A	1040	151	730	106	12	15	—
		炉号 B	1040	151	710	103	12	13	—
在 650℃（1200℉）测试	无中间级时效①	炉号 A	—	—	—	—	1.0	—	76
		炉号 B	—	—	—	—	1.5	—	118
	有中间级时效②	炉号 A	—	—	—	—	11	—	45
		炉号 B	—	—	—	—	7	—	54

① 热处理：在 1120℃（2050℉）保温 2h，淬水；在 745℃（1375℉）保温 24h，空冷。

② 热处理：在 1120℃（2050℉）保温 24h，淬水；在 815℃（1500℉）保温 4h，空冷；在 745℃（1375℉）保温 24h，空冷。

这种方法通常会产生动态再结晶。晶粒尺寸为 ASTM 5 ~7 级，晶界处有离散碳化物，其中包含部分 η 相，以及由 γ′析出相强化基体。表 4-37 和表 4-38分别列出了采用上述两种热处理工艺，Incoloy 901 合金经锻造和热处理的涡轮盘的室温拉伸性能以及在 540℃（1000℉）的高温拉伸性能。采用较低的固溶温度，合金具有较高的抗拉强度和塑性。

表 4-37　采用两种热处理工艺的 Incoloy 901 合金涡轮盘锻件不同位置的拉伸性能

热处理工艺	测试位置	屈服强度		抗拉强度		标距 50mm（2in）伸长率（%）	断面收缩率（%）
		MPa	ksi	MPa	ksi		
在 1095℃（2000℉）保温 2h，淬水；在 790℃（1450℉）保温 2h，淬水；在 730℃（1350℉）保温 24h，空冷	边缘 - 径向 - 顶部	859	124.6	1178	170.8	15	16
	边缘 - 径向 - 底部	907	131.6	1168	169.4	13	14
	边缘 - 径向 - 中部	880	127.6	1179	171.0	15	17
	边缘 - 轴向 - 中部	858	124.4	1054	152.9	—	—
	边缘 - 切向 - 中部	883	128.0	1175	170.4	13	17
	内孔 - 径向 - 顶部	874	126.8	1200	174.0	14	17
	内孔 - 径向 - 底部	889	129.0	1131	164.0	—	—
	内孔 - 径向 - 中部	869	126.0	1172	170.0	16	20
	内孔 - 轴向 - 中部	840	121.8	1154	167.4	—	—
	内孔 - 切向 - 中部	859	124.6	1167	169.2	15	17
在 1010℃（1850℉）保温 2h，淬水；在 730℃（1350℉）保温 20h，淬水；在 650℃（1200℉）保温 20h，空冷	边缘 - 径向 - 顶部	924	134.0	1234	179.0	17	20
	边缘 - 径向 - 底部	952	138.0	1240	179.8	17	21
	边缘 - 径向 - 中部	980	142.0	1258	182.4	19	29
	边缘 - 轴向 - 中部	972	141.0	1255	182.0	21	31
	边缘 - 切向 - 中部	986	143.0	1274	184.8	18	25
	内孔 - 径向 - 顶部	978	141.9	1248	181.0	18	24
	内孔 - 径向 - 底部	976	141.6	1255	182.0	20	31
	内孔 - 径向 - 中部	968	140.4	1252	181.6	21	34
	内孔 - 轴向 - 中部	940	136.4	1081	156.8	5	9
	内孔 - 切向 - 中部	965	140.0	1253	181.8	20	31

表 4-38 采用两种热处理工艺的 Incoloy 901 合金涡轮盘锻件在 540℃（1000℉）下不同位置的拉伸性能

热处理工艺	测试位置	屈服强度		抗拉强度		标距 50mm（2in）伸长率（%）	断面收缩率（%）
		MPa	ksi	MPa	ksi		
在 1095℃（2000℉）保温 2h，淬水；在 790℃（1450℉）保温 2h，淬水；在 730℃（1350℉）保温 24h，空冷	边缘－径向－顶部	772	112.0	1037	150.4	13	18
	边缘－切向－中部	772	112.0	1048	152.0	12	18
	叶轮－径向－顶部	781	113.2	1049	152.1	13	21
	叶轮－切向－中部	772	112.0	1041	151.0	14	21
	内孔－径向－顶部	782	113.4	1045	151.6	13	20
	内孔－切向－中部	772	112.0	1027	149.0	14	22
在 1010℃（1850℉）保温 2h，淬水；在 730℃（1350℉）保温 20h，淬水；在 650℃（1200℉）保温 20h，空冷	边缘－径向－顶部	832	120.6	1066	154.6	14	27
	边缘－切向－中部	910	132.0	1117	162.0	17	38
	叶轮－径向－顶部	853	123.7	1091	158.2	20	39
	叶轮－切向－中部	876	127.0	1089	158.0	19	39
	内孔－径向－顶部	855	124.0	1069	155.0	17	30
	内孔－切向－中部	876	127.0	1105	160.2	17	38

增加第二次时效处理，也可以根据需要改善合金的部分性能［参见“例 1：A－286 合金的两级时效处理（提高屈服强度）”］。例如，某个产品在 1085℃（1985℉）固溶和稳定化 2h（淬水）后，在 720℃（1325℉）单级时效 24h（空冷），合金未达到要求的屈服强度，未能达到标准中的室温抗拉强度要求。增加在 650℃（1200℉）进行的第二次时效 12h（空冷），提高了合金的强度，到达了要求。表 4-39 所列为上述两种热处理工艺方法所获得的性能。

表 4-39 单级和两级时效对 Incoloy 901 合金室温力学性能的影响

时效工艺	抗拉强度		屈服强度		标距 50mm（2in）伸长率（%）	断面收缩率（%）
	MPa	ksi	MPa	ksi		
规范要求	1140	165	827	120	12	15
单级时效①	1150～1160	167～169	800～810	116～118	20～23	24～29
两级时效②	1190～1210	173～175	830～890	121～129	18～22	24～29

注：单级和两级时效数据均为 4 次试验结果均值。

① 在 1085℃（1985℉）固溶处理保温 2h，淬水；在 770℃（1450℉）保温 2h，空冷；在 720℃（1325℉）温度时效 24h，空冷。

② 再在 650℃（1200℉）时效 12h，空冷。

在另一个 Incoloy 901 合金的应用实例中，通过在 775～790℃（1425～1450℉）增加 2h 的稳定化处理（空冷）和增加第二次时效处理，解决了合金室温屈服强度低和持久塑性低的问题。表 4-40 所列为 Incoloy 901 合金采用原热处理工艺和改进后的热处理工艺的力学性能对比。

表 4-40 增加第三次时效处理对 Incoloy 901 合金性能的影响

处理条件	抗拉强度		屈服强度		标距 50mm（2in）伸长率（%）	断面收缩率（%）	蠕变断裂伸长率①
	MPa	ksi	MPa	ksi			
规范要求	1140	165	830	120	12	15	23h 伸长率为 4%②
两级时效③	160～1210④	169～175④	810～900④	118～131④	22～23④	25～30④	31h 伸长率 4.9%～85h 伸长率 2.8%⑤
三级时效⑥	1200～1240④	174～180④	850～930④	123～135④	18～20④	23～29④	64h 伸长率 7%～74h 伸长率 6.3%⑦

① 在 650℃（1200℉）进行第三次时效，应力为 620MPa（90ksi）。

② 最小值。

③ 在 1085℃（1985℉）固溶处理保温 2h，淬水；在 775℃（1425℉）时效 2h，空冷；在 720℃（1325℉）24h，空冷。

④ 7 次测试均值。

⑤ 3 次测试均值。

⑥ 1085℃（1985℉）固溶处理保温 2h，淬水；在 790℃（1450℉）时效 2h，空冷；在 720℃（1325℉）时效 24h，空冷；在 650℃（1200℉）时效 12h，空冷。

⑦ 2 次测试均值。

表 4-41 所列为稳定化处理对 Incoloy 901 合金持久塑性影响的另一个例子。原热处理是在 1085℃（1985℉）固溶处理，保温 2h 后空冷；在 720℃（1325℉）时效 24h 后空冷。通过增加在 810℃（1490℉）进行的稳定化处理，显著改善了合金的持久塑性。

表 4-41　改进的时效处理对 Incoloy 901 合金蠕变断裂性能的影响

试验编号	蠕变断裂性能①			
	原工艺②		改进工艺③	
	寿命/h	伸长率（%）	寿命/h	标距 50mm（2in）的伸长率（%）
1	72	4	74	13
2	126	4	115	12
3	161	4	160	13
4	111	4	110	9
5	127	4	84	9
6	76	4	84	8
7	127	4	98	9

（续）

① 在 650℃（1200℉）和 552MPa（80ksi）应力条件下，规定的最低性能：寿命 23h，伸长率 5%。
② 在 1085℃（1985℉）固溶保温 2h 冷却；在 720℃（1325℉）时效 24h，空冷。
③ 与②条件相同，但首次时效温度为 810℃（1490℉）。

2. Inconel X－750 合金

通常根据具体的应用和所需达到的性能，选择 Inconel X－750 合金的热处理工艺。在表 4-42 中总结了 Inconel X－750 合金产品的典型热处理工艺。为使该合金棒材和锻件在约 595℃（1100℉）以上的服役温度下具有最大的蠕变、断裂强度和高的抗松弛能力，采用以下热处理工艺：

表 4-42　Inconel X－750 合金产品析出强化典型热处理工艺

产品类型	AMS 规范	热处理工艺①	说　明
圆（方）棒材、锻件	5667	在 885℃（1625℉）保温 24h，AC；在 705℃（1300℉）保温 20h，AC（均匀化＋时效处理）	高强度和在 595℃（1100℉）下的高缺口断裂塑性
圆（方）棒材、锻件	5670、5671、5747	在 980℃（1800℉）退火；在 730℃（1350℉）保温 8h，炉冷至 620℃（1150℉），在 620℃（1150℉）保温 18h 析出处理，空冷（固溶处理＋FC 析出处理）	提高拉伸性能和减少热处理时间，服役温度可达到 595℃（1100℉）
圆（方）棒材、锻件	—	在 980℃（1800℉）退火；在 760℃（1400℉）保温 1h，炉冷至 620℃（1150℉），在 620℃（1150℉）保温 6h 析出处理，空冷（固溶处理＋短时间 FC 析出处理）	短时间 FC 时效。得到的性能仅略低于 AMS 5670 和 5671 规范
圆（方）棒材、锻件	5668	在 1150℃（2100℉）退火；在 845℃（1550℉）保温 24h，AC；在 705℃（1330℉）保温 20h，AC（三级时效处理）	在高达 595℃（1100℉）的温度具有最高蠕变强度、抗松弛性能和断裂强度
薄板、带材和板材（以退火状态供货）	5542	在 705℃（1300℉）时效 20h，AC（等温析出处理）	在高达 705℃（1300℉）的温度具有高温强度
薄板、带材和板材（以退火状态供货）	5598	在 730℃（1350℉）保温 8h，炉冷至 620℃（1150℉），在 620℃（1150℉）保温 18h 析出处理，空冷（FC 析出处理）	在高达 705℃（1300℉）的温度具有高温强度［拉伸性能提高直到约 595℃（1100℉）］
薄板、带材和板材（以退火状态供货）	—	在 760℃（1400℉）保温 1h，炉冷至 620℃（1150℉），在 620℃（1150℉）保温 6h 析出处理，空冷（短时间 FC 析出处理）	提高拉伸性能和减少热处理时间，服役温度可达到 595℃（1100℉）
无缝管材	5582	在 705℃（1300℉）时效 20h，AC（等温析出处理）	在高达 705℃（1300℉）的温度具有高的强度

（续）

产品类型	AMS 规范	热处理工艺①	说明
1 号状态线材	5698	在 730℃（1350℉）保温 16h，AC（等温析出处理）	用于生产弹簧，在 370～455℃（700～850℉）温度范围具有优良的抗应力松弛性能。在 540℃（1000℉）的温度具有中等强度
弹性状态线材	5699	在 650℃（1200℉）保温 4h，AC（等温析出处理）	在高达 370℃（700℉）的温度具有高的强度
弹性状态线材	5699	在 1150℃（2100℉）退火；在 845℃（1550℉）保温 24h，AC；在 705℃（1330℉）保温 20h，AC（三级时效处理）	用于生产弹簧，在 455～650℃（850～1200℉）温度范围具有最大的抗应力松弛性能

注：数据来源为 Special Metals Inc。

① AC－空冷；FC－炉冷。

1）在 1150℃（2100℉）进行固溶处理，保温 2～4h，空冷。

2）在 845℃（1550℉）进行稳定化处理，保温 24h，空冷。

3）在 705℃（1300℉）时效 20h，空冷。

采用该热处理工艺，能最大限度地提高合金的蠕变强度和断裂强度。该热处理工艺在航空航天材料规范（AMS）5668 中进行了介绍，规范要求在 730℃（1350℉）和 310MPa（45ksi）应力条件下，经过热处理合金的断裂寿命不低于 100h。

对于服役温度高达 595℃（1100℉）的产品，达到最佳抗拉强度和塑性要求的热处理工艺为：

1）在 980℃（1800℉）进行固溶处理，保温 1h，空冷。

2）在 730℃（1350℉）时效 8h，炉冷至 620℃（1150℉）保温，总时效时间达到 18h 后空冷。

在 AMS 5667 规范中，另一种包括均匀化处理和时效强化的热处理工艺为：

1）在 885℃（1625℉）均匀化 24h，空冷。

2）在 705℃（1300℉）时效 20h，空冷。

为满足在 595℃（1100℉）的服役温度下具有高强度和高塑性的要求，根据 AMS 5667 规范，通过热处理得到的最低室温性能要求见表 4-43。

表 4-43 最低室温性能要求

棒材尺寸	抗拉强度		规定塑性延伸强度 $R_{p0.2}$		伸长率（$4D$）（%）	断面收缩率（%）
	MPa	ksi	MPa	ksi		
<100mm（4in）	1140	165	725	105	20	25
>100mm（4in）	1105	160	690	100	15	17

注：硬度为 302～363HBW。

3. Pyromet 31 合金

Pyromet 31（UNS N07031）是一种镍基超合金，在高达 815℃（1500℉）的温度下，具有极好的耐蚀性和强度综合力学性能。该合金具有良好的抗热硫化性能，可以服役于卡车和机车的柴油阀门。合金中的 γ′相可以在 1000℃（1830℉）以上温度固溶于基体。根据不同的用途，Pyromet 31 合金的最佳热处理如下。

（1）柴油机阀门　为实现最佳的环境温度性能、高温短时间拉伸性能，以及蠕变断裂性能综合性能要求，采用在 1095℃（2000℉）固溶后，空冷或油淬冷却的工艺。在阀门的生产制造过程中，经固溶处理的工件可以进行一级或两级时效处理，以满足最佳的工艺相容性。一级时效是在 705℃（1300℉）保温 24h，然后空冷。两级时效是在 845～870℃（1550～1600℉）温度范围进行 4h 的稳定化时效，空冷；然后在 730℃（1350℉）时效 4h，空冷。

（2）酸气和油井应用　采用在 955℃（1750℉）保温 4h，然后油淬的热处理工艺，可以获得优化的力学性能和耐硫化应力腐蚀开裂综合性能。

4.2.12 γ″相强化的镍－铁基超合金的热处理

利用 γ″相强化的镍－铁基超合金的热处理，采用了许多与 A－286 和 Incoloy 901 合金相同的热处理工艺和原理。在这些合金中，在 γ″相固溶度曲线以上温度，可以像在 A－286 或 Incoloy 901 合金中使用 η 相一样，用 δ 相控制晶粒尺寸。然而，必须对热处理工艺进行仔细的控制，以确保 γ″相有足够量的析出，而不是析出较多具有相同成分（Ni_3Nb）的正交晶系的 δ 相。因为 δ 相与基体不共格，即使大量析出也对合金的强度没有贡献。在不含铁或含铁合金的转变图中的某些温度和时间区间（图 4-56），合金形成 δ 相，而不形成 γ″相。

在 Inconel 718 和 Inconel 706 合金中，形成 γ″相。在 Inconel 718 中，γ″相在 705～900℃（1300～1650℉）温度范围形成，γ″相固溶度曲线温度约为 910℃（1675℉）。根据合金加热的温度和时间，δ 相在 870～1010℃（1600～1850℉）温度范围形成，δ 相固溶度曲线温度约为 1010℃（1850℉）。合金可以在 δ 相固溶度曲线以上温度进行热加工和热处理；为了控制晶粒尺寸，也可以在 δ 相固溶度曲线以下温度、γ″相固溶度曲线以上温度进行热加工和热处理。在 Inconel 718 中，γ″相常与 γ′相同时析出，如图 4-56 所示，但在这种情况下，γ″相是主要的强化相。与 γ′相不同的是，γ″相是通过与基体高度共格实现强化的（见本章中“镍基合金的热处理和相组织”一节）。

Inconel 718 合金是应用最广泛的时效强化镍基合金之一。它具有高强度、高耐蚀性，可应用的温度从 0℃以下的低温到 705℃（1300℉）。该合金易于制造和焊接加工，通过热处理可获得各种不同的力学性能，以满足各种需要。用于关键部位的该合金产品，需要经过重熔，达到复杂的合金化和高的纯净度要求，并满足关键部位产品浇注的要求。

如前所述，718 合金可以形成 γ′、γ″硬化相和有害的 δ 相，如图 4-56 所示。在长期的高温服役过程中，会有一些微量的少数相析出，如图 4-72 所示。该复杂合金的复合时间－温度－转变图如图 4-73 所示，该图给出了经过热处理后各析出相的完整状态。

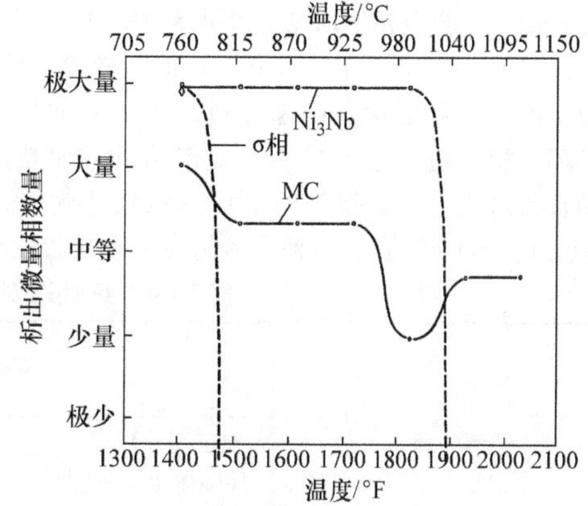

图 4-72　718 合金析出的微量少数相的数量与在高温服役长时间保温的关系

注：热处理工艺为在 980℃（1795℉）固溶保温 1h；在 760～1095℃（1400～2000℉）温度范围的大气环境下，每隔 40℃（70℉）保温 5000h，在 1150℃（2100℉）保温 2000h。合金成分（质量分数）为 Ni－0.06% C－18.86% Cr－2.99% Mo－0.93% Ti－0.57% Al－5.25% Nb－17.48% Fe。

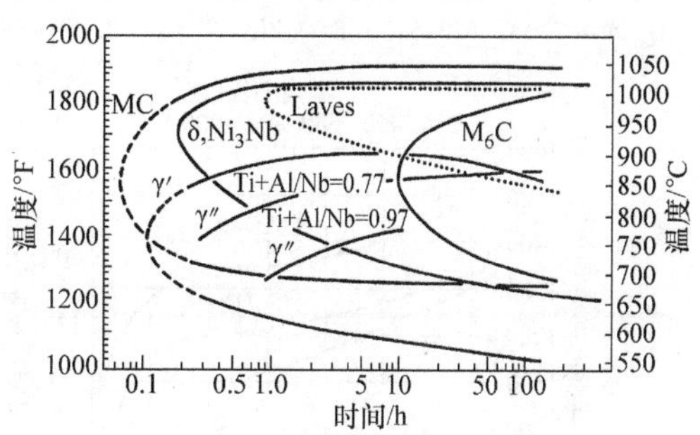

图 4-73　718 合金的相组织时间－温度－转变图

注：该图是对过去研究数据的汇总。在 1150～1095℃（2100～1995℉）退火 1h，淬水。合金成分（质量分数）为 Fe－52.5% Ni－0.04% C－19.0% Cr－0.90% Ti－0.50% Al－0.005% B－3.05% Mo－5.30% Nb。

Inconel 718 合金通常采用的热处理工艺是固溶和时效处理。根据具体的产品和力学性能要求，选择温度、时间和冷却速率等具体热处理参数。许多航空航天应用产品要求具有高强度和高疲劳强度，以及良好的应力－断裂性能。通常采用在 δ 相固溶度曲线以下温度固溶和两级时效工艺：

1）在 925～1010℃（1700～1850℉）进行固溶处理，保温 1～2h，然后空冷或快速冷却（通常是水冷）。

2）在 720℃（1325℉）时效 8h，然后冷却到 620℃（1150℉）。

3）在 620℃（1150℉）保温，使整个时效时间为 18h，然后空冷。

通过在 δ 相固溶度曲线以下温度锻造，锻造后直接淬火，进行两级时效，达到了较高的强度。这种工艺方法称为直接时效工艺，采用这种工艺对合金材料的要求是高的冶金质量、均匀的坯料和精细控制锻造工艺，通过锻造达到高强度和均匀的 ASTM 10 级晶粒尺寸。

固溶处理温度或直接时效工艺（省略了固溶处理）对 Inconel 718 合金的拉伸和应力断裂性能的影响见表 4-44。可以看到，采用直接时效工艺的合金具有最高的抗拉强度，但这是以牺牲合金的持久寿命为代价的。选择较低的固溶温度，合金的强度会更高；而选择更高的固溶温度（高达 1010℃或 1850℉），合金的持久断裂强度则更高。

Inconel 718 合金采用三种不同加工工艺获得的典型性能与温度的关系如图 4-74 所示。Inconel 718 合金采用标准固溶处理和时效，得到的平均晶粒尺寸为 ASTM 4～6 级，标记为代号 STD 718。该合金状态用于非关键工件或难以成形的工件。得到高强度Inconel 718合金和平均晶粒尺寸为ASTM 8级的工艺，标记为代号HS 718，用于结构形状较简单的高应力工件。该合金状态也是经过固溶和时效处理，但在坯料和锻造工艺上采用了更严格的控制措施。采用直接时效工艺，得到的平均晶粒尺寸为ASTM 10级，Inconel 718合金达到最佳的强度和疲劳性能，标记为代号DA 718。图4-74b再次说明，合金的高强度是以牺牲或降低高温持久寿命为代价的。为了达到图4-74中代号DA 718的合金性能，需要采用质量非常高且均匀的原材料，并对锻造温度和锻造工艺进行严格的控制。

表4-44 热处理对Inconel 718合金性能的影响

固溶处理①	室温拉伸性能						在650℃（1200℉）和690MPa（100ksi）条件下的寿命和性能		
	规定塑性延伸强度 $R_{p0.2}$		极限抗拉强度		伸长率（%）	断面收缩率（%）	寿命/h	伸长率（%）	断面收缩率（%）
	MPa	ksi	MPa	ksi					
不进行固溶直接时效	1330	193	1525	221	19	34	95	24	31
940℃（1725℉），1h，空冷	1240	180	1460	212	18	34	194	11	16
955℃（1720℉），1h，空冷	1180	171	1420	206	20	38	122	14	19
970℃（1775℉），1h，空冷	1145	166	1405	204	23	41	218	13	15
980℃（1800℉），1h，空冷	1172	170	1405	204	24	43	200	6	10
1010℃（1850℉），1h，空冷	1185	172	1390	202	22	46	270	6	12
1040℃（1900℉），1h，空冷	1165	169	1365	198	25	48	225	2	8

① 均在720℃（1325℉）时效8h，以55℃/h（100℉/h）的冷却速率冷却至620℃（1150℉）保温8h，空冷。

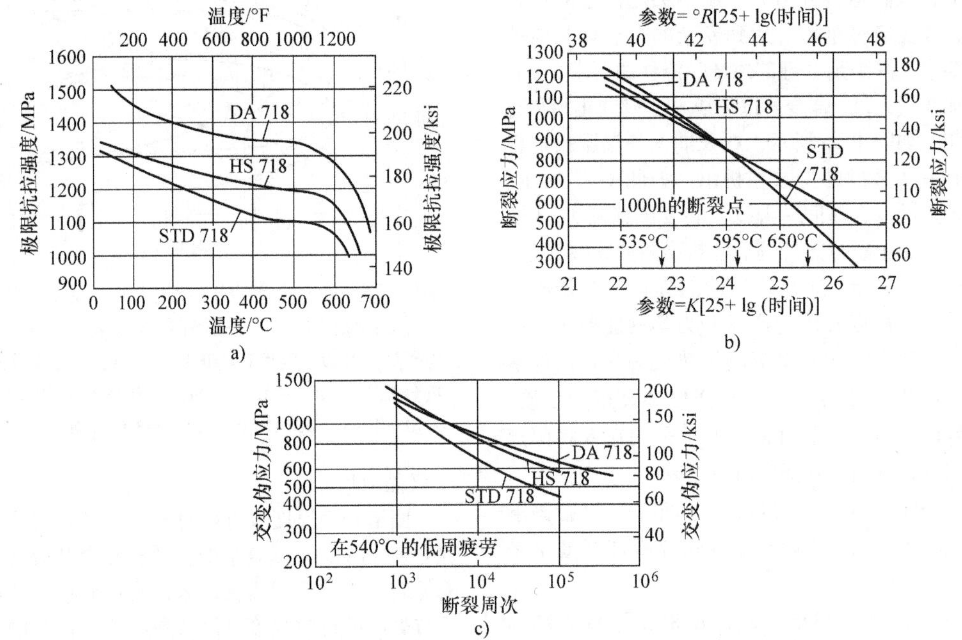

图4-74 Inconel 718合金加工工艺与性能的关系

a）极限抗拉强度 b）断裂应力 c）540℃（1000℉）疲劳性能

虽然采用固溶和时效热处理的合金工件也可能发生缺口脆性断裂，但为了使大截面工件具有最佳的塑性、冲击性能和低温韧性综合性能，有时采用略有不同的固溶和时效热处理工艺方法。该热处理工艺为：

1）在1040～1065℃（1900～1950℉）进行固溶处理，保温时间1.5h，随后空冷或快速冷却（通常为水冷）。

2）在760℃（1400℉）时效10h，冷却至650℃（1200℉）。

3）在650℃（1200℉）保温，总时效时间达到20h后空冷。

采用该热处理工艺的大截面工件具有最佳的横

向塑性、冲击强度和低温缺口抗拉强度，是以拉伸性能为性能要求工件的首选热处理工艺。然而，采用该工艺处理的工件在发生应力断裂时，有产生缺口脆性的趋势。该合金采用两种热处理方法得到的拉伸性能见表 4-45；不同直径圆盘状热轧锻件的性能见表 4-46。

表 4-45　不同热处理状态下不同尺寸的 Inconel 718 合金棒材热轧纵向拉伸性能

直径 mm	直径 in	热处理条件	屈服强度 MPa	屈服强度 ksi	抗拉强度 MPa	抗拉强度 ksi	标距 50mm（2in）的伸长率（%）	断面收缩率（%）
16	⅝	轧制状态	566	82.1	962	139.5	46	60
		955℃（1750℉），1h，空冷	546	79.2	958	139.0	50	49
		1065℃（1950℉），1h，空冷	332	48.2	803	116.5	61	66
		955℃（1750℉），1h，空冷 + 时效①	1239	179.8	1435	208.2	21	39
		1065℃（1950℉），1h，空冷 + 时效②	1086	157.5	1339	194.2	22	30
25	1	轧制状态	448	65.0	896	130.0	54	67
		955℃（1750℉），1h，空冷	445	64.5	889	129.0	55	61
		1065℃（1950℉），1h，空冷	359	52.0	776	112.5	64	68
		955℃（1750℉），1h，空冷 + 时效①	1206	175.0	1389	201.5	20	36
		1065℃（1950℉），1h，空冷 + 时效②	1048	152.0	1296	188.0	21	34
38	1½	轧制状态	727	105.5	1013	147.0	40	52
		955℃（1750℉），1h，空冷	500	72.5	976	141.5	46	45
		1065℃（1950℉），1h，空冷	379	55.0	827	120.0	58	60
		955℃（1750℉），1h，空冷 + 时效①	1155	167.5	1413	205.0	20	28
		1065℃（1950℉），1h，空冷 + 时效②	1055	153.0	1316	191.0	24	36
100	4	955℃（1750℉），1h，空冷	379	55.0	810	117.5	53	52
		1065℃（1950℉），1h，空冷	331	48.0	776	112.5	60	63
		955℃（1750℉），1h，空冷 + 时效①	1138	165.0	1323	192.0	17	24
		1065℃（1950℉），1h，空冷 + 时效②	1138	165.0	1348	195.5	21	34

① 在 720℃（1325℉）时效 8h，炉冷至 620℃（1150℉），保温 18h，空冷。

② 在 760℃（1400℉）时效 10h，炉冷至 650℃（1200℉），保温 20h，空冷。

表 4-46　不同直径圆盘状 Inconel 718 合金锻件在不同热处理状态下的拉伸性能

锻件尺寸	热处理工艺	工件部位及取向		屈服强度 MPa	屈服强度 ksi	抗拉强度 MPa	抗拉强度 ksi	标距 50mm（2in）伸长率（%）	断面收缩率（%）
φ200mm（φ8in）×63.5mm（2½in）	在 925℃（1700℉）保温 1h 空冷 + 时效①	径向	顶角部	1096	159.0	1255	182.0	10	10.5
			中心	1103	160.0	1351	196.0	24	33.0
			底角部	1100	159.5	1286	186.5	16	19.0
		切向	顶角部	1248	181.0	1441	209.0	19	27.5
			底角部	1234	179.0	1448	210.0	18	29.5
φ175mm（φ7in）×25mm（1in）	在 1065℃（1950℉）保温 0.5h 空冷 + 时效②	径向		1055	153.0	1307	189.5	19	29.8
		切向		1056	153.2	1277	185.2	19	27.2
φ140mm（φ5½in）×25mm（1in）	在 980℃（1800℉）保温 1h 水冷淬火 + 时效①	径向		1189	172.5	1398	202.8	19	25.6
	在 1065℃（1950℉）保温 1h 水冷淬火 + 时效②	径向		1048	152.0	1310	190.0	18	24.3

① 在 720℃（1325℉）时效 8h，炉冷至 620℃（1150℉），保温 18h。

② 在 760℃（1400℉）时效 10h，炉冷至 650℃（1200℉），保温 20h。

不像在航空航天工业中以高强度为主要性能要求，Inconel 718 合金应用于石油和天然气工业中时，不需要那么高的强度。热处理的主要作用是使合金具有良好的韧性，适当的强度以及耐氢脆和应力腐蚀开裂等性能。在石油和天然气工业的应用中，采用单级时效工艺可以达到所要求的力学性能，即在 1010～1065℃（1850～1950℉）进行固溶处理，在 650～815℃（1200～1500℉）进行单级时效。表 4-47对合金采用单级和两级时效处理得到的室温力学性能进行了对比。单级时效处理得到的强度较低，但断裂韧性较高。采用较高的时效温度，合金的耐普通腐蚀和点蚀的性能都有所降低，其原因是局部区域形成了碳化物，造成了铬的贫化。图 4-75 所示为合金的强度和韧性之间的对应关系，可以看到，在固溶和时效处理后，合金的屈服强度和韧性是时效温度的函数。具体热处理参数的精确选择与所要求的性能指标有关。

表 4-47 热处理对 Inconel 718 合金室温性能的影响

热处理工艺	规定塑性延伸强度 $R_{p0.2}$		抗拉强度		伸长率（%）	断面收缩率（%）	硬度 HRC	断裂韧性（J_{Ic}）	
	MPa	ksi	MPa	ksi				MPa · m	psi · in
固溶处理：在 1025℃（1875℉）保温 1h，淬水；时效：在 790℃（1450℉）保温 6～8h，空冷	855	124	1200	174	28	51	35	334	1908
固溶处理：在 1050℃（1925℉）保温 1h，淬水；时效：在 760℃（1400℉）保温 6h，空冷	855	124	1205	175	27	42	38	286	1631
固溶处理：在 955℃（1750℉）保温 2h，淬水或空冷；时效：在 720℃（1325℉）保温 8h，以 55℃/h（100℉/h）的冷却速率炉冷至 620℃（1150℉）保温 8h，空冷	1130	164	1330	193	23	48	42	100	572
固溶处理：在 1050℃（1925℉）保温 1h，空冷；时效：在 760℃（1400℉）保温 6h，以 55℃/h（100℉/h）的冷却速率炉冷至 650℃（1200℉）保温 8h，空冷	1255	182	1415	205	17	41	44	84	480
固溶处理：在 1065℃（1955℉）保温 1h，空冷	1110	161	1310	190	19	—	40	96	546

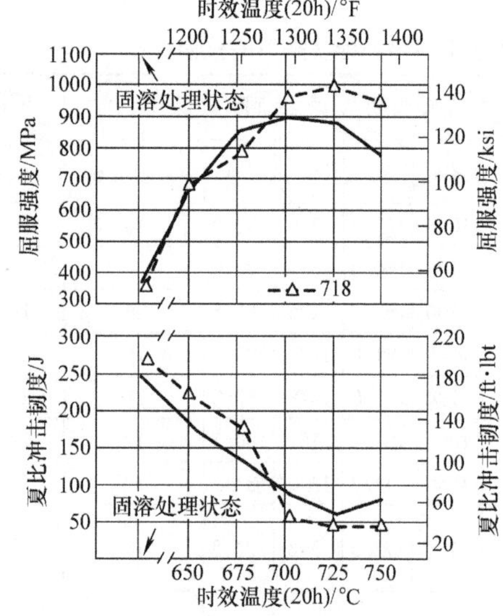

图 4-75 时效温度对 Inconel 718 合金屈服强度和韧性的影响

4.2.13 粉末冶金超合金

粉末冶金（PM）超合金是析出硬化镍基超合金的子类，主要用于生产制造涡轮发动机中的涡轮盘部件。自 20 世纪 70 年代被开发以来，PM 超合金现已发展成为几乎所有航空涡轮发动机关键旋转部件的首选材料，特别是服役温度超过 700℃（1290℉）的零部件。

采用粉末冶金工艺，可以最大限度地降低偏析，具有与铸造合金相同的高体积分数 γ′相，同时允许在合金中添加碳，而不形成铸造或锻造合金中常见的有害的纵向串状碳化物或碳氮化物相。在粉末冶金超合金中，形成的碳化物起到钉扎晶界的有益作用，并允许在 γ′固溶度曲线以上温度对合金进行热处理，以提高合金的蠕变性能，并使合金具有足够细小的晶粒，从而具有足够高的低周疲劳性能。

最常见的 PM 镍基超合金的成分见表 4-48。2015 年出版的 ASM 手册，第 7 卷，《粉末冶金》的“粉末冶金超合金”一节中，给出了更多的 PM 超合金牌号。PM 超合金坯料的生产工艺为，采用气体雾化细化合金粉末，对粉末进行筛分，以控制非金属夹杂物的尺寸，采用热压实或热等静压工艺压制粉末，然后将合金挤压为最终成形坯料。随后切割坯料，锻造成最终的零件形状。

表 4-48　工业中广泛使用的粉末冶金镍基超合金的成分（质量分数,%）

合金	Ni	Al	B	C	Co	Cr	Mo	Nb	Ta	Ti	W	Zr	其他	文献
IN100	余量	5.5	0	0.07	18.5	12.4	0	3.2	0	0	4.7	0	0.8V	28
René 88DT	余量	2.1	0.015	0.03	13	16	4	0.7	0	3.7	4	0.03	—	28
ME3/René 104	余量	3.4	0.025	0.05	20.6	13	3.8	0.9	2.4	3.7	2.1	0.05	—	29
LSHR	余量	3.5	0.03	0.03	20.7	12.5	2.7	1.5	1.6	3.5	4.3	0.05	—	30
Alloy 10	余量	3.75	0.03	0.03	18.5	11.5	2.7	1.1	2	4	4.5	0.07	—	31
RR1000	余量	3	0.015	0.027	18.5	15	5	0	2	3.6	0	0.06	0.5 Hf	32

在表 4-48 中的每一种合金中，都添加了一定的碳，形成离散、稳定的碳化物相，通常为 MC 型碳化物。PM 镍基超合金在完成锻造或其他热变形加工工序后，采用热处理来溶解大部分或全部的 γ′相，并以均匀分布的方式在基体中析出。在很大程度上，合金中 γ′析出相的颗粒大小和数量密度与固溶加热后的冷却速率密切相关，高的冷却速率会导致数量密度更大和颗粒尺寸更小。这种颗粒尺寸分布使合金具有高的屈服强度和蠕变强度。在固溶度曲线以下温度保温时，初生 γ′相对晶界的钉扎作用将使合金具有更细小的颗粒（图 4-57）；而在固溶度曲线以上温度保温时，γ′相发生完全溶解，去除了 γ′相对晶界的钉扎作用，合金晶粒尺寸粗化，其晶粒尺寸由稳定性更高的粒子，如碳化物、氧化物的数量和密度所控制。

图 4-57 所示为 PM 镍基超合金分别在固溶度曲线以下温度和固溶度曲线以上温度进行热处理得到的微观组织。在固溶度曲线以下温度热进行处理时，得到细晶粒组织，有利于提高 PM 镍基超合金在相对较低温度下的疲劳强度和抗拉强度；而在固溶度曲线以上温度进行热处理时，得到粗晶粒组织，有利于提高合金的高温蠕变性能，并可阻止疲劳裂纹的萌生和长大。已经开发出多种热处理工艺，对涡轮盘不同部位的微观组织进行优化，即在涡轮盘孔附近区域得到细晶粒组织，以提高该处的疲劳强度这一关键力学性能；在涡轮盘边缘区域得到粗晶粒组织，以提高该处的蠕变强度和阻止疲劳裂纹萌生长大。最常用的方法是采用温度梯度加热，对涡轮盘工件进行热处理，使涡轮盘边缘的热处理温度超过 γ′相固溶度曲线，同时使涡轮盘孔区域的热处理温度低于 γ′相固溶度曲线。为了实现这一目标，不同的研究机构已分别独立开发出多种工艺方法，其中典型的工艺装置和组织如图 4-76 所示。

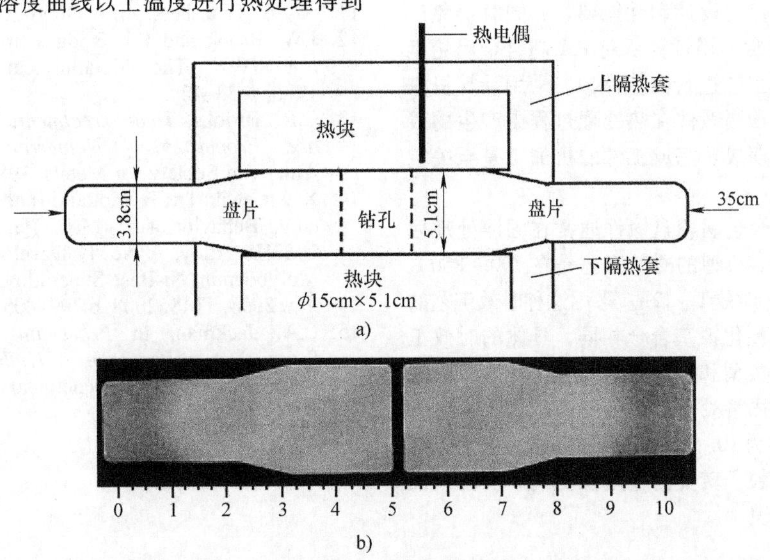

图 4-76　涡轮盘的典型热处理工艺装置和组织

a）两种微观组织热处理工艺装置示意图　b）经热处理后涡轮盘的两种微观组织

一旦选择了适当的固溶度曲线以下和固溶度曲线以上温度热处理之间的晶粒组织，必须设计适当的热处理工艺路线，以确保满足最终的服役性能要求。固溶处理温度和冷却速率都是决定 γ′相颗粒尺寸和分布的重要因素，而 γ′相颗粒尺寸和分布对合金的抗拉强度和蠕变强度起着至关重要的作用。一般来说，从固溶温度快速淬火，可得到细小均匀的 γ′析出相，这种组织具有较高的抗拉强度和蠕变强度。然而，在实际生产过程中，很难通过足够高的冷却速率，达到优化和满足要求的抗拉强度和蠕变强度，特别是在固溶度曲线以上温度进行热处理的合金，因为此时温度很高，合金很可能在快速冷却过程中产生淬火开裂。合金在热处理过程中产生的淬火裂纹，通常是在锻造冷却通过合金塑性最低区域时，由热应力引起的。其开裂特点是在工件应力集中的边角区域发生晶间断裂，如图 4-77 所示。

图 4-77 粉末冶金超合金涡轮盘边缘的淬火裂纹

为满足涡轮盘的设计和性能要求，同时避免产生淬火开裂，通常采用计算机对 PM 超合金涡轮盘的锻造和热处理工艺进行数值模拟。采用计算机模拟技术，还可以预测锻件在热处理过程中产生的残余应力，这对后期成功完成工件的机加工是至关重要的。

粉末冶金超合金涡轮盘锻件通常在固溶处理后进行时效热处理。典型的时效工艺是在 700 ~ 850℃ (1290 ~ 1560℉) 时效 1 ~ 12h。采用这种时效工艺的目的与其他析出硬化镍基合金相同，具体的时效工艺参数与合金的类型和性能要求有关。时效工艺的作用主要是降低固溶处理引起的残余应力，析出细小的 γ′相（通常为 10 ~ 25 nm），提高合金强度，将碳化物和硼化物粒子转变为稳定性更高、可长期在高温下服役的组织。

致谢

The authors would like to thank Matt Donachief for content adaptation from the book Super alloys: A Technical Guide, 2nd ed. , ASM International, 2002.

参考文献

1. M. Donachie and S. Donachie, *Superalloys: A Technical Guide,* 2nd ed., ASM International, 2002
2. "Alloy 400 Datasheet," Special Metals Inc.
3. T.H. Bassford and J.C. Hosier, Nickel and Nickel Alloys, *Handbook of Materials Selection,* John Wiley & Sons, Inc., 2002
4. R.C. Buckley, Surface Engineering of Nickel and Nickel Alloys, *Surface Engineering,* Vol 5, *ASM Handbook,* ASM International, 1994, p 864–869
5. D.J. Tillack, J.M. Manning, and J.R. Hensley, Heat Treating of Nickel and Nickel Alloys, *Heat Treating,* Vol 4, *ASM Handbook,* ASM International, 1991, p 907–911
6. Ni-301 Datasheet, *Alloy Digest,* Aug 1984
7. "Nickel 200 Datasheet," Special Metals Inc.
8. C.Y. Ho and Y.S. Touloukian, Methodology in the Generation of Critically Evaluated, Analyzed and Synthesized Thermal, Electrical and Optical Properties Data for Solid Materials, *Proc. Fifth Int. CODATA Conf.* (Boulder, CO), 1976, p 615
9. "Alloy 800 Datasheet," Special Metals Inc.
10. "Fabrication of Hastelloy Corrosion-Resistant Alloys," Haynes International
11. Ni-461 Datasheet, *Alloy Digest,* Aug 1994
12. J.W. Brook and P.J. Bridges, in *Superalloys 1988,* The Metallurgical Society, 1988, p 33–42
13. C.R. Brooks, *Heat Treatment, Structure and Properties of Nonferrous Alloys,* American Society for Metals, 1982
14. X. Xie et al., The Precipitation and Strengthening Behavior of Ni_2(Mo,Cr) in Hastelloy C-22HS Alloy, A Newly Developed High Molybdenum Ni-Base Superalloy, *Superalloys 2008,* TMS, 2008, p 799–805
15. L.A. Jackman, in *Proceedings of the Symposium on Properties of High-Temperature Alloys,* Electrochemical Society, 1976, p 42

16. N.A. Wilkinson, *Met. Technol.,* July 1977, p 346
17. E.W. Ross and C.T. Sims, in *Superalloys II,* C.T. Sims, N.S. Stoloff, and W.C. Hagel, Ed., John Wiley & Sons, 1987, p 127, 927
18. W. Betteridge, *The Nimonic Alloys,* Edward Arnold, Ltd., 1959, p 77
19. F. Schubert, Temperature and Time Dependent Transformation: Application to Heat Treatment of High Temperature Alloys, *Superalloys Source Book,* M.J. Donachie, Jr., Ed., ASM International, 1989, p 88
20. E.E. Brown and D.R. Muzyka, in *Superalloys II,* C.T. Sims, N.S. Stoloff, and W.C. Hagel, Ed., John Wiley & Sons, 1987, p 180, 185
21. H. Hucek, Ed., *Aerospace Structural Metals Handbook,* MPDC, Battelle Columbus, 1990, Section 4107, p 5–8
22. E.E. Brown et al., Minigrain Processing of Nickel-Base Alloys, *Superalloys—Processing,* American Institute of Mechanical Engineers, 1972, section L
23. Ni-252 Datasheet, *Alloy Digest,* Dec 1977
24. D.D. Krueger, The Development of Direct Age 718 for Gas Turbine Engine Disk Applications, *Proceedings of Superalloy 718—Metallurgy and Applications,* E.A. Loria, Ed., The Metallurgical Society, 1989, p 279–296
25. H. Hucek, Ed., *Aerospace Structural Metals Handbook,* MPDC, Battelle Columbus, 1990, Section 4103, p 16
26. O.A. Onyeiouenyi, Alloy 718—Alloy Optimization for Applications in Oil and Grease Production, *Proceedings of Superalloy 718—Metallurgy and Applications,* E.A. Loria, Ed., The Metallurgical Society, 1989, p 350
27. J. Kolts, Alloy 718 for the Oil and Gas Industry, *Proceedings of Superalloy 718—Metallurgy and Applications,* E.A. Loria, Ed., The Metallurgical Society, 1989, p 332
28. W.J. Porter et al., Microstructural Conditions Contributing to Fatigue Variability in P/M Nickel-Base Superalloys, *Superalloys 2008,* TMS, 2008, p 541–548
29. M.V. Nathal, NASA and Superalloys: A Customer, A Participant, and A Referee, *Superalloys 2008,* TMS, 2008
30. T. Gabb et al., The Effects of Heat Treatment and Microstructure Variations on Disk Superalloy Properties at High Temperature, *Superalloys 2008,* TMS, 2008, p 121–130
31. D. Greving et al., Dwell Notch Low-Cycle Fatigue Performance of Powder Metal Alloy 10, *Superalloys 2012,* TMS, 2012, p 845–852
32. R.J. Mitchell et al., Process Development and Microstructure and Mechanical Property Evaluation of a Dual Microstructure Heat Treated Advanced Nickel Disc Alloy, *Superalloys 2008,* TMS, 2008, p 347–356
33. B.J. McTiernan, Powder Metallurgy Superalloys, *Powder Metallurgy,* Vol 7, *ASM Handbook,* ASM International, 2015, p 682–702
34. E. Payton et al., Integration of Simulations and Experiments for Modeling Superalloy Grain Growth, *Superalloys 2008,* TMS, 2008
35. S. Ganesh and R. Tolbert, Differentially Heat Treated Article and Apparatus and Process for the Manufacture Thereof, U.S. Patent 5,527,020, June 18, 1996
36. J. Gayda and D. Furrer, Dual-Microstructure Heat Treatment, *Adv. Mater. Process.,* July 2003
37. A. Singh, "Mechanisms of Ordered Gamma Prime Precipitation in Nickel Base Superalloys," Doctoral thesis, University of North Texas, 2011
38. R.C. Reed, *The Superalloys, Fundamentals and Applications,* Cambridge University Press, 2006
39. J. Mao, K.-M. Chang, and D. Furrer, Quench Cracking Characterization of Superalloys Using Fracture Mechanics Approach, *Superalloys 2000,* TMS, 2000
40. R.A. Wallis et al., Modeling the Heat Treatment of Superalloy Forgings, *JOM,* Feb 1989, p 35–37

4.3 铸造镍基合金的热处理

与锻造镍基合金一样，在腐蚀介质环境和高温环境中，铸造镍基合金也得到了广泛的应用。除了部分高硅合金和特殊牌号的铸造合金外，铸造镍基合金的牌号与锻造镍基合金的牌号相同，并且经常指定为某锻铸系统的铸造合金工件。部分锻造超合金也可在铸态下使用。此外，有些高级铸造超合金不能采用标准的铸锭冶金工艺生产。一般来说，合金元素含量高的合金通常采用铸造工艺生产。由于锻造合金主要是考虑合金的加工性能，而铸造合金主要是考虑合金的铸造性能和稳定性能，铸造合金的成分与等效的锻造合金相比，也可能有少数微量合金元素不同。因此，人们通常在合金中添加少数微量合金元素，优化和实现这些具体的性能。

即使是锻造合金的和铸造合金具有完全相同的成分，铸造合金的热处理与锻造合金也有所区别。在锻造合金中，回复、再结晶和晶粒长大等组织变化对合金的最终性能起着很大作用；而铸造合金产品，则是通过重熔铸锭和重新浇注得到的，合金的组织、性能和纯净度与最终产品所采用的铸造工艺直接相关。在这种情况下，铸造后的组织和性能改变很少，热处理的作用主要是对合金的组织和性能进行优化。

为了减少凝固过程中溶质元素的偏析，许多铸件（包括用于锻造的铸锭）需要进行均匀化热处理。在铸锭的热加工过程中，由于溶质元素的不均匀性和偏析，将在晶界上产生有害相、熔化或开裂等缺陷（见本章中“镍基合金的热处理和相组织”一节）。因此在锻造合金中，对铸锭进行均匀化热处理是非常重要的。通过最终对坯料或铸锭进行热加工和冷加工，来进一步细化组织。对于铸造合金来说，在使用前进行均匀化处理尤其重要。由于铸件中的溶质元素不均匀，造成枝晶区域的熔点降低，因此对合金的耐蚀性/抗氧化性、强度和允许的服役温度都会产生不利的影响。

本节主要介绍铸造镍基合金铸件的热处理工艺。与锻造合金的热处理相比，铸造合金的热处理有许多相似之处，但有时需要根据终端用户要求和需要，对热处理工艺进行调整。例如，用于高蠕变强度服役条件下的铸造合金，可能需要提高铸造合金的热处理温度；具有更细晶粒组织的铸造合金，通常可以用于静态强度要求更高的场合。在生产铸造超合金工件时，有时通过改进热处理工艺，得到与锻造合金截然不同的晶粒组织。铸造超合金工件通常是等轴多晶合金，但如果铸件凝固得到柱状晶或单晶，铸件的性能则会明显得到提高，如图4-78所示。

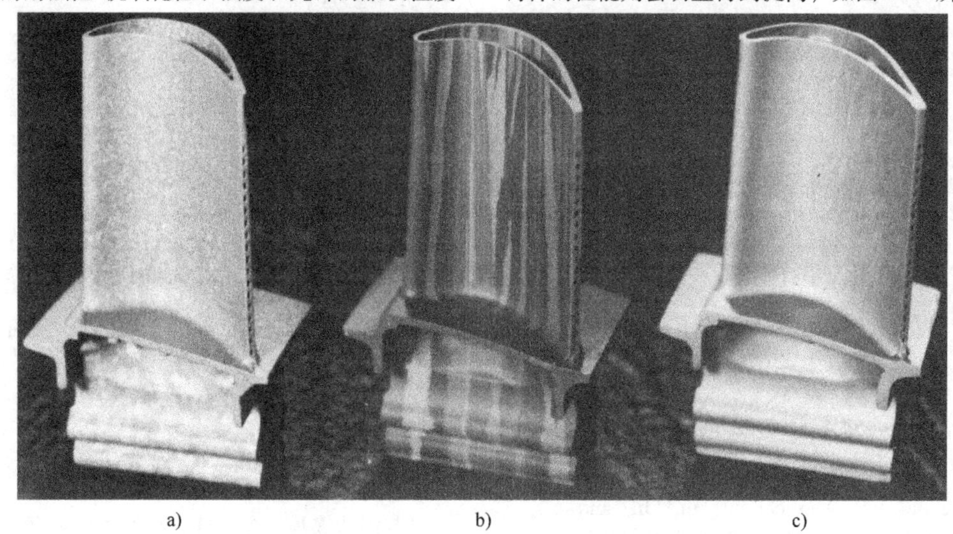

a)　　b)　　c)

图4-78　三种涡轮机叶片的宏观组织

a）多晶（左）　b）定向凝固柱状晶（中心）　c）定向凝固单晶（右）

在铸造合金中，由于铸造偏析和工件冷却速率的影响，析出的γ′（Ni_3Al）相的形貌是非常多变的。在凝固过程中，可能会形成大量含镍γ′的共晶组织（γ-γ′）和粗大的γ′析出相，在随后的热处理中，可以改变这些组织。本节介绍了锻造合金与铸造合金的区别，并简要回顾了锻造和铸造镍基合金热处理之间的相同点。

严格地说，热处理是在一定的温度下和一定的时间内，实现以下目的的一项工作：

1）降低应力。

2）促进原子运动，重新分配合金中的合金元素。

3）促进晶粒长大。

4）促进形成新的再结晶晶粒。

5）溶解相组织。

6）从固溶体中析出新相。

7）通过外来原子渗入，使合金表面的化学成分发生变化。

8）通过外来原子渗入，形成新相。

成分类似的铸造和锻造合金在很多工艺方面具有相似的地方，但也有一些不同之处。例如，在锻造合金的热处理过程中，去除应力和再结晶是很常见的，但在铸造合金中则不常见。本节的重点是介绍铸造镍基超合金的固溶处理和时效强化，此外，还对固溶强化铸造合金的耐蚀产品的热处理工艺进行了介绍。

4.3.1　铸造镍基合金

表4-49总结了合金元素在镍基超合金中的作用。一般按用途可将铸造镍基合金分为三类：

1）耐蚀铸造镍基合金。

2）耐热铸造镍基合金。

3）超合金［一般用于高性能涡轮机部件，其应用温度高于540℃（1000℉）］。

表 4-49　合金元素在镍基合金中的作用

作用		合金元素
固溶强化		Co、Cr、Fe、Mo、W、Ta、Re
形成 $\gamma'Ni_3$（Al，Ti）相		Al、Ti
推迟形成六方结构 η（Ni_3Ti）相		—
提高 γ′相的分解温度		Co
析出强化相或金属间化合物		Al、Ti、Nb
提高耐蚀性		Cu、Mo、W
提高抗氧化性能		Al、Cr、Y、La、Ce
改善热腐蚀性能		La、Th
提高抗硫化性能		Cr、Co、Si
改善蠕变性能		B、Ta
提高断裂强度		B①
净化晶界		B、C、Zr、Hf
改善加工性能		—
推迟 γ′相粗化		Re
形成碳化物	MC	W、Ta、Ti、Mo、Nb、Hf
	M_7C_3	Cr
	$M_{23}C_6$	Cr、Mo、W
	M_6C	Mo、W、Nb
	碳氮化物 M（CN）	C、N

① 如果含量高，会形成硼化物。

工业产品所用的铸造镍基合金通常分为耐蚀或耐热铸造合金，而航空发动机或动力涡轮机所用的镍基合金则归类为超合金。在这三类合金中，有些合金的区分是不明显的，它们有时可以通用，用于生产多种产品和具有多个产品规格。如前所述，铸造镍基合金，除高硅和专用牌号合金外，很多合金仅在浇注性能和完整性方面有一些细微的差别，并都有与锻造镍基合金相近的牌号。

本节重点介绍铸造镍基超合金的热处理。在以后的章节中对工业应用的铸造合金进行了总结。在许多工业应用中，有各种在恶劣环境和/或高温服役条件下使用的镍基合金，其中包括几种锻造和铸造的专用合金类型。许多专用镍基合金都有优良的均匀耐蚀性，是不锈钢耐蚀性不足时的替代合金，但在其他特殊的应用场合，不应该认为专用镍基合金仅仅是不锈钢的替代品。

1. 工业铸造镍基合金

工业上应用的镍和镍基合金通常以完全奥氏体状态供货，主要用于抵抗高温和水环境的腐蚀。本节简要介绍工业中应用的铸造镍基合金类型。工业铸造镍基合金通常归类为耐蚀合金和耐热合金，其商用合金的牌号通常由美国铸钢学会的合金铸造研究所（现称高合金产品集团）命名，并列入 ASTM 国际的 A494、A297 规范和美国海军规范（QQ）。

表 4-50 列出了部分常用铸造耐蚀镍基合金的成分。镍基耐腐蚀铸件通常与锻造合金配套使用，应用于受缝隙腐蚀和流速影响的泵和阀门和耐腐蚀流体处理系统中部件。由于镍基合金成本相对较高，通常只限应用于极端恶劣服役条件，在这种情况下，为保证产品的纯度，其他成本较低的不锈钢或替代合金无法满足性能要求。

除了超合金外，也有几种铸造镍基合金用于生产耐热工业产品。镍 - 铬和镍 - 铬 - 铁系列固溶强化合金，就有很高的高温强度。这类合金早期主要应用于欧洲喷气式发动机的生产，在北美主要应用于热加工设备和化工工业。这是由于在这种渗碳和高温工作环境下，不锈钢的应用受到了限制。

如合金铸件能长期或间歇地在超过 650℃（1200℉）的金属温度（译者注：金属温度是指合金自身的温度，不是工作环境温度）下工作，则该合金可归类为耐热合金。而许多通用型、在腐蚀介质和 650℃（1200℉）以下温度应用的合金铸件可归类为耐蚀合金铸件。虽然根据含碳量，可以对耐热合金和耐蚀合金进行区分，但它们的分界线有时是模糊的——特别是在 480～650℃（900～1200℉）温度范围使用的合金。

表 4-51 列出了用于耐热工业应用的铸造镍基合金的成分。Ni - Fe - Cr 合金是在铸造耐热（H 型）不锈钢的基础上扩展和延伸而来的合金，其服役温度超过 650℃（1200℉），并且可能达到极高的温度 [1315℃（2400℉）]。在这类合金中，有 HX 和 HW 两种标准牌号。在 ASTM A560 镍 - 铬合金铸件的标准规范中，镍 - 铬合金为 $w(Ni) = 40\% \sim 50\%$ 和 $w(Cr) = 50\% \sim 60\%$ 的二元合金系统，这些合金可铸造成船用或陆用锅炉的炉管支架和其他炉膛配件。有各种类型的析出硬化（PH）镍基合金被浇注成工业产品，但铸造析出硬化镍基合金通常归类为超合金。

2. 铸造镍基超合金

超合金通常是指使用温度高于 540℃（1000℉）的镍基、铁 - 镍基合金和钴基合金。它们都具有面心立方晶体结构（fcc，奥氏体），在以高温蠕变性能为主要设计参数时，具有体心立方晶体结构（bcc，铁素体）的合金。铁 - 镍基超合金是在不锈钢的工艺基础上发展起来的，通常为锻造合金。根据合金的用途和成分，钴基和镍基超合金还可以分为锻造或铸造型合金。

表 4-50 铸造耐蚀镍基合金的成分

合金		等同的变形合金牌号	化学成分（质量分数，%）									
			C	Si	Mn	Cu	Fe	Cr	P	S	Mo	其他
铸镍	CZ - 100	—	1.0 max	2.0 max	1.5	1.25	3.0	—	0.03	0.03	—	—
镍-铜系列	M - 35 - 1	Monel 400	0.35	1.25	1.5	26.0 ~ 33.0	3.50 max	—	0.03	0.03	—	—
	M - 35 - 2	—	0.35	2.0	1.5	26.0 ~ 33.0	3.50 max	—	0.03	0.03	—	—
	M - 30H	—	0.30	2.7 ~ 3.7	1.50	27.0 ~ 33.0	3.50 max	—	0.03	0.03	—	—
	M - 25S	—	0.25	3.5 ~ 4.5	1.50	27.0 ~ 33.0	3.50 max	—	0.03	0.03	—	—
	M - 30C	—	0.30	1.0 ~ 2.0	1.50	26.0 ~ 33.0	3.50 max	—	0.03	0.03	—	1.0 ~ 3.0 Nb
	QQ - N - 288 - A	—	0.35	2.0	1.5	26.0 ~ 33.0	2.5	—	—	—	—	—
	QQ - N - 288 - B	—	0.30	2.7 ~ 3.7	1.5	27.0 ~ 33.0	2.5	—	—	—	—	—
	QQ - N - 288 - C	—	0.20	3.3 ~ 4.3	1.5	27.0 ~ 31.0	2.5	—	—	—	—	—
	QQ - N - 288 - D	—	0.25	3.5 ~ 4.5	1.5	27.0 ~ 31.0	2.5	—	—	—	—	—
	QQ - N - 288 - E	—	0.30	1.0 ~ 2.0	1.5	26.0 ~ 33.0	3.5	—	—	—	—	1.0 ~ 3.0（Nb + Ta）
	QQ - N - 288 - F	—	0.40 ~ 0.70	2.3 ~ 3.0	1.5	29.0 ~ 34.0	2.5	—	—	—	—	—
镍-铬-铁系列	CY - 40	Inconel 600	0.40	3.0	1.5	—	11.0 max	14.0 ~ 17.0	0.03	0.03	—	—
镍-铬-钼系列	CW - 12MW	Hastelloy C	0.12	1.0	1.0	—	4.5 ~ 7.5	15.5 ~ 17.5	0.04	0.03	16.0 ~ 18.0	0.20 ~ 0.40 V，3.75 ~ 5.25 W
	CW - 6M	Hastelloy C（改型）	0.07	1.0	1.0	—	3.0 max	17.0 ~ 20.0	0.04	0.03	17.0 ~ 20.0	—
	CW - 2M	Hastelloy C - 4	0.02	0.8	1.0	—	2.0 max	15.0 ~ 17.5	0.03	0.03	15.0 ~ 17.5	0.20 ~ 0.60 V
	CW - 6MC	Inconel 625	0.06	1.0	1.0	—	5.0	20.0 ~ 23.0	0.015	0.015	8.0 ~ 10.0	3.15 ~ 4.50 Nb
	CW - 7M	—	0.07	1.0	1.0	—	3.0	17.0 ~ 20.0	0.04	0.03	17.0 ~ 20.0	—

	CY5SnBiM	—	0.05	0.5	1.5	—	2.0 max	11.0 ~ 14.0	0.03	0.03	2.0 ~ 3.5	3.0 ~ 5.0 Bi, 3.0 ~ 5.0 Sn
	CX2MW	—	0.02	0.8	1.0	—	2.0 ~ 6.0	20.0 ~ 22.5	0.025	0.025	12.5 ~ 14.5	2.5 ~ 3.5 W, 0.35 V max
	CU5MCuC①	—	0.05 max	1.0 max	1.0 max	1.5 ~ 3.5	余量	19.5 ~ 23.5	0.030 max	0.030 max	2.5 ~ 3.5	0.60 ~ 1.2 Nb
镍 - 钼系列	N - 12MV	Hastelloy B	0.12	1.0	1.0	—	4.0 ~ 6.0	1.0	0.04	0.03	26.0 ~ 30.0	0.20 ~ 0.60 V
	N - 7M	Hastelloy B（改型）	0.07	1.0	1.0	—	3.0 max	1.0	0.04	0.03	30.0 ~ 33.0	—
专用合金牌号	Chlorimet 2	—	0.07	1.0	1.0	—	2.0	1.0	—	—	30 ~ 33	—
	Chlorimet 3	—	0.07	1.0	1.0	—	3.0	17 ~ 20	—	—	17 ~ 20	—
	Hastelloy D	—	0.12	8.5 ~ 10	0.5 ~ 1.25	2 ~ 4	2.0	1.0	—	—	—	1.5 Co
	Illium 98②	—	0.05	1.0	1.0	5.5	—	28	—	—	8.5	—
	Illium G②	—	0.20	1.0	1.0	6.5	5.0	22.5	—	—	6.5	—

注：max—不大于。

① w（Ni）=38.0% ~44.0%。

② 名义成分

表 4-51 耐热固溶镍基铸造合金的成分

合金牌号	名义成分（质量分数,%）											
	C	Ni	Cr	Co	Mo	Fe	Al	B	Ti	W	Zr	其他
HW①	0.55	60	12	—	0.5	23	—	—	—	—	—	2.0 Mn，2.5 Si
HX①	0.55	66	17	—	0.5	12	—	—	—	—	—	2.0 Mn，2.5 Si
Hastelloy X	0.1	50	21	1	9	18	—	—	—	1	—	—
CX-2MW	0.02max	余量	20.0~22.5	—	12.5~14.5	2~6	—	—	—	2.5~3.5	—	0.80 Mn max，0.35 V max
CU5MCuC	0.05	38~44	19.5~23.5	—	2.5~3.5	—	—	—	—	—	—	1.00 Mn max 0.6~1.2 Nb
50Ni-50Cr (ASTM A560)	0.10	余量	48.0~52.0	—	—	—	—	—	—	—	—	—
50Ni-50Cr-Nb (ASTM A560)	0.10	余量	47.0~52.0	—	—	—	—	—	—	—	—	1.4~1.7 Nb

注：max—不大于。

① 合金铸造研究所牌号。

通常认为高温是从约 815℃（1500℉）到合金的熔点范围。超合金主要用于生产具有高蠕变强度要求的涡轮机翼。如果选择铸造超合金，则最好与铸造企业共同完成，这样能将成功的设计和良好的铸造工艺完美地结合。表 4-52~表 4-54 所列为各类镍基超合金铸件的成分。由于不断有大量新合金被研发出来，表中无法完全囊括所有的合金。超合金是燃气轮机、蒸汽轮机工业的基础，许多合金的使用范围有限，而有些合金的应用则非常广泛。对有些合金的成分稍加调整，可以供不同公司使用或用于生产不同产品。下面通过新老合金在热处理过程中金相组织的变化实例，对超合金进行介绍。

与其他类型的超合金相比，析出硬化镍基超合金具有更高的高温蠕变强度，如图 4-79 所示。镍基超合金的析出强化对其高温强度有重要的作用。在铁-镍和镍基超合金中，主要的强化析出相是 γ′和 γ″相。在含有适量的铝和钛元素的镍基超合金中，会出现有序面心立方的 γ′［Ni_3（Al，Ti）］强化相（见本章“镍基合金的热处理和相组织”一节）。在含有足够数量的铌的镍-铁合金中，析出相是有序体心正方 γ″（Ni_3Nb）相。几乎所有的超合金都会形成初生 MC 碳化物和 $M_{23}C_6$、M_6C 和 M_7C_3（很少）二次碳化物。碳化物通过分散强化，对合金起到了有限的直接强化作用，或者更常见的是通过稳定晶界，阻碍过度剪切，起到间接强化作用。除了起固溶强化和/或形成碳化物及 γ′强化相的元素外，还添加了硼、锆和铪等元素，以进一步提高合金的力学性能或化学稳定性能。除此以外，在铁-镍和镍基超合金中，还可能形成硼化物。

其他能控制合金性能的二次相包括碳化物、有序的六方结构 η（Ni_3Ti）相以及正交晶系的 δ（Ni_3Nb）相。γ′相、γ″相和 η 相也称为几何密排相。在加工过程中，δ 相和 η 相与 γ′相一起，对锻造铁-镍基和镍基超合金的组织起控制作用。这些析出相对合金直接强化的程度与合金本身及其加工工艺有关（见本章中“锻造镍基合金的热处理”一节）。

使用超合金铸件有几个优点。其中最主要的一个优点是能够铸造生产结构形状更复杂的铸件。超合金铸件的主要铸造工艺是熔模铸造（也称为失蜡铸造）。选择该铸造工艺的主要原因是可以批量生产几何形状复杂、有精确公差要求的近净形（Near-Net Shape）铸件。在加工制造过程中，无需对近净形铸件进行大量的机加工。此外，熔模铸造可以浇注内部结构复杂的铸件，因此可以减小铸件质量，而且在高温冷却过程中，可以有效地对铸件进行冷却。由于该工艺使铸件内部的性能有了很大的提升，使得能更高效、更有效地进行热交换，可确保航天航空组件在高温下正常运行。对于喷气式发动机来说，这可以降低燃料消耗，增加推力，降低氮氧化物排放。

与普通的镍基超合金（图 4-79b）相比，铸件还具有大晶粒的微观组织和更高的蠕变强度。通常，铸造超合金部件多为多晶组织，图 4-80 和图 4-81 所示分别为各种合金多晶（PC）铸件的 100h 和 1000h 蠕变强度。定向凝固柱状晶（CGDS）合金铸件具有更高的蠕变强度，如图 4-82 所示，超出了多晶铸件所能达到的水平。定向凝固柱状晶去除了涡轮机机翼上垂直作用于主载荷的晶界，从而极大地改善了铸造镍基超合金的纵向（平行于翼轴）蠕变性能。

表 4-52　铸造镍基超合金的名义成分（质量分数,%）

合金牌号①	Co	Cr	Mo	W	Ta	Re	Ru	Nb	Al	Ti	Hf	C	Zr	B	其他
AM1	8.0	7.0	2.0	5.0	8.0	—	—	1.0	5.0	1.8	—	—	—	—	—
AM3	5.5	8.0	2.25	5.0	3.5	—	—	—	6.0	2.0	—	—	—	—	—
B－1900	10.0	8.0	6.0	—	4.3	—	—	—	6.0	1.0	—	0.10	0.08	0.015	—
B－1900＋Hf	10.0	8.0	6.0	—	4.3	—	—	—	6.00	1	1.00	0.1	—	—	—
B－1910	10.0	10.0	3.0	—	7.0	—	—	—	6.0	1.0	—	0.10	0.10	0.015	—
C 1023	10.0	15.5	8.0	—	—	—	—	—	4.2	3.6	—	0.15	—	0.006	—
C 130	—	21.5	10.0	—	—	—	—	—	0.8	2.6	—	0.04	—	—	—
C 242	10.0	20.0	10.3	—	—	—	—	—	0.1	0.2	—	0.30	—	—	—
C 263	20.0	20.0	5.9	—	—	—	—	—	0.45	2.15	—	0.06	0.02	0.001	—
GMR－235	—	15.0	4.8	—	—	—	—	—	3.5	2.5	—	0.15	—	0.05	4.5 Fe
GTD 222	19.0	22.5	—	2.0	1.0	—	—	—	1.20	2.3	—	0.100	—	0.008	—
Hastelloy S	—	16.0	15.0	—	—	—	—	—	0.40	—	—	0.01	—	0.009	3.0 Fe，0.02 La，0.65 Si，0.55 Mn
Hastelloy X	1.5	—	9.0	0.6	—	—	—	—	—	—	—	0.08	—	—	18.5 Fe，0.5 Mn，0.3 Si
IN－100	15.0	10.0	3.0	—	—	—	—	—	5.50	4.7	—	0.180	0.060	0.014	—
IN－625	—	21.5	8.5	—	—	—	—	4.0	0.2	0.2	—	0.06	—	—	2.5 Fe
IN－713C	—	12.5	4.2	—	—	—	—	2.0	6.1	0.8	—	0.12	0.10	0.012	—
IN－713LC	—	12.0	4.5	—	—	—	—	2.0	5.9	0.6	—	0.05	0.10	0.01	—
IN－713 Hf（MM 004）	—	12.0	4.5	—	—	—	—	2.0	5.9	0.6	1.3	0.05	0.10	0.01	—
IN－718	—	18.5	3.0	—	—	—	—	5.1	0.5	0.9	—	0.04	—	—	18.5 Fe
IN－731	10.0	9.5	2.5	—	—	—	—	—	5.5	4.6	—	0.18	0.06	0.015	1.0 V
IN－738	8.5	16.0	1.7	2.6	1.7	—	—	0.9	3.40	3.4	—	0.100	0.100	0.010	—
IN－792	9.0	12.5	1.9	4.1	4.1	—	—	—	3.40	3.8	—	0.080	0.020	0.015	—
IN－939	19.0	22.4	—	2.0	1.4	—	—	1.0	1.90	3.7	—	0.150	0.100	0.009	—
IN－939	19.0	22.4	—	2.0	1.4	—	—	1.0	1.9	3.7	—	0.15	0.10	0.009	—
M－22	—	5.7	2.0	11.0	3.0	—	—	—	6.3	—	—	0.13	0.60	—	—
M－252	10	20	10	—	—	—	—	—	1	2.6	—	0.15	—	0.005	—
MAR－M－002	10.0	8.0	—	10.0	2.6	—	—	—	—	1.5	1.50	0.150	0.030	0.015	—
MAR－M－200	10.0	9.0	—	12.5	—	—	—	1.8	5.0	2.0	—	0.15	0.05	0.015	—
MAR－M－246	10.0	9.0	2.5	10.0	1.5	—	—	—	5.5	1.5	—	0.15	0.05	0.015	—
MAR－M－246 Hf（MM 006）	10.0	9.0	2.5	10.0	1.5	—	—	—	5.5	1.5	1.4	0.15	0.05	0.015	—

（续）

合金牌号①	Co	Cr	Mo	W	Ta	Re	Ru	Nb	Al	Ti	Hf	C	Zr	B	其他
MAR-M-247	10.0	8.0	0.6	10.0	3.0	—	—	—	5.50	1.0	1.50	0.150	0.030	0.015	—
MAR-M-421	9.5	15.8	2.0	3.8	—	—	—	—	4.3	1.8	—	0.14	0.05	0.015	—
MAR-M-432	20.0	15.5	—	3.0	2.0	—	—	2.0	2.8	4.3	—	0.15	0.05	0.015	—
MC2	5.0	8.0	2.0	8.0	6.0	—	—	—	5.0	1.5	0.1	—	—	—	—
MC-NG	—	4.0	1.0	5.0	5.0	4.0	4.0	—	6.0	0.5	0.1	—	—	—	—
MC-102	—	20.0	6.0	2.5	0.6	—	—	6.0	—	—	—	0.04	—	—	0.25 Si, 0.30 Mn
N 5	7.5	7	1.5	5	6.5	3	—	—	6.20	—	0.15	0.05	—	40 ppm	0.01 Y
Nasair 100	—	9.0	1.0	10.5	3.3	—	—	—	5.75	1.2	—	—	—	—	—
Nimocast 100	20.0	11.0	5.0	—	—	—	—	—	5.0	1.5	—	0.20	0.03	0.015	—
Nimocast 242	10.0	20.5	10.5	—	—	—	—	—	0.2	0.3	—	0.34	—	—	1.0 Fe, 0.3 Mn, 0.3 Si
Nimocast 263	20.0	20.0	5.8	—	—	—	—	—	0.5	2.2	—	0.06	0.04	0.008	0.5 Fe, 0.5 Mn
Nimocast 75	—	20.0	—	—	—	—	—	—	0.5	—	0.12	—	—	—	—
Nimocast 80	—	19.5	—	—	—	—	—	—	1.4	2.3	—	0.05	—	—	1.5 Fe
Nimocast 90	18.0	19.5	—	—	—	—	—	—	1.4	2.4	—	0.06	—	—	1.5 Fe
Nimocast 95	18.0	19.5	—	—	—	—	—	—	2.0	2.9	—	0.07	0.02	0.015	—
NX 188	—	—	18.0	—	—	—	—	—	8.0	—	—	0.04	—	—	—
PWA 1432	9.0	12.2	1.9	3.8	5.0	—	—	—	3.60	4.2	—	0.11	0.02（不大于）	0.013	—
René 100	150	9.5	3.0	—	—	—	—	—	5.5	4.2	—	0.15	0.06	0.015	1.0 V
René 125 Hf（MM 005）	10.0	9.0	2.0	7.0	3.8	—	—	—	4.8	2.6	1.6	0.10	0.05	0.015	—
René 200	12.0	19.0	3.2	—	—	3.1	—	—	5.1	0.5	1.0	—	0.03	—	—
René 220	12.0	18.0	3.9	—	3.0	—	—	5.0	0.5	1.0	—	0.02	—	0.010	—
René 41	10.5	19.0	9.5	—	—	—	—	—	1.7	3.2	—	0.08	0.01	0.005	—
René 77（U700）	17.0	15.0	5.3	—	—	—	—	—	4.25	3.4	—	0.070	—	0.020	—
René 80	9.5	14.0	4.0	4.0	—	—	—	—	3.00	5.0	—	0.170	0.030	0.015	—
René 80 Hf	9.0	14.0	4.0	4.0	—	—	—	—	3.00	4.7	0.80	0.160	0.010	0.015	—
René N4	8.0	9.0	2.0	6.0	4.0	—	—	0.5	3.7	4.2	—	—	—	—	—
René N5	8	7	2	5	7	—	—	—	6.2	—	—	—	—	—	—
RR 2000	15	10	3	—	—	—	—	—	5.5	4.0	—	—	—	—	—
SEL	26.0	15.0	4.5	—	—	—	—	—	4.4	2.4	—	0.08	—	0.015	—
SEL-15	14.5	11.0	6.5	1.5	—	—	—	0.5	5.4	2.5	—	0.07	—	0.015	—

SRR 99	5	8	—	10	3	—	—	—	5.5	2.2	—	—	—	—	—
Udimet 500	16.5	18.5	3.5	—	—	—	—	—	3.0	3.0	—	0.08	—	0.006	—
Udimet 700	14.5	14.3	4.3	—	—	—	—	—	4.25	3.5	—	0.08	0.02	0.015	—
Udimet 710	15.0	18.0	3.0	1.5	—	—	—	—	2.5	5.0	—	0.13	0.08	—	—
UDM 56	5.0	16.0	1.5	6.0	—	—	—	—	4.5	2.0	—	0.02	0.03	0.070	0.5 V
Waspaloy	12.3	19.0	3.8	—	—	—	—	—	1.2	3.0	—	0.06	0.01	0.005	0.45 Mn
WAX -20	—	—	—	20	—	—	—	—	6.5	—	—	0.20	1.5	—	—
X -750	—	15	—	—	—	—	—	0.9	0.7	2.5	—	0.04	—	—	7Fe, 0.25Cu

① 合金的其余成分为镍。

表 4-53 单晶镍基超合金的成分（质量分数,%）

第几代合金	合金牌号①	Co	Cr	Mo	W	Ta	Re	Ru	Al	Ti	Hf	C	Zr	B	Y
1	PWA 1483	9.0	12.2	1.9	3.8	5.0	—	—	3.60	4.2	—	0.07	—	—	—
1	PWA 1480	5.0	10.0	—	4.0	12.0	—	—	5.00	1.5	—	<0.006	<0.0075	<0.0075	—
1	René N4 +	7.0	10.0	2.0	6.0	5.0	—	—	4.20	3.5	—	0.060	—	0.004	—
2	CMSX -4	9.6	6.6	0.6	6.4	6.5	3.0	—	5.6	1.0	0.10	60 ppm（不大于）	75 ppm（不大于）	25 ppm（不大于）	—
2	CMSX 486	9.3	4.8	0.7	8.6	4.5	3.0	—	5.70	0.7	1.20	0.070	0.005	0.015	—
2	PWA 1484	10.0	5.0	1.9	5.9	8.7	3.0	—	5.65	—	0.10	—	—	—	—
2	PWA 1487	10.0	5.0	1.9	5.9	8.4	3.0	—	5.60	—	0.25	—	—	—	—
2	N 5	7.5	7	1.5	5	6.5	3	—	6.20	—	0.15	0.05	—	40 ppm	0.01
2	MK -4	9.4 ~9.6	6.4 ~6.6	0.6	6.4 ~6.6	7.2 ~7.5	3.0 ~3.2	—	5.60	0.6 ~0.9	0.15 ~0.2	0.02 ~0.03	—	50 ~60 ppm	—
2	高碳 CMSX -4	9.3 ~10.0	6.4 ~6.8	0.5 ~0.7	6.2 ~6.6	6.3 ~6.7	2.8 ~3.2	—	5.45 ~5.75	0.8 ~1.2	0.07 ~0.12	0.04 ~0.06	—	—	—
3	CMSX -10	3	2	0.4	5	8	6	—	5.70	0.2	0.03	—	—	—	—
3	TMS -75	12.0	3.0	2.0	6.0	6.0	5.0	—	6.00	—	0.10	—	—	—	—
3	René N6	12.5	4.2	1.4	6.0	7.2	5.4	—	5.75	—	0.15	—	—	—	—
4	MX -4	16.5	2	2	6	8.25	5.95	3	5.55	—	0.15	0.030	—	—	—
4	PWA 1497	16.5	2.0	2.0	6.0	8.3	6.0	3.0	5.55	—	0.15	0.030	—	—	—
4	TMS -138	5.9	2.9	2.9	5.9	5.6	4.9	2.0	5.90	—	0.10	—	—	—	—
4	EPM -102	16.5	2.0	2.0	6.0	8.3	6.0	3.0	5.55	—	0.15	0.030	—	—	—
5	TMS -162	5.8	2.9	3.9	5.8	5.6	4.9	6.0	5.80	—	0.09	—	—	—	—
5	TMS -173	5.6	3.0	2.8	5.6	5.6	6.9	5.0	5.60	—	0.10	—	—	—	—
5	TMS -196	5.6	4.6	2.4	5.0	5.6	6.4	5.0	5.60	—	0.10	—	—	—	—

① 合金的其余成分为镍。

表 4-54 柱状晶（定向凝固）镍基超合金的成分（质量分数,%）

合金牌号	Ni	Co	Cr	Mo	W	Ta	Re	Ru	Nb	Al	Ti	Hf	C	Zr	B
MAR - M - 200 Hf	余量	9.0	8.0	0.0	12.0	0.0	0.0	0.0	1.0	5.0	1.9	2.00	0.130	0.030	0.015
PWA 1422	余量	10.0	9.0	0.0	12.0	0.0	0.0	0.0	1.0	5.0	2.0	1.50	0.14	0.1	0.015
PWA 1426	余量	10.0	6.5	1.7	6.5	4.0	3.0	0.0	0.0	6.0	0.0	1.50	0.100	0.100	0.015
IN - 792 DS + Hf	余量	9.0	12.5	1.9	4.1	4.1	0.0	0.0	0.0	3.4	3.8	1.00	0.080	0.020	0.015
René 80 H	余量	9.0	14.0	4.0	4.0	—	0.0	0.0	0.0	3.0	4.7	0.80	0.160	0.010	0.015
René 125	余量	10.0	9.0	2.0	7.0	3.8	0.0	0.0	0.0	1.4	2.5	0.05	0.110	0.050	0.017
GTD 111	余量	9.5	14.0	4.0	4.0	—	0.0	0.0	0.0	3.0	5.0	0.00	0.170	0.030	0.015
CM186LC	余量	9.3	6.0	0.5	8.4	3.4	3.0	0.0	0.0	5.7	0.0	1.40	0.070	0.005	0.015
CM247LC	余量	9.3	8.0	0.5	9.5	3.2	0.0	0.0	0.0	5.6	0.7	1.40	0.070	0.010	0.015
René 142	余量	12.0	6.8	1.5	4.9	6.4	2.8	0.0	0.0	6.2	0.0	1.50	0.120	0.020	0.015
PWA 1437（1483 改型）	余量	9.0	12.2	1.9	3.8	5.0	0.0	0.0	0.0	3.6	4.2	0.00	0.11	0.02（不大于）	0.013
GTD 444（N4 改型）	余量	7.5	9.8	1.5	6.0	4.8	0.0	0.0	0.5	4.2	3.5	0.15	0.080	—	0.009

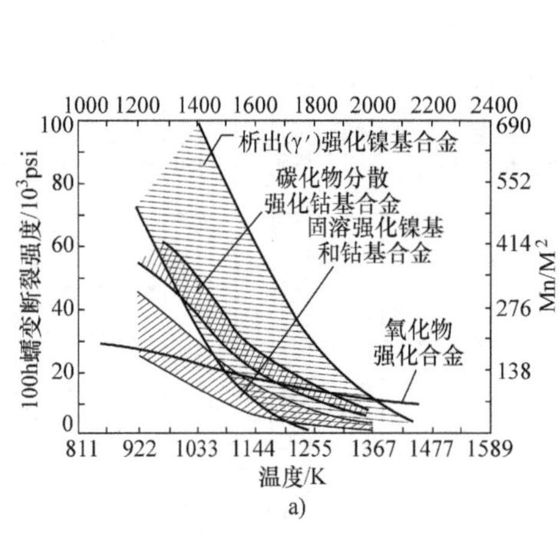

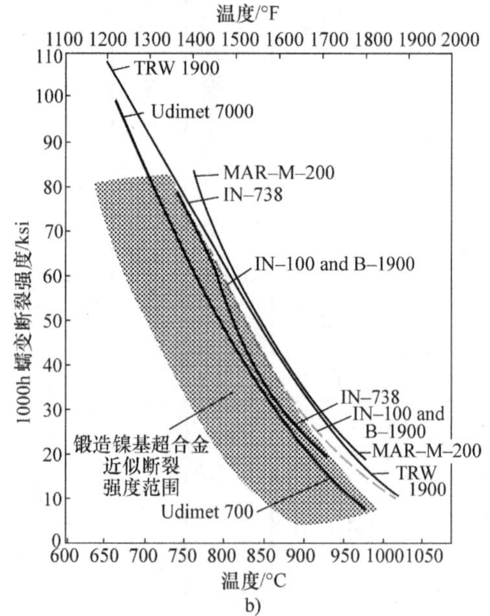

图 4-79 常用镍基超合金蠕变断裂性能综合对比

a）γ′相强化的镍基合金的 100h 蠕变断裂强度和固溶强化与碳化物强化合金的对比

b）部分镍基超合金的 1000h 蠕变断裂强度与锻造镍基合金的对比

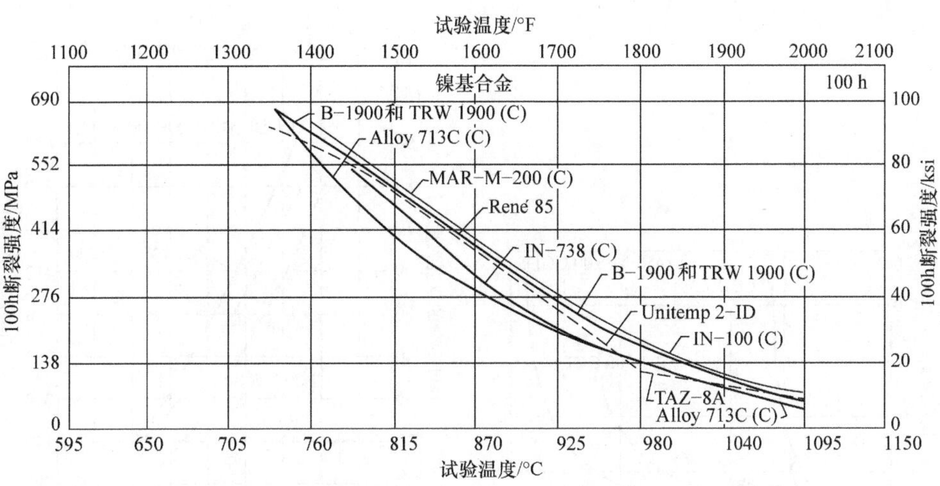

图 4-80 不同温度下部分多晶铸造镍基超合金的 100h 断裂强度

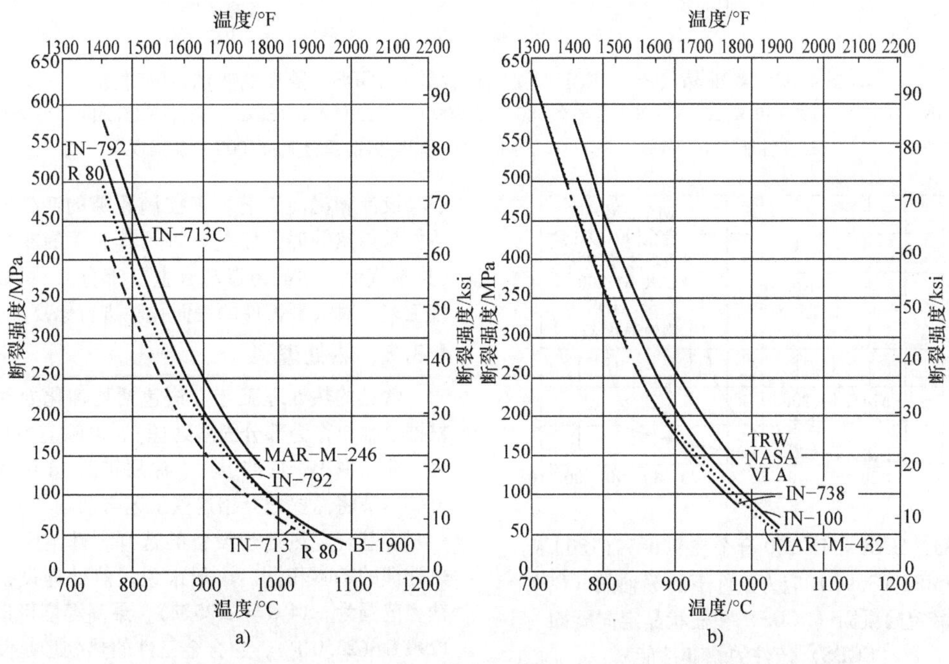

图 4-81 不同温度下部分镍基铸造超合金 1000h 断裂寿命的断裂强度曲线

如果超合金采用单晶技术（即单个工件没有晶界），则可以得到比定向凝固柱状晶更高的蠕变强度。镍基超合金采用单晶定向凝固（SCDS）技术得到的最大蠕变断裂强度如图 4-83 所示。该工艺方法类似于柱状晶铸件的生产工艺，但在单晶向上提升的过程中，采用了晶粒优选器，用于“优先选择”主晶体取向，使其长大成整个工件。采用单晶定向凝固工艺，可以使铸件中的所有原子都按一个方向重复堆叠，从而生产出一个没有晶界的单晶铸件。

单晶定向凝固超合金技术不仅应用于飞机上的燃气涡轮发动机，还应用于大型陆基燃气轮机。新的铸造工艺和新合金的研发都取得了重大进展，这使得合金铸件能在更高的温度和/或更长的服役时间下运行。使用具有先进工艺控制功能的大型全自动熔炼炉，可使高品质优良铸件具有良好的重现性。现已开发出两代柱状晶定向凝固合金和五代单晶合金，每一代合金都在上一代合金的基础上，蠕变强度有了进一步的提高。

为了最大限度地提高强度，在高压涡轮机组中，要求最苛刻的零部件应该采用单晶定向凝固超合金。除了最大限度地提高蠕变强度外，通常使超合金单晶体的特定方向平行于涡轮机叶片轴方向，通过降

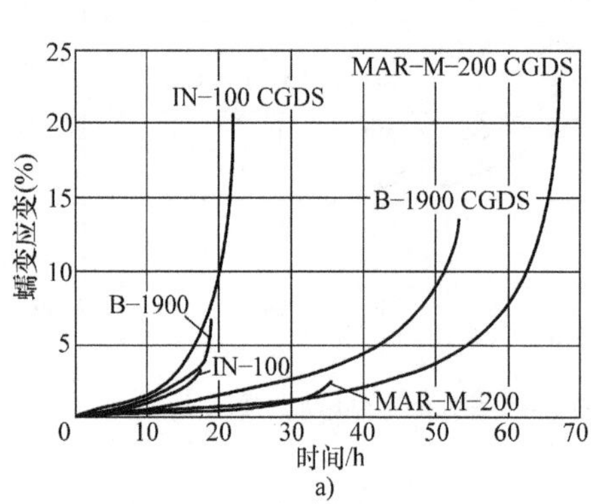

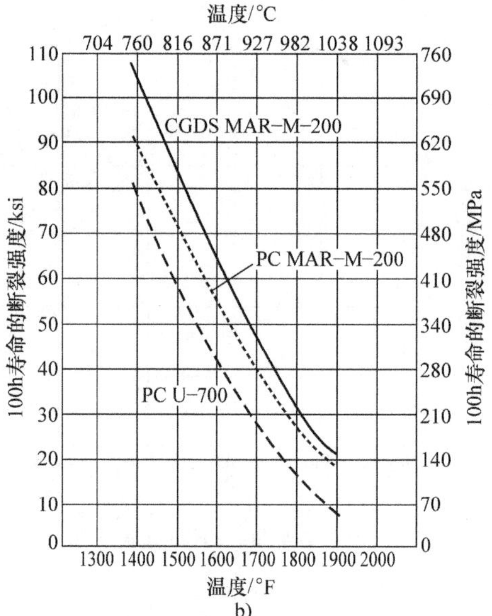

图4-82 等轴晶（PC）和定向凝固柱状晶（CGDS）铸件蠕变抗力的对比

a）IN-100、B-1900 和 MAR-M-200 合金在980℃（1800℉）和207MPa（30ksi）条件下 PC 和 CGDS 合金的蠕变性能 b）MAR-M-200 纵向 CGDS 和 PC 铸造超合金的100h 断裂强度

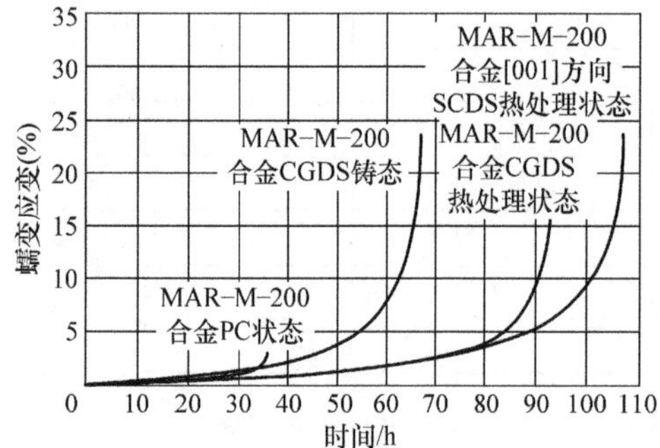

图4-83 MAR-M-200 合金在980℃（1800℉）和207MPa（30ksi）应力条件下的等轴晶（PC）、单晶定向凝固（SCDS）和柱状晶定向凝固（CGDS）铸件的蠕变性能

低弹性模量来优化合金的热机械疲劳（TMF）强度。要求最严苛的涡轮机叶片合金应具有高熔点、优异的抗氧化性、高蠕变和热机械疲劳强度、易于进行涂层制备的能力，以及在叶片与涡轮盘连接处的温度条件下，具有良好的低周疲劳强度。该连接处的温度大约是760℃（1400℉）或更低。

并不是所有的合金都适合铸造。铸造过程中会产生铸造缺陷，铸造缺陷随合金成分和铸造具体过程的变化而改变。当主熔锭携带有氧化物（氧化渣）时，可能会造成表面和内部产生夹杂物缺陷。孔隙是另一种主要的铸造缺陷，特别是对于燃气轮机等大型铸件。通过调整铸造参数，如金属和铸模温度、模具设计和浇注工艺，来控制孔隙的产生。可以对铸件采用热等静压工艺，封闭其表面的非贯通孔隙（见本节中“多晶铸造超合金”部分）。可以通过焊接工艺，对大型铸件的表面孔隙进行修复。

4.3.2 热处理

常见的热处理工艺方法包括均匀化处理（有时根据合金，作为部分固溶处理）、去除应力、中间退火、完全退火、固溶退火、涂层扩散、时效析出。

本节将简要地介绍这些工艺方法。

镍基合金热处理设备的选择，基本上与不锈钢热处理的基本相同。一般来说，热处理设备的控温精度范围为±14℃（±25℉），最高温度可以达到约1290℃（2350℉），超合金工件的热处理是间歇式的处理过程。非析出强化超合金的退火或固溶处理可以在箱式炉中进行。如果热处理炉的高温工作室与其他工作室相互连通，则必须制定箱式炉的清洗、预热和淬火等规程。有关炉内气氛、装置和工艺规程的一般信息，请参考本章中的“镍基合金的热处理和相组织”一节。

（1）均匀化处理 许多镍基合金铸件和铸锭都需要进行均匀化热处理，其目的是使合金元素在整个微观组织中均匀分布。一般来说，溶质元素的不均匀性与具体合金的化学成分密切相关，而溶质元素的不均匀性对合金的性能非常重要。在大型铸件的凝固过程中，会发生宏观偏析和微观偏析。通过铸造/凝固工艺过程的设计，必须尽可能地降低宏观偏析，而微观偏析可以通过均匀化热处理消除。在锻造铸锭的热加工过程中，热加工可以对简单、溶质元素含量较低的组织进行均匀化，而不需要单独进行均匀化处理。

对于非常成分复杂的锻件，尽管之前已进行了热加工，仍需要进行完全的高温均匀化热处理。例如，像 Waspaloy、IN－718 和 U－720 这样的高合金化镍基合金材料，可能需要在远超过锻造温度的条件下，长时间保温进行均匀化处理。对于某些合金，均匀化温度可能会故意超过部分树枝状晶区域的熔点温度。例如，有些合金的均匀化温度为 1200℃(2200℉)，保温时间可达 4 天。

对于用于服役的铸件产品或均匀化后需要继续进行热处理的产品，均匀化处理都是至关重要的。均匀化处理的目的是得到合金元素充分均匀分布的组织，这取决于合金中的合金化程度和所添加合金元素的类型。例如，在固溶强化镍基超合金中，固溶强化通常是通过添加钨和钼等难熔元素进行合金化来实现的。由于难熔元素的原子尺寸大、熔点高、扩散速率慢，通常是最难进行均匀化的合金元素。对于需要进行时效热处理，通过析出第二相来强化的合金，均匀化热处理也很重要，因为均匀化热处理的好坏直接关系到时效过程中第二相析出的弥散均匀分布程度。

合理、恰当的均匀化工艺与溶质元素的偏析程度有关，而化学元素的扩散速率与局部微区的化学成分有关。优化的均匀化处理工艺关键是由合金的初熔温度（IMP）、扩散速率慢的元素和需要均匀化的微观组织所决定的。可以通过实验室试验、计算机模拟或试验与计算机结合的方法，获得优化的均匀化处理工艺。可以通过计算机热力学模拟或实验室试验，来估计合金的初熔温度。例如，通过示差热分析试验或短时间热处理微观组织的金相分析，对合金的初熔温度进行分析。也可以通过微观金相分析或计算机模拟，来估计合金元素的不均匀性程度。一旦确定了合金中扩散速率最慢的合金元素(通过比较在基体中的示踪扩散系数)，或通过合金元素的热力学和动力学计算，就可以估算出均匀化所需的时间（见本卷中“金属和合金的均匀化处理”一节）。

（2）去除应力　去除应力通常是在最大限度地消除残余应力以及尽可能不降低高温性能和耐蚀性之间进行权衡。根据合金的组织以及前加工工序中所产生的残余应力的类型和大小，去除应力工艺的时间和温度会有很大不同。去除应力温度通常低于退火或再结晶温度。

去除应力不是铸造镍基超合金的常规热处理工艺。目前，大多数镍基超合金铸件都是可时效强化合金，在高温条件下，合金的性能会发生改变。尽管如此，在下列情况下，应对部分在铸态下服役的铸件进行去除应力处理：

1）当铸件不进行析出强化处理时。

2）当铸件的形状非常复杂，可能会在最初服役加热过程中出现裂纹时。

3）当铸件的尺寸公差要求非常严格时。

4）焊接后。

5）合金或部件易受到应力腐蚀开裂的影响时。

由于去除应力工艺与合金的化学成分、铸件的几何形状和前处理工序密切相关，因此，不可能对合金铸件的去除应力工艺进行列表表示。根据对时间、温度与应力降低的实际经验以及对合金进行 X 射线衍射等无损检验的结果，可以制定出去除应力工艺。这需要进行大量的材料测试和后续数据分析，以确定去除应力工艺的有效性，因此，对于超合金来说，这不是一种高效率的方法。值得注意的是，在对低周疲劳、裂纹扩展和蠕变断裂等与时间相关性能有要求的合金铸件中，应特别注意去除应力的影响。

析出硬化合金在焊接后，当焊接构件中存在具有高应力约束的焊接接头时，应立即对焊接构件进行退火或去除应力处理。如果焊接构件不允许进行高温退火，可采用时效工艺消除焊接接头中的应力。

（3）固溶或完全退火　退火的主要作用是提高塑性（和降低硬度）、便于成形加工或机加工、为焊接做准备、消除焊接应力、得到特殊的微观组织，或重新溶解二次相，软化时效硬化组织。超合金的退火主要是指完全退火，即实现完全再结晶和达到最低硬度。这种工艺实际上只适用于非时效硬化型锻造合金。对于大多数可时效硬化型合金，退火工艺与固溶处理工艺相同。然而，这两种工艺的用途是不同的。完全退火的目的是使冷加工后的合金发生再结晶，而固溶处理的目的是在面心立方基体中，溶解所有或几乎所有的相，也可以说是均匀化溶质原子。

很明显，完全退火或固溶处理需要加热至高温。在某些情况下，加热温度为 980～1230℃（1800～2250℉），例如，单晶超合金的加热温度甚至需要达到 1315℃（2400℉）。当加热温度超过 1200℃(2200℉）时，成本费用将很高。此外，当加热到最高温度时（有时在较低的退火温度下），必须小心避免由平衡和非平衡合金元素偏析所引起的熔化（初熔）。这是涡轮机翼这类大型铸件容易出现的问题。

经变形和加热实现均匀化的合金，通常不会出现残余元素偏析的问题。

(4) 淬火 淬火的目的是使溶质原子溶解于固溶体合金中，在固溶处理后室温条件下，使析出硬化合金保持过饱和固溶体。固溶和碳化物强化的超合金可能不需要淬火，但当固溶强化铸造合金有耐蚀性、塑性和焊性性能好等服役要求时，则可能需要进行淬火。

对于可时效强化合金，淬火的目的是尽可能在固溶体中保留强化合金元素（铝、钛、铌），以便在随后的一次或多次时效析出热处理中，析出γ′相或γ″+γ′相，并使析出相保持最佳的分布。淬火使得在随后的时效过程中能析出细小的γ′相粒子，冷却方法包括油淬和水淬，以及各种形式的空冷或惰性气体冷却。对于铸造合金，最常见的冷却方法是空冷或炉冷。由淬火引起的内应力可以加速某些时效强化合金出现过时效。

(5) 时效析出处理 通过对时效强化合金进行固溶处理，快速冷却得到过饱和固溶体基体。通过时效处理，从过饱和固溶体基体中析出γ′和γ″相。析出温度不仅决定了析出相的类型，还决定了析出相的尺寸和分布。通常时效热处理在恒温下进行，最低温度为620℃（1150℉），而最高温度可达1040℃（1900℉）。锻造合金常采用多级时效处理，但在铸造合金中则很少采用。

在时效强化过程中，不仅仅析出了主要强化相（γ′、γ″和η），还有可能析出碳化物。除了对γ′或γ″相进行控制外，时效对晶界碳化物形貌的控制也很重要（见本卷中“镍基合金的热处理和相组织”一节）。例如，两级时效工艺的主要目的是析出强化相和控制晶界碳化物的形貌。析出处理还应该注意控制有害的拓扑密堆相，如σ相的析出。析出强化处理也可以作为铸件的去除应力处理。

(6) 其他热处理工艺 热处理的一般定义是对固态材料进行加热和冷却，但通常没有注意到热加工也是一种热处理过程。此外，还有一些被忽视的热处理过程：对机翼进行热冲击试验；在包渗涂层过程中对合金进行加热；焊接合金；钎焊合金；二次或三次重新焊接合金的重新加热；钎焊部件的重新钎焊；在热加工过程中，不完全退火再加热；在工件未变形的情况下，从中间退火温度冷却到室温；热等静压致密和封孔或致密粉末的形成过程；扩散焊接的加热。

提及这些被忽视的热处理的原因是，通常只有在满足了合金热处理规范的要求，在超合金产品设计时，才会应用这些性能数据。换句话说，通常如果进行了合金规范中没有要求的加热和冷却，则不认为是热处理。然而，无论谁想要在实际中应用这些合金，都应该考虑到这些被忽视的热处理可能会对合金性能产生的影响。通常，用户可能只会考虑到合金规范中的热处理，只有当合金在使用过程中出现问题时，才会对这些被忽视的热处理进行分析。

例如，假设铸造镍基超合金或合金工件规范中的热处理要求如下：

1）在1230℃（2250℉）进行固溶处理，保温1h，空冷或更快冷却。

2）加热到1080℃（1975℉）保温2h，空冷或更快冷却。

3）加热到870℃（1600℉）保温12h，冷却至室温。

非专业人士仅会执行上述热处理，并测试得到性能数据。但专业人士可能会关注工件从原始铸件到成品工件的整个制造过程，并看到了以下热处理工艺步骤：

1）升温至1230℃（2250℉）的加热阶段。

2）在1230℃（2250℉）进行固溶处理，空冷或更快冷却。

3）在包渗涂层容器中，加热到845℃（1550℉）保温12h，缓慢冷却。

4）加热至1080℃（1975℉）保温2h，空冷或更快冷却。

5）加热至870℃（1600℉）保温12h，冷却至室温。

在这一简单的例子中，工艺参数时间/温度组合并不对应于特定的铸造镍基超合金。然而，可以清楚地看到，升温至1230℃（2250℉）应该有加热阶段，这会增加超合金工件在高温下停留的时间。加热至845℃（1550℉）保温12h是附加的热处理。因此，在对合金的性能进行测试时，可能出现与标准中的热处理工艺性能不相符合的现象。

如果将析出硬化超合金工件加热到高温，特别是加热到540℃（1000℉）以上温度，那么，就等于对该工件进行了热处理。固溶强化合金或碳化物强化钴基超合金都可能加热到超过540℃（1000℉）的温度。通常，去除应力温度大大超过540℃（1000℉），因此有人认为，超合金的性能数据应该取去除应力后合金的性能数据。同理，还应该对其他热处理工艺对工件后续服役性能的影响进行评估。

4.3.3 强化机制

面心立方晶体结构的镍基（γ）合金具有很高的高温蠕变强度，并通过固溶强化、碳化物强化和金属间化合物相析出强化三种强化方法来强化合金。

其中γ′（Ni_3Al）和γ″（体心正方有序 Ni_3Nb）金属间化合物相是主要的金属间化合物强化相。与固溶强化和碳化物强化相比，在γ镍基超合金基体中，分散的γ′（Ni_3Al）金属间化合物强化相对强度的贡献是最重要的。本节主要介绍这三种强化方法。

碳化物通过分散强化，提供有限的直接强化；此外，它还通过稳定晶界，阻止过度剪切和变形，提供间接强化。对于多晶高温合金，当热力学温度超过合金熔点的50%时，碳化物最重要的作用是阻碍晶界的相对滑动。对于在高温下服役的工件，碳化物适度地分散在晶界上并保持稳定是非常重要的。硼化物的作用与碳化物的基本相同。

其他二次相对控制合金的晶粒尺寸和性能也能起到一定作用。例如，对于控制锻造铁－镍基和镍基超合金的组织，δ相和η相（连同γ′相）具有较大的作用，正如在本章中“锻造镍基合金的热处理”一节中所介绍的那样。在许多方面，锻造合金和铸造合金的强化机制是相同的，所不同的是合金对使用性能的要求决定了最佳的强化组织。对于在高温下使用的合金产品，短时间（拉伸、压缩）力学性能和长时间（蠕变变形）性能都很重要。为了提高蠕变强度，铸造合金的晶粒尺寸通常相对较大。在760℃（1400℉）以下温度，主要考虑合金的拉伸性能；而在更高的温度下，则应考虑合金的蠕变断裂性能。在合金成分一定的条件下，不能同时提高蠕变性能和抗拉强度。优化合金的一种性能，则可能降低其另一种性能。

其他粒子对镍基合金的力学性能通常是有害的，如氮化物、硫化物等夹杂物。通过现代的熔炼和过滤技术，可以避免夹杂物的出现。其他有害的相是拓扑密堆（tcp）相，包括σ、μ和Laves相。拓扑密堆相是不允许存在的，在合金中仅存在微量的拓扑密堆相，就会对其性能产生有害的影响。在合金处理后的微观组织中，可能不会出现拓扑密堆相，但在长期使用过程中，则可能出现拓扑密堆相。使用经验法则，可以将拓扑密堆相形成的可能性降低到最小。

1. 固溶强化

钴、铁、铬、钼、钨、钒、钛和铝都是镍的固溶强化合金元素。这些元素通过溶质原子溶入镍的γ基体和γ′相中，实现镍合金的固溶体强化（见本章中“镍基合金的热处理和相组织”一节）。在这里不对强化过程的确切性质进行讨论，这个过程比想象的要复杂得多。合金中的溶质原子以不同的方式影响着合金：

1）影响晶粒局部的弹性模量。

2）影响晶粒局部的原子排列。

3）限制原子的扩散。

4）改变基体的层错能（SFE）。

通过这些影响，可显著对合金进行强化。与产生对称变形的方法相比，溶质原子产生不对称变形所产生的强化更有效，特别是对于短时间性能更是如此。一般来说，尺寸像碳这样的小的间隙原子会产生不对称的变形，因此，碳在固溶强化中是最有效的原子（单位）。

降低合金层错能的原子，会使位错（影响变形的主要微结构单元）改变方向运动更加困难。因此，当位错在低层错能合金基体中移动遇到障碍时，它们移动到另一个新平面继续运动会更加困难。

2. 时效硬化

析出颗粒强化与许多因素有关，析出强化相的内禀强度和塑性是最重要的因素，除此之外，还有其他重要因素：

1）γ′或γ″相与γ基体共格析出。

2）有序γ′和γ″相的反相畴界（Antiphase Boundary，APB）能。反相畴界能与前面提到的层错能类似，由于有序的原因，位错在通过有序相时，需要更大的能量来破坏析出有序相。

3）γ′或γ″相的体积分数。

4）γ′相颗粒尺寸。但人们对γ″相颗粒尺寸的影响了解得不多。另外，γ″相是圆盘状的，而γ′相是球状（立方体或球状）的。

虽然人们通过实验室中的试验合金，建立起了强度和γ′颗粒尺寸之间的关系，但在商用合金颗粒尺寸范围内，很难证明它们之间的关系。γ′相是在一定时间范围内，通常是在时效过程中析出的。由于热处理工艺不同，析出的γ′相尺寸可能不同。

尽管析出温度和固溶处理可能对形成的γ′相的体积分数产生影响，γ′相的体积分数主要与合金中的合金元素有关。如果在固溶处理中溶解了所有（或大部分）的γ′相，则在时效过程中随时间增加，析出的γ′相尺寸和数量通常都会增加。合金强度与析出相的数量和尺寸有关，随时间延长，合金的强度通常会出现提高、达到峰值和下降阶段。在合金成分一定的情况下，析出相尺寸是时间和温度的函数。

（1）γ′超合金的强化　如前所述，随着析出量的增加以及析出相形状和尺寸的变化，强化的效果通常会增强。在析出达到时效硬化峰值之前，有效的强化机制包括位错切割γ′相粒子。在体积分数一定的条件下，随着γ′相尺寸的增加，合金强度不断提高，如图4-84所示。

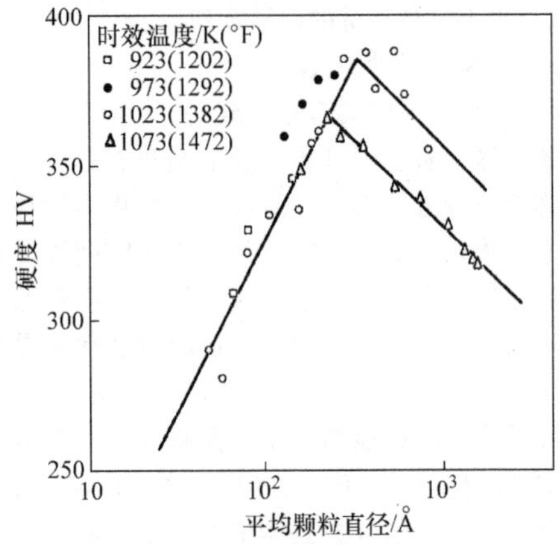

图 4-84 镍基超合金的颗粒直径与强度（硬度）的关系

注：在小颗粒时发生位错切割，在大颗粒时发生位错绕过。还应该注意到，时效温度会影响析出颗粒大小和合金强度。

在达到时效硬化峰值后，随着颗粒尺寸不断长大，位错不再切过γ′相粒子，而是绕过γ′相粒子，合金的强度会降低。该现象在γ′相体积分数低的锻造超合金（A－286、Incoloy 901 和 Waspaloy 合金）中表现明显；但在γ′相体积分数高的铸造合金（MAR－M－247、IN－100 等合金）中，则表现得不那么明显。对于蠕变断裂性能，其影响不如短时间性能，如抗拉强度那样明显。与粗大或超细的γ′相比，均匀细小到中等尺寸的γ′相（0.25～0.5μm）的性能更好。

在钛和铝强化的合金中，合金强度明显与γ′相的体积分数相关。在合金中添加更多的钛和铝强化合金元素，合金的强度随γ′相体积分数的增加提高到一定程度。同理，在γ″相强化的合金中添加铌，也具有同样的效果。随着合金中铝和钛含量的增加，合金的强度提高，如图 4-85 所示；随着铝钛比的增大，合金的使用温度提高（表 4-55）。在锻造合金中，细小的γ′相通常呈双峰分布，所有的铝和钛元素都能有效地起到强化效果和贡献。

一般来说，要想γ′相强化合金达到最大的析出强化效果，就必须在γ′相固溶度曲线以上温度加热，进行固溶处理（但这可能会导致锻造超合金的晶粒过度长大）。采用一级或多级时效处理工艺，优化γ′相的分布，并促进其他碳化物相转变。在某些合金中，采用了几种中间时效处理和低温时效处理工艺；在用于生产螺旋桨的铸造合金中，采用涂层工艺后进行单级时效处理，或者采用涂层工艺和高温时效处理后进行中温时效处理。

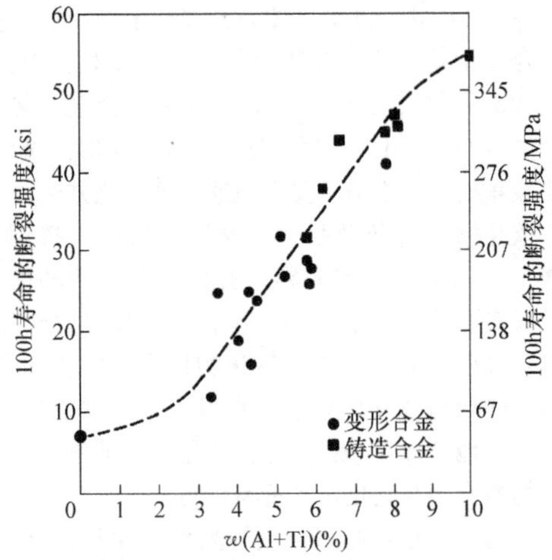

图 4-85 铝和钛的含量对锻造和铸造镍基超合金持久断裂强度的影响

表 4-55 等轴晶铸造镍基超合金可使用温度与铝钛比的关系

合金	Al + Ti	Al: Ti	可使用温度	
			℃	℉
A－286	2.35	0.116	650	1200
Inconel W	3.15	0.280	650	1200
Waspaloy	4.25	0.420	760	1400
René 41	4.85	0.520	760	1400
U－500	6.00	1.00	815	1500
U－700	7.50	1.30	980	1800
MAR－M－200	7.00	2.50	1095	2000

在镍基超合金中，γ′相强化的一个基本特征是，溶解某些γ′相所产生的温度波动不一定会对合金的性能造成永久性损伤，因为随后冷却至正常工作温度，会使γ′相以一种有用的形式重新析出。图 4-86 所示为 B－1900 多晶铸造镍基超合金在热处理后，再在不同工作温度下保温得到的微观组织示意图。当γ′相的溶解、聚集不太严重，没有发生溶解时，后续工件在时效温度范围内工作，甚至是冷却后，时效都会使合金性能发生明显的恢复。如果γ′相发生了粗化、溶解或初熔，后续时效或在发动机工作温度保温，合金性能都不可能有显著的恢复。

根据以上分析可以得出，不能仅仅根据γ′相的形貌判断合金的性能。晶粒与施加载荷的取向、晶粒的大小，以及是否为单晶都对合金的性能有重要的影响。对于多晶铸造或锻造合金，γ′相强化晶粒必须同时考虑对晶界进行强化。如果γ′相强化的基体的强度高于晶界的强度，晶界处的应力松弛将变得困难，那么在晶界处会发生早期失效。如果γ′相强化的基体的强度过低，则在低载荷下，合金就会发生穿晶断裂。

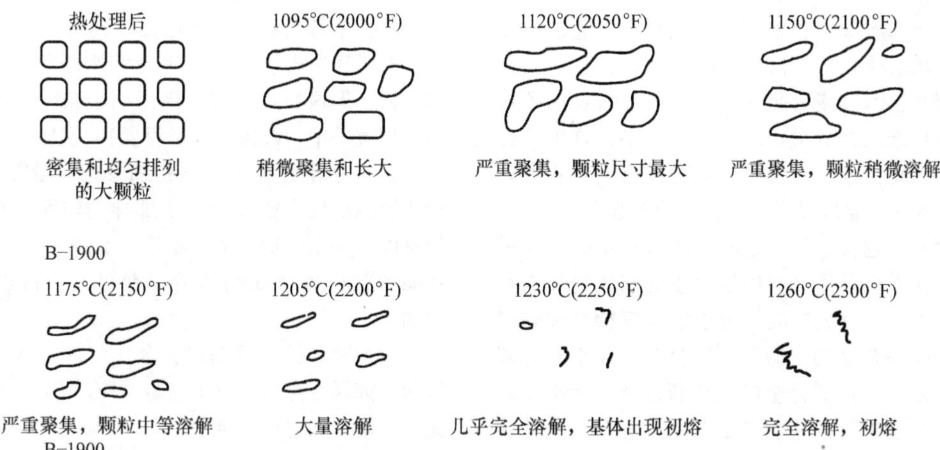

图 4-86 B－1900 合金的微观组织示意图

注：在常规热处理后，再在更高温度下保温 2～10h。不规则多边形表示 γ′析出相，黑色锯齿状表示初熔区。

（2）γ″超合金的强化 γ″相强化仅限于几种使用温度低于 700℃（1300℉）的锻造合金及与其对应的铸造合金。γ″相析出强化的实际使用仅限于铌的添加量超过 4%（质量分数）的镍基合金。IN－718 合金就是利用 γ″相强化的典型商用合金。在 IN－718 合金中，可以同时找到 γ″和 γ′相，但 γ″相是主要的强化相，γ″相的体积分数实际上超过了 γ′相。虽然人们还没有对 γ″相的强化行为进行深入研究，但通常认为与 γ′相的基本类似。也就是说，存在一个最佳的 γ″尺寸和体积分数与合金强度的关系。

γ″相最重要的特点是在固溶处理或焊接过程后，容易在中等温度下形成。由于这一特点，γ″相强化合金可以在焊接后进行时效，得到具有极好塑性和高强度的组织。尽管 γ″相强化在 IN－718 合金中占主导地位，但 γ″相的形成和分布变化少，多以盘状分布在晶内，而且人们对有关 γ″相对晶界的影响了解甚少。

人们对 γ″相与合金性能之间的关系还没有进行广泛深入的研究，但知道合金的强度与 γ″相的体积分数有关。由于 γ″相的析出形貌和尺寸不同于 γ′相，任何有关 γ′相强化合金的定量分析和研究都不适用于以 γ″相为主要强化相的合金。γ′相强化合金的 γ′相初始析出形貌为立方形或球形，而 γ″相的析出形貌则是圆盘状。在相对较低的温度下，Ni－Cr－Al－Nb 合金倾向于回复或溶解 γ″强化相。该合金不需要形成双峰的 γ″相分布，但会形成 γ″与 γ′相共同的分布。通过对 Ni－Cr－Al－Nb 合金进行热处理，试图优化 γ″相的分布，并控制合金工件的晶粒尺寸。

多年以来，对镍基锻造合金采用固溶处理和两级时效是最好的工艺方法，但在锻件锻造后采用直接淬火工艺时，情况发生了改变，取代了原固溶处理加两级时效工艺。锻件直接淬火工艺是 Ni－Cr－Al－Nb 合金锻件从锻造温度冷却后，进行时效（译者注：该工艺有时称直接时效工艺）。该合金通过将锻造与固溶处理相结合，形成了理想的晶粒尺寸，在时效过程中，基体中保留了足够的铌，使 γ″相均匀地分布在基体中，并同时伴有 γ′相的析出。在铸造合金中，没有类似的直接时效热处理工艺。

γ″相是不稳定的相，可能会在长时间的使用温度下转变为 γ′相和 δ（Ni_3Nb）相。γ′相的析出进一步提高了 γ″相的强化效果。当 IN－718 合金出现了 γ″相无析出区（PFZ）时，合金的缺口塑性降低。通过适当的热处理，可以消除 γ″相的无析出区（PFZ）和恢复合金的塑性。在相对低的温度下，采用 γ″相强化的合金具有很高的抗拉强度和很好的蠕变性能。但在约高于 675℃（1250℉）的温度下，γ″相会转变为 γ′相和 δ 相，这时合金的强度将急剧降低。由于在约 675℃（1250℉）以上温度时，γ″相的稳定性很差，因此 IN－718 合金的使用温度不能高于该温度。IN－718 合金（以及其他涡轮盘用合金）常用的标准高温试验温度为 650℃（1200℉）。

3. 碳化物

合金元素镍不是碳化物形成元素，但碳可与其他元素反应，并与镍结合形成碳化物。在镍基合金中，最常见的碳化物是 MC、M_6C、M_7C_3 和 $M_{23}C_6$（其中“M”是碳化物形成元素）。根据碳化物的形态、在合金的晶内还是在晶界上，碳化物可能起有利或有害作用。晶内的碳化物可以提供有限的强化作用（如通过分散强化），而在高温蠕变条件下，晶界上的离散碳化物具有阻碍晶界滑动的重要作用。

基体中晶内碳化物（与晶界碳化物一样）的消极作用是，它们的析出促进了疲劳裂纹的早期萌生和扩展，使未涂层合金表面发生氧化，引起缺口效应。被氧化的碳化物、机加工或热应力也会使碳化物产生裂纹，引发疲劳裂纹。预先存在裂纹的碳化物可能与铸造工艺有关。碳化物的大小也是影响合金性能的重要因素，在镍基合金中减小碳化物的体积分数和大小，会降低预裂纹碳化物的数量。

凝固时间越长，早期定向凝固过程中的温度梯度越小，通常会导致产生中等大小的碳化物和更容易开裂。然而，改进凝固过程中的温度梯度和减少单晶定向凝固合金的含碳量，使合金中几乎没有碳化物，可以大大提高合金的抗疲劳性能，特别是对于超过正常含碳量的柱状晶定向凝固合金。这种效应在低周循环疲劳（Low - Cycle Fatigue，LCF）和热机械疲劳中最为明显。

几乎没有证据可以确定，合金中是否存在碳化物会影响到合金的高周循环疲劳（High - Cycle Fatigue，HCF）强度，如果碳化物对合金强度没有有害作用的话，则其可能对合金性能产生有益的影响。然而，有证据表明，在某些超合金系统中，当存在少量有限的碳化物时，有利于合金达到最佳的疲劳强度。18 -8 奥氏体型不锈钢在705℃（1300℉）温度条件下的低周循环疲劳和高周循环疲劳寿命在10^4 ~10^8周期范围内。与不含碳的18 -8 奥氏体型不锈钢相比，w(C) = 0.05% 的不锈钢的疲劳寿命更高。

可以通过几种方法，阻止形成氧化的碳化物或将氧化的碳化物数量降低到最少。可以通过调整铸造工艺和/或化学成分，尽可能减少初生碳化物的形成。如果没有采用碳提高合金强度的特别要求，应尽可能降低合金中的含碳量。减少合金中碳的含量是单晶定向凝固超合金（和锻造粉末冶金超合金）常用的方法。当然，如果工作温度较高，可以对合金进行涂层保护，使碳化物保留在合金的次表层位置。

可以预料在镍基和铁 - 镍基超合金中，晶内的碳元素会发生重新分布和变化。根据碳化物的大小、分布、类型和合金的冷却条件，可能会由于机加工、氧化或腐蚀引起的缺口，使碳化物产生开裂。根据所测试的性能，碳化物可能起到有利作用或有害作用。

（1）晶内（基体）碳化物　在晶内形成的碳化物会影响到钴基超合金、部分镍基和铁 - 镍基超合金的蠕变强度。如前所述，与γ′相析出强化相比，虽然晶内分散性碳化物的强化贡献较小，但仍然有一定的强化效果。虽然在锻造超合金中也存在晶内碳化物，但在铸造超合金中，这类晶内碳化物的强化效果特别明显。由于 MC 型碳化物是从熔化液态冷却过程中形成的，因此这类碳化物是主要的碳化物。对于铸造合金，虽然在晶界处也发现了 MC 型碳化物，但这类碳化物主要存在于晶内。在随后的热处理过程中，或由于服役温度和/或加工处理的影响，会改变超合金中碳化物的形态、数量和类型。碳化物的形成不像γ′相析出那样均匀而有规律。即使是同一种碳化物，也可能具有不同的大小和形状。在晶内初生碳化物附近的位错处，会析出二次碳化物。

对镍基和铁 - 镍基超合金，可以进行部分固溶处理。如果合金没有发生初熔，MC 型碳化物将不会完全溶解。在这种合金中，MC 型碳化物往往是不稳定的，在低于 815 ~ 870℃（1500 ~ 1600℉）温度范围，会分解为 $M_{23}C_6$碳化物。当合金中钨和钼含量足够高［w(Mo) + w(W) /2≥6%］时，在 980 ~ 1040℃（1800 ~ 1900℉）温度范围，MC 型碳化物会转变为 M_6C 碳化物。在有些情况下，晶内形成的 M_6C碳化物具有魏氏组织形态，而在另一些情况下，形成的 M_6C 碳化物为块状形态。对于镍基和铁 - 镍基超合金，基体内碳化物的强化作用较小。尽管在某些情况下，M_6C 碳化物为针状形态，但当 B - 1900 镍基超合金中形成这种碳化物时，并没有降低合金的性能。

随着单晶镍基超合金的出现，一种新的微观组织引起了人们的关注。由于单晶没有晶界，不需要像常规合金那样，通过添加碳对晶界进行强化。因此，在第一代单晶定向凝固合金中，存在非常少的基体碳化物或亚晶界碳化物。尽管最初的趋势是完全去除单晶定向凝固镍基超合金中的碳，但随着时间的推移，人们认识到碳化物对单晶亚晶界能起到有益的作用，由此导致放松了对单晶定向凝固合金中含碳量的限制，并且在许多单晶合金中，允许含有少量的碳。此外在有限含量范围内，也允许添加铪、硼和锆等合金元素。

（2）晶间碳化物　在晶界析出的碳化物会对锻造合金和铸造合金的蠕变性能产生显著的影响。晶间碳化物的形态是至关重要的。如果在晶间形成离散球状铬碳化物，是有益的；但如果形成连续晶界膜状碳化物，则会严重降低合金性能。

在许多超合金中，$M_{23}C_6$碳化物是在铸造后期或热处理后期，如在时效过程中形成的。对镍基超合金进行固溶处理时，组织中存在的部分 MC 型碳化物发生了溶解，并以碳原子的形式固溶在合金中。工件在固溶处理后，冷却到室温或环境温度和再加热时，部分碳会保留在过饱和基体中。

在重新加热时，从合金的热力学方面考虑，碳化物倾向于在晶界上形成和析出。当重新加热至较低正常单级时效温度时，碳化物易以离散球状铬碳化物形态在晶界处析出（通常，大多数锻造合金析出 $Cr_{23}C_6$碳化物）。形成大量碳化物的唯一方法是，碳化物垂直于晶界，以所谓的拉链状或不连续胞状析出，如图 4-87 所示。由碳化物/γ′胞状析出产生额外界面，对合金的持久寿命是有害的。

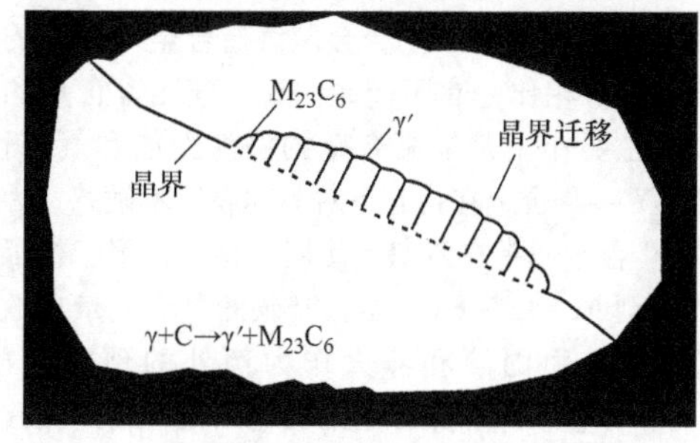

图 4-87　镍基超合金晶界碳化物胞状析出示意图

注：见本章“镍基合金的热处理和相组织”一节中的图 4-13。

直到 20 世纪 50 年代，人们才分别认识到了 $Cr_{23}C_6$铬碳化物在优化 Nimonic 80A 和 Waspaloy 合金蠕变性能方面起到的重要作用（见本章中“镍基合金的热处理和相组织”一节）。在这之前，合金中碳化物的实际作用是没有得到证实的。这项早期工作导致开发出了中间热处理（IHT）工艺。中间热处理的加热温度低于固溶处理温度，但高于单级时效温度。当时，采用该中间热处理工艺，许多锻造合金都获得了理想的力学性能。中间热处理降低了碳的过饱和度，使得碳化物可以在较低的能量状态下形成。在中间热处理温度下形成的碳的过饱和，使碳化物更有利于以离散粒子的形态析出和长大。而在更高温度下形成离散碳化物的结果是，降低了碳的势能，导致在最终时效阶段，不会析出大量的碳化物和使蠕变断裂不需要产生额外的界面。

中间热处理（IHT）的主要作用是，形成离散的球状碳化物（大多数锻造合金形成的碳化物为 $Cr_{23}C_6$），以防止蠕变断裂时的晶界滑动，同时允许周边的晶粒具有足够的塑性，在 γ/γ′界面产生一定的应力松弛，避免早期失效。根据上述类似的机制，针对锻造合金，开发出了中间热处理（IHT）工艺过程。由于发现了在晶界上形成离散碳化物分布的有益作用，以及析出不连续胞状碳化物的不利影响，现在几乎所有锻造合金都采用两级时效处理工艺，而两级时效的温度应根据合金的化学成分和具体情况进行调整和变化。铸造合金一般采用单级时效处理工艺。

尽管在锻造铁 - 镍基超合金中，有形成碳化物膜会对合金造成有害影响的报道，但与镍基合金相比，人们对锻造铁 - 镍基超合金晶界上碳化物的作用的研究要少得多，而对钴基合金中晶界碳化物对合金性能的影响的研究则更少。锻造钴基合金中的碳化物分布取决于原铸坯或中间退火后的冷却过程。与镍基合金和铁 - 镍基合金相比，钴基合金中碳的含量明显要高，这导致晶界碳化物析出数量更多。

（3）针状碳化物的形成　一些镍基超合金的塑性还受到了另一种形式碳化物析出的影响，这就是在晶粒和孪晶界上的针状魏氏组织形貌的 M_6C 碳化物。虽然可能会受到这种碳化物的影响，但实际上遇到的数量并不多。从原则上来说，析出针状或魏氏组织会严重降低合金的持久寿命，但很少发现有晶界 M_6C 碳化物析出的金相照片。虽然魏氏组织可能出现在 MC 碳化物上或在其附近形核，但魏氏组织的析出通常限于晶内。然而，有时可能会在晶界上发现针状碳化物。

（4）无析出区　对于锻造镍基合金，$M_{23}C_6$ 碳化物在晶界处析出的另一种效果是，在晶界的两侧形成贫 γ′相的无析出区（PFZ）。这些无析出区会对镍基和铁 - 镍基超合金的持久寿命产生显著的影响。如果该无析出区变宽或强度比基体低，则会在该区域产生集中变形，导致合金早期失效。

早期的 γ′相强化锻造超合金，添加的强化合金元素数量少，钛和铝的比例为 1.0 或更高。在这类合金中，无析出区引起了人们的广泛注意。然而，在 γ′相体积分数高的复杂超合金中（通常是铸造超合金），可能是由于合金中强化合金元素的过饱和度高，因此没有发现显著的无析出区。建议增加钴的含量，这有利于推迟 γ′相无析出区的形成。在这方面，硼和锆也被认为是有益于推迟无析出区形成的元素。

根据文献报道，与无析出区同时出现的是包覆 γ′相，该包覆相是由 TiC 分解而来的，随后转变为 $M_{23}C_6$或 $M_6C+\gamma'$（由于过量的钛）。这一过程主要发生在晶界上，但也可能发生在晶内的分解 MC 粒子的周围。人们普遍认为，如果形成包覆 γ′相，则能够松弛或吸收滑动晶界附近的应力，因此对合金的性能是有益的。然而，包覆 γ′相的确切作用还没有得到充分的证实，但存在大量富钛区实际上是由 η 相或亚稳 γ′相转变为 η 相所引起的。在 γ′相体积分数高的合金中，发现了包覆 γ′相组织。

4.3.4　工业铸造镍基合金的热处理

商用镍和镍基合金包括各种耐蚀铸造合金（表 4-50）和/或耐热铸造合金（表 4-51）。本节对工业应用的镍基合金系列铸件的典型热处理进行介绍。

（1）铸造镍　在 ASTM A494 标准规范中，涵盖了 CZ－100 等级铸造镍的要求。铸造镍（CZ－100 合金）在铸态下使用。其他合金也有在铸态下使用，但大多数都需要进行某种类型的热处理，以获得最佳的性能。在要求耐摩擦、磨损性能更高的工作条件下，应选择高碳或高硅牌号的铸造镍合金。在合金的成分规范中，有少数微量元素（表 4-50），其主要作用是保证合金具有优良的浇注性能，以得到完整和气密性好的铸件。通常的做法是在生产合金铸件时，添加（质量分数）0.75% 的 C 和 1.0% 的 Si。当采用镁进行处理时，其作用类似于球墨铸铁的生产过程，使碳在铸铁基体中形成细小分布的球状石墨。当对铸件进行焊接，类似于锻造镍的使用条件时，有时规定 $w(C) \leqslant 0.10\%$。然而，低碳 CZ－100 合金是一种很难铸造的材料，在人们现在已知的服役条件下，相对于高碳 CZ－100 合金，低碳 CZ－100 合金没有显著的优势。

（2）铸造 Ni－Cu 合金　Ni－Cu 合金在铸态下使用。在有些条件下，在 815～925℃（1500～1700℉）进行均匀化处理，可以使合金的耐蚀性略为改善，但在大多数腐蚀条件下，铸造合金中微区少量偏析不会对其使用性能产生影响。与 Ni－Cu 和 Cu－Ni 锻造合金配合使用，低硅 $[w(Si) \leqslant 2.0\%]$ 牌号的 Ni－Cu 铸造合金通常应用于腐蚀条件下，如泵、阀门和其他相应的铸件产品。

高硅 $[w(Si) > 2.0\%]$ 牌号的 Ni－Cu 铸造合金具有耐腐蚀、耐磨损和强度高的综合力学性能。含硅量最高的牌号，其 $w(Si) > 4\%$，主要用于特殊的或极高的耐摩擦磨损条件。当合金的切削加工性能比其塑性和/或焊接性能更重要时，可采用高碳成分的合金（QQ－N－288－F）。当合金中 $w(Si) \approx 3.5\%$ 时，硅开始起时效强化的作用。

当 $w(Si) > 3.8\%$ 时，合金会发生时效和形成高硬度的硅化物，导致机加工出现相当大的困难。通过固溶处理可以降低合金的硬度，固溶处理工艺为加热到 900℃（1650℉），根据厚度，以 25mm(1in)/1h 的原则保温后油淬。采用 900℃（1650℉）油淬，能最大程度地降低合金硬度，但可能会导致形状复杂或不同截面厚度的铸件产生淬火裂纹。

对形状复杂或截面变化大的铸件进行固溶处理时，建议在炉温低于 315℃（600℉）时装炉，加热到 900℃（1650℉）温度的速度限制在铸件内外最大温差大约为 56℃（100℉）。在保温后，应将铸件转移到温度为 730℃（1350℉）的炉中，使铸件温度均匀后淬油。另一种方法是迅速从 900℃（1650℉）冷却至 730℃（1350℉），使铸件温度均匀化后淬油。固溶处理后的铸件应进行时效处理，时效工艺为在低于 315℃（600℉）的温度装炉，然后均匀加热到 595℃（1100℉），保温 4～6h。时效后可采用炉冷或空冷。

（3）Ni－Cr－Fe 铸造合金　Ni－Cr－Fe 铸造合金包括耐蚀镍基合金和耐热合金牌号（表 4-50 和表 4-51）。在 ASTM A494 标准规范中，包含铸造 Ni－Cr－Fe 系列的 CY－40 合金。铸造合金与对应的锻造合金牌号相比，有不同碳、锰、硅元素含量的牌号，其主要作用是提高合金的浇注性能和气密性。由于 CY－40 合金在铸态下对晶间腐蚀不敏感，因此 CY－40 合金通常在铸态下使用。有一种用于核工业的改进型 Ni－Cr－Fe 合金，其碳的最大质量分数为 0.12%，采用固溶和淬火作为额外的预防措施。CY－40 合金不存在热影响区敏化问题，因此除残余应力可能会造成问题外，不需要进行焊后热处理。

表 4-51 中包含耐热 Ni－Cr－Fe 系列合金中的 HW 和 HX 牌号，这些合金牌号也被列于 ASTM A297 标准中。通常，这类合金在铸态下使用，不需要进行热处理。HW 合金（60Ni－12Cr－23Fe）特别适用于有热疲劳性能要求的场合，此外，HW 合金具有优异的抗渗碳和抗高温氧化能力。这种合金在不存在硫的燃气中，不论是在强烈氧化气氛中和高达 1120℃（2050℉）的温度下，还是在还原性气氛中和 1040℃（1900℉）温度下，都具有优异的表现。

HW 合金广泛用于制作形状复杂的热处理夹具装置，热处理设备（马弗炉）构件、夹具与工件一起淬火，而热处理设备构件与工件一起承受热冲击载荷、极高的温度梯度和高的应力。HW 合金的组织是奥氏体和碳化物，其中碳化物的数量与合金的含碳量和热处理工艺有关。铸态组织由连续树枝网状细长共晶碳化物组成。在长期服役温度下，除了共晶碳化物外，在奥氏体基体中均匀分布着细小的点状碳化物粒子。这种组织变化伴随着室温强度的提高，但塑性没有发生改变。

HX 合金（66Ni－17Cr－12Fe）与 HW 合金相似，但镍和铬的含量更高。更高的铬含量使 HX 合金能够更好地抵抗炽热气体（甚至是含硫炽热气体）的腐蚀，使其能够在高达 1150℃（2100℉）的温度下进行服役。HX 合金规格包括 ASTM A297（HX 牌号）和 ASTM A608（HX 50 牌号）。

（4）Ni－Cr－Mo 铸造合金　在 ASTM A494 标准规范中，Ni－Cr－Mo 铸造合金有 CW－12MW、CW－7M、CW－2M 和 CW－6MC 等牌号（表 4-50）。这类合金通常在恶劣的服役条件（如高温和混合酸）下使用。合金中钼的主要作用是提高合金在非氧化酸和高温复合条件下的综合性能。CW－12MW 和 CW－7M 合金是高铬和高钼合金，在铸态下析出碳化物和金属间化合物，由此导致合金的耐蚀性、塑性和焊接性能变差。这类合金应该在 1175～1230℃（2150～2250℉）进行固溶处理，然后采用水或喷雾淬火冷却。

（5）Ni－Mo 铸造合金　在 ASTM A494 标准规范中（表 4-50），Ni－Mo 铸造合金有 N－12MV 和 N－7M 牌号，最常用的工作环境是各种浓度和温度（包括沸点）的盐酸中。生产的 Ni－Mo 合金通常有专利商用名称。如果合金在模具中缓慢冷却，则会对 N－12MV 和 N－7M 合金的耐蚀性、塑性和焊接性能产生有害的影响。这类合金的最低固溶温度为 1175℃（2150℉），固溶后淬水处理。

4.3.5　铸造超合金的热处理

直到 20 世纪 60 年代中期，铸造镍基超合金才开始进行传统意义上的热处理。在使用壳模铸造之前，厚壁熔模铸造的冷却速度缓慢，并与时效效应联系在一起。熔模铸造合金在使用壳模铸造工艺后，在不进行任何固溶处理的情况下就可进行时效。随着壳模铸造的冷却速度加快，时效效应随铸件截面尺寸和许多铸造参数的变化而改变。此外，新引入的涂层扩散工艺的温度显著高于正常的时效温度，该温度会对铸态合金的微观组织产生影响。因此，铸造镍基超合金开始采用固溶处理工艺。

固溶强化和碳化物强化超合金，如 Hastelloy X 或钴基超合金，除合金熔点的限制有所差别外，通常热处理工艺基本相同。已尝试过各种热处理温度和时间，在很大范围内调整去除应力、中间退火或完全退火时间/温度工艺参数，合金的性能都没有产生显著差异。对于所有固溶强化和碳化物强化超合金，热处理工艺只有几种温度参数。因此，在锻造超合金的生产和加工中，可以对热处理温度和时间参数进行整合，从而提高热处理生产的经济效益。

为了获得最佳的性能，每种合金都有其独特的热处理工艺参数。通过调整热处理工艺参数，可以获得最佳的理想性能，但与此同时，生产成本可能会有所上升。对于铸造合金，析出热处理工艺的温度为 870～980℃（1600～1800℉），保温时间为 4～32h。对于生产线上的新合金/工件，可能需要不断对热处理工艺进行调整，由此可能会使整个生产制造过程受到阻碍。可以认为析出强化热处理的成本问题是制造加工中的主要问题。

为此，为了减少时效时间和降低时效温度，人们付出了巨大的努力来修改和调整析出强化热处理工艺。在进行未来的合金设计或优化现有合金的热处理工艺时，必须选择与时效强化兼容，并且生产线可用的热处理炉。值得指出的是，没有适应所有铸造超合金的标准时效强化工艺。在 20 世纪后半叶，时效工艺的种类显著减少。但由于各合金的初熔温度不同和在很宽的温度区间内变化，因此，固溶处理温度也随之进行调整和变化。在过去的几年中，涂层扩散工艺一直保持在 1～2 次。因此，在铸造超合金的加工过程中，降低热处理工艺成本都是围绕着优化析出强化热处理工艺来进行的。

大多数铸造镍基超合金都是可析出强化的，但也有一些铸造固溶强化高温超合金，见表 4-51。由于固溶强化超合金含有相对较少的析出强化形成元素（如铝、钛或铌），因此可以清晰地与析出强化铸造超合金进行区分。可以对这些镍基和镍－铁基高温合金铸件进行均匀化处理，以及降低铸件的铸造应力或焊接应力处理。由于热处理过程中没有发生相变，所以不能通过热处理来提高合金的力学性能。在这些合金中，有许多合金不需要进行热处理，直接在铸态下使用即可。几种典型合金的热处理工艺见表 4-56。

表 4-56　几种典型合金的热处理工艺

合金	热处理
Hastelloy C	1220℃（2225℉），0.5h，空冷
Hastelloy S	1050℃（1925℉），1h，空冷
Hastelloy X	铸态
Inconel 600	铸态
Inconel 625	1190℃（2175℉），1h，空冷

如果在铸造工序后进行表面涂层、焊接或钎焊，可能需要进行附加热处理。通常在 980～1090℃（1800～2000℉）温度下，对铸造超合金基体与表面涂层的结合层进行强化热处理。可以在很广泛的温度范围内，对焊接后或其他类似工序后的工件进行去除应力处理。通常，应该在既要有效地去除应力，又要保证不对铸件组织和尺寸稳定性造成影响之间进行权衡，选择去除应力的热处理温度。有些铸件采用非常高的温度进行去除应力处理，此时铸件内已产生了再结晶，因此，这可能不是真正意义上的消除了应力。在铸件局部产生再结晶，不会对铸件的力学性能产生重大的不利影响，这通常是允许的。

通常，为防止铸件表面氧化或表面产生污染，对于不可析出强化高温合金，退火或去除应力热处理应在保护气氛下，采用周期式（箱式）热处理炉进行。将高温超合金铸件装入氩或氢等保护气氛或真空炉内，进行热处理，热处理后通常不需要进行快速冷却。

4.3.6 铸造超合金的固溶处理

表4-57列出了几种铸造超合金的典型固溶和时效处理工艺。析出强化超合金的第一步热处理工序通常是固溶处理。固溶处理的目的是溶解第二相，以使合金达到最大的耐蚀性，或者为合金随后的时效处理做准备。固溶处理的另一个目的是均匀化组织，或者使锻造组织完全再结晶，以达到最大塑性。实际生产中的固溶处理可能不能完全溶解析出强化合金中所有的第二相。为了得到最佳的蠕变断裂强度，应选择更高的固溶加热温度。而选择较低的固溶温度，通过可以细化晶粒，从而得到最佳的高温短时拉伸性能，提高合金的疲劳强度和抗缺口敏感性能。

选择更高的固溶加热温度，会导致锻造合金中晶粒发生长大，并且会溶解更多的碳化物。在足够高的温度下，合金将发生均匀化并溶解粗大的γ′相和共晶γ-γ′组织，为随后时效析出均匀细小的γ′相做组织准备。这种热处理工艺能提高合金的蠕变断裂性能。然而，许多多晶合金或柱状晶定向凝固超合金受初熔温度的影响，限制了合金的固溶均匀化温度。对于牌号为MAR-M-200（+Hf）的柱状晶定向凝固镍基超合金，在980℃（1800℉）温度下，均匀细小的γ′相的体积分数与合金的蠕变断裂寿命直接相关，如图4-88所示。

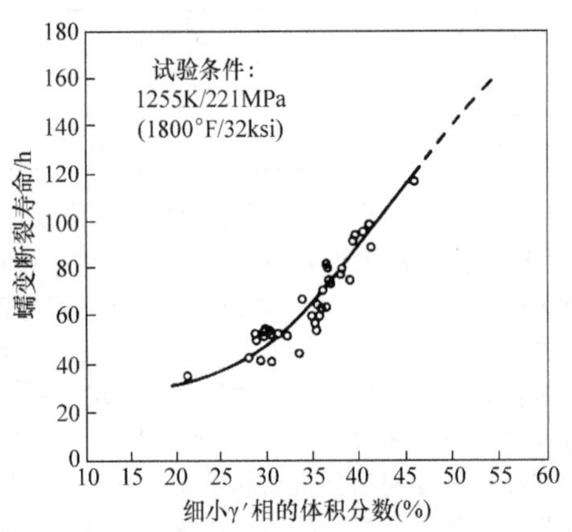

图4-88 MAR-M-200合金（定向凝固柱状晶）在220MPa（32ksi）应力和980℃（1800℉）温度下的蠕变断裂寿命与合金中细小γ′相的体积分数之间的关系

从表4-57中可以看到，对有些合金来说，固溶处理的冷却速率是至关重要的。此外，对于铸造合金，固溶处理的加热速度也很重要。在某些铸造合金中，固溶处理加热过程中会出现初熔现象。在铸造合金的加热过程中，通过调整加热速度，使升温速率足够缓慢，可以使低熔点区域均匀化，使得合金的初熔温度升高，从而允许采用更高的固溶加热温度。

如果不允许工件出现严重的氧化，则应在退火或固溶处理中使用保护气氛。如果允许出现氧化（随后采用机加工去除氧化层），或在所采用的加热温度和时间条件下，可以忽略超合金的氧化（特别是对铸造内燃机零部件），则可以在空气炉或燃气炉中，采用正常混合气氛或燃气进行退火或固溶处理。在退火或固溶处理中，使用的典型气氛类型有放热型气氛、吸热型气氛、干氢、干氩、真空。

1. 保护气氛

（1）放热型气氛　稀薄的放热型气氛是相对安全和经济的。可以通过盐浴除垢和酸洗方法，去除在这种气氛中形成的表面氧化层。该气氛由85%的N_2、10%的CO_2、1.5%的CO、1.5%的H_2和2%的水蒸气组成，是由燃气与空气中燃烧形成的。在该气氛环境下，合金表面形成的氧化层会含有大量的铬氧化物。

（2）吸热型气氛　在催化剂存在的条件下，通过燃气与空气反应，制备出吸热型气氛。该气氛具有渗碳的可能性。因此，不推荐采用该气氛对镍基合金进行热处理。同理，分离氨形成的氮和氢吸热型气氛具有渗氮的可能性，因此也不推荐采用。在适当的条件下，在超合金表层下可能聚集大量的氮，如图4-89所示。

（3）干氢　其露点为-50℃（-60℉）或更低，优先于分离氨，用于超合金的光亮退火。如果氢是由催化气体反应生成，而不是通过电解方法制备的，那么会残留碳氢化合物，如甲烷，应该限制在50ppm左右，以防止发生渗碳。对于含有大量铝或钛等元素的合金，采用催化方法制备氢会形成稳定的氧化物，而这些氧化物在正常的热处理温度和露点条件下无法还原，因此不推荐使用氢进行光亮退火。此外，对于含硼合金，由于会形成氢化硼而造成脱硼，因此也不推荐使用氢进行退火或固溶处理。

（4）干氩　其露点为-50℃（-60℉）或更低。如果在退火或固溶处理过程中不允许发生氧化，则应该使用干氩气氛。这种类型的气氛必须在密封反应罐或密封炉内使用。氩的露点可以稍微高一点，但不允许超过-40℃（-40℉）。在这种条件下，在工件的表面会形成允许厚度的氧化膜。在使用密封炉前，建议对其进行仔细的清洗。为防止形成氧化膜，在整个处理期间，必须保证氩气不断地流动，直到工件冷却到室温为止。

表 4-57　部分铸造超合金的典型固溶和时效（析出）处理工艺

合金		热处理（温度/加热时间/h/冷却）
等轴晶（传统）铸件	B－1900/B－1900＋Hf	1080℃（1975℉）/4/AC＋900℃（1650℉）/10/AC
	IN－100	1080℃（1975℉）/4/AC＋870℃（1600℉）/12/AC
	IN－713	铸态
	IN－718	1095℃（2000℉）/1/AC＋955℃（1750℉）/1/AC＋720℃（1325℉）/8/FC＋620"C（1150℉）/8/AC
	IN－718 热等静压（HIP）	1150℃（2100℉）/4/FC＋1190℃（2175℉）/4/15ksi（HIP）＋870℃（1600℉）/10/AC＋955℃（1750℉）/1/AC＋730℃（1350℉）/8/FC＋665℃（1225℉）/8/AC
	IN－738	1120℃（2050℉）/2/AC＋845℃（1550℉）/24/AC
	IN－792	1120℃（2050℉）/4/RAC＋1080℃（1975"F）/4/AC＋845℃（1550℉）/24/AC
	IN－939	1160℃（2120℉）/4/RAC＋1000℃（1830℉）/6/RAC＋900℃（1650℉）/24/AC＋700℃（1290℉）/16/AC
	MAR－M－246＋Hf	1220℃（2230℉）/2/AC＋870℃（1600℉）/24/AC
	MAR－M－247	1080℃（1975℉）/4/AC＋870℃（1600℉）/20/AC
	René 41	1065℃（1950℉）/3/AC＋1120℃（2050℉）/0.5/AC＋900℃（1650℉）/4/AC
	René 77	1163℃（2125℉）/4/AC＋1080℃（1975℉）/4/AC＋925℃（1700℉）/24/AC＋760℃（1400℉）/16/AC
	René 80	1220℃（2225℉）/2/GFQ＋1095℃（2000℉）/4/GFQ＋1050℃（1925℉）/4/AC＋845℃（1550℉）/16/AC
	Udimet 500	1150℃（2100℉）/4/AC＋1080℃（1975℉）/4/AC＋760℃（1400℉）/16/AC
	Udimet 700	1175℃（2150℉）/4/AC＋1080℃（1975℉）/4/AC＋845℃（1550℉）/24/AC＋760℃（1400℉）/16/AC
	Waspaloy	1080℃（1975℉）/4/AC＋845℃（1550℉）/4/AC＋760℃（1400℉）/16/AC
定向凝固铸件	DS MAR－M－247	1230℃（2250℉）/2/GFQ＋980℃（1800℉）/5/AC＋870℃（1600℉）/20/AC
	DS MAR－M－200＋Hf	1230℃（2250℉）/4/GFQ＋1080℃（1975℉）/4/AC＋870℃（1600℉）/32/AC
	DS René 80H	1190℃（2175℉）/2/GFQ＋1080℃（1975℉）/4/AC＋870℃（1600℉）/16/AC
单晶铸件	CMSX－2	1315℃（2400℉）/3/GFQ＋980℃（1800℉）/5/AC＋870℃（1600℉）/20/AC
	PWA 1480	1290℃（2350℉）/4/GFQ＋1080℃（1975℉）/4/AC＋870℃（1600℉）/32/AC
	René N4	1270℃（2320℉）/2/GFQ＋1080℃（1975℉）/4/AC＋900℃（1650℉）/16/AC

注：AC—空冷；FC—炉冷；GFQ—气氛炉猝火；RAC—快速空冷。

如前所述，含铝和钛等稳定氧化物的超合金，不论是否含有硼，都必须在真空或氩气中进行光亮退火。

（5）真空　通常在高于 20μm（2×10^{-3} Torr）真空度（译者注：此处真空度单位为 μm，可能有误，应该是 μmHg）和高于 815℃（1500℉）的条件下，对超合金进行热处理。特别是当工件达到或接近最终尺寸时，采用真空热处理，可以达到令人满意的效果。含铝和钛等稳定氧化物形成元素的析出强化镍基合金，都必须在真空或惰性气氛中进行光亮退火。

2. 表面侵蚀/污染

超合金在高温服役过程中，虽然具有表面抗氧化作用，但是在热处理温度（特别是固溶处理）下，表面性能会有所下降。表面性能下降的形式包括氧化、吸碳、合金元素贫化和污染。

在正常的服役温度范围内和氧化气氛条件下，可析出强化超合金通常都具有良好的抗氧化性能。

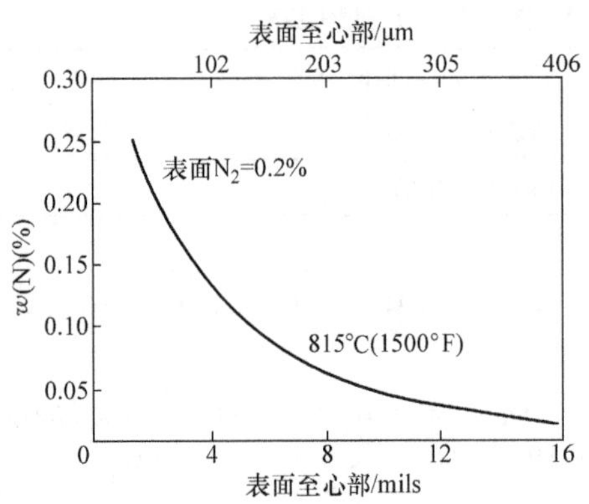

图4-89 镍基超合金在温度为815℃（1500℉）的氮气氛下，含氮量随深度的变化

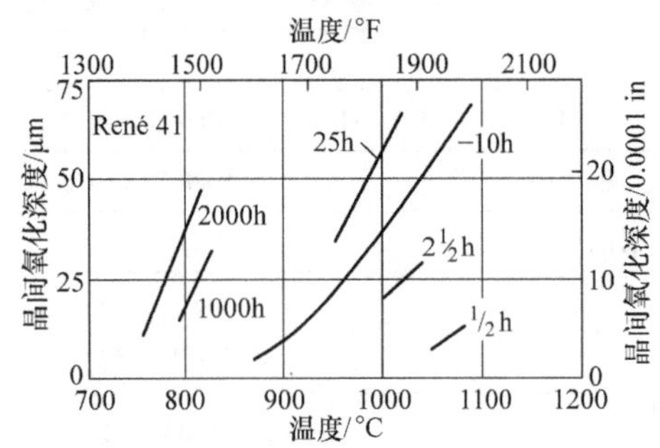

图4-90 René 41合金在空气中加热的温度和时间对晶间氧化深度的影响

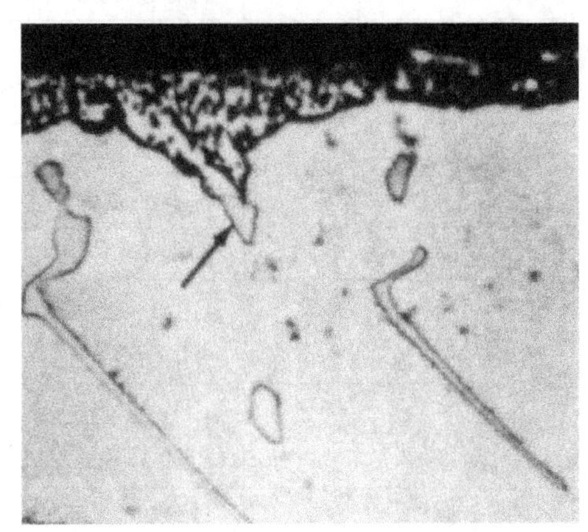

图4-91 析出强化镍基合金中发生了氧化的碳化物

根据合金不同，服役温度可能达到或超过其时效温度，即760～980℃（1400～1800℉）的范围。由于合金中铬的含量降低，或合金工件的工作环境比早期超合金更加恶劣，如燃气涡轮机叶片，可能需要对一些超合金进行涂层处理。

（1）合金元素贫化 除了氧化，在高温环境下长时间工作，还会引起合金表面附近的合金元素浓度发生变化。由于某些元素优先被氧化层所消耗，所以会出现合金元素贫化现象。虽然文献资料中从未有过锆元素的贫化，但硼的氧化导致了锻造合金出现脱硼现象，而有些合金很容易受到脱硼的影响。合金元素贫化会对表层的性能产生影响，在生产某些产品，如薄板产品时应给予重视。

（2）晶间腐蚀 在固溶处理温度下，许多超合金容易受到选择性表面侵蚀。一种常见的表面侵蚀形式是晶界氧化。通过测量氧化晶间渗透的深度，可以测量晶界氧化的程度。图4-90所示为René 41合金在空气中加热时，沿晶界氧化的深度。碳化物有时也可能对表面产生侵蚀，如图4-91所示。其结果是沿晶或穿晶产生裂纹，由此增加了工件失效的可能性。一般来说，在热处理过程中，不会将成品工件表面暴露在空气中，而氧化通常只发生在工件服役时。工件在服役时，应根据使用温度和环境，选择涂层保护表面。

晶间侵蚀的主要形式不仅包括铬的优先氧化，还包括铝、钛的氧化，形成γ′和η强化相的组分也会对晶间侵蚀产生影响。微量元素锆和硼的存在，也会使晶界发生腐蚀和侵蚀。如果考虑镍基合金的晶界氧化问题，则铝比钛更适合作为强化元素，因为氧化铝的致密度高，致使氧的扩散和渗透更加困难。在时效强化镍基合金中，钼提高了晶间受到侵蚀的敏感性。

（3）表面污染 如果固溶处理气氛有渗碳碳势，就会出现表面增碳现象。例如，观察到A－286锻造合金表面碳的质量分数从0.05%增加到0.30%的现象。增碳会形成稳定的碳化物（TiC），从而降低了固溶体中的含钛量，并阻碍了表层的正常析出强化。与形成TiC相同，氮的污染的结果是形成TiN。图4-89所示为退火后合金表面含氮量的增加情况。

（4）其他污染物 耐热合金部件的所有外表面都不应该有污垢、指纹、油垢、油脂、成形过程中的化合物、润滑剂和氧化层。在含有镍和铬的超合金表面，如含有硫化合物的润滑油或燃油，则特别易于产生腐蚀。表面腐蚀首先形成Cr_2S_3，然后随着侵蚀进行，特别是在真空度为10^{-4}Torr的条件下，形成了Ni－Ni_3S_2共晶相。Ni－Ni_3S_2共晶相的熔点为645℃（1190℉）。

炉膛里的氧化物和炉渣是另一个污染源。应避免工件与钢铁的氧化物、炉渣和炉膛剥落物接触，以防止在工件表面形成低熔点物质，加快腐蚀。

3. 固溶处理与钎焊工艺结合

与完全退火或中间退火不同的是，作为制造工艺中一个重要步骤的固溶处理，有时可能需要与另一种工艺过程相结合，但这种结合对两种工艺过程的加热和冷却都有很大的限制。其中一个典型的例子就是真空钎焊与固溶处理相结合。由于钎焊熔点的限制，可以将钎焊与后续的固溶处理结合，作为工件制造加工的最后工序。有时会对实际钎焊温度进行调整，以便能够同时完成对工件的钎焊和固溶处理。

真空钎焊炉是专用设备，而真空热处理炉是普通设备，其加热和冷却速率相对较慢。在固溶处理与钎焊工艺结合的情况下，即使有先进的强制气体冷却设备，在其他类型的设备中，合金部件的组织和性能可能也无法完全达到固溶处理的最佳效果。

4.3.7 铸造超合金的时效

通常，超合金的时效温度为 620 ~ 1040℃（1150 ~ 1900℉），在有或没有保护气氛的箱式炉中进行。最常见的是在大气环境下进行时效热处理，时效过程允许在成品表面形成光滑、致密的氧化膜。如果必须使氧化膜形成得最少，可以使用一种低热量的放热气体（空气与燃气比约为 10∶1）。它不会完全阻止氧化，但形成的氧化膜非常薄。由于在 760℃（1400℉）的温度下，使用含有氢和一氧化碳的气体具有爆炸危险，因此，通常禁止在该气氛下进行时效处理。

表 4-57 所列为铸造镍基合金典型的析出时效工艺。对于锻造合金，通常的工作温度误差为 ±14℃（±25℉）；对于铸造合金，工作温度误差为 ±8℃（±15℉）。由于时效工艺时间长，所以很少使用连续热处理炉进行时效处理。不推荐使用盐浴炉进行时效，因为在长时间时效保温期间，盐浴炉中的氯离子会与合金表面发生反应。

时效级数、时间和温度的影响因素包括：

1）析出相的类型和数量。

2）预期的服役温度。

3）希望的析出尺寸。

4）要求的强度和塑性的组合。

5）类似合金的热处理工艺。

时效温度会影响到析出相的分布和类型。如果合金基体中能析出两种或以上的相，则明智的选择是优选一种时效温度，以获得多个析出相并达到最佳析出数量。另一种方法是采用两级时效，在不同的时效温度下，得到不同大小和类型的析出相。现已有采用两级时效，甚至是四级时效工艺的报道。锻造镍基合金的时效温度通常比铸造镍基合金的低。对于像 Waspaloy 这样的锻造镍基超合金，它的中间时效温度是 845℃（1550℉），然后在 760℃（1400℉）的较低温度下时效。

当采用多级时效工艺时，超合金可能会出现前面提到的 γ′相的双峰或三峰分布。在锻造镍基超合金中，常见为 γ′相双峰分布；而在铸造镍基超合金中，由于铸造偏析、涂层处理和可能采用的多级时效工艺，可能会出现 γ′相双峰或多峰分布。在铸造合金中，由于铸造偏析和冷却速率的影响，γ′析出相的形貌可能会有多种变化。在铸造合金凝固过程中，可能会产生大量的 γ - γ′共晶相和粗大的 γ′相。通过随后的热处理，可以改变这些组织形貌。在热处理后的铸造合金中，可能会在出现双峰和三峰 γ′相分布的基础上加上 γ - γ′共晶组织。

锻造合金在有些情况下，特别是在超过两种时效温度的情况下，已有采用温度上下波动变化的“溜溜球”热处理工艺的报道。温度上下波动变化的时效工艺由在一个温度范围内混合循环的时效工序组成。例如，锻造合金的时效序列为先在 870℃（1600℉），其次在 1600℃（1800℉），然后在 650℃（1200℉），最后在 1200℃（1400℉）时效。值得注意的是，这里给出的时效温度不是针对某种合金的具体温度，而只是为了表示某些合金的时效析出过程很复杂。采用两级时效序列的主要作用是控制 γ′或 γ″相，其次是控制析出相或晶界碳化物的形态。特别是在锻造合金中，必须对所有的 γ′分散相进行控制，以确保得到理想的碳化物分布。

采用不同的时效热处理，可以得到不同尺寸的 γ′相。尽管时效温度和固溶处理对形成的 γ′相的体积分数有一定的影响，但 γ′相的体积分数主要与合金中的合金元素有关。如果在固溶处理中溶解了所有（或大部分）γ′相，则在时效析出过程中，γ′相的数量和大小都会有所增加。随时效时间的变化，合金的强度会先提高，达到峰值，然后下降。对于具体的合金成分，析出相尺寸与时效温度和时间有关。

合金的成分对 γ′相的形貌有明显的影响。然而，热处理也可以对 γ′相的形貌产生一些影响。通过热处理可以在超合金基体中生成球形或立方体形的 γ′相颗粒。在铸造合金中，可能得到共晶的 γ′相。在早期的锻造 γ′相强化镍基超合金中，某些合金在热处理后，具有明显的无析出区。

通过适当的热处理，可以得到细长条状 γ′相。该细长条状 γ′相可能是在服役过程中或热处理过程中形成的。γ′相细长了条化可能是在预热处理过程中，由于延长了热处理时间而造成的。而延长时间与大多数生产计划不相容，在生产实际上中也是不经济的。因此，尽管单晶定向凝固超合金可以得到细长条化微观组织，但在实际生产的零部件中，还没有通过热处理得到这种细长条化微观组织。

4.3.8 等轴多晶铸造超合金

在超合金的最大用户——燃气轮机工业中，几乎没有应用等轴多晶（PC）铸造铁－镍基超合金的实例，而等轴多晶铸造钴基超合金则有一定的应用。等轴多晶铸造镍基超合金于1955年问世，但在重点开发和应用转向柱状晶定向凝固镍基超合金之前，这类超合金只得到了有限的开发和应用。然而，在飞机燃气轮机中，通常使用添加铌、铝强化的改进型铸造等轴含铁镍基合金，如IN－718合金。

在美国飞机燃气轮机工业中，IN－713、U－700、IN－100、B－1900和MAR－M－247或其改进型合金（如IN－713LC）是主要使用的合金。为满足汽轮机叶片耐热腐蚀的要求，现已开发出IN－738、IN－792、René 80和IN－939等耐热合金。在耐热腐蚀要求引起人们的重视前，用于燃气轮机中高压涡轮叶片的材料为IN－100、B－1900和MAR－M－247多晶铸型超合金。由于B－1900合金的耐热腐蚀性能较差，最终被淘汰了。后来René 80合金在飞机燃气轮机中得到了应用，而IN－738/IN－792系列合金主要用于电力工业中的燃气轮机。高强度的等轴多晶铸造合金被柱状晶定向凝固合金所取代，一些等轴多晶合金（如IN－100）转而应用于低压涡轮机桨叶。在先进的发动机中，需要使用具有更高蠕变强度的合金。

随温度的提高，超合金的拉伸塑性有下降的趋势，在650～870℃（1200～1600℉）温度区间下降到谷底。大约在760℃（1400℉），有些高强度多晶铸造镍基超合金的应力断裂塑性也出现最低值。该温度区间的应力断裂试验数据，反映了超合金在涡轮机叶片与涡轮盘连接部位的温度/应力条件下的性能。

一般来说，早期的多晶铸造镍基合金的塑性是令人满意的。然而，在高强度的多晶铸造镍基合金中，在760℃（1400℉）时的塑性往往比先前时的合金要低。第一个出现这种问题的多晶合金是B－1900合金，另一个是MAR－M－200铸造合金。后一种合金的塑性非常低，以致几乎无法在生产中使用，直到定向凝固技术出现，才有可能充分利用该合金优异的蠕变强度性能。然而，柱状晶处理工艺还不足以使该合金用于飞机燃气轮机，要用于飞机燃气轮机，要求合金达到更高的塑性。

为了提高在760℃（1400℉）时的伸长率，对合金成分和工艺进行了部分调整。其中包括对铸造工艺进行改进，其次是将铪添加到镍基超合金中。这些改进过程是由西屋公司（Westinghouse）开发并公布的，采用该工艺方法，改善了锻造合金的塑性。采用传统的铸造工艺，发现在合金中添加铪元素，可以大大提高合金在760℃（1400℉）时的塑性。研究表明，添加质量分数为0.5%～1.5%的铪是最有效的。当铪的质量分数达到1%（或更高）时，能满足在760℃（1400℉）时的最小伸长率设计要求。现在，所有有晶界的铸造高强度镍基超合金（多晶型，柱状晶定向凝固）都采用添加铪的方法，来满足在760℃（1400℉）时的最小伸长率设计要求。

在多晶铸造镍基超合金的发展过程中，人们认识到尽管铸造孔隙率的体积分数很小，可能是1%，但会降低合金的持久寿命和持久塑性。对镍基超合金采用热等静压（HIP）技术，即在液体静压下进行热压加工，可以实现在大气环境下铸造的翼片铸件的封孔处理。这种热等静压热处理工艺技术适用于B－1900和MAR－M－247等合金。通过采用热等静压技术，大大降低了铸造孔隙率，改变了合金的性能。尽管热等静压技术明显改善了B－1900合金的性能，但由于MAR－M－247合金的铸造性能更好，因此，对MAR－M－247合金采用热等静压工艺在经济上更具优势。热等静压技术一个最主要的优点是可以缩窄合金的性能离散数据带。

图4-92所示为采用拉尔森－米勒（Larson－Miller）参数绘制的断裂应力图。图中对采用和未采用热等静压技术的多晶IN－738铸造镍基超合金的性能进行了对比。从图中可以看到，采用热等静压技术的离散数据带显著缩窄，该事实表明在产品设

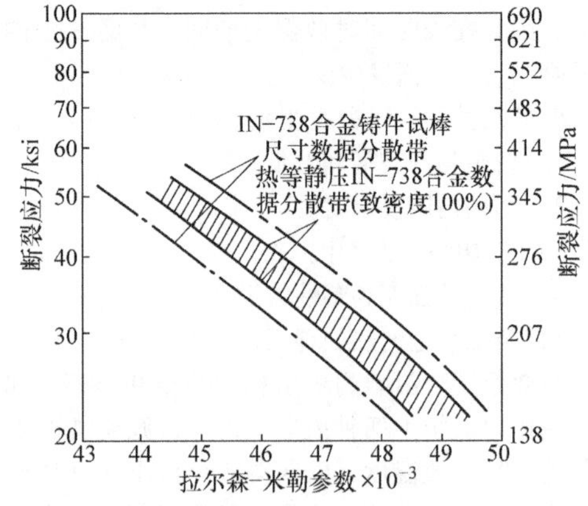

图4-92 热等静压（HIP）对等轴多晶IN－738合金铸件的断裂应力数据分散带的影响

注：其中拉尔森－米勒（Larson－Miller）参数 $=T(C+\lg t)$，C是Larson－Miller常数，T是热力学温度，t是时间（单位为h）。该图中 $C=20$ 和 $T={}^{\circ}R$［译者注：$T={}^{\circ}R$ 有误，应该为 $T=K$（热力学温度）］。

计中选择合金时，可以实现更好的性能一致性。虽然合金的典型性能值保持不变，但最大断裂寿命下降了。由于热等静压技术也是一种热处理工艺，它溶解和改变了初生 γ′相，因此不能完全依靠热等静压技术改善合金的断裂寿命。需要采用固溶和时效热处理进一步提高合金的性能。如果固溶处理不是在热等静压以上温度进行，那么得到的 γ′相可能无法使合金得到最佳强度。

一项关于热等静压技术（以及涂层）对 MAR－M－247 合金及 7 种相近试验合金的研究表明，合金具有不同的拉伸和蠕变断裂性能。表 4-58 所列为热等静压和涂层工艺对合金性能影响的统计结果。值得注意的是，虽然合金的拉伸性能和塑性得到了明显改善，但经热等静压处理后，合金的断裂寿命降低了。这是根据先前 B－1900 和 MAR－M－247 铸造合金的试验结果得出的。虽然没有系统的热等静压对合金疲劳寿命影响的研究，但一般认为，热等静压能提高合金的疲劳寿命，包括高周疲劳寿命（HCF）和低周疲劳寿命（LCF）。图 4-93 所示为热等静压（HIP）改善了 René 80 镍基超合金等轴晶铸件的高周循环疲劳性能。

表 4-58 热等静压（HIP）和/或涂层工艺对 MAR－M－247 镍基超合金的拉伸和蠕变性能影响的统计结果

性能		HIP	涂层	HIP＋涂层①
拉伸性能	规定塑性延伸强度 $R_{p0.2}$	可能提高	总是降低	可能降低
	极限抗拉强度	②	总是降低	可能降低
	伸长率	通常提高	可能提高	可能提高
蠕变性能	断裂寿命	可能降低	通常降低	可能降低
	伸长率	大多数提高	可能降低	②
	断面收缩率	总是提高	②	②

① 该栏仅考虑了交互作用。

② 效果未得到证实。

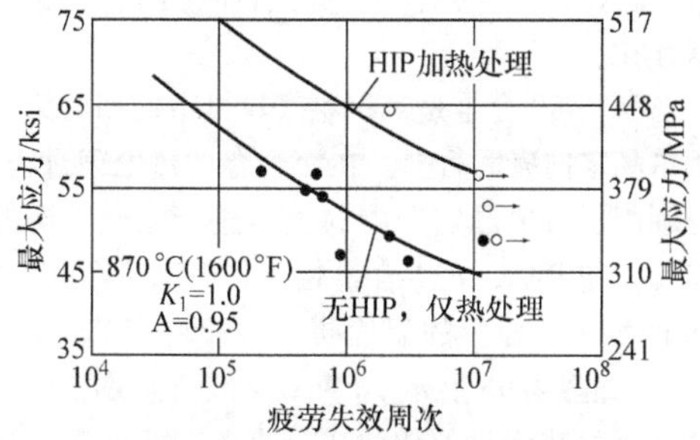

图 4-93 热等静压（HIP）改善了 René 80 镍基超合金等轴晶铸件的高周循环疲劳性能

4.3.9 定向凝固铸件

定向凝固（DS）合金的基础是使晶界沿凝固方向排列，并消除其他方向的晶界。采用定向凝固工艺，能充分发挥合金晶内的强度，并降低了晶界韧性较低的影响。而成分相同的多晶铸造合金铸件在蠕变断裂试验中，通常在伸长率低的情况下，就发生沿晶断裂。通常情况下，多晶铸造组织由随机排列的多晶组成，其中大多数为等轴晶粒，每个等轴晶粒可以看成一个单晶。定向凝固柱状晶使每个晶粒沿凝固轴平行生长，而在单晶定向凝固铸造中，单个晶粒占据了整个工件空间。

由于柱状晶定向凝固使晶粒沿凝固方向（纵向）排列，在纵向上测试断裂寿命比同种多晶合金的要长，而单晶定向凝固合金的断裂寿命更长。合金寿命提高的主要原因是在载荷应力方向上没有横向晶界。因为载荷应力是通过多个纵向晶粒传递的。自然生长的柱状晶粒也存在缺陷，所以柱状晶定向凝固合金铸件最终还是会沿晶界失效。同理，单晶定向凝固合金中也存在亚晶界，合金最终也会产生裂纹开裂而失效。图 4-94 所示为采用等轴多晶（PC）、柱状晶定向凝固（CGDS）和单晶定向凝固（SCDS）三种工艺的 MAR－M200 合金在 980℃（1800℉）下的蠕变曲线对比。有关 MAR－M200 合金采用三种铸造工艺的更多数据见表 4-59。

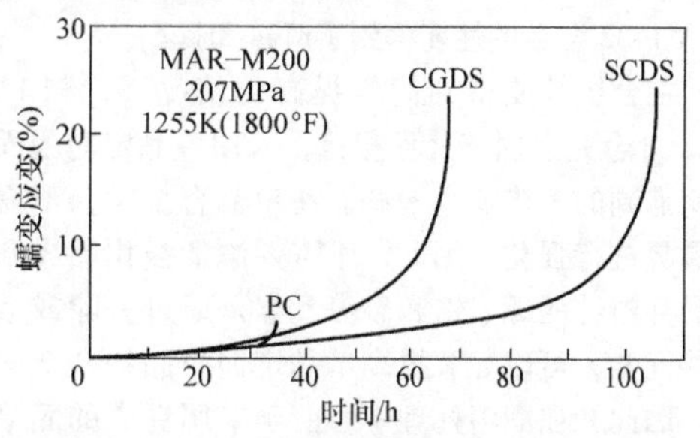

图 4-94 MAR－M200 镍基超合金采用等轴多晶（PC）、柱状晶定向凝固（CGDS）和单晶定向凝固（SCDS）三种铸造工艺在 980℃（1800℉）和 207MPa（30ksi）应力条件下的蠕变曲线对比

表 4-59 MAR－M－200 合金采用等轴多晶、柱状晶定向凝固和单晶定向凝固三种工艺的蠕变断裂性能

工艺	760℃/690MPa（1400℉/100ksi）			870℃/345MPa（1600℉/50ksi）			980℃/207MPa（1800℉/30ksi）		
	蠕变寿命/h	伸长率（%）	最小蠕变速率/[in/(in·h)]	蠕变寿命/h	伸长率（%）	最小蠕变速率/[in/(in·h)]	蠕变寿命/h	伸长率（%）	最小蠕变速率/[in/(in·h)]
等轴多晶	4.9	0.45	70.0×10^{-5}	245.9	2.2	3.4×10^{-5}	35.6	2.6	23.8×10^{-5}
柱状晶	366.0	12.6	14.5×10^{-5}	280.0	35.8	7.7×10^{-5}	67.0	23.6	25.6×10^{-5}
单晶	1914.0	14.5	2.2×10^{-5}	848.0	18.1	1.4×10^{-5}	107.0	23.6	16.1×10^{-5}

现已开发出多种第一代和第二代柱状晶定向凝固合金，并同时成功开发出相关的铸造和热处理工艺，其中许多已经被用于燃气轮机。通过热处理，这些合金都达到了最高的力学性能。这些合金包括 PWA 1422（MAR－M－200＋Hf）、René 125、RR 2000、MAR－M－247、CM 247（René 108）、MAR－M－002、René 80H（René 80 ＋hf）、IN－792、CM 186 LC、PWA 1426。

此外，在开发的几代单晶定向凝固合金中，也有部分在生产中得到了应用。这些合金包括 PWA 1480、René N4、SRR 99、RR 2000、CMSX－2、CMSX－6、PWA 1484、René N6、CMSX－4、CMSX－10。

将定向凝固技术成功地应用于生产柱状晶定向凝固和单晶定向凝固工件，并通过铸造热处理使这些工件获得最佳的力学性能。现已能生产的柱状晶定向凝固的叶片长度可达到 63.5mm（25in），也可以通过铸造和热处理生产相同尺寸的单晶定向凝固工件。现在，已经生产制造出了燃气轮机用的大型单晶定向凝固零部件。值得注意的是，与较小的飞机燃气轮机叶片相比，由于大型电力涡轮机叶片的质量过大，可能难以达到固溶处理的升温速率和随后的冷却速率，使 γ′相形成元素保留在过饱和基体中。研究表明，如果所有 γ′相全部溶解于基体，并重新析出细小的 γ′相，则可以提高合金的蠕变性能（图 4-88）。通过对 γ′相完全固溶的改进热处理，PWA 1422 合金的性能得到了改进和提高。

在合金性能得到同样提高的情况下，与 PWA 1422 合金完全固溶处理相比，采用单晶定向凝固合金所遇到的困难要小一些。在单晶合金中，不需要对晶界进行强化，因此，不需要添加强化晶界和提高晶界塑性的硼、锆和碳等元素。通过去除或减少这些元素，可以显著提高单晶定向凝固超合金的熔点。因此，在固溶处理中，由于采用更高的固溶温度，可以更多和更均匀地溶解 γ′相。通过除去铪、碳、硼等微量元素，可以使单晶合金的初熔温度提高若干度，在完全固溶处理过程中，完全不用担心发生局部熔化。此外，在消除晶界和微量元素的同时，还对合金元素进行了重大调整，设计和开发出了专用的单晶定向凝固超合金。很明显，对于单晶定向凝固超合金，允许添加更多的合金元素，进一步提高有涂层和无涂层涡轮机叶片合金的耐蚀性。

尽管在单晶定向凝固铸造合金中，不需要添加碳这样的晶界强化元素，但仍可发挥碳在单晶定向凝固超合金中的作用。最初，人们的想法是将碳完全从单晶定向凝固铸造镍基超合金中去除，因此，在第一代单晶定向凝固合金的基体或亚晶界上，很少有碳化物存在。随着时代的发展，人们意识到碳化物有利于改善单晶的亚晶界性能，从而放松了对碳的限制。因此，现在在许多单晶合金中，允许有少量的碳存在。此外，也允许有少量的铪、硼和锆元素存在。

PWA 1480 合金是飞机燃气轮机中使用的第一种商用单晶定向凝固合金。在该合金的热处理过程中，充分利用了对单晶定向凝固合金进行完全固溶处理的概念。与 PWA 1422 合金相比，PWA 1480 合金在 100h 产生 1% 蠕变的温度提高了 25～50℃（45～90℉），如图 4-95 所示。PWA 1480 合金蠕变性能的提高主要与其优化的化学成分有关，此外还与该合金能够通过热处理，完全溶解铸态得到的粗大 γ′相的能力有关。由于 PWA 1480 合金具有独特的成分，因此与单晶定向凝固的 MAR－M－200 合金（没有微量元素或钴）相比，PWA 1480 合金在工艺上也具有一定的优势。

PWA 1480 合金特别适合生产单晶定向凝固铸件，在过去的 30 年里，PWA 1480 合金已得到了广泛应用。PWA 1480 合金采用单晶定向凝固技术，性能的提高明显超过了铸造成本的增加。不仅 PWA 1480 合金得到了成功的应用，它的成功（就像柱状晶定向凝固 PWA 1422 合金的成功一样）还促进了其他研发机构和公司开发出了类似的单晶定向凝固合金。目前，单晶定向凝固合金在飞机燃气轮机中使用广泛，预计在不久的将来，该合金会在电力工业燃气轮机中得到大量推广应用。

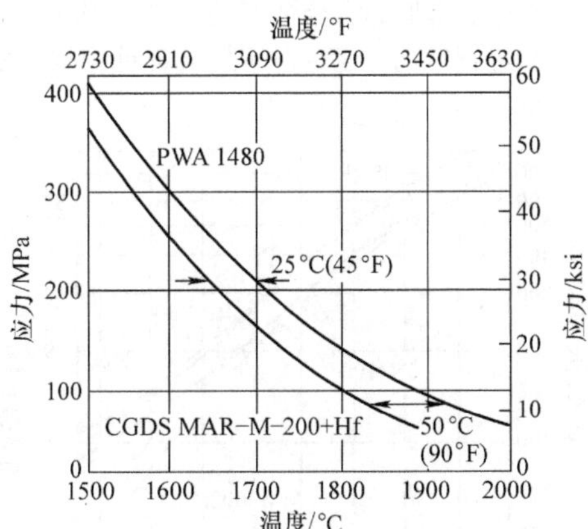

图 4-95　在 100h 产生 1% 蠕变的应力与温度的关系

注：试验采用纵向单晶定向凝固（SCDS）PWA 1480 合金和柱状晶定向凝固（CGDS）MAR－M－200＋Hf 合金，结果表明，商用单晶定向凝固合金具有更高的服役工作温度。

在图 4-96 中，采用拉尔森－米勒（Larson－Miller）参数断裂应力图，将 CMSX 合金系列中的几种单晶定向凝固合金与部分柱状晶定向凝固合金进行了比较。与柱状晶定向凝固合金相比，单晶定向凝固合金没有晶界，可采用更高的 γ' 相溶解温度，因此合金具有更好的性能。图 4-96b 所示为 CMSX－2/3 单晶定向凝固合金与 CM 247 LC 柱状晶定向凝固合金的对比。在图 4-97 中，采用 1.0% 蠕变强度的拉尔森－米勒（Larson－Miller）参数图，对部分单晶定向凝固合金与柱状晶定向凝固合金进行了对比。从图中不仅可以看出，单晶定向凝固合金比柱状晶定向凝固合金的性能更优良，还可以看到，第三代单晶定向凝固合金（CMSX－10）比第二代单晶定向凝固合金（CMSX－4）在使用温度上又有了一定的提高。图 4-98 所示为拉尔森－米勒（Larson－Miller）参数与典型合金的高温持久强度的对比曲线。

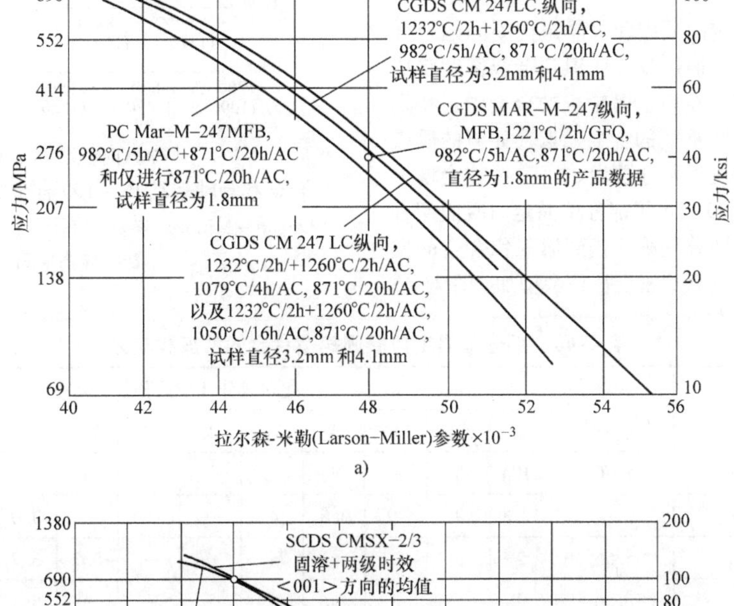

a）

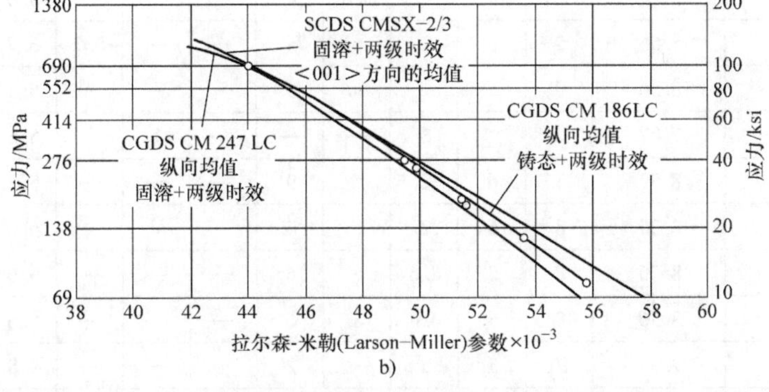

b）

图 4-96　等轴多晶（PC）、柱状晶定向凝固（CGDS）和单晶定向凝固（SCDS）铸造镍基超合金的拉尔森－米勒参数断裂应力曲线

a）PC 和 CGDS 合金（$C=20$，T 为热力学温度　b）CGDS 和 SCDS 合金（$C=20$，T 为热力学温度）

AC—空冷　MFB—从叶片加工　GFQ—燃气炉淬火

注：其中拉尔森－米勒（Larson－Miller）参数 $= T(C+\lg t)$，C 是 Larson－Miller 常数，T 是热力学温度，t 是时间（单位为 h）。

图中对几种单晶定向凝固合金、柱状晶定向凝固合金与等轴多晶 IN－100 铸造合金的高温持久强度进行了对比，从图中可以看到，单晶定向凝固合金明显优于柱状晶定向凝固合金和等轴多晶铸造合金。

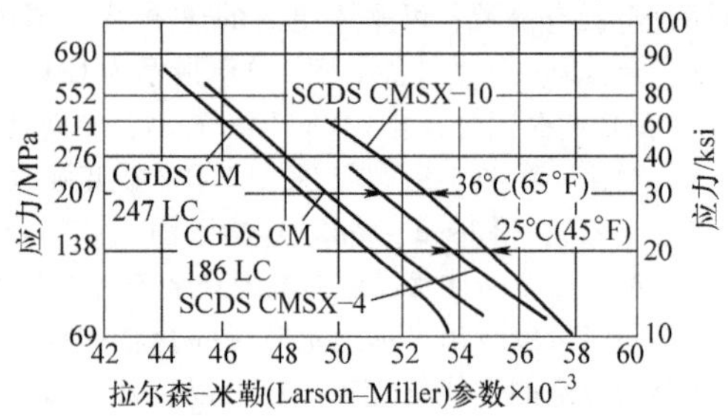

图 4-97 CMSX－10 和 CMSX－4 单晶定向凝固（SCDS）合金以及 CM 186 LC 和 CM 247 LC 柱状晶定向凝固（CGDS）合金 1.0%蠕变强度的拉尔森－米勒参数图

在讨论柱状晶定向凝固和单晶定向凝固超合金的优缺点时，人们普遍还没有认识到合金密度将决定最终合金的应用。在用于涡轮机的合金中，特别是叶片合金，使用“重”的合金元素（如钽的质量分数为 12.5%或铼的质量分数为 6%），往往会增加合金的密度。表 4-60 列出了部分单晶定向凝固超合金的密度和成分。随着从第一代到第三代合金的发展，单晶定向凝固合金的密度往往会增加。在对比新合金与老合金时，合金强度的提高应该在转化为比强度后进行对比，至少对于旋转部件应按比强度加以考虑。

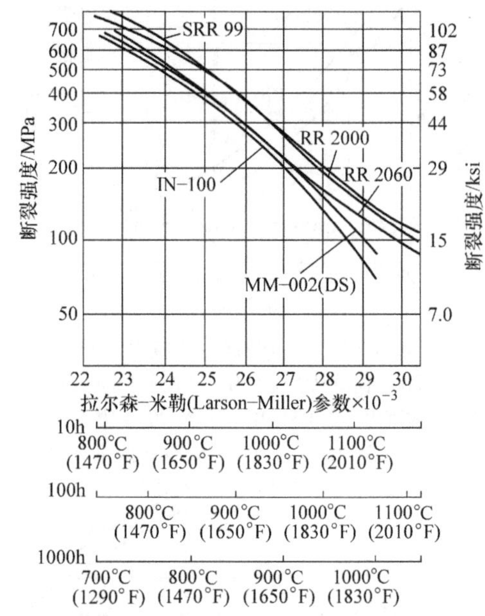

图 4-98 几种纵向柱状晶、单晶定向凝固合金和等轴多晶 IN－100 合金的拉尔森－米勒（Larson－Miller）参数与高温持久强度的对比曲线

DS—定向凝固

表 4-60 部分单晶定向凝固铸造合金的密度和成分

合金		密度/(g/cm³)	化学成分（质量分数，%）											
			Cr	Co	Mo	W	Ta	Re	V	Nb	Al	Ti	Hf	Ni
第一代合金	PWA 1480	8.70	10	5	—	4	12	—	—	—	5.0	1.5	—	余量
	PWA 1483	—	12.8	9	19	3.8	4	—	—	—	3.6	4.0	—	余量
	René N4	8.56	9	8	2	6	4	—	—	0.5	3.7	4.2	—	余量
	SRR 99	8.56	8	5	—	10	3	—	—	—	5.5	2.2	—	余量
	RR 2000	7.87	10	15	3	—	—	—	1	—	5.5	4.0	—	余量
	AMI	8.59	8	6	2	6	9	—	—	—	5.2	1.2	—	余量
	AM3	8.25	8	6	2	5	4	—	—	—	6.0	2.0	—	余量
	CMSX－2	8.56	8	5	0.6	8	6	—	—	—	5.6	1.0	—	余量
	CMSX－3	8.56	8	5	0.6	8	6	—	—	—	5.6	1.0	0.1	余量
	CMSX－6	7.98	10	5	3	—	2	—	—	—	4.8	4.7	0.1	余量
	CMSX－11B	8.44	12.5	7	0.5	5	5	—	—	0.1	3.6	4.2	0.04	余量
	CMSX－11C	8.36	14.9	3	0.4	4.5	5	—	—	0.1	3.4	4.2	0.04	余量
	AF 56（SX 792）	8.25	12	8	2	4	5	—	—	—	3.4	4.2	—	余量
	SC 16	8.21	16	—	3	—	3.5	—	—	—	3.5	3.5	—	余量

（续）

	合金	密度/(g/cm^3)	成分（质量分数，%）											
			Cr	Co	Mo	W	Ta	Re	V	Nb	Al	Ti	Hf	Ni
第二代合金	CMSX-4	8.70	6.5	9	0.6	6	6.5	3	—	—	5.6	1.0	0.1	余量
第二代合金	PWA 1484	8.95	5	10	2	6	9	3	—	—	5.6	—	0.1	余量
第二代合金	SC 180	8.84	5	10	2	5	8.5	3	—	—	5.2	1.0	0.1	余量
第二代合金	MC2	8.63	8	5	2	8	6	—	—	—	5.0	1.5	—	余量
第二代合金	René N5	—	7	8	2	5	7	3	—	—	6.2	—	0.2	余量
第三代合金	CMSX-10	9.05	2	3	0.4	5	8	6	—	0.1	5.7	0.2	0.03	余量
第三代合金	René N6	8.98	4.2	12.5	1.4	6	7.2	5.4	—	—	5.75	—	0.15	余量

热等静压 CGDS 和 SCDS 超合金的孔隙率　尽管工件以微小的温度增量逐渐凝固，单晶定向凝固超合金中还是存在铸造孔隙。如果通过热处理对单晶定向凝固和柱状晶定向凝固超合金的孔隙进行封闭，就会极大地提高合金的蠕变和疲劳强度。图 4-99 所示为在 870℃（1600℉）温度下对 AM3 单晶定向凝固合金采用热等静压，提高了合金在 <001> 取向的高周疲劳寿命。大多数的热等静压处理都能改善合金的疲劳性能，但是人们认为，如果采用热等静压处理封孔，则可以提高合金的蠕变性能。对于有些单晶定向凝固合金来说，机翼根部的问题促使了采用热等静压工艺。采用热等静压工艺能最大限度地提高机翼根部的塑性和低周疲劳寿命，而对于机翼来说，采用热等静压工艺是为了提高工件的使用寿命。

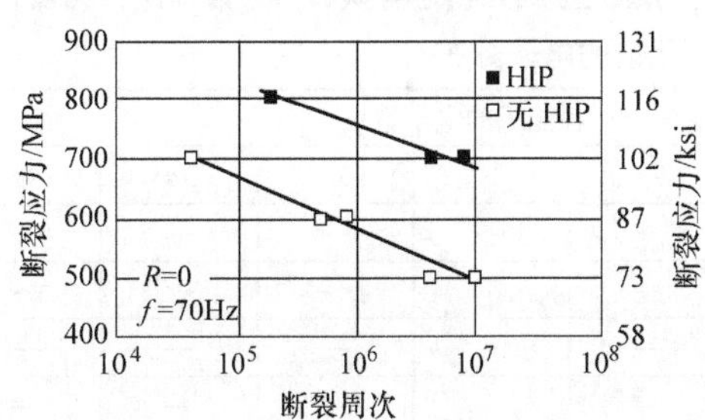

图 4-99　热等静压（HIP）对单晶定向凝固 AM3 铸造合金在 870℃（1600℉）温度下高周疲劳性能的影响

4.3.10　扩散涂层

事实上，为满足工件的服役性能要求，大多数铸造超合金都进行了涂层。尽管许多超合金有高的含铬量，具有高的抗氧化性，但涂层能进一步提高合金的寿命。涂层可以通过保护表层的硼化物、碳化物和其他类似的相，来防止表面发生氧化，从而提高合金的寿命。

超合金最常用的抗氧化涂层是铝化合物扩散涂层，它在合金的表面形成铝化合物（NiAl）外层，以提高合金的抗氧化性能。该外层是由铝与镍基体反应生成（如是钴超合金，则与钴反应生成表层）的。铝化合物涂层一般较薄，厚度为 50～75μm（2～3mils）。在形成铝化合物扩散涂层的过程中，消耗了部分基体金属，尽管涂层在较低的温度下形成，但在服役使用前，总是将它们加热至 1040～1120℃（1900～2050℉）进行扩散处理。更多内容请参阅 1994 年出版的 ASM 手册，第 5 卷，《表面工程》中的“扩散涂层”。

在产品的设计数据中，一个值得关注的地方是保护涂层对静态和动态力学性能的影响。如前所述，由于疲劳裂纹通常在表面产生，因此在动态应力条件下，对表面进行保护很重要。从已经公布的蠕变断裂性能数据（这些数据主要集中在等轴多晶合金和柱状晶定向凝固镍基超合金）来看：

1）涂层不会降低截面厚度大于 2.54mm（0.10in）的合金工件的断裂寿命或蠕变强度。

2）涂层确实会降低薄层超合金的断裂寿命，但断裂寿命下降主要与受载工件的横截面积减小成比例。

3）减小横截面面积，调整应力后，涂层合金的寿命等于或超过该合金的基准断裂寿命。

4）涂层对薄截面断裂塑性的影响尚不清楚（有有害、中性和有利的各种数据）。

没有涂层对拉伸性能的影响的典型结论。在低中温度范围，例如在 760℃（1400℉）和 980℃（1800℉），有限的数据表明，除涂层工艺过程减小了横截面面积外，涂层对屈服强度和极限抗拉强度没有明显影响。早期公布的大部分数据都集中在铝化合物涂层，这种涂层的塑性较差，但比堆焊覆层薄。在过去的 40 年里，关于涂层效果的数据还没有得到广泛的应用，而涂层对现代柱状晶定向凝固和单晶定向凝固合金强度影响，目前还没有相关可用的数据。

第5章 钛和钛合金的热处理

5.1 钛和钛合金简介

钛及其钛合金主要应用于耐腐蚀服役环境和高强度结构件两个领域。有时这两个方面的应用会发生重叠，虽然都与钛的一些基本特性密切相关，但对这两种应用的要求是不同的。钛是一种低密度（大约是钢的密度的56%）的金属元素，通过合金化、形变处理和热处理，很容易对其进行强化。这种强化能力在很大程度上与钛的同素异构转变特性密切相关。在室温下，未添加合金元素的钛为密排六方（hcp）晶体结构，称为α相；在882℃（1620℉）发生相转变，转变为体心立方（bcc）晶体结构，称为β相。通过添加合金元素、热加工和热处理，可以改变钛的晶体结构，这就是开发各种钛合金和获得不同性能的基础。钛是活性金属家族中的一员，所有活性金属，特别是钛、锆、铌和钽，都能形成高致密性的氧化物保护膜，其结果是在许多环境中，这些元素具有极低的腐蚀速率。这些元素具有优异耐蚀性的原因是在表面形成了极稳定、连续、高附着力的氧化物保护膜。

添加α相稳定化合金元素，可以使α相在更高的温度下保持稳定；添加β相稳定化合金元素，可降低形成β相温度。因此，根据添加合金元素的类型和数量，可以将钛合金分为α型钛合金、β型钛合金和α-β型钛合金，其中每一类合金都有其独特的性能。本节主要介绍工业纯钛和不同类型、性能和等级的钛合金。

5.1.1 钛元素

过渡元素是指以一种不同于其他原子的方式充填电子层的元素，钛就是一种过渡元素。在通常情况下，随着原子序数的增加，额外的电子以常规的方式充填原子的能级，首先充填内部较低的能级，然后充填下一个能级，见表5-1。然而，在元素序数增加到21的钪时，原子结构的这种规律发生改变，不是在外层能级上充填第三个电子，而是将电子充填到3*d*能级中，这是过渡元素系列的开始。除钛元素以外，重要的过渡金属元素还有铁、铬、钴和镍，见表5-1。

表5-1 原子周期表中前29个元素的电子分布

元素	原子序数①	在各能级的电子数						
		1*s*	2*s*	2*p*	3*s*	3*p*	3*d*	4*s*
氢（H）	1	1	—	—	—	—	—	—
氦（He）②	2	2	—	—	—	—	—	—
锂（Li）	3	2	1	—	—	—	—	—
铍（Be）	4	2	2	—	—	—	—	—
硼（B）	5	2	2	1	—	—	—	—
碳（C）	6	2	2	2	—	—	—	—
氮（N）	7	2	2	3	—	—	—	—
氧（O）	8	2	2	4	—	—	—	—
氟（F）	9	2	2	5	—	—	—	—
氖（Ne）②	10	2	2	6	—	—	—	—
钠（Na）	11	2	2	6	1	—	—	—
镁（Mg）	12	2	2	6	2	—	—	—
铝（Al）	13	2	2	6	2	1	—	—
硅（Si）	14	2	2	6	2	2	—	—
磷（P）	15	2	2	6	2	3	—	—

（续）

元素	原子序数①		在各能级的电子数						
			1s	2s	2p	3s	3p	3d	4s
硫（S）	16		2	2	6	2	4	—	—
氯（Cl）	17		2	2	6	2	5	—	—
氩（Ar）②	18		2	2	6	2	6	—	—
钾（K）	19		2	2	6	2	6	0	1
钙（Ca）	20		2	2	6	2	6	0	2
钪（Sc）	21	↑	2	2	6	2	6	1	2
钛（Ti）	22	过渡元素	2	2	6	2	6	2	2
钒（V）	23	↓	2	2	6	2	6	3	2
铬（Cr）	24		2	2	6	2	6	5	1
锰（Mn）	25		2	2	6	2	6	5	2
铁（Fe）	26		2	2	6	2	6	6	2
钴（Co）	27		2	2	6	2	6	7	2
镍（Ni）	28		2	2	6	2	6	8	2
铜（Cu）	29		2	2	6	2	6	10	1

① 电子数。

② 惰性元素。

过渡金属元素有几个重要的特点，其中包括高内聚力，这使该类金属具有高抗拉强度、低热膨胀系数和相对较高的熔点。在部分过渡族金属元素中，存在同素异构转变，而钛在 β 相转变温度进行 α（hcp）相到 β（bcc）相的转变。β 相转变温度是指合金由 100% β 相组成的最低平衡温度，通过添加合金元素，可以改变该温度。

钛的两种晶体结构有一些重要的区别。根据晶体中不同滑移面和滑移方向的数量，hcp 结构的 α 钛比 bcc 结构的 β 钛塑性更低，β 钛中的原子密度也比 α 钛要低。因此，在从 α 相到 β 相的转变过程中，会发生体积膨胀和密度降低，如图 5-1 所示。

钛的密度是钢的 56%，但比铝高 40%。根据所添加合金元素的种类和数量，目前工业钛合金的密度约为 4.3 ~ 4.9g/cm^3（0.156 ~ 0.176lb/in^3）。这种特性以及其他特性表明，钛是一种用途广泛的

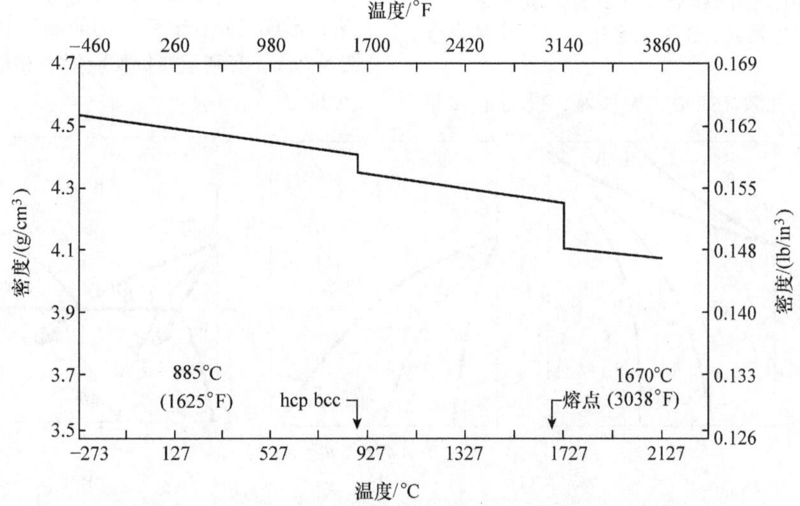

图 5-1　纯钛的密度与温度的关系

注：在 885℃（1625℉）的 β 转变温度下，密排六方（hcp）α 相转变为体心立方（bcc）β 相，体积发生收缩（译者注：此处有误。α 相转变为 β 相，体积应该是膨胀）。

合金元素。尤其是钛基合金的强度与钢相似，而钛的重量轻，因此可以进行更有效的高强度合金设计。

作为元素周期表中原子序数相对较低的元素，钛原子相对较轻。结合钛的平均原子直径数据，可得到钛的密度位于铝和铁之间，见表5-2。当合金元素的原子直径与母相的原子直径相差不超过15%时，具有良好的置换固溶（高固溶度）效果，根据钛的平均原子直径，钛具有良好的合金化条件。锰、铁、钒、钼、铝、锡和锆均是钛合金中重要的合金化元素。对钛而言，这些元素都属于有利的合金化元素，可以通过多种合金化组合，改变钛的性能。通过有利的合金化组合和钛的两种晶体结构的同素异构转变，使得钛具有明显的实用价值。

表5-2 钛合金与其他金属及合金的物理性能

性能	纯钛	Ti-5Al-2.5Sn	Ti-6Al-4V	Ti-3Al-8V-6Cr-4Mo-4Zr	7075铝合金	17-7PH钢	4340钢
密度/(g/cm³)(lb/in³)	4.540(0.164)	4.484(0.162)	4.429(0.160)	4.816(0.174)	2.796(0.101)	7.640(0.276)	7.833(0.283)
热导率/[W/(m·K)][Btu/(ft²·h·°F)]	17.0(9.8)	7.8(4.5)	6.7(3.9)	6.9(4.0)	121.1(70.0)	16.6(9.6)	37.5(21.7)
电阻系数[21℃(70°F)]/μΩ·m(μΩ·in)	0.61(24)	1.57(62)	1.71(67.4)	1.52(60)	0.06(2.3)	0.86(34.0)	0.22(8.8)
热膨胀系数/[m/(m·℃)][10^{-6}in/(in·°F)]	10.1(5.6)(70~1200°F)	9.7(5.4)(70~1200°F)	11.0(6.09)(70~1200°F)	8.8(4.9)	26.4(14.4)(70~572°F)	12.5(6.9)(70~800°F)	14.8(8.1)(70~1200°F)
比热容[21℃(70°F)]/[J/(kg·K)][Btu/(lb·°F)]	540(0.129)	523(0.125)	565(0.135)	515(0.123)	962(0.23)	502(0.12)	448(0.107)
熔点范围/℃(°F)	1670(3038)	1600(2910)	1605~1670(2920~3040)	1650(3000)	475~640(890~1180)	1400~1455(2500~2650)	1505(2740)
合金类型	α	α	α+β	β	—	—	—

5.1.2 合金元素

将合金元素添加到纯钛中，α相和β相的存在温度会发生变化。根据合金元素对β相转变温度以下的α相和β相比例的影响，可以将合金元素分为三组：α相稳定化元素、β相稳定化元素、中性合金元素。

α相稳定化元素，如铝、氧和氮，提高了α相稳定温度。α相稳定化元素优先固溶于α相中，扩大α相区，从而提高转变温度（图5-2a）。另一方面，像钒和钼这样的β相稳定化元素，在较低的温度下会导致β相不稳定。有两种类型的β相稳定化元素：形成二元合金系统的同晶型β相稳定化元素（图5-2b）、有利于共析反应型β相稳定化元素（图5-2c）。

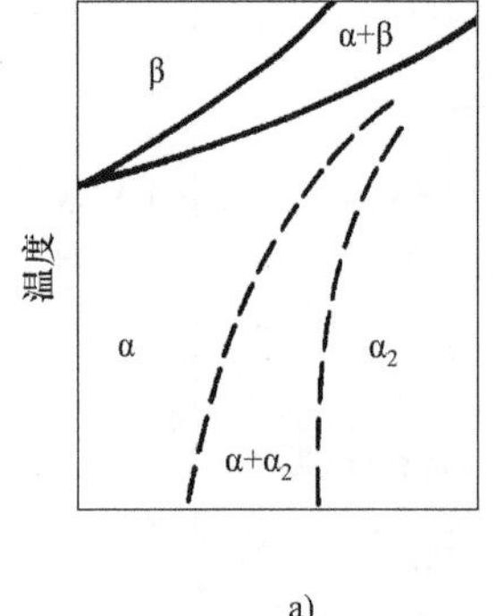

a)

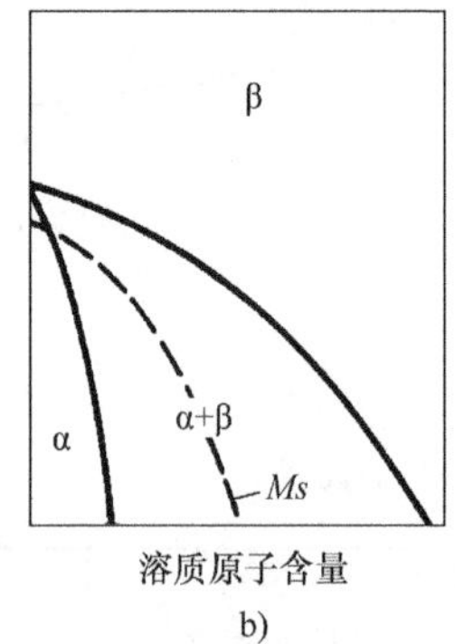

b)

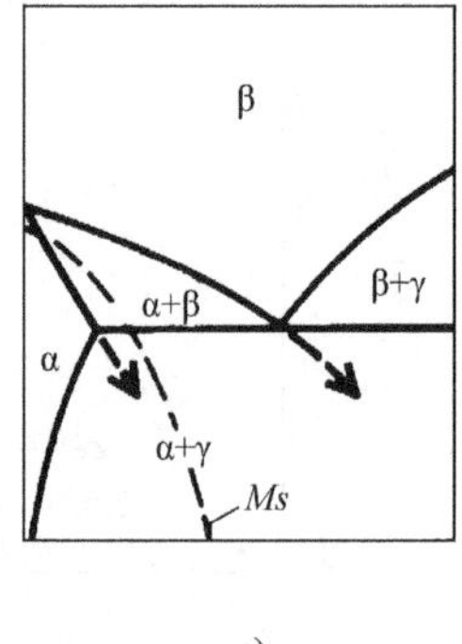

c)

图5-2 钛合金元素对相图影响的基本类型

a) α相稳定化元素（如铝、氧、氮、碳或镓）（虚线相界特指钛—铝合金系统） b) 同晶型β相稳定化元素（如添加钼、钒或钽的溶质）（虚线为马氏体转变开始温度） c) 共析反应型β相稳定化元素（如铜、锰、铬、铁、镍、钴或氢）

中性合金元素包括锡和锆。虽然它们不强烈促进相组织稳定，但它们延缓了相变速度，并起到强化合金的作用。

如前所述，根据钛的平均原子直径，有利于钛形成置换合金化的合金元素有锰、铁、钒、钼、铝、锡、锆等。这些合金元素的直径与钛的直径相差小于15%。表5-3列出了在钛中添加合金元素的成分范围和对钛合金相组织的影响。当合金元素的原子直径小于钛合金直径的60%时，合金元素可以进入钛晶胞的间隙位置。间隙元素包括碳、氧、氮和氢。将间隙元素含量控制在适当低的水平，能有效提高合金强度。如果间隙元素的含量高，则会显著降低合金塑性。在间隙元素对β相转变温度的影响中，氧、氮和碳是α相稳定化元素，而氢是β相稳定化元素。

表 5-3　钛中添加的合金元素的成分范围和对钛合金组织的影响

合金元素	成分范围（质量分数,%）	对组织的影响
铝	2 ~ 7	α 相稳定化元素
锡	2 ~ 6	α 相稳定化元素
钒	2 ~ 20	β 相稳定化元素
钼	2 ~ 20	β 相稳定化元素
铬	2 ~ 15	β 相稳定化元素
铜	2 ~ 6	β 相稳定化元素
锆	2 ~ 8	α 相和 β 相强化元素
硅	0.1 ~ 1	提高抗蠕变性能

1. α 相稳定化元素

α 相稳定化元素优先固溶于 α 相中，并提高 α 相稳定温度范围。α 相稳定化元素包括置换合金元素和间隙合金元素，见表5-4。铝是最常用的置换型 α 相稳定化元素。图5-3所示为钛－铝二元相图，从图中可以看到，铝提高了 β 相转变温度。添加合金元素，还增加了在平衡条件（在恒压条件下）合金的自由度，即随着温度和合金成分的变化，平衡条件发生改变。根据吉布斯相律，在平衡条件下（在恒压条件下），共存相（P）的数量是由以下因素决定的

$$P = C - F + 1 \tag{5-1}$$

式中，C 是系统中合金元素的种类（铝、钛等）；F 是自由度。在钛－铝二元平衡相图中，有两种合金元素，所以 $C = 2$。如果温度和成分都可以发生变化（同时保持平衡条件），那么 $F = 2$（压力保持不变）。在这种情况下，存在一个平衡相（$P = 2 - 2 + 1 = 1$），然而，如果温度或成分在平衡条件下保持不变，即 $F = 1$，则可能存在两相平衡共存（$P = 2$）情况。添加合金元素，在相图中产生了有同素异构相的 α + β 两相区。由于钛合金存在这种共存的两相区，因此可以通过热处理或形变热处理来改变其微观组织。铝－钛相图还有自由度等于零的点（$F = 0$），这代表在平衡条件下三相共存。

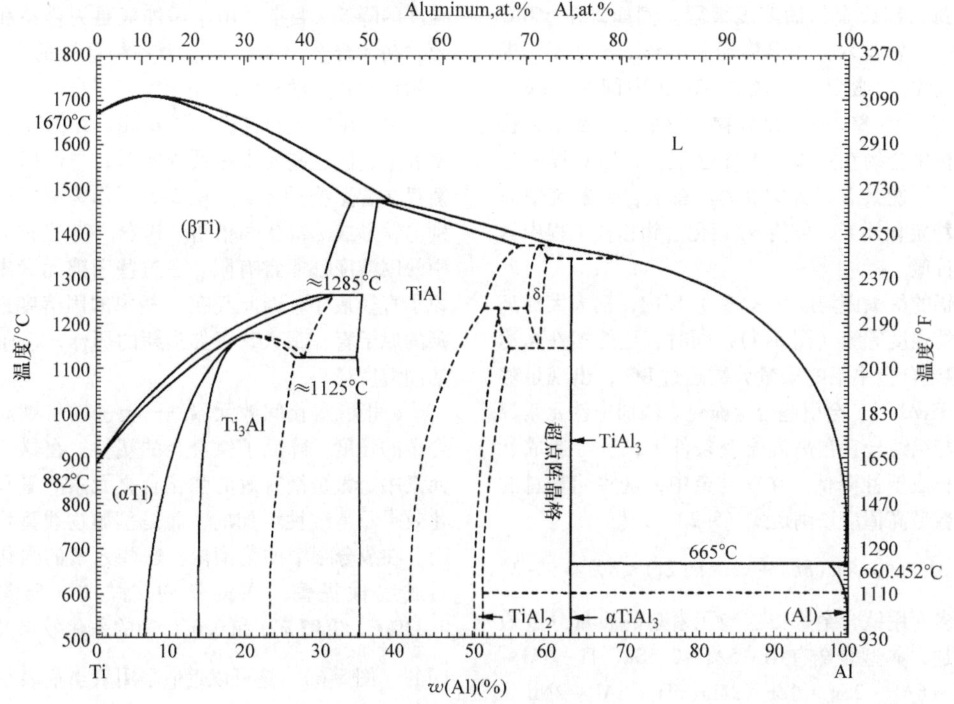

图 5-3　钛－铝二元平衡相图

表 5-4 钛合金中主加合金元素分类

α 相稳定化元素	同晶型 β 相稳定化元素	共析反应型 β 相稳定化元素
铝	钒	铜
铌	镓	银
锗	钽	金
镧	钼	铟
铈	铼	铅
氧	钨	铋
氮	—	铬
碳	—	—
—	中性	锰
—	—	铁
—	锆	钴
—	铪	镍
—	锡	铀
—	—	氢
—	—	硅

注：根据参考文献［1］修订。根据参考文献［4］，钨是同晶型 β 相稳定化元素。

随着钛合金中含铝量的提高，形成中间有序相 Ti_3Al（α_2）和铝化合物 γ 有序相。随着铝的加入，铝原子取代了钛原子，并保持了原密排六方晶体结构，直到达到合金的固溶度极限。例如，在 650℃（1200℉），密排六方相最多能固溶约 8% 的 Al，进一步增加铝的含量，形成了 Ti_3Al 中间相。基于 Ti_3Al（Ti－15.8% Al）化合物，形成 α_2 铝化合物相。这种化合物在室温下的脆性很大，但对提高合金的高温性能具有很大的潜力。在该合金系统中添加 β 相稳定化元素，可使 α_2 铝化合物相在工程中具有实用价值。

在铝的最大固溶度（<8%）以内，铝大大提高了合金的强度等级（图 5-4），同时合金的塑性高达 8%。但当合金中铝的质量分数超过 8%，出现足够数量的 Ti_3Al 时，会引起合金脆化。添加中性元素锡和锆，与铝结合，在高温蠕变条件下，也会造成钛合金脆化或塑性降低。在钛合金中，这些元素总的质量分数最高值应该满足式（5-2）

$$w(\mathrm{Al})+\frac{1}{3}\times w(\mathrm{Sn})+\frac{1}{6}\times w(\mathrm{Zr})\leqslant 8\% \quad (5\text{-}2)$$

许多商用钛合金都按这些元素总的质量分数最高值添加，典型合金有 Ti－5Al－2.5Sn、Ti－6Al－4V、Ti－6Al－2Sn－4Zr－2Mo、Ti－6Al－2Nb－1Ta－8Mo 和 Ti－8Al－1Mo－1V。

其他 α 相稳定化元素（表 5-4）是氧、氮和碳

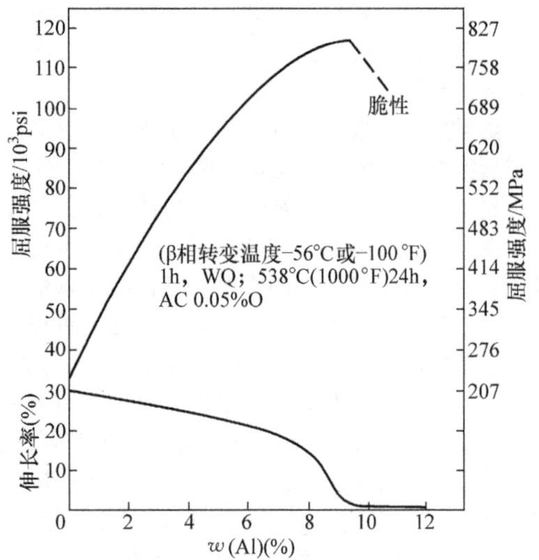

图 5-4 铝对钛－铝合金体系脆性的影响
WQ—淬水 AC—空冷
注：铝（质量分数不大于 8%）大大提高了钛的强度，但降低了其塑性。

等间隙元素。由于这些元素的尺寸小，它们不是置换晶格中的钛原子，而是固溶在钛原子之间的间隙处。随着还原和熔炼工艺的改进，钛合金中间隙原子的含量逐渐减少。为弥补间隙原子含量减少造成的强度下降，在钛合金中有意添加氧，以弥补合金强度的降低。目前，由于添加氧更为容易和非常有效，在钛合金中氧已经成为一种重要的合金元素，而添加碳和氮没有被广泛采用。

尽管碳、氧和氮稳定了 α 相，并提高了 β 相转变温度，但这些元素在低浓度时，与钛形成的相平衡存在着重要的差异。图 5-5 所示为碳、氧和氮分别与钛形成的富钛端相图。其中，碳在 α 相和 β 相中的固溶度都非常有限。在这些间隙元素中，氧的原子直径最小，因此其在 α 相中的固溶度最大；而碳的原子直径最大，正如预期的那样，它在 α 相中的固溶度最小。

α 相稳定化间隙元素——碳、氧和氮提高了钛合金的强度，降低了钛合金的塑性。在这三种合金元素中，氮是最有效的强化合金元素。氧和氮的强化效果不是线性增加的，而是呈抛物线型增加。然而，在成分很窄的范围内，这些元素的强化效果可看成线性提高。在纯钛中，添加（质量分数）0.03% C、0.02% O 和 0.01% N 的强化效果几乎是相同的（图 5-6）。这可以近似采用氧当量表示，即 $\frac{2}{3}w(\mathrm{C})+2w(\mathrm{N})+w(\mathrm{O})$ 为钛中等量氧的间隙元素含量。

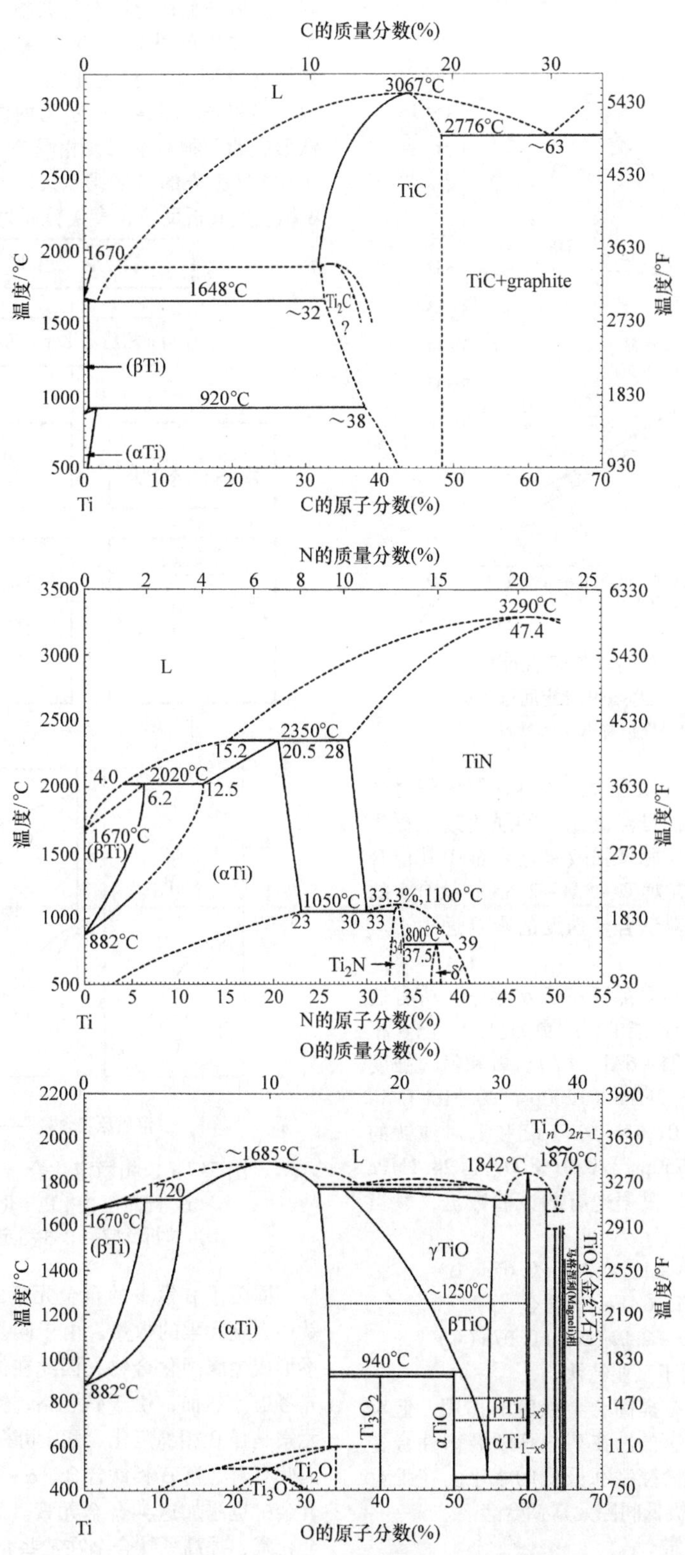

图 5-5　钛与碳、氮、氧形成的部分相图

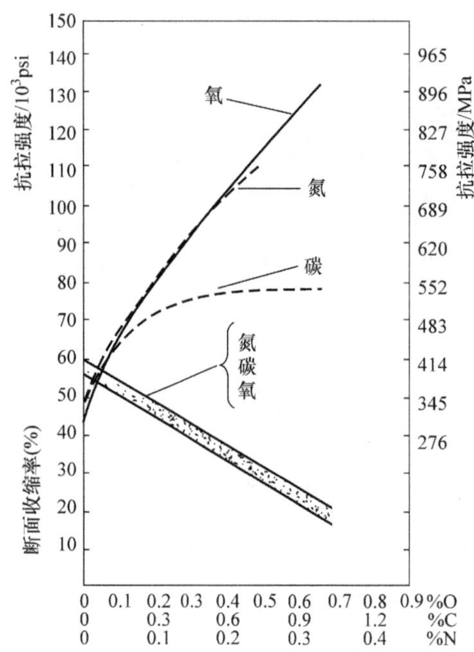

图 5-6 碳、氧、氮对钛拉伸性能的影响

注：一般来说，这些 α 相稳定间隙元素提高了钛的强度但降低了其塑性。

氧和氮均可提高 α 钛合金的强度，但它们对纯钛的强化效果不相同。虽然氮比氧的强化效果更为明显，但这些元素的实际增强效果与合金中其他合金元素的含量有关。在对 Ti－5Al－2.5Snα 钛合金的研究中发现，氧和氮对钛合金强度的影响远小于对纯钛的影响。

由于大部分的氧和氮都存在于 α 相中，所有这些元素对 α－β 钛合金性能的影响更为复杂。以 α 相为主导的钛合金（如 Ti－6Al－4V），氧和氮对强度提高的影响大约为 8.3MPa（1200psi）/0.01% O 和 9.6MPa（1400psi）/0.01% N，小于氧和氮对纯钛的影响［12.1MPa（1750psi）/0.01% O 和 24.1MPa（3500psi/0.01% N)］。根据现有的试验数据，氧当量的计算公式如下

$$w(O_{eq}) = w(O) + 1.2w(N) + 0.67w(C)$$

用于 Ti－6Al－4V 合金

$$w(O_{eq}) = w(O) + 2.0w(N) + 0.67w(C)$$

用于工业纯钛

虽然间隙元素具有提高合金强度的作用，但对合金的断裂韧性是有害的。在某些高断裂韧性合金中，需将间隙元素含量控制在极低的水平。在工业上，这些合金被称为极低间隙元素钛合金。

2. β 相稳定化元素

有两组元素通过降低相变温度（表 5-4）来稳定 β 相晶体结构。其中一组为同晶型 β 相稳定化元素，它能在 β 相中产生混溶，主要包括钼、钒、钽和铌。另一组是与钛发生共析反应的 β 相稳定化元素，与纯钛的共析转变温度低于 333℃（600℉）。共析反应型 β 相稳定化元素包括锰、铁、铬、钴、镍、铜和硅。图 5-7 所示为两组 β 相稳定化元素与钛形成的两种基本二元相图的示意图。图 5-7b 中 α＋γ 相区上方的水平线是共析温度，在冷却过程中，β 相发生共析反应，直接转变为 α＋γ 相。

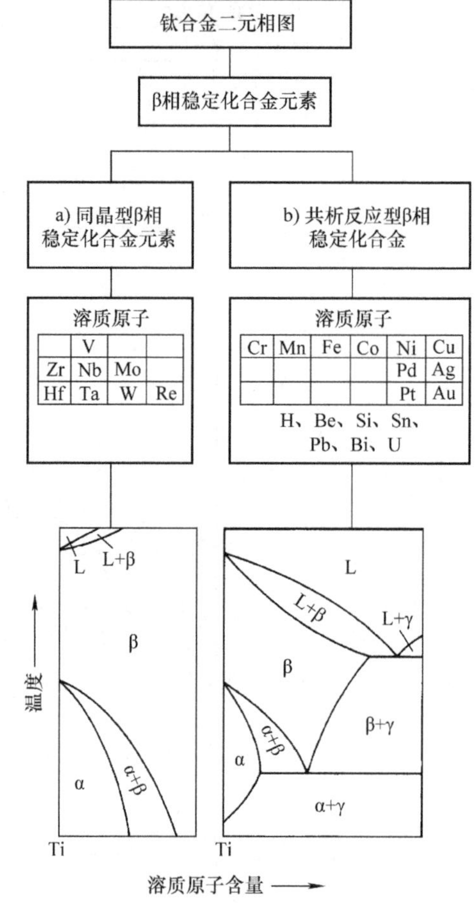

图 5-7 β 相稳定化合金相图的示意图

a）同晶型 β 相稳定化合金系统

b）共析反应型 β 相稳定化合金系统

固溶于 β 钛中的合金元素的数量多于固溶于 α 钛中合金元素的数量。由于同晶型 β 相稳定化元素不形成金属间化合物，因此在添加合金元素时应优先考虑。然而，由于铁、铬、锰和其他化合物形成元素是强 β 相稳定化元素，可提高热处理强化效果，因此有时在富 β 相钛合金、α－β 相钛合金或 β 相钛合金中也添加这类合金元素。添加镍、钼和钯等合金元素，提高了钛合金在某些介质中的耐蚀性。

在很大程度上，钛合金的强度与热处理过程中的 β 相转变有关，合金元素的 β 相稳定效应与它的强化效果密切相关（见本卷中“钛合金热处理的相

组织转变”一节）。表 5-5 还表明，添加的 β 相稳定化元素可以显著提高退火钛的强度。然而，并不是所有的 β 相稳定化元素都能改善钛合金的性能。其中一个值得注意的例子是间隙元素氢，这将在随后进行讨论。

表 5-5 添加的合金元素对钛强度的影响

合金元素		添加量（%）	屈服强度			
			退火①		热处理后②	
			MPa	ksi	MPa	ksi
纯钛		—	241	35	—	—
α相稳定化元素	氢	0.1	483	70	—	—
	氧	0.1	365	53	—	—
	碳	0.1	324	47	—	—
	铝	4	496	72	—	—
中性合金元素	锆	4	331	48	—	—
	锡	4	310	45	—	—
β相稳定化元素	铁	4	593	86	703	102
	铬	4	510	74	655	95
	锰	4	503	73	634	92
	钼	4	490	71	620	90
	钨	4	483	70	572	83
	钒	4	400	58	496	72
	铌	4	310	45	324	47
	氢	0.1	241③	35③	—	—
	硅	1	448	65	—	—

① 退火（相转变温度为 93℃或 200℉），炉冷至 482℃（900℉），空冷。

② 热处理（相转变温度为 38℃或 100℉），保温 1/2h 淬水，在 538℃（1000℉）保温 2h，空冷。

③ 发现在相和部分相合金中具有强化效果。

（1）同晶型 β 相稳定化元素 钛 - 铌合金体系（图 5-8）是一种同晶型 β 相稳定化的例子。在该图中有几个重要的特征：

1）钛的 β 相与铌具有相同的 bcc 晶体结构，这种类型的合金称为同晶型 β 相合金体系。其他这种类型的二元体系还有钛 - 钼、钛 - 钒和钛 - 钽。在这类元素中，特别是钒和钼，经常用作钛合金中添加的合金元素。

2）当这类合金元素的添加量足够多时，在较低温度下可得到 100% β 相。对于图 5-8 中的钛 - 铌合金系统，添加近 56% 的 Nb 后，在 400℃（750℉）可以得到稳定的 β 相。

3）大多数钛合金在高达 600℃（1110℉）的工作温度下，α 相和 β 相可以共存，这取决于合金中添加的 β 相稳定化元素的总量。例如，在 800℃（1470℉），铌的质量分数为 2% ~7%，α 和 β 两相共存。在 600℃（1110℉），两相共存的铌的质量分数范围扩大到 4% ~28%。通过选择在两相区的成分和温度，可以确定每种相的百分比和合金含量（本例中为铌）。这一原理为钛的热处理奠定了基础（见本卷中“钛合金热处理的相组织转变”一节）。值得注意的是，大多数钛合金中的同晶型 β 相稳定化元素都表现出了混溶间隙。

（2）共析反应型 β 相稳定化元素 部分 β 相稳定化元素与钛形成了共析系统。例如，钛 - 铁相图如图 5-9 所示。在表 5-4 中列出了其他共析反应型合金元素。共析反应型和同晶型 β 相稳定化元素均降低了 β 相转变温度，但共析反应型 β 相稳定化元素的影响更为复杂。在共析反应型系统中，在低于共析温度发生分解或转变，如图 5-9 中 *A′*—*A* 线段以下温度。在低于该温度时，β 相发生分解，在平衡状态下，它形成了 α 相和一种中间相，通常是一种金属间化合物。在图 5-9 所示的例子中，中间相是 TiFe 金属间化合物。

许多钛合金共析系统的共析温度为 540 ~ 815℃（1000 ~ 1500℉），在略低于共析温度下，共析反应迅速，β 相容易转变为 α 相加一个中间相。然而，在低于共析温度较多的温度下，没有足够的热能来分解 β 相，共析反应缓慢。具有较低共析反应温度的合金，共析转变缓慢，因此，通常可被看作同晶型 β 相合金系统。

在正常热处理工艺中，相变过程非常快的合金系统称为促进型共析（Active Eutectoid）系统。在热处理过程中，共析转变与共析温度和钛与 β 相稳定化元素所形成的共析点成分有关。在共析温度高和共析点合金含量高时，共析转变容易发生。表 5-6 列出了几种钛合金的共析温度和成分，这些系统是按共析温度降低进行排列的。在该表中，介于硅和钴之间的共析系统为活跃型共析系统，而列于钴之后的共析系统为阻碍型共析系统。

由于添加促进型共析合金元素可能造成合金的热稳定性差或产生脆化，因此在钛合金中仅少量使用这类元素。然而，在美国和英国开发的钛合金中，通过添加促进型共析合金元素硅，来提高合金的蠕变性能。添加少量的硅，已被证明在提高合金蠕变强度方面是非常有效的。图 5-10 表明，硅对提高 Ti - 6Al - 2Sn - 4Zr - 2Mo 合金蠕变强度具有明显的影响。在 Ti - 6Al - 2Sn - 4Zr - 2Mo 合金中，质量分数为 0.1% 的 Si 为最佳添加量。这可能与采用的热处理工艺和硅的最大固溶度一致。此外，在有些合金中，硅的添加量达到了 0.5%，硅的最佳添加量与合金的 β 相数量有关（硅在 β 相中的固溶度比在 α 相中的更大，当合金中存在合金元素锆时，锆与硅具有很高的亲和力）。

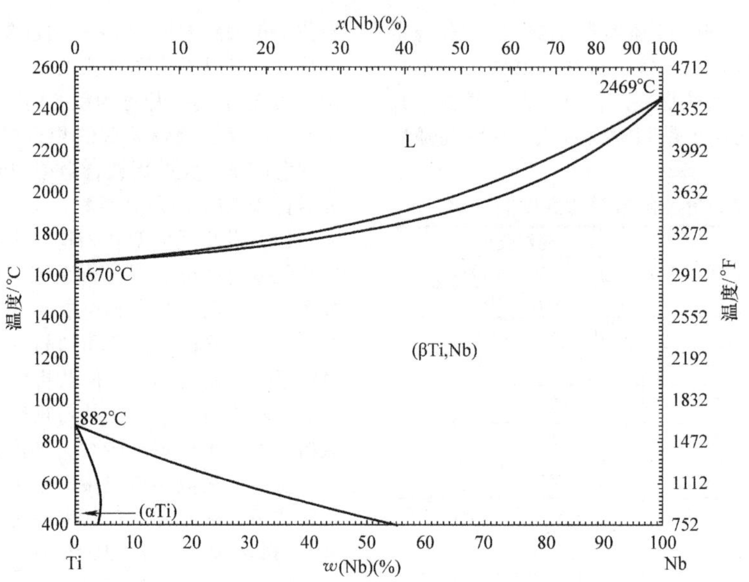

图 5-8　钛－铌相图

注：典型的同晶型 β 相稳定化合金系统。钛和铌都为体心立方晶体结构。

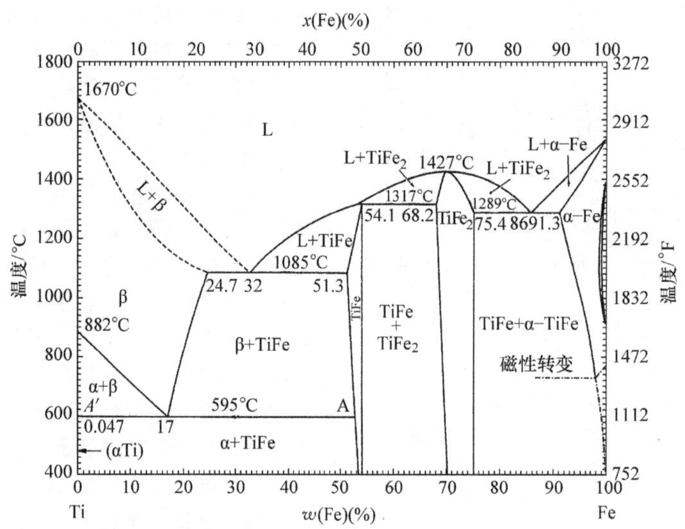

图 5-9　钛－铁相图（典型的 β 相共析反应合金系统）

表 5-6　二元钛合金的共析温度和成分

合金元素	共析温度		共析成分	
	℃	℉	（质量分数，%）	
Si	860	1580	0.9	促进共析
Ag	850	1565	19.8	
Au	830	1530	15.9	
Cu	790	1450	8.1	
Ni	770	1415	5.5	
Co	685	1265	9	
Cr	670	1240	15	阻碍共析
Fe	595	1100	16	
Mn	550	1020	20	

（3）氢脆　在 20 世纪 50 年代早期，人们就已认识到氢脆会对钛合金形成威胁。通过真空电弧熔炼、真空退火、加热过程中采用良好的气氛控制，以及在加工过程中使用强氧化酸洗介质来减少氢含量，解决了该问题。

尽管如此，钛合金中通常仍然残存有 0.0200% 的 H（质量分数）。在某些条件下，少量溶解的氢就会对钛的性能产生影响。通常认为氢与钛合金的热盐腐蚀、水介质应力腐蚀有关，会导致合金的热稳定和缺口韧性变差。

氢对钛合金的影响是复杂的。在不同的应力、

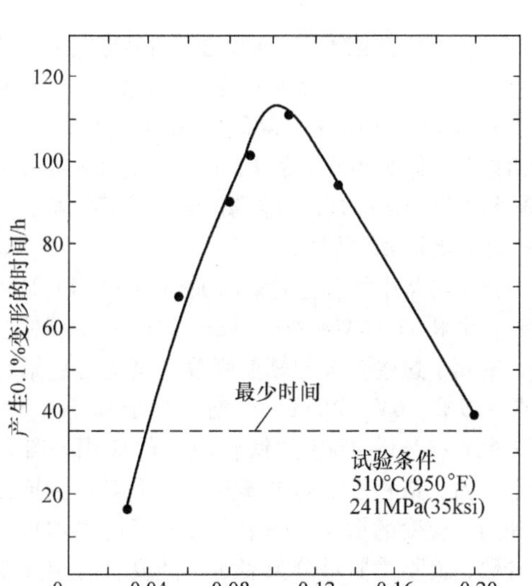

图 5-10 对硅 Ti-6Al-2Sn-4Zr-2Mo 合金（直径为 16mm 或 5/8in 的棒材）蠕变性能的影响

注：热处理工艺为在 β 相转变温度 -32℃（-25℉）保温 1h，空冷；在 600℃（1100℃）保温 8h，空冷。

时间和温度条件下，都可以观察到氢脆现象。在室温和低于氢脆温度时尤为明显，一旦合金产生脆化，可能导致其失去塑性。在产生氢脆温度下，合金会析出钛氢化物相。有两种方法可提高钛中氢的承受能力：一种方法是添加铝元素来增加氢在 α 钛中的固溶度；另一种方法是添加钒或钼等 β 相稳定化合金元素，可以将合金中少量的 β 相稳定到室温。

图 5-11 所示为钛 - 氢相图，可以看到该相图具有几个重要的特点。其一是氢的加入将 β 相转变温度降低到约 300℃（570℉）的共析温度，其二是氢在钛中的固溶度，在低温下，氢在 α 相中的固溶度几乎为零，因此，即使在氢浓度很低的条件下，也会析出 δ 氢化物相；另一方面，氢在 β 相中有明显的固溶度，在 α - β 两相钛合金中，几乎所有的氢都固溶于 β 相中，而 α 相中的含氢量极低。因此，在钛合金中即使添加少量的 β 相稳定化合金元素，也可以明显增加 α 型钛合金对氢的承受能力。例如，在 $w(Mo)=2\%$ 的钛合金中增加氢的含量，合金的冲击强度仅略有降低，如图 5-12 所示。其改善的原因是氢在 Ti-2%Mo 合金的 β 相中的固溶度很高。

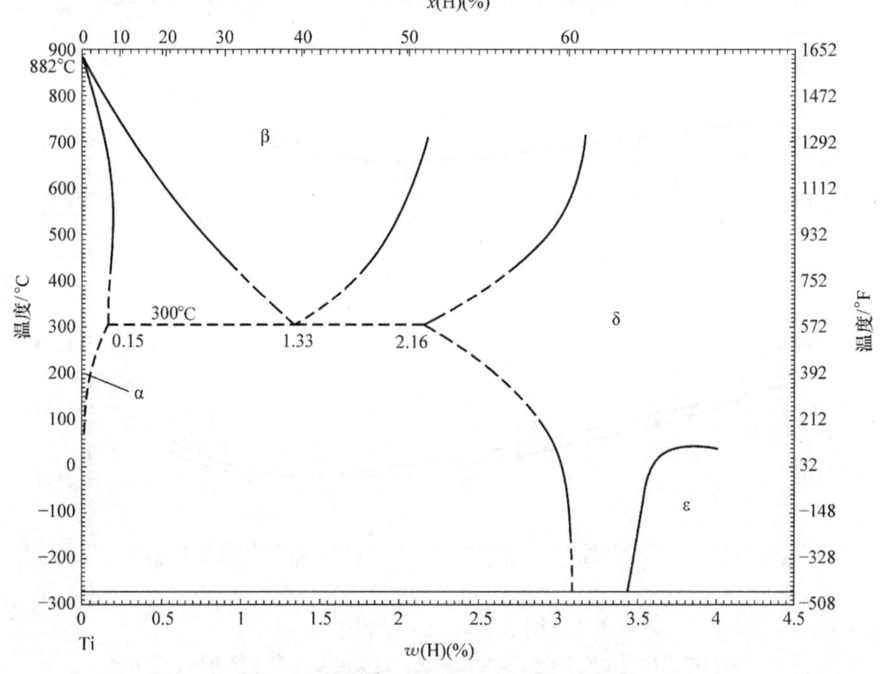

图 5-11 钛 - 氢相图

注：氢可固溶于 β 相中，但基本不固溶于室温的 α 相中。

3. 中性合金元素

最后一组合金元素称为中性合金元素，也列于表 5-4 中。锆和铪的独特之处在于它们与钛的 α 相和 β 相均能形成同晶型固溶体。锡在 α 和 β 两种相中均有明显的固溶度，并且只略降低 β 相的转变温度。如前所述，通常，在 α 型和近 α 型合金中添加了铝、锡和锆这三种合金元素。在 α - β 相合金中，这些合金元素在 α 和 β 相中的分布大致相同。由于铝、锡和锆都可固溶于 α 和 β 相中，并可明显提高 α 相的蠕变强度，因此在所有工业钛合金中都添加

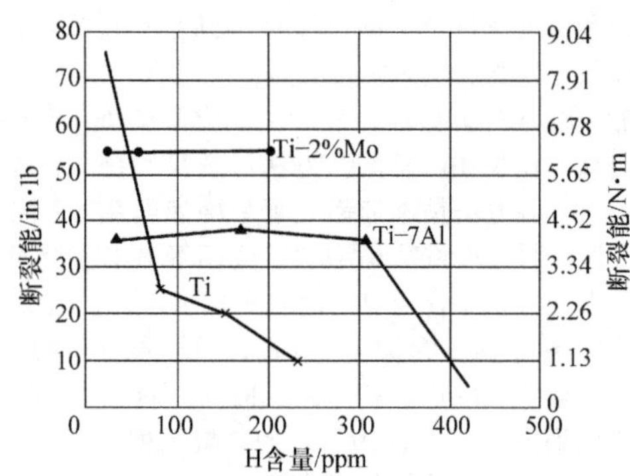

图 5-12 氢对钛合金冲击强度的影响

注：少量的β相稳定化元素钼和α相稳定化元素铝，降低了氢对合金的室温冲击性能的影响。工业纯钛受氢脆影响严重。

了这些合金元素。

通常，中性合金元素的添加量（质量分数）限制在10%以下，这限制了它们对β相转变温度的影响。在含量高的情况下，锆和铪都明显降低了β相转变温度。例如，图5-13所示的钛－锆相图，β相转变温度从882℃（1620℉）降低到605℃（1120℉）。锡和铪也会降低β相转变温度，但将它们加入以α相为基体相的钛合金中时，则会像合金元素铝一样，具有α相稳定化元素的特性。

已成功将中性合金元素添加到Ti－5Al－2.5Snα型钛合金和Ti－6Al－2Sn－4Zr－2Mo近α型钛合金中，提高了这些合金的蠕变强度。其他还包括它们在Ti－6Al－6V－2Snα－β型钛合金和Ti－3Al－8V－6Cr－4Mo－4Zrβ型钛合金中的应用。图5-14所示为铪、锆和铝在高温蠕变条件下对合金抗拉强度和塑性应变的影响。图中合金元素的添加量以摩尔分数，而不是质量分数表示。随复合合金元素含量的增加，合金的抗拉强度提高。这种强度的提高伴随着蠕变强度的提高（更少的塑性应变）。在该例子中，中性合金元素锆和铪与α相稳定化合金元素铝具有类似的提高钛合金性能的作用。

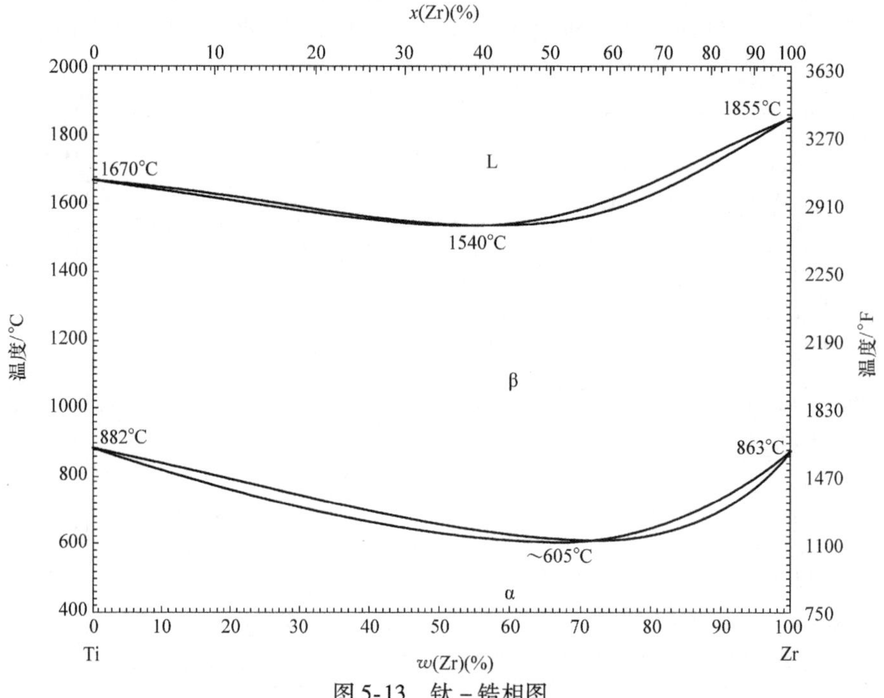

图 5-13 钛－锆相图

注：该相图为典型中性合金元素相图系统，这类合金元素主要有锆、锡和铪。

5.1.3 钛合金的分类

钛和钛合金主要应用于高耐腐蚀服役环境和高强度结构两个领域。对于这两个不同的领域，选择合金的标准是明显不同的。通常，选择强度较低的工业纯钛加工制造有高耐腐蚀要求的产品，例如，用于化工产品或发电厂设备的耐腐蚀容器、换热器或反应堆容器。而对于燃气轮机、飞机结构、钻井设备和潜水器等有高强度要求的产品，甚至是生物医学骨植入物和自行车车架等产品，通常要求使用高强度钛合金制造。除了这些基本的分类外，基于Ti_3Al和TiAl金属间化合物强化的高性能α型钛合金系统也正在成为重要的合金。

根据添加的合金元素类型和数量，在钛合金中形成α相和/或β相，对钛合金进行分类。具体分类如下：

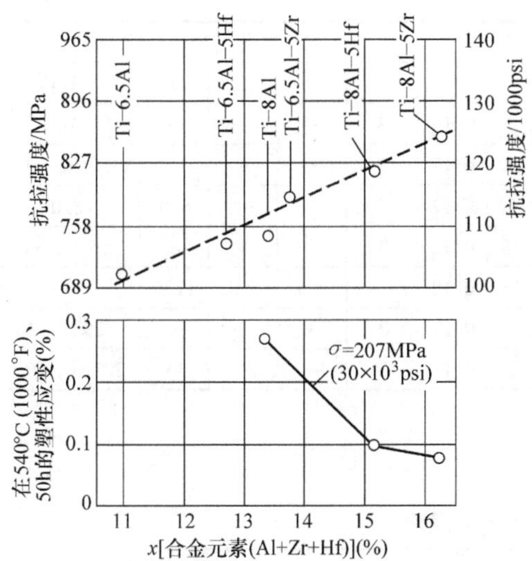

图 5-14　Ti－Al、Ti－Al－Zr 和 Ti－Al－Hf 合金的抗拉强度和蠕变抗力

注：随合金元素摩尔分数增加，合金的极限抗拉强度和蠕变强度提高。

1）α 型和近 α 型钛合金。这类合金主要添加了 α 相稳定化合金元素和有限的 β 相稳定化合金元素（通常质量分数为 2% 或更少）。该类合金可以去除应力和退火处理。通过热处理，不能显著提高该类合金的强度。

2）β 型和近 β 型钛合金。该类合金是可热处理强化的亚稳态 β 相合金。当加热这类合金至热处理温度条件下，保留的 β 相会分解成二次 α 相并强化合金。

3）α－β 型钛合金。该类合金在室温下由 α 相和 β 相两相组成。该类合金的特点是可以通过热处理明显改变其性能。

根据添加的 α 相和/或 β 相稳定化合金元素的种类和数量，每一类合金都具有显著的特点和不同的性能。虽然工业纯钛不是传统意义上的合金，但也有相应的合金牌号。在工业纯钛中添加少量的铁和氧，可以提高它的强度。表 5-7 所列为部分典型工业和半工业用钛和钛合金的等级和成分。表 5-8 所列为各合金牌号和 β 相转变温度。表 5-9 ~ 表 5-12 列出了各类合金的典型应用。

表 5-7　部分典型工业和半工业用钛和钛合金的等级和成分

名称		杂质元素限制（质量分数，%）					名义成分（质量分数，%）				
		N	C	H	Fe	O	Al	Sn	Zr	Mo	其他
纯钛等级	ASTM 1 级	0.03	0.08	0.015	0.20	0.18	—	—	—	—	—
	ASTM 2 级	0.03	0.08	0.015	0.30	0.25	—	—	—	—	—
	ASTM 3 级	0.05	0.08	0.015	0.30	0.35	—	—	—	—	—
	ASTM 4 级	0.05	0.08	0.015	0.50	0.40	—	—	—	—	—
	ASTM 7 级	0.03	0.08	0.015	0.30	0.25	—	—	—	—	0.2Pd
	ASTM 11 级	0.03	0.08	0.015	0.20	0.18	—	—	—	—	0.2Pd
α 型和近 α 型合金	Ti－0.3Mo－0.8Ni	0.03	0.10	0.015	0.30	0.25	—	—	—	0.3	0.8Ni
	Ti－5Al－2.5Sn	0.05	0.08	0.02	0.50	0.20	5	2.5	—	—	—
	Ti－5Al－2.5Sn－ELI	0.07	0.08	0.0125	0.25	0.12	5	2.5	—	—	—
	Ti－8Al－1Mo－1V	0.05	0.08	0.015	0.30	0.12	8	—	—	1	1V
	Ti－6Al－2Sn－4Zr－2Mo	0.05	0.05	0.0125	0.25	0.15	6	2	4	2	0.08Si
	Ti－6Al－2Nb－1Ta－0.8Mo	0.02	0.03	0.0125	0.12	0.10	6	—	—	1	2Nb，1Ta
	Ti－2.25Al－11Sn－5Zr－1Mo	0.04	0.04	0.008	0.12	0.17	2.25	11	5	1	0.2Si
	Ti－5.8Al－4Sn－3.5Zr－0.7Nb－0.5Mo－0.35Si	0.03	0.08	0.006	0.05	0.15	5.8	4	3.5	0.5	0.7Nb，0.35Si
α－β 型合金	Ti－6Al－4V	0.05	0.10	0.0125	0.30	0.20	6	—	—	—	4V
	Ti－6Al－4V－ELI	0.05	0.08	0.0125	0.25	0.13	6	—	—	—	4V
	Ti－6Al－6V－2Sn	0.04	0.05	0.015	1.0	0.20	6	2	—	—	0.75Cu，6V
	Ti－8Mn	0.05	0.08	0.015	0.50	0.20	—	—	—	—	8.0Mn
	Ti－7Al－4Mo	0.05	0.10	0.013	0.30	0.20	7.0	—	—	4.0	—
	Ti－6Al－2Sn－4Zr－6Mo	0.04	0.04	0.0125	0.15	0.15	6	2	4	6	—
	Ti－5Al－2Sn－2Zr－4Mo－4Cr	0.04	0.05	0.0125	0.30	0.13	5	2	2	4	4Cr
	Ti－6Al－2Sn－2Zr－2Mo－2Cr	0.03	0.05	0.0125	0.25	0.14	5.7	2	2	2	2Cr，0.25Si
	Ti－3Al－2.5V	0.015	0.05	0.015	0.30	0.12	3	—	—	—	2.5V
	Ti－4Al－4Mo－2Sn－0.5Si	①	0.02	0.0125	0.20	①	4	2	—	4	0.5Si

（续）

名称		杂质元素限制（质量分数，%）					名义成分（质量分数，%）				
		N	C	H	Fe	O	Al	Sn	Zr	Mo	其他
β型合金	Ti-10V-2Fe-3Al	0.05	0.05	0.015	2.5	0.16	3	—	—	—	10V
	Ti-13V-11Cr-3Al	0.05	0.05	0.025	0.35	0.17	3	—	—	—	11.0Cr，13.0V
	Ti-8Mo-8V-2Fe-3Al	0.03	0.05	0.015	2.5	0.17	3	—	—	8.0	8.0V
	Ti-3Al-8V-6Cr-4Mo-4Zr	0.03	0.05	0.20	0.25	0.12	3	—	4	4	6Cr，8V
	Ti-11.5Mo-6Zr-4.5Sn	0.05	0.10	0.020	0.35	0.18	—	4.5	6.0	11.5	—
	Ti-1.5V-3Cr-3Al-3Sn	0.05	0.05	0.015	0.25	0.13	3	3	—	—	15V，3Cr
	Ti-15Mo-3Al-2.7Nb-0.2Si	0.05	0.05	0.015	0.25	0.13	3	—	—	15	2.7Nb，0.2Si

注：1. 表中所列数值均为最大值。

2. ELI—极低间隙原子。

① $O_2+2N_2=0.27\%$。

表5-8 钛合金的β相转变温度

名称（质量分数，%）		β相转变温度	
		℃	℉
工业纯钛	0.25 O_2（不大于）	910	1675
	0.40 O_2（不大于）	945	1735
α型和近α型合金	Ti-5Al-2.5Sn	1050	1925
	Ti-8Al-1Mo-1V	1040	1900
	Ti-2.5Cu（IMI 230）	895	1645
	Ti-6Al-2Sn-4Zr-2Mo	995	1820
	Ti-6Al-5Zr-0.5Mo-0.2Si（IMI 685）	1020	1870
	Ti-5.5Al-3.5Sn-3Zr-1Nb-0.3Mo-0.3Si（IMI 829）	1015	1860
	Ti-5.8Al-4Sn-3.5Zr-0.7Nb-0.5Mo-0.3Si（IMI 834）	1045	1915
	Ti-6Al-2Cb-1Ta-0.8Mo	1015	1860
	Ti-0.3Mo-0.8Ni（Ti code 12）	880	1615
α-β型合金	Ti-6Al-4V	1000①	1830②
	Ti-6Al-7Nb（IMI 367）	1010	1850
	Ti-6Al-6V-2Sn（Cu+Fe）	945	1735
	Ti-3Al-2.5V	935	1715
	Ti-6Al-2Sn-4Zr-6Mo	940	1720
	Ti-4Al-4Mo-2Sn-0.5Si（IMI 550）	975	1785
	Ti-4Al-4Mo-4Sn-0.5Si（IMI 551）	1050	1920
	Ti-5Al-2Sn-2Zr-4Mo-4Cr（Ti-17）	900	1650
	Ti-7Al-4Mo	1000	1840
	Ti-6Al-2Sn-2Zr-2Mo-2Cr-0.25Si	970	1780
	Ti-8Mn	800③	1475④
β型和近β型合金	Ti-13V-11Cr-3Al	720	1330
	Ti-11.5Mo-6Zr-4.5Sn（βⅢ）	760	1400
	Ti-3Al-8V-6Cr-4Zr-4Mo（βC）	795	1460
	Ti-10V-2Fe-3Al	805	1480
	Ti-15V-3Al-3Cr-3Sn	760	1400

注：未注摄氏度值的允许偏差为±15℃；未注华氏度值的允许偏差为±25℉。

① 允许偏差为±20℃。

② 允许偏差为±30℉。

③ 允许偏差为±35℃。

④ 允许偏差为±50℉。

表 5-9　工业纯钛和改型钛的等级、名称和说明

工业纯钛等级	UNS No.	通用名称	说　明
ASTM 1 级	R50250	—	在 4 个 ASTM 工业纯钛等级中，ASTM 1 级工业纯钛的纯度最高，具有最低强度和最高室温塑性。在成形加工要求高或为了提高耐蚀性，铁和其他间隙原子含量要求最低的条件下采用。该合金在不高于 425℃（800℉）的温度下可连续服役
ASTM 2 级	R50400	—	在工业应用中，ASTM 2 级工业纯钛是用于要求具有良好的塑性和耐蚀性条件下的主要合金材料。与退火奥氏体型不锈钢相比，保证的屈服强度不小于 275MPa（40ksi）。该合金在不高于 425℃（800℉）的温度下可连续服役，间断服役温度可达 540℃（1000℉）。主要用于制造飞机、反应容器、热交换器和电化学处理设备部件
ASTM 3 级	R50550	—	ASTM 3 级工业纯钛的性能介于铝合金和钢之间。其含铁量低于 ASTM 4 级工业纯钛，用途与 ASTM 2 级工业纯钛相同，但强度高于 ASTM 2 级工业纯钛
ASTM 4 级	R50700	—	在 4 个 ASTM 工业纯钛等级中，ASTM 4 级工业纯钛的强度最高，成形加工性能中等。它在海水中具有极优良的腐蚀疲劳抗力，通常可以与 ASTM 3 级工业纯钛互换使用。在 315℃（600℉）温度条件下，ASTM 4 级工业纯钛的强度与重量比高于 301 不锈钢
Ti-0.2Pd	R52400 和 R52250	ASTM 7 级和 11 级	为进一步提高 ASTM 1 级和 2 级工业纯钛在低 pH 值和高温下的抗缝隙腐蚀性能，在 ASTM 1 级和 2 级工业纯钛中添加了质量分数为 0.2 的 Pd，改性为 ASTM 7 级（R52400）和 ASTM 11 级（R52250），用于有特殊腐蚀要求的场合。ASTM 7 级和 11 级的强度级别分别与 ASTM2 级和 1 级相当
Ti-0.3Mo-0.8Ni	R53400	ASTM 12 级	与未进行合金化的工业纯钛相比，ASTM 12 级的强度和抗缝隙腐蚀性能更高。ASTM 12 级的价格比 Ti-0.2Pd 便宜，但在低 pH 值（pH<3）条件下，不具有抗缝隙腐蚀性能。该合金用于中等强度和有增强耐蚀性要求的产品，如热交换器、压力容器、氯电池和盐蒸发器。在近中性的盐水中，其抗缝隙腐蚀性能与 Ti-0.2Pd 相当
Ti-0.5Si	—	Exhaust XT	添加的合金元素很少，具有良好的耐蚀性和高的强度，适合于生产汽车排气装置

表 5-10　α 型钛合金的成分和说明

名义成分（质量分数，%）	UNS No.	通用名称	说　明
Ti-2.5Cu	无	IMI 230	IMI 230 具有工业纯钛的优良成形性能和焊接性能，并可通过析出强化同时具有高的强度。在退火条件下，IMI 230 被用于制造使用温度高达 350℃（660℉）的旁路管道或涡轮机部件
Ti-5.8Al-4.0Sn-3.5Zr-0.7Nb-0.5Mo-0.35Si-0.06C	无	IMI 417	在工程中，IMI 417 与 IMI 834 的应用基本相同，但 IMI 417 制造的产品不同于 IMI 834 制造的产品。IMI 417 用于生产涡轮或内燃机的铸件或锻件，特别适合生产服役温度不高于 600℃（1100℉）的易产生高温疲劳的部件
Ti-5.8Al-4Sn-3.5Zr-0.7Nb-0.5Mo-0.35Si	无	IMI 834	IMI 834 是中强度合金，在不高于 600℃（1100℉）的高温下，具有良好的高温性能和抗疲劳性能。主要用途为生产航天工业的压缩机盘片和叶片

（续）

名义成分（质量分数，%）	UNS No.	通用名称	说　明
Ti－5Al－2.5Sn 和 Ti－5Al－2.5Sn（ELI）①	R54520 和 R54521（ELI）	Ti－5－2.5，Ti－5－2.5 和 6 级	Ti－5Al－2.5Sn 是中强度合金，并具有极好的焊接性能。在不高于480℃（900℉）的服役高温下，具有良好的抗氧化性能和中等强度。该合金的主要用途是生产在低温下工作的工件，在低温条件下，ELI 级别的合金具有良好的强度和韧性。在其他应用中，它已经被 Ti－6Al－4V 所取代
Ti－5Al－3.5Sn－3.0Zr－1Nb－0.3Si	无	IMI829 和 Ti－5331S	IMI 829 是中强度合金，在不高于 540℃（1000℉）的高温下使用。用于生产航空涡轮压缩机的盘片和叶片
Ti－5Al－6Sn－2Zr－1Mo－0.25Si	无	Ti－5621S	Ti－5621S 是一种半商业用合金，由 RMI 钛公司在 20 世纪 60 年代开发，将钛合金的应用扩展到 540℃（1000℉）的温度。用于生产喷气发动机组件
Ti－5Al－4V－0.6Mo－0.4Fe	无	Timetal 54M	α－β 型钛合金，性能与 Ti－6Al－4V 相当，但切削加工性能比 Ti－6Al－4V 好
Ti－6Al－2.75Sn－4Zr－0.4Mo－0.45Si	无	Timetal 1100 和 Ti－1100	Ti－1100 开发用于 600℃（1100℉）的高温。用于生产高压压缩机盘、低压涡轮叶片和汽车阀门
Ti－6Al－2Nb－1Ta－0.8Mo	R56210	Ti－6211 和 Ti－621/0.8	Ti－6211 是在 20 世纪 50 年代为美国海军潜艇开发的，它在海洋环境中具有优异的断裂韧性。Ti －6211 应用于船舶的船壳和有高韧性要求的压力容器
Ti－6Al－2Sn－1.5Zr－1Mo－0.35Bi0.1Si	无	Ti－11	已停止使用。由 Timet 开发的用于提高蠕变抗力的合金，由于 Ti－11 的成本超过技术效益，所以在商业上没有进入市场
Ti－6Al－2Sn－4Zr－2Mo－0.1Si	R54620	Ti－6242S 和 Ti－6242Si	Ti－6242S 是抗蠕变性能最高的钛合金之一，建议使用温度最高可达 565℃（1050℉）。Ti－6242S 主要用于生产涡轮组件，但有时也以薄板形式用于生产后助喷燃系统结构和各种受热机身
Ti－6Al－2Sn－4Zr－2Mo	R54621	Ti－6242	该合金为不含 Si 的 Ti－6242S 合金。使用温度最高可达 425℃（800℉）
Ti－6Al－5Zr－0.5Mo－0.25Si	无	IMI 685	IMI 685 是在 1969 年为了满足航空发动机的需求而引入和开发的，为涡轮发动机合金，最高使用温度约为 520℃（970℉）
Ti－8Al－1Mo－1V	R54810	Ti－811	大多数钛合金生产商都能对 Ti－811 合金进行供货。在所有商用钛合金中，该合金具有最高的拉伸模量和在 455℃（850℉）温度下的良好蠕变抗力。Ti－811 合金用于生产飞机机身和涡轮发动机。其室温强度与 Ti－6Al－4V 合金相当
Ti－11Sn－5Zr－2.25Al－1Mo－0.25Si	无	IMI 679	已停止使用。IMI 679 是在 20 世纪 60 年代作为高温合金开发引入的，现已被其他高温钛合金，如钛－6242S 所取代

① ELI—极低间隙原子。

表 5-11　α-β 型钛合金的成分和说明

名义成分（质量分数，%）	UNS No.	通用名称	说　明
Ti-2Fe-2Cr-2Mo	无	—	已停止使用。Ti-2Fe-2Cr-2Mo 为薄板材料合金，自 1960 年以来不再生产，被 Ti-6Al-4V 取代
Ti-3Al-2.5V	R56320	管材合金、ASTM 9 级和 Half 6-4	具有优异的冷成形性能，比工业纯钛的强度高 20%～50%。有箔片、无缝管、管材、锻件和轧制产品。主要用于生产航空航天、生物医学和其他应用中的各种管材
Ti-4.5Al-3V-2Mo-2Fe	无	SP-700	SP-700 具有优越的超塑性变形性能，可通过时效强化。通过超塑性成形，加工制备成航空零件、高尔夫球杆头、金属球、加工工具、手表外壳、汽车零件和登山设备
Ti-4.5Al-5Mo-1.5Cr	无	Corona 5	已停止使用。Corona 5 是为海军试验项目开发生产的，但没有发现任何商业用途。Corona 5 是一种用于临界断裂结构的试验合金，已被 Ti-10V-2Fe-3Al 取代
Ti-4Al-3Mo-1V	无	Ti-431	已停止使用。在 20 世纪 50 年代开发出的板材合金，具有良好的强度和达 480℃（900℉）的高温稳定性。该合金在 20 世纪 60 年代用于生产飞机外壳、加强筋和飞机内部结构
Ti-4Al-4Mo-2Sn-0.5Si	无	IMI 550（原 Hylite 50）	IMI 550 是中等强度钛合金，典型的极限抗拉强度为 1100MPa（159ksi）和达 400℃（750℉）的高温稳定性。IMI 550 适用于机身和发动机部件。截面达 150mm（6in）的 IMI 550 合金可进行时效强化
Ti-4Al-4Mo-4Sn-0.5Si	无	IMI 551	IMI 551 与 IMI 550 相似，但合金元素含量和强度比 IMI 550 高。IMI 551 是强度最高的钛合金之一，其室温极限抗拉强度为 1250～1400MPa（181～203ksi）。IMI 151 主要用于生产制造机身组件，如固定支架、泵壳和起落架部件，此外也适合制造连杆和往复式运动组件
Ti-5Al-2.5Fe	无	Tikrutan	生物医学 α-β 型钛合金（ISO 5832-10）
Ti-5Al-1.5Fe-1.4Cr-1.2Mo	无	Tikrutan LT 35 和 Ti-155A	已停止使用。因为它是用含铁的母合金制造的
Ti-5Al-2Sn-2Zr-4Mo-4Cr	R58650	Ti-17	Ti-17 具有比 Ti-6Al-4V 更高的强度，在中间温度下具有更高的抗蠕变性能。它是一种高强度、高淬透性合金，用于生产燃气轮机中尺寸高达 150mm（6in）的大截面锻件
Ti-5Al-5Sn-2Zr-2Mo-0.25Si	R54560	Ti-5522-S	Ti-5522-S 是少量 β 相和 α+β 型钛合金。该合金具有良好的抗拉强度、高的应力断裂性能和抗蠕变性能。Ti-5522-S 合金是用于 425～540℃（800～900℉）温度范围的高温半商用合金
Ti-6.4Al-1.2Fe	无	—	已停止使用。为 Ti-6Al-4V 合金的低成本替代合金，迄今未报告有应用
Ti-6Al-1.7Fe-0.1Si	无	Timetal 62S 和 62S	以 Fe 为 β 相稳定化元素，62S 合金的成本较低，加工和力学性能与 Ti-6Al-4V 相似，为实用的 Ti-6Al-4V 合金的替代品
Ti-6Al-2Sn-2Zr-2Mo-2Cr-0.25Si	无	Ti-6-22-22-S	这种合金改善了 Ti-6Al-4V 合金的损伤容限和强度。首次使用是用于 F-22 战斗机

（续）

名义成分（质量分数，%）	UNS No.	通用名称	说明
Ti-6Al-2Sn-4Zr-6Mo	R56260	Ti-6246	Ti-6246为α-β型钛合金，具有短时间强度与长时间蠕变强度。其使用温度比Ti-6242Sα型钛合金更低。该合金在高达400℃（750℉）的温度下可长期使用，在高达540℃（1000℉）的温度下可短期使用。Ti-6246合金用于生产涡轮发动机锻件，也用于生产密封件和机身部件，此外，对深源含硫气井的应用也进行了评估
Ti-6Al-4V和Ti-6Al-4V ELI①	R56400和R56401（ELI）	Ti-64和ASTM 5级	Ti-6Al-4V是世界上使用最广泛的钛合金，占全球钛合金总吨位的50%。它通常以退火状态使用，截面在25mm（1in）以内时也可进行强化，其屈服强度高达1140MPa（165ksi）。在航空工业中的应用占Ti-6Al-4V合金总用量的80%以上。此外，该合金最大的应用是医用假肢，大约占其市场的3%。为降低设备的重量，该合金在高性能汽车和海洋设备中也有应用
Ti-6Al-6V-2Sn	R56620	Ti-662	截面为25mm（1in）的Ti-662合金在热处理条件下，极限抗拉强度为1200MPa（175ksi）。为了减少合金偏析，该合金需要采用特殊的熔炼方法。Ti-662合金用于生产机身结构，其强度高于Ti-6Al-4V合金。该合金的使用通常仅限于二级结构
Ti-4Al-2.5V-1.5Fe	R54250	ATI 425合金和ASTM 38级	最初是由ATI特种合金和部件（ATI Specialty Alloys & Components）公司用于弹道装甲应用开发，后来在航空航天和工业中得到应用。现在已发行的《金属材料性能开发和标准化手册》中允许采用
Ti-6Al-7Nb	R56700	IMI 367	在ASTM F1295和ISO 5832-11标准中被指定为生物医学专用。该合金是将钒从Ti-6Al-4V中去除，并添加了更具生物相容性的合金元素，同时保留了类似的材料性能，是专为假肢中的髋关节和股关节设计的
Ti-7Al-4Mo	R56740	—	Ti-7Al-4Mo合金在480℃（900℉）以下温度具有比Ti-6Al-4V合金更好的抗蠕变性能。这种合金在今天（2016年）使用有限。它主要用于生产超声波设备上的警报器
Ti-8Mn	R56080	—	最初开发Ti-8Mn合金是为了其优异的成形性和中等强度。在温度达到315℃（600℉）时，该合金具有良好的强度和稳定性

① ELI—极低间隙原子。

表5-12 β型钛合金的成分和说明

名义成分（质量分数，%）	UNS No.	通用名称	说明
Ti-1.5Al-5.5Fe-6.8Mo	无	Timetal LCB	Timetal LCB是一种低成本β型钛合金，由于铁和钼母合金的成本较低，它的生产成本不到典型的β型钛合金的一半。主要潜在用途为螺旋弹簧、板弹簧和时钟弹簧，此外，对该合金在高强度紧固件和装甲方面的应用也进行了探讨和研究

（续）

名义成分 （质量分数，%）	UNS No.	通用名称	说　明
Ti-3Al-8V-6Cr-4Mo-4Zr	R58640	Beta C 和 38-6-44	Beta C 与 Ti-13V-11Cr-3Al 有相似的特点，但它更容易熔炼。可进行冷卷和冷拉拔，主要用作弹簧的棒材和线材。Beta C 用于生产紧固件、弹簧、扭力杆，以及三明治结构的箔片，也用于生产石油、天然气和地热井中的管件和铸件
Ti-5Al-2Sn-4Zr-4Mo-2Cr-1Fe	无	Beta CEZ	Beta CEZ 是一种高强度、高韧性的近 β 型钛合金，处理工艺灵活性，可用于各种场合，其应用包括中温度涡轮盘的弹簧、紧固件和大截面锻件
Ti-8Mo-8V-2Fe-3Al	无	Ti-8823	与其他 β 型钛合金相同，Ti-8823 具有良好的成形性和时效强化性能。生产商发现，Ti-8823 的金相组织比 Ti-13V-11Cr-3Al 更容易预测。Ti-8823 主要开发用于薄板，但当截面厚度达到 150mm（6in）时，也可以进行强化
Ti-8V-5Fe-1Al	无	—	通常以棒材和坯料供货。用于生产紧固件或以剪切和极限强度为关键性能要求的工件
Ti-10V-2Fe-3Al	无	Ti-10-2-3	这种近 β 型钛合金主要用于温度达 315℃（600℉）和抗拉强度要求为 1240MPa（180ksi）的高强度和高韧性的应用。通过热处理，该合金能够获得各种强度级别。Ti-10V-2Fe-3Al 可生产在机体的表面和中心位置需要具有均匀拉伸性能的高强度锻件。它可以生产中高强度和高韧性杆件、板件或截面厚度达 125mm（5in）的锻件
Ti-5Al-5Mo-5V-3Cr-0.4Fe	无	Ti-5553、Ti-555 和 Timetal 555	该合金开发用于取代 Ti-10-2-3 合金制作航空结构部件，它是由 VT22 合金衍生开发的。由于相变动力学较慢，在截面厚度达到 150mm（6in）时，Ti-5553 可以在空气中冷却。通过淬水，可获得与 Ti-10-2-3 合金相同的强度
Ti-11.5Mo-6Zr-4.5Sn	R58030	Beta 3 和 Beta Ⅲ	Beta Ⅲ 是在 20 世纪 60 年代开发的，是对 Ti-13V-11Cr-3Al 合金的补充。它具有优良的成形性和时效力学性能，但熔炼困难。Beta Ⅲ 用于飞机的紧固件、铆钉和钣金件，其冷成形性和强度潜力得到了利用。也用于生产弹簧和正畸牙矫治器具。在 AMS-T-9046 标准中，它被指定为生物医学亚稳态 β 型钛合金
Ti-11.5V-2Al-2Sn-11Zr	无	Transage 129 和 T129	已停止使用。Transage 129 是一种非商用、可时效强化合金，特别推荐用于薄板冷成形产品。作为一种试验合金，Transage 129 旨在提高飞机机身结构强度和用于生产化学产品
Ti-12Mo-6Zr-2Fe①	R58120	TMZF	在 ASTM F1813 标准中，是指定的生物医学亚稳态 β 型合金
Ti-12V-2.5Al-2Sn-6Zr	无	Transage 134	已停止使用。是一种非商用、可时效强化的高强度合金
Ti-13Nb-13Zr①	R58130	Ti-13Nb-13Zr	在 ASTM F1813 标准中，是指定的生物医学亚稳态 β 型合金
Ti-13V-11Cr-3Al	R58010	Ti-13-11-3 和 B120VCA	Ti-13V-11Cr-3Al 是在 20 世纪 50 年代中期首次开发的 β 型试验合金。多年来，在 Ti-10-2-3、Ti-15-3 和 Beta C 合金出现以前，Ti-13-11-3 是唯一具有商业应用的 β 型钛合金。尽管今天（2016）使用的数量有限，但 Ti-13-11-3 仍被用于生产飞机钣金件和弹簧件。它适用于短时间内有极高强度要求的场合

（续）

名义成分（质量分数，%）	UNS No.	通用名称	说　明
Ti - 13V - 2.7Al - 7Sn - 2Zr	无	Transage 175	已停止使用。是一种非商用、可时效强化的高强度合金
Ti - 15Mo（β）	R58150	Ti - 15Mo	在ASTM F2066标准中，是指定的生物医学合金。也可以处理成α - β型合金。该合金具有高度生物相容性，而且在β淬火条件下，具有比传统钛合金更低的弹性模量。根据设计要求，该合金可以在β或α - β处理条件下供货
Ti - 15Mo - 3Al - 2.7Nb - 0.25Si	R58210	Timetal 21S 和 Beta 21S	Beta 21是一种高强度β型钛合金，专门用于有高抗氧化性、高蠕变抗力和热稳定性要求的场合。主要用途包括蜂窝状箔片，以及用于高温发动机和机舱的板材、棒材和其他机舱构件，可在650℃（1200℉）短时间使用，可用于生产复合箔、假肢和高温液体管
Ti - 15Mo - 5Zr	无	—	Ti - 15Mo - 5Zr是一种冷成形、可时效强化的高强度合金，可以板材、冷拉拔线材和冷轧薄板供货，冷轧薄板厚度可达0.1mm（0.004in）。在还原性介质中具有较高的耐蚀性，耐蚀性优于Ti - 0.2Pd合金
Ti - 15Mo - 5Zr - 3Al	无		与Ti - 15Mo - 5Zr相比，由于添加了3%的Al，不会产生由ω相引起的脆化现象 是含硫气井应用中合适的候选材料，目前主要用作涡轮叶片的侵蚀防护罩
Ti - 15V - 3Al - 3Cr - 3Sn	无	Ti - 15 - 3	虽然是在20世纪70年代开发的一种薄板合金，但Ti - 15 - 3合金用于其他形式，如紧固件、金属箔片、油管、铸件和锻件。Ti - 15 - 3合金常用于各种机身材料，并评估其作为航空液压油舱、高强度液压油管和紧固件材料
Ti - 16V - 2.5Al	无	—	开发用于高强度薄板材料产品
Ti - 35Nb - 7Zr - 5Ta①	R58350	TiOsteum	低弹性模量生物医学亚稳态β型合金
Ti - 45Nb	R58450	Ti - 45Nb 和 ASTM 36级	作为亚稳态β型合金，用于航空铆钉、腐蚀性环境和生物医学材料。其他铌 - 钛合金可以用于超导应用
Ti - 35Zr - 10Nb	无	3510	这种合金的商业用途有限，但可用于某些腐蚀性环境和消费产品
Ti - 35V - 15Cr	无	Burn - resistant Ti 和 alloy C	由普惠公司开发，目前已获得专利。在着火燃烧时，这种合金具有显著的抗持续燃烧性能。有锻模和粉末冶金形式产品供货

① 斯特瑞克整形外科注册商标。

本节主要介绍每类合金的典型合金及其主要特点。这些合金类型的一般特征如下：

1）α型钛合金。该类合金具有良好的高温强度、良好的焊接性能和中等的加工性能，但不可热处理强化。新型的α相钛合金也称高性能α型钛合金，比传统的α型钛合金具有更高的高温性能。

2）α - β型钛合金。该类钛合金数量最多，具有良好的热稳定性，可热处理强化。通常该类合金的加工性能较好，焊性性能较差。

3）β型钛合金。该类钛合金可热处理强化。具有优良的加工性能，但蠕变强度差。在退火条件下，具有良好的焊接性能。

图5-15所示为按相组成和工程性能对钛合金进行分类的一种方法。通过该简化分类图，可以对合金相组成与性能的关系进行了解。图中“合金线”（“alloy line”）左边从室温下的100%α相钛合金开始，随着添加的β相稳定化元素增加，“合金线”向右，使β相数量增多。在“合金线”最右

边是亚稳态的 β 型合金，在室温下保持 100% β 相。图的上半部分对如何通过改变 α 相和 β 相的数量，获得所需要的性能进行了说明。例如，通过热处理提高 β 相的百分数。还可以从该图中看到改善合金的蠕变强度、焊接性能、中温强度和加工性能的趋势。

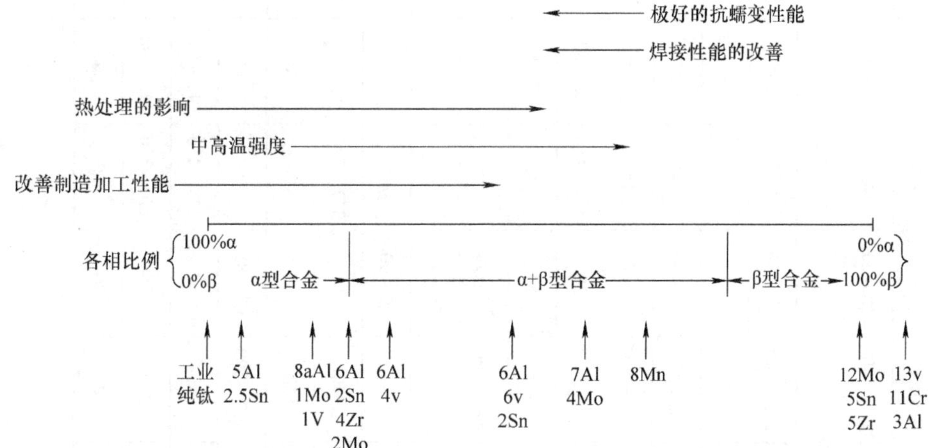

图 5-15　通过增加或减少钛合金中 α 相和 β 相的百分比来建立钛合金的成分关系

在图 5-15 的下半部分，给出了添加 β 相稳定化元素的部分商用钛合金的相对位置。通过添加 β 相稳定化元素，使 β 相稳定，可以很容易地确定图中合金所处的位置。在表 5-5 中，给出了添加合金元素对钛合金强度的影响，也可以通过添加的 β 相稳定化元素，确定 β 相稳定化程度，估计出合金在图 5-15 中“合金线”上的位置。在合金成分已知的条件下，可以对合金进行分类和对比。例如，Ti－6Al 合金，由于该合金仅添加有强 α 相稳定化合金元素铝，应该为 100% α 相钛合金。在此基础上添加铌和铬两种 β 相稳定化合金元素：

1）添加 4% 的 Nb。由于铌是一种 β 相稳定化合金元素，随“合金线”向右移得到 Ti－6Al－4Nb 合金。根据表 5-5，铌是弱 β 相稳定化合金元素，因此，估计该合金可能位于“合金线”上的 Ti－8Al－1Mo－1V 和 Ti－6Al－2Sn－4Zr－2Mo 合金之间。

2）添加 4% 的 Cr。由于铬比铌稳定 β 相的效果更强，随“合金线”向右移得更多，得到 Ti－6Al－4Cr 合金。由于 4% Cr 比 4% Mo 的稳定效果更强，由此可以估计该合金位于“合金线”上 Ti－7Al－4Mo 合金的右边，Ti－8Mn 合金的左边。

通过这些例子可以了解钛合金是如何进行分类和对比的。在通过合金元素的影响对众多钛合金的成分进行分析时，如果能对合金元素的影响有深入的了解，将是非常有益的。

1. 工业纯钛

未添加合金元素的钛金属，通常被称为工业纯度（CP）的钛，是强度最低但耐蚀性最好的钛金属。添加氧和氮间隙元素，可以大大提高工业纯钛的强度。在工业纯钛中，利用氧和氮的间隙固溶强化以及添加少量的铁和钯等其他元素，得到各种不同等级和牌号的钛合金，以满足不同的应用需求。不同等级工业纯度的钛金属的主要区别是合金中氧和铁的含量不同，其中调节合金中氧的含量，可以调节合金的拉伸性能；而通过调整合金中铁的含量，产生分散的 β 相，从而控制 α 相晶粒尺寸。高纯度（间隙元素含量较低）等级的钛金属的强度和硬度较低，并且比间隙元素含量较高的钛金属的 β 相转变温度要低。

尽管氧和氮在钛合金中具有很强的固溶强化效果，但钛合金在含有氧或氮的气氛中加热，会出现大多数其他金属不会遇到的问题。一般金属在升温加热过程中，必须考虑氧化的影响，但在含氧或含氮的环境中加热的钛合金，不仅要考虑会发生氧化，还需考虑氧（和氮）向钛内部扩散，导致表层产生固溶强化的问题。由于氧和氮是稳定 α 相元素，因此表面硬化层也称为 α 层。α 层（或含氧氮层）的硬度高、脆性大，因此钛合金在服役条件下，工件表面的 α 层是有害。通常情况下，α 层的存在会大大降低工件的塑性，因此在工件服役前，需通过化学研磨、酸洗、加工或其他机械手段去除 α 层。

随间隙元素和杂质元素含量的变化和氧/氮（和铁）含量的提高，工业纯钛的强度提高，其屈服强度为 170～480MPa（25～70ksi），见表 5-13。在通常情况下，选择工业纯钛用于耐蚀性要求高，但强度不需要很高的应用场合。

表 5-13 部分工业纯钛产品的成分和性能对比

合金牌号	成分[①]（质量分数，%）							抗拉强度		屈服强度		最小伸长率（%）
	C	H	O	N	Fe	其他	其他总和	MPa	ksi	MPa	ksi	
JIS Class 1	—	0.015	0.15	0.05	0.20	—	—	275～410	40～60	165[②]	24[②]	27
ASTM grade 1（UNS R50250）	0.10	③	0.18	0.03	0.20	—	—	240	35	170～310	25～45	24
DIN 3.7025	0.08	0.013	0.10	0.05	0.20	—	—	295～410	43～60	175	25.5	30
GOST BT1－00	0.05	0.008	0.10	0.04	0.20	—	0.10	295	43	—	—	20
BS 19～27t/in^2	—	0.0125	—	—	0.20	—	—	285～410	41～60	195	28	25
JIS Class 2	—	0.015	0.20	0.05	0.25	—	—	343～510	50～74	215[②]	31[②]	23
ASTM grade 2（UNS R50400）	0.10	③	0.25	0.03	0.30	—	—	343	50	275～410	40～60	20
DIN 3.7035	0.08	0.013	0.20	0.06	0.25	—	—	372	54	245	35.5	22
GOST BT1－0	0.07	0.010	0.20	0.04	0.30	—	0.30	390～540	57～78	—	—	20
BS 25～35t/in[②]	—	0.0125	—	—	0.20	—	—	382～530	55～77	285	41	22
JIS Class 3	—	0.015	0.30	0.07	0.30	—	—	480～617	70～90	343[②]	50[②]	18
ASTM grade 3（UNS R50400）	0.10	③	0.35	0.05	0.30	—	—	440	64	377～520	55～75	18
ASTM grade 4（UNS R5000）	0.10	③	0.40	0.05	0.50	—	—	550	80	480	70	20
DIN 3.7055	0.10	0.013	0.25	0.06	0.30	—	—	460～590	67～85	323	47	18
ASTM grade 7（UNS R52400）	0.10	③	0.25	0.03	0.30	0.12～0.25Pd	—	343	50	275～410	40～60	20
ASTM grade 11（UNS R52250）	0.10	③	0.18	0.03	0.20	0.12～0.25Pd	—	240	35	170～310	24.5～45	24
ASTM grade 12（UNS R53400）	0.10	0.015	0.25	0.03	0.30	0.2～0.4Mo，0.6～0.9Ni	—	248	70	380	55	12

注：成分中所列数值均为最大值。

① 除指定范围外，所有其他列出值均为最小值。

② 只适用于薄板、板材和卷料。

③ 根据产品形式不同，氢的限制不同：薄板为0.0150%；棒材为0.0125%，坯料为0.0100%。

2. α 型和近 α 型钛合金

α 型钛合金添加了相对较多的 α 相稳定化元素和较少的 β 相稳定化元素。在 α 型钛合金中，主要添加的合金元素是铝，典型合金为 Ti-5Al-2.5Sn。它们含有少量的 β 相稳定化元素（例如，在 Ti-8Al-1Mo-1V 中仅添加了 1% 的 Mo 和 1% 的 V）。硅是促进 β 共析转变合金元素，也被添加到 α 相合金中，其主要作用是提高合金的蠕变强度。这类合金的例子包括 Ti-6Al-2Sn-4Zr-2Mo-0.08Si 和 Ti-5Al-6Sn-2Zr-1Mo-0.25Si。

含有铝、锡和/或锆的 α 型钛合金特别适合于高温和低温应用条件。在低温条件下，除间隙元素含量极低（ELI）的钛合金外，富 α 相钛合金的塑性和韧性降低。间隙元素含量极低的钛合金在低温下保持高的塑性和韧性，但成本较高，例如，Ti-5Al-2.5Sn-ELI 钛合金是一种适用于低温的 α 型钛合金。

在室温下，α 型钛合金的组织为几乎 100% α 相，所以不能通过热处理进行强化。在室温条件下，在所有的钛合金类型中，α 型钛合金的抗拉强度最低；然而，在高温条件下，α 型钛合金一般比 α-β 型钛合金具有更高的蠕变强度。在钛合金中添加大量固溶的铝，能强化合金中的 α 相，使合金在室温和高温下都保持适中的强度。例如，图 5-16 所示为在不同温度条件下，Ti-5Al-2.5Sn α 型钛合金和 Ti-8Mnα-β 型合金的屈服强度及蠕变强度的比较。从室温至 425℃（800℉）温度范围，两种合金都具有相同的屈服强度，然而，在进一步提高温度时，Ti-5Al-2.5Sn 合金的屈服强度更高。此外，Ti-5Al-2.5Sn 合金产生 1% 塑性变形的应力保持温度也更高。α 型钛合金最重要的特点就是优异的高温强度和蠕变强度。

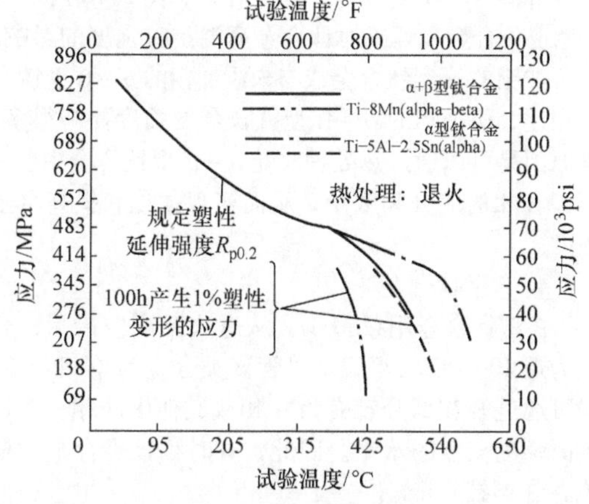

图 5-16 试验温度对 α 型钛合金（Ti-5Al-2.5Sn）和 α-β 型钛合金（Ti-8Mn）屈服强度和蠕变强度的影响

α 型钛合金具有较好的成形性能。但 α 型钛合金（作为一种类型）中也有部分合金的成形性能不如其他类型的钛合金。还是以厚度在 1.8mm（0.070in）以下的 Ti-8Mn 和 Ti-5Al-2.5Sn 钛合金薄板为例进行说明，对于 Ti-8Mn 合金（α-β 型钛合金），最小弯曲半径为（3.0×厚度）；而对于Ti-5Al-2.5Sn 合金（α 型钛合金）为（4.0×厚度）。

在等强度水平条件下，以 α 相为主的钛合金的最小弯曲半径更大，此时 α-β 型钛合金更容易成形。α 型钛合金成形性能降低的原因是 α 相的晶体结构为密排六方。当然，合金具体的成形性能和塑性不仅与晶体结构有关，还与添加的合金元素和合金强度有关。在前面的例子中，合金具有相同的强度和织构。低强度和近 100% α 相工业纯钛具有极好的成形性能。

由于 α 型钛合金在热处理加热后，不论采用何种冷却速率，其组织主要为 α 相，因此不能通过热处理强化 α 型钛合金。该类合金最常用的热处理工艺为退火。通过冷加工和退火产生再结晶，可以改变 α 型和近 α 型钛合金的晶粒大小。α 型钛合金的其他热处理工艺还有去应力退火或再结晶退火，其主要作用是消除冷加工所引起的残余应力。随着添加的 β 相稳定化元素的增加，可以通过改变合金的最大固溶处理温度和冷却速率，来改变微观组织。图 5-17 所示为加热温度和冷却条件对 Ti-6Al-2Sn-4Zr-2Mo-0.2Si 钛合金的金相组织的影响。

Ti-8Al-1Mo-1V 和 Ti-6Al-2Nb-1Ta-0.8Mo 是添加了少量 β 相稳定化元素的 α 型钛合金，这些合金称为近 α 型或超级 α 型钛合金。在加工过程中，这类钛合金只形成极少量的 β 相。尽管在热处理后仍可能保留 β 相，但主要组织为 α 相，其性能更接近传统的 α 型钛合金，而不是 α-β 型钛合金。由于 α 相比 β 相具有更高的蠕变抗力，近 α 型钛合金具有优越的蠕变强度。然而，通常添加铝，得到合金的近 α 相组织，近 α 型钛合金形成 α_2 相的可能性更大，由此导致该合金容易产生热盐应力腐蚀开裂。近 α 型合金的抗应力耐蚀性能是有限的，因此在使用这类合金时必须小心谨慎。

由于热处理对 α 型钛合金相变的影响很小，α 型钛合金熔化焊构件具有良好的塑性。然而，α 型钛合金的锻造性能（比 α-β 型或 β 型钛合金的锻造温度范围更窄）通常较差，尤其是在 β 相转变温度以下条件下。锻造性能差的表现形式是发生锻件心部开裂或出现表面裂纹的倾向很大，因此，在锻造工艺中，必须采用小变形多次加热锻造工艺。等温锻造工艺可以降低出现该问题的可能性。

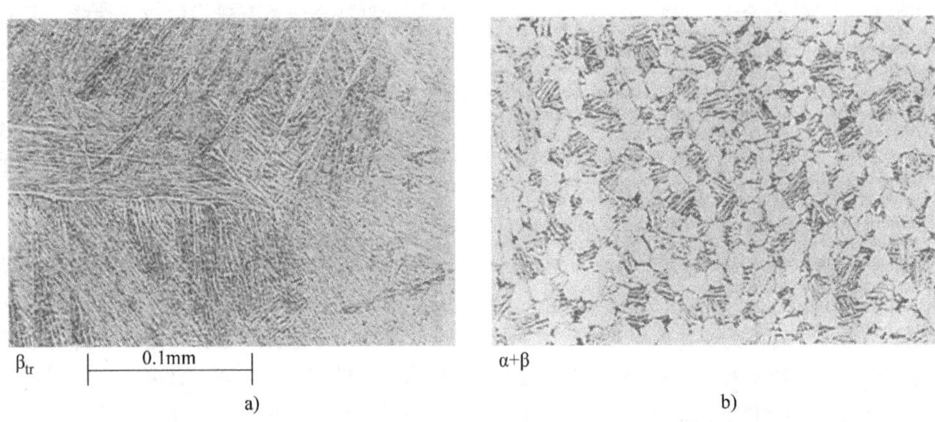

图 5-17 Ti－6Al－2Sn－4Zr－2Mo－0.2Si 钛合金的金相组织

a）1024℃（1876℉）保温 2h 空冷 b）968℃（1774℉）保温 2h 空冷

3. α－β 型钛合金

当在钛中复合添加 β 相稳定化元素和 α 相稳定合金元素时，在 α＋β 相区成分范围内，会形成多种钛合金。α－β 型钛合金中添加了一种或多种 α 相稳定化元素（如铝）或可固溶于 α 相的元素，一种或多种 β 相稳定化元素（如钒、钼），且添加的数量比近 α 型钛合金多。将合金的成分调整至远离 α 相界时，得到的合金在加热时会形成大量的 β 相。当存在足够数量的 β 相稳定化元素时，很容易通过处理加热温度超过 β 相转变温度，这使得 α 相可能发生溶解。在随后的冷却过程中，根据冷却速率不同，得到的微观组织中存在一定数量的未转变 β 相组织。

当加热 α－β 型钛合金时，较低温度的 α 相会转变为较高温度的 β 相，当加热温度高于 β 相转变温度时，该相转变过程完成。通过选择加热温度，α－β 型钛合金可形成少量的 β 相或完全 β 相组织。通过固溶处理和时效处理来强化合金，其中固溶加热温度应超过 β 相转变温度，或至少保证在随后的冷却相变过程中产生足够数量的 β 相；时效加热的作用是使固溶冷却后得到的 β 相进一步转变为马氏体、针状 α 相和残留 β 相。

在保持加热温度不变的条件下，β 相的具体转变数量与 β 相稳定化元素数量和具体的处理工艺有关。通过调整温度和处理工艺参数，α－β 型钛合金可得到不同的微观组织。在高温下形成的 β 相，在冷却过程中将转变为 α 相或马氏体组织，通常被称为转变的 β 相。以上虽然是对 α－β 型钛合金的微观组织转变进行了很好的概括，但与在实际过程中得到的微观组织有一定差别。

在一定程度上，可以认为 α－β 型钛合金的性能是兼顾了 α 型钛合金和 β 型钛合金的性能。α－β 型钛合金的焊接性能与 β 相的数量有关，并与 β 相在冷却过程中的相转变有关。一般情况下，如果合金中的 β 相稳定化元素数量较少或采用了弱 β 相稳定化元素，则合金具有良好的焊接性能。可以将这类合金的特点概括为：

1）可热处理强化至中高强度水平。

2）良好的热稳定性（如果促进 β 共析元素的含量低）。

3）除非 β 相稳定化元素数量少，否则合金的焊接性能差。

4）制造加工性能一般至良好。

大多数 α－β 型钛合金含有大量的至少一种钼和钒等同晶型 β 相形成元素。这保证了合金在高温和应力共同作用下，性能的稳定性。添加共析型 β 相形成元素，虽然对提高合金强度具有积极的作用，但如果形成金属间化合物，则会引起合金的热稳定变差。

许多 α－β 型钛合金都含有铝，图 5-18 所示为 α 稳定化合金元素铝对钛合金高温抗拉强度的影响。与添加铝的 α 型钛合金或与未添加铝的 α－β 型钛合金相比，添加铝的 α－β 型钛合金的强度要高很多，其原因是可以通过热处理改变 α－β 型钛合金中的 α 相和 β 相的成分和数量，从而实现强化和提高合金强度。

4. β 型钛合金

β 型钛合金用量最少，从退火温度空冷后，合金为近 100% β 相组织。尽管该类合金为单相合金，但可通过 β 相部分转变为 α 相或其他中间相，来达到高强度合金的水平。因此，有时称该类合金为亚稳态 β 型钛合金。

在 β 型钛合金中，薄截面工件空冷或厚截面工件水冷后，可以完全保留亚稳态 β 相。在固溶处理的条件下（100% 保留了 β 相），β 型钛合金具有良

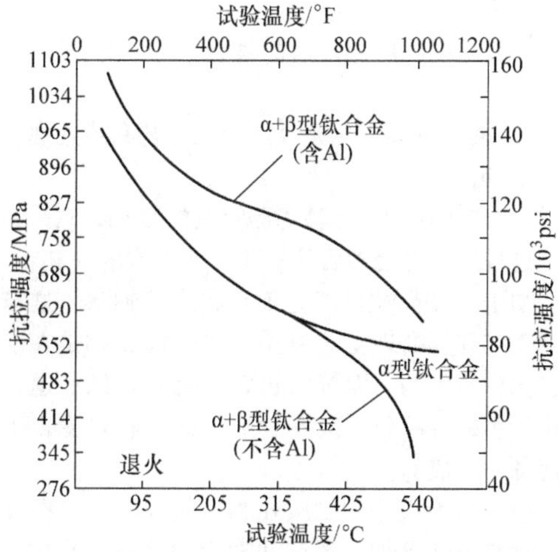

图5-18 三种钛合金的短时间高温拉伸性能对比

好的塑性和韧性，较低的强度和优良的成形性能。β相为bcc晶体结构，比α相的hcp晶体结构具有更高的塑性。这种高塑性的β型钛合金具有很高的冷加工能力，可以在退火的条件下进行制造加工，在制造加工后再进行热处理，以达到高强度材料的水平。然而，必须认识到，这类钛合金的密度比其他大多数钛合金的要大。其原因是合金中添加了大量的钼、钒和铬等密度高的β相稳定化元素。

在室温或加热到稍高温度条件下，冷加工可能会导致合金回复到平衡状态，部分转变为α相组织。由于固溶处理过的β型钛合金在稍高的温度下开始析出α相，如果不进行预先稳定化处理或过时效处理，则这种合金不能在高温下服役。由于β相总为亚稳态相，从长远看有转变为平衡的α+β相组织的趋势，钛合金生产商利用该趋势，在固溶处理和制造加工后，通常对亚稳态β型钛合金进行时效。在450~650℃（840~1200℉）下时效，将亚稳态β相部分转变为α相。α相在保留的β相中形成了细小弥散的α相分散粒子，此时合金的室温强度可达到或超过α-β型钛合金时效后的水平。在约370℃（700℉）的温度条件下，β型钛合金具有优异的抗拉强度。在高于370℃（700℉）的温度下，合金的蠕变强度变差。值得注意的是，有少数可商业供货的β型钛合金不受此限制。例如，Beta21S（Ti-15Mo-2.7Nb-3Al-0.2Si）钛合金和C（Ti-35V-15Cr-0.1C）合金，这两个牌号的合金都是专为服役温度超过370℃（700℉）的情况而设计开发的。

经热处理后，β型钛合金的室温强度可大大超过1380MPa（200ksi）。虽然在屈服强度相同的条件下，通常时效后β型钛合金的拉伸塑性比时效后的α-β型钛合金要低，但其断裂韧性比α-β型钛合金高。据报道，Ti-10V-2Fe-3Alβ（近β）型钛合金的屈服强度已高达约1172MPa（170ksi），并具有极优的断裂韧性（$K_{Ic}=44\text{MPa}\cdot\text{m}^{\frac{1}{2}}$或$K_{Ic}=40\text{ksi}\cdot\text{in}^{\frac{1}{2}}$）。一般来说，该类β型钛合金易于进行加工制造，并广泛应用于生产在中温条件下服役的产品和构件。

5. 钛铝金属间化合物合金

钛铝金属间化合物合金于由1970年开始开发，主要有γ（TiAl）、α_2（Ti_3Al）和$TiAl_3$三种金属间化合物钛合金。尽管合金的断裂抗力（包括韧性、断裂韧性和疲劳裂纹增长速率）较低，但具有减轻合金重量、提高耐高温性能等优点，因此，引起了航空航天工业和汽车工业的关注。在这三种金属间化合物钛合金中，TiAl合金在工业应用中最为重要和广泛，其次为Ti_3Al和$TiAl_3$。由于$TiAl_3$钛合金的塑性差，在工业中很少应用。这类钛合金的最大优点是密度低，在高温下具有优异的力学性能，使用温度可超过600℃（1110℉），因此使得它们能够替代密度约为其两倍的镍基高温超合金，用于生产飞机涡轮发动机和汽车发动机部件。近年来，钛铝金属间化合物合金开始得到了大规模商业应用。最近通用航空公司（辛辛那提，OH）在GEnx发动机（GEnx是为波音787和747-8飞机提供动力的发动机）的低压、高温的6级和7级涡轮叶片中使用了γ（TiAl）钛合金。在发动机的这些级叶片中，采用TiAl合金替代镍基超合金，提高了这种新型发动机的推力与重量比。钛铝金属间化合物合金用于生产汽车工业的内燃机、高温发动机阀门以及其他有高温力学性能要求的部件，近年来受到了极大的关注。自20世纪后期以来，已采用钛铝金属间化合物合金生产汽车上的高端涡轮增压发动机，其主要部件是采用TiAl合金生产的热侧推进器。

与传统钛合金相比，钛铝金属间化合物合金在提高高温力学性能方面取得了长足的进步。除了重量相对较轻外，该类合金还具有良好的抗氧化性能和高的杨氏弹性模量。图5-19所示为温度对Ti_3Al和Ti-5Al-1Mo-1V合金杨氏弹性模量影响的对比。然而，Ti_3Al合金的室温塑性很差，如图5-20所示。在538℃（1000 F）以下温度，随温度提高，对塑性的改善不明显。人们通过添加过渡金属钒、铌等合金元素，对提高这类合金的性能进行了研究。这些元素能提高β相的稳定性，从而改善合金的塑性，但也会使合金的密度有所提高。

这类合金相对较低的塑性和伴随而来的热裂敏感性使得对其加工变得困难。TiAl合金主要用于生

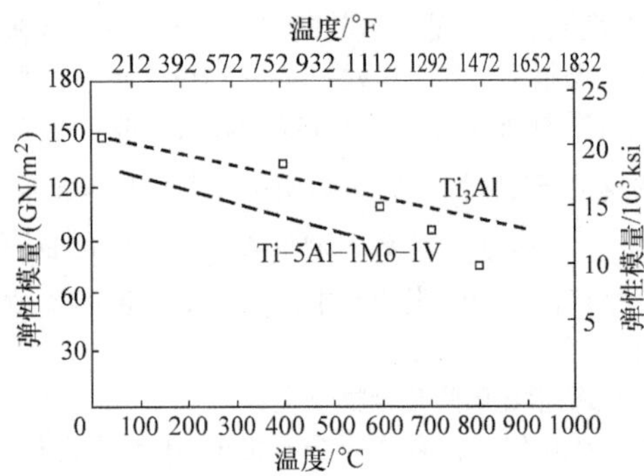

图 5-19 温度对 Ti_3Al 和 Ti－5Al－1Mo－1V 合金杨氏弹性模量影响的对比

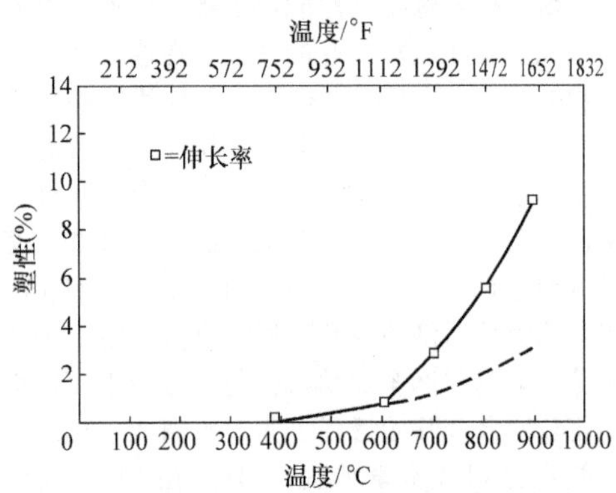

图 5-20 温度对 Ti_3Al 合金塑性的影响

注：认为虚线更准确。

产铸件，而 Ti_3Al 合金则主要用于生产锻件。

5.1.4 钛合金的微观组织

通过热处理和热加工，可以控制钛合金组织中各相的尺寸、形状和分布，从而得到要求的性能，或者达到最佳性能（强度和韧性）的优化组合，因此钛合金的用途广泛。本节主要对钛合金的主要微观组织特点进行介绍。更多有关热处理金相组织、工艺和性能的介绍，请参阅本卷中“钛合金热处理的相组织转变”“钛合金热处理实践”和“热处理对钛合金力学性能的影响”等章节。

在工业纯钛和全α型钛合金中，热处理的主要作用细化晶粒和改变α相组织的形态。在其他类型的钛合金（β型或α－β型钛合金）中，都是通过α相和β相的转变，来改变微观组织的。由此得到的微观组织主要与残留（初生）α相、残留β相的数量，以及随后的β相转变有关。特定钛合金的相转变动力学、转变产物和对应的性能关系是相当复杂的，已超出了本节的内容范围。本节主要介绍钛合金的一般微观组织特点，有关钛合金的合金化、处理工艺、组织和性能的详细情况，请参阅之前提到的其他章节。

一般来说，热处理后的钛合金组织中存在两种α相：

1）初生α相。它是经热加工工艺和热处理后剩余的α相。

2）二次α相。也称为已转变的β相，它是在热处理过程中或热处理后从β相转变得到的α相。

初生α相晶粒可能是细长状或等轴状，这与前处理工艺和热处理工艺有关。细长状α相是在前处理工艺中产生的，而等轴状α相是在再结晶退火过程中产生的。部分二次α相则是在β相转变以下温度冷却中形成的。

（1）钛合金中的二次α相。钛合金中二次α相的数量与热处理加热温度和随后的冷却过程中，初生α相转变为β相的数量有关。在α－β型钛合金中，β相的数量和已转变的β相（二次α相）数量显得尤为重要。例如，由于 Ti－6Al－2Sn－4Zr－6Mo 合金中β相稳定化元素的数量多，当合金被加热到 870℃（1600℉）时，微观组织中有β相（深色）和初生α相（浅色）。如果合金被加热到 915℃（1675℉），更多的初生α相将转变为β相，该β相在冷却过程中可能保留为β相或转变为二次α相（在深色β相晶粒内的浅色针状组织），如图 5-21b 所示。当固溶温度提高到 930℃（1710℉）时，初生α相的数量会进一步减少，而在冷却过程中，更多的β相转变二次α相，如图 5-21c 所示。该例子说明了如何对热处理温度进行控制，调整残留β相、初生α相和二次α相的数量。

在不同的冷却速率条件下，二次α相的形态是不同的，有层片状、片状、针状、魏氏组织形态或马氏体组织形态等。图 5-22 所示为 Ti－5Al－Snα 型钛合金的微观组织，该合金加热至 1175℃（2150℉）进行β相退火，并以三种不同的速率冷却。在缓慢冷却的条件下，二次α相为层片状或片状组织形态，如图 5-22a 所示；在高的冷却速率下，有更多的针状形态，如图 5-22b 所示。在足够高的冷却速率下，可以形成马氏体组织。由于α型钛合金在β退火后，不太可能有残留β相，所以图 5-22 的重点是说明冷却速率可以改变二次α相的形态，但基本上没有残留的β相。

在α－β型钛合金中，针状α相是一种非常常见的冷却过程中的转变产物。针状α相可沿一组晶面（图 5-22b）或几组不同的晶面（图 5-22c）形成。而后者是一种典型的“网篮组织”形态，也称魏氏组织。然而，有时魏氏组织的术语可以与针状α相组织互换。

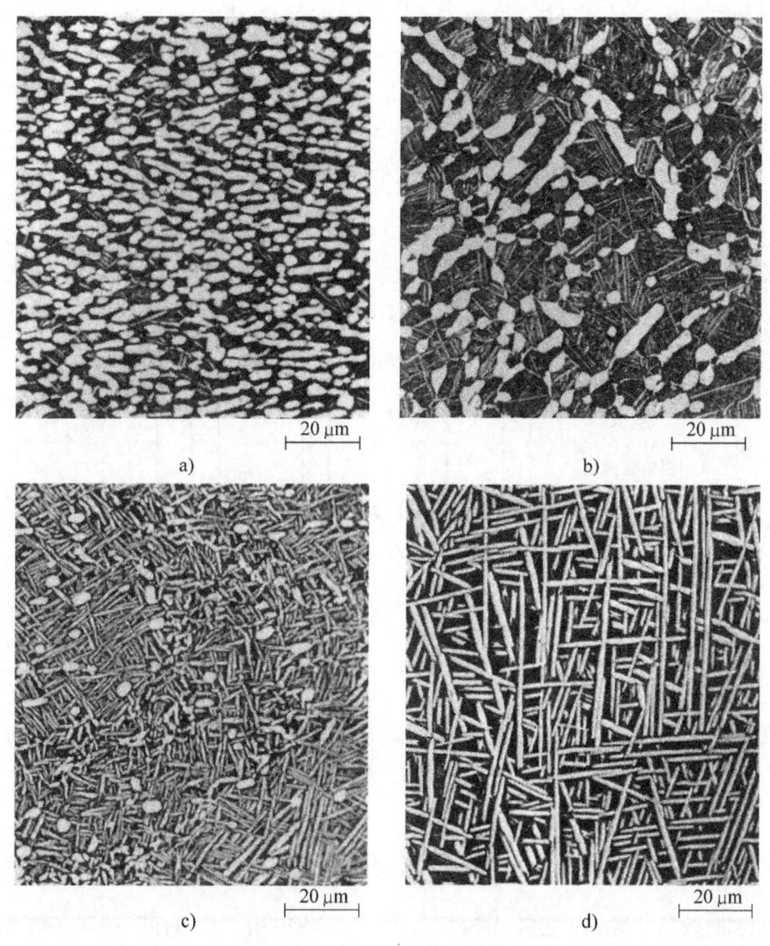

图 5-21 锻造钛合金（Ti－6Al－2Sn－4Zr－6Mo）的微观组织，在 β 相基体（深色）中不同数量的初生 α 相和时效转变形成的二次针状 α 相（500×）

a）在 870℃（1600℉）固溶加热 2h 后淬水，在 595℃（1100℉）时效 8h，空冷。在时效的 β 相基体（深色）上有细长状初生 α 相（浅色）和部分在冷却过程中转变的针状 α 相（浅色） b）在 915℃（1675℉）进行固溶处理，在 α＋β 相基体中初生 α 相的数量减少 c）在 930℃（1710℉）进行固溶处理，初生 α 相的数量进一步减少，并粗化了基体中的针状 α 相 d）在 955℃（1750℉）进行固溶处理，该温度高于 β 相转变温度，由此导致针状 α 相（浅色）和时效的 β 相基体（深色）组织粗大

注：采用 Kroll's 侵蚀剂（ASTM 192）。

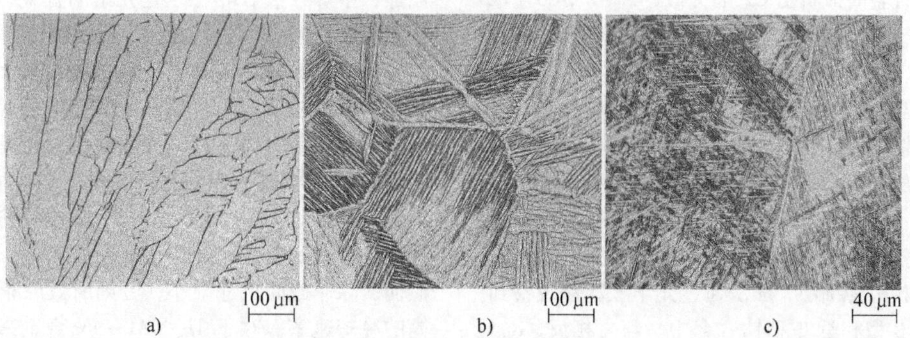

图 5-22 Ti－5Al－Snα 型钛合金在 1175℃（2150℉）保温 30min 进行 β 退火的冷却速率对微观组织的影响

a）6h 炉冷至 790℃（1450℉），然后 2h 炉冷至室温，组织为粗大的片状 α 相 b）从退火温度空冷，以较快的冷却速率得到比图 a 较细的针状 α 相，先转变的 α 相沿原 β 相晶界分布 c）从退火温度快速水冷，得到更细小的针状 α 相和马氏体组织

（2）钛合金中的马氏体　马氏体是一种非平衡过饱和α相组织，通过β相无扩散（马氏体）相变得到。钛合金中有密排六方晶体结构的α′相和正交晶系结构的α″相两种马氏体组织。在钛合金中，可以通过淬火得到马氏体（变温转变马氏体）或通过外部应力得到马氏体（应力诱发马氏体）。α″马氏体可以通过变温形成，也可以通过应力诱发形成，而α′马氏体只能通过变温形成。

β相稳定化元素降低了马氏体转变开始温度（*Ms*）。图5-23所示为在Ti－6Al成分的基础上，添加不同数量的钒对马氏体转变开始温度的影响。α－β型钛合金（Ti－6Al－4V）的退火温度与*Ms*温度有关，如图5-23所示。选择较低的退火温度，提高了Ti－6Al－4V合金中β相中的含钒量，从而降低了*Ms*温度。

较高的退火温度降低了β相中的含钒量，从而提高了*Ms*的温度。有时很难区分组织中的α′（马氏体）相和针状α相。由于钛和钛合金的针状α相有弯曲状形态，因此很难准确地对针状α相进行定义，而马氏体的形态通常为细小的片状组织。

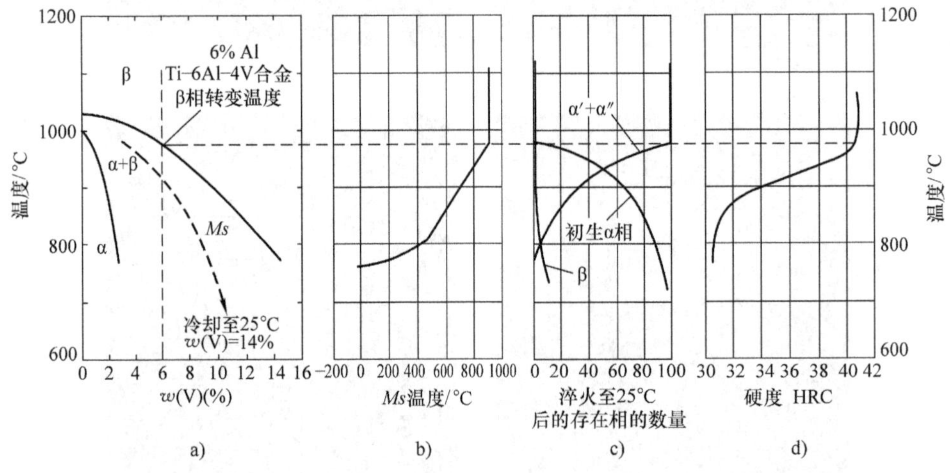

图5-23　退火温度对Ti－6Al－4V马氏体转变开始温度（*Ms*）、相成分和淬火硬度的影响

（3）残留β相和时效后的组织　在室温条件下，α－β型和β型钛合金中会有部分β相存在。在添加了足够数量β相稳定化元素的α－β型钛合金中，当以足够快的冷却速率从高温α＋β相区或β相区冷却时，会得到亚稳态相组织。这类合金的成分必须满足并保证将马氏体转变开始温度降低到室温以下温度。即使是在相对较慢的冷却速率下，β型钛合金也会残留大量的β相组织。

与铝合金时效析出GP区类似，Ti－2.5Cu（IMI 230）钛合金通过时效析出Ti_2Cu相进行强化，除该钛合金外，其他钛合金通过热处理，将高温不稳定β相保留至较低的温度。通过热处理使残留β相（或马氏体）发生分解，是钛合金获得高强度的基础。根据所要求的合金强度，选择热处理时间和温度。

在时效过程中，残留β相中会析出细小的α相，这种析出相极为细小，无法通过光学显微镜观察到，尤其是在β型和近β型钛合金中。与之相反，α′马氏体在时效过程中会形成混合的α＋β相。通常情况下，无法通过光学显微镜来区分时效后的马氏体和未时效的马氏体组织。

有时用“淬透性”一词（该术语通常适合描述钢在淬火过程中形成马氏体组织的能力）形容钛合金固溶和时效的强化能力。从这个意义上说，淬透性（钛合金通过固溶加时效达到硬化峰值的能力）随着β相稳定化元素的增加而提高。此外，固溶和时效强化的效果还与工件尺寸有关。例如，Ti－5Al－2Sn－2Zr－4Mo－4Cr钛合金在截面尺寸达到150mm（6in）的条件下，可以整体均匀淬透。对于添加了中等数量β相稳定化元素的合金，可以对尺寸相对较厚的工件进行强化，但由于心部的冷却速率较慢，心部的硬度和强度可能会比表面低10%～20%。相比之下，添加的β相稳定化元素较少的合金（如Ti－6A1－4V）的淬透性相对较差，必须通过快速淬火才能实现明显强化的目的。研究表明，与退火或过时效相比，对α－β型钛合金进行适当的固溶和时效处理，其强度可提高30%～50%或更高。然而，除非截面尺寸很小，否则时效时很难有足够高的冷却速率。对于Ti－6Al－4V合金来说，当工件尺寸厚度超过25mm（1in）时，水淬的冷却速率也不能将合金完全淬透。

（4）金属间化合物和其他二次相　在钛合金中，

随着传统的 β 相和 α 相组织的变化，形成了金属间化合物和过渡二次相。其中最重要的二次相是 ω 相和 α_2（Ti_3Al）相。到目前（2016 年）为止的处理工艺实践中，在工业合金中并没有证明 ω 相对合金性能有影响。在某些应力腐蚀开裂的情况下，认为存在 Ti_3Al 金属间化合物相可能会引发应力腐蚀开裂问题。大多数人对 Ti_3Al 金属间化合物感兴趣的原因是，该相可用作高温钛合金的基体，而在这种条件下，一般不会出现应力腐蚀现象。

参 考 文 献

1. S.R. Seagle and P.A. Russo, Principles of Alloying Titanium, Lesson 3, *Titanium and Its Alloys,* ASM International, 1988
2. M. Donachie, Understanding the Metallurgy of Titanium, *Titanium: A Technical Guide,* 2nd ed., ASM International, 2000
3. Heat Treatment of Nonferrous Alloys, Chapter 14, *Metallurgy for the Non-Metallurgist,* 2nd ed., A. Reardon, Ed., ASM International, 2011
4. J.L. Murray, *Phase Diagrams of Binary Titanium Alloys*, ASM International, 1987
5. I.J. Polmear, *Light Alloys—Metallurgy of the Light Metals,* American Society for Metals, 1982
6. T.B. Massalski, Ed., *Binary Alloy Phase Diagrams,* Vol 1, 2nd ed., ASM International, 1990, p 226
7. H.A. Lipsitt et al., The Deformation and Fracture of Ti_3Al at Elevated Temperatures, *Metall. Trans. A,* Vol 11, 1980, p 1369–1375
8. Y.-K. Kim, *Acta Metall. Mater.,* Vol 40 (No. 6), 1992, p 1121–1134
9. C. Brooks, *Heat Treatment, Structure, and Properties of Nonferrous Alloys,* American Society for Metals, 1982

5.2　钛合金热处理的相组织转变

通过调整成分和控制微观/宏观组织，可以改变钛合金的性能。热加工工艺过程，包括热处理，对改变合金的微观/宏观组织起着非常重要的作用。因此，在合金成分一定的条件下，通过改变热加工工艺和热处理，可以改变合金的微观组织。

钛合金的热处理与合金类型密切相关，首先必须对钛合金的类型进行说明。钛合金分为 α 型、近 α 型，α－β 型和 β 型钛合金，合金类型是根据合金成分在室温下得到的平衡相组织数量所确定的。例如，α 型钛合金在室温下主要为 α 相。α 型钛合金还包括各等级的工业纯度 α 钛和 Ti－5Al－2.5Sn 等基本上不含 β 相或含少量 β 相的合金。工业纯度 α 钛牌号添加了质量分数为 0.5% 的铁，铁是 β 相稳定化元素，因此，组织中含有体积分数为 1% ~2% 的体心立方 β 相。该 β 相在高于 880℃（1620℉）的高温下是稳定的，而 α 相在低于该温度时是稳定的。在低温制冷条件下，如液态氢中，可使用牌号为 Ti－5Al－2.5Sn 的 α 型钛合金。该合金系列具有优良的焊接性能，但不可通过热处理强化。工业纯度的 α 钛牌号具有优良的成形性能和耐蚀性，但强度一般较低。近 α 型钛合金含有（质量分数）大约 2% 的 β 相稳定化合金元素。与 α 型钛合金相比，近 α 型钛合金在室温下含有更多的 β 相，但总的来说 β 相的数量仍然相对较少（β 相稳定化元素包括铁、钒、钼、铬等），因此，近 α 型钛合金通过热处理实现强化的效果是有限的。这类合金通常在高温下使用，它们也有很好的焊接性能，但淬硬性有限。

α－β 型钛合金增加了 β 相稳定化合金元素的含量，可以进行热处理强化。合金中含有的 β 相稳定化元素越多，热处理强化的效果就越明显。其热处理强化效果不仅体现在提高合金强度上，还体现在可以接受热处理强化的尺寸上。该类钛合金通常同时具有良好的力学性能和加工制造性能（而在加工制造性能上，近 α 型钛合金可能会遇到一些问题）。

最后一类为 β 型钛合金。如果将尺寸为 25.4mm（1in）或更大的矩形合金加热到 β 相转变以上温度，快速冷却后可得到 100% β 相，则通常认为是 β 型钛合金。实际上，该类合金会析出 α 相或其他亚稳态相，如在较高温度服役或时效过程中，会形成 ω 相，所以该类合金称为亚稳态 β 型钛合金。通过热处理，β 型钛合金具有很高的强度，并具有良好的加工性能。根据合金的成分不同，可采用某些焊接工艺进行焊接。β 型钛合金，尤其是高强度 β 型钛合金，其断裂韧性、裂纹扩展抗力和疲劳性能不如其他类型的钛合金。

通常认为钛合金的热处理与其他析出硬化类型的合金类似。当对钛合金进行热处理强化时，将合金加热，溶解大部分或全部 β 相中析出的 α 相，在冷却（淬火）速率足够快的条件下，保留大部分或全部亚稳态 β 相或转变为马氏体组织。然后再将合金加热到较低的温度进行时效，析出 α 强化相。时效温度越低，析出相越细，强度就越高。因此，通常认为钛合金的热处理涉及高温体心立方相的相变或分解，并在 β 相基体中析出 α 相。在这个过程中，还可能出现各种中间相。Williams 认为，在 α 相稳定化合金元素较多，而 β 相稳定化合金元素较少的 α－β 型钛合金中，可能会出现不满足传统意义的固溶和时效（STA）的情况（见参考资料）。例如，在传统意义的时效强化铝合金的固溶和时效中，合金经固溶淬火后的相组织为硬度较低的过饱和固溶体。通过时效，发生析出反应，合金的强度和硬度得到了提高。而上述钛合金在快速冷却过程中发生了马氏体转变。在时效过程中，通过析出，马氏体转变为 α + β 相。在该时效过程中没有产生强化，与固溶处理相比，合金的硬度还可能略有降低。从该角度看，它不符合传统意义上的固溶和时效的定义。

图 5-24 所示为与 β 相同晶型合金元素所构成的局部相图。例如，高温 β 相可以通过热分解转变为钛马氏体或 ω 相（稍后将对该过渡相进行更深入的讨论）。此外，β 相也可以通过形核长大，形成平衡的 α 相或在 β－β′等温转变为 ω 相，或转变为共析化合物加 α 相，此外 α 相也可以进一步分解转变为有序的 α_2 相或化合物。

5.2.1 平衡相的关系

图 5-24 所示为典型的与 β 相同晶型合金元素构成的局部平衡二元相图，属于这类合金的有钛－钼（Ti－Mo）、钛－钒（Ti－V）、钛－铌（Ti－Nb）和钛－钽（Ti－Ta）。为深入了解钛合金的热处理，下面就这张相图中的几个典型例子进行说明。

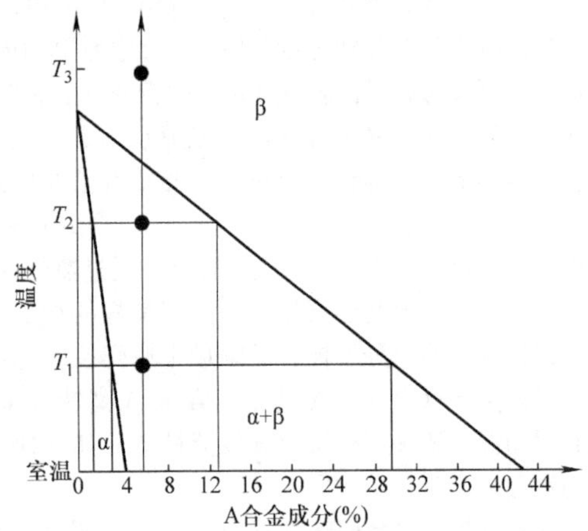

图 5-24 与 β 相同晶型合金元素构成的局部相图

注：将 A 合金从 T_1 温度加热至 T_2 温度，提高 β 相的体积分数，相应减少了 α 相的数量。同时 β 相中合金元素的含量也降低了。

图 5-24 中的合金 A 含有（质量分数）6% 的合金元素和 94% 的钛。将该合金加热到 T_3 温度下保温，得到 100% β 相组织，而 β 相中合金元素的含量也是 6%。当温度降到 T_2 时，α 相和 β 相共存。可以应用杠杆定理计算每种相的体积分数。在 T_2 温度作水平等温线，与 α 相和 β 相界相交，成分分别为 1.5% 和 13%。采用杠杆定理，计算得到 α 相和 β 相的体积分数分别为

$$\%A\alpha = [(13-6)/(13-1.5)] \times 100 = (7/11.5) \times 100 \approx 61\%$$

$$\%B\beta = [(6-1.5)/(13-1.5)] \times 100 = (4.5/11.5) \times 100 \approx 39\%$$

该合金体系在 T_2 温度下，有 61% 的 α 相和 39% 的 β 相共存。其中 α 相中合金元素的质量分数是 1.5%，β 相中合金元素的质量分数是 13%。同理，可以对 T_1 温度下的相组织和成分进行分析。当温度从 T_3 下降到 T_1 时，该合金体系主要发生了以下变化：

1）β 相的体积分数降低。

2）β 相中合金元素的含量迅速提高。

3）α 相中合金元素的含量略有提高。

在二元合金体系中添加第三种元素，得到三元合金体系，明显改变了二元合金体系中各种相之间的关系。图 5-25 所示为在钛－钒二元合金体系中添加质量分数为 6% 的 Al 的伪二元相图。由于铝是 α 相稳定化合金元素，添加铝提高了 β 相转变温度。此外，在含钒量和温度不变的条件下，铝提高了 α 相的数量，并提高了剩余 β 相中钒的含量。

通过图 5-25，可以对 Ti－4V 和 Ti－6Al－4V 合金在 760℃（1400℉）的相组织关系进行说明。在该温度下，Ti－4V 合金大约含有（体积分数）66% 的 α 相和 34% 的 β 相。β 相中 $w(V)=10\%$，而 α 相中 $w(V)=1\%$。Ti－6Al－4V 合金大约含有 86% 的 α 相，少量的 β 相中富含钒［$w(V)$ 接近 16%］，而 α 相中钒的含量与 Ti－4V 合金的 α 相相近。

将 α 相稳定化合金元素添加到二元 β 相稳定合金中会产生以下结果：

1）提高 β 相转变温度。

2）在 α + β 相区的某一温度下，提高 α 相的体积分数，降低 β 相的体积分数。

3）在 α + β 相区的某一温度下，提高了剩余 β 相中合金元素的含量。

在钛合金添加的合金元素中，有许多是 β 共析型合金元素。通常这类合金元素添加的数量较少，并小于共析成分。因此，这类合金被称为亚共析合金。

通过对共析温度下的 β 共析型相图相界进行外推，可以预测该相图中的相关系，如图 5-26 所示。图中 β 相转变为 α 相和用 γ 表示的金属间化合物（如 $TiCr_2$、Ti_2Ni、Ti_2Cu）。

当图 5-26 中成分为 C_1 的亚共析合金从 β 相区淬火到时效温度 T_a 时，曲线 *AD* 表示固溶度成分的 α 相开始析出，与此同时，β 相的成分将从 C_1 转移到沿 *BE* 线变化。当 β 相成分沿 *BE* 线变化时，γ 相开始析出。β 相分解为 α 相和 γ 相，持续到 β 相全部发生转变。

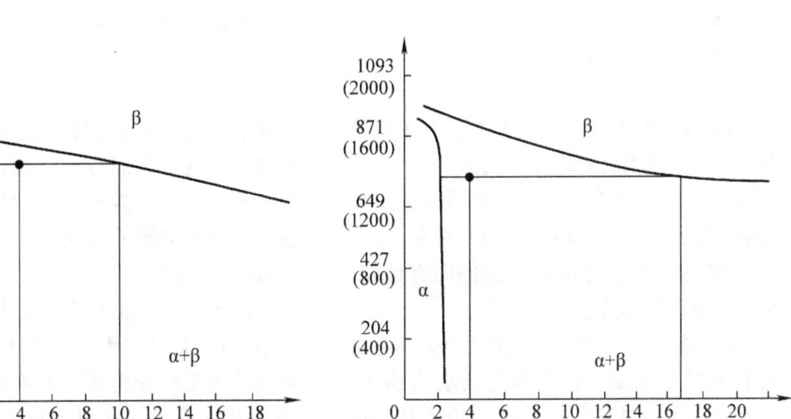

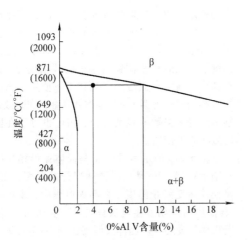

图 5-25　不含铝和 Al 的质量分数为 6% 的部分钛 - 钒相图

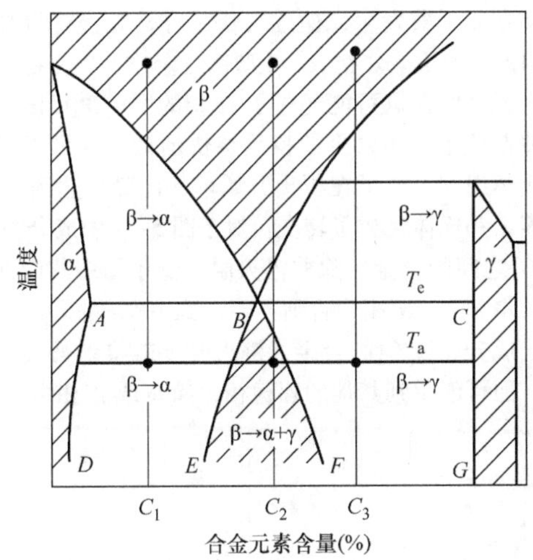

图 5-26　共析型相图中的 β 相转变

注：通过对共析温度下 β 相界外推，可以预测相组织关系。β 相转变为 α 相和金属间化合物相（γ）。

析出化合物 γ 相所需时间与温度和合金成分有关。如果 C_1成分的合金与 BE 线靠得很近，那么 β 相成分比低合金成分更快接近 BE 线。由于 β 相转变或分解成为 α 相和金属间化合物相是一个受控于扩散的过程，因此，在较高温度下扩散速率和转变速率更快。合金元素含量高的合金和在低于共析温度的较高温度下，更有利于形成金属间化合物。

下面对共析成分为 C_2的合金进行分析，该成分的合金从 β 相区某温度冷却到 T_a温度。在这种情况下，相对于 α 相和 γ 相，β 相是不稳定的，在 T_a温度立即形成细小的共析组织，类似于钢中的珠光体组织。

图 5-26 中 C_3成分的合金为过共析合金，该合金中的合金元素很多，当淬火到温度 T_a时，γ 相将析出，直到 β 相成分达到 BF 线，然后 α 相和 γ 相都会析出。

幸运的是，在商用合金中添加的大多数 β 共析型元素的反应都很迟缓，含量足够低，不易形成化合物（除稍后讨论的高温钛合金外）。但 Ti - 13V - 11Cr - 3Al 合金是一个例外，该合金现（2016 年）已很少使用。该合金在高温下长期使用过程中，发现组织中出现了 $TiCr_2$化合物。在高温下使用的钛合金中添加了少量的硅，如果硅的质量分数超过 0.08%，可能会形成 Ti_3Si_5化合物。如果该合金中还添加了锆合金元素，它就会起到催化作用，形成 $Ti_3(Si, Zr)_5$硅化物。

5.2.2　亚稳相和亚稳相图

图 5-24 所示的平衡相图可以表示冷却到某温度时的成分、相组织类型和数量。例如，在 T_2温度下，体积分数为 61% 的 α 相含有 1.5%（质量分数）的合金元素 A；39% 的 β 相含有 13% 的合金元素 A。当冷却速率足够缓慢时，扩散能够充分进行并达到平衡状态，在室温下，95% 的 α 相含有 4% 的合金元素 A；5% 的 β 相含有 42% 的合金元素 A。

如果图 5-24 中的合金 A 迅速从 T_2温度淬火，当淬火速率足够快时，扩散受到限制，由此将导致形成亚稳态相。亚稳相是一种处于平衡或更稳定状态的过渡相。钛合金中的亚稳相有马氏体相（两种类型）、亚稳态 β 相、ω 相和 β′相。为了在相图上表示出这些亚稳相，通常用虚线表示亚稳相边界，以将它们与平衡相界进行区分。

总而言之，亚稳相是非平衡相，其原因是冷却速率过快，导致扩散受阻，无法形成平衡相。亚稳相是过渡相，在进一步热处理的过程中趋向于形成平衡相。在相图中，亚稳相相界用虚线表示。

1. 钛马氏体

马氏体是从钢铁术语中提取的，其反应特征包括：

1）马氏体转变与时间无关，它只随温度的降低而发生反应，由此又称为变温转变马氏体。

2）马氏体转变是无扩散相变，在相变过程中化学成分不发生改变，是一个形核－切变的转变。

3）马氏体的相变温度范围是合金的固有性能，不随冷却速率的提高而降低。

应该牢牢记住的是，对于α－β型钛合金，通过加热得到的β相数量越多，合金强化的潜力越大。马氏体组织，至少是高温淬火后形成的细小马氏体组织，使合金的硬度高于退火合金。选择较低的淬火温度，导致得到部分亚稳态β相，其最大体积分数与合金的成分有关。该亚稳态β相在时效过程中，会在β相中析出细小弥散的α相。因此，马氏体（和/或残留的β）组织数量越多，合金强化的潜力就越大。对于β型钛合金，固溶处理温度通常高于β相转变温度，所以在足够快的冷却速率下，在室温下得到100%β相，由此进一步提高了合金强化的潜力。如果固溶处理温度低于β相转变温度，淬火后得到的β相组织将减少，因此，合金强化的潜力会降低。

通常α－β型钛合金不在固溶加时效状态下使用。其中一个原因是，快速淬火会在工件中引起过高的残余应力，如果时效温度不够高，不能消除这些残余应力，则在随后的机械加工过程中，会导致不同合金的工件产生不同的变形。而在较低的时效温度下，能消除β型钛合金中的残余应力，因此β型钛合金通常在固溶加时效状态下使用。添加了较多β相稳定化元素的α－β型钛合金，在时效过程中能消除绝大多数的残余应力，因此也可以在固溶加时效状态下使用。

图5-27a所示为带有α′马氏体亚稳相界的二元相图示意相。*Ms*是马氏体转变开始温度，而*Mf*是马氏体转变终止温度。在淬火过程中，β相在达到*Ms*温度时开始发生马氏体转变，在达到*Mf*温度时马氏体转变终止。当淬火温度达到*Ms*温度时，β突然开始发生形核－剪切反应进行马氏体转变，其过程类似于铁碳合金（钢）中的著名马氏体相变。这种转变无扩散发生，速度很快，合金元素含量高的β相被保留下来。在α－β型钛合金中，β相稳定化合金元素的含量可能超过了α相的固溶度极限，在这些系统中，如果冷却得足够快的话，就可以形成马氏体组织。如果在析出开始前，已冷却达到了*Mf*温度，马氏体完成了转变。对于图5-27中成分在C_1和C_2之间的合金，除非淬火温度低于图中的最低温度，得到β+α′相，否则不能得到100%的马氏体组织。成分超过C_2的合金，淬火时不能得到马氏体组织，而可能得到其他的亚稳相，如ω或β′相组织。

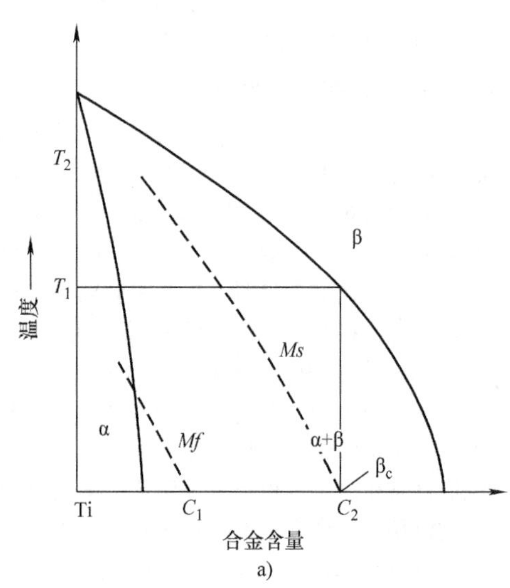

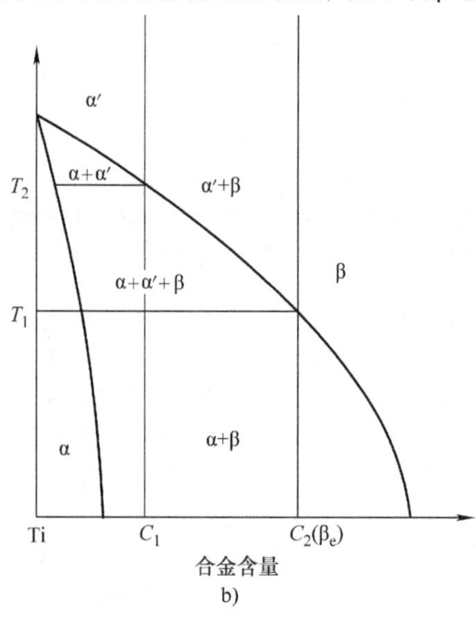

图5-27　β相同晶型合金元素局部二元相图示意图

a）亚稳态相界　b）从高温淬火至室温时的亚稳相

在合金位于α+β两相区并低于T_1温度的情况下，β相中合金元素的含量大于C_2，因此，在淬火过程中，β相将被保留下来。这些合金具有α+β两相。

在T_1～T_2温度范围内加热，如果合金中含有β相，成分小于临界的C_2且大于C_1，在这种情况下，

部分 β 相会发生马氏体组织转变，从该区域淬火的合金的最终组织为 α、α′和 β 相。如果在两相区 T_2 以上温度下淬火，β 相中合金元素的含量小于 C_1，则在淬火过程中转变为马氏体组织，因此，在室温下的相组织是 α 和 α′相。当合金仅在 α 相区加热并淬火时，α 相就会被保留下来。

从图 5-27a 中可以看到，随合金元素含量变化，合金的 *Ms* 和 *Mf* 温度发生变化；而从图 5-28 中可以看出，合金的 *Ms* 和 *Mf* 温度不随淬火速率的改变而改变。随合金中含钼量的提高，合金的 *Ms* 温度从未添加合金元素时的约 840℃（1545℉）降低到 Ti－7.1%Mo 合金的约 580℃（1075℉）。可见，冷却速率不会改变合金的相变温度。合金的 *Ms* 温度与合金元素的含量有关。图 5-27a 中的曲线表明，随着合金元素含量的增加，*Ms* 温度降低，其降低速率与 β 相转变温度降低的速率基本相同。在快速冷却条件下，该 *Ms* 曲线与室温的交点是保持 β 相的临界或最低成分。图 5-29 所示为几种二元合金体系的 *Ms* 曲线。其中铁降低 *Ms* 温度的速率最大，而钽对 *Ms* 温度的影响最小。降低 *Ms* 温度的速率与 β 相稳定合金体系中所观察到的强化效果有关。在钛合金中，铁是一种强化效果非常好的强化元素，而钽的强化效果最差。由此可以得出结论，具有最大 β 相稳定能力的元素（即快速降低 *Ms* 温度和 β 相转变温度）对钛的强化效果最大。

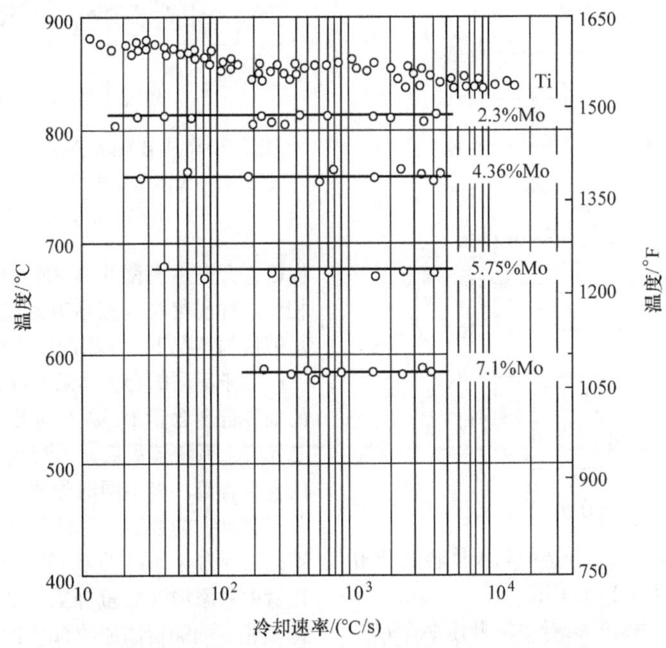

图 5-28 冷却速率对马氏体转变开始温度（*Ms*）的影响

注：在钛－钼合金系统中，随着钼的质量分数的增加到 7.1%，*Ms* 下降到 600℃（1100℉）。*Ms* 温度不受淬火速率的影响。

实际上，有两种类型的变温钛马氏体，如图 5-30所示，其中最普遍的是六方晶系的 α′马氏体，它主要在合金元素含量较低的钛合金（如 Ti－6Al－4V）中出现。如果在同一合金中形成两种类型的马氏体，那么，α″马氏体为正交晶系的晶体结构，通常在合金元素含量较高的钛合金中出现，如含有钼的 Ti－6Al－2Sn－4Zr－6Mo 合金，如图 5-34 所示。从图 5-34 中还可以看到，如果在同一合金中形成两种类型的马氏体，那么 α′马氏体的形成温度较高，而 α″马氏体的形成温度较低。对在 β_c 右边的残留 β 相进行冷加工机械变形时，也可以形成 α″马氏体，如图 5-30所示。

马氏体的回火，特别是正交晶系马氏体的回火，会导致合金塑性降低。然而，合金中通常只有简单的淬火态马氏体组织，故脆性不会很高。

在商用钛合金的热处理实践中，通常不采用热处理工艺来刻意形成马氏体组织。事实上，对 Ti－6Al－2Sn－4Zr－6Mo 合金进行焊接，在熔合区和热影响区快速冷却时，往往会引起应力，产生 α″马氏体，造成脆性。必须采取特别的预防措施，来防止或减少出现这种情况。

2. 亚稳态 β 相

图 5-27 表明，当合金元素含量超过临界值（β_c）时，从 β 相转变以上温度淬火至 α＋β 两相平

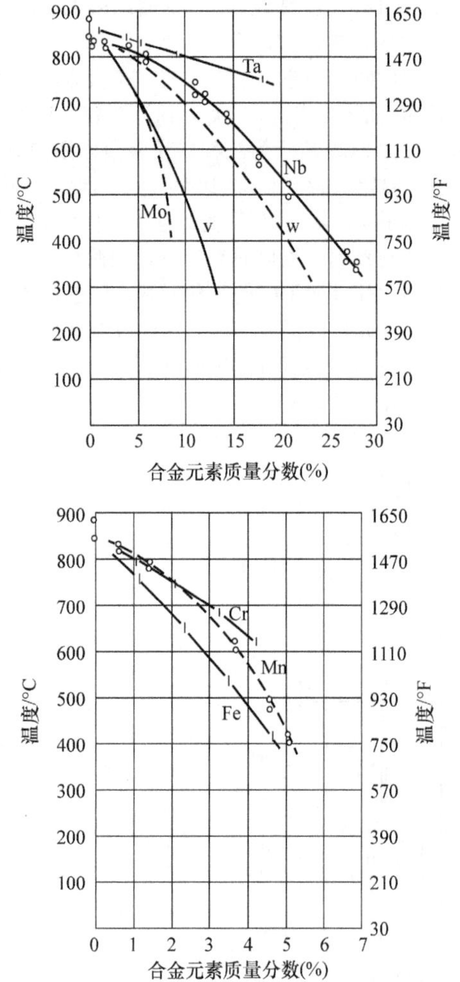

图 5-29 合金元素对降低二元合金中马氏体转变开始温度（*Ms*）的影响

注：其中钽的影响最小，而铁的影响最大。降低速率与β相稳定化合金体系的强化有关。

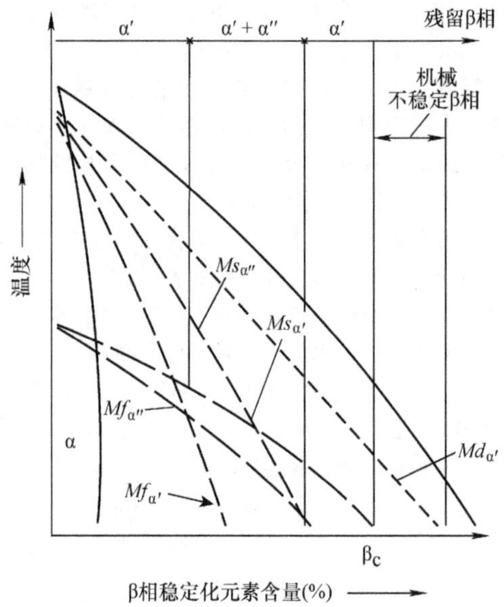

图 5-30 从β相区淬火后形成的马氏体示意图

注：α″马氏体在β相稳定化元素更多的合金中形成，并可由亚稳态β相变形形成。

衡区，会产生残留的β相。由于平衡状态应形成α相，这种残留的β相称为亚稳态β相。在冷却速率足够快的情况下，α相的形成会受到抑制。

对于不同的合金体系来说，得到残留100%β相的临界合金含量β_c是不同的。表5-14列出了几种二元合金系统淬火后，得到残留100%β相所需的最低合金含量。表中同时给出了前苏联研究的数据和美国文献中的数据，两种来源的数据大多契合良好，不同二元合金系统的β_c数据存在明显差异。例如，在钛中只添加（质量分数）约4%的Fe，就可以保持β相，而需要添加约50%的Ta，才能在室温下保留100%β。

表 5-14 合金得到100%残留β相的合金元素最低含量

合金元素	计算的价电子	从β_c温度淬火后保持100%β相的最低合金元素含量				在β_c温度计算的每个原子的平均价电子	
		美国的数据		苏联的数据			
		质量分数（%）	摩尔分数（%）	质量分数（%）	摩尔分数（%）	美国的数据	苏联的数据
Mn	7	6.5	5.6	5.3	5.0	4.17	4.15
Fe	8	3.5	3.0	5.1	4.7	4.12	4.19
Cr	6	6.3	5.8	9.0	8.4	4.12	4.17
Co	9	7.0	5.8	6.0	4.9	4.29	4.20
W	6	22.5	6.7	26.8	8.7	4.13	4.17
Ni	10	9	7.5	7.2	5.9	4.45	4.36
Mo	6	10.0	5.3	11.0	5.8	4.11	4.12
V	5	15.0	14.2	19.4	18.4	4.14	4.18
Nb	5	36.0	22.5	36.7	23.0	4.22	2.23
Ta	5	45.0	17.8	50.2	21.0	4.18	4.21

关于β相的稳定性，另一个值得注意的地方是，如果在β相转变以下温度进行固溶淬火，β相中会出现β相稳定化元素富集。当β相稳定化元素足够多时，淬火后得到残留β相。例如，加热至 T_s 温度固溶，β相中富集的合金元素的质量分数为 13%，如图 5-24 所示。如果该合金元素是钼，那么根据表 5-14，该β相（在 T_2 温度的体积分数为 39%）将在淬火后成为残留β相。如果在β相转变以上温度 T_3 固溶，在该温度下，Mo 的质量分数为 6% 就能获得 100%β相组织，根据表 5-14，该成分的钼淬火后不足以得到全部残留β相组织。

当对某一合金进行淬火时，还必须考虑存在部分残留β相的因素。例如，表 5-15 中的 Ti－10V－2Fe－3Al 合金，即使在淬火后存在残留β相，β相也可能转变为α″马氏体，并伴随产生少量的变形能。事实上，在淬火过程中产生的应力可能足以使β相转变为马氏体组织。图 5-31 所示为 Ti－10V－2Fe－3Al 合金采用两种不同温度淬火的应力－应变示意图。当从β相转变以上温度淬火时，β相是不稳定的，在相对较低的应力下就会发生相变。当从β相转变以下温度淬火时，β相是稳定的，不会发生相变。图 5-32 所示为描述 *Ms* 和变形诱导马氏体转变温度（*Md*）之间关系的部分二元相图。在该相图中，c 代表某种合金（如 Ti－10V－2Fe－3Al），淬火后残留β相，但在应力作用下，该残留β相将转变为马氏体组织。

表 5-15　各商用合金单位原子中价电子的对比

合金	平均价电子	淬火组织①
Ti－15V－3Cr－3Sn－3Al（Ti－15－3）	4.15	β
Ti－3Al－8V－6Cr－4Mo－4Zr（Beta C 或 Ti－3－8－6－4－4）	4.17	β
Ti－13V－11Cr－3Al（Ti－13－11－3）	4.26	β
Ti－10V－2Fe－3Al（Ti－10－2－3）	4.16	β②
Ti－6Al－4V（Ti－6－4）	3.80	马氏体（+β）
Ti－6Al－6V－2Sn－0.5Fe－0.5Cu（Ti－6－6－2）	3.96	马氏体（+β）
Ti－6Al－2Sn－4Zr－6Mo（Ti－6－2－4－6）	3.95	马氏体（+β）
Ti－6Al－2Sn－4Zr－2Mo（Ti－6－2－4－2）	3.91	马氏体
Ti－8Al－1Mo－1V（Ti－8－1－1）	3.89	马氏体

① 在转变以上温度淬火。
② 相是机械不稳定的，在应力作用下会转变为马氏体。可能存在变温转变的ω相。

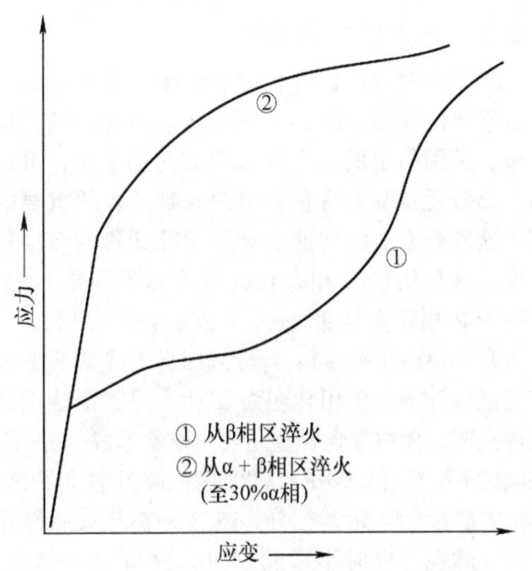

图 5-31　Ti－10V－2Fe－3Al 合金固溶淬火后的应力－应变曲线

注：图中曲线①表示在β相转变以上温度淬火，曲线②表示在β相转变以下温度淬火。曲线①的下屈服点是由于应力诱导β相转变为α″马氏体引起的。

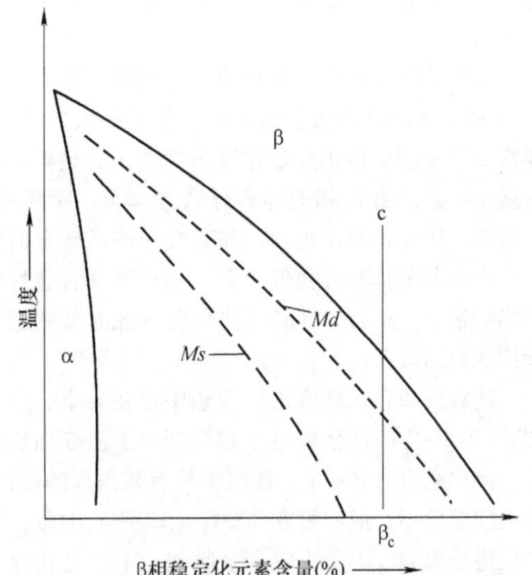

图 5-32　带有淬火马氏体转变开始温度（*Ms*）和变形诱发马氏体转变开始温度（*Md*）的部分二元相图

3. ω相

在钛合金中，ω相是另一种亚稳态相。该相最初是通过X射线衍射技术发现的，而后通过透射电子显微镜得到证实。变温形成的ω相与基体共格，细小弥散，无法通过光学显微镜观察到。在对钛合金的时效研究中，意外出现脆化现象，引发了人们对ω相的早期研究。

ω相可以在变温或等温条件下形成。通常认为在变温条件下形成的ω（ω_a）相成分没有改变，类似于马氏体转变。在添加了β相稳定化元素，接近或低于β_c，并且合金的*Mf*低于室温的条件下，ω_a相变温形成。所形成ω_a相的体积分数与合金的成分有关。通常情况下，其体积分数较低，因此对淬火态合金的力学性能影响很小。例如，通常认为Ti-10V-2Fe-3Al合金在淬火条件下为全β相，但实际上可能会形成ω_a相。在这种情况下，人们认为，形成ω_a相或α″相存在一种竞争关系。在200~500℃（390~930℉）温度范围内时效，通常在残留的β（或β+ω_a）组织中等温形成ω（ω_{iso}）相。尽管相变动力学的速度很快，等温形成的ω_{iso}相的数量主要与合金的成分、时效时间和温度有关。在ω相时效温度范围内延长时效时间，最终将导致形成平衡的α相。ω相为六方晶系（但不是密排六方）结构。等温形成的ω相成分在α相和β相成分之间。添加铝、锡和锆等合金元素，会减少甚至抑制ω相的形成。添加铝和氧元素，通过促进α相的形成，可抑制ω相的形成。通过合金中合金元素的微小差异，可以对某些合金中是否存在ω相的矛盾数据进行解释。

自从发现钛合金存在早期脆化问题以来，人们对ω相对合金拉伸性能的影响给予了极大的关注。通常，当ω相的体积分数超过50%时，合金就会出现脆化现象；当ω相的体积分数为25%~45%时，ω相是一种有效的强化相，并有益于提高合金的塑性；当ω相的体积分数低于20%时，其对合金性能的影响很小。然而，目前还没有在ω相时效状态下使用的商用钛合金。

现在已知有几种商用钛合金中存在ω相。Ti-10V-2Fe-3Al合金采用β相转变以上温度加热淬火，淬火组织为β+ω_a，该组织具有相当高的韧性，淬火应变较小。但如果在300℃（570℉）时效，则会促进形成ω_{iso}相和造成合金脆化。不论是在淬火过程中或淬火后产生应变，都会形成正交晶系结构的马氏体（α″）。

4. β′相

如果残留亚稳态β相的稳定性足够高，不向马氏体和ω相转变，亚稳态β相在200~500℃（390~930℉）温度范围内时效，将分解为β+β′相组织。β+β′两相均为体心立方晶体结构，其中β′相为固溶较少溶质原子的相。β′析出相非常细小，必须通过薄膜透射电子显微镜才能观察到。Ti-15V-3Cr-3Sn-3Al商用合金在原100%残留β相组织的基础上，在315℃（600℉）时效10h，观察到组织中形成了β′相。与100%β相组织相比，β+β′相组织的硬度没有明显提高。进一步延长时效时间，估计在β′相的位置形成α相，与此同时，合金的硬度迅速提高。图5-33所示为形成β+β′相和ω相的示意图。

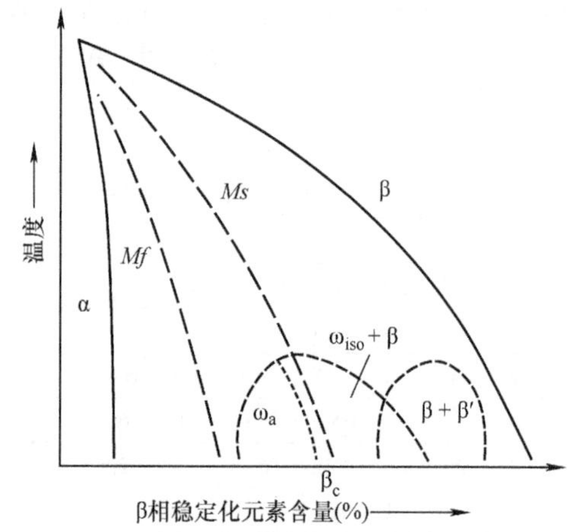

图5-33 具有ω相和β′相（从β相分解）的部分二元相图

5.2.3 淬火后的相组织

热处理对商用钛合金的亚稳相及其形成起到了非常重要的作用。图5-34所示为各种标准的商用钛合金，采用指定的温度淬火得到的相组织，可以看出，合金元素及其含量对组织起到了至关重要的作用。这些合金以添加的β相稳定化元素的多少进行排序，这与初生α相存在的温度的下降是一致的。在高于β相转变温度加热，不存在初生α相。

Ti-8Al-1Mo-1V合金采用高于或略低于β转转变温度淬火，β相转变为α′相。但选择更低的温度淬火时，β相富含合金元素，开始形成部分α″相。在大约870℃（1600℉）的温度或略低温度下淬火，β相中富含合金元素充分，使β相在淬火后被保留下来。除在淬火时不形成α″外，这与Ti-6Al-4V合金的情况类似。对于Ti-6Al-2Sn-4Zr-6Mo合金，在接近或略高于β相转变温度淬火，没有发现形成α′相，但发现形成了α″相。这两种形成了α″相的钛合金中都含有钼。一般来说，合金中β相稳定化元素的含量越高，马氏体越容易形成。

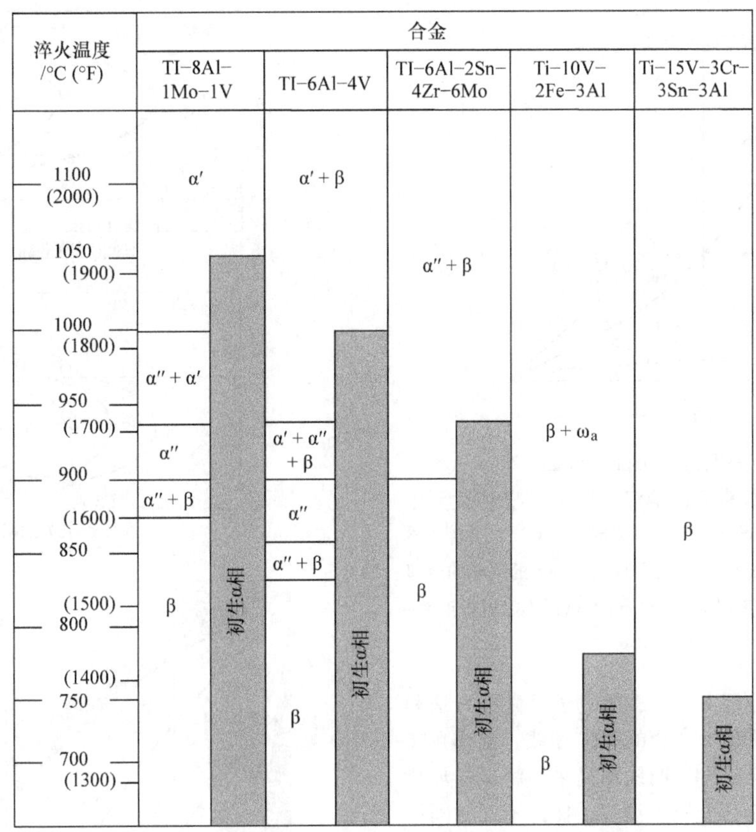

图 5-34　不同淬火温度下标准商用钛合金中存在的相

Ti-10V-2Fe-3Al 合金是 β 型钛合金，其淬火后不形成马氏体，但选择在接近或略高于 β 相转变温度淬火，会形成变温转变的 ω 相。此外，在 β 相转变温度附近温度淬火，会导致残留的 β 相在变形过程中出现不稳定现象。在施加应变，即使像淬火产生的小应变的条件下，也可能导致残留的 β 相转变为 α″相。如果在远低于 β 相转变温度条件下淬火，β 相富含合金元素，致使淬火后有较多的残留 β 相被保留下来。

Ti-15V-3Cr-3Sn-3Al 合金也是一种 β 型钛合金，即使选择在 β 相转变温度以上淬火，β 相也能很容易地被保留下来。薄板材选择在 β 相转变温度以上空冷，也可能得到残留 β 相组织。Beta C（Ti-3Al-8V-6Cr4Zr-4Mo）和 Ti-13-11-3（Ti-13V-11Cr-3Al）合金也属于这种类型的钛合金。

5.2.4　相变动力学

以上对钛合金冷却过程中得到的平衡相及亚稳相进行了讨论。在平衡状态下，冷却速率非常缓慢，在此温度下有足够的时间进行扩散以得到平衡组织。在亚稳状态下，合金快速淬火，扩散受到严格限制。然而，没有给出这两种情况下的具体冷却速率。

因此，必须对冷却速率问题进行讨论。例如，采用较高的温度加热后冷却，多快的冷却速率才能保证得到残留的 β 相组织？这是一个非常重要和必须考虑的问题。图 5-35 所示为截面厚度分别为 152mm、76mm 和 25mm（6in、3in 和 1in）三种尺寸的试样，固溶淬火时间与心部温度的关系曲线。很明显，较薄试样的心部比较厚试样心部的冷却速率更快。对于可热处理强化钛合金，必须保证在临界冷却时间内（t_c）冷却到临界温度（T_c）以下。根据图 5-35，25mm 厚的工件适合进行热处理强化，76mm 厚的工件只能在表层部分进行热处理强化，而 152mm 厚的工件不能进行热处理强化。此外，如果 152mm 厚的工件采用足够快的冷却速率冷却，可能导致工件出现截面冷却不均匀的现象。

从该例子中可以清楚地看到，对可热处理强化合金，必须对转变的临界时间 t_c 和临界温度 T_c 之间的关系进行了解。该信息的最佳来源是具体合金的时间-温度-转变（TTT）图，该图将合金的 β 相转变与其经历的时间和温度条件联系起来。每一种钛合金都有对应的 β 相分解转变图。

虽然现在已经可以采用其他的技术，包括电阻

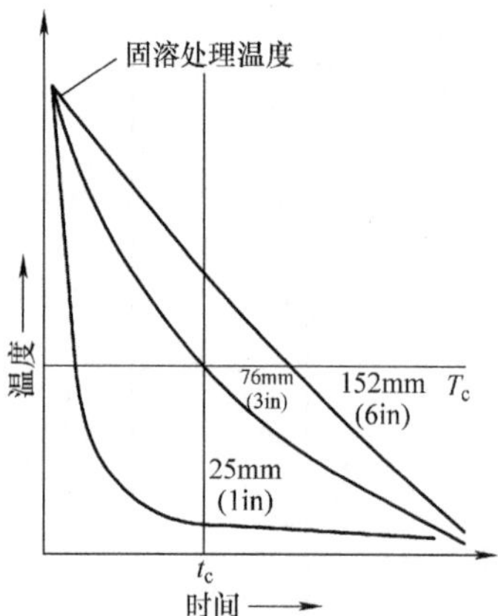

图 5-35 截面厚度分别为 152mm、76mm、25mm（6in、3in 和 1in）的试样中心固溶淬火的冷却速率示意图

注：截面厚度为 25mm 的试样在临界时间（t_c）之前淬火冷却至低于临界温度（T_c）；截面厚度为 76mm 的试样的冷却速率为临界状态；截面厚度为 152mm 的试样不能进行正常的固溶淬火。

率方法、X 射线分析方法、透射电子显微镜方法和热膨胀等技术，测量钛合金的 TTT 曲线，但现在文献中的大多数钛合金 TTT 曲线都是采用将试样加热至 β 相区，淬火至相变以下温度，保持不同时间后迅速冷却到室温，然后对已转变的金相组织进行测量的方法测得的。

图 5-36 和图 5-37 所示为钛合金的 TTT 曲线。图 5-36 所示为两种 β 同晶型合金系统的时间 - 温度 - 转变曲线，图中的第一条 C 曲线表示 β 相开始转变为 α 相，图 5-36b 中最右端的 C 曲线表示已完成了 95% 的转变，即几乎实现了平衡转变。

在图 5-36 中，合金 A 的合金元素含量足够高（超过 β_c），在快速冷却时，避开了 C 曲线的鼻尖温度，在室温下保持 100% β 相。合金 B 的合金元素含量较低，在淬火过程中将完全转变为马氏体组织。

可以用图 5-37 中合金 C 的 TTT 曲线对 ω 过渡相的形成进行说明。该曲线表明，在低温下转变形成 ω 相，最终转变形成 α + β 平衡相。图 5-37 中的合金 D 为 β 共析转变型合金，是典型亚共析合金的 TTT 曲线。β 相最初转变为 α + β 相，最终转变形成 α 平衡相和金属间化合物相。

如果合金的转变开始 C 曲线发生右移，从高温迅速冷却时，更容易得到残留的 β 相。通过增加 β 相稳定化合金元素或减少 α 相稳定化合金元素，可以使 C 曲线向右移动，如图 5-38 所示。在本例中，通过增加钼的含量，延长 β 相向 α 相的开始转变时间，或者将 TTT 图中的 C 曲线向右移。可以预料，

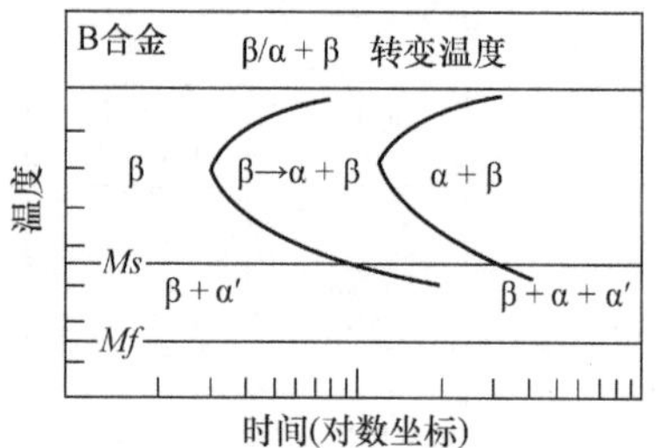

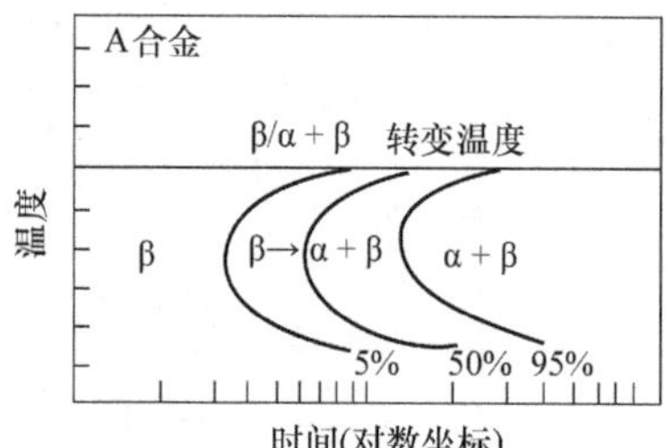

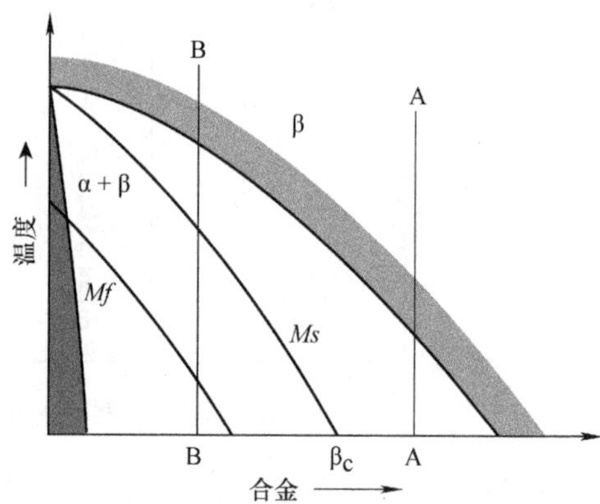

图 5-36 两种 β 同晶型合金系统的时间 - 温度 - 转变曲线

注：图中的 C 曲线分别表示 β 相开始转变为 α 相和转变结束。

添加 α 相稳定化合金元素将产生相反的效果。图 5-39所示为氧对 Ti - 11Mo 合金中 β 相开始转变为 α 相时间的影响。在含氧量高的情况下，使 C 曲线向左移动，鼻尖温度的开始转变时间从低含氧量时的 3min 降低到小于 0.1min。此外提高合金中氧的含量，还会提高 C 曲线的鼻尖温度，其原因可能是提高了 β 相转变温度。

图 5-40 所示为在 Ti - 15V 合金中添加稳定化元素铝，对 TTT 曲线的影响。与添加氧一样，添加铝也减少了 β 相开始转变为 α 相的时间，但添加铝也同时增加了 β 相转变为 ω 相的时间，甚至可能抑制 ω 相转变。当 Ti - 15V 合金从 β 相区某温度淬火至室温时，不可能不发生 ω 相转变，但如果在该合金中添加质量分数为 2.75% 的 Al，将 ω 相转变 C 曲线的鼻尖右移至 1min，则可使该合金在淬火时避开 ω 相转变。

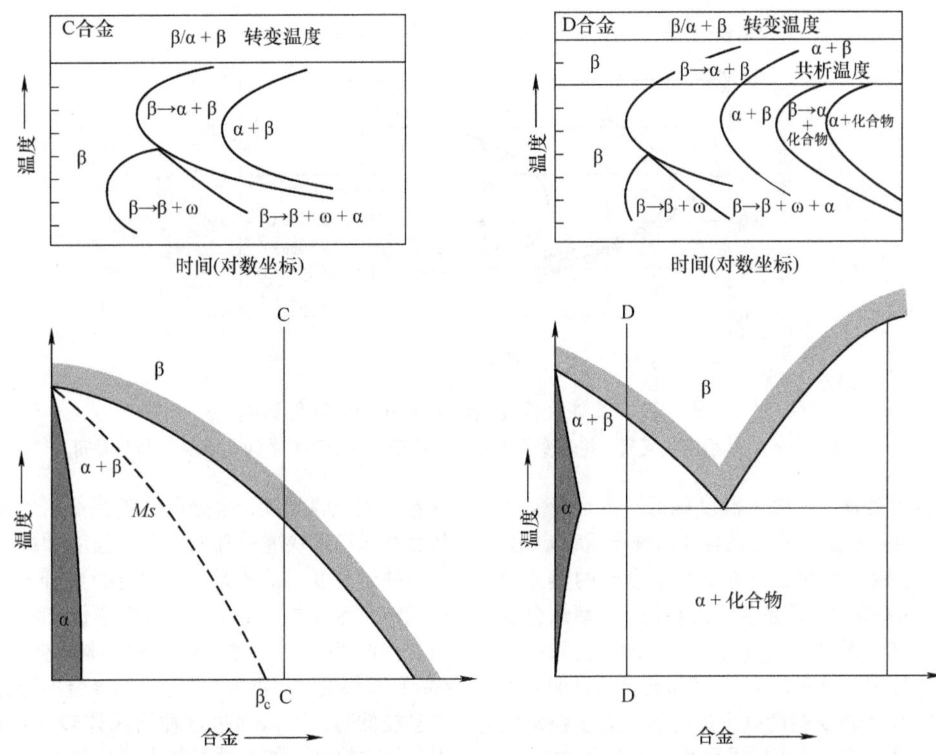

图 5-37　β 同晶型合金系统和 β 共析型合金系统的时间 - 温度 - 转变曲线

注：曲线表明在低温下形成的 ω 相，最终转变形成平衡产物 α+β 相。

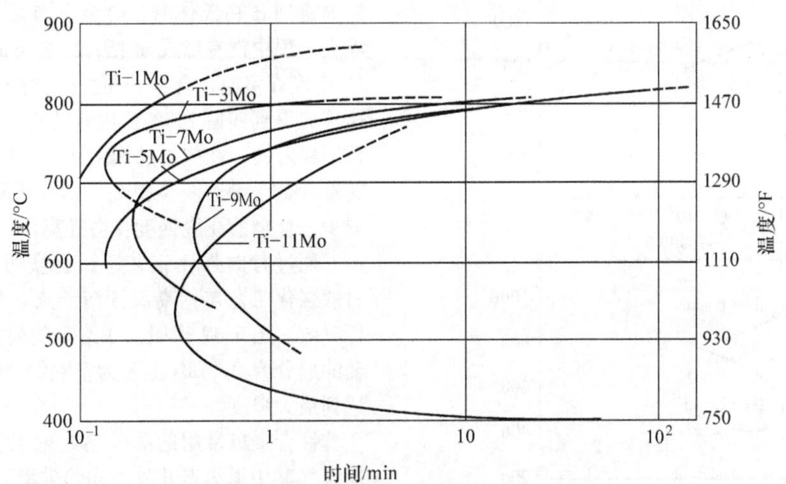

图 5-38　钼对 β 相开始转变为 α 相时间的影响

注：在钛 - 钼合金中增加钼的含量，使 β 相开始转变为 α 相的时间向右移动；因此，β 相更容易被保留下来。

5.2.5　热处理

钛和钛合金热处理的主要作用是：

1）提高强度（时效强化）。

2）获得最佳塑性、加工性能、尺寸稳定性和组织稳定性（退火）。

3）降低制造过程中产生的残余应力（去除应力或退火）。

4）提高抗蠕变或抗损伤容限性能。

钛合金退火和时效强化的主要目的是改变其力学性能。去除应力处理在 450 ~ 800℃（840 ~ 1470℉）温度范围内进行，其目的是防止合金变形，并为随后的成形和制造工序提供条件。在 450℃左右

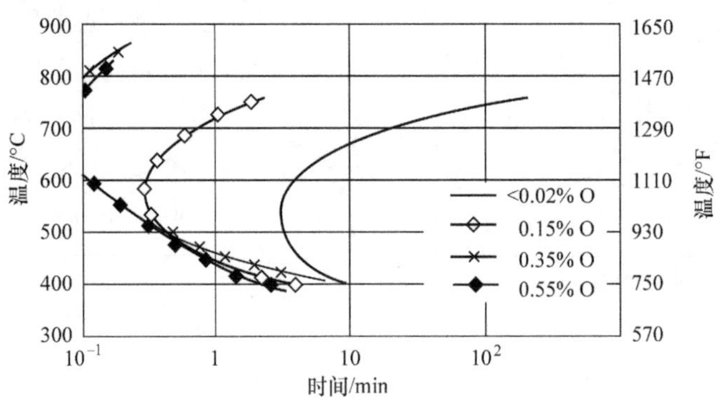

图 5-39 氧对 β 相开始转变为 α 相时间的影响

注：氧是一种 α 相稳定化元素，将转变 C 曲线向左移动，减少了 C 曲线“鼻尖”转变时间。

进行去除应力处理时，由于温度偏低，不足以完全去除应力，并可能造成 β 型钛合金出现严重稳定化。典型 α－β 型钛合金和亚稳态 β 型钛合金的热处理温度如图 5-41 所示。最显著的区别是，β 型钛合金通常在 β 相转变温度以上进行固溶处理、去除应力处理和退火处理，而所有 α－β 型钛合金的这些处理通常都是在 β 相转变温度以下进行的。对于稳定性更高的 β 型钛合金，也可以采用时效处理去除应力。

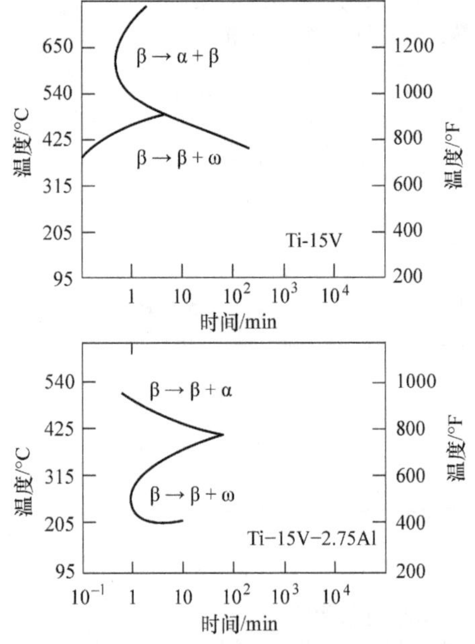

图 5-40 铝对 β 相开始转变为 α 相时间的影响

注：与氧一样，减少了 β 相开始转变时间。

钛合金通过热处理所达到的性能不仅与热处理工艺有关，还与合金的成分有关。图 5-42 所示为在不同热处理工艺条件下，添加 β 同晶型元素的钛合金强度的示意图。随着所添加合金元素数量的提高，完全退火合金的强度提高；或者在固溶强化状态下，随着 β 相数量增加，合金的强度提高。然而，对于从 β 相区温度快速冷却的合金，强度和成分之间存在一种更为复杂的关系。根据合金成分不同，β 相可能转变为 α 相、α′相、α″马氏体相或残留 β 相组织。在图 5-42 中，标出了马氏体转变开始温度（*Ms*）和转变结束温度（*Mf*）。当合金中合金元素的含量较低时，可以通过这种马氏体转变进行强化，但其强化效果不如钢铁材料中马氏体的强化效果那么显著。

当合金的成分使 *Mf* 温度为室温或高于室温，并淬火得到 α 马氏体时，合金具有最高强度。如果在淬火过程中没有形成 ω 相，当合金的成分为 β_c，使 *Ms* 温度在室温，合金的屈服强度降为最低。这是快速淬火得到残留 100% β 相的最低合金含量。该 β 相是不稳定的，在应力的作用下，会转变为 α″马氏体。随着合金含量进一步提高，由于不稳定 β 相的数量减少，合金的屈服强度将会提高。

通过时效强化工艺，钛合金可获得最大强度。时效强化工艺包括高温固溶淬火，然后在中温下进行时效。图 5-42 表明，在给定的时效工艺中，在合金的成分为 β_c，*Ms* 温度为室温的情况下，合金可以达到最大强度。

钛合金最常用的两种热处理工艺是时效强化和退火（其中退火有几种不同的类型）。时效硬化能提高了 β 型和 α－β 型钛合金的强度，而退火则适用于所有的钛合金，可使合金具有良好的强度、塑性、成形性能和热稳定性能。当合金中 β 相稳定化元素含量降低时，时效强化效果降低，例如，不能通过热处理对工业纯钛进行强化。下面对钛合金的各种热处理工艺进行详细介绍。

1. 时效强化

钛合金的时效强化工艺是先将合金加热到 α＋β 或 β 高温相区，保温 30～120min 后快速淬入水中冷

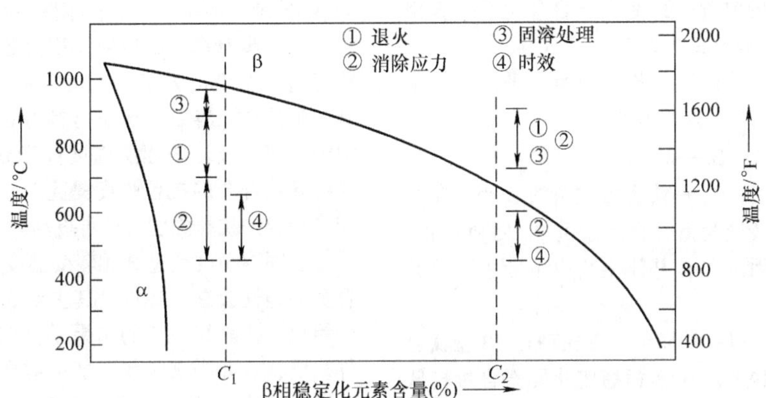

图 5-41　α－β 型钛合金（Ti－6Al－4V）（C_1）和 β 型钛合金（Ti－15V3Cr－3Sn－3Al）（C_2）的热处理温度

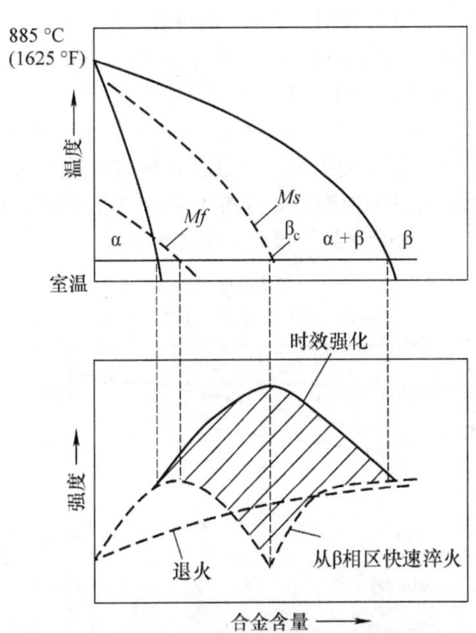

图 5-42　β 型同晶型钛合金的热处理

注：曲线表示不同热处理条件下合金强度趋势的示意图。

却至室温，快速淬火是得到亚稳态 β 相或形成马氏体的必要条件。如前所述，对于某些尺寸厚度的 β 型钛合金，采用空冷能满足该要求。该工序称为固溶处理。

将淬火后的合金重新加热到 α＋β 相区中较低的温度区间，析出细小弥散的 α 相，实现强化，该工序称为时效。可以采用不同的温度和时间进行时效。常见的工艺是在 480～620℃（900～1150℉）保温 2～16h，然后空冷。为防止形成脆性的 ω 过渡相，时效温度一般不低于 480℃。

合金的强化效果与残留的亚稳相的转变有关，如 β 相转变为马氏体相，或在 β 相中析出 α 相。析出相越细小弥散，数量越多，强度提高得就越大。较低的时效温度有利于析出细小的相。然而，随着强度的增加，合金的塑性和抗损伤容限性能下降，因此必须在这些性能之间进行权衡。

可以利用图 5-24 中的信息对固溶和时效处理过程中发生的具体反应进行检验。例如，Ti－6Al 合金在 T_2 和 T_1 温度下分别进行固溶处理和时效。在 T_2 温度（固溶温度），有 61% 的 α 相和 39% 的 β 相存在（体积分数），α 相和 β 相中合金元素的质量分数分别为 1.5% 和 13%。在 T_1 温度（时效温度）达到平衡时，有 89% 的 α 相和 11% 的 β 相存在，α 相和 β 相中合金元素的质量分数分别为 3.0% 和 30%。其固溶和时效过程中发生的反应可以表示为：

在 T_2 温度固溶处理后　$61\%\alpha_{1.5}+39\%\beta_{13}$

在 T_1 温度时效处理后　$89\%\alpha_{3.0}+11\%\beta_{30}$

在时效强化工艺过程中，发生了上述反应。反应相前面的数字表示各相的体积分数，而相的下标为各相中的近似合金元素成分（质量分数）。在固溶处理过程中，将高温下的 α 和 β 平衡相保留至室温。而在重新加热的时效处理过程中，将各相的数量调整到该时效温度 T_1 下的平衡数量，其结果是，β 相的体积分数从 39% 下降到 11%，α 相的体积分数增加到 89%。与此同时，在时效过程中，β 相中合金元素的质量分数从 13% 大幅增加到 30%。该相变过程反应通常可缩写成

$$\beta_o+\underline{\alpha}\rightarrow\underline{\alpha}+\alpha+\beta_u$$

式中，β_o 是原 β 相的数量，其合金元素的质量分数为 13%；加下划线的 $\underline{\alpha}$ 是在固溶处理温度下初生 α 相的数量；没有下划线的 α 是在时效过程中，从 β

相中析出的 α 相的数量；β_u 是富含合金元素的 β 相（合金元素的质量分数高达 30%）的数量。

在时效过程中，初生 α 相的数量几乎没有发生变化，所以上式可进一步简写为

$$\beta_o \rightarrow \alpha + \beta_u$$

在固溶处理后，β_o 相转变为残留的 β 相，在时效过程中进一步转变为富合金元素的 β_u 相和 α 相。其时效强化的原因是在 β 基体中析出了细小弥散的 α 相。

在该例子中，以一种简单的方式对 α－β 型钛合金的时效进行了说明。在 β 相稳定化元素含量较低的合金中，淬火后会出现 α 马氏体或 ω 相，其时效反应如下

$$\alpha' \rightarrow \alpha + \beta_u$$

或 $$\beta_o \rightarrow \beta_r + \omega \rightarrow \beta_r + \alpha + \omega \rightarrow \beta_u + \alpha$$

在这个例子中，β_r 为略富合金元素的 β 相。虽然时效反应中的亚稳态相相当复杂，但最终会转变为平衡的 α 相和 β 相。

2. 固溶处理

对于 α－β 型钛合金，常用的固溶处理温度处于 α＋β 相区。图 5-43 所示为固溶处理温度对 Ti－6Al－4V 合金固溶处理后力学性能的影响。在较低的温度区间内加热，随固溶加热温度的提高，合金的屈服强度降低，直到温度达到 830℃（1530℉），屈服强度达到最低值，如图 5-43 所示。其原因是随着温度的升高，α 相开始转变为硬度更低的 β 相，β 相的体积分数也随之增加。830℃ 的成分对应于合金的 β_c 成分，即在室温下 β 相保持稳定的成分。随着温度进一步升高，β 相的体积分数继续增加，这意味着随着温度的升高，β 相中钒的含量也在下降。其结果是在固溶后，越来越多的 β 相转变为马氏体组织，而马氏体的屈服强度高于残留的 β 相组织，最终导致合金的抗拉强度提高。一旦发生马氏体相变，合金的抗拉强度会稳步提高。

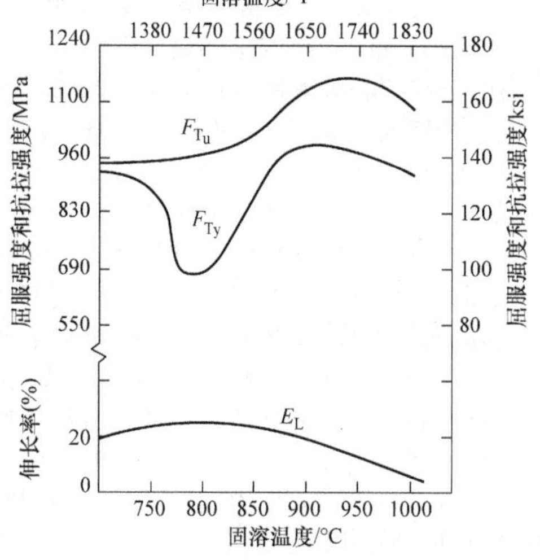

图 5-43 固溶处理温度对 Ti－6Al－4V 合金力学性能的影响

（译者注：图中 F_{Tu}、F_{Ty} 和 E_L 分别代表抗拉强度、屈服强度和伸长率。）

当固溶温度超过 β 相转变温度时，Ti－6Al－4V 合金的塑性会有所降低。其主要原因是 β 相晶粒发生粗化，该晶粒粗化的结果不会在时效后消除。另外，层状 α 相微观组织可能会导致合金在某些方向的纵横比高，该组织特点也会使合金的塑性降低。因此，对于大多数 α－β 型钛合金，都选择在 β 相转变以下温度进行固溶处理。而对于 β 型钛合金，通常选择在 β 相转变以上温度进行固溶加热，短时间保温。在这种处理工艺下，晶粒来不及长大。

在完成固溶处理后，对合金进行时效强化。图 5-44 所示为当时效工艺为在 540℃（1000℉）保温 8h 时，固溶温度对 Ti－6Al－4V 合金性能的影响。随着固溶温度的提高，亚稳态 β 相的数量增加，时效后合金的强度提高。从图 5-44 中可以看到，Ti－6Al－4V 合金达到了很高的强度水平。

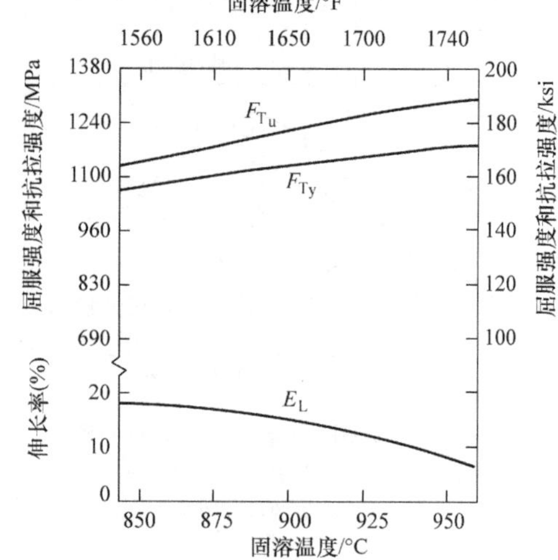

图 5-44 固溶处理温度对 Ti－6Al－4V 合金固溶和时效后性能的影响

注：时效工艺为在 540℃（1000℉）保温 8h。

（译者注：图中 F_{Tu}、F_{Ty} 和 E_L 分别代表抗拉强度、屈服强度和伸长率。）

在钛合金的时效强化热处理中，合金从固溶温度冷却的速率对时效后的性能有很大的影响。在 β 相稳定化合金元素含量较低的合金中，固溶冷却过程中 β 相很容易发生相变，因此冷却速率显得更为

重要。图 5-45 所示为当时效工艺为在 480℃(900℉) 保温6h时，淬火延迟对 Ti－6Al－4V 合金试棒性能的影响。可以看到，随着延迟时间的增加，合金的强度迅速降低。

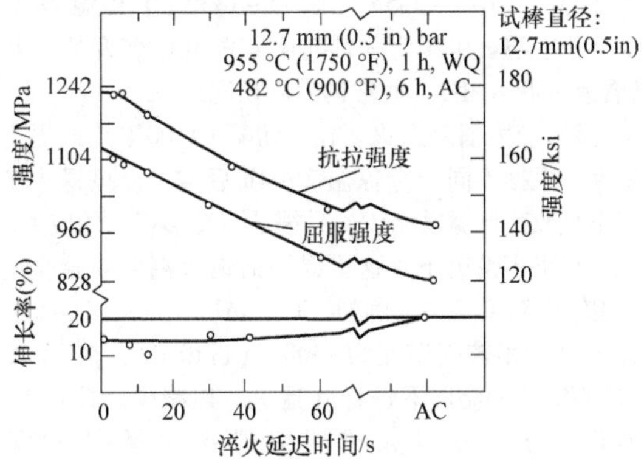

图 5-45　Ti－6Al－4V 合金淬火延迟时间对拉伸性能的影响

WQ—水淬　AC—空冷

该例子说明，Ti－6Al－4V 是弱 β 相稳定化钛合金，从而淬火延迟的影响非常显著。有很多 β 相稳定化强的合金，淬火延迟对其性能的影响就不那么明显了。不仅从固溶加热炉至淬火冷却介质的转移时间会降低合金时效后的强度，如果固溶处理的工件截面尺寸大，也会产生类似的效果。大截面尺寸工件内部的冷却速率慢（类似于淬火延迟降低了淬火冷却速率），由此导致热处理强化效果不明显。

截面尺寸的影响是指合金的淬透性。例如，Ti－6Al－4V（弱 β 相稳定化合金）合金在厚度约小于 19mm（0.75in）时才能完全淬透。再如，Ti－10V－2Fe－3Al 是一种 β 相更稳定的钛合金，截面尺寸为 76mm（3in）的工件可以完全淬透。此外，还有淬透性更高的可进行热处理强化的钛合金。

理想的时效强化效果与所使用的淬火冷却介质类型和所对应的淬火烈度有关。弱 β 相稳定化的α－β 型钛合金，通常使用水作为淬火冷却介质。然而，对于薄壁工件，为减少变形，可选择油（或其他淬火烈度低的淬火冷却介质）进行淬火。对于强 β 相稳定化钛合金，如 Ti－15V－3Cr－3Sn－3Al，空冷的速度就足够快，可以保留 β 相组织。随着截面尺寸的增加，可能空冷的冷却速率是不够的。

在大截面工件的固溶处理过程中，可能会出现尺寸增长或变化，而且在固溶处理后，这种尺寸变化仍然存在。Ti－6Al－4V 合金以 3℃/min（5.4℉/min）的加热速率加热，并在固溶温度下保温 2h，测得工件的尺寸增加了 1%。通过在尽可能短的时间内，采用快速加热并在固溶温度下保温，可减少工件的尺寸增长。

3. 时效

钛合金热处理的最后工序是时效。时效通常在 480～600℃（900～1100℉）温度范围内进行，时效导致在残留的 β 相中析出 α 相。图 5-46 所示为一般时效过程的特点。在时效过程中，随时间延长，合金的强度提高并达到最大值，然后逐渐下降。在此过程中，必须综合考虑合金的强度和塑性之间的平衡。当合金达到最大强度时，称为峰值时效状态。当合金的时效时间少于峰值强度时效时间时，称为欠时效；当时效时间超过峰值强度时效时间时，称为过时效。通常希望合金时效时间略超过峰值时效时间，此时时效温度和强度曲线的斜率通常小于峰值时效前的水平，所以不需要对时效时间和温度进行严格控制。

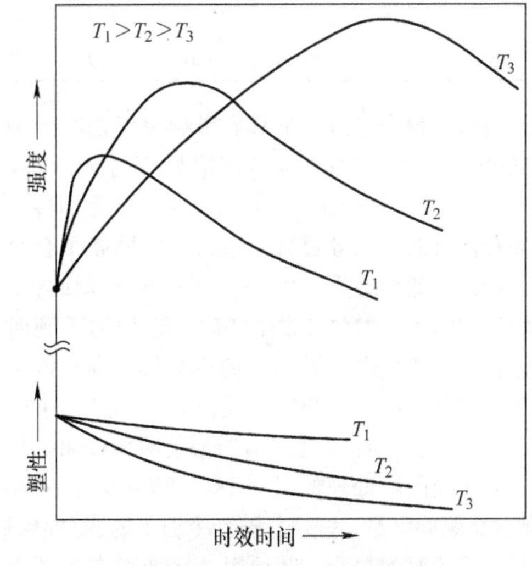

图 5-46　时效时间和温度对时效性能影响的示意图

图 5-46 还表明，随着时效温度的提高，硬化峰值强度降低，达到峰值的时间也会减少。随着时效温度的升高，α 相更容易析出，达到峰值所需要的时间更短。此外，在较高的温度下时效，析出相的数量较少，尺寸更粗大。众所周知，析出强化与析出颗粒的大小和分布直接相关。与析出颗粒少、尺寸粗大的强化效果相比，细小弥散的析出相具有更好的强化效果。

除合金的成分外，其他因素对时效效果也有重要的影响，其中之一就是加热至时效温度的加热速率。如果加热速率非常慢，在理想时效以下温度可能会花费大量时间，使得在较低的温度下就开始时效过程。在某些情况下，在较低的温度时效，会导致比α相更细的ω相析出，从而导致合金脆化。无论是析出ω相，还是析出更细小的α相，从部分合金的分散数据可以得出，在较低温度下时效最终会导致合金的强度更高，塑性更低。下面以 Ti－15V－3Cr－3Sn－3Al 薄板产品为例，对上述观点进行说明，见表5-16。

1）材料为1.8mm（0.07in）厚的薄板；

2）时效工艺为在540℃（1000℉）保温8h。

3）加热速率如下：

① 从室温用1.25h的时间加热到540℃（1000℉）。

② 从室温用16h的时间加热到540℃（1000℉）。

表5-16 Ti－15V－3Cr－3Sn－3Al 薄板产品热处理实例

加热速率	屈服强度		抗拉强度		伸长率
	MPa	ksi	MPa	ksi	（%）
①	1120	162	1190	173	13
②	1230	178	1300	189	7

时效过程中的另一个重要影响因素是时效前合金的变形程度。例如，通常固溶处理的 Ti－15V－3Cr－3Sn－3Al 合金在时效前进行了冷变形。冷变形的储存能有助于时效过程的进行，并提高了合金强度。经固溶处理的 Ti－15V－3Cr－3Sn－3Al 合金在205℃（400℉）时效几百个小时，也检测不到时效效果；但是如果进行了50%的冷变形，则在该温度时效，将会引起明显的时效反应。其他进行了热加工/冷加工变形的合金也具有类似的时效效果。事实上，对于经固溶处理的 Ti－3Al－8V－6Cr－4Mo－4Zr 合金螺旋弹簧，按规范进行冷加工的线材/棒材，明显加速了时效过程。其原因是冷变形产生了大量的位错，这些位错是α相的有利形核位置。

4. 退火

退火的目的是降低合金的硬度或强度。通常，退火状态是合金最适合成形和加工的状态，并且组织是稳定的（例如，不会产生时效强化，没有残余应力）。Ti－6Al－4V 合金的β相转变温度约为995℃（1825℉），有以下不同种类的退火工艺：

1）轧后退火。大约在735℃（1350℉）保温2～4h，空冷到室温（AC 到 RT）。

2）再结晶退火。在925～955℃（1700～1750℉）保温4h或更长时间，炉冷到760℃（1400℉）后空冷到室温。其组织类似于轧后退火，但等轴的α相晶粒尺寸更粗大，体积分数更高。

3）β退火。在1035℃（1900℉）保温30min后空冷，在735℃（1350℉）保温2h后空冷。组织为转变后的β相中有片状α相。该组织具有最大的抗损伤容限性能。

4）两级退火。在955℃（1750℉）10～30min后空冷，在675～735℃（1250～1350℉）保温4h后空冷至室温。组织为等轴初生α相和已转变的β相（含有片状α相），通常称为双粒度组织。

5）应力消除退火。在595℃（1100℉）或更高温度，根据不同合金保温2～4h后空冷。该退火工艺不会改变原微观组织，只缓解了变形产生的应力。

在很多情况下，这里提到的退火温度与合金的β相转变温度有关。例如，Ti－6Al－2Sn－4Zr－6Mo 合金的β相转变温度为930℃（1710℉），在980℃（1800℉）的温度下进行β退火，以减少晶粒长大。同理，再结晶退火或两级退火选择在890℃（1650℉）的温度下进行，这也与合金的β相转变温度有关。

如前所述，前几种退火工艺得到不同的微观组织，从而影响合金的最终力学性能。图5-34对各种钛合金得到不同微观组织的一般规律进行了总结。本质上这是钛合金微观组织的形成规律，但不是所有钛合金都会完全严格遵守该规律。此外，每种微观组织也各有优缺点，存在相互补偿。例如，β退火的微观组织具有最高的抗蠕变性能、抗疲劳裂纹生长性能和高的韧性。然而，这种微观组织也导致合金具有最低的塑性和低的光滑试样疲劳抗力。

现已经发表了多篇有关钛合金微观组织对其性能影响的论文，请参阅本节后面列出的参考文献。

5.2.6 钛－铝合金

热处理对α型钛合金性能的影响很小，如果有影响的话，那就是在冷却过程中，发生了β相到α相的转变。但当α型钛合金中铝的质量分数为5%或更高时，则可以进行另一种热处理。图5-47所示为钛－铝二元相图，当铝的质量分数为5%以上时，将形成有序的中间相α_2（基于Ti_3Al）。当钛合金中氧的含量较高时，也可促进形成α_2相。

虽然无法通过光学显微镜分辨α_2相，但根据合金中铝的含量，该有序相对应力腐蚀和力学性能有很大的影响。虽然α_2相显著降低了 Ti－6Al－4V 合金的应力腐蚀门槛值，但其对该合金其他力学性能的影响并不大。含铝量高的钛合金［如$w(Al)$＝7%～8%］在$\alpha+\alpha_2$相区温度长时间进行热处理，该α_2相更容易形成。α_2相对 Ti－8Al－1Mo－1V 合金性能的影响如图5-48所示。在该例子中，所有试样都在790℃（1450℉）的温度进行热处理，然后以不同速率冷却通过$\alpha+\alpha_2$相区。

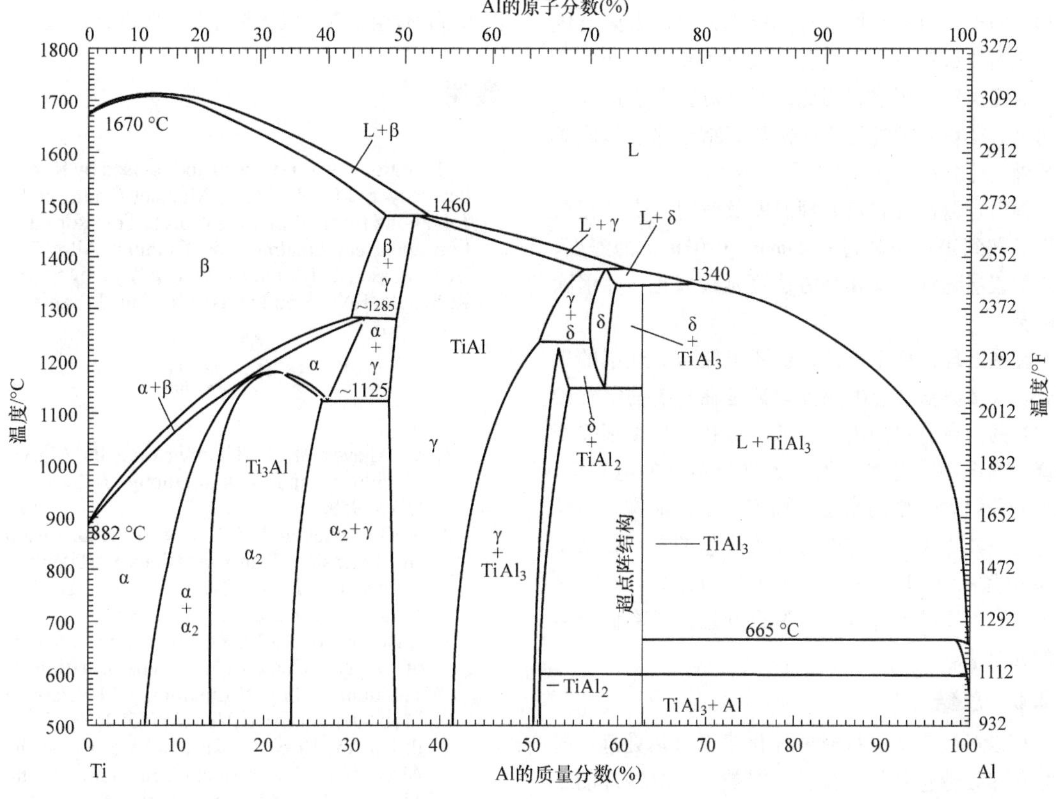

图 5-47　钛 - 铝相图

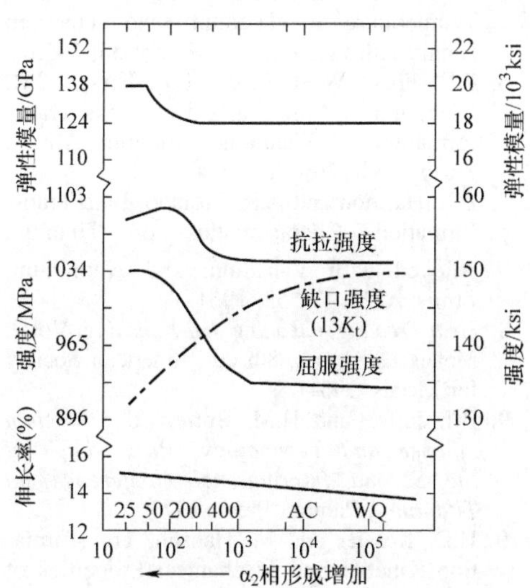

图 5-48　从退火温度的冷却速率对拉伸性能的影响

AC—空冷　WQ—水淬

注：对 2.3mm（0.09in）厚的 Ti - 8Al - 1Mo - 1V 合金薄板的测试表明，随着冷却速率变慢，抗拉强度和屈服强度提高，伸长率也略有提高，但缺口强度较低。

采用极慢的冷却速率（15℃/h 或 25℉/h）冷却，可以促进产生大量的 α_2 相。根据图 5-48，冷却速率对合金的屈服强度有很大影响，采用较慢的冷却速率时，合金的强度更高。冷却速率对合金抗拉强度的影响与对屈服强度的影响相同，但影响程度较轻。采用缓慢速率冷却的合金，伸长率略高一些。随着 α_2 相数量增多，合金的弹性模量也会显著提高。合金中存在的 α_2 有序中间相的最大危害是降低了合金的断裂韧性（应力 - 腐蚀抗力）。合金采用缓慢的速率冷却，其缺口抗拉强度明显降低。其他的检测也证实，如果该 α_2 相的存在，则会降低合金的断裂韧性。

可以通过合金化，来改变 α_2 相的影响。添加 β 同晶型元素（钼、钒、铌和钽），能减慢 α_2 相的形成速度。Ti - 8Al - 1Mo - 1V 合金中如果不添加（质量分数）1% Mo 和 1% V，则该合金在 $\alpha+\alpha_2$ 相区进行热处理更加易于形成 α_2 相。为了避免 α_2 相的有害影响，在合金设计时，应考虑添加质量分数为 5% 或更多的 Al，此外应避免在约 735℃（1350℉）以下温度缓慢冷却或长时间停留。

5.2.7　热处理过程中的污染

在热处理过程中或高温服役期间，钛合金与环境中的氧结合，块状金属钛在高温下易形成表面氧化物。如果采用真空炉进行热处理，则钛表面形成的氧化物数量较少。氮也会与钛发生化学反应，但反应速度比氧慢很多，因此，不会对钛合金造成严重污染。在热处理过程中，钛与氧结合除了形成氧化物外，还会在钛合金表层形成 α 相层。

根据合金种类和热处理温度及时间，该 α 相层可以扩散到表层下超过 0.25mm（0.01in）的深度，并产生表层脆性。有几种方法可延缓氧化，并消除 α 相层。

在热处理过程中，钛合金还可能与炉气中的氢结合。大多数钛合金的热处理都是在传统的空气炉中进行的。在燃料炉内，碳氢化合物燃料在不完全燃烧的情况下产生氢，而在大气环境下的电炉中，则可能分解大气中的水蒸气而产生氢。通常，在钛合金的热处理中，允许合金吸入少量的氢。如果钛合金中氢的含量过高，可在 600 ~ 760℃（1100 ~ 1400℉）温度范围进行真空退火处理，以降低合金中的含氢量。

5.2.8 总结

可以对钛合金进行时效强化或退火热处理。时效强化热处理包括固溶淬火和时效。固溶处理的目的是为后续的时效处理提供强化条件。固溶处理将高温下的组织保存为室温下的亚稳相。这些亚稳相可以是亚稳态 β 相、ω 相和马氏体组织。固溶处理后的相组织数量与固溶温度和合金成分有关。

选择较低的固溶温度和 β 相稳定化元素含量高的合金，易得到亚稳态 β 相。选择 β 相稳定化元素含量低的合金和高的固溶温度，易形成 ω 相和得到马氏体组织。在时效过程中，亚稳相转化为平衡相，通常是转变为 α 相和富合金元素的 β 相，时效可提高合金的强度。在时效过程中，通过选择高于 425℃（800℉）的温度保温 2h 或更长时间，以避免时效时由 ω 相造成的脆性。通过选择高的固溶温度和低的时效温度，使合金获得高强度。

在时效过程中，β 相开始转变时间与合金的成分有关。α 相稳定化元素含量高的合金，减少了 β 相开始转变为 α 相的时间，而 β 相稳定化元素含量高的合金，增加了 β 相开始转变为 α 相的时间。铝延长了 β 相开始转变为 ω 相的时间。

为了获得最佳的力学性能组合，并确保合金具有良好的热稳定性，应选择适当的退火温度。高的退火温度改变了晶粒形态，从而提高了合金的蠕变强度和断裂韧性，但与此同时会降低合金的塑性和抗拉强度。对于 β 相稳定化元素含量高的 α - β 型钛合金，应选择较低的退火温度，或从退火温度采用炉冷，使 β 相富含合金元素，以实现合金的高热稳定性。

致谢

This article was reviewed and revised by Rondey Boyer, J.C. Williams, Michael Gram, and John Foltz from "Principles of Beta Transformation and Heat Treatment of Titanium Alloy," ASM Lesson 4, *Titanium and Its Alloys,* by Stan R. Seagle, FASM, and revised by Paul J. Bania.

参 考 文 献

1. V. Ageyev et al., Titanium and Its Alloys, Metallurgy and Metallography, *Izd-Vo AN SSR,* 1958
2. N. Bogachev and M.A. D'yakova, Diffusion and Diffusion Transformations in Titanium Alloys, *Metalloved. Term. Obrab. Met.*, No. 1, Jan 1966, Accession A67-18231
3. J. DeLazaro and W. Rostoker, The Influence of Oxygen Contents on Transformation in Titanium Alloy Containing 11 Percent Molybdenum, *Acta Metall.*, Vol 1, 1953
4. P. Duwez, Effect of Rate of Cooling on the Alpha-Beta Transformation in Titanium and Titanium-Molybdenum Alloys, *Trans. Am. Inst. Mining Metall. Eng*., Vol 191, 1951
5. P. Duwez, The Martensite Transformation Temperature in Titanium and Titanium Binary Alloys, *Trans. ASM*, Vol 45, 1953
6. P.D. Frost, W.M. Parris, L.L. Hirsch, J.R. Doig, and C.M. Schwartz, Isothermal Transformation of Titanium-Chromium Alloys, *Trans. ASM*, Vol 46, 1954
7. E.L. Harmon and A.R. Troiano, Beta Transformation Characteristics of Titanium Alloyed with Vanadium and Aluminum, *Trans. ASM*, Vol 53, 1961
8. *Heat Treating, Cleaning and Finishing*, Vol 2, Metals Handbook, 8th ed., American Society for Metals, 1964
9. R.I. Jaffee and H.M. Burte, Ed., *Titanium Science and Technology (Proceedings of the Second International Conference on Titanium)*, Plenum Press, 1973
10. H.D. Kessler and M. Hansen, Transformation Kinetics and Mechanical Properties of Titanium Aluminum-Molybdenum Alloys, *Trans. ASM*, Vol 46, 1954
11. H. Kimura and O. Izumi, Ed., *Titanium '80 Science and Technology (Proceedings of the Third International Conference on Titanium)*, AIME, 1980
12. G. Lutjering, U. Zwicker, and W. Bunk, Ed., *Titanium Science and Technology (Proceedings of the Fifth International Conference on*

Titanium), Deutsche Gesellschaft fur Metallkunde, FRG, 1985

13. M. Silcock, An X-Ray Examination of the Omega Phase in Ti-V-Ti-Mo and Ti-Cr Alloys, *Acta Metall.*, Vol 6, 1958
14. R. Troiano and A.B. Greninger, The Martensite Transformation, *Metals Handbook*, American Society for Metals, Metals Park, Ohio, 1948
15. J.C. Williams and A.F. Belov, Ed., *Titanium and Titanium Alloys (Proceedings of the Fourth International Conference on Titanium)*, Plenum Press, 1982
16. J.C. Williams and M.J. Blackburn, A Comparison of Phase Transformations in Three Commercial Titanium Alloys, *Trans. ASM*, Vol 60, 1967
17. J.C. Williams, B.S. Hickman, and H.L. Marcus, The Effect of Omega Phase on the Mechanical Properties of Titanium Alloys, *Metall. Trans.*, Vol 2, July 1971

5.3 钛和钛合金的热处理

根据性能不同，可以将钛合金分为三类：

（1）α 型钛合金

1）不能通过热处理显著提高强度。

2）具有良好的焊接性能。

3）具有低到中等强度。

4）缺口韧性好。

5）具有良好的塑性。

6）具有优良的低温性能。

7）具有良好的高温蠕变强度。

8）具有良好的抗氧化性能。

（2）α－β 型钛合金

1）对于不同合金，可通过热处理进行不同程度的强化。

2）焊接性能良好，但在焊缝区会降低合金塑性。

3）具有中等到高的强度，通常具有良好的性能组合。

4）热成形性能良好。

5）冷成形性能较差。

6）蠕变强度低于大多数 α 型钛合金。

（3）β 和近 β 型钛合金

1）可热处理强化。

2）可进行焊接，焊接工艺和性能与具体合金及加工工艺有关。

3）具有中等到高的强度。

4）通常损伤容限低于 α－β 型钛合金，具有优异的固溶退火和冷成形性能。

纯钛和钛合金具有同素异构转变。纯钛在室温下为稳定的密排六方晶体结构的 α 相，在 882℃（1620℉）转变为体心立方晶体结构的 β 相，这是工业纯钛的 β 相转变温度。高于该转变温度时，β 相保持稳定，直至达到熔点温度。在冷却过程中，当温度低于 β 相转变温度时，β 相会重新转变为密排六方晶体结构（hcp）的 α 相。

5.3.1 合金元素对 α/β 相变的影响

添加合金元素的主要作用有：

1）提高 α 相或 β 相晶体结构的稳定性，使其在高于或低于 882℃（1620℉）的转变温度下，可以存在和/或共存。

2）通过间隙固溶和置换固溶，强化合金。

3）通过热处理，析出强化相，强化合金。

钛合金中添加的合金元素可分为 α 相或 β 相稳定化元素，根据所添加合金元素的种类和添加量，可以改变该转变温度。

（1）α 相稳定化元素　如氧、氮、碳和铝，提高了 α/β 转变温度。

（2）β 相稳定化元素　包括铬、铁、钼、钒和铌，降低了 α/β 转变温度，允许 β 相在室温下存在。锆和锡对 α/β 转变温度基本上没有影响。表 5-17 列出了常添加的 α 相和 β 相稳定化合金元素。

表 5-17　常用 α 相和 β 相稳定化合金元素

合金元素	成分范围（质量分数，%）	对组织的影响
铝	3～8	α 相稳定化元素
锡	2～4	α 相稳定化元素
钒	2～15	β 相稳定化元素
钼	2～15	β 相稳定化元素
铬	2～12	β 相稳定化元素
铜	≤2	β 相稳定化元素
锆	2～5	α 相和 β 相强化元素
硅	0.05～0.5	提高蠕变抗力元素

（3）α 型和近 α 型钛合金　主要添加了 α 相稳定化合金元素和不到 2% 的 β 相稳定化合金元素。这类合金不能通过固溶/时效热处理显著提高强度，但可以进行去应力退火处理。可以通过改变合金的微观组织形态来改变其性能。

（4）α－β 型钛合金　α－β 型钛合金在室温下具有稳定的 α 相和 β 两相混合组织，在三类钛合金中，是用量最大的钛合金。通过热处理可以改变 α－β 型钛合金的相成分、晶粒尺寸和相分布，从而提高和改变合金的力学性能，包括提高合金的抗拉强度和疲劳强度。表 5-18 对 α－β 型钛合金的典型热处理工艺进行了总结。

表 5-18 α-β 型钛合金的典型热处理工艺

热处理名称	热处理工艺	微观组织
两级退火	在 $T_β$①以下 50~75℃（90~135℉）固溶，空冷。在 540~675℃（1000~1250℉）时效 2~8h	初生 α 相 初生 α 相+魏氏组织或 α/β 区的晶团组织
固溶加时效处理	在 $T_β$①以下约 40℃（70℉）固溶，淬水②。在 535~675℃（995~1250℉）时效 2~8h	初生 α 相 初生 α 相+魏氏组织或 α/β 区的晶团组织。时效后，组织为初生 α 相和已转变的 β 相
β 退火	在 $T_β$①以上约 15℃（30℉）固溶，空冷。在 650~760℃（1200~1400℉）稳定化处理 2h	魏氏组织或 α+β 区的晶团组织
β 淬火	在 $T_β$①以上约 15℃（30℉）固溶，淬水。在 650~760℃（1200~1400℉）回火 2h	α′相（在时效前没有回火） 回火的 α′相（魏氏组织）
再结晶退火	在925℃（1700℉）保温4h，以50℃/h（90℉/h）的冷却速率冷却至 760℃（1400℉），空冷	等轴的 α 相 在三叉晶界处的 β 相
轧后退火	在 α/β 区进行热加工，在 705℃（1300℉）退火 30min~3h，空冷	未完全再结晶的 α 相，少量的 β 相粒子

① $T_β$ 是特定合金的 β 相转变温度。

② 在添加 β 相稳定化元素多的合金中，如 Ti-6Al-2Sn-4Zr-6Mo 或 Ti-6Al6V-2Sn，固溶处理后采用空冷。在随后的时效过程中，析出 α 相，形成 α/β 相混合组织。

（5）商用 β 型钛合金　商用 β 型钛合金是亚稳态的，在室温下能保持 100% β 相组织。通过固溶和时效处理，可以显著提高合金的强度。

（6）β 相转变温度　表 5-19 列出了商用钛合金的 β 相转变温度。从表中可以清楚地看到，合金成分对 β 相转变温度有显著影响。由于合金成分的微小变化，就会对 β 相转变温度产生影响，钛合金厂商在提供钛合金时，会同时附上合金的 β 相转变温度报告。请参阅本节中“确定 β 相转变温度的方法”部分的有关内容。

（7）氧和铁的作用　氧和铁是最有效的钛合金强化元素。对于工业纯（CP）等级的合金，氧和铁的添加量必须接近指定的最大值，才能起到明显的强化效果。对可热处理强化的工业纯钛等级的合金：

1）为达到 Ti-6Al-4V 合金固溶和时效处理所要求的强度，氧的添加量应该接近指定的最大值。合金的淬透性受工件尺寸厚度的限制。如果合金的断裂韧性是一项关键性能指标，则应该将合金中氧的最大质量分数控制在 0.13% 以下，但合金的力学性能会有所降低。

2）为优化和改善合金的蠕变和持久性能，必须将合金中的铁和其他 β 相稳定化元素的含量保持在相对较低的水平。通常铁的质量分数应小于 0.05%。

（8）控制 α-β 型钛合金的力学性能　表 5-20 列出了部分 α-β 型钛合金的成分和力学性能。

由于 Ti-6Al-4V 合金保留有大量的 β 相，可得到多种力学性能组合，具有良好的强度和塑性综合性能，是使用最为广泛的 α-β 型钛合金。通过机械变形与热处理相结合，可以很容易地改变 Ti-6Al-4V 合金的微观组织和力学性能。可以将粗大的针状 α 相组织转变为细小的针状 α 相组织，或转变为类似于钢中的马氏体组织，或转变为粒状组织，从而获得不同的力学性能组合。

改变微观组织的典型例子是在 α+β 相区温度进行热锻。通过热锻，合金可以得到细小等轴的 α 相与原 β 相中转变的细小针状 α 相共存的组织。在此基础上，通过调整固溶处理工艺、冷却速率和时效工艺，可以进一步提高合金的强度。如果在完全 β 相区温度进行锻造，合金可得到最好的断裂韧性，但在一定程度上会降低合金的塑性和疲劳强度。为保证整体工件的性能均匀性，必须对工件进行充分的热塑性变形。

（9）热处理的作用

1）减小制造过程中产生的残余应力。

2）优化塑性、加工性能，保证尺寸和组织的稳定性。

3）优化力学性能，包括强度、塑性、断裂韧性、疲劳强度和高温蠕变强度。

4）减少在腐蚀性环境中的化学腐蚀。

5）在加工和制造工序后，稳定尺寸和防止工件变形。这种潜在的变形可能是由加工应力、热处理热应力以及矫直工序中产生的应力引起的。

表 5-19　各种商用钛合金的 β 相转变温度

合金		β 相转变温度 ℃(±15)	β 相转变温度 ℉(±25)
工业纯钛	0.25O（不大于）	910	1675
工业纯钛	0.40O（不大于）	945	1735
α 型和近 α 型钛合金	Ti-5Al-2.5Sn	1050	1925
α 型和近 α 型钛合金	Ti-8Al-1Mo-1V	1040	1900
α 型和近 α 型钛合金	Ti-2.5Cu（IMI 230）	895	1645
α 型和近 α 型钛合金	Ti-6Al-2Sn-4Zr-2Mo	995	1820
α 型和近 α 型钛合金	Ti-6Al-5Zr-0.5Mo-0.2Si（IMI 685）	1020	1870
α 型和近 α 型钛合金	Ti-5.5Al-3.5Sn-3Zr-1Nb-0.3Mo-0.3Si（IMI 829）	1015	1860
α 型和近 α 型钛合金	Ti-5.8Al-4Sn-3.5Zr-0.7Nb-0.5Mo-0.3Si（IMI 834）	1045	1915
α 型和近 α 型钛合金	Ti-6Al-2Nb-1Ta-0.8Mo	1015	1860
α 型和近 α 型钛合金	Ti-0.3Mo-0.8Ni（Ti code 12）	880	1615
α-β 型钛合金	Ti-6Al-4V	1000①	1830②
α-β 型钛合金	Ti-6Al-7Nb（IMI 367）	1010	1850
α-β 型钛合金	Ti-6Al-6V-2Sn（Cu+Fe）	945	1735
α-β 型钛合金	Ti-3Al-2.5V	935	1715
α-β 型钛合金	Ti-6Al-2Sn-4Zr-6Mo	940	1720
α-β 型钛合金	Ti-4Al-4Mo-2Sn-0.5Si（IMI 550）	975	1785
α-β 型钛合金	Ti-4Al-4Mo-4Sn-0.5Si（IMI 551）	1050	1920
α-β 型钛合金	Ti-5Al-2Sn-2Zr-4Mo-4Cr（Ti-17）	900	1650
α-β 型钛合金	Ti-7Al-4Mo	1000	1840
α-β 型钛合金	Ti-6Al-2Sn-2Zr-2Mo-2Cr-0.25Si	970	1780
β 型和近 β 型钛合金	Ti-8Mn	800③	1475④
β 型和近 β 型钛合金	Ti-13V-11Cr-3Al	720	1330
β 型和近 β 型钛合金	Ti-11.5Mo-6Zr-4.5Sn（Beta Ⅲ）	760	1400
β 型和近 β 型钛合金	Ti-3Al-8V-6Cr-4Zr-4Mo（Beta C）	795	1460
β 型和近 β 型钛合金	Ti-10V-2Fe-3Al	805	1480
β 型和近 β 型钛合金	Ti-15V-3Al-3Cr-3Sn	760	1400

注：表中温度是名义温度，不同铸锭温度有所不同。

① ±20。

② ±30。

③ ±35。

④ ±50。

表 5-20　部分钛合金的成分和力学性能

合金牌号		抗拉强度（不小于）		规定塑性延伸强度 $R_{p0.2}$（不小于）		杂质元素（质量分数，%）（不大于）					名义成分（质量分数，%）				
		MPa	ksi	MPa	ksi	N	C	H	Fe	O	Al	Sn	Zr	Mo	其他
纯钛	ASTM 1 级	240	35	170	25	0.03	0.10	0.015	0.20	0.13	—	—	—	—	—
纯钛	ASTM 4 级	550	80	480	70	0.05	0.10	0.015	0.50	0.40	—	—	—	—	—
α 型和近 α 型钛合金	Ti-5Al-2.5Sn	790	115	760	110	0.05	0.08	0.02	0.50	0.20	5	2.5	—	—	—
α 型和近 α 型钛合金	Ti-8Al-1Mo-1V	900	130	830	120	0.05	0.08	0.015	0.30	0.12	8	—	—	1	1V
α 型和近 α 型钛合金	Ti-2.25Al-11Sn-5Zr-1Mo	1000	145	900	130	0.04	0.04	0.008	0.12	0.17	2.25	11.0	5.0	1.0	0.2Si
α 型和近 α 型钛合金	Ti-6Al-2Sn-4Zr-2Mo	900	130	830	120	0.05	0.05	0.0125	0.25	0.15	60	2.0	4.0	2.0	0.08Si
α-β 型钛合金	H-6Al-4V①	900	130	830	120	0.05	0.10	0.0125	0.30	0.20	60	—	—	—	4.0V
α-β 型钛合金	Ti-6Al-2Sn-4Zr-6Mo②	1170	170	1100	160	0.04	0.04	0.0125	0.15	0.15	60	2.0	4.0	6.0	—
α-β 型钛合金	Ti-3Al-2.5V③	620	90	520	75	0.015	0.05	0.015	0.30	0.12	3.0	—	—	—	2.5V
β 型钛合金	Ti-3Al-8V-6Cr-4Mo-4Zr①	900	130	830	120	0.03	0.05	0.020	0.25	0.12	3.0	—	4.0	4.0	6.0Cr，8.0V
β 型钛合金	Ti-15V-3Cr-3Al-3Sn②	1000	145	965	140	0.05	0.05	0.015	0.25	0.13	3.0	3.0	—	—	3.0Cr，1.5V
β 型钛合金	Ti-10V-2Fe-3Al	1170	170	1100	160	0.05	0.05	0.015	2.2	0.13	3.0	—	—	—	10.0V

① 退火状态下的力学性能。固溶和时效将提高合金强度。

② 固溶和时效状态下的力学性能，通常不在退火状态下使用。力学性能与截面尺寸和工艺方法有关。

③ 主要为冷拔管材合金。

5.3.2 合金种类和热处理的影响

在钛合金的热处理中，发生了从一种晶体结构转变为另一种晶体结构的相变。热处理是改变合金力学性能的关键因素，此外，合金的性能还与下面各因素及其组合有关：

1）合金元素的成分。

2）合金的热加工工艺。

3）热处理工艺。

4）热处理工艺中的冷却速率。

这些因素影响到α相向β相转变和/或β相向α相转变的温度和时间，并影响到随后的时效析出强化。

钛和钛合金的热处理强化涉及下面的工艺组合：

1）通过固溶后快速冷却，提高β相的数量，强化合金。不论是保留下来的β相，还是产生了马氏体转变，都会在时效过程中析出细小弥散的强化相强化合金。

2）在进行了冷加工变形后，通过再结晶减小或增大晶粒尺寸，然后再进行额外变形和再结晶热处理进行强化。该强化工艺包括了织构强化，即通过变形得到择优取向具有各向异性的晶粒。其变形工艺包括锻造、轧制、挤压、线材和管材的冷拔等热/冷变形过程。大多数热变形加工的作用都是减少织构的影响。

3）采用的热处理工艺与合金的设计用途有关，表5-21所列为不同钛合金的主要设计用途。

表5-21 不同钛合金的主要设计用途

合金	设计用途
Ti-5Al-2Sn-2Zr-4Mo-4Cr（Ti-17） Ti-6Al-2Sn-4Zr-6Mo	生产大截面工件时，代替Ti-6Al-4V合金，具有更高的强度
Ti-6Al-2Sn-4Zr-2Mo Ti-6Al-5Zr-0.5Mo-0.2Si	高蠕变抗力
Ti-6Al-2Nb-1Ta-1Mo	更高的断裂韧性和应力腐蚀抗力
Ti-6Al-4V-ELI①	更高的断裂韧性和应力腐蚀抗力
Ti-5Al-2.5Sn、Ti-2.5Cu	焊接性能很好
Ti-6Al-6V-2Sn、Ti-6Al-4V	在中等强度条件下，具有良好的综合性能
Ti-10V-2Fe-3Al	高强度锻造合金

① ELI—极低间隙元素。

5.3.3 去应力退火

在不均匀的工件热锻或热变形、冷成形、矫直，板件和锻件的非对称加工，以及焊接/冷却工序中，合金中都会产生有害的残余应力。为降低这些前工序产生的残余应力，在不影响合金强度或塑性的前提下，需要对这些钛和钛合金进行去除应力处理。

通过去除应力，可以保持工件尺寸稳定和防止变形。它消除了包辛格效应，降低了压缩或拉伸屈服强度，如果进行了压缩变形，则拉伸屈服强度较低，反之亦然。但去除应力处理未对合金的极限抗拉强度产生影响。

可根据应用要求，选择去应力退火工艺。在许多情况下，可以采用第二次低应力工序代替去应力退火。例如，采用低至中等切削精度均匀加工坯料，没有引起额外的残余应力。

（1）减少去应力退火环节　应根据工件尺寸、厚度和二次加工工序，确定是否需要进行去应力退火。例如，进行了机械加工的Ti-6Al-4V合金薄型压缩机盘环工件，没有进行去应力退火。经过证实，通过对所有上游工序中的残余应力进行控制，使工件能符合尺寸要求。然而，同样合金生产的薄型盘环工件，如果采用更高的加工速率进行加工，引起了较大的残余应力，则必须进行去应力退火。

（2）将去应力退火与固溶和时效工序结合　在许多情况下，可以将去应力工序与标准退火工序、固溶处理、时效或硬化工序相结合，具体情况与合金类型有关。例如，Ti-6Al-4V合金不能在538℃（1000℉）的温度下进行去应力退火，但该工艺适用于β型钛合金或添加了大量β相稳定化元素的α-β型钛合金。

表5-22所列为推荐的钛和钛合金去应力退火的温度和时间。为了达到良好的去应力效果，若选择更高的温度，则所需要的时间更短；而如果选择较低的温度，则所需要的时间更长。

过时效会降低合金的强度，但会增加其塑性和韧性。时效时间是控制时效性能的附加参数。针对高的冷加工应力的最佳去应力处理和为了防止出现过时效，有人采用不同的温度和时间组合，提出了部分去应力热处理，如图5-49所示。

例如，在图5-49中，为防止过时效，对冷加工

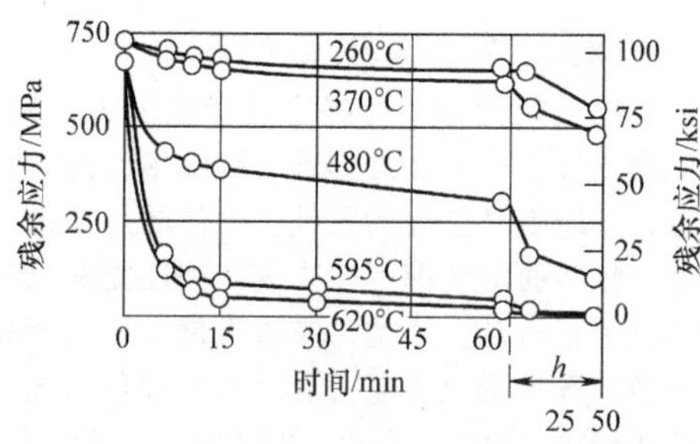

图 5-49　Ti－6Al－4V 合金在不同温度下，去应力处理时间与残余应力之间的关系

Ti－6Al－4V 合金提出了 5 个系列的时间－温度去应力热处理。部分去应力处理工艺范围为在 260℃（500℉）保温 50h 到在 620℃（1150℉）保温 5min。

（3）冷却速率的影响　为了防止出现严重集中的残余应力，去应力处理的冷却速率至关重要，特别是在 480～315℃（900～600℉）温度范围内，应采用炉冷或空冷这种较慢的冷却速率进行冷却。直接采用空冷、油冷或淬水快速冷却可以减少生产时间，但会产生变形，因此不推荐在生产中使用。

快速冷却对变形的影响与合金和工件的形状有关。结果表明，薄的或形状复杂的 Ti－6Al－4V 合金零件在机加工过程中产生了集中的残余应力，在快速空冷过程中工件产生了变形。

表 5-22　钛和钛合金去应力退火的温度和时间

合金		温度		时间/h
		℃	℉	
工业纯钛（所有等级）		480～595	900～1100	0.25～4
α 型和近 α 型钛合金	Ti－5Al－2.5Sn	540～650	1000～1200	0.25～4
	Ti－8Al－1Mo－1V	595～705	1100～1300	0.25～4
	Ti－2.5Cu（IMI 230）	400～600	750～1110	0.50～24
	Ti－6Al－2Sn－4Zr－2Mo	595～705	1100～1300	0.25～4
	Ti－6Al－5Zr－0.5Mo－0.2Si（IMI 685）	530～570	980～1050	24～48
	Ti－5.5Al－3.5Sn－3Zr－1Nb－0.3Mo－0.3Si（IMI 829）	610～640	1130～1190	1～3
	Ti－5.8Al－4Sn－3.5Zr－0.7Nb－0.5Mo－0.3Si（IMI 834）	625～750	1160～1380	1～3
	Ti－6Al－2Nb－1Ta－0.8Mo	595～650	1100～1200	0.25～2
	Ti－0.3Mo－0.8Ni（Ti Code 12）	480～595	900～1100	0.25～4
α－β 型钛合金	Ti－6Al－4V	480～650	1100～1200	1～4
	Ti－6Al－7Nb（IMI 367）	500～600	930～1110	1～4
	Ti－6Al－6V－2Sn（Cu＋Fe）	480～650	900～1200	1～4
	Ti－3Al－2.5V	540～650	1000～1200	0.25～2
	Ti－6Al－2Sn－4Zr－6Mo	595～705	1100～1300	0.25～4
	Ti－4Al－4Mo－2Sn－0.5Si（IMI 550）	600～700	1110～1290	2～4
	Ti－4Al－4Mo－4Sn－0.5Si（IMI 551）	600～700	1110～1290	2～4
	Ti－5Al－2Sn－4Mo－2Zr－4Cr（Ti－17）	480～650	900～1200	1～4
	Ti－7Al－4Mo	480～705	900～1300	1～8
	Ti－6Al－2Sn－2Zr－2Mo－2Cr－0.25Si	480～650	900～1200	1～4
	Ti－8Mn	480～595	900～1100	0.25～2
β 型和近 β 型钛合金	Ti－13V－11Cr－3Al	705～730	1300～1350	0.25～0.50
	Ti－11.5Mo－6Zr－4.5Sn（Beta 111）	720～730	1325～1350	0.25～0.50
	Ti－3Al－8V－6Cr－4Zr－4Mo（Beta C）	705～760	1300～1400	0.17～0.25
	Ti－10V－2Fe－3A	675～705	1250～1300	0.50～2
	Ti－15V－3Al－3Cr－3Sn	790～815	1450～1500	0.25～0.50

（4）去除应力温度对相组织变化的影响　在 α 型钛合金和 α－β 型钛合金的去应力热处理中，需要合理控制温度和时间参数。必须采用足够高的温度，以达到去除应力的目的；但温度又不能过高，必须防止因温度过高而出现应变时效和再结晶产生析出。应根据实际经验和试验，确定具体的退火温度和冷却速率，以工件不产生变形为基本原则。

（5）简单和复杂焊接件的去应力处理　简单焊

接件定义为在连续的表面上进行连续焊接的焊接件。复杂焊接件定义为在复杂的加工表面上进行多次焊接的焊接件。

通常，简单工业纯钛焊接件不需要进行去应力处理。然而，对于复杂的α型钛合金和α-β型钛合金焊接件，则需要在表5-22中列出的去应力退火温度上限退火1~4h。在推荐的温度下保温1h后，至少可以消除约70%的残余应力。

对于工业纯钛焊接件，推荐采用高的温度进行去应力退火。在高的退火温度下，有利于氢的迁移，从而防止或减少了合金产生氢脆。

5.3.4 提高力学性能的退火实践

通过退火热处理，可提高钛合金的力学性能。退火能提高钛合金的断裂韧性、裂纹生长抗力和蠕变性能，还能提高合金的塑性、工件的尺寸稳定性和热稳定性。通常情况下，改进这些性能是以牺牲其他性能为代价的，因此，应该根据具体的产品要求和规范，选择退火工艺。退火热处理包括轧后退火、两级退火、再结晶退火、β退火。

表5-23列出了几种钛和钛合金的退火工艺参数。

表5-23 钛和钛合金的退火工艺参数

合金		温度		时间/h	冷却方式
		℃	℉		
工业纯钛（所有等级）		650~760	1200~1400	0.10~2	空冷
α型和近α型钛合金	Ti-5Al-2.5Sn	720~845	1325~1550	0.17~4	空冷
	Ti-8Al-1Mo-1V	790	1450	1~8	空冷或炉冷
	Ti-2.5Cu（IMI 230）	780~800	1450~1470	0.50~1	空冷
	Ti-6Al-2Sn-4Zr-2Mo	900	1650	0.50~1	空冷
	Ti-6Al-5Zr-0.5Mo-0.2Si（IMI 685）	①	①	—	—
	Ti-5.5Al-3.5Sn-3Zr-1Nb-0.3Mo-0.3Si（IMI 829）	①	①	—	—
	Ti-5.8Al-4Sn-3.5Zr-0.7Nb-0.5Mo-0.3Si（IMI 834）	①	①	—	—
	Ti-6Al-2Nb-1Ta-0.8Mo	790~900	1450~1650	1~4	空冷
α-β型钛合金	Ti-6Al-4V	705~790	1300~1450	1~4	空冷或炉冷
	Ti-6Al-7Nb（IMI 367）	700	1300	1~2	空冷
	Ti-6Al-6V-2Sn（Cu+Fe）	705~815	1300~1500	0.75~4	空冷或炉冷
	Ti-3Al-2.5V	650~760	1200~1400	0.5~2	空冷
	Ti-6Al-2Sn-4Zr-6Mo	①	①	—	—
	Ti-4Al-4Mo-2Sn-0.5Si（IMI 550）	①	①	—	—
	Ti-4Al-4Mo-4Sn-0.5Si（IMI 551）	①	①	—	—
	Ti-5Al-2Sn-4Mo-2Zr-4Cr（Ti-17）	①	①	—	—
	Ti-7Al-4Mo	705~790	1300~1450	1~8	空冷
	Ti-6Al-2Sn-2Zr-2Mo-2Cr-0.25Si	705~815	1300~1500	1~2	空冷
	Ti-8Mn	650~760	1200~1400	0.50~1	②
β型和近β型钛合金	Ti-13V-11Cr-3Al	705~790	1300~1450	0.17~1	空冷或水冷
	Ti-11.5Mo-6Zr-4.5Sn（Beta Ⅲ）	690~760	1275~1400	0.17~1	空冷或水冷
	Ti-3Al-8V-6Cr-4Zr-4Mo（Beta C）	790~815	1450~1500	0.17~1	空冷或水冷
	Ti-10V-2Fe-3Al	①	①	—	—
	Ti-15V-3Al-3Cr-3Sn	790~815	1450~1500	0.08~0.25	空冷

注：工件采用炉冷，不会产生残余应力，但会降低钛和钛合金的应力腐蚀抗力。

① 通常不在退火条件下供货或使用（表5-22）。

② 炉冷或慢冷至540℃（1000℉），然后空冷。

（译者注：原书表中遗漏了①②的标注。）

（1）轧后退火　通常所有进行轧制的产品，都需要进行轧后退火。如果没有进行完全退火，则可能残留前续加工工序中的非均匀微观组织。

（2）两级退火　两级退火（表 5-24）是通过改善微观组织，提高合金的多种性能，如蠕变抗力和断裂韧性。

表 5-24　两级退火工艺

工艺	方法
固溶退火	加热至 α + β 相区
稳定化退火	在 595℃（1100℉）至最高预期服役温度以上 56℃（100℉）保温 8h

通过不同的退火工艺，得到各种所要求形状、大小和分布的相组织，提高合金的力学性能。通过对两级退火工艺进行合理组合，可以设计出几种合金的微观组织，见表 5-25。

表 5-25　合金微观组织举例

性能提高	微观组织
提高抗断裂性能	透镜状或针状 α 相
提高高温蠕变强度	透镜状或层状 α 相

可以通过在高于 β 相转变温度下加热，进一步使表 5-25 中所列的组织长大，但会对合金的抗拉强度、疲劳强度和塑性造成损伤。进一步提高温度会产生更多的层状的 α 相，降低疲劳裂纹生长速率（da/dN）。对于控制已转变的 β 相的粗化，冷却速率是至关重要。

对于 Ti－8Al－1Mo－1V 和 Ti－6Al－2Sn－4Zr－2Mo 这类近 α 合金来说，获得最大蠕变抗力的典型热处理温度与 β 相转变温度有关，见表 5-26。

表 5-26　获得最大蠕变抗力的热处理温度

合金	β 相转变以下温度	
	℃	℉
Ti－8Al－1Mo－1V	25～55	50～100
Ti－6Al－2Sn－4Zr－2Mo	15～25	25～50

这些合金的锻件应该在上述温度下保温 1h 以上，然后根据工件尺寸大小，选择空冷或风扇冷却。保温时间也与工件尺寸大小有关，必须保证整个工件温度达到均匀。

（3）两级退火与热加工工序结合　这是提高合金断裂韧性、高温蠕变强度和塑性流变的一种方法。Froes 和 Highberger 开发出一种热加工工艺过程，用于改进 Ti－4Al－5Mo－1.5Cr（Corona 5）合金的成形性能。在这个过程中，结合考虑了热处理的作用。

通过大变形与两级退火相结合，得到两相微观组织，即粒状（等轴状）和细小透镜状（或针状）α 相共存，显著改善合金的断裂韧性。除非在超塑性成形温度下有细小的透镜状 α 相组织，否则这种相组织不利于超塑性成形。

粒状（等轴状）和细小透镜状（或针状）α 相组织，显著改善了合金的超塑性成形性和断裂韧性。粒状 α 相形状有利于高温塑性流变，适合超塑性成形加工，而细小透镜状 α 相则在粒状 α 相晶界处析出，在不影响合金强度的前提下，最大限度地提高了合金的断裂韧性和断裂抗力。Froes 和 Highberger 通过以下工艺过程（表 5-27），实现和达到了这一效果。

表 5-27　Froes 和 Highberger 采用的工艺过程

工艺过程	微观组织
在 α + β 相区进行大变形冷加工（70% 变形量）	拉长的透镜状晶粒
在 β 相转变温度以下 300℃（540℉）的 α + β 相区进行热处理，约 800℃（1475℉）	粒状或等轴状 α 相，具有高应变能的透镜状再结晶 α 相转变为低应变能的粒状或等轴状 α 相
在 β 相转变温度以下 200～400℃（360～720℉）的 α 相区进行时效强化。在 β 相转变以下 200℃（360℉），时效强化速率很慢	在冷却的过程中，发生 α + β 转变。在粒状的 α 相和 β 相晶界处，析出细小的透镜状 α 相

（4）再结晶退火　通过加热到 α + β 相区中较高的温度，保温后缓慢冷却，进行再结晶退火，提高了合金的断裂韧性和裂纹扩展抗力，同时保持了良好的疲劳性能。然而，这是以部分牺牲合金的拉伸性能为代价的。

（5）β 退火　通过 β 退火，使合金达到最大断裂韧性和裂纹扩展抗力。加热到略高于 β 相转变温度，可以防止晶粒过度粗化。退火时间与工件尺寸和厚度有关，但应该保证有足够长的退火时间，以确保相变完全进行。应尽量减少完成相变后的保温时间，以控制 β 相晶粒的长大。通过 β 退火，Ti－6Al－2Sn－4Zr－2Mo 合金的航空构架组件获得了最高蠕变强度。

（6）稳定化退火和冷却速率　稳定退火稳定了合金的微观组织。通过从 β 相转变以上温度冷却下来，减少或消除了残余应力。

冷却速率会对合金的力学性能产生影响。Ti - 6Al - 4V 和 Ti - 6Al - 6V - 2Sn 合金从退火温度到 540℃（1000℉）以 55℃/h（100℉/h）的冷却速率缓慢冷却，合金的强度略有提升（最高可提高 35MPa 或 5ksi）。其原因是在 α 相中析出了有序的 α_2 相。

5.3.5 矫直、定型和平整

（1）回弹效应 由于钛和钛合金具有高的屈服强度和弹性模量，具有回弹效应，使得矫直和平整过程很难达到尺寸要求。不像铝合金那样硬度低，容易成形，钛和钛合金很难进行矫直。为了达到精确的公差控制要求，需要采用特殊的工艺方法，如蠕变矫平工艺。

为了克服钛合金的回弹问题，利用加热产生蠕变作为矫平的基础，实现钛合金的矫直、调整和平整工艺。为了达到一定的生产效率，通常将该工序与标准的退火和时效工艺相结合。在退火和时效的温度下，通过高温蠕变，实现并完成单个工件或固定工件的矫直。通过均匀慢速冷却到 315℃（600℉）以下温度，可以进一步提高矫直的效果。根据合金的不同，在 540 ~ 650℃（1000 ~ 1200℉）以下温度进行加热，矫直时间会有所增加。

（2）蠕变矫平 蠕变矫平是一种在氧化性气氛、惰性气氛或真空环境中，在两块干净、平整的钢板之间，通过夹层法对钛板进行矫平。在该工序中，应采取预防措施，防止钢板与钛板可能发生的黏接。

（3）真空蠕变矫平 真空蠕变矫平是将蠕变与真空成形相结合，得到无应力板的一种工艺方法。将钛板放置在大型嵌有电加热元件的陶瓷基床上，对加热钛板进行隔热，防止塑料板熔化，进行整体封装，并对整体装配架进行真空密封。该工艺的成本很高，但矫平效果良好。

当塑料板间的空气排空时，将陶瓷基床上的钛板慢慢地加热到退火温度。大气压力将塑料板和钛板同时拉向基床，蠕变矫平钛或钛合金板，使其达到公差要求，在矫平工序后进行缓慢冷却。

5.3.6 固溶和时效处理

（1）固溶处理 钛合金的固溶处理加热温度可略高于、接近或略低于 β 相转变温度。商用 β 型钛合金通常在固溶状态下供货，然后进行机加工，在最终精加工前进行时效强化，也可以在最终加工后进行时效，然后经过化学研磨，以消除最终热处理后的表面污染。通常，β 型钛合金在 β 相转变以上温度进行固溶加热，而 α 型和 α - β 型钛合金在 β 相转变以下温度进行固溶加热。

通过固溶和时效处理，α - β 型和 β 型钛合金可以获得不同的强度等级。钛合金的热处理是建立在高温下的 β 相在低温下具有不稳定性的基础上的。将 α - β 型钛合金加热到固溶处理温度会得到更多的 β 相。唯一例外是 Ti - 2. 5Cu 合金，它会产生类似于铝合金的 GP 区，析出 Ti_2Cu 强化相（值得注意的是，美国制造商通常不会在钛合金中添加铜，而欧洲制造商则使用含铜钛合金进行生物医学应用）。

通过固溶处理、淬火和时效热处理，将部分不稳定 β 相转变为不同形态的 α 相，改善了合金的力学性能。一般来说，在冷却过程中，得到的 β 相或马氏体数量越多，合金的淬透性就越高。

（2）热处理前的准备 对钛合金工件进行清洗，装载到固定的热处理夹具或支架上，要求工件在加热和淬入淬火冷却介质时不受约束。可将不同厚度的同种合金工件同时进行热处理，但保温时间应按最厚的工件选择。对形状不对称的 α 型和 α - β 型钛合金工件进行固溶处理，可能会导致在机械加工时产生变形。

一般按每 25mm（1in）/20 ~ 30min 的加热速率加热至固溶温度，然后按表 5-28 所规定的时间进行保温。采用先预热工件后进炉的方法，可将复杂工件的变形降低到最小。根据合金和实际经验选取固溶处理温度。

（3）α - β 型钛合金 应根据时效后产品所要求的力学性能，选择 α - β 型钛合金的固溶温度。固溶处理温度改变了 β 相的数量，从而也改变了时效所需要的时间和时效后合金的力学性能，见表 5-29。

（4）α - β 型和 β 型钛合金的状态和固溶处理 α - β 型钛合金通常在退火状态下供货，而 β 型钛合金通常在固溶状态下供货。如果需要重新进行加热，则应仅根据完成该工序所需的时间选择保温时间。通常，β 型钛合金的固溶温度高于 β 相转变温度，此时由于组织中没有抑制晶粒长大的第二相存在，晶粒可能会迅速长大，因此加热保温时间至关重要。正如前面所提到的，为防止晶粒长大，β 型钛合金的固溶温度通常仅高出 β 相转变温度 25℃（50℉）。

为了获得更高强度，应选择在 α + β 相区进行固溶加热，通常加热温度为 25 ~ 85℃（50 ~ 150℉），低于合金的 β 相转变温度。为获得高的断裂韧性，改善裂纹扩展抗力和/或改善应力腐蚀性能，应选择 β 退火。超过 β 相转变温度加热会永久降低合金的塑性和疲劳性能，并且随后的热处理也无法完全改变这一结果。

（5）近 α 型钛合金 与 α - β 型钛合金一样，在 β 相转变温度以上进行固溶处理，近 α 型钛合金得到最佳的蠕变抗力，但会降低其塑性和疲劳强度。为了获得蠕变性能和疲劳强度的最佳组合，选择略低于 β 相转变温度的温度进行固溶加热，确保只有 10% ~15% 的原未转化的 α 相存在。

表 5-28　钛合金的推荐固溶和时效（稳定化）处理工艺

合金		固溶处理温度和时间			冷却介质	时效温度和时间		
		温度/℃	温度/℉	时间/h		温度/℃	温度/℉	时间/h
α 型和近 α 型钛合金	Ti－8Al－1Mo－1V	980～1010①	1800～1850①	1	油或水	565～595	1050～1100	—
	Ti－2.5Cu（IMI 230）	795～815	1465～1495	0.5～1	空气或水	390～410	735～770	8～24（1 级）
						465～485	870～905	8（2 级）
	Ti－6Al－2Sn－4Zr－2Mo	955～980	1750～1800	1	空气	595	1100	8
	Ti－6Al－5Zr－0.5Mo－0.2Si（IMI 685）	1040～1060	1905～1940	0.5～1	油	540～560	1005～1040	24
	Ti－5.5Al－3.5Sn－3Zr－1Nb－0.3Mo－0.3Si（IMI 829）	1040～1060	1905～1940	0.5～1	空气或油	615～635	1140～1175	2
	Ti－5.8Al－4Sn－3.5Zr－0.7Nb－0.5Mo－0.3Si（IMI 834）	1020②	1870②	2	油	625	1155	2
α－β 型钛合金	Ti－6Al－4V	955～970③④	1750～1775③④	1	水	480～595	900～1100	4～8
						705～760	1300～1400	2～4
	Ti－6Al－6V－2Sn（Cu＋Fe）	885～910	1625～1675	1	水	480～595	900～1100	4～8
	Ti－6Al－2Sn－4Zr－6Mo	845～890	1550～1650	1	空气或水⑤	580～605	1075～1125	4～8
	Ti－4Al－4Mo－2Sn－0.5Si（IMI 550）	890～910	1635～1670	0.5～1	空气	490～510	915～950	24
	Ti－4Al－4Mo－4Sn－0.5Si（IMI 551）	890～910	1635～1670	0.5～1	空气	490～510	915～950	24
	Ti－5Al－2Sn－2Zr－4Mo－4Cr	845～870	1550～1600	1	空气	580～605	1075～1125	4～8
	Ti－6Al－2Sn－2Zr－2Mo－2Cr－0.25Si	870～925	1600～1700	1	水	480～595	900～1100	4～8
β 型和近 β 型钛合金	Ti－13V－11Cr－3Al	775～800	1425～1475	0.25～1	空气或水	425～480	800～900	4～100
	Ti－11.5Mo－6Zr－4.5Sn（Beta Ⅲ）	690～790	1275～1450	0.13～1	空气或水	480～595	900～1100	8～24
	Ti－3Al－8V－6Cr－4Mo－4Zr（Beta C）	815～925	1500～1700	1	水	455～540	850～1000	8～24
	Ti－10V－2Fe－3Al	760～780	1400～1435	1	水	495～525	925～975	8
	Ti－15V－3Al－3Cr－3Sn	790～815	1450～1500	0.25	空气	510～595	950～1100	8～24

① 对于某些产品，固溶处理为加热至 890℃（1650℉）保温 1h，然后空冷或更快冷却。

② 为达到所要求 α 相成分，根据 β 相转变逼近曲线选择合金的固溶温度。

③ 对于薄板，采用 890℃（1650℉）的温度固溶，保温 6～30min，然后水淬。

④ 该处理工艺使该合金得到最大的拉伸性能。

⑤ 较厚截面工件采用淬水。

表 5-29 固溶处理温度对 Ti－6Al－4V 合金时效后力学性能的影响

固溶温度		力学性能（室温）				伸长率③
		抗拉强度①		屈服强度②		
℃	℉	MPa	ksi	MPa	ksi	(%)
845	1550	1025	149	980	142	18
870	1600	1060	154	985	143	17
900	1650	1095	159	995	144	16
925	1700	1110	161	1000	145	16
940	1725	1140	165	1055	153	16

① 直径为 13mm（0.5in）的试棒进行固溶处理、淬火和时效。

② 规定塑性延伸强度 $R_{p0.2}$。

③ 试棒长度 =4D（D 为直径）。

通过对合金成分进行调整，渐进达到 β 相转变温度曲线和加宽热处理温度区间，可以实现对加热温度波动的补偿。例如，IMI 834 合金（Ti－5.5Al－4.5Sn－4.0Zr－0.5Mo－0.7Nb－0.04Si－0.06C）添加了质量分数为 0.06% 的 C，加宽扩大了 α 相和 β 相转变温度区间，使渐进曲线较为平坦，如图 5-50 所示。

IMI 834 合金在该区间进行固溶加热，得到的组织为细小已转变的 β 相晶粒（0.1mm 或 0.0.004in）基体上保留有体积分数为 7.5% ~15% 的初生 α 相。等轴的 α 相和已转变的 β 相混合组织使合金具有良好的强度、蠕变和疲劳强度综合性能。

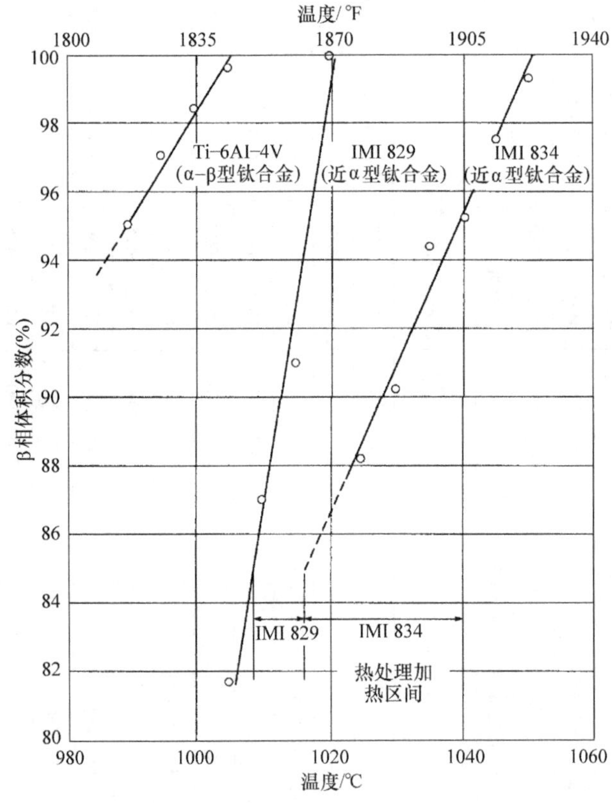

图 5-50 IMI 834、IMI 829 和 Ti－6Al－4V 合金的 β 相转变渐进曲线显示了 β 相体积分数与温度的关系

5.3.7 淬火

（1）冷却速率的影响 从固溶温度冷却到室温的冷却速率会影响后续时效强化的强度和硬度。极慢的冷却速率是相当有害的，会造成 α 相扩散，影响了 β 相的数量，致使析出的 α 相粗大，降低了析出强化效果。

对于 β 相稳定化元素含量相对较高的 α 型钛合金，以及截面尺寸较小的工件，可以采用较慢的冷却速率冷却。而 β 型钛合金通常在固溶后采用空冷或风冷淬火。如果最终时效的力学性能能达到工程规范要求，可以采用缓慢冷却以减少变形。由于 β 型钛合金的时效温度相当高，可以完全消除这类合金工件中的残余应力。

在满足变形要求的前提下，α－β 型钛合金工件最好采用水、5% 盐水和苛性钠溶液进行淬火。这些淬火冷却介质具有很高的冷却速率，可以防止 β 相过早发生分解，以保证在时效时达到最大强化效果。

（2）淬火转移时间　淬火转移时间是指固溶退火时，将工件从热处理炉转移到淬火槽所需的时间。为防止β相发生分解和达到最好的时效强化效果，必须采用快速淬火。通常采用水或5%盐水溶液加快淬火冷却速率。

由于大截面工件降低了冷却速率，因此降低了时效强化的效果。在固溶处理后，强度和硬度可能降低到以前较低的水平，因此淬火工艺显得尤为重要。对于部分α－β型钛合金来说，允许有7s的淬火转移时间。而含更多β相稳定化元素的合金，根据工件尺寸大小，可以接受最长达20s的淬火转移时间。

（3）淬火转移时间敏感的合金和截面尺寸的影响　淬火转移时间对Ti－6Al－4V合金力学性能的影响如图5-51所示。对淬火转移时间不敏感的合金有Ti－6Al－2Sn－4Zr－6Mo、Ti－4Al－4Mo－2Sn－0.5Si、Ti－5Al－2Sn－2Zr－4Mo－4Cr。

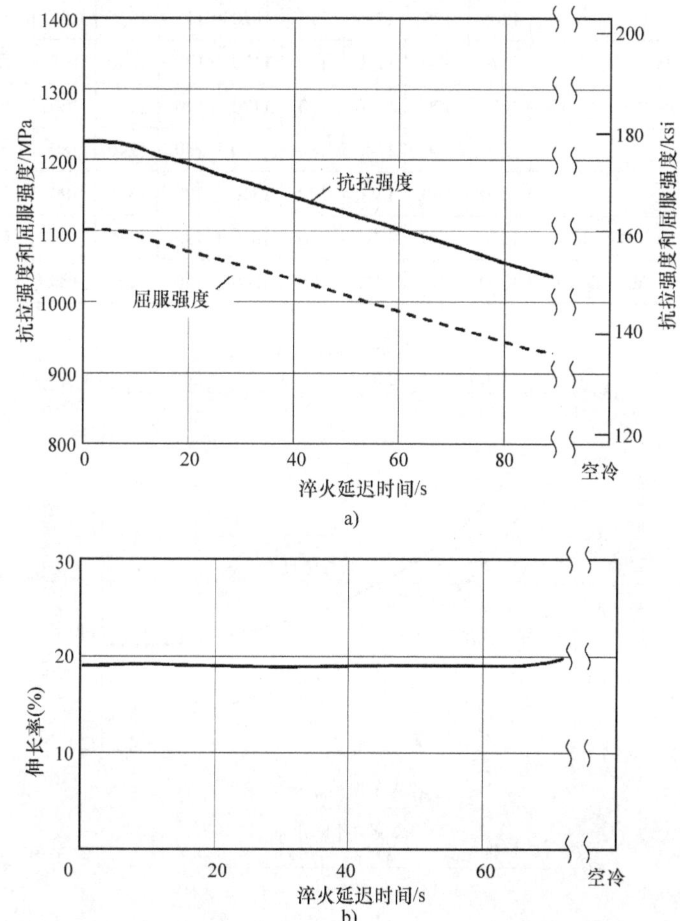

图5-51　淬火转移时间对Ti－6Al－4V合金力学性能的影响

注：尺寸为13mm（0.5in）的Ti－6Al－4V合金在955℃（1750℉）保温1h后淬水，在480℃（900℉）时效6h后空冷。

在这些合金中，截面厚度达100mm（4in）的工件，可以通过强制风冷达到良好的强度，如图5-51所示。

总之，截面尺寸影响淬火速率，从而影响所能达到的最佳时效效果。β相稳定化元素的数量和类型决定了时效强化效果。除非添加了大量的β相稳定化合金元素，否则大截面工件的拉伸性能会下降。

表5-30所列为截面尺寸对经过固溶和时效处理的钛合金抗拉强度的影响。图5-52所示为淬火截面尺寸对Ti－6Al－4V合金拉伸性能的影响。

5.3.8　表面剥落和氧化

在大气环境中加热时，钛和钛合金表面很容易发生氧化，其氧化速率与具体的合金有关。在加热过程中，表面氧化还受到表面洁净度的影响。将工业纯钛在大气环境中和650～980℃（1200～1800℉）温度下加热30min，根据具体的温度，表面氧化物厚度为 0.005 ~ 0.35mm（0.0002 ~ 0.010in），见表 5-31。钛合金的氧化速率随温度提高而提高，但各种合金速率的提高各异。图 5-53 所示为部分钛合金在 650 ~ 980℃（1200 ~ 1800℉）加热 48h 后表面剥落或氧化速率的对比。有关钛合金剥落（氧化）反应的进一步讨论，请参阅本节中“α 相表层”部分。

表 5-30 截面尺寸对经过固溶和时效处理的钛合金抗拉强度的影响

合金	矩形截面棒料的拉伸性能（矩形边长）											
	13mm（0.5in）		25mm（1in）		50mm（2in）		75mm（3in）		100mm（4in）		150mm（6in）	
	MPa	ksi	MPa	ksi	MPa	ksi	MPa	ksi	MPa	ksi	MPa	ksi
Ti-6Al-4V	1105	160	1070	155	1000	145	930	135	—	—	—	—
Ti-6Al-6V-2Sn（Cu+Fe）	1205	175	1205	175	1070	155	1035	150	—	—	—	—
Ti-6Al-2Sn-4Zr-6Mo	1170	170	1170	170	1170	170	1140	165	1105	160	—	—
Ti-5Al-2Sn-2Zr-4Mo-4Cr（Ti-17）	1170	170	1170	170	1170	170	1105	160	1105	160	1105	160
Ti-10V-2Fe-3Al	1240	180	1240	180	1240	180	1240	180	—	—	—	—
Ti-13V-11Cr-3Al	1310	190	1310	190	1310	190	1310	190	1310	190	1310	190
Ti-11.5Mo-6Zr-4.5Sn（Beta Ⅲ）	1310	190	1310	190	1310	190	1310	190	1310	190	—	—
Ti-3Al-8V-6Cr-4Zr-4Mo（Beta C）	1310	190	1310	190	1240	180	1240	180	1170	170	1170	170

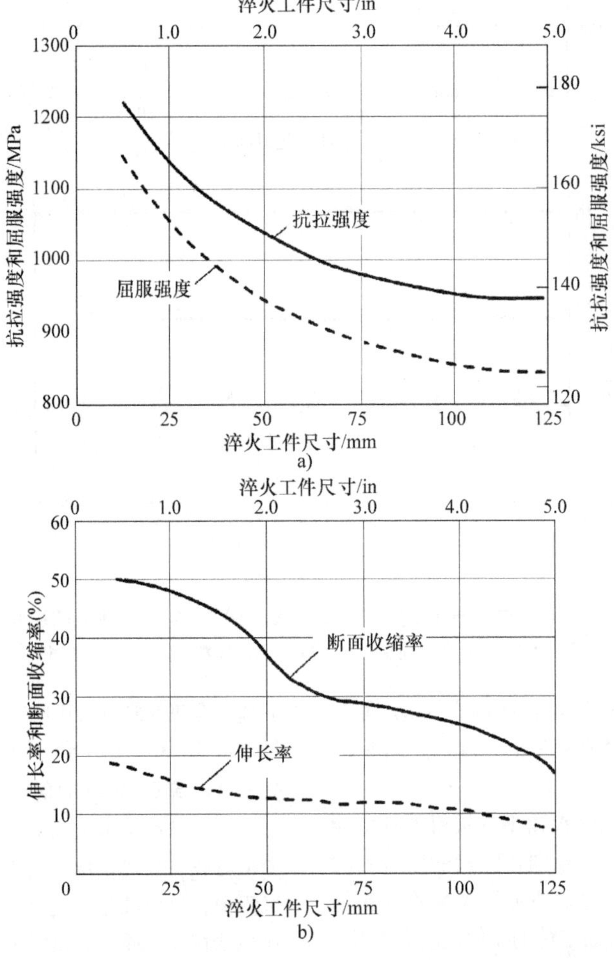

图 5-52 淬火截面尺寸对 Ti-6Al-4V 拉伸性能的影响

表 5-31 商用纯钛在大气环境中加热 30min 后氧化物的厚度

温度		厚度		温度		厚度	
℃	℉	mm	in	℃	℉	mm	in
315	600	无	无	815	1500	<0.025	<0.001
425	800	无	无	870	1600	<0.025	<0.001
540	1000	无	无	925	1700	<0.05	<0.002
650	1200	<0.005	<0.0002	980	1800	0.05	0.00
705	1300	0.01	0.00	1040	1900	0.10	0.00
760	1400	0.01	0.00	1095	2000	0.36	0.01

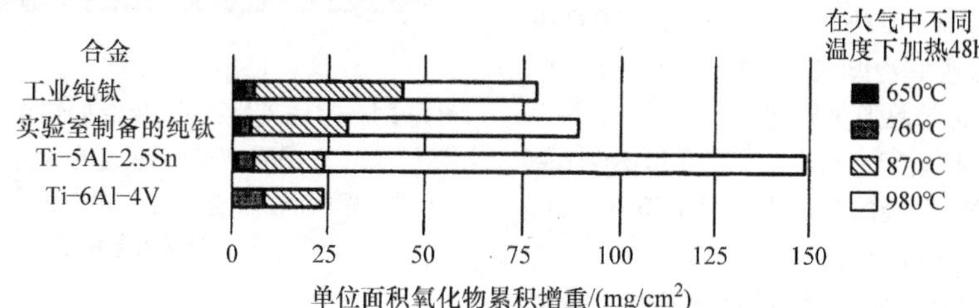

图 5-53 部分钛和钛合金在大气环境加热 48h 后的表面剥落或氧化速率对比

5.3.9 时效强化

（1）常规的时效过程 对于 α－β 型和 β 型可热处理强化钛合金，时效强化是获得高强度的最终热处理工序。时效强化是在固溶和淬火后进行的，通常温度在 425～650℃（800～1200℉）之间。通过时效处理，使不稳定的过饱和 β 相或淬火过程中形成的马氏体发生分解，析出 α 相。表 5-28 所列为钛合金的典型时效时间和温度。

（2）过时效 时效强化的强度取决于适当的时间和温度的组合。过长的时效时间或过高的时效温度会使析出的 α 相产生过时效，导致强度降低。其原因是 α 相发生了粗化，超出了临界尺寸，从而降低了合金的强度和硬度，提高了其塑性。

（3）固溶处理和控制过时效工艺 在特殊情况下，过时效对于特殊产品是非常有用的。通过固溶处理和控制过时效工艺，可适当提高合金的强度，并得到令人满意的韧性和尺寸稳定性。

（4）通过热处理调整力学性能 进行适当的时效，合金能达到高的强度、足够的塑性和组织稳定性。为达到所需的高强度性能要求，在考虑 α－β 型钛合金的热处理时，经常要在其他性能，如塑性和韧性指标上做出某些让步和妥协。例如，提高合金断裂韧性和塑性的改进热处理，通常是以降低合金的强度为代价的。

（5）防止出现 ω 相 在含 β 相稳定化元素多的 α－β 型钛开合金的时效过程中，β 相可能会转变为 ω 相。ω 相是一种亚稳态过渡相，当其重新转变为细小的 α 相时，会导致合金产生严重的脆性。

通过急剧淬火加快速重新加热到高于 425℃（800℉）温度时效，可以防止出现 ω 相。重新快速加热温度无需高于 ω 相分解温度。为防止出现脆性，可将温度加热到足够高，使 α 相得到充分长大。

（6）亚稳态 β 型钛合金 该类合金无需进行固溶处理。在最终热加工后空冷，如果足够稳定，可以达到与固溶处理相似的效果。含有较少 β 相稳定化元素的 β 型钛合金，如 Ti－10V－2Fe－3Al，在热加工后通常需要进行淬水冷却。

（7）含铬钛合金和时效时间限制 如果钛合金中形成铬钛金属间化合物，则会导致合金的塑性和断裂韧性降低，因此，含铬钛合金的时效时间不应超过 60h。与没有进行冷加工的钛合金相比，对冷加工钛合金进行较短时间的时效，通常可以进一步提高合金的强度。冷加工产生了大量的位错，成为 α 相的形核位置。由于 β 型钛合金在超过 315℃（600℉）的温度下长时间服役时，会导致塑性降低，因此不推荐在该条件下使用。

（8）典型热处理工艺总结 可以通过以上介绍的热处理工艺，提高钛合金的力学性能和物理性能。下面对部分钛合金热处理工艺的优缺点进行总结。

1）Ti－6Al－4V 合金的固溶＋过时效。

优点：提高缺口强度、断裂韧性以及蠕变强度（与固溶和时效相比）。

缺点：强度低，强度水平与退火状态相似。

工艺：在 955℃（1750℉）固溶加热，保温 1h 后淬水；在 705℃（1300℉）加热，保温 2h 后空冷至室温。

2）再结晶退火。再结晶退火是替代α－β退火的一种方法，在不降低塑性和疲劳性能的前提下，该工艺可改善关键航空框架部件的断裂性能，但会降低合金的强度。对于Ti－6Al－4V和Ti－6Al－4V－ELI合金：

优点：提高了断裂韧性和抗疲劳裂纹扩展性能。

缺点：降低了强度水平。

工艺：加热到925～955℃（1700～1750℉）保温不少于4h，以不大于56℃/h（100℉/h）的冷却速率炉冷至760℃（1400℉），以不小于370℃/h（670℉/h）的冷却速率冷却到480℃（900℉），空冷至室温（经典的再结晶退火处理）。

3）Ti－6Al－4V、Ti－6Al－4V－ELI和Ti－6Al－2Sn－4Zr－2Mo合金的β退火。对于Ti－6Al－4V和Ti－6Al－4V－ELI合金：

优点：提高了断裂韧性、高周疲劳强度、裂纹扩展抗力和抗应力腐蚀开裂性能。

缺点：降低了拉伸塑性。

工艺：在1010～1040℃（1850～1900℉）保温5min～1h，以不小于85℃/min（150℉/min）的冷却速率空冷到650℃（1200℉），再加热到730～790℃（1350～1450℉）保温2h（稳定化退火），空冷至室温。

对于Ti－6Al－2Sn－4Zr－2Mo合金：

优点：提高了高温蠕变强度和断裂韧性。

缺点：降低了塑性和疲劳性能。

工艺：加热至1020℃（1870℉）空冷，再加热至595℃（1100℉）保温8h，空冷。

4）高合金元素含量的α－β型钛合金或近α型钛合金IMI 834（Ti－5.8Al－4Sn－3.5Zr－0.7Nb－0.5Mo－0.3Si）的固溶处理。

优点：获得优异的蠕变、疲劳和拉伸性能。

缺点：没有。

方法：使用供应商所提供的β相转变温度值。请参阅“确定β相转变温度的方法”一节中有关确定β相转变温度的方法的讨论。

5.3.10 α相表层

（1）α相表层的形成　在氧化性热处理环境中，钛与氧气、水和二氧化碳发生反应，并与由水蒸气分解的氢发生反应。在高于500℃（930℉）的温度下，与钛发生反应的氧很容易向钛和钛合金中扩散，形成硬度高、脆性大的α相表层，降低了合金的力学性能。图5-54所示为α相表层的金相组织照片。

在钛板材成形过程中，α相表层会引起表面开裂，并降低了合金在服役条件下的塑性。在采用标准碳化钨和高速钢工具进行钻孔和切削加工时，α相表层将对工具造成严重磨损，降低了工具的切削加工性能。

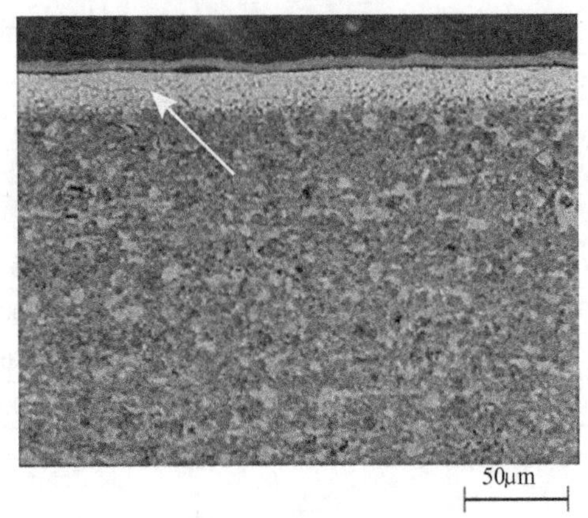

图5-54　Ti－6Al－4V合金加热至760℃（1400℉）保温90min形成的α相表层

注：箭头所指白亮层为α相表层。金相试样制备：草酸着色侵蚀。

（2）α相表层的微观组织和深度　与α相和β相相比，α相表层的金相组织更亮、更均匀，如图5-55所示。为防止α相表层对力学性能造成损伤，必须将它去除或防止它形成。

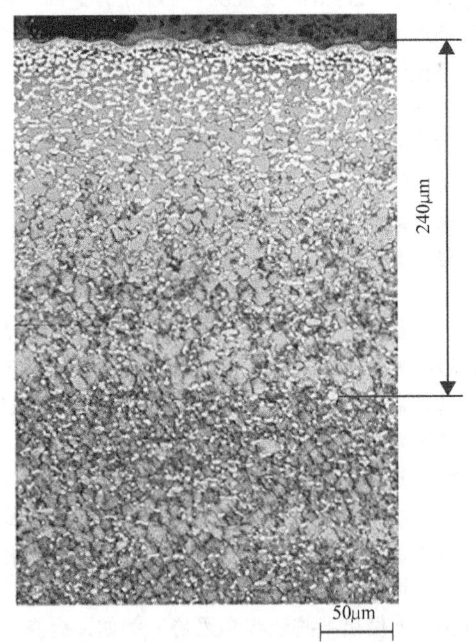

图5-55　Ti－4.5Al－3V－2Mo－2Fe合金加热至900℃（1650℉）保温90min形成的α相表层的深度

注：图中白亮区域为α相表层，平均深度为240μm。金相试样制备：氟化氢铵着色侵蚀60s，然后采用四步α相表层保护处理过程，最后采用氧化铝和无绒毛聚酯布振动抛光。

采用真空热处理可以减少α相表层的形成，但不能完全将其消除。例如，在954℃（1750℉）保温6h进行真空热处理后，α相表层深度减小了79%，从57μm减小到12μm，见表5-32（表中未给出热处理期间的真空度）。图5-56所示为在700℃（1300℉）和在10^{-4}Torr真空度条件下，保温30min所形成的10μm（0.0004in）深的α相表层。

表5-32　Ti-6Al-4V合金在大气和真空条件下热处理后的α相表层深度对比

热处理条件	牌号	时间/h	温度		α相表层深度/μm
			℃	℉	
大气	Ti-6-4	6	955	1750	57
真空	Ti-6-4	6	955	1750	12

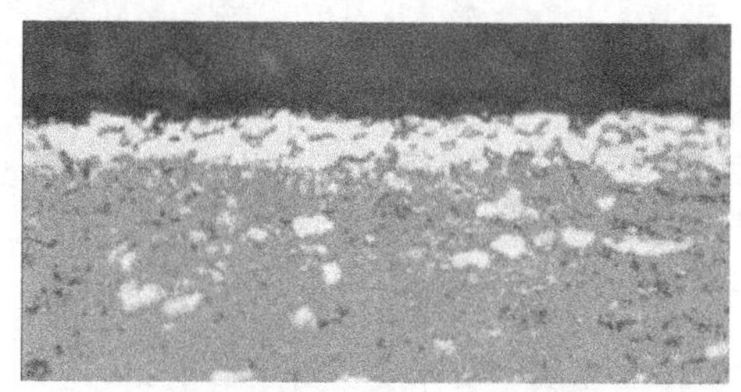

图5-56　无涂层Ti-6Al-4V合金在真空热处理后形成的α相表层（1000×）

注：真空热处理工艺是在10^{-4}Torr的真空度下加热至700℃（1300℉）保温30min。α相表层深度为10μm（0.0004in），α相表层为清晰的表层白亮带。金相试样制备：Kroll's试剂和2%的氟化氢铵。

在铸造、锻造等加工工艺中，很难采用真空和惰性气体，因此容易形成α相表层。必须采用机械或化学方法将该α相表层除去。

合金的氧化速率和随后的α相表层深度与合金的种类有关，在温度、时间和表面清洁度已知的条件下，可以大概确定α相表层的深度。包括对受污染表面的检验在内，横截面金相检验方法是确定α相表层深度的最佳方法。

图5-57所示为IMI 834（Ti-6Al-4Sn-4Zr）合金在600~900℃（1112~1652℉）温度范围内，α相表层深度与时间之间的关系。

（3）化学方法去除α相表层　表5-33所列为钛合金在氧化气氛中经过不同时间和温度的热处理后，最小α相表层去除量的参考值。下面为去除α相表层的两种化学方法。

1）氢氟酸和硝酸混合物。

① 由于该化学反应为强放热反应，必须将温度控制在45~60℃（110~140℉）之间。

② 操作高度危险，必须按安全规程谨慎操作。

③ 要求处理完成的工件均匀，需要进行搅拌。

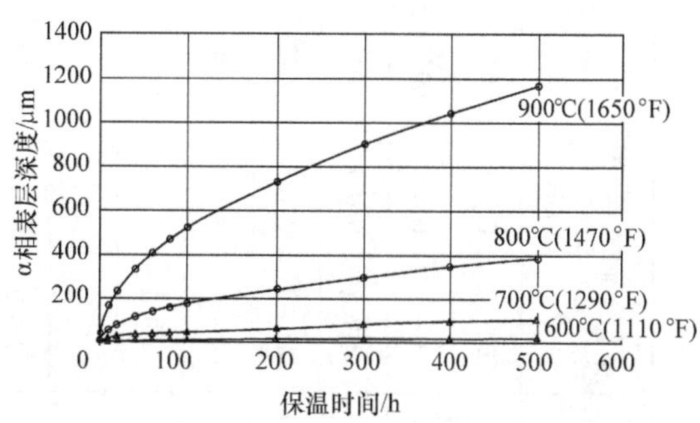

图5-57　IMI 834（Ti-6Al-4Sn-4Zr）合金在600~900℃（1112~1652℉）温度范围内保温不同时间的α相表层深度

④ 可能产生氢脆。

⑤ 如果温度超过45~60℃（110~140℉），会加速氢聚集。

2）替代氢氟酸的方法。

① 用5%氟硼酸替代氢氟酸，温度为65℃（150℉），无氢脆。

② 0.5*M*氟化钠/0.5*M*过硫酸铵溶液，温度为75~100℃（170~212℉）。

③ 10%硫酸铜/50%氢氧化钠/40% H_2O，温度为105℃（220℉），采用Wyman-Gordon方法。

④ 10% HNO_3/8% HF/82% H_2O，温度为45~60℃（110~140℉）。

（4）控制α相表层的模具（二次反应形成的α相表层）　尽管铸造技术不在本节讨论范围之内，但本节还是要对控制α相表层模具的复杂过程进行简要介绍。

控制α相表层的模具是在钛合金熔模铸造过程中，抑制形成α相表层。陶瓷氧化物模具中液态钛与间隙氧原子反应的热力学计算表明，在熔模铸造过程中，不会自发形成α相表层（TiO_2）。其原因是，与在大气环境下的反应相比，在氧化物模具中液态钛与间隙氧发生反应的标准自由能更高，反应热力学更加困难。因此，密闭模具可以保护液态金属免受空气中氧的影响，而液态金属与氧化物模具中的间隙氧不容易发生反应。

由于热力学的原因，在氧化物模具中不会形成α相表层，但在实际过程中，确实发现存在α相表层，这表明还存在另一种机制。Sung等人采用Al_2O_3、$ZrSiO_4$、ZrO_2和CaO稳定的ZrO_2四种陶瓷氧化物作为候选模具材料，进行了熔模铸造试验。在这四种模具材料中，认为Al_2O_3是首选材料。从热力学角度考虑，它阻止形成TiO_2-α层，此外，还有成本低、有适合模具的良好强度及高透气性，便于气体和水分排出等优点。

表 5-33 在氧化气氛中加热钛合金的最小切削量

热处理温度		保温时间	最小切削量①		热处理温度		保温时间	最小切削量①		热处理温度		保温时间	最小切削量①	
℃	℉	/h	mm	in	℃	℉	/h	mm	in	℃	℉	/h	mm	in
480 ~ 593	900 ~ 1100	≤12	0.005	0.0002	788 ~ 815	1451 ~ 1500	1 ~ 2	0.051	0.0020	899 ~ 926	1651 ~ 1700	0.5 ~ 1	0.091	0.0036
594 ~ 648	1101 ~ 1200	≤4	0.008	0.0003	816 ~ 871	1501 ~ 1600	<0.5	0.058	0.0023			1 ~ 2	0.107	0.0042
		4 ~ 12	0.015	0.0006			0.5 ~ 1	0.066	0.0026	927 ~ 954	1701 ~ 1750	≤0.5	0.097	0.0038
649 ~ 704	1201 ~ 1300	≤1	0.013	0.0005			1 ~ 2	0.076	0.0030			0.5 ~ 1	0.107	0.0042
		1 ~ 8	0.020	0.0008	872 ~ 898	1601 ~ 1650	≤0.5	0.066	0.0026			1 ~ 2	0.122	0.0048
		8 ~ 12	0.025	0.0010			0.5 ~ 1	0.081	0.0032	955 ~ 982	1751 ~ 1800	≤0.5	0.114	0.0045
705 ~ 760	1301 ~ 1400	≤1	0.025	0.0010			1 ~ 2	0.089	0.0035			0.5 ~ 1	0.137	0.0054
		1 ~ 4	0.036	0.0014	899 ~ 926	1651 ~ 1700	≤0.5	0.086	0.0034			1 ~ 2	0.160	0.0063
		4 ~ 8	0.038	0.0015			0.5 ~ 1	0.091	0.0036	983 ~ 1010	1801 ~ 1850	≤0.5	0.145	0.0057
		8 ~ 12	0.043	0.0017			1 ~ 2	0.107	0.0042			0.5 ~ 1	0.178	0.0070
761 ~ 787	1401 ~ 1450	≤1	0.030	0.0012	927 ~ 954	1701 ~ 1750	≤0.5	0.097	0.0038			1 ~ 2	0.216	0.0085
		1 ~ 2	0.038	0.0015			0.5 ~ 1	0.107	0.0042	1011 ~ 1038	1851 ~ 1900	≤0.5	0.178	0.0070
		2 ~ 4	0.046	0.0018			1 ~ 2	0.122	0.0048			0.5 ~ 1	0.229	0.0090
		4 ~ 8	0.051	0.0020	872 ~ 898	1601 ~ 1650	≤0.5	0.066	0.0026			1 ~ 2	0.292	0.0115
		8 ~ 12	0.056	0.0022			0.5 ~ 1	0.081	0.0032	1039 ~ 1066	1901 ~ 1950	≤0.5	0.229	0.0090
788 ~ 815	1451 ~ 1500	≤0.5	0.036	0.0014			1 ~ 2	0.089	0.0035			0.5 ~ 1	0.305	0.0120
		0.5 ~ 1	0.041	0.0016	899 ~ 926	1651 ~ 1700	≤0.5	0.076	0.0030			1 ~ 2	0.406	0.0160

注：热处理后采用金相法测量 α 相表层深度。

① 为典型值，实际值因合金不同而异。

然而，尽管从热力学角度考虑不可能形成 α 相表层，但与采用其他模具生产的铸件相比，采用 Al_2O_3 模具生产的铸件具有更大的 α 相表层亲和力。采用 Al_2O_3 模具生产的铸件，其表面显微硬度更高，如图 5-58 所示。图中曲线表明，在距表面 200μm 深的地方，其硬度是采用其他模具材料的两倍。在距表面 600μm 深的地方，其硬度才达到稳定，而采用其他模具材料，在距表面 300μm 深处，硬度就达到了稳定。高的表面硬度和更深的硬化层表明，α 相表层的形成涉及与模具发生的二次反应。

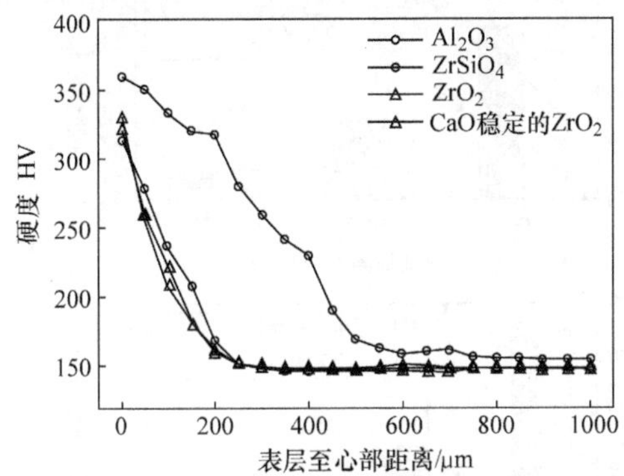

图 5-58　采用四种模具材料（Al_2O_3、$ZrSiO_4$、ZrO_2 和 CaO 稳定的 ZrO_2）铸造的纯钛熔模铸件的硬度梯度分布对比

注：图中数据表明氧化铝模具增加了 α 相表层的深度。

采用元素表面映射、透射电子显微镜和会聚光束元素衍射技术对表面进行了研究，确定表层有 Ti_3Al 和 TiO_2 相。认为 Ti_3Al 是构成 α 相表层的主要成分，与钛和氧单独反应相比，在 Al_2O_3 模具中，Ti_3Al 的数量更多，起到的作用更大。

Sung 等人通过制备载有原钛合金表面反应产物的 Al_2O_3 模具，解决了 Al_2O_3 模具形成的 α 相表层铸件问题：

1）钛铝金属间化合物（TiAl、α_2-Ti_3Al 和 $TiAl_3$）和 $TiO_2/TiAl_3$（$TiAl_3$ 是另一种形式的钛铝化合物）。

2）预合成 TiO_2。

Ti/Al_2O_3 反应产物包括 $TiAl_3$（钛铝化合物）和其他化合物，将它们添加到 Al_2O_3 模具材料中，制备出了控制 α 相表层的模具，在铸造过程中防止了 α 相表层的形成，得到了硬度均匀且层深一致性好的硬化层，表面外观光亮的铸件。

没有证据表明，在钛合金热处理过程中，用这种混合物可防止形成 α 相表层。然而，其他的铝氧化物涂层，如钛铝化合物、铂铝化合物和 Al/SiO_2，通常都可防止形成 α 相表层。

（5）热处理时防止 α 相表层形成的涂层　普通钛铝化合物和铂铝化合物是常见的涡轮机钛合金叶片的涂层材料，主要用于在高温下减少 α 相表层的生长。铂铝化合物的性能更优，表面氧化物增重较少，表明其具有优越的防止 α 相表层形成的能力。

对进行了涂层和未进行涂层的 IMI 834（Ti－5.8Al－4Sn－3.5Zr－0.7Nb－0.5Mo－0.3Si）合金在 800℃（1472℉）进行了长达 400h 的高温氧化试验，测试表明，进行了铂铝化合物涂层的合金，氧化物增重明显降低，α 相表层的形成也明显减少。

在进行了 100h 试验后，与未进行涂层的合金相比，进行了铂铝化合物涂层表面的增重降低了 94%，从 $3.4mg/cm^2$ 降低到 $0.2mg/cm^2$。在试验时间达到 400h 时，进行了涂层的表面增重相对稳定，从 $0.2mg/cm^2$ 略增加到 $0.4mg/cm^2$。而普通钛铝化合物涂层的增重随着时间的增加而增加，直到涂层失效。在试验时间达到 400h 时，铂铝化合物涂层的增重与普通钛铝化合物涂层的增重分别为 $0.4mg/cm^2$ 和 $2.7mg/cm^2$，降低了 85%（图 5-59 和表 5-34）。

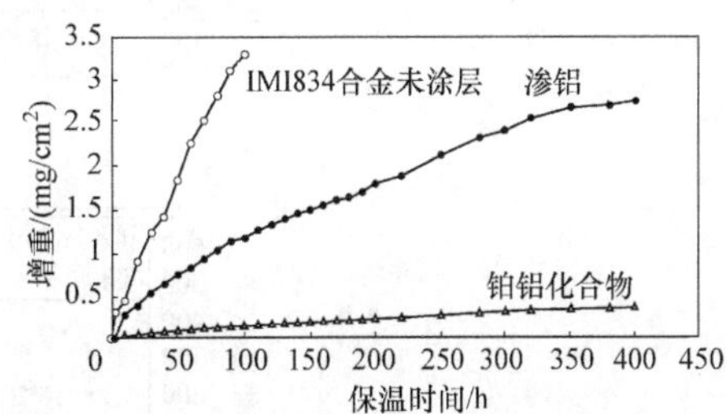

图 5-59　涂层和未涂层的 IMI 834（Ti－5.8Al－4Sn－3.5Zr－0.7Nb－0.5Mo－0.3Si）合金在 800℃（1472℉）保温 400h 的实际增重

表 5-34　涂层和未涂层的 IMI 834 合金在 800℃（1472℉）保温 400h 的实际增重

涂层	时间/h	增重/(mg/cm²)	对比
未涂层	100	3.4	以 100h 为 100% 作为参照
纯铝化合物	100	1.1	与未涂层 100h 进行对比，增重减少 68%
铂铝化合物	100	0.2	与未涂层 100h 进行对比，增重减少 94%
纯铝化合物	400	2.7	以 400h 为 100% 作为参照
铂铝化合物	400	0.4	与纯铝化合物 400h 进行对比，增重减少 85%

（6）高变形涂层　为承受类似于锻造过程中的高冲击变形，开发出了能防止 α 相表层形成的高变形涂层。由于陶瓷涂层脆性大、塑性低，易受到冲击而失效，因此不适合用于制备高变形涂层。

Patankar 发现了一种简单的硅酸钠（Na_2SiO_3）涂层，这种涂层具有一定塑性，可作为隔断氧气的屏障，在 Ti-6Al-4V 合金的锻造过程中，可对 α 相表层进行保护。拉伸力学测试表明，进行涂层后，合金的极限拉伸和屈服强度没有显著地提高，但塑性得到了改善，如图 5-60 所示。通过保留原

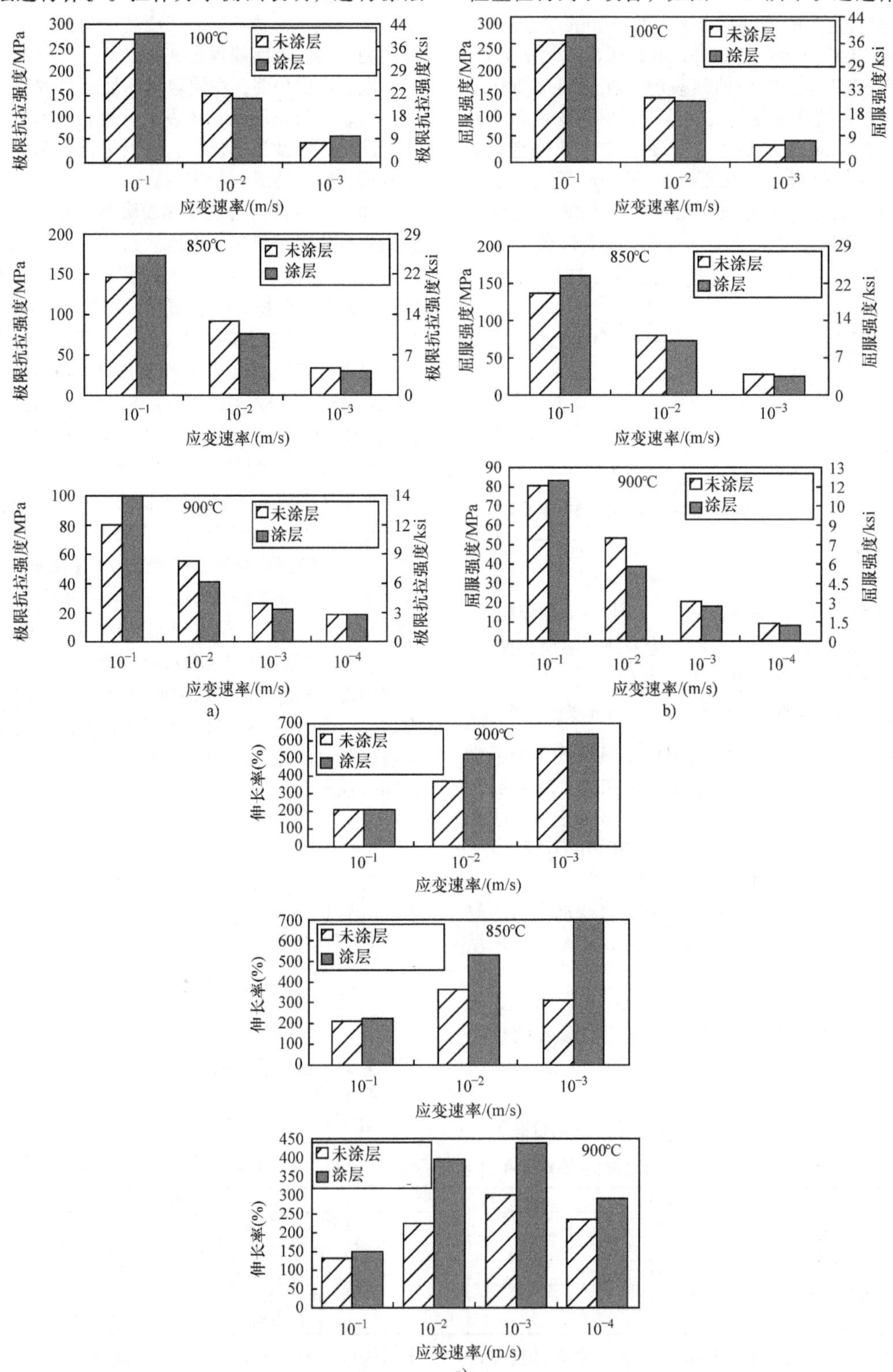

图 5-60 Ti-6Al-4V 合金在不同温度条件下的应变速率与力学性能的关系

a）极限抗拉强度 b）屈服强度 c）伸长率

表面光洁度和具有较高的塑性，这种涂层起到了保护 α 相表层的作用。如果可以选择更高的合金塑性，也可以采用热处理保护。

（7）高温氧障薄涂层　在航空航天领域超过 307℃（584℉）的高温下长期服役的应用条件下，希望能有薄而轻的防止形成 α 相表层的涂层。复合屏障层，如与扩散结合的铝钛基板，具有抗氧化性，但厚度较大，约为 25μm，容易产生开裂和剥落。

Unnam 和 Clark 开发了一种专利涂层工艺，即在钛合金表面制备出厚度为 1μm 的 Al/SiO_2 双层涂层，特别适合作为航空航天产品的表面涂层。该涂层具有以下特点：

1）在 704℃（1300℉）的高温下耐热可达 24h。

2）具有抗开裂和剥落性能。

3）适用于厚度小于 0.025mm（0.001in）的薄箔片的制备。

4）测试表明，优于洛克希德公司导弹和空间部（Lockheed Missile and Space）的化学气相沉积（CVD）-硅酸盐工艺。

Unnam 和 Clark 开发的工艺包括：

1）采用 7 步彻底清洗，即蒸汽脱脂→热 NaOH 碱清洗→去离子水冲洗→50% HNO_3/3% HF 浸泡→去离子水冲洗→乙醇清洗→风干。

2）双重涂层，即蒸发亚微米铝底层，以及在铝底层上溅射镀覆二氧化硅（SiO_2）顶层。

采用上述工艺，可得到极薄、质量极小的氧障涂层。在高温服役条件下，该涂层通过形成钛铝化合物和钛硅化合物，防止了 α 相表层的形成。这些新化合物的增重是微不足道的，仅有 0.004mg/cm^2，而采用其他方法的增重则为 2～5mg/cm^2。

测试表明，这种涂层具有有效的氧障作用，在 704℃（1300℉）下测试 24h 期间，防止了 α 相表层脆化。由于具有极好的塑性，这种涂层方法优于其他涂层方法，其中包括片状铝涂层、硅酸盐 CVD、铝 CVD 和 SiO_2/AlSiO_2（图 5-61a）。在测试期间，该涂层的增重最少（图 5-61b），表明其能有效地抑制 α 相表层的形成。如果成本允许，可以将这种涂层用于关键产品的热处理保护涂层以及随后的处理工序。

（8）Wyman－Gordon 涂层　为确定防止出现 α 相表层的能力，Wyman Gordon Co. 对 SJ 型和高级 SJ 型两种涂层进行了研究，其成分和熔点见表 5-35。

表 5-35　SJ 型和高级 SJ 型涂层的对比

型号	成分	熔点		黏度
		℃	℉	
SJ 型	云母和硅酸钠混合物	1093	2000	低
高级 SJ 型	玻璃粉（SiO_2）和氧化铝（Al_2O_3）混合物	954	1750	高

表 5-36 所列为采用这两种涂层的效果对比。与无涂层材料相比，SJ 型涂层没有效果，α 相表层的深度增加了 22%～25%。与 SJ 型涂层相比，高级 SJ 型涂层较厚，附着力好，能有效起到氧障作用。采用显微硬度方法对 α 相表层深度进行了测量，与无涂层材料相比，采用高级 SJ 型涂层的 α 相表层深度减小了 44%～63%。

表 5-36　Ti－6Al－4V 和 Ti－6Al－4V－ELI 合金采用 SJ 型和高级 SJ 型涂层的 α 相表层深度

合金牌号①	Wyman－Gordon 涂层类型	α 相表层深度（在大气环境 954℃（1750℉）加热 6h）		涂层方式和合金种类对 α 相表层深度变化和效果的影响		
		测量方式		对比方式		
		金相法/μm	显微硬度法/μm	显微硬度法②（%）	金相法（%）	效果
Ti－6Al－4V	未涂层③	57	90	0	0	—
Ti－6Al－4V	SJ	67	110	22	18	增加
Ti－6Al－4V	高级 SJ	42	50	－44	－26	减少
Ti－6Al－4V－ELI	未涂层③	43	80	0	0	—
Ti－6Al－4V－ELI	SJ	45	100	25	5	增加
Ti－6Al－4V－ELI	高级 SJ	21	30	－63	－51	减少

① ELI—极低间隙元素。

② 由于存在扩散，采用显微硬度法测量 α 相表层深度比金相法测量更准确可靠。

③ 参照核对试样。

根据显微硬度法和金相法的测量结果，Ti－6Al－4V－ELI 合金的 α 相表层深度比 Ti－6Al－4V 合金的小，但显微硬度法测量深度的结果比金相法测量的更大。这种差异可以由 α 相扩散到 β 相中来

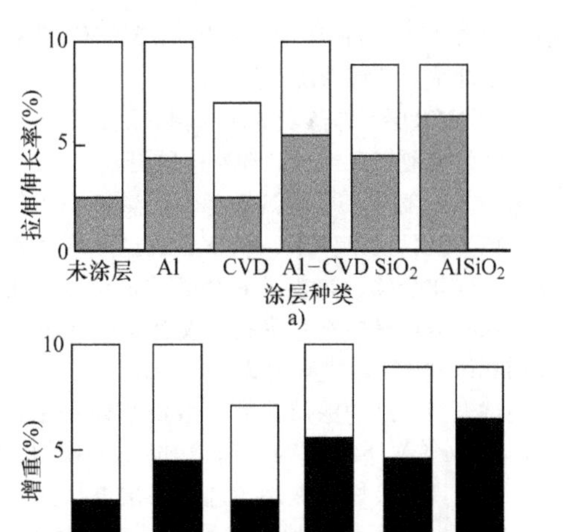

图 5-61 采用不同涂层工艺的 Ti-6Al-2Sn-4Zn-2Mo 合金在 980K（707℃或 304℉）保温 25h 的塑性和增重

a）塑性 b）增重

CVD—化学气相沉积

注：在所有涂层工艺中，$AlSiO_2$ 双层涂层的塑性最高、增重最低，且固溶度最低。

（译者注：原图 b 纵坐标有误，为拉伸伸长率，已更正；但图 b 和图 a 完全一致，仅颜色不同，无法更正。）

解释，在金相法测量的层下面有高硬度的 α+β 相存在。因此为了保证结果可靠，这里的 α 相表层深度采用显微硬度法进行测量。

Wyman-Gordon 公司认为，从涂层成分考虑，高级 SJ 型涂层比 SJ 型涂层贵。但综合考虑，高级 SJ 型涂层的成本更低，其原因是高级 SJ 型涂层工艺减少了如酸处理和机械研磨去除 α 相表层的工艺。

另一种观点认为，α 相表层增厚是按抛物线形进行的，直到达到一个稳定的速率。如果以时间的平方根为横坐标，则增厚为一条直线。

（9）其他涂层 将无水硼砂、硼酸和氢氧化铝，通过挥发性载体喷涂到干净的工件上，可以最大限度地减少氧的吸收。这种涂层可以减少，但不能完全去除附加的表层，其有效使用温度为 760℃（1400℉）。

（10）确认除去 α 相表层的方法 在制造加工前，可以通过深度侵蚀、金相法和显微硬度法，验证 α 相表层是否已除去。下面对这些方法进行介绍。

1）氟化氢铵深度侵蚀方法。

① 未加工表面。将热处理工件在 18g/L/(2.4oz/gal) 的氟化氢铵水溶液中进行侵蚀。浅灰色表示存在 α 相表层，而深灰色表示不存在 α 相表层。

② 加工表面。采用氟化氢铵进行处理前，在 5% HF/30% HNO_3 水溶液中进行侵蚀。

2）根据 SAE 的 AMS 2642 规范，进行蓝色腐蚀阳极侵蚀。

3）金相法。

① 研磨：180~600#砂纸。

② 抛光：1.0μm、0.05μm 和 0.06μm 的 Al_2O_3。

③ 硅胶封闭：0.02μm。

④ 硝酸侵蚀液腐蚀：3~5mLHNO_3/100mL 乙醇。

4）显微硬度法。采用显微硬度法测量 α 相表层深度是比金相法更准确的方法。其原因是在表层还存在一个隐藏的高硬度扩散层，该扩散层无法通过光学显微镜观察到，但可以通过显微硬度法测量到。

5.3.11 氢脆

（1）氢脆的定义 氢脆会造成钛合金力学性能的显著降低，从而导致钛合金早期失效。图 5-62 所示为氢对钛合金拉伸性能的影响。当氢的含量增加到 600ppm 时，抗拉强度会迅速提高，但同时断裂时的应变降低。在工业纯钛中，观察到氢的含量在 20~30ppm 数量级。

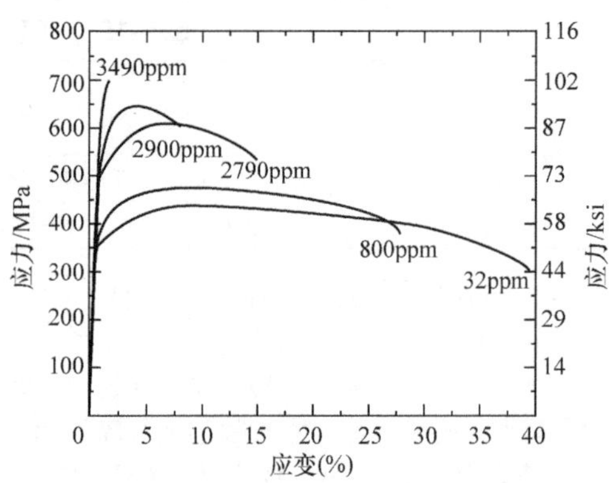

图 5-62 不同含氢量的二级商业纯钛的应力-应变曲线

（2）微观组织的变化 含氢量会对断裂表面组织和断裂形貌产生显著影响。在含氢量低（32ppm）时，断裂表面存在较大、较深的韧窝（图 5-63a）。当含氢量增加到 600ppm 时，断裂表面存在尺寸较小、较浅的韧窝（图 5-63b）。随着含氢量继续提高到 3490ppm 的水平，断裂表面为脆性较大的解理面（图 5-63c），或形成氢化物，在 α 相或 α/β 界面处形成裂纹，造成开裂（图 5-64）。

钛及其合金中的氢污染可能来自内部和/或外部。内部污染来源主要是固溶的氢和/或氢化物（钛氢化合物）；外部污染来源是从环境中吸收的氢，其中包括热处理气氛和电化学过程。

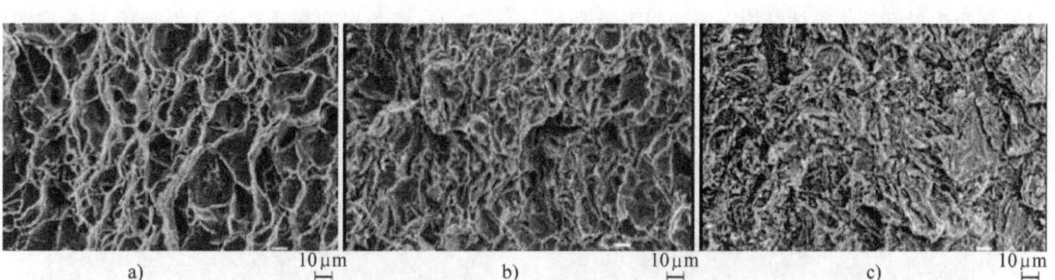

图 5-63　含氢量对二级商业纯钛表面断裂的影响

a）原材料，含氢量为 32ppm，断裂表面有较大、较深的韧窝　b）氢化，含氢量为 600ppm，较小、较浅的韧窝　c）氢化，含氢量为 3490ppm，脆性较大的解理面

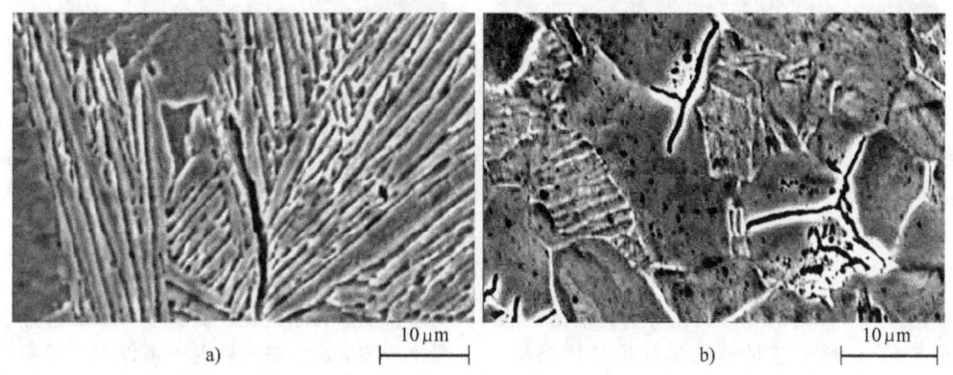

图 5-64　Ti-6Al-4V 合金（电化学过程中产生氢）中的氢诱发裂纹

a）在 α 和 β 相界面处的完全层状组织产生裂纹　b）在两相组织晶界和初生 α 相内部产生开裂

（3）内部氢污染　氢在钛中具有很高的固溶度，它是一种 β 相稳定化元素。在图 5-65 所示的钛-氢相图中可以清楚地看到，随含氢量提高，α/β 转变温度显著降低。当固溶氢的摩尔分数达到 5%（质量分数为 0.125%）时，α/β 转变温度从 880℃（1616℉）降低到 300℃（572℉）的共析温度。

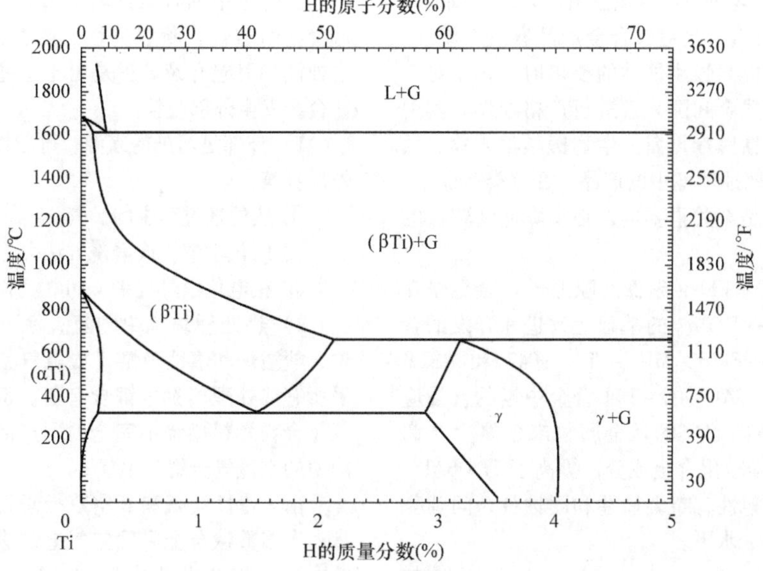

图 5-65　钛-氢相图

1）氢吸附量和基体晶体结构。氢的吸附量会对晶体结构和微观组织产生影响。由于体心立方晶格的间距更大，氢在体心立方（bcc）β 相中的固溶度比在密排六方（hcp）α 相中更高，并具有更高的扩散速率。在密排六方的 α 相中也有一定的固溶度。

2）氢吸附和微观组织。氢吸附与微观组织有关。α + β 两相组织比连续的微观组织单相 α 相更不容易产生氢吸附。对 Ti - 6Al - 4V 合金的电化学加氢研究表明，与几乎全部为 α 相的单相微观组织相比，氢在 α + β 两相组织的吸附量更大（图 5-66）。

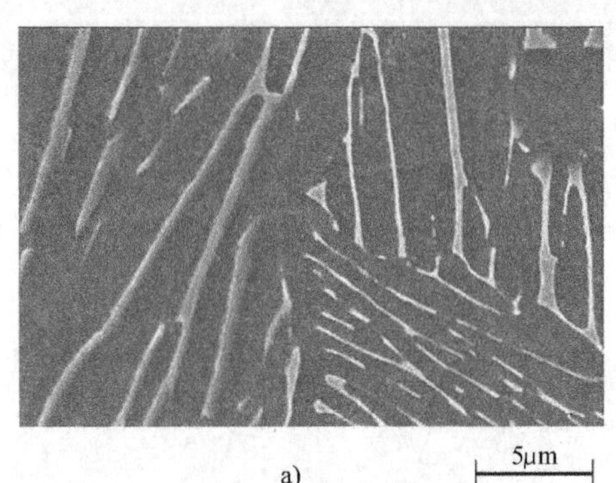

a)

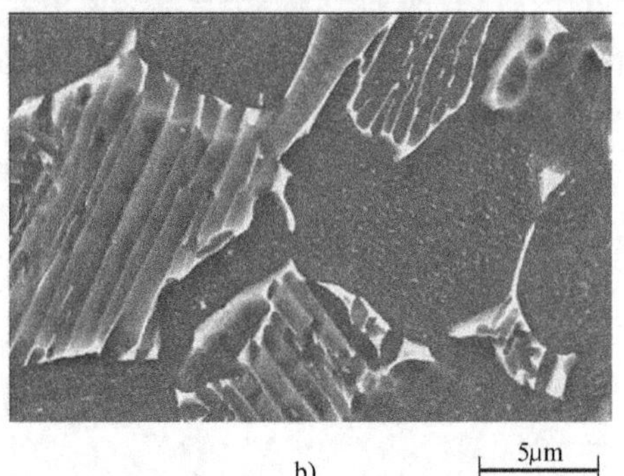

b)

图 5-66 Ti - 6Al - 4V 合金微观组织对氢吸附量的影响（通过电子加氢，电流密度为 $100mA/cm^2$）

a）微观组织：完全层状连续 β 相，氢吸附多，1110ppm b）微观组织：α + β 两相组织，等轴的初生 α 相和层状已转变的 β 相（二次 α 相），氢吸附少，240ppm

注：氢在 β 相中的吸附量更高，而体心立方 β 相中氢扩散的速度要快得多。

钛氢化物是一种内部氢污染化合物，根据氢的浓度，它有 δ、ε 和 γ 三种非化学计量晶体结构。δ - TiH_x 钛氢化物，其中 x 的范围在 1.5 ~ 1.99，当 $x<1.56$ 时，氢可以直接固溶于 α 相基体中。在氢浓度更高的条件下，即 $x \geqslant 1.56$ 时，δ - TiH_x 直接在钛基体中析出。

固溶氢和钛氢化物析出都会导致晶格发生膨胀，由此极大地影响了合金的力学性能。通常，在 Ti - 6Al - 4V 标准中，氢的浓度应该控制在 125 ~ 150ppm。

3）低氢钛合金。当对钛合金产品有改善塑性、提高断裂韧性和提高强耐蚀性的要求时，必须对合金的微观组织和残余间隙元素进行严格控制。其中一些典型产品包括医疗设备、生物医学植入物、低温材料和服役在腐蚀环境中的产品。在这类产品中，合金中氢的含量是至关重要的，必须降低到较低的水平。

Ti - 6Al - 4C - ELI（超低间隙原子）合金是在标准的 Ti - 6Al - 4V 合金的基础上改进和开发的合金。按照 ASTM F136、MIL - T - 9047 和 ASTM F1472 标准，Ti - 6Al - 4C - ELI 合金中氢的含量应该不超过 125ppm。瑞典的钛金属粉末金属生产商 Arcam 通过进一步净化合金成分，提高了 Ti - 6Al - 4V - ELI 合金的塑性、断裂韧性和耐蚀性，间隙氢降至极低的 30ppm 水平。

表 5-37 对 Arcam Ti - 6Al - 4V - ELI、标准的 Ti - 6Al - 4V - ELI 和 Ti - 6Al - 4V 合金中的元素和力学性能进行了对比。高纯度 Arcam 合金中氢的含量小于 30ppm，在轧后退火条件下，其高周循环疲劳强度是标准的 Ti - 6Al - 4V（ASTM F136）合金的 10 倍，并且拉伸性能略高。

（4）外部氢污染　正如前面所讨论的，目前钛合金的标准中将含氢量限制在 125 ~ 200ppm。Ti - 6Al - 4V - ELI 是一个例外，该合金的含氢量小于 30ppm，因此具有更高的塑性、断裂韧性和耐蚀性。

当合金中的含氢量高于 125 ~ 200ppm 时，会降低合金的塑性、断裂韧性、冲击强度、抗拉强度、耐蚀性和引起开裂。正是由于这些原因，必须避免钛合金发生外部吸氢。

1）外部氢污染的来源。可能以下面的方式发生外部吸氢：

① 热处理过程中的炉气。

② 用化学清洗或酸洗方法去除 α 相表层。

③ 在电化学过程中，如电镀和阴极清洗。

2）热处理炉气中的氢。除了高真空度热处理炉、盐浴炉和惰性气氛（如氩气）热处理炉外，几乎所有热处理气氛中都含有氢。例如，燃料炉中碳氢化合物燃料燃烧不完全的副产品产生氢，空气电炉中的水蒸气分解产生氢。

由于惰性气氛和真空热处理设备的成本高，通常，大多数钛合金采用空气电炉进行热处理。因为钛中只允许含少量的氢（工业纯钛中含氢量小于 50ppm），所以必须防止热处理过程中吸入过量的氢。

表 5-37 Ti-6Al-4V-ELI（标准合金）、Ti-6Al-4V-ELI（Arcam 高纯度合金）、Ti-6Al-4V（标准合金）的成分和力学性能比较

合金	成分（质量分数）								力学性能						
									轧后退火						疲劳强度
									抗拉强度		屈服强度		伸长率	断面收缩率	
	Al（%）	V（%）	H /ppm	Fe（%）	O（%）	C（%）	其他（%）	Ti	MPa	ksi	MPa	ksi	（%）	（%）	
Ti-6Al-4V-ELI①	5.5 ~ 6.5	3.5 ~ 4.5	130	0.25	0.13	0.08	0.4	余量	896	130	827	120	15	45	无数据
Ti-6Al-4V-ELI②	6.0	4.0	<30	0.10	0.10	0.03	—	余量	970	141	930	135	16	50	Arcam：10000000 周次；ASTM F136：1000000 周次
Ti-6Al-4V①	5.50 ~ 6.75	3.50 ~ 4.50	150	0.4	0.02	0.1	0.4	余量	965	140	875	127	16	46	无数据

① Carpenter Technology 公司数据。
② Arcam 公司数据。

去应力退火、轧后退火和时效工序是可能产生少量吸氢的过程。没有保护气氛的电炉也可能造成少量吸氢。由于氢吸附率较高，在较高的热处理温度下，仍然需要对氢进行控制。

3）通过氧化气氛还原氢。控制氢的一种技术是采用轻微氧化性的气氛。在有至少 5% 过剩氧的热处理炉中，可以通过下面的方法减少吸氢现象：

① 降低炉内的氢分压。

② 提供表面保护氧化膜，阻挡吸氢。

（5）真空退火除氢　真空退火是一种去除固溶氢的方法。典型的真空退火工艺是在 1×10^{-2} Torr（10μmHg）的真空度和标准退火温度下，保温 2 ~ 4h。退火温度一般应不低于 730℃（1350℉），首选 760 ~ 790℃（1400 ~ 1450℉）温度范围。对于薄型工件，在合理的退火时间内，退火温度可以选择 650℃（1200℉）。通常，真空退火的成本较高，主要用于降低含氢量，防止进一步产生氢污染，以及控制 α 相表层。

（6）其他外部污染物　其他外部污染物包括氮、一氧化碳和二氧化碳以及氯化物。

1）氮。在热处理过程中，氮被钛吸收的速度比氧慢得多，所以氮对钛不会造成严重的污染。已成功地将干燥的氮气作为钛锻件在机加工前进行热处理的低成本保护气氛。然而，如果钛合金的氮吸收量足够高，氮会形成硬度高、脆性大的化合物。

2）一氧化碳和二氧化碳。两种气氛在加热的钛表面产生分解，引起表面氧化。

3）氯化物。当有高残余应力的钛及其合金在 290℃（550℉）以上温度加热时，氯化物会引起应力腐蚀开裂。氯化物或卤化物的来源是脱脂溶液和溶剂中存在的氯化物以及指纹上的盐渍。虽然在服役条件下，高温盐导致开裂的现象并不突出，但在热处理过程中，应注意避免氯化物的污染。

（7）热处理前的清洗　为了防止在高温下发生化学反应，避免对合金的力学性能和耐蚀性产生危害，必须对工件进行清洗。在热处理之前，应按以下步骤对钛合金工件进行清洗和烘干：

1）应用去离子水，而不是自来水，对所有的钛合金工件进行清洗。

2）去除所有工件表面的油、指纹、油脂、油漆和外来杂质。

3）在清洗后，应戴干净的手套对工件进行处理，以防止再次污染。

4）保证固定夹具不受外来杂质和疏松氧化物的影响。

5.3.12 热处理过程中工件尺寸的伸长

大型工件在固溶处理过程会产生一定的伸长。在冷却后，热处理工件的伸长会被保留下来，可以通过增加固溶处理保温时间或降低加热速率，进一步增加这种伸长。表 5-38 列出了 Ti-6Al-4V 合金试样在 955℃（1750℉）加热的净伸长数据。

表 5-38 在 955℃（1750℉）进行热处理过程中加热速率和保温时间对 Ti-6Al-4V 合金尺寸伸长的影响

炉号①	加热速率		保温时间② /h	净伸长③（%）
	℃/min	℉/min		
A	3.3	6	0	0.27
B	3.3	6	0	0.22
A	3.3	6	1	0.60
B	3.3	6	1	0.49

（续）

炉号①	加热速率		保温时间②	净伸长③
	℃/min	℉/min	/h	(%)
A	3.3	6	2	1.00
B	3.3	6	2	0.90④
B	10.0	18	1	0.32
B⑤	10.0	18	1	0.35

注：合金在705℃（1300℉）退火2h，空冷。除另有说明外，50mm（2in）试样沿纵向取样。未观察到退火过程中试样尺寸伸长。

① 炉号A和炉号B的β相转变温度（金相法测定）分别为990℃（1810℉）和1015℃（1860℉）。

② 所有试样在完成保温后进行淬水。

③ 采用Leitz－Wetzler膨胀计测定。

④ 根据曲线计算。

⑤ 试样横向取样。

5.3.13 热处理过程和热处理炉

MIL－H－81200为美国军用与航空热处理中的“钛合金的热处理”标准，在该标准中，对大多数钛合金的热处理工艺进行了具体规定，其中包括锻造和铸造产品、热处理炉设备、许用炉气、禁用炉气、清洗热处理炉的方法、温度控制精度、淬火冷却介质、淬火方法、热处理工艺过程、检验方法、工装夹具、表面处理、涂层使用、氢污染、表面污染、力学性能测试方法、选定合金的力学性能、金相检验、记录、热处理参数。

本节对MIL－H－81200标准中的许多方面和内容进行了介绍，更多信息请参考原标准。

（1）热处理炉的选择　如果不是为了使吸氢最小化，而选择惰性气氛进行热处理，通常情况下，优先选择空气电炉作为热处理炉。此外，通常使用的还有带有轻微氧化性气氛的燃料炉，或带有隔离保护罩使工件不受烧损的隔焰炉。电阻加热和感应加热可以减少加热时间，并减少固溶处理过程中产生的污染。

通常钛合金在用于黑色和有色金属热处理的炉内进行退火或去除应力处理。由于这些热处理通常采用电、燃气或燃油进行加热，会对炉气产生污染，因此在对钛合金进行热处理前，必须对这类炉进行改造或处理。

（2）炉气　在钛合金的热处理过程中，应保持轻微氧化的炉内气氛，以减少氢的污染。采用以前处理过其他材料的热处理炉进行处理，由于热处理过程中钛合金可能会受到污染，工件放入炉中前，应注意控制炉气。

放热型、吸热型和氨裂解的和/或含氢气氛都可能造成吸氢的危险。在将钛及其合金装炉前，应该彻底对热处理炉进行空烧。氢污染的问题在前面的“内部氢污染”一节进行了介绍。

如果工件尺寸、形状或大小不允许在热处理后进行酸洗或机加工，可以采用稳定性高于最高固溶加热温度［约1100℃（2012℉）］的抗氧化涂层进行表面保护，以减少污染。这种涂层不会消除α相表层，但会使其去除更加容易。最佳固溶温度请参阅表5-28。有关保护涂层的内容在本节的“α相表层”中进行了介绍。

（3）真空热处理　在热处理成本允许的条件下，消除或减少炉内气氛污染的最佳方法是采用真空或氩气惰性气氛进行热处理。在真空或氩气惰性气氛热处理中，也有可能产生少量的污染，即使工件表面光亮，也应该检查是否产生了α相表层。如果检查到有任何污染，应采用化学方法除去污染层，并再额外除去0.025mm（0.001in）。

（4）温度控制　控制炉温是至关重要的，理想的温度精度为±5℃（±10℉）。根据具体产品要求，MIL－H－81200标准中的温度精度要求为±15℃或±10℃（±25℉或±15℉）。

（5）真空热处理炉　根据应用要求不同，可选择各种尺寸和类型的真空炉。通常有两种类型的真空炉：冷壁式炉（电阻或感应加热）和热壁式炉（煤气、油或电加热）。

1）冷壁式真空炉具有大型单热处理室，炉室外表面采用水冷。因为采用水冷，可将炉室建造得足够大，使炉室外墙接近室温，热处理室的强度不受室内高温的影响。热处理室内有足够的强度，以支承夹具装置、内部绝缘部分、电加热元件和工作负载。加热区局限于加热元件或感应线圈附近。图5-67和图5-68所示为几种类型的冷壁式热处理炉示意图。

除了防止氧和氢的污染外，真空基本上不导热，是一种极好的隔热材料，它保护了诸如加热元件、隔热罩、夹具装置和支承炉膛以及内部部件免受高温损伤。

冷壁式电真空炉通常适用于最高温度为980℃（1800℉）的热处理工艺，这能满足所有钛合金的热处理需要。冷壁式电真空炉的最高工作温度与炉的结构有关。冷壁式电真空炉的电加热元件位于炉内，如图5-69所示。

2）热壁式电热和燃气真空炉。在主单元内部，采用由金属或陶瓷隔离的内室或炉罐。通过电阻、感应或气体在外部加热炉罐，加热区的尺寸受炉罐尺寸的限制，最高加热温度受炉罐材料的限制。图5-70为典型的热壁式真空炉示意图。

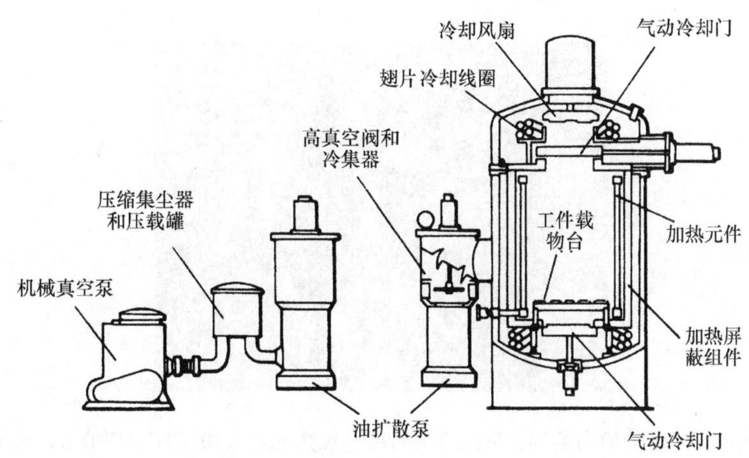

图 5-67　顶部装载冷壁式真空炉

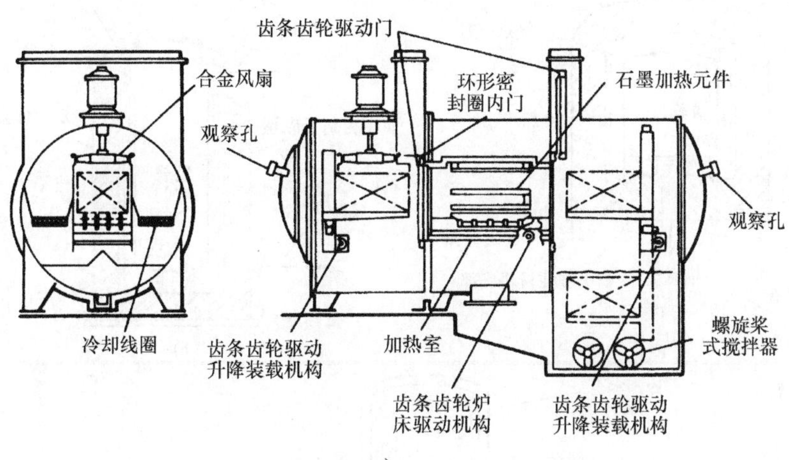

a)

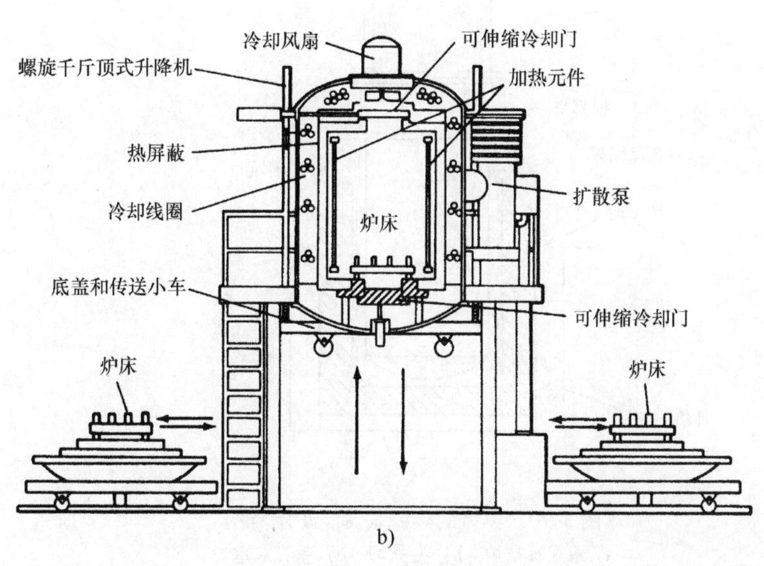

b)

图 5-68　典型冷壁式真空炉

a）三室卧式冷壁式炉　b）底部装载冷壁式真空炉

图 5-69　冷壁式电真空炉的炉内结构，采用弯曲石墨电加热元件（由 VAC AERO International Inc 提供）

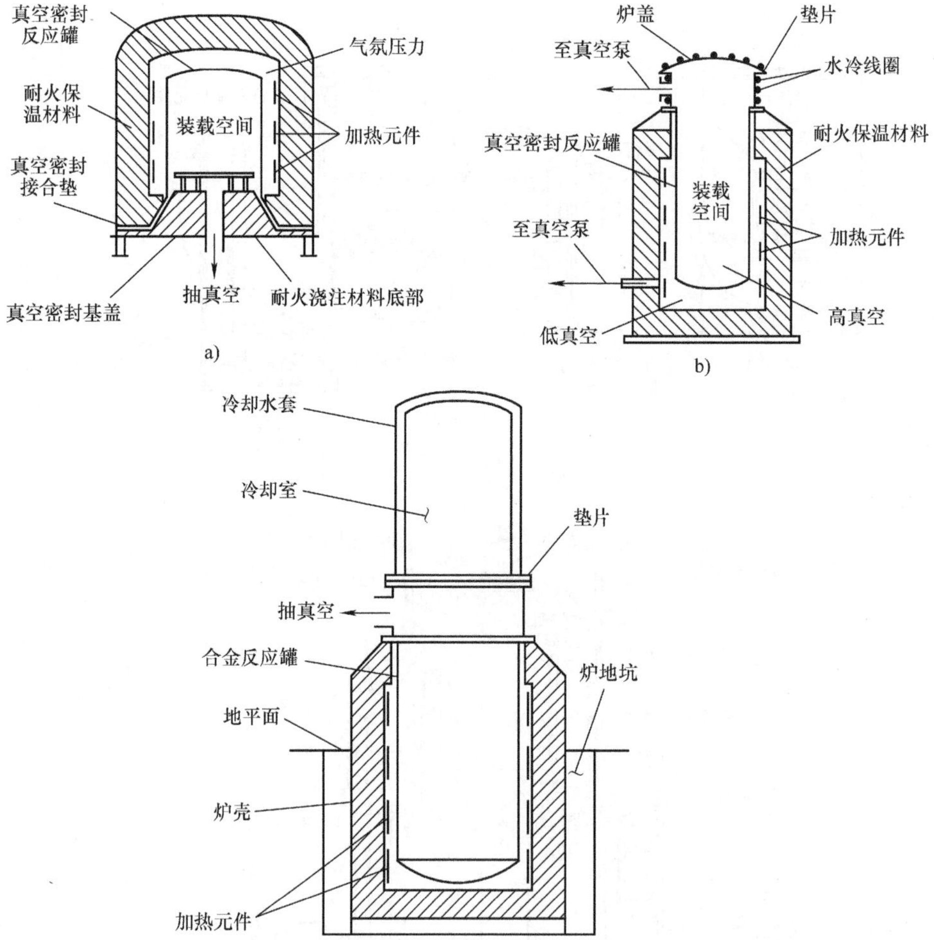

a)

b)

c)

图 5-70　典型的热壁式真空炉示意图

a）罩式真空炉　b）井式炉　c）垂直双室炉

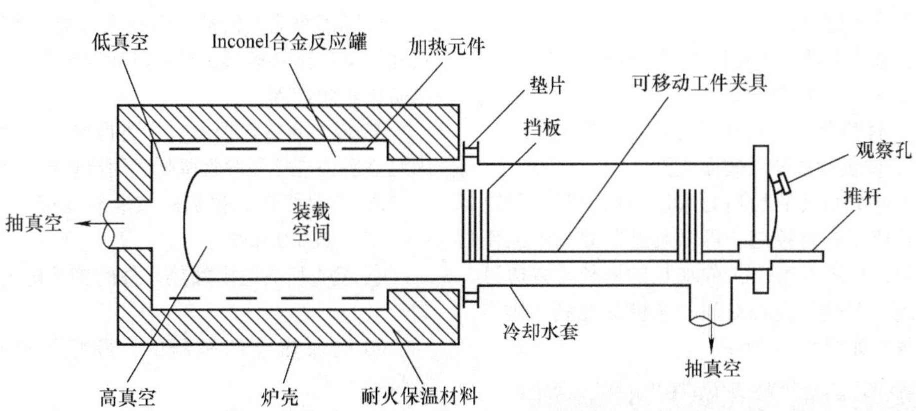

图 5-70　典型的热壁式真空炉示意图（续）
d）卧式双室热壁式真空炉

3）真空压力。抽真空系统采用机械泵与扩散泵相结合。这些真空系统可以达到极高的真空度，为 0.01μmHg（1×10^{-5}Torr）或更低。根据所要求的压力和需要，可采用两级或三级真空泵，见表 5-39。

表 5-39　采用的真空泵

泵级编号	操作步骤	真空度	
		Torr	μmHg
1A	低真空泵	40	4000
1B	开始加热	4×10^{-2}	40
2	增压泵	1×10^{-3}	0.1
3	油扩散泵	1×10^{-5}	0.001

例如，在真空度低于 10μmHg（1×10^{-2}Torr）的热处理炉中，将截面厚度为 13～25mm（0.5～1in）的 Ti-6Al-4V 合金工件中 100ppm 的氢去除，大约需要在 760℃（1400℉）保温 2h。

在浸入式淬火过程中，为了减少长、薄产品，如薄板或挤压件、空心圆柱件、长形锻件的变形，通常采用电热底开式炉垂直悬挂加热。此外，通常将工件与炉底板相连平置，以改善加热过程中的平直度，并便于薄片进入淬火槽中淬火。除非绝对需要和工件对称，否则不推荐采用淬水处理。

不同于简单的热处理炉，固溶处理设备要求精确控温，同时还要求有内部淬火能力的专门装置（图 5-71）。

图 5-71　立式气体淬火真空炉（由 VAC AERO International Inc 提供）

4）热电偶的位置。由于真空具有天然的隔热效果，因此，必须对炉内加热区的温度和工件负荷温度进行测量和监控。真空炉仅由辐射进行加热，在整个加热循环期间，加热源和工件负载之间的温度是不平衡的，特别是在起动过程中，会导致出现热滞后现象。在加热过程中如果工件负载的温度比热源的温度低，会引起不断加热，导致加热元件温度过高而损坏。为了保护加热元件不产生过热损坏和实现精确的工件负荷温度控制，在加热区和工件负荷不同位置，使用了两个温度控制系统。

为保护加热元件，加热区或热源温度至少由两种 S 型（用于 1480℃或 2700℉的铂/铂-铑）热电偶控制，并将热电偶靠近加热元件放置。通过将电信号输入到各自的控制器中，可以达到控制电源、防止过热和加热元件热损坏的目的，并提供控制温度数据记录。

在工件负荷处，至少放置三个热电偶直接与工件负荷连接，以监控整个加热过程中温度随时间的变化，提供数据，补偿加热过程中的热滞后。工件负荷热电偶采用 K 型（镍铬-镍硅合金；最高使用温度为 1350℃或 2460℉）或 N 型（镍铬硅-镍硅合金；最高使用温度为 1130℃或 2066℉）热电偶。S 型热电偶比 K 型热电偶的热稳定性更高、抗氧化性能更好，但价格更贵。

工件负载热电偶放置在以下三个位置：

① 深埋在工件负荷中心处。

② 在工件负荷中心和外部之间的中点处。

③ 在工件负荷最外层表面位置。

由于工件中心处的加热时间比表面更长，所以必须对加热速度进行控制。可以通过监测三个工件负载热电偶，实现对整个工件加热的监控，并通过对加热区进行调整，实现对加热速度的控制。典型的热电偶放置如图5-72所示。

图5-72 热电偶放置位置实例

5）AMS 2750D标准。AMS 2750D“高温炉测量和温度均匀度调查”标准对炉膛测温，包括传感器、仪器、设备、校准、精度测试和温度均匀度测量技术进行了说明。除AMS 2750D规程外，在温度均匀度调查（TUS）之前和期间应采取以下措施：

① 为保证一致性要求，在炉中放置的料筐和工件尺寸必须满足热处理炉说明书的工作区域要求。

② 必须对热电偶进行校准。根据读数0.75%或2.2℃（4℉），选择大的值作为校正因子。

③ 必须正确记录传感器的位置。

④ 应该对高于和接近设置温度的情况进行记录。

⑤ 不允许在两个热电偶丝之间产生完全或部分短路，导致读数错误。

⑥ 执行温度均匀度调查时应该注意：

a. 在进行温度均匀度调查之前，用已校准的热电偶信号源模拟在普通真空系统中的93℃（200℉）、538℃（1000℉）、800℃（1475℉）和1205℃（2200℉）进行读数。

b. 在进行温度均匀度调查之前，清空炉内的所有材料和合金。

c. 对外部记录器的偏差进行补偿。

d. 匹配温度均匀度调查的升温速率与生产实际的升温速率。不要为了方便记录而放慢升温速率。记录温度均匀度调查数据，以备复审。

e. 测量并记录控制热电偶的位置，以确保各次测试数据的一致性。

f. 隔离感应电流源。对高阻短路、潮湿绝缘材料和污染连接器进行检查。对接线板端口进行清空，以防止灰尘进入。

⑦ 以每年或定期的方式更换接线面板，以防止因触点脏或连接器弹性降低，而出现连接问题。

⑧ 确保便携式仪器的校准温度精确到±1.5℃（±3℉）或±0.05%。

⑨ 检查所有电阻加热元件的接地电阻，确保均匀性。

⑩ 确保热电偶是新的，最好是来自相同的批号。

⑪ 确保热电偶校正系数小于调查许用限值范围。

⑫ 使用AMS 2750D标准认证的热电偶，按120℃（250℉）设置点步幅进行认证。不要外推超出认证值范围。

⑬ 检查热处理炉是否通过了先前的炉子参考探头测试。检查所有电阻元件的连接，以确保它们在温度均匀度调查开始之前连接正常。

（6）时效炉的类型　时效炉有通用型和特殊型两种类型。

1）通用型时效炉。由于电阻加热炉不会生成有害的燃烧产物，如氢，不会对合金产生有害作用，是钛和钛合金时效炉的首选。

热壁式炉有油炉和燃气炉。炉罐将热处理合金工件与炉气中的燃烧产物隔开。在正常的时效温度480~595℃（900~1100℉）范围内，不需要保护气氛。

时效炉通常装有内置风扇，用于空气或其他气氛的循环。在空气中时效会产生一种表面氧化膜，这种氧化膜很容易通过机械或化学方法去除。

2）特殊型时效炉。气动热处理炉具有独特的加热方法，是前苏联在1964年发展起来的。它采用一种特殊轮廓叶片的离心风机，直接将气流通过叶片转变为热，实现对流动气体的自动加热。该热处理炉没有电或其他外部加热设备，温度可高达700℃（1292℉）。

与电炉和盐浴炉相比，该工艺过程大大缩短了生产周期，改善了材料性能。该热处理炉用于铝和钛合金的对流热处理，但没有发现其他用于商业钛合金热处理的报道。

5.3.14 淬火

大多数钛合金在固溶加热后需要快速冷却。现广泛使用水、5%盐水、水/乙二醇混合溶液和苛性钠溶液作为钛合金的淬火冷却介质。如果必须对淬火速率进行控制，采用各种浓度的水/乙二醇混合溶液作为淬火冷却介质，可获得介于水和油之间的淬火速率。

对平板产品进行垂直浸入式淬火时，低黏度、高闪点油是一种有效降低变形的淬火冷却介质。用于钢淬火的淬火油提供了在 370～425℃（700～800℉）临界温度范围内的快速冷却，能达到令人满意的效果。

一般油基淬火冷却介质主要用于薄截面产品的固溶淬火。与水基淬火冷却介质的淬火速率相比，油的淬火速率较慢。采用相同的固溶处理温度，钛合金采用油基淬火冷却介质淬火时效后的强度较低。

应对淬火冷却介质进行充分搅动和再循环，温度保持在 40℃（100℉）以下。如果工件不对称，则可能是由于在淬火过程中或后续机加工过程中发生了变形。

5.3.15　控制变形夹具

热处理夹具主要用于固定钛合金工件和组件，以防止其在热处理过程中产生变形。在热处理温度下，应该要求钛合金组件间的膨胀系数基本相同，此外要防止由于钛合金和热处理固定夹具之间膨胀系数不同而产生扭曲。

低碳钢成本低，易于加工，镀镍后在时效温度下具有相当高的抗氧化性能，是常用的热处理夹具材料。使用不同材料的钢制夹具，必须考虑两种材料的热膨胀系数之间有轻微差别，加工时应考虑尺寸公差，否则可能造成钛合金工件产生扭曲变形。

在淬水、机加工、焊接、成形后的去除应力处理中，也会产生变形。通常将去应力退火和时效结合为一个工序。这在本节的“去应力退火”部分已进行了介绍。在去应力退火和时效过程中，通过适当对工件进行固定，可以减少工件变形。

时效过程中，钛工件会出现蠕变问题，但可以通过固定工件，将其变成理想的形状，从而使蠕变成为一种优点。例如，Ti－6Al－4V 合金在 955℃（1750℉）进行固溶处理时，工件会产生下垂。根据该合金在时效过程中的蠕变行为，可在时效中将其固定蠕变成形为所要求的形状。

5.3.16　热处理前后检查清单

（1）热处理前的检查内容

1）在热处理前，应确保在热处理后，在去除 α 相表层时，工件有足够的加工余量。

2）在热处理前，应对工件、夹具和热处理炉进行清洁。

3）由于可能被固溶的矿物质污染，不要使用普通自来水清洁钛合金工件。

4）保证工件无约束地进入加热区和淬火冷却介质中。

5）为减少热变形，如有必要，可对冷工件进行预热。

6）为防止出现氢污染，应对炉内气氛进行分析。

7）对大型工件固溶淬火造成的淬火延迟进行适当的补偿，以达到所要求的时效效果。

8）考虑污染物在热处理后对力学性能的影响。

9）参阅本节中“合金元素对 α/β 转变的影响”和“氧与铁的作用”的有关部分。

10）查阅使合金达到力学性能要求的最佳热处理工艺。

11）β 相转变温度：

① 如果 α－β 型和 β 型钛合金采用在 β 相转变温度附近进行固溶热处理，那么在进行热处理前，应已知合金的 β 相转变温度。可咨询合金的供应商或测量得到合金的 β 相转变温度。请参阅本节中“确定 β 相转变温度的方法”一节。

② 除非有退火过程的明确规定，否则不允许加热温度超过 β 相转变温度。

12）为防止过热，将温度控制上限设定在低于 β 相转变温度 15℃（25℉）。

（2）热处理后的检查内容

1）根据 ASTM E8 标准，通过拉伸试验证明热处理工艺的效果。采用抗拉强度试验验证的可靠性优于硬度试验。

2）在完成所有热处理后，用化学处理方法去除 α 相表层。必须谨慎地对有 α 相表层进行酸洗。参阅本节中“采用化学方法去除 α 相表层”的有关内容。

3）在所有的热化学过程完成后，应在炉内气氛中进行氢分析。

5.3.17　确定 β 相转变温度的方法

1. 概述

β 相转变温度是指 α 相（hcp）转变为 100% β 相（bcc）的最低温度。对于可时效强化 α－β 型钛合金和 β 型钛合金，在接近或高于 β 相转变温度下进行固溶处理、热加工或形变热处理的过程中，β 相转变温度是一个关键的考虑参数。铸锭不同部位或不同炉号同一合金之间的微小化学成分差别，都会引起 β 相转变温度发生变化。出于这个原因，钛生产商会在所有产品规格说明书和合格证书中，给出 β 相转变温度的平均值或铸锭顶部和底部的范围值。

常采用三种方法确定钛合金的 β 相转变温度：金相法、计算法、差热分析法。

除了上述三种方法外，还可采用其他定量热法，包括差示扫描量热法（DSC）和膨胀法确定钛合金的β相转变温度。

金相分析法（简称金相法）是准确的，但非常耗时，需要具有较高的技能水平才能进行适当的解释。在常规工厂合格证书中，通常不采用金相法确定钛合金的β相转变温度，但该方法优先于计算法。然而，人们认为金相分析法仍是证实和验证计算法数据的“黄金标准”。金相分析法能满足严格的认证要求，并在采用特殊处理工艺时，能够对合金的β相转变温度进行确认。其中，部分特殊处理工艺包括在β相转变温度附近、以下或以上温度进行热锻以及热处理加热和保温，转变不同数量的β相组织，以达到力学性能要求（图5-73）。

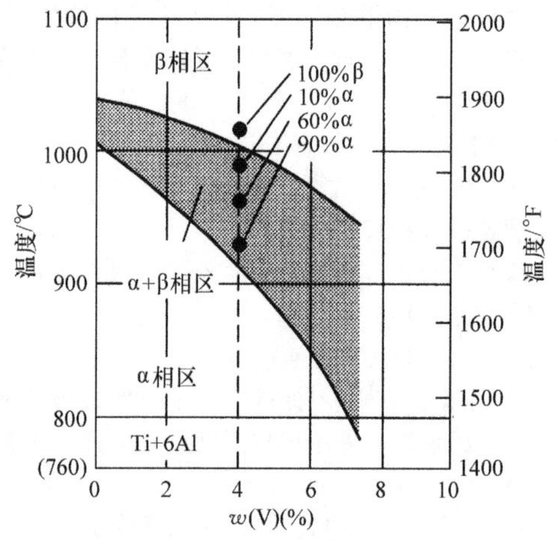

图5-73 成分和温度对 Ti－6Al－4V 合金在β相转变温度附近温度进行热锻和热处理的β相转变量的影响

注：β相转变温度随合金成分的变化而变化，是锻造和热处理的关键参数。

计算法基于热力学模型方程，并通过人工神经网络回归分析进一步完善该方程。这是一种快速、低成本方法，具有精度高的优点。然而，由于各合金类型的化学成分差异很大，因此误差较大。在这种情况下，需要对计算方程进行调整或数学修正，并需要采用成本较高的金相分析法对修正方程进行确认。目前，有钛合金生产商选择计算法确定β相转变温度。

差热分析法快速、准确，但它需要昂贵的设备，生产厂家一般不用。与之紧密相关的方法，如差示扫描量热分析法（DSC）在开发和研究中得到了应用。

2. 金相法

金相法是通过快速冷却，抑制其他相变，观察微观组织与真实的相之间的关系。当加热温度接近β相转变温度时，可能出现误差，因为可能观察不到相已发生了变化。尽管如此，它还是一种很好的方法，可以精确地确定β相转变温度。

确认完全发生相转变的微观组织标志带有一定的主观性，不同的金相试验人员和不同实验室的试验结果也都存在一定的差异。用金相法确定β相转变温度没有 ASTM 国际标准，但有英国标准协会的标准（BS EN 3684：2007 和 BS EN 3114－001：2006）。

金相法确定β相转变温度是通过将试样在不同的温度间隔进行加热和淬火，来观察金相组织的变化。加热温度从β相转变温度以下温度开始，到β相转变温度以上温度结束，选择精确的温度间隔。当金相中出现100%α相转变为β相，则确定了β相转变温度。

具体步骤如下：

1）在选定的温度下，每隔 5～15℃（10～25℉）的间隔，加热并保温 2h。

2）淬水。

3）抛光和侵蚀。

4）通过金相确定 100%α相转变为β相的最低温度。

确定发生 100%β相转变的方法各不相同。通过绘制相变百分比与温度之间的关系曲线，可以在温度间隔之间推断出发生 100%β相转变的温度。

图5-74 所示为用金相法确定钛合金加热和淬水后相转变的例子，加热温度从β相转变温度以下温度开始，到β相转变温度以上温度结束。发生 100%α相转变为β相的温度为β相转变温度，该温度位于图5-74b 和图5-74c 之间。

通常情况下，不对测试试样进行时效处理。然而，有时也采用相逐步消失法将时效作为试验过程的一部分：

1）选择高于估计的β相转变温度的温度进行固溶处理和淬水。

2）选择低于估计的β相转变温度进行时效，从而析出α相。

3）加热温度从估计的β相转变温度以下温度开始，到β相转变温度以上温度结束，选择 15℃（25℉）或更小的温度间隔加热 15min。

4）淬水。

5）抛光和侵蚀。

6）通过金相观察确定β相转变温度。在最后检测到α相存在的最低温度以上不超过 15℃（25℉）。

3. 计算法

人工神经网络（ANN）是一种非线性统计分析

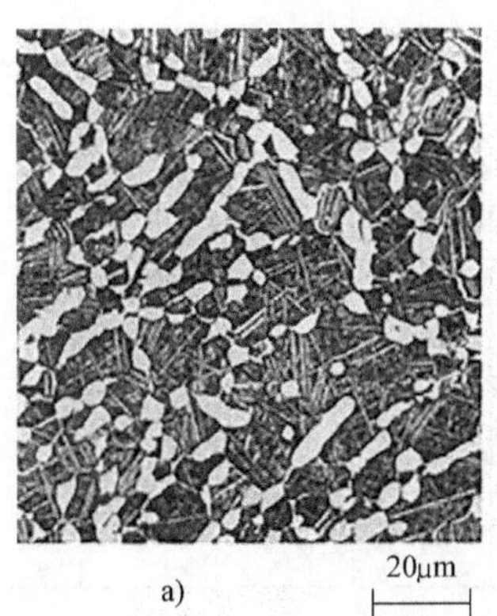

图 5-74 在 β 相转变温度附近、以下和以上温度进行固溶处理后的微观组织

a）在 β 相转变温度以下 20℃（35℉），即 915℃（1680℉）淬水，组织为在 α′和 β 相基体上有初生 α 相（白色）

b）在 β 相转变温度以下 5℃（10℉），即 930℃（1705℉）淬水，初生 α 相减少，α′和 β 相基体晶粒粗化

c）在 β 相转变温度以上 20℃（35℉），即 955℃（1750℉）淬水，组织为粗大针状 α 相（白色）和 β 相基体（黑色）。

注：固溶处理前进行了锻造和时效处理。侵蚀剂为 Kroll 侵蚀剂。Ti－6Al－2Sn－4Zr－6Mo 合金的 β 相转变温度为 935℃（1715℉）。预处理是在 β 相转变以下温度 870℃（1600℉）进行锻造，在 595℃（1100℉）时效 8h。

技术，通过 ANN 建立了一组非线性函数关系式，将输入与输出数据通过少数的信息联系起来。计算法是基于热力学模型，结合有限的工艺过程知识，建立的三层 ANN 模型，用于计算 β 相转变温度。

Gou 等人根据 ANN 的数据，利用线性回归方程，得出了 β 相转变温度的计算方程，这是一组在合金成分范围内，以合金元素为变量的方程。人们现在常用 ANN 方法确定许多材料（包括钢铁和钛）成分与力学性能之间的关系。

β 相转变温度与合金的化学成分具有函数关系。在钛合金中，影响 β 相转变温度的关键元素是铝、铬、铁、钼、硅、钒、锆和氧。

β 相转变温度（℃）计算方程是常数加上各关键元素（质量分数）乘以一个系数或校正因子之和。

Gou 等人的计算方程为

β 相转变温度（℃）= 常数 +
各元素（质量分数）乘以系数之和

对于工业纯钛，公式中的常数为 882，则其计算方程为

β 相转变温度（℃）= 882 + [(21.1 × Al) − (9.5 × Mo) + (4.2 × Sn) − (6.9 × Zr) − (11.8 × V) − (12.1 × Cr) − (15.4 × Fe) + (23.3 × Si) + (123.0 × O)]

作者通过该计算方程，对不同供应商的 11 种钛合金的 β 相转变温度进行了计算，并将计算结果与已知的公布值进行对比来测试该方程的准确性：

1）合金化学成分在上下限范围内。

2）同一合金化学成分的变化对 β 相转变温度的影响。

3）测量未知化学成分合金的 β 相转变温度。

4）与公布的 β 相转变温度对比，误差不大于 ±15℃（±25℉）。

5）对比：

① 采用化学成分上限解释残留元素可能影响结果。

② 由于有的供应商规范给出了合金成分上下限范围，有的则仅给出了一个值，采用发表的 β 相转变温度的平均值进行对比。

将计算方程中的常数提高 4℃（7℉），即从 882℃（1620℉）提高到 886℃（1627℉），所有计算的 β 相转变温度与已公布的数据对比，误差在 ±24℃（±43℉）范围内。这个结果表明计算方程具有很好的相关性，因为计算的结果可能受已公布温度的影响，存在未知化学成分的影响，由此会产生差别。如果采用金相分析法的话，最高精度为 ±15℃（±25℉）（表 5-40）。

对于许多钛合金来说，该计算方程的计算结果与 β 相转变温度非常接近，但不能完全依赖该方程。实际结果可能因合金化学成分变化和前热加工工序改变而有所不同。前热加工工序，如锻造、固溶和时效热处理，都会影响微观组织，从而影响 β 相转变温度。

通过调整计算方程中的系数，也可以提高方程的精度。通过校准并将其与金相法数据——“黄金标准”相结合，可以进一步提高 β 相转变温度的精度。

为满足客户对关键和特殊产品的力学性能的严格要求，加热温度必须精确地在 β 相转变温度以下或以上，钛生产商经常修改计算方程。

表 5-40 根据颁布标准中的化学成分上限，采用公式法计算不同供应商钛合金的 β 相转变温度

合金牌号	供应商	标准和合金等级	UNS 编号	合金类型	公式中元素的修正系数				合金牌号	供应商	标准和合金等级	UNS 编号	合金类型	公式中元素的修正系数			
					元素	元素的乘数	元素上限	修正值						元素	元素的乘数	元素上限	修正值
Ti-6Al-4V	Carpenter Tech	ASTM grade 5	R56400	α-β 型	Al	21.1	6.75[1]	142.43	Ti-6Al-4V	RMI	ASTM grade 5	RS6400	α-β 型	Al	21.1	6.75	142.43
					Mo	-9.5	0.10[1]	-0.95						Mo	-9.5	0.10[1]	-0.95
					Sn	4.2	0.10[1]	0.42						Sn	4.2	0.10[1]	0.42
					Zr	-6.9	0.10[1]	-0.69						Zr	-6.9	0.10[1]	-0.69
					V	-11.8	4.50	-53.10						V	-11.8	4.50	-53.10
					Cr	-12.1	0.10[1]	-1.21						Cr	-12.1	0.10[1]	-1.21
					Fe	-15.4	0.40	-6.16						Fe	-15.4	—	0.00
					Si	23.3	0.10[1]	2.33						Si	23.3	①	0.00
					O	123.0	0.02	2.46						O	123.0	0.02	2.46
					C	—	0.10	—						C	—	—	—
					H	—	0.0150	—						H	—	0.0150	—
					N	—	—	—						N	—	—	—
					Ni	—	—	—						Ni	—	—	—
					其他	—	①	—						其他	—	①	—
					修正常数[3]		—	886						修正常数[3]		—	886
					各元素乘以乘数之和		—	86						各元素乘以乘数之和		—	90
					β 相转变温度计算值[4]		—	972						β 相转变温度计算值[4]		—	976
					β 相转变温度发布值[5]		—	996						β 相转变温度发布值[5]		—	996
					对比误差		—	-24						对比误差		—	-20

（续）

合金牌号	供应商	标准和合金等级	UNS 编号	合金类型	公式中元素的修正系数				合金牌号	供应商	标准和合金等级	UNS 编号	合金类型	公式中元素的修正系数			
					元素	元素的乘数	元素上限	修正值						元素	元素的乘数	元素上限	修正值
Ti-6Al-4V	Timet Timetal 6-4	ASTM grade 5	R56400	α-β 型	Al	21.1	6.75	142.43	Ti-3Al-2.5V	Timet Timetal 3-2-5	ASTM grade 9	R56320	α-β 型	Al	21.1	3.50	73.85
					Mo	-9.5	0.10①	-0.95						Mo	-9.5	0.10①	-0.95
					Sn	4.2	0.10①	0.42						Sn	4.2	0.10①	0.42
					Zr	-6.9	0.10①	-0.69						Zr	-6.9	0.10①	-0.69
					V	-11.8	4.50	-53.10						V	-11.8	3.00	-35.40
					Cr	-12.1	0.10①	-1.21						Cr	-12.1	0.10①	-1.21
					Fe	-15.4	0.40	-6.16						Fe	-15.4	0.25	-3.85
					Si	23.3	0.10①	2.33						Si	23.3	0.10①	2.33
					O	123.0	0.02	2.46						O	123.0	0.15	18.45
					C	—	0.08	—						C	—	0.08	—
					H	—	0.0150	—						H	—	0.0150	—
					N	—	—	—						N	—	0.03	—
					Ni	—	—	—						Ni	—	—	—
					其他	—	①	—						其他	—	①	—
					修正常数③		—	886						修正常数③		—	886
					各元素乘以乘数之和		—	86						各元素乘以乘数之和		—	53
					β 相转变温度计算值④		—	972						β 相转变温度计算值④		—	939
					β 相转变温度发布值⑤		—	996						β 相转变温度发布值⑤		—	935
					对比误差		—	-24						对比误差		—	4

（续）

合金牌号	供应商	标准和合金等级	UNS编号	合金类型	公式中元素的修正系数			
					元素	元素的乘数	元素上限	修正值
Ti-7Al-4Mo	Timet Timetal 7-4	—	—	α-β型	Al	21.1	7.30	154.03
					Mo	-9.5	4.50	-42.75
					Sn	4.2	0.10②	0.42
					Zr	-6.9	0.10②	-0.69
					V	-11.8	0.10②	-1.18
					Cr	-12.1	0.30	-3.63
					Fe	-15.4	0.10②	-1.54
					Si	23.3	—	0.00
					O	123.0	0.20	24.60
					C	—	0.01	—
					H	—	0.0130	—
					N	—	0.05	—
					Ni	—	—	—
					其他	—	②	—
					修正常数③		—	886
					各元素乘以乘数之和		—	130
					β相转变温度计算值④		—	1016
					β相转变温度发布值⑤		—	1005
					对比误差		—	11
Ti-6Al-2.7Sn-4Zr-0.40Mo-0.45Si	Timet Timetal 1100	—	—	近α型	Al	21.1	6.50	137.15
					Mo	-9.5	0.40	-3.80
					Sn	4.2	3.00	12.60
					Zr	-6.9	4.50	-31.05
					V	-11.8	0.10②	-1.18
					Cr	-12.1	0.10	-1.21
					Fe	-15.4	0.03②	-0.46
					Si	23.3	0.50	11.65
					O	123.0	0.09	11.07
					C	—	0.04	—
					H	—	—	—
					N	—	0.03	—
					Ni	—	0.02	—
					其他	—	②	—
					修正常数③		—	886
					各元素乘以乘数之和		—	135
					β相转变温度计算值④		—	1021
					β相转变温度发布值⑤		—	1015
					对比误差		—	6

（续）

合金牌号	供应商	标准和合金等级	UNS编号	合金类型	公式中元素的修正系数			
					元素	元素的乘数	元素上限	修正值
Ti－6Al－2Sn－4Zr－6Mo	Timet Timetal 6－2－4－6	AMS 4981	R56260	α－β 型	Al	21.1	6.50	137.15
					Mo	－9.5	6.50	－61.75
					Sn	4.2	2.25	9.45
					Zr	－6.9	4.40	－30.36
					V	－11.8	—	0.00
					Cr	－12.1	—	0.00
					Fe	－15.4	—	0.00
					Si	23.3	—	0.00
					O	123.0	0.15	18.45
					C	—	0.04	—
					H	—	0.0125	—
					N	—	0.04	—
					Ni	—	—	—
					其他	—	—	—
					修正常数[③]		—	886
					各元素乘以乘数之和		—	73
					β 相转变温度计算值[④]		—	959
					β 相转变温度发布值[⑤]		—	935
					对比误差		—	24

合金牌号	供应商	标准和合金等级	UNS编号	合金类型	公式中元素的修正系数			
					元素	元素的乘数	元素上限	修正值
Ti－3Al－4V－6Cr－4Mo－4Zr	RMI—	Grade19	R58640	β 型	Al	21.1	4.00	84.40
					Mo	－9.5	4.50	－42.75
					Sn	4.2	—	0.00
					Zr	－6.9	4.50	－31.05
					V	－11.8	8.50	－100.30
					Cr	－12.1	6.50	－78.65
					Fe	－15.4	0.30	－4.62
					Si	23.3	—	0.00
					O	123.0	0.12	14.76
					C	—	0.05	—
					H	—	0.0200	—
					N	—	0.03	—
					Ni	—	—	—
					其他	—	—	—
					修正常数[③]		—	886
					各元素乘以乘数之和		—	－159
					β 相转变温度计算值[④]		—	727
					β 相转变温度发布值[⑤]		—	730
					对比误差		—	－3

（续）

合金牌号	供应商	标准和合金等级	UNS编号	合金类型	公式中元素的修正系数			
					元素	元素的乘数	元素上限	修正值
Ti-5Al-2Zr-2Sn-4Mo-4Cr	RMI—	未指定	R68650	近α型	Al	21.1	5.50	116.05
					Mo	-9.5	4.50	-42.75
					Sn	4.2	2.50	10.50
					Zr	-6.9	2.50	-17.25
					V	-11.8	—	0.00
					Cr	-12.1	4.50	-54.45
					Fe	-15.4	0.30	-4.62
					Si	23.3	—	0.00
					O	123.0	0.13	15.99
					C	—	—	—
					H	—	0.0125	—
					N	—	0.04	—
					Ni	—	—	—
					其他	—	—	—
					修正常数[3]		—	886
					各元素乘以乘数之和		—	24
					β相转变温度计算值[4]		—	910
					β相转变温度发布值[5]		—	890
					对比误差		—	20
Ti-4Al-4Mo-2Sn-0.5Si	RMI—	未指定	—	α-β型	Al	21.1	5.00	105.50
					Mo	-9.5	5.00	-47.50
					Sn	42	2.50	10.50
					Zr	-6.9	—	0.00
					V	-11.8	—	0.00
					Cr	-12.1	2.25	-27.23
					Fe	-15.4	0.12	-1.85
					Si	23.3	0.70	16.31
					O	123.0	0.20	24.60
					C	—	0.05	—
					H	—	0.0150	—
					N	—	0.03	—
					Ni	—	—	—
					其他	—	—	—
					修正常数[3]		—	886
					各元素乘以乘数之和		—	81
					β相转变温度计算值[4]		—	967
					β相转变温度发布值[5]		—	975
					对比误差		—	-8

（续）

合金牌号	供应商	标准和合金等级	UNS编号	合金类型	公式中元素的修正系数			
					元素	元素的乘数	元素上限	修正值
Ti-3Al-8V-6Cr-4Mo-4Zr-0.05Pd	RMI—	Grade20	R58645	β型	Al	21.1	4.00	84.40
					Mo	-9.5	4.50	-42.75
					Sn	4.2	—	0.00
					Zr	-6.9	4.50	-31.05
					V	-11.8	8.50	-100.30
					Cr	-12.1	6.50	-78.65
					Fe	-15.4	0.30	-4.62
					Si	23.3	—	0.00
					O	123.0	0.12	14.76
					C	—	0.05	—
					H	—	0.0200	—
					N	—	0.03	—
					Ni	—	—	—
					其他	—	0.08	—
					修正常数③		—	886
					各元素乘以乘数之和		—	-159
					β相转变温度计算值④		—	727
					β相转变温度发布值⑤		—	730
					对比误差		—	-3

① 元素总质量分数为0.40%，单个元素为0.10%。

② 元素总质量分数为0.30%，单个元素为0.10%。

③ 基准常数（882）+调整值（4）=修正常数（886）。

④ β相转变温度=修正常数+所有元素修正值之和，或β相转变温度=修正常数+[(21.1×Al)-(9.5×Mo)+(4.2×Sn)-(6.9×Zr)-(11.8×V)-(12.1×Cr)-(15.4×Fe)+(23.3×Si)+(123.0×O)]。

⑤ 计算值与发布值误差不超过±24℃。标准精度为±15℃。

由于计算效率和精度高，现采用计算法计算β相转变温度是钛合金生产厂家的首选方法。每炉合金的最低β相转变温度通常采用这种方法进行验证。

4. 高温差热分析法

1991年出版的ASM手册，第4卷中“钛和钛合金的热处理”一节指出，差热分析法（DTA）是钛生产商用于确定β相转变温度的首选方法。目前，生产厂家倾向于将计算方法作为首选，其次是金相分析法。

目前，关于DTA商业用途的信息非常少，但为了便于参考，这里对它进行简要的介绍。

可以采用高温DTA确定β相转变温度。该方法是基于在相变过程中，根据加热或冷却的方向，会生成热或放出热的原理。简单变化加热速率和方向，根据试样与惰性参照材料之间的温差（ΔT），就可以确定β相转变温度。这种方法与差示扫描量热分析（DSC）方法类似，但不完全相同。DTA没有对相变和熔点能量进行量化测量，而DSC可以进行这些方面的测量。

试样和惰性参照材料（通常是Al_2O_3）都没有发生相变，在惰性气氛中进行热循环。根据加热或冷却的方向，当试样发生相变时，与参照材料相比，在放热反应中，试样温度会短暂上升，或在吸热反应中下降。

根据试样和参照材料之间的温差（ΔT），绘制与温度之间的关系曲线。在相变过程中发生的任何放热或吸热变化，都由ΔT和温度曲线斜率的短暂变化来表示。发生温度偏转的温度表明了相变的位置。图5-75所示为典型的DTA/DSC热分析室示意图。DSC系统可用于进行DTA分析。

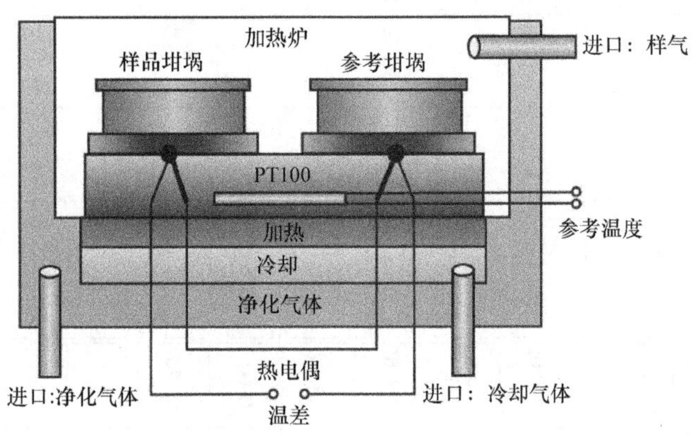

图5-75 差热分析/差示扫描量热分析室示意图

图5-76所示为Ti-6Al-4V合金和工业纯钛测定β相转变温度的DTA曲线。通常，采用加热方向确定相变温度。然而，有时为了提高可靠性和准确性，也会选择冷却（放热）方向。在图5-76中，β相转变温度被标记为从右到左冷却曲线的第一次下降。

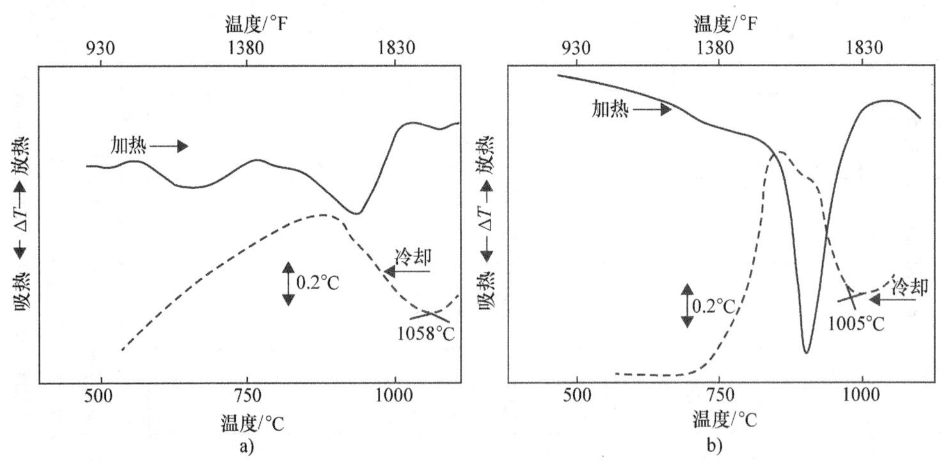

图5-76 采用不同热分析方法对Ti-6Al-4V和工业纯钛的β相转变温度进行测定

a）Ti-6Al-4V的β相转变温度为1058℃（1940℉） b）工业纯钛的β相转变温度为1005℃（1840℉）

注：大小为50mg（名义）；加热速率为10℃/min；循环模式；氩气气氛。

DTA 法和金相法之间存在很好的线性相关性，如图 5-77 所示，图中数据点与直线的吻合度非常高。

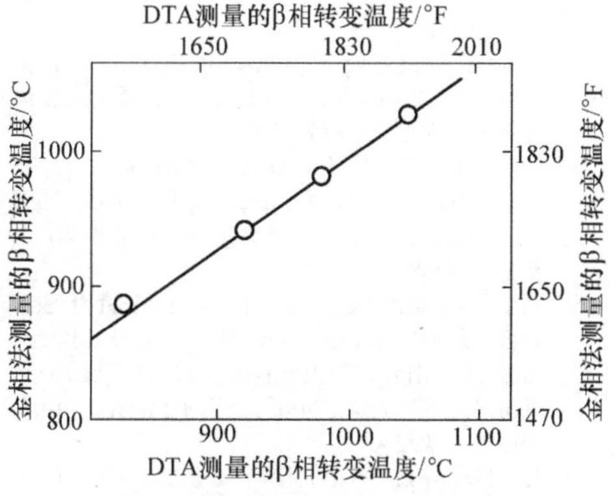

图 5-77　差热分析法（DTA）与金相法测量的 β 相转变温度的关系

与已公布的数据相比，DTA 读数比已公布的数据高出 71℃（128℉），这表明需要采用偏移量对仪器误差进行补偿。将 DTA 结果减去 71℃（128℉）进行修正后，DTA 读数与已发布数据之间的误差在 ±14℃（±25℉）范围内，见表 5-41。这表明了 DTA 法的可行性。

在工业生产中，计算法替代了 DTA 法测定 β 相转变温度，但在研究和开发工作中，DTA 法仍在使用。为了减少设备费用，大多数制造商不再生产独立的 DTA 仪器，目前的发展趋势是将 DTA 技术融入具有多功能的先进仪器中去。这些仪器能同时进行 DTA 和其他分析，如热重分析和 DSC 分析，而这些分析对金属、玻璃和陶瓷领域的研究很有用。

表 5-41　差热分析法（DTA）的 β 相转变温度数据与已发布数据的对比

DTA 法测量的 β 相转变温度/℃								已发布的 β 相转变温度/℃								
合金	数据源①		减去 71℃进行标准化②		发布数据小结			合金	Dynamet③	Metals Handbook④	Timet⑤	Timet CP 等级				
													35A	50A	65A	75A
	误差（已发布数据均值）		标准化值	范围	下限	均值	上限					Fe 的质量分数（%）	0.20	0.30	0.30	0.50
												O 的质量分数（%）	0.18	0.25	0.35	0.40
Ti-6Al-4V	1058	+57	987	-14	982	1001	1020	Ti-6Al-4V	982~1010	990~1020	982~1010	—	—	—	—	—
CP Ti	1005	+85	934	+14	890	920	950	CP Ti	899~927	910~945	890~950	—	890	915	920	950

① 参考文献［42］。
② 减去 71℃的标准化值误差范围为 ±14℃。
③ Dynamet（Carpenter Technology）标准。
④ 参考文献［3］。
⑤ Timet 标准。

参考文献

1. R.N. Caron and J.T. Staley, Effects of Composition, Processing, and Structure on Properties of Nonferrous Alloys, *Materials Selection and Design*, Vol 20, *ASM Handbook*, ASM International, 1997, p 383–415
2. R. Gilbert and C.R. Shannon, Heat Treating of Titanium and Titanium Alloys, *Heat Treating*, Vol 4, *ASM Handbook*, ASM International, 1991, p 913–923
3. M.J. Donachie, Heat Treating, Chap. 8, *Titanium: A Technical Guide*, ASM International, 2000, p 55–63
4. J.C. Williams and E.A. Starke, Jr., The Role of Thermomechanical Processing in Tailoring the Properties of Aluminum and Titanium Alloys, *Deformation, Processing, and Structure*, G. Krauss, Ed., American Society for Metals, 1984
5. S. Lampman, Wrought Titanium and Titanium Alloys, *Properties and Selection: Nonferrous Alloys and Special-Purpose Materials*, Vol 2, *ASM Handbook*, ASM International, 1990, p 592–633
6. R.A. Wood and R.J. Favor, “Titanium Alloy Handbook,” Report MCIC-HB-02, Battelle Memorial Institute, Columbus, OH, Dec 1972
7. F.H. Froes and W.T. Highberger, Synthesis of Corona 5 (Ti-4.5Al-5Mo-1.5Cr), *Titanium Technology: Present Status and Future Trends*, Titanium Development Association, 1985, p 95–102; http://link.springer.com/article/10.1007%2FBF033545 73#page-1
8. Properties and Processing Ti-6Al-4V, *Timet*, April 1980

9. L.M. Gammon et al., Metallography and Microstructures of Titanium and Its Alloys, *Metallography and Microstructures*, Vol 9, *ASM Handbook*, ASM International, 2004, p 912
10. J. Chretien et al., "Titanium Alpha Case Prevention," B.S. Thesis, Worchester Polytechnic Institute (in cooperation with Wyman-Gorden Co.), March 2010
11. D. Jordan, Study of Alpha Case Formation on Heat Treated Ti-6-4 Alloy, *Heat Treat. Prog*., May/June 2008, p 45–47
12. I. Gurrappa and A.K. Gogia, High Performance Coatings for Titanium to Protect against Oxidation, *Surf. Coat. Technol*., Vol 139, 2001, p 216
13. A. Labak, "Alternatives to Hydrofluoric Acid Etching at Wyman Gorden Co.," Worchester Polytechnic Institute, April 29, 2010, p 7–9
14. S. Sung, B. Choi, B. Han, H. Oh, and Y. Kim, Evaluation of Alpha Case in Titanium Castings, *J. Mater. Process. Technol*., Vol 24 (No. 1), 2008, p 70
15. S.-Y. Sung, B.-S. Han, and Y.-J. Kim, Formation of Alpha Case Mechanism on Titanium Investment Cast Parts, *Titanium Alloys—Towards Achieving Enhanced Properties for Diversified Applications*, A.K.M. Nurul Amin, Ed., InTech, 2012
16. D.H. Herring, "Temperature Uniformity Survey Tips, Part 2: Vacuum Furnaces"
17. I. Gurappa, Prediction of Titanium Alloy Component Life by Developing an Oxidation Model, *J. Mater. Sci. Lett*., Vol 22, 2003, p 771
18. S.N. Patankar, Y.T. Kwang, and T.M. Jen, Alpha Casing and Superplastic Behavior of Ti-6Al-4V, *J. Mater. Process. Technol*., Vol 112, 2001, p 24
19. J. Unnam and R.K. Clark, NASA, Oxygen Diffusion Barrier Coating, U.S. Patent 4,681,818
20. E. Tal-Gutelmacher and D. Eliezer, Hydrogen-Assisted Degradation of Titanium Based Alloys, *Mater. Trans., Special Issue on Recent Research and Developments in Titanium and Its Alloys*, Vol 45 (No. 5), 2004, p 1594–1600
21. K. Wang, X. Kong, J. Du, C. Li, Z. Li, and Z. Wu, *Calphad*, Vol 34, 2010, p 317–323
22. Binary Alloy Phase Diagrams, *Alloy Phase Diagrams*, Vol 3, *ASM Handbook*, ASM International, 2016
23. H. Ricardo et al., Kinetics of Thermal Decomposition of Titanium Hydride Powder Using in situ High-Temperature X-Ray Diffraction (HTXRD), *Mater. Res*., Vol 8 (No. 3), 2005, p 293–297
24. P.E. Irving and C.J. Beevers, *Metall. Trans*., Vol 2, 1971, p 613–615
25. P. Millenbach and M. Givon, *J. Less-Common Met*., Vol 87, 1982, p 179–184
26. "Ti-6Al-4V ELI Technical Data Sheet," Arcam AB
27. Heat Processing Equipment, *Metals Handbook Desk Edition*, 2nd ed., ASM International, 1998, p 995–1000
28. Vacuum Heat Treating Processes, *Steel Heat Treating Technologies*, Vol 4B, *ASM Handbook*, ASM International, 2014, p 182–196
29. ASM Committee on Vacuum Heat Treating, Heat Treating in Vacuum Furnaces and Auxiliary Equipment, *Heat Treating*, Vol 4, *ASM Handbook*, ASM International, 1991, p 492–509
30. D. Herring, "Tips for Selecting Vacuum Furnace Equipment, Part 2"
31. "Temperature Measurement in Vacuum Furnaces," Vac Aero International
32. R. Fabian, Ed., *Vacuum Technology: Practical Heat Treating and Brazing*, ASM International, 1993
33. "Aerospace Material Specification, Pyrometry," AMS 2750D
34. A. Sverdlin and M.A. Panhans, "The Aerodynamic Furnaces for Heat Treatment," Milwaukee School of Engineering, Milwaukee, WI
35. "Test Method for Determination of Hydrogen in Titanium and Titanium Alloys by Inert Gas Fusion Thermal Conductivity/Infrared Detection Method," E1447, ASTM International, West Conshohocken, PA, 2013
36. "Test Method for Tension Testing of Metallic Materials," E8, ASTM International, West Conshohocken, PA, 2013
37. J. Henderson and R.B. Sparks, Metallographic Control of Aerospace Components, *Metallography as a Quality Control Tool*, J.L. McCall and P.M. French, Ed., Plenum Press, p 157, 158
38. "Determination of β-Transus Temperature. Metallographic Method," BS EN 3684: 2007
39. "Test Method. Microstructure of (α + β) Titanium Alloy Wrought Products. General Requirements," BS EN 3114-001:2006
40. W. Sha and S. Malinov, Neural Network Models and Applications in Phase Transformation Studies, *Titanium Alloys: Modelling of Microstructure, Properties and Applications*, Woodhead Publishing, 2009, p 301–329, 331–343, 365–410
41. Z. Guo, S. Malinov, and W. Sha, Modeling Beta Transus Temperature of Titanium Alloys Using Artificial Neural Network, *Comput. Mater. Sci*., Vol 32, 2005, p 1–12
42. "Detection of Beta Transus in Titanium Alloys by Differential Thermal Analysis (DTA)," Thermal Analysis Application

Brief TA-131, TA Instruments, Fig. 1, 2; http://www.tainstruments.co.jp/application/pdf/Thermal_Library/Applications_Briefs/TA131.PDF

5.4 钛和钛合金的变形与再结晶

与其他所有金属和合金一样，钛和钛合金也可以进行冷加工强化。在不同的金属或合金中，塑性变形的形式可能各不相同。冷变形对合金性能的改变，可以通过再结晶过程重新恢复到原来的状态。各金属或合金发生再结晶的温度范围相差是很大的。

本节就钛合金的变形和再结晶问题进行深入的探讨，其中包括：

1）钛合金塑性变形的主要形式是最常见的晶面滑移。

2）钛合金的回复，以及回复与再结晶、晶粒长大过程之间的关系，退火时间和温度对去除应力的影响。

3）影响再结晶速率的因素和近再结晶所需的条件。

4）应变强化机理及其对钛合金力学性能的影响。

5）影响钛合金超塑性的因素。

钛合金塑性变形的主要形式是滑移。其中最常见的滑移面是 α 钛的密排六方底面、棱柱面和棱锥面。在变形过程中，滑移面的开动与合金成分、温度、晶粒尺寸和晶体取向有关。孪晶是钛合金的另一种塑性变形形式，它多出现在粗晶粒、高纯度、较低温度条件下。

与体心立方（bcc）晶体结构相比，密排六方（hcp）晶体结构的对称性较差，因此，出现各向异性的可能性更大。各向异性在受控和平面应力条件下，可以提高合金强度。由于出现晶体织构，提高了合金强度的现象称为织构强化。在 α 型钛合金中，织构强化最为明显，这为在平面应力条件下服役的产品改进设计提供了一种可能性，如火箭壳体和压力容器。

在 α 型钛合金中，由于应变强化，使额外要求增加冷变形的抗力最大。增加 β 相的数量，可降低应变强化速率。因此，β 型钛合金具有最好的冷成形性。

在经过明显的塑性变形后，通常需要进行热处理，使合金恢复到初始状态或达到更佳的性能组合。与大多数普通金属材料一样，钛合金也能通过去除应力处理，来消除塑性变形留下的残余应力。可以采用更高的处理温度，使冷加工组织发生完全再结晶。然而，如果加热温度超过 β 相转变温度很多，则会导致晶粒产生异常长大。

α－β 型钛合金具有超塑性性能，也就是说，合金在较高温度下，同时表现出高的伸长率和高的应变速率敏感性。这使得可以采用 α－β 型钛合金，在 α＋β 相区温度区间，对形状复杂的工件进行成形加工。

5.4.1 变形

与其他金属一样，可以将钛合金加工成标准形状，如管材、坯料、棒材、板材和线材。可以通过这些成形变形加工过程，将钛合金加工生产出所需要的形式或成品。这种在固态下产生永久变形而不发生断裂的能力是金属材料的特性，是其在生产中能被广泛使用的主要原因。金属对外部应力的反应，决定了它们的力学性能。

金属中的原子以一定的间距，重复地周期排列。这种排列形式是由最邻近的原子所决定的，这使金属处在最低能量的原子组态。在纯钛中，在低于 885℃（1625℉）时，为密排六方（hcp）晶体结构；在 885℃（1625℉）到熔点温度范围内，为体心立方（bcc）晶体结构。通过原子间的内聚力，原子处在平衡和固定的位置上。这些原子间的结合键与弹簧相似，可以抵抗拉应力和压应力。

当晶体结构（图 5-78a）受到较小的应力时，原子键发生拉伸或收缩，其行为与弹簧相似。在外力的作用下，晶体发生了变形（图 5-78b）。当外力移除后，晶体会恢复到初始的状态，这种变形称为弹性变形，而产生最大弹性变形的应力称为弹性极限。当应力超过这个弹性极限时，原子的相对位置就会发生改变，由此导致了金属发生永久变形。

在密排六方晶体和体心立方晶体结构中，原子位于不同的晶面上。这些晶面是按照标准的参考系进行编号的。例如，密排六方的底面为（0001）。在这些晶面上，原子密度大于晶体的平均密度。其结果是，这些晶面上的原子内聚力比两晶面间的结合力更高。因此，当晶体受到超过弹性极限的应力时，晶面间的结合键首先发生屈服，两相邻平面发生滑动，导致变形，这种变形称为滑移。

图 5-78 为一个简化的滑移机制示意图。图 5-78a 中的原子面处于平衡状态。在外力的作用下，原子面发生了位移（图 5-78c），原子面上的原子相对原子面下的原子发生了一个原子间距的位移。可以看到，当外力足够大，能打断滑移面上的所有原子键时，就发生了滑移。

可以通过原子间的结合力，计算启动这类滑移所需的应力。计算结果表明，理想金属的强度应该

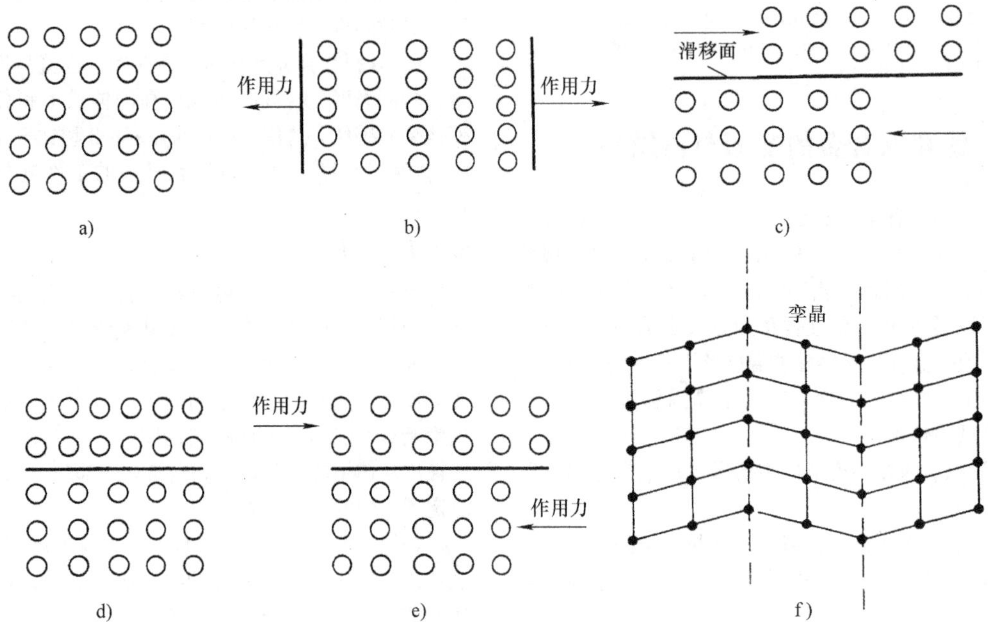

图5-78 金属晶体中的变形（当晶体结构受到应力时，原子键就会受到拉伸或压缩）
a）未产生应变的晶格点阵 b）晶格产生弹性变形 c）滑移变形 d）位错滑移面上多余的原子面
e）位错运动引起的滑移 f）孪晶引起的变形

比实际的强度大数千倍。这种差异是由晶体结构的不完整性，即位错造成的。图5-78d为这种不完整晶体结构的示意图。

在工程金属中，存在大量的位错。实际上，晶界可以看成由一位错列所组成。位错的数量和分布受合金成分、冷加工变形量和热处理的影响。由于晶体中存在大量的位错，降低了启动滑移所需的应力。这通常可以用地板上地毯的运动进行说明。如果将地毯整体一起拖动，则移动困难，就像图5-78c中原子面的整体移动一样。然而，如果先使地毯起皱，通过该皱纹的不断移动，则可以很容易地移动地毯。该过程类似于位错的滑移运动。

所有的滑移面都是晶面，但不是所有的晶面都是滑移面。通常滑移在原子密度最高的晶面上发生。由于立方晶体结构高度对称，高原子密度的晶面可在多个方向上产生滑移运动。这对合金的塑性变形产生了很重要的影响。

通过在几个方向同时滑移，晶体可以在体积不变的条件下，改变成任何形状。在不发生开裂的条件下，可以通过调整晶体形状，以适应邻近的晶粒，实现对整块金属的塑性变形。与立方结构晶体相比，六方结构晶体的对称性相对较低，因此性能也有所不同。例如，六方晶体结构的金属通常更难进行机加工。

在不同的晶体学方向上，滑移的难易程度是不相同的。每个滑移面在滑移前，都存在一个临界剪切力。虽然需要对整块金属施加很高的应力，但要使给定晶面发生滑移，则必须超过临界分解切应力。因此，为发生永久变形，滑移面必须处于有利于作用力的方向。

α型钛合金中最常见的滑移面如图5-79所示，$(10\bar{1}0)$是棱柱面，$(10\bar{1}1)$是棱锥面，而(0001)是基面。在变形过程中，滑移面的开启与合金的成分、温度、晶粒尺寸和晶体取向有关。表5-42所列为间隙原子对开启晶面上滑移系所必需的分解切应力的影响。

表5-42 钛的纯度对滑移分解切应力的影响

O+N（质量分数，%）	滑移面	分解切应力	
		MPa	ksi
0.01	$10\bar{1}0$	14	2
	0001	62	9
0.10	$10\bar{1}0$	90	13
	$10\bar{1}1$	97	14
	0001	107	15.5

在高纯度的钛中，$(10\bar{1}0)$面上的滑移占据了主导地位。只有在施加应力与有利的取向（高的分解切应力）一致时，滑动才可能在(0001)面上发

生。在低间隙原子的钛中，没有观察到（10 $\bar{1}$1）面上发生滑移。然而，在高间隙原子的钛中，三个滑移面都可能成为有利滑移面。虽然 α 型钛合金中可能会有几个滑移面同时启动，但滑动方向是一致的，如图 5-79 所示。

还未建立纯钛 β 相的滑移模型。预计与其他体心立方金属相同，即（110）、（112）和（123）滑移面上的 <111> 滑移方向。研究已发现，在钛－钒和钛－钼合金体系中，这些滑移系在变形过程中起到了作用（图 5-80）。

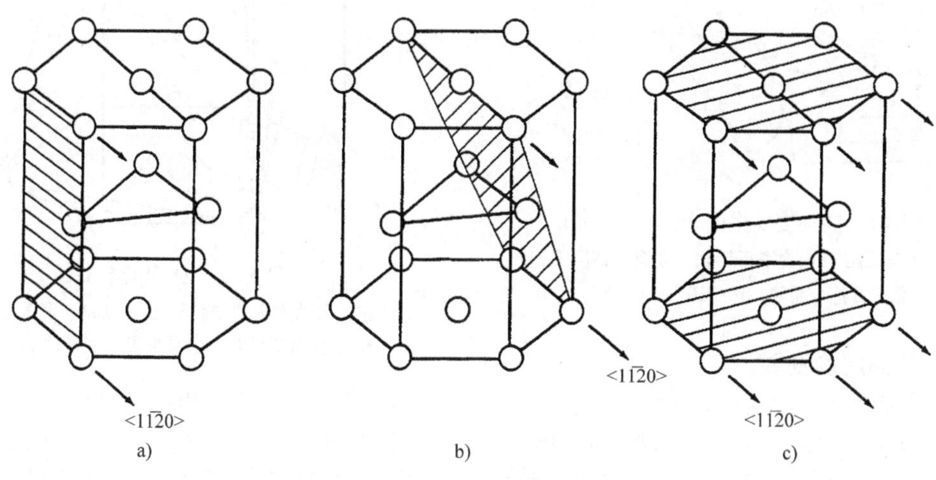

图 5-79　α 型钛合金中的主要滑移面

a)（10 $\bar{1}$0）滑移面（棱柱面）　b)（10 $\bar{1}$1）滑移面（棱锥面）　c)（0001）滑移面（基面）

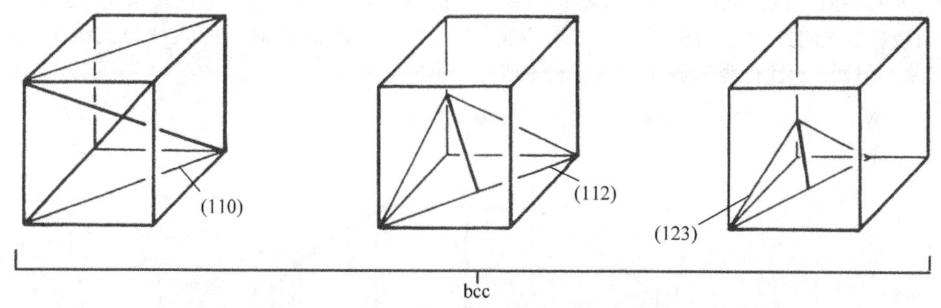

图 5-80　体心立方（bcc）晶体结构中典型的滑移面和滑移方向

孪晶也是钛合金发生永久变形的一种变形机制。与滑移一样，孪晶过程在晶体的孪晶面上发生，如图 5-78f 所示。当弹性形变能量超过临界值或临界切应力时，就会出现孪晶现象。一组原子以协同的方式形成晶体中的孪晶区域，在这个过程中，相对于相邻的原子，每个原子只做了少量的位移。最终，以孪晶面为基准，孪晶区域的晶格与未发生孪晶的晶格呈镜面对称。

图 5-81 所示为高纯钛的孪晶金相照片。可以看到，孪晶在平行的晶面上形成。在低温下，高纯度、粗晶粒的金属中，孪晶变形比滑移变形更加容易。例如，高纯度的钛很容易形成孪晶。通常，在切割、研磨和金相试样抛光时，产生的变形足以诱发孪晶。钛在许多晶面上都能形成孪晶，如图 5-82 所示。在室温变形过程中，虽然钛的其他晶面也产生了变形，但主要观察到形成的孪晶还是在（11 $\bar{2}$0）面上。

六方晶体结构的变形方式取决于温度。当变形温度低于室温时，有利的变形方式是孪晶。事实上，现已观测到了很多的孪晶体系。虽然在低温下，棱柱面不是有利的孪晶面，但该晶面可能会发生重新取向。除温度外，应变速率也影响变形方式。在高速变形过程中，最有利的变形方式是孪晶。

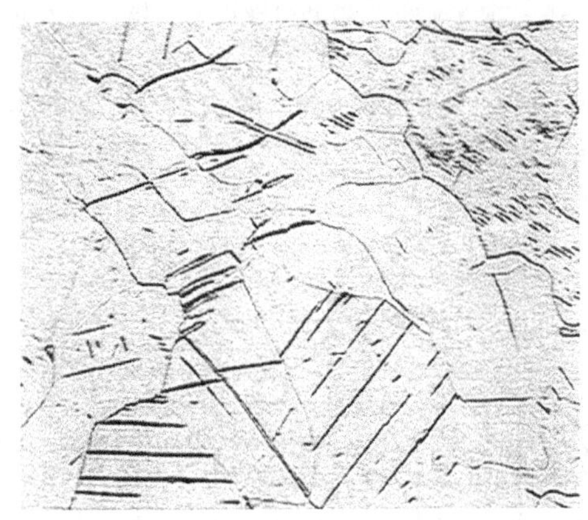

图 5-81 高纯度钛中的孪晶（250×）

注：该孪晶在晶内为平行针状。在有些情况下，孪晶横贯整个晶粒。10% HF，5% HNO_3。

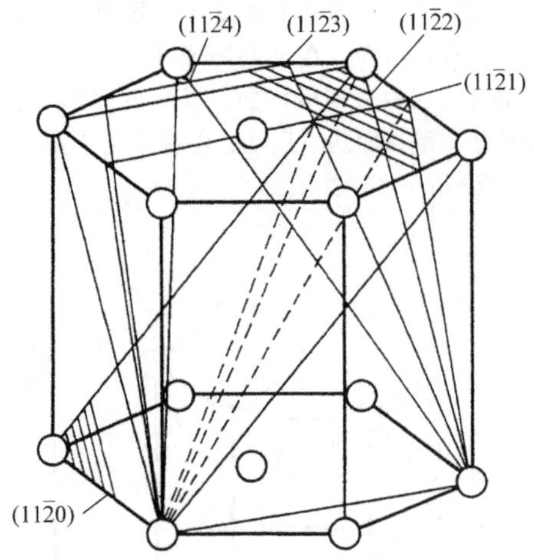

图 5-82 钛中的孪晶面

注：虽然大多数孪晶都在（1$\bar{1}$02）面上发生，但在室温变形时，孪晶也发生在其他晶面上。

5.4.2 钛的织构发展

在三种最常见的金属晶体结构中，密排六方结构表现出最强的晶体各向异性。也就是说，随着测量方向的改变，它的性能可以有很大的变化。通常，多晶的面心立方和体心立方金属，即使可能有很强的织构，但在其塑性流变过程中，几乎全部表现为各向同性。

断裂行为的各向异性，如断裂韧度或断面收缩率，主要与微观组织的方向性、晶粒形状、二次相或晶界较弱有关。然而，塑性行为的各向异性与晶体结构的择优取向、晶体织构有关。织构会对材料性能，如屈服强度、弹性模量和应变强化产生影响。这种塑性的各向异性是由变形机理、滑移和孪晶的性质所决定的。图 5-83 所示为不同试验方向对 α 型钛单晶弹性模量的影响。当测试方向垂直于基面时，弹性模量为 145GPa（21.0×10^6psi）；而当测试方向在 a 轴方向上时，弹性模量为 100GPa（14.5×10^6psi）。不同方向上的强度测试结果也有很大的不同。

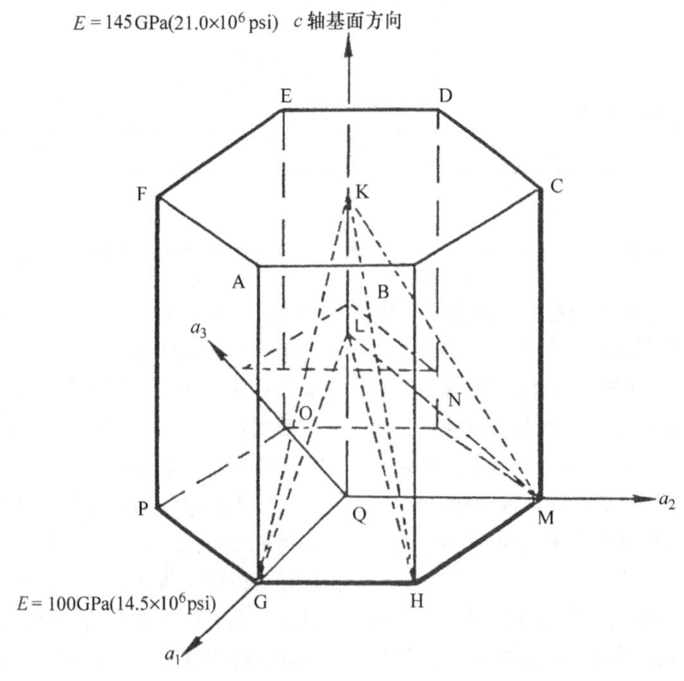

图 5-83 α 型钛合金不同试验方向的模量变化

生产厂家的钛合金产品几乎都为多晶，它们由数以百万计的单位晶胞和许多晶粒所组成。这些晶胞可以是随机取向排列，也可以是择优取向排列，一旦按择优取向排列，就发展出了晶体织构。钛合金产品中的织构是形变和热加工的结果。早期的轧制工艺要求直线轧制，后来又开发出交叉轧制，以降低力学性能的各向异性。现在人们已经认识到，在某些产品中，晶体的各向异性是有利的。

在广泛使用的 Ti－6Al－4Vα－β 型钛合金中，最主要的织构是基面织构和横面织构。其中基面织构为基面与轧制面平行，而横面织构为基面垂直于轧制面和平行于轧制方向。基面织构/横面织构在基面或横向上可能经常同时存在。图 5-84 所示为基面织构和横面织构的示意图。Ti－6Al－4V 合金在约 900℃（1650℉）以下温度进行单向轧制，得到基面织构和横面织构；而在 900℃（1650℉）以下温度进行交叉轧制，则只会产生基面织构。横面织构是在 900℃（1650℉）以上温度经单向轧制形成的。经过固溶和时效处理的 Ti－6Al－4V 合金板材产生了不同方向的织构，其不同方向的拉伸性能见表 5-43。根据织构和测试方向，合金的弹性模量和强度的变化是非常明显的。当测试方向垂直于（T－TD）或接近垂直于（B/T－TD）基面时，合金的弹性模量和屈服强度达到最高值。

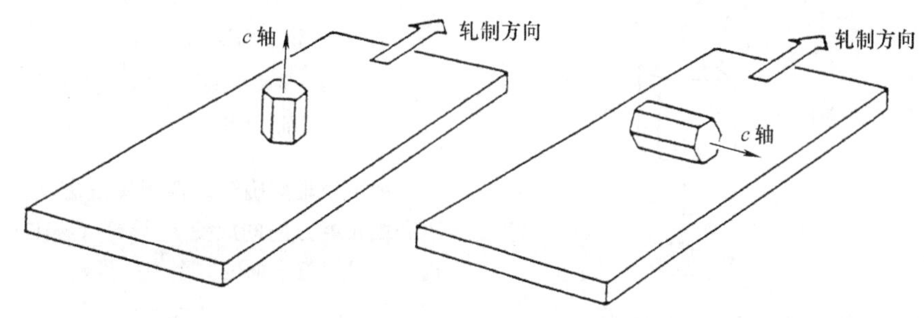

图 5-84 α 相织构板的示意图

表 5-43 织构和试验方向对固溶和时效的 Ti－6Al－4V 合金板材性能的影响

织构和试验方向①	弹性模量 E		规定塑性延伸强度 $R_{p0.2}$		断裂强度 R_f		断裂应变 ε_f
	GPa	10^6 psi	MPa	ksi	MPa	ksi	
B/T－RD	107	15.5	1120	162	1650	239	0.62
B/T－45°	113	16.4	1055	153	1560	226	0.76
B/T－TD	123	17.8	1170	170	1515	220	0.55
T－RD	113	16.4	1105	160	1540	223	0.57
T－45°	120	17.4	1085	157	1610	234	0.76
T－TD	126	18.3	1170	170	1665	241	0.70
B－RD	109	15.8	1120	162	1505	218	0.70

① B—基面；T—横面；RD—轧制方向；TD—横向方向。

晶体织构对合金的疲劳性能也有重要的影响。图 5-85 所示为在真空测试条件下，织构对细晶粒 Ti－6Al－4V 合金高周疲劳强度的影响。可以看到，织构的影响是显而易见的。

5.4.3 织构强化

即使钛板材和薄板在纵向和横向上的拉伸性能是平衡的，如果在整个厚度上取样，进行拉伸试验，就可以发现合金强度的显著增加。织构强化或硬化是指在不同载荷条件下，由织构造成的屈服强度的提高。织构强化的一种有用形式是在双向拉伸条件下，提高了合金的屈服强度，如图 5-86 所示。例如，在服役条件下的球形压力容器和圆柱形火箭发动机壳，就是这种特殊的应力场。合金以这种方式加载，在工件的宽度或长度方向上无法自由收缩，必须通过合金变薄产生屈服，也就是说厚度减薄。对于各向同性材料，双向拉伸（缸体载荷情况下）发生屈服的应力是单轴拉伸的 1.15 倍，如采用各向异性材料，则该比例可达 1.6 倍。

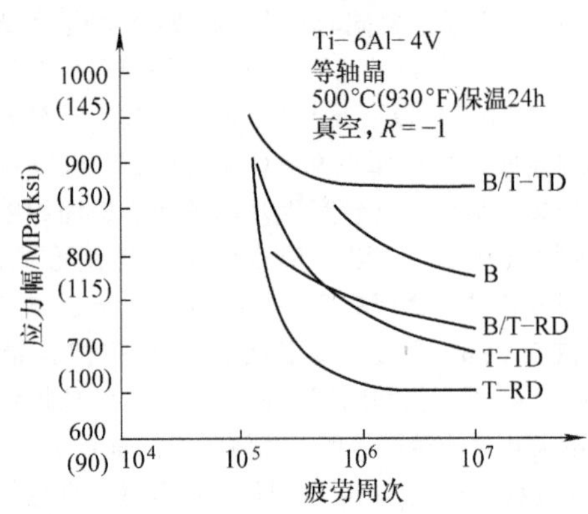

图 5-85 织构和试验方向对高周疲劳强度的影响

B—基面 T—横面 TD—横向方向 RD—轧制方向

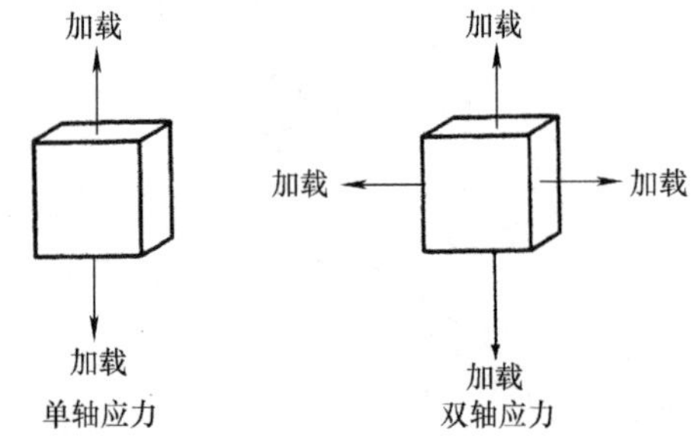

图 5-86 单轴和双轴应力（平面应力）

注：单轴拉伸的材料可以在厚度和宽度方向上收缩，而双轴拉伸的材料只能在厚度方向上收缩。

即使从薄板上沿轧制方向 0°（纵向）、45°和 90°（横向）切割拉伸试样，也能得到相似的屈服强度和抗拉强度，如果在整个厚度上取样，进行拉伸试验，就会发现强度有显著增加。

随测量方向的改变，各向异性材料的屈服强度和宏观应力 - 应变会发生变化。评价板材的一种判据是对拉伸试验过程中两个主横向收缩应变进行比较，如图 5-87 所示。当施加拉伸试验载荷（P）时，试样被拉长，产生伸长应变 ε_l。因为在施加载荷前后，试样的体积没有变化，所以在宽度和厚度方向必须发生收缩应变 ε_w 和 ε_t。可以根据 ε_w 到 ε_t 的比值，对各向异性参数（R）进行计算。

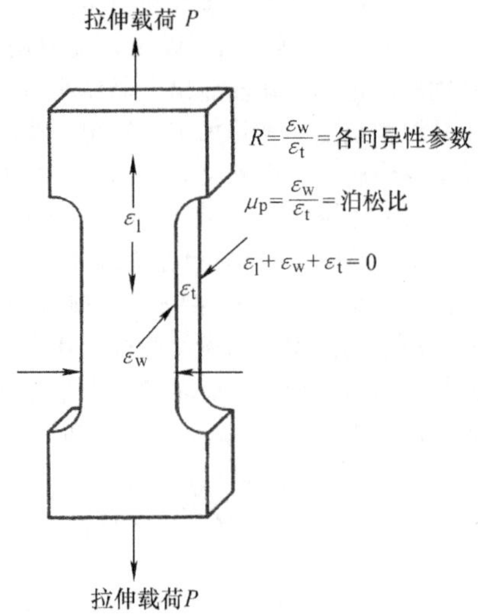

图 5-87 薄板拉伸试样在拉伸载荷 P 作用下三个主应变方向

由于很难准确测量薄板厚度方向上的应变，可以利用长度方向的应变 ε_l 计算 R。在 ε_l 和 ε_w 已测得时，可以按下面的关系中计算 ε_t

$$\varepsilon_l + \varepsilon_w + \varepsilon_t = 0$$

由于 ε_w 与 ε_t 的比值是塑性泊松比（μ_p），因此，也可以通过泊松比来计算 R 值

$$R = \varepsilon_w / \varepsilon_t = \mu_p / (1 - \mu_p)$$

高 R 值表示合金具有各向异性和在双轴应力场中具有高的变薄抗力。

表 5-44 列出了几种钛合金的单轴拉伸、双轴抗拉强度和 R 值，同时还列出了双轴拉伸极限强度（BTU）与标准单轴抗拉强度（UTS）的比值。Ti - 5Al - 2. 5Sn、Ti - 7Al - 12Zr 和 Ti - 8Al - 1Mo - 1Vα 型钛合金的主要组织为密排六方晶体结构，因此有高的 BTU 与 UTS 比值和高的 R 值。随着 β 相稳定化元素的增加，合金的织构强化效果降低。例如，Ti - 4Al - 3Mo - 1V 和 Ti - 6Al - 6V - 2Sn 合金的 R 值较低，并且 BTU 与 UTS 的比值也低。

表 5-44 几种钛合金的单轴和双轴室温拉伸性能

合金①	拉伸方向②	抗拉强度		屈服强度		伸长率（%）	双轴拉伸极限强度		比值③ BTU/UTS	各向异性参数（R）
		MPa	ksi	MPa	ksi		MPa	ksi		
Ti - 5Al - 2. 5Sn	L	1110	161	952	138	8	1455	211	1. 31	2. 4
	T	1076	156	938	136	8	1531	222	1. 42	2. 1
Ti - 7Al - 12Zr	L	1069	155	882	128	11	1372	199	1. 28	7. 0
	T	1007	146	862	125	12	1434	208	1. 42	7. 7

（续）

合金①	拉伸方向②	抗拉强度		屈服强度		伸长率（%）	双轴拉伸极限强度		比值③ BTU/UTS	各向异性参数（R）
		MPa	ksi	MPa	ksi		MPa	ksi		
Ti-8Al-1Mo-1V	L	1200	174	1020	148	7	1517	220	1.26	2.0
	T	1200	174	1034	150	5	1427	207	1.19	1.8
Ti-6Al-4V	L	1172	170	993	144	8	1476	214	1.26	1.6
	T	1186	172	1055	153	5	1503	218	1.27	2.0
Ti-4Al-3Mo-1V	L	1034	150	903	131	9	1289	187	1.25	1.3
	T	1034	150	917	133	6	1310	190	1.27	2.3
Ti-6Al-6V-2Sn	L	1193	173	1062	154	6	1379	200	1.15	0.6
	T	1262	183	1124	163	6	1379	200	1.09	0.6

① 除 Ti-6Al-4V 合金在482℃（900℉）的温度下变形60%以外，其余合金在650℃（1200℉）的温度下变形60%。

② L—纵向；T—横向。

③ BTU—双轴拉伸极限强度；UTS—标准单轴抗拉强度。

特意生产的有织构钛合金的潜在应用是制作在低温下使用的球形压力容器。因此，低温对合金各向异性参数的影响变得很重要。表5-45所列为低温对两种α型钛合金双轴拉伸屈服性能的影响。Ti-4Al-0.2O 钛合金是专为应用于双轴载荷应力而开发的。与各向同性合金相比，Ti-4Al-0.2O 和 Ti-5Al-2.5Sn 钛合金的双轴拉伸屈服强度比预期的要大得多。织构强化效果为单轴拉伸屈服强度的1.25～1.50倍。在所有温度下，对于有强织构的 Ti-4Al-0.2O 合金来说，其强化效果比 Ti-5Al-2.5Sn-ELI 合金大得多。因此，尽管在三种测试温度下，Ti-4Al-0.2O 合金的单轴拉伸屈服强度比 Ti-5Al-2.5Sn-ELI 合金低，但在21℃（70℉）和196 C（320 F），两种合金的双轴拉伸屈服强度几乎相等。在253℃（423℉），Ti-4Al-0.2O 合金的双轴拉伸屈服强度比 Ti-5Al-2.5Sn 合金的高约9%。

表 5-45　Ti-4Al-0.2O 和 Ti-5Al-2.5Sn-ELI 合金薄板的平均单轴和双轴拉伸屈服性能

合金	试验温度		单轴拉伸屈服强度（UYS）		1:2 双轴拉伸屈服强度（BYS）		比值，BYS/UYS	应变比（R）	塑性泊松比（μ_p）
	℃	℉	MPa	ksi	MPa	ksi			
Ti-4Al-0.2O	21	70	651	94.4	997	144.6	1.53	4.70	0.845
	-196	-320	1083	157.1	1534	222.5	1.42	3.06	0.697
	-253	-423	1387	201.1	1889	274.0	1.36	2.49	—
Ti-5Al-2.5Sn-ELI	21	70	793	104.9	992	143.8	1.37	2.55	0.732
	-196	-320	1191	172.8	1531	222.0	1.28	1.83	0.617
	-253	-423	1403	203.5	1740	252.4	1.24	1.53	0.557

随着试验温度的降低，各向异性程度降低。当温度从室温降低到-253℃（-423℉）时，Ti-4Al-0.2O 合金的 R 值从4.70下降到2.49。高于室温时，由于泊松比（μ_p）从室温至538℃（1000℉）为常数，而 R 与泊松比有关，可以预期从室温至538℃（1000℉），R 值也保持不变。

在直径为51mm（2in）的圆柱形压力容器的制造中，采用了织构强化技术。所有合金在538℃（1000℉），经剪切旋压（Shear Spun）工艺减小了50%的壁厚，在退火后和测试前，经过加工至均匀壁厚1mm（0.040in）。表5-46列出了压力容器试验结果。这些合金表现出了一定程度的织构强化。其中 Ti-4Al 合金的织构强化效果最为显著。当去除应力温度从760℃（1400℉）降至538℃（1000℉）时，三种合金的双轴抗拉强度都有所提高。

上述结果表明，在适当的合金化和加工条件下，钛合金是可以实现织构强化的（高 R 值）。最直接的实际应用是在双轴应力（平面应力）场中，实现强化效果。

表 5-46 在 538℃（1000℉）温度下三种钛合金压力容器的剪切旋压试验结果

合金	退火或去除应力温度		规定塑性延伸强度 $R_{p0.2}$				计算的各向异性参数（R）
			单轴		1:2 应力比		
	℃	℉	MPa	ksi	MPa	ksi	
Ti-5Al-2.5Sn	760	1400	876	127	1117	162	1.70
	650	1200	979	142	1324	192	2.34
	538	1000	1007	146	1386	201	2.63
Ti-4Al	760	1400	669	97	1014	147	4.30
	650	1200	731	106	1214	176	7.98
	538	1000	772	112	1324	192	9.85
Ti-6Al-4V	760	1400	910	132	1117	162	1.43
	650	1200	1007	146	1324	192	2.08
	538	1000	1041	151	1413	205	2.44

5.4.4 应变强化

冷加工是强化金属的另一种方法。随着变形量增大，产生应变强化，金属对进一步冷加工的阻力也不断增大，与此同时，金属的塑性降低。图 5-88 所示为冷加工对 α 型钛合金和 β 型钛合金屈服强度和伸长率的影响。

可以看到，增加冷加工变形量，提高了合金的屈服强度，但降低了其塑性。其中，Ti-5Al-2.5Snα 型钛合金的强度比 β 型钛合金增加得快得多，也就是说，α 型钛合金的应变强化速率更快。相对来说，β 型钛合金的应变强化速率较慢，这使得其具有接受更大冷加工变形的能力。与等强度的 α 型钛合金相比，这种类型的钛合金在退火前可以进行更大变形量的冷加工。

另一种常用的测量合金应变强化的方法是对拉伸应力-应变曲线进行分析。图 5-89a 所示为典型的拉伸真实应力-应变曲线。在拉伸试验中，测量了试样的伸长量，并测量了相应的应力载荷，直到试样被拉断，记录整个过程中试样长度、直径的变化与载荷的对应关系。通过计算，绘制出真实应力-真实应变曲线。

大多数拉伸曲线是工程类型的应力-应变曲线，这里的每个变形点上的应力都是采用原始试样横截面积计算的。然而，应变强化特性是根据真实应力-真实应变曲线得到的。

在弹性范围内，真实应变为零。图 5-89a 中的应力-应变曲线直接上升到应力轴，直到达到塑性变形范围为止。然后，应变会随着应力的增加而迅速增加，直到发生断裂。塑性变形范围内直线部分的斜率与应变强化指数有关。当斜率大时，或者是增加应变而应力迅速提高时，表明应变强化率高。

α 型钛合金的应变强化率比 β 型钛合金要高，如图 5-88 所示。如果在 α 基体的钛合金中有少量的 β 相，则会降低合金的应变强化率。图 5-89b 所示为高纯度钛-锰合金从 750℃（1380℉）淬火后部分真实应力-真实应变曲线（译者注：图 5-89b 图名为退火，但此处文字为淬火）。随 β 相稳定化元素锰的含量提高，保留 β 相的数量增加。随锰的含量降低，图中流变曲线的斜率减小，对应的保留 β 相数量减少。

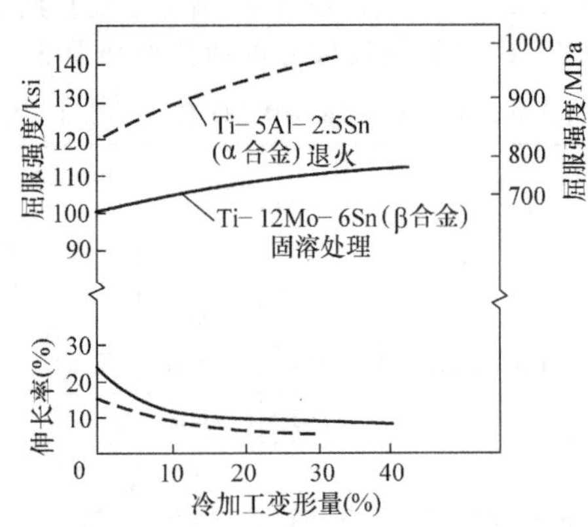

图 5-88 冷加工变形量的影响

注：随冷加工变形量增加，α 型钛合金和 β 型钛合金的屈服强度提高，伸长率降低。

5.4.5 应变的影响

在考虑某个工件是否容易进行成形加工时，还必须考虑这种成形（塑性变形）工艺对工件性能的影响。最常用的分析成形效果的方法是采用包辛格效应。在多晶金属塑性变形时，常出现一种现象，即在某一方向施加应力后，在其相反方向再施加应力，金属的屈服强度降低了。这就是包辛格效应。

图 5-90 所示就是 Ti-6Al-4V 合金产生包辛格效应的例子。Ti-6Al-4V 合金试样经固溶处理后，

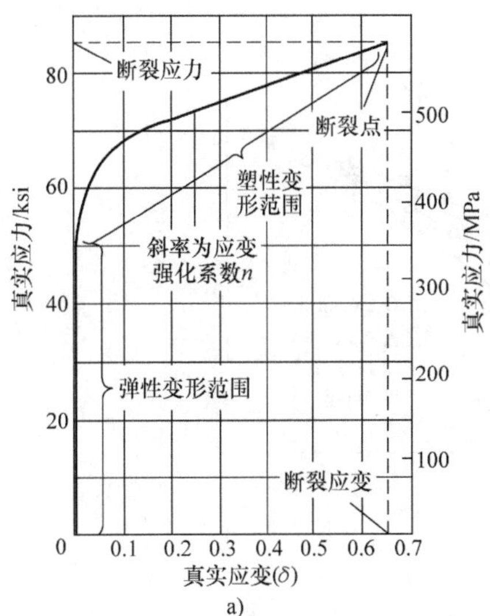

a)

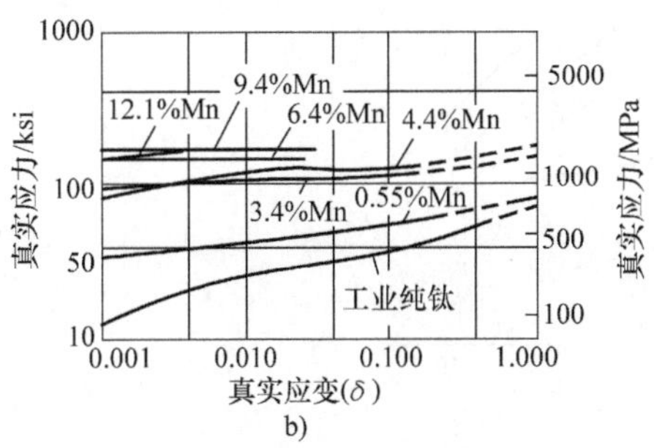

b)

图 5-89　应力 - 应变曲线

a）根据拉伸试验中测量试样每一应变对应的实际面积，得到真实应力 - 真实应变曲线 b）合金元素锰对在 750℃（1380℉）退火的钛合金真实应力 - 应变曲线的影响（译者注：图 b 名为退火，但在文字中为淬火）

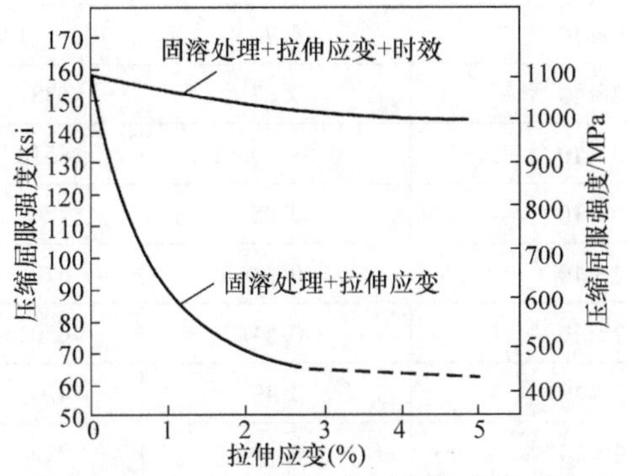

图 5-90　拉伸应变对固溶处理 + 应变和随后时效的 Ti - 6Al - 4V 合金薄板压缩屈服强度（包辛格效应）的影响

在拉伸应力下产生应变。正如预期的那样，抗拉应变明显降低了合金的抗压强度。可以通过时效处理，恢复固溶处理状态下降低的压缩屈服强度。因此，如果需要的话，可以通过应变后的热处理，来提高合金的压缩力学性能。

5.4.6　超塑性

当细晶粒金属具有大的伸长率和高的应变速率敏感性时，认为其具有超塑性。该特性使得可以通过近净成形，在不降低产量和大幅降低加工成本的同时，对复杂形状的零件进行成形加工。影响钛合金超塑性的主要因素是应变速率、温度和晶粒尺寸。应变速率敏感指数 m 的定义为

$$m \approx \frac{\Delta(\lg\sigma)}{\Delta(\lg\dot{\varepsilon})}$$

式中，σ 是流变应力；$\dot{\varepsilon}$是应变速率。

超塑性要求有高的 m（ >0.5）值。图 5-91 所示为晶粒尺寸为 6.4 ~ 20μm 的 Ti - 6Al - 4V 合金在 925℃（1700℉）温度下，m 值和应变速率之间的关系。根据该图，在不同晶粒尺寸条件下，可以得到高 m 值的最佳应变速率。试验表明，晶粒越细，越能提高超塑性行为。

表 5-47 所列为各种钛合金超塑性性能总结。表中给出了不同应变速率和温度条件下，合金的伸长率和 m 值。从表中可以看到，Ti - 6Al - 4V 合金在一定条件下，伸长率可达 1200%。一般来说，α - β 型钛合金具有最好的超塑性成形潜力。这是由于在成形温度下，α + β 两相组织在不断形成和发展。

Ti - 13V - 11Cr - 3Al 为 β 型钛合金，在成形温度下是单相，在任何条件下都不显示超塑性特征。Ti - 5Al - 2.5Sn 为 α 型钛合金，在超塑性成形温度下，主要由 α 相组成，也不具备超塑性成形性能。微观组织对超塑性的影响如图 5-92 所示。图中数据显示，根据测量的 m，在成形温度下，α 相的体积分数约为 65% 是最适合得到超塑性的组织。

5.4.7　回复和再结晶

塑性变形能改变金属的外观和形状，也能改变其内部组织结构。在评价塑性变形对组织结构的影响时，应同时考虑热加工和冷加工的影响。

金属在塑性变形完成后，如果晶粒发生了变形，则认为对金属进行了冷加工，图 5-93a 所示为冷加工后晶粒变形了的组织。经过冷加工，金属所有的物理和力学性能几乎都发生了变化。强度、硬度和电阻提高，而塑性则降低。将冷加工的金属加热到足够高的温度时，变形的晶粒发生再结晶过程，转变为无变形的晶粒，如图 5-93b 所示。如果在高于再结晶温度下进行加工，那么变形和再结晶几乎同时发生。这个过程称为热加工。

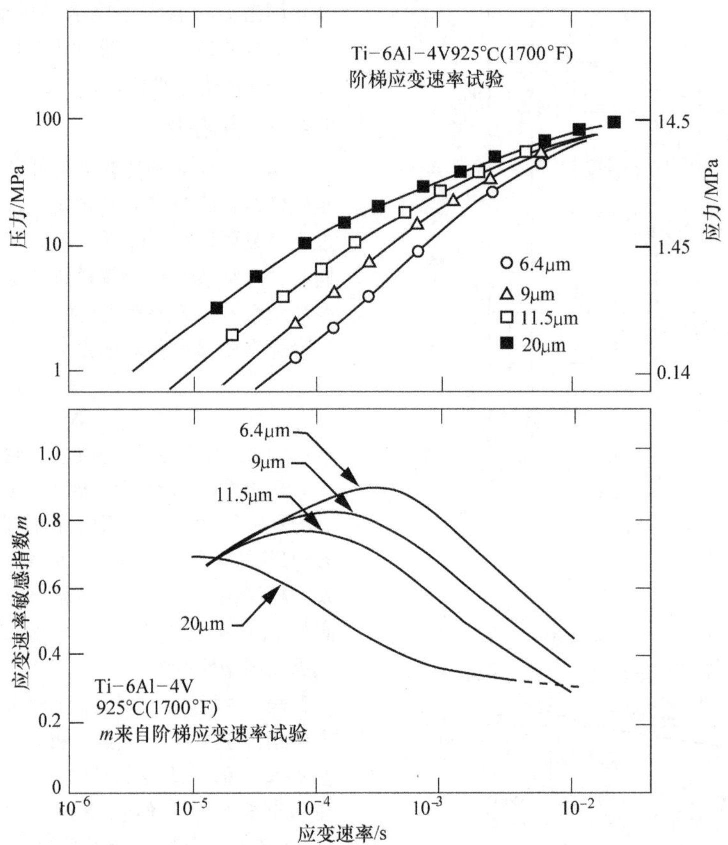

图 5-91 平均晶粒尺寸对 Ti－6Al－4V 合金应变速率敏感指数（m）的影响

表 5-47 钛合金超塑性性能总结

合金	试验温度		应变速率/s	应变速率敏感指数（m）	伸长率（%）
	℃	℉			
Ti－6Al－4V	840～870	1544～1600	$1.3\times10^{-5}\sim1.3\times10^{-4}$	0.75	750～1170
Ti－6Al－5V	850	1565	8×10^{-4}	0.70	700～1100
Ti－6Al－2Sn－4Zr－2Mo	900	1650	2×10^{-4}	0.67	538
Ti－4.5Al－5Mo－1.5Cr	870	1600	2×10^{-4}	0.63～0.81	＞510
Ti－6Al－4V－2Ni	815	1500	2×10^{-4}	0.85	720
Ti－6Al－4V－2Co	815	1500	2×10^{-4}	0.53	670
Ti－6Al－4V－2Fe	815	1500	2×10^{-4}	0.54	650
Ti－5Al－2.5Sn	1000	1832	2×10^{-4}	0.49	420
Ti－1.5V－3Cr－3Sn－3Al	815	1500	2×10^{-4}	0.50	229
Ti－13V－11Cr－3Al	800	1472	—	—	＜150
Ti－8Mn	750	1380	—	0.43	150
Ti－15Mo	800	1472	—	0.60	111
工业纯钛	850	1565	1.7×10^{-4}	—	115

注：$m\approx\Delta(\lg\sigma)/\Delta(\lg\dot{\varepsilon})$。$m$ 值为以 $\lg\sigma$ 与 $\lg\dot{\varepsilon}$ 作图的斜率。

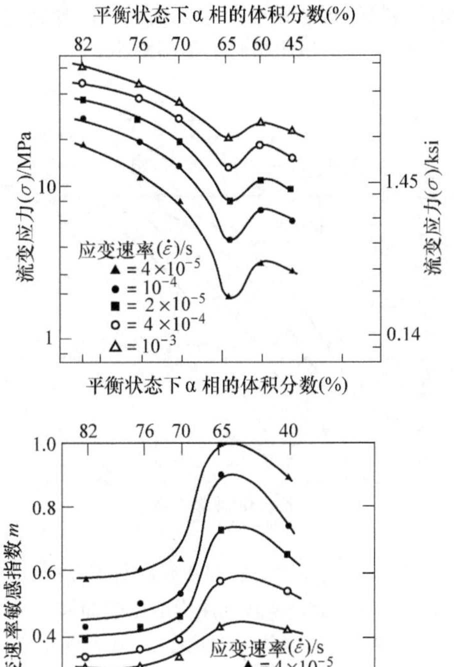

图 5-92　流变应力和应变速率敏感指数（m）与温度的关系以及 Ti-6Al-4V 合金在 925℃（1700℉）温度下α相的数量

对冷加工金属进行热处理，将其重新转变为无变形状态，称为退火。退火包括回复、再结晶和晶粒长大三个过程。

1. 回复

在回复过程中，冷加工过程中发生的物理和力学性能的变化会趋向回复到原来的值。值得注意的是，这时微观组织没有发生显著的变化。图 5-94 中的回复过程与再结晶和晶粒长大过程有关。在回复过程中，内部（残余）应力会降低，而强度会略有下降。

消除残余应力的热处理工艺称为去应力退火。消除的残余应力是退火时间和温度的函数，如图 5-95所示。在这个图中，包含了工业纯（CP）钛、Ti-6Al-4V 和 Ti-5Al-2.5Sn 三种钛和钛合金的数据。图中将温度和时间的影响作用合并为拉尔森-米勒（Larson-Miller）单个参数表示。

从图 5-95 中可以看出，增加时间和温度都能减少合金中的残余应力水平。工业纯钛在 482℃（900℉）保温 1h，将会保留大约 35% 的残余应力；在该温度下保温 2h，会保留大约 30% 的残余应力（用拉尔森-米勒参数确定图上的位置）。然而，将温度提高到 538℃（1000℉）保温 1h，工业纯钛中的残余应力只有 15%。这表明在去除应力的过程中，温度的变化比时间变化更敏感。还应该说明的是，曲线还与初始应力水平有关，图中数据只能作为去除应力时的参考。

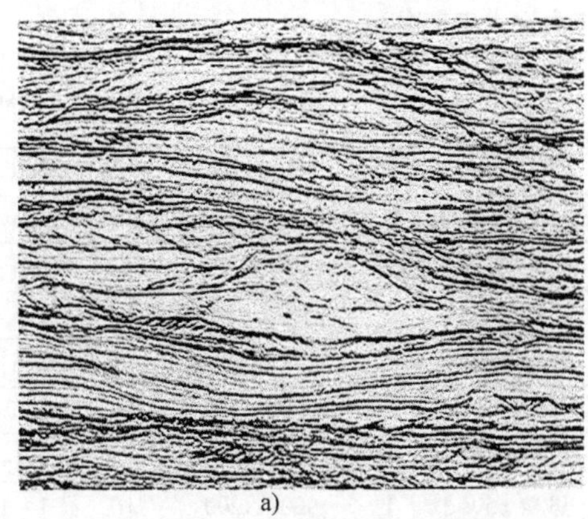

a)

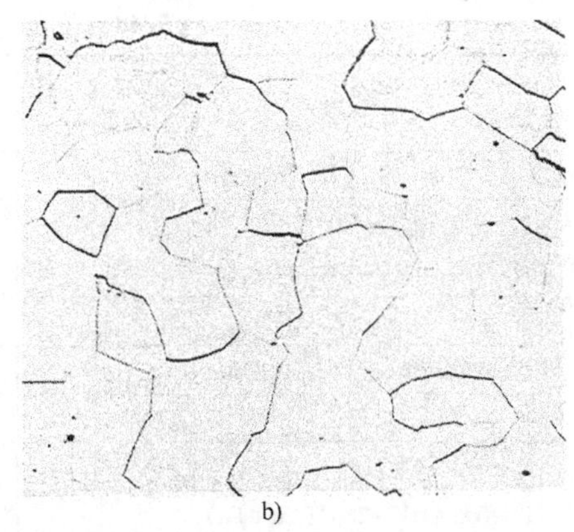

b)

图 5-93　钛的晶粒形状（250×）

a）冷加工产生变形的晶粒　b）变形晶粒在 790℃（1450℉）的温度进行再结晶，得到无变形晶粒

注：10% HF，5% HNO_3。

从图 5-95 中可以看出，应力消除情况与合金成分密切相关。工业纯钛去除应力的温度比 Ti-6Al-4V 合金低；在三种合金中，Ti-5Al-2.5Sn 合金所要求的去除应力温度最高。合金元素对去除应力的影响与其对蠕变强度的影响类似。与蠕变强度较低的α-β型钛合金相比，具有良好的高温蠕变性能的合金，如α型和近α型钛合金，需要更高的温度或更长的时间去除应力。表 5-48 列出了部分钛合金的

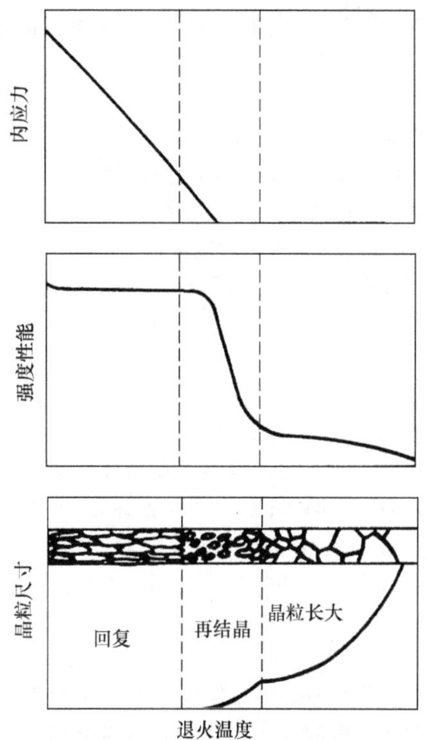

图 5-94 退火温度对组织性能的影响示意图

注：回复不会改变微观组织；新晶粒是在再结晶过程中形成的。在退火过程中，要防止晶粒长大，因为它会对金属的成形性能造成不利的影响，而且热处理后的性能很差。

去应力退火工艺参数。因为 α-β 型钛合金和 β 型钛合金可以进行热处理强化，所以必须将去应力处理与其最终热处理相结合。这样就不会使合金的力学性能受到去应力退火带来的不利影响。

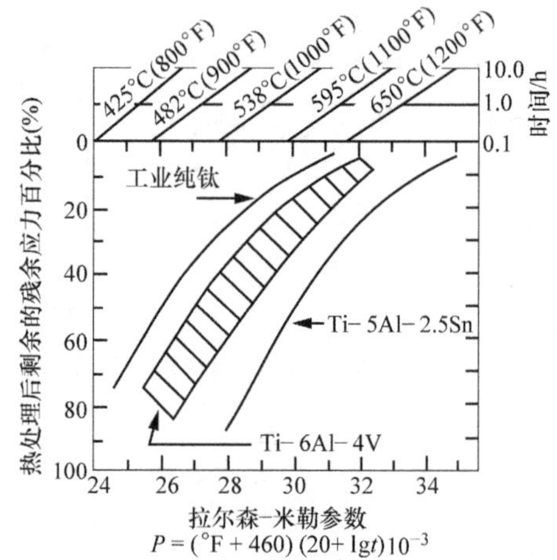

图 5-95 去除应力时间和温度对工业纯钛和两种钛合金残余应力的影响曲线

注：由该图可以明显地看出，应力消除情况与合金成分密切相关。

2. 再结晶

再结晶的定义是，冷加工金属中无应变晶粒的形核和长大。如前所述，在一定程度上，回复过程是在再结晶过程之前进行的。与冷加工前的性能相比，在完成再结晶后，由于可能存在晶粒大小和晶体织构差异，可能会出现部分性能不同，但绝大多数性能几乎都与冷加工前的性能相同。

表 5-48 钛合金去应力退火工艺参数

合金		温度 ℃	温度 ℉	时间
工业纯钛（所有等级）		480～595	900～1100	15min～4h
α 型和近 α 型合金	Ti-5Al-2.5Sn	540～650	1000～1200	15min～4h
	Ti-8Al-1Mo-1V	595～705	1100～1300	15min～4h
	Ti-6Al-2Sn-4Zr-2Mo	595～705	1100～1300	15min～4h
	Ti-6Al-2Nb-1Ta-0.8Mo	595～650	1100～1200	15min～2h
	Ti-0.3Mo-0.8Ni（ASTM 12 级）	480～595	900～1100	15min～4h
α-β 型合金	Ti-6Al-4V	480～650	900～1200	1～4h
	Ti-6Al-6V-2Sn（Cu+Fe）	480～650	900～1200	1～4h
	Ti-3Al-2.5V	540～650	1000～1200	30min～2h
	Ti-6Al-2Sn-4Zr-6Mo	595～705	1100～1300	15min～4h
β 型和近 β 型合金	Ti-13V-11Cr-3Al	705～730	1300～1350	5～15min
	Ti-11.5Mo-6Zr-4.5Sn（Beta Ⅲ）	720～730	1325～1350	5～15min
	Ti-3Al-8V-6Cr-4Zr-4Mo（Beta C）	705～760	1300～1400	10～30min
	Ti-10V-2Fe-3Al	675～705	1250～1300	30min～2h
	Ti-15V-3Al-3Cr-3Sn	790～815	1450～1500	5～15min

因为再结晶是一个形核和长大的过程，在等温退火过程中，它开始缓慢，加速到最大速率，最后缓慢完成。再结晶过程的速率与几个因素有关，其中包括温度、冷加工变形量、冷加工前的晶粒大小以及金属的纯度。较高的退火温度、较大的冷加工变形量、冷加工前细小的晶粒尺寸，以及更高的纯度，将提高再结晶过程的速率。图 5-96 所示为退火温度和冷变形程度对碘法钛晶粒大小的影响。

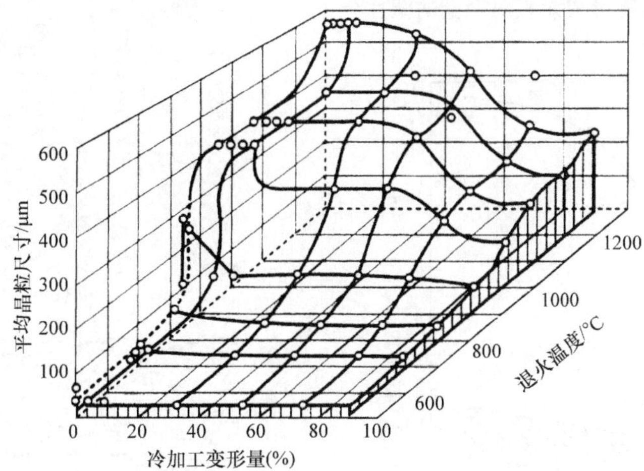

图 5-96　退火温度（保温时间为 1h）和冷变形程度对碘法钛晶粒大小的影响

工业纯钛的再结晶温度远低于 β 相转变温度。图 5-97 所示为冷加工对纯钛再结晶温度范围的影响。该温度范围是形成新晶粒，直到组织转变为 100% 再结晶晶粒的温度。图中较低的线表示再结晶起始温度（在 30min 内），而较高的线表示再结晶完成温度。通过增加冷加工变形量，能降低再结晶的起始和完成温度。

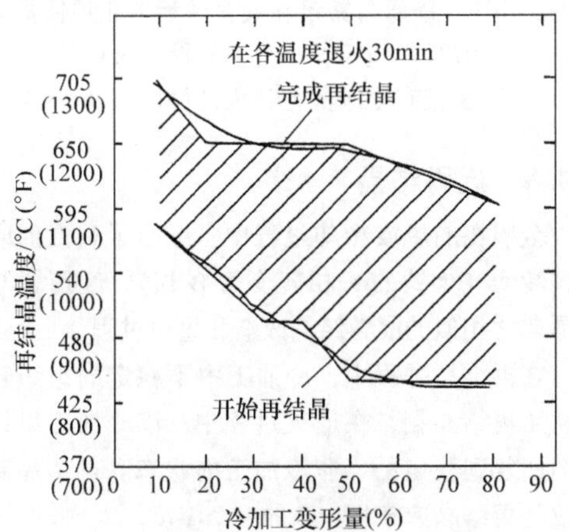

图 5-97　工业纯钛变形与再结晶图

注：随冷加工变形量增加，再结晶起始和完成温度降低。

在钛中添加合金元素，会影响钛的再结晶，但各元素的影响效果不完全相同。添加 β 相稳定化元素可能会降低或提高再结晶温度，而添加 α 相稳定化元素（如铝、氧和氮），则可以显著提高再结晶温度。在某些情况下，通过添加 β 相稳定化元素来得到 α－β 型钛合金，可以推迟再结晶过程，其中铬就具有这种作用。增加像硼和碳这样的化合物形成元素，也可以抑制再结晶。

3. 晶粒长大

在冷加工金属中，一旦产生再结晶形成新的晶粒，随时间和温度变化，新晶粒开始长大。图 5-98 所示为产生了 94% 冷加工变形量的碘法钛，在不同退火温度下，再结晶晶粒的平均直径随退火时间的变化。平均晶粒直径的计算公式为

$$D = Kt^n$$

式中，D 是平均晶粒直径；t 是退火温度；n 和 K 是晶粒长大参数。根据图 5-98 中的数据，$n \approx 0.33$。该值随合金成分、金属纯度和退火温度的变化而变化。

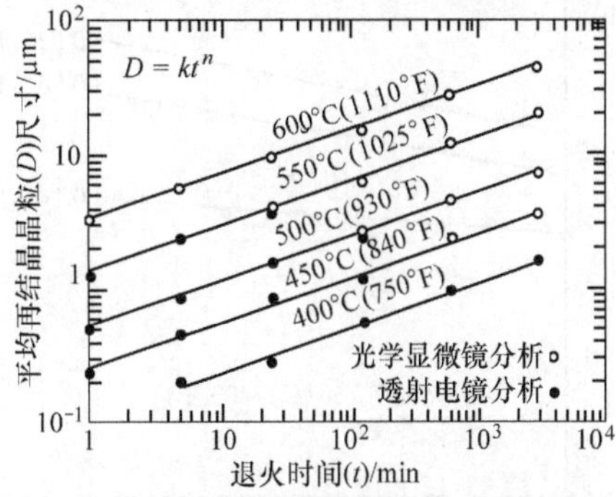

图 5-98　再结晶晶粒的长大

注：不同温度下，平均再结晶晶粒尺寸（碘法钛产生了 94% 冷轧变形量）与时间的关系。

添加合金元素形成第二相，可以推迟或阻止晶粒长大。其中，硼和碳、铍和碳、硼和硅是有效推迟晶粒长大的元素组合。硫和碳也能细化晶粒的尺寸。图 5-99 所示为碳对 Ti－11Mo 合金晶粒尺寸的影响。一般来说，化合物形成元素对合金的塑性会产生不利的影响。

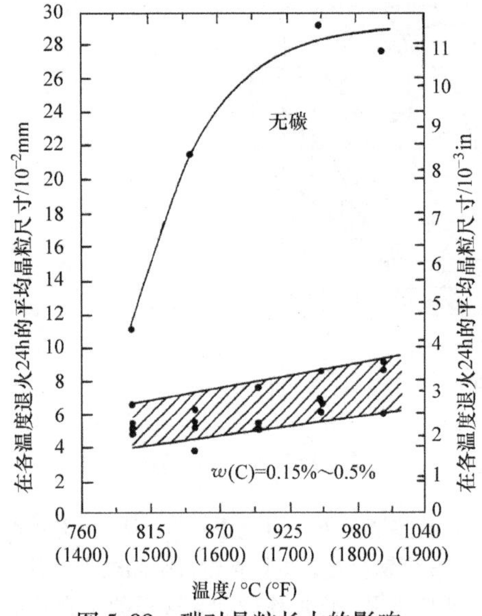

图 5-99 碳对晶粒长大的影响

注：Ti－11Mo 合金在不同温度下退火 24h，碳阻止了晶粒长大。

在所有工业纯钛产品中，都存在一定含量的铁，它对晶粒长大有很大影响。图 5-100 所示为含铁量对工业纯钛晶粒长大的影响。提高铁的含量，会减慢晶粒长大的速度。在 α 型钛中，铁只能很有限地固溶。一般来说，当 w(Fe) 超过 0.1% 时，会导致形成球状 β 相，而球状 β 相能起到阻碍晶粒长大的主要作用（图 5-101）。在 α－β 型钛合金中，少量的 α 相能在 β 相转变温度以下阻碍晶粒长大。

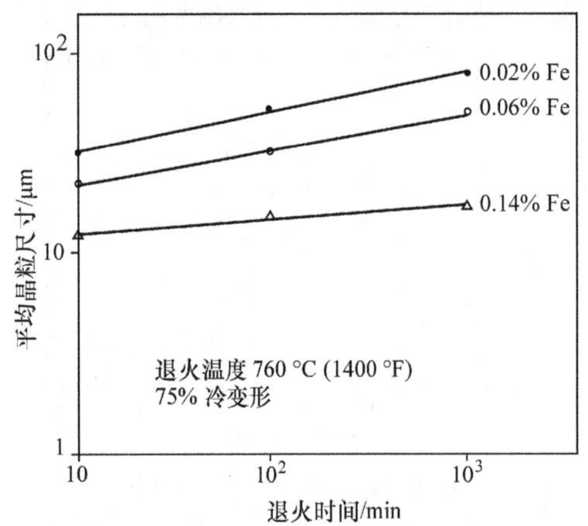

图 5-100 含铁量对工业纯钛晶粒长大的影响

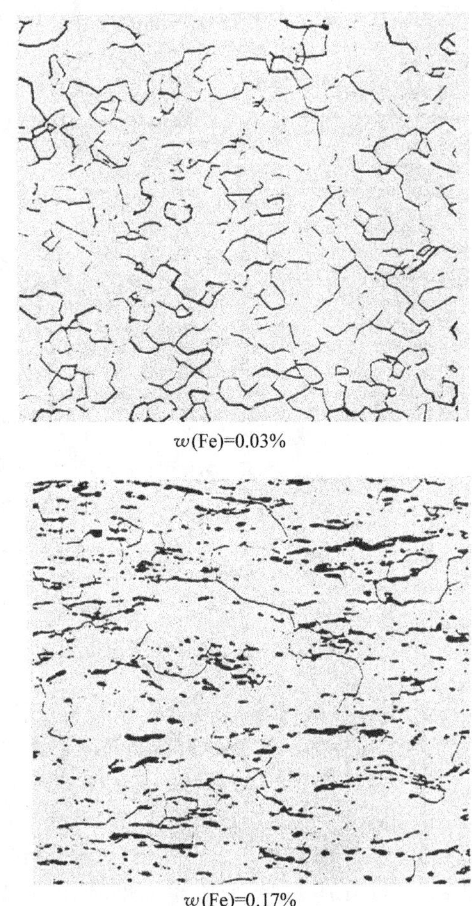

图 5-101 普通含铁量和低含铁量工业纯钛板的典型微观组织；高含铁量钛合金中的球状 β 相有限制晶粒长大的倾向（100×）

5.4.8 近再结晶

金属在加热或冷却过程中，经历了高温的同素异构转变（如钛的 α 相转变为 β 相），经历了与再结晶非常相似的晶粒结构改造和重组过程。

在再结晶过程中，冷加工中不稳定的组织转变为初始再结晶相，在退火过程中，该冷加工组织有倾向回复到稳定的、非冷加工的状态。再结晶温度仅仅是再结晶速率相当高的一个温度。

另一方面，近再结晶不需要进行冷加工，因为 β 相在 β 相转变以上温度下是稳定的，而 α 相在 β 相转变以下温度也是稳定的。因此，只有当一种相在稳定温度范围以外的温度下保温时，才会发生近再结晶。在该温度下，转变为稳定相的过程也是形核和长大的过程，这与再结晶过程情况相同。

将钢加热通过相变区间会导致许多细小晶粒形

核。然而，在加热钛金属通过 α 相向 β 相转变（β 相转变温度）区间时，再结晶并不明显。原因是钛的 α 相和 β 相晶格点阵具有极好的一致性或适应性，以及 α 相和 β 相的比容差别微小。在相转变过程中，保留了 α 相和 β 相的取向关系。晶格排列为 $(0001)_{\alpha}$面与 $(110)_{\beta}$面平行，α 相中的滑移方向与 β 相中的滑移方向平行。

由于晶体体积的高度一致性和相似性，新形成的晶粒很少。由此导致在实际过程中，出现了晶粒异常长大。下面以 Ti－5Al－2.5Sn 为例，用图 5-102进行说明。Ti－5Al－2.5Sn 为 α 型钛合金，将其加热到954℃（1750℉），这时有部分 α 相开始转变为 β 相。当加热温度达到 1015℃（1860℉）时，所有 α 相都发生了转变，只有 β 相存在。在 α 相开始转变为 β 相之前，小晶粒就发生了长大。在达到 β 相转变温度时，晶粒的长大速度非常快，而且在高于 β 相转变温度时，这种长大仍一直持续。

由于部分合金在高于 β 相转变温度加热或进行加工，会发展形成这种近再结晶的大晶粒，由此造成合金的塑性降低。其中，从 β 相区温度冷却后，同时具有 α 相和 β 相的合金对这种处理最为敏感，而近 α 型和近 β 型钛合金在进行了 β 再结晶退火后，具有良好的塑性。

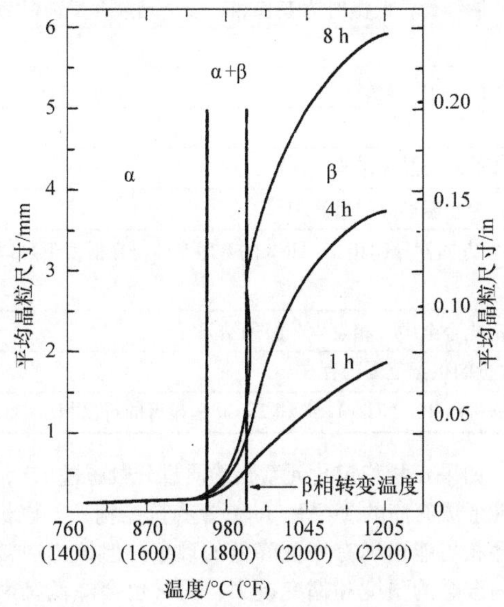

图 5-102 退火温度对 Ti－5Al－2.5Sn 晶粒尺寸的影响

注：退火温度对晶粒尺寸有很大的影响。在 β 相转变温度（1015℃或 1860℉）和更高温度退火，晶粒将快速长大。

参考文献

1. R. Askeland, *The Science and Engineering of Materials*, Brooks/Cole Engineering Division, Wadsworth, Inc., 1984, p 80
2. G. Liajering and A. Gysler, Critical Review—Fatigue, *Titanium Science and Technology, Proceedings of the Fifth International Conference on Titanium*, Deutsche Gesellschaft fur Metallkunde e.V., Federal Republic of Germany, 1984, p 2071

5.5 钛合金的淬火和残余应力的控制

淬火是一种广泛使用的，用于提高钛合金，特别是 β 型和 α－β 型钛合金性能的热处理工艺。通常，钛合金的淬火是加热到略高于或略低于合金的 β 相转变温度，使较多数量的 β 相向 α 相转变。淬火的结果是得到保留的 β 相或在马氏体转变温度下，β 相转化为马氏体。在时效过程中，在 β 相或马氏体中，形核析出细小的二次 α 相，起到强化合金的作用。本节主要介绍各种钛合金在淬火条件下的组织和性能，以及如何控制或降低由淬火或其他热加工工艺所产生的残余应力。

5.5.1 合金元素的作用

为了充分发挥钛合金的强度潜力，必须通过合金化，对其组织进行改性。通过添加 β 相稳定化元素，固溶强化合金的基体（保留的 β 相或马氏体），以保证在时效过程中，析出细小弥散的 α 相，进一步提高合金的强度。根据合金元素对钛同素异构转变的影响，将钛中的合金元素分为三类：

1）α 相稳定化元素。当这类合金元素固溶于钛中时，可稳定 α 相，并提高转变温度。这类合金主要包括铝和间隙固溶元素，如碳、氧和氮。

2）β 相稳定化元素。这类元素包括钼、钒、钨、铌、钽、铁、铬、镍、锰、钴、铜等，通过降低 α 相向 β 相的转变温度，来稳定 β 相。

3）中性合金元素。这类元素主要有锡和锆，它们不能促进相稳定，但能够推迟相转变。由于它们在 α 相和 β 相中都有很大的固溶度，因此常作为钛的强化合金元素。

表 5-49 所列为钛合金中常用合金元素的作用和范围。

5.5.2 铝和钼的 β 相稳定当量系数

铝和钼分别为典型的 α 相和 β 相稳定化元素。因此，对于多组分钛合金，采用当量铝和当量钼成分的概念是非常有用的。将铝和氧作为合金元素添

表 5-49 钛合金中常用合金元素的作用和范围

合金元素	成分范围（质量分数,%）	对组织的影响
铝	2~8	α 相稳定化元素
锡	2~6	α 相稳定化元素
钒	2~20	β 相稳定化元素
钼	0.3~20	β 相稳定化元素
铬	2~12	β 相稳定化元素
铜	<0.3	β 相稳定化元素
锆	2~8	α 相和 β 相强化元素
硅	0.2~1	提高蠕变抗力元素
铁	~2	β 相稳定化元素

加到钛合金中时，会显著提高 β 相到 α 相的转变温度，因此认为它们是强 α 相稳定化元素。虽然锡和锆的 α 相稳定化效果不是很强，但也认为是 α 相稳定化元素。根据 Rosenberg 的研究，某合金的当量铝成分包括铝、锆、锡、氧、碳和氮元素，则铝当量可以表示为

$$[Al]_{eq}=[Al]+\frac{[Zr]}{6}+\frac{[Sn]}{3}+10[O+C+N]<9\%$$

上式括号里的所有元素符号都表示相应元素的质量分数。当当量铝成分超过 9% 的时候，可能会析出形成脆性大的 Ti_3Al 或 TiAl 金属间化合物，应该谨慎考虑。由于这个原因，传统钛合金中铝的质量分数通常限制在 6% 以内。

可以通过降低马氏体转变温度，在室温下保留一定数量的 β 相，对 β 相稳定化元素的 β 相稳定效果进行评估。β 相稳定化合金的钼当量可以表示为

$$[Mo]_{eq}=[Mo]+\frac{[Ta]}{5}+\frac{[Nb]}{3.6}+\frac{W}{2.5}+\frac{V}{1.5}+1.25[Cr]+1.25[Ni]+1.7[Mn]+1.7[Co]+2.5[Fe]$$

将大部分多组分钛合金以铝当量和钼当量的形式表示，根据合金元素在表 5-49 中的分类，可以进行合金元素之间的互换。

5.5.3 钛合金的分类和微观组织

由于钛和钛合金在热加工和热处理过程中会发生多种相变，其中包括 β 相与 α 相之间的同素异构转变、平衡相和非平衡相中的析出反应，以及亚稳态 α 相或 β 相的分解。因此，根据合金的成分、冷/热加工工艺和热处理工艺不同，钛合金的微观组织会发生改变。表 5-50 列出了钛合金各相的符号和定义。

表 5-50 钛合金各相的符号和定义

相符号	定 义
α	存在于钛的 β 相转变以下温度，低温同素异构转变相，密排六方（hcp）晶体结构
β	高温同素异构转变相，体心立方（bcc）晶体结构，低温时为亚稳相，合金元素含量高时为稳定相
α′	马氏体相变得到的非平衡相，密排六方（hcp）晶体结构
α″	正交晶系的马氏体
α_2	Ti_3Al，在铝成分的很宽范围内存在，为有序的六方晶体结构，DO_{13}
ω	钛的高压同素异构转变相，六方晶体结构，为变温形成的过渡相
B2/β_2	有序的体心立方 CsCl 晶体结构，高温体心立方同素异构相 Ti_2AlNb 的有序变体，在低温下可以作为亚稳相存在
B1/β′	与基体成分不同的体心立方相；在 β 相稳定化合金中，相发生分解的结果
O	正交晶系结构的 Ti_2AlNb，可以在铝和铌含量的很宽范围内存在
金属间化合物析出相	根据合金不同，可以形成几种金属间化合物析出相，$(TiZr)_5Si_2$ 和 Ti_2Cu 是显著的析出相

根据所含合金元素的种类和数量，钛合金被划分为 α 型、α-β 型和 β 型钛合金。

（1）α 型钛合金　α 型钛合金在冷却通过转变温度范围时，β 相完全转变为 α 相。形成的 α 相可能是形核长大的魏氏组织型的 α 相，也可能是马氏体型 α′相。在快速冷却过程中形成的马氏体组织为 α′相。即使当合金从高于 β 相转变温度迅速淬火，α′相的成分仍为平衡成分。因此，这类合金不可进行热处理强化。图 5-103 所示为 α 型钛合金的微观组织。

如果 α 相稳定化元素铝的质量分数超过 6%，则可能形成有序的 Ti_3Al（α_2）超点阵结构相。该长程有序相可能出现有序度降低的现象，但该相通常能提高合金的强度和蠕变抗力，同时也会降低其断裂韧性和热加工性能。因此，对于含有相当数量的 α 相稳定化元素铝的钛合金，应该避免在临界有序化温度范围进行加工或热处理。例如，对于近 α 型 Ti-8Al-1Mo-1V 钛合金，应该避免在 510~675℃（950~1250℉）温度范围进行加工或热处理。

图 5-104 所示为添加了 α 相稳定化元素（如铝、

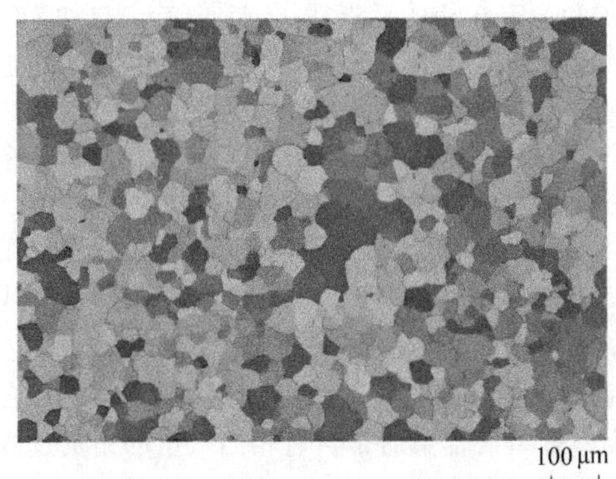

图 5-103　α 型钛合金的微观组织照片

注：ASTM F67 标准 4 级商用纯钛横向平面退火试样，采用三步法制备微观组织试样，即在实验室加热板产生回火色，用偏振光和敏感色显示晶粒组织结构，进行组织观察。

氧、氮或碳）的典型钛合金的二元相图。通过添加锡或锆，可以进一步强化 α 相。在 α 相和 β 相中，这两种元素都有明显的固溶度。由于添加锡或锆元素对转变温度没有明显影响，因此，通常将它们归类为中性合金元素。与铝同时添加，锡和锆不仅能在室温下起强化作用，在较高的温度下也具有强化效果。

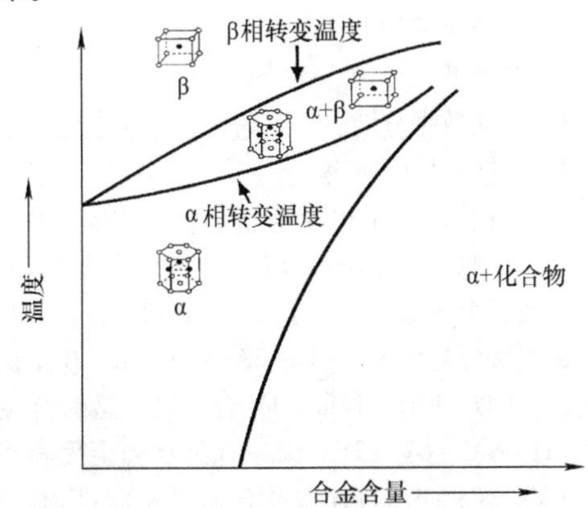

图 5-104　α 相稳定化元素（如铝、氧、氮或碳）对钛合金的影响

含铝、锡和/或锆的 α 型和近 α 型钛合金具有良好的高温蠕变强度和抗氧化性能，特别适合生产服役于高温和低温环境的产品。然而，为保证富 α 相的钛合金在低温环境下具有良好的塑性和韧性，必须降低合金中间隙元素的含量。在低的应变速率条件下，α 型钛合金具有良好的高温强度。此外，通常 α 型钛合金对热处理不敏感，因此具有良好的焊接性能。

（2）α－β 型钛合金　添加一定数量的 β 相稳定化合金元素，使部分 β 相保留到室温，形成两相合金系统。根据添加的 β 相稳定化元素的种类和数量，α－β 型钛合金可进一步分为弱 β 的 α－β 型钛合金和富 β 的 α－β 型钛合金。图 5-105 所示为典型的 α－β 型钛合金的微观组织照片。

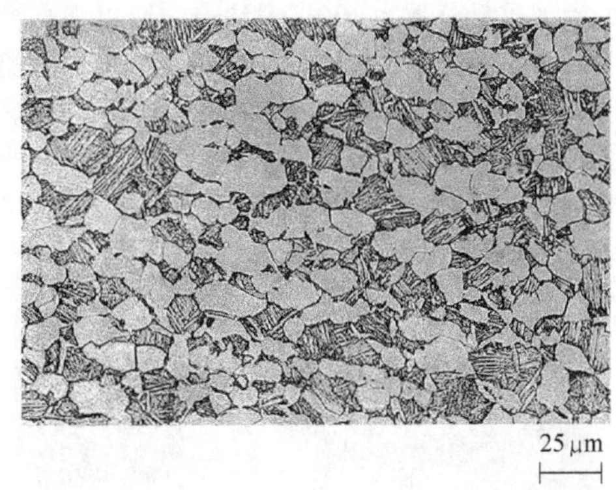

图 5-105　α－β 型钛合金的微观组织照片

（Ti－6Al－4V 合金固溶＋过时效处理的微观组织）

当添加大量 β 相稳定化元素时，会有较多的 β 相保留到室温。可以通过热处理，对这种两相钛合金进行强化。通常 α－β 型钛合金的强化热处理工艺为固溶＋时效。在缓慢冷却过程中出现的 β 相转变，在快速淬火过程中将受到抑制。而在时效工艺中，导致在亚稳态 β 相中析出细小弥散的 α 相，由此造成合金的强度比退火的 α＋β 相组织更高。此外，随着 α 相的析出，剩余的 β 相富含 β 相稳定化元素，成为稳定的 β 相。

弱 β 的 α－β 型钛合金在淬火过程中，通过切变机制，转变为马氏体型 α（α′）相。随添加的 β 相稳定化元素的减少，淬火得到的 α′相的数量增多。形成马氏体是弱 β 的 α－β 型钛合金的特征，特别是采用高的固溶温度进行处理时。在低的固溶温度下，如果 β 相的溶质成分接近于临界范围，那么在淬火条件下，某些 β 相将被保留为亚稳态相。

从固定温度转变的 β 相的数量与合金中 β 相稳定化元素的数量及处理工艺有关。通过调整热加工工艺参数，α－β 型钛合金可以得到各种微观组织和性能。

大多数 α－β 型钛合金都可进行焊接，但在焊接区有塑性降低的危险。这类钛合金为中等到高强度级别，其热成形产品的质量好，但冷成形可能会导致脆性。与 α 型钛合金相比，α－β 型钛合金的蠕变强度低，因此不适合在高温环境下长期使用。

（3）β 型钛合金　β 型钛合金分为稳态 β 型钛合金和亚稳态 β 型钛合金两类。从钛合金体系的热力学考虑，稳态 β 型钛合金只能添加在室温下为体心立方晶体结构的元素，并要求在添加元素的成分范围内，与β相形成连续的固溶体。稳态β型钛合金添加了大量β相稳定化元素（质量分数大于30%），抑制了在室温以下温度，合金中的β相向α相转变。亚稳态β型钛合金也添加了很多β相稳定化元素（质量分数为10%～15%），所以强烈推迟了β相向α相转变，导致合金从β相转变以上温度空冷，保留了大部分的β相到室温。因此，对这类合金进行固溶处理与退火意义相同。图5-106所示为典型β型钛合金的微观组织照片。

图5-106　β型钛合金的微观组织照片

注：Ti－13V－11Cr－3Al合金固溶空冷后，在482℃（900℉）时效48h。组织为在β晶粒中析出黑色的α相粒子。

大多数商用β型钛合金都是亚稳态合金。在室温下变形或加热至稍高的温度，会导致部分组织转变为α相，合金重新回到平衡状态。利用这种亚稳状态，可从β型钛合金得到特殊的组织。β型钛合金的主要优点是淬透性好，在固溶状态下具有良好的冷成形性能，并且可以通过强化使合金达到相当高的强度水平。

在固溶处理状态，β型钛合金具有良好的塑性和韧性，相对较低的强度和优良的成形性能，因此，通常在固溶状态下进行成形或加工。在完成固溶处理和成形工序后，通过对β型钛合金在β相转变以下温度时效，析出细小的α相粒子，实现强化，通常时效温度为450～650℃（850～1200℉）。β型钛合金的强度水平可相当于或优于时效处理的α－β型合金。

β型或近β型钛合金可容易地进行热处理，可进行焊接，并且在中温条件下，具有高的强度水平。这类合金在固溶处理状态，具有极好的冷成形性能。除了强化β相外，β相稳定化元素还有其他两个重要的优点。其一，β相的变形抗力比α相低，因此，增加和稳定β相的元素往往有利于冷、热加工，易于制造和加工。其二，添加足够数量的β相稳定化元素，还可以提高合金的热处理性能。可以在热处理过程中，通过控制β相分解为α相的数量，来显著提高合金的强度。

尽管β型钛合金性能卓越，且可以通过采用不同工艺对其性能进行调整，但自20世纪90年代以来，β型钛合金的使用量并没有显著增加，其原因是它的成本过高。与大量使用的Ti－6Al－4V合金相比，β型钛合金通常含有相当数量的昂贵过渡族元素（钼、钒和铬），合金元素的成本明显高于Ti－6Al－4V合金。此外，为达到合金成分的均匀性，β型钛合金的熔炼速率较慢，这进一步提升了其生产成本。除了成本问题外，Cotton和Eylon等人认为，β型或近β型钛合金还存在以下缺点：

1）当需要获得特定的或特殊性能时，处理工艺更复杂，加工区间更窄。

2）与α－β型钛合金相比，密度更高，导致在小型化设计中，产品的质量更大。

3）微观组织稳定性差，当处理不同截面或大尺寸的工件时，该问题更加突出。

4）加工成本更高。

5）缺乏足够的设计数据。

6）产量低。

7）性能数据分散。

8）缺陷敏感性更高。

虽然目前大约有30个商用钛合金牌号，但用于生产85%～90%产品的常用合金牌号只有10个左右。包括三个等级的工业纯钛、Ti－5Al－2.5Sn合金（α型钛合金代表）、Ti－6Al－4V（α－β型钛合金代表）、Ti－8Al－1Mo－1V合金（α型钛合金代表）、Ti－6Al－6V－2Sn（α－β型钛合金代表）和Ti－10V－2Fe－3Al（β型钛合金代表）。其中Ti－6Al－4V是目前使用最广泛的牌号（占所有钛合金产品的60%～65%）。表5-51所列为目前市面上可购买到的钛合金的成分和不同等级的工业纯钛。三种主要类型的钛合金可进一步细分为近α型、近β型和α分散颗粒型。这种分类主要是基于合金的主要微观组织特征。例如，不同等级的工业纯钛主要是密排六方（hcp）晶体结构，β型钛合金是以体心立方（bcc）晶体结构为主，根据成分，还可以是hcp和bcc混合的晶体结构。α分散颗粒型是在α基体相中存在金属间化合物相。其他几种合金（特别是含硅合金）的微观组织中，也可能出现金属间化合物相。

表 5-51 钛合金的名义成分和固溶处理温度

合金类型	名义成分（质量分数，%）	常用名称[①]	固溶温度		冷却介质
			℃	℉	
α 型	Unalloyed Ti，~99.5[②]	CP	不可热处理强化		—
	Unalloyed Ti，~99.2[②]	CP	不可热处理强化		—
	Unalloyed Ti，~99.01[②]	CP	不可热处理强化		—
	Ti-0.15-0.20Pd	Pd alloy	不可热处理强化		—
	Ti-0.3Mo-0.8Ni	Grade 12	不可热处理强化		—
	Ti-5Al-2.5Sn[③]	A-110	不可热处理强化		—
	Ti-5Al-5Sn-5Zr	—	不可热处理强化		—
	Ti-7Al-12Zr	—	不可热处理强化		—
α 分散颗粒型	Ti-1-2Ni	—	—	—	—
	Ti-2.5Cu	IMI 230	795~815	1465~1500	空冷或水冷
	Ti-5Al-6Sn-2Zr-1Mo-0.25Si[④]	5621S	—	—	—
	Ti-6Al-5Zr-0.5Mo-0.2Sn	IMI 685	1040~1060	1905~1940	油
	Ti-5.5Al-3.5Sn-3Zr-1Nb-0.3Mo-0.3Si	IMI 829	1040~1060	1905~1940	空冷或油冷
	Ti-5.8Al-4Sn-3.5rZr-0.7Nb-0.5Mo-0.3Si	IMI 834	1020	1870	油
	Ti-6Al-2Cr-1Ta-0.8Mo	6-2-1-1	—	—	—
	Ti-8Al-1Mo-1V	8-1-1	980~1010	1800~1850	油或水
α-β 型	Ti-8Mn	8Mn	无推荐		—
	Ti-3Al-2.5V	3-2.5	无推荐		—
	Ti-4Al-4Mn	—	760~815	1400~1500	水
	Ti-4Al-3Mo-1V	4-3-1	885~900	1625~1650	水
	Ti-5Al-2Sn-2Zr-4Mo-4Cr	Ti-17	—	—	—
	Ti-6Al-4V[③]	6-4	955~970	1750~1780	水
	Ti-6Al-6V-2Sn	6-6-2	885~910	1625~1670	水
	Ti-6Al-2Sn-4Zr-2Mo[⑤]	6-2-4-2	955~980	1750~1800	空冷
	Ti-6Al-2Sn-4Zr-6Mo	6-2-4-6	845~890	1555~1635	空冷
	Ti-4Al-4Mo-2Sn-0.5Si	IMI 550	890~910	1635~1670	空冷
	Ti-4Al-4Mo-4Sn-0.5Si	IMI 551	890~910	1635~1670	空冷
	Ti-6Al-2Sn-2Zr-2Mo-2Cr-0.2Si	6-2-2-2-2	870~925	465~1700	水
	Ti-5Al-2Sn-2Zr-4Mo-4Cr	5-2-2-4-4	845~870	1555~1600	空冷
	Ti-5Al-5Mo-5V-3Cr-0.5Fe	5-5-5-3	—	—	—
	Ti-7Al-4Mo	7-4	900~955	1650~1750	水
近 β 型	Ti-1Al-8V-5Fe	1-8-5	746~774	1375~1425	水
	Ti-3Al-8V-6Cr-11.5Mo	Beta C	815~925	1500~1700	水
	Ti-4.5Sn-6Zr-11.5Mo	Beta 111	690~790	1275~1455	空冷或水冷
	Ti-8Mo-8V-2Fe-3Al	8-8-2-3	—	—	—
	Ti-13V-11Cr-3Al	13-11-3	775~800	1425~1500	空冷或水冷
	Ti-10V-2Fe-3Al	10-2-3	760~780	1400~1435	水
	Ti-15V-3Al-3Cr-3Sn	15-3-3-3	790~815	1455~1500	空冷

① 由于某些公司对指定产品使用专门的代码，生产商的产品命名各异，其中有的使用公司名称、字母和数字组合。

② 杂质含量不同等级的纯钛，因此强度和塑性不同。

③ 高纯度等级合金后缀“ELI”，表示极低间隙原子。

④ Ti-5Al-5Sn-2Zr-2Mo-0.25Si 合金的改型，可能会商业化使用。

⑤ 一种含硅的 6-2-4-2 合金。

5.5.4 钛合金的热处理

通常，钛和钛合金在热处理后使用。钛合金热处理的主要作用是：

1）获得塑性、加工性能、尺寸和组织稳定性的最佳组合（退火）。

2）提高强度（固溶和时效处理）。

3）优化特殊性能，如断裂韧性、疲劳强度和高温蠕变强度。

4）降低制造过程中产生的残余应力（去应力处理）。

虽然钛合金热处理后的性能受前处理工序的影响，但对用户来说，热处理是调整和改善合金力学性能的“最后机会”。钛合金的热处理主要有退火、固溶加时效处理等。其中退火有再结晶退火、两级退火和 β 退火，所有退火后合金的强度和塑性组合几乎相同，但改善断裂韧性的情况不同。β 退火是预处理工序，它有降低合金的强度和塑性的倾向，但提高了合金的损伤容限。固溶加时效处理提高了合金的强度，但会牺牲合金的部分塑性和韧性。与时效处理相比，过时效会导致强度降低，但改善了塑性和韧性。

通过固溶和时效处理，钛合金可达到最高的强度水平。固溶处理包括加热到所要求的固溶温度，然后冷却，以保持原高温下 β 相的成分。通过固溶处理，α－β 型钛合金或 β 型钛合金可以获得广泛不同的强度等级。固溶处理的主要工艺参数为固溶温度、保温时间、工件尺寸和随后冷却过程中的冷却速率。

达到理想固溶效果的固溶温度与合金成分和期望的时效强化效果有关。通常，对于 α－β 型钛合金，为达到较好的时效效果，固溶温度应略低于合金的 β 相转变温度（如前所述，淬火前 β 相的体积分数越高，合金强化的潜力就越大）。如果 α－β 型钛合金的固溶温度超过 β 相转变温度，合金的拉伸性能（尤其是塑性）就会降低，并且在随后的热处理中也不能完全恢复。另一个保持固溶温度低于 β 相转变温度的理由是，对合金的 β 相转变温度的真实值不确定，以及对热处理环境一致性的不确定。与 β 相转变温度的测量一样，ASTM 国际标准允许 β 相转变温度在一定的范围内。固溶保温时间与不同厚度工件内的温度均匀性以及合金在平衡条件下的固溶度有关。随着工件截面厚度的增加，保温时间会增加。根据试样尺寸和合金类型，确定最短保温时间，以确保达到固溶处理所要求的力学性能。为了提高生产效率，在固溶处理中，在保证工件整体温度达到均匀和降低可能产生的污染的前提下，应尽量减少保温时间。在大气环境下进行固溶处理，经常会产生表面氧污染，必须在下一工序（如成形）前除去。表 5-51 对部分常用钛合金的固溶处理温度和淬火冷却介质进行了总结。

5.5.5 钛合金的淬火

本节对钛合金的淬火冷却介质、淬火速率、截面尺寸和马氏体相变进行了讨论。

1. 淬火冷却介质

因为 α－β 型钛合金在固溶处理后，通常需要快速冷却，水、5% 盐水或者氢氧化钠溶液是广泛使用的淬火冷却介质。为了减少变形，在垂直浸入式淬火中，可使用高闪点、低黏度的油淬火。钢淬火时使用的淬火油可以快速冷却至 370～425℃（700～800℉）温度范围，可以作为钛合金淬火的淬火冷却介质。为避免出现比采用相同固溶温度淬水强度低的现象，采用淬火油淬火只局限于薄尺寸工件。可选择淬火速率介于水和油之间的各种浓度的聚乙二醇聚合物水溶液淬火冷却介质。在淬火过程中，应对淬火冷却介质进行彻底搅动。最好是选择淬火冷却介质循环系统，使淬火冷却介质温度保持低于 40℃（100℉）。此外，还必须考虑到 α－β 型钛合金工件的几何形状和尺寸。通常情况下，α－β 型钛合金的时效温度不足以消除残余应力，所以在机加工过程中工件可能会产生变形。对对称工件进行正确的淬火时，在距表面相同的深度处，具有相等的残余应力，因此不会出现变形问题。对于 β 型钛合金来说，通常也不会出现这类变形问题，因为时效温度通常足够高，足以消除残余热应力。

2. 淬火速率

淬火是固溶处理中的关键步骤，对钛合金的强度有显著的影响。应根据合金类型、工件厚度、淬火延迟时间和产品尺寸，选择淬火冷却速率。添加了大量 β 相稳定化元素的 β 型钛合金，如近 β 型或亚稳态 β 型合金，可以采用较慢的冷却速率冷却，例如，从固溶温度采用空冷或风冷。与弱 β 的 α－β 型钛合金相比，这类合金的 β 相稳定性高，分解慢，因此空冷后时效仍可达到良好的时效效果。由于这个原因，β 型钛合金可以通过热处理获得更高的强度。与 α－β 型钛合金相比，β 型钛合金的淬透性更高，较厚的工件也可以实现均匀的整体淬火。采用这样的冷却速率，可以满足力学性能的要求，最大限度地减少变形。根据合金的成分、工件的厚度和所需的强度水平等因素，β 型钛合金可以采用从固溶温度空冷淬火。

对于α－β型钛合金，水、5%盐水或氢氧化钠溶液是首选的淬火冷却介质。如果冷却速率过低，在冷却过程中可能会析出粗大的α相，由此可能会降低时效过程中的强化效果。快速冷却可以防止β相发生分解，为获得最大时效强化效果提供保证。

图 5-107 所示为冷却速率对典型α－β型钛合金的相组织和性能的影响。对于大多数α－β型钛合金来说，为达到最大的时效强化效果，固溶处理后必须快速冷却或淬火。快速冷却淬火还有助于避免或减少冷却过程中在晶界处形成α相，从而导致合金塑性降低。

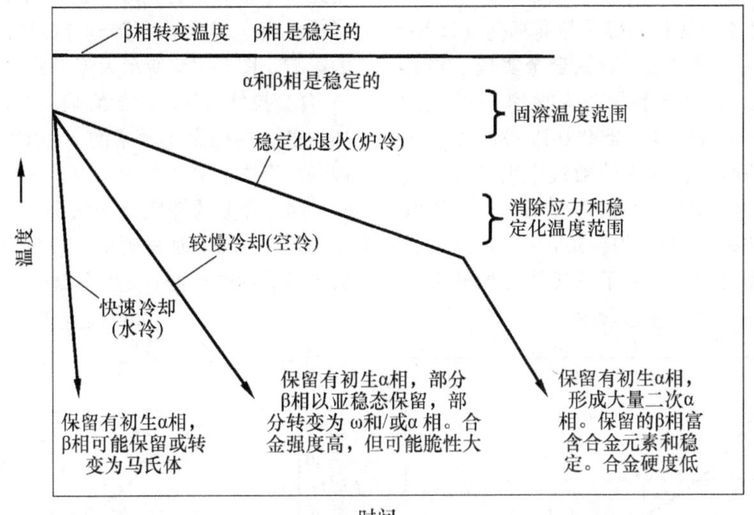

图 5-107 冷却速率对典型α－β型钛合金的相组织和性能的影响

快速冷却还包括减少和缩短淬火转移（延迟）时间，也就是固溶温度与实际开始淬火冷却之间的延迟时间。较长的淬火延迟时间等于降低了淬火开始温度，从而降低了时效强化效果。因此，应尽量减少淬火延迟时间，这对弱β的α－β型钛合金尤其重要。富β的α－β型钛合金的淬火延迟时间可长达20s；而有些合金根据工件尺寸，最长只允许有7s的淬火延迟时间。

图 5-108 所示为淬火延迟时间对 Ti－6Al－4V α－β型钛合金力学性能的影响。对于截面尺寸大于75mm（3in）的 Ti－6Al－4V 工件，很难保证工件心部的冷却速率足够快，保留不稳定的β相，以在随后的时效过程中进行转变。富β的稳定合金，如 Ti－6Al－2Sn－4Zr－6Mo 和 Ti－5Al－2Sn－2Zr－4Mo－4Cr 采用风冷，在整个 100mm（4in）截面上能获得良好的强度，这些合金对淬火延迟不敏感。

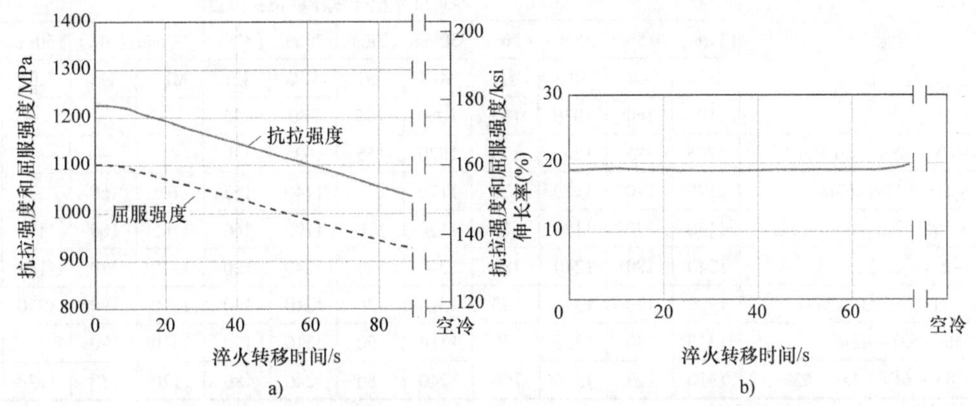

图 5-108 淬火延迟时间对 Ti－6Al－4V 合金力学性能的影响

a）抗拉强度或屈服强度 b）伸长率

注：拉伸试样直径为 13mm（0.5in），在 955℃（1750℉）保温 1h 后水淬，在 480℃（900℉）时效 6h 后空冷。

得到最快淬火速率的方法是，采用薄金属箔片在真空环境中加热和进行气体淬火。Hickman 方法是有记录以来得到最快冷却速率的方法，其具体方法是在炉中通过电流对箔片进行加热，然后引入0.1个大气压的氦进行淬火。Hickman 方法的典型淬火速率为 50～20000℃/s（90～36000℉/s）。Brown 等人采用厚度为0.05～5mm（0.002～0.2in）的箔片作为试样，采用冰水或氯化钙溶液与高真空（150～700Torr）氩气相结合的方法，对钛合金实现了极高淬火速率的淬火。采用该装置，淬火速率可达到25000～200000℃/s（45000～360000℉/s）。可以预料，箔片和普通块状试样淬火的微观组织存在一些差异和不一致。大多数生产的钛合金都有马氏体开始转变温度，除非采用较低的冷却速率，在冷却过程中发生了扩散型转变，改变了马氏体开始转变温度，否则合金的马氏体开始转变温度与冷却速率无关。

3. 截面尺寸

截面尺寸影响淬火的效果，进而影响时效强化的效果。合金中β相稳定化元素的数量和类型决定了淬硬层深度或强化效果。除非合金中的β相稳定化元素含量高，否则厚截面工件的拉伸性能会有所降低。表5-52列出了部分合金截面尺寸对拉伸性能的影响。图5-109所示为淬火截面尺寸对 Ti－6Al－4V 合金拉伸力学性能的影响。在很大程度上，未添加很多β相稳定化元素的α－β型钛合金的固溶处理强度取决于氧的含量。表5-52和图5-109中 Ti－6Al－4V 合金的性能是在该合金中氧的质量分数为0.17%～0.20%时得到的。较低含氧量会导致强度低于图表中的数据，尤其是薄截面工件。

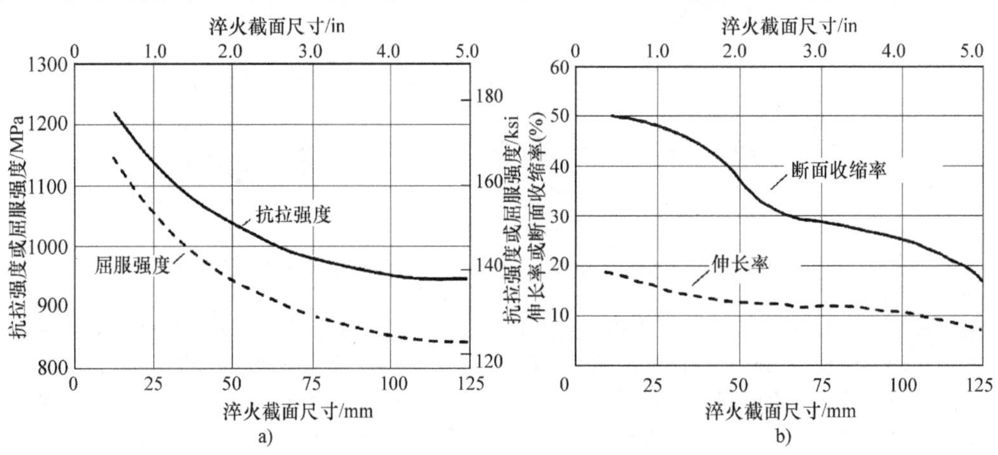

图5-109 淬火截面尺寸对 Ti－6Al－4V 合金拉伸力学性能的影响

a）抗拉强度或屈服强度 b）伸长率和断面收缩率

表5-52 固溶和时效处理钛合金的抗拉强度与尺寸的关系

合金	不同尺寸拉伸试棒的抗拉强度											
	13mm（0.5in）		25mm（1in）		50mm（2in）		75mm（3in）		100mm（4in）		150mm（6in）	
	MPa	ksi	MPa	ksi	MPa	ksi	MPa	ksi	MPa	ksi	MPa	ksi
Ti－6Al－4V	1105	160	1070	155	1000	145	930	135	—	—	—	—
Ti－6Al－6V－2Sn（Cu＋Fe）	1205	175	1205	175	1070	155	1035	150	—	—	—	—
Ti－6Al－2Sn－4Zr－6Mo	1170	170	1170	170	1170	170	1140	165	1105	160	—	—
Ti－5Al－2Sn－2Zr－4Mo－4Cr	1170	170	1170	170	1170	170	1105	160	1105	160	1105	160
Ti－10V－2Fe－3Al	1240	180	1240	180	1240	180	1240	180	1170	170	1170	170
Ti－13V－11Cr－3Al	1310	190	1310	190	1310	190	1310	190	1310	190	1310	190
Ti－11.5Mo－6Zr－4Sn	1310	190	1310	190	1310	190	1310	190	1310	190	—	—
Ti－3Al－8V－6Cr－4Zr－4Mo	1310	190	1310	190	1240	180	1240	180	1170	170	1170	170

4. 钛合金淬火的马氏体转变

文献中的马氏体原指碳钢淬火后形成的针状组织。McQuillans、Hammond、Kelly 和 Otte 等研究人员，详细记录了钛及其合金中马氏体组织的发展。

在钛合金中，马氏体转化产物是α′和α″马氏体。其中最普遍的是密排六方的α′马氏体，它主要是在合金元素含量低的钛合金中出现，如 Ti-6Al-4V。α″马氏体为正交晶系结构，可能在某些合金中出现，应该避免出现α″马氏体，或应该采用某种方法减少由其引起的脆性。

控制亚稳相和掌握其形成原理对商用钛合金的热处理来说非常重要。图 5-110 所示为各种标准商用钛合金采用指示温度淬火时所形成的相。这些数据表明，形成的相与合金的成分和所含的特殊元素密切相关。这些合金以添加的β相稳定化元素数量的升序排列。

在某些β相稳定化元素含量高的α-β型或β型钛合金中，存在ω亚稳态过渡相，如图 5-110 所示。ω相在合金淬火或重新加热时效的初始阶段形成，很难避免。β相在形成α相前先转变为ω相，具有极大的脆性。采用剧烈淬火和快速加热至高于 425℃（800℉）的温度时效可以避免出现ω相。可以通过选择时效时间和温度，来确保所有的ω相完全发生反应和转变，因此，现在（2016 年）已能有效地防止ω相的危害。ω相的形成将在本节“钛合金的去应力处理”中进一步进行介绍。

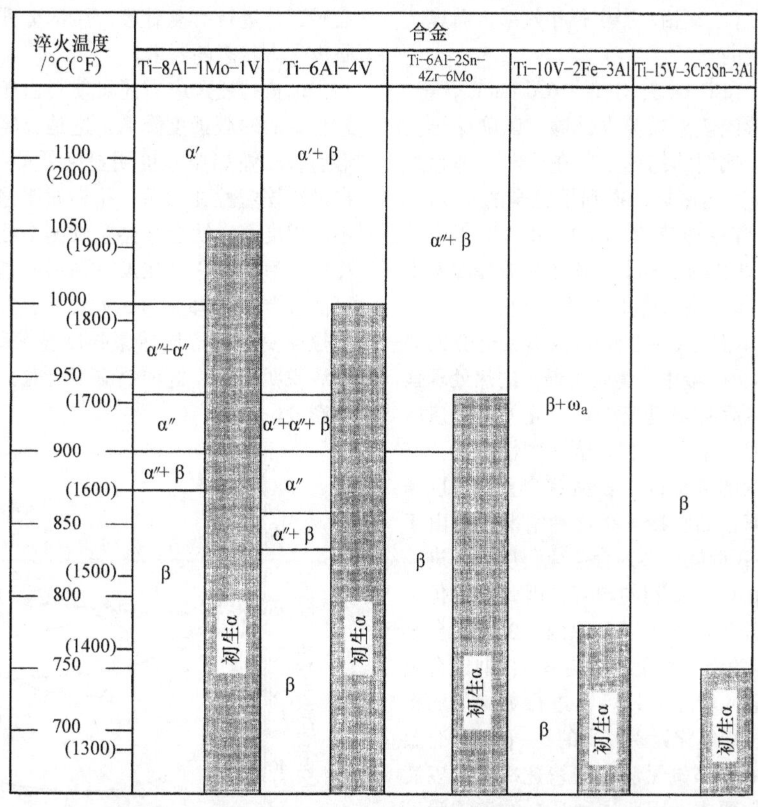

图 5-110 各种标准商用钛合金在不同淬火温度下的相组织

5.5.6 末端淬火和淬透性

末端淬火是一种测量钢铁材料淬透性的方法，最早由 Jominy 和 Boegahold 开发。末端淬火试样采用直径 25mm（1in）、长度 100mm（4in）的圆柱形试样。试样在炉内奥氏体加热，然后移至一个固定的试验台上，采用垂直水流对其一端进行喷水淬火，产生一维冷却。由于试验具有可重复性和广泛性，现已成为 ASTM 国际和 SAE 国际的试验标准。

已发表的有关钛合金末端淬火的数据有限。在 Jaffe 早期的研究工作中，采用钛合金的热扩散系数作为初始值，在热处理中采用不同烈度（从热金属中汲取热量的能力）的淬火冷却介质淬火。因为钛合金的热导率远低于钢（室温下 Ti-6Al-4V 合金为 6.7W/m·K，典型碳钢为 53.6 W/m·K）。与普通钢相比，在适中循环搅拌的条件下，淬火冷却介质对钛的淬火烈度是钢的 4 倍，表 5-53 列出了比较数据。可以估计得到，在淬火的末端，钛合金的温度梯度要比碳钢高得多。

表 5-53 各种淬火冷却介质对钛合金和钢的淬火烈度

淬火冷却介质	对钛合金的淬火烈度	对钢的淬火烈度
盐水	8.0	2.0
水	4.0	1.0
油	0.9	0.35
空气	0.08	0.05

在一项对 Ti－6Al－6V－2Sn 合金的末端淬火研究中，Hickey 和 Fopiano 发现了两种相互竞争的相变反应，即在固溶淬火时，β 相转变为 α′马氏体或魏氏组织 α 相。在末端淬火试样的高冷却速率淬火端，α′马氏体占据主导地位，而端淬距离为 25～50mm（1～2in）的冷却速率较低的地方，魏氏组织 α 相占据了主导地位。采用较慢的冷却速率，在以上两种情况之间，部分合金将形成正交晶系的 α″马氏体。对于截面尺寸超过 50mm 的工件，这种合金无法整体淬透。他们还发现，在淬火或随后的时效过程中，α′相可能会分解为 β＋α 相，产生强化效果，而魏氏组织 α 相则是稳定的。

最近，Ahmed 和 Rack 针对 Ti－6Al－4V 合金，开发出了一种环形隔热末端淬火试验，以确保热流通过一维淬火端。他们的结论是，在冷却速率超过 410℃/s（740℉/s）的区域，得到了完全的 α′马氏体微观组织；而当冷却速率为 20～410℃（40～740℉）时，形成块状的 α 相。采用更慢的冷却速率冷却，则得到受扩散控制的魏氏组织 α 相。

表 5-54 列出了部分 α－β 型和 β 型钛合金的淬透性。在 α－β 型钛合金中，为获得最大的热处理强化效果，固溶加热后必须迅速冷却。此外，快速冷却还可以避免晶界处形成 α 相，造成塑性降低。富含 β 相稳定化元素的合金，如 β 型钛合金，可以采用较慢的冷却速率，如空冷。在这种情况下，由于 β 型钛合金比 α－β 型钛合金的合金化程度高，进一步阻碍和推迟了 β 相向 α 相的转变，因此时效仍然可以达到良好的效果。由于以上原因，β 型钛合金比 α－β 型钛合金的淬透性更好。与 α－β 型钛合金相比，β 型钛合金的较厚工件可以进行更均匀的整体淬火。对于 β 相稳定化元素较少的 α－β 型钛合金的厚截面工件，中心部位无法实现快速冷却，以满足后续的时效强化要求，因此这种合金的淬透深度是有限的。富含 β 相稳定化元素的合金淬透性较好，一般与 β 相稳定化元素的添加量成正比。

表 5-54 部分钛合金在水中的淬透性

合金	淬透性深度 /mm（in）
Ti－6Al－4V	25（1）
Ti－6Al－6V－2Sn	50（2）
Ti－6Al－2Zr－2Sn－2Mo－2Cr－0.25Si	150（6）
Ti－6Al－2Sn－4Zr－6Mo	150（6）
Ti－8Mo－8V－2Fe－3Al	200（8）
Ti－13V－11Cr－3Al	200（8）

5.5.7 残余应力的控制

残余应力的定义为，在原施加应力去除后，仍然保留在固体材料中的应力。在大多数情况下，钛合金工件中的残余应力是有害的。例如，高的残余应力会在淬火或焊接过程中，或在随后机加工过程中造成工件变形。由于存在变形，通常需要留有更大的加工余量，以满足尺寸要求。如果变形过大，还可能会出现裂纹，造成工件报废。当对变形工件进行加工时，还可能使残余应力在工件中重新分布。此外，在服役条件下，残余应力可能对工件性能，包括疲劳寿命和耐蚀性等产生不利的影响。在大多数情况下，残余应力是有害的，但在某些情况下，会对工件进行有意处理产生部分残余应力，以满足服役受力状态的要求。

过量的残余应力还可能会由于鲍辛格效应，导致合金的屈服强度降低。这是金属在经拉伸塑性变形后，压缩屈服强度明显降低的一种现象。同理，在经压缩塑性变形后，拉伸屈服强度也会降低。在不同程度上，钛合金会受到鲍辛格效应的影响。经冷成形后的工件，在没有预料的情况下，合金性能可能会严重下降。图 5-111 所示为几种钛合金经不同拉伸变形，抗压屈服强度显著降低的实际例子。应该说明的是，这种效应不会对合金的抗拉强度产生影响。

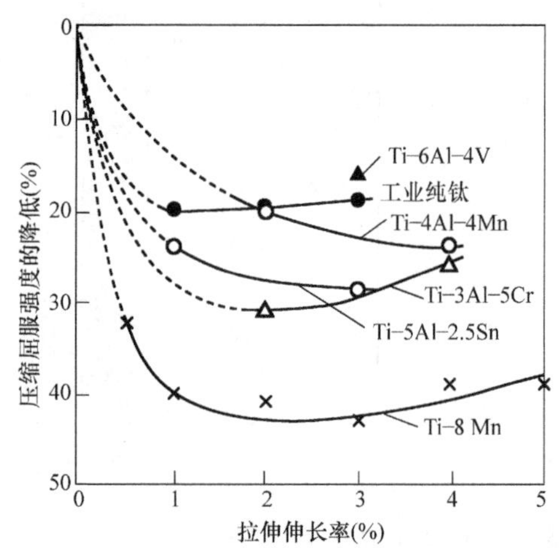

图 5-111 冷拉伸成形对各种钛合金抗压强度的影响

残余应力可以由多种原因引起，其中包括塑性变形、加热/冷却工序中的温度梯度或组织变化（相变）。造成残余应力提高的工艺过程主要是：

1）非均匀热锻、冷成形或矫直。

2）非对称加工板材或锻件。

3）焊接和铸造。

4）淬火。

在淬火过程中，钛合金工件中的残余应力可以分为由热应力引起的残余应力，以及由热应力加相变应力引起的残余应力。热应力是由于表面和内部的温度不均匀，造成热收缩不均匀引起的。相变应力是由 β 相转变到 α′相，或在冷却过程中发生 α 相转变，产生体积变化引起的，这主要发生在 α－β 型和近 β 型钛合金中。与钢的马氏体相变体积膨胀不同，钛合金中的马氏体转变是从体心立方的 β 相转变到密排六方的 α′或 α 相，在这个过程中体积发生了收缩。

正如本节“淬火冷却介质”部分所提到的，由于固溶后需要快速冷却，大多数钛合金都采用水进行淬火。当热工件浸入水中时，大量的热量使水发生汽化，在淬火的早期，在工件的表面形成连续的蒸汽膜。根据对淬火槽中淬火冷却介质的搅动程度和工件的浸没位置，可能在不同的部位、不同的时间发生蒸汽膜破裂。如果没有对工件进行正确夹持淬火，在凹处可能形成蒸汽袋，在一段时间内，将导致工件内部冷却不均匀。

热处理工作者应该对热处理车间中产生变形的因素进行掌控，最大限度地减少淬火变形，防止产生过高的残余应力。这些因素包括：

1）工件装炉过程和工件合理夹持。

2）工件厚度变化。

3）淬火冷却介质的选择。

4）对称淬火或不均匀淬火。

5）淬火浸入速率。

6）适当的搅拌。

7）炉内温度的均匀性。

1. 钛合金中的残余应力评价

X 射线衍射是一种常用的残余应力无损检测方法。在去应力处理过程中，微观组织没有发生显著变化，无法通过光学显微镜对去应力处理的效果进行评价。而 X 射线衍射方法能有效地检测应力消除的程度，但目前可用的数据非常有限。在不同的去应力处理温度下，每种合金的残余应力－时间关系曲线的形状都可能不同，并且与前处理工序有关。除了 X 射线衍射方法外，还有半有损钻孔法、有损切割法和等高线法三种方法，这些方法都成功地对钛合金内部和表层的残余应力进行了检测。

2. 钛合金的去应力处理

去应力退火处理（简称去应力处理）是所有商用钛合金降低残余应力的常用方法。对于随后要进行制造加工、机加工的工件，或在制造加工后需要恢复塑性和稳定性的工件，通常都需要进行去应力退火处理。

可以通过去应力退火，降低由热加工或机加工引起的残余应力。去应力退火是在实际允许的时间里，选择最低的温度，将应力降低到所要求的水平。此外，在确定去应力处理工艺时，需要考虑将氧化等因素的影响降低到最小。在很大程度上，具体的工艺与合金类型和合金元素含量有很大关系。表 5-55列出了部分常用钛合金推荐的去应力处理温度和时间。温度的选择是很重要的，通常情况下，降低温度可以减少污染，但去除应力所需要的时间更长。例如，对于工业纯钛，选择 525℃（975℉）的温度，去除应力需要约 6h；而在 650℃（1200℉）时，所需要的时间小于 1h。

图 5-112 所示为在 260～620℃（500～1150℉）温度范围内选择 5 个温度，时间为 5min～50h，对 Ti－6Al－4V 合金进行去应力处理。可以看到，选择的温度越高，所需时间越短；而选择的温度较低，则需要的时间更长。选择更高的温度，去应力效果更好。然而，对于强 β 稳定合金，应避免在高于 620℃（1150℉）的温度下进行去应力处理，因为高于该温度时，将会形成数量可观的 β 相，在快速冷却后，这些 β 相将被保留下来。一旦这些工件在服役中温度超过 315℃（600℉），保留的 β 相可能会部分转变为 ω 相，由此可能会导致严重的脆化问题。

表 5-55 钛和钛合金推荐的去应力处理工艺

合金		温度		时间/h
		℃	℉	
工业纯钛（所有等级）		480～595	900～1100	0.25～4
α 型或近 α 型钛合金	Ti－5Al－2.5Sn	540～650	1000～1200	0.25～4
	Ti－8Al－1Mo－1V	595～705	1100～1300	0.25～4
	Ti－2.5Cu（IMI 230）	400～600	750～1110	0.5～24
	Ti－6Al－2Sn－4Zr－2Mo	595～705	1100～1300	0.25～4
	Ti－6Al－5Zr－0.5Mo－0.2Si（IMI 685）	530～570	980～1050	24～48
	Ti－5.5Al－3.5Sn－3Zr－1Nb－0.3Mo－0.3Si（IMI 829）	610～640	1130～1190	1～3
	Ti－5.8Al－4Sn－3.5Zr－0.7Nb－0.5Mo－0.3Si（IMI 834）	625～750	1160～1380	1～3
	Ti－6Al－2Nb－1Ta－0.8Mo	595～650	1100～1200	0.25～2
	Ti－0.3Mo－0.8Ni（Ti Code 12）	480～595	900～1100	0.25～4

（续）

合金		温度		时间/h
		℃	℉	
α－β型钛合金	Ti－6Al－4V	595～790	1100～1450	1～4
	Ti－6Al－7Nb（IMI 367）	500～600	930～1110	1～4
	Ti－6Al－6V－2Sn（Cu＋Fe）	480～650	900～1200	1～4
	Ti－3Al－2.5V	540～650	1000～1200	0.25～2
	Ti－6Al－2Sn－4Zr－6Mo	595～705	1100～1300	0.25～4
	Ti－4Al－4Mo－2Sn－0.5Si（IMI 550）	600～700	1110～1290	2～4
	Ti－5Al－2Sn－4Mo－2Zr－4Cr（Ti－17）	480～650	900～1200	1～4
	Ti－6Al－2Sn－2Zr－2Mo－2Cr－0.25Si	480～650	901～1200	2～4
β型或近β型钛合金	Ti－3Al－8V－6Cr－4Zr－4Mo（Beta C）	705～760	1300～1400	0.15～0.25
	Ti－10V－2Fe－3Al	675～705	1250～1300	0.25～2
	Ti－15V－3Al－3Cr－3Sn	790～815	1450～1500	0.1～0.25

注：工件可以从去除应力温度空冷或缓慢冷却。

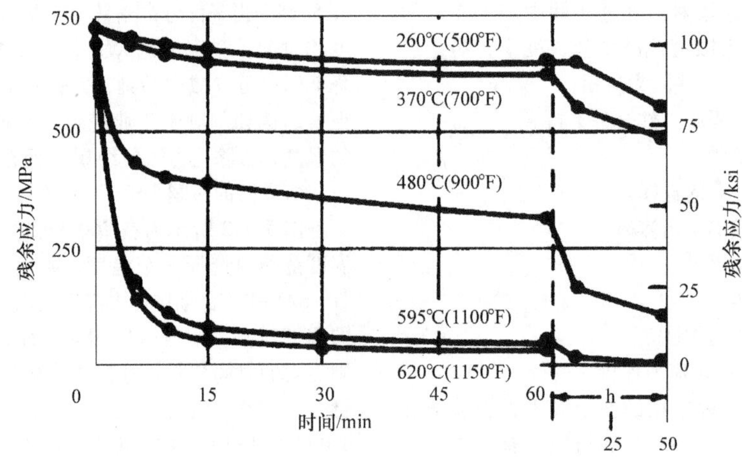

图 5-112 Ti－6Al－4V 合金在不同温度下，保温时间与应力消除之间的关系

因此，当对钛合金进行热成形和去应力处理时，必须选择适当的温度，这对于薄板材料尤为重要。如果去退火温度过低，如 425～480℃（800～900℉），则可能无法充分去除应力。如果温度过高，可能会形成亚稳态β相，如果造成从β相析出ω相，则在服役期间会造成失效（注：不是所有合金都会形成ω相）。

在对固溶和时效处理后的钛合金进行去应力处理时，应注意防止出现过时效现象，造成合金强度降低。通常可以通过选择时间－温度的优化组合，消除部分应力。可将散装或采用夹具固定的工件直接装炉，在去应力处理温度下进行去应力处理。如果工件安装在大型夹具装置上，则需将热电偶与夹具主体直接连接。不推荐在去除应力后采用油或水冷却，因为这可能造成冷却不均匀，诱发新的残余应力。

在选择去应力处理工艺时，必须考虑去除应力对合金组织的影响。一般来说，所选择的去应力处理温度必须足够高，以达到充分去除应力的目的；但如果加热温度过高，会造成在α－β型和β型钛合金中析出有害的相或产生应变时效，或者造成依赖冷加工强化的单相钛合金发生再结晶现象。对β型钛合金进行去应力处理时，可考虑将其与退火、固溶处理、稳定化处理或时效处理过程相结合（如前所述，β型钛合金的时效温度通常适用于去应力处理）。

通过光学显微镜，无法检测到去应力处理的微观组织发生了显著变化。唯一能检测去应力处理效果的无损检测方法是直接测量残余应力的 X 射线衍射法。

在退火的条件下，采用合适的切削加工方法加工形状对称的工件时，可能不需要进行去应力处理。采用这种方式已成功对 Ti - 6Al - 4V 合金制造的压气机盘进行了机加工，工件达到了尺寸要求。在机加工过程中增加中间退火工艺过程，除了可以部分消除残余应力外，还可以提高生产效率（增大切削量和切削速率）。

参考文献

1. M.J. Donachie, *Titanium: A Technical Guide*, ASM International, Materials Park, OH, 2000
2. L. Meekisho, X. Yao, and G. Totten, Quenching of Titanium Alloys, *Quenching Theory and Technology*, 2nd ed., CRC Press, p 85–103
3. I. Weiss and S.L. Semiatin, Thermomechanical Processing of Alpha Titanium Alloys—An Overview, *Mater. Sci. Eng. A*, Vol 263, 1999, p 243–256
4. V.A. Joshi, *Titanium Alloys: An Atlas of Structures and Fracture Features*, CRC/Taylor & Francis, Boca Raton, FL, 2006
5. "The A to Z of Materials," Materials Science and Engineering Information, AZoM, http://www.azom.com/
6. *Military Handbook: Titanium and Titanium Alloys*, MIL-HDBK-697A, 1974
7. R.K. Nalla, B.L. Boyce, J.P. Campbell, J.O. Peters, and R.O. Ritchie, Influence of Microstructure on High-Cycle Fatigue of Ti-6Al-4V: Bimodal vs. Lamellar Structures, *Metall. Mater. Trans. A*, Vol 33, March 2002, p 899–918
8. ASM Committee on Metallography of Titanium and Titanium Alloys, Microstructure of Titanium and Titanium Alloys, *Atlas of Microstructures of Industrial Alloys*, Vol 7, *Metals Handbook*, 8th ed., American Society for Metals, 1972, p 321–334
9. D. Eylon, A. Vassel, Y. Combres, R.R. Boyer, P.J. Bania, and R.W. Schutz, Issues in the Devlopment of Beta Titanium Alloys, *JOM*, Vol 46 (No. 7), 1994, p 14–15
10. F.F. Schmidt and R.A. Wood, "Heat Treatment of Titanium and Titanium Alloys," NASA Technical Memorandum X-53445, 1966, p 3
11. R. Gilbert and C.R. Shannon, Heat Treating of Titanium and Titainium Alloys, *Heat Treating*, Vol 4, *ASM Handbook*, ASM International, 1991, p 918–921
12. A.J. Griest and P.D. Frost, "Principles and Application of Heat Treatment for Titanium Alloys," TML Report 87, Battelle Memorial Institute, Dec 27, 1957 (RSIC 1265)
13. B.S. Hickman, Precipitation of the Omega Phase in Titanium-Vanadium Alloys, *J. Inst. Met.*, Vol 96, 1968, p 330–337
14. B.S. Hickman, The Formation of the Omega Phase in Titanium and Zirconium Alloys: A Review, *J. Mater. Sci.*, Vol 4, 1969, p 554–563
15. B.S. Hickman, Omega Phase Precipitation in Alloys of Titanium with Transition Metals, *Trans. TMS-AIME*, Vol 245, 1969, p 1329–1335
16. A.R.G. Brown, K.S. Jepson, and J. Heavens, High Speed Quenching in Vacuum, *J. Inst. Met.*, Vol 93, 1965, p 542–544
17. J.G. Lambating, "Heat Treatment of Other Nonferrous Alloys. A Lesson from Practical Heat Treating," Course 42, Lesson Test 7, ASM International, 1995, p 6
18. A.D. McQuillan and M.K. McQuillan, *Titanium*, Academic Press, 1956
19. C. Hammond and P.M. Kelly, Martensitic Transformations in Titanium Alloys, *The Science, Technology and Applications of Titanium, Proc. First Int. Conf. on Titanium*, Pergamon Press, London, 1970, p 659–676
20. H.M. Otte, Mechanisms of the Martensitic Transformation in Titanium and Its Alloys, *The Science, Technology and Applications of Titanium, Proc. First Int. Conf. on Titanium*, Pergamon Press, London, 1970, p 645–657
21. S.R. Seagle and P.J. Bania, "Principles of Beta Transformation and Heat Treatment of Titanium Alloys," Titanium and Its Alloys, Lesson 4, ASM International, 1994, p 1–23
22. W.E. Jominy and A.E. Boegehold, *ASM Trans.*, Vol 27 (No. 12), 1939, p 574
23. "Jominy Test, Standard Method for End-Quench Test for Hardenability for Steels," A255, *Annual Book of ASTM Standards*, ASTM, Philadelphia, PA
24. Methods of Determining Hardenability of Steels, SAE J406c, *Annual SAE Handbook*, SAE, Warrendale, PA
25. L.D. Jaffe, Preliminary Examination of the Quenching of Titanium Alloys, *Trans. AIME, J. Met.*, Nov 1955, p 1241–1244
26. G.E. Totten, C.E. Bates, and N.A. Clinton, *Handbook of Quenchants and Quenching Technology*, ASM International, 1993, p 52
27. C.F. Hickey and P.J. Fopiano, Some Observations on the Hardenability of Ti-6Al-6V-2Sn, *Metall. Trans.*, Vol 1 (No. 6), 1970, p 1775–1777
28. T. Ahmed and H.J. Rack, Phase Transformation during Cooling in $\alpha+\beta$ Titanium Alloys, *Mater. Sci. Eng. A*, Vol 243, 1998, p 206–211
29. W.F. Hosford, Residual Stresses, *Mechanical Behavior of Materials*, Cambridge University Press, 2005, p 308–321

30. G.E. Dieter, *Mechanical Metallurgy*, McGraw-Hill Book Company, 1988, p 236–237
31. T. Croucher, *Fundamentals of Quenching Aluminum Alloys*, 2009, p 14
32. M.J. Donachie, Heat Treating Titanium and Its Alloys, *Heat Treat. Process*, June/July 2001, p 47–57

5.6 热处理对钛合金力学性能的影响

可以采用各种类型的热处理工艺，优化钛和钛合金的性能。应该根据钛合金的种类选择对应的热处理工艺。要根据钛合金的成分、合金元素对 α 相与 β 相之间转变的影响，以及采用的热加工工艺过程，选择热处理工艺。根据钛合金的不同用途，所选择的热处理工艺也是不同的。

正如本章中“钛和钛合金简介”一节中所介绍的，根据钛合金中添加的合金元素，可以将钛合金分为 α 型、近 α 型、α - β 型和 β 型钛合金。这些类型合金的热处理简要介绍如下：

1）α 型和近 α 型钛合金。可以进行去应力退火和退火，但不能通过固溶淬火进行强化；可以通过热处理，改变和提高合金的蠕变抗力、疲劳强度和损伤容限。

2）α - β 型钛合金。根据添加的 β 相稳定化合金元素的数量，可以通过热处理对该两相钛合金进行强化。α - β 型钛合金是三种钛合金中最常用的一种，通过热处理和热加工，来调整相成分、尺寸和分布，提高某种性能。

3）β 型钛合金。添加了大量 β 相稳定化合金元素，在室温下存在大量的 β 相。然而，保留的 β 相是亚稳相，当合金在选定的高温下保温（时效）时，保留的 β 相会发生分解。

本节主要就热处理对三大类钛合金力学性能的影响进行介绍。固溶和时效处理主要用于在保持低密度的同时，提高钛合金的强度，如图 5-113 和表 5-56 所示。也可通过对各种类型的热加工和热处理过程进行优化，改善钛合金的断裂韧性、疲劳强度和高温蠕变强度等力学性能。此外，还可以采用去应力退火和退火工艺，防止在某些腐蚀性环境中的集中腐蚀并减少变形（稳定化处理），为合金进行后续成形和加工处理做组织准备。

钛的物理性能基本不受加工工艺的影响。除 β 型钛合金外，钛合金的弹性性能主要受化学成分和织构（择优晶体取向）的影响，但不受热处理的影响。钛的弹性模量主要与合金类型（β 型和 α 型）有关，对于 β 型钛合金，最低弹性模量约为 65GPa（9.4×10^6psi）；而对于 α 型钛合金来说，弹性模量可高达约 120.5GPa（17.5×10^6psi）。现已开发出用

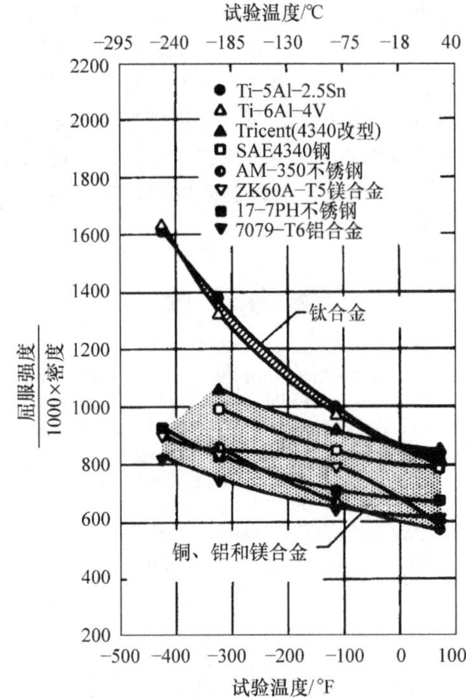

图 5-113 几种钛合金的屈服强度与密度的比值和温度的关系，并与部分钢、铝和镁合金进行对比

表 5-56 几种钛合金和钢在 20℃（68℉）时典型强度与密度之比的对比

金属材料	密度		抗拉强度		抗拉强度/密度	
	g/cm³	lb/in³	MPa	ksi	N·m/kg	lbf·in/lb
工业纯钛	4.51	0.163	400	58	89	356
Ti-6Al-4V	4.43	0.160	895	130	202	813
Ti-4Al-3Mo-1V	4.51	0.163	1380	200	306	1227
超高强度钢（4340）	7.9	0.29	1980	287	251	990

于医学应用的低弹性模量的 β 型钛合金（参阅 2012 年出版的 ASM 手册，第 23 卷，《医疗设备材料》中的“生物医学植入物用钛及其合金”。可以通过调整热处理工艺和改变合金成分，改变钛及其合金的相组织结构，获得各种所要求的力学性能。此外，晶粒尺寸、晶粒形态、晶界组合等因素，对钛及其合金的力学性能也会产生很大的影响。在热加工、加热、冷却和时效过程中，钛合金 β 相的相变动力学也会对其微观组织和力学性能产生影响。

5.6.1 工业纯钛

纯钛是 α 单相，密排六方晶体结构。在纯钛中有意添加少量的间隙元素（通常是氧），可以提高其强度（见本章中“钛和钛合金简介”一节）。少量的间隙杂质元素就会对纯钛的力学性能产生很大的影响，表 5-57 列出了各种等级工业纯钛的化学成分

表 5-57　部分工业纯钛轧制产品的成分和力学性能对比

牌号	成分（质量分数，%）（不大于）							拉伸性能①				
								抗拉强度		屈服强度		最小伸长率（%）
	C	H	O	N	Fe	其他	其他总和	MPa	ksi	MPa	ksi	
JIS Class 1	—	0.015	0.15	0.05	0.20	—	—	275~410	40~60	165②	24②	27
ASTM 1 等（UNS R50250）	0.10	③	0.18	0.03	0.20	—	—	240	35	170~310	25~45	24
DIN 3.7025	0.08	0.013	0.10	0.05	0.20	—	—	295~410	43~60	175	25.5	30
GOST BT1-00	0.05	0.008	0.10	0.04	0.20	—	0.10max	295	43	—	—	20
BS 19~27t/in.^{2}	—	0.0125	—	—	0.20	—	—	285~410	41~60	195	28	25
JIS Class 2	—	0.015	0.20	0.05	0.25	—	—	343~510	50~74	215②	31②	23
ASTM grade 2 等（UNS R50400）	0.10	③	0.25	0.03	0.30	—	—	343	50	275~410	40~60	20
DIN 3.7035	0.08	0.013	0.20	0.06	0.25	—	—	372	54	245	35.5	22
GOST BT1-0	0.07	0.010	0.20	0.04	0.30	—	0.30max	390~540	57~78	—	—	20
BS 25~35t/in.^{2}	—	0.0125	—	—	0.20	—	—	382~530	55~77	285	41	22
JIS Class 3	—	0.015	0.30	0.07	0.30	—	—	480~617	70~90	343②	50②	18
ASTM grade 3（UNS R50500）	0.10	③	0.35	0.05	0.30	—	—	440	64	377~520	55~75	18
ASTM grade 4（UNS R50700）	0.10	③	0.40	0.05	0.50	—	—	550	80	480	70	20
DIN 3.7055	0.10	0.013	0.25	0.06	0.30	—	—	460~590	67~85	323	47	18
ASTM grade 7（UNS R52400）	0.10	③	0.25	0.03	0.30	0.12~0.25Pd	—	343	50	275~410	40~60	20
ASTM grade 11（UNS R52250）	0.10	③	0.18	0.03	0.20	0.12~0.25Pd	—	240	35	170~310	24.5~45	24
ASTM grade 12（UNS R53400）	0.10	0.015	0.25	0.03	0.30	0.2~0.4Mo，0.6~0.9Ni	—	480	70	380	55	12

① 除指定范围外，所有列出的值均为最小值。

② 只适用于薄、厚板和线材。

③ 根据钛产品的形式，氢的质量分数限值为 0.0150%（薄板）、0.0125%（棒材）和 0.0100%（坯料）。

及力学性能。部分改进型牌号还添加了少量钯 [w(Pd) = 0.2%] 和镍 - 钼 (0.3Mo - 0.8Ni)，以提高合金的耐蚀性。工业纯钛（CP）也含有少量的铁，通常铁的质量分数小于 0.5%，这就导致会出现少量体心立方的 β 相。除了对相变温度和晶格参数有影响外，杂质元素对钛的力学性能也会产生重要的影响。碳、氮、硅、铁等残余元素提高了钛合金产品的强度，但降低了其塑性。图 5-114 所示为碳、氧和氮对钛的强度和塑性的影响。基本上，氧和铁的含量决定了工业纯钛的强度水平。在高强度等级的工业纯钛中，有意添加残留有氧和铁海绵物，以进一步提高强度。另一方面，通常将碳和氮保持在最低残留水平，以避免合金产生脆化。

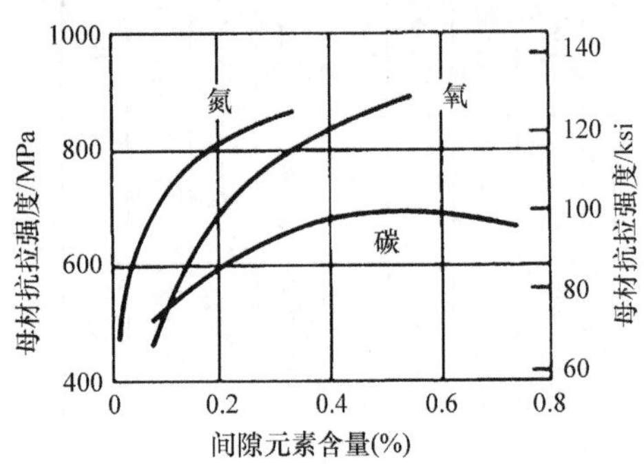

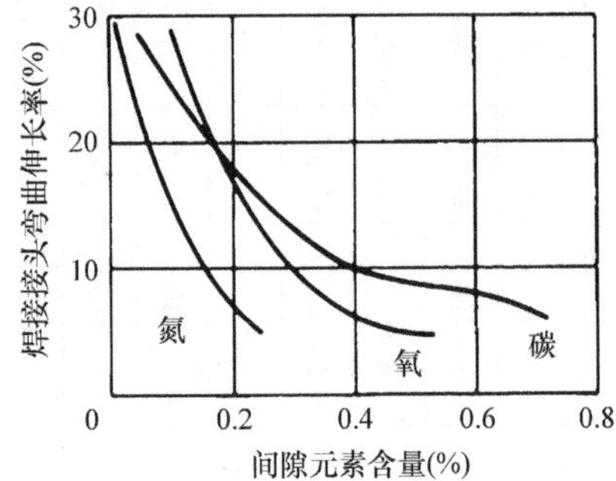

图 5-114 间隙元素含量对钛合金强度和塑性的影响

在所添加的间隙元素和/或微量元素一定的情况下，不同工业纯钛材料的性能主要与晶粒大小、形状和冷加工变形量有关。退火纯钛 [w(Ti) = 99.9%] 的流变应力与低碳钢相当。图 5-115 所示为高纯度钛、α - β 型和 β 型钛合金的应力 - 应变曲线与几种低碳钢和纯铝的对比。表 5-57 列出了各种等级工业纯钛的最低室温拉伸性能。图 5-116 所示为工业纯钛和几种改进型钛合金的极限抗拉强度（UTS）与试验温度的关系。

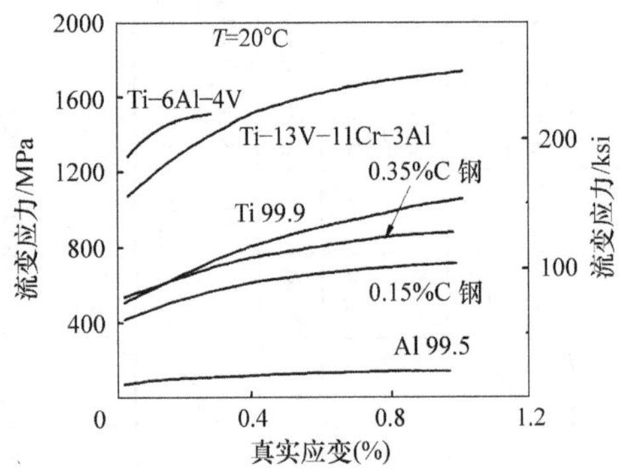

图 5-115 几种钛合金、钢、铝的应力 - 应变曲线

注：钛中的杂质元素（质量分数,%）是 0.04O_2、0.01N_2、0.002H_2、0.04 和 0.010C。

虽然这里没有给出晶粒尺寸对不同等级工业纯钛性能影响的数据，但人们普遍认为，细化晶粒有利于提高合金的拉伸屈服强度。晶粒尺寸对合金极限抗拉强度的影响不是特别显著，但随着晶粒细化，合金的塑性指标，如断面收缩率和伸长率，将得到明显的改善。工业纯钛的冲击强度可与淬火和回火低合金钢相媲美。与几乎所有的单相合金相似，根据合金中间隙杂质元素的数量和对脆性难熔化合物的控制，工业纯钛可以获得很好的低温韧性，如图 5-117 所示。

与任何单相合金一样，工业纯钛的微观组织与冷加工程度和所采用的具体退火工艺密切相关。在 800℃（1472℉）α 相区退火后，工业纯钛的组织为等轴晶组织，如图 5-118a 所示。可以看到，工业纯钛的晶粒尺寸以及性能只能通过冷加工和退火来改变，该图中还给出了该组织所对应的典型性能。

β 退火是在 β 相转变以上温度进行的。各种 ASTM 国际等级的工业纯钛的典型转变温度（误差为 ±15℃或 25℉）见表 5-58（译者注：α 相转变温度为冷却过程的转变温度）。

在从 β 相区冷却的过程中，由于冷却过程直接影响到 β 相向 α 相的转变进程，影响到 α 相的晶粒尺寸和形状，因此，最终的微观组织与冷却过程密切相关。在 1000℃（1832℉）的温度下进行 β 退火保温后，快速水淬到 25℃（77℉），得到典型的微观组织如图 5-118b 所示。可以看到，即使是快速冷却，也不能抑制 β 相向 α 相的转变进程，组织已完全转变成了 α 相。值得注意的是，该 α 相晶粒的晶界呈不规则锯齿状，这是在马氏体块状转变过程中形成的 α 相。该图中也给出了该组织所对应的典型性能。可以看出，与在 α 相区退火得到的等轴晶组织相比，该组织的强度更高。

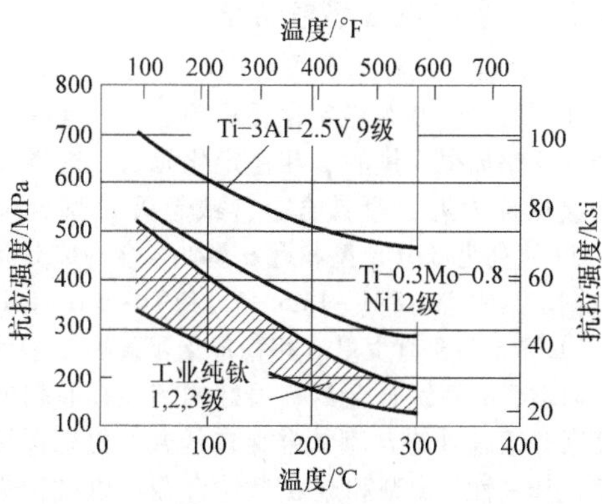

图 5-116　工业纯钛、改进型钛合金和 ASTM 9 级钛的抗拉强度与试验温度的关系

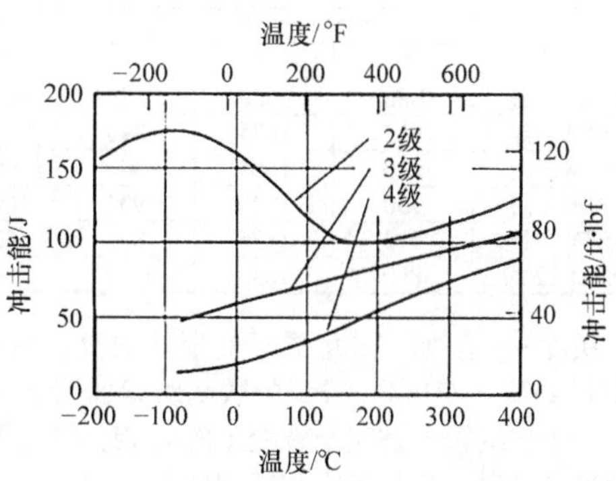

图 5-117　工业纯钛（ASTM 2 级、3 级和 4 级）V 型缺口低温冲击强度

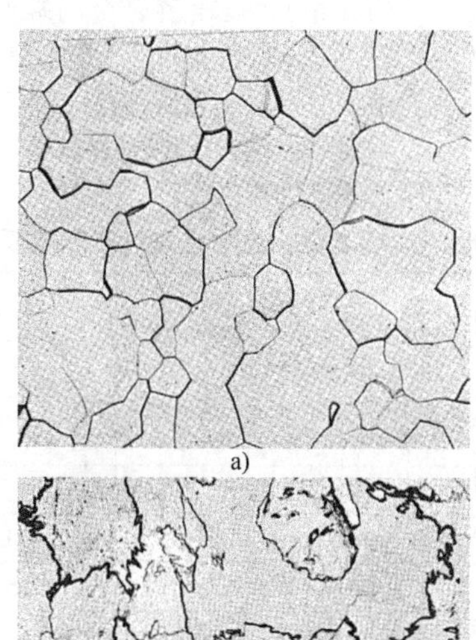

a)

800℃(1472°F)保温1h
淬水

- 规定塑性延伸强度$R_{p0.2}$ 124MPa(18ksi)
- 抗拉强度248MPa(36ksi)
- 伸长率80%

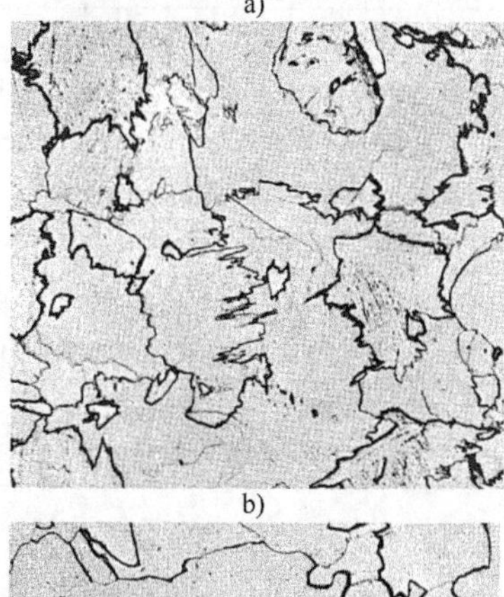

b)

1000℃(1832°F)保温1h
淬水

- 规定塑性延伸强度$R_{p0.2}$ 228MPa(33ksi)
- 抗拉强度290MPa(42ksi)
- 伸长率60%

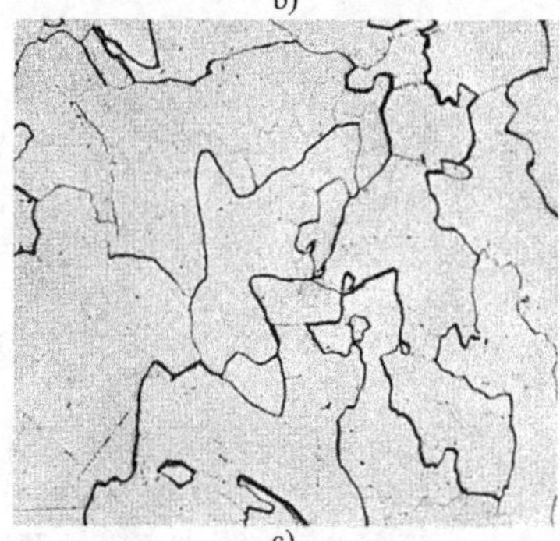

c)

1000℃(1832°F)退火
炉冷

- 规定塑性延伸强度$R_{p0.2}$ 165MPa(24ksi)
- 抗拉强度262MPa(38ksi)
- 伸长率60%

图 5-118　工业纯钛在 α 相区或 β 相区退火后采用不同冷却速率冷却得到的微观组织（100 ×）

表 5-58 工业纯钛的典型转变温度

名称	典型β转变温度		典型α转变温度	
	℃	℉	℃	℉
ASTM 1 级	888	1630	880	1620
ASTM 2 级	913	1675	890	1635
ASTM 3 级	920	1685	900	1650
ASTM 4 级	950	1740	905	1660
ASTM 7 级	913	1675	890	1635
ASTM 12 级	890	1635	—	—

缓冷——例如，采用同样的退火温度，用 20h 冷却到 25℃（77℉），得到的微观组织如图 5-118c 所示。这种组织也是完全转变了的 α 相，但晶界比快速冷却平滑。与快速冷却得到的组织相比，这种组织的强度要低一些，但比图 5-118a 中等轴晶组织的强度高。

考虑到可能受到晶粒尺寸和微量化学成分变化的影响，铸造工业纯钛的性能应该和锻造的基本一样。虽然不同等级的钛并不常在高温下使用，但人们已对其在高温下的行为进行了研究。通常，近 α 型或 α 型钛合金服役于高温，是要求有高温力学性能时的首选材料。

5.6.2 α型和近α型钛合金

α 型钛合金是添加了数量相对多的 α 相稳定化元素和相对少的 β 相稳定化元素的合金。有些 α 型钛合金仅添加很少量的 β 相稳定化元素，这类 α 型钛合金也称为近 α 型钛合金（或超级 α 型合金）。表 5-59 所列为部分 α 型和近 α 型钛合金的成分和性能数据。其中 Ti－8Al－1Mo－1V 和 Ti－6Al－2Nb－1Ta－0.8Mo 为含有少量 β 相稳定化元素的 α 型钛合金。通常，α 型钛合金具有很好的韧性，而超低间隙元素等级牌号的 α 型钛合金在低温下仍能保持高的塑性和韧性。α 型和近 α 型钛合金可以进行去应力退火。对 α 型钛合金来说，除晶粒尺寸是一个重要的微观组织参数外，晶粒形态也很重要。通过热处理，可以得到形态为针状的二次 α 相（即已转变的 β 相），以改善合金的蠕变强度。除 Ti－2.5Cu（IMI 230）合金外，不能对其他 α 型钛合金进行固溶加时效来实现强化。Ti－2.5Cu（IMI 230）合金可以通过传统的析出强化工艺，形成 GP 区和共格的析出相，进行强化。

表 5-59 部分 α 型和近 α 型钛合金的典型成分、最小抗拉强度和屈服强度

牌号	抗拉强度（不小于）		规定塑性延伸强度 $R_{p0.2}$（不小于）		杂质含量（质量分数，%）（不大于）					名义成分（质量分数，%）				
	MPa	ksi	MPa	ksi	N	C	H	Fe	O	Al	Sn	Zr	Mo	其他
Ti－0.3Mo－0.8Ni	480	70	380	55	0.03	0.10	0.015	0.30	0.25	—	—	—	0.3	0.8Ni
Ti－5Al－2.5Sn	790	115	760	110	0.05	0.08	0.02	0.50	0.20	5	25	—	—	—
Ti－5Al－2.5Sn－ELI	690	100	620	90	0.07	0.08	0.0125	0.25	0.12	5	25	—	—	—
Ti－8Al－1Mo－1V	900	130	830	120	0.05	0.08	0.015	0.30	0.12	8	—	—	1	1V
Ti－6Al－2Sn－4Zr－2Mo	900	130	830	120	0.05	0.05	0.0125	0.25	0.15	6	2	4	2	0.08Si
Ti－6Al－2Nb－1Ta－0.8Mo	790	115	690	100	0.02	0.03	0.0125	0.12	0.10	6	—	—	1	2Nb，1Ta
Ti－2.25Al－11Sn－5Zr－1Mo	1000	145	900	130	0.04	0.04	0.008	0.12	0.17	2.25	11	5	1	0.2Si
Ti－5.8Al－4Sn－3.5Zr－0.7Nb－0.5Mo－0.35Si	1030	149	910	132	0.03	0.08	0.006	0.05	0.15	5.8	4	3.5	0.5	0.7Nb，0.35Si

注：1. ELI—极低间隙元素。

2. 杂质的限制与合金强度和产品规格有关。

在 β 相转变温度或高于 β 相转变温度，合金完全转变为 β 相。几种 α 型和近 α 型钛合金的 β 相转变温度见表 5-60。

表 5-60 几种 α 型和近 α 型钛合金的 β 相转变温度

α 型和近 α 型合金	β 相转变温度	
	℃（±15）	℉（±25）
Ti－5Al－2.5Sn	1050	1925
Ti－8Al－1Mo－1V	1040	1900
Ti－2.5Cu（IMI 230）	895	1645
Ti－6Al－2Sn－4Zr－2Mo	995	1820
Ti－6Al－5Zr－0.5Mo－0.2Si（IMI 685）	1020	1870
Ti－5.5Al－3.5Sn－3Zr－1Nb－0.3Mo－0.3Si（IMI 829）	1015	1860
Ti－5.8Al－4Sn－3.5Zr－0.7Nb－0.5Mo－0.3Si（IMI 834）	1045	1915
Ti－6Al－2Nb－1Ta－0.8Mo	1015	1860

随合金中杂质元素的含量不同和添加的元素存在上下限，合金的 β 相转变温度会发生变化。

在大约 800℃（1470℉）以下温度，α 型钛合金主要为 α 相组织。由于通常合金中存在少量的铁，可能会出现少量的 β 相。如果合金中铁的质量分数大于 0.05%，则可能存在部分 β 相。尽管近 α 型钛合金中可能有部分保留的 β 相，但这些合金主要是由 α 相组成的，因此，一般认为这类合金是不可以进行热处理强化的（即时效强化）。在近 α 型钛合金中，即使有部分 β 相存在（允许在一定程度上进行时效强化），也不对它们进行时效强化。因为时效处理通常会降低近 α 型钛合金的蠕变抗力。

许多 α 型和近 α 型钛合金都是为在高温下有高的蠕变抗力要求而设计的。图 5-119 ~ 图 5-121 中的

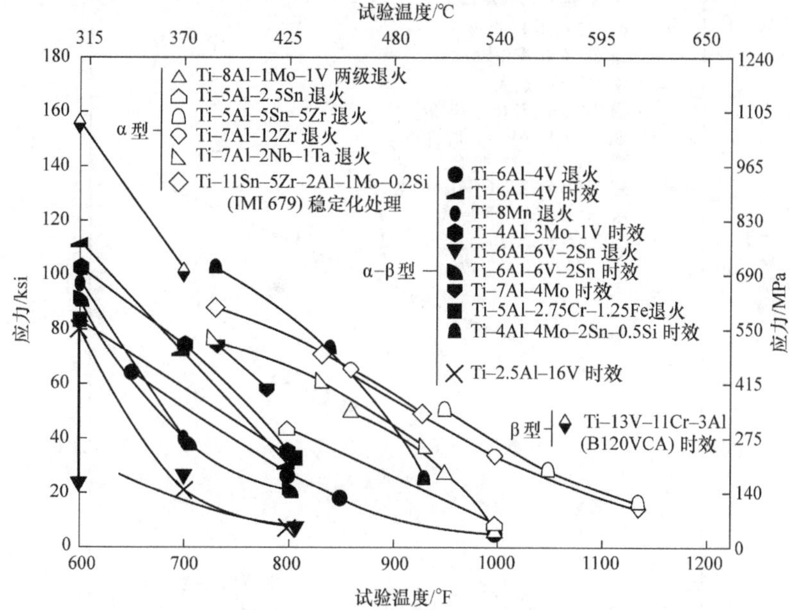

图 5-119　各种钛合金在不同试验温度、100h 条件下产生 0.2% 蠕变变形的应力

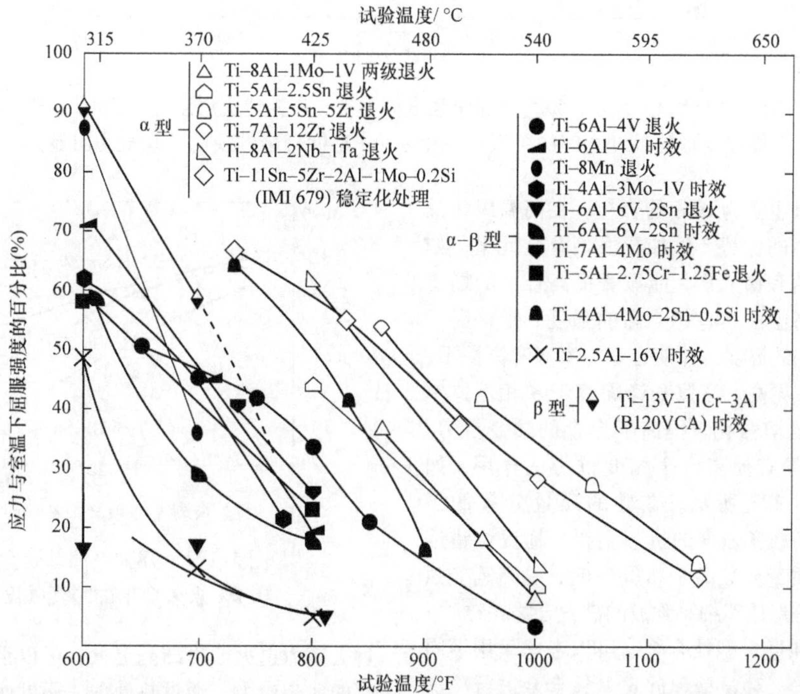

图 5-120　各种钛合金在不同试验温度、100h 条件下产生 0.2% 蠕变变形的应力（以室温下屈服强度的百分比表示）

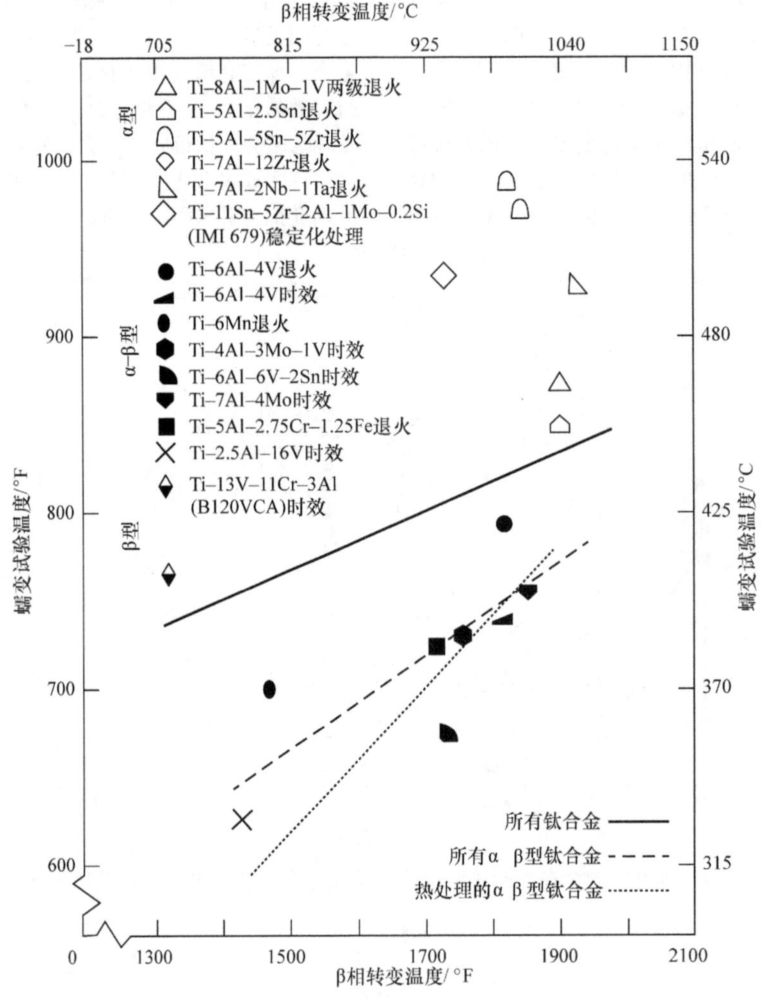

图5-121 各种钛合金在35%室温屈服强度应力下，β相转变温度与在100h产生0.2%蠕变变形的温度之间的关系（其中α-β型钛合金的线性关系最为明显）

数据说明了组织主要为α相的合金，在高温蠕变抗力方面具有明显的优势。添加置换型合金元素，如同时添加铝与锆和锡元素，能显著提高合金的蠕变抗力，使其在高温下具有相当高的强度。铝提高了α相转变为β相的温度，并使合金在室温和高温下，α相的体积分数更高。当锡和锆固溶于α相基体中时，通过置换固溶强化，提高了合金的蠕变抗力。添加硅也同样具有提高合金蠕变抗力的作用，如图5-122和图5-123所示。在硅的质量分数低于0.08%时，提高蠕变强度的机理主要是拖曳位错运动；而当硅的质量分数高于0.08%时，提高蠕变强度的原因主要是形成了细小弥散的硅化合物颗粒。

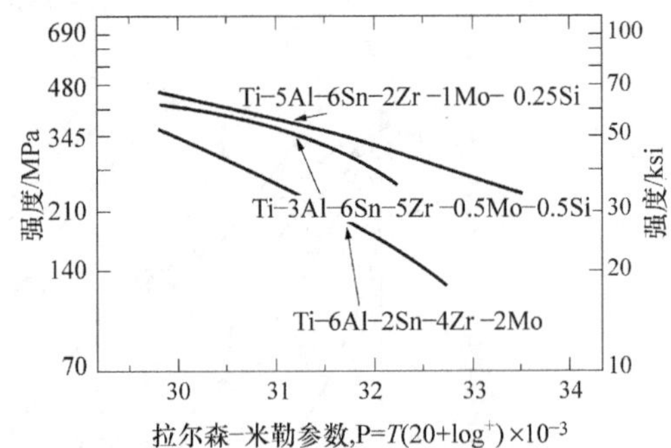

图5-122 几种高温钛合金产生0.1%永久变形的蠕变强度对比

对于α型和近α型钛合金，可以考虑采用不同类型的退火工艺。对α型和近α型钛合金进行冷加工和退火，产生再结晶，使晶粒结构发生重组。通过去应力退火或再结晶退火，可以消除由冷加工引起的残余应力。通过热处理，还可使近α型钛合金得到类似于α-β型钛合金的二次α相（已转变的

β 相）微观组织。例如，图 5-124 所示为一个近 α 型钛合金的微观组织变化，从 α 相等轴晶（图 5-124a）到针状 α 相结构（图 5-124c）。在再结晶退火过程中，原冷加工工序的细长晶粒逐步转变为等轴晶，而从略高于或略低于 β 相转变温度冷却，β 相转变得到较高比例的针状形态的二次 α 相。从高于 β 相转变温度或从 α + β 相区的高温处冷却，形成细长的 α 相。必须对合金进行大量的冷加工，才能使合金在再结晶过程中形成等轴的或粒状的 α 相。

热处理可以显著改变 α 相的形态，并且对合金性能也会产生影响，见表 5-61。

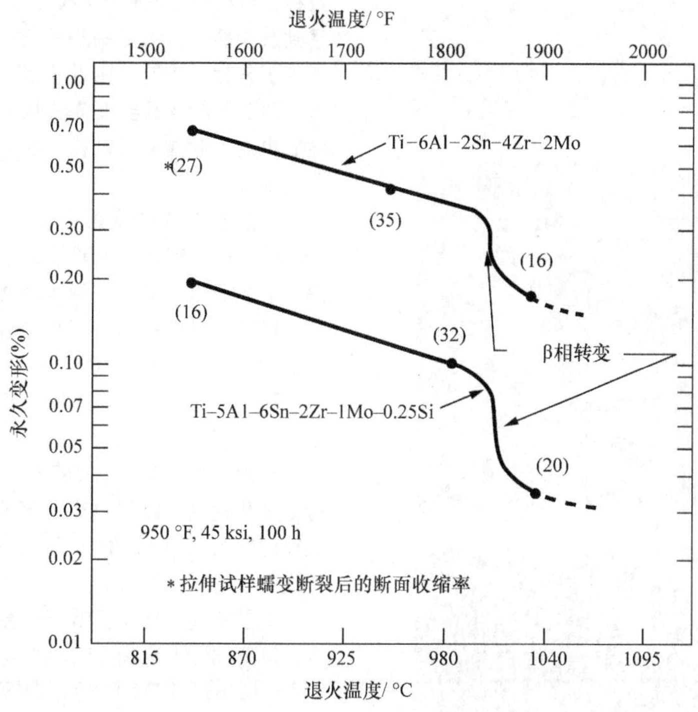

图 5-123　添加硅对钛合金蠕变变形的影响

表 5-61　近 α 型和 α − β 型钛合金中等轴 α 相和针状 α 相的相对优势

等轴 α 相	针状和层片状 α 相
更好的韧性和成形性能	优异的蠕变性能
更高的热盐应力腐蚀门槛值	较高的断裂韧性值
强度更高（相同的热处理）	强度略有降低（相同的热处理）
较好的低循环疲劳（起始）性能	优异的耐应力腐蚀性能、低的裂纹扩展速率

针状组织提高了合金的蠕变抗力，但也会降低其疲劳性能。因此，可能需要得到一种中间的微观组织（图 5-124b）。为了通过改变 α 形态来得到不同的性能，通常根据以下的性能要求，选择热处理工艺的温度区间。

表 5-62　选择热处理工艺温度区间的性能依据

性能	β 处理	α/β 处理
抗拉强度	中等	高
蠕变强度	高	低
疲劳强度	中等	高
断裂韧性	高	低
裂纹生长速率	低	中等
晶粒尺寸	大	小

通过适当的热处理可以得到与其对应的所需性能。例如，通过在 β 相转变以上温度退火后冷却，产生大量的针状 α 相，可以最大限度地提高合金的蠕变抗力。然而，在 β 相转变以上温度进行热处理时，必须精确控制钛合金的锻造和/或热处理工艺，否则很可能会产生粗大的 β 晶粒。

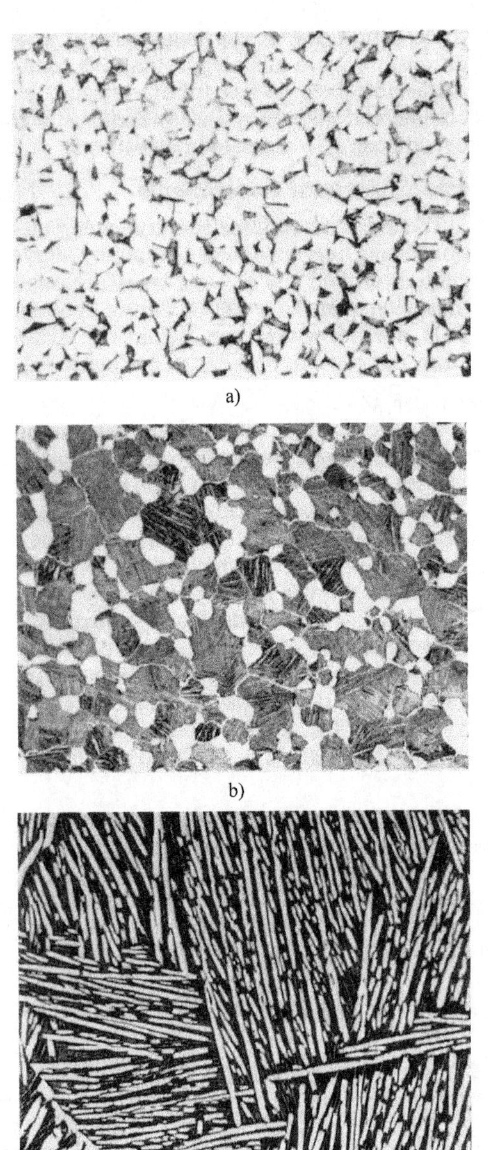

图5-124 Ti-8Al-1Mo-1V 近α型钛合金在不同初始锻造温度下锻造后的微观组织（250×）
a）在α和β（黑色）相基体中的等轴α晶粒（白色） b）在已转变带有细针状α相的β（黑色）相基体，以及等轴初生α晶粒 c）已转变带有粗针状和细针状α相（白色）的β（黑色）相基体
注：浸蚀剂为Kroll试剂。

相比之下，在α+β相区（即略低于β相转变温度）对近α型钛合金进行热处理，可以得到大小约为0.1mm（0.004in）的β晶粒。而在β相区进行热处理，得到典型的β晶粒尺寸为0.5~1.0mm（0.02~0.04in）。淬火速率对相变产物也有显著的影响，如果缓慢地进行冷却，将得到均匀片状的α相，这往往有利于提高合金的蠕变性能，但比二次α网篮组织的疲劳性能要差。二次α网篮组织是在高于β相转变温度的条件下退火加热后，快速冷却得到的。

近α型钛合金通常采用一种称为两级退火的工艺，即固溶退火加稳定化退火。通过两级退火工艺过程，可以改变晶粒的形状、大小和相组织的分布，达到改善蠕变抗力或断裂韧性的目的。典型的两级退火工艺为，首先在接近β相转变温度的条件下退火，使变形的α相转变为粒状，并降低其体积分数；然后再进行低温退火，在粒状α相之间析出针状的二次α相。

固溶退火的温度可在β相转变温度以下35℃（60℉），而稳定化退火通常是在595℃（1100℉）保温8h。两种常见的近α型钛合金的固溶退火温度是：

1）Ti-8Al-1Mo-1V 合金。在β相转变温度以下28~55℃（50~100℉）。

2）Ti-6Al-2Sn-4Zr-2Mo 合金。在β相转变温度以下20~55℃（35~100℉）。

在固溶退火后，在595℃（1100℉）保温8h进行稳定化退火。最终退火温度应至少高于预期最高服役温度55℃（100℉）。通过β退火，可以使合金得到最大的蠕变抗力。

如前所述，近α型钛合金在α+β相区进行热加工，可以得到等轴和针状α相中间混合组织（图5-124b）。IMI 834近α型钛合金通过在α+β相区进行增碳和热加工，得到了这种具有优良疲劳强度和蠕变强度的中间混合组织。碳是一种α相稳定化元素，它还能扩大α相转变温度和β相转变温度之间的温差。

通常情况下，β相稳定化元素会扁平化α相转变温度和β相转变温度。例如，在图5-125中，含β相稳定化元素较少的IMI 829近α型钛合金，具有陡峭的β相转变温度逼近曲线。相比之下，含有更多β相稳定化元素的Ti-6Al-4V α-β型钛合金，则具有较为平坦的β相转变温度逼近曲线。

通过添加碳，可使β相转变温度逼近曲线变得平坦，同时可稳定α相，这是IMI 834近α型钛合金合金化的基础。IMI 834合金采用在α+β相区中较高的温度下进行热处理（图5-125），转变后得到的组织为0.1mm（0.004in）细晶粒β相基体加体积分数为7.5%~15%的初生α相。这种等轴α相和转变后的β相混合组织，具有高蠕变强度和高疲劳强度的组合性能。碳也能提高合金的强度和疲劳性能。通常，对近α型钛合金进行时效处理，会降低其蠕变抗力；但是，对IMI 834合金进行时效，则能提高

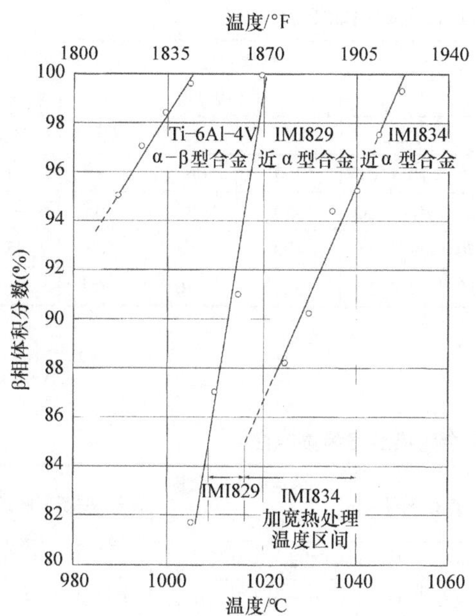

图 5-125 IMI 834、IMI 829 和 Ti-6Al-4V 合金的 β 相转变温度逼近曲线

其在 700℃（1300℉）温度下的蠕变强度（图 5-126）。IMI 834 合金含有一定数量的硅，可以析出细小的钛硅化合物，以进一步提高合金的蠕变强度。

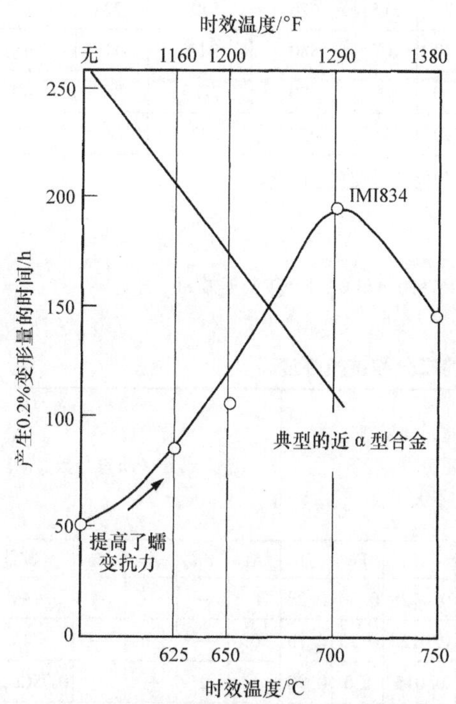

图 5-126 时效温度对 IMI 834 合金蠕变性能的影响

注：较高的时效温度可以消除更多的应力，这对于厚截面盘片形工件来说非常重要。

热稳定性是指合金在高温服役条件下，保持原有力学性能的能力。在一定温度范围内，钛合金具有抗氧化和保持强度的能力，稳定性较高。除高铝的 Ti-8Al-2Nb-1Ta 和 Ti-8Al-1Mo-1V 合金外，通常 α 型钛合金在 540℃（1000℉）工作 1000h 以上是稳定的。高铝的钛合金在这样的温度下，其微观组织中会形成 Ti_3Al（α_2）相，导致硬度和强度略有提高，塑性指标，如断面收缩率和伸长率则会降低 10% 或更多。如前一段所述，IMI 834 等合金自称可在高达 595℃（1100℉）的温度下使用。

如前所述，Ti-2.5Cu 是唯一一种析出强化型钛合金。在固溶处理状态，该合金的组织主要为铜过饱和固溶在 α 钛（密排六方）固溶体中。与传统的 Al-Cu-Mg 型合金类似，可以对这种组织进行时效强化。在时效处理过程中，析出细小弥散的化合物相——Ti_2Cu，产生应变强化效应。该合金现有坯料、棒材、杆材、线材、挤压型材和板材形式，以退火和固溶（适用于时效）状态供货。表 5-63 和表 5-64 列出了 Ti-2.5Cu 合金的力学性能。

作为 $w(\mathrm{Cu}) = 2.5\%$ 的二元合金，IMI 230 合金将工业纯钛良好的成形性能和焊接性能与高力学性能相结合，尤其适合在较高的温度下使用。这种合金的使用温度可高达 350℃（660℉），主要以板材和锻件的形式在退火状态下使用，还可以进行挤压成形，用于制造燃气涡轮发动机旁路管道等部件。经过时效处理，该合金的室温拉伸性能提高了约 25%，并使其高温性能几乎提高了一倍，如 200℃（390℉）时的蠕变性能。

5.6.3 α-β 型钛合金

α-β 型钛合金添加了一种或多种 α 相稳定化元素（主要是铝），并添加了一种或多种 β 相稳定化元素（如钒、钼、铌）。与近 α 型钛合金相比，α-β 型钛合金添加的 β 相稳定化元素的数量更多。锡和锆对合金的相转变温度影响较小，其主要作用是通过固溶强化，提高钛合金的强度。表 5-65 列出了部分 α-β 型钛合金的成分和抗拉强度。

在钛合金中，锡的强化效果随其添加量的增加，很快就达到平稳；而铝的强化效果随其添加量的增加而不断提高，直到达到实际上限 [$w(\mathrm{Al}) \approx 7\%$]，如图 5-127 所示。如果铝的质量分数大于 7%，则合金不易进行热加工，脆性受环境影响较大。当铝的含量过高时，合金在较低的温度下也会发生脆化。因此，添加 α 相稳定化元素虽有助于固溶强化，但数量必须保持在合理的水平。

表 5-63 Ti－2.5Cu（IMI 230）合金的性能指标

热处理状态和规格	标准	弯曲半径	抗拉强度		屈服强度（不小于）		最小伸长率（%）	最小断面收缩率（%）
			MPa	ksi	MPa	ksi		
退火薄板	BS TA21	2T（max）①	540～700	78～101	460	66.7	18②	—
固溶＋时效薄板	BS TA52	2T（max）①	690～920	100～133	550	80	10②	—
退火棒材和锻坯	BS TA22 和 23	—	540～770	78～111	400	58	16③	35
固溶＋时效棒材和锻坯	BS TA53 和 54	—	650～880	94～127	525	76	10③	25

① 仅对 0.5～3mm（0.02～0.12in）薄板要求弯曲半径。

② 标距 50mm（2in），厚度大于 0.9mm（0.035in）的伸长率。

③ 标距 5D 的伸长率。

表 5-64 Ti－2.5 Cu（IMI 230）合金的典型室温拉伸性能

热处理状态和规格	厚度		弯曲半径	抗拉强度		0.1%～0.2%屈服强度①		伸长率（%）	断面收缩率（%）
	mm	in		MPa	ksi	MPa	ksi		
退火薄板	1.3	0.05	—	620	90	480	70	24	—
固溶处理薄板（横向）	—	—	1.5T	620	90	510～530	74～77②	24	—
固溶＋时效处理（STA）薄板③	1.3	0.05	—	770	112	585	85	22	—
STA 薄板（横向）	—	—	2T	770	112	650～660	94～96②	24	—
退火棒材	13	0.5		655	95	480	70	27	45
固溶处理棒材	—	—	—	630	91	500④	72	27	—
STA 棒材③	13	0.5		793	115	620	90	22	—
STA 棒材	—	—	—	740	107	580	84④	41	41
退火挤压成形	—	—	—	630	91	500	72.5	30	40
STA 挤压成形	—	—	—	790	115	670	97	28	30

注：IMI 230 合金除横向屈服强度高 30～80MPa（4～12ksi）外，其他性能没有方向性。

① 除非注明，为产生 0.1%塑性变形的屈服应力。

② 分别表示产生 0.1%和 0.2%塑性变形的屈服应力。

③ STA 处理：850℃（1560℉）固溶，在 400℃（750℉）时效 24h 和在 475℃（885℉）时效 8h，空冷。

④ 产生 0.2%塑性变形的屈服应力。

表 5-65 部分 α－β 型钛合金的成分和抗拉强度

α－β 型钛合金牌号	抗拉强度（不小于）		规定塑性延伸强度 $R_{p0.2}$（不小于）		杂质元素限制（质量分数，%）（不大于）					名义成分（质量分数，%）				
	MPa	ksi	MPa	ksi	N	C	H	Fe	O	Al	Sn	Zr	Mo	其他
Ti－6Al－4V①	900	130	830	120	0.05	0.10	0.0125	0.30	0.20	6	—	—	—	4V
Ti－6Al－4V－ELI①	830	120	760	110	0.05	0.08	0.0125	0.25	0.13	6	—	—	—	4V
Ti－6Al－6V－2Sn①	1030	150	970	140	0.04	0.05	0.015	1.0	0.20	6	2	—	—	0.75Cu，6V
Ti－8Mn①	860	125	760	110	0.05	0.08	0.015	0.50	0.20	—	—	—	—	8.0Mn
Ti－7Al－4Mo①	1030	150	970	140	0.05	0.10	0.013	0.30	0.20	7.0	—	—	4.0	—
Ti－6Al－2Sn－4Zr－6Mo②	1170	170	1100	160	0.04	0.04	0.0125	0.15	0.15	6	2	4	6	—

（续）

α－β 型钛合金牌号	抗拉强度（不小于）		规定塑性延伸强度 $R_{p0.2}$（不小于）		杂质元素限制（质量分数，%）（不大于）					名义成分（质量分数，%）				
	MPa	ksi	MPa	ksi	N	C	H	Fe	O	Al	Sn	Zr	Mo	其他
Ti－5Al－2Sn－2Zr－4Mo－4Cr②③	1125	163	1055	153	0.04	0.05	0.0125	0.30	0.13	5	2	2	4	4Cr
Ti－6Al－2Sn－2Zr－2Mo－2Cr③	1030	150	970	140	0.03	0.05	0.0125	0.25	0.14	5.7	2	2	2	2Cr，0.25Si
Ti－3Al－2.5V④	620	90	520	75	0.015	0.05	0.015	0.30	0.12	3	—	—	—	2.5V
Ti－4Al－4Mo－2Sn－0.5Si	1100	160	960	139	⑤	0.02	0.0125	0.20	⑤	4	2	—	4	0.5Si

注：杂质的限制范围与强度和产品规格有关。

① 退火状态下的力学性能。可以通过固溶加时效提高强度。

② 固溶加时效状态下的力学性能。合金通常不在退火状态下使用。

③ 半商用合金，有关力学性能和成分要求需要与供应商协商确定。

④ 主要用于管材合金，可以通过冷拔提高强度。

⑤ $O_2+2N_2=0.27\%$。

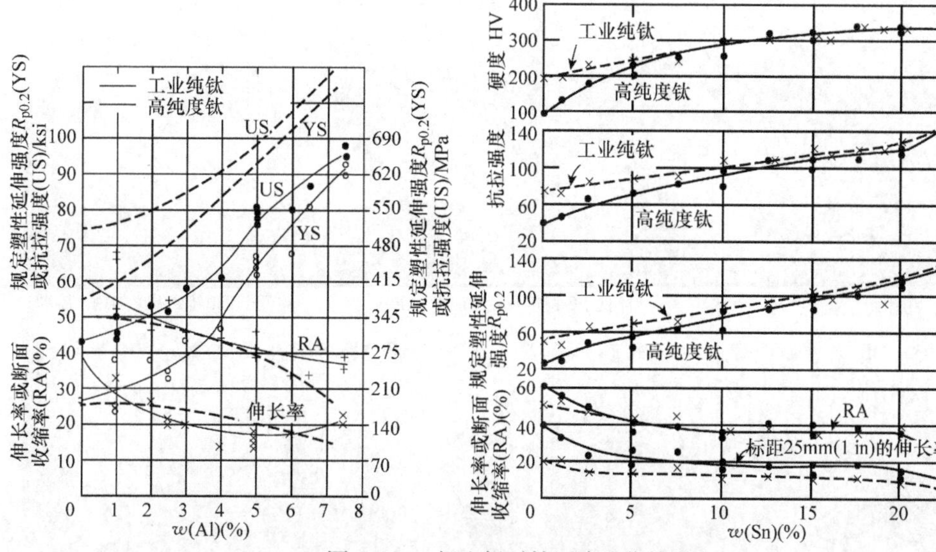

图 5-127　铝和锡对钛固溶强化的影响

通过添加 α 相稳定化元素和 β 相稳定化元素并使其达到均势，来得到 α 相加 β 相混合组织。同晶型 β 相稳定化元素包括钒、钼和铌；而铁和铬是共析型 β 相稳定化元素（见本章“钛和钛合金简介”一节）。当合金中有足够数量的 β 相稳定化元素时，β 相转变温度会下降，因此，在略高于或略低于 β 相转变温度进行加热时，可以选择较低的加热温度。部分常见 α－β 型钛合金的典型 β 相转变温度见表 5-66。

β 相稳定化元素还能推迟 α 相的形成，在冷却过程中将 β 相转变为马氏体，或者成为保留的 β 相。这种保留的 β 相在重新加热（稳定化处理、时效）时会转变为 α＋β 相。这种在冷却过程中抑制 α 相形成的机制，是 α－β 型钛合金热处理或热加工强化的基础（见本章“钛合金热处理的相组织转变”一节，以了解更多关于 β 相转变的内容）。

表 5-66　部分常见 α－β 型钛合金的典型 β 相转变温度

α－β 型钛合金	β 相转变温度	
	℃（±15）	℉（±25）
Ti－6Al－4V	1000±20	1830±35
Ti－6Al－7Nb（IMI 367）	1010	1850
Ti－6Al－6V－2Sn（Cu＋Fe）	945	1735
Ti－3Al－2.5V	935	1715
Ti－6Al－2Sn－4Zr－6Mo	940	1720
Ti－4Al－4Mo－2Sn－0.5Si（IMI 550）	975	1785
Ti－4Al－4Mo－4Sn－0.5Si（IMI 551）	1050	1920

（续）

α－β型钛合金	β相转变温度	
	℃（±15）	℉（±25）
Ti－5Al－2Sn－2Zr－4Mo－4Cr（Ti－17）	900	1650
Ti－7Al－4Mo	1000	1840
Ti－6Al－2Sn－2Zr－2Mo－2Cr－0.25Si	970	1780

α－β型钛合金的热处理特点介于α型钛合金和β型钛合金之间。像近α型钛合金一样，α－β型钛合金中的α相也有不同的形态，每种形态都各有优缺点（表5-61）。α－β型钛合金中的微观组织转变包括高温的β相转变为α相或不同结构的马氏体组织，此外还有很多变化。通过调整工艺参数，可以得到各种各样的微观组织。

在冷却后，初生α相保持原有的等轴形态，而转变后的β相（马氏体或二次α相）的形态为针状或细长状，如图5-128所示。表5-67中的数据表明，在合金的微观组织特征中，如等轴α相的体积分数越高，越有利于提高α－β型钛合金的强度。这是由于等轴晶粒的尺寸与二次α相类似，不像在β型钛合金中的板条状组织那样细小得多。表5-67中的数据还表明，具有针状组织特征时，转变后β相具有较好的韧性，其原因是针状组织造成裂纹扩展困难。根据钛合金原晶粒尺寸、晶体学织构和试验方向，采用β退火，α－β型钛合金的强度可能会降低35～100MPa（5～15ksi），这是由α相的晶粒尺寸和体积分数造成的。在退火中采用缓冷，会产生更多片状的二次α相，而采用快冷，则会产生细小的二次α相和/或马氏体组织，或残留为β相（见本节中“α－β型钛合金的时效强化”中的有关内容）。可以通过固溶加时效处理，提高合金的强度，但这样会牺牲含大量β相稳定化元素合金的断裂韧性（例如，w(Mo)≈4%或含有等量Mo的合金）。

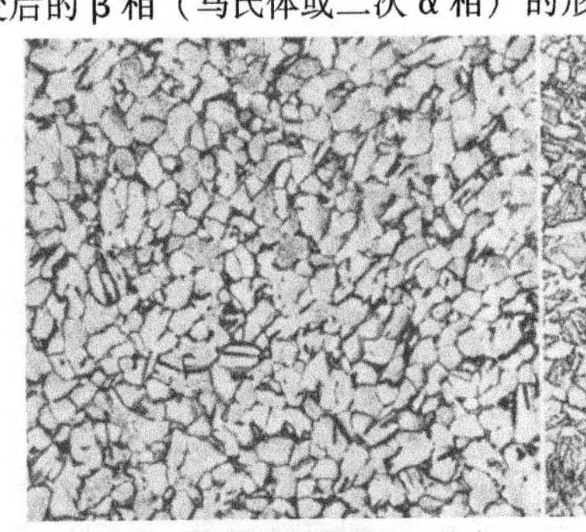
略低于β相转变温度加热，炉冷

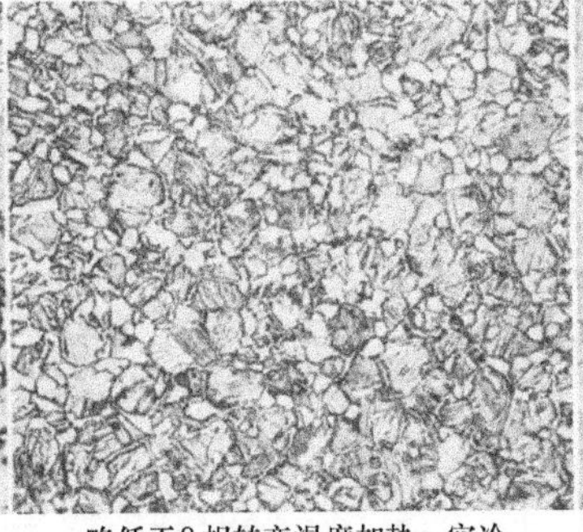
略低于β相转变温度加热，空冷

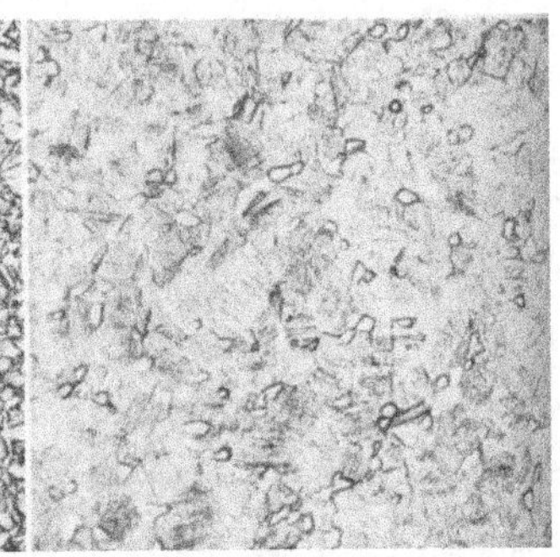
略低于β相转变温度加热，淬水

a)

高于β相转变温度加热，炉冷

高于β相转变温度加热，空冷

高于β相转变温度加热，淬水

b)

温度	抗拉强度		屈服强度		伸长率（%）	断面收缩率（%）
	MPa	ksi	MPa	ksi		
955℃（1750℉）/FC（左上图）	940	136.3	836	121.3	18.8	46.0
955℃（1750℉）/AC	955	144.3	846	122.7	17.8	54.1
955℃（1750℉）/WQ	1120	162.3	954	138.3	17.0	60.2
1065℃（1950℉）/FC	1041	151.0	938	136.0	10.5	15.6
1065℃（1950℉）/AC	1060	153.7	944	137.0	7.0	10.3
1065℃（1950℉）/WQ（右下图）	1108	160.7	954	138.3	7.7	19.2

图5-128 Ti－6Al－4V合金炉冷（FC）、空冷（AC）和淬水（WQ）后，从略低于β相转变温度冷却（上图）和高于β相转变温度冷却（下图）得到的微观组织照片对比（250×）

注：β相转变温度为（1000±14）℃［（1820±25）℉］。所有试样均为直径为16mm（5/8in）的棒材，对应的热处理和拉伸性能见图中的表。

表 5-67　几种 α-β 型钛合金的典型屈服强度和断裂韧性

合金牌号	α 相形态	屈服强度		断裂韧性（K_{1c}）	
		MPa	ksi	MPa $\sqrt{m}$	ksi $\sqrt{in}$
Ti-6Al-4V	等轴状	910	130	44～66	40～70
	针状	875	125	88～110	80～100
Ti-6Al-6V-2Sn	等轴状	1085	155	33～55	30～50
	针状	980	140	55～77	50～70
Ti-6Al-2Sn-4Zr-6Mo	等轴状	1155	165	22～32	20～30
	针状	1120	160	33～55	30～50

像近 α 型钛合金一样，可以对 α-β 型钛合金中 α 相的形态进行控制，而在时效过程中，可以使 β 相发生分解，实现强化。与 β 型钛合金的析出动力学更快和冷却后残留的 β 相数量较少相比，相同截面尺寸的 α-β 型钛合金不具有 β 型钛合金的淬透性。然而，可以采用各种热处理工艺，生产出具有高损伤容限、高疲劳强度或蠕变强度的产品。

α-β 型钛合金是通用型钛合金，其原因是合金可以在 α+β 相区或 β 相区进行热处理，改善微观组织，见表 5-68。一般来说，α-β 型钛合金在 β 相转变以下温度退火，得到转变后的针状 α 相和 10%～50%（体积分数）的等轴 α 相。例如，Ti-6Al-2Sn-4Zr-2Mo 钛合金采用 β 退火热处理，可提高合金的高温蠕变抗力或损伤容限性能，提高韧性和裂纹扩展抗力。铸件从液态慢冷和从没有进行热加工的粉末冶金产品冷却的过程，在本质上就是 β 退火。可以对铸件和粉末冶金产品进行固溶处理，以进一步提高均匀化和消除残余压力，或者作为时效的前处理工序。

表 5-68　α-β 型钛合金的热处理和微观组织小结

热处理名称	热处理工艺	微观组织
两级退火	在 $T_β$① 以下 50～75℃（90～135℉）固溶，空冷，在 540～675℃（1000～1250℉）时效 2～8h	初生 α 相加魏氏组织形态的 α 相+β 相
固溶加时效处理	在 $T_β$ 以下约 40℃（70℉）固溶，水冷②，在 535～675℃（995～1250℉）时效 2～8h	初生 α 相加回火的 α′或 β+α 混合组织
β 退火	在 $T_β$ 以上约 15℃（25℉）固溶，空冷，在 650～760℃（1200～1400℉）进行稳定化处理 2h	魏氏组织 α 相+β 晶团状组织
β 淬火	在 $T_β$ 以上约 15℃（25℉）固溶，水冷，在 650～760℃（1200～1400℉）回火 2h	回火 α′相
再结晶退火	在 925℃（1700℉）保温 4h，以 50℃/h（90℉/h）的冷却速率冷却到 760℃（1400℉），空冷	等轴 α 相和三叉晶界处的 β 相
轧后退火	在 α+β 两相区进行热加工+在 705℃（1300℉）退火 30min～数小时，然后空冷	未完全再结晶的 α 相加少量的 β 相小颗粒

① $T_β$ 是具体合金的 β 相转变温度。

② 对于添加了大量 β 相稳定化元素的合金，如 Ti-6Al-2Sn-4Zr-6Mo 或 Ti-6Al-6V-2Sn，固溶处理后采用空冷。随后时效析出 α 相，形成 α+β 相混合组织。

值得注意的是，通常对微观组织进行控制，包括将热加工工序和热处理工序有机结合。α-β 型钛合金的性能取决于等轴 α 相的数量和已转变 β 相产物的粗细程度。不能仅通过热处理来完全实现细化晶粒、晶团领域组织或魏氏组织转变。初生 α 相的相对数量（在高温固溶退火状态）、保留 β 相和马氏体还与前加工过程有关。

钛合金锻造加工的主要目的之一是控制微观组织和性能。例如，将 Ti-6Al-4V 合金加热到 β 相区时，α 相优先沿原 β 晶粒形成。需要进行大变形量的热加工，才能打碎这种组织。图 5-129 所示为晶界处未被完全锻造打碎的 α 相的金相照片。由于裂纹倾向于沿界面或其周边扩展，这种类型的组织为裂纹萌生和传播提供了有利的位置，从而导致了合金的早期失效。

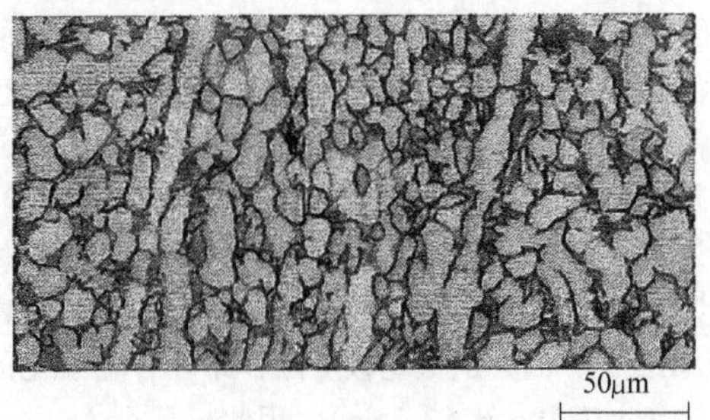

图 5-129　晶界处未被完全锻造打碎的 α 相［在 920℃（1685℉）的温度下进行轧制］

1. α-β 型钛合金的时效强化

与退火或过时效状态相比，根据热处理工艺、合金成分和工件尺寸，通过时效处理，可以将α-β型钛合金的强度提高30%～50%或更多。一般来说，当强度是主要性能指标时，可将α-β型钛合金固溶加热至α+β相区温度甚至高于β相转变温度，然后迅速快冷。固溶处理后，在中等温度下进行时效，得到α相和转变后的β相混合组织。

除Ti-2.5Cu钛合金外，几乎所有的钛合金在时效过程中，都不会产生传统意义上的共格析出区。钛合金强度提高的主要原因是改变了α-α相和/或α-β相界面的平均间距。退火后采用快速冷却，使得在初生α相数量一定的条件下，α-β相界面增多，在随后的时效过程中，进一步增加了界面密度，由此提高了合金强度。也有试验数据表明，在合金成分一定的条件下，随板条状组织尺寸的减小，合金的强度提高。

具体合金的可转变β相的数量与加热温度有关。合金的热处理效果与固溶后的冷却速率有关，因此受到截面尺寸的影响。通常，固溶处理加热至α+β两相区，然后采用水、油或其他可溶性淬火冷却介质淬火。淬火后在480～650℃（900～1200℉）时效，析出α相，并在保留或已转变的β相中形成细小的α相和β相混合组织。

具体的热处理效果与合金成分、固溶处理温度（在固溶温度下β相的成分）、冷却速率和/或截面尺寸有关。淬火后，固溶温度下的β相可能会保留或转变为马氏体，或者在慢的冷却速度下，转变为α+β相组织。含β相稳定化元素相对较少的合金（如Ti-6Al-4V）的淬透性较差，必须快速淬火才能达到显著的强化效果。例如，截面尺寸约为19mm（0.75in）的Ti-6Al-4V合金工件，水淬的冷却速度都不能达到完全淬透。

（1）Ti-6Al-4V合金的时效强化　在室温下，Ti-6Al-4V合金的组织中大约有90%（体积分数）的α相，这对合金的物理和力学性能起到了主导作用。然而，可以通过热处理，对β相的数量和成分进行调整，将该合金在α+β相区固溶加热淬火后，进行时效强化。典型的热处理强化工艺为，在955℃（1750℉）加热1h后淬水，然后在540℃（1000℉）时效4h后空冷。然而，Ti-6Al-4V合金中β相的数量有限，对小截面工件强化的效果存在提高约280MPa（40ksi）的天花板上限，此外合金强化的有效深度小于19mm（0.75in）。因此，Ti-6Al-4V合金最常使用的状态为退火状态。

（2）高强度α-β型钛合金　高强度α-β型钛合金包括Ti-6Al-6V-2Sn和Ti-6Al-2Sn-4Zr-6Mo。Ti-6Al-6V-2Sn主要用于生产飞机机身，而Ti-6Al-2Sn-4Zr-6Mo主要用于生产喷气发动机零部件。与Ti-6Al-4V相比，这两种钛合金的强度更高，更容易进行热处理。表5-69中列出了它们和其他钛合金的典型室温拉伸性能。这两种钛合金强化的特点是添加的锡和锆（对转变温度影响较小）提高了固溶强化效果，以及添加了大量β相稳定化元素钒和钼，增加了β相的数量。

在这两种钛合金中，α相数量仍占主导地位，但是它们所含的β相数量比Ti-6Al-4V合金多。Ti-6Al-6V-2Sn合金除提高了V的含量外，还添加了总质量分数达1.4%的β相稳定化元素铜和铁，以提高强度和时效强化效果。Ti-6Al-2Sn-4Zr-6Mo合金在425～480℃（800～900℉）中温条件下，具有高的抗拉强度和蠕变抗力。此外，在这两种钛合金中，α相比Ti-6Al-4V更容易产生有序化。Ti-6Al-2Sn-4Zr-6Mo合金中转变的片状α相比Ti-6Al-4V中的更细小。这种钛合金中的α相仍为主导相，但数量比Ti-6Al-4V合金要少。这些合金的热处理工艺与Ti-6Al-4V合金非常相似。

当β相稳定化元素数量增加时，合金的淬透性提高。例如，厚度为150mm（6in）的Ti-5Al-2Sn-2Zr-4Mo-4Cr合金工件可以整体淬透。对于某些含有中等数量β相稳定化元素的合金，工件可得到相当的淬透层，但心部硬度和强度可能会降低10%～20%。值得注意的是，能否通过热处理进行强化与固溶温度下β相的体积分数有关，并与冷却后保留β相或转变为马氏体的能力有关。可以清楚地看到，这一切都与合金成分、固溶处理温度和淬火冷却速率密切相关。在考虑合金的冷却速率要求时，必须仔细地对合金成分、固溶温度和时效条件进行选择，以满足最终产品的力学性能要求。

2. 稳定化处理

为防止在服役条件下α-β型钛合金的亚稳态马氏体和保留的β相发生转变，可以采用时效处理对合金进行稳定化处理。时效强化通常采用540～595℃（1000～1100℉）温度范围，而稳定化处理可在该温度或比该温度高38℃（70℉）的条件下进行。商用α-β型钛合金的热稳定性与合金成分和热处理有关。在轧后中间退火状态下，合金在315～370℃（600～700℉）温度范围长期服役，尽管性能上可以发生少量变化，但通常认为合金性能是稳定的。除轧后中间退火工艺外，对合金进行其他制造和热处理，如果可以将这些合金的微观组织处理成能在约425℃（800℉）服役1000h以上，则认为合金的性能是稳定的。

表 5-69 部分钛合金的室温拉伸性能

合金名称	名义成分	热处理状态	抗拉强度		屈服强度		伸长率（%）
			MPa	ksi	MPa	ksi	
5~2.5	Ti-5Al-2.5Sn	700~870℃（1300~1600℉）退火 0.25~4h	830~900	120~130	790~830	115~120	13~18
3~2.5	Ti-3Al-2.5V	650~760℃（1200~1400℉）退火 1~4h	650	95	620	90	22
6-2-1-1	Ti-6Al-2Nb-1Ta-1Mo	700~930℃（1300~1700℉）退火 0.25~2h	860	125	760	110	14
8-1-1	Ti-8Al-1Mo-1V	790℃（1450℉）退火 8h	1000	145	930	135	12
Corona 5	Ti-4.5Al-5Mo-1.5Cr	β 加工后 α-β 退火	970~1100	140~160	930~1030	135~150	12~15
Ti-17	Ti-5Al-2Sn-2Zr-4Mo-4Cr	α-β 或 β 加工后时效	1140	165	1070	155	8
6-4	Ti-6Al-4V	700~870℃（1300~1600℉）退火 2h，时效	970	140	900	130	17
			1170	170	1100	160	12
6-6-2	Ti-6Al-6V-2Sn	700~820℃（1300~1500℉）退火 3h，时效	1070	155	1000	145	14
			1280	185	1210	175	10
6-2-4-2	Ti-6Al-2Sn-4Zr-2Mo	700~840℃（1300~1550℉）退火 4h	1000	145	930	135	15
6-2-4-6	Ti-6Al-2Sn-4Zr-6Mo	820~870℃（1500~1600℉）退火 2h，时效	1030	150	970	140	11
			1210	175	1140	165	8
6-22-22	Ti-6Al-2Sn-2Zr-2Mo-2Cr-0.25Si	α-β 加工后时效	1120	162	1010	147	14
10-2-3	Ti-10V-2Fe-3Al	760℃（1400℉）退火 1h，时效	970	140	900	130	9
			1240~1340	180~195	1140~1240	165~180	7
15-3-3-3	Ti-15V-3Cr-3Sn-3Al	790℃（1450℉）退火 0.25h，时效	790	115	770	112	20~25
			1140	165	1070	155	8
13-11-3	Ti-13V-11Cr-3Al	760~820℃（1400~1500℉）退火 0.5h，时效	930~970	135~140	860	125	18
			1210	175	1140	165	7
38-6-44	Ti-3Al-8V-6Cr-4Mo-4Zr	820~930℃（1500~1700℉）退火 0.5h，时效	830~900	120~130	780~830	113~120	10~15
			1240	180	1170	170	7
β-Ⅲ	Ti-4.5Sn-6Zr-11.5Mo	700~870℃（1300~1600℉）退火 0.5h，时效	690~760	100~110	650	95	23
			1240	180	1170	170	7

5.6.4 β型钛合金

如果合金中含有足够数量的β相稳定化合金元素，在淬火冷却至室温时，保持β相，而不发生马氏体转变，则认为是β型钛合金，如图5-130所示。表5-70中的合金都是添加了数量最少的β相稳定化元素的β型钛合金。含有更多数量的β相稳定化元素的合金有Ti-3Al-8V-6Cr-4Mo-4Zr（Beta C）和Ti-15V-3Cr-3Al-3Sn。有时将贫β相稳定化元素的β型钛合金归类为富β相α-β型钛合金，这类合金有Ti-17（Ti-5Al-2Sn-2Zr-4Mo-4Cr）、Ti-6Al-2Sn-4Zr-6Mo、Ti-5553（Ti-5Al-5Mo-5V-3Cr-0.4Fe）和Beta CEZ（Ti-5Al-2Sn-4Zr-4Mo-2Cr）等合金。

严格意义上说，没有真正稳定的β型钛合金（唯一例外是Alloy C，它的成分为Ti-35%V-15%Cr），因为即使合金度最高的β相，在高温下保温时也会析出ω相、α相、Ti_3Al相或硅化物，这与合金的成分、加热温度和保温时间有关。所有β型钛合金都含有少量α相稳定化元素铝，其主要作用是促进α相析出，进一步提高合金强度。根据热处理温度不同，析出的α相成分会发生变化。加热到α+β相区的温度越高，α相中铝的含量就越高。而时效的温度越高，析出的α相就越粗大，合金的强度越低。

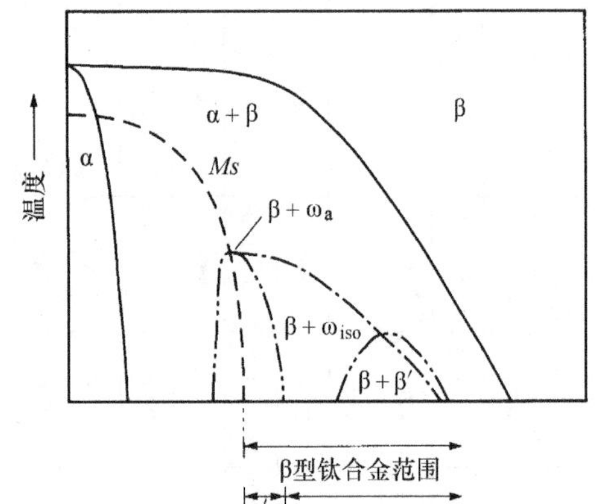

图5-130 β型钛合金系统示意图

注：图中给出了β型钛合金的成分范围，并细分为贫β稳定化元素的β型钛合金和富β稳定化元素的β型钛合金。*Ms*为马氏体转变开始温度。

表5-70 部分β型钛合金的成分和最小抗拉强度

β型钛合金牌号	抗拉强度（最小值）		规定塑性延伸强度 $R_{p0.2}$（最小值）		杂质元素（质量分数，%）（不大于）					名义成分（质量分数，%）				
	MPa	ksi	MPa	ksi	N	C	H	Fe	O	Al	Sn	Zr	Mo	其他
Ti-10V-2Fe-3Al③	1170	170	1100	160	0.05	0.05	0.015	2.5	0.16	3	—	—	—	10V
Ti-13V-11Cr-3Al③	1170	170		160	0.05	0.05	0.025	0.35	0.17	3	—	—	—	11Cr，13.0V
Ti-8Mo-8V-2Fe-3Al②③	1170	170	1100	160	0.03	0.05	0.015	2.5	0.17	3	—	—	8.0	8.0V
Ti-3Al-8V-6Cr-4Mo-4Zr①	900	130	830	120	0.03	0.05	0.20	0.25	0.12	3	—	4	4	6Cr，8V
Ti-11.5Mo-6Zr-4.5Sn①	690	100	620	90	0.05	0.05	0.020	0.35	0.18	—	4.5	6.0	11.5	—
Ti-15V-3Cr-3Al-3Sn	1000③、1241④	145③、180④	965③、1172④	140③、170④	0.05	0.05	0.015	0.25	0.13	3	3	—	—	15V，3Cr
Ti-15Mo-3Al-2.7Nb-0.2Si⑤	862	125	793	115	0.05	0.05	0.015	0.25	0.13	3	—	—	15	2.7Nb，0.2Si

注：合金的强度与杂质元素的限制和产品规格有关。

① 退火状态下的力学性能，可以通过固溶和时效处理提高强度。

② 半商用合金，合金的成分和力学性能要求须与供应商协商。

③ 以固溶加时效状态的力学性能供货，该合金通常不以退火状态供货。

④ 固溶加时效处理的合金还可采用480℃（900℉）的温度时效。

⑤ 以固溶加过时效状态供货的力学性能。

与α型钛合金和α-β型钛合金相比，β型钛合金的热处理温度窗口更窄。β型钛合金的关键是要获得均匀的析出。可以通过低-高时效序列或通过残留冷、热加工变形，对析出的均匀程度进行控制。

例如，对于高合金化的β型钛合金（如 Beta C），在时效前进行冷加工，由于冷加工诱发更细小和更均匀的析出，使合金兼有高的强度和良好的塑性。

对于β相稳定化元素含量不太高合金，如 Ti－10V－2Fe－3Al，要想达到综合的力学性能要求，热加工是至关重要的过程，因为这对合金最终的微观组织以及对应的抗拉强度和断裂韧性有很大的影响。对于贫β相稳定化元素的β型钛合金，如 Ti－10V－2Fe－3Al，理想的微观组织为完全转变的β相组织，控制一定数量的细长初生α相，并在β相基体上时效析出细小弥散的二次α相。这是大多数航空航天零部件（规范）的首选，构成了大部分商用合金锻件的应用基础。

对于添加了更多β相稳定化元素的合金，如 Ti－3Al－8V－6Cr－4Mo－4Zr 和 Ti－15V－3Cr－3Al－3Sn，不需要对其热机械加工（TMP）过程进行严格控制。因为在这类合金中，最终的微观组织为在β相中析出α相。无法通过 TMP 对细小的微观组织进行有效控制，而时效热处理，包括时效时间和温度，则是更重要的。尽管如此，也必须对 TMP 进行控制，并与热处理相结合，保证合金在整个横截面上都得到均匀的微观组织，避免在晶界附近析出大量α相或产生无析出区。

没有一种β型钛合金的适用性像 Ti－6Al－4V 合金那么广泛。使用特定的β型钛合金，通常是利用它们的性能，生产有特殊要求的产品。表 5-69 列出了部分钛合金经热处理后的拉伸性能。表 5-71 总结了热处理对各种钛合金典型抗拉性能的影响。表 5-72 总结了截面尺寸对经固溶和时效处理的部分钛合金抗拉强度影响的数据。

一般来说，β型钛合金的加工性能、耐蚀性和淬透性都比α－β型钛合金好。可以将β型和富β相的α－β型钛合金的强度和韧性进行优化组合，将其调整到满足生产特定产品的性能要求。也就是说，可以实现中等强度和高韧性的配合，或得到高强度和中等韧性的组合。这对于其他类型的钛合金来说是不可能的，因为它们不能在很宽的温度范围内进行热处理。与α型或α－β型钛合金相比，β型钛合金的密度更高，弹性模量也更低。较低的弹性模量对于生物医学植入材料来说是非常有用的，因为这种钛合金的弹性模量与人体骨骼的弹性模量更接近。较低的弹性模量也是制作弹簧的一个优点——低弹性模量钛合金弹簧的剪切模量大约是钢弹簧的一半，这意味着只需要有一半的线圈，就能承受与钢弹簧同样的载荷。因此，与钢弹簧相比，低弹性模量钛合金弹簧的重量大大减轻了。

5.6.5 力学性能对比

表 5-69 对部分钛合金的典型热处理和拉伸性能进行了对比。表 5-59、表 5-65 和表 5-70 分别列出了α型、α－β型和β型钛合金在不同状态下的典型性能。铸造钛合金通常是α－β型钛合金，它们与相同成分锻造合金的强度基本相等。表 5-73 列出了几种铸造钛合金的典型室温拉伸性能。Ti－6Al－4V 铸造钛合金占铸造钛合金产品的 85% 以上，大多数铸造钛合金的性能数据都是以 Ti－6Al－4V 合金为基础的。Ti－6Al－2Sn－4Zr－2Mo 铸造钛合金约占铸造钛合金产品的 7%，而铸造工业纯钛（2 级）约占 6%，其他铸造钛合金的占有率小于 1%。

1. 断裂韧性

钛合金的断裂韧性与屈服强度的关系如图 5-131 所示。从图中可以看出，各种钛合金的断裂韧性有显著的差异，在同等中等强度水平上，如 965MPa（140ksi），经加工的β型钛合金比α型和α－β型钛合金具有更高的断裂韧性。

然而，人们可以理解合金韧性的变化与屈服强度存在一定的关系。合金的主要化学成分会影响合金的强度和韧性之间的关系，但很明显，已转变的微观组织可以极大地提高韧性，同时也会略降低强度。例如，可以看出表 5-67 中不同微观组织的α型钛合金的平面应变断裂韧性在一定范围内变化。这种断裂韧性的趋势也可以在 Ti－10V－2Fe－3Al 等贫β相稳定化元素的β型钛合金中观察到（表 5-74）。

钛合金的韧性还与经热机械加工（TMP）得到的组织有关。平面应变断裂韧性（K_{Ic}）是一个具有特殊意义的力学性能参数，因为失稳扩展的临界裂纹尺寸与 K_{Ic}^2 成正比。在β型钛合金中，微观组织的目标范围为完全转变时效的β相组织，以及控制一定数量的细长初生α相，并在β相基体上时效析出细小弥散的二次α相。为使合金达到最大的韧性，似乎有一个最佳数量的初生α相。通过对 Ti－10V－2Fe－3Al 合金进行热机械加工，对α相的形态进行控制，可以得到理想的最终微观组织。

可以通过控制合金的化学成分、微观组织和织构，来改变合金的断裂韧性。α－β型钛合金的断裂韧性可以在 2～3 倍范围内变化。为了得到高的断裂韧性，通常需要在一些其他性能之间做出取舍和权衡。在钛合金等级化学成分的允许范围内，氧和氢的含量是影响合金韧性的最重要的因素。在其他条件相同的情况下，如果想要得到高的断裂韧性，必须保持合金中氧和氢的含量处于低的水平。降低合金中氮的含量也有相同的效果，但其影响效果不像氧那么显著，Ti－6Al－4V－ELI 合金就是一个典型例子。

表 5-71 锻造钛合金的室温力学性能

类别	名义成分（质量分数，%）	热处理状态[1]	最低或平均拉伸性能[2]				平均或典型性能		
			抗拉强度/MPa（ksi）	规定塑性延伸强度 $R_{p0.2}$/MPa（ksi）	伸长率（%）	断面收缩率（%）	V型缺口冲击吸收能量/J（ft·lbf）	硬度	板厚（t）超过1.8mm（0.07in）时的弯曲半径/mm
工业纯钛	99.5Ti（ASTM 1 级）	退火	240～331（35～48）	170～241（25～35）	30	55	—	120HBW	2
	99.2Ti（ASTM 2 级）	退火	340～434（50～63）	280～345（40～50）	28	50	34～54（25～40）	200HBW	2.5
	99.1Ti（ASTM 3 级）	退火	450～517（65～75）	380～448（55～65）	25	45	27～54（20～40）	225HBW	2.5
	99.0Ti（ASTM 4 级）	退火	550～662（80～96）	480～586（70～85）	20	40	20（15）	265HBW	3.0
	99.2 Ti（ASTM 7 级）[3]	退火	340～434（50～63）	280～345（40～50）	28	50	43（32）	200HBW	2.5
	98.9 Ti（ASTM 12 级）[4]	退火	480～517（70～75）	380～448（55～65）	25	42	—	—	2.5
α 型钛合金	5Al－2.5Sn	退火	790～862（115～125）	760～807（110～117）	16	40	13.5～20（10～15）	36HRC	4.5
	5Al－2.5Sn（低 O_2）	退火	690～807（100～117）	620～745（90～108）	16	—	43（32）	35HRC	—
近 α 型钛合金	8Al－1Mo－1V	两级退火	900～1000（130～145）	830～951（120～138）	15	28	20～34（15～25）	35HRC	4.5
	11Sn－1Mo－2.25Al－5.0Zr－1Mo－0.2Si	两级退火	1000～1103（145～160）	900～993（130～144）	15	35	—	36HRC	—
	6Al－2Sn－4Zr－2Mo	两级退火	900～980（130～142）	830～895（120～130）	15	35	—	32HRC	5
	5Al－5Sn－2Zr－2Mo－0.25Si	975℃（1785℉）（0.5h），AC＋595℃（1100℉）（2h），AC	900～1048（130～152）	830～965（120～140）	13	—	—	—	—
	6Al－2Nb－1Ta－1Mo	2.5cm（1in）热轧板	790～855（115～124）	690～758（100～110）	13	34	31（23）	30HRC	—
	6Al－2Sn－1.5Zr－1Mo－0.35Bi－0.1Si	β 锻造＋两级退火	1014（147）	945（137）	11	—	—	—	—
	IMI 685（Ti－6Al－5Zr－0.5Mo－0.25Si）	1050℃（1920℉）β 热处理，OQ＋550℃（1020℉）时效 24h	882～917（128～133）	758～815（110～118）	6～11（5D）	15～22	43（32）	—	—
	IMI－829（Ti－5.5Al－3.5Sn－3Zr－1Nb－0.25Mo－0.3Si）	1050℃（1920℉）β 热处理，AC＋625℃（1155℉）时效 2h	930（135）（min）	820（119）（min）	9（不小于）（5D）	15（不小于）	—	—	—
	IMI－834（Ti－5.5Al－4.5Sn－4Zr－0.7Nb－0.5Mo－0.4Si－0.06C）	α－β 处理	1030（149）（min）	910（132）（min）	6（不小于）（5D）	15（不小于）	—	—	—

α－β 型 钛合金	8Mn	退火	860～945 (125～137)	760～862 (110～125)	15	32	—	—	—
	3Al－2.5V	退火	620～689 (90～100)	520～586 (75～85)	20	—	54 (40)	—	—
	6Al－4V	退火	900～993 (130～144)	830～924 (120～134)	14	30	14～19 (10～14)	36HRC	5
	6Al－4V（低 O_2）	固溶＋时效 退火	1172（170） 830～896 (120～130)	1103（160） 760～827 (110～120)	10 15	25 35	— 24 (18)	41HRC 35HRC	— —
	6Al－6V－2Sn	退火	1030～1069 (150～155)	970～1000 (140～145)	14	30	14～19 (10～14)	38HRC	4.5
	7Al－4Mo	固溶＋时效 固溶＋时效 退火	1276（185） 1103（160） 1030 (50) （不小于）	1172（170） 1034（150） 970 (140) （不小于）	10 16 —	20 22 —	— 18（13） —	42HRC 38HRC —	— — —
	6Al－2Sn－4Zr－6Mo	固溶＋时效	1269（189）	1172（170）	10	23	8～15 (6～11)	36～42HRC	—
	6Al－2Sn－2Zr－2Mo－2Cr－0.25Si	固溶＋时效 退火	1276（185） 1030 (150) （不小于）	1138（165） 970 (140) 不小于	11 —	33 —	20 (15) —	— —	— —
	Corona 5（Ti－4.5Al－5Mo－1.5Cr）	β 退火板材 β 退火板材 α－β 加工	910（132） 945（137） 935（131）	817（118） 855（124） 905（131）	— — —	— — —	— — —	— — —	— — —
	IMI 550（Ti－4Al－4Mo－2Sn－0.5Si）	25mm（1in）板材在 900℃（1650℉）固溶，AC＋时效	1100（160）	940（136）	7 on 5*D*	15	23（17）	—	—

（续）

	名义成分（质量分数，%）	热处理状态[1]	最低或平均拉伸性能[2]				平均或典型性能		
			抗拉强度 /MPa（ksi）	规定塑性延伸强度 $R_{p0.2}$ /MPa（ksi）	伸长率（%）	断面收缩率（%）	V型缺口冲击吸收能量 /J（ft·lbf）	硬度	板厚（t）超过1.8mm（0.07in）时的弯曲半径 /mm
β型钛合金	13V－11Cr－3Al	固溶＋时效	1170～1220（170～177）	1100～1172（160～170）	8	—	—	—	—
	8Mo－8V－2Fe－3Al	固溶＋时效 固溶＋时效	1276（185） 1170～1310（170～190）	1207（175） 1100～1241（160～180）	8 8	— —	11（8） —	40HRC 40HRC	— —
	3Al－8V－6Cr－4Mo－4Zr（Beta C）	固溶＋时效 退火	1448（210） 883（128）（不小于）	1379（200） 830（120）（不小于）	7 15	— —	10（7.5） —	— —	— —
	11.5Mo－6Zr－4.5Sn（Beta Ⅲ）	固溶＋时效 退火	1386（210） 690（100）（不小于）	1317（191） 620（90）（不小于）	11 —	— —	— —	— —	— —
	10V－2Fe－3Al	固溶＋时效	1170～1276（170～185）	1100～1200（160～174）	10	19	—	—	—
	Ti－15V－3Cr－3Al－3Sn（Ti－15－3）	退火 时效	785（114） 1095～1335（159～194）	773（112） 985～1245（143～180）	22 6～12	— —	— —	— —	— —
	Ti－5Al－2Sn－2Zr－4Mo－4Cr（Ti－17）	固溶＋时效	1105～1240（160～180）	1305～1075（150～170）	8～15	20～45	—	—	—
	Transage 134（板材）	固溶＋时效	1055～1380（153～200）	1000～1310（145～190）	5～12	10～38	—	—	—
	Transage 175（挤压棒材）	固溶＋时效	1305（189）	1250（180）	10	39	—	—	—
	Transage 175［在425℃（800℉）］	固溶＋时效	1080（157）	925（134）	10	56	—	—	—

注：为方便对固溶加时效合金的尺寸进行有效选择，请参见表5-72。

① AC—空冷；OQ—油淬。

② 如果给出的是一个范围，则下限为最小值；所有其他值均为平均值。

③ $w(Pd)=0.2\%$。

④ $w(Ni)=0.8\%$，$w(Mo)=0.3\%$。

表 5-72　截面尺寸对经固溶和时效处理的部分钛合金抗拉强度的影响

合金	不同尺寸方形棒材的抗拉强度											
	13mm（1/2in）		25mm（1in）		50mm（2in）		75mm（3in）		100mm（4in）		150mm（6in）	
	MPa	ksi	MPa	ksi	MPa	ksi	MPa	ksi	MPa	ksi	MPa	ksi
Ti-6Al-4V	1105	160	1070	155	1000	145	930	135	—	—	—	—
Ti-6Al-6V-2Sn（Cu+Fe）	1205	175	1205	175	1070	155	1035	150	—	—	—	—
Ti-6Al-2Sn-4Zr-6Mo	1170	170	1170	170	1170	170	1140	165	1105	160	—	—
Ti-5Al-2Sn-4Zr-4Mo-4Cr（Ti-17）	1170	170	1170	170	1170	170	1105	160	1105	160	1105	160
Ti-10V-2Fe-3Al	1240	180	1240	180	1240	180	1240	180	1170	170	1170	170
Ti-13V-11Cr-3Al	1310	190	1310	190	1310	190	1310	190	1310	190	1310	190
Ti-11.5Mo-6Zr-4.5Sn（Beta Ⅲ）	1310	190	1310	190	1310	190	1310	190	1310	190	—	—
Ti-3Al-8V-6Cr-4Zr-4Mo（Beta C）	1310	190	1310	190	1240	180	1240	180	1170	170	1170	170

表 5-73　几种铸造钛合金（从铸件加工成棒材）的典型室温拉伸性能

（规范中的最小值比表中典型的性能值要小。）

合金牌号①②	屈服强度		抗拉强度		伸长率	断面收缩率
	MPa	ksi	MPa	ksi	（%）	（%）
工业纯钛（2 级）	448	65	552	80	18	32
Ti-6Al-4V，退火	855	124	930	135	12	20
Ti-6Al-4V-ELI	758	110	827	120	13	22
Ti-1100、Beta-STA③	848	123	938	136	11	20
Ti-6Al-2Sn-4Zr-2Mo，退火	910	132	1006	146	10	21
IMI-834、Beta-STA③	952	138	1069	155	5	8
Ti-6Al-2Sn-4Zr-6Mo、Beta-STA③	1269	184	1345	195	1	1
Ti-3Al-8V-6Cr-4Zr-4Mo、Beta-STA③	1241	180	1330	193	7	12
Ti-15V-3Al-3Cr-3Sn、Beta-STA③	1200	174	1275	185	6	12

① 可以通过固溶加时效（STA）热处理得到各种性能。

② ELI—超低间隙元素。

③ Beta-STA—加热至 β 相区进行固溶处理，然后进行时效。

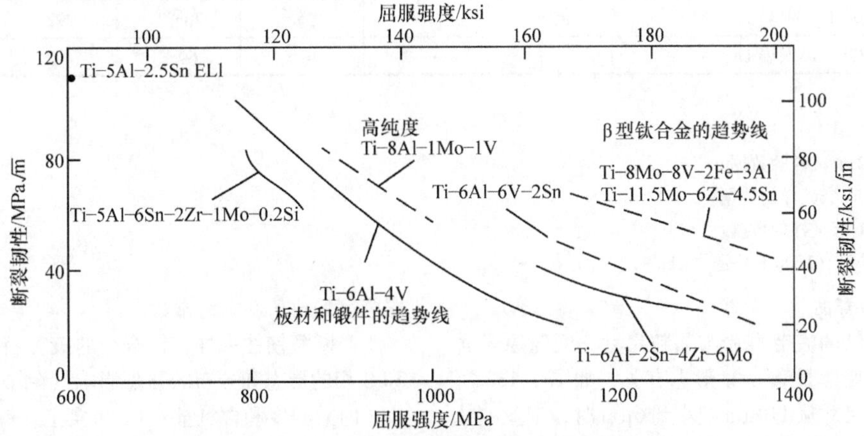

图 5-131　钛合金断裂韧性与屈服强度的关系

注：Ti-5Al-2.5Sn 和 Ti-8Al-1Mo-1V 合金为退火状态；Ti-6Al-2Sn-4Zr-6Mo、Ti-6Al-6V-2Sn、Ti-11.5Mo-6Zr-4.5Sn 和 Ti-8Mo-8V-2Fe-3Al β 型钛合金为固溶和时效（STA）状态。Ti-6Al-4V 合金的趋势线表示退火和 STA 状态。ELI—极低间隙元素。

表 5-74 Ti-10V-2Fe-3Al β 型钛合金的典型室温拉伸和韧性数据

锻造方式		抗拉强度		屈服强度		伸长率（%）	平面应变断裂韧性	
		MPa	ksi	MPa	ksi		$MPa\sqrt{m}$	$ksi\sqrt{in}$
高强度状态	等温锻件	1300~1380	188~200	1200~1255	174~182	3~6	29	26
	传统锻件	1230~1350	178~196	1145~1280	166~186	4~10	44~60	40~54
	扁平锻造	1275~1310	185~190	1150~1160	167~168	5~8	47	43
低强度状态	等温锻件	1060~1100	153~159	985~1060	143~153	8~12	70	64
	扁平锻造	965	140	930	135	16	100	91
AMS 标准（锻件）①	AMS 4984	1190	173	1100	160	4 (4*D*)②	44	40
	AMS 4986	1100	160	1000	145	6 (4*D*)②	60	55
	AMS 4987	965	140	895	130	8 (4*D*)②	88	80

① AMS—航空材料标准。

② *D*—试样直径。

通过得到两种基本类型的微观组织，可以改善和提高合金的 K_{Ic}：

1）通过转变组织诱导闭合增韧，来提高强韧性。其中晶团领域组织是最好的，此外，魏氏组织也具有很好的韧性。

2）在 ELI 等级的合金中，等轴再结晶组织在不牺牲疲劳性能的前提下，具有良好的强度和韧性的配合。

根据人们对 α-β 型钛合金的一些研究，合金的 K_{Ic}性能与已转变 β 相组织的比例成正比。韧性最高的两种微观组织是在 β 退火条件下得到的，它是最多和完全转变的 β 相组织；在再结晶条件下，为粗大等轴的 α 相组织加少量剩余的 β 相或已转变了的 β 相。有关断裂韧性与组织转变的问题较为复杂，现还没有明确的经验可循。

此外，通过对坯料进行锻造，可以提高合金在某一工序阶段的断裂韧性，但这并不一定会改变最终锻件的断裂韧性。表 5-75 所列为焊接件的不同部位与母材强度和韧性的对比。许多其他因素，如环境、大截面的冷却速率（如影响组织的淬透性）和氢的含量，也会影响合金的 K_{Ic}性能。

表 5-75 Ti-6Al-4V（0.11%O）α-β 型钛合金在焊缝和热影响区的室温断裂韧性（K_{Ic}）

去应力处理工艺①	焊缝 K_{Ic}		热影响区 K_{Ic}		母材②	
	$MPa\sqrt{m}$	$ksi\sqrt{in}$	$MPa\sqrt{m}$	$ksi\sqrt{in}$	$MPa\sqrt{m}$	$ksi\sqrt{in}$
590℃（1100℉）保留 2h，AC	87③	79③	81④	74④	92	84
650℃（1200℉）保温 1h，AC	85⑤	77⑤	77⑤⑥	70⑤⑥	92	84
760℃（1400℉）保温 1h，AC	—	—	76⑤	69⑤	92	84

① AC—空冷。

② 再结晶退火。

③ 根据 2 个试样的数据。

④ 根据 20 个试样的数据。

⑤ 根据 1 个试样的数据。

⑥ 在 650℃（1200℉）退火 2h。

2. 疲劳寿命

工业纯钛的疲劳寿命与晶粒尺寸、间隙原子含量、冷加工变形量和 α 相形态有关，如图 5-132 所示。当晶粒尺寸从 110μm 减小到 6μm 时，工业纯钛 10^7循环周次的疲劳寿命极限提高了 30%。与拉伸屈服强度和极限抗拉强度相似，工业纯钛的高周疲劳极限与间隙原子含量有关。由于拉伸屈服强度也与间隙原子含量有关，室温下高周疲劳极限与拉伸屈服强度的比值基本为常数。

与断裂韧性一样，钛合金的疲劳特性也受 α 相和 β 相的形态和分布的强烈影响（除 α 晶粒尺寸大小、时效程度和含氧量外）。事实上，钛合金的静态性能与这些组织特性有关，但疲劳（和韧性）性能比静态性能更依赖于合金的组织结构。值得注意的是，疲劳性能不仅受到微观组织的影响，还受到表面条件或处理状态的影响。因为大多数疲劳裂纹都

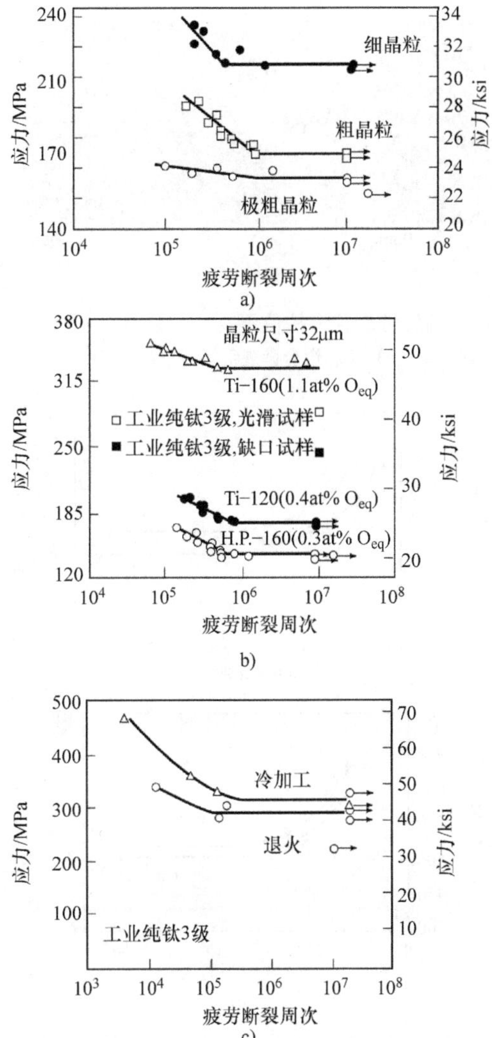

图 5-132　晶粒尺寸大小、含氧量和冷加工对纯钛疲劳强度的影响

是在表面萌生的，如果在表面形成有利的压应力，则能改善合金的疲劳寿命。这里讨论的仅是影响合金性能的趋势。用于疲劳极限服役条件的钛合金产品，必须在实际服役条件下进行疲劳强度以及表面状态对疲劳性能的敏感性的验证。值得注意的是，钛合金的缺口敏感性比其他材料更大。与其他正常航空材料相比，钛合金疲劳寿命数据的分散度比较大。

（1）近 α 型和 α－β 型钛合金　近 α 型和 α－β 型钛合金的疲劳性能受 α 相和 β 相形态和分布的强烈影响（除 α 晶粒尺寸大小、时效程度和含氧量外）。事实上，这类合金的静态性能与这些组织特性有关，但疲劳（和韧性）性能比静态性能更依赖于合金的组织结构。

影响钛合金疲劳性能的微观组织参数主要有原 β 晶粒尺寸或 α 和 β 层片状晶团领域大小，如为全层片状微观组织，则是 α 层片宽度。图 5-133 所示为不同微观组织对 Ti－6Al－4V α－β 型钛合金的应力与疲劳周次曲线。层片状组织是由高温 β 相分解转变产生的。转变后 β 相的层片状越细，合金的疲劳性能就越好（图 5-133a）。原 β 晶粒尺寸越细小，对应得到的片状晶团领域就越小。图 5-133 中 Ti－6Al－4V 材料疲劳试验对应的裂纹萌生位置如图 5-134所示。

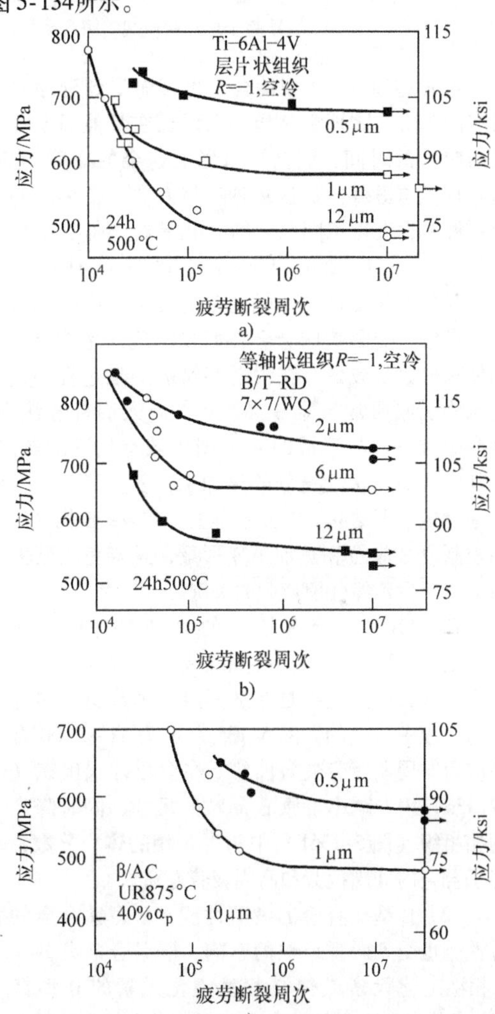

图 5-133　Ti－6Al－4Vα－β 型钛合金不同组织的室温应力与疲劳周次曲线

a）完全层片状微观组织　b）完全等轴状微观组织　c）两相混合微观组织

注：在图 a 中对 α 层片的宽度进行了探讨；在图 b 中对 α 晶粒大小进行了探讨；在图 c 中对 α 层片宽度进行了探讨。R = －1；B/T—RD—基面/横向织构，轧制方向；WQ—水淬；AC—空冷。

（译者注：图中部分字符原文未给出具体含义。）

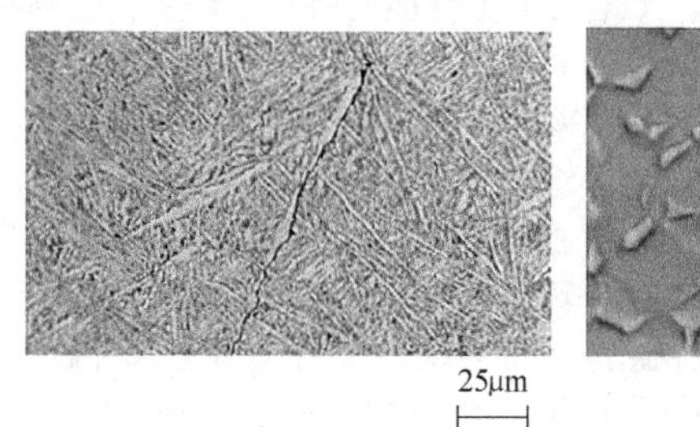

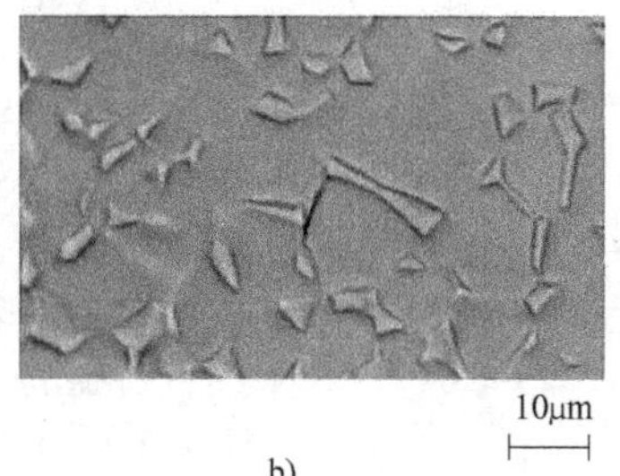

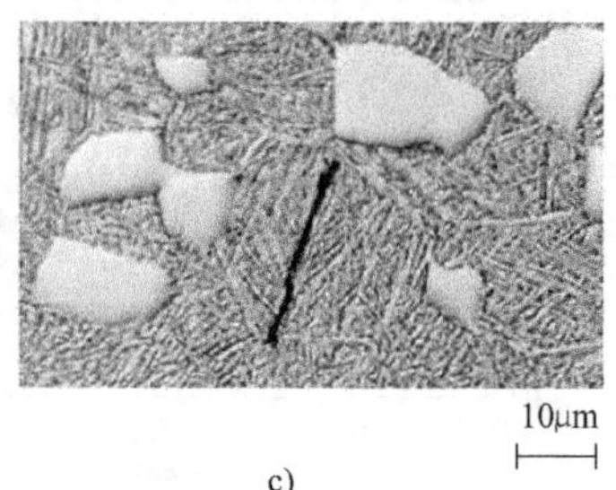

a)　　b)　　c)

图 5-134　Ti－6Al－4Vα－β 型钛合金的疲劳裂纹形核位置

a）完全层片状微观组织　b）完全等轴状微观组织　c）两相混合微观组织

近 α 型和 α－β 型钛合金也可能受到延停驻留疲劳的影响，该现象是指如果延长在其他周期载荷峰值应力的时间，则会严重影响合金的疲劳寿命。这种现象与锻件的微区织构区域有关，在早期的裂纹扩展中，大量相同取向的 α 相晶粒类似于单个大晶粒。Ti－6Al－2Sn－4Zr－2Mo 和 Ti－6Al－4V 合金是受延停驻留疲劳影响的常见合金。从微观组织方面考虑，受影响的合金在服役温度或室温下的 β 相体积分数都较低。在锻造坯料的加工过程中，微区织构区域通常与原 β 晶粒有关。人们普遍认为，这些原 β 晶粒与形成的 α 晶团领域有相近的取向，而其中的层片状经充分的热加工，发生了球化，而不是发生了再结晶。在此基础上，在 α＋β 相区，正确控制原 β 晶粒和热加工变形量，是避免在延停条件下，产生延停驻留疲劳的关键。

Ti－1100 合金有较高的含硅量［w（Si）＝0.45%］，可以得到细小的原 β 晶粒和细小的层片状晶团领域，这些组织是在从固溶处理或退火温度冷却的过程中产生的。图 5-135 所示为 Ti－1100 合金的应力与周期疲劳失效曲线。在全层片状组织（图 5-135a）中，减小了原 β 晶粒的尺寸，同时降低了两相组织（图 5-135b）中初生 α 相的体积分数，改善了合金的低周疲劳和高周疲劳寿命。

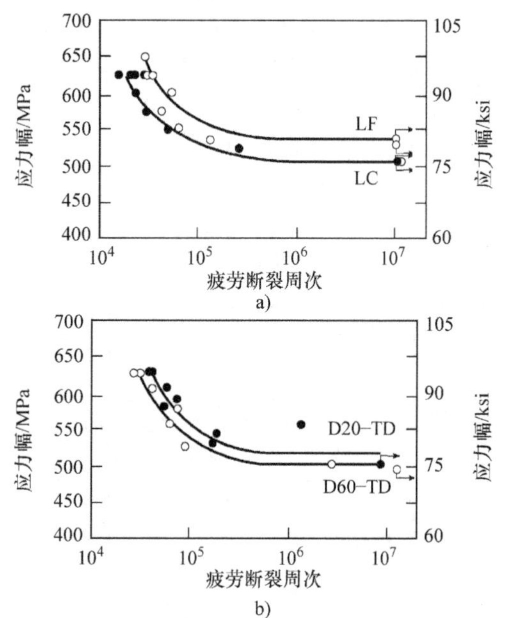

图 5-135　Ti－1100 近 α 型钛合金的应力与周期疲劳（R ＝ －1）失效曲线

a）全层片状微观组织，表明原 β 晶粒尺寸的影响范围

b）两相微观组织，表明初生 α 相数量的影响范围

（译者注：图中部分字符原文未给出具体含义。）

（2）β 型钛合金的疲劳性能　β 型钛合金的疲劳性能也受到微观组织的影响。根据合金类型（富 β 相稳定化元素或贫 β 相稳定化元素的 β 型钛合金），微观组织参数对确定 β 型钛合金的疲劳寿命是很重要的。其中，对于富 β 相稳定化元素的 β 型钛合金，主要参数有晶粒尺寸、时效程度，以及无析出区；对于贫 β 相稳定化元素的 β 型钛合金，主要参数有 β 相的晶粒尺寸、晶界处的 α 相、初生 α 相的大小和体积分数。Ti－10V－2Fe－3Al 合金为贫 β 相稳定化元素的 β 型钛合金的代表，由于初生 α 相的体积分数只比在 α－β 型钛合金中略低，与其他 β 型钛合金相比，可以在更大程度上对它的微观组织进行控制。图 5-136 所示为不同微观组织的 Ti－10V－2Fe－3Al 合金的应力与疲劳周次变化曲线。具有较少初生 α 相的微观组织具有优越的性能，这与合金晶界上的 α 相数量较少有关。图 5-137 所示为 Ti－10V－2Fe－3Al 合金与固溶退火 Ti－6Al－4Vα－β 型钛合金疲劳性能的比较。一般来说，β 型钛合金光滑试样 10^6 周次疲劳性能的断裂应力较高，但高强度合金的缺口敏感性也较高，因此，β 型钛合金的理论应力集中系数（K_t）大于 2.5，断裂应力可能仅略高于 Ti－6Al－4V 合金。

3. 疲劳裂纹扩展

就像计算有缺陷构件的载荷时，K_{Ic} 是重要的参

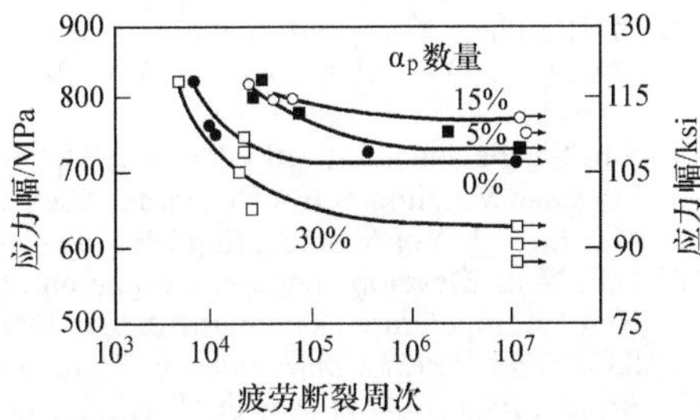

图 5-136　Ti-10V-2Fe-3Al β 钛合金不同数量初生 α 相组织的应力与疲劳（$R=-1$）周次变化曲线

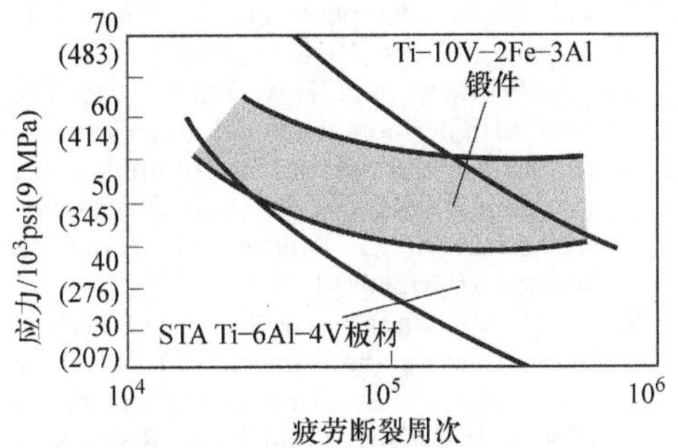

图 5-137　Ti-10V-2Fe-3Al β 型钛合金和 Ti-6Al-4V α-β 型钛合金的缺口疲劳曲线对比

注：Ti-10V-2Fe-3Al 合金，$R=0.05$，$F=K_t=2.9$；Ti-6Al-4V 合金固溶加时效（STA）板材，$R=0.1$，$K_t=3$。

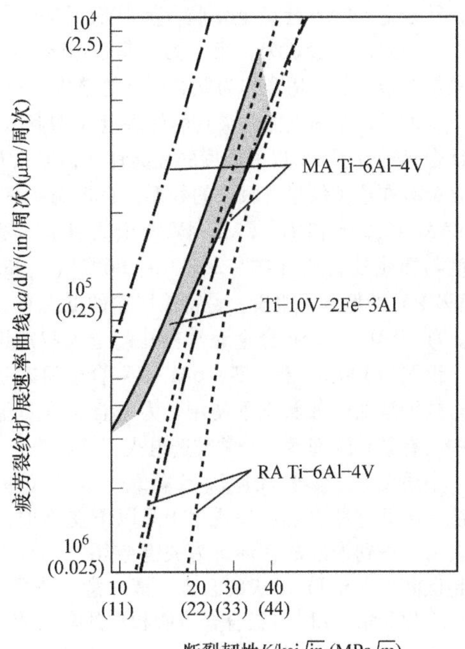

图 5-138　Ti-10V-2Fe-3Al β 型钛合金和 Ti-6Al-4V α-β 型钛合金疲劳裂纹扩展速率曲线（da/dN）对比

注：Ti-10V-2Fe-3Al 合金，$R=0.05$，$F=1\sim25\text{Hz}$；进行了再结晶的 Ti-6Al-4V 合金，$R=0.08$，$F=6\text{Hz}$。

数一样，在很多情况下，计算存有疲劳裂纹或其他尖端裂纹的构件的剩余疲劳寿命时，K_{Ic}也很重要。一般来说，钛合金的疲劳裂纹扩展（FCP）行为与其断裂韧性相对应，也就是说，在疲劳载荷的作用下，高韧性的合金往往具有低的疲劳裂纹扩展速率。对于大多数材料来说，改进和提高其塑性同时也会提高韧性和裂纹扩展抗力，但对钛合金来说，情况不完全如此。

不同钛合金有不同的断裂韧性（K_{Ic}），同时也有不同的疲劳裂纹扩展特征。图 5-138 比较了 α-β 型和 β 型钛合金的疲劳裂纹扩展速率。应该充分认识到，由于微观组织、织构和强度的变化和不同，疲劳裂纹扩展速率的数据可能会出现很大的分散性，当然，部分分散性数据应归因于测试误差。由于微小的加工差别和材料的不均匀性，也可能使合金的性能发生变化，在某些情况下，即使进行了严格的控制，同一批材料也可能存在化学成分、微观组织和织构上的变化和差别。出于设计目的，建议用户使用来自数个批次材料的统计数据。

微观组织变化对 K_{Ic}和疲劳裂纹扩展速率有着相似的影响。与 K_{Ic}的情况相同，合金的疲劳裂纹扩展速率受转变后 β 相组织的影响，同时也受到再结晶退火类型和工艺的影响。根据对疲劳裂纹增长曲线参数的测量，在给定批次的 Ti-6Al-4V 合金中，不同微观组织对疲劳裂纹扩展速率影响的差别可能会超过 10 倍；对应力强度因子（ΔK）影响的差别在 5～30MPa $\sqrt{m}$［4～27（ksi $\sqrt{in}$］范围内。一般来说，在近 α 型和 α-β 型钛合金中，进行 β 退火的微观组织的疲劳裂纹扩展速率最低，而轧制退火微观组织的疲劳裂纹扩展速率最高。这种巨大的差别在 β 型钛合金中是不常见的。其原因可能是在 β 型钛合金中，α 相组织太细小，无法使裂纹扩展方向发生偏转，使裂纹扩展路径不像 α-β 型钛合金那样曲折，降低了韧性，同时增加了裂纹扩展速率。还需要重申的是，提高合金强度会降低其缺口疲劳性能。

4. 低温韧性

当从室温冷却到 0℃以下的温度时，所有结构金属的性能都会发生变化。当金属冷却到液态氢和液态氦的沸点附近时，或服役于该低温的产品，性能发生的变化最大。钛合金的低温应用产品包括航天器和高压火箭发动机零部件。

在足够低的温度下，大多数体心立方晶体结构的金属和合金都会经历韧-脆转变。β 型钛合金是亚稳态合金，会转变为 α 相和其他相，所以在低温下，钛合金可能不会完全变脆，但其低温塑性是有限的。因此，一般认为，组织为完全 β 相或大量 β 相的钛合金，非常适合作为低温产品的结构材料。

人们已对市面上能购买到的许多近 α 型和 α－β 型钛合金进行了 0℃以下温度的性能评估，但只有少数合金有在这种低温下服役的数据。在低温条件下，Ti－5Al－2.5Sn 和 Ti－6Al－4V 合金具有非常高的强度与重量比，适合在－269～－196℃（－452～－320℉）的低温下服役，是特殊用途的低温首选合金。Ti－5Al－2.5Sn 合金通常在轧制退火状态下使用，组织为 100%α 相。Ti－6Al－4V 合金可在退火状态或固溶加时效状态下使用。为使合金在低温应用中具有最高的韧性，通常首选退火工艺状态。

杂质元素，如铁和间隙元素氧、碳、氮和氢，往往会降低这些合金在室温和 0℃以下温度时的韧性。为了得到最好的韧性，为关键应用产品开发出了超低间隙（ELI）等级的合金。请注意，铁是强 β 相稳定化元素，ELI 等级合金中铁和氧的含量明显低于标准等级合金。标准等级合金适用于－196℃（－320℉）的温度，当工作温度低于－196℃（－320℉）时，通常应选择 ELI 等级的合金。采用 ELI 等级的合金设计压力容器时，必须考虑到在室温下，合金的强度会有所降低。

在考虑采用钛和钛合金在低温环境下服役时，由于存在发生燃烧的极端危险，必须强调以下注意事项：

1）不能将钛和钛合金用于液态氧的运输或储存。

2）不能将钛在低温暴露空气中使用，在低温下氧气会产生凝结。

3）任何与液态氧接触的钛在产生摩擦和冲击时都会引起着火。

4）由于储存液态氢具有类似的后果，通常也不推荐采用钛储存液态氢。

5.6.6 总结

根据这里所提供的所有数据，可以利用三种类型钛合金的广泛性能，生产各种结构产品。微观组织，包括织构，对钛合金的所有力学性能都有显著影响。因此，通过选择和控制合金的微观组织，可以达到控制合金性能的目的。

参考文献

1. M. Donachie, Chap. 12, Relationships among Structures, Processing, and Properties, *Titanium: A Technical Guide*, ASM International, 2000, p 95–121
2. Titanium and Its Alloys for Biomedical Implants, *Materials for Medical Devices*, Vol 23, *ASM Handbook*, ASM International, 2012, p 223–236
3. M. Katcher, Creep of Titanium Alloys, *Met. Eng. Q.*, Vol 8 (No. 3), Aug 1968, p 19–26
4. S.R. Seagle and L.J. Bartlo, Physical Metallurgy and Metallography of Titanium Alloys, *Met. Eng. Q.*, Vol 8 (No. 3), Aug 1968, p 1–10
5. D.F. Neal, Development and Evaluation of High Temperature Titanium Alloy IMI 834, *Sixth World Conference on Titanium Proceedings (Part I)*, Société Française de Métallurgie, 1988, p 253–258
6. D.F. Neal and P.A. Blenkinsop, Titanium Alloy, European Patent 0107419Al, 1984
7. R.I. Jaffe, in *Progress in Modern Physics*, Vol 7, B. Chalmers and R. King, Ed., Pergamon Press, 1958
8. J.C. Williams and E.A. Starke, Jr., The Role of Thermomechanical Processing in Tailoring the Properties of Aluminum and Titanium Alloys, *Deformation, Processing, and Structure*, G. Krauss, Ed., American Society for Metals, 1984
9. T. Duerig and J. Williams, Overview: Microstructure and Properties of Beta Titanium Alloys, *Beta Titanium Alloys in the 1980's*, R.R. Boyer and H.W. Rosenberg, Ed., AIME Metallurgical Society, 1984, p 20
10. *Titanium and Titanium Alloys*, MIL-HDBK-697A, 1974, p 44
11. *Materials Properties Handbook: Titanium Alloys*, ASM International, 1993

5.7 钛合金的渗氮

表面化学热处理工艺在提高许多金属工件的性能方面起着重要的作用。其中，对于钢铁材料，最常见和实用的方法之一是等离子渗氮和气体渗氮。将渗氮工艺应用于钛合金和开展该领域的研究始于 20 世纪 50 年代，直到 20 世纪 70 年代仍一直维持当时的情况。从那以后，已经做了大量的研究和开发工作，但与对应的钢铁材料零部件相比，进行了渗氮处理的钛合金零部件在钛合金零部件中所占的比重仍然低得多。虽然渗氮也能提高钛合金的耐蚀性，但渗氮工艺的主要用途是提高钛合金的耐磨性能。钛不仅与氮，而且与氧和碳都有很强的化学亲和力。在渗氮处理环境中，很有可能出现氮、氧和碳这类元素，它们对渗氮层的生长起着重要的作用。在密排六方晶格结构的钛中，氮有很大的固溶度，在渗氮时可以形成与基体具有极高结合强度的稳定化合物层和扩散层，具有很高的表面硬度和相对平稳的过渡区的渗氮层硬度分布。氮化钛（TiN）的色泽特点为黄色/金黄色，在渗氮过程中，它总是在表面形成。该化合物的物理性能见表 5-76。表面形成 TiN

还可以改善渗氮钛合金的外观。然而，渗氮工作气氛必须非常清洁，这样才能得到具有黄色/金黄色色泽的 TiN 表面。因此，与铁基合金相比，钛合金渗氮的主要难点是要求有高清洁度的渗氮气氛以及更高的渗氮温度。在工业生产过程中，钛与氧气、水蒸气、碳氢化合物或氢气等气体均发生强烈的反应，这些气体都会对渗氮气氛造成污染，如图 5-139 所示。在很宽的渗氮温度范围内，氮、碳、氧和氢元素能与钛形成热力学稳定的化合物，其中危害最大的是氧，因为形成的氧化膜可以阻止渗氮过程或使形成的渗氮层变得多孔疏松。形成氧化钛所要求的氧分压极低。因此，对钛合金进行渗氮，需要使用高纯度的气体和密封性好的设备，以最大程度地降低氧气或水蒸气的含量。在含有氢的气氛中，可以通过控制 $p(H_2O)$ 与 $p(H_2)$ 比，来减少氧的负面影响。与渗氮的氮或 N_2-H_2 混合气氛相比，在陶瓷反应罐中，采用氨进行渗氮处理，氧分压会有所降低，如图 5-140 所示。应该注意的是，决定性因素是氮的分压同时得到了提高。通过这一改变，可以将渗氮的工作范围从氧化区间范围移至 TiN 稳定的范围。由于氢与钛的反应性很高，易形成氢化物，所以不能总是将氢作为渗氮气氛的组成部分。从技术角度看，建议渗氮气氛中氢的含量不超过 20%，以避免造成 Ti-6Al-4V 合金脆化。事实上碳污染的危害较小，但可能由于碳的固溶作用，增加 TiN 层的硬度，与此同时减小 α-Ti 层的厚度。可以在 620～1100℃（1150～2010℉）非常宽泛的温度范围内，对钛进行渗氮处理。应根据实际要求的渗氮层厚度和氮扩散速率，确定具体的渗氮温度下限。同时，应根据钛合金中的相变和晶粒长大，以及随温度提高，工件表面粗糙度值会增加等因素，确定渗氮温度的上限。改善钛合金工件摩擦性能常用的渗氮温度是 700～800℃（1290～1470℉），但有研究人员建议，对于有更薄渗氮层要求的医用钛合金产品，渗氮温度应该采用 500～600℃（930～1110℉）或更低的温度范围。

表 5-76　钛和氮化钛的物理性能

物理性能	Ti	TiN
熔点/K（℉）	1948（3047）	3223（5342）
密度（ρ）/（g/cm^3）	4.5	5.44
弹性模量/GPa（10^{6}psi）	116（17）	390（57）
硬度　HV（载荷/N 或 lbf）	100～120（100 或 22.5）	1990（0.5 或 0.11）
热膨胀系数/（10^{-6}/K）	9.0	9.0①
热导率（η）/[W/(m·K)]	21.0	28.9
电阻率/（10^{-8}Ω·m）	42	40

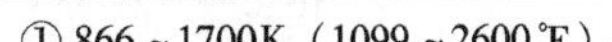
① 866～1700K（1099～2600℉）。

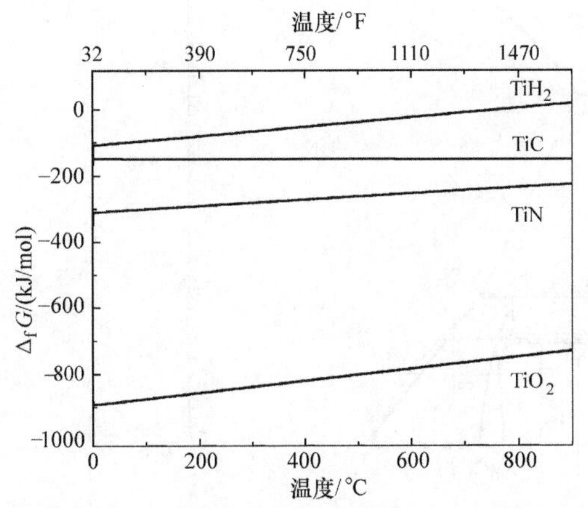

图 5-139　温度对含氮、碳、氧和氢钛化合物标准形成焓的影响

注：Ti（S）+O_2（G）↔TiO_2，Ti（S）+1/2N_2（G）↔TiN，Ti（S）+C（S）↔TiC，Ti（S）+1/2H_2（G）↔TiH_2。

钛合金通常采用等离子渗氮或气体渗氮工艺，很少采用真空、盐浴、激光、感应渗氮、强化等离子渗氮和离子注入工艺。通常钛合金的渗氮过程是在纯氮或氮与氢或氨的混合气氛中进行的。氢不仅会影响到气氛中的活化成分，还改变了固相中的扩散过程。了解这种气体在钛中的固溶度，可以避免形成氢化物。因此，不能用扩散速率来比较该过程的动力学，它们是不同的。在含氢气氛中进行渗氮的过程又称为氮氢共渗。在超过 700℃（1290℉）的温度下渗氮，等离子渗氮和气体渗氮的速率几乎是相同的。许多学者都证明了，在阴极上放置钛合金平试样，尽管试样一面暴露在等离子中，而另一面则没有，但两面的渗氮层厚度是完全相同的。离子渗氮的主要机制是活性氮的化学吸附。

还可以将渗氮与固溶处理、时效或其他处理工艺相结合，以全面提高钛合金工件的综合力学性能。

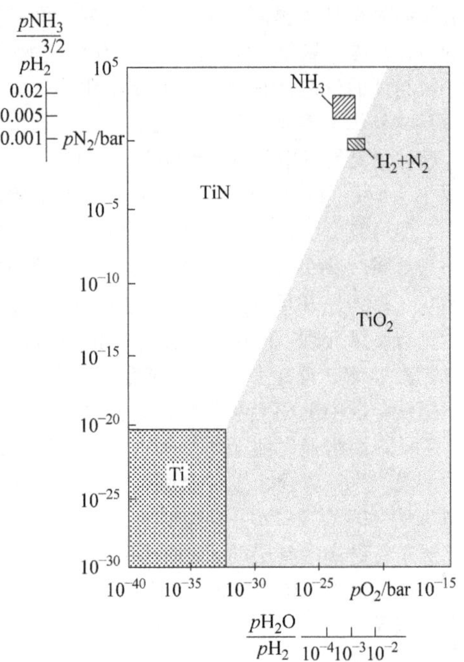

图 5-140 Ti－N－O 系统在 900℃（1650℉）的热力学稳定图

注：图中显示了 NH_3 和 H_2+N_2 混合气体相对应的范围。

5.7.1 基础

本节对钛、钛与氮的相互作用、钛合金，以及钛与氧、碳和氢的相互作用进行介绍。

1. 钛与氮的相互作用

钛－氮平衡相图是世界各国研究人员研究最为广泛的相图。从渗氮的角度来看，人们最感兴趣是 Ti_2N 结构的形成以及极限固溶度等详细情况。图 5-141所示为最新的钛－氮相图。该相图系统中有 β－Ti（N）、α－Ti（N）、δ－TiN_{1-x}和 ε－Ti_2N 相。实际上，ε－Ti_2N 相有 Ti_4N_{2-x}、Ti_3N_{2-x}和 Ti_2N 三个不同的过渡相阶段。表 5-77 所列为形成的钛－氮晶体结构数据。从相图中可以看到，TiN 相在非常宽的温度范围内存在，最高存在温度可达 3290℃（5955℉），氮的摩尔分数为 28%～50%。TiN 相非常薄，如试样制备得当，可以在光学显微镜下观察到，如图 5-142 所示。

渗氮所需的氮分压非常低，并随温度的提高而升高，但即使温度达到 727℃（1340℉），氮分压仍然不超过 10^{-20}Pa，见表 5-78。温度对氮的平衡分压的影响如图 5-143 所示。该图表明，在该渗氮温度范围内，采用氨进行气体渗氮，必须采用非常低的

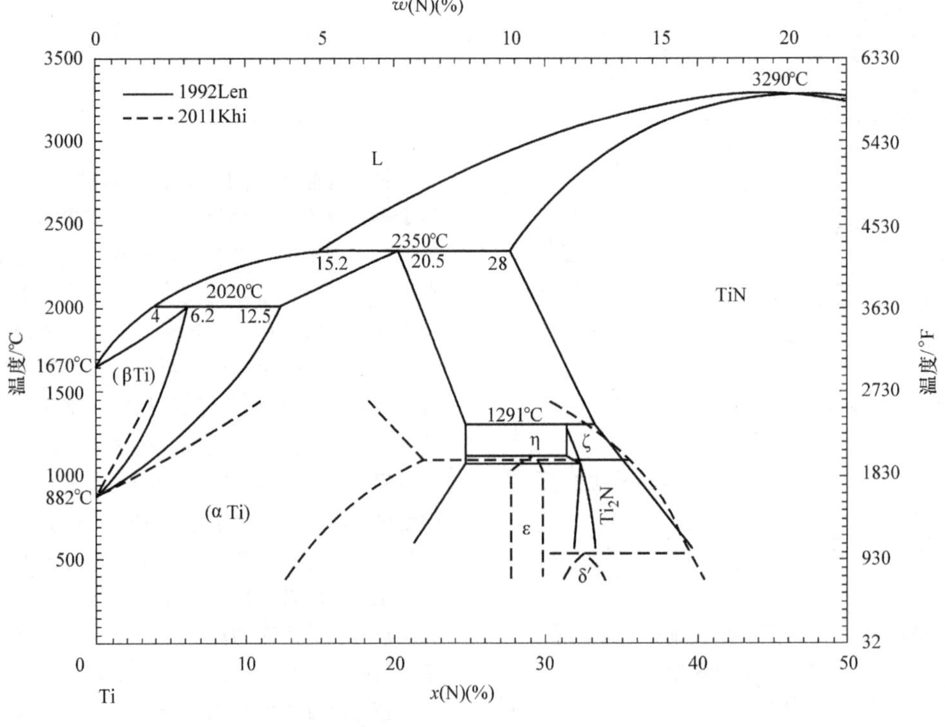

图 5-141 包含 H. Okamoto 最近试验数据的钛－氮二元相图

表 5-77　钛－氮晶体结构数据

相	成分（摩尔分数，%）	皮尔森符号	空间群	普通结构类型符号	原型
α－Ti	0～23	hP2	$P6_3/mm$	A2	Mg
β－Ti	0～6	cI2	Im3m	A2	W
ε 或 Ti_2N	≈33	tP6	P42/mnm	C4	Anti－O_2Ti（金红石）
δ 或 TiN	28～50	cF8	Fm3m	B1	NaCl
δ′	≈38	tI12	I4/amd	C_c	Si_2Th
φ	—	—	—	—	—
α′	—	tP6	P42/mnm	C4	Anti－O_2Ti（金红石）

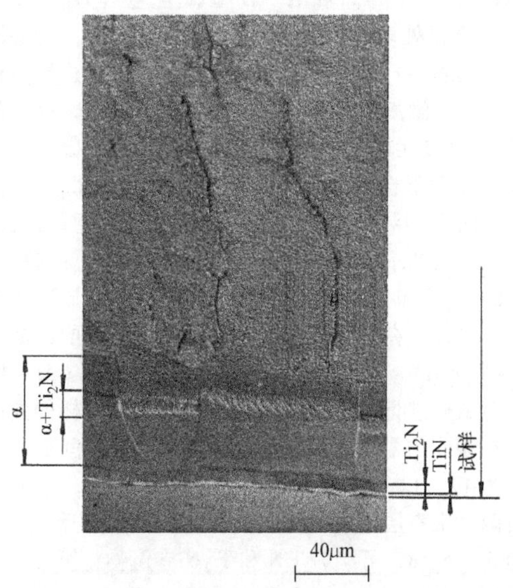

图 5-142　在 1030℃（1885℉）进行等离子渗氮的钛合金表层的微观组织

注：干涉衬度，用 Kroll 试剂侵蚀。

氮势。如果不希望形成 TiN 渗氮物，那么，氮势必须控制在低于限值以下。据观察，在 1000℃（1830℉）的温度下进行等离子渗氮的过程中，TiN 在 30s 时形成。这些事实会产生惊人的后果。如果 TiN 的形成速率这么快，那么在含氮的清洁气氛中，几乎不可能阻止其形成。在没有钛渗氮物的情况下，形成 α－Ti 层的唯一方法是控制氮的活化动能。有关钛及其渗氮物的扩散系数，各研究人员的数据存在很大的差异。根据不同的数据来源，在 950℃（1740℉），氮在 α－Ti 中的扩散系数范围为 0.973×10^{-14}～6.496×10^{-14} m^2/s。表 5-79 列出了氮在 α－Ti、β－Ti、TiN 和 Ti_2N 中的扩散系数方程式。

表 5-78　不同温度下 TiN 渗氮物的氮分压

温度/℃（℉）	25（75）	227（440）	727（1340）
氮分压/Pa	$1.02\cdot10^{-103}$	$3.63\cdot10^{-56}$	$4.32\cdot10^{-21}$

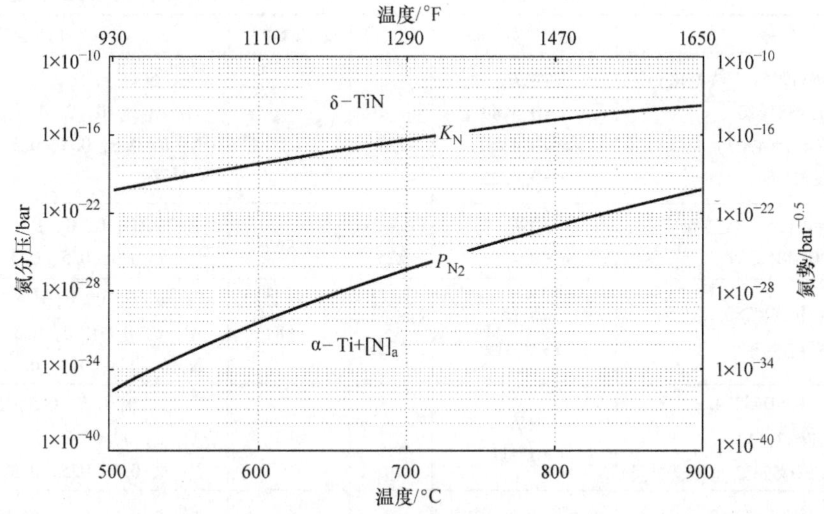

图 5-143　形成 δ－TiN 的平衡氮分压和氮势

表 5-79 各种钛相中氮和氢的扩散系数

	相组织	扩散系数
N	α - Ti	$D_{\alpha-Ti}=1.2\cdot10^2\cdot\exp[-(189.16\pm9.42)]/RT$
N	β - Ti	$D_{\beta-Ti}=3.5\cdot10^2\cdot\exp[-(141.45\pm5.86)]/RT$
N	TiN	$D_{TiN}=54\cdot\exp[-(217.62\pm14.65)]/RT$
N	Ti_2N	$D_{Ti_2N}=3.5\cdot\exp[-(171.79)]/RT$
H	α - Ti	$D_{\alpha-Ti}=1.8\cdot10^2\cdot\exp[-(51.81\pm0.285)]/RT$

注：RT—室温。

通过改变渗氮温度，不仅可以控制渗氮层的绝对厚度，还能控制渗氮层各相的相对厚度，见表5-80。在最高渗氮温度下，可以得到最大的 TiN 相对厚度。这里应该注意的是，在较低的渗氮温度650℃（1200℉）下，该温度远低于α/β 相转变温度，氮通过向内扩散的方式进行渗氮；在较高温度下，钛的向外扩散成为一个重要的影响因素，并导致产生了多孔疏松的渗氮物。

表 5-80 渗氮温度对渗氮亚层区域相对厚度的影响

温度		区域相对厚度		
℃	℉	TiN	Ti_2N	α - Ti
700	1290	1	8.1	105
800	1470	1	6.0	87
1000	1830	1	3.5	25.8
1300	2370	1	—	14.0
1500	2730	1	—	10

2. 钛合金

由于α - β 型钛合金中含有铝等合金元素，而铝与氮会发生强烈反应，因此，α - β 型钛合金比工业纯钛更容易形成渗氮物。对近 α 型钛合金（Ti - 1Al - 1Mn）和α - β 型钛合金（Ti - 6Al - 4V）渗氮处理的研究发现，渗氮层中存在多种渗氮物，见表5-81。在对经渗氮处理的钛合金进行分析时发现，渗氮层出现相的晶体也非常复杂，存在超过40种二元或三元相，其中包括 TiO。合金元素在渗氮温度下会发生扩散，这使得分析变得更加复杂。图5-144 所示为α - β 型钛合金渗氮所形成渗氮层结构的示意图。应该记住的是，渗氮层内部存在的 Ti_2N 和 TiN 渗氮物与渗氮温度和冷却速率有关。另外，在该合金的扩散层区内，有氢的固溶体β - Ti（H）和氢化物 TiH_x存在。采用 Ti - 6Al - 4V 合金试样进行等离子渗氮的试验表明，试样的两面具有相同的金相组织结构。化合物层和中间层的厚度为11 ~ 12μm。从图5-144 中可以看到，渗氮层由两个次表层组成，一个次表层在表面附近，厚度为5 ~6μm，可能为 TiN 和 Ti_2N 渗氮物；第二个次表层与第一个次表层具有相同的厚度，可能为 Ti_3Al、Ti_2AlN 和 Ti（N）相。采用高的渗氮温度，会导致渗氮层中的合金元素发生扩散。

表 5-81 Ti - 1Al - 1Mn 和 Ti - 6Al - 4V 合金在 850 ~ 900℃（1560 ~ 1650℉）等离子渗氮得到的相结晶结构数据

相名称	点阵参数/nm	空间群	皮尔森符号	Wyckoff 原子位置
δ - TiN：ICSD#64905；“钛氮化物” PDF#381420 （或 ICSD#64907） （或 ICSD#64908）	立方 $a=0.4244$ （$a=0.4320$） （$a=0.4225$）	Fm - 3m 225	cF8	Ti：a，0，0，0，1 N：b，0.5，0.5，0.5，1
TiO：ICSD#40125；“红旗矿” PDF#862352	立方 $a=0.4293$	Fm - 3m 225	cF8	Ti：a，0，0，0，1 O：b，0.5，0.5，0.5，1
$TiAlN_2$：ICSD#58012； 无 PDF 号	立方 $a=0.419$	Fm - 3m 225	cF8	Ti：a，0，0，0，0.5 Al：a，0，0，0，0.5 N：b，0.5，0.5，0.5，1
Ti_3AlN：ICSD#52642； PDF#371140 （$a=0.2988$ in ICSD#52642 是转录错误）	立方 $a=0.4112$	Pm - 3m 221	cP5	Ti：c，0，0.5，0.5，1 Al：a，0，0，0，1 N：b，0.5，0.5，0.5，1
Ti_2AlN：ICSD#52641； “H 相”； PDF#1870	六方 $a=0.2994$ $c=1.361$	$P6_3/mmc$ 194	hP8	Ti：f，0.3333，0.6667，0.086，1 Al：d，0.3333，0.6667，0.75，1 N：a，0，0，0，1

（续）

相名称	点阵参数/nm	空间群	皮尔森符号	Wyckoff 原子位置
Ti_4AlN_3：ICSD#91772； $Ti_4AlN2.89$；PDF#00-053-0444	六方 $a=0.2991$ $c=2.340$	$P6_3/mmc$ 194	hP16	Ti：*f*，0.3333，0.6667，0.0542，1 Ti：*e*，0，0，0.1547，1 Al：*c*，0.3333，0.6667，0.25，1 N：*a*，0，0，0，1 N：*f*，0.6667，0.3333，0.105，1
$Ti_3Al_2N_2$：ICSD#71097； PDF#371141 和 802286	六方 $a=0.2988$ $c=2.335$	$P6_3mc$ 186	hP14	N：*b*，0.3333，0.6667，0.05，0.9 Ti：*b*，0.3333，0.6667，0.1，0.1 Ti：*b*，0.3333，0.6667，0.2，0.9 N：*b*，0.3333，0.6667，0.25，0.1 Al：*b*，0.3333，0.6667，0.4，1 N：*b*，0.3333，0.6667，0.55，0.1 Ti：*b*，0.3333，0.6667，0.6，0.9 Ti：*b*，0.3333，0.6667，0.7，0.1 N：*b*，0.3333，0.6667，0.75，0.9 Ti：*a*，0，0，0，1 Al：*a*，0，0，0.3，1
$\varepsilon-Ti_2N$：ICSD#33715； PDF#760198	正方 （简单） $a=0.4945$ $c=0.3034$	$P4_2/mnm$ 136	tP6	Ti：*f*，0.296，0.296，0.1 N：*a*，0，0，0，1
$\delta'-Ti_2N$：ICSD#23403； PDF#730959 （PDF#771893）	正方 （体心）， $a=0.414$ $c=0.8805$ （$c=0.8786$）	$I4_1/amd$ 141	tI12	Ti：*e*，0，0.25，0.14，1 N：*e*，0，0.25，0.375，1

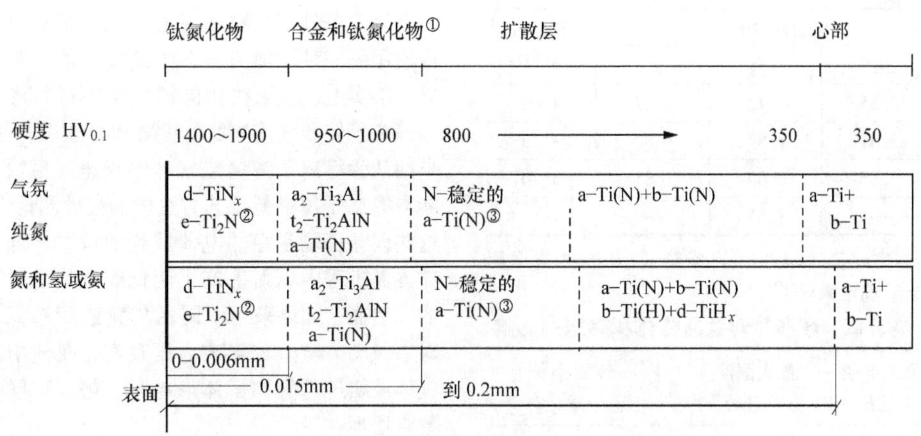

① 在850℃(1500°F)以下温度氮化的次表层。
② 在极快的冷却条件下不析出。
③ 在850℃(1500°F)以下温度氮化不形成的次表层。

图 5-144　α-β 型钛合金在 α+β 相区高温区进行气体和等离子渗氮后渗氮层的结构示意图

（译者注：图中有误，图中化合物分子式前的 a、b、d 和 e 应分别为 α、β、δ 和 ε）

3. 钛与氧、碳和氢的相互作用

钛不仅与氮发生强烈反应，而且会与渗氮气氛中可能存在的杂质元素氧和碳发生很强的反应。渗氮气氛中可能含有微量的氧/水蒸气或碳氢化合物，这些物质来自于真空或等离子体渗氮设备中的液压泵。氢气可以作为添加的工作气体，也可能来自于气体渗氮过程中氨的分解。因此，考虑这些因素对渗氮过程的影响是非常重要的。钛与氮和氧的相互作用非常强烈，如图5-139、图5-140、表5-82和5-83所示。在所有形成的化合物中，热力学最稳定的化合物是氧化钛。随着温度的升高，其稳定性降低，但是它一直显著影响渗氮过程，因此不容忽视。根据现有的相图，氮、氧和碳是α相稳定化元素，而氢是β相稳定化元素。氢的固溶度不会因为有氮或氧的存在而发生显著改变。在α-β型钛合金中，氢对β相的强稳定作用导致α相转变到β相的温度从882℃（1620℉）降低到共析温度288℃（550℉）。在钛合金中氢的含量相对较低时，钛就可能出现氢脆现象，由此会导致合金的韧性降低，应该努力予以避免。钛与氢还会形成氢化物，它们通常会沿α/β界面和自由表面析出。β固溶体中的氢，在远低于预期形成氢化物的极限固溶度的情况下，也会对体心立方合金的韧-脆转变温度产生显著的影响。当钛合金中的氢为饱和状态时，可以将原无氢β型钛合金的韧-脆转变温度从低于-130℃（-200℉），提升到100℃（212℉）。

表5-82 各种方法确定的TiN、TiO和TiC化合物的结合能，以及间隙原子在α型钛合金稀溶液中的激活能

化合物	结合能/10^{-19}J			扩散激活能/10^{-19}J
	$\Delta H^{\ominus}$	ΔH_s	γ_s	
TiN	3.55	2.72	2.27	4.00
TiO	3.41	1.87	1.87	3.45
TiC	3.45	2.00	1.81	3.20
Ti-Ti	—	1.57	—	—

注：根据生成热（$\Delta H^{\ominus}$）、升华热（ΔH_s）和表面能（γ_s）确定激活能。

表5-83 氮、氧、碳和氢对钛晶格体积膨胀的影响

元素	原子半径/nm	最大固溶度（摩尔分数，%）	体积膨胀/(nm^3/摩尔分数)
N	0.071	19	0.0018
O	0.060	30	0.0013
C	0.077	2	0.0049
H	0.046	8	0

表5-82所列为α-Ti中的间隙原子在稀溶液中的扩散结合能和扩散激活能。氮、氧和碳的存在导致钛晶格产生膨胀，其数据见表5-83。当钛合金中存在这些α相稳定化间隙元素时，能提高钛合金的抗拉强度，其中，氧的影响仅次于氮。碳可以使钛合金的抗拉强度提高到大约650MPa（94ksi），但它也明显降低了钛合金的塑性。

氧和碳在氮化钛（TiN）中有很大的固溶度，因此，在实际渗氮过程中，可能无意中就会发生氧氮和碳氮/氮碳共渗的过程。这些元素导致形成了TiO_xN_y或TiC_xN_y化合物层，或者复合型多层结构，如金红石氮化钛。即使在极低的氧分压下，也会发生钛的氧化反应。因为在723K温度条件下，钛在纯O_2中的氧化极限是2.3×10^{-33} bar。在含氢的气氛中，当$p(H_2O)/p(H_2)>6.0\times10^{-9}$时，在900℃（1650℉）将发生氧化。$TiO_xN_y$化合物具有较高的电阻率，因此在采用辉光放电的等离子渗氮过程中，这种化合物不是很容易产生。到目前为止，还没有三元的Ti-N-O相图可用。在非常宽的温度范围内，碳在TiC晶格中具有无限的溶解度。因此，可以用碳来改变渗氮层的结构，尤其是TiN外层，以提高它的硬度。当气氛中含有来自液压泵中的碳氢化合物时，或者发生氮碳共渗过程时，可能无意中发生了该过程。

5.7.2 适用于钛合金的渗氮方法

钛与氮的强烈反应性能允许采用多种渗氮方法进行渗氮。在很宽的温度区间直到熔点，氮化钛（TiN）是非常稳定的，即使在极低的氮分压下，也会形成氮化钛。由于这些原因，在等离子、气体或真空渗氮条件下，都不可避免地会形成氮化钛。无论使用哪一种渗氮方法，渗氮效果都不会有明显差异。事实上，如果在相同的气氛中进行渗氮，不论是等离子体和气体渗氮，渗氮动力学没有任何区别。早期认为等离子渗氮比气体渗氮速度更快，这很可能与等离子体渗氮工艺方法中的温度测量误差有关。这些误差可能是由热电偶放置的位置不当、等离子体渗氮过程中辐射率产生变化以及其他因素所造成的。然而，如果采用不同的气氛进行渗氮，可能会对渗氮动力学造成影响。据观察，在使用氮氢混合气体或氨进行等离子体渗氮时，化合物层的长大速率将增加。

1. 气体渗氮

通常在纯氮、氮和氢或氮和氨的混合气氛中，都可以进行气体渗氮。钛和分子氮形成δ-TiN渗氮物的反应过程和这些反应的焓见式（5-3）~式（5-6）

$$Ti+1/2N_2\leftrightarrow TiN \quad (5\text{-}3)$$

$$\Delta G = \Delta G_{\mathrm{TiN}}^{0} + \mathrm{RT} \cdot \ln\left(\frac{a_{\mathrm{TiN}}}{a_{\mathrm{Ti}} \cdot p_{\mathrm{N_2}}^{1/2}}\right) \tag{5-4}$$

$$\Delta G_{\mathrm{TiN}}^{0} = -337071 + 93.95 \cdot T(\mathrm{J/mol}) \tag{5-5}$$

$$p_{\mathrm{N_2}}^{\alpha/\delta} = 6.53 \cdot 10^{9} \exp\left(-81080.3 \cdot \frac{1}{T}\right) \tag{5-6}$$

$$\mathrm{Ti} + \mathrm{NH_3} \leftrightarrow \mathrm{TiN} + 3/2\mathrm{H_2} \tag{5-7}$$

$$\Delta G = \Delta G_{\mathrm{TiN}}^{0} + \Delta G_{\mathrm{NH_3}}^{0} + \mathrm{RT} \cdot \ln\left(\frac{a_{\mathrm{TiN}} \cdot p_{\mathrm{H_2}}^{3/2}}{a_{\mathrm{Ti}} \cdot p_{\mathrm{NH_3}}}\right) \tag{5-8}$$

$$\Delta G_{\mathrm{TiN}}^{0} + \Delta G_{\mathrm{NH_3}}^{0} = -284981 - 19.95 \cdot T(\mathrm{J/mol}) \tag{5-9}$$

$$K_{\mathrm{N}}^{\alpha/\delta} = \frac{p_{\mathrm{NH_3}}}{p_{\mathrm{H_2}}^{3/2}} = 0.09 \cdot \exp\left(-34275 \cdot \frac{1}{T}\right) \tag{5-10}$$

译者注：式中，ΔG 是自由能；ΔG^0 是标准自由能；K 是平衡常数；p 是平衡分压。

式（5-3）和式（5-7）中的焓值，包括氮和氨，在很宽的温度区间内均为很大的负值。图 5-143 中的数据显示，在极低的氮分压或氮势下，也会形成 δ－TiN 渗氮物。这两个焓值都很低，似乎不可能对气氛施加实际控制，避免 TiN 的形成。在渗氮气氛中存在一定的氢，对降低气氛中的氧势有积极作用。进入气氛中的氢能提高氮的吸附能力，同时也提高了扩散层深度和氮的浓度。此外，含氢的渗氮气氛会改变渗氮层的微观组织结构。与氮和氢混合气氛或氮和氩混合气氛等离子体渗氮相比，采用氨作为渗氮气氛得到的渗层更厚，硬度更高，如图 5-145所示。必须记住，在采用氨进行气体渗氮时，氢分压非常高，远高于 700mbar 以及等离子或真空渗氮时的氢分压。因此，氢具有提高表面反应强度，增加化合物层厚度，提高扩散层深度和表层氮浓度的作用。采用这种方法的负面影响是钛合金会吸收一部分氢，需要在渗氮过程后进行去氢处理。还应该注意的是，在钛合金的渗氮过程中，氨几乎完全发生了分解，因此，实际上气氛是由 75% 的 H_2 和 25% 的 N_2 混合而成的。真空渗氮在达到高真空后，在 0.5～840mbar 的氮压力下进行渗氮。

2. 等离子渗氮

与气体渗氮相比，钛合金更广泛采用等离子渗氮工艺。等离子渗氮过程采用工件作为阴极，真空容器壁作为阳极，通过直流辉光放电进行渗氮。钛合金典型的等离子渗氮压力为 0.1～10 mbar，两电极间的电压（阴极－阳极）为 500～1000V。通常使用冷壁技术和热壁技术两种系统，其中冷壁技术的整个热能是由等离子体提供产生的；而热壁技术主要由炉壁加热元件进行加热，等离子体向工件提供

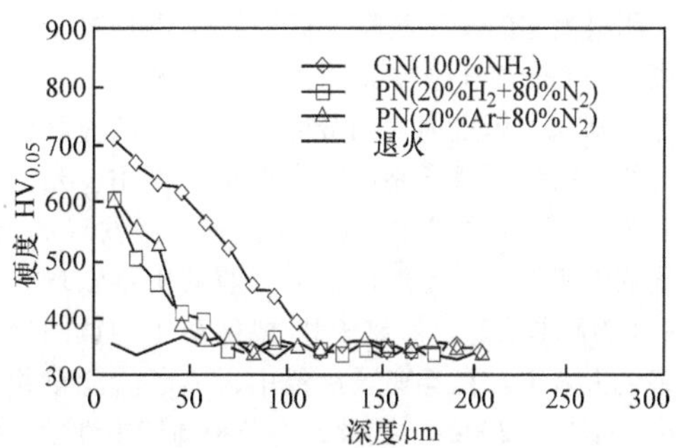

图 5-145　Ti－6Al－4V 合金气体渗氮（GN）和等离子渗氮（PN）表层的硬度分布

注：T_N＝800℃（1470℉），t_N＝24h。

热量的作用大大降低了。图 5-146 所示为在等离子渗氮过程中，近阴极区域产生的辉光放电。在阴极附近出现的现象是非常复杂的，包括电子和分子之间的激发、电离，以及表面附近，快速运动原子与慢速运动原子之间的弹性碰撞。阴极暗区（CDS）是辉光放电最重要的区域，它的作用是维持辉光放电。阴极暗区的厚度取决于气氛的压力，对该区域形成的离子能量有直接影响，并在对阴极进行轰击中起到重要作用。与其他氮离子相比，在阴极暗区中激发 N_2^+ 离子需要的能量更少，它们的浓度在阴极附近占主导地位。自由基离子，如 N_2H^+ 等的浓度，与其前驱 N_2^+ 离子的浓度成正比。氮离子、氢离子和氩离子（如果存在）和中性粒子一起，为轰击阴极提供全部或者部分热量，使活性氮产生化学吸附，导致渗氮反应发生。高能量离子撞击到阴极表面，导致许多金属原子产生溅射，即所谓的溅射模型，解释了等离子渗氮提高了渗氮效率的原因。除了气体渗氮反应式（5-3）外，还应该包括产生溅射钛和氮原子的反应，见反应式（5-11）和式（5-12）

$$\mathrm{Ti_{solid}} + \mathrm{N_2^*}（或\ \mathrm{N_2^+}）\leftrightarrow \mathrm{TiN_{solid}} \tag{5-11}$$

$$\mathrm{Ti_{cluster}} + \mathrm{N_2^*}（或\ \mathrm{N_2^+}）\leftrightarrow \mathrm{TiN_{cluster}} \tag{5-12}$$

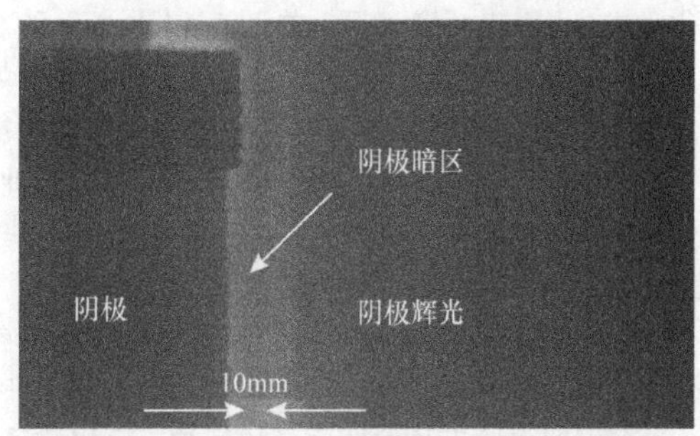

图 5-146　在 70% N_2 和 30% H_2 混合气氛、550℃（1020℉）、1.2 mbar 压力下的复杂几何形状钛合金的阴极辉光放电

阴极上方的 TiN 微粒子促进了尘埃等离子体的形成，一部分 TiN 微粒子/化合物将沉积回阴极，其余部分则在工作室内均匀分布。然而，这种反应不太可能在钛的等离子渗氮中发挥重要作用。光谱研究表明，在等离子体中，TiN 渗氮物的激发（高能）分子浓度非常低。此外，由于所谓的中毒效应，当 TiN 在表面形成时，氮离子和/或氩离子的钛阴极溅射将大大减少。在等离子渗氮中，离子的能量相对较小，不超过200eV。因此，离子和高能中性粒子钛之间相互作用的过程，对形成渗氮层的影响很小，这一点已被最近的研究所证实。在铁基合金的等离子体渗氮中，溅射起到了非常重要的作用；但在钛的渗氮过程中，它并没有起到重要的作用。在早先的试验中，这一点也已得到证实。可以用阴极上钛试样的两面对这种现象进行解释（图 5-147 ~ 图 5-149）。不论是受到辉光影响的 A 面（可能导致溅射和氮离子渗入）和未受辉光影响的 B 面，试样的两个面具有相同的渗层深度。采用工业纯钛和 α－β 型钛合金试样，在渗氮温度超过 700℃（1290℉）时，得到了同样的结果（图 5-148 和图 5-149）。尽管试样的两个面具有相同的渗层深度，但研究报道认为，A 面和 B 面的表面组织结构并不相同。在扫描电子显微镜下，A 面与 B 面的外观略有不同。在渗氮过程中，氮离子和中性粒子等高能粒子对阴极的轰击，对加速氮向钛的吸附过程起着微不足道的作用，但这会对 A 面产生溅射。如前所述，当 TiN 渗氮物形成时，溅射的作用很小。然而，试样的 A 面和 B 面可能存在一些不同，例如，表面杂质元素的数量以及冷却速率不同。采用光学辉光放电发射光谱法（GDOS），对试样的两个表面进行分析表明，在试样的近表面区域，实际含氮量是相同的（图 5-147c、d），并具有很高的浓度。对两个试样的分析得到了几乎相同的结果。化合物外层厚度大约为 0.5μm，氮的摩尔分数为 30% ~45%，其化学成分与 TiN 大致相同。在图 5-147b 所示的金相照片中，无法看到该化合物外层。接下来的区域厚度是 2 ~3μm，氮的摩尔分数约为 25%，这很可能是 Ti_2N 和/或 TiAlN 型渗氮物的含氮量水平。因此，人们认为 TiN、Ti_2N 渗氮物的厚度比大约为 1/5，这与之前对钛渗氮的研究数据基本相同（表 5-80）。试样 A 面中氧和碳等杂质元素的含量略高，深度约为 3μm，其原因可能是等离子体在该面有少量沉积。它的特征是受富含杂质的钛原子的影响。可以推测，由于试样的边缘效应，试样 B 面的含氧量较低，这点也在 GDOS 的分析中得到了证实。

人们已对钛的等离子渗氮机理进行了广泛的研究，但所有研究的结论可以简单地概括为一句话：辉光放电对渗氮层的生长动力学影响很小。

最后还应该注意到，由于钛与含氮气体的反应强烈，如果采用足够高的温度和干净的气体，就无法避免形成渗氮层。这意味着，人们所熟知的在铁基合金的等离子渗氮中，对选定区域进行屏蔽保护的方法，在钛合金产品中渗氮过程中是无效的。

5.7.3 渗氮动力学

研究人员证实，钛和钛合金在超过 700℃（1290℉）条件下的渗氮过程是受扩散过程控制的，并遵循抛物线定律，如图 5-148 ~ 图 5-150 所示。此外，无论采用何种工艺或气体成分，化合物层和中间层的生长速率都遵循相同的抛物线定律，如图 5-151所示。

一旦钛合金表面的氮形成了稳定的梯度（这与 TiN 的快速形成有关），则该渗氮过程遵循扩散定律。实际上，钛或钛合金的渗氮总是在 α 相→β 相或 α＋β 相→β 相转变以下温度进行，因此在渗氮温度下，总是会在 TiN 层的下面形成 Ti_2N 层（图 5-141）。在这种情况下，不论采用哪一种渗氮方法，都可以通过对 $Ti_2N/\alpha-Ti$（N）界面氮的浓度进行控制，来控制渗氮过程的动力学。

还应该指出，在超过 50h 的长时间渗氮过程中形成的硬化层，可能受到钛离子向外迁移和溶质间隙原子向内扩散的影响，形成微孔。其结果是显著降低了渗氮层的硬度，与硬化层分布测得的硬度深度和氮的浓度分布不匹配。因此，在这些情况下，不能简单地用显微硬度试验方法对渗氮速率进行检测。如果渗氮温度非常高，则在此过程中，还存在合金元素扩散的可能性。事实上，在 α－β 型钛合金的等离子渗氮过程中，已观察到钼和铝这类溶质原子的扩散。

5.7.4 渗氮与其他热处理相结合

α－β 型钛合金可以选择高的渗氮温度进行渗氮，因此，渗氮可以与其他热处理过程，如淬火、时效和循环热处理相结合。有以下几种可能的结合形式：

1）在高于 α＋β 相→β 相转变温度进行等温渗氮淬火。

2）在高于 α＋β 相→β 相转变温度进行等温渗氮淬火和时效。

3）在高于 α＋β 相→β 相转变温度进行固溶处理、淬火和等温渗氮。

4）在高于或低于 α＋β 相→β 相转变温度进行渗氮。

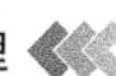

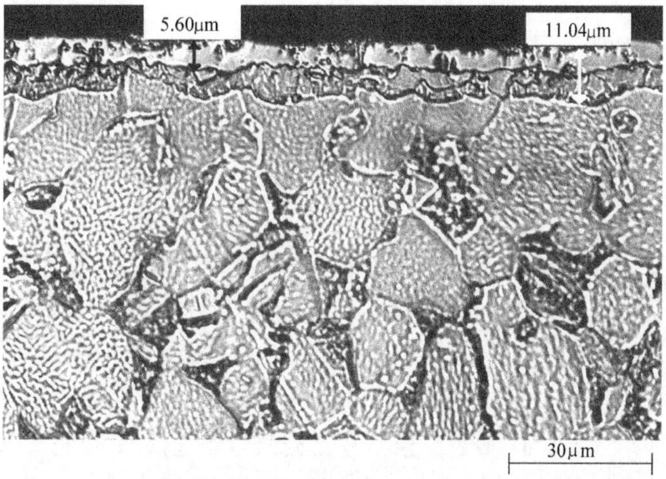

5.60μm
11.04μm
30μm

a)

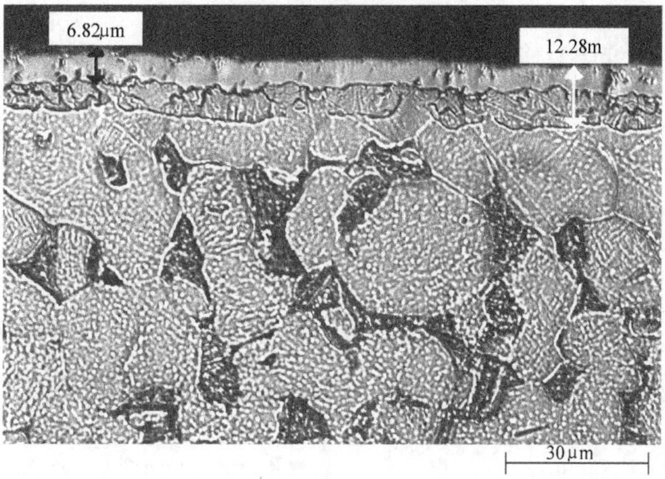

6.82μm
12.28m
30μm

b)

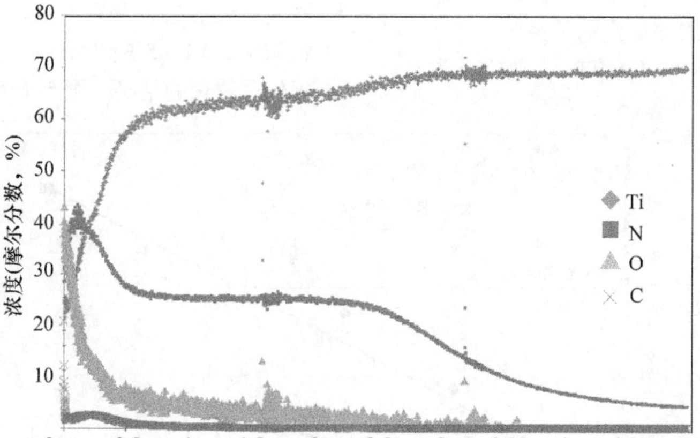

80
70
60
50
40
30
20
10
0
浓度(摩尔分数，%)
Ti
N
O
C
0.5
1
1.5
2
2.5
3
3.5
4
4.5
5
深度/μm

c)

图 5-147　Ti－6Al－4V 合金试样的等离子渗氮微观组织照片和浓度深度分布曲线

a）A 面微观组织照片　b）B 面微观组织照片　c）A 面浓度深度分布曲线

注：T_N =765 ℃（1410℉），28h；原放大倍率为 500×；采用改性的 Kroll 侵蚀剂侵蚀。

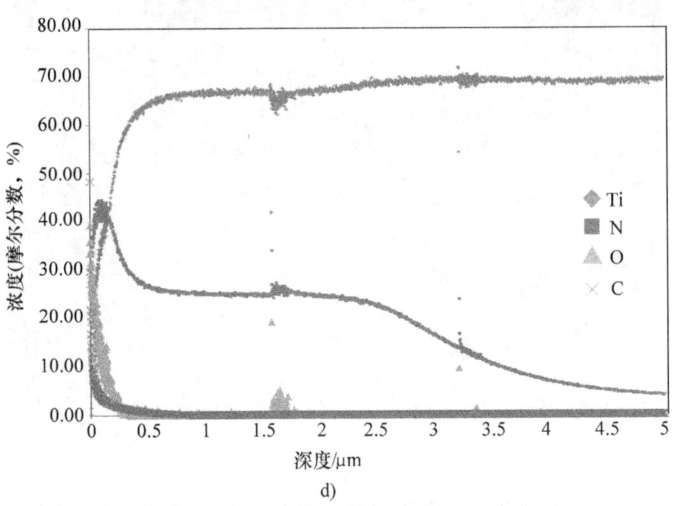

图 5-147 Ti-6Al-4V 合金试样的等离子渗氮微观组织照片和浓度深度分布曲线（续）

d）B 面浓度深度分布曲线

注：T_N=765 ℃（1410℉），28h；原放大倍率为 500×；采用改性的 Kroll 侵蚀剂侵蚀。

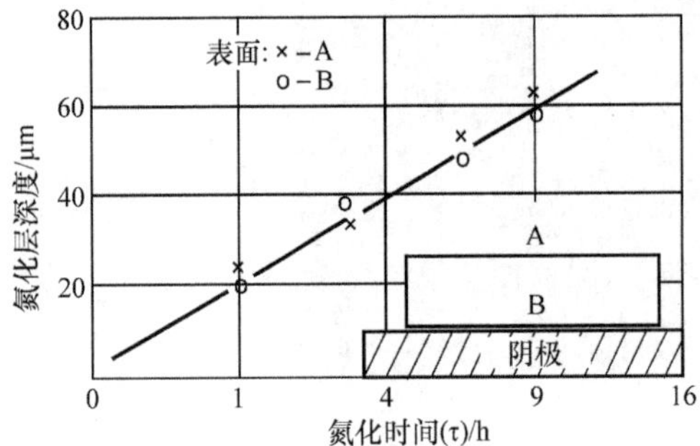

图 5-148 纯钛试样 A 面和 B 面的渗氮层深度和渗氮时间的关系

注：工艺温度 T=900℃（1650℉）；纯氮气气氛。

图 5-151 所示为 Ti-6Al-4V 合金的渗氮与不同热处理工艺相结合处理的渗氮层硬度分布。值得注意的是，试样经高温渗氮、淬火和时效后，表层和心部均达到了最高硬度。通过提高渗氮温度或延长渗氮时间，可以形成更深的渗氮层，但也可能导致产生片状 α 相组织，如图 5-152 所示。这种组织结构极大地损伤了合金的塑性。有人提出了循环等离子渗氮处理工艺，使铸态的 α-β 型两相钛合金，或经焊接或长时间退火后的层状组织、粗大晶粒 α 相，转变为小棒状组织，如图 5-153 所示。初生 α 相的这种组织形态，是在 930℃（1705℉）保温和冷却到 730℃（1345℉）循环，使组织发生溶解、析出、碎化和球化的结果。图 5-154 所示为 α-β 型钛合金

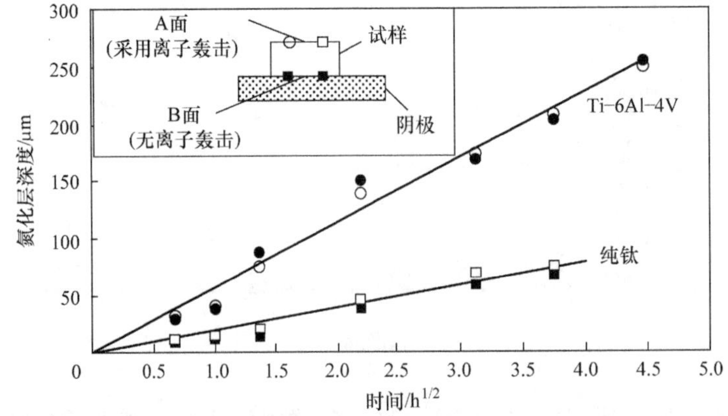

图 5-149 工业纯钛和 Ti-6Al-4V 合金试样 A 面和 B 面的渗氮层深度和渗氮时间的关系

注：工艺温度 T=900℃（1650℉）；纯氮气气氛。

WT3－1（Ti－6Al－2Cr－Mo－Fe）经不同渗氮处理的渗氮层硬度分布。如果铸件或焊接产品内部组织粗大，且需要提高表面硬度，则推荐采用循环渗氮处理工艺。可以预料，在高于 α 相→β 相转变温度进行处理，会导致产品的尺寸发生变化。

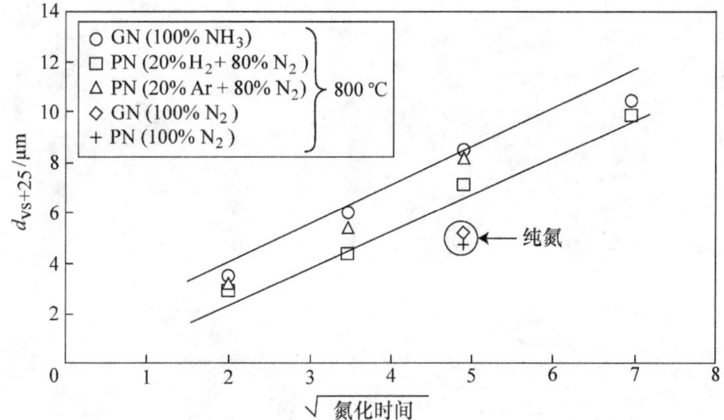

图 5-150　渗氮工艺对 Ti－6Al－4V 合金渗氮化合物层和中间层长大的影响

注：T_N =800℃（1470℉）；GN—气体渗氮；PN—等离子渗氮。

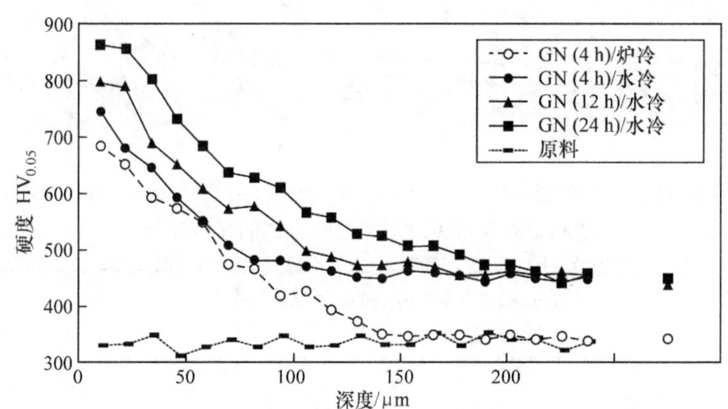

图 5-151　Ti－6Al－4V 合金气体渗氮（GN）和不同冷却速率的渗氮层硬度分布

注：试样厚度为 5mm（0.2in）；T_N =900℃（1650℉）；100% NH_3。

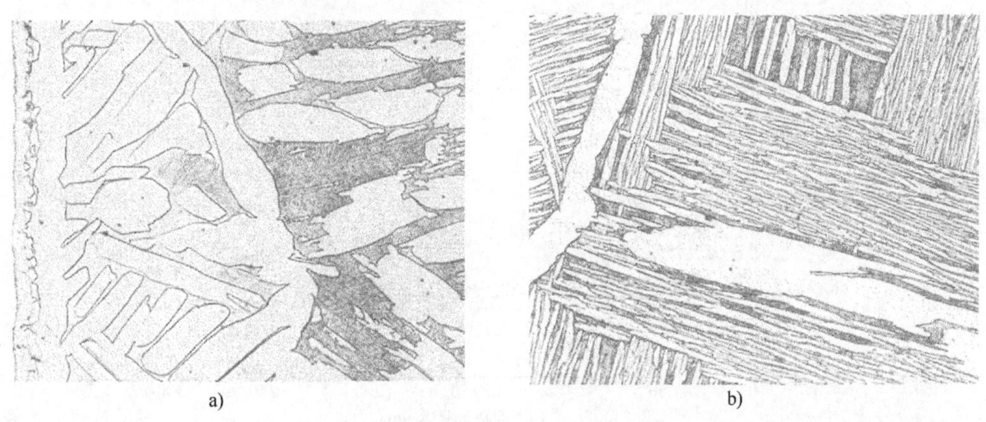

a)　　b)

图 5-152　α－β 型钛合金 WT3－1（Ti－6Al－2Cr－Mo－Fe）在 1030℃（1885℉）等温渗氮后的显微照片（500×）

a）表层　b）心部

注：图 a 中左侧的光亮区是保护性镍涂层。

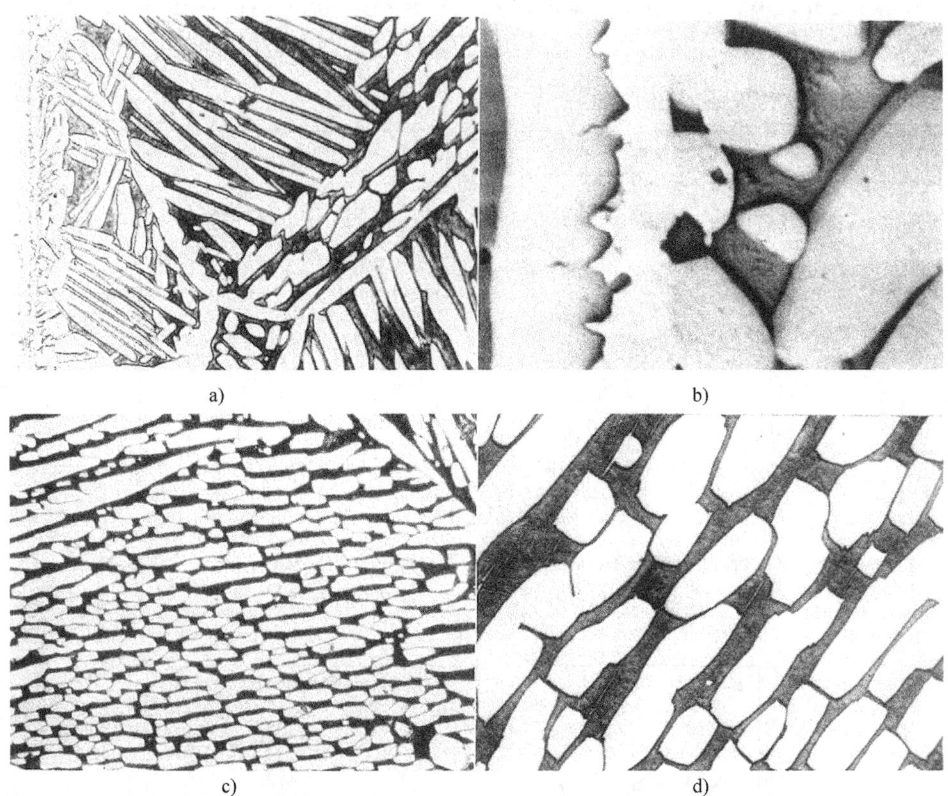

图 5-153 α－β 型钛合金 WT3－1（Ti－6Al－2Cr－Mo－Fe）在 930～730℃（1705～1345℉）进行循环渗氮处理后表层和心部的显微照片

a）表层（500×） b）表层（5000×） c）心部（500×） d）心部（2500×）

注：图 a 中左侧的光亮区是保护性镍涂层。

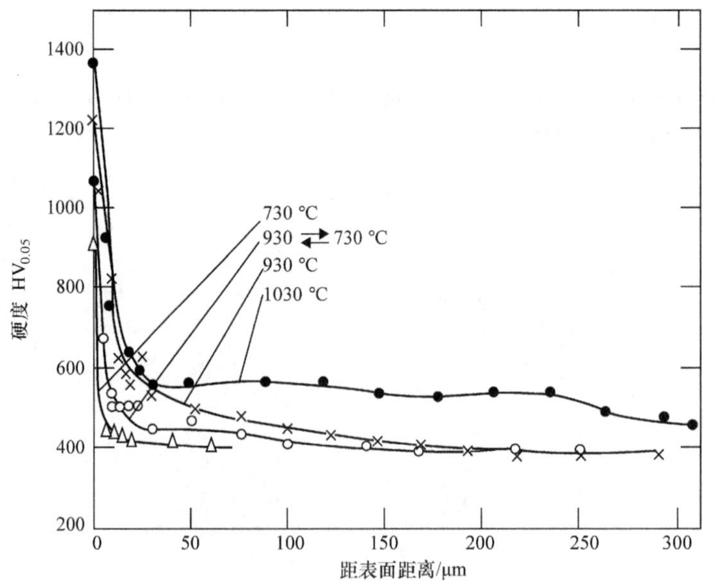

图 5-154 α－β 型钛合金 WT3－1（Ti－6Al－2Cr－Mo－Fe）在不同温度下进行等温和循环渗氮处理后渗氮层的硬度分布

5.7.5　渗氮钛合金的性能

本节讨论渗氮钛合金的耐磨性能、疲劳性能和耐蚀性，此外还介绍其与氢的相互作用，渗氮对钛合金生物相容性的影响，并将渗氮的钛合金与渗氮的钢进行对比。

1. 耐磨性能

对渗氮钛合金接触磨损行为的研究有力地表明，当采用不超过 1000℃（1830℉）的中等温度进行渗氮时，钛合金具有最好的耐磨性能。产生这种情况的原因很复杂。对钛合金进行渗氮的副作用是提高了表面粗糙度值，其效果与渗氮温度成正比，如图 5-155 所示。α + β 相→β 相转变结束温度为 980℃（1795℉），因此，在 1030℃（1885℉）渗氮时，是在 β 相区进行渗氮。在渗氮后的冷却过程中，发生了 β 相→α + β 相转变，使试样体积发生变化，表面产生浮突。这两个过程（渗氮和相变）发生在 1030℃（1885℉），导致试样表面粗糙度值大幅增加。这就导致了在摩擦试验中，试样与对磨试样之间有效接触面积的减小，以及局部单位压力的增加。此时，易碎的 TiN 相会发生开裂、碎片化和磨掉，很可能会起到磨料的作用，并加快试样的磨损。在所有循环渗氮之后，采用三辊锥滚子法（Roller – Taper Method）确定的线性磨损都会降低，如图 5-156所示。在 1030℃（1885℉）进行渗氮的试样，只经受了 60min 的摩擦试验，之后磨损迅速增加。与此相反的是，分别在 830℃（1525℉）和 730℃（1345℉）进行渗氮，并在 930 ~ 730℃（1705 ~ 1345℉）进行循环渗氮的试样，经受了 100min 的摩擦试验，它们各自的总磨损量都没有超过 5μm。在低于 900℃（1650℉）的温度进行渗氮的试样中有 Ti_2AlN 和 Ti_2N 相，其特点是比 TiN 相的韧性好。除此之外，随着渗氮温度的降低，TiN 相的比例显著下降，而表面粗糙度值的增加不明显。由于这些原因，在摩擦试验过程中，渗氮层没有发生破碎。经过循环渗氮处理后，钛合金的耐磨性能不低于等温渗氮后钛合金的耐磨性能。循环渗氮处理的一个优点是可以控制两相钛合金的心部组织，得到的心部组织是在细晶粒 α + β 相混合基体上分布着 α 相粒子。这就是经循环渗氮处理的合金塑性高的组织原因。因此，可以通过循环渗氮处理，同时影响工件的表面和体积特性。

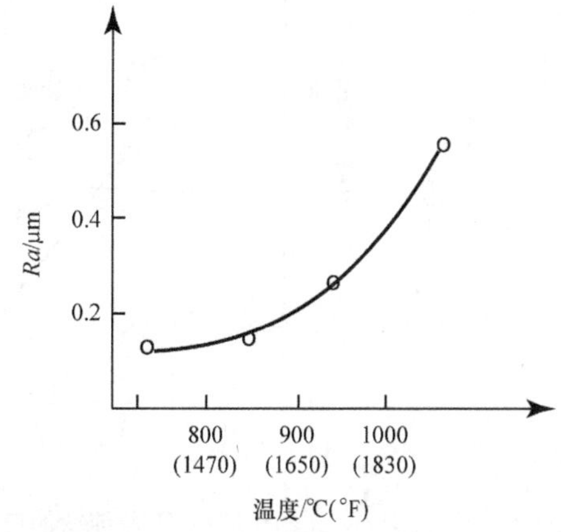

图 5-155　WT3 – 1 合金试样不同温度渗氮表面轮廓线中位线上的算术平均差（*Ra*）

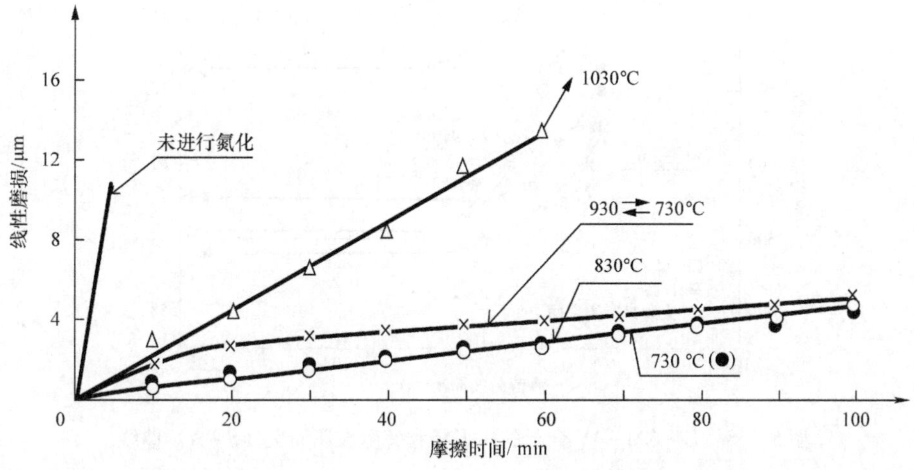

图 5-156　WT3 – 1 合金试样在 400MPa（58ksi）恒压下，采用不同温度时的线性磨损与摩擦时间的关系

2. 疲劳性能

渗氮工艺在钛合金产品表面引入了压应力，这表明通过渗氮可以提高钛合金产品的疲劳寿命。然而，渗氮对钛合金产品疲劳性能的影响更为复杂。研究发现，渗氮层对疲劳行为的影响还与材料的强度有关。在工业纯钛中，渗氮处理提高了疲劳强度；

而在 Ti－6Al－4V 和 Ti－15Mo－5Zr－3Al 合金中，渗氮处理还降低了合金的整体疲劳强度，如图 5-157 和图 5-158 所示。采用 620℃（1150℉）的温度对工业纯钛进行渗氮，没有影响试样的晶粒尺寸，渗氮处理提高了工业纯钛的疲劳强度。然而，采用更高的温度进行渗氮，对工业纯钛的疲劳性能则是有害的，其原因主要是降低了钛合金渗氮层的断裂强度和使合金的晶粒发生了长大。在更高的渗氮温度下，形成了较厚的化合物层，提高了渗层中 TiN 与 Ti_2N 的比例，增强了应力集中效应，从而降低了渗氮层的断裂强度。研究还发现，即使在经过渗氮处理的工业纯钛中，疲劳强度与晶粒尺寸之间也存在 Hall－Petch 关系。在钛合金强度较低的情况下，如工业纯钛，可通过渗氮提高裂纹萌生抗力，所以能提高疲劳强度；但在钛合金强度高的条件下，如 Ti－6Al－4V 和 Ti－15Mo－5Zr－3Al 合金，渗氮可能会促使裂纹过早形成，因此降低了疲劳强度。经过渗氮的钛合金疲劳寿命的降低，主要与渗氮层中裂纹的过早萌生有关。因此，在 735℃（1355℉）进行时效，提高了 Ti－15Mo－5Zr－3Al 合金的疲劳性能。

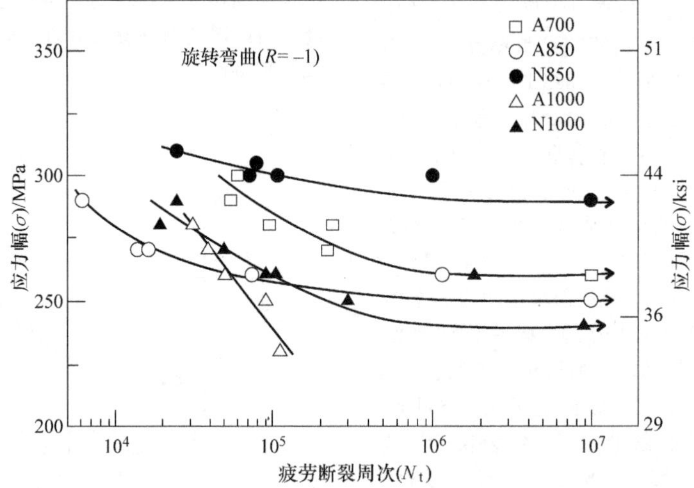

图 5-157 工业纯钛的应力幅和疲劳破坏周次（$S-N$）曲线

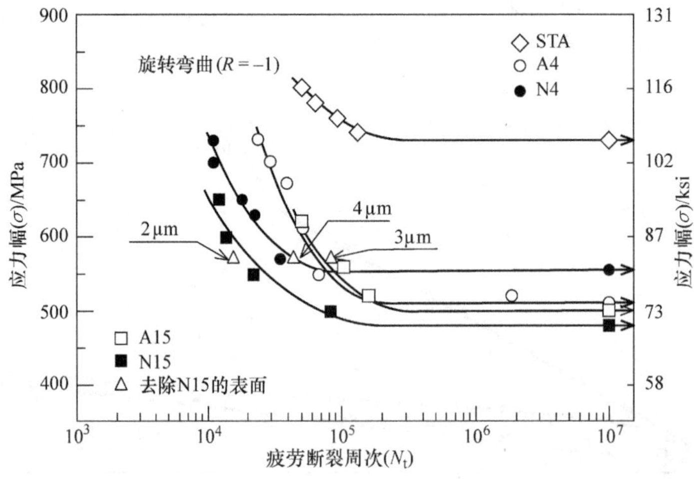

图 5-158 Ti－6Al－4V 合金的应力幅和疲劳破坏周次（$S-N$）曲线

3. 耐蚀性

通常渗氮能提高和改善钛合金的耐蚀性，其改善程度与腐蚀性介质有关。在不曝气、25℃（75℉）的 15% H_2SO_4 溶液中的腐蚀试验表明，渗氮后钛合金的性能有显著改善。渗氮处理提高了腐蚀电位，降低了阳极电流密度，并使活化区内宽的溶解峰消失，如图 5-159 和图 5-160 所示。然而，据报道，渗氮对 Beta－21S 钛合金在 Hank′s 溶液中的腐蚀行为有负面影响。这可能是因为不论采用什么渗氮温度，渗氮温度对耐蚀性没有显著影响，但渗氮层结构和表层存在的 TiN 渗氮物，对该条件下的耐蚀性产生了负面的影响。此外，图 5-147 中等离子渗氮试样 A 面和 B 面的差异对腐蚀行为的影响并不显著，如图 5-161 所示。利用极化试验，将试样 A 面和 B 面的腐蚀性能、图 5-147 所示的组织与在改性的王水（$1HNO_3$: 2HCL: $1H_2O$）中的腐蚀性能进行了比较。结果表明，在这种腐蚀条件下，等离子渗氮对该钛合金的耐蚀性有一定的正面影响。与未经渗氮处理的试样相比，经过渗氮处理试样的 A 面和 B 面的钝化电流密度较低且开路电位较高。这两点都表明了渗氮处理试样的耐蚀性有所改善。A 面和 B 面的钝化－过钝化转变电压（大约为 1300mV）大体相同，如图 5-161 所示。

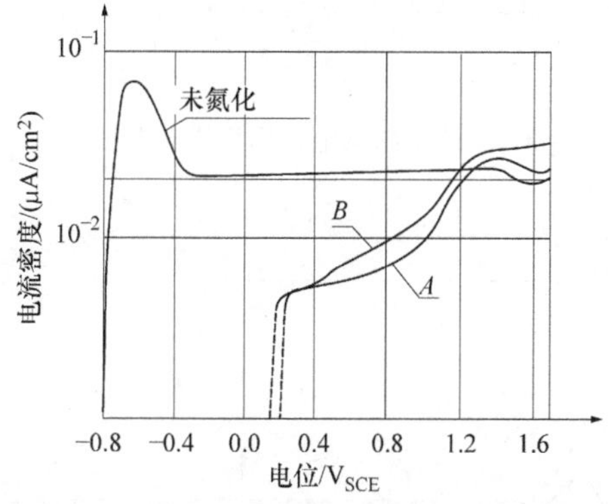

图 5-159 WT3－1 合金在 830℃（1525℉）进行渗氮和未进行渗氮试样在 15% H_2SO_4 溶液中的动电位阳极极化曲线

曲线 *A*—试样表面暴露于辉光放电

曲线 *B*—试样底面 SCE—饱和甘汞电极

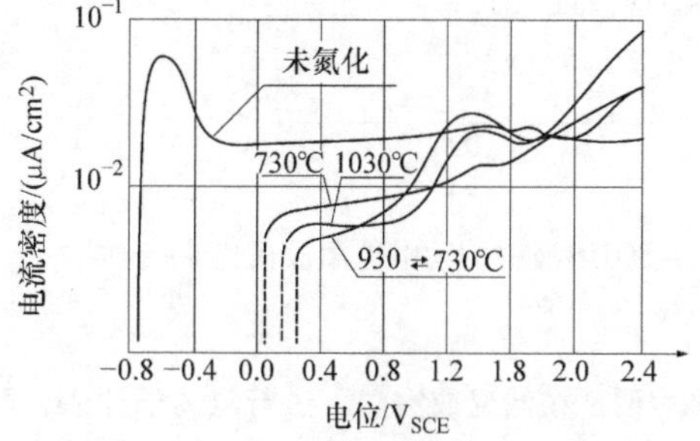

图 5-160 WT3－1 合金在不同温度进行渗氮和未进行渗氮试样在 15% H_2SO_4 溶液中的动电位阳极极化曲线

SCE—饱和甘汞电极

研究还表明，去除渗氮层的外层会降低其耐蚀性，其原因是去除了耐蚀性最高的 TiN 和 Ti_2N 渗氮

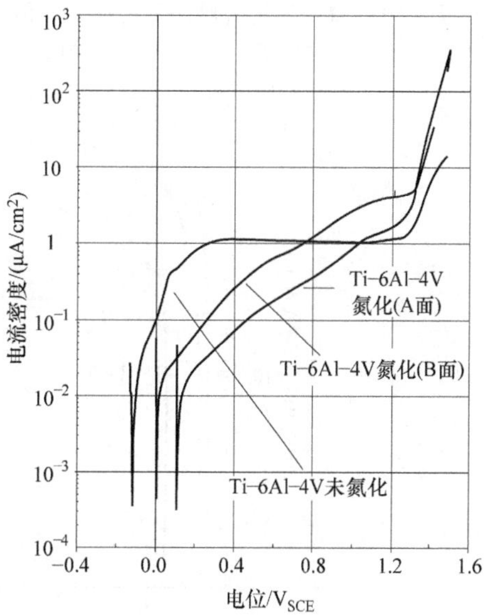

图 5-161 Ti－6Al－4V 合金在 765℃（1410℉）等离子渗氮 28h 和未进行渗氮试样在 $1HNO_3$: 2HCL: $1H_2O$ 溶液中的动电位阳极极化曲线

注：A 和 B 分别表示图 5-147 中试样的 A 面和 B 面；SCE—饱和甘汞电极。

物，如图 5-162 所示。与烧结 TiN 渗氮物相比，在浓 H_2SO_4 中，经渗氮处理的钛合金的耐蚀性更好，如图 5-163 所示。近来有研究表明，Ti－6Al－4V 合金在 680℃（1255℉）相对较低的温度下进行等离子渗氮，对其在 Ringer 溶液中耐蚀性的影响很小。

离子注入是改变钛合金表面特性的另一种选择。研究结果表明，高剂量注入氮达 $1 \times 10^{18} N^+ cm^2$，加上 TiN 的析出，有利于使钛合金达到最高耐蚀性。又有研究表明，与一种成本非常高的渗氮离子注入 Ti－6Al－4V 合金相比，在 740℃（1365℉）进行渗氮的成本较低的 Ti－6Al－4V 合金，在 Ringer 溶液中具有类似的抗微振磨损性能。

4. 与氢的相互作用

在 20 世纪 70 年代，人们就有了采用渗氮工艺形成渗氮层，保护钛合金的想法。渗氮层可以保护钛合金不受氢等离子的渗入，并可以使被固溶在钛合金中的氢不渗出。对氢扩散起最强烈抑制作用的是 Ti_2N 渗氮物，它具有有序结构，其化学计量成分相当于 N 的摩尔分数为 33%。而 TiN 对氢的扩散没有任何抑制作用，因为它有较多的缺陷结构和氢的高晶界扩散。早先的试验表明，渗氮层为低能量的氘等离子体提供了保护作用。在温度为 440K（330℉）的等离子体中，氘的吸收速率比未经渗氮处理的 Ti－6Al－4V 合金试样预测的慢 200 倍。研究还发现在 623K（660℉）下，渗氮试样吸收的氘量不到采用正常氧化物保护的一半，如图 5-164 和图 5-165 所示。

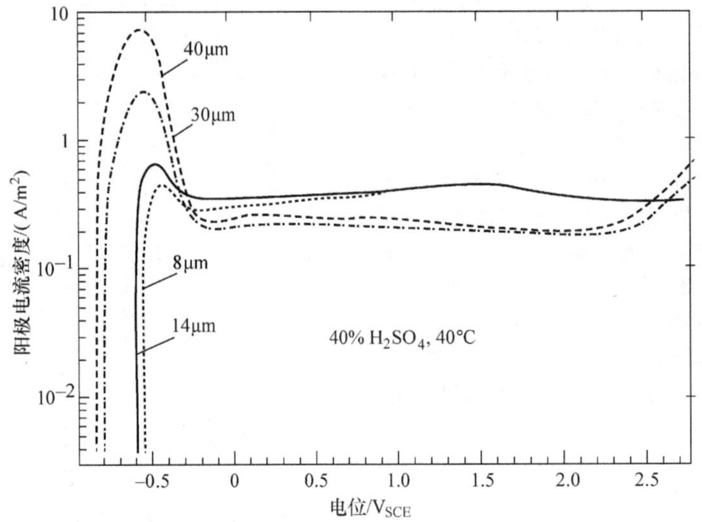

图 5-162　渗氮后和磨至给定深度的工业纯钛在 45% H_2SO_4溶液中的动电位阳极极化曲线

SCE—饱和甘汞电极

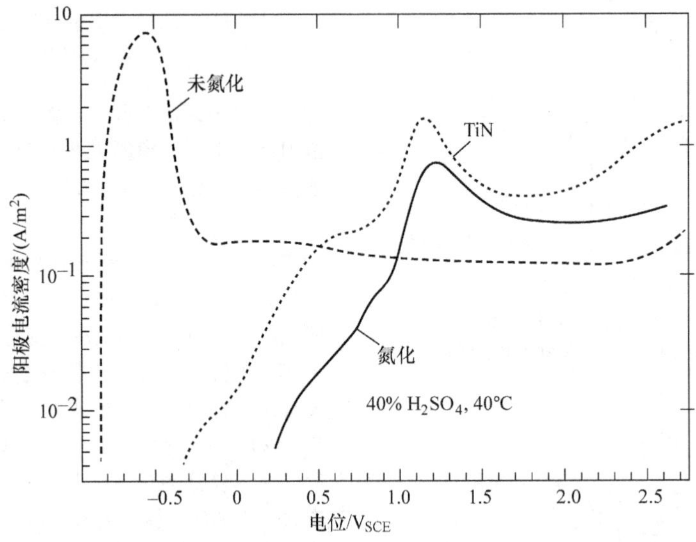

图 5-163　渗氮后的工业纯钛和烧结 TiN 在 45% H_2SO_4溶液中的动电位阳极极化曲线

SCE—饱和甘汞电极

5. 渗氮对钛的生物相容性的影响

由于钛及其合金具有良好的生物相容性和耐蚀性，使其在医学产品中得到了广泛应用，主要用途为牙科和骨科假肢等在高机械和化学应力条件下的植入和修复。钛合金的重量轻、强度高，是与人体植入物相容性最好的天然材料之一。研究人员通过对渗氮方法进行研究，解决了钛合金摩擦性能差的问题，并改进了植入物所需要的生物相容性。研究结果表明，在低温或室温下进行氮离子注入，可以产生渗氮层，减少表面有毒物质，如铝和钒离子的存在。高温渗氮会导致铝和钼合金元素发生迁移，但与此同时，形成了 TiN 渗氮物，起到了阻止离子和电子释放的化学屏障作用。研究结果还表明，渗氮后常规的生物相容性参数，如新陈代谢状态和细胞的综合能力，都得到了很好的保存。等离子渗氮结合氧化，得到了无毒且与人体纤维原细胞相适应

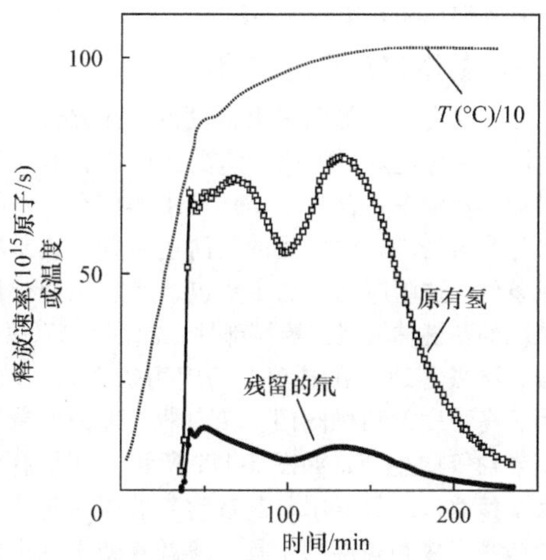

图 5-164 经渗氮处理的 Ti-6Al-4V 合金在 60eV 氘等离子体中、440K（330℉）条件下氢和氘的吸收光谱

注：大约一半的同位素延迟了释放时间。

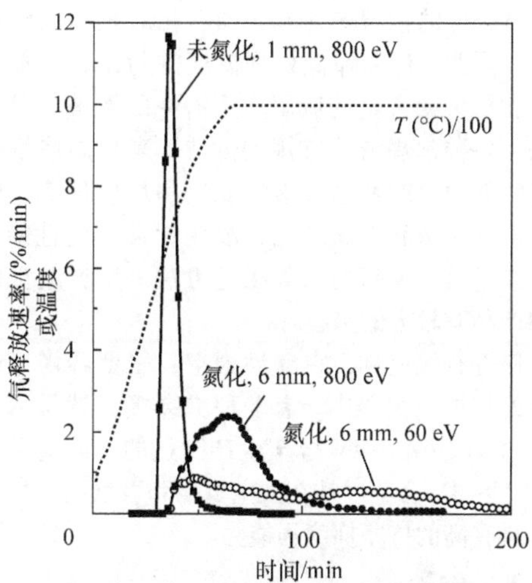

图 5-165 经等离子渗氮和未经渗氮的 Ti-6Al-4V 合金在 60eV 和 800eV D^+ 离子条件下的氘吸收光谱对比

注：仅对在 800eV 条件下的试样进行了升温；未经渗氮的试样提前释放了氘。

的表层。然而，必须记住，如 TiN 渗氮物中含有氧，则会提高合金的电阻率，使其达到 $10^{10}\Omega\cdot cm$。

6. 渗氮的钛合金与钢

人们对经等离子渗氮的钛合金和合金钢的性能进行了比较研究，结果表明，在高接触磨料耐磨性的情况下，渗氮的钛合金可以代替耐酸不锈钢。图 5-166 所示为等离子渗氮 WT3-1 钛合金与两种经等离子渗氮的不锈钢线性磨损性能的对比。H17N2 马氏体型不锈钢和 1H18N9T 奥氏体型不锈钢分别在磨损时间约为 50min 和 70min 后，线性磨损加速。而钛合金的磨损在整个测试过程中呈线性变化，其线性磨损值低于两种不锈钢。

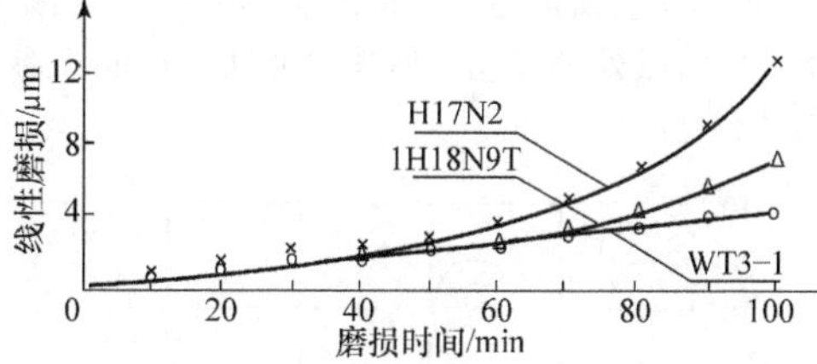

图 5-166 在 400MPa（58ksi）的恒定单位压力下，830℃（1525℉）渗氮的 WT3-1 合金线性磨损与时间的关系，以及与在 585℃（1085℉）温度等离子渗氮的 1H18N9T（奥氏体型）和 H17N2（马氏体型）不锈钢的对比

上述钢和钛合金的阳极极化曲线如图 5-167 所示。这些曲线表明，经渗氮的钛合金的耐蚀性明显高于经渗氮的不锈钢。值得注意的是，经高温渗氮处理的不锈钢产生了较厚的渗氮层，渗氮后的耐蚀性会有所降低；而钛合金在经过这种处理后，不会失去其耐蚀性。当不锈钢采用 400℃（750℉）以下

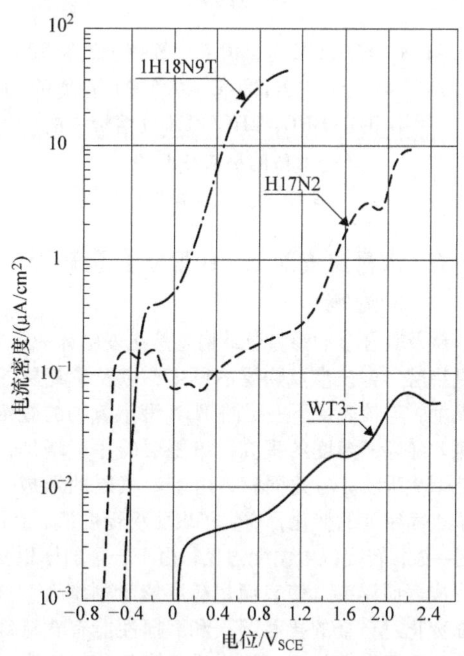

图 5-167 经 830℃（1525℉）渗氮后的 WT3-1 合金与经 585℃（1085℉）等离子渗氮的 1H18N9T（奥氏体型）和 H17N2（马氏体型）不锈钢在 0.05M Na_2SO_4 + 0.1M NaCl 溶液中（pH 值为 3）的动电位阳极极化曲线的对比

SCE—饱和甘汞电极

的温度进行低温渗氮处理时，可能会改善其耐蚀性。经等离子渗氮的 Ti－6Al－4V 合金和在 380℃（715℉）渗氮的 316L 不锈钢的阳极极化曲线如图 5-168所示。值得注意的是，尽管不锈钢制品采用了优化的渗氮处理工艺，但其耐蚀性仍远低于渗氮后的钛合金。

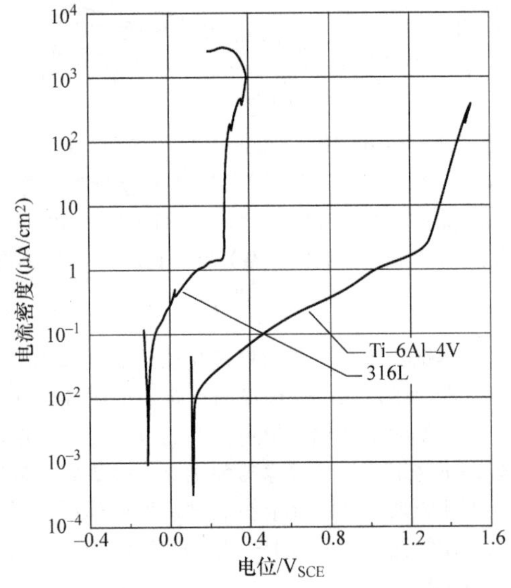

图 5-168　经 765℃（1410℉）等离子渗氮 28h 的 Ti－6Al－4V 合金与经 380℃（715℉）渗氮的 316L 不锈钢在 HNO_3: 2HCL: $1H_2O$ 溶液中的动电位阳极极化曲线

SCE—饱和甘汞电极

5.7.6　渗氮温度对 α－β 型钛合金表面性能的影响

钛及其合金的渗氮层结构总是在表层有一层 TiN 渗氮物层。含该渗氮物层的厚度，以及渗氮层的绝对厚度，与该表层下一层的 Ti_2N 型渗氮物的数量成比例。随渗氮温度的提高，渗氮层的厚度增加，如图 5-169 所示。与此同时，由于渗氮层的形成，引起了表面密度的变化，增大了表面粗糙度值。在α＋β 相→β 相转变以上温度渗氮，由于合金的体积变化会形成表面浮突，使表面粗糙度值急剧增大。这些表面变化对合金的接触磨损和磨损性能有着特殊的影响。采用很高的渗氮温度进行渗氮，摩擦磨损试验只部分完成，之后试样的磨损速度迅速提高。与此相反的是，采用较低的温度渗氮，试样可以经受住摩擦磨损试验。渗氮处理能提高腐蚀电位，降低阳极电流密度，以及使活化区内宽的溶解峰消失。改变渗氮温度，不会导致合金的极化曲线发生明显的变化。可以说，对渗氮后钛合金耐蚀性影响最大的是其外层的相组织。

5.7.7　钛渗氮产品的应用

由于钛合金渗氮后具有硬度高、无磁性、重量轻、耐腐蚀等优点，因此，其在各行各业的应用稳步增加，特别是在含氯工作环境中的应用。对钛合金进行渗氮处理，主要目的是防止磨损，改善摩擦磨损条件。这些应用产品主要包括航空工业中液压系统内的花键轴、螺栓等零部件，如图 5-170 所示。钛合金渗氮零部件在赛车上的应用也在稳步增长，已用于高强度发动机阀门、转向器、弹簧保持器和赛车半轴等的生产，如图 5-171 所示。钛具有优良的声学特性，因此可用于制造超声波焊接焊头，作为超精密焊接和切割的工具，渗氮有助于提高此类工具的使用寿命。在医疗和生物医学等方面，钛合金有广泛的应用前景，是一种与人体植入物具有生物相容性的天然材料，但目前尚未见到渗氮的钛合金成功应用于医学植入物的报道。

钛合金的化学热处理必须在相对较高的温度下进行。因此，任何降低处理温度的新工艺，都将对提高和扩大钛合金的应用产生潜在的影响。可以通过采用各种常规或非常规的方法，来提高或增强氮的扩散能力，或者通过塑性成形和热处理工艺的结合，得到纳米晶组织结构，改变钛合金的性能。当前，人们对开发新的渗氮工艺方法，生产航空航天应用产品有较大的兴趣。

最近有报道称，在欧洲太空总署罗赛塔号航天任务的彗星探测器中，有一种贯穿接头就是采用离子渗氮 Ti－6Al－4V 合金生产制造的。该离子渗氮 Ti－6Al－4V 合金零件在太空真空和极低的温度条件下，具有高的抗摩擦磨损能力。

5.7.8　结论

1）氮化钛（TiN）的标准形成自由焓（ΔG^0），在很宽的温度区间内具有很大的负值。因此，渗氮层的形成主要与氮的化学吸附有关，而与渗氮方法无关。

2）根据渗氮温度，形成的 β－Ti（N）、α－Ti（N）、δ－TiN_{1-x}和 ε－Ti_2N 固溶渗氮层与相图一致，而 δ－TiN_{1-x}渗氮物总是在渗氮钛合金的表面。

3）在 α－β 型钛合金的渗氮过程中，形成的相包括几种很复杂的钛铝渗氮物。

4）不论采用哪一种渗氮方法，氧化钛（TiO_2）的标准形成自由焓（ΔG^0）均与渗氮时间呈抛物线关系。

5）可以考虑将高温度渗氮与钛合金的其他热处理工艺，如与淬火、时效和循环渗氮热处理相结合。

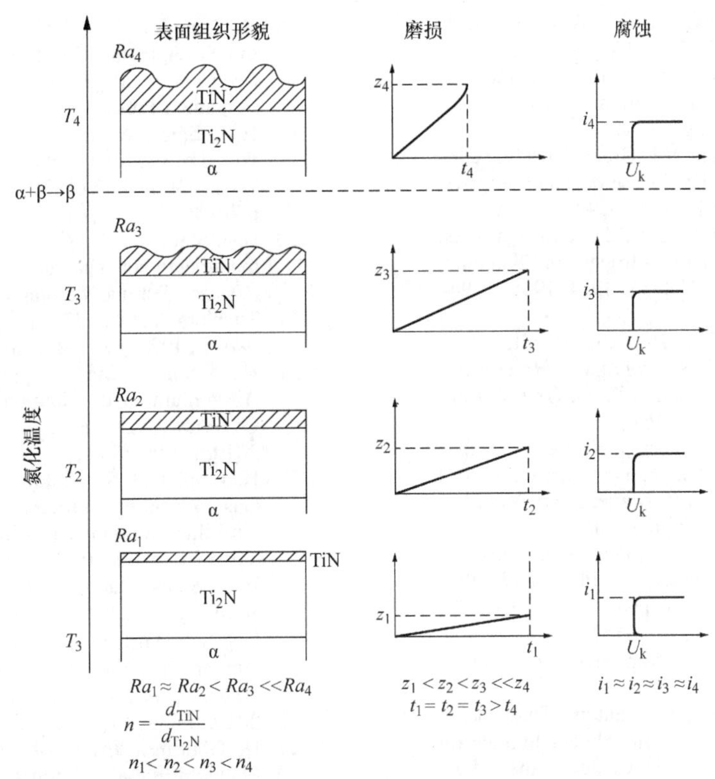

图 5-169 渗氮温度对 α－β 型钛合金表面性能的影响

Ra—平均表面粗糙度 *Z*—线性磨损 *t*—摩擦时间 *i*—阳极电流密度 U_k—腐蚀电位

注：试验方法为采用三辊锥滚子，接触压力为 200MPa（29ksi）；腐蚀溶液为 15% H_2SO_4。

图 5-170 经等离子渗氮的 α－β 型钛合金制成的飞机转向系统液压零件

图 5-171 等离子渗氮 α－β 型钛合金赛车半轴

6）对钛合金接触磨损行为的研究表明，在低于 1000℃（1830℉）的温度渗氮时，可获得最佳耐磨性能。

7）在高于 680℃（1255℉）的温度渗氮，会降低钛和钛合金的疲劳性能，其原因是降低了渗氮层的断裂韧性，而且在长时间渗氮情况下，合金会产生晶粒长大。

8）通常，渗氮能提高钛合金的耐蚀性，改善程度与腐蚀介质有关。

9）钛的渗氮层可以保护钛不受氢等离子的渗入，或者使钛合金中的氢不渗出。

10）在要求有良好的接触磨料磨损性能和摩擦性能的条件下，可以用渗氮的钛合金代替抗酸奥氏体型或马氏体型不锈钢。

11）渗氮钛合金产品的应用不断增加，目前钛合金渗氮处理的主要应用是改善其在极恶劣环境下的摩擦性能。

参考文献

1. E.J. Mittemeijer and M.I.J. Somers, Ed., *Thermochemical Surface Engineering of Steels*, Woodhead Publishing Series No.

62, Cambridge, U.K.; Waltham, MA; Kidlington, U.K., 2014, p 412–448
2. J.L. Wyatt and N.J. Grant, Nitriding of Titanium with Ammonia, *Trans. ASM*, Vol 46, 1954, p 191–218
3. J.L. Wyatt and N.J. Grant, Nitriding Produces Better Hard Case on Titanium, *Iron Age*, Jan 14, 1954, p 112–115
4. R.J. Wasilewski and G.L. Kehl, Diffusion of Oxygen and Nitrogen in Titanium, *J. Inst. Met.*, Vol 83, 1954–1955, p 94–104
5. R.I. Jaffe, The Physical Metallurgy of Titanium Alloys, *Progress in Metal Physics*, Vol 7, Pergamon Press, Oxford, England, 1958, p 65–167
6. A.V. Smirnov and A.D. Nacinkov, Surface Hardening of Titanium by Thermochemical Treatment, *Metall. Therm. Treat. Met.*, No. 3, 1960, p 22–29 (in Russian)
7. A.L. Dragoo, Diffusion Rates in Inorganic Nuclear Materials, *J. Res. Natl. Bur. Stand. A, Phys. Chem.*, Vol 72 (No. 2), March–April 1968, p 157–173
8. G.V. Samsonov, Nitrides, *Nauk. Dumka*, Kiev, 1969 (in Russian)
9. H. Michel and M. Gantois, Etude de la Nitruration par Bombardment Ionique du Titane et des Alliages de Titane, *Mem. Sci. Rev. Metall.*, Vol LXIX (No. 10), 1972, p 739–749 (in French)
10. H. Bollinger, B. Bücken, and R. Wilberg, Untersuchungen zum Glimmnitrieren von Titan, *Metalloberfläche*, Vol 31, 1977, p 329–333
11. F.W. Wood and O.G. Paasche, Nitride Phases of Titanium, *Thin Solid Films*, Vol 40, 1977, p 131–137
12. E. Roliński, "Phenomena at the Solid-Gas Interface in Ion Nitriding Process," Ph.D. thesis, Politechnika Warszawska, 1978 (in Polish)
13. C. Braganza, H. Stüssi, and S. Veprek, Interaction of Nitrided Titanium with a Hydrogen Plasma, *J. Nucl. Mater.*, Vol 87, 1979, p 331–340
14. T. Karpiński and E. Roliński, Mechanismus des lonennitrierens, *Celostatne Dni Tepelneho Spracovania*, Bratislava, Czechoslovak Scientific and Technical Society, CVSVTS, 1978, p 27–35 (in German)
15. E. Roliński and T. Karpiński, Fundamentals of the Process of Ion Nitriding of Titanium and Its Alloys, *Mechanik*, Vol 11, 1984, p 599–603 (in Polish)
16. E. Roliński, "Plasma Nitriding of Titanium and Its Alloys," D.Sc. dissertation, Warsaw University Publications, Warsaw, Poland, 1988, p 1–119 (in Polish)
17. E. Roliński, Surface Properties of Plasma Nitrided Titanium Alloys, *Mater. Sci. Eng.*, Vol 108, 1989, p 37–44
18. H. Conrad, Effect of Interstitial Solutes on the Strength and Ductility of Titanium, *Progress in Materials Science*, Vol 26, Pergamon Press, 1981, p 123–403
19. H.-J. Spies, Nitrieren im Spannungsfeld von Theorie und Praxis, *HTM J. Heat Treat. Mater.*, Vol 59 (No. 2), 2004, p 78–86
20. H.-J. Spies and K. Wilsdorf, Gas- und Plasmanitrieren von Titan und Titanlegierungen (Gas and Plasma Nitriding of Titanium and Titanium Alloys), *Härt.-Tech. Mitt.*, Vol 53 (No. 5), 1998, p 261–271 (in German)
21. H.J. Spies, Surface Engineering of Aluminium and Titanium Alloys: An Overview, *Surf. Eng.*, Vol 26 (No. 2), 2010, p 126–134
22. H.-J. Spies, B. Reinhold, and K. Wilsdorf, Gas Nitriding—Process Control and Nitriding Non-Ferrous Alloys, *Surf. Eng.*, Vol 17 (No. 1), 2001, p 41–54
23. H.-J. Spies, Randschichtbehandlung von Aluminum- und Titanlegierungen—Ein Überblic (Surface Engineering of Aluminum and Titanium Alloys: An Overview), *HTM J. Heat Treat. Mater.*, Vol 65 (No. 2), 2010, p 63–74 (in German)
24. H. Göhring, "Effect of Temperature on Standard Enthalpy Formation of Titanium with Nitrogen, Carbon, Oxygen and Hydrogen," Max Plank Institute for Intelligent Systems, 2014, unpublished work. Data for calculating values of $\Delta_f G$ for TiH_2 and TiO_2 were based on Datenbank SSUB4 (SGTE Substances Database Version 4.1); data for TiH_2 were taken from the tables NIST-JANAF; and the data for TiO_2 were taken from the commercial database TCRAS. Data for calculating values of $\Delta_f G$ for TiC and TiN were taken from SSOL5-Datenbank (SGTE Alloy Solution Database Version 5.0). Data for TiC came from unpublished work of Balasubramanian, 1989. Source for TiN is K.J. Zeng and R. Schmid-Fetzer, *Z. Metallkd.*, Vol 87, 1996, p 540–554
25. K.-T. Rie, T. Lampe, and S. Eisenberg, Plasma Heat Treatment of Titanium Alloy Ti-6Al-4V: Effect of Gas Composition and Temperature, *Surf. Eng.*, Vol 1 (No. 3), 1985, p 198–202
26. S. Lampman, Wrought Titanium and Titanium Alloys, *Properties and Selection: Nonferrous Alloys and Special-Purpose Materials*, Vol 2, *Metals Handbook*, 10th ed., ASM International, 1990, p 592–633
27. E. Tal-Gutelmacher and D. Eliezer, Hydrogen-Assisted Degradation of Titanium Based Alloys, *Mater. Trans.*, Vol 45 (No. 5), 2004, p 1594–1600
28. H.G. Nelson, "The Kinetic and Mechanical Aspects of Hydrogen-Induced Failures

in Metals," NASA Technical Note D-669H, April 1972

29. J.P. Souchard, P. Jacquot, B. Coll, and M. Buvron, Ionic Nitriding and Ionic Carburizing of Pure Titanium and Its Alloys, *Proc. Second Int. Conf. on Ion Nitriding/Carburizing*, T. Spalvins and W.L. Kovacs, Ed., Sept 18–20, 1989 (Cincinnati, OH), ASM International, p 195–202
30. T. Wierzchoń and A. Fleszar, Properties of Surface Layers on Titanium Alloy Produced by Thermochemical Treatments under Glow Discharge Conditions, *Surf. Coat. Technol.*, Vol 96, 1997, p 205–209
31. E. Roliński, Isothermal and Cyclic Plasma Nitriding of Titanium Alloys, *Surf. Eng.*, Vol 2, 1986, p 35–42
32. E. Roliński, Effect of Nitriding on the Surface Structure of Titanium, *J. Less-Common Met.*, Vol 141, 1988, p L.11–L.14
33. Y. Corre, J.P. Leburn, and M. Douet, Nitrogen Contribution to Tribological Behaviour Improvement of Titanium Alloys, *Proc. Second Int. Conf. on Carburizing and Nitriding with Atmospheres*, J. Grosch, J. Morral, and M. Schneider, Ed., Dec 6–8, 1995 (Cleveland, OH), ASM International, p 335–339
34. L. Portier, Y. Corre, and J.-P. Leburn, Les Traitements Superficiels par Diffusion et Revêtements Appliquês aux Alliages de Titane, *Trait. Therm.*, Vol 360, 2005, p 17–24 (in French)
35. K. Farokhzadeh, A. Edrisy, G. Pigot, and P. Lidster, Scratch Resistance Analysis of Plasma-Nitrided Ti-6Al-4V Alloy, *Wear*, Vol 302, 2013, p 845–853
36. A. Raveh and R. Avni, R.F. Plasma Nitriding of Ti-6Al-4V Alloy, *Thin Solid Films*, Vol 186, 1990, p 241–256
37. E. Roliński, T. Damirgi, and G. Sharp, Plasma and Gas Nitriding for Engineering Components and Metal Forming Tools, *Ind. Heat.*, May 2012, p 53–56
38. A. Schütz, D. Müller, P. Reichert, and U. Glatzel, Partial Laser and Gas Nitriding of Titanium Components, *HTM J. Heat Treat. Mater.*, Vol 64, 2009, p 270–277
39. E.I. Meletis, Intensified Plasma-Assisted Processing: Science and Engineering, *Surf. Coat. Technol.*, Vol 149, 2002, p 95–113
40. N. Kashaev, H.-R. Stock, and P. Mayr, Assessment of the Industrial Potential of the Intensified Glow Discharge for Industrial Plasma Nitriding of Ti-6Al-4V, *Surf. Coat. Technol.*, Vol 200, 2005, p 502–506
41. J. Grosch and M. Saglitz, Gas Nitriding of Ti-6Al-4V by Induction Heating, *Proc. Second Int. Conf. on Carburizing and Nitriding with Atmospheres*, J. Grosch, J. Morral, and M. Schneider, Ed., Dec 6–8, 1995 (Cleveland, OH), ASM International, p 329–334
42. J. Grosch, Inductive Gasnietrieren von Titan und Titanlegierungen, *HTM Härt.-Tech. Mitt.*, Vol 53 (No. 5), 1998, p 306–311 (in German)
43. K.T. Rie and T. Lampe, Plasmanitrieren von Titan und Titanlegierungen, *Metall. Wirtsch., Wissensch., Tech.*, Vol 37, 1983, p 1003–1006
44. E. Roliński, Mechanism of High-Temperature Plasma Nitriding of Titanium, *Mater. Sci. Eng.*, Vol 100, 1988, p 193–199
45. K.W. Lengauer, The Crystal Structure of η-Ti_3N_{2-x}: An Additional New Phase in the Ti-N System, *J. Less-Common Met.*, Vol 125, 1986, p 127–134
46. W. Lengauer and P. Ettmayer, Thermal Decomposition of ε-Ti_2N and δ'-$TiN_{0.50}$ Investigation by High-Temperature X-Ray Diffraction, *High Temp.—High Press.*, Vol 19, 1987, p 673–676
47. W. Lengauer and P. Ettmayer, Some Aspects of the Formation of ε-Ti_2N, *Rev. Chim. Minér.*, Vol 24, 1987, p 707–713
48. H. Wried and J.L. Murry, The N-Ti (Nitrogen-Titanium) System, *Bull. Alloy Phase Diagrams*, Vol 8 (No. 4), 1987, p 378–388
49. W. Lengauer and P. Ettmayer, Investigation of Phase Equilibria in the Ti-N and Ti-Mo-N Systems, *Mater. Sci. Eng. A*, Vol 105/106, 1988, p 257–263
50. W. Lengauer and P. Ettmayer, Phase-Diagram Imaging: Useful Tool for Determining Phase Reactions, *Adv. Mater. Process.*, Vol 11, 1993, p 116–127
51. K.J. Zeng and R. Schmid-Fetzer, A Critical Assessment and Thermodynamic Modeling of the Ti-N System, *Z. Metallkd.*, Vol 87, 1996, p 540–554
52. J.K. Gregory, W. Lengauer, and W. Mayr, Influence of Nitrogen Pressure on the Formation of a Diffusion Layer in a Solute-Rich Beta-Titanium Alloy, *Surface Performance of Titanium*, J.K. Gregory, H.J. Rack, and D. Eylon, Ed., The Minerals, Metals and Materials Society, 1997, p 66–73
53. H. Okamoto, N-Ti (Nitrogen-Titanium), *J. Phase Equilibria Diffus.*, Vol 34 (No. 2), April 2013, p 151–152
54. SGTE Alloy Solution Database, Version 5.0, 2010
55. "MTDATA—Phase Diagram Software from the National Physical Laboratory, SGSOL: The SGTE Alloy Solution Database," Version 5.0, Dec 2010
56. D. Bandyopadhyay, R.C. Sharma, and N. Chakraboti, The Ti-N-C System (Titanium-Nitrogen-Carbon), *J. Phase Equilibria*, Vol 21 (No. 2), 2000, p 190–194
57. M. Jung, F. Hoffmann, and P. Mayr, Drucknitrieren von Titanbasiswerkstoffen (Nitriding of Titanium Base Alloys),

HTM Härt.-Tech. Mitt., Vol 53 (No. 5), 1998, p 283–293

58. O. Matsumoto, E. Hayami, M. Samejima, and Y. Kanzaki, Nitriding of Titanium with Plasma Jet under Reduced Pressure, *Plasma Chem. Plasma Process.*, Vol 4, 1984, p 33–42
59. L. Liu, F. Ernst, G.M. Michal, and A.H. Heuer, Surface Hardening of Ti Alloys by Gas Phase Nitridation: Kinetic Control of the Nitrogen Surface Activity, *Metall. Mater. Trans. A*, Vol 36, 2005, p 2429–2434
60. F. Ernst, G.M. Michal, F. Oba, L. Liu, J. Blush, and A.H. Heuer, Gas-Phase Surface Alloying under "Kinetic Control": A Novel Approach to Improving the Surface Properties of Titanium Alloys, *Int. J. Mater. Res. (formerly Z. Metallkd.)*, Vol 97 (No. 5), 2006, p 597–606
61. E. Metin and O.T. Inal, Kinetic of Layer Growth and Multiphase Diffusion in Ion-Nitrided Titanium, *Metall. Trans. A*, Vol 20, Sept 1989, p 1819–1832
62. S. Malinov, A. Zhecheva, and W. Sha, Modelling the Nitriding in Titanium Alloys, *Proc. First Int. Surface Engineering Congress and 13th IFHTSE Congress*, Oct 7–10, 2002 (Columbus, OH), p 344–352
63. I.M. Pohreliuk and V.M. Fedirko, Some Approaches to Intensification of Thermal Diffusion Saturation of Titanium Alloys in Molecular Nitrogen, *Proc. Ninth Int. Seminar, Int. Federation for Heat Treatment and Surface Engineering*, A. Nakonieczny, Ed. (Warsaw, Poland), Institute of Precision Mechanics, 2003, p 197–205
64. A. Czyrska-Filemonowicz, P.A. Buffat, M. Łucki, T. Moskalewicz, W. Rakowski, J. Lekki, and T. Wierzchoń, Transmission Electron Microscopy and Atomic Force Microscopy Characterization of Titanium-Base Alloys Nitrided under Glow Discharge, *Acta Mater.*, Vol 53, 2005, p 4367–4377
65. E. Roliński, L. Walis, and A. Ciurapinski, Metallographic and Radio Isotopic Investigation of the Plasma Nitrided Ti6Al2.5-Mo2Cr Alloy with Alpha plus Beta Structure, *J. Less-Common Met.*, Vol 136, 1987, p 135–145
66. W. Liliental, "Metallographic Studies of Plasma Nitrided Titanium Alloy," unpublished report, 2014
67. E. Königsberger, H-Ti Phase Diagram, *ASM Alloy Phase Diagram Center*, P. Villars, Ed., ASM International, 2000
68. T. Bacci, F. Borgioli, E. Galvanetto, and B. Tesi, Microstructural Analysis and Crystallographic Characterization of Plasma Oxynitrided Ti-6Al-4V, *Surf. Eng.*, Vol 16 (No. 1), 2000, p 37–42
69. E. Roliński, J. Machcinski, T. Larrick, and G. Sharp, Effect of Cathode Workpiece Surface Emissivity on Temperature Uniformity in Plasma Nitriding, *Surf. Eng.*, Vol 20 (No. 6), 2004, p 426–429
70. D. Jordan, Solar Atmospheres, private communication, 2014
71. B. Kułakowska-Pawlak and W. Żyrnicki, Spectroscopic Investigations into Plasma Used for Nitriding Processes of Steel and Titanium, *Thin Solid Films*, Vol 230, 1993, p 115–120
72. H.-K. Hu, T. Murray, Y. Fukuda, and J.W. Rabelais, Absolute Cross Section for Beam-Surface Reactions: N_2^+ on Ti from 0.25 to 3.0 keV Kinetic Energy, *J. Chem. Phys.*, Vol 74 (No. 4), Feb 15, 1981, p 2247–2255
73. R. Ranjan, J.P. Allain, M.R. Hendrics, and D.N. Ruzic, Absolute Sputtering Yield of Ti/TiN by Ar^+/N^+ at 400–700 eV, *J. Vac. Sci. Technol. A*, Vol 19 (No. 3), May/June 2001, p 1004–1007
74. M. Hudis, Study of Ion-Nitriding, *J. Appl. Phys.*, Vol 44 (No. 4), 1973, p 1489–1496
75. B. Cowell and E. Rolinski, "Direct Plasma Nitriding of $\alpha + \beta$ Titanium Alloy," unpublished report, 2014
76. K. Brondum, "GDOS Analysis of Plasma Nitrided Titanium Alloy," unpublished report, 2014
77. N. Tailleart, "Corrosion Studies of Plasma Nitrided Ti-6Al-4V Alloy and 316L Steel," unpublished report, 2014
78. E. Rolinski, J. Arner, and G. Sharp, Negative Effects of Reactive Sputtering in an Industrial Plasma Nitriding, *J. Mater. Eng. Perform.*, Vol 14 (No. 3), June 2005, p 343–350
79. E. Roliński, Structure and Kinetics of Diffusion Layers Obtained on Titanium and Its Alloys in Pure Nitrogen by Glow Discharge, *Int. Conference: Carbides, Nitrides, Borides*, Oct 1984 (Poznan-Kolobrzeg, Poland), Politechnika Poznanska, p 286–289 (in Polish)
80. K.T. Rie and T. Lampe, Thermochemical Surface Treatment of Titanium and Titanium Alloy Ti-6Al-4V by Low Energy Ion Bombardment, *Mater. Sci. Eng.*, Vol 69, 1985, p 473–481
81. K.T. Rie, S. Eisenberg, T. Lampe, T. Karpiński, and E. Roliński, Microstructure of Plasma Nitrided Titanium and Titanium Alloys, *Proc. Fifth Int. Congress on Heat Treatment of Materials*, Oct 1986 (Budapest, Hungary), p 1014–1021 (in German)
82. E. Roliński, Ion Nitriding of Titanium with the Alpha-Beta Phase Transformation, *Proc. 12th Conf. on Physical Metallurgy*, April 1987 (Kozubnik, Poland), SITPH, p 69–71 (in Polish)
83. E. Roliński, Plasma Nitriding of Titanium

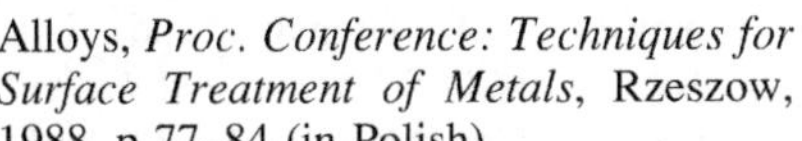

Alloys, *Proc. Conference: Techniques for Surface Treatment of Metals*, Rzeszow, 1988, p 77–84 (in Polish)

84. F. Grosman, E. Hadasik, and W. Szkliniarz, Forging and Heat Treatment of the Two-Phase Titanium Alloys, *Mater. Eng.*, Vol 4–5, 1984, p 119–125 (in Polish)
85. A. Bylica and J. Sieniawski, *Titanium and Its Alloys*, PWN, Warsaw, 1985 (in Polish)
86. F. Galliano, E. Galvanetto, S. Mischler, and D. Landolt, Tribological Behavior of Plasma Nitrided Ti-6Al-4V in Neutral NaCl Solution, *Surf. Coat. Technol.*, Vol 145, 2001, p 121–131
87. A. Zhecheva, W. Sha, S. Malinov, and A. Long, Enhancing the Microstructure and Properties of Titanium Alloys through Nitriding and Other Surface Engineering Methods, *Surf. Coat. Technol.*, Vol 200, 2005, p 2192–2207
88. S. Zhou and H. Herman, Cavitation Erosion of Titanium and Ti-6Al-4V: Effects of Nitriding, *Wear*, Vol 80, 1982, p 101–113
89. B. Tesi, A. Molinari, G. Straffelini, T. Bacci, and G. Pradelli, Ion-Nitriding Temperature Influence on Tribological Characteristics of Ti6Al4V Alloy, *Proc. Eighth Int. Conf. Titanium '95: Science and Technology*, p 1983–1990
90. T. Bell, H.W. Bergman, J. Lanagan, P.H. Morton, and A.M. Staines, Surface Engineering of Titanium with Nitrogen, *Surf. Eng.*, Vol 2, 1986, p 133–143
91. A. Bloyce, P.H. Morton, and T. Bell, Surface Engineering of Titanium and Titanium Alloys, *Surface Engineering*, Vol 5, *ASM Handbook*, C.M. Cottell, J.A. Sprague, and F.A. Smidt, Ed., ASM International, 1994, p 835–851
92. J. Mizera, R.Y. Fillit, and T. Wierzchoń, Residual Stresses in Nitrided Layers Produced on Titanium Alloys under Glow Discharge Conditions, *J. Mater. Sci. Lett.*, Vol 17, 1998, p 1291–1292
93. H. Shibata, K. Tokaji, T. Ogawa, and C. Hori, The Effect of Gas Nitriding on Fatigue Behavior in Titanium Alloys, *Fatigue*, Vol 16, 1994, p 370–376
94. K. Tokaji, T. Ogawa, and H. Shibata, The Effect of Gas Nitriding on Fatigue Behaviour in Pure Titanium, *Fatigue*, Vol 16, 1994, p 331–336
95. K. Tokaji, J.-C. Bian, T. Ogawa, and M. Nakajima, The Microstructure Dependence of Fatigue Behavior in Ti-15Mo-5Zr-3Al Alloy, *Mater. Sci. Eng.*, Vol 86 (No. 92), 1996, p 86–92
96. T. Morita, H. Takashi, M. Shimizu, and K. Kawasaki, Factors Controlling the Fatigue Strength of Nitrided Titanium, *Fatigue Fract. Eng. Mater. Struct.*, Vol 20 (No. 1), 1997, p 85–92
97. K. Tokaji, T. Ogawa, and H. Shibata, The Effects of Gas Nitriding on Fatigue Behavior in Titanium and Titanium Alloys, *J. Mater. Eng. Perform.*, Vol 8 (No. 2), 1999, p 159–167
98. E. Roliński and T. Karpiński, Wear Resistance and Corrosion Behavior of Plasma Nitrided Titanium Alloys, *Proc. Int. Seminar on Plasma Heat Treatment, Science and Technology*, Sept 21–23, 1987 (Senlis, France), PYC Edition, p 255–263
99. J. Mańkowski and J. Flis, Corrosion Resistance of Plasma Nitrided Cr18Ni9Ti Steel and Titanium, *Third Int. Conf. Advances in Coatings and Surface Engineering for Corrosion and Wear Resistance*, May 11–15, 1992 (Newcastle upon Tyne); proceedings published in *Surface Engineering*, Vol 1, *Fundamentals of Coatings*, P.K. Datta and J.S. Gray, Ed., Royal Society of Chemistry, Cambridge, Great Britain, 1993, p 93–103
100. K. Jagielska-Wiaderek, H. Bala, and T. Wierzchoń, Corrosion Depth Profiles of Nitrided Titanium Alloy in Acidified Sulphate Solution, *Cent. Eur. J. Chem.*, Vol 11 (No. 12), 2013, p 2005–2011
101. L. Mohan and C. Anandan, Effect of Gas Composition on Corrosion Behaviour and Growth of Apatite on Plasma Nitrided Titanium Alloy Beta-21S, *Appl. Surf. Sci.*, Vol 268, 2013, p 288–296
102. M. Tarnowski, H. Garbacz, M. Ossowski, and T. Wierzchoń, Shaping the Performance of Titanium Alloy in a Low-Temperature Glow Discharge Nitriding Process, *Inz. Materialowa*, Vol XXXV (No. 5), 2014, p 421–422 (in Polish)
103. D. Krupa, J. Baszkiewicz, E. Jezierska, T. Wierzchoń, A. Barcz, and R. Fillit, Effect of Nitrogen-Ion Implantation on the Corrosion Resistance of OT-4-0 Titanium Alloy in 0.9% NaCl Environment, *Surf. Coat. Technol.*, Vol 111, 1999, p 86–91
104. E. Roliński, G. Sharp, D.F. Cowgill, and D.J. Peterman, Ion Nitriding of Titanium Alpha Beta Alloys for Fusion Reactor Applications, *J. Nucl. Mater.*, Vol 252, 1998, p 200–208
105. D. Eylon, J.R. Newman, and J.K. Thorne, Titanium and Titanium Alloy Castings, *Properties and Selection: Nonferrous Alloys and Special-Purpose Materials*, Vol 2, *Metals Handbook*, 10th ed., ASM International, 1990, p 634–646
106. L. Torrisi, Nitridation Process of Titanium for Biomedical Prostheses, *Metall. Sci. Technol.*, Vol 17 (No. 1), 1999, p 27–32
107. K.T. Rie, Current Status of Plasma Diffusion Treatment Technique and Trends in

New Application, *Proc. Second Int. Conf. on Ion Nitriding/Carburizing*, T. Spalvins and W.L. Kovacs, Ed., Sept 18–20, 1989 (Cincinnati, OH), ASM International, p 45–54

108. K.T. Rie, T. Stucky, R.A. Silva, E. Leitão, K. Bordij, J.-Y. Jouzeau, and D. Mainard, Plasma Surface Treatment and PACVD on Ti Alloys of Surgical Implants, *Surf. Coat. Technol.*, Vol 74–75, 1995, p 973–980
109. K.T. Rie, T. Stucky, R.A. Silva, and E. Leitao, The Use of Plasma Assisted Techniques to Improve the Surface Properties of Ti-Alloys for Surgical Implants, *Actual. Biomater.*, Vol 3, 1996, p 89–96
110. E. Czarnowska, T. Wierzchoń, and A. Maranda-Niedbała, Properties of the Surface Layers on Titanium Alloy and their Biocompatibility in In Vitro Tests, *J. Mater. Process. Technol.*, Vol 4102, 1999, p 1–5
111. M. Biel, M. Łucki, T. Moskalewicz, J. Lekki, T. Wierzchoń, and A. Czyrska-Filemonowicz, TEM and SFM Investigation of Nitrided Ti-1Al-1Mn Alloy for Medical Applications, *Mater. Chem. Phys.*, Vol 81, 2003, p 430–433
112. E. Czarnowska, A. Sowinska, B. Cukrowska, J.R. Sobiecki, and T. Wierzchoń, Response of Human Osteoblast-Like and Fibroblasts to Titanium Alloy Nitrided under Glow Discharge Conditions, *Mater. Sci. Forum*, Vol 475–479, 2005, p 2415–2418
113. T. Frączek, M. Olejnik, and A. Tokarz, Evaluation of Plasma Nitriding Efficiency of Titanium Alloys for Medical Applications, *Metalurgia*, Vol 48 (No. 2), 2009, p 83–86
114. M. Mubarak Ali, S.G.S. Raman, S.D. Pathak, and G. Gnanamoorthy, Influence of Plasma Nitriding on Fretting Wear Behaviour of Ti-6Al-4V, *Tribol. Int.*, Vol 43, 2010, p 152–160
115. M.J. Jung, K.H. Nam, Y.M. Chung, J.H. Boo, and J.G. Han, The Physicochemical Properties of TiN_xN_y Films with Controlled Oxygen Partial Pressure, *Surf. Coat. Technol.*, Vol 171 (No. 1–3), July 2002, p 71–74
116. J. Mańkowski, E. Roliński, and J. Flis, Effect of Plasma Nitriding on Corrosion Behaviour of Stainless Steels in Sulphate and Chloride Solutions, *Proc. First Int. Conf. on Surface Engineering*, May 14–16, 1986 (London), Metals Institute, London, 1986, p 21
117. C. Lugmair, R. Kullmer, A. Gebeshuber, T. Mueller, T. Mitterer, and M. Stoiber, Plasma Nitriding of Titanium and Titanium Alloys, *Ti-2003 Science and Technology, Proc. Tenth World Conf. on Titanium* (Hamburg, Germany), 2003
118. U. Huchel and S. Strämke, Pulsed Plasma Nitriding of Titanium and Titanium Alloys, *Ti-2003 Science and Technology, Proc. Tenth World Conf. on Titanium*, Vol IV, G. Lütjering and J. Albrecht, Ed. (Hamburg, Germany), 2003, p 935–940
119. G.B. de Souza, C.E. Foerster, S.L.R. da Silva, F.C. Sebena, C.M. Lepienski, and C.A. dos Santos, Hardness and Elastic Modulus of Ion-Nitrided Titanium Obtained by Nanoindentation, *Surf. Coat. Technol.*, Vol 191, 2005, p 76–82
120. J. Liu, F. Chen, Y. Chen, and D. Zhang, Plasma Nitrided Titanium as a Bipolar Plate for Proton Exchange Membrane Fuel Cell, *J. Power Sources*, Vol 187, 2009, p 500–504
121. T. Frączek, Nonconventional Low-Temperature Glow Discharge of Metallic Materials, *Politechnika Czestochowska*, No. 13, 2011, p 1–153 (in Polish)
122. R. Sitek, H. Matysiak, Z. Pakiela, and K.J. Kurzydlowski, Effect of the Glow Discharge Nitriding Conditions on Microstructure and Properties of Nanocrystalline Grade 2 Titanium, *Mater. Eng.*, Vol 187 (No. 3), 2012, p 169–173 (in Polish)
123. J. Qian, "Ion Nitriding of Ti-10V-2Fe-3Al Alloy for Aerospace Applications," Paper 5039, Electronic Theses and Dissertations, University of Windsor, Canada, 2013
124. J. Grygorczuk, M. Dobrowolski, L. Wisniewski, M. Banaszkiewicz, M. Ciecielska, B. Kedziora, K. Severyn, R. Wawrzaszek, T. Wierzchoń, M. Trzaska, and M. Ossowski, Advanced Mechanisms and Tribological Tests of the Hammering Sampling Device Chomik, *Proc. 14th European Space Mechanism and Tribology Symposium (ESMATS 2011)*, Sept 28–30, 2011 (Constance, Germany), p 271–278
125. T. Wierzchoń, "Communication of Faculty of Materials Engineering," Warsaw University of Technology, Nov 12, 2014, www.inmat.pw.edu.pl
126. E. Metin, A.D. Romig, Jr., O.T. Inal, and R.E. Semerge, Nitride Layer Growth in Iron and Titanium Alloys: Studies by Electron Probe Microanalysis, *Microbeam Analysis, Proc. 23rd Annual Conf. of Microbeam Analysis1988*, D.E. Newbury, Ed., Aug 8–12, 1988 (Milwaukee, WI), p 498–502
127. E. Metin and O.T. Inal, Characterization of Ion Nitrided Structures of Ti and Ti 6242 Alloy, *Proc. Second Int. Conf. on Ion Nitriding/Carburizing*, T. Spalvins and W.L. Kovacs, Ed., Sept 18–20, 1989 (Cincinnati, OH), ASM International, p 61–64
128. K.T. Kembaiyan and R.D. Doherty, Ion Nitriding of Titanium and Ti-6Al-4V

Alloy, *Proc. Second Int. Conf. on Ion Nitriding/Carburizing*, T. Spalvins and W.L. Kovacs, Ed., Sept 18–20, 1989 (Cincinnati, OH), ASM International, p 119–129

129. P. Scardi, B. Tesi, T. Bacci, and C. Gianoglio, Surface Phase Definition by Microdiffractometry in Ion-Nitrided α-β Alloys, *Surf. Coat. Technol.*, Vol 48, 1991, p 131–135
130. T.M. Muraleedharan and E.I. Meletis, Surface Modification of Pure Titanium and Ti-6Al-4V by Intensified Plasma Ion Nitriding, *Thin Solid Films*, Vol 221, 1992, p 104–113
131. S.L.R. da Silva, L.O. Kerber, L. Amaral, and C.A. dos Santos, X-Ray Diffraction Measurements of Plasma-Nitrided Ti-6Al-4V, *Surf. Coat. Technol.*, Vol 116–119, 1999, p 342–346
132. E.I. Meletis, C.V. Cooper, and K. Marchev, The Use of Intensified Plasma-Assisted Processing to Enhance the Surface Properties of Titanium, *Surf. Coat. Technol.*, Vol 113, 1999, p 201–209
133. J. Jeleńkowski, B. Major, M. Gołębiewski, and T. Wierzchoń, Microstructure of the Diffusion Layer Obtained in Ti6AlCr2Mo Alloy during Glow Discharge Nitriding, *Adv. Mater. Sci.*, Vol 4, 2003, p 28–34
134. M.P. Kapczinski, C. Gil, E.J. Kinast, and C.A. Santos, Surface Modification of Titanium by Plasma Nitriding, *Mater. Res.*, Vol 6 (No. 2), 2003, p 265–271
135. S. Malinov, A. Zhecheva, and W. Sha, Relationships between Processing Parameters, Microstructure and Properties after Gas Nitriding of Commercial Titanium Alloys, *Proc. Ninth Int. Seminar, Int. Federation for Heat Treatment and Surface Engineering*, A. Nakonieczny, Ed. (Warsaw, Poland), Institute of Precision Mechanics, 2003, p 311–322
136. J. Morgiel and T. Wierzchoń, New Estimate of Phase Sequence in Diffusive Layer Formed on Plasma Nitrided Ti-6Al-4V Alloy, *Surf. Coat. Technol.*, Vol 259, 2014, p 473–482
137. F.H. Froes, Ed., *Titanium: Physical Metallurgy Processing and Applications*, ASM International, 2015, p 1–381
138. E. Roliński and G. Sharp, When and Why Ion Nitriding/Nitrocarburizing Makes Good Sense, *Ind. Heat.*, Aug 2005, p 67–72

第6章 其他非铁合金的热处理

6.1 钴基合金的热处理

钴作为合金元素，添加在具有以下用途的合金中：

1）永磁材料和软磁材料。

2）高温抗蠕变超合金。

3）耐磨堆焊和耐磨合金。

4）耐蚀合金。

5）高速钢、工具钢和其他钢。

6）钴基工具材料（如硬质合金基体）。

7）电阻合金。

8）高温弹簧和轴承合金。

9）磁致伸缩合金。

10）特种膨胀合金和恒模量合金。

11）用作骨科植入物或牙科材料的生物相容性材料。

从历史上看，许多商用钴基合金都源自于20世纪早期，以由Elwood Haynes首次研究的Co－Cr－W和Co－Cr－Mo三元合金系统为基础。Elwood Haynes发现Co－Cr二元合金具有高的强度和"不锈"的性能，并在1907年申请了第一个有关Co－Cr合金的专利。之后他又将钨和钼作为强化合金元素，添加到Co－Cr合金系统中，由此在20世纪30～40年代早期，开发出了各种耐高温和耐蚀的钴基合金。在耐蚀合金中，为满足熔模铸造牙科材料的需要，开发了一种含碳量低的Co－Cr－Mo合金。这种合金具有生物相容性，其商用名称为Vitallium，是当今（2016年）用于外科植入物的一种材料。在20世纪40年代，该合金也被用于第二次世界大战中飞机的涡轮增压器叶片的熔模铸造试验，在此基础上，对其组织和成分进行了改进和调整，使其可以成功地在高温服役条件下长期使用。目前（2016年），这种早期高温合金材料（Stellite 21）仍在使用，但现在主要是作为耐磨合金使用。

6.1.1 钴基合金的晶体结构与相组织

钴基合金的许多特性都是由钴的晶体结构所决定的。在约422℃（792℉），钴发生同素异构转变，由面心立方（fcc）晶体结构的钴，转变为密排六方晶体结构的钴。铁、锰、镍和碳等合金元素倾向于稳定面心立方结构和提高堆垛层错能（Stacking－Fault Energy）；而硅则倾向于稳定密排六方晶体结构，降低堆垛层错能。即使是纯钴，由面心立方结构相向密排六方结构相的转变也是相当迟缓的。但是，对亚稳钛成分的钴基合金进行冷加工时，通过聚结堆垛层错机制，可促进其相转变进程，这种现象在采用钴基合金制造各种产品时，对设计的锻造钴基合金有实际的限制。那些涉及板材、棒材和热轧薄板等的热加工的合金，由于通常的热加工温度在稳定的面心立方结构相温度区间，因此不会出现问题。但是，那些需要进行大量冷变形加工的产品，如冷轧薄板、冷拉拔管、冷拉棒材和线材产品的合金，其基体组织必须具有足够的稳定性，才能在生产中满足低成本的要求。通常，通过在钴基合金中添加镍，来实现这种稳定性。

为了提高钴基合金抗氧化和抗硫化的能力，首选添加的合金元素是铬。曾有人试图添加足够量的铝，以在钴基合金表面形成氧化铝，但由于形成了脆性大的金属间化合物β－CoAl，降低了合金的加工制造性能，因此这种研究未取得成功。除添加铬外，添加少量的锰、硅和稀土元素（如镧）等，可以形成高温下的保护性氧化层。

钼、钨、钽、铌在钴中为固溶合金元素，通过添加钼、钨、钽、铌等合金元素，与合金中的碳结合形成碳化物析出，可以提高钴基合金的强度。与锻造钴基合金相比，铸造钴基超合金的特点是，添加的高熔点合金元素（铬、钨、钽、钛和锆）较多，碳的含量较高。固溶合金元素降低了合金的堆垛层错能，使位错的滑移和攀移更加困难。碳化物析出（特别是$M_{23}C_6$碳化物）也能很有效地钉扎位错滑移，锻造钴基合金和铸造钴基合金都是通过得到高度分散的复杂碳化物来实现强化的。然而，高含量的碳限制了合金热加工工艺过程。因此，用于冷加工过程的钴基合金中碳的质量分数通常在0.15%以下。利用合金中面心立方晶体结构向密排六方晶体结构的转变，通过机加工和时效处理，现已开发出服役于 700℃（1300℉）以下温度的特殊成分的钴基合金。

在钴基合金中形成的各种碳化物与合金的化学成分、热处理工艺和冷却有关。即使是同一种碳化物相，也可能有不同的大小和形态。在 Co－Cr－C 体系中，M_7C_3 和 $M_{23}C_6$ 是常见的碳化物相。在铸态条件下，主要的初生碳化物相是 MC，它是由液态冷却形成的第一种相。在铸造钴基合金中，虽然 M_7C_3 也在晶界出现，但其主要存在于晶内。通过热处理，可以改变超级钴基合金中碳化物的形态、数量和类型。此外，在晶内初生碳化物附近或位错处，还可能析出形成二次碳化物。

钴基合金中很少有二元成分的碳化物，在单个粒子或碳化物中，可能存在铬、钨、钽、硅、锆、镍和钴多元合金元素。在更复杂的合金系统中，钴、钨和钼元素部分置换了碳化物相中的铬；铌和钽（质量分数为 8%～10%）以及钛和锆（质量分数小于 0.5%）形成了 MC 型碳化物。在 Co－Cr－C 合金中，当钼和钨的含量足够高时，将形成 M_6C 碳化物，而不再置换 $M_{23}C_6$ 碳化物中的铬。在镍基超合金中，广泛使用钼作为合金元素；但在钴基超合金中，却很少使用钼。在钴基超合金中，钨比钼更有效，其不利影响也更少。然而，钴基耐蚀合金是通过添加钼而不是钨来提高合金的耐蚀性的。此外，在钴基耐磨合金中，通过添加钼来提高合金的耐磨性。目前使用的钴基合金的典型化学成分列见表 6-1 和表 6-2。

钴基合金组织的另一个重要特点是出现了金属间化合物，如 σ 相、μ 相和 Laves 相。这些相在高温应用的合金中是有害的，但是 Laves 相可用来提高合金的耐磨性。σ 和 μ 金属化合物归类为电子化合物，它们通常称为拓扑密堆相。形成 Laves 相的主要基础是原子尺寸因素。表 6-3 列出了这些化合物的成分和晶体结构。表 6-4 列出了 Haynes 25 合金中存在的相。在形成这些化合物时，主要元素的化学因素起到了重要作用，除此之外，微量元素，尤其是硅，也起到了很大的作用。这些金属间化合物相的析出可能会导致合金脆化，特别是在较低的温度下。在开发 Haynes 188 合金的过程中，通过对化学成分进行控制，成功地阻碍了 Laves 相的形成。此外，析出 Laves 相可以提高合金在高温下的耐磨性。

6.1.2　耐磨钴基合金

表 6-1 中的 Stellite 合金是最常用于生产铸件或堆焊件的耐磨堆焊合金。其中只有很少一部分合金可以通过热加工制成厚、薄板材或棒材。可以采用粉末冶金技术及热等静压技术，将 Stellite 合金粉末压制烧结成固体零件。有些合金（如 Stellite 1、Stellite 6 和 Stellite 12）是由 Haynes 公司最初开发的 Co－Cr－W 合金衍生而来的。这些合金的特点是含有碳和钨/钼合金元素。图 6-1a～c 所示为这类合金在堆焊层中的微观组织，可以看出组织中有部分碳化物析出。

在亚共晶低碳钴基合金（如 Stellite 21 合金）中，有大量的 $M_{23}C_6$ 型富铬碳化物；而在过共晶高碳钴基合金中，最常见的是 M_7C_3 型富铬碳化物。在高钨钴基合金（如 Stellite 1 合金）中，通常也存在 M_6C 型富钨碳化物。在合金凝固过程中，钨和钼参与了 M_6C 碳化物的形成。Stellite 21 合金是采用钼，而不是钨，来实现固溶强化的。Stellite 21 合金也含有少量的碳。该合金含钼量高，而且大部分铬都固溶在基体中（而不是存在于碳化物中），因此，该合金比 Stellite 1、Stellite 6 和 Stellite 12 合金具有更高的耐蚀性。Stellite 系列合金中，最近开发的是 700 系列合金（表 6-1 中的 703、704、706、712 和 720）。与 Stellite 21 合金一样，这些合金采用钨取代了钼（钼的质量分数为 5%～18%）。

这些合金的微观组织特征是有富铬和富钼的共晶区，如图 6-2 中 Stellite 712 合金的扫描电子显微照片所示。其中亮区为富钼区，暗区为富铬区。其中 $M_{23}C_6$ 碳化物可能位于富铬区，而 M_6C 或 M_2C 碳化物在富钼区。

Stellite 合金中碳化物颗粒的大小和形状强烈受到冷却速率和微妙的化学成分变化的影响。例如，不同焊接过程对合金的覆层微观组织影响很大，如图 6-3 和图 6-4 所示。合金中耐磨碳化物颗粒的大小、类型与合金的磨耗速率之间存在着明显的关系，因此，这些组织变化会显著地影响了合金的耐磨性能。合金中碳化物的数量也受到冷却速率、含碳量和合金元素数量的影响。例如，$w(C)=2.4\%$（Stellite3）的合金，合金中碳化物的数量约占 30%，碳化物类型为 M_7C_3（富铬初生碳化物）和 M_6C（富钨共晶碳化物）。在 $w(C)=1\%$ 的合金（Stellite 6B）中，碳化物的体积分数约占 13%。

Stellite 合金中有几个粉末冶金（PM）牌号的合金，为增强烧结合金的性能，粉末冶金 Stellite 合金中硼的含量较低，通常 $w(B)<1.0\%$，见表 6-1。粉末冶金 Stellite 合金具有成本低的优势，适合大批量生产尺寸小、形状简单的产品。粉末冶金 Stellite 合金的微观组织是在 Co－Cr－W 基体中，有复杂的 M_7C_3、M_6C 和 $M_{23}C_6$ 型碳化物组合。通常认为，合金中的硼能取代碳化物中的部分碳，形成硼碳化合物。

表 6-1 各种耐磨钴基合金的化学成分

合金名称①		统一编号系统（UNS）	名义化学成分（质量分数，%）									
			Co	Cr	W	Mo	C	Fe	Ni	Si	Mn	其他
铸造、粉末冶金（PM）和堆焊耐磨合金	Stellite 1	R30001	余量	30	13	0.5	2.5	3	1.5	1.3	0.5	—
	Stellite 3（PM）	R30103	余量	30.5	12.5	—	2.4	5（max）	3.5（max）	2（max）	2（max）	1B（max）
	Stellite 4	R30404	余量	30	14	1（max）	0.57	3（max）	3（max）	2（max）	1（max	—
	Stellite 6	R30006	余量	29	4.5	1.5（max）	1.2	3（max）	3（max）	1.5（max）	1（max）	—
	Stellite 6（PM）	R30106	余量	28.5	4.5	1.5（max）	1	5（max）	3（max）	2（max）	2（max）	1B（max）
	Stellite 12	R30012	余量	30	8.3	—	1.4	3（min）	1.5	0.7	2.5	—
	Stellite 21	R30021	余量	27	—	5.5	0.25	3（max）	2.75	1（max）	1（max）	0.007B（max）
	Stellite 98M2（PM）	—	余量	30	18.5	0.8（max）	2	5（max）	3.5	1（max）	1（max）	4.2V，1B（max）
	Vitallium（ASTM F－75）	R30075	余量	28.5	—	6	0.35（max）	0.75（max）	0.5（max）	1（max）	1（max）	—
	Stellite 190	R30014	余量	27	14	1.0（max）	3.5	3（max）	4.0（max）	2（max）	1（max）	—
	Stellite 703	—	余量	32	—	12	2.4	3（max）	3（max）	1.5（max）	1.5（max）	—
	Stellite 704	—	余量	30	—	14	1.0	2（max）	3（max）	1（max）	0.5（max）	—
	Stellite 706	—	余量	29	—	5	1.2	3（max）	3（max）	1.5（max）	1.5（max）	—
	Stellite 712	—	余量	29	—	8.5	2	3（max）	3（max）	1.5（max）	1.5（max）	—
	Stellite 720	—	余量	33	—	18	2.5	3（max）	3（max）	1.5（max）	1.5（max）	0.3B
	Stellite F	R30002	余量	25	12.3	1（max）	1.75	3（max）	22	2（max）	1（max）	—
	Stellite Star J（PM）	R30102	余量	32.5	17.5	—	2.5	3（max）	2.5（max）	2（max）	2（max）	1B（max）
	Stellite Star J	R31001	余量	32.5	17.5	—	2.5	3（max）	2.5（max）	2（max）	2（max）	—
	Tantung G	—	余量	29.5	16.5	—	3	3.5	7（max）	—	2（max）	4.5Ta/Nb
	Tantung 144	—	余量	27.5	18.5	—	3	3.5	7（max）	—	2（max）	5.5Ta/Nb
拉夫斯（Laves）相耐磨合金	Tribaloy T－400	R30400	余量	9	—	28	—	—	—	2.6	—	—
	Tribaloy T－400c	—	余量	14	—	27	—	—	—	2.6	—	—
	Tribaloy T－800	—	余量	18	—	28	—	—	—	3.9	—	—
	Tribaloy T－900	—	余量	31	—	4.3	1.6	3.0（max）	3.0（max）	2.0（max）	2.0（max）	—
锻造耐磨合金	Stellite 6b	R30016	余量	30	4	1.5（max）	1	3（max）	2.5	0.7	1.4	—
	Stellite 6k	—	余量	30	4.5	1.5（max）	1.6	3（max）	3（max）	2（max）	2（max）	—
	Stellite 706k	—	余量	31	—	4.3	1.6	3（max）	3（max）	2（max）	2（max）	—

注：max—不大于。

① Stellite 和 Tribaloy 是 Deloro Stellite，inc. 公司注册的商标；Tantung 是 Asteg Sales Pty Ltd 公司注册的商标。

表 6-2 各种耐热钴基合金的化学成分

合金名称①		统一编号系统（UNS）	名义化学成分（质量分数，%）									
			Co	Cr	W	Mo	C	Fe	Ni	Si	Mn	其他
锻造耐热合金	Haynes 25（L605）	R30605	余量	20	15	—	0.1	3（max）	10	0.4（max）	1.5	—
	Haynes 188	R30188	余量	22	14	—	0.1	3（max）	22	0.35	1.25	0.03La
	Inconel 783	R30783	余量	3	—	—	0.003（max）	25.5	28	0.5（max）	0.5（max）	5.5Al，3Nb，3.4Ti（max）
	S－816	R30816	40（min）	20	4	4	0.37	5（max）	20	1（max）	1.5	4Nb
	Haynes 6B②	—	余量	30	4	1.5（max）	1.0	3（max）	2.5	0.7	1.4	—
	UMco 50	—	余量	28	—	—	0.05（max）	2（max）	—	1（max）	1（max）	—
锻造耐蚀合金	MP35N alloy	R30035	35	20	—	10	—	—	35	—	—	—
	MP159 alloy	R30159	余量	19	—	7	—	9	25.5	—	—	0.2Al，0.6Nb，3Ti
	Ultimet	R31233	余量	26	2	5	0.06	3	9	0.3	0.8	0.08N
	Duratherm 600	R30600	41.5	12	3.9	4	0.05（max）	8.7	余量	0.4	0.75	2Ti，0.7Al，0.05Be
	Elgiloy	R30003	40	20	—	7	0.15（max）	余量	15.5	—	2	1Be（max）
	Havar	R30004	42.5	20	2.8	2.4	0.2	余量	13	—	1.6	0.06Be（max）
铸造超合金	AiResist 13	—	62	21	11	—	0.45	—	—	—	—	0.1Y，3.4Al，2Ta
	AiResist 213	—	64	20	4.5	—	0.20	0.5	0.5	—	—	0.1Y，3.5Al，6.5Ta，0.1Zr
	AiResist 215	—	63	19	4.5	—	0.35	0.5	0.5	—	—	0.1Y，4.3Al，7.5Ta，0.1Zr
	FSX－414	—	52.5	29	7.5	—	0.25	1	10	—	—	0.010B
	J－1650	—	36	19	12	—	0.20	—	27	—	—	0.02B，3.8Ti，2Ta
	MAR－M 302	—	58	21.5	10	—	0.85	0.5	—	—	—	0.005B，9Ta，0.2Zr
	MAR－M 322	—	60.5	21.5	9	—	1.0	0.5	—	—	—	0.75Ti，4.5Ta，2Zr
	MAR－M 509	—	54.5	23.5	7	—	0.6	—	10	—	—	0.2Ti，3.5Ta，0.5Zr
	NASA Co－W－Re	—	67.5	3	25	—	0.40	—	—	—	—	2Re，1Ti，1Zr
	S－816	R30816	42	20	4	4	0.4	4	20	0.4	1.2	4Nb
	V－36	—	42	25	2	4	0.27	3	20	0.4	1	2Nb
	WI－52	—	63.5	21	11	—	0.45	2	—	—	—	2Nb＋Ta
	Stellite 23	R30023	65.5	24	5	—	0.40	1	2	0.6	0.3	—
	Stellite 27	R30027	35	25	—	5.5	0.40	1	32	0.6	0.3	—
	Stellite 30	R30030	50.5	26	—	6	0.45	1	15	0.6	0.6	—
	Stellite 31（X－40）	R30031	57.5	22	7.5	—	0.50	1.5	10	0.5	0.5	—

注：max—不大于；min—不小于。

① Haynes 是 Haynes International，Inc. 公司注册的商标；MP35N 和 MP159 是 SPS Technologies 公司注册的商标；Elgiloy 是 Elgiloy Specialty Metals 公司注册的商标；MAR－M 是 Martin Marietta Corp. 公司注册的商标；Stellite 是 Deloro Stellite，Inc. 公司注册的商标。

② Haynes 6B 目前被称为 Stellite 6B。

表 6-3 钴基超合金中的有害金属间化合物

金属间化合物	结构
Co_2（Mo, W, Ta, Nb)	六方晶系拉夫斯（Laves）相
Co_2（Mo, W$)_6$	三角晶系 μ 相
Co_2（Ta, Nb, Ti)	立方晶系拉夫斯（Laves）相
Co_2（Mo, W$)_3$	σ 相

Laves 相合金包括 Tribaloy 系列的耐磨材料。表 6-1 列出了 4 种钴基 Laves 相合金（T－400、T－400c、T－800 和 T－900）的成分。在这些合金中，钼和硅的含量超过了它们的固溶度极限，目的是产生高硬度（和高耐蚀性）Lave 相（CoMoSi 或 Co_3Mo_2Si）。为防止形成碳化物，应降低这类合金的含碳量。图 6-1f 和图 6-5 所示为典型的存在 Laves 相的 Tribaloy 合金的微观组织照片。

表 6-4 Haynes 25 合金中存在的相

相	晶体结构	点阵参数/nm
M_7C_3	六方（三角）	$a=1.398$，$c=0.053$，$c/a=0.0324$
$M_{23}C_6$	面心六方（fcc）	$a=1.055\sim1.068$
M_6C	面心立方（fcc）	$a=1.099\sim1.102$
Co_2W	六方	$a=0.4730$，$c=0.7700$，$c/a=0.1628$
$\alpha-Co_3W$	有序面心立方	$a=0.3569$
$\beta-Co_3W$	有序六方	$a=0.5569$，$c=0.410$，$c/a=0.0802$
Co_7W_6	六方（三角）	$a=0.473$，$c=2.55$，$c/a=0.539$
基体	面心立方（fcc）	$a=0.3569$
	密排六方	$a=0.2524$，$c=0.4099$，$c/a=0.1624$

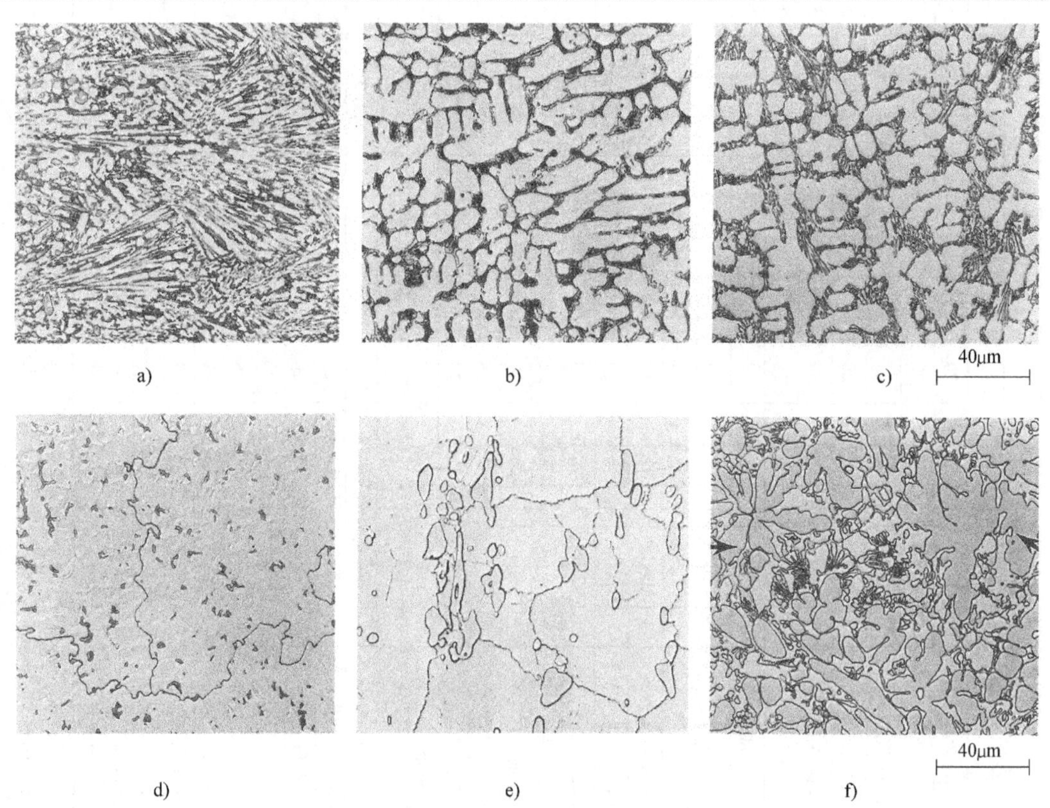

图 6-1 各种钴基耐磨合金的微观组织

a）Stellite 1，双层气体钨弧沉积 b）Stellite 6，双层气体钨弧沉积 c）Stellite 12，双层气体钨弧沉积 d）Stellite 21，双层气体钨弧沉积 e）Haynes 合金 6B，13mm（0.5in）板材 f）Tribaloy 合金（T－800），有拉弗斯（Laves）相析出（最大的连续析出相，图中部分用箭头表示）

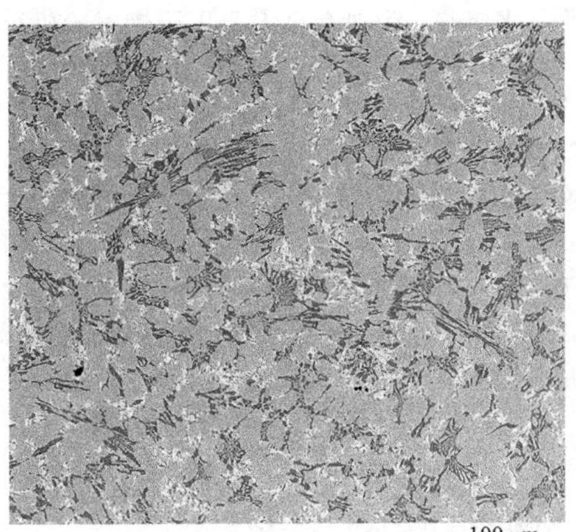

图 6-2　Stellite 712 合金铸态扫描电子显微照片
注：其特征为有富铬区（暗）和富钼的共晶区（亮）。

由于在这类合金中，Laves 金属间化合物相的数量非常多，体积分数为 35% ~70%，它们对合金性能起主导作用，而基体组织的影响不如在 Stellite 钴基合金中那么显著。Laves 相对合金的耐磨性起到了非常突出的作用，但它也严重限制和降低了材料的塑性和冲击韧性。事实上，即使在足够的预热条件下，除了尺寸非常小的工件外，很难获得无裂纹的堆焊覆层。近年来，随着先进制造技术的发展，已开发出无裂纹铸造或粉末冶金工件，广泛应用于有高性能要求的场合。

在表 6-1 中，高碳钴合金，如 Stellite 6B、Stellite 6K 和 Stellite 706K 合金，本质上就是耐磨堆焊合金的锻造改型合金。锻造加工过程提高了化学成分的均匀性（对提高耐蚀性很重要），显著提高了塑性，并大大改善了合金中碳化物析出相的几何形状（微观组织内的块状碳化物能增强耐磨性）。在合金

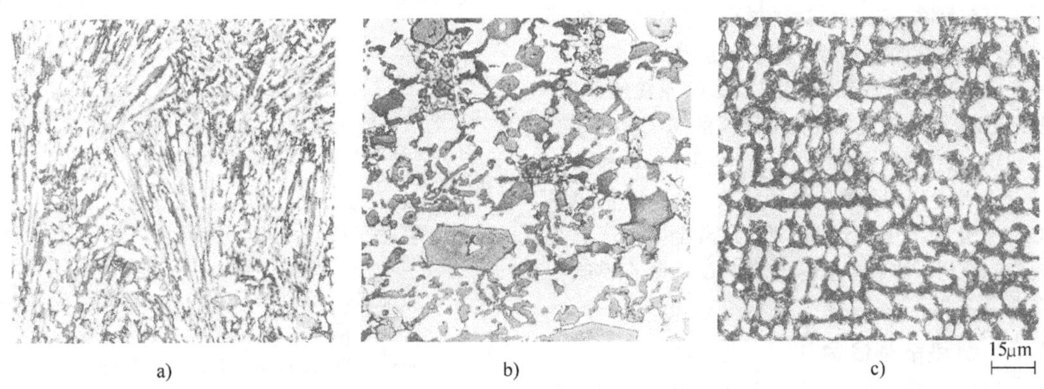

图 6-3　采用不同焊接工艺的 Stellite 1 合金的典型堆焊微观组织
a）三层气体钨弧焊　b）三层氧乙炔焊　c）三层屏蔽金属弧焊

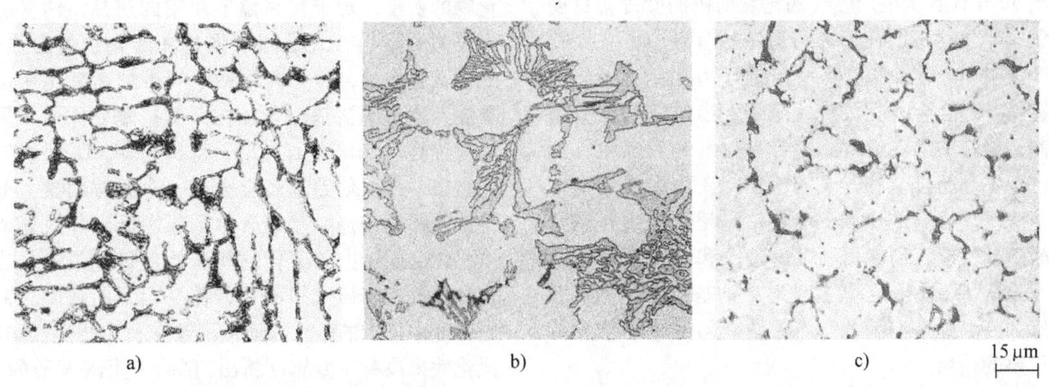

图 6-4　采用不同焊接工艺的 Stellite 6 合金的典型堆焊微观组织
a）三层气体钨弧焊　b）三层氧乙炔焊　c）三层屏蔽金属弧焊

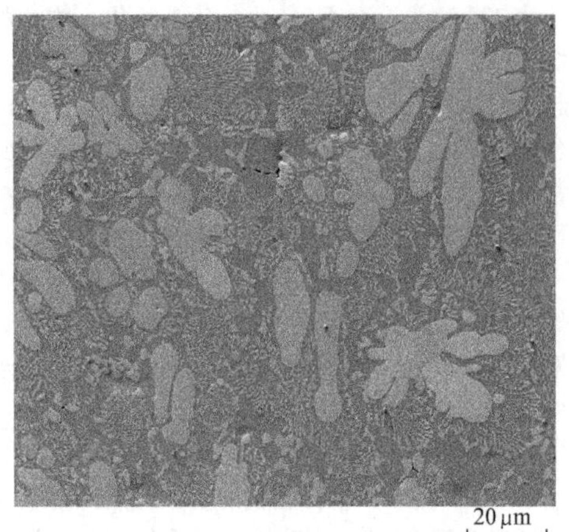

图6-5 铸态 Tribaloy T-400c 合金的电子背散射图像（白色区域是 Laves 相）

成分方面，该合金本质上是 Co-Cr-W/Mo-C 四元合金，其中铬除了在合金凝固过程中形成主要的碳化物外，还具有固溶强化和提高合金耐蚀性的作用。此外，合金中的钨或钼也起到了固溶强化的作用。Stellite 6B 合金中质量分数为 12.5% 的 M_7C_3 和 $M_{23}C_6$ 型碳化物，它们的比例约为 9:1。Stellite 6K 和 Stellite 706 K 合金中碳化物的体积分数更高，它们也以 M_7C_3 型碳化物为主。Stellite 706 K 合金中由于有合金元素钼存在，组织中也可能有 M_6C 或 M_2C 型碳化物存在。

6.1.3 耐热钴基合金

飞机发动机用钴基超合金是真正超合金家族中的第一批合金。表 6-5 对这些合金的历史进行了简单的回顾。最初的应用包括在 20 世纪 30 年代活塞发动机涡轮增压器叶片使用的铸造合金，然后是 20 世纪 40 年代首次生产燃气涡轮发动机的叶片。目前燃气涡轮发动机所使用的铸造钴基合金中，主要是生产喷嘴引导叶片和静叶片。直到 20 世纪 50 年代，锻造钴基超合金才得到广泛应用，当时它们主要用于制造锻造的涡轮叶片、燃烧室衬管和后燃尾管等部件。钴基超合金的开发和应用，在很大程度上推迟了镍基超合金的出现。由于钴基超合金具有极好的耐硫化性能，当使用温度超过镍和镍-铁基合金中 γ′和 γ″析出相的溶解温度时，钴基超合金仍具有极好的高温强度，因此，当前钴基超合金仍然发挥着重要的作用。

早期使用的 Stellite 21（现在主要用于耐磨条件）钴基超合金，在提高其高温性能方面，已经经历了不同的发展阶段。目前，钴基超合金的合金化特点是，使用钨代替钼、中等含镍量、低碳和添加稀土元素。多年来，耐热合金主要用于燃气轮机行业，在飞机燃气轮机动力装置中，耐热合金的主要性能要求是提高高温强度、抗热疲劳和抗氧化性能。对于陆基燃气轮机来说，通常会采用低等级的燃料，并在较低的工作温度下运行，因此，它面临的主要是抗硫化物作用的问题。当今（2016 年），随着人们追求越来越高的燃烧化石燃料和废物燃料的效率，以及新的化学处理技术的发展，对耐热合金的要求更加多样化了。

表 6-5 钴基超合金的发展历程

发展历程	年份
Elwood Haynes 首次申请了 Co-Cr 合金的专利	1907
Haynes 6B 合金	1913
Stellite 21 合金	1936-1943
Stellite 31 合金	1941-1943
S816 合金	1946-1953
Haynes 25 合金（加力燃烧室组件）	1948-1955
MAR-M 302 合金（叶片）	1958
AiResist 合金（叶片）	1964
Haynes 188 合金（燃烧室、加力燃烧室组件）	1966-1968

注：Haynes 是 Haynes International, Inc. 的注册商标；Stellite 是 Deloro Stellite, Inc. 的注册商标；MAR-M 是 Martin Marietta Corp. 的注册商标；AiResist 是 Allied Signal Aerospace Co. 的注册商标；而 Vitallium 是 Pfizer Hospital Products Group, Inc. 的注册商标。

表 6-6 总结了合金元素在钴基超合金中的作用。镍的主要作用是得到稳定的面心立方晶体结构的基体组织，而钨的主要作用是实现固溶强化和促进碳化物的析出。对于在高温下使用的产品，钴基超合金典型的强化方式是固溶强化和碳化物析出强化。此外，置换型合金元素在钴中的扩散速率比在镍中要慢，这使得钴基超合金在高温抗蠕变方面，具有内在优势。碳化物的析出，特别是 $M_{23}C_6$ 型碳化物的析出，是强化钴基超合金的一个关键因素。不论是锻造还是铸造钴基超合金，都能析出分散复杂的碳化物，而析出的碳化物能有效地钉扎位错。晶内的碳化物能阻碍位错滑移，提高合金的强度。钴基超合金中形成的碳化物通常不像 γ′析出相那样均匀，强化效果没有典型的 γ′析出相高，但仍是显著的。

钴基超合金中还含有相当数量的镍和钨。其他合金元素，包括钽、铌、锆、钒和钛，对合金的固溶强化和/或形成碳化物都有一定的贡献。部分钴基超合金中还添加了钇，以提高合金的抗氧化性。已

经尝试开发基于 Co_3Ti 和 Co_3Ta 型析出相的可时效强化钴基超合金。然而，由于析出相的热稳定性问题，以及 γ′相强化镍基合金容易达到或超过其强度的事实，使其没有在工业中得到实际应用。

表 6-6　钴基超合金中合金元素的作用

合金元素	作用
铬	改善氧化和耐高温腐蚀性能；通过形成 M_7C_3 和 $M_{23}C_6$ 碳化物实现强化
镍	稳定面心立方晶体结构基体；通过形成金属间化合物 Ni_3Ti 实现强化；提高合金的可锻性
钼、钨	固溶强化；通过形成金属间化合物 Co_3M 实现强化；形成 M_6C 碳化物
钽、铌	固溶强化；通过形成金属间化合物 Co_3M 和 MC 碳化物实现强化；形成 M_6C 碳化物
碳	通过形成 MC、M_7C_3 和 $M_{23}C_6$（可能还有 M_6C）碳化物实现强化
铝	提高抗氧化性能；形成金属间化合物 CoAl
钛	通过形成 MC 碳化物和金属间化合物 Co_3Ti（固溶有足够的镍）实现强化。通过形成金属间化合物 Ni_3Ti 实现强化
硼、锆	通过晶界和析出相的形成产生强化作用；通过形成 MC 碳化物实现强化
钇、镧	提高抗氧化性能

在铸造钴基超级合金中，由于 MC 碳化物首先是从液态凝固时形成的，因此在铸态下，MC 碳化物的数量尤其多。在晶内或晶界处都可能存在许多 MC 碳化物相，其组织特点如图 6-6 所示。更复杂的碳化物也可能以共晶或析出的形式存在。例如，图 6-6 和图 6-7 所示为两种 Co－Cr－W－Ta 超合金有 MC 碳化物存在的铸态组织，其中图 6-6 中还存在复杂 $M_{23}C_6$碳化物，而图 6-7 中还存在复杂 M_6C 碳化物。铸态 Haynes 31 合金和随后进行了时效的微观组织如图 6-8 所示。铸造后的热处理和/或锻造加工处理，将改变钴基超合金微观组织中碳化物的形态、数量和类型。图 6-9 和图 6-10 所示分别为 Haynes 25 和 Haynes188 合金的微观组织照片。在最终加工后锻造退火时，形成了锻造合金的碳化物分布，合金的性能主要与碳化物颗粒大小、高熔点金属含量和含碳量有关。在晶内粗大的初生碳化物附近和位错处，有部分二次碳化物析出。

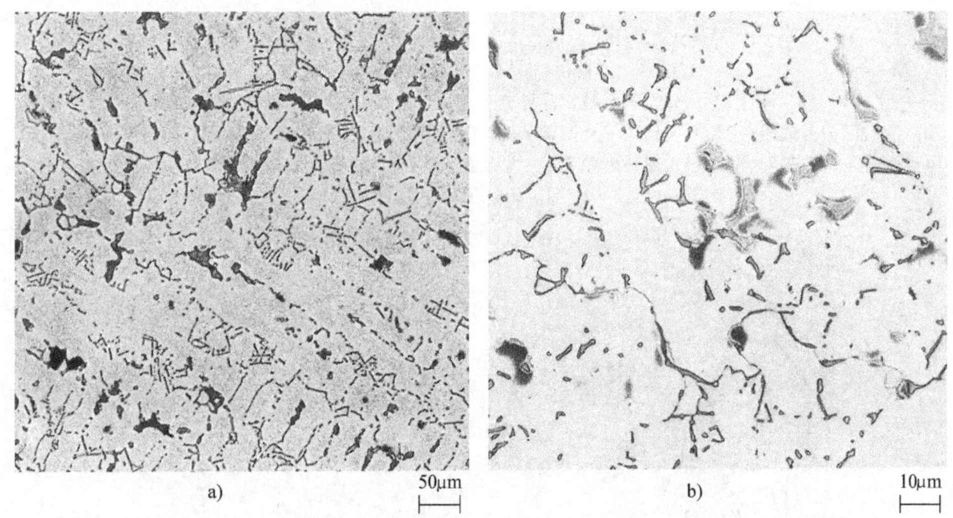

图 6-6　Co－Cr－W－Ta 超合金（MAR－M 509）的铸态组织

a）该组织为树枝状 α 固溶体基体上析出的点状（MC）碳化物颗粒和 $M_{23}C_6$ 共晶相（灰色区域）（采用 Kalling 侵蚀剂）　b）高放大倍率显示了 MC 碳化物的形态、共晶相和 $M_{23}C_6$ 析出相（灰色区域）（采用 5% 磷酸电解侵蚀）

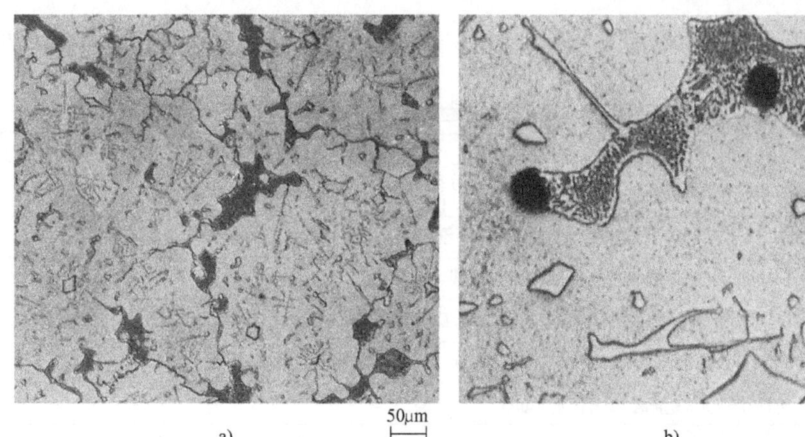

图 6-7 Co-Cr-W-Ta（MAR-M 302）超合金的铸态微观组织
a）初生或共晶 M_6C 碳化物（深灰色），MC 颗粒（固溶体基体上的白亮小块状） b）灰色岛状初生共晶碳化物，白亮块状是 MC 颗粒，晶内均匀细小点状为 $M_{23}C_6$ 相
注：采用 Kalling 侵蚀剂。

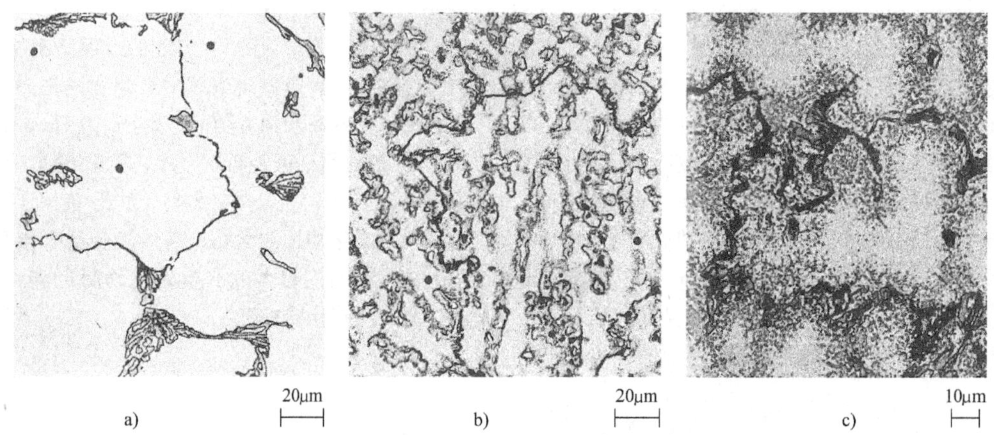

图 6-8 Haynes 31 合金的铸造微观组织
a）粗大初生 M_7C_3 相颗粒，晶界处有 $M_{23}C_6$ 相，面心立方基体的铸态组织
b）薄截面铸态试样在 730℃（1350℉）时效 22h，在晶界处和初生碳化物（M_7C_3）附近析出 $M_{23}C_6$ 相
c）厚截面铸态试样在 730℃（1350℉）时效 22h，大颗粒 M_7C_3 相，在晶界处和面心立方基体上分布有 $M_{23}C_6$ 相
注：2% 铬酸侵蚀。

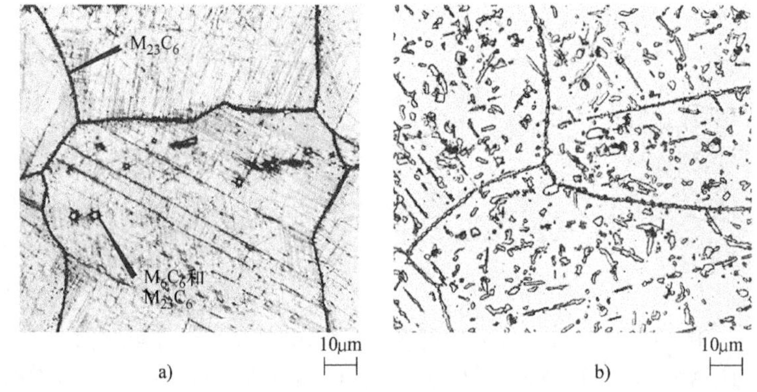

图 6-9 Haynes 25 合金在 1205℃（2200℉）固溶退火和时效的微观组织
a）在 650℃（1200℉）时效 3400h，组织为在密排六方和面心立方混合基体上析出 M_6C 和 $M_{23}C_6$ 相
b）在 870℃（1600℉）时效 3400h，组织为在面心立方基体上析出 M_6C 和 Co_2W 金属间化合物，
注：采用 HCl 和 H_2O_2 电解侵蚀。

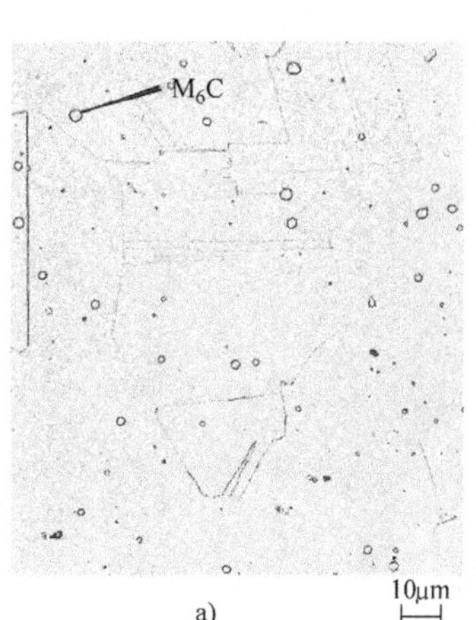

a)

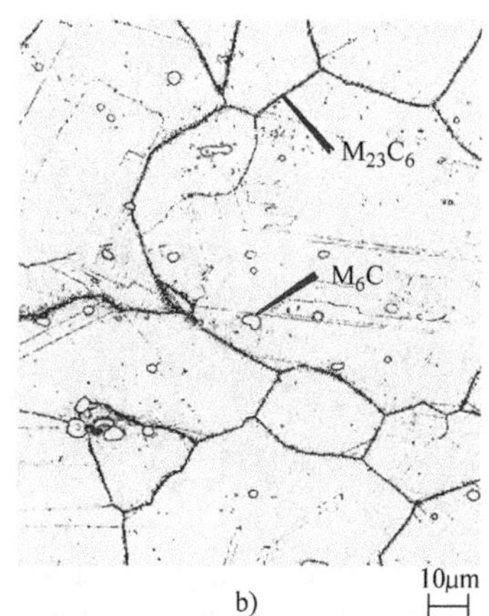

b)

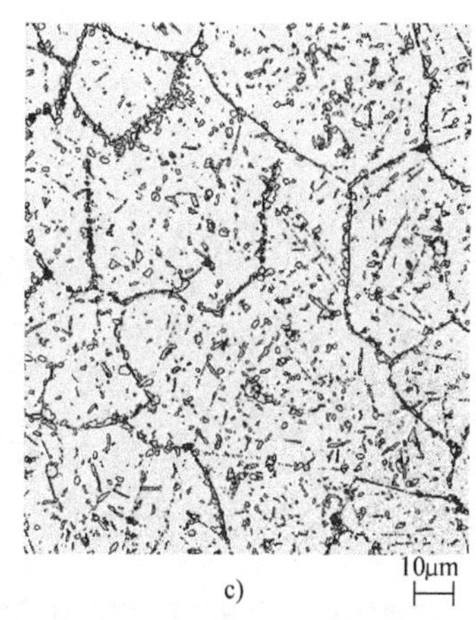

c)

图 6-10 时效 Haynes 188 合金的微观组织

a）20%冷轧变形量和在 1177℃（2150℉）保温 10min 后淬水进行固溶退火，组织为面心立方基体上有颗粒状 M_6C 相
b）在 1177℃（2150℉）固溶退火后，在 650℃（1200℉）时效 3400h c）在 1177℃（2150℉）固溶退火后，在 870℃（1600℉）时效 6244h，组织为在面心立方基体上有 $M_{23}C_6$ 相、Laves 相，还可能有 M_6C 相

注：采用 HCl 和 H_2O_2 电解侵蚀

在大多数钴基超合金中，不能采用完全固溶处理温度进行加热，因为这样会导致在所有的碳化物溶解之前，合金自身已发生熔化。通过热处理，部分溶解的碳化物重新析出，从而达到提高合金蠕变断裂性能的目的。虽然通过时效，还可以进一步提高钴基超合金的强度，但对于要求长期在 815℃（1500℉）以上服役的钴基超合金，不适合采用固溶和时效热处理，因为在服役过程中，合金中的碳化物会发生溶解或出现过时效。

表 6-2 列出了在高温下使用的典型锻造和铸造钴基合金的化学成分。Haynes 25 合金（也称 L605）和 Haynes 188 合金是锻造合金，可以薄板材、厚板材、棒材、管材等形式（以及用于相应连接的焊接产品）供货。与耐磨钴基合金相比，Haynes 25 合金和 Haynes 188 合金具有韧性更高、抗氧化性和微观组织稳定性更好的优点。这两种合金中碳的质量分数都约为 0.1%（大约是锻造 Stellite 6B 耐磨合金的 1/10），这足以提供形成碳化物强化的碳，但又能保持合金的塑性。析出的碳化物主要是 M_6C 型，对这些材料的高温性能起着关键作用，它能限制合金在热处理过程中和服役条件下的晶粒长大。通过添加镍，提高了这类合金的组织稳定性，降低了钴基合金中面心立方结构组织转变为密排六方结构组织的温度。

铸造耐热合金，如 MAR－M 509 合金和 FSX－414 合金，是以钴－铬为基体成分设计的，铬的质量分数为 18%～30%。高的含铬量有助于改善合金的抗氧化性、耐蚀性、耐硫化性能，除此之外，铬也参与形成碳化物（Cr_7C_3 和 $M_{23}C_6$）和实现固溶强化。碳的质量分数通常为 0.2%～1.0%，偶尔也会出现氮取代碳的情况。MAR－M 509 合金是一种用于真空熔模铸造的合金。与锻造合金相比，铸造钴基超合金的特点是高熔点金属（铬、钨、钽、钛和锆）的含量较高，碳的含量较高。

6.1.4 耐蚀钴基合金

由于低碳锻造钴基合金具有耐磨损和高温强度高的特点，因此，通常也将它用于要求耐腐蚀的场合。钴基耐磨合金具有一定的耐水腐蚀性能，但会受到晶界碳化物析出的影响。锻造钴基超合金（通常含有钨，而不是钼）比 Stellite 合金更耐水腐蚀，但在耐蚀性上，仍远远低于 Ni－Cr－Mo 合金。

表 6-2 列出了几种耐蚀钴基合金的成分，包括植入用 Co－Ni－Cr－Mo 合金（如 MP35N）和 Co－Cr－Mo 合金（如 Vitallium），由于它们与人体体液和组织的相容性非常好，常用于生产假体器官和植入物。现 Co－Cr－Mo 合金在生物医学中仍有应用，但由于担心 MP35N 合金中的镍会发生释放，可能会引起患者的金属敏感性反应，因此该合金的使用量有所下降。Ultimet 合金（UNS R31233）具有优异的性能，它将耐蚀性、耐点蚀性（尤其是在氧化酸中）与高的耐磨性（空蚀、擦伤和磨损）有机地结合在了一起。

这些合金以各种锻件的形式，在加工硬化或加工硬化＋时效强化状态下供货。由于应变诱导相变，产生了细小的片状密排六方分散相，使这种合金的加工硬化非常迅速。也可通过锻造氮强化棒材或热等静压粉末工艺，生产和制造高强度、细晶粒，用于植入器官的 Co－Cr－Mo 合金。图 6-11 所示为该合金采用不同工艺的微观组织对比。

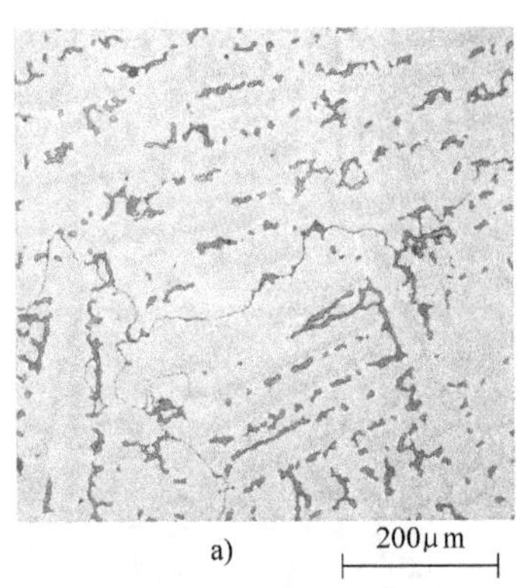

a)

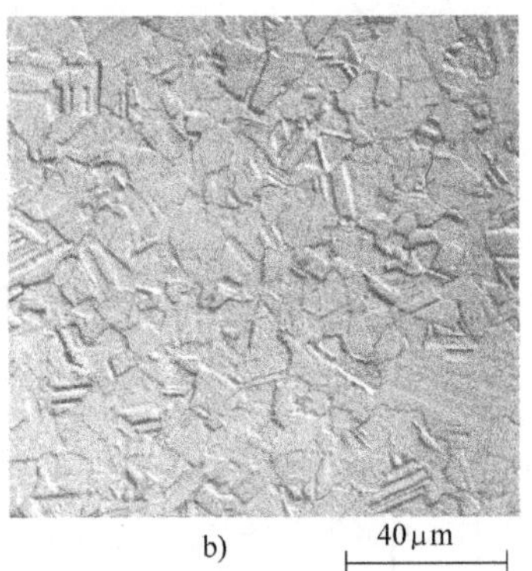

b)

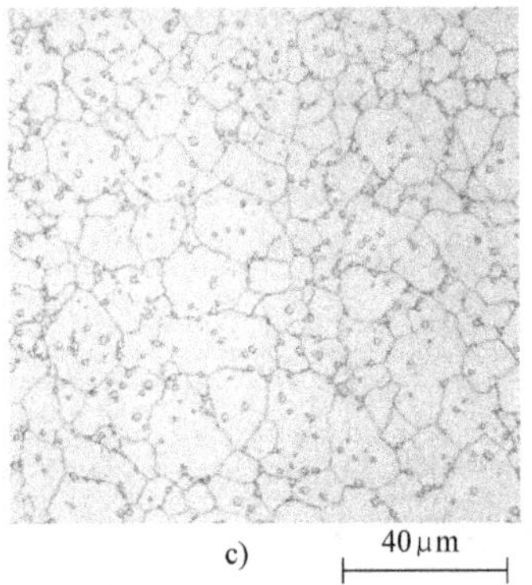

c)

图 6-11 Co-Cr-Mo 合金的微观组织

a）用相对粗大的碳化物和较大的晶粒尺寸熔模铸造（ASTM 宏观晶粒度 7.5） b）高强度、细晶粒氮强化锻造棒材 c）粉末热等静压工艺

6.1.5 热处理

耐磨堆焊合金通常在沉积状态下使用，不需要进行后续热处理。一个例外是使用喷涂和熔化工艺得到涂层。该涂层最初的沉积是通过火焰喷涂熔化耐磨堆焊合金粉末来实现的，在得到了堆焊层后，采用几种加热技术，如火焰加热、感应加热、真空或惰性气体加热、在氢气炉中对堆焊层再次进行熔化加热。熔化加热通常选择 1010～1175℃（1850～2150℉）温度范围，这是母材可以承受的温度。

就像其他成形和加工工艺一样，对锻造、耐热钴基合金进行退火处理往往是最后的工序。表 6-7 列出了锻造和铸造钴基合金的退火温度。表中还列出了 Inconel 783 和 S-816 等合金的时效热处理工艺。

除 Ultimet 合金外，耐蚀钴基合金首先进行冷加工，然后进行时效，以获得高强度。冷加工和时效促进了面心立方结构组织向密排六方结构组织的转变，极大地强化了基体。这些合金的时效工艺见表 6-7。Ultimet 合金的退火热处理温度为 1121℃（2050℉）。

大多数铸造钴基合金都在铸态下使用。由于在退火后的冷却过程中会形成粗大的碳化物，通常应避免对这些合金进行退火处理。如果需要，部分合金可以在 760℃（1400℉）时效，以促进小颗粒$M_{23}C_6$碳化物的形成。在更高的温度下时效会导致针状和/或层片状碳化物的形成。表 6-7 也列出了 FSX-414 合金推荐的时效工艺，以及 Vitallium（ASTM F-75）合金得到高塑性的固溶温度和空冷热处理工艺。

表 6-7 锻造和铸造钴基合金的热处理

合金		退火温度/℃（℉）	时效热处理[①]
锻造耐热合金	Haynes 25（L-605）	1175～1230（2150～2250）	—
	Haynes 188	1165～1190（2125～2175）	—
	Inconel 783	1121（2050）	845℃（1550℉）/4h/AC 至 RT+720℃（1325℉）/8h/FC 至 620℃（1150℉）/8h/AC
	S-816	1177～1232（2150～2250）	760～816℃（1400～1500℉）/12～16h
	Haynes 6B	1232（2250）	—
	UMco 50	1000（1830）	—
锻造耐蚀合金	MP35N	—	CW+538～650℃（1000～1200℉）/4h；CW+704～732℃（1300～1350℉）/4h；CW+774℃（1425℉）/6h
	MP 159	1038～1052（1900～1925）	CW+663℃（1225℉）/4h/AC
	Ultimet	1121（2050）	—
	Duratherm 600	1191～1204（2175～2200）	750℃（1382℉）/4h（0% CW）；650℃（1200℉）/4h（20% CW）；650℃（1200℉）/2h（60% CW）
	Elgiloy	—	CW+315～538℃（600～100℉）/3～5h
	Havar	—	CW+455～540℃（850～1000℉）/3～5h
铸造超合金	FSX-414	—	1150℃（2100℉）/4h/FC 至 925℃（1700℉）/10h/FC 至 540℃（1000℉）/AC
	Vitallium（ASTM F-75）	1220℃（2230）	—

① AC—空冷；RT—室温；FC—炉冷；CW—冷加工。

说明

本节根据 Metallography and Microstructures of Cobalt and Cobalt Alloys，Metallography and Microstructures，Volume 9，ASM Handbook，ASM International，2004，p 762－774 改编。

参 考 文 献

1. D. Klarstrom and P. Crook, Cobalt Alloys: Alloy Designation System, Cobalt Alloys: Alloying and Thermomechanical Processing, and Cobalt Alloys: Properties and Applications, *Encyclopedia of Materials: Science and Technology*, Elsevier Science, 2001, p 1279–1288
2. T.B. Massalski, H. Okamoto, P.R. Subramanian, and L. Kacprzak, Ed., *Binary Alloy Phase Diagrams*, Vol 2, 2nd ed., ASM International, 1990, p 1214–1215
3. C.T. Sims and W.C. Hagel, Ed., *The Superalloys*, John Wiley & Sons, 1972, p 145–174
4. H.M. Tawancy, V.R. Ishwar, and B.E. Lewis, On the fcc-hcp Transformation in a Cobalt-Base Superalloy (Haynes Alloy 25), *J. Mater. Sci. Lett.*, Vol 5, 1986, p 336–341
5. F.C. Hagen et al., Mechanical Properties of New Higher Temperature Multiphase Superalloy, *Superalloys 1984*, Metallurgical Society of AIME, 1984, p 621–630
6. D. Raghu and J.B.C. Wu, Alloy Solutions to Combat Synergistic Wear and Corrosion in Demanding Process Environments, *Proc. EPRI Corrosion and Degradation Conference*, June 2–4, 1999, Electric Power Research Institute
7. S. Takeda and N. Yukawa, *Nippon Kinz. Gakkai-ho*, Vol 6 (No. 11, 12), 1967, p 784– 802, 850–855
8. D.I. Bardos, K.P. Gupta, and P.A. Beck, Ternary Laves Phases with Transition Elements and Silicon, *Trans. AIME*, Vol 221, Oct 1961, p 1087–1088
9. S.T. Wlodek, Embrittlement of a Co-Cr-W (L-605 Alloy), *Trans. ASM*, Vol 56, 1963, p 287–303
10. C.T. Sims, The Occurrence of Topologically Close-Packed Phases, *The Superalloys*, John Wiley, 1972
11. R.B. Herchenroeder, S.J. Matthews, J.W. Tackett, and S.T. Wlodek, Haynes Alloy No. 188, *Cobalt*, Vol 54, March 1972, p 3–13
12. J.B.C. Wu and J.E. Redman, Hardfacing with Cobalt and Nickel Alloys, *Weld. J.*, Sept 1994, p 63–68
13. A Davin et al., *Cobalt*, Vol 19, June 1963, p 51–56
14. C.P Sullivan. M.J. Donachie, Jr., and F.R. Morral, *Cobalt-Base Superalloys-1979*, Cobalt Information Center, Brussels, Belgium
15. R.C. Tucker, Thermal Spray Coatings, *Surface Engineering*, Vol 5, *ASM Handbook*, ASM International, 1994, p 499
16. Heat Treating of Heat-Resisting Alloys, *Heat Treating, Cleaning and Finishing*, Vol 2, *Metals Handbook*, 8th ed., American Society for Metals, 1964, p 267
17. D.A. DeAntonio et al., Heat Treating of Superalloys, *Heat Treating*, Vol 4, *ASM Handbook*, ASM International, 1991, p 812

6.2 低熔点合金的热处理

6.2.1 铅和铅合金的热处理

通常认为铅不需要进行热处理。然而，某些应用可能需要对铅和铅合金进行强化。例如，为保持电池组件在整个使用寿命期间的尺寸公差要求，需要组件中铅合金的蠕变抗力达到要求。再如，为承受工业处理的强度要求，需要提高蓄电池板栅铅合金的硬度。

铅的绝对熔点是327.4℃（621.3℉），因此，在铅的应用中，回复和再结晶过程对蠕变性能具有非常大的影响。不能通过细化晶粒或冷加工（应变强化）方法，来实现铅合金的强化。例如，铅－锡合金可以在室温下立即完全完成再结晶；铅－银合金在室温下，也可以在两周内完成再结晶。

在铅合金中，不会发生钢中热处理相变的过程，而是发生有序化强化，如形成超点阵结构进行强化，也没有实际意义。尽管有这些障碍和困难，人们在强化铅合金方面仍然取得了一些成功。

1. 固溶强化

在铅合金的固溶强化过程中，随着溶质原子的半径和铅原子半径差异的增大，合金的硬度迅速提高。

具体地说，根据对二元铅合金的研究，按铊、铋、锡、镉、锑、锂、砷、钙、锌、铜和钡的顺序，合金元素的固溶强化效果逐步提高。然而，在这个合金元素顺序中，很多元素在铅中的固溶度都十分有限，只有位于该序列中间位置的元素，添加到铅中，才会产生最有效的固溶强化效果。

要想有效地进行固溶强化，通常添加的溶质元素必须超过其在室温下的固溶度。在大多数铅合金中，均匀化处理和快速冷却会得到过饱和固溶体，但在储存期间，过饱和度随时间变化而下降。这种分解会在某些合金如铅－锡合金中产生粗大的组织，但在有些合金（如铅-锑合金）中则会产生细小的组织。在铅-锡合金系统中，最初固溶强化的硬化结果，随着转变为粗大组织而发生软化。

在铅-锑合金中溶质元素浓度合适的情况下，时效在单相组织中形成 GP 区实现强化。在其他一些合金体系中，在溶质元素浓度更高的情况下，时效可能会产生弥散的第二相粒子。

能够析出第二相粒子强化的合金通常不易发生过时效，因此，与仅通过 GP 区强化的合金相比，这类合金的稳定性更高。铅-钙和铅-锶合金在时效过程中，通过第二相不连续析出实现强化，其中铅-钙合金析出 Pb_3Ca 相，铅-锶合金析出 Pb_3Sr 相。

2. 固溶处理和时效

在铅中添加足够数量的锑，得到亚共晶铅-锑合金，以对铅进行强化。在这种合金的基础上，添加少量的砷，固溶后快速淬火，然后进行时效，此时合金具有特别强烈的时效强化效果。

有人对 5 种亚共晶铅-锑合金添加 0.15%（质量分数）As 的时效强化行为进行了研究，精确地对工业纯铅、锑和砷进行称重，在氮气条件下进行冶炼，得到表 6-8 中所列合金。

表 6-8 研究得到的合金

合金	w(Sb)（%）	w(As)（%）
200	2.0	—
215	2.0	0.15
400	4.0	—
415	4.0	0.15
600	6.0	—
615	6.0	0.15
800	8.0	—
815	8.0	0.15
1000	10.0	—
1015	10.0	0.15

为了减少在凝固过程中产生的偏析，熔化 100g（3.5oz）的合金，急冷后浇注至浅平钢制船形坩埚中。从铸件上切下大约 15g（0.5oz）作为硬度测试试样。采用 A、B 两种处理工艺对硬度试样进行处理。其中 A 组为从液态空冷至凝固完成，然后迅速在冰水中淬火；而 B 组在 250℃（480℉）进行固溶处理，然后在冰水中淬火。

为观察砷对铅-锑合金快速时效的影响，要求在淬火后 1min 内进行硬度测试。对 B 组试样进行固溶处理前，先用 600#的砂纸研磨，然后在通有氮气的垂直管式炉里内进行固溶加热，固溶后直接淬入冰水 20s 后转移至室温水中。采用载荷为 2.5kgf（24.5N）的维氏硬度计进行硬度测试。

由于 A 组试样在淬火前无法进行硬度测试，因此需要采用不同的过程进行硬度测试，采用小的平底圆柱杯重熔 A 组试样，用铝箔压实。淬火后将铝箔从试样上剥离，在该试样的平面上进行硬度测试（迅速将顶部表面磨平，以确保测试数据准确）。

采用带低碳钢护套的镍铬-镍铝热电偶，测量 A 组试样的冷却曲线。在重熔后凝固前移去热电偶，然后按先前冷却曲线确定的完全凝固所需的时间进行淬火。A 组试样以 1℃/s（1.8℉/s）的速度冷却，冷却至 232℃（450℉）凝固。这些试样存在表面偏析。

试样在 20～22℃（68～72℉）室温下存放，对试样进行了持续 2 年的硬度测试。硬度测试采用 Reichert 显微硬度测试仪，载荷为 5.3gf（0.052N），载荷作用时间为 10s。

（1）测试结果 硬度测试结果表明，工业纯度的铅-锑合金具有明显的时效强化效果，特别是在固溶处理后，如图 6-12 和图 6-13 所示。对于铸造后直接淬火的 A 组试样，合金的硬度随含锑量的增加而提高。对于固溶处理的 B 组试样，含锑量较低的合金的时效强化效果更好。

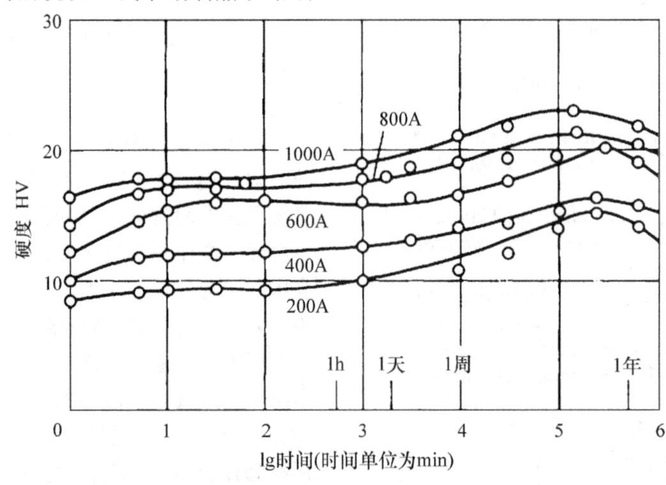

图 6-12 铅-锑合金凝固后直接淬水的时效硬化曲线

图 6-14 和图 6-15 表明，$w(As)=0.15\%$ 的合金，时效硬化速率和程度都有所增加。固溶处理的亚共晶合金的硬度在最初的 10min 内有明显的提高，如图 6-15 所示。

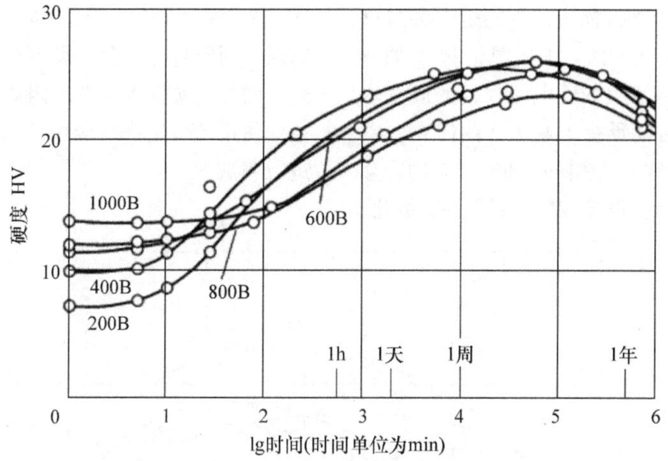

图 6-13　铅－锑合金的时效硬化曲线

注：在 250℃（480℉）固溶处理保温 4h，淬水后的时效硬化曲线。

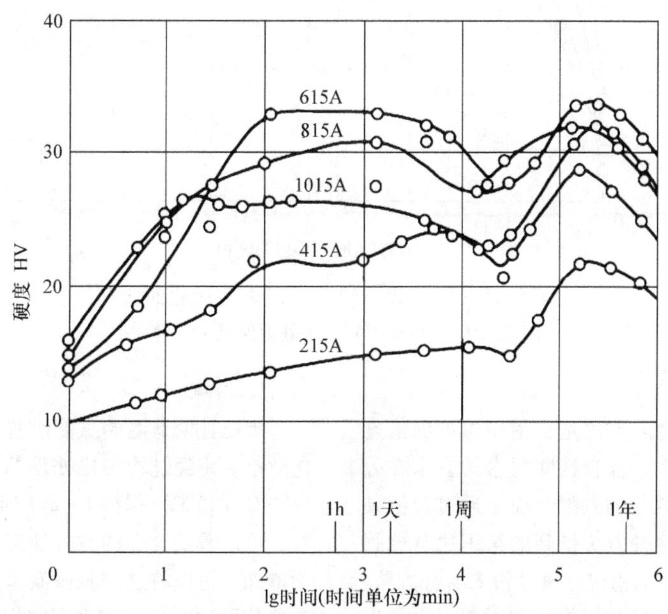

图 6-14　Pb－Sb－As 合金凝固后直接淬水的时效硬化曲线

（2）硬度稳定性　两组热处理合金在 1min～2 年的时间内，硬度都会产生一定程度的提高，如图 6-12～图 6-15 所示。在 2 年的大部分时间里，经固溶处理的 B 组试样的硬度均比铸造后直接淬火的 A 组试样高。其他研究还表明，铸造后缓慢冷却的合金总是比直接淬火的合金硬度低。$w(Sb)=2\%$ 和 $w(Sb)=4\%$ 的合金的硬化效果相对较差；而 $w(Sb)=6\%$ 的合金，则具有最优的硬化效果，如图 6-14 所示。

（3）应用　由于锑对铅的有害影响，在铅酸蓄电池中减少了含锑量，导致了以 Pb－6Sb－0.15As 合金取代共晶合金的趋势。由这种砷合金制成的蓄电池板栅在铸造和空冷后会产生时效硬化。然而，蓄电池板栅在时效状态存储数天需要占用很多非生产场地，并导致了生产过程出现中断。

对蓄电池板栅的大范围进行固溶处理可能成本过高，而在不产生变形的情况下，采用含砷的铅-锑合金铸造蓄电池板栅直接淬火，可能是一种具有吸引力的提高强度的替代方法。采用图6-14中的数据，可以对铸造后直接淬火的蓄电池板栅的硬度水平进行评估，确定是否能承受工业生产的需要（共晶合金的硬度约为18HV）。图中 w(Sb) =2%的合金的硬度在时效过程中没有发生明显的变化；w(Sb) =4%的合金在30min后达到了18HV的硬度；而 w(Sb) =6%、8%和10%的合金，其硬度几乎立即达到了可以进行工业处理的水平。此外，图6-14所示为Pb-Sb-As合金凝固后直接淬水的时效硬化曲线。两年后，合金的硬度全面优于空冷状态的合金，硬度曲线稳步下降。因此，要对这些在电池工业中使用的合金进行全面评估，还需要对电池性能进行测试。

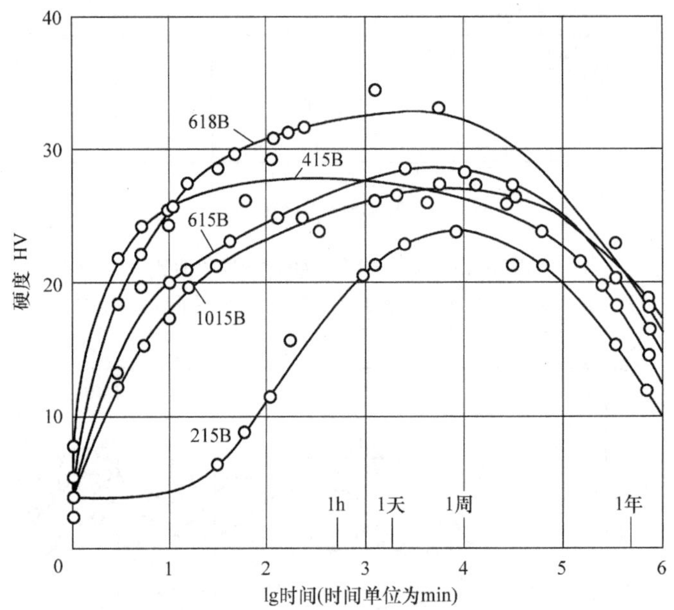

图6-15 Pb-Sb-As合金的时效硬化曲线

注：在250℃（480℉）固溶处理保温4h，淬水。

3. 弥散硬化

另一种强化铅合金的方法是在铅中添加固溶度较低的元素，如铜和镍。含有这些元素的合金在处理过程中不会产生均匀化的效果，而是通过弥散硬化对合金进行强化。这种方法得到的组织比其他强化方式所得到的组织更加稳定。通过粉末冶金方法，在纯铅中添加氧化铅、氧化铝或类似材料，也可以实现弥散硬化。

4. 加工

选择合金很重要，但在加工制造过程中也必须小心谨慎。铸件应迅速冷却至低于组织分解的温度，否则将得到粗大的组织。时效硬化合金应在高于分解温度的情况下进行挤压加工，挤压后应采用快冷。轧制合金通常在不充分加热的温度下进行加工，为达到理想的时效效果，轧制后应进行均匀化处理。

5. 冷藏

现已证明低温储藏能改善铅-锑合金的时效强化效果。将经过均匀化处理的Pb-2Sb合金冷却至-10℃（15℉）保持1~2天时间，然后在室温下时效，可以看到合金的时效速度和时效最高硬度都有所增加。可以将这种现象解释为，减少了淬火自由空位的可动性，并减少了它们的湮灭。这一过程使得空位能够与溶质原子结合形成复合体，这些复合体提高了时效过程中的形核速率。

6. 服役温度

为防止出现过时效，铅合金必须保持在较低的温度下服役。例如，一些电缆包皮合金在长达20年的服役时间里，保留了大部分的蠕变抗力，但是在较高的温度下，蠕变抗力则可能大大降低。即使是通常稳定的时效硬化的铅-锑和铅-钙合金，也可能因服役温度高或冷加工过度而受到不利影响。

6.2.2　富锡合金的热处理

对富锡合金进行热处理，很难实现有效的和长期不变的硬化效果。锡的熔点为232℃（505K），如以热力学温度表示，则室温温度（大约为22℃或295K）已远远超过了合金熔点的一半。因此，即使是在室温下，也可以在相当短的时间内，发生回复和再结晶等高温行为。锡也是一种不寻常的金属，它可以在一定条件下加工软化，也可以采用热处理来恢复原有的硬度和强度。

富锡合金的热处理主要包括对其轴承合金、锡制品和风琴管合金进行热处理。首先对这些合金产品的原理进行介绍。

1. 二元合金

锡-锑、锡-铋、锡-铅和锡-银合金都可以通过固溶和时效处理进行强化。然而，只有锡-锑合金的热处理强化效果能保持长期不变，其他所有富锡二元合金在室温下，由热处理强化提高的硬度都会随时间延长而逐渐降低。锡-锑二元合金中，能获得最高硬度的锑的质量分数为9%，该合金从225℃（435℉）淬火后在100℃（212℉）时效48h，其硬度和抗拉强度分别从21HBW和51MPa（7.4ksi）提高到26HBW和65MPa（9.4ksi）；标距为50mm（2in）的伸长率从20%降低到10%。

2. 三元合金

锡-锑-镉三元合金可以进行热处理，热处理后的强化效果能保持长期不变。这是在早期对急冷铸造的三元合金［w(Cd)=43%，w(Sb)=14%］的强度和硬度进行研究时发现的。结果表明，镉在固溶锡相端（α相）中的强化作用比锑大得多。在该研究中，w(Sb)=7%~9%，w(Cd)=5%~7%的合金的性能最大稳定值：抗拉强度为108MPa（15.7ksi）；标距50mm（2in）的伸长率为15%；硬度为35HBW。σ相（主要是SbSn）作为初生的立方相，对合金的强度和硬度没有太大影响，但是初生ε相（CdSb）的存在，则会降低合金的力学性能。因此，对于含有镉的合金，通常需限制其成分，控制不形成初生的ε相（CdSb）。合金获得强度、塑性和硬度最佳组合的组织是，在α基体中析出均匀细小的ε相和σ相；或在α基体和α相加γ相（富镉的固体溶液）共析组织中析出均匀细小的ε相。这种组织通常是通过高温快速淬火冷却得到的，这样可以避免在冷却过程中析出初生的σ相或ε相。

有人对一组w(Cd)=3%~8%w(Sb)=1%~9%的冷加工富锡合金进行了热处理研究，采用两种方式从185~200℃（365~390℉）淬火强化。一种方式为改变锡或β相中锑的固溶度来实现强化；另一种方法则是采用类似于镉-锡二元合金的淬火工艺，通过抑制β相的共析分解进行强化。研究结果表明，采用第一种方法得到的强度能保持长期不变。因此，对于Sn-3Cd-7Sb合金，采用在190℃（375℉）淬火，然后在100℃（212℉）时效24h，或在室温条件下时效18个月的热处理工艺，达到了101MPa（14.6ksi）的最大抗拉强度。

对w(Sb)=7%~10%，w(Cd)=0%~3%的锡基合金进一步进行了研究，以确定一种可在适中温度下使用的轴承合金。研究发现，在该研究成分范围内，w(Cd)=0.5%~2%（不是3%）的合金，可以通过淬火和回火显著提高强度。

Sn-9Sb-1.5Cd合金采用220℃（430℉）的温度淬火，然后在140℃（285℉）时效1000h，得到了92MPa（13.4ksi）的最佳抗拉强度。合金的组织是在α基体中析出均匀细小的σ相或ε相。

3. 锡制品

许多锡制品都是通过对铸条或厚板进行冷加工制备得到的。含锑和含铜的锡制品合金，在小变形（20%）的薄板轧制过程中，会产生加工硬化。在室温下存放时，合金会发生再结晶和软化，直到恢复到原来的铸条或厚板的硬度。但如果是在大变形（如90%）的轧制过程中，晶体经过了大变形，则合金会发生软化。然后，随着晶体尺寸的增大，硬度会略为提高，但不会达到原铸造材料的水平。

对旋转锡制品或者其他已进行了机械加工的锡制品，可以采用110~150℃（230~300℉）的温度进行热处理，如果选择较低的温度，保温时间为3h左右；如果选择较高的温度，则保温时间只需几分钟。通过该热处理，可使经过这种加工的锡制品恢复到原来的硬度。例如，w(Sb)=6%，w(Cu)=2%的锡合金，在200℃（390℉）退火1h后，硬度达到铸态材料的90%。进一步延长较低温度下的退火时间，对加工软化的回复作用很小。

6.2.3　锌合金的热处理

锌合金广泛应用于重力铸件（金属型和砂型）和压铸件中。有时，这些合金也需要进行热处理。需要进行热处理的合金通常是表6-9中的Zamak系列压铸合金（No.2、No.3、No.5和No.7）以及表6-10中的ZA系列合金（ZA-8、ZA-12和ZA-27）。它们可用于生产金属型铸件和压铸件。图6-17~图6-21所示为各种因素对进行热处理的锌合金力学性能的影响。

表 6-9　温度对传统压铸锌合金力学性能的影响

合金编号	温度		抗拉强度①		冲击吸收能量②		断裂韧度（均值 K_g）			
							压铸		砂铸	
	℃	℉	MPa	ksi	J	ft · lbf	MPa $\sqrt{m}$	ksi $\sqrt{in}$	MPa $\sqrt{m}$	ksi $\sqrt{in}$
No. 2	21	70	359	52. 1	47. 5	35	—	—	—	—
No. 3	-40	-40	308. 9	44. 8	2. 7	2	10. 1	9. 2	—	—
	-20	-4	301. 3	43. 8	5. 4	4	—	—	—	—
	0	32	284. 8	41. 3	31. 2	23	—	—	—	—
	21	70	282. 7	41. 0	58. 3	43	—	—	—	—
	24	75	—	—	—	—	12. 3	11. 2	—	—
	40	104	244. 8	35. 5	57. 0	42	—	—	—	—
	95	203	195. 1	28. 3	54	40	—	—	—	—
No. 5	-40	-40	337. 2	48. 9	2. 7	2	—	—	—	—
	-20	-4	340. 6	49. 4	5. 4	4	—	—	—	—
	0	32	333. 0	48. 3	55. 6	41	—	—	—	—
	21	70	328. 2	47. 6	65. 1	48	—	—	—	—
	40	104	295. 8	42. 9	62. 4	46	—	—	—	—
	95	203	242. 0	35. 1	58. 3	43	—	—	—	—
No. 7	-40	-40	308. 9	44. 8	1. 4	1. 0	—	—	—	—
	-20	-4	299. 2	43. 4	1. 9	1. 4	—	—	—	—
	-10	14	—	—	2. 4	1. 8	—	—	—	—
	0	32	282. 7	41. 0	3. 8	2. 8	—	—	—	—
	20	68	—	—	54. 2	40	—	—	—	—
	50	122	232. 4	33. 7	58. 3	43	—	—	—	—
	95	203	193. 1	28. 0	54. 2	40	—	—	—	—
	150	302	120. 0	17. 4	43. 4	32	—	—	—	—

① 铸态。

② 铸态，无缺口 6. 35mm（0. 25in）方形试样。

表 6-10　温度对锌－铝合金铸件力学性能的影响

合金编号	温度		抗拉强度①		冲击吸收能量②		断裂韧度（均值 K_g）			
							压铸		砂铸	
	℃	℉	MPa	ksi	J	ft · lbf	MPa $\sqrt{m}$	ksi $\sqrt{in}$	MPa $\sqrt{m}$	ksi $\sqrt{in}$
ZA－8	-40	-40	409. 6	59. 4	1	1	10. 2	9. 3		—
	-20	-4	402. 7	58. 4	1	1	—	—	—	—
	-10	14	—	—	2	1. 5	—	—	—	—
	0	32	382. 7	55. 5	2	1. 5	—	—	—	—
	20	68	373. 7	54. 2	42	31	—	—	—	—
	24	75	—	—	—	—	12. 6	11. 5		—
	40	104	—	—	54	40	—	—	—	—
	50	122	328. 2	47. 6	—	—	—	—	—	—
	60	144	—	—	56	41	—	—	—	—
	80	176	—	—	65	48	—	—	—	—
	100	212	224. 1	32. 5	63	46	27. 7	25. 2	—	—

（续）

合金编号	温度		抗拉强度①		冲击吸收能量②		断裂韧度（均值 K_g）			
							压铸		砂铸	
	℃	℉	MPa	ksi	J	ft · lbf	MPa $\sqrt{m}$	ksi $\sqrt{in}$	MPa $\sqrt{m}$	ksi $\sqrt{in}$
ZA - 12	-40	-40	450.2	65.3	1.5	1	11.2	10.2	9.8	8.9
	-20	-4	—	—	1.5	1	—	—	—	—
	0	32	434.4	63.0	3	1.7	—	—	—	—
	20	68	403.4	58.5	29	21	—	—	—	—
	24	75	—	—	—	—	14.4	13.1	14.5	13.2
	40	104	—	—	35	26	—	—	—	—
	50	122	349.6	50.7	—	—	—	—	—	—
	60	140	—	—	40	29	—	—	—	—
	80	176	—	—	46	33	—	—	—	—
	100	212	228.9	33.2	46	34	29.0	26.4	29.1	26.5
	150	302	119.3	17.3	—	—	—	—	—	—
ZA - 27	-40	-40	520.6	75.5	2	1.5	11.9	10.8	16.4	14.9
	-20	-4	500.6	72.6	3	2.5	—	—	—	—
	-10	14	—	—	7	5	—	—	—	—
	0	32	497.1	72.1	—	—	—	—	—	—
	24	75	—	—	—	—	20.2	18.4	23.7	21.6
	20	68	425.4	61.7	13	19.5	—	—	—	—
	40	104	—	—	15	11	—	—	—	
	50	122	397.8	57.7	—	—	—	—	—	—
	60	140	—	—	16	12	—	—	—	—
	80	176	—	—	16	12	—	—	—	—
	100	212	259.3	37.6	16	12	35.2	32.0	42.1	38.3
	150	302	129.0	18.7	—	—	—	—	—	—

① 铸态。

② 铸态，无缺口 6.35mm（0.25in）方形试样。

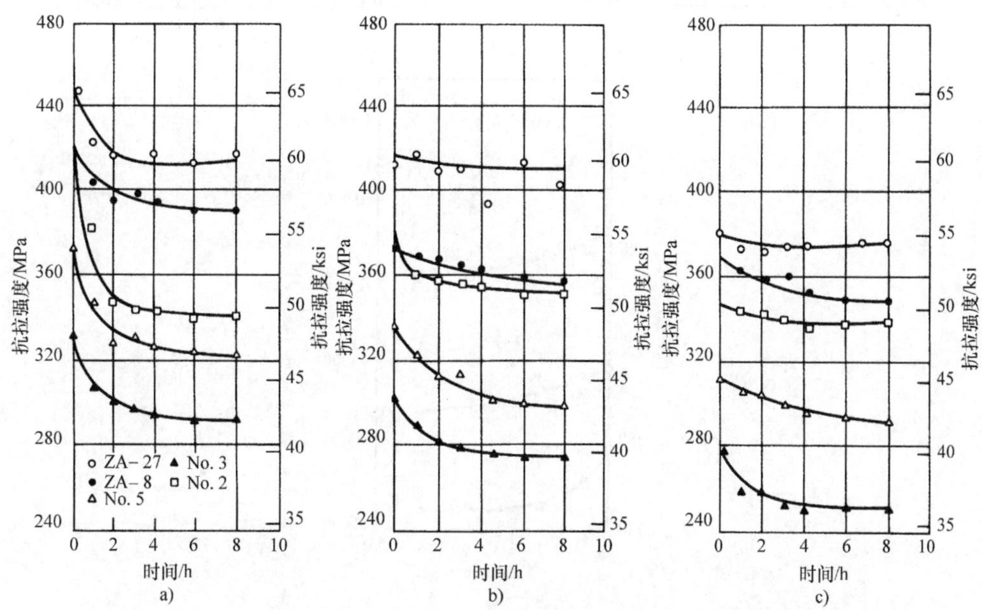

图 6-16 时效时间对锌合金抗拉强度的影响［时效温度为 100℃（212℉）］

a）0.76mm（0.030in）壁厚铸件 b）1.52 mm（0.060in）壁厚铸件 c）2.54mm（0.100in）壁厚铸件

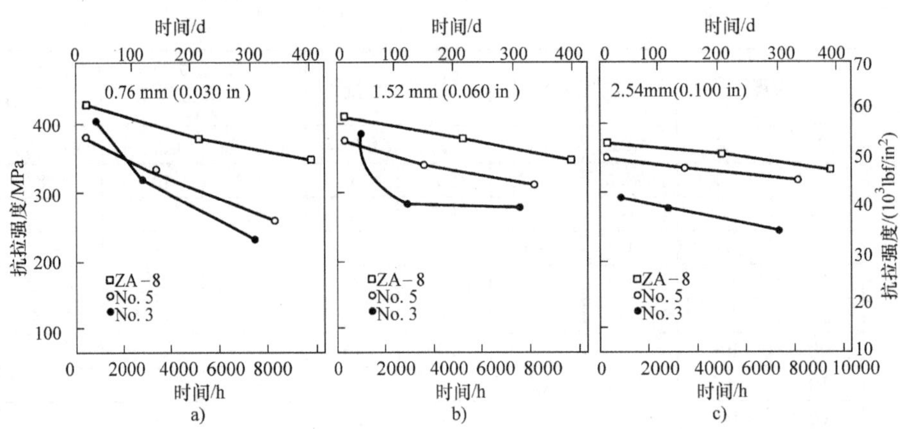

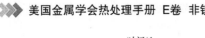

图 6-17 室温 20℃（68℉）下的时效时间对 ZA-8、No. 5 和 No. 3 三种合金抗拉强度的影响
a）0.76mm（0.030in）厚带材 b）1.52mm（0.060in）厚带材 c）2.54mm（0.100in）厚带材

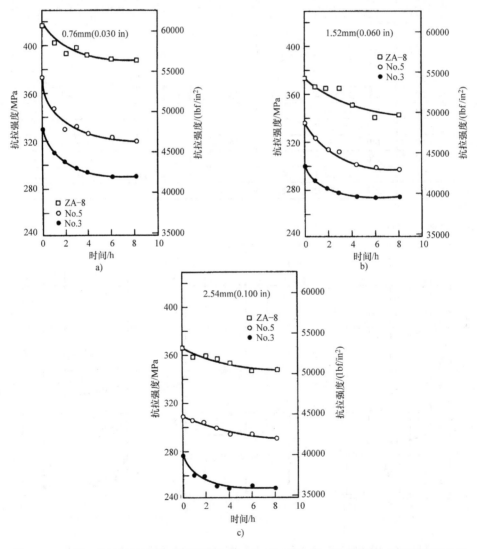

图 6-18 100℃（212℉）下的时效时间对 ZA-8、No. 5 和 No. 3 三种合金抗拉强度的关系
a）0.76mm（0.030in）厚带材 b）1.52mm（0.060in）厚带材 c）2.54mm（0.100in）厚带材

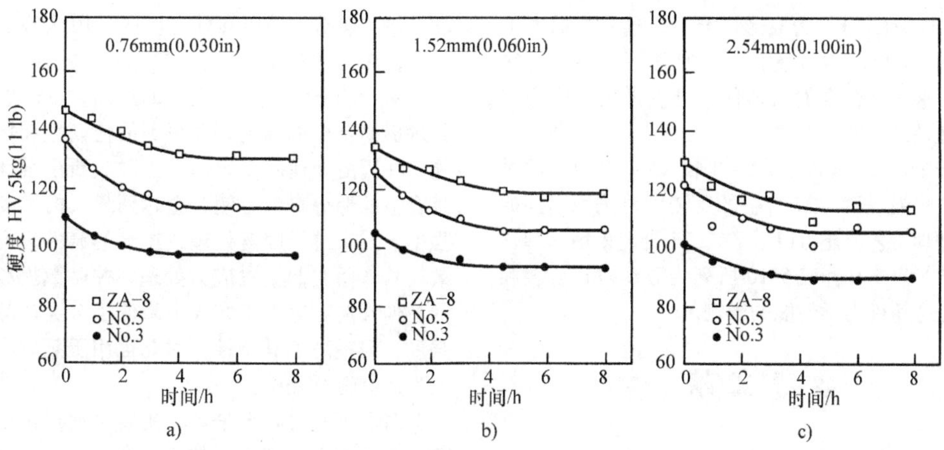

图 6-19　100℃（212℉）下的时效时间对 ZA－8、No. 5 和 No. 3 三种合金维氏硬度的影响

a）0. 76mm（0. 030in）厚带材　b）1. 52mm（0. 060in）厚带材　c）2. 54mm（0. 100in）厚带材

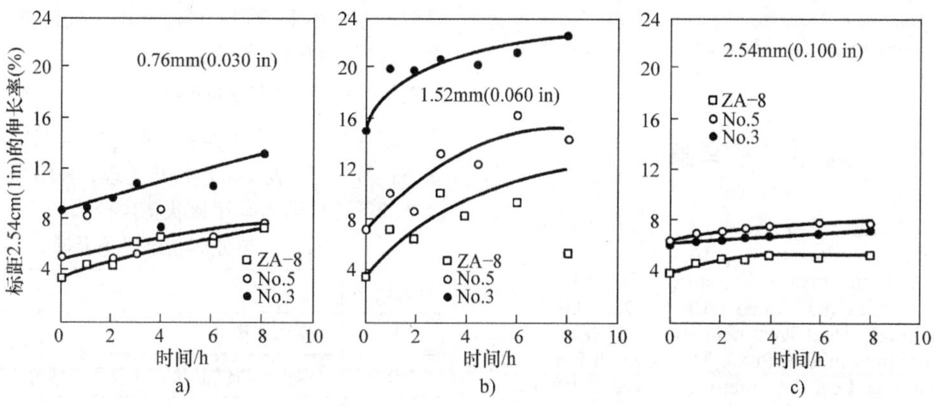

图 6-20　100℃（212℉）下的时效时间对 ZA－8、No. 5 和 No. 3 三种合金拉伸伸长率的影响［试样标距为 2. 54cm（1. 00in）］

a）0. 76mm（0. 030in）厚带材　b）1. 52mm（0. 060in）厚带材　c）2. 54mm（0. 100in）厚带材

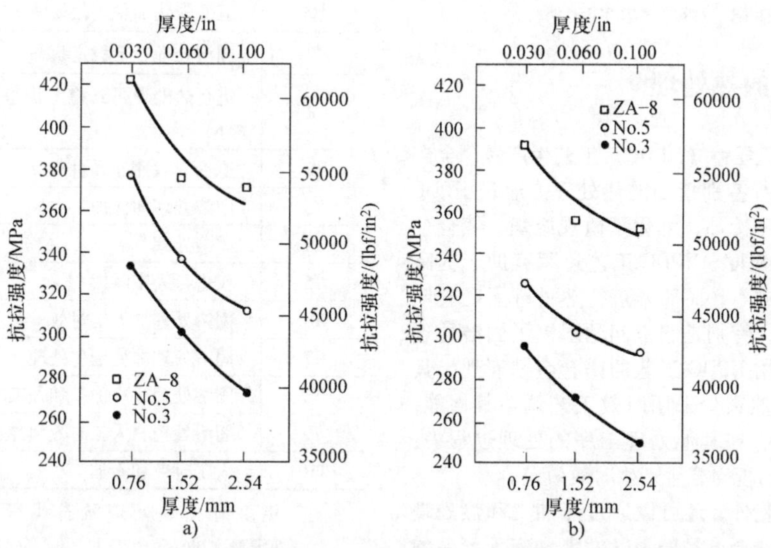

图 6-21　ZA－8、No. 5 和 No. 3 三种合金的抗拉强度与壁厚的关系

a）铸态　b）在 100℃（212℉）时效 4h

Zn－0.08Pb 合金为成形模合金，通常在铸态下使用。Zn－1.0Cu 为锻造合金，通常不需要进行热处理。对这两种合金的压铸件，可以采用去应力和稳定化处理两种处理方法。

由于 ZA－27 合金比 ZA－8 和 ZA－12 合金的时效敏感性更强，ZA－27 合金的压铸件可采用不同的稳定化处理工艺。还可以对 ZA－27 合金采用均匀化处理工艺。表 6-9 和表 6-10 所列为温度对锌合金和锌－铝合金铸件力学性能的影响。

参考文献

1. J.D. Williams, The Effect of Arsenic on the Age-Hardening of Lead-Antimony Alloys, *Metallurgia*, Vol 74 (No. 443), Sept 1966, p 105–108
2. *Engineering Properties of Zinc Alloys*, International Lead-Zinc Research Organization, 1989

选择参考文献

- W. Hofmann, *Lead and Lead Alloys*, Springer-Verlag, 1970, p 262–267
- R.D. Prengaman, "Structural Control of Non-Antimonial Lead Alloys via Alloy Additions, Heat Treatment and Cold Work," Paper presented at Pb80, The Seventh International Lead Conference, May 1980 (Madrid, Spain)
- J.J. Regidor et al., "Effect of Low-Temperature Treatment on the Aging of Lead Antimony Alloys," Paper presented at LEAD '71, The Fourth International Conference on Lead, Sept 1971 (Hamburg, West Germany)

6.3 镁合金的热处理

通常采用高压压铸（HPDC）工艺生产镁合金产品，而不需要进行特别精细的热处理。通过 HPDC 工艺过程中的快速冷却，细化了微观组织，使合金达到了相对高的强度。HPDC 工艺过程有助于提高产量、降低生产成本，而额外进行热处理无疑会明显增加生产成本，特别是起泡问题限制了固溶处理的实施。许多采用 HPDC 工艺的镁合金都表现出具有时效效应，虽然很少采用时效工艺调整其性能，但需要注意的是，在其他处理工序的处理过程中，如油漆烘烤，也可能对合金产生时效效应。

除 HPDC 工艺外，还可以通过热加工和热处理工艺，来提高镁合金产品的力学性能和实现产品的特殊性能。这些工艺过程包括重力和低压铸造、板坯连铸、锻造、挤压和轧制，在采用这些工艺的过程中，热处理对提高合金性能起到了重要的作用。

对于非 HPDC 工艺生产的产品，可以通过固溶处理提高合金的强度，并得到最佳韧性和抗冲击性能。在固溶处理后，通过人工时效析出强化，会牺牲合金的部分韧性，使合金达到最大的硬度和屈服强度。对未进行固溶处理或退火的铸件进行人工时效，其作用类似于去应力处理，并略微提高了合金的拉伸性能。退火工艺大大降低了合金产品的抗拉强度，但提高了其塑性，因此也用于某些类型产品的生产制造过程中。

对于某些镁合金来说，主要是通过热处理来得到合金所要求性能的。然而，在镁－锆合金中，锆具有显著的细化晶粒作用，对提高合金力学性能起着极其重要的作用。如果通过热处理得到的合金的晶粒尺寸大小不均匀，可能会出现实际性能与手册上的数据相差很大的情况。

6.3.1 热处理状态代号

表 6-11 中列出了镁合金的基本状态代号。其中状态代号“F”表示未进行热处理，采用 HPDC 工艺生产的零部件通常采用该状态代号。

表 6-11 热处理状态代号及其说明

状态代号	说明
F	原加工状态
O	退火，再结晶状态（仅用于锻件产品）
H	应变强化状态（仅用于锻件产品）
H1	仅进行应变强化
H2	应变强化加不完全退火
H3	应变强化加稳定化处理
W	固溶处理，不稳定状态
T	进行热处理得到稳定状态（F、O 和 H 状态除外）
T2	退火（仅用于铸件产品）
T3	固溶处理加冷加工
T4	固溶处理
T5	仅进行人工时效
T6	固溶处理加人工时效
T7	固溶处理加稳定化处理
T8	固溶处理、冷加工和人工时效
T9	固溶处理、人工时效和冷加工
T10	人工时效和冷加工

注：更多有关热处理状态代号的信息，请参阅 ASTM B296。

状态代号“O”和“H”通常应用于锻件产品

(如锻件、采用挤压和轧制等工艺生产的产品)。为了获得特定的力学性能,采用“T”状态代号表示进行了具体的热处理。

通过采用热处理状态代号的工艺,可达到预期的性能要求。例如,T5 为人工时效热处理,通过该工艺,可以去除应力,改善力学性能。有些热处理没有具体的状态代号。在这种情况下,可以通过最相近的热处理工艺,对合金的性能进行估计。

6.3.2 合金牌号

在 ASTM B275 标准规程中,使用双字母编码表示镁合金牌号中的合金元素。例如,AZ91D 合金含有(质量分数)约 9% Al(A)、1% Zn(Z),字母“D”表示该系列合金规格中的第四个合金。在镁合金牌号中,常采用表 6-12 中所列字母表示合金元素。

表 6-12 镁合金牌号中字母的用法

字母	合金元素	字母	合金元素
A	铝	N	镍
B	铋	P	铅
C	铜	Q	银
D	镉	R	铬
E	稀土	S	硅
F	铁	T	锡
H	钍	V	钆
J	锶	W	钇
K	锆	X	钙
L	锂	Y	锑
M	锰	Z	锌

由于新合金的开发,凸显出了该合金牌号系统的局限性。最明显的问题是,字母“E”代表所有稀土元素,但在新的合金中,区分具体的稀土元素变得越来越重要。有些新合金使用特殊的稀土混合物,而这些特殊的稀土混合物与普通的混合稀土的元素有很大的差别。其中一个典型的例子是稀土元素钆,在合金的双字母编码中,它有自己的编码字母“V”。例如,EV31(Elektron 21)表示含有钆的合金。但是在目前的字母编码中,还没有足够的字母对其他稀土元素进行编码。

随着新合金的开发,现在人们已开始采用不同的命名方法对镁合金进行命名。例如,AJ62 和 EV31 合金使用了以前未使用的字母对合金进行命名。除此之外,还扩展出了非标准方法对合金进行命名。例如,AE44 合金现在有 AE44-4 和 AE44-2 两种合金牌号,前者含有四种稀土元素,后者只含有铈和镧两种稀土元素。再如,用专有名称来表示合金牌号,其中典型的例子为 MRI 系列合金。

为减少歧义,表 6-13 列出了包括 ISO 合金名称在内的常用镁合金牌号。其中 ISO 镁合金牌号以“Mg”开头,然后是空格和主要元素的质量百分数。例如,AZ91 合金的 ISO 牌号为 Mg Al9Zn1。

6.3.3 晶粒尺寸的影响

根据 Hall-Petch 关系,镁合金的力学性能与合金的晶粒尺寸密切相关。通过热处理可以细化晶粒,改善镁合金的力学性能。图 6-22 所示为晶粒直径对 AZ91 镁合金屈服强度的影响。

表 6-13 镁合金及其通常的热处理状态

	常用 ASTM 和/或专用合金名称	ISO 等效(ISO 16220)合金名称	热处理状态代号①
高压压铸合金	AE42	Mg Al4RE2②	F
	AE44-4	Mg Al4RE4②	F,T5
	AE44-2	Mg Al4Ce3La1	F,F5
	AJ62	Mg Al6Sr2	F
	AM20	Mg Al2Mn	F
	AM50A	Mg Al5Mn	F
	AM60B	Mg Al6Mn	F
	AS21	Mg Al2Si1	F
	AS31	Mg Al3Si1	F
	AS41A	Mg Al4Si1	F
	AZ91D	Mg Al9Zn1	F
	MRI 230D	Mg Al7Ca2	F
	MRI 153M	Mg Al8Ca1	F

（续）

	常用 ASTM 和/或专用合金名称	ISO 等效（ISO 16220）合金名称	热处理状态代号①
重力铸造合金	AM100A	Mg A110	T4，T5，T6，T61③
	AZ63A	Mg Al6Zn3	T4，T5，T6
	AZ81A	Mg Al8Zn1	T4
	AZ91E	Mg Al9Zn1	T4，T6
	AZ92A	Mg Al9Zn2	T4，T6
	EQ21A	Mg Nd2Ag1Zr	T6
	EV31（Elektron 21）	Mg Nd3Gd1ZnZr	T6
	EZ33A	Mg RE3Zn3Zr②	T5
	HK31A	Mg Th3Zr	T6
	HZ32A	Mg Th3Zn2Zr	T5
	MRI 201S	Mg Nd3Y2Zr	T6
	MRI 202S	Mg Nd3Zr	T6
	QE22A	Mg Ag2Nd2Zr	T6
	QH21A	Mg Ag2Th1Zr	T6
	SC1	Mg Nd2Ce1ZnZr	T6
	WE43A	Mg Y4Nd3Zr	T6
	WE54A	Mg Y5Nd4Zr	T6
	ZC63A	Mg Zn6Cu3Zr	T6④
	ZE41A（RZ5）	Mg Zn4RE1Zr②	T5
	ZE63A	Mg Zn6RE3Zr②	T6
	ZH62A	Mg Zn6Th2Zr	T5
	ZK51A	Mg Zn5Zr1	T5
	ZK61A	Mg Zn6Zr1	T4，T5，T6
锻造合金	AZ31B	Mg Al3Zn1	F，O，H10，H11，H23，H24，H26
	AZ80A	Mg Al8Zn	T4，T5，T6
	Elektron 43	Mg Y4Nd2Gd1Zr	T5
	Elektron 675	Mg Gd7Y6Zr	T5，T6
	HK31A	Mg Th3Zr1	H24
	HM21A	Mg Th2Mn1	T5，T8，T81⑤
	HM31A	Mg Th3Mn1	T5
	M1A	Mg Mn1	F
	WE43	Mg Y4Nd3Zr	T6
	WE54	Mg Y5Nd4Zr	T5
	ZC71A	Mg Zn7Cu1Zr	F，T5，T6
	ZK40A	Mg Zn4Zr	T5
	ZK60A	Mg Zn6Zr	T5，T6
	ZM21	Mg Zn2Mn1	F，H24
	ZM61	Mg Zn6Mn1	T6

注：部分常用合金是自营专有的。MRI 合金由 Dead Sea Magnesium Ltd. 生产；Elektron 合金由 Magnesium Elektron 公司生产；AE44 和 SC1 合金由 Magontec 公司生产。

① 热处理状态代号见表 6-11。

② RE 为混合稀土，其中含有（质量分数）50% Ce，25% La，其余主要为钕和镨。

③ 与 T6 相同，但时效时间较长，以提高屈服强度。

④ 热处理必须包括氢化。

⑤ 生产中改进了的 T8 处理，以改进力学性能。

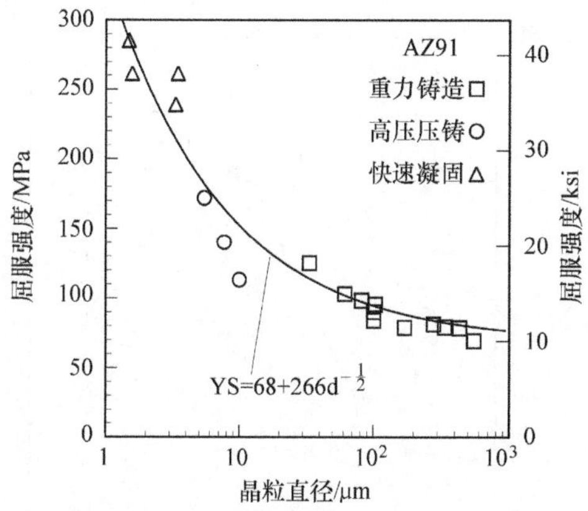

图 6-22　晶粒直径（d）对 AZ91 镁合金屈服强度（YS）的影响

对于具体的合金和热处理状态，合金的性能主要与其晶粒尺寸有关。对于采用重力铸造工艺并充分进行了细化晶粒的镁合金，晶粒尺寸应小于 30μm，最好小于 20μm。而采用高压压铸工艺的镁合金，晶粒尺寸通常在 10μm 以下。采用高温热处理，如固溶处理（T4），会导致晶粒粗化，从而降低合金的力学性能。

6.3.4　硬度与力学性能之间的关系

已公布的热处理对合金性能影响的数据通常以测量的硬度值呈现，但在产品设计时，对力学性能的要求不仅仅是硬度，因此，将现有的硬度数据转化为屈服强度是非常有用的。根据参考文献［2］，现已总结出高压压铸和重力铸造工艺镁合金的硬度（HV）与屈服强度（YS/MPa 或 ksi）之间的关系：

对于重力铸造镁 - 铝合金 YS = 2.27HV - 39

对于高压压铸 AZ91 合金 YS = 2.63HV - 45

由于重力铸件组织相对均匀，而压铸件表层与内部组织具有不同性能，因此，与高压压铸相比，建立重力铸件的硬度与屈服强度之间的关系相对容易些。图 6-23 所示为各种合金采用重力铸造和高压压铸工艺的硬度与屈服强度的关系曲线。重力铸造合金的硬度与屈服强度接近于直线关系，而高压压铸合金的数据则相对较为分散。一般来说，与重力铸造合金相比，通过高压压铸合金的硬度估计的屈服强度往往偏低。

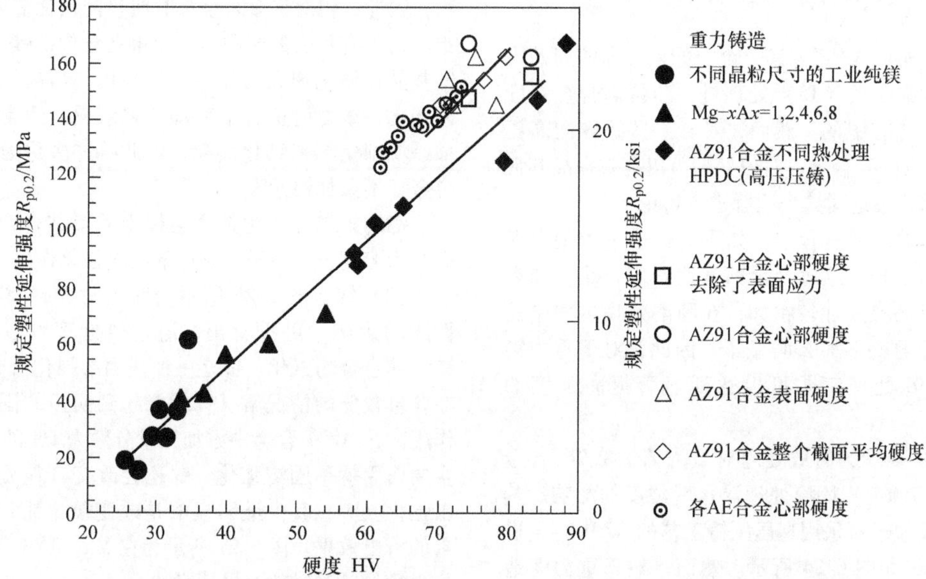

图 6-23　不同（重力铸造和高压压铸）镁合金的硬度与屈服强度之间的关系

注：重力铸造合金的数据来源于参考文献［3］，高压压铸 AZ91 合金的数据来源于参考文献［2，4］。各种 AE 合金数据均为原始数据。

6.3.5　镁合金的析出强化

在大多数情况下，通过热处理可以提高镁合金的力学性能。热处理通常会改变固溶体中合金元素的比例，固溶处理（T4）提高了固溶体中合金元素的含量，而时效处理（T5）通过析出，降低了固溶体中合金元素的含量。T6 热处理为固溶处理加人工时效（T4 和 T5 的组合），旨在通过提高析出相的数量来优化合金的力学性能。

图 6-24 所示为固溶和时效对高压压铸 AZ91 镁合金硬度的影响。固溶处理导致晶粒尺寸从 8μm 增

大到 23μm，由于晶粒长大使合金强度下降抵消了析出对合金强度提高的影响，因此，采用 T6 处理工艺的合金的性能不如采用 T5 处理工艺的合金。由于存在晶粒长大和起泡等问题，对采用高压压铸工艺的镁合金，很少进行固溶处理。

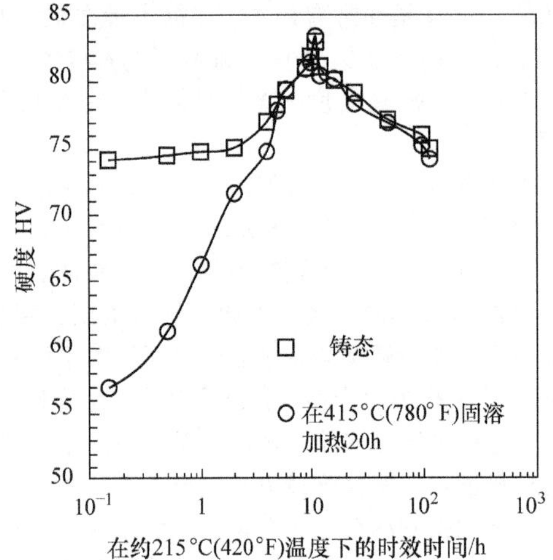

图 6-24 固溶和时效对高压压铸 AZ91 镁合金硬度的影响

对于 AM 和 AZ 系列镁合金，如果合金的起始强度较高，仅靠时效（T5）处理进一步提高合金强度的潜力是十分有限的。然而，对于一些特殊的高压压铸合金，如 AE 合金，时效处理可以有效提高其强度。下面将详细地对这个问题进行讨论。

在较慢的冷却过程中，如重力铸造过程中会形成粗大的析出相，这对合金的强度贡献很小。如果合金的起始晶粒尺寸较粗大，在固溶处理过程中晶粒粗化的问题就不那么明显了。因此，对于重力铸件，采用 T6 处理工艺可以达到显著提高强度的目的。

图 6-25 所示为时效处理对重力铸造 AZ91 合金在 420℃（790℉）固溶处理淬水后硬度的影响。其影响大致类似于对采用高压压铸工艺的 AZ91 合金进行 T6 处理，如图 6-24 所示。然而，对于重力铸造合金，铸态和 T4 处理状态的硬度是相似的，这表明时效处理对合金的性能有明显的改善。

6.3.6 单一元素对析出强化的影响

（1）铝 AZ91 合金中铝的质量分数为 9%。图 6-24 和图 6-25 充分证明了铝对镁合金具有显著的强化效果。在高温下，镁合金固溶体中可固溶高达 12% 的 Al，远超过在 200℃（390℉）下仅能固溶 3% Al 的平衡浓度。在许多合金体系中，正是由于析出形成了中间相，从而极大地提高了合金强度。但

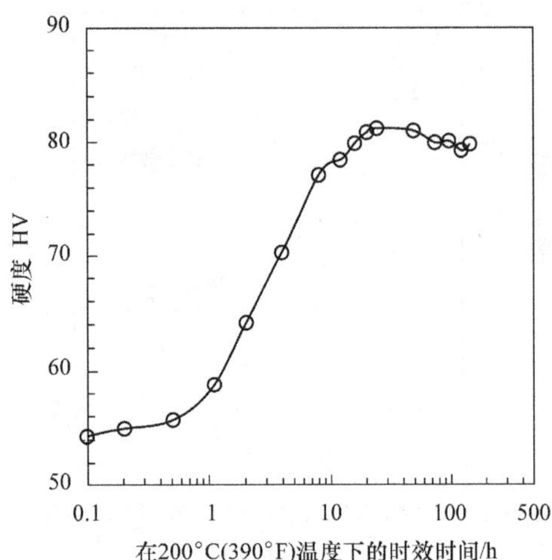

图 6-25 时效处理对重力铸造 AZ91 合金在 420℃（790℉）固溶处理淬水后硬度的影响

在镁 - 铝合金体系中，直接析出了 $Mg_{17}Al_{12}$ 相，而未形成中间相，因此，铝对镁合金的强化效应并没有人们期望的形成高过饱和固溶体那样高。

由于铝会与许多元素发生强烈反应，形成化合物，因此，铝对许多合金都有明显的负面影响作用。铝与锆具有很强的亲和力，使得在含铝的镁合金中，锆基晶粒细化剂无法充分发挥作用。与高压压铸工艺相比，重力铸造合金冷却速率缓慢，通常需要添加晶粒细化剂来细化晶粒，因此，许多重力铸造镁合金都不添加铝元素。

铝的第二个问题是会与稀土元素结合，降低它们的固溶度，从而阻止它们的析出强化作用。

（2）锌 图 6-26 所示为时效对 Mg - 8Zn 合金性能的影响，可以看出，通过热处理可以实现对镁 - 锌合金的强化。锌是一种强固溶强化合金元素，在含量较低的情况下，锌就能起到明显的固溶强化作用。在 AZ91 合金中添加质量分数为 1% 的 Zn，其主要作用就是固溶强化。锌还会改变其他元素的析出强化反应，其中最明显的是改变钕、钆和钇等元素的析出效果。图 6-27 所示为在 Mg - 3Nd 合金中添加少量的锌对时效效果的影响。

（3）锰 在含铝的镁合金中添加少量的锰，以实现对合金中含铁量的控制。锰与铝具有很强的亲和力，能与铝结合形成化合物，限制其固溶度和增加析出强化潜力。在不含铝的镁合金中，锰的固溶度相对较高，在时效过程中会产生析出，但这种析出没有强化效果。

在采用高压压铸工艺的 AE 型镁合金中，如 AE44 合金，锰起着重要的作用。在该类含锰的合金中，会发生明显的时效强化现象，如图 6-28 所示。

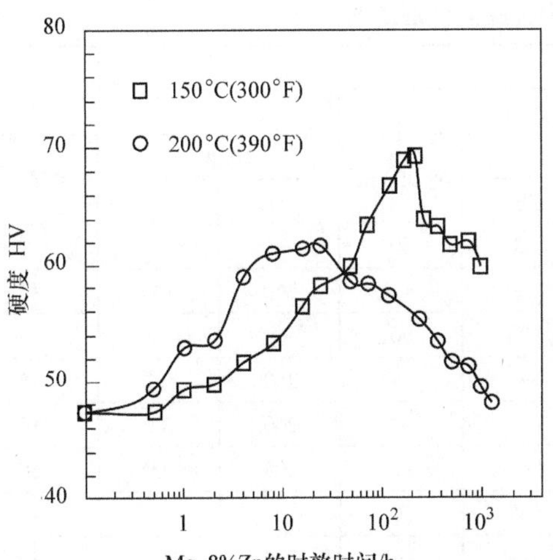

图 6-26　时效时间对 Mg-8Zn 镁合金硬度的影响

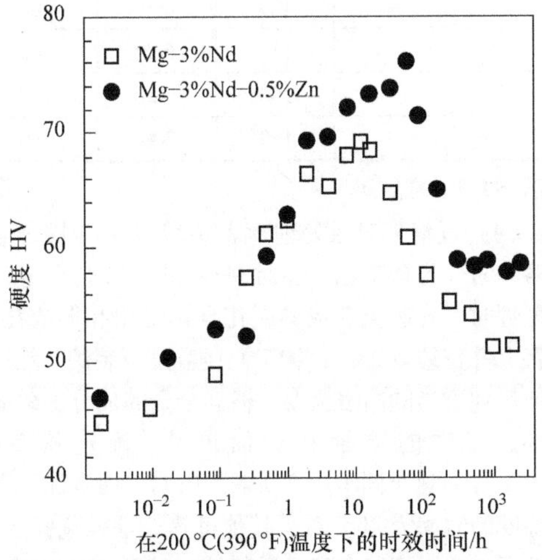

图 6-27　时效时间对 Mg-3Nd 合金硬度的影响

注：从图中可以看出添加少量锌的影响效果。

（4）稀土和钇　许多稀土元素，从钕（原子序数 60）到镥（原子序数 71）和化学性质相似的钇（原子序数 39），在不含铝的镁合金中都具有很高的固溶度，具有很大的析出潜力。其中钕、钇和钆尤其重要，在 WE43、Elektron 21、Elektron 43 和 Elektron 675 等镁合金中，都添加了这些元素。

（5）其他元素　有几种其他元素也能产生显著的时效强化效果，但由于各种原因，包括成本因素、放射性、对耐蚀性和/或浇注性能产生负面影响等，其使用受到了限制。这些元素包括银、钍、铜和钙。关于这些元素的全面信息可以在文献［5］中找到。

6.3.7　镁合金热处理类型

表 6-13 中列出了常用铸造和锻造镁合金的热处理状态。关于镁合金热处理的详细信息，请查阅 ASTM B661 和 AMS 2768。

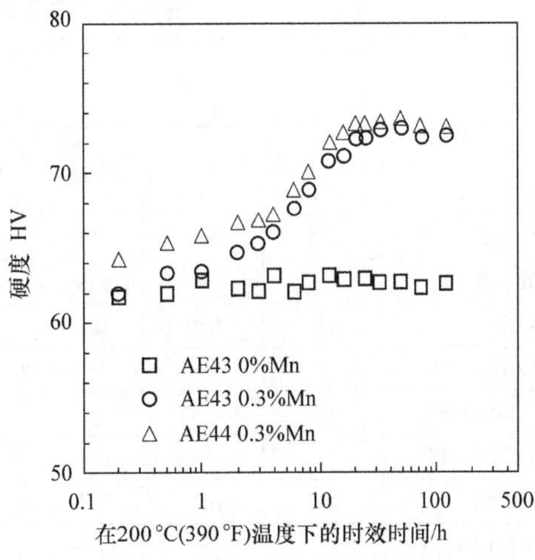

图 6-28　高压压铸 AE 合金的时效时间对硬度的影响

注：从图中可以看出添加少量锰的影响效果。

（1）退火　在不同应变强化状态下的锻造镁合金，可以在 290～455℃（550～850℉）温度范围退火 1h 或更长时间。镁合金的退火温度见表 6-14。

（2）锻造镁合金的去应力处理　去应力处理的目的是降低或去除在冷/热加工、成形、矫直和焊接工艺中，锻造镁合金所产生的残余应力。

为了最大限度地去除装配应力，表 6-15 列出了推荐的去应力工艺参数。为了尽可能地减少挤压件与冷轧板在焊接时产生的变形，应采用较低的去应力处理温度和较长的保温时间。例如，可在 150℃（300℉）保温 60min，而不是在 260℃（500℉）保温 15min。

表 6-14　锻造镁合金的退火温度

合金	原状态代号	退火温度①	
		℃	℉
AZ31B	F，H10，H11，H23，H24，H26	345	650
AZ31C	F	345	650
AZ61A	F	345	650
AZ80A	F，T5，T6	385	725
HK31A	H24	400	750
HM21A	T5，T8，T81	455	850
HM31A	T5	455	850
ZK60A	F，T5，T6	290	550

① 保温时间等于或大于 1h。

表 6-15 推荐的锻造镁合金去应力处理工艺

合金	薄板						挤压件和锻件		
	退火			冷轧					
	温度		时间/min	温度		时间/min	温度		时间/min
	℃	℉		℃	℉		℃	℉	
AZ31B	345	650	120	150	300	60	—	—	—
AZ31B－F	—	—	—	—	—	—	260	500	15
AZ61A	345	650	120	205	400	60	—	—	—
AZ61A－F	—	—	—	—	—	—	260	500	15
AZ80A－F	—	—	—	—	—	—	260	500	15
AZ80A－T5	—	—	—	—	—	—	205	400	60
HK31A	345	650	60	290	550	30	—	—	—
HM21A－T5	—	—	—	—	—	—	370	700	30
HM21A－T8	—	—	—	370	700	30	—	—	—
HM21A－T81	—	—	—	400	750	30	—	—	—
HM31A－T5	—	—	—	—	—	—	425	800	60
ZC71A－T5	—	—	—	—	—	—	330	625	60
ZK60A－F	230	450	180	—	—	—	260	500	15
ZK60A－T5	—	—	—	—	—	—	150	300	60

注：为防止应力腐蚀开裂，焊接后去应力处理，仅适用于 $w(Al)>1.5\%$ 的合金。

（3）镁合金铸件的去应力处理 对铸件进行精密加工，必须避免其出现翘曲和变形；对镁－铝铸造合金进行焊接时，必须防止其出现应力腐蚀开裂，因此，必须消除残余应力对铸件的影响。虽然镁合金铸件中一般不存在很高的残余应力，但镁合金的弹性模量低，可能在相对较低的应力下，就会产生很大的弹性变形。

在凝固过程中，由于铸型的约束作用，以及热处理过程中的不均匀冷却或淬火，都可能产生残余应力。机加工过程也会产生残余应力，在进行最终机加工前，必须进行中间去应力处理。

焊接修复可能会产生很大的危险应力，应采用热处理工艺，以防止后续的变形和开裂。请参阅本节“焊接修复组件的热处理”中的有关内容。

对铸件采用表 6-16 中所列的去应力处理工艺，而不会对其力学性能产生明显影响。

表 6-16 镁合金铸件的去应力处理

合金	状态代号	去应力处理工艺
Mg－Al－Mn	全部	在 260℃（500℉）保温 1h
Mg－Al－Zn	全部	在 260℃（500℉）保温 1h
ZK61A	T5	在 330℃（625℉）保温 2h，然后在 130℃（265℉）保温 48h
ZE41A	全部	在 330℃（625℉）保温 2h

（4）固溶和时效处理 表 6-17 所列为镁合金的固溶和时效处理工艺。在对 Mg－Al－Zn 合金进行固溶处理时，为避免造成共晶化合物熔化和形成孔洞，应将工件在约 260℃（500℉）的温度下装炉，然后缓慢加热到适当的固溶温度。根据合金的成分、载荷的大小、工件的重量和截面尺寸，确定从 260℃（500℉）加热至固溶温度所需的时间。通常加热至固溶温度的时间为 2h。对于其他可热处理强化镁合金，工件可以在固溶温度到温后装炉。对于 HK31A 合金，为避免出现晶粒粗化，应尽可能快地加热至保温温度。

在时效过程中，应将镁合金工件在到温后装炉，并保温适当的时间，然后空冷。对于某些镁合金，可选择不同的人工时效处理，见表 6-17。

（5）重新加热处理 正常情况下，当力学性能在预期范围内，并进行了规定的热处理时，不需要再加热进行热处理。但是，如果热处理铸件的微观组织过于复杂，或者铸件在固溶处理缓慢冷却时发生了过时效，则需要进行重新加热处理。大多数镁合金都可以进行重新加热处理，很少会发生晶粒异常长大的危险。然而，如果对 HK31A 合金进行重新加热处理，则应仔细检查铸件是否出现晶粒异常长大的情况。为防止 Mg－Al－Zn 合金出现晶粒异常长大现象，重新固溶加热处理时间应限制在 30min 以内（假定在先前的热处理中，已经根据工件尺寸进行了适当的固溶处理）。

表 6-17　重力铸造和锻造镁合金推荐的固溶处理和时效处理工艺

合金		最终状态	时效①			固溶③					固溶后的时效		
			温度		时间/h	温度		时间/h	最高温度		温度		时间/h
			℃，6②	℉，10②		℃，6②	℉，10②		℃	℉	℃，6②	℉，10②	
Mg－Al－Zn 铸件④	AM100A	T5	232	450	5	—	—	—	—	—	—	—	—
		T4	—	—	—	424⑤	795⑤	16～24⑤	432	810	—	—	—
		T6	—	—	—	424⑤	795⑤	16～24⑤	432	810	232	450	5
		T61	—	—	—	424⑤	795⑤	16～24⑤	432	810	218	425	25
	AZ63A	T5	260⑥	500⑥	4⑥	—	—	—	—	—	—	—	—
		T4	—	—	—	385	725	10～14	391	735	—	—	—
		T6	—	—	—	385	725	10～14	391	735	218⑥	425⑥	5⑥
	AZ81A	T4	—	—	—	413⑤	775⑤	16～24⑤	418	785	—	—	—
	AZ91C	T5	168⑦	335⑦	16⑦	—	—	—	—	—	—	—	—
		T4	—	—	—	413⑤	775⑤	16～24⑤	418	785	—	—	—
		T6	—	—	—	413⑤	775⑤	16～24⑤	418	785	168⑧	335⑧	16⑧
	AZ92A	T5	260	500	4	—	—	—	—	—	—	—	—
		T4	—	—	—	407⑨	765⑨	16～24⑨	413	775	—	—	—
		T6	—	—	—	407⑨	765⑨	16～24⑨	413	775	218	425	5
Mg－Zn－Cu 铸件	ZC63A⑩	T6	—	—	—	440	825	4～8	445	835	200	390	16
Mg－Zr 铸件	EQ21A⑩	T6	—	—	—	520	970	4～8	530	985	200	390	16
	EZ33A	T5	175	350	16	—	—	—	—	—	—	—	—
	HK31A⑪	T6	—	—	—	566	1050	2	571	1060	204	400	16
	HZ32A	T5	316	600	16	—	—	—	—	—	—	—	—
	QE22A⑪	T6	—	—	—	525	980	4～8	538	1000	204	400	8
	QH21A⑪	T6	—	—	—	525	980	4～8	538	1000	204	400	8
	WE43A⑪	T6	—	—	—	525	980	4～8	535	995	250	480	16
	WE54A⑪	T6	—	—	—	527	980	4～8	535	995	250	480	16
	ZE41A	T5	329⑫	625⑫	2⑫	—	—	—	—	—	—	—	—
	ZE63A⑬	T6	—	—	—	480	895	10～72	491	915	141	285	48
	ZH62A	T5	329 ＞177	625 350	2 16	— —	— —	— —	— —	— —	— —	— —	— —
	ZK51A	T5	177⑭	350⑭	12⑭	—	—	—	—	—	—	—	—
	ZK61A	T5	149	300	48	—	—	—	—	—	—	—	—
		T16	—	—	—	499⑮	930⑮	2⑮	502	935	129	265	48

（续）

合金		最终状态	时效①			固溶③					固溶后的时效		
			温度		时间/h	温度		时间/h	最高温度		温度		时间/h
			℃，6②	°F，10②		℃，6②	°F，10②		℃	°F	℃，6②	°F，10②	
锻件	AZ80A	T5	150	300	24	—	—	—	—	—	—	—	—
	ZK60A	T5	177	350	16 ~ 24	—	—	—	—	—	—	—	—
	ZC71A⑩	T5	180	355	16	—	—	—	—	—	—	—	—
	ZD71A⑩	T6	—	—	—	430	805	4 ~ 8	435	815	180	355	16

注：对厚度大于50mm（2in）的大截面工件需要延长保温时间。

① 从原加工状态时效至T5状态。

② 引用出处不同，数据有所不同。

③ 除另有说明外，铸件在固溶处理后快速风冷至室温，然后进行时效。当加热温度超过400℃（750°F）时，采用二氧化碳（CO_2）、二氧化硫（SO_2）或0.5% ~1.5%六氟化硫（SF_6）加二氧化碳（CO_2）作为保护气氛。

④ Mg - Al - Zn合金的固溶处理工艺为在260℃（500°F）装炉，均匀加热2h以上时间至固溶温度。

⑤ 为防止晶粒过度长大，代替处理工艺为在（413 ±6）℃［(775 ±10)°F］保温6h，在（352 ±6）℃［(665 ±10)°F］保温2h，在（413 ±6）℃［(775 ±10)°F］保温10h。

⑥ 代替处理工艺：在（232 ±6）℃［(450 ±10)°F］保温5h。

⑦ 代替处理工艺：在（216 ±6）℃［(420 ±10)°F］保温4h。

⑧ 代替处理工艺：在（216 ±6）℃［(420 ±10)°F］保温5 ~6h。

⑨ 为防止晶粒过度长大，代替处理工艺：在（407 ±6）℃［(765 ±10)°F］保温6h，在（352 ±6）℃［(665 ±10)°F］保温2h，在（407 ±6）℃［(765 ±10)°F］保温10h。

⑩ 固溶淬火可选择65℃（150F）的水或其他合适的介质。

⑪ HK31A合金铸件必须在到温后装炉，并尽快加热到原加热温度。

⑫ 这种处理工艺可达到令人满意的性能；选择在（177 ±6）℃［(350 ±10)°F］保温16h，可略改善力学性能。

⑬ 由于ZE63A合金的力学性能是通过部分合金元素氢化得到的，必须在特殊氢气氛中进行固溶处理。氢化时间与工件截面厚度有关。一般工件截面厚度6.4mm（1/4in）大约需要10h，而工件截面厚度为19mm（3/4in）时大约需要72h。固溶加热保温完成后，ZE63A合金应该用油、喷雾或强制风冷进行淬火。

⑭ 代替处理工艺：在（218 ±6）℃［(425 ±10)°F］保温8h。

⑮ 代替处理工艺：在（482 ±6）℃［(900 +10)°F］保温10h。

6.3.8 影响热处理的主要因素

在镁合金热处理时，应该考虑铸件尺寸和截面厚度，铸件尺寸与炉膛容量的关系，以及炉内铸件放置等因素。

（1）截面尺寸和加热时间　没有对单位厚度镁合金零件的加热时间进行统一的规定。然而，由于镁合金的热导率很高，加上单位体积的比热容低，零件很快就可加热达到保温温度。通常的做法是，当装载有工件的炉子达到设置的温度时，开始计算保温时间。

表6-17列出了镁合金热处理的保温时间，这能满足大部分普通装载热处理炉和中等厚度铸件的要求。在对厚截面镁合金铸件［偶尔厚度可能小于25mm（1in），但通常厚度超过50mm（2in）］进行热处理时，通常是在固溶温度下增加一倍的保温时间。例如，对于AZ63A镁合金铸件，一般固溶处理工艺是在385℃（725°F）保温12h；对于截面厚度大于50mm（2in）的铸件，建议在385℃（725°F）保温25h。为防止AZ92A镁合金铸件在固溶时晶粒过度长大，建议的固溶处理工艺是在约405℃（765°F）保温6h，然后在350℃（665°F）保温2h，并在约405℃（765°F）再保温10h。对于截面厚度大于50mm（2in）的铸件，建议最后在405℃（765°F）保温的时间从10h延长至19h。确定是否需要额外增加固溶处理保温时间的最有效的方法是，沿铸件最厚截面处切开，检查中心部位的微观组织。如果热处理保温时间足够长，组织中的化合物数量应该很少。

（2）热处理时间和温度　通过改变表6-17中推荐的热处理时间和温度，可以在很宽的范围内改变镁合金的力学性能，如图6-29 ~ 图6-32所示。QE22A - T6合金试样通过在540℃（1000°F）固溶4h，可以达到最高的力学性能，如图6-29所示；但适当降低固溶温度，采用在525℃（980°F）固溶8h的工艺，可以降低和减少变形。如果选择较高的固溶温度，则会有发生初熔的危险。

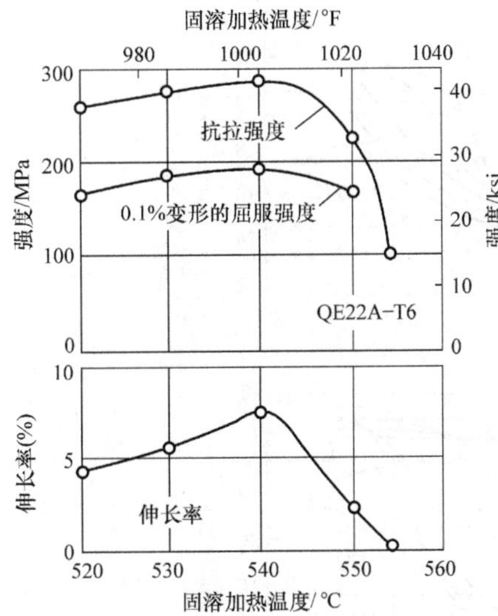

图 6-29　固溶处理温度对 QE22A－T6 合金拉伸性能的影响

注：从 QE22A－T6 铸造合金加工成直径为 25mm（1in）的试样测试得到的数据。试棒加热保温时间为 4h。

（3）保护气氛　虽然镁合金可以在空气中加热进行热处理，但几乎总是在保护气氛中进行固溶处理。美国国家军用标准 MIL－M－6857 中建议，采用 400℃（750℉）以上的温度进行固溶处理时，应采用保护气氛。保护气氛具有两重作用，其一是防止表面氧化（如果严重的话，可能会降低合金强度）；其二是在炉温超过适当温度的情况下，防止自身燃烧。

保护气氛通常使用六氟化硫、二氧化硫和二氧化碳三种气体，也可以使用惰性气体。然而，由于惰性气体成本较高，大多数情况下一般不使用。在二氧化碳中添加体积分数为 0.5%～1.5% 的二氧化硫，将可以阻止在 600℃（1110℉）以上温度镁合金的活性燃烧。二氧化硫以瓶装供货，二氧化碳既可以瓶装供货，也可以从燃气炉中的循环燃烧气体产物中得到。如果合金没有发生熔化，则体积分数为 0.7%（不小于 0.5%）的二氧化硫将可以阻止达到 565℃（1050℉）时镁合金的活性燃烧；3% 的二氧化碳可以阻止达到 510℃（950℉）时镁合金发生活性燃烧；5% 的二氧化碳可为大约 540℃（1000℉）时的固溶处理提供保护。

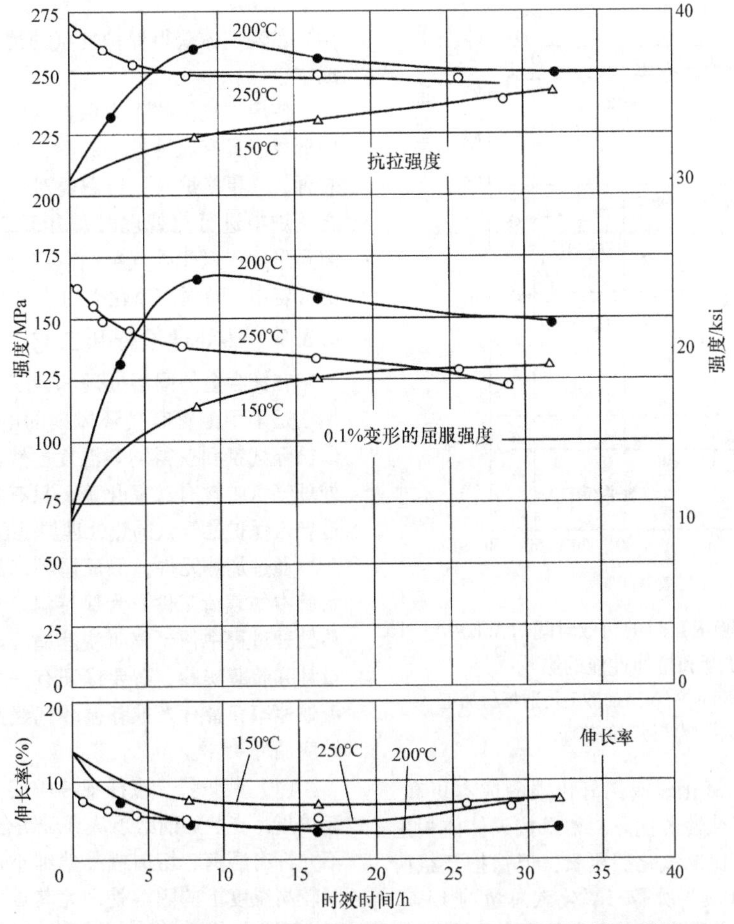

图 6-30　时效时间和温度对 QE22A－T6 合金拉伸性能的影响

注：从 QE22A－T6 铸造合金加工成直径为 25mm（1in）的试样测试得到的数据。

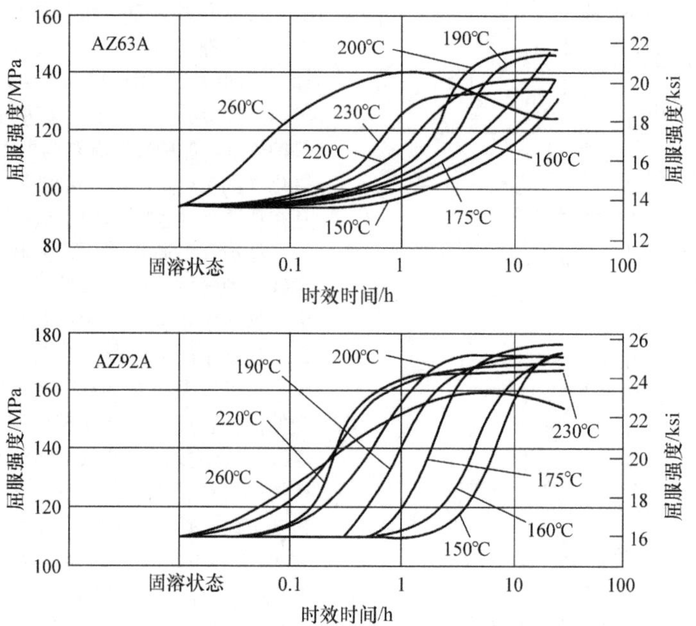

图 6-31　时效时间和温度对 AZ63A 和 AZ92A 合金砂型铸件屈服强度的影响

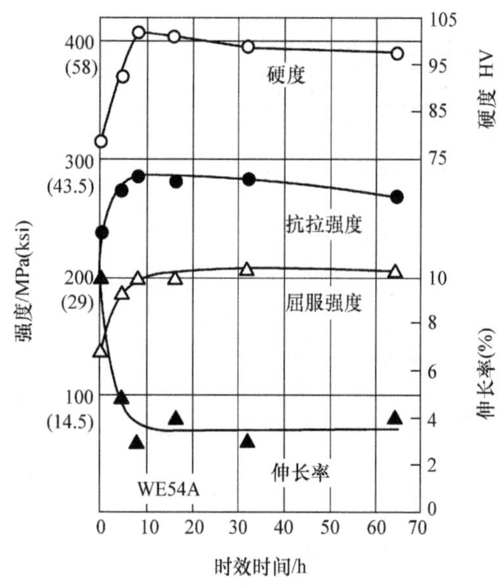

图 6-32　250℃（480℉）时的时效时间对 WE54A－T6 合金硬度和拉伸性能的影响

注：从厚度为 25mm（1in）的砂型铸造板材加工成试样测试得到的数据。

六氟化硫比二氧化硫或二氧化碳的成本更高，但具有无毒、无腐蚀性的优点。如果按气体体积进行计算，二氧化硫比二氧化碳更贵，但保护气氛所需的二氧化硫总量仅为所需二氧化碳总量的 15%。因此，如果使用二氧化硫保护气氛，采用瓶装气体制备保护性气氛的成本更低。在使用燃气炉和通过循环燃烧气体获得保护气氛的情况下，二氧化碳的成本较低。

使用二氧化硫作为保护气氛，由于在炉内系统中形成了具有腐蚀性的硫酸，需要经常清洗炉具和装置，并更换炉具。当需要对镁合金和铝合金铸件在同炉中进行热处理时，由于二氧化硫对铝有害，需要采用二氧化碳气氛。在政府关于二氧化硫使用的规定中，也对二氧化碳的使用进行了规定。

6.3.9　热处理设备和工艺

在镁合金的固溶处理和人工时效过程中，常规做法是采用配置有循环风扇的电加热炉或燃气炉，以循环气氛和获得均匀温度。然而，由于有时固溶处理气氛中含有二氧化硫，只有那些气密性高，通过导入保护性气氛的热处理炉是合适的。

通过加热元件，保证循环气氛均匀地通过炉内料筐中的载荷工件。为保持温度分布均匀，必须在热处理过程中保证气氛快速循环。根据热处理炉的设计和装载实践，需要保证有一个最低的循环气氛流通速率，曾有人推荐循环气氛流通量的变化每分钟应循环 45 次。

（1）装炉量　应仔细考虑镁合金零件热处理的装炉量。在装炉前必须认真对镁合金零件进行清洗，不允许有磨屑、切屑或其他细小灰尘带入炉内，这对较高温度下的固溶处理尤其重要。由于不同合金的非平衡熔点不同，因此最好同炉装载成分相同的合金。在装炉时还必须考虑工件的放置位置，防止出现循环气氛流通不畅，造成加热不均匀的情况。

（2）温度控制 需要对镁合金的热处理温度进行精确控制。镁合金固溶加热温度的最大允许误差为±6℃（±10℉），见表 6-17。

镁合金固溶处理和析出时效热处理的最安全、最适宜的炉温控制系统由三部分组成。第一部分控制装置主要检测加热室内的温度，并控制加热速率，以达到和保持设置的温度。该控制装置由温度传感器（通常是热电偶）和温度记录及控制器组成。

第二个控制部分是炉内载荷温度传感器，用于确定载荷是否达到温度。它由一个放置在载荷处的热电偶和温度指示装置组成，其中包括报警温度指示装置、用于发出信号或提示开始载荷到温的计时装置。这种温度控制装置对于防止过热是非常有用的。

第三个控制部分是一种安全装置，用于防止载荷严重过热或可能发生的镁火灾。它通常由位于炉顶处的热电偶和温度指示控制器组成。在出现安全问题时，该控制装置会切断热处理炉的总电源。在炉子再次加热之前，必须重新对该控制器进行设置。

（3）淬火冷却介质 通常，镁合金产品在固溶处理后采用空气淬火冷却。一般情况下，静止空气通常能满足大部分镁合金固溶淬火的要求，而对于密集载荷或截面极厚的工件，可采用强制风冷却。QE22A 和 QH21A 合金是一个例外，它们通常不采用空冷淬火。为了达到最好的力学性能，QE22A 和 QH21A 合金应采用 60～95℃（140～200℉）的水进行淬火。为了减少变形和达到与淬水相近的力学性能，可采用乙二醇或油进行淬火。淬水可能对 QE22A 合金产品造成严重变形，如果冷却速率超过 3℃/s（5℉/s），可以采用空气冷却。表 6-18 所列为 QE22A－T6 合金单铸试棒在静止空气、强制风冷和 65℃（150℉）水中冷却的拉伸性能数据。

表 6-18 淬火冷却介质对 QE22A－T6 合金平均拉伸性能的影响

淬火冷却介质	抗拉强度		屈服强度①		伸长率②（%）
	MPa	ksi	MPa	ksi	
静止空气③	232	33.6	158	22.9	3.8
强制对流空气③	250	36.2	182	26.4	3.5
65℃（150℉）水③	270	39.2	190	27.5	3.0
30%聚乙二醇聚合物④	269	39.0	190	27.5	3.0

① 0.2%变形量。

② 标距 50mm（2in）。

③ 从直径为 25mm（1in）的单铸试棒加工成试样测试得到的性能。

④ 从铸件上加工成试样测试得到的性能。

（4）变形控制 随着温度提高，铸造镁合金的强度降低。为防止复杂形状镁合金铸件在固溶处理中因自重下垂产生变形，以及平板镁合金铸件产生翘曲变形，通常需要进行去应力处理。为了防止工件产生变形，在热处理过程中，可将铸件连接起来组成一个整体，使用简单的固定装置，或者采用复杂的铸件或机加工夹具或固定装置。所采用的具体方法取决于铸件的复杂程度和数量，以及所需对尺寸的控制程度。无论采用何种方法，都不能影响铸件在加热过程中的热循环。虽然采用夹具或固定装置减少了铸件的翘曲变形，但有些铸件在固溶处理后仍需要进行矫直。在固溶处理后进行时效前，是最适合和最容易进行矫正处理的。

6.3.10 热处理中的问题及其预防措施

镁合金在热处理中可能遇到氧化、熔合孔洞、翘曲、晶粒粗化、异常晶粒长大和性能不一致六个常见问题。表 6-19 对造成这些问题的原因和预防措施进行了介绍。

表 6-19 镁合金热处理中常见问题的原因及预防措施

问题	原因	预防措施
氧化	未使用保护性或惰性气氛进行热处理，会导致金属零件局部性能降低，甚至会导致炉内金属发生燃烧	在约 1.5% SO_2 或 0.2%～0.5% $SF_6$① 可控气氛中，或者在 HFC－134a 干燥空气、CO_2 或氩气气氛中进行热处理。保证炉内干净和完全干燥

（续）

问题	原因	预防措施
熔合孔洞	对于 Mg－Al－Zn 合金，从 260（500℉）到 370℃（700℉）的加热速率不当，或者超过该合金，或以锌、钍和稀土元素为主要合金元素的合金所推荐的固溶温度加热。当温度超过固溶度曲线温度时，通常不会观察到熔合孔洞。在这种情况下，晶界上的相将沿着晶界生长，形成细长状形貌，同时通常伴随着晶粒粗化	对于 Mg－Al－Zn 合金，在炉温达到 260℃（500℉）后装炉，然后均匀加热超过 2h 至固溶温度，控制固溶温度不超过规定温度 6℃（10℉）
翘曲	热处理过程中铸件没有支承，炉内温度不均匀	对长跨度、薄截面工件进行支承，对复杂形状工件采用夹具夹持；对炉内气氛进行循环
晶粒粗化	对于 HK31A 合金，延长了达到固溶温度的时间，或保温时间过长	对 HK31A 合金进行固溶处理时，空炉加热到温后进行装炉，应迅速将铸件装入炉内，并尽快关闭炉门和尽快加热。对保温时间也应该进行控制
晶粒异常长大	在 AM 100A、AZ81A、AZ91C 和 AZ92A 合金固溶处理的后期发生晶粒长大	采用防止晶粒粗化的热处理工艺（见表 6-17 中的注解⑤和⑨）
性能不一致	炉温偏低或过高，炉内热循环不充分，温度控制出现故障，固溶处理后的冷却速率过慢，大截面工件的固溶保温时间不足	用标准热电偶对炉内不同位置的温度进行检测。在炉内均匀放置热处理铸件，以保证良好的热循环。经常对温度控制装置进行检查，并确保炉内温度均匀。增加固溶保温时间，以实现完全的均匀化

① 由于六氟化硫（SF_6）是高的全球温室效应物质，在有些地区是禁止使用的。

（1）尺寸稳定性　在正常服役达到约 95℃（200℉）时，所有铸造镁合金都具有良好的尺寸稳定性，可以认为铸造镁合金不会受到附加尺寸变化的影响。

在超过 95℃（200℉）的温度长时间服役后，有些状态下的铸造 Mg－Al－Mn 和 Mg－Al－Zn 合金在一定程度上显示出了轻微的永久性伸长（物理长度变化），如图 6-33 和图 6-34 所示。虽然这种伸长很小，但在生产实际中也会产生问题。

（2）发动机盖板尺寸变化实例　采用 AZ63A 砂型铸造合金生产制造的飞机发动机盖板，在铸态（F 状态）下使用，在发动机的运行过程中，温度的升高引起了盖板尺寸的变化。由于这种尺寸增长，当发动机拆除检修需要取下盖板时，无法正常取下盖板装配孔上的螺栓，造成盖板无法被替换。在盖板替换前，通过选择适当的处理工艺（T5 或 T6 状态），可以解决这个问题。

与 Mg－Al－Zn 合金的伸长特性形成对比的是，以钍、稀土金属和锆为主加合金元素的镁合金。通常，这些合金在 T5 或 T6 状态下使用，它们在高温下会发生尺寸收缩，而不是伸长（表 6-20）。

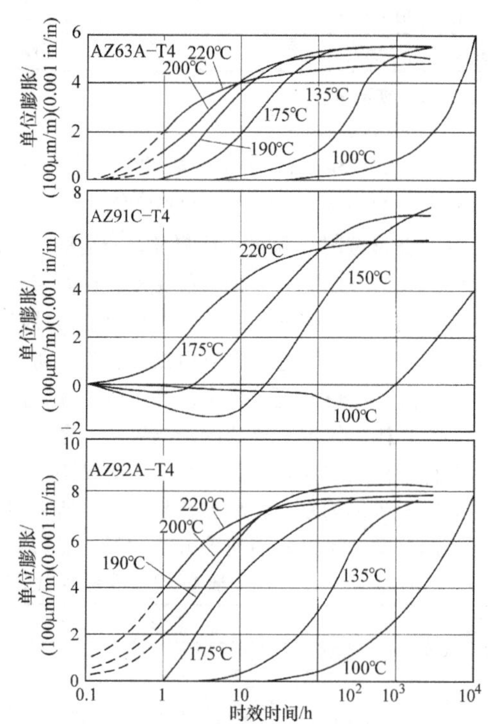

图 6-33　时效时间和温度对固溶处理后的 AZ63A、AZ92A 和 AZ91C 合金单位长度增长变化的影响

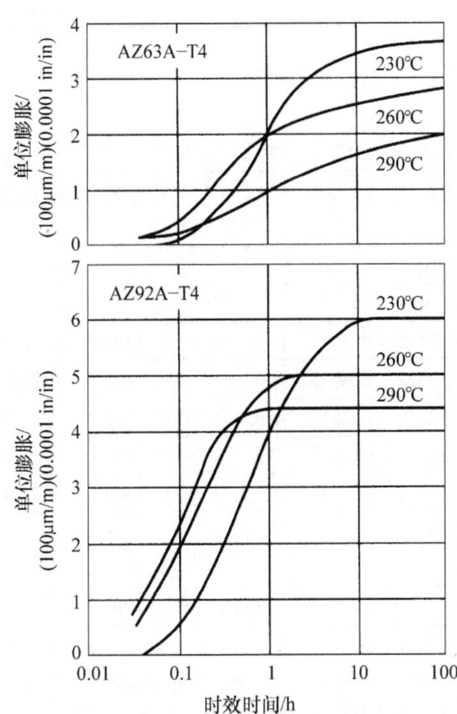

图6-34 时效时间和温度对固溶处理后的AZ63A和AZ92A合金单位长度增长变化的影响

6.3.11 焊接修复件的热处理

经焊接修复或修补的镁合金砂型铸件，可通过随后的热处理降低残余应力。如果在焊接过程中或焊接前预热时，焊接件的力学性能受到了损伤或发生了改变，则可以通过热处理恢复铸件的力学性能。

表6-21所列为镁合金铸件焊接后的热处理工艺。应该根据焊接前铸件的状态和焊接后所要求的状态，选择合适的热处理工艺。为充分去除铸件应力和使焊接部位达到最佳力学性能，通常必须进行焊后热处理。为防止合金发生氧化或燃烧，需要采用保护气氛进行固溶处理。如果AZ81A、AZ91C和AZ92A合金铸件焊接前处于T4或T6状态，则只使用最短的固溶保温时间（30min）进行固溶处理。如果Mg-Al-Zn合金铸件在焊接后不需要进行固溶处理，则应该在260℃（500℉）保温1h，进行去应力处理，以消除发生应力腐蚀开裂的可能性。

表6-20 高温下铸造镁合金发生尺寸收缩

合金	温度		在该温度下某时间（h）的单位收缩（×10000）①			
	℃	℉	10	100	1000	5000
EZ33A-T5	205	400	1.1	1.3	1.3	1.3
	260	500	1.3	1.6	1.8	1.9
	315	600	1.2	1.5	1.7	1.8
	370	700	1.0	1.2	1.3	1.4
HK31A-T6	205	400	0.3	0.3	0.3	0.3
	260	500	0.3	0.5	0.7	0.7
	315	600	0.2	0.5	1.3	1.3
	370	700	0.6	1.1	1.1	1.1
HZ32A-T5	205	400	1.1	1.3	1.4	1.4
	260	500	0.8	1.0	1.1	1.2
	315	600	0.8	1.0	1.1	1.2
	370	700	0.6	0.8	0.9	1.0

① 单位长度为10000×工件长度变化/工件长度。例如0.0001m/m、0.1mm/m、100μm/m或0.0001in/in。

表6-21 镁合金铸件的焊后热处理

合金	焊条	焊接前状态	焊接后希望的状态	焊后热处理
AZ63A	AZ63A或AZ92A①	F	T4	在（385±6）℃［（725±10）℉］保温12h②
		F	T6	在（385±6）℃［（725±10）℉］保温12h②，然后在220℃（425℉）保温5h
		T4	T4	在（385±6）℃［（725±10）℉］保温0.5h
		T4或T6	T6	在（385±6）℃［（725±10）℉］保温0.5h，然后在220℃（425℉）保温5h
AZ81A	AZ92A或AZ101	T4	T4	在（413±6）℃［（775±10）℉］保温0.5h③
AZ91C	AZ92A或AZ101	T4	T4	在（413±6）℃［（775±10）℉］保温0.5h③
		T4或T6	T6	在（413±6）℃［（775±10）℉］保温0.5h③，在215℃（420℉）保温4h或在170℃（335℉）保温6h
AZ92A	AZ92A	T4	T4	在（407±6）℃［（765±10）℉］保温0.5h③
		T4或T6	T6	在（407±6）℃［（765±10）℉］保温0.5h③，在260℃（500℉）保温4h或在220℃（425℉）保温5h

（续）

合金	焊条	焊接前状态	焊接后希望的状态	焊后热处理
EQ21A	EQ21A	T4 或 T6	T6	在（505 +6）℃［（940 ±10）℉］保温 1h，淬火，在 205℃（400℉）保温 16h
EZ33A	EZ33A	F 或 T5	T5	在 345℃（650℉）保温 2h④，和/或在 215℃（420℉）保温 5h 或在 220℃（425℉）保温 24h
HK31A	HK31A⑤	T4 或 T6	T6	在 205℃（400℉）保温 16h⑥
HZ32A	HZ32A⑤	F 或 T5	T5	在 315℃（600℉）保温 16h
QE22A	QE22A	T4 或 T6	T6	在（510 ±6）℃［（950 +10）℉］保温 1h，淬火，在 205℃（400℉）保温 16h
QH21A	QH21A	T4 或 T6	T6	在（510 ±6）℃［（950 +10）℉］保温 1h，淬火，在 205℃（400℉）保温 16h
WE43A	WE43A	T4 或 T6	T6	在（510 ±6）℃［（950 +10）℉］保温 1h，淬火，在 205℃（400℉）保温 16h
WE54A	WE54A	T4 或 T6	T6	在（510 ±6）℃［（950 +10）℉］保温 1h，淬火，在 205℃（400℉）保温 16h
ZC63A	ZC63A	T4 或 T6	T6	在（425 ±6）℃［（797 +10）℉］保温 1h，淬火，在 205℃（400℉）保温 16h
ZE41A	ZE41A⑤	F 或 T5	T5	在 330℃（625℉）保温 2h⑦
ZH62A	ZE62A⑤	F 或 T5	T5	在 250℃（480℉）保温 12h⑦
ZK51A	ZK51A⑤	F 或 T5	T5	在 330℃（625℉）保温 2h，然后在 175℃（350℉）保温 16h

① 由于采用 AZ92A 焊条焊接，在 385℃（725℉）保温 12h 会导致焊接处晶粒粗化，所以必须采用 AZ63A 焊条对 F 状态的 AZ63A 合金进行焊接。除规格要求采用 AZ63A 焊条焊接外，T4 或 T6 状态的 AZ63A 合金可采用 AZ92A 焊条焊接。

② 预热到 260℃（500℉），以不超过 83℃/h（150℉/h）的加热速率加热到指定的温度。

③ 采用二氧化碳或二氧化硫气氛。

④ 在 345℃（650℉）保温 2h，会导致合金的蠕变强度略有下降。

⑤ 或 EZ33A。

⑥ 代替处理工艺：在 315℃（600℉）保温 1h，然后在 205℃（400℉）保温 16h。

⑦ 代替处理工艺：在 330℃（625℉）保温 2h，然后在 175℃（350℉）保温 16h。

6.3.12 热处理后工件的检验

可以通过硬度试验、拉伸试验和微观组织检验来确定热处理工艺的优劣。

（1）硬度试验　压痕硬度试验较为快捷，通常可以直接在热处理工件上进行硬度试验，而不需要采用特殊的测试试样。通常采用布氏硬度（HBW）试验或洛氏 E 标尺硬度（HRE）试验方法对镁合金进行硬度检测。但对于薄截面工件来说，可能需要采用洛氏 15T 表面硬度测试方法。如果合金的硬度较低且晶粒尺寸较大，则采用布氏硬度试验方法较为准确。随着镁合金硬度的提高，通常合金的强度会增加，但根据硬度值来确定合金的强度值与实际合金的强度值会有较大的差别，因此不能简单地采用硬度测试代替合金的强度性能指标测试。此外，硬度值不能说明合金是如何加工的，也不能说明合金的加工制造方法，它通常主要表示合金的一种状态。

（2）拉伸试验　采用拉伸试验数据能更准确地表示出镁合金的状态。虽然加工后的试样能更好地代表实际合金铸件的性能，但也可以直接采用未加工的单铸试样。为了方便对挤压件、锻件和薄板的性能进行测试，需将其机加工成圆形试样。为保证拉伸试验测试结果的一致性，应该根据 ASTM 的试样和测试标准，以避免因测试速度变化、表面划痕和其他原因造成的试验误差。

（3）微观组织检验　通过对热处理后的镁合金的微观组织进行检验，可对合金的以下组织进行分析和评价：

1）铸造合金中的块状化合物。

2）铸造合金中珠光体形态析出相的体积分数。

3）在不恰当的固溶处理过程中，铸造合金产生的孔隙和熔合孔洞。

4）铸造和锻造合金的晶粒尺寸。

5）挤压、锻造或轧制合金件中的块状化合物。

通过比较抛光的试样和标准的微观组织照片，可以很容易地对合金的状态进行检测。

（4）镁合金状态的确定　对于 AZ91C 和 AZ92A 镁合金，可以采用下列溶液确定经热处理工件的 T6 状态：60% 乙二醇，20% 冰醋酸，19% 蒸馏水，1% 硝酸；溶液 42 波美度（°Bé）。对于 ZE41A 镁合金，可以采用 5% 冰醋酸和 95% 蒸馏水溶液确定经热处理工件的 T5 状态。这两种合金状态的具体测试方法为，先用 180#砂纸进行表面打磨，然后用 220 ~400#砂纸打磨出面积约为 25mm（1in）×25mm（1in）

的光滑测试区域。用滴眼药水的小瓶在清洗干净的测试区域滴一滴配制的溶液，保留 30s 后用水冲洗并用软布擦干。

对于 AZ91C 和 AZ92A 合金，T6 状态的工件表面经侵蚀的部位颜色更深暗。对于 ZE41A 合金，如果合金为 T5 状态，工件表面经侵蚀的部位颜色更浅。铸态的 ZE41A 合金经侵蚀后会显示出浅蓝色，而在该合金 T5 状态［在 330℃（625℉）保温 2h，或在 330℃（625℉）保温 2h 加上在 175℃（350℉）保温 16h］经侵蚀后会显示出浅灰褐色。

为防止测试区域发生腐蚀，应将其清除干净，并用新鲜的 I 型铬酸盐涂抹。

6.3.13 预防和控制镁火

如果对镁合金铸件热处理不当，不仅会导致铸件失效，还可能会引起火灾。镁合金铸件在热处理装炉前，必须进行清洁和干燥处理，彻底清除铸件上的切屑、油渍或其他污染物。还必须保证热处理炉自身清洁和不含污染物，并且保证炉子彻底干燥。装炉的铸件应为同种合金，相应的热处理工艺也应该基本相同。

有时，如果设备出现故障或操作失误，就可能发生镁火。可以通过在不增加输入热量的情况下，检测炉温是否还在不断升高来检测故障，也可以通过炉内产生的浅色烟雾来检测是否出现故障。在任何情况下，都不允许用水来扑灭镁火。

必须立即关闭所有的动力、燃料和保护气氛阀门和管线。在密闭的炉内，由于缺氧，较小火势的火会自行熄灭。如果镁火继续燃烧，根据火的性质有几种灭火方法。如果火势较小，或容易接近燃烧的铸件，并可以安全地从炉中取出铸件，应该将铸件移至钢制容器中，并采用商用灭火粉进行覆盖。如果无法安全地接近燃烧的铸件，可以向炉内燃烧的铸件喷射灭火粉。

在火灾发生时，如上述两种方法都无法安全地扑灭镁火，可以使用瓶装三氟化硼（BF_3）或三氯化硼（BCl_3）气体进行灭火。与其他方法一样，必须立即关闭所有的动力、燃料和保护气氛阀门和管线。通过炉门或炉壁的管道将体积分数不低于 0.04% 的三氟化硼气体引入炉内。要求连续不间断地输入灭火气体，直到火被完全扑灭和炉温降至 370℃（700℉）以下。可以采用合成含氟树脂软管将增压的三氟化硼气体从瓶中输送到炉中。

也可以通过炉门或炉壁的管道将体积分数不低于 0.4% 的三氯化硼气体引入炉内进行灭火。为了确保有足够的气体量，可采用一组红外线灯或其他合适的装置来加热瓶装气体。三氯化硼气体与受热的镁合金铸件发生反应，在工件上将形成一层保护膜。要求输入的灭火气体连续不间断，直到火被扑灭，炉温降至 370℃（700℉）以下。对于完全封闭的热处理炉，可采用炉内循环风扇，以加速对铸件进行三氟化硼或三氯化硼灭火气体循环（可以采用合成含氟树脂软管将增压的三氯化硼气体从瓶中输送到炉中）。

作为灭镁火的气体材料，早先使用三氯化硼，而后改用三氟化硼。由于三氟化硼在低浓度下仍然有效，无需热源加热来保证供气充足，并且反应产物比三氯化硼的危害要小，因此它是灭镁火的首选材料。而在灭火过程中，三氯化硼会产生具有类似于盐酸的刺激性、危害人体健康的烟雾。

如果热处理炉中有数百磅重的镁合金工件发生着火，最好能事先对炉内可能出现大量空气泄漏的地方进行检测和确定。虽然三氟化硼和三氯化硼都能有效地减缓或抑制火势，但在这种情况下，不能依靠它们进行灭火。

干燥的铸铁铁屑、石墨粉与重质石油烃化合物相结合，以及所采用的铸造熔剂，能有效隔断炉内气氛中的氧，可以采用这些材料对大型镁火进行灭火。

除了消防人员使用的普通安全设备外，在扑灭镁火时，还应佩戴有色眼镜保护眼睛，以免受到强烈白光照射的影响。

参考文献

1. H. Gjestland, S. Sannes, J. Svalestuen, and H. Westengen, "Optimizing the Magnesium Die Casting Process to Achieve Reliability in Automotive Applications," Paper 2005-01-0333, SAE 2005 World Congress and Exhibition
2. C.H. Caceres, J.R. Griffiths, A.R. Pakdel, and C.J. Davidson, Microhardness Mapping and the Hardness-Yield Strength Relationship in High-Pressure Diecast Magnesium Alloy AZ91, *Mater. Sci. Eng. A,* Vol 402, 2005, p 258–268
3. C.H. Caceres, W.J. Poole, A.L. Bowles, and C.J. Davidson, Section Thickness, Macrohardness and Yield Strength in High-Pressure Diecast Magnesium Alloy AZ91, *Mater. Sci. Eng. A,* Vol 402, 2005, p 269–277
4. X.J. Wang, S.M. Zhu, M.A. Easton, M.A. Gibson, and G. Savage, Heat Treatment of Vacuum High Pressure Die Cast Magnesium Alloy AZ91, *Int. J. Cast Met. Res.,* Vol 27 (No. 3), 2014, p 161–166
5. J.F. Nie, Precipitation and Hardening in Magnesium Alloys, *Metall. Mater. Trans. A,* Vol 43, Nov 2012, p 3891–3939
6. P.M. Skjerpe and C.J. Simensen, Precipitation in Mg-Mn Alloys, *Met. Sci.,* Vol 17, Aug 1983, p 403

6.4 镁基复合材料的热处理

6.4.1 镁基复合材料简介

镁基复合材料的密度低、强度高和浇注性好，是极具发展前景的新型结构金属材料。在交通运输行业中，镁合金是目前使用的最轻的结构合金，是替代钢铁材料和铝合金零部件的候选材料。现已开发出了密度低至0.9g/cm³（0.03lb/in³）的镁基复合材料。在这样低的密度下，镁基复合材料产品可以与采用轻量损伤容限型聚合物基复合材料形成强有力的竞争。在这类金属基复合材料中，如沿晶界析出金属间化合物相，会导致复合材料在低应变和韧性条件下失效。因此，热处理对此类复合材料是极为重要的。

对镁基复合材料进行热处理的主要目的是通过热处理，对基体合金产生影响。在冷却过程中，通过改变基体合金的晶粒尺寸和析出相分布，来改变强化相，而强化相对不同镁基合金体系的影响是不同的。必须通过重新调整时效温度和时间，来保证在复合材料中获得所要求的晶粒尺寸和析出相分布。由于强化相不同以及成分存在差异，基体中界面上合金元素的反应和扩散速率是不同的。

本节对最常用的镁基复合材料基体，即镁-铝、镁-稀土和镁-锂合金的微观组织和热处理进行介绍。在此基础上，对各种镁基复合材料的热处理工艺进行介绍。虽然镁基复合材料的热处理与基体合金的热处理密切相关，但由于复合材料存在增强相，而这些增强相会改变基体的晶粒尺寸和析出相分布，所以需要对镁基复合材料的热处理温度和时间进行调整。

6.4.2 镁合金的性能

纯镁的密度为1740kg/m³（109lb/ft³），比钢轻75%，比铝合金轻35%。作为最轻的结构金属材料，镁及其合金在交通运输行业中起到了越来越重要的作用。与一些传统的金属材料和塑料相比，镁具有更高的比强度，优良的切削加工性能、焊接性能和可回收性能。镁的弹性模量为44GPa（6385ksi），具有良好的导热性。由于镁兼有低密度和浇注性能好的优点，使其成为降低汽车结构件重量的新型金属材料。在飞机机舱内环境中，现已证明新研发的不易燃烧的高性能镁合金具有安全保障性，允许生产飞机机舱内构件。此外，在其他工业领域，在降低产品重量方面，镁合金得到了越来越广泛的应用。随着人们对镁合金的认识不断深入，镁基复合材料也逐步引起人们的重视。在镁合金热处理工艺的基础上，人们开发了镁基复合材料的（MgMCs）热处理工艺。因此，先对镁合金的热处理进行讨论，然后再对MgMCs的热处理现状进行介绍。随着镁合金的应用迅速增加，目前正在快速开发新的镁合金和镁基复合材料。本节主要对镁合金和镁基复合材料的热处理现状进行总结。

纯镁为密排六方晶体结构，其硬度和塑性很低。由于纯镁易燃，不适合作为结构材料，而镁合金和镁基复合材料具有高的力学性能和低的密度，是理想的结构材料。在化工、电力、电子、纺织、核工业领域，镁合金已得到广泛应用；在航空航天、汽车等行业，镁合金的应用实例也有很多。镁合金对燃料、矿物油和碱具有很高的耐蚀性，适合生产这些化学物质的容器或管道。

镁合金能降低汽车和航空器的重量，在航空航天工业和汽车工业领域得到了广泛的应用。在汽车工业，镁合金可用于生产碰撞模拟驾驶员和车轮轮辋；在航空航天工业，镁合金可用于生产机舱门板、齿轮箱和变速器。有趣的是，镁合金在汽车中的应用并不是近年来的创新。早在20世纪30年代，在汽车中采用镁合金铸件就已经是很常见的事情了。其中最著名的例子是大众汽车公司的甲壳虫车型。从1939年开始，大众汽车公司就已逐步采用镁合金生产甲壳虫车型的曲轴箱、凸轮轴链轮、齿轮箱、车内面板和电动发电机臂等零部件，直到1962年，该车型的镁合金总质量已达到17kg（38lb）。与采用钢制汽车零部件相比，这意味汽车的总质量减小了50kg（110lb）。

为降低轿车整车自重，在奥迪汽车中也越来越多地使用镁合金生产汽车零部件。例如，奥迪A8的变速器叉形杆件、R8的发动机框架（图6-35），以及发动机零部件，如进气歧管。镁合金也可以用于生产汽车发动机舱的支承杆和凸轮轴外壳等发动机零部件。

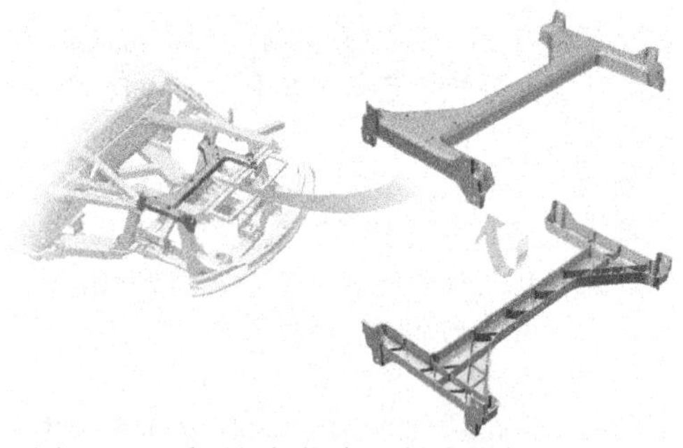

图6-35 采用超轻镁合金制造的奥迪R8的发动机框架

注：经奥迪公司许可转载。

美国汽车材料协会对镁合金的发展极为重视。美国汽车研究委员会的工作重点是开发一种燃油效率达到2.9L/100km（80miles/gal）的中型车。而镁合金能降低汽车重量，是实现这种燃油效率的首选材料之一。另一个项目是美国、加拿大、中国三国联合倡议发起的名为“镁合金前沿研究与开发”项目。该项目已经生产出一些零部件，如铸造的 AM60B 减振器、挤压成形的 AM30 横梁，以及温成形的 AZ31 车前板制件。采用摩擦线性搅拌搭焊和激光辅助自冲孔铆接连接技术，已生产制造出了超过 200 个有或没有黏合剂的镁合金车前板制件，如图 6-36所示。已对这样的零部件和组件进行了广泛的性能测试，测试结果提升了人们将这些新材料和由它们生产的零部件应用于汽车行业的信心。在这些项目中，采用先进的焊接技术是非常有用的，现在正在对产品进行腐蚀性能测试。虽然目前镁基复合材料主要还处于试验发展阶段，但人们从这些发展中获益良多。随着研究工作的继续深入，镁合金的应用也不断扩大。由于镁基体泡沫复合材料在受到压缩时，具有高的能量吸收能力和抗冲击性能，因此，认为其在汽车零部件领域具有很好的应用前景。由于在冲击载荷下，镁基发泡复合材料具有很高的能量吸收能力，因此，人们认为它也是一种很有前途的新材料。可以用这种低密度复合材料充填汽车的前端缓冲区、A 立柱和 B 立柱，以使汽车结构具有很高的能量吸收特性。如果想要进一步深入了解镁基发泡复合材料的内容及其应用，请参阅参考文献［9］。

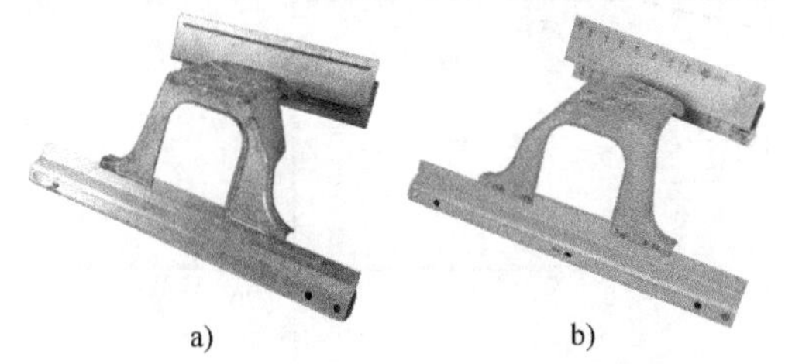

图 6-36　美国汽车研究委员会的示范结构件
a）摩擦线性搅拌搭焊工艺　b）激光辅助自冲孔铆接连接工艺

与镁合金相比，镁基复合材料的另一个挑战是其密度。采用低成本的增强相，如二氧化硅、氧化铝和碳化硅微颗粒，其密度比镁合金高，得到的镁基复合材料的密度也比镁合金高。除非这种镁基复合材料的性能远远超过镁合金，否则无法实现降低重量的目的。与镁合金相比，添加纳米级增强相，可以显著改善镁基复合材料的性能，但这种纳米级增强相镁基复合材料的成本过高，无法为大规模生产的汽车行业所接受，成本问题成为其推广应用的主要障碍。随着镁合金和镁基复合材料的快速发展，人们对其强化机制不断进行深入了解，有望在不久的将来，开发出成本较低且性能优异的镁合金和镁基复合材料。

6.4.3　微观组织

（1）镁 – 铝合金　铝是镁合金中最重要的合金元素之一。在镁 – 铝合金体系 437℃（819℉）共晶温度下，铝在镁中的最大固溶度为 12.7%，如图 6-37所示。镁 – 铝合金体系共晶成分中铝的质量分数为 32%，由 α – Mg 和 $Mg_{17}Al_{12}$ 两相组成。商用镁合金中铝的质量分数通常小于 10%。图 6-38 所示为 AZ91D 合金的铸态微观组织，它由 α – Mg、$Mg_{17}Al_{12}$（β 相）金属间化合物析出相，以及 β 析出相周围的 α + β 共晶混合物组成。

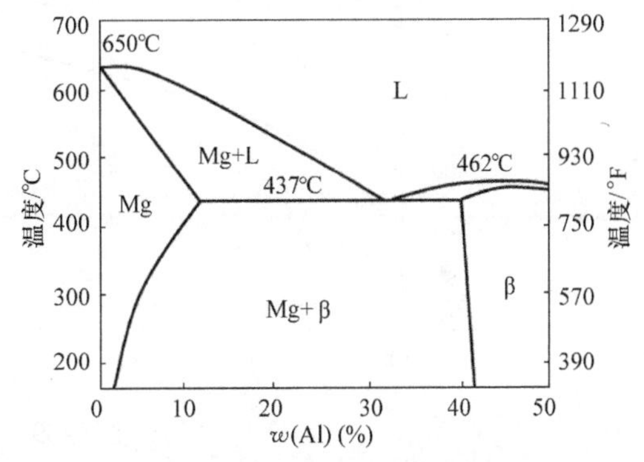

图 6-37　镁 – 铝合金相图

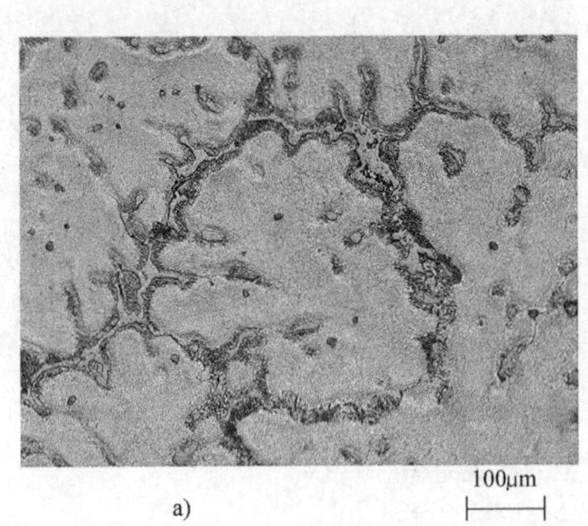

a)　b)

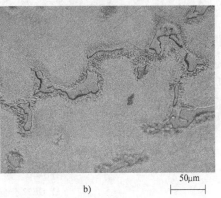

图 6-38　AZ91D 合金的铸态微观组织
a）低倍　b）高倍
注：微观组织为在 α 基体中 β 析出相由 α + β 共晶混合物所包围。

为提高镁-铝合金的强度，商用镁-铝合金通常含有少量的锌［$w(Zn)=0\%\sim2\%$］。更高的含锌量会导致共晶组分数量较多和凝固结晶温度降低，并可能导致合金热脆增加和产生开裂。固溶处理能提高Mg-Al-Zn合金的塑性。对于部分高压压铸产品，由于不进行固溶处理，为使合金获得最大的塑性，可以选择AM60这类铝和锌含量较低的镁合金。对于快速凝固高压压铸镁合金件，添加硅会在基体中形成细小弥散的镁硅粒子，由此构成了Mg-Al-Si合金的基础。在镁合金中添加稀土元素和钙，也可达到提高塑性的类似效果，特别是在提高合金的蠕变性能方面。

（2）镁-稀土合金　在发现锆是一种高效细化晶粒元素以后，人们开发出了一系列高性能镁合金。图6-39所示为镁-锆合金相图。在熔化温度下，锆在镁中的固溶度是0.731%（摩尔分数）。图6-40所示为锆细化晶粒的典型例子。铝、锰等元素降低了锆在熔化温度下的溶解度。因此，富铝镁合金不能采用锆细化晶粒机制来细化晶粒。

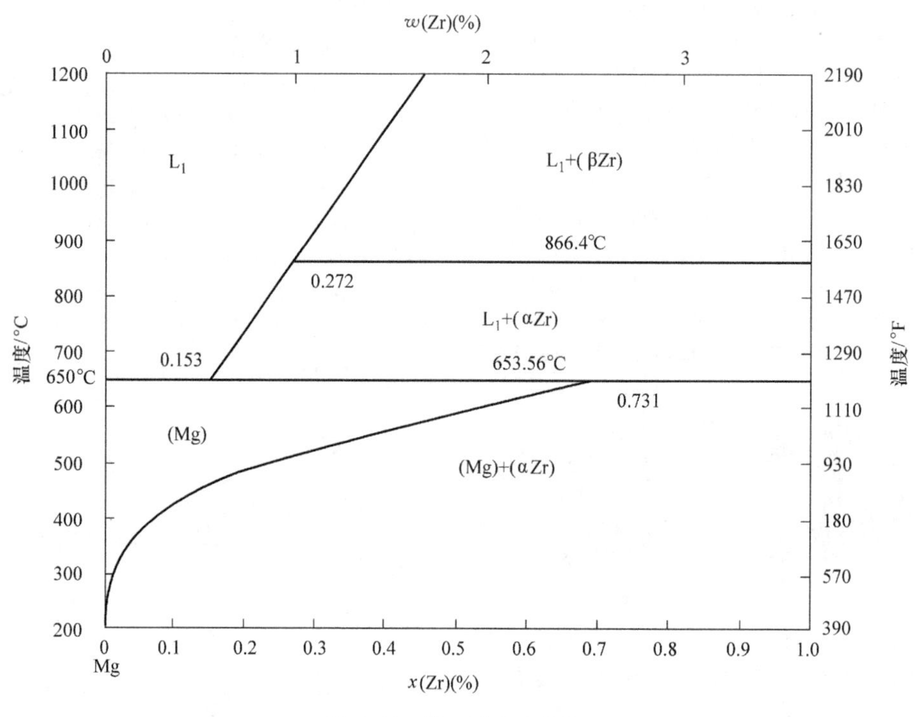

图6-39　镁-锆合金相图

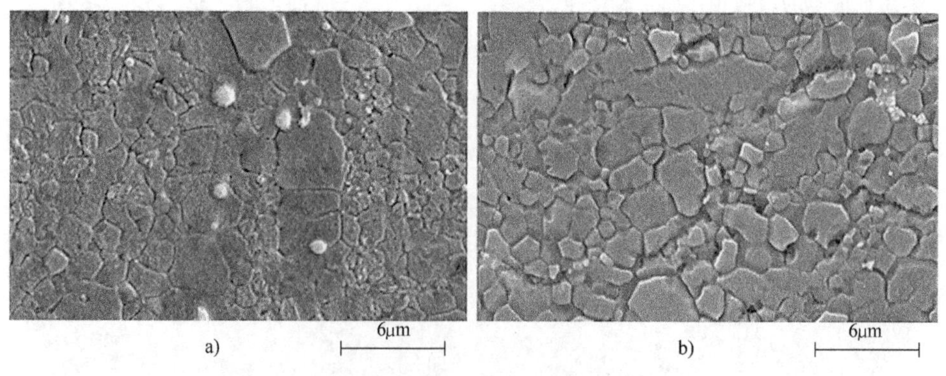

图6-40　镁合金的微观组织

a）QE22合金　b）EZ33合金

为了减少镁合金中的微孔隙，可在镁合金中添加锆和稀土（RE）元素，由此开发出了EZ33和ZE41等镁合金。采用砂型铸造和T5状态（冷却和人工时效）处理，这些合金已广泛用于生产在高达

200℃（390℉）温度下服役的铸件产品。ZE63 合金是改型的高强度镁合金，通过在氢气氛中进行固溶处理，来消除 Mg－Zn－RE 晶界脆性相。在该合金中添加银和富钕元素混合稀土，在进行完全 T6 处理时可显著提高合金的时效强化效果。在该合金中形成的析出相是相对稳定的，在接近 250℃（480℉）的温度下，该合金具有较高的力学性能和良好的抗蠕变性能，这类合金必须在惰性保护气氛中进行熔炼，然后通过 T6 处理来充分发挥其力学性能。

（3）镁－锂合金　镁－锂合金是最轻的金属结构材料，具有优异的变形能力和超塑性。图 6-41 所示为镁－锂合金相图。在 588℃（1090℉）下，合金形成共晶混合物，锂在镁中的固溶度为 5.5%，并且该固溶度基本会保留到较低的温度。Mg－8.5Li 共晶铸态组织（α＋β）如图 6-42 所示，微观组织为在 β 基体中存在魏氏组织形态的片状 α 相。

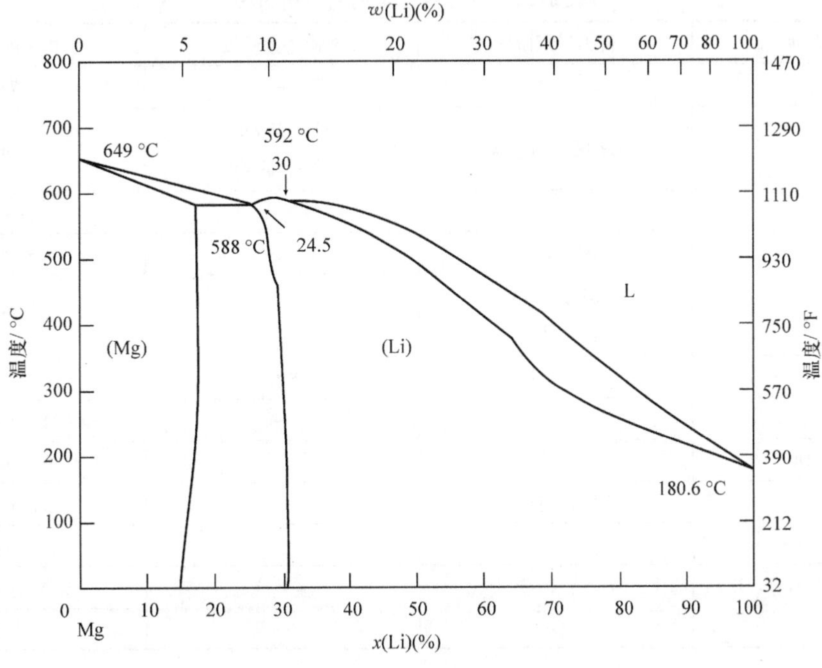

图 6-41　镁－锂合金相图

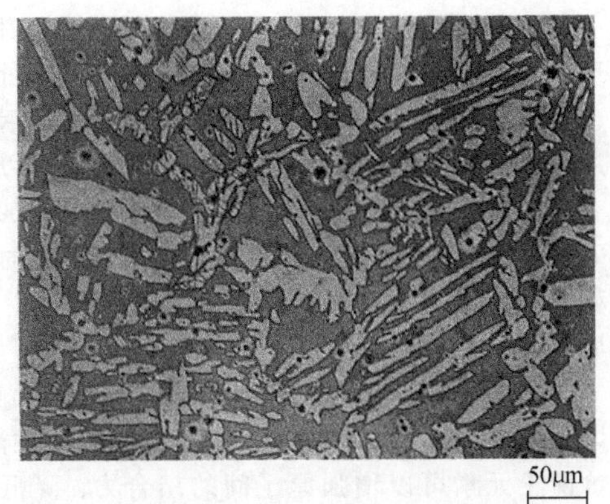

图 6-42　Mg－8.5Li 二元合金的铸态微观组织

注：浅色相是富镁 α 相。

牌号为 LA141A（Mg－14Li－1Al）的镁合金，其密度为 1.35g/cm³（0.05lb/in³），由巴特尔纪念研究所研发。随后研究人员对镁－锂合金的时效行为、加工性能和微观组织进行了深入的研究。其中包括为改善镁－锂合金的强化效果，形成 Li_aX_b 相，在 Mg－14Li 合金的基础上，添加铝、银、镉、锌等第三种合金元素。由于这些合金存在过时效敏感性，它们的实际应用受到了限制。

在 250～375℃（480～705℉）温度范围，在 10^{-5}～$10^{-3}s^{-1}$ 的真实应变率条件下，Mg－8.5Li 合金表现出了超塑性行为。该合金的微观组织由未发生再结晶的 40% α 相和 60% β（体积分数）两相混合物组成。在恒定真实应变率测试中，通过施加 $4\times10^{-4}s^{-1}$ 的真实应变率，在 350℃（660℉）温度下，伸长率达到了 300%～610%。在相同的测试条件下，在超塑性变形过程中，微观组织发生了连续动态再结晶。这些观测结果对制订这些合金的热处理工艺是具有参考价值的。

6.4.4　镁合金系统的热处理

已开发的镁合金热处理工艺是大多数镁基复合

材料热处理的研究基础。镁合金有固溶处理、时效析出强化和退火三种基本热处理工艺。此外，在实际生产中，还有稳定化和去应力处理工艺（见本卷中“镁合金的热处理”一节）。

本节讨论的重点主要是镁基复合材料（MgMCs）的微观组织，及其与相关析出相－基体之间的关系。对于不同的镁合金体系，由于时效温度和时间不同，时效工艺和特点也各不相同。表6-22列出了部分镁合金的时效析出相。镁合金的时效处理工艺是在150～260℃（300～500℉）保温3～16h，主要根据合金成分和其他因素选择时效温度和时间。通常，可以通过固溶处理和人工时效（T6）工艺，提高镁合金的硬度和屈服强度。Mg－Al－Zn和Mg－RE－Zr系列合金常采用这种工艺。在T6处理过程中，过饱和固溶体发生分解，从中析出第二相。

表6-22 部分镁合金的时效析出相

合金系列	析出早期阶段	析出中期阶段	析出晚期阶段
Mg－Al	—	—	β：$Mg_{17}Al_{12}$
Mg－Zn	GP区：圆盘状	β′$_1$：$MgZn_2$ β′$_2$：MgZn2	β：Mg_2Zn_3
Mg－Mn	—	—	α－Mn
Mg－Y	β″：DO_{19}	—	β：$Mg_{24}Y_5$
Mg－Nd	GP区：棒状 β″：DO_{19}	—	β：$Mg_{12}Nd$
Mg－Y－Nd	β″：DO_{19}	β′：$Mg_{12}NdY$	β：$Mg_{14}Nd_2Y$
Mg－Ce	—	—	β：$Mg_{12}Ce$
Mg－Gd MG－Dy	—	—	β：$Mg_{24}Dy_5$
Mg－Th	β″：DO_{19}	—	β：$Mg_{23}Th_6$
Mg－Ca Mg－Ca－Zn	β″：DO_{19}	—	Mg_2Ca
Mg－Ag－RE（Nd）	GP区：棒/球状	—	$Mg_{12}Nd_2Ag$
Mg－Sc	—	—	MgSc

（1）镁－铝合金　在固溶处理后，镁－铝二元合金系统中的$Mg_{17}Al_{12}$（β）相将溶入镁合金基体中。然后在时效处理过程中，重新从过饱和固溶体中析出，形成β相。由于β相的稳定性高，它可以在晶内连续析出或在晶界处非连续析出。在镁－铝合金体系中，在高温下（如在固溶度曲线附近），往往易产生连续析出；在低的中温区间，则在整个微观组织中非连续析出。镁－铝合金体系的时效效果和析出相取决于连续和非连续析出相的比例，而这与合金的时效温度和合金中铝的含量有关。

在镁－铝二元合金系统中添加锌，将形成Mg－Al－Zn三元体系合金（如AZ91合金）。由于锌的质量分数低（<3%），Mg－Al－Zn三元合金体系的时效析出过程与Mg－Al二元合金体系非常相似。AZ91D合金的铸态组织由富镁的α固溶体和$Mg_{17}Al_{12}$（β相）金属间化合物析出相组成，其中β析出相由α+β共晶混合物所包围。采用T4处理工艺，由于扩散行程短，使共晶混合物区间的β相沿晶界析出。在较高的T6时效温度下进行处理，促进发生长程扩散，由此导致在共晶混合物中有片状β相生长，并且β相沿晶界析出长大。

表6-23所列为Mg－Al－Zn合金的固溶和时效处理工艺参数。在对Mg－Al－Zn合金进行固溶处理时，合金工件应在约260℃（500℉）装炉，然后缓慢加热到固溶温度。采用这样的工艺过程，可以避免出现局部共晶熔化和形成孔洞。从260℃（500℉）加热到固溶温度的时间通常是2h。在时效过程中，镁合金工件应在时效温度到温后装炉，保温后在静止空气中快速冷却。

（2）镁－稀土合金　在纯镁中添加稀土元素，可以显著提高其力学性能，尤其是高温力学性能。三价稀土元素可以增强原子间的结合力，降低在200～300℃（390～570℉）温度范围内的扩散速度，更重要的是，RE元素和镁能形成高热稳定性的化合物。表6-24列出了时效过程中镁－稀土合金的析出相和对应的晶格结构。在时效的早期阶段，析出相通常为六方（DO_{19}）结构的晶体；随着时效时间的延长，形成具有最高强度的β′相。

表 6-23　Mg - Al - Zn 合金体系的固溶处理和时效工艺

合金	状态代号	时效			固溶			固溶后的时效		
		温度		时间/h	温度		时间/h	温度		时间/h
		℃	℉		℃	℉		℃	℉	
AZ31A	T5	232	450	5	—	—	—	—	—	—
	T4	—	—	—	424	795	16 ~ 24	—	—	—
	T6	—	—	—	424	795	16 ~ 24	232	450	5
AZ61A	T5	170	338	16	—	—	—	—	—	—
	T4	—	—	—	410	770	24	—	—	—
	T6	—	—	—	410	770	24	170	338	16
AZ63A	T5	260	500	4	—	—	—	—	—	—
	T4	—	—	—	385	725	10 ~ 14	—	—	—
	T6	—	—	—	385	725	10 ~ 14	218	424	5
AZ80	T5	170	338	16	—	—	—	—	—	—
	T4	—	—	—	410	770	24	—	—	—
AZ81A	T4	—	—	—	413	775	16 ~ 24	—	—	—
AZ91C	T5	168	334	16	—	—	—	—	—	—
	T4	—	—	—	413	775	16 ~ 24	—	—	—
	T6	—	—	—	413	775	16 ~ 24	168	334	16
AZ91D	T5	168	334	16	—	—	—	—	—	—
	T4	—	—	—	415	779	24	—	—	—
	T6	—	—	—	415	779	24	168	334	16
AZ92A	T5	260	500	4	—	—	—	—	—	—
	T4	—	—	—	407	765	16 ~ 24	—	—	—
	T6	—	—	—	407	765	16 ~ 24	218	424	5

表 6-24　镁 - 稀土合金在时效过程中的析出相和对应的晶格结构

合金体系	析出早期阶段	析出中期阶段	析出晚期阶段
Mg - Sc	—	—	MgSc
Mg - Y	β″：DO_{19}	β′（a = 0.642mm，b = 2.242nm，c = 0.521nm）	β：$Mg_{24}Y_5$（体心立方）
Mg - Nd	GP 区：棒状 β″：DO_{19}	β′（面心立方；a = 0.735nm）	β：$Mg_{12}Nd$（体心立方；a = 1.031nm，c = 0.593nm）
Mg - Y - Nd	β″：DO_{19}	β′：$Mg_{12}NdY$（a = 0.64nm，b = 2.23nm，c = 0.52nm）	β：$Mg_{14}Nd_2Y$（面心立方；a = 2.23nm）
Mg - Ce	—	—	β：$Mg_{12}Ce$
Mg - Pr	β″：DO_{19}	β′（三角晶系；a = 1.111nm，b = 1.284nm，c = 0.521nm）	β：$Mg_{12}Pr$（a = 1.034nm，c = 0.598nm）
Mg - Sm	β″：DO_{19}	β′	β：$Mg_{12}Sm_5$（a = 1.477nm，c = 1.032nm）
Mg - Tb	β″：DO_{19}	β′	β：$Mg_{24}Tb_5$（简单晶系；a = 1.09nm）
Mg - Dy	β″：DO_{19}	β′	β：$Mg_{24}Dy_5$（简单晶系；a = 1.1246nm）
Mg - Er	β″：DO_{19}	β′	β（与 Ti_5Re_{24} 结构相同；a = 1.1224nm）

在镁 - 稀土合金中加入钕，可以提高合金的时效强化效果。例如，根据图 6-43 中的镁 - 钇合金相图，w(Y) = 4% ~ 5% 的镁 - 钇合金不会产生时效强化效果；但 w(Y) = 4%，w(RE，钕) = 3.3% 的 WE43 镁合金，则具有明显的时效强化效应。在镁 - 稀土合金中添加钆，可以提高 $β_1$ 和 β 相的体积分数，也可以加速 β″和 β′相的析出。因此，含有钆的镁 - 稀土合金的拉伸性能高于含镝或钇的镁 - 稀土合金。对于同时含有两种或两种以上稀土元素的镁合金，将降低稀土元素在镁基体中彼此之间的固溶

度，并改变从过饱和固溶体中析出过程的动力学。与此同时，由于其中一种 RE 元素可以溶解到另一种 RE 元素中，这将显著提高时效强化效果。

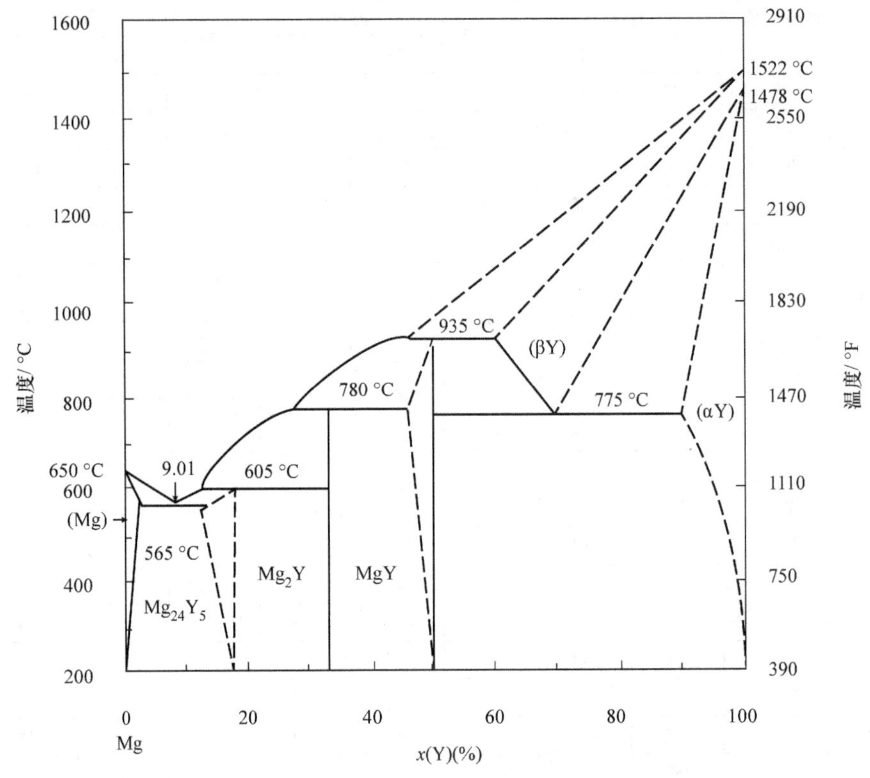

图 6-43　镁－钇合金相图

表 6-25 对镁－稀土合金的固溶处理和时效工艺进行了总结。对于 HK31A 合金来说，为避免出现晶粒粗化，应尽可能快地将合金加热至固溶温度。同理，在镁－铝合金工件的时效处理过程中，应在炉温到温后装炉，保温适当时间后，在静止空气中冷却。应该注意的是，由于 ZE63A 合金的力学性能是通过合金元素与氢反应形成的，因此，必须在氢气氛中对 ZE63A 合金进行固溶处理，氢化时间与工件的晶面尺寸有关。例如，6.4mm（0.25in）尺寸的工件需要保温约 10h，而 19mm（0.75in）尺寸的工件需要保温约 72h。固溶处理后，ZE63A 合金应该采用油、喷雾或强制风冷淬火。

表 6-25　镁－稀土合金的固溶处理和时效工艺

合金	状态代号	时效			固溶			固溶后的时效		
		温度		时间/h	温度		时间/h	温度		时间/h
		℃	℉		℃	℉		℃	℉	
EQ21A	T6	—	—	—	520	968	4~8	200	392	16
EZ33A	T5	175	347	16	—	—	—	—	—	—
QE22A	T6	—	—	—	525	977	4~8	204	399	8
QH21A	T6	—	—	—	525	977	4~8	204	399	8
WE43A	T6	—	—	—	525	977	4~8	250	482	16
WE54A	T6	—	—	—	527	981	4~8	250	482	16
ZE41A	T5	329	624	2	—	—	—	—	—	—
ZE63A	T6	—	—	—	480	896	10~72	141	286	48

（3）镁－锂合金　镁－锂合金具有很高的比刚度和比强度。为改善镁－锂合金（LA141）的力学性能，将铝和锌等其他元素添加到该合金中。日本的一个研究小组对 Mg－Li－Zn 三元合金的析出进行

了深入的研究。他们对 α 或 β 单相，或 α + β 两相合金进行了研究。在对 α 相合金进行时效时发现，形成稳定的 θ（MgLiZn）相是时效强化的主要原因，α 相与析出的 θ 相具有 $[10\bar{1}0]_\alpha//[110]_\theta$、$(0001)_\alpha//(111)_\theta$ 的取向关系。在对 α + β 两相合金进行时效时发现，在 α + β 相晶界处，以及 β 相与 β 相晶面上，有 α 的与亚稳态 θ'（$MgLi_2Zn$）相共同析出，α 相与 θ' 相之间具有 $(0001)_\alpha//(011)_{\theta'}$、$[0\bar{1}10]_\alpha//[\bar{1}11]_{\theta'}$ 的取向关系。在对 β 相合金进行时效时发现，时效强化的主要原因是析出了 θ' 相，而当有 α 相和 θ 相析出时，合金出现了过时效。

该研究小组对 LA141 合金的热处理工艺也进行了研究。通过合金的金相组织观察和力学性能分析，得出了 Mg - 9Li - 2Zn - 2Ca 合金的最佳热处理工艺为，在 300℃（570℉）保温 12h。另一个研究小组的研究表明，人工时效处理可以减少 Mg - 4Li - 6Zn - 1.2Y 合金出现锯齿状屈服现象。挤压态 Mg - 4Li - 6Zn - 1.2Y 合金的固溶处理工艺为，在 330℃（625℉）保温 4h，然后在 400℃（750℉）保温 1h，最后在 450℃（840℉）保温 2h。固溶处理后，试样在 200℃（390℉）时效 6h。拉伸试验采用 $1.33\times10^{-4}s^{-1}$ 的恒应变速率，试验温度为室温、100℃（212℉）和 200℃（390℉）。试验结果表明，合金的强度和塑性与试验温度和热处理条件有关。

（4）镁合金的力学性能　表 6-26 列出了部分铸态镁合金在室温条件下的典型力学性能；表 6-27 列出了部分挤压状态镁合金在室温条件下的典型力学性能；表 6-28 列出了部分镁合金板材的典型力学性能。镁合金的弹性模量约为 45 GPa（6525ksi），剪切模量约为 17 GPa（2465ksi），泊松比为 0.35。通常，镁合金产品采用砂型或金属型铸造，可生产不同尺寸和形状的各类产品。采用锻造成形工艺，可以生产挤压棒材和型材、锻件、厚板材、薄板材。目前最常用和使用最广泛的镁合金为 AZ 系列（Mg - Al - Zn）和 ZC 系列（Mg - Zn - Cu）合金。

表 6-26　铸造镁合金的力学性能（译者注：该表中原文为洛氏硬度，可能有误，应为布氏硬度或洛氏 E 标尺硬度）

合金		状态代号	抗拉强度		屈服强度		标距 50mm（2in）的伸长率（%）	压缩屈服强度		抗剪强度		洛氏硬度
			MPa	ksi	MPa	ksi		MPa	ksi	MPa	ksi	
砂型铸件	AM100A	F	152	22	83	12	2	83	12	124	18	64
		T4	276	40	90	13	10	90	13	140	20	62
		T5	152	22	110	16	2	110	16	—	—	70
		T6	276	40	152	22	1	131	19	145	21	80
	AZ63A	F	200	29	97	14	6	97	14	125	18	59
		T4	276	40	97	14	12	97	14	124	18	66
		T5	200	29	103	15	4	97	14	130	19	66
		T6	276	40	131	19	5	131	19	138	20	83
	AZ81A	T4	276	40	83	12	15	83	12	165	24	66
	AZ91C、E	F	165	24	97	14	2.5	97	14	—	—	66
		T4	276	40	90	13	15	90	13	150	22	62
		T6	276	40	131	19	5	131	19	165	24	77
	AZ92A	F	172	25	97	14	2	97	14	125	18	76
		T4	276	40	97	14	10	97	14	140	20	75
		T5	172	25	117	17	1	117	17	140	20	80
		T6	276	40	152	22	3	152	22	180	26	88
	EZ33A	T5	159	23	110	16	3	110	16	135	20	59
	QE22A	T6	276	40	207	30	4	207	30	—	—	—
	WE43A	T6	252	37	190	28	7	187	27	162	24	—
	WE54A	T6	275	40	171	25	4	171	25	150	22	—
	ZE41A	T5	207	30	138	20	3.5	138	20	150	22	72
	ZE63A	T6	276	40	186	27	5	—	—	—	—	—
	ZK51A	T5	276	40	165	24	8	165	24	150	22	77
	ZK61A	T6	276	40	179	26	5	—	—	—	—	—

（续）

合金		状态代号	抗拉强度		屈服强度		标距 50mm（2in）的伸长率（%）	压缩屈服强度		抗剪强度		洛氏硬度
			MPa	ksi	MPa	ksi		MPa	ksi	MPa	ksi	
压铸件	AE42	F	240	35	135	20	8	—	—	—	—	—
	AM20	F	160 ~ 210	23 ~ 31	90 ~ 120	13 ~ 17	8 ~ 12	—	—	—	—	40 ~ 55
	AM50	F	220	32	110	16	10	—	—	—	—	—
	AM60A、B	F	220	32	130	19	8	160	23	140	20	75
	AS21	F	230	33	125	18	6	—	—	—	—	—
	AS41A、B	F	210	31	140	20	6	—	—	—	—	—
	AZ91B、D	F	230	33	158	23	3	107	15.5	—	—	—
		T4	—	—	—	—	—	110	16	—	—	—
		T6	—	—	—	—	—	153	22	—	—	—

表 6-27 镁合金挤压件的力学性能（译者注：同表 6-26 译者注）

合金	状态代号	抗拉强度		屈服强度		标距 50mm（2in）的伸长率（%）	压缩屈服强度		抗剪强度		洛氏硬度
		MPa	ksi	MPa	ksi		MPa	ksi	MPa	ksi	
AZ10A	F	204 ~ 240	30 ~ 35	145 ~ 150	21 ~ 22	8	70 ~ 75	10 ~ 11	—	—	—
AZ31B、C	F	260	38	195 ~ 200	28 ~ 29	14 ~ 15	95 ~ 105	14 ~ 15	130	19	49
AZ61A	F	310 ~ 315	45 ~ 46	215 ~ 230	31 ~ 33	15 ~ 17	130 ~ 145	19 ~ 21	150	22	60
AZ80A	F	330 ~ 340	48 ~ 49	240 ~ 250	35 ~ 36	9 ~ 12	—	—	150	22	60
	T5	345 ~ 380	50 ~ 55	260 ~ 270	38 ~ 39	6 ~ 8	215 ~ 240	31 ~ 35	165	24	82
ZC71A	T6	356	52	330	48	5	141	20	—	—	—
ZH11A	F	263	38	147	21	18	—	—	—	—	—
ZM21	F	235	34	155	23	8	—	—	—	—	—
ZK10A	F	278	40	193	28	7	—	—	—	—	—
ZK30A	F	309	45	239	35	18	213	31	—	—	—
ZK60A	F	330 ~ 340	48 ~ 49	250 ~ 260	36 ~ 38	9 ~ 14	190	28	165	24	75
	T5	360 ~ 365	52 ~ 53	295 ~ 305	43 ~ 44	11 ~ 12	230	33	180	26	82
ZN21A	F	255	37	162	24	11	—	—	—	—	—

表 6-28 镁合金薄板和板材的力学性能（译者注：同表 6-26 译者注）

合金	状态代号①	抗拉强度		屈服强度		标距 50mm（2in）的伸长率（%）	压缩屈服强度		抗剪强度		洛氏硬度
		MPa	ksi	MPa	ksi		MPa	ksi	MPa	ksi	
AZ31B	H24	255 ~ 290	37 ~ 42	145 ~ 220	21 ~ 32	14 ~ 19	85 ~ 180	12 ~ 26	180 ~ 200	26 ~ 29	33 ~ 47
	O	250 ~ 255	36 ~ 37	145 ~ 150	21 ~ 22	17 ~ 21	75 ~ 110	11 ~ 16	180	26	35
	H26	260 ~ 275	38 ~ 40	170 ~ 205	25 ~ 30	10 ~ 16	100 ~ 165	15 ~ 24	195	28	40
HK31A	O	220 ~ 230	32 ~ 33	115 ~ 140	17 ~ 20	17 ~ 23	90 ~ 95	13 ~ 14	—	—	—
	H24	255 ~ 270	37 ~ 39	200 ~ 215	29 ~ 31	9 ~ 14	150 ~ 170	22 ~ 25	—	—	—
HM21	T8	230 ~ 255	33 ~ 37	160 ~ 185	23 ~ 27	10 ~ 12	125 ~ 160	18 ~ 23	—	—	—
HZ11A	O	235	34	125	18	6	—	—	—	—	—
	H24	260	38	170	25	12	—	—	—	—	—
ZE10A	O	215 ~ 230	31 ~ 33	110 ~ 160	16 ~ 23	18 ~ 23	105 ~ 110	15 ~ 16	—	—	—
	H24	235 ~ 260	34 ~ 38	165 ~ 200	24 ~ 29	8 ~ 12	160 ~ 180	23 ~ 26	—	—	—

（续）

合金	状态代号①	抗拉强度		屈服强度		标距 50mm（2in）的伸长率（%）	压缩屈服强度		抗剪强度		洛氏硬度
		MPa	ksi	MPa	ksi		MPa	ksi	MPa	ksi	
ZK10A	—	263	38	178	26	10	154	22	—	—	—
ZK30A	—	270	39	185	27	8	154	22	—	—	—
ZM21	O	240	35	120	17	11	187	27	162	24	—
	H24	250	36	165	24	6	171	25	150	21	—

① O—硬度最低的状态代号（退火、再结晶）；H24—应变强化然后退火（中等，50%硬化）；H26—与 H24 一样，75%硬化；T8—固溶处理，冷加工，人工时效。

6.4.5　镁基复合材料的热处理

与基体金属相比，金属基复合材料具有更优良的力学性能，因此具有更加广泛的应用前景。例如，轻质材料产品需要高的刚度和低的热膨胀性能。虽然镁的比刚度比铝高，但其刚度（弹性模量）较低。可以通过热处理改善镁合金的刚度和热膨胀性能，但仍然不能达到所期望的水平。因此，必须开发出性能更好的镁基复合材料（MgMCs）。氧化物、陶瓷、石墨、金属间化合物等是具有高弹性模量和低热膨胀性能的材料，通过在镁合金基体中添加这些增强相，可以克服基体合金的缺点。对基体的增强效果不仅取决于增强相的性质和体积分数，还取决于增强相的形状（长纤维、短纤维、颗粒、片状），以及增强相与镁基体之间的界面。通过添加这些增强相，还可以改善镁合金的耐磨性、高温强度和蠕变抗力等其他性能。值得注意的是，在镁基复合材料的这些性能得到改善的同时，有时会牺牲部分断后伸长率、加工性能和耐蚀性。

被称为“复合泡沫材料”的中空颗粒充填镁基复合材料，是当前（2016 年）镁基复合材料研究的焦点。最近，人们已研发出了密度低至 $0.92g/cm^3$（$0.03lb/in^3$）的这种复合材料，并在结构产品中显示出具有显著降低结构件重量的潜力。图 6-44 所示为这种复合材料的微观组织。从图中可以观察到材料颗粒 - 基体界面结合良好、基体微观组织和沿着基体晶界析出的 β 相。图 6-45 表明热处理对这种复合材料的压缩失效性能具有明显的影响。与较软的 α 相基体相比，沿晶界析出的 β 相具有更高的硬度和刚度。通过对脆性 β 析出相断裂的观察，发现裂纹是沿晶界扩展和传播的。通过热处理可以改善析出相的分布，消除连续的网状裂纹，从而达到改善这种复合材料性能的目的。

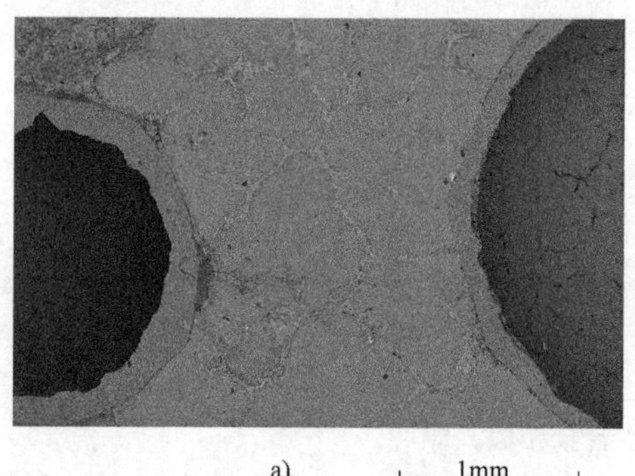

a)

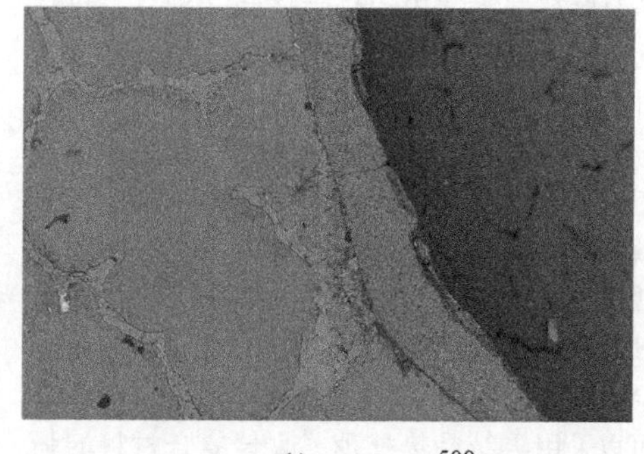

b)

图 6-44　AZ91D - SiC 中空颗粒充填镁基复合材料的微观组织
a）基体中的两个颗粒　b）颗粒 - 基体界面和合金基体中的析出相

现在已有或正在研发的生产镁基复合材料的工艺有：金属液相添加颗粒搅拌工艺、铸造成形工艺、液相浸渗工艺、自生成真空渗透工艺、粉末冶金工艺、物理和化学气相沉积技术辅助工艺、扩散压合工艺，以及最近开发的联合喷射成形工艺。

轻金属基复合材料生产制造的最后工艺通常包括热处理环节。在金属基复合材料发展的早期阶段，人们认为，如果复合材料的增强相在合金基体内部，则复合材料的热处理应与基体合金基本相同。然而，与未添加增强相的合金相比，热处理对复合材料基体的影响是不同的。虽然这些热处理只影响到复合材料基体的微观组织和界面，但一般来说，不适合直接搬用基体合金的热处理工艺对该合金的复合材料进行热处理。对金属基复合材料进行热处理，不同阶段的温度

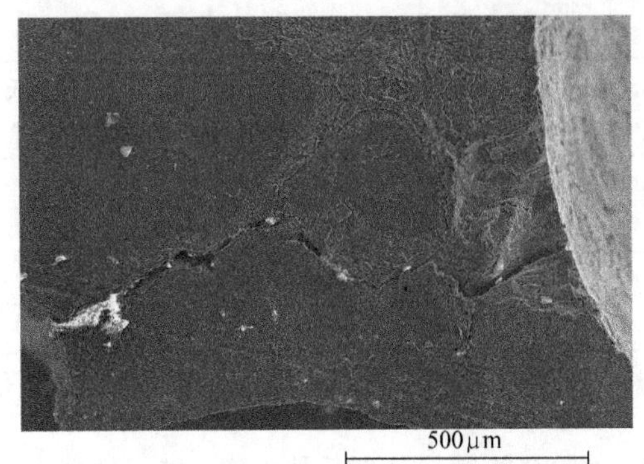

图6-45 AZ91D－SiC中空颗粒充填镁基复合材料

注：通过β析出相出现断裂，裂纹沿晶界扩展。这种失效机制表明了热处理对该微观组织的重要性。

和时间是变化的。

与未添加增强相的原合金相比，复合材料在固溶、淬火和人工时效处理过程中，达到峰值硬度所需的时效时间大大减少了。人们在很早就认识到，陶瓷增强铝基复合材料达到时效峰值硬度所需时间明显减少。产生这种效应的原因是复合材料中的位错密度比未添加增强相的原合金更高，而位错密度的提高有助于促进强化析出相成核。由于陶瓷和金属基体的热膨胀系数存在差异，导致复合材料从退火或加工温度冷却的过程中产生了应力。有许多关于铝基复合材料时效行为的研究，但对镁基复合材料时效行为的研究却很少。

（1）碳化硅/镁基复合材料　在所有的增强相中，镁基复合材料最常用的是碳化硅（SiC）。与铝合金相比，镁合金的弹性模量较低，由此限制了其在结构件中的应用，添加高硬度的SiC颗粒可以提高镁合金的弹性模量，但通常会降低镁基复合材料基体的塑性，而镁合金为密排六方晶体结构，其塑性本身就偏低。镁基复合材料的热加工方法通常包括铸造或挤压。由于SiC和镁的热膨胀系数存在差异，在SiC/镁合金界面上会产生应力。这种界面应力可能会导致复合材料的强度和塑性降低。在此情况下，可以采用再结晶热处理，改善复合材料的强度和塑性。对于SiC增强镁基复合材料，采用了在150℃（300℉）保温5h的热处理工艺。与没有进行热处理的试样相比，经热处理试样的力学性能，尤其是塑性，得到了显著改善。此外，经热处理后，复合材料的断裂方式从极脆性断裂转变为部分脆性断裂。

也可以对SiC/镁基复合材料进行其他热处理。例如，对$w(Al)=5\%$的镁合金添加了30%（体积分数）的SiC颗粒（SiC_p）进行研究，研究了T6热处理工艺对该镁基复合材料力学性能的影响，并与原未添加强化相的镁合金进行了对比。镁基复合材料在400℃（750℉）保温26h进行固溶加热，随后采用水冷淬火以达到过饱和状态，接着在150℃（300℉）时效16h后，空冷。结果表明，这种处理方法（T6）使镁基复合材料得到了最佳微观组织，即基体组织为细小的α相晶粒和均匀细小的$Mg_{17}Al_{12}$二次析出相。对SiC_p/Mg－Al复合材料进行T6热处理，提高了复合材料的性能，如抗拉强度和屈服强度提高了约30%。

另一个研究小组对压铸SiC_w（SiC晶须增强相）/AZ91镁基复合材料的时效行为进行了研究。SiC晶须的体积分数为20%。对未添加强化相的基体合金和镁基复合材料采用T4固溶处理。具体热处理工艺为缓慢加热至380℃（715℉）保温2h，再在415℃（780℉）保温24h，然后水冷至室温。在固溶处理后，基体合金和复合材料分别在150℃（300℉）、175℃（350℉）、200℃（390℉）和250℃（480℉）时效，最长时效时间达150h。与未添加增强相的AZ91合金相比，SiC晶须（SiC_w）改变了$Mg_{17}Al_{12}$析出相的分布。在SiC_w/AZ91界面上，析出相优先析出并与SiC晶须有明确的位向关系，但添加了强化相的SiC_w/AZ91复合材料的时效硬化效果低于原AZ91合金。

有人在$w(Zn)=6\%$的镁合金中添加了体积分数为20%的SiC，制备出镁基复合材料，并对其进行两级时效强化研究。复合材料在氩气保护气氛中，在673 K（752℉）保温4h进行固溶处理，然后淬水冷却。两级时效如下：

1）在343K（158℉）时效24h，再在423K（302℉）时效48h。

2）在353 K（176℉）时效24h，再在423K（302℉）时效48h。

对采用两种时效工艺的试样进行了拉伸试验。结果表明，添加SiC_p强化颗粒的两级时效镁基复合材料的弹性模量、屈服强度和抗拉强度均高于基体合金。在复合材料中，时效序列与未添加增强相的合金相似，即

过饱和固溶体→GP区→β′($MgZn_2$)→β(MgZn)

（2）其他增强相/镁基复合材料　除了以SiC为增强相的MgMCs外，还有采用YAl_2作为增强相的Mg－14Li－3Al镁基复合材料，有人对该复合材料的热处理进行了研究。在热处理后，得到了界面硬度过渡平滑，具有弹性模量梯度的过渡界面层。此外，还观察到了钇和铝原子从增强相中扩散到离界面较远的基体处的现象。与未进行热处理的复合材料相比，在623K（662℉）进行热处理后，复合材料的力学性能得到了明显的改善。由于热处理使钇和铝原子从YAl_2增强相向基体扩散，导致过渡界面层的厚度和

成分发生了变化，由此对力学性能产生了影响。

有人对 AZ80A 合金及采用 B_4C 颗粒增强 AZ80A 合金的镁基复合材料进行了对比研究。试样在 405℃（760℉）保温 2h 固溶后用冷水淬火，在 177℃（351℉）进行时效，最长时效时间达 100h。与未添加增强相的基体镁合金相比，陶瓷增强相提高了复合材料的时效速率。此外，B_4C 颗粒也对析出机理和析出相分布产生了影响。事实上，在复合材料的陶瓷和金属基体之间的界面上，大大提高了 $Mg_{17}Al_{12}$ 相的非均匀形核速率。其结果是在时效过程中，由于基体中的析出相分布不同，镁基复合材料的硬度略低于基体镁合金。

有人对 ZK80/B_4C 增强复合材料进行了研究。还有人对在 ZK60 镁合金的基础上添加 12%（体积分数，下同）的 B_4C 颗粒和 12% 的 SiC_w 晶须得到的复合材料进行了研究。试样在 400℃（750℉）的真空中保温 4h 进行固溶处理，然后在 170℃（340℉）时效，最长时效时间达 90h。研究表明，复合材料的时效序列与未添加增强相的基体合金基本相同。然而，在复合材料的时效过程中，并未观察到 GP 区和 β 相，而 β′析出相在时效过程中显得非常稳定。图 6-46 所示为未添加增强相的基体合金和复合材料的时效硬度变化曲线。可以看出，复合材料的时效硬化率与未添加增强相的基体合金基本保持一致。

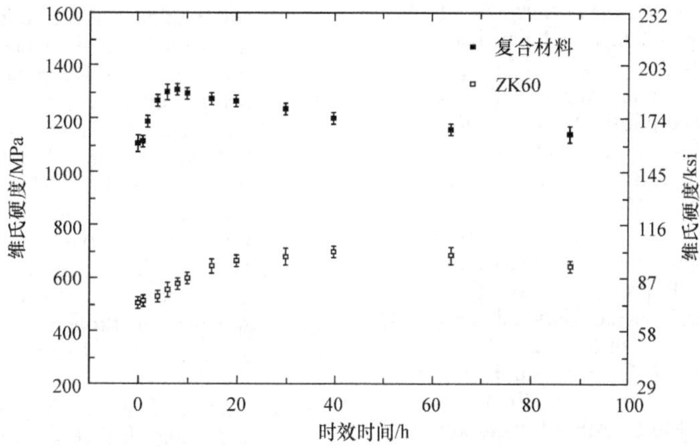

图 6-46　ZK60 合金和 ZK60/B_4C_p + SiC_w 复合材料在 170℃（340℉）时效的维氏硬度与时效时间的关系

参 考 文 献

1. R.L. Edgar, Global Overview on Demand and Applications for Magnesium Alloys, *Magnesium Alloys and Their Applications*, Wiley-VCH Verlag GmbH & Co. KGaA, 2006, p 1–8
2. D. Douglass, The Formation and Dissociation of Magnesium Alloy Hydrides and Their Use for Fuel Storage in the Hydrogen Car, *Metall. Mater. Trans. A*, Vol 6 (No. 12), 1975, p 2179–2189
3. T.M. Pollock, Weight Loss with Magnesium Alloys, *Science*, Vol 328 (No. 5981), 2010, p 986–987
4. B.L. Mordike and T. Ebert, Magnesium: Properties—Applications—Potential, *Mater. Sci. Eng. A*, Vol 302 (No. 1), 2001, p 37–45
5. P. Lyon, New Magnesium Alloy for Aerospace and Speciality Applications, *Magnesium Technology*, TMS, 2004
6. A.A. Luo, E.A. Nyberg, K. Sadayappan, and W. Shi, Magnesium Front End Research and Development: A Canada-China-USA Collaboration, *Magnesium Technol.*, 2008, p 3–10
7. J.H. Forsmark, M. Li, X. Su, D.A. Wagner, J. Zindel, A.A. Luo, J.F. Quinn, R. Verma, Y.M. Wang, S.D. Logan, S. Bilkhu, and R.C. McCune, The USAMP Magnesium Front End Research and Development Project—Results of the Magnesium "Demonstration" Structure, *Magnesium Technology 2014*, John Wiley & Sons, Inc., 2014, p 517–524
8. V.C. Shunmugasamy, B. Mansoor, and N. Gupta, Cellular Magnesium Matrix Foam Composites for Mechanical Damping Applications, *JOM*, Vol 68 (No. 1), 2016, p 279–287
9. N. Gupta, D.D. Luong, and K. Cho, Magnesium Matrix Composite Foams—Density, Mechanical Properties, and Applications, *Metals*, Vol 2 (No. 3), 2012, p 238
10. T. Ryspaev, Z. Trojanová, O. Padalka, and V. Wesling, Microstructure of Superplastic QE22 and EZ33 Magnesium Alloys, *Mater. Lett.*, Vol 62 (No. 24), 2008, p 4041–4043
11. F. Habashi, *Alloys: Preparation, Properties, Applications*, Wiley-VCH, New York, 1998
12. P. Metenier, G. González-Doncel, O.A. Ruano, J. Wolfenstine, and O.D. Sherby, Superplastic Behavior of a Fine-Grained Two-Phase Mg-9wt.%Li Alloy, *Mater. Sci. Eng. A*, Vol 125 (No. 2), 1990, p 195–202

13. G. Gonzalez-Doncel, J. Wolfenstine, P. Metenier, O.A. Ruano, and O.D. Sherby, The Use of Foil Metallurgy Processing to Achieve Ultrafine Grained Mg-9Li Laminates and Mg-9Li-5B4C Particulate Composites, *J. Mater. Sci.,* Vol 25 (No. 10), 1990, p 4535–4540
14. K. Higashi and J. Wolfenstine, Microstructural Evolution during Superplastic Flow of a Binary Mg-8.5 wt.% Li Alloy, *Mater. Lett.,* Vol 10 (No. 7–8), 1991, p 329–332
15. Y. Hosoi, Aspects of High Temperature Deformation and Fracture in Crystalline Materials, *Proceedings of the Seventh JIM International Symposium (JIMIS-7) on Aspects of High Temperature Deformation and Fracture in Crystalline Materials,* July 28–31 1993 (Nagoya, Japan), Japan Institute of Metals, 1993
16. E.M. Taleff, O.A. Ruano, J. Wolfenstine, and O.D. Sherby, Superplastic Behavior of a Fine-Grained Mg-9Li Material at Low Homologous Temperature, *J. Mater. Res.,* Vol 7 (No. 8), 1992, p 2131–2135
17. R.J. Jackson and P.D. Frost, "Properties and Current Applications of Magnesium-Lithium Alloys: A Report," Vol 5068, Technology Utilization Division, National Aeronautics and Space Administration, 1967
18. J. Zhang, L. Zhang, Z. Leng, S. Liu, R. Wu, and M. Zhang, Experimental Study on Strengthening of Mg-Li Alloy by Introducing Long-Period Stacking Ordered Structure, *Scr. Mater.,* Vol 68 (No. 9), 2013, p 675–678
19. G. Wu, Q. Zhang, and M. Zhang, Progress in the Research of Super-Light High-Strength Mg-Li Based Alloys and Composites, *Proc. Eng.,* Vol 27, 2012, p 1257–1263
20. W. Wu, Q. Peng, J. Guo, and S. Zhao, Phase Transformation of Mg-Li Alloys Induced by Super-High Pressure, *Mater. Lett.,* Vol 117, 2014, p 45–48
21. T. Sato, Precipitation of Magnesium-Based Alloy during Aging, *Metal,* Vol 71 (No. 6), 2001, p 530–538
22. D. Duly, J.P. Simon, and Y. Brechet, On the Competition between Continuous and Discontinuous Precipitations in Binary Mg Al Alloys, *Acta Metall. Mater.,* Vol 43 (No. 1), 1995, p 101–106
23. D.D. Luong, V.C. Shunmugasamy, J. Cox, N. Gupta, and P.K. Rohatgi, Heat Treatment of AZ91D Mg-Al-Zn Alloy: Microstructural Evolution and Dynamic Response, *JOM,* Vol 66 (No. 2), 2014, p 312–321
24. H. Chandler, *Heat Treater's Guide: Practices and Procedures for Nonferrous Alloys,* ASM International, 1996
25. Y. Uematsu, K. Tokaji, and M. Matsumoto, Effect of Aging Treatment on Fatigue Behaviour in Extruded AZ61 and AZ80 Magnesium Alloys, *Mater. Sci. Eng. A,* Vol 517 (No. 1–2), 2009, p 138–145
26. T. Sato, Aging Precipitation of the Heat-Resistant Magnesium Alloys Containing Rare Earth Elements, *Mater. Jpn.,* Vol 38 (No. 4), 1999, p 294–297
27. C. Antion, P. Donnadieu, F. Perrard, A. Deschamps, C. Tassin, and A. Pisch, Hardening Precipitation in a Mg-4Y-3RE Alloy, *Acta Mater.,* Vol 51 (No. 18), 2003, p 5335–5348
28. G.W. Lorimer, P. Apps, H. Karimzadeh, and J. King, Improving the Performance of Mg-Rare Earth Alloys by the Use of Gd or Dy Additions, *Mater. Sci. Forum,* 2003
29. L. Rokhlin, T.V. Dobatkina, and N. Nikitina, Constitution and Properties of the Ternary Magnesium Alloys Containing Two Rare-Earth Metals of Different Subgroups, *Mater. Sci. Forum,* 2003
30. A. Yamamoto, T. Ashida, Y. Kouta, K. Kim, S. Fukumoto, and H. Tsubakino, Precipitation in Mg-(4–13)%Li-(4–5)%Zn Ternary Alloys, *J. Jpn. Inst. Light Met.,* Vol 51 (No. 11), 2001, p 604–607
31. H. Ji, G. Yao, and H. Li, Microstructure, Cold Rolling, Heat Treatment, and Mechanical Properties of Mg-Li Alloys, *J. Univ. Sci. Technol. Beijing,* Vol 15 (No. 4), 2008, p 440–443
32. C.Q. Li, D.K. Xu, T.T. Zu, E.H. Han, and L. Wang, Effect of Temperature on the Mechanical Abnormity of the Quasicrystal Reinforced Mg-4%Li-6%Zn-1.2%Y Alloy, *J. Magnesium Alloys,* Vol 3 (No. 2), 2015, p 106–111
33. "Magnesium Design," Magnesium Department, Dow Chemical Company, 1957
34. S.D. Henry, K.S. Dragolich, and N.D. DiMatteo, *Fatigue Data Book: Light Structural Alloys,* ASM International, 1994
35. R.S. Busk, *Magnesium Products Design,* Taylor & Francis, 1987
36. T.K. Aune, H. Gjestland, J.Ø. Haagensen, B. Kittilsen, J.I. Skar, and H. Westengen, Magnesium Alloys, *Ullmann's Encyclopedia of Indstrial Chemistry,* Wiley-VCH Verlag GmbH & Co. KGaA, 2000
37. W.H. Sillekens and N. Hort, Magnesium and Magnesium Alloys, *Structural Materials and Processes in Transportation,* Wiley-VCH Verlag GmbH & Co. KGaA, 2013, p 113–150
38. D.A. Kramer, Magnesium and Magnesium Alloys, *Kirk-Othmer Encyclopedia of Chemical Technology,* John Wiley & Sons, Inc., 2000
39. M.M. Avedesian and H. Baker, *ASM Specialty Handbook: Magnesium and Magnesium Alloys,* ASM International, 1999
40. G. Neite, K. Kubota, K. Higashi, and F. Hehmann, Magnesium-Based Alloys,

Materials Science and Technology, Wiley-VCH Verlag GmbH & Co. KGaA, 2006
41. H. Anantharaman, V.C. Shunmugasamy, O.M. Strbik III, N. Gupta, and K. Cho, Dynamic Properties of Silicon Carbide Hollow Particle Filled Magnesium Alloy (AZ91D) Matrix Syntactic Foams, *Int. J. Impact Eng.*, Vol 82, 2015, p 14–24
42. N. Gupta, D.D. Luong, and P.K. Rohatgi, A Method for Intermediate Strain Rate Compression Testing and Study of Compressive Failure Mechanism of Mg-Al-Zn Alloy, *J. Appl. Phys.*, Vol 109 (No. 10), 2011, p 103512
43. S. Ugandhar, M. Gupta, and S.K. Sinha, Enhancing Strength and Ductility of Mg/SiC Composites Using Recrystallization Heat Treatment, *Compos. Struct.*, Vol 72 (No. 2), 2006, p 266–272
44. K.N. Braszczyńska, Possibilities of the Heat Treatment of Magnesium Matrix Composites Reinforced with SiC Particles, *Magnesium Alloys and Their Applications*, Wiley-VCH Verlag GmbH & Co. KGaA, 2006, p 252–256
45. M.Y. Zheng, K. Wu, S. Kamado, and Y. Kojima, Aging Behavior of Squeeze Cast SiCw/AZ91 Magnesium Matrix Composite, *Mater. Sci. Eng. A*, Vol 348 (No. 1–2), 2003, p 67–75
46. P.K. Chaudhury, H.J. Rack, and B.A. Mikucki, Effect of Double-Ageing on Mechanical Properties of Mg-6Zn Reinforced with SiC Particulates, *J. Mater. Sci.*, Vol 26 (No. 9), 1991, p 2343–2347
47. Q.Q. Zhang, G.Q. Wu, L.Y. Niu, Z. Huang, and Y. Tao, Effects of Heat Treatment on Interface and Mechanical Properties of YAl_2 Reinforced Mg-14Li-3Al Matrix Composite, *Mater. Sci. Eng. A*, Vol 564, 2013, p 298–302
48. C. Badini, F. Marino, M. Montorsi, and X.B. Guo, Precipitation Phenomena in B_4C-Reinforced Magnesium-Based Composite, *Mater. Sci. Eng. A*, Vol 157 (No. 1), 1992, p 53–61
49. M. Gu, Z. Wu, Y. Jin, and M. Koçak, Effects of Reinforcements on the Aging Response of a ZK60-Based Hybrid Composite, *Mater. Sci. Eng. A*, Vol 272 (No. 2), 1999, p 257–263

6.5　贵金属的退火

贵金属包括黄金（Au）、银（Ag）、铂（Pt）、钯（Pd）、铱（Ir）、铑（Rh）、钌（Ru）和锇（Os）。前六种金属为面心立方晶体结构。金、银、铂和钯的硬度很低、韧性和塑性很高，在常态下很容易进行冷加工。铱和铑的硬度高，韧性和塑性较低，可以进行热加工和锻造。在珠宝首饰、电气触头、医疗、航空航天、汽车和许多其他行业中，这些贵金属及其合金有着广泛的应用。最后两种金属，钌和锇，为密排六方晶体结构，不适合进行冷加工或热加工，加工较为困难，因此，在工业中的用途相当有限。现有的贵金属及其合金的性能数据“散落”在许多出版物中（见本节中的参考文献）。通常，不同来源的数据是不一致的，因此，这里提供的数据和图表只作为参考。本节首先对每种贵金属的退火行为进行介绍，然后讨论退火工艺对贵金属及其合金基本性能的影响。

6.5.1　纯贵金属

（1）金　即使进行了 60% 的冷轧，纯黄金的硬度也相当低，约为 50HV，其抗拉强度也很低，约为 215MPa（31ksi），但仍保留约 2% 的伸长率。商业纯黄金（根据 ASTM B562，纯度为 99.95% 或更高）在室温下很容易进行再结晶。通常情况下，纯黄金在 305℃（580℉）的空气中进行退火，退火后硬度降低到 20HV，抗拉强度降低到 131MPa（19ksi），但伸长率提高到 45%。

（2）银　纯银（根据 ASTM B413，纯度为 99.9% 或更高）在冷轧状态下，硬度约为 95HV，抗拉强度约为 375MPa（54ksi），伸长率为 2.5%。99.99% 纯银在室温下就会发生再结晶。纯银的典型退火工艺为在 300~350℃（570~660℉）的空气中退火；采用较高的退火温度，如 550~650℃（1020~1200℉），可获得最佳性能：硬度为 20HV，抗拉强度为 160MPa（23ksi），伸长率为 50%。由于氧在银中的固溶度和扩散速率很高，需要在保护气氛中进行高温退火。此外，当对含氧量高的银进行退火处理时，可能会产生起泡现象。通常的做法是采用脱氧银进行处理。

（3）铂　商业纯铂（根据 ASTM B561，纯度为 99.95% 或更高）可以在空气、氮气或惰性气体中，在 600℃（1110℉）的温度下进行退火。在冷加工条件下，铂的硬度为 130HV，抗拉强度为 420MPa（61ksi），伸长率为 2%。退火后硬度降低到 50HV，抗拉强度降低到 140MPa（20ksi），伸长率提高到 45%。

（4）钯　商业纯钯（根据 ASTM B589，纯度为 99.95%）常用的退火温度为 900℃（1650℉），可以在氮气或惰性气氛中进行退火。冷加工钯的硬度为 110HV，抗拉强度为 655MPa（95ksi），伸长率为 2%。退火硬度为 45HV，退火后的抗拉强度和伸长率分别为 205MPa（30ksi）和 45%。

（5）铑　铑（根据 ASTM B616，纯度为 99.8%

或更高）可以采用热锻和冷加工相结合的工艺。退火应在800～1200℃（1470～2200℉）温度范围和惰性气氛中进行。已公布的退火力学性能数据存在不一致。在900℃（1650℉）退火，硬度约为110HV，抗拉强度不小于400MPa（58ksi），伸长率约为8%。

（6）铼 纯铼（根据ASTM B671，纯度为99.8%或更高）很难进行冷加工。铼应该在惰性气氛中退火，在1200℃（2190℉）发生再结晶。铼没有可靠的退火性能数据。在1450℃（2640℉）退火后，铼的硬度为210HV，抗拉强度不小于400MPa（58ksi），伸长率约为10%。

（7）钌 纯钌（根据ASTM B717，纯度为99.8%或更高）用作非承重催化剂，也用作合金元素。钌应在惰性气氛中退火。在1200℃（2190℉）退火后，硬度为200～350HV，抗拉强度为490MPa（71ksi），伸长率仅约为3%。

（8）锇 纯锇的工业应用非常有限，目前没有实际的退火数据。

6.5.2 金首饰合金

这一节讨论以金为主加元素的合金。这些合金的成分和热处理工艺是基于金－铜、金－镍、银－铜和钯－铜系统的特点。

（1）有色金合金 有色金合金以金、银、铜、锌为主要成分。根据银、铜与锌的比例，这些合金呈现为黄色、绿色和红色。有色金合金通常在保护性气氛和还原性气氛中退火，通常为氢气和氮气混合气氛，退火温度为550～650℃（1020～1200℉）。

退火后缓慢冷却，大部分有色金合金表现出时效硬化现象。因此，为了达到完全软化的目的，这些合金在退火后应立即进行淬火冷却。退火后采用淬火冷却，可在后续时效时得到更好的时效效果。根据合金不同，有色金合金的时效温度为260～315℃（500～600℉）。通常，时效硬化是在还原性保护气氛中或在低真空中进行的。图6-47～图6-49所示为不同含银量的合金在退火和时效条件下的硬度变化（所有的合金在退火后用水淬火，然后进行时效硬化）：

1）10k合金，w(Au)=41.7%，w(Zn)=0.5%，不同含银量，其余为铜。

2）14k合金，w(Au)=58.5%，w(Zn)=3.3%，不同含银量，其余为铜。

3）18k合金，w(Au)=75.0%，w(Zn)=0.5%，不同含银量，其余为铜。

图6-50所示为退火温度对w(Ag)=4.0%和w(Ag)=12%的14k黄色金合金硬度的影响。值得注意的是，w(Ag)=12%的合金具有明显的时效硬化现象，即使在退火状态下，合金的硬度也很高。图6-51所示为退火温度和晶粒细化剂对14k黄色金合金晶粒尺寸的影响。

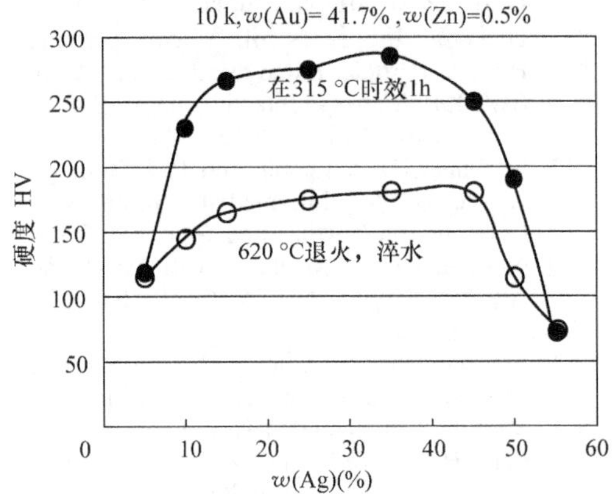

图6-47 不同含银量，w(Zn)=0.5%的10k黄色金合金的退火和时效硬度

注：WQ—水淬。由LeachGarner Company提供。

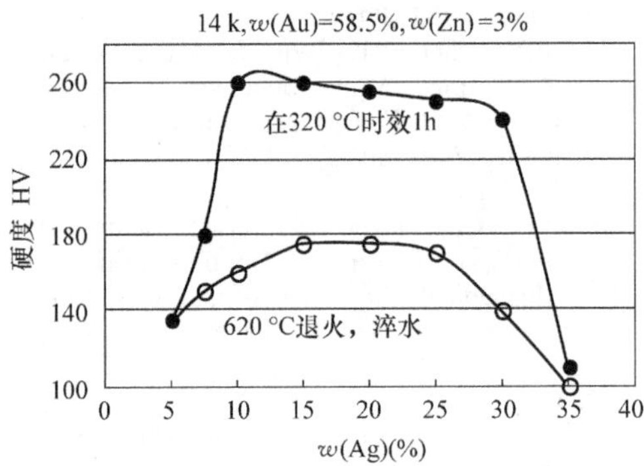

图6-48 不同含银量，w(Zn)=3.0%的14k黄色金合金的退火和时效硬度

注：WQ—水淬。由LeachGarner Company提供。

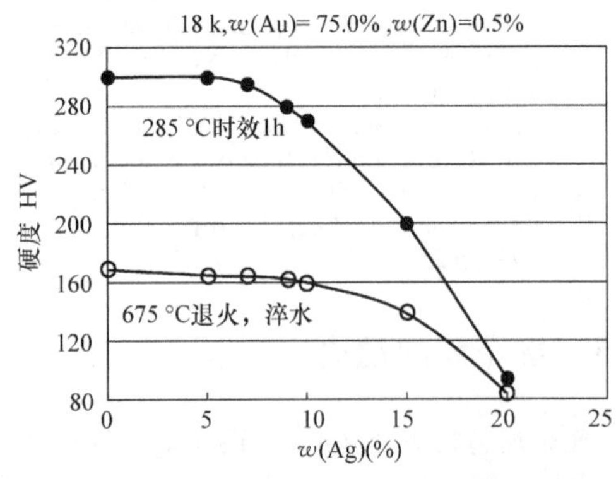

图6-49 在退火和时效条件下，不同含银量的18k黄色金合金［w(Zn)=0.5%］的硬度变化曲线

注：WQ—水淬。由LeachGarner Company提供。

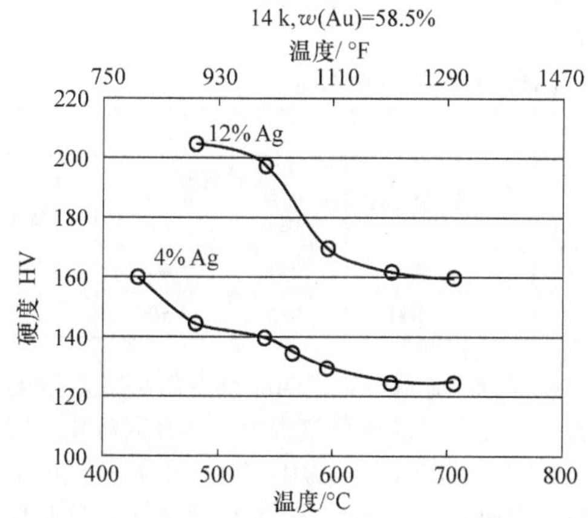

图 6-50　退火温度对 $w(\mathrm{Ag})=4.0\%$ 和 $w(\mathrm{Ag})=12\%$ 的 14k 黄色金合金硬度的影响

注：由 LeachGarner Company 提供。

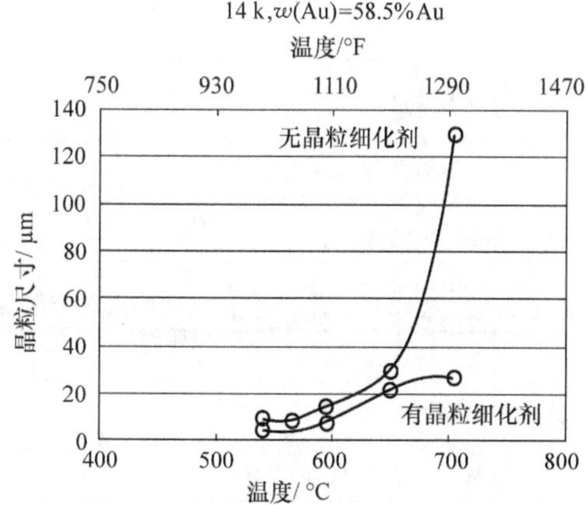

图 6-51　退火温度和晶粒细化剂对 14k 黄色金合金晶粒尺寸的影响

注：由 LeachGarner Company 提供。

（2）白色金合金　除了金、银、锌和铜外，还有钯或镍的质量分数约为 15% 的白色金合金。含钯的白色金合金的退火和时效工艺与有色金合金相似，但时效温度更高，通常为 370～400℃（700～750℉）。含镍的白色金合金也应该在还原性保护气氛中退火，退火温度与有色金合金的温度相同。然而，含镍的白色金合金退火后应该缓慢冷却，因为淬火会产生残余应力，导致开裂。含镍的白色金合金的时效条件与有色金合金相似。

一些金首饰合金也用于生产电气触头和牙科产品。表 6-29 所列为部分金首饰合金的典型性能。

6.5.3　银－铜合金

银－铜合金在 780℃（1435℉）和 $w(\mathrm{Cu})=28.1\%$ 时，发生共晶反应。在较高的温度下，铜在银中的固溶度小于 8.8%，形成富银的单相，具有有限的固溶度。当银的质量分数小于 8% 时，就形成富铜的单相。在共晶点以下温度，银－铜合金为两相合金。

（1）标准纯银　标准纯银中 $w(\mathrm{Ag})=92.5\%$，$w(\mathrm{Cu})=7.5\%$，是一种传统的首饰合金。标准纯银冷加工后的硬度为 140HV，抗拉强度为 480MPa（70ksi），伸长率为 2%。标准纯银应在还原性保护气氛中进行退火，退火温度为 540～675℃（1000～1250℉），在快速冷却（最好是淬火）后，合金得到了充分的软化。在退火条件下，标准纯银的硬度为 75HV，抗拉强度为 275MPa（40ksi），伸长率为 40%。如果在 260～315℃（500～600℉）时效，标准纯银的硬度会提高到 110HV。时效应在还原性保护气氛中或在低真空中进行。在 730℃（1350℉）进行固溶退火，采用快速冷却，时效后可以得到最佳时效效果。在新开发的标准纯银合金中，通过添加锌、锡、钯和锗等元素代替部分铜元素。在退火工艺不变的条件下，这些合金的耐蚀性和时效硬化性能得到了改善和增强。

表 6-29　部分金首饰合金退火前后的典型性能

合金	化学成分（质量分数）（%）						50%冷变形				退火				退火硬度 HV
	Au	Ag	Pd	Ni	Cu	Zn	硬度 HV	抗拉强度 MPa	抗拉强度 ksi	伸长率（%）	硬度 HV	抗拉强度 MPa	抗拉强度 ksi	伸长率（%）	
14k（4% Ag）	58.5	4.0	—	—	34.5	3.0	250	965	140	1	120	480	70	40	—
14k（12% Ag）	58.5	12.0	—	—	26.5	3.0	280	1105	160	1	165	620	90	40	250
14k（12% Pd）	58.5	20.0	12.0	—	9.5	—	260	1070	155	1	170	585	85	40	250
14k（6.5% Ni）	58.5	—	—	6.5	30.0	5.0	270	1070	155	1	150	585	85	40	—
18k（12.5% Ag）	75.0	12.5	—	—	12.0	0.5	260	860	125	1	160	515	75	40	240

（2）银币合金和银－铜共晶合金　银币合金（根据 ASTM B617，90% Ag－10% Cu）和银－铜共晶合金（根据 ASTM B628，72% Ag－28% Cu），都可以用于电气接触材料。银币合金也用于铸造硬币，而银－铜共晶合金也用作钎焊合金。这两种合金都应采用 535～675℃（1000～1250℉）的温度退火，

以达到完全软化的目的。在相应的ASTM标准中，给出了这两种合金的性能。表6-30中列出了这两种合金在退火前后的硬度、抗拉强度和伸长率的典型值。

表6-30 银币合金和银-铜共晶合金退火前后的力学性能

合金	50%冷加工				退火			
	硬度 HV	抗拉强度		伸长率（%）	硬度 HV	抗拉强度		伸长率（%）
		MPa	ksi			MPa	ksi	
ASTM B617银币合金	145	480	70	1	80	275	40	20
ASTM B628银-铜共晶合金	150	550	80	1	100	350	50	15

（3）铂族金属（PGM）二元合金　在医疗设备、汽车、航空航天、电子触头、传感器等行业，铂族金属有着重要的应用。在较高的温度下和整个成分范围内，钯、铱和铑都可固溶铂；而铱和铑在高温下也可以溶于钯。在较低的温度下，铂-钯、铂-铱、铂-铑、钯-铱和钯-铑二元合金形成混溶间隙，这表明合金可能具有时效硬化的能力。包括钌和部分贱金属，它们与铂族金属形成复杂的二元合金，在一定的成分范围内，具有固溶度。钯-银合金在整个成分范围为固溶体。市面上有许多商用铂族金属的二元合金。表6-31列出了部分常用铂族金属二元合金的退火工艺。表6-32列出了部分铂族金属二元合金退火前后的硬度、抗拉强度和伸长率的典型值。

表6-31 部分常用铂族金属二元合金的退火工艺

合金	退火温度		气氛	淬火	典型产品和应用
	℃	℉			
Pt-5% Ir	800~1000	1470~1830	空气，最好是氮气或氩气	不需要	珠宝
Pt-10% Ir，Pt-15% Ir（ASTM B684）	1000~1150	1830~2100	空气，最好是氮气或氩气	固溶并完全软化，为时效或下一步处理做准备，是优选工序	可植入医疗装置，电阻丝
Pt-20% Ir	1000~1150	1830~2100	空气，最好是氮气或氩气	固溶并完全软化，为时效或下一步处理做准备，是优选工序	可植入医疗装置，电阻丝
Pt-25% Ir、Pt-30% Ir	1200~1300	2190~2370	空气，最好是氮气或氩气	固溶并完全软化，为时效或下一步处理做准备，是必须进行的工序	可植入医疗装置
Pt-5% Ru	1000	1830	空气，最好是氮气或氩气	不需要	珠宝
Pt-6% Rh、Pt-10% Rh、Pt-13% Rh	800~1000	1470~1830	空气，最好是氮气或氩气	不需要	热电偶丝
Pt-20% Rh	1000~1150	1830~2100	空气，最好是氮气或氩气	固溶并完全软化，为时效或下一步处理做准备，是优选工序	喷气发动机组件
Pt-8% W	800~1000	1470~1830	保护性还原气氛	不需要	医疗装置、电阻丝、电桥标准导线
Pt-10% Ni	700~900	1290~1650	保护性还原气氛	固溶并完全软化，为时效或下一步处理做准备，是优选工序	火花塞
Pt-23% Co	1000~1100	1830~2010	保护性还原气氛	固溶并完全软化，为时效或下一步处理做准备，是必须进行的工序	磁性材料
Pd-5% Ru	900	1650	氮气或氩气，无氢	不需要	珠宝、电接触器
Pd-40Ag%（ASTM B731）	800	1470	氮气或氩气，无氢	不需要	电接触器

表 6-32 部分铂族金属二元合金退火前后的力学性能

合金	50%冷加工				退火			
	硬度 HV	抗拉强度		伸长率（%）	硬度 HV	抗拉强度		伸长率（%）
		MPa	ksi			MPa	ksi	
Pt - 6% Rh	130	585	85	1.5	55	240	35	35
Pt - 10% Rh	150	655	95	1.5	90	310	45	30
Pt - 13% Rh	160	725	105	1.5	95	345	50	30
Pt - 20% Rh	200	965	140	1.5	115	480	70	30
Pt - 10% Ir	185	895	130	2	110	380	55	25
Pt - 15% Ir	210	1205	175	2	130	515	75	20
Pt - 20% Ir	240	1345	195	2	190	690	100	20
Pt - 25% Ir	295	1515	220	1.5	220	860	125	20
Pt - 30% Ir	315	1860	270	1.5	280	1105	160	20
Pt - 5% Ru	200	895	130	1.5	130	480	70	25
Pt - 10% Ni	380	1585	230	2	220	825	120	30
Pt - 8% W	300	1240	180	1.5	180	895	130	25
Pd - 40% Ag	220	690	100	1	90	480	70	30

（4）多组分贵金属合金　多组分贵金属合金具有高强度和耐腐蚀、耐磨损等优点，通常用于各种电子接触产品和牙科材料。其主要成分是金、银、铂、钯、铜、镍和锌。这些合金是可时效强化的。这类合金需要采用相当高的退火温度，常用退火温度为 705～925℃（1300～1700℉）。退火应该在保护气氛中进行，通常是氮气或氩气，采用快速冷却，如水冷。含钯量较低的合金可以在含氢的还原性气氛中退火。尽管退火温度很高，但这些合金表现出了中等程度的晶粒长大。典型的多组分 ASTM B540 合金的退火温度与晶粒尺寸的关系如图 6-52 所示。时效温度为 425～480℃（800～900℉），应采用保护性气氛或在低真空中进行时效。表 6-33 所列为部分多组分贵金属合金的退火工艺和相应的性能，该表中部分合金的数据选自 ASTM 标准。

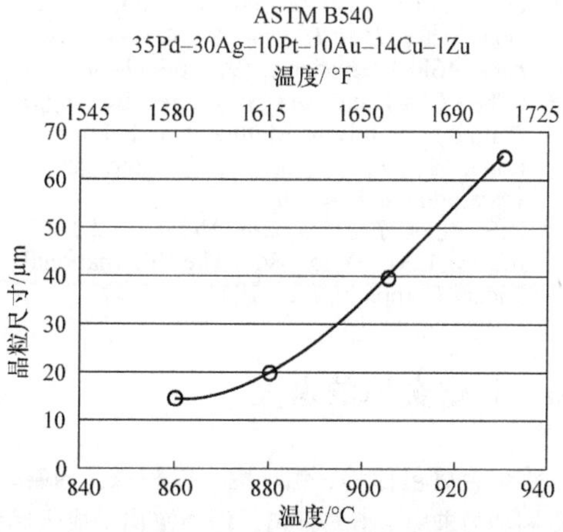

图 6-52　ASTM B540 合金的退火温度对晶粒长大的影响
注：由 LeachGarner Company 提供。

表 6-33 部分多组分贵金属合金（ASTM 合金）退火前后的力学性能

ASTM 合金	主要化学成分（质量分数）	退火温度		冷加工				退火				时效后硬度 HV
				硬度	抗拉强度		伸长率	硬度	抗拉强度		伸长率	
		℃	℉	HV	MPa	ksi	（%）	HV	MPa	ksi	（%）	
B540	35% Pd，30% Ag，14% Cu，10% Au，10% Pt，1% Zn	870	1600	370	1310	190	3	220	830	120	20	350
B541	71% Au，9% Pd，5% Ag，14% Cu，1% Zn	730	1350	320	1035	150	2	210	655	95	20	330
B563	4% Pd，38% Ag，16% Cu，1% Pt，1% Ni	870	1600	320	1300	190	2	210	760	110	15	360
B522	69% Au，25% Ag，6% Pt	675	1250	135	515	75	1	70	275	40	25	—

说明

本节根据 G. Smith and A. Robertson，Annealing of Precious Metals，Heat Treating，Vol4，ASM Handbook，ASM International，1991，P939－947 改编并进行了更新。

参考文献

- L.S. Benner et al., Ed., *Precious Metals: Science and Technology*, The International Precious Metal Institute, 1991
- A. Butts and C.D. Coxe, Ed., *Silver: Economics, Metallurgy and Use*, R.E. Krieger Publishing Company, 1967
- W.S. Rapson and T. Groenewald, *Gold Usage*, Academic Press, 1978
- E.M. Savitskii and A. Prince, Ed., *Handbook of Precious Metals*, Hemisphere Publishing Corporation, 1984
- G. Smith and A. Robertson, Annealing of Precious Metals, *Heat Treating*, Vol 4, *ASM Handbook*, ASM International, 1991, p 939–947
- "The PGM Database," Sponsored by Anglo Platinum, Johnson Matthey, and International Platinum Group Metals Association, www.pgmdatabase.com
- R.F. Vines, *The Platinum Metals and Their Alloys*, E.M. Wise, Ed., The International Nickel Company, Inc., 1941

6.6 难熔金属的退火

难熔金属包括钨、钼、铌、钽和铼。通常，通过压制和粉末烧结工艺将钨、钼和铼加工成金属锭，而后加工成棒材、线材、板材和薄板等轧制产品。铌和钽产品也可以采用压制和粉末烧结工艺生产金属锭，但更多的是采用电弧铸锭工艺生产。正确加工处理这些材料，中间退火和最终退火工艺是至关重要的。

难熔金属在加工后，晶粒会发生变形，位错密度增加，同时强度提高。在加工过程中，通过回复退火，可以降低位错密度，避免再结晶和晶粒长大，降低材料的强度和恢复其变形加工能力。经加工后，可采用最终退火工艺来减少残余应力，降低强度和控制微观组织。难熔金属常应用于高温条件，因此在首次服役过程中，可能对微观组织和性能产生显著影响。由于难熔金属的最终加工状态应满足合金产品的应用要求，因此对它们的加工是至关重要的。

6.6.1 退火实践

为减少表面产生氧化物和防止工件在热处理炉中发生氧化，通常在氢气氛中对钼、铼和钨等金属进行退火。固溶于金属中的氧会向晶界扩散和偏析，引起脆性。氢还能防止由于氧化物蒸发而导致的物质损失。在氢气中退火的材料，退火后不需要进行化学清洗或其他处理，以去除污渍或少量的氧化。

氢退火可采用不同的热处理炉，最常见的是箱式炉，也可采用辊道式炉和网带式炉，以提高长杆工件的生产效率或对小零件进行批量生产。与大型箱式炉温度梯度大相比，辊道式炉和网带式炉温度的均匀性和一致性更好。可用氢气氛管式炉对杆件和线材进行同轴串联式退火，以恒定的速度将杆件和线材从炉中拉出。也可以用电流加热线材产品或将线材通过燃气加热槽后拉出。采用燃气加热方法时，应避免线材直接与燃气火焰接触。

燃气炉可用于退火温度低于 1200℃（2190℉）的退火工艺，但必须对其燃烧嘴进行调整，以保持炉内为中性或还原性气氛，避免工件发生氧化。在温度超过 1200℃时，有时采用真空炉对大型钼和钨工件进行退火，这些工件不适合采用氢气氛炉退火。铌和钽均会形成氢化物，所以它们通常在高真空炉（压力小于 13.3mPa 或 0.0001 mbar）中退火或在高纯度惰性气体中退火。铼可以在氢气炉或真空炉中退火。

6.6.2 钨和钨合金

在高温条件下，钨具有相当高的韧性，但随着温度降低，钨发生从塑性到脆性的转变。如果加工温度过低，钨丝易发生断裂。但如果热加工温度超过了再结晶温度，钨也会变得易碎。其原因是间隙杂质原子，如氧、碳和氮，会向钨的晶界扩散和偏析，促使晶粒长大而造成脆化。因此，钨是典型的适合采用温加工的金属，在温加工过程中，会在组织中残留部分变形。这种具有一定位错密度的组织结构通过降低韧－脆转变温度，有助于提高在较低温度下的塑性和加工性能。

经冷加工后，钨的再结晶温度也会有所降低，因此必须降低加工温度。为避免发生再结晶，可能会产生加工硬化，而每次变形产生加工硬化都会提高工件的强度。为了降低工件的强度，恢复塑性，需要进行中间回复退火，在此过程中可能会产生附加变形。根据最终工件所要求的性能和设备等具体情况，应在整个加工环节中合理安排回复退火。

对于经过轧制的钨，回复退火通常在进行了 50%～70% 的变形后进行。例如，厚度为 25mm（1in）的钨板，通常加热到约 1600℃（2910℉）进行初轧。进行了两道次轧制，变形量达到50%后，钨板的温度降低，不适合进行进一步轧制。产生了50%变形量的钨板，位错密度明显提高，由此增加了再结晶驱动力，此时，如果将钨板重新加热到1450℃（2640℉），进行下一道次的轧制，可能会发生再结晶，而对再结晶的钨板进行轧制，可能会产生开裂。将产生了50%变形量的钨板在1250℃（2280℉）退火约75min，可以将位错密度降低到足够低的程度，这样就可以重新加热到1450℃（2640℉）进行轧制，而不会发生再结晶。在终轧后，应在950~1150℃（1740~2100℉）对钨薄板进行去应力退火。对于进行了焊接或大进给量机加工的钨材，也可以进行类似的去应力退火处理。

对纯钨进行挤锻加工时，不需要进行中间回复退火。在每道次变形后，通过重新加热，可将截面尺寸为16mm×16mm（0.6in×0.6 in）的锭块挤锻成2.54mm（0.100in）的尺寸。对直径小于2.54mm（0.100in）的材料，可采用拉丝代替挤锻进一步成形。通过多次拉丝和去应力退火（消除加工硬化），最终拉至钨丝所要求的直径。

由于掺杂钾的钨的加工硬化率更高，对掺杂钾的钨进行挤锻加工时，需要进行中间退火。为了达到完全再结晶，应采用更高的加热温度。图6-53所示为再结晶前后纯钨棒与掺杂钾的钨棒的微观组织对比。产生的拉长晶粒可以防止在随后的加工中合金出现失效。掺杂钾的钨在挤锻25%变形后，通常在2000℃（3630℉）退火。然后，在拉丝直径小于0.58mm（0.022in）后再次进行退火。

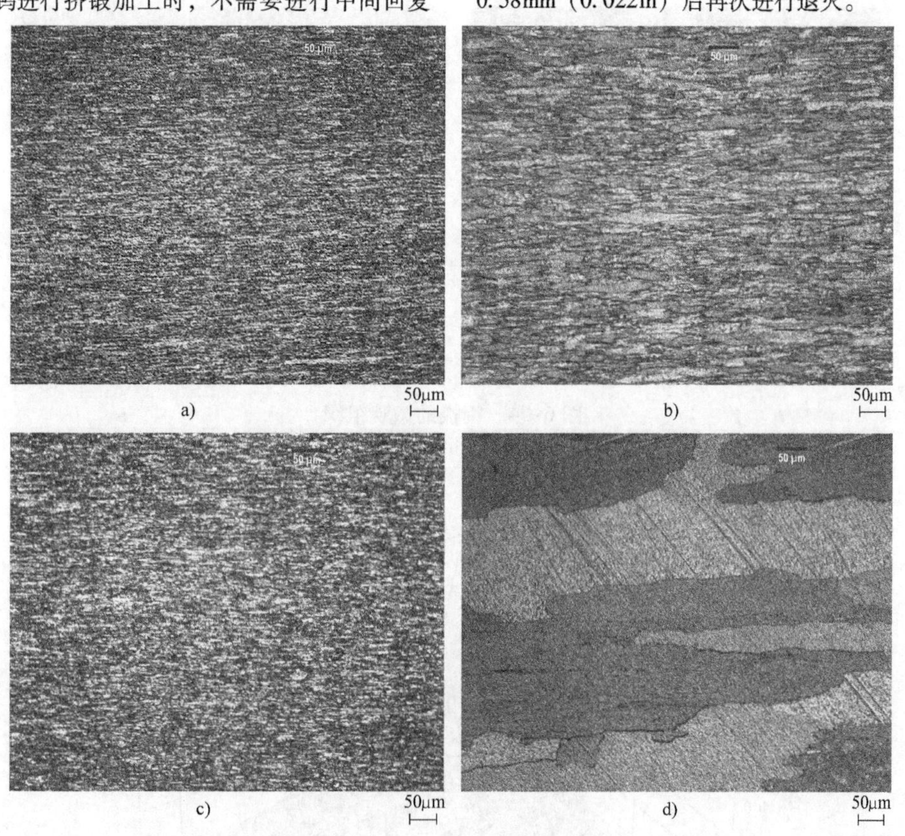

图6-53 微观组织对比

a）挤锻态钨棒 b）再结晶钨棒 c）挤锻态的掺钾钨棒 d）再结晶的掺钾钨棒

注：由V. Desai提供。

掺杂了La_2O_3、Ce_2O_3、HfO_2和ThO_2等氧化物的钨，也具有很高的加工硬化率，需要采用类似于掺杂钾的钨的退火工艺进行处理。氧化物掺杂显著提高了钨的再结晶温度。

钨合金，如W-Ni-Fe合金，是密度很高的合金。在氢气氛炉中，钨合金从粉末压制到液相烧结成全密度合金。在烧结过程中，合金易受到氢脆的影响，因此烧结后需要在真空或惰性气氛中退火，将合金中间隙元素氢的含量降低到较低的水平。退火工艺为在900~1200℃（1650~2190℉）保温4~15h。具体退火时间和温度取决于工件的截面厚度。通常，退火后合金的伸长率会成倍提高，以满足关键结构件的高塑性要求。

6.6.3 钼和钼合金

由于钼本身的晶界强度低和间隙杂质元素（主要是氧）向晶界偏析，再结晶后钼的室温塑性很低。随着变形量的增加，与钨一样，钼的室温塑性也随之提高。在高温条件下，完全再结晶的钼具有良好的加工性能，但弯曲和冲击性能差。进行了大变形的钼在室温下具有很好的塑性，这对于钼薄板或棒材的进一步加工是非常有利的。在高温下应用时，钼合金的热加工历史对再结晶组织起着决定性作用。由于这个原因，合金的变形量和中间退火对控制合金的最终性能起到了重要的作用。

通常在轧制或挤锻加工前，钼锭块需加热至约1300℃（2370℉）进行预热。为满足第二次变形加工的要求，在第一次变形加工后，通常需要在1300℃（2370℉）进行再结晶退火。在第二次变形后，应选择较低的温度进行预热和再结晶退火。通常，在室温下拉制细的钼线材，在800～850℃（1470～1560℉）退火。在完成了热机械加工后，为降低应力，通常选择略低于再结晶温度的温度进行最终退火。

图6-54所示为钼板轧制态和完全再结晶的微观组织。图6-55所示为纯钼薄板的再结晶图。选择小的变形加上高的退火温度，会导致合金得到粗大的晶粒尺寸。而在变形较大的条件下，即使选择较高的退火温度，也可以得到细小的晶粒尺寸。

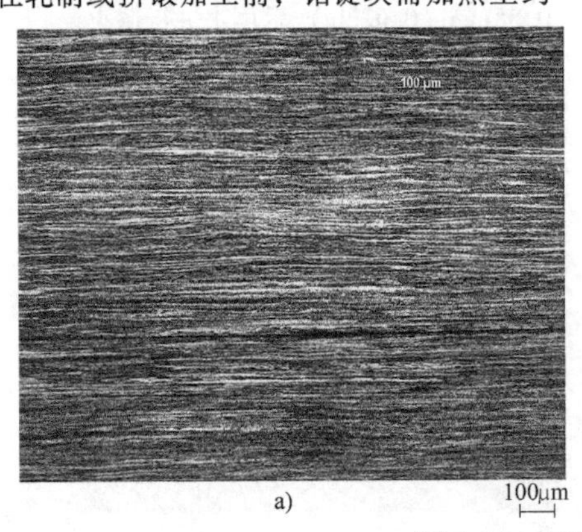

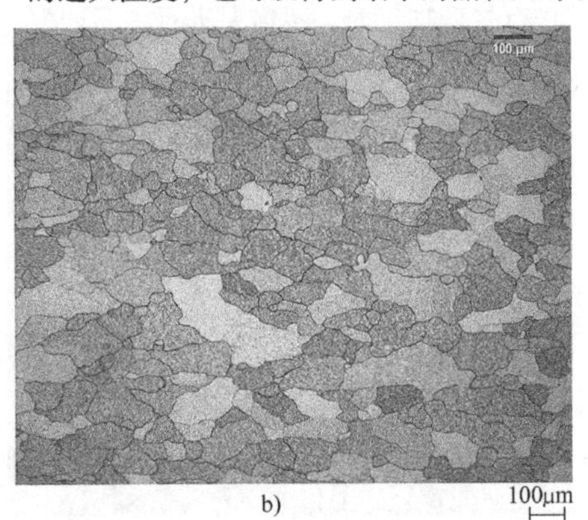

图6-54 钼板的微观组织

a）轧制态 b）完全再结晶

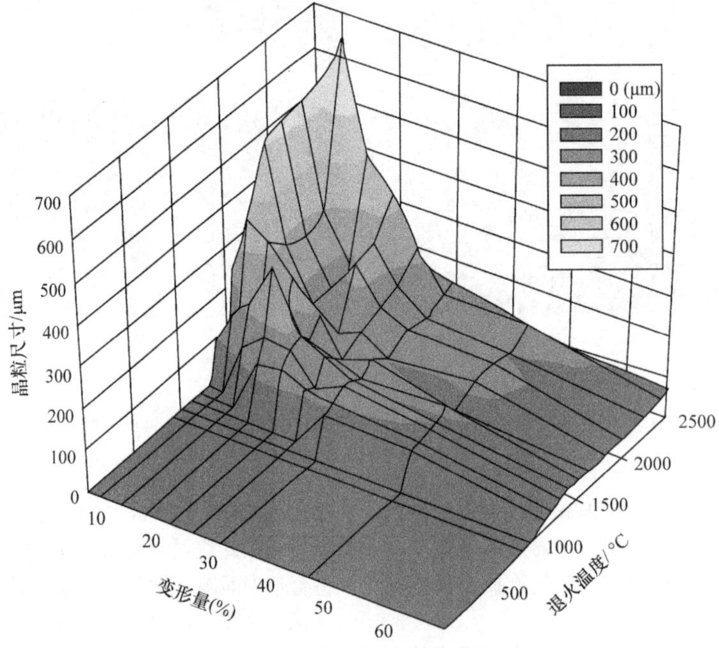

图6-55 纯钼薄板的再结晶图

注：退火1h，然后炉冷。

与钨一样，钼的再结晶温度也与添加的合金元素有关。产生了 90% 变形量的纯钼在 1100℃（2010℉）退火 1h，可实现完全再结晶。添加 Y_2O_3 不会提高合金的再结晶温度。添加钨或铼合金元素，会将钼的再结晶温度提高 100～200℃（180～360℉）。如果 Ti－Zr－Mo 和 Mo－Hf－C 合金中存在碳化物，会将 Ti－Zr－Mo 和 Mo－Hf－C 合金的再结晶温度分别提高到 1400（2550℉）和 1550℃（2820℉）。

掺杂钾或氧化镧并进行 95% 以上的变形，钼再结晶后的微观组织为拉长的晶粒。在高达 1800℃（3270℉）的温度下，这种微观组织是稳定的，并且具有高的蠕变抗力。

6.6.4 铌和铌合金

与钨和钼不同的是，在再结晶状态下，铌具有高的韧性，可以在室温或接近室温的温度下进行冷加工。在不进行中间退火的条件下，铌锭可以进行 90% 变形。如果需要进一步进行变形，则首选进行再结晶退火。根据铌的纯度和变形量，铌的再结晶温度为 850～1300℃（1560～2370℉）。杂质元素可以强烈抑制铌的再结晶。如果冷加工变形量降低到 65% 以下，铌可能出现非均匀的再结晶，但可能不会发生完全再结晶。因此，在退火前，通常应该对铌进行 65%～90% 的变形。退火通常在高真空（压力小于 133mPa 或 0.0001mbar）下进行，温度为 900～1050℃（1650～1920℉）。

间隙杂质元素，如碳、氧、氮和氢会使铌产生脆化。在高真空度和 800℃（1470℉）的温度下退火可以去除氢，恢复铌的塑性，但不能通过传统的高真空热处理去除氧和氮。

在商业生产中，Nb－1% Zr、Nb－46.5% Ti、Nb－55% Ti 三种铌合金占主导地位。这些合金分别用于生产照明设备、超导导线和航空器铆钉。通过合金化能强化铌，提高其加工硬化性能，但在这种情况下，需要进行更多次的中间退火。

6.6.5 钽和钽合金

钽与铌一样，即使在再结晶状态下也具有很高的韧性。它可以在室温下或在接近 500℃（930℉）的温度下进行冷加工。在 500℃（930℉）以上温度进行冷加工，会导致合金过度氧化，增加间隙原子（碳、氧、氮和氢）对钽造成污染的可能性，从而导致脆化。在中间退火之间的典型变形量为 75%～80%，变形量超过 95% 的情况也非常常见。在高真空度条件下，在 950～1100℃（1740～2010℉）温度范围内进行再结晶退火，具体的再结晶退火温度应该根据合金的纯度和变形程度确定。通过在高真空中加热至 800℃（1470℉）的高温，可以去除钽中的氢。与铌的情况相同，在典型的商用真空炉中，不能去除钽中的碳和氧。通过合金化能强化钽，但需要进行更多次的中间退火。为减少残余应力，在制造加工或焊接后，通常需要进行再结晶退火。

6.6.6 铼

铼为密排六方晶体结构，没有明显的韧－脆转变过程，在室温下具有良好的塑性。尽管如此，在对铼进行轧制、挤锻和拉拔等传统的金属加工工艺时，需要特别地认真仔细。铼具有很高的室温强度和快速加工硬化性能。由于铼在高温下易形成挥发性氧化物，因此在没有保护性气氛的情况下，不能在高温下对其进行加工。与钨和钼的加工相同，通常采用氢保护气氛炉对铼进行热加工。

通常在氢或真空炉中对纯铼进行退火处理，典型的退火工艺为在 1600℃（2910℉）保温 0.5～1h。退火后的硬度低于 250HV，可进行冷加工。为避免产生裂纹，在变形量达到 10%～20% 后，需要进行中间退火。在挤锻或轧制的早期阶段，变形量达到约 3% 时就需要进行附加中间退火。铼的轧制变形量达到 40%～70% 后，在 1200℃（2190℉）就开始发生再结晶。

参考文献

1. E. Lassner and W.-D. Schubert, *Tungsten: Properties, Chemistry, Technology of the Element, Alloys, and Chemical Compounds,* Kluwer Academic, New York, NY, 1999
2. S.W.H. Yih and C.T. Wang, *Tungsten: Sources, Metallurgy, Properties, and Applications,* Plenum Press, New York, 1979
3. S. Primig, H. Leitner, W. Knabl, A. Lorich, and R. Stickler, Static Recrystallization of Molybdenum after Deformation below 0.5*T_M (K), *Metall. Mater. Trans. A,* Vol 43, 2012, p 4806–4818
4. C.K. Gupta, *Extractive Metallurgy of Molybdenum,* CRC Press, Boca Raton, FL, 1992
5. S. Primig, H. Leitner, H. Clemens, A. Lorich, W. Knabl, and R. Stickler, On the Recrystallization Behavior of Technically Pure Molybdenum, *Int. J. Refract. Met. Hard Mater.,* Vol 28, 2010, p 703–708
6. J.A. Shields, *Applications of Molybdenum Metal and Its Alloys,* International Molybdenum Association, London, 2013
7. C.K. Gupta and A.K. Suri, *Extractive Metallurgy of Niobium,* CRC Press, Boca Raton, FL, 1994
8. C.L. Trybus, C. Wang, M. Pandheeradi, and C.A. Meglio, Powder Metallurgical Processing of Rhenium, *Adv. Mater. Process.,* Dec 2002, p 23–26

9. K.B. Povarova and M.A. Tylkina, Physiochemical Principles of the Design of Rhenium Alloys, *Rhenium and Rhenium Alloys*, B.D. Bryskin, Ed., Minerals, Metals and Materials Society, Warrendale, PA, 1997, p 647–659

6.7 铀金属和铀合金的热处理

在贫铀（DU）金属及其合金的主要应用中，即使密度不是最重要的考虑因素（在所有元素中，未合金化的贫铀金属的密度是最大的，为 19.05g/cm^3），也是非常重要的参数。在这些主要应用中，有用于军事用途的动能穿甲弹、飞机和导弹的配重、辐射屏蔽、陀螺转子、高能物理热量计和压舱物。添加了0.75%的Ti或2%的Mo（质量分数）的贫铀合金可获得优越的力学性能，通过热处理，可以提高其耐蚀性，是生产动能穿甲弹的（最大单次应用贫铀合金）主要合金。

虽然大多数贫铀材料最初是采用铸造形式生产的，并且在未进行热处理的条件下使用，但为了使贫铀材料达到一致性最佳的性能，目前锻造的贫铀材料通常要求进行热处理。在 550～640℃（1020～1180℉）或 800～900℃（1470～1650℉）温度范围，很容易对贫铀材料锭进行开坯、锻造、轧制和挤压加工。由于在 650～780℃（1200～1435℉）温度范围内合金易出现裂纹，应避免在该温度区间进行上述初级加工。二次制造加工工艺，如精轧、模锻和矫直通常在室温～500℃（930℉）温度范围内进行。其后的加工工序有热处理、机加工（加工到最终尺寸），可采用常规机加工和研磨工艺对贫铀材料进行加工。本节重点介绍铀合金的热处理工艺。有关其他加工工艺的信息，包括热处理的更详细信息，请参考1990 年出版的 ASM 手册，第2卷，以及本文的参考文献。

6.7.1 贫铀金属的组织特点

在铀的加工过程中，必须考虑氢脆和形成氢化物、在空气中易出现氧化、与热水接触受到腐蚀以及酸溶解等问题。此外，细小颗粒的铀金属能发生自燃，在室温下会自发燃烧。

铀浓缩过程为核工业提供 U－235 铀，而金属铀是从铀浓缩过程中提炼的六氟化铀（UF_6）尾矿产品。在典型贫铀金属的生产中，UF_6尾矿被还原为四氟化铀（UF_4），称为“绿盐”，通过采用镁金属的热熔式爆炸进行还原，进一步还原为德比铀金属。也可以采用钙金属将 UF_4还原为德比铀金属。典型的德比化学分析范围（质量分数，10^{-4}%）是 5～50Cu、8～40Al、30～150Fe、10～50Ni、10～100Si、1～10Mg、10～50C、15～40O、8～40N 和 4～18H。通过后续真空熔炼工序，可以蒸发掉少量的高蒸汽压污染物，但无法去除其他列出的污染物元素。应该对这些杂质进行监测和控制，以确保按预期的冶金反应进行熔炼。表 6-34 所列为采用真空感应熔炼的贫铀的典型化学成分和气体分析。一般来说，贫铀的硬度与杂质含量成正比，而其塑性则与杂质含量成反比。

表 6-34 真空感应熔炼贫铀的典型化学成分和气体分析

元素	质量分数（10^{-4}%），平均值
C	180
N_2	15
O_2	40
块状 H_2	2
Al	25
Cu	15
Fe	85
Mn	15
Ni	20
Pb	4
Si	120

在化学成分和组织上，贫铀金属与天然铀金属是相同的。在 662℃（1224℉），从 α 相（正交晶）转变到 β 相（正方晶）。β 相稳定加热到 773℃（1423℉），在该温度转变为高温 γ 相（体心立方）。γ 相稳定加热到熔点 1132℃（2070℉）。在工业淬火速率条件下，非合金化贫铀的 γ 相不能保留到室温。

贫铀金属及其合金在相变过程中伴随着体积的显著变化。从高温 γ 相转变到低温相时，体积约收缩了 1.8%。一维尺寸的变化受到择优取向的影响。而对于一个随机的取向，线性收缩率是 0.6%。由于不能准确地预测贫铀金属的尺寸收缩变化，使得在热处理前无法将贫铀金属机加工到最终的尺寸。为适应热处理过程中贫铀金属的尺寸变化，在粗加工后应该留有不小于 0.4～0.5mm（0.015～0.020in）厚的加工余量。

6.7.2 晶粒尺寸和取向控制

在 γ 相区加工的贫铀金属或铸造的贫铀金属的晶粒非常粗大，尺寸通常为 2～3mm（0.08～0.12in）。因为粗大晶粒会导致机加工表面粗糙和力学性能变化大，因此，对于那些要进行机加工的材料，不希望贫铀金属晶粒尺寸粗大。总体上说，通过多次 β 淬火，可以明显地细化晶粒。然而，对于厚度为 25mm（1in）的工件，工件内部的冷却速率偏低，β 淬火只能细化外层的晶粒。一般来说，当材料细晶粒的边缘足够厚时，在后续加工中就能得到光滑的表面。

也可采用β处理工艺，对在高的α相温度范围进行了加工的贫铀金属进行热处理。β处理包括将贫铀金属加热到β相区温度范围，保温合适的时间，然后快速冷却。常见的加热温度范围是720～730℃（1330～1350℉），该热处理的目的是消除在加工过程中产生的择优取向。

β相区加热温度范围和保温时间对最终α相晶粒尺寸的影响不明显。例如，在高于700℃（1290℉）的温度下，保温时间从1min到1h，对最终α相的晶粒尺寸没有影响。然而，冷却速率则对晶粒尺寸有显著的影响。采用淬水的合金晶粒更加细小，而且晶粒边缘呈扇齿状，这表明在快速β淬火过程中，发生了块状转变。采用空冷时，晶粒的界面更加均匀。采用极低的冷却速率，如炉冷的冷却速率，得到了粗大的α相晶粒。此外，通过延长α退火时间，在锻造贫铀金属中，出现了像铸态晶粒那样的有害粗大晶粒。

采用淬水这样高的冷却速率，在进行β处理的材料中，会产生高的残余应力。对于薄截面工件，这些残余应力会使α相产生明显的塑性变形。这种α相可能会发生再结晶，有时也可以通过在α相温度范围退火来细化晶粒。对于厚截面工件，由于截面中心的冷却速率较慢，不足以产生足够的应力和应变，在β处理后再进行α退火，不会使截面中心产生再结晶。

当贫铀金属从β相淬水时，由于径向温度梯度和β相向α相转变产生的体积收缩，导致产生了高的应力。该应力在表面为压应力，在中部是拉应力。当拉应力足够高时，会导致在中心线附近发生失效。反复进行β淬火，可以在工件中心部位产生海绵状、裂纹或孔洞。

不仅晶粒取向、金属的纯度、前工序变形对晶粒长大有很大的影响，热处理中析出的杂质分散第二相对晶粒长大也有很大的影响。这些固溶体中的杂质分散第二相往往会推迟再结晶进程，得到混合或不完全再结晶的组织。如果这些元素与铀形成有限固溶度的化合物，以杂质的形式存在，则不会明显推迟再结晶进程。

在热处理前，铀金属中已存在的冷加工变形量对最终晶粒尺寸有重要影响。铀的临界应变量为1%～2%。在这种变形量下，铀金属发生再结晶会产生异常粗大的晶粒。因此，为确保在最终成品中不存在临界应变的区域，对需要成形的板材应事先进行10%～15%变形的温加工。随着金属冷加工变形量的增加，得到均匀再结晶所需的退火温度降低。对于大多数纯度相对高的已成形工件，在400℃（750℉）以下温度保温10h也不会发生再结晶。

6.7.3　冷加工

α铀金属的硬度略低于钢，具有良好的可锻性和较好的塑性，因此很容易在室温下进行冷加工。然而，由于存在方向性和织构，α铀具有明显的各向异性。除了有复杂的方向性外，通过冷加工可以大大提高铀的抗拉强度和硬度。表6-35所列为贫铀的典型力学性能与冷加工变形量的关系；表6-36所列为冷加工铀棒的硬度数据。

表6-35　贫铀的典型力学性能与冷加工变形量的关系

冷加工变形量（%）	抗拉强度		拉伸屈服强度①		压缩屈服强度		断后伸长率②（%）	硬度③　HV
	MPa	ksi	MPa	ksi	MPa	ksi		
0④	1060	154	375	54	405	58	15	294
15	1140	165	525	76	500	72	17	352
25	1190	173	600	87	575	83	14	354
40	1280	186	660	96	605	87	13	359
55	1360	197	905	131	690	100	11	397

① 规定塑性延伸强度 $R_{p0.2}$。

② 标距50mm（2in）的断后伸长率。

③ 载荷为1kgf（9.8N）。

④ 该材料没有经过β处理，具有明显的方向性。

表6-36　冷加工铀棒的硬度数据

冷加工变形量（%）	硬度									
	HR15N		HR30N		HR30T		HR45T		HV①	
	均值	范围②	均值	范围	均值	范围	均值	范围	均值	范围③
0	72	71～74	43	42～44	79	77～82	68	67～69	294	281～308
15	73	71～74	46	42～49	81	79～82	72	69～73	352	335～366

（续）

冷加工变形量（%）	硬度									
	HR15N		HR30N		HR30T		HR45T		HV①	
	均值	范围②	均值	范围	均值	范围	均值	范围	均值	范围③
25	75	74~76	47	43~49	81	79~83	73	71~74	354	348~361
40	76	75~77	50	47~52	83	81~85	73	69~75	359	339~376
55	78	76~79	56	55~58	85	83~86	79	78~80	397	376~423

① 载荷为1kgf（9.8N）。

② 5次测试结果。

③ 在棒的横截面上8次测试结果。

6.7.4 退火

冷加工贫铀的退火过程与其他金属材料相似。在回复的第一阶段，贫铀金属的硬度略有下降，电阻率小幅下降，X射线线形明显加强和锐化。回复阶段之后是再结晶阶段。再结晶温度与冷加工变形量之间的关系如图6-56所示，图中退火时间为1.5h。当材料的冷加工变形量为90%～94%时，在400℃（750℉）开始发生再结晶，在450℃（840℉）完成再结晶。进行少量冷加工变形（约4%）时，在525℃（975℉）才开始发生再结晶，在600℃（1110℉）保温1.5h后再结晶仍未完成。

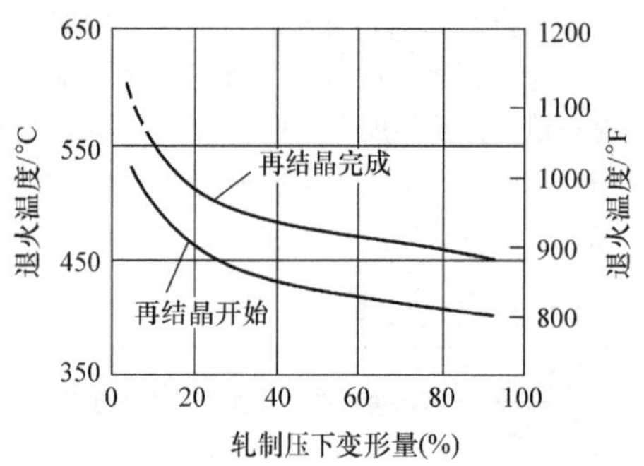

图6-56　中等纯度贫铀再结晶温度与冷加工变形量之间的关系

贫铀金属冷加工后退火的晶粒尺寸取决于退火时间和温度、冷加工变形量和均匀性、冷加工温度，以及析出夹杂物的体积分数、尺寸和分布等各种因素。贫铀金属在冷加工或热加工后通常会产生带状或两相组织，因此，在再结晶后仍然保留为两相晶粒大小。图6-57所示为在300℃（570℉）进行了50%变形的贫铀金属，在不同温度下退火（退火时间为1h）的平均晶粒尺寸。从图中可以看出，不同纯度材料对材料晶粒尺寸有明显的影响。对于纯度低的铀金属，晶粒尺寸为0.01～0.015mm（0.0004～0.0006in）；高纯度铀金属的晶粒尺寸为0.04mm（0.0015in）。表6-37所列为不同加工状态下铀的典型室温力学性能。这些数据并不是精确的值，只作为选择热处理工艺时的参考。

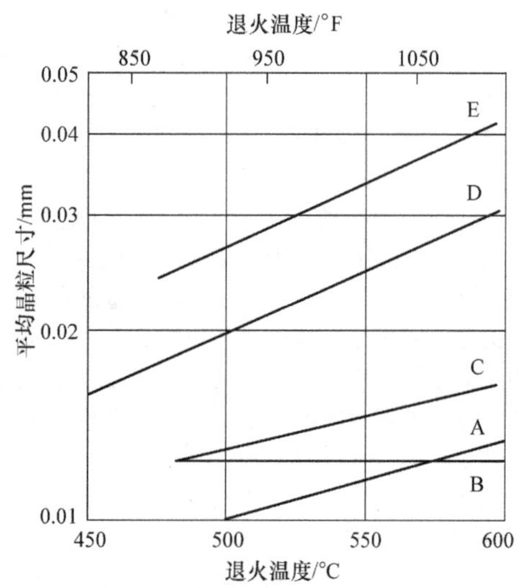

图6-57　贫铀的平均晶粒尺寸与退火温度的关系

注：在300℃（570℉）轧制变形50%后进行1h退火。A和B是低纯度贫铀金属；C、D和E是高纯度贫铀金属，随其亚微观夹杂物含量的提高，平均晶粒尺寸呈下降趋势。

通过下面的热加工和热处理工艺过程，可以得到具有细小晶粒的铀材料。最好选择纯度相对高、杂质少的铀材料，对要轧制的铸坯在630℃（1165℉）进行开坯后，在300～300℃（570～750℉）进行轧制；在进行了40%～60%的温加工后，按工件尺寸每英寸保温30min，在630℃（1165℉）进行短时间再结晶退火。当轧制材料从再结晶退火冷却至低于400℃（750℉）时，再进行下一轮温加工。重复该工艺过程，直至轧制材料达到要求的尺寸厚度。

如果在随后的成形工序中使用轧制的材料，在最后的轧制过程应该留有15%～20%的温加工变形量。成形工序温度应不超过375℃（705℉），最终退火温度为630℃（1165℉），按工件尺寸每英寸保温30min

（保温时间最短应为 6～8min）。根据温加工变形量的大小，工件的晶粒尺寸为 ASTM 6～10 级。建议选择低于 630℃（1165℉）的温度进行中间退火，这将有助于得到更细小的晶粒尺寸。如果选择低于 630℃（1165℉）的温度进行中间退火，需要采用试样测试在该温度下完成完全再结晶所需要的时间。

表 6-37　不同加工状态下铀的典型室温力学性能

工艺过程		屈服强度①		抗拉强度		断后伸长率②（%）	断面收缩率（%）
		MPa	ksi	MPa	ksi		
铸造		207	30	448	65	5	10
γ 挤压		172	25	552	80	10	12
β 轧制		207	30	586	85	12	—
600℃（1080℉）α 挤压		207	30	621	90	15	—
在以下温度进行 α 轧制	300℃（570℉）	759	110	1172	170	7	14
	500℃（930℉）	414	60	897	130	20	—
	600℃（1080℉）	276	40	759	110	20	—
退火，在以下温度滚轧	300℃（570℉）	345	50	759	110	5	—
	500℃（930℉）	276	40	690	100	15	—
在 α 轧制后进行 β 处理	淬火	241	35	586	85	10	12
	慢冷	207	30	414	60	7	—

① 规定塑性延伸强度 $R_{p0.2}$。

② 标距 50mm（2in）的断后伸长率。

通过 α 再结晶退火，不能保证消除轧制和成形过程产生的晶体结构的各向异性。大多数成形加工是采用纵向和横向基本等变形量进行的，该工艺过程可得到性能相对均匀的板材。采用 45°标准纵/横向等量变形工艺，可以得到性能更均匀的成形板材。

图 6-58 所示为铸造铀金属的典型微观组织。由于粗大的铸造晶粒内都有良好的亚结构，所以很难对铸造铀的晶粒尺寸进行定义。通过 β 热处理，可以改善铸造微观组织和提高力学性能，如图 6-59 所示。在 β 热处理过程中，铸件加热到约 740℃（1365℉）保温后淬水，再进行 α 退火。晶粒得到细化的原因是基体中存在少量的铀－铁和铀－硅化合物，这些化合物在 740℃（1365℉）以上温度进行 β 热处理淬水后，固溶于固溶体中，然后在 α 退火时析出。如果选择较低的 α 退火温度，则析出细小弥散的化合物。

图 6-58　铸造贫铀金属的典型微观组织

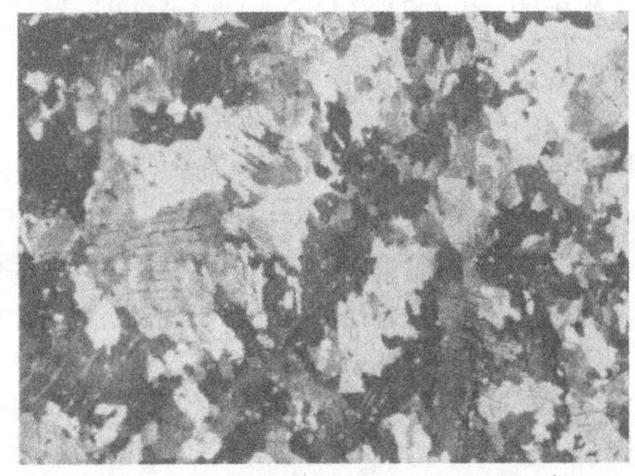

图 6-59　采用 β 淬火细化的铸造贫铀金属的微观组织

图 6-60a 所示为经过 β 淬火和在 625℃（1160℉）退火，在 U－0.04Si－0.02 Fe 铀合金中析出的 U_3Si 相。采用 600℃（1110℉）的温度进行退火，在 U－0.02Fe 合金中，析出了更细小的析出相，如图 6-60b 所示。在得到这种细小的析出相后，采用第二次 β 淬火，可以进一步有效细化晶粒。对截面尺寸为 32mm（1.25in）的铀合金来说，采用两次 β 淬火和两次 α 退火工艺，将达到所要求的晶粒尺寸（图 6-59）。

根据最终的微观组织要求，选择 β 热处理的具体工艺参数（如温度、时间、淬火冷却工艺和热处理炉条件）。在 β 热处理淬水后，由于发生了 β 相向 α 相的转变，铀金属的晶格产生了严重的变形。根据淬火冷却的剧烈程度，这种相变通过扩散转变、

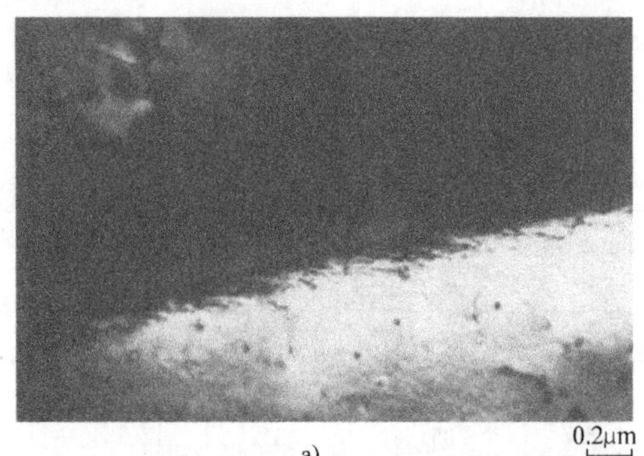

a)

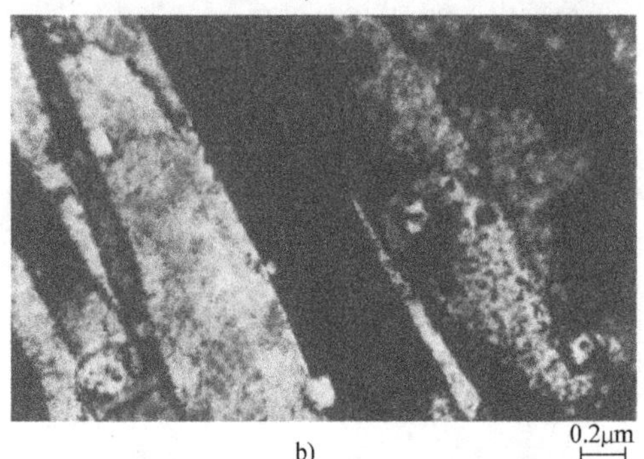

b)

图6-60 在730℃（1345℉）保温30min后，β淬水和时效处理的微观组织

a）U-0.04 Si-0.02 Fe合金经过β淬火后，在625℃（1160℉）时效和炉冷，析出U_3Si相

b）U-0.02 Fe合金经过β淬火后，在600℃（1110℉）时效20h和炉冷，析出细小的析出相

块状转变或马氏体转变等不同机制来实现。在较慢的冷却速率下，通过扩散方式进行β相转变为α相的相变。在20～100℃/s（35～180℉/s）的中等冷却速率下，按块状转变机制进行转变。在最快的冷却速率下，在杂质含量低的合金中，观察到了马氏体转变。一般来说，为了减轻由β淬火引起的残余应力，并促进析出细小的二次化合物，淬火后应采用575℃（1065℉）的温度进行退火处理。表6-38和表6-39所列分别为铸造和锻造铀金属在各种热处理工艺后的典型拉伸性能。

6.7.5 低合金化贫铀合金

需要进行热处理的低合金化贫铀合金（译者注：也称贫铀稀合金），主要有DU-0.70～0.85Ti和DU-2Mo两种。它们是用于生产动能穿甲弹的核心材料。由于钛和钼能扩大合金在高温γ相区的固溶度，并且在低温α相区完全不固溶，因此，这类合金具有很强的时效强化效果。在快速淬火过程中，γ相通过马氏体相变转变为过饱和的α相。在随后的300℃（570℉）以上温度进行时效的过程中，析出细小弥散的金属间化合物。

图6-61所示为直径为36mm（1.4in）的U-0.75Ti合金棒材淬水的微观组织。棒材的外侧已经完全转变为透镜状的α相，如图6-61a所示。随着淬火速率的提高，这种组织结构的细密程度进一步增加。在组织中晶界处为原γ相粒子。U-0.75 Ti合金的淬火硬化层较浅。在棒材心部，转变为α相加原晶界处析出的U_2Ti相，如图6-61b所示。直径为18mm（0.7in）的棒材γ相淬油的微观组织中，也发现了类似的组织结构。在时效过程中，当达到硬化峰值硬度时，在微观组织中未观察到任何组织结构变化。

（1）固溶和时效处理 通过固溶和时效处理，可以提高低合金化贫铀合金的力学性能。具体热处理工艺为在800～850℃（1470～1560℉）的γ相区固溶加热，淬火至室温，并在α相区温度进行时效。为控制氧化和除氢，固溶处理通常在真空或氩气气氛中进行。另一种热处理方法是在适当的温度下，将合金淬入熔化金属浴或盐浴中，进行分级淬火。

表6-38 铸造铀金属在不同热处理工艺下的典型拉伸性能

热处理工艺	抗拉强度		屈服强度①		断后伸长率②（%）	断面收缩率（%）	J积分		撕裂模量	夏比冲击吸收能量	
	MPa	ksi	MPa	ksi			J/mm²	in·lbf/in²		J	ft·lbf
铸态	420	61	205	30	6	—	—	—	—	—	—
在640℃（1185℉）保温1h，真空热处理	450	65	215	31	5	—	—	—	—	—	—
在650℃（1200℉）保温2h，然后在630℃（1195℉）保温24h，真空热处理	565	82	185	27	13	—	—	—	—	—	—
盐浴退火	450	65	215	31	8	—	—	—	—	—	—
β淬火，真空热处理	785	114	295	43	22	17	0.034 0.016	192 90	35 11	~14③ ~7④	~14④ ~5③

① 规定塑性延伸强度$R_{p0.2}$。

② 标距50mm（2in）的断后伸长率。

③ 54℃（129℉）。

④ 21℃（70℉）。

表6-39 锻造铀金属在不同热处理工艺下的典型拉伸性能

热处理工艺	抗拉强度		屈服强度[1]		断后伸长率[2]	断面收缩率
	MPa	ksi	MPa	ksi	(%)	(%)
真空热处理	800	116	270	39	31	28
盐浴退火或短时间真空热处理	655	95	272	39	12	12
真空电弧重熔，真空热处理	780	113	215	31	49	—
真空热处理板材	835	121	273	40	40	—
盐浴退火	885	128	215	31	20	—

① 规定塑性延伸强度 $R_{p0.2}$。

② 标距50mm（2in）的断后伸长率。

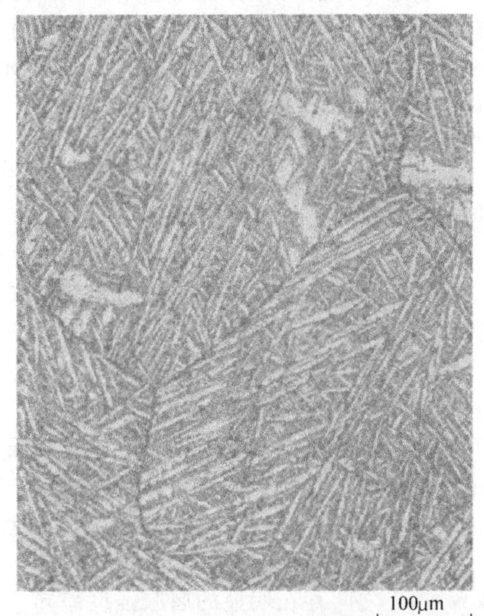

a)

b)

图6-61 U－0.75Ti合金棒材淬火的微观组织

a）边角处 b）中心处

注：直径为36 mm（1.4 in）的棒材淬入流速为455 mm/min（18in/min）的水中。采用铬醋酸电化学侵蚀。

根据工件尺寸，薄截面工件在短的固溶时间（2～5min）内，可以得到完全γ相微观组织；而对于厚截面工件，通常需要4～8h的长固溶时间。如果对厚截面工件进行固溶处理，则需要进行脱氢处理。过长的保温时间会产生粗大的γ相组织，最终会导致淬水时得到粗大的马氏体组织。

在选择γ固溶处理工艺时，一个重要的考虑因素是最终产品所允许的含氢量。对于U－0.75Ti合金，氢对合金的塑性有害，但有时在较低塑性能满足性能要求的情况下，名义氢的质量分数应控制在低于$1\times10^{-4}\%$。然而，当氢的质量分数保持在$0.1\times10^{-4}\%$或更低时，合金可以获得更高和更均匀一致的性能。

对于U－0.8Ti合金，可以通过控制合金中的含氢量，来解决塑性稳定性差的问题。具体方法是将合金中氢的质量分数从$0.36\times10^{-4}\%$降低至$0.02\times10^{-4}\%$，并保持空气干燥，使其相对湿度小于10%。最近一项关于含氢量对U－0.8Ti合金常规拉伸性能影响的研究表明，降低含氢量，合金的塑性提高了50%，但强度没有下降，如图6-62所示。对拉伸试样断口进行扫描电子显微镜观察表明，合金的早期失效与合金中存在的簇状夹杂物有关，这些簇状夹杂物为钛碳化物和/或铀氧化物。这些研究结果表明，随着含氢量的提高，合金出现早期失效的可能性和在簇状夹杂物或其他缺陷上出现开裂的可能性增大。正如预期的那样，合金中如果存在大尺寸缺陷或夹杂物，不论含氢量高低，都会严重降低合金的塑性。纯铀和铀合金对氢敏感，因此为了获得最高的合金性能，需要进行脱氢处理。在选择这些合金时，应该查阅相关的文献资料。

（2）淬火 表6-40列出了DU－0.75Ti合金在不同淬火冷却介质中的冷却速率。冷却速率测试试样直径为22mm（0.875in），长度为21mm（0.845in）。其他贫铀合金在上述淬火冷却介质中的冷却速率基本相同。由于DU－Ti合金的淬火硬化层浅，对大直径棒材或厚板材进行淬火时，如果希望得到表层和心部一致的硬度，需要采用具有高的冷

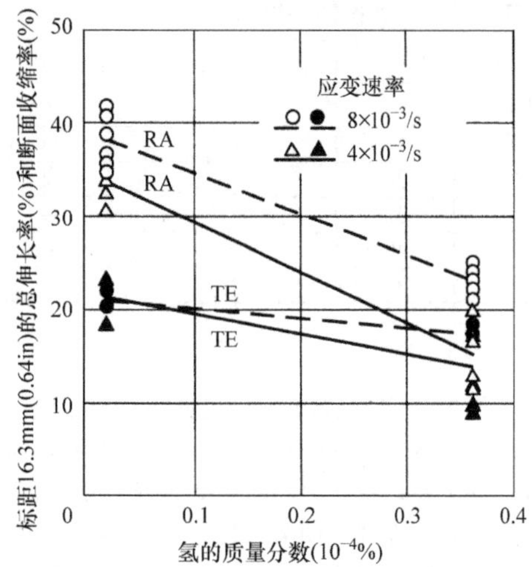

图 6-62 含氢量和应变速率对 U－0.8Ti 合金常规拉伸塑性的影响

RA—断面收缩率 TE—16.3mm（0.64in）标距的总伸长率

却速率的淬火冷却介质。

表 6-40 DU－0.75 Ti 合金在不淬火冷却介质中的冷却速率

淬火冷却介质	冷却速率	
	℃/s	℉/s
流动氩气	3.8	6.8
常规或乳化油	38～40	68～72
0.05% PVA①	80	145
水	98	175
10% 盐水	190	340

① 聚乙烯醇。

1）淬火冷却速率对微观组织的影响。图 6-63 所示为淬火速率对淬火时得到的微观组织的影响。只有采用厚度小于 3mm（0.12in）的极薄试样进行淬火，才能获得全部马氏体组织，如图 6-63a 所示。即使进行了过度侵蚀（在晶界上已出现点蚀），在光学显微镜明场中也无法观察到 α′马氏体，但很容易在偏振光条件下观测到。随着淬火速率的降低，在原 γ 晶界和马氏体板条界面处，优先形成了部分 α＋δ 平衡相。

图 6-63c 所示为 U－0.8Ti 合金试样进行淬火后，典型的满足要求的微观组织。由于晶界处有平衡的 α＋δ 相存在，在光学显微镜明场中观察到了马氏体板条组织。尽管在淬火过程中得到了理想的微观组织，但为了满足性能要求，需要进行时效处理，通过时效转变的组织中有 50% 以上的 α＋δ 相。U－6Nb 合金是一种对淬火速率不敏感的合金。该合金在 γ 固溶处理淬火冷却速率低于 10℃/s（20℉/s）时，也可以获得 α″马氏体组织和理想的性能。

2）孔洞的形成。小直径棒材和小尺寸板材可以采用浸入式淬火，但是大直径棒材（大于 19mm 或 0.75in）如果采用浸入式淬火，则会在中心线处形成孔洞。这些孔洞会造成严重的问题，而孔洞一旦形成，将无法采用简单的方法进行修复。孔洞形成的原因主要有两个：其一是淬火过程中 γ 相向 α′相转变，产生了很大的体积变化，由此引起应力；其二是棒材径向的温度梯度过高，引起了很大的热应力。可以通过使棒材一端垂直于淬火冷却介质液面，来控制棒材进入淬火冷却介质的速率，从而降低出现孔洞的概率。直径为 36mm（1.4in）的棒材采用上述方式淬火时，在循环水速率为 455mm/min（18in/min）以及棒材以 255mm/min（10in/min）的速度垂直淬入淬火冷却介质的条件下，棒材中心线处形成的孔洞在可接受范围内。通过超声技术，可以检测到中心线处孔洞的数量和大小。图 6-64 所示为 U－0.8Ti 合金在缓慢淬火过程中产生的典型淬火裂纹。值得注意的是，在裂纹萌生的表面没有发现 α′马氏体片。与采用流速为 455mm/min（18in/min）的循环水进行淬火的效果相比，采用较慢循环水淬火棒材的时效效果基本相同。

3）淬火诱发残余应力和应力平衡。对高强度铀合金进行淬火时，会产生极高的残余应力，在有些情况下，会超过材料的屈服强度。在淬火过程中，具有很高的温度梯度，加之母相（γ）和产物相（α′或 α＋δ）之间存在明显的屈服强度差异，以及在相转变过程中体积发生了收缩，这些都会诱发很高的残余应力。温度梯度对淬火态残余应力的贡献占 80%～90%，而体积收缩贡献了 10%～20%。这些残余应力可能会造成应力腐蚀开裂或在后续加工过程中产生严重变形，造成工件尺寸超差或失效。

图 6-65a 所示为 U－0.8Ti 合金棒材进行浸入式水淬后残余应力的典型例子。淬火后棒材为平面应力状态，即表面为高的残余压应力，心部为残余拉应力。在最终机加工前，采用了几种方法降低这些残余应力。这些方法包括通过时效和塑性变形达到应力平衡以消除热应力。图 6-65b 所示为采用在 385℃（725℉）保温 4h＋水淬的时效处理工艺，降低了约 1/3 的残余应力。另一方面，通过在轴向施加 1.5% 的永久塑性变形，基本消除了环向应力，降低了约 2/3 的轴向残余应力（图 6-65c）。

图 6-66 所示为通过应力平衡降低压缩残余应力示意图。在压缩载荷作用下，高强度的抗拉应力点 1*A* 随加载路径到 1*B*，而较大的（已经产生屈服）压缩残余应力点 2*A* 移动到 2*B*。在卸载后，在产生永久变形的过程中，点 1*B* 移动到 1*C*，2*B* 移动到 2*C*。通过对该例的试验数据进行测量，证明了新的残余应力值比原淬火态残余应力值显著降低（图 6-65c）。

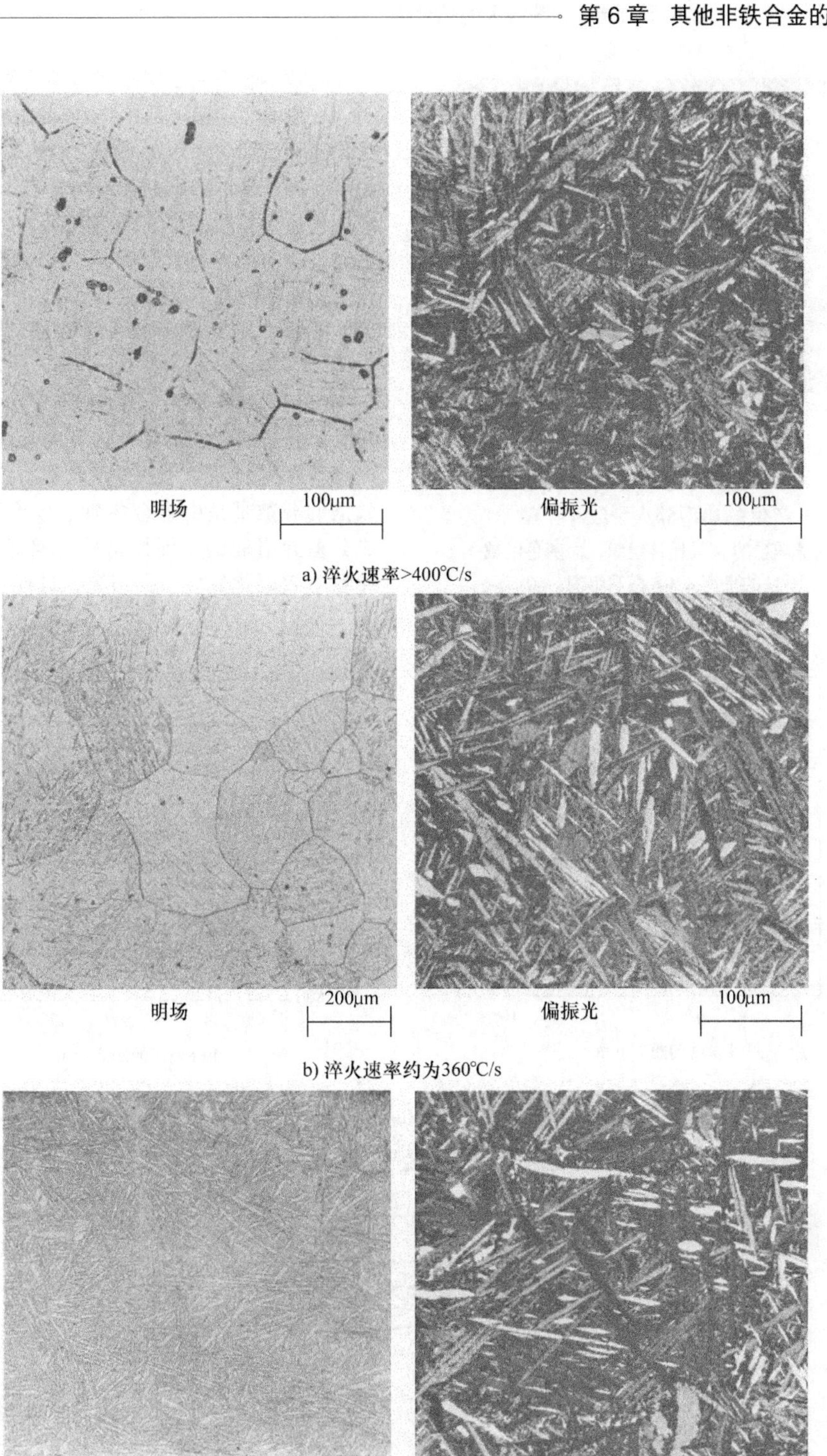

图 6-63　淬火冷却速率对 U－0.8Ti 合金明场和偏振光光学微观组织的影响

a）冷却速率大于 400℃/s（720℉/s）时，得到 100%α′马氏体的微观组织　b）冷却速率为 360℃/s（650℉/s）时，得到少于 100%α′的马氏体微观组织　c）冷却速率大于 100℃/s（180℉/s）时，得到约 90%α′的马氏体微观组织

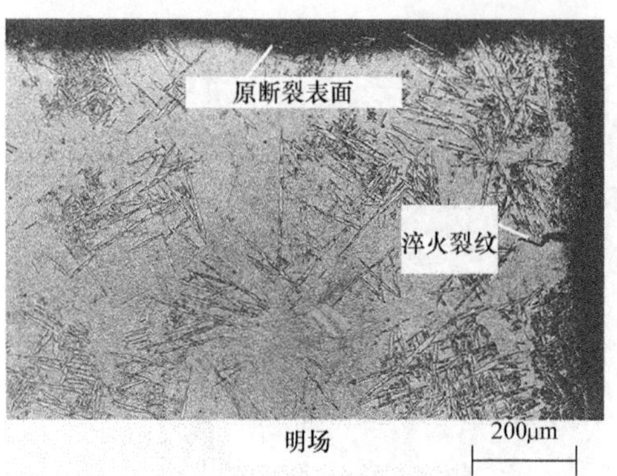

图6-64 U-0.8Ti合金在缓慢淬火过程中产生的典型淬火裂纹

注：针状是理想的α′马氏体组织，而灰色区域是不良的平衡α+δ微观组织。

时效不会进一步明显降低应力平衡后的残余应力。一般的经验法则是，约2%的永久轴向变形将最优化地降低轴向和环向（由于泊松效应）残余应力。为了获得最佳的降低残余应力的效果，可以是拉伸或压缩应力。棒材轴向压缩变形的另一个作用是，提高了环向拉伸屈服强度，并提高了轴向压缩屈服强度，而塑性基本上没有降低。由于试样的几何约束，限制了应力平衡方法在降低残余应力方面的应用。

（3）时效的效果 图6-67～图6-69所示为时效对低合金贫铀合金硬度和强度的影响。油淬和水淬U-0.75Ti合金硬度曲线的形状基本相同（图6-67）。数据的分散带是由合金中钛、铁和铜元素的名义成分差异引起的，即使这些元素是微量的，也会导致时效硬化效应。据报道，硅能阻碍时效硬化。

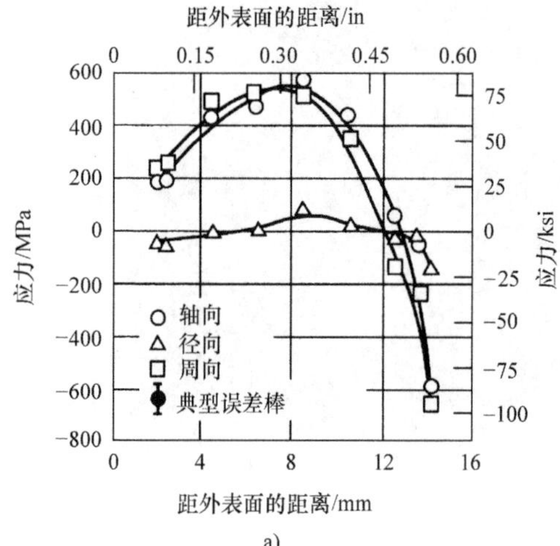

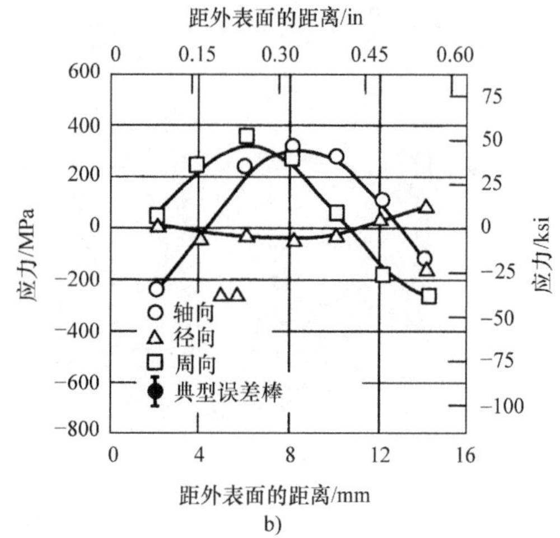

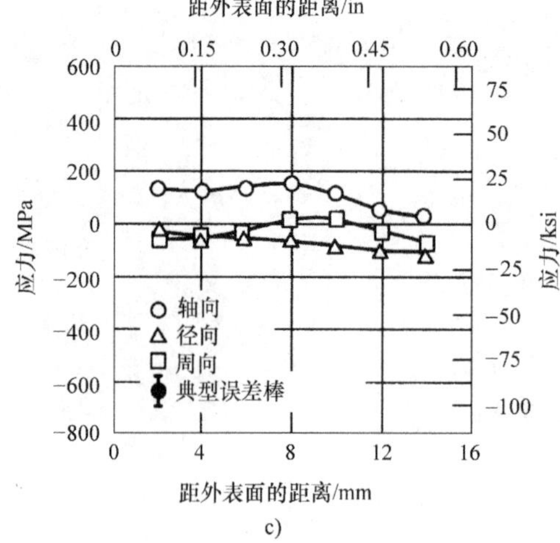

图6-65 用中子衍射技术测量的U-0.8Ti合金棒材的残余应力

a）在γ固溶和淬水处理后，产生平面应力状态，即极高的表面压应力和内部残余拉应力 b）在γ固溶和淬水处理后进行时效处理，适度降低了原淬火残余应力值 c）进行1.5%永久轴向压缩变形，显著减少了淬火棒材中的残余应力（译者注：图中的“典型误差棒”图标实际没有给出曲线或数据）

为降低氧化和氢的影响，时效通常在惰性气氛中进行。由于时效处理温度相对较低，热辐射不像热传导和对流那样有效，因此，通常在使用真空炉进行时效时，不会采用循环的动态热流氩气作为保护气氛。

为了达到规定的硬度和强度性能要求，可以选择不同的时效时间和温度组合。例如，采用下列任何一种处理工艺，都可以使 U－0.75 Ti 合金达到 45HRC 的硬度：在 380℃（720℉）保温 16h；在 400℃（750℉）保温 5h 或在 420℃（790℉）保温 1.75h。为了方便生产，应根据优化的设备利用率，选择具体的处理工艺。

不同铀合金的时效反应会有很大的不同，如图 6-70 所示。在过时效条件下，U－2Mo 合金获得了更好的强度/塑性综合性能；而 U－0.8Ti 合金则必须在欠时效状态下使用，因为在过时效条件下，U－0.8Ti 合金的塑性较差。U－0.8Ti 合金在过时效过程中，在原 α′马氏体片界面上形成了断续的脆性金属间化合物膜（U_2Ti）。而 U－2Mo 合金在过时效状态下，带状 α′马氏体片界面上不易形成脆性的金属间化合物膜，因此，如果得到过时效的微观组织，则 U－2Mo 合金可以获得更高的塑性。

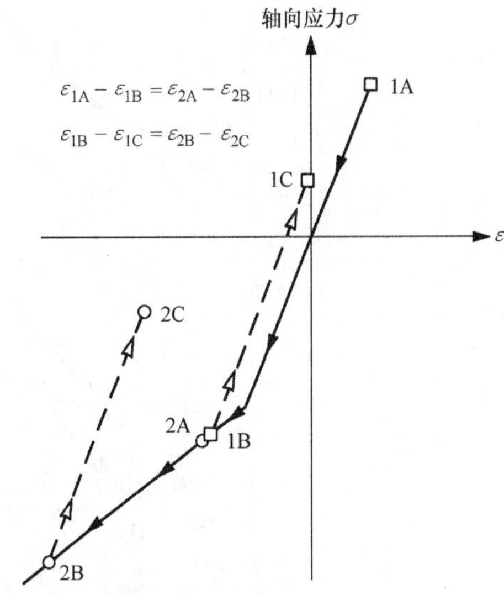

图 6-66　降低压缩残余应力的应力平衡方法示意图

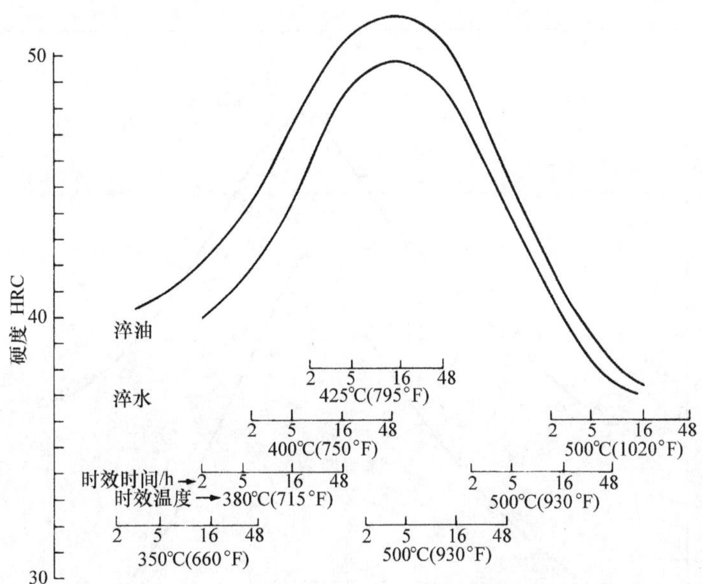

图 6-67　时效时间和温度对 U－0.75Ti 合金硬度的影响

通过热处理，可以显著改变铀合金的拉伸、剪切弹性模量（超过 100%）。可以用合金的弹性模量变化作为控制合金质量的基础，通过超声波测量铀合金的弹性模量，验证热处理工艺的效果。这种弹性模量的显著变化与传统的钢铁材料正好相反，对于传统的钢铁材料，弹性模量基本与热处理无关。

（4）力学性能测试　外部的氢会导致 U－0.8Ti 合金出现早期失效。理想试验气氛的湿度应相对较低，如干燥的空气、真空或浸泡在合适的油里。应变速率对合金的力学性能，特别是塑性起着重要作用。更高的应变速率会显著地改善拉伸断面收缩率（图 6-62）。在高的应变速率下，断口形貌从准解理和微孔聚合混合形态转变为主要为韧窝形态。

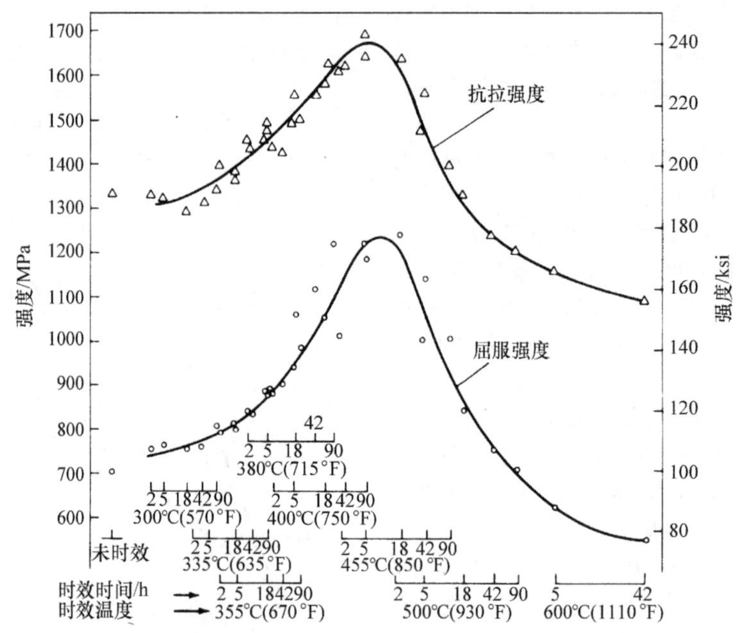

图 6-68　时效时间和温度对 U－0.75Ti 合金抗拉强度和屈服强度的影响

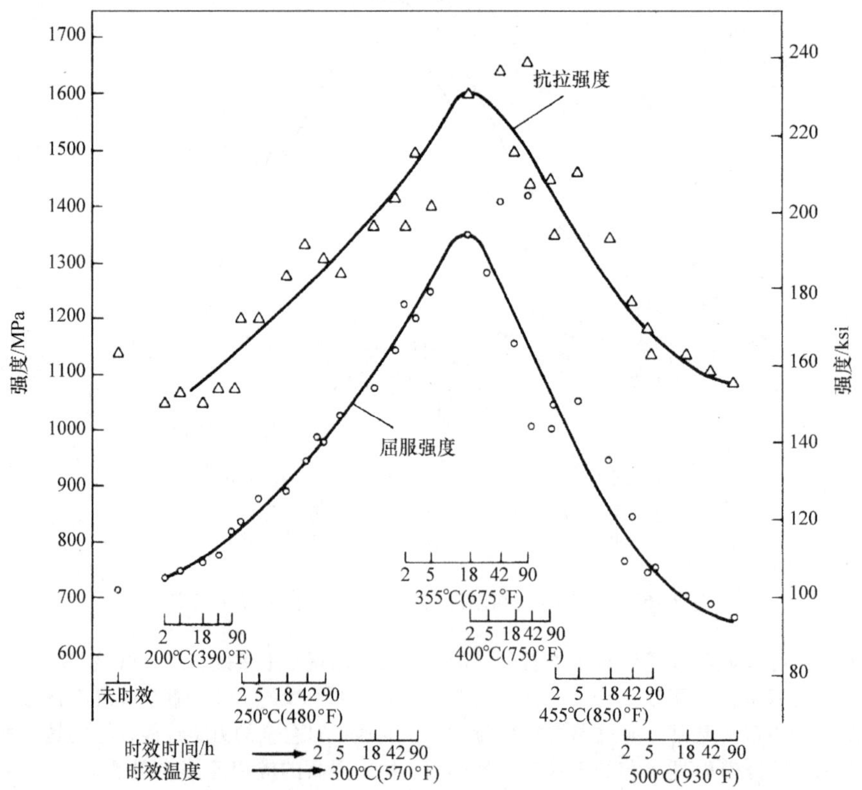

图 6-69　时效时间和温度对 U－2.0Mo 合金抗拉强度和屈服强度的影响

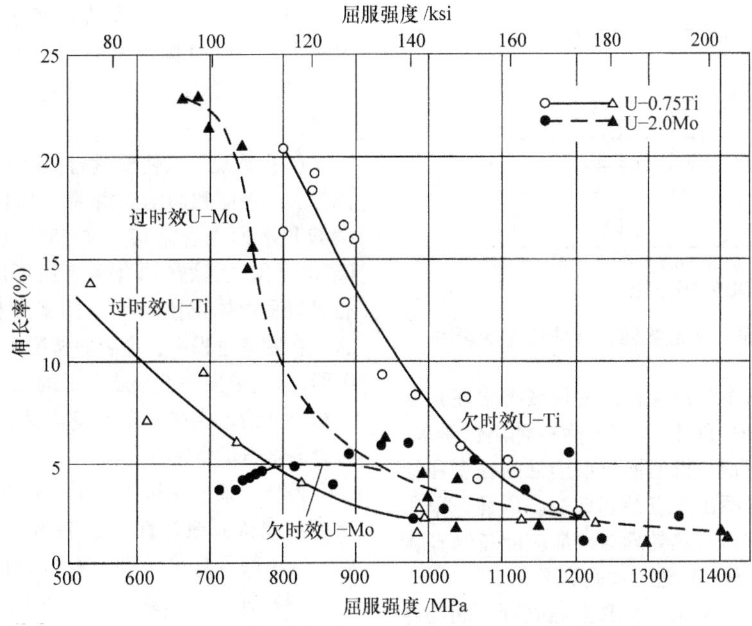

图 6-70　U－2Mo 和 U－0.75Ti 合金的时效性能对比

6.7.6　亚稳态高合金的贫铀合金

w(Mo)≥4.0% 或含有其他等效元素的贫铀合金称为高合金元素贫铀合金，它们的热处理与低合金化贫铀合金的热处理基本相同。固溶处理是在 γ 相区，在约 800℃（1470℉）加热 1h，然后淬火冷却至室温，接着在 α 相区时效，也可以直接冷却到时效温度保温，得到所需的性能。为达到更高的塑性，在热处理之前，必须先对 U－6Nb 合金进行冷加工。热处理之前，应在室温条件下对杆件进行挤锻，细化晶粒尺寸，使屈服强度提高 20%。对大截面工件进行热处理时，必须特别小心谨慎，防止可能出现的工件开裂问题。例如，直径为 200mm（8in）或更大的 U－6Nb 合金坯料，从 800℃（1470℉）淬水时，出现了裂纹。

6.7.7　处理工艺和设备

通常采用熔化金属浴炉、惰性气氛炉和真空炉，对非合金化铀金属进行加热或热处理。具体选择的炉子类型主要取决于所要求达到的最终性能和材料质量。

在 350℃（660℉）的熔化铅浴中加热铀金属，保温 50h，没有发生明显的反应。然而，当保温更长时间和/或在 800～1000℃（1470～1830℉）加热时，铅会渗入铀中。熔盐是工业中最常见的加热介质，用于生产制造加工前，对铀进行预加热和最终热处理。表 6-41 所列为铀在六种热处理熔盐中的腐蚀情况。盐浴的主要缺点是存在氢污染的可能性。因此，任何采用盐浴加热铀的方法，都应该考虑去除盐浴中的氢，如采用 CO_2 气体向盐浴中喷射除气。氢对铀的性能有极大的危害，它会极大地降低铀的伸长率，如图 6-71 所示。

表 6-41　铀在 595℃（1100℉）熔盐中的腐蚀情况

盐浴成分（质量分数,%）	时间/h	腐蚀情况
$44Na_2CO_3-30K_2CO_3-26Li_2CO_3$	0.5～2	未发生腐蚀
	4	表面点蚀
$74K_2CO_3-26Li_2CO_3$	0.5～2	未发生腐蚀
	4	点蚀
$47Na_2CO_3-32K_2CO_3-21Li_2CO_3$	0.5～2	未发生腐蚀
	2	开始点蚀
	4	严重点蚀
$53K_2CO_3-46.6Li_2CO_3$	0.5～1	未发生腐蚀
	2	表面点蚀
$20NaOH-30K_2CO_3-50Na_2CO_3$	0.5～4	表面腐蚀
$47Na_2CO_3-47K_2CO_3-6Li_2CO_3$	0.5	氧化剥落，失重 0.24%
	2	氧化剥落，失重 1.0%
	4	氧化剥落，失重 1.3%

（1）炉内气氛　在 500℃（930℉）的温度下，干燥炉内的氦气、氩气、一氧化碳、二氧化碳或碳氢化合物气体，不会对铀造成任何腐蚀。然而，如果这些气体中存在少量的水蒸气，则会对铀造成严

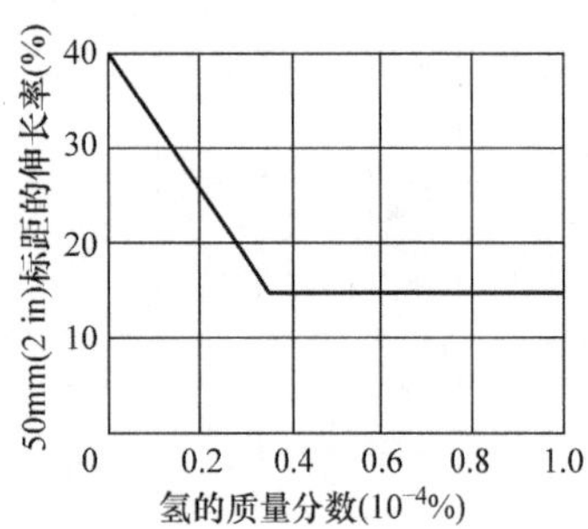

图 6-71　含氢量对锻造贫铀合金伸长率的影响

重的腐蚀。铀与水发生反应，无论是液态水还是水蒸气，都会生成 UO_2 和氢气。UO_2 为一种黑色粉末，在整个金属表面形成，根据铀与水接触的程度和铀的纯度，会导致表面出现点蚀和凹坑。因此，采用商用惰性气氛对铀进行热处理时，都应配备输气管道干燥器，使用前对气氛进行彻底烘干。

(2) 真空处理　对铀进行真空热处理，能获得最大的拉伸性能和高品质金属表面，提供了最佳的整体加工环境。真空炉热处理的主要优点是可以去除铀中的氢。

图 6-72 所示为不同厚度的贫铀板材进行真空热处理，达到最大塑性所需的时间。图中为典型碳酸盐预热浴处理的材料，板材中初始氢的质量分数为 2×10^{-4}%，主要用于铸造材料。

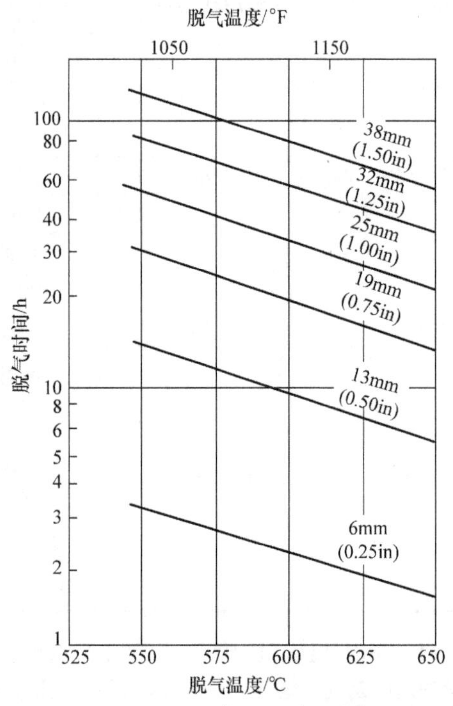

图 6-72　在 0.133Pa (10^{-4}Torr) 真空度下，不同厚度贫铀板材在不同脱气温度下达到最大塑性所需的时间

40kPa (300Torr) 的真空度可将氧化限制在可接受的水平，同时保持氢的初始水平。需要 10^{-3} Pa (10^{-5} Torr) 的真空度，才能显著降低合金中氢的含量。

(3) 清洗　应使要进行热处理的铀工件表面远离潮湿、油脂和切削润滑油。采用体积比为 1:1 的硝酸和水的混合溶液，在 25℃ (75℉) 下酸洗约 0.5h，可以去除贫铀合金表面形成的较厚氧化物。也可以采用体积比为 1:1 的硝酸和水的混合溶液，去除在制造过程中合金表面覆层中的铜。应该在U-0.8Ti 合金表面涂上一层合适的油，如 3 级的 MIL-C16173D 油，或在干燥环境中储存 U-0.8Ti 合金，以减轻氢气的危害。

警告：铀-铌和铀-锆合金在硝酸酸洗过程中会产生爆炸。通过在酸洗溶液中加入体积分数为 1%～2% 的氢氟酸，可以解决该问题。

(4) 淬火　在真空热处理炉的真空室中，可以采用油淬介质。在固溶处理后，对炉内回充氩气或氦气。然后将工件直接转移到淬火槽上，并以可控的速度浸入淬火冷却介质。

由于水的蒸汽压高，无法在炉内采用水基淬火冷却介质进行淬火。由此设计开发了底部装载炉，成功地使用了单独的分离式淬火槽淬火。该热处理淬火流程如下：在固溶加热完成后，将淬火冷却槽移到炉下，然后对炉内回充氩气或氦气，关闭电源，打开炉底门；将工件迅速下降到高于水面 50～75mm (2～3in) 的位置，然后以可控的速度下降，直到工件完全浸入水中。

(5) 夹具和固定装置　无论是贫铀金属还是贫铀合金，在 γ 固溶处理温度下，强度都很低。在对低强度和高密度工件进行热处理加热时，为提供适当的支承和防止下垂，对夹具或固定装置有特殊的要求。在条件允许的情况下，杆状工件和形状不规则的工件应该按长轴方向垂直放置，并每隔 150mm (6in) 进行固定。水平放置工件的支承跨度应该限制在 75～100mm (3～4in)。

图 6-73 所示为直径为 36mm (1.4in)、长度为 38mm (15in) 的棒材进行固溶处理时的固定料筐架。该料筐架采用 Inconel 600 合金制成。如果料筐架合金含有铁元素，则在 725℃ (1335℉) 会发生共晶反应。在贫铀金属和料筐架接触处，应采用钽垫片隔开。贫铀金属还与镍、铬和铜金属元素发生共晶反应。贫铀金属与它们的共晶温度分别为 740℃ (1364℉)、860℃ (1580℉) 和 950℃ (1742℉)。熔态金属的腐蚀会导致贫铀金属和焊接夹具多处产生损耗。

图 6-73　18 个贫铀棒材固溶处理的固定料筐架

（6）盐浴　如果采用盐浴对贫铀金属进行固溶处理，为了尽量减少吸氢和控制腐蚀，应该尽量缩短保温时间。在 730℃（1350℉）的熔融氯盐（$BaCl_2$、KCl 和 NaCl 共晶成分）或熔融碳酸盐（35% Li_2CO_3 和 65% K_2CO_3）中进行固溶加热，试样浸入 1h，厚度损失为 0.08mm（0.003in）；如果温度升至 850℃（1560℉），则腐蚀更加严重。

可以在循环惰性气氛炉、铅浴炉、铅锡浴炉或熔盐浴炉中，对贫铀金属和合金进行时效处理。由于温度对时效效果影响很大，所以应该将时效温度误差控制在 ±5℃（±9℉）以内，最好控制在 ±2℃（±4℉）以内。工件在时效之后，应该炉冷到 100℃（212℉）或采用水冷处理。贫铀金属的氧化是放热型反应，产生的热量可以维持反应不断进行。例如，直径为 18mm（0.7in）的棒材在 425℃（795℉）的铅浴中时效后，如果不采用水冷，棒材会达到炽热状态。

6.7.8　热处理实例

下面的工艺过程是使铀合金达到抗拉强度、屈服强度和伸长率的规范要求的热处理实例。其他有关特定铀合金的热处理工艺请参考参考文献［5］～［8］。

（1）例 1：U－0.8Ti 合金　对 U－0.8Ti 合金进行挤压和热处理，得到了抗拉强度为 1240MPa（180ksi），在变形为 0.85% 时，屈服强度为 895MPa（130ksi），总伸长率为 16%，内部氢的质量分数小于 $0.3\times10^{-4}\%$ 的工件。具体工艺如下：

1）坯料在 630℃（1165℉）的熔盐浴中预热和挤压。

2）对挤压坯料进行粗机加工，在 800℃（1475℉）的真空热处理炉中保温 8h 进行固溶处理，并采用水冷。

3）粗机加工工件在氩气气氛和 385℃（725℉）温度下时效 4.5h，水冷。

（2）例 2：U－0.75Ti 合金　直径为 36mm（1.4in）的 DU－0.75 Ti 合金，热处理后要求达到以下性能要求：硬度为 38～44HRC，0.2% 变形时的屈服强度不低于 725MPa（105ksi），伸长率不低于 12%，氢的质量分数小于 $1\times10^{-4}\%$。具体工艺如下：

1）将挤压棒材切割成要求的长度。

2）采用体积比为 1∶1 的硝酸和水混合溶液去除铜覆层。

3）洗净，晾干。

4）将棒材垂直放置在热处理料筐中。

5）在 7×10^{-3}Pa（5×10^{-5} Torr）或更高的真空度条件下，在 850℃（1560℉）固溶保温 2.5h。

6）淬入流速为 455mm/min（18in/min）的循环水。

7）空气干燥。

8）在惰性气氛循环炉中，在 350℃（660℉）时效 16h。

（3）例 3：U－6Nb 合金采用成形加工，将 U－6Nb 合金加工成半球，力学性能要求：抗拉强度不低于 770MPa（112ksi），0.2% 变形时的屈服强度为 360～485MPa（52～70ksi），总伸长率不低于 25%。具体工艺如下：

1）坯料加热至 800～850℃（1475～1560℉）预热并锻造。

2）在真空热处理炉中，锻造坯料在 1000℃（1830℉）保温 4h 进行均匀化处理。

3）锻造坯料在熔盐浴中预热至 850℃（1560℉），并轧制成板材。

4）在氩气炉中预热到 850℃（1560℉），对板材进行成形加工，将其加工成半球。

5）在真空条件下，将半球加热至 800℃（1475℉）保温 1～2h 固溶处理，水冷。

6）半球在氩气氛中，在 200℃（400℉）时效 2h。

6.7.9　许可证及健康和安全要求

拥有超过 6.8kg（15 lb）的任何形式的贫铀，都需要得到美国核管理委员会的许可。美国联邦法规第 40 部分中的第 10 条，对获得该许可的必要步骤和要求进行了规定。该法规在美国其他地区、州都是有效的。

贫铀金属热处理区最大的污染来源是氧化铀。应该将该区域与工厂的其余部分隔离开，所有进入该区域的人都必须穿一次性防护鞋，严禁吸烟和饮食。贫铀一旦进入血液，可能导致类似铅、砷、汞或任何其他重金属引起的中毒。

在1990年出版的ASM手册的第2卷中，对健康和安全要求进行了更详细的介绍。需要牢记的是，必须对每一个涉及铀合金的新工艺或加工过程单独进行评估，以确定防护服和设备的正确使用、剂量测定和对该特定工作的规范要求。热处理试样的先前处理工艺同样非常重要，因为与贫铀的低水平α辐射相比，改变铀状态的工艺，如铸造，可能会引起人们对影响生育的β辐射产生担忧。

说明

本节内容来源于 Heat Treating of Uranium and Uranium Alloys, Heat Treating, Volume 4, ASM Handbook, ASM International, 1991, p 928 – 938。

参考文献

1. E.E. Hayes, "Recrystallization of Cold-Rolled Uranium," U.S. Atomic Energy Commission Report TID-2501, 1949
2. E.S. Fisher, Recrystallization and Grain Growth in Uranium, in *Reactor Technology and Chemical Processing,* Vol 9, *Proceedings of the International Conference on the Peaceful Uses of Atomic Energy*, United Nations, 1956
3. A. Salinas-Rodriguez, J.H. Root, T.M. Holden, S.R. MacEwen, and G.M. Ludtka, Nondestructive Measurement of Residual Stresses in U-0.8 wt.% Ti by Neutron Diffraction, *Neutron Scattering for Materials Science*, Vol 166, S.M. Shapiro, S.C. Moss, and J.D. Jorgensen, Ed., Materials Research Society, 1990
4. K.H. Eckelmeyer and F.J. Zanner, The Effect of Aging on the Mechanical Behavior of U-0.75 wt.% Ti and U-2.0 wt.% Mo, *J. Nucl. Mater.*, Vol 62 (No. 1), Oct 1976, p 37–49
5. K.H. Eckelmeyer, A.D. Romig, Jr., and L.J. Weirick, The Effect of Quench Rate on the Microstructure, Mechanical Properties, and Corrosion Behavior of U-6 Wt.Pct.Nb, *Metall. Trans. A*, Vol 15, 1984, p 1319
6. K.H. Eckelmeyer and F.J. Zanner, The Effect of Aging on the Mechanical Behavior of U-0.75 wt.% Ti and U-2.0 wt.% Mo, *J. Nucl. Mater.*, Vol 62, 1976, p 37
7. G.H. Llewellyn, G.A. Aramayo, M. Siman-Tov, K.W. Childs, and G.M. Ludtka, "Computer Simulation of Immersion of Uranium-0.75 wt.% Titanium Alloy Cylinders," Y-2355, Martin Marietta Energy Systems, Inc., June 1986
8. G.H. Llewellyn, G.A. Aramayo, G.M. Ludtka, J.E. Park, and M. Siman-Tov, "Experimental and Analytical Studies in Quenching Uranium-0.75% Titanium Alloy Cylinders," Y-2397, Martin Marietta Energy Systems, Inc., Feb 1989

选择参考文献

- J.J. Burke et al., Ed., *Physical Metallurgy of Uranium Alloys*, Brook Hill Publishing, 1976
- K.H. Eckelmeyer, "Diffusional Transformations, Strengthening Mechanisms, and Mechanical Properties of Uranium Alloys," SAND82-0524, Sandia National Laboratories, 1982
- "Health Physics Manual of Good Practices for Uranium Facilities," Report DE88-013620, Idaho National Engineering Laboratory, June 1988
- A.R. Kaufman, Ed., *Nuclear Reactor Fuel Elements: Metallurgy and Fabrication*, Wiley-Interscience, 1962
- *Metallurgical Technology of Uranium and Uranium Alloys*, Vol 1–3, American Society for Metals, 1982